Die Website zum Buch

▶ TheCellPlace

Die durch unten stehenden Zugangscode geschützte Lernplattform TheCellPlace enthält umfangreiche vertiefende Materialien zu Ihrem Lehrbuch, u.a. interaktive Tutorien, Simulationen, Animationen, Videos, 3D-Molekülstrukturen, Multiple-Choice-Fragen sowie Übungsaufgaben mit Schritt-für-Schritt-Lösungen.

Den Anhang und die Dozentenmaterialien erhalten Sie hingegen über die deutsche Website zum Buch unter www.pearson-studium.de.

▶ Registrierung zu *TheCellPlace*

Zur Registrierung benötigen Sie neben einem Internetzugang eine gültige E-Mail-Adresse und den Zugangscode weiter unten:

1. Rufen Sie die Website www.thecellplace.com auf.
2. Klicken Sie auf „Register".
3. Folgen Sie den Anweisungen zur Erstellung Ihres Log-in-Namens und Ihres Passworts.
4. Entfernen Sie mit einer Münze die Silberfolie Ihres untenstehenden Zugangscodes. Benutzen Sie keine Messer, Scheren oder anderen scharfen Gegenstände, um den Code nicht zu zerstören.
5. Tippen Sie den Zugangscode in das dafür vorgesehene Feld ein.
6. Folgen Sie den weiteren Anweisungen, um die Registrierung abzuschließen.

▶ Ihr Zugangscode

Der Zugangscode kann nur einmalig zur Registrierung verwendet werden und darf nicht an Dritte weitergegeben werden.

▶ Log in

Nachdem Sie sich erfolgreich registriert haben, können Sie sich jederzeit auf TheCellPlace einloggen.

1. Rufen Sie die Website www.thecellplace.com auf.
2. Klicken Sie auf „Log in".
3. Klicken Sie auf das Buchcover zu Becker's World of the Cell.
2. Geben Sie unter „Log in" Ihren Log-in-Namen und Ihr Passwort ein.
3. Klicken Sie auf „Log in".

▶ Systemvoraussetzungen

Windows. Empfohlener Browser: Internet Explorer.

▶ Nutzungsdauer

Die Nutzungsdauer von TheCellPlace beläuft sich auf 24 Monate ab Einlösen des Codes.

▶ Technischer Support

Bei technischen Problemen erhalten Sie unter folgender Website Hilfe: http://247pearsoned.custhelp.com

PEARSON

Beckers Welt der Zelle

Beckers Welt der Zelle

8., aktualisierte Auflage

Jeff Hardin
Gregory Bertoni
Lewis Kleinsmith

Deutsche Bearbeitung von Wolf-Michael Weber

ALWAYS LEARNING PEARSON

Bibliografische Information der Deutschen Nationalbibliothek

Die Deutsche Nationalbibliothek verzeichnet diese Publikation in der Deutschen Nationalbibliografie; detaillierte bibliografische Daten sind im Internet über *http://dnb.dnb.de* abrufbar.

10 9 8 7 6 5 4 3 2 1

19 18 17 16 15

ISBN 978-3-86894-222-4 (Buch)
ISBN 978-3-86326-748-3 (E-Book)

www.pearson.de
A part of Pearson plc worldwide

Übersetzung: Freya Thomm-Reitz, Regensburg
Deutsche Bearbeitung: Prof. Dr. Wolf-Michael Weber, Institute of Animal Physiology, Westfalian Wilhelms University Münster
Korrektorat: Toni Schmid, Puchheim (Kapitel 1–15); Isabella de la Rosée, Höhenkirchen-Siegertsbrunn (Kapitel 16–24)
Programmleitung: Kathrin Mönch, kmoench@pearson.de
Lektorat: Elisabeth Prümm, epruemm@pearson.de
Herstellung: Claudia Bäurle, cbaeurle@pearson.de
Satz: inpunkt[w]o, Haiger (www.inpunktwo.de)
Coverabbildung: www.shutterstock.com
Druck und Verarbeitung: DZS-Grafik, d.o.o., Ljubljana

Printed in Slovenia

Inhaltsübersicht

Inhaltsverzeichnis

Kapitel 6 Enzyme: Katalysatoren des Lebens 197

Kapitel 7 Membranen: Struktur, Funktion und Chemie 237

Vorwort

„Wir haben dieses Buch aus Freude an der Zusammenarbeit mit Studierenden im Grundstudium geschrieben und wir sind der Auffassung, dass Biologielehrbücher gut verständlich geschrieben sein sollten, um das Interesse des Lesers für das Thema zu wecken. Wir möchten mit dem Buch nicht nur vermitteln, wie viel wir heutzutage bereits über Biologie wissen – in diesem Fall über Zellbiologie – sondern auch, wie viel noch vor uns liegt.“ Das ist die Antwort, die wohl jeder der Autoren dieses Buches gäbe, wenn man ihn fragte, warum er so viel Zeit in das Schreiben und Überarbeiten von *World of the Cell* investiert hat. Jeder von uns unterrichtet seit vielen Jahren Studierende in den ersten Semestern in Zellbiologie und angrenzenden Gebieten und jeder von uns schätzt den Kontakt zu den Studierenden als einen der schönsten Aspekte unserer Tätigkeit als Fakultätsmitglieder.

Wenn wir über die Veränderungen nachdenken, die wir im Laufe der Jahre in unseren Kursen beobachtet haben, dann erkennen wir, dass wir in den letzten Jahrzehnten einen gewaltigen Wissenszuwachs über die Eigenschaften und Funktionen lebender Zellen miterlebt haben. Die enorme Informationsmenge stellt uns vor eine mit großer Anstrengung zu bewältigende Herausforderung, *Becker's World of the Cell* auf dem neuesten Forschungsstand zu halten und zugleich dafür Sorge zu tragen, dass sich das Buch im Hinblick auf Umfang und Verständlichkeit für Studierende eignet, die sich zum ersten Mal mit Zell- und Molekularbiologie beschäftigen. Die achte Ausgabe ist unser jüngster Versuch, diese Aufgabe zu meistern. Ebenso wie bei den vorhergehenden Ausgaben hat jeder von uns seine Lehr- und Schreiberfahrungen in dieses Vorhaben auch zu unserer gegenseitigen Bereicherung eingebracht. Wir hoffen, dass der Leser diese Ansicht teilen wird.

Eines der wichtigsten Ziele dieser Ausgabe bestand darin, den Text auf den neuesten Stand zu bringen, vor allem auf den Gebieten, auf denen besonders schnell Fortschritte erzielt werden und neueste Befunde von ganz besonderer Bedeutung sind. Zugleich blieben wir den drei zentralen Zielen treu, die unsere letzte Ausgabe auszeichnen. Wie immer ist unser erstes Anliegen, Studierende mit den grundlegenden Prinzipien vertraut zu machen, auf denen die zelluläre Organisation und Funktion beruht. Zweitens halten wir es für wichtig, dass Studierende einige der entscheidenden wissenschaftlichen Befunde verstehen, die zur Formulierung dieser zentralen Konzepte führten. Schließlich war uns daran gelegen, dieses Ziel in einem Buch zu verwirklichen, das für neu beginnende Biologiestudierende leicht handhabbar, gut lesbar und verständlich ist – und das immer noch in den Rucksack passt! Dieses Ziel konnten wir aber nur realisieren, weil wir sowohl die Beispiele zur Veranschaulichung der Schlüsselkonzepte als auch die Anzahl wissenschaftlicher Nachweise sorgsam auswählten. Wir haben, in anderen Worten, versucht, dem Vorhaben unserer vorherigen Ausgaben treu zu bleiben: so klar wie möglich die grundlegenden Prinzipien, Abläufe und Methoden der Molekular- und der Zellbiologie darzustellen. Außerdem haben wir sehr auf Genauigkeit, Konsistenz, Fachvokabular und Lesbarkeit geachtet, um jeglicher Verwirrung vorzubeugen und ein Höchstmaß an Verständnis bei unseren Lesern zu garantieren.

Techniken und Methoden

Der Grundgedanke unseres Textes ist nicht nur zu erklären, *was* wir über Zellen wissen, sondern auch *wie* wir zu diesem Wissen gelangt sind. Zu diesem Zweck stellen wir in jedem Kapitel experimentelle Techniken und Entdeckungen dar. Diese Techniken und Entdeckungen sind im Kontext der Fragestellungen eingebettet und zielen auf die Beantwortung dieser Fragen ab. Zum Beispiel wird die Polyacrylamid-Gelelektrophorese nicht in einem Kapitel eingeführt, in dem wir einfach verschiedene Methoden zur Untersuchung von Zellen aufführen, sondern im *Kapitel 7*. In diesem Kapitel spielt die Polyacrylamid-Gelelektrophorese eine wichtige Rolle für die Trennung von Membranproteinen. Ähnlich verhält es sich mit der Gleichgewichts-Dichtegradienten-Zentrifugation in *Kapitel 12*. An eben dieser Stelle ist die Methode für unser Verständnis wie Lysosomen ursprünglich von Mitochondrien und später auch von Peroxisomen unterschieden werden konnten, wichtig.

Grundsätzlich haben wir Techniken immer im Kontext einer Fragestellung dargestellt, mit Ausnahme der Mikroskopie. Die Techniken der Licht- und Elektronenmikroskopie sind von derartig grundlegender Bedeutung für die heutige Zellbiologie, dass sie unbedingt gesondert dargestellt werden müssen. Aus diesem Grund haben wir einen Anhang mit dem Titel *Visualisierung von Zellen und Molekülen* verfasst. Mit diesem Anhang (online unter *www.pearson-studium.de*) bieten wir den Studierenden detaillierte Information über verschiedene mikroskopische Techniken, darunter neueste Verfahren der Lichtmikroskopie zur Sichtbarmachung und Manipulation molekularer Abläufe.

Unser Fundament sind die Stärken vorheriger Ausgaben

Diese Ausgabe beruht auf den Stärken von vier Schlüsselgebieten vorheriger Ausgaben:

Die Struktur der Kapitel richtet sich nach zentralen Konzepten

- Jedes Kapitel ist in Abschnitte eingeteilt, die mit einer Übersicht beginnen, die das grundlegende Konzept kurz vorgestellt. Dies dient zur Zusammenfassung des Lernstoffs und hilft den Studierenden, sich auf die wichtigsten Punkte zu konzentrieren, die gelernt und wiederholt werden müssen.

- Die Konzeption der Kapitel gibt den Lehrenden die Möglichkeit, die einzelnen Kapitel und Kapitelabschnitte in verschiedene Module zusammenzustellen. Dadurch kann das Buch für viele verschiedene Kurslehrpläne eingesetzt werden.

- Jedes Kapitel endet mit einer kurzen *Zusammenfassung der wichtigsten Inhalte*. In dieser abschließenden Zusammenfassung sind die wichtigsten Aspekte eines jeden Kapitelabschnitts aufgeführt.

- An jede *Zusammenfassung der wichtigsten Inhalte* schließt sich der Abschnitt *Zusammenhänge herstellen* an. Hier verknüpfen wir die Inhalte des jeweiligen Kapitels mit Themen anderer Kapitel

Die Abbildungen vermitteln Konzepte mit dem richtigen Maß an Genauigkeit

- In viele komplexere Abbildungen haben wir Erklärungen eingearbeitet. Damit möchten wir den Studierenden die Möglichkeit eröffnen, die Konzepte schneller zu erfassen, indem sie sich auf die Abbildung konzentrieren und nicht nur von einer separaten Abbildungslegende abhängig sind, in welcher der jeweilige Vorgang beschrieben wird.

- Überblicksabbildungen skizzieren in groben Zügen komplizierte Strukturen oder Abläufe. Im Anschluss geben Texte sowie weitere Abbildungen zusätzliche erhellende Informationen.

- Sorgfältig ausgewählte mikroskopische Aufnahmen werden im Allgemeinen mit einem Maßstab widergegeben, um den Grad der Vergrößerung anzugeben.

Wichtige Terminologie wird auf verschiedene Weisen hervorgehoben und definiert

- Der Fettdruck dient zur Hervorhebung der wichtigsten Begriffe eines Kapitels, die alle in das Glossar aufgenommen wurden.

- Weitere Fachbegriffe, die nicht so wichtig sind wie die fettgedruckten Begriffe, doch auch genannt werden müssen, sind kursiv gedruckt. Gelegentlich sind auch wichtige Sätze oder Phrasen kursiv hervorgehoben.

- Das *Glossar* umfasst Definitionen und Seitenverweise aller fettgedruckten Fachbegriffe und Akronyme – insgesamt handelt es sich um mehr als 1.500 Begriffe, ein für sich schon echtes „Wörterbuch der Zellbiologie".

In jedem Kapitel erfährt der Studierende von wissenschaftlichen Abläufen, nicht nur Fakten werden vermittelt

- Unsere Darstellungen legen ihr Augenmerk auf experimentell erbrachte Nachweise, auf denen unser Verständnis der Zellstruktur und Zellfunktion beruht. So rufen wir unseren Lesern in Erinnerung, dass die Fortschritte der Zellbiologie, so wie in allen Wissenschaften, nicht aus Vorlesungen in Hörsälen stammen oder von Lehrbuchautoren, die vor ihren Computern sitzen, sondern aus der Arbeit von Wissenschaftlern in Laboratorien hervorgegangen sind.

- Am Ende eines jeden Kapitels stellen wir *Transferaufgaben*. Unserer Überzeugung nach lernt man eine Wissenschaft nicht nur durch Lesen und Hören, sondern dadurch, dass man sich mit ihr auseinandersetzt. Die Aufgaben dienen der Vertiefung und Anwendung und nicht zur Abfrage eines auswendig gelernten Lernpensums. Viele Aufgaben sind bereits in der Praxis erprobt worden oder wurden aus Übungsaufgaben und Prüfungen, die wir selbst durchgeführt haben, ausgewählt.

- Jedes Kapitel enthält einen oder mehrere eigens in einen *Kasten* eingefassten T. Mit diesen Aufsätzen möchten wir den Studierenden besonders wichtige oder faszinierende Aspekte der Zellbiologie näher bringen. In einigen Aufsätzen werden komplexe Prinzipien *Näher betrachtet* (so lautet der Titel), beispielsweise dient die Analogie der Erdnüsse schälenden Affen zur Erklärung der Enzymkinetik (*Kasten 6A*). Andere Aufsätze beschreiben Techniken, die zu neuen Entdeckungen führten. Wir stellen exemplarisch wichtige experimentelle Techniken dar, mit denen Zellbiologen gearbeitet haben, beispielsweise den DNA-Fingerabdruck in *Kasten 18C*. Doch sind das noch nicht alle Aufgaben der Kästen. In den Kästen mit dem Titel *Klinische Bedeutung* stellen wir die Anwendung von Forschungsergebnissen der Zellbiologie in der Medizin dar, zum Beispiel die Diskussion der zystischen Fibrose und Möglichkeiten der Gentherapie in *Kasten 8B*.

- Jedes Kapitel schließt mit einem Verzeichnis weiterführender Literatur. Wir führen Überblicksartikel sowie sorgsam ausgewählte wissenschaftliche Publikationen auf, die motivierte Studierende verstehen können. Wir wollten überbordende Listen von Originalliteratur vermeiden und haben uns auf Artikel zum Nachschlagen beschränkt, die für die jeweiligen Themen des Kapitels besonders relevant sind. In den meisten Literaturverzeichnissen nennen wir auch besonders wichtige historische Veröffentlichungen, die mit orangen Punkten gekennzeichnet wurden, um den Leser auf ihre historische Bedeutung aufmerksam zu machen.

- **Umfassende Online-Materialien unter www.pearson-studium.de**

- Der Anhang *Visualisierung von Zellen und Molekülen* bietet Studierenden detaillierte Informaion über verschiedene mikroskopische Techniken, darunter neueste Verfahren der Lichtmikroskopie zur Sichtbarmachung und Manipulation molekularer Abläufe (zu finden unter *www.pearson-studium.de*).

- Für Dozenten stehen alle Abbildungen und Tabellen des Buchs zum Download zur Verfügung.

- Zugang zu *TheCellPlace* (auf Englisch): Zu einer Vielzahl an Themen der Zellbiologie finden sich hier vertiefende Materialien, u.a. interaktive Tutorien, Simulationen, Animationen, Videos, 3D-Molekülstrukturen, Multiple-Choice-Fragen sowie Übungsaufgaben mit Schritt-für-Schritt-Lösungen. Den Zugangscode und eine Anleitung für den Anmeldeprozess finden Sie ganz vorne im Buch.

Danksagungen

Wir möchten den vielen Menschen, die dieses Buch erst möglich gemacht haben, unseren Dank aussprechen. Besonderer Dank gilt den zahlreichen Studierenden, deren ermutigende Wort das Schreiben dieser Kapitel gefördert hat und deren wohl durchdachte Kommentare und Kritiken zu jenem Maß an Verständlichkeit des Textes beigetragen haben, den das Buch je nach Urteil hat. Jeder von uns Autoren ist seinen Kollegen zu besonderem Dank verpflichtet, denn von deren Einblicken und Vorschlägen haben wir nur allzu bereitwillig profitiert und sie aufgenommen. Wir danken an dieser Stellen auch denen, die uns bei früher publizierten Lehrbüchern unterstützt haben, darunter David Deamer, Martin Poenie, Jane Reece, John Raasch und Valerie Kish sowie Peter Armstrong, John Carson, Ed Clark, Joel Goodman, David Gunn, Jeanette Natzle, Mary Jane Niles, Timothy Ryan, Beth Schaefer, Lisa Smit, David Spiegel, Akif Uzman und Karen Valentine. Ganz besonderer Dank gilt Wayne Becker. Auf seinem prägnanten Schreibstil und seinen Visionen beruht dieses Buch und die vorangegangenen Ausgaben beruhen auf seinem Gedankengut. Wir haben uns bemüht, die von ihm begründete Tradition der Exzellenz fortzusetzen. Außerdem möchten wir den Kollegen unsere Wertschätzung ausdrücken, deren mikroskopische Aufnahmen zu diesem großen Unterfangen beigetragen haben sowie den Autoren und Verlegern, die uns freundlicherweise die Wiedergabe von Material genehmigten, dessen Copyright sie besitzen.

Die vielen weiter unten aufgeführten Rezensenten unterstützten uns in verschiedenen Stadien der Manuskriptentwicklung und der Revision mit wertvoller Kritik und Anregungen. Wir sind ihnen für das Lob und den Rat sehr dankbar. Ja, wir möchten die intensive Rezension sowohl dieser als auch der vorherigen Ausgaben des Buches als wichtiges Merkmal von *Die Welt der Zelle* herausstellen. Trotzdem sind wir aber letztendlich für das, was Sie jetzt lesen, verantwortlich und bitten Sie, uns jedweden auf diesen Seiten unterlaufenen Fehler mitzuteilen.

Wir danken auch den vielen professionellen Verlagsmitarbeitern deren beständige Ermutigung, harte Arbeit und stetes Augenmerk auf die Details einen großen Beitrag zur Klarheit der Sprache als auch der Abbildungen beigetragen hat.

Unser letzter Dank gilt unseren Ehefrauen, Familien, Masterstudierenden und Postdoc-Mitarbeitern. Ohne deren Geduld, Verständnis und Nachsicht wäre dieses Buch niemals möglich gewesen.

Über die Autoren

Jeff Hardin ist Professor und Leiter der Abteilung für Zoologie an der University of Wisconsin-Madison. Er ist außerdem Fakultätsdirektor des Biology Core Curriculum, einem viersemestrigen Kurs auf erhöhtem Anforderungsniveau für Biologiestudentn im Grundstudium. Sein wissenschaftliches Interesse gilt vorrangig den Migrationsbewegungen von Zellen und deren gegenseitigem Adhäsionsvermögen zur Änderung der Gestalt tierischer Embryonen. Die hohe Qualität von Dr. Hardins Lehre beruht auf dem Einsatz digitaler Mikroskopie und computergestützten Unterrichtsmaterial, das an vielen Universitäten in den Vereinigten Staaten und anderen Länder eingesetzt wird. Auf Grund seines Interesses für die Lehre ist Dr. Hardin Gründungsmitglied der University of Wisconsin Teaching Academy. Zu seinen Auszeichnungen für seine hervorragende Lehre gehören die Lily Teaching Fellowship sowie ein National Science Foundation Young Investigator Award. Des Weiteren ist er Mitglied der Herausgeber von *CBE*: *Life Sciences Education* und Kurator von WormClassroom, einer digitalen Initiative zur Förderung der Arbeit mit *C. elegans* in weiterführenden Schulen und Laboratorien.

Gregory Bertoni ist seit über 25 Jahren in Lehre und Forschung sowie als wissenschaftlicher Autor tätig. Seinen Doktortitel erwarb er in Zell- und Molekularbiologie an der University of Wisconsin-Madison. Dort lehrte er sowohl in Einführungskursen als auch in Abschlusskursen Biochemie, für Studierende im zweiten Semester Zell- und Pflanzenbiologie. Er arbeitete an der Entwicklung eines neuen Kurses mit dem Titel „Weg zur Erkenntnis“. Im Rahmen dieses Kurses werden Studienanfänger mit einer Reihe akademischer Gebiete sowie mit dem Lernprozess vertraut gemacht. Er veröffentliche Forschungsarbeiten zur bakteriellen Pathogenese, zu Wechselwirkungen zwischen Pflanzen und Mikroorganismen und zur pflanzlichen Genexpression. Dr. Bertoni ist wissenschaftlicher Herausgeber der *Plant Cell*, einer führenden internationalen Zeitschrift zur Pflanzenzell- und Molekularbiologie. Außerdem pflegt er die Rubrik der Teaching Tools in Plant Biology, einer Online-Quelle für Biologieunterrichtende. Er hat fast zehn Jahre Biologie und medizinische Mikrobiologie am Columbus State Community College in Columbus, Ohio unterrichtet. Des Weiteren arbeitet er freiberuflich als wissenschaftlicher Autor an Lehrbüchern und Texten über Biologie, Physik und Mikrobiologie mit.

Lewis. J. Kleinsmith ist ein Arthur F. Thurnau Professor Emeritus für Molekular-, Zell- und Entwicklungsbiologie an der University of Michigan. Dort ist er seit Erwerb des Doktortitels im Jahr 1968 an der Rockefeller University tätig. Seine Lehrtätigkeit umfasst Einführungskurse in die Biologie, Zellbiologie und Krebsbiologie. Zu seinen Forschungsschwerpunkten zählen die Wachstumskontrolle von Krebszellen, die Rolle der Proteinphosphorylierung bei der eukaryotischen Genregulation und die Kontrolle der Genexpression während der Entwicklung. Unter seinen zahlreichen Veröffentlichungen möchten wir *Principles of Cancer Biology* ebenso hervorheben wie seine preisgekrönten Softwareprogramme für den Unterricht. Lewis J. Kleinsmith hat viele Auszeichnungen erhalten, unter anderem die Guggenheim Fellowship, den Henry Russell Award, einen Michigan Distinguished Service Award, Anerkennung für herausragende Lehrtätigkeit seitens der Michigan Students Association, ein NIH Plain Language Award und ein Best Curriculum Innovation Award von der EDUCOM Higher Education Software Awards Competition.

Wayne M. Becker unterrichtete 30 Jahre bis zum Ende seiner beruflichen Karriere Zellbiologie an der University of Wisconsin-Madison. Sein Interesse für das Schreiben von Lehrbüchern entwickelte sich aus Notizen, Skizzen und Übungsaufgaben, die er für seine Studierenden zusammenstellte. Seine herausragenden Publikationen sind *Energy and the Living Cell*, ein im Jahr 1977 erschienenes Taschenbuch über Bioenergetik und *The World of the Cell*, dessen erste Ausgabe aus dem Jahr 1986 stammt. Wayne M. Becker machte seine Abschlüsse an der University of Wisconsin-Madison in Biochemie, was sich auch in seinen Lehrbüchern widerspiegelt. Sein wissenschaftliches Interesse galt der molekularen Pflanzenbiologie, vor allem der Regulation der Expression von Genen, die Enzyme des Photoatmungswegs kodieren. Er erhielt unter anderem den Chancellor's Award for Distinguished Teaching, die Guggenheim und Fulbright Fellowships und ein Visiting Scholar Award von der Royal Society of London. Dieses Buch baut auf dem von ihm gelegten Fundament auf und ist von seinem Gedankengut inspiriert.

Vorwort zur deutschen Ausgabe

Das umfangreiche Buch, das vor Ihnen liegt, ist die Übersetzung der achten Ausgabe von *Becker's World of the Cell* von Jeff Hardin, Gregory Bertoni und Lewis J. Kleinsmith. Der Titel des Buches geht zurück auf dessen geistigen Vater Wayne M. Becker, einem Biochemiker an der University of Wisconsin-Madison (USA), der sich für die Erstausgabe von 1986 verantwortlich zeichnete.

Die nun vorliegende deutsche Übersetzung wurde vollkommen überarbeitet und auf den neuesten Stand gebracht. Obwohl eine Anpassung an den deutschen Markt stattgefunden hat, kann und will das Buch seinen amerikanischen Ursprung nicht verleugnen. Das Buch richtet sich nicht nur an Studierende der Biologie und Medizin, sondern bietet allen Interessierten der Lebenswissenschaften eine hervorragende Informationsquelle. Zudem können aber auch Lehrende von *Becker's Welt der Zelle* und seinen neuen Konzepten profitieren.

Das weite Gebiet der Zellbiologie mit seinen unzähligen Facetten hat in den letzten Jahrzehnten des 20. Jahrhunderts und in den ersten Jahren des noch jungen 21. Jahrhunderts einen enormen, geradezu gigantischen Wissenszuwachs erlebt. Neue Techniken haben unser zellbiologisches Wissen teilweise revolutioniert (es soll aber auch nicht verschwiegen werden, dass in Teilbereichen der zellulären Verschaltungen unser Wissen eher kläglich ist). Diesem Umstand trägt das Buch in gebührendem Maße Rechnung und integriert in der vorliegenden Form neueste, anerkannte Erkenntnisse aus der Forschung in das bestehende zellbiologische und zellphysiologische Wissen.

Ein Hauptanliegen des Buches ist das explizite Beschreiben der Zellbiologie als eine interdisziplinäre integrative Wissenschaft. Die moderne Zellbiologie untersucht, wie die Aktivität von Molekülen, Genen, Zellorganellen und Signalkaskaden miteinander verschaltet sind und miteinander interagieren, um die vielfältigen komplexen Funktionen zu erfüllen, die eine lebende Zelle ausmachen. Alle Zellen, sowohl kernlose Bakterien als auch die echten Eukaryota weisen eine enorme strukturelle und funktionelle Komplexität auf, so dass die Zellbiologie auf viele andere wissenschaftliche Disziplinen zurückgreift und sie integriert. Zu diesen Disziplinen gehören unter anderem die Molekularbiologie, Physik und Biophysik, Chemie und Biochemie und nicht zuletzt Informatik, Mathematik und Medizin, um nur einige zu nennen. Aus der medizinischen Sichtweise ist das Verständnis der normalen zellulären Funktionen eine Voraussetzung für das Verständnis von Krankheiten, die letztendlich nichts anderes darstellen als nicht oder falsch ablaufende zellbiologische oder zellphysiologische Prozesse. Für Studierende und alle in der Zellbiologie Tätigen ist es unabdingbar, einen universellen Blick zu erlangen, der die Zellen des Körpers, ihre verschiedenen Organellen und die vielfältigen miteinander verwundenen zellulären Mechanismen umfasst.

Innerhalb der einzelnen Kapitel werden in separaten Textboxen Arbeitstechniken beschrieben, die für die Zellbiologie wichtige Ergebnisse lieferten und immer noch liefern. Bahnbrechende Neuerungen werden ebenso genauer beleuchtet (*Näher betrachtet*) wie medizinisch relevante zellbiologische Aspekte (*Klinische Bedeutung*). Jedes Kapitel endet mit weiterführenden Literaturangaben sowie einem ausführlichen Fragen- und Übungskatalog, welcher der Selbstüberprüfung und Vertiefung des Gelesenen dienen kann. Auch hier wird der integrative Charakter des vorliegenden Buches deutlich: Der Leser wird an diese fachübergreifende Sehweise der Zellbiologie herangeführt.

Dieses Buch verfügt zudem über eine Website mit zusätzlichen Materialien in digitaler Form. Dozenten finden unter *www.pearson-studium.de* alle Abbildungen aus dem Buch zum Download. Studierenden erhalten hier den Anhang *Visualisierung von Zellen und Molekülen*, der detaillierte Information über verschiedene mikroskopische Techniken bietet, darunter neueste Verfahren der Lichtmikroskopie zur Sichtbarmachung und Manipulation molekularer Abläufe. Ebenfalls dort zu finden ist der Link zu *TheCellPlace*, wo man mit dem vorne ins Buch eingedruckten Code Zugang zu zahlreichen vertiefenden Materialien (auf Englisch) erhält, u.a. interaktive Tutorien, Simulationen, Animationen, Videos, 3D-Molekülstrukturen, Multiple-Choice-Fragen sowie Übungsaufgaben mit Schritt-für-Schritt-Lösungen.

Der Verlag und alle an diesem Buch beteiligten Bearbeiter freuen sich über jeden Verbesserungsvorschlag, Anregungen und Hinweise; aber auch Kritik nehmen wir gerne entgegen. Wir freuen uns ebenso über Ergänzungsvorschläge und natürlich auch über Lob für dieses Buch. Ich wünsche allen Lesern ebenso viel Spaß, wie ich ihn bei der Überarbeitung der vorliegenden Übersetzung hatte.

Münster, im Juli 2015
Wolf-Michael Weber

Über den Bearbeiter der deutschen Ausgabe

Wolf-Michael Weber studierte Biologie in Saarbrücken und schloss dieses Studium mit einem Diplom in Zoologie 1987 ab. Danach promovierte er 1989 mit einer Arbeit über Natrium/Glucose-Cotransporter am Max-Planck-Institut für Biophysik in Frankfurt/Main. Nach einer kurzen Zeit als Entwicklungsleiter in einer Firma für elektrophysiologische Geräte kehrte er 1991 zur universitären Forschung zurück, und zwar an das Institut für Veterinärphysiologie der Freien Universität Berlin. 1992 wechselte er an das Institut für Tierphysiologie der Justus-Liebig-Universität Gießen, wo er sich 1996 habilitierte und die Lehrbefugnis für Zoologie erhielt. In der Zeit von 1999 bis 2002 lehrte und forschte er als Gastprofessor an der Universität von Leuven/Belgien. Seit 2002 hat er eine Professur für Tierphysiologie am Fachbereich Biologie der Westfälischen Wilhelms Universität Münster, wo er die Arbeitsgruppe Membran-Physiologie leitet. Er war von 2007 bis 2010 im Vorstand der Deutschen Zoologischen Gesellschaft, der er als Präsident von 2009 bis 2010 vorstand. Seit 2014 ist er wieder im Vorstand der DZG tätig. Neben vielen anderen Aufgaben in der universitären Selbstverwaltung war er seit 2013 Prodekan des Fachbereiches Biologie und seit 2014 steht dem Fachbereich als Dekan vor.

In seinen Forschungsarbeiten befasst er sich mit einem breiten Spektrum von Organismen aus dem Tierreich, das vom Blutegel *Hirudo medicinalis* über den afrikanischen Krallenfrosch *Xenopus laevis* bis hin zum Menschen *Homo sapiens* reicht. Hauptthema seiner Forschungen sind epitheliale Transportsysteme im Allgemeinen und Ionenkanäle im Besonderen. Dabei liegt der Schwerpunkt auf Defekten in diesen Ionenkanälen, die beim Menschen schwere, heute noch nicht heilbare Krankheiten hervorrufen (sogenannte Kanalopathien). Seit einigen Jahren entwickelt er mit seiner Arbeitsgruppe und im Verbund mit anderen Forscherteams neue Technologien zur Therapie der am häufigsten vorkommenden menschlichen Erbkrankheit Mukoviszidose.

Ein Überblick über die Zelle

1

ÜBERBLICK

Die **Zelle** ist die Grundeinheit der Biologie. Jeder Organismus besteht entweder aus Zellen oder ist eine Zelle. Daher können wir die Fähigkeiten und Grenzen lebender Organismen nur dann erfassen, wenn wir die Struktur und Funktion von Zellen verstehen, ganz gleich ob es sich um Tiere, Pflanzen, Pilze oder Mikroorganismen handelt.

Wir leben in einer revolutionären Phase der Biologie, in der unser Verständnis vom Aufbau der Zelle und von all ihren komplizierten Funktionen, ohne die das Leben nicht möglich ist, gewaltige Fortschritte gemacht hat. Die dynamische Beschaffenheit der Zelle ist von besonderer Bedeutung, denn sie besitzt die Fähigkeit zu wachsen, sich zu reproduzieren und sich zu spezialisieren. Ferner ist sie dazu befähigt, auf Reize zu reagieren und sich an Veränderungen in ihrem Lebensraum anzupassen.

Das Gebiet der Zellbiologie befindet sich in einem Prozess der Veränderungen, denn Wissenschaftler aus einer Vielzahl verwandter Disziplinen arbeiten gemeinsam daran, ein tieferes Verständnis von der Funktionsweise der Zellen zu gewinnen. Die Fokussierung von Zytologie, Genetik und Biochemie hat dazu beigetragen, dass die moderne Zellbiologie zu einer der spannendsten und aufstrebendsten Disziplinen der Biologie wurde.

In diesem Kapitel werden wir uns kurz mit den Anfängen der Zellbiologie als Disziplin beschäftigen. Anschließend werden wir die drei wichtigsten historischen Strömungen darstellen, die zu unserem heutigen Verständnis davon, was Zellen sind und wie sie arbeiten, geführt haben.

Die Zelltheorie: Kurzer historischer Exkurs 1.1

Die Geschichte der Zellbiologie begann vor mehr als 300 Jahren als europäische Wissenschaftler ihre damals noch einfachen Mikroskope dazu verwandten, eine Vielzahl biologischen Materials zu untersuchen, dies reichte von Baumrinde bis zu menschlichem Sperma. Einer dieser Wissenschaftler war Robert Hooke, Kurator für Instrumente bei der Royal Society of London. Im Jahr 1665 arbeitete Hooke mit einem von ihm selbst gebauten Mikroskop, um dünne Korkscheiben, die er mit einem Taschenmesser geschnitten hatte, zu untersuchen. Er sah ein Netzwerk winzig kleiner, schachtelähnlicher Kompartimente, die ihn an Bienenwaben erinnerten. Hooke bezeichnete diese kleinen Kompartimente als *Zellen*, abgeleitet von dem lateinischen Wort *cellula*, das „kleiner Raum" bedeutet.

In Wahrheit aber handelte es sich bei dem, was Hooke unter dem Mikroskop sah, nicht um Zellen, denn die schachtelähnlichen Kompartimente bestehen nur aus leeren Zellwänden toten Pflanzenmaterials, der Baumrinde. Hooke hatte aber auch niemals erwogen, dass es sich bei diesen Zellen um etwas Lebloses handelt, denn er verstand nicht, dass Zellen zu Leben fähig waren! Obgleich er sehr wohl sah, dass die Zellen in anderem Pflanzenmaterial mit etwas gefüllt waren, was er als „Saft" bezeichnete, zog er es doch vor, sich auf die deutlich sichtbareren Zellwände abgestorbener Korkzellen zu konzentrieren, die er zuerst entdeckt hatte. Hookes Beobachtungen waren durch die Stärke seines Mikroskops Grenzen gesetzt, denn es vergrößerte Objekte nur um das 30-Fache (30 ×) ihrer normalen Größe. Daher war es für ihn schwierig, mehr über den inneren Aufbau von Zellen zu erfahren. Einige Jahre später überwand Antonie van Leeuwenhoek diese Hürde. Van Leeuwenhoek war ein holländischer Geschäftsmann, der einen großen Teil seiner Freizeit dem Bau von Mikroskopen widmete. Van Leeuwenhoek stellte handpolierte Linsen her, mittels derer er Objekte fast um das 300-Fache (300 ×) zu vergrößern im Stande war. Dank dieser höherwertigen Linsen vermochte van Leeuwenhoek als erster lebende Zellen zu beobachten, unter anderem Blutzellen, Spermazellen, Bakterien und einzellige Organismen (Algen und Protozoen), die er im Teichwasser fand. In einer Reihe von Artikeln, die er im letzten Viertel des 17. Jahrhunderts verfasste, berichtete er der Royal Society of London von seinen Beobachtungen. Aus seinen detaillierten Berichten können wir sowohl Rückschlüsse auf die hohe Qualität der von ihm verwendeten Linsen als auch auf seine große Beobachtungsgabe machen.

Zwei Faktoren setzten dem weiteren Verständnis der Natur der Zellen zunächst Grenzen. Erstens besaßen die damaligen Mikroskope nur eine begrenzte *Auflösung*. Selbst van Leeuwenhoeks hochwertige Instrumente vermochten nicht so weit vorzudringen, um kleinste Einzelheiten der Struktur sichtbar zu machen. Der zweite und vermutlich entscheidende Faktor war die grundsätzlich beschreibende Vorgehensweise der Biologie des 17. Jahrhunderts. Im Grund war dies ein Zeitalter der Beobachtung und man machte sich kaum Gedanken darüber, die faszinierenden Details des Aufbaus des biologischen Materials zu erklären, das unter den Mikroskoplinsen der Forscher ans Tageslicht trat.

Mehr als ein Jahrhundert musste vergehen, bevor das Zusammentreffen weiter entwickelter Mikroskope und stärker experimentell vorgehender Mikroskopiker eine Reihe von Entwicklungen hervorbrachte, dank derer man die Bedeutung der Zellen innerhalb einer biologischen Organisation erkannte. Um 1830 ermöglichten verbesserte Linsen eine stärkere Vergrößerung und eine bessere Auflösung, so dass man Strukturen, die nur einen Mikrometer (μm) auseinander lagen, aufzulösen vermochte – das heißt, man vermochte sie als unabhängige Objekte erkennbar zu machen. (Ein *Mikrometer* ist 10^{-6} m, oder ein millionster Teil eines Meters; siehe *Exkurs 1A* zur Darstellung der Maßeinheiten in der Zellbiologie.)

1A ▸ Arbeitstechniken

Die Maßeinheiten in der Zellbiologie

Die schwierige Aufgabe, Zellstrukturen und die Organisation von Zellen zu verstehen, wird durch die winzige Größe der Zellen noch erschwert. Die meisten Zellen und deren Organellen sind so klein, dass man sie nicht ohne Hilfsmittel erkennen kann. Weiterhin sind die meisten Studenten nicht mit den Maßeinheiten vertraut, in denen man deren Größe misst. Allerdings sind tatsächlich nur zwei Maßeinheiten wirklich notwendig, um die Größe der meisten uns interessierenden Strukturen zu beschreiben.

Der (oder auch das) **Mikrometer** (μm) ist die Maßeinheit, die sich am besten dazu eignet, die Größe von Zellen und größeren Organellen auszudrücken. Ein Mikrometer (der manchmal auch als Mikron bezeichnet wird) entspricht einem Millionstel eines Meters (10^{-6} m). Im Allgemeinen hat eine bakterielle Zelle einen Durchmesser von wenigen Mikrometern und die Zellen der Pflanzen und der Tiere sind in jeder Ausdehnung 10 bis 20 Mal größer. Organellen wie die Mitochondrien und die Chloroplasten besitzen häufig einen Durchmesser oder eine Länge von nur wenigen Mikrometern und können daher im Hinblick auf ihre Größe mit den meisten Bakterienzellen verglichen werden. Kleinere Organellen liegen zumeist im Bereich von 0,2 – 1,0 μm. Generell kann man sagen, dass man die Dimensionen sehr gut in Mikrometern ausdrücken kann, wenn man das Objekt unter dem Lichtmikroskop sichtbar machen kann. In der ▸*Abbildung 1A-1* werden einige Strukturen dargestellt, die im Allgemeinen in Mikrometern gemessen werden.

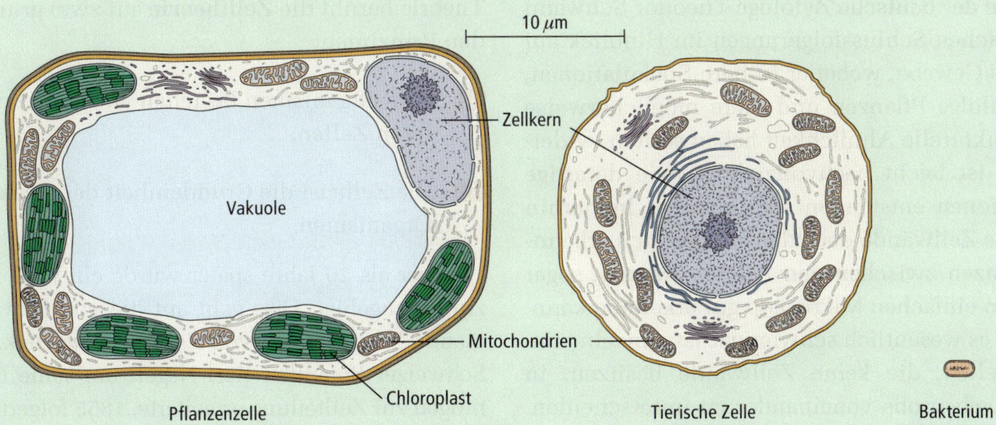

Abbildung 1A-1: Die Welt des Mikrometers. Zu den Strukturen, deren Dimensionen man gut in Mikrometern angeben kann, gehören alle Zellen sowie einige größere Organellen, beispielsweise der Zellkern, Mitochondrien und Chloroplasten. Ein Zentimeter entspricht 10.000 Mikrometern.

Der Nanometer (nm) ist wiederum die am häufigsten verwendete Maßeinheit für Moleküle und subzelluläre Strukturen, die zu klein oder zu dünn sind, um unter dem Lichtmikroskop erkennbar gemacht zu werden. Ein Nanometer ist ein Milliardstel Meter (10^{-9} m). Erst 1000 Nanometer entsprechen einem Mikrometer. Um sich eine Vorstellung davon zu machen, kann man auf der Nanometer-Skala einen Bezugspunkt festsetzen: Ein Ribosom hat einen Durchmesser von ungefähr 25 – 30 nm. Andere Strukturen, die man gut in Nanometern messen kann, sind Mikrotubuli, Mikrofilamente, Membranen und DNA-Moleküle. In der ▶*Abbildung 1A-2* sind die Größen dieser Strukturen angegeben. Eine nur geringfügig kleinere Einheit, das Ångström (Å), wird gelegentlich in der Zellbiologie verwendet, um Dimensionen innerhalb von Proteinen und DNA-Molekülen zu messen. Ein Ångström entspricht 0,1 nm, was wiederum dem Durchmesser eines Wasserstoffatoms entspricht.

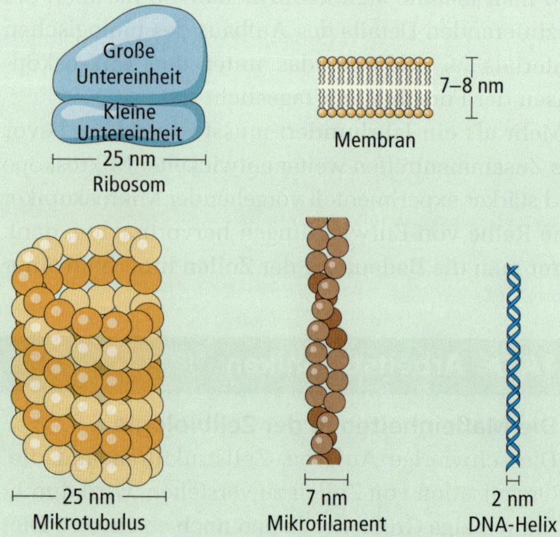

Abbildung 1A-2: Die Welt des Nanometers. Zu den Strukturen, deren Dimensionen man gut in Nanometern angeben kann, gehören Ribosomen, Membranen, Mikrotubuli, Mikrofilamente und die DNA-Doppelhelix. Ein Nanometer entspricht zehn Ångström.

Mit Hilfe dieser verbesserten Linsen fand der englische Botaniker Robert Brown heraus, dass jede Pflanzenzelle, die er betrachtete, eine runde Struktur enthielt, die er als *Nukleus* bezeichnete, ein Begriff, der von dem lateinischen Wort für „Kern" abgeleitet wurde. 1838 kam seine deutscher Kollege Matthias Schleiden zu der wichtigen Erkenntnis, dass sich alles pflanzliche Gewebe aus Zellen zusammensetzt und dass eine Pflanze im Embryostadium immer aus einer einzigen Zelle hervorgeht. Ein Jahr später berichtete der deutsche Zytologe Theodor Schwann von ähnlichen Schlussfolgerungen im Hinblick auf tierisches Gewebe, wobei er frühere Spekulationen, denen zufolge Pflanzen und Tiere möglicherweise keine strukturelle Ähnlichkeit haben sollten, widerlegte. Es ist leicht nachvollziehbar, wie derartige Spekulationen entstanden sein können. Immerhin bilden die Zellwände der Pflanzen deutlich erkennbare Grenzen zwischen den Zellen, die man sogar mit einem einfachen Mikroskop gut erkennen kann, während es wesentlich schwieriger ist, einzelne tierische Zellen, die keine Zellwände besitzen, in einer Gewebeprobe voneinander zu unterscheiden. Erst als Schwann tierische Knorpelzellen untersuchte, vermochte er sich von der fundamentalen Ähnlichkeit pflanzlichen und tierischen Gewebes zu überzeugen. Er beobachtete, dass Knorpelzellen im Gegensatz zu anderen tierischen Zellen Abgrenzungen aufweisen, die aus dicken Ablagerungen von Kollagenfasern bestehen. Schwann entwickelte aus all diesen Beobachtungen eine Theorie der Zellorganisation, die über die Zeit nichts von ihrer Gültigkeit eingebüßt hat. Nach wie vor bildet sie die Grundlage unseres Verständnisses für die Bedeutung der Zellen und der Zellbiologie.

Entsprechend der von Schwann 1839 postulierten Theorie beruht die **Zelltheorie** auf zwei grundlegenden Prinzipien:

1. Alle Organismen bestehen aus einer oder mehreren Zellen.
2. Die Zelle ist die Grundeinheit der Struktur aller Organismen.

Weniger als 20 Jahre später wurde ein weiteres Prinzip hinzugefügt. Dies geht auf die von Brown stammende Beschreibung von Zellkernen zurück, die der Schweizer Botaniker Karl Nägeli um seine Beobachtungen zur Zellteilung erweiterte. 1855 folgerte Rudolf Virchow, ein deutscher Physiologe, dass Zellen nur durch Teilung aus anderen, bereits existierenden Zellen, hervorgehen. Virchow formulierte diese Erkenntnis prägnant in dem heute berühmten lateinischen Satz: *omnis cellula e cellula*, deren Übersetzung das dritte Prinzip der modernen Zelltheorie wurde:

3. Alle Zellen gehen ausschließlich aus bereits existierenden Zellen hervor.

Somit handelt es sich bei der Zelle nicht nur um die Grundeinheit aller Organismen, sondern auch um die Grundeinheit der Reproduktion. Mit anderen Worten, alles Leben beruht auf Zellen. Daher ist es nicht verwunderlich, dass das Verständnis von Zellen und ihren Eigenschaften für die Beschäftigung mit allen anderen Aspekten der Biologie von so fundamentaler Bedeutung ist. Bevor wir uns aber damit beschäftigen, wie sich die moderne Zellbiologie ausgehend von ihren historischen Anfängen entwickelte, möchten wir einen kurzen Blick auf die vielfältigen Zelltypen werfen, die in unserer Welt existieren (siehe ▶*Abbildung 1.1*).

Die Form und Größe der existierenden Zellen ist außerordentlich vielfältig, diese Vielfalt reicht von filamentösen Pilzzellen über die kugelförmigen *Treponema*-Bakterien bis hin zu den unterschiedlich geformten Zellen des menschlichen Blutsystems (siehe ▶*Abbildung 1.1a-c*). Andere Zellen weisen wesentlich exotischere Formen auf, beispielsweise die Radiolarien und die Protozoen in ▶*Abbildung 1.1d* und ▶*Abbildung 1.1e*. Sogar die beiden menschlichen Gameten, die Oocyte und die Samenzelle, unterscheiden sich in Hinblick auf Größe und Form erheblich (siehe ▶*Abbildung 1.1f*). Oftmals kann man bei den Zellen, ebenso wie bei einzelnen Molekülen, aus der Größe Schlüsse auf deren Funktionen ziehen. So trägt zum Beispiel die große Oberfläche der Mikrovilli auf unseren Darmzellen zur Maximierung der Nährstoffaufnahme bei (siehe ▶*Abbildung 1.1g*), die runden Verdickungen in den Zellwänden des pflanzlichen Xylemgewebes verleihen diesen Wasser

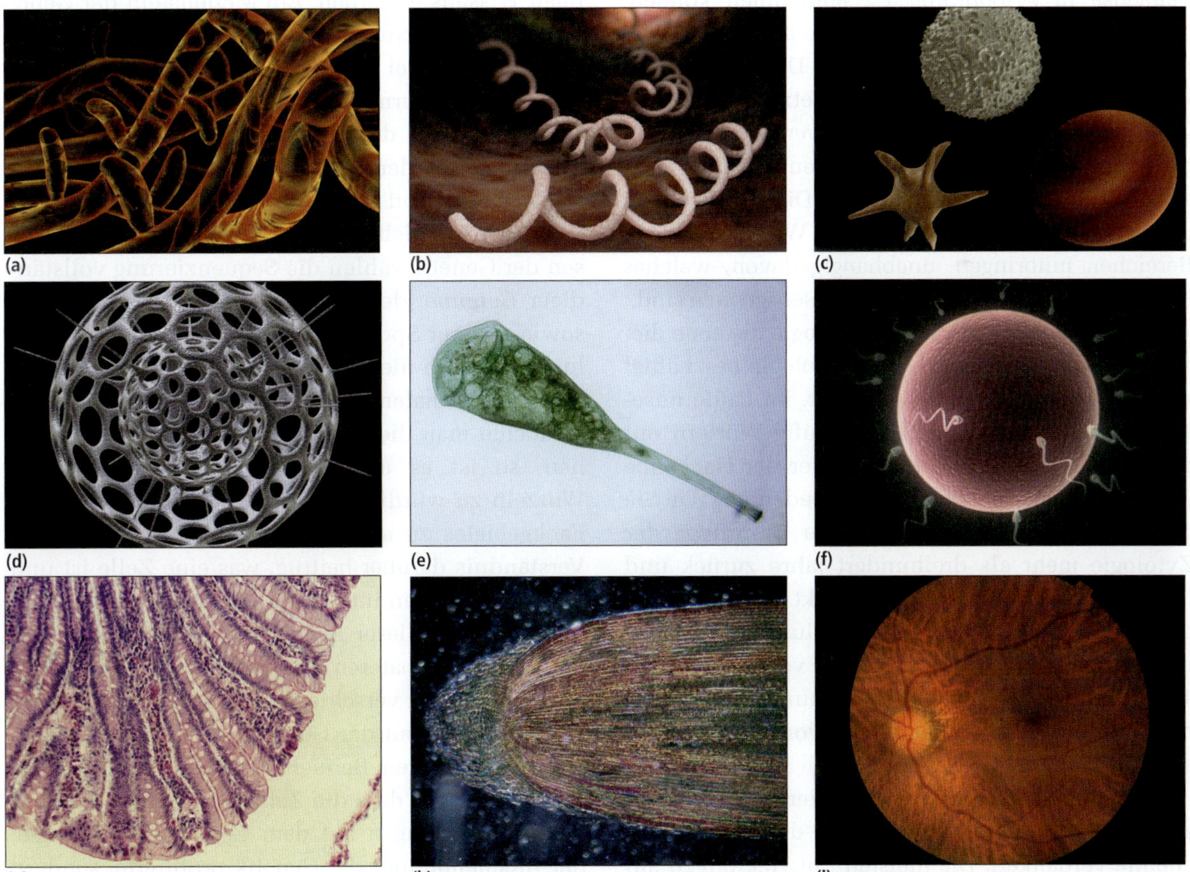

Abbildung 1.1: Die Zellen dieser Welt. Die Vielfalt der Zelltypen unserer Welt umfasst (a) filamentöse Pilzzellen; (b) *Treponema*-Bakterien; (c) ein menschliches rotes Blutkörperchen, ein Blutplättchen und ein weißes Blutkörperchen (von links nach rechts); (d) eine Radiolarie; (e) einen Protozoen der Gattung *Stentor*, (f) eine menschliche Oocyte und Spermazellen; (g) Darmzellen; (h) pflanzliche Xylemzellen; und (i) ein Retinalneuron.

führenden Gefäßen des Holzes Stabilität (siehe ▶*Abbildung 1.1h*), und die stark verzweigten Zellen der menschlichen Neuronen ermöglichen die Wechselwirkung mit mehreren anderen Neuronen (siehe ▶*Abbildung 1.1i*). In unseren Ausführungen in diesem Buch werden Sie viele weitere Beispiele für die Vielfalt der Zellstruktur und der Zellfunktion kennenlernen. Zuvor wollen wir allerdings die historischen Wurzeln betrachten, die zur Entwicklung der heutigen Zellbiologie führten.

Die Entwicklung der modernen Zellbiologie 1.2

Die moderne Zellbiologie entstand durch die Verknüpfung drei verschiedener Forschungsrichtungen – der Zytologie, der Biochemie und der Genetik – zu einem gemeinsamen Forschungsfeld. Wie Sie der Zeitachse in ▶*Abbildung 1.2* entnehmen können, geht jeder dieser Forschungsansätze auf seinen eigenen historischen Ursprung zurück. Die meisten Verknüpfungen fanden erst in den letzten 75 Jahren statt. Jede Richtung sollte für sich wertgeschätzt werden, denn jede dieser Wissenschaften leistete einzigartige und bedeutende Beiträge. Die Zellbiologen unserer Zeit müssen ein fundiertes Wissen aus allen Bereichen mitbringen, unabhängig davon, welches ihre persönlich bevorzugten Interessensgebiete sind.

Historisch gesehen war die **Zytologie** die erste dieser Forschungsrichtungen. Die Zytologie beschäftigt sich vorrangig mit der Zellstruktur. Im Laufe unserer Betrachtungen werden wir häufig Wörtern mit der griechischen Vorsilbe *cyto-* oder der Nachsilbe *-cyte* begegnen, die beide „Zelle" bedeuten. Wie Sie bereits erfahren haben, liegen die Ursprünge der Zytologie mehr als dreihundert Jahre zurück und ihren ersten Aufschwung verdankt sie vor allem dem Lichtmikroskop. Die Entwicklung des Elektronenmikroskops und einiger anderer verwandter optischer Techniken brachte die Forschungsaktivität auf dem Gebiet der Zytologie weiter voran und diente der Vertiefung des Verständnisses.

Die zweite Disziplin repräsentiert die Beiträge zum Verständnis der Zellfunktion, die wir der **Biochemie** verdanken. Die meisten Entwicklungen auf diesem Gebiet fanden in den letzten 75 Jahren statt, obgleich die Ursprünge wesentlich weiter zurückliegen. Von besonderer Bedeutung war die Entwicklung von Techniken wie der Ultrazentrifugation, der Chromatographie, der Elektrophorese und der Massenspektrometrie zur Trennung und Identifizierung von zellulären Bestandteilen und von Molekülen. Der Einsatz radioaktiv markierter Verbindungen zur Untersuchung von durch Enzyme katalysierten Reaktionen und von metabolischen Wegen ist ein weiterer bedeutender Beitrag, den die Biochemie zu unserem Verständnis davon, wie Zellen funktionieren, leistet. Diesen und anderen Techniken werden wir in späteren Kapiteln wieder begegnen, wenn wir uns mit den verschiedenen Aspekten der Zellstrukturen und der Zellfunktionen auseinandersetzen. Dann wird es notwendig sein, die relevanten Techniken zu verstehen.

Das dritte Fachgebiet ist die **Genetik**. In ihrem Fall reicht die Zeitachse mehr als 150 Jahre bis zu dem österreichischen Mönch und Biologen Gregor Mendel zurück. Allerdings haben wir auch hier in den letzten 75 Jahren einen Großteil unseres heutigen Wissens erworben. Ein Meilenstein der Genetik war der Nachweis, dass die DNA (Desoxyribonukleinsäure) bei allen Organismen als Träger der genetischen Information dient. Die DNA spezifiziert die Reihenfolge der Untereinheiten und somit die Eigenschaften der Proteine, die für die meisten funktionalen und strukturellen Merkmale der Zellen verantwortlich sind. Zu den jüngsten Ergebnissen der Genetik zählen die Sequenzierung vollständiger *Genome* (der gesamten DNA) des Menschen sowie anderer Spezies und die *Klonierung* (Herstellung genetisch identischer Organismen) von Säugetieren wie Schafen, Rindern und Katzen.

Möchte man die Zellbiologie unserer Zeit verstehen, so ist es unerlässlich, deren verschiedene Wurzeln zu würdigen und die Beiträge eines jeden Fachgebietes zu achten, das zu unserem heutigen Verständnis darüber beitrug, was eine Zelle ist und was sie zu leisten im Stande ist. Im Folgenden werden wir jedes dieser historischen Fachgebiete kurz darstellen. In späteren Kapiteln werden wir, wenn wir uns mit den verschiedenen Aspekten der Struktur, Funktion und der Genetik der Zellen befassen, genauer auf jeden Bereich eingehen. Bitte denken Sie auch daran, dass die Zellbiologie nicht nur von den Entwicklungen auf dem Gebiet der Zytologie, der Biochemie und der Genetik profitierte, sondern dass sie auch den technologischen Fortschritten auf anderen Gebieten wie der Chemie, der Physik und dem Ingenieurwesen sehr viel verdankt.

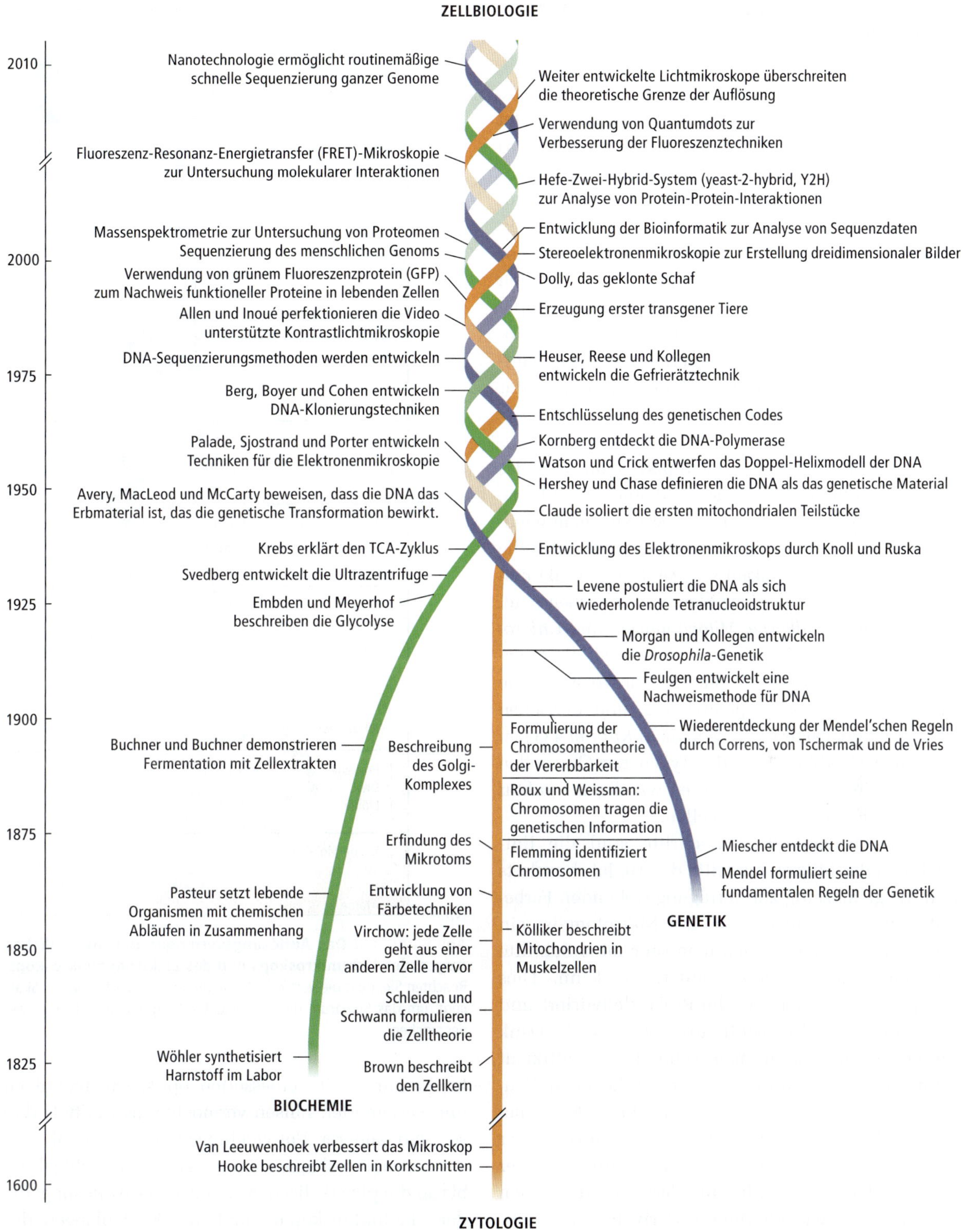

Abbildung 1.2: Zeitachse der Zellbiologie. Obgleich Zytologie, Biochemie und Genetik als voneinander getrennte Disziplinen entstanden, haben sie sich seit 1925 immer stärker interdisziplinär verflochten.

1.2.1 Die Zytologie befasst sich mit der Zellstruktur

Genau genommen befasst man sich in der Zytologie mit der Untersuchung von Zellen. (Tatsächlich lautet die wörtliche Übersetzung des griechischen Wortes *cytos* „hohles Gefäß“, wodurch Hookes erster Eindruck von Zellen gut wiedergegeben wird.) Historisch gesehen hat sich die Zytologie allerdings in erster Linie mit der Zellstruktur beschäftigt, vor allem mittels optischer Techniken. Im Folgenden werden wir einen Überblick über die Mikroskopie geben, die von großer Bedeutung für die Zellbiologie war. Falls Sie eine genauere Darstellung wünschen, so finden Sie diese im Anhang (online unter *www.pearson-studium.de*).

Das Lichtmikroskop Das **Lichtmikroskop** war das erste Hilfsmittel der Zytologen und spielt auch heute noch bei der Erforschung der Zellstruktur eine wichtige Rolle. Dank der Lichtmikroskopie vermochten die Zytologen in einer Vielzahl von Zelltypen Strukturen zu erkennen, die von einer Membran umgeben sind, beispielsweise *Zellkerne*, *Mitochondrien* und *Chloroplasten*. Diese Strukturen bezeichnet man als **Organellen** („kleine Organe“). Sie sind hervorstechende Merkmale der meisten pflanzlichen und tierischen (aber nicht der bakteriellen) Zellen. In *Kapitel 4* geben wir einen Überblick über die Typen der Organellen und in späteren Kapiteln werden wir deren Struktur und Funktion detailliert darstellen.

Weitere bedeutende Fortschritte sind die Entwicklung des Mikrotoms Mitte des 19. Jahrhunderts und die gleichzeitig zur Verfügung stehenden Färbemittel und Färbetechniken. Ein Mikrotom ist ein Instrument, mittels dessen man sehr feine Schnitte von biologischen Proben anfertigen kann. Dies erfolgt zumeist nachdem die Probe dehydriert und in Paraffin oder Kunststoff eingebettet wurde. Dank dieser Technik kann man schnell und effizient dünne Gewebeschnitte gleicher Stärke herstellen. Die Farbstoffe, die eine solch wichtige Rolle bei dem Anfärben und der Identifizierung subzellulärer Strukturen spielten, wurde hauptsächlich in der zweiten Hälfte des 19. Jahrhunderts von deutschen Chemikern entwickelt, die mit Derivaten des Steinkohleteers arbeiteten.

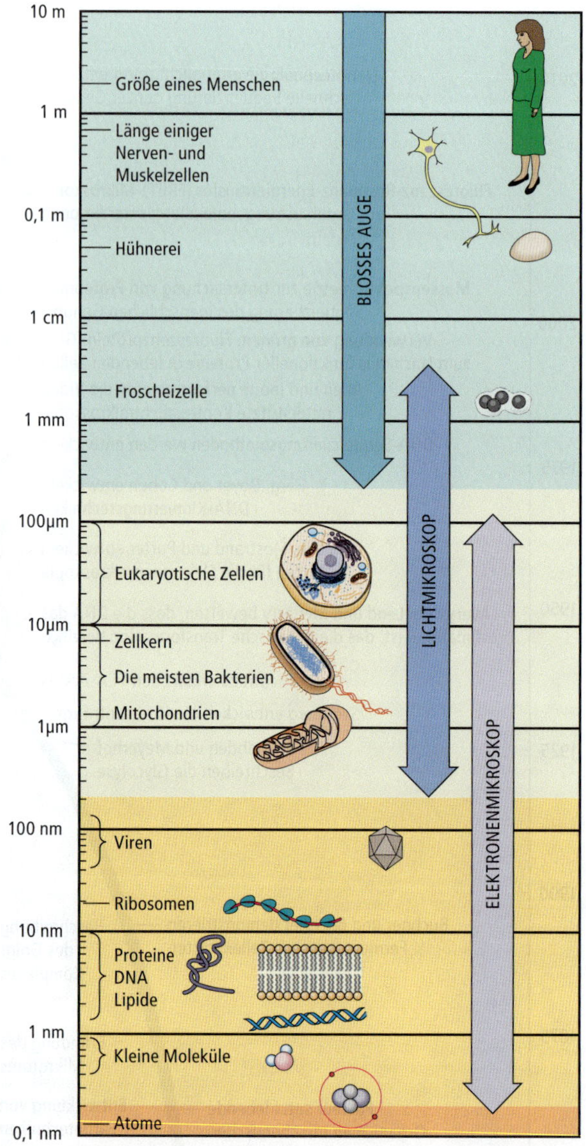

Abbildung 1.3: Das Auflösungsvermögen des menschlichen Auges, des Lichtmikroskops und des Elektronenmikroskops. Beachten Sie, dass die vertikale Achse auf einer logarithmischen Skala liegt, um das Spektrum der dargestellten Vergrößerungsstärken wiederzugeben.

Im Verbund mit verbesserten optischen Techniken und verfeinerten Linsen vermochte man mittels dieser und anderer Entwicklungen die Möglichkeiten der Lichtmikroskopie immer weiter auszuschöpfen – bis an die physikalischen Grenzen der Auflösung, die der Lichtmikroskopie durch die Wellenlängen des sichtbaren Lichts gesetzt sind. Im Hinblick auf die Mikroskopie bezieht sich die **Grenze der Auflösung** darauf, wie weit benachbarte Objekte voneinander entfernt sein müssen, um als verschiedene und getrennte Einheiten erkennbar zu sein. Beispielsweise bedeutet die Aussage, dass die Grenze der Auflösung eines Mikroskops 400 Nanometer (nm) beträgt, dass die Objekte mindestens 400 nm voneinander entfernt sein müssen, um als getrennte Einheiten erkennbar zu sein. Ein besseres Mikroskop könnte eine Auflösung von 200 nm leisten, was bedeutet, dass die Objekte lediglich 200 nm entfernt liegen müssten, um sie voneinander zu unterscheiden. Je niedriger die Grenze der Auflösung, desto größer das Auflösungsvermögen des Mikroskops. In λ ausgedrückt, der Wellenlänge des Lichts, das zur Belichtung einer Probe verwendet wird, liegt die theoretische Grenze der Auflösung eines Lichtmikroskops bei $\lambda/2$. Für sichtbares Licht innerhalb eines Wellenlängenspektrums von 400 – 700 nm, beträgt die Grenze der Auflösung 200 – 350 nm. In der ▸*Abbildung 1.3* wird das Auflösungsvermögen des Lichtmikroskops dargestellt und mit dem des menschlichen Auges und des Elektronenmikroskops verglichen.

Das Sichtbarmachen lebender Zellen Die Mikroskopie, die wir bisher beschrieben haben, bezeichnet man als *Hellfeldmikroskopie*, denn das weiße Licht wird direkt durch eine Probe geleitet, die in Abhängigkeit von den jeweils zu untersuchenden Merkmalen angefärbt oder nicht angefärbt wird. Ein entscheidender Nachteil dieser Vorgehensweise liegt darin, dass die Proben oftmals fixiert (präpariert), dehydriert und in Paraffinwachs oder Kunststoff eingebettet werden müssen. Daher leben die fixierten Proben nicht mehr, wodurch es sich bei den mit dieser Methode untersuchten Merkmalen möglicherweise um Artefakte oder Verzerrungen infolge der Fixierung, Dehydrierung oder des Einbettungsverfahrens handelt. Man hat eine Reihe optischer Techniken entwickelt, um diese Schwierigkeit zu meistern und lebende Zellen direkt betrachten zu können. Dazu gehören die Phasenkontrastmikroskopie, die differenzielle Interferenzkontrastmikroskopie und die konfokale Rasterlasermikroskopie. In der *Tabelle 1.1* finden Sie Abbildungen, die mit jeweils einer dieser Techniken angefertigt wurden und können diese mit Aufnahmen angefärbter und nicht angefärbter Proben eines Hellfeldmikroskops vergleichen. Da diese Techniken im Anhang (online) eingehender dargestellt werden, beschränken wir uns an dieser Stelle auf kurze Beschreibungen.

Mikroskopietechnik	Lichtmikroskopische Aufnahmen von Epithelzellen aus der menschlichen Wange		Mikroskopietechnik
Hellfeld (nicht angefärbtes Präparat): Das Licht wird direkt durch das Präparat geleitet; es sei denn, die Zelle ist von Natur aus pigmentiert oder wurde künstlich angefärbt, das Bild hat wenig Kontrast.	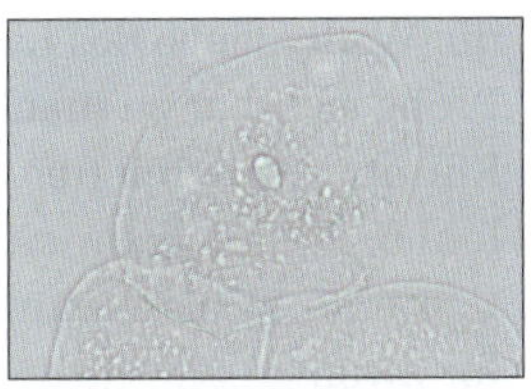	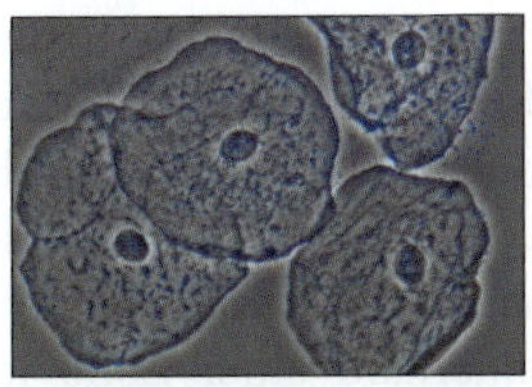	**Phasenkontrast:** verbessert den Kontrast bei nicht angefärbten Zellen durch verschiedene Vergrößerungen im Brechungsindex innerhalb des Präparats; besonders hilfreich bei der Untersuchung lebender, nicht pigmentierter Zellen.
Hellfeld (angefärbtes Präparat): Anfärben mit verschiedenen Farbstoffen zur Intensivierung des Kontrastes. Bei den meisten Färbemethoden müssen die Zellen fixiert (konserviert) werden.		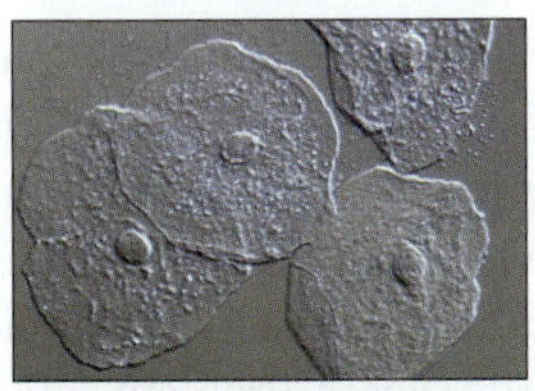	**Differentieller Interferenzkontrast:** nutzt ebenfalls optische Modifikationen, um Unterschiede im Brechungsindex hervorzuheben.
Fluoreszenz: zeigt die Lokalisierung spezifischer Moleküle innerhalb der Zelle. Fluoreszierende Substanzen absorbieren ultraviolette Strahlung und senden sichtbares Licht aus. Die fluoreszierenden Moleküle können natürlicherweise im Präparat vorkommen, werden aber häufiger durch Markierung mit fluoreszierenden Farbstoffen oder Antikörper sichtbar gemacht.	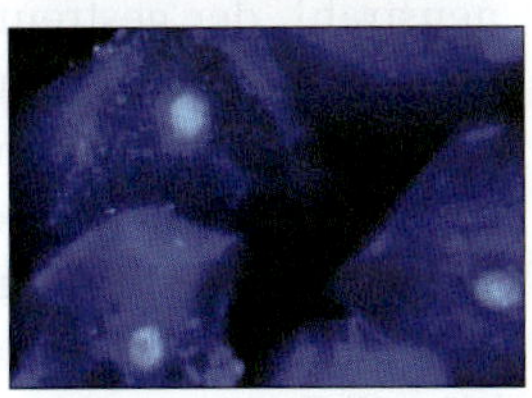	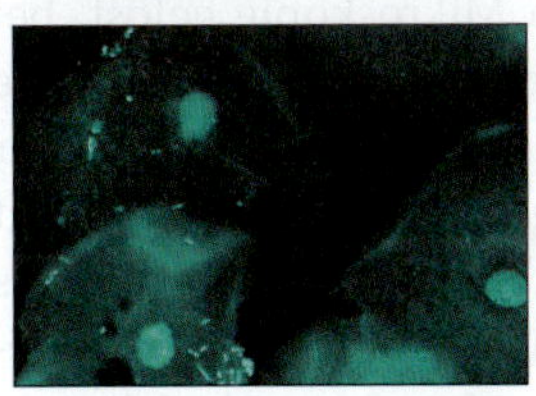 20 µm	**Konfokal:** setzt Laser und besondere Linsen ein, um den Lichtstrahl auf eine Ebene im Präparat zu fokussieren. Es werden nur diese Regionen dargestellt, die in einem engen Bereich der Tiefenschärfe liegen. Regionen oberhalb und unterhalb der ausgewählten Ebene sind eher schwarz als unscharf.

Tabelle 1.1: Verschiedene Techniken der Lichtmikroskopie: ein Vergleich.
Nach: Campbell/Reece, Biology, 6th ed. (San Francisco: Benjamin Cummings, 2002, S. 110.)

Die *Phasenkontrastmikroskopie* und die *differenzielle Interferenzkontrastmikroskopie* ermöglichen es uns, lebende Zellen deutlich zu erkennen. Beide Techniken verstärken geringfügige Variationen der Phase des Lichtes, wenn dieses durch eine Struktur geschickt wird, die sich im Brechungsindex von ihrer Umgebung unterscheidet. Die meisten modernen Lichtmikroskope sind als Phasenkontrastmikroskope, als differenzielle Interferenzkontrastmikroskope sowie als einfache Hellfeldmikroskope konstruiert. Der Mikroskopiker kann durch Austausch der optischen Komponenten mit dem gewünschten Mikroskop arbeiten.

Die *Fluoreszenzmikroskopie* ist eine sehr effektive Methode, spezifische Proteine, DNA-Sequenzen oder bestimmte Moleküle nachzuweisen, indem man sie an einen fluoreszierenden Farbstoff oder an fluoreszenzmarkierte Antikörper bindet. Setzt man gleichzeitig zwei oder mehrere Farbstoffe oder Antikörper ein, die jeweils Licht einer anderen Farbe emittieren, dann kann man die Verteilung verschiedener Moleküle innerhalb einer Zelle beobachten. Diese Methode kann außerdem mit fluoreszenzmarkierten DNA-Sequenzen eingesetzt werden, um die Gegenwart und genaue Position spezifischer Gene in einer Zelle zu bestimmen. In den letzten Jahren hat sich das grüne Fluoreszenzprotein (GFP) der biolumineszenten Qualle *Aequorea victoria* zu einem unschätzbaren Hilfsmittel entwickelt, um die zeitliche und räumliche Verteilung bestimmter Proteine innerhalb einer Zelle zu untersuchen. Wenn man das interessierende Protein mit GFP markiert, kann man dessen Synthese und Bewegung innerhalb einer Zelle in Echtzeit beobachten.

Eine Einschränkung der Fluoreszenzmikroskopie liegt darin, dass der Wissenschaftler jeweils lediglich nur eine einzige Ebene der Probe betrachten kann, dabei allerdings die gesamte Probe mit fluoreszierendem Licht erhellt wird, wodurch ein verschwommenes Bild wiedergegeben wird. Dieses Problem wird aber mittels der konfokalen Mikroskopie gelöst, bei der man mit einem Laserstrahl jeweils nur eine Ebene der Probe erhellt. Bei der Untersuchung dicker Proben wie beispielsweise ganzen Zellen, ermöglicht diese Technik eine wesentlich bessere Auflösung als die traditionelle Fluoreszenzmikroskopie. Desweiteren kann man den Laser auf aufeinanderfolgende Ebenen richten, wodurch man eine Bildersequenz erhält, die so kombiniert werden kann, dass man ein dreidimensionales Bild der Zelle erhält.

Weitere neue Entwicklungen in der Lichtmikroskopie sind die digitale Videomikroskopie, bei der man mit Videokameras digitale Bilder erstellt, die im Computer abgespeichert werden, und die Dekonvolutionsmikroskopie. Dabei handelt es sich um eine Computertechnik, bei der man komplizierte mathematische Algorithmen verwendet, um Kontrast und Auflösung dieser digitalen Bilder zu verbessern. Indem die Wissenschaftler das Lichtmikroskop mit einer stark lichtempfindlichen digitalen Videokamera ausstatten, können sie Zellen mittels sehr geringer Lichtintensität über einen längeren Zeitraum beobachten. Diese Verstärkung des Bildes erweist sich bei der Sichtbarmachung fluoreszierender Moleküle, die in geringen Mengen in lebenden Zellen vorkommen, als sehr hilfreich. Mit Hilfe dieser fortschrittlichen Techniken vermögen wir sogar einzelne Makromoleküle sichtbar zu machen und diese zu identifizieren – zum Beispiel filamentöse Proteine – da wir den Einsatz der Lichtmikroskopie bis an ihre physikalisch theoretisch möglichen Grenzen herangebracht haben.

Das Elektronenmikroskop Trotz dieser riesigen Fortschritte in den optischen Techniken und der Kontrastverstärkung unterliegt die Lichtmikroskopie unweigerlich der Grenze der Auflösung, die ihr durch die Wellenlänge des Lichts, das man benötigt, um die Probe sichtbar zu machen, auferlegt wird. Selbst der Einsatz ultravioletter Strahlung mit kürzeren Wellenlängen als beim sichtbaren Licht, bewirkt lediglich eine Verbesserung der Auflösung um den Faktor zwei.

Einen gewaltigen Schritt nach vorn hinsichtlich der Auflösung brachte die Entwicklung des Elektronenmikroskops, das man 1932 in Deutschland erfand und das seit den 1950er Jahren standardmäßig in der Biologie eingesetzt wird. An Stelle von sichtbarem Licht und optischen Linsen benutzt man bei dem Elektronenmikroskop einen Elektronenstrahl, der gestreut und von einem elektromagnetischen Feld gesammelt wird. Da die Wellenlänge der Elektronen wesentlich kürzer ist als die der Photonen des sichtbaren Lichts, ist die Auflösungsgrenze des Elektronenmikroskops wesentlich höher als die des Lichtmikroskops: ungefähr 0,1 – 0,2 nm beim Elektronenmikroskop verglichen mit circa 200 – 350 nm beim Lichtmikroskop (siehe *Abbildung 1.3*). Folglich erhält man auch eine stärkere Vergrößerung: bis zu 100.000fach mit dem Elektronenmikroskop im Vergleich zu 1.000-fach bis 1.500-fach bei einem Lichtmikroskop.

Es gibt zwei Grundsysteme bei den Elektronenmikroskopen: das **Transmissionselektronenmikroskop (TEM)** und das **Rasterelektronenmikroskop (REM**; engl.: *scanning electron microscope*, **SEM**). Beide werden im Anhang (online) genau beschrieben. Transmissionselektronenmikroskope und Rasterelektronenmikroskope ähneln sich, denn sie benutzen beide einen Elektronenstrahl, allerdings nutzen sie recht unterschiedliche Mechanismen zur Bilderzeugung. Wie der Name schon sagt, erzeugt das TEM mit Hilfe von Elektronen, die durch die Probe geleitet werden, ein Bild. Auf Grund der geringen Durchdringungskraft der Elektronen müssen die für das TEM präparierten Proben außerordentlich dünn geschnitten sein. Das *Ultramikrotom*, ein dafür verwendeter Apparat, ist mit einem Diamantmesser ausgestattet und vermag Schnitte von nur 20 nm Dicke anzufertigen.

Das REM wiederum tastet die Oberfläche der Probe ab und erzeugt durch Nachweis von Elektronen, die von der äußeren Oberfläche der Probe gestreut werden, ein Bild. Bei der Rasterelektronenmikroskopie handelt es sich um eine besonders spektakuläre Technik, denn man kann eine besondere Tiefenschärfe erreichen (siehe ▸*Abbildung 1.4*). Die meisten elektronenmikroskopischen Aufnahmen dieses Buches wurden entweder mit einem TEM oder einem REM aufgenommen und sind entsprechend durch die Abkürzung aus drei Buchstaben am Ende der Bildunterschrift gekennzeichnet.

Man wendet mehrere spezialisierte Techniken in der Elektronenmikroskopie an, dazu gehören die *Negativfärbung*, die *Beschattung*, die *Gefrierbruchtechnik* und die *Gefrierätztechnik*. Jede dieser Techniken ist ein nützliches Hilfsmittel, um Proben dreidimensional darzustellen. Dafür eignet sich eine weitere Technik, die so genannte *Stereoelektronenmikroskopie*. Bei dieser Technik wird die Probe aus zwei sich geringfügig unterscheidenden Winkeln abgebildet, um ein dreidimensionales Bild zu erhalten. Diese Technik wird im Anhang (online) genau beschrieben.

Die Elektronenmikroskopie hat unser Verständnis vom Aufbau der Zelle revolutioniert, da sie ultrastrukturelle Untersuchungen ermöglicht. Einige Organellen (wie die Zellkerne oder die Mitochondrien) sind so groß, dass man sie unter dem Lichtmikroskop erkennen kann, aber das Elektronenmikroskop bietet die Möglichkeit, sie wesentlich genauer zu untersuchen. Hinzu kommt, dass die Elektronenmikroskopie Zellstrukturen aufgedeckt hat, die zu klein sind, um unter dem Lichtmikroskop betrachtet werden zu können. Dazu gehören Ribosomen, Membranen, Mikrotubuli und Mikrofilamente (siehe *Abbildung 1A-2*).

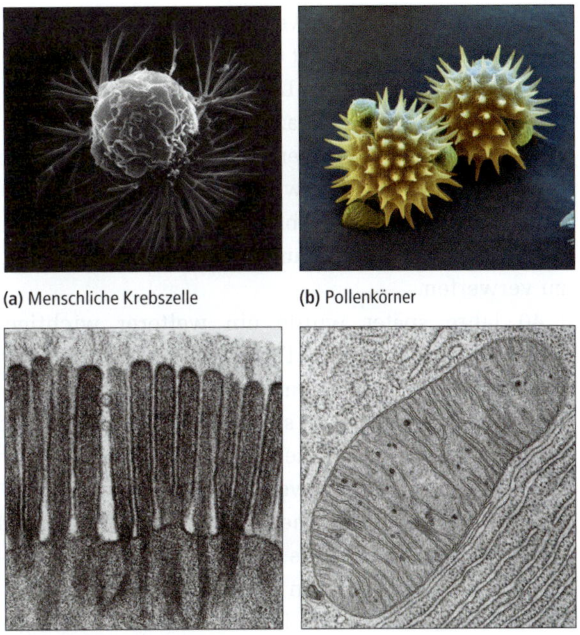

(a) Menschliche Krebszelle (b) Pollenkörner (c) Dünndarmzelle (d) Mitochondrium

Abbildung 1.4: Elektronenmikroskopie. Man verwendete ein Rasterelektronenmikroskop, um (a) eine Brustkrebszelle, (b) zwei Sonnenblumen-Pollenkörner sichtbar zu machen; und ein Transmissions-Elektronenmikroskop, um (c) eine Katzen-Epithelzelle und (d) das Mitochondrium einer Fledermaus-Pankreaszelle sichtbar zu machen.

1.2.2 Die Biochemie beschäftigt sich mit der Chemie der biologischen Struktur und ihrer Funktion

Etwa zu der Zeit, als die Zytologen mit ihren Mikroskopen begannen, die Zellstruktur zu erforschen, gelangen anderen Wissenschaftlern Entdeckungen, die man als erste Schritte zur Erklärung und Verständnis der Zellfunktion ansehen kann. Ein Großteil von dem, was man heutzutage als biochemische Daten bezeichnet, verdanken wir der Entdeckung des deutschen Chemikers Friedrich Wöhler im Jahr 1828. Wöhler war ein Zeitgenosse und Landsmann von Schleiden und Schwann. Er revolutionierte unser Verständnis der Biologie und der Chemie, indem er nachwies, dass man Harnsäure, eine organische Verbindung biologischen Ursprungs, ausgehend von anorganischem Material, Ammoniumcyanat, im Labor synthetisieren konnte.

Vor der Veröffentlichung von Wöhlers Ergebnissen, war die allgemeine Auffassung verbreitet, dass lebende Organismen einzigartig waren und nicht den Gesetzen der Chemie und der Physik unterlagen, die für die nicht lebendige Welt galten. Indem er nachwies, dass eine Verbindung, die von lebenden Organismen gebildet wurde, so wie jede andere chemische Substanz im Labor synthetisiert werden konnte, trug Wöhler dazu bei, die konzeptuelle Unterscheidung zwischen der lebenden und der nicht lebenden Welt zu widerlegen und die Vorstellung, dass biologische Abläufe irgendwie außerhalb der Gesetze der Chemie und der Physik stattfanden, zu verwerfen.

40 Jahre später wurde ein weiterer wichtiger Schritt nach vorn getan. Der französische Chemiker und Biologe Louis Pasteur verknüpfte die Aktivität lebender Organismen an spezifische Abläufe, indem er nachwies, dass Hefezellen für die Fermentation von Zucker zu Alkohol verantwortlich waren. 1897 entdeckten die deutschen Bakteriologen Eduard und Hans Buchner, dass auch dann eine Fermentation ablief, wenn man Extrakte von Hefezellen verwendete, das heißt, intakte Zellen waren gar nicht notwendig. Anfänglich bezeichnete man diese Extrakte als „Fermente", aber man wurde sich allmählich darüber klar, dass es sich bei diesen in den Extrakten enthaltenen aktiven Wirkstoffen um spezifische biologische Katalysatoren handelte, die man seitdem als **Enzyme** bezeichnet – abgeleitet von *-zym*, dem griechischen Wort für „Hefe".

In den 20er und 30er Jahren des 20. Jahrhunderts machte man bedeutende Fortschritte im Hinblick auf das Verständnis der Zellfunktion, da man die biochemischen Wege der Fermentation und verwandter zellulärer Abläufe erhellte. In dieser Zeit dominierten deutsche Biochemiker wie Gustav Embden, Otto Meyerhof, Otto Warburg und Hans Krebs. Die Namen dieser Männer haben Unsterblichkeit erlangt, denn die von ihnen entdeckten biochemischen Wege wurden nach ihnen benannt. So war beispielsweise die Beschreibung der enzymatischen Schritte des Embden-Meyerhof-Wegs der Glykolyse in den frühen 1930er Jahren ein gewaltiger Triumph der Forschung. Kurz darauf erfolgte die Entdeckung des Tricarbonsäurezyklus (TCA-Zyklus; wird auch als Krebs-Zyklus oder Citrat-Zyklus bezeichnet). Beide Kreisläufe sind aufgrund der Rolle, die sie bei der Energiegewinnung der Zellen aus Glukose und anderen Nährstoffen spielen, von Bedeutung. In den *Kapiteln 9* und *10* werden wir uns eingehender mit diesen biochemischen Wegen beschäftigen. Etwa zur gleichen Zeit wies der amerikanische Biochemiker Fritz Lipmann nach, dass die energiereiche Verbindung *Adenosintriphosphat* (*ATP*) die wichtigste, Energie speichernde Verbindung der meisten Zellen ist.

Ein großer Fortschritt im Hinblick auf die Untersuchung biochemischer Reaktionen und Wege gelang, als man erstmalig radioaktive Isotope wie ^{3}H, ^{14}C und ^{32}P einsetzte, um den Metabolismus spezifischer Atome und Moleküle nachzuvollziehen. Die Pioniere auf diesem Gebiet waren der amerikanische Chemiker Melvin Calvin und seine Mitarbeiter von der University of California, Berkley, denn sie zeigten das Verhalten von ^{14}C-markiertem Kohlendioxid ($^{14}CO_2$) in fluoreszierenden Algenzellen auf, die aktiv an der Photosynthese mitwirkten. Ihre Arbeiten, die sie in den späten 1940er und frühen 1950er Jahren durchführten, führten zur Formulierung des *Calvin-Zyklus* – des wichtigsten Wegs des photosynthetischen Kohlenstoffmetabolismus. Der Calvin-Zyklus war der erste metabolische Weg, den man mit Hilfe eines Radioisotops aufdeckte.

Einen weiteren wichtigen Schritt für die Biochemie bedeutete die Entwicklung der Zentrifugation. Diese Technik dient zur Trennung und Isolierung subzellulärer Strukturen und Makromolekülen entsprechend ihrer Größe, Form und/oder Dichte – ein Vorgang, den man als **subzelluläre Fraktionierung** bezeichnet. Die für diese Aufgaben eingesetzten Zentrifugationstechniken sind die *Differenzialzentrifugation* und die *Dichtegradientenzentrifugation*, mit deren Hilfe man Organellen und andere subzelluläre Strukturen entsprechend ihrer Größe- und/oder Dichteunterschiede voneinander trennt, und die *Gleichgewichtsgradientenzentrifugation*, eine sehr effektive Technik zur Auflösung (also Unterscheidung und Trennung der Bestandteile) von Organellen und Makromolekülen entsprechend ihrer unterschiedlichen Dichte. Diese drei Techniken werden in dem *Exkurs 12A* beschrieben. Als besonders hilfreich zur Auflösung kleiner Organellen und von Makromolekülen erweist sich die **Ultrazentrifuge**, die der schwedische Wissenschaftler Theodor Svedberg in den späten 1920er Jahren entwickelte. Mit einer Ultrazentrifuge kann man sehr hohe Geschwindigkeiten erreichen – mehr als 100.000 rpm (rounds per minute) – und dadurch werden die Proben Kräften ausgesetzt, die die Erdanziehungskraft um das 500.000-Fache übersteigen. In vielerlei Hinsicht ist die Ultrazentrifuge so wichtig für die Biochemie wie das Elektronenmikroskop für die Zytologie. Tatsächlich wurden beide Instrumente ungefähr zur gleichen Zeit entwickelt, so dass die Fähigkeit, Organellen und andere subzelluläre Strukturen erkennbar zu machen, fast zeitgleich mit ihrer Isolierung und Reinigung einherging.

Weitere biochemische Techniken, die sich für die Isolierung und Reinigung subzellulärer Strukturen als hilfreich erwiesen haben, sind die Chromatographie und die Elektrophorese. **Chromatographie** ist ein Sammelbegriff, der eine Reihe von Techniken beschreibt, bei denen man eine Mischung von gelösten Molekülen fortschreitend fraktioniert, wenn die Lösung über eine stationäre absorbierende Phase fließt, die sich im Allgemeinen in einer Säule befindet. Vermittels chromatographischer Techniken trennt man Moleküle entsprechend ihrer Größe, ihrer Ladung oder ihrer Affinität für spezifische Moleküle oder funktionale Gruppen. In der *Abbildung 7.9* wird eine chromatographische Technik exemplarisch dargestellt.

Der Begriff **Elektrophorese** bezieht sich auf mehrere verwandte Techniken, bei denen man mittels eines elektrischen Feldes Moleküle entsprechend ihrer Beweglichkeit trennt. Die Geschwindigkeit, mit der sich jedes Molekül während der Elektrophorese bewegt, hängt von dessen Ladung und Größe ab. Das am häufigsten verwendete Medium zur Trennung von Proteinen und Nukleinsäuren durch Elektrophorese ist ein Gel, das entweder aus Polyacrylamid oder Agarose besteht. In der *Abbildung 7.22* wird die Gelelektrophorese mit Polyacrylamid zur Trennung von Proteinen dargestellt.

Nachdem die Proteine durch Elektrophorese getrennt wurden, werden deren Größe sowie die Zusammensetzung einzelner Proteine im Allgemeinen mit Hilfe der **Massenspektrometrie** ermittelt. Diese Technik, mittels derer die Wissenschaftler die Identität einzelner Proteine in einer Mischung aus Tausenden verschiedenen Proteinen in einer Zelle ermitteln können, führte zu beachtlichen Fortschritten. Beispielsweise arbeiten die Wissenschaftler auf dem neuen Gebiet der *Proteomik* daran, die Funktionen und Wechselwirkungen aller in einer bestimmten Zelle enthaltenen Proteine zu verstehen. In *Kapitel 18* gehen wir genauer auf die Massenspektrometrie ein.

Zusammenfassend stellen wir fest, dass Zytologen und Biochemiker dank der weiterentwickelten Techniken zur Sichtbarmachung subzellulärer Strukturen und der Möglichkeiten, diese zu trennen und zu isolieren, erkannten, wie gut sich ihre jeweiligen Beobachtungen zur Zellstruktur und Zellfunktion ergänzten. Diese Wissenschaftler legten die Grundlagen der modernen Zellbiologie.

1.2.3 Die Genetik beschäftigt sich mit dem Informationsfluss

Der dritte bedeutende Zweig der Zellbiologie ist die Genetik. Ebenso wie die beiden anderen Disziplinen reichen auch hier wichtige Ursprünge in das 19. Jahrhundert zurück. In diesem Fall beginnt die Geschichte der Genetik mit Gregor Mendel, dessen Untersuchungen mit Erbsenpflanzen, die er im Klostergarten züchtete, wohl zu den berühmtesten Experimenten der Biologie gehören. Im Jahr 1866 wurden seine Ergebnisse veröffentlicht und stellten die Prinzipien der Trennung und unabhängigen Anordnung von „Erbfaktoren“ dar, die wir heute als **Gene** bezeichnen. Dies waren Prinzipien von ganz erheblicher Bedeutung, denn sie legten die Grundlage für das, was man letztendlich als Mendels Genetik bezeichnen sollte. Ohne jeden Zweifel war Mendel seiner Zeit weit voraus. Bei ihrer ersten Veröffentlichung fand seine Arbeit fast keine Beachtung und erst nach 35 Jahren wurde sie wiederentdeckt und entsprechend gewürdigt. (Interessanterweise sprach fast 2000 Jahre früher der griechische Philosoph Aristoteles von einer physikalischen Einheit, die er als „Keim“ bezeichnete. Er behauptete, dass diese Einheit „von einem bestimmten Elternteil abstamme und aus ihr ein unvorhersehbarer Nachkomme hervorginge“, und er bezeichnete sie als „den herrschenden Einfluss und Erschaffer der Nachkommenschaft.“)

In dem Jahrzehnt nach der Veröffentlichung von Mendels Forschungsergebnissen erkannte man die Rolle des Zellkerns für die genetische Kontinuität von Zellen an. 1880 identifizierte der deutsche Biologe Walther Flemming **Chromosomen**, fadenähnliche Strukturen, die er in sich teilenden Zellen erkannte. Flemming bezeichnete den Teilungsvorgang als *Mitose*, abgeleitet von dem griechischen

Wort für „Faden“. Schon bald erkannte man, dass die Anzahl der Chromosomen ein Unterscheidungsmerkmal verschiedener Spezies war und von einer Generation zu nächsten konstant erhalten blieb. Der deutsche Anatom Wilhelm Roux stellte bereits 1883 die Behauptung auf, dass eben diese Chromosomen die Träger der genetischen Information seien, was sein Landsmann, der Biologe August Weissmann kurze Zeit später deutlicher formulierte.

Nachdem die Rollen des Zellkerns und der Chromosomen allgemein anerkannt waren, war der Grundstein für die Wiederentdeckung der ersten Beobachtungen von Mendel gelegt. Diese Wiederentdeckung erfolgte 1900 als seine Untersuchungen fast gleichzeitig von drei unabhängig voneinander arbeitenden Pflanzengenetikern zitiert wurden: Carl Correns in Deutschland, Ernst von Tischermak in Österreich und Hugo de Vries in den Niederlanden. Innerhalb von drei Jahren formulierte man im Anschluss an die Arbeit des amerikanischen Arztes Walter Sutton und des deutschen Biologen Theodor Boveri die Theorie der Vererbbarkeit der Chromosomen. Sie erkannten unabhängig voneinander Ähnlichkeiten zwischen Mendels Untersuchungen vererbter Merkmale und der sichtbaren Paarung und Segregation von Chromosomen während der Meiose. Die Chromosomentheorie der Vererbbarkeit besagte, dass die für die Mendelsche Vererbung verantwortlichen Erbfaktoren auf den Chromosomen im Zellkern lagen. Diese Hypothese wurde am stärksten durch die Arbeit des amerikanischen Biologen Thomas Hunt Morgan und seiner Studenten, Calvin Bridges und Alfred Sturtevant an der Columbia University während der ersten zwei Jahrzehnte des 20. Jahrhunderts untermauert. Mit dem Modellorganismus *Drosophila melanogaster*, der schwarzbäuchigen Taufliege, als ihrer experimentellen Spezies, identifizierten sie eine Reihe morphologischer Mutanten von *Drosophila* und waren in der Lage, spezifische Merkmale mit einzelnen Chromosomen zu verknüpfen.

Während dieser Zeit wurde auch allmählich das Fundament für unser Verständnis der chemischen Grundlagen der Vererbung gelegt. Ein wichtiger Meilenstein war die Entdeckung der DNA durch den Schweizer Biologen Johann Friedrich Miescher im Jahr 1869. Mit Hilfe von so seltsam anmutenden Quellen wie Lachssperma und menschlichem Eiter aus Operationsverbänden isolierte und beschrieb Miescher das, was er als „Nuklein“ bezeichnete. Allerdings war Miescher ebenso wie Mendel seiner Zeit weit voraus. Erst ungefähr 75 Jahre später wusste man die Rolle des Nukleins als genetischem Informationsträger der Zelle voll und ganz zu würdigen.

Bereits 1914 vermochte der deutsche Chemiker Robert Feulgen mittels seiner Anfärbetechnik den Nachweis zu erbringen, dass die DNA ein wichtiger Bestandteil der Chromosomen war. Diese Färbetechnik wird noch heute angewendet. Allerdings schenkte man der Möglichkeit, dass die DNA der Träger der genetischen Information sein könnte, wenig Beachtung. Tatsächlich hielt man das angesichts der offensichtlich gleichförmigen Struktur der DNA für eher unwahrscheinlich. Bis 1930 war bekannt, dass die DNA nur aus vier verschiedenen Nucleotiden bestand – und dies schien unzureichend, um die Vielfalt aller bekannten Organismen hervorzubringen. Verglichen damit waren die Proteine weitaus vielfältiger, denn sie setzten sich aus 20 verschiedenen Aminosäuren zusammen. Bis zur Mitte des 20. Jahrhunderts war man weithin der Auffassung, dass Proteine die Träger der genetischen Information zwischen Generationen seien, denn sie schienen der einzige Zellkernbestandteil zu sein, dessen Vielfalt genügte, um die offensichtliche Diversität der Gene hervorzubringen.

1994 berichteten Oswald Avery, Colin MacLeod und Maclyn McCarty von einem bahnbrechenden Experiment, dessen Ergebnisse eindeutig darauf hindeuteten, dass die DNA das genetische Material enthielt. In ihrer Arbeit, auf die wir genauer in *Kapitel 18* eingehen werden, wiesen sie nach, dass ein Zellbestandteil, von dem sie annahmen, dass es sich um die DNA handelte, in der Lage war, einen nicht pathogenen Bakterienstamm in einen pathogenen Bakterienstamm „umzuwandeln“, eine Veränderung, die auch vererbbar war. Ihre Beweisführung war bestechend, aber die wissenschaftliche Gemeinschaft war größtenteils nicht von der Schlussfolgerung überzeugt. Nur acht Jahre später fanden die Ergebnisse der amerikanischen Biochemiker Alfred Hershey und Martha Chase eine wesentlich günstiger gestimmte Aufnahme, als sie nachwiesen, dass DNA und nicht Protein in eine bakterielle Zelle eindringt, wenn diese von einem bakteriellen Virus infiziert und genetisch verändert wird.

In der Zwischenzeit formulierten die Biologen George Beadle und Edward Tatum, die in den 1940er Jahren mit dem Brotpilz *Neurospora crassa* gearbeitet hatten, das Konzept „ein Gen – ein Enzym“ und behaupteten, dass die Funktion eines Gens darin besteht, die Bildung eines einzigen spezifischen Proteins zu steuern. Kurze Zeit später, im Jahr 1953, entwarf das ungewöhnliche Team des ehemaligen Ornithologiestudenten James Watson und des ehemaligen Arztes Francis Crick ihr berühmtes Doppelhelixmodell der DNA-Struktur, deren Merkmale sofort Schlüsse zuließen, wie Replikation und genetische Mutation ablaufen könnten. Daraufhin gewann man sehr schnell Klarheit über die Funktion der DNA und erkannte, wie die DNA die Reihenfolge der Aminosäuren in Proteinen spezifiziert und dass verschiedene Arten von RNA-Molekülen als Zwischenprodukte der Proteinsynthese dienen.

Die 1960er Jahre brachten besonders bedeutende Entwicklungen, unter anderem die Entdeckung der Enzyme, die die DNA und RNA synthetisieren (jeweils die DNA-Polymerasen und die RNA-Polymerasen), außerdem wurde der genetische Code „geknackt", der die Beziehung zwischen der Reihenfolge der Nucleotide in einem DNA- oder einem RNA-Molekül sowie die Reihenfolge der Aminosäuren in einem Protein spezifiziert. Ungefähr zur gleichen Zeit leiteten zwei Franzosen – der Biochemiker Jacques Monod und der Genetiker Francois Jacob – einen Mechanismus her, der für die Regulation der bakteriellen Genexpression verantwortlich ist.

Wichtige Techniken der Genetik in der *Abbildung 1.2* sind unter anderem die Trennung von DNA-Molekülen und Fragmenten durch Ultrazentrifugation und Elektrophorese. Von gleicher, wenn nicht sogar noch größerer Bedeutung ist die *Nukleinsäurehybridisierung*, die zu einer Reihe verwandter Techniken gehört, die auf der Fähigkeit der Nukleinsäuremoleküle beruht, mit komplementären Basensequenzen eine Bindung einzugehen oder zu *hybridisieren*, wodurch ein doppelsträngiger Hybrid entsteht. Diese Techniken können auf DNA-DNA-, DNA-RNA- und sogar auf RNA-RNA-Wechselwirkungen angewandt werden. Sie dienen außerdem zur Isolierung und Identifizierung spezifischer DNA- oder RNA-Moleküle.

Die Reihe technologischer Fortschritte, die ohne jeden Zweifel am meisten zu unserem Verständnis der Genexpression beigetragen hat, ist die Entwicklung der **Technologie der rekombinanten DNA** in den 1970er Jahren. Die Entwicklung dieser Techniken geht auf die Entdeckung der *Restriktionsenzyme* zurück, die in der Lage sind, DNA-Moleküle an spezifischen Stellen zu schneiden, so dass die Wissenschaftler *rekombinante DNA-Moleküle* bilden können, die DNA-Sequenzen aus zwei verschiedenen Quellen enthalten. Dieses Können führte rasch zur Entwicklung der Genklonierung – einem Vorgang, mit dem man viele Kopien spezifischer DNA-Sequenzen anfertigen kann, um diese eingehender zu untersuchen oder stärker zu verändern. In den *Kapiteln 18* und *20* werden wir uns intensiver mit diesen wichtigen Techniken auseinandersetzen.

Ungefähr zu dieser Zeit entwickelte man Methoden zur schnellen Bestimmung der Basensequenzen von DNA-Fragmenten. Man kann die Bedeutung der DNA-Sequenzierung gar nicht genug hervorheben. Tatsächlich ist diese Technologie jetzt so weit etabliert und automatisiert, dass sie nicht nur zur Untersuchung einzelner Gene standardmäßig eingesetzt wird, sondern auch zur Untersuchung ganzer *Genome* (die vollständige DNA einer Zelle). Ursprünglich wandte man die Genomsequenzierung nur auf bakterielle Genome an, denn diese sind relativ klein – im Allgemeinen handelt es sich um einige wenige Millionen Basen. Mittlerweile wird die DNA-Sequenzierung schon seit vielen Jahren auf wesentlich größere Genome angewendet, unter anderem auf die Genome von Hefespezies, Fadenwürmern, Pflanzen und Tieren, die für die Wissenschaftler von besonderem Interesse sind. Ein großer Triumph war die Sequenzierung des gesamten menschlichen Genoms, das ungefähr 3,2 Milliarden Basen umfasst. Diese großartige Leistung wurde vom *Human Genome Project* vollbracht – eine internationale Zusammenarbeit, die 1990 begann, an der Hunderte von Wissenschaftlern arbeiteten und die im Jahr 2003 die vollständige Sequenz des menschlichen Genoms entschlüsselte.

Die Aufgabe, die gewaltige Datenmenge zu untersuchen, die man durch die DNA-Sequenzierung erhält, führte zur Entwicklung einer neuen Disziplin, der **Bioinformatik**, bei der Informatik und Biologie dazu dienen, den Sinn von Sequenzierungsdaten zu entschlüsseln. Diese Vorgehensweise führte zu der Erkenntnis, dass das menschliche Genom ungefähr 21.000 Gene enthält, die Proteine kodieren, von denen vor der Genomsequenzierung nur etwa die Hälfte charakterisiert worden war. Da den Wissenschaftlern jetzt die DNA-Sequenzen dieser Gene bekannt sind, gehen sie über die Untersuchung des Genoms hinaus und widmen sich dem *Proteom*, dem gesamten Proteingehalt einer Zelle. Die Untersuchungen der Proteomik zielen darauf ab, die Struktur und die Eigenschaften eines jeden Proteins zu verstehen, das von einem Genom gebildet wird und die Wechselwirkungen zwischen diesen Proteinen zu verstehen, die die Zellfunktionen regulieren.

Zahlreiche bioinformatische Tools und Datenbanken für den allgemeinen Gebrauch werden vom National Center for Biotechnology Information (NCBI), einer Unterorganisation der amerikanischen National Institutes of Health (NIH), zur Verfügung gestellt. NCBI unterhält und pflegt auch die frei zugängliche Datenbank *GenBank*, in der mehr als 180 Millionen Nukleotid- und Aminosäure-Sequenzen von ca. 380.000 Organismen hinterlegt sind. Außerdem betreiben die NIH auch *PubMed*, eine kostenlose Datenbank mit mehr als 22 Millionen Literaturstellen („Zitaten") aus dem Bereich der Lebenswissenschaften, die bei den Wissenschaftlern weltweit sehr beliebt ist. Das europäische Pendant *European Nucleotide Archive* (ENA) wird vom EMBL (European Molecular Biology Laboratory) betrieben und umfasst derzeit weit mehr als 200 Millionen Einträge. Die *Internationale Nukleotidsequenz-Datenbank-Zusammenarbeit* (International Nucleotide Sequence Databank Collaboration, INSDC) wiederum stimmt alle diese Datenbanken und noch verschiedene andere miteinander ab und stellt die Daten der wissenschaftlichen Gemeinschaft frei zur Verfügung. Die Anzahl der einzelnen spezialisierten Datenbanken wächst weltweit sehr schnell und die Zahl ihrer Inhalte steigt exponentiell an.

Die speziellen Softwaretools, um Datenbanken zu durchforsten und Gen- oder Proteinsequenzen der verschiedenen Organismen miteinander zu vergleichen, sind auch überwiegend frei zugänglich. Die OMIM-Datenbank (Online Mendelian Inheritance in Man) zum Beispiel listet mehr als 13.000 menschliche Gene und deren bekannte Mutationen auf und erlaubt somit, Erbkrankheiten und deren klinische Symptome zu identifizieren und zu analysieren. In einer anderen Forschungsinitiative wird versucht, das komplexe Netzwerk der biochemischen Reaktionen einer exemplarischen Zelle zu simulieren. Bisher gelang es, mehr als 1.700 Gene, die für spezifische Enzyme kodieren, in das Modell zu integrieren. Die Genprodukte katalysieren mehr als 7.400 Reaktionen, an denen mehr als 2.600 Metaboliten beteiligt sind. Ein solches Programm könnte einmal dabei helfen, mögliche Nebenwirkungen von zukünftigen Medikamenten bzw. Wirkstoffen vor dem klinischen Einsatz zu berechnen.

Viele Wissenschaftler nutzen die Hefe als Modellsystem zur Isolierung und Charakterisierung genetischer Mutanten und haben auf diese Weise viel darüber in Erfahrung gebracht, wie Zellen funktionieren. Dabei verwenden sie auch mutierte Hefestämme, denen bestimmte Gene und deren Proteinprodukte fehlen oder die bestimmte Proteine überexprimieren. Beispielsweise waren die Zellzyklusmutanten von Hefe, die eine anormale Zellteilung durchführen, von unschätzbarem Wert für unser Verständnis dafür, wie dieser Teilungsprozess bei normalen Zellen abläuft. In jüngster Zeit hat die Arbeit mit dem *Hefe-Zwei-Hybrid-System*, mit dem man bestimmen kann, wie spezifische Proteine innerhalb einer lebenden Zelle in Wechselwirkung treten können, in großem Maß zu unserem Verständnis der komplexen molekularen Wechselwirkungen beigetragen, die an der Zellfunktion mitwirken.

Diese sowie weitere Techniken waren der Beginn einer Ära der Molekulargenetik, die auch weiterhin die Biologie revolutioniert. Innerhalb dieses Prozesses hat sich der historische Teil der Genetik, der auf Mendel zurückgeht, auf das engste mit denen der Zytologie und der Biochemie verflochten. Daraus ist die Disziplin der Zellbiologie, so wie wir sie heute kennen, hervorgegangen.

1.3 „Fakten" und die wissenschaftliche Arbeitsweise

Möchte man sich mit einem Forschungsgebiet wie der Zellbiologie zumindest ansatzweise vertraut machen, bedeutet es, dass man *Fakten* über das Thema lernen muss. Sogar in diesem kurzen, einleitenden Kapitel sind wir bereits einigen Fakten aus der Zellbiologie begegnet. Wenn wir beispielsweise sagen, dass „alle Organismen aus einer oder mehreren Zellen bestehen" oder dass „die DNA der Träger der genetischen Information ist", dann erkennen wir diese Behauptungen als Tatsachen der Zellbiologie an. Allerdings müssen wir auch eingestehen, dass die erste dieser Behauptungen ursprünglich als Teil einer Theorie angesehen wurde und dass die zweite Behauptung an die Stelle eines früheren, falschen Konzeptes, dass Gene aus Protein bestünden, trat.

Es ist also klar, dass eine wissenschaftliche Tatsache einen wesentlich geringeren Informationsgehalt besitzt als dieses Wort im alltäglichen Gebrauch impliziert. Für einen Wissenschaftler ist eine Tatsache einfach der Versuch, unser derzeitiges Verständnis eines spezifischen Phänomens zu formulieren. Eine Tatsache besitzt nur solange Gültigkeit, bis sie überprüft und durch ein besseres Verständnis ersetzt wird.

Wenn wir uns mit wissenschaftlichen Methoden beschäftigen, müssen wir mehrere wichtige Begriffe verstehen lernen, die Wissenschaftler verwenden, um den Grad von Gewissheit anzugeben, mit dem eine spezifische Erklärung oder ein spezifisches Konzept als wahr anerkannt wird. Drei Begriffe sind von besonderer Bedeutung: *Hypothese*, *Theorie* und *Gesetz*.

Die **Hypothese** ist die vorsichtigste Formulierungsweise. Bei einer Hypothese handelt es sich lediglich um eine Aussage oder eine Erklärung, die mit den meisten bis zu dem jeweiligen Zeitpunkt beobachteten oder experimentell erbrachten Nachweisen übereinstimmt. Nehmen Sie einmal an, dass Sie beispielsweise dreimal im Laufe des letzten Monats Sodbrennen hatten und dass Sie jedes Mal kurz bevor Sie Sodbrennen verspürten, eine Peperoni-Pizza gegessen hatten. Eine vernünftige Hypothese wäre, dass das Sodbrennen auf irgendeine Weise mit dem Verzehr der Peperoni-Pizza in Zusammenhang stünde. Oftmals geht eine Hypothese in ein *Modell* über, das eine anscheinend vernünftige Erklärung des fraglichen Phänomens bietet.

Eine Hypothese ist nur dann für den Wissenschaftler sinnvoll, wenn sie *überprüfbar* ist, das heißt, es muss möglich sein, ein kontrollierbares Experiment zu entwerfen, mittels dessen man die Hypothese entweder bestätigen oder verwerfen kann. Ausgehend von anfänglich gemachten Beobachtungen und vorherigem Wissen (höchst wahrscheinlich dank der Arbeit anderer Wissenschaftler), formuliert der Wissenschaftler eine überprüfbare Hypothese und entwirft dann ein kontrolliertes Experiment, um zu ermitteln, ob die Hypothese von den Daten oder Beobachtungen untermauert wird. Bei einem kontrollierten Experiment versucht ein Wissenschaftler, die Anzahl der mitwirkenden Variablen zu minimieren und zugleich jede spezifische, interessierende Variable zu kontrollieren.

Wenn man eine Hypothese oder ein Modell genauestens unter verschiedenen Bedingungen überprüft hat – im Allgemeinen durch verschiedene Wissenschaftler, die mit unterschiedlichen Techniken arbeiten – und diese/s übereinstimmend durch die Nachweise gestützt wird, dann erlangt die Hypothese oder das Modell allmählich den Status einer **Theorie**. Wenn eine Erklärung oder ein Modell als Theorie angesehen wird, so bedeutet dies, dass es von den meisten Wissenschaftlern des Fachgebiets im Allgemeinen und weitestgehend anerkannt wurde. Die zuvor in diesem Kapitel beschriebene *Zelltheorie* stellt ein ausgezeichnetes Beispiel dar. Unter den Biologen gibt es nur wenige oder gar keine Meinungsverschiedenheiten im Hinblick auf deren drei Grundprinzipien. Zwei weitere Erklärungen aus jüngster Zeit, die den Status einer Theorie erlangt haben, sind das *chemiosmotische Modell*, das erklärt, wie die mitochondriale ATP-Produktion von einem elektrochemischen Protonengradienten durch die innere Membran des Mitochondriums angetrieben wird (wird in *Kapitel 10* diskutiert), und das *Flüssig-Mosaik-Modell* der Membranstruktur, auf das wir in *Kapitel 7* näher eingehen werden.

Nachdem eine Theorie über einen sehr langen Zeitraum von einer großen Anzahl von Wissenschaftlern sehr gründlich überprüft wurde und Bestätigung gefunden hat, so dass keine Zweifel mehr an ihrer Richtigkeit besteht, wird diese Theorie schließlich als **Gesetz** anerkannt. Sofort denkt man an das Gesetz der *Schwerkraft* ebenso wie an mehrere Gesetze der *Thermodynamik*, auf die wir in *Kapitel 5* eingehen werden. Sicherlich sind Ihnen auch *Ficks Gesetz der Diffusion*, das *ideale Gasgesetz* und andere Konzepte der Physik und Chemie bekannt, die allgemein als Gesetze anerkannt sind. Einige der bekanntesten Beispiele der Biologie stammen aus der Genetik – beispielsweise Mendels *Gesetz der Vererbung* und das *Hardy-Weinberg-Gesetz*. Im Allgemeinen gehen Biologen sehr vorsichtig mit dem Begriff *Gesetz* um. Obschon man im Hinblick auf die Zelltheorie nach mehr als 150 Jahren keine Ausnahmen gefunden hat, spricht man nach wie vor von einer Theorie. Ebenso wie bei der *Keimtheorie*, der zufolge Erkrankungen durch Mikroorganismen hervorgerufen werden und bei der *Evolutionstheorie*, die den Ursprung der biologischen Diversität beschreibt, besteht kein Zweifel mehr an der Zelltheorie und man könnte diese als Gesetz betrachten. Vielleicht spiegelt sich in unserem Widerstreben, die Erklärungen für biologische Phänomen als Gesetze zu etikettieren, das Problem wider, dass wir selbst kaum davon überzeugt sind, niemals Organismen oder Zellen zu finden, die unsere hervorragend untermauerten Theorien widerlegen könnten.

1B ▶ Arbeitstechniken

Modellorganismen in der Forschung der Zellbiologie

Obwohl wir über weit entwickelte Mikroskope und elegante Methoden zur Isolierung und Analyse einzelner Zellen und Zellbausteine verfügen und Zugang zu riesigen Datenmengen haben, die unser Wissen über Zellen darstellen, müssen wir, wenn wir wirklich verstehen wollen, wie Zellen funktionieren, unsere Hypothesen in vivo (am lebenden Organismus) überprüfen. Die Tätigkeit der Zellbiologen ist stark von einer Reihe von *Modellorganismen* abhängig, die die wichtigsten Domänen des Lebens repräsentieren und mit deren Hilfe sie die Geheimnisse der Zelle entschlüsseln möchten.

Ein **Modellorganismus** ist eine gut untersuchte, gut charakterisierte, leicht manipulierbare Spezies, die besondere Vorteile besitzt, dank derer sie sich für experimentelle Untersuchungen eignet. Außerdem ist man heute auch in der Lage, die Genome der einzelnen Modellorganismen komplett zu sequenzieren. Beispiele sind das Bakterium *Escherichia coli*, die Hefe *Saccharomyces cerevisiae* und die Tau- oder Fruchtfliege *Drosophila melanogaster* (*Abbildung 1B-1*). Gregor Mendel arbeitet bei seinen klassischen Experimenten zur Genvererbbarkeit und Segregation mit den Erbsenpflanzen in seinem Klostergarten, denn dieser Modellorganismus ließ sich leicht züchten, konnte für manuelle genetische Kreuzung verwendet werden und zeigt leicht erkennbare Merkmale wie Pflanzenhöhe, Samen- und Blütenfarbe, Form usw.

Ein Professor für Biochemie wies einmal darauf hin, dass seine Vorlesung über die zelluläre DNA-Synthese in erster Linie eine Vorlesung über die DNA-Synthese bei *Escherichia coli* sei, denn der größte Teil unseres Wissens über diesen Vorgang beruhte zu jener Zeit auf den Untersuchungen, die man mit diesem einzelligen Modellorganismus durchgeführt hatte. *E. coli* kann man sehr gut im Labor kultivieren, er hat eine kurze Generationszeit (20 Minuten) und kann zur Untersuchung der Genfunktion ohne Probleme gentechnologisch verändert werden. 1997 war *E. coli* das erste Bakterium, dessen Genom man vollständig sequenziert hatte. Da *E. coli* gut DNA von praktisch jedem anderen Organismus aufnimmt, wurde er das „Arbeitspferd" der Zell- und Molekularbiologie und wird in großem Maße zur Analyse und Produktion von Genen und Proteinen für Forschung, Industrie und Medizin genutzt.

Zur Untersuchung der eukaryotischen Zellbiologie bietet *Saccharomyces cerevisiae*, ein einzelliger Pilz, den man auch als Bäckerhefe oder Brauereihefe bezeichnet, viele der bei *E. coli* genannten Vorteile. Ebenso wie *E. coli* wächst Hefe schnell in Wachstumsmedium im Labor und kann mühelos manipuliert und gentechnologisch verändert werden. *S. cerevisiae* dient zur Untersuchung von Organell-Funktionen, von eukaryotischen Sekretionsvorgängen und von Protein-Protein-Interaktionen. Vielleicht überrascht es Sie zu erfahren, dass unser Wissen über die menschliche Zellteilung auf der Untersuchung von Zellzyklusmutanten in der Hefe beruht.

Allerdings hat der Einsatz dieser beiden einzelligen Organismen auch seine Grenzen, vor allem, wenn man Abläufe bei mehrzelligen Organismen untersuchen möchte, zum Beispiel die Zelldifferenzierung, die Entwicklung des Embryos und die Zell-Zell-Kommunikation. Sie haben vielleicht schon gehört, wie sich Biologen zur Durchführung dieser Untersuchungen über „Fliegen und Würmer" unterhalten haben. Sie beziehen sich auf die Tau- oder Fruchtfliege *Drosophila melanogaster* und den mikroskopisch kleinen Fadenwurm *Caenorhabditis elegans*, die beide sehr intensiv für Untersuchungen zur Genetik und Entwicklung vielzelliger, eukaryotischer Organismen eingesetzt wurden.

Die Entdeckung der genetischen Rekombination durch Thomas Hunt Morgan und seine Kollegen zu Beginn der 1990er Jahre beruhte auf ihrer Arbeit mit *Drosophila* und auf den experimentellen Vorteilen dieses Modellorganismus: *Drosophila* kann man leicht im Labor züchten und manipulieren, sie hat eine kurze Generationszeit (ungefähr zwei Wochen), hat sehr viele Nachkommen und leicht erkennbare physikalische Merkmale (beispielsweise die Augenfarbe und die Form der Flügel). Heutzutage wird sie häufig für genetische Untersuchungen verwendet, was zum einen daran liegt, dass Tausende mutierter Stämme zur Verfügung stehen, jeder mit einem Defekt in einem bestimmten Gen, zum anderen daran, dass das *Drosophila*-Genom komplett sequenziert ist. Des Weiteren wird *Drosophila* zunehmend für Untersuchungen zur Embryogenese, Entwicklungsbiologie und zur Untersuchung von Signalkaskaden (siehe *Exkurs 14B*) verwendet.

Ganz ähnlich verhält es sich mit *Caenorhabditis elegans*, einem wertvollen Modellorganismus für Untersuchungen zur Zelldifferenzierung und Entwicklung sowie der Apoptose (dem programmierten Zelltod) in vielzelligen Organismen. Zu den Vorteilen dieses Organismus zählen seine leichte Manipulierbarkeit, der relativ kurze Lebenszyklus und sein kleines Genom, der erste multizelluläre Organismus, den man sequenzierte. Außerdem ist *C. elegans* eines der einfachsten Tiere, das ein Nervensystem besitzt. Seine Entwicklung aus einem befruchteten Ei ist bemerkenswert vorhersehbar und der Ursprung und das Schicksal jeder seiner exakt 1.031 Zellen (adultes Männchen; diese im Tierreich seltene Zellkonstanz wird Eutelie genannt) wurden kartiert, ebenso wie die Hunderte von Verbindungen zwischen den circa 200 Nervenzellen. Außerdem sind die winzigen Würmer durchsichtig, weshalb man einzelne Zellen gut sehen bzw. mit fluoreszenzmarkierten Molekülen im lebenden Organismus gut sichtbar machen kann.

Zur Untersuchung der für Menschen und Säugetiere spezifischen zellulären und physiologischen Abläufe hat sich die gewöhnliche Labormaus (*Mus musculus*) zum Modellorganismus erster Wahl entwickelt. Sie teilt viele zelluläre, anatomische und physiologische Gemeinsamkeiten mit dem Menschen und wird sehr häufig für Untersuchungen in der Medizin und der Immunologie verwendet, aber auch zur Erforschung von Alterungsprozessen. Die Maus eignet sich außerdem gut für die Untersuchung einer Reihe von Krankheiten, die auch den Menschen betreffen, beispielsweise Krebs, Diabetes und Osteoporose. Man hat viele Mausstämme gezüchtet oder gentechnologisch verändert, in denen man bestimmte Gene entweder „ausgeschaltet" (Knockout-Mäuse) oder eingesetzt hat, sodass sie für die biomedizinische Forschung von besonderem Wert sind.

Zur Untersuchung von Abläufen, die nur bei Pflanzen stattfinden sowie von einigen Vorgängen, die bei allen Organismen vorkommen, wird sehr häufig eine einzellige Grünalge verwendet, *Chlamydomonas reinhardtii*. Ebenso wie *E. coli* und die Hefe kann man „*Chlamy*" gut auf Petrischalen im Labor kultivieren. „*Chlamy*" diente zur Untersuchung der Photosynthese, der Lichtperzeption, des Paarungstyps, der zellulären Motilität und der DNA-Methylierung. Für die Untersuchung von Blütenpflanzen eignet sich *Arabidopsis thaliana* (Acker-Schmalwand oder Schotenkresse) hervorragend als Modellorganismus. Die Pflanze besitzt eines der kleinsten Genome aller Pflanzen und hat einen relativ kurzen Lebenszyklus (sechs Wochen), was genetische Untersuchungen erleichtert. Man hat ihr Genom vollständig sequenziert und Tausende mutierter Stämme gezüchtet, die detaillierte Untersuchungen zur Funktion pflanzlicher Gene ermöglichen.

Man arbeitet mit vielen weiteren Modellorganismen in der Biologie, um eine ganze Reihe zellulärer, genetischer und biochemischer Abläufen zu studieren.

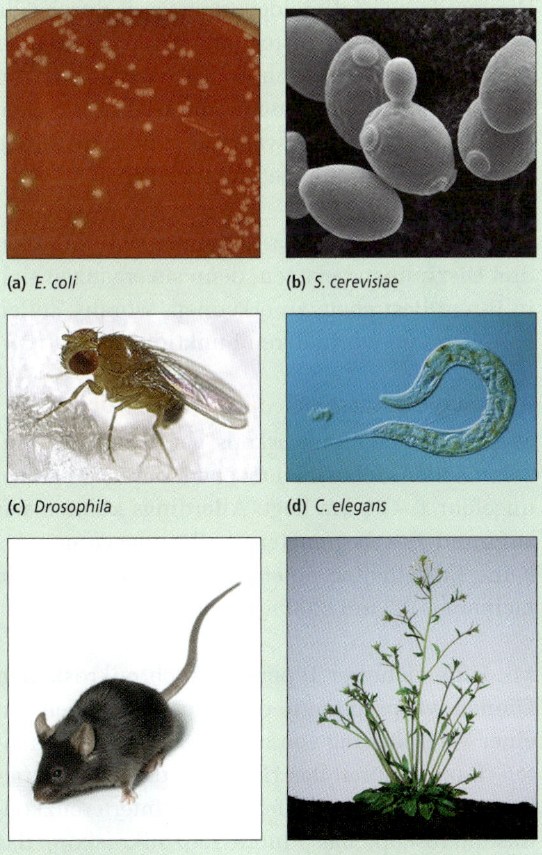

(a) *E. coli* (b) *S. cerevisiae* (c) *Drosophila* (d) *C. elegans* (e) *Mus musculus* (f) *Arabidopsis*

Abbildung 1B-1: Beispiele für häufig eingesetzte Modellorganismen.

ZUSAMMENFASSUNG DER WICHTIGSTEN INHALTE

Die Zelltheorie: Kurzer historischer Exkurs

- Die biologische Welt ist eine Welt der Zellen. Die Zelltheorie besagt, dass alle Organismen aus Zellen bestehen, den Grundeinheiten der biologischen Struktur und dass Zellen nur aus bereits existierenden Zellen hervorgehen.

- Die Zelltheorie wurde durch das Werk vieler verschiedener Wissenschaftler entwickelt, darunter Hooke, van Leeuwenhoek, Brown, Schleiden, Schwann, Nägeli und Virchow.

- Obwohl die Bedeutung der Zellen als biologische Organisation seit 150 Jahren anerkannt wird, ist die Disziplin der Zellbiologie, so wie wir sie heute kennen, wesentlich jüngeren Ursprungs.

Die Entwicklung der modernen Zellbiologie

- Die moderne Zellbiologie entstand durch die Verknüpfung drei historisch unterschiedlicher Wissenschaftsrichtungen – der Zytologie, der Biochemie und der Genetik, die in ihrem frühen Entwicklungsstadium wahrscheinlich als streng voneinander getrennt betrachtet wurden.

- Der Zellbiologie unserer Zeit muss sich mit allen drei Disziplinen befassen, denn sie ergänzen sich in ihrem Bestreben, zu erkennen, woraus Zellen bestehen und worin deren Funktion besteht.

Die Zytologie befasst sich mit der Zellstruktur

- Mittels des Lichtmikroskops vermögen wir einzelne Zellen sichtbar zu machen, deren Größe bei ungefähr 1 – 50 μm liegt. Allerdings können wir aufgrund des begrenzten Auflösungsvermögens keine Einzelheiten einer Struktur erkennen, die kleiner als 0,2 μm (200 nm) ist.

- Mit Hilfe mehrerer Typen von Lichtmikroskopen können wir präparierte oder lebende Proben mit einer Vergrößerung von bis zu 1.000fach betrachten. Dazu gehören das Hellfeld-, das Phasenkontrastmikroskop, das differenzielle Interferenzkontrastmikroskop, das Fluoreszenzmikroskop, das Konfokalmikroskop und das digitale Videomikroskop. Jedes Mikroskop hat seine Vorteile zur Untersuchung und zum Verständnis der Zellen.

- Das Elektronenmikroskop arbeitet mit einem Elektronenstrahl und nicht mit sichtbarem Licht, um Proben sichtbar zu machen. Es erlaubt eine Vergrößerung der Objekte um das 100.000fache. Mit einem Auflösungsvermögen von weniger als 1 nm können wir subzelluläre Strukturen wie Membranen, Ribosomen, Organellen und sogar einzelne DNA-Moleküle sichtbar machen.

Die Biochemie beschäftigt sich mit der Chemie der biologischen Strukturen und ihrer Funktion

- Die Entdeckungen der Biochemie haben uns gezeigt, wie viele der chemischen Abläufe in den Zellen ausgeführt werden, und somit erheblich zu unserem Verständnis davon, wie Zellen funktionieren, beigetragen.

- Die wichtigsten Entdeckungen der Biochemie waren die Identifizierung der Enzyme als biologische Katalysatoren, die Entdeckung des Adenosintriphosphats (ATP) als wichtigstem Träger der Energie in lebenden Organismen und die Beschreibung der wichtigsten metabolischen Wege, die Zellen nutzen, um Energie zu gewinnen und Zellbausteine zu synthetisieren.

- Es gibt mehrere wichtige biochemische Techniken, die zu unserem Verständnis der Zellstruktur und der Zellfunktion beigetragen haben. Dazu gehören die subzelluläre Fraktionierung, die Ultrazentrifugation, die Chromatographie, die Elektrophorese und die Massenspektrometrie.

Die Genetik beschäftigt sich mit dem Informationsfluss

- Die Chromosomentheorie der Vererbung besagt, dass die Merkmale von Organismen, die von einer Generation zur nächsten weitergereicht werden, auf der Vererbung von Chromosomen beruhen, die physikalische Einheiten tragen, die man als Gene bezeichnet.

- Jedes Gen besitzt eine spezifische DNA-Sequenz, die Information enthält, um die Synthese eines zellulären Proteins zu steuern.

- Die DNA ist eine Doppelhelix aus komplementären Strängen, die durch eine präzise Basenpaarung zusammengehalten werden. Diese Struktur ermöglicht eine genaue Duplizierung der DNA, wenn diese an die nachfolgenden Generationen weitergegeben wird.

„Fakten" und die wissenschaftliche Arbeitsweise

- Wissenschaft ist keine Sammlung von „Fakten", sondern ein Prozess, in dessen Verlauf man Antworten auf Fragen über unsere natürliche Welt entdeckt.
- Wissenschaftler gewinnen Erkenntnisse mit Hilfe der wissenschaftlichen Methode, die darauf beruht, eine Hypothese aufzustellen, die dann überprüft wird, indem Daten durch gut durchdachte, kontrollierte Experimente erbracht werden.
- Die Wissenschaft als Forschungsgebiet beruht auf den Prinzipien der Folgerichtigkeit und der Wiederholbarkeit. Wenn eine Hypothese akzeptiert wird, dann bezeichnet man sie als Theorie. Eine nicht länger anfechtbare Theorie wird Gesetz.
- Bedenken Sie, dass einige der am besten „bewiesenen" Theorien oder Gesetze verändert, erweitert oder sogar verworfen wurden. Wissenschaft ist ein dynamisches, sich ständig veränderndes Gebiet. Es ist durchaus wahrscheinlich, dass einige der wissenschaftlichen Tatsachen, die Sie jetzt lernen, irgendwann abgeändert werden.

ZUSAMMENHÄNGE HERSTELLEN

Jetzt, da Sie sich mit der Zelltheorie, den Ursprüngen der modernen Zellbiologie sowie einigen Techniken vertraut gemacht haben, die man zur Untersuchung von Zellen einsetzt, wollen wir über die nächsten Schritte in unseren Untersuchungen nachdenken. Im Anschluss an eine Wiederholung der Chemie und der Struktur von Makromolekülen in den nächsten beiden Kapiteln werden wir in *Kapitel 4* die Zellorganellen vorstellen. Unsere anschließenden Untersuchungen der Bioenergetik und der Funktion der Enyzme in den darauffolgenden Kapiteln sowie unsere Betrachtung der Membranstruktur und deren Funktion in den *Kapiteln 7* und *8* bereiten Sie auf einen tieferen Einblick in den Energiemetabolismus der Zelle vor. Im Mittelpunkt der *Kapitel 9* bis *11* steht die Frage, wie Zellen Energie aus Nahrungsmitteln oder der Sonne gewinnen und wie sie diese Energie für all ihre lebensnotwendigen Abläufe nutzen. In den *Kapiteln 12* bis *17* werden wir uns mit einem der spannendsten Gebiete der heutigen Zellbiologie beschäftigen: die genaue Bewegung von Proteinen und anderen Molekülen durch die Zelle, Signalmechanismen von Zelle zu Zelle – wobei es sowohl elektrische als auch chemische Signale gibt – sowie mit dem Cytoskelett und dessen Rolle bei der Zellbewegung und der Muskelkontraktion. Hinzu kommen die Verbindungen zwischen Zellen, sowohl pflanzlichen als auch tierischen Zellen, dank derer sie zu Kommunikation und Interaktion befähigt sind. In den *Kapiteln 18* bis *23* befassen wir uns eingehend mit der DNA und der strukturellen Grundlage des zellulären Informationsflusses. Wir werden uns mit mehreren spannenden, sich schnell verändernden Gebieten der Zellbiologie beschäftigen, wenn wir erforschen, wie die DNA in Chromosomen im Zellkern angeordnet ist, wie sie nach einem Schaden repariert wird, wie sie rekombiniert wird, um genetische Variabilität zu erzeugen und wie sie in der rekombinanten DNA-Technologie eingesetzt wird. Nachdem wir untersucht haben, wie DNA repliziert und während des normalen Zellzyklus exprimiert wird, werden wir unser Lehrbuch mit einer Untersuchung von Krebszellen abschließen. Wir werden neueste Erkenntnisse über Abläufe geben, wenn der normale Zellzyklus unterbrochen wird und sich Zellen unkontrolliert vermehren. Wir hoffen, dass Sie zu diesem Zeitpunkt ihres Studiums bereits mit den meisten Aspekten der heutigen Zellbiologie vertraut sind. Sicherlich sind Sie auch an der Zukunft der Zellbiologie interessiert und haben Fragen vorbereitet – und vielleicht leisten Sie den nächsten großen wissenschaftlichen Beitrag.

ÜBUNGSAUFGABEN

Schwierigere Aufgaben sind mit einem • gekennzeichnet.

1-1 Die historischen Teilgebiete der Zellbiologie. Geben Sie für jedes der folgenden Ereignisse an, ob es sich in der Geschichte der Entwicklung der Zellbiologie um eine Entdeckung aus dem Bereich der Zytologie (Z), der Biochemie (B) oder der Genetik (G) handelt.

A Köllicker beschreibt „Sarkosome" (die heutigen Mitochondrien) in Muskelzellen (1857).

B Hoppe-Seyler isoliert das Protein Hämoglobin in kristalliner Form (1864).

C Haeckel postuliert, dass der Zellkern für die Vererbung verantwortlich ist (1868).

D Ostwald beweist, dass Enzyme als Katalysatoren wirken (1893).

E Müller entdeckt, dass Röntgenstrahlen Mutationen induzieren (1927).

F Davson und Danielli entwerfen ein Modell der Zellmembranen (1935).

G Beadle und Tatum formulieren die Ein-Gen-Ein-Enzym-Hypothese (1940).

H Claude isoliert die ersten mitochondrialen Bruchstücke aus Rattenleber (1940).

I Lipmann postuliert die zentrale Bedeutung von ATP für zelluläre Energietransaktionen (1940).

J Avery, MacLeod und McCarty beweisen, dass die bakterielle Transformation der DNA und nicht einem Protein zuzuschreiben ist (1944).

K Palade, Potter und Sjöstrand entwickeln unabhängig voneinander Techniken zum Fixieren und Schneiden biologischen Gewebes für die Elektronenmikroskopie (1952 – 1953).

L Lehninger beweist, dass die unmittelbare Energiequelle der oxidativen Phosphorylierung vom Transport im Mitochondrium abhängt (1957).

1-2 Zellgrößen. Um die in der *Abbildung 1A-1* dargestellten Zellgrößen richtig zu verstehen, betrachten Sie bitte diese spezifischen Beispiele: *Escherichia coli*, eine typische bakterielle Zelle, hat die Form eines Zylinders, einen Durchmesser von ungefähr 1 μm und eine Länge von circa 2 μm. Zur Veranschaulichung einer typischen tierischen Zelle nehmen wir eine menschliche Leberzelle, die eher rund ist und einen Durchmesser von etwa 20 μm hat. Als typische Pflanzenzellen wählen wir die säulenförmigen *Pallisadenzellen*, die sich knapp unterhalb der Oberfläche vieler Pflanzenblätter befinden. Diese Zellen haben die Form eines Zylinders, einen Durchmesser von ungefähr 20 μm und eine Länge von circa 35 μm.

A Berechnen Sie das ungefähre Volumen dieser drei Zelltypen in Kubikmikrometern. (Rufen Sie sich in Erinnerung, dass $V = \pi r^2 h$ für einen Zylinder ist und dass $V = 4\pi r^3/3$ für eine Kugel gilt.)

B Wie viele Bakterienzellen würden ungefähr in eine menschliche Leberzelle passen?

C Wie viele Bakterienzellen würden ungefähr in eine Pallisadenzelle passen?

1-3 Die Vergrößerung. Führen Sie folgende Berechnungen durch, um die Größen subzellulärer Strukturen, die wir in der *Abbildung 1A-2* aufgeführt haben, richtig einzuschätzen.

A Alle Zellen und viele subzelluläre Strukturen sind von einer Membran umgeben. Angenommen eine typische Membran hätte eine Stärke von 8 nm, wie viele dieser Membranen müsste man nebeneinander legen, um sie unter dem Lichtmikroskop sichtbar zu machen? Wie viele, um sie unter dem Elektronenmikroskop sichtbar zu machen?

B Die Ribosomen sind die Zellstrukturen, in denen die Proteinsynthese stattfindet. Ein menschliches Ribosom hat eine eher runde Form und einen Durchmesser von ungefähr 30 nm. Wie viele Ribosomen würden in eine menschliche Leberzelle passen, die wir in der Aufgabe 1-2 beschrieben haben, wenn das gesamte Volumen der Zelle mit Ribosomen gefüllt wäre?

C Das genetische Material von *Escherichia coli* (vgl. Aufgabe 1-2) besteht aus einem DNA-Molekül mit einem Durchmesser von 2 nm und einer Länge von insgesamt 1,36 mm. (Tatsächlich ist das Molekül rund und hat einen Umfang von 1,36 mm). Damit dieses Molekül in einer nur einige Mikrometer langen Zelle untergebracht werden kann, ist das DNA-Molekül eng spiralisiert und in ein *Nucleoid* gefaltet, das einen geringen Teil des inneren Volumens der Zelle einnimmt. Berechnen Sie das kleinstmögliche Volumen einer Bakterienzelle, die Sie in der Aufgabe 1-2A berechnet haben, in das dieses DNA-Molekül hineinpassen könnte.

1-4 Die Grenzen der Auflösung damals und heute. Beantworten Sie die folgenden Fragen ausgehend von Ihren in diesem Kapitel erworbenen Kenntnissen über die Auflösung eines Lichtmikroskops. Nehmen Sie an, dass das menschliche Auge eine Auflösungsgrenze von ungefähr 0,25 mm hat und dass das moderne Lichtmikroskop eine Vergrößerung von circa 1.000-fach ermöglicht.

A Definieren Sie mit eigenen Worten den Begriff *Grenze der Auflösung*. Wo lag die Auflösungsgrenze des Mikroskops von Hooke? Wo lag die des Mikroskops von van Leeuwenhoek?

B Welches sind ungefähr die Dimensionen der kleinsten Struktur, die Hooke mit seinem Mikroskop zu erkennen vermochte? Wäre er in der Lage gewesen, eine der in *Abbildung 1A-1* dargestellten Strukturen zu erkennen? Wenn ja, welche? Wenn nicht, warum?

C Welches sind ungefähr die Dimensionen der kleinsten Struktur, die ein Zellbiologe unserer Zeit mit einem modernen Lichtmikroskop erkennen könnte?

D Schauen Sie sich die acht Strukturen an, die in den *Abbildungen 1A-1* und *1A-2* dargestellt sind. Welche dieser Strukturen hätten Hooke und van Leeuwenhoek mit ihren jeweiligen Mikroskopen erkennen können? Welche, wenn überhaupt eine, hätte van Leeuwenhoek sehen können, aber nicht Hooke? Erklären Sie Ihre Antwort. Welche, wenn überhaupt eine, könnte ein Zellbiologe unserer Zeit erkennen, die weder Hooke noch von Leeuwenhoek hätte erkennen können?

1-5 Die heutigen Fachrichtungen der Zellbiologie. Geben Sie für jedes Paar der im nachfolgenden aufgeführten Techniken an, ob die Partner zu der Zytologie, der Biochemie oder der Genetik der Zellbiologie gehören (siehe *Abbildung 1.2*). Nennen Sie einen Vorteil, den die zweite Technik gegenüber der erstgenannten Technik bietet.

A Lichtmikroskop/Elektronenmikroskop

B Zentrifugation/Elektronenmikroskop

C Nukleinsäurehybridisierung/Ultrazentrifugation

D Sequenzierung eines Genoms/Bioinformatik

E Transmissionselektronenmikroskopie/Rasterelektronenmikroskopie

F Chromatographie/Elektrophorese

1-6 Die „Fakten" des Lebens. Jede der nachfolgenden Behauptungen galt einst als biologische Wahrheit, wird heute aber als falsch angesehen. Geben Sie für jeden Fall an, warum die Behauptung früher als richtig galt und warum sie heute nicht mehr gilt.

A Pflanzen- und Tiergewebe sind recht unterschiedlich aufgebaut, weil tierische Gewebe keine erkennbaren Grenzen besitzen, durch die sie in Zellen unterteilt werden.

B Lebende Organismen unterliegen nicht den chemischen und physikalischen Gesetzen, wohl aber tote Materie, sondern werden von einer „vitalen Kraft" gesteuert, die für die Bildung organischer Bestandteile verantwortlich ist.

C Gene bestehen mit größter Wahrscheinlichkeit aus Proteinen, weil die einzige andere mögliche Kandidatin, die DNA, ein relativ uninteressantes Molekül ist, das nur aus vier Arten von Monomeren (Nucleotiden) besteht, die in einer relativ wenig variablen, sich wiederholenden Tetranucleotidsequenz angeordnet sind.

D Die Fermentation von Zucker zu Alkohol kann nur in der Gegenwart von Hefezellen stattfinden.

• **1-7 Weitere „Fakten" des Lebens.** Jede der nachfolgenden Behauptungen galt noch bis vor Kurzem als biologische Wahrheit, wurde jetzt aber entweder als falsch erkannt oder zumindest zum Teil als richtig anerkannt. Geben Sie in jedem Fall an, warum die Behauptung früher als richtig galt und versuchen Sie zu bestimmen, durch welchen Nachweis man diese Behauptung entweder verwerfen oder als richtig anerkennen musste. (Hinweis: Diese Frage verlangt eine wesentlich eingehender Beschäftigung als die Aufgabe 1-6, aber die Hinweise auf die jeweiligen Kapitel werden Ihnen bei Ihrer Detektivarbeit helfen.)

A Eine biologische Membran kann man sich als ein belegtes Brot aus Protein und Lipiden vorstellen, dessen Inneres ausschließlich aus Phospholipid besteht, das auf beiden Seiten mit dünnen Schichten von Protein überzogen ist (*Kapitel 7*).

B Die Enzyme, die man benötigt, um die Umwandlung von Zucker in eine Verbindung, das so genannte Pyruvat, zu katalysieren, kommen im Zytoplasma der Zelle vor und sind nicht in membranumschlossene Strukturen aufgeteilt (*Kapitel 9*).

C An dem Mechanismus, durch den die Oxidation organischer Moleküle wie Zucker zur Bildung von ATP führt, wirkt ein stark energetisches phosphoryliertes Molekül als Zwischenprodukt mit (*Kapitel 10*).

D Wenn Kohlendioxid aus der Luft durch photosynthetische Organismen wie grüne Pflanzen in einer organischen Form „fixiert" wird (kovalent gebunden), dann erscheint das Kohlenstoffatom des CO_2-Moleküls zuerst in der Kohlenstoffverbindung 3-Phoshoglycerat (*Kapitel 11*).

E Die DNA kommt immer als Duplex aus zwei Strängen vor, die in einer rechtsgedrehten Helix gewunden sind (*Kapitel 18*).

F Der genetische Code spezifiziert, wie die in einem DNA-Molekül enthaltene Information verwendet wird, um Protein zu bilden. Dieser Code ist insofern universell, als alle Organismen denselben Code verwenden (*Kapitel 21*).

G Der Fluss der genetischen Information in einer Zelle verläuft immer von der DNA zur RNA zum Protein (*Kapitel 21*).

• **1-8 Pizza, Sodbrennen und die wissenschaftliche Methode.** Obwohl die wissenschaftliche Methode eher seltsam klingt, wenn man sie formal beschreibt, so werden Sie vermutlich doch häufig auf sie zurückgreifen ohne es zu bemerken. Nehmen Sie an, dass Sie in letzter Zeit häufiger Sodbrennen hatten. Nachdem Sie über Ihre Essgewohnheiten der letzten Wochen nachgedacht haben, kommen Sie zu der Erkenntnis, dass sie höchstwahrscheinlich immer dann nachts Sodbrennen verspürten, nachdem Sie Pizza zu Abend gegessen hatten – vor allem, wenn es sich um Ihre Lieblingspizza handelte, die mit Peperoni, Anchovis und Zwiebeln belegt war. Sie fragen sich, ob das Sodbrennen auf die Pizza zurückzuführen ist, und wenn dies zutrifft, welche der Zutaten die Schuldige sein könnte. Beschreiben Sie, wie Sie vorgehen würden, um zu ermitteln, ob das Sodbrennen auf die Pizza zurückzuführen ist, und wenn dies zutrifft, auf welche Zutat?

WEITERFÜHRENDE LITERATUR

Historisch bedeutsame Literatur ist mit einem • gekennzeichnet.

Die Entwicklung der modernen Zellbiologie

- • Bechtel, W. *Discovering Cell Mechanisms: The Creation of Modern Cell Biology.* New York: Cambridge University Press, 2006.
- • Bonner, J. T. *Sixty Years of Biology.* New York: Princeton University Press, 1996.
- • Bracegirdle, B. Microscopy and comprehension: The development of understanding of the nature of the cell. *Trends Biochem. Sci.* 14 (1989): 464.
- • Bradbury, S. *The Evolution of the Microscope.* New York: Pergamon, 1967.
- • Calvin. M. The path of carbon in photosynthesis. *Science* 135 (1962): 879.
- • Claude, A. The coming of age of the cell. *Science* 189 (1975): 433.
- • de Duve, C. Exploring cells with a centrifuge. *Science* 189 (1975): 186.
- • de Duve, C. und H. Beaufay. A short history of tissue fractionation. *J. Cell Biol.* 91 (1981): 293.
- • Fruton, J. S. The emergence of biochemistry. *Science* 192 (1976): 327.
- • Gall, J. G., K. R. Porter und P. Siekevitz, Hrsg. Discovery in cell biology. *J. Cell Biol.* 91, Teil 3 (1981).
- • Henry, J. *The Scientific Revolution and the Origins of Modern Science.* New York: Palgrave Press, 2001.
- • Judson, H. F. The Eighth Day of Creation: *Makers of the Revolution in Biology.* New York: Simon & Schuster, 1979.
- • Kornberg, A. Centenary of the birth of modern biochemistry. Trends *Biochem. Sci.* 22 (1997): 282.
- Lederburg, J. E. coli K-12. *Microbiol. Today* 31 (2004): 116.
- • Minsky, M. Memoir on inventing the confocal scanning microscope. *Scanning* 10 (1988): 128.
- • Mirky, A. E. The discovery of DNA. *Sci. Amer.* 218 (June 1968): 78.
- • Palade, G. E. Albert Claude and the beginning of biological electron microscopy. *J. Cell. Biol.* 50 (1971): 5D.
- • Peters, J. A. *Classic Papers in Genetics.* Englewood Cliffs, NJ: Prentice-Hall, 1959.
- • Quastel, H. J. The development of biochemistry in the 20th century. *Canad. J. Cell Biol.* 62 (1984): 1103.
- • Rasmussen, N. *Picture Control: The Electron Microscope and the Transformation of Biology in America.* Stanford; Kalifornien: Stanford University Press, 1997.
- • Schlenk, F. The ancestry, birth, and adolescence of ATP. *Trends Biochem. Sci.* 12 (1987): 367.
- • Smith, M. P. Exploring molecular biology: An older surgeon looks at a new universe. *Arch. Surg.* 130 (1995): 811.
- • Stent, G. C. That was the molecular biology that was. *Science* 160 (1968): 390.
- • Stent, G. C. und R. Calendar. *Molecular Genetics: An Introductory Narrative*, 2. Aufl. New York: W. H. Freeman, 1978.
- • Watson, J. D. *The Double Helix.* New York: Atheneum, 1968.
- • Watson, J. *A Passion for DNA.* Cold Spring Harbor, NY: Cold Spring Harbor Laboratory Press, 2000.
- • Zernike, F. How I discovered phase contrast. *Science* 121 (1955): 345.

Methoden der modernen Zellbiologie

Antia, M. A microscope with an eye for detail. *Science* 285 (1999): 311.

Becker, W. M., L. J. Kleinsmith und J. Hardin. *Guide to Microscopy.* San Francisco: Benjamin Cummings, 2003.

Cseke, L. J. et al. *Handbook of Molecular and Cellular Methods in Biology and Medicine*, 2. Aufl. New York: CRC Press, 2003.

Dashek, W. V. und M. Harrison, Hrsg. *Plant Cell Biology.* Enfield, New Hampshire: Science Publishers, 2006.

Gupta. P. D. und H. Yamamoto, Hrsg. *Electron Microscopy in Medicine and Biology.* Enfield, New Hampshire: Science Publishers, 2000.

Hibbs. A. *Confocal Microscopy for Biologists.* New York: Kluwer Academic/Plenum Publishers, 2004.

Jena, B. P. und J. K. Hörber. *Atomic Force Microscopy in Cell Biology.* San Diego, Kalifornien: Academic Press, 2002.

Kohen, E. et al. *Atlas of Cell Organelles Fluorescence.* New York: CRC Press, 2004.

Lloyd, R. V. *Morphology Methods: Cell and Molecular Biology Techniques.* Totowa, New Jersey: Humana Press, 2001.

Reitdorf, J. und T. W. J. Gadella. *Microscopy Techniques.* New York: Springer, 2005.

Sluder, G. *Digital Microscopy.* England: Elsevier Academic Press, 2003.

Sullivan, K. F. und S. A. Kay. *Green Fluorescent Proteins.* San Diego, Kalifornien: Academic Press, 1999.

Thiele, I. et al. A community-driven global reconstruction of human metabolism. *Nature Biotechnology* 31: 419. 2013.

Die wissenschaftliche Methode

Braben, D. *To Be a Scientist. The Spirit of Adventure in Science and Technology.* New York: Oxford University Press, 1994.

Carey, S. S. *A Beginner's Guide to the Scientific Method*, Belmont, Kalifornien: Thomson/Wadsworth, 2004.

Gauch, H. G. *The Scientific Method in Practice.* New York: Cambridge University Press, 2003.

Moore, J. A. *Science As a Way of Knowing.* Cambridge, Massachusetts: Harvard University Press, 1993.

Die Chemie der Zelle

2

ÜBERBLICK

Studierende, die gerade mit dem Studium der Zellbiologie begonnen haben, sind manchmal überrascht, gelegentlich sogar verblüfft, dass man sich in allen Kursen und Lehrbüchern über Zellbiologie eingehend mit Chemie beschäftigt. Es ist tatsächlich so, dass die Biologie im Allgemeinen und die Zellbiologie im Besonderen sehr eng mit Chemie und Physik verknüpft sind. Schließlich sind alle Zellen und Organismen den Gesetzen des physikalischen Universums unterworfen, und im Grunde kann man die Biologie als das Studium der Chemie in lebenden Systemen betrachten. Ja auch alles, was Zellen ausmacht, hat eine molekulare und chemische Grundlage. Deshalb können wir die Zellstruktur und die Funktion der Zelle nur dann wirklich verstehen, wenn wir die Struktur mit molekularen Begriffen beschreiben und die Zellfunktionen mit den Begriffen der chemischen Reaktionen und Ereignisse ausdrücken.

Man könnte den Versuch, die Zellbiologie ohne Chemiekenntnisse zu verstehen, mit der Lektüre eines Werks von Goethe vergleichen, ohne jegliche Kenntnisse der deutschen Sprache. Gewiss, man würde wahrscheinlich die Bedeutung zum größten Teil erfassen, aber die wahre Schönheit und Tiefe ginge verloren. Aus diesem Grunde werden wir uns mit den chemischen Grundlagen beschäftigen, über die jeder Zellbiologe verfügen muss. Vor allem in diesem Kapitel werden wir einen Überblick über mehrere Prinzipien geben, die der Zellbiologie zugrunde liegen, wobei wir zugleich das nächste Kapitel vorbereiten, indem wir unser Hauptaugenmerk auf die chemischen Bestandteile von Zellen legen werden.

Die wichtigsten Aspekte dieses Kapitels kann man in fünf Einheiten gruppieren:

1. *Die Bedeutung des Kohlenstoffs.* Die Chemie der Zellen ist im Grunde die Chemie der kohlenstoffhaltigen Verbindungen, denn das Kohlenstoffatom besitzt mehrere einzigartige Eigenschaften, durch die es sich als Rückgrat biologisch wichtiger Moleküle unentbehrlich macht.

2. *Die Bedeutung des Wassers.* Die Chemie der Zellen ist auch die Chemie der wasserlöslichen Verbindungen, denn das Wasser zeichnet sich gleichfalls durch mehrere einzigartige Eigenschaften aus, die es zum universellen Lösungsmittel aller lebendigen Systeme machen.

3. *Die Bedeutung der selektiven Permeabilität von Membranen.* Angesichts der Tatsache, dass die meisten biologisch wichtigen Moleküle in Wasser löslich sind, sind Membranen, die sich nicht in Wasser auflösen, von großer Bedeutung für die Definition zellulärer Räume und Kompartimente. Da Membranen für spezifische lösliche Substanzen von unterschiedlicher Durchlässigkeit sind, kontrollieren sie zugleich die Bewegungen von Molekülen und Ionen in die Zelle und in zelluläre Kompartimente hinein und aus ihnen heraus.

4. *Die Bedeutung der Synthese durch Polymerisation kleiner Moleküle.* Die meisten biologisch wichtigen Moleküle sind entweder kleine, wasserlösliche organische Moleküle, die durch Membranen hindurch transportiert werden können oder große Makromoleküle, die nicht zum Transport bestimmt sind. Biologische Makromoleküle sind Polymere, die durch Verbindung vieler ähnlicher oder identischer kleiner Moleküle entstehen, der sogenannten Monomere. Die Synthese von Makromolekülen durch Polymerisation von Monomeren ist ein grundlegendes Prinzip der Zellchemie.

5. *Die Bedeutung der Selbstorganisation.* Proteine und andere biologische Makromoleküle, die aus sich wiederholenden Monomeren bestehen, sind oftmals dazu befähigt, sich selbst zusammenzusetzen und so eine höhere strukturelle Organisationsstufe zu erreichen. Die Möglichkeit der Selbstorganisation liegt darin begründet, dass die Information, die erforderlich ist, um die räumliche Konfiguration eines Moleküls zu spezifizieren, der linearen Anordnung von Monomeren, die in Polymeren enthalten sind, innewohnt.

Die Beschäftigung mit diesen fünf Prinzipien wird uns helfen, ein Verständnis der wichtigsten Themen der Zellchemie zu erlangen, bevor wir uns weiter vorwagen und ergründen, was es eigentlich bedeutet, eine Zelle zu sein.

Die Bedeutung des Kohlenstoffs 2.1

Die Untersuchung der Zellmoleküle bedeutet im Grunde, die Beschäftigung mit kohlenstoffhaltigen Verbindungen. Fast ausnahmslos besitzen Moleküle, die für Zellbiologen von Interesse sind, ein Rückgrat oder Skelett aus Kohlenstoffatomen, die kovalent in Ringen oder Ketten miteinander verknüpft sind. Das Studium der kohlenstoffhaltigen Verbindungen ist die Domäne der **organischen Chemie**. Als diese Wissenschaft noch in den Kinderschuhen steckte, war die organische Chemie ein Synonym für biologische Chemie, denn die kohlenstoffhaltigen Verbindungen, denen sich die Wissenschaftler zuerst widmeten, hatten sie aus biologischen Quellen gewonnen (daher das Wort *organisch*, das auf den organischen Ursprung der Verbindungen verweist).

Die Begriffe *organische Chemie* und *biologische Chemie* gehen schon seit langem getrennte Wege, allerdings ist es den Chemikern mittlerweile gelungen, eine unglaublich große Anzahl kohlenstoffhaltiger Verbindungen zu synthetisieren, die nicht auf natürliche Weise in der biologischen Welt vorkommen. Die organische Chemie umfasst daher alle Klassen kohlenstoffhaltiger Verbindungen, während die **biologische Chemie** (kurz Biochemie), sich spezifisch mit der Chemie der lebenden Systeme beschäftigt. Sie ist, wie wir bereits gesehen haben, eines von mehreren historisch gewachsenen Fachgebieten und bildet einen unverzichtbaren Bestandteil der modernen Zellbiologie (siehe *Abbildung 1.2*).

Das **Kohlenstoffatom** (C) ist das wichtigste Atom der biologischen Moleküle. Kohlenstoffhaltige Verbindungen verdanken ihre Vielfalt und Stabilität den spezifischen Bindungseigenschaften des Kohlenstoffatoms. Von besonderer Bedeutung sind die Wege, auf denen Kohlenstoffatome miteinander und mit den biologisch wichtigen Elementen in Wechselwirkung treten.

Eine außerordentlich wichtige Eigenschaft des Kohlenstoffatoms ist dessen **Valenz** von vier, wodurch es vier chemische Bindungen mit anderen Atomen eingehen kann. Dies bedeutet, dass dem äußersten Orbital eines Kohlenstoffatoms vier der acht Elektronen fehlen, die es benötigt, um es vollständig zu füllen und höchstmögliche Stabilität zu erlangen (▶*Abbildung 2.1a*). Daher neigen Kohlenstoffatome dazu, miteinander oder mit anderen Atomen, denen Elektronen fehlen, zu assoziieren. Im assoziierten Zustand können benachbarte Atome ein gemeinsames Elektronenpaar haben, sodass jedes Atom insgesamt acht Elektronen besitzt. Jedes dieser Paare besitzt ein Elektron von einem der beteiligten Atome. Atome, die gemeinsame Elektronen haben, werden zusammengehalten und man bezeichnet sie als **kovalent gebunden**. *Da vier Elektronen benötigt werden, um das äußere Orbital des Kohlenstoffs zu füllen, gehen stabile organische Verbindungen mit jedem Kohlenstoffatom vier kovalente Bindungen ein.* Dies verleiht den kohlenstoffhaltigen Molekülen große Vielfalt im Hinblick auf ihre molekulare Struktur und Funktion.

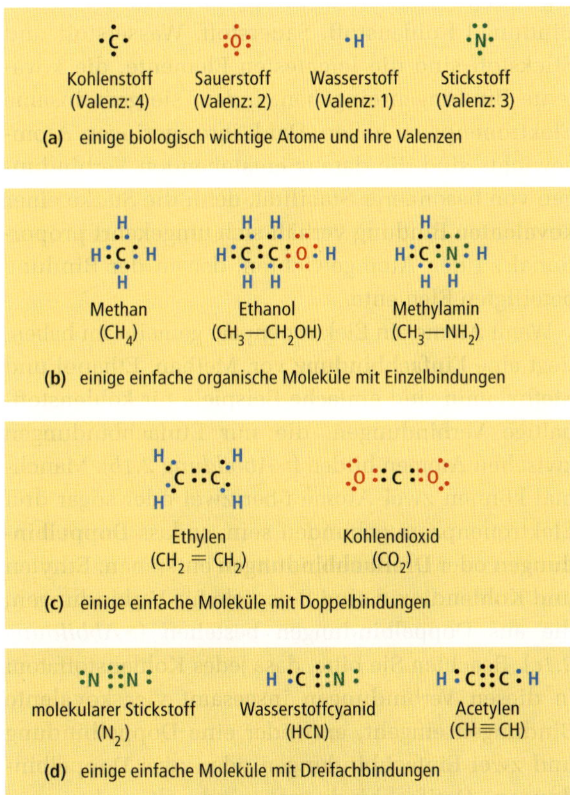

Abbildung 2.1: Elektronenkonfigurationen einiger biologisch relevanter Atome und Moleküle. Es sind die Elektronenkonfigurationen für (a) Kohlenstoff, Sauerstoff, Wasserstoff und Stickstoff und für einfache organische Moleküle mit (b) Einfachbindungen, (c) Doppelbindungen und (d) Dreifachbindungen dargestellt. Nur Elektronen im äußersten Elektronenorbital sind dargestellt. Die beiden Elektronen, die zwischen benachbarten Atomen liegen, stehen für ein gemeinsames Elektronenpaar, wobei jedes der beiden Atome ein Elektron zur Verfügung stellt. Die Elektronen in dieser Zeichnung sind farbig. Die Elektronen des Kohlenstoffs, des Sauerstoffs, des Wasserstoffs und des Stickstoffs sind schwarz, rot, blau bzw. grün.

Es ist sehr wahrscheinlich, dass Kohlenstoffatome miteinander und mit Sauerstoffatomen (O), Wasserstoffatomen (H), Stickstoffatomen (N) oder Schwefelatomen (S) kovalente Bindungen eingehen. In der *Abbildung 2.1a* sind die Elektronenkonfigurationen dieser Atome dargestellt (Schwefel hat die gleiche Valenz wie Sauerstoff). Beachten Sie, dass in diesem Fall ein oder mehrere Elektronen benötigt werden, um das äußere Orbital zu vervollständigen. Die Anzahl der „fehlenden" Elektronen entspricht in jedem Fall der Valenz des Atoms, was wiederum auf die Anzahl der kovalenten Bindungen verweist, die das Atom eingehen kann. (Wasserstoff unterscheidet sich von den anderen dargestellten Elementen, denn sein äußerstes Elektronenorbital kann nur zwei Elektronen aufnehmen und besitzt daher eine Valenz von eins und knüpft nur eine kovalente Bindung.) Kohlenstoff, Sauerstoff, Wasserstoff und Stickstoff sind die leichtesten Elemente, die kovalente Bindungen eingehen, indem sie gemeinsame Elektronenpaare haben. Dank ihres geringen Atomgewichts sind die daraus entstehenden Verbindungen von besonderer Stabilität, denn die Stärke einer kovalenten Bindung verhält sich umgekehrt proportional zu den Atomgewichten, der an der Bindung beteiligten Elemente.

Wenn Atome ein Elektronenpaar gemeinsam haben, liegt eine **Einfachbindung** vor. Methan, Ethanol und Methylamin sind einfache Beispiele für kohlenstoffhaltige Verbindungen, die nur Einfachbindungen zwischen Atomen bilden (▸*Abbildung 2.1b*). Manchmal können zwei Atome über zwei oder sogar drei Elektronenpaare gebunden sein, sodass **Doppelbindungen** oder **Dreifachbindungen** entstehen. Ethylen und Kohlendioxid sind Beispiele für Verbindungen, die aus Doppelbindungen bestehen (▸*Abbildung 2.1c*). Beachten Sie bitte, dass jedes Kohlenstoffatom in diesen Verbindungen insgesamt vier kovalente Bindungen eingeht, entweder eine Doppelbindung und zwei Einfachbindungen oder zwei Doppelbindungen. Dreifachbindungen sind selten, kommen aber z. B. in molekularem Stickstoff und Wasserstoffcyanid vor (▸*Abbildung 2.1d*). Somit verleihen sowohl die Valenz als auch das Atomgewicht dem Kohlenstoff einzigartige Eigenschaften, die der Grund für die Diversität und Stabilität der kohlenstoffhaltigen Verbindungen sind und die herausragende Rolle des Kohlenstoffs unter den biologischen Molekülen bedingen.

2.1.1 Kohlenstoffhaltige Moleküle sind stabil

Die Stabilität organischer Moleküle geht auf die vorteilhafte Elektronenkonfiguration eines jeden Kohlenstoffatoms im Molekül zurück. Diese Stabilität wird als *Bindungsenergie* bezeichnet – die Energie, die benötigt wird, um ein Mol (ungefähr 6×10^{23}) dieser Bindungen zu spalten. Der Begriff *Bindungsenergie* ist sehr häufig eine Quelle für Verwirrungen. Denken Sie stets daran, dass es sich nicht um Energie handelt, die irgendwie in der Bindung „gespeichert" ist, sondern dass es sich um die Energie handelt, die erforderlich ist, um die Bindung zu *spalten*. Die Bindungsenergie wird im Allgemeinen in *Kalorien pro Mol* (*cal/mol*) ausgedrückt, wobei eine Kalorie die Energiemenge ist, die man benötigt, um die Temperatur von einem Gramm Wasser um 1 °C zu erhöhen und eine *Kilokalorie* (*kcal*) entspricht 1.000 Kalorien. Seit 1948 ist die Einheit Kalorie an sich offiziell zugunsten des *Joule* (1 J = 4,1868 cal) abgeschafft, allerdings hat sich die neue Einheit bis heute nicht überall durchgesetzt und die Kilokalorie lebt weiter.

Man benötigt sehr viel Energie, um eine kovalente Bindung zu spalten. So besitzt beispielsweise die Kohlenstoff-Kohlenstoff-Bindung (C – C) eine Bindungsenergie von 83 Kilokalorien pro Mol (kcal/mol). Die Bindungsenergien für die Bindungen Kohlenstoff – Stickstoff (C – N), Kohlenstoff – Sauerstoff (C – O) und Kohlenstoff – Wasserstoff (C – H) liegen alle im gleichen Größenbereich: 70, 84 beziehungsweise 99 kcal/mol. Es bedarf sogar noch mehr Energie, um eine Kohlenstoff-Kohlenstoff-Doppelbindung (C = C; 146 kcal/mol) oder eine Kohlenstoff-Kohlenstoff-Dreifachbindung (C ≡ C; 212 kcal/mol) zu spalten, sodass diese Verbindungen sogar von noch größerer Stabilität sind.

Wir können uns eine Vorstellung von der Bedeutung dieser Bindungsenergien machen, indem wir sie mit anderen wichtigen Energiewerten vergleichen, wie in der ▸*Abbildung 2.2* dargestellt. Die meisten nichtkovalenten Bindungen in biologisch wichtigen Molekülen, beispielsweise die Wasserstoffbrückenbindungen, mit denen wir uns zu einem späteren Zeitpunkt in diesem Kapitel beschäftigen werden, besitzen Energien von nur wenigen Kilokalorien pro Mol. Die Energie der thermalen Vibration ist sogar noch geringer – nur ungefähr 0,6 kcal/mol. Kovalente Bindungen besitzen eine wesentlich höhere Energie als nichtkovalente Bindungen und sind daher auch stabiler.

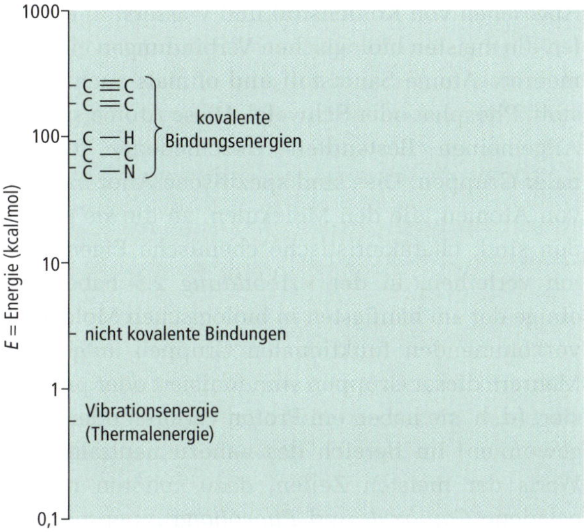

Abbildung 2.2: Energien biologisch wichtiger Bindungen. Beachten Sie, dass die Energie auf einer Logarithmusskala aufgetragen wurde, um das große Spektrum der Werte wiederzugeben.

Besonders deutlich wird die Eignung der Kohlenstoff-Kohlenstoff-Bindung für die biologische Chemie der Erde, wenn wir ihre Energie mit der Energie des Lichts vergleichen. Wie in ▶*Abbildung 2.3* dargestellt, liegt ein umgekehrtes Verhältnis zwischen der Wellenlänge der elektromagnetischen Strahlung und ihrem Energiegehalt vor. Aus dieser Darstellung wird ersichtlich, dass der sichtbare Teil des Sonnenlichts (Wellenlängen von 400 – 700 nm) weniger Energie besitzt als die Kohlenstoff-Kohlenstoff-Bindung. Wäre dem nicht so, dann würde sichtbares Licht kovalente Bindungen spontan brechen und es gäbe das Leben, so wie wir es kennen, nicht.

In der *Abbildung 2.3* wird noch ein weiterer wichtiger Punkt veranschaulicht: Die Gefahr, die von ultraviolettem Licht auf biologische Moleküle ausgeht, beruht auf seiner hohen Energie. Zum Beispiel hat ultraviolettes Licht bei einer Wellenlänge von 300 nm einen Energiegehalt von 95 kcal/Einstein (ein Einstein entspricht einem Mol Photonen). Dies genügt, um Kohlenstoff-Kohlenstoff-Bindungen spontan zu spalten. Diese Gefahr sorgt beständig für Probleme mit umweltschädlichen Stoffen, die die Ozonschicht in der höheren Atmosphäre zerstören, denn die Ozonschicht filtert einen Großteil der ultravioletten Strahlung aus, die sonst auf die Erdoberfläche gelangen würde und die kovalenten Bindungen spalten würde, die biologische Moleküle zusammenhalten.

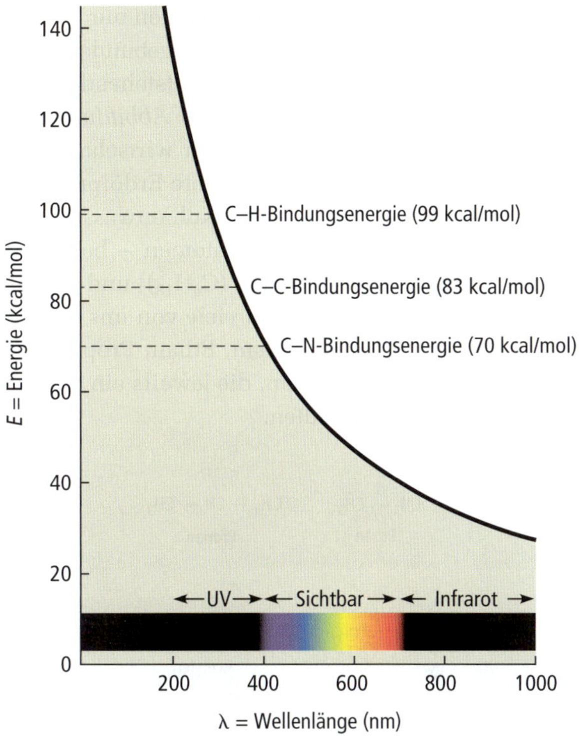

Abbildung 2.3: Die Beziehung zwischen der Energie (E) und der Wellenlänge (l) bei der elektromagnetischen Strahlung. Die gestrichelten Linien zeigen die Bindungsenergien der Einzelbindungen C – H, C – C und C – N. Im unteren Teil der Zeichnung ist das ungefähre Spektrum der Wellenlängen für ultraviolettes Licht (UV-Licht), sichtbares Licht und Infrarotstrahlung angegeben.

2.1.2 Kohlenstoffhaltige Moleküle sind vielfältig

Abgesehen von ihrer Stabilität zeichnen sich kohlenstoffhaltige Verbindungen durch eine große Vielfalt an Molekülen aus, die aus relativ wenigen verschiedenen Arten von Atomen gebildet werden können. Wieder geht diese Vielfalt auf die tetravalente Beschaffenheit des Kohlenstoffatoms zurück und die daraus resultierende Fähigkeit eines jeden Atoms, kovalente Bindungen mit vier anderen Atomen einzugehen. Da mit anderen Kohlenstoffatomen eine oder mehrere dieser Bindungen eingegangen werden können, ist es möglich, Moleküle zu bilden, die aus langen Kohlenstoffatomketten bestehen. Sehr häufig sind Ringverbindungen. Eine weitere Variante ergibt sich aus Verzweigungen und der Gegenwart von Doppelbindungen in den Kohlenstoff-Kohlenstoff-Ketten.

Wenn in linearen und runden Molekülen nur Wasserstoffatome an die Kohlenstoffatome gebunden sind, dann bezeichnet man die daraus entstehenden Verbindungen als Kohlenwasserstoffe (▶*Abbildung 2.4*). Kohlenwasserstoffe sind von großer wirtschaftlicher Bedeutung, denn Benzin und andere Erdölprodukte sind Mischungen kurzkettiger Kohlenwasserstoffe mit fünf bis zwölf Kohlenstoffatomen – beispielsweise Hexan (C_6H_{14}), Oktan (C_8H_{18}) und Dekan ($C_{10}H_{22}$). Das Erdgas, mit dem viele von uns heizen, ist eine Mischung aus Methan, Ethan, Propan und Butan, Kohlenwasserstoffen, die jeweils ein bis vier Kohlenstoffatome enthalten.

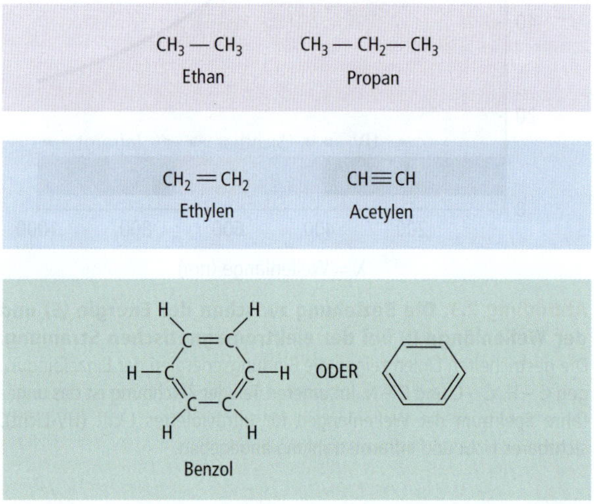

Abbildung 2.4: Einige einfache Kohlenwasserstoffe. Die Verbindungen in der oberen Reihe haben nur Einfachbindungen, während die in der zweiten Reihe Doppel- und Dreifachverbindungen besitzen. Die verdichtete Struktur von Benzol (rechts) ist ein Beispiel für die vereinfachten Darstellungen, die Chemiker oftmals für diese Art von Verbindungen verwenden.

In der Biologie spielen die Kohlenwasserstoffe allerdings nur eine begrenzte Rolle, weil sie grundsätzlich nicht in Wasser löslich sind, dem universellen Lösungsmittel in biologischen Systemen. Sie übernehmen jedoch eine bedeutende Rolle im Hinblick auf die Struktur biologischer Membranen. Das Innere einer jeden biologischen Membran ist eine nichtflüssige Umgebung, die aus den langen „Kohlenwasserstoffschwänzen" der Phosopholipidmoleküle besteht, die von der Oberfläche in das Innere der Membran hineinragen. Dieses Merkmal der Membranen ist von großer Bedeutung für ihre Rolle als Permeabilitätsbarrieren, wie wir bald sehen werden.

Abgesehen von Kohlenstoff und Wasserstoff enthalten die meisten biologischen Verbindungen ein oder mehrere Atome Sauerstoff und oftmals auch Stickstoff, Phosphat oder Schwefel. Diese Atome sind im Allgemeinen Bestandteil verschiedener funktionaler Gruppen. Dies sind spezifische Anordnungen von Atomen, die den Molekülen, an die sie gebunden sind, charakteristische chemische Eigenschaften verleihen. In der ▶*Abbildung 2.5* haben wir einige der am häufigsten in biologischen Molekülen vorkommenden funktionalen Gruppen aufgeführt. Mehrere dieser Gruppen sind ionisiert oder protonisiert (d. h. sie haben ein Proton verloren oder dazugewonnen) im Bereich des nahezu neutralen pH-Werts der meisten Zellen, dazu gehören negativ geladene *Carboxyl-* und *Phosphat*gruppen und die positiv geladene *Amino*gruppe. Andere Gruppen wie *Hydroxyl-*, *Carbonyl-* und *Aldehyd*gruppen sind bei fast neutralen pH-Werten nicht geladen. Die Gegenwart von Sauerstoff- oder Schwefelatomen führt zu einer signifikanten Umverteilung von Elektronen innerhalb der Moleküle, woraus sich eine größere Wasserlöslichkeit und chemische Reaktionsfähigkeit ergibt.

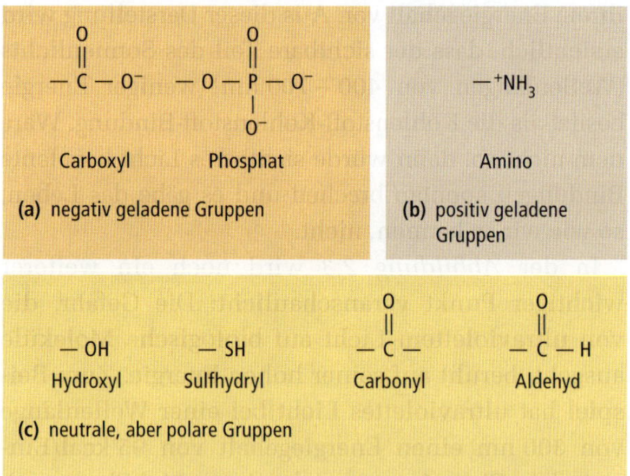

Abbildung 2.5: Einige häufig vorkommende funktionale Gruppen in biologischen Molekülen. Jede funktionale Gruppe ist in der Form dargestellt, die am häufigsten nahe dem neutralen pH-Wert der meisten Zellen vorkommt. (a) Carboxyl- und Phosphatgruppen sind ionisiert und daher negativ geladen. (b) Die Aminogruppe ist mit Protonen beladen und daher positiv geladen. (c) Hydroxyl-, Sulfhydryl-, Carbonyl- und Aldehydgruppen sind bei fast neutralem pH-Wert nicht geladen aber wesentlich polarer als Kohlenwasserstoffe, weshalb sie organischen Molekülen eine stärkere Polarität und folglich bessere Wasserlöslichkeit verleihen, wenn sie gebunden werden.

2.1.3 Kohlenstoffhaltige Moleküle können Stereoisomere bilden

Kohlenstoffhaltige Moleküle können sogar noch vielfältiger sein, denn das Kohlenstoffatom besitzt eine **tetraedrische** Struktur (▶*Abbildung 2.6*). *Wenn vier verschiedene Atome oder Atomgruppen an die vier Ecken einer solchen tetraedrischen Struktur gebunden werden, dann sind zwei verschiedene räumliche Konfigurationen möglich.* Obwohl beide Formen die gleiche Strukturformel haben, sind sie räumlich nicht identisch, sondern sie sind Spiegelbilder voneinander. Diese spiegelbildlichen Formen einer Verbindung bezeichnet man als **Stereoisomere**.

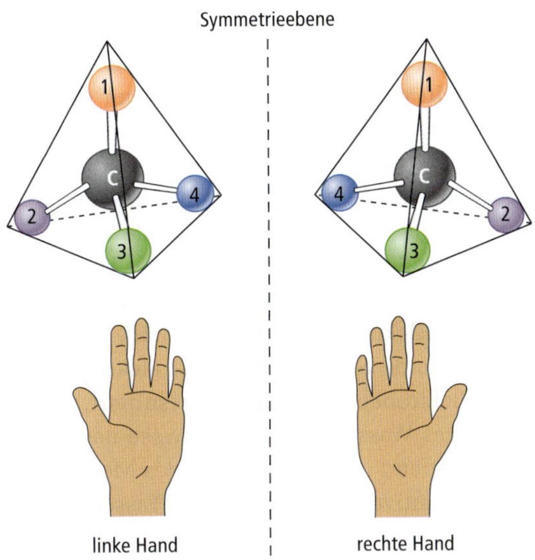

Abbildung 2.6: Stereoisomere. Stereoisomere sind organische Verbindungen, die auftreten, wenn vier verschiedene Gruppen an ein tetraedrisches Kohlenstoffatom gebunden werden. Stereoisomere sind, ebenso wie die linke und die rechte Hand, Spiegelbilder voneinander. (Die gestrichelte Linie in der Mitte der Abbildung symbolisiert die Symmetrieebene, die man sich als Spiegelfläche vorstellen muss).

Man bezeichnet ein Kohlenstoffatom mit vier verschiedenen Substituenten (Atome oder Gruppen, mit denen eine Verbindung eingegangen wird) als **asymmetrisches Kohlenstoffatom**. Da für jedes asymmetrische Kohlenstoffatom zwei Stereoisomere möglich sind, kann eine Verbindung mit n asymmetrischen Kohlenstoffatomen 2^n mögliche Stereoisomere besitzen. Wie in der ▶*Abbildung 2.7a* dargestellt, hat die Aminosäure Alanin bei drei Kohlenstoffatomen ein einziges asymmetrisches Kohlenstoffatom (in der Mitte) und somit zwei Stereoisomere, das sogenannte L-Alanin und das D-Alanin. Keines der beiden anderen Kohlenstoffatome von Alanin ist ein asymmetrisches Kohlenstoffatom, weil das eine drei identische Substituenten hat und das andere zwei Bindungen mit einem einzigen Sauerstoffatom eingeht. Beide Stereoisomere von Alanin kommen in der Natur vor, jedoch nur L-Alanin als Baustein von Proteinen.

Als Beispiel für eine Verbindung mit vielen asymmetrischen Kohlenstoffatomen betrachten wir den Zucker Glucose mit sechs Kohlenstoffatomen, der in der ▶*Abbildung 2.7b* dargestellt ist. Von den sechs Kohlenstoffatomen von Glucose sind die vier fettgedruckten asymmetrisch. (Können Sie sich vorstellen, warum die anderen beiden Kohlenstoffatome nicht asymmetrisch sind?) Mit vier asymmetrischen Kohlenstoffatomen ist die dargestellte Struktur D-Glucose nur eines von 2^4 oder 16 möglichen Stereoisomeren des $C_6H_{12}O_6$-Moleküls.

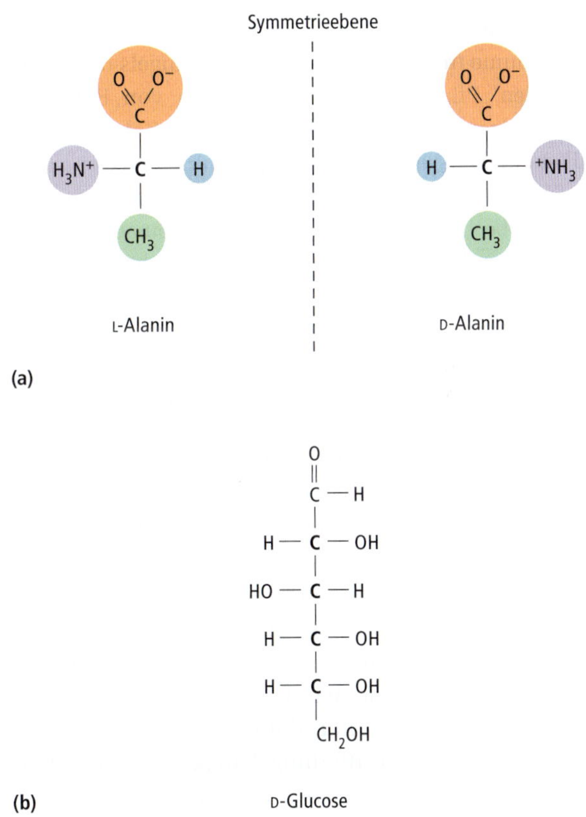

Abbildung 2.7: Stereoisomere biologischer Moleküle. (a) Die Aminosäure Alanin besitzt ein asymmetrisches Kohlenstoffatom (fettgedruckt) und kann daher in zwei räumlich unterschiedlichen Formen vorkommen, die man als L- und D-Alanin bezeichnet. (Die gestrichelte Linie in der Mitte der Abbildung symbolisiert die Spiegelfläche.) (b) Der Zucker Glucose mit sechs Kohlenstoffatomen hat vier asymmetrische Kohlenstoffatome (fettgedruckt), sodass D-Glucose nur eines von 16 (2^4) möglichen Stereoisomeren des Moleküls $C_6H_{12}O_6$ ist.

Die Bedeutung von Wasser 2.2

Ebenso wie Kohlenstoff als universelles Rückgrat biologisch wichtiger Moleküle von einzigartiger Bedeutung ist, so verlangt das Wassermolekül auf Grund seiner Unersetzlichkeit als universelles Lösungsmittel in biologischen Systemen unsere Aufmerksamkeit. Tatsächlich ist Wasser der am häufigsten vorkommende Baustein von Zellen und Organismen. Typischerweise sind 75 – 85 % der Zellmasse Wasser und viele Zellen sind von ihrer extrazellulären Umgebung, die grundsätzlich wässrig ist, abhängig. In einigen Fällen handelt es sich hierbei um ein Gewässer – entweder einen Ozean, einen See oder einen Fluss, wo die Zelle oder der Organismus lebt, und in anderen Fällen können es Körperflüssigkeiten sein, von denen die Zelle umspült wird. Wasser ist für das Leben, so wie wir es kennen, unerlässlich. Gewiss, es gibt Lebensformen, die in einen Ruhezustand verfallen können und längere Zeiträume trotz sehr großen Wassermangels überleben können. Pflanzensamen und Sporen von Bakterien und Pilzen gehören eindeutig zu dieser Kategorie. Der Feuchtigkeitsgehalt eines trockenen Samenkorns liegt häufig nur bei 10 %. Einige Pflanzen und Tiere – vor allem bestimmte Moose, Flechten, Nematoden und Rädertierchen – können sich auch physiologisch anpassen, sodass sie austrocknen und in stark dehydrierter Form überleben können; manchmal überleben sie überraschend lange Zeit. Diese Anpassungsvorgänge bieten in den Lebensräumen mit Dürreperioden eindeutig einen Überlebensvorteil. Jedoch handelt es sich bei all diesen Vorgängen bestenfalls um vorübergehende Überlebenstechniken. Zur Wiederaufnahme der normalen Aktivität ist eine Rehydrierung erforderlich.

Wenn wir verstehen möchten, warum Wasser sich auf so einzigartige Weise für die ihm zugedachte Rolle eignet, so müssen wir seine chemischen Eigenschaften betrachten. Das entscheidende Kriterium ist seine *Polarität*, denn auf dieses Merkmal gründen sich seine Bindungsfähigkeit, seine Fähigkeit, Temperatur zu stabilisieren und seine Eigenschaften als Lösungsmittel. All dies hat wichtige Konsequenzen für die Biochemie.

Obwohl das Wasser und seine Fähigkeiten von so elementarer Bedeutung für das gesamte Leben auf der Erde sind, ist es mehr als erstaunlich, dass wir viele der beobachteten Eigenschaften der Wassermoleküle noch gar nicht oder nur höchst unzulänglich erklären können. Dieses faszinierende Molekül hält sicherlich noch einige Überraschungen für uns parat!

2.2.1 Wassermoleküle sind polar

Die ungleiche Verteilung von Elektronen verleiht dem Wassermolekül **Polarität**, die wir als ungleiche Verteilung von Ladung in einem Molekül definieren können. Um die polare Natur des Wassers zu verstehen, müssen wir uns die Form des Moleküls anschauen. Wie in ▶*Abbildung 2.8a* dargestellt, ist die Form des Wassermoleküls eher gebogen als gerade, wobei die beiden Wasserstoffatome in einem Winkel von 104,5° und nicht in einem Winkel von 180° an das Sauerstoffatom gebunden sind. Es ist nicht übertrieben, zu behaupten, dass das Leben, so wie wir es kennen, in ganz entscheidendem Maß von diesem Winkel abhängt, denn die daraus resultierende Asymmetrie bedingt verschiedene Eigenschaften des Wassermoleküls. Obgleich das Molekül als Ganzes nicht geladen ist, sind die Elektronen ungleich verteilt. Das am oberen Pol liegende Sauerstoffatom ist **elektronegativ** – es zieht Elektronen an, was darin resultiert, dass dieses Ende des Wassermoleküls teilweise negativ geladen ist, während das andere Ende des Moleküls eine teilweise positive Ladung um die Wasserstoffatome behält.

2.2.2 Wassermoleküle sind kohäsiv

Auf Grund ihrer Polarität ziehen sich Wassermoleküle an und neigen dazu, sich spontan so auszurichten, dass das elektronegative Sauerstoffatom des einen Moleküls mit dem elektropositiven Wasserstoffatom benachbarter Moleküle eine Bindung eingeht. Jede dieser Bindungen wird als Wasserstoffbrückenbindung bezeichnet und durch eine gepunktete (bzw. gestrichelte) Linie dargestellt, wie in ▶*Abbildung 2.8b*. Eine Wasserstoffbrückenbindung ist eine Form der nicht-kovalenten Wechselwirkung, die allerdings wesentlich schwächer ist als eine kovalente Bindung (ca. 1/10 der Stärke).

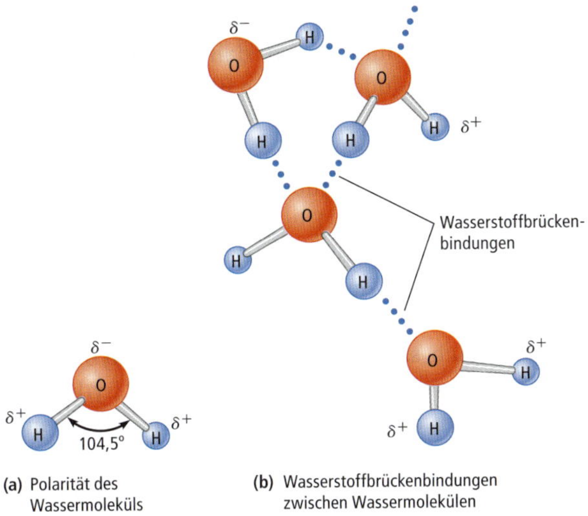

Abbildung 2.8: Wasserstoffbrückenbindungen zwischen Wassermolekülen. (a) Das Wassermolekül ist polar, weil eine ungleiche Ladungsverteilung vorliegt. Das Sauerstoffatom trägt eine teilweise negative Ladung (wird mit δ^- bezeichnet, von dem griechischen Buchstaben delta, der für „teilweise" steht) und jedes der beiden Wasserstoffatome besitzt eine teilweise positive Ladung (δ^+). (b) Die starke Assoziation der Wassermoleküle miteinander, sei es in flüssigem oder festem Zustand, beruht auf den Wasserstoffbrückenbindungen (gestrichelte Linien) zwischen dem elektronegativen Sauerstoffatom eines Wassermoleküls und den elektropositiven Wasserstoffatomen benachbarter Moleküle. Im Eis ist das entstehende Kristallgitter regelmäßig und vollständig. Jedes Sauerstoffatom ist über eine Wasserstoffbrückenbindung an die Wasserstoffatome zweier benachbarter Moleküle gebunden.

Jedes Sauerstoffatom kann zwei Wasserstoffatome binden und beide Wasserstoffatome können auf diese Weise mit den Sauerstoffatomen benachbarter Moleküle assoziieren. Daraus folgt, dass Wasser charakteristischerweise ein großes dreidimensionales Netzwerk von wasserstoffbrückengebundenen Molekülen hat. Obgleich eine einzelne Wasserstoffbrückenbindung schwach ist, kann die gemeinsame Wirkung großer Mengen ganz erheblich sein. In flüssigem Wasser werden die Wasserstoffbrückenbindungen zwischen benachbarten Molekülen ständig gespalten und wieder gebildet, wobei eine typische Bindung eine Halbwertszeit von wenigen Mikrosekunden hat. Im Durchschnitt ist jedes Wassermolekül im flüssigen Zustand zu jeder Zeit mit mindestens drei benachbarten Molekülen über eine Wasserstoffbrückenbindung verknüpft. Im Eis liegt eine noch stärkere Wasserstoffbrückenbindung vor, woraus eine starre, hexagonale Kristallstruktur resultiert, bei der jedes Sauerstoffatom über eine Wasserstoffbrückenbindung mit den Wasserstoffatomen von zwei benachbarten Molekülen verknüpft ist und jedes Wassermolekül daher mit vier benachbarten Molekülen über eine Wasserstoffbrückenbindung verknüpft ist.

Es liegt an diesem Bestreben, Wasserstoffbrückenbindungen zwischen benachbarten Molekülen zu bilden, dass Wasser derart stark *kohäsiv* ist. Die *Kohäsivität* ist für die hohe Oberflächenspannung des Wassers verantwortlich und auch für den hohen **Siedepunkt**, die hohe *spezifische Wärme* und die hohe *Verdampfungswärme*. Aufgrund der hohen Oberflächenspannung des Wassers können einige Insekten über die Oberfläche eines Teichs laufen, ohne die Oberfläche aufzureißen (▸*Abbildung 2.9*). Die Oberflächenspannung spielt auch eine wichtige Rolle für die Pflanzen, denn dadurch kann das Wasser sich durch die leitenden Gewebe der Pflanzen nach oben bewegen.

Abbildung 2.9: Laufen auf dem Wasser. Die hohe Oberflächenspannung des Wassers beruht auf der kollektiven Stärke einer großen Anzahl von Wasserstoffbrückenbindungen und gibt den Insekten, wie diesem Wasserläufer, die Möglichkeit, auf der Oberfläche eines Teichs zu laufen, ohne die Oberfläche aufzureißen.

2.2.3 Wasser besitzt eine starke temperaturstabilisierende Fähigkeit

Eine wichtige Eigenschaft von Wasser, die unmittelbar auf der Wasserstoffbrückenbindung zwischen benachbarten Molekülen beruht, ist die hohe spezifische Wärme, die dem Wasser seine Fähigkeit verleiht, Temperatur zu stabilisieren. Die **spezifische Wärme** ist die Menge an Wärme, die eine Substanz pro Gramm absorbieren muss, um ihre Temperatur um 1 °C zu erhöhen. Die spezifische Wärme von Wasser beträgt 1,0 Kalorie pro Gramm.

Auf Grund der starken Wasserstoffbrückenbindung ist die spezifische Wärme von Wasser wesentlich höher als die der meisten anderen Flüssigkeiten.

Bei diesen würde ein Großteil der Energie direkt in Bewegung der gelösten Moleküle umgesetzt werden und daher einen Temperaturanstieg bewirken. Stattdessen wird die Energie im Wasser genutzt, um Wasserstoffbrückenbindungen zwischen nebeneinander liegenden Molekülen zu brechen. Durch die Aufnahme von Wärme, die sonst einen schnelleren Temperaturanstieg des Wassers zur Folge hätte, puffern Wasserstoffbrückenbindungen wässrige Lösungen gegen große Temperaturveränderungen ab. Diese Fähigkeit ist für die Zellbiologie von großer Bedeutung, denn die Zellen setzen während metabolischer Reaktionen große Energiemengen in Form von Wärme frei. Gäbe es keine starke Wasserstoffbrückenbindung und die daraus resultierende hohe spezifische Wärme von Wassermolekülen, dann würde die Freisetzung von Energie die Zellen der Gefahr aussetzen, sich zu überhitzen und Leben, so wie wir es kennen, wäre nicht möglich.

Wasser hat außerdem eine hohe Verdampfungswärme, die man als die Energiemenge definiert, die benötigt wird, um ein Gramm einer Flüssigkeit in Gas umzuwandeln. Dieser Wert ist für Wasser hoch, denn die Wasserstoffbrückenbindungen müssen bei diesem Vorgang aufgebrochen werden. Dank dieser Eigenschaft ist Wasser ein hervorragendes Kühlungsmittel und man versteht, warum Menschen schwitzen, warum Hunde hecheln und warum Pflanzen durch Evaporation Wasser verlieren. In jedem Fall wird die zur Verdampfung benötigte Wärme aus dem Organismus herausgezogen, der daher durch diesen Vorgang gekühlt wird.

2.2.4 Wasser ist ein hervorragendes Lösungsmittel

Aus biologischer Sicht ist eine der wichtigsten Eigenschaften des Wassers seine hervorragende Eignung als Lösungsmittel für die Umsetzung von Stoffen. Ein **Lösungsmittel (Solvens)** ist eine Flüssigkeit, in der eine andere Substanz, der sogenannte **gelöste Stoff (Solut)**, gelöst werden kann. Wasser eignet sich für biologische Zwecke besonders gut als Lösungsmittel, denn es besitzt die bemerkenswerte Fähigkeit, eine große Anzahl löslicher Substanzen zu lösen.

Die hervorragende Eignung des Wassers als Lösungsmittel beruht auf der Polarität des Wassers. Die meisten Moleküle in Zellen sind auch polar (oder geladen) und gehen daher Wasserstoffbrückenbindungen (oder ionische Bindungen) mit Wassermolekülen ein. Gelöste Stoffe, die eine große Affinität für Wasser besitzen, sind daher in Wasser leicht löslich und werden als **hydrophil** („Wasser liebend") bezeichnet. Die meisten kleinen organischen Moleküle der Zellen sind hydrophil. Als Beispiel nennen wir Zucker, Salze, organische Säuren und einige Aminosäuren. Moleküle, die nicht in wasserlöslich sind, bezeichnet man als **hydrophob** („Wasser hassend"). Zu den wichtigsten hydrophoben Verbindungen in Zellen gehören die Lipide und die Proteine, die in biologischen Membranen vorkommen. Im Allgemeinen sind polare Moleküle und Ionen hydrophil und nicht-polare Moleküle hydrophob. Einige biologische Makromoleküle, vor allem Proteine, besitzen sowohl hydrophobe als auch hydrophile Regionen, sodass einige Teile des Moleküls eine Affinität für Wasser aufweisen, was auf andere Teile des Moleküls nicht zutrifft.

Um zu verstehen, warum polare Substanzen so leicht in Wasser löslich sind, betrachten wir zuerst ein Salz, beispielsweise Natriumchlorid (NaCl) (▶*Abbildung 2.10*). Da NaCl ein Salz ist, liegt es in kristalliner Form als Gitter positiv geladener *Natriumkationen* (Na^+) und negativ geladener *Chloridanionen* (Cl^-) vor. Damit NaCl sich in einer Flüssigkeit löst, müssen die Moleküle des Lösungsmittels die Anziehungskraft der entgegengesetzt geladenen Na^+-Kationen und Cl^--Anionen überwinden. Gibt man NaCl in Wasser, besteht keine Wechselwirkung mehr zwischen den Natrium- und den Chloridionen, stattdessen sind die Natrium- und die Chloridionen an elektrostatischen Wechselwirkungen mit den Wassermolekülen beteiligt und Na^+- und Cl^--Ionen werden getrennt und gelöst. Aufgrund ihrer Polarität können Wassermoleküle sowohl um Na^+ als auch um Cl^- Hydrathüllen bilden, wodurch die zwischen ihnen bestehende Anziehungskraft neutralisiert und die Wahrscheinlichkeit, dass sie sich wieder verbinden, verringert wird. Wie in ▶*Abbildung 2.10a* dargestellt, gehören zu der Hydrathülle um ein Kation wie Na^+ Wassermoleküle, die sich um das Ion gruppieren und ihre negativen (Sauerstoff-)Enden auf das Ion ausrichten. Bei einem Anion wie Cl^- ist die Ausrichtung der Wassermoleküle entgegengesetzt, sodass die positiven (Wasserstoff-)Enden der Lösungsmittel-Moleküle in Richtung des Ions zeigen.

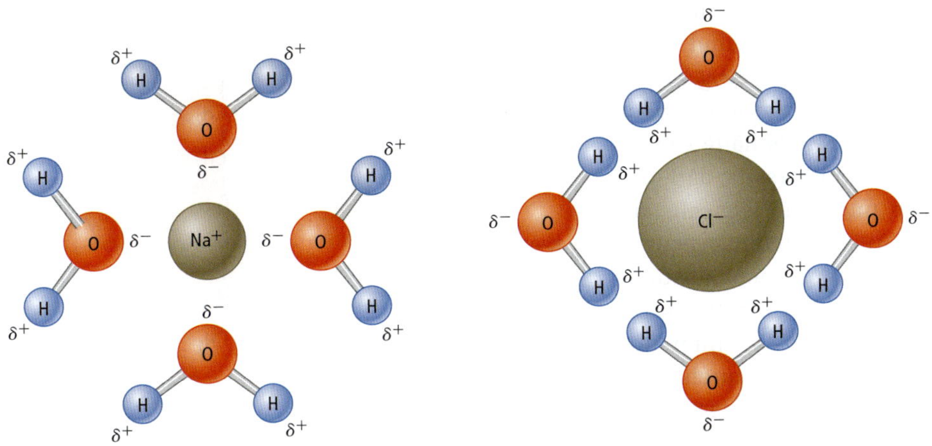

(a) Hydratation eines Natriumions

(b) Hydratation eines Chloridions

Abbildung 2.10: Die Löslichkeit von Natriumchlorid. Natriumchlorid (NaCl) ist in Wasser löslich, weil sich um (a) die Natriumionen und (b) die Chloridionen Hydrathüllen bilden. Das Sauerstoffatom, die Natriumionen und die Chloridionen sind maßstabsgerecht dargestellt.

Einige biologische Verbindungen sind in Wasser löslich, weil sie als Ionen nahe dem neutralen pH-Wert einer Zelle existieren und daher ebenso wie die Ionen in der *Abbildung 2.10* gelöst und hydratisiert werden. Verbindungen, die Carboxyl-, Phosphat- oder Aminogruppen enthalten, gehören zu dieser Kategorie (siehe *Abbildung 2.5*). Die meisten organischen Säuren sind zum Beispiel bei einem pH-Wert um 7 fast vollständig ionisiert und existieren daher als Anionen, die von Hydrathüllen in Lösung gehalten werden, wie wir es gerade im Fall des Chloridions in der ▸*Abbildung 2.10b* gesehen haben. Andererseits werden Amine im Allgemeinen beim pH-Wert der Zelle protoniert (mit Protonen beladen) und existieren als hydratisierte Kationen, wie das Natriumion in der *Abbildung 2.10a*.

Oftmals haben organische Moleküle keine Nettoladung – das heißt, dass sie Protonen weder abgegeben noch aufgenommen haben und daher als neutrale Moleküle existieren. Es gibt allerdings viele organische Moleküle, die trotzdem hydrophil sind, weil sie einige Regionen besitzen, die positiv geladen sind, und andere Regionen, die negativ geladen sind. Wassermoleküle bilden tendenziell Cluster um diese Regionen und die daraus resultierenden elektrostatischen Wechselwirkungen zwischen dem gelösten Stoff und den Wassermolekülen bewirken, dass sich die Moleküle des gelösten Stoffes nicht verbinden. Verbindungen, die Hydroxyl-, Sulfhydryl-, Carbonyl- und Aldehydgruppen enthalten, gehören zu dieser in *Abbildung 2.5* dargestellten Kategorie.

Hydrophobe Moleküle wie Kohlenwasserstoffe besitzen hingegen keine polaren Regionen und neigen nicht dazu, elektrostatisch mit Wassermolekülen zu interagieren. Tatsächlich spalten sie die auf Wasserstoffbrückenbindungen beruhende Struktur des Wassers und werden eher von den Wassermolekülen ausgeschlossen. Hydrophobe Moleküle neigen also dazu, sich in einem wässrigen Medium zu verbinden, wobei sie miteinander und nicht mit dem Wasser assoziieren. Die Triebkraft dieser Verbindung entspringt nicht einer spezifischen Affinität der hydrophoben Moleküle für einander, sondern geht vielmehr auf die starke Tendenz der Wassermoleküle zurück, Wasserstoffbrückenbindungen zu bilden und Moleküle auszuschließen, die diese Bindungen spalten. Später werden wir uns in diesem Kapitel mit diesen Verbindungen hydrophober Moleküle (oder Teilen von Molekülen) beschäftigen und sehen, dass sie eine der wichtigsten Triebkräfte für die Faltung von Molekülen, den Zusammenbau zellulärer Strukturen und der Organisation der Membranen sind.

2.3 Die Bedeutung der selektiven Permeabilität von Membranen

Jede Zelle und jedes Organell benötigt eine physikalische Barriere, um ihren Inhalt zu bewahren und externes Material nicht hineinzulassen. Desweiteren benötigt eine Zelle ein Hilfsmittel, um den Austausch zwischen ihrer inneren Umgebung und der extrazellulären Umgebung zu kontrollieren. Idealerweise sollte eine solche Barriere für die meisten Moleküle und Ionen, die in den Zellen und ihren Umgebungen vorkommen, undurchlässig sein. Andernfalls könnten die Substanzen frei hinein und heraus diffundieren und die Zelle hätte keinen wirklich definierten Inhalt. Andererseits darf die Barriere nicht vollkommen undurchlässig sein, da in diesem Fall notwendige Austauschvorgänge zwischen der Zelle und ihrer Umgebung nicht ablaufen könnten. Die Barriere darf nicht wasserlöslich sein, sodass sie sich nicht im wässrigen Medium der Zelle löst. Zugleich muss sie gut wasserdurchlässig sein, denn Wasser ist das wichtigste Lösungssystem der Zelle und muss je nach Bedarf in die Zelle hinein oder aus der Zelle heraus fließen können.

Wie Sie gewiss erwartet haben, erfüllen die Membranen, die Zellen und Organellen umgeben, diese Anforderungen auf wunderbare Weise. Eine biologische **Membran** ist grundsätzlich eine hydrophobe Permeabilitätsbarriere, die aus *Phospholipiden*, *Glykolipiden* und *Membranproteinen* besteht. Mit Ausnahme der Bakterien enthält die Membran der meisten Organismen auch *Sterole* – im Fall der tierischen Zellen *Cholesterin*, bei Pilzen *Ergosterole* und bei pflanzlichen Zellen *Phytosterole*. (Machen Sie sich bitte keine Sorgen, wenn sie diese Moleküle noch nicht kennen; wir werden ihnen in *Kapitel 3* wieder begegnen).

Die meisten Membranlipide und -proteine sind nicht einfach hydrophob oder hydrophil. Typischerweise besitzen sie sowohl hydrophobe als auch hydrophile Regionen, weshalb man sie als **amphipathische Moleküle** (die griechische Vorsilbe *amphi* bedeutet „von beiden Arten") bezeichnet. Die amphipathische Natur der Membranphospholipide wird in der ▸*Abbildung 2.11* dargestellt, die die Struktur von Phosphatidylethanolamin veranschaulicht, einem wichtigen Phospholipid vieler Membranen. Das unterscheidende Merkmal der amphipathischen Phospholipide ist, dass jedes Molekül aus einem polaren *Kopf* und zwei nicht-polaren Kohlenwasserstoff*schwänzen* besteht. Die Polarität des hydrophilen Kopfes beruht auf der Gegenwart einer negativ geladenen Phosphatgruppe, die oftmals mit einer positiv geladenen Gruppe – einer Aminogruppe im Fall von Phosphatidylethanolamin und den meisten anderen Phosphoglyceriden – verknüpft ist. In *Kapitel 3* werden wir mehr über die Phospholipide lernen.

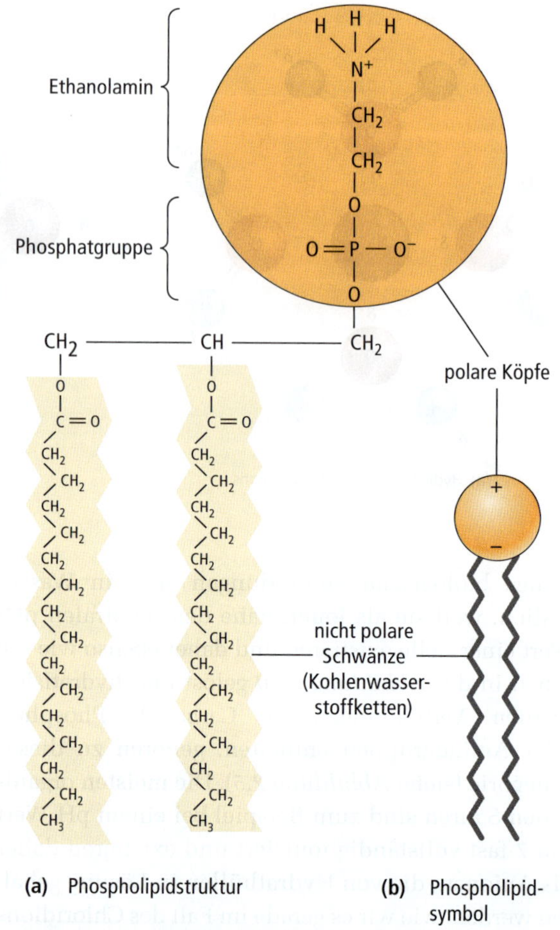

Abbildung 2.11: Die amphipathische Natur der Membranphospholipide. (a) Ein Phospholipidmolekül besteht aus zwei langen nicht-polaren Schwänzen (gelb) und einem polaren Kopf (orange). Hier ist Phosphatidylethanolamin dargestellt, ein Beispiel aus der Phosphoglyceridklasse der Membranphospholipide. Die Polarität des Kopfes eines Phospholipidmoleküls resultiert aus der negativ geladenen Phosphatgruppe, die an eine positiv geladene Gruppe – eine Aminogruppe im Fall von Phosphatidylethanolamin – geknüpft ist. (b) Ein Phospholipidmolekül wird oftmals schematisch dargestellt, wobei ein Kreis für den polaren Kopf steht (beachten Sie die Plus- und Minusladungen) und zwei Zickzacklinien für die nicht-polaren Kohlenwasserstoffketten.

2.3.1 Eine Membran ist eine Lipiddoppelschicht, in die Proteine eingebettet sind

Wenn man amphipathische Moleküle einer wässrigen Umgebung aussetzt, ereignen sich hydrophobe Wechselwirkungen. In einer Membran sind die Phospholipide zum Beispiel in zwei Schichten angeordnet: die polaren Köpfe zeigen nach außen – in Richtung der zu beiden Seiten wässrigen Umgebung – und ihre hydrophoben Schwänze sind durch Wechselwirkungen mit den Schwänzen anderer

Moleküle, die in die entgegengesetzte Richtung zeigen, vor dem Wasser geschützt. Daraus resultiert die Struktur der **Lipiddoppelschicht** (engl.: *lipid bilayer*), die in ▸*Abbildung 2.12* dargestellt ist. Die Köpfe beider Schichten sind nach außen gerichtet und die Kohlenwasserstoffschwänze erstrecken sich nach innen, woraus das stets hydrophobe Innere der Membran resultiert.

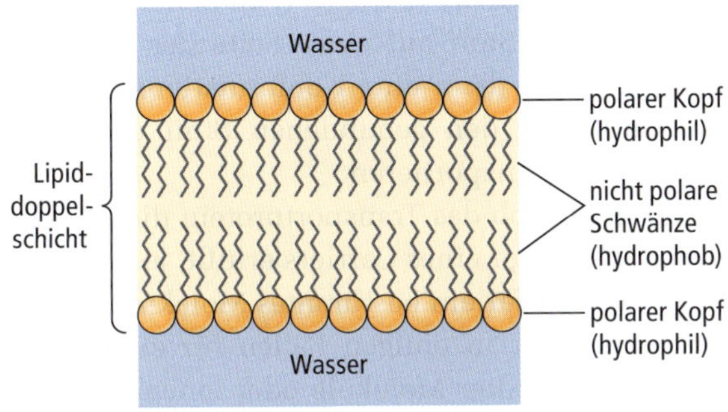

Abbildung 2.12: Die Lipiddoppelschicht als Grundlage der Membranstruktur. Aufgrund ihrer amphipathischen Natur richten sich die Phospholipide in einer wässrigen Umgebung in einer Doppelschicht aus, wobei die hydrophoben Schwänze (Zickzacklinien) nach innen gerichtet sind und die hydrophilen Köpfe (orange) mit der wässrigen Umgebung auf jeder Seite der Membran in Wechselwirkung stehen.

Jede uns bekannte biologische Membran hat eine solche Lipiddoppelschicht als Grundstruktur. Jede der einzelnen Lipidschichten (Layer) ist normalerweise 3 – 4 nm dick, sodass die Lipiddoppelschicht 7 – 8 nm dick ist. Diese Lipiddoppelschicht verleiht jeder Membran das typische Erscheinungsbild einer „Eisenbahnschiene", wenn man sie sich im Dünnschnitt unter dem Transmissionselektronenmikroskop anschaut (TEM, ▸*Abbildung 2.13a*). Das Osmium, das für die Präparation von Gewebe zur Untersuchung unter dem Elektronenmikroskop verwendet wird, reagiert mit den hydrophilen Köpfen der Phospholipidmoleküle auf beiden Membranoberflächen, aber nicht mit den hydrophoben Schwänzen im Inneren der Membran, sodass jede Membran in dieser Darstellung aus drei Schichten besteht.

Die Struktur biologischer Membranen wird in der ▸*Abbildung 2.13b* veranschaulicht. Verschiedene Membranproteine sind in die Membranlipiddoppelschicht eingebettet oder mit ihr verknüpft. Diese Proteine sind fast immer amphipathisch und entsprechend in der Lipiddoppelschicht ausgerichtet. Hydrophobe Regionen des Proteins assoziieren mit dem Inneren der Membran, während hydrophile Regionen in die wässrige Umgebung an beiden Membranoberflächen hineinreichen.

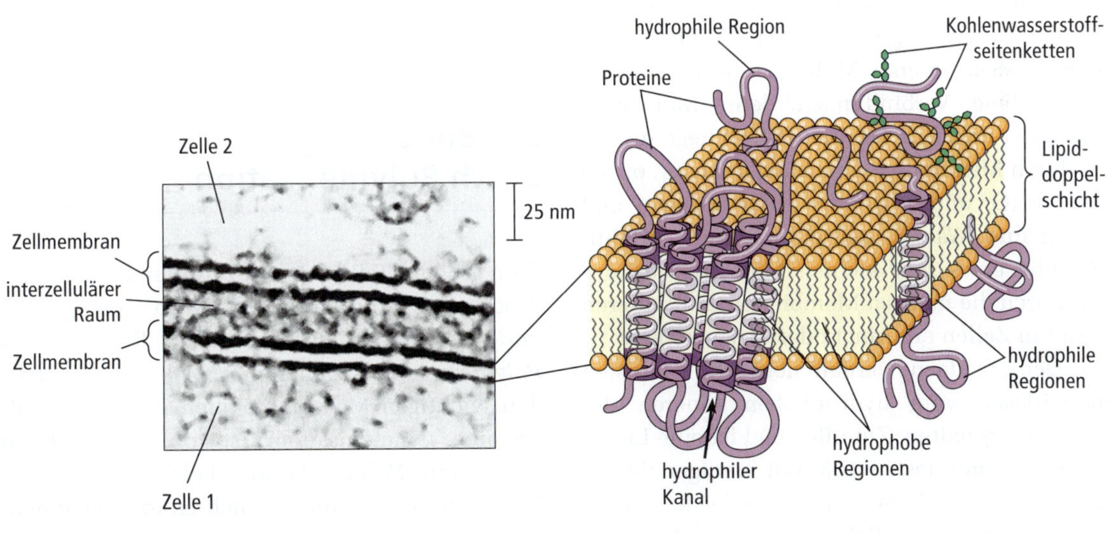

(a) elektronenmikroskopische Aufnahme der Membranen zwei benachbarter Zellen

(b) Modell einer Membran als Lipiddoppelschicht mit eingebetteten Proteinen

Abbildung 2.13: Membranen und Membranstruktur. (a) Unter dem Transmissionselektronenmikroskop (TEM) wird jede der Zellmembranen, die die beiden benachbarten Zellen umgeben, als Paar dunkler Bänder erkennbar, was auf die Wechselwirkung von Osmium mit den hydrophilen Köpfen der Phospholipidmoleküle zurückgeht, nicht aber auf Wechselwirkungen mit ihren hydrophoben Schwänzen. (b) Biologische Membranen bestehen aus amphipathischen Proteinen, die in eine Lipiddoppelschicht eingebettet sind. Die Proteine sind so in der Membran positioniert, dass ihre hydrophoben Regionen sich im hydrophoben Inneren der Phospholipiddoppelschicht befinden und ihre hydrophilen Regionen mit der wässrigen Umgebung auf jeder Seite der Membran in Kontakt kommen.

Je nach Membran können die Membranproteine verschiedene Rollen übernehmen. Einige sind *Transportproteine*, die für den Transport spezifischer Substanzen durch die sonst undurchlässige Membran verantwortlich sind. Andere sind *Enzyme*, die Reaktionen katalysieren, die mit der jeweiligen Membran assoziiert sind. Wieder andere sind die *Rezeptoren* auf der äußeren Oberfläche der Zellmembran, wie die Proteine für die Elektronentransportzwischenprodukte der mitochondrialen Membran oder die chlorophyllbindenden Proteine der Chloroplasten. Ab *Kapitel 4* (beispielsweise *Abbildung 4.8*) sowie in den darauf folgenden Kapiteln werden wir diesen Membranproteinen wieder begegnen.

2.3.2 Membranen sind selektiv permeabel

Aufgrund des hydrophoben Inneren können nicht-polare Moleküle eine Membran gut durchqueren. Allerdings ist die Membran für die meisten polaren Moleküle undurchlässig und für alle Ionen undurchlässig. Da die meisten Zellbestandteile entweder polar oder geladen sind, besitzen sie nur eine geringe oder gar keine Affinität für das Innere der Membran und sie sind wirkungsvoll daran gehindert, in die Zelle einzudringen oder aus ihr herauszukommen. Sehr kleine Moleküle bilden jedoch eine Ausnahme. Verbindungen, deren Molekulargewicht unter ungefähr 100 Dalton (Da) liegt, diffundieren durch Membranen unabhängig davon, ob sie nicht-polar (O_2 und CO_2) oder polar (Ethanol und Harnstoff) sind. Wasser stellt ein besonders wichtiges Beispiel eines sehr kleinen Moleküls dar, das schnell durch die meisten Membranen diffundieren kann und in Zellen eindringt oder diese verlässt.

Im Gegensatz dazu werden noch die kleinsten Ionen wirksam vom hydrophoben Inneren der Membran ferngehalten. Zum Beispiel ist eine Lipiddoppelschicht mindesten 108 Mal weniger durchlässig für kleine Kationen wie Na^+ oder K^+ als für Wasser. Dieser erstaunliche Unterschied beruht sowohl auf der Ladung eines Ions als auch auf der Hydrathülle, die das Ion umgibt.

Selbstverständlich ist von grundlegender Bedeutung, dass Zellen über Wege verfügen, ihre Ionen wie Na^+ oder K^+ sowie eine Vielzahl polarer Moleküle durch die Membranen zu schleusen, die sonst für diese Substanzen undurchlässig sind. Wie wir bereits anmerkten, sind Membranen mit Transportproteinen ausgestattet, die diese Funktion erfüllen. Ein Transportprotein ist ein spezialisiertes Transmembranprotein, das entweder als *hydrophiler Kanal* durch eine ansonsten hydrophobe Membran dient oder als *Carrier („Träger")*, an den ein spezifischer, gelöster Stoff auf einer Seite der Membran bindet und der dann eine Konformationsänderung durchläuft, um den gebundenen Stoff durch die Membran zu transportieren.

Ganz gleich, ob das Transportprotein die Aufgabe eines Kanals oder eines Carriers erfüllt, jedes Transportprotein ist für ein bestimmtes Molekül oder Ion spezifisch (oder in einigen Fällen für eine Klasse entfernt verwandter Moleküle oder Ionen). Desweiteren können die Aktivitäten dieser Proteine fein reguliert werden, um den Bedürfnissen der Zelle zu entsprechen. Daraus folgt, dass man biologische Membranen am besten als *selektiv permeabel* beschreiben kann. Mit Ausnahme sehr kleiner und nicht-polarer Moleküle können sich Moleküle und Ionen nur dann durch eine bestimmte Membran bewegen, wenn die Membran ein geeignetes Transportprotein besitzt.

2.4 Die Bedeutung der Synthese durch Polymerisation

Zum größten Teil bestehen zelluläre Strukturen wie Ribosomen, Chromosomen, Membranen, Geißeln und Zellwände aus geordneten Reihen linearer *Polymere*, den sogenannten Makromolekülen. Zu den wichtigen Makromolekülen in Zellen gehören Proteine, Nucleinsäuren (sowohl DNA als auch RNA) und *Polysaccharide*, beispielsweise Stärke, Glykogen und Cellulose. Auch *Lipide* gelten manchmal als Makromoleküle. Allerdings unterscheiden sie sich ein wenig von den anderen Klassen der Makromoleküle in der Art, wie sie synthetisiert werden, und erst in *Kapitel 3* werden wir näher auf sie eingehen. Makromoleküle sind im Hinblick auf Struktur und Funktion von Zellen von großer Bedeutung. Die biochemischen Grundlagen der Zellbiologie zu verstehen, bedeutet daher, ein Verständnis von den Makromolekülen zu erlangen – wie sie gebildet werden, wie sie zusammengesetzt werden und wie sie funktionieren.

2.4.1 Makromoleküle sind für Form und Funktion lebender Systeme von maßgeblicher Bedeutung

Die Bedeutung der Makromoleküle in der Zellbiologie wird durch die in ▶*Abbildung 2.14* dargestellte Zellhierarchie unterstrichen. Wir verwenden den Begriff *Hierarchie*, um darauf hinzuweisen, wie biologische Moleküle und Strukturen in Niveaustufen organisiert sein können, wobei jedes Niveau auf dem vorhergehenden aufbaut. Die meisten zellulären Strukturen bestehen aus kleinen, wasserlöslichen *organischen Molekülen* (Niveau 1), die Zellen entweder von anderen Zellen erhalten oder aus einfachen, nicht-biologischen Molekülen wie Kohlendioxid, Ammoniak oder Phosphationen synthetisieren, die in ihrer Umgebung vorliegen. Kleine organische Moleküle polymerisieren und bilden *biologische Makromoleküle* (Niveau 2), beispielsweise Polysaccharide, Proteine oder Nucleinsäuren. Diese Makromoleküle können allein ihre Aufgabe erfüllen oder werden zu einer Vielzahl von *supramolekularen Strukturen* (Niveau 3) zusammengesetzt. Diese supramolekularen Strukturen sind Bestandteile von Organellen und anderen *subzellulären Strukturen* (Niveau 4), aus denen schließlich die *Zelle* selbst besteht (Niveau 5).

Eines der in der *Abbildung 2.14* aufgeführten Beispiele ist die Biogenese der Zellwand (linke Bildtafeln). Bei Pflanzen ist das Polysaccharid Cellulose (Niveau 2) ein wichtiger Baustein der ersten Zellwand (Niveau 3). Cellulose ist ein sich wiederholendes Polymer des einfachen Monosaccharids Glucose (Niveau 1), ein Zucker, den die Pflanzenzelle während der Photosynthese aus Kohlendioxid und Wasser bildet. In der ▶*Abbildung 2.15* wird die Vorgehensweise der Bildung großer Moleküle durch wiederholtes Verknüpfen kleiner Einheiten dargestellt. Man kann die Bedeutung dieses Verfahren gar nicht genug hervorheben, denn es ist das fundamentale Prinzip der Zellbiochemie. Die vielen Enzyme, die für die Katalyse zellulärer Reaktionen verantwortlich sind, die Nucleinsäuren, die an der Speicherung und Expression genetischer Information mitwirken, das Glykogen, das von unserer Leber gespeichert wird, und die Cellulose, die der pflanzlichen Zellwand Festigkeit verleiht, sind Variationen dieses einen Bauprinzips. Bei jedem dieser Moleküle handelt es sich um ein Makromolekül, das durch Verknüpfung kleiner, sich wiederholender Einheiten gebildet wurde.

Beispiele für die sich wiederholenden Einheiten oder **Monomere** sind die *Glucose*, die in der Cellulose und der Stärke vorkommt, die *Aminosäuren*, die zur Proteinbildung benötigt werden, und die *Nucleotide*, aus denen die Nucleinsäuren bestehen. Im Allgemeinen sind dies kleine, wasserlösliche, organische Moleküle, deren Molekulargewicht weniger als circa 350 Dalton beträgt. Sie können nicht durch biologische Membranen diffundieren, es sei denn, die geeigneten Transportproteine liegen vor. Im Gegensatz dazu sind die meisten Makromoleküle, die aus diesen Monomeren synthetisiert werden, zu groß, um die Membranen zu durchqueren. Sie müssen daher in der Zelle oder in einem Zellkompartiment, in dem sie benötigt werden, gebildet werden.

Aus diesen Beispielen ergibt sich ein allgemeines Prinzip: *Die Makromoleküle, die maßgeblich für die charakteristische Form und Ordnung lebender Systeme verantwortlich sind, entstehen durch Polymerisation kleiner organischer Moleküle.*

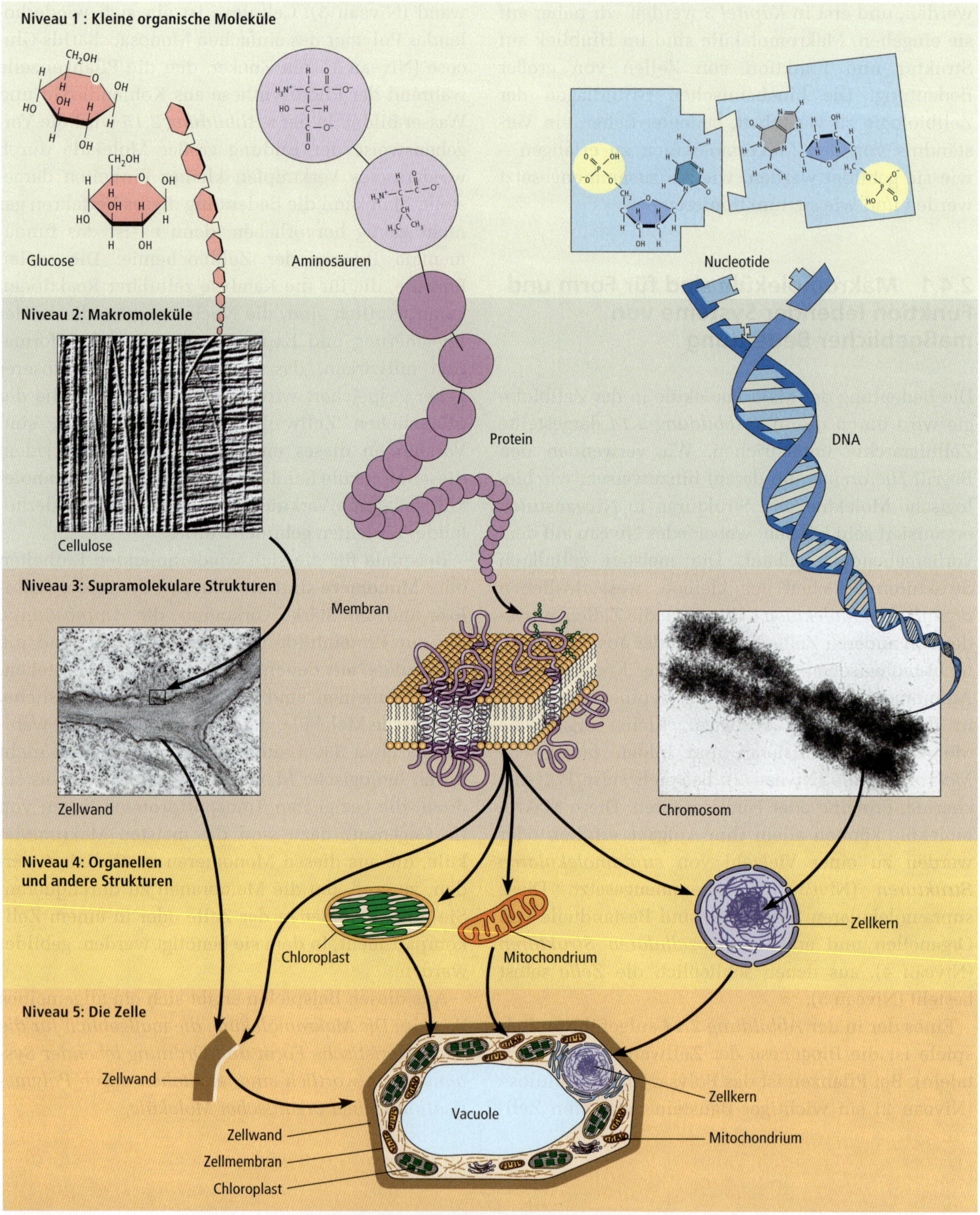

Abbildung 2.14: Die hierarchische Natur zellulärer Strukturen und ihre Zusammensetzung. Kleine organische Moleküle (Niveau 1) werden aus einfachen anorganischen Substanzen synthetisiert und polymerisiert, sodass sie Makromoleküle bilden (Niveau 2). Die Makromoleküle setzen sich dann zu supramolekularen Strukturen zusammen (Niveau 3), aus denen Organellen und andere subzelluläre Strukturen bestehen (Niveau 4) und schließlich die Zelle selber (Niveau 5). Die in Niveau 3 dargestellten supramolekularen Strukturen sind von komplexerer chemischer Zusammensetzung als die Abbildung wiedergibt. Chromosomen, zum Beispiel, enthalten sowohl Proteine als auch DNA – ungefähr zu gleichen Teilen. Ähnlich verhält es sich mit Membranen, die nicht nur Lipide enthalten, sondern eine Vielzahl von Proteinen; und Zellwände enthalten nicht allein Cellulose, sondern auch andere Kohlenhydrate und Proteine.

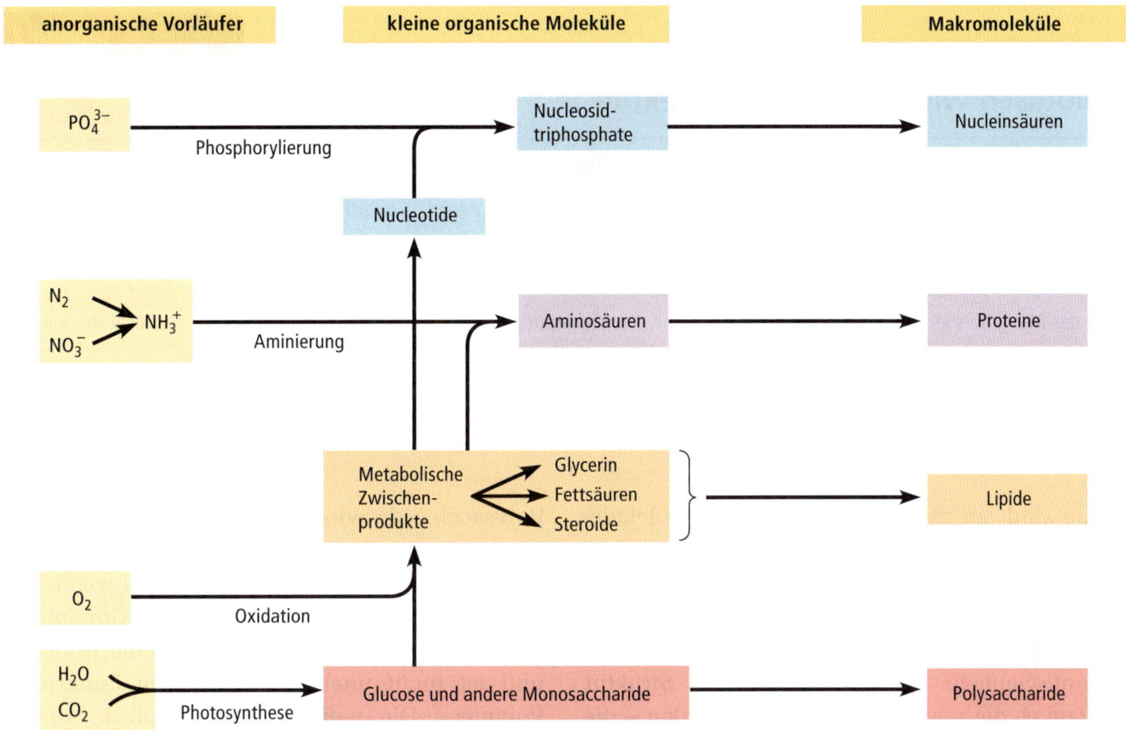

Abbildung 2.15: Die Synthese biologischer Makromoleküle. Einfache anorganische Vorläufer (links) reagieren und bilden kleine organische Moleküle (Mitte), die als Monomere zur Synthese von Makromolekülen (rechts) dienen, aus denen die meisten zellulären Strukturen bestehen.

2.4.2 Zellen enthalten verschiedene Arten von Makromolekülen

Die drei wichtigsten Arten der makromolekularen Polymere der Zellen sind Proteine, Nucleinsäuren und Polysaccharide. In der ▶*Tabelle 2.1* werden die allgemeinen Funktionen dieser Makromoleküle aufgeführt, jeweils einige Beispiele genannt und der Typ sowie die Reihe monomerer Untereinheiten vorgestellt, aus denen sich jedes Polymer zusammensetzt. Bei den Nucleinsäuren und Proteinen ist die exakte Anordnung der verschiedenen Monomere von entscheidender Bedeutung für die Funktion. Sowohl bei den Nucleinsäuren als auch bei den Proteinen gibt es fast unbegrenzte Variationsmöglichkeiten im Hinblick auf die lineare Anordnung der verschiedenen Monomere. Somit gibt es Millionen unterschiedlicher DNA-, RNA- und Proteinsequenzen. Im Gegensatz dazu bestehen die Polysaccharide typischerweise aus einem einzigen Monomer oder zwei verschiedenen Monomeren. Diese Monomere treten in einem Wiederholungsmuster auf, daher gibt es eine relativ geringe Anzahl unterschiedlicher Typen von Polysacchariden.

Nucleinsäuren (sowohl DNA als auch RNA) bezeichnet man als **informationstragende Makromoleküle**, denn die Anordnung der vier Arten von Nucleotidmonomeren in jeder Nucleinsäure unterliegt nicht dem Zufall und trägt wichtige Information. Der Begriff „informationstragend“ bedeutet, dass eine bestimmte Nucleinsäuresequenz in einem spezifischen DNA- oder RNA-Molekül eine kodierende Funktion erfüllt, denn sie enthält die Information, die notwendig ist, um die Aminosäuresequenz des entsprechenden Proteins zu spezifizieren. Auf diese Weise wird in der spezifischen Anordnung der Monomeruntereinheiten in Nucleinsäuren die genetische Information der Zelle gespeichert und übertragen.

Tabelle 2.1

Biologisch wichtige Makromoleküle

	Proteine	Nucleinsäuren	Polysaccharide	
Allgemeine Funktion	Verschiedene (siehe unten)	Informationstragend	Speicherung	Strukturgebend
Beispiele	Enzyme, Hormone, Antikörper, Carrier, Ionenkanäle	DNA, RNA	Stärke, Glykogen	Cellulose, Chitin
Typ des Monomers	Aminosäuren	Nucleotide	Monosaccharide	Monosaccharide
Anzahl der verschiedenen Monomere	20	4	Ein oder mehrere	Ein oder mehrere

Proteine sind ein zweiter Typ der Makromoleküle, die aus einer nicht-zufälligen Reihe von Monomeren – in diesem Fall Aminosäuren – zusammengesetzt sind. Im Gegensatz zu den Nucleinsäuren überträgt die Monomersequenz keine Information, sondern bestimmt vielmehr die dreidimensionale Struktur des Proteins, die – wie wir bald sehen werden – die biologische Aktivität vorschreibt. Da in den Proteinen 20 verschiedene Aminosäuren vorkommen, gibt es eine nahezu unendliche Menge möglicher Aminosäuresequenzen. Die unterschiedlichen Proteine erfüllen eine Vielzahl von Funktionen im Hinblick auf Struktur, Verteidigung, Transport, Katalyse und Signalwirkung. Da die präzise Sequenz von Aminosäuren in einem Protein von so großer Bedeutung ist, wirken sich störende Variationen in der Sequenz oftmals negativ auf die Fähigkeit des Proteins aus, seine Funktion korrekt zu erfüllen.

Polysaccharide wiederum bestehen typischerweise entweder aus einer einzigen, sich wiederholenden Untereinheit oder aus zwei, sich abwechselnden Untereinheiten. Die Anordnung von Monomeren in einem Polysaccharid trägt daher keine Information und ist nicht unabdingbar für die Funktion des Polymers. Die meisten Polysaccharide sind entweder **Speichermakromoleküle** oder **Strukturmakromoleküle**. Die bekanntesten Polysaccharide mit Speicherfunktion sind die *Stärke* der Pflanzenzellen und das *Glykogen*, das in Bakterien und tierischen Zellen enthalten ist. Wie in ▸*Abbildung 2.16a* dargestellt, bestehen diese beiden Speicherpolysaccharide aus einem sich wiederholenden Monomer – dem einfachen Zucker Glucose – und sie dienen beide der Energiespeicherung.

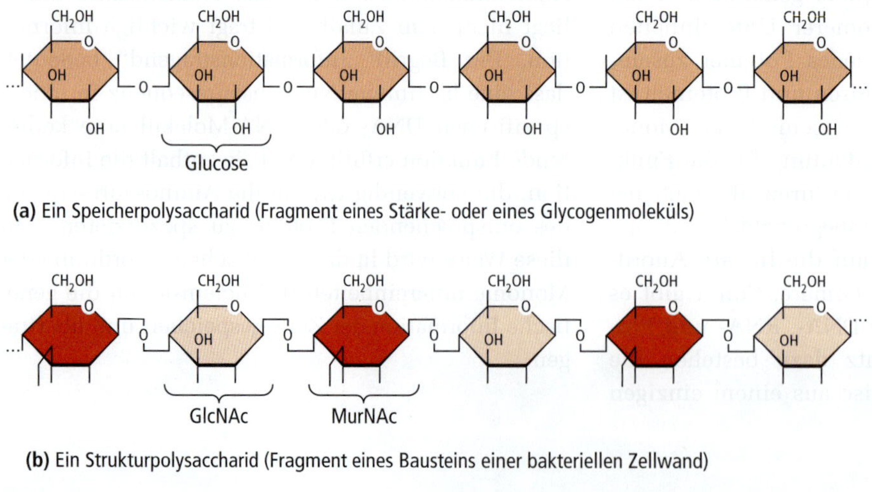

Abbildung 2.16: Speicher- und Strukturmakromoleküle. Speicher- und Strukturmakromoleküle enthalten eine oder einige sich wiederholende Einheiten in einer repetitiven Sequenz. (a) Teil der Sequenz in einem linearen Segment der Speicherpolysaccharide Stärke oder Glykogen, die aus Glucoseeinheiten bestehen, die durch glykosidische Bindungen verbunden sind. (b) Teil der Sequenz eines Polysaccharids einer bakteriellen Zellwand, die aus den Zuckerderivaten *N*-Acetylglucosamin (GlcNAc) und *N*-Acetylmuraminsäure (MurNAc) besteht, die sich stets abwechseln.

Das bekannteste Beispiel eines Strukturpolysaccharids ist die *Cellulose*, die in den Zellwänden der Pflanzen und den holzigen Geweben enthalten ist. Ebenso wie Stärke und Glykogen besteht Cellulose einzig aus Glucoseeinheiten; aber in der Cellulose sind die Einheiten durch eine etwas andere Bindung verknüpft, worauf wir in *Kapitel 3* genauer eingehen werden. Ein weiteres Beispiel für ein Strukturpolysaccharid, das aus einem einzigen Monosaccharid besteht, ist *Chitin*, das in den Exoskeletten der Insekten, in den Zellwänden der Pilze und den Schalen der Schalentiere enthalten ist. Chitin besteht nur aus *N*-Acetylglucosamin-Untereinheiten (GlcNAc). Die Zellwände der meisten Bakterien enthalten eine komplizierte Form eines Strukturpolysaccharids, das aus zwei Arten von Monomeren besteht – GlcNAc und *N*-Acetylmuraminsäure (MurNAc), die in einer sich stets abwechselnden Sequenz angeordnet sind (▶*Abbildung 2.16b*).

2.4.3 Makromoleküle werden schrittweise durch Polymerisation von Monomeren synthetisiert

In *Kapitel 3* werden wir uns mit den wichtigsten Arten der biologisch relevanten Makromoleküle beschäftigen. Zuerst ist es allerdings sinnvoll, mehrere wichtige Prinzipien kennenzulernen, die den Polymerisationsvorgängen zugrunde liegen, aus denen diese Makromoleküle hervorgehen. Obwohl die Chemie der monomeren Untereinheiten und somit die daraus entstehenden Polymere sich erheblich bei den jeweiligen Makromolekülen unterscheiden, treffen die nachfolgend aufgeführten Prinzipien immer zu:

1. Makromoleküle werden immer durch die schrittweise Polymerisation ähnlicher oder identischer kleiner Moleküle, der sogenannten *Monomere*, gebildet.

2. Das Anfügen eines jeden Monomers erfolgt durch Abspaltung eines Wassermoleküls und wird daher als **Kondensationsreaktion** bezeichnet.

3. Die Monomereinheiten, die zusammengefügt werden, müssen vor der Kondensierung als **aktivierte Monomere** vorliegen.

4. Die Aktivierung erfolgt im Allgemeinen durch Kopplung des Monomers an ein **Überträgermolekül**, das ein aktiviertes Monomer bildet.

5. Die Energie, die benötigt wird, um das Monomer an das Überträgermolekül zu koppeln, wird von einem Molekül mit der Bezeichnung *Adenosintriphosphat* (*ATP*) oder einer verwandten, stark Energie geladenen Verbindung zur Verfügung gestellt.

6. Bedingt durch die Art und Weise, wie Makromoleküle gebildet werden, besitzen sie eine ihnen innewohnende **Direktionalität**. Das bedeutet, dass sich die beiden Enden der Polymerkette chemisch voneinander unterscheiden.

Da die Abspaltung eines Wassermoleküls für alle biologischen Polymerisationsreaktionen von grundlegender Bedeutung ist, muss jedes Monomer sowohl über ein Wasserstoffatom (–H) als auch über eine Hydroxylgruppe (–OH) irgendwo in dem Molekül verfügen. Dieses Strukturmerkmal ist in ▶*Abbildung 2.17a* schematisch dargestellt. Dort sind die Monomeruntereinheiten (M) als Kästchen dargestellt, die mit der entsprechenden Wasserstoff- und Hydroxylgruppe beschriftet sind. Bei einem bestimmten Polymer können sich die Monomere in anderen Aspekten ihrer Struktur voneinander unterscheiden; aber jedes Monomer verfügt über eine Wasserstoff- und eine Hydroxylgruppe.

Abbildung 2.17a stellt die Monomeraktivierung dar, ein Vorgang, für den Energie benötigt wird. Unabhängig vom Polymertyp ist das Anfügen eines jeden Monomers an eine wachsende Kette immer energetisch unvorteilhaft, es sei denn, das anzufügende Monomer liegt in aktivierter, energetisierter Form vor. Die Aktivierung erfolgt im Allgemeinen durch Kopplung des Monomers an ein Überträgermolekül (C). Die Energie zum Antrieb dieses Aktivierungsvorgangs wird von ATP oder einer eng verwandten, energiereichen Verbindung geliefert. Für jeden Polymertyp wird eine andere Art Überträgermolekül verwendet. Bei der Proteinsynthese werden Aminosäuren aktiviert, indem sie an Überträger geknüpft werden, die man als Transfer-RNA-Moleküle (tRNA) bezeichnet. Polysaccharide werden aus Zuckermolekülen (oftmals Glucose) synthetisiert, die durch Bindung an Derivate von Nucleotiden (Adenosintriphosphat für Stärke, Uridindiphosphat für

Glykogen) aktiviert werden. Bei der Nucleinsäuresynthese werden keine spezifischen Überträgermoleküle benötigt, denn die Nucleotide selbst (zum Beispiel ATP oder GTP) sind sehr energiereiche Moleküle.

Nach ihrer Aktivierung können die Monomere miteinander in einer Kondensierungsreaktion reagieren, die mit der Freisetzung des Überträgermoleküls aus einem der beiden Monomere einhergeht oder an die sich die Freisetzung des Überträgermoleküls anschließt (▶*Abbildung 2.17b)*. Die nachfolgende Verlängerung des Polymers ist ein sequenzieller, schrittweise ablaufender Vorgang. Es wird jeweils ein aktivierte Monomereinheit nach der anderen angefügt, wodurch das Polymer jeweils um eine Einheit verlängert wird. In der ▶*Abbildung 2.17c* wird der *n*. Schritt eines solchen Vorgangs dargestellt, wenn die nächste Polymereinheit an ein sich verlängerndes Polymer angefügt wird, das bereits *n* Monomereinheiten enthält. Die chemische Beschaffenheit der energetisierten Monomere, des Überträgers und des tatsächlichen Aktivierungsvorgangs sind bei jedem biologischen Polymer anders, aber das allgemeine Prinzip ist immer das gleiche: An der Polymersynthese wirken immer aktivierte Monomere mit, die über Kondensationsreaktionen verbunden werden und ATP oder eine ähnliche, sehr energiereiche Verbindung wird benötigt, um die Monomere zu aktivieren, indem sie an das geeignete Überträgermolekül gekoppelt werden.

Der Abbau dieser Makromoleküle erfolgt auf einem den Kondensationsreaktionen der Synthese entgegengesetzten Weg. Während des Abbaus werden durch Hydrolyse – Anfügen eines Wassermoleküls, das die Bindung zwischen benachbarten Monomeren spaltet – Monomere aus dem Polymer entfernt. Bei diesem Vorgang erhält ein Monomer von dem Wassermolekül eine Hydroxylgruppe und das andere erhält ein Wasserstoffatom, sodass die ursprünglichen Monomere wieder hergestellt werden.

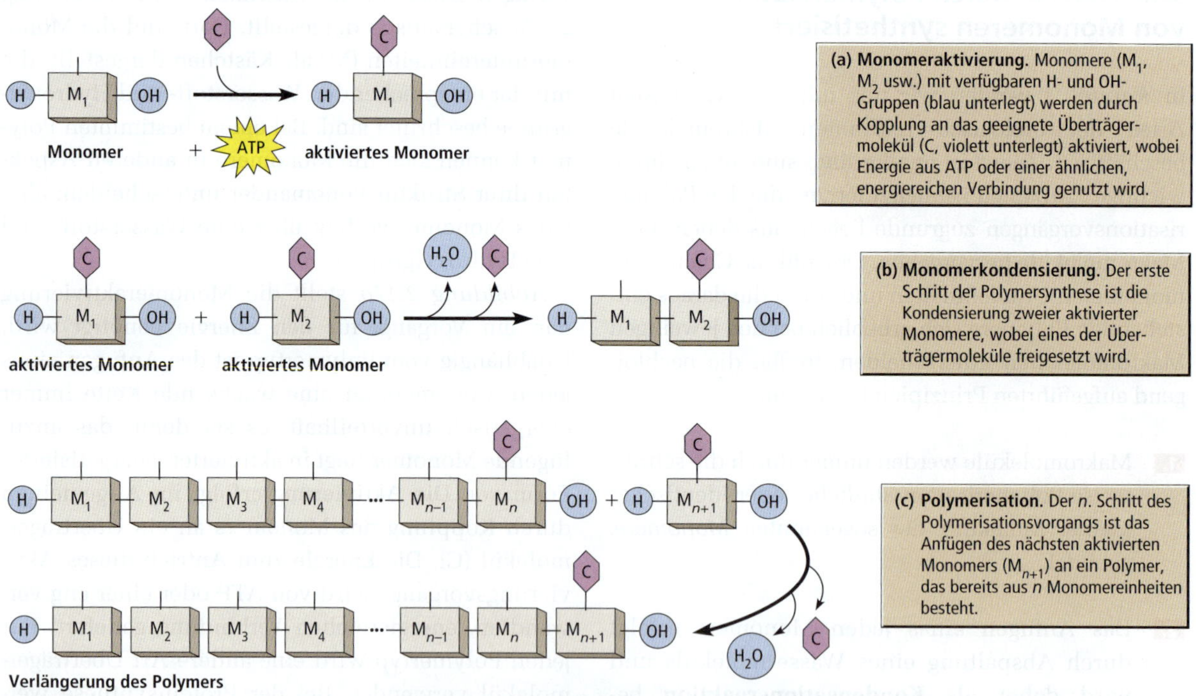

Abbildung 2.17: Die Biosynthese der Makromoleküle. Biologische Makromoleküle werden in einem Prozess synthetisiert, an dem (a) Monomeraktivierung, (b) Kondensierung und (c) Polymerisation mitwirken. Je nach Polymer können die Monomere identisch sein (einige Polysaccharide) oder sich voneinander unterscheiden (Proteine und Nucleinsäuren).

2.5 Die Bedeutung der Selbstorganisation

Bisher haben wir erfahren, dass die Makromoleküle, die die biologische Organisation und Funktion charakterisieren, Polymere aus kleinen, hydrophilen, organischen Molekülen sind. Die einzigen Anforderungen, die an die Polymerisation gestellt werden, sind eine angemessene Versorgung mit Monomeruntereinheiten und eine Energiequelle – sowie, im Fall der Proteine und der Nucleinsäuren, genügend Information, um die Reihenfolge der Monomere zu spezifizieren. Wir müssen uns aber noch mit den Schritten beschäftigen, die jenseits dieser Anforderungen liegen – den Vorgängen, mittels derer diese Makromoleküle zu supramolekularen Strukturen und Organellen zusammengesetzt werden, die leicht als zelluläre Strukturen zu erkennen sind. Oder, schaut man sich die *Abbildung 2.14* an, so müssen wir uns die Frage stellen, wie die Makromoleküle des Niveaus 2 zu den Strukturen höherer Ordnung der Niveaustufen 3, 4 und 5 zusammengesetzt werden.

Von entscheidender Bedeutung für unser Verständnis dieser Strukturen höherer Ordnung ist das Prinzip der **Selbstorganisation**, demzufolge *die Information, die benötigt wird, um die Faltung von Makromolekülen und ihre Wechselwirkungen zu spezifizieren, damit diese kompliziertere Strukturen mit spezifischen biologischen Funktionen bilden, den Polymeren innewohnt.* Dieses Prinzip besagt, dass nach der Synthetisierung von Makromolekülen in der Zelle der Zusammenbau zu komplexeren Strukturen spontan abläuft, ohne weitere Zugabe von Energie oder Information. Bald werden wir sehen, dass dieses Prinzip in gewisser Weise an Qualität gewonnen hat, denn man hat erkannt, dass Proteine, die sogenannten *molekularen Chaperone* (engl.: Begleiter, Anstandsdame), in einigen Fällen für die Proteinfaltung gebraucht werden, um falsche molekulare Wechselwirkungen zu verhindern, aus denen inaktive Strukturen hervorgehen würden. Sogar in solchen Fällen liefern die Chaperonmoleküle aber keine weitere Information. Sie unterstützen lediglich den Vorgang des Zusammensetzens, indem sie Wechselwirkungen hemmen, die zur Bildung falscher Strukturen führen könnten.

2.5.1 Viele Proteine setzen sich selbst zusammen

Ein Prototyp, der sich für das Verständnis der Selbstorganisation als hilfreich erweist, sind Spiralisierung und Faltung zur Bildung eines funktionalen dreidimensionalen Proteins aus einer oder mehreren linearen Aminosäureketten. Obwohl man das nicht immer sorgfältig unterscheidet, ist das unmittelbare Produkt einer Aminosäurepolymerisation nicht wirklich ein Protein, sondern ein **Polypeptid**. Damit dieses ein funktionales Protein wird, müssen eine oder mehrere dieser linearen Polypeptidketten auf eine exakte, vorherbestimmte Art und Weise spiralisieren und sich falten, um die einzigartige, dreidimensionale Struktur oder *Konformation*, anzunehmen, die für die biologische Aktivität erforderlich ist.

Der Beweis für die Selbstorganisation von Proteinen stammt weitestgehend aus Untersuchungen, bei denen die native oder natürliche Konformation eines Proteins durch Veränderung der Umweltbedingungen aufgebrochen wird. Ein derartiger Bruch oder eine Entfaltung können durch Temperaturanstieg erzielt werden, durch sehr saure oder alkalische pH-Werte der Lösung, oder man kann bestimmte chemische Wirkstoffe wie Harnstoff oder einen spezifischen Alkohol hinzufügen. Die Entfaltung eines Polypeptids unter diesen Bedingungen bezeichnet man als **Denaturierung**, denn sie führt zum Verlust der dreidimensionalen Struktur des Proteins – und auch zum Verlust der Funktion. Im Fall eines Enzyms führt die Denaturierung zum Verlust der katalytischen Aktivität.

Wenn ein denaturiertes Polypeptid wieder in einen Zustand zurückgeführt wurde, in dem die native Konformation stabil vorliegt, kann das Polypeptid einen Vorgang durchlaufen, den man als Renaturierung bezeichnet, die Rückkehr des Proteins zu seiner korrekten dreidimensionalen Konformation. In einigen Fällen gewinnt das renaturierte Protein seine biologische Funktion wieder – im Fall des Enzyms die katalytische Aktivität.

In der ▸*Abbildung 2.18a* ist die Denaturierung und anschließende Renaturierung der *Ribonuclease* dargestellt, das Protein, mit dem Christian Anfinsen und seine Kollegen ihre klassischen Experimente zur Proteinfaltung durchführten. Wenn eine Lösung von Ribonuclease erhitzt wird, denaturiert das Protein, was zu einem entfalteten, zufällig spiralisierten Polypeptid ohne klare Form führt. Zudem geht die katalytische Aktivität verloren. Wenn eine Lösung denaturierter Moleküle langsam abkühlt, erlangen die Ribonucleasemoleküle ihre ursprüngliche Konformation sowie ihre katalytische Aktivität wieder. Daher beinhaltet die Aminosäuresequenz die gesamte Information, die benötigt wird, um die dreidimensionale Struktur des Ribonucleasemoleküls zu spezifizieren. Ähnliche Ergebnisse erhielt man bei Denaturierungs- und Renaturierungsexperimenten mit anderen Proteinen, obwohl sich der Renaturierungsvorgang bei größeren, komplexeren Proteinen erheblich schwieriger, wenn nicht unmöglich gestaltete.

(a) Spontane Rückfaltung von Ribonuclease nach der Denaturierung. Anfinsen's Experiment bewies, dass die gesamte Information, die für die richtige Faltung eines Ribonucleasepolypeptids in seine native, dreidimensionale Konformation benötigt wird, in seiner Aminosäuresequenz liegt.

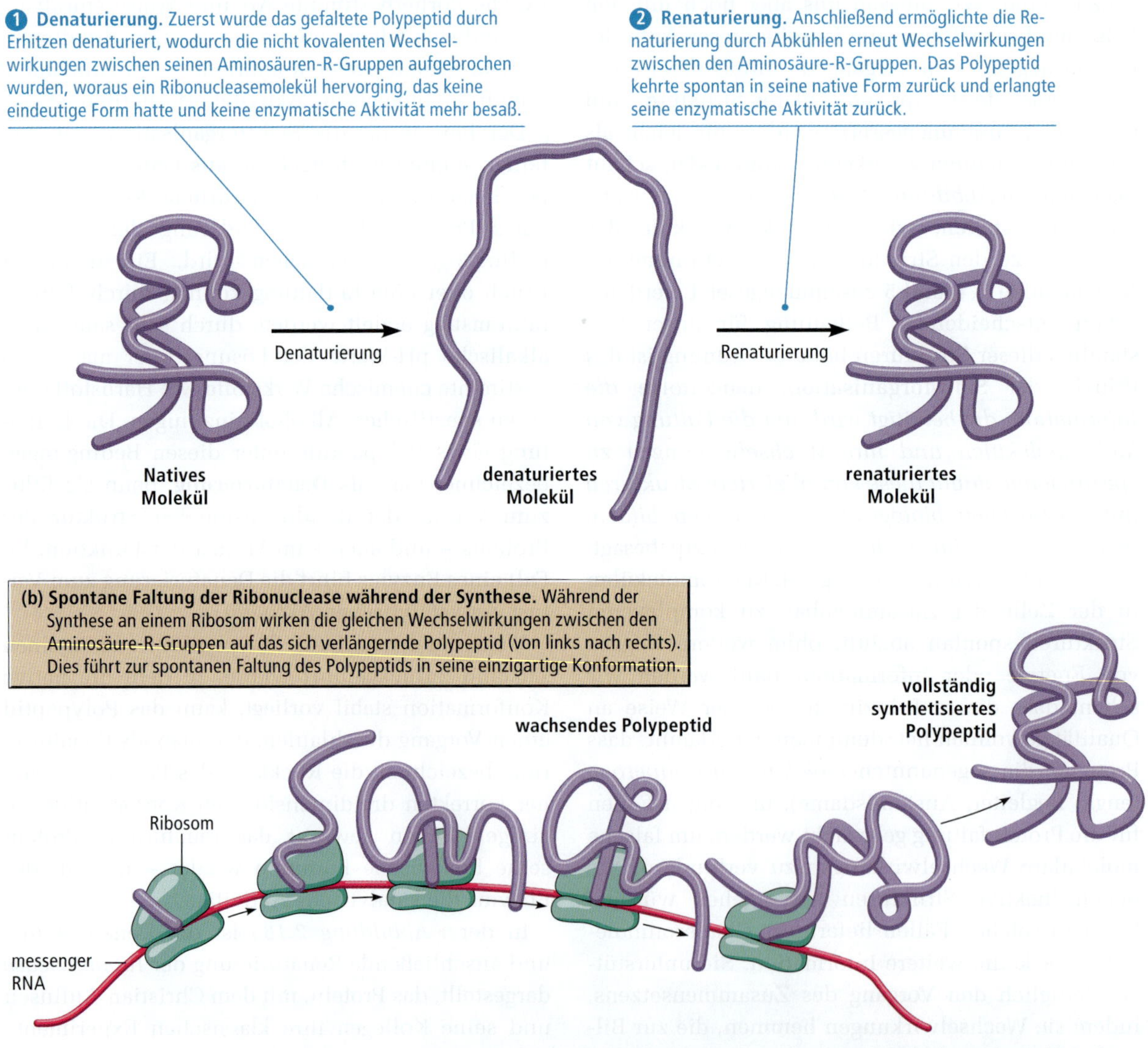

(b) Spontane Faltung der Ribonuclease während der Synthese. Während der Synthese an einem Ribosom wirken die gleichen Wechselwirkungen zwischen den Aminosäure-R-Gruppen auf das sich verlängernde Polypeptid (von links nach rechts). Dies führt zur spontanen Faltung des Polypeptids in seine einzigartige Konformation.

Abbildung 2.18: Die spontane Faltung eines Polypeptids. Das hier dargestellte Protein ist das Enzym Ribonuclease, das in (a) so dargestellt ist, wie es in Anfinsens klassischen Experimenten zur Proteinfaltung in vitro verwendet wurde und (b) während der In-vivo-Synthese.

2.5.2 Molekulare Chaperone unterstützen die Faltung einiger Proteine

Auf Grund der Fähigkeit einiger denaturierter Proteine, in ihre ursprüngliche Konformation zurückzukehren und ihre biologische Funktion wiederzuerlangen, nahmen die Biologen früher an, dass Proteine und proteinhaltige Strukturen sich auch in Zellen wieder selbst zusammenbauen. Wie in der ▶*Abbildung 2.18b* am Beispiel der Ribonuclease dargestellt, findet die Proteinsynthese an den Ribosomen statt. Das Polypeptid wird durch Anfügen von Aminosäuren am Kettenende verlängert. Das Modell der Selbstorganisation geht von Polypeptidketten aus, die sich während der Synthese der Polypeptide spiralisieren und falten.

Man nimmt an, dass das vollständige Polypeptid, wenn es aus dem Ribosom freigesetzt wird, eine stabile, vorhersehbare, dreidimensionale Struktur besitzt, die ausschließlich mit der für den Polymerisationsvorgang notwendigen Energie erzielt wurde. Desweiteren geht man davon aus, dass die Faltung insofern einzigartig ist, als dass jedes Polypeptid mit der gleichen Aminosäuresequenz sich unter gleichen Bedingungen auf identische, wiederholbare Art und Weise faltet. Somit beruht das Modell der Selbstorganisation auf der Annahme, dass die innerhalb und zwischen den Polypeptiden ablaufenden Wechselwirkungen für die Biogenese funktionaler Proteine genügen.

Allerdings beruht das Modell der Selbstorganisation in vivo (in der Zelle) gänzlich auf Untersuchungen mit isolierten Proteinen; und sogar unter Laborbedingungen erlangen nicht alle Proteine ihre native Struktur wieder. Ausgehend von ihrer Arbeit mit einem dieser Proteine (Ribulosebisphosphat-Carboxylase/Oxygenase, dem Chloroplastenenzym, das die Umwandlung von CO_2 zu Zucker durch Photosynthese katalysiert) folgerten John Ellis und seine Kollegen von der Warwick University, dass das Modell der Selbstorganisation nicht auf alle Proteine zutreffen könnte. Sie schlugen vor, dass die Wechselwirkungen, die die Proteinfaltung antreiben, von Proteinen unterstützt und gesteuert werden, die man als **molekulare Chaperone** bezeichnet. Diese dienen als Faltungshelfer und tragen dafür Sorge, dass keine falschen Strukturen ohne biologische Aktivität gebildet werden.

Molekulare Chaperone sind Proteine, die die korrekte Zusammensetzung von Proteinen und proteinhaltigen Strukturen erleichtern, aber sie sind nicht Bestandteil der zusammengesetzten Endprodukte. Die bis heute identifizierten molekularen Chaperone vermitteln weder für die Polypeptidfaltung noch für den Zusammenbau von mehreren Polypeptiden zu einem Protein Information. Stattdessen entfalten sie ihre Funktion, indem sie an spezifische Regionen binden, die nur in den frühen Stadien des Zusammenbaus in Anspruch genommen werden, wodurch sie unproduktive Wege des Zusammenbaus hemmen, die zur Bildung falscher Strukturen führen. Ellis und Van der Vies merkten in Zusammenhang mit dem Begriff *molekulares Chaperon* an, dass „der Begriff Anstandsdame (engl.: *chaperone*) auf diese Proteinfamilie zutrifft, denn es sei die Rolle einer Anstandsdame, falsches Verhalten zwischen Menschen zu verhindern und nicht sterische (räumliche) Information für ein solches Verhalten zu liefern“ (Ellis und Van der Vies, 1991, S. 323).

Die Wirkungsweise der molekularen Chaperone wird am besten mit dem Begriff **unterstützte Selbstorganisation** beschrieben. Daher können wir zwischen zwei Typen der Selbstorganisation unterscheiden: strikte Selbstorganisation – für die richtige Faltung wird nur die Information benötigt, die in dem Polypeptid selbst enthalten ist; und die unterstützte Selbstorganisation – das geeignete molekulare Chaperon wird benötigt, um sicherzustellen, dass der korrekte Zusammenbau sich gegen den nicht-korrekten Zusammenbau durchsetzt.

Die Liste der bekannten molekularen Chaperone ist seit dem Jahr 1987, als Ellis und seine Kollegen den Begriff erstmalig vorschlugen, stetig gewachsen. Die ersten molekularen Chaperone, die man untersuchte, waren die der Chloroplasten, der Mitochondrien und der Bakterien. Innerhalb weniger Jahre identifizierte man allerdings auch Chaperone in anderen Bereichen der eukaryotischen Zellen. Chaperonproteine kommen unter normalen Bedingungen in großen Mengen vor und können als Antwort auf Stress, beispielsweise erhöhte Temperatur – ein Zustand, den man als Hitzeschock bezeichnet – oder einen Anstieg entfalteter Proteine in der Zelle, sogar noch mehr werden. Die meisten der häufig vorkommenden Chaperonproteine gehören zwei Familien an, den sogenannten *Hsp60* und *Hsp70*. „Hsp“ ist die Abkürzung für *Hitzeschockprotein* und die Zahl bezieht sich auf das ungefähre Molekulargewicht der Polypeptidmonomere des Proteins – 60.000 Da bzw. 70.000 Da. Die zu einer

Familie gehörigen Proteine sind evolutionär verwandt und kommen in der ganzen biologischen Welt vor. Hsp70-Proteine hat man zum Beispiel bei Bakterien und in den Zellen einer Vielzahl von Eukaryoten nachgewiesen, wo sie an mehreren intrazellulären Orten vorkommen.

2.5.3 Nicht-kovalente Bindungen und Wechselwirkungen sind wichtig für die Faltung von Makromolekülen

Ganz gleich, ob Polypeptide bei Faltung und Selbstorganisation von molekularen Chaperonen unterstützt werden oder nicht, der Vorgang der Selbstorganisation erfolgt ohne zusätzliche Informationszufuhr. Außerdem ist die dreidimensionale Struktur eines Proteins oder eines Proteinkomplexes von bemerkenswerter Stabilität, wenn das Protein in der dreidimensionalen Struktur vorliegt. Zum Verständnis der Selbstorganisation von Proteinen (und, wie sich herausstellt, auch des Zusammenbaus anderer biologischer Moleküle und Strukturen), müssen wir uns mit kovalenten und nicht-kovalenten Bindungen beschäftigen, die Polypeptide und andere Makromoleküle zusammenhalten.

Kovalente Bindungen sind leicht zu verstehen. Jedes Protein oder Makromolekül in der Zelle wird durch starke kovalente Bindungen zusammengehalten, wie wir sie zuvor in diesem Kapitel beschrieben haben. Eine kovalente Bindung entsteht immer dann, wenn zwei Atome Elektronen gemeinsam haben und nicht, wenn sie Elektronen aufnehmen oder abgeben. Der gemeinsame Besitz von Elektronen ist ein hervorstechendes Merkmal des Kohlenstoffatoms, das vier Elektronen in seinem äußeren Orbital hat und daher genau die Balance zwischen der Tendenz Elektronen aufzunehmen oder abzugeben hält. Kovalente Bindungen verknüpfen die Monomere eines Polypeptids; zudem stabilisieren sie die dreidimensionale Struktur vieler Proteine. In *Kapitel 3* werden wir sehen, wie kovalente Disulfidbindungen zwischen zwei Molekülen der Aminosäure Cystein eine wichtige Rolle für die Proteinstruktur spielen. So wichtig kovalente Bindungen auch in der Zellchemie sein mögen, die komplexen molekularen Strukturen einer Zelle können allein durch kovalente Bindung nicht beschrieben werden. Die meisten Strukturen einer Zelle werden durch **nicht-kovalente Bindungen und Wechselwirkungen** zusammengehalten – wesentlich schwächere Kräfte als die Kräfte, die in Makromolekülen wirken.

Die wichtigsten nicht-kovalenten Bindungen und Wechselwirkungen in biologischen Makromolekülen sind *Wasserstoffbrückenbindungen*, *ionische Bindungen*, *Van-der-Waals-Kräfte* und *hydrophobe Wechselwirkungen*. In diesem Kapitel stellen wir jede dieser Wechselwirkungen vor, aber in *Kapitel 3* werden wir genauer auf sie eingehen (siehe *Abbildung 3.5*). Wie wir bereits anmerkten, wirken schwache, anziehende Wechselwirkungen zwischen einem elektronegativen Atom wie Sauerstoff (oder Stickstoff) und einem Wasserstoffatom, das kovalent an ein zweites elektronegatives Atom gebunden ist. Wir werden bald sehen, dass Wasserstoffbrückenbindungen außerordentlich wichtig für die Erhaltung der dreidimensionalen Struktur von Proteinen und für den Zusammenhalt der beiden Stränge der DNA-Doppelhelix sind.

Ionische Bindungen sind nicht-kovalente, elektrostatische Wechselwirkungen zwischen zwei entgegengesetzt geladenen Ionen. Typischerweise bilden sich im Fall der Makromoleküle ionische Bindungen zwischen positiv und negativ geladenen funktionalen Gruppen, beispielsweise Aminogruppen, Carboxylgruppen und Phosphatgruppen. Ionische Bindungen zwischen funktionalen Gruppen von Aminosäuren in einem Proteinmolekül spielen bei der Festlegung und Erhaltung der Proteinstruktur eine sehr wichtige Rolle. Sie sind außerdem für die Bindung zwischen verschiedenen Makromolekülen von Bedeutung, zum Beispiel bei der Bindung positiv geladener Proteine an negativ geladene DNA-Moleküle.

Van-der-Waals-Kräfte (oder Van-der-Waals-Wechselwirkungen) sind schwach anziehende Wechselwirkungen zwischen zwei Atomen, die nur dann auftreten, wenn die Atome sehr dicht nebeneinander liegen und entsprechend ausgerichtet sind. Wenn Atome oder Gruppen von Atomen zu dicht liegen, beginnen sie allerdings, auf Grund der sich überlappenden Elektronenorbitale, einander abzustoßen. Der Van-der-Waals-Radius eines spezifischen Atoms spezifiziert die „Privatsphäre" und Distanz, auf die sich andere Atome nähern dürfen. Der Radius liegt im Allgemeinen bei ungefähr 0,12 bis 0,19 nm. Die Van-der-Waals-Radien liefern die Grundlage für die Kalottenmodelle der biologischen Makromoleküle, beispielsweise für das Protein Insulin in der ▸*Abbildung 2.19* und das DNA-Molekül in der *Abbildung 3.19b*.

Der Begriff *hydrophobe Wechselwirkungen* bezeichnet die Tendenz nicht-polarer Gruppen, innerhalb eines Makromoleküls zu assoziieren, wenn sie ihren Kontakt zu nahe liegenden Wassermolekülen und hydrophilen Gruppen in dem gleichen oder einem anderen Makromolekül einschränken. Hydrophobe Wechselwirkungen zwischen nicht-polaren Gruppen kommen sehr häufig bei Proteinen vor und sind die Ursache dafür, dass nicht-polare Gruppen im Inneren eines Proteinmoleküls vorkommen oder in das nicht-polare Innere einer Membran eingebettet sind (siehe *Abbildung 2.13b*).

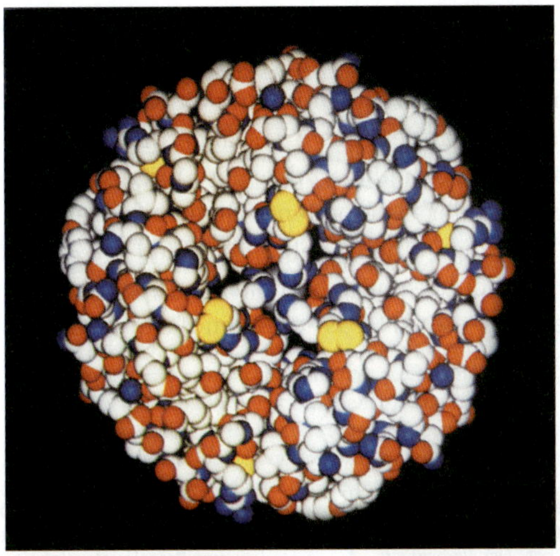

Abbildung 2.19: Kalottenmodell eines Proteins. Alle Atome und chemischen Gruppen dieses Modells des Proteins Insulin werden als Kugeln mit den entsprechenden Van-der-Waals-Radien dargestellt. Beachten Sie, wie dicht die Atome nebeneinander gepackt sind. (Farbschlüssel: C = rot, H = weiß, O = blau, S = gelb)

2.5.4 Selbstorganisation findet auch in anderen Zellstrukturen statt

Das gleiche Prinzip der Selbstorganisation, auf dem Faltung und Wechselwirkungen von Polypeptiden beruhen, gilt auch für komplexere Zellstrukturen. Viele der charakteristischen Strukturen der Zelle sind Komplexe aus zwei oder mehr unterschiedlichen Arten von Polymeren und gehen auf Wechselwirkungen zurück, die sich chemisch von denen der Polypeptidfaltung und der Assoziation unterscheiden. Das Prinzip der Selbstorganisation gilt aber trotzdem. So enthalten zum Beispiel *Ribosomen* sowohl RNA als auch Proteine und *Membranen* bestehen aus Phospholipiden und Proteinen. Obwohl die Primärwand der Zelle, die eine Pflanzenzelle umgibt, hauptsächlich aus Cellulosefibrillen besteht, enthält sie auch eine Vielzahl anderer Kohlenhydrate sowie einen wichtigen Proteinbaustein. Trotz der chemischen Unterschiede zwischen diesen Polymeren wie Proteinen, Nucleinsäuren und Polysacchariden, ähneln die nicht kovalenten Wechselwirkungen, die die supramolekularen Vorgänge des Zusammenbaus vorantreiben, denen, die die Faltung der einzelnen Proteinmoleküle vorschreiben.

2.5.5 Das Tabakmosaikvirus als Fallstudie der Selbstorganisation

Einige der entscheidenden Forschungsergebnisse im Hinblick auf die Selbstorganisation komplexer biologischer Strukturen verdanken wir den Untersuchungen von Viren. In *Kapitel 4* werden Sie erfahren, dass es sich bei einem Virus um einen Komplex aus Proteinen und Nucleinsäure, entweder DNA oder RNA, handelt. Ein Virus ist nicht selbst lebensfähig, aber es dringt in eine lebende Zelle ein und infiziert sie, übernimmt die Synthesemaschinerie der Zelle und nutzt die Zelle zur Bildung weiterer Virusbausteine. Nach der Synthese der Virusbausteine – virale Nucleinsäure und virale Proteine – setzen sich diese zu neuen, reifen Viruspartikeln zusammen.

Ein besonders gutes Beispiel ist das Tabakmosaikvirus (TMV), ein Pflanzenvirus, dessen Studium sich die Molekularbiologen über viele Jahre gewidmet haben. Das TMV ist ein stäbchenförmiger Partikel mit einem Durchmesser von ungefähr 18 nm und einer Länge von 300 nm. Es besteht aus einem RNA-Einzelstrang von 6.395 Nucleotiden und circa 2.130 Kopien eines einzigen Polypeptids – des *Hüllproteins*, wobei jede Kopie 158 Aminosäuren enthält. Das RNA-Molekül bildet einen helikalen Kern, um den sich ein Zylinder aus Proteinuntereinheiten gruppiert (▸*Abbildung 2.20*).

Heinz Fraenkel-Conrat und seine Kollegen haben mehrere wichtige Experimente durchgeführt, die maßgeblich zu unserem Verständnis der Selbstorganisation beigetragen haben. Sie trennten die RNA- und die Proteinbausteine des TMV und setzen diese dann in vitro (in einem Reagenzglas) zusammen. Es bildeten sich spontan funktionale Viruspartikel, die Pflanzenzellen infizieren konnten. Dieses Ergebnis war einer der ersten und zugleich überzeugendsten Beweise dafür, dass die Bausteine einer komplexen biologischen Struktur sich ohne externe Information spontan zu funktionalen Einheiten zusammenfügen können. Besonders interessant war die Erkenntnis, dass die RNA eines Virusstamms mit dem Proteinbaustein eines anderen Stamms auch ein infektiöses Hybridvirus bilden konnte. Bemerkenswerterweise bestimmte die RNA und nicht das Protein den Virustyp, den die infizierten Zellen bildeten.

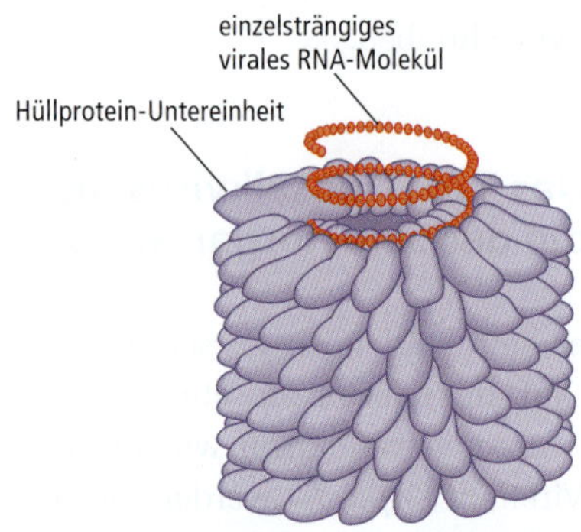

Abbildung 2.20: Ein Strukturmodell des Tabakmosaikvirus (TMV). Ein einzelsträngiges RNA-Molekül ist zu einer Helix spiralisiert und von einer Hülle umgeben, die aus 2.130 identischen Proteinuntereinheiten besteht. Nur ein Teil des gesamten TMV-Virions ist hier dargestellt; mehrere Proteinschichten des oberen Endes der Struktur wurden weggelassen, um das helikale RNA-Molekül im Inneren freizulegen. Ein Virion ist ein einzelnes Viruspartikel, das sich außerhalb einer Zelle befindet.

Der Vorgang der Selbstorganisation ist seitdem eingehend untersucht worden und hat sich als überraschend komplex herausgestellt. Die Grundeinheit des Zusammenbaus eines TMV ist eine doppelschichtige Scheibe aus Proteinhülle, wobei jede Schicht aus 17 identischen, ringförmig angeordneten Untereinheiten besteht (▸*Abbildung 2.21a*). Anfänglich hat jede Scheibe die Struktur eines Zylinders, aber sie durchläuft eine Konformationsänderung, aus der sie als feste, helikale Form hervorgeht, die mit einem kurzen Segment (ungefähr 102 Nucleotide) des RNA-Moleküls interagiert (▸*Abbildung 2.21b*). Infolge dieses Übergangs kann eine weitere Scheibe binden (▸*Abbildung 2.21c*) und jede nachfolgende Scheibe durchläuft die Konformationsänderung vom Zylinder zur Helix und bindet weitere 102 RNA-Nucleotide. Dieser Verlängerungsvorgang, der Scheibe für Scheibe erfolgt, wird fortgesetzt und die nacheinander gestapelten Scheiben bilden für den RNA-Strang einen helikalen Pfad (▸*Abbildung 2.21d*). Schlussendlich entsteht ein reifer Viruspartikel und die RNA ist vollständig mit Hüllprotein überzogen.

(a) **Die Grundeinheit für den Zusammenbau der Proteinhülle von TMV besteht** aus 34 identischen Hüllprotein-Untereinheiten, die sich spontan zusammensetzen und eine doppelschichtige Scheibe mit 17 Untereinheiten pro Scheibe bilden.

(b) **Das virale RNA-Molekül assoziiert mit einer Scheibe,** woraufhin das RNA-Molekül eine Schleife aus 102 Nucleotiden bildet und die Scheibe von der zylindrischen in die helikale Konformation übergeht.

(c) **Eine weitere Scheibe wird angefügt** und ein weiteres RNA-Molekül geht eine Verbindung damit ein. Die vorherige Scheibe hat ihre Konformation in der Zwischenzeit von der zylindrischen in die helikale umgewandelt, die einer „Unterlagsscheibe" ähnelt.

(d) **Jede hinzukommende Scheibe fügt zwei weitere Schichten von Proteinuntereinheiten hinzu** und assoziiert mit einem weiteren RNA-Molekül, das eine Spirale bildet. Der Vorgang geht so lange weiter bis das gesamte RNA-Molekül verpackt und das Virion vollendet ist.

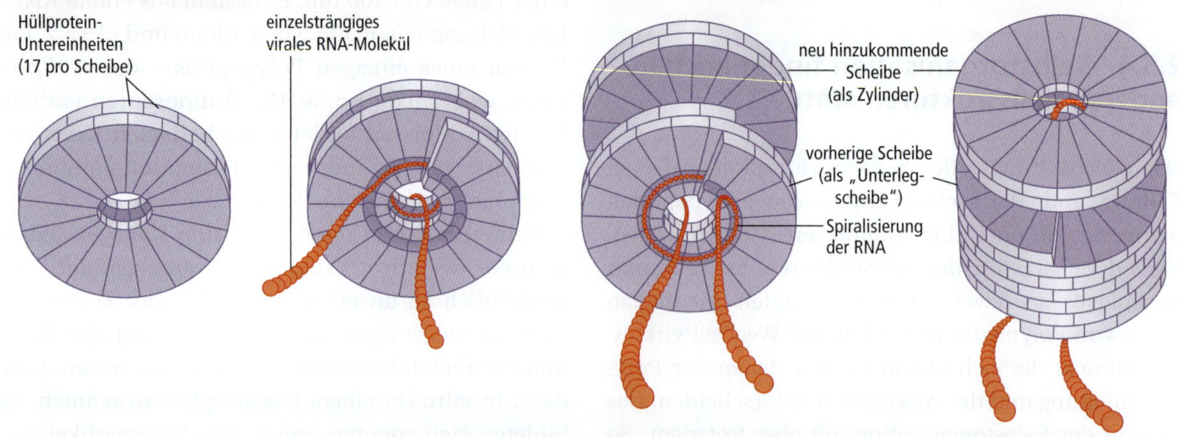

Abbildung 2.21: Spontane Selbstorganisation des Tabakmosaikvirus-Virions (TMV-Virion). Das TMV-Virion setzt sich spontan aus einer Mischung zusammen, die aus seinem Hüllprotein und RNA-Bestandteilen besteht. Die für den korrekten Zusammenbau erforderliche Information liegt in den Proteinen und der RNA, es wird keine zusätzliche Energie benötigt.

2.5.6 Grenzen der Selbstorganisation

In vielen Fällen scheint die Information, die benötigt wird, um die genaue Konformation der Zellstruktur zu spezifizieren, ganz in den Polymeren zu liegen, die zu der Struktur beitragen. Diese Systeme der Selbstorganisation erreichen ohne weitere Informationseingabe stabile, dreidimensionale Konformationen, denn der Informationsgehalt des Bausteinpolymers reicht zur Steuerung des gesamten Zusammensetzungsvorgangs. Sogar bei der unterstützten Selbstorganisation liefern die mitwirkenden molekularen Chaperone keine weitere Information.

Es scheint allerdings einige Systeme der Selbstorganisation zu geben, die von weiterer Information abhängig sind, die von einer bereits existierenden Struktur zur Verfügung gestellt wird. In diesen Fällen entsteht die endgültige Struktur nicht durch Zusammensetzung von Bausteinen zu einer neuen Struktur, sondern durch Einordnung der Bausteine in die Matrix einer bereits existierenden Struktur. Membranen, Zellwände und Chromosomen sind Beispiele für Zellstrukturen, die standardmäßig durch Anfügen neuen Materials an bestehende Strukturen aufgebaut werden.

Andererseits sind diese Strukturen noch nicht hinreichend charakterisiert worden, um mit Bestimmtheit zu sagen, ob die Gegenwart bereits existierender Strukturen notwendig ist oder die Komponenten unter geeigneten Bedingungen zur Selbstorganisation fähig sind. Hinweise durch Untersuchungen zum Beispiel mit künstlichen Membranen und mit Chromatin (isolierte chromosomale Bausteine) legen die Vermutung nahe, dass eine bereits existierende Struktur, die in vivo standardmäßig mitwirkt, keine unabdingbare Voraussetzung für den Zusammenbau sein müsste. Weitere Untersuchungen werden erforderlich sein, bevor wir mit Sicherheit sagen können, ob und in welchem Maß externe Information beim Vorgang des Zusammenbaus dieser zellulären Komponenten benötigt oder genutzt wird.

2.5.7 Der hierarchische Zusammenbau bringt der Zelle Vorteile

Jeder der untersuchten Vorgänge, die beim Zusammenbau ablaufen, steht beispielhaft für die grundlegende Zellstrategie des **hierarchischen Zusammenbaus**, der in *Abbildung 2.14* dargestellt wird. Biologische Strukturen werden fast immer hierarchisch aufgebaut, wobei zuvor zusammengesetzte Einheiten als wichtige Zwischenprodukte auf dem Weg von einfachen Startermolekülen zu den Endprodukten wie Organellen, Zellen und Organismen dienen. Betrachten Sie, wie diese Zellstrukturen gebaut werden. Zuerst werden große Mengen ähnlicher oder sogar identischer monomerer Untereinheiten durch Kondensation zu Polymeren zusammengesetzt. Diese Polymere aggregieren spontan, aber spezifisch, zu charakteristischen Einheiten aus vielen Polymeren. Aus diesen multimeren Einheiten gehen noch komplexere Strukturen hervor und schließlich entstehen Komplexe, die als unverwechselbare, subzelluläre Strukturen zu erkennen sind.

Dieser hierarchische Vorgang bietet aufgrund der chemischen Einfachheit und der Effizienz des Zusammenbaus einen doppelten Vorteil. Möchte man die chemische Einfachheit würdigen, so muss man nur erkennen, dass fast alle Strukturen in einer Zelle und in Organismen aus ungefähr 30 kleinen Vorläufermolekülen synthetisiert werden, die George Wald als das „Alphabet der Biochemie“ bezeichnete. Dieses Alphabet umfasst 20 Aminosäuren, die in Proteinen enthalten sind, die fünf aromatischen Basen der Nucleinsäuren, zwei Zucker und drei Lipidmoleküle. Diesen werden wir in *Kapitel 3* wieder begegnen (siehe *Tabelle 3.2*). Da die Polymere aus diesen Bausteinen durch einige wenige Typen von Kondensationsreaktionen abgeleitet werden können, kann ein Großteil der strukturellen Komplexität des Lebens leicht durch hierarchischen Zusammenbau zu nacheinander immer komplexer werdenden Strukturen hervorgebracht werden.

Der zweite Vorteil des hierarchischen Zusammenbaus liegt in der „Qualitätskontrolle“, die auf jeder Baustufe durchgeführt werden kann, wodurch defekte Komponenten zu einem frühen Zeitpunkt verworfen werden können und nicht in eine komplexere Struktur eingebaut werden, die unter größerem Aufwand entfernt und ersetzt werden müsste (siehe *Exkurs 2A*). Wenn eine falsche Untereinheit an einem entscheidenden Punkt der Kette in ein Polymer eingebaut wird, dann könnte es sein, dass dieses bestimmte Molekül entsorgt werden muss; aber den Zellen bleibt der Aufwand für die Synthese eines komplizierteren Supramoleküls oder sogar eines ganzen Organells erspart, wenn der Defekt frühzeitig erkannt wird. Im Laufe des Buches werden wir häufig sehen, über welch hervorragende Hilfsmittel die Zellen verfügen, um sicherzustellen, dass die richtige Struktur und Funktion der Zellbausteine gewährleistet wird; wir werden auch sehen, wie Zellen defekte Bausteine erkennen und ersetzen können.

2A ▶ Näher betrachtet

Tempus Fugit und die hohe Kunst des Uhrmachers

„Verflixt! Schon wieder eine kaputte Uhr!" Angewidert schmiss der Uhrmacher Tempus Fugit den defekten Zeitmesser in den Mülleimer und murrte vor sich hin: „Zwei der letzten drei Uhren musste ich wegwerfen. Was bin ich nur für ein Uhrmacher?"

„Eine gute Frage, Fugit", hört er eine Stimme in der Ladentür. Tempus blickte auf und sah Caveat Emptor, der das Geschäft betrat. „Vielleicht kann ich dir helfen, wenn du mir erzählen magst, wie du Uhren machst."

„Niemand hat dich um deine Hilfe gebeten, Emptor", knurrte Tempus gereizt und wünschte sich von ganzem Herzen, dass niemand sein Selbstgespräch mitgehört hätte.

„Nun ja, du wirst meine Hilfe erhalten", fuhr Caveat recht unbeirrt fort. „Nur sag mir einmal genau, wie du eine Uhr herstellst und wie lange du dafür brauchst. Ich bin vor allem daran interessiert, die Vorgehensweise von Pluribus Unum, der das neue Geschäft weiter unten in der Straße führt, mit deiner zu vergleichen."

Schon die bloße Erwähnung des Namens seines Konkurrenten ließ Tempus wieder knurren. „Unum!" tobte er. „Was versteht der schon von der hohen Kunst der Uhrenherstellung?"

„Eine ganz Menge, so scheint's – vielleicht mehr als du", antwortete Caveat. „Aber sag mir genau, wie du vorgehst. Wie viele Arbeitsschritte benötigst du für eine Uhr, und wie oft unterläuft dir ein Fehler?"

„Man braucht genau 100 Arbeitsschritte, um eine Uhr herzustellen. Man darf bei keinem Schritt einen Fehler machen, sonst läuft die Uhr nicht. Es ist ein schwieriges Unterfangen, aber ich habe meine Fehlerquote auf ein Prozent gesenkt", sagte Tempus und man konnte zumindest einen Hauch von Stolz in seiner Stimme hören. „Ich kann innerhalb einer Stunde eine Uhr fertigstellen, aber ich fertige nur 36 Uhren in der Woche, weil ich immer Dienstagnachmittag Dartspielen gehe."

„Gut, schauen wir uns das mal genauer an", sagte Caveat und zog einen Taschenrechner aus seiner Tasche. „Das heißt, mein lieber Fugit, dass du nur ungefähr 13 Uhren in der Woche herstellst, die auch wirklich laufen. Alle anderen musst du wegwerfen, gerade so wie die Uhr, die du weggeworfen hast, als ich dein Geschäft betrat."

„Woher weißt du das, du Wichtigtuer?" fragte Tempus zu seiner Verteidigung und wunderte sich, wie es diesem Besserwisser mit seinem Taschenrechner gelingen konnte, sein so sorgsam gehütetes Geheimnis aufzudecken.

„Ganz einfach, mein lieber Watson", antwortet Caveat vergnügt, „Man braucht nur einfache Wahrscheinlichkeitsrechnung. Du sagtest, dass du für jede Uhr 100 Arbeitsschritte benötigst und dass du mit 99-prozentiger Wahrscheinlichkeit eine funktionstüchtige Uhr baust. Das sind 0,99 hoch 100, das macht 0,366. Damit sind also nur 37 % deiner Uhren richtig zusammengebaut und du kannst die Funktionstüchtigkeit einer Uhr erst dann ausprobieren, wenn du sie fertiggestellt hast. Möchtest du jetzt wissen, wie du im Vergleich mit Unums Geschäft dastehst?"

Tempus lag ein Protest auf den Lippen, aber sein Peiniger sprach so schnell weiter, dass er kaum Luft holte. „Auch er leistet 100 Arbeitsschritte pro Stunde und seine Fehlerquote ist ebenso niedrig wie deine. Auch er geht jeden Dienstagnachmittag weg, aber er fertigt jede Woche ungefähr 27 funktionstüchtige Uhren. Das ist doppelt so viel wie du schaffst, Fugit! Kein Wunder, dass er so viele Uhren in seinem Schaufenster hat und so viele Kunden vor seinem Geschäft stehen. Ich habe gehört, dass er sogar daran denkt, sein Geschäft zu erweitern. Möchtest du wissen, wie er das schafft?"

Tempus war so traurig darüber, dass er nicht einmal versuchte zu protestieren. Außerdem, und er wollte sich das am liebsten nicht eingestehen, starb er vor Neugier zu erfahren, wie Unum das schaffte.

„Zusammensetzen von Untereinheiten, Fugit, das ist die Antwort! Zusammensetzen von Untereinheiten! Anstatt jede Uhr von Anfang an in 100 einzelnen Arbeitsschritten zu fertigen, setzt Unum zehn Einzelteile zusammen, die jeweils zehn Arbeitsschritte benötigen." Caveat drückte wieder auf den Tasten seines Taschenrechners herum. „Wollen wir doch mal sehen, er führt zehn Arbeitsschritte mit einer Erfolgsrate von 99 % für jede Uhr aus, so nehme ich 0,99 hoch zehn und nicht hoch 100. Das macht 0,904, was bedeutet, dass 90 % aller Untereinheiten ohne Fehl und Tadel sind. Also verbringt er jede Woche 33 Stunden mit der Anfertigung von 330 Untereinheiten, wirft die defekten Untereinheiten weg und hat immer noch ungefähr 300, die er während der letzten drei Stunden Freitagnachmittags zusammenfügt. Er braucht zehn Arbeitsschritte pro Uhr mit der gleichen Fehlerquote wie vorher, so dass er wieder auf eine Erfolgsquote von 99 % kommt. Er muss nur ungefähr drei fertiggestellte Uhren wegwerfen und hat ungefähr 27 Uhren, die als Krönung seiner Arbeit laufen. Währenddessen hast du ebenso hart und mit eben solcher Präzision gearbeitet, jedoch fertigst du nur halb so viele Uhren. Was sagst du dazu, mein lieber Fugit?"

Tempus brachte eine müde Antwort über die Lippen: „Nur eine Frage, Emptor, und wahrscheinlich werde ich mich dafür hassen, dass ich sie dir gestellt habe. Aber weißt du zufällig, was Unum Dienstagnachmittags macht?"

„Ich bin froh, dass du mich fragst", antwortete Caveat und steckte auf dem Weg zur Tür seinen Taschenrechner wieder in die Tasche. „Allerdings glaube ich nicht, dass du sein Interesse für Dart wecken könntest – er verbringt jeden Dienstagnachmittag damit, Unterricht in der Kunst des Uhrenmachens zu erteilen."

▶ ZUSAMMENFASSUNG DER WICHTIGSTEN INHALTE ◀

Die Bedeutung des Kohlenstoffs

- Das Kohlenstoffatom besitzt mehrere Eigenschaften, dank derer es auf einzigartige Weise die Grundlage des Lebens bildet. Jedes Atom bildet vier stabile kovalente Bindungen und kann über Einfach-, Doppel- und Dreifachbindungen mit einem oder mehreren Kohlenstoffatomen Bindungen eingehen. Daraus ergibt sich eine Vielzahl linearer, verzweigter und ringförmiger Verbindungen.

- Kohlenstoff geht auch leicht Bindungen mit mehreren anderen Typen von Atomen ein, die sehr häufig in zellulären Verbindungen vorkommen, darunter Wasserstoff, Sauerstoff, Stickstoff, Phosphor und Schwefel. Diese Elemente sind sehr häufig Bestandteil funktionaler Gruppen, die an Kohlenstoffskelettgruppen gebunden sind, beispielsweise Hydroxyl-, Sulfhydryl-, Carboxyl-, Amino-, Phosphat-, Carbonyl- und Aldehydgruppen.

Die Bedeutung von Wasser

- Die einzigartigen chemischen Eigenschaften des Wassers machen es zu der Verbindung, die am häufigsten in Zellen vorkommt. Zu diesen Eigenschaften gehören die Kohäsionskraft, die spezifische Wärme, seine Fähigkeit, Temperatur zu stabilisieren und die Fähigkeit, als Lösungsmittel der meisten biologischen Moleküle zu wirken.

- Diese chemischen Eigenschaften ergeben sich aus der Polarität des Wassermoleküls. Die Polarität beruht auf der ungleichen Verteilung gemeinsamer Elektronen in den kovalenten Sauerstoff-Wasserstoff-Bindungen und der gekrümmten Form, wodurch das Sauerstoffende des Atoms leicht negativ und die Wasserstoffatome leicht positiv geladen sind.

- Infolge dieser Polarität entstehen viele Wasserstoffbrückenbindungen zwischen Wassermolekülen sowie zwischen Wasser- und anderen polaren Molekülen, wodurch diese in Wasser löslich sind.

Die Bedeutung der selektiven Permeabilität von Membranen

- Alle Zellen sind von einer sie vom umgebenden Milieu abgrenzenden Zellmembran umschlossen, die selektiv permeabel ist. Und diese Membran kontrolliert die Substanzen, die in die Zelle hinein und aus der Zelle heraus gelangen.

- Biologische Membranen besitzen eine Phospholipiddoppelstruktur mit einem hydrophoben Inneren, welche die direkte Passage großer, polarer Moleküle, geladener Moleküle und Ionen verhindert.

- Allerdings können große, polare und geladene Moleküle und Ionen die Membranen mittels integraler Membrantransportproteine durchqueren, denn die Transportproteine bilden hydrophile Poren, die den Transport spezifischer Moleküle ermöglichen.

Die Bedeutung der Synthese durch Polymerisation

- Die molekularen Bausteine der Zelle sind kleine, organische Moleküle, die schrittweise durch Polymerisation zu Makromolekülen zusammengesetzt werden, die für Zellstruktur und Zellfunktion von sehr großer Bedeutung sind. Relativ wenige monomere Einheiten bilden die Vielzahl der Polysaccharid-, Protein- und Nucleinsäurepolymere in Zellen.

- Zur Polymerisation von Monomeren müssen diese zuerst aktiviert werden, im Allgemeinen mit Hilfe von ATP. Nach Entfernen von Wassermolekülen durch Kondensationsreaktionen werden die Monomere dann verknüpft.

- Da die Monomere nur an ein spezifisches Ende dieser Makromoleküle angefügt werden, weisen alle biologischen Polymere in eine Richtung. Polymere werden durch die Umkehrreaktion – Hydrolyse – abgebaut.

Die Bedeutung der Selbstorganisation

- Obwohl für die Polymerisation von Monomeren zu Makromolekülen Energie aufgebracht werden muss, erfolgt die Faltung der Makromoleküle in ihre endgültige dreidimensionale Konformation spontan. Die für die Faltung benötigte Information sowie die Reihenfolge, in der die Monomere zusammengesetzt werden, sind in der chemischen Natur der monomeren Einheiten gespeichert.

- So geht zum Beispiel die einzigartige dreidimensionale Konformation eines Proteins aus der spontanen Faltung der linearen Polypeptidkette hervor und die Konformation hängt nur von der spezifischen Anordnung der Aminosäuren in dem Protein ab. Die endgültige Struktur ergibt sich aus mehreren kovalenten und nicht-kovalenten Wechselwirkungen, darunter Disulfidbindung, Wasserstoffbrückenbindung, ionische Bindung, Van-der-Waals-Kräfte und hydrophobe Wechselwirkungen.

- Einzelne Polymere können auf einzigartige und vorhersagbare Weise miteinander in Wechselwirkung treten und so schrittweise immer komplexere Strukturen hervorbringen. Dieser hierarchische Vorgang der Organisation bietet zwei Vorteile: die chemische Einfachheit und die Effektivität des Zusammenbaus. Zugleich ermöglicht er bei vielen Schritten eine Qualitätskontrolle, um die richtige Bildung aller Zellbausteine sicherzustellen.

ZUSAMMENHÄNGE HERSTELLEN

Nachdem wir uns nun mit einigen Grundlagen der Chemie befasst haben, könnten Sie vielleicht fragen: Wo werden wir diese Grundlagen der Chemie im nun folgenden Kurs der Zellbiologie brauchen? Die einfache Antwort in einem Wort lautet: überall. Im nächsten Kapitel werden wir uns eingehender mit den Makromolekülen beschäftigen und sehen, wie deren Struktur und Funktion durch chemische Wechselwirkungen festgelegt werden. Was machen Hunderte von Enzymen in einer Zelle? Sie führen die für das Leben notwendigen chemischen Reaktionen durch. Was hilft uns, wenn wir uns mit der Bioenergetik der Atmung, der Fermentation und der Photosynthese beschäftigen? Die Chemie. Ganz ähnlich verhält es sich, wenn wir uns mit Zell-Zell-Kommunikation und der Funktion des Nervensystems beschäftigen, mit dem Cytoskelett und seiner Rolle bei der Zellbewegung und den Vorgängen, mit denen Hormone die Genaktivität regulieren. Was liegt all diesen Vorgängen zu Grunde? Chemie. Zu einem späteren Zeitpunkt werden wir uns mit Zellreproduktion, Nucleinsäure- und Proteinsynthese beschäftigen und damit, wie die Steuerung des normalen Zellzyklus in Krebszellen verändert wird. Was wird uns helfen, diese wichtigen Aspekte der Zellbiologie zu verstehen? Sie haben es erraten – die Chemie!

ÜBUNGSAUFGABEN

Schwierigere Aufgaben sind mit einem • gekennzeichnet.

2-1 Die Fähigkeiten des Kohlenstoffs. Jede der folgenden Eigenschaften ist charakteristisch für das Kohlenstoffatom. Geben Sie für jeden Fall an, inwiefern Eigenschaften des Kohlenstoffatoms zu seiner Rolle als wichtigstem Atom in biologischen Molekülen beitragen.

A Das Kohlenstoffatom hat eine Valenz von vier.

B Die Kohlenstoff-Kohlenstoff-Bindung hat eine Bindungsenergie, die stärker ist als die Energie von Lichtphotonen im sichtbaren Spektrum (400 – 700 nm).

C Ein Kohlenstoffatom kann gleichzeitig zwei andere Kohlenstoffatome binden.

D Kohlenstoffatome können leicht Bindungen mit Wasserstoff-, Stickstoff- und Schwefelatomen eingehen.

E Kohlenstoffhaltige Verbindungen können asymmetrische Kohlenstoffatome enthalten.

2-2 Die Fähigkeiten des Wassers. Entscheiden Sie bei jeder dieser Behauptungen über das Wasser, ob sie zutrifft, und entscheiden Sie darüber, ob eine Eigenschaft beschrieben wird, dank derer Wasser ein wünschenswerter Bestandteil von Zellen ist (W), oder ob die Behauptung zutrifft, aber eine Eigenschaft beschrieben wird, die nicht in Zusammenhang mit Wasser als Zellbaustein steht (X), oder ob sie falsch ist (F). Nennen Sie im Fall einer zutreffenden Behauptung einen möglichen Vorteil für lebende Organismen.

A Wasser ist ein polares Molekül und daher ein hervorragendes Lösungsmittel für polare Verbindungen.

B Wasser kann durch Reduktion von molekularem Sauerstoff (O_2) gebildet werden.

C Wasser hat eine geringere Dichte als Eis.

D Die Moleküle flüssigen Wassers sind durch starke Wasserstoffbrückenbindungen miteinander verknüpft.

E Wasser absorbiert kein sichtbares Licht.

F Wasser ist geruchs- und geschmacklos.

G Wasser hat eine hohe spezifische Wärme.

H Wasser hat eine hohe Verdunstungswärme.

2-3 Aus falsch mache richtig. Stellen Sie jede der folgenden falschen Behauptungen richtig.

A Wasserstoff, Stickstoff und Kohlenstoff sind die Elemente, die am leichtesten starke Mehrfachbindungen eingehen.

B Wasser hat eine höhere spezifische Wärme als die meisten anderen Flüssigkeiten, denn es hat ein niedriges Molekulargewicht.

C Öltröpfchen in Wasser verbinden sich und bilden aufgrund der starken Anziehung zwischen hydrophoben Molekülen eine separate Phase.

D In einer Wasserstoffbrückenbindung haben ein Wasserstoffatom und zwei benachbarte, elektronegative Atome gemeinsame Elektronen.

E Biologische Membranen bezeichnet man als selektiv permeabel, weil sie für große, polare Moleküle und Ionen immer undurchlässig sind.

2-4 Die Löslichkeit von Benzol. Schauen Sie sich die in *Abbildung 2.4* dargestellte chemische Struktur von Benzol an. Welche zellulären Moleküle wären Ihrer Meinung nach in einem Behälter mit Benzol löslich?

2-5 Lenkung des Medikaments an den Wirkungsort. Die Firma, in der Sie arbeiten, hat ein neues Medikament gegen Krebs entwickelt, allerdings passiert es auf Grund seiner Größe und vieler polarer, funktionaler Gruppen nicht die Membran der Zielzellen. Können Sie eine Strategie entwickeln, um dieses neue Medikament in die Krebszellen zu lenken?

2-6 Alles dreht sich um Membranen. Beantworten Sie jede der folgenden Fragen über biologische Membranen mit höchstens 50 Wörtern:

A Was ist ein amphipathisches Molekül? Warum sind amphipathische Moleküle wichtige Bausteine der Membranen?

B Warum bestehen Membranen aus Lipiddoppelschichten und nicht aus Lipidmonoschichten?

C Worin liegt die Bedeutung der Aussage, dass Membranen selektiv permeabel sind?

D Wenn eine Lipiddoppelschicht für K^+ mindestens 10^8 Mal weniger durchlässig ist als für Wasser, wie gelangen die K^+-Ionen, die für viele Funktionen in der Zelle benötigt werden, in die Zelle hinein?

E Sehr häufig kann man vorhersehen, wie oft ein Membranprotein die Membran durchquert, indem man die Anzahl der kurzen Sequenzen hydrophober Aminosäuren des Proteins ermittelt. Erklären Sie dies.

F Warum werden mehrere Kohlenhydratseitenketten an die hydrophilen und nicht an die hydrophoben Regionen des in der *Abbildung 2.13b* dargestellten Membranproteins angeheftet?

2-7 Die Polarität des Wassers. Erklären Sie die Behauptung, dass alles Leben, so wie wir es kennen, in entscheidendem Maß von der Tatsache abhängt, dass der Winkel zwischen den beiden Wasserstoffatomen im Wassermolekül 104,5° und nicht 180° beträgt.

2-8 Das Prinzip der Polymere. Ganz eindeutig spielen Polymere eine wichtige Rolle in der molekularen Ökonomie der Zelle. Welche Vorteile bieten die folgenden Merkmale der biologischen Polymere den Zellen?

A Mittels der gleichen Kondensationsreaktion wird ein besonderer Typ von Polymer gebildet, um nacheinander monomere Einheiten anzufügen.

B Die Bindungen zwischen Monomeren werden durch Abspaltung von Wasser gebildet und durch Anfügen von Wasser aufgebrochen oder gespalten.

• **2-9 TMV-Zusammenbau.** Bei jeder dieser Behauptungen handelt es sich um eine experimentell gemachte Beobachtung im Hinblick auf die Wiederzusammensetzung der Virionen des Tabakmosaikvirus (TMV) aus TMV-RNA und Hüllproteinuntereinheiten. Geben Sie für jeden der folgenden Fälle eine vernünftige Schlussfolgerung an, die aus dem experimentell gewonnenen Ergebnis gezogen werden kann.

A Mischt man RNA aus einem spezifischen Stamm von TMV mit Hüllprotein des gleichen Stamm, dann entstehen infektiöse Virionen.

B Mischt man RNA aus dem Stamm A von TMV mit Hüllprotein des Stamms B, dann sind die wieder zusammengesetzten Virionen infektiös und in den infizierten Tabakzellen entstehen Viruspartikel des Stamms A.

C Isolierte Hüllproteinmonomere können ohne RNA zu einer virusähnlichen Helix polymerisieren.

D In infizierten Pflanzenzellen können die entstehenden TMV-Virionen nur TMV-RNA enthalten und niemals die verschiedenen Arten zellulärer RNAs, die in der Wirtszelle enthalten sind.

E Unabhängig von dem Verhältnis von RNA und Hüllprotein in der Ausgangsmischung enthalten die wieder zusammengesetzten Virionen immer RNA und Hüllprotein in dem Verhältnis von drei Nucleotiden RNA pro Hüllproteinmonomer.

• **2-10 Gibt es Leben auf dem Mars?** Stellen Sie sich dieses futuristische Szenario vor: Man hat Leben auf dem Mars entdeckt und ein neues Makromolekül nachgewiesen, das man als „Marsleben" bezeichnet. Sie wurden beauftragt, diese neue Verbindung zu untersuchen und herauszufinden, ob es sich bei „Marsleben" um ein strukturelles oder ein informationstragendes Makromolekül handelt. Auf welche Merkmale würden Sie ihre Arbeit konzentrieren?

WEITERFÜHRENDE LITERATUR

Historisch bedeutsame Literatur ist mit einem • gekennzeichnet.

Allgemeine Nachschlagewerke und Literatur, die einen Überblick vermittelt

Bhagavan, N. Y. *Medical Biochemistry.* San Diego: Harcourt/Academic Press, 2002.

Horton, H. R., Moran, L. A., Scrimgeour, K. G., Perry, M. D. und Rawn, J. D. *Biochemie*, 4. Aufl. München: Pearson Verlag, 2008.

Nelson, D. L. und M. M. Cox. *Lehninger Principles of Biochemistry*, 4. Aufl. New York: W. H. Freeman, 2004.

Malacinski, G. M. *Essentials of Molecular Biology*, 4. Aufl. Boston: Jones and Barletts, 2003.

Mathews, C. K., E. van Holde und K. G. Ahern. *Biochemistry*, 3. Aufl. Menlo Park, Kalifornien: Benjamin/Cummings, 2000.

Thornton, R. M. *The Chemistry of Life.* Menlo Park, Kalifornien: Benjamin/Cummings, 1998

Die Bedeutung des Wassers

Bryant, R. G. The dynamics of water-protein interactions. *Annu. Rev. Biophys. Biomol. Struct.* 25 (1996): 29.

Mathews, R. Wacky water. *New Scientist* 154 (Juni 21, 1997): 40.

Westof, E. Hrsg. *Water and Biological Macromolecules.* Boca Ratón, Florida: CBC Press, 1993.

Wiggins, P. M. Role of water in some biological processes. *Microbiol. Rev.* 54 (1990): 432.

Die Bedeutung von Membranen

Baldwin, S. A. *Membrane Transport: A Practical Approach.* Oxford: Oxford University Press, 2000.

Mellman, I. und G. Warren. The road taken: Past and future foundations of membrane traffic. *Cell* 100 (2000): 99.

Petty, H. R. *Molecular Biology of Membranes: Structure and Function.* New York: Springer Verlag, 1993.

Rees, D. C. *Membrane Proteins.* Boston: Academic Press, 2003.

Tien, H. T. und A. Ottova-Leitmannova. *Membrane Biophysics: As Viewed from Experimental Bilayer Lipid Membranes.* New York: Elsevier, 2000.

Die Bedeutung von Makromolekülen

Creighton, T. E. *Proteins: Structure and Molecular Properties*, 2. Aufl. New York: W. H. Freeman, 1993.

Gesteland, R. F. und J. F. Atkins, Hrsg. *The RNA World.* Cold Spring Harbor, New York: Cold Spring Harbor Laboratory Press, 1994.

Ingber, D. E. The architecture of life. *Sci. Amer.* 278 (Januar 1998): 48.

Jardetzky, O. und M. D. Finucane. *Dynamics, Structure, and Function of Biological Macromolecules.* Washington, DC: IOS Press, 2001.

Petsko, G. A. und D. Ringe. *Protein Structure and Function.* Sunderland, Massachusetts: Sinauer Assoc., 2004.

Schulz, G. E. und R. H. Schirmer. *Principles of Protein Structure.* New York: Springer Verlag, 1990.

Yon, J. M. Protein folding: Concepts and perspectives. *Cell. Mol. Life Sci.* 53 (1997): 557.

Die Bedeutung der Selbstorganisation

• Anfinsen, C. B. Principles that govern the folding of protein chains. *Science* 181 (1973): 223.

Baker, D. A surprising simplicity to protein folding. *Nature* 405 (2000): 39.

Bruinsma, R. F. et al. Viral self-assembly as a thermodynamic process. *Phys. Rev. Lett.* 90 (2003): 248.

Buchner, J. Supervising the fold: Functional principles of molecular chaperones. *FASEB J.* 10 (1996): 10.

Creighton, T. E. Protein folding: An unfolding story. *Curr. Biol.* 5 (1995): 353.

Ellis, R. J. Discovery of molecular chaperones. *Cell Stress Chaperones* 1 (1996): 155.

Ellis, R. J. und S. M. Van der Vies. Molecular chaperones. *Annu. Rev. Biochem.* 60 (1991): 321.

Flannery, M. C. Proteins: The unfolding and folding picture. *Amer. Biol. Teacher* 61 (1999): 150.

• Fraenkel-Conrat; H. und R. C. Williams. Reconstitution of active tobacco mosaic virus from its inactive protein and nucleic acid components. *Proc. Natl. Acad. Sci. USA* 41 (1955): 690.

Horwich, A. Two families of chaperonin: Physiology and mechanism. *Annu. Rev. Cell Dev. Biol.* 23 (2007): 115.

Ringler, P. und G. E. Schulz. Self-assembly of proteins into designed networks. *Science* 302 (2003): 106.

Strauss, E. How proteins take shape. *Sci. News* (September 6, 1997).

Die Makromoleküle der Zelle

3

ÜBERBLICK

In *Kapitel 2* haben wir uns mit den chemischen Prinzipien der Zellorganisation beschäftigt. Wir haben gesehen, dass die wichtigsten biologischen Makromoleküle – Proteine, Nucleinsäuren und Polysaccharide – aus einer relativ geringen Anzahl (von 1 bis 20) sich wiederholenden monomeren Einheiten bestehen. Diese Polymere werden durch Kondensationsreaktionen synthetisiert, bei denen aktivierte Monomere durch Entfernen von Wasser verbunden werden. Nach der Synthese kommt es zur spontanen Faltung und Spiralisierung der einzelnen Polymermoleküle zu stabilen, dreidimensionalen Strukturen. Diese gefalteten Moleküle assoziieren dann gemäß einer hierarchischen Ordnung zu Organisationsstufen höherer struktureller Komplexität, wofür im Allgemeinen keine weitere Energie oder Information benötigt wird.

Nun können wir uns mit den wichtigsten Arten der biologischen Makromoleküle beschäftigen. In jedem Fall werden wir uns zuerst auf die chemische Beschaffenheit der monomeren Bausteine konzentrieren und uns anschließend mit der Synthese und den Merkmalen des Polymers auseinandersetzen. Bald werden wir sehen, dass die meisten biologischen Makromoleküle aus nur ungefähr 30 häufig vorkommenden, kleinen Molekülen in den Zellen synthetisiert werden. Wir beginnen unseren Überblick mit den Proteinen, denn diesen kommen sehr wichtige und vielfältige Aufgaben im Hinblick auf Zellstruktur und Zellfunktion zu. Dann schreiten wir weiter zu den Nucleinsäuren und den Polysacchariden. Unsere Rundreise endet mit den Lipiden, die nicht ganz der Definition eines Polymers entsprechen, aber sie sind wichtige Zellbausteine, deren Synthese mit der Synthese der echten Polymere Ähnlichkeit aufweist.

3.1 Proteine

Proteine sind eine außerordentlich wichtige und zudem in allen Organismen vorkommende Art von Makromolekülen, die an fast jedem Ort in der Zelle anzutreffen sind. Ihre Bedeutung findet sich in ihrem Namen wieder, der von dem griechischen Wort *proteios* abgeleitet wurde, was „erster Platz“ bedeutet. Ganz gleich ob wir von der Synthese von Zucker aus Kohlendioxid bei der Photosynthese sprechen, dem Sauerstofftransport im Blut, der Regulation der Genexpression durch Transkriptionsfaktoren, der Zell-Zell-Kommunikation, der Motilität begeißelter Bakterien, es handelt sich immer um Vorgänge, die in entscheidendem Maß von bestimmten Proteinen mit spezifischen Merkmalen und Funktionen abhängen.

Entsprechend ihrer Funktion teilt man die Proteine in neun Hauptklassen ein (▶ *Tabelle 3.1*). Viele Proteine sind *Enzyme*, die als Katalysatoren die Geschwindigkeit Tausender chemischer Reaktionen, von denen das Leben abhängt, ganz erheblich erhöhen. Andererseits gibt es die *Strukturproteine*, die die Zellen und Organellen physikalisch stützen und ihnen Gestalt verleihen, wodurch diese ihr charakteristisches Erscheinungsbild erhalten. Die *Motilitätsproteine* spielen bei der Kontraktion und Bewegung von Zellen und intrazellulären Strukturen eine Schlüsselrolle. *Regulatorische Proteine* sind für Kontrolle und Koordination zellulärer Funktionen verantwortlich, wodurch sichergestellt wird, dass die zellulären Aktivitäten so geregelt werden, dass sie den Bedürfnissen der Zelle gerecht werden. *Transportproteine* bewerkstelligen den Transport vieler verschiedener Substanzen über die Membranen der Zellen und der vielen Kompartimente innerhalb der Zellen. *Hormonale Proteine* vermitteln die Kommunikation zwischen den Zellen in den verschiedenen Teilen eines Organismus, und die *Rezeptorproteine* befähigen Zellen, auf chemische Reize aus ihrer Umgebung zu reagieren. Schließlich gibt es die *Proteine des Immunsystems* zum Schutz vor Krankheit und die *Speicherproteine* als Reservoirs von Aminosäuren.

Angesichts der Tatsache, dass praktisch alles, was eine Zelle ist oder was sie macht, von den in ihr enthaltenen Proteinen abhängt, wird klar, dass wir verstehen müssen, was Proteine sind und warum sie gerade die ihnen eigenen Eigenschaften besitzen. Wir beginnen unsere Diskussion mit einem Blick auf die Aminosäuren, welche die Proteine aufbauen, und dann werden wir einige Eigenschaften der Proteine genauer anschauen.

3.1.1 Die Monomere der Proteine sind Aminosäuren

Proteine sind lineare Polymere aus **Aminosäuren**. Obwohl im Allgemeinen mehr als 60 verschiedene Aminosäuren in einer Zelle vorkommen, werden lediglich 20 zur Proteinsynthese benötigt, wie Sie der ▶ *Tabelle 3.2* entnehmen können. Einige Proteine enthalten mehr als 20 verschiedene Aminosäuren, aber bei diesen zusätzlichen Aminosäuren handelt es sich im Allgemeinen um Modifikationen, die nach der Synthese des Proteins auftreten. Obgleich die meisten Proteine alle oder fast alle 20 Aminosäuren enthalten, unterscheiden sie sich im Hinblick auf die anteiligen Verhältnisse erheblich und es gibt nicht zwei Proteine mit gleicher Aminosäuresequenz.

Jede Aminosäure besitzt die in der ▶ *Abbildung 3.1* dargestellte Struktur mit einer Carboxylgruppe, einer Aminogruppe, einem Wasserstoffatom und einer Seitenkette, die man als R-Gruppe bezeichnet. Sie alle sind an ein zentrales Kohlenstoffatom geknüpft, den sogenannten α-Kohlenstoff. Mit Ausnahme von Glycin, bei dem die R-Gruppe lediglich ein Wasserstoffatom ist, haben alle Aminosäuren ein asymmetrisches α-Kohlenstoffatom und existieren daher in zwei stereoisomeren Formen, die man als D- und L-Aminosäuren bezeichnet (siehe *Abbildung 2.6* und *2.7*). Beide Formen kommen in der Natur vor, aber nur die L-Aminosäuren gibt es in Proteinen.

Da die in der *Abbildung 3.1* dargestellten Carboxyl- und Aminogruppen ein gemeinsames Merkmal aller Aminosäuren sind, hängen die spezifischen Eigenschaften der verschiedenen Aminosäuren von der chemischen Beschaffenheit ihrer jeweiligen R-Gruppen ab, die aus einem einzigen Kohlenstoffatom oder sogar aus relativ komplexen aromatischen Gruppen bestehen können. In der ▶ *Abbildung 3.2* sind die Strukturen der 20 L-Aminosäuren dargestellt, die in Proteinen vorkommen. Die für jede Aminosäure in Klammern stehende Abkürzung aus drei Buchstaben wird standardmäßig von Biochemikern und Molekularbiologen verwendet. In der ▶ *Tabelle 3.3* werden diese Abkürzungen aus drei Buchstaben sowie die entsprechenden Abkürzungen aus nur einem Buchstaben, die häufig verwendet werden, aufgeführt.

Tabelle 3.1

Proteinfunktionen

Proteinklasse	Funktion	Beispiele
Enzyme	Selektive Katalyse	Verdauungsenzyme, die die Makromoleküle aus den Nahrungsmitteln zerlegen
Strukturproteine	Unterstützung von Zellstrukturen	Kollagen im tierischen Bindegewebe; Keratin in Haar, Horn und Federn
Motilitätsproteine	Bewegung der Zellen und der Zellteile	Actin und Myosin in Muskeln; Tubulin in Cilien und Geißeln
Regulatorische Proteine	Regulation der Zellfunktion	Transkriptionsfaktoren, die DNA binden und die Genexpression regulieren
Transportproteine	Transport von Substanzen durch Membranen	Glucosetransporter und Ionenkanäle in Membranen
Hormonale Proteine	Kommunikation zwischen entfernt liegenden Teilen eines Organismus	Insulin, das zur Regulierung des Blutzuckerspiegels von der Bauchspeicheldrüse ausgeschieden wird
Rezeptorproteine	Antwort der Zellen auf chemische Reize	Rezeptoren in Nervenzellmembranen empfangen von anderen Nervenzellen chemische Signale
Proteine des Immunsystems	Schutz vor Krankheit	Antikörper im Blut, die Mikroorganismen aufspüren und zerstören
Speicherproteine	Speicherung und Freisetzung von Aminosäuren	Samenproteine, die während der Keimung gespalten werden, um Nährstoffe abzugeben

Quelle: Adaptiert von Campbell und Reece, Biology, 6. Aufl. (San Francisco: Benjamin Cummings, 2002), S. 72.

Neun dieser Aminosäuren haben nicht-polare R-Gruppen und sind daher *hydrophob* (Gruppe A). Wenn Sie sich ihre Strukturen ansehen, so wird Ihnen die Kohlenwasserstoffnatur der R-Gruppen auffallen, wobei nur wenige oder gar keine Sauerstoff- und Stickstoffatome vorkommen. Diese hydrophoben Aminosäuren liegen im Allgemeinen im Inneren des Moleküls vor, wenn sich ein Polypeptid in seine dreidimensionale Form faltet. Wenn ein Protein (oder eine Region des Moleküls) ein Übergewicht an hydrophoben Aminosäuren aufweist, dann wird das gesamte Protein (oder der hydrophobe Teil des Moleküls) aus der wässrigen Umgebung abgestoßen und kommt stattdessen in hydrophoben Regionen, beispielsweise im Membraninneren vor.

Die verbleibenden elf Aminosäuren sind *hydrophil*, wobei die R-Gruppen entweder eindeutig *polar* (Gruppe B) oder tatsächlich *geladen* vorliegen, bei den für Zellen charakteristischen pH-Werten. Beachten Sie, dass die beiden sauren Aminosäuren negativ geladen und dass die drei basischen Aminosäuren positiv geladen sind. Hydrophile Aminosäuren treten tendenziell an der Oberfläche von Proteinen auf, wodurch sich die Anzahl der Wechselwirkungen mit Wassermolekülen sowie anderen polaren oder geladenen Substanzen in der näheren Umgebung steigert.

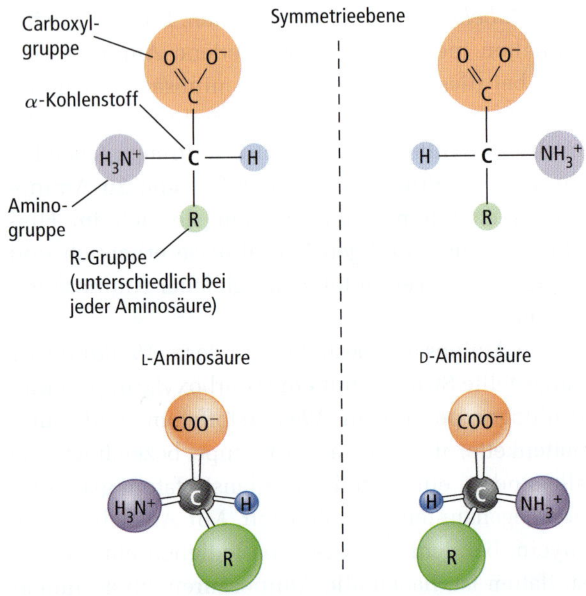

Abbildung 3.1: Struktur und Stereochemie einer Aminosäure. Da das zentrale Kohlenstoffatom aller Aminosäuren mit Ausnahme von Glycin asymmetrisch ist, kommen die meisten Aminosäuren in zwei isomeren Formen vor, die mit L und D bezeichnet wurden und hier (oben) als konventionelle Strukturformeln und (unten) als Kugel-Stab-Modelle dargestellt werden. Die L-Form und die D-Form sind Stereoisomere, wobei die vertikale gestrichelte Linie die Symmetrieachse ist. Von den beiden Formen kommen nur die L-Aminosäuren in Proteinen vor.

Tabelle 3.2

Die am häufigsten in Zellen vorkommenden kleinen Einheiten der Makromoleküle

Arten der Moleküle	Anzahl der am häufigsten vorkommenden Moleküle	Bezeichnung der Moleküle	Rolle in der Zelle	Nummer der Abbildung der Struktur
Aminosäuren	20	siehe Liste in der *Tabelle 3.3*	monomere Einheiten aller Proteine	*3.2*
Aromatische Basen	5	Adenin Cytosin Guanin Thymin Uracil	Bausteine der Nucleinsäuren	*3.15*
Zucker	3	Ribose Desoxyribose	Bausteine der Nucleinsäuren	*3.15*
		Glucose	Energiemetabolismus; Baustein von Stärke und Glykogen	*3.21*
Lipide	3	Cholin Glycerin Palmitat	Bausteine der Phospholipide	*3.27b* *3.28a*

Quelle: Adaptiert nach Wald (1994).

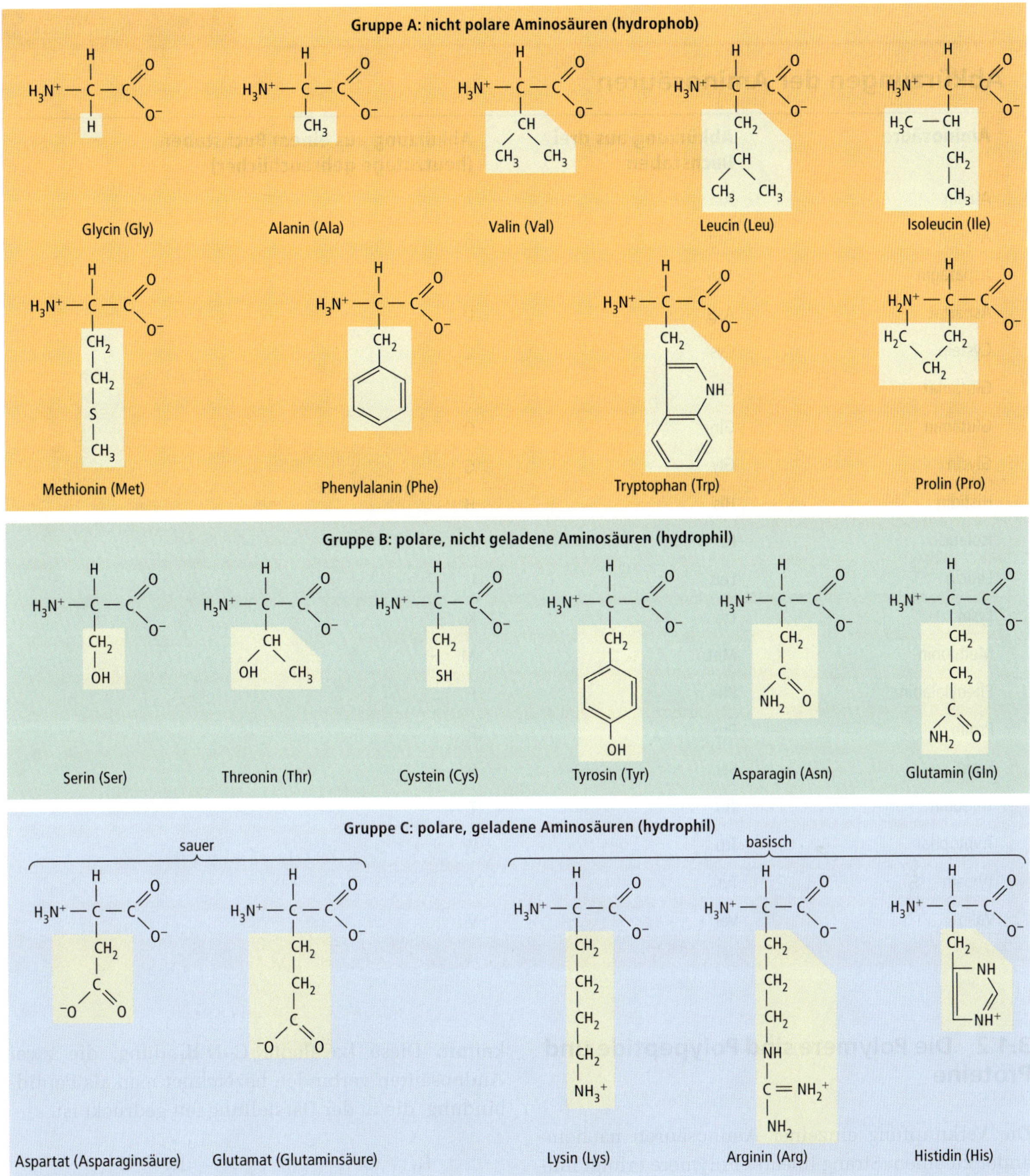

Abbildung 3.2: Die Strukturen der 20 Aminosäuren, die in Proteinen vorkommen. Alle Aminosäuren besitzen eine Carboxylgruppe und eine Aminogruppe, die mit dem zentralen Kohlenstoff (α-Kohlenstoff) verbunden sind, aber jede Aminosäure hat eine eigene, charakteristische R-Gruppe (hell unterlegte Kästen). Die Aminosäuren der Gruppe A haben nicht-polare R-Gruppen und sind daher hydrophob; beachten Sie die Kohlenwasserstoffnatur ihrer R-Gruppen. Die anderen sind hydrophil, was daran liegt, dass die R-Gruppe entweder polar ist (Gruppe B) oder dass die R-Gruppe beim zellulären pH-Wert protonisiert oder ionisiert wurde und daher eine formale elektrostatische Ladung trägt (Gruppe C). Beachten Sie die ungewöhnliche Struktur von Prolin – seine R-Gruppe ist kovalent an den Aminostickstoff gebunden.

Tabelle 3.3

Abkürzungen der Aminosäuren

Aminosäure	Abkürzung aus drei Buchstaben	Abkürzung aus einem Buchstaben (heutzutage gebräuchlicher)
Alanin	Ala	A
Arginin	Arg	R
Asparagin	Asn	N
Aspartat	Asp	D
Cystein	Cys	C
Glutamat	Glu	E
Glutamin	Gln	Q
Glycin	Gly	G
Histidin	His	H
Isoleucin	Ile	I
Leucin	Leu	L
Lysin	Lys	K
Methionin	Met	M
Phenylalanin	Phe	F
Prolin	Pro	P
Serin	Ser	S
Threonin	Thr	T
Tryptophan	Trp	W
Tyrosin	Tyr	Y
Valin	Val	V

3.1.2 Die Polymere sind Polypeptide und Proteine

Die Verknüpfung einzelner Aminosäuren nacheinander zu einem Strang linearer Polymere erfolgt mittels einer Dehydratisierung (oder Kondensierungsreaktion), die das schrittweise Anfügen jeder neuen Aminosäure an die wachsende Kette ermöglicht (siehe *Abbildung 2.17*). Wenn die drei Atome, aus denen H_2O besteht, entfernt werden, werden der Carboxylkohlenstoff der einen Aminosäure und der Aminostickstoff der zweiten direkt miteinander verknüpft. Diese kovalente C–N-Bindung, die zwei Aminosäuren verbindet, bezeichnet man als Peptidbindung, die in der Darstellung fett gedruckt ist.

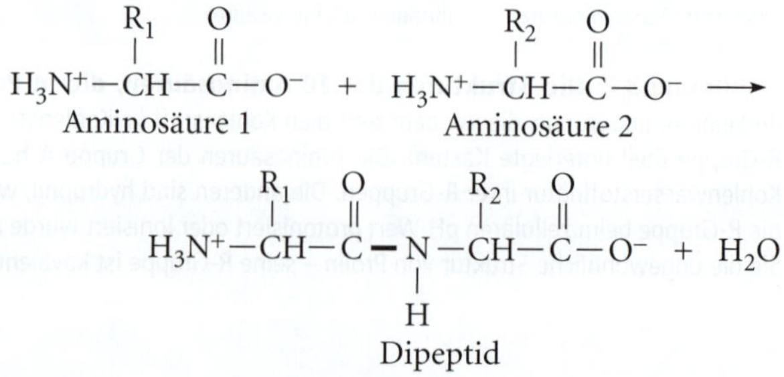

Durch jede neue Peptidbindung, die durch Dehydratisierung entsteht, wird die wachsende Kette von Aminosäuren um eine Aminosäure verlängert. Die Peptidbindung ist in ▶*Abbildung 3.3* durch Kugel-Stab-Modelle der Aminosäuren Glycin und Alanin schematisch dargestellt. Beachten Sie, dass der Kette aus Aminosäuren, die auf diese Weise entsteht, eine *Direktionalität* innewohnt, denn an einem Ende liegt immer eine Aminogruppe vor und an dem anderen Ende stets eine Carboxylgruppe. Das Ende mit der Aminogruppe bezeichnet man als **N-Terminus** (oder **Aminoterminus**) und das Ende mit der Carboxylgruppe als **C-Terminus** (oder **Carboxylterminus**).

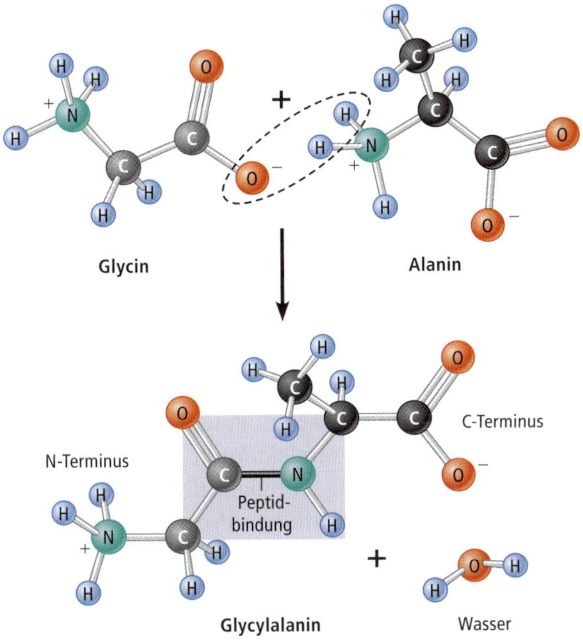

Abbildung 3.3: Bildung einer Peptidbindung. Nacheinander werden Aminosäuren in einem Polypeptid durch Peptidbindungen zwischen der Carboxylgruppe einer Aminosäure und der Aminogruppe der nächsten verknüpft. Hier ist die Bildung einer Peptidbindung zwischen den Aminosäuren Glycin und Alanin dargestellt, während ein Wassermolekül abgespalten wird (gepunktetes Oval).

Obgleich dieser Vorgang der Verlängerung einer Kette aus Aminosäuren oftmals als *Proteinsynthese* bezeichnet wird, trifft dieser Begriff nicht ganz zu, denn das unmittelbare Produkt der Aminosäurepolymerisation ist nicht ein Protein, sondern ein **Polypeptid**. Ein Protein ist eine Polypeptidkette (oder ein Komplex aus mehreren Polypeptiden), die eine einzigartige, stabile, dreidimensionale Form erreicht hat und folglich ihre biologische Aktivität entfalten kann. Einige Proteine bestehen aus einem einzigen Polypeptid und ihre endgültige Form beruht auf Faltung und Spiralisierung, die spontan während der Kettenbildung ablaufen (siehe *Abbildung 2.18b*). Diese Proteine bezeichnet man als **monomere Proteine**. Viele andere Proteine sind **multimere Proteine**, die aus zwei oder mehr Polypeptiden bestehen, die häufig als Polypeptiduntereinheiten bezeichnet werden.

Aber gehen Sie trotz allem vorsichtig mit der Terminologie um: Einerseits ist ein Polypeptid ein Polymer, dessen monomere, sich wiederholende Einheiten die Aminosäuren sind, andererseits kann das gesamte Polypeptid manchmal eine *monomere* Einheit sein, die Teil eines multimeren Proteins ist. Besteht ein multimeres Protein aus zwei Polypeptiden, dann bezeichnet man es als *Dimer*; besteht es aus drei Polypeptiden, so ist es ein *Trimer*. Das Hämoglobin, das Sauerstoff durch Ihren Blutkreislauf transportiert, ist ein multimeres Protein, das man als *Tetramer* bezeichnet, weil es vier Polypeptide enthält, jeweils zwei der beiden verschiedenen Typen, der sogenannten *a*- und *b-Untereinheiten* (▶*Abbildung 3.4*). Bei den multimeren Proteinen findet bei der Proteinsynthese nicht nur eine Verlängerung und Faltung der einzelnen Polypeptiduntereinheiten statt, sondern es schließt sich die nachfolgende Interaktion und Organisation zu einem multimeren Protein an.

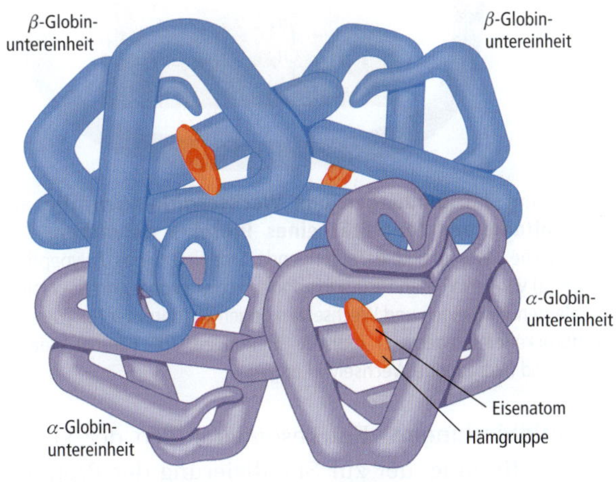

Abbildung 3.4: Die Struktur von Hämoglobin. Hämoglobin ist ein multimeres Protein, das aus vier Polypeptiduntereinheiten besteht (zwei α-Ketten und zwei β-Ketten). Jede Untereinheit enthält eine Hämgruppe mit einem Eisenatom, an das ein einzelnes Sauerstoffmolekül binden kann.

3.1.3 Mehrere Arten von Bindungen und Wechselwirkungen sind für Faltung und Stabilität von Proteinen von Bedeutung

Wie wir bereits in *Kapitel 2* gesehen haben, hängt die anfängliche Faltung eines Polypeptids in seine richtige Form oder Konformation von verschiedenen Arten von Bindungen und Wechselwirkungen ab, darunter die kovalente Disulfidbindung und mehrere nicht-kovalente Wechselwirkungen. Weiterhin hängt die Assoziation einzelner Polypeptide zu einem multimeren Protein von den Bindungen und Wechselwirkungen ab, die in der ▶*Abbildung 3.5* dargestellt sind. An diesen Wechselwirkungen wirken die Carboxyl-, Amino- und R-Gruppen, die man als *Aminosäurereste* bezeichnet, der einzelnen Aminosäuren mit, nachdem sie in das Polypeptid eingebaut wurden.

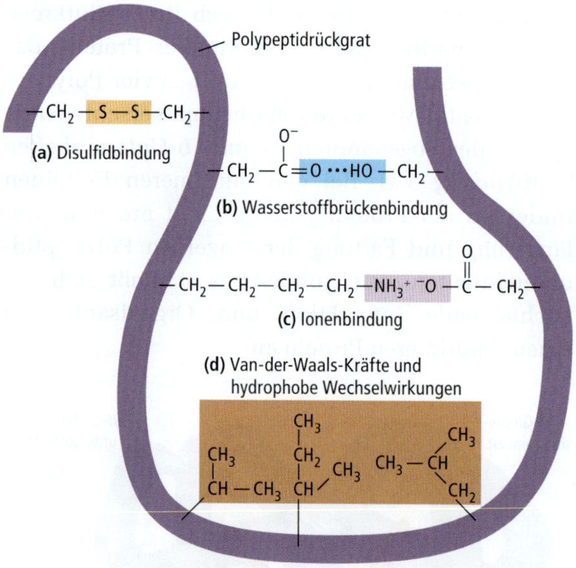

Abbildung 3.5: Bindungen und Wechselwirkungen, die an der Faltung und Stabilität eines Proteins mitwirken. Die anfängliche Faltung und darauffolgende Stabilität eines Polypeptids hängt (a) von kovalenten Disulfidbindungen sowie von mehreren nicht-kovalenten Bindungen und Wechselwirkungen ab, darunter (b) Wasserstoffbrückenbindungen, (c) ionische Bindungen, (d) Van-der-Waals-Kräfte und hydrophobe Wechselwirkungen.

Disulfidbindungen Ein besonderer Typ der kovalenten Bindung, der zur Stabilisierung der Proteinkonformation beiträgt, ist die **Disulfidbindung** zwischen den Schwefelatomen zweier Cysteinaminosäurereste. Diese werden nach einer Oxidationsreaktion, mittels derer die Protonen an den Sulfhydrylgruppen der beiden Cysteine entfernt werden, kovalent gebunden und es entsteht eine Disulfidbindung, die in ▶*Abbildung 3.5a* fett gekennzeichnet ist.

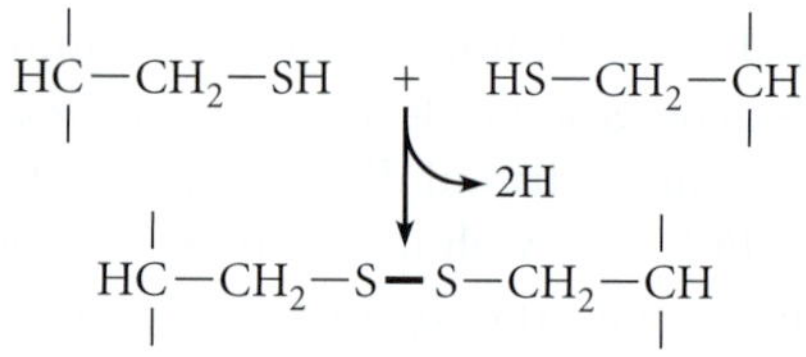

Nachdem die Disulfidbindung gebildet wurde, verleiht sie der Struktur des Proteins aufgrund ihrer kovalenten Beschaffenheit ganz erstaunliche Stabilität. Die Disulfidbindung kann nur durch Reduktion gespalten werden – indem zwei Wasserstoffatome angefügt werden und die beiden Sulfhydrylgruppen durch Umkehr der oben dargestellten Reaktion wieder aufgenommen werden. In vielen Fällen sind die Cysteinreste, die an einer bestimmten Disulfidbindung mitwirken, Teil des gleichen Polypeptids. Sie können recht weit voneinander auf dem Polypeptid liegen, gelangen aber durch den Faltungsvorgang näher zueinander. Diese *intramolekularen Disulfidbindungen* stabilisieren die Konformation des Polypeptids. Im Fall der multimeren Proteine kann zwischen Cysteinresten, die in zwei verschiedenen Polypeptiden liegen, eine Disulfidbindung entstehen. Diese *intermolekularen Disulfidbindungen* verknüpfen zwei Polypeptide kovalent. Das Hormon Insulin ist ein dimeres Protein, das zwei auf diese Weise verknüpfte Untereinheiten besitzt (siehe *Abbildung 3.7*).

Abgesehen von den kovalenten Disulfidbindungen sind auch die nicht-kovalenten Bindungen und Wechselwirkungen für die Aufrechterhaltung der Proteinstruktur von Bedeutung. Obwohl einzeln wesentlich schwächer als kovalente Bindungen, zeichnen sie sich durch Vielfalt und Anzahl aus und üben gemeinsam einen großen Einfluss auf die Proteinstruktur und Stabilität aus. Wie wir bereits kurz in *Kapitel 2* anmerkten, gehören dazu *Wasserstoffbrückenbindungen*, *ionische Bindungen*, *Van-der-Waals-Kräfte* und *hydrophobe Wechselwirkungen* (*Abbildung 3.5*).

Wasserstoffbrückenbindungen Die Wasserstoffbrückenbindungen sind Ihnen aus unserer Darstellung der Eigenschaften des Wassers in *Kapitel 2* bereits vertraut. Im Fall der Wassermoleküle entsteht eine

Wasserstoffbrückenbindung zwischen einem kovalent gebundenen Wasserstoffatom aus einem Wassermolekül und einem Sauerstoff aus einem anderen Molekül (siehe *Abbildung 2.8b*). Im Fall eines Polypeptids ist die Wasserstoffbrückenbindung für die Stabilität helikaler Strukturen und Faltblattstrukturen von besonderer Bedeutung. Bald werden wir sehen, dass dies wichtige Bestandteile vieler Proteine sind. Des Weiteren besitzen die R-Gruppen vieler Aminosäuren funktionale Gruppen, die an einer Wasserstoffbrückenbindung mitwirken können. Daher können Wasserstoffbrückenbindungen zwischen Aminosäureresten entstehen, die in der Aminosäuresequenz sehr weit voneinander entfernt sind, aber durch Faltung des Polypeptids ganz dicht zueinander gelangen (▶*Abbildung 3.5b*).

Wasserstoffbrückenbindungs*donoren* haben ein Wasserstoffatom, das kovalent an ein elektronegatives Atom gebunden ist, beispielsweise Sauerstoff oder Stickstoff und Wasserstoffbrückenbindungs*akzeptoren* besitzen ein elektronegatives Atom, das dieses Wasserstoffatom anzieht.

Zu den Beispielen guter Donoren gehören die Hydroxylgruppen mehrerer Aminosäuren und die Aminogruppen anderer Aminosäuren. Die Carbonyl- und Sulfhydrylgruppen mehrerer anderer Aminogruppen sind zum Beispiel gute Akzeptoren. Eine einzelne Wasserstoffbrückenbindung ist schwach (ungefähr 2 bis 5 kcal/mol, verglichen mit 70 bis 100 kcal/mol bei kovalenten Bindungen). Da Wasserstoffbrückenbindungen aber in sehr großer Zahl in biologischen Makromolekülen wie Proteinen und DNA vorkommen, werden sie zu einer gewaltigen Kraft, wenn sie in großer Anzahl vorliegen.

Ionische Bindungen Die Rolle der **ionischen Bindungen** (oder *elektrostatischen Wechselwirkungen*) in der Proteinstruktur ist leicht zu verstehen. Da die R-Gruppen einiger Aminosäuren positiv geladen und die R-Gruppen anderer negativ geladen sind, wird die Polypeptidfaltung zum Teil durch die Tendenz geladener Gruppen vorgeschrieben, Gruppen gleicher Ladung abzustoßen und Gruppen entgegengesetzter Ladung anzuziehen (▶*Abbildung 3.5c*). Mehrere Merkmale ionischer Bindungen sind von besonderer Bedeutung. Aufgrund der Stärke dieser Wechselwirkungen – ungefähr 3 kcal/mol – können sie eine Anziehungskraft über größere Entfernungen ausüben als einige der anderen nicht-kovalenten Wechselwirkungen. Hinzu kommt, dass die Anziehungskraft nicht direktional ist, sodass ionische Bindungen nicht auf bestimmte Winkel beschränkt sind, wie im Fall der kovalenten Bindungen. Da ionische Bindungen auf beiden geladenen Gruppen beruhen, werden sie gespalten, wenn der pH-Wert zu stark ansteigt oder so weit sinkt, dass eine der Gruppen ihre Ladung verliert. Der Verlust von ionischen Bindungen ist zum Teil für die Denaturierung der meisten Proteine bei hohem oder niedrigem pH-Wert verantwortlich.

Van-der-Waals-Kräfte Wechselwirkungen aufgrund einer Ladung sind nicht auf Ionen beschränkt, die eine bestimmte Ladung tragen. Sogar Moleküle mit nicht-polaren kovalenten Bindungen können vorübergehend positiv oder negativ geladene Regionen besitzen. Zeitweilige Asymmetrien im Hinblick auf die Verteilung von Elektronen und damit im Hinblick auf die Ladungstrennung innerhalb eines Moleküls bezeichnet man als *Dipole*. Wenn zwei Moleküle mit solchen vorübergehenden Dipolen sehr dicht nebeneinander liegen und entsprechend ausgerichtet sind, dann ziehen sie einander an, sei es auch nur für die Zeit der asymmetrischen Elektronenverteilung in beiden Molekülen. Die vorübergehende Anziehung zweier nicht-polarer Moleküle bezeichnet man als *Van-der-Waals-Kräfte* (▶*Abbildung 3.5d*). Eine einzelne dieser Kräfte oder Wechselwirkungen ist flüchtig und sehr schwach – im Allgemeinen 0,1 bis 0,2 kcal/mol – und nur dann wirkungsvoll, wenn zwei Moleküle recht dicht nebeneinander liegen – mit einem Abstand von nur 0,2 nm. Van-der-Waals-Kräfte sind aber trotzdem für die Struktur von Proteinen und anderen biologischen Makromolekülen wichtig, sowie auch für die Bindung zwischen zwei Molekülen mit komplementären Oberflächen, die nahe nebeneinander liegen.

Hydrophobe Wechselwirkungen Der vierte Typ der nicht-kovalenten Wechselwirkungen, der bei der Aufrechterhaltung der Proteinkonformation eine Rolle spielt, wird im Allgemeinen als **hydrophobe Wechselwirkung** bezeichnet, aber in Wahrheit handelt es sich nicht um eine Bindung oder Wechselwirkung. Es handelt sich vielmehr um die Neigung hydrophober Moleküle oder Molekülteile, nicht an Wechselwirkungen mit Wassermolekülen teilzunehmen (▶*Abbildung 3.5d*). Wir haben ja bereits angemerkt, dass die Seitenketten der 20 verschiedenen Aminosäuren sich hinsichtlich ihrer Affinität für Wasser stark unterscheiden. Aminosäuren mit hydrophilen R-Gruppen liegen tendenziell nahe der Oberfläche eines gefalteten Polypeptids, wo sie maximal mit den umgebenden Wassermolekülen interagieren können. Im Gegensatz dazu sind Aminosäuren mit hydrophoben R-Gruppen grundsätzlich nicht-polar und liegen im Allgemeinen auf der Innenseite des Polypeptids, wo sie untereinander in Wechselwirkungen treten, denn sie werden durch das Wasser abgestoßen.

Somit ist die Faltung eines Polypeptids zu seiner endgültigen Proteinstruktur teilweise ein Balanceakt zwischen der Tendenz hydrophiler Gruppen, eine wässrige Umgebung nahe der Oberfläche des Moleküls zu suchen und dem Bestreben hydrophober Gruppen, den Kontakt mit Wasser zu verringern, indem sie im Inneren des Moleküls assoziieren. Angenommen die Aminosäuren in einem Protein wären hydrophob, dann wäre das Protein in Wasser praktisch unlöslich und würde stattdessen in einer nicht-polaren Umgebung vorkommen. Membranproteine, die viele hydrophobe Reste besitzen, liegen aus eben diesem Grunde in Membranen. Ähnliches gilt, wenn alle oder die meisten Aminosäuren hydrophil wären, dann müsste das Polypeptid mit größter Wahrscheinlichkeit in einer recht ausgestreckten, zufälligen Form vorliegen, wodurch jede Aminosäure der wässrigen Umgebung in maximaler Weise ausgesetzt wäre. Da nun die meisten Polypeptidketten eben sowohl hydrophobe als auch hydrophile Aminosäuren enthalten, werden die hydrophilen Regionen des Moleküls zur Membranoberfläche gezogen, während die hydrophoben Regionen in das Innere gezogen werden (siehe *Abbildung 2.19*).

Insgesamt hängt also die Stabilität der gefalteten Struktur eines Polypeptids von dem Zusammenspiel zwischen kovalenten Disulfidbindungen und vier nicht-kovalenten Faktoren ab: Wasserstoffbrückenbindungen zwischen R-Gruppen, die gute Donoren und gute Akzeptoren sind, ionischen Bindungen zwischen geladenen Aminosäure-R-Gruppen, vorübergehenden Van-der-Waals-Kräften zwischen dicht nebeneinander liegenden, nicht-polaren Molekülen und hydrophoben Wechselwirkungen, die nicht-polare Gruppen in das Innere des Moleküls lenken.

Die endgültige Konformation des vollständig gefalteten Polypeptids ist das Endergebnis all dieser Kräfte und Bestrebungen. Für sich genommen ist der Energiegehalt jeder dieser nicht-kovalenten Wechselwirkungen recht schwach. Der kummulative Effekt vieler Wechselwirkungen – an denen die Seitengruppen hunderter Aminosäuren mitwirken, aus denen ein typisches Polypeptid besteht – stabilisiert ganz erheblich die Konformation des gefalteten Polypeptids.

3.1.4 Die Proteinstruktur hängt von der Aminosäuresequenz und verschiedenen Wechselwirkungen ab

Die Gesamtform und die Struktur eines Proteins werden im Allgemeinen mit vier hierarchischen Organisationsstufen beschrieben, wobei jede Stufe auf die vorangehende aufbaut: die *Primär-*, *Sekundär-*, *Tertiär-* und die *Quartärstruktur* (▸*Tabelle 3.4*). Die Primärstruktur bezieht sich auf die Aminosäuresequenz, während die höheren Organisationsstufen die Wechselwirkungen zwischen den Aminosäureresten betreffen. Diese Wechselwirkungen verleihen dem Protein seine charakteristische Konformation oder dreidimensionale Anordnung der Atome im Raum (▸*Abbildung 3.6*).

An der Sekundärstruktur wirken lokale Wechselwirkungen zwischen Aminosäureresten mit, die sehr dicht beieinander auf der Kette liegen, während die Tertiärstruktur mit Wechselwirkungen zwischen weit voneinander liegenden Stücken von Aminosäureresten aus verschiedenen Teilen des Moleküls zu tun hat. Die Quartärstruktur bezieht sich auf die Wechselwirkung zwischen zwei oder mehreren einzelnen Polypeptiden, aus denen ein einzelnes multimeres Protein hervorgeht. Diese drei höherrangigen Organisationsstrukturen werden von der Primärstruktur vorgeschrieben, aber jede leistet ihren bedeutenden Beitrag für die Gesamtstruktur des Proteins. Sekundär- und Tertiärstrukturen bestimmen die Konformation des einzelnen Polypeptids, während die Quartärstruktur für Proteine von Bedeutung ist, die aus mehr als einem Polypeptid bestehen.

Tabelle 3.4

Organisationsstufen der Proteinstruktur

Organisationsstufe der Struktur	Basis der Struktur	Arten der Bindungen und Wechselwirkungen, die eine Rolle spielen
Primärstruktur	Aminosäuresequenz	Kovalente Peptidbindungen
Sekundärstruktur	Faltung zu einer α-Helix, einem β-Faltblatt oder zufällige Spiralisierung	Wasserstoffbrückenbindungen
Tertiärstruktur	Dreidimensionale Faltung einer einzelnen Polypeptidkette	Disulfidbindungen, Wasserstoffbrückenbindungen, ionische Bindungen, Van-der-Waals-Kräfte, hydrophobe Wechselwirkungen
Quartärstruktur	Assoziation mehrerer Polypeptide zu einem multimeren Protein	Ebenso wie bei der Tertiärstruktur

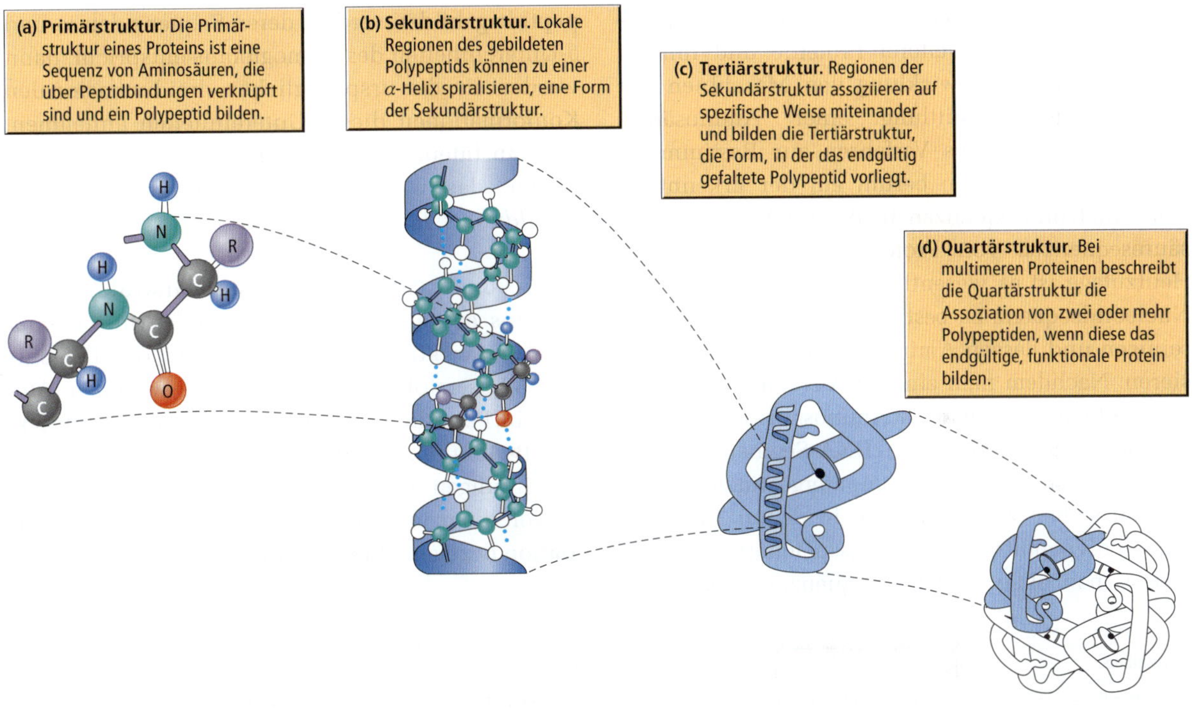

Abbildung 3.6: Die vier Organisationsstufen der Proteinstruktur. Das tetramere Protein Hämoglobin dient hier als Beispiel zur Veranschaulichung der vier Organisationsstufen der Proteinstruktur.

Die Primärstruktur Wie wir bereits angemerkt haben, ist die **Primärstruktur** eines Proteins eine formale Bezeichnung der Aminosäuresequenz (▸*Abbildung 3.6a*). Wenn wir die Primärstruktur beschreiben, spezifizieren wir einfach die Reihenfolge der Aminosäuren von einem Ende bis zum anderen Ende des Moleküls. Vereinbarungsgemäß werden Aminosäuresequenzen immer vom N-Terminus zum C-Terminus des Polypeptids geschrieben, was zugleich die Richtung angibt, in der das Polypeptid synthetisiert wird.

Das erste Protein, dessen Aminosäuresequenz vollständig bestimmt wurde, war das Hormon *Insulin*. Dieser wichtige technische Fortschritt gelang Frederick Sanger im Jahr 1956, der schließlich den Nobelpreis für seine Arbeit erhielt. Zur Bestimmung der Sequenz des Insulinmoleküls spaltete Sanger dies in kleinere Fragmente und analysierte die Aminosäuresequenz innerhalb einzelner, überlappender Fragmente. Insulin besteht aus zwei Polypeptiden, der sogenannten A-Untereinheit und der B-Untereinheit, mit 21 bzw. 30 Aminosäureresten. In der ▸*Abbildung 3.7* ist die Primärstruktur von Insulin dargestellt, wobei die Primärsequenz einer jeden aufeinander folgenden Untereinheit vom N-Terminus (links) zum C-Terminus (rechts) dargestellt ist. Achten Sie auch auf die kovalente Disulfidbindung (– S – S –) zwischen zwei Cysteinresten innerhalb der A-Kette und die beiden Disulfidbindungen, die die A- und B-Ketten verknüpfen. Bald werden wir sehen, dass Disulfidbindungen bei der Stabilisierung der Tertiärstruktur vieler Proteine eine wichtige Rolle spielen.

Sangers Techniken ebneten den Weg zur Sequenzierung Hunderter weiterer Proteine und führten letztendlich zur Entwicklung von Maschinen zur automatischen Ermittlung einer Aminosäuresequenz. Ein neueres Verfahren zur Bestimmung von Proteinsequenzen beruht auf der Erkenntnis, dass Nucleotidsequenzen in der DNA die Aminosäuresequenzen von Proteinmolekülen kodieren. Heutzutage ist es wesentlich einfacher, eine DNA-Nucleotidsequenz zu bestimmen als ein Protein zu reinigen und dessen Aminosäuresequenz zu analysieren. Nachdem man eine DNA-Nucleotidsequenz ermittelt hat, kann man die Aminosäuresequenz des Polypeptids, das von dem DNA-Segment kodiert wird, leicht bestimmen. Computergestützte Datenbanken stehen zur Verfügung, in denen Tausende von Polypeptidsequenzen gespeichert werden, sodass man ohne Weiteres Sequenzen vergleichen und nach ähnlichen Regionen bei bekannten Polypeptiden durchmustern kann.

Die Primärstruktur eines Proteins ist sowohl genetisch als auch für die Struktur von Bedeutung. In Hinblick auf die Genetik liegt die Bedeutung darin, dass die Aminosäuresequenz des Polypeptids durch die Reihenfolge der Nucleotide in der entsprechenden mRNA bestimmt wird. Die mRNA wird wiederum von der DNA kodiert, die Gene für Proteine kodiert, sodass die Struktur eines Proteins das Ergebnis der Reihenfolge der Nucleotide in der DNA des Gens ist.

Die Primärsequenz der Proteine hat große Bedeutung für die höheren Organisationsstufen der Proteinstruktur. Im Grunde ergeben sich die drei höheren Stufen der Proteinorganisation direkt aus der Primärstruktur. Wenn also synthetische Polypeptide gebildet werden, deren Sequenz den α- und β-Untereinheiten des Hämoglobins entspricht, dann werden sie die ursprünglichen dreidimensionalen Konformationen dieser Untereinheiten annehmen, spontan interagieren und das native $\alpha_2\beta_2$-Tetramer bilden, das wir als Hämoglobin kennen (siehe *Abbildung 3.4*).

Die Sekundärstruktur Die **Sekundärstruktur** eines Proteins enthält sich wiederholende Muster einer lokalen Struktur. Diese Muster sind das Ergebnis von Wasserstoffbrückenbindungen zwischen Atomen in Peptidbindungen auf dem Polypeptidrückgrat (▸*Abbildung 3.6b*). Aus diesen lokalen Wechselwirkungen gehen zwei wichtige Strukturmuster hervor, die man als **α-Helix** bzw. **β-Faltblattkonformation** bezeichnet (▸*Abbildung 3.8*).

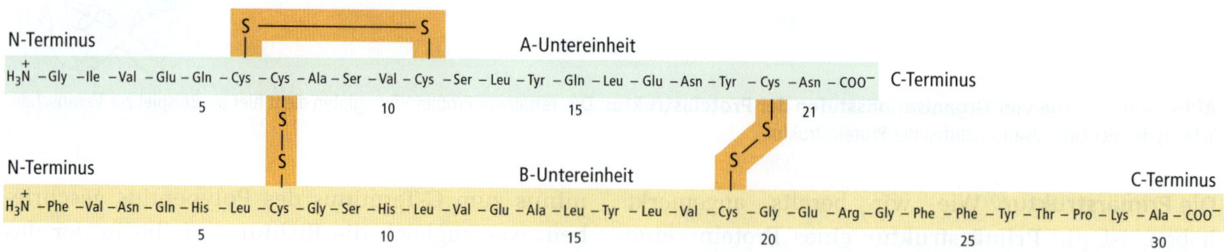

Abbildung 3.7: Die Primärstruktur von Insulin. Insulin besteht aus je zwei Polypeptiden, den sogenannten A-Untereinheiten und den B-Untereinheiten, jede ist hier vom N-Terminus zum C-Terminus dargestellt. Die beiden Untereinheiten werden kovalent durch zwei Disulfidbindungen verknüpft. (Für die Abkürzungen der Aminosäuren verweisen wir Sie auf die *Tabelle 3.3*).

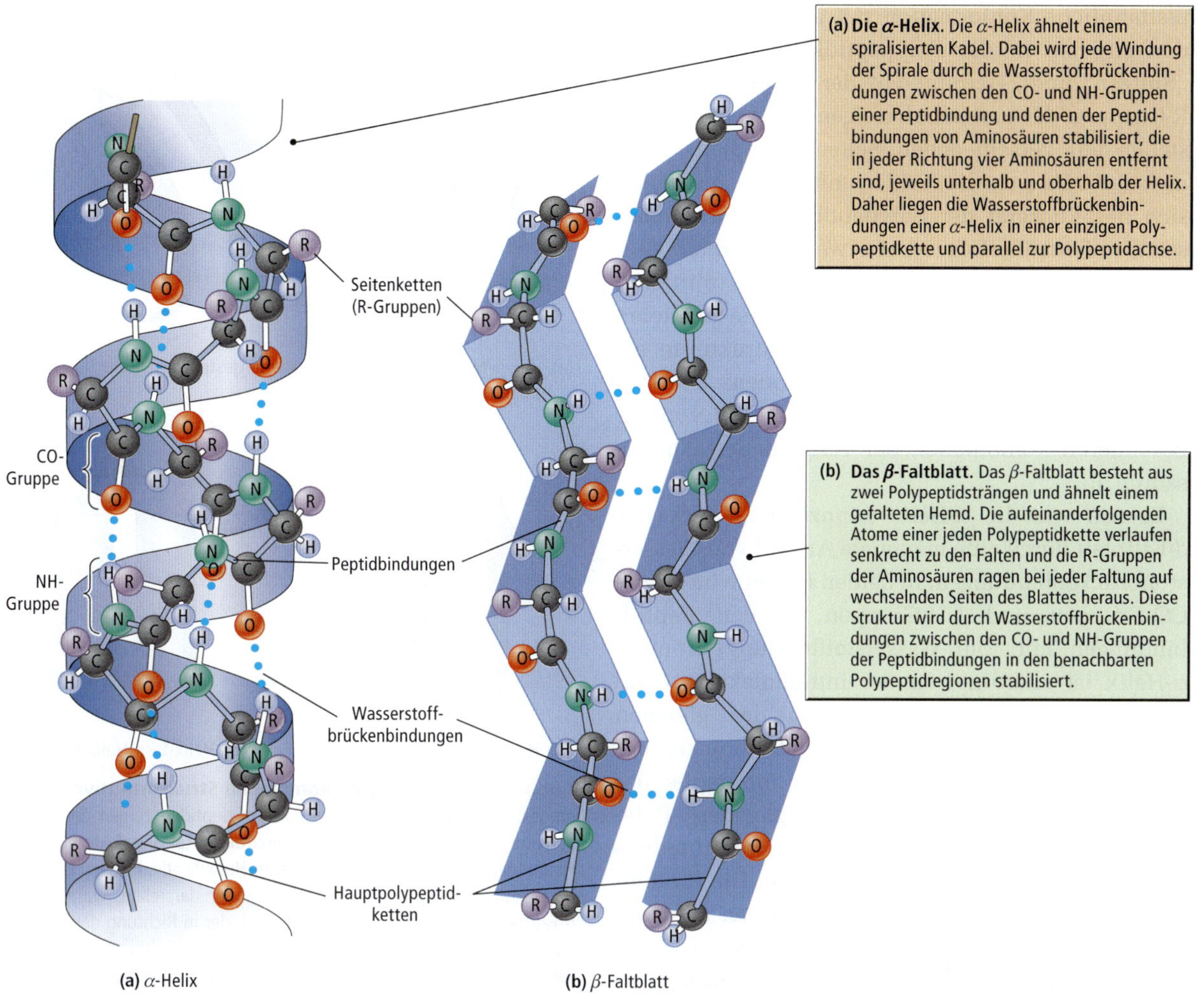

Abbildung 3.8: Die α-Helix und das β-Faltblatt. Die in (a) dargestellte α-Helix und das in (b) dargestellte β-Faltblatt sind wichtige Elemente der Sekundärstruktur von Proteinen. Beide werden durch Wasserstoffbrückenbindungen stabilisiert (blaue Punkte), entweder innerhalb einer lokalen Region der Primärsequenz (α-Helix) oder zwischen zwei getrennten Regionen (β-Faltblatt).

Linus Pauling und Robert Corey schlugen 1951 die Struktur der α-Helix vor. Wie in der ▶*Abbildung 3.8a* dargestellt, hat eine α-Helix die Form einer Spirale und besteht aus einem Rückgrat aus Peptidbindungen, wobei die spezifischen R-Gruppen der einzelnen Aminosäurereste nach außen stehen. Die helikale Form kommt bei sich wiederholenden Polymeren häufig vor, was wir auch noch bei den Nucleinsäuren und Polysacchariden sehen werden. In der α-Helix gibt es 3,6 Aminosäurereste pro Windung, sodass die Peptidbindungen jeder vierten Aminosäure dicht beieinander liegen. Die Entfernung zwischen diesen Peptidbindungen eignet sich exakt für die Bildung einer Wasserstoffbrückenbindung zwischen der NH-Gruppe einer Peptidbindung und der CO-Gruppe der anderen, wie in der *Abbildung 3.8a* dargestellt.

Daraus ergibt sich, dass jede Peptidbindung in der Helix durch die CO-Gruppe an die Peptidgruppe unmittelbar „unter" ihr in der Spirale über eine Wasserstoffbrückenbindung gebunden ist und durch die NH-Gruppe mit dem Peptid, das gerade „oberhalb" ist, obwohl diese Aminosäurereste nicht direkt nebeneinander liegen. Diese Wasserstoffbrückenbindungen liegen fast parallel zur Hauptachse der Helix und stabilisieren daher tendenziell die Spiralstruktur, indem sie aufeinanderfolgende Windungen der Helix zusammenhalten.

Eine weitere, häufig vorkommende Form der Sekundärstruktur von Proteinen ist das β-Faltblatt, das erstmalig von Pauling und Corey vorgeschlagen wurde. Wie in ▶*Abbildung 3.8b* dargestellt, handelt es sich bei dieser Struktur um eine ausgedehnte, blattähnliche Konformation mit aufeinanderfolgenden Atomen in der Polypeptidkette, die an den „Spitzen“ und „Tiefpunkten“ der Falten liegen. Die R-Gruppen der aufeinanderfolgenden Aminosäuren stehen auf verschiedenen Seiten des Blatts nach außen ab. Da sich die Kohlenstoffatome, aus denen sich das Rückgrat der Polypeptidkette zusammensetzt, aufeinanderfolgend ein wenig oberhalb und ein wenig unterhalb einer gedachten mittleren Ebene befinden, und diese Struktur einem gefalteten Blatt ähnelt, bezeichnet man diese Strukturen als β-Faltblätter. Ob eine Aminosäuresequenz zu einer α-Helix oder einem β-Faltblatt führt, hängt von der besonderen Kombination der vorliegenden Aminosäuren ab.

Ebenso wie die α-Helix kennzeichnet sich das β-Faltblatt durch eine maximale Anzahl von Wasserstoffbrückenbindungen. In beiden Fällen wirken alle CO-Gruppen und NH-Gruppen an den Peptidbindungen mit. Die Wasserstoffbindung in einer α-Helix ist allerdings immer intramolekular (zwischen Peptidbindungen innerhalb des gleichen Polypeptids), während die Wasserstoffbrückenbindung in einem β-Faltblatt entweder intramolekular (zwischen zwei Segmenten des gleichen Polypeptids) oder intermolekular (zwei verschiedene Polypeptide verknüpfend) liegen kann. Die Proteinregionen, die β-Faltblätter bilden, können auf zwei verschiedene Weisen interagieren. Wenn zwei interagierende Regionen in die gleiche Richtung verlaufen (N-Terminus zu C-Terminus), dann bezeichnet man dies als ein *paralleles β-Faltblatt* (siehe ▸*Abbildung 3.9a*); wenn die beiden Stränge vom N-Terminus zum C-Terminus in entgegengesetzte Richtung verlaufen, nennt man die Struktur ein *antiparalleles β-Faltblatt* (siehe ▸*Abbildung 3.9b*).

Um lokalisierte Regionen einer Struktur innerhalb eines Proteins darzustellen, haben Biochemiker die in der ▸*Abbildung 3.9* dargestellten Konventionen vereinbart. Eine α-helikale Region wird entweder als Spirale oder Zylinder dargestellt, während eine β-Faltregion als flaches Band oder als Pfeil dargestellt wird, dessen Spitze in Richtung des C-Terminus zeigt. Ein Segment mit einer Schleife, die α-helikale und/oder β-Faltblattregionen verbindet, bezeichnet man als *Zufallsknäuel* (engl.: *random coil*), und sie wird als schmales Band dargestellt.

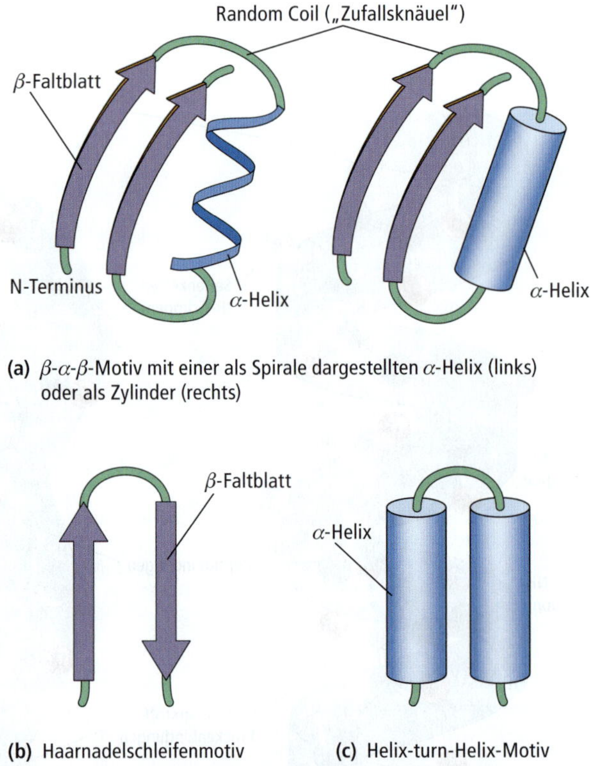

Abbildung 3.9: Häufig vorkommende Strukturmotive. Die hier dargestellten kurzen Abschnitte von Polypeptiden zeigen drei häufig vorkommende Einheiten der Sekundärstruktur: (a) β-α-β-Motiv, (b) die Haarnadelschleife und (c) das Helix-turn-Helix-Motiv. Eine α-Helix kann man entweder als Spirale oder als Zylinder darstellen, während das β-Faltblatt als flaches Band oder als Pfeil, der in Richtung des C-Terminus weist, dargestellt wird. In Teil a liegen die β-Faltblätter parallel; in Teil b sind sie antiparallel ausgerichtet. Die kurzen Segmente (grün), die die α-Helices und die β-Faltblätter verbinden, werden als Random Coils bezeichnet und besitzen keine definierte Sekundärstruktur.

In vielen Proteinen hat man bestimmte Kombinationen von α-Helices und β-Faltblättern identifiziert. Diese Einheiten der Sekundärstruktur, die sogenannten Motive, bestehen aus kleinen Segmenten von α-Helix und/oder β-Faltblatt, die über Schleifenregionen unterschiedlicher Länge untereinander verbunden sind. Zu den am häufigsten vorkommenden Motiven gehören das β-α-β-Motiv (*Abbildung 3.9a*), die Haarnadelschleife (*Abbildung 3.9b*) und das Helix-turn-Helix-Motiv (*Abbildung 3.9c*). Wenn das Motiv in verschiedenen Proteinen vorkommt, übernimmt es im Allgemeinen in jedem die gleiche Aufgabe. Beispielsweise ist das Helix-turn-Helix-Motiv eines von mehreren Sekundärstrukturmotiven, die für DNA-Bindeproteine charakteristisch sind, mit denen wir uns im Rahmen der Regulation der Genexpression in *Kapitel 23* beschäftigen werden.

Die Tertiärstruktur Wahrscheinlich kann man die Tertiärstruktur eines Proteins am besten verstehen, wenn man sie mit der Sekundärstruktur vergleicht (*Abbildung 3.6*, Teile b und c). Die Sekundärstruktur ist ein vorhersagbares, sich wiederholendes Konformationsmuster, das sich aus der repetitiven Natur des Polypeptids ableitet, denn es beruht auf Wasserstoffbrückenbindungen zwischen Peptidbindungen – den häufig vorkommenden Strukturelementen in jeder Polypeptidkette. Angenommen Proteine enthielten nur eine oder wenige ähnliche Aminosäuren, dann könnte man vermutlich alle Aspekte der Proteinkonformation mit Hilfe der Sekundärstruktur verstehen, wobei es nur geringfügige Variationen unter den Proteinen gäbe.

Die Tertiärstruktur geht jedoch gerade auf die Vielfalt der Aminosäuren zurück, die in Proteinen vorkommen, und auf die sehr voneinander abweichenden chemischen Eigenschaften ihrer R-Gruppen. Tatsächlich hängt die Tertiärstruktur fast gänzlich von Wechselwirkungen zwischen den verschiedenen R-Gruppen ab, unabhängig von der zufälligen Lage der Primärsequenz. Die Tertiärstruktur spiegelt deshalb den nicht-repetitiven und einzigartigen Aspekt eines jeden Polypeptids wider, denn sie hängt nicht von den CO- und den NH-Gruppen ab, die in allen Aminosäuren einer Ketten enthalten sind, sondern von dem Merkmal, auf dem die Einzigartigkeit einer jeden Aminosäure beruht – ihrer R-Gruppe.

Die Tertiärstruktur ist weder repetitiv noch leicht vorhersagbar; sie beruht auf konkurrierenden Wechselwirkungen zwischen Seitengruppen mit unterschiedlichen Merkmalen. Beispielsweise suchen hydrophobe R-Gruppen spontan eine nicht wässrige Umgebung im Inneren des Moleküls, während polare Aminosäuren an die Oberfläche gezogen werden. Entgegengesetzt geladene R-Gruppen können ionische Bindungen eingehen, während ähnlich geladene Gruppen einander abstoßen. Daraus folgt, dass sich die Polypeptidkette faltet, spiralisiert und in die **native Konformation** gedreht wird – die stabilste, dreidimensionale Struktur für eine bestimmte Sequenz von Aminosäuren.

Die relativen Beiträge der Sekundär- und Tertiärstrukturen zum Gesamterscheinungsbild eines Polypeptids variieren von Protein zu Protein und hängen entscheidend von den relativen Anteilen und der Sequenz der Aminosäuren in der Kette ab. Grob gesagt kann man Proteine in zwei Kategorien einteilen: *fibröse Proteine* und *globuläre Proteine*.

Fibröse Proteine besitzen eine große Sekundärstruktur (entweder eine α-Helix oder ein β-Faltblatt) im ganzen Molekül, wodurch sie dem Molekül eine höchst geordnete, repetitive Struktur verleihen. Im Allgemeinen ist die Sekundärstruktur im Hinblick auf die Festlegung der Form fibröser Proteine, die häufig eine ausgedehnte, filamentöse Struktur aufweisen, von wesentlich größerer Bedeutung als die tertiären Wechselwirkungen. Zu den besonders hervorstechenden Beispielen fibröser Proteine gehören das *Fibroin* der Seide und die *Keratine* des Haares und der Wolle, das *Kollagen* (das in den Sehnen und in der Haut vorkommt) sowie das *Elastin* (das in Bändern und Blutgefäßen enthalten ist).

Die Aminosäuresequenz jedes dieser Proteine bevorzugt eine bestimmte Sekundärstruktur, welche dem Protein wiederum einen spezifischen Satz wünschenswerter mechanischer Merkmale verleiht. Zum Beispiel besteht Fibroin vor allem aus langen Abschnitten von β-Faltblättern, wobei die Polypeptidketten parallel zur Achse der Seidenfaser verlaufen. Die Aminosäuren, die am häufigsten in Fibroin vorkommen, sind Glycin, Alanin und Serin. Diese Aminosäuren besitzen kleine R-Gruppen, die dicht gepackt werden (siehe *Abbildung 3.2*). Das Ergebnis ist eine starke und relativ dehnbare Seidenfaser, denn die kovalent gebundenen Ketten sind fast bis auf ihre maximale Länge gestreckt.

Haar- und Wollfasern bestehen dagegen aus dem Protein α-Keratin, das fast vollständig α-helikal ist. Die einzelnen Keratinmoleküle sind sehr lang und liegen mit ihren Helixachsen fast parallel zur Faserachse. Daher ist Haar recht dehnbar, denn eine Dehnung der Faser wird nicht durch kovalente Bindungen der Polypeptidkette eingeschränkt, wie es bei den β-Faltblättern der Fall ist, sondern von Wasserstoffbrückenbindungen, welche die Struktur der α-Helix stabilisieren. Die einzelnen α-Helices in einem Haar umschlingen einander und bilden eine starke, einem Seil ähnliche Struktur, wie in der ▶*Abbildung 3.10* dargestellt. Zuerst bilden zwei Keratin-α-Helices eine Spirale und zwei dieser spiralisierten Paare assoziieren zu einem Protofilament, das vier α-Helices enthält. Gruppen von acht Protofilamenten treten sodann in Wechselwirkung und bilden intermediäre Filamente, die sich zu einem Bündel verdichten und die eigentliche Haarfaser bilden. Es überrascht keineswegs, dass die α-Keratinpolypeptide im Haar reich an hydrophoben Resten sind, die an den Stellen, an denen sich die Helix berührt, in Wechselwirkung treten, wodurch ein dichtes Packen der Filamente im Haar ermöglicht wird.

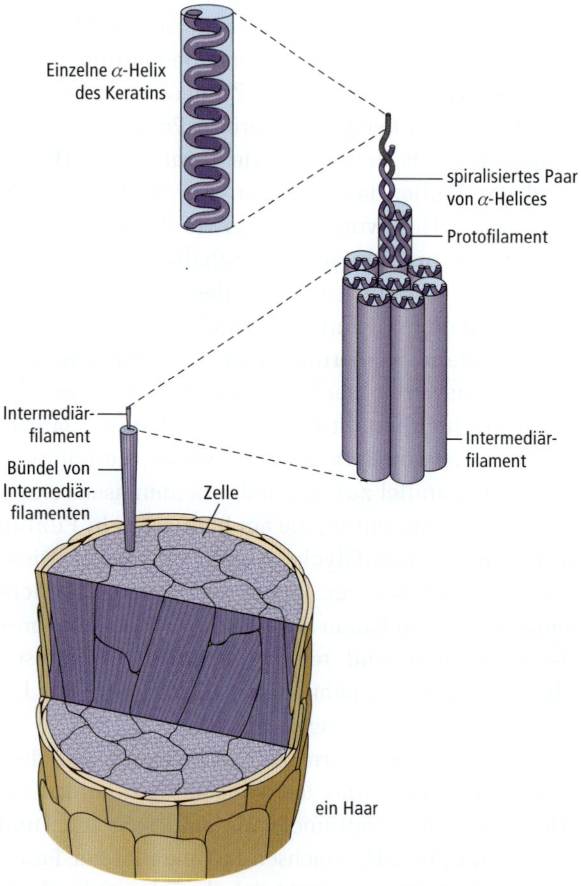

Abbildung 3.10: Die Struktur des Haars. Das wichtigste Strukturprotein eines Haars ist das α-Keratin, ein fibröses Protein mit α-helikaler Form. Die einzelnen α-Helices in einem Haar sind umeinander geschlungen, so dass sie eine starke, einem Seil ähnliche Struktur bilden. Zwei Keratin-α-Helices sind umeinander spiralisiert und zwei dieser spiralisierten Paare assoziieren und bilden ein Protofilament, das vier α-Helices enthält. Gruppen aus acht Protofilamenten treten dann in Wechselwirkung und bilden intermediäre Filamente, die sich zu Bündeln verdichten und die Haarfasern bilden.

So wichtig fibröse Proteine auch sein mögen, sie stellen nur einen kleinen Teil der Proteinarten dar, die in den meisten Zellen vorkommen. Die meisten Proteine, die an den zellulären Strukturen beteiligt sind, sind **globuläre Proteine**, die ihren Namen ihren Polypeptidketten verdanken, die zu kompakten Strukturen gefaltet werden und nicht zu ausgedehnten Filamenten (siehe *Abbildung 2.19*). Die Polypeptidkette eines globulären Proteins ist häufig lokal zu Regionen mit α-Helix- oder β-Faltblattstrukturen gefaltet. Diese Regionen der Sekundärstruktur sind wiederum auf sich selber zurückgefaltet und verleihen dem Protein die typische kompakte runde Form. Diese Faltung ist möglich, weil Regionen einer α-Helix oder eines β-Faltblatts von zufälligen Spiralen durchsetzt sind, unregelmäßig strukturierten Regionen, die eine Schleifenbildung und Faltung der Polypeptidkette ermöglichen (*Abbildung 3.9*). Daher besitzt jedes globuläre Protein seine einzigartige Tertiärstruktur, die sich aus sekundären Strukturelementen (Helices und Faltblätter) zusammensetzt, die auf spezifische Weise gefaltet sind, sodass das Protein sich besonders für eine funktionale Aufgabe eignet.

Ob ein spezifisches Segment eines Polypeptids eine α-Helix, ein β-Faltblatt oder keines von beiden bildet, hängt von den in diesem Segment vorkommenden Aminosäuren ab. So sind beispielsweise Leucin, Methionin und Glutamat starke „α-Helix-Bildner", was bedeutet, dass sie häufig in α-helikalen Regionen vorkommen. Isoleucin, Valin und Phenylalanin sind starke „β-Faltblatt-Bildner", die häufig in den β-Faltblattregionen vorliegen. Prolin wird als „Helixspalter" betrachtet und kommt niemals in einer α-Helix vor. Seine R-Gruppe ist kovalent an seinen Aminostickstoff gebunden und daher fehlt das für die Wasserstoffbrückenbindung erforderliche Wasserstoffatom.

In der ▸*Abbildung 3.11* wird die native Tertiärstruktur der Ribonuclease dargestellt, eines typischen globulären Proteins. In der *Abbildung 2.18* sind Sie der Ribonuclease bereits begegnet, dort wurde sie beispielhaft für Denaturierung und Renaturierung eines Polypeptids und die Spontanität von dessen Faltung angeführt. In der *Abbildung 3.11* verwendet man zwei verschiedene Konformationen, um die Struktur der Ribonuclease darzustellen: das in ▸*Abbildung 3.11a* verwendete Kugel-Stab-Modell und das Spirale-Band-Modell aus ▸*Abbildung 3.11b*. Zur Übersichtlichkeit hat man die Seitenketten der Ribonuclease in beiden Modellen außer Acht gelassen. Die goldfarben unterlegten Gruppen in der *Abbildung 3.11a* stellen die vier Disulfidbindungen dar, die zur Stabilisierung der Struktur der Ribonuclease beitragen.

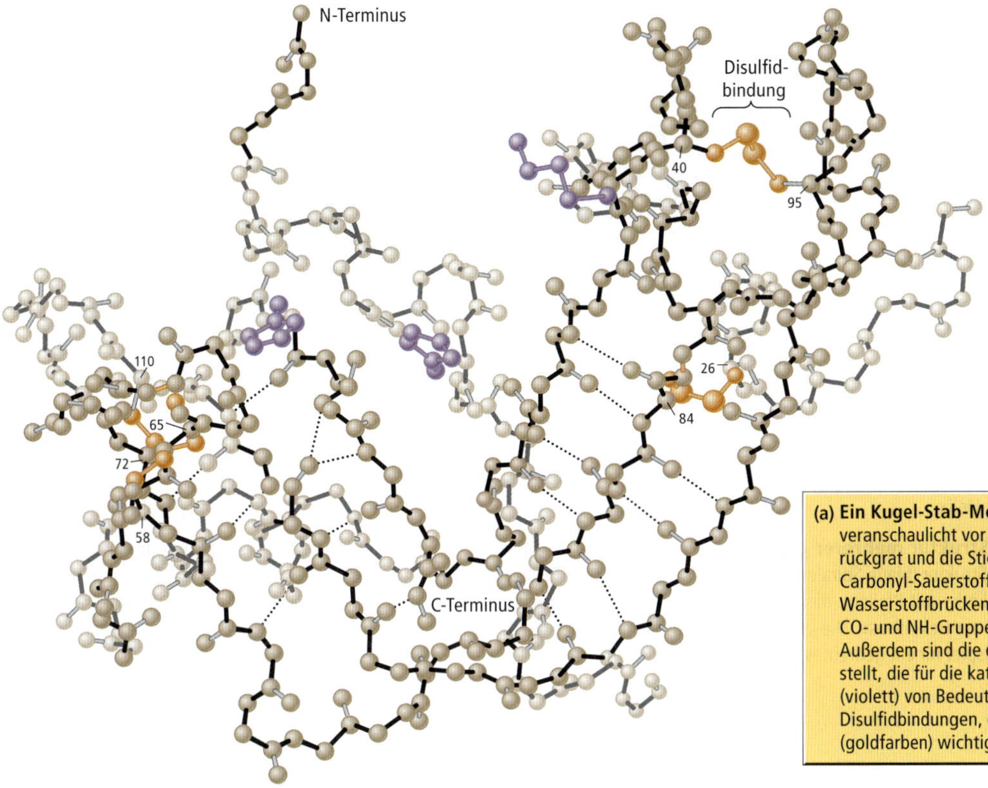

(a) Ein Kugel-Stab-Modell. Dieses Modell veranschaulicht vor allem das Kohlenstoffrückgrat und die Stickstoffatome sowie die Carbonyl-Sauerstoffatome (grau) und die Wasserstoffbrückenbindungen zwischen den CO- und NH-Gruppen (gepunktete Linien). Außerdem sind die drei R-Gruppen dargestellt, die für die katalytische Aktivität (violett) von Bedeutung sind und mehrere Disulfidbindungen, die für die Tertiärstruktur (goldfarben) wichtig sind.

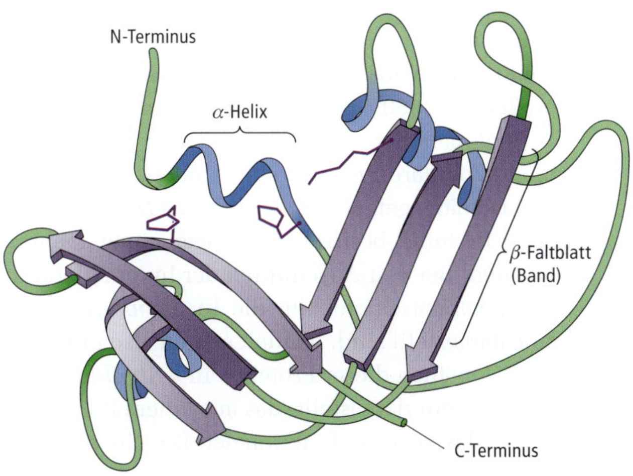

(b) Ein Spirale-Band-Modell. In diesem Modell werden die α-helikalen Regionen als blaue Spiralen und die β-Faltblattregionen als violette Bänder dargestellt, wobei Pfeile in die Richtung des C-Terminus weisen. Aminosäure-R-Gruppen und Disulfidbindungen sind zur Übersichtlichkeit nicht dargestellt. Beachten Sie, dass die β-Faltblattstruktur antiparallel und stark gedreht ist und in zwei verschiedenen Abschnitten erscheint.

Abbildung 3.11: Die dreidimensionale Struktur der Ribonuclease. Die Ribonuclease ist ein monomeres, globuläres Protein mit wichtigen α-helikalen und β-Faltblattsegmenten, die durch zufällige Spiralen verbunden sind. Am besten kann man seine Tertiärstruktur entweder durch (a) ein Kugel-Stab-Modell oder durch (b) ein Spirale-Band-Modell darstellen.

Die Strukturen globulärer Proteine können vorrangig eine α-Helix sein, ein β-Faltblatt oder eine Mischung aus beiden Strukturen. Diese Kategorien werden in der ▸*Abbildung 3.12* jeweils am Beispiel des Hüllproteins des Tabakmosaikvirus (TMV), eines Teils eines Immunglobulinmoleküls und eines Teils des Enzyms Hexokinase dargestellt. Die helikalen Segmente globulärer Proteine bestehen häufig aus Bündeln von Helices, wie bei dem Hüllprotein des TMV in der ▸*Abbildung 3.12a*. Segmente, in denen die β-Faltblattstruktur überwiegt, zeichnen sich im Allgemeinen durch eine fassähnliche Konfiguration aus (▸*Abbildung 3.12b*) oder durch ein spiralisiertes Blatt (▸*Abbildung 3.12c*).

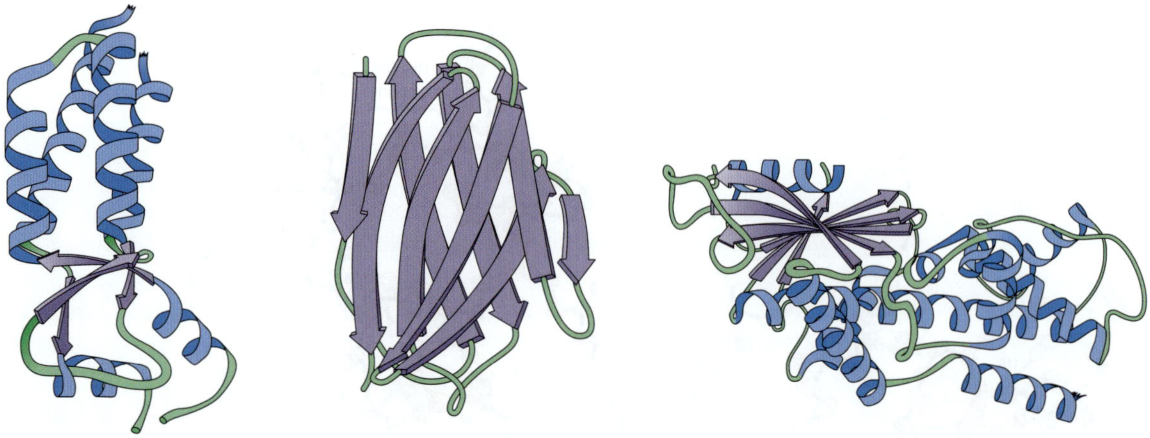

Abbildung 3.12: Die Struktur mehrerer globulärer Proteine. Hier sind Proteine mit verschiedenen Tertiärstrukturen dargestellt: (a) eine überwiegend α-helikale Struktur (blaue Spiralen), das Hüllprotein des Tabakmosaikvirus (TMV); (b) eine vorrangig durch β-Faltblätter gekennzeichnete Struktur (violette Bänder mit Pfeilen), die V_2-Domäne des Immunglobulins und (c) eine Struktur, in der α-Helices und β-Faltblätter gemischt auftreten, die Domäne 2 der Hexokinase. Die Immunglobulin-V_2-Domäne gibt ein Beispiel für eine antiparallele β-Fassstruktur, während die Hexokinase-2-Domäne als Beispiel für ein gedrehtes β-Faltblatt steht (die grünen Segmente sind zufällige Spiralisierungen).

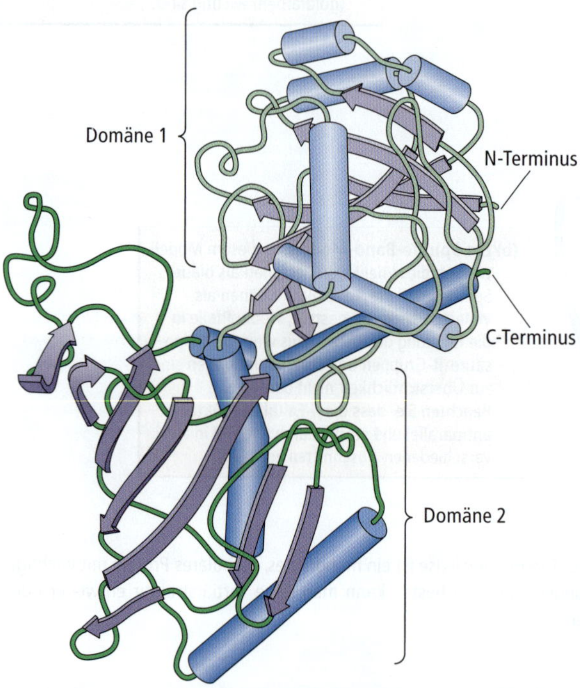

Abbildung 3.13: Beispiel für zwei funktionale, proteinhaltige Domänen. Dieses Modell des Enzyms Glycerinaldehydphosphatdehydrogenase weist eine einzelne Polypeptidkette auf, die in zwei Domänen gefaltet ist. Eine Domäne bindet das Substrat, das methyliert wird, während die andere Domäne an einen chemischen Cofaktor bindet, der für den Ablauf der Reaktion notwendig ist. Die beiden Domänen sind verschiedenfarbig unterlegt.

Viele globuläre Proteine bestehen aus einer Reihe von Segmenten, den sogenannten Domänen. Eine **Domäne** ist eine eigenständige, lokal gefaltete Einheit einer Tertiärstruktur, die im Allgemeinen eine spezifische Funktion ausübt. Normalerweise umfasst eine Domäne 50 – 350 Aminosäuren mit kompakt gepackten Regionen der α-Helices und der β-Faltblätter. Kleine globuläre Proteine sind zumeist in eine einzelne Domäne gefaltet (*Abbildung 3.11b*). Große globuläre Proteine besitzen im Allgemeinen mehrere Domänen. Bei den Abschnitten der Immunglobulin- und Hexokinasemoleküle, die in *Abbildung 3.12b* und *c* dargestellt sind, handelt es sich also um spezifische Domänen dieser Proteine. In ▶*Abbildung 3.13* ist ein Protein dargestellt, das aus einem Polypeptid besteht, das zu zwei funktionalen Domänen gefaltet ist.

Proteine mit ähnlichen Funktionen (beispielsweise Bindung an ein spezifisches Ion oder Erkennen eines spezifischen Moleküls) haben im Allgemeinen eine gemeinsame Domäne, die eine Sequenz identischer oder sehr ähnlicher Aminosäurereste enthält. Des Weiteren weisen Proteine mit mehreren Funktionen normalerweise für jede Funktion eine eigene Domäne auf. Somit kann man sich Domänen als modulare Funktionseinheiten vorstellen, aus denen globuläre Proteine zusammengesetzt werden. Man hat in den Proteinen viele verschiedene Typen von Domänen beschrieben und ihnen Namen verliehen wie beispielsweise Immunglobulindomäne, Kringledomäne oder Todesdomäne. Jeder Typ besteht aus einer bestimmten Kombination von α-Helix- und β-Faltblattstrukturen, die der Domäne ihre spezifische Funktion zuteilen.

Bevor wir das Thema der Tertiärstruktur verlassen, möchten wir nochmals betonen, dass diese Strukturen höherer Organisationsstufen von der Primärstruktur des Polypeptids abhängig sind. Die Bedeutung der Primärstruktur lässt sich besonders gut am Beispiel der Sichelzellanämie darstellen. Die roten Blutkörperchen der Menschen mit diesem Merkmal liegen nicht als normale runde Scheiben vor, sondern weisen eine verzerrte „Sichelform" auf. Dies führt dazu, dass die anormalen Zellen die Blutgefäße verstopfen und den Blutfluss hemmen, wodurch in den Geweben nicht ausreichend Sauerstoff zur Verfügung steht.

Dieser Zustand geht auf eine geringfügige Veränderung im Hämoglobinmolekül innerhalb der roten Blutkörperchen zurück. Bei Menschen, die an Sichelzellanämie leiden, haben die Hämoglobinmoleküle normale α-Polypeptidketten, aber die β-Ketten besitzen eine einzige andere Aminosäure. An einer spezifischen Position in der Kette (dem sechsten Aminosäurerest des N-Terminus) wird das normalerweise vorkommende Glutamat durch Valin ersetzt. Diese Substitution führt zu einer Veränderung in der Tertiärstruktur der β-Ketten, die genügt, um eine Kristallisation der Hämoglobinmoleküle herbeizuführen und die Zelle derart zu verformen, dass sie die Gestalt einer Sichel annimmt. Nicht alle Aminosäuresubstitutionen verursachen dramatische Veränderungen im Hinblick auf Struktur und Funktion, aber dieses Beispiel unterstreicht die entscheidende Beziehung zwischen der Aminosäuresequenz eines Polypeptids und der endgültigen Form und biologischen Aktivität des Moleküls.

Die Quartärstruktur Die Quartärstruktur eines Proteins ist die Organisationsstufe, auf der Wechselwirkungen zwischen Untereinheiten und Vorgänge der endgültigen Strukturfestlegung ablaufen (siehe *Abbildung 3.6d*). Daher werden bei der Quartärstruktur ausschließlich multimere Proteine eingesetzt. Viele Proteine gehören zu dieser Kategorie, vor allem Proteine, deren Molekulargewicht über 50.000 liegt. Hämoglobin ist beispielsweise ein multimeres Protein mit zwei α-Ketten und zwei β-Ketten (siehe *Abbildung 3.4*). Einige multimere Proteine besitzen identische Polypeptiduntereinheiten, andere, zum Beispiel Hämoglobin, enthalten zwei oder mehrere verschiedene Arten von Polypeptiden.

Die Bindungen und Kräfte, durch die die Quartärstruktur aufrechterhalten wird, sind mit denen identisch, die für die Tertiärstruktur verantwortlich sind: Wasserstoffbrückenbindungen, elektrostatische Wechselwirkungen, Van-der-Waals-Kräfte, hydrophobe Wechselwirkungen und kovalente Disulfidbindungen. Wie bereits zuvor angemerkt, können Disulfidbindungen entweder innerhalb einer Polypeptidkette oder zwischen verschiedenen Ketten auftreten. Wenn sie in einem Polypeptid vorkommen, stabilisieren sie die Tertiärstruktur. Wenn sie zwischen Polypeptiden auftreten, unterstützen sie die Quartärstruktur und halten die einzelnen Polypeptide zusammen (siehe *Abbildung 3.7*). Ebenso wie bei der Polypeptidfaltung erfolgt die Zusammensetzung der Untereinheiten oftmals spontan, jedoch nicht immer. Meistens wird die benötigte Information, wenn nicht sogar die gesamte Information, von der Aminosäuresequenz der einzelnen Polypeptide zur Verfügung gestellt, aber häufig werden molekulare Chaperone hinzugezogen, um die korrekte Zusammensetzung sicherzustellen.

Es gibt Fälle, in denen eine noch höhere Stufe des Zusammenbaus möglich ist, was bedeutet, das zwei oder mehr Proteine (häufig Enzyme) zu einem **Multiproteinkomplex** zusammengesetzt werden, wobei jedes Protein sequenziell an einem gemeinsamen Vorgang in mehreren Schritten mitwirkt. Ein Beispiel für einen solchen Komplex ist ein Enzymsystem mit der Bezeichnung *Pyruvatdehydrogenasekomplex*. Dieser Komplex katalysiert das oxidative Entfernen eines Kohlenstoffatoms (als CO_2) aus der Kohlenstoffverbindung Pyruvat (oder Brenztraubensäure), eine Reaktion, die für uns interessant sein wird, wenn wir in *Kapitel 10* angelangt sein werden. Drei einzelne Enzyme und fünf verschiedene Moleküle, die sogenannten Coenzyme, bilden einen hoch organisierten *Multienzymkomplex*. Der Pyruvatdehydrogenasekomplex ist eines der am besten verstandenen Beispiele dafür, wie Zellen die Ökonomie ihrer Funktion bewerkstelligen, indem sie nämlich die Enzyme, die sequenziell Reaktionen katalysieren, in einem einzigen Multienzymkomplex anordnen. Weitere Multienzymkomplexe, denen wir im Laufe unserer Studien begegnen werden, sind unter anderem Ribosomen, Proteosomen, die Photosysteme und der DNA-Replikationskomplex.

Nucleinsäuren 3.2

Als nächstes kommen wir zu den Nucleinsäuren. Das sind Makromoleküle, die aufgrund ihrer Rolle bei der Speicherung, Übertragung und Expression genetischer Information von allerhöchster Bedeutung für die Zellen sind. Nucleinsäuren sind lineare Polymere aus Nucleotiden, die gemäß einer genetisch vorbestimmten Reihenfolge, die für ihre Rolle als informationstragende Makromoleküle von entscheidender Bedeutung ist, umeinander gewunden sind. Die beiden wichtigsten Typen der Nucleinsäuren sind die **DNA** (**Desoxyribonucleinsäure**) und die **RNA** (**Ribonucleinsäure**). Die DNA und die RNA unterscheiden sich im Hinblick auf ihre Chemie und ihre Rolle in der Zelle. Wie die Namen bereits vermuten lassen, enthält die RNA in jedem ihrer Nucleotide den Zucker **Ribose** mit fünf Kohlenstoffatomen, während die DNA den nah verwandten Zucker **Desoxyribose** enthält. Im Hinblick auf ihre Funktion dient die DNA in erster Linie als Speicher der genetischen Information, während RNA-Moleküle mehrere verschiedene Aufgaben bei der Expression dieser Information übernehmen – das heißt, bei der Proteinsynthese.

In der ▸*Abbildung 3.14* werden die wichtigsten Aufgaben der DNA und der RNA in einer typischen Pflanzenzelle und einer tierischen Zelle aufgeführt. Der größte Teil der DNA ist im Zellkern lokalisiert, dem wichtigsten Ort der RNA-Synthese in der Zelle. ❶ *Transkription:* Ein spezifisches Segment eines DNA-Moleküls, das man als Gen bezeichnet, steuert die Synthese eines komplementären Moleküls der *Messenger-RNA* (*mRNA*) in einem Vorgang mit der Bezeichnung *Transkription*. Jedes Gen enthält die Information, die es mit Hilfe dieser mRNA zur Bildung eines spezifischen Polypeptids benötigt. ❷ *mRNA-Export:* Die mRNA verlässt den Zellkern durch *Kernporen* – winzige Kanäle in der Zellkernmembran – und gelangt in das Cytoplasma. ❸ *Translation* (*Polypeptidsynthese*): Im Cytoplasma dient die Nucleotidsequenz der mRNA dazu, die Synthese des spezifischen Polypeptids, das von dem Gen kodiert wird, zu steuern. Ein Ribosom, ein Komplex ribosomaler Proteine und *ribosomaler RNA-Moleküle* (*rRNA*), heftet sich an die mRNA, um die kodierte Information abzulesen. Während sich das Ribosom entlang der mRNA bewegt, bringen Moleküle der *Transfer-RNA* (*tRNA*) die richtigen Aminosäuren, die an die wachsende Polypeptidkette angefügt werden sollen.

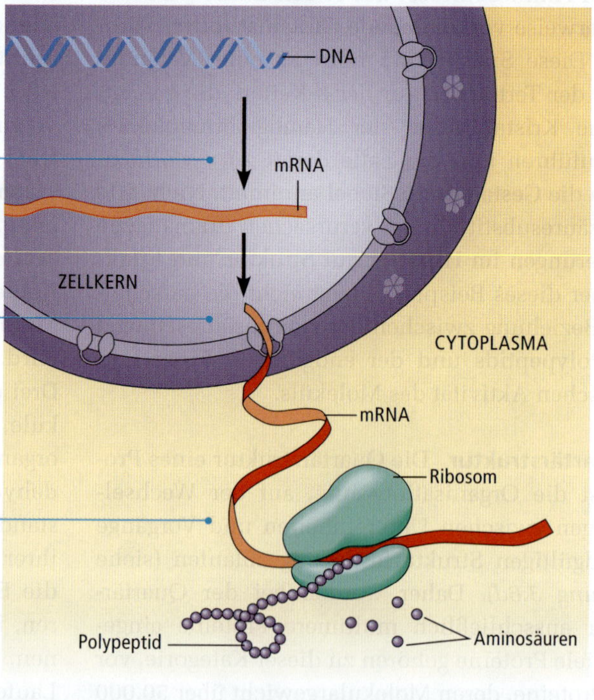

Abbildung 3.14: Die genetische Information wird in den Nucleotidsequenzen der DNA-Moleküle gespeichert. Bei den Eukaryoten liegt der größte Teil der DNA im Zellkern vor. Diese DNA enthält Anweisungen für ❶ die Synthese einer komplementären Messenger-RNA (mRNA), die anschließend ❷ zum Cytoplasma transportiert wird, wo sie ❸ vom Ribosom zur Synthese eines Proteins verwendet wird.

Die Rollen der DNA und der RNA bei der Speicherung, Übertragung und Expression von genetischer Information werden wir in den *Kapiteln 18* bis *22* noch genauer betrachten. Dieser kurze Abschnitt soll als Hintergrundwissen dienen, denn jetzt werden wir uns auf die Chemie der Nucleinsäuren und der Nucleotide, aus denen die Nucleinsäuren bestehen, konzentrieren.

3.2.1 Nucleotide sind die Monomere

Nucleinsäuren sind informationstragende Makromoleküle und enthalten in einer spezifischen Sequenz nichtidentische, monomere Einheiten. Die monomeren Einheiten der Nucleinsäuren werden als **Nucleotide** bezeichnet. Nucleotide weisen weniger Vielfalt auf als Aminosäuren; DNA und RNA enthalten jeweils nur vier verschiedene Arten von Nucleotiden. (Tatsächlich gibt es eine größere Vielfalt, vor allem in einigen RNA-Molekülen, in denen einige Nucleotide nach Insertion in die Kette modifiziert werden.)

Wie in der ▸*Abbildung 3.15* dargestellt, besteht jedes Nucleotid aus einem Pentosezucker, an den eine Phosphatgruppe und eine stickstoffhaltige aromatische Base geknüpft sind. Bei dem Zucker handelt es sich entweder um D-Ribose (in der RNA) oder um D-Desoxyribose (in der DNA). Das Phosphat wird durch eine Phosphoesterbindung an

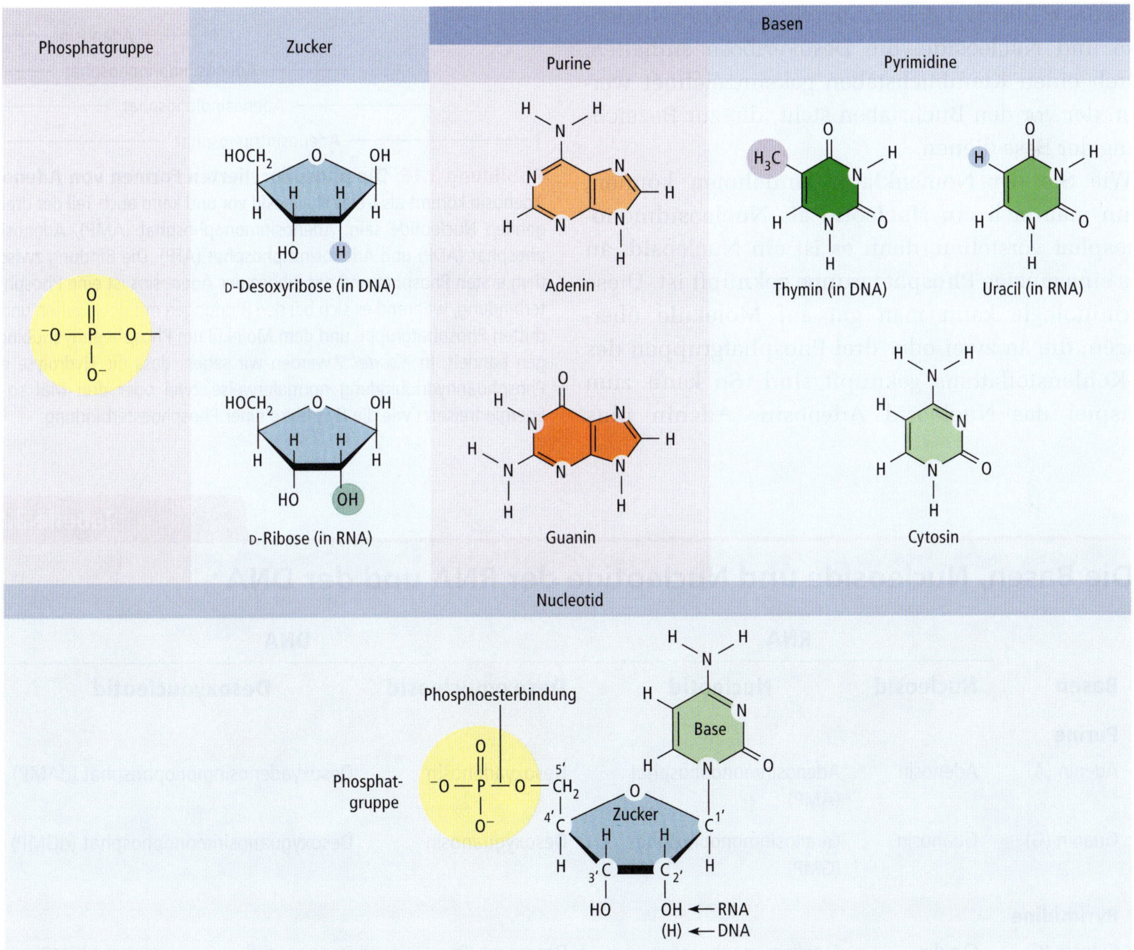

Abbildung 3.15: Die Struktur eines Nucleotids. Bei der RNA besteht ein Nucleotid aus der Pentose D-Ribose und einer aromatischen, stickstoffhaltigen Base, die an das 1′-Kohlenstoffatom und eine Phosphatgruppe geknüpft ist, die über eine Phosphoesterbindung an das 5′-Kohlenstoffatom gebunden sind. (Kohlenstoffatome im Zucker eines Nucleotids werden von 1′ bis 5′ nummeriert, um sie von denen in der Base zu unterscheiden, die ohne Strich nummeriert werden.) Bei der DNA wird die Hydroxylgruppe am 2′-Kohlenstoffatom durch ein Wasserstoffatom ersetzt, sodass man den Zucker als D-Desoxyribose bezeichnet. Die Basen in der DNA sind die Purine Adenin (A) und Guanin (G) und die Pyrimidine Thymin (T) und Cytosin (C). In der RNA wird Thymin durch das Pyrimidin Uracil (U) ersetzt.

das 5′-Kohlenstoffatom des Zuckers gebunden und die Base wird mit dem 1′-Kohlenstoffatom verknüpft. Die Base kann entweder ein Purin oder ein Pyrimidin sein. Die DNA enthält die Purine Adenin (A) und Guanin (G) und die Pyrimidine Cytosin (C) und Thymin (T). Die RNA enthält auch Adenin, Guanin und Cytosin, aber an Stelle von Thymin enthält sie Uracil (U). Ebenso wie die 20 Aminosäuren der Proteine, gehören auch diese fünf aromatischen Basen zu den am häufigsten in Zellen vorkommenden kleinen Molekülen (siehe *Tabelle 3.2*).

Ohne das Phosphat bezeichnet man die verbleibende Base-Zucker-Einheit als **Nucleosid**. Jedes Pyrimidin und Purin kann daher als freie Base auftreten, als Nucleosid oder als Nucleotid. Die korrekten Bezeichnungen für die Verbindungen entnehmen Sie bitte der ▶*Tabelle 3.5*. Beachten Sie, dass die Nucleotide und Nucleoside, die Desoxyribose enthalten, durch einen Kleinbuchstaben gekennzeichnet werden, der vor den Buchstaben steht, die zur Bezeichnung der Base dienen.

Wie Sie der Nomenklatur entnehmen können, kann man sich ein Nucleotid als Nucleosidmonophosphat vorstellen, denn es ist ein Nucleosid, an das eine einzige Phosphatgruppe geknüpft ist. Diese Terminologie kann man gut auf Moleküle übertragen, die an zwei oder drei Phosphatgruppen des 5′-Kohlenstoffatoms geknüpft sind. So kann zum Beispiel das Nucleosid Adenosin (Adenin plus Ribose) mit ein, zwei oder drei Phosphaten verknüpft sein und wird entsprechend als **Adenosinmonophosphat (AMP)**, **Adenosindiphosphat (ADP)** oder **Adenosintriphosphat (ATP)** bezeichnet. In der ▶*Abbildung 3.16* werden die Beziehungen zwischen diesen Verbindungen dargestellt.

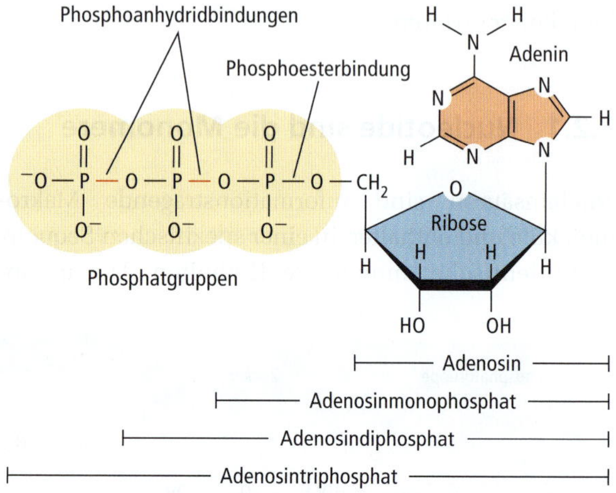

Abbildung 3.16: Die phosphorylierten Formen von Adenosin. Adenosin kommt als freies Nucleosid vor und kann auch Teil der drei folgenden Nucleotide sein: Adenosinmonophosphat (AMP), Adenosindiphosphat (ADP) und Adenosintriphosphat (ATP). Die Bindung zwischen dem ersten Phosphat und der Ribose des Adenosins ist eine Phosphoesterbindung, während es sich bei den Bindungen mit der zweiten und der dritten Phosphatgruppe und dem Molekül um Phosphoanhydridbindungen handelt. In *Kapitel 9* werden wir sehen, dass die Hydrolyse einer Phosphoanhydridbindung normalerweise zwei oder drei Mal so viel Energie freisetzt wie die Hydrolyse einer Phosphoesterbindung.

Tabelle 3.5

Die Basen, Nucleoside und Nucleotide der RNA und der DNA

	RNA		DNA	
Basen	**Nucleosid**	**Nucleotid**	**Desoxynucleosid**	**Desoxynucleotid**
Purine				
Adenin (A)	Adenosin	Adenosinmonophosphat (AMP)	Desoxyadenosin	Desoxyadenosinmonophosphat (dAMP)
Guanin (G)	Guanosin	Guanosinmonophosphat (GMP)	Desoxyguanosin	Desoxyguanosinmonophosphat (dGMP)
Pyrimidine				
Cytosin (C)	Cytidin	Cytidinmonophosphat (CMP)	Desoxycytidin	Desoxycytidinmonophosphat (dCMP)
Uracil (U)	Uridin	Uridinmonophosphat (UMP)	—	—
Thymin (T)	—	—	Desoxythymidin	Desoxythymidinmonophosphat (dTMP)

Gewiss werden Sie ATP als die energiereiche Verbindung wiedererkennen, die verschiedene Reaktionen in der Zelle antreibt, unter anderem die Aktivierung von Monomeren zur Bildung von Polymeren, mit der wir uns im vorherigen Kapitel beschäftigt haben (siehe *Abbildung 2.17*). Das Beispiel lässt vermuten, dass Nucleotide zwei Rollen in Zellen übernehmen: Sie sind monomere Einheiten von Nucleinsäuren und einige von ihnen – vor allem ATP – dienen bei mehreren Energie übertragenden Reaktionen als Zwischenprodukte.

3.2.2 DNA und RNA sind die Polymere

Nucleinsäuren sind lineare Polymere aus Nucleotiden, die durch eine Phosphatgruppe ein Nucleotid mit dem nächsten verknüpfen, wie in der ▸*Abbildung 3.17* dargestellt. Die Phosphatgruppe, die bereits über eine Phosphoesterbindung an das 5′-Kohlenstoffatom eines Nucleotids geknüpft wurde, wird spezifisch mit einer zweiten Phosphoesterbindung an das 3′-Kohlenstoffatom des nächsten Nucleotids gebunden. Hierbei handelt es sich um eine Kondensationsreaktion, bei der die H- und OH-Gruppen jeweils vom Zucker und den Phosphatgruppen beigetragen werden. Die daraus hervorgehende Verknüpfung bezeichnet man als **3′,5′-Phosphodiesterbindung**. Das bei diesem Vorgang gebildete **Polynucleotid** besitzt eine intrinsische Ausrichtung: Eine 5′-Phosphatgruppe liegt an einem Ende und eine 3′-Hydroxylgruppe an dem anderen Ende. Vereinbarungsgemäß schreibt man die Nucleotidsequenzen immer vom 5′-Ende zum 3′-Ende des Polynucleotids, denn, wie wir in *Kapitel 19* sehen werden, verläuft in dieser Richtung die Nucleinsäuresynthese in Zellen.

Für die Nucleinsäuresynthese wird sowohl Energie als auch Information benötigt. Jedes nachfolgende Nucleotid tritt als hochenergetisches Nucleosidtriphosphat ein, um die Energie zur Verfügung zu stellen, die für die Bildung einer jeden neuen Phosphodiesterbindung benötigt wird. Daher sind die Vorläufer der DNA-Synthese dATP, dCTP, dGTP und dTTP. Für die RNA-Synthese werden ATP, CTP, GTP und UTP benötigt. Des Weiteren wird Information für die Nucleinsäuresynthese benötigt, denn die nachfolgend ankommenden Nucleotide müssen in einer spezifischen, genetisch bestimmten Sequenz angefügt werden. Zu diesem Zweck wird eine bereits existierende **Matrize** verwendet, um die Reihenfolge der Nucleotide zu spezifizieren. Sowohl für die DNA- als auch für die RNA-Synthese wird im Allgemeinen die DNA genommen. Die matrizengestützte Nucleinsäuresynthese beruht auf einer exakten und vorhersagbaren Basenpaarung zwischen einem Matrizennucleotid und dem spezifischen, ankommenden Nucleotid, das mit dem Matrizennucleotid eine Paarung eingehen kann.

Dieser Erkennungsprozess hängt von einem wichtigen chemischen Merkmal der Purin- und Pyrimidinbasen ab, die in der ▸*Abbildung 3.18* dargestellt werden. Diese Basen besitzen Carbonylgruppen und Stickstoffatome, die unter geeigneten Bedingungen Wasserstoffbrückenbindungen aufbauen können. Aufgrund komplementärer Beziehungen zwischen Purinen und Pyrimidinen kann A zwei Wasserstoffbrückenbindungen mit T (oder U) und G kann drei Wasserstoffbindungen mit C bilden, wie Sie der *Abbildung 3.18* entnehmen können. Diese Paarung von A mit T (oder U) und G mit C ist eine grundlegende Eigenschaft der Nucleinsäuren. Im Hinblick auf die Genetik liefert die **Basenpaarung** den Nucleinsäuren einen Mechanismus zur gegenseitigen Erkennung, worauf wir in *Kapitel 18* zurückkommen werden. Jetzt werden wir uns allerdings auf die Bedeutung dieses Sachverhalts für die Struktur konzentrieren.

3.2.3 Ein DNA-Molekül ist eine Doppelstrang-Helix

Eine der wichtigsten biologischen Erkenntnisse des 20. Jahrhunderts wurde der Öffentlichkeit 1953 in einem zweiseitigen Artikel in der Zeitschrift *Nature* vorgestellt. In diesem Artikel postulierten Francis Crick und James Watson eine doppelsträngige, helikale Struktur für die DNA – die heute berühmte **Doppelhelix** –, die nicht allein die bekannten physikalischen und chemischen Eigenschaften der DNA erklärte, sondern auch den Vorschlag für einen Mechanismus zur Replikation der Struktur erlaubte. Im *Exkurs 3A* erzählen wir von einigen Höhepunkten dieses aufregenden Kapitels der Geschichte zeitgenössischer Biologie.

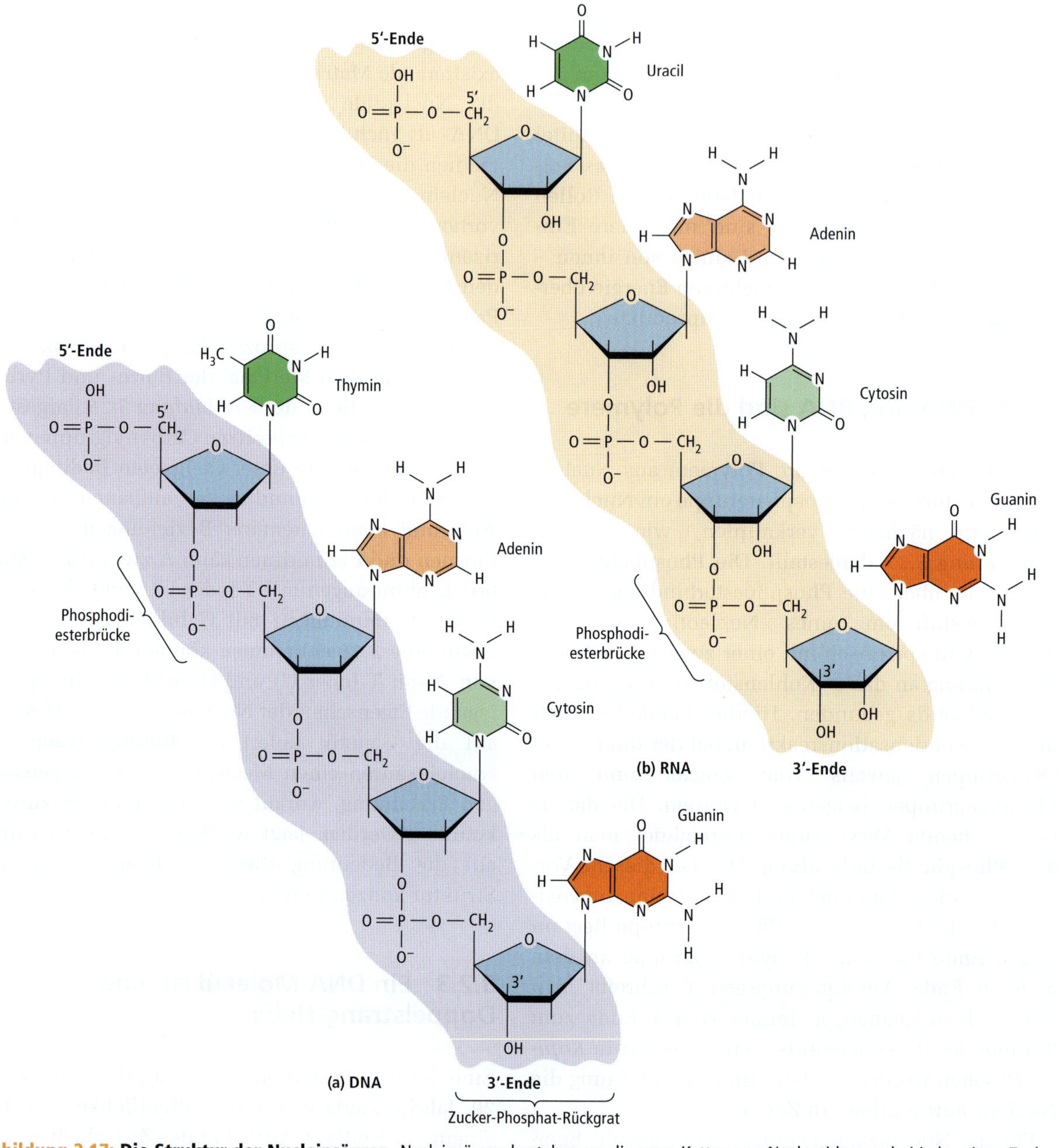

Abbildung 3.17: Die Struktur der Nucleinsäuren. Nucleinsäuren bestehen aus linearen Ketten von Nucleotiden, wobei jedes einen Zucker, ein Phosphat und eine Base enthält. Der Zucker ist (a) Desoxyribose bei der DNA und (b) Ribose bei der RNA. Nacheinander werden Nucleotide über 3′,5′-Phosphodiesterbindungen an die Kette angefügt. Das entstandene Polynucleotid hat eine Ausrichtung mit einem 5′- und einem 3′-Ende. Sowohl bei der DNA als auch bei der RNA bildet eine alternierende Zucker-Phosphat-Sequenz das Rückgrat, von dem die Basen abstehen.

Die Doppelhelix besteht aus zwei komplementären DNA-Ketten, die um eine gemeinsame Achse gewunden sind und eine rechtsgängige helikale Struktur bilden, die einer sich spiralförmig nach oben windenden Wendeltreppe ähnelt. Die beiden Ketten sind auf der Helix in entgegengesetzter Richtung ausgerichtet, eine verläuft in der Richtung 5′ → 3′ und die andere in Richtung 3′ → 5′. Das Rückgrat jeder Kette besteht aus Zuckermolekülen, die sich mit Phosphatgruppen abwechseln (siehe *Abbildung*

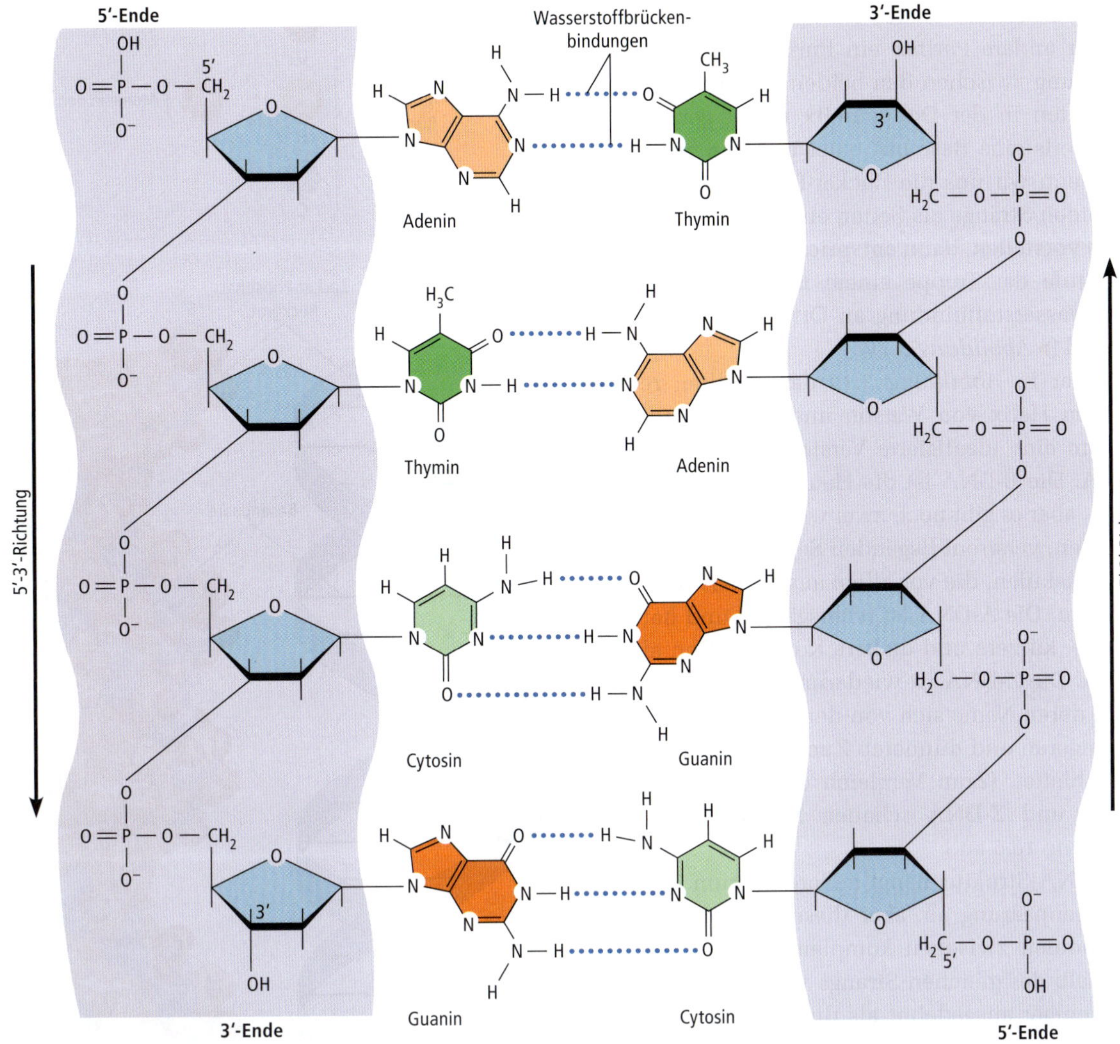

Abbildung 3.18: Wasserstoffbrückenbindung in der Nucleinsäurestruktur. Die Wasserstoffbrückenbindungen (blaue Punkte) zwischen Adenin und Thymin und zwischen Cytosin und Guanin sind für die AT- und CG-Basenpaarung der DNA verantwortlich. Beachten Sie, dass das AT-Paar von zwei Wasserstoffbrückenbindungen zusammengehalten wird, während das CG-Paar drei Wasserstoffbrückenbindungen aufweist. Wenn einer (oder zwei) der Stränge RNA wäre, dann wäre Uracil (U) der Paarungspartner von Adenin.

3.18). Die Phosphatgruppen sind geladen und die Zuckermoleküle enthalten polare Hydroxylgruppen. Daher ist es keineswegs überraschend, dass die Zucker-Phosphat-Rückgrate der beiden Stränge auf der Außenseite der DNA-Helix liegen, wo ihre Wechselwirkung mit der wässrigen Umgebung maximiert werden kann. Die Pyrimidin- und Purinbasen sind wiederum aromatische Verbindungen, die weniger Affinität für Wasser aufweisen. Entsprechend sind sie nach innen ausgerichtet und bilden Basenpaare, die die beiden Ketten zusammenhalten.

Damit eine stabile Doppelhelix entstehen kann, müssen die beiden Teilstränge sowohl *antiparallel* (in entgegengesetzter Richtung) als auch *komplementär* verlaufen. Unter komplementär verstehen wir, dass jede Base in einem Strang mit der direkt gegenüberliegenden Base des anderen Strangs spezifische Wasserstoffbrückenbindungen eingehen kann. Ausgehend von den Paarungsmöglichkeiten, die in der *Abbildung 3.18* dargestellt werden, bedeutet dies, dass jedes A mit einem T und jedes G mit einem C ein Paar bilden muss. In beiden Fällen ist ein Partner des Paares ein Pyrimidin (T oder C) und der andere Partner ein Purin (A oder G). Die Entfernung zwischen den beiden Zucker-Phosphat-Rückgraten in der Doppelhelix reicht gerade aus, um jeweils eine Base mit einer anderen zu versorgen. Wenn wir uns die Zucker-Phosphat-Rückgrate der beiden Stränge als Seiten einer runden Wendeltreppe vorstellen, dann entspricht jeder Schritt oder jede Stufe der Treppe einem Basenpaar, das von einer Wasserstoffbindung an Ort und Stelle gehalten wird (▶*Abbildung 3.19*).

Bei der in *Abbildung 3.19* dargestellten rechtsgängigen Helix von Watson und Crick handelt es sich um eine idealisierte Version der sogenannten B-DNA. Die B-DNA ist die Hauptform von DNA in Zellen, aber es gibt noch zwei weitere, die vielleicht in kurzen, verstreut liegenden Segmenten innerhalb von Molekülen, die vor allem aus B-DNA bestehen, vorliegen. Die A-DNA ist rechtsgängig und hat eine helikale, kürzere und dickere Konformation als die B-DNA. Die Z-DNA ist wiederum eine linksgängige Helix, deren Name sich von dem Zick-Zack-Muster des längeren und dünneren Zucker-Phosphat-Rückgrats ableitet. (Zum Vergleich der Strukturen von B-DNA und Z-DNA schauen Sie sich bitte die *Abbildung 18.5* an.)

Die RNA-Struktur hängt außerdem zum Teil von der Basenpaarung ab, aber diese Paarung liegt im Allgemeinen zwischen komplementären Regionen innerhalb des gleichen Strangs vor und ist wesentlich weniger ausgedehnt als die Paarung zwischen den Strängen eines DNA-Doppelstrangs. Bei den verschiedenen RNA-Typen treten die Sekundär- und Tertiärstrukturen vor allem in der rRNA und der tRNA auf, worauf wir in *Kapitel 21* zurückkommen werden. Desweiteren bestehen einige infektiöse Viren aus doppelsträngiger RNA, die durch Wasserstoffbrückenbindungen zwischen komplementären Basenpaaren zusammengehalten wird.

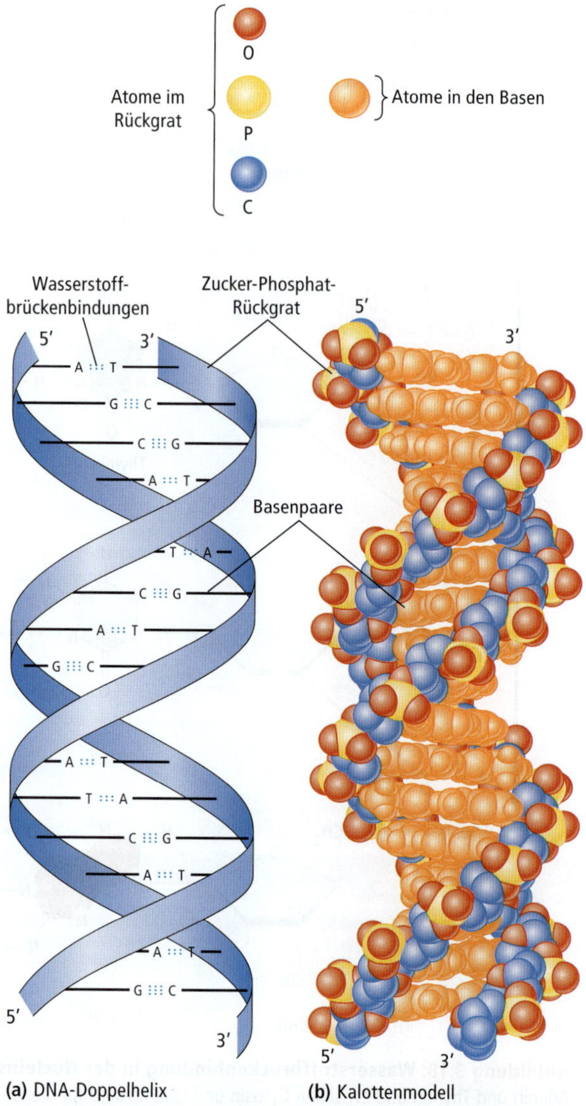

Abbildung 3.19: Die Struktur der DNA-Doppelhelix. (a) Schematische Darstellung der Doppelhelixstruktur der DNA. Die sich kontinuierlich drehenden Streifen stellen die Zucker-Phosphat-Rückgrate des Moleküls dar, während die horizontalen Bänder die gepaarten Basen der beiden Stränge darstellen. (b) Ein Kalottenmodell der DNA-Doppelhelix mit farbig markierten H-, O-, C-, N- und P-Atomen.

3A ▶ Näher betrachtet

Der Doppelhelix auf der Spur

„Ich habe Francis Crick niemals als zurückhaltenden Menschen erlebt. Vielleicht zeigt er diese Seite seines Wesens in Gesellschaft anderer, aber ich habe niemals Grund gehabt, ihn dafür zu halten." Mit dieser als Einleitung gedachten Beobachtung setzt James Watson auf sehr persönliche und höchst unterhaltsame Weise seine Beschreibung der Ereignisse fort, die schließlich zur Entdeckung der DNA-Struktur führten. Der 1968 unter dem Titel „Die Doppel-Helix" veröffentlichte Bericht ist noch heute eine faszinierende Lektüre, denn er bietet einen persönlichen und ehrlichen Einblick in die Vorgänge, die zu einer großartigen wissenschaftlichen Entdeckung führten. Im Vorwort kommentiert Watson die Gründe, warum er das Buch schrieb:

„Im Allgemeinen wissen die wenigsten, wie man Wissenschaft „betreibt". Das soll nicht heißen, dass alle wissenschaftliche Arbeit auf die hier beschriebene Weise gemacht wird. Das trifft überhaupt nicht zu, denn die Vorgehensweisen bei der wissenschaftlichen Forschung sind fast so verschieden wie die Persönlichkeiten der Menschen. Andererseits bin ich nicht der Auffassung, dass die Vorgehensweise, die zur Entdeckung der DNA führte, eine seltsame Ausnahme in der wissenschaftlichen Welt darstellt, die durch den Gegensatz zwischen Ehrgeiz und dem Sinn für Ehrlichkeit kompliziert wird."

Wie in Watsons Bericht dargestellt, waren Watson und Crick ungefähr so unterschiedlich wie nur zwei Menschen im Hinblick auf ihren Charakter und ihren Hintergrund sein können. Allerdings hatten sie eines gemeinsam und das war ihre unkonventionelle aber höchst effektive Art, Wissenschaft zu „betreiben". Sie machten selbst nur wenige Experimente zur Aufklärung der DNA-Struktur, sondern entschieden sich stattdessen dafür, die wissenschaftlichen Arbeiten anderer auszuwerten, um ihre eigene, brillante Auffassungsgabe zum Bau von Modellen zu nutzen und scharfsinnige Erkenntnisse zu gewinnen (▶*Abbildung 3A-1*). In relativ kurzer Zeit erwuchs aus diesem Vorgehen die Erkenntnis, dass die DNA eine doppel-helikale Struktur hatte, und diese Erkenntnis steht für eines der wichtigsten wissenschaftlichen Ereignisse des 20. Jahrhunderts.

Wenn wir ihre Erkenntnisse sowie ihre Brillanz würdigen möchten, so müssen wir zuerst die Rahmenbedingungen verstehen, unter denen Watson und Crick arbeiteten. Die frühen 1950er Jahre waren eine aufregende Zeit in der Biologie. Nur wenige Jahre zuvor hatten Avery, MacLeod und McCarty mit ihren Artikeln den Nachweis der genetischen Transformation von Bakterien veröffentlicht, aber die Arbeit von Hershey und Chase, die bestätigte, dass die DNA als genetisches Material zu betrachten war, war noch nicht veröffentlicht worden. In der Zwischenzeit hatten die sorgfältig durchgeführten chemischen Untersuchungen von Erwin Chargaff an der Columbia University aufgedeckt, dass zwar die relativen Anteile der vier Basen A, T, C und G sich erheblich bei den verschiedenen Spezies unterschieden, aber bei allen Mitgliedern einer Spezies immer gleich waren. Noch überraschender und weitreichender war allerdings Chargaffs zweite Entdeckung: Bei einer bestimmten Spezies traten A und T immer im gleichen Verhältnis auf, ebenso G und C (das heißt %A = %T und %C = %G).

Abbildung 3A-1: James Watson (links) und Francis Crick (rechts) bei der Arbeit mit ihrem DNA-Modell.

Wichtige Hinweise entnahmen sie der Arbeit von Maurice Wilkins und Rosalind Franklin vom King's College in London. Wilkins und Franklin arbeiteten mit der Röntgenstrahlbeugung, um die DNA-Struktur zu untersuchen und standen dem Vorhaben von Watson und Crick, ein Modell zu bauen, mit Misstrauen gegenüber. Die Röntgenstrahlbeugung ist eine hilfreiche Technik, wenn es um den Nachweis regelmäßig auftretender Strukturelemente in einer kristallinen Substanz geht, denn jedes Strukturmerkmal, das sich in einem bestimmten Intervall in dem Kristall wiederholt, trägt zu dem charakteristischen Brechungsmuster bei, das man durch diese Technik sichtbar macht. Aus der sorgfältigen Untersuchung des Beugungsmusters der DNA ging eindeutig hervor, dass es sich um ein langes und dünnes Molekül handelte, das ein strukturelles Element barg, das sich alle 0,34 nm wiederholte sowie ein zweites Element, das alle 3,4 nm wiederholt wurde. Noch faszinierender war die Entdeckung, dass das Molekül irgendwie die Form einer Helix hatte.

Dies beflügelte die Vorstellungskraft von Watson und Crick, denn kurz zuvor hatten sie von der Entdeckung der α-helikalen Struktur der Proteine durch Pauling und Corey erfahren. Aufgrund ihrer Arbeit mit Modellen der Basen, die sie aus Pappe gefertigt hatten, gelangten Watson und Crick zu der weitreichenden Erkenntnis, dass auch die DNA eine Helix war, aber mit einem alles entscheidenden Unterschied: die DNA war eine Doppelhelix mit Paarungen von Purinen und Pyrimidinen, die über Wasserstoffbrückenbindungen verknüpft waren. Die tatsächliche Entdeckung gibt Watson am besten mit seinen eigenen Worten wieder:

„Als ich am nächsten Morgen in unserem immer noch leerstehenden Büro ankam, räumte ich schnell die Papiere von meinem Schreibtisch, um eine große, saubere Oberfläche zu haben, auf der ich Basenpaare anordnete, die durch Wasserstoffbindungen verbunden waren. Obwohl ich zuerst zu meiner vorurteilsbehafteten Paarung von Gleiches mit Gleichem zurückkehrte, so erkannte ich doch nur allzu gut, dass dies zu nichts führte. Als Jerry (Donohue, ein amerikanischer Kristallograph, der im gleichen Labor arbeitete) hereinkam, sah ich auf, merkte, dass es nicht Francis war und begann, die verschiedenen Paarungen hin und her zu schieben. Plötzlich wurde mir klar, dass ein Adenin-Thymin-Paar, das durch zwei Wasserstoffbrückenbindungen verknüpft war, die gleiche Form hatte wie ein Guanin-Cytosin-Paar, das durch mindestens zwei Wasserstoffbrückenbindungen verknüpft war. All die Wasserstoffbrückenbindungen schienen sich von selbst zu bilden; kein herumfrisieren war nötig, um die beiden Typen identischer Basenpaare zu bilden. Schnell rief ich Jerry herbei, um ihn zu fragen, ob er dieses Mal irgendwelche Einwände gegen meine neuen Basenpaare vorzubringen hätte.

Als er verneinte, schoss meine Stimmung wie eine Rakete in die Höhe, denn ich ahnte, dass wir jetzt die Antwort auf das Rätsel gefunden hatten, warum die Anzahl der Purinreste genau der Anzahl der Pyrimidinreste entsprach. Zwei unregelmäßige Sequenzen von Basen konnten regelmäßig im Zentrum einer Helix gepackt vorliegen, wenn ein Purin immer mit einem Pyrimidin über eine Wasserstoffbrückenbindung verknüpft war. Des Weiteren bedeutete die stets vorliegende Wasserstoffbrückenbindung, dass Adenin immer mit Thymin ein Paar bildete, während Guanin nur mit Cytosin paaren konnte.

Chargaffs Regeln ergaben sich als Folge der doppelhelikalen DNA-Struktur. Noch aufregender aber war, dass dieser Typ der Doppelhelix ein Replikationsschema nahelegte, das wesentlich zufriedenstellender war als meine kurzzeitige Annahme der Paarung Gleicher mit Gleichen. Die grundsätzliche Paarung von Adenin mit Thymin und Guanin mit Cytosin bedeutete, dass die Basensequenzen der verschlungenen Ketten zueinander komplementär waren. Durch die Basensequenz einer Kette war die Basensequenz der anderen Kette automatisch vorherbestimmt. Vom Verstand her war es somit sehr leicht, sich vorzustellen, wie eine einzelne Kette die Matrize für die Synthese einer Kette mit komplementärer Sequenz sein konnte.

Francis war nicht einmal halb durch die Tür als ich ihm auch schon gesagt hatte, dass die Antwort zu allen Fragen in unseren Händen lag. Obwohl er erst einmal aus Prinzip einige Minuten skeptisch blieb, erzielten die ähnlich geformten AT- und GC-Paare den zu erwarteten Eindruck.

Schnell setzte er die Basen in verschiedenen Konstellationen zusammen, aber es gab keine andere Möglichkeit, Chargaffs Regeln zu beweisen. Einige Minuten später entdeckte er, dass die beiden glykosidischen Bindungen (die Base und Zucker verbinden) eines jeden Basenpaares systematisch durch eine Achse verbunden waren, die senkrecht zur Helixachse verlief. Somit konnten beide Paare umgedreht werden und ihre glykosidischen Bindungen zeigten immer noch in die gleiche Richtung. Diese Tatsache hatte die bedeutende Folge, dass eine bestimmte Kette sowohl Purine als auch Pyrimidine enthalten konnte. Zugleich musste man vermuten, dass die Rückgrate der beiden Ketten in entgegengesetzte Richtungen verliefen.

Es stellte sich dann die Frage, ob die AT- und GC-Basenpaare gut in die Rückgratkonfiguration passen würden, die wir im Laufe der vergangenen zwei Wochen entwickelt hatten. Auf den ersten Blick schienen unsere Chancen nicht schlecht zu stehen, denn ich hatte in der Mitte einen großen Raum für die Basen freigelassen. Allerdings wussten wir beide, dass wir nicht eher nach Hause gehen würden, bis wir ein vollständiges Modell gebaut hätten, in dem alle stereochemischen Kontakte zufriedenstellend dargestellt waren. Außerdem war uns klar, dass dies viel zu wichtig war, um blinden Alarm zu schlagen. Daher fühlte ich mich ein bisschen unwohl als Francis in den Eagle eilte, um jedem in Hörweite zu erzählen, dass wir das Geheimnis des Lebens entdeckt hätten."*

Der Rest ist Geschichte. Kurze Zeit später erschien in der angesehenen Zeitschrift Nature ein unspektakulärer zweiseitiger Artikel mit dem schlichten Titel „Molecular Structur of Nucleic Acids: A Structure for Deoxyribose Nucleic Acid" von James Watson und Francis Crick. Obwohl der Artikel recht kurz war, hatte er weitreichende Folgen. Das Doppelstrangmodell, das Watson und Crick 1953 entwickelt hatten, hat sich in allen Einzelheiten als richtig erwiesen und entfesselte eine Revolution auf dem Gebiet der Biologie.

*Ausschnitt aus *The Double Helix*, S. 194 – 197. Copyright © 1968 James D. Watson. Abgedruckt mit Genehmigung des Autors und Atheneum Publishers, Inc.

3.3 Polysaccharide

Die nächsten Makromoleküle, mit denen wir uns beschäftigen, sind die Polysaccharide. Polysaccharide sind lange Ketten von Polymeren aus Zuckern und Zuckerderivaten. Polysaccharide bestehen im Allgemeinen aus einer einzigen, sich wiederholenden Einheit oder manchmal aus dem alternierenden Muster von zwei Wiederholungseinheiten, und diese Moleküle tragen keine Information.

In *Kapitel 7* werden wir sehen, dass kürzere Polymere, die sogenannten Oligosaccharide, wichtige Aufgaben bei der Zellerkennung extrazellulärer Signalmoleküle und bei der Erkennung anderer Zellen übernehmen, wenn sie an Proteine auf der Zelloberfläche angeheftet sind. Wie bereits angemerkt, gehören zu den Polysacchariden die Speicherpolysaccharide Stärke und Glykogen sowie das Strukturpolysaccharid Cellulose. Jedes dieser Polymere besteht aus dem Zucker Glucose, der aus sechs Kohlenstoffatomen besteht, der einzigen Wiederholungseinheit, aber sie unterscheiden sich im Hinblick auf die Bindung zwischen den Glucoseeinheiten sowie durch das Vorhandensein und die Größe der Verzweigungen auf den Ketten.

3.3.1 Monosaccharide sind die Monomere

Die Wiederholungseinheiten der Polysaccharide sind einfache Zucker, sogenannte Monosaccharide (vom Griechischen *mono*, was „einzeln" bedeutet, und *sakkharon*, „Zucker"). Ein Zucker kann als Aldehyd oder Keton definiert werden, die zwei oder mehr Hydroxylgruppen besitzen. Somit gibt es zwei Kategorien von Zuckern: die *Aldozucker* mit einer terminalen Carbonylgruppe (▶*Abbildung 3.20a*) und die *Ketozucker*, mit einer internen Carbonylgruppe (▶*Abbildung 3.20b*). Innerhalb dieser Kategorien werden die Zucker gattungsmäßig benannt, entsprechend der Anzahl von Kohlenstoffatomen, die sie enthalten. Die meisten Zucker haben zwischen drei und sieben Kohlenstoffatomen und werden daher als Triosen (drei Kohlenstoffatome), Tetrosen (vier Kohlenstoffatome), Pentosen (fünf Kohlenstoffatome), Hexosen (sechs Kohlenstoffatome) oder Heptosen (sieben Kohlenstoffatome) klassifiziert. Wir sind bereits zwei Pentosen begegnet – der Ribose der RNA und der Desoxyribose der DNA.

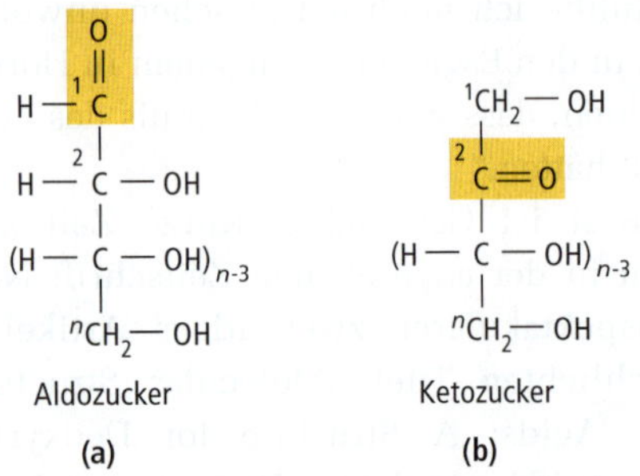

Abbildung 3.20: Strukturen von Monosacchariden. (a) Aldozucker haben eine Carbonylgruppe am Kohlenstoffatom 1. (b) Ketozucker haben eine Carbonylgruppe am Kohlenstoffatom 2. Die Anzahl der Kohlenstoffatome in einem Monosaccharid (*n*) liegt zwischen drei und sieben.

Das am häufigsten in der biologischen Welt vorkommende Monosaccharid ist die Aldohexose D-Glucose mit der Formel $C_6H_{12}O_6$ und der in ▸*Abbildung 3.21* dargestellten Struktur. Die Formel $C_6H_{12}O_6$ ist für Zucker charakteristisch und aus ihr entwickelte sich der allgemeine Begriff Kohlenhydrat, denn ursprünglich hielt man Verbindungen dieser Art für „Hydrate von Kohlenstoff" – $C_n(H_2O)_n$. Obgleich Kohlenhydrate nicht einfach hydrierte Kohlenstoffe sind, werden wir in *Kapitel 11* sehen, dass für jedes CO_2-Molekül, das in einen Zucker eingebaut wird, ein Wassermolekül verbraucht wird (siehe *Reaktion 11-2*).

In Übereinstimmung mit der allgemeinen Regel zur Nummerierung von Kohlenstoffatomen in organischen Molekülen, beginnt die Nummerierung der Kohlenstoffatome von Glucose bei dem oxidierten Ende des Moleküls, der Carbonylgruppe. Da Glucose vier asymmetrische Kohlenstoffatome besitzt (die Kohlenstoffatome 2, 3, 4 und 5), gibt es $2^4 = 16$ mögliche und verschiedene Stereoisomere des Aldozuckers $C_6H_{12}O_6$. In diesem Zusammenhang beschränken wir uns auf die D-Glucose, das stabilste der 16 Isomere.

In der *Abbildung 3.21* ist die D-Glucose in der sogenannten **Fischerprojektion** abgebildet, bei der man davon ausgeht, dass die H-Atome und OH-Gruppen leicht aus der Ebene des Papiers herausragen. Diese Struktur stellt Glucose als lineares Molekül dar und erweist sich häufig als sehr nützlich für den Unterricht. In Wirklichkeit existiert Glucose in der Zelle in einem dynamischen Gleichgewicht zwischen der linearen (oder geradkettigen) Konfiguration (▸*Abbildung 3.21a*) und der Ringform in ▸*Abbildung 3.21b*. Die Ringform ist die vorherrschende Form, denn sie ist energetisch stabiler und wird daher bevorzugt. Die Ringform ergibt sich durch Anfügen der Hydroxylgruppe an das Kohlenstoffatom 5 über die Carbonylgruppe des Kohlenstoffatoms 1. Obwohl die für die Ringbildung erforderliche Bindung zwischen den Kohlenstoffatomen 1 und 5 bei der Fischerprojektion eher unwahrscheinlich erscheint, wird sie jedoch von der Tetraeder-Natur eines jeden Kohlenstoffatoms in der Kette bevorzugt.

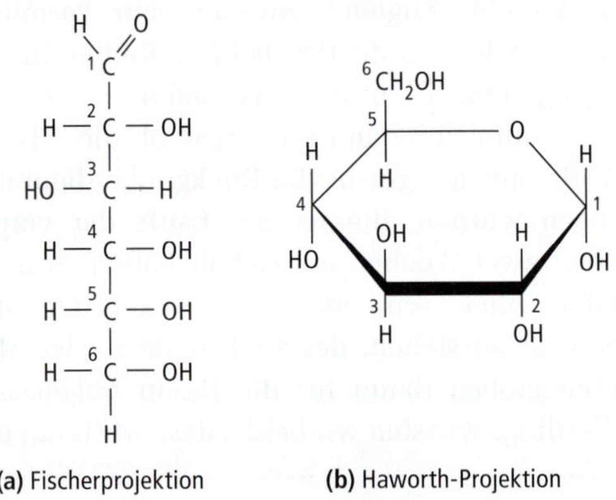

Abbildung 3.21: Die Struktur der D-Glucose. Das D-Glucose-Molekül wird mittels Fischerprojektion der (a) geradkettigen Form oder (b) Ringform des Moleküls dargestellt (Haworth-Projektion der Ringform). In den Fischerprojektionen geht man davon aus, dass die H-Atome und OH-Gruppen leicht aus der Ebene des Papiers herausragen. Bei den Haworth-Projektionen nimmt man an, dass die Kohlenstoffatome 2 und 3 aus der Papierebene herausragen und die Kohlenstoffatome 5 und 6 hinter der Ebene des Papiers liegen. Die H-Atome und die OH-Gruppen ragen nach oben oder nach unten, wie dargestellt. Beachten Sie, dass die Kohlenstoffatome ausgehend von dem stärker oxidierten Ende des Moleküls nummeriert werden.

Eine bessere Darstellung der Glucose bietet die *Abbildung 3.21b*. Der Vorteil der **Haworth-Projektion** liegt darin, dass sie eine räumliche Beziehung verschiedener Teile des Moleküls nahelegt und daher die spontane Bildung einer Bindung zwischen den Kohlenstoffatomen 1 und 5 wahrscheinlicher ist. Jede der zwei Darstellungen von Glucose in der *Abbildung 3.21* hat ihre Gültigkeit, aber die Haworth-Projektion wird im Allgemeinen favorisiert, denn sie zeigt sowohl die Ringform als auch die räumliche Beziehung zwischen den Kohlenstoffatomen.

Beachten Sie, dass die Bildung der Ringstruktur zur Erzeugung einer oder zwei alternativer Formen des Moleküls führt, je nach räumlicher Ausrichtung der Hydroxylgruppe am Kohlenstoffatom 1. Diese alternativen Formen der Glucose werden mit α und β bezeichnet. Wie in der ▸*Abbildung 3.22* dargestellt, liegt bei der α-D-Glucose die Hydroxylgruppe am Kohlenstoffatom 1 und zeigt in der Haworth-Projektion nach unten und bei der β-D-Glucose liegt die Hydroxylgruppe am Kohlenstoffatom 1 und zeigt nach oben. Bei Stärke und Glykogen liegt die α-D-Glucose als Wiederholungseinheit vor, während Cellulose aus Strängen von β-D-Glucose besteht.

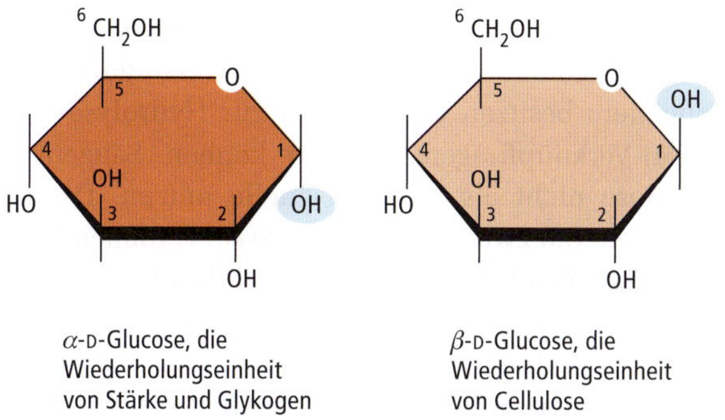

Abbildung 3.22: Die Ringformen der D-Glucose. Die Hydroxylgruppe am Kohlenstoffatom 1 (blaues Oval) zeigt nach unten in der α-Form und nach oben in der β-Form.

Abgesehen von dem freien Monosaccharid und den langkettigen Polysacchariden kommt Glucose auch in den **Disacchariden** vor, die aus zwei kovalent verknüpften Monosaccharid-Einheiten bestehen. In der ▸*Abbildung 3.23* sind drei häufig vorkommende Disaccharide dargestellt. Maltose (Malzzucker) besteht aus zwei miteinander verknüpften Glucoseeinheiten, während Lactose (Milchzucker) eine Glucose enthält, die mit Galactose verbunden ist und Saccharose (haushaltsüblicher weißer Zucker) besitzt eine Glucose, die mit einer Fructose verbunden ist. In *Kapitel 9*, in dem wir uns mit Chemie und Metabolismus mehrerer Zucker beschäftigen, werden wir genauer auf Galactose und Fructose eingehen.

Jedes dieser Disaccharide entsteht durch eine Kondensationsreaktion, bei der zwei Monosaccharide durch Entfernen eines Wassermoleküls verknüpft werden. Die daraus hervorgehende **glykosidische Bindung** ist typisch für Verknüpfungen zwischen Zuckern. Im Fall von Maltose liegen beide Glucosemoleküle in der α-Form vor und die glykosidische Bindung entsteht zwischen dem Kohlenstoffatom 1 des einen Glucosemoleküls und dem Kohlenstoffatom 4 des anderen Glucosemoleküls. Dies bezeichnet man als *α-glykosidische Bindung*, denn es ist ein Kohlenstoffatom 1 mit seiner Hydroxylgruppe an der α-Konfiguration beteiligt. Lactose wiederum zeichnet sich durch eine *β-glykosidische Bindung* aus, denn die Hydroxylgruppe auf dem Kohlenstoffatom 1 des Galactosemoleküls liegt in der β-Konfiguration vor. Einigen Menschen fehlt das Enzym zur Hydrolyse dieser β-glykosidischen Bindung und daher spricht man von einer Lactoseunverträglichkeit, da sie dieses Disaccharid nicht metabolisieren können. Die Unterscheidung zwischen α und β ist wieder bei unserer Beschäftigung mit den Polysacchariden von großer Bedeutung, denn sowohl die dreidimensionale Konfiguration als auch die biologische Rolle des Polymers hängen entscheidend von der Beschaffenheit der Bindung zwischen den sich wiederholenden Monosaccharid-Einheiten ab.

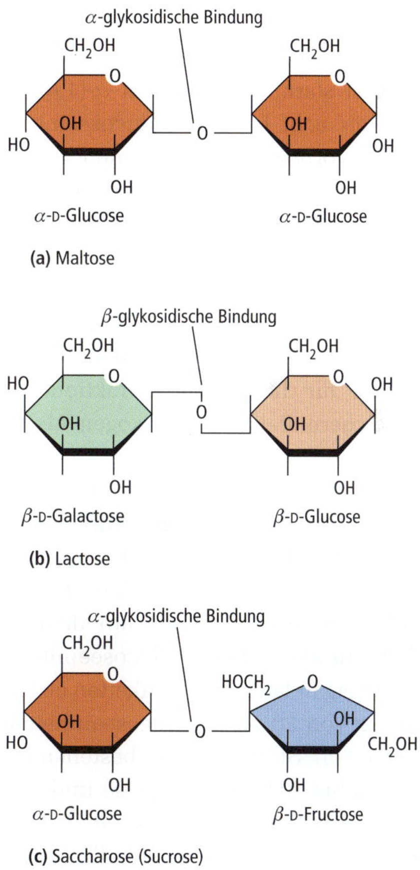

Abbildung 3.23: Einige häufig vorkommende Disaccharide. (a) Maltose (Malzzucker) besteht aus zwei Molekülen α-D-Glucose, die über eine α-glykosidische Bindung verknüpft sind. (b) Lactose (Milchzucker) besteht aus einem Molekül β-D-Galactose, das über eine β-glykosidische Bindung mit einem Molekül β-D-Glucose verknüpft ist. (c) Saccharose (weißer Zucker) besteht aus einem Molekül α-D-Glucose, das über eine α-glykosidische Bindung mit einem Molekül β-D-Fructose verknüpft ist.

3.3.2 Speicher- und Strukturpolysaccharide sind die Polysaccharide

Typischerweise erfüllen Polysaccharide in den Zellen entweder Funktionen zur Speicherung oder zur Struktur. Die bekanntesten Speicherpolysaccharide sind Stärke, die in Pflanzenzellen enthalten ist (▸*Abbildung 3.24a*) und Glykogen, das in tierischen Zellen und Bakterien vorkommt (▸*Abbildung 1.24b*). Beide Polymere bestehen aus α-D-Glucoseeinheiten, die über α-glykosidische Bindungen verknüpft sind. Außer den α-(1,4)-Bindungen, die die Kohlenstoffatome 1 und 4 benachbarter Glucoseeinheiten verknüpfen, können diese Polysaccharide gelegentlich auch auf dem Rückgrat α-(1,6)-Verknüpfungen haben, aus denen Seitenketten hervorgehen (▸*Abbildung 3.24c*). Speicherpolysaccharide können daher als verzweigte oder nicht verzweigte Polymere vorliegen, je nachdem ob α-(1,6)-Verknüpfungen vorliegen oder nicht.

Glykogen ist stark verzweigt mit α-(1,6)-Verknüpfungen, die als acht bis zehn Glucoseeinheiten auf dem Rückgrat vorliegen und aus denen kurze Seitenketten mit ungefähr acht bis zwölf Glucoseeinheiten entspringen (*Abbildung 3.24b*). In unseren Körpern wird Glykogen vorrangig in der Leber und im Muskelgewebe gespeichert. In der Leber dient die Glucosequelle zur Aufrechterhaltung des Blutzuckerspiegels. Im Muskel dient Glucose als Energiequelle zur Erzeugung von ATP für die Muskelkontraktion. Im Allgemeinen speichern Bakterien Glykogen als Glucosereserve.

Stärke, die Glucosereserve der Pflanzenzellen, kommt sowohl als unverzweigte **Amylose** als auch verzweigt als **Amylopektin** vor. Ebenso wie Glykogen hat Amylopektin α-(1,6)-Verknüpfungen, aber diese sind in geringerer Anzahl auf dem Rückgrat angesiedelt (nur alle 12 bis 25 Glucoseeinheiten) und von ihnen zweigen längere Seitenketten ab (üblicherweise Längen von 20 bis 25 Glucoseeinheiten; siehe *Abbildung 3.24a*). Stärkespeicher bestehen im Allgemeinen zu 10 bis 30 % aus Amylose und 70 – 90 % aus Amylopektin. Stärke wird in pflanzlichen Zellen in Form von *Stärkekörnern* innerhalb der Plastiden gespeichert – entweder innerhalb der *Chloroplasten*, den Orten der Kohlenstofffixierung und der Zuckersynthese im photosynthetischen Gewebe oder in den *Amyloplasten* – Plastiden, die auf die Speicherung von Stärke spezialisiert sind. Beispielsweise ist die Kartoffelknolle mit Amyloplasten, die sehr viel Stärke enthalten, gefüllt.

Das bekannteste Beispiel eines Strukturpolysaccharids ist die Cellulose der pflanzlichen Zellwände (▸*Abbildung 3.25*). Cellulose ist quantitativ ein wichtiges Polymer; in vielen Pflanzen liegt mehr als die Hälfte des Kohlenstoffs in Form von Cellulose vor. Ebenso wie Stärke und Glykogen ist Cellulose ein Polymer von Glucose, aber das sich wiederholende Monomer ist β-D-Glucose und daher liegt eine β-(1,4)-Verknüpfung vor. Diese Verknüpfung hat Folgen für die Struktur, auf die wir bald eingehen werden, aber sie wirkt sich auch auf die Nährstoffversorgung aus. Säugetiere besitzen kein Enzym zur Hydrolyse von β-(1,4)-Verknüpfungen; deshalb können Säugetiere Cellulose nicht als Nahrungsquelle nutzen. Daraus folgt, dass Sie zwar Kartoffeln (Stärke) verdauen können, nicht aber Gras und Wolle (Cellulose).

Tiere wie Kühe und Schafe scheinen eine Ausnahme zu bilden, denn sie fressen Gras und ähnliche Pflanzen. Allerdings sind auch sie nicht in der Lage, β-glykosidische Bindungen zu spalten; sie sind von Mikroorganismen in ihrem Verdauungssystem abhängig (Bakterien und Protozoen), die diese Aufgabe für sie übernehmen. Die Mikroorganismen bauen die Cellulose ab und das Wirtstier erhält die Endprodukte des mikrobiellen Verdauungsvorgangs, die dann in einer für das Tier verwertbaren Form (Glucose) vorliegen. Sogar Termiten können nicht wirklich Holz verdauen. Sie zerkauen einfach das Holz zu kleinen Stückchen, es wird anschließend von Mikroorganismen in ihrem Verdauungstrakt zu Glucosemonomeren hydrolysiert.

Obwohl β-(1,4)-verknüpfte Cellulose das am häufigsten vorkommende Polysaccharid ist, sind noch weitere bekannt. Die Cellulosen der Zellwände der Pilze, zum Beispiel, enthalten je nach Spezies entweder β-(1,4)- oder β-(1,3)-Verknüpfungen. Die Zellwand der meisten Bakterien ist ein wenig komplexer und enthält zwei Zucker, *N-Acetylglucosamin* (*GlcNAc*) und *N-Acetylmuraminsäure* (*MurNAc*). Wie in der ▸*Abbildung 3.26a* dargestellt, handelt es sich bei GlcNAc und MurNAc um Derivate von *D-Glucosamin*, einem Glucosemolekül, bei dem die Hydroxylgruppe am Kohlenstoffatom 2 durch eine Aminogruppe ersetzt wurde. GlcNAc wird durch Acetylierung der Aminogruppe gebildet und MurNAc erfordert das Anfügen einer Lactylgruppe mit drei Kohlenstoffatomen an das Kohlenstoffatom 3. Das Zellwandpolysaccharid wird dann durch Verknüpfung von GlcNAc und MurNAc in einer streng alternierenden Abfolge von β-(1,4)-Bindungen gebildet (▶*Abbildung 3.26b*). In ▶*Abbildung 3.26c* ist die Struktur eines weiteren Polysaccharids dargestellt, dem Chitin, das in den Exoskeletten der Insekten, den Schalen der Krustentiere und den Zellwänden der Pilze enthalten ist. Chitin besteht ausschließlich aus GlcNAc-Einheiten, die über β-(1,4)-Bindungen verknüpft sind.

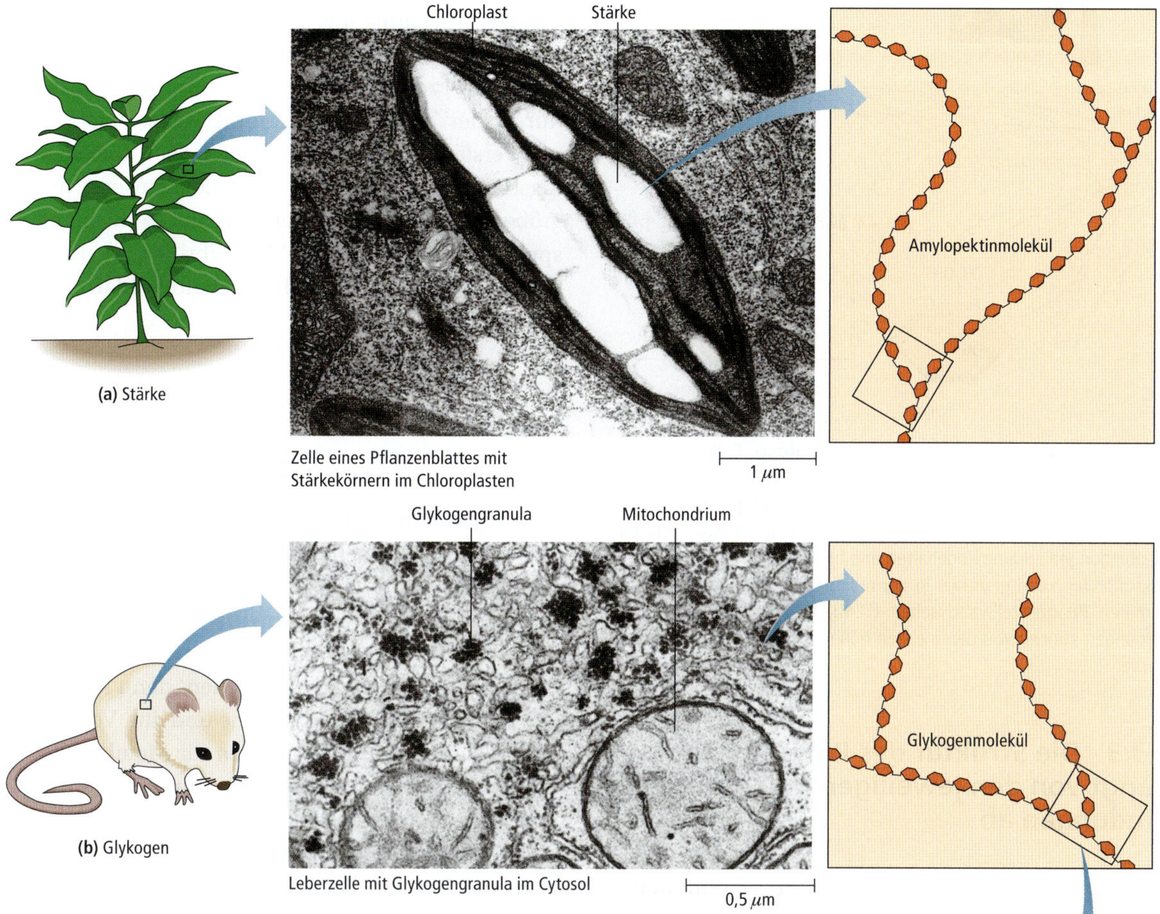

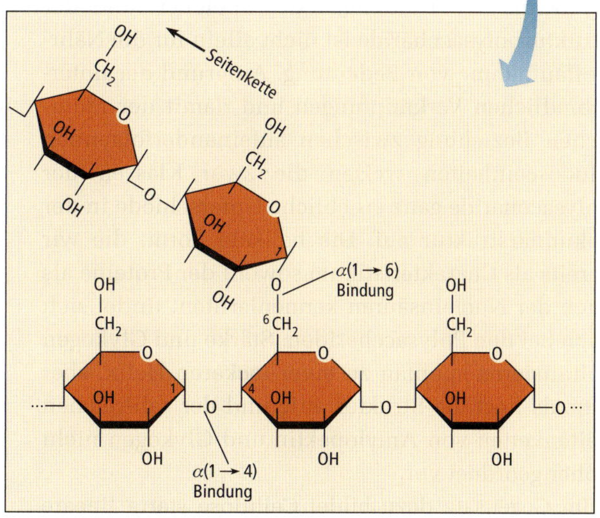

(c) Struktur von Glykogen oder Amylopectin

Abbildung 3.24: Die Struktur von Stärke und Glykogen. (a) Die Stärke der pflanzlichen Zellen und (b) das Glykogen der tierischen und bakteriellen Zellen sind beides Speicherpolysaccharide, die aus linearen Ketten von α-D-Glucoseeinheiten mit oder ohne gelegentlichen Verzweigungen bestehen (TEM). Stärke kommt in zwei Formen vor: verzweigtes Amylopektin, wie in Teil a dargestellt, und nicht verzweigte Amylose (nicht dargestellt). Glykogen kommt ausschließlich verzweigt vor, siehe Teil b. (c) Der geradkettige Teil aller drei Moleküle besteht aus α-D-Glucoseeinheiten, die durch α-(1,4)-glykosidische Bindungen verknüpft sind. Im Fall von Amylopektin und Glykogen entspringen die Zweigketten an den α-(1,6)-glykosidischen Bindungen.

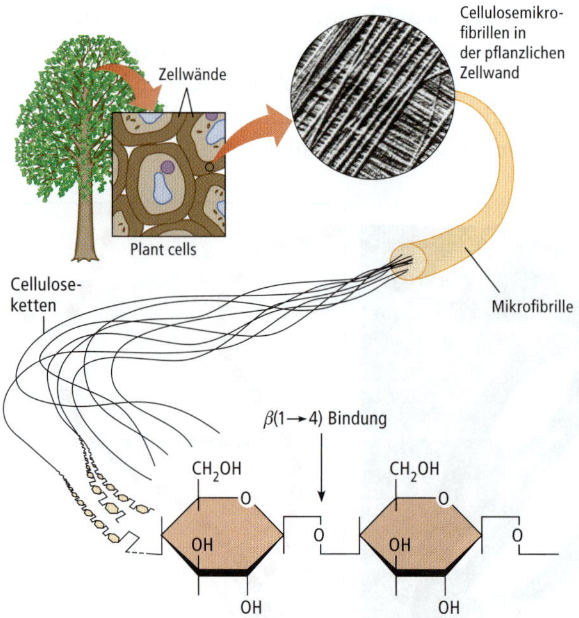

Abbildung 3.25: Die Struktur von Cellulose. Cellulose besteht aus langen, nicht verzweigten Ketten aus β-D-Glucoseeinheiten, die durch β-(1,4)-glykosidischen Bindungen zusammengehalten werden. Viele dieser Ketten assoziieren seitlich, werden durch Wasserstoffbrückenbindungen zusammengehalten und bilden Mikrofibrillen. Einzelne Mikrofibrillen kann man hier in der mikroskopischen Aufnahme einer primären Pflanzenzellwand sehen (TEM). Die β-(1,4)-glykosidischen Bindungen können von den meisten höheren Tieren nicht hydrolysiert werden.

3.3.3 Die Struktur des Polysaccharids hängt von den jeweiligen glykosidischen Bindungen ab

Die Unterscheidung zwischen den α- und den β-glykosidischen Bindungen der Speicher- und der Strukturpolysaccharide ist nicht allein für die Nährstoffaufnahme von Bedeutung. Aufgrund der unterschiedlichen Verknüpfungen und damit der räumlichen Beziehung zwischen aufeinanderfolgenden Glucoseeinheiten weisen die zwei Klassen der Polysaccharide ganz erhebliche Unterschiede in der Sekundärstruktur auf. Die helikale Form, die wir bereits als Charakteristikum sowohl der Proteine als auch der Nucleinsäuren kennenlernten, findet sich auch bei den Polysacchariden. Stärke und Glykogen spiralisieren spontan zu einer lockeren Helix, aber oftmals liegt die Struktur aufgrund der zahlreichen Seitenketten von Amylopektin und Glykogen nicht höher geordnet vor.

Im Gegensatz dazu bildet Cellulose starre lineare Stäbchen. Diese aggregieren wiederum seitlich zu *Mikrofibrillen* (*Abbildung 3.25*). Mikrofibrillen haben einen Durchmesser von ungefähr 25 nm und setzen sich aus ungefähr 2.000 Celluloseketten zusammen. Die Wände der Pflanzen- und Pilzzellen bestehen aus festen Cellulose-Mikrofibrillen, die in die *nicht-cellulosehaltige Matrix* eingebettet sind und eine recht variable Mischung aus mehreren anderen Polymeren enthält (überwiegend *Hemicellulose* und *Pektin*) sowie ein Protein mit der Bezeichnung Extensin, das nur in der Zellwand vorkommt. Zellwände hat man mit verstärktem Beton verglichen, bei dem man vor der Härtung des Zements Stahlstäbe einsetzt, um ihm größere Stärke zu verleihen. Bei den Zellwänden entsprechen die Cellulose-Mikrofibrillen den „Stahlstäben" und die nicht-cellulosehaltige Matrix ist der „Beton".

3.4 Lipide

Streng genommen unterscheiden sich die Lipide von den bisher in diesem Kapitel besprochenen Makromolekülen, weil sie nicht durch lineare Polymerisation entstehen wie Proteine, Nucleinsäuren und Polysaccharide. Allerdings werden sie im Allgemeinen als Makromoleküle angesehen, denn sie besitzen ein höheres Molekulargewicht und ihr Vorkommen ist für Zellstrukturen, vor allem für Membranen, von zentraler Bedeutung. Außerdem sind an den letzten Schritten der Synthese von Triglyceriden, Phospholipiden und anderen großen Lipidmolekülen Kondensationsreaktionen beteiligt, die denen der Polymersynthese ähneln.

Lipide bilden eine eher heterogene Kategorie von Zellbausteinen, die einander stärker im Hinblick auf die Löslichkeitseigenschaften als in ihren chemischen Strukturen ähneln. *Das Unterscheidungsmerkmal der Lipide ist ihre hydrophobe Natur.* Obwohl sie nur eine geringe, wenn überhaupt, Affinität für Wasser besitzen, sind sie leichter als nicht-polare lösliche Stoffe löslich, beispielsweise Chloroform oder Ether. Daher können wir erwarten, dass sie reich an nicht-polaren Kohlenwasserstoffregionen sind und relativ wenige polare Gruppen besitzen. Einige Lipide sind allerdings *amphipathisch*, denn sie besitzen eine polare und eine nicht-polare Region. Aus der Betrachtung der *Abbildungen 2.11* und *2.12* wissen wir, dass dieses Merkmal von großer Bedeutung für die Membranstruktur ist.

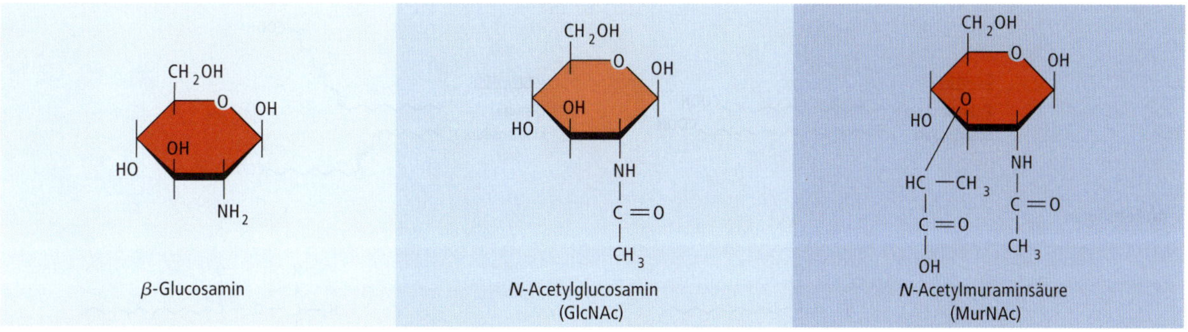

(a) Polysacchariduntereinheiten

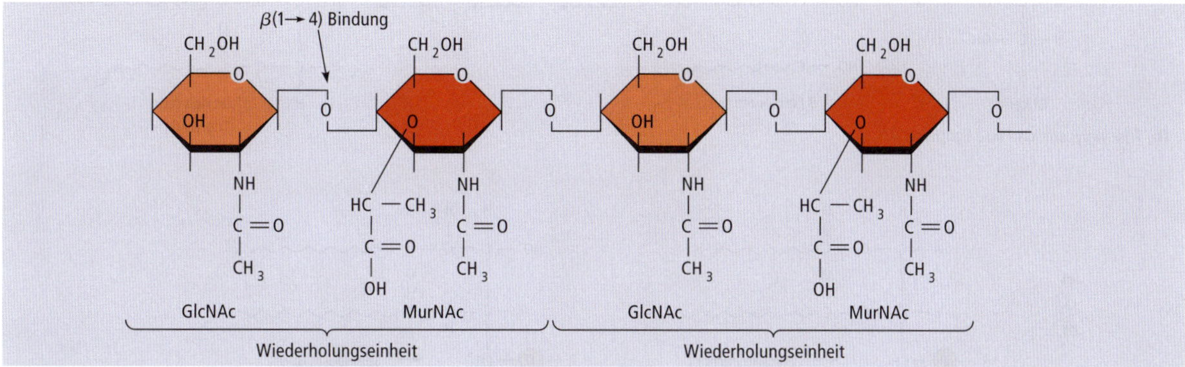

(b) ein Polysaccharid der bakteriellen Zellwand

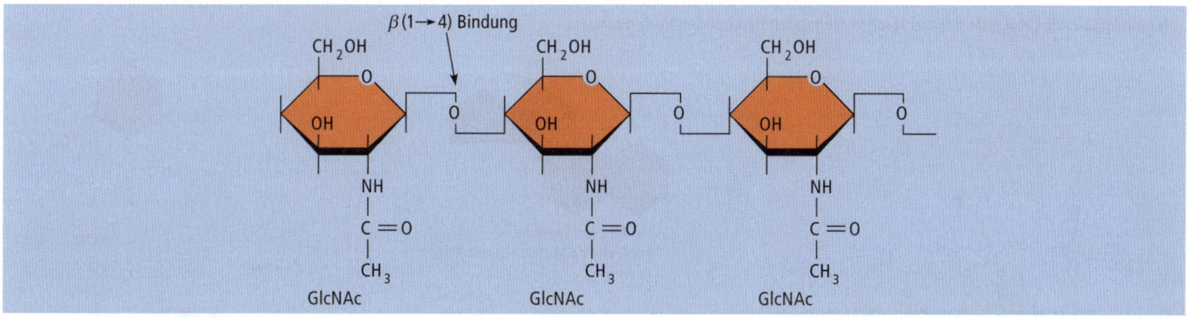

(c) das Polysaccharid Chitin

Abbildung 3.26: Die Polysaccharide der bakteriellen Zellwände und der Insektenexoskelette. (a) Die chemischen Strukturen der Monosaccharideuntereinheiten Glucosamin, *N*-Acetylglucosamin (GlcNAc) und *N*-Acetylmuraminsäure (MurNAc). (b) Eine bakterielles Zellwandpolysaccharid, das aus alternierenden GlcNAc- und MurNAc-Einheiten besteht, die durch β-(1,4)-Bindungen verknüpft sind. (c) Das Polysaccharid Chitin im Exoskelett der Insekten und den Schalen der Krustentiere mit GlcNAc als einziger Wiederholungseinheit und aufeinanderfolgenden GlcNAc-Einheiten, die durch β-(1,4)-Bindungen verknüpft sind.

Da man die Lipide entsprechend ihrer Löslichkeitseigenschaften und nicht ihrer chemischen Struktur charakterisiert, sollte es uns nicht überraschen, dass zur Gruppe der Lipide auch Moleküle zählen, die sich im Hinblick auf Funktion und Chemie stark unterscheiden. In Bezug auf die Funktion üben die Lipide mindestens drei Hauptrollen aus. Einige dienen als Formen zur *Energiespeicherung*, andere sind an der *Membranstruktur* beteiligt und wieder andere übernehmen *spezifische biologische Funktionen* wie die Übertragung chemischer Signale in die Zelle hinein oder aus der Zelle heraus. Was die chemische Struktur betrifft, bilden die *Fettsäuren*, die *Triacylglycerine*, die *Phospholipide*, die *Glykolipide*, die *Steroide* und die *Terpene* die sechs Hauptklassen der Lipide. In ▸*Abbildung 3.27* sind diese Klassen dargestellt, wobei stets die repräsentativsten Beispiele einer Klasse aufgeführt werden. Wir werden uns kurz mit jeder dieser sechs Klassen von Lipiden beschäftigen und auf ihre Funktionen in dem jeweiligen Vorgang hinweisen.

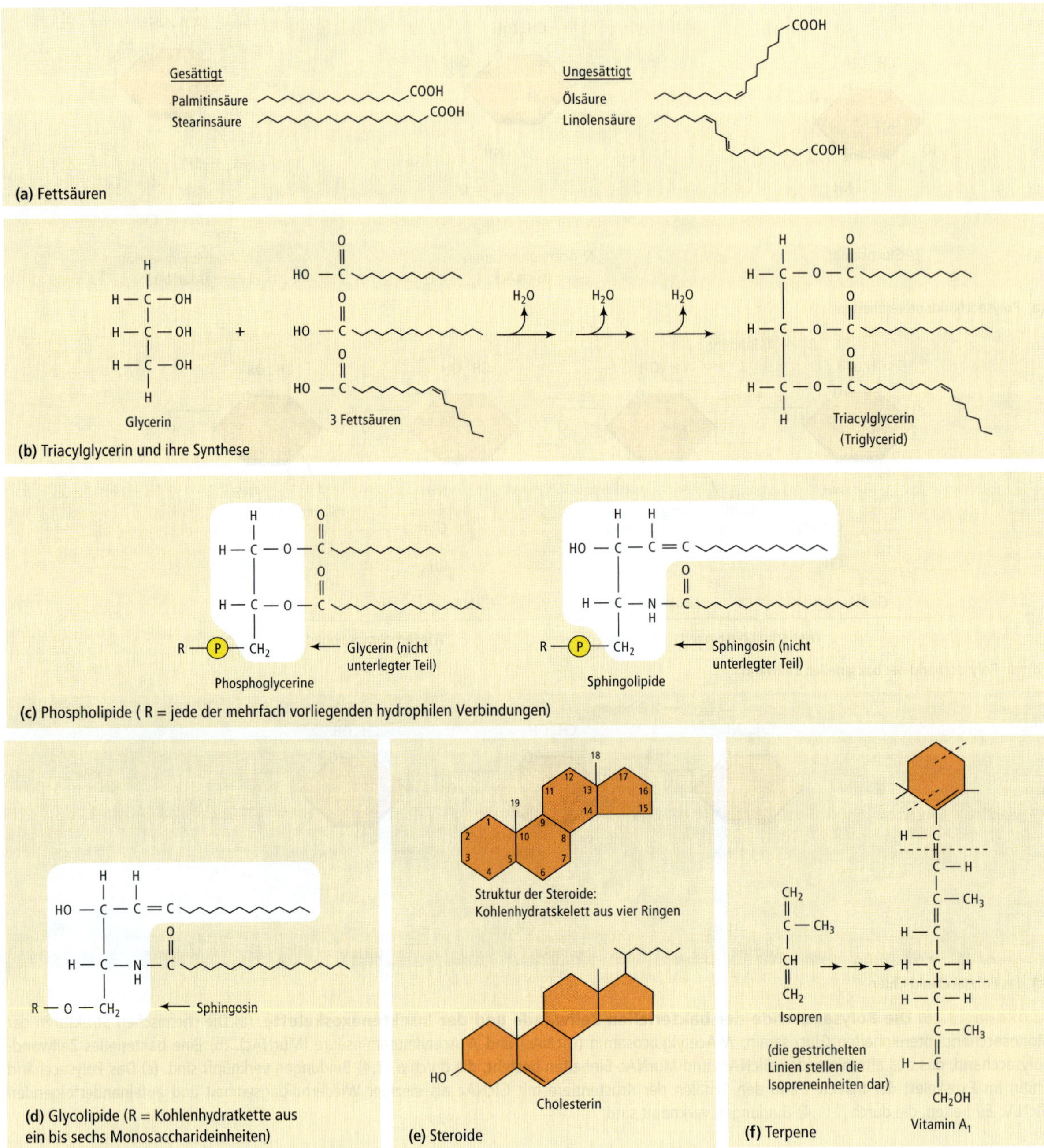

Abbildung 3.27: Die Hauptklassen der Lipide. Die Zickzacklinien in den Abschnitten a – d stehen für die langen Kohlenwasserstoffketten der Fettsäuren. Jeder Scheitelpunkt oder jede „Zickzackspitze" steht für eine Methylen-Gruppe ($-CH_2$).

3.4.1 Fettsäuren sind die Bausteine der verschiedenen Klassen von Lipiden

Wir beginnen unsere Darstellung mit den **Fettsäuren**, denn sie sind Bausteine der anderen Lipidklassen. Eine Fettsäure ist eine lange, nichtverzweigte Kohlenstoffkette mit einer Carboxylgruppe an einem Ende (▸*Abbildung 3.27a*). Daher ist das Fettsäuremolekül amphipathisch; die Carboxylgruppe bewirkt, dass ein Ende (das oftmals als „Kopf" bezeichnet wird) polar ist, während der Kohlenwasserstoff„schwanz" nichtpolar ist. Fettsäuren enthalten eine variable, aber im Allgemeinen gerade Anzahl von Kohlenstoffatomen. Üblicherweise kommen 12 bis 20 Kohlenstoffatome pro Kette vor, wobei Fettsäuren mit 16 bis 18 Kohlenstoffatomen pro Kette sehr häufig vorliegen.

In ▸*Tabelle 3.6* führen wir die Nomenklatur der Fettsäuren auf. Fettsäuren mit gerader Anzahl von Kohlenstoffatomen werden stark bevorzugt, denn die Fettsäuresynthese erfolgt durch schrittweises Anfügen von Einheiten aus zwei Kohlenstoffatomen an die wachsende Fettsäurekette. Da sie stark reduziert sind, denn sie besitzen viele Wasserstoffatome und nur wenige Sauerstoffatome, setzen die Fettsäuren bei der Oxidation eine große Menge von Energie frei und eignen sich somit hervorragend als Energiespeicher – ein Gramm Fett enthält mehr als doppelt so viel verwertbare Energie wie ein Gramm Zucker oder ein anderes Polysaccharid.

Aus *Tabelle 3.6* wird außerdem die Vielfalt der Fettsäurestrukturen ersichtlich, die auf der Gegenwart von Doppelbindungen zwischen Kohlenstoffatomen beruht. Fettsäuren ohne Doppelbindungen bezeichnet man als **gesättigte Fettsäuren**, denn an jedes Kohlenstoffatom in der Kette ist die maximale Anzahl von Wasserstoffatomen gebunden (▸*Abbildung 3.28a*). Die allgemeine Formel für eine gesättigte Fettsäure mit *n* Kohlenstoffatomen lautet $C_nH_{2n}O_2$. Gesättigte Fettsäuren haben lange, gerade und dicht gepackte Ketten. Im Gegensatz dazu enthalten ungesättigte Fettsäuren eine oder mehrere Doppelbindungen, was zu einer Beugung oder einem Knick in der Kette führt, was ein dichtes Packen verhindert (▸*Abbildung 3.28b*; siehe auch *Abbildung 7.14*).

In letzter Zeit hat man sich intensiv mit einem bestimmten Typ von ungesättigten Fettsäuren beschäftigt, die man als *Transfettsäuren* bezeichnet. *Trans*fettsäuren enthalten ungesättigte Fettsäuren mit einer bestimmten Art von Doppelbindung (der trans-konfigurierten Doppelbindung), die eine weniger starke Beugung in der Fettsäurekette bewirkt. Daher ähneln die *Trans*fettsäuren den gesättigten Fettsäuren im Hinblick auf Form und stärkerem Packungsvermögen als dies sonst bei ungesättigten Fettsäuren der Fall ist. Zwar sind *Trans*fettsäuren nur in geringen Mengen in Fleisch- und Milchprodukten enthalten, doch werden sie während der industriellen Produktion von Backfett und Margarine künstlich hergestellt. *Trans*fettsäuren hat man mit erhöhtem Cholesterinspiegel im Blut in Verbindung gebracht, was wiederum ein erhöhtes Risiko für Herzerkrankungen mit sich bringt.

Tabelle 3.6

Nomenklatur der Fettsäuren

Anzahl der Kohlenstoffatome	Anzahl der Doppelbindungen	Gebräuchlicher Name*	Systematische Bezeichnung	Formel
12	0	Laurinsäure	*n*-Dodecansäure	$CH_3(CH_2)_{10}COOH$
14	0	Myristinsäure	*n*-Tetradecansäure	$CH_3(CH_2)_{12}COOH$
16	0	Palmitinsäure	*n*-Hexadecansäure	$CH_3(CH_2)_{14}COOH$
18	0	Stearinsäure	*n*-Octadecansäure	$CH_3(CH_2)_{16}COOH$
20	0	Arachinsäure	*n*-Eicosansäure	$CH_3(CH_2)_{18}COOH$
16	1	Palmitoleinsäure	*cis*-Δ^9-Hexadecensäure	$CH_3(CH_2)_5CH{=}CH(CH_2)_7COOH$
18	1	Oleinsäure	*cis*-Δ^9-Octadecensäure	$CH_3(CH_2)_7CH{=}CH(CH_2)_7COOH$
18	2	Linolsäure	*cis*-Δ^9-*cis*-Δ^{12}-Octadecadiensäure	$CH_3(CH_2)_4(CH{=}CHCH_2)_2(CH_2)_6COOH$
18	3	Linolensäure	*cis*-Δ^9-*cis*-Δ^{12}-*cis*-Δ^{15}-Octadecatriensäure	$CH_3(CH_2)_4(CH{=}CHCH_2)_3(CH_2)_6COOH$
20	4	Arachidonsäure	*cis*-Δ^5-*cis*-Δ^8-*cis*-Δ^{11}-*cis*-Δ^{14}-Eicosatetraensäure	$CH_3(CH_2)_4(CH{=}CHCH_2)_4(CH2)_2COOH$

* *Bei dem fast neutralen pH-Wert in den meisten Zellen kommen die ionisierten Formen der Fettsäuren vor. Für die Bezeichnungen und Strukturen dieser Form muss man meist einfach die Endung -insäure durch die Endung -at ersetzen und das Wasserstoffatom (H) in der Formel durch eine negative Ladung ersetzen.*

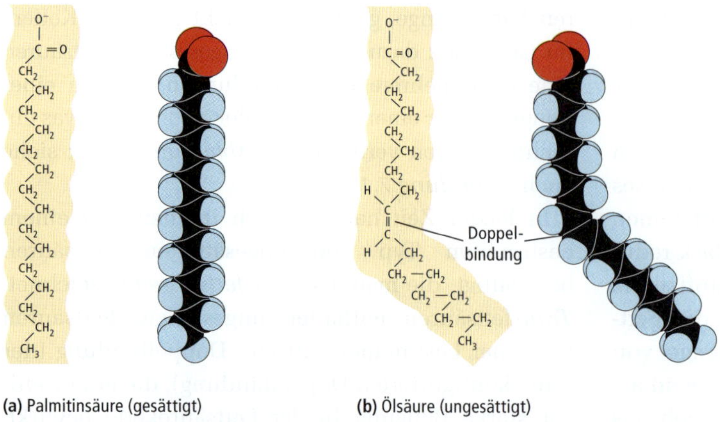

Abbildung 3.28: Strukturen der gesättigten und der ungesättigten Fettsäuren. (a) Die gesättigte Fettsäure Palmitat mit 16 Kohlenstoffatomen. (b) Die ungesättigte Fettsäure Oleat mit 18 Kohlenstoffatomen. Die Kalottenmodelle veranschaulichen gut die Form der Moleküle. Achten Sie auf den Knick im Oleat-Molekül, der von der Doppelbindung herbeigeführt wird.

3.4.2 Die Triacylglycerine sind Speicherlipide

Die **Triacylglycerine**, auch *Triglyceride*, bestehen aus einem Glycerinmolekül, an das drei Fettsäuren geknüpft sind. Wie in ▶*Abbildung 3.27b* dargestellt, handelt es sich bei Glycerin um einen Alkohol mit drei Kohlenstoffatomen, wobei an jedes Kohlenstoffatom eine Hydroxylgruppe gebunden ist. Fettsäuren sind über *Esterbindungen*, die durch Entfernen von Wassermolekülen entstehen, mit dem Glycerin verknüpft. Triacylglycerine werden stufenweise durch Anfügen jeweils einer Fettsäure synthetisiert. *Monoacylglycerine* enthalten eine einzige Fettsäure, *Diacylglycerine* zwei und Triacylglycerine drei. Die drei Fettsäuren eines Triacylglycerin müssen nicht identisch sein. Sie können – und das trifft im Allgemeinen auch zu – sich im Hinblick auf die Länge der Kette, den Sättigungsgrad oder in beiden Aspekten unterscheiden. Jede Fettsäure eines Triacylglycerins wird durch eine Kondensationsreaktion mit einem Kohlenstoffatom des Glycerins verbunden.

Die Hauptfunktion der Triacylglycerine ist die Speicherung von Energie, was von ganz besonderem Interesse sein wird, wenn wir uns in *Kapitel 10* mit dem Energiemetabolismus beschäftigen. Einige Tiere werden zum Schutz vor niedrigen Temperaturen durch Triacylglycerine mit Energie versorgt. Tiere wie beispielsweise Walrösser, Seelöwen und Pinguine leben in sehr kalten Klimazonen und speichern Triacylglycerine unter ihrer Haut und ihr Überleben hängt auch von den Isolierungseigenschaften dieser Fette ab.

Triacylglycerine, die vorrangig gesättigte Fettsäuren enthalten, sind bei Raumtemperatur im Allgemeinen fest oder halbfest und werden als *Fette* bezeichnet. Fette sind in großer Menge in Tierkörpern enthalten, was ganz offensichtlich ist, wenn man sich ein Stück Fleisch anschaut oder an die große Mengen von Speck denkt, die als Nebenprodukt in der Fleischindustrie anfallen. Dies zeigt sich auch in der weit verbreiteten Befürchtung der Menschen, dass sie „zu fett werden könnten“. In den Pflanzen sind die Triacylglycerine bei Raumtemperatur flüssig, worauf die Bezeichnung „Pflanzenöl“ verweist. Da es sich bei den Fettsäuren der Öle in erster Linie um ungesättigte Fettsäuren handelt, besitzen die Kohlenwasserstoffketten Knicke, die ein ordentliches Packen der Moleküle verhindern. Daher liegt die Schmelztemperatur der Pflanzenöle niedriger als die der meisten tierischen Fette. Sonnenblumenöl und Olivenöl sind zwei bekannte Pflanzenöle. Man kann Pflanzenöle durch Hydrogenierung (Sättigung) der Doppelbindungen zu festen Produkten wie Margarine oder Backfett umwandeln. In Aufgabe 3-14 am Ende dieses Kapitel werden wir uns näher mit diesem Verfahren beschäftigen.

3.4.3 Phospholipide sind wichtig für die Membranstruktur

Die **Phospholipide** sind die dritte Klasse der Lipide (▶*Abbildung 3.27c*). In einigen chemischen Eigenschaften ähneln sie den Triacylglyerinen, aber im Hinblick auf ihre Eigenschaften sowie ihre Rolle in der Zelle unterscheiden sie sich eklatant von den Triacylglycerinen. Zu allererst sind Phospholipide aufgrund ihrer amphipathischen Natur von großer Bedeutung für die Struktur biologischer Membranen. Wir haben in *Kapitel 2* gesehen, dass sie von größter Wichtigkeit für die Doppelschichtstruktur aller Membranen sind (siehe *Abbildung 2.12*). Entsprechend ihrer Chemie werden die Phospholipide als *Phosphoglyceride* oder *Sphingolipide* klassifiziert (*Abbildung 3.27c*).

Phosphoglyceride sind die am häufigsten in den Membranen enthaltenen Phospholipide. Ebenso wie die Triacylglycerine besteht ein Phosphoglycerid aus zwei Fettsäuren, die mit einem Glycerinmolekül verestert sind. Der Grundbaustein eines Phosphoglycerids ist allerdings die **Phosphatidsäure**, die lediglich zwei Fettsäuren und eine Phosphatgruppe besitzt, die an ein Glycerinrückgrat gebunden sind (▶*Abbildung 3.29a*). Phosphatidsäure ist ein Schlüsselzwischenprodukt der Synthese anderer Phosphoglyceride, kommt aber selbst nicht in Membranen vor. Stattdessen besitzen alle Phosphoglyceride der Membran immer einen kleinen hydrophilen Alkohol, der über eine Esterbindung an das Phosphat gebunden ist und in der *Abbildung 3.29a* als R-Gruppe dargestellt wird. Bei dem Alkohol handelt es sich im Allgemeinen um Serin, Ethanolamin, Cholin oder Inosit (▶*Abbildung 3.29b*). Dies sind Gruppen, die zur polaren Natur der wichtigsten Gruppe der Phospholipide beitragen.

Die Kombination stark polarer Köpfe und zweier langer nicht-polarer Ketten verleiht den Phosphoglyceriden ihre charakteristische amphipathische Natur, die für die Erfüllung ihrer Aufgaben in der Membranstruktur von entscheidender Bedeutung ist. Wie wir bereits zuvor gesehen haben, können sich die Fettsäuren sowohl im Hinblick auf die Länge als auch, was Gegenwart und Position der Sättigungsstellen betrifft, erheblich voneinander unterscheiden. Sehr häufig findet man Fettsäuren aus 16 bis 18 Kohlenstoffatomen in Membranen und ein typisches Phosphoglyceridmolekül hat mit großer Wahrscheinlichkeit eine gesättigte und eine nicht-gesättigte Fettsäure. Länge und Sättigungsgrad von Fettsäureketten der Phospholipide der Membran üben einen erheblichen Einfluss auf die Fluidität (Fließfähigkeit) der Membran aus und können sogar von den Zellen einiger Organismen reguliert werden.

Abgesehen von den Phosphoglyceriden enthalten einige Membranen eine weitere Klasse von Phospholipiden, die sogenannten **Sphingolipide**. Wie der Name bereits vermuten lässt, beruht die Natur dieser Lipide nicht auf Glycerin, sondern auf dem Aminoalkohol Sphingosin. Aus der *Abbildung 3.27c* ist zu entnehmen, dass Sphingosin aus einer langen Kohlenwasserstoffkette mit einer einzigen nicht gesättigten Stelle in der Nähe des polaren Endes besteht. Mittels seiner Aminogruppe vermag Sphingosin mit einer langkettigen Fettsäure eine Amidbindung einzugehen. Das daraus hervorgehende Molekül trägt die Bezeichnung *Ceramid* und besteht aus einer polaren Region, die von zwei nicht-polaren Schwänzen flankiert wird. Aufgrund ihrer nicht-polaren Natur neigen die beiden Schwänze zur Assoziierung, wodurch das Molekül eine Haarnadelbiegung und eine den Phospholipiden ähnliche Gestalt erhält.

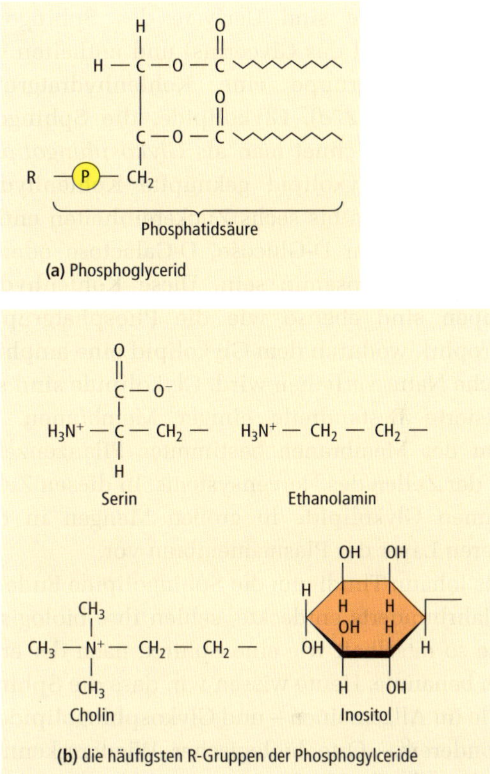

Abbildung 3.29: Strukturen häufig vorkommender Phosphoglyceride. (a) Ein Phosphoglycerid besteht aus einem Molekül Phosphatidsäure (Glycerin, das mit zwei Fettsäuren und einer Phosphatgruppe verestert ist) mit einem kleinen polaren Alkohol, der mit R dargestellt ist und gleichfalls mit einer Phosphatgruppe verestert ist. (b) Die vier am häufigsten in Phosphoglyceriden vorkommenden R-Gruppen sind Serin, Ethanolamin, Cholin und Inosit, wobei die drei zuerst genannten eine positiv geladene Aminogruppe oder Stickstoffgruppen enthalten.

Die Hydroxylgruppe des Kohlenstoffatoms 1 von Sphingosin ragt aus dem Kopf dieses Haarnadelmoleküls heraus. Ein Sphingolipid entsteht durch Verbindung mehrerer polarer Gruppen mit dieser Hydroxylgruppe. Es gibt eine ganze Familie von Sphingolipiden, die sich einzig in der chemischen Beschaffenheit der polaren Gruppen unterscheiden, die an die Hydroxylgruppe des Ceramids angeheftet ist (das heißt, an die R-Gruppe in der *Abbildung 3.27c*). Die Sphingomyeline enthalten zum Beispiel Ethanolamin oder Cholin und weisen daher in

Bezug auf Form und chemischer Beschaffenheit des polaren Kopfes eine große Ähnlichkeit mit den Phosphoglyceriden auf.

3.4.4 Glykolipide sind spezialisierte Membranbestandteile

Die **Glykolipide** sind Derivate des Sphingosins (oder manchmal des Glycerins) und enthalten statt der Phosphatgruppe eine Kohlenhydratgruppe (▶*Abbildung 3.27d*). Glykolipide, die Sphingosin enthalten, bezeichnet man als *Glykosphingolipide*. Die an ein Glykolipid geknüpfte Kohlenhydratgruppe kann ein bis sechs Zuckereinheiten enthalten, das können D-Glucose, D-Galactose oder *N*-Acetyl-D-Galactosamin sein. Diese Kohlenhydratgruppen sind ebenso wie die Phosphatgruppen hydrophil, wodurch dem Glykolipid eine amphipathische Natur verliehen wird. Glykolipide sind spezialisierte Bestandteile einiger Membranen, vor allem der Membranen bestimmter Pflanzenzellen und der Zellen des Nervensystems. In diesen Zellen kommen Glykolipide in großen Mengen in dem äußeren Layer der Plasmamembran vor.

Als Johann Thudicum die Sphingolipide Ende des 19. Jahrhunderts entdeckte, schien ihre biologische Rolle so rätselhaft wie eine Sphinx, nach der er sie auch benannte. Heute wissen wir, dass die Sphingolipide im Allgemeinen – und Glykosphingolipide im Besonderen – Orte biologischer Wiedererkennung auf der Oberfläche der Plasmamembran sind, ein Thema, auf das wir in *Kapitel 14* eingehen werden.

3.4.5 Steroide sind Lipide mit vielfältigen Funktionen

Die Steroide bilden eine weitere unverwechselbare Klasse von Lipiden. Steroide sind Derivate des Kohlenwasserstoffskeletts mit vier Kohlenwasserstoffringen (▶*Abbildung 3.27e*), wodurch sie sich in der Struktur von anderen Lipiden unterscheiden. Tatsächlich besteht die einzige Eigenschaft, durch die sie sich von den anderen Klassen der Lipide unterscheiden, darin, dass sie relativ nicht-polar sind und daher hydrophob. Die ▶*Abbildung 3.30* veranschaulicht, dass sich Steroide durch Anzahl und Positionen der Doppelbindungen und funktionellen Gruppen voneinander unterscheiden.

Steroide kommen fast ausschließlich in eukaryotischen Zellen vor. Das am häufigsten in tierischen Zellen enthaltene Steroid ist Cholesterin, dessen Struktur Sie in der *Abbildung 3.27* vorfinden. Cholesterin ist ein amphipathisches Molekül mit einer polaren Kopfgruppe (der Hydroxylgruppe auf Position 3) und einem nicht-polaren Kohlenwasserstoffkörper und Kohlenwasserstoffschwanz (das Skelett mit vier Kohlenwasserstoffringen und der Kohlenwasserstoffseitenkette an Position 17). Da das Molekül größtenteils hydrophob ist, ist Cholesterin unlöslich und kommt in erster Linie in Membranen vor. Es ist in der Plasmamembran der tierischen Zellen sowie in den meisten Membranen der Organellen vorhanden, jedoch nicht in den inneren Membranen der Mitochondrien und der Chloroplasten. Ähnliche Membransteroide gibt es in anderen Zellen, dazu gehören *Stigmasterol* und *Sitosterol* in Pflanzenzellen, *Ergosterol* in Pilzzellen und verwandte Steroide in *Mycoplasma*-Bakterien.

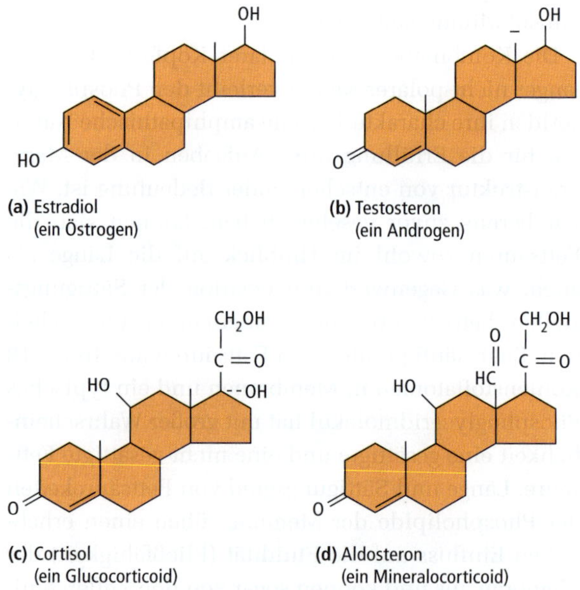

Abbildung 3.30: Strukturen mehrerer häufig vorkommender Steroidhormone. Zu den vielen Steroiden, die aus Cholesterin synthetisiert werden, gehören (a) Estradiol, ein Östrogen; (b) Testosteron, ein Androgen; (c) Cortisol, ein Glucocorticoid und (d) Aldosteron, ein Mineralocorticoid.

Cholesterin ist der Ausgangspunkt für die Synthese aller **Steroidhormone** (*Abbildung 3.30*), zu denen die männlichen und weiblichen *Sexualhormone*, die *Glucocorticoide* und die *Mineralocorticoide* gehören. Zu den Sexualhormonen zählen die in den Eierstöcken gebildete Östrogene (zum Beispiel *Estradiol*) und die

Androgene, die in den Hoden gebildet werden (zum Beispiel *Testosteron*). Die Glucocorticoide (*Cortison* zum Beispiel) bilden eine Familie von Hormonen, die die Gluconeogenese anregen (die Synthese von Glucose) und Entzündungsreaktionen hemmen. Mineralocorticoide wie beispielsweise *Aldosteron* regulieren die Ionenhomöostase (Ionenhaushalt), indem sie die Wiederaufnahme von Natrium-, Chlorid- und Bicarbonat-Ionen in der Niere fördern.

3.4.6 Terpene werden aus Isopren gebildet

Die letzte Klasse der in *Abbildung 3.27* aufgeführten Lipide sind die **Terpene**. Terpene werden von der aus fünf Kohlenstoffatomen bestehenden Verbindung *Isopren* gebildet und werden daher auch als *Isoprenoide* bezeichnet. Isopren und seine Derivate werden in verschiedenen Kombinationen verbunden und bilden Substanzen wie zum Beispiel *Vitamin A* (▶*Abbildung 3.27f*), ein Vitamin, das unser Körper benötigt, und *Carotinoid-Pigmente*, die am Vorgang der Lichtabsorption bei Pflanzen während der Photosynthese mitwirken. Weitere Verbindungen auf Basis von Isopren sind die *Dolichole*, die an der Aktivierung von Zuckerderivaten beteiligt sind, und Elektronenüberträger wie das *Coenzym Q* und *Plastochinon*, denen wir bei unserer genaueren Betrachtung der Atmung und der Photosynthese in den *Kapiteln 10* und *11* begegnen werden. Es bleibt hinzuzufügen, dass die Polymere von Isopreneinheiten, die sogenannten Polyisoprenoide, in den Zellmembranen der Archaea vorkommen, einer der drei Domänen der Organismen, die sich von den Eukaryoten und Bakterien unterscheiden und mit denen wir uns in *Kapitel 4* beschäftigen werden.

▶ ZUSAMMENFASSUNG DER WICHTIGSTEN INHALTE ◀

Die Makromoleküle der Zelle

- Drei Klassen von Makromolekülen nehmen in Zellen eine führende Position ein: Proteine, Nucleinsäuren und Polysaccharide. Lipide sind kurze Makromoleküle, die aufgrund ihrer allgemeinen Bedeutung als Bausteine der Zellen (vor allem der Membranen) auch in dieses Kapitel aufgenommen wurden und weil an ihrer Synthese Kondensationsreaktionen zwischen kleineren Bausteinen mitwirken.

- Proteine und Nucleinsäuren sind Makromoleküle, in denen die bestimmte Anordnung von Monomeren für ihre jeweiligen Aufgaben in der Zelle von entscheidender Bedeutung ist. Polysaccharide enthalten nur eine oder wenige Arten von Monomeren und spielen bei der Speicherung von Energie oder der Strukturgebung eine große Rolle.

Proteine

- Bei all den Tausenden verschiedener Proteine in einer Zelle handelt es sich um lineare Ketten von Aminosäuremonomeren. Jede der 20 verschiedenen Aminosäuren der Proteine besitzt eine andere R-Gruppe, die entweder hydrophob, hydrophil nicht-geladen oder hydrophil geladen sein kann. Diese Aminosäuren können in jeder denkbaren Reihenfolge über Peptidbindungen verknüpft werden und bilden eine Vielzahl von Polypeptiden, aus denen monomere und multimere Proteine bestehen.

- Die Aminosäuresequenz eines Polypeptids (seine Primärstruktur) enthält im Allgemeinen die gesamte Information, die nötig ist, um die lokale Faltung zu α-Helices und β-Faltblättern (die Sekundärstruktur), die dreidimensionale Form (die Tertiärstruktur) und in Bezug auf die multimeren Proteine, die Assoziation mit anderen Polypeptiden (Quartärstruktur) zu spezifizieren.

- Die wichtigsten Kräfte bei der Polypeptidfaltung und Stabilität der Polypeptide sind die Bildung kovalenter Disulfidbindungen sowie mehrere Typen nicht-kovalenter Wechselwirkungen: Wasserstoffbrückenbindungen, ionische Bindungen, Van-der-Waals-Kräfte und hydrophobe Wechselwirkungen.

Nucleinsäuren

- Die Nucleinsäuren DNA und RNA sind informationstragende Makromoleküle, die aus Nucleotidmonomeren bestehen, die über Phosphoesterbindungen in einer spezifischen Reihenfolge verknüpft werden. Jedes Nucleotid besteht aus einem Desoxyribosezucker oder aus einem Ribosezucker, einem Phosphat und einer Purin- oder Pyrimidinbase.

- Die Basensequenz der Nucleotide in einem bestimmten DNA-Segment, das man als Gen bezeichnet, bestimmt die Sequenz der Aminosäuren in dem Protein, die von dem Gen kodiert werden. Die DNA ist der Träger genetischer Information in einer Zelle, während die mRNA, die tRNA und die rRNA vor allem bei der Expression der in der DNA gespeicherten Information tätig werden, indem sie an der Proteinsynthese mitwirken.

- Während die RNA überwiegend als Einzelstrang vorliegt, bildet die DNA eine doppelsträngige Helix, die auf dem Prinzip der komplementären Basenpaarung beruht (A mit T und C mit G), die durch Wasserstoffbrückenbindung stabilisiert wird. Die Entdeckung der doppelhelikalen Struktur der DNA war ein entscheidender Durchbruch in der Biologie des zwanzigsten Jahrhunderts.

Polysaccharide

- Im Gegensatz zu den Nucleinsäuren zeigen Polysaccharide nur geringe Variation in ihrer Sequenz und dienen als Speicher- und Strukturmakromoleküle. Sie bestehen im Allgemeinen entweder aus einem einzigen Typ von Monosaccharid oder aus zwei alternierenden Monosacchariden, die entweder über α- oder β-glykosidischen Bindungen zusammengehalten werden. Der Typ der glykosidischen Bindungen bestimmt die Funktion des Polysaccharids, entweder dient es zur Energiespeicherung oder als Strukturpolysaccharid.

- Die α-Verbindungen sind für Tiere leichtverdaulich und kommen in Speicherpolysacchariden wie Stärke und Glykogen vor, die ausschließlich aus Glucosemonomeren bestehen. Im Gegensatz dazu können Tiere die β-glykosidischen Bindungen der Cellulose und des Chitins nicht abbauen. Die β-glykosidischen Bindungen bedingen auch die starre Form dieser Moleküle, aufgrund der sie sich gut als Strukturmoleküle eignen.

Lipide

- Lipide sind keine echten Polymere, werden aber aufgrund ihres hohen Molekulargewichtes und der häufigen Assoziation mit Makromolekülen, vor allem mit Proteinen, häufig als Makromoleküle angesehen. Lipide unterscheiden sich ganz erheblich im Hinblick auf die chemische Struktur, bilden aber trotzdem eine Gruppe, denn sie sind alle hydrophob und daher fast nicht in Wasser löslich.

- Fettsäuren sind Lipide, die aus langen Kohlenwasserstoffketten von 12 bis 20 Kohlenstoffatomen mit einer Carboxylgruppe an einem Ende bestehen. Sie sind reich an Energie und kommen in Triacylglycerinen vor, aus denen tierische Fette und Pflanzenöle bestehen sowie in den Phospholipiden aller Zellmembranen.

- Phosphogylceride und Sphingolipide sind Phospholipide, aus denen die Lipiddoppelschicht der biologischen Membranen besteht. Es handelt sich um amphipathische Moleküle mit zwei hydrophoben Fettsäureketten und einer polaren, phosphathaltigen Kopfgruppe.

- Glykolipide ähneln den Phospholipiden, doch enthalten sie eine polare Kohlenwasserstoffgruppe und kein Phosphat. Sie kommen sehr häufig auf der äußeren Oberfläche der Membranen vor, wo sie eine Aufgabe bei der Zell-Zell-Erkennung übernehmen.

- Eine weitere wichtige Gruppe der zellulären Lipide sind die Steroide (darunter Cholesterin und mehrere Geschlechtshormone) sowie die Terpene – dazu gehören Vitamin A und einige wichtige Coenzyme.

ZUSAMMENHÄNGE HERSTELLEN

Nun kennen Sie sich mit den Typen der Makromoleküle in Zellen aus. Wo werden Sie Ihrer Meinung nach Proteinen, Nucleinsäuren, Polysacchariden und Lipiden wieder begegnen? Auch hier lautet – ebenso wie bei der Chemie in *Kapitel 2* – die einfache Antwort „überall". Im nächsten Kapitel werden wir einen Überblick über die Hauptstrukturen und Organellen der Zelle geben, die ausnahmslos aus für ihre Funktion wichtigen Makromolekülen bestehen. In den nächsten Kapiteln werden wir sehen, wie Proteine als Enzymkatalysatoren bei Reaktionen in Zellen wirken, die sowohl Energie als auch für die Zelle nützliche biochemische Verbindungen liefern. Wir werden außerdem die Struktur von Phospholipidmembranen sowie die Mechanismen untersuchen, wie Proteine Substanzen durch die Membran in die Zelle hinein und aus der Zelle heraus transportieren. In den darauffolgenden Kapiteln werden wir uns damit beschäftigen, wie Proteine an der Motilität, der Muskelkontraktion, der Festigung der Struktur und der Zell-Zell-Kommunikation mitwirken. Die Polysaccharide, die wir kennen, dienen den Zellen als Speicher- und Strukturmoleküle. Schon bald werden wir sie als Bausteine der Glykoproteine und der Glykolipide kennenlernen, die wichtige Rollen bei der Zellwiedererkennung und dem Proteintransport übernehmen. Im letzten Kapitel werden wir uns schließlich mit der herausragenden Bedeutung der Nucleinsäuren als Trägern der genetischen Information auseinandersetzen und sehen, wie sie bei der Kontrolle der Genexpression und Zellteilung sowohl bei normalen Zellen als auch bei Krebszellen mit den Proteinen in Wechselwirkung treten.

ÜBUNGSAUFGABEN

Schwierigere Aufgaben sind mit einem • gekennzeichnet.

3-1 Polymere und ihre Eigenschaften. Geben Sie für jedes der aufgeführten sechs biologischen Polymere die entsprechenden Eigenschaften an. Jedes Polymer besitzt mehrere Eigenschaften und eine bestimmte Eigenschaft kann mehr als einmal angegeben werden.

Polymere

A Cellulose

B Messenger-RNA

C Globuläres Protein

D Amylopektin

E DNA

F Fibröses Protein

Eigenschaften

1. verzweigtkettiges Polymer

2. extrazelluläre Lokalisation

3. glykosidische Bindungen

4. informationstragendes Makromolekül

5. Peptidbindung

6. β-Bindung

7. Phosphodiesterbindung

8. Nucleosidtriphosphate

9. eine helikale Struktur ist möglich

10. für die Synthese wird eine Matrize benötigt

3-2 Die Stabilität der Proteinstruktur. Mehrere verschiedene Arten von Bindungen oder Wechselwirkungen wirken an der Bildung und Aufrechterhaltung der Struktur von Proteinen mit. Fertigen Sie eine Liste solcher Bindungen oder Wechselwirkungen an, nennen Sie als Beispiel eine Aminosäure, die beteiligt sein könnte und geben Sie den/die Organisationsgrad/e der Proteinstruktur an, der durch eine bestimmte Bindung oder Wechselwirkung gebildet oder stabilisiert werden könnte.

3-3 Die Aminosäureposition in Proteinen. Aminosäuren neigen dazu, sich entweder im Inneren oder an der Außenseite eines globulären Proteinmoleküls zu befinden, je nach ihrer relativen Affinität zu Wasser.

A Wählen Sie bei jedem der nachfolgend genannten Paare von Aminosäuren die Aminosäure aus, die mit größerer Wahrscheinlichkeit im Inneren eines Proteinmoleküls liegt und begründen Sie Ihre Entscheidung:

Alanin, Glycin	Glutamat, Aspartat
Tyrosin, Phenylalanin	Methionin, Cystein

B Erklären Sie, warum Cysteinreste mit freien Sulfhydrylgruppen eher an der Außenseite eines Proteinmoleküls liegen, während Cysteinreste, die an Disulfidbindungen mitwirken, eher im Inneren des Moleküls liegen.

3-4 Sichelzellanämie. Die Sichelzellanämie eignet sich hervorragend zur Veranschaulichung der drastischen Folgen, die eine einzige Aminosäuresubstitution auf Struktur und Funktion eines Proteins ausüben kann.

A Können Sie aufgrund der chemischen Natur von Glutamat und Valin erklären, warum die Substitution der letztgenannten Aminosäure durch die erstgenannte an Position 6 der β-Kette besonders gesundheitsschädlich wäre?

B Schlagen Sie mehrere Aminosäuren vor, die mit geringerer Wahrscheinlichkeit die Hämoglobinfunktion hemmen würden, wenn man sie anstelle von Glutamat an der Position 6 der β-Kette einsetzte.

C Können Sie erklären, warum sich zwei Proteine in einigen Fällen an mehreren Stellen ihrer Aminosäuresequenz unterscheiden könnten, aber trotzdem Ähnlichkeit im Hinblick auf Struktur und Funktion besitzen?

3-5 Haar contra Seide. Das α-Keratin des menschlichen Haares bietet ein gutes Beispiel für ein fibröses Protein mit ausgedehnter α-helikaler Struktur. Das Seidenfibroin ist auch ein fibröses Protein, aber es besteht in erster Linie aus einer β-Faltblattstruktur. Fibroin ist im Grund ein Polymer aus sich abwechselnden Glycinen und Alaninen, während α-Keratin die meisten der häufig vorkommenden Aminosäuren enthält und viele Disulfidbindungen ausbildet.

A Wenn Sie in der Lage wären, beide Enden eines α-Keratinpolypeptids zu fassen und an ihnen ziehen könnten, würden Sie feststellen, dass es sowohl dehnbar (man kann es auf das Doppelte seiner Länge strecken) als auch elastisch ist (wenn Sie es loslassen, wird es wieder zu einer ursprünglichen Länge zurückschnellen). Im Gegensatz dazu besitzt ein Fibroinpolypeptid keine Ausdehnungsfähigkeit und ist nur schwerlich zu brechen. Erklären Sie diese Unterschiede.

B Können Sie eine Erklärung dafür bieten, warum Fibroin eine Faltblattstruktur hat, während α-Keratin als α-Helix vorliegt und sogar spontan in eine helikale Form zurückkehrt, wenn man es künstlich ausdehnt?

3-6 Die „Dauerwelle", die keine ist. Die Dauerwelle, die Ihr Friseur Ihnen anbietet, hängt in entscheidendem Maß von der Neuanordnung ausgedehnter Disulfidbindungen von Keratin ab, die Ihrem Haar die charakteristische Form verleihen. Wenn der Friseur die Form Ihrer Haar verändern möchte (das heißt, er möchte die Haare wellen oder lockig machen), dann muss er Ihr Haar zunächst mit einem Sulfhydrylreduktionswirkstoff behandeln und dann zu Lockenwicklern greifen, um die gewünschte Form zu erzielen, und anschließend einen Oxidationswirkstoff anwenden.

A Was ist die chemische Grundlage einer Dauerwelle? Stellen Sie sicher, dass Sie auch den Reduktionswirkstoff und einen Oxidationswirkstoff in Ihre Erklärung einbringen.

B Warum gehen Sie davon aus, dass eine Dauerwelle nicht von dauerhafter Wirkung ist? (Erklären Sie, warum die Welle oder die Locke allmählich im Laufe der Wochen nach dem Friseurbesuch verschwindet.)

C Können Sie eine Erklärung für natürlich gelocktes Haar geben?

3-7 Eigenschaften der Nucleinsäuren. Geben Sie für jede der folgenden Eigenschaften an, ob die Behauptung nur auf die DNA zutrifft (D), nur auf die RNA (R) oder sowohl auf DNA als auch auf die RNA (DR) oder auf keine der beiden.

A enthält die Base Adenin

B enthält das Nucleotid Desoxythymidinmonophosphat

C kommt überwiegend als Einzelstrang vor

D wirkt am Vorgang der Proteinsynthese im Cytoplasma der Leberzellen mit

E wird in einem Vorgang synthetisiert, bei dem Basenpaarung abläuft

F ist ein inhärent direktionales Molekül mit einem N-Terminus an einem Ende und einem C-Terminus am anderen Ende

3-8 Wieder falsch. Korrigieren Sie jede der nachfolgend aufgeführten Behauptungen so, dass sie richtig sind:

A Proteine, Nucleinsäuren, Polysaccharide und Lipide sind sehr lange Polymere, die durch Kondensation einzelner Monomereinheiten synthetisiert werden.

B Die Aminosäure Prolin kommt nicht in α-Helices vor, denn ihre R-Gruppe passt aufgrund ihrer Länge nicht in die α-Helix.

C Zwar kann ein Protein durch Behandlung mit hoher Temperatur denaturiert werden, aber extreme pH-Werte haben keinen Einfluss auf die Tertiärstruktur.

D Nucleinsäuren werden aus Monomeren synthetisiert, die durch Bindung an ein Überträgermolekül in einer Reaktion synthetisiert werden, für die Energie benötigt wird.

E α-D-Glucose und β-D-Glucose sind Stereoisomere.

F Fettsäuren sind wichtige Bausteine der zellulären Lipide.

3-9 Speicherpolysaccharide. Die einzigen verzweigtkettigen Polymere der Zellen sind die Speicherpolysaccharide Glykogen und Amylopektin. Beide werden exolytisch abgebaut, das heißt, durch schrittweises Entfernen der terminalen Glucoseeinheiten.

A Warum könnte es für ein Speicherpolysaccharid von Vorteil sein, eine verzweigtkettige Struktur und nicht eine lineare Struktur zu haben?

B Können Sie irgendwelche metabolischen Komplikationen bei dem Vorgang des Glykogenabbaus vorhersehen? Wie geht die Zelle Ihrer Meinung nach damit um?

C Können Sie erklären, warum Zellen, die Amylose und nicht Amylopektin abbauen, Enzyme besitzen, die glykosidische Bindungen sowohl endolytisch als auch exolytisch spalten?

D Warum enthält das Strukturpolysaccharid Cellulose keine Verzweigungen?

3-10 Die Struktur von Kohlenhydraten. Zeichnen Sie ausgehend von den folgenden Beschreibungen von Gentiobiose, Raffinose und Dextran jeweils eine Haworth-Projektion:

A *Gentiobiose* ist ein Disaccharid, das im Enzian und anderen Pflanzen enthalten ist. Es besteht aus zwei Molekülen β-D-Glucose, die miteinander durch eine β-(1,6)-glykosidische Bindung verbunden sind.

B *Raffinose* ist ein Zucker, der in Zuckerrüben vorkommt. Sie besteht aus jeweils einem Molekül α-D-Galactose, α-D-Glucose und β-D-Fructose, wobei die Galactose durch eine α-(1,6)-glykosidische Bindung an die Glucose gebunden ist und die Glucose durch eine α-(1,2)-Bindung an die Fructose.

C *Dextrane* sind Polysaccharide, die von einigen Bakterien gebildet werden. Sie sind Polymere aus α-D-Glucose die durch α-(1,6)-glykosidische Bindungen verknüpft sind, mit häufigen α-(1,3)-Verzweigungen. Zeichnen Sie einen Teil von Dextran einschließlich eines Verzweigungspunktes.

3-11 Man muss sie auseinanderhalten. Benennen Sie für jedes der folgenden Paare von Molekülen ein Merkmal, wodurch sie sich voneinander unterscheiden und geben Sie zwei verschiedene chemische Versuche an, die man zu ihrer Unterscheidung durchführen könnte:

A das Protein Insulin und die DNA in dem Gen, das für Insulin kodiert

B die DNA, die Insulin kodiert, und die Messenger-RNA für Insulin

C Stärke und Cellulose

D Amylose und Amylopektin

E das monomere Protein Myoglobin und das tetramere Protein Hämoglobin

F ein Triacylglycerin und ein Phospholipid mit sehr ähnlichem Fettsäuregehalt

G ein Glykolipid und ein Sphingolipid

H ein bakterielles Zellwandpolysaccharid und Chitin

• **3-12 Baumwolle und Kartoffeln.** Eine Baumwollfaser besteht fast ausschließlich aus Cellulose, während eine Kartoffelknolle vor allem Stärke enthält. Baumwolle ist fest, fibrös und praktisch nicht löslich in Wasser. Die in der Kartoffelknolle enthaltene Stärke ist andererseits weder fest noch fibrös und kann in heißem Wasser auflöst werden, sodass eine trübe Lösung entsteht. Allerdings bestehen sowohl die Baumwollfaser als auch die Kartoffelknolle vor allem aus Polymeren von D-Glucose mit (1,4)-Verknüpfung.

A Wie können zwei Polymere, die aus den gleichen Wiederholungsuntereinheiten bestehen, derart unterschiedliche Eigenschaften besitzen?

B Welchen Vorteil bieten die jeweiligen Eigenschaften?

• **3-13 Wenn wir über Lipide nachdenken.** Sie sollten in der Lage sein, die folgenden Fragen, ausgehend von den Eigenschaften der Lipide, die wir in diesem Kapitel besprochen haben, zu beantworten:

A Wie würden Sie ein Lipid definieren? Inwiefern unterscheidet sich die funktionelle Definition der Lipide von der für Proteine, Nucleinsäuren oder Kohlenhydrate?

B Ordnen Sie die folgenden Lipide nach absteigender Polarität: Cholesterin, Estradiol, Fettsäure, Phosphatidylcholin, Triglycerin. Erklären Sie Ihre Reihenfolge.

C Von welchem Molekül würden Sie annehmen, dass es die größte Ähnlichkeit mit einem Sphingomyelinmolekül aufweist: ein Molekül Phosphatidylcholin, das zwei Moleküle Palmitinsäure als Fettsäureseitenketten enthält, oder ein Phosphatidylcholin mit einem Molekül Palmitat und einem Molekül Oleat als Fettsäureseitenketten? Erklären Sie Ihre Überlegung.

D Angenommen Sie und ihre Labormitarbeiter hätten die Schmelztemperatur für jede der folgenden Fettsäuren ermittelt: Arachidonsäure, Linolsäure, Linolensäure, Oleinsäure, Palmitinsäure und Stearinsäure. Ihr Kollege hat die Schmelzpunkte aller Säuren notiert, aber vergessen, die Schmelzpunkte den jeweiligen Säuren zuzuordnen. Weisen Sie jeden der folgenden Schmelzpunkte (in °C) der entsprechenden Fettsäure zu und erklären Sie Ihre Überlegung: –11, 5, 16, 63, 70 und 76,5.

E Geben Sie bei jedem der folgenden amphipathischen Moleküle an, welcher Teil des Moleküls hydrophil ist: Phosphatidylserin, Sphingomyelin, Cholesterin, Triacylglycerin.

3-14 Backfettherstellung. Eine bekannte Marke von Backfett hat ein Etikett, auf dem das Produkt als „teilweise hydrogenisiertes Sojabohnenöl, Palmenöl und Baumwollsamenöl“ ausgewiesen wird.

A Was wird durch den Vorgang der teilweisen Hydrogenierung chemisch erreicht?

B Wie sah das Produkt in dem Behälter aus bevor es teilweise hydrogenisiert wurde?

C Welche physikalische Wirkung hat die teilweise Hydrogenierung?

D Warum wäre es irreführend zu sagen, dass das Backfett zu „100 % aus mehrfach ungesättigten Ölen hergestellt wurde“?

WEITERFÜHRENDE LITERATUR

Historisch bedeutsame Literatur ist mit einem • gekennzeichnet.

Allgemeine Nachschlagewerke und Literatur, die einen Überblick vermittelt

Bhagavan, N. Y. *Medical Biochemistry.* San Diego: Harcourt/Academic Press, 2002.

• Hunter, G. K. *Vital Forces: The Discovery of the Molecular Basis of Life.* San Diego: Academic Press, 2000.

Horton, H. R., Moran, L. A., Scrimgeour, K. G., Perry, M. D. und Rawn, J. D. *Biochemie*, 4. Aufl. München: Pearson Verlag.

Jardetzky, O. und M. D. Finucane. *Dynamics, Structure, and Function of Biological Macromolecules.* Washington, DC: IOS Press, 2001.

Malacinski, G. M. *Essentials of Molecular Biology*, 4. Aufl. Boston: Jones and Barletts, 2003.

Mathews, C. K., K. E. van Holde und K. G. Ahern. *Biochemistry*, 3. Aufl. Menlo Park, Kalifornien: Benjamin Cummings, 2000.

Metzler, D. E. *Biochemistry: The Chemical Reactions of Living Cells.* San Diego: Academic Press, 2001.

Murray, R. K. *Harpers' Illustrated Biochemistry*, 26. Aufl. New York: McGraw-Hill, 2003.

Nelson, D. L. und M. M. Cox. *Lehninger Principles of Biochemistry*, 5. Aufl. New York: W. H. Freeman, 2008.

Thornton, R. M. *The Chemistry of Life.* San Francisco, Kalifornien: Benjamin Cummings, 2000.

Wald, G. The origins of life. *Proc. Natl. Acad. Sci.* USA 52 (1994): 595.

Proteine

• Bernard, S. A. und F. W. Dahlquist. *Classic Papers on Protein Structure and Function.* Sausalito, Kalifornien: University Science, 2002.

Bienstock, R. J. Molecular modeling of protein structures. *Sci. Med.* 4 (1997): 54.

Branden, C. und J. Tooze. *Introduction to Protein Structure*, 2. Aufl. New York: Garland Press, 1999.

Danchin, A. From protein sequence to function. *Curr. Opin. Struct. Biol.* 9 (1999): 363.

Edgcomb, S. P. P. und K. P. Murphy. Structural energetic of protein folding and binding. *Curr. Opin. Biotechnol.* 11 (2000): 62.

Ellis, R. J. Hrsg. *The Chaperonins.* New York: Academic Press, 1996.

Ezzell, C. Proteins rule. *Sci. Amer.* 286 (April 2002): 40.

Flannery, M. C. Proteins: The unfolding and folding picture. *Amer. Biol. Teacher* 61 (1999): 150.

Lesk, A. M. *Introduction to Protein Architecture: The Structural Biology of Proteins.* Oxford: Oxford University Press, 2001.

Moult, J und E. Melamud. From fold to function. *Curr. Opin. Struct. Biol.* 10 (2000): 384.

Murphy, K. P. Hrsg. *Protein Structure, Stability and Folding.* Totowa, New Jersey: Humana Press, 2001.

Orengo, C. A., A. E. Todd und J. M. Thornton. From protein structure to function. *Curr. Opin. Struct. Biol.* 9 (1999): 374.

Pain, R. H. *Mechanisms of Protein Folding.* New York: Oxford University Press, 2000.

Pennisi, E. Taking a structural approach to understanding proteins. *Science* 279 (1998): 978.

Petsko, G. A. und D. Ringe. *Protein Structure and Function.* Sunderland, Massachusetts: Sinauer Assoc., 2004.

Ringler, P und G. E. Schulz. Self-assembly of proteins into designed networks. *Science* 302 (2003): 106.

Sheu, S. Y. et al. Energetics of hydrogen bonds in peptides. *Proc. Natl. Acad. Sci. USA* 100 (2003): 12683.

Skolnick, J. und J. S. Fetrow. From genes to protein structure and function: Novel applications of computational approaches in the genomic era. *Trends Biotechnol.* 18 (2000): 34.

Venter, J. C. et al. The sequence of the human genome. *Science* 291 (2001): 1304.

• Watson, J. *A Passion for DNA.* Cold Spring Harbor, New York: Cold Spring Harbor Laboratory Press, 2000.

Nucleinsäuren

• Crick, F. H. C. The structure of the hereditary material. *Sci. Amer.* (Oktober 1954): 54.

Davies, K. *Cracking the Genome: Inside the Race to Unlock Human DNA.* New York: The Free Press, 2001.

• Dickerson, R. E. The DNA helix and how it is read. *Sci. Amer.* 249 (Dezember 1983): 94.

Ezzell, C. The business of the human genome. *Sci. Amer.* (Juli 2000): 48.

Forsdye, D. R. Chargaff's legacy. *Gene* 261 (2000): 127.

Frouin, I. et al. DNA replication: A complex matter. *EMBO Rep.* 4 (2003): 666.

• Portugal, F. H. und J. S. Cohen. *The Century of DNA: A History of the Discovery of the Structure and Function of the Genetic Substance.* Cambridge, Massachusetts: MIT Press, 1977.

Kohlenhydrate und Lipide

Flat, J. P. Use and storage of carbohydrate and fat. *Amer. J. Clin. Nutr.* 61 (1995): 952S.

Kobata, A. Structures and functions of the sugar chains of glycoproteins. *Eur. J. Biochem.* 209 (1992): 483.

Lindhorst, T. K. *Essentials of Carbohydrate Chemistry and Biochemistry.* Weinheim, Germany: Wiley-VCH, 2000.

Merrill, A. H., Jr. et al. Sphingolipids – the enigmatic lipid class: Biochemistry, chemistry, physiology and pathophysiology. *Toxicol. Appl. Pharmacol.* 142 (1997): 208.

Vance, D. E. und J. E. Vance, Hrsg. *Biochemistry of Lipids, Lipoproteins, and Membranes.* New Comprehensive Biochemistry, Vol. 20. New York: Elsevier, 1991.

Zellen und Organellen

4

ÜBERBLICK

In den vorhergehenden zwei Kapiteln haben Sie die wichtigsten Moleküle der Zellen kennengelernt sowie einige Prinzipien, die den Zusammenbau dieser Moleküle zu supramolekularen Strukturen regeln, aus denen Zellen und ihre Organellen bestehen (siehe *Abbildung 2.14*). Jetzt werden wir unsere Aufmerksamkeit direkt auf Zellen und Organellen richten.

4.1 Merkmale und Strategien von Zellen

Bereits bei der ersten Betrachtung, was Zellen sind und wie sie funktionieren, fallen sofort mehrere allgemeine Merkmale der Zellen auf. Dazu gehören die organisatorische Komplexität und die molekularen Bausteine der Zelle, ihre Größe und Form sowie die Spezialisierung, die Zellen durchlaufen.

4.1.1 Alle Organismen sind Bakterien, Archaea oder Eukaryoten

Dank der Fortschritte der Mikroskopie erkannten die Biologen zwei sich fundamental voneinander unterscheidende Typen der Zellorganisation: eine einfachere Form bei den Bakterien und eine komplexere bei allen anderen Zellarten. Ausgehend von den Strukturunterschieden ihrer Zellen hat man die Organismen seit jeher in zwei große Gruppen eingeteilt: die Prokaryoten (Bakterien) und die Eukaryoten (Pflanzen, Tiere, Pilze, Algen und Protozoen). Das grundlegende Unterscheidungsmerkmal zwischen den beiden Gruppen besteht darin, dass die eukaryotische Zelle einen echten, von einer Membran umgebenen Zellkern besitzt (*eu-* ist griechisch für „wahr" oder „echt"; *-karyon* bedeutet „Kern"), während prokaryotische Zellen keinen Zellkern besitzen (*pro-* bedeutet „vorher", was auf die evolutionär frühere Lebensform verweist).

In jüngster Zeit erweist sich der Begriff Prokaryot als weniger zufriedenstellende Beschreibung der Zellen ohne Zellkern, was zum Teil daran liegt, dass es sich um eine negative Klassifizierung handelt, die darauf beruht, was Zellen nicht haben, und zum Teil liegt es auch daran, dass der Begriff fälschlicherweise von einer fundamentalen Ähnlichkeit aller Organismen ausgeht, deren Zellen keinen Zellkern besitzen. Die Tatsache, dass zwei Organismen ein besonders herausstechendes Strukturmerkmal fehlt, impliziert nicht unbedingt ihre evolutionäre Verwandtschaft – die Zellen der Menschen und die Zellen von *Mycoplasma*, einem Bakterium, haben beide keine Zellwände, aber sie sind nicht eng verwandt. Ebenso bedeutet ein gemeinsames hervorstechendes Strukturmerkmal nicht notwendigerweise, dass man eng verwandt ist. Obwohl Pflanzen und die meisten Bakterien Zellwände besitzen, sind sie nur entfernt miteinander verwandt.

Molekulare und biochemische Kriterien sind verlässlicher zur Beschreibung evolutionärer Verwandtschaften zwischen Organismen als Strukturkriterien. Je enger die Verwandtschaft zwischen zwei verschiedenen Organismen, desto mehr Ähnlichkeiten erkennen wir in den Sequenzen bestimmter DNA-, RNA- und Proteinmoleküle. Besonders hilfreich für vergleichende Untersuchungen sind Moleküle, die in allen lebenden Organismen vorkommen und die für universelle, grundlegende Abläufe notwendig sind und in denen selbst geringste Veränderungen in den Molekülkomponenten nicht gut toleriert werden. Dazu gehören Moleküle wie ribosomale RNAs, die für die Proteinsynthese benötigt werden und Cytochromproteine für den Energiemetabolismus.

Ausgehend von den Pionierleistungen zur Sequenzierung ribosomaler RNA von Carl Woese, Ralph Wolfe und ihren Mitarbeitern gehen wir heute davon aus, dass zu der Gruppe, die man früher als Prokaryoten bezeichnete, zwei weit auseinanderliegende Gruppen gehören – die **Bakterien** und die **Archaea**, die sich so stark voneinander unterscheiden wie wir von den Bakterien! Anstatt die ursprüngliche Zweigliederung Prokaryot – Eukaryot aufrechtzuhalten, ist es vom Standpunkt der modernen Biologie aus richtiger, alle Organismen in eine der drei *Domänen* einzuteilen – die Bakterien, die Archaea und die **Eukarya** (Eukaryoten). Wie in der ▶*Tabelle 4.1* dargestellt, haben die Zellen jeder dieser Domänen einige Gemeinsamkeiten mit den Zellen der anderen Domänen, aber alle drei Domänen besitzen einige Merkmale, die ausschließlich auf sie zutreffen.

Tabelle 4.1

Vergleich einiger zellulärer Merkmale der Bakterien, Archaea und Eukaryoten*

Merkmal	Prokaryoten: Bakterien	Prokaryoten: Archaea	Eukaryoten	Querverweis
Typische Größe	klein (1 – 5 μm)	klein (1 – 5 μm)	groß (10 – 100 μm)	
Zellkern und Organellen	keine	keine	ja	*Tabelle 4.2*
Mikrotubuli und Mikrofilamente	actinähnliche und tubulinähnliche Proteine	actinähnliche und tubulinähnliche Proteine	Actin- und Tubulinproteine	*Kapitel 15*
Exocytose und Endocytose	nein	nein	ja	*Kapitel 12*
Zellwand	Peptidoglykan	variiert von proteinhaltigen bis peptidoglykanähnlichen Substanzen	Cellulose bei Pflanzen, Pilzen; nicht bei Tieren, Protozoen	*Kapitel 17*
Art der Zellteilung	binäre Teilung	binäre Teilung	Mitose oder Meiose plus Cytokinese	*Kapitel 19*
Typische Form der chromosomalen DNA	ringförmig, wenige assoziierte Proteine	ringförmig, assoziiert mit histonähnlichen Proteinen	linear, assoziiert mit histonähnlichen Proteinen	*Kapitel 18*
RNA-Prozessierung	minimal	mäßig	stark	*Kapitel 21*
Initiation der Transkription	bakterieller Typ	eukaryotischer Typ	eukaryotischer Typ	*Kapitel 21*
RNA-Polymerase	bakterieller Typ	einige Merkmale des bakteriellen und des eukaryotischen Typs	eukaryotischer Typ	*Kapitel 21*
Größe der Ribosomen und Anzahl der Proteine	70 S mit 55 Proteinen	70 S mit 65 Proteinen	80 S mit 78 Proteinen	*Kapitel 22*
Ribosomale RNAs	bakterieller Typ	Archaea-Typ	eukaryotischer Typ	*Kapitel 21*
Initiation der Translation	bakterieller Typ	eukaryotischer Typ	eukaryotischer Typ	*Kapitel 22*
Membranphospholipide	Glycerin-3-Phosphat + lineare Fettsäuren	Glycerin-1-Phosphat + verzweigte Polyisoprenoide	Glycerin-3-Phosphat + lineare Fettsäuren	*Kapitel 7*

* *In dieser Tabelle werden viele Merkmale aufgeführt, die wir noch nicht im Detail besprochen haben. Die Tabelle dient vor allem als Hinweis darauf, dass jeder der drei Haupttypen eine Reihe einzigartiger Merkmale besitzt, obgleich sie einige Merkmale gemeinsam haben.*

Zu den Bakterien gehören die meisten, am häufigsten vorkommenden, einzelligen Organismen ohne Zellkern, die wir üblicherweise als Bakterien bezeichnet haben – zum Beispiel *Escherichia coli*, *Pseudomonas* und *Streptococcus*. Zu den *Archaea* (die man *Archaebakterien* nannte, bevor man erkannte, wie sehr sie sich von den Bakterien unterscheiden) gehören viele Spezies, die in extremen Habitaten auf der Erde leben und sehr unterschiedliche metabolische Strategien nutzen. Zu den Mitgliedern der Archaea gehören die Methanogenen, die ihre Energie aus Wasserstoff gewinnen, indem sie Kohlendioxid zu Methan umwandeln; die Halophilen, die in extrem salzigen Lebensräumen wachsen und die Thermacidophilen, die in heißen, sauren Quellen gedeihen, in denen ein pH-Wert von nur 2 vorliegt und teilweise Temperaturen von mehr als 100 °C herrschen! Hatte man sie früher als eine evolutionär sehr alte Form von Prokaryoten betrachtet (*archae-* ist eine griechische Vorsilbe mit der Bedeutung „alt"), so ist man heute der Auffassung, dass die Archaea von einem gemeinsamen Vorfahren abstammen, aus dem auch die Eukaryoten hervorgingen, lange nachdem dieser Entwicklungszweig sich von den Bakterien getrennt hatte, wie hier dargestellt:

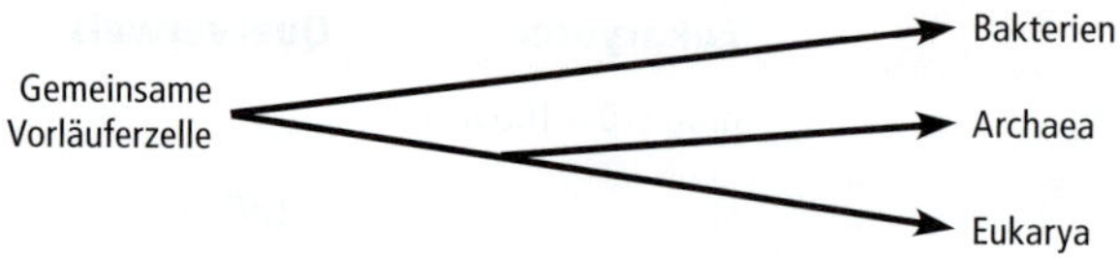

Zwar ähneln die Archaea den Bakterien in vielerlei Hinsicht, doch besitzen sie einzigartige Merkmale, die man auch bei den Eukaryoten findet. Sie ähneln den Bakterien im Hinblick auf Größe und grob in der Struktur, im Hinblick auf die Methode bei der Zellteilung und in vielen Aspekten des grundlegenden Ablaufs ihres Metabolismus sowie des Enzymgehalts. Allerdings sind sie den Eukaryoten wesentlich ähnlicher in Bezug auf viele Aspekte der DNA-Replikation, der Transkription, der RNA-Prozessierung und der Initiation der Proteinsynthese. Charakteristische Merkmale der Archaea sind ihre ribosomalen RNAs und ihre Membranphospholipide (*Tabelle 4.1*).

4.1.2 Grenzen der Zellgröße

Zellen begegnen uns in verschiedenen Größen und Formen. Einige der kleinsten bakteriellen Zellen haben zum Beispiel einen Durchmesser von nur circa 0,2 – 0,3 μm. Sie sind so klein, dass ungefähr 5 Millionen dieser Zellen nebeneinander auf dem Daumennagel Platz hätten. Das andere Extrem sind stark verlängerte Nervenzellen, die eine Länge von einem oder mehreren Metern erreichen können. Die Nervenzellen, die entlang des Nackens oder der Beine einer Giraffe verlaufen, sind besonders eindrucksvolle Beispiele. Dies gilt auch für Vogeleier, die außerordentlich lange Zellen haben, obwohl ein Großteil ihres inneren Volumens vom Eigelb eingenommen wird, das dem sich entwickelnden Embryo als Nahrungsquelle dient.

Trotz dieser Extreme gehören die meisten Zellen eher wenigen und vorhersagbaren Größenordnungen an. Bakterien und Archaea haben beispielsweise im Allgemeinen einen Durchmesser von 1 – 5 μm, während sich die Dimension der Zellen der meisten höheren Pflanzen und Tiere zwischen 10 – 100 μm bewegen. Warum sind Zellen so klein? Mehrere Faktoren schränken die Größe der Zelle ein, aber die drei wichtigsten sind: (1) die Notwendigkeit eines angemessenen Oberfläche-Volumen-Verhältnisses, (2) die Geschwindigkeiten, mit denen Moleküle diffundieren und (3) die Notwendigkeit, angemessene lokale Konzentrationen spezifischer Substanzen und Enzyme aufrechtzuhalten, die an wichtigen zellulären Vorgängen mitwirken. Schauen wir uns diese Faktoren nun nacheinander einmal genauer an.

Das Oberfläche-Volumen-Verhältnis In den meisten Fällen wird die Zellgröße von der Notwendigkeit bestimmt, ein angemessenes Oberfläche-Volumen-Verhältnis aufrechtzuhalten. Die Oberfläche ist von entscheidender Bedeutung, denn eben dort finden die überlebensnotwendigen Austauschvorgänge zwischen einer Zelle und ihrer Umgebung statt. Das innere Volumen einer Zelle bestimmt die Menge von Nährstoffen, die eingeführt werden müssen und die Menge von Abfallprodukten, die ausgeschieden werden müssen. Die Oberfläche steht für die Fläche von Zellmembran, die für die Aufnahme- und Ausscheidungsprozesse zur Verfügung stehen.

Das Problem, eine angemessene Oberfläche zur Verfügung zu haben, ergibt sich daraus, dass das Volumen einer Zelle mit der dritten Potenz der Zelllänge oder des Zelldurchmessers zunimmt, während ihre Oberfläche nur mit dem Quadrat zunimmt. Daher ist das Verhältnis der Oberfläche zum Volumen bei großen Zellen niedriger als bei kleinen Zellen, wie in der ▸*Abbildung 4.1* dargestellt. Dieser Vergleich veranschaulicht eine wichtige Beschränkung, welche die Zellgröße bestimmt: Wenn die Größe der Zelle zunimmt, dann hält die Oberfläche nicht mit dem Volumen Schritt und der notwendige Austausch von Substanzen zwischen der Zelle und ihrer Lebensumgebung wird zunehmend erschwert. Daher kann die Zellgröße nur so lange zunehmen, wie die Membranoberfläche noch für die Austauschprozesse von Material in die Zelle hinein und aus ihr heraus ausreichend ist.

Einige Zellen, vor allem Zellen, die an der Absorption mitwirken, besitzen Merkmale, die ihre Oberfläche maximieren. Die effektive Oberfläche wird sehr häufig durch Faltung der Zellmembran nach innen oder Dehnung nach außen vergrößert. Die Zellen, die den Dünndarm auskleiden, enthalten zum Beispiel viele fingerähnliche Ausstülpungen, die sogenannten Mikrovilli, die ganz erheblich die effektive Membranoberfläche vergrößern und daher die Fähigkeit dieser Zellen, Nährstoffe aufzunehmen, steigern (▶*Abbildung 4.2*).

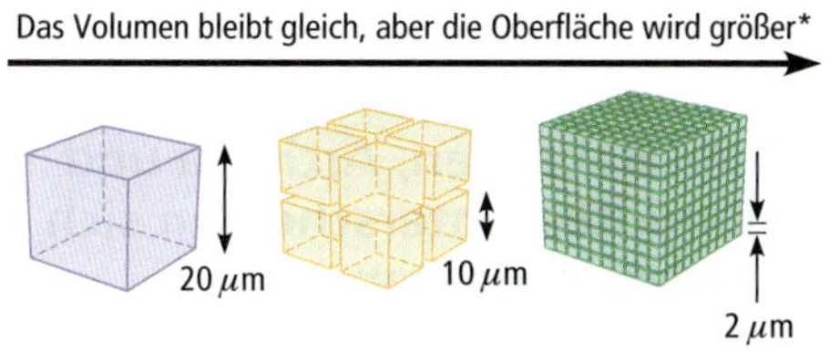

Anzahl der Zellen	1	8	1.000
Länge einer Seite	20 μm	10 μm	2 μm
Gesamtvolumen	8.000 μm^3	8.000 μm^3	8.000 μm^3
Gesamtoberfläche	2.400 μm^2	4.800 μm^2	24.000 μm^2
Oberfläche-Volumen-Verhältnis	0,3	0,6	3,0

*Für einen Würfel mit der Seitenlänge *s* ist das Volumen s^3 und die Oberfläche ist $6s^2$.

Abbildung 4.1: Die Auswirkung der Zellgröße auf das Oberfläche-Volumen-Verhältnis. Die einzelne große Zelle links, die acht kleineren Zellen in der Mitte und die 1.000 winzigen Zellen rechts besitzen alle das gleiche Gesamtvolumen (8.000 μm^3), aber die Gesamtoberfläche nimmt zu, während die Zellgröße abnimmt. Das Oberfläche-Volumen-Verhältnis steigt daher von links nach rechts, während die Länge der Zelle abnimmt. Daher ist die Gesamtoberfläche von 1.000 kleinen Bakterienzellen mit einer Länge von 2 μm zehn Mal größer als das einer einzigen großen eukaryotischen Zelle mit einer Länge von 20 μm.

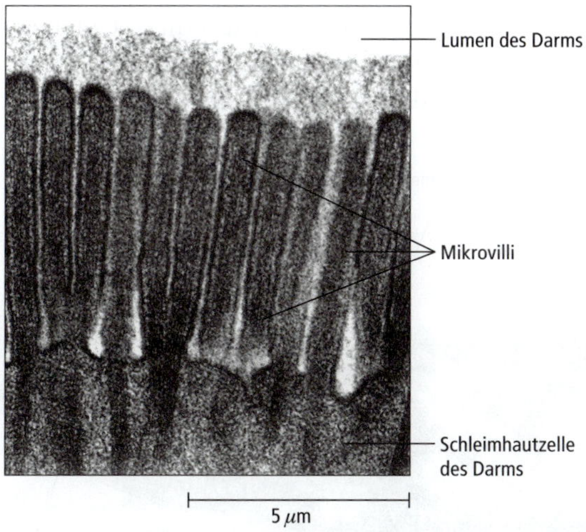

Abbildung 4.2: Die Mikrovilli der intestinalen Schleimhautzellen. Mikrovilli sind fingerähnliche Ausstülpungen der Zellmembran, die die absorptive Oberfläche der intestinalen Schleimhautzellen (wie zum Beispiel der Schleimhautzellen, die die innere Oberfläche des Dünndarms auskleiden) stark vergrößern.

Die Diffusionsgeschwindigkeiten von Molekülen Die Zellgröße wird außerdem durch die Geschwindigkeit begrenzt, mit welcher sich Moleküle in der Zelle bewegen, um zu Orten spezifischer zellulärer Aktivitäten zu gelangen. Viele Moleküle bewegen sich in der Zelle mittels **Diffusion**, der freien, nicht unterstützten Bewegung einer Substanz von einer Region hoher Konzentration zu einer Region niedriger Konzentration. Molekulare Bewegung kann daher durch die Diffusionsgeschwindigkeiten von Molekülen unterschiedlicher Größe begrenzt sein. Da die Geschwindigkeit der Diffusion mit steigender Größe des Moleküls abnimmt, ist die Begrenzung für Makromoleküle wie Proteine und Nucleinsäuren von großer Bedeutung.

Neuere Arbeiten zeigen, dass viele eukaryotische Zellen diese Einschränkung umgehen können, indem sie mit Hilfe spezieller intrazellulärer Transportproteine aktiv Ionen, Makromoleküle oder andere Substanzen durch das Cytoplasma transportieren. Einige Zellen höherer Organismen umgehen bis zu einem gewissen Grad diese Begrenzung durch **Cytoplasmaströmung** (sie wird in pflanzlichen Zellen als **Cyclose** bezeichnet), einem Vorgang der aktiven Bewegung und Vermischung cytoplasmatischer Inhalte. Andere Zellen transportieren spezifische Moleküle in Vesikeln, die entlang von Mikrotubuli durch Motorproteine gerichtet bewegt werden, wie wir später noch genauer sehen werden. Sollten diese Mechanismen aber nicht zur Verfügung stehen, so wird die Zellgröße durch die Diffusionsgeschwindigkeiten der in ihr vorhandenen Moleküle bestimmt.

Die Notwendigkeit entsprechender Konzentrationen von Reaktanten und Katalysatoren Eine dritte Begrenzung der Zellgröße ist die Notwendigkeit, angemessene Konzentrationen lebenswichtiger Verbindungen und Enzyme aufrechtzuhalten, die für überlebensnotwendige Vorgänge innerhalb von Zellen benötigt werden. Zur Durchführung einer chemischen Reaktion in einer Zelle müssen die entsprechenden Reaktanten aufeinandertreffen und an ein bestimmtes Enzym binden. Die Häufigkeit solcher Kollisionen wird durch höhere Konzentrationen der Reaktanten und des Enzyms erhöht. Ohne spezifische Konzentrationsmechanismen muss die Anzahl all dieser Moleküle proportional mit dem Zellvolumen ansteigen. Bei jeder Verdopplung der drei Dimensionen einer Zelle ergibt sich eine Vergrößerung der Anzahl der Moleküle um das Achtfache. Das übersteigt ganz offensichtlich die Synthesefähigkeit der Zellen.

4.1.3 Eukaryotische Zellen nutzen Organellen zur Kompartimentierung zellulärer Funktionen

Eine wirksame Lösung des Konzentrationsproblems ist die *Kompartimentierung der Aktivitäten* innerhalb spezifischer Regionen der Zelle. Wenn alle Enzyme und Verbindungen, die für einen bestimmten Vorgang benötigt werden, innerhalb einer spezifischen Region vorliegen, dann werden nur in dieser Region hohe Konzentrationen dieser Substanzen benötigt und nicht in der gesamten Zelle.

Für die Kompartimentierung der Aktivitäten steht den meisten Zellen eine Vielzahl von **Organellen** zur Verfügung, das sind von Membranen umgebene Kompartimente, die stark auf spezifische Funktionen spezialisiert sind. Beispielsweise liegen in den Zellen eines Pflanzenblattes die meisten Enzyme, Verbindungen und Pigmente, die für die Photosynthese benötigt werden, in kompartimentierten Strukturen vor, den sogenannten *Chloroplasten.* Eine solche Zelle kann daher in ihren Chloroplasten angemessen hohe Konzentrationen von allem aufrechterhalten, was sie für die Photosynthese benötigt, ohne entsprechende Konzentrationen dieser Substanzen in der gesamten Zelle bereitstellen zu müssen. Ganz ähnlich sind weitere Vorgänge innerhalb anderer Kompartimente lokalisiert.

Diese Kompartimentierung befähigt große Zellen der Eukaryoten, lokal große Konzentrationen spezifischer Enzyme und Verbindungen aufrechtzuhalten, die für bestimmte zelluläre Abläufe benötigt werden, um diese effektiv durchzuführen.

4.1.4 Bakterien, Archaea und Eukaryoten unterscheiden sich in vielen Aspekten

Wir kehren wieder zur Unterscheidung zwischen Bakterien, Archaea und Eukaryoten zurück und sehen viele wichtige strukturelle, biochemische und genetische Unterschiede zwischen diesen Gruppen. Einige dieser Unterschiede sind in der *Tabelle 4.1* aufgeführt und werden hier kurz besprochen – auf andere werden wir in späteren Kapiteln eingehen. Jetzt genügt es, zu verstehen, dass jeder Zelltyp einen einzigartigen Satz von Alleinstellungsmerkmalen besitzt, obwohl die Zellen dieser drei Domänen einige gemeinsame Merkmale besitzen.

Gegenwart oder Fehlen eines von einer Membran umgebenen Zellkerns Wie bereits festgestellt, hat man früher Eukaryoten und Prokaryoten (Bakterien und Archaea) im Hinblick auf die Struktur unterschieden, und dies spiegelte sich in der Nomenklatur wider. Wenn wir allerdings mehr über die zellulären Feinheiten der drei Domänen lebender Organismen lernen, dann verliert diese Unterscheidung an Bedeutung und andere Aspekte der Struktur und Funktion gewinnen an Bedeutung. Eine

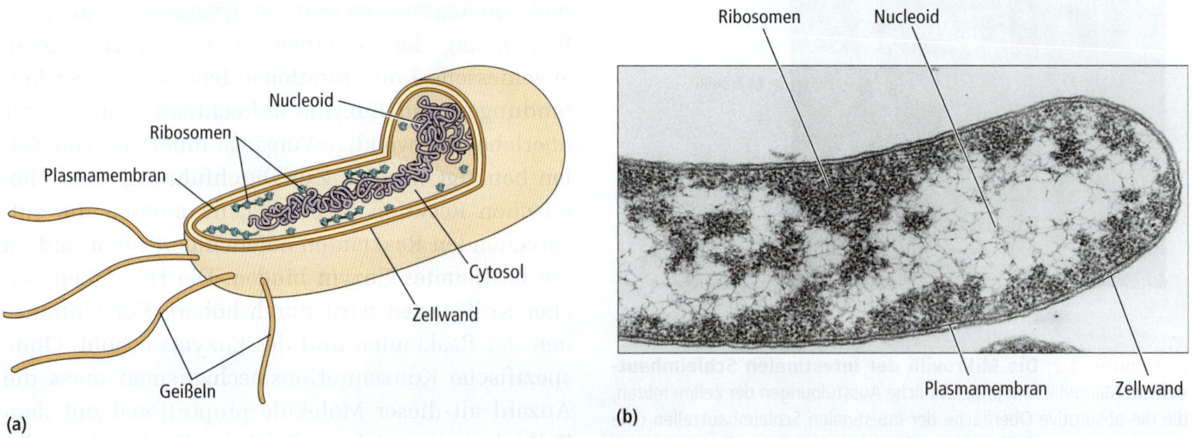

Abbildung 4.3: Struktur einer typischen bakteriellen Zelle. (a) Ein dreidimensionales Modell, das die Komponenten eines typischen Bakteriums darstellt. (b) Eine elektronenmikroskopische Aufnahme einer Bakterienzelle mit mehreren auch in (a) angezeigten Komponenten. Beachten Sie, dass sich „Nucleoid" auf das gefaltete bakterielle Chromosom bezieht, nicht auf ein von einer Membran umschlossenes Kompartiment (TEM).

eukaryotische Zelle hat einen echten, von einer Membran umgebenen Zellkern, eine prokaryotische Zelle aber nicht. Die genetische Information einer Bakterie oder eines Archaea ist nicht von einer Membran umgeben, sondern zu einer kompakten Struktur gefaltet, die man als *Nucleoid* bezeichnet, der an die Zellmembran in einer bestimmten Region des Cytoplasmas geheftet ist (▸*Abbildung 4.3*). Andererseits liegt in einer eukaryotischen Zelle der größte Teil der genetischen Information im Zellkern, der nicht von einer einzigen Membran umschlossen ist, sondern von einer *Zellkernhülle*, die aus zwei Membranen besteht (▸*Abbildung 4.4*). Weitere Strukturmerkmale des Zellkerns sind der *Nucleolus*, der Ort der Ribosomensynthese und die DNA tragenden *Chromosomen*, die als Chromatin im *Nucleoplasma* verstreut vorliegen, das das innere Volumen des Zellkerns ausfüllt.

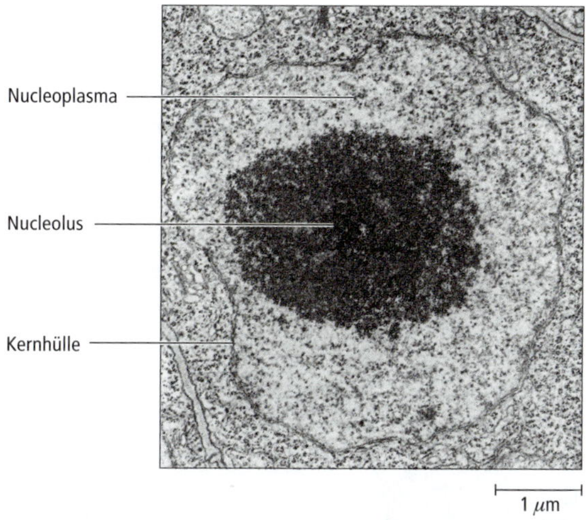

Abbildung 4.4: Der Zellkern der eukaryotischen Zelle. Der Zellkern ist von einer Doppelmembran umschlossen, der sogenannten Zellkernhülle. Da die hier abgebildete Zelle sich zwischen zwei Teilungen befindet, liegen die Chromosomen als Chromatin im halbflüssigen Kernplasma innerhalb des Zellkerns verstreut und sind nicht sichtbar. Der Nucleolus ist eine Struktur innerhalb des Zellkerns und wirkt an der Synthese ribosomaler Bestandteile mit (TEM).

Die Nutzung interner Membranen zur Trennung von Funktionen Wie in der *Abbildung 4.3* dargestellt, enthalten typische Zellen der Bakterien und Archaea wenige oder gar keine intrazellulären Membranen; die meisten zellulären Funktionen laufen entweder im Cytoplasma oder auf der Plasmamembran ab. Es gibt allerdings eine Gruppe photosynthetischer Bakterien – die sogenannten *Cyanobakterien* –, die große intrazelluläre Membranen besitzen, an denen photosynthetische Reaktionen ablaufen (siehe *Abbildung 11.4*). Des Weiteren gibt es einige wissenschaftliche Artikel über von Membranen umschlossene Strukturen in Bakterien, die Organellen ähneln. Im Gegensatz dazu machen fast alle eukaryotischen Zellen intensiven Gebrauch von internen Membranen, um spezifische Funktionen auf verschiedene Kompartimente zu verteilen (▸*Abbildung 4.5* und ▸*Abbildung 4.6*) und häufig besitzen sie mehrere Organellen.

Zu den internen Membransystemen der eukaryotischen Zellen gehören das *endoplasmatische Reticulum*, der *Golgi-Komplex*, die Membranen, die die Organellen wie *Mitochondrien*, *Chloroplasten*, *Lysosomen* und *Peroxisomen* umgeben, sowie verschiedene Arten von *Vakuolen* und *Vesikeln*. Jedes dieser Organellen besitzt ihre eigene charakteristische Membran (oder ein Membranenpaar), die in ihrer Grundstruktur anderen Membranen ähneln kann, sich aber in der biochemischen Zusammensetzung unterscheidet. Innerhalb jedes Organells befindet sich die molekulare Maschinerie, die zur Ausführung der jeweiligen zellulären Funktion, auf welche die Struktur spezialisiert ist, benötigt wird. Zu einem späteren Zeitpunkt werden wir diesen Organellen wieder begegnen und auf jede in ihrem Kontext in den darauffolgenden Kapiteln genauer eingehen.

Das Cytoskelett Im Cytoplasma der eukaryotischen Zellen gibt es außerdem mehrere nicht membranartige Proteinstrukturen, die an der zellulären Kontraktion, Motilität und an Aufbau und Zusammenhalt der zellulären Architektur beteiligt sind. Dazu zählen die *Mikrotubuli*, die in den Cilien und Geißeln vieler Zelltypen vorkommen, die *Mikrofilamente* der Muskelfibrillen und andere Strukturen, die an der Motilität mitwirken, sowie die *intermediären Filamente*, die vor allem in Zellen vorkommen, die Stress ausgesetzt sind. Mikrotubuli, Mikrofilamente und intermediäre Filamente sind Schlüsselbausteine des Cytoskeletts, das fast allen eukaryotischen Zellen Struktur und Elastizität verleiht, was Sie bald und im Detail in *Kapitel 15* lernen werden. Kürzlich entdeckte man Cytoskelettproteine in Bakterien, die bei der Aufrechterhaltung der Zellform eine Rolle zu spielen scheinen.

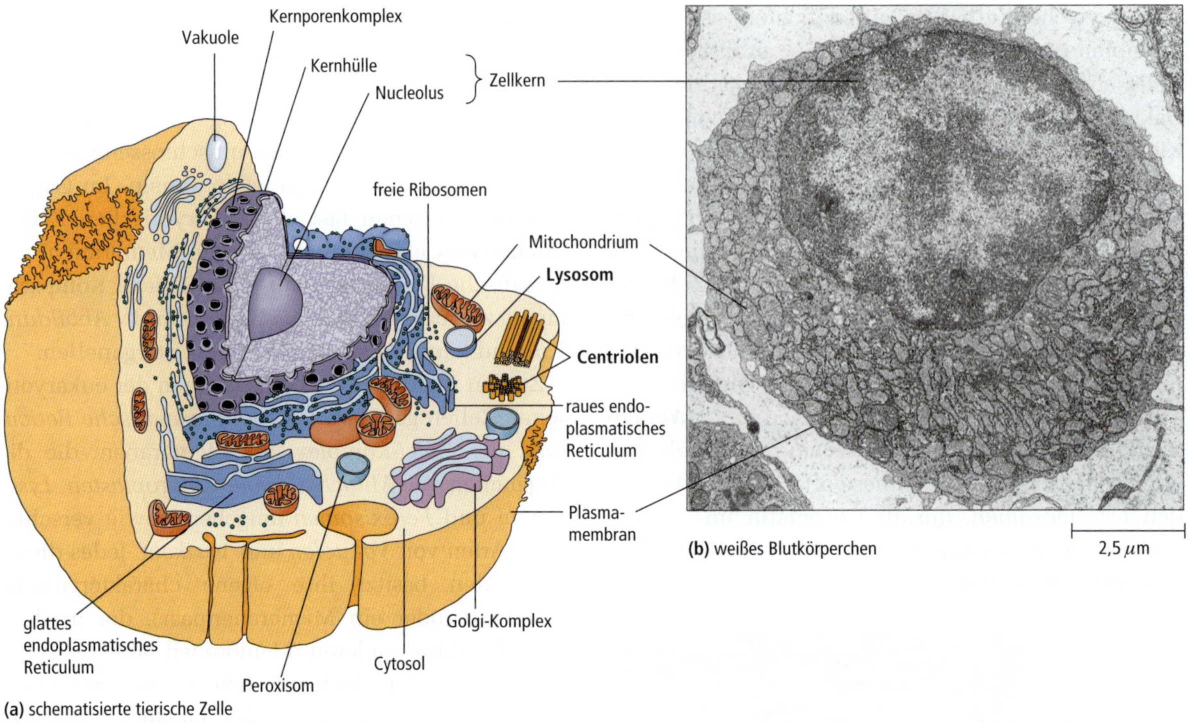

Abbildung 4.5: Eine typische tierische Zelle. (a) Schematische Zeichnung einer tierischen Zelle, die eine Vorstellung von den relativen Größen und den Formen der Organellen und anderen subzellulären Strukturen vermitteln soll. (b) Zelle eines weißen Blutkörperchens mit mehreren sichtbaren subzellulären Strukturen.

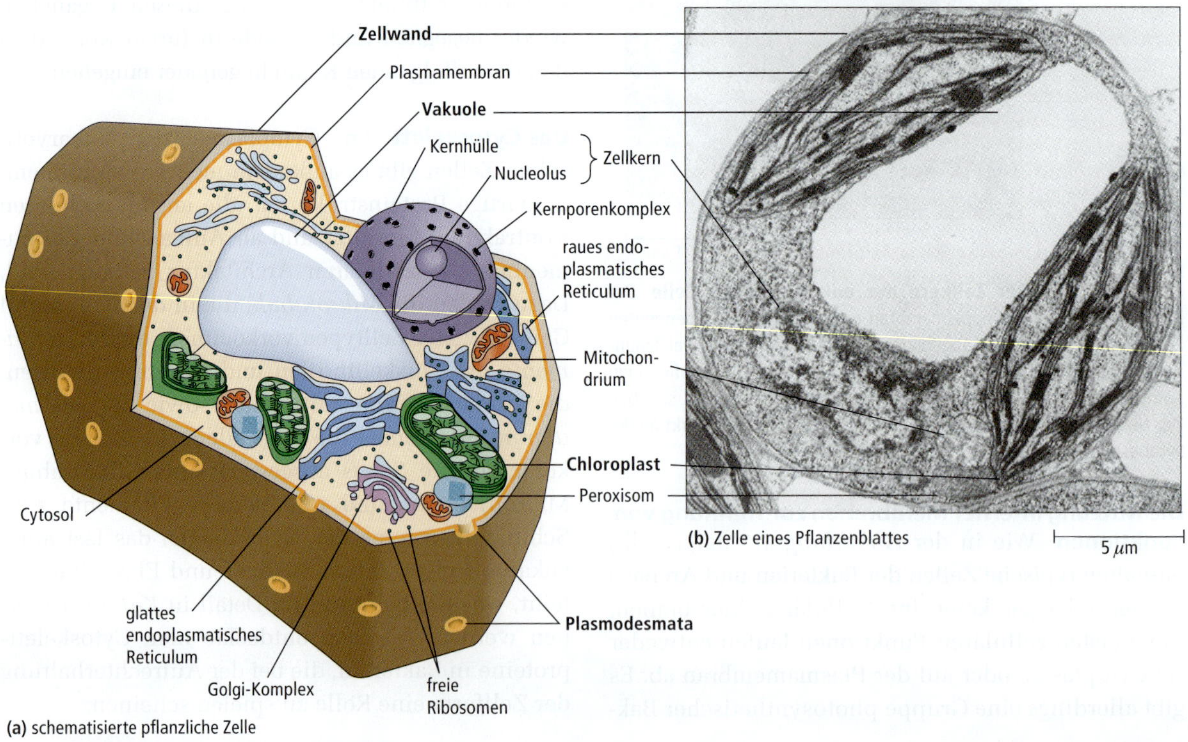

Abbildung 4.6: Eine typische Pflanzenzelle. (a) Schematische Zeichnung einer Pflanzenzelle. Vergleichen Sie diese Zeichnung mit der tierischen Zelle in ▶ *Abbildung 4.5a* und beachten Sie, dass Pflanzenzellen sich durch das Fehlen von Lysosomen und das Vorkommen von Chloroplasten, einer Zellwand und einer großen, zentralen Vakuole auszeichnen.

Exocytose und Endocytose Ein weiteres Merkmal der eukaryotischen Zellen ist ihre Fähigkeit, Substanzen zwischen den von Membranen umgebenen Kompartimenten innerhalb der Zelle und mit der Umgebung der Zelle auszutauschen. Dieser Austausch wird durch *Exocytose* und *Endocytose* ermöglicht, also durch Vorgänge, die über Membranfusionsereignisse ablaufen, die nur bei eukaryotischen Zellen vorkommen. Bei der Endocytose stülpen sich Teile der Plasmamembran ein und werden abgeschnürt, sodass von einer Membran umschlossene cytoplasmatische Vesikel entstehen, die Substanzen enthalten, die sich zuvor auf der Außenseite der Zelle befanden. Exocytose ist im Grunde die Umkehr dieses Vorgangs. Von Membranen umschlossene Vesikel in der Zelle verschmelzen mit der Plasmamembran und setzen ihren Inhalt an der Außenseite der Zelle frei. Aber auch innerhalb der Zelle können durch exo- und endocytotische Vorgänge Membranmaterial oder andere Substanzen zwischen den Kompartimenten gerichtet ausgetauscht werden.

Organisation der DNA Ein weiterer Unterschied zwischen Bakterien, Archaea und Eukaryoten liegt in der Menge und Organisation des genetischen Materials. Die bakterielle DNA liegt im Allgemeinen in der Zelle als ringförmiges Molekül vor, das mit relativ wenigen Proteinen assoziiert ist. Andererseits existiert die eukaryotische DNA in der Zelle als multiple lineare Moleküle, die mit großen Mengen von Proteinen Komplexe bilden und als *Histone* bezeichnet werden. Die DNA der Archaea ist typischerweise ringförmig und wird mit geringen Mengen von Proteinen komplexiert, die den eukaryotischen Histonproteinen ähneln.

Das ringförmige DNA-Molekül einer Bakterien- oder Archaeazelle ist wesentlich länger als die Zelle selber. Daher muss es gefaltet und dicht gepackt werden, um in die Zelle hineinzupassen. Das häufig vorkommende Darmbakterium *Escherichia coli* ist nur ungefähr einen Mikrometer lang, hat aber ein ringförmiges DNA-Molekül mit einem Umfang von ungefähr 1.300 μm. Es ist offensichtlich, dass es erforderlich ist, die DNA eng zu falten und dicht zu verpacken, um eine so große DNA in der vergleichsweise kleinen Zelle unterzubringen. Analog müsste man ungefähr 18 Meter sehr dünnen Fadens auf einen normalen Fingerhut wickeln.

Betrachten wir uns nun die eukaryotischen Zellen. Obwohl einige einfachere Eukaryoten (beispielsweise Hefen und Fruchtfliegen) nur 10- bis 50-mal so viel DNA enthalten wie Bakterien, besitzen die meisten eukaryotischen Zellen mindestens 1.000-mal mehr DNA als *E. coli*, obwohl sie nur fünf bis zehn Mal so viele Proteine kodieren. Da den Wissenschaftlern die Funktion dieses Überflusses an nicht kodierender DNA noch weitgehend unbekannt ist, wurde diese lange Zeit als „Schrott-DNA" (engl.: *junk DNA*) bezeichnet. Es zeigt sich aber durch neue molekulare Methoden, die uns nun zur Verfügung stehen, dass diese nichtcodierenden Bereiche der DNA sicherlich kein „Müll" sind, sondern wichtige Funktionen besitzen.

Unabhängig von der genetischen Funktion derart großer Mengen von DNA, das Packungsproblem stellt sich immer. Bei allen Eukaryoten wird es durch Organisation der DNA zu komplexen Strukturen gelöst, den sogenannten *Chromosomen*, die mindestens ebenso viel Histonprotein wie DNA enthalten (siehe *Abbildung 18.22*). Die DNA der eukaryotischen Zellen ist in den Chromosomen verpackt, segregiert während der Zellteilung und wird an die Tochterzellen übertragen. Die ▶*Abbildung 4.7* ist die elektronenmikroskopische Aufnahme eines Chromosoms einer tierischen Zelle.

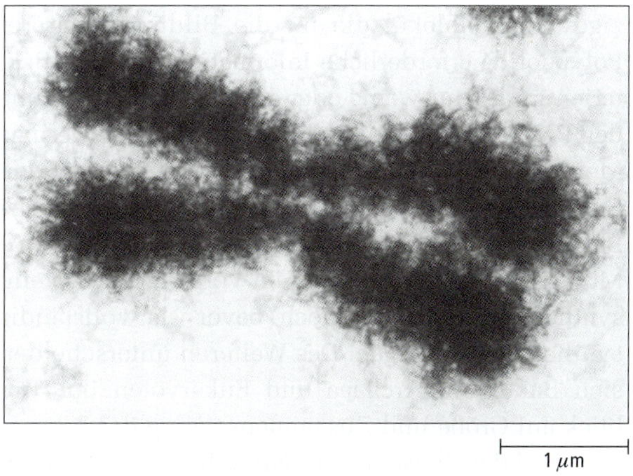

Abbildung 4.7: Ein eukaryotisches Chromosom. Dieses Chromosom stammt von einer Zelle eines chinesischen Hamsters und wurde unter dem Hochspannungselektronenmikroskop sichtbar gemacht (HVEM). Die Zelle durchlief gerade die Mitose und daher liegt das Chromosom stark spiralisiert und kondensiert vor.

Die Segregation der genetischen Information Ein weiterer Unterschied zwischen Prokaryoten und Eukaryoten ist die Übertragungsweise der genetischen Information an die Tochterzellen nach der Zellteilung. Bakterien und Archaea replizieren ihre DNA und teilen sich mittels eines recht einfachen Vorgangs, den man als *binäre Teilung* bezeichnet, wobei ein Molekül der replizierten DNA und die Hälfte des Cytoplasmas an jede Tochterzelle übertragen werden. Nach der DNA-Replikation bei eukaryotischen Zellen werden die Chromosomen mittels der komplexeren Abläufe *Mitose* und *Meiose* zu gleichen Teilen an die Tochterzellen weitergegeben und daraufhin erfolgt die Teilung des Cytoplasmas, die *Cytokinese*.

Die Expression der DNA Die Unterschiede zwischen den Zellen der Bakterien, der Archaea und der Eukaryoten erstrecken sich auch auf die Expression der genetischen Information. Eukaryotische Zellen transkribieren die genetische Information im Zellkern zu langen RNA-Molekülen und hängen von der weiteren Prozessierung und den Transportvorgängen ab, um RNA-Moleküle richtiger Größe für die korrekte Proteinsynthese im Cytoplasma zur Verfügung zu stellen. Jedes RNA-Molekül kodiert im Allgemeinen ein Polypeptid.

Im Gegensatz dazu transkribieren Bakterien sehr spezifische Segmente genetischer Information zu Messenger-RNAs und dabei enthält oftmals ein einziges RNA-Molekül die für die Bildung mehrerer Polypeptide erforderliche Information. Bei den Bakterien findet nur wenig oder gar keine Prozessierung der RNA statt. Bei den Archaea wird eine geringe Menge RNA prozessiert, jedoch weniger als bei den Eukaryoten. Das Fehlen der Zellkernmembran bei Bakterien und Archaea gibt den Messenger-RNA-Molekülen die Möglichkeit, am Vorgang der Proteinsynthese mitzuwirken noch bevor sie vollständig synthetisiert vorliegen. Des Weiteren unterscheiden sich Bakterien, Archaea und Eukaryoten im Hinblick auf Größe und Zusammensetzung der Ribosomen und der ribosomalen RNAs, die an der Proteinsynthese beteiligt sind (*Tabelle 4.1*). Wir werden später in diesem Kapitel genauer auf diesen Unterschied eingehen.

4.1.5 Die Zellspezialisierung beweist die Einheit und die Vielfalt in der Biologie

Hinsichtlich ihrer Struktur und ihrer Funktion zeichnen sich Zellen sowohl durch Einheit als auch durch Vielfalt aus, was Sie an den typischen tierischen und pflanzlichen Zellen in der *Abbildung 4.5* und der *Abbildung 4.6* erkennen. Mit den Begriffen Einheit und Vielfalt möchten wir ganz einfach sagen, dass alle Zellen grundlegende Ähnlichkeit besitzen, sich jedoch in wichtigen Aspekten voneinander unterscheiden. In den folgenden Kapiteln werden wir uns auf Struktur und Funktion der am häufigsten vorkommenden Zelltypen konzentrieren. So werden wir zum Beispiel feststellen, dass praktisch alle Zellen zur Energiegewinnung Zuckermoleküle oxidieren, Ionen durch Membranen transportieren, DNA zu RNA transkribieren und zur Bildung von Tochterzellen eine Zellteilung durchlaufen.

Vieles davon trifft auch auf Strukturmerkmale zu. Alle Zellen sind von einer selektiv permeablen Plasmamembran umgeben, alle besitzen Ribosomen für die Proteinsynthese und alle Zellen enthalten doppelsträngige DNA als genetische Information. Ganz eindeutig haben wir es mit fundamentalen Aspekten der Zellorganisation und der Zellfunktion zu tun, wenn wir uns mit Abläufen und Strukturen beschäftigen, die fast alle, wenn nicht sogar alle Zellen betreffen.

Gelegentlich können wir unser Verständnis der Zellbiologie aber vertiefen, indem wir nicht nur die Einheit betrachten, sondern auch die Vielfalt der Zellen – nicht nur die allen Zellen gemeinsamen Merkmale, sondern die Merkmale, die bei jedem Zelltyp besonders herausstechen. Möchte man verstehen, wie Proteinsekretion abläuft, so ist es zum Beispiel von Vorteil, eine Zelle unter dem Aspekt zu betrachten, dass sie für diese Sekretion hoch spezialisiert ist. Zellen der menschlichen Bauchspeicheldrüse bieten sich für die Untersuchung dieses Vorgangs an, denn sie sekretieren große Mengen von Verdauungsenzymen.

Ähnlich verhält es sich mit der Untersuchung von Funktionen, die in den Mitochondrien ablaufen, denn auch in diesem Fall ist es angeraten, einen für diesen Vorgang hoch spezialisierten Zelltyp auszuwählen, bei dem im Mitochondrium Energie freigesetzt wird. Eine solche Zelle würde wahrscheinlich viele hochentwickelte, höchst aktive Mitochondrien besitzen. Tatsächlich war dies der Grund für Hans Krebs den Flugmuskel der Taube als Gewebe zu wählen, um die heutzutage klassischen Untersuchungen des Zyklus der oxidativen Reaktionen durchzuführen, die wir als *Tricarbonsäurezyklus* (*TCA-Zyklus*) oder *Krebszyklus* kennen.

Wann immer wir uns mit den spezialisierten Funktionen spezifischer Zelltypen beschäftigen, um eine bestimmte Funktion zu untersuchen, werden wir Zeuge der Vielfalt der Zellstrukturen und Funktionen, die in erster Linie auf der Zellspezialisierung beruhen. Wir nutzen außerdem die Tatsache, dass die meisten Organismen viele Zellen besitzen, denn nur als Teil eines vielzelligen Organismus muss eine Zelle eine spezialisierte Funktion ausüben. Im Allgemeinen muss eine einzige Zelle eines einzelligen Organismus fähig sein, alle für Überleben, Wachstum und Reproduktion notwendigen Funktionen auszuführen. Normalerweise wird keine Einzelfunktion zum Nachteil anderer Funktionen überbetont. Andererseits zeichnen sich vielzellige Organismen durch Arbeitsteilung zwischen den Geweben und Organen aus, was nicht nur die Spezialisierung von Struktur und Funktion ermöglicht, sondern sie davon sogar abhängig macht. Ganze Zellgruppen werden für eine bestimmte Aufgabe stark spezialisiert, die sich dann zur spezifischen Aufgabe dieser Zellen im Ablauf aller Funktionen des Organismus entwickelt.

Die eukaryotische Zelle im Überblick: Ein Rundgang durch die Zelle 4.2

Aus der vorhergehenden Darstellung sollte klar geworden sein, dass alle Zellen die gleichen Basisfunktionen ausführen und sie einige grundlegende Strukturmerkmale gemeinsam haben. Die Zellen der eukaryotischen Organismen sind im Hinblick auf Struktur wesentlich komplizierter als Bakterien oder Archaea, was vor allem an den Organellen und anderen intrazellulären Strukturen liegt, die Eukaryoten zur Kompartimentierung verschiedener Funktionen nutzen. Die strukturelle Komplexität der eukaryotischen Zellen wird durch die typischen tierischen und pflanzlichen Zellen in *Abbildung 4.5* und *Abbildung 4.6* veranschaulicht.

In Wahrheit gibt es natürlich so etwas wie eine echte „typische" Zelle gar nicht. Fast alle eukaryotischen Zellen besitzen Merkmale, durch die sie sich von den generalisierten Zellen in *Abbildung 4.5* und *Abbildung 4.6* unterscheiden. Nichtsdestotrotz bewahren die meisten eukaryotischen Zellen ausreichend Ähnlichkeit, um einen allgemeinen Überblick über ihre Strukturmerkmale zu ermöglichen.

Wie wir gesehen haben, besitzt eine typische eukaryotische Zelle mindestens vier Hauptstrukturmerkmale: eine externe *Plasmamembran* (oder *Zellmembran*) als Abgrenzung gegen die Umwelt und zur Konstanthaltung ihres Inhalts, einen *Zellkern*, der die DNA beherbergt, die die gesamte Information der Zelle trägt, *membranumgebene Organellen*, in denen verschiedene Zellfunktionen ablaufen und das *Cytosol*, das mit einem *Cytoskelett* von Mikrotubuli und Mikrofilamenten durchzogen ist. Hinzu kommt, dass Pflanzen- und Pilzzellen eine starre externe Zellwand haben, die außerhalb der Plasmamembran liegt. Tierische Zellen haben keine Zellwand; sie sind im Allgemeinen von einer extrazellulären Matrix umgeben, die vor allem aus Proteinen besteht und ihre Struktur stützt. Hier möchten wir als Einstieg in den Zellaufbau einen Überblick über alle Strukturmerkmale geben. Wir beschränken uns zunächst darauf, einfach einen Blick auf die verschiedenen Strukturen zu werfen, ganz so als betrachteten wir die Bilder einer Ausstellung und gingen schnell von einem Ausstellungsraum zum nächsten, um von den ausgestellten Werken eine Vorstellung zu erhalten. Bedenken Sie jedoch, dass diese ersten „Bilder" lediglich statische Darstellungen einer dynamischen Zelle sind, die sich an ihre Umgebung anpassen und auf sie reagieren kann. In späteren Kapiteln werden wir uns im Detail mit jeder Struktur befassen, um die dynamischen zellulären Abläufe zu verstehen, an denen diese Organellen und andere Strukturen mitwirken (▶ *Tabelle 4.2*).

Tabelle 4.2

Querverweise zu den Kapiteln zu Zellstrukturen und Techniken zur Untersuchung von Zellen

Für genauere Information über die jeweiligen Zellstrukturen schlagen Sie bitte in den folgenden Kapiteln nach	
Zellwand	*Kapitel 17*
Chloroplast	*Kapitel 11*
Cytoskelett	*Kapitel 15*
Endoplasmatisches Reticulum	*Kapitel 12*
Extrazelluläre Matrix	*Kapitel 17*
Golgi-Komplex	*Kapitel 12*
Lysosom	*Kapitel 12*
Mitochondrium	*Kapitel 10*
Zellkern	*Kapitel 18*
Peroxisom	*Kapitel 12*
Plasmamembran	*Kapitel 7*
Ribosom	*Kapitel 22*

Für genauere Information über die Techniken zur Untersuchung von Zellen schlagen Sie bitte in den folgenden Kapiteln und im Anhang nach	
Autoradiographie	*Kapitel 18* und *Anhang (online)*
Zentrifugation	*Kapitel 12*
Elektronenmikroskopie	*Anhang (online)*
Lichtmikroskopie	*Anhang (online)*

4.2.1 Die Plasmamembran definiert die Grenzen der Zelle und umschließt den Inhalt

Unser Rundgang beginnt mit der **Plasmamembran**, die jede Zelle umgibt (▶*Abbildung 4.8*). Die Plasmamembran definiert die Grenzen der Zelle und sorgt dafür, dass deren Inhalt zusammengehalten wird. Die Plasmamembran besteht aus Phospholipiden, anderen Lipiden und Proteinen und ist in zwei Schichten aufgebaut (▶*Abbildung 4.8b*). Normalerweise besteht jedes Phospholipidmolekül aus zwei hydrophilen „Schwänzen" und einem hydrophilen „Kopf" und ist daher ein *amphipathisches Molekül* (siehe *Abbildungen 2.11* und *2.12*). Die Phospholipidmoleküle sind in den beiden Schichten der Membran so ausgerichtet, dass die hydrophoben Kohlenwasserstoffschwänze eines jeden Moleküls nach innen zeigen und die hydrophilen, phosphathaltigen Köpfe des Moleküls nach außen (▶*Abbildung 4.8c*). Die daraus hervorgehende Lipiddoppelschicht (Lipidbilayer) ist praktisch die grundlegende Struktureinheit aller Membranen und dient als Permeabilitätsbarriere für die meisten wasserlöslichen Substanzen. Einige Mitglieder der Archaea besitzen jedoch eine ungewöhnliche Phospholipidmembran mit langen, hydrophoben Schwänzen (das Doppelte der normalen Länge), die an beiden Enden an eine polare Kopfgruppe gebunden sind und eine Einzelschicht bilden.

Membranproteine sind auch amphipathisch, also mit hydrophoben und hydrophilen Regionen ausgestattet. Sie richten sich in der Membran so aus, dass die hydrophoben Regionen des Proteins innerhalb des hydrophoben Inneren der Membran liegen, wobei die hydrophilen Regionen sich in den wässrigen Umgebungen an den Membranoberflächen anordnen. Viele Proteine mit hydrophilen Regionen, die mit der Außenseite der Plasmamembran in Kontakt kommen, haben kurze Kohlenwasserstoffseitenketten, an die sogenannte Oligosaccharide gebunden sind – sie werden daher als *Glykoproteine* bezeichnet (*Abbildung 4.8c*).

Die Proteine in der Plasmamembran übernehmen vielfältige Aufgaben. Einige sind *Enzyme*, die mit der Membran assoziierte Reaktionen katalysieren – beispielsweise Reaktionen wie die Zellwandsynthese. Andere dienen als *Anker* für Strukturelemente des Cytoskeletts, mit dem wir uns später in diesem Kapitel beschäftigen werden. Außerdem gibt es *Transportproteine*, die für den Transport spezifischer Substanzen (im Allgemeinen Ionen und hydrophile lösliche Substanzen) durch die Membran verantwortlich sind. Membranproteine spielen ferner eine wichtige Rolle als *Rezeptoren* für externe chemische Signale, die spezifische Vorgänge innerhalb der Zelle auslösen. Transportproteine, Rezeptorproteine und die meisten anderen Membranproteine sind *Transmembranproteine* mit hydrophilen Regionen, die an beiden Seiten aus der Membran herausragen. Diese hydrophilen Regionen sind durch eine oder mehrere hydrophobe, die Membran durchquerende Domänen verbunden.

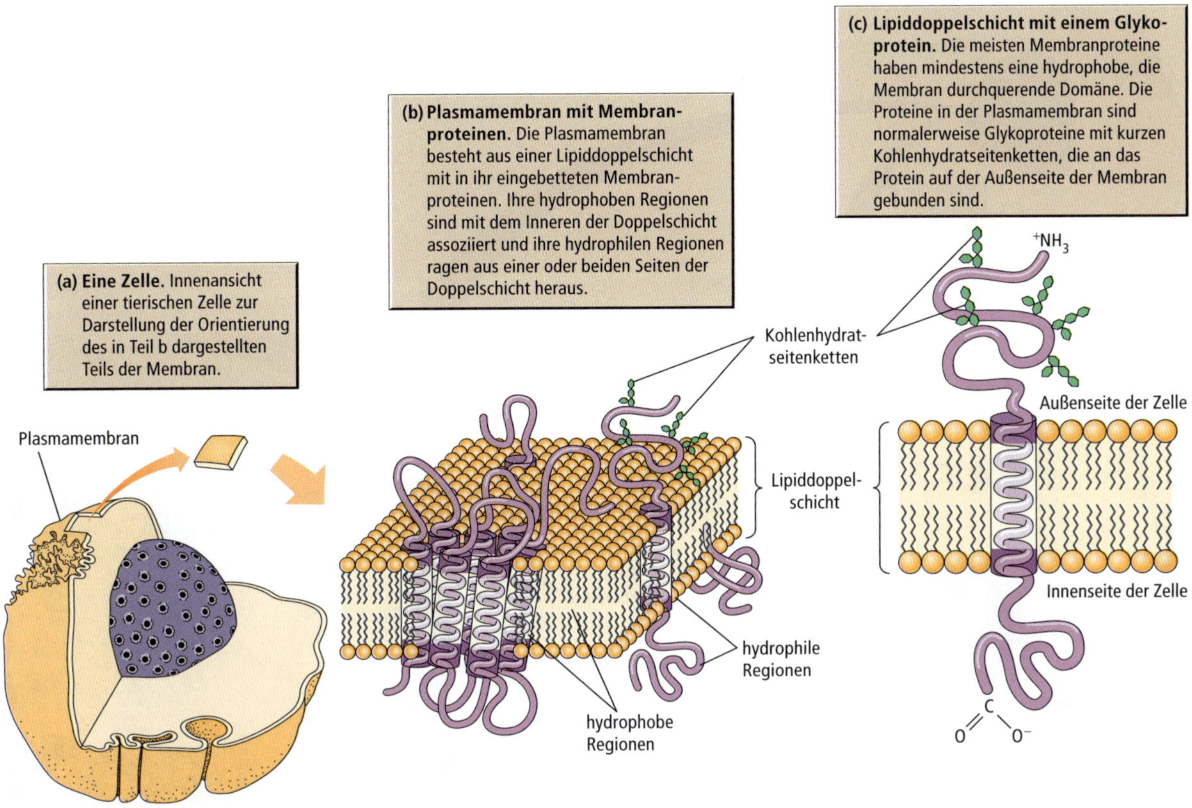

Abbildung 4.8: Organisation der Plasmamembran. Diese Abbildung stellt in jeweils größerer Auflösung einen Abschnitt der Plasmamembran dar, die alle Zellen umgibt.

4.2.2 Der Zellkern ist das Informationszentrum der Zelle

Die vielleicht wichtigste Struktur einer eukaryotischen Zelle ist der Zellkern. Der Zellkern dient als Informationszentrum der Zelle (▶*Abbildung 4.9*). Hier liegen, durch eine Doppelmembran vom Rest der Zelle getrennt, die DNA tragenden Chromosomen der Zelle. Tatsächlich besteht die Hülle um den Zellkern aus zwei Membranen, der *inneren* und der *äußeren Kernmembran*. Zusammen bilden sie die **Kernhülle**. Die Kernhülle besitzt viele kleine Öffnungen, die sogenannten *Kernporen* (siehe *Abbildung 4.9*). Jede Pore ist ein Kanalkomplex aus vielen Proteinen, durch den wasserlösliche Moleküle und supramolekulare Komplexe sich zwischen Zellkern und Cytoplasma bewegen können. Ribosomale Untereinheiten, Messenger-RNA-Moleküle, chromosomale Proteine und Enzyme für Kernaktivitäten werden mittels der Poren durch die Kernhülle transportiert.

Die Anzahl der Chromosomen in einem Zellkern ist für jede Spezies charakteristisch. Sie kann bei nur zwei liegen (beispielsweise bei Spermien und den Eizellen einiger Grashüpfer) oder in die Hunderte gehen. Chromosomen kann man am besten während der Mitose sichtbar machen, wenn sie stark kondensiert vorliegen und leicht anfärbbar sind (*Abbildung 4.7*). Während der Interphase zwischen den Teilungen, liegen die Chromosomen jedoch verstreut als DNA-Proteinfasern vor, als sogenanntes Chromatin, und sind nur schwerlich sichtbar zu machen (▶*Abbildung 4.9b*).

Außerdem liegen im Zellkern **Nucleoli** (Singular: **Nucleolus**), Strukturen, die für Synthese und Zusammenbau der meisten RNA- und Proteinbausteine verantwortlich sind, die zur Bildung von Ribosomen benötigt werden. Nucleoli sind im Allgemeinen mit spezifischen Regionen bestimmter Chromosomen assoziiert, in denen Gene liegen, die ribosomale Komponenten kodieren.

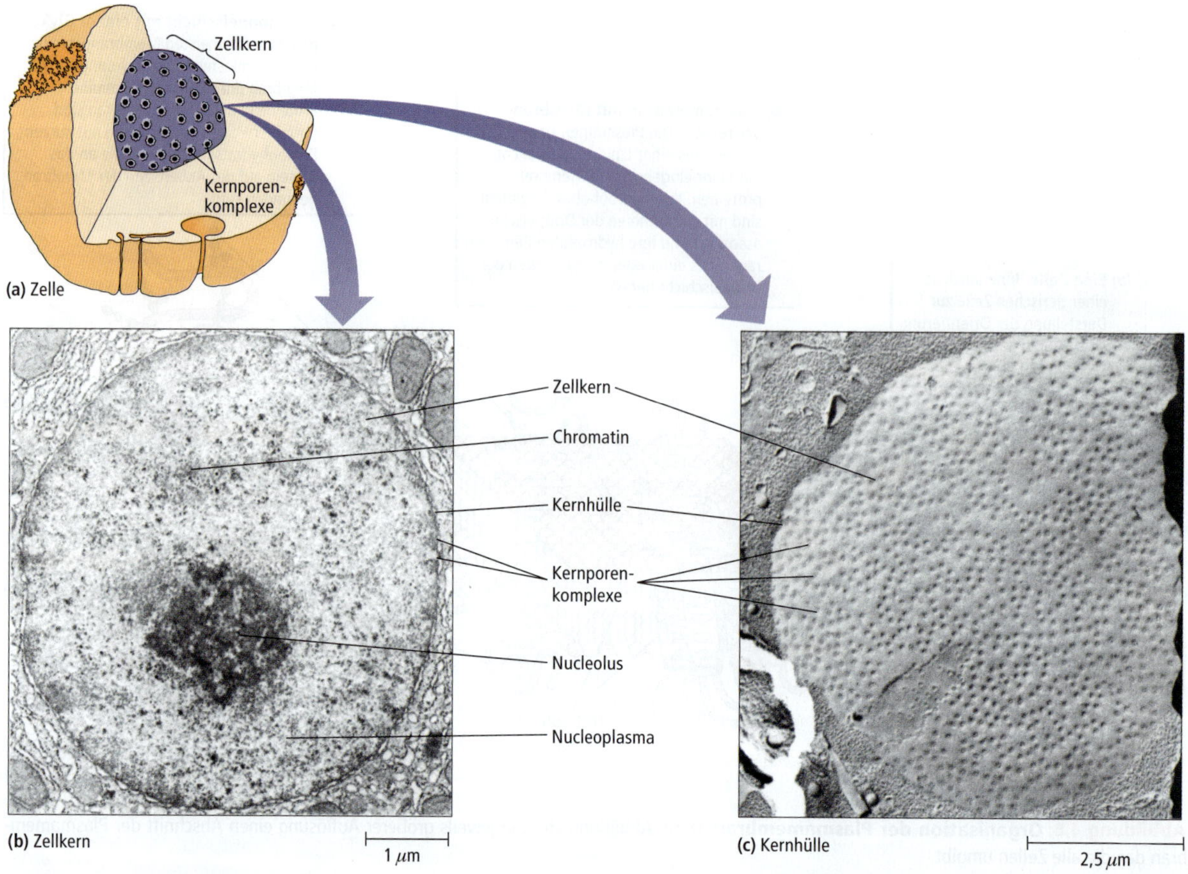

Abbildung 4.9: Der Zellkern. (a) Innenansicht einer tierischen Zelle mit besonderer Hervorhebung des Zellkerns. (b) Elektronenmikroskopische Aufnahme des Zellkerns einer Zelle der Rattenleber in der Interphase, wobei die Chromosomen als Chromatin verstreut vorliegen (TEM). (c) Die elektronenmikroskopische Aufnahme der Gefrierätzung einer Zelle eines *Drosophila*-Embryos (Frucht- oder Taufliege) bietet einen Blick auf die Oberfläche einer Kernhülle mit den deutlich erkennbaren Kernporenkomplexen.

4.2.3 Intrazelluläre Membranen und Organellen definieren funktionelle Kompartimente

Das Innere einer Zelle, ohne den Zellkern, bezeichnet man als *Cytoplasma*. Es wird von den Organellen und dem halbflüssigen *Cytosol* eingenommen, in dem die Organellen lokalisiert sind. Unter „halbflüssig" verstehen wir, dass das Cytosol keine dünne, wässrige Flüssigkeit ist. Stattdessen geht man davon aus, dass es sich vielmehr um ein zähflüssiges Material handelt, von ähnlicher Konsistenz wie Honig oder weiche Gelatine. In diesem Abschnitt werden wir uns mit den wichtigsten eukaryotischen Organellen vertraut machen. Bei typischen tierischen Zellen machen diese Kompartimente fast die Hälfte des inneren Gesamtvolumens der Zelle aus.

Wenn wir unseren Rundgang durch die eukaryotische Zelle fortsetzen und uns nun den Organellen widmen, dann könnte es für Sie hilfreich sein, diese subzellulären Strukturen bei der Lektüre von *Exkurs 4A* aus der Sicht des Menschen zu betrachten und sich in diesem Zusammenhang mit einigen menschlichen Erbkrankheiten vertraut zu machen, die mit Fehlfunktionen spezifischer Organellen zusammenhängen. In den meisten Fällen werden diese Störungen durch genetische Defekte in spezifischen Proteinen – vor allem in Enzymen und Transportproteinen – verursacht, die in bestimmten Organellen lokalisiert sind.

4A ▶ Klinische Bedeutung

Organellen und menschliche Erkrankungen

Obwohl wir es uns vielleicht nicht oft eingestehen – womöglich ist es uns nicht einmal bewusst – werden viele Krankheiten des Menschen durch molekulare Fehlfunktionen innerhalb spezifischer Organellen verursacht. Tatsächlich sind mehrere Organellen, denen wir auf unserem Rundgang durch die „Bilderausstellung" in diesem Kapitel begegnet sind – und mit denen wir uns in späteren Kapiteln eingehender beschäftigen werden – Orte einer Vielzahl menschlicher Erbkrankheiten. Viele davon sind seltene, aber sehr schwere Erkrankungen. Die Liste der mit Organellen in Zusammenhang stehenden Erkrankungen ist lang, dazu gehören so unterschiedliche mitochondriale Störungen wie *Myopathien* (Erkrankungen oder Fehlfunktionen der Muskelzellen), das *Leigh-Syndrom* (eine verheerende neurodegenerative Fehlfunktion) und *tödliche Atemwegserkrankungen bei Kleinkindern*. Außerdem zählen dazu peroxisomale Erkrankungen wie das *Zellweger-Syndrom* und die *neonatale Adrenoleukodystrophie* sowie mehr als 40 *lysosomale Speichererkrankungen*, wobei jede mit einer schädlichen Anhäufung spezifischer Substanzen einhergeht. Wir werden uns hier mit mehreren dieser Erkrankungen beschäftigen, allerdings nur recht oberflächlich. Dabei werden wir schon jetzt auf Funktionen zu sprechen kommen, die in mehreren Organellen lokalisiert sind, auch in den Mitochondrien (*Kapitel 10*), den Peroxisomen und den Lysosomen (*Kapitel 12*).

Mitochondriale Erkrankungen

Die meisten mit mitochondrialen Defekten verbundenen Erkrankungen betreffen typischerweise entweder das Muskel- oder das Nervengewebe. Das ist angesichts des hohen ATP-Verbrauchs in diesen Geweben und der überaus wichtigen Rolle des Mitochondriums bei der ATP-Synthese keineswegs überraschend. Die Liste umfasst mindestens 35 Myopathien sowie eine Vielzahl von Erkrankungen, die sich auf die Nervenfunktion auswirken. Je nach spezifischem Defekt variiert die Schwere der Erkrankung ganz erheblich. Einige führen zum frühen Tod von Kleinkindern, andere enden mit Blindheit, Taubheit, Lähmungen und Schlaganfällen. Mildere Formen zeichnen sich wiederum durch Muskelschwäche, Unfähigkeit Sport zu treiben, Muskelabbau und in einigen Fällen Unfruchtbarkeit in Folge nicht beweglicher Spermien aus.

Bei alle diesen Krankheiten handelt es sich um Erbkrankheiten. Zum Verständnis müssen wir wissen, dass Mitochondrien nur eine begrenzte Menge eigener DNA besitzen, worauf wir in den *Kapiteln 10* und *18* eingehen werden. Das Mitochondrium kodiert zwar einige seiner Proteine selbst, aber bei Weitem nicht alle. Die menschliche mitochondriale DNA (mtDNA) enthält 37 Gene: 22 spezifische Transfer-RNAs (tRNAs), zwei spezifische ribosomale RNAs (rRNAs); und die verbleibenden 13 kodieren Polypeptide, die ausnahmslos Bausteine der Atmungskomplexe sind, die sauerstoffabhängig ATP-Synthese ausführen.

Obgleich die Atmungskomplexe auch ungefähr 70 im Zellkern kodierte Polypeptide enthalten, gehen die meisten bekannten mitochondrialen Myopathien eher auf mitochondriale Gene als auf Zellkerngene zurück, was entweder mit der Deletion oder der Mutation spezifischer mitochondrialer Gene einhergeht. Die meisten dieser Defekte ereignen sich in Genen, die mitochondriale tRNAs kodieren, die für die Synthese der 13 mitochondrial kodierten Polypeptide benötigt werden. Zu diesen Erkrankungen gehören beispielsweise die *mitochondriale Encephalomyopathie* und die *hypertrophe Cardiomyophatie*, die sich auf das Gehirn bzw. das Herz auswirken und auf Defekte in den tRNAs der Aminosäuren Leucin bzw. Isoleucin zurückgehen.

Mitochondriale Erkrankungen folgen der sogenannten maternalen Vererbung, was bedeutet, dass sie ausschließlich mütterlicherseits vererbt werden. Da alle menschlichen Mitochondrien von den Mitochondrien abstammen, die in der Eizelle zum Zeitpunkt der Befruchtung vorhanden waren, trägt die Spermazelle ihre Hälfte des Kerngenoms bei, leistet aber nur einen geringen oder gar keinen Beitrag zum Mitochondrium. Ein weiterer Unterschied zwischen den Zellkerngenen und den mitochondrialen Genen besteht darin, dass eine typische menschliche Zelle Hunderte von Mitochondrien enthält, eine jede mit zwei bis zehn Kopien von mtDNA, so dass die Zelle Tausende mtDNA-Kopien besitzt. Daher können mtDNAs innerhalb spezifischer Gewebe recht heterogen vorliegen und leicht können daraus mitochondriale Erkrankungen hervorgehen, wenn in den meisten Mitochondrien innerhalb eines bestimmten Gewebes auch nur ein bestimmtes mutiertes Gen vorliegt.

Peroxisomale Erkrankungen

Die meisten menschlichen Erkrankungen, die mit Peroxisomen in Verbindung stehen, sind durch das Fehlen eines einzigen peroxisomalen Proteins bedingt. Angesichts der Vielzahl zellulärer Funktionen, die in diesem Organell lokalisiert sind, wundert es nicht, dass uns viele Erkrankungen bekannt sind, bei denen spezifische peroxisomale Proteine entweder defekt oder gar nicht vorhanden sind. Anders als die Mitochondrien enthalten die Peroxisomen keine DNA, daher gehen alle Defekte dieser Art auf Mutationen in Kerngenen zurück.

Drei gut untersuchte peroxisomale Erkrankungen sind das *Zellweger-Syndrom* (*ZS*), die *neonatale Adrenoleukodystrophie* (*NALD*), *X-chromosomal vererbte Adrenoleukodystrophie* (*X-ALD*) und das *infantile Refsum-Syndrom* (*IRD*, engl.: *Infantile Refsum Disease*). ZS zeichnet sich durch eine Vielzahl schwerer, neurologischer, das Sehvermögen betreffender Störungen sowie Lebererkrankungen aus, die während der frühen Kindheit zum Tod führen. NALD (autosomal rezessiv vererbt, nur bei Männern) und X-ALD (X-chromosomal vererbt, auch nur bei Männern) sind Krankheiten, die typischerweise weniger schwer verlaufen als ZS, aber letztendlich zu neurologischen Beeinträchtigungen führen und mit dem Tod enden. Bei Patienten mit NALD oder X-ALD treten im Allgemeinen Symptome wie Nebennierenversagen und neurologische Schwäche während der frühen Kindheit auf. Ähnliche Symptome treten bei IRD auf, allerdings weniger schwer ausgeprägt als bei ZS und NALD.

Obwohl diese Erkrankungen unabhängig voneinander entdeckt wurden und man anfangs meinte, dass kein Zusammenhang bestünde, so wissen wir doch heute, dass jede dieser Erkrankungen durch Mutationen in einem von elf verschiedenen menschlichen Gene verursacht wird. Die schwersten Mutationen in diesen Genen verursachen ZS, mäßig schwere Mutationen führen zu NALD und die geringfügigsten Mutationen zu IRD.

Bei einigen Formen von NALD ist das Produkt des defekten Gens ein Membranprotein, das am Transport sehr langkettiger Fettsäuren in die Peroxisomen beteiligt ist, in denen diese Fettsäuren zu kürzeren Ketten abgebaut werden, die das Mitochondrium verarbeiten kann. Wenn dieser Transportmechanismus gehemmt wird oder nicht abläuft, sammeln sich die sehr langkettigen Fettsäuren in den Zellen und Geweben an. Diese Anhäufung hat besonders verheerende Auswirkungen auf das Gehirn, in dem diese Fettsäuren die Myelinscheiden zerstören, die eine Isolationsschicht um die Nervenzellen bilden, wodurch die Übertragung neuronaler Signale schwer beeinträchtigt wird.

Bei X-ALD tritt eine Mutation in einem Gen auf, das für einen peroxisomalen Transporter, den *ABCD-1*, codiert. Dieser Transporter ist an dem Recycling des Myelins beteiligt, das die Isolationsschichten um die Axone der Nervenzellen bildet. Das defekte Transportprotein ist verantwortlich dafür, dass die Myelinscheiden abgebaut werden und die Nervenzellen absterben. Meist führt die Krankheit vor Erreichen des Erwachsenenalters zum Tode. Eine klinische Studie im Jahre 2009 zeigte allerdings vielversprechende Ergebnisse: mit Hilfe eines gentherapeutischen Ansatzes konnte das Absterben der Nervenzellen bei zwei Patienten mit X-ALD gestoppt werden. Sie hatten einige Blutzellen erhalten, die zuvor mit einem viralen Vektor behandelt wurden, der eine intakte Kopie des *ABCD-1* Gens in die Blutzellen einschleuste.

Bei ZS kann jedes der vielen Proteine das fehlende oder defekte Genprodukt sein, das dafür sorgt, dass die peroxisomalen Enzyme von dem Organell aufgenommen werden. Wie wir in *Kapitel 12* sehen werden, werden peroxisomale Proteine von Kerngenen kodiert, die auf cytoplasmatischen Ribosomen synthetisiert und dann in das Peroxisom transportiert werden. Individuen mit ZS können typischerweise alle benötigten Enzyme synthetisieren, aber eines der vielen Membranproteine, die am Transport dieser Enzyme in die Organellen beteiligt sind, weist einen Defekt auf. Dies hat zur Folge, dass die Enzyme im Cytosol verbleiben und die Peroxisomen somit funktionsuntüchtig werden. Man kann Peroxisomen in den Zellen dieser Individuen nachweisen, aber diese Organellen sind leere, von Membranen umgebene Geisterstrukturen ohne normalen Enzymsatz. Es ist keineswegs überraschend, dass betroffene Individuen an verschiedenen neurologischen, das Sehvermögen beeinträchtigenden Erkrankungen leiden oder an Lebererkrankungen, die während der frühen Kindheit unweigerlich zum Tod führen.

Lysosomale Erkrankungen

Eine weiteres Organell, das von einer Reihe von Gendefekten betroffen ist, ist das Lysosom, das beim Abbau von Nahrungsmittelmolekülen und dem Recycling von Zellkomponenten, die nicht länger benötigt werden, eine große Rolle spielt. Mehr als 40 erbliche *lysosomale Speichererkrankungen* sind bekannt, von denen sich jede durch schädliche Anhäufung einer spezifischen Substanz oder Klasse von Substanzen auszeichnet – am häufigsten handelt es sich um Polysaccharide oder Lipide, die normalerweise von den hydrolytischen Enzymen im Lysomsom katabolisiert werden würden. In einigen Fällen ist das defekte Protein entweder ein Schlüsselenzym für den Abbau einer Substanz oder ein Transportprotein, das an dem Transport der Abbauprodukte aus dem Lysosom mitwirkt. In anderen Fällen werden die benötigten Enzyme in normaler Menge synthetisiert, aber sie werden in das extrazelluläre Medium ausgeschieden und nicht in die Lysosomen transportiert.

Ein weiteres Beispiel für letztgenannten Typ ist die *I-Zellenerkrankung* (auch als *Mukolipidose II* bezeichnet), die auf einen Defekt in einem Enzym mit der Bezeichnung *N*-Acteylglucosaminphosphotransferase zurückgeht. Dieses Enzym wird zur Bildung der korrekten Menge des Proteins benötigt, das lysosomale Enzyme für den Import in die Zelle kennzeichnet. Ohne dieses erforderliche Signal werden die hydrolytischen Enzyme nicht in die Lysosomen transportiert. Daher werden die Lysosomen mit abgebauten Polysacchariden, Lipiden und anderem Material verstopft. Dies führt zu irreversiblen Schäden der Zellen und des Gewebes.

Ein gut bekanntes Beispiel ist die *Tay-Sachs-Krankheit*, die in der allgemeinen Bevölkerung sehr selten auftritt, aber bei den Aschkenasim-Juden mit osteuropäischen Vorfahren eine hohe Inzidenz aufweist. Im Alter von ungefähr sechs Monaten treten bei den für diesen Defekt homozygoten Kindern mentale und motorische Störungen sowie Dysfunktionen des Skeletts, des Herzens und der Atmung auf. Darauf folgen Demenz, Lähmung, Erblindung und im Allgemeinen tritt binnen drei Jahren der Tod ein. Diese Erkrankung entsteht durch die Anhäufung von einem bestimmten Glykolipid, dem sogenannten Gangliosid G_{M2} im Nervengewebe. (Zur Struktur der Ganglioside schauen Sie sich bitte *Abbildung 7.6* an.) Das fehlende oder defekte lysosomale Enzym ist β-*N*-Acetylhexosaminidase A, dieses spaltet das terminale *N*-Acetylgalatosamin vom „Glyko"-Teil (Kohlenhydrat-Teil) des Gangliosids. G_{M2} ist ein wichtiger Baustein der Membranen der Gehirnzellen. Es verwundert nicht, dass die Lysosomen der von der Tay-Sachs-Krankheit betroffenen Kinder mit Membranfragmenten angefüllt sind, die unabgebaute Ganglioside enthalten.

Alle uns bekannten lysosomalen Speichererkrankungen können pränatal diagnostiziert werden. Von noch größerer Bedeutung sind die Prognosen bei der *Enzymersatztherapie* und der *Gentherapie*. Die Enzymersatztherapie hat sich bei einer lysosomalen Erkrankung mit der Bezeichnung *Gaucher-Krankheit* als effektiv erwiesen. Diese Krankheit zeichnet sich durch das Fehlen oder einen Mangel an einer spezifischen Hydrolase aus, der sogenannten Glucocerebrosidase. Fehlt dieses Enzym, so sammeln sich Lipide, die Glucocerebroside, in den Lysosomen der Makrophagen an. Dies sind weiße Blutkörperchen, die Fremdmaterial oder invasive Mikroorganismen sowie Zellabfall und ganz beschädigte Zellen aufnehmen und abbauen. (Die Struktur von Cerebrosiden wird auch in der *Abbildung 7.6* dargestellt.) Die Anhäufung von Glucocerebrosidasen führt typischerweise zur Vergrößerung der Leber und der Milz, zu Anämie und mentaler Retardierung. In der Vergangenheit bestand die Behandlung darin, Glucocerebrosidasen aus menschlichem Placentamaterial aufzureinigen und diese so zu modifizieren, dass diese nach Injektion in den Patienten von dessen Makrophagen aufgenommen werden konnten. In jüngster Zeit hat man jedoch mit Hilfe der rekombinanten DNA-Technologie eine synthetische Form des Enzyms hergestellt, wodurch das Behandlungsprotokoll vereinfacht wird. Makrophagen, die dieses Enzym aufnehmen, sind in der Lage, Glucocerebroside nach Bedarf abzubauen und auf diese Weise ist eine effektive Behandlung einer Krankheit möglich, die sonst tödlich verlaufen würde.

Die Gentherapie stellt eine mögliche zukünftige Form zur Behandlung lysosomaler Speichererkrankungen sowie anderer Erbkrankheiten dar. Bei dieser Vorgehensweise werden intakte Gene für die fehlenden Enzyme mit viralen Vektoren in die entsprechenden Zellen eingeschleust, wodurch die Krankheit wirksam geheilt werden könnte und nicht einfach nur behandelt wird. Für eine weitere Betrachtung der Gentherapie verweisen wir Sie auf das *Kapitel 20*.

Das Mitochondrium Unser Rundgang durch die eukaryotischen Zellen beginnt mit einem besonders wichtigen Organell – dem **Mitochondrium** (Plural **Mitochondrien**), das in ▸*Abbildung 4.10* dargestellt ist. Mitochondrien kommen in allen eukaryotischen Zellen vor und sind die Orte aerober Atmung, dem Thema von *Kapitel 10*. Mitochondrien sind für zelluläre Verhältnisse recht groß – bis zu einem Mikrometer breit und im Allgemeinen wenige Mikrometer lang. Man kann die Größe eines Mitochondriums mit der einer ganzen Bakterienzelle vergleichen. Die meisten eukaryotischen Zellen enthalten Hunderte von Mitochondrien und jedes Mitochondrium ist von zwei Membranen umgeben, die als *innere* bzw. *äußere mitochondriale Membran* bezeichnet werden. Außerdem kommen in den Mitochondrien kleine runde DNA-Moleküle vor, die einige der RNAs und Proteine kodieren, die zusammen mit den Ribosomen in den Mitochondrien für die Proteinsynthese benötigt werden.

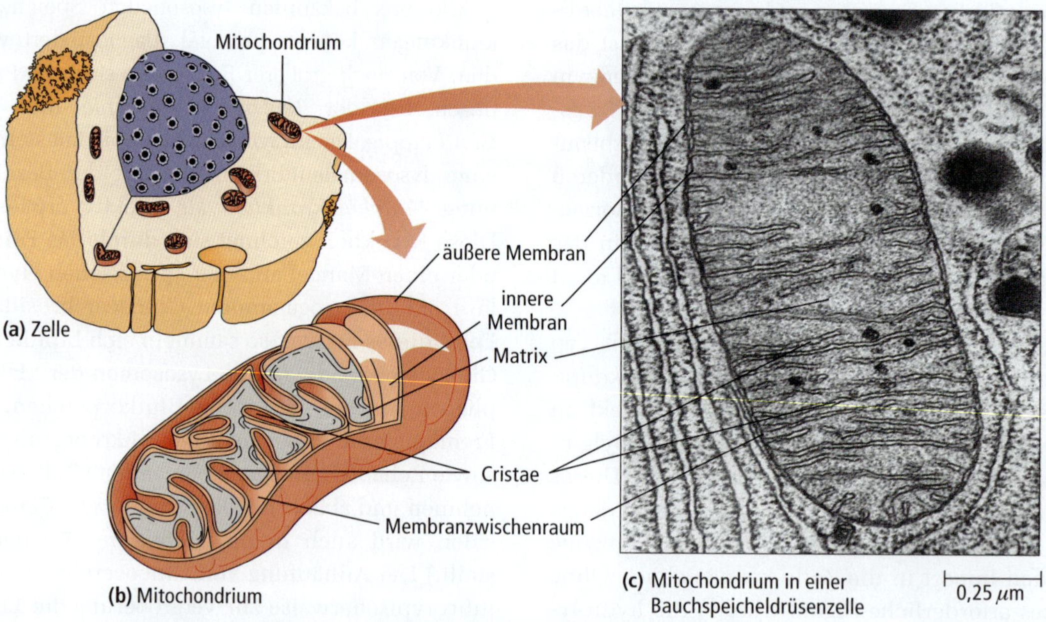

Abbildung 4.10: Das Mitochondrium. (a) Schnitt durch eine Zelle mit der üblichen Anzahl und Größe der Mitochondrien einer tierischen Zelle. Rufen Sie sich in Erinnerung, dass alle anderen eukaryotischen Zellen auch Mitochondrien besitzen. (b) Schematische Darstellung der mitochondrialen Struktur. (c) Ein Mitochondrium aus der Bauchspeicheldrüsenzelle einer Ratte.

Durch die Oxidation von Zuckern und anderen zellulären „Treibstoffmolekülen" zu Kohlendioxid in den Mitochondrien wird aus den Nahrungsmittelmolekülen Energie extrahiert und als Adenosintriphosphat (ATP) gespeichert. Im Mitochondrium liegen die meisten Enzyme und Zwischenprodukte der Zelle, die an solch wichtigen zellulären Abläufen wie TCA-Zyklus, Fettoxidation und ATP-Erzeugung mitwirken. Die meisten Zwischenprodukte, die am Elektronentransport von oxidierbaren Nahrungsmittelmolekülen zu Sauerstoff beteiligt sind, liegen in oder auf den **Cristae** (Singular **Crista**), Einstülpungen der inneren mitochondrialen Membran. Weitere Reaktionsreihen, vor allem die des TCA-Zyklus und der Fettoxidation, finden in der halbflüssigen **Matrix** statt, mit der das Innere des Mitochondriums ausgefüllt ist.

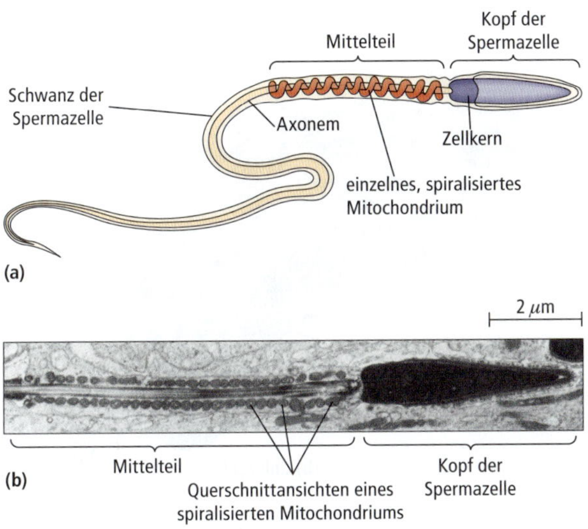

Abbildung 4.11: Position des Mitochondriums in einem Spermium. Das einzige Mitochondrium in einer Spermazelle ist fest um das Axonem des Schwanzteils spiralisiert, was den örtlichen Energiebedarf des Spermiumschwanzes widerspiegelt. (a) Schematische Darstellung eines Spermiums. (b) Elektronenmikroskopische Aufnahme des Kopfes und des Mittelstücks einer Spermiumzelle eines Krallenaffen (TEM).

Anzahl und Position der Mitochondrien innerhalb einer Zelle können oftmals mit ihrer Rolle in der Zelle in Zusammenhang gebracht werden. Gewebe mit besonders hohem ATP-Bedarf als Energiequelle besitzen erwartungsgemäß Zellen mit vielen Mitochondrien und diese befinden sich meist genau dort in der Zelle, wo der höchste Energiebedarf besteht. Diese Positionierung wird an einem in ▶*Abbildung 4.11* dargestellten Spermium veranschaulicht. Wie die Darstellung zeigt, besitzt eine Spermazelle oftmals ein einziges rundes Mitochondrium, das um den zentralen Schaft, das Axonem, der Zelle gewickelt ist. Achten Sie darauf, wie fest das Mitochondrium um das Axonem spiralisiert ist und zwar gerade an der Stelle, an der das ATP tatsächlich gebraucht wird, um den Schwanzteil des Spermiums anzutreiben. Muskelzellen und Zellen, die auf den Ionentransport spezialisiert sind, besitzen gleichfalls zahlreiche, strategisch lokalisierte Mitochondrien, um den besonderen Energieanforderungen solcher Zellen gerecht zu werden (▶*Abbildung 4.12*).

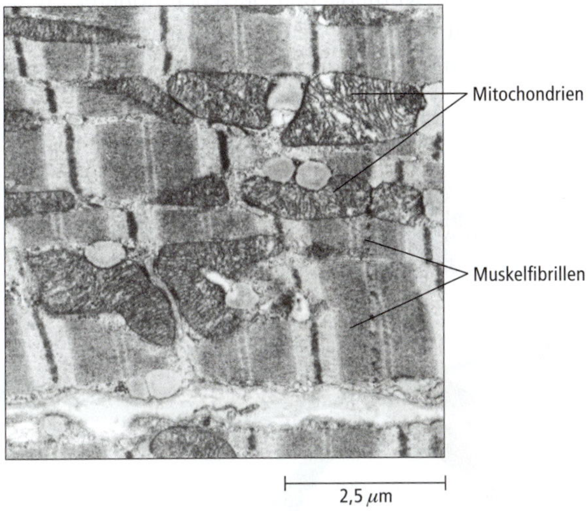

Abbildung 4.12: Die Position von Mitochondrien in einer Muskelzelle. Diese elektronenmikroskopische Aufnahme einer Muskelzelle eines Katzenherzens zeigt die enge Verbindung der Mitochondrien mit den für die Muskelkontraktion verantwortlichen Muskelfibrillen (TEM).

Der Chloroplast Das nächste Organell, dem wir auf unserem Rundgang durch die Ausstellung der Organellen begegnen, ist der **Chloroplast**, der Ort der Photosynthese bei Pflanzen und Algen (▶*Abbildung 4.13*). Chloroplasten sind große Organellen, die im Allgemeinen einen Durchmesser von wenigen Mikrometern haben und deren Länge zwischen 5 bis 10 μm liegt. Sie können recht zahlreich in den Blättern der Grünpflanzen vorkommen. Sie sind wesentlich größer als Mitochondrien und mit Ausnahme des Zellkerns auch größer als jede andere Struktur einer typischen Pflanzenzelle. (Es gibt allerdings einige Algen, bei denen ein einziger Chloroplast größer als der Zellkern sein kann.) Ebenso wie die Mitochondrien sind die Chloroplasten sowohl von einer inneren als auch von einer äußeren Membran umgeben. Im Chloroplasten gibt es ein drittes Membransystem, das aus abgeflachten Säckchen besteht, den sogenannten **Thylakoiden** und den Membranen, den **Stromathylakoiden**, die sie untereinander verbinden. Thylakoide sind durch **Grana** (Singular **Granum**) miteinander verbunden, die für die meisten Chloroplasten charakteristisch sind (*Abbildung 4.13c* und *d*).

Chloroplasten sind der Ort der *Photosynthese*, dem durch Lichtenergie angetriebenen Prozess, der Sonnenenergie, Wasser und Kohlendioxid zur Bildung von Zuckern und anderen organischen Verbindungen nutzt und letztendlich die Grundlage für alles höhere Leben bildet. Chloroplasten kommen in Blättern und anderen photosynthetischen Geweben höherer Pflanzen sowie in Algen vor. In diesem Organell befinden sich lichtsammelnde Pigmente und die meisten Enzyme und Zwischenprodukte, die für die Photosynthese benötigt werden – der enzymatischen Reduktion von Kohlendioxid zu Zucker, einem Vorgang, für den Energie benötigt wird. Bedenken Sie, dass dieser Vorgang die Umkehr der energieerzeugenden Oxidationsreaktionen in Mitochondrien ist, durch die Zucker zu Kohlendioxid umgewandelt wird. Reaktionen, die direkt von der Sonnenenergie abhängen, laufen in oder auf dem System der Thylakoidmembranen ab. Reaktionen zur Reduktion von Kohlendioxid zu Zuckermolekülen laufen im halbflüssigen **Stroma** ab, das den Innenraum des Chloroplasten ausfüllt. Außerdem liegen im Stroma Chloroplastenribosomen sowie kleine runde DNA-Moleküle, die einige der RNAs und Proteine kodieren, die der Chloroplast benötigt.

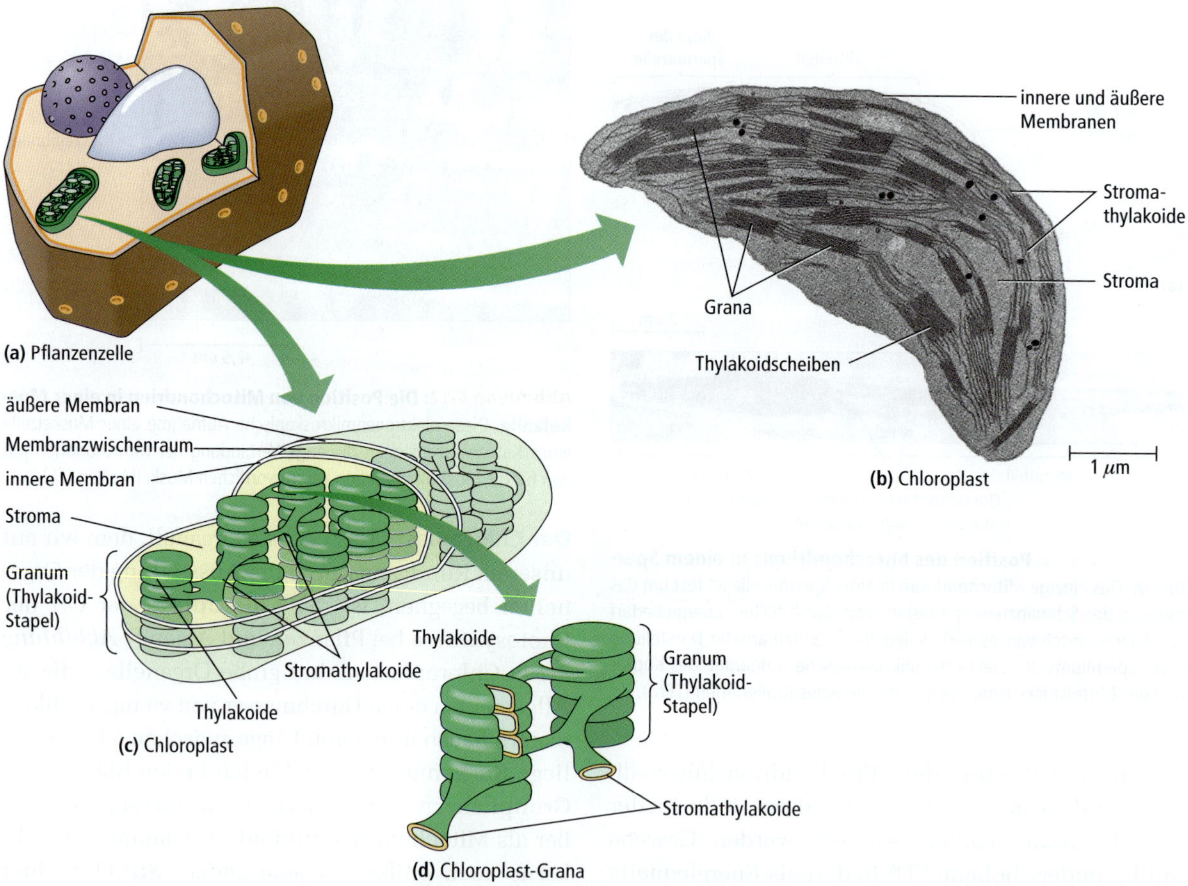

Abbildung 4.13: Der Chloroplast. (a) Innenansicht einer Pflanzenzelle zur Veranschaulichung der relativen Größe und Ausrichtung der Chloroplasten. (b) Elektronenmikroskopische Aufnahme eines Chloroplasten (TEM). (c) Schematische Darstellung der Struktur eines Chloroplasten. (d) Innenansicht von zwei Grana.

Obwohl Chloroplasten in erster Linie mit ihrer Rolle bei der Photosynthese in Zusammenhang gebracht werden, sind sie an einer Vielzahl weiterer chemischer Abläufe beteiligt. Sie enthalten Enzyme, die Stickstoff von der Oxidationsstufe der Nitrationen (NO_3^-), die aus dem Boden stammen, zu Ammoniak (NH_3) reduzieren, die für die Proteinsynthese erforderliche Form des Stickstoffs. Die Enzyme im Chloroplasten katalysieren zudem die Reduktion von Sulfationen (SO_4^{2-}) zu Schwefelwasserstoff (H_2S), der für die Proteinsynthese in die Aminosäure Cystein aufgenommen werden kann. Hinzu kommt, dass die Chloroplasten das bekannteste Beispiel einer Klasse pflanzlicher Organellen liefern, die als **Plastiden** bezeichnet werden. Plastiden führen im Gegensatz zu den Chloroplasten eine Vielzahl von Funktionen in Pflanzenzellen aus. Beispielsweise sind die *Chromoplasten* Plastiden, die Pigmente enthalten, die für die charakteristische Farbgebung von Pflanzen, Früchten und anderen Pflanzenteilen verantwortlich sind. *Amyloplasten* sind Plastiden, die auf die Speicherung von Stärke (Amylose und Amylopectin) spezialisiert sind.

Die Endosymbiontentheorie: Entstanden Mitochondrien und Chloroplasten aus urtümlichen Bakterien?

Da wir das Mitochondrium und den Chloroplasten gerade als eukaryotische Organellen kennengelernt haben, wollen wir eine Pause einlegen und kurz zu den möglichen evolutionären Ursprüngen dieser Organellen abschweifen. Sowohl Mitochondrien als auch Chloroplasten besitzen ihre eigene DNA und Ribosomen, mit denen sie sowohl RNA als auch Proteine synthetisieren (obgleich die meisten in diesen Organellen enthaltenen Proteine tatsächlich von Kerngenen kodiert werden). Als Molekularbiologen die Synthese von Nucleinsäuren und Proteinen in diesen Organellen untersuchten, waren sie von den vielen Ähnlichkeiten zwischen diesen Abläufen bei Mitochondrien und Chloroplasten und vergleichbaren Vorgängen in bakteriellen Zellen überrascht. Beide besitzen ringförmige DNA-Moleküle ohne assoziierte Histone und beide weisen Ähnlichkeiten in den rRNA-Sequenzen, der Größe der Ribosomen, der Sensitivität gegen Inhibitoren der RNA- und Proteinsynthese und dem Typ der bei der Proteinsynthese verwendeten Proteinfaktoren auf. Abgesehen von diesen molekularen Merkmalen ähneln Mitochondrien und Chloroplasten den bakteriellen Zellen auch in Größe und Form und sie haben eine Doppelmembran, deren Lipide der inneren Membran den Lipiden der Bakterien ähneln.

Diese Ähnlichkeiten führten zur Entwicklung der Endosymbiontentheorie über die evolutionären Ursprünge von Mitochondrien und Chloroplasten. Dieser Theorie zu Folge, auf die wir in *Exkurs 11A* genauer eingehen, stammten diese beiden Organellen von urtümlichen Bakterien ab, die in das Cytoplasma früher einzelliger Organismen, der sogenannten *Protoeukaryoten*, aufgenommen wurden und dort eine symbiotische Beziehung mit den Wirtszellen eingingen. Die Endosymbiontentheorie besagt, dass Protoeukaryoten Bakterien und Cyanobakterien durch *Phagocytose* („Zellfressen") aufnahmen. Nach der Phagocytose wurden diese Zellen nicht abgebaut, sondern siedelten sich im Cytoplasma an, wo sie sich zu Mitochondrien bzw. Chloroplasten entwickelten.

Das endoplasmatische Reticulum Durch das Cytoplasma fast aller eukaryotischen Zellen zieht sich ein Membrannetzwerk, das sogenannte **endoplasmatische Reticulum** oder **ER** (▸*Abbildung 4.14*). Der Name hört sich kompliziert an, aber *endoplasmatisch* bedeutet einfach „innerhalb des Plasmas" (der Zelle) und *Reticulum* ist der lateinische Begriff für „kleines Netzwerk". Das endoplasmatische Reticulum besteht aus röhrenförmigen Membranen und flachen Säckchen oder **Zisternen** (Singular **Zisterne**), die untereinander verbunden sind. Der innere, von den ER-Membranen umschlossene Raum wird als **Lumen** bezeichnet. Das ER steht mit der Kernhülle in Verbindung (▸*Abbildung 4.14a*), so dass der Raum zwischen den beiden Kernmembranen Teil des gleichen Kompartiments ist wie das Lumen des ER.

Das ER kann entweder rau oder glatt sein. Das **raue endoplasmatische Reticulum** (**raues ER**) erscheint unter dem Elektronenmikroskop „rau", denn es ist auf der dem Cytosol zugewandten Seite der Membran mit Ribosomen besetzt (▸*Abbildung 4.14b* und *d*). Diese Ribosomen sind aktiv an der Synthese von Polypeptiden beteiligt, die sich entweder in der Membran anhäufen oder durch die ER-Membran transportiert werden, wo sie sich im Lumen innerhalb des ER ansammeln. Viele Membranproteine und sekretierte Proteine werden auf diese Weise synthetisiert. Diese Proteine wandern dann über den Golgi-Komplex und sekretorische Vesikel zu der entsprechenden Membran oder zur Zelloberfläche, worauf wir im nächsten Abschnitt (und im Einzelnen in *Kapitel 12*) näher eingehen werden.

Es werden jedoch nicht alle Proteine von Ribosomen synthetisiert, die mit Membranen des rauen ER assoziiert sind. Ein Großteil der Proteinsynthese findet auf freien Ribosomen statt, die nicht an das ER geknüpft sind, sondern im Cytosol liegen und nicht mit einer Membran verbunden sind (▶*Abbildung 4.14d*). Im Allgemeinen werden sekretorische Proteine und Membranproteine von Ribosomen auf dem rauen ER gebildet, während Proteine, die für eine Verwendung im Cytosol oder für den Transport in Organellen hinein vorgesehen sind, von freien Ribosomen gebildet werden.

Das **glatte endoplasmatische Reticulum (glattes ER)** spielt bei der Proteinsynthese keine Rolle und trägt daher auch keine Ribosomen auf seiner Oberfläche. Daher rührt das charakteristische glatte Erscheinungsbild, das unter dem Elektronenmikroskop sichtbar wird (▶*Abbildung 4.14c*). Das glatte ER ist an der Synthese von Lipiden und Steroiden beteiligt, beispielsweise Cholesterin und Steroidhormone werden dort synthetisiert. Des Weiteren ist das glatte ER für die Inaktivierung und Entgiftung von Medikamenten wie Barbituraten und anderen Verbindungen zuständig, die sonst toxisch wirken würden oder der Zelle schaden könnten. Wenn wir uns in *Kapitel 16* eingehend mit der Muskelkontraktion beschäftigen, werden wir sehen, wie ein spezialisierter Typ des glatten ER, das sogenannte *sarkoplasmatische Reticulum*, eine entscheidende Funktion bei der Speicherung und Freisetzung von Calcium-Ionen übernimmt, die dann die Kontraktion auslösen.

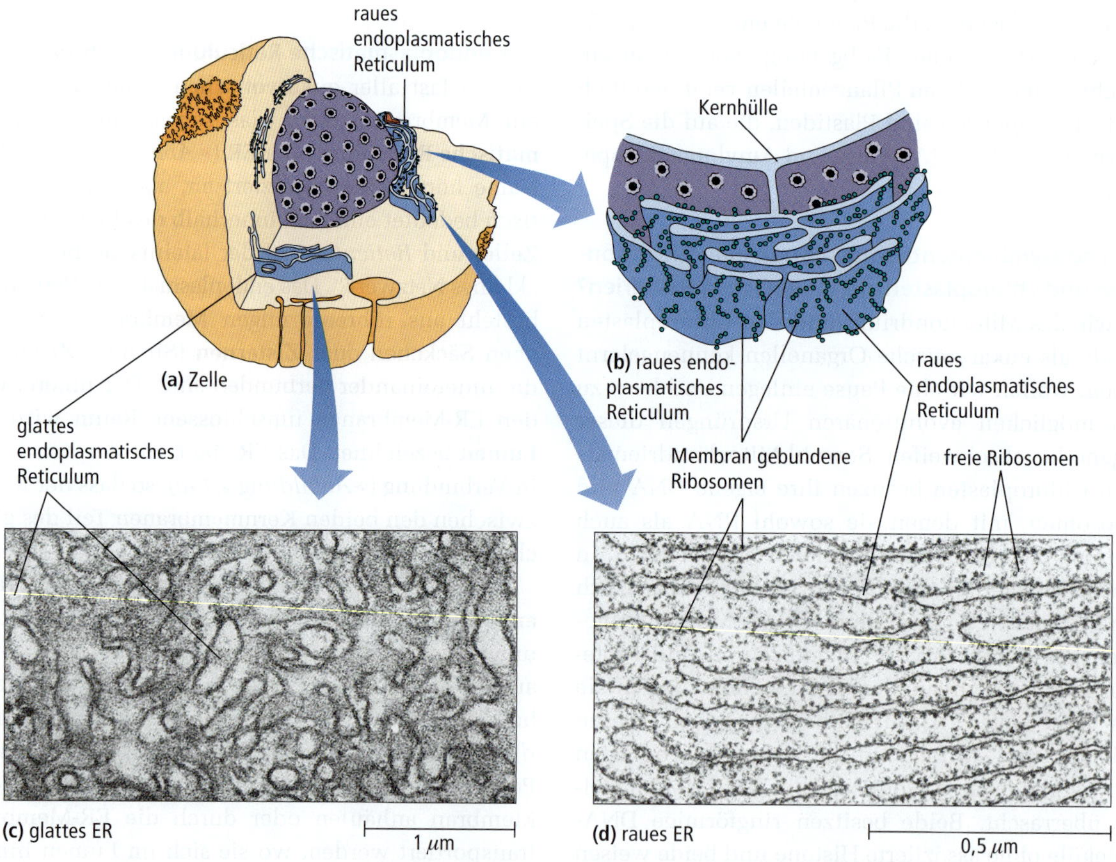

Abbildung 4.14: Das endoplasmatische Reticulum. (a) Innenansicht einer typischen tierischen Zelle zur Darstellung der Lokalisierung und der relativen Größe des endoplasmatischen Reticulums (ER). (b) Schematische Darstellung der Organisation des rauen ER als Schichten abgeflachter Membranen. Die Membranen des rauen ER sind auf ihrer äußeren Oberfläche mit Ribosomen besetzt und stehen mit der Kernhülle in Verbindung. (c) Elektronenmikroskopische Aufnahme des glatten ER in einer Hodenzelle eines Meerschweinchens. (d) Elektronenmikroskopische Aufnahme des rauen ER in der Bauchspeicheldrüsenzelle einer Ratte (TEM); beachten Sie, dass die Ribosomen weder an das ER gebunden sind noch frei im Cytosol liegen.

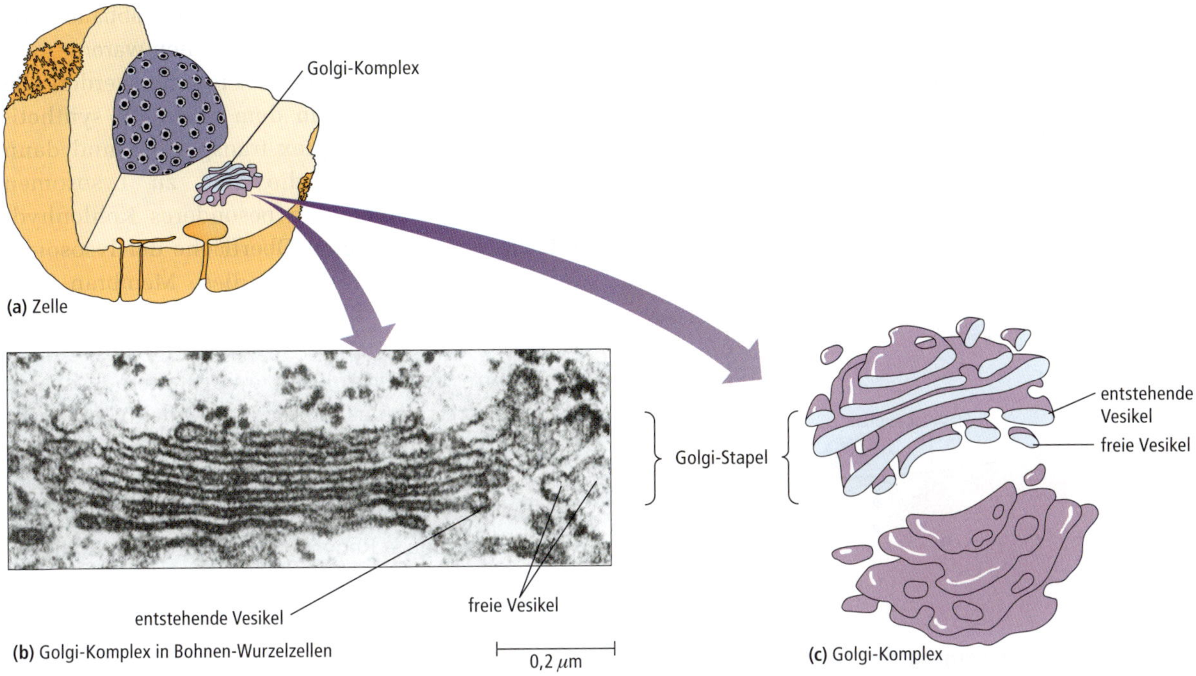

Abbildung 4.15: Der Golgi-Komplex. (a) Innenansicht zur Darstellung der relativen Ausrichtung und Größe des Golgi-Komplexes in einer Zelle. (b) Elektronenmikroskopische Aufnahme eines Golgi-Komplexes in einer Zelle der Bohnenwurzelspitze (TEM). Achten Sie auf die Vesikel, die sich an den Ecken des Stapels abschnüren und auf die freien Vesikel, die wahrscheinlich auf diese Weise entstanden sind. (c) Schematische Darstellung eines Golgi-Komplexes, der die Vesikelbildung durch Knospung veranschaulicht.

Der Golgi-Komplex Sowohl im Hinblick auf die räumliche Nähe als auch auf die Funktion ist der **Golgi-Komplex** (oder *Golgi-Apparat*), der nach seinem italienischen Entdecker Camillo Golgi benannt wurde, mit dem ER verbunden. Der Golgi-Komplex (siehe ▶*Abbildung 4.15*) besteht aus einem Stapel flacher Vesikel, die man auch als *Zisternen* bezeichnet. Der Golgi-Komplex spielt bei der Prozessierung und Verpackung sekretorischer Proteine sowie bei der Synthetisierung von Polysacchariden eine sehr wichtige Rolle. Vesikel, die durch Abknospen aus dem ER entstehen, werden vom Golgi-Komplex aufgenommen. Dort werden die Vesikel (größtenteils Proteine) und manchmal die Vesikelmembranen modifiziert und prozessiert. Der prozessierte Inhalt wird dann durch Vesikel, die durch Abschnürung aus dem Golgi-Komplex gebildet werden, zu anderen Zielorten in der Zelle gebracht (▶*Abbildung 4.15c*).

Die meisten Membranproteine und sekretorischen Proteine sind Glykoproteine. Die ersten Schritte der Glykosylierung (Anfügen kurzkettiger Kohlenhydrate) finden im Lumen des rauen ER statt, aber der Vorgang wird im Allgemeinen innerhalb des Golgi-Komplexes abgeschlossen. Der Golgi-Komplex sollte daher als Modifikationsstation betrachtet werden, wobei Vesikel mit ihm verschmelzen und aus ihm hervorgehen. Fast alles, was in den Golgi-Komplex gelangt, tritt in modifizierter, verpackter Form heraus und ist oftmals für den Export aus der Zelle bereit.

Sekretorische Vesikel Nach ihrer Modifikation durch den Golgi-Komplex werden sekretorische Proteine und andere Substanzen, die für den Export aus der Zelle bestimmt sind, in **sekretorische Vesikel** verpackt. Die Zellen Ihrer Bauchspeicheldrüse enthalten sehr viele dieser Vesikel, denn die Bauchspeicheldrüse ist für die Synthese mehrerer wichtiger Verdauungsenzyme zuständig. Diese Enzyme werden an dem rauen ER synthetisiert, vom Golgi-Komplex verpackt und dann über sekretorische Vesikel aus der Zelle freigesetzt, wie in ▶*Abbildung 4.16* gezeigt. Diese Vesikel des Golgi-Komplexes bewegen sich weiter, verschmelzen mit der Plasmamembran und setzen ihren Inhalt durch Exocytose in die äußere Umgebung der Zelle frei. Der gesamte Vorgang der Proteinsynthese, der Prozessierung und des Exports über das ER, den Golgi-Komplex und die sekretorischen Vesikel wird in *Kapitel 12* genauer betrachtet.

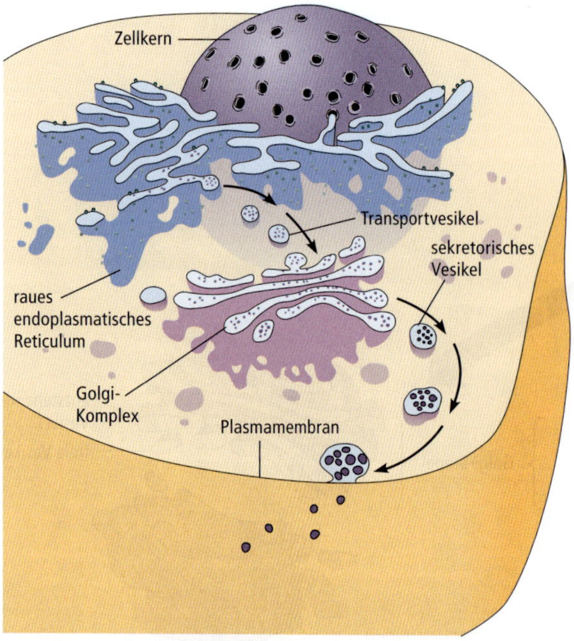

Abbildung 4.16: Der Vorgang der Sekretion bei eukaryotischen Zellen. Die für den Transport zu packenden Proteine werden an dem rauen ER synthetisiert, zur Prozessierung durch den Golgi-Komplex geleitet und schließlich in die sekretorischen Vesikel verpackt. Diese Vesikel werden dann zur Plasmamembran transportiert, mit der sie verschmelzen und dann ihren Inhalt in die äußere Umgebung der Zelle freisetzen.

Das Lysosom Das nächste Bild unserer Organellenausstellung ist ein Porträt des **Lysosoms**, eines Organells mit einem Durchmesser von 0,5 – 1,0 μm, das von einer einzigen Membran umschlossen wird (▶*Abbildung 4.17*). Christian de Duve und seine Kollegen entdeckten zu Beginn der 1950er Jahre die Lysosomen. Die Geschichte dieser Entdeckung wird im *Exkurs 4B* erzählt, um die Bedeutung zufällig gemachter Beobachtungen durch aufmerksame Wissenschaftler zu erwähnen, und zur Veranschaulichung der Bedeutung neuer Techniken für den Fortschritt der Wissenschaft.

Die Zelle nutzt Lysosomen als Vorrichtung zur Speicherung von Hydrolasen, Enzymen, die spezifische biologische Moleküle wie Proteine, Kohlenhydrate oder Fette abbauen. Zwar benötigen Zellen diese Enzyme sowohl zum Abbau von Nahrungsmolekülen als auch zum Recycling wertvoller Zellbausteine, doch müssen diese Enzyme bis zu ihrem Einsatz sorgfältig verpackt werden, damit sie nicht ungewollt die normalen Komponenten abbauen, die noch gar nicht zum Abbau vorgesehen waren.

Ebenso wie sekretorische Proteine werden die lysosomalen Enzyme an dem rauen ER synthetisiert, zum Golgi-Komplex transportiert und dann in Vesikel verpackt, die sich zu Lysosomen umwandeln können. Ein besonderes Kohlenhydrat, das auf der inneren Oberfläche der lysosomalen Membran liegt, schützt diese Membran (und die Zelle) vor der hydrolytischen Aktivität dieser Enzyme, bis sie benötigt werden. Das mit seinem Repertoire an Hydrolasen ausgestattete Lysosom kann praktisch jedes biologische Molekül abbauen. Schließlich sind die Abbauprodukte so klein, dass sie durch die Membran in das Cytosol gelangen, wo sie zur Synthese weiterer Makromoleküle verwendet werden – Recycling auf zellulärer Ebene.

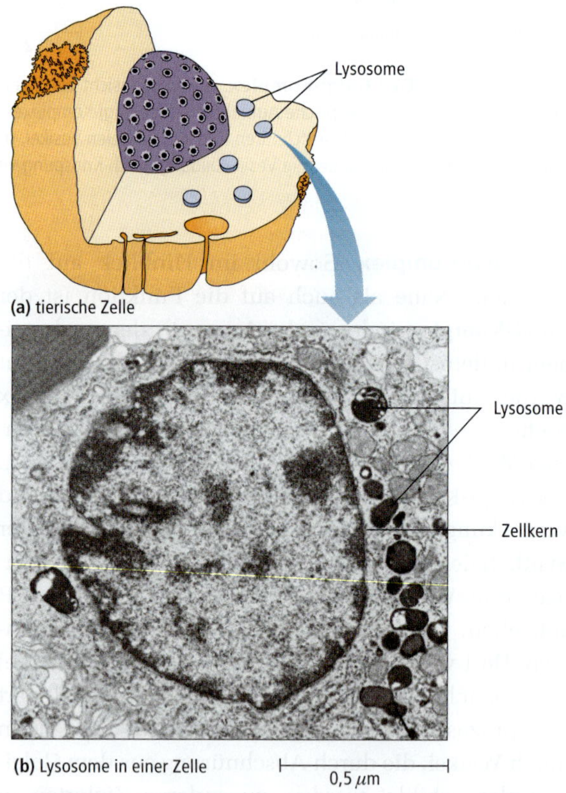

Abbildung 4.17: Lysosomen. (a) Innenansicht der Lysosomen einer tierischen Zelle. (b) Lysosomen in einer tierischen Zelle, bei denen die saure Phosphatase, ein lysosomales Enzym, cytochemisch angefärbt wurde. Die cytochemische Anfärbetechnik führt zu dichten Ablagerungen von Bleiphosphat an der Stelle der Aktivität der sauren Phosphatase (TEM).

4B ▶ Näher betrachtet

Die Entdeckung der Organellen: Die Bedeutung der Zentrifuge und der zufälligen Entdeckungen

Haben Sie sich schon einmal gefragt, wie die vielen Organellen in den eukaryotischen Zellen entdeckt wurden? Auf diese Frage gibt es fast so viele Antworten wie Organellen. Im Allgemeinen wurden sie von Mikroskopikern entdeckt bevor man ihre Aufgabe in der Zelle verstanden hatte. Daher kommt es, dass die Namen der Organellen im Allgemeinen Strukturmerkmale und nicht ihre physiologischen Rollen beschreiben. So bedeutet *Chloroplast* einfach „grüner Partikel" und *endoplasmatisches Reticulum* bedeutet nichts anderes als „Netzwerk im Plasma" (der Zelle).

Das trifft allerdings nicht auf das *Lysosom* zu. Bei diesem Organell wurden zuerst die biochemischen Eigenschaften beschrieben, bevor jemals ein Mikroskopiker von ihm berichtet hatte. Erst nachdem die Fraktionierungsdaten auf die Existenz und Eigenschaften eines solchen Organells hinwiesen, beobachtete man tatsächlich Lysosomen in Zellen. Der Name, den man diesem Organell verlieh, spielt auf seine Funktion an, denn die griechische Wurzel *lys-* bedeutet „verdauen". (Die wörtliche Übersetzung lautet „lösen", aber das ist ja genau das, was beim Abbau mit chemischen Bindungen geschieht!)

Das Lysosom ist so etwas wie ein Neuling auf der Bühne der Zellbiologie; es wurde erst zu Beginn der 1950er Jahre entdeckt. Die Geschichte dieser Entdeckung ist faszinierend, weil sie uns vor Augen führt, wie wichtig zufällig gemachte Beobachtungen sein können, vor allem wenn es die richtigen Leute zum richtigen Zeitpunkt sind. Es zeigt uns außerdem die Bedeutung neuer Techniken, denn die Entdeckung hing von der subzellulären Fraktionierung ab, einer Technik, die damals noch in den Kinderschuhen steckte.

Die Geschichte beginnt im Jahr 1949 im Labor von Christian de Duve, der später den Nobelpreis für seine Arbeit erhielt und 2013 verstorben ist. Wie so viele Fortschritte in der Wissenschaft beruhte die Entdeckung der Lysosomen auf einer zufälligen Beobachtung dieses hellwachen Wissenschaftlers. Da sich de Duve für die Wirkung von Insulin auf den Kohlenhydratmetabolismus interessierte, versuchte er damals, die zelluläre Lokalisation von *Glucose-6-Phosphatase* zu bestimmen, dem Enzym, das für die Freisetzung von freier Glucose in Leberzellen verantwortlich ist. Als Kontrollenzym (das ist ein Enzym, das nicht am Kohlenhydratmetabolismus beteiligt ist) wählte de Duve zufällig saure Phosphatase aus.

De Duve homogenisierte das Lebergewebe zuerst und trennte es durch die Technik der *differenziellen Zentrifugation*, bei der man die Zellkomponenten aufgrund von Unterschieden in Größe und Dichte anreichert, in verschiedene Fraktionen. Auf diese Weise konnte er nachweisen, dass die Aktivität von Glucose-6-Phosphatase mittels mikrosomaler Fraktion gefunden werden konnte. (Mikrosome sind kleine Vesikel, die sich aus ER-Fragmenten zusammensetzen, wenn das Gewebe homogenisiert wird.) Das war an sich eine wichtige Beobachtung, denn sie half, die Identität von Mikrosomen zu ermitteln, welche damals als Fragmente von Mitochondrien vernachlässigt wurden.

Allerdings stellte sich die saure Phosphatase als weitaus interessanter heraus, obwohl sie auf den ersten Blick Verwirrung stiftete. Als de Duve und seine Kollegen dieses Enzym einige Tage später in Leberhomogenaten nachwiesen, besaßen die gleichen Homogenate ungefähr das Zehnfache an Aktivität.

Er spekulierte, dass er es mit einem Aktivierungsphänomen zu tun hatte, und setzte die Homogenate der differenziellen Zentrifugation aus, um herauszufinden, mit welcher subzellularen Fraktion dieses Phänomen in Zusammenhang stand. Er und seine Kollegen konnten zeigen, dass ein Großteil der Phosphataseaktivität in der mitochondrialen Fraktion wiedergewonnen werden konnte und dass diese Fraktion nach einigen Tagen sogar noch einen größeren Aktivitätsanstieg zeigte als die ursprünglichen Homogenate.

Zu ihrer Überraschung entdeckten sie nach erneuerter Zentrifugation, dass die erhöhte Aktivität nicht länger mit den Mitochondrien sedimentierte, sondern im Überstand verblieb. Sie arbeiteten weiter und bewiesen, dass die Aktivität erhöht werden und das Enzym durch verschiedene Methoden gelöst werden konnte, darunter grobes

Zerkleinern, Gefrieren, Auftauen, Kontakt mit Detergenzien oder hypotonen Bedingungen. Aus den Ergebnissen folgerte de Duve, dass das Enzym in einem von einer Membran umschlossenen Vesikel verpackt sein musste, das durch die Behandlungen aufzubrechen schien, um das Enzym freizusetzen. Anscheinend konnte man das Enzym nicht innerhalb des Vesikels nachweisen, was vermutlich daran lag, dass die Membran für die Substrate, die man bei dem Enzymversuch verwendete, undurchlässig war.

Ausgehend davon, dass es sich bei dem Partikel um ein Mitochondrium handelte, arbeiteten sie an der Isolierung und Untersuchung der Fraktion von Leberhomogenaten weiter. Zu diesem Zeitpunkt machten sie eine weitere zufällige Beobachtung, dieses Mal in Folge einer beschädigten Zentrifuge. Der unerwartete Ausfall der Zentrifuge zwang einen der Studenten von de Duve, eine ältere und langsamere Zentrifuge einzusetzen, und das Ergebnis war eine mitochondriale Fraktion, die wenig oder gar keine saure Phosphatase enthielt. Auf der Grundlage dieser unerwarteten Entdeckung vermutete de Duve, dass die mitochondriale Fraktion, so wie die Arbeitsgruppe sie im Allgemeinen herstellte, in Wahrheit zwei Arten von Organellen enthalten könnte: die tatsächlichen Mitochondrien, die mit jeder Zentrifuge sedimentiert werden konnten und einen irgendwie langsamer sedimentierenden Partikel, der nur in der schnelleren Zentrifuge absank.

Dies führte sie zur Entwicklung eines Fraktionierungssystems, mit dessen Hilfe man die ursprüngliche mitochondriale Fraktion in eine schnell sedimentierende Komponente und eine langsam sedimentierende Komponente unterteilen konnte. Wie Sie vielleicht schon ahnen, enthielt die schnell sedimentierende Komponente die Mitochondrien, was durch die Gegenwart von Enzymen nachgewiesen wurde, die als mitochondriale Marker bekannt waren. Die saure Phosphatase war zusammen mit mehreren anderen hydrolytischen Enzymen wie Ribonuclease, Desoxyribonuclease, β-Glucuronidase und einer Protease in der langsam sedimentierenden Komponente. Jedes dieser Enzyme zeigte das gleiche Merkmal erhöhter Aktivität nach Aufbruch der Membran, ein Merkmal, das de Duve mit *Latenz* bezeichnete.

1955 war de Duve überzeugt, dass diese hydrolytischen Enzyme zusammen in einem zuvor noch nicht beschriebenen Organell verpackt waren. In Übereinstimmung mit seiner Vermutung, dass dieses Organell an der intrazellulären Lyse (Abbau) mitwirkte, gab er ihm den Namen *Lysosom*.

So wurde das Lysosom das erste Organell, das ausschließlich mit Hilfe biochemischer Kriterien identifiziert wurde. Zu jener Zeit hatte man noch keine derartigen Partikel mit Hilfe der Mikroskopie beschrieben. Als man aber de Duves Fraktionen, die Lysosomen enthielten, unter dem Elektronenmikroskop untersuchte, fand man heraus, dass sie membranumschlossene Vesikel enthielt, bei denen es sich ganz eindeutig nicht um Mitochondrien handelte und die nicht in der mitochondrialen Fraktion vorlagen. Da den Mikroskopikern das Erscheinungsbild der isolierten Partikel bekannt war, konnten sie diese in fixiertem Gewebe suchen. Schon bald identifizierte man Lysosomen und wies sie in einer Reihe von tierischen Zellen nach. Innerhalb von sechs Jahren wandelte sich, was zunächst eine verwirrende neue Entdeckung im Rahmen eines Insulinexperiments war, zu einem Charakteristikum der meisten tierischen Zellen.

Das Peroxisom Das nächste Organell unserer Ausstellung ist das **Peroxisom**. Peroxisomen ähneln Lysosomen in Größe und der offensichtlich nicht vorhandenen inneren Struktur. Ebenso wie Lysosomen sind sie von einer einzelnen und nicht von einer doppelten Membran umgeben. Peroxisomen kommen in allen eukaryotischen Zellen vor. Sie erfüllen mehrere unterschiedliche Funktionen, die sich je nach Zelltyp unterscheiden, aber gemeinsam ist ihnen, dass sie Wasserstoffperoxid (H_2O_2) sowohl bilden als auch abbauen. Wasserstoffperoxid wirkt auf Zellen stark toxisch, kann aber durch das Enzym *Katalase* zu Wasser und Sauerstoff zerlegt werden. Eukaryotische Zellen schützen sich vor den schädlichen Wirkungen des Wasserstoffperoxids, indem sie Reaktionen, bei denen Peroxid gebildet wird, mit Katalase in einem gemeinsamen Kompartiment vereinigen, dem sogenannten Peroxisom.

Bei Tieren kommen in fast allen Zelltypen Peroxisomen vor, vor allem aber in den Zellen der Leber und der Niere (▶*Abbildung 4.18*). Über ihre Rolle zur Entgiftung von Wasserstoffperoxid hinaus übernehmen die tierischen Peroxisomen mehrere andere Aufgaben, unter anderem bauen sie schädliche Verbindungen ab (beispielsweise Methanol, Ethanol, Formiat und Formaldehyd) und katabolisieren ungewöhnliche Substanzen (zum Beispiel D-Aminosäuren). Einige Wissenschaftler vermuten, dass Peroxisomen auch an der Regulierung der Sauerstoffkonzentration in der Zelle mitwirken und eine Rolle beim Alterungsprozess spielen.

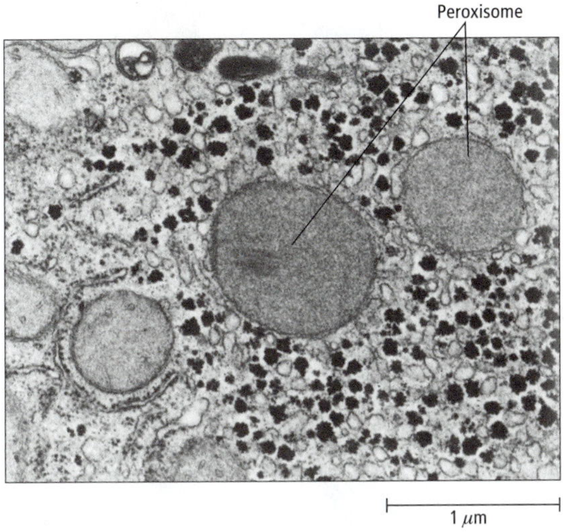

Abbildung 4.18: Tierische Peroxisomen. Mehrere Peroxisomen sind in diesem Querschnitt einer Leberzelle erkennbar (TEM). Peroxisomen kommen in fast allen tierischen Zellen vor, sind aber herausstechende Merkmale der Leber- und Nierenzellen.

Tierische Peroxisomen spielen außerdem eine Rolle beim oxidativen Abbau von Fettsäuren, die Bestandteile von Triacylglycerinen, Phospholipiden und Glykolipiden sind (siehe *Abbildung 3.27*). In *Kapitel 10* werden Sie erfahren, dass der Abbau von Fettsäuren vor allem im Mitochondrium stattfindet. Allerdings werden Fettsäuren mit mehr als zwölf Kohlenstoffatomen in den Mitochondrien relativ langsam abgebaut. Andererseits können Fettsäuren mit bis zu 22 Kohlenstoffatomen in den Peroxisomen relativ schnell abgebaut werden. Die langen Ketten werden durch Entfernen von jeweils zwei Kohlenstoffatomen abgebaut, bis sie eine Länge von zehn bis zwölf Kohlenstoffatomen erreicht haben, mit denen dann die Mitochondrien gut umgehen können.

Die lebenswichtige Rolle der Peroxisomen beim Abbau langkettiger Fettsäuren wird durch die schweren menschlichen Erkrankungen verdeutlicht, die dann entstehen, wenn ein oder mehrere peroxisomale Enzyme, die am Abbau langkettiger Fettsäuren beteiligt sind, einen Defekt haben oder fehlen. Eine dieser Krankheiten ist die neonatale Adrenoleukodystrophie (NALD), eine an das Geschlecht gekoppelte (nur Männer sind betroffen) Störung, die zu tiefgreifender neurologischer Schwächung und schließlich zum Tod führt (siehe *Exkurs 4A* zur Darstellung von NALD und anderen menschlichen Erkrankungen, die auf fehlerhafte Funktion der Peroxisomen zurückgehen.)

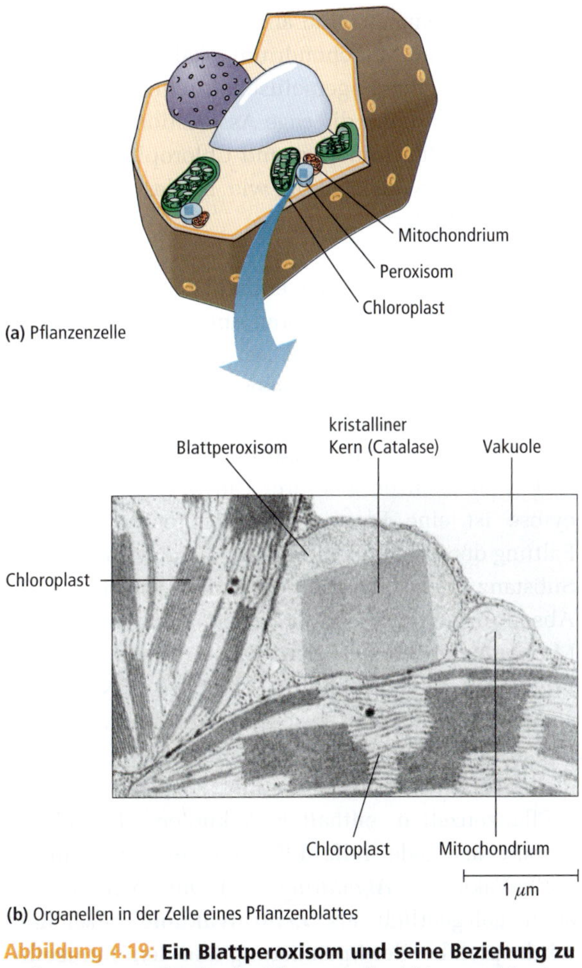

Abbildung 4.19: Ein Blattperoxisom und seine Beziehung zu anderen Organellen in der Pflanzenzelle. (a) Innenansicht eines Peroxisoms, eines Mitochondriums und eines Chloroplasten in einer Pflanzenzelle. (b) Ein Peroxisom, das in der Zelle einer Tabakpflanze in unmittelbarer Nähe zu Chloroplasten und einem Mitochondrium liegt (TEM). Es handelt sich wahrscheinlich um eine funktionale Beziehung, denn die drei Organellen nehmen am Vorgang der Photorespiration teil. Der kristalline Kern, den man häufig in Blattperoxisomen beobachtet, besteht aus dem Enzym Katalase, das den Abbau von Wasserstoffperoxid zu Wasser und Sauerstoff katalysiert.

Die am besten untersuchten metabolischen Aufgaben der Peroxisomen laufen in Pflanzenzellen ab. Während der Keimung der fettspeichernden Samen übernehmen spezialisierte Peroxisomen, die sogenannten **Glyoxysomen**, eine Schlüsselrolle bei der Umwandlung gespeicherten Fettes in Kohlenhydrate. Im photosynthetischen Gewebe nehmen die Blattperoxisomen eine führende Rolle in der Photorespiration ein, der lichtabhängigen Kohlendioxidaufnahme und der Freisetzung von Sauerstoff (worauf wir in *Kapitel 11* genauer eingehen werden). Der photorespiratorische Weg ist ein Beispiel für einen zellulären Vorgang, an dem mehrere Organellen mitwirken. Während einige Enzyme, die die Reaktionen katalysieren, im Peroxisom vorkommen, sind andere Enzyme im Chloroplasten oder im Mitochondrium lokalisiert. Die Beteiligung an einem gemeinschaftlichen zellulären Vorgang wird durch die enge Assoziation von Peroxisomen mit Mitochondrien und Chloroplasten in vielen Blattzellen nahegelegt, wie in der ▸*Abbildung 4.19* dargestellt.

Vakuolen Einige Zellen enthalten einen weiteren Typ eines von einer Membran umgebenen Organells, die sogenannte **Vakuole**. In Tier- und Hefezellen werden Vakuolen für die vorübergehende Speicherung oder den Transport genutzt. Einige Protozoen nehmen durch Phagocytose Nahrungsmittelpartikel oder andere Substanzen aus ihrer Umgebung auf. Phagocytose ist eine Form der Endocytose, die durch Faltung der Plasmamembran um die aufzunehmende Substanz erfolgt. An diese Faltung schließt sich ein Abschnürvorgang an, bei dem der von einer Membran umgebene Partikel in einer Art Vakuole, *Phagosom* genannt, internalisiert wird. Nach Verschmelzung mit dem Lysosom wird der Inhalt des Phagosoms hydrolytisch gespalten und liefert auf diese Weise der Zelle Nährstoffe.

Pflanzenzellen enthalten Vakuolen. Tatsächlich enthält fast jede reife Pflanzenzelle eine einzige große Vakuole (▸*Abbildung 4.20*). Diese Vakuole, die auch gelegentlich als **Zentralvakuole** bezeichnet wird, spielt bei der Speicherung und dem intrazellulären Abbau von bestimmten Substanzen wahrscheinlich eine eher untergeordnete Rolle. Ihre wichtigste Aufgabe besteht jedoch darin, den *Turgor* aufrechtzuerhalten, der das Gewebe vor der Erschlaffung bewahrt. In der Vakuole liegt eine hohe Konzentration gelöster Substanzen vor; daher tendiert Wasser dazu, sich in die Vakuole zu bewegen und diese anschwellen zu lassen. Folglich presst die Vakuole die restlichen Zellbestandteile gegen die Zellwand, wodurch der Turgor beibehalten wird. Das schlaffe Erscheinungsbild verwelkten Gewebes kommt dann zu Stande, wenn die Zentralvakuole nicht mehr den richtigen Turgor besitzt. Wir können dies leicht beweisen, indem wir ein Stück knackigen Sellerie in Salzwasser legen. Die hohe Salzkonzentration auf der Außenseite der Zellen entzieht Zellen das Wasser. Wenn der Turgor abnimmt, wird die Zelle schnell schlaff und verliert ihre Festigkeit.

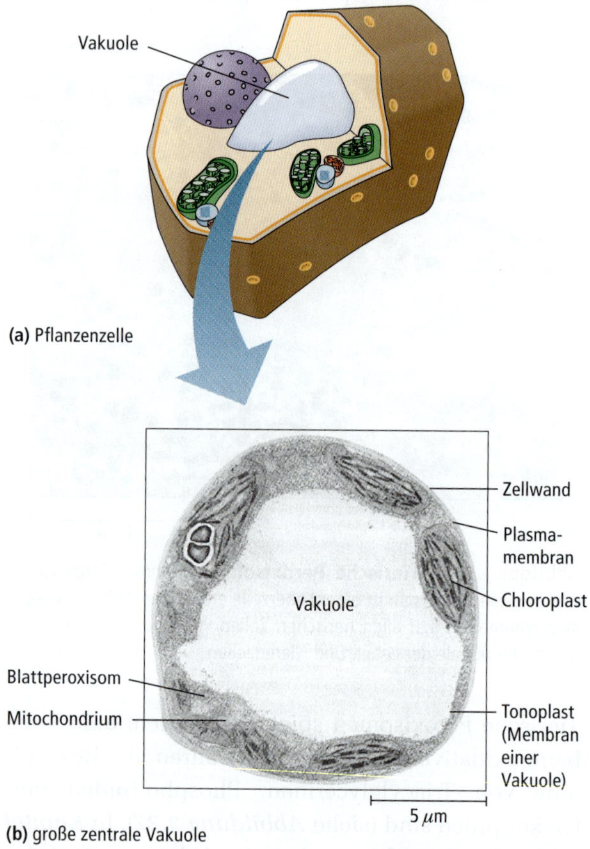

Abbildung 4.20: Die Vakuole in einer Pflanzenzelle. (a) Innenansicht zur Darstellung einer Vakuole in einer Pflanzenzelle. (b) Eine elektronenmikroskopische Aufnahme der Zelle eines Bohnenblattes mit einer großen zentralen Vakuole (TEM). Die Vakuole nimmt einen Großteil des inneren Zellvolumens ein, wobei das Cytoplasma in eine kleine Region zwischen der Vakuole und der Plasmamembran gedrückt wird. Die Membran der Vakuole wird als Tonoplast bezeichnet.

Ribosomen Das letzte Portrait unserer Galerie stellt das **Ribosom** dar. Streng genommen ist das Ribosom nicht wirklich ein Organell, denn es ist nicht von einer Membran umgeben. Wir werden uns hier aber trotzdem damit beschäftigen, denn Ribosomen sind ebenso wie Organellen zentrale Orte einer spezifischen Zellaktivität – in diesem Fall der Proteinsynthese. Ribosomen kommen in allen Zellen vor, aber Bakterien, Archaea und Eukaryoten unterscheiden sich hinsichtlich der Größe, Anzahl und Arten ribosomaler Proteine und RNA-Moleküle (siehe *Tabelle 4.1*). Bakterien und Archaea enthalten kleinere Ribosomen als Eukaryoten und bei allen drei finden wir unterschiedliche Mengen ribosomaler Proteine, obwohl es eine gewisse Ähnlichkeit zwischen den ribosomalen Proteinen der Archaea und eukaryotischer Zellen gibt. Ein definierendes Merkmal ist, dass jeder dieser drei Zelltypen seine eigene, charakteristische ribosomale RNA besitzt, eben jenes Molekül, dessen Eigenschaften dafür herangezogen wurden, die Domäne der Archaea von der Domäne der Bakterien abzugrenzen.

Selbst im Vergleich mit den kleinsten Organellen, sind die Ribosomen noch winzige Strukturen. Die Ribosomen der eukaryotischen und prokaryotischen Zellen haben Durchmesser von ungefähr 30 bzw. 25 nm. Daher braucht man ein Elektronenmikroskop, um Ribosomen sichtbar zu machen (*Abbildung 4.14d*). Möchte man sich eine Vorstellung von der Größe der Ribosomen machen, so muss man sich vorstellen, dass mehr als 350.000 Ribosomen in eine Bakterienzelle passen würden und noch immer Raum freibliebe!

Eine andere Möglichkeit, die Größe eines solch kleinen Partikels auszudrücken, bietet der Bezug auf den **Sedimentationskoeffizienten**. Der Sedimentationskoeffizient eines Partikels oder Makromoleküls ist ein Maß für die Geschwindigkeit, mit der dieser Partikel in einer Ultrazentrifuge sedimentiert. Die Geschwindigkeit der Sedimentation wird in *Svedberg-Einheiten* (*S*) ausgedrückt, wie wir in *Exkurs 12A* darstellen. Man nutzt sehr häufig den Sedimentationskoeffizienten, um die relative Größe anzugeben, vor allem bei großen Makromolekülen wie Proteinen und Nucleinsäuren und bei kleinen Partikeln wie Ribosomen. Ribosomen eukaryotischer Zellen haben Sedimentationskoeffizienten von circa 80 S, während die der Bakterien und Archaea bei ungefähr 70 S liegen (siehe *Tabelle 4.1*).

Ein Ribosom besteht aus zwei Untereinheiten unterschiedlicher Größe, Form und Zusammensetzung (*Abbildung 4.21*). Bei den eukaryotischen Zellen liegen die Sedimentationskoeffizienten der **großen** und der **kleinen ribosomalen Untereinheiten** bei 60 S bzw. 40 S. Bei den Ribosomen der Bakterien und der Archaea liegen die entsprechenden Werte bei ungefähr 50 S und 30 S. (Beachten Sie, dass die Sedimentationskoeffizienten der Untereinheiten nicht den Wert eines intakten Ribosoms erreichen. Das liegt daran, dass die Sedimentationskoeffizienten sowohl von der Größe als auch der Form abhängen und daher nicht in linearer Verbindung mit dem Molekulargewicht stehen.) Zu Beginn des Jahres 2009 gelang es Wissenschaftlern alle 55 ribosomalen Proteine (plus die drei rRNAs) aus einer Zelle von *E. coli* zu extrahieren und dann gelang es ihnen, ein funktionales, „künstliches" Ribosom zu rekonstruieren, das ein Protein synthetisieren konnte. Das ist ein bedeutender Schritt auf dem Weg zur Schaffung künstlicher Zellen in vitro, die für industrielle Zwecke maßgeschneiderte Ribosomen besitzen, die die gewünschten Proteine bilden können.

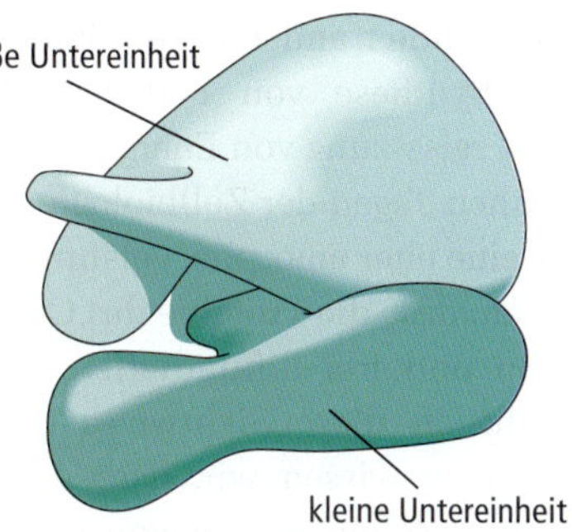

Abbildung 4.21: Struktur eines Ribosoms. Jedes Ribosom besteht aus einer großen und einer kleinen Untereinheit, die sich verbinden bei der Anheftung an die Messenger-RNA und dann mit der Synthese eines Proteins beginnen. Das fertig zusammengesetzte Ribosom einer eukaryotischen Zelle hat einen Durchmesser von circa 30 nm. Die Ribosomen und ribosomalen Untereinheiten bakterieller und archaeeller Zellen sind etwas kleiner als die der eukaryotischen Zellen und bestehen aus ihren eigenen charakteristischen Protein- und RNA-Molekülen.

Ribosomen sind weitaus zahlreicher als die meisten anderen intrazellulären Strukturen. Bakterielle Zellen enthalten im Allgemeinen Tausende von Ribosomen und eukaryotische Zellen besitzen viele Hunderttausende oder sogar Millionen Ribosomen. Ribosomen kommen außerdem sowohl in den Mitochondrien als auch in den Chloroplasten vor, wo sie an der für Organellen spezifischen Proteinsynthese mitwirken. Die Ribosomen dieser eukaryotischen Organellen unterscheiden sich in Größe und Zusammensetzung von den Ribosomen, die im Cytoplasma der gleichen Zelle vorliegen, aber sie weisen eine ganz erstaunliche Ähnlichkeit mit den Ribosomen auf, die wir bei den Bakterien und Cyanobakterien vorfinden. Diese Ähnlichkeit ist besonders auffallend, wenn man die

Nucleotidsequenzen der ribosomalen RNA (rRNA) der Mitochondrien und der Chloroplasten mit denen der bakteriellen und cyanobakteriellen rRNAs vergleicht. Diese Ähnlichkeiten untermauern die Theorie von den endosymbiontischen Ursprüngen der Mitochondrien und der Chloroplasten.

Das Cytoplasma der eukaryotischen Zellen enthält Cytosol und das Cytoskelett Das Cytoplasma einer eukaryotischen Zelle besteht aus dem Anteil des Zellinneren, der nicht vom Zellkern eingenommen wird. Daher gehören zum Cytoplasma Organellen wie die Mitochondrien; dazu gehört außerdem das Cytosol, die halbflüssige Substanz, in der die Organellen lokalisiert sind. In einer typischen Tierzelle nimmt das Cytosol mehr als die Hälfte des gesamten inneren Volumens der Zelle ein. Viele Zellaktivitäten laufen im Cytosol ab, unter anderem die Synthese von Proteinen, die Synthese von Fetten und die ersten Schritte zur Freisetzung von Energie aus Zuckern.

In den frühen Tagen der Zellbiologie hielt man das Cytosol für eine eher amorphe, gelähnliche Substanz. Man nahm an, dass die Proteine des Cytosols wasserlöslich seien und frei diffundierten. Mehrere neue Techniken haben diese Sichtweise ganz erheblich verändert. Heute wissen wir, dass das Cytosol der eukaryotischen Zellen weit davon entfernt ist, eine strukturlose Flüssigkeit zu sein, stattdessen handelt es sich um eine komplizierte, dreidimensionale Anordnung untereinander verknüpfter Mikrofilamente, Mikrotubuli und intermediärer Filamente, die das sogenannte Cytoskelett bilden (▶*Abbildung 4.22* und ▶*Abbildung 4.23*). Während man ursprünglich annahm, dass das Cytoskelett nur bei Eukaryoten vorkomme, hat man vor kurzem in Bakterien Proteine entdeckt, die mit den Proteinen des eukaryotischen Cytoskeletts verwandt sind.

Wie der Name bereits vermuten lässt, handelt es sich bei dem Cytoskelett um ein inneres Gerüst, das der Zelle eine deutlich erkennbare Form und eine hohe Stufe innerer Organisation verleiht. Die Anordnung von Mikrofilamenten und Mikrotubuli bildet eine hoch strukturierte doch zugleich dynamische Matrix, die dazu beiträgt, der Zelle ihre Form zu geben und diese zu erhalten. Darüber hinaus spielt das Cytoskelett bei der Zellbewegung und der Zellteilung eine wichtige Rolle. In späteren Kapiteln werden wir sehen, dass Mikrofilamente und Mikrotubuli, aus denen das Cytoskelett besteht, bei der Kontraktion der Muskelzellen, dem Schlagen der Cilien und Geißeln, der Bewegung der Chromosomen während der Zellteilung und in einigen Fällen bei der Bewegung der Zelle selbst von Bedeutung sind. Wir werden auch sehen, dass es sich bei dem Cytoskelett nicht um ein statisches Gerüst in der Zelle handelt, sondern vielmehr um ein dynamisches System, das ständig umgewandelt wird.

Den eukaryotischen Zellen dient das Cytoskelett als Gerüst zur Positionierung und aktiven Bewegung der Organellen und Makromoleküle innerhalb des Cytosols. Eine ähnliche Funktion könnte es auch im Hinblick auf Ribosomen und Enzyme übernehmen. Einige Wissenschaftler nehmen an, dass bis zu 80 % der im Cytosol enthaltenen Proteine und Enzyme nicht frei diffundieren, sondern mit dem Cytoskelett assoziiert sind. Sogar Wasser, das 70 % des Zellvolumens ausmacht, könnte vom Cytoskelett beeinflusst werden. Man schätzt, dass 20 bis 40 % des im Cytosol enthaltenen Wassers an die Mikrofilamente und Mikrotubuli des Cytoskeletts gebunden sein könnten.

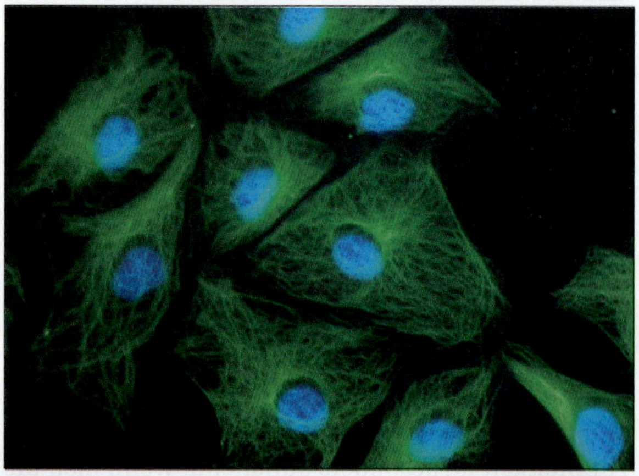

Abbildung 4.22: Das Cytoskelett. Bei dieser mikroskopischen Aufnahme hat man einen Immunfluoreszenzfarbstoff verwendet, um die Mikrotubuli im Cytoskelett der Fibroblastenzellen sichtbar zu machen, aus denen die Bausteine des Bindegewebes und die extrazelluläre Matrix hervorgehen (*Kapitel 17*). In dieser Aufnahme ist ein fluoreszierender Antikörper gegen die Mikrotubuli (grün) gerichtet und ein zweiter hebt die Zellkerne der Zellen hervor (blau).

(a) Ein Mikrotubulus. Schematische Darstellung eines Mikrotubulus mit 13 Protofilamenten, die einen hohlen Zylinder bilden. Jedes Protofilament ist ein Polymer aus Tubulindimeren. Alle Tubulindimere zeigen in die gleiche Richtung, sodass das Protofilament polar wird und damit auch der ganze Mikrotubulus.

(b) Ein Mikrofilament. Schematische Darstellung eines Mikrofilaments mit einem F-Actinstrang, der um eine helikale Struktur gewunden ist. Das F-Actinpolymer besteht aus Monomeren aus G-Actin, die alle in die gleiche Richtung weisen und dem Mikrofilament eine inhärente Polarität geben.

(c) Ein Intermediärfilament. Die grundlegende Struktureinheit ist ein tetrameres Protofilament, das aus zwei Paaren spiralisierter Polypeptide besteht. Protofilamente bauen sich auf, indem sie sich von einem Ende ans andere und Seite an Seite aneinanderlagern, sodass sie ein intermediäres Filament bilden, von dem man annimmt, dass es aus acht zusammengelagerten Protofilamenten besteht.

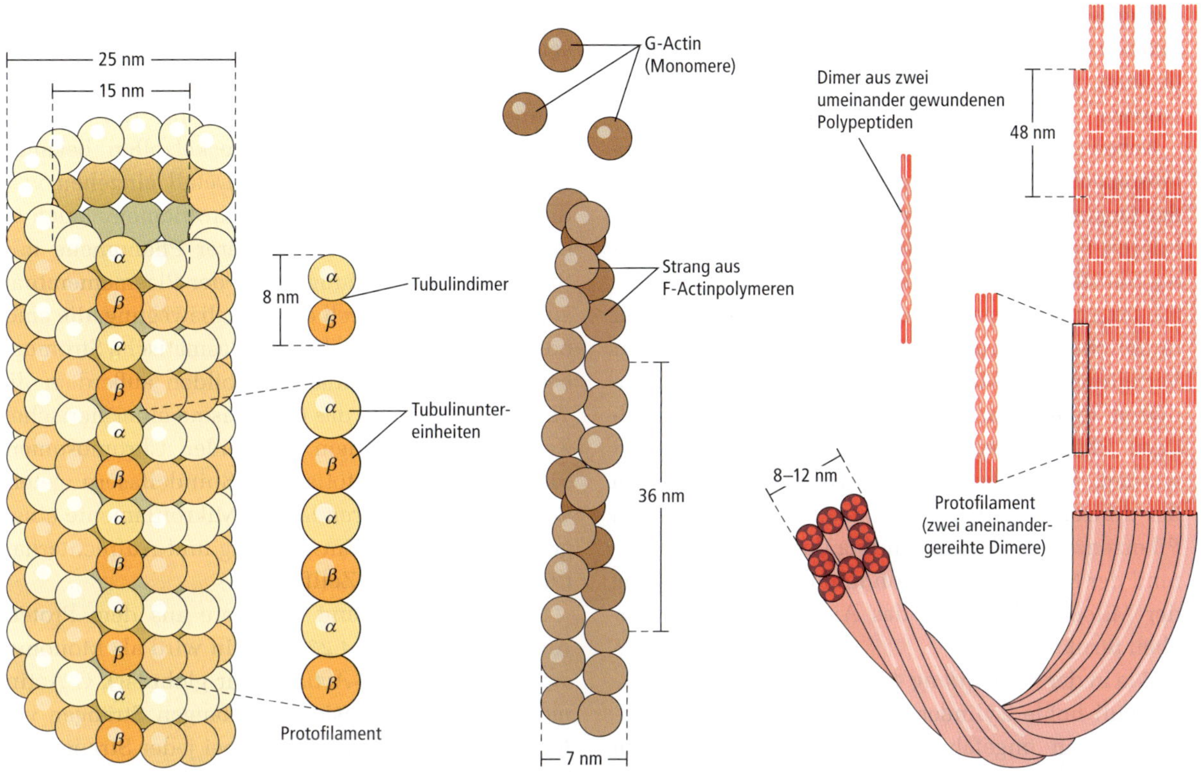

Abbildung 4.23: Struktur der Mikrotubuli, der Mikrofilamente und der intermediären Filamente. In dieser Abbildung werden Zusammensetzung und strukturelle Feinheiten der drei primären Elemente dargestellt, aus denen das Cytoskelett einer eukaryotischen Zelle besteht: (a) Mikrotubuli, (b) Mikrofilamente und (c) intermediäre Filamente. Für mehr Information schauen Sie bitte in *Kapitel 15* nach.

Die drei wichtigsten Strukturelemente des Cytoskeletts – *Mikrotubuli*, *Mikrofilamente* und *intermediäre Mikrofilamente* – sind in der *Abbildung 4.23* dargestellt. Man kann sie mit Hilfe der Phasenkontrastmikroskopie, der Immunfluoreszenzmikroskopie und der Elektronenmikroskopie sichtbar machen. Einige der Strukturen, in denen sie vorkommen (beispielsweise Cilien, Geißeln und Muskelfibrillen) kann man sogar unter einem ganz gewöhnlichen Lichtmikroskop erkennen. Mikrofilamente und Mikrotubuli sind am besten durch ihre Mitwirkung bei Kontraktion und Motilität bekannt. Tatsächlich schätzte man ihre dort ausgeübte Funktion lange bevor man erkannte, dass die gleichen Strukturelemente auch integrale Bestandteile des durchlässigen Netzwerks der Mikrofilamente und Mikrotubuli sind, denen die Zellen ihre charakteristische Form und Struktur verdanken.

In *Kapitel 15* bieten wir eine detaillierte Beschreibung des Cytoskeletts, an die sich in *Kapitel 16* eine Diskussion der durch Mikrotubuli und Mikrofilamente vermittelten Kontraktion und Motilität anschließt. Wir werden den Mikrotubuli und Mikrofilamenten außerdem in *Kapitel 19* begegnen, denn dort gehen wir auf ihre Rollen bei der Chromosomentrennung bzw. bei der Zellteilung ein. Hier konzentrieren wir uns auf die Strukturmerkmale der drei wichtigsten Komponenten des Cytoskeletts: Mikrotubuli, Mikrofilamente und intermediäre Filamente.

Mikrotubuli Die **Mikrotubuli** sind die größten Strukturelemente des Cytoskeletts. Eine gut untersuchte Zellstruktur auf der Grundlage von Mikrotubuli ist das Axonem der Cilien und Geißeln, das für die Motilität der eukaryotischen Zellen sorgt. Wir sind bereits einem Beispiel für eine solche Struktur begegnet – dem Axonem des Schwanzes der Spermiumzelle (*Abbildung 4.11*), das aus Mikrotubuli besteht. Außerdem bilden Mikrotubuli die *mitotischen Spindelfasern*, die die Chromosomen vor der Zellteilung trennen, womit wir uns in *Kapitel 19* beschäftigen werden.

Neben ihrer Mitwirkung bei der Motilität und Chromosomenbewegung spielen die Mikrotubuli auch bei der Organisation des Cytoplasmas und der intrazellulären Bewegung der Makromoleküle sowie anderer Substanzen in der Zelle eine bedeutende Rolle. Sie tragen zur Gesamterscheinung der Zelle bei, der räumlichen Anordnung ihrer Organellen und zur Verteilung der Mikrofilamente und der intermediären Filamente. Zeugnis dafür sind die vielfältigen Phänomene, die von Mikrotubuli gesteuert werden, beispielsweise die asymmetrische Form der tierischen Zellen, die Ebene der Zellteilung bei Pflanzenzellen, die Anordnung der Filamente während der Muskelkontraktion und die Positionierung der Mitochondrien um das Axonem der beweglichen Strukturen.

Wie in der ▸*Abbildung 4.23a* dargestellt, sind Mikrotubuli hohle Zylinder mit einem äußeren Durchmesser von ungefähr 25 nm und einem inneren Durchmesser von circa 15 nm. Obgleich man Mikrotubuli im Allgemeinen so zeichnet, als wären sie gerade und starr, enthüllt die Videomikroskopie, dass sie in lebenden Zellen recht beweglich sind. Die Wand eines Mikrotubulus setzt sich aus Längsreihen von Protofilamenten zusammen, die im Allgemeinen zu jeweils 13 Seite an Seite um das hohle Zentrum herum angeordnet sind, das sogenannte *Lumen*. Jedes Protofilament ist ein lineares *Tubulin*polymer. Tubulin ist ein dimeres Protein, das aus zwei ähnlichen, jedoch unterschiedlichen Polypeptiduntereinheiten besteht, dem α-Tubulin und dem β-Tubulin. Alle Tubulindimere in jedem einzelnen Protofilament sind in die gleiche Richtung ausgerichtet, sodass alle Untereinheiten zum gleichen Ende des Mikrotubulus weisen. Diese einheitliche Ausrichtung verleiht dem Mikrotubulus eine inhärente *Polarität*. In *Kapitel 15* werden Sie sehen, dass die Polarität der Mikrotubuli große Auswirkungen auf die Zusammensetzung und die direktionale Bewegung der membranumschlossenen Organellen hat, mit denen die Mikrotubuli assoziiert sind.

Mikrofilamente **Mikrofilamente** sind wesentlich dünner als Mikrotubuli. Sie haben einen Durchmesser von ungefähr 7 nm, womit sie die kleinsten der wichtigen Bausteine des Cytoskeletts sind. Mikrofilamente sind am besten durch ihre Rolle in den kontraktilen Fibrillen der Muskelzellen bekannt, worauf wir in *Kapitel 16* im Detail eingehen werden. Allerdings wirken die Mikrofilamente auch an einer Vielzahl anderer zellulärer Phänomene mit. Sie können Verbindungen mit der Plasmamembran aufbauen und dadurch die Eigenbewegung, die amöboide Bewegung und die cytoplasmatische Strömung beeinflussen. Mikrofilamente bilden außerdem die *Teilungsfurche*, die das Cytoplasma einer tierischen Zelle trennt, nachdem die beiden Chromosomensätze von den mitotischen Spindelfasern geteilt wurden. Des Weiteren leisten Mikrofilamente einen großen Beitrag zur Entwicklung und Aufrechterhaltung der typischen Zellform.

Mikrofilamente sind Polymere aus dem Protein Actin (▸*Abbildung 4.23b*). Actin wird als Monomer synthetisiert, als *G-Actin* (G für globulär). G-Actinmonomere polymerisieren zu langen Strängen von *F-Actin* (F für filamentös), wobei jeder Strang 4 nm breit ist. Jedes Mikrofilament besteht aus einer Kette von Actinmonomeren, die zu einem helikalen Filament mit einem Durchmesser von circa 7 nm zusammengebaut werden. Ebenso wie die Mikrotubuli sind Mikrofilamente polar; alle Untereinheiten sind in die gleiche Richtung ausgerichtet. Diese Polarität wirkt sich auf die Richtung der Elongation des Mikrofilaments aus; der Zusammenbau verläuft im Allgemeinen leichter an einem Ende des wachsenden Mikrofilaments, während der Abbau am anderen Ende besser abläuft.

Intermediäre Filamente Das dritte Strukturelement des Cytoskeletts sind die intermediären Filamente (▸*Abbildung 4.23c*). Intermediäre Filamente besitzen einen Durchmesser von ungefähr 8 bis 12 nm, damit haben sie einen größeren Durchmesser als die Mikrofilamente, liegen aber unter dem Durchmesser der Mikrotubuli. Intermediäre Filamente sind die stabilsten und am wenigsten wasserlöslichen Bausteine des Cytoskeletts. Aufgrund ihrer Stabilität betrachten einige Wissenschaftler die intermediären Filamente als Gerüst, das den gesamten Rahmen des Cytoskeletts stützt. Ferner nimmt man an, dass intermediäre Filamente in einigen Zellen mechanische Spannungen abfangen, denn sie treten oftmals in Regionen auf, in denen die Zelle mechanischem Stress ausgesetzt ist.

Im Gegensatz zu den Mikrotubuli und den Mikrofilamenten unterscheiden sich die intermediären Filamente im Hinblick auf ihre Proteinzusammensetzung von Gewebe zu Gewebe. Ausgehend von biochemischen Kriterien hat man die intermediären Filamente der tierischen Zellen in sechs Klassen eingeteilt. Ein spezifischer Zelltyp enthält nur eine oder manchmal zwei Klassen intermediärer Filamentproteine. Aufgrund der Gewebespezifität, kann man tierische Zellen unterschiedlicher Gewebe auf der Grundlage der vorliegenden intermediären Filamentproteine voneinander unterscheiden. Diese *Typisierung der intermediären Filamente* dient in der Medizin als diagnostisches Hilfsmittel.

Trotz ihrer Heterogenität im Hinblick auf Größe und chemische Eigenschaften, haben alle intermediären Filamente gemeinsame Strukturmerkmale. Sie besitzen alle ein stabähnliches Segment, das bei den verschiedenen intermediären Filamentproteinen eine erstaunliche Ähnlichkeit aufweist. N-terminale und C-terminale Segmente liegen zu beiden Seiten der Zentralregion des Proteins, die sich im Hinblick auf Größe und Sequenz stark unterscheiden; dies spricht vermutlich für die funktionale Vielfalt dieser Proteine.

Man hat mehrere Modelle zur Struktur des intermediären Filaments entworfen. In der *Abbildung 4.23c* wird ein Modell vorgestellt. Die strukturelle Grundeinheit ist ein Dimer aus zwei miteinander verflochtenen intermediären Filamentpolypeptiden. Zwei dieser Dimere reihen sich nebeneinander auf und bilden ein tetrameres Protofilament. Dann treten die Protofilamente in Wechselwirkung und bilden ein intermediäres Filament, von dem man annimmt, dass es immer eine Stärke von acht Protofilamenten hat, wobei sich die Protofilamente wahrscheinlich am Ende überlappen und verbunden sind. In der *Abbildung 3.10* haben wir bereits eine ähnliche Struktur gesehen, als wir uns mit der möglichen Struktur der Keratinfasern des Haares beschäftigt haben.

4.2.4 Die extrazelluläre Matrix und die Zellwand liegen „außerhalb" der Zelle

Bisher haben wir uns mit der Plasmamembran beschäftigt, von der jede Zelle umgeben ist, mit dem Zellkern und dem Cytoplasma in der Zelle und der Vielzahl von Organellen, Membransystemen, Ribosomen, Mikrotubuli und Mikrofilamenten, die im Cytoplasma der meisten eukaryotischen Zellen liegen. Zwar könnte man annehmen, dass wir unseren Rundgang durch die Zelle abgeschlossen haben, doch zeichnen sich die meisten Zellen durch extrazelluläre Strukturen aus, die aus Molekülen gebildet wurden, die von der Zelle durch die Plasmamembran transportiert werden. Diese Strukturen geben den Zellen häufig eine physikalische Stütze, indem sie ein bestimmtes Gewebe bilden. Bei vielen tierischen Zellen bezeichnet man diese Strukturen als **extrazelluläre Matrix** (**ECM**, engl.: *extracellular matrix*). Sie besteht vor allem aus *Kollagenfasern* und *Proteoglykanen*. Bei den Pflanzenzellen und den Zellen der Pilze ist die extrazelluläre Struktur eine starre **Zellwand**, die vor allem aus *Cellulosemikrofibrillen* besteht, die in eine Matrix aus Polysacchariden und kleinen Mengen von Protein eingebettet sind.

Die meisten Bakterien und Archaea sind auch von einer extrazellulären Struktur umgeben, die man als Zellwand bezeichnet. Bei den Bakterien besteht die Zellwand allerdings nicht aus Cellulose, sondern vor allem aus *Peptidoglykanen*. Peptidoglykane enthalten lange Ketten aus Wiederholungseinheiten von *N*-Acetylglucosamin (GlcNAc) und *N*-Acetylmuraminsäure (MurNAc), den uns aus *Kapitel 3* bekannten Aminozuckern (siehe *Abbildung 3.26*). Diese Ketten bilden durch Querverbindungen eine netzähnliche Struktur, die aus ungefähr zwölf Aminosäuren besteht, die durch Peptidbindungen verknüpft sind – daher die Bezeichnung Peptidoglykan. Weiterhin enthält die bakterielle Zellwand eine Reihe anderer Bausteine, von denen einige ausschließlich bei einer bestimmten Bakteriengruppe vorkommen. Zellwände der Archaea variieren erheblich von Spezies zu Spezies – einige enthalten vor allem Proteine, während andere dem Peptidoglykan ähnliche Bausteine besitzen.

Diese Unterschiede unter den Zellen stimmen mit den verschiedenen Lebensstilen dieser Gruppen von Organismen überein. Pflanzen sind im Allgemeinen *unbeweglich*, eine Lebensweise, die mit der Festigkeit vereinbar ist, die den Pflanzen von ihren Zellwänden verliehen wird. Andererseits sind die meisten Tiere *beweglich*, ein grundlegendes Merkmal eines Organismus, der nicht nur seine Nahrung suchen muss, sondern auch fliehen muss, um nicht die Beute anderer Organismen zu werden! Entsprechend sind tierische Zellen nicht in starre Wände eingeschlossen, sondern von einem starken, aber elastischen Netzwerk aus Kollagenfasern umgeben. Bakterien und Archaea können beweglich oder unbeweglich sein, aber sie leben zumeist in hypotonischen Umgebungen (geringe externe Konzentration der löslichen Substanzen, die in den Zellen vorkommen). Ihre Zellwände bieten eine feste mechanische Stabilisierung und schützen die Zellen davor, aufgrund des osmotischen Drucks zu platzen, wenn Wasser in die Zelle dringt.

Die ECM tierischer Zellen kann hinsichtlich der Struktur je nach Zelltyp variieren. In der *Abbildung 17.13* sehen Sie eine mikroskopische Aufnahme der ECM aus Knochen, Knorpel und Bindegewebe. Die primäre Funktion der ECM ist die mechanische Stabilisierung, aber die Arten von extrazellulärem Material und die Art und Weise, wie sie abgelagert sind, können so unterschiedliche Vorgänge regulieren wie Zellmotilität und Zellwanderung, Zellteilung, Zellerkennung und Zelladhäsion sowie Zelldifferenzierung während der embryonalen Entwicklung. Die wichtigsten Komponenten der extrazellulären Strukturen der Tiere sind die Kollagenfasern und des Netzwerk aus Proteoglykanen, die sie umgeben. Bei den Wirbeltieren ist das Kollagen, das am häufigsten von allen Proteinen im Tierkörper vorkommt, ein höchst wichtiger Bestandteil der Sehnen, des Knorpels und der Knochen.

Die ▶*Abbildung 4.24* veranschaulicht die herausragende Bedeutung der Zellwand als Strukturmerkmal einer typischen Pflanzenzelle. Obwohl in der Abbildung diese Unterscheidung nicht gemacht wird, gibt es tatsächlich zwei Typen von Pflanzenzellwänden. Die Wand, die während der Zellteilung aufgebaut wird, bezeichnet man als *primäre Zellwand*. Sie besteht in erster Linie aus Cellulosefibrillen, die in eine gelähnliche Polysaccharidmatrix eingebettet sind. Primäre Wände sind recht flexibel und dehnbar, weshalb sie sich als Antwort auf Zellvergrößerung und Zellverlängerung ein wenig dehnen können. Wenn eine Zelle ihre endgültige Größe und Form erreicht, entsteht durch Ablagerung weiteren Zellwandmaterials auf der inneren Oberfläche der primären Zellwand die wesentlich dickere und starrere *sekundäre Zellwand*. Die sekundäre Zellwand enthält zumeist mehr Cellulose als die primäre Zellwand und kann einen hohen Anteil an *Lignin* besitzen, einem wichtigen Baustein des Holzes. Durch die Schaffung einer zweiten Zellwand wird die Zelle räumlich begrenzt und definiert dadurch ihre endgültige Größe und Form.

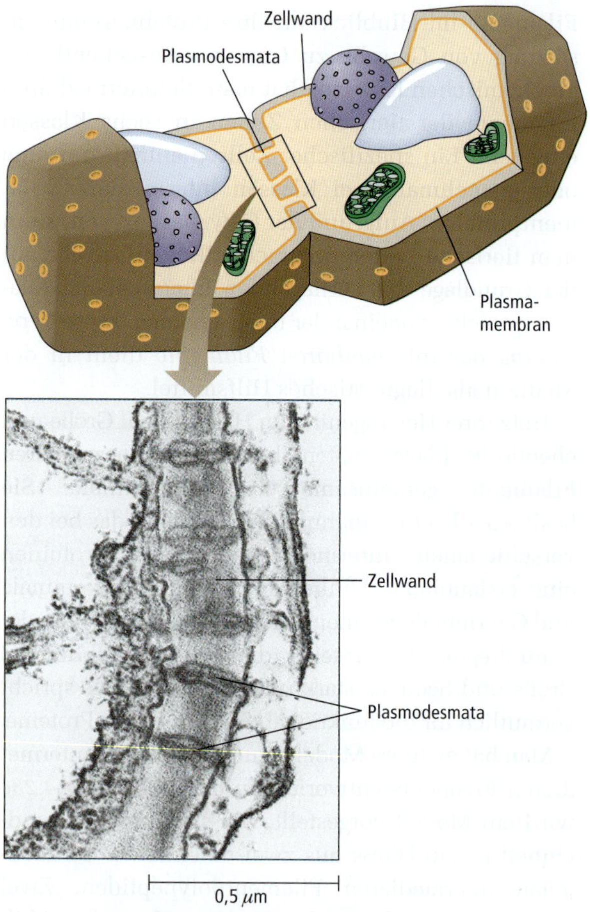

Abbildung 4.24: Die pflanzliche Zellwand. Die Wand, von der eine pflanzliche Zelle umgeben ist, besteht aus starren Mikrofibrillen aus Cellulose, die in eine nicht aus Cellulose bestehende Matrix aus Proteinen und Zuckerpolymeren eingebettet sind. Achten Sie auf die benachbarten Zellen, die durch Plasmodesmata verbunden sind (TEM).

Zwar sind benachbarte Pflanzenzellen durch die sie trennende Wand voneinander abgegrenzt, sie werden jedoch durch zahlreiche cytoplasmatische Brücken, die sogenannten **Plasmodesmata** (Singular

Plasmodesma) verbunden, die durch die Zellwand verlaufen. Die Plasmamembranen benachbarter Zellen sind jeweils durch Plasmodesmata verbunden, sodass der Kanal mit einer Membran ausgekleidet ist. Der Durchmesser eines typischen Plasmodesmas genügt, um Wasser und kleine lösliche Substanzen frei von Zelle zu Zelle passieren zu lassen. Die meisten Zellen einer Pflanze sind auf diese Weise miteinander verbunden. In *Kapitel 17* werden wir uns eingehender mit den primären und sekundären Zellwänden und den Plasmodesmata beschäftigen.

Auch tierische Zellen kommunizieren miteinander. Anstelle der Plasmodesmata besitzen sie intrazelluläre Verbindungen, die man als *Gap Junctions* bezeichnet. Sie sind auf den Transfer von Substanzen zwischen den Cytoplasmen benachbarter Zellen spezialisiert. Es gibt noch zwei weitere charakteristische Typen interzellulärer Verbindungen bei tierischen Zellen. Das sind die *Tight Junctions*, die so dicht sind, dass der Transport von Substanzen durch Räume zwischen den Zellen wirksam blockiert wird. *Adhesive Junctions* verbinden auch Zellen, aber mit dem Ziel, diese zu festen, aber flexiblen Einheiten zu verknüpfen. In *Kapitel 17* gehen wir genauer auf jeden Verbindungstyp ein.

4.3 Viren, Viroide und Prionen: Partikel, die in Zellen eindringen

Bevor wir diesen Überblick über die Zellbiologie abschließen, werden wir uns mehrere Partikel anschauen, die in Zellen eindringen, normale Zellfunktionen stören und oftmals ihren unfreiwilligen Wirt töten. Dazu gehören die *Viren*, die man seit mehr als 100 Jahren untersucht, sowie zwei weitere Partikel, von denen wir weitaus weniger wissen – die *Viroide* und die *Prionen*.

4.3.1 Ein Virus besteht aus einem DNA- oder RNA-Kern, der von einer Proteinhülle umgeben ist

Viren sind nicht-zelluläre, parasitäre Partikel, die nicht ohne andere Zellen lebensfähig sind. Sie können allerdings in Zellen eindringen, diese infizieren und die synthetische Maschinerie der infizierten Wirtszelle zur Bildung weiterer Viruspartikel veranlassen. Viren können nicht alle für eine unabhängige Existenz notwendigen Funktionen ausführen und sind daher von den Zellen abhängig, in die sie eindringen. Man sieht sie weder als lebende Organismen an, noch bestehen sie aus Zellen. Ein Viruspartikel besitzt kein Cytoplasma, keine Ribosomen, keine Organellen, nur wenige oder gar keine Enzyme und besteht im Allgemeinen nur aus wenigen unterschiedlichen Molekülen von Nucleinsäure und Protein.

Viren sind jedoch für viele Erkrankungen bei Menschen, Tieren und Pflanzen verantwortlich und somit sind sie aufgrund dieser Fähigkeit von Bedeutung. Weiterhin sind Viren für Zell- und Molekularbiologie wichtige Hilfsmittel der Forschung, denn sie sind wesentlich weniger kompliziert als Zellen. Das Tabak-Mosaik-Virus (TMV), dem wir in *Kapitel 2* (siehe *Abbildungen 2.20* und *2.21*) begegneten, liefert ein gutes Beispiel für ein Virus, das sowohl wirtschaftlich als auch wissenschaftlich von Bedeutung ist – wirtschaftlich, weil es Tabakpflanzen und andere Nutzpflanzen infiziert und schädigt, und wissenschaftlich, weil sich das Virus gut eignet für die Arbeit im Labor. Fraenkel-Conrats Untersuchungen zum Selbstzusammenbau von TMV, die in *Kapitel 2* beschrieben wurden, sind gute Beispiele für den Nutzen der Viren für Zellbiologen.

Typischerweise werden Viren nach den Krankheiten benannt, die sie verursachen. Poliovirus, Influenzavirus, Herpes-simplex-Virus und TMV sind einige häufig vorkommende Beispiele dafür. Andere Viren tragen kryptische Labornamen (beispielsweise T4-, $Q\beta$-, λ- oder Epstein-Barr-Virus). Viren, die bakterielle Zellen infizieren, werden als *Bakteriophagen* bezeichnet, oft auch nur kurz als *Phagen*. Bakteriophagen und andere Viren werden in den *Kapiteln 18* bis *23* besonders im Rahmen der Molekulargenetik dargestellt.

Viren sind kleiner als die kleinsten Zellen, wobei ihre Größe zwischen 25 und 300 nm liegt. Sie sind so klein, dass sie ein Filter passieren, das Bakterien abfängt, und somit ist das gesammelte Filtrat noch infektiös. Aus diesem Grund postulierte Louis Pasteur – 50 Jahre bevor man sie mit Hilfe des Elektronenmikroskops nachweisen konnte – ihre Existenz! Die kleinsten Viren haben ungefähr die Größe eines Ribosoms, während die größten circa ein Viertel des Durchmessers einer typischen Bakterienzelle besitzen. Jedes Virus hat eine charakteristische Form, die von seinem Proteincapsid bestimmt wird. In der ▶*Abbildung 4.25* sind verschiedene dieser Formen dargestellt.

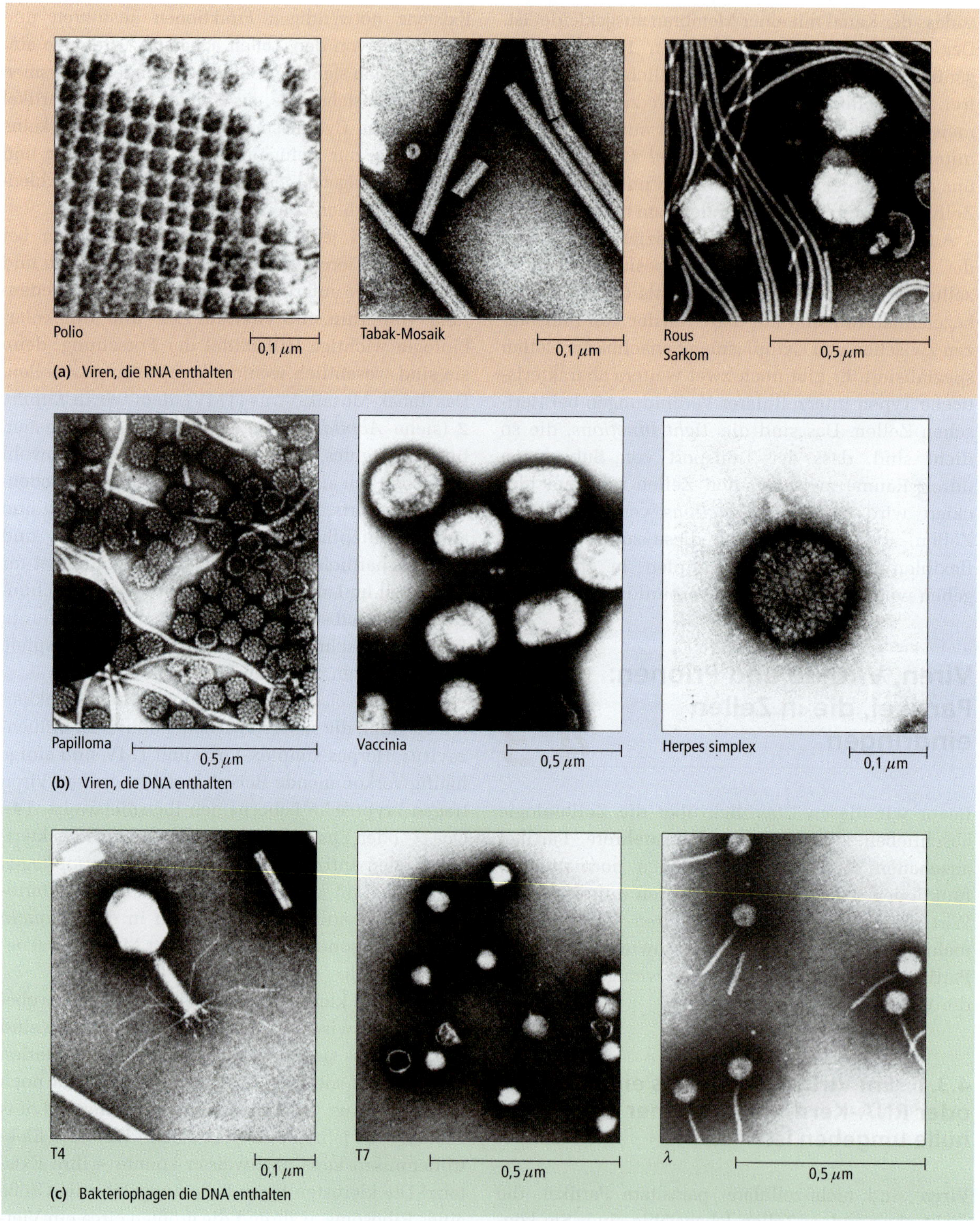

Abbildung 4.25: Größen und Formen von Viren. Diese elektronenmikroskopischen Aufnahmen veranschaulichen die morphologische Vielfalt der Viren. (a) Viren, die RNA enthalten (von links nach rechts): Polio-, Tabak-Mosaik- und Rous-Sarkom-Viren. (b) Viren, die DNA enthalten: Papilloma-, Vaccinia- und Herpes-simplex-Viren. (c) Bakteriophagen, die DNA enthalten: T4-, T7- und λ-Phagen (alles Aufnahmen mit dem TEM).

Trotz ihrer morphologischen Vielfalt ist die Chemie der Viren recht einfach. Die meisten Viren bestehen aus kaum mehr als einer Protein-*Hülle* (*Capsid*), das eine *Kernregion* (nicht zu verwechseln mit einem Zellkern!) umgibt, der ein oder mehrere Moleküle RNA oder DNA enthält, je nach Virustyp. Dies ist ein weiteres Merkmal, das Viren von Zellen unterscheidet, die immer sowohl DNA als auch RNA besitzen. Die einfachsten Viren, beispielsweise das TMV, besitzen ein einziges Nucleinsäuremolekül, das von einem Capsid umgeben ist, das aus nur einem Protein-Typ besteht (siehe *Abbildung 2.20*). In den Kernregionen der komplexeren Viren liegen mehrere Nucleinsäuremoleküle und Capside vor, die aus mehreren (oder sogar vielen) verschiedenen Typen von Proteinen bestehen. Einige Viren sind von einer Membran umgeben, die aus der Plasmamembran der Wirtszelle gebildet wurde, in der die Viruspartikel vorher gebildet und zusammengesetzt wurden. Diese Viren bezeichnet man als *behüllte Viren*. Das menschliche Immunschwächevirus (HIV), das AIDS (erworbenes Immunschwächesyndrom) verursacht, ist ein behülltes Virus, es wird von einer Membran bedeckt, die es von dem zuvor infizierten weißen Blutkörperchen erhielt.

Manchmal fragen Studenten, ob Viren leben. Die Antwort hängt entscheidend davon ab, was man unter „leben“ versteht und wahrscheinlich ist es nur insofern sinnvoll darüber nachzudenken, um besser zu verstehen, was Viren eigentlich sind – und was sie nicht sind. Die grundlegendste Eigenschaft aller lebenden Dinge ist der *Metabolismus* (zelluläre Reaktionen, die in kohärenten Wegen organisiert sind), außerdem gehören die Eigenschaften *Reizbarkeit* (Wahrnehmung von und Reaktion auf Reize aus der Umwelt) und *Reproduktionsfähigkeit* zu den Kriterien des Lebens. Ganz eindeutig genügen die Viren nicht den ersten beiden Kriterien. Außerhalb ihrer Wirtszellen sind Viren leblos und inaktiv. Man kann sie fast wie eine chemische Verbindung isolieren und kristallisieren. Einzig in einer geeigneten Wirtszelle wird ein Virus funktional, durchläuft einen Synthese- und Zusammensetzungskreislauf, aus dem weitere Viren hervorgehen.

Selbst die Reproduktionsfähigkeit von Viren muss sorgfältig abgewogen werden. Ein Grundpfeiler der Zelltheorie besagt, dass Zellen nur aus bereits existierenden Zellen hervorgehen, was aber nicht auf Viren zutrifft. Kein Virus gibt einem anderen Virus durch irgendeine Form der Selbstverdoppelung neues Leben. Stattdessen muss das Virus die metabolische und genetische Maschinerie einer Wirtszelle übernehmen und diese für die Synthese der Proteine umprogrammieren, die es für die Packung von DNA- oder RNA-Molekülen benötigt, die durch Kopie der genetischen Information des Elternvirus entstehen.

4.3.2 Viroide sind kleine ringförmige RNA-Moleküle

So einfach Viren auch sein mögen, es gibt noch einfachere, nicht-zelluläre Partikel, die eukaryotische Zellen infizieren können (anscheinend aber prokaryotische Zellen nicht). Die Viroide, die bisher nur in Pflanzenzellen nachgewiesen wurden, repräsentieren eine Klasse dieser Wirkstoffe. Viroide sind kleine ringförmige RNA-Moleküle. Sie sind die kleinsten, uns bekannten infektiösen Moleküle. Diese RNA-Moleküle sind nur 250 – 400 Nucleotide lang und werden in der Wirtszelle repliziert, obwohl sie kein Protein kodieren. Bei einigen vermochte man enzymatische Eigenschaften nachzuweisen, die zur Replikation beitragen.

Viroide sind für Krankheiten bei mehreren Nutzpflanzen verantwortlich, darunter Kartoffeln und Tabak. Eine Viroiderkrankung mit schweren wirtschaftlichen Folgen ist die *Cadang-cadang-Krankheit* der Kokosnusspalme. Noch ist nicht klar, wie Viroide Krankheiten verursachen. Sie könnten in den Zellkern eindringen und mit der Transkription von DNA zu RNA in einem Vorgang interferieren, den man als *Silencing* bezeichnet. Alternativ könnten sie mit der anschließenden Prozessierung interferieren, die die meisten eukaryotischen mRNAs benötigen, wobei sie die darauffolgende Proteinsynthese unterbrechen.

Viroide treten nicht in freier Form auf, können aber von einer Pflanzenzelle auf die andere übertragen werden, wenn die Oberfläche benachbarter Zellen beschädigt ist und die RNA-Moleküle keine Membranbarriere überqueren müssen. Es gibt auch Berichte darüber, dass sie durch Samen, Pollen oder landwirtschaftliche Geräte, die zur Kultivierung oder zum Anbau dienen, übertragen werden. Neueste Untersuchungen zeigen, dass viele Pflanzenspezies latente Viroide in sich tragen, die keine offensichtlichen Symptome hervorrufen.

4.3.3 Prionen sind „infektiöse Proteine"

Prionen repräsentieren eine weitere Klasse subzellulärer infektiöser Moleküle. Dieser Begriff wurde erschaffen, um *proteinartige infektiöse Partikel* zu beschreiben, die für neurologische Erkrankungen, wie Scrapie bei Schafen und Ziegen, Kuru und Creutzfeld-Jakob-Disease beim Menschen und Rinderwahn (BSE) bei Kühen, verantwortlich sind. Die Bezeichnung *Scrapie* rührt daher, dass die infizierten Tiere sich unablässig an Bäumen oder anderen Gegenständen reiben, wobei sie den größten Teil ihrer Wolle verlieren. *Kuru* ist eine degenerative Erkrankung des zentralen Nervensystems, von der erstmalig aufgrund der Erkrankung von Ureinwohnern Neu-Guineas berichtet wurde, die infiziertes Gehirngewebe konsumiert hatten. Patienten, die an dieser oder einer anderen Erkrankung durch Prionen leiden, zeigen anfänglich milde körperliche Schwäche und Demenz, aber die Wirkungen werden schnell stärker und die Erkrankungen enden schließlich mit dem Tod. Zur Diskussion des Rinderwahns verweisen wir Sie auf *Exkurs 22A*.

Prionenproteine sind anormal gefaltete zelluläre Proteine. Sowohl die normalen als auch die abweichenden Formen des Prionenproteins kommen auf den Oberflächen der Neuronen vor, woraus man schließen kann, dass das Protein irgendwie auf die Rezeptoren wirkt, die Nervensignale erfassen. Einige Biologen vermuten, dass ein ähnlicher Mechanismus für die Plaques fehlgefalteter Proteine verantwortlich ist, die man in den Gehirnen verstorbener Patienten mit Alzheimersyndrom nachweisen kann. Prionen sind von allen anderen bekannten Erregern grundsätzlich dadurch zu unterscheiden, dass sie weder DNA noch RNA in irgendeiner Form enthalten.

Prionen werden nicht durch Erhitzen oder Kochen abgetötet, weshalb in den Gebieten, von denen bekannt ist, dass dort durch Prionen verursachte Krankheiten auftreten, besondere Vorsichtsmaßnahmen empfohlen werden. Beispielsweise tritt eine Prionenerkrankung, die Chronische Auszehrungskrankheit (engl.: *chronic wasting disease*), bei einigen Hirschen und Elchen auf, vor allem in den Rocky Mountains im Westen der Vereinigten Staaten. Jäger, die in Gebieten jagen, von denen bekannt ist, dass dieses Prion dort vorkommt, werden angehalten, das Fleisch auf dieses Prion testen zu lassen und auf den Verzehr jeglichen Fleisches eines positiv getesteten Tieres oder eines anscheinend erkrankten Tieres zu verzichten.

ZUSAMMENFASSUNG DER WICHTIGSTEN INHALTE

Merkmale und Strategien von Zellen

- Basierend auf grundlegenden morphologischen Merkmalen hat man Zellen traditionell entweder als eukaryotisch (Tiere, Pflanzen, Pilze, Protozoen und Algen) oder als prokaryotisch (Bakterien und Archaeen) beschrieben, ausgehend davon, ob sie einen von einer Membran umgebenen Zellkern besitzen oder dieser fehlt. In neuerer Zeit legen Analysen ribosomaler RNA-Sequenzen und andere molekulare Daten den Schluss nahe, dass es drei Domänen der Organismen gibt, die Eukaryoten, die Bakterien und die Archaea.

- Eine Plasmamembran und Ribosomen sind die einzigen gemeinsamen Strukturmerkmale der Zellen dieser drei Gruppen. Organellen kommen ausschließlich in eukaryotischen Zellen vor, wo sie eine unerlässliche Rolle bei der Kompartimentierung der Funktion ausüben. Zellen der Bakterien und der Archaeen sind relativ klein und von geringerer struktureller Komplexität als eukaryotische Zellen, da ihnen die internen Membransysteme und Organellen der Eukaryoten fehlen.

- Die Zellgröße wird durch die Notwendigkeit einer angemessenen Oberfläche zum Austausch von Substanzen mit der Umgebung sowie durch den Bedarf ausreichend hoher Konzentrationen der Verbindungen, die für die Aufrechterhaltung des Lebens erforderlich sind, eingeschränkt. Eukaryotische Zellen sind wesentlich größer als Zellen der beiden anderen Domänen und kompensieren ihr geringes Oberfläche-Volumen-Verhältnis durch Kompartimentierung von Substanzen innerhalb von membranumschlossenen Organellen.

Die eukaryotische Zelle im Überblick

- Abgesehen von der Plasmamembran und den Ribosomen, die alle Zellen gemeinsam haben, besitzen eukaryotische Zellen einen Zellkern, der den größten Teil der DNA der Zelle beherbergt, eine Vielzahl von Organellen und das Cytosol mit seinem Cytoskelett aus Mikrotubuli, Mikrofilamenten und intermediären Filamenten. Außerdem haben Pflanzenzellen eine starre Zellwand und tierische Zellen sind im Allgemeinen von einer starken, aber flexiblen extrazellulären Matrix aus Kollagen und Proteoglykanen umgeben.

- Der Zellkern enthält die DNA der Zelle, die mit Protein in Form von Chromatin komplexiert ist, das während der Zellteilung kondensiert und sichtbare Strukturen bildet, die wir als Chromosomen bezeichnen. Der Zellkern ist von einer doppelten Membran umgeben, der Kernhülle, durch deren Porenkomplexe der regulierte Austausch von Makromolekülen mit dem Cytoplasma stattfindet.

- Mitochondrien, die von einer Doppelmembran umgeben sind, oxidieren Nahrungsmittelmoleküle, um die für die Bildung von ATP benötigte Energie zu liefern. Des Weiteren enthalten Mitochondrien Ribosomen und ihre eigenen ringförmigen DNA-Moleküle.

- Chloroplasten fangen Sonnenenergie auf und nutzen diese zur „Fixierung“ von Kohlendioxid in organischer Form und zur Umwandlung in Zucker. Chloroplasten sind von einer Doppelmembran umgeben und verfügen über ein großes System interner Membranen, die sogenannten Thylakoidmembranen, in denen die meisten Komponenten liegen, die an der Bildung von ATP mitwirken. Chloroplasten enthalten zudem Ribosomen und ringförmige DNA-Moleküle.

- Das endoplasmatische Reticulum ist ein großes Netzwerk aus Membranen, das entweder als raues ER oder als glattes ER vorliegt. Das raue ER ist mit Ribosomen besetzt und synthetisiert sekretorische Proteine und Membranproteine, während das glatte ER an der Lipidsynthese und der Medikamentenentgiftung mitwirkt. Proteine, die auf dem rauen ER synthetisiert werden, werden weiter prozessiert und im Golgi-Komplex verpackt, woraufhin sie über sekretorische Vesikel entweder zu Membranen oder auf die Zelloberfläche transportiert werden.

- Lysosomen enthalten hydrolytische Enzyme und sind am zellulären Abbau beteiligt. Sie waren die ersten Organellen, die auf der Grundlage ihrer Funktion und nicht ihrer Morphologie entdeckt wurden. Aufgrund ihrer engen funktionalen Beziehungen werden das ER, der Golgi-Komplex, die sekretorischen Vesikel und die Lysosomen unter dem Begriff Endomembransystem zusammengefasst.

- Peroxisomen haben ungefähr die Größe von Lysosomen und beide Organellen erzeugen Wasserstoffperoxid, das sie wieder abbauen. Tierische Peroxisomen spielen bei der Katabolisierung langkettiger Fettsäuren eine wichtige Rolle. Bei den Pflanzen wirken spezialisierte Peroxisomen, die Glyoxysomen, am Vorgang der Photorespiration mit und wandeln während der Saatkeimung gespeichertes Fett in Kohlenhydrat um.

- Ribosomen sind die Orte der Proteinsynthese in der Zelle. Die verblüffenden Ähnlichkeiten zwischen den mitochondrialen Ribosomen, den Ribosomen der Chloroplasten und denen der Bakterien und Cyanobakterien untermauern die Endosymbiontentheorie, die besagt, dass diese Organellen bakteriellen Ursprungs sind.

- Das Cytoskelett ist ein weit verzweigtes Netzwerk aus Mikrotubuli, Mikrofilamenten und intermediären Filamenten, das den eukaryotischen Zellen ihre unverkennbare Form verleiht. Das Cytoskelett ist ferner wichtig für die zelluläre Motilität und die intrazelluläre Bewegung von Zellstrukturen und Substanzen.

Partikel, die in Zellen eindringen

- Viren erfüllen einige, aber nicht alle, Grundkriterien des Lebens. Viren sind sowohl als infektiöse subzelluläre Partikel von Bedeutung, die Krankheiten bei Menschen, Tieren und Pflanzen verursachen, aber auch als Hilfsmittel im Labor, vor allem für Genetiker. Viroide und Prionen sind infektiöse Wirkstoffe, die sogar noch kleiner (und weniger gut untersucht) sind als Viren. Viroide sind kleine, selbstreplizierende RNA-Moleküle, während es sich bei Prionen um fehlgefaltete Proteine handelt, von denen man annimmt, dass sie anormale Produkte normaler zellulärer Gene sind.

ZUSAMMENHÄNGE HERSTELLEN

In den ersten Kapiteln haben wir Ihnen einen Überblick über die Geschichte und Reichweite der Zellbiologie vermittelt, Chemie wiederholt und die makromolekularen Komponenten der Zellen behandelt. Wir haben nun soeben die Einführung in die Zellstruktur und die Typen von Organellen abgeschlossen, die in eukaryotischen Zellen vorkommen. Im Folgenden werden wir sehen, wie diese zellulären Bausteine funktionieren und interagieren, um damit den Zellen die unglaublichen Fähigkeiten zu verleihen, die mit Leben assoziiert sind. Nach einer Diskussion der Bioenergetik und der Enzymfunktion in den nächsten beiden Kapiteln werden Sie sehen, wie die Plasmamembran bei Transport, Metabolismus und Zell-Zell-Kommunikation mitwirkt. Wenn wir uns in *Kapitel 10* und *11* genauer mit dem Mitochondrium und dem Chloroplasten beschäftigen, werden Sie erfahren, wie Zellen die für das Leben, Wachstum und Reproduktion notwendige Energie erhalten. Wir werden auf die Rollen des endoplasmatischen Reticulums, des Golgi-Komplexes, der Lysosomen und der Peroxisomen zurückkommen, wenn wir uns mit Protein- und Membranrecycling sowie mit spezialisierten Formen des Metabolismus in *Kapitel 12* beschäftigen. Später, in den *Kapitel 13 bis 17*, werden Sie Neues über die Rolle des Cytoskeletts bei der Zellmotilität und der Muskelkontraktion erfahren und lernen, wie das Cytoskelett mit der extrazellulären Matrix in Wechselwirkung tritt. Anschließend kehren wir zum Zellkern zurück, denn wir erforschen seine Rolle als Kommandant im Zentrum der Zelle, der für den Transfer genetischer Information, die Zellreproduktion und die Steuerung fast aller Zellaktivitäten verantwortlich ist.

ÜBUNGSAUFGABEN

Schwierigere Aufgaben sind mit einem • gekennzeichnet.

4-1 Wieder falsch. Ändern Sie jede der folgenden falschen Aussagen so, dass sie richtig sind.

A Archaea sind alte Bakterien, die die Vorfahren der modernen Bakterien sind.

B Bakterien unterscheiden sich von Eukaryoten dadurch, dass sie keinen Zellkern, keine Mitochondrien, keine Chloroplasten und keine Ribosomen besitzen.

C An Stelle einer Zellwand wird die Struktur der eukaryotischen Zellen durch eine mechanische Stütze aufrechterhalten.

D Alle Ribosomen in einer typischen menschlichen Muskelzelle sind identisch.

E DNA kommt ausschließlich im Kern einer Zelle vor.

F Da Bakterienzellen keine Organellen besitzen, können sie weder die ATP-Synthese noch Photosynthese ausführen.

G Sogar die einfachsten infektiösen Partikel müssen eine DNA, eine RNA und Protein besitzen

H Eine große Menge von DNA in eukaryotischen Zellen hat keine Funktion und wird als „Schrott-DNA“ bezeichnet.

4-2 Zelluläre Spezialisierung. Jeder der aufgeführten Zelltypen ist ein gutes Beispiel für eine Zelle, die auf eine spezifische Funktion spezialisiert ist. Verknüpfen sie jeden Zelltyp aus Liste A mit der entsprechenden Funktion aus Liste B und erklären Sie, warum Sie dieses Paar gewählt haben.

Liste A	Liste B
(a) Bauchspeicheldrüsenzelle	Zellteilung
(b) Zelle eines Flugmuskels	Absorption
(c) Palisadenzelle eines Blattes	Motilität
(d) Zelle, die den Darm auskleidet	Photosynthese
(e) Nervenzelle	Sekretion
(f) Bakterienzelle	Übertragung elektrischer Impulse

4-3 Auf dem Weg zur künstlichen Zelle. Vor Kurzem konstruierten Wissenschaftler in vitro aus gereinigten ribosomalen Proteinen und rRNAs ein künstliches Ribosom.

A Welche Arten intermolekularer Kräfte halten Ihrer Meinung nach die einzelnen Proteine und rRNAs in diesem supramolekularen Komplex zusammen?

B Beschreiben Sie spezifisch, wie hohe Temperatur, hoher Salzgehalt oder niedriger pH-Wert diese Struktur aufbrechen würden, woraufhin das Ribosom auseinanderfallen würde.

C Wenn man sie bitten würde, zu ermitteln, von welchem Organismus die ribosomalen Komponenten stammen, wie würden Sie vorgehen?

D Welche anderen Moleküle müssten sie in das Reagenzglas geben, damit die Ribosomen Polypeptide bilden (Für diese Aufgabe müssten Sie vielleicht in späteren Kapiteln stöbern.)

4-4 Vervollständigen Sie die Sätze. Vervollständigen Sie bitte die folgenden Behauptungen über Zellstruktur mit höchstens zehn Wörtern.

A Wenn man Ihnen eine elektronenmikroskopische Aufnahme einer Teils einer Zelle zeigte und sie bitten würde, diese Zelle als pflanzliche oder tierische Zelle zu identifizieren, eine Sache die Sie tun würden, wäre ...

B Eine Scheibe eines rohen Apfels in einer konzentrierte Zuckerlösung wird ...

C Eine zelluläre Struktur, die man mit einem Elektronenmikroskop, aber nicht mit einem Lichtmikroskop sichtbar machen kann, ist ...

D Mehrere Lebensräume, in denen sie mit größerer Wahrscheinlichkeit Archaea als Bakterien finden würden, sind ...

E Ein Grund dafür, dass es schwierig sein könnte, Lysosomen von Peroxisomen durch Zentrifugation zu trennen, ist, dass ...

F Die Nucleinsäure eines Virus besteht aus ...

4-5 Man muss sie auseinanderhalten können. Schlagen Sie einen Weg vor, um zwischen den beiden Mitgliedern der folgenden Paare zu unterscheiden.

A Bakterielle Zellen; Archaea

B Raues ER; glattes ER

C Tierische Peroxisomen; Blatt-Peroxisomen

D Peroxisomen; Lysosomen

E Viren; Viroide

F Mikrofilamente; intermediäre Filamente

G Poliovirus; Herpes-simplex-Virus

H Eukaryotische Ribosomen; bakterielle Ribosomen

I mRNA; miRNA

4-6 Strukturelle Verwandtschaften. Kennzeichnen Sie jedes Paar struktureller Elemente mit einem A, wenn das erste Element ein wichtiger Baustein des zweiten Elements ist, mit einem B, wenn das zweite Element ein wichtiger Baustein des ersten Elements ist und mit einem N, wenn es sich um getrennte Strukturen handelt, die keine besondere Verwandtschaftsbeziehung haben.

A Mitochondrium; Crista

B Golgi-Komplex; Zellkern

C Cytoplasma; Cytoskelett

D Zellwand; extrazelluläre Matrix

E Nucleolus; Zellkern

F Glattes ER; Ribosom

G Lipiddoppelschicht; Plasmamembran

H Peroxisom; Thylakoid

I Chloroplast; Granum

4-7 Proteinsynthese und Sekretion. Obwohl wir uns erst in späteren Kapiteln mit Proteinsynthese und Sekretion eingehend beschäftigen werden, haben Sie bereits ausreichend Information über die Vorgänge erhalten, um die sieben im Folgenden genannten Ereignisse zu ordnen. Ordnen Sie die Ereignisse 1 bis 7 derart, dass die richtige Anordnung den Schritten a bis g entspricht, die ein typisches sekretorisches Protein von der initialen Transkription der relevanten genetischen Information im Zellkern bis zur abschließenden Sekretion des Proteins aus der Zelle durch Exocytose durchläuft.

Transkription → (a) → (b) → (c) →
(e) → (f) → (g) → Sekretion

A Das Protein wird teilweise im Lumen des ER glykosyliert.

B Das sekretorische Vesikel kommt in der Plasmamembran an, mit der es verschmilzt.

C Das RNA-Transkript wird vom Zellkern zum Cytoplasma transportiert.

D Die endgültigen Zuckergruppen werden im Golgi-Komplex an das Protein angefügt.

E Nach der Synthetisierung des Proteins gelangt es durch die Membran des ER in das Lumen einer Golgi-Zisterne.

F Das Protein wird in sekretorische Vesikel gepackt und im Golgi-Komplex freigesetzt.

G Die Messenger-RNA assoziiert mit einem Ribosom und beginnt auf der Oberfläche des rauen ER mit der Synthese des gewünschten Proteins.

• **4-8 Erkrankungen auf dem Niveau des Organells.** Jedes der nachfolgend aufgeführten medizinischen Probleme geht auf eine Störung in der Funktion eines Organells oder einer anderen Zellstruktur zurück. Benennen Sie jeweils das ursächlich verantwortliche Organell oder die Struktur und geben Sie an, ob diese wahrscheinlich zu wenig oder zu viel Aktivität besitzen.

A Ein Mädchen nimmt versehentlich Cyanid und stirbt fast unmittelbar danach, weil die ATP-Bildung aussetzt.

B Bei einem Jungen diagnostiziert man die neonatale Adrenoleukodystrophie (NALD), die sich durch Unvermögen des Körpers auszeichnet, sehr lange Fettsäureketten abzubauen.

C Eine Raucherin entwickelt Lungenkrebs und man teilt ihr mit, dass die Ursache der Erkrankung eine Population von Zellen in ihrer Lunge ist, die mit wesentlich größerer Geschwindigkeit die Mitose durchlaufen als dies bei normalen Lungenzellen der Fall ist.

D Ein junger Mann erfährt, dass er unfruchtbar ist, weil seine Spermien unbeweglich sind.

E Ein kleines Mädchen stirbt an der Tay-Sachs-Krankheit, weil ihren Zellen die Hydrolase fehlt, die normalerweise eine Membrankomponente mit der Bezeichnung Gangliosid G_{M2} abbaut, die sich aus diesem Grund in den Membranen ihres Gehirns abgesetzt hat.

F Ein kleiner Junge muss bei seiner Ernährung auf Milch verzichten, denn die Schleimhautzellen, die seinen Dünndarm auskleiden, produzieren das Enzym nicht, das für die Hydrolyse von Lactose benötigt wird, dem in der Milch enthaltenen Disaccharid.

• **4-9 Leben Viren?** Manchmal diskutieren Biologen, ob man Viren als lebende Organismen ansehen sollte. Lassen Sie uns mitdiskutieren.

A Inwiefern ähneln Viren den Zellen?

B Inwiefern unterscheiden sich Viren von Zellen?

C Wählen Sie eine der beiden folgenden Positionen aus und verteidigen Sie diese: (1) Viren leben oder (2) Viren leben nicht.

D Warum gehen Sie davon aus, dass die Behandlung viraler Erkrankungen schwieriger ist als die bakterieller Erkrankungen.

E Entwerfen Sie eine Strategie, um eine virale Erkrankung zu heilen, ohne den Patienten zu schädigen.

WEITERFÜHRENDE LITERATUR

Historisch bedeutsame Literatur ist mit einem • gekennzeichnet.

Eukaryoten, Bakterien und Archaea

Bogorad, L. Evolution of early eukaryotic cells: Genomes, proteomes, and compartments. *Photosynth. Res.* 95 (2008): 11.

Brinkmann, H. und H. Philippe. The diversity of eukaryotes and the root of the eukaryotic tree. *Adv. Exp. Med. Biol.* 607 (2007): 20.

Kassen, R. und P. B. Rainey. The ecology and genetics of microbial diversity. *Annu. Rev. Microbiol.* 58 (2004): 207.

Pace, N. R. Time for a change. *Nature* 441 (2006): 289.

Sapp, J. The prokaryote-eukaryote dichotomy: Meanings and mythology. *Microbiol. Mol. Biol. Rev.* 69 (2005): 292.

Tanaka, S., M. R. Sawaya und T. O. Yeates. Structure and mechanisms of a protein-based organelle in *Escherichia coli*. Science 327 (2010): 81.

Trotsenko, Y. A. und V. N. Khmelenina. Biology of extremophilic and extremotolerant methanotrophs. *Arch. Microbiol.* 177 (2002): 123.

• Woese, C. R. und G. E. Fox. Phylogenetic structure of the prokaryotic domain: The primary kingdoms. *Proc. Nat. Acad. Sci. USA* 74 (1977): 5088.

Woese, C. R., O. Kandler und M. L. Wheelis. Towards a natural system of organisms: Proposal for the domains Archaea, Bacteria, and Eucarya. *Proc. Nat. Acad. Sci. USA* 87 (1990): 4576.

Der Zellkern

Burke, B. und C. L. Stewart. The laminopathies: The functional architecture of the nucleus and its contribution to disease. *Annu. Rev. Genomics Hum. Genet.* 7 (2006): 369.

Rippe, K. Dynamic organization of the cell nucleus. *Curr. Opin. Genet. Dev.* 17 (2007): 373.

Tchélidzé, P. A. Chatron-Colliet, M. Thiry, N. Lalun, H. Bobichon und D. Ploton. Tomography of the cell nucleus using confocal microscopy and medium voltage electron microscopy. *Crit. Rev. Oncol. Hematol.* 69 (2009): 127.

Webster, M., K. L. Witkin und O. Cohen-Fix. Sizing up the nucleus: Nuclear shape, size and nuclear envelope assembly. *J. Cell Sci.* 122 (2009): 1477.

Organellen und menschliche Erkrankungen

DiMauro, S. Mitochondrial myopathies. *Curr. Opin. Rheumatol.* 18 (2006): 636.

Fan, J., Z. Hu, L. Zeng, W. Lu, X. Tang, J. Zhang und T. Li. Golgi apparatus and neurodegenerative diseases. *Int. J. Dev. Neurosci.* 26 (2008): 523.

Gould, S. J. und D. Valle. Peroxisome biogenesis disorders: Genetics and cell biology. *Trends. Genet.* 16 (2000): 340.

Grabowski, G. A. und R. J. Hopkins. Enzyme therapy for lysosomal storage disorders: Principles, practice, and prospects. *Annu. Rev. Genomics Hum. Genet.* 4 (2003): 403.

Kiselyov, K. et al. Autophagy, mitochondria, and cell death in lysosomal storage diseases. *Autophagy* 3 (2007): 259.

Máximo, V., Lima, P. Soares und M. Sobrinho-Simoes. Mitochondria and cancer. *Virchows Arch.* 454 (2009): 481.

Morava, E. et al. Mitochondrial disease criteria: Diagnostic applications in children. *Neurology* 67 (2006): 1823.

Ni, M. und A. S. Lee. ER chaperones in mammalian development and human diseases. *FEBS Lett.* 581 (2007): 3641.

Reeve, A. K., K. J. Krishnan und D. Turnbull. Mitochondrial DNA mutations in disease, aging and neurodegeneration. *Ann. NY Acad. Sci.* 1147 (2008): 1147.

Wlodkowic, D., J. Skommer, D. McGuinness, C. Hillier und Z. Darzynkiewicz. ER-Golgi network – a future target for anti-cancer therapy. *Leuk. Res.* 33 (2009): 1440.

Yoshida, H. ER stress and diseases. *FEBS Lett.* 274 (2007): 630.

Intrazelluläre Membranen und Organellen

Allan, V. J., H. M. Thompson und M. A. McNiven. Motoring around the Golgi. *Nature Cell. Biol.* 4 (2002): 236.

Boldogh, I. R. und L. A. Pon. Mitochondria on the move. *Trends Cell Biol.* 17 (2007): 502.

• de Duve, C. The peroxisome in retrospect. *Ann. NY Acad. Sci.* 804 (1996): 1.

Glick, B. S. Organization of the Golgi apparatus. *Curr. Opin. Cell Biol.* 12 (2000): 450.

Jackson, C. L. Mechanisms of transport through the Golgi complex. *J. Cell Sci.* 122 (2009): 443.

Leigh, R. A. und D. Sanders, Hrsg. *The Plant Vacuole.* San Diego: Academic Press, 1997.

Martin, W., Lane, N. und Schmitt, V. Der Schritt zum komplexen Leben. *Spektrum der Wissenschaft.* 7 (2013): 40.

Okamoto, K. und J. M. Shaw. Mitochondrial morphology and dynamics in yeast and multicellular eukaryotes. *Annu. Rev. Genet.* 39 (2005): 503.

Reumann, S. The structural properties of plant peroxisomes and their metabolic significance. *Annu. Rev. Genet.* 34 (2000): 623.

• Sabatini, D. D. und G. E. Palade. Charting the secretory pathway. *Trends Cell Biol.* 9 (1999): 413.

Shorter, J. und G. Warren. Golgi architecture and inheritance. *Annu. Rev. Cell Dev. Biol.* 18 (2002): 379.

Voeltz, G. K., M. M. Rolls und T. A. Rapoport. Structural organization of the endoplasmatic reticulum. *EMBO Rep.* 3 (2002): 944.

Waters, M. T. und J. A. Langdale. The making of a chloroplast. *EMBO J.* 28 (2009): 2861.

Yeates, T. O., Crowley, C. S. und S. Tanaka. Bacterial microcompartment organelles: Protein shell structure and evolution. *Annu. Rev. Biophys.* 39 (2010): 185.

Das Cytoplasma und das Cytoskelett

Dillon, C. und Y. Goda. The actin cytoskeleton: Integrating form and function at the synapse. *Annu. Rev. Neurosci.* 28 (2005): 25.

Dinman, J. D. The eukaryotic ribosome: Current status and challenges. *J. Biol. Chem.* 284 (2009): 11761.´

Erickson, H. P. Evolution of the cytoskeleton. *Bioessays* 29 (2007): 668.

Hall, A. The cytoskeleton and cancer. *Cancer Metastasis Rev.* 28 (2009): 5.

Howard, J. *Mechanics of Motor Proteins and the Cytoskeleton.* Sunderland, Massachusetts: Sinauer Associates, 2001.

Michie, K. A. und J. Lowe. Dynamic filaments of the bacterial cytoskeleton. *Annu. Rev. Biochem.* 75 (2006): 467.

Pogliano, J. The bacterial cytoskeleton. *Curr. Opin. Cell Biol.* 20 (2008): 19.

Schröder, M. Engineering eukaryotic protein factories. *Biotechnol. Lett.* 30 (2008): 187.

Strelkov, S. V., H. Herrmann und U. Aebi. Molecular architecture of intermediate filaments. *BioEssays* 25 (2003): 243.

Strand, P., C. Stumptner, K. Zatloukal und H. Denk. Intermediate filament cytoskeleton of the liver in health and disease. *Histochem. Cell Biol.* 129 (2008): 735.

Die extrazelluläre Matrix und die Zellwand

Bateman, J. F., R. P. Boot-Handford und S. R. Lamandé. Genetic diseases of connective tissue: Cellular and extracellular effects of ECM mutations. *Nat. Rev. Genet.* 10 (2009): 173.

Bowman, S. M. und S. J. Free. The structure and synthesis of the fungal cell wall. *Bioessays* 28 (2006): 799.

Brett, C. T. Cellulose microfibrils in plants: Biosynthesis, deposition, and integration into the cell wall. *Int. Rev. Cytol.* 199 (2000): 161.

Cosgrove, D. J. Growth of the plant cell wall. *Int. Rev. Mol. Cell Biol.* 6 (2005): 850.

Jamet, E., C. Albenne, G. Boudart, M. Irshad, H. Canut und R. Pont-Lezica. Recent advances in plant cell wall proteomics. *Proteomics* 8 (2008): 893.

Kreis, T. und R. Vale, Hrsg. *Guidebook to the Extracellular Matrix, Anchor and Adhesion Proteins*, 2. Aufl. Oxford: Oxford University Press, 1999.

Marastoni, S., G. Ligresti, E. Lorenzon, A. Colombatti und M. Mongiat. Extracellular matrix: A matter of life and death. *Connect. Tissue Res.* 29 (2008): 203.

Viren, Viroide und Prionen

Aguzzi, A. und M. Polymenidou. Mammalian prion biology: One century of evolving concepts. *Cell* 116 (2004): 109.

Cann, A. J. *Principles of Molecular Virology*, 3. Aufl. San Diego: Academic Press, 2001.

Cob, N. J. und W. K. Surewicz. Prion diseases and their biochemical mechanisms. *Biochemistry* 48 (2009): 2574.

Crozet, C., F. Beranger und S. Lehmann. *Cellular pathogenesis in prion diseases.* Vet. Res. 39 (2008): 44.

Ding, B., A. Itaya und X. Zhong. Viroid trafficking: A small RNA makes a big move. *Curr. Opin. Plant Biol.* 8 (2005): 606.

Flores, R. et al. Viroids and viroid-host interactions. *Annu. Rev. Phytopathol.* 43 (2005): 117.

Moore, R. A., L. M. Taubner und S. A. Priola. Prion protein misfolding and disease. *Curr. Opin. Struct. Biol.* 19 (2009): 14.

Prusiner, S. B. Hrsg. *Prion Biology and Diseases*, 4. Aufl. Cold Spring Harbor, New York: Cold Spring Harbor Laboratory Press, 2004.

Prusiner, S. B. und M. R. Scott: Genetics of prions. *Annu. Rev. Genet.* 31 (1997): 139.

• Reisner, D. und H. H. Gross. Viroids. *Annu. Rev. Biochem.* 54 (1985): 531.

Stürmer M., H. W. Doerr und L. Gürtler. Human immunodeficiency virus: 25 years of diagnostic and therapeutic strategies and their impact on hepatitis B and C virus. *Med. Microbiol. Immunol.* 198 (2009): 147.

Bioenergetik: Der Energiefluss in der Zelle

5

ÜBERBLICK

Ganz allgemein gesehen, benötigt eine Zelle vier Grundelemente: molekulare Bausteine, chemische Katalysatoren (die Enzyme), Information zur Steuerung ihrer Aktivitäten sowie Energie, um die verschiedenen Reaktionen und Abläufe, die für ihr Leben und ihre biologische Funktion unabdingbar sind, zu betreiben. In den *Kapiteln 3* und *4* haben Sie erfahren, dass Zellen Aminosäuren, Nucleotide, Zucker und Lipide benötigen, um Makromoleküle zu bilden, die für den Aufbau der zellulären Strukturen und der Organellen erforderlich sind. Zellen brauchen außerdem Katalysatoren, die sogenannten Enzyme (*Kapitel 6*), zur Beschleunigung der chemischen Reaktionen, die ohne Enzyme zu langsam ablaufen würden, um Leben, so wie wir es kennen, aufrechtzuerhalten. Die dritte allgemeine Anforderung der Zellen ist die Information zur Anleitung und Steuerung ihrer Aktivitäten. Diese Information wird in den Nucleotidsequenzen der DNA und der RNA kodiert und in der geordnet ablaufenden Synthese spezifischer Proteine exprimiert.

Abbildung 5.1: Energie und Leben. Die Fähigkeit, Energie aufzubringen, ist eines der offenkundigsten Merkmale des Lebens, sowohl auf der Ebene der Zellen als auch auf der Ebene der Organismen.

Weiterhin benötigen alle Zellen außer Molekülen, Enzymen und Information auch Energie. Energie wird benötigt, um die chemischen Reaktionen, die an der Bildung zellulärer Bausteine mitwirken, voranzutreiben, und zum Antrieb der vielen Aktivitäten, die Zellen ausführen. Die Fähigkeit, Energie zu gewinnen, zu speichern und zu nutzen, ist tatsächlich eines der am leichtesten erkennbaren Merkmale der meisten lebenden Organismen und dient zur Definitionen dessen, was Leben ist (▶*Abbildung 5.1*). Ebenso wie der Informationsfluss ist der Energiefluss ein wichtiges Thema dieses Kapitels und in den *Kapiteln 9* bis *11* werden wir uns noch eingehender mit diesem Thema auseinandersetzen. In diesem Kapitel werden Sie die grundlegenden Konzepte der Bioenergetik kennenlernen und sehen, wie das thermodynamische Konzept der freien Energie uns die Möglichkeit gibt, vorherzusagen, ob spezifische chemische Reaktionen spontan in der Zelle ablaufen.

Die Bedeutung der Energie 5.1

Alle lebenden Systeme benötigen eine nicht endende Versorgung mit **Energie**. Im Allgemeinen wird Energie als Fähigkeit, Arbeit zu verrichten, definiert. Diese Definition kann aber zu einem Zirkelschluss führen, denn häufig wird Arbeit als Veränderung der Energie definiert. Eine nützlichere Definition lautet: *Energie ist die Fähigkeit, spezifische physikalische oder chemische Veränderungen herbeizuführen.* Da Leben sich zuerst und vor allem durch Veränderungen auszeichnet, unterstreicht diese Definition die völlige Abhängigkeit aller Lebensformen von der ständigen Verfügbarkeit von Energie.

5.1.1 Zellen benötigen Energie für sechs verschiedene Arten der Veränderung

Nun, da wir mit einer Definition der Energie arbeiten können, könnten Sie die Frage stellen: Welche Arten zellulärer Aktivitäten bewirken spezifische physikalische und chemische Veränderungen? Da treten sechs Kategorien auf, in die man Veränderungen einteilt, die wiederum sechs Formen von Arbeit definieren, die Energie benötigen: synthetische Arbeit, mechanische Arbeit, Konzentrationsarbeit und elektrische Arbeit sowie die Erzeugung von Wärme und die Erzeugung von Licht (▶*Abbildung 5.2*).

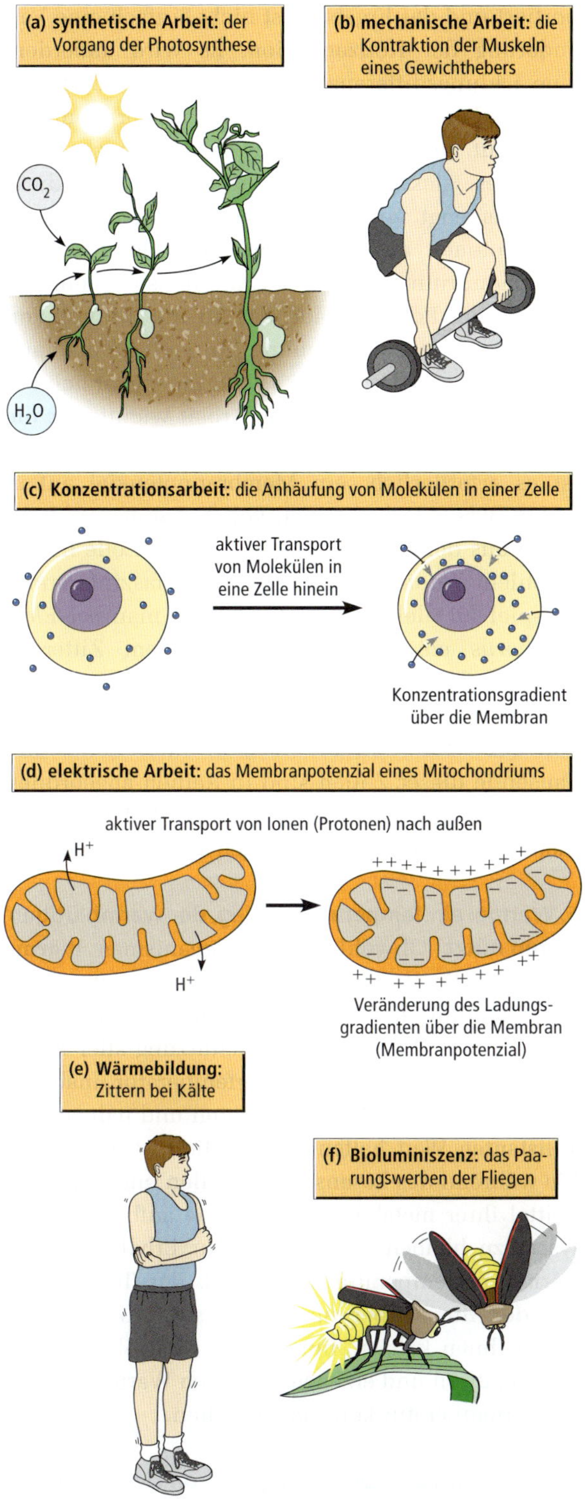

Abbildung 5.2: Mehrere Arten biologischer Arbeit. Die sechs wichtigsten Kategorien biologischer Arbeit sind hier dargestellt. Alle erfordern das Aufbringen von Energie, um physikalische und chemische Veränderung zu bewirken.

1. Synthetische Arbeit: Veränderung der chemischen Bindungen Eine wichtige Aktivität, die wirklich jede Zelle jederzeit ausführen muss, ist die **Biosynthese** zur Bildung neuer chemischer Bindungen und die Synthese neuer Moleküle. Diese Aktivität wird in einer Population wachsender Zellen besonders deutlich, in der weitere Moleküle für die Zellen synthetisiert werden müssen, damit die Zellen im Hinblick auf Größe und Anzahl wachsen können. Des Weiteren wird synthetische Arbeit benötigt, um bereits existierende Zellstrukturen zu erhalten. Da die meisten Strukturkomponenten der Zelle sich im Zustand eines ständigen Umsatzes befinden, werden die Moleküle, aus denen diese Strukturen bestehen, andauernd abgebaut und ersetzt. Fast die gesamte Energie, die eine Zelle für ihre biosynthetische Arbeit benötigt, wird zur Bildung energiereicher organischer Moleküle aus einfacheren Ausgangssubstanzen und zum Einbau dieser Ausgangssubstanzen in Makromoleküle aufgebracht.

2. Mechanische Arbeit: Veränderungen in Position und Ausrichtung einer Zelle oder einer subzellulären Struktur Häufig benötigen Zellen Energie zur Verrichtung **mechanischer Arbeit**, die für eine physikalische Veränderung der Position oder Ausrichtung einer Zelle oder eines Teils der Zelle geleistet wird. Ein besonders gutes Beispiel liefert die Bewegung einer Zelle in ihrer Umgebung. Häufig werden für diese Bewegung ein oder mehrere bewegliche Strukturen benötigt, beispielsweise Cilien oder Geißeln (▶*Abbildung 5.3*), die Energie benötigen, um die Zelle vorwärts zu treiben. In anderen Fällen wird die Umgebung an der Zelle vorbeibewegt, wie es zum Beispiel die mit Cilien ausgestatteten Epithelzellen der Atemwege tun, die inhalierte Partikel nach oben bewegen und so aus der Lunge fernhalten. Auch für diese Bewegung wird Energie benötigt. Die Muskelkontraktion ist ein weiteres gutes Beispiel für mechanische Arbeit, wobei nicht nur eine einzelne Zelle arbeitet, sondern eine große Anzahl von Muskelzellen zusammenarbeitet (siehe *Abbildung 16.10*). Weitere Beispiele mechanischer Arbeit, die wir bei den Zellen kennenlernen werden, sind die Bewegung der Chromosomen entlang der Spindelfasern während der Mitose, die Strömung des Cytoplasmas, die Bewegung der Organellen und die Translokation eines Ribosoms entlang eines Strangs der mRNA.

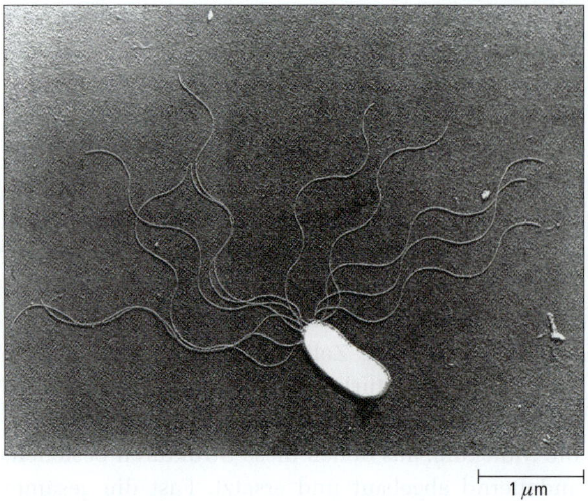

Abbildung 5.3: **Ein begeißeltes Bakterium.** Die Drehbewegung bakterieller Geißeln ist ein Beispiel für mechanische Arbeit, die einigen Bakterienspezies Motilität verleiht (TEM).

3. Konzentrationsarbeit: Bewegung von Molekülen durch eine Membran gegen den Konzentrationsgradienten Weniger offensichtlich als die beiden vorher beschriebenen Kategorien, aber ebenso bedeutend für die Zelle ist die Arbeit, die geleistet wird, um Moleküle oder Ionen gegen einen Konzentrationsgradienten zu bewegen. Das Ziel der Konzentrationsarbeit besteht darin, entweder Substanzen in einer Zelle oder einem Organell anzuhäufen oder potenziell toxische Nebenprodukte der Zellaktivität zu entfernen. Wie wir in *Kapitel 4* sahen, ist die Diffusion von Substanzen (aus Regionen hoher Konzentration in Regionen niedriger Konzentration) ein spontaner Vorgang, für den keine weitere Energie aufgebracht werden muss. Daher erfordert der umgekehrte Vorgang, die Konzentration, Energieaufwand. Zu den Beispielen für Konzentrationsarbeit gehören der Import bestimmter Zucker- und Aminosäuremoleküle durch die Membran aus Regionen niedriger Konzentration hin zu Regionen hoher Konzentration, die Konzentrierung spezifischer Moleküle und Enzyme in den Organellen und die Anhäufung von Abbauenzymen in sekretorischen Vesikeln, die während der Verdauung der Nahrung freigesetzt werden.

4. Elektrische Arbeit: Bewegung von Ionen durch eine Membran gegen den elektrochemischen Gradienten Häufig wird **elektrische Arbeit** als Sonderfall der Konzentrationsarbeit angesehen, denn auch hier findet eine Bewegung durch Membranen statt. In diesem Fall werden allerdings Ionen transportiert und das Ergebnis ist nicht einfach eine Veränderung der Konzentration. Es wird außerdem eine Ladungsdifferenz, das sogenannte *elektrische Potenzial* oder *Membranpotenzial*, an der Membran aufgebaut. Jede Zellmembran besitzt ein charakteristisches elektrisches Potenzial, das auf diese Weise erzeugt wird. Eine Konzentrationsdifferenz der Protonen auf jeder Seite der Membran des Mitochondriums oder des Chloroplasten baut ein elektrisches Potenzial auf, das für die Bildung von ATP sowohl bei der Atmung (*Kapitel 10*) als auch bei der Photosynthese (*Kapitel 11*) unverzichtbar ist. Außerdem ist elektrische Arbeit wichtig für die Übertragung von Impulsen in Nervenzellen. Dafür ist es erforderlich, ein Membranpotenzial aufzubauen, was durch Pumpen von Na^+-Ionen und K^+-Ionen aus der Zelle heraus und in die Zelle hinein geschieht (*Kapitel 13*). Ein besonders faszinierendes Beispiel für elektrische Arbeit kann man bei *Electrophorus electricus* beobachten, dem Zitteraal. Einzelne Zellen seines elektrischen Organs nutzen Energie zur Erzeugung eines Membranpotenzials von circa 150 Millivolt (mV) in einer Zelle, und Tausende dieser Zellen sind in Reihen angeordnet, sodass der Zitteraal ein elektrisches Potenzial von mehreren Hundert Volt erzeugen kann (Autsch!).

5. Wärme: ein Temperaturanstieg, der warmblütigen Tieren nützt Obwohl lebende Organismen **Wärme** nicht auf die gleiche Weise als Energie nutzen wie eine Dampfmaschine, ist die Erzeugung von Wärme eine wichtige Form der Energienutzung aller *Endothermen* (Tiere, die ihre Körpertemperatur unabhängig von ihrer Umgebung regulieren und nahe einem konstanten Wert halten). Tatsächlich ist es so, dass Sie während des Lesens dieser Zeilen ungefähr zwei Drittel ihrer metabolischen Energie aufbringen, um warm zu bleiben – das heißt, zur Erhaltung einer Kernkörpertemperatur von 37 °C, der Temperatur, bei der ihr Körper am effektivsten funktioniert. Wenn Ihnen kalt ist, nutzen Ihre Muskeln Energie, um zu zittern und erzeugen dadurch Wärme, um die Körpertemperatur konstant zu halten.

6. Biolumineszenz: Die Erzeugung von Licht Zur Vervollständigung unserer Liste müssen wir noch die Erzeugung von Licht, also die **Biolumineszenz**, hinzufügen, ein weiterer Weg der Zellen, Energie zu nutzen. Das von biolumineszenten Organismen erzeugte Licht entsteht durch die Reaktion von ATP mit spezifischen lumineszenten Verbindungen. Diese Biolumineszenz ist im Allgemeinen von blassblauer Farbe, gelb oder grün. Dabei handelt es sich um eine wesentlich spezialisiertere Form der Energienutzung als bei den anderen fünf Kategorien; als Beispiele können Glühwürmchen, lumineszente Giftpilze, Dinoflagellaten und manche Tiefseefische aufgezählt werden.

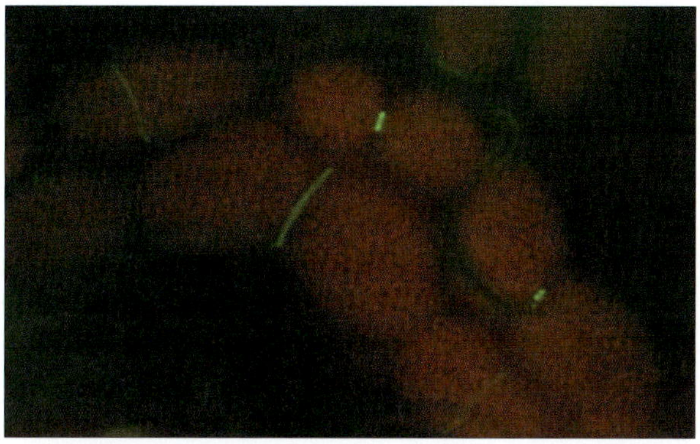

Abbildung 5.4: Proteinlokalisierung mit Hilfe von Biolumineszenz. In diesem Experiment wurde ein Protein mit der Bezeichnung PVD2 mit dem biolumineszenten Protein YFP (yellow fluorescent protein) verschmolzen, um dessen Verteilung in den Blattzellen von *Arabidopsis* zu untersuchen. Die Aufnahme mit Fluoreszenzmikroskopie zeigt das PVD2-YFP-Verschmelzungsprotein, das sich als Ring um die sich teilenden Chloroplasten (rot) gelegt hat, und beweist die Mitwirkung von PVD2 an der Teilung der Chloroplasten.

5.1.2 Organismen erhalten ihre Energie entweder durch Sonnenlicht oder durch Oxidation chemischer Verbindungen

Fast das gesamte Leben auf der Erde wird direkt oder indirekt durch das Sonnenlicht erhalten, das unseren Planeten ständig mit Energie überflutet. Selbstverständlich sind nicht alle Organismen dazu befähigt, Energie direkt aus Sonnenlicht zu gewinnen. Tatsächlich kann man die Organismen (und die Zellen) auf der Grundlage ihrer Energiequellen entweder als phototrophe („Lichtverwerter") oder als chemotrophe („Verwerter chemischer Substanzen") Organismen klassifizieren. Ferner kann man Organismen als autotrophe („Selbstverwerter") oder heterotrophe („Verwerter anderer Quellen") Organismen bezeichnen, je nachdem, ob sie als Kohlenstoffquelle CO_2 oder organische Moleküle verwerten. Die meisten Organismen sind entweder Photoautotrophe oder Chemoheterotrophe.

Phototrophe sind Organismen, die die gesamte Energie, die sie für ihre zellulären Bedürfnisse benötigen, mittels spezifischer Pigmentsysteme durch Aufnahme von Lichtenergie aus der Sonne erlangen. Sie wandeln diese Lichtenergie dann in chemische Energie um und speichern die Energie in Form von ATP. *Photoautotrophe* können Sonnenenergie zur Bildung aller für sie notwendigen Kohlenstoffverbindungen aus CO_2 nutzen. Als Beispiele für Photoautotrophe führen wir Pflanzen, Algen, Cyanobakterien und photosynthetische Bakterien an. *Photoheterotrophe* (einige Bakterien) können gleichfalls Sonnenenergie für den Antrieb ihrer Zellaktivitäten nutzen, aber sie sind im Hinblick auf ihre Kohlenstoffbedürfnisse von der Aufnahme organischer Moleküle abhängig.

Im Gegensatz dazu sind **Chemotrophe** von der Oxidation chemischer Verbindungen in organischen oder anorganischen Molekülen abhängig, um auf diese Weise Energie für ihre Zellaktivitäten zu gewinnen. *Chemoautotrophe* (einige wenige Bakterien) oxidieren zumeist anorganische Verbindungen wie H_2S, H_2-Gas oder anorganische Ionen, um die Energie bereitzustellen, die sie für die Synthese all ihrer organischen Verbindungen aus CO_2 benötigen. Andererseits müssen *Chemoheterotrophe* chemische Verbindungen wie Kohlenhydrate, Fette und Proteine aufnehmen, um sowohl Energie als auch Kohlenstoff für ihre zellulären Bedürfnisse zur Verfügung zu haben. Alle Tiere, Protozoen, Pilze und viele Bakterien sind chemoheterotrophe Organismen.

Ein Aspekt, der oftmals bei den Phototrophen nicht ausreichend gewürdigt wird, ist folgender: Zwar sind sie befähigt, Sonnenenergie zu nutzen, wenn diese zur Verfügung steht, doch müssen sie ihre Energie wie Chemotrophe gewinnen, wenn sie nicht bestrahlt werden. Die meisten Pflanzen bestehen tatsächlich aus einer Mischung phototropher und chemotropher Zellen. Die Zelle einer Pflanzenwurzel ist zwar offensichtlich Teil eines phototrophen Organismus, kann aber im Allgemeinen keine Photosynthese durchführen und ist ebenso ein chemotropher Organismus wie eine tierische Zelle (oder die Zelle eines Pflanzenblattes im Dunkeln).

5.1.3 Energie fließt unablässig durch die Biosphäre

Während sowohl die Chemotrophen als auch die Phototrophen zur Wahrung ihrer Energiebedürfnisse von ihrer Umgebung abhängen, unterscheiden sie sich in den von ihnen genutzten Energieformen. Chemotrophe oxidieren zur Energiegewinnung Moleküle aus der Umwelt, während Phototrophe Sonnenstrahlung nutzen. Bevor wir unsere Diskussion des Energieflusses fortsetzen, wollen wir uns zuerst die chemischen Konzepte Oxidation und Reduktion anschauen, denn sie sind für das Verständnis des Energieflusses in Zellen und Organismen von entscheidender Bedeutung.

Oxidation ist das Entfernen von Elektronen aus einer Substanz. In der Biologie bedeutet Oxidation im Allgemeinen das Entfernen von Wasserstoffatomen (ein Wasserstoffion plus ein Elektron) und das Anfügen von Sauerstoffatomen. Oxidationsreaktionen setzen Energie frei, beispielsweise bei der Oxidation von Glucose ($C_6H_{12}O_6$) oder Methan (CH_4) zu Kohlendioxid (CO_2). Während dieser Oxidationen verlor jedes Kohlenstoffatom in der Glucose oder im Methan Elektronen und Wasserstoffionen und gewann bei der Bildung von Kohlendioxid und der Freisetzung von Energie Sauerstoffatome hinzu. Die Umkehrreaktion ist die *Reduktion* – das Anfügen von Elektronen an eine Substanz, was im Allgemeinen mit dem Anfügen von Wasserstoffatomen (und dem Verlust von Sauerstoffatomen) einhergeht. Für diese Reaktion muss Energie aufgewendet werden, beispielsweise bei der Reduktion von Kohlendioxid zu Glucose während der Photosynthese. Achten Sie darauf, wie die Kohlenstoffatome in sechs Molekülen Kohlendioxid (CO_2) Wasserstoffatome hinzubekamen und Sauerstoffatome bei ihrer Reduktion zu Glucose ($C_6H_{12}O_6$), die Energie benötigte, verloren.

Glucose-Oxidation:

$$C_6H_{12}O_6 + 6\ O_2 \rightarrow 6\ CO_2 + 6\ H_2O + \text{Energie} \qquad (5\text{-}1)$$

Methan-Oxidation:

$$CH_4 + 2\ O_2 \rightarrow CO_2 + 2\ H_2O + \text{Energie} \qquad (5\text{-}2)$$

Reduktion von CO_2:

$$\text{Energie} + 6\ CO_2 + 6\ H_2O \rightarrow C_6H_{12}O_6 + 6\ O_2 \qquad (5\text{-}3)$$

Der Energiefluss durch die Biosphäre wird in ▶*Abbildung 5.5* dargestellt. Die Phototrophen fangen Sonnenenergie auf, die bei der Photosynthese zur Umwandlung von Kohlendioxid und Wasser in komplexere (und stärker reduzierte) zelluläre Substanzen dient. In *Kapitel 11* werden wir sehen, dass Zucker mit drei Kohlenstoffatomen die unmittelbaren Produkte der photosynthetischen Kohlenstofffixierung sind. In gewisser Weise können wir den gesamten photosynthetischen Organismus als das „Produkt“ der Photosynthese betrachten, denn jedes Kohlenstoffatom in jedem Molekül dieses Organismus stammt von dem Kohlendioxid, das durch Photosynthese in organischer Form fixiert wird.

Chemotrophe sind wiederum nicht in der Lage, Sonnenenergie direkt zu nutzen und sind von der Verfügbarkeit organischer oder anorganischer Moleküle abhängig, die oxidiert werden können, um Energie freizusetzen. Chemoheterotrophe sind vollständig von Energie abhängig, die von Phototrophen in oxidierbare Nahrungsmittelmoleküle gepackt wurde. Zur Energiegewinnung oxidieren Chemoautotrophe anorganische Moleküle. Eine Welt, die ausschließlich aus Chemoheterotrophen bestünde, hätte nur so lange Bestand, wie Nahrungsmittelvorräte vorhanden wären, denn wir leben zwar auf einem Planeten, der jeden Tag mit Sonnenenergie überschüttet wird, doch können wir Menschen diese Form der Energie nicht zur Wahrung unserer physiologischer Bedürfnisse nutzen.

Sowohl Phototrophe als auch Chemotrophe nutzen Energie, um Arbeit auszuführen – das heißt, um die sechs Arten der Veränderungen herbeizuführen, die wir bereits besprochen haben (siehe *Abbildung 5.2*). Ein wichtiges Prinzip der Energiekonservierung ist, dass keine chemischen oder physikalischen Abläufe mit 100 % Effektivität ablaufen – ein Teil der Energie wird immer als Wärme freigesetzt. Obgleich biologische Abläufe im Hinblick auf Energiekonservierung von bemerkenswerter Effektivität sind, ist der Energieverlust durch Wärme bei biologischen Abläufen unvermeidbar. Manchmal wird die Wärme, die während der zellulären Prozesse freigesetzt wird, genutzt, beispielsweise von warmblütigen Tieren, die eine konstante Körpertemperatur beibehalten. Einige Pflanzen nutzen metabolisch erzeugte Wärme, um auf ihnen liegenden Schnee zu schmelzen oder Bestäuber anzulocken (▶*Abbildung 5.6*). Im Allgemeinen wird die Wärme einfach an die Umgebung abgegeben, was für den Organismus einen Energieverlust bedeutet.

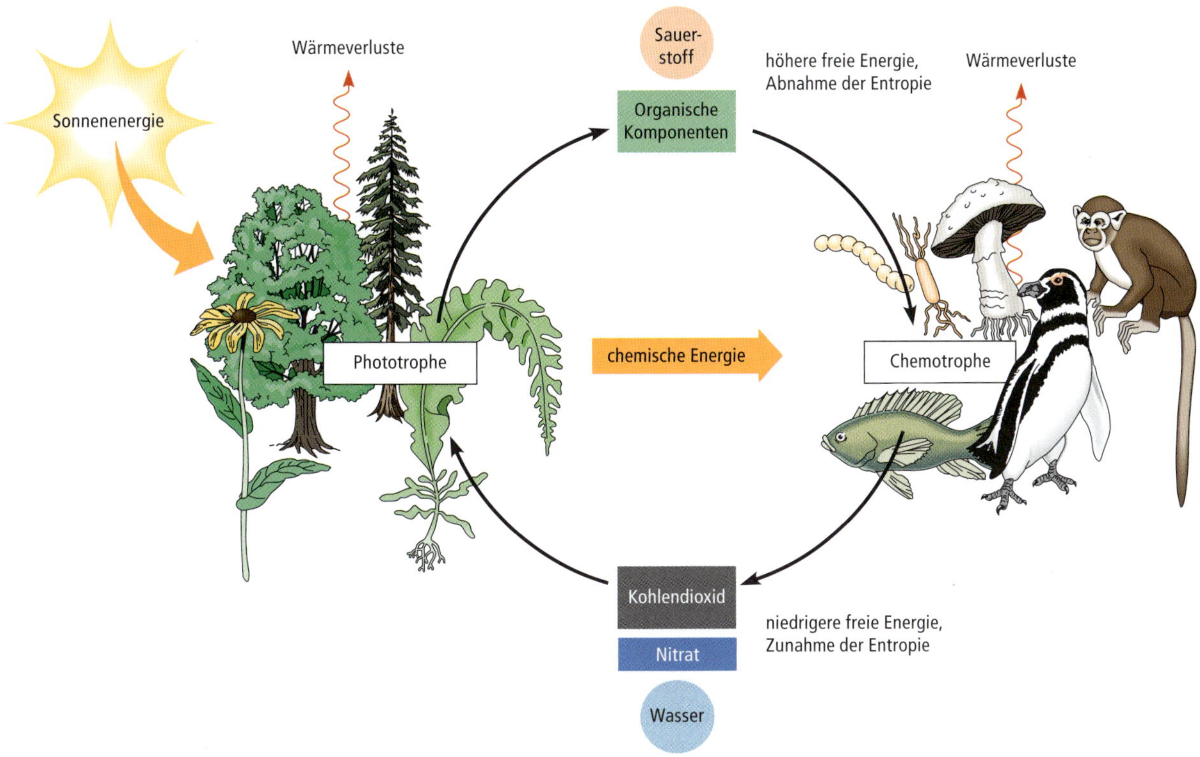

Abbildung 5.5: Der Energiefluss durch die Biosphäre. Der größte Teil der Energie in der Biosphäre stammt von der Sonne und wird schließlich als Wärme in die Umgebung freigesetzt. Ein zyklischer Strom von Substanzen zwischen den beiden Organismengruppen geht mit dem unidirektionalen Energiefluss von Phototrophen zu Chemotrophen einher. Die Sonnenenergie wird zur Reduktion energiearmer anorganischer Verbindungen zu energiereichen organischen Verbindungen genutzt, die sowohl von den Phototrophen als auch von den Chemotrophen verwertet werden.

Abbildung 5.6: Der Stinktierkohl, eine Pflanze, die von metabolisch erzeugter Wärme abhängig ist. Der Stinktierkohl (*Symplocarpus foetidus*) aus der Familie der Aaronstabgewächse ist eine der am frühesten im Jahr blühenden Pflanzen im Osten der USA. Die Pflanze nutzt die Wärme aus ihrem Metabolismus, um den auf ihr liegenden Schnee zu schmelzen, und beginnt lange vor anderen Pflanzen zu blühen.

In kosmischer Größenordnung gesehen, ergießt sich ein ständiger, massiver und unidirektionaler Energiefluss auf die Erde, der seinen Ursprung in den Kernverschmelzungsreaktionen der Sonne hat. Wir in der Biosphäre sind die vorübergehenden Hüter eines unendlich kleinen Teils dieser Energie. Es ist eben dieser kleine, aber entscheidende Bruchteil von Energie und dessen Fluss durch die lebenden Systeme der Biosphäre, der das Leben auf der Erde erhält. Der Energiestrom der Biosphäre beginnt bei den Phototrophen, die Lichtenergie dazu nutzen, Elektronen energetisch „bergauf" zu treiben, um hochenergetische, reduzierte Verbindungen zu gewinnen. Diese Energie wird dann sowohl von Phototrophen als auch von Chemotrophen in den „bergab" verlaufenden Oxidationsreaktionen freigesetzt. Dieser Energiefluss durch die lebende Materie – von der Sonne zu Phototrophen, von dort zu Chemotrophen und dann als Wärme freigesetzt – treibt alle Lebensabläufe an.

5.1.4 Der Energiefluss durch die Biosphäre wird vom Fluss der Materie begleitet

Energie gelangt in die Biosphäre als Photonen des Lichts, die nicht von Materie begleitet werden, und verlässt die Biosphäre als Wärme, wiederum ohne Materie. Während die Lichtenergie die Biosphäre durchfließt, existiert Energie in erster Linie in Form chemischer Bindungsenergien oxidierbarer organischer Moleküle in Zellen und Organismen. Daraus resultiert, dass der Energiefluss in der Biosphäre an einen entsprechend gewaltigen Materiefluss gekoppelt ist.

Energie fließt unidirektional von der Sonne durch die Phototrophen zu den Chemotrophen und in die Umwelt. Materie fließt zyklisch innerhalb der Phototrophen und zwischen Phototrophen und Chemotrophen (siehe *Abbildung 5.5*). Phototrophe nutzen die Sonnenenergie, um aus anorganischen Ausgangssubstanzen wie Kohlendioxid, Nitrat und Wasser organische Nährstoffe zu erzeugen und setzen bei diesem Vorgang Sauerstoff frei. Phototrophe machen sich diese hochenergetischen reduzierten Nährstoffe zu Nutze und einige stehen dann den Chemotrophen zur Verfügung, die Phototrophe konsumieren. Chemotrophe nehmen im Allgemeinen organische Nährstoffe aus ihrer Umgebung auf und nutzen Sauerstoff, um diese wieder zu Kohlendioxid, Nitrat und Wasser zu oxidieren. Diese oxidierten Moleküle mit niedriger Energie werden an die Umgebung abgegeben und sind dann Rohstoffe, die die phototrophen Organismen zur Bildung neuer organischer Moleküle nutzen, wobei sie bei diesem Vorgang Sauerstoff an die Umgebung abgeben.

Diese Kreisläufe werden von einem Stickstoffkreislauf begleitet. Phototrophe erhalten Stickstoff in oxidierter anorganischer Form aus der Umgebung (als Nitrat aus dem Boden oder in einigen Fällen als N_2 aus der Atmosphäre). Sie wandeln es durch Reduktion in Ammoniak (NH_4) um, eine hochenergetische Form des Stickstoffs, die zur Synthese von Aminosäuren, Proteinen, Nucleotiden und Nucleinsäuren dient. Schließlich werden diese zellulären Moleküle ebenso wie andere Bausteine der phototrophen Zellen von den Chemotrophen verwertet. Der Stickstoff wird dann wieder zu Ammoniak zurückverwandelt und schließlich vor allem von Bodenmikroorganismen zu Nitrat oxidiert.

Kohlenstoff, Wasserstoff, Stickstoff und Wasser kreisen somit unaufhörlich zwischen der phototrophen und der chemotrophen Welt. Sie dringen als reduzierte energiereiche Verbindungen in die chemotrophe Sphäre ein und verlassen diese als oxidierte energiearme Substanzen. Man geht daher davon aus, dass die beiden großen Gruppen von Organismen – Phototrophe und Chemotrophe – in einer Art von symbiontischer Beziehung leben, wobei die Symbiose aus zwei Komponenten besteht, dem zyklischen Fluss von Substanzen und dem unidirektionalen Fluss von Energie.

Wenn wir uns ein Gesamtbild vom makroskopischen Fluss von Energie und Materie machen möchten, der alle lebenden Organismen durchströmt, dann stellen wir fest, dass Zellbiologie und Ökologie sich überschneiden. Ökologen sind sehr besorgt wegen der Energie- und Nährstoffkreisläufe, der Rollen der verschiedenen Spezies in diesen Kreisläufen und wegen der Umweltfaktoren, die auf diesen Fluss wirken. Auf zellulärer Ebene interessiert uns letztendlich, wie der Energie- und Materiefluss, den wir im makroskopischen Maßstab betrachtet haben, im molekularen Maßstab mit den Begriffen für Energieaustauschvorgänge und chemische Abläufe ausgedrückt und erklärt werden kann, die innerhalb von Zellen ablaufen. Daher werden wir die makroskopischen Kreisläufe den Ökologen überlassen und unsere Aufmerksamkeit den Reaktionen widmen, die innerhalb der einzelnen Zellen der Bakterien, Pflanzen und Tiere ablaufen und mit diesen Kreisläufen zusammenhängen. Zuerst werden wir uns allerdings mit den physikalischen Prinzipien vertraut machen müssen, die diesen Energieaustauschvorgängen zugrunde liegen. Dafür betreten wir das Gebiet der Bioenergetik.

Bioenergetik 5.2

Die Grundgesetze, die den Energiefluss bestimmen, sind Gegenstand einer Wissenschaft, die man als **Thermodynamik** bezeichnet. Obwohl die Vorsilbe *thermo* vermuten lässt, dass der Begriff sich nur auf Wärme bezieht (und das ist auch tatsächlich der historische Ursprung), beschäftigt man sich in der Thermodynamik auch mit anderen Energieformen und Abläufen, die Energie von einer Form in eine andere umwandeln. Die Thermodynamik beschäftigt sich im Besonderen mit den Gesetzen, die Energieaustauschvorgänge regeln, die zwangsläufig die meisten physikalischen Abläufe und alle chemischen Reaktionen begleiten. Die Bioenergetik kann man sich wiederum als angewandte Thermodynamik vorstellen – die Anwendung thermodynamischer Prinzipien auf Reaktionen und Vorgänge in der belebten biologischen Welt.

5.2.1 Zum Verständnis des Energieflusses müssen wir die Systeme, Wärme und Arbeit verstehen

Es ist hilfreich, Energie nicht einfach als die Fähigkeit zu definieren, Arbeit zu verrichten, sondern spezifisch als die Fähigkeit, Veränderungen herbeizuführen. Ohne Energie würden alle Abläufe zu einem Stillstand kommen, darunter auch die Abläufe, die wir mit lebenden Zellen in Verbindung bringen.

Energie existiert in verschiedenen Formen, von denen viele für Biologen interessant sind. Denken Sie zum Beispiel an die Energie, die ein Strahl unseres Sonnenlichtes bedeutet, einen Teelöffel Zucker, eine sich bewegende Geißel, ein angeregtes Elektron oder die Konzentration von Ionen oder kleinen Molekülen in einer Zelle oder einem Organell. Diese Phänomene sind sehr verschieden, aber sie werden von den gleichen Grundprinzipien der Energetik bestimmt.

Energie wird durch das Universum verteilt – und aus mehreren Gründen ist es notwendig, die Gesamtenergie des Universums einzubeziehen, zumindest theoretisch. Während die Gesamtenergie des Universums konstant bleibt, interessieren wir uns im Allgemeinen für den Energiegehalt eines kleinen Teils des Universums. Wir könnten uns beispielsweise mit einer Reaktion oder einem Vorgang beschäftigen, der in einem Becherglas mit chemischen Substanzen, in einer Zelle oder in einem bestimmten Organismus abläuft. Vereinbarungsgemäß bezeichnet man den begrenzten Teil des Universums, mit dem man sich zu einem bestimmten Zeitpunkt beschäftigt, als **System** und definiert den verbleibenden Teil des Universums als **Umgebung**. Manchmal hat das System eine natürliche Grenze, zum Beispiel ein Becherglas oder eine Zellmembran. In anderen Fällen besteht die Grenze zwischen dem System und seiner Umgebung nur hypothetisch und wird aus praktischen Gründen als Grundlage einer Diskussion angenommen, zum Beispiel die imaginäre Grenze um ein Mol Glucosemoleküle in einer Lösung.

Systeme können entweder offen oder geschlossen sein, je nachdem, ob sie mit ihrer Umgebung Energie austauschen können oder nicht (▶*Abbildung 5.7*). Ein *geschlossenes System* ist von seiner Umgebung abgeschottet und kann Energie weder freisetzen noch aufnehmen, in keiner Form. Hingegen kann einem offenen System Energie hinzugefügt oder entzogen werden. Die Organisationsstufen und die Komplexität, die biologische Systeme an den Tag legen, sind nur möglich, weil alle Zellen und Organismen *offene Systeme* sind, die sowohl Energie aufnehmen als auch freisetzen können. Spezifisch benötigen biologische Systeme einen konstanten Zufluss von Energie aus ihrer Umgebung in großem Maßstab, mittels dem sie die für sie charakteristischen Komplexitätsgrade erreichen und aufrechterhalten. Das ist im Wesentlichen der Grund dafür, dass Pflanzen Sonnenlicht und Sie Nahrung brauchen.

Immer wenn wir über ein System reden, müssen wir sorgfältig darauf achten, den Zustand des Systems zu spezifizieren. Man sagt, dass sich ein System in einem spezifischen Zustand befindet, wenn jede seiner variablen Eigenschaften (wie Temperatur, Druck und Volumen) konstant einen spezifischen Wert hält. In solch einer Situation hat der Gesamtenergiegehalt des Systems, der nicht direkt gemessen wird, einen einzigen Wert. Wenn dieses System dann in Folge einer Wechselwirkung zwischen dem System und seiner Umgebung von einem Zustand in den anderen übergeht, dann wird die Veränderung seiner Gesamtenergie einzig durch den Ausgangszustand und den Endzustand des Systems bestimmt. Der Mechanismus, der die Veränderung herbeiführte, sowie die Zwischenstadien, die das System durchlief, haben keinerlei Einfluss auf die Größe der Energieveränderung. Das ist eine sehr hilfreiche Eigenschaft, denn sie gibt die Möglichkeit, Energieveränderungen einzig auf der Grundlage unserer Kenntnis des Ausgangs- und des Endzustands zu ermitteln, unabhängig von den durchlaufenen Vorgängen.

Abbildung 5.7: Offene und geschlossene Systeme. Ein System ist der Teil des Universums, den man betrachtet. Den Rest des Universums bezeichnet man als Umgebung des Systems. (a) Ein offenes System kann mit seiner Umgebung Energie austauschen, während (b) ein geschlossenes System dazu nicht in der Lage ist. Alle lebenden Organismen sind offene Systeme, die Energie mit ihrer Umgebung austauschen.

Man kann das Problem, wie man einen Überblick über die Variablen eines Systems behält und deren Wirkung auf Energieveränderungen ermittelt, vereinfachen, indem man eine oder mehrere Variablen konstant hält. Glücklicherweise ist dies bei den meisten biologischen Reaktionen möglich, denn sie laufen für gewöhnlich in verdünnten Lösungen innerhalb von Zellen ab, die für die Dauer der Reaktion ungefähr die gleiche Temperatur, den gleichen Druck und das gleiche Volumen besaßen. Diese Umweltbedingungen verändern sich, verglichen mit der Geschwindigkeit, mit der biologische Reaktionen ablaufen, im Allgemeinen sehr langsam. Das bedeutet, dass drei der wichtigsten Systemvariablen, die physikalische Chemiker beachten müssen – Temperatur, Druck und Volumen – bei den meisten biologischen Reaktionen grundsätzlich konstant sind.

Der Energieaustausch zwischen einem System und seiner Umgebung läuft entweder durch Wärme oder Arbeit ab. Unter Wärme versteht man den Energietransfer von einem Ort zum anderen in Folge der Temperaturdifferenz zwischen den beiden Orten. Ein spontaner Transfer erfolgt vom wärmeren Ort zum kälteren. Für Maschinen, die mechanische Arbeit verrichten oder Wärme in andere Energieformen umwandeln müssen, ist die Wärme eine außerordentlich nützliche Energieform. Allerdings ist der biologische Nutzen der Wärme nur begrenzt, denn viele biologische Systeme laufen unter Bedingungen ab, die entweder festgelegt sind oder deren Temperatur nur geringfügig veränderbar ist. Diese *isothermalen* Systeme besitzen nicht die Temperaturgradienten, die zur Umwandlung von Wärme in andere Energieformen benötigt werden. Daraus folgt, dass Wärme im Allgemeinen keine nutzbare Energiequelle für Zellen ist – obwohl Wärme zum Zwecke der Aufrechterhaltung der Körpertemperatur oder zum Anlocken von Bestäubern durchaus nützlich sein kann, wie wir bereits gesehen haben.

In biologischen Systemen versteht man unter dem Begriff **Arbeit** den Einsatz von Energie zum Antrieb von Vorgängen, die keinen Wärmefluss betreffen. Beispielsweise wird Arbeit geleistet, wenn die Muskeln in Ihrem Arm chemische Energie aufbringen, um dieses Buch hochzuheben, wenn ein Maisblatt Energie zur Synthese von Zucker verbraucht oder wenn ein Zitteraal die Ionengradienten steigert, um einen elektrischen Schock auszusenden. Wir interessieren uns in erster Linie für die Menge nützlicher Energie, die für Zellarbeit zur Verfügung steht, wenn wir mit der Berechnung von Energieveränderungen beginnen, die mit spezifischen Reaktionen in Zellen assoziiert sind.

Zur Quantifizierung von Energieveränderungen während chemischer Reaktionen oder physikalischer Abläufe brauchen wir Einheiten, in denen man Energie ausdrücken kann. In der Biochemie wird Energieveränderung im Allgemeinen mit dem Begriff **Kalorie (cal)** ausgedrückt, die als die Energiemenge definiert wird, die zur Erwärmung von einem Gramm Wasser um ein Grad bei einem Druck von einer Atmosphäre erforderlich ist. Eine Kilokalorie (kcal) entspricht 1.000 Kalorien. Eine alternative Energieeinheit, das **Joule (J)**, sollte die Einheit Kalorie ablösen, hat sich aber bisher nicht durchgesetzt. Die Umwandlung ist leicht:

$$1\ \text{cal} = 4{,}1868\ \text{J oder } 1\ \text{J} = 0{,}239\ \text{cal.}$$

Häufig misst man Energieveränderungen „pro mol" und die in der Biochemie am häufigsten verwendeten Energieeinheiten sind Kalorien oder Kilokalorien pro mol (kal/mol oder kcal/mol). (Achten Sie stets darauf, zwischen der hier definierte Kalorie und der *Nahrungsmittelkalorie* zu unterscheiden, die oftmals zum Ausdruck des Energiegehalts von Lebensmitteln verwendet wird. Die Nahrungsmittelkalorie wird mit einem großen K wiedergegeben und entspricht einer hier definierten *Kilokalorie.*)

5.2.2 Der erste Hauptsatz der Thermodynamik besagt, dass Energie konserviert wird

Ein Großteil von dem, was wir über die Prinzipien wissen, die den Energiefluss regulieren, kann man in den drei Hauptsätzen der Thermodynamik zusammenfassen. Für Zellbiologen sind nur der erste und der zweite Hauptsatz relevant. Der erste Hauptsatz der Thermodynamik ist der Hauptsatz von der Erhaltung der Energie. Dieses Gesetz besagt, dass bei jeder physikalischen oder chemischen Veränderung die Gesamtmenge von Energie im Universum konstant bleibt, obwohl die Energieform sich verändern kann. Mit anderen Worten, Energie kann von einer Form in die andere Form umgewandelt, aber niemals erschaffen oder zerstört werden.

Wendet man diesen ersten Hauptsatz auf das Universum als Ganzes oder auf ein geschlossenes System an, so bedeutet es, dass die Gesamtmenge von Energie, die in allen Formen enthalten ist, die gleiche sein muss, bevor und nachdem irgendein Vorgang oder irgendeine Reaktion stattgefunden hat. Für ein offenes System wie eine Zelle bedeutet der erste Hauptsatz, dass während des Verlaufs einer Reaktion oder eines Vorgangs die Gesamtmenge an Energie, die das System verlässt, genau der Energiemenge entsprechen muss, die vom System aufgenommen wird, abzüglich der Energiemenge, die im System verbleibt und gespeichert wird.

Die gesamte in einem System enthaltene Energie bezeichnet man als die **innere Energie** des Systems, die durch das Symbol $\boldsymbol{E}$ dargestellt wird. Im Allgemeinen ist der tatsächliche Wert E eines Systems nicht von Interesse, da der Wert nicht direkt gemessen werden kann. Es ist allerdings möglich, die Veränderung der inneren Energie, ΔE, zu messen, die während eines bestimmten Vorgangs erfolgt. ΔE ist die Differenz der inneren Energie eines Systems vor dem Vorgang (E_1) und nach dem Vorgang (E_2):

$$\Delta E = E_2 - E_1 \tag{5-4}$$

Die Gleichung 5-1 gilt für alle physikalischen und chemischen Vorgänge unter allen Bedingungen. Für eine chemische Reaktion gilt:

$$\Delta E = E_{\text{Produkte}} - E_{\text{Reaktanten}} \tag{5-5}$$

Im Hinblick auf biologische Reaktionen und Vorgänge sind wir im Allgemeinen stärker an der Veränderung der **Enthalpie**, oder dem Wärmegehalt interessiert. Enthalpie wird mit dem Symbol $\boldsymbol{H}$ repräsentiert (für Wärme, engl.: *heat*) und wird mit der inneren Energie E durch einen Begriff verbunden, der sowohl Druck (P, engl.: *pressure*) als auch Volumen (V) kombiniert:

$$H = E + PV \tag{5-6}$$

H hängt sowohl von E als auch von PV ab, denn Veränderungen des Wärmegehalts nach einem Vorgang oder einer Reaktion können sich sowohl auf die Gesamtenergie als auch auf Druck und Volumen auswirken. Anders als viele chemische Reaktionen laufen biologische Reaktionen im Allgemeinen mit geringer oder keiner Veränderung des Drucks oder Volumens ab. Deshalb sind ΔP und ΔV bei biologischen Reaktionen im Allgemeinen gleich null (oder zumindest zu vernachlässigen) und wir können schreiben:

$$\Delta H = \Delta E + \Delta(PV) \cong \Delta E \tag{5-7}$$

Somit ermitteln Biologen routinemäßig Veränderungen des Wärmegehalts bei den sie interessierenden Reaktionen und vertrauen darauf, dass die Werte gültigen Schätzwerten von ΔE entsprechen.

Die Veränderung der Enthalpie, die mit einer spezifischen Reaktion einhergeht, ist einfach die Differenz des Wärmegehalts zwischen den Reaktanten und den Reaktionsprodukten:

$$\Delta H = H_{\text{Produkte}} - H_{\text{Reaktanten}} \quad (5\text{-}8)$$

Der ΔH-Wert einer spezifischen Reaktion oder eines spezifischen Vorgangs ist entweder negativ oder positiv. Wenn der Wärmegehalt des Produktes niedriger ist als der Wärmegehalt der Reaktanten, dann ist ΔH negativ und man bezeichnet die Reaktion als exotherm, wobei Wärme freigesetzt wird. Beispielsweise ist die Verbrennung (Oxidation) von Benzin in Ihrem Auto exotherm, weil der Wärmegehalt der Produkte (CO_2 und H_2O) geringer ist als der Wärmegehalt der Reaktanten (Benzin und O_2).

Wenn der Wärmegehalt der Produkte größer ist als der Wärmegehalt der Reaktanten, dann ist ΔH positiv und die Reaktion wird als endotherm bezeichnet. Bei einer endothermen Reaktion wird die Wärme absorbiert. Daher ist der ΔH-Wert jeder Reaktion einfach ein Maß der Wärme, die entweder unter den Bedingungen konstanter Temperatur und konstanten Drucks durch die Reaktion freigesetzt oder aufgenommen wird.

5.2.3 Der zweite Hauptsatz der Thermodynamik besagt, dass Reaktionen gerichtet verlaufen

Bisher hat uns die Thermodynamik nichts anderes gelehrt, als dass Energie bei jedem Vorgang oder bei jeder Reaktion erhalten wird – dass die Energie innerhalb eines Systems entweder im System gespeichert oder wieder an die Umgebung abgegeben werden muss. Wir haben gesehen, wie nützlich ΔH als Maßeinheit dafür ist, wie viel der Gesamtenthalpie eines Systems sich verändern würde, wenn ein bestimmter Vorgang abliefe, aber uns steht keine Möglichkeit zur Verfügung vorherzusagen, ob und in welchem Ausmaß der Vorgang tatsächlich unter den jeweiligen Bedingungen ablaufen wird.

Zumindest in einigen Fällen erkennen wir intuitiv, dass einige Reaktionen oder Abläufe möglich sind, andere aber nicht. Wir sind uns irgendwie sicher, dass ein Blatt Papier aus Cellulose, an das wir ein Streichholz halten, brennen wird. Die Oxidation der Glucosemonomere der Cellulose zu Kohlendioxid und Wasser ist, mit anderen Worten, eine wahrscheinliche Reaktion. Verwenden wir eine präzisere Terminologie, so handelt es sich um eine *thermodynamisch spontane* Reaktion. Im Kontext der Thermodynamik hat der Begriff *spontan* eine spezifische, begrenzte Bedeutung, die von der üblichen Bedeutung abweicht. **Thermodynamische Spontanität** ist ein Maß dafür, ob eine Reaktion (bzw. ein Vorgang) *ablaufen kann*, aber sie sagt nichts darüber aus, ob diese auch *laufen wird*. Unser Blatt Papier veranschaulicht diesen Punkt sehr gut. Bei der Oxidation von Cellulose handelt es sich ganz eindeutig um eine *mögliche* Reaktion, aber wir wissen sehr wohl, dass diese „nicht einfach so ablaufen" kann. Sie benötigt einen gewissen Antrieb – in diesem Fall ein Streichholz.

Wir sind nicht allein davon überzeugt, dass ein Blatt Papier brennt, wenn man es anzündet, wir wissen außerdem – sei es auch nur intuitiv –, dass dieser Vorgang *gerichtet (direktional)* verläuft. Wir sind also gleichermaßen davon überzeugt, dass keine Umkehrreaktion ablaufen wird. Wenn wir die verkohlten Papierreste aufsammeln würden, dann würde sich das Papier in unseren Händen nicht spontan wieder zusammenfügen. Wir haben also sowohl ein Gefühl für die *Möglichkeit* als auch für die *Direktionalität* der Celluloseoxidation.

Wahrscheinlich fallen Ihnen andere Abläufe ein, über die Sie mit gleichem Selbstverständnis solche thermodynamischen Vorhersagen machen können. Beispielsweise wissen wir, dass sich Tropfen von Farbe in Wasser auflösen, dass Eiswürfel bei Raumtemperatur schmelzen und dass Zucker in Wasser löslich ist. Daher können wir diese Vorgänge als thermodynamisch spontane Ereignisse etikettieren. Fragen wir uns jedoch, warum wir sie als solche vorab erkennen, dann steht unsere Antwort mit der sich wiederholenden Erfahrung in Zusammenhang. Oft genug haben wir Papier brennen gesehen, Eis schmelzen und Zucker sich auflösen, um intuitiv zu wissen, dass diese Vorgänge wirklich ablaufen und mit einer solchen Vorhersehbarkeit, dass wir sie als spontan betrachten, wobei die einzige Voraussetzung die ist, dass wir die Bedingungen kennen.

Bewegen wir uns allerdings von der Welt der vertrauten physikalischen Abläufe weg in den Bereich der chemischen Reaktionen in Zellen, dann werden wir sehr schnell feststellen, dass wir nicht auf unsere Erfahrung bauen können, um unsere Vorhersagen zu treffen. Betrachten Sie zum Beispiel die Umwandlung von Glucose-6-Phosphat zu Fructose-6-Phosphat.

Glucose-6-Phosphat $\rightleftharpoons$ Fructose-6-Phosphat (5-9)

Diese besondere Umwandlung ist eine wichtige Reaktion in allen Zellen und wird in ▶ *Abbildung 5.8* genau dargestellt. Wahrscheinlich würde man Sie in Verlegenheit bringen, würde man Sie bitten, irgendwelche Vorhersagen zu machen. Wir wissen, was mit brennendem Papier und schmelzendem Eis geschehen wird, aber uns fehlen Vertrautheit und Erfahrung mit phosphorylierten Zuckern, sodass wir nicht einmal eine intelligente Vermutung anstellen können. Ganz eindeutig benötigen wir ein verlässliches Hilfsmittel, um zu sagen, ob eine bestimmte physikalische oder chemische Veränderung unter spezifischen Bedingungen ablaufen kann, wenn wir von Erfahrung, Intuition und Rateversuchen unabhängig sein wollen.

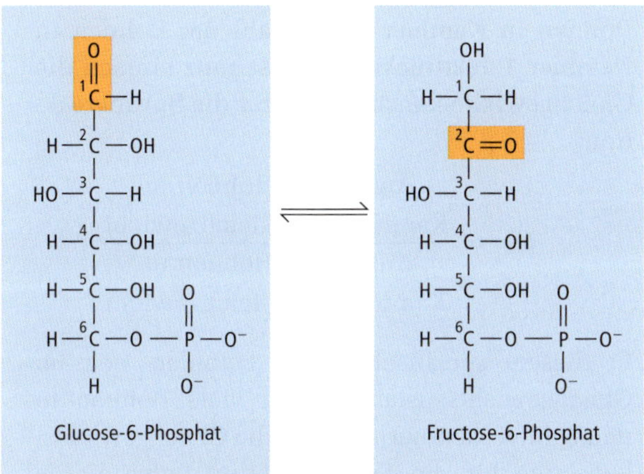

Abbildung 5.8: Die Umwandlung von Glucose-6-Phosphat zu Fructose-6-Phosphat. Bei dieser Reaktion handelt es sich um die Umwandlung phosphorylierter Formen eines Aldozuckers (Glucose) und eines Ketozuckers (Fructose). Die Reaktion wird von einem Enzym mit der Bezeichnung Phosphoglucoisomerase katalysiert und ist leicht umkehrbar. Diese Reaktion ist Teil des glykolytischen Wegs, mit dem wir uns in *Kapitel 9* beschäftigen werden.

Im **zweiten Hauptsatz der Thermodynamik** oder dem *Gesetz der thermodynamischen Spontanität* gibt uns die Thermodynamik genau diese Maßeinheit der Spontanität an die Hand. Dieses Gesetz besagt, dass *bei jeder physikalischen oder chemischen Veränderung das Universum nach größer werdender Unordnung oder Zufälligkeit strebt* (*Entropie*). Der zweite Hauptsatz ist für unsere Zwecke sehr nützlich, denn er gibt uns die Möglichkeit vorherzusagen, in welche Richtung eine Reaktion unter spezifischen Bedingungen ablaufen wird, wie viel Energie während der Reaktion freigesetzt wird und wie sich spezifische Veränderungen der Bedingungen auf die Energetik der Reaktion auswirken werden.

Wir möchten gleich anmerken, dass es *keinen Vorgang und keine Reaktion gibt, die nicht dem zweiten Hauptsatz der Thermodynamik unterliegt*. Es *scheint*, als würde dies auf einige Abläufe nicht zutreffen, denn als deren Ergebnis liegt mehr Ordnung und nicht weniger Ordnung vor. Denken Sie zum Beispiel an die Zunahme der Ordnung beim Bau eines Hauses, nach dem Aufräumen Ihres Zimmers oder der Entwicklung eines Menschen aus einer einzigen befruchteten Eizelle. In jedem dieser Fälle bezieht sich die Zunahme der Ordnung auf ein spezifisches System (das Haus, das Zimmer oder den Embryo). Eine Zunahme der Ordnung ist nur möglich, weil es sich um ein offenes System handelt, sodass Energie von außen zugeführt werden kann, sei es durch eine elektrische Säge, ihre Armmuskeln oder die von der Mutter zugeführten Nährstoffe. Der Energieaufwand bedeutet wiederum, dass die Unordnung an anderer Stelle im Universum zunimmt – denn Wasser fließt durch die Turbinen eines Wasserwerks, um Ihre Säge mit Strom zu versorgen, oder sie verzehren und verdauen eine Mahlzeit, um ihre Muskeln mit Energie zu versorgen.

5.2.4 Entropie und freie Energie als zwei alternative Hilfsmittel zur Ermittlung der thermodynamischen Spontanität

Die thermodynamische Spontanität – ob eine Reaktion *ablaufen* kann – kann man über Veränderungen in einem dieser beiden Parameter messen: *Entropie* oder *freie Energie*. Dabei handelt es sich um abstrakte Konzepte, deren Verständnis etwas Schwierigkeiten bereiten könnte. Aus diesem Grund beschränken wir unsere Darstellung auf ihre Verwendung zur Ermittlung, welche Arten von Veränderungen in biologischen Systemen stattfinden. Zur weiteren Erklärung lesen Sie bitte den Exkurs in *Exkurs 5A*, in dem wir anhand springender Bohnen die Konzepte der inneren Energie, der Entropie und der freien Energie erläutern.

5A ▶ Näher betrachtet

Springende Bohnen und freie Energie

Sollte es Ihnen nicht leicht fallen, die Konzepte der freien Energie, der Entropie und der Gleichgewichtskonstanten zu verstehen, so kann Ihnen vielleicht eine einfache Analogie helfen.* Zu diesem Zweck stellen wir uns eine Menge springender Bohnen vor, bei denen es sich tatsächlich um die Samen bestimmter mexikanischer Büsche handelt, in denen die Larven der Motte *Laspeyresia saltitans* leben. Wenn sich die Larven im Samen bewegen, bewegen sich auch die Samen. Diese „Sprungbewegung" dient wahrscheinlich dazu, die Larven vor der direkten Sonnenbestrahlung zu schützen, denn eine direkte Bestrahlung könnte die Larven durch letale Temperaturen abtöten.

Die Sprungreaktion Stellen Sie sich nun vor, dass wir einige stark mit Energie geladene Springbohnen in zwei Kammern geben, die durch eine niedrige Wand getrennt sind, wie abgebildet. Beachten Sie, dass die Kammern mit dem gleichen Boden ausgestattet sind und auf der gleichen Ebene liegen, obwohl wir diese beiden Bedingungen bald ändern werden. Sobald wir eine Handvoll Springbohnen in Kammer 1 legen, beginnen sie nach dem Zufallsprinzip umherzuspringen. Obwohl der größte Teil der Bohnen zumeist nur mäßig hoch springt, kann eine gelegentlich übermütig energiegeladener springen, die Trennwand überwinden und in Kammer 2 fallen. Wir können diese *Sprungreaktion* folgendermaßen formulieren:

$$\text{Bohnen in Kammer 1} \rightleftharpoons \text{Bohnen in Kammer 2}$$

Wir stellen uns vor, dass es sich um ein vollkommen zufälliges Ereignis handelt, das selten und in unregelmäßigen Intervallen stattfindet. Es kommt auch vor, dass eine der Bohnen, die in Kammer 2 gesprungen ist, wieder in Kammer 1 zurückspringt, was die *Umkehrreaktion* ist. Selbstverständlich werden zuerst mehr Bohnen von Kammer 1 in Kammer 2 springen, weil sich in Kammer 1 mehr Bohnen befinden, aber letztendlich werden sich die Zahlen in beiden Kammern ausgleichen, sodass im Durchschnitt ebenso viele Bohnen in beiden Kammern vorliegen werden. Dann wird sich das System im *Gleichgewicht* befinden. Die Bohnen werden auch weiterhin zwischen den beiden Kammern hin und herspringen, aber die Zahl der Sprünge in beide Richtungen wird gleich sein.

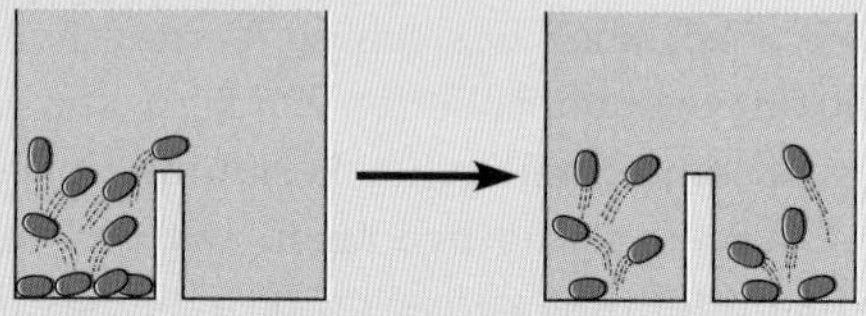

Die Gleichgewichtskonstante Nachdem unser System ein Gleichgewicht erreicht hat, können wir die Zahl der Bohnen in jeder Kammer zählen und das Ergebnis als Verhältnis der Zahl der Bohnen in Kammer 2 zur Zahl der Bohnen in Kammer 1 ausdrücken. Das ist ganz einfach die Gleichgewichtskonstante K_{eq} für die Sprungreaktion:

$$K_{eq} = \frac{\text{Anzahl der Bohnen in Kammer 2 im Gleichgewicht}}{\text{Anzahl der Bohnen in Kammer 1 im Gleichgewicht}}$$

In diesem spezifischen Fall befinden sich im Gleichgewichtszustand gleich viele Bohnen in den beiden Kammern, sodass die Gleichgewichtskonstante für die Sprungreaktion unter diesen Bedingungen 1,0 ist.

Veränderung der Enthalpie (ΔH) Nehmen Sie nun einmal an, dass der Boden von Kammer 1 etwas höher liegt als der von Kammer 2, wie in der Zeichnung dargestellt. Wieder werden die Springbohnen aus Kammer 1 versuchen, sich zwischen den Kammern 1 und 2 zu verteilen, aber dieses Mal müssen sie bei dem Versuch, von 2 nach 1 zu gelangen, höher springen als beim Sprung von 1 nach 2, sodass letzterer Sprung häufiger von Erfolg gekrönt sein wird. Daher werden sich im Gleichgewichtszustand mehr Bohnen in Kammer 2 als in Kammer 1 befinden, und die Gleichgewichtskonstante wird daher größer sein als 1.

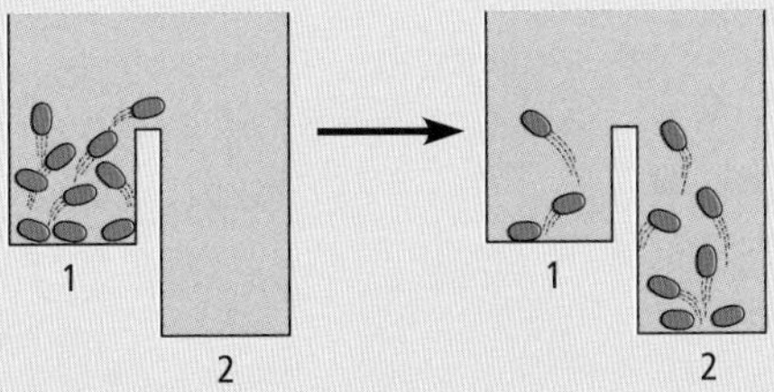

Die relativen Höhen der beiden Kammern kann man sich als Maßeinheiten der Enthalpie oder des Wärmegehalts (H) der beiden Kammern vorstellen, sodass der Wert H der Kammer 1 höher ist als der Wert H der Kammer 2, und die Differenz zwischen ihnen wird mit ΔH ausgedrückt. Da es sich bei dem Sprung von Kammer 1 nach Kammer 2 um einen Sprung „bergab" handelt, kann man nachvollziehen, dass ΔH für die Sprungreaktion von Kammer 1 nach Kammer 2 einen negativen Wert hat. Entsprechend scheint es nur vernünftig, dass ΔH für die Umkehrreaktion einen positiven Wert haben sollte, denn der Sprung geht „bergauf".

Veränderung der Entropie (ΔS) Bisher sieht es so aus, als könnte nur die Enthalpieänderung, ΔH, eine Änderung der Gleichgewichtsverteilung zwischen den beiden Kammern herbeiführen. Das liegt aber nur daran, dass wir die Fläche der Böden der beiden Kammern konstant gehalten haben. Stellen Sie sich stattdessen die unten dargestellte Situation vor, in der die beiden Kammern wieder auf gleicher Höhe liegen, aber nun ist die Bodenfläche von Kammer 2 größer als die von Kammer 1. Die Wahrscheinlichkeit, dass sich eine Bohne in Kammer 2 befindet, ist daher entsprechend größer, sodass im Gleichgewichtszustand mehr Bohnen in Kammer 2 als in Kammer 1 liegen werden, und aus diesem Grund wird auch in diesem Fall die Gleichgewichtskonstante größer sein als 1. Das bedeutet, dass die Gleichgewichtsposition der Sprungreaktion nach rechts verschoben wurde, obwohl es keine Veränderung der Enthalpie gab.

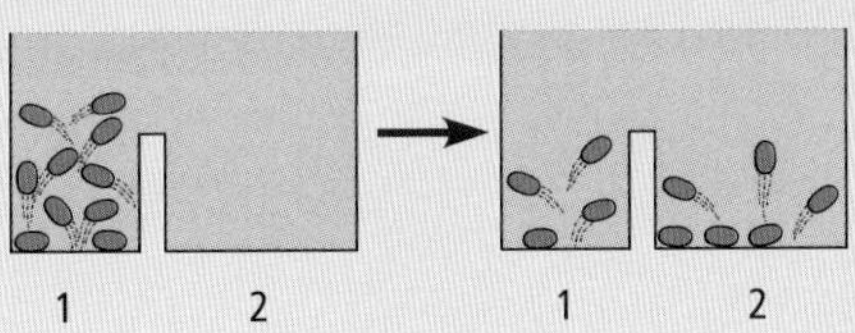

Man kann den Boden der Kammern als Maß der Entropie oder der Zufälligkeit des Systems, S, beschreiben und den Unterschied zwischen den beiden Kammern durch ΔS ausdrücken. Da der Boden von Kammer 2 größer ist als der von Kammer 1, ist die Entropieänderung für die Sprungreaktion positiv, wenn sie unter diesen Bedingungen von rechts nach links abläuft. Beachten Sie, dass negative Werte für ΔH mit vorteilhaften Reaktionen verknüpft sind, während vorteilhafte Reaktionen für ΔS durch positive Werte angegeben werden.

Die Veränderung der freien Energie (ΔG) Bisher haben wir zwei verschiedene Faktoren kennengelernt, die sich auf die Verteilung der Bohnen auswirken: die Differenz in der Höhe der beiden Kammerböden (ΔH) und die Differenz bei der Größe der Bodenflächen (ΔS). Des Weiteren sollte klar sein, dass keiner dieser Faktoren an und für sich ein geeigneter Indikator dafür ist, wie die Bohnen im Gleichgewichtszustand verteilt sein werden, denn ein vorteilhafter (negativer) ΔH-Wert kann durch einen unvorteilhaften (negativen) ΔS-Wert mehr als ausgeglichen werden und ein günstiger (positiver) ΔS-Wert könnte durch einen unvorteilhaften (positiven) ΔH-Wert gleichfalls herabgesetzt werden. Sie sollten also in der Lage sein, Bedingungen in den Kammern zu entwerfen, die beiden Situationen Rechnung tragen, aber auch Situationen berücksichtigen, in denen sich ΔH und ΔS verstärken und nicht gegeneinander wirken.

Zweifelsohne brauchen wir einen Weg, um diese beiden Wirkungen mit Hilfe der Algebra zu verrechnen, um herauszubekommen, welche Tendenz letztendlich überwiegen wird. Die neue Maßeinheit, die wir jetzt kennenlernen, bezeichnet man als die *freie Energie*, ΔG, die sich als der wichtigste thermodynamische Parameter für unsere Überlegungen erweist. ΔG ist so definiert, dass die negativen Werte den günstigen (das heißt thermodynamisch spontanen) Reaktionen entsprechen und positive Werte für ungünstige Reaktionen stehen. Daher sollte ΔG das gleiche Vorzeichen haben wie ΔH (denn ein negativer Wert von ΔH ist auch günstig), aber das entgegengesetzte Vorzeichen von ΔS (denn bei ΔS ist ein positiver Wert günstig). Auf der Grundlage der Thermodynamik des wahren Lebens lautet die Gleichung für ΔG in Abhängigkeit von ΔH und ΔS:

$$\Delta G = \Delta H - T\Delta S$$

(Beachten Sie, dass die Temperaturabhängigkeit von ΔS der einzige Teil der Gleichung ist, der nicht einfach mithilfe unseres Modells erklärt werden kann, es sei denn, wir gehen davon aus, dass die Wirkung von Veränderungen in der Raumgröße bei höheren Temperaturen etwas zunimmt.)

ΔG und die Fähigkeit Arbeit zu verrichten

Gewiss können Sie sich die Schwierigkeit vorstellen, ein physikalisches Äquivalent für ΔG anzubieten, denn bei ΔG handelt es sich um eine algebraische Summe der Veränderungen von Entropie und Enthalpie, die sich entweder verstärken oder teilweise ausschalten können. Solange aber ΔG negativ ist, werden die Bohnen weiterhin von Kammer 1 nach Kammer 2 springen, unabhängig davon, ob sie von Veränderungen in der Entropie, der inneren Energie oder beidem angetrieben werden. Das bedeutet folgendes: wenn man ein von Bohnen angetriebenes „Bohnenrad" zwischen die beiden Kammern setzt, wie hier dargestellt, kann man sich die Bewegung der Bohnen von einer Kammer in die andere zur Verrichtung von Arbeit zu Nutze machen, bis das Gleichgewicht erreicht ist, und dann ist keine weitere Arbeit mehr möglich. Weiterhin gilt, je größer die Differenz der freien Energie zwischen den beiden Kammern (das heißt je negativer der Wert von ΔG), desto mehr Arbeit kann das System verrichten.

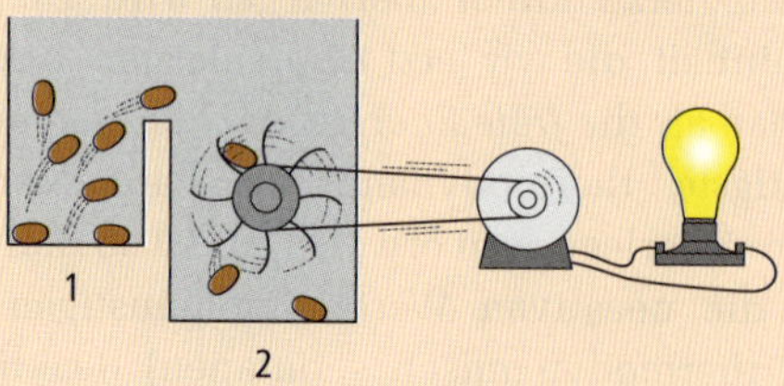

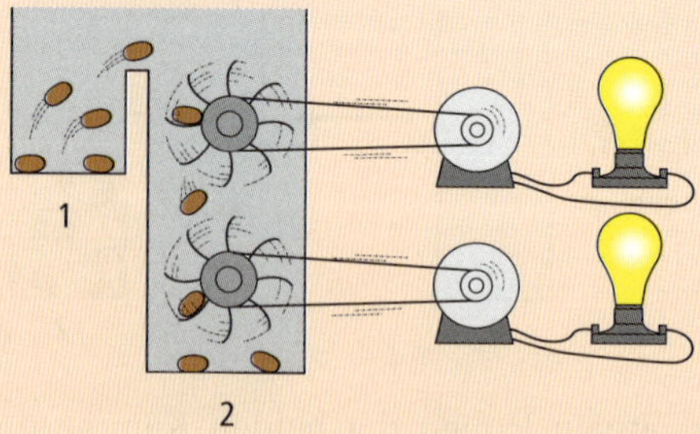

Daher ist ΔG vor allem ein Maß für die Fähigkeit eines Systems, unter spezifischen Bedingungen Arbeit zu verrichten. Sie könnten sich nun die freie Energie ΔG als *die freie Energie vorstellen, die frei oder verfügbar ist, um nützliche Arbeit zu verrichten.* Wenn wir uns einen Plan ausdenken, um ΔG durch kontinuierliches Hinzufügen von Bohnen zu Kammer 1 und Entfernen von Bohnen aus Kammer 2 negativ zu halten, liegt ein dynamisches *Fließgleichgewicht* vor, ein Zustand, der sich effektiv das unermüdliche Bestreben, ein Gleichgewicht zu erreichen, zu Nutze macht. Arbeit kann kontinuierlich von Bohnen verrichtet werden, die bis in alle Ewigkeit dem Gleichgewicht entgegenspringen werden, aber es niemals erreichen werden.

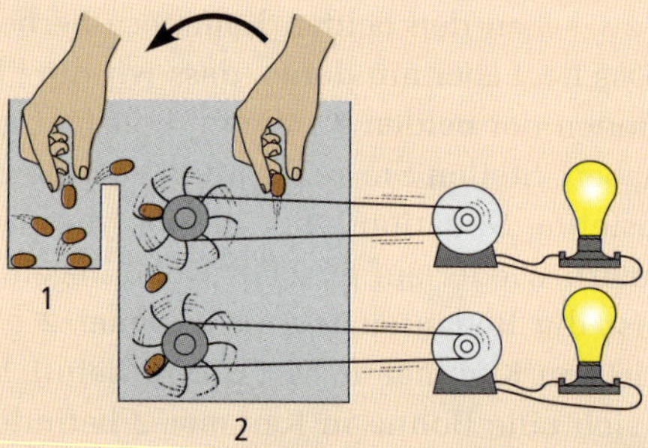

Vorschau Um den Übergang von der Thermodynamik dieses Kapitels zur Kinetik des nächsten vorwegzunehmen, machen Sie sich bitte über die Geschwindigkeit Gedanken, mit der die Bohnen von Kammer 1 in Kammer 2 springen. Ohne Zweifel misst ΔG wie viel Energie freigesetzt wird, wenn die Bohnen springen, aber es wird überhaupt keine Aussage über die Geschwindigkeit gemacht. Das würde in entscheidendem Maße von der Höhe der Trennwand zwischen den beiden Kammern abhängen. Bezeichnen Sie dies als die *Aktivierungsenergiegrenze* und denken Sie dann darüber nach, wie Sie die Bohnen dazu bringen könnten, schneller über die Trennwand zu springen. Eine Vorgehensweise könnte darin bestehen, die Kammern zu erhitzen; das würde eine Wirkung erzielen, denn die Larven in den Samen würden sich stärker bewegen, wenn man sie erwärmt. Zellen verfügen jedoch über wesentlich effektivere und spezifischere Hilfsmittel zur Beschleunigung von Reaktionen: Sie senken ihre Aktivierungsgrenze durch Hinzunahme von Katalysatoren, die sogenannten *Enzyme*, die wir im nächsten Kapitel kennenlernen werden.

* *Wir danken an dieser Stelle der Princeton University für die Erlaubnis, diese Analogie anführen zu dürfen, die von Harold F. Blum in dem Buch Time's Arrow and Evolution erstmalig entwickelt wurde (3. Aufl. 1968), S. 17–26.*

Entropie Obwohl man Entropie nicht direkt quantifizieren kann, so können wir doch ein Gefühl dafür erhalten, indem wir die Entropie als Maß der *Zufälligkeit* oder *Unordnung* ansehen. Entropie wird mit dem Symbol S dargestellt. Für jedes System stellt die Veränderung der Entropie, ΔS, eine Veränderung des Grades der Zufälligkeit oder der Unordnung innerhalb der Komponenten eines Systems dar. Beispielweise beinhaltet die Verbrennung von Papier eine Zunahme der Entropie, weil die Kohlenstoff-, Sauerstoff- und Wasserstoffatome der Cellulose wesentlich zufälliger im Raum verteilt werden, nachdem sie in Kohlendioxid und Wasser umgewandelt wurden. Die Entropie nimmt auch zu, wenn Eis schmilzt oder ein flüchtiger gelöster Stoff wie Benzin sich in Luft auflöst.

Die Veränderung der Entropie ist ein Maß für thermodynamische Spontanität Wie kann der zweite Hauptsatz der Thermodynamik uns helfen, die Veränderungen in einer Zelle vorherzusagen? Es besteht ein wichtiger Zusammenhang zwischen spontanen Ereignissen und Veränderungen der Entropie, denn wann immer ein Vorgang spontan in der Natur abläuft, nimmt unweigerlich die Zufälligkeit oder Unordnung des Universums zu (das heißt, die Entropie des Universums steigt). Dies ist eine von zwei Formulierungsweisen des zweiten Hauptsatzes der Thermodynamik. Gemäß dieser Formulierung führen *alle Vorgänge und Reaktionen, die spontan ablaufen, zur Zunahme der Gesamtentropie des Universums*. Mit anderen Worten, der Wert von $\Delta S_{\text{Universum}}$ ist für jeden spontanen Vorgang oder jede spontane Reaktion positiv.

Wir dürfen nicht vergessen, dass diese Formulierung des zweiten Hauptsatzes sich auf das Universum als Ganzes bezieht und nicht für das spezifische System gilt, mit dem wir uns befassen. Ausnahmslos muss jeder echte Vorgang mit einer Zunahme der Entropie des Universums einhergehen. Allerdings kann die Entropie eines bestimmten Systems zunehmen, abnehmen oder als Folge eines spezifischen Vorgangs gleich bleiben. Die Verbrennung von Papier erfolgt eindeutig spontan und wird von einer Zunahme der Entropie des Systems begleitet. Andererseits handelt es sich beim Gefrieren von Wasser bei −1 °C um ein spontanes Ereignis, jedoch bringt der Vorgang eine Abnahme der Entropie des Systems mit sich. Das macht auch Sinn, wenn Sie sich die größere Ordnung der Wassermoleküle in den Eiskristallen vor Augen führen. Während die Veränderung der Entropie des Universums für die Spontanität eines Vorgangs eine gute Maßeinheit ist, trifft dies nicht auf die Veränderung der Entropie eines Systems zu.

Daher ist die Anwendung des zweiten Hauptsatzes zur Beschreibung der Veränderung der Entropie von begrenztem Wert, um die Spontanität biologischer Abläufe vorherzusagen, denn man müsste nicht allein die Veränderung innerhalb des Systems beobachten, sondern auch die Veränderungen in der Umgebung des Systems. Wesentlich nützlicher wäre ein Parameter zur Vorhersage der Spontanität von Reaktionen, der sich ausschließlich auf das System bezieht.

Freie Energie Sie können sich bestimmt denken, dass es eine Maßeinheit gibt, die nur die Spontanität eines Systems misst. Diese Maßeinheit bezeichnet man als die **freie Energie**, und sie wird mit dem Symbol G dargestellt (benannt nach William Gibbs, der dieses Konzept als erster entwickelte.) Aufgrund ihrer Nützlichkeit zur Vorhersage und der

Mühelosigkeit ihrer Berechnung ist die *Funktion der freien Energie eines der nützlichsten thermodynamischen Konzepte der Biologie.* Tatsächlich war unsere gesamte bisherige Betrachtung der Thermodynamik nur ein Weg, um zu dem Konzept der freien Energie zu gelangen, denn an dieser Stelle wird der Nutzen der Thermodynamik für Zellbiologen offensichtlich.

Ebenso wie andere thermodynamische Funktionen wird die freie Energie mit Hilfe von Begriffen zur Beschreibung mathematischer Beziehungen definiert. Für biologische Reaktionen bei konstantem Druck, Volumen und Temperatur hängt die **Veränderung der freien Energie**, ΔG, von den freien Energien der Produkte und der Reaktanten ab:

$$\Delta G = \Delta G_{\text{Produkte}} - \Delta G_{\text{Reaktanten}} \qquad (5\text{-}10)$$

Die Veränderung der freien Energie wird durch folgende Formel mit den Veränderungen der Enthalpie und der Entropie verknüpft

$$\Delta G = \Delta H - T\Delta S \qquad (5\text{-}11)$$

wobei ΔG die Veränderung der freien Energie ist, ΔH die Veränderung der Enthalpie und T die Temperatur des Systems in Grad Kelvin (K = °C + 273) und ΔS ist die Veränderung der Entropie.

Beachten Sie, dass ΔG die algebraische Summe zweier Größen ist, ΔH und $-T\Delta S$, und daher sowohl von den Veränderungen der Enthalpie als auch von den Änderungen der Entropie beeinflusst wird. Wie wir bereits gesehen haben, ist ΔH für endotherme Reaktionen positiv und für exotherme Reaktionen negativ. Ähnlich verhält es sich mit ΔS, das für eine spezifische Reaktion oder einen spezifischen Vorgang entweder positiv (Zunahme der Entropie) oder negativ (Abnahme der Entropie) sein kann. Aufgrund des Minuszeichens ist die Größe $-T\Delta S$ negativ, wenn die Entropie zunimmt, oder positiv, wenn die Entropie abnimmt.

Die Veränderung der freien Energie als Maß der thermodynamischen Spontanität Die freie Energie ist ein außerordentlich hilfreiches Konzept, denn sie bietet uns einen leicht messbaren Indikator der Spontanität, und schon bald werden wir sehen, wie man ΔG für biologische Reaktionen berechnen kann. ΔG liefert uns genau das, wonach wir gesucht haben: ein Maß für die Spontanität einer Reaktion, das ausschließlich auf den Eigenschaften des Systems beruht, in dem die Reaktion abläuft. Dieses Maß wird uns Auskunft darüber geben, ob eine bestimmte Reaktion spontan von links nach rechts ablaufen wird.

Insbesondere zeichnet sich jede spontane Reaktion mit gleicher Sicherheit durch Abnahme der freien Energie des Systems aus ($\Delta G_{\text{System}} < 0$) wie durch Zunahme der Entropie des Universums ($\Delta S_{\text{Universum}} > 0$). Dies trifft zu, weil Temperatur und Druck konstant gehalten werden, ΔG des Systems ist mit ΔS für das Universum auf einfache, aber umgekehrte Weise verknüpft. Dies gibt uns eine zweite, gleichermaßen wertvolle Formulierung des zweiten Hauptsatzes der Thermodynamik an die Hand: Alle Vorgänge und Reaktionen, die spontan ablaufen, führen zur Zunahme des Gehalts an freier Energie im System. Mit anderen Worten, der Wert von ΔG_{System} ist für jeden spontanen Vorgang oder jede spontane Reaktion negativ. Dies gilt, wenn die freie Energie der Produkte geringer ist als die freie Energie der Reaktanten, wie in der Gleichung 5-10 ausgedrückt.

Solche Vorgänge und Reaktionen bezeichnet man als **exergonisch**, was *Energie freisetzend* bedeutet. Im Gegensatz dazu bezeichnet man jeden Vorgang oder jede Reaktion, die zur Zunahme der freien Energie eines Systems führen, als **endergonisch** (*Energie benötigend*) und diese können unter den Bedingungen, für die ΔG berechnet wurden, nicht ablaufen. Beachten Sie, dass wir nur die Gesamtveränderung der freien Energie betrachten und nicht die spezifischen Veränderungen der Enthalpie oder der Entropie des Systems. Veränderungen der Enthalpie und der Entropie können für eine bestimmte Reaktion negativ, positiv oder null sein und sind allein betrachtet *keine* gültigen Maßeinheiten für thermodynamische Spontanität.

Da die Werte von ΔH und $-T\Delta S$ jeweils positiv oder negativ sein können, hängt der Wert von ΔG für eine bestimmte Reaktion von den Vorzeichen und numerischen Werten der Größen ΔH und $-T\Delta S$ ab (▸*Abbildung 5.9*). Wenn die Größen von ΔH und $-T\Delta S$ für eine bestimmte Reaktion positiv (endotherm und Zunahme der Entropie) sind, ist ΔG positiv; die Reaktion ist dann endergonisch und sie läuft nicht spontan ab (▸*Abbildung 5.9a*). Im Gegensatz dazu hat eine exotherme Reaktion (das heißt, ΔH ist negativ), die zur Zunahme der Entropie führt (das heißt ΔS ist positiv und $-T\Delta S$ ist negativ) einen ΔG-Wert, der die *Summe* dieser beiden negativen Größen ist, und daher handelt es sich um eine exergonische und spontane Reaktion (▸*Abbildung 5.9b*).

Unterscheiden sich allerdings die Größen ΔH und $-T\Delta S$ im Vorzeichen, dann kann der Wert von ΔG entweder positiv oder negativ sein, je nach den Größenordnungen von ΔH und $-T\Delta S$. Zum Beispiel hat eine endotherme Reaktion (das heißt ΔH ist positiv), die eine Zunahme der Entropie zur Folge hat (das heißt ΔS ist positiv und $-T\Delta S$ ist negativ) einen ΔG-Wert, der entweder positiv (▸*Abbildung 5.9c*) oder negativ (▸*Abbildung 5.9d*) ist, je nach den relativen numerischen Werten von ΔH und $-T\Delta S$.

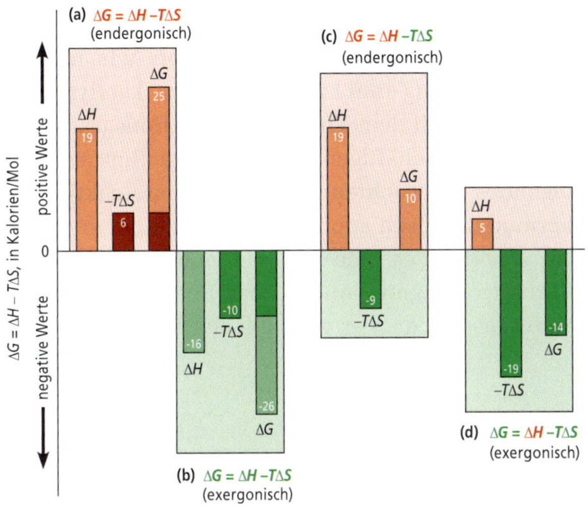

Abbildung 5.9: Abhängigkeit von ΔG von den Vorzeichen und numerischen Werten der Größen ΔH und $-T\Delta S$. Der Wert von ΔG für einen spezifischen Vorgang oder eine Reaktion ist die algebraische Summe der Veränderung der Enthalpie (ΔH) und der temperaturabhängigen Größe der Entropie ($-T\Delta S$). Wenn ΔH und $-T\Delta S$ das gleiche Vorzeichen haben, dann ist der numerische Wert die Summe der beiden Größen, unabhängig davon, ob die beiden Größen (a) positiv oder (b) negativ sind. Haben die beiden Größen unterschiedliche Vorzeichen, dann ist der numerische Wert die *Differenz* zwischen den beiden Größen, unabhängig davon, ob dies dazu führt, dass ΔG (c) einen positiven Wert oder (d) einen negativen Wert hat. Die grüne Darstellung steht für Größen mit negativen Werten, während die rote Darstellung für Größen mit positiven Werten steht. Die weißen Zahlen in den Balken dienen dazu, dass Sie die Rechnungen nachvollziehen können.

Veränderung der freien Energie und thermodynamische Spontanität: ein Beispiel aus der Biologie

Zur Veranschaulichung einer exergonen Reaktion wählen wir ein Beispiel aus der Biologie. Betrachten Sie bitte die Oxidation von Glucose zu Kohlendioxid und Wasser:

$$C_6H_{12}O_6 + 6\,O_2 \rightarrow 6\,CO_2 + 6\,H_2O + \text{Energie} \qquad (5\text{-}12)$$

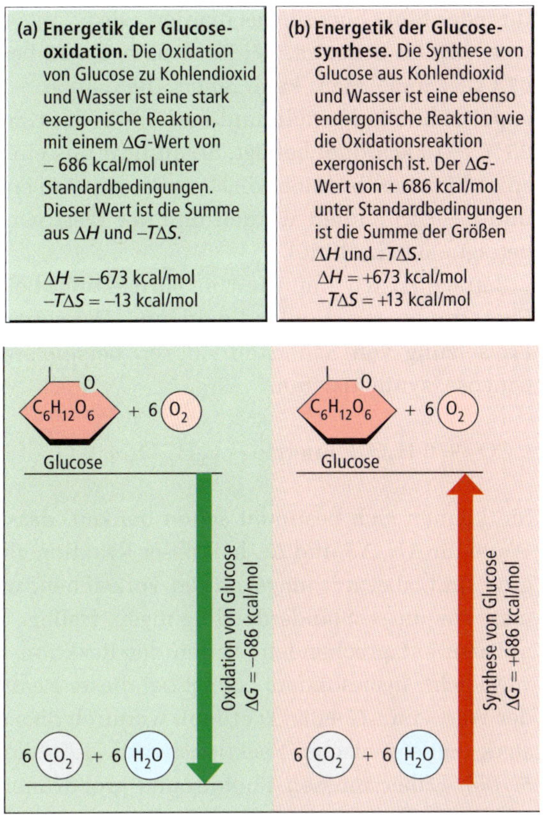

Abbildung 5.10: Veränderungen der freien Energie bei der Oxidation und Synthese von Glucose. Die exergonische Oxidation von Glucose, die in Teil (a) dargestellt wird, hat einen großen negativen ΔG-Wert, der genau der Größenordnung mit umgekehrtem Vorzeichen des großen positiven ΔG-Werts für die endergonische Synthese von Glucose aus Teil (b) entspricht.

Gewiss erkennen Sie diese Gleichung als die Summengleichung des Vorgangs der aeroben Atmung wieder, wodurch Chemotrophe aus Glucose Energie gewinnen. (Die meisten Zellen Ihres Körpers führen gerade in diesem Moment diesen Vorgang durch.) Wir werden dieser Gleichung wiederbegegnen, wenn wir uns in *Kapitel 10* mit der aeroben Atmung beschäftigen; vorerst richtet sich unser Interesse auf die Energetik der Glucoseoxidation. Wie in ▸*Abbildung 5.10a* dargestellt (was sie bereits wissen, wenn sie jemals einen Marshmallow zu lange über ein Lagerfeuer gehalten haben), handelt es sich bei der Oxidation von Glucose um einen exergonen Vorgang mit einem hohen negativen ΔG-Wert. Bei oxidativem Abbau von Glucose unter *Standardbedingungen* der Temperatur, des Drucks und der Konzentration (25 °C, eine Atmosphäre Druck und jeweils ein Mol Reaktanten und Produkt), können wir beweisen, dass 673 kcal Wärme (673.000 cal) für jedes Mol Glucose, das oxidiert wird, freigesetzt werden. Das bedeutet, ΔH für Reaktion 5-12 beträgt 673 kcal/mol. Man kann auch die Größe $-T\Delta S$ experimentell ermitteln und man weiß, dass sie bei 25 °C −13 kcal/mol beträgt. Somit liegt uns ein Beispiel für eine Reaktion vor, bei der die Größen ΔH und $-T\Delta S$ addiert werden und der Wert von ΔG beträgt −686 kcal/mol.

Betrachten wir nun die Umkehrreaktion, bei der Phototrophe aus Kohlendioxid und Wasser unter Freisetzung von Sauerstoff Zucker, beispielsweise Glucose, synthetisieren:

$$6\ CO_2 + 6\ H_2O + \text{Energie} \rightarrow C_6H_{12}O_6 + 6\ O_2 \quad (5\text{-}13)$$

Sie können sich bestimmt schon denken, dass die Werte für ΔH, ΔS und ΔG bei dieser Reaktion gleich groß sind, aber mit umgekehrten Vorzeichen, wenn man sie unter Standardbedingungen festlegt und mit den entsprechenden Werten der Reaktion 5-12 vergleicht. Insbesondere beträgt bei dieser Reaktion der Wert von ΔG +686 kcal/mol, wodurch dies eine stark endergonische Reaktion wird (▸*Abbildung 5.10b*). Daher müssen Phototrophe große Energiemengen aufbringen, um diese Reaktion in der Richtung der Glucosesynthese anzutreiben, und dabei kommt natürlich die Sonnenenergie ins Spiel, wie Sie auch noch sehen werden, wenn wir uns in *Kapitel 11* mit der Photosynthese beschäftigen.

Die Bedeutung von Spontanität Bevor wir uns damit beschäftigen, wie man nun eigentlich ΔG berechnet und als Maßeinheit der thermodynamischen Spontanität verwendet, müssen wir uns genauer anschauen, was man unter dem Begriff Spontanität versteht und was nicht. Wie bereits zuvor angemerkt, sagt Spontanität uns nur, dass eine Reaktion ablaufen *kann*; der Begriff gibt keine Auskunft darüber, oder ob diese Reaktion tatsächlich *ablaufen wird*. Eine Reaktion kann einen negativen ΔG-Wert haben und trotzdem nicht messbar ablaufen. Die Cellulose des Papiers brennt offensichtlich spontan, nachdem sie angezündet wurde, und in Übereinstimmung mit dem hohen negativen Wert von ΔG von −686 kcal/mol der Glucoseeinheiten. Papier ist aber recht stabil, und wenn kein Streichholz zur Hand ist, könnte es Hunderte von Jahren dauern, bis es oxidiert.

Aus diesem Grund kann uns der Wert von ΔG lediglich darüber Auskunft geben, ob eine Reaktion oder ein Vorgang thermodynamisch machbar ist – ob er das Potenzial hat, abzulaufen. Ob eine exergonische Reaktion tatsächlich abläuft, hängt nicht allein von ihrem günstigen (negativen) ΔG-Wert ab, sondern auch von der Verfügbarkeit eines Mechanismus oder Weges, um von dem Ausgangsstadium zum Endstadium überzugehen. Im Allgemeinen wird auch eine erste Energiezufuhr in Form von Aktivierungsenergie benötigt, beispielsweise die Wärmeenergie des Streichholzes, um das Blatt Papier anzuzünden.

Daher ist die thermodynamische Spontanität ein notwendiges, aber unzulängliches Kriterium, wenn man ermitteln möchte, ob eine Reaktion tatsächlich ablaufen wird. In *Kapitel 6* werden wir uns im Zusammenhang mit von Enzymen katalysierten Reaktionen mit dem Thema der Reaktionsgeschwindigkeiten beschäftigen. Zunächst genügt es aber folgendes zu beachten: Wenn wir eine Reaktion als thermodynamisch spontan bezeichnen, meinen wir einfach, dass es sich um ein energetisch durchführbares Ereignis handelt, das Energie freigesetzt, vorausgesetzt, dass es wirklich stattfindet.

Was ist ΔG? 5.3

Unsere letzte Aufgabe in diesem Kapitel wird darin bestehen, zu verstehen, wie ΔG berechnet wird, und wie man diese Größe nutzen kann, um die thermodynamische Durchführbarkeit von Reaktionen unter spezifischen Bedingungen abzuschätzen. Zu diesem Zweck kehren wir zu der Reaktion zurück, durch die Glucose-6-Phosphat zu Fructose-6-Phosphat umgewandelt wird (Reaktion 5-9) und fragen uns, was wir über die Spontanität der Umkehr der formulierten Richtung (von links nach rechts) lernen können. Unsere Erfahrung und unser Alltagswissen helfen uns hier nicht weiter, außerdem ist es nicht leicht einzusehen, dass es Auswirkungen auf die Entropie des Universums hätte, wenn die Reaktion nicht abliefe. Ganz offensichtlich müssen wir in der Lage sein, ΔG zu berechnen und zu ermitteln, ob der Wert unter den besonderen Bedingungen, die wir für die Reaktion spezifizieren, positiv oder negativ sein wird. Dabei erweist es sich als hilfreich, im Laufe der folgenden Darstellung von Zeit zu Zeit die ▸*Tabelle 5.1* zu Rate zu ziehen.

Tabelle 5.1

Die Bedeutung von $\Delta G°'$ und $\Delta G'$

Die Bedeutung von $\Delta G°'$

$\Delta G°'$ negativ ($K'_{eq} > 1,0$)	$\Delta G°'$ positiv ($K'_{eq} < 1,0$)	$\Delta G°' = 0$ ($K'_{eq} = 1,0$)
Es liegen im Gleichgewicht und bei Standardtemperatur, Standarddruck und Standard-pH-Wert mehr Produkte als Reaktanten vor.	Es liegen im Gleichgewicht und bei Standardtemperatur, Standarddruck und Standard-pH-Wert mehr Reaktanten als Produkte vor.	Es liegen im Gleichgewicht und bei Standardtemperatur, Standarddruck und Standard-pH-Wert gleich viele Produkte wie Reaktanten vor.
Die Reaktion verläuft unter Standardbedingungen nach rechts.	Die Reaktion verläuft unter Standardbedingungen nach links.	Die Reaktion liegt unter Standardbedingungen im Gleichgewicht.

Die Bedeutung von $\Delta G'$

$\Delta G'$ negativ	$\Delta G'$ positiv	$\Delta G' = 0$
Die Reaktion ist thermodynamisch durchführbar.	Die Reaktion ist nicht durchführbar.	Die Reaktion befindet sich im Gleichgewicht.
Arbeit kann durch die Reaktion durchgeführt werden.	Energie muss zur Verfügung gestellt werden, um die Reaktion anzutreiben	Es kann keine Arbeit verrichtet werden, es wird keine Energie von der Reaktion benötigt.

5.3.1 Die Gleichgewichtskonstante ist ein Maß für die Richtung einer Reaktion (Direktionalität)

Möchte man einschätzen, ob eine Reaktion unter spezifischen Bedingungen in einer bestimmten Richtung verläuft, so müssen wir die **Gleichgewichtskonstante K_{eq}** verstehen, die das Verhältnis der Produktkonzentrationen zu den Reaktantenkonzentrationen im *Gleichgewicht* beschreibt. Wenn sich eine umkehrbare Reaktion im Gleichgewicht befindet, so bedeutet das, dass es im Laufe der Zeit keine Nettoveränderung der Konzentrationen der Produkte oder Reaktanten gibt. Für die verallgemeinerte Reaktion, bei der A umkehrbar zu B wird, ist die Gleichgewichtskonstante einfach das Verhältnis der Gleichgewichtskonzentrationen von A und B:

$$\mathrm{A} \rightleftharpoons \mathrm{B} \qquad (5\text{-}14)$$

$$K_{eq} = \frac{[\mathrm{B}]_{eq}}{[\mathrm{A}]_{eq}} \qquad (5\text{-}15)$$

Wobei $[\mathrm{A}]_{eq}$ und $[\mathrm{B}]_{eq}$ die Konzentrationen von A und B in Mol pro Liter angeben, wenn die Reaktion 5-14 bei 25 °C im Gleichgewicht liegt. Angenommen das Gleichgewicht ist für eine Reaktion konstant, dann können Sie ohne weiteres voraussagen, ob eine spezifische Mischung von Produkten oder Reaktanten im Gleichgewicht liegt. Trifft dies nicht zu, dann kann man leicht voraussagen, wie weit die Reaktion vom Gleichgewicht entfernt liegt und die Richtung angeben, in der die Reaktion ablaufen muss, um ein Gleichgewicht zu erreichen.

Ein Beispiel: Man weiß, dass die Gleichgewichtskonstante der Reaktion 5-9 bei 25 °C bei 0,5 liegt. Das heißt, im Gleichgewicht wird jeweils zur Hälfte Fructose-6-Phosphat und Glucose-6-Phosphat ungeachtet der tatsächlichen Größenordnungen der Konzentrationen vorliegen:

$$K_{eq} = \frac{[\text{Fructose-6-Phosphat}]_{eq}}{[\text{Glucose-6-Phosphat}]_{eq}} = 0{,}5 \qquad (5\text{-}16)$$

Wenn die beiden Verbindungen in irgendeinem anderen Konzentrationsverhältnis vorliegen, dann wird die Gleichung nicht im Gleichgewicht sein und sich in Richtung des Gleichgewichts bewegen. Daher bedeutet ein Konzentrationsverhältnis unterhalb von K_{eq}, dass zu wenig Fructose-6-Phosphat vorliegt und die Reaktion wird nach rechts verlaufen, um auf Kosten von Glucose-6-Phosphat mehr Fructose-6-Phosphat zu bilden. Umgekehrt weist ein Konzentrationsverhältnis größer als K_{eq} darauf hin, dass die relative Konzentration von Fructose-6-Phosphat zu hoch ist und die Reaktion tendenziell nach links ablaufen wird.

In der ▸*Abbildung 5.11* wird das Konzept von der Umwandlung von A und B (Reaktion 5-14) veranschaulicht, indem die Beziehung zwischen der freien Energie der Reaktion und die Entfernung der Konzentrationen von A und B vom Gleichgewicht dargestellt werden. (Beachten Sie, dass man in dieser Abbildung für K_{eq} den Wert 1,0 annimmt; bei einem anderen Wert für K_{eq} würde der Graph die gleiche Form haben, aber immer noch über K_{eq} liegen.) Die Intention der *Abbildung 5.11* ist deutlich: Die freie Energie ist im Gleichgewichtszustand am niedrigsten und nimmt in dem Maße zu, in dem das System sich in eine der beiden Richtungen vom Gleichgewicht entfernt. Wenn wir wissen, wie das Verhältnis der vorherrschenden Konzentrationen im Vergleich zu der Konzentration im Gleichgewicht liegt, können wir vorhersagen, in welcher Richtung eine Reaktion fortschreiten wird und wie viel freie Energie dabei freigesetzt wird. Daher liefert das Streben nach dem Gleichgewicht die Antriebskraft für jede chemische Reaktion und ein Vergleich der vorherrschenden Konzentration mit der Konzentration des Gleichgewichts liefert ein Maß für dieses Bestreben.

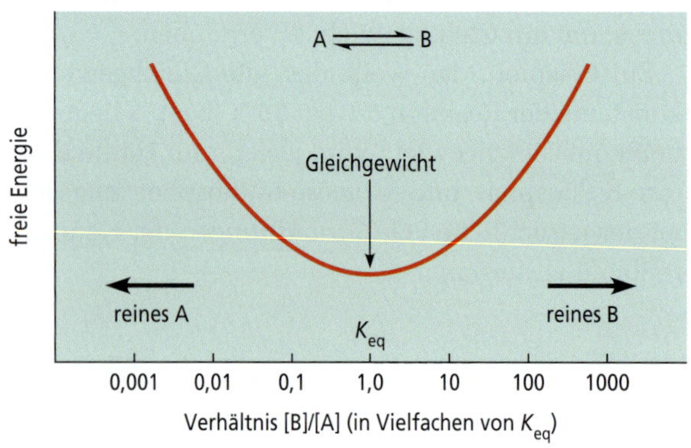

Abbildung 5.11: Freie Energie und chemisches Gleichgewicht. Die Menge an freier Energie, die nach einer chemischen Reaktion zur Verfügung steht, hängt davon ab, wie weit die Komponenten vom Gleichgewicht entfernt sind. Dieses Prinzip wird hier am Beispiel einer Reaktion veranschaulicht, die A in B umwandelt und deren Gleichgewichtskonstante, K_{eq}, 1,0 beträgt. Die freie Energie des Systems nimmt zu, wenn sich das Verhältnis [B]/[A] auf einer Seite verändert. Bei einer Reaktion mit einem anderen Wert für K_{eq} als 1,0, würde der Graph die gleiche Form haben, würde sich aber entsprechend verschieben.

5.3.2 ΔG kann leicht berechnet werden

Es sollte also nicht weiter überraschen, dass ΔG nur ein Hilfsmittel darstellt, um zu berechnen, wie weit eine Reaktion unter spezifischen Bedingungen vom Gleichgewicht entfernt liegt und wie viel Energie freigesetzt wird, wenn die Reaktion zum Gleichgewicht fortschreitet. Außerdem sollte es nicht überraschen, dass sowohl die Gleichgewichtskonstante als auch die vorherrschenden Konzentrationen der Reaktanten (A) und Produkte (B) benötigt werden, um ΔG zu berechnen. Für die Reaktion 5-14 lautet die Gleichung, die diese Variablen zueinander in Beziehung setzt:

$$\begin{aligned}\Delta G &= RT\ln\frac{[B]_{pr}}{[A]_{pr}} - RT\ln\frac{[B]_{eq}}{[A]_{eq}}\\ &= RT\ln\frac{[B]_{pr}}{[A]_{pr}} - RT\ln K_{eq}\\ &= -RT\ln K_{eq} + RT\ln\frac{[B]_{pr}}{[A]_{pr}}\end{aligned} \quad (5\text{-}17)$$

Wobei ΔG die Veränderung der freien Energie in kal/mol unter spezifischen Bedingungen ist; R ist die Gaskonstante (1,987 kal/mol·K); T ist die Temperatur in Kelvin (z.B. 25 °C = 298 K); $[A]_{pr}$ und $[B]_{pr}$ sind die vorliegenden Konzentrationen von A und B in Mol pro Liter; $[A]_{eq}$ und $[B]_{eq}$ sind die Gleichgewichtskonzentration von A und B in Mol pro Liter; K_{eq} ist die Gleichgewichtskonstante bei einer Standardtemperatur von 298 K (25 °C); und ln steht für den natürlichen Logarithmus (das heißt dem Logarithmus einer Größe auf der Basis des natürlichen Logarithmussystems e, was ungefähr 2,718 entspricht). Man verwendet natürliche Logarithmen, weil sie Abläufe beschreiben, bei denen die Geschwindigkeit, mit der Veränderungen im Ablauf auftreten, direkt mit der Menge von Substanz in Zusammenhang steht, die verändert wird (zum Beispiel bei der Beschreibung des radioaktiven Zerfalls).

Allgemeiner formuliert bedeutet dies: Für eine Reaktion, in der a Moleküle eines Reaktanten A mit b Molekülen eines Reaktanten B eine Verbindung eingehen und c Moleküle des Produktes C plus d Moleküle des Produktes D bilden

$$aA + bB \rightleftharpoons cC + dD \quad (5\text{-}18)$$

wird ΔG folgendermaßen berechnet:

$$\Delta G = -RT \ln K_{eq} + RT \ln \frac{[C]_{pr}^{c}[D]_{pr}^{d}}{[A]_{pr}^{a}[B]_{pr}^{b}} \quad (5\text{-}19)$$

Wobei alle Konstanten und Variablen vorher definiert werden und K_{eq} ist die Gleichgewichtskonstante für die Reaktion 5-18.

Kehren wir zur Reaktion 5-9 zurück und nehmen wir an, dass die vorliegenden Konzentrationen von Glucose-6-Phosphat und Fructose-6-Phosphat in einer Zelle jeweils 10 μM (10×10^{-6} M) und 1 μM (1×10^{-6} M) bei 25 °C betragen. Da das Verhältnis der vorherrschenden Produktkonzentrationen zu den Reaktantenkonzentrationen 0,1 beträgt und die Gleichgewichtskonstante bei 0,5 liegt, liegt eindeutig zu wenig Fructose-6-Phosphat im Verhältnis zu Glucose-6-Phosphat vor, sodass die Reaktion nicht im Gleichgewicht liegen kann. Die Reaktion sollte daher nach rechts in Richtung der Bildung von Fructose-6-Phosphat verlaufen. Anders ausgedrückt, die Reaktion ist thermodynamisch in der geschriebenen Richtung günstig. Dies bedeutet wiederum, dass ΔG unter diesen Bedingungen negativ sein muss.

Der tatsächliche Wert von ΔG wird folgendermaßen ermittelt:

$$\begin{aligned}\Delta G &= -(1{,}987 \text{ kal/mol·K})(298 \text{ K}) \ln(0{,}5) \\ &\quad +(1{,}987 \text{ kal/mol·K})(298 \text{ K}) \ln \frac{1 \times 10^{-6} M}{10 \times 10^{-6} M} \\ &= -(592 \text{ kal/mol}) \ln(0{,}5) + (592 \text{ kal/mol}) \ln(0{,}1) \\ &= -(592 \text{ kal/mol})(-0{,}693) + (592 \text{ kal/mol})(-2{,}303) \\ &= +\,410 \text{ kal/mol} - 1.364 \text{ kal/mol} \\ &= -\,954 \text{ kal/mol} \qquad (5\text{-}20)\end{aligned}$$

Beachten Sie, dass unser negativer Wert für ΔG erwartungsgemäß bestätigt wurde und wir jetzt genau wissen, wie viel freie Energie nach spontaner Umwandlung von einem Mol Glucose-6-Phosphat zu einem Mol Fructose-6-Phosphat unter spezifischen Bedingungen freigesetzt wird. Die in dieser oder einigen anderen exergonischen Reaktionen freigesetzte Energie kann entweder zur Verrichtung von Arbeit „genutzt", in chemischen Bindungen als ATP gespeichert oder als Wärme freigesetzt werden.

Es ist wichtig, zu verstehen, was genau dieser für ΔG berechnete Wert bedeutet und unter welchen Bedingungen er gültig ist. Da es sich um einen thermodynamischen Parameter handelt, verrät uns ΔG, ob eine Reaktion thermodynamisch so möglich ist, wie sie aufgeschrieben wurde, aber es wird nichts über die Geschwindigkeit oder den Mechanismus der Reaktion ausgesagt. Der Wert gibt lediglich Auskunft darüber, dass die Reaktion, sollte sie denn ablaufen, nach rechts verlaufen wird und für jedes Mol Glucose-6-Phosphat, das zu Fructose-6-Phosphat umgewandelt wird, 954 Kalorien freier Energie freigesetzt werden, vorausgesetzt, dass die Konzentrationen des Reaktanten und des Produkts während des Verlaufs der Reaktionen konstant bei den Anfangswerten gehalten werden (10 bzw. 1 μM).

In den folgenden Kapiteln werden wir in mehreren Beispielen sehen, wie die durch exergonische Reaktionen gelieferte Energie mittels *gekoppelter Reaktionen* nutzbar gemacht werden kann. Bei gekoppelten Reaktionen laufen eine endergonische Reaktion und eine exergonische Reaktion gleichzeitig ab und die freie Energie der exergonischen Reaktion wird genutzt, um den Ablauf der endergonischen Reaktion zu ermöglichen. Obgleich die Synthese von ATP endergonisch erfolgt, ist diese Reaktion oftmals an eine exergonische oxidative Reaktion gekoppelt, sodass die Gesamtsumme der beiden Reaktionen einen negativen ΔG-Wert hat und beide Reaktionen spontan fortschreiten können. Die Energie wird nicht als Wärme freigesetzt, sondern ein Teil der Energie der Oxidation wird in den chemischen Bindungen des energiereichen ATP-Moleküls gespeichert.

Allgemeiner formuliert ist ΔG ein Maß für die thermodynamische Spontanität einer Reaktion in der Richtung, in der sie formuliert wurde (von links nach rechts) bei spezifischen Konzentrationen der Reaktanten und der Produkte. In einem Becherglas oder einem Reagenzglas bedeutet diese Voraussetzung im Hinblick auf die Konzentrationen der Reaktanten und der Produkte, dass ständig Reaktanten hinzugefügt und Produkte entfernt werden müssen. In einer Zelle ist jede Reaktion Teil eines metabolischen Weges und dessen Reaktanten und Produkte werden durch Reaktionen, die dieser Reaktion vorausgehen oder sich an sie anschließen in recht konstanten Konzentrationen gehalten, die nicht dem Gleichgewicht entsprechen.

5.3.3 Die Standardveränderung der freien Energie entspricht der Messung von ΔG unter Standardbedingungen

Da ΔG ein thermodynamischer Parameter ist, hängt ΔG von dem tatsächlichen Mechanismus oder Weg der Reaktion ab und in entscheidendem Maß von den Bedingungen, unter denen die Reaktion abläuft. Eine Reaktion, die sich durch große Abnahme der freien Energie unter einer Reihe von Bedingungen auszeichnet, kann einen wesentlich geringeren (aber immer noch negativen) Wert von ΔG haben oder kann sogar unter einem anderen Satz von Bedingungen einen positiven ΔG-Wert haben. Das Schmelzen von Eis hängt beispielsweise von der Temperatur ab; es läuft spontan bei über 0 °C ab, verläuft aber unterhalb dieser Temperatur in die entgegengesetzte Richtung (Gefrieren). Daher ist es wichtig, die Bedingungen zu identifizieren, unter denen eine bestimmte Messung von ΔG erfolgt.

Vereinbarungsgemäß haben die Biochemiker bestimmte willkürliche Bedingungen festgelegt, um den **Standardzustand** eines Systems zur Vereinfachung bei Veröffentlichungen, Vergleichen und tabellarischer Erfassung der freien Energie in chemischen Reaktionen zu definieren. Für Systeme, die aus verdünnten wässrigen Lösungen bestehen, sind dies im Allgemeinen die Standardtemperatur 25 °C (298 K), ein Druck von einer Atmosphäre und alle Produkte und Reaktanten liegen in einer Konzentration von einem *M* (mol/L) vor.

Die einzige, häufig gemachte Abweichung dieser Regel zur Standardkonzentration macht das Wasser. Die Konzentration von Wasser in einer verdünnten wässrigen Lösung entspricht ungefähr 55,5 *M* und verändert sich bei fortschreitender Reaktion nicht, sogar dann nicht, wenn das Wasser selbst Reaktant oder Produkt ist. Vereinbarungsgemäß nehmen Biochemiker die Konzentration von Wasser in ihre Berechnungen der Veränderung der freien Energie nicht auf, obwohl die Reaktion einen Nettoverbrauch oder eine Nettobildung von Wasser zeigen könnte.

Abgesehen von den Standardbedingungen der Temperatur, des Drucks und der Konzentration spezifizieren Biochemiker auch häufig einen Standard-pH-Wert, der bei 7,0 liegt, denn die meisten biologischen Reaktionen laufen bei neutralem oder fast neutralem pH-Wert ab. Die Konzentration von Wasserstoffionen (und von Hydroxylionen) beträgt daher 10^{-7} *M*, sodass die Standardkonzentration von 1,0 *M* nicht für H^+- oder OH^--Ionen gilt, wenn ein pH-Wert von 7,0 spezifiziert wurde. Die Werte von K_{eq}, ΔG oder anderen thermodynamischen Parametern, die bei einem pH-Wert von 7,0 festgelegt oder berechnet wurden, werden immer mit einem Strich geschrieben (beispielsweise K'_{eq}, $\Delta G'$ und so weiter), um diese Ausnahme der Standardbedingungen zu kennzeichnen.

Die Energieveränderungen bei Reaktionen werden im Allgemeinen in standarisierter Form als die Veränderung angegeben, die sich ereignen würde, wenn die Reaktionen unter Standardbedingungen abgelaufen wären. Genauer gesagt, bezieht sich die Standardveränderung eines jeden thermodynamischen Parameters auf die Umwandlung von einem Mol eines spezifizierten Reaktanten zu Produkten oder die Bildung eines Mols eines spezifizierten Produkts aus Reaktanten unter Bedingungen, bei denen die Temperatur, der Druck, der pH-Wert und die Konzentrationen aller relevanten Komponenten bei ihren Standardwerten gehalten werden.

Die unter diesen Bedingungen berechnete Veränderung der freien Energie wird als Standardveränderung der freien Energie bezeichnet und durch $\Delta G^{\circ\prime}$ dargestellt, wobei sich das hochgestellte Zeichen (°) auf die Standardbedingungen Temperatur, Druck und Konzentration bezieht und der Strich (′) verweist darauf, dass die Standardprotonenkonzentration für Biochemiker bei 10^{-7} *M* und nicht bei 1,0 *M* liegt.

Es stellt sich heraus, dass $\Delta G^{\circ\prime}$ eine einfache lineare Beziehung zum natürlichen Logarithmus der Gleichgewichtskonstante K'_{eq} hat (▶*Abbildung 5.12*). Diese Beziehung kann man leicht erkennen, wenn man die Gleichung 5-19 mit Strichen schreibt und dann für alle Reaktanten und Produkte von Standardbedingungen ausgeht. Alle Konzentrationsgrößen liegen jetzt bei 1,0 und der Logarithmus von 1,0 ist null, sodass die zweite Größe in der allgemeinen Gleichung für $\Delta G^{\circ\prime}$ wegfällt, und es bleibt folgende Gleichung für $\Delta G^{\circ\prime}$, der Veränderung der freien Energie unter Standardbedingungen:

$$\begin{aligned}\Delta G^{\circ\prime} &= -RT \ln K'_{eq} + RT \ln 1 \\ &= -RT \ln K'_{eq} \qquad (5\text{-}21)\end{aligned}$$

Mit anderen Worten kann $\Delta G^{\circ\prime}$ direkt aus der Gleichgewichtskonstante berechnet werden, vorausgesetzt diese wurde unter den gleichen Standardbedingungen Temperatur, Druck und pH-Wert ermittelt. Dies ermöglicht es uns wiederum, die Gleichung 5-19 wie folgt zu vereinfachen:

$$\Delta G' = \Delta G^\circ + RT \ln \frac{[C]^c_{pr}[D]^d_{pr}}{[A]^a_{pr}[B]^b_{pr}} \qquad (5\text{-}22)$$

Bei der Standardtemperatur von 25 °C (298 K), wird die Größe RT (1,987) × (298) = 592 kal/mol, so kann man die Gleichungen 5-21 und 5-22 folgendermaßen schreiben (und diese Formeln sind unseren Zwecken am dienlichsten):

$$\Delta G^{\circ\prime} = -\ 592 \ln K'_{eq} \qquad (5\text{-}23)$$

$$\Delta G' = \Delta G^{\circ\prime} + 592 \ln \frac{[C]^c_{pr}[D]^d_{pr}}{[A]^a_{pr}[B]^b_{pr}} \qquad (5\text{-}24)$$

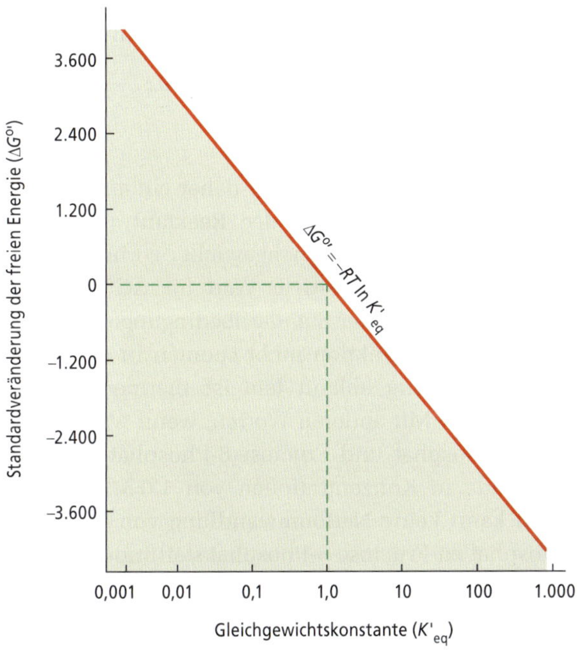

Abbildung 5.12: Die Beziehung zwischen $\Delta G^{\circ\prime}$ und K'_{eq}. Die Standardveränderung der freien Energie und die Gleichgewichtskonstante stehen durch die Gleichung $\Delta G^{\circ\prime} = -RT \ln K'_{eq}$ in Beziehung. Beachten Sie folgendes: Wenn die Gleichgewichtskonstante 1,0 beträgt, dann beträgt die Standardveränderung der freien Energie null.

5.3.4 Zusammenfassung: Die Bedeutung von $\Delta G'$ und $\Delta G^{\circ\prime}$

Die Gleichungen 5-23 und 5-24 leisten den wichtigsten Beitrag der Thermodynamik für die Biochemie und Zellbiologie – sie bieten eine Möglichkeit zur Ermittlung der Durchführbarkeit einer chemischen Reaktion auf den Grundlagen der vorliegenden Konzentrationen der Produkte und Reaktanten und der Kenntnis der Gleichgewichtskonstante. In der Gleichung 5-23 wird die Beziehung zwischen der Standardveränderung der freien Energie $\Delta G^{\circ\prime}$ und der Gleichgewichtskonstante K'_{eq} ausgedrückt, und sie gibt uns die Möglichkeit, die Veränderung der freien Energie zu berechnen, die mit jeder uns interessierenden Reaktion assoziiert wäre, wenn alle Reaktanten und Produkte bei einer Standardkonzentration von 1,0 *M* gehalten werden könnten.

Wenn K'_{eq} größer als 1,0 ist, dann wird K'_{eq} positiv und $\Delta G^{\circ\prime}$ negativ sein und die Reaktion kann unter Standardbedingen nach rechts fortschreiten. Das macht Sinn, denn wenn K'_{eq} größer als 1,0 ist, dann werden im Gleichgewichtszustand mehr Produkte als Reaktanten vorliegen. Einen Überschuss an Produkten kann man aus dem Standardzustand nur durch Umwandlung der Reaktanten zu Produkten erreichen, sodass die Reaktion spontan nach rechts ablaufen wird. Umgekehrt gilt, wenn K'_{eq} kleiner als 1,0 ist, dann wird $\Delta G^{\circ\prime}$ positiv sein und die Reaktion kann nicht nach rechts fortschreiten. Stattdessen wird die Reaktion nach links tendieren, denn $\Delta G^{\circ\prime}$ für die Umkehrreaktion wird den gleichen absoluten Wert haben, aber mit umgekehrten Vorzeichen. Dies stimmt mit dem geringen Wert für K'_{eq} überein, der spezifiziert, dass Reaktanten gegenüber Produkten bevorzugt werden (das heißt, das Gleichgewicht liegt auf der linken Seite).

Die Werte von $\Delta G^{\circ\prime}$ sind zweifach geeignet, denn man kann sie erstens leicht ausgehend von der Gleichgewichtskonstante ermitteln und sie bieten zweitens eine allgemein akzeptierte Übereinkunft für die Darstellung von Veränderungen in der freien Energie. Bitte denken Sie aber daran, dass es sich bei dem Wert von $\Delta G^{\circ\prime}$ insofern um einen willkürlichen gesetzten Standardwert handelt, als er sich auf einen willkürlich gewählten Zustand bezieht, der Konzentrationsbedingungen spezifiziert, die von den meisten biologisch relevanten Verbindungen nicht erreicht werden können. Daher erweist sich $\Delta G^{\circ\prime}$ als nützlich für standarisierte Angaben, aber *er ist keine gültige Maßeinheit der thermodynamischen Spontanität von Reaktionen, so wie sie unter echten Bedingungen ablaufen.*

Für lebensechte Situationen in der Zellbiologie werden wir aus diesem Grund $\Delta G'$ verwenden, als direktes Maß dafür, wie weit eine Reaktion mit den Konzentrationen von Reaktanten und Produkten, die tatsächlich in der Zelle vorliegen, vom Gleichgewicht entfernt ist (Gleichung 5-24). Daher ist $\Delta G'$ *die wichtigste Maßeinheit der thermodynamischen Spontanität.* Bei einem negativen Wert verläuft die betreffende Reaktion thermodynamisch spontan und kann unter den Bedingungen, für die die Berechnungen angestellt wurden, wie formuliert ablaufen. Die Größenordnung von $\Delta G'$ dient als Maß dafür, wie viel freie Energie freigesetzt wird, während die Reaktion unter den spezifischen Bedingungen abläuft. Dies wiederum bestimmt die maximale Menge an Arbeit, die auf die Umgebung wirken kann, vorausgesetzt es steht ein Mechanismus zur Verfügung, um Energie zu speichern und zu nutzen, wenn sie freigesetzt wird.

Andererseits zeigt ein positiver Wert für $\Delta G'$ an, dass die Reaktion nicht in der formulierten Richtung unter den Bedingungen, für die die Berechnungen angestellt wurden, ablaufen kann. Solche Reaktionen können manchmal zu spontanen Reaktionen verändert werden, indem man die Konzentrationen der Reaktanten erhöht oder die Konzentrationen der Produkte senkt. Im Laufe der Beschäftigung mit diesem Buch werden Ihnen häufig Reaktionen begegnen, die unter Standardbedingungen ungünstig sind, aber dennoch ablaufen können, denn die Produkte werden schnell durch eine anschließende Reaktion entfernt.

Für den Sonderfall, bei dem $\Delta G' = 0$ ist, liegt die Reaktion eindeutig im Gleichgewicht und keine Nettoenergieveränderung geht mit der Umwandlung von Reaktantenmolekülen zu Produktmolekülen oder umgekehrt einher. Wie wir schon bald sehen werden, befinden sich Reaktionen in lebenden Zellen selten im Gleichgewicht. In der *Tabelle 5.1* werden die Grundmerkmale von K'_{eq}, $\Delta G^{\circ\prime}$ und $\Delta G'$ zusammengefasst.

5.3.5 Die Veränderung der freien Energie: Beispielrechnungen

Zur Veranschaulichung der Berechnung und des Nutzens von $\Delta G'$ und $\Delta G^{\circ\prime}$ wenden wir uns wieder einmal der Umwandlung von Glucose-6-Phosphat in Fructose-6-Phosphat zu (Reaktion 5-9). Wir wissen bereits, dass die Gleichgewichtskonstante für diese Reaktion unter Standardbedingungen der Temperatur, des pH-Werts und des Drucks bei 0,5 liegt (Gleichung 5-16). Das bedeutet, wenn ein Enzym, das diese Reaktion in Zellen katalysiert, einer Lösung aus Glucose-6-Phosphat bei 25 °C, einer Atmosphäre und einem pH-Wert von 7,0 zugesetzt wird und die Lösung so lange inkubiert wird, bis keine weitere Reaktion mehr abläuft, dann werden Fructose-6-Phosphat und Glucose-6-Phosphat im Gleichgewicht im Verhältnis von 0,5 vorliegen. (Beachten Sie, dass dieses Verhältnis von der tatsächlichen Ausgangskonzentration des Glucose-6-Phosphats unabhängig ist und ebensogut mit jeder Konzentration von Fructose-6-Phosphat oder irgendeiner Mischung aus beiden in jeder Ausgangskonzentration erzielt werden könnte.)

Die Standardveränderung der freien Energie $\Delta G^{\circ\prime}$ kann mit K'_{eq} folgendermaßen berechnet werden:

$$\begin{aligned}\Delta G^{\circ\prime} &= -RT \ln K'_{eq} = -592 \ln K'_{eq} \\ &= -592 \ln 0{,}5 = -592\,(-0{,}693) \\ &= +410\ \text{kal/mol} \qquad (5\text{-}25)\end{aligned}$$

Der positive Wert für $\Delta G^{\circ\prime}$ ist daher ein anderer Weg um auszudrücken, dass der Reaktant (Glucose-6-Phosphat) die im Gleichgewicht vorherrschende Substanz ist. Ein positiver Wert für $\Delta G^{\circ\prime}$ bedeutet außerdem, dass unter Standardbedingungen der Konzentration die Reaktion nicht spontan in der formulierten Richtung abläuft (sie ist thermodynamisch unmöglich). Mit anderen Worten, wenn wir mit Glucose-6-Phosphat und Fructose-6-Phosphat beginnen, die beide in Konzentrationen von 1,0 *M* vorliegen, dann kann keine Nettoumwandlung von Glucose-6-Phosphat zu Fructose-6-Phosphat stattfinden.

Tatsächlich wird die Reaktion unter Standardbedingungen nach links fortschreiten. Fructose-6-Phosphat wird so lange in Glucose-6-Phosphat umgewandelt, bis das Gleichgewichtsverhältnis von 0,5 erreicht wird. Alternativ gilt, wenn man beide Substanzen kontinuierlich zufügen oder entfernen würde, so wie erforderlich, um beide Konzentrationen bei 1,0 *M* zu halten, dann würde die Reaktion kontinuierlich und spontan nach links verlaufen, wobei 410 kal freier Energie pro Mol Fructose-6-Phosphat, das zu Glucose-6-Phosphat umgewandelt wurde, freigesetzt werden. Fehlt aber jegliche Möglichkeit zur Erhaltung dieser Energie, dann würde sie sich als Wärme in Luft auflösen.

In einer echten Zelle ist keiner dieser phosphorylierten Zucker jemals in einer Konzentration vorhanden, die sich auch nur dem Wert 1,0 annähert. Tatsächlich lauten die experimentellen Werte für die wirklich vorhandenen Konzentrationen dieser Substanzen in den menschlichen roten Blutkörperchen folgendermaßen:

$$[\text{Glucose-6-Phosphat}] : 83\,\mu M\,(83 \times 10^{-6}\,M)$$

$$[\text{Fructose-6-Phosphat}] : 14\,\mu M\,(14 \times 10^{-6}\,M)$$

Auf der Grundlage dieser Werte können wir den tatsächlichen Wert von $\Delta G'$ für die Umwandlung dieser Zucker in den roten Blutkörperchen folgendermaßen berechnen:

$$\begin{aligned}\Delta G' &= \Delta G^{\circ\prime} + 592 \ln \frac{[\text{Fructose-6-Phosphat}]_{\text{pr}}}{[\text{Glucose-6-Phosphat}]_{\text{pr}}}\\ &= +410 + 592 \ln \frac{14\times 10^{-6}}{83\times 10^{-6}}\\ &= +410 + 592 \ln 0{,}169\\ &= +410 + 592\,(-1{,}78) = +410 - 1054\\ &= -644 \text{ kal/mol} \qquad (5\text{-}26)\end{aligned}$$

Der negative Wert für $\Delta G'$ bedeutet, dass die Umwandlung von Glucose-6-Phosphat zu Fructose-6-Phosphat unter den tatsächlich in roten Blutkörperchen herrschenden Konzentrationsbedingungen thermodynamisch möglich ist und dass die Reaktion 644 kal freier Energie pro Mol zu einem Produkt umgewandelter Reaktanten freisetzen wird. Daher ist die Umwandlung von Reaktant in Produkt unter Standardbedingungen thermodynamisch unmöglich, aber das rote Blutkörperchen hält diese beiden phosphorylierten Zucker in Konzentrationen, die ausreichen, um einen positiven $\Delta G'$-Wert auszugleichen, wodurch die Reaktion ermöglicht wird. Diese Anpassung ist natürlich von entscheidender Bedeutung, wenn das rote Blutkörperchen den Glucoseabbauvorgang der Glykolyse erfolgreich durchführen möchte, von dem diese Reaktion einen Teil bildet.

5.4 Leben und das Fließgleichgewicht: Reaktionen, die zum Gleichgewicht fortschreiten, ohne jemals dort anzukommen

In diesem Kapitel haben wir betont, dass die Triebkraft aller Reaktionen ihre Tendenz ist, sich in Richtung des Gleichgewichts zu bewegen. In der Tat sind $\Delta G^{\circ\prime}$ und $\Delta G'$ wirklich nichts anderes als verlässliche Hilfsmittel zur Quantifizierung, wie weit entfernt vom Gleichgewicht eine Reaktion liegt und in welcher Richtung das Gleichgewicht unter den spezifischen Bedingungen, die vom Standard oder vorliegenden Produkt- und Reaktantenkonzentrationen bestimmt werden, liegt. Allerdings muss man, wenn man wirklich verstehen möchte, wie Zellen funktionieren, die Bedeutung von Reaktionen anerkennen, die in Richtung des Gleichgewichts fortschreiten, ohne dieses jemals zu erreichen. Im Gleichgewicht sind die Geschwindigkeiten der Vorwärts- und der Rückwärtsbewegung für eine Reaktion gleich und daher gibt es keinen Nettofluss von Materie in eine der beiden Richtungen. Vor allem aber ist von Bedeutung, dass aus der Reaktion keine weitere Energie herausgezogen werden kann, denn $\Delta G'$ ist für eine Reaktion im Gleichgewicht gleich null. Vielleicht können Sie die Gleichungen 5-21 und 5-22 nehmen und den mathematischen Beweis dafür erbringen, dass bei jeder Reaktion im Gleichgewicht $\Delta G' = 0$ gilt.

Für alle praktischen Anwendungen gilt mithin, dass eine Reaktion im Gleichgewicht beendet ist. Allerdings zeichnet sich eine lebende Zelle durch kontinuierliche Reaktionen aus, nicht durch beendete. Eine Zelle im Gleichgewicht wäre eine tote Zelle. Tatsächlich könnten wir Leben als ständigen Kampf definieren, in dem es gilt, viele zelluläre Reaktionen in Positionen zu halten, die weit vom Gleichgewicht entfernt sind – denn im Gleichgewicht sind keine Nettoreaktionen möglich, es kann keine Energie freigesetzt bzw. keine Arbeit verrichtet werden und der Zustand des Lebens kann nicht aufrechterhalten werden.

Leben ist also nur deshalb möglich, weil alle lebenden Zellen sich selbst im **Fließgleichgewicht** halten, wobei die meisten ihrer Reaktionen weit vom thermodynamischen Gleichgewicht entfernt sind. Die Konzentrationen von Glucose-6-Phosphat und Fructose-6-Phosphat in den roten Blutkörperchen veranschaulichen diesen Punkt. Wie wir gesehen haben, werden diese Verbindungen in der Zelle in Konzentrationen des Fließgleichgewichts gehalten, die weit von dem Gleichgewichtszustand entfernt sind, der durch einen K'_{eq}-Wert von 0,5 charakterisiert wird. Tatsächlich liegen die Konzentrationen soweit vom Gleichgewicht der Konzentrationen entfernt, dass die Umwandlung von Glucose-6-Phosphat zu Fructose-6-Phosphat ständig in der Zelle ablaufen kann, obwohl der Gleichgewichtszustand einen positiven $\Delta G^{\circ\prime}$ hat und tatsächlich das Glucose-6-Phosphat vorzieht. Das gleiche gilt für die meisten Reaktionen und Wege in der Zelle. Sie können fortschreiten und für verschiedene Arten der Zellarbeit nutzbar gemacht werden, denn Reaktanten, Produkte und Zwischenprodukte werden in Fließgleichgewichts-Konzentrationen gehalten, die weit vom thermodynamischen Gleichgewicht entfernt liegen.

Dieser Zustand ist wiederum nur möglich, weil eine Zelle ein offenes System ist und große Mengen von Energie aus ihrer Umgebung bezieht. Wäre eine Zelle ein geschlossenes System, dann würden alle Reaktionen im Gleichgewicht enden. Die Zelle würde unweigerlich einen Zustand minimaler freier Energie erreichen, nach dem keine weiteren Veränderungen stattfinden könnten, keine Arbeit könnte verrichtet werden und das Leben würde enden. Das Fließgleichgewicht, das von so entscheidender Bedeutung für das Leben ist, beruht darauf, dass die Zelle in der Lage ist, ständig Energie aus ihrer Umgebung aufzunehmen, sei es in Form von Licht oder aufgenommener Nahrungsmoleküle. Die ständige Aufnahme von Energie und der diese begleitende Fluss von Materie ermöglichen die Aufrechterhaltung eines Fließgleichgewichts, in dem alle Reaktanten und Produkte der Zellchemie vom Gleichgewicht ferngehalten werden, um sicherzustellen, dass sich die Zelle das thermodynamische Streben nach Gleichgewicht zur Verrichtung von Arbeit zu Nutze machen kann, wodurch sie ihre Aktivitäten und ihre strukturelle Komplexität erhält und erweitert.

Später werden wir uns damit beschäftigen, wie die Zelle dieses leistet. Im nächsten Kapitel werden wir uns die Prinzipien der Enzymkatalyse anschauen, die die Geschwindigkeit der Zellreaktionen bestimmen – das heißt, wir werden das „kann ablaufen" der Thermodynamik in das „wird ablaufen" der Kinetik übersetzen. Dann werden wir vorbereitet sein, um die folgenden Kapitel in Angriff zu nehmen, in denen wir funktionale metabolische Wege kennenlernen werden, die auf einer Reihe dieser aufeinander abgestimmt ablaufenden Reaktionen beruhen.

▶ ZUSAMMENFASSUNG DER WICHTIGSTEN INHALTE ◀

Die Bedeutung der Energie

- Die Komplexität von Zellen beruht einzig und allein auf der Verfügbarkeit von Energie aus der Umgebung. Alle Zellen benötigen Energie und die Fähigkeit, physikalische und chemische Veränderungen in den Zellen durchzuführen. Zu diesen Veränderungen, für die Energie benötigt wird, gehören Biosynthese, Bewegung, Konzentration oder elektrische Arbeit und die Erzeugung von Wärme sowie die Biolumineszenz.

- Phototrophe erhalten ihre Energie direkt von der Sonne und nutzen diese zur Reduktion anorganischer Moleküle mit geringem Energiegehalt wie beispielsweise Kohlendioxid und Nitrat zu Molekülen mit hohem Energiegehalt wie Kohlenhydraten, Proteinen und Lipiden. Diese Moleküle dienen zum Aufbau von Zellstrukturen und zur Energieversorgung, wenn kein Sonnenlicht eingefangen werden kann.

- Chemotrophe sind nicht dazu befähigt, Sonnenenergie direkt zu verwerten, sondern müssen ihre Energie durch Oxidation von Molekülen mit hohem Energiegehalt gewinnen, die von Phototrophen synthetisiert werden.

- In der Biosphäre herrscht ein unidirektionaler Energiefluss, bei dem sich die Energie von der Sonne zu den Phototrophen und von diesen zu den Chemotrophen bewegt und letztendlich als Wärme in der Umgebung freigesetzt wird. Materie fließt zyklisch zwischen Phototrophen und Chemotrophen, denn Kohlenstoff- und Stickstoffatome werden abwechselnd reduziert und oxidiert.

Bioenergetik

- Alle lebenden Zellen und Organismen sind offene Systeme, die mit ihrer Umgebung Energie austauschen. Der Energiefluss durch diese lebenden Systeme wird von den Gesetzen der Thermodynamik bestimmt.

- Der erste Hauptsatz der Thermodynamik besagt, dass sich Energieformen ändern können, aber immer gespeichert werden muss. Der zweite Hauptsatz der Thermodynamik liefert ein Maß für die thermodynamische Spontanität, obwohl diese Maßeinheit nur bedeutet, dass eine Reaktion ablaufen kann, jedoch nicht angibt, ob die Reaktion tatsächlich ablaufen wird und mit welcher Geschwindigkeit.

- Spontane Vorgänge gehen immer mit einer Zunahme der Entropie des Universums und einer Abnahme der freien Energie des Systems einher. Die freie Energie ist ein weitaus praktischerer Indikator für Spontanität, denn sie kann leicht ausgehend von der Gleichgewichtskonstante, den vorliegenden Konzentrationen der Reaktanten und der Produkte sowie der Temperatur berechnet werden.

Was ist ΔG?

- Die Gleichgewichtskonstante K_{eq} ist ein Maß für die Direktionalität einer bestimmten chemischen Reaktion. Sie kann zur Berechnung von $\Delta G^{\circ\prime}$, der Veränderung der freien Energie unter Standardbedingungen verwendet werden.

- $\Delta G^{\circ\prime}$, der Wert, der die Veränderung der freien Energie unter Standardbedingungen beschreibt, ist ein Maß dafür, wie weit eine Reaktion vom Gleichgewicht entfernt ist. Der Wert gibt an, wie viel Energie während der Reaktion, die in Richtung des Gleichgewichts fortschreitet, freigesetzt wird.

- Eine exergonische Reaktion hat einen negativen $\Delta G'$-Wert und schreitet spontan in der formulierten Richtung fort, während eine endergonische Reaktion einen positiven $\Delta G'$-Wert hat und Energiezufuhr benötigt, um wie formuliert abzulaufen.

- Ein negativer $\Delta G'$-Wert ist eine notwendige Voraussetzung, damit eine Reaktion spontan ablaufen kann, aber er garantiert nicht, dass die Reaktion tatsächlich mit angemessener Geschwindigkeit abläuft. Sogar eine Reaktion mit einem positiven Wert der Standardveränderung der freien Energie, $\Delta G^{\circ\prime}$, kann fortschreiten, wenn die tatsächliche Konzentration des Produktes so niedrig gehalten wird, dass ein negativer Wert von $\Delta G'$ vorliegt.

Leben und das Fließgleichgewicht: Reaktionen, die zum Gleichgewicht fortschreiten, ohne jemals dort anzukommen

- Zellen erhalten die Energie, die sie zur Ausführung ihrer Aktivitäten benötigen, indem sie viele Reaktanten und Produkte der verschiedenen Reaktionen in Konzentrationen des Fließgleichgewichts halten, das weit vom Gleichgewichtszustand entfernt liegt. Dadurch können die Reaktionen exergonisch in Richtung des Gleichgewichts ablaufen, ohne dieses jemals zu erreichen.

- Eine Reaktion im Gleichgewicht hat einen Wert von $\Delta G' = 0$ und mittels dieser Reaktion kann keine nützliche Arbeit verrichtet werden. Daher ist eine Zelle, deren Reaktionen alle im Gleichgewicht liegen, eine tote Zelle.

ZUSAMMENHÄNGE HERSTELLEN

In diesem Kapitel haben Sie die Grundlagen der Bioenergetik gelernt – den Energiefluss durch biologische Systeme und die Anwendung der Prinzipien der Thermodynamik auf biologische Abläufe und Reaktionen. Sie haben außerdem das Konzept der Veränderungen der freien Energie herangezogen, um vorherzusagen, welche bestimmten Zellreaktionen in der formulierten Richtung ablaufen können. Allerdings hängt die Frage, ob eine Reaktion ablaufen wird und mit welcher Geschwindigkeit dies erfolgen wird, von der Gegenwart spezifischer biologischer Katalysatoren ab, der sogenannten Enzyme, auf die wir im nächsten Kapitel genauer eingehen werden. Im Laufe der Lektüre der folgenden Kapitel werden Sie viele Beispiele kennenlernen, die veranschaulichen, wie Zellen Energie zur Verrichtung von Arbeit nutzen, und dies dank des Stoffes, den Sie gerade gelernt haben, besser verstehen. Alle Zellen benötigen Energie für die Biosynthese von Makromolekülen, um Zellstrukturen und Organellen zu bilden, denen wir in den vorhergegangenen Kapiteln begegnet sind. Alle Zellen brauchen Energie, um Substanzen durch die Membranen zu bewegen, wobei sie Konzentrationsarbeit und elektrische Arbeit verrichten (*Kapitel 7* und *8*). Sie benötigen Energie, um sich selbst fortzubewegen oder um Substanzen innerhalb der Zellen zu transportieren – das Thema späterer Kapitel. Wie erhalten und wie speichern Zellen denn nun eigentlich die Energie für den Zeitpunkt des Energieeinsatzes? Diese Frage ist Thema der *Kapitel 9* bis *11*, in denen wir auf der Grundlage unserer Kenntnisse über die Veränderungen der freien Energie die Wege beschreiben werden, die Zellen nutzen, um Energie aus Nährstoffen oder aus der Sonne zu verwerten. Im Verlauf der verbleibenden *Kapitel 13* bis *17* werden wir uns mit Zellmotilität und Zellsignalen oder in den *Kapiteln 18* bis *24* mit der Bewegung der Chromosomen, der DNA-Replikation und der Expression der genetischen Information beschäftigen. Bitte denken Sie immer daran, dass all diese Vorgänge Energiezufuhr benötigen. Des Weiteren unterliegen sie den Gesetzen der Thermodynamik und nutzen die Prinzipien der Bioenergetik, die Sie gerade gelernt haben.

ÜBUNGSAUFGABEN

Schwierigere Aufgaben sind mit einem • gekennzeichnet.

5-1 Sonnenenergie. Obschon wir uns manchmal Sorgen machen, weil eine globale Energiekrise auf uns zukommen könnte, leben wir auf einem Planeten, der unablässig von einer gewaltigen Energiemenge in Form von Sonnenstrahlung überflutet wird. Jeden Tag, jahrein, jahraus, gelangt Sonnenenergie in einer Menge von 1,94 kal/min pro Quadratzentimeter Querschnittfläche (die Konstante der Sonnenenergie) auf die obere Oberfläche der Erdatmosphäre.

A Angenommen die Querschnittfläche der Erde beträgt $1{,}28 \times 10^{18}$ cm^2, wie hoch ist die Gesamtmenge der jährlich auf der Erde ankommenden Energie?

B Ein erheblicher Teil dieser Energie, vor allem Energie der Wellenlängen unter 300 nm und über 800 nm, gelangt niemals auf die Erdoberfläche. Können Sie erklären, was mit dieser Energiemenge geschieht?

C Von der Strahlung, die auf die Erdoberfläche gelangt, wird nur ein geringer Teil von den Phototrophen für die Photosynthese eingefangen. (Sie können den tatsächlichen Wert in Aufgabe 5-2 berechnen.) Warum ist Ihrer Meinung nach, die Nutzungseffizienz derartig niedrig?

5-2 Photosynthetische Energietransduktion. Die Energiemenge, die aufgefangen wird, und die Menge an Kohlenstoff, die von photosynthetischen Organismen verbraucht wird, die diese Energie in organische Substanz umwandeln, ist schwindelerregend groß: ungefähr 5×10^{13} kg Kohlenstoff pro Jahr über die gesamte Erdoberfläche verteilt.

A Angenommen ein durchschnittliches organisches Molekül in einer Zelle hat ungefähr den gleichen Kohlenstoffanteil wie Glucose, wie viele Kilogramm organischen Materials werden jährlich von kohlenstofffixierenden Phototrophen gebildet?

B Nehmen wir an, dass das gesamte organische Material aus Aufgabe (a) Glucose ist (oder irgendein anderes Molekül, dessen Energiegehalt genauso groß ist wie der von Glucose). Wie viel Energie stellen diese Mengen organischen Materials dar? Angenommen, Glucose hat einen Gehalt an freier Energie (freie Energie der Verbrennung) von 3,8 kcal/g.

C Kehren wir zu Ihrer Antwort auf Aufgabe (a) zurück. Welches ist die durchschnittliche Effizienz, mit der die Strahlungsenergie, die auf die obere Atmosphäre gelangt, photosynthetisch von den Phototrophen aufgefangen wird?

D Welcher Teil der jährlichen photosynthetischen Nettoproduktion organischen Materials, die Sie in Aufgabe ermittelt haben, wird Ihrer Ansicht nach jährlich von Chemotrophen verwertet?

5-3 Energieumwandlung. Die meisten Zellaktivitäten beinhalten die Umwandlung von Energie von einer Form in eine andere. Geben Sie für jeden der folgenden Fälle ein biologisches Beispiel und erklären Sie die Bedeutung der Umwandlung.

A chemische Energie in mechanische Energie

B chemische Energie in Lichtenergie

C Sonnenenergie (Licht) in chemische Energie

D chemische Energie in elektrische Energie

E chemische Energie in die potenzielle Energie eines Konzentrationsgradienten

5-4 Enthalpie, Entropie und freie Energie. Die Oxidation von Glucose zu Kohlendioxid und Wasser wird durch folgende Reaktion dargestellt, unabhängig davon, ob die Oxidation durch Verbrennung im Labor erfolgt oder ob es sich um biologische Oxidation durch lebende Zellen handelt:

$$C_6H_{12}O_6 + 6O_2 \rightleftharpoons 6CO_2 + 6H_2O \quad (5\text{-}27)$$

Führt man die Verbrennung unter kontrollierten Bedingungen im Labor durch, dann ist die Reaktion stark exotherm und hat eine Enthalpieveränderung (ΔH) von -673 kcal/mol. Wie Sie aus der *Abbildung 5.10* wissen, beträgt der Wert von ΔG bei dieser Reaktion bei 25 °C -686 kcal/mol, sodass es sich um eine stark exergonische Reaktion handelt.

A Erklären Sie mit eigenen Worten die Bedeutung der Werte ΔH und ΔG. Welche Bedeutung haben in jedem Fall die negativen Vorzeichen.

B Was bedeutet die Aussage, dass die Differenz zwischen den Werten von ΔH und ΔG durch die Entropie bedingt ist?

C Würden Sie, ohne Berechnungen anzustellen, erwarten, dass ΔS (Veränderung der Entropie) bei dieser Reaktion positiv oder negativ ist? Erklären Sie Ihre Antwort.

D Berechnen Sie jetzt ΔS für diese Reaktion bei 25 °C. Stimmt das Vorzeichen des berechneten Werts mit ihrer Vorhersage aus Aufgabe (c) überein?

E Welches sind die Werte für ΔG, ΔH und ΔS bei der Umkehr obiger Reaktion, wie sie von photosynthetischen Algenzellen durchgeführt wird, die CO_2 und H_2O nutzen, um $C_6H_{12}O_6$ zu bilden?

5-5 Die Gleichgewichtskonstante. Die folgende Reaktion ist einer der Schritte des glykolytischen Wegs, mit dem wir uns in *Kapitel 9* wieder beschäftigen werden. Sie könnten die Reaktion allerdings wiedererkennen, weil wir sie schon einmal als Beispiel herangezogen haben (Reaktion 5-9):

$$\text{Glucose-6-Phosphat} \rightleftharpoons \text{Fructose-6-Phosphat} \quad (5\text{-}28)$$

Die Gleichgewichtskonstante K_{eq} bei dieser Reaktion bei 25 °C beträgt 0,5.

A Angenommen Sie inkubieren über Nacht bei 25 °C eine Lösung, die 0,15 M Glucose-6-Phosphat (G6P) enthält, mit dem Enzym Phosphoglucoisomerase, die Reaktion 5-28 katalysiert. Wie viele Millimol Fructose-6-Phosphat

(F6P) werden Sie aus 10 ml der Inkubationsmischung am nächsten Morgen erhalten, vorausgesetzt, Ihnen steht eine geeignete chromatographische Reinigungsprozedur zur Verfügung, um F6P von G6P zu trennen?

B Welche Antwort würden Sie für Aufgabe (a) erhalten, wenn Sie mit einer Lösung begonnen hätten, die 0,15 *M* F6P enthielt?

C Welche Antwort würden Sie für Aufgabe (a) erhalten, wenn Sie mit einer Lösung begonnen hätten, die 0,15 *M* G6P enthielt, Sie aber vergessen hätten, der Inkubationsmischung Phosphoglucoisomerase zuzufügen?

D Wären Sie in der Lage, die Aufgabe (a) zu lösen, wenn Sie eine Inkubationstemperatur von 15 °C und nicht 25 °C gewählt hätten. Warum oder warum nicht?

5-6 Berechnung von $\Delta G^{\circ\prime}$ und $\Delta G'$. Ebenso wie die Reaktion 5-28 ist auch die Umwandlung von 3-Phosphoglycerat (3PG) zu 2-Phosphogylcerat (2PG) eine wichtige Zellreaktion, denn diese Reaktion ist einer der Schritte des glykolytischen Wegs (siehe *Kapitel 9*):

$$\text{3-Phosphoglycerat} \rightleftharpoons \text{2-Phosphoglycerat} \quad (5\text{-}29)$$

Wenn man das Enzym, das diese Reaktion katalysiert, einer Lösung von 3PG bei 25 °C und einem pH-Wert von 7,0 zugibt, dann wird das Gleichgewichtsverhältnis zwischen den beiden Substanzen 0,165 betragen:

$$K'_{eq} = \frac{[\text{2-Phosphoglycerat}]_{eq}}{[\text{3-Phosphoglycerat}]_{eq}} = 0{,}165 \quad (5\text{-}30)$$

Experimentell ermittelte Werte für die tatsächlichen Fließgleichgewichtskonzentrationen dieser Verbindungen in menschlichen roten Blutkörperchen betragen 61 μM für 3PG und 4,3 μM für 2PG.

A Berechnen Sie $\Delta G^{\circ\prime}$. Erklären Sie in eigenen Worten die Bedeutung dieses Werts.

B Berechnen Sie $\Delta G'$. Erklären Sie in eigenen Worten die Bedeutung dieses Werts. Warum unterscheiden sich $\Delta G^{\circ\prime}$ und $\Delta G'$?

C Wenn sich die Bedingungen in der Zelle so verändern, dass die Konzentration von 3PG bei 61 μM liegt, aber die Konzentration von 2PG zu steigen beginnt, wie hoch kann die Konzentration von 2PG ansteigen, bevor die Reaktion 5-29 stoppt, weil sie thermodynamisch nicht länger möglich ist?

5-7 Rückwärts oder vorwärts? Die Umwandlung von Dihydroxyacetonphosphat (DHAP) und Glycerinaldehyd-3-Phosphat (G3P) ist Teil des glykolytischen Wegs (siehe *Kapitel 9*) und Teil des Calvin-Zyklus zur photosynthetischen Fixierung von Kohlenstoff (siehe *Kapitel 11*):

$$\underset{\text{DHAP}}{\text{Dihydroxyacetonphosphat}} \rightleftharpoons \underset{\text{G3P}}{\text{Glycerinaldehyd-3-Phosphat}} \quad (5\text{-}31)$$

Der Wert von $\Delta G^{\circ\prime}$ beträgt bei dieser Reaktion +1,8 kcal/mol bei 25 °C. Bei dem glykolytischen Weg schreitet die Reaktion nach *rechts* fort, wobei DHAP zu G3P umgewandelt wird. Beim Calvin-Zyklus schreitet die Reaktion nach *links* fort und G3P wird zu DHAP umgewandelt.

A In welcher Richtung liegt das Gleichgewicht? Welchen Wert hat die Gleichgewichtskonstante bei 25 °C?

B In welche Richtung verläuft die Reaktion unter Standardbedingungen? Welchen Wert hat $\Delta G'$ bei dieser Reaktion *in dieser Richtung*?

C Bei dem glykolytischen Weg schreitet die Reaktion nach rechts fort, denn G3P wird durch die nachfolgende Reaktion verbraucht, wodurch die Konzentration von G3P niedrig gehalten wird. Welchen Wert wird $\Delta G'$ (bei 25 °C) haben, wenn die Konzentration von G3P bei 1 % der Konzentration von DHAP gehalten wird (zum Beispiel wenn [G3P]/[DHAP] = 0,01)?

D Beim Calvin-Zyklus verläuft diese Reaktion nach links. Wie hoch muss das Verhältnis [G3P]/[DHAP] liegen, um sicherzustellen, dass die Reaktion exergonisch ist, mindestens um −3,0 kcal/mol (bei 25 °C)?

5-8 Die Oxidation von Succinat. Die Oxidation von Succinat zu Fumarat ist eine wichtige Zellreaktion, denn sie ist einer der Schritte des Tricarbonsäurezyklus (TCA-Zyklus) (siehe *Kapitel 10*). Die beiden Wasserstoffatome, die aus dem Succinat entfernt werden, werden durch ein Coenzymmolekül aufgenommen, das sogenannte Flavinadenindinucleotid (FAD), das dadurch zu $FADH_2$ reduziert wird:

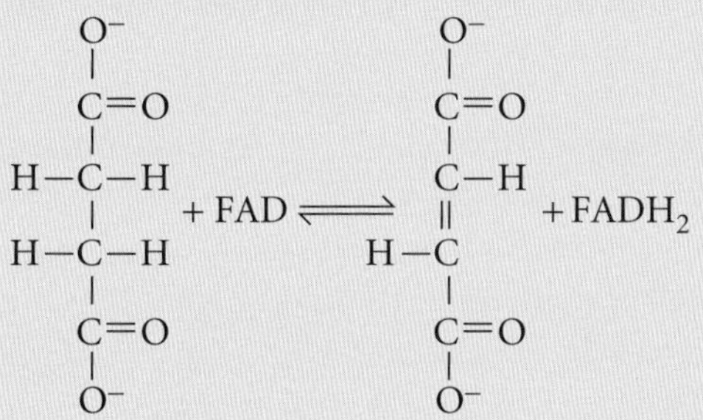

Succinat Fumarat (5-32)

Der Wert von $\Delta G^{\circ\prime}$ bei der Reaktion 5-32 beträgt 0 kcal/mol.

A Wenn Sie mit einer Lösung beginnen, die jeweils 0,01 M Succinat und FAD enthält und eine entsprechenden Menge des Enzyms zufügen, das diese Reaktion katalysiert, wird Fumarat gebildet? Wenn ja, berechnen Sie die Gleichgewichtskonzentrationen aller vier Substanzen. Wenn nicht, erklären Sie, woran das liegt.

B Beantworten Sie Aufgabe (a) unter der Annahme, dass anfangs auch 0,01 M $FADH_2$ vorliegen.

C Angenommen die Bedingungen des Fließgleichgewichts in einer Zelle liegen so, dass das $FADH_2$/FAD-Verhältnis 5 beträgt und die Fumaratkonzentration beträgt 2,5 μM, welche Fließgleichgewichtskonzentration wäre erforderlich, um den $\Delta G'$-Wert für die Succinatoxidation bei −1,5 kcal/mol zu halten?

5-9 Proteinfaltung. In *Kapitel 2* haben Sie gelernt, dass ein Polypeptid in Lösung sich im Allgemeinen spontan in seine dreidimensionale Form faltet. Die diese Faltung antreibende Kraft ist das Bestreben, die thermodynamisch günstigste Konformation zu erreichen. Ein gefaltetes Polypeptid kann entfaltet werden (zum Beispiel durch Denaturierung), wenn die Lösung erhitzt, sauer oder alkalisch wird. Das denaturierte Polypeptid ist eine Zufallsstruktur, die viele mögliche Konformationen annehmen kann.

A Wie lautet das Vorzeichen von ΔG für diesen Faltungsvorgang? Wie lautet das Vorzeichen von ΔG für den Entfaltungsvorgang (Denaturierungsvorgang)? Woher wissen Sie das?

B Wie lautet das Vorzeichen von ΔS für diesen Faltungsvorgang? Wie lautet das Vorzeichen von ΔS für den Entfaltungsvorgang (Denaturierungsvorgang)? Woher wissen Sie das?

C Wird der Beitrag von ΔS zur Veränderung der freien Energie positiv oder negativ sein?

D Welches sind die wichtigsten Bindungen und Wechselwirkungen, die aufgebrochen werden müssen, um ein gefaltetes Polypeptid zu entfalten? Warum führen Wärme und extreme pH-Werte zur Entfaltung?

5-10 Membrantransport. In *Kapitel 8* werden Sie lernen, dass man den Transport von Molekülen durch eine Membran wie eine chemische Reaktion betrachten kann und genauso den Wert für ΔG berechnen kann wie für jede andere Reaktion. Die allgemeine „Reaktion" für den Transport von Molekül X von der Außenseite der Zelle nach innen kann folgendermaßen dargestellt werden:

$$X_{\text{Außenseite}} \rightarrow X_{\text{Innenseite}} \quad (5\text{-}33)$$

und die freie Energie kann folgendermaßen dargestellt werden:

$$\Delta G_{\text{einwärts}} = \Delta G^{\circ} + RT \ln [X]_{\text{einwärts}}/[X]_{\text{auswärts}} \quad (5\text{-}34)$$

Wie dem auch sei, K_{eq} für den Transport eines nicht geladenen löslichen Stoffes durch die Membran beträgt immer 1, sodass ΔG° immer 0 beträgt und die Gleichung für ΔG wird entsprechend vereinfacht.

A Warum beträgt K_{eq} für den Transport von Molekülen durch eine Membran immer 1? Warum beträgt $\Delta G°$ immer 0?

B Wie lautet die vereinfachte Gleichung für $\Delta G_{einwärts}$? Wie lautet sie für $\Delta G_{auswärts}$?

C Angenommen die Konzentration von Lactose in einer bakteriellen Zelle muss bei 10 m*M* gehalten werden, während die externe Lactosekonzentration nur bei 0,2 m*M* liegt. Meinen Sie, dass $\Delta G_{einwärts}$ für die Lactose positiv oder negativ sein wird? Erklären Sie ihre Überlegung.

D Berechnen Sie $\Delta G_{einwärts}$ für Lactose bei einer Temperatur von 25 °C. Stimmt das Vorzeichen mit ihrer Vorhersage aus Aufgabe (c) überein?

E Eine der vielen Energiequellen zum Antrieb der Lactoseaufnahme unter diesen Bedingungen ist die ATP-Hydrolyse, die einen $\Delta G°'$-Wert von −7,3 kcal/mol hat. Wird die Hydrolyse eines einzigen ATP-Moleküls genügen, um unter diesen Bedingungen den Transport nach innen von einem Lactosemolekül anzutreiben?

5-11 Beweis der Additivität. Eine hilfreiche Eigenschaft thermodynamischer Parameter wie $\Delta G'$ und $\Delta G°'$ besteht darin, dass sie für aufeinanderfolgende Reaktionen additiv sind. Nehmen Sie an, dass K'_{AB}, K'_{BC} und K'_{CD} die jeweiligen Gleichgewichtskonstanten der Reaktionen 1, 2 und 3 dieser Reaktionsfolge sind:

$$\underset{\text{Reaktion 1}}{A \rightleftharpoons B} \underset{\text{Reaktion 2}}{\rightleftharpoons C} \underset{\text{Reaktion 3}}{\rightleftharpoons D} \quad (5\text{-}35)$$

A Beweisen Sie, dass die Gleichgewichtskonstante K'_{AD} für die gesamte Umwandlung von A zu D das Produkt der drei einzelnen Gleichgewichtskonstanten ist:

$$K'_{AD} = K'_{AB} \cdot K'_{BC} \cdot K'_{CH} \quad (5\text{-}36)$$

B Beweisen Sie, dass $\Delta G°'$ für die gesamte Umwandlung von A zu D der *Summe* der drei einzelnen $\Delta G°'$-Werte entspricht:

$$\Delta G°'_{AD} = \Delta G°'_{AB} + \Delta G°'_{BC} + \Delta G°'_{CD} \quad (5\text{-}37)$$

C Beweisen Sie, dass die Werte für $\Delta G'$ auch additiv sind.

• **5-12 Anwendug der Additivität.** Die Additivität der thermodynamischen Parameter, die wir in Aufgabe 5-11 besprochen haben, gilt nicht nur für aufeinanderfolgende Reaktionen eines Wegs, sondern für *alle* Reaktionen oder Abläufe. Außerdem gilt sie für die von Subtraktion von Reaktionen: Nutzen Sie diese Information, um folgende Fragen zu beantworten:

A Die Phosphorylierung von Glucose mittels anorganischen Phosphats (P_i abgekürzt) ist endergonisch ($\Delta G°'$ = +3,3 kcal/mol), während die Dephosphorylierung (Hydrolyse) von ATP eine exergonische Reaktion ist ($\Delta G°'$ = −7,3 kcal/mol):

$$\text{Glucose} + P_i \rightleftharpoons \text{Glucose-6-Phosphat} + H_2O \quad (5\text{-}38)$$

$$\text{ATP} + H_2O \rightleftharpoons \text{ADP} + P_i \quad (5\text{-}39)$$

Formulieren Sie eine Reaktionsgleichung für Glucose durch den Transfer einer Phosphatgruppe von ATP und berechnen Sie $\Delta G°'$ für diese Reaktion.

A Ihre Muskelzellen nutzen Phosphokreatin zur Energiespeicherung. Die Dephosphorylierung von Phosphokreatin (Reaktion 5-40) ist ebenso wie die von ATP eine stark exergonische Reaktion mit $\Delta G°'$ = −10,3 kcal/mol:

$$\text{Phosphokreatin} + H_2O \rightleftharpoons \text{Kreatin} + P_i \quad (5\text{-}40)$$

Formulieren Sie eine Reaktionsgleichung für den Transfer von Phosphokreatin zu ADP, um Kreatin und ATP zu bilden und berechnen Sie für diese Reaktion den Wert von $\Delta G°'$.

WEITERFÜHRENDE LITERATUR

Historisch bedeutsame Literatur ist mit einem • gekennzeichnet.

Allgemeine Literaturstellen

Horton, H. R., Moran, L. A., Scrimgeour, K. G., Perry, M. D. und Rawn, J. D. *Biochemie*, 4. Aufl. München: Pearson Verlag.

Mathews, C. K., K. E. van Holde und K. G. Ahern, *Biochemistry*, 3. Aufl., San Francisco: Benjamin Cummings, 2000.

Murray, R. K. *Harper's Illustrated Biochemistry*, 26. Aufl., New York: McGraw-Hill, 2003.

Nelson, D. L. und M. M. Cox. Lehninger Principles of Biochemistry, 5. Aufl., New York: W. H. Freeman, 2008.

Historische Literatur

- Becker, W. M. *Energy and the Living Cell: An Introduction to Bioenergetics*. Philadelphia: Lippincott, 1977.
- Blum, H. F. *Time's Arrow and Evolution*, 3. Aufl., Princeton, New Jersey: Princeton University Press, 1968.
- Gates, D. M. The flow of energy in the biosphere. *Sci. Amer.* 224 (September 1971): 88.
- Racker, E. From Pasteur to Mitchell: A hundred years of bioenergetics. *Fed. Proc.* 39 (1980): 210.

Bioenergetik

Anderson, G. M. *Thermodynamics of Natural Systems*. New York: Cambridge University Press, 2005.

Brown, G. C. *The Energy of Life. The Science of What Makes Our Minds and Bodies Work*. New York: Free Press, 2000.

Demetrius, L. Thermodynamics and evolution. *J. Theor. Biol.* 206 (2000): 1.

Demirel, Y. und S. I. Sandler. Thermodynamics and bioenergetics. *Biophys. Chem.* 97 (2002): 87.

Dzeja, P. P. und A. Terzic Phosphotransfer networks and cellular energetics. *J. Exp. Biol.* 206 (2003): 2039.

Haynie, D. T. *Biological Thermodynamics*, 2. Aufl., New York: Cambridge University Press, 2008.

Kurzynski, M. *The Thermodynamic Machinery of Life*. New York: Springer, 2006.

Lewalter, K. und V. Muller. Bioenergetics of Archaea: Ancient energy conserving mechanisms developed in the early history of life. *Biochim. Biophys. Acta – Bioenerg.* 1757 (2006): 437.

Moreno-Sánchez, R., S. Rodríguez-Enríquez, E. Saavedra, A. Marín-Hernández und J. C. Gallardo-Pérez. The bioenergetics of cancer: Is glycolysis the main ATP supplier in all tumor cells? *Biofactors* 35 (2009): 209.

Popov, V. Development of cellular bioenergetics: From molecules to physiology and pathology. *Biochim. Biophys. Acta – Bioenerg.* 1757 (2006): 285.

Schäfer, G. und H. S. Penefsky. *Bioenergetics: Energy Conservation and Conversion*. New York: Springer, 2008.

Enzyme: Katalysatoren des Lebens

6

ÜBERBLICK

In *Kapitel 5* sind wir $\Delta G'$ begegnet, der Veränderung der freien Energie, und haben dessen Bedeutung als Indikator der thermodynamischen Spontanität kennengelernt. Vor allem sagt uns das Vorzeichen von $\Delta G'$, ob eine Reaktion in der angegebenen Richtung möglich ist, und die Größe des Wertes $\Delta G'$ zeigt an, wie viel Energie freigesetzt werden wird (oder zur Verfügung gestellt), wenn die Reaktion in dieser Richtung fortschreitet. Da es sich um einen thermodynamischen Parameter handelt, haben wir aber auch darauf hingewiesen, dass $\Delta G'$ uns nur sagt, ob eine Reaktion ablaufen *kann*, aber nicht, ob diese Reaktion auch tatsächlich *abläuft*. Um dies herauszufinden, müssen wir nicht nur die Richtung und die Energetik der Reaktion kennen, sondern wir müssen auch etwas über die Reaktionsmechanismen und die Geschwindigkeit der Reaktion wissen.

Damit kommen wir zum Thema Enzymkatalyse, denn praktisch alle zellulären Reaktionen oder Vorgänge werden von Proteinkatalysatoren (oder in bestimmten Fällen RNA-Katalysatoren) vermittelt, den sogenannten Enzymen. Die einzigen Reaktionen, die mit ausreichender Geschwindigkeit in einer Zelle ablaufen, sind die Reaktionen, für die geeignete Enzyme vorhanden sind, die aktiv an den Reaktionen mitwirken. Somit liegt es fast immer an den Enzymen, ob eine Reaktion „ablaufen kann" und „ablaufen wird". Nur wenn wir uns mit der Natur der Enzyme und ihren katalytischen Eigenschaften auseinandersetzen, können wir verstehen, wie energetisch durchführbare Reaktionen tatsächlich in den Zellen ablaufen und wie die Geschwindigkeiten dieser Reaktionen kontrolliert werden.

In diesem Kapitel werden wir uns zuerst mit der Frage beschäftigen, warum thermodynamisch spontane Reaktionen im Allgemeinen ohne Katalysator nicht mit ausreichender Geschwindigkeit ablaufen. Anschließend werden wir uns ansehen, wie Enzyme als spezifische biologische Katalysatoren wirken. Außerdem werden wir uns damit auseinandersetzen, wie sich die Konzentration verfügbaren Substrats, die Affinität des Enzyms für das Substrat und die kovalente Modifikation des Enzyms selbst auf die Geschwindigkeit der Reaktion auswirken, die von einem Enzym katalysiert wird. Wir werden desweiteren einige Wege kennenlernen, mittels derer Reaktionsgeschwindigkeiten entsprechend den Bedürfnissen der Zelle reguliert werden.

6.1 Aktivierungsenergie und der metastabile Zustand

Wenn Sie genau nachdenken, werden Sie feststellen, dass sie mit vielen Reaktionen vertraut sind, die thermodynamisch möglich sind, jedoch nicht mit der notwendigen Geschwindigkeit ablaufen. Ein offensichtliches Beispiel aus *Kapitel 5* ist die Oxidation von Glucose (siehe Reaktion 5-1). Diese Reaktion (oder in Wahrheit ja Reaktionsreihen) ist stark exergonisch ($\Delta G^{\circ\prime} = -686$ kcal/mol) und kann trotzdem nicht eigenständig ablaufen. Tatsächlich kann man Glucosekristalle oder Glucoselösung unendlich lange dem Sauerstoff der Luft aussetzen, es läuft nur eine geringe oder gar keine Oxidation ab. Die Cellulose in dem Papier, auf das diese Worte gedruckt wurden, bietet ein weiteres Beispiel – und so bestehen übrigens auch *Sie* aus einer komplexen Anhäufung thermodynamisch instabiler Moleküle.

Bei weitem nicht ganz so vertraut, aber ebenso wichtig für die Zellchemie sind die vielen thermodynamisch möglichen Reaktionen in Zellen, die ablaufen könnten, aber nicht eigenständig mit der notwendigen Geschwindigkeit ablaufen. Betrachten Sie beispielsweise das stark energiegeladene Molekül Adenosintriphosphat (ATP), mit einem äußerst günstigen $\Delta G^{\circ\prime}$-Wert ($-7{,}3$ kcal/mol) für die Hydrolyse seiner terminalen Phosphatgruppe zur Bildung des entsprechenden Diphosphats (ADP) und anorganischen Phosphats (P_i):

$$\text{ATP} + H_2O \rightleftharpoons \text{ADP} + P_i \qquad (6\text{-}1)$$

Die Reaktion ist unter Standardbedingungen stark exergonisch und unter den Bedingungen, die in Zellen vorliegen, sogar noch stärker exergonisch. Trotz der günstigen Veränderung der freien Energie läuft diese Reaktion von selbst nur sehr langsam ab, sodass ATP mehrere Tage stabil bleibt, wenn man es in reinem Wasser auflöst. Diese Eigenschaft ist vielen biologisch relevanten Molekülen und Reaktionen gemeinsam und es ist wichtig zu verstehen, woran das liegt.

6.1.1 Bevor eine chemische Reaktion ablaufen kann, muss die Grenze der Aktivierungsenergie überwunden werden

Moleküle, die miteinander reagieren könnten, reagieren oftmals nicht miteinander, weil ihnen die dafür erforderliche Energie fehlt. Es gibt für jede Reaktion eine spezifische **Aktivierungsenergie** (E_A), die geringste Energiemenge, die die Reaktanten besitzen müssen, bevor Kollisionen zwischen ihnen erfolgreich zur Bildung neuer Produkte führen. Genauer gesagt, Reaktanten müssen ein chemisches Zwischenstadium erreichen, das sogenannte **Übergangsstadium**, dessen freie Energie größer ist als die der Ausgangsreaktanten. In der ▶*Abbildung 6.1* wird die Aktivierungsenergie dargestellt, die die Moleküle von ATP und H_2O benötigen, um den Übergangszustand zu erreichen. $\Delta G^{\circ\prime}$ misst die Differenz der freien Energie zwischen Reaktanten und Produkten (−7,3 kcal/mol bei dieser Reaktion), während E_A die geringste Energiemenge angibt, die die Reaktanten benötigen, um das Übergangsstadium zu erreichen und damit in der Lage zu sein, neue Produkte zu bilden.

Die tatsächliche Geschwindigkeit einer Reaktion verhält sich immer proportional zum Anteil von Molekülen, deren Energiegehalt gleich oder größer als E_A ist. Wenn sich Moleküle von ATP und Wasser bei Raumtemperatur in einer Lösung bewegen, dann besitzt jedes Molekül zu jedem Zeitpunkt eine bestimmte Energiemenge. Wie in ▶*Abbildung 6.1b* dargestellt, wird die Energie unter den Molekülen ganz normal um den Mittelwert verteilt sein (eine glockenförmige Kurve). Einige Moleküle werden sehr wenig Energie besitzen, andere sehr viel und die Energie der meisten Moleküle wird etwa im Durchschnitt liegen. Der entscheidende Punkt ist, dass nur die Moleküle zu einem bestimmten Zeitpunkt reagieren können, deren Energie ausreicht, um die Aktivierungsenergiegrenze, E_A (*Abbildung 6.1b*, gestrichelte Linie), zu überwinden.

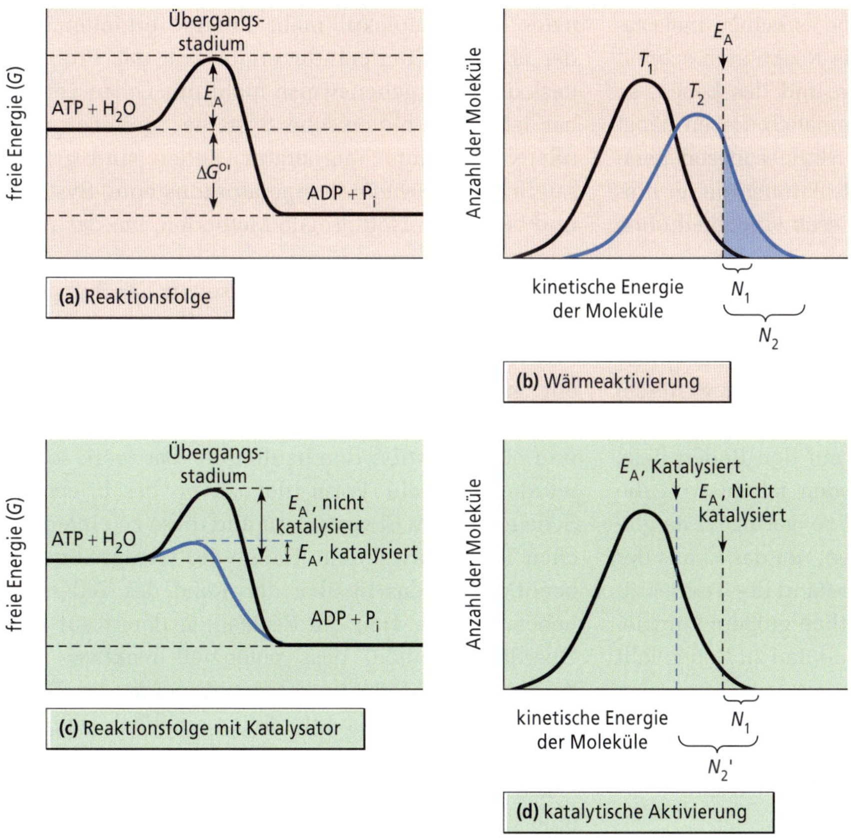

Abbildung 6.1: Die Wirkung der Katalyse auf die Aktivierungsenergie und die Anzahl der zur Reaktion fähigen Moleküle. (a) Die Aktivierungsenergie E_A ist die Menge kinetischer Energie, die die Reaktantenmoleküle (hier ATP und H_2O) besitzen müssen, um das Übergangsstadium zu erreichen, das zur Produktbildung führt. Nachdem die Reaktanten die Grenze der Aktivierungsenergie überwunden haben und reagieren, verringert sich die freie Energie der Produkte um den Betrag $\Delta G^{\circ\prime}$. (b) Die Anzahl der Moleküle N_1, deren Energie genügt, um die Grenze der Aktivierungsenergie (E_A) zu überwinden, kann auf N_2 erhöht werden, indem die Temperatur von T_1 auf T_2 erhöht wird. (c) Alternativ kann die Aktivierungsenergie durch einen Katalysator (blaue Linie) gesenkt werden, wodurch (d) die Anzahl der Moleküle von N_1 zu N_2' ansteigt, aber nicht die Temperatur.

6.1.2 Der metastabile Zustand ist eine Folge der Aktivierungsgrenze

Für die meisten biologisch wichtigen Reaktionen, die bei normalen Zelltemperaturen ablaufen, genügt die Höhe der Aktivierungsenergie, sodass der Anteil von Molekülen, die zu jedem Zeitpunkt viel Energie besitzen, außerordentlich gering ist. Entsprechend laufen katalysierte Reaktionen in allen Zellen sehr langsam ab und die meisten Moleküle scheinen stabil zu sein, obwohl sie potenzielle Reaktanten thermodynamisch günstiger Reaktionen sind. Sie sind, mit anderen Worten, thermodynamisch instabil, aber sie besitzen nicht ausreichend Energie, um die Aktivierungsenergiegrenze zu überwinden.

Man sagt, dass sich diese scheinbar stabilen Moleküle in einem **metastabilen Zustand** befinden. Für Zellen und Zellbiologen sind hohe Aktivierungsenergien und der daraus resultierende metastabile Zustand der Zellbestandteile von ganz entscheidender Bedeutung, denn das Leben an sich ist ein System, das sich weit vom Gleichgewicht entfernt in einem Fließgleichgewicht befindet. Gäbe es keinen metastabilen Zustand, dann würden alle Reaktionen schnell zum Gleichgewicht fortschreiten und das Leben, so wie wir es kennen, wäre nicht möglich. Leben hängt also entscheidend von hohen Aktivierungsenergien ab, die die meisten zellulären Reaktionen daran hindern, mit einer ausreichenden Geschwindigkeit ohne geeigneten Katalysator abzulaufen.

Eine Analogie könnte Ihnen helfen, den metastabilen Zustand und seine Bedeutung zu verstehen. Denken Sie an ein Ei in einer Schüssel, die am Rand eines Tisches steht – die statische Position der Schüssel steht für den metastabilen Zustand. Obwohl Energie freigesetzt würde, wenn das Ei auf den Boden fiele, kann es aber nicht auf den Boden fallen, weil die Schüssel eine Grenze setzt. Eine geringe Energiemenge muss aufgewendet werden, um das Ei aus der Schüssel zu heben und über den Rand des Tisches zu rollen. Danach wird eine wesentlich größere Energiemenge freigesetzt, wenn das Ei spontan zu Boden fällt und zerbricht.

6.1.3 Katalysatoren überwinden die Aktivierungsenergiegrenze

Die Notwendigkeit der Aktivierungsenergie stellt eine Barriere da, die überwunden werden muss, wenn gewünschte Reaktionen mit der notwendigen Geschwindigkeit ablaufen sollen. Da der Energiegehalt eines bestimmten Moleküls größer als E_A sein muss, bevor das Molekül, eine Reaktion durchlaufen kann, besteht die einzige Möglichkeit eine Reaktion, an der metastabile Reaktanten beteiligt sind, mit der notwendigen Geschwindigkeit ablaufen zu lassen, darin, den Anteil der Moleküle mit ausreichender Energie zu erhöhen. Dies kann entweder durch Erhöhen des durchschnittlichen Energiegehalts aller Moleküle erfolgen oder durch Verringern der erforderlichen Aktivierungsenergie.

Ein Weg zur Erhöhung des Energiegehalts des Systems ist das Zuführen von Wärme. Wie in der *Abbildung 6.1b* dargestellt, kann man durch einfaches Erhöhen der Temperatur des Systems von T_1 zu T_2 die kinetische Energie eines durchschnittlichen Moleküls erhöhen, wodurch sichergestellt wird, dass eine größere Anzahl reaktiver Moleküle vorhanden ist (N_2 statt N_1). Somit könnte die Hydrolyse von ATP durch Erhitzen der Lösung erleichtert werden, wobei jedes ATP-Molekül und jedes Wassermolekül mehr Energie erhielten. Bei der erhöhten Temperatur ergibt sich das Problem, dass diese Vorgehensweise nicht mit Leben vereinbar ist, denn biologische Systeme benötigen eine relativ konstante Temperatur. Zellen sind grundsätzlich *isothermale* (temperaturkonstante) Systeme und benötigen isothermale Methoden, um das Aktivierungsproblem zu lösen.

Die alternative Vorgehensweise zur Erhöhung der Temperatur ist die Verringerung der erforderlichen Aktivierungsenergie, sodass sichergestellt wird, dass ein größerer Anteil von Molekülen ausreichend Energie besitzt, um erfolgreich aufeinanderzustoßen und eine Reaktion durchzuführen. Das wäre so, als würde man die Form der zuvor beschriebenen Schale mit dem Ei verändern und diese zu einem flachen Teller umwandeln. Dann wird weniger Energie benötigt, um das Ei über den Rand des Tellers zu heben. Könnte man die Reaktanten derart auf eine Oberfläche reihen, dass potenziell reaktive Teile benachbarter Moleküle dicht nebeneinander lägen, dann hätte man deren Interaktion erheblich gefördert und die Aktivierungsenergie effektiv reduziert.

Die Aufgabe eines **Katalysators** besteht darin, eine solche Oberfläche zur Verfügung zu stellen – ein Katalysator ist also ein Wirkstoff, der die Geschwindigkeit einer Reaktion durch Verringern der Aktivierungsenergie beschleunigt (▶ *Abbildung*

6.1c), wodurch eine größere Menge von Molekülen ausreichend Energie besitzt, um eine Reaktion zu durchlaufen, ohne zusätzliche Zufuhr von Wärme (▸*Abbildung 6.1d*). Ein hervorstechendes Merkmal eines Katalysators ist, dass er selbst *nicht von der Reaktion dauerhaft transformiert oder verbraucht wird*. Er stellt lediglich eine geeignete Oberfläche und Umgebung zur Verfügung, um die Reaktion zu beschleunigen.

Neuere Forschungsarbeiten haben einen weiteren Mechanismus aufgedeckt, um die Aktivierungsenergiegrenze zu überwinden. Dieser Mechanismus wird als „Quantumtunneln" bezeichnet und hört sich an als hätte man ihn einem Science-Fiction-Roman entnommen. Er beruht zum Teil auf der Erkenntnis, dass Materie sowohl partikelähnliche als auch wellenähnliche Eigenschaften besitzt. Man nimmt an, dass das Enzym bei gewissen Dehydrogenierungsreaktionen einem Wasserstoffatom erlaubt, die Barriere durch einen Tunnel zu durchschreiten, wodurch es auf die andere Seite gelangt, ohne jemals über die Barriere gestiegen zu sein. Anders als die meisten von Enzymen katalysierten Reaktionen sind die Tunnelreaktionen nicht temperaturabhängig, denn es wird keine thermale Energie benötigt, um die Aktivierungsenergiegrenze zu überwinden.

Schauen wir uns als spezifisches Beispiel eines Katalysevorgangs den Abbau von Wasserstoffperoxid (H_2O_2) zu Wasser und Sauerstoff an:

$$2\,H_2O_2 \rightleftharpoons 2\,H_2O + O_2 \qquad (6\text{-}2)$$

Hierbei handelt es sich um eine thermodynamisch durchführbare Reaktion, jedoch liegt das Wasserstoffperoxid in einem metastabilen Zustand vor, denn für diese Reaktion wird eine hohe Aktivierungsenergie benötigt. Wenn wir nun der Wasserstoffperoxidlösung eine geringe Menge von Fe^{3+}-Ionen zugeben, steigert sich die Geschwindigkeit der Abbaureaktion auf das 30.000-Fache der Geschwindigkeit, mit der die Reaktion spontan ablaufen würde. Eindeutig ist Fe^{3+} ein Katalysator dieser Reaktion, der die Aktivierungsenergie herabsetzt (wie in ▸*Abbildung 6.1c* dargestellt). Dadurch wird sichergestellt, dass ein erheblich größerer Teil (das 30.000-Fache) von Wasserstoffperoxidmolekülen die notwendige Energie besitzt, um die Abbaureaktion bei der bestehenden Temperatur ohne zusätzliche Energie von außen ablaufen zu lassen.

Zellen haben das Problem des Abbaus von Wasserstoffperoxid nicht durch Zufügen von Fe^{3+} gelöst, sondern nehmen das Enzym Katalase, ein eisenhaltiges Protein, zu Hilfe. In der Gegenwart von Katalase schreitet die Reaktion mit einer Geschwindigkeit voran, die ungefähr 100.000.000 Mal größer ist als bei der nicht katalysierten Reaktion. Katalase enthält Eisenatome und macht sich dadurch die Prinzipien der anorganischen Katalyse in einem Proteinmolekül zu Nutze.

6.2 Enzyme als biologische Katalysatoren

Unabhängig von ihrer chemischen Beschaffenheit haben alle Katalysatoren die folgenden drei Grundeigenschaften gemeinsam:

1. Ein Katalysator erhöht die Geschwindigkeit einer Reaktion, indem er die erforderliche Aktivierungsenergie verringert, wodurch eine thermodynamisch durchführbare Reaktion mit der notwendigen Geschwindigkeit abläuft, ohne thermale Aktivierung zu benötigen.

2. Ein Katalysator entfaltet seine Wirkung durch Bildung vorübergehender, reversibler Komplexe mit Substratmolekülen, indem er sie so bindet, dass ihre Wechselwirkung erleichtert und ihr intermediärer Übergangszustand stabilisiert wird.

3. Ein Katalysator verändert nur die *Geschwindigkeit*, mit der eine Reaktion das Gleichgewicht erreicht; er hat keine Wirkung auf die *Position* des Gleichgewichts. Dies bedeutet, dass ein Katalysator die Geschwindigkeit exergonischer Reaktionen erhöhen kann, aber nicht $\Delta G'$, um eine endergonische Reaktion spontan ablaufen zu lassen. Mit anderen Worten, Katalysatoren sind keine thermodynamischen Zauberkünstler.

Diese Eigenschaften haben alle Katalysatoren gemeinsam, organische ebenso wie anorganische. Im Hinblick auf unser Beispiel bedeutet dies, dass sie sowohl für Fe^{3+}-Ionen als auch für Katalasemoleküle zutreffen. Allerdings nutzen biologische Systeme höchst selten anorganische Katalysatoren.

Stattdessen werden im Grunde alle Katalysen in Zellen von organischen Molekülen (meistens von Proteinen) durchgeführt, den sogenannten **Enzymen**. Da Enzyme organische Moleküle sind, wirken sie wesentlich spezifischer als anorganische Katalysatoren und ihre Aktivitäten können wesentlich feiner reguliert werden.

6.2.1 Die meisten Enzyme sind Proteine

Die Fähigkeit von Zellextrakten, chemische Reaktionen zu katalysieren, ist seit den Fermentationsversuchen von Eduard und Hans Buchner im Jahr 1897 bekannt. Tatsächlich war eine der ersten Bezeichnungen für Enzyme *Fermente*. Allerdings wurde erst 1926 ein spezifisches Enzym, Urease, kristallisiert (von James B. Sumner aus Riesenbohnen) und der Nachweis erbracht, dass es sich um ein Protein handelt. Damit war die Proteinnatur der Enzyme nachgewiesen und die Annahme, dass biochemische Reaktionen in Zellen mittels irgendeiner „vitalen Kraft" abliefen, wurde ad acta gelegt. Seit den frühen 1980er Jahren wissen Biologen, dass neben den Proteinen bestimmte RNA-Moleküle, die *Ribozyme*, auch katalytische Aktivität besitzen. Später in diesem Kapitel werden wir uns mit den Ribozymen beschäftigen. Hier werden wir die Enzyme als Proteine besprechen, denn die meisten von ihnen sind ja auch Proteine.

Das aktive Zentrum Eines der wichtigsten Konzepte, das wir benötigen, um Enzyme als Proteine zu betrachten, ist das **aktive Zentrum**. Jedes Enzym enthält eine charakteristische Menge von Aminosäuren, die das aktive Zentrum bilden, an dem die Substrate andocken und der katalytische Vorgang abläuft. Im Allgemeinen ist das aktive Zentrum eine Spalte oder Tasche mit chemischen und strukturellen Eigenschaften, die für die Aufnahme des Substrats oder der Substrate mit hoher Spezifität sorgen. Das aktive Zentrum setzt sich aus einer Reihe von Aminosäuren zusammen, die nicht unbedingt auf der Primärsequenz des Proteins nebeneinander liegen müssen. Stattdessen werden sie oftmals durch die spezifische dreidimensionale Faltung der Polypeptidkette einander nahe gebracht, wenn das Protein seine charakteristische Tertiärstruktur einnimmt.

In der ▸*Abbildung 6.2* sind die nicht gefalteten und die gefalteten Strukturen des Enzyms *Lysozym* dargestellt, das das Polypeptidglykanpolymer hydrolisiert, aus dem bakterielle Zellwände bestehen. Das aktive Zentrum des Lysozyms ist eine kleine Furche an der Enzymoberfläche, in die das Polypeptidglykan hineinpasst. Lysozym ist ein einzelnes Polypeptid mit 129 Aminosäuren, von denen aber relativ wenige direkt an der Substratbindung und Katalyse mitwirken. Vier davon sind in der *Abbildung 6.2* hervorgehoben. Die Substratbindung hängt von Aminosäureresten ab, die auf verschiedenen Positionen entlang des Polypeptids liegen, darunter sind Reste auf den Positionen 33 – 36, 46, 60 – 64 und 102 – 110. An der Katalyse sind zwei spezifische Aminosäuren beteiligt: ein Glutamat auf Position 35 (Glu-35) und eine Asparaginsäure auf Position 52 (Asp-52). Die saure Seitenkette von Glu-35 gibt ein H^+-Atom an die Bindung, die hydrolysiert wird, und Asp-52 stabilisiert den Übergangszustand, wodurch die Spaltung dieser Bindung durch ein OH^--Ion aus Wasser gefördert wird. Diese spezifischen Aminosäuren kommen sich nur nahe genug und können das aktive Zentrum bilden, wenn das Lysozymmolekül sich in seine stabile dreidimensionale Konformation faltet (▸*Abbildung 6.2b*).

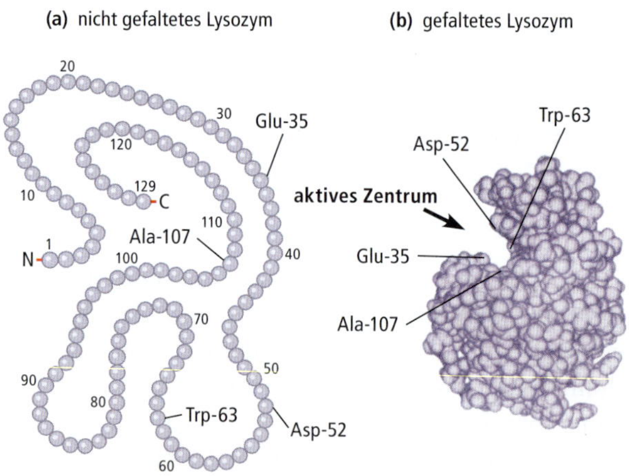

Abbildung 6.2: Das aktive Zentrum des Lysozyms. (a) Vier Aminosäurereste, die für die Substratbindung und Katalyse wichtig sind, liegen weit voneinander entfernt in der Primärstruktur des nicht gefalteten Lysozyms. (b) Diese Reste werden zusammengeführt und bilden einen Teil des aktiven Zentrums, wenn das Lysozym sich zu seiner aktiven Tertiärstruktur faltet.

Von den 20 verschiedenen Aminosäuren, aus denen die Proteine bestehen, wirken nur wenige an den aktiven Zentren der vielen Enzyme mit, die man bisher untersucht hat. Oftmals sind dies Cystein, Histidin, Serin, Aspartat, Glutamat und Lysin. Diese

Reste können alle bei der Bindung des Substrats an das aktive Zentrum während der Katalyse mitwirken und mehrere dienen außerdem als Donoren oder Akzeptoren von Protonen.

Einige Enzyme enthalten spezifische Nichtprotein-Cofaktoren, die sich auf dem aktiven Zentrum befinden und für die katalytische Aktivität unerlässlich sind. Diese Cofaktoren, die sogenannten **prosthetischen Gruppen**, sind zumeist entweder Metallionen oder kleine organische Moleküle, die *Coenzyme*, Derivate der Vitamine. Sehr häufig dienen die prosthetischen Gruppen (vor allem positiv geladene Metallionen) als Elektronenakzeptoren, denn keine Aminosäureseitenkette ist ein guter Elektronenakzeptor.

Die prosthetischen Gruppen liegen, falls vorhanden, oftmals auf dem aktiven Zentrum und sind für die katalytische Aktivität des Enzyms unverzichtbar. Beispielsweise enthält jedes Katalaseenzymmolekül eine Ringstruktur, den sogenannten *Porphyrinring*, an den ein für die Katalyse notwendiges Eisenatom gebunden ist (siehe *Abbildung 10.13*).

Die Notwendigkeit, dass Enzyme verschiedene prothetische Gruppen für die Katalyse benötigen, erklärt, dass wir auf Vitamine und bestimmte Metalle in unserer Nahrung angewiesen sind, wenn auch teilweise nur in ganz geringen Mengen. In den *Kapiteln 9* und *10* werden Sie sehen, dass für die Oxidation von Glucose zur Energiegewinnung zwei spezifische Coenzyme benötigt werden, die Derivate der Vitamine Niacin und Riboflavin. Sowohl Niacin als auch Riboflavin sind essenzielle Nährstoffe des Menschen, denn unsere Zellen können sie nicht selber synthetisieren. Diese Coenzyme, die an das aktive Zentrum bestimmter Enzyme gebunden werden, nehmen Elektronen und Wasserstoffionen der Glucose auf, wenn diese oxidiert wird. Ebenso benötigt Carboxypeptidase A, ein Verdauungsenzym, das Proteine abbaut, ein einzelnes Zinkatom, das an das aktive Zentrum gebunden wird, worauf wir später in diesem Kapitel zu sprechen kommen. Andere Enzyme benötigen beispielsweise Eisenatome, Kupferatome, Molybdänatome oder sogar Lithiumatome. Ebenso wie die Enzyme werden die prosthetischen Gruppen nicht von den chemischen Reaktionen verbraucht, sodass die Zellen nur winzige katalytische Mengen benötigen.

Enzymspezifität Aufgrund der Struktur des aktiven Zentrums sind Enzyme in hohem Maße **substratspezifisch**, worunter man die Fähigkeit versteht, zwischen sehr ähnlichen Molekülen zu unterscheiden. Diese Spezifität ist eine der charakteristischen Eigenschaften lebender Systeme und Enzyme bieten ein hervorragendes Beispiel für biologische Spezifität.

Ihre Spezifität lässt sich durch einen Vergleich der Enzyme mit anorganischen Katalysatoren veranschaulichen. Die meisten anorganischen Katalysatoren sind insofern recht unspezifisch, als sie auf viele verschiedene Verbindungen wirken, die ein gemeinsames chemisches Merkmal haben. Betrachten Sie zum Beispiel die Hydrogenierung (das Anfügen von Wasserstoff) an eine ungesättigte Kohlenstoffdoppelbindung:

$$R{-}\overset{H}{\overset{|}{C}}{=}\overset{H}{\overset{|}{C}}{-}R' + H_2 \xrightarrow[\text{Pt oder Ni}]{} R{-}\underset{H}{\underset{|}{\overset{H}{\overset{|}{C}}}}{-}\underset{H}{\underset{|}{\overset{H}{\overset{|}{C}}}}{-}R' \qquad (6\text{-}3)$$

Diese Reaktion kann im Labor mittels Platin (Pt) oder Nickel (Ni) als Katalysatoren durchgeführt werden. Diese anorganischen Katalysatoren sind allerdings höchst unspezifisch, sie können die Hydrogenierung einer Vielzahl ungesättigter Verbindungen katalysieren. In der Praxis verwendet man Nickel und Platin zur kommerziellen Hydrogenierung mehrfach ungesättigter Pflanzenöle, die zur Herstellung fester Bratfette oder Backfette benötigt werden. Unabhängig von der exakten Struktur der ungesättigten Verbindung kann diese in Gegenwart von Nickel oder Platin effektiv hydrogeniert werden. Diese fehlende Spezifität anorganischer Katalysatoren bei der Hydrogenierung führt zur Bildung bestimmter *Transfette* (siehe *Kapitel 7*), die sehr selten in der Natur vorkommen.

Schauen Sie sich im Gegensatz dazu das biologische Beispiel der Hydrogenisierung von Fumarat an, das zu Succinat umgewandelt wird, einer Reaktion, der wir in *Kapitel 10* wiederbegegnen werden:

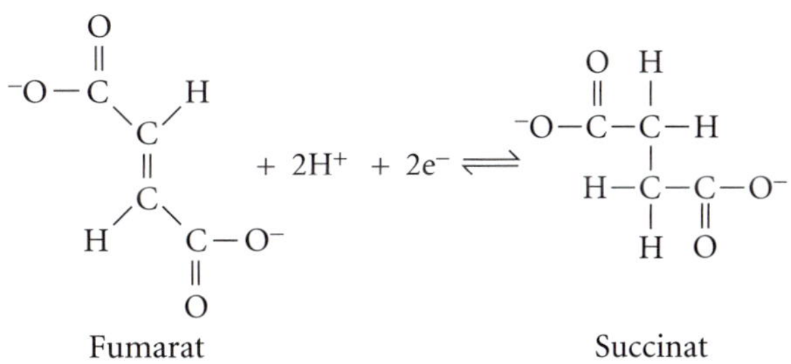

(6-4)

Diese besondere Reaktion wird in den Zellen von dem Enzym *Succinatdehydrogenase* (so benannt, weil die Reaktion während des Energiemetabolismus im Allgemeinen in der entgegengesetzten Richtung abläuft) katalysiert. Diese Dehydrogenase ist wie die meisten Enzyme hoch spezifisch. Es werden keine weiteren Wasserstoffatome, neben den in der Reaktion 6-4 aufgeführten, den Verbindungen hinzugefügt oder entfernt. Tatsächlich ist dieses besondere Enzym sogar so spezifisch, dass es als Substrat nicht einmal Maleat erkennt, ein Isomer von Fumarat (▶ *Abbildung 6.3*).

Nicht alle Enzyme wirken dermaßen spezifisch. Einige akzeptieren eine Reihe eng verwandter Substrate und andere akzeptieren eine ganze Gruppe von Substraten, vorausgesetzt diese haben ein gemeinsames Strukturmerkmal. Diese Gruppenspezifität trifft auf die meisten Enzyme zu, die an der Synthese oder dem Abbau von Polymeren beteiligt sind. Da die Carboxypeptidase A das Ziel hat, Polypeptidketten aus der Nahrung durch Entfernen der C-terminalen Aminosäure abzubauen, ist nachvollziehbar, dass das Enzym viele Polypeptide als Substrat akzeptiert. Es wäre für die Zelle sinnlos, für jede einzelne Aminosäure, die während des Polypeptidabbaus entfernt werden müsste, abhängig vom Aminosäurerest ein eigenes Enzym herzustellen.

Im Allgemeinen sind Enzyme jedoch im Hinblick auf das Substrat hoch spezifisch, sodass eine Zelle fast ebenso viele verschiedene Arten von Enzymen besitzen muss wie zu katalysierende Reaktionen. Für eine typische Zelle bedeutet dies, dass Tausende verschiedener Enzyme notwendig sind, um das gesamte Programm ihres Metabolismus zu bewältigen. Auf den ersten Blick scheint das verschwenderisch zu sein, denn es müssen so viele Proteine synthetisiert werden, genetische Information muss gespeichert und gelesen werden und die Enzymmoleküle müssen in der Zelle verfügbar sein. Sie sollten allerdings auch die gewaltigen regulatorischen Möglichkeiten erkennen, die sich daraus ergeben – ein Aspekt, auf den wir später zurückkommen werden.

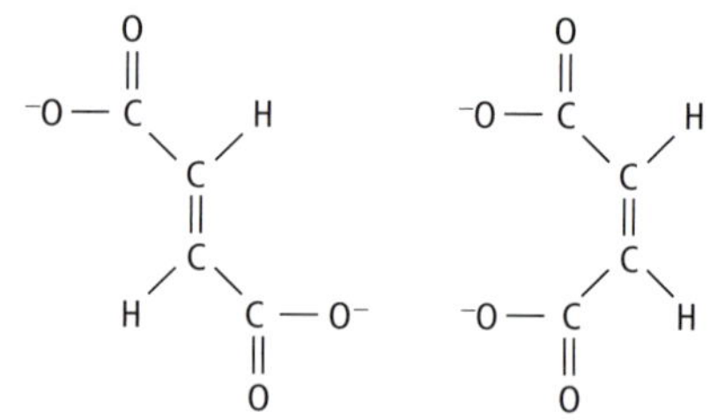

(a) Fumarat (b) Maleat

Abbildung 6.3: Die Spezifität von Enzymen. Im Gegensatz zu den meisten anorganischen Katalysatoren, können Enzyme zwischen eng verwandten Isomeren unterscheiden. So nutzt beispielsweise das Enzym Succinatdehydrogenase (a) Fumarat als Substrat, aber nicht dessen (b) Isomer Maleat.

Enzymdiversität und Nomenklatur Angesichts der Spezifität von Enzymen und der großen Anzahl von Reaktionen, die in einer Zelle ablaufen, überrascht es nicht, dass man Tausende verschiedener Enzyme identifiziert hat. Als man sie entdeckte und charakterisierte führte diese enorme Vielfalt der Enzyme zur Entwicklung einer Reihe von Systemen zur Benennung der Enzyme. Einige Enzyme wurden nach dem Substrat benannt; *Ribonuclease*, *Protease* und *Amylase* zum Beispiel. Die Bezeichnung der *Succinatdehydrogenase* ist an ihre Funktion gekoppelt. Wieder andere Enzyme tragen Bezeichnungen wir *Trypsin* und *Katalase* und verraten uns wenig über ihre Substrate oder Funktionen.

Daraus entwickelte sich ein Zustand allgemeiner Verwirrung, der die International Union of Biochemistry veranlasste, eine Enzyme Commission (EC) einzuberufen, um ein vernünftiges System zur Bezeichnung von Enzymen zu entwickeln. Auf der Grundlage des Systems der EC werden die Enzyme entsprechend ihrer allgemeinen Funktionen in die folgenden sechs Hauptklassen eingeteilt: *Oxidoreduktasen*, *Transferasen*, *Hydrolasen*, *Lyasen*, *Isomerasen* und *Ligasen*. Das EC-System teilt jedem bekannten Enzym eine eigene vierstellige Zahlenfolge zu, die auf der Funktion des Enzyms beruht – zum Beispiel trägt Lysozym die Nummer EC 3.2.1.17. In der ▶ *Tabelle 6.1* werden jeweils ein repräsentatives Beispiel jeder Enzymklasse sowie die Reaktion, die katalysiert wird, aufgeführt.

Tabelle 6.1

Die wichtigsten Enzymklassen mit jeweils einem Beispiel

Klasse	Reaktionstyp	Beispiel: Bezeichnung des Enzyms	Beispiel: Katalysierte Reaktion
Oxidoreduktasen	Oxidations-Reduktions-Reaktionen	Alkoholdehydrogenase (Oxidation mit NAD^+)	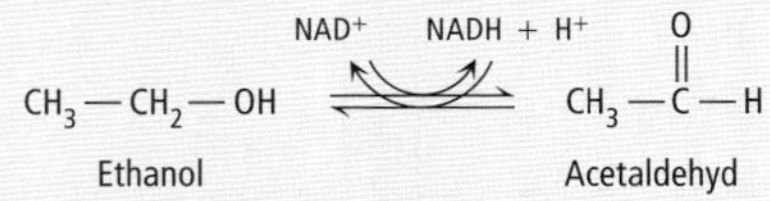
Transferasen	Transfer von funktionalen Gruppen von einem Molekül zum anderen	Glycerokinase (Phosphorylierung)	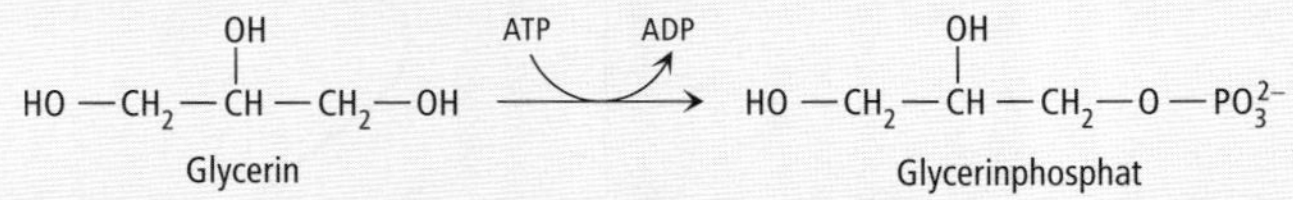
Hydrolasen	Hydrolytische Spaltung eines Moleküls zu zwei Molekülen	Carboxypeptidase A (Spaltung einer Peptidbindung)	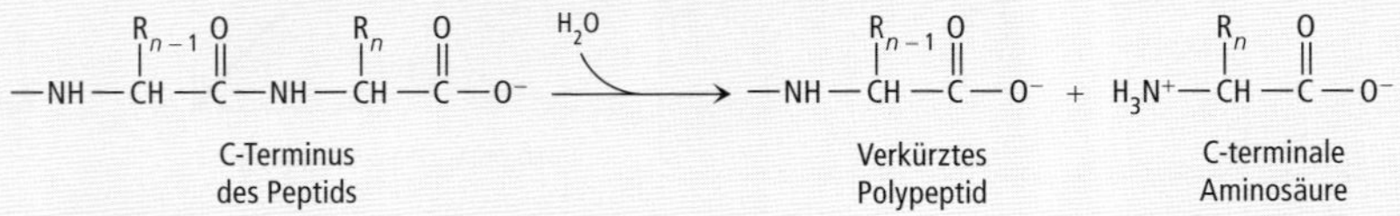
Lyasen	Entfernen oder Anfügen einer Gruppe an ein Molekül und Neuanordnung der Elektronen	Pyruvatdecarboxylase (Decarboxylierung)	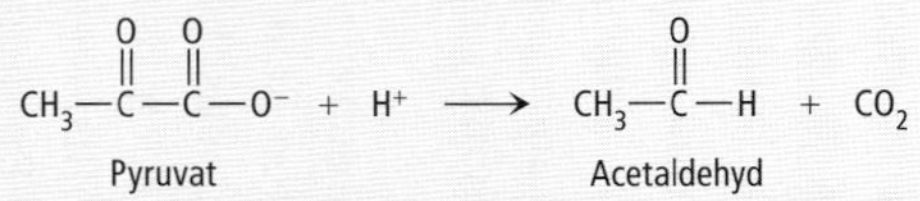
Isomerasen	Bewegung einer funktionalen Gruppe innerhalb eines Moleküls	Maleatisomerase (*cis-trans*-Isomerisierung)	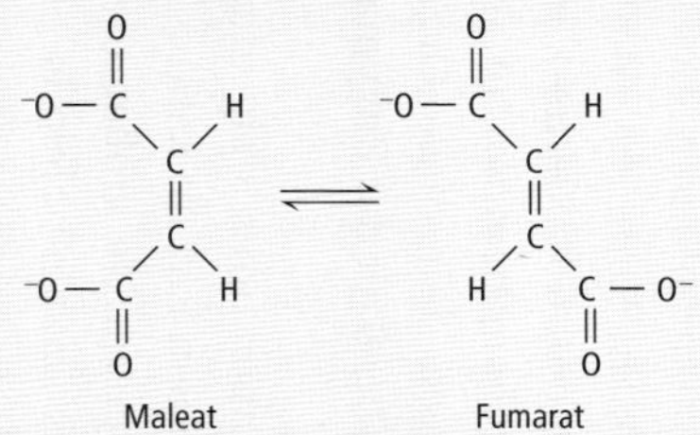
Ligasen	Verknüpfung zweier Moleküle zur Bildung eines Moleküls	Pyruvatcarboxylase (Carboxylierung)	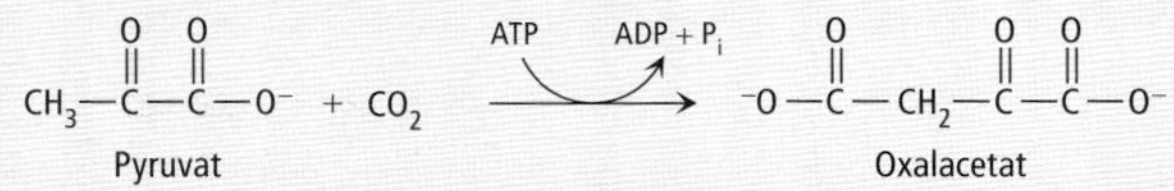

Temperatursensitivität Abgesehen von ihrer Spezifität und Vielfalt zeichnen sich Enzyme durch ihre Empfindlichkeit gegenüber Temperatur aus. Diese Temperaturabhängigkeit ist im Allgemeinen kein Problem in den Zellen der Säugetiere oder Vögel, denn diese Organismen sind *endotherm*, also „warmblütige" Organismen, die ihre Körpertemperatur unabhängig von der Umgebung regulieren können und weitgehend konstant halten. Allerdings unterliegt die Körpertemperatur vieler Organismen (zum Beispiel Insekten, Reptilien, Würmer, Pflanzen, Protozoen, Algen und Bakterien), in Abhängigkeit von der Umgebungstemperatur, ganz erheblichen Schwankungen. Für diese Organismen ist die Temperaturabhängigkeit der Enzymaktivität von großer Bedeutung.

Bei niedrigen Temperaturen steigt die Geschwindigkeit einer von einem Enzym katalysierten Reaktion mit der Temperatur. Je größer die kinetische Energie sowohl des Enzymmoleküls als auch der Substratmoleküle, desto häufiger finden Kollisionen statt, wodurch die Wahrscheinlichkeit der Bindung an das richtige Substrat erhöht wird und genügend Energie zur Durchführung der Reaktion zur Verfügung steht. Von einem bestimmten Punkt an führt ein weiterer Temperaturanstieg allerdings zur *Denaturierung* des Enzymmoleküls. Es verliert seine definierte Tertiärstruktur, wenn die Wasserstoffbrückenbindungen und ionischen Bindungen aufgebrochen werden und das native Polypeptid eine zufällige ausgedehnte Konformation annimmt. Während der Denaturierung wird die strukturelle Integrität des aktiven Zentrums zerstört, was zum Verlust der Enzymaktivität führt.

Der Temperaturbereich, innerhalb dessen ein Enzym denaturiert, unterscheidet sich erheblich bei den einzelnen Enzymen und ganz besonders von Organismus zu Organismus. In ▶*Abbildung 6.4a* wird die Temperaturabhängigkeit eines typischen Enzyms des menschlichen Körpers einem typischen Enzym eines thermophilen Bakteriums gegenübergestellt. Es überrascht nicht, dass die maximale Reaktionsgeschwindigkeit des menschlichen Enzyms bei ungefähr 37 °C liegt (der für das Enzym *optimalen Temperatur*), was der normalen Körpertemperatur entspricht. Der steile Abfall der Aktivität bei höheren Temperaturen spiegelt die Denaturierung der Enzymmoleküle wider. Die meisten Enzyme der Endothermen werden bei Temperaturen über 50 – 55 °C inaktiviert. Einige Enzyme sind bemerkenswert empfindlich gegenüber Hitze. Sie werden bei niedrigerer Temperatur als 50 – 55 °C denaturiert und inaktiviert – und in einigen Fällen sogar bei erhöhter Körpertemperatur (zum Beispiel bei Menschen, die hohes Fieber über 40 °C haben). Man nimmt an, dass dies eine der positiven Wirkungen des Fiebers bei Krankheit ist – die Denaturierung der wärmeempfindlichen Enzyme der Pathogene.

(a) Temperatur-Abhängigkeit. Dieses Diagramm zeigt für ein typisches menschliches Enzym (schwarz) und für ein typisches Enzym eines thermophilen (hitzeresistenten) Bakteriums (grün), wie die Reaktions-Geschwindigkeit mit der Temperatur variiert. Die Reaktions-Geschwindigkeit ist am höchsten beim Temperaturoptimum, das für das menschliche Enzym bei ca. 37°C (Körpertemperatur) und für das bakterielle Enzym bei ca. 75°C (die typische Temperatur heißer Quellen) liegt. Oberhalb des Temperaturoptimums wird das bakterielle Enzym rasch durch Denaturierung inaktiviert.

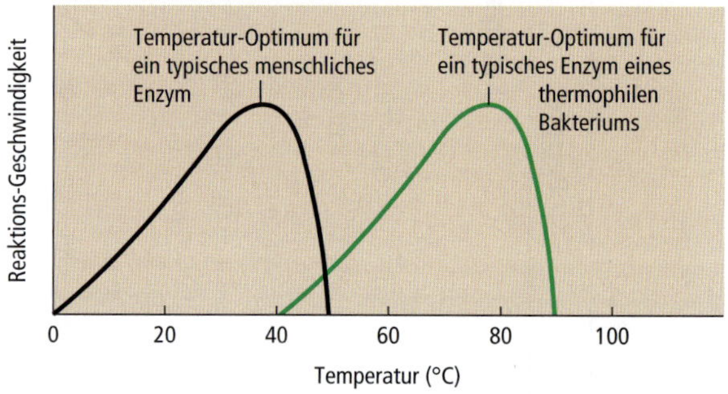

(b) pH-Abhängigkeit. Dieses Diagramm zeigt für das Magen-Enzym Pepsin (schwarz) und für das Darm-Enzym Trypsin (rot), wie die Reaktions-Geschwindigkeit mit dem pH-Wert variiert. Die Reaktions-Geschwindigkeit ist am höchsten beim pH-Optimum, das für Pepsin bei ca. 2,0 (pH-Wert des Magens) und für Trypsin bei ca. 8,0 liegt (pH-Wert des Darms) liegt. Beim pH-Optimum eines Enzyms befinden sich die ionisierbaren Gruppen sowohl auf dem Enzym als auch auf den Substratmolekülen in der für die Reaktivität geeignetsten Form.

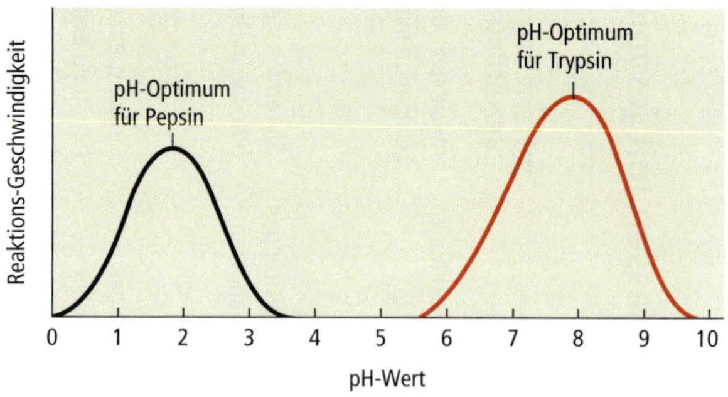

Abbildung 6.4: Die Wirkung der Temperatur und des pH-Werts auf die Reaktionsgeschwindigkeit von Reaktionen, die von Enzymen katalysiert werden. Jedes Enzym hat eine optimale Temperatur und einen optimalen pH-Wert, die im Allgemeinen die Umgebung widerspiegeln, in der das Enzym in der Natur vorkommt.

Einige Enzyme bewahren ihre Aktivität bei ungewöhnlich hohen Temperaturen. Die grüne Kurve in der *Abbildung 6.4a* stellt die Temperaturabhängigkeit eines Enzyms eines thermophilen Bakteriums dar, die in *Kapitel 4* erwähnt wurden. Einige dieser Organismen gedeihen in heißen sauren Quellen bei Temperaturen über 80 °C, mit optimalen Wachstumstemperaturen nahe dem Siedepunkt des Wassers und andere leben in den Hydrothermalsystemen der Tiefsee, in denen Temperaturen über 100 °C herrschen. Wiederum andere Enzyme, beispielsweise die des kryophilen („Kälte liebenden") Bakteriums *Listeria* und bestimmter Hefen und Pilze sind bei niedrigen Temperaturen aktiv, wodurch diese Organismen sogar bei Kühlschranktemperatur von 4 – 6 °C wachsen können.

pH-Sensitivität Enzyme sind auch gegenüber dem pH-Wert empfindlich. Tatsächlich sind die meisten von ihnen nur innerhalb eines pH-Bereichs von ungefähr drei bis vier pH-Einheiten aktiv. Diese Abhängigkeit vom pH-Wert beruht im Allgemeinen auf der Gegenwart einer oder mehrerer geladener Aminosäuren im aktiven Zentrum und/oder Ladungen des Substrates selbst. Die Aktivität hängt normalerweise von der Gegenwart solcher Gruppen in einer spezifischen geladenen oder ungeladenen Form ab. Beispielsweise gehören zum aktiven Zentrum der Carboxypeptidase A die Carboxylgruppen von zwei Glutamatresten. Diese Carboxylgruppen müssen in geladener Form (ionisiert) vorliegen, weshalb das Enzym inaktiviert wird, wenn der pH-Wert so weit absinkt, dass die Glutamatcarboxylgruppen auf den Enzymmolekülen protonisiert werden und damit ungeladen sind. Außerdem brechen extreme Schwankungen des pH-Werts ionischen Bindungen und Wasserstoffbrückenbindungen, wodurch Tertiärstruktur und Funktion verändert werden.

Wie Sie sich bestimmt schon denken, spiegelt die Abhängigkeit eines Enzyms vom pH-Wert die Umgebung wider, in der das Enzym normalerweise aktiv ist. In ▶*Abbildung 6.4b* wird die pH-Wert-Abhängigkeit von zwei Enzymen dargestellt, die Proteine abbauen und im Verdauungstrakt des Menschen vorkommen. Pepsin (schwarze Linie) kommt im Magen vor, wo der pH-Wert im Allgemeinen ungefähr 2 beträgt, während Trypsin (rote Linie) in den Dünndarm ausgeschieden wird, dessen pH-Wert zwischen 7 und 8 liegt. Beide Enzyme sind über einen Bereich von fast vier pH-Einheiten aktiv, unterscheiden sich aber erheblich hinsichtlich ihrer pH-Optima, die mit den Bedingungen an den jeweiligen Orten im Körper übereinstimmen.

Empfindlichkeit gegenüber anderen Faktoren Abgesehen von der Temperatur und dem pH-Wert sind Enzyme auch gegenüber anderen Faktoren empfindlich, unter anderem gegenüber Molekülen und Ionen, die die Aktivität von Enzymen hemmen oder anregen. Beispielsweise wirken mehrere Enzyme an der Energiebildung über den Glucoseabbau mit und werden von ATP gehemmt, das sie inaktiviert, wenn ausreichend Energie vorhanden ist. Andere Enzyme des Glucoseabbaus werden von Adenosinmonophosphat (AMP) und ADP aktiviert, die signalisieren, dass die Energieversorgung niedrig ist und mehr Glucose abgebaut werden sollte.

Die meisten Enzyme sind auch gegenüber hoher Ionenkonzentration (Konzentration gelöster Ionen) in der Umgebung empfindlich, was sich auf die Wasserstoffbrückenbindungen und die ionischen Wechselwirkungen auswirkt, die zur Erhaltung der Tertiärkonformation beitragen. Da diese Wechselwirkungen oftmals an der Interaktion zwischen dem Substrat und dem aktiven Zentrum beteiligt sind, kann eine hohe Ionenkonzentration auch die Bindung des Substrats betreffen. Mehrere Chloroplastenenzyme, die Magnesium benötigen und für die photosynthetische Kohlenstofffixierung gebraucht werden, sind nur in Gegenwart hoher Konzentrationen von Magnesiumionen aktiv, die dann vorliegen, wenn die Blätter angestrahlt werden.

6.2.2 Substratbindung, Aktivierung und Katalyse laufen am aktiven Zentrum ab

Aufgrund der exakten chemischen Übereinstimmung zwischen dem aktiven Zentrum eines Enzyms und seinen Substraten, sind Enzyme hoch spezifisch und effektiver als anorganische Katalysatoren. Wie bereits zuvor angemerkt, laufen von Enzymen katalysierte Reaktionen 10^7 bis 10^{17} Mal schneller ab als nicht katalysierte Reaktionen, gegenüber einer Geschwindigkeitssteigerung von 10^3 bis 10^4 bei anorganischen Katalysatoren. Sicherlich können Sie sich bereits denken, dass sich unser Interesse für Enzyme auf das aktive Zentrum richtet, an dem Bindung, Aktivierung und chemische Umwandlung des Substrates erfolgen.

Substratbindung Der Erstkontakt zwischen dem aktiven Zentrum eines Enzyms und einem potenziellen Substratmolekül hängt von einem Zusammenstoß ab. Nachdem die Substratmoleküle in das aktive Zentrum gelangt sind, werden sie in exakt der richtigen Ausrichtung an die Oberfläche des Enzyms gebunden, sodass spezifische katalytische Gruppen auf dem Enzym die Reaktion einleiten können. An der Substratbindung wirken im Allgemeinen Wasserstoffbrückenbindungen oder ionische Bindungen (oder beide) mit geladenen oder polaren Aminosäuren mit. Dabei handelt es sich zumeist um schwache Bindungen, aber mehrere Bindungen halten ein einzelnes Molekül an Ort und Stelle. Die Stärke der Bindungen zwischen einem Enzym und einem Substratmolekül liegt häufig im Bereich von 3 bis 12 kcal/mol. Dies ist weniger als ein Zehntel der Stärke einer einzigen kovalenten Bindung (siehe *Abbildung 2.2*). Daher ist die Substratbindung ein leicht umkehrbarer Vorgang.

Viele Jahre lang haben Enzymologen ein Enzym für eine starre Struktur gehalten, bei der ein spezifisches Substrat in das aktive Zentrum passt wie ein Schlüssel in ein Schlüsselloch. Dieses *Schlüssel-Schloss-Prinzip*, das 1894 erstmalig von dem deutschen Biochemiker Emil Fischer vorgeschlagen wurde, erklärte zwar die Spezifität eines Enzyms, trägt aber nur wenig oder gar nicht zum Verständnis des katalytischen Ereignisses bei. Eine verfeinerte Sichtweise der Enzym-Substrat-Wechselwirkung bietet das **Modell der induzierten Anpassung** (engl.: *induced fit*), das Daniel Koshland 1958 entwickelte. Gemäß diesem Modell verzerrt die Bindung des Substrats an das aktive Zentrum sowohl das Enzym als auch das Substrat, wodurch die Substratmoleküle in ihrem Übergangsstadium stabilisiert werden und bestimmte Substratbindungen für das katalytische Ereignis empfänglicher werden. Im Fall des Lysozyms induziert die Substratbindung eine Konformationsänderung in dem Enzym, was das Peptidoglykansubstrat deformiert und die Bindung schwächt, die durch die Reaktion gespalten werden soll.

Wie in ▶*Abbildung 6.5* dargestellt, wirkt bei der induzierten Anpassung eine Konformationsänderung im Hinblick auf die Form des Enzymmoleküls nach der Substratbindung mit. Dadurch wird die Konfiguration der aktiven Seite verändert und die richtigen reaktiven Gruppen des Enzyms werden für die optimale Katalyse der Reaktion positioniert. Den Nachweis für derartige Konformationsänderungen nach Bindung des Substrats lieferten Röntgenstrahlenversuche mit kristallisierten Proteinen und Kernspinresonanzversuche (NMR; engl. *nuclear magnetic resonance*) von Proteinen in Lösung, wodurch man die Form eines Enzymmoleküls mit und ohne Substratbindung bestimmen kann. In *Abbildung 6.5* wird die Konformationsänderung dargestellt, die nach der Substratbindung an die Hexokinase erfolgt, wodurch eine Phosphatgruppe an die D-Glucose geknüpft wird. Wenn die Glucose an das aktive Zentrum andockt, falten sich die beiden Domänen der Hexokinase aufeinander zu, wodurch die Bindungsstellenfurche geschlossen wird, die die Substratkatalyse ermöglicht.

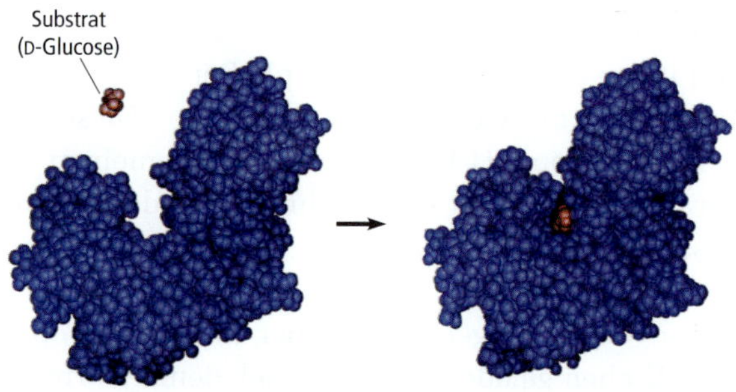

Abbildung 6.5: Durch Substratbindung induzierte Konformationsänderung der Enzymstruktur. Abbildung eines Kalottenmodells des Enzyms Hexokinase mit seinem Substrat, einem Molekül D-Glucose. Die Substratbindung induziert eine Konformationsänderung in der Hexokinase, die man als induzierte Anpassung bezeichnet, wodurch die katalytische Aktivität des Enzyms erhöht wird.

Oftmals werden durch eine induzierte Konformationsänderung sehr wichtige Aminosäureketten in das aktive Zentrum transportiert, sogar wenn sie nicht in der Nähe liegen und kein Substrat vorliegt. Im aktiven Zentrum der Carboxypeptidase (▶*Abbildung 6.6*) ist ein Zinkion fest an drei Aminosäurereste des Enzyms (Glu-72, His-69 und His-196) gebunden und geht mit einem Wassermolekül (nicht dargestellt) eine lockere Bindung ein. Durch die Substratbindung an das Zinkion wird das gebundene Wassermolekül ersetzt und eine Konformationsänderung in dem Enzym herbeigeführt, die weitere Aminosäureseitenketten in das aktive Zentrum bringt, darunter Arg-145, Tyr-248 und Glu-270. Diese Aminosäurereste werden für die Mitwirkung an der Katalyse in Position gebracht.

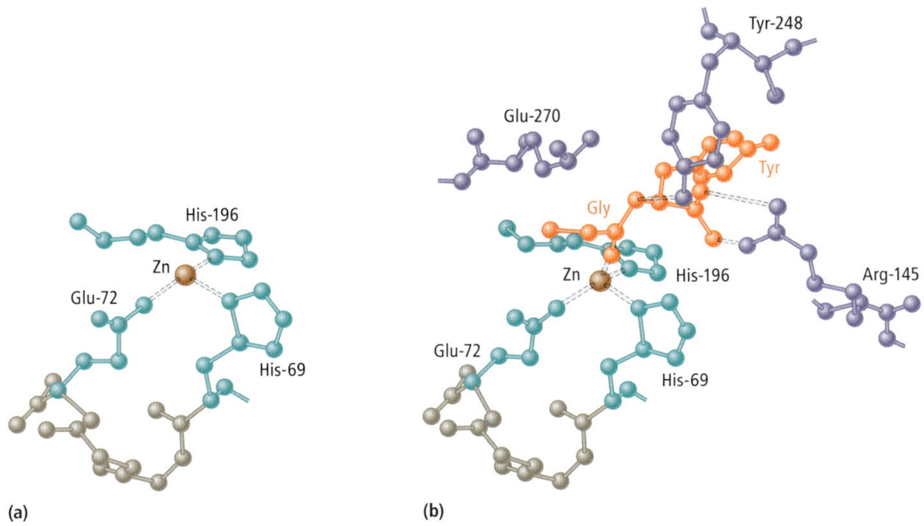

Abbildung 6.6: Durch Substratbindung induzierte Veränderung des aktiven Zentrums. (a) Das unbesetzte aktive Zentrum der Carboxypeptidase A enthält ein Zinkion, das fest mit den Seitenketten der drei Aminosäuren (türkis) verbunden ist. (b) Die Bindung des Substrats (das Dipeptid ist orange dargestellt) an das Zinkion induziert eine Konformationsänderung in dem Enzym, womit die anderen Aminosäureseitenketten (violett) in das aktive Zentrum gebracht werden, um an der Katalyse mitzuwirken.

Substrataktivierung Die Aufgabe des aktiven Zentrums besteht nicht allein darin, das richtige Substrat zu finden und zu binden, sondern auch darin, das Substrat zu aktivieren, indem es in die für die Katalyse geeignete chemische Umgebung gebracht wird. Eine bestimmte von einem Enzym katalysierte Reaktion kann durch eine oder mehrere Wege der Substrataktivierung ablaufen.

1. *Beeinträchtigung der Bindung.* Die Veränderung der Enzymkonformation, die von der ersten Substratbindung an das aktive Zentrum induziert wird, bewirkt nicht nur eine größere Komplementarität und einen festeren Enzym-Substrat-Kontakt, sondern beeinträchtigt auch eine oder mehrere Bindungen des Substrats, wodurch die Bindungen geschwächt und für das katalytische Ereignis empfindlicher werden.

2. *Protonentransfer.* Das Enzym kann auch als Protonendonor oder Protonenakzeptor wirken, wodurch die chemische Reaktivität des Substrats erhöht wird. Dies spricht für die Bedeutung geladener Aminosäuren im Hinblick auf die Chemie des aktiven Zentrums, wodurch wiederum erklärt wird, warum die Enzymaktivität so häufig vom pH-Wert abhängt.

3. *Elektronentransfer.* Als weiteres Hilfsmittel zur Substrataktivierung können Enzyme Elektronen aufnehmen oder abgeben, wodurch intermediäre kovalente Bindungen zwischen dem Enzym und seinem Substrat gebildet werden.

Das katalytische Ereignis In ▸*Abbildung 6.7* wird beispielhaft an dem Enzym Saccharase die Reihenfolge der Ereignisse am aktiven Zentrum dargestellt. Saccharase (auch unter der Bezeichnung Invertase oder β-Fructofuranosidase) hydrolysiert das Disaccharid Saccharose zu Glucose und Fructose. Die erste zufällige Kollision eines Substratmoleküls – in diesem Fall Saccharose – mit dem aktiven Zentrum führt zur Bindung des Substratmoleküls an Aminosäurereste, die nahe des aktiven Zentrums positioniert sind (Schritt ➊). Die Substratbindung induziert eine Veränderung der Enzymkonformation, wodurch die Bindung zwischen dem Substratmolekül und dem aktiven Zentrum gefestigt und die freie Energie des Übergangszustands gesenkt wird. Dies ermöglicht die Umwandlung von Substrat in Produkte – in diesem Fall Glucose und Fructose (Schritt ➋). Die Produkte werden anschließend aus dem aktiven Zentrum freigesetzt (Schritt ➌), wodurch das Enzymmolekül wieder in seine Ausgangskonformation zurückkehren kann und das aktive Zentrum jetzt für ein anderes Substratmolekül bereit steht (Schritt ➍). Die gesamte Abfolge dieser Ereignisse dauert so lange, bis Hunderte oder sogar Tausende solcher Reaktionen pro Sekunde am aktiven Zentrum eines einzigen Enzymmoleküls abgelaufen sind!

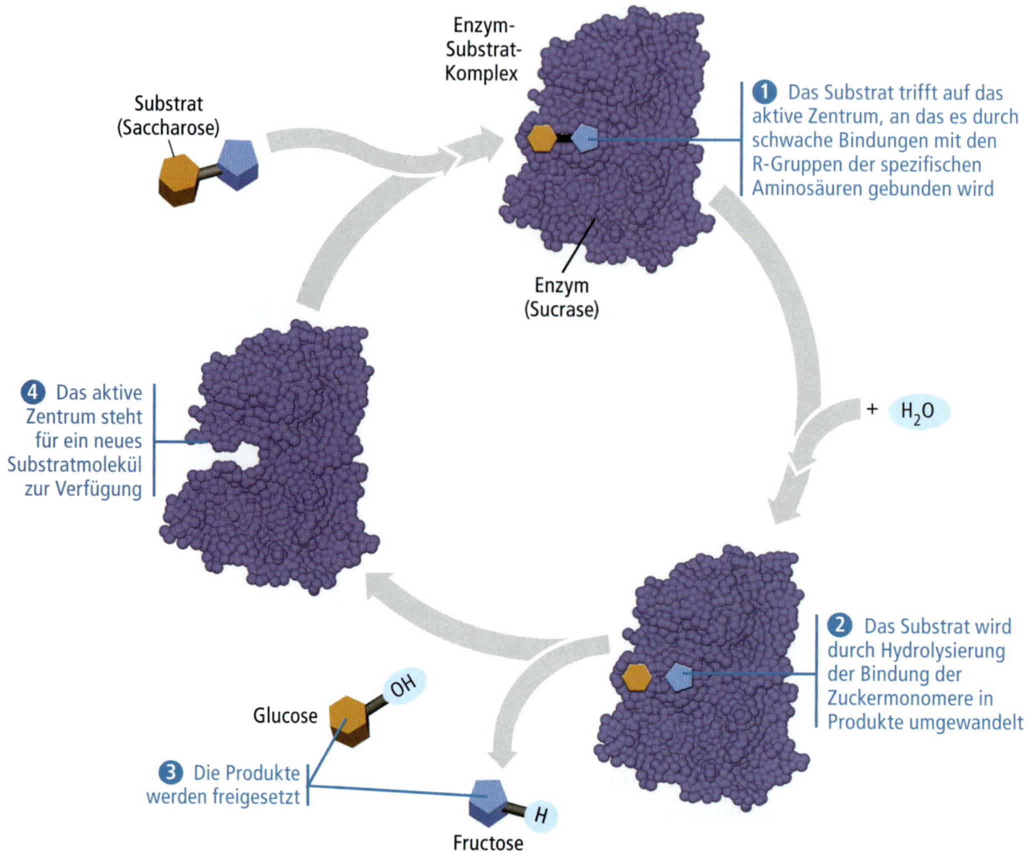

Abbildung 6.7: Der katalytische Kreislauf eines Enzyms. In diesem Beispiel katalysiert das Enzym Saccharase die Hydrolyse von Saccharose zu Glucose und Fructose. Es wird die tatsächliche Struktur des Enzyms dargestellt, aber das aktive Zentrum wurde leicht verändert, um den engen Kontakt des Enzyms an das Substrat zu veranschaulichen.

Enzymkinetik 6.3

Bisher sind wir bei unserer Darstellung der Enzyme im Grunde beschreibend vorgegangen. Wir haben uns mit der Notwendigkeit der Aktivierungsenergie befasst, die verhindert, dass thermodynamisch mögliche Reaktionen ablaufen, und mit Katalysatoren als Mittel zur Reduktion der Aktivierungsenergie, wodurch solche Reaktionen möglich werden. Desweiteren haben wir die Enzyme als biologische Katalysatoren kennengelernt und uns eingehender mit deren Struktur und Funktion beschäftigt. Außerdem haben wir erkannt, dass die einzigen Reaktionen, die wahrscheinlich mit ausreichender Geschwindigkeit in Zellen ablaufen, die Reaktionen sind, für die spezifische Enzyme zur Verfügung stehen, sodass die metabolische Fähigkeit einer Zelle von den vorhandenen Enzymen effektiv spezifiziert wird.

Uns fehlt aber immer noch ein Mittel zur Ermittlung der tatsächlichen Geschwindigkeiten, mit denen von Enzymen katalysierte Reaktionen ablaufen, sowie eine Darstellung der Faktoren, die Reaktionsgeschwindigkeiten beeinflussen. Die bloße Gegenwart eines geeigneten Enzyms in einer Zelle garantiert nicht, dass eine bestimmte Reaktion mit der notwendigen Geschwindigkeit abläuft. Wir müssen die zellulären Bedingungen verstehen, die die Aktivität eines bestimmten Enzyms begünstigen. Wir haben bereits gesehen, dass Faktoren wie Temperatur und pH-Wert die Enzymaktivität beeinflussen können. Damit haben wir eine Grundlage geschaffen, um zu verstehen, dass die Aktivität eines Enzyms entscheidend von den Konzentrationen der Substrate, Produkte und Inhibitoren abhängt, die in der Zelle vorliegen. Desweitern werden wir sehen, dass mindestens einige dieser Wirkungen quantitativ erfasst werden können.

Wir beginnen mit einem Überblick über die Enzymkinetik, die quantitative Aspekte der Enzymkatalyse beschreibt (das Wort *Kinetik* stammt von dem griechischen Wort *kinetikos* ab, was „Bewegung" bedeutet), und beschäftigen uns mit der Geschwindigkeit der Substratumwandlung in Produkte. Im Besonderen befasst sich die Enzymkinetik mit Reaktionsgeschwindigkeiten und der Art und Weise wie diese durch eine Vielzahl von Faktoren, darunter die Konzentrationen der Substrate, Produkte und Inhibitoren, beeinflusst werden. Im Zentrum unseres Interesses steht die Wirkung der Substratkonzentration auf die Kinetik der von Enzymen katalysierten Reaktionen.

Wir konzentrieren uns auf die Anfangsreaktionsgeschwindigkeit, also die Geschwindigkeit der Reaktion, die über einen kurzen Anfangszeitraum gemessen wird, während dessen die Substratkonzentration nur so wenig gesunken ist, dass sie nicht die Geschwindigkeit der Reaktion beeinflusst, und erst so wenige Produkte gebildet wurden, dass keine Umkehrreaktion (Umwandlung des Produkts zurück zum Substrat) mit annehmbarer Geschwindigkeit stattfinden kann. Diese Situation ähnelt der des Fließgleichgewichts in lebenden Zellen, in dem die Substrate kontinuierlich aufgefüllt und die Produkte kontinuierlich entfernt werden, wodurch beide in stabilen Konzentrationen vorliegen. Obwohl diese Beschreibung im Vergleich zur Situation in lebenden Zellen eine starke Vereinfachung ist, gibt sie uns die Möglichkeit, einige wichtige Prinzipien der Enzymkinetik zu verstehen.

Auf den ersten Blick scheint Enzymkinetik recht schwierig zu sein. Zum Verständnis der grundlegenden Konzepte erklären wir Ihnen in *Exkurs 6A*, wie die Wirkung von Enzymen auf Substratmoleküle mit einem Raum verglichen werden kann, in dem Affen Erdnüsse schälen. Wir empfehlen Ihnen, sich der Lektüre dieses Exkurses jetzt zu widmen, und dann wieder zu diesem Abschnitt zurückzukehren.

6A ▶ Näher betrachtet

Affen und Erdnüsse

Sollten Ihnen die mexikanischen Springbohnen geholfen haben, das Thema „Freie Energie" aus *Kapitel 5* besser zu verstehen, so freut es Sie jetzt vielleicht, sich dem Thema „Enzymkinetik" über eine Analogie zu nähern, in der Affen („Enzyme") in einem Raum sitzen und dort Erdnüsse („Substrate") schälen, wobei den Affen unterschiedlich große Mengen von Erdnüssen zur Verfügung stehen. Versuchen Sie, jeden Schritt zuerst mit Hilfe der Affen, die Erdnüsse schälen, zu verstehen und im zweiten Schritt die von einem Enzym katalysierte Reaktion.

Das Erdnusszimmer

Für unser Modell brauchen wir eine Gruppe aus zehn Affen, die alle gleichermaßen geschickt darin sind, Erdnüsse zu finden und zu schälen. Wir gehen davon aus, dass die Affen bereits gesättigt sind, trotzdem aber der Versuchung nicht widerstehen können, noch mehr Erdnüsse zu schälen.

Außerdem brauchen wir das Erdnusszimmer, einen Raum mit festgelegter Grundfläche, auf dem gleichmäßig verteilt die Erdnüsse liegen. Die Menge der Erdnüsse wird im Laufe unserer Darstellung schwanken, aber auf jeden Fall werden wesentlich mehr Erdnüsse als Affen im Raum sein. Da wir die Zahl der Erdnüsse und die Gesamtfläche des Bodens kennen, müssen wir immer die „Konzentration" (genauer gesagt: die Dichte) der Erdnüsse in dem Raum kennen. In jedem Fall halten sich die Affen zu Beginn in einem angrenzenden Raum auf. Wir beginnen unseren Versuch, öffnen die Tür und erlauben den eifrigen Affen, das Erdnusszimmer zu betreten.

Das Schälen beginnt

Jetzt ist alles für unseren ersten Versuch vorbereitet. Wir beginnen mit einer Ausgangskonzentration von Erdnüssen, die bei einer Erdnuss pro Quadratmeter liegt und wir gehen von der Annahme aus, dass ein durchschnittlicher Affe bei dieser Erdnusskonzentration neun Sekunden nach einer Erdnuss suchen muss und eine Sekunde benötigt, um sie zu schälen. Das bedeutet, dass jeder Affe zehn Sekunden pro Erdnuss benötigt und daher die Erdnüsse mit einer Geschwindigkeit von 0,1 Erdnüssen pro Sekunde schält. Da sich zehn Affen in dem Zimmer aufhalten, liegt die Geschwindigkeit (nennen wir sie Geschwindigkeit v) des Erdnussschälens bei dieser bestimmten Erdnusskonzentration für alle

Affen bei einer Erdnuss pro Sekunde (die Konzentration wird mit dem Symbol [S] dargestellt, damit wir stets daran denken, dass die Erdnüsse das Substrat repräsentieren, das hier geschält wird. Diesen Vorgang kann man folgendermaßen in einer Tabelle darstellen:

[S] = Konzentration der Erdnüsse (Erdnüsse/m^2)	1
benötigte Zeit pro Erdnuss:	
Zeit, um die Erdnuss zu finden (sek/Erdnuss)	9
Zeit, um die Erdnuss zu schälen (sek/Erdnuss)	1
insgesamt (sek/Erdnuss)	10
Geschwindigkeit des Schälens:	
pro Affe (Erdnuss/sek)	0,10
insgesamt (v) (Erdnuss/sek)	1,0

Wir erhöhen die Menge der Erdnüsse
In einem zweiten Versuch bringen wir alle Affen zurück in den Warteraum, fegen die Schalen zusammen und verteilen drei Erdnüsse pro Quadratmeter. Da nun drei Mal so viele Erdnüsse wie vorher auf dem Boden verteilt sind, kann jeder Affe durchschnittlich dreimal schneller als zuvor Erdnüsse finden, sodass ein Affe durchschnittlich nur drei Sekunden benötigen wird, um eine Erdnuss zu finden. Allerdings muss er für jede gefundene Erdnuss noch eine Sekunde einkalkulieren, die er für das Schälen benötigt. Also beträgt die Gesamtzeit pro Erdnuss jetzt vier Sekunden und die Geschwindigkeit des Schälens liegt für jeden Affen bei 0,25 Sekunden oder 2,5 Erdnüssen pro Sekunde. Damit können wir eine weitere Spalte unserer Datentabelle füllen:

[S] = Konzentration der Erdnüsse (Erdnüsse/m^2)	1	3
benötigte Zeit pro Erdnuss:		
zur Suche (sek/Erdnuss)	9	3
zum Schälen (sek/Erdnuss)	1	1
insgesamt (sek/Erdnuss)	10	4
Geschwindigkeit des Schälens:		
pro Affe (Erdnuss/sek)	0,10	0,25
insgesamt (v) (Erdnuss/sek)	1,0	2,5

Was geschieht mit *v*, wenn [S] weiterhin ansteigt?
Möchte man herausfinden, was schließlich mit der Geschwindigkeit geschieht, mit der die Affen die Erdnüsse schälen, wenn die Konzentration der Erdnüsse im Raum immer größer wird, müssen Sie einfach die Tabelle erweitern, indem sie von immer größeren Werten für [S] ausgehen und die entsprechende Geschwindigkeit v berechnen. Sicherlich fällt es Ihnen nicht schwer einzusehen, dass eine weitere Verdreifachung der Erdnusskonzentration (von drei auf neun Erdnüsse/m^2) zu einer Verringerung der für eine Erdnuss benötigten Zeit auf zwei Sekunden führen wird (eine Sekunde, um die Erdnuss zu suchen und eine weitere, um die Erdnuss zu schälen), was zu einer Schälgeschwindigkeit von 0,5 Erdnüssen pro Sekunde pro Affe führt, oder 5,0 Erdnüssen pro Sekunde für alle Affen.

Sie erkennen bereits, wohin uns diese Reise führen wird. Die erste Verdreifachung der Erdnusskonzentration erhöhte die Geschwindigkeit um das 2,5-Fache, aber die nächste Verdreifachung führt lediglich zu einer Verdopplung der Geschwindigkeit. Es scheint eine Verringerung der Geschwindigkeitssteigerung trotz weiterer Erdnüsse zu geben. Sie können dies erkennen, wenn Sie einige weitere Erdnusskonzentrationen wählen und dann v auf der y-Achse auftragen (vorgeschlagene Skala: null bis zehn Erdnüsse/sek) gegen [S] auf der x-Achse (vorgeschlagene Skala: null bis 100 Erdnüsse/m^2).

Sie sollten feststellen, dass aus den Daten eine Hyperbel entsteht, die ganz erstaunliche Ähnlichkeit mit der *Abbildung 6-8* aufweist. Wenn Sie sich Ihre Daten sorgfältig anschauen, dann könnten Sie auch verstehen, warum Ihre Kurve sich weiter „beugt", wenn [S] größer wird (das heißt, warum die Geschwindigkeit bei zunehmender Konzentration immer weniger schnell zunimmt): Die Schälzeit ist festgelegt und wird daher zu einer immer wichtigeren Komponente der gesamten Verarbeitungszeit pro Erdnuss, während die für das Suchen aufgebrachte Zeit stets geringer wird. Sie erkennen nun sicher auch, dass diese festgelegte Schälzeit in letzter Konsequenz die obere Grenze der Durchschnittsgeschwindigkeit der Erdnussverarbeitung darstellt. Sollte [S] gegen unendlich gehen (das heißt in einer Welt, die von Erdnüssen überschüttet wird), so werden die Affen immer noch eine begrenzte Zeitspanne von einer Sekunde benötigen, um jede Erdnuss zu verarbeiten.

Dies bedeutet, dass die maximale Geschwindigkeit, V_{max}, bei zehn Erdnüssen pro Sekunde für zehn Affen läge.

Schließlich verstehen Sie auch, dass es mit der Erdnusskonzentration etwas Besonderes auf sich hat, bei der die Suchzeit genau der Schälzeit entspricht (es stellt sich heraus, dass sie neun Erdnüsse/m^2 beträgt); dies ist der Punkt auf der Kurve, bei dem die Geschwindigkeit der Erdnussverarbeitung exakt der Hälfte der Höchstgeschwindigkeit entspricht. Es handelt sich dabei um einen derart wichtigen Bezugspunkt auf der Konzentrationsskala, dass Sie vielleicht in Versuchung geraten könnten, diesem Bezugspunkt einen besonderen Namen zu geben, vor allem, wenn Sie mit Nachnamen Michaelis hießen und mit Enzymen und nicht mit Erdnüssen herumspielen würden!

6.3.1 Die meisten Enzyme verhalten sich entsprechend der Michaelis-Menten-Gleichung

Im Folgenden werden wir uns damit beschäftigen, wie die *Anfangsreaktionsgeschwindigkeit* (v) sich in Abhängigkeit von der *Substratkonzentration* ([S]) verändert. Die Anfangsreaktionsgeschwindigkeit ist streng als die Geschwindigkeit der Veränderung der Produktkonzentration pro Zeiteinheit (gemessen zum Beispiel in m*M*/min) definiert. Sehr häufig werden Reaktionsgeschwindigkeiten allerdings experimentell in einem konstanten Versuchsvolumen von 1 mL gemessen und als μmol des Produkts pro Minute angegeben. Bei niedriger [S] wird eine Verdopplung von [S] zur Verdopplung von v führen. Jede weitere Erhöhung von [S] führt zu geringeren Steigerung der Reaktionsgeschwindigkeit. Wenn [S] sehr groß wird, dann führen weitere Zunahmen von [S] nur zu einer geringfügigen Steigerung und der Wert von v erreicht das Maximum.

Indem man in einer Reihe von Experimenten v bei verschiedenen Substratkonzentrationen misst, kann man experimentell nachweisen, dass die Abhängigkeit der Geschwindigkeit v von den Substratkonzentrationen [S] als Hyperbel dargestellt werden kann (▶*Abbildung 6.8*). Ein wichtiges Merkmal dieser als Hyperbel dargestellten Beziehung ist folgendes: Wenn [S] gegen unendlich geht, erreicht v eine obere Grenze, die man als **maximale Geschwindigkeit** (V_{max}) bezeichnet. Dieser Wert hängt von der Anzahl der Enzymmoleküle ab und kann daher nur durch Hinzufügen von mehr Enzym erhöht werden. Das Unvermögen größer werdender Substratkonzentrationen, die Reaktionsgeschwindigkeit jenseits einer endgültigen Höchstgeschwindigkeit zu treiben, bezeichnet man als **Sättigung**. In einer Sättigung arbeiten alle zur Verfügung stehenden Moleküle mit maximaler Kapazität. Sättigung ist eine grundlegende, universelle Eigenschaft aller von Enzymen katalysierten Reaktionen. Katalysierte Reaktionen erreichen bei hohen Substratkonzentrationen immer den Sättigungszustand, nicht katalysierte Reaktionen allerdings nicht.

Ein Großteil unseres Wissens über die hyperbolische Beziehung zwischen [S] und v verdanken wir der Pionierarbeit zweier deutscher Enzymologen, Leonor Michaelis und Maud Menten. Im Jahr 1913 postulierten sie eine allgemeine Theorie der Enzymwirkung, die sich als grundlegend für die quantitative Analyse fast aller Aspekte der Enzymkinetik erwiesen hat. Betrachten Sie zum Verständnis dieses Ansatzes eine einfache, von einem Enzym katalysierte Reaktion, in der ein einziges Substrat S in ein einziges Produkt P umgewandelt wird:

$$\mathrm{S} \xrightarrow[\text{Enzym (E)}]{} \mathrm{P} \tag{6-5}$$

Gemäß der Hypothese von Michaelis-Menten reagiert das Enzym E, das diese Reaktion katalysiert, zuerst mit dem Substrat S und bildet einen vorübergehenden Enzym-Substrat-Komplex ES, der dann die eigentliche katalytische Reaktion durchläuft, aus der ein freies Enzym und ein Produkt P hervorgehen, wie in der Abfolge dargestellt:

$$\mathrm{E_f} + \mathrm{S} \underset{k_2}{\overset{k_1}{\rightleftharpoons}} \mathrm{ES} \underset{k_4}{\overset{k_3}{\rightleftharpoons}} \mathrm{E_f} + \mathrm{P} \tag{6-6}$$

In dieser Reaktionsfolge steht E_f für die freie Form des Enzyms, S ist das Substrat, ES ist der Enzym-Substrat-Komplex, P ist das Produkt und k_1, k_2, k_3 und k_4 sind die Geschwindigkeitskonstanten der angegebenen Reaktionen.

Ausgehend von diesem Modell und mehreren Annahmen, darunter dem Fließgleichgewicht, das wir in *Kapitel 5* näher darstellten, gelangten Michaelis und Menten zur Beziehung zwischen der Geschwindigkeit einer enzymatisch katalysierten Reaktion und der Substratkonzentration, die wie folgt lautet:

$$v = \frac{V_{max}[S]}{K_m + [S]} \quad (6\text{-}7)$$

In diesem Fall ist v die Anfangsgeschwindigkeit der Reaktion, [S] die anfängliche Substratkonzentration, V_{max} ist die Maximalgeschwindigkeit und K_m ist die Konzentration des Substrats, bei der man exakt die Hälfte der maximalen Geschwindigkeit erhält. V_{max} und K_m (auch als **Michaelis-Konstante** bezeichnet) sind wichtige kinetische Parameter, mit denen wir uns im nächsten Abschnitt eingehender beschäftigen werden. Die Gleichung 6-7 bezeichnet man auch als Michaelis-Menten-Gleichung, die eine zentrale Beziehung der Enzymkinetik beschreibt (Aufgabe 6-12 am Ende dieses Kapitels gibt Ihnen Gelegenheit, die Michaelis-Menten-Gleichung selber abzuleiten.)

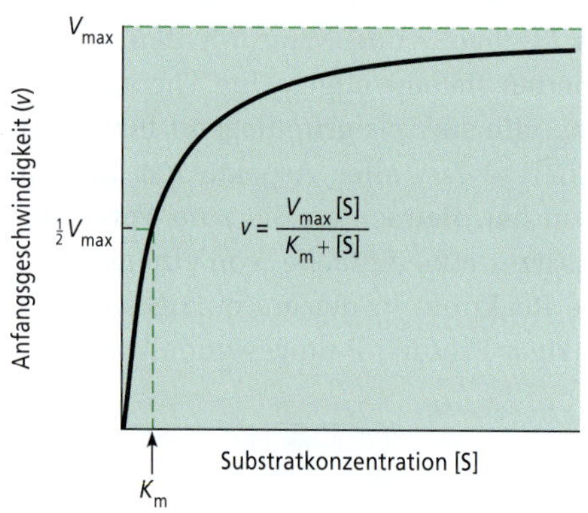

Abbildung 6.8: Die Beziehung zwischen der Reaktionsgeschwindigkeit und der Substratkonzentration. Bei einer von einem Enzym katalysierten Reaktion, die der Michaelis-Menten-Kinetik entspricht, tendiert die Anfangsgeschwindigkeit zur oberen Grenze der Geschwindigkeit V_{max}, wenn die Substratkonzentration [S] gegen unendlich geht. Die Michaelis-Konstante K_m entspricht der Substratkonzentration, bei der die Reaktion mit der Hälfte der Höchstgeschwindigkeit abläuft.

6.3.2 Was bedeuten V_{max} und K_m?

Wir möchten Ihnen die Bedeutung der Beziehung zwischen v und [S] näherbringen und untersuchen daher die Bedeutung der Parameter V_{max} und K_m. Zu diesem Zweck betrachten wir drei Sonderfälle der Substratkonzentration: eine sehr niedrige Substratkonzentration, eine sehr hohe Substratkonzentration und den Sonderfall $[S] = K_m$.

Fall 1: Eine sehr niedrige Substratkonzentration ($[S] << K_m$). Bei sehr niedriger Substratkonzentration, wird [S] vernachlässigbar klein im Vergleich zur Konstanten K_m im Nenner der Michaelis-Menten-Gleichung und muss nicht berücksichtigt werden, daher können wir folgende Formel aufstellen:

$$v = \frac{V_{max}[S]}{K_m + [S]} \cong \frac{V_{max}[S]}{K_m} \quad (6\text{-}8)$$

Somit verhält sich die Anfangsgeschwindigkeit der Reaktion bei sehr niedriger Substratkonzentration ungefähr proportional zur Substratkonzentration. Dies kann man auf der äußerst linken Seite des Graphen in der *Abbildung 6.8* ablesen. Solange die Substratkonzentration wesentlich niedriger ist als der Wert von K_m, steigt die von einem Enzym katalysierte Reaktion linear zur Substratkonzentration an.

Fall 2: Eine sehr hohe Substratkonzentration ($[S] >> K_m$) Bei sehr hoher Substratkonzentration wird K_m vernachlässigbar klein verglichen mit [S] im Nenner der Michaelis-Menten-Gleichung, so können wir folgende Formel aufstellen:

$$v = \frac{V_{max}[S]}{K_m + [S]} \cong \frac{V_{max}[S]}{[S]} = V_{max} \quad (6\text{-}9)$$

Daher ist die Geschwindigkeit einer von einem Enzym katalysierten Reaktion bei sehr hoher Substratkonzentration grundsätzlich von der Schwankung von [S] unabhängig und liegt ungefähr konstant bei einem Wert nahe an V_{max} (siehe die rechte Seite der *Abbildung 6.8*).

Damit erhalten wir eine mathematische Definition von V_{max}, einem der kinetischen Parameter der Michaelis-Menten-Gleichung. V_{max} ist die obere Grenze von v, wenn die Substratkonzentration [S] gegen unendlich geht. Mit anderen Worten, v_{max} ist die Geschwindigkeit bei gesättigter Substratkonzentration. Unter diesen Bedingungen ist jedes Enzym fast die gesamte Zeit an dem Katalysevorgang beteiligt, denn die Substratkonzentration ist so hoch, dass ein anderes Substratmolekül an die aktive Stelle andockt, sobald das Produktmolekül freigesetzt wird.

Daher ist V_{max} eine obere Grenze, die (1) von der Zeit bestimmt wird, die für die tatsächliche katalytische Reaktion benötigt wird, und (2) davon, wie viele der Enzymmoleküle vorliegen. Da die tatsächliche Reaktionsgeschwindigkeit festgelegt ist, können wir V_{max} nur dadurch erhöhen, dass wir die Enzymkonzentration erhöhen. Tatsächlich verhält sich V_{max} linear proportional zur anwesenden Enzymmenge, wie in der ▶*Abbildung 6.9* dargestellt, in der k_3 für die Geschwindigkeitskonstante der Reaktion steht.

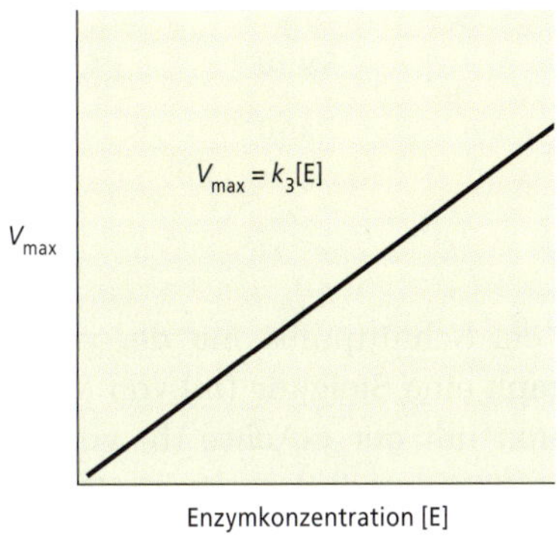

Abbildung 6.9: Die lineare Beziehung zwischen V_{max} und der Enzymkonzentration. Der lineare Anstieg der Reaktionsgeschwindigkeit mit der Enzymkonzentration bildet die Grundlage zur experimentellen Ermittlung der Enzymkonzentrationen.

Fall 3: ([S] = K_m). Zum besseren Verständnis von K_m betrachten Sie bitte den Sonderfall, in dem [S] genau gleich ist zu K_m. Unter dieser Bedingung kann man die Michaelis-Menten-Gleichung folgendermaßen formulieren:

$$v = \frac{V_{max}[S]}{K_m + [S]} \cong \frac{V_{max}[S]}{2[S]} = \frac{V_{max}}{2} \qquad (6\text{-}10)$$

Diese Gleichung liefert den mathematischen Beweis dafür, dass K_m die spezifische Substratkonzentration darstellt, bei der die Reaktion mit der Hälfte ihrer maximalen Geschwindigkeit fortschreitet. K_m ist ein konstanter Wert für eine bestimmte Enzym-Substrat-Kombination, die eine Reaktion unter spezifischen Bedingungen katalysiert. In *Abbildung 6.8* wird sowohl die Bedeutung von V_{max} als auch die von K_m verdeutlicht.

6.3.3 Warum sind K_m und V_{max} für Zellbiologen von Bedeutung?

Wir verstehen jetzt die Bedeutung von K_m und V_{max}. Daher ist es erlaubt, zu fragen, warum diese kinetischen Parameter für Zellbiologen von Bedeutung sind. Der Wert K_m nützt uns, weil wir mit ihm abschätzen können, wo sich auf dem Michaelis-Menten-Graph (*Abbildung 6.8*) ein in einer Zelle wirksames Enzym befindet (vorausgesetzt natürlich, dass uns die normale Substratkonzentration in der Zelle bekannt ist). Anschließend können wir abschätzen, mit welcher Geschwindigkeit (verglichen mit der maximalen Reaktionsgeschwindigkeit) die von dem Enzym katalysierte Reaktion wahrscheinlich in der Zelle ablaufen wird. Je niedriger der Wert von K_m für ein bestimmtes Enzym und Substrat, desto kleiner ist der Bereich der Substratkonzentration, bei der das Enzym wirkt. Wir werden bald sehen, dass die Enzymaktivität in einer Zelle von regulatorischen Molekülen verändert werden kann, die an das Enzym binden und K_m für ein bestimmtes Substrat verändern. In der ▶*Tabelle 6.2* haben wir die Werte von K_m für mehrere Enzym-Substrat-Kombinationen aufgeführt und, wie Sie sehen, können diese mehrere Größenordnungen voneinander abweichen.

Der Wert von V_{max} für eine bestimmte Reaktion ist wichtig, weil wir damit über ein Maß für eine potenzielle maximale Reaktionsgeschwindigkeit verfügen. Nur wenige Enzyme liegen tatsächlich in den Zellen bei gesättigten Substratkonzentrationen vor, sodass es also Enzyme gibt, die unter zellulären Bedingungen wahrscheinlich nicht mit maximaler Geschwindigkeit wirken. Wenn uns allerdings die Werte von V_{max}, K_m und die Substratkonzentration in vivo bekannt sind, so können wir zumindest die wahrscheinliche Geschwindigkeit ermitteln, mit der die Reaktion unter zellulären Bedingungen ablaufen wird.

Man kann daher V_{max} zur Bestimmung eines weiteren nützlichen Parameters heranziehen, der sogenannten **katalytischen Konstante** (engl.: *turnover number*) (**k_{cat}**), mit der man die Geschwindigkeit ausdrückt, bei der die Substratmoleküle durch ein einziges Enzymmolekül in ein Produkt umgewandelt werden, wenn dieses Enzym mit maximaler Geschwindigkeit arbeitet. Die katalytische Konstante k_{cat} hat die Einheit der Zeit hoch −1 (zum Beispiel s^{-1}) und wird als Quotient von V_{max} durch $[E_t]$, die Konzentration des Enzyms, berechnet:

$$k_{cat} = \frac{V_{max}}{[E_t]} \qquad (6\text{-}11)$$

Die katalytischen Konstanten der Enzyme unterscheiden sich erheblich voneinander, was aus den in der *Tabelle 6.2* aufgeführten Beispielen deutlich hervorgeht.

Tabelle 6.2

Werte von K_m und k_{cat} für einige Enzyme

Bezeichnung des Enzyms	Substrat	K_m (M)	K_{cat} (s^{-1})
Acetylcholinesterase	Acetylcholin	9×10^{-5}	$1{,}4 \times 10^{4}$
Carboanhydrase	CO_2	1×10^{-2}	1×10^{6}
Fumarase	Fumarat	5×10^{-6}	8×10^{2}
Triosephosphatisomerase	Glycerinaldehyd-3-Phosphat	5×10^{-4}	$4{,}3 \times 10^{3}$
β-Lactamase	Benzylpenicillin	2×10^{-5}	2×10^{3}

6.3.4 Der doppelt reziproke Graph ist ein nützliches Hilfsmittel, kinetische Daten in linearer Form aufzutragen

Der klassische Michaelis-Menten-Graph von v gegen [S] aus der *Abbildung 6.8* veranschaulicht die Abhängigkeit der Geschwindigkeit von der Substratkonzentration. Allerdings handelt es sich nicht um ein besonderes Hilfsmittel zur quantitativen Ermittlung der kinetischen Schlüsselparameter K_m und V_{max}. Die hyperbolische Form des Graphen, macht es schwierig, genau auf die unendliche Substratkonzentration zu extrapolieren, die für Bestimmung des kritischen Parameters V_{max} notwendig ist. Wenn der genaue Wert von V_{max} nicht bekannt ist, kann man K_m nicht berechnen.

Um dieses Problem zu umgehen und eine nützlichere graphische Darstellungsweise zur Verfügung zu stellen, haben Hans Lineweaver und Dean Burk im Jahr 1934 die hyperbolische Beziehung der Michaelis-Menten-Gleichung in eine lineare Funktion umgewandelt, indem sie beide Seiten der Gleichung 6-7 umgekehrt haben und das Ergebnis zu einer Gleichung für eine Gerade vereinfacht haben:

$$\frac{1}{v} = \frac{K_m + [S]}{V_{max}[S]} = \frac{K_m}{V_{max}[S]} + \frac{[S]}{V_{max}[S]} = \frac{K_m}{V_{max}}\left(\frac{1}{[S]}\right) + \frac{1}{V_{max}} \qquad (6\text{-}12)$$

Die Gleichung 6-12 ist die berühmte **Lineweaver-Burk-Gleichung**. Trägt man die Gleichung als $1/v$ gegen $1/[S]$ auf, wie in ▶*Abbildung 6.10*, dann ist der doppelt reziproke Graph in der allgemeinen algebraischen Form linear $y = mx + b$, wobei m die Steigung ist und b der Schnittpunkt mit der y-Achse. Daher hat der Graph eine Steigung (m) von K_m/V_{max}, einen Schnittpunkt mit der y-Achse (b) von $1/V_{max}$ und einen Schnittpunkt mit der x-Achse ($y = 0$) von $-1/K_m$. (Sie können sich von den Werten für die Schnittpunkte selbst überzeugen, indem Sie zuerst $1/[S]$ und dann $1/v$ in der Gleichung 6-12 gleich null setzen und dann für den anderen Wert auflösen. Nachdem der doppelt reziproke Graph aufgestellt wurde, kann man V_{max} direkt aus dem reziproken Wert der Schnittstelle mit der y-Achse und K_m aus dem negativen reziproken Wert der Schnittstelle mit der x-Achse ermitteln. Ferner kann man die beiden Werte mithilfe der Steigung überprüfen.

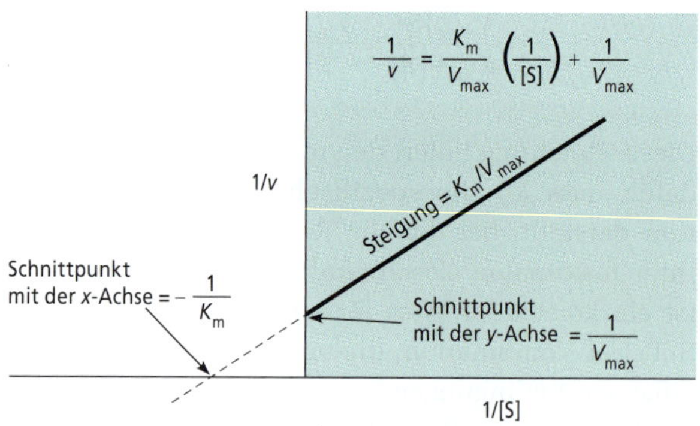

Abbildung 6.10: Der doppelt reziproke Graph von Lineweaver und Burk. Der Reziprokwert der Anfangsgeschwindigkeit, $1/v$, wird als Funktion des Reziproken der Substratkonzentration, $1/[S]$, aufgetragen. K_m kann man aus dem Schnittpunkt mit der x-Achse und V_{max} aus dem Schnittpunkt mit der y-Achse berechnen.

Somit erweist sich der Lineweaver-Burk-Graph bei Experimenten als hilfreich, denn man kann mit seiner Hilfe die Parameter V_{max} und K_m ermitteln und umgeht die Komplikation der hyperbolischen Form des Graphen. Der Graph ist außerdem ein diagnostisches Hilfsmittel zur Analyse der Enzymhemmung, denn die vielen verschiedenen Arten reversibler Inhibitoren wirken sich in charakteristischer Weise auf die Form des Graphen aus.

Das Lineweaver-Burk-Diagramm hat auch seine Grenzen. Das Hauptproblem liegt in der langen Extrapolation, die oftmals notwendig ist, um K_m zu ermitteln, und dadurch kann das Ergebnis ungenau werden. Außerdem sind die entscheidendsten Datenpunkte zur Ermittlung der Steigung der Geraden die Punkte, die am weitesten entfernt auf der y-Achse liegen. Da diese Punkte die Proben mit den niedrigsten Substratkonzentrationen und die geringsten Stufen der Enzymaktivität darstellen, ist es auch am schwierigsten, diese exakt zu messen.

Mit dem Ziel, diese Nachteile zu umgehen, hat man mehrere Alternativen zur Lineweaver-Burk-Gleichung entwickelt, um kinetische Daten in linearer Form aufzutragen. Eine dieser Alternativen ist die **Eadie-Hofstee-Gleichung**, die als Graph von v/[S] gegen v dargestellt wird. Wie in ▸*Abbildung 6.11* dargestellt, wird V_{max} aus dem Schnittpunkt mit der x-Achse und K_m aus der Steigung des Graphen berechnet. (Möchten Sie sich eingehender mit dem Eadie-Hofstee-Diagramm und einer weiteren Alternative zum Lineweaver-Burk-Diagramm beschäftigen, so schauen Sie sich bitte die Aufgabe 6-13 am Ende dieses Kapitels an.)

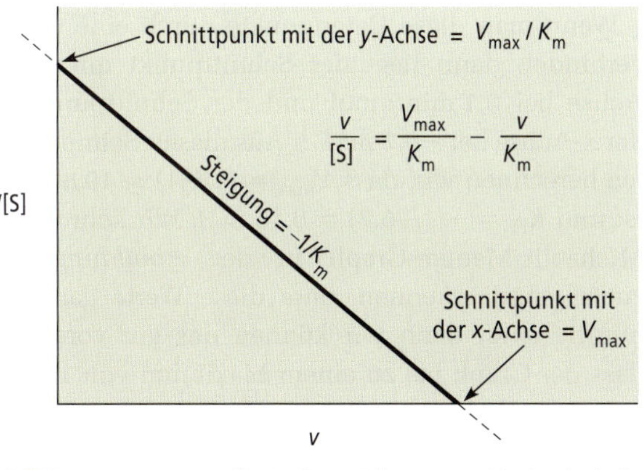

Abbildung 6.11: Das Eadie-Hofstee-Diagramm. Die Geschwindigkeit v/[S] wird als Funktion von v aufgetragen. K_m kann aus der Steigung und V_{max} aus dem Schnittpunkt mit der x-Achse ermittelt werden.

6.3.5 Die Berechnung von K_m und V_{max}: ein Beispiel

Um den Nutzen der doppelt reziproken Auftragsweise bei der Bestimmung von V_{max} und K_m darzustellen, wählen wir ein spezifisches Beispiel, das das Enzym Hexokinase betrifft, wie in den ▸*Abbildungen 6.12* und 10.13 dargestellt. Hexokinase ist ein wichtiges Enzym des zellulären Energiemetabolismus, denn sie katalysiert die erste Reaktion des glykolytischen Wegs, auf den wir in *Kapitel 9* genauer eingehen werden. Die Hexokinase katalysiert die Phosphorylierung der Glucose am Kohlenstoffatom 6, wobei die Hydrolyse von ATP als Quelle der Phosphatgruppe und der freien Energie genutzt wird.

$$\text{Glucose} + \text{ATP} \xrightarrow[\textit{Hexokinase}]{} \text{Glucose-6-Phosphat} + \text{ADP} \quad (6\text{-}13)$$

Zur kinetischen Analyse dieser Reaktion müssen wir für jede Substratkonzentration die Anfangsgeschwindigkeit ermitteln. Wenn ein Enzym zwei Substrate hat, geht man im Allgemeinen so vor, dass man jeweils die Konzentration eines Substrats verändert, während man die Konzentration des anderen Substrats nahe dem Sättigungsgrad hält, um sicherzustellen, dass die Konzentration nicht die Geschwindigkeit einschränkt. Man muss die Geschwindigkeit ermitteln bevor die Substratkonzentration merklich sinkt oder sich so viel Produkt ansammelt, dass die Umkehrreaktion signifikant ansteigt.

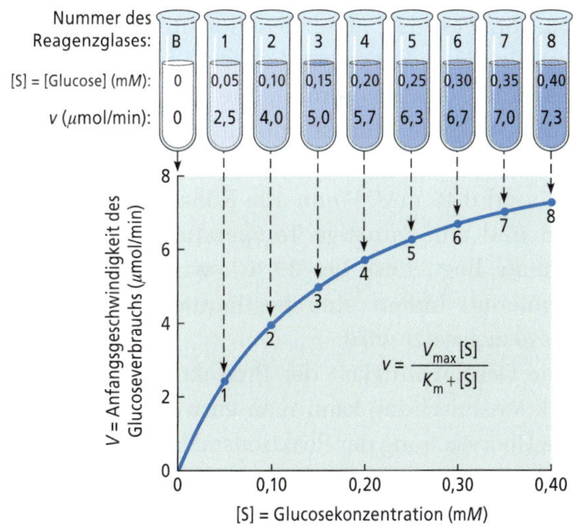

Abbildung 6.12: Experimentelle Vorgehensweise zur Untersuchung der Kinetik der Hexokinasereaktion. Reagenzgläser, die steigende Konzentrationen von Glucose und eine gesättigte Konzentration von ATP enthalten, wurden mit einer Standardmenge Hexokinase inkubiert. Die Anfangsgeschwindigkeit, bei der Produkte gebildet wurden, wurde dann als Funktion der Substratkonzentration [S] aufgetragen. Der Graph ist eine Hyperbel, der V_{max} bei steigender Substratkonzentration erreicht. Für den doppelt reziproken Graphen, der aus diesen Daten abgeleitet wurde, schauen Sie sich bitte Abbildung 6.13 an.

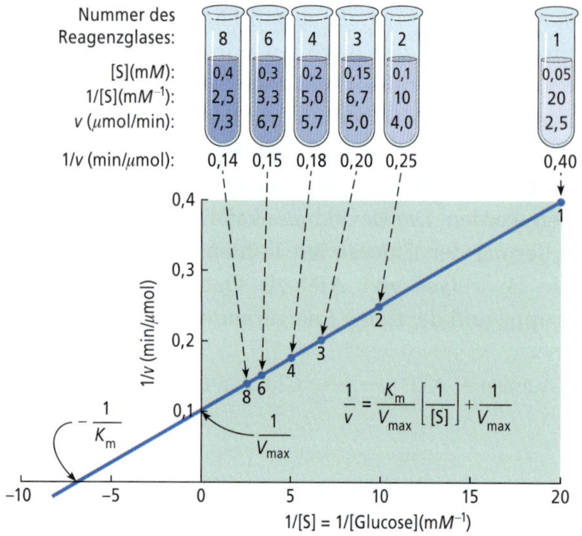

Abbildung 6.13: Der doppelt reziproke Graph für die Hexokinasedaten aus der *Abbildung 6.12.* Man berechnete für jedes Reagenzglas aus der *Abbildung 6.12* $1/v$ und $1/[S]$ und $1/v$ wurde als Funktion von $1/[S]$ aufgetragen. Der Schnittpunkt mit der y-Achse von 0,1 entspricht $1/V_{max}$, sodass V_{max} 10 mM/min beträgt. Der Schnittpunkt mit der x-Achse entspricht $-1/K_m$, sodass K_m 0,15 mM beträgt. (Aufgrund von Platzmangel sind einige der Reagenzgläser aus *Abbildung 6.12* nicht dargestellt.)

In dem in der *Abbildung 6.12* dargestellten Experiment ist die Glucose das variable Substrat und ATP liegt in jedem Reagenzglas in gesättigter Konzentration vor. Von den neun Reaktionsmischungen, die man für dieses Experiment ansetzt, ist ein Reagenzglas eine Negativkontrolle, die als Nullprobe (B) gilt, da es keine Glucose enthält. Die anderen Röhrchen enthalten Glucosekonzentrationen zwischen 0,05 und 0,40 mM. Wenn alle Röhrchen vorbereitet sind und eine günstige Temperatur gehalten wird (oftmals liegt diese bei 25 °C), wird die Reaktion eingeleitet, indem eine bestimmte Menge Hexokinase zugesetzt wird.

Die Geschwindigkeit der Produktbildung in jeder Reaktionsmischung kann man entweder durch ständige Überwachung der Reaktionsmischung mit einem Spektralphotometer (vorausgesetzt, dass einer der Reaktanten oder Produkte Licht einer spezifischen Wellenlänge absorbiert) ermitteln oder man inkubiert jede Reaktionsmischung für eine kurze, festgesetzte Zeit, worauf anschließend in einem chemischen Versuch die Substratabnahme oder die Produktanhäufung ermittelt wird.

Wie Sie aus der *Abbildung 6.12* ersehen, lag die Anfangsgeschwindigkeit der Glucose verbrauchenden Reaktion bei den Reagenzgläsern 1 bis 8 zwischen 2,5 bis 7,3 μmol Glucose, die pro Minute verbraucht wurden, wobei man in der Nullprobe keine Reaktion nachweisen konnte. Trägt man diese Reaktionsgeschwindigkeiten als Funktion der Glucosekonzentration auf, so ergeben die acht Datenpunkte die in der *Abbildung 6.12* dargestellte Hyperbel. Obwohl die Daten der *Abbildung 6.12* zur Verständlichkeit idealisiert wurden, passen die meisten kinetischen Daten, die man auf diese Weise gewinnt, in eine Hyperbel, es sei denn, das Enzym besitzt einige besondere Eigenschaften, die den Rahmen der Michaelis-Menten-Kinetik sprengen.

Die Hyperbel aus der *Abbildung 6.12* veranschaulicht die Notwendigkeit, die Analyse für manche Zwecke in linearer Form darzustellen, da weder V_{max} noch K_m aus den aufgetragenen Werten leicht bestimmt werden kann. Dies wird durch den doppelt reziproken Plot der *Abbildung 6.13* erreicht. Um die hier aufgetragenen Daten zu erhalten, werden die reziproken Werte für jeden Wert von [S] und v aus *Abbildung 6.12* berechnet. Die Werte der Konzentration [S] von 0,05 bis 0,4 mM erzeugen reziproke Werte von 20 bis 2,5 mM^{-1} und die v-Werte von 2,5 bis 7,3 μmol/min führen zu reziproken Werten von 0,4 bis 0,14 min/μmol. Da dies reziproke Werte sind, ist der Datenpunkt, der die niedrigste Konzentration repräsentiert (Reagenzglas 1), am weitesten vom Ursprung entfernt und jedes weiteres Reagenzglas wird durch einen Punkt, der näher am Ursprung liegt, repräsentiert.

Wenn man diese Datenpunkte durch eine Gerade verbindet, dann liegt der Schnittpunkt mit der y-Achse bei 0,1 min/μmol und der Schnittpunkt mit der x-Achse bei $-6{,}7$ mM^{-1}. Aus diesen Schnittpunkten berechnen wir, dass $V_{max} = (1/0{,}1) = 10\,\mu M$/min ist und $K_m = -(1/-6{,}7) = 0{,}15$ mM. Wir kehren zum Michaelis-Menten-Graph in der *Abbildung 6.12* zurück und erkennen, dass diese Werte ganz vernünftig sind, denn wir können uns gut vorstellen, dass der Graph bis zu einem Maximum von 10 mM/min hyperbolisch ansteigt. Beachten Sie, dass Sie durch Betrachtung abschätzen können, dass V_{max} bei nur 8 oder 9 μmol/min liegt. Außerdem erreicht der Graph bei einer Substratkonzentration von 0,15 mM die Hälfte dieses Werts. Daher ist dieser Wert die K_m der Hexokinase für Glucose.

Das Enzym hat auch für das andere Substrat, ATP, einen K_m-Wert. Man kann den Wert von K_m für ATP ermitteln, indem man die ATP-Konzentration variiert und die Glucosekonzentration auf gleichbleibend hohem Niveau hält. Interessanterweise phosphoryliert Hexokinase nicht nur Glucose, sondern auch andere Hexosen und hat dabei für jede Hexose einen bestimmten K_m-Wert. So liegt beispielsweise der K_m-Wert für Fructose bei 1,5 m*M*, was bedeutet, dass man das Zehnfache von Fructose gegenüber Glucose benötigt, um die Reaktion bei halber Maximalgeschwindigkeit ablaufen zu lassen.

6.3.6 Jeder Enzyminhibitor wirkt entweder irreversibel oder reversibel

Bisher sind wir davon ausgegangen, dass Substrate die einzigen Substanzen in Zellen sind, die die Aktivitäten von Enzymen in Zellen beeinflussen. Enzyme werden auch von Reaktionsprodukten, anderen Substraten, Substratanaloga, Pharmaka, Toxinen und einer sehr wichtigen Klasse von Regulatoren beeinflusst, den sogenannten *allosterischen Effektoren*. Die meisten dieser Substanzen üben eine inhibitorische Wirkung auf die Enzymaktivität aus, indem sie die Reaktionsgeschwindigkeit mit dem gewünschten Substrat verringern oder manchmal die Reaktion vollständig blockieren.

Die **Hemmung** der Enzymaktivität ist aus mehreren Gründen wichtig. Die Enzymhemmung spielt vor allem eine entscheidende Rolle als Kontrollmechanismus in Zellen. Viele Enzyme müssen von spezifischen kleinen Molekülen, die nicht ihre Substrate sind, reguliert werden. Oftmals dient dies der Wahrnehmung ihrer unmittelbaren Umgebung, um auf spezifische Bedingungen für die Zellen zu reagieren.

Des Weiteren ist die Enzymhemmung für die Wirkung von Medikamenten und Giften relevant, die ihre Wirkung oftmals dadurch erzielen, dass sie spezifische Enzyme hemmen. Inhibitoren dienen den Enzymologen als Hilfsmittel bei ihren Untersuchungen der Reaktionsmechanismen und den Ärzten bei der Behandlung von Erkrankungen. Besonders wichtige Inhibitoren sind *Substratanaloga* und *Übergangszustandsanaloga*. Diese Verbindungen ähneln so stark dem echten Substrat oder Übergangszustand, dass sie an das aktive Zentrum binden, aber keine Reaktion durchlaufen, aus der ein Endprodukt hervorgeht.

Substratanaloga sind wichtige Hilfsmittel im Kampf gegen Infektionskrankheiten und viele wurden zur Hemmung spezifischer Enzyme in pathogenen Bakterien und Viren entwickelt, die im Allgemeinen auf Enzyme abzielen, die uns Menschen fehlen. Beispielsweise ähneln Sulfonamide dem Folsäurevorläufer PABA (p-Aminobenzoesäure). Sie binden an das aktive Zentrum des bakteriellen Enzyms, das zur Synthese von Folsäure dient, die für die DNA-Synthese benötigt wird, und blockieren es. Ganz ähnlich wirkt Azidothymidin (AZT), ein antivirales Medikament, das dem Desoxythymidinmolekül ähnelt, mit dem im Allgemeinen das menschliche Immunschwächevirus (HIV) unter Verwendung der viralen Reversen Transkriptase DNA synthetisiert. Nachdem AZT an das aktive Zentrum gebunden hat, wird es in einen wachsenden DNA-Strang eingebaut, bildet aber ein inaktiviertes Molekül, das nicht verlängert werden kann.

Inhibitoren können *reversibel* oder *irreversibel* sein. Ein irreversibler Inhibitor bindet kovalent an ein Enzym, was zu dauerhaftem Verlust der katalytischen Aktivität führt. Es überrascht also nicht, dass irreversible Inhibitoren auf Zellen toxisch wirken. Oftmals sind Schwermetallionen irreversible Inhibitoren, aber auch Nervengase und einige Insektizide gehören in diese Gruppe. Diese Substanzen können irreversibel an Enzyme wie *Acetylcholinesterase* binden, ein Enzym, das von lebenswichtiger Bedeutung für die Übertragung von Nervenimpulsen ist (siehe *Kapitel 13*). Die Hemmung der Acetylcholinesterase führt schnell zur Lähmung vitaler Funktionen und damit zum Tod. Einer dieser Inhibitoren ist *Diisopropylfluorphosphat*, ein Nervengas, das kovalent an die Hydroxylgruppe eines wichtigen Serins im aktiven Zentrum des Enzyms bindet, wodurch das Enzymmolekül permanent inaktiviert wird.

Einige irreversible Inhibitoren der Enzyme kann man als Heilmittel einsetzen. Beispielsweise bindet Aspirin irreversibel an das Enzym Cyclooxygenase-1 (COX-1), das Prostaglandine und andere Signalstoffe produziert, die Entzündungen verursachen, die Blutgefäße verengen und zur Verklumpung der Blutplättchen führen. Somit ist Aspirin ein gutes Mittel, um bei kleineren Entzündungen und Kopfschmerzen Abhilfe zu schaffen, und es wird in geringen Dosierungen zum Schutz vor kardiovaskulären Krankheiten verschrieben. Das Antibiotikum *Penicillin* ist ein irreversibler Inhibitor des für die Synthese der bakteriellen Zellwand notwendigen Enzyms. Daher dient Penicillin zur Behandlung bakterieller Infektionen, denn es hindert Bakterienzellen daran, Zellwände zu bilden, wodurch ihr Wachstum und ihre Vermehrung blockiert werden. Da unsere Zellen keine Zellwand besitzen (und auch nicht das Enzym, das sie synthetisiert), ist Penicillin für den Menschen nicht toxisch.

Im Gegensatz dazu bindet ein reversibler Inhibitor nicht kovalent und damit trennbar an ein Enzym, sodass freie und gebundene Formen des Inhibitors im Gleichgewicht koexistieren. Wir können diese Bindung folgendermaßen beschreiben:

$$E + I \rightleftharpoons EI \qquad (6\text{-}14)$$

Wobei E das aktive freie Enzym symbolisiert, I den Inhibitor, und EI ist der aktive Enzym-Inhibitor-Komplex. Der Teil des Enzyms, der der Zelle in aktiver Form zur Verfügung steht, hängt von der Konzentration des Inhibitors und der Stärke des Enzym-Inhibitor-Komplexes ab.

Die beiden am häufigsten vorkommenden reversiblen Inhibitoren sind die kompetitiven Inhibitoren und die nicht-kompetitiven Inhibitoren. Ein kompetitiver Inhibitor bindet an das aktive Zentrum des Enzyms und konkurriert daher direkt mit den Substratmolekülen um die gleiche Bindungsstelle auf dem Enzym (▸*Abbildung 6.14a*). Dadurch wird die Enzymaktivität verringert, denn viele aktive Zentren der Enzymmoleküle werden durch gebundene Inhibitormoleküle blockiert und können daher keine Substratmoleküle an das aktive Zentrum binden. Ein nicht-kompetitiver Inhibitor bindet jedoch auf der Enzymoberfläche an einer *anderen* Stelle als das aktive Zentrum. Zwar blockiert er die Enzymaktivität nicht direkt, aber indirekt, indem er eine Veränderung der Proteinkonformation herbeiführt, die entweder die Substratbindung an das aktive Zentrum hemmt oder die katalytische Aktivität des aktiven Zentrums erheblich herabsetzt (▸*Abbildung 6.14b*).

Man hat beachtliche Erfolge auf dem Gebiet der computergestützten Medikamentenentwicklung erzielt. Bei dieser Vorgehensweise analysiert man die dreidimensionale Struktur des aktiven Zentrums des Enzyms, um vorherzusagen, welche Arten von Molekülen wahrscheinlich fest an das aktive Zentrum binden und als Inhibitoren wirken. Dann können die Wissenschaftler ein Reihe möglicher Inhibitoren entwerfen und deren Bindung mit Hilfe komplexer Computermodelle testen. Auf diese Weise sind wir nicht mehr vollständig von den Inhibitoren abhängig, die in der Natur vorkommen. Man kann Hunderte oder sogar Tausende potenzieller Inhibitoren entwerfen und testen und nur die vielversprechendsten werden tatsächlich synthetisiert und experimentell ausgewertet.

Enzymregulierung 6.4

Zum Verständnis der Rolle von Enzymen in der Zelle, müssen wir zunächst ganz klar erkennen, dass es nicht im Interesse einer Zelle liegt, ein Enzym mit ungebremster Geschwindigkeit wirken zu lassen. Stattdessen müssen die Geschwindigkeiten der von Enzymen katalysierten Reaktionen ständig

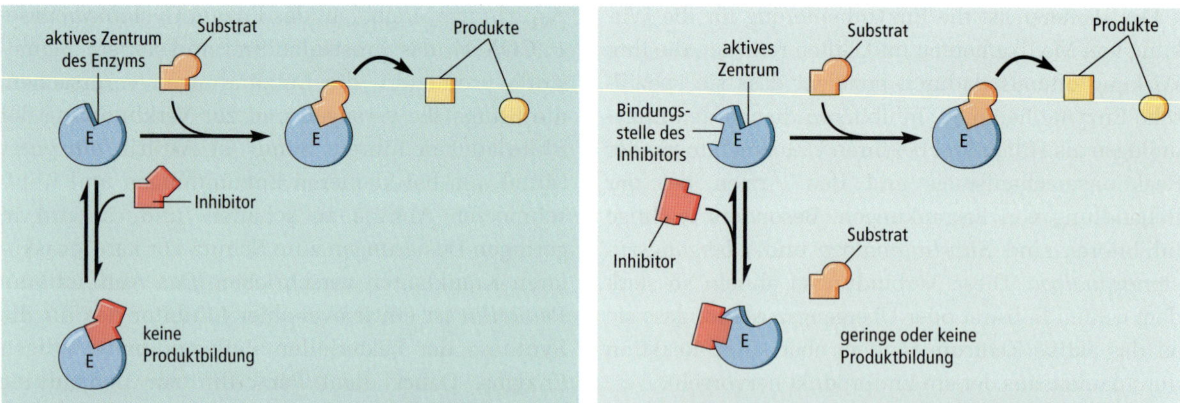

(a) Kompetitive Inhibition. Inhibitor und Substrat binden an das aktive Zentrum des Enzyms. Durch die Bindung eines Inhibitors wird die Bindung des Substrats verhindert, wodurch die Aktivität des Enzyms gehemmt wird.

(b) Nicht kompetitive Inhibition. Inhibitor und Substrat binden an verschiedenen Stellen. Durch die Bindung eines Inhibitors wird das Enzym deformiert, wodurch die Substratbindung verhindert oder die katalytische Aktivität reduziert wird.

Abbildung 6.14: **Wirkungsweisen kompetitiver und nicht-kompetitiver Inhibitoren**. Sowohl (a) kompetitive als auch (b) nicht-kompetitive Inhibitoren binden reversibel an das Enzym E, wodurch sie dessen Aktivität hemmen. Sie unterscheiden sich bezüglich der Bindungsstelle auf dem Enzym, an die sie binden.

angepasst werden, um sie genau auf die Bedürfnisse der Zelle abzustimmen. Ein wichtiger Aspekt dieser Justierung liegt in der Fähigkeit der Zelle, die Enzymaktivitäten spezifisch und präzise zu steuern.

Wir sind bereits einer Reihe regulatorischer Mechanismen begegnet, darunter Veränderung der Substrat- und Produktkonzentrationen, Veränderung der Temperatur und des pH-Werts sowie der Gegenwart und Konzentration von Inhibitoren. Einen Regulationsmechanismus, der direkt von den Wechselwirkungen von Substraten und Produkten abhängt und damit hauptsächlich durch die Substratkonzentration reguliert wird, bezeichnet man als **Substrat-Level-Regulation**. Aus der Michaelis-Menten-Gleichung geht hervor, dass eine Erhöhung der Substratkonzentration zur Steigerung der Reaktionsgeschwindigkeit führt (siehe *Abbildung 6.8*); umgekehrt führt eine Erhöhung der Produktkonzentration zur Herabsetzung der Geschwindigkeit, mit der Substrat in Produkt umgewandelt wird. (Dieser inhibitorische Effekt der Produktkonzentration ist der Grund dafür, dass v als *Anfangs*geschwindigkeit der Reaktion in der Michaelis-Menten-Gleichung ermittelt werden muss, wie in der Gleichung 6-7 vorgegeben.)

Die Regulierung des Substratlevels ist ein wichtiger Kontrollmechanismus in Zellen, doch reicht er für die Regulierung der meisten Reaktionen oder Reaktionsreihen nicht aus. Meist werden Enzyme auch noch von anderen Mechanismen reguliert. Zwei der wichtigsten Mechanismen sind die *allosterische Regulation* und die *kovalente Modifikation*. Dank dieser Mechanismen können die Zellen Enzyme ein- oder ausschalten oder deren Reaktionsgeschwindigkeiten fein regulieren, indem sie die Enzymaktivitäten entsprechend verändern.

Fast ausnahmslos katalysiert ein Enzym, das durch einen solchen Mechanismus reguliert wird, den ersten Schritt einer vielschrittigen Reaktionsfolge. Indem die Geschwindigkeit des ersten Schritts erhöht oder gesenkt wird, wird die gesamte Reaktionsabfolge effektiv gesteuert. Zu den Wegen, die auf diese Weise reguliert werden, gehören die zur Spaltung großer Moleküle (beispielsweise Zucker, Fette oder Aminosäuren) und Wege, die zur Synthese von Substanzen führen, die die Zelle benötigt (zum Beispiel Aminosäuren und Nucleotide). Zunächst werden wir die allosterische Regulation und die kovalente Modifikation nur anreißen. In späteren Kapiteln werden wir bei der Behandlung spezifischer Beispiele zu diesen Mechanismen zurückkehren.

6.4.1 Allosterische Enzyme werden von anderen Molekülen als Reaktanten und Produkten reguliert

Der wichtigste Kontrollmechanismus, durch den die Geschwindigkeit der von Enzymen katalysierten Reaktionen an die Bedürfnisse der Zelle angepasst wird, ist die *allosterische Regulation*. Zum Verständnis dieser Regulation betrachten wir den Weg, auf dem eine Zelle einen Vorläufer A über eine Reihe von Zwischenprodukten B, C und D in einer von den Enzymen E_1, E_2, E_3 und E_4 katalysierten Reaktionsfolge in ein Endprodukt P umwandelt:

$$A \xrightarrow[E_1]{} B \xrightarrow[E_2]{} C \xrightarrow[E_3]{} D \xrightarrow[E_4]{} P \qquad (6\text{-}15)$$

Das Produkt P könnte zum Beispiel eine Aminosäure sein, die für die Proteinsynthese von der Zelle benötigt wird, und A könnte eine häufig vorkommende Substanz der Zelle sein, die als Ausgangspunkt für diese spezifische Reaktionsfolge dient, die zu P führt.

Rückkopplungshemmung Wenn die Reaktionsfolge 6-15 bei konstanter, unbegrenzter Geschwindigkeit ablaufen könnte, dann würden große Mengen von A in P umgewandelt und es käme möglicherweise zu schädlichen Nebenwirkungen, wenn A verschwindet oder P in zu großen Mengen gebildet wird. Am besten ist den Interessen der Zelle also gedient, wenn der Weg nicht mit Maximalgeschwindigkeit fortschreitet oder mit konstanter Geschwindigkeit, sondern mit einer sorgfältig auf die zellulären Bedürfnisse bezüglich P regulierten Geschwindigkeit.

Irgendwie müssen die beim Reaktionsweg mitwirkenden Enzyme auf das zelluläre Niveau des Produktes P reagieren, so wie eine Heizung auf die Temperaturen in den Räumen, die geheizt werden müssen, reagiert. Im letztgenannten Fall ist ein Thermostat die notwendige regulatorische Verbindung zwischen der Heizung und ihrem „Produkt“, der Wärme. Wenn es zu warm wird, schaltet das Thermostat die Heizung ab und hemmt die Wärmebildung. Wenn Wärme benötigt wird, wird folglich die Hemmung gesenkt. In unserem Beispiel mit dem Enzym ist die gewünschte Regulierung machbar, weil das Produkt P ein spezifischer Inhibitor von E_1 ist, dem Enzym, das die erste Reaktion der Reaktionsfolge katalysiert.

Dieses Phänomen bezeichnet man als Rückkopplungshemmung (oder Endprodukthemmung) und es wird in der folgenden Reaktionsfolge durch den gestrichelten Pfeil dargestellt, der das Produkt P mit dem Enzym E_1 verbindet:

$$A \xrightarrow[E_1]{} B \xrightarrow[E_2]{} C \xrightarrow[E_3]{} D \xrightarrow[E_4]{} P \qquad (6\text{-}16)$$

Rückkopplungshemmung von E_1 durch P

Die Rückkopplungshemmung ist einer der am häufigsten von Zellen angewandten Mechanismen, um sicherzustellen, dass die Aktivitäten von Reaktionsfolgen an die Bedürfnisse der Zelle angepasst werden.

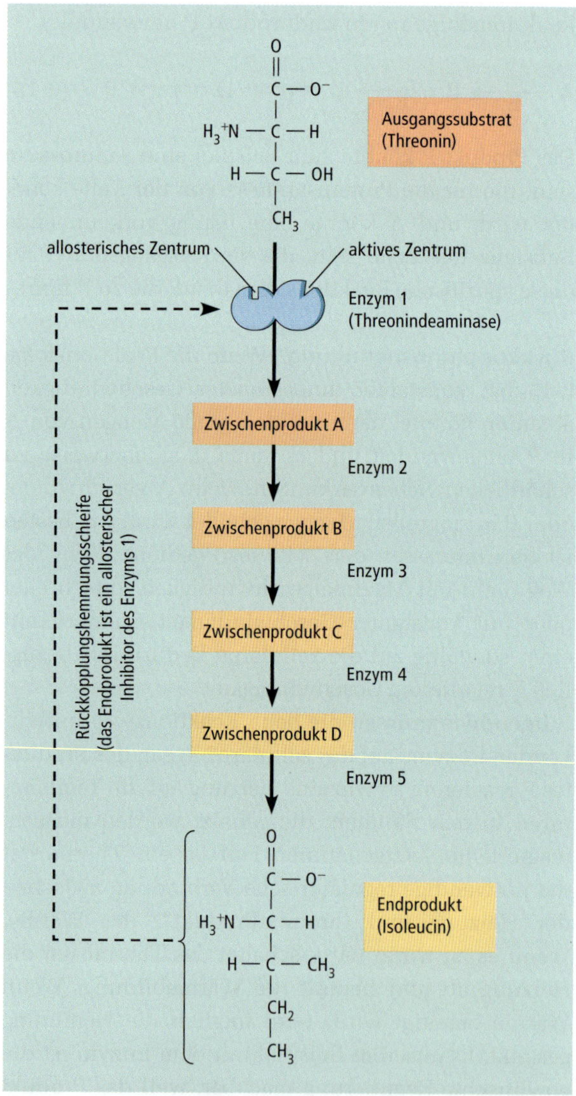

Abbildung 6.15: Die allosterische Regulation der Enzymaktivität. Ein spezifisches Beispiel einer Rückkopplungshemmung ist der Weg, über den die Aminosäure Isoleucin aus Threonin, einer anderen Aminosäure, synthetisiert wird. Das erste Enzym der Sequenz, Threonindeaminase, wird allosterisch durch Isoleucin gehemmt, das an das Enzym nicht im aktiven Zentrum, sondern an anderer Stelle bindet.

In der ▶*Abbildung 6.15* ist ein spezifisches Beispiel eines solchen Stoffwechselweges dargestellt – die fünfschrittige Abfolge, über die die Aminosäure *Isoleucin* aus *Threonin* synthetisiert wird. In diesem Fall wird das erste Enzym des Weges, *Threonindeaminase*, durch die Konzentration von Isoleucin in der Zelle reguliert. Wenn die Zelle Isoleucin benötigt (am wahrscheinlichsten bei der Proteinsynthese), wird die Isoleucinkonzentration niedrig sein. Unter diesen Bedingungen ist die Threonindeaminase aktiv und auf dem gezeigten Stoffwechselweg wird mehr Isoleucin gebildet. Lässt der Bedarf an Isoleucin nach, so wird dieses sich in der Zelle anhäufen. Dieser Konzentrationsanstieg führt zur Hemmung der Threonindeaminase und folglich zur Senkung der Geschwindigkeit, mit der Isoleucin synthetisiert wird.

Die allosterische Regulation Wie kann das erste Enzym eines Stoffwechselweges (zum Beispiel das Enzym E_1 in der Reaktionsfolge 6-16) empfindlich auf die Konzentration einer Substanz P reagieren, die weder ihr Substrat noch ihr Zwischenprodukt ist? Die Antwort auf diese Frage wurde erstmalig im Jahr 1963 von Jacques Monod, Jean-Pierre Changeux und Francois Jacob gegeben. Ihre Theorie wurde schnell untermauert und führte schließlich zu unserem Verständnis der **allosterischen Regulation**. Der Begriff allosterisch wurde aus dem griechischen von „eine andere Gestalt (oder Form)" abgeleitet und verweist somit darauf, dass alle zur allosterischen Regulation befähigten Enzyme in zwei verschiedenen Formen existieren können.

In einer der Formen besitzt das Enzym eine hohe Affinität für sein(e) Substrat(e), woraus eine hohe Aktivität resultiert. In der anderen Form hat es nur wenig oder gar keine Affinität für sein Substrat, weshalb eine geringe oder gar keine katalytische Aktivität vorliegt. Enzyme mit dieser Eigenschaft bezeichnet man als **allosterische Enzyme**. Die beiden verschiedenen Formen eines allosterischen Enzyms können leicht ineinander umgewandelt werden.

Die Frage, ob die aktive oder inaktive Form eines allosterischen Enzyms bevorzugt vorliegt, hängt von der zellulären Konzentration der geeigneten regulatorischen Substanz ab, des sogenannten **allosterischen Effektors**. Im Fall der Isoleucinsynthese ist Isoleucin der allosterische Effektor und das allosterische Enzym ist Threonindeaminase. Allgemeiner formuliert, *ein allosterischer Effektor ist ein kleines organisches Molekül, das die Aktivität eines Enzyms* *reguliert, für das es weder das Substrat noch das Zwischenprodukt ist.*

Ein allosterischer Effektor beeinflusst die Enzymaktivität, indem er an eine der beiden ineinander umwandelbaren Formen des Enzyms bindet, wodurch dessen Zustand stabilisiert wird. Der Effektor bindet an das Enzym, weil sich auf der Oberfläche des Enzyms ein **allosterisches** (oder **regulatorisches**) **Zentrum** befindet, das sich vom aktiven Zentrum, an dem das katalytische Ereignis abläuft, unterscheidet. Somit ist ein Alleinstellungsmerkmal aller allosterischen Enzyme (und auch aller allosterischen Proteine) die Gegenwart eines *aktiven Zentrums* auf der Enzymoberfläche, an die das Substrat bindet und eines *allosterischen Zentrums*, an dem der Effektor bindet. Tatsächlich besitzen einige allosterische Enzyme mehrere allosterische Zentren, die jeweils einen anderen Effektor erkennen.

Bei dem Effektor kann es sich entweder um einen **allosterischen Inhibitor** oder um einen **allosterischen Aktivator** handeln, je nach Wirkung, die nach Bindung an das allosterische Zentrum auf dem Enzym erzielt wird – das heißt, in Abhängigkeit davon, ob der Effektor an die Form des Enzyms gebunden wird, die wenig Affinität oder hohe Affinität besitzt (▶*Abbildung 6.16*). Durch Bindung eines allosterischen Inhibitors wird das Gleichgewicht zwischen den beiden Formen des Enzyms zu Gunsten der geringeren Affinität verschoben (▶*Abbildung 6.16a*). Andererseits wird das Gleichgewicht zu Gunsten der hohen Affinität verschoben, wenn die Bindung eines allosterischen Aktivators stattfindet (▶*Abbildung 6.16b*). In beiden Fällen stabilisiert die Bindung des Effektors an das allosterische Zentrum das Enzym in einer seiner ineinander umwandelbaren Formen, wodurch die Wahrscheinlichkeit der Substratbindung gesenkt oder erhöht wird.

Die meisten allosterischen Enzyme sind große Proteine aus mehreren Untereinheiten. Daher ist die Quartärstruktur für diese Enzyme von Bedeutung. Typischerweise liegen die aktiven Zentren und die allosterischen Zentren auf verschiedenen Untereinheiten des Proteins, die man als **katalytische Untereinheiten** bzw. **regulatorische Untereinheiten** bezeichnet (achten Sie auf die C- und R-Untereinheiten der in der *Abbildung 6.16* dargestellten Enzymmoleküle). Dies bedeutet wiederum, dass die Bindung von Effektormolekülen an die allosterischen Zentren sich nicht nur auf die Form der regulatorischen Untereinheiten auswirkt, sondern auch auf die katalytischen Untereinheiten.

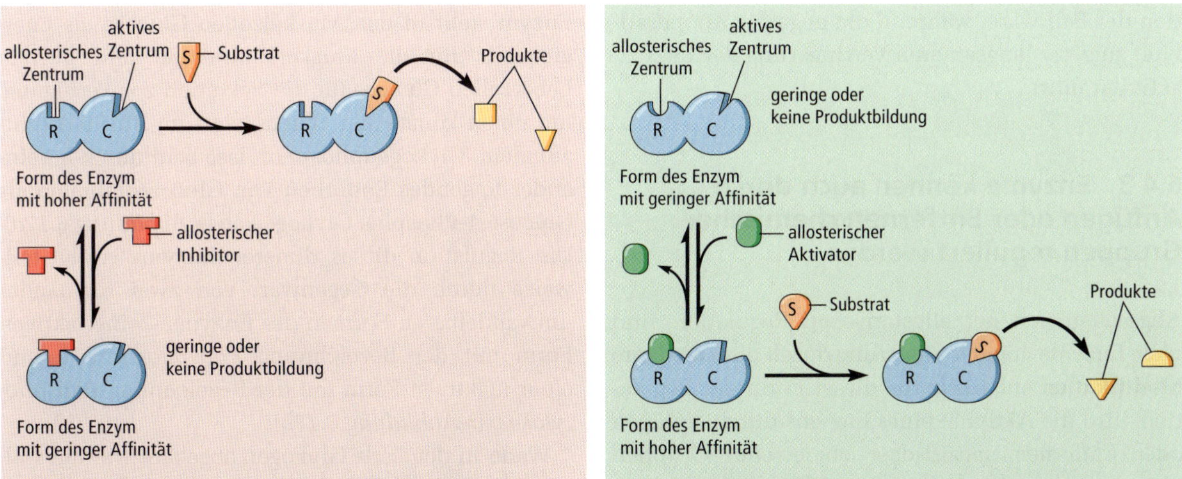

(a) Allosterische Inhibition. Ein Enzym unter allosterischer Inhibition ist in der nicht komplexierten Form aktiv, in der es eine hohe Affinität für sein Substrat (S) hat. Durch Bindung eines allosterischen Inhibitors (rot) wird das Enzym in der Form der geringen Affinität stabilisiert, was zu geringer oder keiner Aktivität führt.

(b) Allosterische Aktivierung. Ein Enzym unter allosterischer Aktivierung ist in der nicht komplexierten Form inaktiv, wobei geringe Affinität für dessen Substrat vorliegt. Durch Bindung an einen allosterischen Aktivator (grün) wird das Enzym in der Form der hohen Affinität stabilisiert, was zur Aktivität des Enzyms führt.

Abbildung 6.16: **Mechanismen der allosterischen Hemmung und Aktivierung**. Ein allosterisches Enzym besteht aus einer oder mehreren katalytischen Untereinheiten (C) und einer oder mehreren regulatorischen Untereinheiten (R), die jeweils ein aktives Zentrum und ein allosterisches Zentrum besitzen. Das Enzym existiert in zwei Formen, eine Form mit hoher Affinität für sein Substrat (bei dieser Form wird mit großer Wahrscheinlichkeit ein Produkt gebildet) und eine Form mit geringer Affinität (mit entsprechend geringer Wahrscheinlichkeit wird ein Produkt gebildet). Die dominantere Form des Enzyms hängt von der Konzentration des/der allosterischen Effektors/Effektoren ab.

6.4.2 Allosterische Enzyme zeichnen sich durch kooperative Wechselwirkungen zwischen Untereinheiten aus

Viele allosterische Enzyme besitzen eine Eigenschaft, die man als **Kooperativität** bezeichnet. Dies bedeutet, dass das Enzym eine Konformationsänderung durchläuft, die sich auf die Affinität der für Substrat verbleibenden Stellen auswirkt, wenn die vielen katalytischen Stellen auf dem Enzym Substratmoleküle binden. Einige Enzyme besitzen eine *positive Kooperativität*, die bewirkt, dass die Bindung eines Substratmoleküls an eine katalytische Untereinheit die Affinität anderer katalytischer Untereinheiten für das Substrat erhöht. Andere Enzyme besitzen *negative Kooperativität*, die bewirkt, dass die Substratbindung an eine katalytische Untereinheit die Affinität der anderen katalytischen Stellen für das Substrat mindert.

Dank dieser Kooperativität ist die Zelle befähigt, Enzyme zu bilden, die empfindlicher oder weniger empfindlich auf Veränderungen in der Substratkonzentration reagieren, als man sie sonst ausgehend von der Michaelis-Menten-Kinetik für möglich halten würde. Die positive Kooperativität bewirkt, dass die katalytische Aktivität eines Enzyms schneller ansteigt, als dies bei normaler Substratkonzentration der Fall wäre, während die negative Kooperativität zu einer langsameren Verringerung der Enzymaktivität führt.

6.4.3 Enzyme können auch durch Anfügen oder Entfernen chemischer Gruppen reguliert werden

Abgesehen von der allosterischen Regulation sind viele Enzyme von der Steuerung durch die **kovalente Modifikation** abhängig. Bei dieser Form der Regulation wird die Aktivität eines Enzyms durch Anfügen oder Entfernen spezifischer chemischer Gruppen über kovalente Bindungen beeinflusst. Häufig vorkommende Modifikationen erfolgen durch Anfügen von Phosphatgruppen, Methylgruppen, Acetylgruppen oder Derivaten von Nucleotiden. Einige dieser Modifikationen sind reversibel, andere dagegen nicht. In jedem Fall besteht der Effekt darin, durch Modifikation das Enzym zu aktivieren oder zu deaktivieren – oder zumindest dessen Aktivität nach oben oder unten zu regulieren.

Phosphorylierung/Dephosphorylierung Die Modifikation, der wir am häufigsten begegnen und die am besten aufgeklärt wurde, besteht aus dem reversiblen Anfügen von Phosphatgruppen. Das Anfügen von Phosphatgruppen bezeichnet man als **Phosphorylierung**. Sie erfolgt zumeist durch Transfer einer Phosphatgruppe von ATP an die Hydroxylgruppe eines Serin-, Threonin- oder Tyrosinrestes im Protein. Enzyme, die die Phosphorylierung anderer Enzyme katalysieren (oder anderer Proteine), bezeichnet man als **Proteinkinasen**. Bei der Umkehr dieses Vorgangs, der **Dephosphorylierung**, wird eine Phosphatgruppe von einem phosphorylierten Protein entfernt. Dieser Vorgang wird von Enzymen mit der Bezeichnung **Proteinphosphatasen** katalysiert. Je nach Enzym kann die Phosphorylierung das Enzym aktivieren oder hemmen.

Die Enzymregulation durch reversible Phosphorylierung/Dephosphorylierung wurde von Edmond Fischer und Edwin Krebs (nicht Hans Krebs, dem Namensgeber des Krebs-Zyklus) an der University of Washington in den 1950er Jahren entdeckt. Sie erhielten 1992 den Nobelpreis für Physiologie oder Medizin als Anerkennung ihrer bahnbrechenden Arbeit mit *Glykogenphosphorylase*, einem Enzym, das Glykogen abbaut und in der Leber und den Skelettmuskelzellen vorkommt (▶ *Abbildung 6.17*). Dieses Enzym stellt in den Muskelzellen Glucose als Energiequelle für die Muskelkontraktion und in den Leberzellen Glucose für die Sekretion zur Verfügung, um einen konstanten Glucosewert im Blut aufrechtzuhalten. Glykogenphosphorylase baut durch aufeinander folgendes Entfernen von Glucoseeinheiten als Glucose-1-Phosphat Glykogen ab (▶ *Abbildung 6.17a*). Die Regulation dieses dimeren Enzyms erfolgt teilweise durch die Gegenwart von zwei ineinander umwandelbaren Formen des Enzyms – einer aktiven Form mit der Bezeichnung *Phosphorylase a* und einer inaktiven Form mit der Bezeichnung *Phosphorylase b* (▶ *Abbildung 6.17b*).

Wenn in der Zelle Glykogen abgebaut werden soll, wird die inaktive *b*-Form des Enzyms in die aktive *a*-Form umgewandelt, indem eine Phosphatgruppe an ein bestimmtes Serin auf jeder der beiden Untereinheiten des Phosphorylasemoleküls angefügt wird. Diese Reaktion wird von der *Phosphorylasekinase* katalysiert und führt zu einer Konformationsveränderung in die aktive Form der Phosphorylase. Wenn die Zelle keinen Abbau von Glykogen benötigt, werden die Phosphatgruppen durch das Enzym *Phos-*

phorylasephosphatase von der *Phosphorylase a* entfernt.

Die Muskel- und Leberformen der Glykogenphosphorylase, die man als Isozyme bezeichnet, weisen geringfügige Unterschiede in ihrer Regulationsweise auf. Abgesehen davon, dass sie durch den in *Abbildung 6.17* dargestellten Phosphorylierungs-/ Dephosphorylierungs-Mechanismus reguliert wird, wird die Glykogenphosphorylase, ein allosterisches Enzym, durch Glucose und ATP gehemmt und durch AMP aktiviert. Die Bindung von Glucose an die aktive Leber- Glykogenphosphorylase a führt zu deren Inaktivierung, indem der Glykogenabbau blockiert wird, wenn die Glucoseakkumulation schneller als erforderlich abläuft. Die beiden Stufen der Regulation der Glykogenphosphorylase veranschaulichen einen wichtigen Aspekt der Enzymregulation. Viele Enzyme werden von zwei oder mehr regulatorischen Mechanismen reguliert, wodurch die Zelle befähigt wird, die richtigen Antworten auf die jeweiligen physiologischen Notwendigkeiten zu geben.

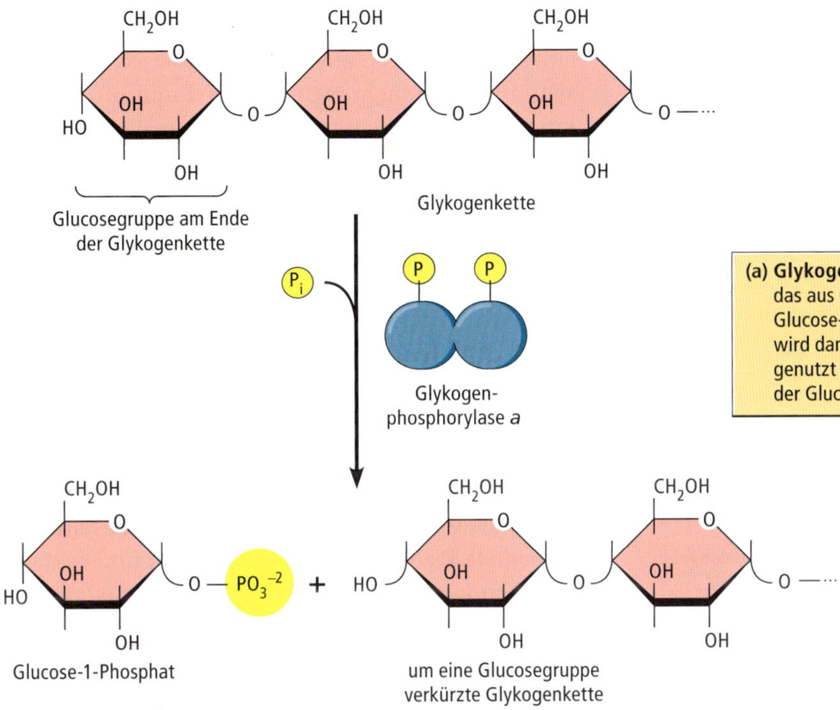

(a) Glykogenphosphorylase ist ein dimeres Enzym, das aus Glykogenmolekülen Glucoseeinheiten als Glucose-1-Phosphat freisetzt. Glucose-1-Phosphat wird dann von den Muskelzellen als Energiequelle genutzt und dient den Leberzellen zur Regulierung der Glucosewerte im Blut.

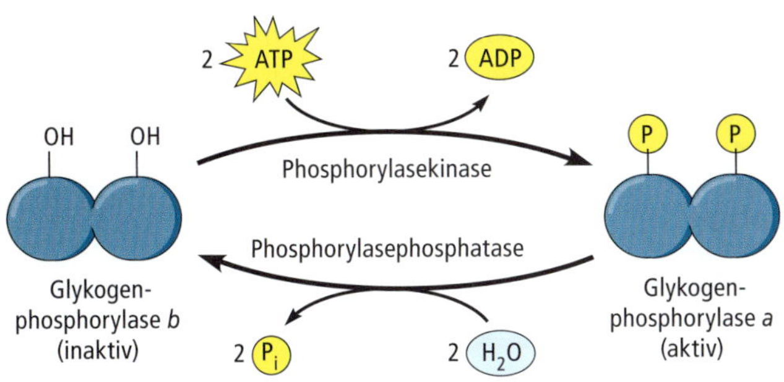

(b) Glykogenphosphophorylase wird zum Teil durch einen Phosphorylierung/Dephosphorylierung-Mechanismus reguliert. Die inaktive Form des Enzyms, die Phosphorylase b, kann in die aktive Form, Phosphorylase *a*, umgewandelt werden. Diese Umwandlung erfolgt durch eine doppelte Phosphorylierungsreaktion, die von dem Enzym Phosphorylasekinase katalysiert wird. Durch Entfernen der Phosphatgruppen durch Phosphorylasephosphatase kehrt das Phosphorylasemolekül wieder in die inaktive *b*-Form zurück.

Abbildung 6.17: **Die Regulation der Glykogenphosphorylase durch Phosphorylierung**. Die Aktivität von Glykogenphosphorylase wird durch reversible Phosphorylierungs- und Dephosphorylierungsreaktionen reguliert, die jeweils von der Phosphorylasekinase und der Phosphorylasephosphatase katalysiert werden.

Proteolytische Spaltung Eine andere Form der kovalenten Aktivierung von Enzymen bewirkt das einmalige, irreversible Entfernen eines Teils der Polypeptidkette durch ein geeignetes proteolytisches (Protein abbauendes) Enzym. Diese Form der Modifikation, die sogenannte **proteolytische Spaltung**, kann besonders gut am Beispiel der proteolytischen Enzyme der Bauchspeicheldrüse veranschaulicht werden, zu denen Trypsin, Chymotrypsin und Carboxypeptidase gehören. Nach ihrer Synthese in der Bauchspeicheldrüse werden diese Enzyme als Antwort auf ein Hormonsignal in inaktiver Form in den Zwölffingerdarm des Dünndarms ausgeschieden (▶*Abbildung 6.18*). Diese Proteasen können fast alle aufgenommenen Proteine zu Di- und Tripeptiden und freien Aminosäuren abbauen, die dann von den intestinalen Epithelzellen absorbiert werden.

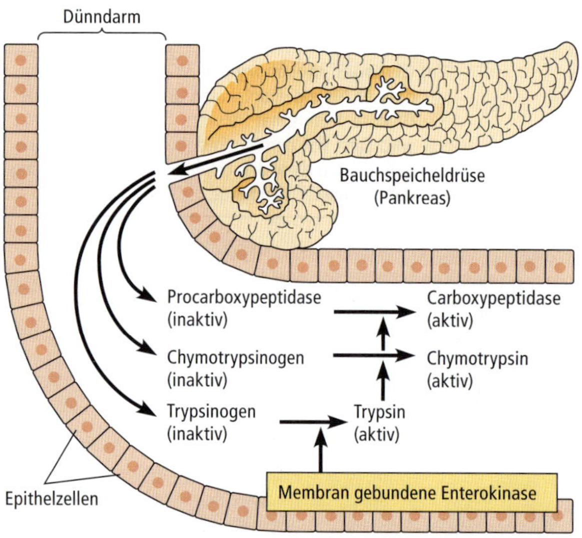

Abbildung 6.18: Aktivierung der Zymogene der Bauchspeicheldrüse durch proteolytische Spaltung. Die Proteasen der Bauchspeicheldrüse werden synthetisiert und als inaktive Vorläufer, Zymogene, in den Dünndarm ausgeschieden. Procarboxypeptidase, Trypsinogen und Chymotrypsinogen sind Zymogene. Zur Aktivierung von Trypsinogen zu Trypsin muss durch Enterokinase, ein membrangebundenes Enzym des Zwölffingerdarms, ein Hexapeptidsegment entfernt werden. Dann aktiviert Trypsin durch proteolytische Spaltung weitere Zymogene. Procarboxypeptidase wird durch einen einzigen Spaltungsvorgang aktiviert, während die Aktivierung von Chymotrypsinogen ein etwas komplizierterer zweischrittiger Vorgang ist, der hier nicht im Einzelnen dargestellt wird.

Die Proteasen der Bauchspeicheldrüse werden nicht in ihrer aktiven Form synthetisiert. Wahrscheinlich würden sie den Zellen der Bauchspeicheldrüse Probleme bereiten, die sich vor ihren eigenen proteolytischen Enzymen schützen müssen. Stattdessen wird jedes dieser Enzyme in Form eines etwas größeren, katalytisch inaktiven Moleküls synthetisiert, das *Zymogen* genannt wird. Zymogene müssen selber proteolytisch gespalten werden, um aktive Enzyme zu werden. Beispielsweise wird Trypsin anfangs als Zymogen mit der Bezeichnung *Trypsinogen* synthetisiert. Wenn Trypsinogen in den Zwölffingerdarm gelangt, wird es durch Entfernen eines Hexapeptids (eines Strangs aus sechs Aminosäuren) von seinem N-Terminus durch die Enterokinase (einer membrangebundenen Protease, die von den Zellen des Zwölffingerdarms gebildet wird) aktiviert. Das aktive Trypsin aktiviert dann durch spezifische proteolytische Spaltungsvorgänge weitere Zymogene.

6.5 RNA-Moleküle als Enzyme: Ribozyme

Bis in die frühen 1980er Jahre nahm man an, dass alle Enzyme Proteine seien. Ja man sah dies als fundamentale Wahrheit der Zellbiologie an und es stand in jedem Lehrbuch. Zellbiologen waren davon überzeugt, dass alle Enzyme Proteine seien, denn jedes Enzym, das man in den 55 Jahren nach Summers Aufreinigung der Urease im Jahr 1926 entdeckte, war ein Protein. Nun ist aber die Biologie ein Gebiet voller Überraschungen und man hat Enzyme gefunden, die nicht aus Protein bestehen – die RNA-Katalysatoren oder **Ribozyme**. Tatsächlich sind heute viele Wissenschaftler der Auffassung, dass die frühesten Enzyme Moleküle katalytischer, selbst replizierender RNA waren und dass diese Moleküle noch vor der Entstehung der DNA in vielen primitiven Zellen vorkamen.

Den ersten Nachweis erbrachten 1981 Thomas Cech und seine Kollegen von der University of Colorado, als sie eine offensichtliche Ausnahme der Regel „alle Enzyme sind Proteine“ entdeckten. Sie untersuchten das Entfernen eines inneren Segments der RNA, eines Introns eines spezifischen ribosomalen RNA-Vorläufers (Prä-rRNA), bei *Tetrahymena thermophila*, einem einzelligen Eukaryoten. Im Laufe ihrer Arbeit machten die Wissenschaftler die erstaunliche Beobachtung, dass dieser Vorgang ohne Proteine ablief! Sie wiesen nach, dass das Entfernen eines inneren 413-Nucleotidsegments von RNA aus der *Tetrahymena*-Prä-rRNA von dem Prä-rRNA-Molekül selbst katalysiert wurde und damit ein Beispiel für *Autokatalyse* bietet.

Zwei Jahre später entdeckte man im Labor von Sidney Altman an der Yale University, wo man die *Ribonuclease P* untersuchte, ein Enzym, das Transfer-RNA-Vorläufer (Prä-tRNAs) spaltete, aus denen funktionale RNA-Moleküle hervorgingen. Man wusste damals, dass Ribonuclease P aus einer Proteinkomponente und einer RNA-Komponente bestand und man war allgemein der Auffassung, dass das aktive Zentrum auf der Proteinkomponente lag. Man isolierte die Komponenten und untersuchte sie einzeln. Dadurch vermochten Altman und seine Kollegen eindeutig nachzuweisen, dass nur die isolierte RNA-Komponente dazu befähigt war, die spezifische Spaltung von tRNA-Vorläufern eigenständig zu katalysieren. Desweiteren gehorchte die von der RNA katalysierte Reaktion der Michaelis-Menten-Kinetik, womit ein weiterer Beweis dafür erbracht war, dass die RNA-Komponente wie ein echtes Enzym wirkte. (Der Proteinbaustein verstärkt die Aktivität, wird aber weder für Bindung noch für Spaltung des Substrats benötigt.)

Die Tragweite der Entdeckung der Ribozyme wurde mit dem Nobelpreis gewürdigt, der Cech und Altman 1989 verliehen wurde. Seit diesen ersten Entdeckungen hat man weitere Ribozyme aufgespürt. Von besonderer Bedeutung ist die Rolle des aktiven Zentrums bei einem entscheidenden Schritt der Proteinsynthese durch Ribosomen. Die große ribosomale Untereinheit (siehe *Abbildung 4.22*) ist die Stelle der Peptidyltransferaseaktivität, die die Bildung der Peptidbindung katalysiert.

Lange hatte man angenommen, dass das aktive Zentrum für diese Peptidyltransferaseaktivität auf einem der Proteinmoleküle der großen Untereinheit läge, wobei die rRNA die Aufgabe eines Strukturgerüsts übernähme. Im Jahr 1992 wiesen Harry Noller und seine Kollegen von der University of California, Santa Cruz, nach, dass trotz Entfernen von mindestens 80 % des Proteins aus der großen ribosomalen Untereinheit, noch mindestens 95 % der Peptidyltransferase der intakten Untereinheiten erhalten blieben. Dies legte die Vermutung nahe, dass höchstwahrscheinlich eines der RNA-Moleküle der Katalysator ist.

Desweiteren wurde die Aktivität durch Behandlung mit Ribonuclease (einem Enzym, das RNA abbaut) vernichtet, aber nicht von der Proteinase K beeinträchtigt, einem Enzym, das Protein abbaut. Somit geht die Peptidyltransferaseaktivität, die für die Bildung der Peptidbindung bei der ribosomalen Proteinsynthese verantwortlich ist, auf die RNA zurück – es handelt sich also um ein Ribozym. Anscheinend besteht die Funktion der ribosomalen Proteine darin, die katalytische RNA zu unterstützen und zu stabilisieren und nicht das Gegenteil zu bewirken! Damit wird die Überlegung untermauert, dass die Katalyse durch RNA ein Vorläufer der Protein-Katalyse ist.

Die Entdeckung der Ribozyme hat unsere Sichtweise über den Ursprung des Lebens auf der Erde erheblich verändert. Viele Jahre lang hatten die Wissenschaftler vermutet, dass die ersten katalytischen Makromoleküle Aminosäurepolymere gewesen sein müssten, die Proteinen ähnelten. Dieses Konzept kam aber sofort in Bedrängnis, denn es konnte nicht erklärt werden, wie ein primitives Protein Information tragen oder sich replizieren konnte, was zwei Grundeigenschaften des Lebens sind. Wenn aber die ersten Katalysatoren RNA-Moleküle und nicht Proteinmoleküle waren, dann kann man sich eher eine „RNA-Welt“ vorstellen, in der die RNA-Moleküle sowohl als Katalysatoren als auch als Replikationssysteme wirkten, die Information von einer Generation zu nächsten übertragen konnten.

ZUSAMMENFASSUNG DER WICHTIGSTEN INHALTE

Aktivierungsenergie und der metastabile Zustand

- Zwar können wir mittels der Thermodynamik die Durchführbarkeit einer Reaktion ermitteln, doch wird keine Aussage über die Wahrscheinlichkeit gemacht, mit der die Reaktion bei ausreichender Geschwindigkeit in der Zelle abläuft.

- Damit eine bestimmte chemische Reaktion in einer Zelle ablaufen kann, müssen die Substrate den Übergangszustand erreichen, dessen freie Energie größer ist als die der Substrate oder der Produkte. Der Übergangszustand kann nur durch Aufwand von Aktivierungsenergie erreicht werden.

- Aufgrund dieser Aktivierungsenergie-Barriere liegen die meisten biologischen Verbindungen in einem inaktiven metastabilen Zustand vor. Um sicherzustellen, dass die notwendige Aktivierungsenergie aufgebracht wird und der Übergangszustand erreicht wird, muss ein Katalysator vorhanden sein, bei dem es sich in biologischen Systemen immer um ein Enzym handelt.

Enzyme als biologische Katalysatoren

- Unabhängig davon, ob es sich um einen anorganischen oder einen organischen Katalysator handelt, erzielen diese ihre Wirkung immer dadurch, dass sie vorübergehende Komplexe mit Substratmolekülen bilden, die die benötigte Aktivierungsenergie herabsetzen und die Geschwindigkeit der jeweiligen Reaktion steigern.

- Chemische Reaktionen werden in Zellen von Enzymen katalysiert, die manchmal zur Entfaltung ihrer Aktivität organische oder anorganische Cofaktoren benötigen. Der weitaus größte Teil der Enzyme sind Proteine, aber es gibt auch einige, die aus RNA bestehen und als Ribozyme bezeichnet werden.

- Enzyme wirken außerordentlich spezifisch, entweder für ein einziges spezifisches Substrat oder für eine Klasse eng verwandter Verbindungen. Das liegt daran, dass der eigentliche katalytische Vorgang im aktiven Zentrum stattfindet – einer Tasche oder Furche auf der Oberfläche des Enzyms, in die ausschließlich die spezifischen Substrate hineinpassen.

- Das aktive Zentrum setzt sich aus spezifischen, nicht zusammenhängenden Aminosäuren zusammen, die durch die Faltung einander nahe gebracht werden, wenn das Protein seine Tertiärstruktur annimmt. Diese Aminosäuren sind für die Substratbindung, Substrataktivierung und Katalyse verantwortlich.

- Die Bindung des geeigneten Substrats im aktiven Zentrum bewirkt eine Veränderung der Form des Enzyms und des Substrats, die man als induzierte Anpassung bezeichnet. Dadurch wird die Substrataktivierung ermöglicht, was oftmals durch Verzerren einer oder mehrerer Bindungen im Substrat, durch Transport notwendiger Aminosäureseitenketten zum aktiven Zentrum oder durch Transfer von Protonen und/oder Elektronen zwischen dem Enzym und dem Substrat erfolgt.

Enzymkinetik

- Eine von einem Enzym katalysierte Reaktion schreitet über ein Enzym-Substrat-Zwischenprodukt fort. Die meisten Reaktionen gehorchen der Michaelis-Menten-Kinetik, die sich durch eine hyperbolische Beziehung zwischen der Anfangsgeschwindigkeit der Reaktion v und der Substratkonzentration [S] auszeichnet.

- Die obere Grenze der Geschwindigkeit bezeichnet man mit v_{max} und die erforderliche Substratkonzentration, um die halbmaximale Geschwindigkeit zu erreichen, bezeichnet man als die Michaelis-Konstante K_m. Die hyperbolische Beziehung zwischen v und der Substratkonzentration [S] kann man linear durch eine doppeltreziproke Gleichung und ein Diagramm darstellen, aus dem man V_{max} und K_m graphisch ermitteln kann.

- Die Enzymaktivität ist empfindlich gegenüber Temperatur, pH-Wert und der ionischen Umgebung. Die Enzymaktivität wird von der Verfügbarkeit des Substrats, der Produkte, alternativer Substrate, Substratanaloga, Medikamente und Toxine beeinflusst, von denen die meisten eine hemmende Wirkung ausüben.

- An der irreversiblen Inhibition wirkt die kovalente Bindung des Inhibitors an der Oberfläche des Enzyms mit, was zur dauerhaften Inaktivierung des Enzyms führt. Ein reversibler Inhibitor bindet wiederum auf reversible Weise nichtkovalent an das Enzym, entweder an das aktive Zentrum (kompetitive Hemmung) oder an eine andere Stelle auf der Enzymoberfläche (nicht-kompetitive Hemmung).

Enzymregulierung

- Enzyme müssen reguliert werden, um die Intensität ihrer Aktivität an die Bedürfnisse der Zelle anzupassen. Die Substrat-Level-Regulation beschreibt die Wirkung der Substrat- und Produktkonzentrationen auf die Reaktionsgeschwindigkeit. Weitere Kontrollmechanismen sind die allosterische Regulation und die kovalente Modifikation.

- Die meisten allosterisch regulierten Enzyme katalysieren den ersten Schritt einer Reaktionsreihe und sind Proteine, die aus mehreren Untereinheiten bestehen, die sowohl katalytische Untereinheiten als auch regulatorische Untereinheiten besitzen. Jede dieser katalytischen Untereinheiten besitzt ein aktives Zentrum, das Substrate erkennt, während jede regulatorische Untereinheit ein oder mehrere allosterische Zentren hat, die spezifische Effektormoleküle erkennen.

- Allosterischen Enzyme liegen in einem Gleichgewicht zwischen einer Form mit geringer Aktivität und einer mit hoher Aktivität vor. Ein bestimmter Effektor bindet an eine dieser beiden Formen, stabilisiert sie und hemmt oder aktiviert daher das Enzym, je nachdem, an welche Form des Enzyms der Effektor bindet.

- Enzyminhibitoren können entweder irreversibel oder reversibel wirken. Irreversible Inhibitoren binden kovalent an das Enzym, was zum dauerhaften Verlust der Aktivität führt. Reversible Inhibitoren binden nicht-kovalent, entweder an das aktive Zentrum (kompetitive Inhibitoren wie Substratanaloga) oder an eine andere Stelle auf dem Enzym (nicht-kompetitive Inhibitoren).

- Enzyme können durch kovalente Modifikation reguliert werden. Zu den am häufigsten auftretenden kovalenten Modifikationen gehören die Phosphorylierung, wie bei der Glykogenphosphorylase, und die proteolytische Spaltung, wie sie bei der Aktivierung der proteolytischen Zymogene in der Bauchspeicheldrüse stattfindet.

RNA-Moleküle als Enzyme: Ribozyme

- Obwohl man lange der Auffassung war, dass alle Enzyme Proteine seien, sind uns heute die katalytischen Eigenschaften bestimmter RNA-Moleküle bekannt, der sogenannten Ribozyme.

- Dazu gehören einige rRNA-Moleküle, die das Entfernen ihrer eigenen Introns katalysieren. Weiterhin kennen wir RNA-Komponenten von Enzymen, die auch Proteinbausteine enthalten und die rRNA-Komponente der großen ribosomalen Untereinheit als Ribozyme.

- Die Entdeckung der Ribozyme hat unser Verständnis vom Ursprung des Lebens auf der Erde verändert, denn im Gegensatz zu Proteinen, können RNA-Moleküle Information tragen und sich replizieren.

ZUSAMMENHÄNGE HERSTELLEN

In *Kapitel 5* haben Sie gelernt, dass man mit Hilfe der thermodynamischen Prinzipien ermitteln kann, ob eine bestimmte Zellreaktion durchführbar ist. Aber wir können daraus nicht ableiten, ob die Reaktion ablaufen wird oder mit welcher Geschwindigkeit die Reaktion fortschreiten wird. In diesem Kapitel haben wir nun gelernt, wie Enzyme dafür sorgen, dass diese Reaktionen ablaufen. All die Makromoleküle, die wir in den vorangegangenen Kapiteln untersucht haben, sowie die meisten Zellbausteine, mit denen wir uns später beschäftigen werden, werden mit Hilfe von Enzymen gebildet. In den folgenden zwei Kapiteln werden wir uns die Zellmembranen ganz genau ansehen und feststellen, dass diese Membranen als integrale Bestandteile Enzyme enthalten. Außerdem führen viele Membrantransporter enzymatische Aktivitäten aus, beispielsweise die ATPasen, die Energie für den Transport von Substanzen durch Membranen liefern. Wir werden unsere Kenntnisse über Enzymstruktur, Enzymfunktion und Enzymregulation in den *Kapiteln 9* bis *11* heranziehen, wenn wir uns eingehend mit Glykolyse, Fermentation, aerober Atmung und Photosynthese beschäftigen. Jeder dieser biochemischen Wege ist eine Abfolge stark regulierter, von Enzymen katalysierter Schritte. In jedem Schritt erfolgt die Erkennung, Bindung und Aktivierung spezifischer Substrate und die anschließende Umwandlung der Substrate in spezifische Produkte. Auch im weiteren Verlauf des Buches werden wir, wo immer wir hinsehen, Enzymen begegnen. Wir werden sehen, wie sie an der Protein- und Lipidsynthese, deren Prozessierung und Packen (in *Kapitel 12*) mitwirken, und in den darauffolgenden zwei Kapiteln Einzelheiten ihrer Mitarbeit bei Zellsignalkaskaden kennenlernen. Später werden Sie erfahren, wie auch der Zusammenbau des Cytoskeletts und zelluläre Motilität von enzymatischen Aktivitäten abhängig sind, ebenso wie die Synthese der extrazellulären Matrix der tierischen Zellen und der Zellwände der Pflanzen. Wenn wir uns der DNA-Replikation und Genexpression widmen, werden wir dabei sehen, wie eine Reihe von Enzymen stark reguliert wird, um die richtige Übertragung genetischer Information und die präzise Steuerung der Zellfunktionen sicherzustellen. Schließlich werden wir, wenn wir uns mit der Entstehung von Krebs beschäftigen, sehen, dass diese Erkrankungen häufig auf Defekte in zellulären Enzymen wie Proteasen, Proteinkinasen und DNA-Reparaturenzymen zurückgehen.

ÜBUNGSAUFGABEN

Schwierigere Aufgaben sind mit einem • gekennzeichnet.

6-1 Die Notwendigkeit von Enzymen. Sie sollten nun mit dem Unterschied zwischen der thermodynamischen Durchführbarkeit einer Reaktion und der Wahrscheinlichkeit, mit der diese Reaktion tatsächlich ablaufen wird, vertraut sein.

A Viele thermodynamisch durchführbare Reaktionen laufen nicht mit einer für die Zelle günstigen Geschwindigkeit ab, da die Reaktanten Aktivierungsenergie benötigen, um das Übergangsstadium zu erreichen. Was bedeutet dies auf molekularer Ebene?

B Eine Möglichkeit, dieser Anforderung gerecht zu werden, besteht in der Aufwendung von Wärme, die in einigen Fällen nur als erster, vorübergehender Einsatz benötigt wird. Geben Sie ein Beispiel und erklären Sie, wie dies auf molekularer Ebene bewerkstelligt wird.

C Eine alternative Lösung besteht in der Senkung der Aktivierungsenergie. Was bedeutet es auf molekularer Ebene, dass ein Katalysator die Aktivierungsenergie einer Reaktion senkt.

D Organische Chemiker verwenden häufig für ihre Reaktionen anorganische Katalysatoren, beispielsweise Nickel, Platin oder Kationen, Zellen hingegen nutzen Proteine, die sogenannten Enzyme. Welche Vorteile erkennen Sie im Einsatz von Enzymen? Können Sie irgendwelche Nachteile anführen?

E Einige Enzyme übertragen ein Wasserstoffatom, jedoch senken sie nicht die Aktivierungsenergie-Barriere. Wie ist das möglich?

6-2 Aktivierungsenergie. Wie in der Reaktion 6-2 dargestellt, wird aus Wasserstoffperoxid, H_2O_2, H_2O und O_2 gebildet. Die Aktivierungsenergie, E_A, für die nicht katalysierte Reaktion bei 20 °C liegt bei 18 kcal/mol. Die Reaktion kann entweder durch Fe^{3+}-Ionen (E_A = 13 kcal/mol oder von dem Enzym Katalase (E_A = 7 kcal/mol) katalysiert werden.

A Zeichnen sie ein Diagramm der Aktivierungsenergie für diese Reaktion unter katalysierten und nicht-katalysierten Bedingungen und erklären Sie, welche Auswirkungen eine Senkung der Aktivierungsenergie von 18 auf 13 kcal/mol mit Fe^{3+}-Ionen bzw. eine Senkung von 18 auf 7 kcal/mol mit Katalase hätte.

B Nennen Sie zwei Eigenschaften der Katalase, die ihre Eignung als intrazellulärer Katalysator gegenüber Fe^{3+}-Ionen hervorheben.

C Schlagen Sie trotzdem einen anderen Weg vor, um die Geschwindigkeit der Wasserstoffperoxidspaltung zu beschleunigen. Gibt es in Zellen einen geeigneten Weg zur Steigerung der Reaktionsgeschwindigkeiten? Warum oder warum nicht?

6-3 Steigerung der Geschwindigkeit durch Katalysatoren. Die Zersetzung von H_2O_2 in H_2O und O_2 in der Reaktion 6-2 kann entweder durch einen anorganischen Katalysator (Fe^{3+}-Ionen) oder durch das Enzym Katalase katalysiert werden. Verglichen mit einer nicht katalysierten Reaktion, ist diese Reaktion in Gegenwart von Fe^{3+}-Ionen um das 30.000fache schneller, in Gegenwart von Katalase, einem eisenhaltigen Enzym, aber sogar um das circa 100.000fache. Angenommen, 1 μg Katalase kann in einer Minute bei 25 °C eine bestimmte Menge H_2O_2 zersetzen und alle Reaktionen werden unter sterilen Bedingungen durchgeführt.

A Wie lange würde man benötigen, um die gleiche Menge H_2O_2 in Gegenwart einer Menge von Fe^{3+}-Ionen zu zersetzen, die dem Eisengehalt von 1 μg Katalase entspricht?

B Wie lange würde man benötigen, um die gleiche Menge H_2O_2 ohne Katalysator zu zerlegen.

C Erklären Sie, inwiefern diese Berechnungen die absolute Notwendigkeit von Katalysatoren verdeutlichen und die Überlegenheit der Enzyme gegenüber anorganischen Katalysatoren unterstreichen.

6-4 Auswirkung von Temperatur und pH-Wert.

A In *Abbildung 6.4* stellen wir die Enzymaktivitäten in Abhängigkeit von Temperatur und pH-Wert dar. Im Allgemeinen ist die Aktivität eines Enzyms am stärksten, wenn Temperatur und pH-Wert die charakteristischen Werte haben, bei denen das Enzym in seiner Umgebung normalerweise wirkt.

B Erklären Sie den Verlauf der Kurven in der *Abbildung 6.4* im Hinblick auf die wichtigsten chemischen oder physikalischen Faktoren, die die Enzymaktivität beeinflussen.

C Nennen Sie für jedes in der *Abbildung 6.4* dargestellte Enzym den adaptiven Vorteil, der ihm aufgrund des in der Abbildung gegebenen Aktivitätsprofils verliehen wird.

D Einige Enzyme besitzen ein sehr flaches pH-Profil – das heißt, ihre Aktivität bleibt über einen großen pH-Bereich im Grunde gleich. Wie könnten Sie diese Beobachtung erklären?

6-5 Michaelis-Menten-Kinetik. In der ▶*Abbildung 6.19* ist ein Michaelis-Menten-Graph für ein typisches Enzym dargestellt, wobei die Anfangsgeschwindigkeit der Reaktion als Funktion der Substratkonzentration aufgetragen wurde. Drei Abschnitte des Graphen wurden mit den Buchstaben A, B und C gekennzeichnet. Geben Sie für jede der folgenden Behauptungen mit nur einem Buchstaben an, welcher der drei Abschnitte des Graphen am besten mit der Behauptung übereinstimmt.

A Das aktive Zentrum des Enzymmoleküls ist die meiste Zeit von dem Substrat besetzt.

B Das aktive Zentrum des Enzymmoleküls ist die meiste Zeit unbesetzt.

C Dies ist der Bereich der Substratkonzentration, in dem im Allgemeinen in normalen Zellen die meisten Enzyme aktiv sind.

D Dieser Bereich schließt den Punkt (K_m, $V_{max}/2$) ein.

E Die Reaktionsgeschwindigkeit wird vor allem durch die Anzahl der vorliegenden Enzymmoleküle begrenzt.

F Die Reaktionsgeschwindigkeit wird vor allem durch die Anzahl der vorliegenden Substratmoleküle begrenzt.

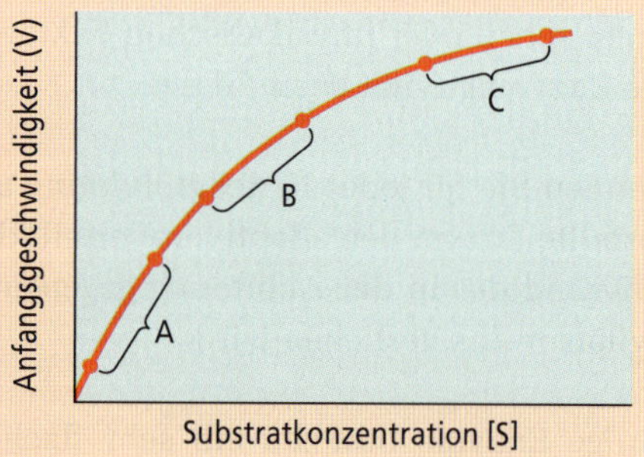

Abbildung 6.19: Analyse des Michaelis-Menten-Graphen. Siehe Aufgabe 6-5.

6-6 Enzymkinetik. Das Enzym β-Galactosidase katalysiert die Hydrolyse des Disacharids Lactose in seine Monosaccharidbausteine:

$$\text{Lactose} + H_2O \xrightarrow[\beta-Galactosidase]{} \text{Glucose} + \text{Galactose} \quad (6\text{-}17)$$

Zur Ermittlung von V_{max} und K_m der β-Galactosidase für Lactose inkubierte man die gleiche Menge Enzym (1 μg pro Reagenzglas) bei verschiedenen Lactosekonzentrationen unter Bedingungen, bei denen die Produktkonzentrationen zu vernachlässigen waren. Bei jeder Lactosekonzentration ermittelte man die Anfangsreaktionsgeschwindigkeit, indem man die Lactosemenge ermittelte, die am Ende des Versuchs noch vorlag. Man erhielt die folgenden Daten:

Lactosekonzentration (mM)	Geschwindigkeit des Lactoseverbrauchs (μ mol/min)
1	10,0
2	16,7
4	25,0
8	33,3
16	40,0
32	44,4

A Warum ist es notwendig anzugeben, dass die Produktkonzentrationen während des Reaktionsverlaufs vernachlässigbar waren?

B Trage v (Geschwindigkeit des Lactoseverbrauchs) gegen [S] (Lactosekonzentration) auf. Woran liegt es, dass bei Verdopplung der Lactosekonzentration die Steigerung der Geschwindigkeit immer weniger als das Doppelte beträgt?

C Berechnen Sie $1/v$ und $1/[S]$ für jeden Eintrag in der Datentabelle und tragen Sie $1/v$ gegen $1/[S]$ auf.

D Ermitteln Sie K_m und V_{max} ausgehend von ihrem doppelt reziproken Graphen.

E Tragen Sie auf dem gleichen Graphen wie in Aufgabenteil (b) die Ergebnisse auf, die Sie erwarten, wenn jedes Teströhrchen nur 0,5 μg Enzym enthielte. Erklären Sie Ihren Graphen.

6-7 Noch mehr Enzymkinetik. Die in der Reaktion 6-17 gebildete Galactose kann man durch Transfer einer Phosphatgruppe von ATP phosphorylieren, wobei die Reaktion von dem Enzym Galactokinase katalysiert wird.

$$\text{Galactose} + \text{ATP} \xrightarrow[Galactokinase]{} \text{Galactose-1-Phosphat} + \text{ADP} \quad (6\text{-}18)$$

Angenommen, Sie hätten das Enzym Galactokinase isoliert und dessen kinetische Parameter ermittelt, indem Sie die Konzentration von Galactose in Gegenwart einer konstanten und hohen (das heißt sättigenden) Konzentration von ATP verändert hätten. In der ▶*Abbildung 6.20* wird der doppelt reziproke Graph (Lineweaver-Burk-Graph), der sich aus den Daten ergibt, dargestellt.

A Berechnen Sie den Wert von K_m der Galactokinase für Galactose unter diesen Versuchsbedingungen. Was sagt uns der K_m-Wert über das Enzym?

B Berechnen Sie den Wert von V_{max} für das Enzym unter diesen Versuchsbedingungen. Was sagt uns V_{max} über das Enzym?

C Angenommen, Sie wiederholen jetzt den Versuch, allerdings mit anderer ATP-Konzentration und Galactose bei konstanter, hoher Konzentration. Angenommen alle anderen Bedingungen hätten sich nicht verändert, würden Sie erwarten, den gleichen Wert für V_{max} zu erhalten wie in Aufgabenteil (b)? Warum oder warum nicht?

D In dem Versuch, den wir in Aufgabenteil (c) beschrieben haben, stellte sich heraus, dass der Wert von K_m von dem in Aufgabenteil (b) ermittelten Wert stark abwich. Können Sie dies erklären?

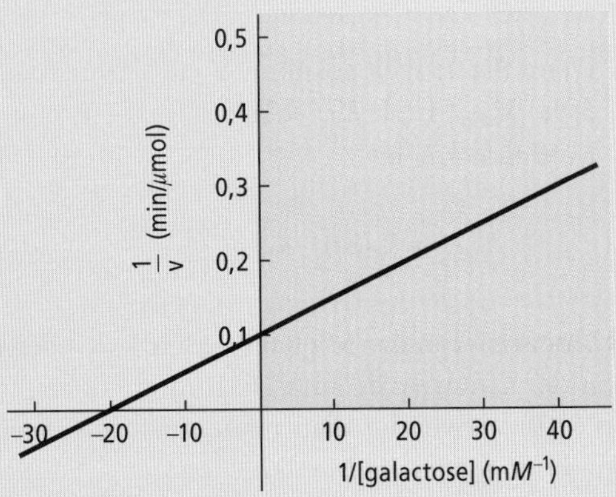

Abbildung 6.20: Der doppelt reziproke Graph für das Enzym Galactokinase. Siehe Aufgabe 6-7.

6-8 Die Umsatzzahl. Die Carboanhydrase katalysiert die reversible Hydrierung von Kohlendioxid zum Bicarbonat:

$$CO_2 + H_2O \rightleftharpoons HCO_3^- + H^+ \qquad (6\text{-}19)$$

In *Kapitel 8* werden wir sehen, dass es sich hier um eine Reaktion handelt, die für den Transport von Kohlendioxid durch rote Blutkörperchen aus dem Körpergewebe zur Lunge wichtig ist. Das Molekulargewicht der Carboanhydrase beträgt 30.000 und die Umsatzzahl (k_{cat}-Wert) beträgt 1×10^6 sec^{-1}. Sie erhalten 1 ml einer Lösung, die 2,0 μg reiner Carboanhydrase enthält.

A Bei welcher Geschwindigkeit (in Millimol CO_2, die pro Sekunde verbraucht werden) würde Ihrer Ansicht nach die Reaktion unter optimalen Bedingungen ablaufen?

B Angenommen die Reaktion läuft bei Standardtemperatur und Standarddruck ab, wie viel CO_2 entspricht dies in ml pro Sekunde?

6-9 Inhibitoren: Wieder falsch. Korrigieren Sie jede der nachfolgend aufgeführten Behauptungen so, dass sie richtig sind und begründen Sie Ihre Entscheidung:

A Diisopropylfluorphosphat bindet kovalent an die Hydroxylgruppe eines spezifischen Aminosäurerests des Zielenzyms und ist daher mit fast hundertprozentiger Sicherheit ein allosterischer Effektor.

B Das Enzym Hexokinase wird von seinem eigenen Produkt, Glucose-6-Phosphat, blockiert und präsentiert daher ein Beispiel für die Rückkopplungshemmung.

C Die Glykogensynthetase, ist ebenso wie die Glykogenphosphorylase in phosphorylierter Form aktiv und in dephosphorylierter Form inaktiv.

D Ein Enzym, das allosterisch aktiviert wird, wird höchstwahrscheinlich die Endreaktion eines biosynthetischen Wegs katalysieren.

E Wenn Wissenschaftler behaupten, dass ein Enzym durch die Verbindung A allosterisch aktiviert und durch die Verbindung B allosterisch gehemmt wird, muss eine dieser Behauptungen falsch sein.

6-10 Welche Form der Inhibition? Vor Kurzem wurde ein neues Enzym entdeckt, das ein Glykoprotein in Schleimhäuten spaltet und zu einer bakteriellen Vaginaentzündung beiträgt (*J. Clin. Microbiol.* 43: 5504). Sie sind ein Wissenschaftler, der sich mit Krankheiten beschäftigt und einen neuen Inhibitor für das von Ihnen entdeckte Enzym untersucht. Sie möchten nun Versuche planen, um die Natur dieses Inhibitors zu verstehen. Ihnen stehen eine normale Menge von Glykoprotein-Substrat zur Verfügung, der Inhibitor und ein Test, um das Produkt der Reaktion zu messen.

A Wie könnten Sie feststellen, ob die Hemmung reversibel oder irreversibel ist?

B Wenn sie feststellen, dass es sich um eine reversible Hemmung handelt, wie würden Sie dann vorgehen, um herauszufinden, ob es sich um eine kompetitive oder eine nicht-kompetitive Hemmung handelt?

6-11 Biologische Relevanz. Erklären Sie die biologische Relevanz folgender Beobachtungen bezüglich der Enzymregulation.

A Wenn Sie einen Energieschub benötigen, werden die Hormone Adrenalin und Glucagon in Ihren Blutkreislauf ausgeschieden und zirkulieren zu Ihren Muskelzellen, wo sie eine Kaskade von Reaktionen auslösen, die zur Phosphorylierung der inaktiven *b*-Form von Glykogenphosphorylase führen, wodurch das Enzym in die aktive *a*-Form umgewandelt wird.

B Sogar in der *a*-Form wird Glykogenphosphorylase in einer spezifischen Leberzelle durch eine hohe Konzentration von Glucose oder ATP allosterisch gehemmt.

C Ihre Bauchspeicheldrüse synthetisiert und scheidet das proteolytische Enzym Carboxypeptidase in Form eines inaktiven Vorläufers aus, der Procarboxypeptidase, die nach proteolytischer Spaltung durch das Enzym Trypsin im Zwölffingerdarm Ihres Dünndarms aktiviert wird.

6-12 Ableitung der Michaelis-Menten-Gleichung. Für die von einem Enzym katalysierte Reaktion, in der ein Substrat S in ein Produkt P umgewandelt wird (siehe Reaktion 6-5) kann man die Geschwindigkeit als Abnahme des Substrats oder Bildung des Produkts pro Zeiteinheit definieren:

$$v = -\frac{d[S]}{dt} = +\frac{d[P]}{dt} \qquad (6\text{-}20)$$

Leiten Sie ausgehend von dieser Definition und nur unter Einbeziehung des ersten Reaktionsschritts, wenn [P] gleich null ist, die Michaelis-Menten-Gleichung (siehe Gleichung 6-7) ab. Die folgenden Angaben könnten Ihnen bei Ihrer Ableitung helfen:

A Beginnen Sie mit der Formulierung der Geschwindigkeitsgleichungen für $d[S]/dt$, $d[P]/dt$, und $d[ES]/dt$ für die Konzentrationen und Geschwindigkeitskonstanten.

B Gehen Sie von einem Fließgleichgewicht aus, bei dem der Enzym-Substrat-Komplex aus Reaktion 6-6 mit der gleichen Geschwindigkeit abgebaut wird wie er gebildet wird, sodass die Nettogeschwindigkeit der Veränderung $d[ES]/dt$ gleich null ist.

C Beachten Sie, dass die Gesamtmenge des vorhandenen Enzyms, E_t, sich aus der Summe der freien Form, E_f, plus der Menge komplexierter Enzyme ES ergibt: $E_t = E_f + ES$.

D Wenn Sie so weit gekommen sind, beachten Sie, dass V_{max} und K_m folgendermaßen definiert werden können:

$$V_{max} = k_3[E_t] \quad K_m = \frac{k_2 + k_3}{k_1} \qquad (6\text{-}21)$$

6-13 Linearisieren der Michaelis-Menten-Gleichung. Neben der Lineweaver-Burk-Diagramm (siehe *Abbildung 6.10*) verwendet man manchmal zwei weitere Formen der Michaelis-Menten-Gleichung, bei denen Geraden dargestellt werden. Trägt man das Eadie-Hofstee-Diagramm auf, so erhält man einen Graphen von $v/[S]$ gegen v (siehe *Abbildung 6.11*). Und das Hanes-Woolf-Diagramm ergibt einen Graphen von $[S]/v$ gegen $[S]$.

A Erbringen Sie für beide Fälle den Beweis, dass die graphisch dargestellte Gleichung durch einfache arithmetische Umstellung von der Michaelis-Menten-Gleichung abgeleitet werden kann.

B Geben Sie für beide Fälle an, wie aus diesem Graphen K_m und V_{max} ermittelt werden können.

C Zeichen Sie ein Hanes-Woolf-Diagramm, bei dem Schnittpunkte und Steigung ebenso wie bei den Graphen von Lineweaver-Burk und von Eadie-Hofstee (siehe *Abbildung 6.10* und *Abbildung 6.11*) beschriftet werden. Können Sie erklären, warum das Hanes-Woolf-Diagramm statistisch gesehen, das befriedigendste Ergebnis dieser drei graphischen Darstellungen ist?

WEITERFÜHRENDE LITERATUR

Historisch bedeutsame Literatur ist mit einem • gekennzeichnet.

Allgemeine Literaturstellen

Colowick, S. P. und N. O. Kaplan, Hrsg. *Methods Enzymol.* New York: Academic Press, 1955–heute.

Copeland, R. A. *Enzymes: A Practical Introduction to Structures, Mechanisms, and Data Analysis.* New York: Wiley, 2000.

Horton, H. R., Moran, L. A., Scrimgeour, K. G., Perry, M. D. und Rawn, J. D. *Biochemie*, 4. Aufl. München: Pearson Verlag, 2008

Mathews, C. K., E. van Holde und K. G. Ahern. *Biochemistry*, 3. Aufl. San Francisco: Benjamin Cummings, 2000.

Nelson, D. L. u M. M. Cox. *Lehninger Principles of Biochemistry*, 5. Aufl. New York: W. H. Freeman, 2008.

Purich, D. L. und R. D. Allison. *The Enzyme Reference: A Comprehensive Guidebook to Enzyme Nomenclature, Reactions, and Methods.* Boston: Academic Press, 2002.

Historische Literatur

- Changeux, J. P. The control of biochemical reactions. *Sci. Amer.* 212 (April 1965): 36.
- Cori, C. F. James B. Sumner and the chemical nature of enzymes. *Trends Biochem. Sci.* 6 (1981): 194.
- Friedmann, H. Hrsg. *Benchmark Papers in Biochemistry, Vol. 1: Enzymes.* Stroudsburg, Pennsylvania: Hutchinson Ross, 1981.
- Lineweaver, H. und D. Burk. The determination of enzyme dissociation constants. *J. Amer. Chem. Soc.* 56 (1934): 658.
- Monod, J., J. P. Changeux und F. Jacob. Allosteric proteins and cellular control systems. *J. Mol. Biol.* 6 (1963): 306.
- Phillips, D. C. The three-dimensional structure of an enzyme molecule. *Sci. Amer.* 215 (November 1966): 78.
- Sumner, J. B. Enzymes. *Annu. Rev. Biochem.* 4 (1935): 37.

Struktur und Funktion der Enzyme

Benkovic, S. J. und S. Hammes-Schiffler. A perspective on enzyme catalysis. *Science* 301 (2003): 1196.

Erlandsen, H., E. E. Abola und R. C. Stevens. Combining structural genomics and enzymology: Completing the picture in metabolic pathways and enzyme active sites. *Curr. Opin. Struct. Biol.* 10 (2000): 719.

Fersht, A: *Structure and Mechanism in Protein Science: A Guide to Enzyme Catalysis and Protein Folding.* New York: W. H. Freeman, 1999.

Hatzimanikatis, V., C. Li, J A. Ionita und L. J. Broadbelt. Metabolic networks: Enzyme function and metabolite structure. *Curr. Opin. Struct. Biol.* 14 (2004): 300.

Minshull, J. et al. Predicting enzyme function from protein sequence. *Curr. Opin. Struct. Biol.* 9 (2009): 202.

Page, M. J. und E. DiCera. Role of Na^+ und K^+ in enzyme function. *Physiol. Rev.* 86 (2006): 1049.

Syed, U. und G. Yona. Enzyme function prediction with interpretable models. *Methods. Mol. Biol.* 541 (2009): 373.

Walsh, C. Enabling the chemistry of life. *Nature* 409 (2001): 226.

Mechanismen der Enzymkatalyse

Fitzpatrick, P. Special issue on enzyme catalysis. *Arch. Biochem. Biophys.* 433 (2005): 1.

Frey, P. A. und D. B. Northrop, Hrsg. *Enzymatic Mechanisms.* Washington, DC: IOS Press, 1999.

Maragoni, A. G. *Enzyme Kinetics: A Modern Approach.* Hoboken, New Jersey: Wiley Interscience, 2003.

Matthews, J. N. und G. C. Allcock. Optimal designs for Michaelis-Menten kinetic studies. *Stat. Med.* 23 (2004): 477.

Mulholland, A. J. Modeling enzyme reaction mechanisms, specificity and catalysis. *Drug. Disc. Today* 10 (2005): 1393.

Murphy, E. F., M. J. C. Crabbe und S. G. Gilmour. Effective experimental design: Enzyme kinetics in the bioinformatics era. *Drug. Disc. Today* 7 (2002): S187.

Sigel, R. K. und A. M. Pyle. Alternative roles for metal ions in enzyme catalysis and the implications for ribozyme chemistry. *Chem. Rev.* 107 (2007): 97.

Ribozyme: RNA als Enzym

Baghen, S. und M. Kashani-Sabet. Ribozymes in the age of molecular therapeutics. *Curr. Mol. Med.* 4 (2004): 489.

• Cech, T. R. The chemistry of self-splicing RNA and RNA enzymes. *Science* 236 (1987): 1532.

Khan, A. U. Ribozyme: A clinical tool. *Clin. Chim. Acta* 367 (2006): 20.

Krupp, G. und R. K. Gaur. *Ribozymes: Biochemistry and Biotechnology.* Natick, Massachusetts: Eaton Publishing, 2000.

Li. Q. X., P. Tan, N. Ke und F. Wong-Staal. Ribozyme technology for cancer gene target identification and validation. *Adv. Cancer Res.* 96 (2007): 103.

Lilley, D. M. Structure, folding and mechanisms of ribozymes. *Curr. Opin. Struct.* Biol. 15 (2005): 13.

Membranen: Struktur, Funktion und Chemie

7

ÜBERBLICK

Ein grundlegendes Merkmal aller Zellen sind Membranen, die die Begrenzung der Zelle und deren verschiedene innere Kompartimente definieren. Sogar jemandem, der nur beiläufig eine elektronenmikroskopische Aufnahme einer Zelle anschaut, werden wahrscheinlich die deutlich erkennbaren Membranen auffallen, von denen die Zellen umgeben sind und die man in den Zellen sieht, vor allem bei den eukaryotischen Organismen (▶*Abbildung 7.1*). In *Kapitel 3* haben wir Strukturmoleküle kennengelernt, aus denen Membranen gebildet werden und in *Kapitel 4* haben wir begonnen, uns mit Membranen und von Membranen umgebenen Organellen zu beschäftigen. Damit sind wir für die eingehendere Betrachtung der Membranstruktur und ihrer Funktion vorbereitet. In diesem Kapitel werden wir die molekulare Struktur von Membranen untersuchen und die vielen Rollen kennenlernen, die Membranen im Leben einer Zelle übernehmen. In *Kapitel 8* werden wir uns mit dem Transport löslicher Substanzen durch Membranen auseinandersetzen, wobei wir die daran beteiligten Mechanismen hervorheben werden.

7.1 Die Funktion von Membranen

Wir beginnen unsere Darstellungen mit der Feststellung, dass biologische Membranen fünf verwandte, zugleich aber sehr unterschiedliche Rollen übernehmen, wie in der ▶*Abbildung 7.2* dargestellt. ❶ Sie definieren die Grenze der Zelle und ihrer Organellen und bilden Permeabilitätsbarrieren. ❷ Sie dienen als Orte spezifischer biochemischer Funktionen, beispielsweise für den Elektronentransport während der mitochondrialen Atmung oder der Proteinprozessierung im ER. ❸ Membranen besitzen auch Transportproteine zum Transport von Substanzen in die Zelle bzw. in ihre Organellen hinein oder aus diesen heraus. ❹ Außerdem enthalten Membranen Proteinmoleküle, die als Rezeptoren zum Erfassen externer Signale dienen. ❺ Schließlich stellen sie Mechanismen für den Zell-Zell-Kontakt, die Adhäsion und Kommunikation bereit. Jede dieser Funktionen werden wir in den folgenden fünf Abschnitten kurz beschreiben.

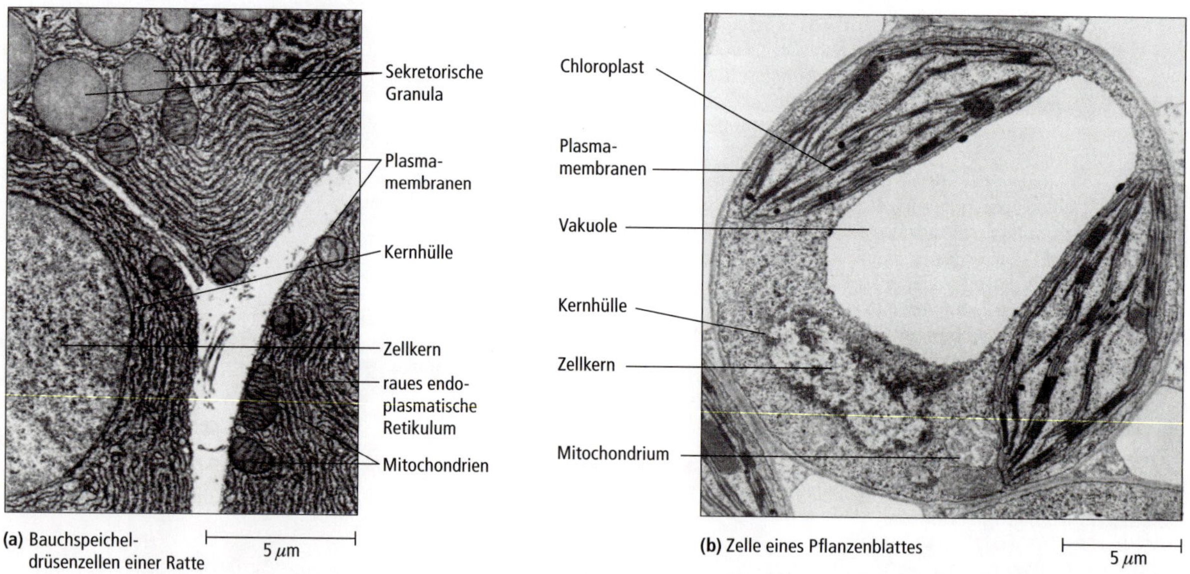

Abbildung 7.1: Die deutlich erkennbaren Membranen, die eukaryotische Zellen und deren Organellen umgeben. Zu den Strukturen eukaryotischer Zellen mit Membranen zählen die Plasmamembran, der Zellkern, Chloroplasten, Mitochondrien, das endoplasmatische Reticulum (ER), sekretorische Drüsen und Vakuolen. Diese Strukturen sind hier (a) in den Teilen der Bauchspeicheldrüsenzellen einer Ratte und (b) in einer pflanzlichen Blattzelle (TEMs) abgebildet.

7.1.1 Membranen definieren Grenzen und dienen als Permeabilitätsbarriere

Eine der offensichtlichsten Funktionen von Membranen besteht in der Begrenzung der Zelle und ihrer Kompartimente sowie ihrer Funktion als Permeabilitätsbarriere. Das Innere einer Zelle muss physikalisch von der Umgebung getrennt sein. Dies ist nicht nur notwendig, um gewünschte Substanzen in der Zelle zu halten, sondern dient auch dazu, unerwünschte Substanzen draußen zu halten. Membranen erfüllen diese Funktionen gut, denn das hydrophobe Innere der Membran ist eine wirksame Permeabilitätsbarriere für hydrophile Moleküle und Ionen. Die Permeabilitätsbarriere der Zelle ist die **Plasmamembran** (oder **Zellmembran**), eine Membran, die die Zelle umgibt und die Durchlässigkeit von Substanzen sowohl in die Zelle hinein als auch aus der Zelle heraus reguliert. Neben der Plasmamembran bilden innerhalb eukaryotischer Zellen intrazelluläre Membranen verschiedene Kompartimente mit sehr unterschiedlichen Funktionen.

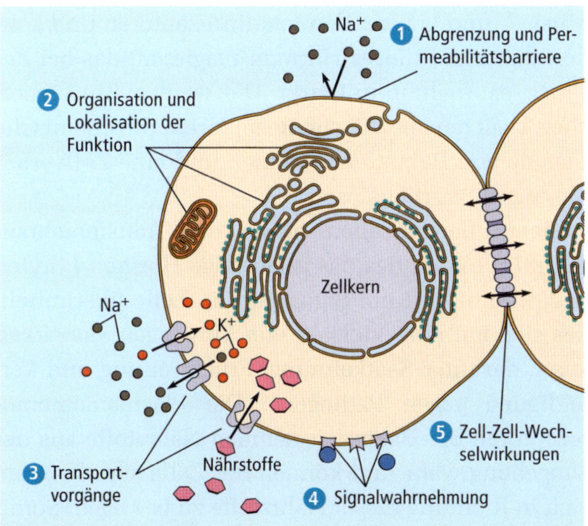

Abbildung 7.2: Funktionen der Membranen. Membranen umgeben nicht nur die Zelle und ihre Organellen, sondern üben auch eine Reihe wichtiger Funktionen aus, darunter Transport, Signalisierung und Adhäsion.

In jüngster Zeit interessiert man sich sehr für eine Klasse *antimikrobieller Peptide* (AMPs). Das sind kleine Moleküle aus 10 bis 50 Aminosäuren, die auf die Permeabilitätsbarriere einwirken. Es sind mehr als 1.200 verschiedene AMPs bekannt, von denen allein 20 von der menschlichen Haut gebildet werden. Eine Klasse von AMPs besteht aus kationischen amphipathischen Molekülen, die durch Wechselwirkung mit negativ geladenen Phospholipiden die bakterielle Membranstruktur aufbrechen. Diese AMPs erzielen eine ähnliche Wirkung wie Detergenzien und brechen die Membranstruktur auf, indem sie Poren bilden, die die Permeabilitätsbarriere der Zelle zerstören und die Zelle töten. Einige AMPs haben sich als vielversprechende antivirale Wirkstoffe erwiesen, denn sie brechen die äußere Hülle der von einer Membran umschlossenen Viren auf, beispielsweise des menschlichen Immunschwächevirus (HIV).

7.1.2 Membranen tragen spezifische Proteine und erfüllen daher spezifische Funktionen

Membranen führen bestimmte mit ihnen assoziierte Funktionen aus, denn die dafür benötigten Moleküle und Strukturen – zumeist Proteine – sind entweder in die Membranen eingebettet oder an ihnen lokalisiert. Eine der hilfreichsten Methoden zur Charakterisierung einer spezifischen Membran besteht tatsächlich darin, die besonderen Enzyme, Transportproteine, Rezeptoren und anderen Moleküle, die mit der Membran assoziiert sind, zu beschreiben.

So kommen zum Beispiel viele verschiedene Enzyme in oder an der Plasmamembran oder den Membranen bestimmter Organellen vor. Diese Enzyme dienen häufig als Marker zur Identifizierung bestimmter Membranen bei der Isolierung von Organellen oder Organellmembranen aus Lösungen aufgeschlossener Zellen (siehe *Exkurs 12A*). Beispielsweise ist Glucose-6-Phosphatase ein membranständiges Enzym des endoplasmatischen Reticulums und seine Gegenwart in einem Mitochondrienpräparat würde zum Nachweis der Kontaminierung mit ER-Membranen dienen.

Weitere mit spezifischen Funktionen assoziierte Membranen gehen unmittelbar auf die jeweiligen Proteine zurück, die in diesen Membranen vorkommen. Die Plasmamembran enthält zum Beispiel Enzyme, die die Zellwand von Pflanzen, Pilzen und Bakterien synthetisieren. Die Plasmamembran der Zellen der Wirbeltiere enthält Enzyme, die Substanzen ausscheiden, aus denen die extrazelluläre Matrix gebildet wird. Andere Membranproteine, die der Chloroplasten und Mitochondrien oder der bakteriellen Plasmamembran, sind von größter Bedeutung für energieerzeugende Vorgänge, beispielsweise Photosynthese und Atmung.

7.1.3 Membranproteine regulieren den Transport löslicher Substanzen

Eine weitere Funktion der Membranproteine der Zellen und der Organellen besteht darin, den *Transport* von Substanzen in die Zelle und ihre Organellen hinein oder aus ihnen heraus auszuführen und zu regulieren. Nährstoffe, Ionen, Gase, Wasser und andere Substanzen werden in die verschiedenen Kompartimente aufgenommen und verschiedene Produkte und Abfallprodukte müssen freigesetzt oder entfernt werden. Während lipophile Moleküle, sehr kleine Moleküle und Gase normalerweise direkt durch die Zellmembran diffundieren, benötigen die meisten Substanzen spezielle Transportproteine, die ein spezifisches Molekül oder eine Gruppe ähnlicher Moleküle erkennen und transportieren.

Beispielsweise besitzen viele Zellen spezifische Transporter für Glucose, Aminosäuren oder andere Nährstoffe. Ihre Nervenzellen leiten elektrische Signale in Form von Na^+- und K^+-Ionen weiter, die mittels spezifischer Kanalproteine durch die Plasmamembran von Neuronen transportiert werden. Die Transportproteine in Muskelzellen bewegen Calciumionen durch Membranen, um die Muskelkontraktion zu unterstützen. Die Chloroplastenmembran besitzt einen für die Phosphationen spezifischen Transporter, der für die ATP-Synthese gebraucht wird, und das Mitochondrium verfügt über Transporter für Zwischenprodukte, die an der aeroben Atmung mitwirken. Es gibt sogar spezifische Transporter für Wasser – die sogenannten Aquaporine –, die Wassermoleküle schnell durch Nierenmembranen transportieren können, um auf diese Weise die Urinbildung zu erleichtern.

Transportproteine sind dazu befähigt, selbst voluminöse Moleküle in der Größe von Proteinen und RNA durch Membranen zu schleusen. Proteine bilden Kernporenkomplexe in der Kernhülle, durch die sich mRNA-Moleküle und teilweise zusammengesetzte Ribosomen vom Zellkern ins Cytosol bewegen. In einigen Fällen können Proteine, die im endoplasmatischen Reticulum oder im Cytosol synthetisiert werden, mit Hilfe von Transportproteinen in Lysosomen, Peroxisomen oder Mitochondrien bewegt werden. In anderen Fällen ermöglichen die Proteine in den Membranen intrazellulärer Vesikel die Bewegung von Molekülen wie Neurotransmitter in die Zelle hinein oder aus der Zelle heraus.

7.1.4 Membranproteine nehmen elektrische und chemische Signale auf und übertragen diese

Zellen erhalten Information aus ihrer Umgebung im Allgemeinen in Form elektrischer oder chemischer Signale, die auf die äußere Oberfläche der Zelle einwirken. Die Nervenimpulse, die während der Lektüre dieses Textes von Ihren Augen an das Gehirn gesendet werden, sind ein Beispiel für solche Signale, ebenso wie die vielen verschiedenen Hormone in ihrem Kreislaufsystem. Mit dem Begriff *Signaltransduktion* beschreibt man die spezifischen Mechanismen zur Übertragung dieser Signale von der äußeren Oberfläche der Zellen in das Zellinnere.

Viele chemische Signalmoleküle binden an spezifische Membranproteine, die *Rezeptoren*, deren Bindungsstellen an der extrazellulären Seite der Plasmamembran liegen. Wenn diese Signalmoleküle an ihre Rezeptoren binden, werden spezifische molekulare Prozesse an der inneren Membranoberfläche ausgelöst, die Veränderungen in der Zellfunktion bewirken. Beispielsweise enthalten die Membranen der Muskel- und Leberzellen Insulinrezeptoren und können daher auf dieses Hormon reagieren, das bei der Glucoseaufnahme mitwirkt. Die weißen Blutkörperchen besitzen spezifische Rezeptoren, die chemische Signale von Bakterien erkennen und eine Zellverteidigungsantwort auslösen.

Viele Pflanzenzellen haben ein Transmembranrezeptorprotein, das das gasförmige Hormon Ethylen wahrnimmt und ein Signal an die Zelle übermittelt, das sich auf eine Vielzahl von Vorgängen auswirken kann, darunter Saatkeimung, Fruchtreifung und Verteidigung gegen Pathogene. Die Plasmamembranrezeptoren der Bakterien nehmen Nährstoffe aus der Umgebung wahr und können der Zelle signalisieren, sich in Richtung dieser Nährstoffe zu bewegen. Somit geben Membranrezeptoren fast allen Zellen die Möglichkeit, eine Vielzahl spezifischer Signale zu erkennen, diese weiterzuleiten und auf sie zu antworten.

7.1.5 Membranproteine vermitteln Zelladhäsion und Zell-Zell-Kommunikation

Des Weiteren vermitteln Membranproteine Adhäsion und Kommunikation zwischen benachbarten Zellen. Obwohl Zellen in Lehrbüchern häufig als eigenständige isolierte Einheiten dargestellt werden, stehen die meisten Zellen multizellulärer Organismen mit anderen Zellen in Kontakt. Während der embryonalen Entwicklung sind Zell-Zell-Kontakte von entscheidender Bedeutung und werden bei Tieren oftmals von Membranproteinen vermittelt, die man als *Cadherine* bezeichnet. Cadherine besitzen extrazelluläre Sequenzen von Aminosäuren, die Calciumionen binden und die Adhäsion zwischen ähnlichen Zellen im Gewebe anregen. Es gibt jedoch einige pathogene Bakterien, beispielsweis einige Spezies von *Listeria* und *Shigella*, die adhäsive Membranproteine nutzen, um an Darmzellen anzuheften, in sie einzudringen und Krankheiten zu verursachen.

Andere Typen der Membranproteine gewährleisten in tierischen Geweben den Zusammenhang größerer Zellverbände und bilden *Adhäsionsverbindungen* und *Tight Junctions*, die gewährleisten, dass die perizelluläre Diffusion durch die Zellzwischenräume unterbunden wird. Membranproteine wie *Ankyrin* können Membran und Cytoskelett verbinden, wodurch den Geweben Festigkeit verliehen wird. Außerdem haben Zellen innerhalb bestimmter Gewebe oftmals direkte cytoplasmatische Verbindungen, die den Austausch zumindest einiger zellulärer Komponenten ermöglichen. Diese interzelluläre Kommunikation wird in tierischen Zellen über *Gap Junctions* und in pflanzlichen Zellen über *Plasmodesmata* vermittelt. In *Kapitel 17* machen wir einen Schritt „über die Zelle hinaus“ und Sie werden mehr über diese Strukturen erfahren.

All diese Funktionen, die wir soeben aufgeführt haben – Kompartimentierung, spezielle enzymatische Funktionen, Transport, Signalwahrnehmung und interzelluläre Kommunikation – hängen von der chemischen Zusammensetzung und den Strukturmerkmalen der Membranen ab. Diesen Themen werden wir uns jetzt widmen und zugleich nachvollziehen, wie wir zu unserem heutigen Verständnis der Membranstruktur gelangt sind.

7.2 Modelle der Membranstruktur: Eine experimentelle Herangehensweise

Bis in die frühen 1950er Jahre hinein, als man erstmalig mit dem Elektronenmikroskop arbeitete, um die Struktur der Zelle aufzuklären, hatte niemand je zuvor eine Membran gesehen. Allerdings hatten Biologen aufgrund indirekter Daten lange bevor man sie tatsächlich sichtbar gemacht hatte, vermutet, dass es eine Membran gibt. Tatsächlich haben Wissenschaftler seit mehr als einem Jahrhundert an der Aufklärung der molekularen Organisation von Membranen gearbeitet. Die intensive Arbeit zahlte sich aus, denn sie führte schließlich zum *Flüssig-Mosaik-Modell* der Membranstruktur. Dieses Modell, das eine brauchbare strukturelle Grundlage zur Beschreibung aller biologischen Membranen bildet, stellt eine Membran aus zwei recht beweglichen Schichten (Layern) von Lipiden dar, wobei Proteine in und auf den Lipidschichten liegen und in spezifischer Weise im Hinblick auf die inneren und äußeren Membranoberflächen ausgerichtet sind. Obwohl sich herausgestellt hat, dass Lipidschichten wesentlich komplexer sind als man ursprünglich annahm, besteht an dem heutigen Grundmodell fast kein Zweifel mehr.

Bevor wir uns dieses Modell genauer ansehen, werden wir einige der zentralen Experimente beschreiben, die zur Formulierung der Struktur und Funktion der Membran führten. Dabei werden Sie auch einen Einblick darin gewinnen, wie solche Entdeckungen ablaufen und die Vielfalt der Vorgehensweisen und Techniken kennen lernen, die oftmals wichtig sind, um unser Verständnis für biologische Phänomene voranzubringen. Mit der ▸*Abbildung 7.3* erhalten Sie eine Chronologie der Untersuchungen zur Membran, die vor mehr als einem Jahrhundert ihren Anfang nahmen und schließlich zu unserer heutigen Sichtweise der Membranen als Flüssig-Mosaike führten.

7.2.1 Overton und Langmuir: Lipide sind wichtige Bausteine von Membranen

Ein guter Ausgangspunkt für unseren Überblick über die Experimente ist die Pionierarbeit des englischen Wissenschaftlers Charles Ernest Overton aus den 90er Jahren des 19. Jahrhunderts. Bei seiner Arbeit mit den Zellen von Pflanzenwurzeln fiel ihm auf, dass lipidlösliche Substanzen leicht in Zellen gelangen, während wasserlösliche Substanzen nicht leicht in Zellen hineingelangen. Aus seinen Untersuchungen folgerte Overton, dass Lipide in einer Art „Hülle“ auf der Zelloberfläche vorkommen (▸*Abbildung 7.3a*). Er behauptete sogar, dass Zellhüllen wahrscheinlich eine Mischung aus Cholesterin und Lecithin seien, eine Erkenntnis, die sich als bemerkenswert weitsichtig herausstellte, denn man weiß heute von der Bedeutung der Sterole und Phospholipide als Membranbausteine.

Ein zweiter wichtiger Schritt wurde ungefähr ein Jahrzehnt später gemacht. Wir verdanken dies der Arbeit von Irving Langmuir, der sich mit dem Verhalten gereinigter Phospholipide beschäftigte, die er in Benzol löste, um dann Schichten der Benzollipidlösung auf eine Wasseroberfläche aufzutragen. Nachdem das Benzol verdampft war, blieben die Moleküle als Lipidfilm mit der Dicke eines Lipidmoleküls zurück – das heißt als „Monoschicht" (Monolayer). Da Phospholipide amphipathische Moleküle sind (siehe *Abbildung 2.11*), folgerte Langmuir, dass sich die Phospholipide so auf dem Wasser anordnen, dass ihre hydrophilen Köpfe zum Wasser hin und ihre hydrophoben Schwänze vom Wasser abgewandt orientiert sind (▶*Abbildung 7.3b*). Langmuirs Lipidmonoschicht wurde in den frühen 20er Jahren des letzten Jahrhunderts die Grundlage weiterer Überlegungen zur Membranstruktur.

7.2.2 Gorter und Grendel: Die Grundlage der Membranstruktur ist eine Lipiddoppelschicht

Den nächsten großen Schritt machten 1925 zwei niederländische Physiologen, E. Gorter und F. Grendel, die Lipide aus Erythrocyten (rote Blutkörperchen) extrahierten und entsprechend der Methode von Langmuir die Lipide als Monoschicht auf eine Wasseroberfläche auftrugen. Sie fanden heraus, dass der Lipidfilm auf dem Wasser ungefähr doppelt so groß war wie die geschätzte Gesamtoberfläche der Erythrocyten. Daher zogen sie den Schluss, dass die Erythrocytenplasmamembran nicht aus einer, sondern aus *zwei* Schichten von Lipiden bestand.

Ausgehend von der Doppelstruktur überlegten Gorter und Grendel, dass es für die nicht-polaren Kohlenwasserstoffketten jeder Schicht thermodynamisch von Vorteil sein müsste, nach innen orientiert zu sein, also abgewandt von dem wässrigen Milieu zu beiden Seiten der Membran. Die polaren hydrophilen Gruppen jeder Schicht wären dann nach außen, in Richtung des wässrigen Milieus zu beiden Seiten der Membran, gerichtet (▶*Abbildung 7.3c*). Das von Gorter und Grendel durchgeführte Experiment und die daraus gezogenen Schlussfolgerungen waren bahnbrechend, denn ihre Arbeit war der erste Schritt auf einem Weg zum Verständnis der Membranen auf molekularer Ebene. Weiterhin wurde die von ihnen eingeführte Lipiddoppelschicht (Lipid-Bilayer) die Grundlage, von der alle nachfolgenden Verfeinerungen ausgingen und auf der unser heutiges Verständnis der Membranstruktur letztendlich beruht.

7.2.3 Davson und Danielli: Membranen enthalten auch Proteine

Kurz nachdem Gorter und Grendel im Jahr 1925 ihr Modell der Lipiddoppelschicht vorgestellt hatten, wurde deutlich, dass eine einfache Lipiddoppelschicht nicht zur Erklärung aller Eigenschaften von Membranen genügte – vor allem der Eigenschaften, die mit der Oberflächenspannung, der Permeabilität löslicher Substanzen und dem elektrischen Widerstand in Zusammenhang standen. Beispielsweise war die Oberflächenspannung eines Lipidfilms wesentlich höher als die der Zellmembranen, konnte aber durch Hinzufügen eines Proteins zum Lipidfilm gesenkt werden. Außerdem bewegten sich Zucker, Ionen und andere hydrophile lösliche Substanzen leicht in die Zelle hinein bzw. aus ihr heraus, obwohl reine Lipiddoppelschichten für wasserlösliche Substanzen fast undurchdringlich sind.

Zur Erklärung dieser Differenzen schlugen Hugh Davson und James Danielli vor, dass Proteine in der Membran enthalten sein müssten. Das im Jahr 1935 von ihnen entwickelte Modell basiert darauf, dass biologische Membranen aus Lipiddoppelschichten bestehen, auf die beidseitig dünne Proteinschichten aufgelagert sind (▶*Abbildung 7.3d*). Ihr Modell, ein Protein-Lipid-Protein-„Sandwich" war die erste detaillierte Darstellung der Membranorganisation und bestimmte während der folgenden Jahrzehnte das Denken der Zellbiologen.

Das Ursprungsmodell wurde später verschiedentlich modifiziert, um neuen Entdeckungen gerecht zu werden. Besonders bemerkenswert war der 1954 unterbreitete Vorschlag, dass hydrophile Proteine die Membran an Stellen durchdringen könnten, um Poren durch eine ansonsten hydrophobe Doppelschicht zu bilden. Diese Proteine können dann den Weg für wasserlösliche Substanzen freimachen, um die Zellmembran zu durchqueren. Die Lipide sprachen für die hydrophoben Eigenschaften von Membranen und die Proteinkomponenten erklärten deren hydrophile Eigenschaften.

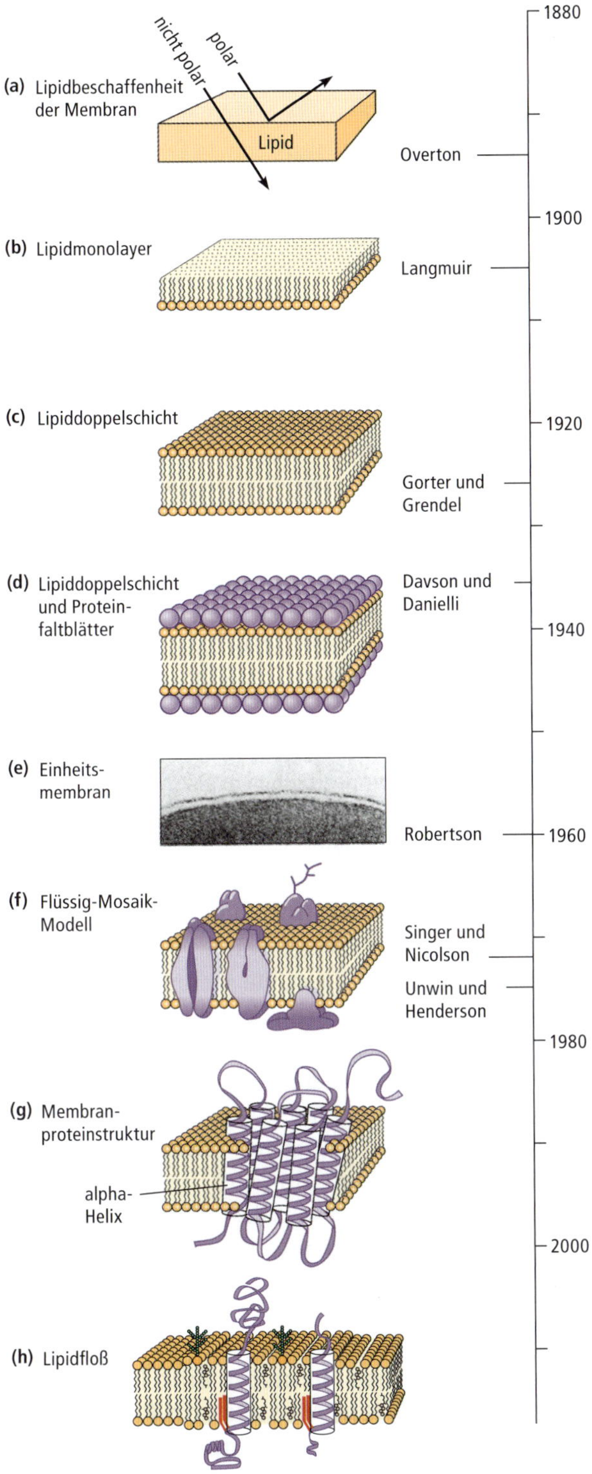

Abbildung 7.3: Chronologie der Entwicklung des Flüssig-Mosaik-Modells. Das Flüssig-Mosaik-Modell der Membranstruktur, das Singer und Nicolson 1972 konzipierten, war das Ergebnis einer Reihe von Untersuchungen, die bis in die 1890er Jahre zurückgingen (a) – (e). Dieses Modell (f) wurde durch nachfolgende Untersuchungen entscheidend verfeinert (g und h).

Die wahre Tragweite des Modells von Davson und Danielli lag allerdings darin, dass es der Bedeutung der Proteine in der Membranstruktur Rechnung trug. Dieses Merkmal trug mehr als alle anderen Erkenntnisse dazu bei, dass sich das Modell des Davson-Danielli-Sandwich als Grundlage eines großen Teils späterer Arbeiten zur Membranstruktur bewährte.

7.2.4 Robertson: Alle Membranen haben eine gemeinsame Grundstruktur

Mit der Entwicklung der Elektronenmikroskopie in den 1950er Jahren vermochten die Zellbiologen endlich die Existenz einer Plasmamembran, die jede Zelle umgab, nachzuweisen. Ferner beobachteten sie, dass die meisten subzellulären Organellen von ähnlichen Membranen umgeben waren. Außerdem fanden sie heraus, dass mit Osmium, einem Schwermetall, angefärbte Membranen, die man dann eingehend mit hoher Auflösung betrachtete, ausgedehnte Regionen einer „Eisenbahnschienen"-Struktur zeigten, die als zwei dunkle Linien erkennbar war, die von einer hell gefärbten Mittelzone getrennt wurden, mit einer Stärke von 6 bis 8 nm. Dieses Muster ist in der ▶*Abbildung 7.4* von Plasmamembranen zweier benachbarter Zellen zu erkennen, die durch einen schmalen, interzellulären Raum getrennt sind. Da man diese Färbemuster in vielen verschiedenen Arten von Membranen entdeckte, schlug J. David Robertson vor, dass alle Zellmembranen diese gemeinsame Grundstruktur besitzen, die er als *Einheitsmembran* (engl.: *unit membrane*) bezeichnete (▶*Abbildung 7.3e*).

Als Robertson die Struktur der Einheitsmembran erstmals vorschlug, schien sie sich erstaunlich gut in das Modell von Davson und Danielli einzufügen. Robertson behauptete, dass die hell gefärbte Fläche (zwischen den beiden dunklen Linien der trilamellaren Struktur) hydrophobe Regionen aus Lipidmolekülen enthielt, die nicht anfärbbar waren. Umgekehrt ging er davon aus, dass die beiden dunklen Linien Phospholipidkopfgruppen waren und dass die dünnen Proteinblätter an die Membranoberflächen gebunden waren, die aufgrund ihrer Affinität für das Anfärben mit Schwermetall dunkel erkennbar waren. Diese Erklärung schien die Auffassung von Davson und Danielli zu unterstreichen, dass eine Membran aus einer Lipiddoppelschicht besteht, auf die beidseitig dünne Proteinschichten aufgelagert sind.

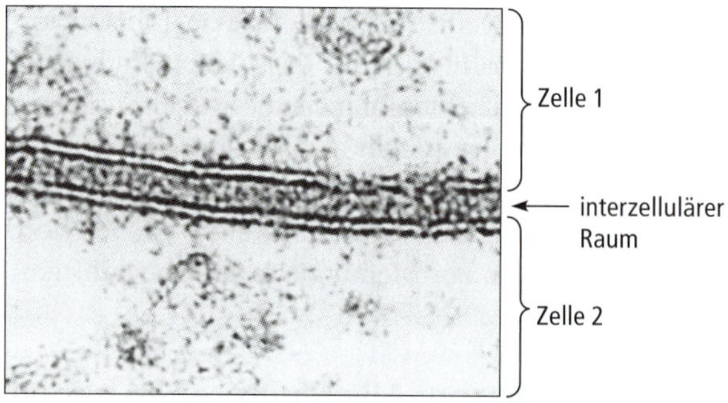

Abbildung 7.4: Das trilamellare Erscheinungsbild von Zellmembranen. Diese elektronenmikroskopische Aufnahme eines Dünnschnitts durch zwei benachbarte Zellen macht deutlich, dass deren Plasmamembran von einem schmalen interzellulären Raum getrennt wird. Jede Membran wird erkennbar als aus zwei dunklen Linien bestehend, die durch eine hell gefärbte Mittelzone getrennt werden, wobei das Färbemuster den Anschein hervorruft, dass jede Membran aus drei Schichten besteht, gleich einem „Eisenbahngleis" (TEM).

7.2.5 Weitere Forschungsergebnisse deckten größere Unzulänglichkeiten des Davson-Danielli-Modells auf

Trotz der offensichtlichen Unterstützung ihres Modells durch die Elektronenmikroskopie und der Etablierung der Gültigkeit für alle Membranen durch Robertson wurde das Modell von Davson und Danielli in den 1960er Jahren zunehmend durch die Fülle neuer, nicht mit dem Modell vereinbarer Daten in Frage gestellt. Hierfür leistete die Elektronenmikroskopie einen wichtigen Beitrag, denn sie machte erkennbar, dass die meisten Membranen einen Durchmesser von 6 bis 8 nm hatten und dass 4 bis 5 nm davon die Lipiddoppelschicht bildeten. Damit blieben zu beiden Seiten der Lipiddoppelschicht nur 1 bis 2 nm für die Membranproteinschicht übrig, ein Raum, in den höchstens eine dünne Monoschicht Protein hineinpasste. Nachdem man jedoch Membranproteine isoliert und untersucht hatte, wurde klar, dass es sich bei den meisten um globuläre Proteine handelte, deren Größen und Formen nicht mit dem Konzept dünner Proteinschichten übereinstimmte, die beidseitig auf den Membranoberflächen lagerten.

Eine weitere Komplikation ergab sich daraus, dass das Davson-Danielli-Modell keine Erklärung für die Unterschiedlichkeit der verschiedenen Membranarten anbot. Je nach Herkunft unterscheiden sich Membranen erheblich in ihrer chemischen Zusammensetzung und vor allem im Gewichts-Verhältnis von Proteinen zu Lipiden (▶*Tabelle 7.1*), das sich zwischen drei oder mehr in einigen bakteriellen Zellen und lediglich 0,23 im Myelinschild des Nervenaxons bewegt. Sogar die beiden Membranen des Mitochondriums unterscheiden sich erheblich: Das Protein/Lipidverhältnis liegt bei circa 1,2 für die äußere Membran und bei circa 3,5 für die innere Membran, in der alle Enzyme und Proteine enthalten sind, die mit dem Elektronentransport und der ATP-Synthese in Zusammenhang stehen. Allerdings sehen all diese Membranen im Grunde unter dem Elektronenmikroskop gleich aus.

Das Modell von Davson-Danielli wurde durch Untersuchungen in Frage gestellt, in denen man Membranen mit Phospholipasen in Kontakt brachte – Enzymen, die Phospholipide durch Entfernen der Kopfgruppen abbauen. Gemäß dem Modell sollten die hydrophilen Kopfgruppen der Membranlipide mit einer Proteinschicht bedeckt sein und dadurch vor dem Abbau durch Phospholipase geschützt sein. Bis zu 75 % der Membranphospholipide können jedoch abgebaut werden, wenn die Membran mit Phospholipasen in Kontakt gerät, was die Vermutung nahelegt, dass die Phospholipidkopfgruppen mit der Membranoberfläche in Kontakt kommen und nicht mit einer Proteinschicht überlagert sind.

Außerdem spezifizierte das Davson-Danielli-Modell die Oberflächenlokalisierung der Membranproteine, was aber nicht durch die Versuche der Wissenschaftler unterstützt wurde, die versuchten, Proteine zu isolieren. Es stellte sich heraus, dass die meisten Membranproteine mehr oder weniger unlöslich in Wasser waren und nur mit Hilfe organischer Lösungsstoffe oder Detergenzien extrahiert werden konnten. Diese Beobachtungen wiesen darauf hin, dass viele Membranproteine hydrophob (oder zumindest amphipathisch) sind und legten den Schluss nahe, dass sie zumindest zum Teil innerhalb der hydrophoben Innenseite der Membran lagen und nicht auf den beiden Membranoberflächen.

7.2.6 Singer und Nicolson: Eine Membran besteht aus einem Mosaik von Proteinen in einer flüssigen Lipiddoppelschicht

Die zuvor dargestellten Probleme mit dem Davson-Danielli-Modell erregten ein beträchtliches Interesse an der Entwicklung neuer Ideen im Hinblick auf die Membranorganisation, die im Jahr 1972 in dem Flüssig-Mosaik-Modell gipfelten, das S. Jonathan Singer und Garth Nicolson entwickelten. Dieses Modell, auf dem unsere heutige Vorstellung der Membranorganisation beruht, hat zwei Schlüsselmerkmale, die beide im Namen des Modells genannt werden. Mit einfachen Worten: Das Modell beruht auf dem Verständnis, dass eine Membran eine *flüssige* Lipiddoppelschicht (Lipid-Bilayer) darstellt mit einem *Mosaik* aus in ihr eingebetteten Proteinen, die mehr oder weniger fest in ihr verankert sind (▸*Abbildung 7.3f*). Dieses Modell gründete auf der strukturellen Basis der Lipiddoppelschicht, erlaubte aber einen ganz neuen Blick auf die Membranproteine – es waren nicht länger dünne Schichten auf der Membranoberfläche, sondern deutlich erkennbare globuläre Einheiten innerhalb der Lipiddoppelschicht (▸*Abbildung 7.5a*).

Diese Sicht der Membranproteine war zu der Zeit als Singer und Nicolson das Modell erstmalig vorstellten, revolutionär, aber es stellte sich heraus, dass die gewonnenen Daten das Modell sehr wohl unterstützten. Man unterscheidet heutzutage entsprechend ihrer Verankerung in der Lipidschicht drei Klassen von Membranproteinen. *Integrale Membranproteine* sind in die Lipiddoppelschicht eingebettet, wo sie durch die Affinität der hydrophoben Segmente des Proteins zur hydrophoben Innenseite der Lipiddoppelschicht gehalten werden. *Periphere Membranproteine* sind wesentlich hydrophiler und liegen daher an den Membranoberflächen, wo sie kovalent an die polaren Kopfgruppen von Phospholipiden und/oder an die hydrophilen Teile anderer Membranproteine gebunden sind. *Lipidverankerte Proteine* sind grundsätzlich hydrophile Proteine und daher auf den Membranoberflächen lokalisiert, aber sie sind kovalent an Lipidmoleküle gebunden, die in die Doppelschicht eingebettet sind.

Die flüssige Natur der Membran ist das zweite entscheidende Merkmal des Singer-Nicolson-Modells. Während man früher annahm, dass die Lipidbausteine einer Membran fest verankert sind, ging dieses Modell davon aus, dass sie in ständiger Bewegung und lateral frei beweglich sind (das heißt, eine Bewegung parallel zur Membranoberfläche ist möglich). Viele Membranproteine sind außerdem fähig, sich lateral innerhalb der Membran zu bewegen, obwohl einige Proteine an Strukturelementen verankert sind, wie zum Beispiel intrazellulär am Cytoskelett, und daher in ihrer Bewegungsfreiheit eingeschränkt sind.

Tabelle 7.1

Protein-, Lipid- und Kohlenhydratgehalt biologischer Membranen

Membran		Ungefährer Prozentsatz nach Gewichtsanteil			
		Protein	Lipid	Kohlenhydrat	Protein/Lipid-Verhältnis
Plasmamembran	menschlicher Erythrocyt	49	43	8	1,14
	Leberzelle eines Säugetiers	54	36	10	1,50
	Amöbe	54	42	4	1,29
Myelinscheide des Nervenaxons		18	79	3	0,23
Kernhülle		66	32	2	2,06
endoplasmatisches Reticulum		63	27	10	2,33
Golgi-Apparat		64	26	10	2,46
Thylakoidmembran der Chloroplasten		70	30	0	2,33
äußere Membran der Mitochondrien		55	45	0	1,22
innere Membran der Mitochondrien		78	22	0	3,54
grampositives Bakterium		75	25	0	3,00

Die große Stärke des Flüssig-Mosaik-Modells beruht darin, dass es Kritikpunkte, die zum Davson-Danielli-Modell geäußert wurden, problemlos aus dem Weg räumt. So passt beispielsweise das Konzept der teilweise in die Lipiddoppelschicht eingebetteten Proteine gut zur hydrophoben Beschaffenheit und globulären Struktur der meisten Membranproteine und schafft die Auffassung aus der Welt, dass Membranproteine in Oberflächenschichten unterschiedlicher Stärken verankert sein müssen. Weiterhin bedeutet die quantitative Variabilität der Proteine und Lipide in den verschiedenen Membranen ganz einfach, dass sich die Membranen im Hinblick auf die Proteinmenge, die sie enthalten, unterscheiden. Die Ausrichtung der Phospholipidköpfe nach außen an der Membranoberfläche ist offensichtlich mit ihrer Empfindlichkeit für den Phospholipaseabbau vereinbar, während die Fluidität der Lipidschichten und die Vermengung von Lipiden und Proteinen in der Membran die Motilität der Lipide und Proteine vorstellbar machen.

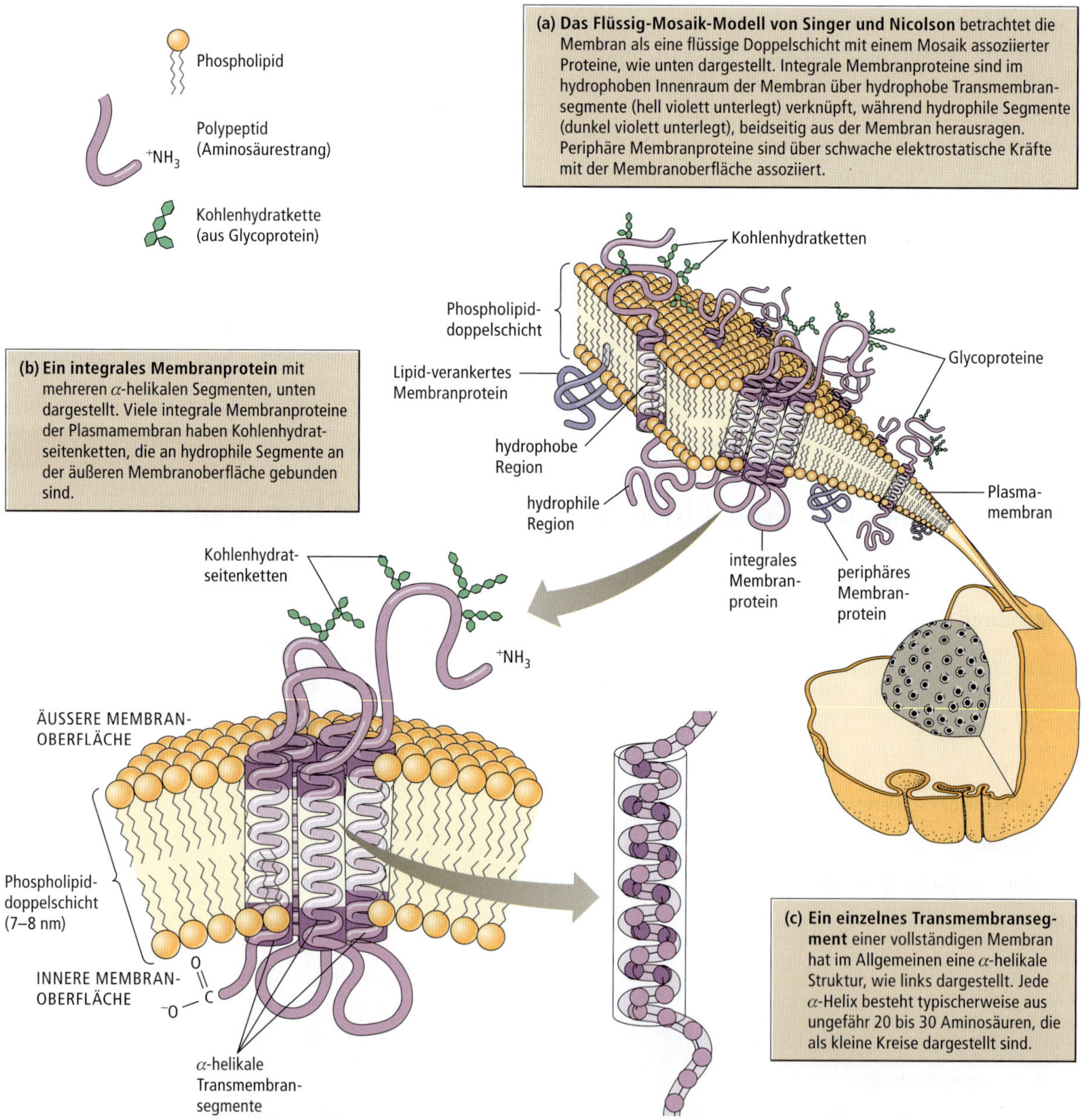

Abbildung 7.5: Das Flüssig-Mosaik-Modell der Membranstruktur. Diese Zeichnungen bieten (a) repräsentative Phospholipide und Proteine in einer typischen Plasmamembran mit Vergrößerungen (b) eines integralen Membranproteins und (c) der Transmembransegmente des Proteins.

7.2.7 Unwin und Henderson: Die meisten Membranproteine enthalten Transmembransegmente

Die nächste Abbildung der Chronographie (siehe ▶*Abbildung 7.3g*) veranschaulicht eine wichtige Eigenschaft der integralen Membranproteine, die Zellbiologen in den 1970er Jahren aufklärten: In der Primärstruktur der meisten dieser Proteine befinden sich eine oder mehrere hydrophobe Sequenzen, die die Lipiddoppelschicht durchspannen (▶*Abbildung 7.5b, c*). Diese *Transmembransegmente* oder *Transmembrandomänen* verankern das Protein in der Membran und halten es innerhalb der Lipiddoppelschicht an der richtigen Stelle.

Dies wird in der *Abbildung 7.3g* am Beispiel von *Bacteriorhodopsin* veranschaulicht, dem ersten Membranprotein, an dem man dieses Strukturmerkmal nachwies. Bacteriorhodopsin ist ein Plasmamembranprotein der Archaea der Gattung *Halobacterium*, dank dessen Gegenwart *Halobacterium* Energie direkt aus dem Sonnenlicht gewinnt, wie wir in *Kapitel 8* sehen werden. Nigel Unwin und Richard Henderson bestimmten mit Hilfe des Elektronenmikroskops die dreidimensionale Struktur von Bacteriorhodopsin und klärten dessen Ausrichtung in der Membran auf. Das Bemerkenswerte ihrer Entdeckung aus dem Jahr 1975 bestand darin, dass Bacteriorhodopsin aus einer einzigen Peptidkette besteht, die sieben Mal durch die Lipiddoppelschicht vor- und zurückgefaltet ist. Jedes dieser sieben Transmembransegmente des Proteins ist eine dicht gepackte α-Helix, die in erster Linie aus hydrophoben Aminosäuren besteht. Mehrere aufeinanderfolgende Transmembransegmente sind durch kurze Schleifen hydrophiler Aminosäuren verknüpft, die in die polaren Oberflächen der Membran hineinragen oder aus ihr herausragen. (Für eine genauere Darstellung der dreidimensionalen Struktur von Bacteriorhodopsin siehe *Abbildung 8.14*.) Ausgehend von der Arbeit in vielen anderen Labors sind Membranbiologen jetzt zu der Ansicht gelangt, dass alle Transmembranproteine durch ein oder mehrere Transmembransegmente in der Lipiddoppelschicht verankert sind.

7.2.8 Neueste Erkenntnisse verfeinern unser Verständnis der Membranstruktur

Fast von dem Moment an, in dem Singer und Nicolson ihr Flüssig-Mosaik-Modell vorstellten, revolutionierte dieses die wissenschaftliche Sichtweise der Membranstruktur. Das Modell war der Beginn einer Ära der Membranforschung, die nicht nur das Grundmodell bestätigte, sondern dieses auch verfeinerte und erweiterte. Außerdem geht unser Verständnis der Membranstruktur immer weiter voran, denn neue wissenschaftliche Erkenntnisse dringen immer tiefer in die Struktur ein und verfeinern das Ausgangsmodell.

Neueste Entwicklungen unterstützen das Konzept, dass Membranen nicht homogen sind, sondern sich frei mischende Strukturen. Sowohl Lipide als auch Proteine sind in den Membranen angeordnet und diese Anordnung findet häufig in dynamischen Mikrodomänen statt, den sogenannten *Lipidflößen* (engl.: *lipid rafts*; ▶*Abbildung 7.3h*), auf die wir später in diesem Kapitel eingehen werden. Tatsächlich hängen die meisten zellulären Abläufe, an denen Membranen beteiligt sind, entscheidend von spezifischen strukturellen Lipid- und Proteinkomplexen innerhalb der Membran ab. Diese Wechselwirkung zwischen einem Membranprotein und einem bestimmten Lipid kann sehr spezifisch sein und ist oftmals von entscheidender Bedeutung für Struktur und Funktion des Membranproteins.

Um die mit der Membran in Zusammenhang stehenden Abläufe zu verstehen, brauchen wir mehr als das ursprüngliche Flüssig-Mosaik-Modell mit Lipiden und Proteinen, die sich unkoordiniert bewegen. Das Flüssig-Mosaik-Modell bildet allerdings nach wie vor den Grundbaustein unseres Verständnisses von der Membranstruktur, weshalb wir nicht umhin können, jetzt dessen Grundmerkmale näher zu betrachten. Zu diesen Merkmalen gehören Chemie, asymmetrische Verteilung und Fluidität der Membranlipide; die Beziehungen der Membranproteine zu der Doppelschicht und die Mobilität der Proteine innerhalb der Doppelschicht. Jedes dieser Merkmale werden wir nacheinander besprechen und uns dabei sowohl auf den Beweis der Existenz dieses Merkmals als auch auf die Bedeutungen eines jeden Merkmals für die Membranfunktion konzentrieren.

Membranlipide: Der „flüssige" Teil des Modells 7.3

Wir beginnen unsere genaue Betrachtung der Membranen mit den Membranlipiden, die wichtige Bestandteile des „flüssigen" Teils des Flüssig-Mosaik-Modells sind.

7.3.1 Membranen enthalten mehrere wichtige Lipidklassen

Ein Merkmal des Flüssig-Mosaik-Modells von Singer und Nicolson ist, dass es die Lipiddoppelschicht, die ursprünglich von Gorter und Grendel postuliert wurde, berücksichtigt, auch wenn dies mit größerer Diversität und Fluidität der Lipidbausteine einhergeht als Forscher früher meinten. Die Hauptklassen der Membranlipide sind *Phospholipide*, *Glykolipide* und *Sterole*. In der ▸*Abbildung 7.6* sind jeweils die wichtigsten Lipide dieser Kategorien aufgeführt und die Strukturen mehrerer Lipide dargestellt.

Phospholipide Wie Sie bereits aus *Kapitel 3* wissen, sind **Phospholipide** die Lipide, die am häufigsten in Membranen vorkommen (▸*Abbildung 7.6a*). Membranen enthalten viele verschiedene Arten von Phospholipiden, dazu gehören sowohl die vom Glycerin abgeleiteten **Phosphogylceride**, als auch die von Sphingosin abgeleiteten **Sphingolipide**. Die am häufigsten auftretenden Glyceride sind *Phosphatidylcholin*, *Phosphatidylethanolamin*, *Phosphatidylserin* und *Phosphatidylinositol*. Ein weit verbreitetes Sphingolipid ist Sphingomyelin (*Abbildung 7.6a*), eines der wichtigsten Phospholipide tierischer Plasmamembranen, das aber nicht in den Plasmamembranen der Pflanzen und der meisten Bakterien vorkommt. Die Arten und relativen Anteile der enthaltenen Phospholipide sind in den verschiedenen Membranen (▸*Abbildung 7.7*) sehr unterschiedlich.

Glykolipide Ihr Name sagt bereits, dass **Glykolipide** durch Anfügen von Kohlenhydratgruppen an Lipide gebildet werden. Einige Glykolipide sind von Glycerin abgeleitet und andere sind Derivate von Sphingosin und werden daher als *Glykosphingoside* bezeichnet. Am häufigsten kommen die **Cerebroside** und die **Ganglioside** vor. Die Cerebroside werden als *neutrale Glykolipide* bezeichnet, denn jedes Molekül besitzt einen nicht geladenen Zucker als Kopfgruppe – im Fall von Galactocerebrosid handelt es sich um Galactose, wie in der ▸*Abbildung 7.6b* dargestellt. Ein Gangliosid besitzt wiederum ein Oligosaccharid als Kopfgruppe, das einen oder mehrere negativ geladene Sialinsäurereste hat und dem Molekül eine negative Nettoladung verleiht.

Cerebroside und Ganglioside kommen besonders häufig in Hirn- und Nervenzellen vor. Ganglioside, die auf der Oberfläche der Plasmamembran liegen, dienen als Antigene, die bei Immunantworten von Antikörpern erkannt werden, dazu zählen auch Ganglioside, welche für die Blutgruppenwechselwirkungen verantwortlich sind. Das menschliche AB0-Blutgruppensystem beruht beispielsweise auf Glykosphingolipiden, die man als Antigen A und Antigen B bezeichnet und die als spezifische Zelloberflächenmarker der verschiedenen roten Blutkörperchen dienen. Zellen der Blutgruppe A haben das Antigen A und Zellen der Blutgruppe B das Antigen B. Die Blutkörperchen der AB-Gruppe haben beiden Antigene und Zellen der Blutgruppe 0 haben weder das Antigen A noch das Antigen B.

Man weiß, dass mehrere Erkrankungen des Menschen auf den gestörten Metabolismus von Glykosphingolipiden zurückgehen. Das am besten untersuchte Beispiel ist die Tay-Sachs-Krankheit, die durch ein fehlendes lysomales Enzym, die β-*N*-Acetylhexosaminidase A, verursacht wird, die für einen der Schritte beim Gangliosid-Abbau verantwortlich ist. Infolge des genetischen Defekts sammeln sich die Ganglioside im Gehirn und anderem Nervengewebe an, wodurch die Nerven- und Hirnfunktionen beeinträchtigt werden und letztendlich kommt es zu Lähmung, schwerem geistigen Zerfall und Tod.

Zwei häufig vorkommende Glykolipide, die keine Sphingosine enthalten, sind Derivate des Glycerin und in großen Mengen in den Chloroplasten der Pflanzen und Algen enthalten. Monogalactosyldiacylglycerin (MGDG) und Digalactosyldiacylglycerin (DGDG) haben jeweils ein oder zwei Galactosemoleküle, die an ein Glycerinrückgrat geknüpft sind, das zwei mehrfach ungesättigte Fettsäuregruppen enthält (▸*Abbildung 7.8*). Diese beiden Glykolipide machen bis zu 75 % aller Membranlipide in Blättern aus, von denen man annimmt, dass sie zur Stabilisierung der Membranproteine des photosynthetischen Apparats beitragen. Man geht davon aus, dass diese beiden Lipide die am häufigsten auf der Erde vorkommenden Glykolipide sind. Vor Kurzem hat man in mehreren Untersuchungen nachgewiesen, dass MGDG auf Entzündungsereignisse und Zellproliferation in einigen menschlichen Zellen und Geweben hemmend wirkt.

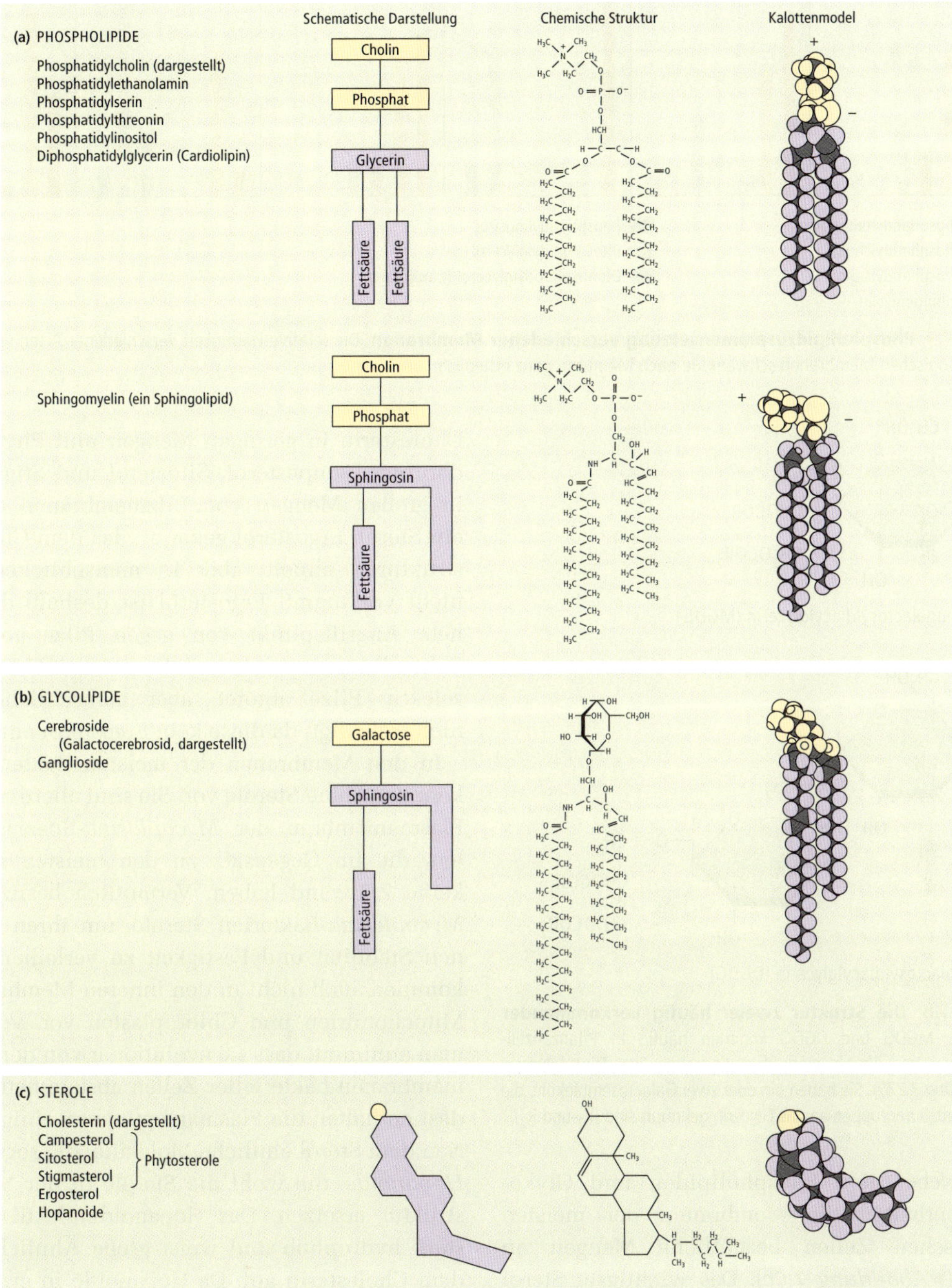

Abbildung 7.6: Die Hauptklassen der Membranlipide. Jede Lipidklasse wird durch eine schematische Darstellung (links), eine chemische Struktur (Mitte) und ein Kalottenmodell (rechts) dargestellt. (a) Phospholipide bestehen aus einer kleinen polaren Kopfgruppe (beispielsweise Cholin, Ethanolamin, Serin oder Inosit), die an ein Lipidrückgrat angeheftet sind und entweder Phosphoglyceride (auf der Basis von Glycerin) oder Sphingolipide (auf der Basis von Sphingosin) bilden. (Für die Strukturen von Cholin, Ethanolamin, Serin und Inosit schauen Sie sich bitte die *Abbildung 3.29* an.) (b) Die Basis von Glykolipiden ist entweder Glycerin oder Sphingosin, wobei letzteres häufiger vorkommt. Ein Cerebrosid hat einen neutralen Zucker als Kopfgruppe, während ein Gangliosid eine Oligosaccharidkette besitzt, die einen oder mehrere Sialinsäurereste besitzt und daher eine negative Ladung trägt. (c) Die am häufigsten vorkommenden Membransterole sind Cholesterin bei Tieren und mehrere verwandte Phytosterole bei Pflanzen.

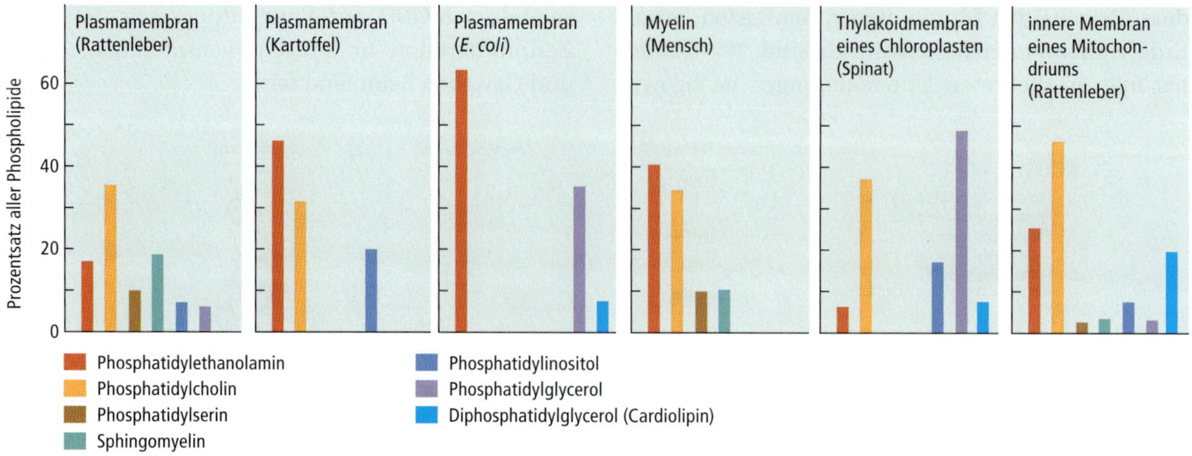

Abbildung 7.7: **Phospholipidzusammensetzung verschiedener Membranen**. Die relative Häufigkeit verschiedener Arten von Phospholipiden in biologischen Membranen schwankt je nach Membran ganz erheblich.

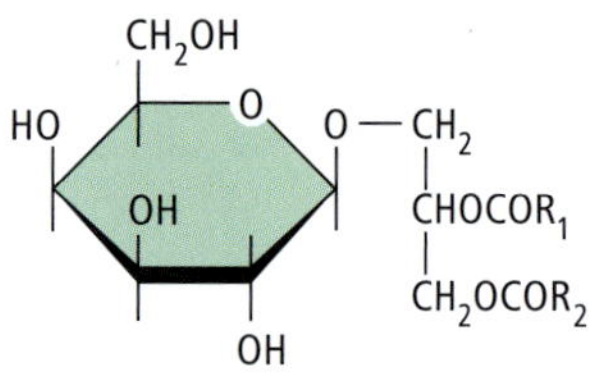

(a) Monogalactosyldiacylglycerin (MGDG)

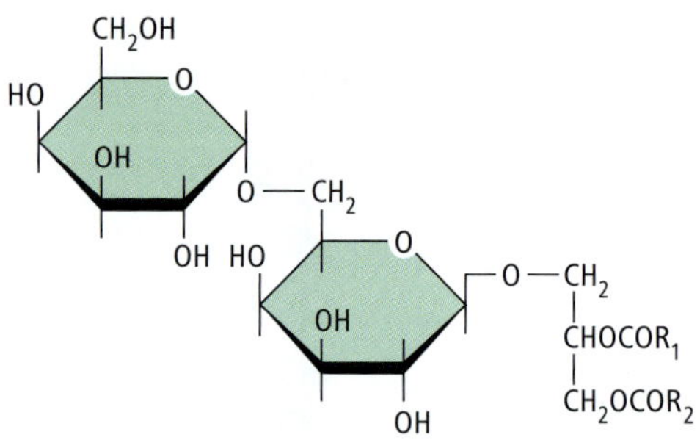

(b) Digalactosyldiacylglycerin (DGDG)

Abbildung 7.8: **Die Struktur zweier häufig vorkommender Glykolipide**. MGDG und DGDG kommen häufig in Pflanzenzellmembranen vor und ähneln stark dem tierischen Fett Triacylglycerin (siehe *Abbildung 3.27b*). Sie haben ein oder zwei Galactosemoleküle, die neben zwei Fettsäuregruppen an das Glycerin geknüpft sind (R_1 und R_2).

Sterole Neben den Phospholipiden und Glykolipiden enthalten die Membranen der meisten eukaryotischen Zellen beachtliche Mengen an **Sterolen** (▸*Abbildung 7.6c*). Das wichtigste Sterol der tierischen Zellmembranen ist das **Cholesterin**, das aufgrund seiner Funktion als Puffer der Fließfähigkeit (Fluidität) zur Erhaltung und Stabilisierung von Membranen in tierischen Zellen dient. In den Membranen der Pflanzenzellen kommen Cholesterin in geringen Mengen und Phytosterole, darunter Campesterol, Sitosterol und Stigmasterol, in großen Mengen vor. Pilzmembranen enthalten ein Sterol, Ergosterol genannt, das dem Cholesterin strukturell ähnelt, aber in menschlichen Zellen nicht vorkommt. Ergosterol ist deshalb der geeignete Angriffspunkt von gegen Pilze gerichteten Behandlungen, wie beispielsweise mit Nystatin, das selektiv Pilze abtötet, aber menschliche Zellen nicht schädigt, da diese kein Ergosterol enthalten.

In den Membranen der meisten Bakterienzellen kommen keine Sterole vor. Sie sind allerdings in der Plasmamembran der *Mycoplasma*-Spezies enthalten, die im Gegensatz zu den meisten Bakterien keine Zellwand haben. Vermutlich besitzen diese *Mycoplasma*-Bakterien Sterole, um ihren Membranen Stabilität und Festigkeit zu verleihen. Sterole kommen auch nicht in den inneren Membranen der Mitochondrien und Chloroplasten vor, von denen man annimmt, dass sie evolutionär von den Plasmamembranen bakterieller Zellen abstammen. Zumindest enthalten die Plasmamembranen einiger Bakterien dem Sterol ähnliche Moleküle, die sogenannten *Hopanoide*, die wohl die Sterole in der Membranstruktur ersetzen. Das Hopanoidmolekül ist starr, stark hydrophob und weist große Ähnlichkeit mit dem Cholesterin auf. Da Hopanoide in großer Zahl in Öllagerstätten vorkommen, könnten diese Moleküle Membrankomponenten früher Bakterien gewesen sein, die vermutlich an der Entstehung fossiler Brennstoffe beteiligt waren.

7.3.2 Die Dünnschichtchromatographie ist eine wichtige Technik zur Analyse von Lipiden

Warum wissen wir so viel über die Lipidbausteine der Membranen? Sicherlich können Sie sich denken, dass es aufgrund ihrer hydrophoben Natur schwierig ist, Membranen zu isolieren und zu untersuchen. Mit Hilfe nicht-polarer Lösungsmittel wie Aceton und Chloroform haben Biologen und Biochemiker seit mehr als einem Jahrhundert Membranlipide isoliert, aufgetrennt und untersucht. Eine wichtige Technik zur Untersuchung von Lipiden ist die **Dünnschichtchromatographie** (**DC** oder **TLC**, engl.: *thin-layer chromatography*), die in ▸*Abbildung 7.9* schematisch dargestellt ist. Diese Technik dient zur Trennung verschiedener Arten von Lipiden entsprechend ihrer relativen Polarität.

Bei diesem Verfahren werden die Lipide mittels einer Mischung nicht-polarer organischer Lösungsmittel aus einem Membranpräparat gelöst und mit Hilfe eines Glasträgers, der mit Sialinsäure beschichtet wurde, einer polaren Verbindung, die trocknet und auf dem Glasträger einen Film bildet, aufgetrennt. Eine Probe des Extrakts wird auf einem Ende der TLC-Platte aufgebracht, indem der Extrakt auf eine kleine Region, den sogenannten Auftragspunkt, aufgetupft wird (▸*Abbildung 7.9a*). Nachdem das Lösungsmittel in der Probe verdampft ist, wird der untere Teil der Platte in ein Lösungsmittelgemisch getaucht, das normalerweise aus Chloroform, Methanol und Wasser besteht. Wenn das Lösungsmittelgemisch sich durch Kapillarbewegung über den Auftragspunkt den Träger hinauf bewegt, werden die Lipide entsprechend ihrer Polarität getrennt – das heißt, durch ihre relative Affinität für den polaren Sialinsäureträger und das weniger polare Lösungsmittel.

Nicht-polare Lipide wie Cholesterin besitzen nur geringe Affinität für die polare Sialinsäure (die stationäre Phase) und bewegen sich daher auf der Platte mit dem Lösungsmittelgemisch hinauf (mobile Phase). Stärker polare Lipide, wie Phospholipide, interagieren stärker mit der Sialinsäure, wodurch ihre Bewegung verlangsamt wird. Auf diese Weise werden die verschiedenen Lipide nacheinander getrennt, wenn die hinaufsteigende Front der mobilen Phase sich weiter den Träger hinauf bewegt. Wenn die hinaufsteigende Front oder Lösungsmittelfront sich dem oberen Teil der Platte nähert, wird die Platte aus dem Lösungsmittelgemisch herausgenommen und getrocknet. Die getrennten Lipide werden dann von der Platte gewonnen, indem jeder Punkt oder jede Bande für weitere Untersuchungen in einem nicht-polaren Lösungsmittel wie Chloroform gelöst wird.

In der ▸*Abbildung 7.9b* ist das TLC-Muster der Lipide der Plasmamembran eines Erythrocyten dargestellt. Die wichtigsten Bausteine dieser Membran sind das Cholesterin (25 %) und die Phospholipide (55 %), worunter Phosphatidylethanolamin (PE), Phosphatidylcholin (PC) und Phosphatidylserin (PS) am häufigsten vorkommen. Andere, weniger häufig vertretene Bausteine wie Phosphatidylinositol und Sphingolipide sind nicht dargestellt. Gleichzeitig laufen zum Vergleich und zur Identifikation Kontrollplatten unter gleichen Bedingungen mit geringen Mengen bekannter Lipide durch.

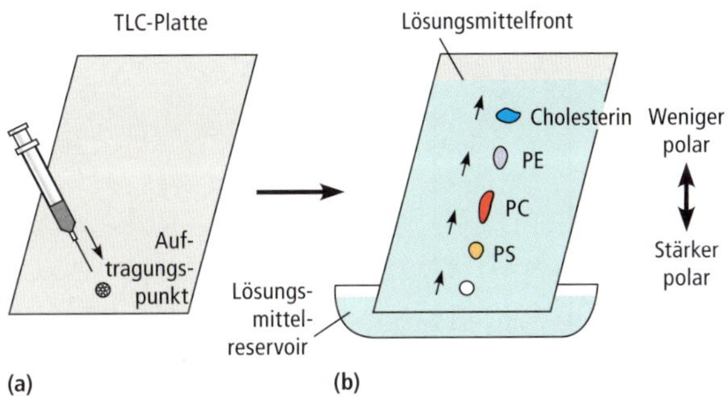

Abbildung 7.9: Anwendung der Dünnschichtchromatographie zur Analyse von Membranlipiden. Die Dünnschichtchromatographie (TLC) ist eine nützliche Technik zur Analyse von Membranlipiden. Lipide werden mittels einer Mischung organischer Lösungsstoffe aus einem Membranpräparat extrahiert und entsprechend ihrer Polarität getrennt. (a) Eine Probe wird auf einen Glas- oder Metallträger aufgetragen und getrocknet, der mit einer dünnen Schicht Sialinsäure bestrichen wurde. (b) Teile der Probe werden dann von dem Lösungsmittel, in das der TLC-Träger gesetzt wurde, nach oben getragen. Wenn das Lösungsmittel durch Kapillarkräfte an dem Träger aufsteigt, werden die Lipide entsprechend ihrer Polarität getrennt; weniger polare Lipide wie Cholesterin haften nicht stark an der Sialinsäure und bewegen sich am Träger weiter nach oben, während stärker polare Lipide näher am Ausgangspunkt verbleiben. Das dargestellte Muster trifft auf Lipide der Plasmamembran der Erythrocyten zu. Die wichtigsten Bausteine sind Cholesterin, Phosphatidylethanolamin (PE), Phosphatidylcholin (PC) und Phosphatidylserin (PS).

Tabelle 7.2

Strukturen einiger häufig in Lipiddoppelschichten biologischer Membranen vorkommender Fettsäuren.

Bezeichnung der Fettsäure	Anzahl der Kohlenstoffatome	Anzahl der Doppelbindungen	Strukturformel	Kalottenmodell
gesättigt				
Palmitat	16	0	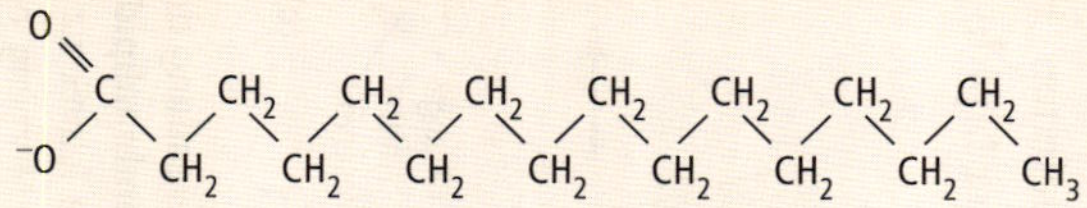	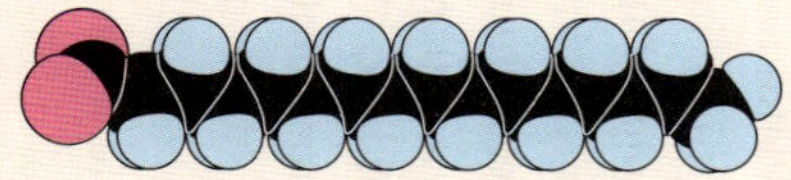
Stearat	18	0	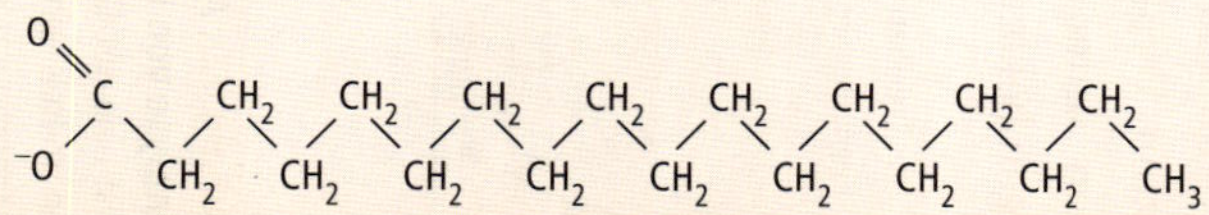	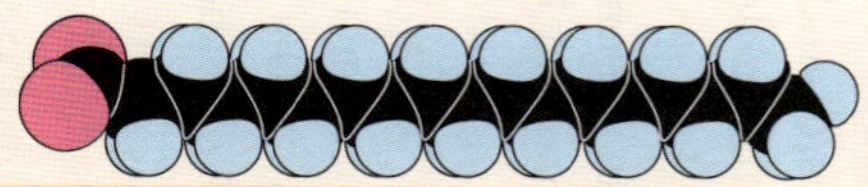
ungesättigt				
Oleat	18	1	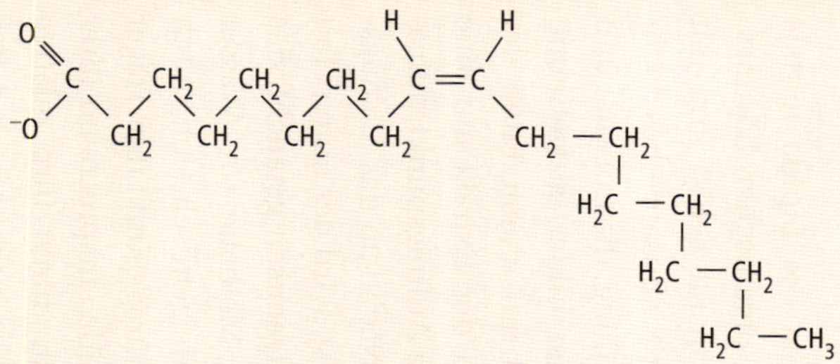	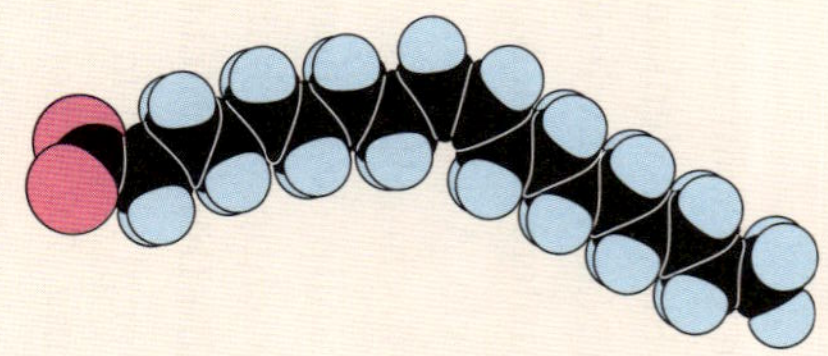
Linolat	18	2	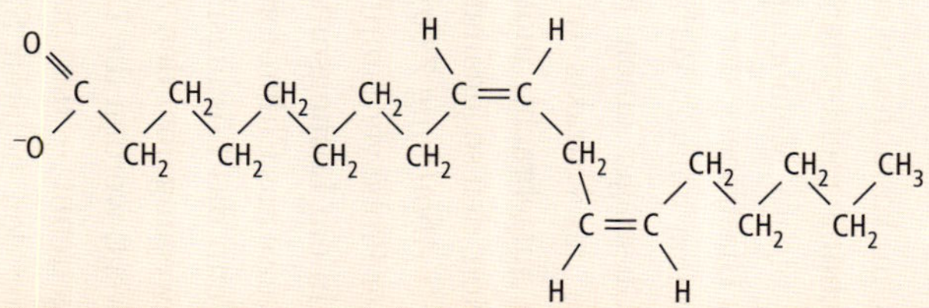	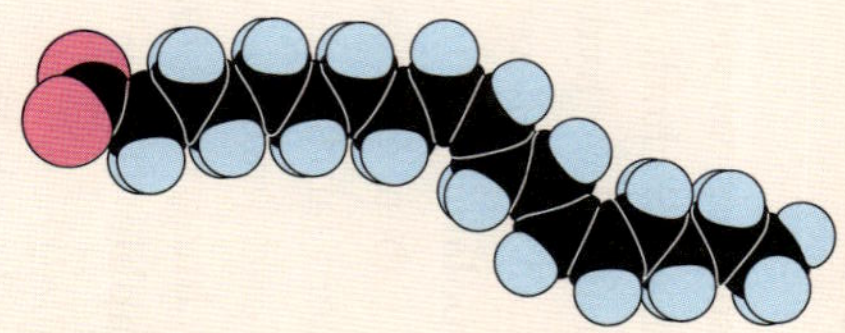

7.3.3 Fettsäuren sind essenziell für Struktur und Funktion der Membran

Fettsäuren sind Bausteine aller Membranlipide, mit Ausnahme der Sterole. Sie sind von essenzieller Bedeutung für die Membranstruktur, denn ihre langen Kohlenwasserstoffschwänze bilden eine effektive Barriere gegen die Diffusion polarer löslicher Substanzen. Die meisten Fettsäuren der Membran haben eine Länge zwischen 12 und 20 Kohlenstoffatomen, wobei Fettsäuren mit 16 und 18 Kohlenstoffatomen besonders häufig vorkommen. Dieser Größenbereich scheint für die Bildung der Doppelschicht optimal zu sein, denn Ketten mit weniger als 12 oder mehr als 20 Kohlenstoffatomen bilden weniger stabile Doppelschichten. Somit hängt die Stärke der Membranen (ungefähr 6 – 8 nm, je nach Membrantyp) in erster Linie von der Kettenlänge der Fettsäuren ab, die für die Stabilität der Doppelschicht benötigt werden.

Abgesehen von der Länge unterscheiden sich die in den Membranen enthaltenen Fettsäuren erheblich in Hinblick auf Vorkommen und Anzahl von Doppelbindungen. In der ▶*Tabelle 7.2* sind die Strukturen mehrerer Fettsäuren dargestellt, die besonders häufig in Membranlipiden vorkommen. *Palmitat* und *Stearat* sind gesättigte Fettsäuren mit 16 bzw. 18 Kohlenstoffatomen. *Oleat* und *Linolat* sind ungesättigte Fettsäuren mit 18 Kohlenstoffatomen, die jeweils eine oder zwei Doppelbindungen haben. Weitere häufig vorkommende ungesättigte Fettsäuren der Membranen sind Linolenat mit 18 Kohlenstoffatomen und drei Doppelbindungen und Arachidonat mit 20 Kohlenstoffatomen und vier Doppelbindungen (siehe *Tabelle 3.6*). Alle ungesättigten Fettsäuren der Membranen liegen in *cis*-Konfiguration vor, was an jeder Doppelbindung zu einem Knick der Kohlenwasserstoffkette führt. In Folge dieser Krümmung sind die Fettsäuren mit Doppelbindungen in den Membranen nicht stark gepackt.

7.3.4 Membranasymmetrie: die meisten Lipide sind ungleich in den Monoschichten verteilt

Sind die verschiedenen Lipide einer Membran zufällig in den beiden Lipidmonoschichten, aus denen eine Doppelschicht besteht, verteilt? Chemische Untersuchungen von Membranen, die von verschiedenen Zelltypen stammen, haben gezeigt, dass die meisten Lipide ungleich in den beiden Monoschichten verteilt liegen. Diese Membranasymmetrie bezieht sich sowohl auf unterschiedliche Arten der vorkommenden Lipide als auch auf den Anteil ungesättigter Fettsäuren in den Phospholipidmolekülen.

Die meisten Glykolipide der Plasmamembran einer tierischen Zelle liegen ausschließlich in dem äußeren Monolayer. Daher stehen die Kohlenwasserstoffgruppen aus der äußeren Membranoberfläche hinaus, wo sie an verschiedenen Signal- und Erkennungsprozessen beteiligt sind. Phophatidylethanolamin, Phophatidylinositol und Phophatidylserin kommen häufiger auf der inneren Monoschicht vor, wo sie an der Übertragung verschiedener Signale von der Plasmamembran in das Zellinnere mitwirken. Weitere Einzelheiten zur Signalerkennung und -weiterleitung erwarten Sie in *Kapitel 14*.

Die Membranasymmetrie bildet sich während der Membranbiogenese durch Einfügen verschiedener Lipide oder verschiedener Anteile der verschiedenen Lipide in jeder der beiden Monoschichten aus. Nachdem sich diese Membranasymmetrie herausgebildet hat, bleibt sie erhalten, denn die Bewegung von Lipiden von einer Monoschicht in die andere würde voraussetzen, dass ihre hydrophilen Kopfgruppen das hydrophobe Innere der Membran passieren können – ein thermodynamisch ungünstiger Vorgang. Obschon diese **transversale Diffusion** („Flipflop") durchaus gelegentlich stattfindet, ist sie doch relativ selten. Beispielsweise führt ein typisches Phospholipidmolekül in einer reinen Phospholipiddoppelschicht die „Flipflop"-Bewegung statistisch gesehen weniger als ein Mal in der Woche spontan aus. Diese Bewegung steht in deutlichem Gegensatz zur **Rotation** von Phospholipidmolekülen um ihre Längsachse und der **lateralen Diffusion** von Phospholipiden auf der Membranebene. Beide Bewegungen erfolgen frei, schnell und zufällig. In der ▶*Abbildung 7.10* werden diese drei Arten der Lipidbewegung veranschaulicht.

Obschon die „Flipflop"-Bewegung der Phospholipide relativ selten stattfindet, kommt sie häufiger in natürlichen Membranen als in künstlichen Lipiddoppelschichten vor. Der Grund dafür ist, dass einige Membranen – vor allem das glatte endoplasmatische Reticulum (ER) – Enzyme besitzen, die sogenannten **Phospholipidtranslokatoren** oder **Flippasen**, die die „Flipflop"-Bewegung der Membranlipide von einer Monoschicht in die andere katalysieren. Diese Enzyme wirken nur auf spezifische Lipidarten. So katalysiert beispielsweise eines

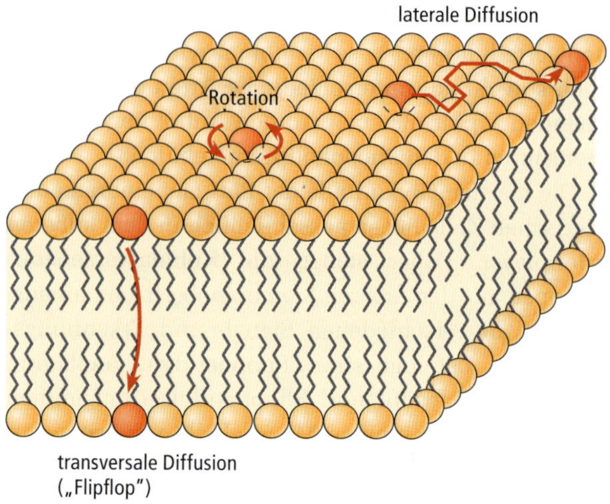

Abbildung 7.10: Bewegungen der Phospholipidmoleküle in Membranen. Ein Phospholipidmolekül vermag drei Bewegungsarten in einer Membran auszuführen: eine Rotation um seine Längsachse; laterale Diffusion durch Platztausch mit benachbarten Molekülen innerhalb der gleichen Monoschicht und transversale Diffusion oder „Flipflop" von einer Monoschicht in die andere. In einer reinen Phospholipiddoppelschicht tauscht ein typisches Lipidmolekül bei 37 °C ungefähr zehn Millionen Mal pro Sekunde den Platz mit benachbarten Molekülen und kann sich mit einer Geschwindigkeit von circa mehreren Mikrometern pro Sekunde seitwärts bewegen. Im Gegensatz dazu liegt die Häufigkeit, mit der ein Phospholipidmolekül eine „Flipflop"-Bewegung von einer Schicht in die andere ausführt, bei weniger als ein Mal pro Woche in einer reinen Phospholipiddoppelschicht und in einigen natürlichen Membranen findet die „Flipflop"-Bewegung alle paar Stunden ein Mal statt. Viel schneller kann dieser Austausch in natürlichen Membranen stattfinden in der Gegenwart von Enzymen, den Phospholipidtranslokatoren oder Flippasen, die die transversale Diffusion von Phospholipidmolekülen von einer Monoschicht in die andere katalysieren.

dieser Enzyme in der Membran des glatten ERs die Translokation von Phosphatidylcholin von einer Membranseite zur andere, erkennt aber keine anderen Phospholipide. Diese Fähigkeit, Lipidmoleküle selektiv von einer Seite der Doppelschicht zur anderen zu bewegen, trägt außerdem noch zur asymmetrischen Verteilung der Phospholipide innerhalb der Membran bei. Die Rolle des glatten ER bei der Synthese und selektiven „Flipflop"-Bewegung der Membranphospholipide ist ein Thema, auf das wir in *Kapitel 12* zurückkommen werden.

7.3.5 Die Lipiddoppelschicht ist flüssig

Eine der faszinierendsten Eigenschaften von Membranlipiden besteht darin, dass sie nicht an einem Ort der Membran fixiert sind, sondern eine flüssige Doppelschicht bilden, wodurch die laterale Diffusion von Membranlipiden und Proteinen ermöglicht wird. Lipidmoleküle sind zu besonders schneller Bewegung befähigt, weil sie wesentlich kleiner sind als Proteine. Zum Beispiel hat ein typisches Phospholipidmolekül ein Molekulargewicht von ungefähr 800 Da und kann in einer Sekunde oder weniger die Länge einer Bakterienzelle (zumeist wenige Mikrometer) zurücklegen! Proteine bewegen sich erheblich langsamer als Lipide, was zum Teil daran liegt, dass sie wesentlich längere Moleküle sind und zum Teil auf ihre Wechselwirkungen mit Komponenten des Cytoskeletts im Zellinneren zurückzuführen ist.

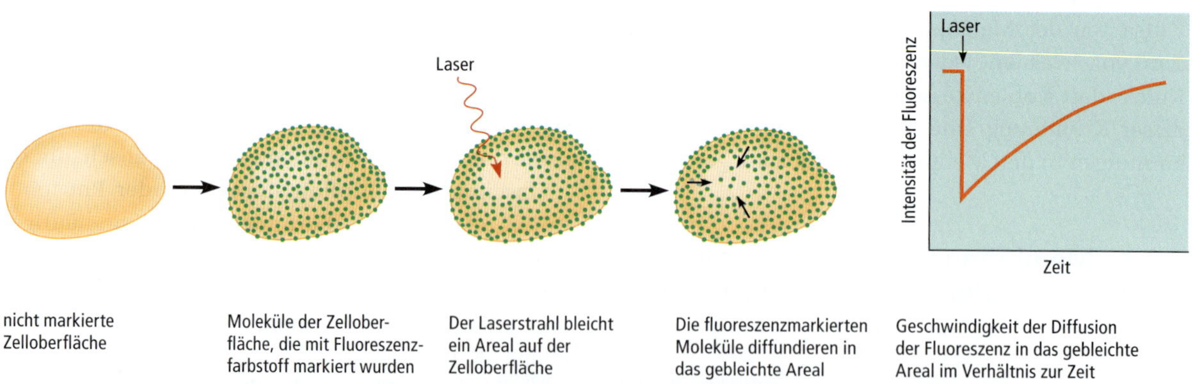

Abbildung 7.11: Messen der Lipidbewegung in Membranen durch Erholung der Fluoreszenz nach Bleichung durch Belichtung. Membranlipide werden mit einer fluoreszierenden Verbindung markiert und dann wird die Fluoreszenz in einem kleinen Bereich der Membran durch Bestrahlung der Zelle mit einem Laserstrahl gebleicht. Wenn die Fluoreszenzmoleküle der umliegenden Regionen in die gebleichte Zone diffundieren, erscheint die Fluoreszenz in dem vom Laser gebleichten Bereich wieder. Man misst die Membranfluidität, indem man die Geschwindigkeit ermittelt, mit der die Fluoreszenz wieder auftritt. Ähnliche Experimente können ausgeführt werden, um die Beweglichkeit von Membranproteinen zu messen, wie in *Abbildung 7.28* dargestellt.

Die laterale Diffusion von Membranlipiden kann man experimentell mittels einer Technik beweisen, der Erholung der Fluoreszenz nach Bleichung durch Belichtung (engl.: *fluorescence recovery after photobleaching*, FRAP, ▸*Abbildung 7.11*). Lipidmoleküle in der Membran einer lebenden Zelle werden markiert, indem man einen Fluoreszenzfarbstoff kovalent an sie bindet. Dann wird mittels eines Hochenergielaserstrahls der Farbstoff eines winzigen Areals (wenige Quadratmikrometer) auf der Zelloberfläche ausgeblichen. Wenn man die Zelloberfläche unmittelbar danach unter dem Fluoreszenzmikroskop betrachtet, erkennt man ein dunkles, nicht fluoreszierendes Areal auf der Membran. Innerhalb von Sekunden fluoreszieren die Enden des Areals allerdings wieder, denn die gebleichten Lipidmoleküle diffundieren aus dem mit dem Laser behandelten Areal heraus und fluoreszierende Lipidmoleküle aus benachbarten Regionen der Membran diffundieren hinein. Schließlich ist das Areal nicht mehr vom Rest der Zelloberfläche zu unterscheiden. Mittels dieser Technik kann man beweisen, dass Membranlipide sich eher in einem flüssigen als in einem festen Zustand befinden und man verfügt zudem über ein Mittel zur Messung der lateralen Bewegung spezifischer Moleküle.

7.3.6 Membranen arbeiten nur im flüssigen Zustand optimal

Sie können sich bestimmt schon denken, dass sich die Membranfluidität in Abhängigkeit von der Temperatur verändert; sie nimmt ab, wenn die Temperatur sinkt und nimmt bei steigender Temperatur zu. Tatsächlich wissen wir aufgrund von Untersuchungen mit künstlichen Lipiddoppelschichten, dass jede Lipiddoppelschicht eine charakteristische **Transitionstemperatur** T_m besitzt, bei welcher die Membran flüssig wird („schmilzt“), wenn man sie im gelähnlichen Zustand erhitzt. Diese Veränderung des Membranzustands bezeichnet man als Phasentransition, und Ihnen ist dieses Phänomen wahrscheinlich schon begegnet, wenn Sie ein Stück Butter in einer Pfanne zergehen ließen! Eine Membran funktioniert nur dann richtig, wenn sie im flüssigen Zustand gehalten wird – das heißt bei einer Temperatur oberhalb des T_m-Wertes. Bei einer Temperatur weit unterhalb des T_m-Wertes werden alle Funktionen, die auf Motilität oder Konformationsveränderungen von Membranproteinen beruhen, beeinträchtigt oder unterbrochen. Dazu gehören auch so lebenswichtige Vorgänge wie der Transport gelöster Substanzen durch die Membran, Aufnahme und Weiterleitung von Signalen sowie Zell-Zell-Kommunikation (siehe *Abbildung 7.2*).

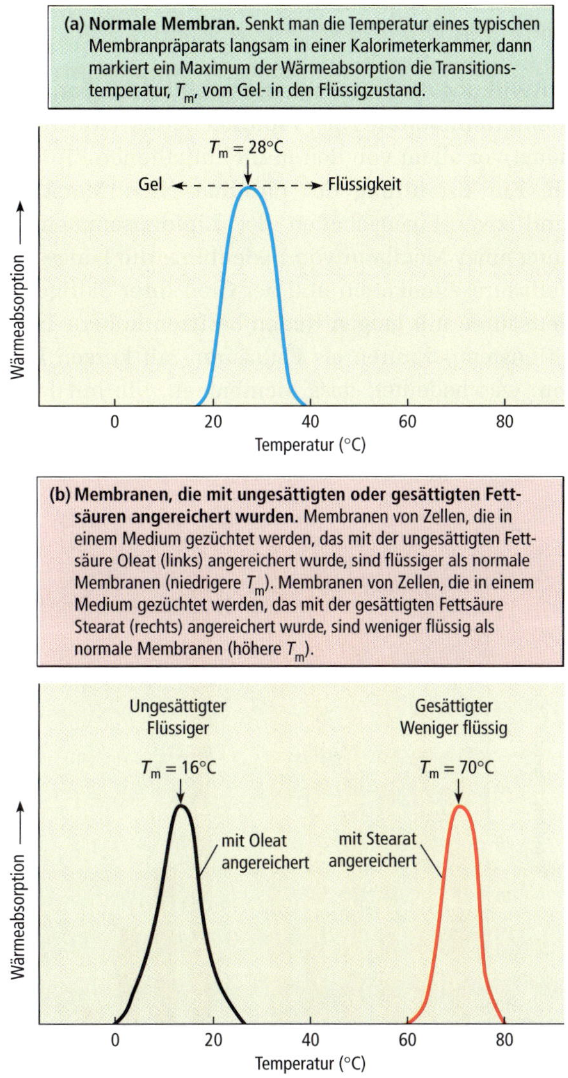

(a) Normale Membran. Senkt man die Temperatur eines typischen Membranpräparats langsam in einer Kalorimeterkammer, dann markiert ein Maximum der Wärmeabsorption die Transitionstemperatur, T_m, vom Gel- in den Flüssigzustand.

(b) Membranen, die mit ungesättigten oder gesättigten Fettsäuren angereichert wurden. Membranen von Zellen, die in einem Medium gezüchtet werden, das mit der ungesättigten Fettsäure Oleat (links) angereichert wurde, sind flüssiger als normale Membranen (niedrigere T_m). Membranen von Zellen, die in einem Medium gezüchtet werden, das mit der gesättigten Fettsäure Stearat (rechts) angereichert wurde, sind weniger flüssig als normale Membranen (höhere T_m).

Abbildung 7.12: Ermittlung der Membrantransitionstemperatur durch Differenzialscanningkalorimetrie. Diese Graphen zeigen die für T_m ermittelten Werte für (a) eine normale Membran eines endothermen Tieres und (b) Membranen, die mit spezifischen ungesättigten oder gesättigten Fettsäuren angereichert sind.

Die Technik der **Differenzialscanningkalorimetrie** dient der Bestimmung der Transitionstemperatur einer Membran. Bei diesem Verfahren wird die Aufnahme von Wärme während des Übergangs von einem physikalischen Zustand in einen anderen kontrolliert – im Fall von Membranen handelt es sich um den Übergang vom gelartigen in den flüssigen Zustand. Die interessierende Membran wird in eine versiegelte Kammer gelegt, die *Kalorimeterkammer*, und die Aufnahme von Wärme wird bei langsam steigender Temperatur gemessen. Der Punkt maximaler Wärmeabsorption entspricht dem T_m-Wert (▸*Abbildung 7.12*).

Auswirkung der Fettsäurezusammensetzung auf die Membranfluidität Die Fluidität einer Membran hängt vor allem von den in ihr enthaltenen Lipiden ab. Zur Ermittlung der Fluidität einer Membran sind zwei Eigenschaften der Lipidzusammensetzung einer Membran von Bedeutung: die Länge der Fettsäureseitenketten und der Grad ihrer Sättigung. Fettsäuren mit langen Ketten besitzen höhere Transitionstemperaturen als Fettsäuren mit kurzen Ketten, was bedeutet, dass Membranen, die mit langkettigen Fettsäuren angereichert sind, tendenziell weniger flüssig sind.

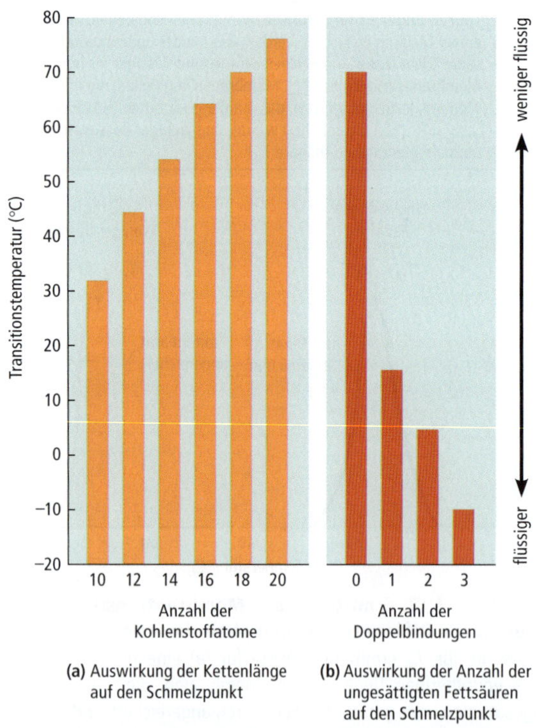

Abbildung 7.13: Die Wirkung der Kettenlänge und der Anzahl der Doppelbindungen auf den Schmelzpunkt von Fettsäuren. Die Transitionstemperatur von Fettsäuren (a) steigt mit der Kettenlänge gesättigter Fettsäuren, deren Fluidität mit längeren Ketten abnimmt. (b) Die Transitionstemperatur sinkt drastisch in Abhängigkeit von der Anzahl der Doppelbindungen bei Fettsäuren mit einer bestimmten Kettenlänge, wobei die Fettsäuren umso flüssiger werden, je mehr Doppelbindungen vorliegen.

Steigt beispielsweise die Kettenlänge gesättigter Fettsäuren von 10 auf 20 Kohlenstoffatome an, so steigt T_m von 32 °C auf 76 °C und die Membran wird dadurch zunehmend flüssiger (▸*Abbildung 7.13a*). Ungesättigte Fettsäuren üben eine noch stärkere Wirkung auf T_m aus. Für gesättigte Fettsäuren mit 18 Kohlenstoffatomen liegen die Transitionstemperaturen bei 70, 16, 5 bzw. −11 °C für jeweils 0, 1, 2 oder 3 Doppelbindungen (▸*Abbildung 7.13b*). Daher neigen Membranen, die viele ungesättigte Fettsäuren enthalten, zu niedrigeren Transitionstemperaturen und sind also flüssiger als Membranen mit vielen gesättigten Fettsäuren. In der *Abbildung 7.12b* wird die größere Fluidität für Membranen, die mit Oleat angereichert sind (18 Kohlenstoffatome, eine Doppelbindung) gegenüber Membranen, die mit Stearat angereichert sind (18 Kohlenstoffatome, gesättigt), veranschaulicht.

Die Auswirkung von ungesättigten Fettsäuren auf die Membranfluidität ist so folgenschwer, weil die von den Doppelbindungen in den Fettsäuren verursachten Knicke die Kohlenwasserstoffketten daran hindern, sich dicht nebeneinander zu lagern. Membranlipide mit gesättigten Fettsäuren liegen dicht gepackt nebeneinander (▸*Abbildung 7.14a*), während dies auf Lipide mit ungesättigten Fettsäuren nicht zutrifft (▸*Abbildung 7.14b*). Die Lipide der meisten Plasmamembranen enthalten Fettsäuren, die sich sowohl in der Kettenlänge als auch dem Sättigungsgrad unterscheiden. Die Variabilität ist oftmals intramolekular, denn Membranlipide enthalten häufig eine gesättigte und eine ungesättigte Fettsäure. Dank dieser Eigenschaft werden die Membranen bei physiologischen Temperaturen im flüssigen Zustand gehalten. Die meisten natürlichen ungesättigten Fettsäuren enthalten *cis*-Doppelbindungen. Im Gegensatz dazu enthalten viele kommerziell hergestellte und hydrogenierte Öle einen großen Anteil an *trans*-Doppelbindungen. Die *trans*-Doppelbindung führt in einer Fettsäurekette keinen so starken Knick herbei (die H-Atome sind nicht abgebildet).

cis-Konfiguration *trans*-Konfiguration

Im Hinblick auf ihre Gesamterscheinung und Fähigkeit, dichtere Packung zu ermöglichen, ähneln die *trans*-Fette somit gesättigten Fetten mehr als ungesättigten *cis*-Fetten. Die Gegenwart von *trans*-Fetten in Membranen führt zum Anstieg der Transitionstemperatur und senkt die Fluidität der Membran. Ebenso wie bei gesättigten Fetten hat man den Verzehr von *trans*-Fetten mit hohen Cholesterinwerten und erhöhtem Risiko von Herzerkrankungen in Zusammenhang gebracht.

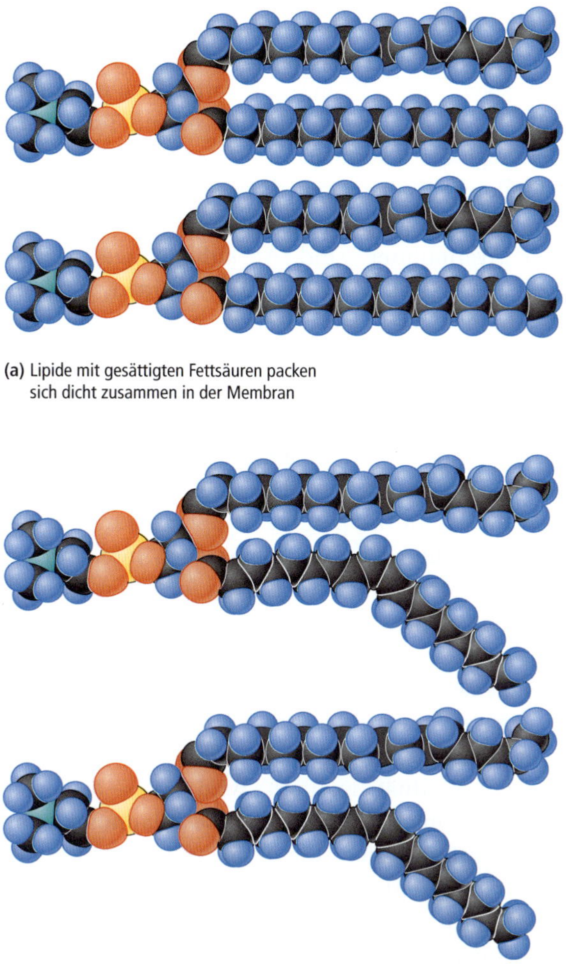

(a) Lipide mit gesättigten Fettsäuren packen sich dicht zusammen in der Membran

(b) Lipide mit einer Mischung aus gesättigten und ungesättigten Fettsäuren packen sich nicht so dicht zusammen in der Membran

Abbildung 7.14: Die Wirkung ungesättigter Fettsäuren auf die Packung von Membranlipiden. (a) Membranphospholipide ohne ungesättigte Fettsäuren können sich dichter zusammenlagern, weil die Fettsäureketten parallel zueinander liegen. (b) Membranphospholipide mit einer oder mehreren ungesättigten Fettsäuren passen nicht dicht nebeneinander, weil die *cis*-Doppelbindungen Knicke in den Ketten verursachen, die ein dichtes Packen verhindern. Jede abgebildete Struktur ist ein Phosphatidylcholinmolekül, das entweder aus zwei gesättigten Fettsäuren mit 18 Kohlenstoffatomen (Stearat; Teil a) oder aus Fettsäuren mit 18 Kohlenstoffatomen besteht, von denen eine gesättigt (Stearat) ist und die andere eine *cis*-Doppelbindung besitzt (Oleat; Teil b).

Die Wirkungen von Sterolen auf die Membranfluidität Bei den eukaryotischen Zellen wird die Membranfluidität auch durch die Gegenwart von Sterolen beeinflusst – vor allem Cholesterin bei tierischen Zellmembranen und Phytosterolen in pflanzlichen Zellmembranen. Sterole sind wichtige Membranbausteine vieler Zelltypen. Eine typische tierische Zelle enthält zum Beispiel große Mengen von Cholesterin – bis zu 50 % der gesamten Membranlipide auf molarer Basis. Cholesterinmoleküle kommen normalerweise in beiden Schichten der Plasmamembran vor, aber ein bestimmtes Molekül ist jeweils in einer der beiden Schichten lokalisiert (▶*Abbildung 7.15a*). Die Moleküle richten sich in der Lipidschicht eigenständig so aus, dass die einzige Hydroxylgruppe – der einzige polare Teil eines hydrophoben Moleküls – dicht neben der polaren Kopfgruppe eines benachbarten Phospholipidmoleküls liegt, wo das Molekül eine Wasserstoffbrückenbindung eingehen kann (▶*Abbildung 7.15b*). Die starren hydrophoben Steroidringe und die Kohlenwasserstoffseitenkette des Cholesterinmoleküls treten mit den Teilen benachbarter Kohlenwasserstoffseitenketten in Wechselwirkung, die den Phospholipidkopfgruppen am nächsten liegen.

Dieser Einbau starrer Cholesterinmoleküle in die Membran einer tierischen Zelle hat eine geringere Fluidität bei höheren Temperaturen zur Folge, was sonst nicht der Fall wäre. Außerdem hindert Cholesterin die Kohlenwasserstoffketten der Phospholipide wirksam daran, sich bei sinkender Temperatur dicht nebeneinander zu legen, wodurch der Tendenz der Membranen, bei Abkühlung in den Gelzustand zurückzukehren, Grenzen gesetzt werden. Somit wirkt Cholesterin als Fluiditätspuffer: Cholesterin mindert ein Sinken der Membranfluidität bei Temperaturen über dem T_m-Wert und steigert die Membranfluidität bei Temperaturen unter dem T_m-Wert. Die Sterole in den Membranen anderer Eukaryoten und die Hopanoiden der Prokaryoten funktionieren vermutlich auch auf diese Weise.

Abgesehen von ihrer Wirkung auf die Membranfluidität senken Sterole auch die Permeabilität einer Lipiddoppelschicht für kleine polare Moleküle. Wahrscheinlich gelingt ihnen dies, indem sie Zwischenräume zwischen Kohlenwasserstoffketten von Membranphospholipiden füllen, wo sie kleine Kanäle verschließen, die den kleinen Molekülen ansonsten die Passage ermöglicht hätten. Im Allgemeinen ist eine Lipiddoppelschicht, die Sterole enthält, weniger durchlässig für kleine Moleküle als eine Lipiddoppelschicht ohne Sterole.

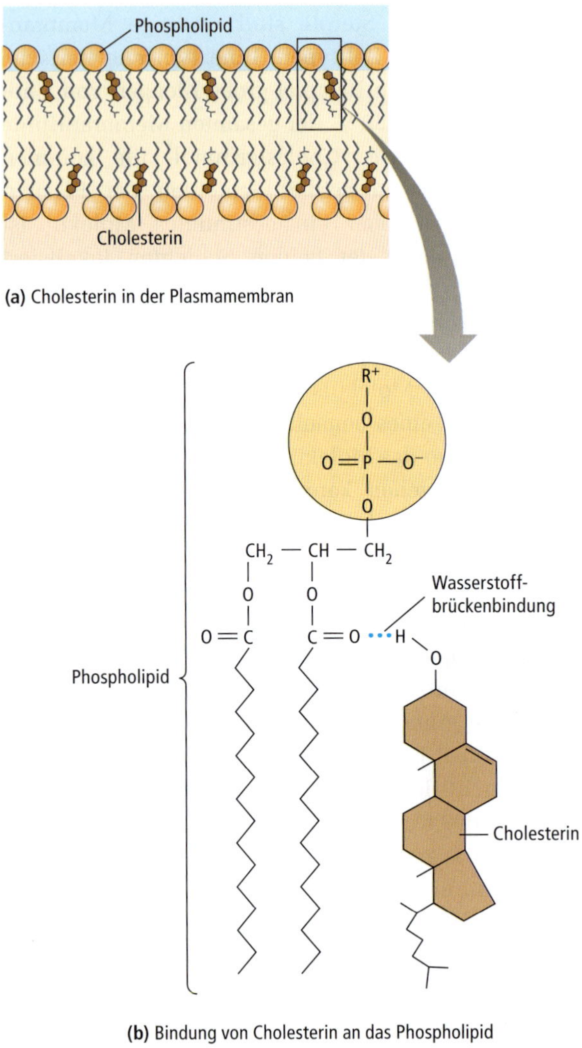

Abbildung 7.15: Ausrichtung der Cholesterinmoleküle in einer Lipiddoppelschicht. (a) Cholesterinmoleküle kommen in beiden Lipidmonoschichten der Plasmamembranen der meisten tierischen Zellen vor, aber ein bestimmtes Molekül ist jeweils in einer der beiden Schichten lokalisiert. (b) Jedes Molekül richtet sich in der Lipidschicht eigenständig so aus, dass die einzige Hydroxylgruppe dicht neben der polaren Kopfgruppe eines benachbarten Phospholipidmoleküls liegt. Die Hydroxylgruppe des Cholesterins geht eine Wasserstoffbrückenbindung mit dem Sauerstoff der Esterbindung zwischen dem Gylcerinrückgrat und einer Fettsäure ein. Die unpolaren Steroidringe und die Kohlenhydratseitengruppe des Cholesterinmoleküls interagieren mit den benachbarten Kohlenwasserstoffketten der Membranphospholipide.

7.3.7 Die meisten Organismen können die Membranfluidität regulieren

Die meisten Organismen, seien es Prokaryoten oder Eukaryoten, sind in der Lage, die Membranfluidität zu regeln, was vor allem über eine Veränderung der Lipidzusammensetzung der Membran erfolgt. Diese Fähigkeit ist für die *poikilothermen* (heute richtiger als ektotherme bezeichnet) Organismen von besonderer Bedeutung – Organismen wie Bakterien, Pilze, Protozoen, Algen, Pflanzen, Invertebraten und „Kaltblüter" wie Schlangen, die ihre eigene Temperatur nicht regulieren können.

Vielleicht haben sie diese Regulierung selbst schon einmal gespürt, obwohl sie ein Endothermer oder „Warmblüter" sind. An kühlen Tagen können ihre Finger und Zehen so kalt werden, dass die Membranen der sensorischen Nervenenden ihre Funktion einstellen und eine vorübergehende Taubheit aufkommt. Bei hohen Temperaturen werden die Lipiddoppelschichten der Poikilothermen wiederum so flüssig, dass sie nicht länger als wirksame Permeabilitätsbarriere dienen. Die meisten ektothermen Tiere sind zum Beispiel bei Temperaturen weit über 45 °C gelähmt, denn die Membranen ihrer Nervenzellen werden derart durchlässig für Ionen, dass die gesamten Nervenfunktionen beeinträchtigt werden.

Glücklicherweise können die meisten ektothermen Organismen diese Temperaturveränderungen kompensieren, indem sie die Lipidzusammensetzung ihrer Membranen ändern, wodurch zugleich die Membranfluidität reguliert wird. Diese Fähigkeit bezeichnet man als **homöoviskose Adaptation**, denn der wichtigste Effekt dieses Regulierungsmechanismus besteht darin, trotz der Temperaturveränderung die Viskosität der Membran zu erhalten. Betrachten wir einmal, wie bakterielle Zellen von einer wärmeren Umgebung in eine kühlere gebracht werden. Bei einigen Spezies der Gattung *Micrococcus* löst der Temperaturrückgang einen Anstieg der Anzahl der Fettsäuren mit 16 Kohlenstoffatomen gegenüber Fettsäuren mit 18 Kohlenstoffatomen in der Plasmamembran aus. Dadurch wird die Zelle in ihrem Bemühen unterstützt, die Membranfluidität zu erhalten, denn die kürzeren Fettsäureketten üben eine geringere Anziehungskraft aufeinander aus und dadurch wird die Fluidität der Membranen erhöht.

In diesem Fall wird die gewünschte erhöhte Fluidität der Membran durch Aktivierung eines Enzyms erreicht, das zwei terminale Kohlenstoffatome von den Kohlenwasserstoffschwänzen mit 18 Kohlenstoffatomen entfernt. Bei anderen Bakterienspezies erfolgt die Adaptation an die Umgebungstemperatur durch Veränderung der Menge ungesättigter Fettsäuren in der Membran und nicht durch Veränderung der Länge. Bei dem weit verbreiteten Darmbakterium *Escherichia coli* löst zum Beispiel ein Fallen der Umgebungstemperatur die Synthese des Enzyms *Desaturase* aus, das in die Kohlenwasserstoffketten der Fettsäuren Doppelbindungen einbaut. Wenn diese ungesättigten Fettsäuren in die Membranphospholipide aufgenommen werden, senken sie die Transitionstemperatur der Membran, und dadurch wird sichergestellt, dass die Membran auch bei niedrigeren Temperaturen flüssig bleibt.

Homöoviskose Adaptation finden wir auch bei Hefen und Pflanzen. Bei diesen Organismen scheinen die temperaturabhängigen Veränderungen der Membranfluidität von der erhöhten Löslichkeit von Sauerstoff im Cytoplasma bei niedrigeren Temperaturen abzuhängen. Sauerstoff ist ein Substrat für das Enzymsystem Desaturase, das an der Bildung ungesättigter Fettsäuren mitwirkt. Wenn bei niedrigeren Temperaturen mehr Sauerstoff zur Verfügung steht, werden schneller ungesättigte Fettsäuren synthetisiert und die Membranfluidität nimmt zu, wodurch die Wirkung der Temperatur ausgeschaltet wird.

Diese Fähigkeit hat große Bedeutung für die Landwirtschaft, denn Pflanzen mit diesem Anpassungsvermögen sind kälteresistent (resistent gegen Frost) und können daher in kälteren Regionen wachsen. Tiere wie Amphibien und Reptilien passen sich auch an niedrigere Temperaturen an, indem sie den Anteil ungesättigter Fettsäuren in ihren Membranen erhöhen. Des Weiteren sind diese Tiere in der Lage, den Cholesterinanteil in der Membran zu erhöhen, wodurch die Wechselwirkung zwischen den Kohlenwasserstoffketten erhöht und die Tendenz der Membran zu gelieren, verringert wird.

Obwohl die homöoviskose Adaptation im Allgemeinen für poikilotherme Organismen äußerst wichtig ist, hat sie auch für Säugetiere, die Winterschlaf halten, große Bedeutung. Wenn ein Tier in den Winterschlaf fällt, sinkt seine Körpertemperatur oftmals drastisch – bei einigen Nagern kommt es zu einem Temperaturabfall von mehr als 30 °C. Das Tier vermag sich rasch an diese Veränderung anzupassen, denn es baut bei absinkender Körpertemperatur einen größeren Anteil ungesättigter Fettsäuren in seine Membranphospholipide ein.

7.3.8 Lipidflöße sind spezialisierte Regionen von Membranlipiden, die an der Signaltransduktion mitwirken

Bis vor Kurzem hielt man die Lipidkomponente einer Membran innerhalb einer bestimmten Monoschicht für gleichmäßig flüssig und relativ homogen. In den letzten Jahren hat die Entdeckung spezialisierter Regionen von Membranlipiden, die bestimmte Proteine zusammenhalten, die an der Signaltransduktion der Zellen mitwirken, für große Aufregung gesorgt. Diese Regionen werden entweder als *Lipidmikrodomänen* bezeichnet oder man wählt den Begriff **Lipidflöße** (engl.: *lipid rafts*). Dies sind Regionen lateraler Heterogenität innerhalb einer Membranmonoschicht, die funktionelle Mikrodomänen bilden. Lipidflöße sind dynamische Strukturen, deren Zusammensetzung sich ändert, denn einzelne Lipide und Proteine kommen hinzu oder werden wieder ausgebaut. Sie wurden erstmalig in der äußeren Monoschicht der Plasmamembran eukaryotischer Zellen entdeckt, wurden aber seitdem auch in der inneren Monoschicht nachgewiesen.

Lipidflöße in der äußeren Membranmonoschicht von tierischen Zellen zeichnen sich durch erhöhte Konzentrationen von Cholesterin und Glykosphingolipiden aus. Die Glykosphingolipide besitzen längere und mehr gesättigte Fettsäureschwänze als diejenigen in den meisten anderen Membranlipiden. Außerdem sind die Phospholipide der Lipidflöße stärker gesättigt als die der angrenzenden Membran. Diese Eigenschaften sowie die starre und hydrophobe Natur von Cholesterin schaffen die Möglichkeit, das Cholesterin und die Kohlenwasserstoffschwänze der Glykosphingolipide und der Phospholipide dicht zu packen. Daraus folgt, dass Lipidflöße dicker und weniger flüssig sind als der Rest der Membran, wodurch sie als deutlich abgetrennte Mikrodomänen erkennbar sind. Hinzu kommt, dass nichtionische Detergenzien diese Regionen weniger leicht lösen können. Aufgrund dieser Eigenschaft kann man sie gut von den anderen Membrankomponenten als intakte Strukturen für die anschließende Untersuchung abtrennen.

Die ersten Modelle der Bildung von Lipidflößen beruhten auf der Idee, dass spezialisierte Regionen dicht assoziierter Cholesterin- und Glykosphingolipidmoleküle bestimmte mit den Flößen assoziierte Proteine anzogen. Einige dieser mit den Flößen assoziierten Proteine sind Lipoproteine, die Fettsäuren wie Palmitat enthalten, das an einen spezifischen

Cysteinrest geknüpft ist – ein Merkmal, das ihrer Assoziation mit Lipidflößen zugutekommt. In neueren Untersuchungen zu den Proteinen der Lipidflöße hat man mehr als 200 mit Proteinen angereicherte Lipidflöße identifiziert. Einige dieser in den Flößen assoziierten Proteine können bestimmte Lipidflöße fangen und organisieren, was auf eine aktive Rolle dieser Proteine bei der Bildung von Lipidflößen schließen lässt. Außerdem enthalten Lipidflöße Proteine, die Actin binden, und aus einigen Untersuchungen kann man folgern, dass das Cytoskelett bei der Bildung und Organisation von Lipidflößen eine Rolle spielt. Aus Untersuchungen mit Inhibitoren wissen wir, dass sowohl die Abnahme des Cholesteringehalts in Zellen als auch der Bruch des Actincytoskeletts mit der Ausrichtung von Proteinen auf Lipidflöße interferiert.

Ein Großteil des lebhaften Interesses an Lipidflößen steht mit ihrer Rolle bei der Aufnahme von und Antwort auf extrazelluläre chemische Signale in Zusammenhang. So sind Lipidflöße beispielsweise am Transport von Nährstoffen und Ionen durch Zellmembranen, an der Bindung aktivierter Immunsystemzellen an ihre mikrobiellen Ziele und am Transport von Cholera-Toxinen in Darmzellen beteiligt. Viele Rezeptorproteine, die an der Signaltransduktion externer chemischer Signale mitwirken, liegen in der äußeren Lipidmonoschicht der Plasmamembran. Wenn ein Rezeptorprotein seine spezifischen Liganden bindet, kann es in bestimmte Lipidflöße eindringen, die auch in der äußeren Monoschicht liegen. Man nimmt an, dass Lipidflöße der äußeren Monoschicht, die Rezeptoren enthalten, funktionell an spezifische Lipidflöße in der inneren Monoschicht gekoppelt sind. Einige Lipidflöße enthalten spezifische *Kinasen*, Enzyme, die sekundäre Botenstoffe (engl.: *second messenger*) in der Zelle erzeugen, indem sie die Phosphorylierung spezifischer Substanzen katalysieren. Auf diese Weise können Signale, die von Rezeptorproteinen in der äußeren Monoschicht aufgefangen werden, über funktionale Verbindungen zwischen den Lipidflößen in den beiden Membranmonoschichten in das Zellinnere übermittelt werden.

Die *Caveolae* (lateinisch für „kleine Keller") sind in Hinblick auf Struktur und Funktion eng mit den Lipidflößen verwandt. Caveolae sind kleine, einem Glaskolben ähnliche Einstülpungen der Plasmamembran von Säugetierzellen, die man vor mehr als 50 Jahren zum ersten Mal beobachtete. Sie enthalten das Protein Caveolin, das Cholesterin bindet und das bauchige Aussehen der Caveolae hervorruft. Sie sind mit Cholesterin, Sphingolipiden und in Lipiden verankerten Proteinen angereichert. Zu den möglichen zellulären Aufgaben der Caveolae gehören die Mitwirkung an der Endocytose und der Exocytose, Redoxsensing und die Regulation des Gasaustauschs in der Lunge. Außerdem hat man nachgewiesen, dass Caveolae Proteine enthalten, die eine bedeutende Rolle beim Calciumhaushalt der Herzmuskelzellen spielen und daher als mögliches Ziel für die Behandlung von kardiovaskulären Erkrankungen diskutiert werden.

7.4 Membranproteine: Der „Mosaikteil" des Modells

Nachdem wir uns recht genau mit dem „flüssigen" Teil des Flüssig-Mosaik-Modells beschäftigt haben, wenden wir uns jetzt dem „Mosaikteil" zu. Dazu können Lipidflöße und andere Lipiddomänen gehören, aber die Hauptbestandteile des Membranmosaiks bilden die vielen Membranproteine, was Singer und Nicolson als erste erkannten. Zuerst werden wir uns die Beweise anschauen, mittels derer Mikroskopiker nachwiesen, dass die Membran ein Mosaik aus Proteinen ist und anschließend werden wir die wichtigsten Klassen der Membranproteine kennenlernen.

7.4.1 Die Membran besteht aus einem Mosaik aus Proteinen: Beweis durch Gefrierbruchmikroskopie

Das Flüssig-Mosaik-Modell erhielt gewaltige Unterstützung durch Untersuchungen, in denen künstliche Lipiddoppelschichten und natürliche Membranen durch **Gefrierbruch** für die Betrachtung unter dem Elektronenmikroskop präpariert wurden. Bei dieser Technik wird eine Lipiddoppelschicht oder eine Membran (oder eine Zelle, die Membranen enthält) schockgefroren, und dann erfährt diese einen harten Schlag mit einem Diamantmesser. Da die unpolare Innenseite der Doppelschicht der Weg des geringsten Widerstands durch das gefrorene Präparat ist, verläuft der entstandene Bruch oftmals auf der Ebene zwischen den beiden Schichten der Membranlipide. Dadurch wird die Doppelschicht in die inneren und äußeren Monoschichten gespalten und gibt jeweils die innere Oberfläche preis (▸*Abbildung 7.16*).

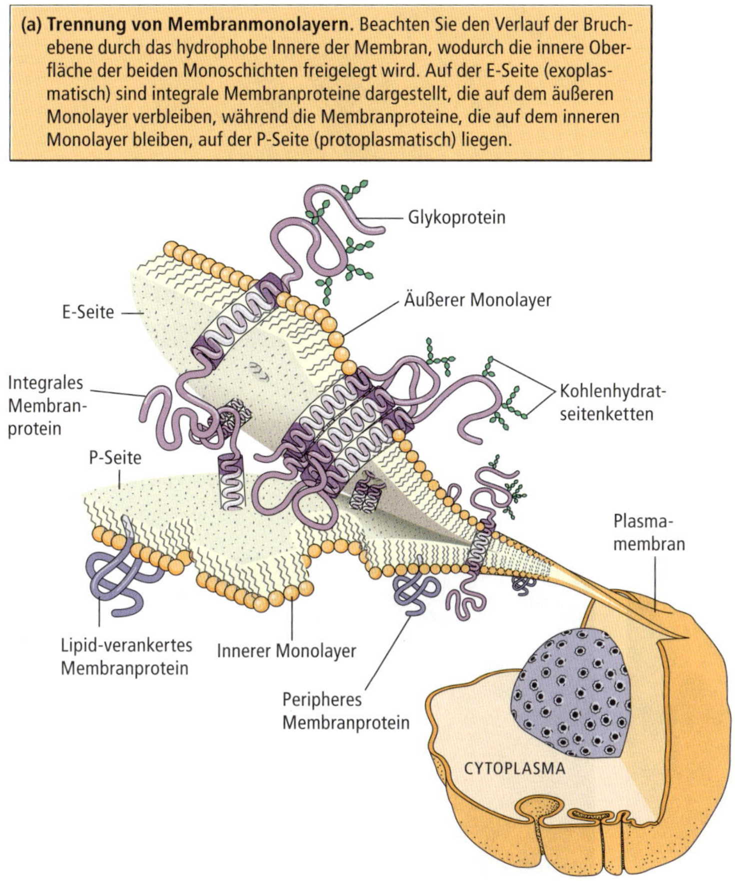

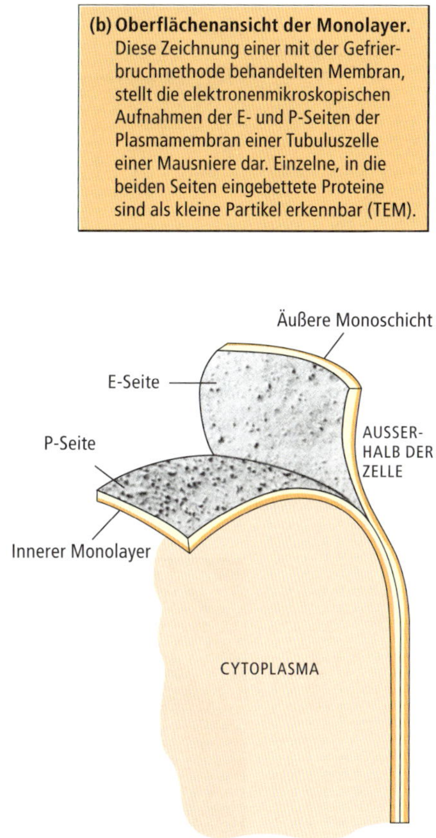

Abbildung 7.16: Gefrierbruchanalyse einer Membran. Zeichnungen einer gefriergeätzten Membran, die die Trennung von zwei Lipidmonoschichten zeigt: (a) Zeichnungen repräsentativer Membranbausteine und (b) eine elektronenmikroskopische Aufnahme der Oberfläche einer jeden Monoschicht.

Die auf diese Weise angefertigten elektronenmikroskopischen Aufnahmen von präparierten Membranen liefern einen unschlagbaren Beweis dafür, dass Proteine tatsächlich in biologische Membranen eingelagert sind. Wann immer ein Bruch die Ebene trifft und die Membran in zwei Schichten spaltet, kann man Partikel von der Größe und Form globulärer Proteine erkennen, die an dem einen oder dem anderen Lipidmonolayer haften, der sogenannten *E-Seite* (für exoplasmatisch) oder der *P-Seite* (für protoplasmatisch) (▸*Abbildung 7.16b*). Außerdem korreliert die große Menge dieser Partikel gut mit dem bekannten Proteingehalt der jeweiligen untersuchten Membran. Die elektronenmikroskopischen Aufnahmen der ▸*Abbildung 7.17* veranschaulichen dies sehr gut: die Erythrocytenplasmamembran besitzt ein eher geringes Protein/Lipidverhältnis (1,14 siehe ▸*Tabelle 7.1*) und zeigt eine geringe Partikeldichte, wenn man sie mit der Gefrierbruchmethode behandelt (▸*Abbildung 7.17a*), während eine Chloroplastenmembran ein hohes Protein/Lipidverhältnis (2,33) aufweist und eine entsprechend hohe Dichte von Partikeln in der Membran, besonders auf der inneren Lipidschicht (▸*Abbildung 7.17b*).

Die endgültige Bestätigung, dass es sich bei den auf diese Weise sichtbar gemachten Partikeln tatsächlich um Proteine handelt, erhielt man durch die Arbeit von David Deamer und Daniel Branton, die mittels der Gefrierbruchtechnik künstliche Lipiddoppelschichten mit und ohne hinzugegebenes Protein untersuchten. Auf Lipiddoppelschichten, die sich aus reinen Phospholipiden bilden, vermochten sie keine Partikel auf den inneren Oberflächen nachzuweisen (▸*Abbildung 7.18a*). Als man den künstlichen Lipiddoppelschichten Proteine zugab, konnte man gut Partikel erkennen, die denen in natürlichen Membranen ähneln.

(a) Erythrocytenplasmamembran 0,5 μm (b) Chloroplastenmembran 0,2 μm

Abbildung 7.17: Membranproteine, die mittels der Gefrierbruchtechnik unter dem Elektronenmikroskop sichtbar gemacht wurden. Die Membranproteine sind als abgegrenzte Partikel erkennbar, die in die Lipiddoppelschicht eingebettet sind. Die geringe Dichte der Partikel in (a) der Erythrocytenmembran verglichen mit (b) der Chloroplastenmembran stimmt sehr gut mit den Protein/Lipidverhältnissen der beiden Membranen überein – 1,14 bzw. 2,33 (TEM).

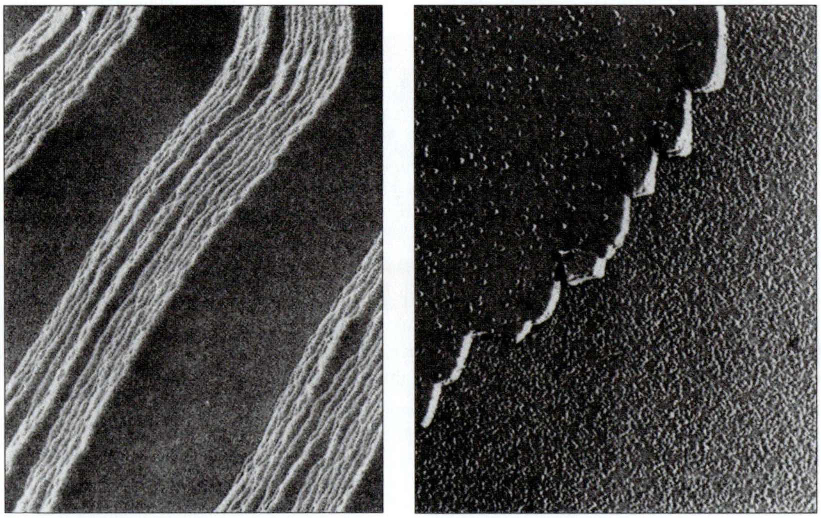

(a) künstliche Lipiddoppelschichten ohne Proteine (b) künstliche Lipiddoppelschichten mit Proteinen 0,1 μm

Abbildung 7.18: Vergleich der Gefrierbrüche von Lipiddoppelschichten mit und ohne zugefügtes Protein. Diese elektronenmikroskopischen Aufnahmen geben das Erscheinungsbild (a) künstlicher Lipiddoppelschichten ohne Proteine und (b) künstlicher Lipiddoppelschichten mit Proteinen durch Gefrierbruch wieder. Die weißen Linien in den künstlichen Membranen in Aufnahme a stellen die einzelnen Lipiddoppelschichten in einem mehrschichten Präparat dar und die grauen Regionen zeigen, wo einzelne Doppelschichten sich gespalten haben und glatte Oberflächen aufweisen. Im Gegensatz dazu sind in der Aufnahme (b) der künstlichen Membran große Mengen globulärer Partikel an der Oberfläche des Bruches erkennbar. Dies sind die Proteine, die dem Membranpräparat zugefügt wurden (TEM).

7.4.2 Membranen enthalten integrale, periphere und lipidverankerte Proteine

Membranproteine unterscheiden sich im Hinblick auf ihre Affinität für die hydrophobe Innenseite der Membran und daher auch in der Intensität, mit der sie mit der Lipiddoppelschicht in Wechselwirkung treten. Diese unterschiedlichen Affinitäten wiederum geben vor, wie schwer oder wie leicht es ist, ein bestimmtes Protein aus einer Membran zu extrahieren. Je nachdem, wie die Membranproteine mit der Lipiddoppelschicht assoziiert sind, teilt man sie in drei Kategorien ein: integrale, periphere und lipidverankerte Membranproteine. Wir werden uns mit jedem dieser Membranproteintypen beschäftigen und uns jeweils auf die schematischen Darstellungen in der ▸*Abbildung 7.19* beziehen.

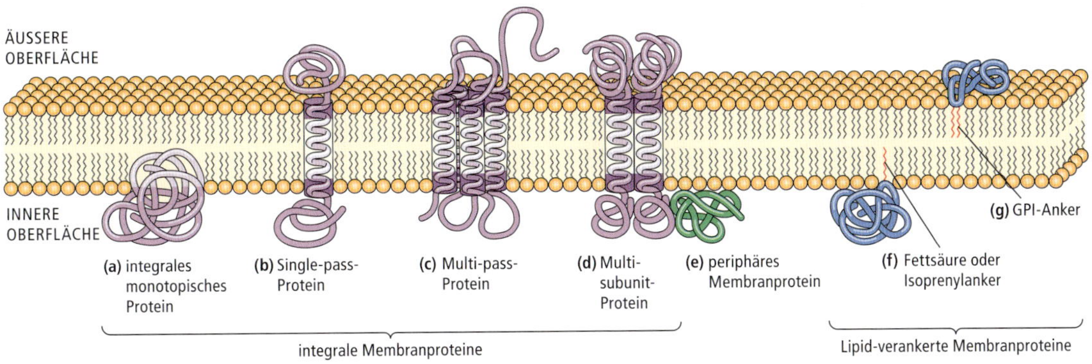

Abbildung 7.19: Die Hauptklassen der Membranproteine. Die Membranproteine werden gemäß der Art und Weise, wie sie mit der Lipiddoppelschicht der Membran assoziiert sind, eingeteilt. Integrale Membranproteine (a – d) enthalten eine oder mehrere hydrophobe Regionen, die in die Lipiddoppelschicht eingebettet sind. (a) Einige wenige Proteine scheinen nur auf einer Seite der Doppelschicht eingebettet zu sein (integrale monotopische Proteine). Die meisten integralen Proteine sind jedoch Transmembranproteine, die die Lipiddoppelschicht entweder (a) einmal (Single-pass-Proteine) oder (c) mehrfach (Multi-pass-Proteine) durchspannen. Multi-pass-Proteine bestehen entweder aus einem einzigen Polypeptid, wie in Teil (c) oder (d) aus mehreren assoziierten Polypeptiden (Multiuntereinheitenproteine). (e) Periphere Membranproteine sind zu hydrophil, um in die Membran einzudringen, aber sie werden durch elektrostatische Bindungen und Wasserstoffbrückenbindungen an der Membran gehalten, die sie mit benachbarten Proteinen oder Phopholipidkopfgruppen verbinden. Lipidverankerte Proteine (f – g) sind hydrophil und dringen nicht in die Membran ein; sie sind kovalent an Lipidmoleküle gebunden, die in die Lipiddoppelschicht eingebettet sind. (f) Die Proteine auf der inneren Oberfläche der Membran sind im Allgemeinen entweder durch eine Fettsäure oder eine Isoprenylgruppe verankert. (g) Der am häufigsten auf der äußeren Membranoberfläche vorkommende Lipidanker ist Glykosylphophatidylinositol (GPI).

Die Plasmamembran des in der ▸*Abbildung 7.20* dargestellten menschlichen Erythrocyten bietet ein gutes Beispiel für unsere weitere Diskussion der Membranproteine. Seit Gorter und Grendel gibt es keine Membran, die dermaßen intensiv untersucht wurde. Dies liegt daran, dass rote Blutkörperchen leicht zugänglich sind und man aus ihnen ohne weiteres reine Plasmamembranpräparate herstellen kann. In den nachfolgenden Darstellungen werden wir uns mehrere Male auf die Plasmamembran des Erythrocyten beziehen, um Beispiele für verschiedene Proteintypen zu nennen und auf deren Rolle in der Membran hinzuweisen.

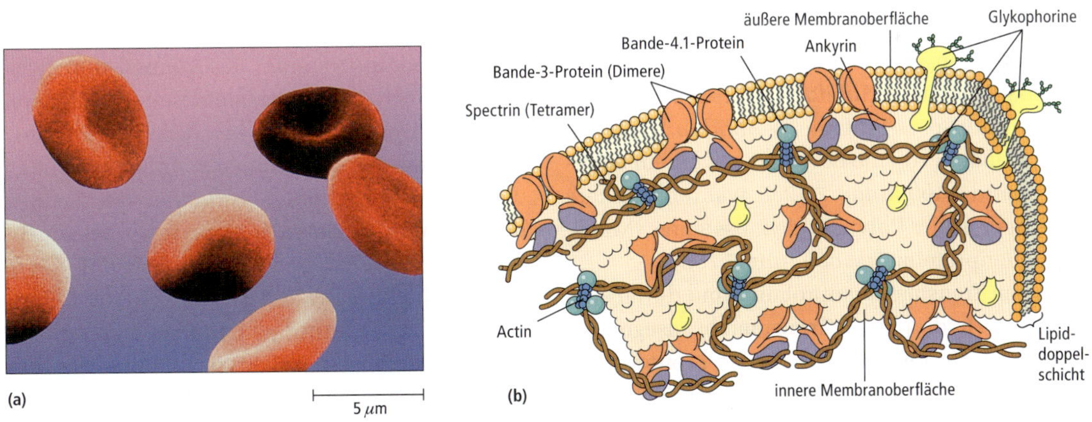

Abbildung 7.20: Strukturmerkmale der Plasmamembran des Erythrocyten. (a) Ein Erythrocyt ist eine kleine scheibenförmige Zelle, die in der Mitte von beiden Seiten leicht eingedellt ist (bikonkav), mit einem Durchmesser von ungefähr 7 μm. Der Erythrocyt eines Säugetiers besitzt weder Zellkern noch Organellen, sodass man leicht sehr reine Plasmamembranpräparate erhalten kann, die nicht durch Organellenmembranen kontaminiert sind, wie dies oftmals bei Plasmamembranpräparaten anderer Zelltypen der Fall ist. (b) Die Plasmamembran des Erythrocyten aus der Perspektive des Zellinneren. Die Membran hat eine relativ einfache Proteinzusammensetzung. Die beiden wichtigsten integralen Membranproteine sind Glykophorin und ein Anionenaustauscherprotein, das aufgrund seiner elektrophoretischen Mobilität landläufig als Bande 3 bezeichnet wird. Die Membran ist durch lange schlanke Stränge tetrameren Spectrins $(\alpha\beta)_2$ mit Glykophorinmolekülen verbunden, die durch Bande-4.1-Protein an Glykophorinmoleküle und an Bande-3-Protein durch Ankyrin verknüpft sind, ein weiteres peripheres Membranprotein. Die freien Enden benachbarter Spectrintetramere werden durch kurze Actinketten und Bande-4.1-Proteine zusammengehalten. Ein weiteres Protein, Bande-4.2-Protein, das nicht abgebildet ist, unterstützt Ankyrin, indem es Spectrin an das Bande-3-Protein bindet. Für die elektrophoretische Fraktionierung dieser Proteine schauen Sie sich bitte *Abbildung 7.22* an.

Integrale Membranproteine Die meisten Membranproteine sind amphipathische Moleküle, die eine oder mehrere hydrophobe Regionen besitzen, die sich durch Affinität für das hydrophobe Innere der Lipiddoppelschicht auszeichnen. Diese Proteine werden als **integrale Membranproteine** bezeichnet, weil ihre hydrophoben Regionen so in das Membraninnere eingebettet sind, dass es schwierig ist, sie aus den Membranen zu entfernen. Allerdings besitzen diese Proteine auch eine oder mehr hydrophile Regionen, die sich noch über die Membran in die wässrige Phase auf eine der beiden Membranseiten erstrecken. Aufgrund ihrer Affinität für die Lipiddoppelschicht bereitet es Mühe, integrale Membranproteine mittels standarisierter Proteinreinigungsverfahren zu isolieren und zu untersuchen, denn die meisten dieser Techniken sind für wasserlösliche Proteine konzipiert. Im Allgemeinen ist es erforderlich, ein Detergens zu verwenden, das die Lipiddoppelschicht aufbricht, um integrale Membranproteine zu lösen und zu extrahieren.

Es sind einige wenige Membranproteine bekannt, die nur in eine Seite der Doppelschicht eingebettet sind und aus dieser herausragen. Sie tragen die Bezeichnung integrale **monotopische Proteine** (▶*Abbildung 7.19a*). Die meisten integralen Membranproteine sind allerdings Transmembranproteine, was bedeutet, dass sie die Membran komplett durchspannen und hydrophile Regionen besitzen, die zu beiden Seiten der Membran herausragen. Diese Proteine durchqueren die Membran entweder ein Mal (Single-pass-Proteine; ▶*Abbildung 7.19b*) oder mehrere Male (Multi-pass-Proteine, ▶*Abbildung 7.19c*). Einige Multi-pass-Proteine bestehen aus einem einzigen Polypeptid (*Abbildung 7.19c*), während andere aus zwei oder mehr Polypeptiden bestehen (Multiuntereinheitenproteine, ▶*Abbildung 7.19d*).

Die meisten Transmembranproteine sind durch eine oder mehrere hydrophobe **Transmembransegmente** (oder **Transmembrandomänen**) in der Lipiddoppelschicht verankert, jede Verankerung entspricht einer Durchquerung der Doppelschicht. In den meisten Fällen scheint die Polypeptidkette die Membran in einer α-helikalen Konformation zu durchspannen, die aus 20 bis 30 Aminosäureresten besteht, von denen die meisten – manchmal sogar alle – hydrophobe R-Gruppen besitzen. Bei einigen Multi-pass-Proteinen sind mehrere Transmembranproteine als β-Faltblatt in Form einer Röhre angeordnet – sie bilden das sogenannte *β-Fass* (engl.: *β-barrel*). Diese Struktur sticht besonders in einer Gruppe von Transmembranproteinen hervor, die Poren bilden, den *Porinen*, die in der äußeren Membran vieler Bakterien sowie in Chloroplasten und Mitochondrien vorkommen. Ungeachtet ihrer Konformation sind die transmembranen Teile der Proteine im Allgemeinen auf Primärstrukturebene durch hydrophile Sequenzen voneinander getrennt, die beidseitig aus der Membran herausragen oder eine Schleife bilden. Es ist wahrscheinlicher, dass man Schleifenregionen, die positiv geladene Aminosäurereste enthalten, auf der cytoplasmatischen Seite der Membran findet. Diese „Regel von der positiven Innenseite" hilft sicherzustellen, dass alle Moleküle eines bestimmten Transmembranproteins gleich ausgerichtet sind.

Single-pass-Membranproteine besitzen lediglich ein Transmembransegment mit einem hydrophilen Carboxy-Terminus (C-Terminus), der sich auf einer Seite der Membran herausstreckt und einem hydrophilen Amino-Terminus (N-Terminus), der aus der anderen Seite herausragt. Je nach Protein kann der C-Terminus auf der einen oder der anderen Seite herausragen. *Glykophorin* ist zum Beispiel ein Single-pass-Protein, ein ganz besonders wichtiges Protein der Plasmamembran der Erythrocyten (*Abbildung 7.20b*). Glykophorin ist in der Membran so ausgerichtet, dass sein C-Terminus auf der inneren Membranoberfläche liegt und sein N-Terminus auf der äußeren Oberfläche (▶*Abbildung 7.21a*).

Multi-pass-Membranproteine besitzen mehrere Transmembransegmente, das können nur zwei oder drei oder bis zu 20 oder mehr sein. Ein Beispiel für ein Multi-pass-Protein in der Erythrocytenplasmamembran ist ein dimeres Transportprotein mit der Bezeichnung *Bande-3-Protein* (auch unter der Bezeichnung *Anionen-Austauscher 1* bekannt). Jedes seiner beiden Polypeptide durchspannt die Lipiddoppelschicht sechs Mal und sowohl der C-Terminus als auch der N-Terminus befinden sich auf der gleichen Membranseite. Heutige Modelle des dimeren Proteins gehen davon aus, dass insgesamt zwölf Transmembransegmente vorliegen.

Eines der am besten untersuchten Beispiele für ein Multi-pass-Protein ist Bacteriorhodopsin, das Plasmamembranprotein, das den Halobakterien als Protonenpumpe dient (siehe *Abbildung 7.3g*). Unwin und Henderson berichteten 1975 von der dreidimensionalen Struktur des Proteins, die sie unter dem Elektronenmikroskop sichtbar machten. Es hat sich herausgestellt, dass Bacteriorhodopsin sieben α-helikale, die Membran durchspannende Segmente besitzt, von denen jedes einer Sequenz von ungefähr 20 hydrophoben Aminosäuren in der Primärstruktur des Proteins entspricht (▸*Abbildung 7.21b*). Die sieben Transmembransegmente bilden in der Membran einen Kanal und ermöglichen dadurch den lichtaktiven Pumpvorgang von Protonen durch die Membran, ein Thema, auf das wir in *Kapitel 8* zurückkehren werden.

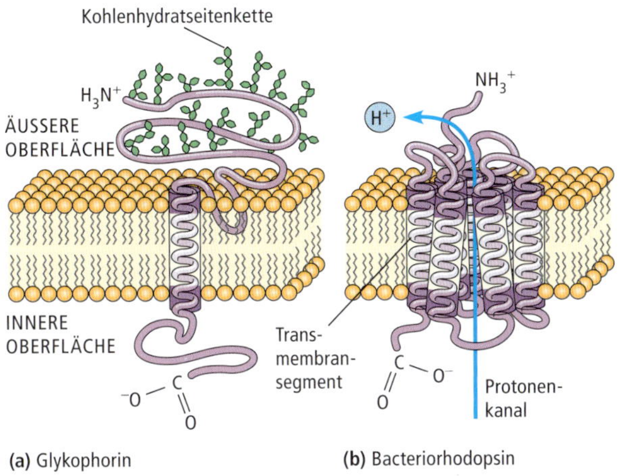

Abbildung 7.21: Die Strukturen von zwei integralen Membranproteinen. (a) Glykophorin ist ein integrales Single-pass-Membranprotein der Erythrocytenplasmamembran. Sein α-helikales Transmembransegment besteht ausschließlich aus hydrophoben Aminosäuren. Der N-Terminus ragt aus der äußeren Oberfläche heraus, der C-Terminus aus der cytoplasmatischen Oberfläche. Glykophorin ist ein Glykoprotein mit 16 Kohlenhydratketten, die an seine äußere Oberfläche geknüpft sind. (b) Bacteriorhodopsin ist ein integrales Multi-pass-Membranprotein in der Plasmamembran von *Halobacterium*. Seine sieben Transmembransegmente, die ungefähr 70 % der 248 Aminosäuren ausmachen, sind zu einem Protonenkanal angeordnet. Die C- und N-Termini des Proteins besitzen kurze hydrophile Segmente, die aus der inneren und der äußeren Oberfläche der Plasmamembran herausragen. Kurze hydrophile Segmente verbinden zudem die Transmembransegmente.

Periphere Membranproteine Im Gegensatz zu den Membranproteinen fehlen einigen membranassoziierten Proteinen die abgegrenzten hydrophoben Sequenzen, weshalb sie auch nicht in die Lipiddoppelschicht hineinreichen. Stattdessen sind diese **peripheren Membranproteine** durch schwache elektrostatische Kräfte und Wasserstoffbrückenbindungen mit den hydrophilen Teilen von Integralproteinen und vielleicht mit den polaren Kopfgruppen von Membranlipiden an der Membranoberfläche gebunden (▸*Abbildung 7.19e*). Die Gegenwart aromatischer Aminosäurereste, allen voran die hydrophobe Tryptophanseitenkette, spielen, so vermutet man, eine Rolle bei der Verankerung von Proteinen in der Membranoberfläche. Periphere Proteine können leichter aus Membranen extrahiert werden als integrale Proteine und können im Allgemeinen durch Änderung des pH-Werts oder der Ionenstärke aufgereinigt werden.

Die wichtigsten peripheren Proteine in der Plasmamembran des Erythrocyten sind *Spectrin*, *Ankyrin* und ein Protein mit der Bezeichnung *Bande-4.1-Protein* (siehe ▸*Abbildung 7.20b*). Diese Proteine sind an die innere Oberfläche der Plasmamembran gebunden, wo sie mit dem Cytoskelett ein Netzwerk bilden, das die Plasmamembran stützt und dazu beiträgt, die Form des Erythrocyten zu erhalten (siehe ▸*Abbildung 7.20a*).

Lipidverankerte Membranproteine Als Singer und Nicolson zum ersten Mal ihr Flüssig-Mosaik-Modell vorstellten, waren sie der Ansicht, dass alle Membranproteine entweder periphere oder integrale Membranproteine seien. Mittlerweile hat man eine dritte Proteinklasse entdeckt; bei diesen Proteinen handelt es sich weder um spezifisch periphere noch integrale Proteine, sie besitzen aber Eigenschaften dieser beiden Proteinklassen. Die Polypeptidketten dieser **lipidverankerten Membranproteine** sind auf den Oberflächen der Lipiddoppelschicht lokalisiert, aber kovalent an Lipidmoleküle gebunden, die in der Doppelschicht verankert sind (*Abbildung 7.19f* und *g*).

Für die Bindung der lipidverankerten Moleküle an Membranen werden mehrere Mechanismen herangezogen. Proteine, die an die innere Oberfläche der Plasmamembran gebunden sind, sind kovalent gebunden, entweder an eine Fettsäure oder an ein Isoprenderivat, die sogenannte Isoprenylgruppe (▸*Abbildung 7.19f*). Im Fall der Fettsäure-verankerten Membranproteine wird das Protein im Cytosol synthetisiert und dann kovalent an eine gesättigte Fettsäure gebunden, die in die Membrandoppelschicht eingebettet ist, im Allgemeinen *Myristinsäure* (14 Kohlenstoffatome) oder *Palmitinsäure* (16 Kohlenstoffatome). **Isoprenylierte Membranproteine** werden wiederum als lösliche Cytosolproteine synthetisiert, bevor sie durch Anfügen multipler Isoprenylgruppen (siehe *Abbildung 7.19f*), im Allgemeinen in Form einer *Farnesylgruppe* oder einer *Geranylgeranylgruppe*. Nachdem sie gebunden hat, wird die Farnesyl- oder die Geranylgeranylgruppe in die innere Lipiddoppelschicht der Membran eingefügt.

Viele lipidverankerte Proteine, die an die äußere Oberfläche der Plasmamembran angedockt haben, werden kovalent an Glykosylphosphatidylinositol (GPI) gebunden, ein Glykolipid, das in der äußeren Monoschicht der Plasmamembran liegt (▶ *Abbildung 7.19g*). Lipidflöße sind mit diesen **GPI-verankerten Membranproteinen** angereichert, die im endoplasmatischen Reticulum als Single-pass-Transmembranproteine biosynthetisiert werden, deren Transmembransegmente anschließend abgespalten und durch GPI-Anker ersetzt werden. Die Proteine werden sodann vom ER in das Äußere der Plasmamembran transportiert. Nachdem sie an der Zelloberfläche angekommen sind, können die GPI-verankerten Proteine mittels des Enzyms *Phospholipase C*, das für Phosphatidylinositolverbindungen spezifisch ist, aus der Membran freigesetzt werden.

7.4.3 Proteine können durch SDS-Polyacrylamid-Gel-Elektrophorese (PAGE) getrennt werden

Bevor wir uns weiter mit Membranproteinen beschäftigen, sollten wir uns kurz damit auseinandersetzen, wie Membranproteine isoliert und untersucht werden. Zuerst werden wir uns ganz allgemein mit dem Problem der Lösung und Extraktion von Proteinen aus Membranen bekannt machen und dann die Elektrophoresetechnik kennenlernen, die bei der Fraktionierung und Charakterisierung von Proteinen gute Dienste leistet.

Isolierung von Membranproteinen Eine der größten Herausforderungen, die sich den Proteinbiochemikern stellte, war das Problem der Extraktion und Untersuchung von Membranproteinen, von denen viele hydrophob sind. Periphere Membranproteine sind im Allgemeinen recht einfach zu lösen, denn sie sind durch schwache elektrostatische Wechselwirkungen und Wasserstoffbrückenbindungen entweder mit den hydrophilen Teilen der integralen Membranproteine oder den polaren Kopfgruppen der Membranlipide locker verbunden. Periphere Proteine können durch Veränderung des pH-Werts oder der Ionenstärke aus der Membran extrahiert werden. Außerdem kann man periphere Membranproteine mittels eines Chelatbildners (Kationenbindung) lösen, der Calcium entfernt, oder durch Hinzufügen von Harnstoff, der die Wasserstoffbrückenbindungen aufbricht. Lipidverankerte Proteine sind auf ähnliche Weise aus der Membran zu lösen, obwohl die kovalente Bindung an das Lipid zuerst gespalten werden muss. Nachdem man sie aus der Membran extrahiert hat, genügt die hydrophile Natur der meisten peripheren und lipidverankerten Proteine, um sie zu reinigen und mit gängigen Techniken der Proteinbiochemie zu untersuchen.

Andererseits gestaltet sich die Isolierung integraler Membranproteine aus Membranen schwierig, vor allem, wenn man deren biologische Aktivität erhalten möchte. In den meisten Fällen können diese Proteine nur mit Detergenzien gelöst werden, die die hydrophoben Wechselwirkungen aufbrechen und die Lipiddoppelschicht auflösen. Gleich werden Sie lernen, dass man mittels starker ionischer Detergenzien wie *Natriumdodecylsulfat* (*SDS*) integrale Membranproteine nicht nur isoliert, sondern sie auch fraktioniert und mittels der Technik der Elektrophorese analysiert. Allerdings kann der Einsatz derartig starker Detergenzien sich auf die Funktion des Proteins auswirken und ausschließlich für analytische Untersuchungen geeignet sein.

SDS-Polyacrylamid-Gel-Elektrophorese Zellen enthalten Tausende verschiedener Makromoleküle, die man voneinander trennen muss, bevor man die einzelnen Komponenten untersuchen kann. Eine der am häufigsten genutzten Vorgehensweisen zur Trennung von Molekülen ist die **Elektrophorese**. Unter diesem Begriff werden verschiedene ähnliche Techniken, die mit Hilfe eines elektrischen Feldes geladene Moleküle trennen, zusammengefasst. Die Geschwindigkeit, mit der sich ein bestimmtes Molekül während der Elektrophorese bewegt, hängt sowohl von dessen Ladung als auch von der Größe ab. Man kann die Elektrophorese unter Hinzunahme einiger Hilfsmittel durchführen, beispielsweise Papier, Celluloseacetat, Stärke, Polyacrylamid oder Agarose (ein Polysaccharid, das man aus Seetang gewinnt). Gele aus Polyacrylamid oder Agarose-Gele erzielen die besten Trennungsergebnisse und sie werden standardmäßig für die Elektrophorese von Nucleinsäuren und Proteinen verwendet.

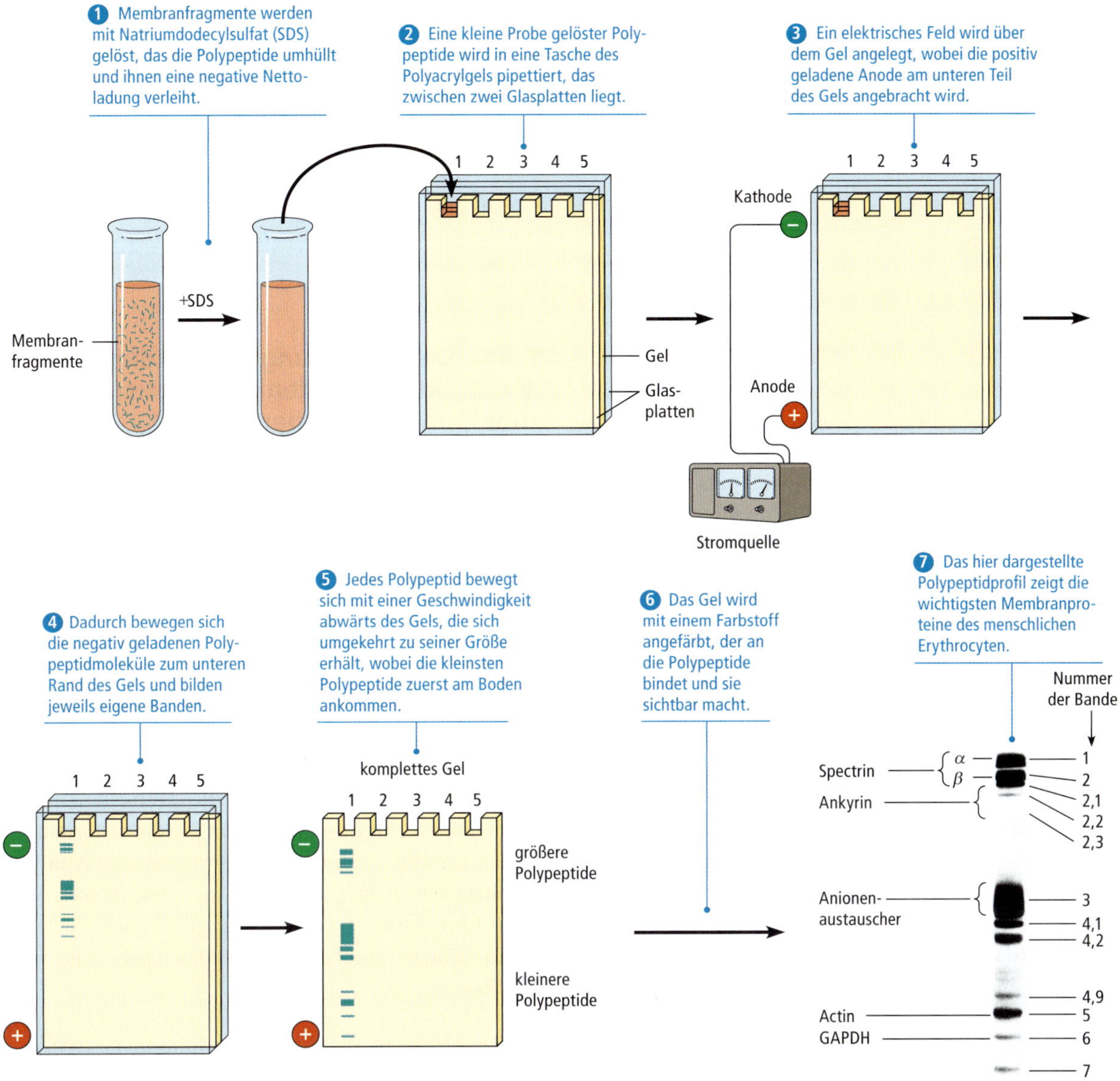

Abbildung 7.22: SDS-Polyacrylamid-Gel-Elektrophorese (SDS-PAGE) von Membranproteinen. Die Schritte 1 bis 6 zeigen das allgemeine Verfahren zur Trennung von Membranproteinen mit Hilfe der SDS-PAGE. Nach Schritt 1 ist das Verfahren das gleiche wie für gelöste Nichtmembranproteine. In Schritt 7 sind die einzelnen getrennten Polypeptide dargestellt, die aus einem Erythrocytenmembran-Präparat stammen. Die einzelnen Proteinbanden wurden zuerst sequenziell durchnummeriert, wie rechts dargestellt. Jetzt ist uns die Identität einiger dieser getrennten Proteine bekannt, beispielsweise Glycerinaldehyd-3-Phosphatdehydrogenase (GAPDH), links.

Wenn man mit der Technik der Elektrophorese Membranproteine untersucht, werden die Membranfragmente zuerst mit dem anionischen Detergens SDS gelöst, das die meisten Protein-Protein- und Protein-Lipid-Verbindungen aufbricht. Die Proteine denaturieren und entfalten sich dabei zu Polypeptidstäbchen, die sich nicht zurückfalten können, weil ihre Oberflächen mit negativ geladenen Detergensmolekülen überzogen sind. Die gelösten, SDS-umhüllten Polypeptide werden dann auf ein Polyacrylamid-Gel aufgetragen. Dann wird an das Gel ein elektrisches Feld angelegt, sodass am unteren Ende des Gels die positiv geladene Anode liegt (▶*Abbildung 7.22*). Da die Polypeptide mit negativ geladenen SDS-Molekülen umhüllt sind, wandern sie im Gel abwärts zur Anode. Das Polyacrylamid kann man sich als feines Netz vorstellen, das die Bewegung großer Moleküle stärker beeinträchtigt als die Bewegung kleiner Moleküle. Daher bewegen sich die Polypeptide abwärts mit einer Geschwindigkeit, die sich umgekehrt proportional zum Logarithmus ihrer Größe verhält.

Wenn das kleinste Polypeptid auf dem Grund des Gels angelangt ist, wird die Elektrophorese abgeschlossen. Das Gel wird dann mit einem Farbstoff angefärbt, der an Polypeptide bindet und diese sichtbar macht (im Allgemeinen verwendet man Coomassie-Brilliant-Blau). Das Polypeptidprofil aus der *Abbildung 7.22* ist das der Membranproteine der menschlichen Erythrocyten, von denen wir den meisten bereits begegnet sind (*Abbildung 7.20b*). Normalerweise lässt man einen Satz gereinigter Proteine mit bekannten Molekulargewichten in einer Bahn des Gels neben den Präparaten mitlaufen, um die Molekulargewichte der Polypeptide der Präparate zu ermitteln.

Eine fortschrittlichere Form der Elektrophorese ist das zweidimensionale (2D) SDS-PAGE-Verfahren, das man häufig nutzt, um Polypeptide entsprechend ihrer Ladung und Größe zu trennen. Die Proteine werden in einem dünnen, nicht denaturierenden Röhrchen-Gel in der Form aufgetragen, dass die positiv geladenen Polypeptide sich zum einen Ende des Gels bewegen und die negativ geladenen Polypeptide zum anderen Ende. Neutrale Polypeptide liegen in der Mitte. Je stärker die Ladung eines einzelnen Polypeptids, desto weiter wird es außerhalb der Mitte liegen. Dann wird das gesamte Gel oben auf ein denaturierendes SDS-PAGE-Gel aufgetragen und die Proteine bewegen sich entsprechend ihrer Molekulargröße aus dem Röhrchen-Gel heraus, abwärts des denaturierenden Gels. Nachdem man die einzelnen Polypeptide angefärbt hat, kann man sie als über das Gel verstreut liegende Punkte erkennen.

Im Anschluss an die Elektrophorese kann man einzelne Polypeptide mit Hilfe eines Verfahrens, das man als **Western-Blotting** bezeichnet, nachweisen und identifizieren. Bei diesem Verfahren werden die Polypeptide in einem Standard-SDS-PAGE-Gel oder einem 2D-SDS-PAGE-Gel auf eine Nylon- oder Nitrocellulosemembran übertragen („geblottet"), die flach auf das Gel gelegt wird. Mit Hilfe eines elektrischen Feldes werden die Proteine vom Gel auf die Membran transferiert, wo sie in den gleichen relativen Positionen verbleiben, die sie auf dem Gel innehatten. Mittels markierter Antikörper, von denen man weiß, dass sie an spezifische Polypeptide binden, können die Polypeptide des Gels identifiziert und quantifiziert werden. Western-Blotting ist ein sehr nützliches Verfahren, um zu ermitteln, welche Proteine in einer bestimmten Zelle enthalten sind. Diese Technik wird beispielsweise zur Identifizierung bestimmter Zellen des Immunsystems oder spezifischer Typen von Krebszellen verwendet.

7.4.4 Die Aufklärung der dreidimensionalen Struktur von Membranproteinen wird zunehmend einfacher

Viele Jahre lang gestaltete sich die Ermittlung der dreidimensionalen Struktur integraler Membranproteine sehr schwierig, was vor allem daran lag, dass diese Proteine im Allgemeinen aufgrund ihrer Hydrophobizität schwierig zu isolieren und zu reinigen sind. Allerdings sind sie mittlerweile wesentlich leichter zu untersuchen, was man der Röntgenkristallographie verdankt, mit der man die Struktur von Proteinen bestimmen kann, die man zuvor in kristalline Form gebracht hat. Zur Untersuchung von Membranproteinen, für die keine kristalline Form zur Verfügung steht, gibt es ein alternatives Verfahren, die sogenannte hydropathische Analyse, vorausgesetzt, dass das Protein oder dessen Gen zumindest isoliert und sequenziert werden kann. Diese beiden Techniken werden wir uns kurz anschauen.

Röntgenkristallographie Die Röntgenkristallographie wird sehr häufig eingesetzt, um die dreidimensionale Struktur von Proteinen zu ermitteln. Im Anhang (online) finden Sie eine Beschreibung dieser Technik. Die Schwierigkeiten, die man bei der Isolierung integraler Membranproteine in kristalliner Form über viele Jahre hatte, schlossen diese Proteine praktisch von einer Untersuchung mittels Röntgenkristallographie aus. Erstmalig gelang dies Hartmut Michel, Johann Deisenhofer und Robert Huber, die das Photosynthese-Reaktionszentrum des Purpurbakteriums *Rhodopseudomonas viridis* kristallisierten und mit Hilfe der Röntgenkristallographie dessen Molekularstruktur bestimmten. Ausgehend von der detaillierten dreidimensionalen Struktur dieses Proteins, lieferten die Wissenschaftler den ersten genauen Einblick in die Anordnung der Pigmentmoleküle, die

Lichtenergie einfangen. Ein Thema, auf das wir in *Kapitel 11* (siehe *Abbildung 11B-1*) zurückkommen werden. Als Anerkennung für ihre Leistung wurde Michel, Deisenhofer und Huber 1988 der Nobelpreis für Chemie verliehen.

Trotz dieses Durchbruchs fand die Röntgenkristallographie bis in die 1990er Jahre nur zögerlich Anwendung, was vor allem an der für die Identifizierung der Transmembranhelices notwendigen Auflösung lag. In jüngster Zeit gab es eine regelrechte Explosion an Datenmengen für die Röntgenkristallographie integraler Membranproteine. Entsprechend der von Stephen White und seinen Kollegen von der University of California, Irvine, zusammengestellten Daten, gab es lediglich 18 Proteine, deren dreidimensionale Strukturen bis 1997 bestimmt wurden. Seitdem hat man diese Liste um ungefähr 200 Proteine erweitert. Anfangs stammten die meisten dieser Proteine von Bakterien, worin sich die relative Leichtigkeit widerspiegelt, mit der man Membranproteine aus diesen Mikroorganismen isolieren kann. In zunehmendem Maße stehen auch eukaryotische Quellen für die Analyse mittels Röntgenkristallographie zur Verfügung.

Hydropathieanalyse Für viele integrale Membranproteine, die noch nicht mit Hilfe der Röntgenkristallographie untersucht wurden, kann man Anzahl und Positionen der Transmembransegmente bestimmen, vorausgesetzt, dass das Protein oder dessen Gen zumindest isoliert und sequenziert ist. Nachdem man die Aminosäuresequenz eines Membranproteins bestimmt hat oder diese bekannt ist, kann man Anzahl und Positionen der Transmembransegmente aus einem Hydropathieplot (oder Hydrophobizitätsplot) folgern, wie in der ▸*Abbildung 7.23* dargestellt. Ein solcher Graph wird mit Hilfe eines Computerprogramms entworfen, um Cluster hydrophober Aminosäuren zu identifizieren. Die Aminosäuresequenz des Proteins wird durch eine Reihe von „Fenstern“ gescannt, wobei jedes Fenster eine Region von circa zehn Aminosäuren repräsentiert und das darauffolgende Fenster die um eine Aminosäure weiter verschobene Region.

Ausgehend von den bekannten Hydrophobizitätswerten für die verschiedenen Aminosäuren, berechnet man für jedes der aufeinander folgenden Fenster einen Hydropathieindex, indem man die durchschnittlichen Hydrophobizitätswerte der Aminosäuren im Fenster ermittelt. (Vereinbarungsgemäß haben hydrophobe Aminosäuren positive Hydrophobizitätswerte und hydrophile Reste negative Hydrophobizitätswerte.) Dann trägt man den Hydropathieindex gegen die Positionen der Fenster entlang der Sequenz des Proteins auf. Der daraus resultierende Hydropathieplot gibt entsprechend der Anzahl der positiven Maxima an, wie viele membrandurchspannende Regionen im Protein vorliegen. Der Hydropathieplot in der ▸*Abbildung 7.23a* repräsentiert das Plasmamembranprotein *Connexin*. Der Graph hat vier positive Maxima und sagt somit vorher, dass Connexin vier Abschnitte hydrophober Aminosäuresequenzen hat und somit vier Transmembransegmente, wie in der ▸*Abbildung 7.23b* dargestellt.

(a) Hydropathieplot von Connexin. Der Hydropathieindex auf der vertikalen Achse ist eine nummerische Messung der relativen Hydrophobizität aufeinanderfolgender Segmente der Polypeptidkette auf der Grundlage ihrer Aminosäuresequenz.

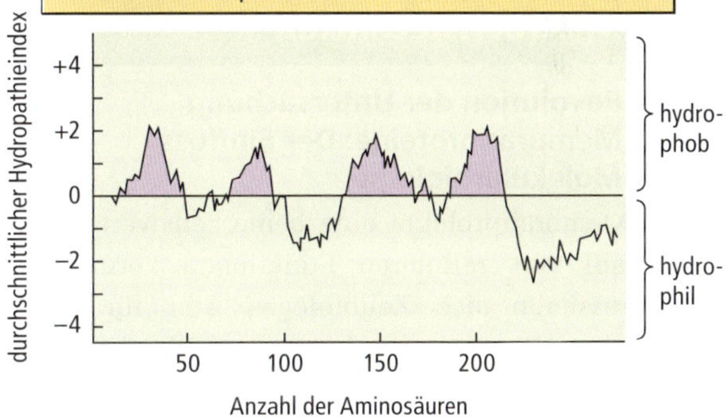

(b) Transmembranstruktur von Connexin. Connexin hat vier hydrophobe Regionen, die den vier α-helikalen Regionen entsprechen, die die Plasmamembran durchspannen.

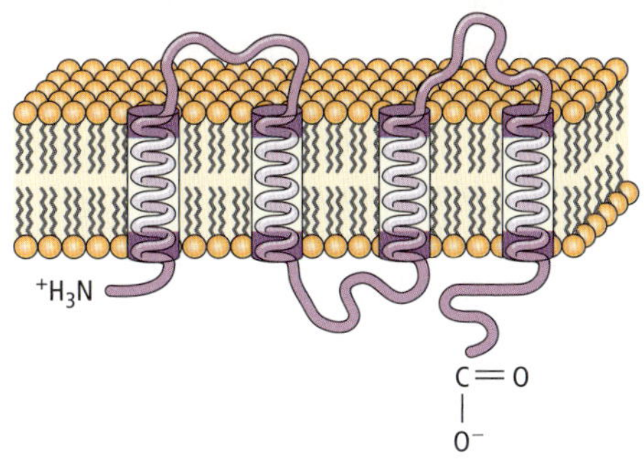

Abbildung 7.23: **Hydropathieanalyse eines integralen Membranproteins.** Ein Hydropathieplot ist ein Mittel zur Darstellung hydrophober Regionen (positive Werte) und hydrophiler Regionen (negative Werte) auf der Sequenz eines Proteins. Bei diesem Beispiel analysierte man auf der Grundlage von Hydropathiedaten das Plasmamembranprotein *Connexin*.

7.4.5 Der große Beitrag der Molekularbiologie zum Verständnis der Membranproteine

Membranproteine ließen sich nicht so einfach wie andere Proteine mit biochemischen Techniken analysieren, weil die Isolierung und Reinigung hydrophober Proteine in physiologisch aktiver Form die Forschung vor große Probleme stellte. Verfahren wie beispielsweise SDS-PAGE und Hydropathieanalyse sind gewiss hilfreich, ebenso wie Markierungstechniken mit Radioisotopen oder Fluoreszenzantikörpern. Im Lauf der letzten drei Jahrzehnte vermochte man dank der Techniken der Molekularbiologie die Untersuchung von Membranproteinen zu revolutionieren, vor allem dank der DNA-Sequenzierung und der rekombinanten DNA-Technologie. Mittels der DNA-Sequenzierung kann man die Aminosäuresequenz eines Proteins ableiten und muss das Protein nicht in reiner Form für die Sequenzierung der Aminosäuren isolieren.

Weiterhin decken Sequenzvergleiche zwischen Proteinen oftmals evolutionäre und funktionale Verwandtschaftsbeziehungen auf, die man ohne diese Techniken nicht entdeckt hätte. DNA-Fragmente können außerdem als Sonden zur Identifizierung und Isolierung von Sequenzen herangezogen werden, die verwandte Proteine kodieren. Hinzu kommt, dass die DNA-Sequenz eines bestimmten Proteins an spezifischen Nucleotidpositionen gezielt verändert werden kann, um zu bestimmen, welche Auswirkungen diese Änderung spezifischer Aminosäuren auf die Aktivität des mutierten Proteins hat. In *Exkurs 7A* gehen wir genauer auf diese aufregenden Entwicklungen ein.

7A ▶ Arbeitstechniken

Die Revolution der Untersuchung der Membranproteine: Der Einfluss der Molekularbiologie

Da Membranproteine eine bemerkenswert große Anzahl von zellulären Funktionen vermitteln, interessieren sich Zellbiologen sehr für diese Proteine. Der Untersuchung von Membranproteinen verdanken wir ab dem Moment ganz entscheidende Einsichten und Antworten, als man begann, standardmäßig angewandte biochemische Techniken zur Isolierung und Analyse von Zellproteinen auf Membranproteine anzuwenden. In diesem Kapitel beschreiben wir mehrere dieser Verfahren, darunter die SDS-Polyacrylamid-Gel-Elektrophorese, die Hydropathieanalyse und Verfahren zur Markierung von Membranproteinen mit Radioaktivität oder Fluoreszenzantikörpern. Zwei weitere biochemische Techniken zur Untersuchung von Membranproteinen sind die Affinitätsmarkierung und die Membranrekonstitution.

Bei der Affinitätsmarkierung setzt man radioaktive Moleküle ein, von denen man weiß, dass sie aufgrund bekannter Funktionen der Proteine spezifisch an diese Proteine binden. Zum Beispiel ist bekannt, dass *Cytochalasin B* ein wirksamer Inhibitor des Glucosetransports ist. Membranen, die mit radioaktivem Cytochalasin B in Kontakt gekommen sind, enthalten wahrscheinlich Radioaktivität, die an spezifische Proteinmoleküle gebunden ist, die am Glucosetransport mitwirken.

Die Membranrekonstitution beruht auf der Bildung künstlicher Membranen aus spezifischen gereinigten Komponenten. Bei diesem Verfahren werden mittels Detergenslösungen Proteine aus Membranen extrahiert und einzeln aufgetrennt. Die aufgereinigten Proteine werden anschließend mit Phospholipiden vermischt und bilden so mit Flüssigkeit gefüllte Membranvesikel, die sogenannten Liposomen, die mit bestimmten Molekülen „geladen" werden können. Diese rekonstituierten Vesikel können auf ihre Fähigkeit hin untersucht werden, spezifische Membranproteinfunktionen auszuführen, beispielsweise Transportprozesse oder Zell-Zell-Kommunikation.

Trotz des Erfolgs dieser Techniken werden die Membranbiologen oftmals bei ihren Bemühungen, Membranproteine zu isolieren, zu reinigen und zu untersuchen, schwer enttäuscht. Biochemische Verfahren, die gut mit löslichen Proteinen durchzuführen sind, nützen bei hydrophoben Proteinen oftmals gar nichts. Allerdings vermochte man die Untersuchung von Membranproteinen dank der Techniken der Molekularbiologie zu revolutionieren, vor allem dank der DNA-Sequenzierung und der rekombinanten DNA-Technologie. In den

Kapiteln 18 und *20* werden wir im Einzelnen auf diese Techniken eingehen, aber wir müssen nicht so lange warten, um den gewaltigen Einfluss der Molekularbiologie auf die Untersuchung von Membranen und Membranproteinen zu würdigen. In der *Abbildung 7A-1* sind mehrere Verfahren, die sich für die Untersuchung von Membranen und Membranproteinen als besonders effektiv erwiesen haben, zusammenfassend dargestellt.

Von größter Wichtigkeit ist bei all diesen Verfahren die Isolierung (Klonierung) eines Gens oder eines Genfragments, das ein gesamtes Protein oder einen Teil eines spezifischen Proteins (*Abbildung 7A-1*, oben) kodiert. Allerhöchste Priorität hat die Ermittlung der Nucleotidsequenz dieses klonierten Gens ❶. Die DNA-Sequenzierung ist einer der wichtigsten Meilensteine der Molekularbiologie. Heutzutage kann man schneller die Nucleotidsequenz eines DNA-Moleküls ermitteln als die Aminosäuresequenz des Proteins, das von dieser Sequenz kodiert wird. Außerdem wird ein Großteil des Sequenzierungsverfahrens schnell und automatisch von DNA-Sequenzierungsmaschinen durchgeführt. Nachdem die DNA eines bestimmten Gens sequenziert wurde, kann man die vermeintliche Aminosäuresequenz des dazugehörigen Proteins mit Hilfe des genetischen Codes ableiten (siehe *Abbildung 21.6*) ❷. Anschließend kann man die vermutete Aminosäuresequenz mittels der Hydropathieanalyse untersuchen, um die Transmembransegmente des Proteins zu identifizieren (siehe *Abbildung 7.23*) ❸. Wenn die Aminosäuresequenz des Proteins bekannt ist, kann man auch synthetische Peptide herstellen, die den spezifischen Segmenten des Proteins entsprechen ❹. Die gegen diese Peptide hergestellten Antikörper können radioaktiv markiert und dazu genutzt werden, die Regionen zu bestimmen, in denen das Protein auf der einen oder der anderen Seite der Membran der Radioaktivität ausgesetzt war. Diese Information liefert in Kombination mit den Hydropathiedaten oft eindeutige Hinweise über die wahrscheinliche Struktur des Proteins und dessen Ausrichtung innerhalb der Membran – und wahrscheinlich auch einen Hinweis auf seine Wirkungsweise. Zum Beispiel hat man mit Hilfe dieses Verfahrens die Struktur des Proteins CFTR entschlüsselt, das bei Menschen, die an Zystischer Fibrose (Mukoviszidose) leiden, defekt ist (siehe *Exkurs 8B*).

Eine weitere sehr hilfreiche Technik ist die **ortsspezifische Mutagenese** (engl.: *sitedirected mutagenesis*) zur Untersuchung der Folgen einer Veränderung spezifischer Aminosäuren in einem Protein ❺. Die DNA-Sequenz, die das Protein kodiert, wird durch eine Änderung der Nucleotide entsprechend einer bestimmten gewünschten Aminosäure geändert. Die mutierte DNA wird dann in lebende Zellen eingeführt, die ein mutiertes Protein mit einer veränderten Aminosäure synthetisieren. Anschließend kann man die funktionalen Eigenschaften des mutierten Proteins untersuchen, um festzustellen, ob die Aminosäure für die richtige Funktion des Proteins notwendig ist.

Ein Gen oder ein Gensegment kann als *DNA-Sonde* dienen, um ähnliche DNA-Sequenzen zu isolieren ❻. Die mit dieser Methode identifizierte DNA wird wahrscheinlich Proteine kodieren, die dem Protein ähneln, das die DNA kodiert. Solche Proteine sind vermutlich dann miteinander im Hinblick auf den evolutionären Ursprung und ihre Wirkungsmechanismen verwandt.

Dank der Entwicklung von Techniken zur Sequenzierung ganzer Genome (wird in *Kapitel 18* besprochen), können wir jetzt ganze Genome nach Nucleotidsequenzen absuchen, die den Nucleotidsequenzen ähneln, von denen wir wissen, dass sie spezifische Proteine kodieren. Somit können wir verschiedene *Familien* oder Gruppen verwandter Proteine identifizieren. Die Möglichkeit, auf computergestützte Datenbanken wie die Gen-Bank der National Institutes of Health zurückzugreifen, ist außerordentlich wertvoll im Hinblick auf die Zuweisung möglicher Rollen, die Proteine übernehmen, was ausschließlich auf der Grundlage ihrer Gensequenzen erfolgt.

Ausgehend von Untersuchungen, die sich auf diese und andere Verfahren stützten, wissen wir heute, dass die Zellen des menschlichen Körpers mehr als 30 Familien von Membranproteinen brauchen, um den Transport der großen Vielfalt löslicher Substanzen zu bewerkstelligen, die durch die Membran geschafft werden müssen. Jedes Mitglied einer solchen Familie kann in Form einer Reihe von Isoformen vorhanden sein, die sich im Hinblick auf Eigenschaften wie

Zeitpunkt der Expression während der Entwicklung, Verteilung im Gewebe oder Lokalisierung innerhalb der Zelle unterscheiden. Vielleicht überrascht es also gar nicht, wenn man erfährt, dass die Gene, von denen man weiß, dass sie Transportproteine kodieren, ungefähr 10 % des menschlichen Genoms ausmachen!

Die meisten dieser molekularen Techniken sind insofern indirekt, als sie den Wissenschaftlern die Möglichkeit an die Hand geben, Eigenschaften und Funktionen der Proteine abzuleiten und sie nicht darauf angewiesen sind, diese direkt nachzuweisen. Trotzdem sind diese Techniken ausgezeichnete Hilfsmittel, die schon heute unsere Kenntnisse der Membranproteine erheblich erweitert haben. Gewiss werden diese und neue Techniken der Molekularbiologie, beispielsweise die Proteomik, weiterhin unsere Untersuchungsmethoden von Membranen und ihren Proteinen revolutionieren.

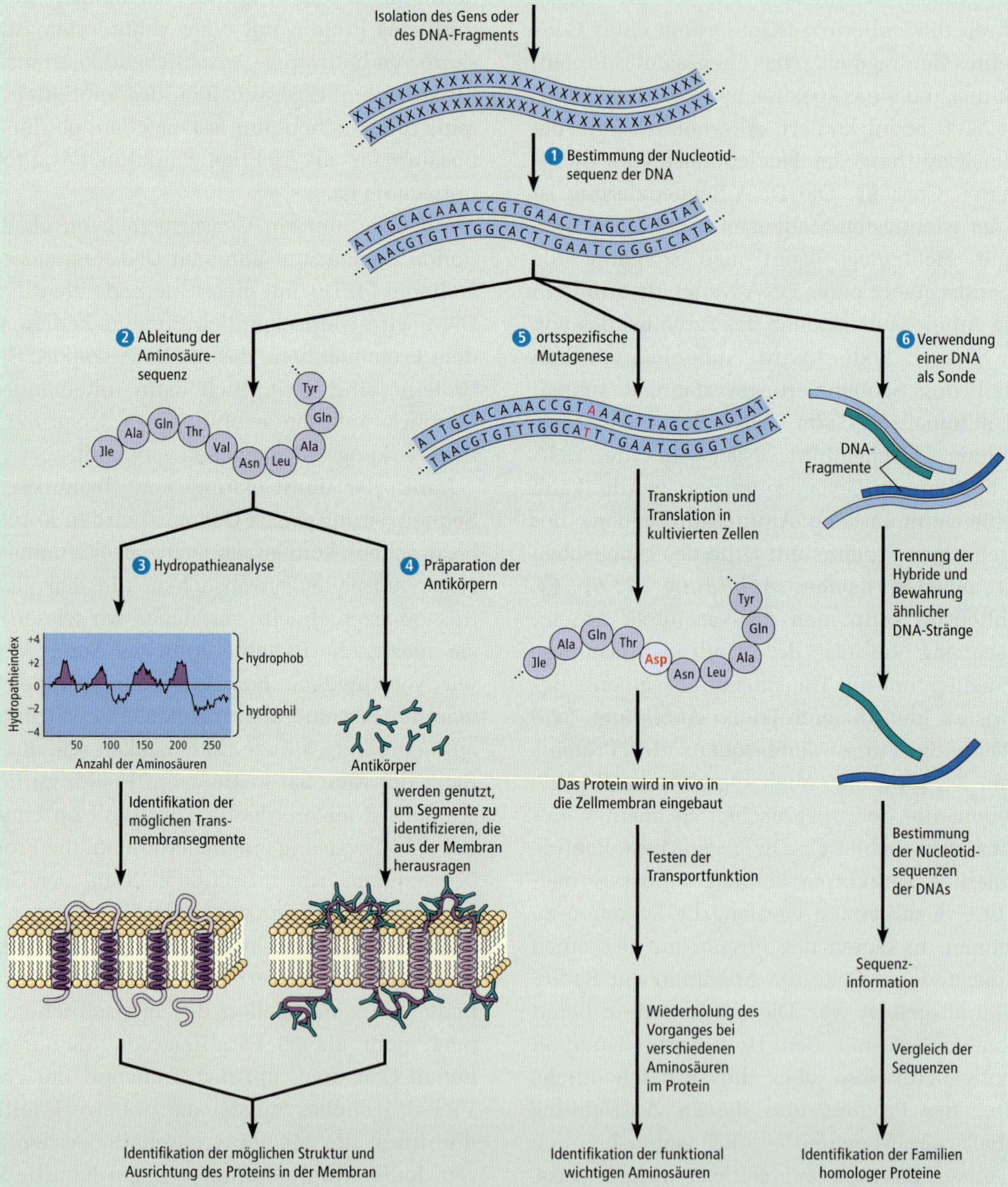

Abbildung 7A-1: Anwendung der Techniken der Molekularbiologie zur Untersuchung von Membranproteinen. Diese Techniken sind von unschätzbarem Wert für die Untersuchung von Membranproteinen, die oftmals sehr schwierig zu isolieren sind.

7.4.6 Membranproteine üben eine Vielzahl von Funktionen aus

Welche Funktionen übernehmen Membranproteine? Die meisten Aspekte der Membranfunktion, die wir zu Beginn dieses Kapitels zusammenfassten, sind hier von Bedeutung, denn die Funktionen einer Membran entsprechen tatsächlich nur denen ihrer biochemischen Bausteine, vor allem den Funktionen der Membranproteine.

Einige Proteine in Membranen sind *Enzyme*, worauf die Verknüpfung spezieller Zellfunktionen mit spezifischen Membranen beruht. In den nächsten Kapiteln werden wir sehen, dass jedes Organell in einer eukaryotischen Zelle sich tatsächlich durch seinen ganz eigenen Satz membrangebundener Enzyme auszeichnet. Wir sind bereits einem Beispiel begegnet, als wir die Verbindung von Glucose-6-Phosphatase mit dem ER ansprachen. Ein weiteres Beispiel ist Glycerinaldehyd-3-Phosphatdehydrogenase (GAPDH), ein Enzym, das am Katabolismus von Glucose im Blut beteiligt ist. GAPDH ist ein peripheres Plasmamembranprotein in Erythrocyten und anderen Zelltypen (siehe *Abbildung 7.22*, Schritt ❼). Die Funktion der *Elektronentransportproteine* ist ganz eng mit der Funktion von Enzymen verwandt, beispielsweise die Funktion der Cytochrome und der Eisen-Schwefel-Proteine, die an oxidativen Abläufen in Mitochondrien, Chloroplasten und den Plasmamembranen prokaryotischer Zellen mitwirken.

Andere Membranproteine dienen zum Transport löslicher Substanzen durch Membranen. Dazu gehören *Transportproteine*, die die Bewegung von Nährstoffen wie Zuckern und Aminosäuren durch Membranen bewerkstelligen und *Kanalproteine*, die hydrophile Wege durch ansonsten hydrophobe Membranen öffnen. Zur ersten Kategorie gehören außerdem die Transport-ATPasen, die mittels der Energie von ATP oder Licht Ionen durch Membranen pumpen.

Viele Membranproteine sind Rezeptoren, die an der Erkennung und Weiterleitung spezifischer chemischer Signale mitwirken, die auf die Zelloberfläche einwirken. Hormone, Neurotransmitter und das Wachstum fördernde Substanzen führen wir als Beispiele für chemische Signale an, die mit spezifischen Proteinrezeptoren in der Plasmamembran der Zielzellen in Wechselwirkung treten. Meistens wird durch Bindung eines Hormons oder eines anderen Signalmoleküls der entsprechende Rezeptor auf der Membranoberfläche dazu veranlasst, eine spezielle intrazelluläre Antwort auszulösen, die wiederum die gewünschte Wirkung hervorbringt. Membranproteine nehmen zudem an der interzellulären Kommunikation teil. Zu den Beispielen zählen die sogenannten *Connexons* an den *Gap Junctions* zwischen tierischen Zellen und Proteine, aus denen die Plasmodesmata zwischen pflanzlichen Zellen bestehen.

Weitere zelluläre Funktionen, bei denen Membranproteine Schlüsselfunktionen übernehmen, sind die Aufnahme und das Ausscheiden verschiedener Substanzen durch Endocytose und Exocytose; das Erfassen, Sortieren und Modifizieren von Proteinen im endoplasmatischen Reticulum und dem Golgi-Komplex; das Erfassen von Lichtwellen, sei es durch Rezeptoren das menschlichen Auges, einer Bakterienzelle oder eines Pflanzenblatts. Membranproteine sind außerdem lebenswichtige Bausteine zahlreicher Strukturen, darunter Verbindungen zwischen der Plasmamembran und der extrazellulären Matrix, die auf der Zelle liegt, Poren in den äußeren Membranen der Mitochondrien und der Chloroplasten und Poren in der Kernhülle. In späteren Kapiteln werden wir auf all diese Themen zurückkommen. Andere Membranproteine sind am Vorgang der *Autophagie* („sich selbst zerstörend") beteiligt, einem Vorgang, den wir in *Kapitel 12* näher betrachten werden. Bei der Autophagie bauen Zellen ihre eigenen Organellen oder Strukturen ab, die nicht mehr richtig funktionieren oder nicht länger benötigt werden. Auf diese Weise können die molekularen Bausteine dieser Zellelemente recycelt werden und in neu synthetisierten Strukturen neue Verwendung finden.

Als letzte Gruppe der membranassoziierten Proteine bleiben solche, die zur Stabilisierung und Formgebung der Zellmembran beitragen. Zu den Beispielen zählen Spectrin, Ankyrin und das Bande-4.1-Protein, also die peripheren Membranproteine der Erythrocyten, die wir bereits kennengelernt haben (siehe *Abbildung 7.20b*). Lange, dünne Tetramere von α- und β-Spectrin, $(\alpha\beta)_2$, sind durch das Bande-4.1-Protein mit Glykophorinmolekülen verknüpft und kurze Actinfilamente sind über Ankyrin und ein weiteres Protein, das Bande-4.2-Protein, an Bande-3-Proteine gebunden. (Ganz passend stammt die Bezeichnung Ankyrin von dem griechischen Wort für „Anker" ab.) Auf diese Weise bilden Spectrin und seine assoziierten Proteine das Netzwerk des Cytoskeletts, mit dem die Plasmamembran verknüpft ist und das sie unterstützt. Diesem Netzwerk auf der Grundlage von Spectrin verdanken die roten Blutkörperchen ihre charakteristische bikonkave Form (siehe *Abbildung 7.20a*) und es verleiht ihnen Widerstandsfähigkeit gegen mechanischen Stress, der auf ihre Membran ausgeübt wird, wenn sie sich durch engen Kapillaren im Blutkreislaufsystem zwängen müssen. Proteine, die eine strukturelle Analogie mit Spectrin und Spectrin-assoziierten Proteinen aufweisen und die direkt unterhalb der Plasmamembran vorkommen, findet man auch in vielen Zelltypen, was darauf hinweist, dass ein cytoskelettartiges Netzwerk aus peripheren Membranproteinen die strukturelle Basis der Plasmamembran vieler verschiedener Zellarten bildet.

Die Funktion eines Membranproteins spiegelt sich im Allgemeinen darin wieder, wie das Protein mit der Lipiddoppelschicht assoziiert ist. Beispielsweise ist es höchst wahrscheinlich, dass es sich bei einem Protein, das nur auf einer Membranseite funktioniert, um ein peripheres Protein oder ein lipidverankertes Protein handelt. Die membrangebundenen Enzyme, die Reaktionen nur auf einer Membranseite katalysieren, beispielsweise das ER-Enzym Glucose-6-Phosphatase, gehören in diese Kategorie. Im Gegensatz dazu werden Aufgaben wie der Transport löslicher Substanzen oder die Übertragung von Signalen eindeutig von Transmembranproteinen bewältigt. In *Kapitel 14* werden wir uns damit beschäftigen, wie Transmembranrezeptoren Signalmoleküle (zum Beispiel Hormone) an der Außenseite der Plasmamembran binden und dann innerhalb der Zelle spezifische Reaktionen hervorrufen.

7.4.7 Membranproteine sind asymmetrisch über die Lipiddoppelschicht verteilt

Zuvor hatten wir in diesem Kapitel angemerkt, dass die meisten Membranlipide asymmetrisch zwischen den zwei Monolayern der Lipiddoppelschicht verteilt liegen. Die meisten Membranproteine zeichnen sich ebenfalls durch eine asymmetrische Verteilung im Hinblick auf die Lipiddoppelschicht aus. Zum Beispiel sind periphere Proteine, lipidverankerte Proteine und integrale monotopische Proteine per Definition mit jeweils einer der beiden Membranseiten assoziiert (siehe *Abbildung 7.19*). Nachdem das Protein sich dort eingebettet hat, kann es nicht mehr durch die Membran von einer Oberfläche auf die andere gelangen. Integrale Membranproteine, die die Membran durchspannen, sind in beide Monoschichten eingebettet, aber sie sind asymmetrisch ausgerichtet. Mit anderen Worten, die Regionen des Proteinmoleküls, die auf einer Seite der Membran frei liegen, unterscheiden sich strukturell und chemisch von den Proteinregionen, die auf der anderen Membranseite liegen. Außerdem sind alle Moleküle eines bestimmten Proteins in die gleiche Richtung orientiert.

Möchte man ermitteln, wie die Proteine in einer Membran ausgerichtet sind, so nutzt man Markierungsverfahren mit radioaktiven Substanzen, um zwischen Proteinen zu unterscheiden, die auf den inneren und äußeren Oberflächen der Membranvesikel liegen. Bei einem dieser Verfahren macht man sich das Enzym *Lactoperoxidase* (*LP*) zu Nutze, das die kovalente Binding von Jod an Proteine katalysiert. Wenn man die Reaktion in Gegenwart von ^{125}I durchführt, einem radioaktivem Isotop von Jod, markiert LP die Proteine mit dem Isotop. Da LP zu groß ist, um die Membran zu passieren, werden nur Proteine markiert, die an der äußeren Oberfläche intakter Membranvesikel liegen (▸*Abbildung 7.24a*).

Möchte man die Proteine markieren, die auf der inneren Membranoberfläche liegen, so werden die Vesikel zuerst einer hypotonischen Lösung (geringe Ionenstärke) ausgesetzt, sodass sie für große Moleküle durchlässig werden. Unter diesen Bedingungen kann LP in die Vesikel eindringen. Wenn die Vesikel anschließend in eine isotonische Lösung transferiert werden, die ^{125}I enthält, aber keine externe LP, kann das ^{125}I, da es ein kleines Molekül ist, in die Vesikel eindringen, in denen LP eingefangen wurde. Somit markiert das Enzym die Proteine, die auf der inneren Oberfläche der Vesikelmembran liegen (▸*Abbildung 7.24b, c*). Auf diese Weise kann man herausfinden, ob ein bestimmtes Membranprotein nur an der inneren Membranoberfläche, nur an der äußeren Membranoberfläche oder an beiden Membranoberflächen in Kontakt kommt.

Bei einem ähnlichen Verfahren verwendet man das Enzym *Galactoseoxidase* (*GO*), um Kohlenhydratseitenketten zu markieren, die an Membranproteine oder Lipide gebunden sind. Zuerst werden die Vesikel mit GO behandelt, um die Galactosereste in den Kohlenhydratseitenketten zu oxidieren. Dann kommen die Vesikel mit Tritium-markiertem Borhydrid ($^3H-BH_4$) in Kontakt, das die Galactosegruppen reduziert, indem es markierte Wasserstoffatome in den Vorgang einschleust. Bei beiden

Vorgehensweisen werden markierte Proteine typischerweise auf einem SDS-PAGE-Gel getrennt, das anschließend getrocknet und auf einen Röntgenfilm gelegt wird, um die genauen Positionen der markierten Polypeptide zu identifizieren.

Die Ausrichtung eines Proteins innerhalb einer Membran kann man außerdem mit Hilfe von Antikörpern bestimmen, die spezifische Teile des Proteins erkennen. Intakte Zellen (oder Organellen) kommen mit diesen Antikörpern in Kontakt und werden anschließend untersucht, um festzustellen, ob Antikörper an die Membranproteine gebunden haben. Wenn sie an die Membranproteine gebunden haben, kann man daraus folgern, dass die Antikörperbindestelle (das *Epitop*) auf der äußeren Membranoberfläche liegen muss.

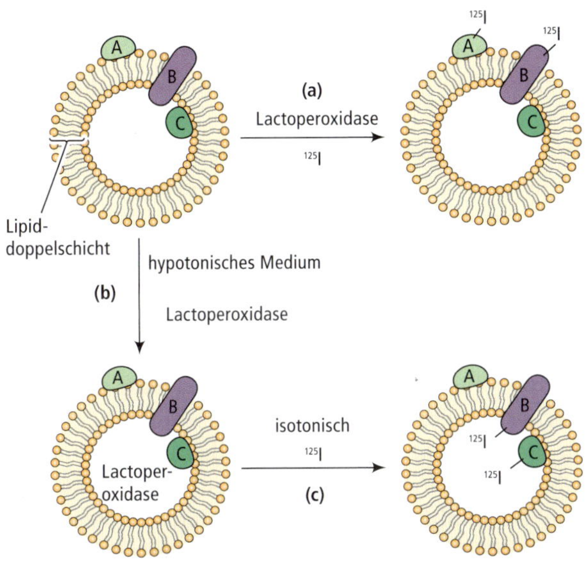

Abbildung 7.24: Eine Methode zur Markierung von Proteinen, die auf einer der beiden Oberflächen eines Membranvesikels liegen. (a) Wenn Lactoperoxidase (LP) und ^{125}I in einer Lösung außerhalb eines Membranvesikels vorliegen, katalysiert LP die Markierung von Membranproteinen, die auf der äußeren Membranoberfläche liegen (Proteine A und B). Wenn die Membranvesikel (a) zuerst in einem hypotonischen Medium inkubiert werden, damit sie für LP durchlässig werden, und (c) anschließend in eine isotonische Lösung transferiert werden, die ^{125}I enthält, aber keine externe LP, werden die Proteine, die auf der inneren Membranoberfläche liegen (Proteine B und C) markiert.

7.4.8 Viele Membranproteine sind glykosyliert

Abgesehen von Lipiden und Proteinen enthalten mit Ausnahme von Chloroplasten, Mitochondrien und Bakterien die meisten Membranproteine kleine, aber wichtige Kohlenhydratreste. Das Gewicht der Plasmamembran eines menschlichen Erythrocyten setzt sich beispielsweise aus einem Proteinanteil von 49 %, einem Lipidanteil von 43 % und einem Kohlenhydratanteil von 8 % zusammen. Die Glykolipide, denen wir bereits begegnet sind, machen einen kleinen Teil der Membrankohlenhydrate aus, aber die meisten Kohlenhydrate in den Membranen liegen als Glykoproteine vor – Membranproteine, deren Kohlenhydratseitenketten kovalent an Aminosäureseitenketten gebunden sind.

Die Anheftung einer Kohlenhydratseitenkette an ein Protein bezeichnet man als **Glykosylierung**. Dieser Vorgang läuft bald nach der Proteinbiosynthese in den Kompartimenten des ER und des Golgi-Komplexes ab. Wie in der ▸*Abbildung 7.25* dargestellt, findet die Glykosylierung unter Bindung eines Kohlenhydrats entweder an das Stickstoffatom einer Aminogruppe (*N-verknüpfte Glykosylierung*) oder an das Sauerstoffatom einer Hydroxylgruppe (*O-verknüpfte Glykosylierung*) statt. Die N-verknüpften Kohlenhydrate werden an die Aminogruppe auf der Seitenkette von Asparagin (▸*Abbildung 7.25a*) geknüpft, während die O-verknüpften Kohlenhydrate im Allgemeinen entweder an die Hydroxylgruppen von Serin oder Threonin geknüpft werden (▸*Abbildung 7.25b*). Es gibt auch Fälle, in denen O-verknüpfte Kohlenhydrate an die Hydroxylgruppe von Hydroxylysin oder Hydroxyprolin geknüpft werden. Dies sind Derivate der Aminosäuren Lysin bzw. Prolin (▸*Abbildung 7.25c*).

Die an ein Glykoprotein geknüpften Kohlenhydratseitenketten sind entweder gerade oder verzweigt und die Länge schwankt zwischen nur 2 und 60 Zuckereinheiten. Die am häufigsten zum Bau dieser Ketten verwendeten Zucker sind Galactose, Mannose, N-Acetylglucosamin und Sialinsäure (▸*Abbildung 7.26a*). In der ▸*Abbildung 7.26b* ist die Kohlenhydratkette dargestellt, die im Plasmamembranprotein von Erythrocyten vorkommt, das Glykophorin. Dieses integrale Membranprotein besitzt 16 dieser Kohlenhydratketten, die an den Teil des Moleküls geknüpft sind (den N-Terminus), der sich nach außen von der Erythrocytenmembran fort erstreckt. Von diesen 16 Ketten ist eine N-verknüpft und 15 sind O-verknüpft. Beachten Sie, dass beide Zweige der Kohlenhydratkette mit einer negativ geladenen Sialinsäure enden. Aufgrund dieser anionischen Gruppen auf ihren Oberflächen, stoßen sich Erythrocyten gegenseitig ab, wodurch sie die Blutviskosität verringern.

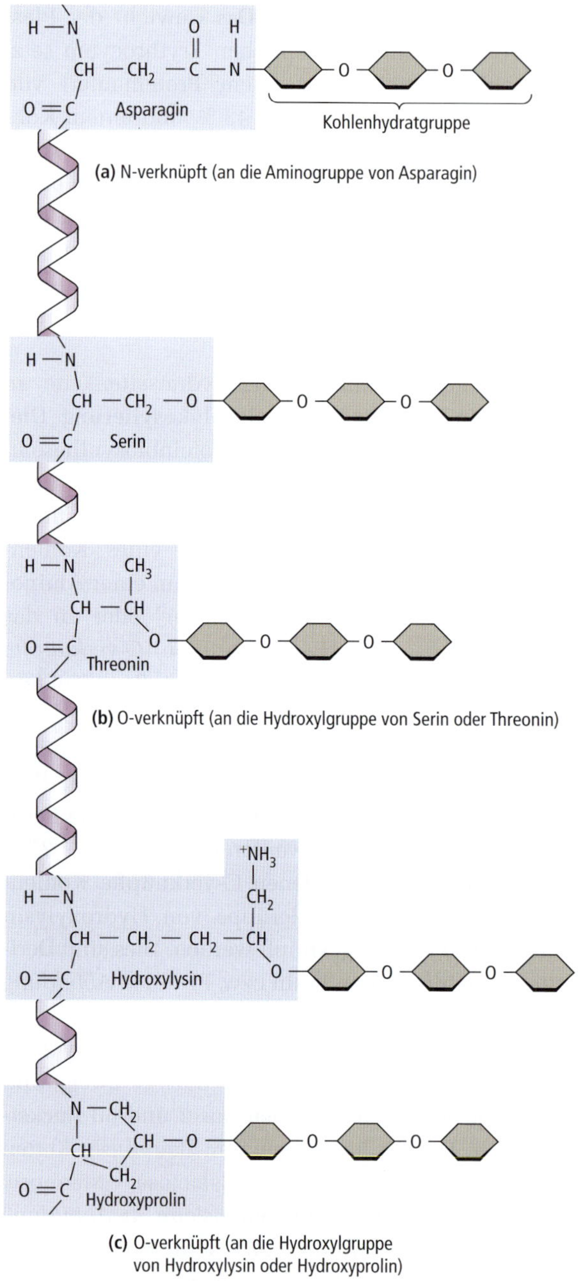

Abbildung 7.25: N-verknüpfte und O-verknüpfte Glykosylierung von Membranproteinen. Die Kohlenhydratgruppen sind auf zwei verschiedene Weisen an spezifische Aminosäurereste in den Membranproteinen geknüpft. (a) N-verknüpfte Kohlenhydrate sind an die Aminogruppe der Asparaginseitenkette geknüpft. (b) O-verknüpfte Kohlenhydrate sind an die Hydroxylgruppe von Serin- oder Threoninseitenketten geknüpft. (c) In einigen Fällen sind O-verknüpfte Kohlenhydrate an die Hydroxylgruppe der modifizierten Aminosäuren Hydroxylysin und Hydroxyprolin geknüpft.

Glykoproteine sind von besonderer Bedeutung in den Plasmamembranen, wo sie bei der Zell-Zell-Kommunikation eine wichtige Rolle spielen. In Übereinstimmung mit dieser Rolle sind die Glykoproteine stets so ausgerichtet, dass die Kohlenhydratgruppen aus der externen Oberfläche der Zellmembran herausragen. Diese Anordnung, die zur Asymmetrie der Membran beiträgt, wurde mit Hilfe von *Lectinen* experimentell nachgewiesen. Das sind Pflanzenproteine, die spezifische Zuckergruppen sehr fest binden. So bindet beispielsweise Weizenkeimagglutinin, ein Lectin in Weizenembryonen, spezifisch an Oligosaccharide, die ein terminales N-Acetylglucosamin besitzen, während *Concanavalin A*, ein Lectin der Springbohnen, Mannosegruppen in inneren Positionen erkennt. Dieses Lectin kann man sichtbar machen, indem man es an *Ferritin* bindet, ein eisenhaltiges Protein, das unter dem Elektronenmikroskop als elektronendichter Fleck erkennbar ist. Wenn man solche mit Ferritin verknüpften Lectine als Sonden einsetzt, um die Oligosaccharidketten von Membranglykoproteinen zu lokalisieren, dann erfolgt die Bindung immer spezifisch an die äußere Oberfläche der Plasmamembran.

In vielen tierischen Zellen ragen die Kohlenhydratgruppen der Plasmamembranglykoproteine und der Glykolipide aus der Zelloberfläche heraus und bilden eine Oberflächenhüllschicht, die man als *Glykocalyx* bezeichnet (was „Zuckerhülle“ bedeutet). In der ▶*Abbildung 7.27* ist die deutlich erkennbare Glykocalyx einer Epithelzelle des Darms erkennbar. Die Kohlenhydratgruppen auf der Zelloberfläche sind wichtige Komponenten der Erkennungsstellen auf Membranrezeptoren, beispielsweise wirken sie an der Bindung extrazellulärer Signalmoleküle, an Antigen-Antikörper-Reaktionen und an der interzellulären Adhäsion zur Gewebebildung mit. Bei einigen pathogenen Bakterien, zum Beispiel *Streptococcus pneumoniae*, können durch die Gegenwart einer Glykocalyx die antigenen Oberflächenproteine abgeschirmt werden, die normalerweise die Immunantwort stimulieren würden. Dadurch können die Bakterien der Erkennung und der sich normalerweise anschließenden Zerstörung durch die Zellen des Immunsystems entgehen und an ihre Zielzellen binden, wodurch es im Wirtsorganismus zu einer Lungenentzündung kommen kann.

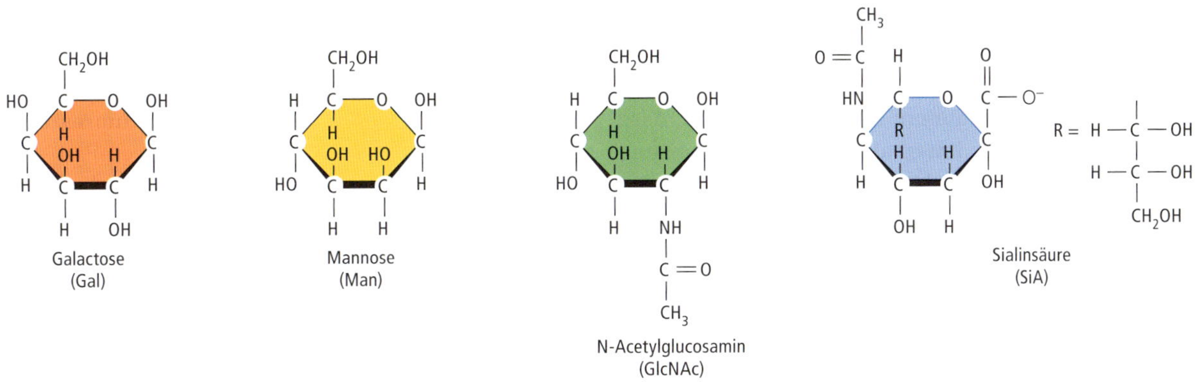

(a) häufig vorkommende Zucker in Glykoproteinen

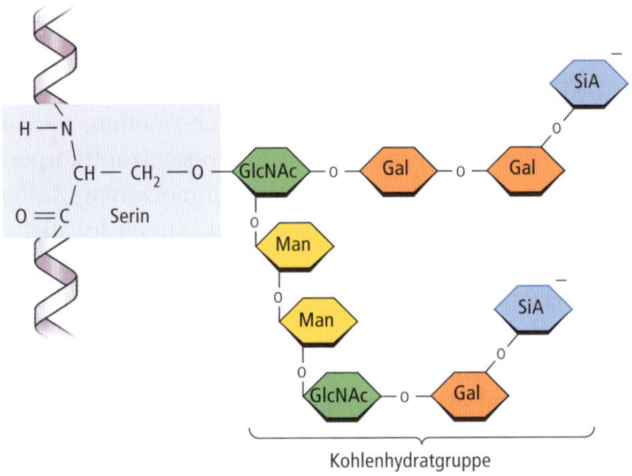

(b) die Kohlenhydratgruppe von Glykophorin

Abbildung 7.26: Beispiele für Kohlenhydrate in Glykoproteinen. (a) Die vier häufigsten in Glykoproteinen enthaltenen Kohlenhydrate sind Galactose (Gal), Mannose (Man), N-Acetylglucosamin (GlcNAc) und Sialinsäure (SiA). (b) Zum Beispiel sind 15 der 16 Kohlenhydratketten von Glykophorin mit der Aminosäure Serin im hydrophilen Teil des Proteins auf der äußeren Seite der Erythrocytenplasmamembran verknüpft. Jede dieser Kohlenhydratseitenketten besteht aus drei Einheiten Gal und jeweils zwei Einheiten GlcNAc, Man und SiA. Die beiden terminalen Sialinsäuregruppen sind negativ geladen.

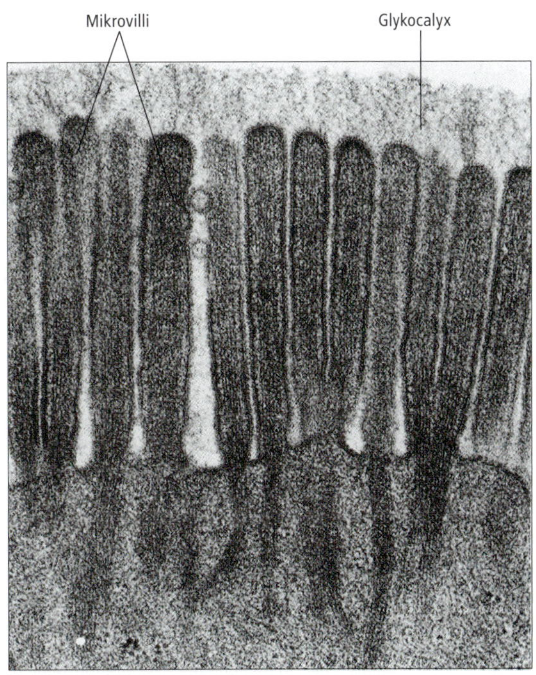

Abbildung 7.27: Die Glykocalyx einer Epithelzelle des Darms. In dieser elektronenmikroskopischen Aufnahme einer Epithelzelle des Darms einer Katze sind die Mikrovilli (fingerähnliche, an der Adsorption mitwirkende Ausstülpungen) und die Glykocalyx auf der Zelloberfläche zu erkennen. Die Glykocalyx dieser Zelle ist ungefähr 150 nm dick und in erster Linie aus Oligosaccharidketten aufgebaut, die einen Durchmesser von circa 1,2 – 1,5 nm haben (TEM).

7.4.9 Membranproteine unterscheiden sich in ihrer Beweglichkeit

Zuvor haben wir in diesem Kapitel festgestellt, dass die Lipidmoleküle innerhalb der Membranebene (siehe *Abbildung 7.11*) lateral diffundieren können. Nun können wir uns eben diese Frage im Hinblick auf Membranproteine stellen: Können sie sich frei innerhalb der Membran bewegen? Tatsächlich verfügen Membranproteine über ein wesentlich größeres Spektrum an Bewegungsmöglichkeiten als Lipide. Es hat den Anschein, dass sich die Proteine prinzipiell innerhalb der Lipiddoppelschicht frei bewegen können. Manche wiederum sind in ihrer Bewegungsfreiheit eingeschränkt, was oftmals daran liegt, dass sie in Proteinkomplexen verankert sind, die an der einen oder der anderen Seite der Membran fixiert sind.

Der experimentelle Nachweis der Proteinbewegung

Einen besonders überzeugender Beweis für die Motilität zumindest einiger Membranproteine verdanken wir *Zellfusionsexperimenten*, wie sie zusammenfassend in der ▸*Abbildung 7.28* dargestellt werden. Bei ihren Untersuchungen haben David Frye und Michael Edidin mit zwei sehr effektiven Techniken gearbeitet, von denen sie die eine für die Fusion von Zellen zweier verschiedener Spezies (Mensch und Maus) nutzten und die andere zur Markierung spezifischer Proteine an der Zelloberfläche mit Antikörpern, die Fluoreszenzfarbstoffmoleküle enthielten. *Antikörper* sind Immunsystemproteine, die spezifische molekulare Antigene wie Zelloberflächenproteine erkennen und binden.

Frye und Edidin präparierten zwei **Fluoreszenzantikörper**, wobei jeder mit einem anderen Farbstoff verknüpft wurde, sodass man die menschlichen Proteine und die Mäuseproteine unterscheiden konnte. Die Anti-Maus-Antikörper wurden an einen grünen Fluoreszenzfarbstoff gebunden, das sogenannte *Fluorescein*, während die Anti-Mensch-Antikörper an einen roten Fluoreszenzfarbstoff gebunden wurden, das *Rhodamin*. Somit waren die Mäusezellen unter dem Fluoreszenzmikroskop grün und die menschlichen Zellen rot erkennbar, da jeder Antikörper seine spezifischen Proteinantigene auf den Zelloberflächen erkannte und an sie band (*Abbildung 7.28*).

Frye und Edidin verschmolzen mittels des Sendaivirus Mäusezellen und menschliche Zellen, setzten diese den roten und grünen Fluoreszenzantikörpern aus und betrachteten die verschmolzenen Zellen unter dem Fluoreszenzmikroskop. Zuerst lokalisierten sie die grünen Fluoreszenzmembranproteine der Mauszelle auf einer Hälfte der Hybridzelloberfläche, und die roten Fluoreszenzmembranproteine, die von der menschlichen Zelle stammten, befanden sich ausschließlich auf der anderen Hälfte (siehe *Abbildung 7.28*). Innerhalb von wenigen Minuten begannen sich die Proteine der beiden Elternzellen zu vermischen. Nach 40 Minuten waren die zuvor getrennten Regionen grüner und roter Fluoreszenz vollständig miteinander vermischt.

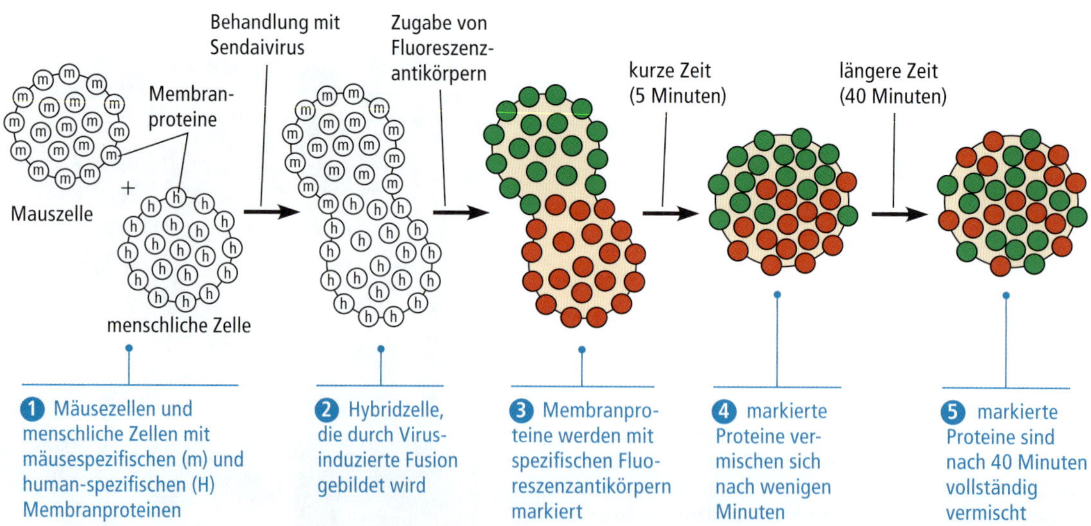

Abbildung 7.28: Darstellung der Motilität von Membranproteinen durch Zellfusion. Man kann die Motilität von Membranproteinen experimentell nachweisen, indem man Membranproteine vermischt, wobei es sich um die Verschmelzung der Zellen von zwei verschiedenen Spezies handelt (Mensch und Maus) und die Membranproteine mit spezifischen Fluoreszenzantikörpern markiert werden.

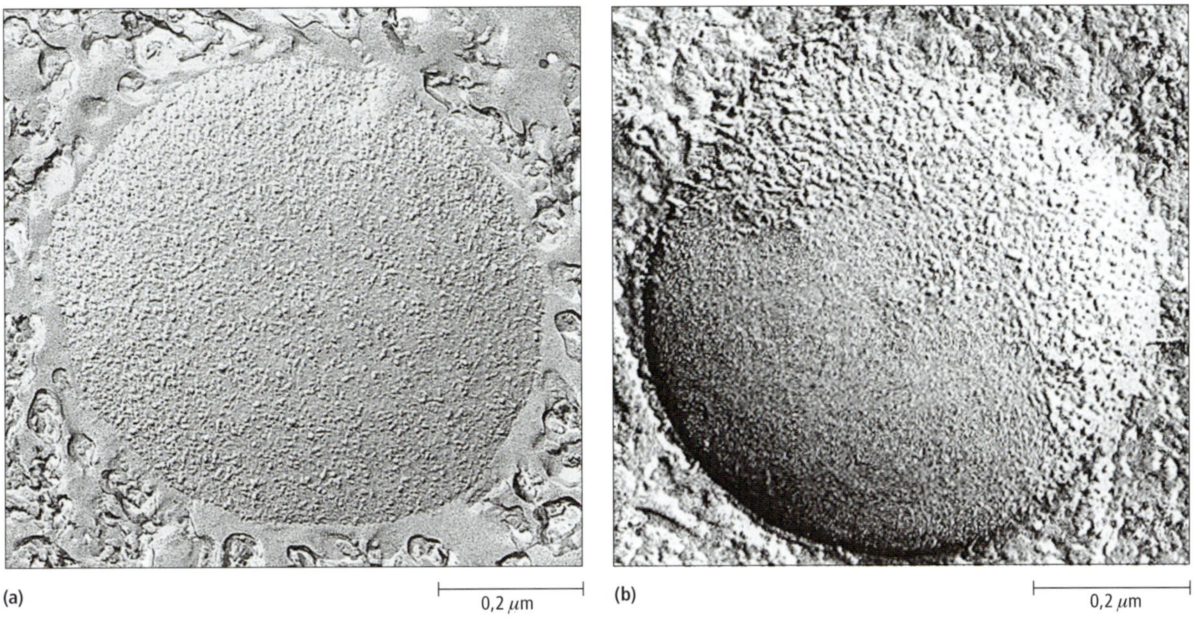

Abbildung 7.29: Nachweis der Motilität von Membranproteinen. (a) Mikroskopische Aufnahme eines Gefrierbruchs, auf der die zufällige Verteilung von Proteinpartikeln in Vesikeln erkennbar ist, die aus der inneren mitochondrialen Membran präpariert wurden. (b) Die Vesikel werden einem elektrischen Feld ausgesetzt, woraufhin die Membranpartikel auf eine Seite des Vesikels wandern (oben rechts in der mikroskopischen Aufnahme). Wenn die Membranpartikel nicht beweglich wären, könnte diese Bewegung der Proteine auf eine Seite des Vesikels nicht stattfinden.

Wenn man die Fluidität der Membran durch Absenken der Temperatur unter die Transitionstemperatur der Lipiddoppelschicht minderte, konnte man diese Vermischung verhindern. Frye und Edidin folgerten daher, dass die Vermischung der Fluoreszenzproteine auf laterale Diffusion der menschlichen Proteine und der Mäuseproteine in der flüssigen Lipiddoppelschicht der Plasmamembran zurückging. Im Vergleich zu den meisten Membranlipiden diffundieren Membranproteine allerdings aufgrund ihrer Größe langsamer in der Lipiddoppelschicht.

Wenn Proteine völlig ungehindert innerhalb der Membranebene diffundieren können, dann sollten sie schließlich ganz zufällig verteilt vorliegen. Diese Idee, dass zumindest einige Membranproteine dazu befähigt sind, wurde durch die Gefrierbruchmikroskopie untermauert, die Proteine sichtbar macht, die direkt in die Lipiddoppelschicht eingebettet sind. Bei der Untersuchung von Plasmamembranen mit Hilfe der Gefrierbruchmikroskopie neigen deren eingebettete Proteinpartikel oftmals zur zufälligen Verteilung. Dieser Nachweis der Proteinmotilität beschränkt sich nicht nur auf die Plasmamembran. Der Nachweis wurde zum Beispiel auch für Proteinpartikel der inneren mitochondrialen Membranen erbracht, die zufällig angeordnet sind (▸*Abbildung 7.29a*). Wenn man isolierte mitochondriale Membranvesikel einem elektrischen Feld aussetzt, bewegen sich alle Proteinpartikel, die eine negative Ladung tragen, auf eine Seite des Vesikels (▸*Abbildung 7.29b*). Hebt man die elektrische Ladung auf, verteilen sich die Partikel wieder nach dem Zufallsprinzip, was darauf schließen lässt, dass diese Proteine sich frei innerhalb der Lipiddoppelschicht bewegen können.

Experimenteller Nachweis der eingeschränkten Motilität Obwohl viele Typen von Membranproteinen lateral durch die Lipiddoppelschicht diffundieren, so schwanken ihre Geschwindigkeiten. Eine sehr häufig genutzte Vorgehensweise zur Quantifizierung der Geschwindigkeiten, mit denen Membranproteine diffundieren, ist die Erholung der Fluoreszenz nach Bleichung durch Belichtung (FRAP), eine Technik, die wir bereits im Kontext der Lipidmotilität dargestellt haben (siehe *Abbildung 7.11*). Die Geschwindigkeit, mit der nicht gebleichte Moleküle benachbarter Membranteile in gebleichte Areale zurückkehren, kann zur Berechnung der Diffusionsgeschwindigkeiten verschiedener Arten fluoreszierender Lipid- oder Proteinmoleküle herangezogen werden.

Die Membranproteine sind wesentlich variabler im Hinblick auf die Diffusionsgeschwindigkeiten als Lipide. Einige wenige Membranproteine diffundieren fast so schnell wie Lipide, aber die meisten diffundieren langsamer als man es erwarten würde, wenn sie sich innerhalb der Lipiddoppelschicht lateral vollkommen frei bewegen könnten. Außerdem ist die Diffusion vieler Membranproteine auf ein begrenztes Areal der Membran konzentriert, was darauf hinweist, dass zumindest einige Membranen aus einer Reihe spezieller *Membrandomänen* aufgebaut sind, die sich im Hinblick auf ihre Proteinzusammensetzungen und somit in ihren Funktionen unterscheiden. Zum Beispiel besitzen die Zellen, die Ihren Darm auskleiden, Membranproteine, die gelöste Stoffe wie Zucker und Aminosäuren aus dem Darm heraus in Ihren Körper transportieren. Diese Transportproteine sind nur auf der Seite der Zelle lokalisiert, auf der der entsprechende Transport erforderlich ist.

Mechanismen zur Einschränkung der Proteinmotilität Mehrere verschiedene Mechanismen bedingen die eingeschränkte Proteinmotilität und sorgen damit für eine funktionelle Polarität der Plasmamembranen. In einigen Fällen aggregieren die Membranproteine innerhalb der Membran und bilden große Komplexe, die sich nur langsam, wenn überhaupt, bewegen. In anderen Fällen bilden die Membranproteine Strukturen, die als Barriere die Diffusion anderer Proteine verhindern, wodurch effektive spezifische Membrandomänen entstehen. Ein Beispiel dafür sind die *Tight Junctions*, auf die wir in *Kapitel 17* eingehen werden. Die häufigste Einschränkung der Motilität der Membranproteine geht auf die Bindung oder Verankerung dieser Proteine in Strukturen zurück, die an die eine oder die andere Membranseite angrenzen. So sind beispielsweise viele Proteine der Plasmamembran entweder an Elementen des Cytoskeletts an der inneren Membranoberfläche oder an extrazellulären Strukturen wie der extrazellulären Matrix tierischer Zellen verankert. In *Kapitel 17* werden wir diesen beiden Mechanismen der Verankerung wieder begegnen.

ZUSAMMENFASSUNG DER WICHTIGSTEN INHALTE

Die Funktion von Membranen

- Zellen besitzen eine Vielzahl von Membranen, die die Grenzen der Zelle sowie die der inneren Kompartimente bilden. Alle biologischen Membranen beruhen auf der gleichen Grundstruktur, einer flüssigen Phospholipiddoppelschicht, die ein Mosaik eingebetteter Proteine enthält.
- Zwar schaffen die Lipidkomponenten der Membranen eine Permeabilitätsbarriere, doch gibt es spezifische Transportproteine in der Membran, die den Transport von Substanzen in die Zellen und Organellen hinein und aus ihnen heraus regulieren.
- Membranen dienen als Orte für spezifische Proteine und bedienen damit eine Vielzahl von Funktionen. Sie können externe Signale aufnehmen und weiterleiten, Kontakt und Adhäsion zwischen benachbarten Zellen herstellen oder an der Zell-Zell-Kommunikation teilnehmen. Sie unterstützen zudem den Aufbau externer Strukturen wie der Zellwand und der extrazellulären Matrix.

Modelle der Membranstruktur: Eine experimentelle Herangehensweise

- Unsere heutige Kenntnis der Membranstruktur ist das Ergebnis von mehr als einem Jahrhundert wissenschaftlicher Arbeit, die mit der Erkenntnis begann, dass Lipide wichtige Membrankomponenten sind.
- Früher betrachtete man Proteine als wichtige Bausteine – Davson und Danielli entwickelten ihr „Sandwichmodell" einer Lipiddoppelschicht, die beidseitig von Proteinschichten umgeben war. Als man Membranen und Membranproteine eingehender untersuchte, wurde dieses Modell jedoch verworfen.
- An die Stelle des Sandwichmodells stellten Singer und Nicolson das Flüssig-Mosaik-Modell, die heutzutage allgemein anerkannte Darstellung der Membranstruktur. Gemäß diesem Modell schwimmen Proteine verschiedener Affinitäten für das hydro-

phobe Membraninnere in und auf der flüssigen Lipiddoppelschicht.

- Heute wissen wir, dass Lipide und Proteine nicht zufällig in der Membran verteilt vorliegen, sondern sehr häufig in Mikrodomänen als Lipidflöße vorkommen, die an der zellulären Signalübertragung und anderen Wechselwirkungen mitarbeiten.

Membranlipide: Der „flüssige" Teil des Modells

- Zu den wichtigsten Lipiden in den meisten Membranen gehören zahlreiche Typen von Phospholipiden und Glykolipiden. Der Anteil eines Lipidtyps kann in Abhängigkeit von der jeweiligen Membran oder Monoschicht erheblich schwanken.

- Bei den eukaryotischen Zellen sind die Sterole wichtige Membranbestandteile, dazu zählen Cholesterin bei tierischen Zellen und Phytosterole bei pflanzlichen Zellen. Die Membranen der meisten Prokaryoten enthalten keine Sterole, aber einige Bakterienspezies enthalten ähnliche Bausteine, die sogenannten Hopanoide.

- Die richtige Fluidität der Membran ist für ihre Funktion von ausschlaggebender Bedeutung. Oftmals sind die Zellen befähigt, die Fluidität ihrer Membranen zu verändern, indem sie die Länge der Fettsäureketten der Membranlipide und den Sättigungsgrad ändern oder Cholesterin oder andere Sterole einfügen.

- Langkettige Fettsäuren können dicht gepackt werden und senken die Fluidität. Nicht gesättigte Fettsäuren enthalten *cis*-Doppelbindungen, die ein dichtes Packen verhindern und so die Fluidität erhöhen.

- Die meisten Membranphospholipide und Proteine können sich lateral frei in der Membranebene bewegen, es sei denn, sie sind spezifisch mit Strukturen auf der inneren oder äußeren Membranoberfläche verankert. Die transversale Diffusion oder „Flipflop"-Diffusion zwischen Monoschichten ist mit Ausnahme von Phospholipiden, die von Enzymen katalysiert werden, den sogenannten Phospholipidtranslokatoren oder Flippasen, im Allgemeinen nicht möglich.

- Daraus resultiert, dass sich die meisten Membranen durch asymmetrische Verteilung von Lipiden zwischen den beiden Monoschichten sowie einer asymmetrischen Ausrichtung von Proteinen innerhalb der Membranen kennzeichnen lassen, sodass sich die beiden Monolayer der Membran strukturell und funktionell unterscheiden.

Membranproteine: Der „Mosaikteil" des Modells

- Proteine sind die wichtigsten Bausteine aller zellulären Membranen. Membranproteine werden als integrale, periphere oder lipidverankerte Membranproteine klassifiziert, ausgehend von ihrer Assoziation mit der Lipiddoppelschicht.

- Integrale Membranproteine haben ein oder mehrere kurze Segmente hauptsächlich hydrophober Aminosäuren, die das Protein in der Membran verankern. Die meisten dieser Transmembransegmente sind α-helikale Sequenzen von ungefähr 20 bis 30 zumeist hydrophoben Aminosäuren.

- Periphere Membranproteine sind hydrophil und bleiben auf der Membranoberfläche. Sie sind typischerweise über Ionenbindung oder Wasserstoffbrückenbindung an die polaren Kopfgruppen von Phospholipiden geknüpft.

- Lipidverankerte Proteine sind auch hydrophil, aber sie sind durch einen der vielen Lipidanker, die in die Lipiddoppelschicht eingebettet sind, kovalent gebunden.

- Membranproteine haben eine Vielzahl von Funktionen als Enzyme, Elektronenüberträger, Transportmoleküle und Rezeptoren für chemische Signale wie Neurotransmitter und Hormone. Membranproteine stabilisieren und formen zudem die Membran und vermitteln intrazelluläre Kommunikation und Zell-Zell-Adhäsion.

- Viele Proteine in der Plasmamembran sind Glykoproteine, deren Kohlenhydratseitenketten aus der Außenseite der Membran herausragen, wo sie als Erkennungsmarker auf der Zelloberfläche eine wichtige Funktion übernehmen.

- Dank der neuesten Fortschritte wie SDS-PAGE, der molekularbiologischen Röntgenkristallographie, der Affinitätsmarkierung und dem Einsatz spezifischer Antikörper gewinnen wir viele neue Erkenntnisse über Struktur und Funktion von Membranproteinen, deren Untersuchung sich früher schwierig gestaltete.

ZUSAMMENHÄNGE HERSTELLEN

Mittlerweile sollten Sie die molekularen Grundlagen der Membranstruktur sowie der experimentellen Befunde verstanden haben, die zu unserer heutigen Sichtweise der Membranstruktur geführt haben. Sie sind außerdem mit den vielen verschiedenen Typen von Lipiden und Proteinen vertraut, aus denen diese Membranen aufgebaut sind, und damit, wie sie zu den Funktionen spezifischer Membranen einen Beitrag leisten. Im nächsten Kapitel werden Sie Ihr Wissen über Struktur und Funktion der Membran anwenden, wenn wir im Detail auf die Mechanismen eingehen, mit denen Zellen Moleküle durch ihre Membranen transportieren. In den *Kapiteln 10* und *11* werden Sie erfahren, wie durch den Transport von H^+-Ionen durch Membranen ein elektrochemischer Gradient aufgebaut wird, der für die ATP-Synthese von entscheidender Bedeutung ist, sowohl für die aerobe Atmung im Mitochondrium als auch für die Photosynthese im Chloroplasten. Anschließend werden wir in *Kapitel 12* untersuchen, wie Lipide und Proteine auf bestimmte Membranen in Zellen ausgerichtet und in diese eingebaut werden und wie sie prozessiert und zu ihren endgültigen Bestimmungsorten geleitet werden, sei dies ein bestimmtes Organell, die Plasmamembran oder außerhalb der Zelle als Sekretionsprodukt. Wir müssen uns auf unser Verständnis von Membranen verlassen können, wenn wir in den *Kapiteln 13* und *14* elektrische und chemische Signale untersuchen, denn in diesen Kapiteln erfahren Sie von der entscheidenden Bedeutung von Ionenkanälen für die Übertragung von Nervenimpulsen, von Rezeptorproteinen, die an der Hormonsignalisierung mitwirken und von Zellantworten auf Wachstumsfaktoren und andere Signalmoleküle. Im Laufe unserer Untersuchungen der Zellmotilität, des Cytoskeletts und der Zell-Zell-Erkennung sowie der Adhäsion in den nun folgenden Kapiteln werden Sie in erheblichem Maß von Ihren in diesem Kapitel erworbenen Kenntnissen über Membranen abhängig sein. Wenn wir dieses Lehrbuch mit einer genauen Betrachtung des Zellkerns, der Zellteilung und der Krebszellen abschließen, werden Sie die wichtige Rolle der Membranen zu schätzen wissen. Sie werden erfahren, wie Defekte in der Zellsignalisierung und Adhäsion zu Krebserkrankungen führen und Sie werden sehen, dass wir aufgrund unserer Kenntnis der Membranproteine spezifische Typen von Krebszellen identifizieren und vielleicht zerstören können.

ÜBUNGSAUFGABEN

Schwierigere Aufgaben sind mit einem • gekennzeichnet.

7-1 Funktionen von Membranen. Geben Sie für jede der folgenden Aussagen an, welche der fünf allgemeinen Membranfunktionen (Permeabilitätsbarriere, Lokalisierung der Funktion, Regulation des Transports, Wahrnehmung von Signalen oder interzelluläre Kommunikation) jeweils beschrieben wird.

A Wenn alle Zellen zerstört und in subzelluläre Fragmente fraktioniert werden, kann man das Enzym Cytochrom P-450 in der Fraktion des endoplasmatischen Reticulums auffinden.

B Auf der äußeren Zelloberfläche tragen die Zellen vielzelliger Organismen spezifische Glykoproteine, die für die Zell-Zell-Adhäsion verantwortlich sind.

C Das Innere der Membran setzt sich hauptsächlich aus den hydrophoben Teilen von Phospholipiden und amphipathischen Proteinen zusammen.

D Die Photosysteme I und II sind in die Thylakoidmembranen der Chloroplasten eingebettet.

E Die Saure Phosphatase kommt in Säugetierzellen ausschließlich in den Lysosomen vor.

F Die Membran einer Pflanzenwurzelzelle besitzt eine Ionenpumpe, die Phosphat von innen gegen Bicarbonat von außen austauscht.

G Die innere mitochondriale Membran enthält ein ATP-ADP-Transportprotein, das die Bewegung von ATP nach außen an die Bewegung von ADP nach innen koppelt.

H Insulin dringt nicht in eine Zielzelle ein, sondern bindet stattdessen an einen spezifischen Membranrezeptor auf der äußeren Oberfläche der Membran, wodurch das Enzym Adenylylcyclase an der inneren Membranoberfläche aktiviert wird.

I Häufig tauschen benachbarte Pflanzenzellen durch mit Membran ausgekleidete Kanäle, die sogenannten Plasmodesmata, cytoplasmatische Komponenten aus.

7-2 Aufklärung der Membranstruktur. Jede der nachfolgenden Beobachtungen spielte bei der Erweiterung unseres Verständnisses der Membranstruktur eine wichtige Rolle. Erklären Sie die Bedeutung jeder Beobachtung und geben Sie an, in welcher Dekade der in *Abbildung 7.3* dargestellten Chronographie die Beobachtung höchstwahrscheinlich anzusiedeln ist.

A Betrachtet man eine Membran unter dem Elektronenmikroskop, dann haben beide dünnen elektronendichten Linien einen Durchmesser von ungefähr 2 nm, aber sie unterscheiden sich in ihrem Aussehen oft deutlich voneinander.

B Ethylharnstoff dringt wesentlich schneller in eine Membran ein als Harnstoff und Diethylharnstoff dringt noch schneller in eine Membran ein.

C Das Zufügen von Phospholipase in lebende Zellen führt zu einem schnellen Abbau der Lipiddoppelschichten der Membranen, was darauf hindeutet, dass das Enzym Zugang zu Membranphospholipiden hat.

D Wenn man künstliche Lipiddoppelschichten mit der Gefrierbruchtechnik untersucht, kann man auf keiner Seite Partikel erkennen.

E Der elektrische Widerstand künstlicher Lipiddoppelschichten ist um mehrere Größenordnungen höher als der Widerstand echter Membranen.

F Einige Membranproteine können leicht mit 1 *M* NaCl extrahiert werden, während man für andere Membranproteine ein organisches Lösungsmittel oder ein Detergens benötigt.

G Wenn man Halobakterien in der Abwesenheit von Sauerstoff züchtet, bilden sie ein purpurfarbenes, in ihre Plasmamembran eingebettetes Pigment, das Protonen nach außen pumpen kann, wenn sie belichtet werden. Isoliert man die purpurfarbenen Membranen und untersucht sie mit der Gefrierbruchtechnik unter dem Elektronenmikroskop, dann stellt man fest, dass sie Areale kristalliner Partikel enthalten.

7-3 Wieder falsch. Korrigieren Sie jede der nachfolgend aufgeführten Aussagen so, dass sie richtig sind und begründen Sie Ihre Entscheidung:

A Da Membranen ein hydrophobes Inneres besitzen, können polare und geladene Moleküle die Membran nicht passieren.

B Proteine übertragen im Allgemeinen Signale von der Außenseite der Zelle in das Cytoplasma, indem sie durch den „Flipflop"-Mechanismus von dem äußeren Membranmonolayer auf den inneren Monolayer transportiert werden.

C O-verknüpfte und N-verknüpfte Glykoproteine entstehen, wenn Zuckerketten an die Sauerstoff- und Stickstoffatome der Peptidbindungen in Proteinen geknüpft werden.

D Die dreidimensionale Struktur eines Proteins kann nur bestimmt werden, wenn man das Protein aus Zellen in reiner Form isolieren kann.

E Sie erwarten, dass Membranproteine tropischer Pflanzen wie der Palme oder der Kokosnuss kurzkettige Fettsäuren mit mehreren Kohlenstoff-Doppelbindungen haben.

7-4 Ein Wiedersehen mit Gorter und Grendel. Gorter und Grendels klassische Schlussfolgerung, dass die Plasmamembran des menschlichen Erythrocyten aus einer Lipiddoppelschicht besteht, beruhte auf folgenden Beobachtungen:

(i) Die Lipide, die man mit Aceton aus $4{,}74 \times 10^9$ Erythrocyten extrahierte, bildeten, wenn man sie auf einer Wasseroberfläche auftrug, eine Monoschicht von $0{,}89\ m^2$ und (ii) Die Oberfläche eines Erythrocyten betrug gemäß ihrer Messungen ungefähr $100\ \mu m^2$.

A Zeigen Sie ausgehend von diesen Daten, wie Gorter und Grendel zu der Schlussfolgerung gelangten, dass die Erythrocytenmembran eine Doppelschicht ist.

B Heute wissen wir, dass die Oberfläche eines menschlichen Erythrocyten ungefähr $145\ \mu m^2$ beträgt. Erklären Sie, wie Gorter und Grendel zu dem gleichen Ergebnis gekommen sein können, wenn eines ihrer Messergebnisse nur etwa zwei Drittel des korrekten Werts entsprach.

7-5 Membranen. Stellen Sie sich vor, man entdeckt auf dem Mars einen neuen Zelltyp in einem Organismus, der in Benzol wächst, einer unpolaren Flüssigkeit. Die Zelle hat eine Lipiddoppelschicht aus Phospholipiden, aber ihre Struktur unterscheidet sich erheblich von der unserer Zellmembranen.

A Zeichnen Sie eine mögliche Struktur für diesen neuen Membrantyp. Welches könnten charakteristische Merkmale der Phospholipidkopfgruppen sein?

B Welche Eigenschaften würden Sie bei den in die Membran eingebetteten Membranproteinen erwarten?

C Wie könnten Sie diese ungewöhnlichen Membranen isolieren und sichtbar machen?

7-6 Das ist ungefähr die Größe. Aus der Chemie wissen wir, dass jede Methylengruppe ($-CH_2-$) in einem geradkettigen Kohlenwasserstoff die Kettenlänge um ungefähr 0,13 nm verlängert. Aufgrund von Untersuchungen zur Proteinstruktur ist uns bekannt, dass eine Windung der α-Helix 3,6 Aminosäurereste umfasst und die Achse der Helix um circa 0,56 nm erweitert. Nutzen Sie diese Information, um folgende Fragen zu beantworten:

A Wie lang ist ein einzelnes Molekül Palmitat (16 Kohlenstoffatome), wenn es vollkommen ausgestreckt ist? Wie sieht es bei den Molekülen von Laurat (12 C) und Arachidat (20 C) aus?

B Wie verhält sich die Dicke des hydrophoben Inneren einer typischen Membran zur Länge von zwei übereinander gelegten Palmitatmolekülen? Wie sieht es bei zwei Molekülen Laurat oder Arachidat aus?

C Wie viele Aminosäuren muss ein helikales Transmembransegment eines integralen Membranproteins ungefähr haben, wenn das Segment die durch zwei übereinander gelegte Palmitatmoleküle definierte Lipiddoppelschicht durchspannen soll?

D Das Protein Bacteriorhodopsin hat 248 Aminosäuren und sieben Transmembransegmente. Welcher Anteil der Aminosäuren ist Bestandteil der Transmembransegmente? Angenommen die meisten noch verbleibenden Aminosäuren liegen in hydrophilen Schleifen vor, die Transmembransegmente verbinden, wie viele Aminosäuren sind im Durchschnitt ungefähr in jeder dieser Schleifen enthalten?

7-7 Temperatur und Membranzusammensetzung. Welches der folgenden Ereignisse tritt wahrscheinlich *nicht* auf, wenn eine Bakterienkultur, die bei 37 °C wächst, in einen Kulturraum transferiert wird, in dem eine Temperatur von 25 °C herrscht? Erklären Sie Ihre Antwort.

A Zu Beginn sinkt die Membranfluidität.

B Die kurzkettigen Fettsäuren werden in den Membranphospholipiden schrittweise durch langkettige Fettsäuren ersetzt.

C Stearat wird in den Membranphospholipiden schrittweise durch Oleat ersetzt.

D Erhöhte Geschwindigkeit der Synthese ungesättigter Fettsäuren.

E Verstärkte Aufnahme von Cholesterin in die Membran.

7-8 Membranfluidität und Temperatur. Häufig wurden die Auswirkungen der Temperatur und der Lipidzusammensetzung auf die Membranfluidität an künstlichen Membranen untersucht, die nur eine oder wenige Arten von Lipiden und keine Proteine enthielten. Angenommen Sie und Ihre Laborkollegen müssten die folgenden künstlichen Membranen herstellen:

Membran 1: Besteht ausschließlich aus Phosphatidylcholin mit gesättigten 16-Kohlenstoff-Fettsäuren.

Membran 2: Genauso wie Membran 1, mit der Ausnahme, dass jede der 16-Kohlenstoff-Fettsäuren eine einzelne *cis*-Doppelbindung besitzt.

Membran 3: Genauso wie Membran 1, mit der Ausnahme, dass jede der gesättigten Fettsäuren nur 14 Kohlenstoffatome besitzt.

Nachdem Sie die Transitionstemperaturen von Proben jeder dieser Membranen ermittelt haben, stellen Sie fest, dass Ihr Laborkollege nicht aufgeschrieben hat, welche Membranen den Proben zuzuordnen sind. Die drei ermittelten Werte betragen −36 °C, 23 °C und 41 °C. Weisen Sie jede dieser Transitionstemperaturen der richtigen künstlichen Membran zu und erklären Sie Ihre Entscheidung.

7-9 Das kleine Bakterium, das es nicht schafft. *Acholeplasma laidlawii* ist ein kleines Bakterium, das seine eigenen Fettsäuren nicht synthetisieren kann und daher seine Plasmamembran aus den jeweils in der Umgebung vorhandenen Fettsäuren bilden muss. Daher nimmt die Membran von *Acholeplasma* die physikalischen Eigenschaften der Fettsäuren an, die gerade zur Verfügung stehen.

A Wenn Sie die Zellen von *Acholeplasma* in eine Mischung aus gesättigten und ungesättigten Fettsäuren geben, dann wachsen sie bei Raumtemperatur. Können Sie das erklären?

B Wenn Sie das Bakterium in ein Medium transferieren, das nur gesättigte Fettsäuren enthält, aber sonst keine Veränderung des Kulturmediums vornehmen, dann stellt das Bakterium kurze Zeit nach Veränderung des Mediums das Wachstum ein. Erklären Sie dies.

C Nennen Sie einen Weg, um das Bakterium aus Aufgabe (b) wieder zum Wachsen zu bringen, ohne das Medium zu verändern. Erklären Sie Ihre Vorgehensweise.

D Wenn Sie die Kultur von *Acholeplasma* über einen längeren Zeitraum unter den in Aufgabe (b) beschriebenen Bedingungen kultivieren müssten, was würde dann Ihrer Ansicht nach mit den bakteriellen Zellen geschehen? Erklären Sie Ihre Überlegung.

E Welchen Ausgang würden Sie erwarten, wenn Sie das Bakterium aus Aufgabe (a) in ein Medium transferieren müssten, das ausschließlich ungesättigte Fettsäuren enthält, die Kulturbedingungen aber unverändert bleiben. Erklären Sie Ihre Überlegung.

• **7-10 Hydropathieplots.** Ein Hydropathieplot kann dazu genutzt werden, die Struktur eines Membranproteins auf der Grundlage seiner Aminosäuresequenz und der Hydrophobizitätswerte der Aminosäuren vorherzusagen. Die Hydrophobizität wird als Standard der Veränderung der freien Energie, $\Delta G^{\circ\prime}$, für den Transfer eines bestimmten Aminosäurerestes aus einem hydrophoben Lösungsmittel in Wasser in Kilojoules/mol (kJ/mol) angegeben. Der Hydropathieindex wird durch Mittelung der Hydrophobizitätswerte für eine Reihe kurzer Segmente des Polypeptids berechnet, wobei jedes Segment um eine Aminosäure weiter vom N-Terminus entfernt liegt. Der Hydropathieindex jedes aufeinander folgenden Segments wird dann als Funktion der Position des Segments in der Aminosäuresequenz aufgetragen und der Plot wird nach Regionen mit hohem Hydropathieindex untersucht.

A Warum versuchen Wissenschaftler, die Struktur eines Membranproteins indirekt zu ermitteln, wenn man mittels der Röntgenkristallographie die Struktur direkt bestimmen könnte?

B Angenommen der Weg wäre definiert, würden Sie erwarten, dass der Hydrophobizitätsindex eines hydrophoben Restes wie Valin oder Isoleucin positiv oder negativ ist? Wie sieht es mit dem hydrophilen Rest, beispielsweise einer Asparaginsäure oder von Arginin, aus?

C Hier sind vier Aminosäuren und vier Hydrophobizitätswerte aufgelistet. Ordnen Sie die Hydrophobizitätswerte den richtigen Aminosäuren zu und erklären Sie Ihre Überlegungen.

Aminosäuren: Alanin; Arginin; Isoleucin, Serin.
Hydrophobizität (in kJ/mol): +3,1; +1,0; -1,1; -7,5.

D In der ▸*Abbildung 7.30* ist ein Hydropathieplot für ein integrales Membranprotein abgebildet. Zeichen Sie über jedes Transmembransegment entsprechend des Graphen einen waagerechten Strich. Wie lang ist ein durchschnittliches Transmembransegment? Wie gut stimmt der Wert mit dem überein, den sie in Aufgabe 7-6c berechnet haben? Wie viele Transmembransegmente besitzt Ihrer Ansicht nach das Protein? Können Sie sich denken, welches Protein dies sein könnte?

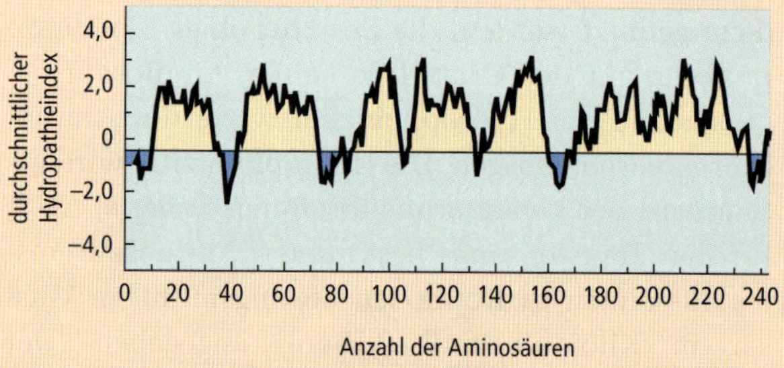

Abbildung 7.30: Hydropathieplot für ein integrales Membranprotein. Siehe Aufgabe 7.10d.

• **7-11 Innenseite oder Außenseite?** Aus der *Abbildung 7.24* wissen wir, dass freistehende Regionen von Membranproteinen durch die Lactoperoxidasereaktion (LP) mit ^{125}I markiert werden können. Ganz ähnlich können die Kohlenhydratseitenketten von Membranglykoproteinen durch Oxidation von Galactosegruppen mit Galactoseoxidase (GO) mit ^{3}H markiert werden, worauf sich eine Reduktion mit Tritium-markiertem Borhydrid ($^{3}H-BH_4$) anschließt. Erklären Sie unter Beachtung der Tatsache, dass sowohl LP als auch GO zu groß sind, um in das Innere einer Zelle einzudringen, folgende Beobachtung im Zusammenhang mit intakten Erythrocyten.

A Wenn man intakte Zellen mit LP in der Gegenwart von ^{125}I inkubiert und die Membranproteine dann extrahiert und mit SDS-PAGE-Gelen analysiert, stellt man fest, dass mehrere Banden des Gels radioaktiv sind.

B Wenn man intakte Zellen mit GO inkubiert und dann mit $^{3}H-BH_4$ reduziert, stellt man fest, dass mehrere Banden des Gels radioaktiv sind.

C Alle Proteine von Plasmamembranen, von denen bekannt ist, dass sie Kohlenhydrate enthalten, werden mit der GO/$^{3}H-BH_4$-Methode markiert.

D Keines der uns bekannten Proteine der Erythrocytenplasmamembran, das kein Kohlenhydrat enthält, wird mit der LP/^{125}I-Methode markiert.

E Wenn die Erythrocyten vor der Markierung aufgebrochen werden, werden durch das LP-Verfahren praktisch alle wichtigen Membranproteine markiert.

• **7-12 Umgestülpte Membranen** (engl.: *inside out*). Es ist technisch möglich, aus Erythrocytenmembranen geschlossene Vesikel zu präparieren, in denen die ursprüngliche Ausrichtung der Membran genau umgedreht wurde. Diese Vesikel besitzen die ursprünglich cytoplasmatische Seite der Membran nun auf der Außenseite.

A Welche Ergebnisse würden Sie erwarten, wenn diese umgestülpten Vesikel mit der in Aufgabe 7-11 beschriebenen GO/$^{3}H-BH_4$-Methode behandelt würden?

B Welche Ergebnisse würden Sie erwarten, wenn diese umgestülpten Vesikel mit der in Aufgabe 7-11 beschriebenen LP/^{125}I-Methode behandelt würden?

C Welche Schlussfolgerung würden Sie ziehen, wenn einige der nach der in Aufgabenteil (b) beschriebenen LP/^{125}I-Methode markierten Proteine zu denen gehört hätten, die markiert wurden, als intakte Zellen auf die gleiche Weise behandelt wurden wie in der Aufgabenstellung 7-11a?

D Sie wissen, dass man aus Erythrocyten-Plasmamembranen umgestülpte Vesikel präparieren kann. Können Sie ein Verfahren ersinnen, um ein Transmembranprotein mit ^{3}H auf einer Membranseite und mit ^{125}I auf der anderen Seite zu markieren?

WEITERFÜHRENDE LITERATUR

Historisch bedeutsame Literatur ist mit einem • gekennzeichnet.

Allgemeine Literatur

Horton, H. R., Moran, L. A., Scrimgeour, K. G., Perry, M. D. und Rawn, J. D. *Biochemie*, 4. Aufl. München: Pearson Verlag.

Peirce, M. J. und R. Wait, Hrsg. *Membrane Proteomics: Methods and Protocols*. New York: Humana Press/Springer Science, 2009.

Quinn, P. J. Hrsg. *Membrane Dynamics and Domains*. New York: Kluwer Academic/Plenum Publishers, 2004.

Vance, D. E. und J. E. Vance, Hrsg. *Biochemistry of Lipids, Lipoproteins, and Membranes*. 5. Aufl. New York: Elsevier Science, 2008.

Yeagle, P. L. Hrsg. *The Structure of Biological Membranes*, 2. Aufl. Boca Ratón, Florida: CRC Press LLC, 2005.

Historische Literatur

• Davson, H. und J. F. Danielli, Hrsg. *The Permeability of Natural Membranes*. Cambridge, England: Cambridge University Press, 1943.

• Deamer, D. W., A. Kleinzeller und D. M. Fambrough, Hrsg. *Membrane Permeability: 100 Years Since Ernest Overton*. San Diego: Academic Press, 1999.

• Deisenhofer, J. et al. Structure of the protein subunits in the photosynthetic reaction centre of *Rhodopseudomonas viridis* at 3 Å resolution. *Nature* 318 (1985): 618.

• Gorter, E. und F. Grendel. On biomolecular layers of lipids on the chromocyte of the blood. *J. Exp. Med.* 41 (1925): 439.

• Robertson, J. D. The ultrastructure of cell membranes and their derivatives. *Biochem. Soc. Symp.* 16 (1959): 3.

• Singer, S. J. und G. L. Nicolson. The fluid mosaic model of the structure of cell membranes. *Science* 175 (1972): 720.

• Unwin, N. und R. Henderson. The structure of proteins in biological membranes. *Sci. Amer.* 250 (February 1984): 78.

Membranstruktur und Membranfunktion

Cossins, A. R. *Temperature Adaptations of Biological Membranes*. London: Portland Press, 1994.

Hanzal-Bayer, M. F. und J. F. Hancock. Lipid rafts and membrane traffic. *FEBS Lett.* 581 (2007): 2098.

Hunte, C. und S. Richers. Lipids and membrane protein structures. *Curr. Opin. Struct. Biol.* 18 (2008): 406.

Ishitsuka, R., S. B. Sato und T. Kobayashi. Imaging lipid rafts. *J. Biochem.* (*Tokyo*) 137: (2005): 249.

Lai, Y. und R. L. Gallo. AMPed up immunity: How antimicrobial peptides have multiple roles in immune defense. *Trends Immunol.* 30 (2009): 131.

Lindner, R. und H. Y. Naim. Domains in biological membranes. *Exp. Cell. Res.* 315 (2009): 2871.

Michel, V. und M. Bakovic. Lipid rafts in health and disease. *Biol. Cell* 99 (2007): 129.

Pani, B. und B. B. Singh. Lipid rafts/caveolae as microdomains of calcium signaling. *Cell Calcium* 45 (2009): 625.

Patra, S. K. Dissecting lipid raft facilitated cell signaling pathways in cancer. *Biochim. Biophys. Acta* 1785 (2008): 182.

Veenhoff, L. M., E. H. M. L. Heuberger und B. Poolman. Quarternary structure and function of transport proteins. *Trends. Biochem. Sci.* 27 (2002): 242.

Yi. F., S. Jin und P. L. Li. Lipid raft-redox signaling platforms in plasma membrane. *Meth. Mol. Biol.* 580 (2009): 93.

Membranlipide

Dowhan, W. Molecular basis for membrane phospholipid diversity: Why are there so many lipids? *Annu. Rev. Biochem.* 66 (1997): 199.

Hawkes, D. J. und J. Mak. Lipid membrane: A novel target for viral and bacterial pathogens. *Int. Rev. Cytol.* 255 (2006): 1.

Katsaros, J. und T. Gutberlet, Hrsg. *Lipid Bilayers: Structure and Interactions*. New York: Springer-Verlag, 2000.

Li. X. A., W. V. Everson und E. J. Smart. Caveolae, lipid rafts and vascular disease. *Trends Cardiovasc. Med.* 15 (2005): 92.

Menon, A. Flippases. *Trends Cell. Biol.* 5 (1995): 355.

Ohvo-Rekila, H. B. et al. Cholesterol interactions with phospholipids in membranes. *Prog. Lipid Res.* 41 (2002): 66.

Pororsky, T. und A. K. Menon. Lipid flippases and their biological functions. *Cell. Mol. Life Sci.* 63 (2006): 2908.

Stroud, R. M. The state of lipid rafts: From model membranes to cells. *Annu. Rev. Biophys. Biomol. Struct.* 32 (2003): 257.

Zepic, H. H., P. Walde, E. L. Kostoryz, J. Code und D. M. Yourtee. Lipid vesicles for toxicological assessment of xenobiotics. *Crit. Rev. Toxicol.* 38 (2008): 1.

Zhang, S. C. und C. O. Rock. Membrane lipid homeostasis in bacteria. *Nat. Rev. Microbiol.* 6 (2008): 222.

Membranproteine

Bates, I. R., P. W. Wiseman und J. W. Hanrahan. Investigating membrane protein dynamics in living cells. *Biochem. Cell. Biol.* 84 (2006): 825.

Carpenter, E. P., K. Beis, A. D. Cameron und S. Iwata. Overcoming the challenges of membrane protein crystallography. *Curr. Opin. Struct. Biol.* 18 (2008): 581.

Elofsson, A. und G. von Heijne. Membrane protein structure: Prediction versus reality. *Annu. Rev. Biochem.* 76 (2007): 125.

Engel, A. und H. E. Gaub. Structure and mechanics of membrane proteins. *Annu. Rev. Biochem.* 77 (2008): 127.

Nyholm, T. K., S. Ozdirekcan und J. A. Killian. How protein transmembrane segments sense the lipid environment. *Biochemistry* 46 (2007): 1457.

Peirce, M. J., J. Saklatvala, A. P. Cope und R. Wait. Mapping lymphocyte plasma membrane proteins: A proteomic approach. *Methods Molec. Med.* 136 (2007): 361.

Sussman, M. R. Molecular analysis of proteins in the plant plasma membrane. *Annu. Rev. Plant Physiol. Plant Mol. Biol.* 45 (1994): 211.

Werten, P. J. L. et al. Progress in the analysis of membrane protein structure and function. *FEBS Lett.* 529 (2002): 65.

White, S. H. Membrane Proteins of Known Structure. http://blanco.biomol.uci.edu/Membrane_Proteins_xtal.html (2010; updated regularly).

Transport durch Membranen: Überwindung der Permeabilitätsbarriere

8

ÜBERBLICK

In *Kapitel 7* haben wir uns auf Struktur und Biochemie der Membranen konzentriert. Dabei haben wir festgestellt, dass die Membran aufgrund des hydrophoben Innenraums eine effektive Barriere gegen das unselektive Eindringen der meisten Moleküle und Ionen bildet, wodurch einige Substanzen in der Zelle verbleiben und andere ferngehalten werden. Bei den eukaryotischen Zellen grenzen Membranen die Organellen ab, sodass die notwendigen Moleküle und Ionen zur Ausübung spezifischer Funktionen in ihnen verbleiben.

Es genügt allerdings nicht, sich Membranen als einfache Permeabilitätsbarrieren vorzustellen. Das richtige Funktionieren einer Zelle oder eines Organells beruht vor allem auf ihrer Fähigkeit, die Permeabilitätsbarriere für spezifische Moleküle und Ionen zu überwinden, sodass diese selektiv in die Zelle hinein oder aus ihr heraus transportiert werden können. Mit anderen Worten, Membranen sind nicht einfach Schutzwälle gegen die wahllose Bewegung von Substanzen. Sie sind auch selektiv permeabel, indem sie die kontrollierte Passage spezifischer Moleküle und Ionen von einer Seite der Membran auf die andere erlauben. In diesem Kapitel werden wir uns damit beschäftigen, wie Substanzen selektiv durch Membranen geschleust werden und uns mit der Bedeutung dieser Transportvorgänge für das Funktionieren der Zelle beschäftigen.

8.1 Zellen und Transportvorgänge

Ein grundlegendes Merkmal einer jeden Zelle und eines jeden subzellulären Kompartiments ist die Fähigkeit, eine Vielzahl von Substanzen zu Konzentrationen anzureichern, die sich oftmals frappierend von den in der Umgebung vorherrschenden Bedingungen unterscheiden. Einige dieser Substanzen sind Makromoleküle – beispielsweise DNA, RNA und Proteine –, die durch Mechanismen, die wir in späteren Kapiteln kennenlernen werden, in die Zellen und Organellen hinein und aus ihnen heraus transportiert werden. In *Kapitel 12* behandeln wir schwerpunktmäßig *Endocytose* und *Exocytose*, Transportvorgänge hoher Transportleistung, bei denen Substanzen in membranumschlossenen Vesikeln in Zellen hinein und wieder aus ihnen heraus transportiert werden. In *Kapitel 22* werden wir uns mit den Mechanismen zur Ausscheidung von Proteinen aus Zellen und zum Import von Proteinen in Organellen auseinandersetzen.

So wichtig diese Themen auch sein mögen, die meisten Substanzen, die sich durch Membranen hindurchbewegen, sind keine Makromoleküle, sondern gelöste Gase, Ionen und kleine organische Moleküle – gelöste Substanzen also. Einige der am häufigsten vorkommenden Ionen, die durch Membranen transportiert werden, sind Natrium- (Na^+), Kalium- (K^+), Calcium- (Ca^{2+}), Chlorid- (Cl^-) und Wasserstoff-Ionen (H^+). Ein Großteil der transportierten kleinen organischen Moleküle sind *Metabolite* – Substrate, Zwischenprodukte und Produkte der vielen metabolischen Wege, die in Zellen oder spezifischen Organellen ablaufen. Zucker, Aminosäuren und Nucleotide sind einige häufig anzutreffende Substanzen. Diese gelösten Stoffe liegen fast immer in hohen Konzentrationen auf der Innenseite oder der Außenseite der jeweiligen Zelle oder des jeweiligen Organells vor. Es gibt nur sehr wenige zelluläre Reaktionen oder Vorgänge, die mit der notwendigen Geschwindigkeit ablaufen könnten, wenn sie von den niedrigen Konzentrationen abhängig wären, in denen essenzielle Substrate in der Umgebung der Zellen vorliegen. Es gibt auch Fälle, beispielsweise elektrische Signale im Nerven- und Muskelgewebe, in denen die kontrollierte Bewegung von Ionen durch die Membran von zentraler Bedeutung für die Funktion der Zelle ist. Des Weiteren haben viele verschriebene Medikamente intrazelluläre Angriffspunkte und müssen daher in der Lage sein, Membranen zu durchqueren, um in die Zelle zu gelangen.

Ein zentraler Aspekt der Zellfunktion ist der **Membrantransport** – die Fähigkeit, Ionen und organische Moleküle selektiv und kontrolliert durch Membranen zu schleusen. Die Bedeutung des Membrantransports wird durch die Tatsache verdeutlicht, dass ungefähr 20 % der in dem Bakterium *Escherichia coli* identifizierten Gene auf die eine oder andere Weise an Membrantransportvorgängen beteiligt sind. In der ▸*Abbildung 8.1* werden einige innerhalb von eukaryotischen Zellen ablaufende Transportvorgänge zusammenfassend dargestellt.

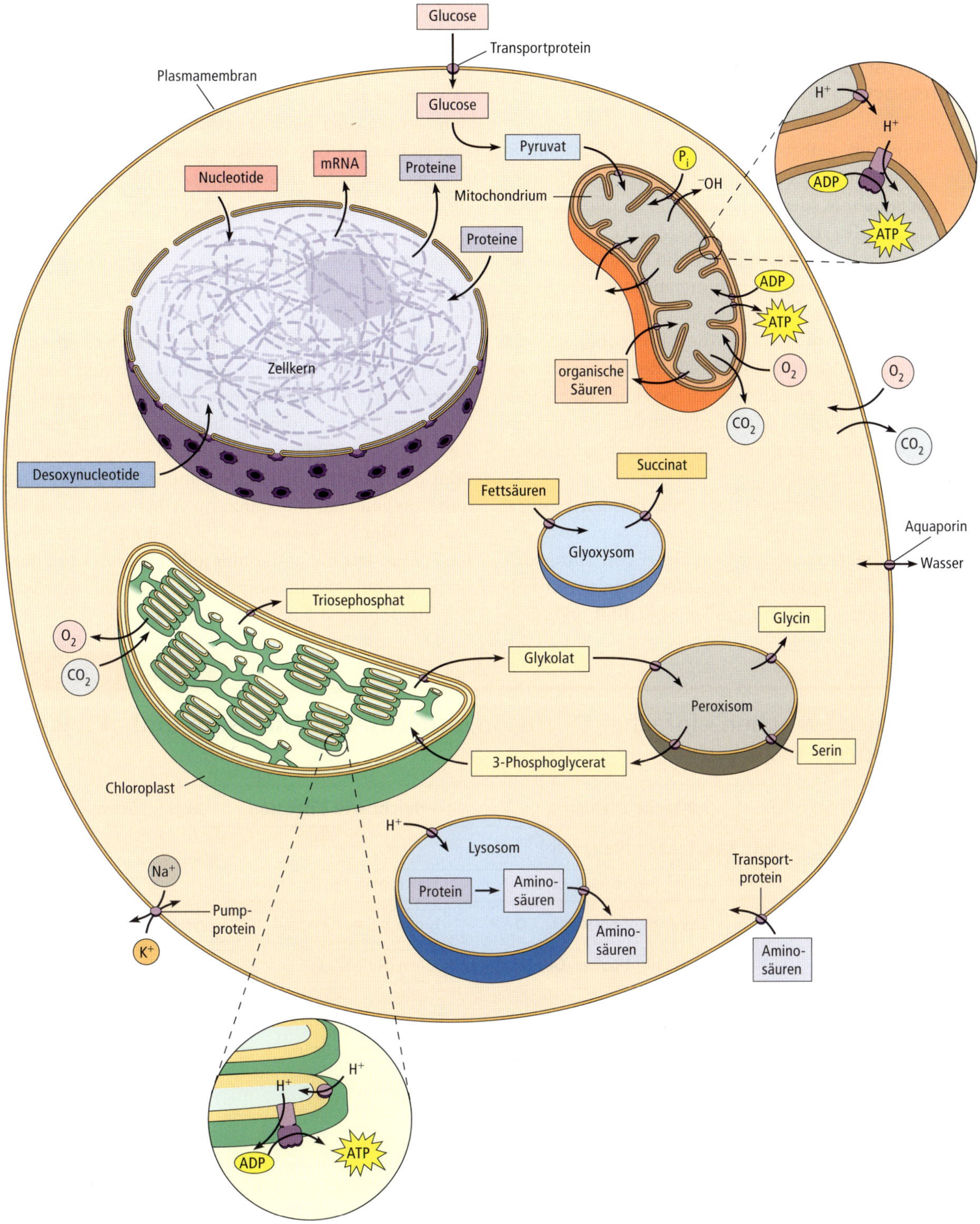

Abbildung 8.1: Transportvorgänge in einer exemplarischen eukaryotischen Zelle. Die Moleküle und Ionen, die in dieser hypothetischen pflanzlichen/tierischen Hybridzelle dargestellt werden, gehören zu den vielen Arten gelöster Substanzen, die durch die Membranen eukaryotischer Zellen transportiert werden. Beachten Sie, dass die Nucleosidtriphosphatvorläufer der DNA und der RNA durch Zellkernporenkomplexe in den Zellkern gelangen. Die Vergrößerungen stellen einen kleinen Teil eines Mitochondriums (ober rechts) und eines Chloroplasten (unten links) dar, wodurch das Pumpen von Protonen durch Membranen während des Elektronentransports und die Nutzung des daraus erzeugten elektrochemischen Potenzials veranschaulicht wird, das zum Antrieb der ATP-Synthese in diesen Organellen benötigt wird.

8.1.1 Gelöste Substanzen passieren Membranen durch einfache Diffusion, erleichterte Diffusion und aktiven Transport

Der Transport gelöster Substanzen durch Membranen erfolgt durch drei sich fundamental voneinander unterscheidende Mechanismen, wie in der ▶*Tabelle 8.1* dargestellt. Es gibt einige Molekültypen, die durch *einfache Diffusion* durch die Membran gelangen – den direkten, nichtunterstützten Transport gelöster Moleküle in die Lipiddoppelschicht hinein und in der Richtung durch die Lipiddoppelschicht hindurch, die durch die Differenz der Konzentrationen des jeweiligen Stoffes zu beiden Seiten der Membran vorgegeben wird. Es findet immer nur eine Diffusion vom Ort höherer zum Ort niedrigerer Konzentration statt.

Die meisten gelösten Substanzen können biologische Membranen jedoch nur mit angemessener Geschwindigkeit dank der Gegenwart von *Transportproteinen* durchqueren – integralen Membranproteinen, die Substanzen mit großer Spezifität erkennen und deren Transport durch die Membran bewerkstelligen. In einigen Fällen leiten Transportproteine gelöste Substanzen entlang ihres freien Energiegradienten abwärts (ein Gradient der Konzentration, der Ladung oder beides) in Richtung des thermodynamischen Gleichgewichts. Diesen Vorgang bezeichnet man als *erleichterte Diffusion* (engl.: *facilitated diffusion*) gelöster Stoffe (wird gelegentlich auch als *passiver Transport* bezeichnet), für die keine Energie aufgewendet werden muss.

In anderen Fällen vermitteln Transportproteine den *aktiven Transport* gelöster Substanzen, indem sie diese gegen ihren Freie-Energie-Gradienten transportieren, in einem Vorgang, für den Energie benötigt wird. Die treibende Kraft für den aktiven Transport ist ein Vorgang, bei dem Energie gewonnen wird, beispielsweise durch Hydrolyse von ATP oder den gleichzeitig stattfindenden Transport einer anderen gelösten Substanz, im Allgemeinen ein Ion wie H^+ oder Na^+ abwärts des Freie-Energie-Gradienten. Wenn wir nacheinander jeden dieser Transportvorgänge behandeln, empfiehlt es sich, immer wieder die *Tabelle 8.1* zu Rate zu ziehen.

Tabelle 8.1

Vergleich zwischen einfacher Diffusion, erleichterter Diffusion und aktivem Transport

Eigenschaften	einfache Diffusion	erleichterte Diffusion	aktiver Transport
transportierte, gelöste Substanzen (Beispiele)			
	kleine, polare (H_2O, Glycerin)	kleine, polare (H_2O, Glycerin)	
	kleine, nicht-polare (O_2, CO_2)	große, polare (Glucose)	große, polare (Glucose)
	große, nicht-polare (Öl, Steroide)	Ionen (Na^+, K^+, Ca^{2+})	Ionen (Na^+, K^+, Ca^{2+})
thermodynamische Eigenschaften			
relative Richtung zum elektrochemischen Gradienten	abwärts	abwärts	aufwärts
benötigte metabolische Energie	keine	keine	ja
intrinsische Direktionalität	nein	nein	ja
kinetische Eigenschaften			
benötigtes Membranprotein	nein	ja	ja
Sättigungskinetik	nein	ja	ja
kompetitive Inhibition	nein	ja	ja

8.1.2 Die Bewegung eines gelösten Stoffs durch eine Membran in Abhängigkeit vom Konzentrationsgradienten oder vom elektrochemischen Potenzial

Der Transport eines Moleküls ohne Nettoladung wird vom **Konzentrationsgradienten** des Moleküls durch die Membran bestimmt. Bei der einfachen oder erleichterten Diffusion eines Moleküls erfolgt eine exergonische Bewegung „abwärts" des Konzentrationsgradienten (negativer Wert für ΔG), während der aktive Transport mit einer endergonischen Bewegung „aufwärts" des Konzentrationsgradienten (positiver Wert von ΔG) einhergeht und eine treibende Kraft benötigt.

Andererseits wird die Bewegung eines Ions von dessen elektrochemischem Potenzial bestimmt, das sich aus der Summe oder einer Kombination der Effekte aus seinem Konzentrationsgradienten und der Ladungsverteilung in der Membran ergibt. Bei der erleichterten Diffusion eines Ions findet eine exergonische Bewegung in der Richtung statt, die vom elektrochemischen Potenzial bestimmt wird. Im Gegensatz dazu erfolgt der aktive Transport eines Ions über eine endergonische Bewegung gegen das elektrochemische Potenzial des Ions.

Durch den aktiven Transport von Ionen durch eine Membran wird über der Membran der meisten Zellen eine Ladungsverteilung oder ein **Membranpotenzial (V_m)** aufgebaut. Die meisten Zellen haben ein negatives V_m, was vereinbarungsgemäß bedeutet, dass innerhalb der Zelle ein Überschuss an negativ geladenen gelösten Substanzen vorliegt. Beispielsweise hat eine ruhende Nervenzelle ein V_m von ungefähr −60 mV. Diese Ladungsdifferenz begünstigt den Einwärtstransport von Kationen wie Na^+ und den Auswärtstransport von Anionen wie Cl^-. Das Membranpotenzial stellt sich außerdem dem Auswärtstransport von Kationen und dem Einwärtstransport von Anionen entgegen. In *Kapitel 13* werden wir genauer auf die Rolle des Membranpotenzials bei der Funktion von Neuronen eingehen.

Bei allen Organismen führt der aktive Transport von Ionen durch die Plasmamembran zur asymmetrischen Verteilung von Ionen innerhalb und außerhalb der Zellen, wodurch für viele Ionen ein elektrochemischer Gradient aufgebaut wird. So sind zum Beispiel die Konzentrationen von Na^+ und Cl^- im menschlichen Skelettmuskel außerhalb der Zelle um das Zehnfache höher als innerhalb der Zelle, während die Konzentration von K^+ innerhalb der Zelle ungefähr 40 Mal höher ist.

8.1.3 Transportmechanismen am Beispiel der Plasmamembran des Erythrocyten

Im Rahmen unserer Diskussion der Membrantransportvorgänge werden wir mit Beispielen von Transportproteinen des Erythrocyten arbeiten. Diese Abläufe gehören zu den am besten untersuchten und am besten verstandenen im Zusammenhang mit zellulären Transportproteinen. Von entscheidender Bedeutung für die Rolle des Erythrocyten, die Zellen des Körpers mit Sauerstoff zu versorgen, ist der Transport von O_2, CO_2, Hydrogencarbonat-Ionen (HCO_3^-) sowie Glucose, der wichtigsten Energiequelle der Zelle, durch seine Plasmamembran. Außerdem ist es sehr wichtig, dass das Membranpotenzial durch aktiven Transport von Kaliumionen nach innen und Natriumionen nach außen aufrechterhalten wird. Des Weiteren ermöglichen besondere Poren oder Kanäle das Hinein- und Herausströmen von Wasser und Ionen als Reaktion auf die Bedürfnisse der Zelle. Diese Transportaktivitäten werden in der ▸*Abbildung 8.2* zusammenfassend dargestellt und in der folgenden Diskussion werden wir sie als Beispiele verwenden.

8.2 Die einfache Diffusion: Die einfache Bewegung entlang eines Gradienten

Der geradlinigste Weg für einen gelösten Stoff, von einer Seite der Membran auf die andere zu gelangen, ist die **einfache Diffusion**, worunter man die nicht unterstützte Nettobewegung eines gelösten Stoffs von einer Region mit höherer Konzentration zu einer Region mit niedrigerer Konzentration versteht (▸*Abbildung 8.2*a). Aufgrund des hydrophoben Inneren der Membranen ist die einfache Diffusion typischerweise die Haupttransportform von Gasen, nicht-polaren Molekülen oder kleinen polaren Molekülen wie Wasser, Glycerin oder Ethanol.

(a) Einfache Diffusion. Sauerstoff, Kohlendioxid und Wasser diffundieren direkt in Abhängigkeit ihrer relativen Konzentrationen innerhalb und außerhalb der Zelle.

(b) Erleichterte Diffusion, die durch Transportproteine vermittelt wird. Der Transport von Glucose durch die Plasmamembran wird von einem spezifischen Glucosetransporter mit der Bezeichnung GLUT 1 vermittelt. Ein Anionenantiporter bewerkstelligt den entgegengesetzten Transport von Chlorid (Cl^-) und Bicarbonat (HCO_3^-).

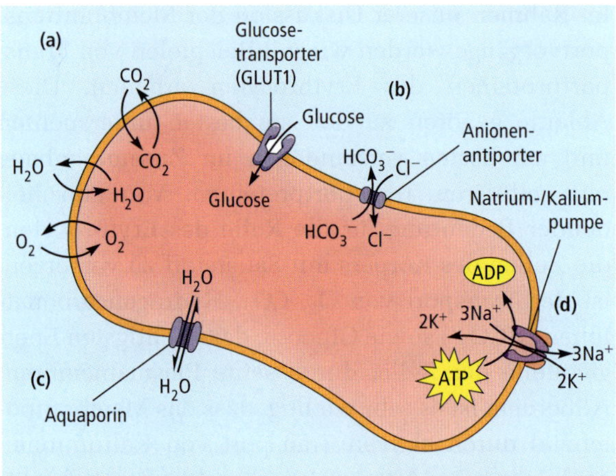

(c) Erleichterte Diffusion, die durch Kanalproteine vermittelt wird. Aquaporine können den schnellen Einwärts- oder Auswärtstransport von Wassermolekülen bewerkstelligen.

(d) Aktiver Transport. Die durch die Hydrolyse von ATP angetriebene Na^+/K^+ Pumpe pumpt für jeweils zwei einwärts transportierte Kaliumionen drei Natriumionen auswärts, wodurch für beide Ionen über der Plasmamembran ein elektrochemisches Potenzial aufgebaut wird.

Abbildung 8.2: Wichtige Transportvorgänge des Erythrocyten. Hier sind mehrere Typen von Transportvorgängen dargestellt, die von lebenswichtiger Bedeutung für die Funktion des Erythrocyten sind.

Sauerstoff ist ein Gas, das leicht durch die hydrophobe Lipiddoppelschicht gelangt und sich daher mittels einfacher Diffusion durch die Membranen bewegt. Dank dieses Verhaltens können die Erythrocyten des Blutkreislaufs Sauerstoff in der Lunge aufnehmen und im Körpergewebe abgeben. In den Kapillaren des Körpergewebes, in denen Sauerstoff in niedriger Konzentration vorliegt, wird Sauerstoff vom Hämoglobin freigesetzt und diffundiert passiv vom Cytoplasma des Erythrocyten in das Blutplasma und von dort in die Zellen, die die Kapillaren auskleiden (▶*Abbildung 8.3*a).

(a) In den Kapillaren des Körpergewebes ($[O_2]$ niedrig und $[CO_2]$ hoch im Verhältnis zu den Erythrocyten), O_2 wird in den Erythrocyten vom Hämoglobin freigesetzt und diffundiert nach außen, um den Bedarf des Gewebes zu decken. CO_2 diffundiert einwärts und wird im Cytosol von der Carboanhydrase zu Bicarbonat umgewandelt. Bicarbonationen werden vom Anionenantiporter auswärts transportiert, wobei dieser Vorgang zugleich mit dem Einwärtstransport von Chloridionen abläuft, um das Ladungsgleichgewicht aufrechtzuhalten. Daher kehrt das Kohlendioxid in Form von Bicarbonat zu den Lungen zurück.

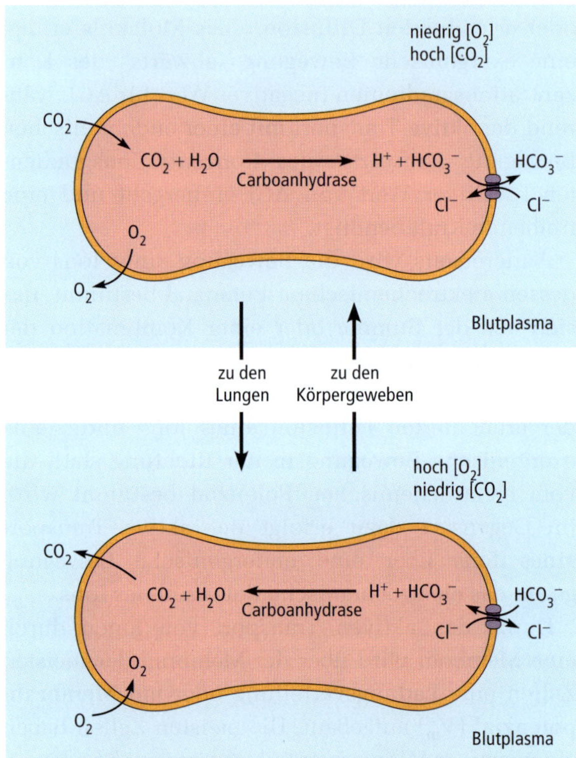

(b) In den Kapillaren der Lunge ($[O_2]$ hoch und $[CO_2]$ niedrig im Verhältnis zu den Erythrocyten), O_2 diffundiert einwärts und bindet an Hämoglobin. Bicarbonat wird vom Blutplasma einwärts transportiert, wobei dieser Vorgang mit dem Auswärtstransport von Chloridionen einhergeht. Das einströmende Bicarbonat wird zu CO_2 umgewandelt, das aus den Erythrocyten hinaus in die Zellen hinein diffundiert, welche die Kapillaren der Lunge auskleiden. Das CO_2 ist nun bereit, aus dem Körper abgegeben zu werden.

Abbildung 8.3: Transportrichtungen von Sauerstoff, Kohlendioxid und Hydrogencarbonat in Erythrocyten. Die Richtungen, in denen O_2, CO_2 und HCO_3^- durch die Plasmamembran des Erythrocyten diffundieren, hängen von der Position des Erythrocyten im Körper ab.

In den Kapillaren der Lunge findet der entgegengesetzte Vorgang statt: Sauerstoff diffundiert aus der inhalierten Luft in die Lunge, wo er in höherer Konzentration vorliegt, von dort gelangt er in das Cytoplasma des Erythrocyten, wo er in niedrigerer Konzentration vorliegt (▶*Abbildung 8.3*b). Auch Kohlendioxid vermag durch einfache Diffusion Membranen zu durchqueren. Der größte Teil des CO_2 wird allerdings in Form von Hydrogencarbonat-Ionen (HCO_3^-) transportiert, worauf wir zu einem späteren Zeitpunkt in diesem Kapitel eingehen werden. Es überrascht also keineswegs, dass Kohlendioxid und Sauerstoff sich in entgegengesetzten Richtungen durch die Erythrocytenmembran bewegen. Kohlendioxid diffundiert in Körpergeweben in den Erythrocyten hinein und in den Lungen aus ihm heraus.

8.2.1 Diffusion bewegt gelöste Stoffe immer in Richtung eines Gleichgewichts

Unabhängig von der ursprünglichen Verteilung einer Anzahl von Molekülen strebt der Vorgang der Diffusion stets danach, eine Zufallslösung zu bilden, in der eine gleichmäßige Konzentration vorliegt. Zur Veranschaulichung dieses Punktes schauen wir uns den Versuchsaufbau in ▸*Abbildung 8.4* an, der aus zwei Kammern besteht, die durch eine Membran getrennt sind, die für die Moleküle von S, einem ungeladenen gelösten Stoff, frei durchlässig (permeabel) ist, der durch schwarze Punkte dargestellt wird. Anfangs ist die Konzentration von S in Kammer A höher als in Kammer B. Die übrigen Bedingungen sind gleich. Die Zufallsbewegungen der gelösten Moleküle durch die Membran hindurch und wieder zurück führen zu einer Nettobewegung von gelösten Stoffen von Kammer A nach Kammer B. Wenn die Konzentration von S auf beiden Seiten der Membran gleich ist, hat das System das Gleichgewicht erreicht. Die zufällige Bewegung (hinüber und zurück) der einzelnen Moleküle dauert an, aber es findet keine weitere Nettoveränderung der Konzentrationen statt. *Diffusion strebt also immer zum Gleichgewicht* und ist somit ein spontaner Vorgang.

Anders formuliert könnte man sagen, dass Diffusion immer nach minimaler freier Energie strebt. Wie Sie in *Kapitel 5* gelernt haben, laufen chemische Reaktionen und physikalische Vorgänge immer in Richtung sinkender freier Energie voran, ganz in Übereinstimmung mit dem zweiten Hauptsatz der Thermodynamik. Die Diffusion durch Membranen bildet keine Ausnahme: Die freie Energie wird verringert, wenn sich Moleküle entlang ihres Konzentrationsgradienten abwärts bewegen. Die Triebkraft der Diffusion ist die Entropie, die zufällige Verteilung von Molekülen, wenn sich die Konzentration zu beiden Seiten der Membran ausgleicht (wie bei den Springbohnen in *Exkurs 5A*). Dieses Prinzip werden wir später anwenden, wenn wir ΔG berechnen, die Ladung der freien Energie in Zusammenhang mit dem Transport von Molekülen und Ionen durch Membranen. Streng genommen läuft Diffusion immer von Regionen höherer freier Energie zu Regionen niedrigerer freier Energie fort. Im thermodynamischen Gleichgewicht findet keine weitere Nettobewegung statt, denn die freie Energie des Systems hat den niedrigsten Punkt erreicht.

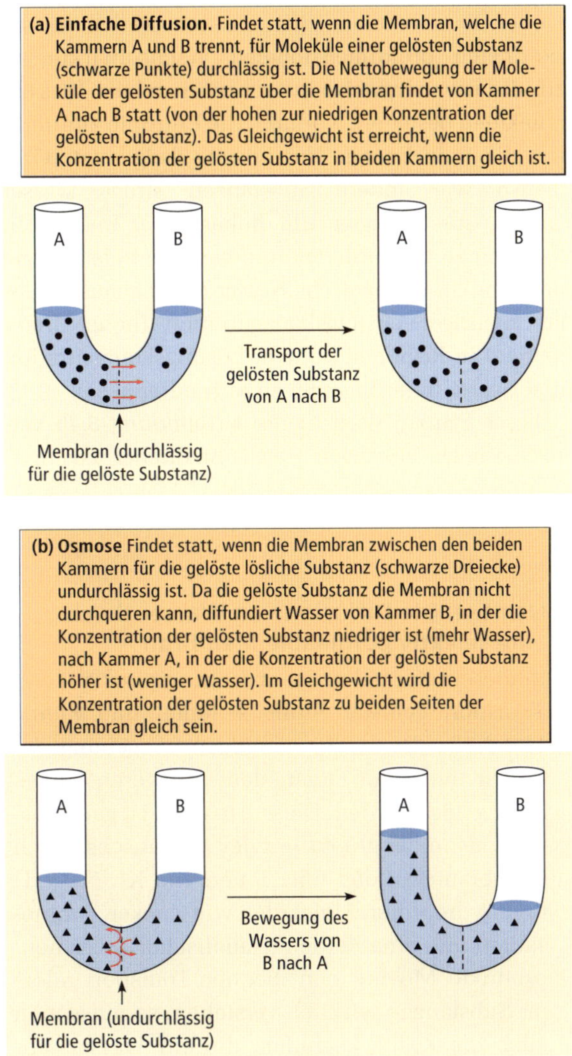

Abbildung 8.4: Vergleich von einfacher Diffusion und Osmose. In beiden dargestellten Versuchsaufbauten gibt es zu Beginn mehr gelöste Substanz in Kammer A als in Kammer B. Die Membran in Beispiel (a) ist für die gelöste Substanz permeabel, und die Membran in Beispiel (b) ist, ebenso wie eine typische Zellemembran, undurchlässig für die gelöste Substanz, nicht aber für Wasser.

8.2.2 Osmose ist die Diffusion von Wasser durch eine selektiv permeable Membran

Mehrere Eigenschaften des Wassers bedingen seine besondere Verhaltensweise. Erstens sind Wassermoleküle nicht geladen, sodass das Membranpotenzial für sie keine Rolle spielt. Außerdem besteht zu beiden sich gegenüberliegenden Seiten der Membran kein nennenswerter Konzentrationsunterschied des Wassers. Was also bestimmt dann die Richtung der Diffusion des Wassers? Wenn man einen Stoff in Wasser löst, brechen die gelösten Moleküle die geordneten dreidimensionalen Wechselwirkungen auf, die normalerweise zwischen einzelnen Wassermolekülen bestehen, wodurch die Entropie zunimmt und die freie Energie der Lösung freigesetzt wird. Ebenso wie andere Substanzen strebt Wasser danach, aus Regionen mit hoher freier Energie in Regionen zu diffundieren, in denen die freie Energie niedriger ist. Daher strebt Wasser danach, aus Regionen niedriger Lösungskonzentration (hoher freier Energie) in Regionen höherer Lösungskonzentration (niedrigerer freier Energie) zu diffundieren.

Dieses Prinzip wird in der ▸*Abbildung 8.4*b veranschaulicht. Lösungen unterschiedlicher Lösungsmittelkonzentration werden in die Kammern A und B gegeben, wie in ▸*Abbildung 8.4*a, aber die beiden Kammern werden jetzt durch eine selektiv permeable Membran getrennt, die für Wasser durchlässig ist, aber *nicht* für die gelöste Substanz. Unter diesen Bedingungen bewegt sich oder diffundiert das Wasser durch die Membran von Kammer B nach Kammer A. Diese Bewegung des Wassers als Reaktion auf eine unterschiedliche Substratkonzentration bezeichnet man als **Osmose**. Die osmotische Bewegung des Wassers durch eine Membran verläuft immer von der Seite mit hoher freier Energie (das heißt mit der niedrigeren Substratkonzentration) zur Seite mit der niedrigen freien Energie (das heißt mit der höheren Substratkonzentration). Für die meisten Zellen bedeutet dies, dass das Wasser nach innen strebt, denn die Konzentration der Substanzen ist innerhalb der Zelle fast immer höher als außerhalb. Ohne Kontrolle würde die Bewegung des Wassers in die Zelle hinein zum Anschwellen und Platzen der Zelle führen, und vielleicht würde sie platzen. Für eine weiterführende Darstellung der osmotischen Bewegung des Wassers und wie Organismen der verschiedenen Domänen den Wassergehalt und die Bewegung des Wassers steuern, lesen Sie bitte *Exkurs 8A*.

8A ▸ Näher betrachtet

Osmose: Die Diffusion von Wasser durch eine selektiv permeable Membran

In diesem Kapitel konzentrieren wir uns auf den Transport gelöster Stoffe – Ionen und kleine Moleküle, die in der wässrigen Umgebung der Zellen und ihrer Organellen und deren Umgebung gelöst werden. Diese Auswahl ist ganz passend, denn der größte Teil des Austauschs durch Membranen erfolgt über Ionen wie K^+, Na^+, H^+ und hydrophilen Molekülen wie Zucker, Aminosäuren und eine Reihe metabolischer Zwischenprodukte. Möchte man aber den Transport gelöster Substanzen wirklich verstehen, so muss man auch die Kräfte begreifen, die auf Wasser einwirken, wodurch dessen Bewegung innerhalb der Zelle und zwischen Zellen bestimmt wird.

Da die meisten gelösten Stoffe Zellmembranen nicht durchqueren können, neigt das Wasser als Reaktion auf unterschiedliche Lösungsmittelkonzentrationen zu beiden Seiten der Membran dazu, sich durch die Membran zu bewegen. Spezifisch ist das Wasser bestrebt, von einer Membranseite mit niedriger Substratkonzentration auf die Membranseite mit höherer Substratkonzentration zu diffundieren. Die Diffusion des Wassers, die sogenannte *Osmose*, kann man gut beobachten, wenn eine selektiv permeable Membran zwei Kompartimente trennt, von denen eines einen gelösten Stoff enthält, der die Membran nicht durchqueren kann (siehe *Abbildung 8.4*b). Das Wasser wird sich durch die Membran bewegen, um die Konzentrationen des gelösten Stoffes zu beiden Seiten der Membran auszugleichen.

Die osmotische Bewegung des Wassers in die Zelle hinein und aus ihr heraus steht mit der relativen Osmolarität oder Substratkonzentration der extrazellulären Lösung in Zusammenhang. Eine Lösung mit höherer Substratkonzentration als in einer Zelle bezeichnet man als *hypertonische* Lösung, während eine Lösung, deren Substratkonzentration niedriger ist als in der Zelle als *hypotonische* Lösung bezeichnet wird. Hypertonische Lösungen bewirken, dass die Wassermoleküle aus der Zelle heraus diffundieren, wodurch die Zelle dehydriert wird. Im Gegensatz dazu bewirken hypotonische Lösungen, dass das Wasser in die Zelle hinein diffundiert, wodurch der innere Druck erhöht wird. Eine Lösung mit gleicher Substratkonzentration wie in der Zelle bezeichnet man als *isotonische Lösung* und dort gibt es keine Nettobewegung des Wassers.

Der Vorgang der Osmose erklärt ein gut bekanntes Phänomen: Zellen neigen dazu, bei Veränderung der Substratkonzentration des extrazellulären Mediums zu schrumpfen oder anzuschwellen. Betrachten Sie hierfür das Beispiel in der *Abbildung 8A-1*. Eine tierische Zelle, die sich zuerst in einer isotonischen Lösung befindet, schrumpft und wird faltig, wenn man sie in eine hypertonische Lösung überträgt. Andererseits schwillt die Zelle an, wenn man sie in eine hypotonische Lösung gibt. Tatsächlich wird sie lysieren – oder platzen –, wenn man sie in eine stark hypotonische Lösung wie reines Wasser, das keine gelösten Substanzen enthält, gibt.

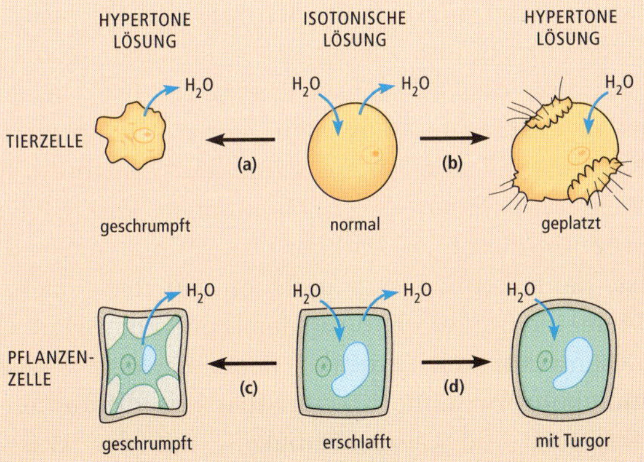

Abbildung 8A-1: Reaktionen tierischer und pflanzlicher Zellen auf Veränderungen der Osmolarität. (a) Wenn eine tierische Zelle (oder eine andere, nicht von einer Zellwand umgebene Zelle) aus einer isotonischen Lösung in eine hypertonische Lösung übertragen wird, dann verliert die Zelle Wasser und schrumpft. (b) Wenn die Zelle in eine hypertonische Lösung transferiert wird, dringt Wasser in die Zelle und sie schwillt an, manchmal so stark, dass sie platzt. (c) Pflanzenzellen (oder andere Zellen mit starren Zellwänden) schrumpfen (Plasmolyse) in einer hypertonischen Lösung, aber (d) sie werden in einer hypotonischen Lösung nur anschwellen – und nicht platzen.

Osmolarität: ein gewöhnliches Problem mit verschiedenen Lösungen

Die in der *Abbildung 8A-1* dargestellten osmotischen Bewegungen des Wassers beruhen auf den Unterschieden in der Osmolarität des Cytoplasmas und der extrazellulären Lösung. Im Allgemeinen ist die Konzentration der gelösten Substanzen in der Zelle größer als außerhalb der Zelle. Das liegt sowohl an der hohen Ionenkonzentration als auch an den kleinen organischen Molekülen, die für normale Zellfunktionen benötigt werden und an der großen Anzahl gelöster Makromoleküle im Cytosol. Weiterhin sind die meisten dieser Moleküle geladen und die *Gegenionen*, die diese Ladungen ausgleichen, tragen erheblich zur intrazellulären Osmolarität bei. Daher sind die meisten Zellen im Vergleich zu ihrer Umgebung hypertonisch, sodass das Wasser nach innen durch die Plasmamembran wandert, wodurch die Zellen anschwellen.

Wie bekommen Zellen das Problem der hohen Osmolarität und den daraus resultierenden osmotisch bedingten Einstrom von Wasser in den Griff? Die Zellen von Pflanzen, Algen und Pilzen sowie vieler Bakterien haben starre Zellwände, dank derer die Zellen in einer hypotonischen Lösung nicht platzen (*Abbildung 8A-1d*). Stattdessen verleiht der **Turgor**, der hydrostatische Druck, der sich in Folge der Bewegung des Wassers in die Zelle hinein aufbaut, den Zellen Festigkeit. Der daraus folgende Turgordruck bedingt die Festigkeit oder den Turgor des vollständig hydratisierten Pflanzengewebes. Ohne diesen Turgordruck würde das Pflanzengewebe welken.

Andererseits hat die nach außen gerichtete Wasserbewegung in einer hypertonischen Lösung zur Folge, dass die Plasmamembran von der Zellwand abreißt, ein Vorgang, den man als **Plasmolyse** (*Abbildung 8A-1c*) bezeichnet. Das Verwelken einer Pflanze oder eines Pflanzenteils bei Wassermangel geht auf die Plasmolyse in ihren Zellen zurück. Sie können den Vorgang der Plasmolyse ganz leicht vorführen, indem sie ein Stück Sellerie in eine Lösung mit hoher Salz- oder Zuckerkonzentration geben. Die Plasmolyse kann sich als praktisches Problem herausstellen, wenn Pflanzen unter Bedingungen wie hohem Salzgehalt wachsen sollen, was manchmal in Regionen nahe von Ozeanen der Fall ist.

Zellen ohne Zellwände lösen das Problem der Osmolarität, indem sie ständig und aktiv anorganische Ionen herauspumpen, wodurch sie die intrazelluläre Osmolarität senken und damit die Konzentrations-Differenz der gelösten Substanzen innerhalb der Zelle und ihrer Umgebung minimieren.

Tierische Zellen schaffen unablässig Natriumionen aus der Zelle hinaus. Das ist auch eine der wichtigen Aufgaben der Na^+-/K^+-Pumpe. Tierische Zellen schwellen an und lysieren sogar manchmal, wenn man sie mit g-Strophanthin behandelt, einem Inhibitor der Na^+-/K^+-Pumpe. Wenn Medikamente intravenös im Krankenhaus verabreicht werden, werden sie im Allgemeinen in einer phosphatgepufferten Kochsalzlösung gelöst, welche die gleiche Osmolarität wie Blut hat, um mögliche Probleme mit der Zelllyse oder Dehydrierung zu vermeiden.

8.2.3 Die einfache Diffusion ist auf kleine nicht-polare Moleküle begrenzt

Zur Untersuchung der Faktoren, die die Diffusion gelöster Substanzen durch Membranen beeinflussen, nutzen Wissenschaftler häufig Membranmodelle. Ein wichtiger Fortschritt bei der Entwicklung dieser Modelle gelang Alec Bangham und seinen Kollegen als sie im Jahr 1961 herausfanden, dass aus Zellmembranen extrahierte Lipide, die dann in Wasser dispergiert werden, *Liposomen* bildeten. Liposomen sind kleine Vesikel mit einem Durchmesser von circa 0,1 μm, wobei ein jedes aus einer geschlossenen, runden Lipiddoppelschicht besteht, die keine Membranproteine enthält. Bangham wies nach, dass man bei der Bildung der Liposomen gelöste Substanzen wie Kaliumionen in ihnen einschließen kann und dann die Geschwindigkeit messen kann, mit der die gelösten Substanzen durch Diffusion durch die Liposomdoppelschicht hindurch diffundieren.

Die Ergebnisse waren ganz erstaunlich. Ionen wie K^+ und Na^+ blieben über mehrere Tage in den Liposomen gefangen, während kleine ungeladene Moleküle wie Sauerstoff so schnell ausgetauscht wurden, dass man kaum in der Lage war, die Geschwindigkeit des Austauschs zu messen. Die zwingende Schlussfolgerung war, dass die Lipiddoppelschicht die primäre Permeabilitätsbarriere einer Membran war. Kleine ungeladene Moleküle können die Barriere mittels einfacher Diffusion passieren, während Natrium- und Kalium-Ionen sie kaum überwinden. Auf der Grundlage der von vielen Wissenschaftlern in der Folge durchgeführten Experimente, bei denen sie eine Reihe von Lipiddoppelschichtsystemen und Tausende verschiedener Lösungen verwendeten, können wir mit größter Wahrscheinlichkeit vorhersagen, wie schnell ein gelöster Stoff durch eine Lipiddoppelschicht diffundiert. Drei Hauptfaktoren spielen bei der Diffusion gelöster Substanzen eine Rolle: *Größe*, *Polarität* und *Ladung*. Im Folgenden werden wir nacheinander jeden dieser Faktoren näher betrachten.

Die Größe der gelösten Substanz Ganz allgemein kann man feststellen, dass kleinere Moleküle die Lipiddoppelschicht leichter passieren als große Moleküle. Wasser, Sauerstoff und Kohlendioxid sind die kleinsten für die Zellfunktion relevanten Moleküle. Membranen sind für diese Moleküle recht durchlässig, für die keine spezialisierten Transportvorgänge erforderlich werden, um die Moleküle in Zellen hinein und wieder aus ihnen heraus zu transportieren, obwohl wir später erfahren werden, dass es in bestimmten Geweben Zellen mit speziellen Kanäle gibt, die einen schnellen Transport von Wassermolekülen durch Membranen ermöglichen. Wenn in diesen Zellen kein Wasserkanal vorhanden ist, dann können sich nicht einmal diese kleinen Moleküle frei durch diese Membranen bewegen. Die Geschwindigkeit, mit der beispielsweise Wassermoleküle frei ohne Membranbarriere diffundieren, übersteigt die Geschwindigkeit, mit der Wassermoleküle durch eine Lipiddoppelschicht diffundieren, um das 10.000-Fache.

Jedoch diffundiert Wasser mit höheren Geschwindigkeiten als man bei solch einem polaren Molekül erwarten würde. Der Grund für dieses Verhalten ist noch nicht vollständig verstanden. Eine Erklärung lautet, dass Membranen winzige Poren enthalten, die Wasser durchlassen, aber für jede andere polare Substanz zu klein sind. Einer anderen Erklärung zufolge werden durch die ständigen Bewegungen von Membranlipiden vorübergehend „Löcher" in den Lipidmonoschichten gebildet, sodass die Wassermoleküle zuerst durch eine Monoschicht und dann durch die nächste gelangen. Diese beiden Hypothesen werden allerdings nur von wenigen experimentellen Beweisen untermauert und die einfache Diffusion des Wassers durch Membranen bleibt ein Rätsel.

Abgesehen von Wasser diffundieren auch kleine polare Moleküle mit einem Molekulargewicht (MW; engl.: *molecular weight*) von bis zu 100 – beispielsweise Ethanol (CH_3CH_2OH; MW = 46) und Glycerin ($C_3H_8O_3$; MW = 92) – durch Membranen. Größere polare Moleküle wie Glucose ($C_6H_{12}O_6$; MW = 180) können die Membran nicht passieren. Daher benötigen Zellen spezielle Transportproteine in ihren Plasmamembranen, um die Aufnahme von Glucose und anderen polaren gelösten Stoffen zu ermöglichen.

Die Polarität gelöster Substanzen Es gibt eine Korrelation zwischen der Lipidlöslichkeit eines Moleküls und dessen Membranpermeabilität. Im Allgemeinen sind Lipiddoppelschichten für nicht-polare Moleküle durchlässiger als für polare Moleküle. Dies ist darauf zurückzuführen, dass sich nicht-polare Moleküle leichter in der hydrophoben Phase der Lipiddoppelschicht lösen und die Membran daher schneller passieren können als polare Moleküle gleicher Größe. Zum Beispiel sind die Steroidhormone Östrogen und Testosteron größtenteils nicht-polar und können daher trotz ihrer Molekulargewichte von 370 bzw. 288 durch Membranen diffundieren.

Eine einfache Maßeinheit der Polarität (oder Nichtpolarität) einer gelösten Substanz ist der Verteilungskoeffizient, der das quantitative Verhältnis der Löslichkeit einer Substanz in einem organischen Lösungsmittel (wie Pflanzenöl oder 1-Oktanol) im Verhältnis zu dessen Löslichkeit in Wasser angibt. Grundsätzlich gilt, je weniger polar – oder hydrophob – eine Substanz ist, desto höher ist der Verteilungskoeffizient und desto leichter und schneller kann sich die Substanz durch eine Membran bewegen (oder sich in ihr lösen). Zum Beispiel haben wir die Verteilungskoeffizienten verschiedener Aminosäuren in *Kapitel 7* herangezogen, um den Hydropathieindex eines Proteins zu berechnen. Aminosäuren mit nicht-polaren Seitenketten (siehe *Abbildung 3.2*), wie beispielsweise Tryptophan, Leucin und Valin, haben hohe Verteilungskoeffizienten und kommen mit großer Wahrscheinlichkeit in den Transmembranregionen eines Membranproteins vor, ganz im Gegensatz zu Aminosäuren mit polaren Seitenketten und niedrigen Verteilungskoeffizienten (Serin und Threonin).

Die Ladung gelöster Substanzen Die relative Undurchlässigkeit polarer Substanzen im Allgemeinen und der Ionen im Besonderen beruht auf den starken Bindungen zu den Wassermolekülen, die eine Hydrathülle um sie herum bilden. Damit solche gelösten Substanzen die Membran durchqueren können, müssen die Wassermoleküle abgestreift werden und Energie muss aufgewendet werden, um die Bindung zwischen den Ionen und den Wassermolekülen aufzubrechen. Daher schränkt die Verbindung von Ionen mit Wassermolekülen unter Bildung von Hydrathüllen ganz erheblich den Ionentransport durch Membranen ein.

Die Undurchlässigkeit von Membranen für Ionen ist für die Zellaktivität von Bedeutung, denn jede Zelle muss zur Aufrechterhaltung ihrer Funktion ein elektrochemisches Potenzial über ihrer Plasmamembran aufrechterhalten. In den meisten Fällen handelt es sich bei diesem Potenzial entweder um einen Gradienten aus Natriumionen (tierische Zellen) oder aus Protonen (in den meisten anderen Zellen). Andererseits müssen Membranen auch den Ionen die kontrollierte Passage durch die Lipiddoppelschicht erlauben. Später werden Sie in diesem Kapitel lernen, dass die Proteine, die den Ionentransport ermöglichen, hydrophile Kanäle darstellen, die den Ionen einen Weg durch die Membran ermöglichen, der wenig Energie kostet.

8.2.4 Die Geschwindigkeit der einfachen Diffusion ist direkt proportional zum Konzentrationsgradienten

Bisher haben wir uns mit den qualitativen Aspekten der einfachen Diffusion beschäftigt. Diesen Aspekt können wir vertiefen, indem wir uns mit den thermodynamischen und kinetischen Eigenschaften der Diffusion auseinandersetzen (siehe *Tabelle 8.1*). Im Hinblick auf die Thermodynamik ist die einfache Diffusion immer ein exergonischer Vorgang, der keine Energie benötigt. Einzelne Moleküle diffundieren einfach nach dem Zufallsprinzip in beide Richtungen, aber der Nettofluss erfolgt immer in Richtung der minimalen freien Energie – was, im Hinblick auf ungeladene Moleküle, entlang des Konzentrationsgradienten abwärts bedeutet.

In kinetischer Hinsicht ist eines der Schlüsselmerkmale der einfachen Diffusion, dass die Nettogeschwindigkeit des Transports für eine spezielle Substanz direkt proportional zur Konzentrations-Differenz der Substanz durch die Membran über einen großen Konzentrationsbereich ist. Für die Diffusion einer gelösten Substanz S von außen nach innen in die Zelle wird die Geschwindigkeit der nach innen gerichteten Diffusion durch die Membran, $v_{\text{einwärts}}$, folgendermaßen ausgedrückt:

$$v_{\text{einwärts}} = P\Delta[S] \quad (8\text{-}1)$$

wobei $v_{\text{einwärts}}$ die Geschwindigkeit der nach innen gerichteten Diffusion (in Mol/Sekunde · cm^2 der Membranoberfläche) ist und ΔS der Konzentrationsgradient der gelösten Substanz über die Membran ($\Delta S = S_{\text{außen}} - [S]_{\text{innen}}$). *P* ist der Permeabilitätskoeffizient, ein experimentell ermittelter Parameter, der von der Dicke und Viskosität der Membran abhängt; der Größe, Form und Polarität von S und der Gleichgewichtsverteilung von S in der Membran und den wässrigen Phasen. Wenn entweder die Permeabilität oder der Konzentrationsgradient ansteigen, steigt die Geschwindigkeit des Einwärtstransports.

Wie aus der Gleichung 8-1 ersichtlich, zeichnet sich die einfache Diffusion durch eine lineare Beziehung zwischen dem nach innen gerichteten Fluss des gelösten Stoffes durch die Membran und dem Konzentrationsgradienten des gelösten Stoffes aus, ohne dass eine Sättigung des Transports bei hohen Konzentrationen eintritt. Diese Beziehung ist in der ▸*Abbildung 8.5* als rote Linie dargestellt. In dieser Hinsicht unterscheiden sich einfache Diffusion und erleichterte Diffusion, bei der Sättigung auftritt und die im Allgemeinen der Michaelis-Menten-Kinetik folgt, worauf wir bald eingehen werden. Die einfache Diffusion kann man daher aufgrund ihrer kinetischen Eigenschaften von der erleichterten Diffusion unterscheiden, wie aus der *Tabelle 8.1* hervorgeht.

Zusammenfassend können wir über die einfache Diffusion feststellen, dass sie nur für Moleküle wie Ethanol, CO_2 und O_2 von Bedeutung ist, die so klein und/oder nicht-polar sind, dass sie die Membran ohne Unterstützung durch Transportproteine durchqueren können. Die einfache Diffusion erfolgt exergonisch in der vom Konzentrationsgradienten vorgeschriebenen Richtung, mit einer linearen, ungesättigten Beziehung zwischen der Diffusionsgeschwindigkeit und dem Konzentrationsgradienten.

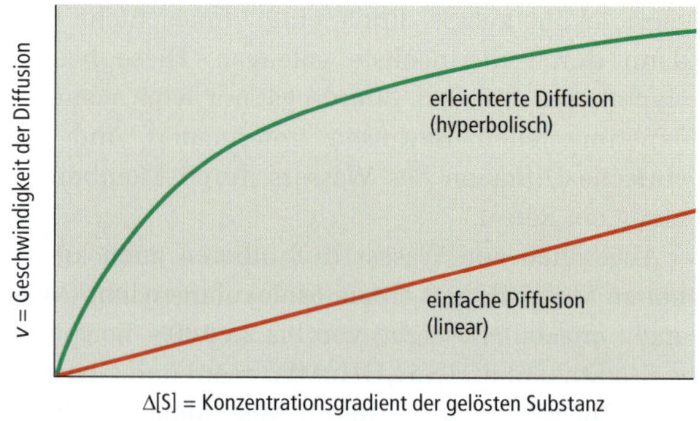

Abbildung 8.5: Vergleich der Kinetik der einfachen Diffusion und der erleichterten Diffusion. Bei der einfachen Diffusion über eine Membran ist die Beziehung zwischen *v*, der Geschwindigkeit der Diffusion, und $\Delta[S]$, dem Konzentrationsgradienten der gelösten Substanz, über einen großen Konzentrationsbereich (rote Linie) linear. Bei der erleichterten Diffusion ist die Beziehung bei geringen Konzentrationsgradienten linear, zeigt aber eine Sättigungskinetik und ist daher hyperbolisch (grüne Linie), wobei schließlich ein Maximalwert bei sehr hohem $\Delta[S]$ erreicht wird.

8.3 Die erleichterte Diffusion: Die proteinvermittelte Bewegung entlang des Gradienten

Die meisten Substanzen in Zellen sind zu groß oder zu stark polar, um Membranen mit vernünftigen Geschwindigkeiten durch einfache Diffusion zu passieren, sogar dann, wenn es sich um einen exergonischen Vorgang handelt. Solche gelösten Stoffe können nur dann mit ausreichender Geschwindigkeit in Zellen und Organellen hinein und aus ihnen heraus gelangen, wenn sie von **Transportproteinen** unterstützt werden, die den Transport von gelösten Molekülen über die Membran vermitteln. Wenn es sich dabei um einen exergonischen Vorgang handelt, so spricht man von erleichterter Diffusion, denn die gelöste Substanz diffundiert weiterhin in die vom Konzentrationsgradienten (bei ungeladenen Molekülen) oder in die vom elektrochemischen Gradienten (bei Ionen) vorgeschriebene Richtung, wobei keine Energie aufgewendet werden muss. Die Rolle des Transportproteins besteht einfach darin, einen Weg durch die hydrophobe Lipiddoppelschicht bereitzustellen, wodurch die „abwärts gerichtete" Diffusion eines polaren oder geladenen Stoffes über eine ansonsten für diese Substanz undurchdringliche Barriere ermöglicht wird.

Als Beispiel für eine erleichterte Diffusion schauen wir uns den Transport von Glucose durch die Plasmamembran in einer Zelle Ihres Körpers an. Die Konzentration von Glucose ist im Blut normalerweise höher als in der Zelle, sodass der Einwärtstransport von Glucose exergonisch abläuft – das heißt, für diesen Vorgang wird kein Energieaufwand benötigt. Allerdings ist das Glucosemolekül zu groß und zu polar, um ohne Unterstützung durch die Membran zu diffundieren. Es wird ein Transportprotein benötigt, um die nach innen gerichtete Bewegung auszuführen.

8.3.1 Carrierproteine und Kanalproteine erleichtern durch verschiedene Mechanismen die Diffusion

Die an der erleichterten Diffusion kleiner Moleküle und Ionen mitwirkenden Transportproteine sind integrale Membranproteine, die mehrere oder sogar viele Transmembransegmente enthalten und daher die Membran mehrfach durchspannen. Im Hinblick auf ihre Funktion unterteilt man diese Transportproteine in zwei Hauptklassen, die gelöste Stoffe auf unterschiedliche Weise transportieren. **Carrierproteine** (sie werden auch als Transporter oder Permeasen bezeichnet) binden an einer Membranseite ein oder mehrere gelöste Moleküle und durchlaufen dann eine Konformationsänderung, wodurch der gelöste Stoff auf die andere Seite der Membran gelangt. Bei diesem Vorgang bindet ein Carrierprotein das gelöste Molekül so, dass die polaren oder geladenen Gruppen der gelösten Substanz von dem nichtpolaren Inneren der Membran abgeschirmt werden.

Kanalproteine bilden wiederum hydrophile Kanäle durch die Membran, die ohne größere Konformationsänderung den Durchfluss gelöster Substanzen (z. B. Ionen oder Wasser) ermöglichen. Einige dieser Kanäle sind relativ groß und unspezifisch, beispielsweise die *Poren* in den äußeren Membranen der Bakterien, Mitochondrien und Chloroplasten. Poren werden von Transmembranproteinen gebildet, den sogenannten *Porinen*, und erlauben bestimmten hydrophilen gelösten Substanzen, deren Molekulargewicht bis zu 600 betragen kann, die Diffusion über die Membran. Die meisten Kanäle sind allerdings kleiner und höchst selektiv. Die meisten dieser kleineren Kanäle wirken eher am Transport von Ionen und weniger am Transport von Molekülen mit und werden daher als *Ionenkanäle* bezeichnet. Der Transport gelöster Substanzen durch Ionenkanäle erfolgt schneller als der Transport durch Carrierproteine, was vermutlich daran liegt, dass keine komplexen Konformationsänderungen erforderlich sind.

8.3.2 Carrierproteine wechseln zwischen zwei Konformationszuständen

Ein wichtiges Thema heutiger Membranforschung sind die Mechanismen, durch die Transportproteine den Transport gelöster Substanzen über Membranen ermöglichen. Im Hinblick auf Proteine bietet das Modell der **alternierenden Konformation** die nachvollziehbarste Erklärung. Diesem Modell zufolge ist das Carrierprotein ein allosterisches Protein, das zwischen zwei Konformationszuständen wechselt. In einem Zustand ist die Bindestelle für die gelöste Substanz auf einer Seite der Membran offen oder zugänglich. Nach Bindung der gelösten Substanz wechselt das Protein in einen alternativen Konformationszustand, in dem die Bindestelle für die gelöste Substanz auf der anderen Membranseite liegt, wodurch dessen Freisetzung ausgelöst wird. Schon bald werden wir diesem beispielhaft aufgeführten Mechanismus wieder begegnen, wenn wir die erleichterte Diffusion von Glucose in Erythrocyten hinein erläutern.

8.3.3 Carrierproteine sind im Hinblick auf Spezifität und Kinetik den Enzymen ähnlich

Wie bereits zuvor angemerkt, bezeichnet man Carrierproteine manchmal auch als *Permeasen*. Diese Bezeichnung ist gut gewählt, denn die Nachsilbe *-ase* spielt auf die Ähnlichkeit zwischen Carrierproteinen und Enzymen an. Ebenso wie bei einer von einem Enzym katalysierten Reaktion, erfolgt auch bei der erleichterten Diffusion eine Initialbindung des „Substrats“ (dem zu transportierenden gelösten Stoff) an eine spezifische Selle auf einer Proteinoberfläche (der Bindestelle des gelösten Stoffs auf einem Carrierprotein) und letztendlich wird das „Produkt“ (der transportierte gelöste Stoff) über einen „Enzym-Substrat“-Komplex (den an ein Carrierprotein gebundenen gelösten Stoff) als Zwischenprodukt freigesetzt.

Ebenso wie Enzyme können Carrierproteine durch externe Faktoren reguliert werden, die ihre Aktivität binden und modifizieren.

Die Spezifität von Carrierproteinen Eine weitere gemeinsame Eigenschaft der Carrierproteine und der Enzyme ist deren *Spezifität*. Ebenso wie Enzyme sind Carrierproteine stark spezifisch, oftmals für eine einzige Verbindung oder eine kleine Gruppe engverwandter Verbindungen und häufig sogar für ein spezifisches Stereoisomer. Ein gutes Beispiel bietet das Carrierprotein, das die Diffusion von Glucose in Erythrocyten unterstützt (siehe *Abbildung 8.2*b). Dieses Protein erkennt nur Glucose und einige wenige engverwandte Monosaccharide wie Galactose und Mannose. Außerdem ist das Protein stereospezifisch: Es akzeptiert das D- aber nicht das L-Isomer dieser Zucker. Diese Spezifität geht vermutlich auf die präzise stereochemische Anpassung zwischen dem gelösten Stoff und seiner Bindestelle auf dem Carrierprotein zurück.

Somit erklären die Eigenschaften der Carrierproteine die charakteristischen Merkmale der erleichterten Diffusion: die Bewegung polarer Moleküle und Ionen abwärts eines Konzentrationsgradienten („Bergab-Transport"), die Spezifität für das jeweilige transportierte Substrat, die Fähigkeit, bei hohen Substratkonzentrationen gesättigt zu sein und die Sensitivität für spezifische Inhibitoren des Transports.

Kinetik der Funktion der Carrierproteine Wie Sie sicherlich aufgrund der Analogie mit Enzymen erwarten, tritt bei Carrierproteinen eine Sättigung ein, wenn die Konzentration des zu transportierenden gelösten Stoffes erhöht wird. Das liegt zum einen an der begrenzten Anzahl von Carrierproteinen und außerdem daran, dass jedes Carrierprotein seine Funktion bei einer bestimmten Höchstgeschwindigkeit ausführt. Daher unterliegt der durch Carrier unterstützte Transport ebenso wie die Enzymkatalyse der Sättigungskinetik. Dieser Transporttyp zeichnet sich durch eine Höchstgeschwindigkeit V_{max} und eine Konstante K_m aus, die der Konzentration transportierbarer gelöster Stoffe entspricht, die benötigt wird, um die halbmaximale Geschwindigkeit des Transports zu erreichen. Dies bedeutet, dass die Anfangsgeschwindigkeit des Transports, v, mathematisch mittels der Gleichung beschrieben werden kann, die wir zur Beschreibung der Enzymkinetik verwendet hatten (Gleichung 6-7):

$$v = \frac{V_{max}[S]}{K_m + [S]} \tag{8-2}$$

Wobei [S] die Anfangskonzentration des gelösten Stoffes auf einer Seite der Membran ist (zum Beispiel auf der Außenseite der Membran, wenn die Anfangsgeschwindigkeit des Einwärtstransports ermittelt werden soll). Der Graph der Transportgeschwindigkeit gegen die Anfangskonzentration des gelösten Stoffes ist daher bei der erleichterten Diffusion eine Hyperbel und nicht, wie bei der einfachen Diffusion, linear (siehe ▸*Abbildung 8.5*, grüne Linie). Dieser Unterschied in der Sättigungskinetik ist ein wichtiges Hilfsmittel zur Unterscheidung zwischen einfacher und erleichterter Diffusion (siehe *Tabelle 8.1*).

Eine weitere Ähnlichkeit zwischen Enzymen und Carrierproteinen beruht darauf, dass Proteine oftmals von der kompetitiven Inhibition durch Moleküle oder Ionen abhängig sind, die strukturell mit dem gewünschten „Substrat" verwandt sind. So wird beispielsweise der Transport von Glucose mittels eines Glucosecarriers kompetitiv durch andere Monosaccharide, die das Protein gleichfalls bindet, gehemmt – das heißt, die Geschwindigkeit des Glucosetransports wird in der Gegenwart anderer transportierbarer Zucker verringert.

8.3.4 Carrierproteine transportieren entweder eine oder mehrere gelöste Substanzen

Obschon Carrierproteine im Hinblick auf ihre Kinetik und ihren mutmaßlichen Mechanismus mit alternierenden Konformationen Ähnlichkeiten aufweisen, gibt es doch erhebliche Unterschiede. Die bedeutsamsten Unterschiede betreffen die Anzahl der gelösten zu transportierenden Substanzen und die Richtung des Transports. Wenn ein Carrierprotein einen einzigen gelösten Stoff über eine Membran transportiert, dann bezeichnet man diesen Vorgang als **Uniport** (▸*Abbildung 8.6*a). Der Glucosecarrier, auf den wir bald zu sprechen kommen, ist ein *Uniporter*. Wenn zwei gelöste Substanzen gleichzeitig transportiert werden und ihr Transport aneinander gekoppelt ist, sodass der Transport abgebrochen wird, wenn eine der beiden Substanzen fehlt, dann spricht man vom **gekoppelten Transport** (▸*Abbildung 8.6*b). Dieser gekoppelte Transport wird wiederum als **Symport** (oder Cotransport) bezeichnet, wenn die gelösten

Substanzen in die gleiche Richtung befördert werden und als **Antiport** (oder *Gegentransport*), wenn die gelösten Substanzen in entgegengesetzte Richtungen über die Membran transportiert werden. Die Transportproteine, die diese Vorgänge vermitteln, bezeichnet man als *Symporter* bzw. *Antiporter*. Später werden wir sehen, dass diese Begriffe auch zur Bezeichnung der Transportweise verwendet werden, unabhängig davon, ob es sich um erleichterte Diffusion oder um aktiven Transport handelt.

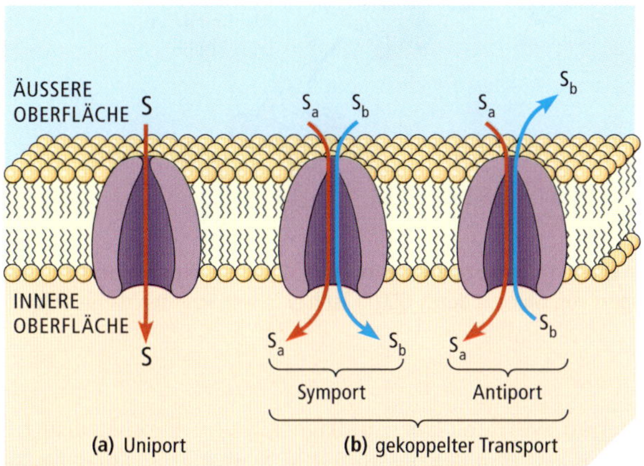

Abbildung 8.6: **Vergleich von Uniport, Symport und Antiport durch Carrierproteine.** (a) Beim Uniport befördert ein Membrantransportprotein eine einzige gelöste Substanz über eine Membran. (b) Beim gekoppelten Transport werden zwei gelöste Substanzen, S_a und S_b, gleichzeitig bewegt. Der gekoppelte Transport kann entweder als Symport (die beiden gelösten Substanzen werden in die gleiche Richtung transportiert) oder als Antiport (die beiden gelösten Substanzen werden in entgegengesetzte Richtungen transportiert) stattfinden. Beachten Sie, dass die Transporter nicht einfach offene Kanäle sind, wie in der vereinfachten Zeichnung dargestellt, sondern während des Transports der gelösten Substanzen zwischen zwei Konformationen alternieren.

8.3.5 Der Glucosetransporter und der Anionenaustauscher des Erythrocyten als Beispiele für Carrierproteine

Nachdem wir die allgemeinen Merkmale von Carrierproteinen beschrieben haben, wollen wir uns kurz mit zwei spezifischen Beispielen beschäftigen: dem Uniporter für Glucose und dem Anionenantiporter für Cl^- und HCO_3^-. Beide Transporter kommen in der Zellmembran von Erythrocyten vor.

Der Glucosetransporter: ein Uniporter Wir hatten bereits feststellt, dass der Transport von Glucose in einen Erythrocyten ein Beispiel für erleichterte Diffusion darstellt, die von einem Uniporter vermittelt wird (siehe *Abbildung 8.2*b). Im Allgemeinen liegt die Konzentration von Glucose im Blutplasma im Bereich von 65 – 90 mg/100 ml (= 3,6 – 5,0 mM). Der Erythrocyt (oder fast jede andere Zelle, die mit Blut in Kontakt steht) kann aufgrund der geringeren intrazellulären Glucosekonzentration und der Anwesenheit eines Glucosecarriers in der Plasmamembran, des Glucosetransporters (GLUT), durch erleichterte Diffusion Glucose aufnehmen. Der GLUT von Erythrocyten wird als GLUT1 bezeichnet, um ihn von verwandten GLUTs in anderen Säugetiergeweben zu unterscheiden. Durch GLUT1 kann Glucose ungefähr 50.000 Mal schneller in die Zelle gelangen als dies durch freie Diffusion durch eine Lipiddoppelschicht möglich wäre.

Die durch GLUT1 vermittelte Aufnahme von Glucose zeigt alle klassischen Merkmale der erleichterten Diffusion: Sie ist für Glucose spezifisch (und für einige verwandte Zucker wie Galactose und Mannose), sie verläuft abwärts entlang des Konzentrationsgradienten ohne Energiezufuhr, sie verhält sich entsprechend der Sättigungskinetik und zeigt sich für kompetitive Inhibition durch verwandte Monosaccharide empfindlich. GLUT1 ist ein integrales Membranprotein mit zwölf hydrophoben Transmembransegmenten. Diese sind so gefaltet und zusammengesetzt, dass sie einen Hohlraum bilden, der mit hydrophilen Seitenketten ausgekleidet ist, die mit Glucosemolekülen Wasserstoffbrückenbindungen eingehen, wenn diese die Membran passieren.

Man nimmt an, dass GLUT1 mittels des Mechanismus der alternierenden Konformationen Glucose transportiert, wie in der ▸*Abbildung 8.7* dargestellt. Die beiden Konformationszustände werden als T_1 und T_2 bezeichnet. Bei T_1 liegt die Bindestelle für Glucose auf der Außenseite der Zelle offen und bei T_2 ist die Bindestelle auf der Innenseite der Zelle offen. Der Vorgang beginnt, wenn ein Molekül D-Glucose mit einem GLUT1-Molekül in der T_1-Konformation zusammenstößt und bindet ❶. Nachdem die Glucose gebunden hat, wechselt GLUT1 jetzt in die T_2-Konformation ❷. Infolge der Konformationsänderung wird das Glucosemolekül im Zellinneren freigesetzt ❸, woraufhin das GLUT1-Molekül wieder in seine Ausgangskonformation zurückkehrt, wobei die Bindestelle wieder nach außen gerichtet ist ❹.

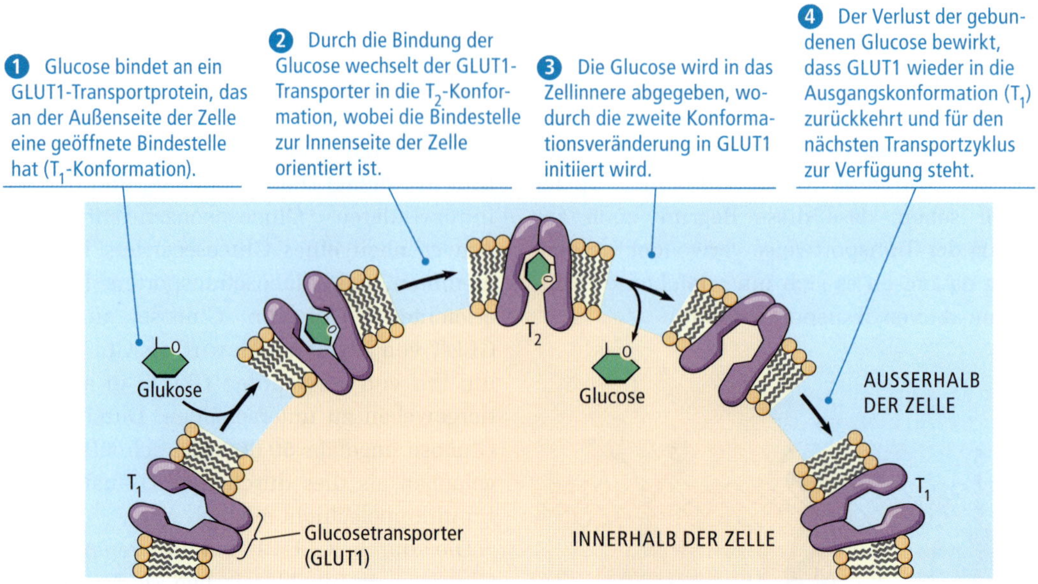

Abbildung 8.7: Das Modell der alternierenden Konformation für die erleichterte Diffusion von Glucose durch den Glucosetransporter GLUT1 in der Erythrocytenmembran. Der Einwärtstransport von Glucose durch GLUT1 ist hier in vier Schritten dargestellt, die an/in der Erythrocytenmembran ablaufen.

Das in der *Abbildung 8.7* dargestellte Beispiel gilt für den Einwärtstransport, der allerdings leicht umkehrbar ist, denn Carrierproteine funktionieren in jeder Richtung gleich gut. Ein Carrierprotein stellt im Allgemeinen lediglich ein Tor in einer ansonsten unüberwindbaren Mauer dar und ermöglicht, ebenso wie andere Tore, den Verkehr in jede Richtung. Einzelne Moleküle gelöster Substanzen können hinein oder heraus transportiert werden, je nach relativen Konzentrationen des gelösten Stoffes zu beiden Seiten der Membran. Wenn außen eine höhere Konzentration vorliegt, dann wird der Nettofluss nach innen gerichtet ablaufen. Wenn die höhere Konzentration auf der Innenseite vorliegt, wird der Nettofluss nach außen gerichtet ablaufen.

Die niedrige intrazelluläre Glucosekonzentration, dank derer die erleichterte Diffusion für fast alle tierischen Zellen ermöglicht wird, kommt dadurch zustande, dass die einströmende Glucose schnell durch das Enzym Hexokinase zu Glucose-6-Phosphat phosphoryliert wird, wobei ATP als Phosphatdonor und Energiequelle dient:

$$\text{Glukose} \xrightarrow[\text{Hexokinase}]{\text{ATP} \;\; \text{ADP}} \text{Glukose-6-Phosphat} \qquad (8\text{-}3)$$

Diese Hexokinasereaktion ist der erste Schritt des Glucosemetabolismus, auf den wir in *Kapitel 9* eingehen werden. Der niedrige K_m von Hexokinase für Glucose (1,5 m*M*) und die Natur der stark exergonischen Reaktion ($\Delta G°' = -4{,}0$ kcal/mol) stellen sicher, dass die Glucosekonzentration innerhalb der Zelle niedrig bleibt, wodurch der Konzentrationsgradient über die Zellmembran aufrechterhalten wird. Bei vielen Säugetierzellen liegt die intrazelluläre Glucosekonzentration zwischen 0,5 und 1,0 mM, was ungefähr 15 – 20 % des Glucosegehalts im Blutplasma außerhalb der Zelle ausmacht.

Durch die Phosphorylierung von Glucose bleibt diese in der Zelle, denn die Plasmamembran des Erythrocyten besitzt kein Transportprotein für Glucose-6-Phosphat. (Wie die meisten Zuckertransporter erkennt auch GLUT1 nicht die phosphorylierte Form des Zuckers.) Die Phosphorylierung ist im Grunde eine häufig angewandte Strategie, um Moleküle in der Zelle zu halten, denn die meisten Zellen besitzen keine Plasmamembranproteine, die phosphorylierte Verbindungen transportieren können.

Der GLUT1 der Erythrocyten ist nur einer von mehreren Glucosetransportern der Säugetiere. Beim Menschen gibt es 14 verschiedene GLUT-Proteine, die jeweils von einem anderen Gen kodiert werden. Jeder Transporter hat eigene physikalische und kinetische Eigenschaften, die auf seine Funktion in der jeweiligen Zelle, in der er vorkommt, abgestimmt sind. Zum Beispiel kommen GLUT3 und

GLUT4 in den Hirnneuronen bzw. im Skelettmuskel vor, wo sie Glucose zur Energiegewinnung importieren. Andererseits ist GLUT2 der Glucosetransporter der Leberzellen, die Glykogen zu Glucose abbauen, wenn der Blutzuckerspiegel abfällt. Die Eigenschaften von GLUT2 begünstigen den Glucosetransport *aus* den Leberzellen heraus, um den Glucosespiegel im Blut auf einem konstanten Niveau zu halten.

Der Erythrocyten-Anionenaustauscher: Ein Antiporter Ein weiteres gut untersuchtes Beispiel, an dem wir die erleichterte Diffusion zeigen möchten, ist der **Anionenaustauscher** der Plasmamembran des Erythrocyten (siehe *Abbildung 8.2*b). Dieses Antiport-Protein, das auch als *Chlorid-Hydrogencarbonat-Austauscher* bezeichnet wird, erleichtert den wechselseitigen Austausch von Chloridionen (Cl^-) und Hydrogencarbonationen (HCO_3^-) in entgegengesetzter Richtung über die Plasmamembran. Die Kopplung des Chlorid- und Hydrogencarbonattransports ist obligatorisch und der Transport wird abgebrochen, wenn einer der beiden Ionenpartner fehlt. Außerdem ist der Anionenaustauscher höchst selektiv. Hydrogencarbonat wird strikt im Verhältnis 1:1 gegen Chlorid ausgetauscht und keine anderen Anionen werden akzeptiert.

Man nimmt an, dass die Funktion des Anionenaustauschers auf dem Wechsel zwischen zwei Konformationszuständen, dem sogenannten „Ping-pong-Mechanismus" beruht. In einem Konformationszustand bindet der Anionenaustauscher Chlorid auf einer Seite der Membran. In Folge der Chloridbindung findet eine Konformationsänderung statt, sodass Chlorid auf der anderen Membranseite freigesetzt wird, wo das Protein Hydrogencarbonat bindet. Dann erfolgt die zweite Konformationsänderung, woraufhin Hydrogencarbonat auf der anderen Membranseite freigesetzt wird, wo das Protein wieder Chlorid bindet. Wiederholte Kreisläufe von Bindung und Freisetzung führen zum Transport der beiden Ionen in entgegengesetzte Richtungen.

Jedes Anion kann auf jeder Membranseite an das Protein binden, sodass die Richtung des Transports von den relativen Konzentrationen der Ionen auf den einander gegenüberliegenden Seiten der Membran abhängt. In Zellen mit hoher Hydrogencarbonatkonzentration verlässt das Hydrogencarbonat die Zelle und Chlorid tritt ein. In Zellen mit niedriger Hydrogencarbonatkonzentration läuft der entgegengesetzte Vorgang ab – Hydrogencarbonat tritt in die Zelle ein und Chlorid geht hinaus.

Der Anionenaustauscher spielt eine zentrale Rolle in dem Vorgang, durch den CO_2, das in metabolisch aktiven Geweben gebildet wurde, zur Lunge transportiert wird, um dort ausgeatmet zu werden. In diesen Geweben diffundiert CO_2 in die Erythrocyten, in denen durch das cytosolische Enzym Carboanhydrase das CO_2 in Hydrogencarbonationen umgewandelt wird (siehe *Abbildung 8.3*). Wenn die Konzentration von Hydrogencarbonat im Erythrocyten steigt, verlässt es die Zelle. Zur Verhinderung eines Nettoungleichgewichts, geht der Auswärtstransport eines jeden negativ geladenen Hydrogencarbonations mit der Aufnahme eines negativ geladenen Chloridions einher.

In der Lunge läuft dieser gesamte Vorgang in umgekehrter Richtung ab: Chloridionen werden aus den Erythrocyten heraustransportiert, während Hydrogencarbonationen aufgenommen werden, die dann von der Carboanhydrase in CO_2 zurückgewandelt werden. Das Endergebnis ist die Beförderung von CO_2 (in Form von Hydrogencarbonationen) zum Lungengewebe, wo das CO_2 des Körpers ausgestoßen wird. Hinzu kommt, dass der Import von Hydrogencarbonat in die Erythrocyten in der Lunge den zellulären pH-Wert erhöht, der die Sauerstoffbindung an das Hämoglobin in den Lungen fördert. Wenn die Erythrocyten das Gewebe erreichen und Hydrogencarbonat abgegeben wird, sinkt der zelluläre pH-Wert und die Sauerstoffbindung nimmt ab, wodurch dieser schneller in die Gewebe freigesetzt werden kann.

8.3.6 Kanalproteine erleichtern die Diffusion durch Bildung hydrophiler Transmembrankanäle

Während einige Transportproteine die Diffusion erleichtern, weil sie die Funktion von Carrierproteinen übernehmen, die zwischen verschiedenen Konformationszuständen wechseln, üben andere Transportproteine ihre Aufgabe aus, indem sie hydrophile *Transmembrankanäle* bilden, durch die bestimmte gelöste Substanzen direkt über die Membran transportiert werden. Wir werden uns jetzt drei Arten der Transmembranproteinkanäle anschauen: *Ionenkanäle*, *Porine* und *Aquaporine*.

Ionenkanäle: Transmembranproteine, die eine schnelle Passage von Ionen ermöglichen Trotz ihres augenscheinlich einfachen Aufbaus – eine winzige, mit hydrophilen Atomen ausgekleidete Pore – sind **Ionenkanäle** bemerkenswert selektiv (in Wirklichkeit ist die Struktur der Ionenkanäle sehr kompliziert und viele molekulare Mechanismen dieser faszinierenden Proteine verstehen wir noch gar nicht). Die meisten genehmigen nur einer Ionenart Durchlass, sodass getrennte Kanäle notwendig sind, um Ionen wie Na^+, K^+, Ca^{2+} und Cl^- zu transportieren. Angesichts der geringen Größen- und Ladungsunterschiede bei einigen dieser Ionen ist die Selektivität wirklich außerordentlich bemerkenswert. Sie beruht sowohl auf den für Ionen spezifischen Bindestellen, an denen spezifische Aminosäureseitenketten und Polypeptidrückgratatome im Kanal mitwirken als auch auf dem sich verengenden Mittelstück des Kanals, das als Größenfilter dient. Die Transportgeschwindigkeit ist gleichfalls beachtenswert: In einigen Fällen kann ein einzelner Kanal eine Million und mehr Ionen eines spezifischen Typs pro Sekunde durchschleusen!

Die meisten Ionenkanäle sind *geschaltet* (engl.: *gated*), es handelt sich um kontrollierte Ionenkanäle, was bedeutet, dass sich die Pore als Antwort auf einen Reiz öffnet und schließt. Bei tierischen Zellen werden die Kanäle nach den verschiedenen Mechanismen, die das Öffnen und Schließen der Kanalpore steuern, unterschieden: *spannungsgesteuerte Ionenkanäle*, die als Antwort auf Veränderungen des Membranpotenzials öffnen und schließen; *ligandengesteuerte Kanäle*, die als Antwort auf die Bindung spezifischer Substanzen an das Kanalprotein geschaltet werden und *mechanosensitive Kanäle*, die auf mechanische Kräfte reagieren, die auf die Membran einwirken. In *Kapitel 13* werden wir uns eingehender mit den gesteuerten Ionenkanälen beschäftigen.

Die Regulation des Ionentransports über Membranen spielt bei vielen Typen der zellulären Kommunikation eine große Rolle. Die Muskelkontraktion und viele zelluläre Antworten müssen durch Regulation der Ca^{2+}-Konzentration über calciumspezifische Ionenkanäle gesteuert werden. Die Übertragung elektrischer Signale durch Nervenzellen hängt ganz entscheidend von schnellen kontrollierten Veränderungen des Transports von Na^+- und K^+-Ionen über ihre jeweiligen Kanäle ab. Diese Veränderungen ereignen sich so schnell, dass man sie in Millisekunden misst. Abgesehen von dieser kurzfristigen Regulation werden die meisten Ionenkanäle langfristig reguliert, im Allgemeinen als Antwort auf externe Reize wie Hormone.

Ionenkanäle sind auch für die Erhaltung des richtigen Salze-Gleichgewichts in Zellen und für die Atemwege, die unsere Lunge auskleiden, von Bedeutung. In den Epithelzellen der Lunge sorgt ein spezifischer Chloridionenkanal, der sogenannte *Zystische-Fibrose-Transmembran-Leitfähigkeits-Regulator* (CFTR, engl.: *cystic fibrosis transmembrane conductance regulator protein*), dafür, dass die richtige Cl^--Konzentration in den Atemwegen erhalten wird. Durch einen Defekt im CFTR und eine Störung im Natriumtransport wird zu viel zäher Schleim in den Atemwegen aufgebaut, was zu einer lebensbedrohlichen Erkrankung, der Zystischen Fibrose, führt, auf die wir in *Exkurs 8B* im Detail eingehen.

8B ▶ Klinische Bedeutung

Membrantransport, Zystische Fibrose und Perspektiven der Gentherapie

Die in der Plasmamembran lokalisierten Transportproteine spielen bei der Beschleunigung und Regulierung des Transports von Molekülen und Ionen in Zellen hinein und wieder heraus eine entscheidende Rolle. Damit wir gesund bleiben, müssen viele dieser Membranproteine richtig funktionieren. Wenn irgendeines dieser Proteine defekt ist, dann wird der Transport eines bestimmten Ions oder eines Moleküls über die Zellmembran wahrscheinlich beeinträchtigt und der Defekt führt zu einer Erkrankung.

Ein Beispiel, das bei vielen Wissenschaftlern und auch Ärzten Interesse geweckt hat, ist die **Zystische Fibrose** (engl.: *cystic fibrosis*, **CF**; diese Abkürzung wird in der Literatur am häufigsten benutzt), eine tödliche Erkrankung, die auf genetische Defekte in einem Transportprotein in der Plasmamembran zurückgeht. Die am augenfälligsten betroffenen Körperteile sind die Atemwege und die Lunge, die Bauchspeicheldrüse und die

Schweißdrüsen. Die Komplikationen in der Lunge stellen die medizinisch schwerwiegendsten Probleme dar, denn ihre Behandlung ist schwierig und sie können lebensbedrohlich werden. Die Atemwege eines Patienten mit Zystischer Fibrose sind oftmals durch abnorm dicken und zähen Schleim beeinträchtigt und können leicht von chronischen bakteriellen Infektionen betroffen sein, vor allem durch *Pseudomonas aeruginosa*.

Dank der Hilfsmittel der Molekular- und der Zellbiologie haben die Wissenschaftler ein besseres Verständnis dieser Krankheit erarbeitet, obwohl viele Zusammenhänge noch immer unklar sind. Während der 1980er Jahre fand man heraus, dass die Zellen von Patienten mit Zystischer Fibrose einen Defekt bei der Sekretion von Chloridionen (Cl^-) aufwiesen. Die Zellen, die eine nicht betroffene Lunge auskleiden, scheiden (als Antwort auf den Second-Messenger zyklisches AMP) Chloridionen aus, was in den Epithelzellen der Patienten, aufgrund von Mutationen im Gen für CFTR, nicht mehr funktioniert. (Zyklisches AMP ist eine Form des AMP, die an einer Vielzahl regulatorischer Abläufe in Zellen mitwirkt; für die Struktur verweisen wir Sie auf *Abbildung 14.6*.) Aus Experimenten mit Gewebeproben von Gesunden und CF-Patienten ging hervor, dass dieser Unterschied auf einen Defekt in einem Membranprotein zurückzuführen ist, das normalerweise als Kanal für den Transport von Chloridionen durch die Membran dient, CFTR. Neben seiner Funktion als Chloridkanal ist CFTR ein wichtiges regulatorisches Protein vieler wichtiger zellulärer Prozesse. So ruft der Ausfall von CFTR aus noch ungeklärten Gründen zusätzlich eine Natriumhyperabsorption (gesteigerte Na^+-Aufnahme in Epithelzellen) hervor, was einen drastischen Wasserverlust des Mukus (Schleim; lat.: mucus) auf der Oberfläche der Epithelzellen bedingt. Beide Effekte führen zu einem verdickten, zähen Mukus, der von den Cilien nicht mehr transportiert werden kann (so leitet sich auch der deutsche Name Mukoviszidose her: Mukus und viskös).

Viele Symptome der CF in den Atemwegen können durch fehlende Sekretion von Cl^- und Hyperabsorption von Na^+ erklärt werden. In der Lunge eines gesunden Menschen (*Abbildung 8B-1*a) werden die Chloridionen von den Zellen durch CFTR sekretiert. Diesen Cl^--Ionen folgt aus osmotischen Gründen Wasser, das den Mukus flüssig hält. Na^+-Ionen werden durch den epithelialen Natriumkanal (ENaC) aus dem Lumen der Atemwege aufgenommen, auch diesen Ionen folgt passiv Wasser, was dafür sorgt, dass der Mukus nicht zu flüssig wird. In der gesunden Lunge stehen beide Transportvorgänge perfekt in der Balance und sorgen im Zusammenspiel für eine ideale Konsistenz des Mukus. Dieser wird konstant durch die Cilien des respiratorischen Epithels wie auf einem Fließband nach oben transportiert und unwillkürlich verschluckt oder abgehustet. Dieser Mechanismus sorgt laufend dafür, dass eingeatmeter Staub, Bakterien oder andere Fremdkörper über den Magen entsorgt werden.

In den respiratorischen Zellen eines CF-Patienten ist die Cl^--Sekretion durch die Mutationen im *CFTR*-Gen gestört und es werden keine Cl^--Ionen und somit auch kein Wasser ins Lumen der Atemwege abgegeben (*Abbildung 8B-1*b). Gleichzeitig kommt es aus noch ungeklärten Gründen zu der Hyperabsorption von Na^+ durch den ENaC, was dem Mukus zusätzlich viel Wasser entzieht. Die fehlende Cl^--Sekretion und die Na^+-Hyperabsorption führen dazu, dass der Schleim nicht ausreichend befeuchtet und sehr zähflüssig wird. Dieser Mukus kann von den feinen Cilien nicht mehr abtransportiert werden und bildet einen idealen Nährboden für verschiedene Bakterienstämme, was dann zu schweren Entzündungsreaktionen und letztendlich zur Zerstörung der Lungen führt.

Ein entscheidender Durchbruch in der CF-Forschung gelang im Jahr 1989 als Wissenschaftler im Labor von Francis Collins an der Universität von Michigan und Lap-Chee Tsui und John Riordan an der Universität von Toronto das bei CF-Patienten defekte Gen isolierten. Das Gen kodiert ein Protein mit der Bezeichnung **Zystische-Fibrose-Transmembran-Leitfähigkeits-Regulatorprotein** (engl.: *cystic fibrosis transmembrane-conductance regulator*; **CFTR**), ein Protein, das später dann als Chloridkanal identifiziert wurde. Die Sequenz der Nucleotidbasen im Gen wurde mittels der in *Kapitel 18* beschriebenen Methoden bestimmt (siehe *Abbildung 18.14*). Ausgehend von der Basensequenz des Gens waren die Wissenschaftler in der Lage, die Aminosäuresequenz und die Struktur des CFTR-Proteins vorherzusagen. Wie in der *Abbildung 8B-1*c dargestellt, besitzt das Protein zwei Sätze von *Transmembrandomänen*, die das Protein in der Plasmamembran verankern und eine für Anionen selektive Pore bilden. Es besitzt zudem zwei *Nucleotidbindedomänen*, die als Bindestellen für ATP dienen, das die für den Transport von Chloridionen über die Membran notwendige Energie bereitstellt. Hinzu kommt, dass das Protein eine große cytoplasmatische regulatorische Domäne besitzt, die mehrere Serinhydroxylgruppen enthält, die reversibel phosphoryliert werden können. Seither weiß man, dass das CFTR-Protein als Chloridkanal und wichtiges regulatorisches Protein in Zellen dient, und es ist bekannt, dass diese Funktionen beeinträchtigt werden, wenn die Phosphorylierungsstellen in der regulatorischen Domäne in Folge einer Mutation im *CFTR*-Gen verändert werden.

Durch Sequenzierung der *CFTR*-Gene von CF-Patienten identifizierten die Wissenschaftler mehr als 1.900 Mutationen im Gen. Die am häufigsten vorkommende Mutation führt zur Deletion einer einzelnen Aminosäure (Phenylalanin) in der ersten Nucleotidbindedomäne (ΔPhe-508 oder ΔF508). Die Frage, wie diese Mutation zur Erkrankung an CF führt, blieb solange unbeantwortet, bis man den Aufenthalt des CFTR-Proteins in Zellen mit und ohne Mutation untersucht hatte. Erwartungsgemäß wies man bei gesunden Zellen normale CFTR-Proteine in der Zellmembran nach. Im Gegensatz dazu vermochte man in der Plasmamembran von CF-Zellen keine CFTR-Proteine nachzuweisen.

Derzeit ist die wahrscheinlichste Erklärung, dass normale CFTR-Proteine aus dem rauen endoplasmatischen Retikulum (ER) synthetisiert werden, sich durch den Golgi-Komplex bewegen und schließlich über einen Weg, den wir in *Kapi-*

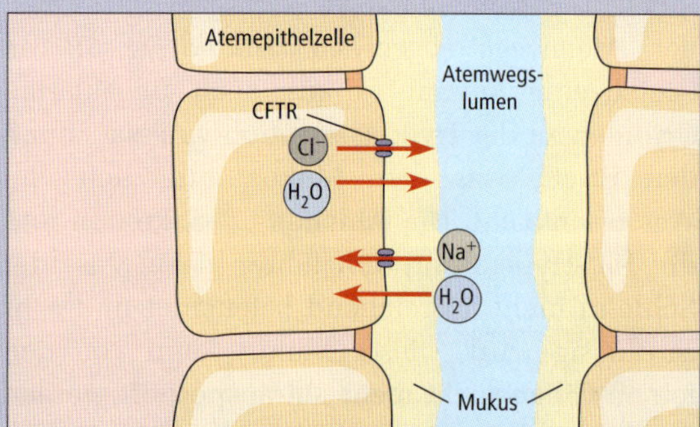

(a) normale Atemepithelzelle, Mukus hydratisiert

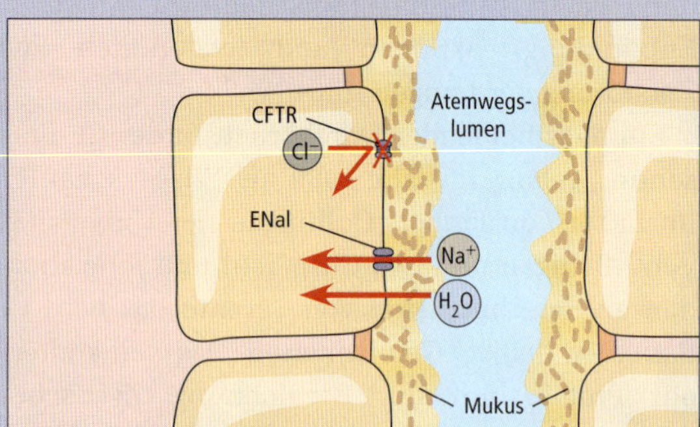

(b) Zellen eines CF-Patienten; der dehydrierte Mukus ist mit Bakterien infiziert.

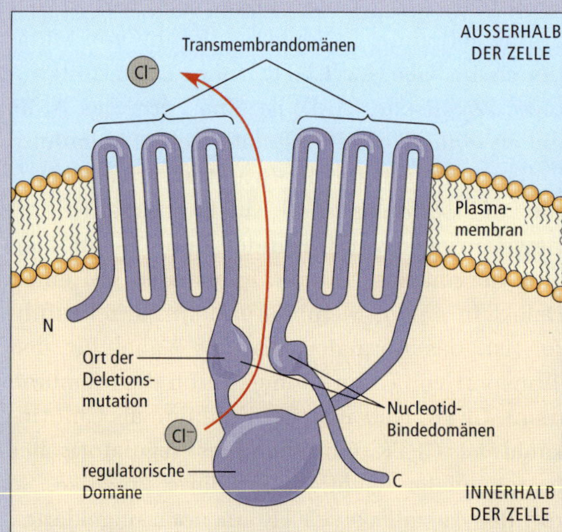

(c) CFTR-Protein

Abbildung 8B-1: Die Zystische Fibrose und der Transport von Chlorid- und Natriumionen in den Atemwegen. (a) Der Schleim in einer normalen Lunge ist durch die ausgewogenen Funktionen von CFTR und ENaC hydriert. (b) Die Zystische Fibrose geht auf einen Defekt in der Sekretion von Chloridionen und eine Hyperabsorption von Natriumionen in den Zellen zurück, die die Lunge auskleiden, was zu ungenügender Hydratisierung des Mukus führt und das bakterielle Wachstum fördert. (c) Das Zystische-Fibrose-Transmembran-Leitfähigkeits-Regulatorprotein (CFTR) ist ein integrales Membranprotein, das unter anderem die Aufgabe eines Chloridionenkanals übernimmt. Bei den meisten Patienten ist infolge der Deletion einer einzelnen Aminosäure in der ersten Nucleotidbindedomäne des CFTR-Proteins die Transportfunktion blockiert, woraufhin sich die Zystische Fibrose entwickelt.

tel 12 erklären werden, in die Plasmamembran aufgenommen werden. Mutierte CFTR-Proteine werden jedoch höchstwahrscheinlich im ER abgefangen, was vielleicht daran liegt, dass sie nicht richtig gefaltet sind. Daher werden die Proteine als defekt erkannt und abgebaut. Folglich kommen CFTR-Proteine nicht oder nur in geringer Zahl in der Plasmamembran von CF-Zellen vor, die Chloridionen können nicht ausgeschieden werden und die Krankheit entwickelt sich. Gleichzeitig kommt es zu einer Überfunktion des epithelialen Natriumkanals, was dem Mukus zusätzlich viel Wasser entzieht.

Die Wissenschaftler, die jetzt mit Information über das Gen und die Proteine, die mit CF assoziiert werden, ausgestattet sind, arbeiten nun an der Entwicklung neuer Behandlungsmethoden oder vielleicht gelingt ihnen sogar die Heilung der Erkrankung. Eine der Herangehensweisen ist die *Gentherapie*, bei der eine normale Kopie eines Gens in betroffene Körperzellen eingeführt wird. Man möchte normale Kopien des *CFTR*-Gens in die Zellen einschleusen, welche die Atemwege von CF-Patienten auskleiden. Diese Zellen sollten dann befähigt sein, das CFTR-Protein zu exprimieren, das in der apikalen Plasmamembran lokalisiert wird. Die CFTR-Proteine würden dann richtig Cl^- ausscheiden und die Erkrankung wäre überwunden.

Es geht darum, zwei praktische Probleme zu bewältigen, wenn die Gentherapie greifen soll: Das *CFTR*-Gen muss wirklich in betroffenes Gewebe gelangen, und seine Expression muss reguliert werden, um die normale Bildung von CFTR-Protein zu ermöglichen und beizubehalten. Bei den meisten bisher durchgeführten klinischen Untersuchungen wurde das normale *CFTR*-Gen mittels zweier verschiedener Methoden eingeführt: Entweder wird die CFTR-DNA in die DNA eines Virus eingeschleust, eines sogenannten *Adenovirus*, oder sie wird mit Fetttröpfchen vermischt, den sogenannten *Liposomen*. Das virale oder liposomale Präparat wird den CF-Patienten als Aerosol in Nase oder Lunge gesprüht, die dann im Hinblick auf die CFTR-Korrektur getestet werden. Bei einer anderen Strategie werden die Patienten mit einem stark verdichteten DNA-Molekül behandelt, das das normale *CFTR*-Gen enthält. Diese DNA wird ohne Weiteres von den Zellen aufgenommen, und bei diesem Verfahren muss man sich keine Sorgen bezüglich der Variabilität oder möglicher Nebenwirkungen aufgrund des Einsatzes eines modifizierten viralen Vektors machen.

Bei den ersten Experimenten mit mutierten, an CF erkrankten Mäusen wiesen mehrere Gruppen britischer Wissenschaftler nach, dass der Defekt des Chloridionenkanals durch Inhalation von Liposomen, die das normale menschliche *CFTR*-Gen enthielten, korrigiert werden konnte. Eben diese Vorgehensweise wählt man jetzt auch bei klinischen Versuchen mit Patienten. In einer dieser Untersuchungen wird ein „Genspray" des *CFTR*-Gens mit Liposomen gemischt und nasal verabreicht. Bei den meisten Patienten wies man den Transport des Gens und dessen Expression nach, jedoch war die Expression nur kurzfristig und der Ionenkanaldefekt wurde nur teilweise korrigiert. Leider fehlen bisher richtige Erfolge und die Forschung in dieser Richtung kommt nicht recht voran.

In einem Artikel jüngeren Datums berichteten Eric Alton und seine Kollegen in London von einem gut gesteuerten Experiment, in dem sie Liposomen mit oder ohne *CFTR*-Gen in Form eines Aerosols in Lunge und Nase sprühten. Man verzeichnete bei den Patienten, die das *CFTR*-Gen erhielten, eine kurzfristige Besserung, aber nicht bei denen, die das Placebo erhalten hatten (eine Behandlung nur mit Liposomen). Die Wissenschaftler berichteten außerdem von einer verminderten bakteriellen Adhärenz an die Epithelzellen des Atemwegtrakts bei den mit CFTR behandelten Patienten. Diese Feststellung kann von weitreichender klinischer Bedeutung sein.

Eine alternative Strategie, die seit einiger Zeit untersucht wird, versucht die Na^+-Hyperabsorption durch ENaC zu unterdrücken. Hier ist die Forschung noch am Anfang, aber erste Erfolge zeichnen sich ab. Viele Arbeitsgruppen weltweit untersuchen neuartige molekularbiologische Methoden zur Reparatur des CFTR und zur Inhibition der Na^+-Hyperabsorption. Durch „Genetic Engineering" sollen die beiden Hauptursachen der Zystischen Fibrose behoben werden und auf diese Weise den Patienten Linderung bringen. Insgesamt kam man bisher nur langsam voran und Wissenschaftler und Ärzte hoffen auf den Erfolg dieser neuartigen Techniken.

Porine: Transmembranproteine, die eine schnelle Passage verschiedener Substrate ermöglichen Verglichen mit Ionenkanälen sind die Poren in den äußeren Membranen der Mitochondrien, Chloroplasten und vieler Bakterien etwas größer und wesentlich weniger spezifisch. Diese Poren werden von Multipass-Transmembranproteinen gebildet, den sogenannten **Porinen**. Allerdings durchqueren die Transmembransegmente von Porinmolekülen die Membran nicht als α-Helices, sondern als geschlossene zylindrische β-Faltblätter und bilden die sogenannten β-Fassstruktur (engl.: *β-barrel*) (▶*Abbildung 8.8*). Die β-Fassstruktur hat in der Mitte eine mit Wasser gefüllte Pore. Polare Seitenketten (nicht abgebildet) kleiden das Innere der Pore aus, während die Außenseite der β-Fassstruktur vor allem aus nichtpolaren Seitenketten besteht, die mit dem hydrophoben Inneren der Membran interagieren. Die Pore ermöglicht verschiedenen hydrophilen gelösten Substanzen Durchlass. Die Größe dieser Substrate wird von der Größe der Pore des jeweiligen Porins festgelegt – nur gelöste Substanzen, die kleiner als ungefähr 600 Da sind, können durch das in der *Abbildung 8.8* dargestellte Porin von *E. coli* gelangen. Mutationen in bestimmten bakteriellen Porinen können zu Antibiotikaresistenzen dieser Bakterien führen, indem die Aufnahme der Antibiotika effektiv blockiert wird, die normalerweise zur Bekämpfung einer Infektion verwendet würden.

Aquaporin: Transmembrankanäle für die schnelle Passage von Wasser Während Wasser ohne Unterstützung durch einen Transportprotein nur langsam durch Zellmembranen diffundieren kann, erfolgt der Transport von Wasser durch die Membranen einiger Gewebe wesentlich schneller als er allein durch Diffusion möglich wäre. Tatsächlich postulierte man bereits Ende des 19. Jahrhunderts die Existenz von Wasserkanälen in Zellmembranen. Trotz eines sich anschließenden Jahrhunderts mit Experimenten, die auf deren Existenz hinwiesen, blieben die Wasserkanäle ein Geheimnis und manchmal wurde ihre Existenz angezweifelt.

Erst 1992 isolierten Peter Agre und seine Kollegen von der John Hopkins University in Baltimore schließlich das so lang gesuchte Wasserkanalprotein, das sie **Aquaporin (AQP)** nannten. Sie fanden heraus, dass dieses Protein aus der Erythrocytenmembran sonst relativ wasserundurchlässige Frosch-Eizellen zum Platzen brachte, wenn sie das Aquaporin in deren Membran einbauten. Durch den schnellen Einwärtstransport von Wasser durch die Aquaporine platzten die Zellen, wenn man sie in reines Wasser gab. Kontroll-Eizellen ohne das Protein, die man in reines Wasser gab, veränderten sich nicht. Der Nobelpreis für Chemie 2003 erging dafür an Agre zusammen mit Roderick MacKinnon, der als erster die dreidimensionale Struktur eines Kaliumkanals bestimmt hatte.

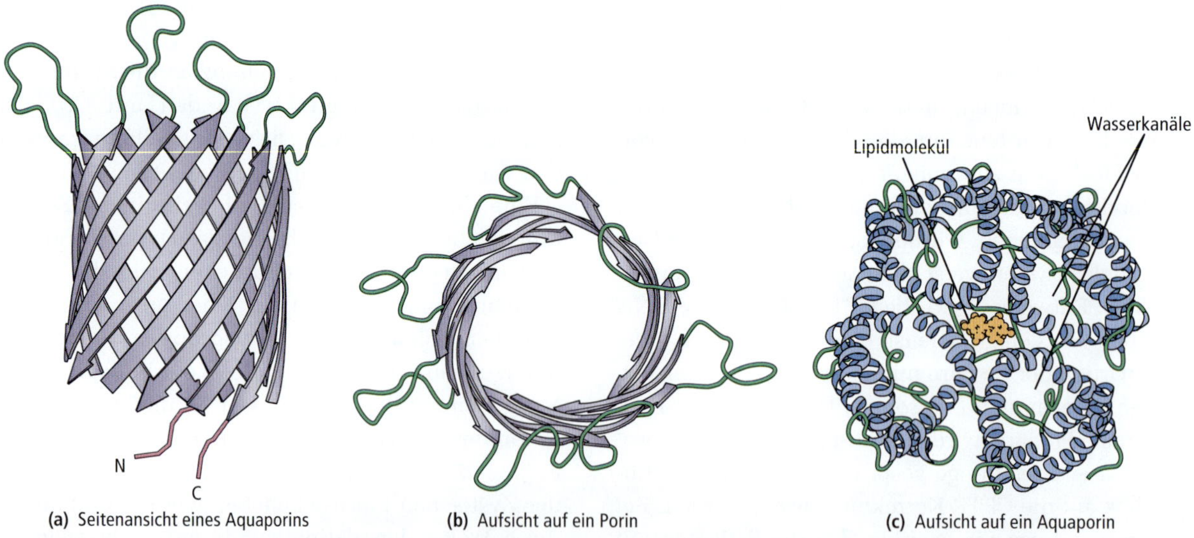

Abbildung 8.8: Porin- und Aquaporinkanalproteine. (a) Seitenansicht und (b) Aufsicht eines Porinproteins von *E. coli*, wobei das 14-strängige Transmembran-β-Fass dargestellt ist. (c) Aufsicht auf ein menschliches Aquaporin mit Darstellung der sechs α-Helices in jedem der vier identischen Monomere. Zwei der vier Wasserkanäle im Tetramer sind markiert.

Aquaporine erleichtern den schnellen Einwärts- und Auswärtstransport von Wassermolekülen in die Zellen spezifischer Gewebe. Die proximalen Tubuli der Nieren reabsorbieren beispielsweise Wasser als Teil der Urinbildung und in der Plasmamembran dieser Nierenzellen sind Aquaporine in so großer Zahl enthalten, dass die Niere mehr als 100 Liter Wasser pro Tag filtern kann. Aquaporine kommen außerdem in großen Mengen in den Erythrocyten vor, die in der Lage sein müssen, sich als Antwort auf plötzliche Veränderungen des osmotischen Drucks auszudehnen oder zu schrumpfen, wenn sie die Niere oder andere arterielle Wege durchlaufen. Erythrocyten besitzen circa 200.000 Aquaporinmoleküle pro Zelle.

In den Pflanzen sind Aquaporine ein wichtiger Bestandteil der Plasmamembranen der Wurzelzellen und der Membran der Vakuolen, worin sich der schnelle Wassertransport widerspiegelt, der zur Entwicklung des Turgors benötigt wird, wie in *Exkurs 8A* dargestellt. Interessanterweise scheinen Prokaryoten keine Aquaporine zu haben, was wahrscheinlich an ihrer geringen Größe liegt – und folglich ihrem großen Oberfläche/Volumen-Verhältnis – das keinen erleichterten Wassertransport erfordert.

Alle bisher beschriebenen Aquaporine sind tetramere integrale Membranproteine mit vier identischen Monomeren, wobei jedes Monomer sechs helikale Transmembransegmente enthält. Die vier Monomere assoziieren nebeneinander in der Membran, wobei ihre 24 Transmembransegmente so ausgerichtet sind, dass sie vier zentrale Kanäle bilden, die mit hydrophilen Seitenketten ausgekleidet sind (▸*Abbildung 8.8c*). Der Raum im Zentrum des Tetramers wird von einem Lipidmolekül blockiert. Der Durchmesser eines jeden der vier Wasserkanäle beträgt ungefähr 0,3 nm und ist gerade groß genug, um ein Wassermolekül nach dem anderen durchzulassen. Selbst diese Einschränkung hindert die Wassermoleküle nicht daran, mit einer Geschwindigkeit von mehreren Milliarden pro Sekunden durch einen Aquaporinkanal zu fließen.

Aktiver Transport: Der proteinvermittelte „Bergauf"-Transport 8.4

Die erleichterte Diffusion ist ein wichtiger Mechanismus zur Beschleunigung des Transports von Substanzen durch Zellmembranen. Allerdings dient er nur für den Transport von Molekülen *in Richtung* des Gleichgewichts, das heißt abwärts der Konzentration oder des elektrochemischen Gradienten. Was passiert, wenn eine Substanz *gegen* den Gradienten transportiert werden muss, beispielsweise im Fall eines Nährstoffs oder einer anderen Substanz, die in einer Zelle oder in Organellen angesammelt wurde? Solche Situationen verlangen aktiven Transport, einen Vorgang, der sich von der erleichterten Diffusion in einem fundamentalen Punkt unterscheidet: Der aktive Transport ermöglicht den Transport gelöster Substanzen vom thermodynamischen Gleichgewicht weg (das heißt „bergauf", entgegen des Konzentrationsgradienten oder gegen ein elektrochemisches Potenzial). Daher wird immer Energie benötigt. Mit anderen Worten, der aktive Transport koppelt einen thermodynamisch ungünstigen Vorgang (Transport gegen einen Konzentrationsgradienten) an einen exergonischen Vorgang (meist ATP-Hydrolyse). Daher müssen die am aktiven Transport beteiligten Membranproteine nicht nur für den Transport der Moleküle der gewünschten gelösten Substanzen durch die Membran Mechanismen zur Verfügung stellen, sondern auch für die Kopplung solcher Mechanismen an energieerzeugende Reaktionen.

Der aktive Transport übernimmt drei wichtige Funktionen in Zellen und Organellen. Erstens ermöglicht er die Aufnahme lebenswichtiger Substanzen aus der Umgebung oder umgebenden Flüssigkeit, sogar wenn deren Konzentrationen in der Zelle deutlich höher sind. Zweitens können dadurch verschiedene Substanzen, wie sekretorische Produkte und Abfallprodukte, aus der Zelle oder den Organellen entfernt werden, auch dann, wenn die Konzentration außerhalb der Zelle größer ist als innerhalb der Zelle. Drittens vermag die Zelle dank des aktiven Transports konstante, intrazelluläre Konzentrationen spezifischer anorganischer Ionen, vor allem K^+, Na^+, Ca^{2+} und H^+, außerhalb der Gleichgewichtsverhältnisse zu halten.

Diese Fähigkeit, im Zellinneren eine Umgebung zu schaffen, in der die gelösten Substanzen in Konzentrationen vorliegen, die weit vom Gleichgewicht entfernt sind, ist ein entscheidendes Merkmal des aktiven Transports. Im Gegensatz zur einfachen oder erleichterten Diffusion, bei denen Bedingungen aufgebaut werden, die zu beiden Seiten der Membran gleich sind, ist der aktive Transport ein Mittel zum Aufbau unterschiedlicher Substratkonzentrationen und/oder elektrischer Potenziale über die Membranen. Letztendlich liegt ein nicht im Gleichgewicht befindlicher Dauerzustand vor, ohne den das Leben, so wie wir es kennen, nicht möglich wäre. Viele am aktiven Transport mitwirkenden Membranproteine bezeichnet man als *Pumpen*, um den Energieaufwand zu betonen, der erforderlich ist, um Substanzen gegen ihre Konzentration oder ihre elektrochemischen Gradienten zu transportieren.

Eine wichtige Unterscheidung zwischen dem aktiven Transport und der einfachen oder erleichterten Diffusion betrifft die Transportrichtung. Sowohl die einfache als auch die erleichterte Diffusion sind im Hinblick auf die Membran *nicht direktional*. Bei beiden Typen der Diffusion werden gelöste Substanzen in eine Richtung transportiert, die gänzlich von der vorherrschenden Konzentration oder dem elektrochemischen Gradienten abhängig ist. Beim aktiven Transport liegt jedoch im Allgemeinen eine intrinsische **Direktionalität** vor. Ein aktives Transportsystem, das eine gelöste Substanz durch eine Membran in einer Richtung schleust, wird diese gelöste Substanz im Allgemeinen nicht in der entgegengesetzten Richtung transportieren. Daher sagt man, dass der aktive Transport ein *unidirektionaler Vorgang* ist.

8.4.1 Die Kopplung des aktiven Transports an eine Energiequelle kann direkt oder indirekt sein

Man kann die Mechanismen des aktiven Transports in zwei verwandte Kategorien einteilen, die sich vor allem im Hinblick auf die Energiequelle unterscheiden und darin, ob zwei Substanzen gleichzeitig transportiert werden oder nicht. Je nach Energiequelle wird der aktive Transport als direkt oder indirekt bezeichnet (▶*Abbildung 8.9*). Beim **primär aktiven Transport** (den man auch als *direkt aktiven Transport* bezeichnet) ist die Akkumulation gelöster Moleküle oder Ionen auf einer Seite der Membran direkt an eine exergonische chemische Reaktion gekoppelt, zumeist an die Hydrolyse von ATP (▶*Abbildung 8.9*a). Transportproteine, die direkt durch ATP-Hydrolyse angetrieben werden, bezeichnet man als *Transport-ATPasen* oder *ATPase-Pumpen*.

Auch für den **indirekt aktiven Transport** wird Energie benötigt, doch hängt dies vom gleichzeitigen Transport zweier gelöster Substanzen ab, wobei die vorteilhafte Transportbewegung eines gelösten Stoffes *„bergab"* seines Gradienten die unvorteilhafte Transportbewegung des anderen gelösten Stoffes *„bergauf"* seines Gradienten antreibt. Die Kopplung eines vorteilhaften Vorgangs (oder einer vorteilhaften Reaktion) an einen unvorteilhaften ermöglicht einen Ablauf, bei dem insgesamt weniger Energie benötigt wird. Dieser duale Transportvorgang kann entweder als Symport (oder Uniport) oder als Antiport bezeichnet werden, je nachdem, ob die beiden gelösten Substanzen sich in die gleiche oder in entgegengesetzte Richtung bewegen. In den meisten Fällen handelt es sich bei einer der gelösten Substanzen um ein Ion, das sich exergonisch an seinem elektrochemischen Gradienten hinab bewegt – meist Na^+ bei Tieren (im Falle der Di- und Tripeptidaufnahme im Dünndarm und in der Niere des Menschen aber auch H^+) und H^+ bei den meisten anderen Organismen. Während des Ionentransports wird der simultane endergonische Transport einer zweiten gelösten Substanz angetrieben (oftmals ein Monosaccharid oder eine Aminosäure, aber auch Di- und Tripeptide) entgegen ihres Konzentrationsgradienten (oder im Fall von Ionen entgegen ihres elektrochemischen Potenzials) angetrieben (▶*Abbildung 8.9*b). Daher bezeichnet man den indirekt aktiven Transport häufig als *sekundär aktiven Transport* oder als *tertiär aktiven Transport*.

(a) Direkt aktiver Transport
Beim aktiven Transport wirkt ein gekoppeltes System mit einer exergonischen chemischen Reaktion zusammen, am häufigsten mit der Hydrolyse von ATP; wie hier abgebildet, treibt die ATP-Hydrolyse den Auswärtstransport von Protonen an, wobei über die Membran ein elektrochemisches Potenzial für Protonen aufgebaut wird.

(b) Indirekt aktiver Transport
Beim indirekten aktiven Transport wirken der gekoppelte Transport einer gelösten Substanz S und Ionen – in diesem Fall Protonen – mit. Der exergonische Einwärtstransport von Protonen liefert die erforderliche Energie, um die transportierte gelöste Substanz S gegen deren Konzentrationsgradienten oder gegen deren elektrochemisches Potenzial zu bewegen.

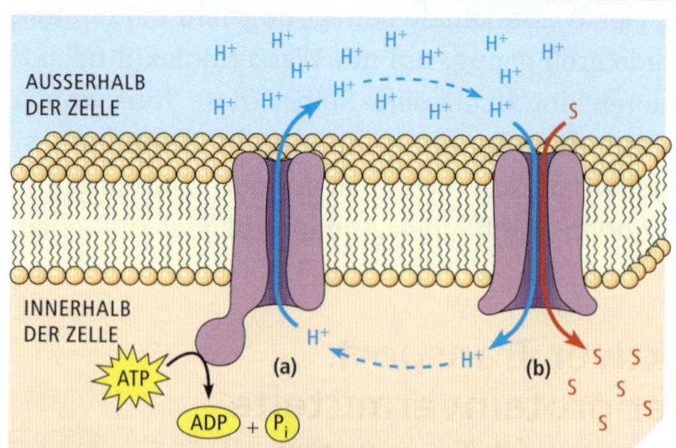

Abbildung 8.9: Vergleich des direkt aktiven Transports und des indirekt aktiven Transports. Beachten Sie, dass der Protonenkreislauf durch die Membran auf die Kopplung direkter und indirekter Mechanismen des aktiven Transports zurückgeht. Beachten Sie außerdem, dass Transporter nicht einfach offene Kanäle sind, wie in dieser vereinfachten Zeichnung dargestellt.

8.4.2 Der direkt aktive Transport hängt von vier Typen von Transport-ATPasen ab

Der am häufigsten genutzte Mechanismus für den primär aktiven Transport erfolgt unter Mitwirkung von Transport-ATPasen, welche den aktiven Transport an die Hydrolyse von ATP koppeln. Man hat vier Haupttypen der Transport-ATPasen identifiziert: P-Typ, V-Typ, F-Typ und ABC-Typ (▶ *Tabelle 8.2*). Diese vier Typen der Transportproteine unterscheiden sich im Hinblick auf Struktur, Mechanismus, Lokalisation und physiologische Aufgaben, aber sie nutzen alle die aus der ATP-Hydrolyse gewonnene Energie, um gelöste Substanzen gegen einen Konzentrationsgradienten oder ein elektrochemisches Potenzial zu transportieren.

P-Typ-ATPasen **P-Typ-ATPasen** (P für „Phosphorylierung") sind Mitglieder einer großen Familie von Proteinen, die als integraler Bestandteil des Transportmechanismus durch ATP reversibel phosphoryliert werden, wobei jeweils ein spezieller Asparaginsäurerest phosphoryliert wird. P-Typ-ATPasen haben acht bis zehn Transmembransegmente in einem einzigen Polypeptid, das die Membran mehrere Male durchspannt (siehe *Abbildung 7.5*b). Des Weiteren können sie durch das Vanadation VO_4^{3-} gehemmt werden, das große Ähnlichkeit mit dem Phosphation (PO_4^{3-}) aufweist und daher mit der Phosphorylierung interferiert. Die Sensitivität gegenüber Vanadat können Wissenschaftler daher als Hilfsmittel zur Identifizierung von P-Typ-ATPasen nutzen.

Die meisten P-Typ-ATPasen sind in der Plasmamembran lokalisiert und werden entsprechend ihrer Sequenz und der strukturellen Ähnlichkeiten in fünf Unterfamilien eingeteilt: P_1-ATPasen hat man in allen Organismen nachgewiesen. Sie sind vor allem für den Transport von Ionen und Schwermetallen verantwortlich. Mehrere Arten von P_2-ATPasen sind für die Erhaltung der Ionengradienten, beispielsweise Na^+, K^+, H^+ und Ca^{2+}, über die Membran vieler eukaryotischer Zellen verantwortlich. Das am besten untersuchte Beispiel ist die Na^+/K^+-Pumpe, die in allen tierischen Zellen vorkommt. Bald werden wir uns eingehender mit dieser ATPase beschäftigen. Ein weiteres Beispiel ist die Ca^{2+}-ATPase, die an der Muskelkontraktion mitwirkt (siehe *Aufgabe 8-10* und *Kapitel 16*). Eine drittes Beispiel für eine P_2-ATPase ist die H^+/K^+-ATPase für die Ansäuerung des Magensaftes im Magen. Dieses Protein ist der Angriffspunkt von Medikamenten, die man als Protonenpumpeninhibitoren bezeichnet und die gegen eine Überproduktion von Magensäure eingesetzt werden. Sie ähneln den P_3-H^+-ATPasen der Pflanzen und Pilze, die Protonen nach außen durch die Plasmamembran dieser Zellen pumpen und dabei das externe Medium ansäuern.

Die P_4-ATPasen unterscheiden sich von den vorangegangenen Typen, da sie keine Ionen pumpen, sondern relativ hydrophobe Moleküle wie Cholesterin und Fettsäuren. Außerdem transportieren sie Substanzen nicht vollständig durch die Membran, sondern sie transportieren Lipide von der einen Schicht der Membrandoppelschicht zur anderen, wobei sie wie Flippasen arbeiten, welche die Aufrechterhaltung der Membranasymmetrie unterstützen. P_5-ATPasen sind weniger gut charakterisiert, aber es ist bekannt, dass sie mehrere Kationen transportieren. Sie haben eine gemeinsame Sequenzhomologie, aber keine Spezifität für gelöste Substanzen. Einige kommen im ER vor, wo sie vermutlich eine Funktion bei der Proteinprozessierung übernehmen und andere sind mit der Vakuole (Hefe) oder dem Lysosom (Tiere) assoziiert und wirken an vererblichen neuronalen Erkrankungen des Menschen mit.

V-Typ-ATPasen **V-Typ-ATPasen** (V für „Vakuole") pumpen Protonen in Organellen wie beispielsweise Vakuolen, Vesikel, Lysosomen, Endosomen und den Golgi-Komplex. Typischerweise liegt der Protonengradient in den Membranen dieser Organellen im Bereich des Zehnfachen bis über 10.000-Fachen. V-Typ-Pumpen werden nicht von Vanadat gehemmt, weil sie keine Phosphorylierung als integralen Bestandteil des Transportvorgangs durchlaufen. Sie besitzen zwei Multiuntereinheiten-Komponenten: eine integrale Komponente, die in die Membran eingebettet ist, und eine periphere Komponente, die aus der Membranoberfläche herausragt. Die periphere Komponente enthält die ATP-Bindungsstelle und somit die ATPase-Aktivität.

Tabelle 8.2

Haupttypen der Transport-ATPasen (Pumpen)

Transportierte gelöste Substanzen	Art der Membran	Art des Organismus	Beispiel für die Funktion der ATPase
P-Typ-ATPasen (P für „Phosphorylierung")			
P_1			
K^+, Cu^+, Zn^{2+}, Cd^{2+}, Pb^{2+}	Plasmamembran	Bakterien, Archaea, Pflanzen, Pilze, Tiere	Transport von Kalium oder Schwermetallionen
P_2			
Ca^{2+}	SR* oder Plasmamembran	Eukaryoten	hält $[Ca^{2+}]$ niedrig im Cytosol
Na^+/K^+	Plasmamembran	Tiere	hält das Membranpotenzial (−60 mV) aufrecht
H^+/K^+	Plasmamembran	Tiere	pumpt H^+ zur Ansäuerung des Magens
P_3			
H^+	Plasmamembran	Pflanzen, Pilze	pumpt Protonen aus der Zelle, um ein Membranpotenzial aufzubauen (−180 mV)
P_4			
Phospholipide	Plasmamembran	Eukaryoten	Flippasen, welche die Asymmetrie in der Lipiddoppelschicht erhalten
P_5			
verschiedene Kationen	ER, Vakuole, Lysosom	Eukaryoten	noch nicht gut charakterisiert
V-Typ-ATPasen (V für „Vakuole")			
H^+	Lysosom, sekretorische Vesikel	Tiere	hält den pH-Wert im Kompartiment niedrig, wodurch hydrolytische Enzyme aktiviert werden
	Vakuolenmembran	Pflanzen, Tiere	
F-Typ-ATPasen (F für „Faktor"); werden auch als ATP-Synthasen bezeichnet			
H^+	innere mitochondriale Membran	Eukaryoten	nutzt den H^+-Gradienten als Antrieb der ATP-Synthese
	Plasmamembran	Bakterien	
	Thylakoidmembran	Pflanzen	
ABC-Typ-ATPasen (ABC für „ATP-Bindungskassette")			
Importer einer Reihe gelöster Substanzen**	Plasmamembran, Membranen der Organellen	Bakterien	Nährstoffe wie Vitamin B_{12}
Exporter von Antitumormedikamenten, Toxinen, Antibiotika, Lipiden	Plasmamembran	Bakterien, Archaea, Eukaryoten	Transporter, der Resistenzen gegen viele Medikamente verleiht, entfernt Medikamente und Antibiotika aus der Zelle

* *Sarkoplasmatisches Retikulum, ein spezialisierter Typ von ER, der in tierischen Muskelzellen vorkommt.*
** *Zu den gelösten Substanzen gehören Ionen, Zucker, Aminosäuren, Kohlenhydrate, Vitamine, Peptide und Proteine.*

F-Typ-ATPasen **F-Typ-ATPasen** (F für „Faktor“) kommen in Bakterien, Mitochondrien und Chloroplasten vor. F-Typ-ATPasen wirken am Protonentransport mit und bestehen aus zwei Multiuntereinheiten-Komplexen. Die integrale Membrankomponente, die sogenannte F_0, ist eine Transmembranpore für Protonen. Die periphere Membrankomponente, die sogenannte F_1, beinhaltet die ATP-Bindungsstelle. F-Typ-ATPasen können durch die Energie der ATP-Hydrolyse Protonen gegen ihr elektrochemisches Potenzial pumpen.

Diese Transportproteine können zudem den umgekehrten Vorgang zur Synthese von ATP katalysieren, worauf wir bei unserer Diskussion der Atmung und der Photosynthese in den *Kapiteln 10* bzw. *11* zurückkommen werden. In der umgekehrten Richtung wird der exergone Protonenfluss gegen ihren Gradienten genutzt, um die ATP-Synthese anzutreiben. Wenn die F-Typ-ATPasen auf diese Weise funktionieren, ist die Bezeichnung **ATP-Synthasen** passender. Als ATP-Synthasen nutzen diese Proteine entweder die Energie aus der Zuckeroxidation (Atmung) oder die Energie der Sonnenstrahlung (Photosynthese), um einen Transmembrangradienten aufzubauen, der die ATP-Synthese antreibt.

Die F-Typ-ATPasen veranschaulichen ein wichtiges Prinzip: *ATP kann nicht nur als Energiequelle zur Erzeugung und Aufrechterhaltung von Ionengradienten genutzt werden, sondern diese Gradienten können umgekehrt auch als Energiequelle zur Synthese von ATP dienen.* Dieses Prinzip, das man bei der Untersuchung von F-Typ-Pumpen entdeckte, bildet die Grundlage der ATP-Synthetisierungsmechanismen bei allen eukaryotischen Organismen und auch bei den meisten Bakterien.

ABC-Typ-ATPasen Die vierte Hauptklasse der ATP-angetriebenen Pumpen sind die **ABC-Typ-ATPasen**, die man auch als **ABC-Transporter** bezeichnet. Das Akronym ABC steht für „ATP-Bindungskassette“ (engl.: *ATP-binding cassette*), wobei der Begriff „Kassette“ die katalytische Domäne des Proteins meint, das ATP als integralen Bestandteil des Transportvorgangs bindet. Mehr als 150 bekannte ABC-Typ-ATPasen bilden eine sehr große Familie von Transportproteinen, die in allen Organismen vorkommen. Abgesehen davon, dass sie im Hinblick auf die Sequenz verwandt sind, trifft dies wahrscheinlich auch auf molekulare Mechanismen zu. Die meisten der zuerst entdeckten ABC-Typ-ATPasen stammten von bakteriellen Spezies und waren *Importer*, die an der Aufnahme von Nährstoffen mitwirken. Es ist aber mittlerweile eine immer umfangreicher werdende Zahl von ABC-Typ-ATPasen bekannt, die als *Exporter* auch in Eukaryoten wirken und von denen einige von erheblicher klinischer Relevanz sind. Später werden wir sehen, dass einige auch in menschlichen Tumorzellen identifiziert wurden, wo sie fatalerweise Antitumormedikamente exportieren. Bisher hat man 48 verschiedene Gene für ABC-Typ-ATPasen im menschlichen Genom identifiziert.

Die typische ABC-Typ-ATPase besitzt vier Proteindomänen. Zwei dieser Domänen sind stark hydrophob und in die Membran eingebettet, während die anderen beiden peripher liegen und mit der cytoplasmatischen Membranseite assoziiert sind. Jede dieser eingebetteten Domänen setzt sich aus sechs Transmembransegmenten zusammen, die den Kanal bilden, durch den die Moleküle transportiert werden. Die beiden peripheren Domänen sind die Kassetten, die ATP binden und dessen Hydrolyse an den Transportvorgang koppeln. Diese vier Domänen sind meistens auf verschiedene Polypeptide verteilt, vor allem in bakteriellen Zellen. Es sind jedoch auch Fälle bekannt, bei denen die vier Domänen Teil eines großen, multifunktionalen Polypeptids sind.

Obwohl die anderen drei Klassen der ATPasen nur Kationen transportieren, transportieren die verschiedenen ABC-Typ-ATPasen eine bemerkenswerte Vielfalt von Substanzen. Die meisten ABC-Transporter sind für eine bestimmte Substanz oder für eine Klasse engverwandter Substanzen spezifisch. Die Vielzahl der transportierten gelösten Stoffe, die von den vielen Mitgliedern dieser Superfamilie transportiert werden, darunter Ionen, Zucker, Aminosäuren und sogar Peptide und Polysaccharide, ist wahrlich beachtlich.

ABC-Transporter sind von großem medizinischem Interesse, denn einige von ihnen pumpen Antibiotika oder andere Medikamente aus der Zelle hinaus, wodurch der Zelle gegen dieses Medikament Resistenz verliehen wird. Einige menschliche Tumore sind zum Beispiel bemerkenswert resistent gegen eine Reihe von Medikamenten, die dem Tumorwachstum normalerweise recht gut entgegenwirken. Die Zellen dieser Tumore besitzen eine ungewöhnlich hohe Konzentration eines großen Proteins, das man als Multidrug-Resistance-Transporter (MDR) bezeichnet, das tatsächlich die erste ABC-Typ-ATPase war, die man beim Menschen identifizierte. Der MDR nutzt die Energie der ATP-Hydrolyse, um hydrophobe Medikamente aus den Zellen herauszupumpen, wodurch die cytoplasmatische Konzentration der Medikamente, und damit ihre Effektivität als therapeutische Wirkstoffe, verringert wird. Anders als die meisten ABC-Transporter verfügt das MDR-Protein über eine beachtlich breite Spezifität; es kann eine große Anzahl chemisch unterschiedlicher Medikamente exportieren, die standardmäßig in der Chemotherapie bei Krebserkrankungen verwendet werden, sodass eine Zelle, die ein MDR-Protein in ihrer Plasmamembran beherbergt, gegen eine Vielzahl von therapeutischen Wirkstoffen resistent wird. Ganz ähnlich verhalten sich die MDR-Proteine einiger Bakterien, die eine Vielzahl von Antibiotika aus der Zelle transportieren können, wodurch diesen Zellen Resistenz gegen viele Antibiotika verliehen wird.

Das medizinische Interesse an dieser Klasse von Transportproteinen wuchs, als man nachwies, dass die Zystische Fibrose durch einen Gendefekt in einem Plasmamembranprotein verursacht wird, das strukturell mit den ABC-Transportern verwandt ist. Seit langem ist bekannt, dass sich in den Lungen der Menschen, die an Zystischer Fibrose leiden, ein ungewöhnlich dicker Schleim ansammelt – ein Zustand, der oftmals zu Lungenentzündung und anderen Lungenerkrankungen führt. Mittlerweile wissen wir, dass diese Krankheit durch Mutationen in einem Gen entsteht, das für einen Chloridionenkanal codiert.

Das Protein, der sogenannte *Zystische-Fibrose-Transmembran-Leitfähigkeits-Regulator* (*CFTR*), ähnelt in der Sequenz und wahrscheinlich auch in der Topologie den Kerndomänen von ABC-Transportern. Allerdings handelt es sich beim CFTR um einen Ionenkanal, der gleichzeitig ein wichtiges regulatorisches Protein von Epithelzellen darstellt. Im Gegensatz zu den meisten ABC-Typ-ATPasen nutzt CFTR ATP nicht, um Energie für den Transport zur Verfügung zu haben. Stattdessen scheint die ATP-Hydrolyse bei der Öffnung des Kanals mitzuwirken. Neueste Erkenntnisse über die Zystische Fibrose auf molekularer Ebene und Versuche mit der Gentherapie zur Behandlung dieser Erkrankung werden in *Exkurs 8B* vorgestellt.

8.4.3 Der indirekt aktive Transport wird von Ionengradienten angetrieben

Im Gegensatz zum primär aktiven Transport, dessen Triebkraft die Energie ist, die aus einer chemischen Reaktion wie der ATP-Hydrolyse gewonnen wird, wird der indirekt aktive Transport (den man auch als *sekundär* oder *tertiär aktiven Transport* bezeichnet) durch den Transport eines Ions abwärts seines elektrochemischen Gradienten angetrieben. Dieses Prinzip ging aus Untersuchungen über die Aufnahme von Zuckern, Aminosäuren und anderen organischen Molekülen in Zellen hervor: Der Einwärtstransport von Molekülen *„bergauf"* ihres elektrochemischen Gradienten ist oftmals an den gleichzeitigen Einwärtstransport entweder von Natriumionen (bei tierischen Zellen) oder Protonen (bei den meisten Zellen der Pflanzen, Pilze und Bakterien, aber auch bei tierischen Zellen) gekoppelt und wird durch die elektrochemischen „Bergab"-Gradienten für Natrium und Protonen angetrieben.

Das häufige Vorkommen solcher Symportmechanismen liefert die Erklärung, warum die meisten Zellen kontinuierlich entweder Natriumionen oder Protonen aus der Zelle pumpen. Bei Tieren dient beispielsweise die relativ hohe extrazelluläre Konzentration von Natriumionen, die durch die Na^+/K^+-Pumpe aufrechterhalten wird, als Triebkraft für die Aufnahme einer Vielzahl von Zuckern und Aminosäuren (▶*Abbildung 8.10*). Die Aufnahme solcher Verbindungen wird als sekundär oder tertiär aktiver Transport betrachtet, denn sie wird nicht direkt durch die Hydrolyse von ATP oder einer anderen hochenergetischen Verbindung mit Energie versorgt. Letztendlich hängt die Aufnahme jedoch immer noch von ATP ab, denn die Na^+/K^+-Pumpe, die den Natriumionengradienten aufrecht hält, wird selbst durch die ATP-Hydrolyse angetrieben. Das ständige Hinauspumpen von Na^+ durch die von ATP angetriebene Na^+/K^+-Pumpe und der Einwärtstransport von Na^+ durch Symport (gekoppelt zur Aufnahme einer weiteren gelösten Substanz) begründen die Zirkulation von Natriumionen über die Plasmamembran jeder tierischen Zelle, ganz ähnlich dem Kreislauf von H^+-Ionen, wie in der *Abbildung 8.9* dargestellt.

Während viele tierische Zellen hauptsächlich Natriumionen nutzen, um den sekundär aktiven

Transport anzutreiben, sind die meisten nichttierischen Zellen von einem Protonengradienten abhängig. Zum Beispiel nutzen Pilze und Pflanzen den Protonensymport für die Aufnahme organischer gelöster Substanzen, wobei eine von ATP angetriebene Protonenpumpe für Erzeugung und Erhalt des elektrochemischen Protonenpotenzials verantwortlich ist. Viele bakterielle Zellen machen ausgiebig Gebrauch vom Protonencotransport, um die Aufnahme von Molekülen gelöster Substanzen anzutreiben, so wie beispielsweise die Mitochondrien. In all diesen Fällen wird der Protonengradient allerdings durch einen Elektronentransfer erhalten, der mit der Zellatmung gekoppelt ist, was wir in *Kapitel 10* genauer betrachten werden.

Abgesehen von der *Aufnahme* organischer Moleküle wie Zucker und Aminosäuren durch Symport können Natriumionen oder Protonengradienten auch als Triebkraft für den *Export* anderer Ionen genutzt werden, darunter Ca^{2+}, H^+ und K^+. Diese Form des sekundär aktiven Transports ist im Allgemeinen ein Antiport und kann beispielsweise über den Austausch von Kaliumionen gegen Protonen, von Natriumionen gegen Protonen oder von Calciumionen gegen Natriumionen erfolgen.

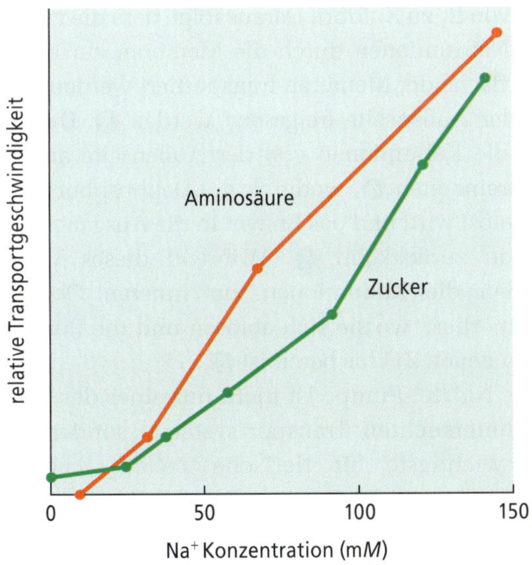

Abbildung 8.10: Wirkung der externen Natriumionenkonzentration auf den Transport von Aminosäuren und Zuckern. Bei diesem Experiment veränderten die Wissenschaftler die extrazelluläre Konzentration von Natriumionen und maßen die Transportgeschwindigkeit der Aminosäure Glycin in Erythrocyten oder des Zuckers 7-Desoxy-D-Glucoheptose in den Darmepithelzellen. Untersuchungen dieser Art lieferten den ersten Nachweis dafür, dass der Transport von Aminosäuren und Zuckern in Zellen hinein von Natriumionen angetrieben wird, die im extrazellulären Medium vorkommen.

8.5 Beispiele für aktiven Transport

Nachdem wir uns mit den allgemeinen Merkmalen des aktiven Transports beschäftigt haben, können wir nun drei spezifische Beispiele genauer betrachten: jeweils ein Beispiel für den primär und den sekundär aktiven Transport bei tierischen Zellen sowie einen ungewöhnlichen Typ eines durch Licht angetriebenen Transports in einem Bakterium. In jedem Beispiel werden wir darauf eingehen, welche Arten von Substraten transportiert werden, was die Triebkraft darstellt und wie die Energiequelle an den Transportmechanismus gekoppelt ist. Zuerst werden wir uns mit der *Na⁺/K⁺-ATPase* (oder *Na⁺/K⁺-Pumpe*) auseinandersetzen, die in tierischen Zellen arbeitet, denn sie bietet ein sehr gut untersuchtes Beispiel für den primär aktiven Transport durch eine P-Typ-ATPase. Im Anschluss werden wir ein zweites Beispiel aus der Welt der tierischen Zellen betrachten: den sekundär aktiven Transport von Glucose durch einen *Na⁺/Glucose-Symporter*, der die Energie des Natriumionengradienten nutzt, der von der *Na⁺/K⁺-ATPase* aufgebaut wurde. Schließlich werden wir kurz einen durch Licht angetriebenen Protonentransport bei bestimmten Bakterien erläutern.

8.5.1 Der primär aktive Transport: Die Na⁺/K⁺-Pumpe hält den elektrochemischen Ionengradienten aufrecht

Ein charakteristisches Merkmal der meisten tierischen Zellen ist eine hohe intrazelluläre Konzentration von Kaliumionen und eine niedrige Konzentration von Natriumionen, sodass in einer typischen tierischen Zelle das Verhältnis von $[K^+]_{innen}/[K^+]_{außen}$ ungefähr 35 : 1 beträgt, und das Verhältnis von $[Na^+]_{innen}/[Na^+]_{außen}$ liegt bei ungefähr 0,08 : 1. Das sich daraus ergebende elektrochemische Potenzial für Kalium- und Natriumionen ist von grundlegender Bedeutung, denn dieses Potenzial liefert die Triebkraft für den gekoppelten Transport sowie für die Übertragung von Nervenimpulsen. Sowohl das Hineinpumpen von Kaliumionen als auch das Hinauspumpen von Natriumionen sind daher Vorgänge, die Energie benötigen, denn beide Ionen werden „bergauf" ihres elektrochemischen Gradienten bewegt.

Das für diesen Vorgang verantwortliche Protein wurde im Jahr 1957 von Jens Skou, einem dänischen Physiologen entdeckt, der 1997 den Nobelpreis für Chemie erhielt. Die Entdeckung dieses Enzyms, das Ionen transportiert, war tatsächlich der erste dokumentierte Fall eines aktiven Transports. Diese Na^+/K^+-ATPase oder Na^+/K^+-Pumpe, wie man diese P-Typ-ATPase im Allgemeinen bezeichnet, nutzt die exergonische Hydrolyse von ATP zum Antrieb des endergonischen Einwärtstransports von Kaliumionen und den Auswärtstransport von Natriumionen entgegen ihrer Konzentrationsgradienten. Die Na^+/K^+-Pumpe ist hauptverantwortlich für die asymmetrische Verteilung von Ionen über die Plasmamembran tierischer Zellen. Ebenso wie die meisten anderen aktiven Transportsysteme liegt auch in dieser Pumpe selbst eine Direktionalität vor. Kaliumionen werden immer einwärts und Natriumionen werden immer auswärts gepumpt. Tatsächlich aktivieren Natrium- und Kaliumionen die ATPase nur auf der Membranseite, von der aus sie transportiert werden – Natriumionen von der Innenseite, Kaliumionen von der Außenseite. Pro Molekül hydrolysiertem ATP werden drei Natriumionen auswärts und zwei Kaliumionen einwärts transportiert.

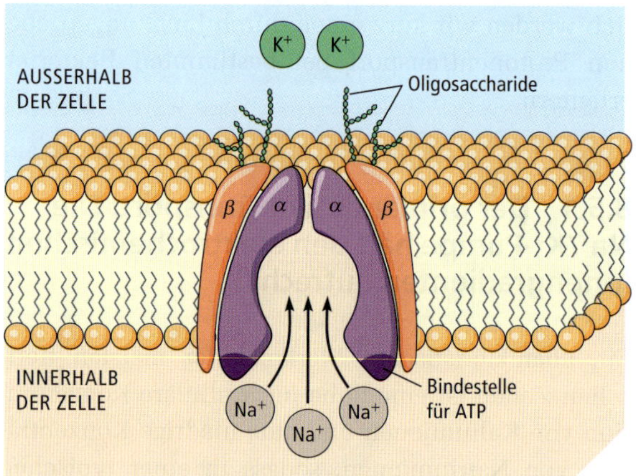

Abbildung 8.11: Die Na^+/K^+-Pumpe. Die Na^+/K^+-Pumpe, die in allen tierischen Zellen vorkommt, besteht aus zwei α-Untereinheiten und zwei β-Untereinheiten. Die α-Untereinheiten sind Transmembranproteine mit Bindestellen für ATP auf der cytoplasmatischen Seite. Die β-Untereinheiten liegen auf der Außenseite der α-Untereinheiten und werden glykosyliert. Die Pumpe ist in der E_1-Konformation dargestellt, die zur Innenseite der Zelle geöffnet ist. Durch die Bindung von Natriumionen kommt es zu einer Konformationsänderung, aus der die E_2-Form hervorgeht, die sich zur Außenseite öffnet. Der Transportmechanismus dieser Pumpe wird in der *Abbildung 8.12* dargestellt.

Die ▸*Abbildung 8.11* ist eine schematische Darstellung der Na^+/K^+-Pumpe. Die Pumpe ist ein tetrameres Transmembranprotein mit zwei α- und zwei β-Untereinheiten. Die α-Untereinheiten enthalten die Bindestellen für die Natriumionen und ATP auf der cytoplasmatischen Seite und für Kaliumionen auf der Außenseite der Membran. Wir wissen, dass die β-Untereinheiten auf der Außenseite der α-Untereinheiten liegen und glykosyliert werden, allerdings ist ihre Funktion noch nicht geklärt.

Die Na^+/K^+-Pumpe ist ein allosterisches Protein, das in zwei alternativen Konformationszuständen vorliegen kann, die man als E_1 und E_2 bezeichnet. Die E_1-Konformation ist zur Innenseite der Zelle geöffnet und besitzt eine starke Affinität für Natriumionen, während E_2 zur Außenseite geöffnet ist, mit hoher Affinität für Kaliumionen. Durch Phosphorylierung des Enzyms durch ATP, einem von Natrium ausgelösten Ereignis, wird die E_2-Form stabilisiert. Die Dephosphorylierung, von K^+ ausgelöst, stabilisiert wiederum das Enzym in der E_1-Form.

In der ▸*Abbildung 8.12* haben wir schematisch dargestellt, dass der tatsächliche Transportmechanismus durch eine Initialbindung von drei Natriumionen an die E_1-Form auf der Membraninnenseite, oben rechts, erfolgt ❶. Die Bindung von Natriumionen löst die Phosphorylierung der α-Untereinheit des Enzyms durch ATP aus ❷, was zum Wechsel der Konformation von E_1 zu E_2 führt. Daraus folgt, dass die gebundenen Natriumionen durch die Membran zur externen Oberfläche der Membran transportiert werden, wo sie auf der Außenseite freigesetzt werden ❸. Dann binden die Kaliumionen von der Außenseite an die α-Untereinheiten ❹, wodurch die Dephosphorylierung ausgelöst wird und das Enzym in die Ausgangskonformation zurückkehrt ❺. Während dieses Vorgangs werden die Kaliumionen zur inneren Oberfläche transportiert, wo sie sich ablösen und die Pumpe für einen neuen Zyklus bereit ist ❻.

Die Na^+/K^+-Pumpe ist nicht nur eines der am besten untersuchten Transportsysteme, sondern auch das wichtigste für tierische Zellen. Abgesehen davon, dass diese Pumpe die richtigen intrazellulären Konzentrationen von Kalium- und Natriumionen aufrechterhält, ist sie auch für die Erhaltung des Membranpotenzials verantwortlich, dass über der Plasmamembran besteht. Die Na^+/K^+-Pumpe erlangt noch größere Bedeutung, wenn man an die lebenswichtige Funktion denkt, die Natriumionen beim Einwärtstransport organischer Substrate übernehmen, ein Thema, auf das wir nun zu sprechen kommen, da wir uns mit dem Natriumsymport

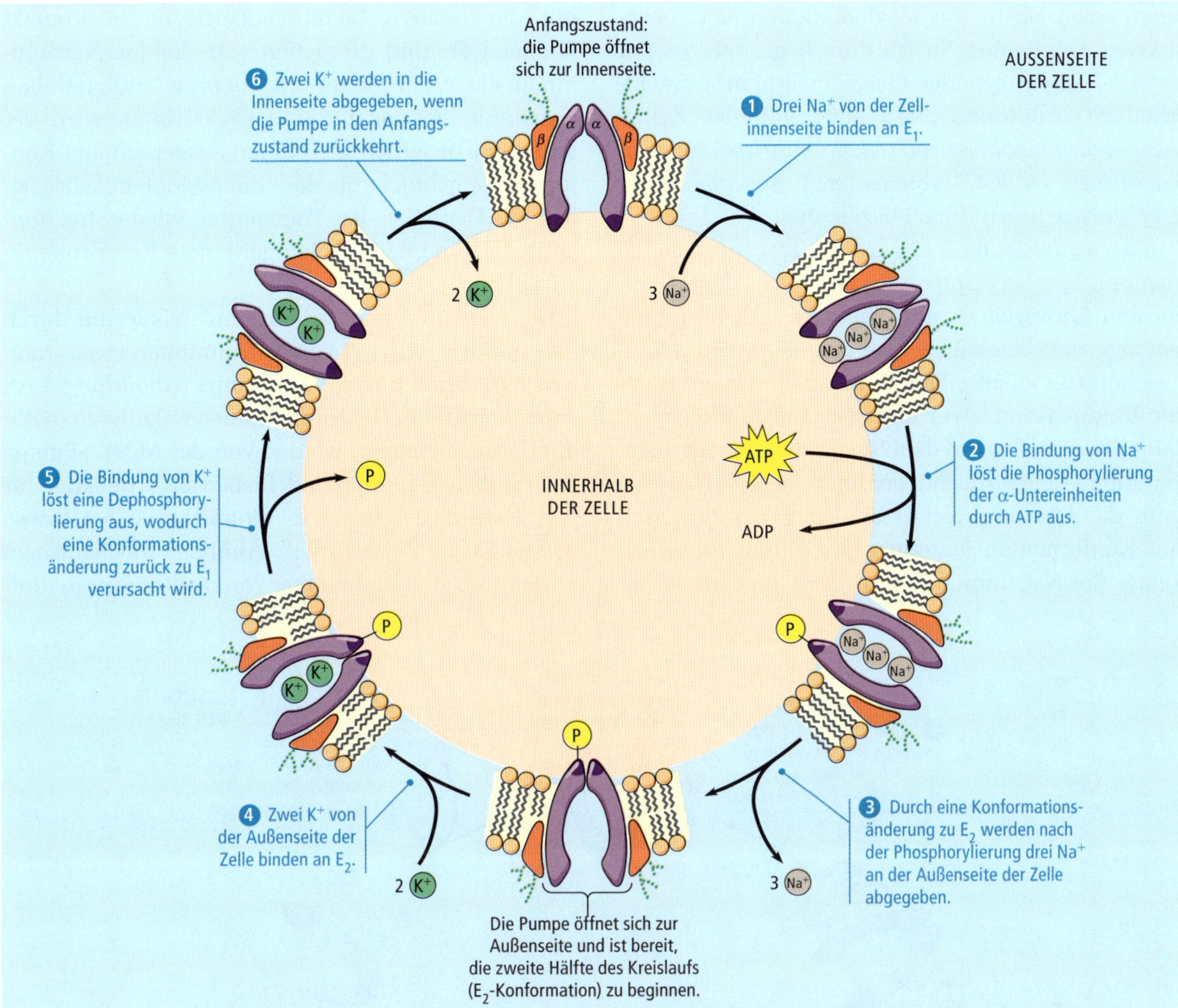

Abbildung 8.12: **Modellmechanismus für die Na^+/K^+-Pumpe**. Der Transportvorgang ist hier in sechs Schritten dargestellt, die an der Peripherie der Zelle ablaufen. Der Auswärtstransport der Natriumionen ist an den Einwärtstransport von Kaliumionen gekoppelt, die beide entgegen ihrer jeweiligen elektrochemischen Potenziale transportiert werden. Die Triebkraft stammt von der ATP-Hydrolyse, die zur Phosphorylierung der α-Untereinheit der Pumpe in Schritt 2 benötigt wird. E_1 und E_2 sind die Konformationszustände des Proteins, wenn die Pumpe zur Innenseite (oberer Teil der Abbildung) bzw. zur Außenseite (unterer Teil der Abbildung) geöffnet ist.

beschäftigen werden. Auch für den Auswärtstransport von Substraten durch Antiporter (zum Beispiel den Na^+/Ca^{2+}-Antiporter oder den Na^+/H^+-Antiporter) ist der Natriumgradient natürlich von fundamentaler Bedeutung.

8.5.2 Sekundär aktiver Transport: Natriumsymport als Antrieb der Glucoseaufnahme

Wir wollen als Beispiel des sekundär aktiven Transports die Aufnahme von Glucose durch den **Na^+/Glucose-Symporter** (oder Na^+/Glucose-Cotransporter) darstellen. Obwohl der größte Teil des Glucosetransports in unsere Zellen hinein und aus ihnen heraus in unserem Körper mittels erleichterter Diffusion erfolgt, wie in der *Abbildung 8.7* dargestellt, besitzen die Epithelzellen, die den Darm oder Nierenkanälchen auskleiden, Transportproteine, die Glucose und bestimmte Aminosäuren aus dem Darm oder in der Niere sogar dann aufnehmen können, wenn diese in weitaus geringerer Konzentration vorliegen als innerhalb der Epithelzellen. Dieser Vorgang benötigt Energie und wird durch die gleichzeitige exergonische Aufnahme von Natriumionen angetrieben, was an dem steilen elektrochemischen Gradienten für Natrium liegt, der von der Na^+/K^+-Pumpe über der Plasmamembran aufrechterhalten wird (hohe $[Na^+]$ außerhalb der Zelle). Diese *natriumabhängigen Glucosetransporter* werden oftmals als *SGLT*-Proteine (engl.: *sodium dependent glucose transporters*) bezeichnet.

In der ▸*Abbildung 8.13* wird der Transportmechanismus des Na^+/Glucose-Symporters dargestellt, der den Einwärtstransport von zwei Natriumionen benötigt, um die gleichzeitige Aufnahme eines Glucosemoleküls anzutreiben. Der Transport beginnt mit der Bindung von zwei externen Natriumionen an deren Bindestellen auf dem Symporter, der zur äußeren Membranoberfläche geöffnet ist ❶. Dadurch kann das Glucosemolekül binden ❷, worauf sich eine Konformationsänderung im Protein anschließt, sodass die Natriumionen und das Glucosemolekül mit der inneren Membranoberfläche in Kontakt kommen ❸. Dort dissoziieren die beiden Natriumionen als Antwort auf die niedrige intrazelluläre Natriumionenkonzentration ❹. Dadurch wird der Transport in seiner nach innen ausgerichteten Konformation geblockt bis das Glucosemolekül dissoziiert ❺. Dann ist der Transporter wieder frei und kehrt in seine nach außen gerichtete Konformation zurück ❻.

Der Natriumionengradient wird wiederum durch den ständigen Export von Natriumionen (gestrichelter Pfeil) durch die Na^+/K^+-Pumpe (*Abbildung 8.12*) aufrechterhalten. Die Natriumionen zirkulieren durch die Plasmamembran, werden von der Na^+/K^+-Pumpe nach außen gepumpt und fließen als Triebkraft für den Natriumsymport von Molekülen wie Glucose wieder in die Zelle zurück. Ähnliche Mechanismen wirken an der Aufnahme von Aminosäuren und

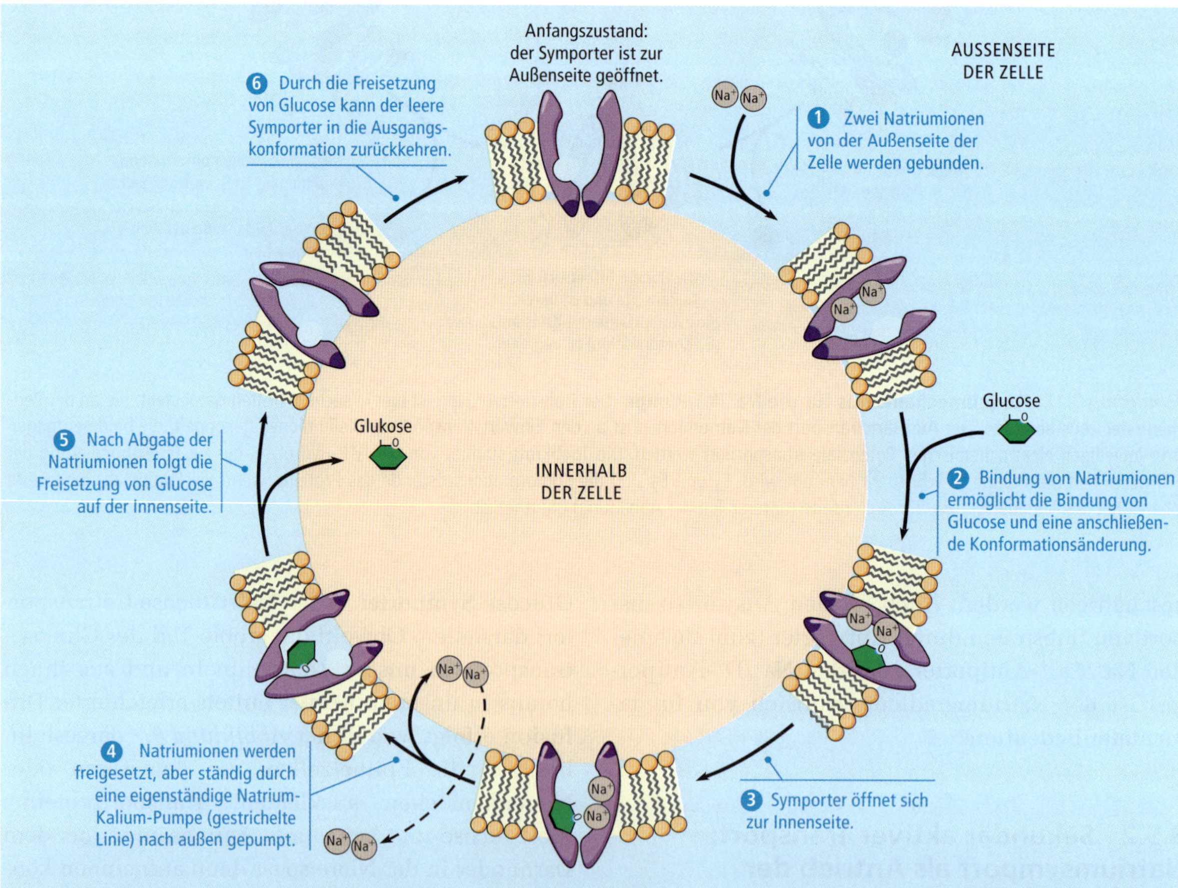

Abbildung 8.13: Modellmechanismus für den Na^+/Glucose-Transporter. Der Transportvorgang ist hier in sechs Schritten dargestellt, die an der Peripherie der Zelle ablaufen. Der Einwärtstransport von Glucose gegen ihren Konzentrationsgradienten wird durch den gleichzeitigen Einwärtstransport von Natriumionen abwärts ihres elektrochemischen Gradienten angetrieben. Der Natriumionengradient wird wiederum durch den ständigen Auswärtstransport von Natriumionen (gestrichelter Pfeil) durch die Na^+/K^+-Pumpe in *Abbildung 8.12* aufrechterhalten.

anderen organischen Substraten mittels des Natriumsymports in tierischen Zellen mit und am Protonensymport in den Zellen von Pflanzen, Pilzen und Bakterien. In Darm und Niere von Säugetieren gibt es aber auch Transporter, die einen Protonengradienten nutzen, um sehr effektiv Di- und Tripeptide in die Epithelzellen aufzunehmen. Diese Transporter, PepT1 und PepT2 genannt, nutzen den Protonengradienten, der durch einen sekundär aktiven Protonenantiporter aufgebaut wird, und werden daher *tertiär aktive Transporter* genannt.

Ausgehend von der Kenntnis des Na^+/Glucose-Cotransport-Mechanismus vermochte man die Behandlung der Cholera zu verbessern, die von dem Bakterium *Vibrio cholerae* verursacht wird. Dieses Bakterium bildet das Choleratoxin, das Darmzellen lähmt und zum Tod durch Dehydrierung führen kann. Orale Rehydrierung ist die Standardmethode zur Behandlung der Cholera und die Rehydrierung mit einer Salz- und Zuckerlösung hat sich als wirksamste Therapie erwiesen. Dank der Verabreichung von NaCl mit Glucose kann der Körper Wasser behalten, wenn er versucht, das Salze-Gleichgewicht in seinen Geweben beizubehalten, und die Aufnahme von Glucose zusammen mit dem Salz bahnt den Weg für die effiziente Aufnahme von Na^+ über den Na^+/Glucose-Symporter. Außerdem wissen wir heute auch, dass SGLT zusammen mit Na^+ und Glucose zusätzlich mehr als hundert Wassermoleküle in die Zellen hineinschleust und somit der Dehydratation entgegenwirkt.

8.5.3 Bacteriorhodopsin als Protonenpumpe nutzt Lichtenergie für den Protonentransport

Das letzte aktive Transportsystem, mit dem wir uns beschäftigen, ist zugleich das einfachste. Nichts weiter als ein kleines integrales Membranprotein, mit der Bezeichnung **Bacteriorhodopsin**, ist daran beteiligt. Dieses Protein, das wir in *Kapitel 7* kurz vorgestellt hatten, ist eine Protonenpumpe, die in der Plasmamembran halophiler („Salz liebender") Archaea der Gattung *Halobacterium* vorkommt. Im Gegensatz zu den Transportproteinen, die Energie nutzen, die aus ATP oder aus Ionengradienten gewonnen wurde, stammt die von Bacteriorhodopsin verwendete Energie, um den aktiven Transport anzutreiben, aus Lichtphotonen. Bacteriorhodopsin enthält ein Pigmentmolekül, das Lichtenergie auffängt und diese zum Antrieb des aktiven Auswärtstransports von Protonen durch die Plasmamembran nutzt. Dadurch baut Bacteriorhodopsin einen elektrochemischen Protonengradienten auf, der die Synthese von ATP durch eine ATP-Synthase antreibt, analog zu den F-Typ-ATP-Synthasen, die in Chloroplasten und Mitochondrien vorkommen.

Das Licht absorbierende Pigment von Bacteriorhodopsin ist ein Retinal, ein mit dem Vitamin A verwandtes Carotenoid-Derivat. (Retinal dient auch als visuelles Pigment in der Retina Ihrer Augen.) Das Retinal verleiht dem Bacteriorhodopsin eine leuchtend violette Farbe, weshalb die Halobakterien auch *Phototrophe Purpurbakterien* genannt werden.

Bacteriorhodopsin ist ein integrales Membranprotein mit sieben α-helikalen Transmembrandomänen, membrandurchspannenden Segmenten, die in der Membran so ausgerichtet sind, dass sie eine zylindrische Form bilden (▶*Abbildung 8.14*c). Normalerweise liegt das Retinal-Chromophor (der „Farbträger", er gibt dem Molekül seine Farbe) in der *all-trans*-Form vor und ist kovalent an der Position 216 mit der Seitenkette eines Lysinrestes verknüpft. Wenn das Retinal ein Photon Licht absorbiert, isomerisiert eine seiner Doppelbindungen zur höher energetisierten *cis*-Form, wodurch das Bacteriorhodopsin-Molekül photoaktiviert wird. Das photoaktivierte Molekül kann dann Protonen von der Innenseite auf die Außenseite der Zelle transferieren. Das elektrochemische Potenzial, das durch Hinauspumpen von Protonen aus der Zelle aufgebaut wird, wird von den in der Membran lokalisierten ATPasen des Halobakteriums genutzt, um ATP zu synthetisieren, während die Protonen abwärts ihres Konzentrationsgradienten zurück in die Zelle fließen. Da das Bacteriorhodopsinmolekül eine durch Licht angetriebene Protonenpumpe ist, wird es in der Forschung der biomolekularen Elektronik auf seine Tauglichkeit als leitendes Medium untersucht. Dies ist ein relativ neues Betätigungsfeld, in dem biologische Moleküle mit Elektronen- und Ionenleitenden Fähigkeiten untersucht werden und als Strukturelemente für Geräte in der Biooptik, der Biosensorik und für Biocomputing dienen.

Die energieabhängige Protonenpumpe ist eines der Grundkonzepte der Zellenergetik. Der Vorgang des Protonenpumpens, der in allen Bakterien, Mitochondrien und Chloroplasten abläuft, stellt die Antriebskraft allen Lebens auf der Erde dar, denn er ist eine unabdingbare Voraussetzung, die für eine effiziente ATP-Synthese erfüllt sein muss. In den *Kapiteln 10* und *11*, in denen wir uns mit Atmung und Photosynthese beschäftigen, werden wir die Mechanismen, die der Erzeugung von Protonengradienten unterliegen, und den Einsatz der Energie dieser Gradienten genauer betrachten.

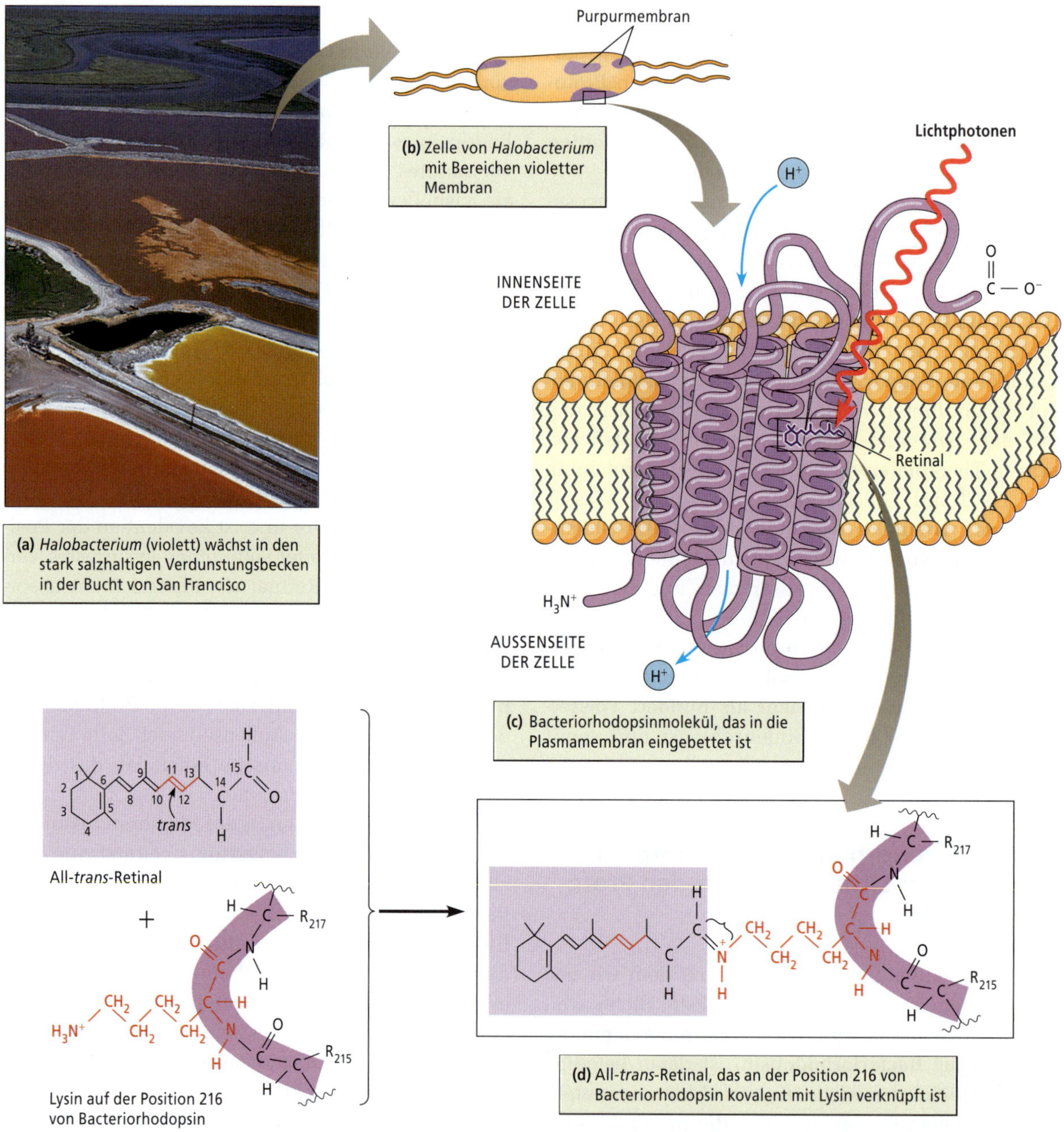

(a) *Halobacterium* (violett) wächst in den stark salzhaltigen Verdunstungsbecken in der Bucht von San Francisco

(b) Zelle von *Halobacterium* mit Bereichen violetter Membran

(c) Bacteriorhodopsinmolekül, das in die Plasmamembran eingebettet ist

(d) All-*trans*-Retinal, das an der Position 216 von Bacteriorhodopsin kovalent mit Lysin verknüpft ist

Abbildung 8.14: Die Bacteriorhodopsin-Protonenpumpe der Halobakterien. (a) Archaea der Gattung *Halobacterium* zeichnen sich durch ihre Purpurfärbung aus, die durch das Protein Bacteriorhodopsin hervorgerufen wird. (b) Bacteriorhodopsin ist eine lichtaktivierte Protonenpumpe und erscheint in den Zellen von *Halobacterium* als purpurne Flecken in der Plasmamembran, die man deshalb auch als Purpurmembran bezeichnet. (c) Die sieben α-helikalen Transmembrandomänen von Bacteriorhodopsin sind durch kurze, nicht-helikale Segmente getrennt und so in der Membran ausgerichtet, dass sie eine zylindrische Form bilden. (d) Der Chromophor, all-*trans*-Retinal, ist an der Position 216 im siebten Transmembransegment des Proteins an Lysin gebunden.

Die Energetik des Transports 8.6

Jeder Transport in der Zelle ist eine Energietransaktion. Entweder wird Energie während des Transports freigesetzt oder sie wird benötigt, um den Transport anzutreiben. Möchte man die Energetik des Transports verstehen, so muss man erkennen, dass zwei verschiedene Faktoren mitwirken können. Bei nicht-geladenen gelösten Substanzen hat man nur eine einzige Variable, den Konzentrationsgradienten über der Membran, der bestimmt, ob der Transport „abwärts“ eines Gradienten (exergonisch) oder „aufwärts“ (endergonisch) erfolgt. Bei geladenen gelösten Substanzen muss man sowohl einen Konzentrationsgradienten als auch ein elektrochemisches Potenzial über der Membran beachten. Diese beiden können sich entweder gegenseitig verstärken oder einander entgegenstehen, je nach Ladung des Ions und Richtung des Transports. Zuerst werden wir uns mit dem Transport nicht-geladener Substanzen beschäftigen und anschließend mit der etwas komplizierteren Variante, wenn geladene Substanzen durch Membranen transportiert werden.

8.6.1 Bei nicht-geladenen Substanzen hängt ΔG des Transports nur vom Konzentrationsgradienten ab

Im Hinblick auf gelöste Substanzen ohne Nettoladung müssen wir uns lediglich mit dem Konzentrationsgradienten über der Membran beschäftigen. Daher können wir diese Abläufe wie eine einfache chemische Reaktion behandeln und entsprechend können wir ΔG berechnen.

Berechnung von ΔG für den Transport von Molekülen Die allgemeine „Reaktion“ für den Transport von Molekülen der gelösten Substanz S von der Außenseite des membranumhüllten Kompartiments auf die Innenseite kann folgendermaßen dargestellt werden:

$$S_{\text{außen}} \longrightarrow S_{\text{innen}} \qquad (8\text{-}4)$$

Aus *Kapitel 5* wissen Sie, dass die Änderung der freien Energie für diese Reaktion folgendermaßen formuliert werden kann:

$$\Delta G = \Delta G^\circ + RT \ln \frac{[S]_{innen}}{[S]_{außen}} \qquad (8\text{-}5)$$

Wobei ΔG die Veränderung der freien Energie ist, ΔG° ist die Standardveränderung der freien Energie, R ist die Gaskonstante (1,987 cal/mol · K), T ist die absolute Temperatur und $[S]_{\text{innen}}$ und $[S]_{\text{außen}}$ sind die tatsächlichen Konzentrationen von S jeweils auf der Innen- und der Außenseite der Membran. Die Gleichgewichtskonstante K_{eq} für den Transport eines nicht geladenen gelösten Stoffes ist immer 1, denn im Gleichgewicht sind die Konzentrationslösungen zu beiden Seiten der Membran immer gleich:

$$K_{\text{eq}} = \frac{[S]_{innen}}{[S]_{außen}} = 1{,}0 \qquad (8\text{-}6)$$

Das bedeutet, dass ΔG° immer Null ist:

$$\Delta G^\circ = -RT \ln K_{\text{eq}} = -RT \ln 1 = 0 \qquad (8\text{-}7)$$

So kann man die Gleichung für ΔG für den Einwärtstransport einer nicht geladenen gelösten Substanz vereinfachen zu:

$$\Delta G_{\text{einwärts}} = +RT \ln \frac{[S]_{innen}}{[S]_{außen}} \qquad (8\text{-}8)$$

Beachten Sie, wenn $[S]_{innen}$ kleiner als $[S]_{außen}$ ist, dann ist ΔG negativ, was darauf hinweist, dass der Einwärtstransport der Substanz S exergonisch ist. Daher kann er spontan ablaufen, was bei einer erleichterten Diffusion abwärts eines Konzentrationsgradienten zu erwarten wäre. Wenn aber $[S]_{innen}$ größer ist als $[S]_{außen}$, dann erfolgt der Einwärtstransport von S gegen den Konzentrationsgradienten und ΔG wird positiv sein. In diesem Fall ist der Einwärtstransport von S endergonisch und die für den Antrieb des aktiven Transports von S in die Zelle benötigte Energiemenge wird durch die Größenordnung des positiven Werts von ΔG wiedergegeben.

Ein Beispiel: die Aufnahme von Lactose Angenommen die Lactosekonzentration in einer bakteriellen Zelle soll bei 10 mM gehalten werden, während die externe Lactosekonzentration nur bei 0,20 m*M* liegt. Die für den Einwärtstransport von Lactose bei 25 °C benötigte Energie kann mit Hilfe der Gleichung 8-8 folgendermaßen berechnet werden:

$$\begin{aligned}\Delta G_{\text{einwärts}} &= +RT \ln \frac{[\text{Lactose}]_{\text{innen}}}{[\text{Lactose}]_{\text{außen}}}\\ &= +(1{,}987)(273+25)\ln\frac{0{,}010}{0{,}0002}\\ &= +592 \ln 50\\ &= +2.316\ \text{cal/mol}\\ &= +2{,}32\ \text{kcal/mol} \qquad (8\text{-}9)\end{aligned}$$

In vielen bakteriellen Zellen wird die Energie für die Lactoseaufnahme von dem elektrochemischen Proteingradienten geliefert. Somit ist die Lactoseaufnahme ein Beispiel für den aktiven Transport.

Wie angegeben bezieht sich Gleichung 8-8 auf den Einwärtstransport. Für den Auswärtstransport müssen die Positionen von S_{innen} und $S_{\text{außen}}$ einfach innerhalb des Logarithmus getauscht werden. Daher bleibt der absolute Wert von ΔG gleich, allerdings mit anderem Vorzeichen. Wie für jeden anderen Vorgang gilt, dass eine Transportreaktion, die in einer Richtung exergonisch abläuft, in der anderen Richtung in gleichem Ausmaß endergonisch abläuft. Die Gleichungen zur Berechnung von ΔG für den Einwärts- und den Auswärtstransport nicht-geladener gelöster Substanzen werden in der ▶*Tabelle 8.3* zusammengefasst.

Tabelle 8.3

Berechnung von ΔG für den Transport geladener und ungeladener gelöster Substanzen

Transportvorgang

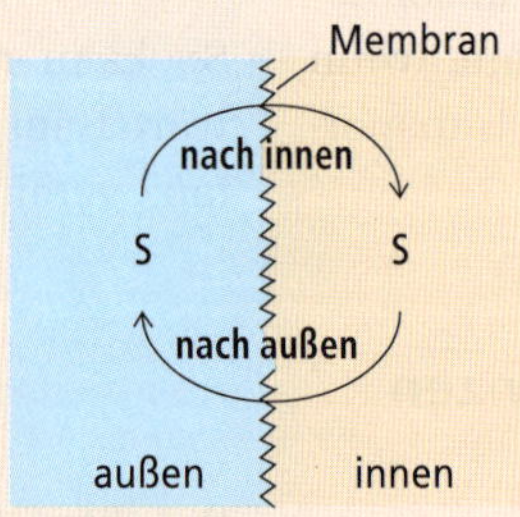

ΔG für den Transport ungeladener gelöster Substanzen:

$$\Delta G_{\text{einwärts}} = +RT\ln\frac{[S]_{innen}}{[S]_{außen}}$$

$$\Delta G_{\text{auswärts}} = -\Delta G_{\text{einwärts}}$$

$R = 1{,}987$ cal/mol · K

T = Temperatur (in K = °C + 273)

ΔG für den Transport geladener gelöster Substanzen:

$$\Delta G_{\text{einwärts}} = +RT\ln\frac{[S]_{innen}}{[S]_{außen}} + zFV_{\text{m}}$$

$$\Delta G_{\text{auswärts}} = -\Delta G_{\text{einwärts}}$$

z = Ladung eines Ions

$F = 23{,}062$ cal/mol · V

V_{m} = Membranpotenzial (in Volt)

8.6.2 Für geladene Substanzen hängt ΔG des Transports vom elektrochemischen Potenzial ab

Bei geladenen Substanzen – also Ionen – müssen wir sowohl den Konzentrationsgradienten als auch das Membranpotenzial, V_m, beachten. Bei tierischen Zellen liegt V_m im Allgemeinen im Bereich zwischen –30 bis −90 mV. Bei bakteriellen und pflanzlichen Zellen ist es wesentlich stärker negativ, oftmals liegt der Wert bei −150 mV bei Bakterien und zwischen –200 und −300 mV bei Pflanzen. Vereinbarungsgemäß gibt das negative Vorzeichen an, dass die negative Ladung auf der Innenseite der Zelle liegt. Daher gibt der Wert von V_m an, wie stark negativ (oder positiv, im Fall eines positiven Vorzeichens) die *Innenseite* der Zelle im Vergleich zur *Außenseite* ist.

Offensichtlich hat das Membranpotenzial keine Auswirkung auf nicht-geladene gelöste Substanzen, übt aber einen großen Einfluss auf die Energetik des Ionentransports aus. Da es fast immer negativ ist, begünstigt das Membranpotenzial die Einwärtsbewegung von Kationen und *richtet sich gegen* deren Auswärtsbewegung. Wie bereits zuvor erwähnt, bezeichnet man den Nettoeffekt des Konzentrationsgradienten und des potenziellen Gradienten eines Ions als elektrochemisches Potenzial des Ions.

Berechnung von ΔG für den Ionentransport Beide Komponenten des elektrochemischen Potenzials müssen bei der Berechnung der Energetik des Ionentransports in Betracht gezogen werden. Zur Berechnung von ΔG für den Transport von Ionen braucht man daher eine Gleichung mit zwei Größen, einer für die Wirkung des Konzentrationsgradienten über der Membran und einer anderen zur Berücksichtigung des Membranpotenzials.

S^z steht für eine gelöste Substanz mit der Ladung z, daher berechnen wir ΔG folgendermaßen für den Einwärtstransport von S^z:

$$\Delta G_{\text{einwärts}} = +RT \ln \frac{[S]_{innen}}{[S]_{außen}} + zFV_m \qquad (8\text{-}10)$$

Wobei R, T, $[S]_{innen}$ und $[S]_{außen}$ wie zuvor definiert werden; z ist die Ladung von S (beispielsweise +1, +2, −1, −2); F ist die Faradaykonstante (23,062 cal/mol · V); und V_m ist das Membranpotenzial (in Volt). Beachten Sie, dass die Gleichung 8-8 lediglich die vereinfachte Version der Gleichung 8-10 für geladene Substanzen mit einem Wert von z gleich null ist – das heißt, für Moleküle ohne Nettoladung.

Bei einer typischen Zelle ist das Membranpotenzial V_m negativ (es liegt ein Überschuss an negativer Ladung in der Zelle vor). Ein positives Ion ($z > 0$) hat zur Folge, dass der Ausdruck zFV_m ein negatives Vorzeichen erhält, woraus ein negativer Wert für ΔG für den Einwärtstransport folgt. Dies weist darauf hin, dass die Aufnahme des positiven Ions energetisch vorteilhaft ist, ganz wie Sie es erwarten würden, wenn das Zellinnere eine negative Nettoladung hat. Die Aufnahme positiver Ionen wird stärker exergonisch und daher in dem Maße günstiger, in dem das Membranpotenzial der Zelle abnimmt. Das Gegenteil gilt für ein negatives Ion ($z < 0$), woraus ein positiver Wert für zFV_m resultiert und eine positive Veränderung der freien Energie, was anzeigt, dass es sich um einen ungünstigen Ablauf handelt, der nicht spontan stattfinden wird.

Der Wert von ΔG für den Auswärts- und Einwärtstransport von S ist gleich, aber mit umgekehrten Vorzeichen, sodass wir schreiben können:

$$\Delta G_{\text{auswärts}} = -\Delta G_{\text{einwärts}} \qquad (8\text{-}11)$$

Ein Beispiel: Die Aufnahme von Chloridionen Im Folgenden werden wir den Nutzen der Gleichung 8-10 veranschaulichen und zugleich betonen, dass Intuition nicht immer hilft, die Richtung des Ionentransports vorherzusagen. Dafür bedienen wir uns eines Beispiels: Was geschieht, wenn Nervenzellen mit einer intrazellulären Chloridionenkonzentration von 50 m*M* in eine Lösung mit 100 m*M* Cl^- gegeben werden? Da die extrazelluläre Cl^--Konzentration nun doppelt so hoch ist wie innerhalb der Zelle, könnten Sie davon ausgehen, dass die Chloridionen passiv in die Zelle diffundieren und kein aktiver Transport erforderlich ist. Mit dieser Erwartungshaltung berücksichtigen Sie allerdings nicht das Membranpotenzial von ungefähr −60 mV (−0,06 V), das über der Plasmamembran von Nervenzellen herrscht. Das negative Vorzeichen erinnert uns daran, dass das Innere der Zelle im Hinblick auf die Außenseite negativ ist, was bedeutet, dass der Einwärtstransport negativ geladener Anionen wie Cl^- gegen das Membranpotenzial verläuft. Somit erfolgt der Einwärtstransport von Chloridionen abwärts des Konzentrationsgradienten, aber entgegen dem Ladungsgradienten.

Zur Quantifizierung der relativen Größen dieser beiden bei 25 °C entgegengesetzt wirkenden Kräfte können wir die Gleichung 8-10 nutzen und die entsprechenden Werte einsetzen:

$$\begin{aligned}\Delta G_{\text{einwärts}} &= +RT\ln\frac{[S]_{innen}}{[S]_{außen}} + zFV_m \\ &= +(1{,}987)(273+25)\ln\left(\frac{0{,}05}{0{,}10}\right) \\ &\quad +(-1)(23{,}062)(-0{,}06) \\ &= +592\ln(0{,}5)+(23{,}062)(0{,}06) \\ &= -410+1384 \\ &= 974 \text{ cal/mol} \\ &= +0{,}97 \text{ kcal/mol} \qquad (8\text{-}12)\end{aligned}$$

Das Vorzeichen von ΔG ist positiv. Obwohl die Chloridionenkonzentration außerhalb der Zelle doppelt so hoch ist wie innerhalb der Zelle, wird immer noch Energie benötigt, um den Transport von Chloridionen in die Zelle anzutreiben. Dies liegt an der überschüssigen negativen Ladung innerhalb der Zelle, die durch den negativen Wert von V_m repräsentiert wird. Der Transport von einem Mol Chloridionen entgegen des Ladungsgradienten, der vom Membranpotenzial repräsentiert wird, benötigt mehr Energie (+1.384 Kalorien) als durch den Transport des Mols Chloridionen abwärts des Konzentrationsgradienten (−410 Kalorien) freigesetzt wird. Wir möchten Ihnen bei diesen Berechnungen helfen und haben daher die Gleichungen für den Einwärts- und den Auswärtstransport zusammen mit den Gleichungen für den Transport ungeladener gelöster Substanzen in die *Tabelle 8.3* übernommen, in der die thermodynamischen Eigenschaften jedes Vorgangs zusammengefasst werden.

In diesem Kapitel haben wir unser Augenmerk auf den Transport von Ionen und kleinen Molekülen in Zellen und Organellen hinein und aus ihnen heraus gerichtet und festgestellt, dass diese gelösten Substanzen direkt durch die Membran transportiert werden, obgleich dieser Transport oftmals mit Hilfe spezifischer Transportproteine bewerkstelligt wird. Abgesehen von diesem Transportverkehr sind viele Zellen in der Lage, ungeachtet der Permeabilitätseigenschaften der Membran, Substanzen, die eigentlich für den Transport durch die Membran zu groß sind, aufzunehmen oder abzugeben. Man bezeichnet den Vorgang, durch den Zellen Proteine freisetzen, die in der Zelle synthetisiert und innerhalb membranumhüllter Vesikel gelagert werden, als *Exocytose*, während es sich bei der *Endocytose* um die Aufnahme von Makromolekülen und anderen Substanzen handelt, die aufgefangen und in einer Einstülpung der Plasmamembran eingeschlossen werden, die sich dann als Vesikel nach innen abschnürt. Beide Vorgänge laufen ausschließlich bei eukaryotischen Zellen ab. In *Kapitel 12* werden wir uns intensiv mit Exocytose und Endocytose beschäftigen.

▶ ZUSAMMENFASSUNG DER WICHTIGSTEN INHALTE ◀

Zellen und Transportvorgänge

- Der selektive Transport von Molekülen und Ionen über Membranbarrieren hinweg stellt sicher, dass die notwendigen Substanzen zur rechten Zeit und mit hinreichender Geschwindigkeit in die Zellen und Zellkompartimente hinein und aus ihnen heraus transportiert werden.

- Nicht-polare Moleküle und kleine polare Moleküle überqueren die Membran mittels einfacher Diffusion. Der Transport aller anderen gelösten Substanzen, darunter Ionen und viele biologisch wichtige Moleküle, wird durch spezifische Transportproteine gewährleistet, die eine Passage durch eine ansonsten undurchdringliche Membran ermöglichen.

- Jedes dieser Transportproteine hat zumindest eine (häufig mehrere) hydrophobe, Transmembrandomäne, die das Protein in der Membran einbettet und oftmals selbst als Kanal dient. Typischerweise steuert eine eigenständige regulatorische Domäne das Öffnen und Schließen des Kanals.

Die einfache Diffusion: Die einfache Bewegung entlang eines Gradienten

- Die einfache Diffusion durch biologische Membranen ist auf kleine oder nicht-polare Moleküle wie O_2, CO_2 und Lipide begrenzt. Wassermoleküle sind zwar polar, aber so klein, dass sie die meisten Membranen durchqueren können. Allerdings ist dieser Vorgang noch nicht ganz verstanden.

- Membranen sind für Lipide durchlässig, die das nicht-polare Innere der Lipiddoppelschicht passieren. Die Durchlässigkeit der Membran für die meisten Verbindungen verhält sich direkt proportional zu ihrem Verteilungskoeffizienten – ihrer relativen Löslichkeit in Öl im Vergleich zu Wasser.

- Die Richtung der Diffusion eines gelösten Stoffes durch eine Membran wird von dessen Konzentrationsgradienten bestimmt und strebt stets nach dem Gleichgewicht. Die gelöste Substanz diffundiert den Gradienten abwärts aus einer Region mit hoher Konzentration in eine mit niedriger Konzentration.

- Sollte die Membran für eine gelöste Substanz undurchlässig sein, dann bewegt sich das Wasser mittels Osmose aus der Region mit niedriger Konzentration der gelösten Substanz (höhere $[H_2O]$) in eine Region mit hoher Konzentration der gelösten Substanz (niedrigere $[H_2O]$).

Die erleichterte Diffusion: Die proteinvermittelte Bewegung entlang des Gradienten

- Der Transport kann im Verhältnis zum Konzentrationsgradienten einer nicht geladenen gelösten Substanz entweder „bergab" oder „bergauf" erfolgen. Im Fall eines Ions müssen wir dessen elektrochemisches Potenzial und den Ladungsgradienten über der Membran in Betracht ziehen.

- Der Abwärtstransport großer polarer Moleküle und Ionen, die sogenannte erleichterte Diffusion, muss von Carrierproteinen und Kanalproteinen vermittelt werden, denn diese Moleküle und Ionen können nicht direkt durch die Membran diffundieren.

- Carrierproteine üben ihre Funktion aus, indem sie zwischen zwei Konformationszuständen wechseln. Dazu gehören beispielsweise Glucosetransporter und das Anionenaustauscherprotein, das in der Plasmamembran von Erythrocyten vorkommt.

- Der Transport eines einzigen Moleküls oder Ions wird als Uniport bezeichnet. Der gleichzeitige gekoppelte Transport von zwei oder mehr Molekülen oder Ionen kann entweder so durchgeführt werden, dass die beiden gelösten Substanzen in die gleiche Richtung (Symport oder Cotransport) oder in entgegengesetzte Richtungen (Antiport) transportiert werden.

- Kanalproteine erleichtern die Diffusion, indem sie Transmembrankanäle bilden, die mit hydrophilen Aminosäuren ausgekleidet sind. Die drei wichtigsten Kategorien der Kanalproteine sind Ionenkanäle (die vor allem für den Transport von H^+, Na^+, K^+, Ca^{2+}, Cl^- und HCO_3^- dienen), Porine (für den Transport verschiedener gelöster Substanzen mit hohem Molekulargewicht) und Aquaporine (für Wasser).

Aktiver Transport: Der proteinvermittelte „Bergauf"-Transport

- Für den aktiven Transport – den Aufwärtstransport großer polarer Moleküle und Ionen – werden Transportproteine und Energie benötigt. Der Vorgang kann durch ATP-Hydrolyse, das elektrochemische Potenzial eines Ionengradienten oder Lichtenergie angetrieben werden.

- Der mittels ATP-Hydrolyse angetriebene aktive Transport nutzt vier Hauptklassen von Transportproteinen: P-Typ-, V-Typ-, F-Typ- und ABC-Typ-ATPasen. Ein sehr häufig anzutreffendes Beispiel ist die von ATP angetriebene Na^+/K^+-Pumpe (eine P-Typ-ATPase), die über der Plasmamembran tierischer Zellen das elektrochemische Potenzial für Natrium- und Kaliumionen aufrechthält.

- Der mittels des elektrochemischen Potenzials angetriebene aktive Transport hängt im Allgemeinen entweder von einem Gradienten der Natriumionen (tierische Zellen) oder von einem Gradienten der Protonen (Pflanzen, Pilze und viele bakterielle Zellen) ab. Beispielsweise wird der Einwärtstransport von Nährstoffen durch die Plasmamembran oftmals durch den Symport von Natriumionen angetrieben, die von der Na^+/K^+-Pumpe nach außen gepumpt wurden. Wenn sie zurück in die Zelle fließen, treiben sie den Einwärtstransport von Zuckern, Aminosäuren und anderen organischen Molekülen an.

- Bei *Halobacterium* wird der aktive Transport von der Lichtenergie angetrieben. Wenn Lichtphotonen vom Bacteriorhodopsin absorbiert werden, werden zugleich Protonen durch die Zellmembran und aus der Zelle hinaus gepumpt. Wenn die Protonen in die Zelle zurückfließen, wird ATP synthetisiert.

Die Energetik des Transports

- Der Wert von ΔG für den Transport ist leicht zu berechnen. Wenn $\Delta G < 0$, dann läuft der Transport spontan ab. Wenn $\Delta G = 0$, findet kein Nettotransport der gelösten Substanz statt.
- Der Wert von ΔG nicht-geladener gelöster Substanzen hängt nur vom Konzentrationsgradienten ab. Im Fall von geladenen gelösten Substanzen muss man sowohl den Konzentrationsgradienten als auch das Membranpotenzial berücksichtigen.

ZUSAMMENHÄNGE HERSTELLEN

Mit all dem, was Sie in den letzten beiden Kapiteln über Struktur und Funktionen von Membranen gelernt haben, sind Sie bestens vorbereitet, um schwierigere Sachverhalte im Hinblick auf biologische Membranen zu verstehen. Zum Verständnis des Flüssig-Mosaik-Modells der Membranstruktur haben wir in *Kapitel 2* und *Kapitel 3* Wissen über Chemie und Makromoleküle aufgebaut und in *Kapitel 4* erfahren, wie die Zelle und ihre verschiedenen Organellen von Phospholipiddoppelschichten umgeben sind und als Barrieren zur Abgrenzung dieser Kompartimente dienen. Innerhalb dieser Doppelschichten gibt es viele Proteine, die an der Bioenergetik und Katalyse mitwirken, Themen, mit denen wir uns zuerst in den *Kapiteln 5* und *6* beschäftigt haben. Im Rahmen unserer Besprechung der Signale und Motilität werden wir auf diese Themen zurückkommen. In den nun folgenden drei Kapiteln werden wir die außerordentlich große Bedeutung kennenlernen, die Membranen und Membrantransportvorgänge in Mitochondrien und Chloroplasten bei der zellulären Energiebildung spielen. Besonders wichtig sind die in der Membran lokalisierten Elektronenüberträger, Protonenpumpen und ATP-Synthasen. In *Kapitel 12* werden wir aufs Neue die Bedeutung der Membran würdigen, wenn wir uns mit dem intrazellulären Transport und der Sekretion membranumhüllter Vesikel beschäftigen, die Material in Zellen hinein transportieren, dieses in den Zellen transportieren oder aus den Zellen heraus transportieren. In den sich anschließenden Kapiteln werden wir die Bedeutung von Membranen bei den Signaltransduktionsmechanismen kennenlernen – wie Zellen auf elektrische und chemische Botschaften mit Hilfe von Ionenkanälen und Rezeptoren in ihren Membranen antworten. Danach werden wir die Funktion des Cytoskeletts, der Zellmotilität, der Muskelkontraktion, der Bildung extrazellulärer Strukturen und des Proteinimports in Organellen kennenlernen. All diese Funktionen beruhen auf der richtigen Funktion von Membranen.

ÜBUNGSAUFGABEN

Schwierigere Aufgaben sind mit einem • gekennzeichnet.

8-1 Richtig oder falsch? Geben Sie an, ob die folgenden Aussagen über Membrantransport richtig (R) oder falsch (F) sind. Sollte die Aussage falsch sein, so formulieren Sie diese Aussage so um, dass sie richtig wird.

A Die Diffusion eines Kations erfolgt ausschließlich von einem Kompartiment höherer Konzentration in ein Kompartiment niedrigerer Konzentration.

B Der aktive Transport wird immer durch die Hydrolyse hochenergetischer Phosphatbindungen angetrieben.

C Der K_{eq}-Wert für die Diffusion polarer Moleküle aus der Zelle ist kleiner als eins, denn Membranen sind für diese Moleküle grundsätzlich undurchlässig.

D Eine 0,25 *M* Saccharose-Lösung wäre für eine Säugetierzelle nicht isotonisch, wenn in der Plasmamembran der Zelle Saccharose-Carrierproteine vorlägen.

E Der Permeabilitätskoeffizient einer bestimmten gelösten Substanz ist wahrscheinlich um Größenordnungen kleiner, wenn in der Membran ein Transportprotein für diese gelöste Substanz vorhanden ist.

F Plasmamembranen besitzen, wenn überhaupt, nur wenige, für phosphorylierte Verbindungen spezifische Proteine.

G Kohlendioxid und Hydrogencarbonatanionen bewegen sich im Allgemeinen in gleicher Richtung durch die Plasmamembran eines Erythrocyten.

H Die Behandlung einer tierischen Zelle mit einem für die Na^+/K^+-Pumpe spezifischen Inhibitor hat wahrscheinlich keine Auswirkung auf die Aufnahme von Glucose durch den Natrium-Cotransport.

8-2 Man muss sie auseinanderhalten. Geben Sie an, welche der im Folgenden aufgeführten Eigenschaften sich zur Unterscheidung zwischen den folgenden Paaren von Transportmechanismen eignen.

Transportmechanismen

A Einfache Diffusion; erleichterte Diffusion

B Erleichterte Diffusion; aktiver Transport

C Einfache Diffusion; aktiver Transport

D Primär aktiver Transport; sekundär aktiver Transport

E Symport; Antiport

F Uniport; gekoppelter Transport

G P-Typ-ATPase; V-Typ-ATPase

Eigenschaften

1. Die Richtungen, in denen sich die beiden gelösten Substanzen bewegen

2. Die Richtung, in der sich die gelösten Substanzen im Verhältnis zu ihrem Konzentrationsgradienten oder ihrem elektrochemischen Potenzial bewegen

3. Kinetik des Transports gelöster Substanzen

4. Notwendigkeit metabolischer Energie

5. Der simultane Transport zwei gelöster Substanzen muss erfolgen.

6. Intrinsische Direktionalität

7. Kompetitive Inhibition

8. Sensitivität für den Inhibitor Vanadat

8-3 Transportmechanismen. Antworten Sie für jede der folgenden Aussagen mit einem D, wenn sich die Aussage auf die einfache Diffusion bezieht, mit einem F, wenn sich die Aussage auf die erleichterte Diffusion bezieht und mit einem A, wenn die Aussage sich auf den aktiven Transport bezieht. Jede dieser einzelnen Möglichkeiten, alle oder keine davon (N) kann bei einer gegebenen Aussage zutreffen.

A Notwendige Gegenwart eines integralen Membranproteins.

B Hängt vor allem von den Lösungseigenschaften der gelösten Substanz ab.

C Die Verdopplung des Konzentrationsgradienten des zu transportierenden Moleküls führt zur Verdopplung der Transportgeschwindigkeit über einen großen Konzentrationsbereich.

D Mitwirkung von Proteinen, den sogenannten ATPasen.

E Während des Transportvorgangs wird Arbeit verrichtet.

F Trifft nur auf kleine, nicht-polare gelöste Substanzen zu.

G Trifft nur auf Ionen zu.

H Der Transport kann in Abhängigkeit vom herrschenden Konzentrationsgradienten in jeder Richtung durch die Membran erfolgen.

I $\Delta G = 0$.

J Man kann eine Michaelis-Konstante (K_m) berechnen.

8-4 Das mit Vorsicht zu genießende Transverse Carrier-Modell. Früher waren Membranbiologen der Auffassung, dass Transportproteine ihre Funktion ausüben, indem sie mit einem Molekül eines gelösten Stoffes oder eines Ions auf einer Seite der Membran eine Bindung eingehen und dann durch die Membran diffundieren, um das Molekül des gelösten Stoffes auf der anderen Membranseite freizusetzen. Heute wissen wir, dass dieses Transverse Carrier-Modell falsch ist. Geben Sie zwei Gründe an, um gegen dieses Modell zu argumentieren. Eines Ihrer Argumente sollte auf ihrem jetzigen Verständnis der Membranstruktur beruhen und das andere auf ihrer Kenntnis der Thermodynamik.

8-5 Der Kaliumionentransport. Die meisten Zellen Ihres Körpers pumpen Kaliumionen nach innen, um die interne K^+-Konzentration aufrechtzuhalten, welche die externe Konzentration um das 35-Fache übersteigt.

A Welches ist der Wert von ΔG (bei 37 °C) für den Transport von Kaliumionen in eine Zelle, bei dem kein Membranpotenzial über deren Plasmamembran aufrechterhalten wird?

B Welches ist der Wert von ΔG für eine Nervenzelle mit einem Membranpotenzial von −60 mV für den Einwärtstransport von Kaliumionen bei 37 °C?

C Was ist im Hinblick auf die Nervenzelle aus Aufgabenteil (b) die maximale Anzahl von Kaliumionen, die durch Hydrolyse eines ATP-Moleküls einwärts gepumpt werden können, wenn das Verhältnis von ATP/ADP in der Zelle 5 : 1 beträgt und die anorganische Phosphatkonzentration bei 10 m*M* liegt? (Angenommen $\Delta G^{\circ\prime} = -7{,}3$ kcal/mol für die ATP-Hydrolyse.)

8-6 Ionengradienten und ATP-Synthese. Die Ionengradienten, die über der Plasmamembran der meisten Zellen aufrechterhalten werden, spielen eine signifikante Rolle in der zellulären Energetik. Oftmals werden die Ionengradienten entweder durch Hydrolyse von ATP erzeugt oder zur Bildung von ATP durch Phosphorylierung von ADP genutzt.

A Nennen Sie ein Beispiel, in dem ATP benutzt wird, um einen Ionengradienten zu erzeugen und aufrechtzuhalten. Nennen Sie einen anderen Weg, auf dem ein Ionengradient aufgebaut und erhalten werden kann.

B Nennen Sie ein Beispiel, in dem ein Ionengradient zur Bildung von ATP dient. Nennen Sie einen weiteren Verwendungszweck von Ionengradienten.

C Angenommen die Natriumionenkonzentration beträgt 12 m*M* innerhalb und 145 m*M* außerhalb einer Zelle und das Membranpotenzial liegt bei −90 mV. Kann eine Zelle mittels ATP-Hydrolyse den Auswärtstransport von Natriumionen im Verhältnis 2 : 1 (pro hydrolysiertem ATP werden zwei Natriumionen transportiert) antreiben, wenn das Verhältnis von ATP/ADP bei 5 : 1 liegt, die anorganische Phosphatkonzentration 50 mM und die Temperatur 37 °C betragen? Wie sieht es bei einem Verhältnis von 3 : 1 aus? Erklären Sie Ihre Antworten.

D Angenommen eine Bakterienzelle hält einen Protonengradienten über ihrer Plasmamembran aufrecht, sodass der pH-Wert in der Zelle 8,0 und außerhalb der Zelle 7,0 beträgt. Kann die Zelle den Protonengradienten nutzen, um die ATP-Synthese im Verhältnis 1 : 1 anzutreiben (ein synthetisiertes ATP pro transportiertem Proton), wenn das Membranpotenzial +180 mV beträgt, die Temperatur bei 25 °C liegt und die Konzentrationen von ATP, ADP und anorganischem Phosphat denen aus Aufgabenteil (c) entsprechen? Wie sieht es bei einem Verhältnis von 1 : 2 aus? Erklären Sie Ihre Antworten.

8-7 Der Natriumionentransport. Es gibt einen marinen Protozoen, der Natriumionen durch eine einfache von ATP angetriebene Na^+-Pumpe nach draußen pumpt, die unabhängig von Kaliumionen funktioniert. Die intrazellulären Konzentrationen von ATP, ADP und P_i betragen jeweils 20, 2 und 1 m*M*, das Membranpotenzial liegt bei −75 mV.

A Angenommen die Pumpe transportiert drei Natriumionen pro hydrolysiertem ATP nach außen, welches ist die niedrigste interne Natriumionenkonzentration, die bei 25 °C aufrechterhalten werden kann, wenn die externe Natriumionenkonzentration 150 m*M* ist?

B Wenn Sie mit einem ungeladenen Molekül und nicht mit einem Ion arbeiten würden, alle anderen Bedingungen aber unverändert blieben, würde dann der als Antwort zu Aufgabe (a) genannte Wert höher oder niedriger ausfallen? Erklären Sie Ihre Antwort.

8-8 Der Fall der Magensäure. Der pH-Wert Ihrer Magensäure beträgt 2,0. Die Säure geht auf die Sekretion von Protonen durch die Epithelzellen der Magenschleimhaut zurück. Epithelzellen haben einen internen pH-Wert von 7,0 und ein Membranpotenzial von −70 mV (die Innenseite ist negativ) und sie arbeiten bei Körpertemperatur (37 °C).

A Welches ist der Konzentrationsgradient von Protonen über der Epithelmembran?

B Berechnen Sie die Veränderung der freien Energie, die mit der Sekretion von einem Mol Protonen in den Magensaft bei 37 °C einhergeht.

C Sind Sie der Ansicht, dass der Protonentransport durch ATP-Hydrolyse bei einem Verhältnis von einem Molekül ATP pro transportiertem Proton angetrieben werden kann?

D Angenommen die Protonen könnten in die Zelle zurückkehren, berechnen Sie das erforderliche Membranpotenzial, um dies zu verhindern.

8-9 Geladen oder nicht: Macht das einen Unterschied? Viele gelöste Substanzen, die in Zellen hinein oder aus ihnen heraus gelangen müssen, existieren entweder in protonisierter oder ionisierter Form oder sie haben funktionale Gruppen, die entweder protonisiert oder ionisiert werden können. Einfache Moleküle wie CO_2, H_3PO_4 (Phosphorsäure) und NH_3 (Ammoniak) gehören ebenso zu dieser Kategorie wie organische Moleküle mit Carboxylsäuregruppen, Phosphatgruppen und/oder Aminogruppen.

A Betrachten Sie Ammoniak als einfaches Beispiel für derartige Verbindungen. Wie nennt man die geladene Form von Ammoniak? Wie lautet die chemische Formel?

B Welche dieser beiden Formen wird in einer Lösung mit stark saurem pH-Wert überwiegen? Erklären Sie Ihre Antwort.

C Für welche dieser beiden Formen wird die Aufnahme über die Plasmamembran durch den Konzentrationsgradienten innen gegenüber außen beeinflusst? Für welche dieser beiden Formen, wenn überhaupt für eine, wird die Aufnahme vom Membranpotenzial der Plasmamembran beeinflusst werden? Erklären Sie Ihre Antwort.

D Muss eine Zelle, die Ammoniak aus ihrer Umgebung aufnehmen muss, bei einer geladenen Form mehr oder weniger Energie aufbringen als bei der Aufnahme einer ungeladenen Form, vorausgesetzt, dass die Zelle ein negatives Membranpotenzial hat? Erklären Sie Ihre Antwort.

E Betrachten Sie nun statt Ammoniak Essigsäure, CH_3COOH, ein wichtiges Zwischenprodukt mehrerer biologischer Stoffwechselwege. Welches ist in diesem Fall die geladene Form? Für welche dieser beiden Formen wird die Aufnahme über die Plasmamembran durch den Konzentrationsgradienten innen gegenüber außen beeinflusst? Für welche dieser beiden Formen, wenn überhaupt für eine, wird die Aufnahme vom Membranpotenzial der Plasmamembran beeinflusst werden? Erklären Sie Ihre Antwort.

F Muss eine Zelle, die Essigsäure aus ihrer Umgebung aufnehmen muss, bei einer geladenen Form mehr oder weniger Energie aufbringen als bei der Aufnahme einer ungeladenen Form, vorausgesetzt, dass die Zelle ein negatives Membranpotenzial hat? Erklären Sie Ihre Antwort.

• **8-10 Die Calciumpumpe des Sarkoplasmatischen Retikulums**. Muskelzellen benötigen Calcium zur Regulierung des Kontraktionsvorgangs. Das Sarkoplasmatische Retikulum (SR) setzt Calcium frei und nimmt es auf. Die Freisetzung von Calcium aus dem

SR aktiviert die Muskelkontraktion, und die durch ATP angetriebene Calciumaufnahme bewirkt, dass sich die Muskelzelle nach der Kontraktion entspannt. Wird Muskelgewebe durch Homogenisierung aufgetrennt, so bildet das SR kleine Vesikel, die sogenannten Mikrosomen, welche die Fähigkeit, Calcium aufzunehmen, behalten. In dem in der ▶*Abbildung 8.15* dargestellten Experiment wurde ein Reaktionsmedium vorbereitet, das 5 m*M* ATP und 0,1 *M* KCl bei einem pH-Wert von 7,5 enthält. Man gab ein Aliquot von SR-Mikrosomen hinzu, das 1,0 mg Protein enthielt, zu 1 ml der Reaktionsmischung und dann 0,4 mol Calcium hinzu. Zwei Minuten später setzte man einen Calciumionophor zu (ein Ionophor ist eine Substanz, die den Transport eines Ions durch eine Membran erleichtert). Während des Zufügens überwachte man die ATPase-Aktivität. Die Ergebnisse entnehmen Sie bitte der Abbildung.

A Geben Sie die ATPase-Aktivität an, die Sie als Mikromol pro Minute hydrolysierten ATPs pro Milligramm Protein berechnen.

B Die ATPase wird durch Calcium aktiviert, was aus dem Anstieg der ATP-Hydrolyse zu erkennen ist, wenn Calcium hinzugefügt wurde und dem Absinken der Hydrolyse, als das Calcium – eine Minute nachdem es hinzugefügt worden war – von den Vesikeln aufgenommen wurde. Wie viele Calciumionen werden pro hydrolysiertem ATP aufgenommen?

C Zuletzt gab man ein Ionophor zu, das Calciumionen durch Membranen schleust. Warum beginnt die ATP-Hydrolyse von Neuem?

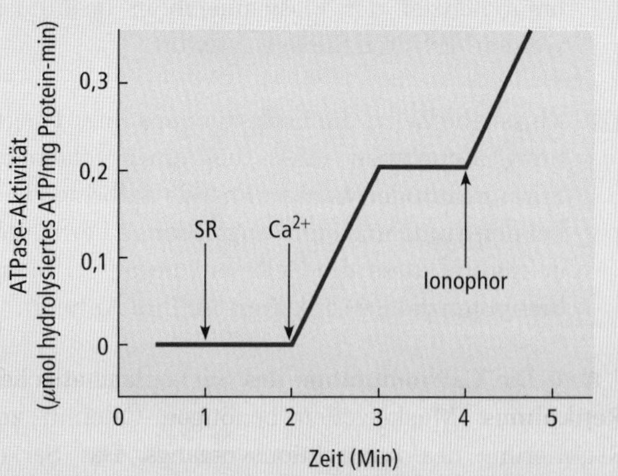

Abbildung 8.15: Die Calciumaufnahme durch das Sarkoplasmatische Reticulum. Siehe Aufgabe 8-10.

• **8-11 Umgedrehte Vesikel**. Ein großer Fortschritt in der Transportforschung war die Entwicklung von Methoden zur Bildung geschlossener Membranvesikel, mit denen man die Aktivität bestimmter Transportsysteme bestimmen kann. Bei einer solchen Methode benutzt man Vesikel aus den Zellmembranen roter Blutkörperchen, bei denen die Ausrichtung der Membranproteine entweder der einer intakten Zelle entspricht (richtige Seite nach außen gewandt) oder umgekehrt (innere Seite nach außen gewandt). Bei diesen Vesikeln kann man eine durch ATP angetriebene Na^+/K^+-Pumpenaktivität nachweisen. Indem man die Vesikel in einem Medium verschließt und sie dann in ein anderes gibt, kann man ATP, Natriumionen und Kaliumionen in dem Vesikel einschließen, sie außerhalb des Vesikels lokalisieren oder ganz ohne diese arbeiten.

A Nennen Sie ein oder zwei Vorteile, die diese Vesikel im Vergleich zu intakten roten Blutkörperchen bei Untersuchungen zur Na^+/K^+-Pumpe haben könnten. Fallen Ihnen irgendwelche Nachteile ein?

B Geben Sie für die umgestülpten Vesikel an, welche der Folgenden Substanzen – Na^+, K^+ und ATP – im Vesikel (I), außerhalb des Vesikels (A) oder gar nicht im Vesikel enthalten sein sollten, um die Hydrolyse von ATP nachzuweisen.

C Wenn sie die Geschwindigkeit der ATP-Hydrolyse als Funktion der Zeit auftragen müssten, nachdem der Transport in diesen umgestülpten Vesikeln begonnen hat, welche Art von Kurve würden Sie erwarten?

• **8-12 Die Ouabain-Inhibition**. Ouabain ist ein spezifischer Inhibitor des aktiven Transports von Natriumionen aus der Zelle durch die Na^+/K^+-ATPase und daher ein wertvolles Hilfsmittel zur Untersuchung von Membrantransportmechanismen. Welcher der folgenden in ihrem Körper ablaufenden Vorgänge würde Ihrer Ansicht nach für eine Hemmung durch Ouabain empfindlich sein? Erklären Sie in jedem Fall Ihre Antwort.

A Die erleichterte Diffusion von Glucose in eine Muskelzelle.

B Der aktive Transport von durch die Nahrung aufgenommenem Phenylalanin über die Darmschleimhaut.

C Die Aufnahme von Kaliumionen durch die roten Blutkörperchen.

D Die aktive Aufnahme von Lactose durch Bakterien Ihres Darms.

WEITERFÜHRENDE LITERATUR

Historisch bedeutsame Literatur ist mit einem • gekennzeichnet.

Allgemeine Literatur

Baldwin, S. A., Hrsg. *Membrane Transport: A Practical Approach.* New York: Oxford University Press, 2000.

Bernhardt, I. C. u J. C. Ellory, Hrsg. *Membrane Transport in Red Blood Cells in Health and Disease.* Berlin: Springer-Verlag, 2003.

DeFelice, L. J. und T, Goswami. Transporters as channels. *Annu. Rev. Physiol.* 69 (2007): 87.

Hedrich, R. und I. Marten. 30-year progress of membrane transport in plants. *Planta* 224 (2006): 725.

Silverthorne, D. U. *Physiologie.* München: Pearson Verlag 2009.

Erleichterte Diffusion

Jiang, Y. et al. The open pore conformation of potassium channels. *Nature* 417 (2002): 523.

Hoffert, J. D., C. L. Chou und M. A. Knepper. Aquaporin-2 in the "-omics" era. *J. Biol. Chem.* 284 (2009): 14683.

King. L. S., Kozono und P. Agre. From structure to disease: The evolving tale of aquaporin biology. *Nature. Rev. Mol. Cell Biol.* 5 (2004): 687.

Ludewig. U. und M. Cynowski. Plant aquaporin selectivity: Where transport assays, computer simulations and physiology meet. *Cell Mol. Life Sci.* 66 (2009): 3161.

Maurel, C. et al. The cellular dynamics of plant Aquaporin expression and functions. *Curr. Opin. Plant Biol.* 12 (2009): 690.

Verkman, A. S. und A. K. Mitra. Structure and function of aquaporin water channels. *Am. J. Physiol.* 278 (2000): F13.

Verrey, F. et al. Novel renal amino acid transporters. *Annu. Rev. Physiol.* 67 (2005): 557.

Zeuthen, T. und W. D. Stein. *Molecular Mechanisms of Water Transport Across Biological Membranes.* San Diego: Academic Press, 2002.

Aktiver Transport

Chang, G. Multidrug resistance ABC Transporters. *FEBS Lett.* (2003): 102.

Efferth, T. Adenosin triphosphate-binding cassette transporter gene in ageing and age-related diseases. *Ageing Res. Rev.* 2 (2003): 11.

Folmer, D. E. und R. P. Elferink und C. C. Paulusma. P4 ATPases – Lipid flippases and their role in disease. *Biochim. Biophys. Acta* 1791 (2009): 628.

Higgins, C. F. und K. J. Linton. The xyz of ABC Transporters. *Science* 293 (2001): 1782.

Hirai, T. und S. Subramaniam. Structural insights into the mechanism of proton pumping by bacteriorhodopsin. *FEBS Lett.* 545 (2003): 2.

Huang, Y. Pharmacogenetics/genomics of membrane transporters in cancer chemotherapy. *Cancer Metastasis Rev.* 26 (2007): 183.

• Jardetzky, O. Simple allosteric model for membrane pumps. *Nature* 211 (1966): 969.

Jin. Y. et al. Bacteriorhodopsin as an electronic conduction medium for biomolecular electronics. *Chem. Soc. Rev.* 37 (2008): 2422.

Kawasaki-Nishi, S., T. Nishi und M. Forgac. Proton translocation driven by ATP hydrolysis in V-ATPases. *FEBS Lett.* 545 (2003): 76.

Lanyi, J. K. Bacteriorhodopsin. *Annu. Rev. Physiol.* 66 (2004): 665.

Oldham, M. L., A. L. Davidson und J. Chen. Structural insights into ABC transporter mechanism. *Curr. Opin. Struct. Biol.* 18 (2008): 726.

Pedersen, P. L. Transport ATPases into the year 2008: a brief overview related to types, structures, functions and roles in health and disease. *J. Bioenerg. Biomembr.* 39 (2007): 349.

Pusch, M. Cl^- channels: A journey from Ca^{2+} sensors to ATPases and secondary active ion transporters. *Annu. Rev. Physiol.* 67 (2005): 697.

Rea, P. Plant ATP-binding cassette transporters. *Annu. Rev. Plant Biol.* 58 (2007): 347.

Stevens, T. und M. Forgac. Structure, function, and regulation of the vacuolar (H^+)-ATPase. *Annu. Rev. Cell Biol.* 13 (1997): 779.

Wright, E. M., B. A. Hirayama und D. F. Loo. Active sugar transport in health and disease. *J. Intern. Med.* 261 (2007): 32.

Yatime, L. et al. P-type ATPases as drug targets: tools for medicine and science. *Biochim. Biophys. Acta* 1787 (2009): 207.

Exkurs 8B: Membrantransport, Zystische Fibrose und Perspektiven der Gentherapie

Alton, E. W. et al. Cationic lipid-mediated *CFTR* gene transfer to the lungs and nose of patients with cystic fibrosis: A double-blind placebo-controlled trial. *Lancet* 353 (1999): 947.

Bangel-Ruland N. et al. Cystic fibrosis transmembrane conductance regulator-mRNA delivery: a novel alternative for cystic fibrosis gene therapy. *J. Gene Med.* 15 (2013): 14.

Cuthbert, A. W. New horizons in the treatment of cystic fibrosis. *Brit. J. Pharmacol.* 163 (2010): 173.

Donaldson, S. H. und Boucher, R. C. Sodium channel and cystic fibrosis. *Chest* 132 (2007): 1631.

Hwang, T-C. und D. N. Sheppard. Gating of the CFTR Cl^- channel by ATP-driven nucleotid-binding domain dimerisation. *J. Physiol.* 587 (2009): 2151.

Pearson, H. One gene, twenty years. *Nature* 460 (2009): 164.

Rosenecker, J., S. Huth und C. Rudolph. Gene therapy for cystic fibrosis lung disease: Current status and future perspectives. *Curr. Opin. Mol. Ther.* 8 (2006): 439.

Welsh, M. J. und A. E. Smith. Cystic fibrosis. *Sci. Amer.* 273 (December 1995): 52.

Sobczak, K. et al. Specific inhibition of ENaC by antisense oligonucleotides for the treatment of Na^+ hyperabsorption in CF. *J. Gene Med.* 11 (9) (2009): 813.

Chemotropher Energiemetabolismus I: Glykolyse und Fermentation

9

ÜBERBLICK

Bereits in vorangegangenen Kapiteln haben Sie gelernt, dass Zellen nicht ohne Energiequelle und auch nicht ohne Quelle für chemische „Bausteine" – die kleinen Moleküle, aus denen Makromoleküle wie Proteine, Nucleinsäuren und Polysaccharide synthetisiert werden – leben können. Bei vielen Organismen, auch bei uns, sind diese beiden Anforderungen eng miteinander verknüpft. Die notwendige Energie und die kleinen Moleküle sind in den Nahrungsmittelmolekülen enthalten, die von Organismen hergestellt oder aufgenommen werden.

In diesem und im nächsten Kapitel werden wir uns damit beschäftigen, wie chemotrophe Tiere (die ihre Energie aus chemischen Prozessen gewinnen) und die meisten Mikroorganismen, Energie aus der Nahrung, die sie aufnehmen und verdauen, gewinnen, und uns in diesem Zusammenhang hauptsächlich auf den oxidativen Abbau von Zuckermolekülen konzentrieren. Rufen Sie sich bitte in Erinnerung, dass Oxidationsreaktionen mit der Abgabe von Elektronen und Wasserstoff sowie der Freisetzung von Energie einhergehen. Anschließend werden wir in *Kapitel 11* den Vorgang diskutieren, durch den phototrophe grüne Pflanzen (die Licht als Energiequelle nutzen), Algen und einige Bakterien, die Sonnenstrahlung einfangen – die ultimative Energiequelle fast aller lebenden Organismen. Sie nutzen diese Energie um Kohlendioxid zu reduzieren (= Hinzufügen von Elektronen und Protonen), um auf diese Weise Zuckermoleküle zu synthetisieren. Denken Sie daran, dass die Reaktionen, mit denen Zellen Energie gewinnen, auch die verschiedenen kleinen Moleküle bereitstellen, welche die Zellen zur Synthese von Makromolekülen und anderen Zellbausteinen benötigen.

9.1 Metabolische Wege

Als wir in *Kapitel 6* den Enzymen begegneten, haben wir uns mit einzelnen chemischen Reaktionen beschäftigt, die von speziellen Enzymen katalysiert werden, die unabhängig von anderen Vorgängen funktionieren – aber das ist nicht die wahre Funktionsweise der Zellen. Wenn die Zelle eine größere Aufgabe vollbringen muss, so benötigt sie eine Reihe von Reaktionen, die in einer geordneten Reihenfolge ablaufen. Dafür wiederum sind viele verschiedene Enzyme erforderlich, denn die meisten Enzyme katalysieren lediglich eine Reaktion und im Allgemeinen sind viele derartige Reaktionen notwendig, um eine größere biochemische Operation durchzuführen.

Wenn wir all die chemischen Reaktionen betrachten, die innerhalb einer Zelle ablaufen, so sprechen wir vom Metabolismus (dieses Wort stammt von dem griechischen Wort *metaballein* ab, was „verändern" bedeutet). Der gesamte Metabolismus einer Zelle setzt sich wiederum aus vielen spezifischen **metabolischen Wegen** zusammen, von denen jeder einzelne eine bestimmte Aufgabe erfüllt. Vom Standpunkt eines Biochemikers gesehen, kann man das *Leben auf zellulärer Ebene als Netzwerk integrierter und sorgfältig regulierter metabolischer Wege betrachten, die gemeinsam zur Summe der Aktivitäten beitragen, die eine Zelle bewerkstelligen muss.*

Es gibt zwei grundlegende Typen metabolischer Wege. Wege, auf denen Zellkomponenten synthetisiert werden, die sogenannten **anabolischen Wege** (mit der griechischen Vorsilbe *ana-*, was „aufwärts" bedeutet), andererseits gibt es Wege zum Abbau von Komponenten, die sogenannten **katabolischen Wege** (mit der griechischen Vorsilbe *kata-*, was „abwärts" bedeutet). Auf den anabolischen Wegen findet im Allgemeinen eine erhebliche Zunahme in der molekularen Größenordnung statt (und daher eine lokale Zunahme der Entropie) und sie verlaufen *endergonisch* (Energie benötigend). Die Polymersynthese und die biologische Reduktion von Kohlendioxid zu Zucker sind Beispiele für anabolische Wege. Häufig werden auf anabolischen Wegen Polymere wie Stärke und Glykogen aus Glucoseeinheiten synthetisiert, um Energie für zukünftige Vorgänge zu speichern. Bestimmte Steroidhormone werden beispielsweise anabolische Steroide genannt, weil sie die Synthese von Muskelproteinen aus Aminosäuren anregen.

Im Gegensatz dazu findet auf katabolischen Wegen ein Abbauvorgang statt, der im Allgemeinen mit einer Abnahme in molekularer Größenordnung einhergeht. Diese Reaktionen sind häufig an die Hydrolyse von Makromolekülen oder biologischen Oxidationen gekoppelt. Katabolische Wege spielen in Zellen zwei Rollen: sie setzen die Energie frei, die zum Antrieb von Zellfunktionen benötigt wird, und aus ihnen gehen kleine organische Moleküle oder *Metabolite* hervor, die Bausteine der Biosynthese. Allerdings ist ein katabolischer Weg nicht einfach die Umkehr des entsprechenden anabolischen Weges. Der katabolische Weg für den Glucoseabbau und der anabolische Weg für die Glucosesynthese nutzen sich geringfügig unterscheidende Enzyme und Zwischenprodukte.

Schon bald werden wir sehen, dass der Katabolismus entweder mit oder ohne Sauerstoff durchgeführt werden kann (das heißt entweder unter *aeroben* oder *anaeroben* Bedingungen). Der Energiegewinn pro Glucosemolekül ist in Gegenwart von Sauerstoff wesentlich größer. Allerdings ist auch der anaerobe Katabolismus wichtig, nicht nur für Organismen, die niemals Zugang zu Sauerstoff haben, sondern auch für Organismen und Zellen, die vorübergehend ohne Sauerstoff auskommen müssen.

ATP: Der universale Energiekoppler 9.2

Die anabolischen Reaktionen der Zellen sind für Wachstums- und Reparaturvorgänge verantwortlich, während bei katabolischen Reaktionen die Energie freigesetzt wird, die zum Antrieb anabolischer Reaktionen sowie zur Verrichtung anderer Formen zellulärer Arbeit benötigt wird. Die effiziente Verknüpfung oder Kopplung von Abläufen zur Energiegewinnung mit Vorgängen, die Energie benötigen, ist daher von lebenswichtiger Bedeutung für die Zellfunktionen. Diese Kopplung wird durch spezifische Moleküle ermöglicht, welche die Energie speichern, die aus exergonischen Reaktionen gewonnen wird, und sie freisetzen, wann und wo sie benötigt wird.

In praktisch allen Zellen ist das am häufigsten als Energiezwischenprodukt genutzte Molekül die phosphorylierte Verbindung **Adenosintriphosphat (ATP)**. ATP ist, mit anderen Worten, die primäre „Energiewährung" der biologischen Welt. Bitten denken Sie daran, dass die ATP-Synthese nicht der einzige Weg ist, auf dem Zellen chemische Energie speichern. Andere hoch energetische Moleküle wie GTP (Guanosintriphosphat) und Kreatinphosphat speichern chemische Energie, die zu ATP umgewandelt werden kann. Desweiteren wird chemische Energie in Form reduzierter Coenzyme wie NADH gespeichert, die als Quelle für die Reduktionskraft in Zellen dienen. Diese Moleküle sind für den Energietransport zwischen verschiedenen metabolischen Wegen und Vorgängen in Zellen sehr wichtig. Da ATP an den meisten zellulären Energietransaktionen beteiligt ist, müssen wir zuerst dessen Struktur und Funktion verstehen, um die Eigenschaften zu verstehen, durch welche dieses Molekül sich so hervorragend als universaler Energiekoppler eignet. Wie wichtig ATP für alle Zellen ist, sehen Sie an der Tatsache, dass die täglich synthetisierte und wieder verbrauchte Menge von ATP ungefähr Ihrer Körpermasse entspricht.

9.2.1 ATP enthält zwei energiereiche Phosphoanhydridbindungen

In *Kapitel 3* haben Sie gelernt, dass ATP ein komplexes Molekül ist, das die aromatische Base Adenin enthält, den 5′-Kohlenstoff-Zucker Ribose und eine Kette aus drei Phosphatgruppen. Die Phosphatgruppen sind über Phosphoanhydridbindungen miteinander verknüpft und die Ribose über eine Phosphoesterbindung, wie in dem in ▸*Abbildung 9.1* dargestellten ATP-Molekül zu sehen ist. Die Verbindung, die durch Verknüpfung von Adenin und Ribose entsteht, bezeichnet man als *Adenosin*. Adenosin kann in der Zelle in nicht-phosphorylierter Form vorliegen oder mit ein, zwei oder drei Phosphaten, die an das 5′-Kohlenstoffatom der Ribose gebunden sind und jeweils *Adenosinmonophosphat (AMP)*, *Adenosindiphosphat (ADP)* und *Adenosintriphosphat (ATP)* bilden.

Das ATP-Molekül eignet sich gut als Zwischenprodukt des zellulären Energiemetabolismus, denn während der *Hydrolyse* von ATP wird Energie freigesetzt, das heißt zum Spalten der Phosphoanhydridbindung wird Wasser genutzt. Die Phosphoanhydridbindung verbindet das dritte (äußerste) Phosphat mit dem zweiten Phosphat. Es entstehen zwei Produkte: Das terminale Phosphat erhält eine OH-Gruppe von dem Wassermolekül und wird als anorganisches (engl. *inorganic*) Phosphat freigesetzt (HPO_4^{2-}, wird oftmals P_i geschrieben) und das ADP-Molekül erhält ein –H und verliert durch die Ionisierung sofort ein Proton. Somit ist die Hydrolyse von ATP zur Bildung von ADP und P_i stark exergonisch, mit einer freigesetzten Energie unter Normalbedingungen ($\Delta G^{\circ\prime}$) von –7,3 kcal/mol (*Abbildung 9.1*, Reaktion 1). Die Umkehrreaktion, bei der ATP aus ADP und P_i synthetisiert wird und durch Kondensation ein Wassermolekül verloren geht, ist entsprechend endergonisch mit einem Wert von $\Delta G^{\circ\prime}$ von +7,3 kcal/mol (*Abbildung 9.1*, Reaktion 2). Wie Sie sehen, wird Energie als Triebkraft für die ATP-Synthese aus ADP und P_i benötigt und bei der ATP-Hydrolyse wird Energie freigesetzt.

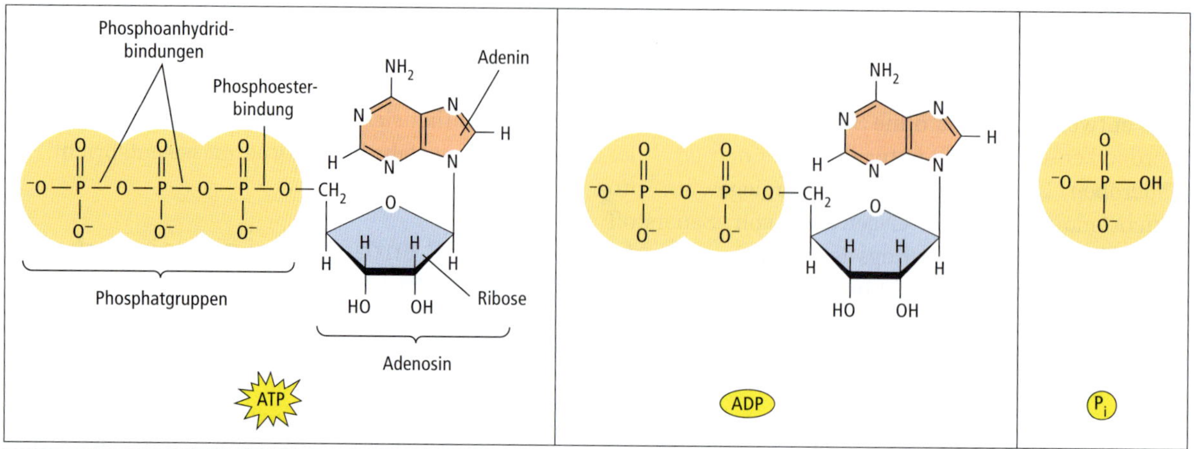

(a) Strukturen von ATP, ADP und anorganischem Phosphat (bei pH 7)

Reaktion 1: Hydrolyse ($\Delta G^{\circ\prime} = -7{,}3$ kcal/mol)

$$ATP^{4-} + H_2O \rightleftharpoons ADP^{3-} + P_i^{2-} + H^+$$

Reaktion 2: ATP Synthese ($\Delta G^{\circ\prime} = +7{,}3$ kcal/mol)

(b) Reaktionsgleichung für Hydrolyse und Synthese von ATP

Abbildung 9.1: ATP-Hydrolyse und -Synthese. (a) ATP besteht aus Adenosin (Adenin + Ribose) plus drei Phosphatgruppen, die mit dem 5′-Kohlenstoff der Ribose verbunden sind. (b) *Reaktion 1*: Die ATP-Hydrolyse zu ADP und anorganischem Phosphat (P_i) ist stark exergonisch, mit einer freigesetzten Energie unter Normalbedingungen von −7,3 kcal/mol. *Reaktion 2*: Die ATP-Synthese durch Phosphorylierung von ADP ist stark endergonisch, mit einer Standardveränderung der freien Energie von +7,3 kcal/mol.

Manchmal bezeichnen Biochemiker Bindungen wie die Phosphoanhydridbindungen von ATP als „hoch energetisch“ oder „energiereiche“ Bindungen, eine sehr hilfreiche Konvention, die 1941 von Fritz Lipmann, einem damals führenden deutsch-amerikanischen Bioenergetiker, eingeführt wurde. Diese Begriffe müssen allerdings richtig verstanden werden, um nicht den falschen Eindruck zu erwecken, dass die Bindung irgendwie Energie enthält, die freigesetzt werden kann. Alle chemischen Bindungen *benötigen Energie*, um gespalten zu werden und *setzen Energie frei*, wenn sie entstehen. Im Grunde meinen wir mit der Bezeichnung „energiereiche Bindung“, dass bei der Hydrolyse der Bindung freie Energie freigesetzt wird. Die Energie ist daher ein charakteristisches Merkmal der Reaktion, an der das Molekül mitwirkt und kein charakteristisches Merkmal einer bestimmten Bindung innerhalb des Moleküls. Bezeichnet man also ATP oder irgendein anderes Molekül als „hoch energetische Verbindung“ oder „energiereiche Verbindung“, so sollte man diese Wortwahl immer als prägnante Formulierung dafür verstehen, dass die Hydrolyse einer oder mehrerer Bindungen des Moleküls stark exergonisch ist.

9.2.2 Die ATP-Hydrolyse ist auf Grund der Ladungsabstoßung und der Resonanzstabilisierung stark exergonisch

Woran liegt es, dass die Hydrolyse der Phosphoanhydridbindungen eines ATP-Moleküls derartig exergonisch abläuft? Die Antwort auf diese Frage besteht aus drei Teilen: Die Hydrolyse von ADP und P_i ist auf Grund der *Ladungsabstoßung* zwischen den benachbarten geladenen Phosphatgruppen exergonisch, ferner aufgrund der *Resonanzstabilisierung* beider Produkte der Hydrolyse und aufgrund des *Anstiegs der Entropie* und der Löslichkeit.

Die **Ladungsabstoßung** ist leicht zu verstehen. Stellen Sie sich vor, Sie halten zwei Magnete, deren gleiche Pole sich berühren. Die gleichen Pole stoßen sich ab und es muss Kraft aufgewandt werden (das heißt, dem System muss Energie zugeführt werden), um die Magnete zusammenzubringen. Lässt man die Magnete wieder los, springen sie auseinander, wobei Energie freigesetzt wird. Betrachten Sie nun die drei Phosphatgruppen von ATP. Wie in der *Abbildung 9.1* dargestellt, trägt jede Gruppe auf Grund ihrer Ionisierung nahe am neutralen pH-Wert der Zelle mindestens eine negative Ladung. Diese negativen Ladungen neigen dazu, sich abzustoßen, wodurch die kovalente Bindung, über die diese Phosphatbindungen verknüpft sind, gespannt wird. Ähnlich verhält es sich bei der ATP-Synthese, für die zwei negative geladene Moleküle zusammengeführt werden müssen (ADP^{3-} und P_i^{2-}), die sich natürlicherweise abstoßen, und somit wird ein Energieaufwand erforderlich, um diese Abstoßung zu überwinden.

Ein zweiter wichtiger Beitrag zur ATP-Bindungsenergie ist die **Resonanzstabilisierung**. Obschon man die Carboxylgruppe formal mit einer C=O-Doppelbindung und einer C–O-Einfachbindung schreibt, besitzt sie in Wahrheit ein Elektronenpaar, das über beide C-Bindungen zum Sauerstoff *delokalisiert* (gleichmäßig verteilt) ist. Die richtige Struktur der Carboxylgruppe ist tatsächlich eine gleichmäßige Verteilung der beiden zu ihr beitragenden Strukturen, die in der ▶*Abbildung 9.2* dargestellt und als **Resonanzhybrid** bezeichnet werden. Jede C–O-Bindung ist das Äquivalent einer halben Bindung und jedes Sauerstoffatom hat nur eine teilweise negative Ladung (die mit dem griechischen Buchstaben δ dargestellt wird). Wenn Elektronen auf diese Weise delokalisiert werden, dann befindet sich ein Molekül in seiner stabilsten Konformation (niedrigste Energie) und man bezeichnet es als *resonanzstabilisiert*.

Auf ähnliche Weise wird das Phosphation resonanzstabilisiert, denn ein zusätzliches Elektronenpaar, das formal als Teil einer P=O-Doppelbindung dargestellt wird, ist über alle vier O-Atome, die neben dem zentralen P liegen, delokalisiert. Wenn eine Phosphoesterbindung zwischen einem Phosphation und einer Alkoholgruppe gebildet wird, werden die zusätzlichen Elektronen nur über drei O-Atome delokalisiert (▶*Abbildung 9.2b*). Das entstandene Molekül ist weniger resonanzstabilisiert und besitzt damit mehr Energie. Eine ähnliche Abnahme der Elektronendelokalisierung während der Bildung der Anhydridbindung (▶*Abbildung 9.2c*) führt auch zu einem Produkt mit höherer Energie.

Ein dritter wichtiger Faktor, der zur exergonischen Natur der ATP-Hydrolyse beiträgt, ist der Anstieg der Entropie, wenn eine Phosphatgruppe vom ATP entfernt wird und nicht länger in einer Position fixiert ist. Die zufällige Verteilung von ATP und Phosphat im Raum mindert deren freie Energie und hat eine stärker exergonische Reaktion zur Folge. Obwohl während der Hydrolyse ein Wassermolekül angefügt wird (eine Minderung der Entropie), verliert es ein Proton, das gleichfalls eine verminderte Entropie besitzt, weil es in der Lösung zufällig verteilt wird. Außerdem werden ADP und Phosphat löslicher, weil sie stärker hydratisiert werden, und die vermehrten Wechselwirkungen mit den Wassermolekülen führen zu einer Minderung der freien Energie, was zur exergonischen Natur der ATP-Hydrolyse beiträgt.

Bei Estern wird nur eine geringe Energiemenge nach der Hydrolyse freigesetzt, während die Hydrolysereaktion von Anhydriden stark exergonisch abläuft. Abgesehen von der erhöhten Resonanzstabilisierung sind beide Produkte der Anhydridhydrolyse geladen und stoßen sich daher ab, was bei der Esterhydrolyse nicht der Fall ist. Bei der Hydrolyse von Anhydrid- und Phosphoanhydridbindungen wird ungefähr doppelt so viel Energie freigesetzt wie bei der Hydrolyse von Ester- und Phosphoesterbindungen. Am Beispiel von ATP kann man diesen Unterschied gut aufzeigen: die Hydrolyse einer der Phosphoanhydridbindungen, die die zweiten und dritten Phosphatgruppen mit dem Rest des Moleküls verbinden, hat eine Standardveränderung der freien Energie von −7,3 kcal/mol, während die Hydrolyse der Phophoesterbindung, die die erste (innerste) Phosphatgruppe mit der Ribose verbindet, einen Wert von $\Delta G^{\circ\prime}$ von nur ungefähr −3,6 kcal/mol hat:

$$\text{ATP} + H_2O \longrightarrow \text{ADP} + P_i + H^+ \quad \Delta G^{\circ\prime} = -7{,}3\ \text{kcal/mol} \tag{9-1}$$

$$\text{ADP} + H_2O \longrightarrow \text{AMP} + P_i + H^+ \quad \Delta G^{\circ\prime} = -7{,}3\ \text{kcal/mol} \tag{9-2}$$

$$\text{AMP} + H_2O \longrightarrow \text{Adenosin} + P_i \quad \Delta G^{\circ\prime} = -3{,}6\ \text{kcal/mol} \tag{9-3}$$

Somit sind ATP und ADP beides „energiereichere Verbindungen“ als AMP, um die knappe Formulierungsweise der Biochemiker zu benutzen.

Da der Standardwert von $\Delta G^{\circ\prime}$ (–7,3 kcal/mol) auf gleichen Konzentrationen von ATP und ADP (1 *M*) beruht, wird die tatsächliche Veränderung der freien Energie, die mit der Hydrolyse von ATP zu ADP unter den meisten biologischen Bedingungen, in denen die Konzentration von ATP größer ist, typischerweise unterschätzt. In *Kapitel 5* haben wir erfahren, dass die tatsächliche Veränderung der freien Energie, $\Delta G'$, von den vorherrschenden Konzentrationen der Reaktanten und der Produkte abhängt (siehe *Gleichung 5-22*). Für die Hydrolyse von ATP (Reaktion 9-1) wird $\Delta G'$ folgendermaßen berechnet:

$$\Delta G' = \Delta G^{\circ\prime} + RT \ln \frac{[ADP][P_i]}{[ADP]} \qquad (9\text{-}4)$$

In den meisten Zellen ist das Verhältnis von ATP/ADP erheblich größer als 1 : 1, oftmals liegt es im Bereich von ungefähr 5 : 1. Daraus folgt, dass der Wert für $\ln([ADP][P_i]/[ADP])$ negativ ist und der Wert von $\Delta G^{\circ\prime}$ ist daher stärker negativ als –7,3 kcal/mol. Im Allgemeinen liegt er im Bereich von –10 bis –14 kcal/mol.

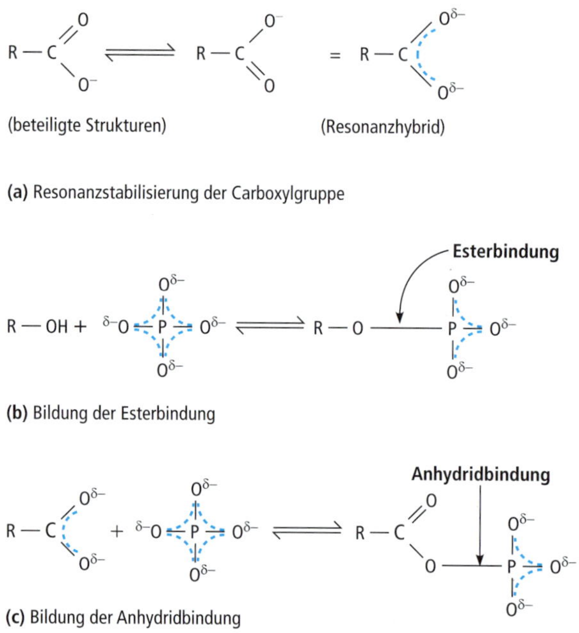

Abbildung 9.2: Verminderte Resonanzstabilisierung der Carboxyl- und Phosphatgruppen nach Bildung der Bindung. Die Resonanzstabilisierung in Folge einer Elektronendelokalisierung (blaue gestrichelte Linien) ist ein wichtiges Merkmal sowohl der Carboxylgruppe in (a) als auch der Phosphatgruppen in (b) und (c). Durch Bildung entweder (b) einer Esterbindung oder (c) einer Anhydridbindung (durch Entfernen von Wasser) nimmt die Möglichkeit einer Elektronendelokalisierung ab. Daraus folgt, dass der Ester oder das Anhydridprodukt energiereichere Verbindungen sind als die Reaktanten. Wenn diese Bindung durch Hydrolyse gespalten wird, wird Energie freigesetzt.

9.2.3 ATP ist ein wichtiges Zwischenprodukt des zellulären Energiemetabolismus

Im Gesamtspektrum der energiereichen phosphorylierten Verbindungen in der Zelle nimmt ATP eine Zwischenposition ein. Einige der häufiger vorkommenden Zwischenprodukte des zellulären Energiemetabolismus sind entsprechend ihrer Werte für $\Delta G^{\circ\prime}$ in der ▶ *Tabelle 9.1* aufgeführt. Die Werte sind negativ, sodass die weiter oben in der Tabelle stehenden Verbindungen nach der Hydrolyse der Phosphatgruppe am meisten Energie freisetzen.

Tabelle 9.1

Freie Energie der Hydrolyse unter Standardbedingungen für phosphorylierte Verbindungen, die am Energiemetabolismus mitwirken

Phosphorylierte Verbindung und ihre Hydrolysereaktion	$\Delta G^{\circ\prime}$ (kcal/mol)
Phosphoenolpyruvat (PEP)	
+ H_2O ⟶ Pyruvat + P_i	–14,8
1,3-Bisphosphoglycerat	
+ H_2O ⟶ 3-Phosphoglycerin + P_i	–11,8[1]
Phosphokreatin	
+ H_2O ⟶ Kreatin + P_i	–10,3
Adenosintriphosphat (ATP)	
+ H_2O ⟶ Adenosindiphosphat + P_i	–7,3
Glucose-1-Phosphat	
+ H_2O ⟶ Glucose + P_i	–5,0
Glucose-6-Phosphat	
+ H_2O ⟶ Glucose + P_i	–3,3
Glycerinphosphat	
+ H_2O ⟶ Glycerin + P_i	–2,2

[1] *Der $\Delta G^{\circ\prime}$-Wert für 1,3-Bisphosphoglycerat ist für die Hydrolyse der Phosphoanhydridbindung am Kohlenstoffatom 1 angegeben.*

Dies bedeutet, dass eine Verbindung unter Standardbedingungen jede Verbindung, die unterhalb von ihr rangiert, exergonisch phosphorylieren kann, aber keine der oberhalb von ihr liegenden Verbindungen. Somit kann ATP durch Transfer einer Phosphatgruppe von Phosphoenolpyruvat (PEP) gebildet werden, aber nicht aus Glucose-6-Phosphat, wie in der ▶ *Abbildung 9.3* dargestellt. Auf ähnliche Weise kann man ATP zur Phosphorylierung von Glucose nutzen, aber nicht zur Phosphorylierung von Pyruvat. Die Reaktionen 9-5 und 9-6 haben negative $\Delta G^{\circ\prime}$-Werte, die wir als $\Delta G^{\circ\prime}_{transfer}$-Werte bezeichnen werden, um zu betonen, dass sie die Veränderung der freien Energie unter Standardbedingungen darstellen, die mit dem Transfer einer Phosphatgruppe von einem Donormolekül auf ein Akzeptormolekül einhergeht. Die $\Delta G^{\circ\prime}_{transfer}$-Werte können Sie der *Tabelle 9.1* entnehmen und folgendermaßen berechnen:

$$\text{Glucose} + \text{ATP} \longrightarrow \text{Glucose-6-Phosphat} + \text{ADP} + \text{H}^+$$
$$\Delta G^{\circ\prime}_{transfer} = \Delta G^{\circ\prime}_{Donor} - \Delta G^{\circ\prime}_{Akzeptor}$$
$$= -7{,}3 \text{ kcal/mol} - (-3{,}3 \text{ kcal/mol}) = -4{,}0 \text{ kcal/mol} \quad (9\text{-}5)$$

$$\text{PEP} + \text{ADP} + \text{H}^+ \longrightarrow \text{Pyruvat} + \text{ATP}$$
$$\Delta G^{\circ\prime}_{transfer} = -14{,}8 \text{ kcal/mol} - (-7{,}3 \text{ kcal/mol}) = -7{,}5 \text{ kcal/mol} \quad (9\text{-}6)$$

Reaktionen wie 9-5 und 9-6, bei denen eine chemische Gruppe von einem Molekül zu einem anderen übertragen werden, bezeichnet man als **Gruppentransferreaktionen**. Gruppentransferreaktionen sind einer der häufigsten Vorgänge des zellulären Metabolismus und die Phosphatgruppe ist eine der am häufigsten transferierten Gruppen, vor allem beim Energiemetabolismus.

Der wichtigste Aspekt, den man aus der *Tabelle 9.1* und der *Abbildung 9.3* herauslesen und verstehen muss, ist folgender: Das ATP/ADP-Paar nimmt eine entscheidende intermediäre Position im Hinblick auf Bindungsenergien ein. Dies bedeutet, dass ATP bei einigen biologischen Reaktionen als *Phosphatdonor* dienen kann und dass seine dephosphorylierte Form, ADP, bei einigen anderen Reaktionen als Phosphatakzeptor dient, denn oberhalb und unterhalb des ATP/ADP-Paares liegen energiereiche Verbindungen.

Zusammenfassend können wir feststellen, dass das ATP/ADP-Paar ein reversibles Mittel zur Speicherung, Übertragung und Freisetzung von Energie in der Zelle darstellt (▸*Abbildung 9.4*). Wenn in der Zelle ein katabolischer Vorgang abläuft, sei er anaerob (▸*Abbildung 9.4a*) oder aerob (▸*Abbildung 9.4b*), sind die aufeinander folgenden Reaktionen, bei denen Energie freigesetzt wird, in der Weise an das ATP/ADP-System gekoppelt, dass die zur Verfügung stehende freie Energie die Bildung von ATP aus ADP antreibt. Die nach der Hydrolyse von ATP freigesetzte freie Energie liefert dann die Triebkraft für die vielen Vorgänge (beispielsweise Biosynthese, aktiver Transport, Ladungstrennung und Muskelkontraktion), die für das Leben unerlässlich sind und nur unter Aufwendung von Energie ablaufen.

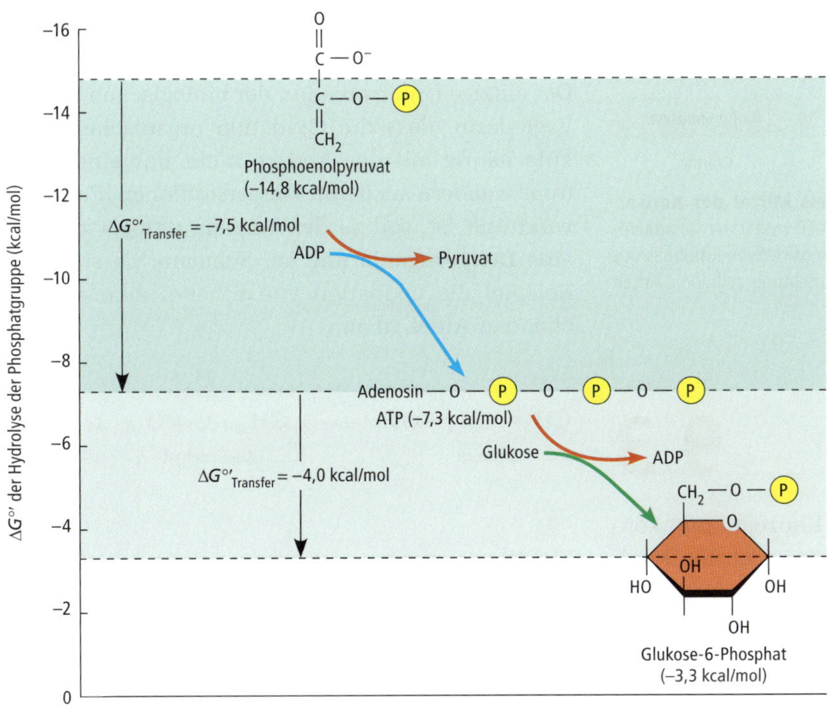

Abbildung 9.3: Beispiele für exergonischen Transfer von Phosphatgruppen. Diese Beispiele beruhen auf den Werten von $\Delta G^{\circ\prime}$ für die Hydrolyse der in der *Tabelle 9.1* aufgeführten Verbindungen. Bei der Hydrolyse von Phosphatgruppen wird Phosphoenolpyruvat (PEP, −14,8 kcal/mol) als hochenergiereiche Verbindung betrachtet, ATP (−7,3 kcal/mol) als Verbindung mit mittlerer Energie und Glucose-6-Phosphat (−3,3 kcal/mol) als Verbindung mit geringer Energie. PEP kann daher seine Phosphatgruppen exergonisch an ADP abgegeben und ATP bilden ($\Delta G^{\circ\prime}_{Transfer} = \Delta G^{\circ\prime}_{Donor} - \Delta G^{\circ\prime}_{Akzeptor} = -14{,}8 - (-7{,}3) = -7{,}5$ kcal/mol) und ATP kann genutzt werden, um Glucose exergonisch zu phosphorylieren ($\Delta G^{\circ\prime}_{Transfer} = -7{,}3 - (-3{,}3) = -4{,}0$ kcal/mol), aber die Umkehrreaktionen sind unter Standardbedingungen nicht möglich. Tatsächlich liegen die Werte für $\Delta G^{\circ\prime}$ für diese Transfers so weit im negativen Bereich, dass beide Reaktionen unter typischen zellulären Bedingungen irreversibel sind.

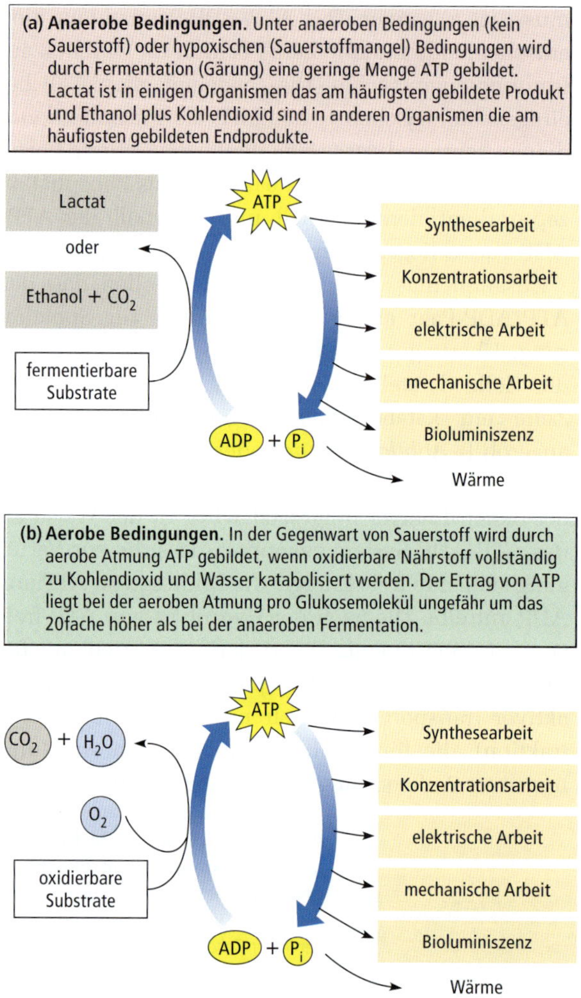

Abbildung 9.4: **Das ATP/ADP-System als Mittel der Konservierung und Freisetzung von Energie.** ATP wird unter (a) anaeroben oder (b) aeroben Bedingungen durch den oxidativen Katabolismus von Nährstoffen (links) gebildet und zur Verrichtung zellulärer Arbeit genutzt (rechts).

Chemotropher Energiemetabolismus 9.3

Nun kennen wir die wichtigsten Konzepte und können das Hauptthema dieses und des nächsten Kapitels in Angriff nehmen. Mit anderen Worten sind wir für die Diskussion des chemotrophen Energiemetabolismus bereit – die Reaktionen und Wege durch die Zellen Nährstoffe katabolisieren und ATP als Teil der Energie, die bei ihrer Aufspaltung frei gesetzt wird, konservieren. Oder, um es ein wenig persönlicher zu formulieren, wir werden uns mit den spezifischen metabolischen Abläufen beschäftigen, durch welche die Zellen unseres Körpers die Nahrung, die wir aufnehmen, nutzen, um den Energiebedürfnissen nachzukommen. Wir beginnen unsere Darstellung mit der *Oxidation*, denn ein Großteil des Energiemetabolismus erfolgt unter Mitwirkung oxidativer, energiefreisetzender Reaktionen.

9.3.1 Biologische Oxidationen laufen im Allgemeinen durch Abgabe von Elektronen und Protonen ab und sind stark exergonisch

Die Feststellung, dass Nährstoffe wie Kohlenhydrate, Fette oder Proteine Energiequellen der Zellen sind, bedeutet, dass es sich um oxidierbare organische Verbindungen handelt und dass deren Oxidation stark exergonisch abläuft. Rufen Sie sich aus dem Chemieunterricht in Erinnerung, dass Oxidation die Abgabe von Elektronen ist. Somit ist beispielsweise Fe^{2+} oxidierbar, weil es leicht bei der Umwandlung in Fe^{3+} ein Elektron abgibt:

$$Fe^{2+} \longrightarrow Fe^{3+} + e^- \qquad (9\text{-}7)$$

Der einzige Unterschied in der biologischen Chemie liegt darin, dass die Oxidation organischer Moleküle häufig mit der Abgabe nicht nur eines Elektrons, sondern auch von Wasserstoffionen (Protonen) verknüpft ist, sodass der Vorgang oftmals zugleich eine **Dehydrogenierung** ist. Schauen Sie sich zum Beispiel die Oxidation von Ethanol zum entsprechenden Aldehyd an:

$$\underset{\text{Ethanol}}{CH_3{-}CH_2{-}OH} \xrightarrow{\text{Oxidation}} \underset{\text{Acetaldehyd}}{CH_3{-}\overset{\overset{\displaystyle H}{|}}{C}{=}O} + 2e^- + 2H^+ \qquad (9\text{-}8)$$

Elektronen werden abgegeben, es handelt sich also eindeutig um eine Oxidation. Allerdings werden auch Protonen freigesetzt, und ein Elektron plus ein Proton entspricht einem Wasserstoffatom. Daher ist der tatsächlich ablaufende Vorgang in Wahrheit die Abgabe des Äquivalents von zwei Wasserstoffatomen:

$$\mathrm{CH_3{-}CH_2{-}OH} \xrightarrow[\text{(Dehydrogenierung)}]{\text{Oxidation}} \mathrm{CH_3{-}\overset{\displaystyle H}{\overset{|}{C}}{=}O} + [2\mathrm{H}] \qquad (9\text{-}9)$$

Ethanol → Acetaldehyd

Somit manifestieren sich zelluläre Reaktionen mit organischen Molekülen im Fall einer Oxidation stets als Dehydrogenierungsreaktionen. Viele der Enzyme, die oxidative Reaktionen in Zellen katalysieren, werden daher auch als *Dehydrogenasen* bezeichnet.

Natürlich kann keine der angeführten Oxidationsreaktionen allein ablaufen, die Elektronen müssen von einem Molekül zum anderen übertragen werden, wobei das Molekül während des Vorgangs *reduziert* wird. **Reduktion**, das Gegenteil von Oxidation, wird als Aufnahme von Elektronen definiert und ist ein endergonischer Vorgang. Schon bald werden wir sehen, dass die Reduktion von Coenzymen ein wichtiger Weg für Zellen ist, um chemische Energie als Reduktionskraft zu speichern. Bei biologischen Reaktionen wie auch bei den Oxidationen, werden die Elektronen häufig zusammen mit Protonen übertragen. Daher bezeichnet man die gesamte Reaktion als **Hydrogenierung**:

$$\mathrm{CH_3{-}\overset{\displaystyle H}{\overset{|}{C}}{=}O} + [2\mathrm{H}] \xrightarrow[\text{(Hydrogenierung)}]{\text{Reduktion}} \mathrm{CH_3{-}CH_2{-}OH} \qquad (9\text{-}10)$$

Acetaldehyd → Ethanol

Die Reaktionen 9-9 und 9-10 veranschaulichen außerdem das allgemeine Prinzip, dass bei biologischen Oxidations-Reduktions-Reaktionen fast immer *zwei Elektronen* (und daher zwei Protonen) übertragen werden.

So wie wir sie aufgeschrieben haben, sind die Reaktionen 9-9 und 9-10 nur *halbe Reaktionen*, die jeweils einen Oxidations- und einen Reduktionsvorgang darstellen. Bei echten Reaktionen laufen Oxidation und Reduktion immer gleichzeitig ab. Jedes Mal, wenn eine Oxidation stattfindet, muss auch eine Reduktion ablaufen, denn die Elektronen (und Protonen), die von einem Molekül abgegeben werden, müssen von einem anderen Molekül aufgenommen werden. Die eckigen Klammern um die 2 H in den Reaktionen 9-9 und 9-10 sollen hervorheben, dass Wasserstoffatome niemals wirklich in eine Lösung freisetzt werden, sondern stattdessen an ein anderes Molekül übertragen werden.

9.3.2 Coenzyme wie NAD⁺ dienen bei biologischen Oxidationen als Elektronenakzeptoren

Bei den meisten biologischen Oxidationen werden die Elektronen und Wasserstoffatome, die von dem oxidierten Substrat abgegeben werden, auf ein oder mehrere **Coenzyme** übertragen. Im Allgemeinen sind Coenzyme kleine Moleküle, die zusammen mit Enzymen (daher der Name) wirken, wobei sie zumeist die Funktion eines Trägers von Elektronen oder kleiner funktionaler Gruppen übernehmen. Bald werden wir sehen, dass Coenzyme nicht verbraucht, sondern innerhalb der Zelle recycelt werden, sodass auch eine relativ niedrige intrazelluläre Konzentration eines bestimmten Coenzyms genügt, um den Bedürfnissen der Zelle nachzukommen.

Das am häufigsten am Energiemetabolismus beteiligte Coenzym ist **Nicotinamid-Adenin-Dinucleotid NAD$^+$**. In der ▸*Abbildung 9.5* haben wir die Struktur dargestellt. Trotz komplizierten Namens und komplizierter Struktur geht NAD$^+$ sehr geradlinig vor. Es dient durch Aufnahme von zwei Elektronen und einem Proton an seinen aromatischen Ring als Elektronenakzeptor, woraus die reduzierte Form, NADH, plus ein Proton hervorgehen:

$$\underset{\text{(oxidiert)}}{\mathrm{NAD^+}} + 2[\mathrm{H}] \longrightarrow \underset{\text{(reduziert)}}{\mathrm{NADH}} + \mathrm{H^+} \qquad (9\text{-}11)$$

Im Hinblick auf die Nährstoffaufnahme möchten wir anmerken, dass das Nicotinamid von NAD$^+$ ein Derivat von Niacin ist, das wir als Vitamin B kennen – ein Mitglied der Familie der wasserlöslichen Verbindungen, die für die Ernährung des Menschen und der Wirbeltiere, die diese Verbindung nicht selber synthetisieren können, essenziell ist. In *Kapitel 10* werden wir FAD und CoA kennenlernen, zwei weitere Coenzyme, in deren Strukturen auch Derivate von Vitamin B enthalten sind. Da diese Vitamine Komponenten unverzichtbarer Coenzyme sind, sind gerade sie für die Ernährung eines jeden Organismus, der sie nicht selber synthetisieren kann, von essenzieller Bedeutung. Außerdem werden sie nur in geringen Mengen benötigt, denn sie werden im Verlauf von Reaktionen nicht verbraucht, sondern nach der Reduktion oder Oxidation wieder recycelt.

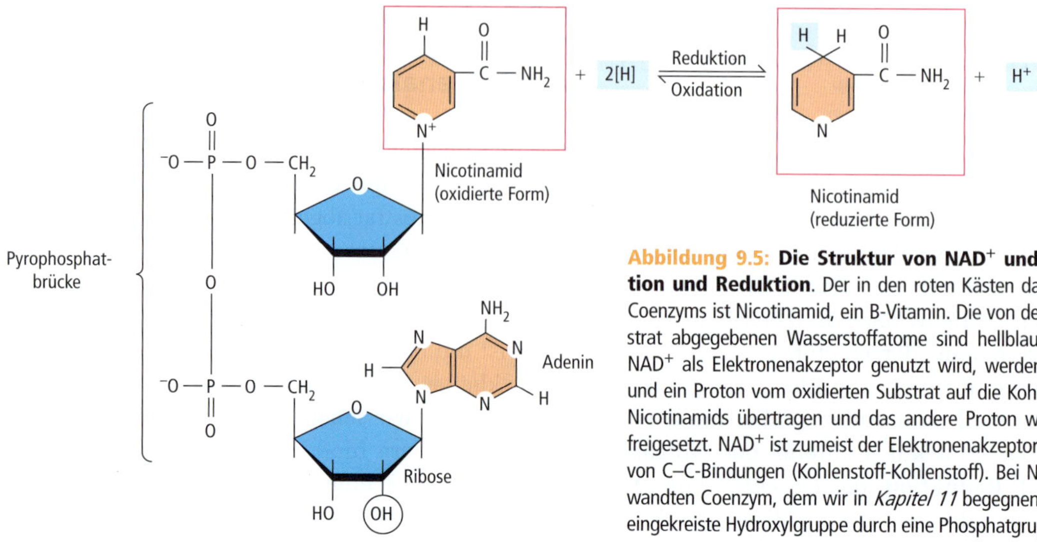

Abbildung 9.5: Die Struktur von NAD^+ und dessen Oxidation und Reduktion. Der in den roten Kästen dargestellte Teil des Coenzyms ist Nicotinamid, ein B-Vitamin. Die von dem oxidierten Substrat abgegebenen Wasserstoffatome sind hellblau unterlegt. Wenn NAD^+ als Elektronenakzeptor genutzt wird, werden zwei Elektronen und ein Proton vom oxidierten Substrat auf die Kohlenstoffatome des Nicotinamids übertragen und das andere Proton wird in die Lösung freigesetzt. NAD^+ ist zumeist der Elektronenakzeptor bei der Oxidation von C–C-Bindungen (Kohlenstoff-Kohlenstoff). Bei $NADP^+$, einem verwandten Coenzym, dem wir in *Kapitel 11* begegnen werden, wird die eingekreiste Hydroxylgruppe durch eine Phosphatgruppe ersetzt.

9.3.3 Die meisten Chemotrophen decken ihre Energiebedürfnisse durch Oxidation organischer Nährstoffmoleküle

Wir interessieren uns für die Oxidation, weil es sich um ein Mittel handelt, das den Chemotrophen wie uns Menschen die Deckung ihrer Energiebedürfnisse ermöglicht. Viele verschiedene Substanzen dienen als Substrate für biologische Oxidationsvorgänge. Eine große Anzahl von Mikroorganismen nutzt zum Beispiel anorganische Verbindungen wie molekularen Wasserstoff oder reduzierte Formen von Eisen, Schwefel oder Stickstoff als Energiequellen. Diese Organismen, die recht spezialisierte Wege nutzen, übernehmen im geochemischen Kreislauf der in der Biosphäre vorkommenden Nährstoffe wichtige Rollen. Sie bilden außerdem eine erhebliche Menge der totalen Biomasse – manchen Schätzungen zufolge bis zu 50 % der globalen Pflanzenproduktion – und sie sind wichtige Nahrungsquellen für zahlreiche andere Organismen in der Nahrungskette. Allerdings sind wir und die meisten anderen Chemotrophen von organischen Nahrungsmittelmolekülen in Form oxidierbarer Substrate abhängig, vor allem von Kohlenhydraten, Fetten und Proteinen. Man darf nie vergessen, dass diese organischen Nahrungsmittelmoleküle sowohl in Form von ATP als auch in Form reduzierter Coenzyme die Energie für jede Zelle bilden.

9.3.4 Glucose ist eines der wichtigsten oxidierbaren Substrate des Energiemetabolismus

Im Folgenden werden wir uns mit der biologischen Oxidation von Glucose ($C_6H_{12}O_6$), eines Monosaccharids mit 6 Kohlenstoffatomen, das landläufig auch Traubenzucker genannt wird, konzentrieren. Bei vielen Vertebraten, also auch beim Menschen, ist Glucose der wichtigste Zucker im Blut und somit die Hauptenergiequelle der meisten Zellen des Körpers. Die Glucose im Blut stammt vor allem von den mit der Nahrung aufgenommenen Kohlenhydraten, wie beispielsweise Saccharose oder Stärke, und wird durch den Abbau gespeicherten Glykogens gewonnen (siehe *Abbildungen 3-21* und *3-24*). Nach heutigen Richtlinien ist eine Aufnahme von ungefähr 50 % Kohlenhydraten, 30 % Lipiden und 20 % Protein für die menschliche Nahrung zu empfehlen. Daher stellt die Glucose für uns ein außerordentlich wichtiges Molekül dar.

Glucose ist außerdem von Bedeutung für Pflanzen, denn es handelt sich um ein Abbauprodukt der Stärke. Hinzu kommt, dass Glucose die Hälfte der Disaccharids Saccharose (Glucose + Fructose) ausmacht, des wichtigsten Zuckers des Gefäßsystems der meisten Pflanzen. Desweiteren beginnt der Katabolismus der meisten energiereichen Substanzen in Pflanzen, Tieren und Mikroorganismen mit der Umwandlung in eines der Zwischenprodukte des Stoffwechselweges für den Glucosekatabolismus. Wir wollen uns jedoch nicht nur mit dem Schicksal einer einzelnen Verbindung beschäftigen, sondern mit einem metabolischen Weg, der das Kernstück des chemotrophen Energiemetabolismus bildet.

9.3.5 Die Oxidation von Glucose ist stark exergonisch

Glucose ist eine potenzielle Energiequelle, weil die Oxidation von Glucose ein stark exergonischer Vorgang ist; dessen $\Delta G^{\circ\prime}$ beträgt -686 kcal/mol für die vollständige Umwandlung von Glucose zu Kohlendioxid und Wasser, wobei Sauerstoff als endgültiger Elektronenakzeptor dient:

$$C_6H_{12}O_6 + 6\ O_2 \longrightarrow 6\ CO_2 + 6\ H_2O \quad (9\text{-}12)$$

Da $\Delta G^{\circ\prime}$ ein thermodynamischer Parameter ist, wird er nicht durch den Weg vom Substrat zum Produkt beeinflusst. Daher verändert sich der Wert von $\Delta G^{\circ\prime}$ nicht, ganz gleich, ob es sich um eine direkte Verbrennung handelt, bei der die gesamte Energie als Wärme freigesetzt wird, oder um eine biologische Oxidation, bei der ein Teil der Energie als ATP gespeichert wird. Somit wird bei der Oxidation der in einem Marshmallow enthaltenen Zuckermoleküle immer die gleiche Menge freier Energie freigesetzt, egal ob Sie den Marshmallow über einem Lagerfeuer verbrennen oder ihn so verspeisen und die Zuckermoleküle in ihrem Körper katabolisieren. Vom biologischen Standpunkt ist die Unterscheidung allerdings von entscheidender Bedeutung: *Die unkontrollierte Verbrennung läuft bei Temperaturen ab, die nicht mit dem Leben vereinbar sind, und der größte Teil der freien Energie geht als Wärme verloren. An biologischen Oxidationen wirken von Enzymen katalysierte Reaktionen mit, die ohne signifikante Temperaturveränderungen ablaufen, und ein Großteil der freien Energie wird in chemischer Form als ATP konserviert.*

9.3.6 Beim Katabolismus von Glucose wird in Anwesenheit von Sauerstoff wesentlich mehr Energie freigesetzt als ohne Sauerstoff

Die 686 kcal/mol freier Energie der Glucose stehen nur dann zur Verfügung, wenn diese vollständig zu Kohlendioxid und Wasser oxidiert wird. Da kein Umwandlungsvorgang mit 100%iger Effizienz abläuft, kann selbst dann allerdings nur ein Teil der Energie genutzt werden. Die vollständige Oxidation von Glucose (oder anderer Nährstoffe wie Proteine und Lipide) zu Kohlendioxid und Wasser in der Gegenwart von Sauerstoff bezeichnet man als *aerobe Atmung*, ein komplexer, Vorgang mit vielen Schritten, auf den wir in *Kapitel 10* genauer eingehen werden. Viele Organismen, vor allem Bakterien, führen eine *anaerobe Atmung* durch, indem sie nicht Sauerstoff sondern andere anorganische Elektronenakzeptoren nutzen. Zu den Beispielen für alternative Akzeptoren gehören elementarer Schwefel (S), Protonen (H^+) und Eisen-III-Ionen (Fe^{3+}).

Sogar in Fällen, in denen kein oder nur wenig Sauerstoff oder keine anderen anorganischen Elektronenakzeptoren verfügbar sind, sind die meisten Organismen noch immer in der Lage, kleine Energiemengen aus der teilweisen Oxidation von Glucose zu gewinnen, allerdings mit geringerer Energieausbeute pro Glucosemolekül. Dies gelingt ihnen mittels *Glykolyse*, auf einem metabolischen Weg, der ohne Sauerstoff abläuft. Stattdessen werden die Elektronen, die während der Glucoseoxidation abgegeben werden, später auf organische Moleküle übertragen. Diese Form der anaeroben Atmung bezeichnet man als **Fermentation (Gärung)**. Bei einigen tierischen Zellen und vielen Bakterien ist das Endprodukt Lactat, weshalb man den Vorgang des anaeroben Glucosekatabolismus als *Lactatfermentation* (od. *Milchsäuregärung*) bezeichnet. Bei den meisten Pflanzenzellen und Mikroorganismen wie Hefe bezeichnet man diesen Vorgang als *alkoholische Fermentation* (od. *alkoholische Gärung*), denn das Endprodukt ist Ethanol, ein Alkohol, plus Kohlendioxid.

9.3.7 Entsprechend ihres Sauerstoffbedarfs teilt man die Organismen in aerobe, anaerobe und fakultative Organismen ein

Organismen können im Hinblick auf ihr Bedürfnis nach und ihre Nutzung von Sauerstoff als Elektronenakzeptor ihres Energiemetabolismus eingeteilt werden. Die meisten Organismen, denen wir täglich begegnen, können ohne Sauerstoff nicht leben und werden als **obligate Aerobe** bezeichnet. Jedes Mal, wenn Sie in den Spiegel schauen, sehen Sie einen obligaten Aeroben. Andererseits können andere Organismen, wie viele Bakterien, Sauerstoff nicht als Elektronenakzeptor nutzen und werden als **obligate Anaerobe** bezeichnet. Für diese Organismen ist Sauerstoff tatsächlich toxisch. Daher überrascht es auch nicht, dass diese Organismen in Lebensräumen vorkommen, in denen es keinen Sauerstoff gibt, beispielsweise in tiefen Wunden oder dem Schlamm auf dem Grund von Teichen. Die meisten strikten Anaeroben sind Bakterien, dazu zählen Organismen, die Gasbrand verursachen, Nahrungsmittel kontaminieren oder Methan bilden.

Fakultative Organismen können unter aeroben und anaeroben Bedingungen leben. Steht ihnen Sauerstoff zur Verfügung, so führen fakultative Organismen eine komplette aerobe Atmung durch. Allerdings können sie auf anaerobe Atmung oder Fermentation umschalten, falls der Sauerstoff begrenzt sein sollte oder gänzlich fehlt. Viele Bakterien und Pilze gehören zu den fakultativen Organismen, ebenso wie einige Mollusken und Anneliden (Würmer). Einige Zellen oder Gewebe von Organismen, die normalerweise aerob leben, können zeitweilig bei fehlendem Sauerstoff oder bei Sauerstoffmangel weiterleben. Dies gilt zum Beispiel für Ihre Skelettmuskelzellen; normalerweise funktionieren sie aerob, wechseln aber immer dann zur Lactatfermentation, wenn der Sauerstoff begrenzt zur Verfügung steht – beispielsweise während längerer oder stärkerer körperlicher Anstrengung.

In diesem Kapitel werden wir uns hauptsächlich mit der Darstellung der anaeroben Bildung von ATP durch Fermentation von Glucose beschäftigen. Im nächsten Kapitel steht der aerobe Energiemetabolismus im Mittelpunkt. Wir werden uns zuerst mit den Fermentationsvorgängen beschäftigen, weil der glykolytische Stoffwechselweg sowohl Teil der Fermentation als auch der aeroben Atmung ist. Wenn wir mit der Fermentation beginnen, werden wir uns damit beschäftigen, wie aus Glucose ohne Oxidation Energie gewonnen werden kann. Des Weiteren werden wir die Grundlagen für aerobe Vorgänge legen, auf die wir im nächsten Kapitel zu sprechen kommen.

9.4 Glykolyse und Fermentation: ATP-Bildung ohne Sauerstoff

Ganz gleich ob es sich um einen obligaten oder fakultativ anaeroben Organismus handelt, jede Zelle, die ihre Energie durch Fermentation gewinnt, führt energieerzeugende, oxidative Reaktionen aus, bei denen Sauerstoff nicht als Elektronenakzeptor genutzt wird. Die Glucose mit insgesamt sechs Kohlenstoffatomen wird in zwei Moleküle mit jeweils drei Kohlenstoffatomen aufgeteilt, von denen jedes in einer Reaktionsabfolge teilweise oxidiert wird, die so stark exergonisch ist, dass zwei ATP-Moleküle pro Molekül Glucose produziert werden. Für die meisten Zellen ist dies der maximale Energieertrag, der ohne Zufuhr von Sauerstoff oder einem alternativen Elektronenakzeptor gewonnen werden kann. Es gibt allerdings Ausnahmen, die diese Grenze überwinden. Bestimmte Mikroorganismen können bis zu fünf ATP-Moleküle pro Glucose gewinnen, indem sie spezialisierte Enzymsysteme nutzen. Außerdem können einige Pflanzen und Tiere, die an Sauerstoffmangel angepasst sind, mehr als zwei ATP-Moleküle pro Glucose gewinnen.

9.4.1 Die Glykolyse erzeugt ATP durch Katabolisierung von Glucose zu Pyruvat

Der Vorgang der Glykolyse, den man auch als **glykolytischen Stoffwechselweg** bezeichnet, ist eine Reaktionsabfolge aus zehn Schritten, bei denen ein Molekül Glucose in zwei Moleküle Pyruvat umgewandelt wird, einer Verbindung aus drei Kohlenstoffatomen. Während der teilweisen Oxidation von Glucose zu Pyruvat werden Energie und Reduktionsäquivalente in Form von ATP und NADH gespeichert. In der ▸*Abbildung 9.6* geben wir einen Überblick über die drei wichtigsten Phasen der Glykolyse und in der ▸*Abbildung 9.7* wird der Stoffwechselweg detailliert dargestellt. Die Glykolyse läuft sowohl beim aeroben als auch beim anaeroben Glucosemetabolismus ab und wird praktisch von allen Organismen durchgeführt. In den meisten Zellen kommen diese Enzyme im Cytosol vor. Bei einigen parasitären Protozoen, den Trypanosomen, sind die ersten sieben Enzyme allerdings in den von einer Membran umhüllten Organellen, den *Glykosomen*, kompartimentalisiert.

Historisch gesehen war der glykolytische Stoffwechselweg die erste wichtige metabolische Reaktionsabfolge, die aufgeklärt wurde. Ein Großteil der Aufklärungsarbeit wurde in den 1930er Jahren von den deutschen Biochemikern Gustav Embden, Otto Meyerhof und Otto Warburg geleistet. Tatsächlich wird der glykolytische Stoffwechselweg auch als *Embden-Meyerhof-Weg* bezeichnet.

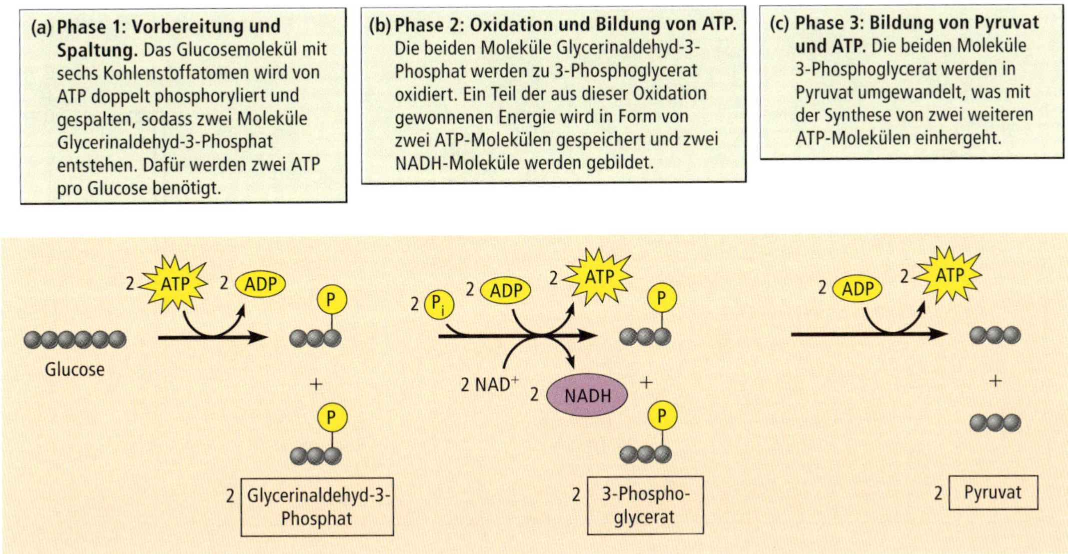

Abbildung 9.6: **Ein Überblick über die Glykolyse**. Während der Glykolyse wird ein Molekül Glucose gespalten und teilweise oxidiert, woraus zwei Moleküle Pyruvat hervorgehen. Bei diesem Vorgang wird Energie als Nettogewinn in Form von zwei Molekülen ATP und zwei Molekülen NADH gespeichert. Dieser Vorgang aus zehn Schritten läuft in drei Hauptphasen ab (a – c), wie oben dargestellt. Die vereinfachten Strukturen zeigen nur Kohlenstoffatome (grau) und Phosphatgruppen (gelb).

Ein Überblick über die Glykolyse Ohne Beteiligung von Sauerstoff führt die Glykolyse zur Fermentation (Gärung). In der Gegenwart von Sauerstoff führt sie zur aeroben Atmung, unserem Thema in *Kapitel 10*. Die zehn Reaktionen der Glykolyse sind in ihrer Sequenz nummeriert (Gly-1 bis Gly-10) und die Enzyme, welche die Reaktionen katalysieren, sind im Kasten in der Mitte der *Abbildung 9.7* aufgeführt. Der Kern dieses Vorgangs ist bereits im Namen enthalten, denn der Begriff Glykolyse stammt von zwei griechischen Wurzeln ab: *glykos* bedeutet „süß“ und *lysis* bedeutet „Spaltung“. Die Spaltung findet während der Reaktion Gly-4 statt, die in der *Abbildung 9.7* dargestellt ist, wobei der Zucker mit sechs Kohlenstoffatomen in zwei Moleküle mit je drei Kohlenstoffatomen gespalten wird. Eines dieser Moleküle, Glycerinaldehyd-3-Phosphat, durchläuft als einziges Molekül dieses Stoffwechselweges eine Oxidation.

Wichtige Schritte der Glykolyse sind der einleitende Verbrauch von ATP (Gly-1), die Zuckerspaltungsreaktion, nach der die Sequenz benannt wurde (Gly-4), die Oxidation, aus der NADH (Gly-6) hervorgeht und die beiden spezifischen Schritte, bei denen die Reaktionssequenz an die Bildung von ATP gekoppelt ist (Gly-7 und Gly-10). Wir werden diese Reaktionsschritte nochmals ansprechen, wenn wir uns mit dem gesamten Stoffwechselweg in drei Stufen beschäftigen, wie in der *Abbildung 9.6* dargestellt: Vorbereitungsschritte und Spaltungsschritte (Gly-1 bis Gly-5); oxidative Sequenz, die zugleich die erste ATP erzeugende Reaktion ist (Gly-6 und Gly-7); und die zweite ATP erzeugende Reaktion (Gly-8 bis Gly-10).

Phase 1: Vorbereitung und Spaltung Zu Beginn unserer Beschäftigung mit der Glykolyse möchten wir Sie darauf hinweisen, dass die Nettosynthese der ersten drei Reaktionen darin besteht, ein nicht phosphoryliertes Molekül (Glucose) in ein doppelt phosphoryliertes Molekül (*Fructose-1,6-Bisphosphat*) umzuwandeln. Dafür müssen zwei Phosphatgruppen vom ATP zur Glucose transferiert werden, jeweils eine Phosphatgruppe zu einem terminalen Kohlenstoffatom. Wenn wir uns die Glucose anschauen, so können wir gut nachvollziehen, wie die Phosphorylierung am Kohlenstoffatom 6 in der Reaktion Gly-1 ablaufen kann, denn die Hydroxygruppe kann leicht mit Phosphatgruppen verknüpft werden und bildet dann den Phosphoester Glucose-6-Phosphat. Durch Energiegewinn aus der ATP-Hydrolyse steht nicht nur eine Phosphatgruppe zur Verfügung, sondern auch die Triebkraft zur stark exergonischen Phosphorylierungsreaktion ($\Delta G^{\circ\prime} = -4{,}0$ kcal/mol), wodurch die Reaktion in der Richtung der Glucosephosphorylierung grundsätzlich irreversibel wird.

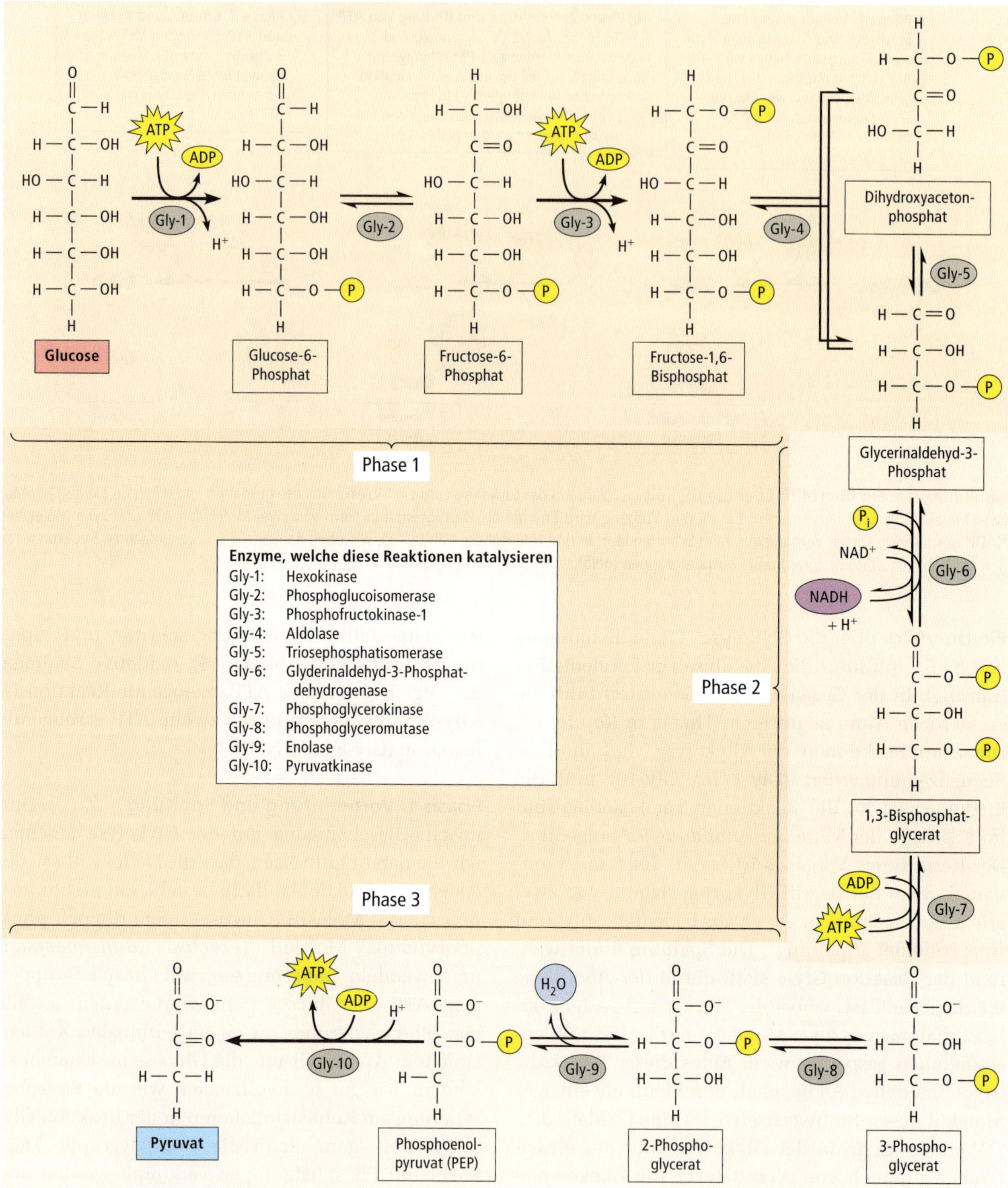

Abbildung 9.7: Die Glykolyse von Glucose zu Pyruvat. Die Glykolyse ist eine Abfolge von zehn Reaktionsschritten, bei denen Glucose zu Pyruvat katabolisiert wird, mit einer einzigen oxidativen Reaktion (Gly-6) und zwei ATP-bildenden Schritten (Gly-7 und Gly-10). Die Enzyme, welche diese Reaktionen katalysieren, sind im Kasten in der Mitte der Darstellung aufgelistet.

Beachten Sie übrigens, dass es sich bei der durch Phosphorylierung von Glucose entstandenen Bindung um eine Phosphoesterbindung handelt, eine Bindung, die weniger Energie hat als die Phosphoanhydridbindung zwischen dem terminalen Phosphat und ATP. Auf Grund dieses Unterschieds ist der Transfer der

Phosphatgruppe vom ATP zur Glucose exergonisch (siehe Reaktion 9-5 und *Abbildung 9.3*). Das Enzym, das die erste Reaktion katalysiert, ist die *Hexokinase*. Wie man bereits aus dem Namen ablesen kann, ist sie nicht für Glucose spezifisch, sondern katalysiert auch die Phosphorylierung anderer Hexosen (Zucker aus sechs Kohlenstoffatomen). Leberzellen enthalten ein weiteres Enzym, die *Glucokinase*, die nur Glucose phosphoryliert.

Die Carbonylgruppe am Kohlenstoffatom 1 des Glucosemoleküls kann nicht so leicht phosphoryliert werden wie die Hydroxygruppe am Kohlenstoffatom 6. Allerdings wird der Aldozucker Glucose-6-Phosphat (mit endständiger Carbonylgruppe) in der nächsten Reaktion (Gly-2) in den entsprechenden Ketozucker (Carbonylgruppe am zweiten Kohlenstoffatom) umgewandelt, Fructose-6-Phosphat, das am Kohlenstoffatom 1 eine Hydroxygruppe hat. Diese Hydroxygruppe kann dann mit Hilfe eines weiteren Moleküls ATP phosphoryliert werden, woraus der doppelt phosphorylierte Zucker Fructose-1,6-Bisphosphat (Reaktion Gly-3) hervorgeht.

Wieder hat die Energiedifferenz zwischen der Anhydridbindung mit ATP und der Phosphoesterbindung auf dem Fructosemolekül eine stark exergonische und damit grundsätzlich irreversible Reaktion in der glykolytischen Richtung zur Folge ($\Delta G^{\circ\prime}$ = –3,4 kcal/mol). Diese Reaktion wird von der *Phosphofructokinase-1* (*PFK-1*) katalysiert, einem Enzym, das für die Regulation der Glykolyse von besonderer Bedeutung ist, wie wir später sehen werden. Die Bezeichnung PFK-1 dient zur Unterscheidung dieses Enzyms von PFK-2, einem ähnlichen Enzym, das gleichfalls an der Regulation mitwirkt.

Dann findet die eigentliche Spaltungsreaktion statt, der die Glykolyse ihren Namen verdankt. Fructose-1,6-Bisphosphat wird von dem Enzym *Aldolase* reversibel gespalten und ergibt zwei Triosen (Zucker mit drei Kohlenstoffatomen) mit den Bezeichnungen Dihydroxyacetonphosphat und Glycerinaldehyd-3-Phosphat (Reaktion Gly-4), die leicht ineinander umgewandelt werden können. Da nur letztgenannte dieser beiden Verbindungen in der nächsten Phase der Glykolyse direkt oxidierbar ist, führt die Umwandlung der beiden Triosen dazu, dass Dihydroxyacetonphosphat durch die Umwandlung zu Glycerinaldehyd-3-Phosphat einfach abgebaut werden kann.

Wir können diese erste Phase der Glykolyse (Gly-1 bis Gly-5) folgendermaßen zusammenfassen:

$$\text{Glucose} + 2\,\text{ATP} \longrightarrow \\ 2\,\text{Glycerinaldehyd-3-Phosphat} + 2\,\text{ADP} \qquad (9\text{-}13)$$

Beachten Sie bitte, dass in dieser und den nachfolgenden Reaktionen die H^+-Ionen und H_2O-Moleküle nicht notwendigerweise aufgeführt werden, es sei denn, dies ist zum grundsätzlichen Verständnis der Reaktion erforderlich.

Phase 2: Oxidation und ATP-Erzeugung Bisher wurde das ursprüngliche Glucosemolekül doppelt phosphoryliert und in zwei ineinander umwandelbare Triosephosphate gespalten. Beachten Sie jedoch, dass wir bislang einen negativen Energieertrag verzeichnen: In Phase 1 wurden zwei Moleküle ATP pro Molekül Glucose *verbraucht*. Die ATP-Schuld wird aber gleich mit Zinsen zurückgezahlt werden, denn jetzt treten wir in die Phasen der Glykolyse ein, in denen Energie gewonnen wird. In der Phase 2 ist die Bildung von ATP direkt an das oxidative Ereignis gekoppelt, und in Phase 3 dient eine energiereiche phosphorylierte Form des Pyruvatmoleküls als Triebkraft der ATP-Synthese. Die Oxidation von Glycerinaldehyd-3-Phosphat in die entsprechende Säure aus drei Kohlenstoffatomen, 3-Phosphoglycerin, ist eine stark exergonische Reaktion – die jedenfalls genügt, um sowohl die Reduktion des Coenzyms NAD^+ (Gly-6) als auch die Phosphorylierung von ADP mit anorganischem Phosphat P_i (Gly-7) anzutreiben. Historisch gesehen war dies das erste Beispiel für eine Reaktionsfolge, bei der man die Kopplung von ATP-Gewinnung an ein oxidatives Ereignis nachvollziehen konnte.

Die wichtigsten Merkmale dieser stark exergonischen Sequenz beruhen auf der Mitwirkung von NAD^+ als Elektronenakzeptor und auf der Kopplung der Oxidation an die Bildung eines energiereichen, doppelt phosphorylierten Zwischenproduktes, nämlich 1,3-Bisphosphoglycerat. Die Phosphoanhydridbindung am Kohlenstoffatom 1 dieses Zwischenprodukts hat einen derart stark negativen Wert von $\Delta G^{\circ\prime}$ der Hydrolyse (–11,8 kcal/mol; siehe *Tabelle 9.1*), dass der Transfer des Phosphats zum ADP, der von dem Enzym *Phosphoglyceratkinase* katalysiert wird, eine stark exergonische Reaktion ist. Die ATP-Gewinnung durch den direkten Transfer einer energiereichen Phosphatgruppe auf ADP von einem phosphorylierten Substrat wie 1,3-Bisphosphoglycerat wird als **Substratkettenphosphorylierung** bezeichnet. Um die Substratkettenphosphorylierung der Reaktionen Gly-6 und Gly-7 zusammenzufassen, können wir eine Gesamtreaktionsgleichung erstellen, die für eines der beiden Glycerinaldehyd-3-Phosphat-Moleküle gilt, das in der ersten Phase der Glykolyse aus jedem Glucosemolekül gebildet wird:

$$\text{Glycerinaldehyd-3-Phosphat} + \text{NAD}^+ + \text{ADP} + \text{P}_i \longrightarrow \text{3-Phosphoglycerat} + \text{NADH} + \text{H}^+ + \text{ATP} \quad (9\text{-}14)$$

Bitte denken Sie daran, dass jede Reaktion der Glykolyse nach Glycerinaldehyd-3-Phosphat zweimal pro Molekül Glucose abläuft, sodass zwei Moleküle NADH reoxidiert werden müssen, um NAD^+ zu gewinnen, das für die weitere Oxidation von Glycerinaldehyd-3-Phosphat benötigt wird. Dies bedeutet zudem, dass die anfangs in Phase 1 getätigte Investition von zwei ATP-Molekülen hier in Phase 2 gutgemacht wird, sodass die Nettobilanz von ATP bis zu diesem Punkt jetzt gleich null ist.

In der letzten Phase der Glykolyse werden wir die Bildung von zwei weiteren ATP-Molekülen beschreiben. Daher erhält man bei der gesamten Glykolyse einen Nettogewinn von zwei ATP-Molekülen pro Molekül Glucose, das zu Pyruvat metabolisiert wird.

Phase 3: Pyruvatbildung und ATP-Erzeugung Die Bildung eines weiteren ATP-Moleküls aus 3-Phosphoglycerat hängt von der Phosphatgruppe am Kohlenstoffatom 3 ab. In diesem Stadium ist die Phosphatgruppe über eine Phosphoesterbindung mit geringer freier Energie der Hydrolyse ($\Delta G^{\circ\prime}$ = –3,3 kcal/mol) an ein Kohlenstoffatom gebunden. In der letzten Phase der Glykolyse wird diese Phosphoesterbindung in eine Phosphoenolbindung umgewandelt, deren Hydrolyse stark exergonisch ist ($\Delta G^{\circ\prime}$ = –14,8 kcal/mol; siehe *Tabelle 9.1*). Die Zunahme der Menge freier Energie, die nach der Hydrolyse freigesetzt wird, bedeutet eine Neuanordnung der Energie innerhalb des Moleküls. Zur Bewältigung dieser Aufgabe wird die Phosphatgruppe des 3-Phosphoglycerats zum benachbarten Kohlenstoffatom transportiert und bildet 2-Phosphoglycerat (Reaktion Gly-8). Anschließend wird durch das Enzym Enolase Wasser vom 2-Phosphoglycerat entfernt (Reaktion Gly-9), wodurch die energiereiche Verbindung Phosphoenolpyruvat (PEP) entsteht.

Wenn Sie sich die Struktur von PEP (siehe *Abbildung 9.7*, Reaktion Gly-9) einmal genau anschauen, so wird Ihnen auffallen, dass, anders als bei den Phosphoesterbindungen bei 3- oder 2-Phosphoglycerat, die Phosphoenolbindung von PEP eine Phosphatgruppe an einem Kohlenstoffatom besitzt, das über eine Doppelbindung an ein weiteres Kohlenstoffatom gebunden ist. Auf Grund dieses charakteristischen Merkmals ist die Hydrolyse der Phosphoenolbindung von PEP eine der am stärksten exergonischen Reaktionen, die wir in biologischen Systemen kennen.

Die PEP-Hydrolyse ist so stark exergonisch, dass sie die ATP-Synthese in Reaktion Gly-10 antreibt, die mit dem Transfer einer Phosphatgruppe von PEP zu ADP einhergeht, wodurch ein weiteres Molekül ATP in einer weiteren Substratkettenphosphorylierung gebildet wird. Dieser Transfer, der von dem Enzym *Pyruvatkinase* katalysiert wird, ist stark exergonisch ($\Delta G^{\circ\prime}$ = –7,5 kcal/mol; siehe *Abbildung 9.3* und Reaktion 9-6) und ist daher grundsätzlich in Richtung der Bildung von Pyruvat und ATP irreversibel.

Zur Zusammenfassung der dritten Phase der Glykolyse, Gly-8 bis Gly-10, können wir die Gesamtreaktion für die Pyruvatbildung folgendermaßen formulieren:

$$\text{3-Phosphoglycerat} + \text{ADP} \longrightarrow \text{Pyruvat} + \text{ATP} \quad (9\text{-}15)$$

Zusammenfassung der Glykolyse Zwei Moleküle ATP wurden zu Beginn in die Reaktionen Gly-1 und Gly-3 investiert und zwei ATP wurden bei dem ersten Phosphorylierungsereignis (Gly-7) synthetisiert, sodass die beiden ATP-Moleküle, die während des zweiten Phosphorylierungsereignisses pro Molekül Glucose gebildet wurden, den ATP-Nettoertrag des glykolytischen Stoffwechselweges repräsentieren. Dies wird deutlich, wenn wir die drei Reaktionen addieren, welche die drei Phasen des Stoffwechselweges zusammenfassen (Reaktionen 9-13, 9-14 und 9-15). Die letzten beiden Reaktionen werden mit zwei multipliziert, um die Tatsache zu berücksichtigen, dass in der Reaktion 9-13 zwei Triosemoleküle gebildet werden.

Der Glykolyse ist einer der am häufigsten vorkommenden und am stärksten konservierten metabolischen Stoffwechselwege. Praktisch alle Zellen besitzen die Fähigkeit, aus Glucose durch Oxidation zu Pyruvat, Energie zu gewinnen. Ein Teil dieser Energie wird in Form von zwei Molekülen ATP pro Glucosemolekül gespeichert. Was anschließend geschieht, hängt im Allgemeinen von der Verfügbarkeit von Sauerstoff ab, denn der Katabolismus nach der Bildung von Pyruvat unterscheidet sich unter aeroben Bedingungen sehr vom Katabolismus unter anaeroben Bedingungen.

9.4.2 Das weitere Schicksal von Pyruvat hängt von der Verfügbarkeit von Sauerstoff ab

Pyruvat nimmt eine Schlüsselposition ein, denn es steht an einem Verzweigungspunkt des chemotrophen Energiemetabolismus (▸*Abbildung 9.8*). In der Gegenwart von Sauerstoff durchläuft Pyruvat eine weitere Oxidation zu einem Molekül mit der Bezeichnung Acetyl-Coenzym A (abgekürzt Acetyl-CoA), das wiederum vollständig zu CO_2 oxidiert wird und mehr als 30 ATP pro Glucosemolekül bildet.

Ein wichtiges Merkmal der Glykolyse ist jedoch, dass sie auch ohne Sauerstoff ablaufen kann. Unter anaeroben Bedingungen findet keine weitere Oxidation von Pyruvat statt, es wird kein Acetyl-CoA gebildet und es kann kein zusätzliches ATP gewonnen werden. Stattdessen werden die Energiebedürfnisse der Zelle durch den bescheidenen ATP-Ertrag von zwei ATP pro Glucose durch die Glykolyse gedeckt und die Zellen müssen die Glucose wesentlich schneller abbauen, um das Fließgleichgewicht des zellulären ATP-Niveaus zu erhalten. Unter anaeroben Bedingungen wird das Pyruvat nicht oxidiert, sondern durch Aufnahme von Elektronen (und Protonen) reduziert, die von NADH abgegeben werden müssen. Wie in der *Abbildung 9.8* dargestellt, sind die häufigsten Endprodukte Lactat (Milchsäure, Teil b) oder Ethanol und Kohlendioxid (Teil c).

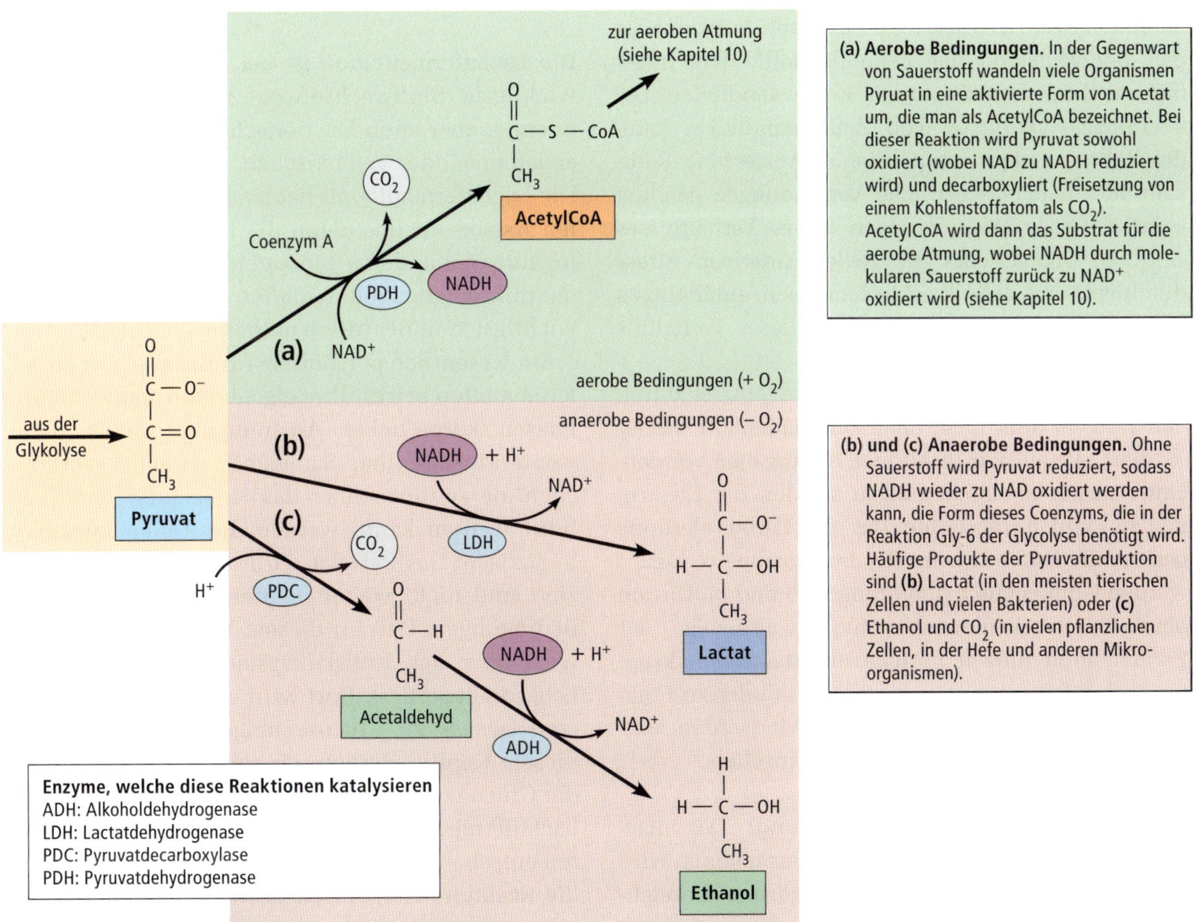

Abbildung 9.8: Das Schicksal von Pyruvat unter aeroben und anaeroben Bedingungen. Das Schicksal von Pyruvat hängt vom jeweiligen Organismus und von der Verfügbarkeit von Sauerstoff ab. Die Enzyme, die diese Reaktionen katalysieren, werden im Kasten aufgeführt.

9.4.3 Ohne Sauerstoff durchläuft Pyruvat eine Fermentation zur Wiedergewinnung von NAD^+

Sehr häufig liest man die Definition, dass die Glykolyse mit dem Produkt Pyruvat endet. Fermentative Vorgänge können aber nicht an dieser Stelle enden, was daran liegt, dass NAD^+, die oxidierte Form des Coenzyms A, unbedingt zurückgewonnen werden muss. Aus der Reaktion 9-16 geht hervor, dass für die Umwandlung von Glucose zu Pyruvat ein Molekül NAD^+ pro Molekül gebildeten Pyruvats zu NADH reduziert werden muss. Coenzyme sind jedoch nur in geringen Konzentrationen in Zellen enthalten, sodass die Umwandlung von NAD^+ zu NADH während der Glykolyse zur Folge hätte, dass den Zellen sehr schnell nicht mehr ausreichend NAD^+ zur Verfügung stünde, gäbe es keinen Mechanismus zur Bildung von NAD^+. Zellen verfügen auch über Mechanismen zur ständigen Überwachung und Stabilisierung des Verhältnisses von NAD^+/NADH, das einen Indikator für den *Redoxzustand* der Zelle darstellt, dem allgemeinen Oxidationsniveau von Zellbestandteilen. Die übermäßige Oxidation von Zellbestandteilen kann der Zelle schaden, wenn beispielsweise freie Radikale oder andere schädliche Verbindungen gebildet werden. Große Veränderungen dieses Verhältnisses sind ein Signal, dass die Zelle oxidativen Stress durchlebt, und zelluläre Mechanismen unterstützen die Zelle bei ihren Bemühungen, dieses Verhältnis relativ konstant zu halten.

In Gegenwart von Sauerstoff wird NADH durch den Transfer ihrer Elektronen zum Sauerstoff wieder oxidiert, worauf wir in *Kapitel 10* eingehen werden. Unter anaeroben Bedingungen werden die Elektronen zu Pyruvat transferiert, das eine Carbonylgruppe besitzt, die leicht zu einer Hydroxygruppe reduziert werden kann (siehe ▸*Abbildung 9.8b* und *c*). Die am häufigsten vorkommenden Stoffwechselwege der Fermentation nutzen Pyruvat als Elektronenakzeptor, wobei Pyruvat entweder zu Lactat oder zu Ethanol und CO_2 umgewandelt wird. Wir werden kurz auf diese beiden Stoffwechselwege eingehen.

Lactatfermentation (Milchsäuregärung) Der anaerobe Vorgang, der mit dem Produkt Lactat endet, wird als **Lactatfermentation** (**Milchsäuregärung**) bezeichnet. Wie aus ▸*Abbildung 9.8b* hervorgeht, wird Lactat durch den direkten Elektronentransfer von NADH an die Carbonylgruppe von Pyruvat gebildet, wobei die Carbonylgruppe zur Hydroxygruppe von Lactat reduziert wird. Auf der Grundlage eines Glucosemoleküls kann man die Reaktion pro Molekül Glucose folgendermaßen darstellen:

$$2\ \text{Pyruvat} + 2\ \text{NADH} + 2\ H^+ \rightleftharpoons 2\ \text{Lactat} + 2\ NAD^+ \tag{9-17}$$

Diese Reaktion ist leicht umkehrbar; tatsächlich trägt das Enzym, das diese Reaktion katalysiert, die Bezeichnung *Lactat-Dehydrogenase*, weil es die Oxidation oder Dehydrogenierung von Lactat zu Pyruvat katalysieren kann.

Wenn wir die Reaktionen 9-16 und 9-17 zusammenfügen, können wir eine Gesamtreaktion für den Metabolismus von Glucose zu Lactat unter anaeroben Bedingungen formulieren:

$$\text{Glucose} + 2\ \text{ADP} + 2\ P_i \longrightarrow 2\ \text{Lactat} + 2\ \text{ATP} \tag{9-18}$$

Die Lactatfermentation ist bei vielen Bakterien der wichtigste Stoffwechselweg zur Gewinnung von Energie, aber auch bei tierischen Zellen, die unter anaeroben oder hypoxischen Bedingungen leben. Die Lactatfermentation hat auch einen kommerziellen Aspekt für uns, denn die Erzeugung von Käse, Joghurt und anderen Molkereiprodukten hängt von der mikrobiellen Fermentation von Lactose ab, dem wichtigsten in der Milch enthaltenen Zucker.

Ein wesentlich persönlicheres Beispiel der Lactatfermentation betrifft Ihre eigenen Muskeln während Phasen körperlicher Anstrengung. Immer dann, wenn Muskelzellen Sauerstoff schneller verbrauchen als er ihnen über das Kreislaufsystem zugeführt werden kann, werden die Zellen kurzzeitig hypoxisch. Das Pyruvat wird dann zu Lactat reduziert und nicht weiter oxidiert wie unter aeroben Bedingungen. Das auf diesem Weg gebildete Lactat wird über das Kreislaufsystem vom Muskel zur Leber transportiert. Dort wird es wieder durch *Gluconeogenese* zu Glucose umgewandelt. Später in diesem Kapitel werden wir sehen, dass es sich bei der Gluconeogenese im Grunde um die Umkehr der Lactatfermentation handelt, allerdings mit mehreren entscheidenden Unterschieden, auf Grund derer die Reaktion exergonisch in Richtung der Glucosebildung abläuft.

Alkoholfermentation (alkoholische Gärung) Unter anaeroben Bedingungen können Pflanzen eine alkoholische Fermentation durchführen (beispielsweise in durchnässten Wurzeln), so wie Hefen und andere Mikroorganismen. Bei diesem Vorgang gibt Pyruvat ein Kohlenstoffatom (als CO_2) ab und bildet die Verbindung Acetaldehyd mit zwei Kohlenstoffatomen. Die Reduktion von Acetaldehyd durch NADH führt zur Bildung von Ethanol, dem Alkohol, nach dem dieser Vorgang benannt wurde. Diese Reduktionsfolge wird von zwei Enzymen katalysiert, *Pyruvatdecarboxylase* und *Alkoholdehydrogenase* (*Abbildung 1.8c*). Die Gesamtreaktion kann folgendermaßen niedergeschrieben werden:

$$2\ \text{Pyruvat} + 2\ \text{NADH} + 4\ H^+ \longrightarrow 2\ \text{Ethanol} + 2\ CO_2 + 2\ NAD^+ \qquad (9\text{-}19)$$

Indem man diesen Reduktionsschritt an die Gesamtgleichung für die Glykolyse fügt (Reaktion 9-16), kommt man zur folgenden zusammenfassenden Gleichung der Alkoholfermentation:

$$\text{Glucose} + 2\ \text{ADP} + 2\ P_i \longrightarrow 2\ \text{Ethanol} + 2\ CO_2 + 2\ \text{ATP} \qquad (9\text{-}20)$$

Die alkoholische Gärung der Hefezellen ist ein Schlüsselvorgang der Back- und Brauindustrie sowie bei der Weinerzeugung. Die Hefezellen im Brotteig bauen die Glucose anaerob ab, wobei sie sowohl CO_2 als auch Ethanol bilden. Das Kohlendioxid wird im Teig eingeschlossen, wodurch der Teig hochgeht und der Alkohol wird während des Backens abgegeben und bedingt den angenehmen Duft frisch gebackenen Brotes. Im Brauwesen sind allerdings sowohl CO_2 als auch Ethanol von Bedeutung; durch Ethanol wird das Produkt zu einem alkoholischen Getränk und CO_2 ist für den Gehalt an Kohlensäure (Karbonisierung) verantwortlich.

Weitere Fermentationsstoffwechselwege Obwohl Lactat und Ethanol Fermentationsprodukte von größter physiologischer oder kommerzieller Bedeutung sind, so ist damit noch lange nicht das mikrobielle Fermentationsrepertoire erschöpft. Bei der *Propionatfermentation* (*Propionsäuregärung*) reduzieren zum Beispiel Bakterien Pyruvat zu Propionat (CH_3–CH_2–COO^-), eine wichtige Reaktion bei der Herstellung von Schweizer Käse. Viele Bakterien kontaminieren Lebensmittel durch *Butandiolfermentation*. Bei anderen Fermentationsprozessen werden Aceton, Isopropylalkohol oder Butyrat (Buttersäure) gebildet, Letzteres ist für den fauligen Geruch ranziger Nahrungsmittel oder von Erbrochenem verantwortlich. All diese Reaktionen sind nur metabolische Variationen des bekannten Themas der Reoxidation von NADH durch Übertragung von Elektronen auf einen organischen Akzeptor.

9.4.4 Fermentation verwertet nur einen Bruchteil der freien Energie der Glucose, speichert diese Energie aber effizient als ATP

Ein essenzielles Merkmal jedes Fermentationsvorgangs ist, dass *kein externer Elektronenakzeptor beteiligt ist und keine Nettooxidation abläuft.* Sowohl bei der Lactat- als auch bei der Alkoholfermentation wird zum Beispiel das NADH, das durch den einzigen oxidativen Schritt der Glykolyse gebildet wird (Reaktion Gly-6) in der letzten Reaktion der Sequenz reoxidiert (Reaktionen 9-7 und 9-19). Da keine Nettooxidation abläuft, hat die Fermentation einen bescheidenen ATP-Ertrag – 2 Moleküle ATP pro Molekül Glucose, sowohl bei der Lactat- als auch bei der Alkoholfermentation.

Der größte Teil der freien Energie der Glucose ist immer noch in den beiden Lactat- oder Ethanolmolekülen enthalten. Im Fall der Lactatfermentation enthalten die beiden Lactatmoleküle, die aus jedem Glucosemolekül gebildet werden, den größten Teil der 686 kcal freier Energie, die pro Mol Glucose existiert, denn die gesamte aerobe Oxidation von Lactat hat einen Wert von $\Delta G^{\circ\prime}$ von –319,5 kcal/mol. Mit anderen Worten, ungefähr 93 % (639 kcal) der ursprünglichen freien Energie der Glucose sind immer noch in den beiden Lactatmolekülen enthalten und nur ungefähr 7 % (47 kcal/mol) der potenziell verfügbaren Energie aus der Glucose wurden während der Fermentation gewonnen.

Obwohl der Energieertrag der Lactosefermentation nur gering ausfällt, wird die verfügbare freie Energie effizient als ATP gespeichert. Wenn man die Standardveränderung der freien Energie zugrunde legt, repräsentieren diese beiden ATP-Moleküle $2 \times 7{,}3 = 14{,}6$ kcal/mol. Dies entspricht einer Effizienz der Energiekonservierung von ungefähr 30 % (14,6/47 × 100 %). Auf der Grundlage tatsächlicher Werte für $\Delta G'$ der ATP-Hydrolyse unter zellulären Bedingungen (oftmals im Bereich von –10 bis –14 kcal/mol) repräsentieren diese beiden ATP-Moleküle mindestens 20 kcal/mol, was bedeutet, dass die Effizienz der Energiekonservierung tatsächlich bei über 40 % liegt.

Alternative Substrate der Glykolyse 9.5

Bisher sind wir davon ausgegangen, dass Glucose der Ausgangspunkt der Glykolyse ist und daher haben wir impliziert, dass dies für alle Mechanismen des zellulären Energiemetabolismus gilt. Gewiss ist die Glucose bei sehr vielen Organismen und in vielen Geweben ein sehr wichtiges Substrat für Fermentation und Atmung. Allerdings ist sie nicht das einzige Substrat. Für viele Organismen und einige Gewebe dieser Organismen hat Glucose überhaupt keine Bedeutung. Daher muss man sich zwei Fragen stellen: Welches sind einige der wichtigsten Alternativen zur Glucose und wie gehen die Zellen mit ihnen um?

Ein Prinzip kristallisiert sich schnell heraus: *Ungeachtet der chemischen Beschaffenheit des alternativen Substrats wird es häufig auf dem Hauptstoffwechselweg des Glucosekatabolismus in Zwischenprodukte umgewandelt.* Beispielsweise werden die meisten Kohlenhydrate in der Glykolyse in Zwischenprodukte umgewandelt. Wir möchten auf die Bedeutung dieses Aspektes hinweisen und wenden uns kurz zwei Klassen alternativer Kohlenhydratsubstrate zu – anderen Zuckern und Speicherkohlenhydraten. In *Kapitel 10* werden wir sehen, wie Proteine und Lipide im Tricarbonsäurezyklus (TCA-Kreislauf, engl.: *tricarboxylic acid cycle*) in Zwischenprodukte umgewandelt werden, dem nächsten Schritt der aeroben Atmung.

9.5.1 Andere Zucker und Glycerin werden auch durch Glykolyse katabolysiert

Außer Glucose stehen den Zellen noch viele andere Zucker zur Verfügung, je nach Nahrungsquelle des jeweiligen Organismus. Die meisten dieser Zucker sind entweder Monosaccharide (im Allgemeinen Hexosen oder Pentosen) oder Disaccharide, die leicht in ihre Bausteine, die Monosaccharide, hydrolysiert werden können. Gewöhnlicher Tafelzucker (Saccharose) ist zum Beispiel ein Disaccharid, das aus den Hexosen Glucose und Fructose besteht, und Milchzucker (Lactose) enthält Glucose und Galactose (siehe *Abbildung 3.23*). Abgesehen von Glucose, Fructose und Galactose ist die Mannose eine relativ häufig in der Nahrung vorkommende Hexose.

In der ▸*Abbildung 9.9* sind die Reaktionen dargestellt, die verschiedene Kohlenhydrate in der Glykolyse durchlaufen. Im Allgemeinen werden Disaccharide in ihre Monosaccharidkomponenten hydrolysiert, und jedes Monosaccharid wird in einem oder wenigen Schritten in ein glykolytisches Zwischenprodukt umgewandelt. Glucose und Fructose treten unmittelbar nach der Phosphorylierung an Kohlenstoffatom 6 in die Glykolyse ein. Mannose wird zu Mannose-6-Phosphat und dann zu Fructose-6-Phosphat umgewandelt, einem glykolytischen Zwischenprodukt. Der Eintritt von Galactose erfolgt über eine etwas komplexere Reaktionsabfolge, an der fünf Schritte zur Umwandlung in Glucose-6-Phosphat mitwirken (*Abbildung 9.9*).

Phosphorylierte Pentosen können auch in die Glykolyse eingeschleust werden, aber erst nachdem sie in Hexosenphosphate umgewandelt wurden. Die Umwandlung erfolgt über eine metabolische Sequenz, den sogenannten *Phosphogluconat-Stoffwechselweg*, der auch als *Pentosephosphat-Stoffwechselweg* bekannt ist. Glycerin, ein Molekül mit drei Kohlenstoffatomen, das auch aus dem Lipidabbau hervorgeht, tritt nach Umwandlung zu Dihydroxyacetonphosphat in die Glykolyse ein (*Abbildung 9.9*). Somit verfügt eine typische Zelle über metabolische Fähigkeiten, um natürlich vorkommende Zucker (sowie eine Vielzahl anderer Verbindungen) in eines der glykolytischen Zwischenprodukte umzuwandeln, die für den weiteren Katabolismus unter anaeroben oder aeroben Bedingungen genutzt werden können.

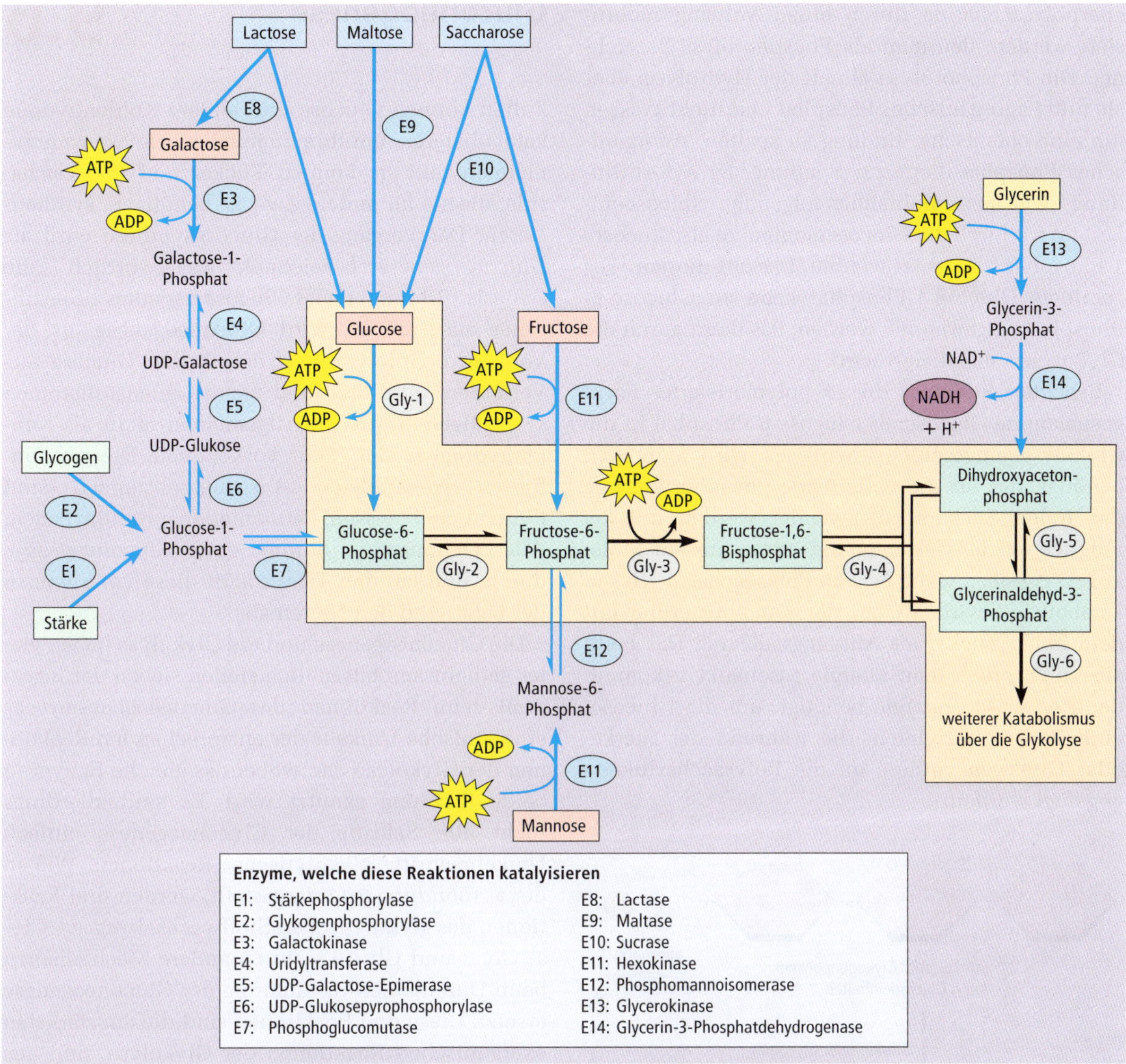

Abbildung 9.9: **Kohlenhydratkatabolismus durch Glykolyse**. Kohlenhydratsubstrate, die durch Umwandlung in ein Zwischenprodukt des glykolytischen Stoffwechselweges metabolisiert werden können, sind in den farbig unterlegten Kästen aufgeführt. Dazu gehören die Hexosen Galactose, Glucose, Fructose und Mannose; die Disaccharide Lactose, Maltose und Saccharose; die Polysaccharide Glykogen und Stärke und die Verbindung Glycerin mit drei Kohlenstoffatomen. Die Umwandlungsreaktionen sind mit blauen Pfeilen gekennzeichnet. Die Enzyme, welche diese Reaktionen katalysieren, werden in dem Kasten am unteren Rand aufgeführt. Die ersten sechs Reaktionen des glykolytischen Stoffwechselwegs sind hellbraun unterlegt; für die Bezeichnungen der Enzyme, die diese Reaktionen katalysieren, verweisen wir Sie auf *Abbildung 9.7*. In einigen Fällen können andere Enzyme oder Reaktionsfolgen beteiligt sein, je nach Organismus und Gewebe.

9.5.2 Polysaccharide werden gespalten und bilden Zuckerphosphate, die auch die Glykolyse durchlaufen

Obwohl Glucose ein zentrales Substrat für Fermentation und Atmung in vielen Zellen und Geweben darstellt, ist die Konzentration des freien Monosaccharids in Zellen gering. Stattdessen kommt Glucose vorrangig in Form von Speicherpolysacchariden vor, am häufigsten als Stärke in Pflanzen und als Glykogen in Tieren. Ein Vorteil der Speicherung von Glucose in Form von Stärke und Glykogen liegt darin, dass diese beiden Glucosepolymere nicht in Wasser löslich sind und somit nicht die begrenzte Lösungskapazität der Zelle überschreiten. Wie in der ▸*Abbildung 9.10* dargestellt, können diese Speicherpolysaccharide durch einen Vorgang mobilisiert werden, den man als *Phosphorolyse* bezeichnet. Die Phosphorolyse ähnelt der Hydrolyse, aber sie nutzt anorganisches Phosphat und nicht Wasser, um eine chemische Bindung zu spalten. Anorganisches Phosphat dient zur Spaltung der $\alpha(1,4)$-Bindung zwischen aufeinander folgenden Glucoseeinheiten, wodurch die Glucosemonomere als Glucose-1-Phosphat freigesetzt werden. Das auf diesem Weg gebildete Glucose-1-Phosphat kann zu Glucose-6-Phosphat umgewandelt werden, das dann durch die Glykolyse katabolisiert wird.

Beachten Sie, dass die in polymerisierter Form gespeicherte Glucose als Glucose-6-Phosphat in die Glykolyse eingeschleust wird. Es wird kein ATP benötigt, das für die einleitende Phosphorylierung des freien Zuckers aufgewendet werden müsste. Folglich ist der Gesamtenergieertrag um ein Molekül ATP größer, wenn es vom Polysaccharid-Niveau katabolisiert wird als bei der Katabolisierung mit dem freien Zucker als Ausgangssubstrat. Das heißt aber nicht, dass man Energie geschenkt bekommt, denn es wurde Energie benötigt, um die Glucoseeinheiten zu aktivieren, die während der Stärke- oder Glykogensynthese an die Polysaccharidkette angefügt wurden.

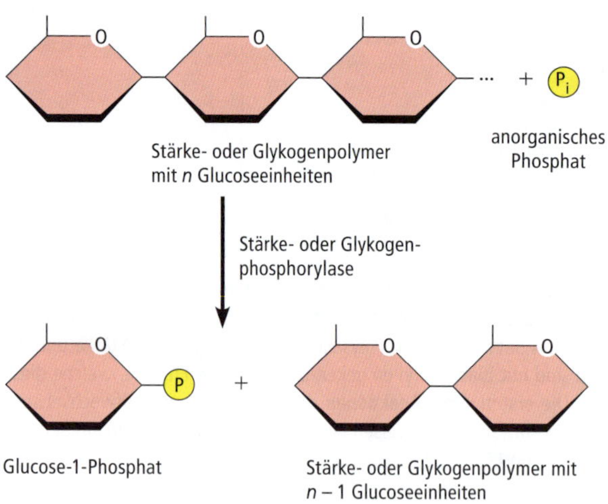

Abbildung 9.10: Phosphorolytische Spaltung von Speicherpolysacchariden. Glucoseeinheiten (rosafarbene Sechsecke) werden von Speicherpolysacchariden wie Stärke oder Glykogen als Glucose-1-Phosphat durch phosphorolytische Spaltung freigesetzt. Das Glucose-1-Phosphat wird dann zu Glucose-6-Phosphat umgewandelt und durch die Glykolyse katabolisiert, wie in der *Abbildung 9.7* dargestellt.

9.6 Gluconeogenese

Zellen können Glucose und andere Kohlenhydrate katabolisieren, um ihre Energiebedürfnisse wahrzunehmen und sie können Zucker und Polysaccharide, die sie für andere Zwecke benötigen, synthetisieren. Der Vorgang der Glucosesynthese wird als *Gluconeogenese* bezeichnet, was wörtlich „die Genesis (Bildung) neuer Glucose bedeutet". Spezifischer ausgedrückt, wird Gluconeogenese als der Vorgang definiert, durch den Zellen Glucose aus Vorläufern mit drei und vier Kohlenstoffatomen synthetisieren, die im Allgemeinen nicht als Kohlenhydrate in der Natur vorkommen. Die am häufigsten verwendeten Ausgangssubstanzen sind Pyruvat und dessen Fermentationsprodukt Lactat. Alle Organismen führen eine Gluconeogenese durch, und bei den Tieren läuft diese vor allem in der Leber und den Nieren ab.

Die Gluconeogenese und die Glykolyse haben vieles gemeinsam: tatsächlich stellen sieben der insgesamt zehn Reaktionen des Gluconeogeneseweges eine einfache Umkehr der entsprechenden Reaktionen der Glykolyse dar, wobei das gleiche Enzym in beide Richtung genutzt wird. Es sind allerdings nicht alle Schritte der Gluconeogenese einfach Umkehrschritte glykolytischer Reaktionen. Wie in der ▸*Abbildung 9.11* dargestellt, werden drei Reaktionen des glykolytischen Stoffwechselweges – Gly-1, Gly-3 und Gly-10 – durch andere Mechanismen beim Durchlaufen in Richtung der Gluconeogenese ersetzt. Diese drei Reaktionen sind die am stärksten exergonischen Reaktionen der Glykolyse, und aus thermodynamischer Sicht ist es daher schwierig, sie umzukehren. Diese Unterschiede veranschaulichen gut ein wichtiges Prinzip des zellulären Metabolismus: *Biosynthetische anabolische Stoffwechselwege sind selten nur die Umkehr der entsprechenden katabolischen Stoffwechselwege.*

Damit ein metabolischer Stoffwechselweg in eine spezifische Richtung thermodynamisch günstig verläuft, muss er in dieser Richtung hinreichend exergonisch ablaufen. Das gilt mit Sicherheit für die Glykolyse. Rufen Sie sich die Gesamtabfolge von der Glucose bis zum Pyruvat in Erinnerung, wie sie in der Reaktion 9-16 dargestellt wird. Der Wert von $\Delta G'$ beträgt unter typischen intrazellulären Bedingungen ungefähr –20 kcal/mol im menschlichen Körper. Es ist also klar, dass $\Delta G'$ für den Umkehrvorgang bei ungefähr +20 kcal/mol liegen müsste, womit die Glucosesynthese durch die direkte Umkehr der Glykolyse stark endergonisch abliefe und daher thermodynamisch unmöglich wäre.

Die Gluconeogenese ist möglich, weil die drei am stärksten exergonisch ablaufenden Reaktionen des glykolytischen Stoffwechselweges (Gly-1, Gly-3 und Gly-10) bei der Gluconeogenese nicht einfach in „entgegengesetzter" Richtung verlaufen. Stattdessen gibt es im Laufe des Stoffwechselweges der Gluconeogenese „Bypass-Reaktionen" (alternative Reaktionen, welche die drei glykolytischen Reaktionen umgehen) – und zwar immer an diesen drei Stellen, die nur unter größten Schwierigkeiten in der entgegengesetzten Richtung angetrieben werden könnten. Diese drei Reaktionen des glykolytischen Stoffwechselweges, welche die Gluconeogenese in der *Abbildung 9.11* umgeht, sind in der *Abbildung 9.7* so dargestellt, dass sie in eine Richtung verlaufen.

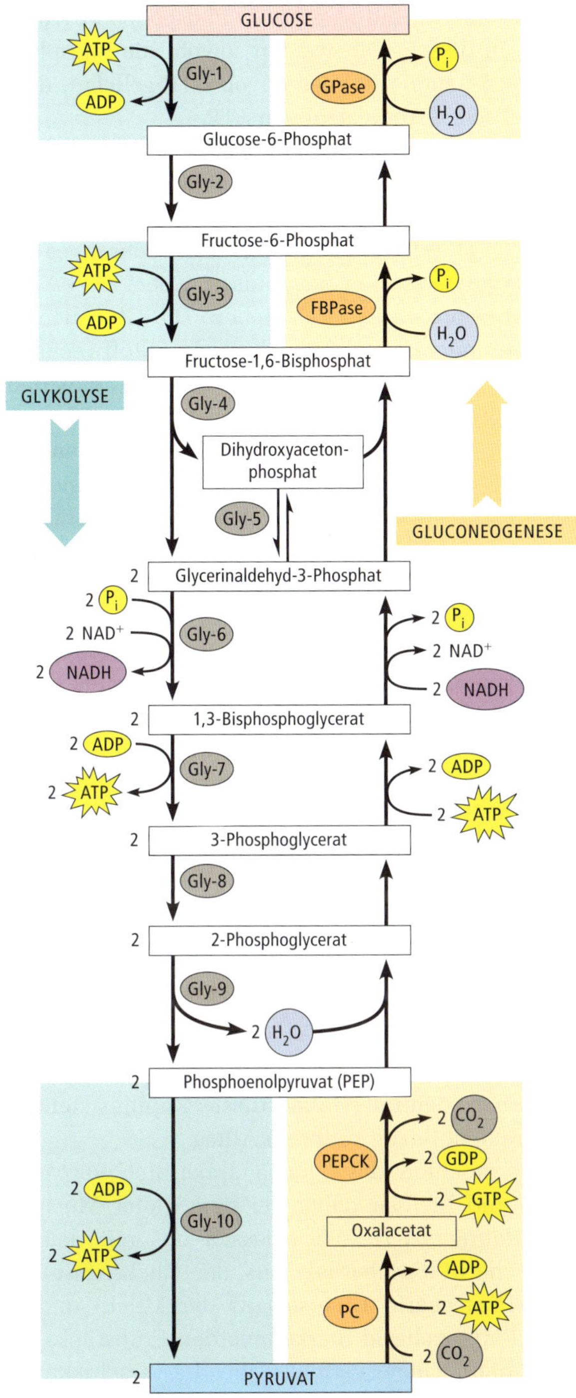

Enzyme, welche die Bypass-Reaktionen der Gluconeogenese katalyisieren

PC: Pyruvatcarboxylase
PEPCK: Phosphoenolpyruvatcarboxykinase
FBPase: Fructose-1,6-Bisphosphatase
GPase: Glucose-6-Phosphatase

Abbildung 9.11: Vergleich der Stoffwechselwege der Glykolyse und der Gluconeogenese. Die Stoffwechselwege der Glykolyse (links) und der Gluconeogenese (rechts) haben neun Zwischenprodukte und sieben von Enzymen katalysierte Reaktionen gemeinsam. Die drei grundsätzlich irreversiblen Reaktionen des glykolytischen Stoffwechselweges (grün unterlegt) werden in der Gluconeogenese durch vier Bypass-Reaktionen umgangen (gelb unterlegt). Andererseits ist die Gluconeogenese ein anabolischer Stoffwechselweg, für den die gekoppelte Hydrolyse von sechs Phosphoanhydridbindungen (vier ATP, zwei GTP) benötigt wird, um sie in Richtung der Glucosebildung voranzutreiben. Die Enzyme, welche die Seitenreaktionen katalysieren, sind goldfarben unterlegt und im Kasten aufgeführt. (Für die Bezeichnungen der glykolytischen Enzyme verweisen wir Sie auf *Abbildung 9.7*.) Bei Tieren läuft die Glykolyse in den Muskeln und verschiedenen anderen Geweben ab, während die Gluconeogenese vor allem in der Leber und in geringerem Maß in den Nieren stattfindet.

Im Fall von Gly-1 und Gly-3 wäre für die exakte Umkehrreaktion die Synthese von ATP erforderlich, stattdessen wird dieses Problem durch eine einfache hydrolytische Reaktion umgangen, bei der anorganisches Phosphat freigesetzt wird (*Abbildung 9.11*). Beachten Sie, wie diese einfache metabolische Strategie die thermodynamische Hürde nimmt. Im Fall der Umwandlung von Glucose zu Glucose-6-Phosphat in der Glykolyse verläuft die Reaktion exergonisch, was auf den Energieaufwand eines Moleküls ATP zurückgeht. Bei dem Reaktionsverlauf in Richtung der Gluconeogenese handelt es sich um eine exergonische Reaktion, was auf die Hydrolyse der Phosphoesterbindung zurückzuführen ist, die einen Wert von $\Delta G^{\circ\prime}$ von –3,3 kcal/mol hat.

Die dritte irreversible Reaktion der Glykolyse, die Reaktion Gly-10, wird bei der Gluconeogenese durch eine Sequenz aus zwei Reaktionen umgangen (*Abbildung 9.11*). Diese beiden Reaktionen werden durch die Hydrolyse einer Phosphoanhydridbindung angetrieben, in einem Fall durch ATP und im anderen Fall durch die verwandte Verbindung GTP. (GTP ist die Abkürzung für Guanosintriphosphat; siehe *Abbildung 3.15* für die Struktur von Guanin.) Zuerst wird CO_2 in einer Carboxylreaktion an Pyruvat angefügt, woraus eine Verbindung mit vier Kohlenstoffatomen hervorgeht, das sogenannte *Oxalacetat*. Dann wird die Carboxylgruppe durch eine Decarboxylierungsreaktion entfernt und es entsteht Phosphoenolpyruvat (PEP). In diesem Fall werden sowohl die Phosphatgruppe als auch die Energie von GTP geliefert, dem energetischen Äquivalent von ATP.

Was diese Bypass-Reaktionen leisten, wird klar, wenn man die Stoffwechselwege der Glykolyse und der Gluconeogenese miteinander vergleicht (*Abbildung 9.11*). Als katabolischer Stoffwechselweg ist die Glykolyse an sich exergonisch, wobei zwei ATP-Moleküle pro Glucose entstehen. Die Gluconeogenese ist andererseits ein anabolischer Stoffwechselweg, der das Äquivalent von sechs ATP-Molekülen pro abgebautem Molekül synthetisierter Glucose benötigt. Die Differenz von vier ATP-Molekülen pro Glucose stellt ausreichend Energie dar, um sicherzustellen, dass die Gluconeogenese exergonisch in Richtung der Glucosesynthese fortschreitet.

Zwar ist es durchaus wichtig, ein akademisches Verständnis von Vorgängen wie Glykolyse und Gluconeogenese zu erlangen, aber ebenso wichtig ist die Erkenntnis, was dieses Wissen für Sie als Menschen bedeutet. *Exkurs 9A* erläutert, was gerade jetzt mit den Zuckern geschieht, die Sie heute Morgen zum Frühstück verspeist haben, wenn Sie einen Teller Müsli mit Milch gegessen haben, und diese Ausführungen werden Ihnen helfen, zu verstehen, was in den Zellen Ihres Körpers nach Ihrer nächsten Mahlzeit geschehen wird.

9A ▶ Näher betrachtet

„Was passiert mit dem Zucker?"

Nachdem Sie sich nun genauestens mit den Stoffwechselwegen der Glykolyse und der Gluconeogenese beschäftigt haben, hoffen wir, dass Sie diese Information nutzen können, um zu verstehen, wie Ihr Körper seine Energiebedürfnisse wahrnimmt und was er mit den Nährstoffen, die Sie aufnehmen, macht.

Können Sie den bisherigen Lerninhalt des Kapitels mit dem, was die Zellen in Ihrem Körper mit der von Ihnen zum Frühstück aufgenommenen Nahrung machen, verknüpfen? Wenn Sie Zucker in Ihren Kaffee geben oder ihr Müsli zuckern, was passiert dann mit dem Zucker? In dieser Box werden wir uns genau mit diesen Fragen auseinandersetzen, und so könnte Ihnen das helfen, die Bedeutung dieses Kapitels zu verstehen, denn der Inhalt dieses Kapitels steht in direktem Bezug zu Ihrem Alltag.

Wir möchten das Thema appetitlich verpacken und bleiben daher bei dem Teller Müsli (*Abbildung 9A-1*). Wir befassen uns mit dem Disaccharid Saccharose (aus der Zuckerdose), dem Disaccharid Lactose (aus der Milch) und dem Polysaccharid Stärke (aus den Frühstücks-Cerealien). Zuerst verfolgen wir die verschiedenen Zucker und die Stärke auf ihrem Weg durch den Verdauungstrakt, dann die Glucose in Ihrem Blut und die verschiedenen Mechanismen, mit denen die Zellen an verschiedenen Orten Ihres Körpers davon profitieren.

Abbildung 9A-1: **Was passiert mit dem Zucker?** In dieser kurzen Abhandlung beschäftigen wir uns damit, was an verschiedenen Orten Ihres Körpers mit den Zuckern und der Stärke geschieht, die in einem Frühstück aus Milch und Müsli enthalten sind.

Beginnen wir mit einem Löffel Müsli, den Sie gerade gegessen haben. Die Saccharose und die Lactose bleiben unverdaut bis sie im Dünndarm angelangt sind, aber die Verdauung der Stärke beginnt bereits in Ihrem Mund, denn der Speichel enthält Speichelamylase, ein Enzym, das Stärke in kleinere Polysaccharide spaltet. Die weitere Verdauung erfolgt im Darm, wo die Bauchspeicheldrüsenamylase den Abbau von Stärke zu dem Disaccharid Maltose weiterführt.

Die aus der Stärke gewonnene Maltose wird in Ihrem Darm von dem Enzym Maltase zu Glucose hydrolysiert. Maltase gehört zur Familie der Darmdisaccharidasen (Enzyme, die Disaccharide in Monosaccharide spalten), von denen jede für ein anderes Disaccharid spezifisch ist. Die in der Milch enthaltene Lactose und die Saccharose, die Sie über Ihre Getreideflocken aufgenommen haben, werden von anderen Mitgliedern dieser Familie hydrolysiert – Lactase bzw. Saccharase-Isomaltase. Aus der Lactose werden ein Molekül Glucose und ein Molekül Galactose gewonnen, während die Saccharose zu einem Molekül Glucose und einem Molekül Fructose hydrolysiert wird (siehe *Abbildung 9.9*). Bei einigen Menschen geht die Produktion von Darmlactase ab einem Alter von ungefähr vier Jahren allmählich zurück, was durch einen geringeren Konsum von Milch hervorgerufen wird. Wenn Menschen ohne ausreichende Darmlactase dann Milch oder Milchprodukte zu sich nehmen, dann kann es zu Krämpfen und Diarrhö kommen, ein Zustand, den man als *Lactoseintoleranz* bezeichnet.

Die Glucose-, Galactose- und Fructosemoleküle werden von den Epithelzellen des Darms absorbiert. Diese Zellen besitzen auf der apikalen (dem Lumen zugewandten) Seite der Membran zahlreiche Mikrovilli, die in das Lumen des Darms hineinragen, wodurch sie die Absorptionsfläche der Zelle erheblich vergrößern (siehe *Abbildung 1.1g* und *Abbildung 4.2*). Des Weiteren trennen nur zwei Schichten von Epithelzellen die Nährstoffe im Lumen Ihres Darms vom Blut in den Kapillaren. Einige Zucker, beispielsweise Fructose, passieren mittels erleichterter Diffusion die Plasmamembran einer Epithelzelle, denn die Konzentrationen dieser Zucker sind im Kapillarblut geringer als im Lumen des Darms. Die Glucose wird allerdings durch sekundär aktiven Transport auf Grund ihrer höheren Konzentration im Blut transportiert.

Die Fructose und die Galactose werden durch den Blutkreislauf zu den verschiedenen Geweben Ihres Körpers transportiert. Diese Zucker werden schließlich von den Körperzellen absorbiert und durch die Glykolyse in Zwischenprodukte umgewandelt, wie in der *Abbildung 9.9* dargestellt. Der Stoffwechselweg für den Galactoseabbau ist komplexer als der Stoffwechselweg der meisten anderen einfachen Zucker, denn es sind fünf Reaktionen erforderlich, um ein Molekül Galactose in Glucose-6-Phosphat umzuwandeln. Ein genetischer Defekt auf diesem Stoffwechselweg kann dazu führen, dass ein Mensch nicht in der Lage ist, Galactose zu metabolisieren, was zu erhöhten Werten von Galactose im Blut und zu hoher Konzentration von Galactose-1-Phosphat in den Geweben führt. Diese Erkrankung, die sogenannte Galactosämie, hat schwerwiegende Folgen, unter anderem mentale Retardierung. Es überrascht keineswegs, dass Kleinkinder am häufigsten erkranken, denn die wichtigste Quelle, aus der sie mit Galactose versorgt werden, ist Milch. Vorausgesetzt, dass man die Erkrankung früh genug diagnostiziert, können die Symptome vermieden oder gelindert werden, indem Milch und Milchprodukte aus dem Speiseplan gestrichen werden.

Der wichtigste Zucker im Blut ist natürlich Glucose. Wenige Stunden nach einer Mahlzeit liegt die Glucosekonzentration im Blut meist bei ungefähr 80 mg/dl (80 mg pro Deziliter (100 ml) oder ungefähr 4,4 m*M*). Die Konzentration kann kurz nach Beendigung der Mahlzeit auf 120 mg/dl (6,6 mM) ansteigen. Im Allgemeinen wird der Blutglucosespiegel jedoch innerhalb eines recht begrenzten Bereichs gehalten. Die Konstanthaltung der Glucosekonzentration gehört zu den wichtigsten regulatorischen Funktionen in Ihrem Körper. Sie ist vor allem für das richtige Funktionieren Ihres Gehirns und Ihres Nervensystems von Bedeutung. Der Blutglucosespiegel wird von mehreren Hormonen gesteuert, darunter Insulin, Glucagon, Adrenalin (Epinephrin) und Noradrenalin (Norepinephrin) (siehe *Kapitel 14*).

Nachdem die Glucose in Ihren Blutkreislauf gelangt ist, wird sie zu den Zellen in allen Teilen Ihres Körpers transportiert, wo sie vier Hauptaufgaben erfüllt: Sie kann durch aerobe Atmung vollständig zu CO_2 oxidiert werden, sie kann anaerob zu Lactat fermentiert werden, sie kann zur Synthese des Polysaccharids Glykogen dienen oder sie kann in Körperfett umgewandelt werden.

Die *aerobe Atmung* ist der häufigste Stoffwechselweg der im Blut enthaltenen Glucose, denn die meisten Gewebe Ihres Körpers funktionieren vorrangig aerob. Ihr Gehirn muss unter den aeroben Organen besonders hervorgehoben werden. Es benötigt große Mengen von Energie, um die Membranpotenziale der Nervenzellen aufrechtzuerhalten, die für die Übertragung von Nervenimpulsen unabdingbar sind, und es hängt normalerweise zur Energieversorgung ausschließlich von Glucose ab. Tatsächlich benötigt Ihr Gehirn ungefähr 120 g Glucose am Tag, was circa 15 % Ihres Gesamtenergieverbrauchs bedeutet. Wenn Sie ruhen, verbraucht Ihr Gehirn ungefähr 60 % der Glucose. Das Gehirn ist auch für circa 20 % Ihres gesamten Sauerstoffverbrauchs verantwortlich. Da das Gehirn keine nennenswerten Mengen von Glykogen speichert, muss es kontinuierlich mit Sauerstoff und Glucose versorgt werden. Nur eine kurze Unterversorgung hat schwerwiegende Folgen. Ihr Herz stellt ähnliche Anforderungen, weil es ein vollständig aerobes Organ ist und nur über geringe oder gar keine Energiereserven verfügt. Die Versorgung mit Sauerstoff und Energiemolekülen muss daher konstant gehalten werden, obwohl das Herz – im Gegensatz zum Gehirn – eine Vielzahl von Energielieferanten verwerten kann, dazu gehören Glucose, Lactat und Fettsäuren.

Abgesehen von der Verwertung von Glucose bei der aeroben Atmung in vielen Geweben kann Glucose *anaerob katabolisiert* werden (zu Lactat fermentiert werden), was vor allem in den roten Blutkörperchen und Skelettmuskelzellen abläuft. Die roten Blutkörperchen haben keine Mitochondrien und sind ausschließlich von der Glykolyse abhängig, um ihre Energiebedürfnisse zu stillen. Der Skelettmuskel kann seine Funktion in der Gegenwart von Sauerstoff oder ohne Sauerstoff ausführen. Wenn Sie sich körperlich anstrengen, dann wird die Versorgung mit Sauerstoff knapp, sodass die Glykolyse schneller abläuft als die aerobe Atmung und das überschüssige Pyruvat in Lactat umgewandelt wird. Das Lactat wird in das Blut abgegeben und nicht nur von Ihrem Herzen aufgenommen und dort als Energie genutzt, sondern auch von den Geweben, in denen die Gluconeogenese stattfindet, vor allem von der Leber. Wenn die Lactatmoleküle in die Leberzellen gelangen, werden sie zu Pyruvat oxidiert, das dann mittels der Gluconeogenese zu Glucose synthetisiert wird (siehe *Abbildung 9.11*). Die Glucose kehrt in den Blutkreislauf zurück, wo sie von den Muskelzellen (oder allen anderen Zellen) wieder aufgenommen werden kann.

Der Skelettmuskel ist die Hauptquelle zur Versorgung mit Blut-Lactat und die Leber steht an erster Stelle der Gluconeogenese, sodass ein Kreislauf aufgebaut wird, wie in *Abbildung 9A-2* dargestellt. Das durch Glykolyse gebildete Lactat aus den hypoxischen (nicht ausreichend mit Sauerstoff versorgten) Muskelzellen wird durch das Blut in die Leber transportiert. Dort wird mittels Gluconeogenese das Lactat in Glucose umgewandelt, die in das Blut freigesetzt wird. Diesen Vorgang bezeichnet man als Cori-Zyklus, benannt nach Carl und Gerti Cori, die in Untersuchungen aus den 1930er und 1940er Jahren diesen Kreislauf beschrieben. Das nächste Mal, wenn Sie sich nach körperlicher Anstrengung ausruhen, mögen Sie bitte an folgendes denken: Das Lactat, das Ihre Muskelzellen gerade in den Blutkreislauf freigesetzt haben, wird von den Leberzellen aufgenommen und in Glucose zurückverwandelt. Der Grund ihres schnellen Atmens liegt darin, Ihren Körper mit dem Sauerstoff zu versorgen, den er benötigt, um für Ihre Muskelzellen wieder aerobe Bedingungen herzustellen und ATP sowie GTP zu erzeugen, die in Ihrer Leber für die Gluconeogenese sowie den Wiederaufbau der Glykogenvorräte benötigt werden.

Die *Speicherung von Glykogen* ist die dritte höchst wichtige Aufgabe der im Blut enthaltenen Glucose. Glykogen wird vor allem in Ihren Leberzellen und Skelettmuskelzellen gespeichert. Das Muskel-Glykogen sorgt für den nötigen Nachschub an Glucose, wenn Sie sich körperlich anstrengen. Das Leber-Glykogen dient der Leber als Glucosequelle, wenn sie hormonell zur Freisetzung von Glucose in den Blutstrom angeregt wird, um den Blutglucosespiegel konstant zu halten.

Der vierte mögliche Stoffwechselweg der Blutglucose ist ihr Einsatz bei der *Synthese von Körperfett*. Die Fettproduktion verläuft über Pyruvat zu Acetyl-CoA, genauso wie in der Anfangsphase der aeroben Atmung. Wenn Sie mehr Nahrung zu sich nehmen als Ihr Körper an Energie und für die Biosynthese anderer Moleküle benötigt, dann wird die überschüssige Glucose zu Acetyl-CoA oxidiert, das für die Synthese von Triglyceriden benötigt wird und dann als Körperfett gespeichert, vor allem im Fettgewebe, das auf diese Aufgabe spezialisiert ist. Somit verfügt Ihr Körper zu jeder Zeit über drei Energiequellen: die Glucose in Ihrem Blut, das Glykogen in Ihrer Leber und in den Muskelzellen und schließlich die im Fettgewebe gespeicherten Triglyceride.

Kommen wir zum Schluss auf unsere Ausgangsfrage zurück: „Was passiert mit dem Zucker?“ Die gesamte Glucose und alle Zucker stammen ursprünglich aus der Nahrung, die Sie aufnehmen – entweder direkt als Monosaccharide oder aus dem Abbau von Disacchariden und Polysacchariden in Ihrem Darm. Letztendlich besteht das Schicksal von Glucose in der Oxidation zu CO_2 und Wasser, die sie dann ausatmen und ausscheiden. In der Zwischenzeit können die Glucosemoleküle in ihrem Blutkreislauf zirkulieren oder als Glykogen in den Leber- und Muskelzellen gespeichert werden. In der Form, in der Glucose durch Ihren Blutkreislauf zirkuliert, kann sie sofort von aeroben Geweben wie beispielsweise dem Gehirn oxidiert werden, sie kann zu Lactat umgewandelt werden und Teil des Cori-Zyklus werden oder sie kann zur Synthese von Glykogen dienen oder als Fett gespeichert werden.

Das mag zuerst nur wie ein kleiner Löffel Zucker aussehen, den Sie über Ihr Müsli streuen oder in Ihren Kaffee rühren, doch spielt er in allen Zellen Ihres Körpers eine wichtige Rolle im Energiemetabolismus.

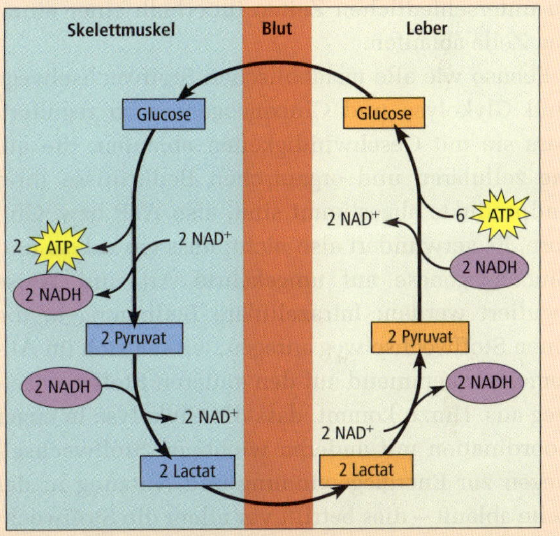

Abbildung 9A-2: Der Cori-Zyklus: die Verbindung zwischen Glykolyse in den Muskelzellen und Gluconeogenese in der Leber. Die Skelettmuskelzellen beziehen einen Großteil ihrer Energie aus der Glykolyse, vor allem während der anaeroben Phasen körperlicher Anstrengung. Das auf diesem Wege gebildete Lactat wird vom Blutkreislauf zur Leber transportiert, wo es zu Pyruvat reoxidiert wird. Das Pyruvat dient als Substrat für die Gluconeogenese in der Leber, wo Glucose gebildet wird, die an das Blut abgegeben wird.

Die Regulation der Glykolyse und der Gluconeogenese 9.7

Da Zellen Enzyme besitzen, die sowohl die Glykolyse als auch die Gluconeogenese katalysieren können, ist es von zentraler Bedeutung, dass diese beiden Stoffwechselwege nicht gleichzeitig in der gleichen Zelle in einem dann vollkommen zwecklosen Kreislauf ablaufen. Wie können Synthese und Abbau von Glucose so gesteuert werden, dass dieser Fall nicht eintritt? Eine Lösung in unseren Körpern ist die räumliche Separation – die beiden Stoffwechselwege laufen in getrennten Zellen ab, beispielweise in unseren Muskelzellen (Glykolyse) und in unseren Leberzellen (Gluconeogenese) (*Abbildung 9A-2*). Später werden wir uns mit einem anderen Lösungsweg beschäftigen – der zeitlichen Trennung, bei der Glykolyse und Gluconeogenese zu unterschiedlichen Zeiten innerhalb einer einzigen Zelle ablaufen.

Ebenso wie alle metabolischen Stoffwechselwege sind Glykolyse und Gluconeogenese so reguliert, dass sie mit Geschwindigkeiten ablaufen, die auf die zellulären und organischen Bedürfnisse ihrer Endprodukte abgestimmt sind, also ATP bzw. Glucose. Es verwundert also nicht, dass Glykolyse und Gluconeogenese auf umgekehrte Art und Weise reguliert werden: Intrazelluläre Bedingungen, die einen Stoffwechselweg anregen, wirken sich im Allgemeinen hemmend auf den anderen Stoffwechselweg aus. Hinzu kommt, dass die Glykolyse in enger Koordination mit anderen wichtigen Stoffwechselwegen zur Energiegewinnung und Nutzung in der Zelle abläuft – dies betrifft vor allem die Stoffwechselwege, die an der aeroben Atmung mitwirken, auf die wir in *Kapitel 10* näher eingehen werden.

9.7.1 Schlüsselenzyme der Glykolyse und der Gluconeogenese sind von der allosterischen Regulation abhängig

Rufen Sie sich aus *Kapitel 6* in Erinnerung, dass die **allosterische Regulation** der Enzymaktivität mit der Umwandlung von einer in die andere Konformation einhergeht, dem Wechsel zwischen zwei Formen, von denen eine katalytisch aktiv ist (oder aktiver), während die andere inaktiv ist (oder weniger aktiv). Die Aktivität oder Inaktivität eines Enzymmoleküls hängt davon ab, ob ein spezifischer allosterischer Effektor an die allosterische Stelle gebunden ist, und davon, ob dieser allosterische Effektor ein allosterischer Aktivator oder ein allosterischer Inhibitor ist (siehe *Abbildung 6.16*).

In der ▶*Abbildung 9.12* sind die regulatorischen Schlüsselenzyme des glykolytischen Stoffwechselwegs und der Gluconeogenese dargestellt sowie die allosterischen Effektoren, die die einzelnen Enzyme regulieren. Die Schlüsselenzyme der Glykolyse sind Hexokinase, Phosphofructokinase-1 (PFK-1) und Pyruvatkinase. Die Schlüsselenzyme der Gluconeogenese sind Fructose-1,6-Bisphosphatase und Pyruvatcarboxylase. Jeder allosterische Effektor in *Abbildung 9.12* wurde auf Grundlage von Untersuchungen, die vor allem bei Leberzellen durchgeführt wurden, als Aktivator (+) oder als Inhibitor (−) des Enzyms/der Enzyme identifiziert, an die er bindet. Aus dieser Abbildung gehen mehrere Aspekte klar hervor: Beachten Sie zum Beispiel, dass jedes regulatorische Enzym nur auf einen Stoffwechselweg wirkt, sodass jeder Stoffwechselweg unabhängig von dem anderen reguliert werden kann. Beachten Sie außerdem die reziproke Natur der Regulation der beiden Stoffwechselwege: AMP und Acetyl-CoA, die Effektoren, für die beide Stoffwechselwege sensitiv sind, erzielen in beiden Richtungen entgegengesetzte Wirkungen. AMP, zum Beispiel, aktiviert die Glykolyse, hemmt aber die Gluconeogenese. Acetyl-CoA aktiviert die Gluconeogenese, hemmt aber die Glykolyse.

Die Wirkungen der Regulatoren sind durchaus sinnvoll – das heißt, sie verlaufen stets in die Richtung, die man voraussagen würde, wenn man die Rolle eines jeden Stoffwechselwegs in der Zelle verstanden hat. So betrachten Sie beispielsweise die Wirkungen von ATP und AMP. Bei niedriger Konzentration von ATP und hoher Konzentration von AMP steht der Zelle ganz eindeutig wenig Energie zur Verfügung, somit ist es nur vernünftig, dass AMP die Glykolyse aktiviert. Umgekehrt bedeutet dies: wenn die Konzentration von ATP steigt und die von AMP sinkt, so lassen die stimulatorischen Effekte von AMP auf die Glykolyse nach. Dann tritt der hemmende Effekt von ATP sowohl auf PFK-1 als auch auf die Pyruvatkinase ein und die Geschwindigkeit der Glykolyse wird verringert.

Vielleicht sind Sie überrascht zu erfahren, dass ATP ein allosterischer Inhibitor von PFK-1 ist, weil dieses ATP als Substrat nutzt. Scheinbar liegt ein Widerspruch vor, denn eine Zunahme der Substratkonzentration sollte zu höherer Geschwindigkeit einer von einem Enzym katalysierten Reaktion führen. Dieser scheinbare Widerspruch kann allerdings leicht aufgeklärt werden. In seiner Eigenschaft als allosterisches Enzym besitzt PFK-1 sowohl ein aktives Zentrum als auch eine allosterische Stelle. Das aktive Zentrum von PFK-1 hat eine große Affinität für ATP, während die allosterische Stelle nur eine geringe Affinität für ATP hat. Somit erfolgt bei niedrigen ATP-Konzentrationen die Bindung an der katalytischen Stelle, aber nicht an der allosterischen Stelle. Daher verbleiben die meisten PFK-1-Moleküle in ihrer aktiven Form und die Glykolyse läuft weiter. Wenn die ATP-Konzentration steigt, wird jedoch die Bindung an der allosterischen Stelle verstärkt, wodurch die inaktive Form von PFK-1 stabilisiert wird, und dies hat wiederum zur Folge, dass die gesamte Reaktionsabfolge der Glykolyse verlangsamt wird.

Die Stoffwechselwege der Glykolyse und der Gluconeogenese (*Abbildung 9.12*) sind außerdem beide von der allosterischen Regulation durch Verbindungen abhängig, die an der Atmung beteiligt sind. Im nächsten Kapitel werden Sie erfahren, dass Acetyl-CoA und Citrat Schlüsselzwischenprodukte des aeroben Stoffwechselweges sind, des sogenannten *Tricarbonsäurezyklus*.

Hohe Konzentrationen von Acetyl-CoA und Citrat zeigen an, dass eine Zelle gut mit Pyruvat für die nächste Phase des Atmungsmetabolismus versorgt ist. Somit wundert es nicht, dass Acetyl-CoA und Citrat eine hemmende Wirkung auf die Glykolyse ausüben, wodurch die Geschwindigkeit der Pyruvatbildung gesenkt wird. Genauso verhält es sich mit der anregenden Wirkung von Acetyl-CoA auf die Gluconeogenese, die mit der Verfügbarkeit von Pyruvat für die Umwandlung in Glucose gekoppelt ist.

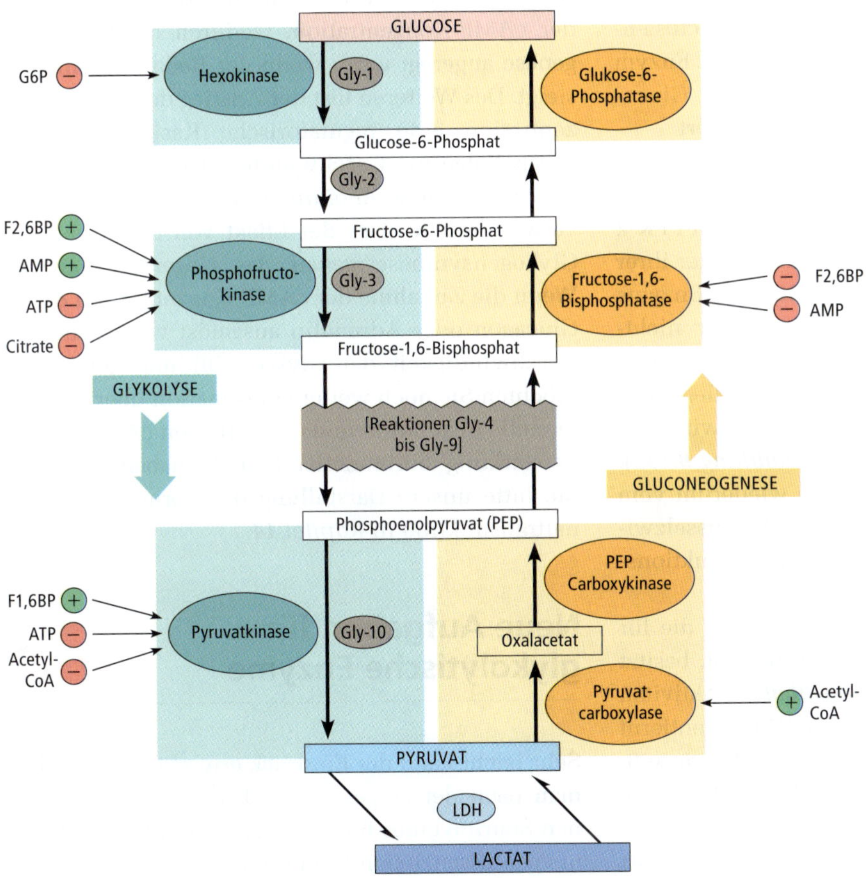

Abbildung 9.12: Regulation der Glykolyse und der Gluconeogenese. Die Glykolyse und die Gluconeogenese werden auf reziproke Weise reguliert. In beiden Fällen erfolgt die Regulation über allosterische Aktivierung (+) bzw. allosterische Hemmung (−) von Enzymen, die nur für den jeweiligen Stoffwechselweg spezifische Reaktionen katalysieren. Bei der Glykolyse katalysieren die regulatorischen Schlüsselenzyme während des Stoffwechselwegs drei irreversible Reaktionen (grün). Bei der Gluconeogenese sind zwei der vier Bypass-Enzyme (gold), die nur auf diesem Stoffwechselweg wirken, die Hauptorte der allosterischen Regulation. Zu den allosterischen Regulatoren gehören Acetyl-CoA, AMP, ATP, Citrat, Fructose-1,6-Bisphosphat (F1,6BP), Fructose-2,6-Bisphosphat (F2,6BP) und Glucose-6-Phosphat (G6P). Acetyl-CoA und Citrat sind Zwischenprodukte der aeroben Atmung, F2,6BP wird von der Phosphofructokinase-2 (PFK-2) synthetisiert, wie in *Abbildung 9.13*b dargestellt.

9.7.2 Fructose-2,6-Bisphosphat ist ein wichtiger Regulator der Glykolyse und der Gluconeogenese

Obwohl jeder der zuvor dargestellten Mechanismen eine sehr wichtige Rolle bei der Regulation der Glykolyse und der Gluconeogenese spielt, ist letztendlich doch **Fructose-2,6-Bisphosphat (F2,6BP)** der wichtigste Regulator beider Stoffwechselwege. F2,6BP wird durch die von ATP abhängige Phosphorylierung von Fructose-6-Phosphat an Kohlenstoffatom 2 synthetisiert. Das ist der gleiche Reaktionstyp, aus dem Fructose-1,6-Bisphosphat in der Reaktion Gly-3 der Glykolyse durch Phosphorylierung von Fructose-6-Phosphat an Kohlenstoffatom 1 hervorgeht. Die Synthese von F2,6BP wird jedoch von einer anderen Form der Phosphofructokinase katalysiert, der **Phosphofructokinase-2 (PFK-2)**. Diese Bezeichnung dient zur Unterscheidung von der PFK-1, dem glykolytischen Enzym. Wie Sie der *Abbildung 9.12* entnehmen können, aktiviert F2,6BP das glykolytische Enzym (PFK-1), das Fructose-6-Phosphat phosphoryliert und hemmt das Enzym FBPase (Fructose-1,6-Bisphosphatase) der Gluconeogenese, das die Umkehrreaktion katalysiert.

In der *Abbildung 9.13* werden die regulatorischen Aufgaben von PFK-2 und F2,6BP im menschlichen Körper genauer dargestellt. Die Aktivität von PFK-2 hängt von dem Phosphorylierungsstatus einer ihrer Untereinheiten ab. Die Kinaseaktivität des Enzyms ist hoch, wenn diese Untereinheit in der nicht-phosphorylierten Form vorliegt und niedrig, wenn diese in der phosphorylierten Form vorliegt. Die Phosphorylierung von PFK-1 durch ATP wird von einer Proteinkinase katalysiert (▸*Abbildung 9.13b*). Die Aktivität dieses Enzyms hängt wiederum vom zyklischen AMP (cAMP) ab, einem Schlüsselzwischenprodukt vieler zellulärer Signaltransduktionswege (siehe *Abbildung 14.6*).

Neben der *Phosphofructokinase*-Aktivität, die für die Synthese von F2,6BP verantwortlich ist, besitzt PFK-2 eine *Fructose-2,6-Bisphosphatase*-Aktivität, wodurch die Phosphatgruppe von F2,6BP entfernt wird und die Verbindung wieder zu Fructose-6-Phosphat umgewandelt wird (*Abbildung 9.13*). Die Aktivität wird auch von einer durch cAMP stimulierten Phosphorylierung reguliert, in diesem Fall führt die Phosphorylierung jedoch zu erhöhter Aktivität des Enzyms. Da PFK-2 zwei getrennte katalytische Aktivitäten besitzt, wird sie auch als *bifunktionales Enzym* bezeichnet.

Wie bereits zuvor angemerkt, aktiviert F2,6BP das glykolytische Enzym PFK-1 (▸*Abbildung 9.13d*) und hemmt das Enzym FBPase der Gluconeogenese (▸*Abbildung 9.13e*). cAMP wiederum wirkt auf zwei Arten auf die Konzentration von F2,6BP: es aktiviert die Aktivität der PFK-2-Kinase und stimuliert die Phosphataseaktivität von F2,6BP. Beide Mechanismen führen zu einer Abnahme der Konzentration von F2,6BP in der Zelle. In Folge dieser Veränderung nimmt die Wirkung von PFK-1 sowie die Hemmung der Fructose-1,6-Bisphosphatase ab, wodurch die glykolytische Aktivität gesenkt und die Aktivität der Gluconeogenese gesteigert wird.

Die Wirkungsweisen von cAMP, die in der *Abbildung 9.13* dargestellt werden, sind wichtig für die hormonelle Regulation, denn die cAMP-Konzentration in den Leberzellen wird in erster Linie von den Hormonen Glucagon und Adrenalin (Epinephrin) gesteuert. Diese Hormone führen zu einem Anstieg der cAMP-Konzentration, wodurch die Gluconeogenese angeregt wird, wenn der Bedarf an Glucose steigt. Des Weiteren löst der Anstieg der cAMP-Konzentration eine regulatorische Kaskade aus, in deren Folge die Geschwindigkeit des Glucogenabbaus steigt (siehe *Abbildung 14.22*). Es ist also nicht verwunderlich, dass der Effekt von cAMP auf die Glykogensynthese genau das Gegenteil bewirkt: Wenn die Zunahme der cAMP-Konzentration durch Glucagon oder Adrenalin ausgelöst wird, wird die Geschwindigkeit der Glykogenbildung gemindert. Möchten Sie noch weitere Information über die hormonelle Regulation und die Rolle von cAMP bei der Verstärkung hormoneller Signale haben, so lesen Sie bitte unsere Darstellung der hormonellen Signaltransduktion in *Kapitel 14*.

9.8 Neue Aufgaben für glykolytische Enzyme

Sehr leicht kann der Eindruck erweckt werden, dass man nach der eingehenden Darstellung der einzelnen Schritte eines fundamentalen und für alle Organismen essenziellen Stoffwechselweges „alles" über die Enzyme gelernt hat, „was man wissen muss". Allerdings ist es in der Biologie oftmals so, dass ein Thema noch einige Überraschungen in petto hat.

Eine dieser Überraschungen ist die Entdeckung, dass mehrere glykolytische Enzyme eine regulatorische Funktion übernehmen, die auf den ersten Blick nicht mit ihrer Rolle als Katalysatoren spezifischer Reaktionen der Glykolyse in Zusammenhang zu stehen scheint. Zu diesen Funktionen gehören die Regulation der Transkription, die Anregung der Zellmotilität und die Regulation der *Apoptose* – des programmierten Zelltods.

Beispielsweise hat man nachgewiesen, dass das Enzym Hexokinase, das die ATP-abhängige Phosphorylierung von Glucose katalysiert, um die glykolytische Reaktionsfolge einzuleiten (Gly-1 in *Abbildung 9.7*), als Transkriptionsregulator in Hefezellen dient. Eine Isoform mit der Bezeichnung Hexokinase 2 wird als Antwort auf hohe Glucosekonzentrationen in den Zellkern transportiert. Im Zellkern wirkt diese als Transkriptionsrepressor, um die Expression von Genen, die für den Katabolismus von anderen Zuckern außer Glucose benötigt werden, zu senken. Bei Säugetieren hat man vier Isoformen der Hexokinase nachgewiesen. Eine Isoform wird in Tumorzellen verstärkt exprimiert, in denen sogar in Gegenwart von Sauerstoff die Glykolyseaktivität intensiviert ist. Eine andere Isoform bindet an Mitochondrien, und man nimmt an, dass es die Glykolyse mit der mitochondrialen Atmung koordiniert. Es scheint zudem als Inhibitor der Apoptose von Zellen mit einem Übermaß an Glucose zu wirken. Wie Sie sehen, gibt es viel mehr über ein Enzym zu lernen, von dem man einst annahm, dass es lediglich die Funktion eines „Hausmeisters" innehat, der die Verteilung der zellulären Energie steuern soll.

Andere glykolytische Enzyme, darunter Glycerinaldehyd-3-Phosphatdehydrogenase (GAPDH; Gly-6) und Enolase (Gly-9) binden auch an die DNA und können als Transkriptionsregulatoren wirken. GAPDH kann – im Verbund mit der Lactatdehydrogenase, dem Enzym, das durch Fermentation Pyruvat zu Lactat umwandelt – als Transkriptionsaktivator während der Zellteilung wirken. Die Aktivität von GAPDH wird bei dieser Aufgabe von NAD^+ stimuliert und von NADH gehemmt. Daher nimmt man an, dass GAPDH als Bindeglied zwischen dem Energiemetabolismus und der Regulation der Zellteilung dient, ein Vorgang, für den sehr viel ATP aufgebracht werden muss. GAPDH wird in Zellen überexprimiert, die einen programmierten Zelltod als Antwort auf eine zelluläre Verletzung durchlaufen und häuft sich im Kern dieser Zellen an. Man geht davon aus, dass GAPDH ein intrazellulärer Sensor für oxidativen Stress mit möglicher Verbindung zu neurodegenerativen Erkrankungen ist.

Andere Untersuchungen neueren Datums ergaben, dass die Enolase (Gly-9) auch als Transkriptionsrepressor wirken kann. Sie hemmt die Expression des krebsinduzierenden *MYC*-Onkogens, das ein Protein kodiert, das in einer Vielzahl von Tumorzellen überexprimiert wird. Die Expression der Enolase wird in Lungenkrebszellen herabreguliert und die geringe Expression von Enolase korreliert mit der geringen Überlebensfähigkeit von Lungenkrebspatienten.

Eine weitere überraschende Funktion eines glykolytischen Enzyms wurde bei der Untersuchung der Rolle der Phosphoglucoisomerase (PGI; Gly-2) bei der Zellmotilität und der Migration während der *Metastasis* (*Metastasierung*) der Krebszellen aufgedeckt (unter Metastasis versteht man die Freisetzung von Zellen aus bösartigen Tumoren in den Blutkreislauf, der sie durch den Körper transportiert, sodass Sekundärtumore gebildet werden). Als Enzym des Cytoplasmas katalysiert PGI die Umwandlung von Glucose-6-Phosphat zu Fructose-6-Phosphat. Man hat allerdings auch zeigen können, dass PGI von Tumorzellen ausgeschieden wird, und diese ausgeschiedene Form stimuliert in hohem Maße Zellmigration und Zellproliferation. Des Weiteren fördert PGI das Wachstum von Fibroblasten (Zellen des Bindegewebes) und die Überexpression von PGI induziert die Transformation von Fibroblasten zu Krebszellen.

Ganz eindeutig gibt es also noch viel mehr über glykolytische Enzyme zu lernen, von denen man über viele Jahre annahm, dass sie eine relativ profane Rolle als Katalysatoren energieliefernder Reaktionen spielen. Jetzt wissen wir, dass mehrere dieser Enzyme auch regulatorische Aufgaben übernehmen. Sie können dazu beitragen, metabolische Stoffwechselwege mit energieabhängigen Zellfunktionen wie Zellteilung, Apoptose und Zellmotilität zu verknüpfen. Wenn Sie in den nächsten beiden Kapiteln mehr über aerobe Atmung und Photosynthese lernen, dann werden Sie hoffentlich nicht der Versuchung erliegen, zu glauben, dass Sie ganz einfach alles im Gedächtnis haben können, „was man über diese gut charakterisierten biochemischen Stoffwechselwege wissen muss", sondern daran denken, dass einige der daran beteiligten Enzyme noch überraschende Geheimnisse bergen.

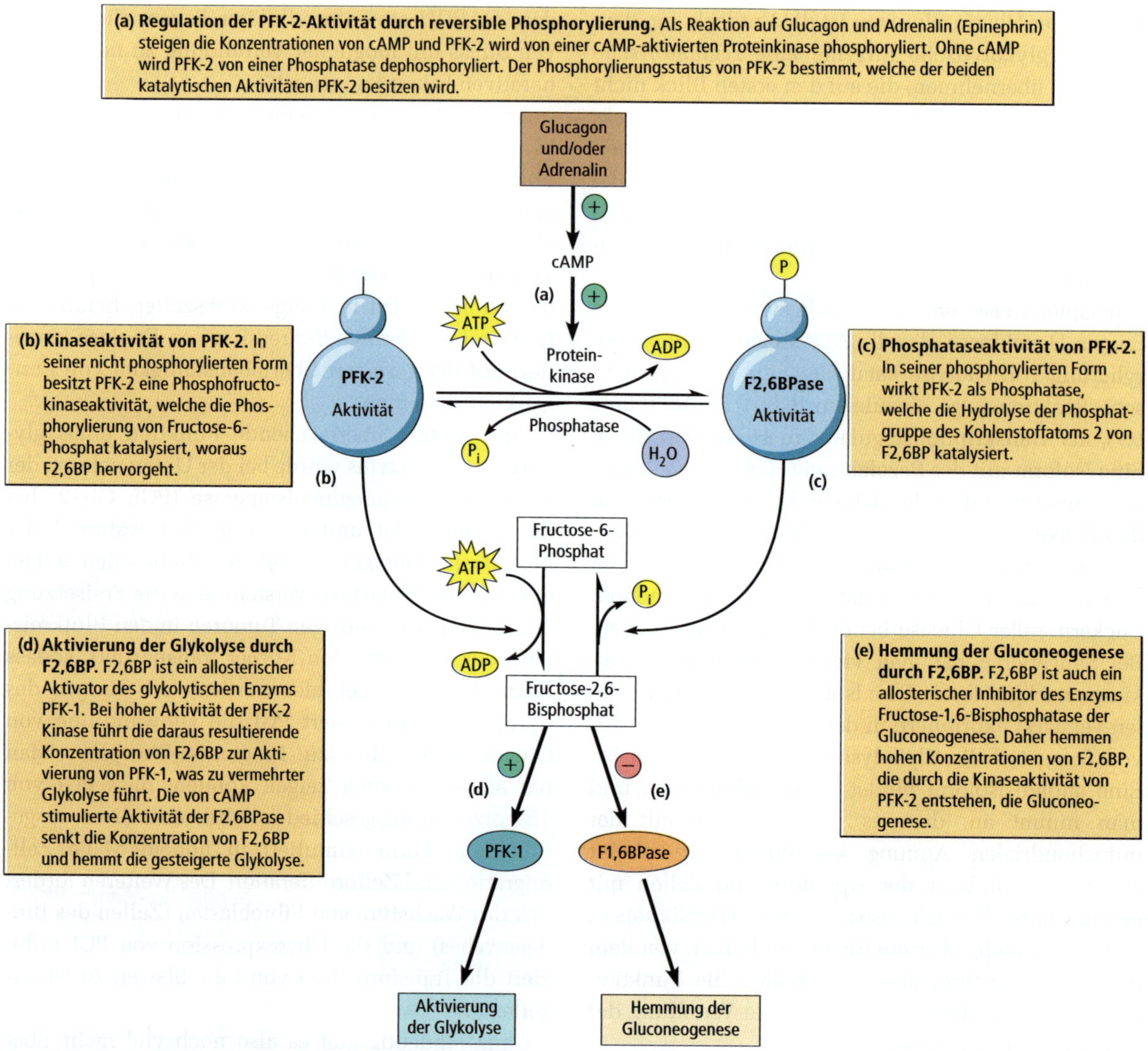

Abbildung 9.13: Die regulatorischen Aufgaben von PFK-2 und F2,6BP. Phosphofructokinase-2 (PFK-2) ist ein bifunktionales Enzym mit entgegengesetzten katalytischen Aktivitäten, die von seinem Phosphorylierungszustand abhängen (a – c). Der jeweilige Phosphorylierungszustand hängt von der Gegenwart hormoneller Signale ab und bestimmt die Konzentration von Fructose-2,6-Bisphosphat (F2,6BP), einem Aktivator der Glykolyse (d) und Inhibitor der Gluconeogenese (e).

ZUSAMMENFASSUNG DER WICHTIGSTEN INHALTE

Metabolische Wege

- Metabolische Wege in Zellen sind im Allgemeinen entweder anabolisch (synthetisierend) oder katabolisch (abbauend). Katabolische Reaktionen liefern die Energie, die erforderlich ist, um anabolische Reaktionen anzutreiben.

ATP: Der universelle Energiekoppler

- ATP dient zur Speicherung chemischer Energie in Zellen, weil die terminale Anhydridbindung von ATP eine intermediäre freie Energie der Hydrolyse hat. Daher kann ATP für eine Reihe biologisch wichtiger Moleküle, wie z. B. Glucose, als Donor von Phosphatgruppen fungieren, zudem dient ADP als Akzeptor von Phosphatgruppen aus Molekülen wie beispielsweise PEP.

Chemotropher Energiemetabolismus

- Die meisten Chemotrophen beziehen die für die Bildung von ATP benötigte Energie aus dem Katabolismus organischer Nährstoffe wie Kohlenhydraten, Fetten und Proteinen. Diese geschieht mittels Fermentation ohne Sauerstoff oder durch aerobe Atmung in der Gegenwart von Sauerstoff.

- Obwohl der Vorgang der Glykolyse höchst komplex erscheinen mag, handelt es sich um einen Mechanismus, durch den Glucose in verdünnter Lösung bei lebensfreundlichen Temperaturen abgebaut werden kann, wobei die große Menge freigesetzter Energie als ATP gespeichert wird.

Glykolyse und Fermentation: ATP-Bildung ohne Sauerstoff

- Mit Glucose als Hauptsubstrat beginnt der Katabolismus unter anaeroben und aeroben Bedingungen mit der Glykolyse. Dies ist ein Stoffwechselweg aus zehn Schritten, der Glucose zu Pyruvat umwandelt. In den meisten Fällen führt dies netto zur Bildung von zwei Molekülen ATP pro Molekül Glucose.

- Ohne Sauerstoff muss das reduzierte Coenzym NADH, das während der Glykolyse gebildet wurde, zu Lasten von Pyruvat reoxidiert werden, woraus Fermentationsendprodukte wie Lactat oder Ethanol plus Kohlendioxid hervorgehen.

Alternative Substrate der Glykolyse

- Obwohl die Glykolyse im Allgemeinen mit dem Ausgangssubstrat Glucose dargestellt wird, ist die glykolytische Reaktionsfolge auch der häufigste Stoffwechselweg zur Katabolisierung einer Vielzahl verwandter Zucker wie Fructose, Galactose und Mannose.

- Die Glykolyse dient außerdem zur Umsetzung von Glucose-1-Phosphat, das durch phosphorolytische Spaltung von Speicherpolysacchariden wie Stärke oder Glykogen gewonnen wird.

Gluconeogenese

- Die Gluconeogenese ist in gewisser Weise das Gegenteil der Glykolyse, denn dieser Stoffwechselweg wird von einigen Zellen genutzt, um Glucose aus Ausgangssubstraten mit drei oder vier Kohlenstoffatomen wie beispielsweise Pyruvat zu gewinnen. Allerdings ist die Gluconeogenese nicht einfach der Umkehrprozess der Glykolyse.

- Die beiden Stoffwechselwege haben sieben von Enzymen katalysierte gemeinsame Reaktionen, aber die am stärksten exergonischen Reaktionen der Glykolyse werden von der Gluconeogenese durch Reaktionen umgangen, sodass der Stoffwechselweg auf Grund der Energie von ATP und GTP in der Richtung der Gluconeogenese exergonisch wird.

Die Regulation der Glykolyse und der Gluconeogenese

- Glykolyse und Gluconeogenese werden durch Veränderung der Aktivität von Enzymen reguliert, die für den jeweiligen Stoffwechselweg spezifisch sind. Diese Enzyme werden von einem oder mehreren Schlüsselzwischenprodukten der aeroben Atmung reguliert, darunter ATP, ADP, AMP, Acetyl-CoA und Citrat.

- Fructose-2,6-Bisphosphat ist ein wichtiger allosterischer Regulator sowohl der Glykolyse als auch der Gluconeogenese. Seine Konzentration hängt von der jeweiligen Kinase- oder Phosphataseaktivität des bifunktionalen Enzyms PFK-2 ab.

- PFK-2 wird wiederum von den Hormonen Glucagon und Adrenalin (Epinephrin) über deren Einfluss auf die Konzentration von zyklischem AMP in Zellen reguliert.

Neue Aufgaben für glykolytische Enzyme

- Abgesehen von ihrer Aufgabe als Katalysatoren hat man vor Kurzem nachgewiesen, dass mehrere gut charakterisierte glykolytische Enzyme auch regulatorische Funktionen in Zellen übernehmen und damit Vorgänge wie Zellteilung, programmierten Zelltod und Migration von Krebszellen beeinflussen.

ZUSAMMENHÄNGE HERSTELLEN

In diesem Kapitel haben Sie gelernt, wie Zellen durch Glykolyse Energie aus der teilweisen Oxidation von Glucose gewinnen und diese Energie als ATP speichern. Diese Vorgänge sind nur durch die konzertierte Aktion verschiedener stark regulierter Enzyme möglich, die gemäß den Prinzipien der Bioenergetik, die wir in den *Kapiteln 5* und *6* darstellten, ablaufen. In *Kapitel 10* werden Sie sehen, wie das Produkt der Glykolyse, Brenztraubensäure (Pyruvat), weiter während der aeroben Atmung in den Mitochondrien der eukaryotischen Zellen zu CO_2 oxidiert wird, wodurch erheblich mehr ATP gewonnen wird. Die ATP-Bildung in den Mitochondrien hängt von mehreren integralen Membranproteinen ab, die wir in den *Kapiteln 7* und *8* vorstellten. In späteren Kapiteln dieses Buches werden Sie erfahren, wie mit Hilfe der in der DNA der Zelle enthaltenen Information Enzyme gebildet und prozessiert werden und wie sie zu den richtigen Orten in der Zelle transportiert werden (*Kapitel 12*, *21* und *22*). Vielleicht stellen Sie sich folgende Frage: Woher stammt eigentlich die Glucose? In *Kapitel 11* werden Sie eine Antwort erhalten. Während der Photosynthese wird die von der Sonne aufgefangene Energie zum Antrieb der endergonischen Reaktion von CO_2 und H_2O zu Glucose und anderen Kohlenhydraten genutzt. Ebenso wie bei allen anderen zellulären Vorgängen, mit denen wir uns beschäftigen, werden Ihnen solide Kenntnisse der makromolekularen Biochemie (*Kapitel 2* und *3*) und der zellulären Organellen (*Kapitel 4*) helfen zu verstehen, wie die Zelle als einzelne biologische Einheit funktioniert.

ÜBUNGSAUFGABEN

Schwierigere Aufgaben sind mit einem • gekennzeichnet.

9-1 Energiereiche Bindungen. Als Fritz Lipmann im Jahr 1941 zum ersten Mal den Begriff *energiereiche Bindung* verwendete, galt dieser Begriff als nützliches Konzept zur Beschreibung der Energetik biochemischer Moleküle und Reaktionen. Allerdings kann dieser Begriff Verwirrung stiften, wenn man Überlegungen in Zusammenhang mit dem zellulären Energiemetabolismus mit Überlegungen zur physikalischen Chemie verknüpft. Zur Überprüfung Ihres Verständnisses geben Sie bitte an, ob die folgenden Behauptungen richtig (R) oder falsch (F) sind. Sollten Sie falsch sein, so formulieren Sie die Behauptung so um, dass sie richtig ist.

A Energie wird in besonderen hochenergetischen Bindungen in Molekülen wie ATP gespeichert und bei der Spaltung dieser Bindungen freigesetzt.

B Energie wird immer freigesetzt, wenn eine kovalente Bindung gebildet wird und stets zur Spaltung dieser kovalenten Bindung benötigt.

C Ein physikalischer Chemiker versteht unter einer *energiereichen Bindung* eine sehr stabile Bindung, für deren Spaltung viel Energie aufgewendet werden muss, während ein Biochemiker unter diesem Begriff eher eine Bindung versteht, nach deren Hydrolyse viel Energie freigesetzt wird.

D Das terminale Phosphat von ATP ist ein hochenergetisches Phosphat, das seine starke Energie bei der Hydrolyse behält.

E Phosphoesterbindungen sind energiearme Bindungen, denn man muss weniger Energie aufwenden, um sie zu spalten als bei energiereichen Bindungen von Phosphoanhydriden.

F Bei dem Begriff „*energiereiches Molekül*" sollte man an das charakteristische Merkmal der Reaktion denken, an der das Molekül mitwirkt – nicht an die intrinsische Eigenart einer bestimmten Bindung innerhalb des Moleküls.

9-2 Die Geschichte der Glykolyse. Im Folgenden führen wir Beobachtungen auf, die zum Verständnis des glykolytischen Stoffwechselweges führten. Geben Sie jeweils eine metabolische Grundlage für die beobachtete Wirkung an und erklären Sie die Bedeutung dieser Beobachtung für das Gesamtverständnis des Stoffwechselweges.

A Zur Alkoholfermentation in Hefeextrakten benötigt man eine hitzeunbeständige Fraktion, die man ursprünglich als *Zymase* (Sammelbegriff für die zur Gärung notwendigen Enzyme) bezeichnete und eine hitzestabile Fraktion (*Cozymase*), die für die Aktivität der Zymase notwendig ist.

B Die Alkoholfermentation läuft nicht in Gegenwart anorganischen Phosphats ab.

C In Gegenwart von Jodacetat, einem bekannten Inhibitor der Glykolyse, sammeln fermentierende Hefeextrakte eine doppelt phosphorylierte Hexose an.

D In Gegenwart von Fluoridionen, weiteren bekannten Inhibitoren der Glykolyse, häufen fermentierende Hefeextrakte zwei phosphorylierte Säuren mit drei Kohlenstoffen an.

9-3 Die Glykolyse in höchstens 25 Wörtern. Vervollständigen Sie jede der folgenden Behauptungen über die Glykolyse mit höchstens 25 Wörtern.

A Obwohl das Gehirn ein obligat aerobes Organ ist, ist es immer noch von der Glykolyse abhängig, weil ...

B Obwohl eine der Reaktionen der Glykolyse eine Oxidation ist, kann die Glykolyse ohne Sauerstoff ablaufen, weil ...

C Was mit dem auf dem glykolytischen Stoffwechselweg gebildeten Pyruvat geschieht, hängt von ...

D Wenn Sie ein Brot backen oder Bier brauen, sind Sie von der Glykolyse abhängig, um ...

E Zwei Organe in Ihrem Körper, die Lactat abbauen können, sind ...

F Zur Synthese von Glucose aus Lactat in einer Leberzelle werden mehr Nucleosidtriphosphatmoleküle (ATP und GTP) benötigt, als während des Katabolismus von Glucose zu Lactat in einer Muskelzelle gebildet werden, weil ...

9-4 Energetik des Kohlenhydratabbaus. Die anaerobe Fermentation freier Glucose liefert einen ATP-Ertrag von zwei Molekülen pro Moleküle Glucose. Für Glucoseeinheiten in einem Glykogenmolekül liegt der Ertrag bei drei ATP-Molekülen pro Molekül Glucose. Der entsprechende Wert für das Disaccharid Saccharose beträgt zwei ATP-Moleküle pro Molekül Monosaccharid, wenn die Saccharose von einem Tier als Nahrung aufgenommen wird, aber zweieinhalb ATP-Moleküle pro Molekül Monosaccharid, wenn die Saccharose von einem Bakterium metabolisiert wird.

A Erklären Sie, warum die im Glykogen enthaltenen Glucoseeinheiten einen höheren ATP-Ertrag liefern als die freien Glucosemoleküle.

B Formulieren Sie einen möglichen Mechanismus für den Saccharoseabbau im Darm eines Tieres, um einen Energieertrag von zwei ATP-Molekülen pro Monosaccharidmolekül zu erklären.

C Formulieren Sie auf der Grundlage Ihres Wissens über den Glykogenabbau einen Mechanismus für den bakteriellen Saccharosemetabolismus, der mit einem Energieertrag von zweieinhalb ATP-Molekülen pro Molekül Monosaccharid übereinstimmt.

D Welchen Energieertrag (in ATP-Molekülen pro Monosaccharidmolekül) würden Sie für den bakteriellen Katabolismus von Raffinose, einem Trisaccharid, vorhersagen?

9-5 Glucosephosphorylierung. Die direkte Phosphorylierung von Glucose durch anorganisches Phosphat ist eine thermodynamisch ungünstige Reaktion:

$$\text{Glucose} + P_i \longrightarrow \text{Glucose-6-Phosphat} + H_2O \quad \Delta G°' = +3{,}3\ \text{kcal/mol} \qquad (9\text{-}21)$$

In der Zelle wird die Glucosephosphorylierung durch Kopplung der Reaktion an die Hydrolyse von ATP bewerkstelligt, eine stark exergonische Reaktion:

$$\text{ATP} + H_2O \longrightarrow \text{ADP} + P_i \quad \Delta G°' = -7{,}3\ \text{kcal/mol} \qquad (9\text{-}22)$$

Dies sind typische Konzentrationen dieser Zwischenprodukte in Hefezellen:

[Glucose-6-Phosphat] = 0,08 mM   [ATP] = 1,8 m*M*
$[P_i]$ = 1,0 m*M*   [ADP] = 0,15 m*M*

Gehen Sie bei Ihren Berechnungen von einer Temperatur von 25 °C aus.

A Welche Mindestkonzentration von Glucose müsste in einer Hefezelle für die direkte Phosphorylierung erhalten bleiben (Reaktion 9-21), damit diese thermodynamisch spontan abläuft? Ist dies in physiologischer Hinsicht sinnvoll? Erklären Sie Ihre Überlegung.

B Wie lautet die Gesamtgleichung für die gekoppelte (ATP-angetriebene) Phosphorylierung von Glucose? Welches ist der Wert von $\Delta G°'$?

C Welche Mindestkonzentration von Glucose müsste in einer Hefezelle erhalten bleiben, damit die gekoppelte Reaktion thermodynamisch spontan ablaufen kann? Ist dies in physiologischer Hinsicht sinnvoll?

D Um wie viele Größenordnungen wird die Mindestmenge Glucose reduziert, wenn die Phosphorylierung von Glucose an die Hydrolyse von ATP gekoppelt ist?

E Angenommen eine Hefezelle hat eine Glucosekonzentration von 5,0 mM, welchen Wert hat $\Delta G°'$ für die gekoppelte Phosphorylierungsreaktion?

9-6 Alkoholvergiftung und Methanoltoxizität. In diesem Kapitel wurde das Enzym Alkoholdehydrogenase wegen seiner Rolle im letzten Schritt der Alkoholfermentation erwähnt. Das Enzym tritt allerdings häufig in aeroben Organismen auf, auch beim Menschen. Die Fähigkeit des menschlichen Körpers, das in alkoholischen Getränken enthaltene Ethanol zu katabolisieren, hängt von der Gegenwart der Alkoholdehydrogenase in der Leber ab. Eine Wirkung der Alkoholvergiftung ist ein dramatischer Anstieg der NAD^+-Konzentration in den Leberzellen, wodurch der aerobe Abbau von Glucose vermindert wird. Methanol andererseits ist nicht nur ein Rauschmittel; es ist auf Grund des Formaldehyds, in das es in der Leber umgewandelt wird, ein tödliches Gift.

A Warum führt der Konsum von Ethanol zu einer Reduktion der NAD^+-Konzentration und zu einer Minderung der aeroben Atmung?

B Ein Großteil der unangenehmen Nebenwirkungen übermäßigen Alkoholkonsums beruht auf der Anhäufung von Acetaldehyd und dessen Metaboliten. Woher stammt das Acetaldehyd?

C Die medizinische Behandlung einer Methanolvergiftung besteht im Allgemeinen in der Verabreichung großer Dosen von Ethanol. Warum ist dies eine effektive Behandlungsmethode?

9-7 Propionatfermentation. Obwohl Lactat und Ethanol die am besten bekannten Produkte der Fermentation sind, sind auch andere Stoffwechselwege bekannt, von denen einige wichtige kommerzielle Anwendungen finden. Die Herstellung von Schweizer Käse hängt zum Beispiel von dem Bakterium *Propionibacterium freudenreichii* ab, das Pyruat zu Propionat (CH_3–CH_2–COO^-) umwandelt. Bei der Fermentation von Glucose zu Propionat wird im Allgemeinen zumindest ein weiteres Produkt gebildet.

A Warum ist es nicht möglich, einen Fermentationsweg von Glucose zu entwickeln, dessen einziges Endprodukt Propionat ist?

B Schlagen Sie ein Gesamtkonzept für die Propionatherstellung vor, bei dem nur ein weiteres Produkt entsteht und geben Sie an, um welches Produkt es sich handeln könnte.

C Wenn Sie wissen, dass man zur Herstellung von Schweizer Käse tatsächlich sowohl Propionat als auch Kohlendioxid benötigt und Ihnen außerdem bekannt ist, dass der Käse durch die Fermentation von *Proprionibacterium* erfolgt, was können Sie noch über den Fermentationsvorgang sagen, den dieses Bakterium ausführt?

9-8 Glykolyse und Gluconeogenese. Wie in der *Abbildung 9.11* dargestellt, erfolgt die Gluconeogenese über einen Weg, der im Grunde die Umkehr der Glykolyse ist, aber an den Stellen der ersten, der dritten und der zehnten Reaktion der Glykolyse mittels Bypass-Reaktionen funktioniert.

A Erklären Sie, warum es nicht möglich ist, die Gluconeogenese durch einfache Umkehr aller Reaktionen der Glykolyse durchzuführen?

B Schreiben Sie eine Gesamtreaktion der Gluconeogenese, die mit der Reaktion 9-16 für die Glykolyse vergleichbar ist.

C Erklären Sie, warum für die Gluconeogenese der Aufwand von sechs Molekülen Nucleosidtriphosphat (vier ATPs und zwei GTPs) pro Molekül synthetisierter Glucose erforderlich ist, während der Ertrag der Glykolyse bei nur zwei Molekülen ATP pro Glucosemolekül liegt.

D Angenommen die Konzentrationen von ATP, ADP und P_i liegen so, dass der Wert von $\Delta G'$ für die Hydrolyse von ATP bei ungefähr −10 kcal/mol liegt, welches ist der ungefähre Wert von $\Delta G'$ für die Gesamtreaktion der Gluconeogenese, die Sie in Teil b formulierten?

E In einer Leberzelle liegen alle Enzyme für die Glykolyse und die Gluconeogenese vor. Wie kann die Zelle „wissen", ob sie zu einem bestimmten Zeitpunkt Glucose synthetisieren oder katabolisieren soll?

• **9-9 Trypanosomen, Glykosomen und die Kompartimentalisierung der Glykolyse.** In den meisten Organismen liegen alle glykolytischen Enzyme im Cytosol. Bei bestimmten parasitären Protozoen, den *Trypanosomen*, sind die Enzyme, die die ersten sieben Schritte der Glykolyse katalysieren, in von Membranen umgebenen Organellen kompartimentalisiert, den *Glykosomen*.

A Welcher experimentell erbrachte Nachweis führte höchstwahrscheinlich zur Erkenntnis, dass sieben der zehn glykolytischen Enzyme in einem Organell und nicht im Cytosol lokalisiert sind?

B Welchen Vorteil ziehen Ihrer Ansicht nach Trypanosomen aus der Kompartimentalisierung der Glykolyse?

C Welche spezifischen Transportproteine sind Ihrer Ansicht nach vermutlich in der glycosomalen Membran enthalten? Erklären Sie Ihre Antwort.

D Im Allgemeinen gelten Glykosomen als eine spezialisierte Art von Peroxisomen. Welche anderen Enzyme würden Sie daher in diesem Organell vermuten. Erklären Sie Ihre Antwort.

9-10 Jetzt müssen Sie einiges erklären. Erklären Sie jede der folgenden Behauptungen:

A In seinen klassischen Untersuchungen zur Glucosefermentation bei Hefezellen beobachtete Louis Pasteur, dass die Geschwindigkeit des Glucoseabbaus durch Hefezellen unter anaeroben Bedingungen wesentlich höher war als unter aeroben Bedingungen.

B 1905 fanden Arthur Harden und William Young heraus, dass man durch Hinzufügen von anorganischem Phosphat zu einem Hefeextrakt die Fermentation von Glucose stimulieren und verlängern konnte.

C Normalerweise ist ein Alligator eher träge, wenn man ihn aber provoziert, kann er seine Beine, Kiefer und seinen Schwanz sehr schnell bewegen. Allerdings folgen auf diese Aktivitätsausbrüche stets lange Erholungsphasen.

D Die Fermentation von Glucose zu Lactat ist ein Vorgang, bei dem Energie freigesetzt wird, obwohl keine Nettooxidation abläuft (das heißt, obwohl die Oxidation von Glycerinaldehyd-3-Phosphat zu Glycerin mit der Reduktion von Pyruvat zu Lactat abläuft und keine Nettoanhäufung von NADH stattfindet).

• **9-11 Die Arsenatvergiftung.** Arsenate (Salze der Arsensäure; $HAsO_4^{2-}$) wirken auf die meisten lebenden Systeme als starkes Gift. Eine der vielen bekannten Wirkungen ist, dass das Phosphorylierungsereignis von der Oxidation von Glycerinaldehyd-3-Phosphat abgekoppelt wird. Diese Abkopplung beruht darauf, dass das mitwirkende Enzym, die Glycerinaldehyd-3-Phosphatdehydrogenase Arsenat an Stelle von anorganischem Phosphat nutzen kann und Glycerin-1-Arseno-3-Phosphat bildet. Bei diesem Produkt handelt es sich um eine höchst instabile Verbindung, die sofort eine nicht enzymatische Hydrolyse zu Glycerin-3-Phosphat und freiem Arsenat durchläuft.

A Inwiefern könnte man Arsenat als *Entkoppler* der Substratkettenphosphorylierung bezeichnen?

B Warum ist Arsenat eine derart toxische Substanz für einen Organismus, der zur Wahrnehmung seiner Energiebedürfnisse in entscheidendem Maße von der Glykolyse abhängt?

C Können Sie sich noch weitere Reaktionen vorstellen, die auf gleiche Weise wie die Reaktion von Glycerinaldehyd-3-Phosphatdehydrogenase durch Arsenat entkoppelt werden können?

9-12 Leben ohne Phosphofructokinase. Viele Bakterien besitzen keine Phosphofructokinase-1 (Gly-3) und können daher Glucose nicht zu Fructose-1,6-Bisphosphat umwandeln. Stattdessen nutzen sie einen als Entner-Doudoroff-Stoffwechselweg bekannten Mechanismus, um Glucose teilweise zu oxidieren und die Glucose zu zwei Molekülen mit jeweils drei Kohlenstoffatomen umzuwandeln. Versuchen Sie ausgehend von der folgenden Beschreibung die Produkte der ersten drei Schritte des Stoffwechselweges zu zeichnen:

A Im ersten Schritt wird die Ringform des Glucose-6-Phosphats am Kohlenstoffatom 1 oxidiert und es entsteht 6-Phosphogluconolacton, wenn das Coenzym von $NADP^+$ zu $NADPH + H^+$ reduziert wird.

B Anschließend wird der Ring durch Hydrolyse gespalten und es entsteht Carboxylsäure-6-Phosphogluconat, das dem Glucose-6-Phosphat zwar ähnelt, aber am Kohlenstoffatom 1 stärker oxidiert ist.

C Nach Entfernen eines Wassermoleküls entsteht ein Molekül 2-Keto-3-Desoxy-6-Phosphogluconat.

D Da eine Aldolase das 6-Kohlenstoff-Molekül in Pyruvat plus Glycerinaldehyd-3-Phosphat spaltet (das dann in ein weiteres Molekül Pyruvat umgewandelt wird), wie wird der endgültige ATP-Ertrag im Vergleich zu dem der typischen Glykolyse ausfallen?

E Angenommen es gäbe eine alternative Quelle für zelluläres ATP, wie würde sich Ihrer Meinung nach die Bildung von Milchsäure durch das Hinzufügen von Arsenat (siehe Aufgabe 9-11) auf diese Bakterien im Vergleich zu den Bakterien, welche die Standard-Glykolyse durchführen, auswirken?

• **9-13 Regulation der Phosphofructokinase-1.** In der ▸*Abbildung 9.14* sind Plots der Geschwindigkeit der Ausgangsreaktion (ausgedrückt als % von V_{max}) gegen die Konzentration von Fructose-6-Phosphat für die Phosphofructokinase (PFK-1) in der Leber in Gegenwart oder ohne Fructose-2,6-Bisphosphat (F2,6BP) (▸*Abbildung 9.14a*) und in Gegenwart einer hohen und einer niedrigen ATP-Konzentration (▸*Abbildung 9.14b*) dargestellt.

A Erklären Sie entsprechend der *Abbildung 9.14a* die Wirkung von F2,6BP auf die Enzymaktivität.

B Erklären Sie die Wirkung der ATP-Konzentration auf die in der *Abbildung 9.14b* gegebenen Daten.

C Welche Vermutungen müssen Sie über die Konzentration von ATP in der *Abbildung 9.14a* und über die Konzentration von F2,6BP in der *Abbildung 9.14b* anstellen? Erklären Sie.

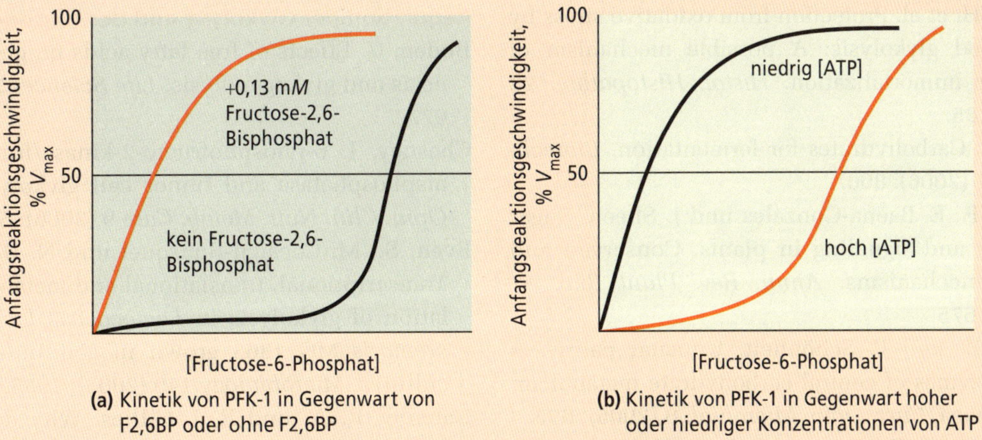

Abbildung 9.14: **Allosterische Regulation der Phosphofructokinase-1**. Hier sind die Michaelis-Plots für die Phosphofructokinase-Aktivität (PFK-1) der Leber dargestellt, unter Veranschaulichung (a) der Abhängigkeit der Geschwindigkeit der Ausgangsreaktion von der Konzentration des Substrats Fructose-6-Phosphat bei Vorliegen von (rote Linie) oder ohne (schwarze Linie) Fructose-2,6-Bisphosphat und (b) der Abhängigkeit der Geschwindigkeit von der Konzentration von Fructose-6-Phosphat bei hohen (rote Linie) und niedrigen (schwarze Linie) ATP-Konzentrationen. In beiden Fällen wird die Geschwindigkeit der Ausgangsreaktion als Prozentsatz von v_{max} ausgedrückt, der Höchstgeschwindigkeit. Siehe Aufgabe 9-13.

WEITERFÜHRENDE LITERATUR

Historisch bedeutsame Literatur ist mit einem • gekennzeichnet.

Allgemeine Literatur

Berg, J. M., J. L. Tymoczko und L. Stryer. *Biochemistry*, 5. Aufl., New York: W. H. Freeman, 2002.

Canback, B., S. G. E. Andersson und C. G. Kurland. The global phylogeny of glykolytic enzymes. *Proc. Natl. Acad. Sci.* USA 99 (2002): 6097.

Horton, H. R. et al. *Biochemie*, 4. Aufl., München: Pearson, 2008.

Nelson, D. L. und M. M. Cox. *Lehninger Principles of Biochemistry*, 5. Aufl. New York: W. H. Freeman, 2008.

Mathews, C. K., K. E. van Holde und K. G. Ahern. *Biochemistry*, 3. Aufl. Menlo Park, Kalifornien: Benjamin Cummings, 2000.

Metzler, D. E. *Biochemistry: The Chemical Reactions of Living Cells*, 2. Aufl. San Diego: Academic Press, 2001.

ATP und ATP-Bildung

• Hinkle, P. C. und R. E. McCarty. How cells make ATP. *Sci. Amer.* 238 (März 1978): 104

Ingwall, J. S. *ATP and the Heart*. New York: Kluwer Academic Publishers, 2002.

• Lipmann, F. *Wanderings of a Biochemist*. New York: Wiley, 1971.

Wang, P., Z. Guan und S. Saraswati. A Drosophila temperature-sensitive seizure mutant in phosphoglycerate kinase disrupts ATP generation and alters synaptic function. *J. Neurosci.* 24 (2004): 4518.

• Westheimer, F. Why nature chose phosphates. *Science* 235 (1987): 1173.

Glykolyse und Fermentation

Boels, I. C., M. Kleerebezem und W. M. de Vos. Engineering of carbon distribution between glykolysis and sugar nucleotide biosynthesis in *Lactococcus lactis*. *Appl. Environ. Microbiol.* 69 (2003): 1129.

Chuang, D.-M., C. Hough und V. V Senatorov. Glyceraldehyde-3-phosphate dehydrogenase, apoptosis, and neurodegenerative diseases. *Annu. Rev. Pharmacol. Toxicol.* 45 (2005): 269.

Downs, D. Understanding microbial metabolism. *Annu. Rev. Microbiol.* 60 (2006): 533.

Giege, P., J. L. Heazlewood und U. Roessner-Tunali. Enzymes of glykolysis are functionally associated with the mitochondrion in *Arabidopsis* cells. *Plant Cell* 15 (2003): 2140.

Jeffries, T. W. und Y. S. Jin. Metabolic engineering for improved fermentation of pentoses by yeast. *Appl. Microbiol. Biotechnol.* 73 (2004): 495.

Kim. J. und C. Dang. Multifaceted roles of glykolytic enzymes. *Trends Biochem. Sci.* 30 (2005): 142.

Kondoh, H. et al. Protection from oxidative stress by enhanced glykolysis: A possible mechanism of cellular immortalization. *Histol. Histopathol.* 22 (2007): 85.

Peters, D. Carbohydrates for fermentation. *Biotechnol. J.* 1 (2006): 806.

Rolland, F., E. Baena-Gonzales und J. Sheen. Sugar sensing and signaling in plants: Conserved and novel mechanisms. *Annu. Rev. Plant Biol.* 57 (2006): 675.

Siebers, B. und P. Schönheit. Unusual pathways and enzymes of central carbohydrate metabolism in Archaea. *Curr. Opin. Microbiol.* 8 (2005): 695.

Teusink, B., J. Passarge und C. A. Reijenga. Can yeast glykolysis be understood in terms of in vitro kinetics of the constituent enzymes? Testing biochemistry. *Eur. J. Biochem.* 267 (2000): 5313.

Gluconeogenese

Battezzati, A., A. Caumo und F. Martino. Nonhepatic glucose production in humans. *Amer. J. Physiol.* 286 (2004): E129.

Boden, G. Gluconeogenesis and glyconeogenesis in health and diabetes. *J. Investig. Med.* 52 (2004): 375.

Dobson, G. P., S. Hitchins und W. E. Teague. Jr. Thermodynamics of the pyruvate kinase reaction and the reversal of glykolysis in heart and skeletal muscle. *J. Biol. Chem.* 277 (2002): 27176.

Kalhan, S. C., P. Parima und R. van Beek. Estimation of gluconeogenesis in newborn infants. *Amer. J. Physiol.* 281 (2001): E991.

Previs, S. F. und H. Brunengraber. Methods for measuring gluconeogenesis in vivo. *Curr. Opin. Clin. Nutr. Metab.* Care 1 (1998): 461.

Previs, S. F., D. Z. Brunengraber und H. Brunengraber. Is there glucose production outside of the liver and kidney? *Annu. Rev. Nutr.* 29 (2009): 43.

Regulation der Glykolyse und der Gluconeogenese

Boden, G. Effects of free fatty acids on gluconeogenesis and glykogenolysis. *Life Sciences* 72 (2003): 977.

Chesney, J. 6-phosphofructo-2-kinase/fructose-2,6-bisphosphatase and tumor cell glykolysis. *Curr. Opin. Clin. Nutr. Metab. Care* 9 (2006): 535.

Even, S., M. Cocaign-Bousquet und N. D. Lindley. Transcriptional, translational and metabolic regulation of glykolysis in *Lactococcus lactis* subsp. *cremoris* MG 1363 grown in continuous acidic cultures. *Microbiology* 149 (2003): 1935.

Gatenby, R. A. und R. J. Gillies. Why do cancers have high aerobic glykolysis? *Nature Rev. Cancer* 4 (2004): 891.

Koebman, B. J., J. L. Snoep und H. Westerhoff. The glykolytic flux in *Escherichia coli* is controlled by the demand for ATP. *J. Bacteriol.* 184 (2002): 3909.

Muoio, D. M. und C. B. Newgard. Obesity-related derangements in metabolic regulation. *Annu. Rev. Biochem.* 75 (2006): 367.

Nordlie, R. C., J. D. Foster und A. J. Lange. Regulation of glucose production by the liver. *Annu. Rev. Nutr.* 19 (1999): 379.

Pelicano, H. et al. Glykolysis inhibition for anticancer treatment. *Oncogene* 25 (2006): 4633.

Plaxton, W. C. The organization and regulation of plant glykolysis. *Annu. Rev. Plant Physiol. Plant Mol. Biol.* 47 (1996): 185.

Ramirez, J.-M., L. P. Folkow und A. S. Blix. Hypoxia tolerance in mammals and birds: From the wilderness to the clinic. *Annu. Rev. Physiol.* 69 (2007): 113.

Shaw, R. J. Glucose metabolism and cancer. *Curr. Opin. Cell. Biol.* 18 (2006). 598.

Webster, K. A. Evolution of the coordinate regulation of glykolytic enzyme genes by hypoxia. *J. Exp. Biol.* 206 (2003): 2911.

Zaman, S., S. I. Lippman, X. Zhao und J. R. Broach. How *Saccharomyces* responds to nutrients. *Annu. Rev. Genet.* 42 (2008): 27.

Chemotropher Energiemetabolismus II: Aerobe Atmung

10

ÜBERBLICK

In den vorangegangenen Kapiteln haben Sie gelernt, dass einige Zellen ihre Energiebedürfnisse durch anaerobe Atmung decken. Dies sind entweder strikt anaerobe Zellen oder es sind fakultativ anaerobe Zellen, die vorübergehend ohne Sauerstoff oder unter Sauerstoffmangel leben können. Wir haben allerdings auch festgestellt, dass durch anaerobe Atmung nur ein geringer Energieertrag erzielt wird, was auf das Fehlen eines externen Elektronenakzeptors zurückgeht. Die Elektronen, die bei der teilweisen Oxidation der Glucose während der Gärung abgegeben werden, werden auf das Pyruvat transferiert und lediglich zwei Moleküle ATP können pro Molekül Glucose gebildet werden.

Kurzum, der Energiebedarf kann durch Gärung gedeckt werden, aber der ATP-Ertrag ist gering, denn die Zelle verfügt nur über eine begrenzte Menge freier Energie, die sie potenziell aus den oxidierbaren Molekülen gewinnen kann, die sie als Substrate nutzt. Außerdem führt Gärung oftmals zur Anhäufung von Abfallprodukten wie Ethanol oder Lactat, die in größeren Mengen toxisch wirken können.

Zellatmung: Maximierung der ATP-Erträge 10.1

In Bezug auf den Energiegewinn sieht es vollkommen anders aus, wenn wir uns die oxidative Phosphorylierung anschauen, auch kurz Zellatmung oder Atmung genannt. Da ein externer Elektronenakzeptor zur Verfügung steht, wird die vollständige Oxidation von Substraten zu CO_2 möglich und die ATP-Erträge sind wesentlich höher. Unter dem Begriff „extern" verstehen wir einen Elektronenakzeptor, der nicht ein Nebenprodukt des Glucosekatabolismus ist. Wenn ein „interner" Elektronenakzeptor wie Pyruvat oder Acetaldehyd verwendet wird (beispielsweise während der Fermentation), um Elektronen von NADH aufzunehmen (siehe *Abbildung 9.8*), dann werden die Nebenprodukte nicht vollständig zu CO_2 oxidiert.

Die formale Definition lautet: *Zellatmung ist der Fluss von Elektronen durch eine Membran hindurch oder innerhalb einer Membran von reduzierten Coenzymen zu einem externen Elektronenakzeptor, was im Allgemeinen mit der Bildung von ATP einhergeht.* Dem NADH sind wir bereits als reduziertem Coenzym begegnet, das durch den glykolytischen Katabolismus von Zuckern oder verwandten Verbindungen gebildet wird. Bald werden wir sehen, dass zwei weitere Coenzyme, FAD (*Flavin**a**denin**d**inucleotid*) und das *Coenzym Q* (oder *Ubichinon*), auch Elektronen aufnehmen, die von oxidierbaren organischen Substraten abgegeben werden und dann über eine Reihe von Elektronenüberträgern zum terminalen Elektronenakzeptor wandern. Bei diesem Vorgang wird ATP gebildet.

Bei vielen Organismen, auch bei uns, ist *Sauerstoff* der terminale Elektronenakzeptor, die reduzierte Form dieses terminalen Elektronenakzeptors ist *Wasser* und den gesamten Vorgang bezeichnet man als **aerobe Atmung**. Beachten Sie, dass man in der medizinischen Terminologie auf dem Niveau der Organismen unter Atmung das Einatmen von Atemluft versteht, die Aufnahme von Sauerstoff. Die Atmung, die wir hier betrachten, bedeutet jedoch die oxidative Phosphorylierung in einzelnen Zellen – trotzdem salopp als Atmung oder Zellatmung bezeichnet. Während viele Chemotrophe auf der Erde aerobe Atmung ausführen, gibt es eine Reihe terminaler Elektronenakzeptoren außer molekularem Sauerstoff, die von anderen Organismen genutzt werden können, vor allem von Bakterien und Archaea. Beispiele für alternative Elektronenakzeptoren und ihre reduzierten Formen sind unter anderem elementarer Schwefel (S/H_2S), Protonen (H^+/H_2) und Eisenionen (Fe^{3+}/Fe^{2+}). Für Atmungsvorgänge, an denen zum Beispiel diese Elektronenakzeptoren mitwirken, wird kein molekularer Sauerstoff benötigt und daher handelt es sich um Beispiele für **anaerobe Atmung**. Anaerobe Atmungsvorgänge spielen wichtige Rollen im Nährstoffkreislauf und der gesamten Energieökonomie der Biosphäre. Hier werden wir uns auf die aerobe Atmung konzentrieren, denn sie bildet die Grundlage des Energiemetabolismus der aeroben Welt, in der wir und die meisten uns vertrauten Organismen leben.

Wir werden dem **Mitochondrium** (▶*Abbildung 10.1*) einen Großteil unserer Aufmerksamkeit widmen, denn der größte Teil der ATP-Bildung in eukaryotischen Zellen findet in diesem Organell statt. Bei bakteriellen Zellen sind die Rollen der Plasmamembran und des Cytoplasmas bei der Energiebildung analog zu den Rollen der inneren Membran bzw. der Matrix in Mitochondrien.

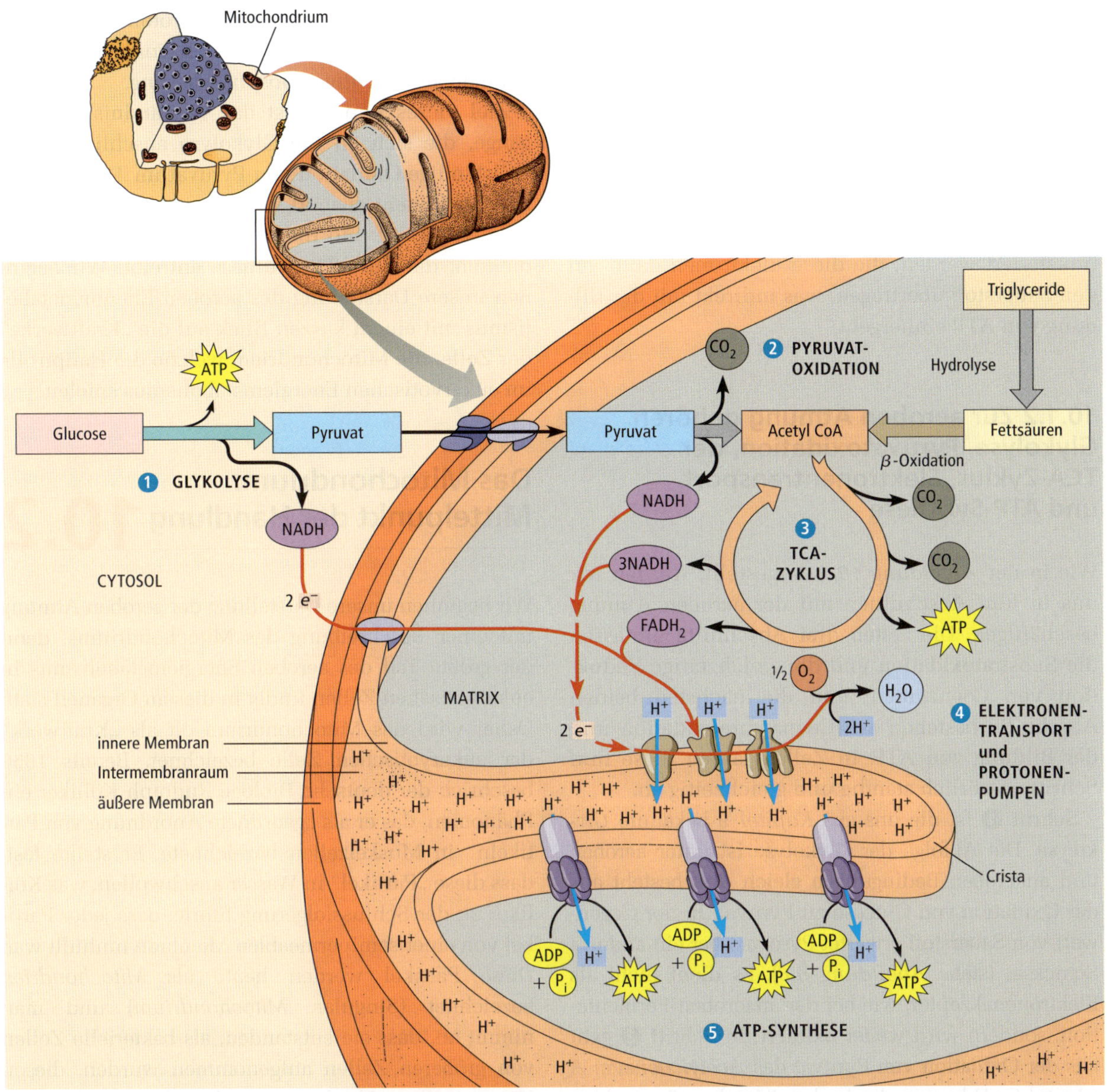

Abbildung 10.1: Die Rolle des Mitochondriums in der aeroben Atmung. Das Mitochondrium spielt eine zentrale Rolle in der aeroben Atmung. Der größte Teil der ATP-Bildung findet bei eukaryotischen Zellen in diesem Organell statt. Die Oxidation von Glucose und anderen Zuckern beginnt im Cytosol mit der Glykolyse (Schritt 1), wodurch Pyruvat gebildet wird. Das Pyruvat wird durch die mitochondrialen Membranen transportiert und in der Matrix zu Acetyl-CoA oxidiert (Schritt 2), dem primären Substrat des Tricarbonsäurezyklus (TCA-Zyklus) (Schritt 3). Acetyl-CoA kann auch durch β-Oxidation aus Fettsäuren gebildet werden. Der Elektronentransport ist an das aktive Pumpen von Protonen gekoppelt (Schritt 4), wobei die Energie des Elektronentransports als elektrochemischer Protonengradient über der Innenmembran des Mitochondriums (oder über der Plasmamembran bei Prokaryoten) gespeichert wird. Die Energie des Protonengradienten wird teilweise zum Antrieb der Synthese von ATP aus ADP und anorganischem Phosphat genutzt (Schritt 5).

10.1.1 Aerobe Atmung erzeugt mehr Energie als Gärung

Wenn Sauerstoff als terminaler Elektronenakzeptor zur Verfügung steht, kann Pyruvat vollständig zu CO_2 oxidiert werden und muss keine Elektronen von NADH aufnehmen. Daher besitzt die aerobe Atmung das Potenzial zur Bildung von bis zu 38 ATP-Molekülen pro Molekül Glucose.

Dies alles wird durch Sauerstoff ermöglicht, der als terminaler Elektronenakzeptor dient, wodurch ein Mittel zur ständigen Reoxidation von NADH und anderen reduzierten Coenzymen bereitgestellt wird. Nachdem diese Coenzymmoleküle Elektronen von Pyruvat und anderen oxidierbaren Substraten aufgenommen haben, können sie diese Elektronen auf den Sauerstoff übertragen. Daher sind an der aeroben Atmung oxidative Stoffwechselwege beteiligt, innerhalb derer Elektronen von organischen Substraten abgegeben und auf Coenzym-Überträger transferiert werden, die diese Elektronen dann auf den Sauerstoff übertragen, was indirekt mit der Bildung von ATP einhergeht.

10.1.2 Zur aeroben Atmung gehören Glykolyse, Pyruvatoxidation, der TCA-Zyklus, Elektronentransport und ATP-Synthese

Wie in der *Abbildung 10.1* dargestellt, werden wir uns in fünf Abschnitten mit der aeroben Atmung beschäftigen. Die ersten drei Abschnitte umfassen die Substratoxidation und die gleichzeitige Reduktion von Coenzymen, und die nächsten beiden Abschnitte bestehen aus Coenzymreoxidation und der Bildung von ATP. In Zellen laufen diese fünf Schritte natürlich ständig und gleichzeitig ab.

Schritt ❶ ist die uns aus *Kapitel 9* bekannte *Glykolyse*. Die Abfolge der Glykolyse ist unter aeroben und anaeroben Bedingungen gleich und besteht aus der Oxidation von Glucose zu Pyruvat. In der Gegenwart von Sauerstoff erwartet Pyruvat aber ein anderes Schicksal (siehe *Abbildung 9.8*). Es dient nicht als Elektronenakzeptor, wie bei der anaeroben Fermentation, sondern wird weiter oxidiert. In Schritt ❷ geht aus der Oxidation von Pyruvat das *Acetylcoenzym A* (*Acetyl-CoA*) hervor, das in den Tricarbonsäurezyklus (TCA-Zyklus) eingeschleust wird (Schritt ❸). Im TCA-Zyklus wird Acetyl-CoA vollständig zu CO_2 oxidiert. Der größte Teil der Energie wird in Form hochenergetischer reduzierter Coenzymmoleküle gespeichert.

In Schritt ❹ erfolgt der *Elektronentransport* oder der Transfer von Elektronen von reduzierten Coenzymen zum Sauerstoff, der an den *aktiven Transport* (*Pumpen*) von Protonen durch eine Membran gekoppelt ist. Dieser Elektronentransfer von Coenzymen zum Sauerstoff ist exergonisch und liefert die für das Pumpen der Protonen durch die Membran, in der spezielle Transportproteine enthalten sind, erforderliche Energie. Dadurch wird ein *elektrochemischer Protonengradient* über der Membran aufgebaut. In Schritt ❺ wird die Energie dieses Protonengradienten zur ATP-Synthese genutzt, diesen Vorgang bezeichnet man als *oxidative Phosphorylierung*.

Ziel dieses Kapitels ist das Verständnis der Vorgänge, die sich an die Glykolyse anschließen: die vollständige Oxidation von Pyruvat im TCA-Zyklus, der Elektronentransport von Pyruvat über Coenzyme zum Sauerstoff und die Bildung eines Protonengradienten, der die ATP-Synthese antreibt. Wir beginnen unsere Darstellung des aeroben Energiemetabolismus mit einem kurzen Blick auf die „Kraftwerke" der Zelle, die Mitochondrien, welche die Hauptrolle im eukaryotischen Energiemetabolismus spielen.

Das Mitochondrium: Mittelpunkt der Handlung 10.2

Wir beginnen unsere Darstellung der aeroben Atmung mit einer Beschreibung des Mitochondriums, denn der größte Teil des aeroben Energiemetabolismus in eukaryotischen Zellen findet in diesem Organell statt. Daher wird das Mitochondrium oft als „Kraftwerk" der eukaryotischen Zelle bezeichnet. Bereits 1850 beschrieb der deutsche Biologe Rudolph Kölliker ein Phänomen, das er als „geordnete Anordnung von Partikeln" in Muskelzellen bezeichnete. Er stellte fest, dass diese „Partikel" in Wasser anschwollen, was Kölliker zu der Schlussfolgerung führte, dass jeder Partikel von einer semipermeablen Membran umhüllt war. Diese Partikel werden heute als *Mitochondrien* bezeichnet (Singular: *Mitochondrium*) und man nimmt an, dass sie entstanden, als bakterielle Zellen von größeren Zellen aufgenommen wurden, diesen Vorgang aber überlebten und sich dauerhaft im Zellcytoplasma des Wirts einrichteten (siehe die Endosymbiontentheorie, *Exkurs 11A*).

Vor fast einem Jahrhundert häuften sich die Beweise dafür, dass diese Organellen bei oxidativen Ereignissen eine wichtige Funktion haben. So wies Otto Warburg im Jahr 1913 nach, dass diese Partikel Sauerstoff verwerten können. Allerdings stammt der größte Teil unseres Wissens über die Rolle der Mitochondrien im Energiemetabolismus aus der Entwicklung, die mit dem Einsatz der differenziellen Zentrifugation einsetzte, deren Pionier Albert Claude war (siehe *Abbildung 12A-1*). Intakte, funktional aktive Mitochondrien wurden mit dieser Technik erstmals 1948 isoliert, und in der Folge wiesen

Eugene Kennedy, Albert Lehninger und andere Wissenschaftler nach, dass in Mitochondrien alle Reaktionen des TCA-Zyklus, des Elektronentransports und der oxidativen Phosphorylierung ablaufen.

10.2.1 Mitochondrien kommen dort vor, wo viel ATP gebraucht wird

Mitochondrien kommen in praktisch allen aeroben eukaryotischen Zellen vor und sind herausragende Merkmale vieler Zelltypen, die unter dem Elektronenmikroskop sichtbar gemacht werden können (▶*Abbildung 10.2*). Mitochondrien findet man sowohl in chemotrophen als auch in phototrophen Zellen und sie sind nicht nur Teil tierischer sondern auch pflanzlicher Zellen. Die Tatsache, dass sie in phototrophen Zellen vorhanden sind, erinnert uns daran, dass sogar photosynthetische Organismen zur Deckung ihres Energie- und Kohlenstoffbedarfs während der Dunkelheit von der Atmung abhängig sind. In photosynthetisch nicht aktiven Geweben der Pflanzen, wie in den Wurzeln, werden Mitochondrien jederzeit gebraucht.

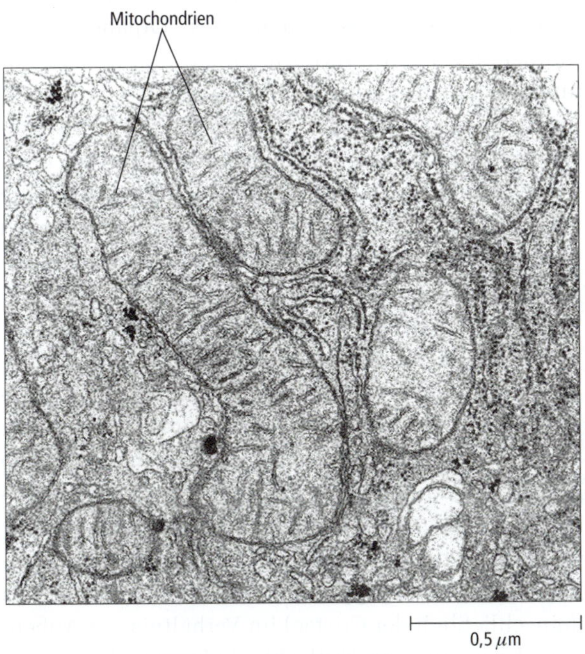

Abbildung 10.2: Mitochondrien – eins oder viele? Mitochondrien sind hervorstechende Merkmale dieses Querschnitts durch eine Zelle aus der Rattenleber. Anfänglich hielt man sie für deutlich abgegrenzte ovale Strukturen. Heute sind die Wissenschaftler der Auffassung, dass es sich um getrennte Schnitte durch ein einziges großes viellappiges Mitochondrium handelt (TEM).

Die entscheidende Rolle des Mitochondriums bei der Deckung des zellulären ATP-Bedarfs spiegelt sich häufig in der Lokalisierung der Mitochondrien innerhalb der Zellverbände wider. Oftmals sind die Mitochondrien in den Zellregionen mit höchster metabolischer Aktivität und dem größten ATP-Bedarf konzentriert. Ein besonders gutes Beispiel bieten die Muskelzellen (siehe *Abbildung 4.13*). Die Mitochondrien in diesen Muskelzellen sind in Reihen entlang der für die Kontraktion zuständigen Fibrillen angeordnet. Eine ähnliche strategische Lokalisierung der Mitochondrien findet man in Geißeln und Cilien sowie in den Schwänzen der Spermien (siehe *Abbildung 4.12*).

10.2.2 Sind Mitochondrien untereinander verbundene Netzwerke oder einzelne Organellen?

Betrachtet man Mitochondrien unter dem Elektronenmikroskop wie in der Aufnahme aus *Abbildung 1.2*, so sind sie typischerweise als ovale Strukturen erkennbar, mit einer Länge von einem oder mehreren μm und einem Durchmesser von 0,5 – 1,0 μm. Es gibt allerdings je nach Zelltyp verschiedene Formen und Größen. Dieses Aussehen führte zu der allgemein akzeptierten Auffassung, dass Mitochondrien abgetrennte Einheiten sind und als solche große und oftmals zahlreiche Organellen bilden. Tatsächlich hat ein Mitochondrium dieser Dimensionen die Größe einer ganzen Bakterienzelle und ist in den meisten tierischen Zellen abgesehen vom Zellkern das größte Organell (siehe *Abbildung 1A-1*). (In Pflanzenzellen sind die Chloroplasten und einige Vakuolen typischerweise größer als die Mitochondrien.)

Berechnungen auf der Grundlage von elektronenmikroskopischen Querschnittansichten von Mitochondrien weisen darauf hin, dass die Anzahl der Mitochondrien pro Zelle höchst variabel ist und sich im Bereich von einem oder einigen wenigen pro Zelle bei vielen Protisten, Pilzen und Algen (sowie einigen Säugetierzellen) bis zu ein paar Tausend pro Zelle in einigen Geweben höherer Pflanzen und Tiere bewegen kann. Man geht beispielsweise davon aus, dass jede Säugetierleberzelle ungefähr 500 – 1.000 Mitochondrien besitzt, obwohl nur ein kleiner Teil von diesen in einem typischen Querschnitt zu sehen ist, der für die Betrachtung unter dem Elektronenmikroskop präpariert wurde, wie in der *Abbildung 10.2* dargestellt.

Die Auffassung, dass die unter dem Elektronenmikroskop sichtbar gemachten mitochondrialen Profile einzelne, getrennte Organellen bekannter Größe und Häufigkeit darstellen, wurde durch die Arbeit von Hans-Peter Hoffman und Charlotte Avers in Frage gestellt. Nachdem Sie eine Reihe von Dünnschnitten durch ganze Hefezellen untersucht hatten, folgerten die Wissenschaftler, dass die in den einzelnen mikroskopischen Aufnahmen beobachteten ovalen Profile einzelne Schnitte repräsentieren, die sich in einem einzigen, großen, weitverzweigten Mitochondrium befanden. Ergebnisse dieser Art legen die Schlussfolgerung nahe, dass die Anzahl der Mitochondrien in einer Zelle wesentlich geringer ausfallen könnte als bisher angenommen – und dass ein Mitochondrium weitaus größer sein könnte als aus den Berechnungen einzelner Querschnittprofile, die man als Dünnschnitte unter dem Elektronenmikroskop betrachtet hat, hervorgegangen war.

Weitere Unterstützung für das Konzept der Mitochondrien als untereinander verbundene Netzwerke (statt vieler getrennter Organellen) stammt von Untersuchungen mit intakten lebenden Zellen, die man mit dem Phasenkontrastmikroskop und mit dem Fluoreszenzmikroskop mit für Mitochondrien spezifischen Fluoreszenzfarbstoffen sichtbar gemacht hat. Diese Forschungsarbeiten deckten auf, dass lebende Zellen große verzweigte Mitochondrien enthalten, die sich in einem dynamischen Fluss befinden, wobei ein Segment eines Mitochondriums sich häufig abschnürt und mit einem anderen Mitochondrium verschmilzt.

Ein Großteil unserer Darstellungen und der Abbildungen dieses Kapitels beruht auf der konventionellen Sichtweise von Mitochondrien als deutlich abgegrenzten Einheiten. Bedenken Sie aber folgendes: Das, was wir als einzelne Mitochondrien betrachten, kann sehr wohl Teil eines großen dynamischen Netzwerks sein, zumindest bei einigen Zelltypen.

10.2.3 Die äußere und die innere Membran eines Mitochondriums definieren zwei getrennte Kompartimente und drei Regionen

▸*Abbildung 10.3* zeigt sowohl eine elektronenmikroskopische Aufnahme als auch eine schematische Darstellung eines typischen Mitochondriums – oder vielleicht eines kleinen Segments eines viel größeren Netzwerks. Auf jeden Fall sind die beiden Membranen ein Charakteristikum, die sogenannte Innenmembran und die Außenmembran. Die **Außenmembran** ist keine ernsthafte Permeabilitätsbarriere für Ionen und kleine Moleküle, denn sie enthält Kanalproteine, die **Porine**, welche Moleküle mit einem Molekulargewicht von bis zu 5.000 durchlassen. Ähnliche Proteine kommen in der Außenmembran gramnegativer Bakterien vor. Da Porine die freie Bewegung kleiner Moleküle und Ionen durch die Außenmembran erlauben, steht der Intermembranraum zwischen der Innen- und der Außenmembran des Mitochondriums im Hinblick auf kleinere gelöste Substanzen mit dem Cytosol in Verbindung. Allerdings werden Enzyme, die für den Intermembranraum bestimmt sind, dort auch effektiv festgehalten, denn Enzyme und andere gelöste Proteine sind zu groß, um durch die Porinkanäle transportiert zu werden.

Im Gegensatz zur Außenmembran stellt die **Innenmembran** des Mitochondriums für die meisten gelösten Substanzen eine Permeabilitätsbarriere dar, wodurch das Mitochondrium in zwei einzelne Kompartimente aufgeteilt wird – den *Intermembranraum* und das Innere des Organells (die mitochondriale *Matrix*). Die Innen- und die Außenmembranen, die in der ▸*Abbildung 10.4* dargestellt werden, sind ungefähr 7 nm dick und typischerweise durch einen Intermembranraum von circa 7 nm getrennt. An bestimmten Stellen stehen die Membranen miteinander in Kontakt und in eben diesen Regionen passieren die für die mitochondriale Matrix bestimmten Proteine die beiden Membranen (siehe *Abbildung 22.19*).

Der Anteil der inneren Membran, der an den Intermembranraum grenzt, wird als *innere Begrenzungsmembran* bezeichnet. Des Weiteren besitzt die Innenmembran der meisten Mitochondrien viele deutlich erkennbare Einstülpungen, die **Cristae** (Singular **Crista**), die erheblich zur Vergrößerung der Oberfläche beitragen. So wird die Fläche der Innenmembran eines typischen Lebermitochondriums (einschließlich der Cristae) im Verhältnis zur Außenmembran etwa verfünffacht. Aufgrund der großen Oberfläche kann die Innenmembran große Mengen von Proteinkomplexen aufnehmen, die für den Elektronentransport und die ATP-Synthese benötigt werden, wodurch die mitochondriale Kapazität zur ATP-Bildung verbessert wird. Die Innenmembran besteht zu etwa 75 % aus Protein, womit der Proteinanteil über dem vieler anderer zellulärer Membranen liegt. Zu diesen Innenmembranproteinen gehören die Transmembrananteile von Proteinen, die am Transport gelöster Substanzen, dem Elektronentransport und der ATP-Synthese mitwirken. Die Cristae bilden zudem zahlreiche spezielle Regionen, die intracristalen Räume, in denen sich während des Elektronentransportvorgangs Protonen zwischen den gefalteten Innenmembranen ansammeln können, worauf wir später in diesem Kapitel eingehen werden.

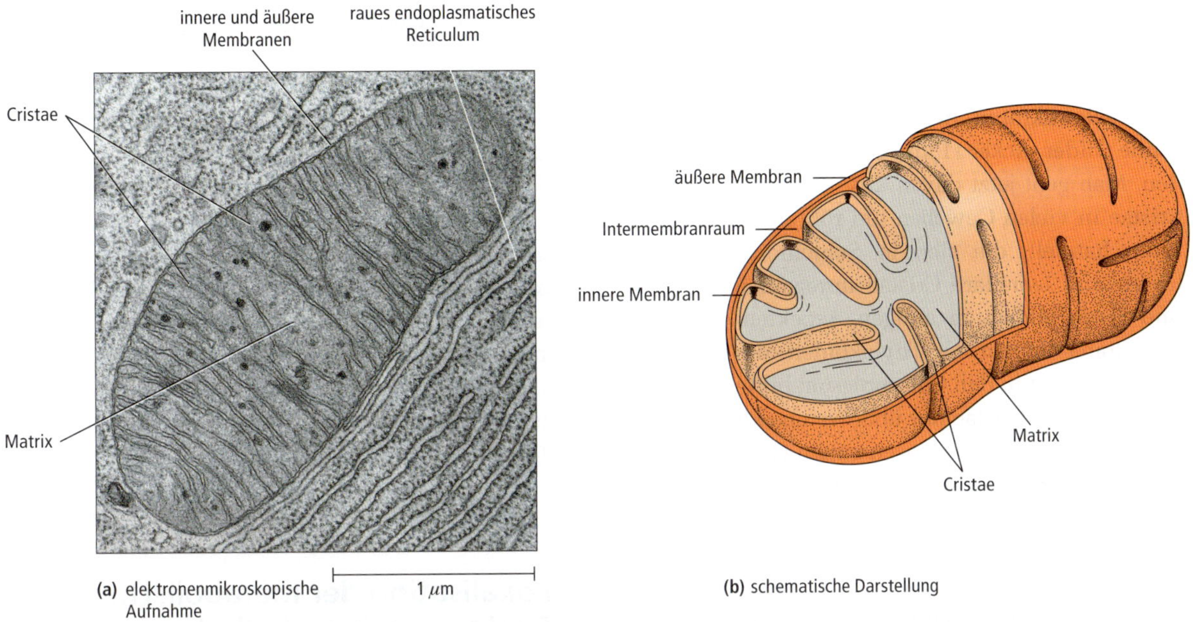

Abbildung 10.3: Die mitochondriale Struktur. (a) Elektronenmikroskopische Aufnahmen (TEM) des Mitochondriums einer Bauchspeicheldrüsenzelle einer Fledermaus. Die Cristae werden durch Einstülpungen der Innenmembran gebildet. (b) Schematische Ansicht eines teilweise aufgeschnittenen Mitochondriums, wobei die Cristae-Struktur mit Hilfe des traditionellen Modells veranschaulicht wird. Wie im Text angemerkt, wird dieses Modell zurzeit überarbeitet. Neue Analysen mit Hilfe der EM-Tomographie legen nahe, dass die Verbindungen zwischen den Räumen innerhalb der Christae und dem Intermembranraum mehrere kleine röhrenförmige Öffnungen bilden, die sogenannten Crista Junctions.

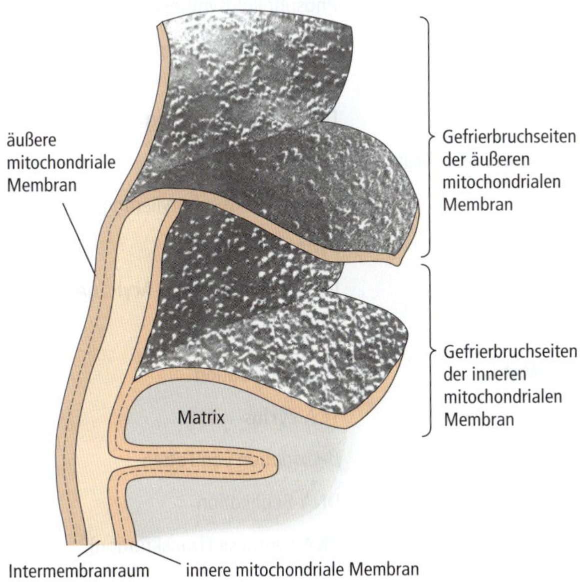

Abbildung 10.4: Struktur der Innen- und der Außenmembran des Mitochondriums. Wenn man die inneren und äußeren mitochondrialen Membranen einer Gefrierätzung unterzieht, spaltet sich jede Membran entlang ihres hydrophoben Inneren auf, wodurch die Membran in zwei Bruchseiten aufgeteilt wird. Hier wurden Segmente gefriergeätzter elektronenmikroskopischer Aufnahmen der beiden Bruchseiten der inneren und der äußeren Membran über eine schematische Darstellung der Membranen gelegt, um die Dichte der Proteinpartikel in den beiden Membranen zu veranschaulichen.

Lange ging man davon aus, dass es sich bei den Cristae um breite flache Strukturen mit breiten Verbindungen zur inneren Begrenzungsmembran handelt. Auf dieser Grundlage beruht das in ▶ *Abbildung 10.3b* dargestellte Modell der Cristae-Struktur. Diese Ansicht wurde durch die elektronenmikroskopische Tomographie in Frage gestellt, eine mikroskopische Technik, die – ebenso wie eine CT (Computerunterstützte Tomographie; engl.: CAT, *computer-aided tomography*) – genaue dreidimensionale Abbilder von Zellstrukturen liefert, indem aufeinander folgende Bilder dicker (1 μm) Schnitte kombiniert werden. Man geht jetzt davon aus, dass es sich bei den Cristae in vielen Geweben um röhrenförmige Strukturen handelt, die sich in Schichten zusammenlagern und lamellare Cristae unregelmäßiger Größe und Form bilden. In einigen Aspekten ähneln sie den Grana-Stapeln der Thylakoiden, die ein drittes Kompartiment in den Chloroplasten bilden. Anscheinend habe die Cristae nur über wenige kleine röhrenförmige Öffnungen, die sogenannten Crista Junctions, Verbindung mit der inneren Begrenzungsmembran. Man nimmt an, dass die Öffnungen so winzig klein sind, um die Diffusion von Substanzen zwischen dem intracristalen Raum und dem Intermembranraum streng zu regulieren, sodass eine dritte, fast abgeschlossene Region innerhalb des Mitochondriums entsteht.

Die relative Häufigkeit der Cristae innerhalb des Mitochondriums spiegelt die metabolische Aktivität der Zelle oder des Gewebes wider, in dem das Organell lokalisiert ist. Herz-, Nieren- und Muskelzellen besitzen große Zellatmungsaktivität und daher haben ihre Mitochondrien entsprechend viele Cristae. Die Flugmuskeln der Vögel verfügen über eine besonders hohe Zellatmungsaktivität und ihre Mitochondrien sind außerordentlich reich mit Cristae ausgestattet. Pflanzenzellen üben im Gegensatz zu den meisten tierischen Zellen eine geringere Atmungsaktivität aus und besitzen dementsprechend weniger Cristae in ihren Mitochondrien.

Der Innenraum des Mitochondriums wird von einer halbflüssigen Matrix ausgefüllt. Innerhalb dieser Matrix finden sich viele Enzyme, die an der mitochondrialen Funktion beteiligt sind, als auch DNA-Moleküle und Ribosomen. Bei den meisten Säugetieren befindet sich das mitochondriale Genom auf einem ringförmigen DNA-Molekül mit ungefähr 15.000 bis 20.000 Basenpaaren, die ribosomale RNAs, t-RNAs und circa ein Dutzend Polypeptiduntereinheiten der Proteine der Innenmembran kodieren. Außer den Proteinen, die von dem mitochondrialen Genom kodiert werden, enthalten Mitochondrien zahlreiche im Zellkern kodierte Proteine, die an cytoplasmatischen Ribosomen synthetisiert und anschließend in das Mitochondrium transportiert werden (siehe *Kapitel 22*).

10.2.4 Das Mitochondrium führt seine Aufgaben an spezifischen Membranen oder in spezifischen Kompartimenten durch

Durch Aufschluss von Mitochondrien und Fraktionierung der verschiedenen Kompartimente hat man innerhalb des Mitochondriums spezifische Funktionen und Stoffwechselwege lokalisiert. In der ▶ *Tabelle 10.1* sind einige der wichtigsten Funktionen mit dem entsprechenden Kompartiment im Mitochondrium aufgeführt.

Tabelle 10.1

Lokalisation der metabolischen Funktionen innerhalb des Mitochondriums

Membran oder Kompartiment	Metabolische Funktion
Äußere Membran	Phospholipidsynthese
	Einführung von Doppelbindungen in Fettsäuren
	Fettsäureverlängerung
Innere Membran	Elektronentransport
	Oxidative Phosphorylierung
	Pyruvatimport
	Import von Fettsäure-Acyl-CoA
	Metabolittransport
Matrix	Pyruvatoxidation
	TCA-Zyklus
	β-Oxidation von Fetten
	DNA-Replikation
	RNA-Synthese (Transkription)
	Proteinsynthese (Translation)

Die meisten mitochondrialen Enzyme, die an der Pyruvatoxidation, dem TCA-Zyklus und dem Katabolismus von Fettsäuren mitwirken, sind Matrixenzyme. Wenn man Mitochondrien vorsichtig aufschließt, werden sechs der insgesamt acht Enzyme des TCA-Zyklus als einzelner großer Multiproteinkomplex freigesetzt, woraus man schließen kann, dass das Produkt eines Enzyms direkt zum nächsten Enzym gelangt, ohne durch die Matrix diffundieren zu müssen.

Andererseits handelt es sich bei den meisten Zwischenprodukten des Elektronentransportsystems um integrale Komponenten der inneren Membran, wo sie in großen Komplexen angeordnet sind. Die sogenannten **F_1-Komplexe** ragen wie runde Türgriffe von der inneren Membran in die Matrix hinein und wirken an der ATP-Synthese mit (▶*Abbildung 10.5*). Jeder Komplex stellt eine Anhäufung mehrerer verschiedener Polypeptide dar. In der ▶*Abbildung 10.5a* sind einzelne F_1-Komplexe dargestellt. Bei dieser Abbildung handelt es sich um eine elektronenmikroskopische Aufnahme mit hoher Vergrößerung, die mit einer speziellen Technik, der sogenannten Negativfärbung, angefertigt wurde, bei der ein helles Bild vor einem dunklen Hintergrund erzeugt wird. Die F_1-Komplexe haben einen Durchmesser von ungefähr 9 nm und kommen besonders häufig entlang der Cristae vor (▶*Abbildung 10.5b*).

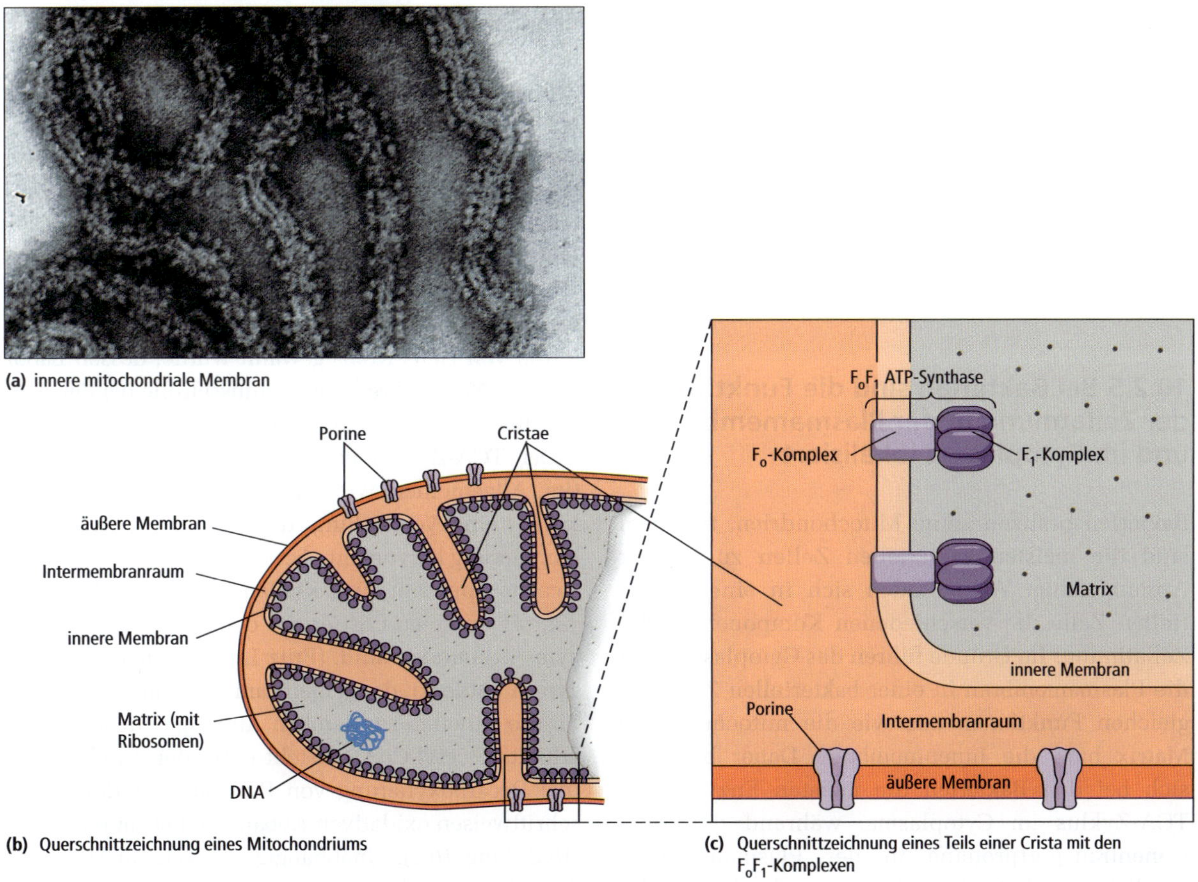

Abbildung 10.5: Die F_1- und F_o-Komplexe der inneren mitochondrialen Membran. (a) Diese elektronenmikroskopische Aufnahme wurde durch Negativfärbung angefertigt, um die runden F_1-Komplexe hervorzuheben, welche die Matrixseite der inneren Membran des Mitochondriums eines Rinderherzens auskleiden (TEM). (b) Querschnitt eines Mitochondriums und Darstellung der wichtigsten Strukturmerkmale. (c) Vergrößerung eines kleinen Teils einer Crista, wobei die F_1-Komplexe zu erkennen sind, die aus der Innenmembran auf der Matrixseite herausragen und die in die innere Membran eingebetteten F_o-Komplexe. Jeder F_1-Komplex ist über einen kurzen Proteinstiel mit einem F_o-Komplex verbunden. Gemeinsam bildet ein F_oF_1-Paar eine funktionale ATP-Synthase.

Jeder F_1-Komplex ist über einen kurzen Proteinstiel mit einem **F_o-Komplex** verbunden. Der F_o-Komplex ist eine Anhäufung hydrophober Polypeptide, die in die mitochondriale Innenmembran (▶*Abbildung 10.5c*) oder in die Plasmamembran der Bakterien eingebettet sind. (Beachten Sie, dass es sich bei dem Index um den tiefgestellten Buchstaben „o" handelt und nicht um eine null. Dies hat historische Gründe, denn der F_o-Komplex war der Angriffsort des Antibiotikums Oligomycin.) Die Kombination, die durch Verknüpfung eines F_1-Komplexes mit dem F_o-Komplex entsteht, wird als **F_oF_1-Komplex** bezeichnet und gilt als ATP-Synthase, denn hier läuft die ATP-Synthese ab. Tatsächlich ist der F_oF_1-Komplex für den größten Teil der ATP-Produktion verantwortlich, die im Mitochondrium oder den bakteriellen Zellen stattfindet – und, wie wir in *Kapitel 11* noch sehen werden, auch in den Chloroplasten. Die ATP-Bildung wird immer über einen elektrochemischen Protonengradienten über der Membran von F_oF_1-Komplexen angetrieben, die in dieser Membran verankert sind. Mit diesem Thema werden wir uns später im Kapitel eingehender beschäftigen.

10.2.5 Bei Bakterien sind die Funktionen der Zellatmung in der Plasmamembran und im Cytoplasma lokalisiert

Bakterien besitzen keine Mitochondrien, trotzdem sind die meisten bakteriellen Zellen zu aerober Atmung fähig. Wo befinden sich in einer bakteriellen Zelle die verschiedenen Komponenten der Zellatmung? Im Grunde führen das Cytoplasma und die Plasmamembran in einer bakteriellen Zelle die gleichen Funktionen aus wie die mitochondriale Matrix bzw. die Innenmembran. Daher befinden sich bei den Bakterien die meisten Enzyme des TCA-Zyklus im Cytoplasma, während die Elektronentransportproteine in der Plasmamembran lokalisiert sind. Auch der F_oF_1-Komplex liegt in der Plasmamembran der Bakterien, wobei die F_o-Komponente in die Membran eingebettet ist und die F_1-Komponente aus der Membran heraus in das Cytoplasma ragt.

10.3 Der Tricarbonsäurezyklus: Die zyklische Oxidation

Nachdem wir die Lokalisierung der Atmungsfunktionen in Mitochondrien und Bakterienzellen betrachtet haben, kehren wir jetzt zu den Eukaryoten zurück und folgen einem Molekül Pyruvat auf seiner Reise durch die innere Membran des Mitochondriums, um zu sehen, was mit diesem Molekül passiert.

In der Gegenwart von Sauerstoff wird Pyruvat vollständig zu Kohlendioxid oxidiert und die bei diesem Vorgang freigesetzte Energie treibt die ATP-Synthese an. Die Pyruvatoxidation wirkt an einem zyklischen Stoffwechselweg mit, der in fast allen aeroben Chemotrophen ein zentrales Merkmal des Energiemetabolismus ist. Ein wichtiges Zwischenprodukt dieser zyklischen Reaktionsfolge ist Citrat, das drei Carboxylsäuregruppen besitzt und daher eine Tricarbonsäure (auch Tricarboxylsäure) ist. Aus diesem Grund wird der Stoffwechselweg im Allgemeinen als **Tricarbonsäurezyklus** (**TCA-Zyklus**, engl. *tricarboxylic acid cycle*) bezeichnet. Sehr häufig findet man auch die Bezeichnungen Citratzyklus, Zitronensäurezyklus oder Krebs-Zyklus, wobei letztere Bezeichnung zu Ehren von Hans Krebs gewählt wurde, dessen Labor in den 1930er Jahren eine Schlüsselrolle bei der Aufklärung dieser metabolischen Reaktionsfolge spielte.

Der TCA-Zyklus metabolisiert Acetylcoenzym A (im Allgemeinen wird dies mit Acetyl-CoA abgekürzt), eine Verbindung, die aus der Pyruvatdecarboxylierung hervorgeht. Acetyl-CoA besteht aus einer Acetatgruppe mit zwei Kohlenstoffatomen des Pyruvat, die an einen Carrier mit der Bezeichnung *Coenzym A* gebunden sind. (Fritz Lipmann hat das Coenzym A entdeckt, der gemeinsam mit Hans Krebs 1953 für die Arbeiten zur aeroben Atmung den Nobelpreis erhielt.) Acetyl-CoA entsteht entweder durch oxidative Decarboxylierung von Pyruvat oder durch den schrittweisen oxidativen Abbau von Fettsäuren (siehe *Abbildung 10.1*). Unabhängig von seinem Ursprung überträgt Acetyl-CoA seine Acetatgruppe an einen Akzeptor mit vier Kohlenstoffatomen, das Oxalacetat, wodurch Citrat entsteht. Das Citrat durchläuft sodann zwei aufeinander folgende Decarboxylierungen und mehrere Oxidationen, was zur Regeneration von Oxalacetat führt, das beim nächsten Durchlauf des Zyklus zwei weitere Kohlenstoffatome von einem weiteren Molekül Acetyl-CoA aufnimmt.

In der ▶*Abbildung 10.6* erhalten Sie einen Überblick über den TCA-Zyklus. Bei jedem Durchlauf des TCA-Zyklus treten zwei Kohlenstoffatome in den Kreislauf ein, zwei Kohlenstoffatome werden als Kohlendioxid freigesetzt und es findet die Regeneration von Oxalacetat statt. Die Oxidation findet an fünf Stationen statt: an vier Stationen innerhalb des Kreislaufs selbst und bei einer Reaktion, in der Pyruvat zu Acetyl-CoA umgewandelt wird. In jedem Fall werden die Elektronen von den Coenzymmolekülen aufgenommen. Daher sind Acetyl-CoA, oxidierte Coenzyme, ADP und P_i die Substrate des TCA-Zyklus und die Produkte sind Kohlendioxid, reduzierte Coenzyme und ein Molekül ATP.

Schauen wir uns den TCA-Zyklus nun einmal genauer an, denn unser kurzer Überblick hat Ihnen einen guten ersten Eindruck vermittelt. Wir konzentrieren uns auf die Kohlenstoffmoleküle, die als Acetyl-CoA in den Kreislauf eintreten, und darauf, wie die bei jeder Oxidation freigesetzte Energie in Form reduzierter Coenzyme gespeichert wird.

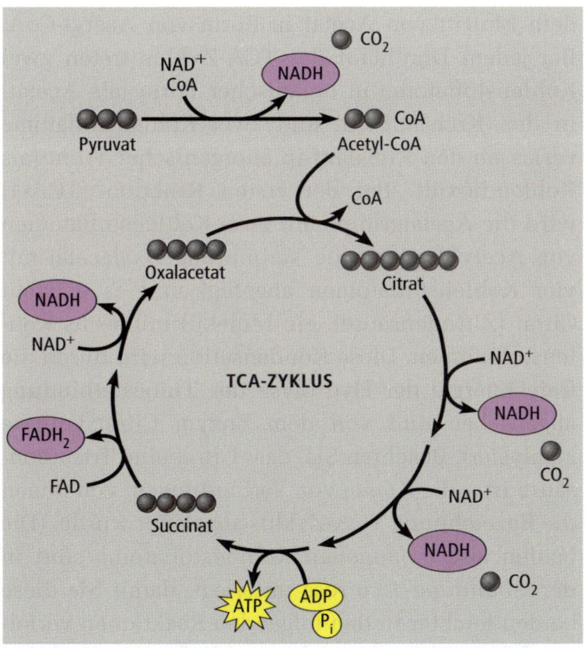

Abbildung 10.6: Überblick über den TCA-Zyklus. Das aus der Glykolyse hervorgegangene Pyruvat wird oxidativ zu Acetyl-CoA decarboxyliert, wodurch NADH und CO_2 entstehen. Das Acetyl-CoA tritt durch Verbindung mit Oxalacetat, wodurch Citrat gebildet wird, in den TCA-Zyklus ein. Zwei Moleküle CO_2 werden freigesetzt und es werden zwei NADH frei, wenn das Citrat durch zwei oxidative Decarboxylierungsschritte plus einem ATP-erzeugenden Schritt zu Succinat umgewandelt wird. Dann wird das Succinat oxidiert und zu Oxalacetat umgewandelt, woraus $FADH_2$ und NADH hervorgehen. Insgesamt werden für jedes zu drei CO_2 metabolisierte Pyruvat vier NADH, ein $FADH_2$ und ein ATP gebildet.

10.3.1 Durch oxidative Decarboxylierung wird Pyruvat in Acetylcoenzym A umgewandelt

Wie gerade beschrieben, tritt Kohlenstoff in Form von Acetyl-CoA in den TCA-Zyklus ein, aber wir wissen aus *Kapitel 9*, dass die Glykolyse mit Pyruvat endet, das im Cytoplasma gebildet wird. Das Pyruvatmolekül ist recht klein und passiert daher die Porine in der Außenmembran des Mitochondriums und gelangt in den Intermembranraum. In der inneren mitochondrialen Membran transportiert ein spezifischer Pyruvatsymporter das Pyruvat zusammen mit einem Proton durch die Membran in die Matrix.

Nachdem das Pyruvat in der mitochondrialen Matrix angelangt ist, wird es mittels des Pyruvatdehydrogenasekomplexes (*PDH*) zu Acetyl-CoA umgewandelt. Der PDH-Komplex besteht aus drei verschiedenen Enzymen, fünf Coenzymen und zwei regulatorischen Proteinen. Diese Komponenten arbeiten zusammen, um die oxidative Decarboxylierung von Pyruvat zu katalysieren:

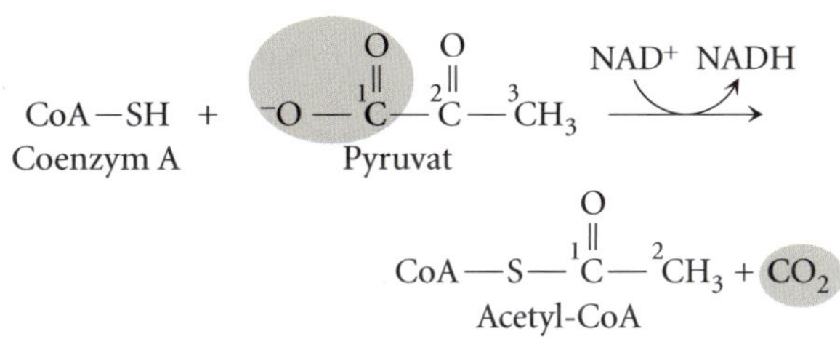

(10-1)

Bei dieser Reaktion handelt es sich um eine Decarboxylierung, denn eines der Kohlenstoffatome des Pyruvats (Kohlenstoffatom 1) wird als Kohlendioxid (grau unterlegt) freigesetzt. Daraus ergibt sich, dass die Kohlenstoffatome 2 und 3 des Pyruvats jeweils zu Kohlenstoffatom 1 und Kohlenstoffatom 2 des Acetats werden. Des Weiteren ist diese Reaktion eine Oxidation, denn zwei Elektronen (sowie ein Proton) werden von den Substraten abgegeben und auf das Coenzym NAD^+ transferiert, wodurch dies zu NADH reduziert wird. Die Elektronen von NADH stellen potenzielle Energie dar, die frei wird, wenn NADH später vom Elektronentransportsystem reoxidiert wird.

Die Oxidation von Pyruvat findet am Kohlenstoffatom 2 statt, das durch Oxidation von einer α-Ketogruppe zu einer Carboxlygruppe wird. Diese Reaktion wird durch gleichzeitiges Entfernen von

Kohlenstoffatom 1 in Form von Kohlendioxid möglich. Die Oxidation ist stark exergonisch ($\Delta G^{\circ\prime}$ = −7,5 kcal/mol), wobei die freie Energie zur Aktivierung des Acetatmoleküls genutzt wird, indem dies an die Sulfhydrylgruppe des **Coenzyms A (CoA)** gebunden wird und **Acetyl-CoA** bildet.

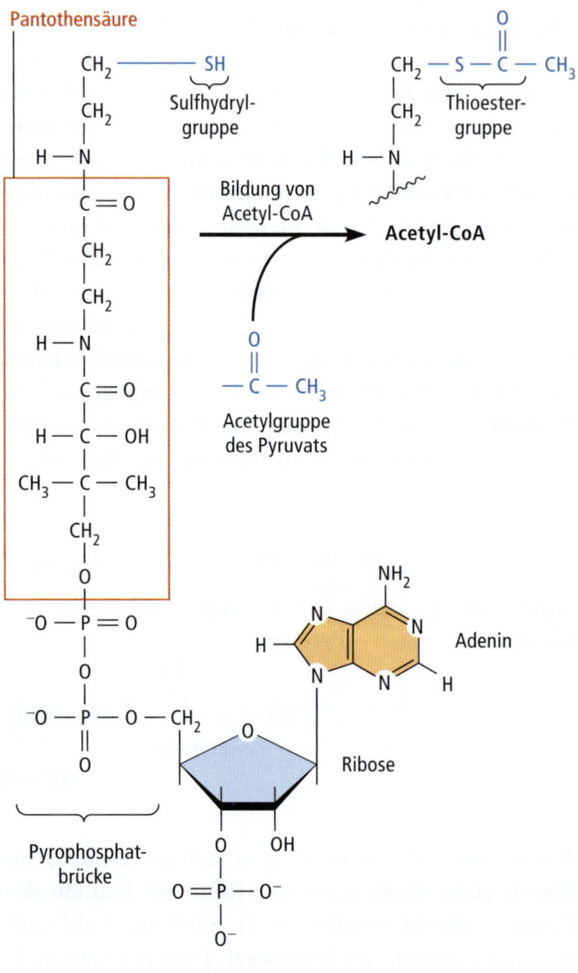

Abbildung 10.7: Struktur des Coenzyms A und Bildung von Acetyl-CoA. Der im roten Kasten dargestellte Teil des Coenzyms ist Pantothensäure, ein B-Vitamin. Die Bildung einer Thioesterbindung zwischen CoA und einer Acetylgruppe führt zur Entstehung von Acetylcoenzym A. Die Acetylgruppe entsteht durch oxidative Decarboxylierung von Pyruvat (Reaktion PDH in der *Abbildung 10.8*). Sie wird von einem der Enzyme des Pyruvatdehydrogenasekomplexes zu CoA transferiert.

Wie in der ▶*Abbildung 10.7* dargestellt, handelt es sich bei CoA um ein kompliziertes Molekül, welches das B-Vitamin Pantothensäure enthält. Ebenso wie das Nicotinamid von NAD^+ wird die Pantothensäure als Vitamin klassifiziert, denn Menschen und andere Wirbeltiere benötigen dieses Vitamin als Teil eines essenziellen Coenzyms, sind aber nicht in der Lage, dies selbst zu synthetisieren. Die freie Sulfhydryl- oder *Thiolgruppe* am Ende des CoA-Moleküls kann mit organischen Säuren wie Acetat eine Thioesterbindung eingehen. Die Thiolgruppe ist so wichtig, dass wir das Coenzym A nicht einfach mit CoA abkürzen, sondern mit CoA–SH. Verglichen mit einer Esterbindung ist eine Thioesterbindung energiereicher, denn nach der Hydrolyse wird wesentlich mehr Energie freigesetzt. Ebenso wie NAD^+ sich für den Elektronentransfer eignet, so eignet sich das Coenzym A als Acetatträger (daher das „A" in CoA). Daher liegt die Acetylgruppe, die vom Pyruvat zum Coenzym A transferiert wird, in einer energiereicheren oder aktivierten Form vor.

10.3.2 Der TCA-Zyklus beginnt mit dem Eintritt von Acetat als Acetyl-CoA

Der TCA-Zyklus (▶*Abbildung 10.8*) beginnt mit dem Eintritt von Acetat in Form von Acetyl-CoA. Bei jedem Durchlauf des TCA-Zyklus treten zwei Kohlenstoffatome in organischer Form (als Acetat) in den Kreislauf ein und zwei Kohlenstoffatome verlassen den Kreislauf in anorganischer Form (als Kohlendioxid). Bei der ersten Reaktion (TCA-1) wird die Acetatgruppe mit zwei Kohlenstoffatomen von Acetyl-CoA an die Verbindung Oxalacetat mit vier Kohlenstoffatomen angefügt und es entsteht Citrat (Zitronensäure), ein Molekül mit sechs Kohlenstoffatomen. Diese Kondensation wird durch die freie Energie der Hydrolyse der Thioesterbindung angetrieben und von dem Enzym Citratsynthase katalysiert. Beachten Sie, dass Citrat eine Tricarbonsäure ist – die Klasse von Verbindungen, von denen die Bezeichnung TCA-Zyklus abgeleitet wurde. (Die beiden aufgenommenen Kohlenstoffatome sind in der *Abbildung 10.8* rosa unterlegt, damit Sie diese beiden leichter in den folgenden Reaktionen verfolgen können.) In der sich anschließenden Reaktion (TCA-2) wird Citrat in die verwandte Verbindung Isocitrat umgewandelt, was mittels des Enzyms Aconitase geschieht. Isocitrat besitzt eine Hydroxylgruppe, die recht leicht oxidiert werden kann. Diese Hydroxylgruppe von Isocitrat ist nun das Ziel der ersten Oxidation oder Dehydrogenierung des Kreislaufs (TCA-3).

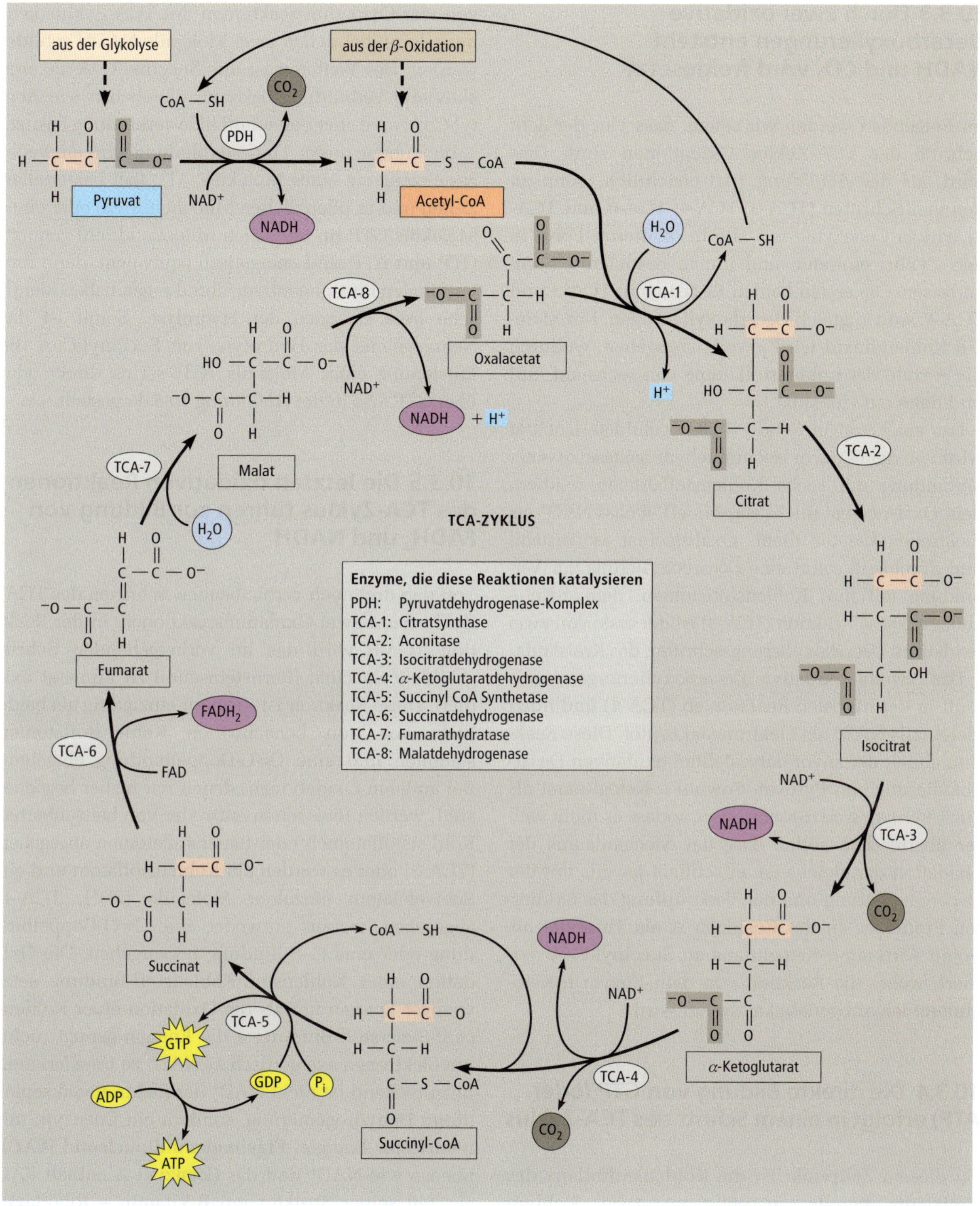

Abbildung 10.8: Der Tricarbonsäurezyklus (TCA-Zyklus). Die beiden Kohlenstoffatome des Pyruvats, die über Acetyl-CoA in den Kreislauf eintreten (sie sind im Citrat und den folgenden Molekülen rosa unterlegt) werden schließlich durch die Symmetrie des Fumaratmoleküls zufällig verteilt. Das Kohlenstoffatom des Pyruvats, das als CO_2 abgegeben wird, ist grau unterlegt ebenso wie die beiden Carboxylgruppen des Oxalacetats, aus denen in den Reaktionen TCA-3 und TCA-4 CO_2 entsteht. Fünf dieser Reaktionen sind Oxidationen, wobei NAD^+ in vier Reaktionen als Elektronenakzeptor auftritt (PDH, TCA-3, TCA-4 und TCA-8) und in einem Fall ist FAD der Elektronenakzeptor (TCA-6). Die reduzierte Form des Coenzyms ist stets violett unterlegt. Beachten Sie, dass nach der Freisetzung von CO_2 während der Reduktion von NAD^+ kein H^+ abgegeben wird, wodurch das Ladungsgleichgewicht dieser Reaktionen aufrechterhalten wird. Die in der Reaktion TCA-5 dargestellte Bildung von GTP ist für tierische Mitochondrien charakteristisch. In bakteriellen Zellen und pflanzlichen Mitochondrien wird ATP direkt gebildet.

10.3.3 Durch zwei oxidative Decarboxylierungen entsteht NADH und CO_2 wird freigesetzt

Im Folgenden werden wir sehen, dass vier der acht Schritte des TCA-Zyklus Oxidationen sind. Dies wird aus der *Abbildung 10.8* ersichtlich, denn an den vier Schritten (TCA-3, TCA-4, TCA-6 und TCA-8) wirken Coenzyme mit, die in oxidierter Form in den Zyklus eintreten und ihn in reduzierter Form verlassen. Die ersten beiden Reaktionen, TCA-3 und TCA-4, sind zugleich Decarboxylierungen. Ein Molekül Kohlendioxid wird jeweils abgegeben, wodurch die Anzahl der Kohlenstoffatome von sechs auf fünf und dann auf vier sinkt.

Das aus Citrat in Schritt TCA-2 gebildete Isocitrat wird von dem Enzym Isocitratdehydrogenase zu einer Verbindung mit sechs Kohlenstoffatomen oxidiert, dem Oxalsuccinat (nicht abgebildet), wobei NAD^+ als Elektronenakzeptor dient. Oxalsuccinat ist instabil und durchläuft sofort eine Decarboxylierung zur Verbindung mit fünf Kohlenstoffatomen, dem α-Ketoglutarat. Diese Reaktion (TCA-3) ist der erste von zwei oxidativen Decarboxylierungsschritten des Kreislaufs.

Das zweite oxidative Decarboxylierungsereignis läuft in der nächsten Reaktion ab (TCA-4) und nutzt gleichfalls NAD^+ als Elektronenakzeptor. Diese Reaktion ähnelt der zuvor dargestellten oxidativen Decarboxylierung von Pyruvat. Sowohl α-Ketoglutarat als auch Pyruvat sind α-Ketosäuren, sodass es nicht weiter überraschen sollte, dass der Mechanismus der Oxidation der gleiche ist, er schließt jeweils mit der Decarboxylierung und der Verknüpfung des oxidierten Produktes an das Coenzym A als Thioester ab. Somit wird ein α-Ketoglutarat zu Succinyl-CoA oxidiert, wobei die Reaktion von dem Enzym α-Ketoglutaratdehydrogenase katalysiert wird.

10.3.4 Die direkte Bildung von GTP (oder ATP) erfolgt in einem Schritt des TCA-Zyklus

Zu diesem Zeitpunkt ist die Kohlenstoffbilanz des Kreislaufs bereits ausgeglichen: zwei Kohlenstoffatome treten als Acetyl-CoA in den Kreislauf ein und zwei Kohlenstoffatome wurden als Kohlendioxid freigesetzt. (Bitte beachten Sie in *Abbildung 10.8*, dass die beiden Kohlenstoffatome, die in dem Kreislauf freigesetzt werden, *nicht die gleichen beiden* Kohlenstoffatome sind, die in der Reaktion TCA-1 in den Kreislauf eintraten). Wir haben außerdem zwei von vier Oxidationsreaktionen des TCA-Zyklus kennengelernt, bei denen zwei Moleküle NADH gebildet werden. Des Weiteren ist uns Succinyl-CoA als eine aktivierte Verbindung bekannt, die ebenso wie Acetyl-CoA, eine energiereiche Thioesterbindung besitzt.

Die Energie dieser Thioesterbindung wird entweder zur Erzeugung eines Moleküls ATP (bei bakteriellen Zellen und in pflanzlichen Mitochondrien) oder eines Moleküls GTP (in tierischen Mitochondrien) genutzt. GTP und ATP sind energetisch äquivalent, denn ihre terminalen Phosphoanhydridbindungen haben identische freie Energien der Hydrolyse. Somit ist das Nettoergebnis der Hydrolyse von Succinyl-CoA die Entstehung eines Moleküls ATP, sei es direkt oder über GTP, wie in der *Abbildung 10.8* dargestellt.

10.3.5 Die letzten oxidativen Reaktionen des TCA-Zyklus führen zur Bildung von $FADH_2$ und NADH

Von den drei noch verbleibenden Schritten des TCA-Zyklus sind zwei Oxidationsreaktionen. In der Reaktion TCA-6 wird das im vorhergehenden Schritt gebildete Succinat (Bernsteinsäure) zu Fumarat oxidiert. Diese Reaktion ist insofern einzigartig als beide Elektronen von benachbarten Kohlenstoffatomen stammen und eine C=C-Doppelbindung eingehen. Bei anderen Oxidationen, denen wir bisher begegnet sind, werden Elektronen entweder von benachbarten Kohlenstoffatomen oder Sauerstoffatomen abgegeben (TCA-3) oder es werden ein Kohlenstoffatom und ein Schwefelatom einzelner Moleküle (PDH, TCA-4) abgegeben, woraus entweder eine C=O-Doppelbindung oder eine C–S-Bindung hervorgehen. Die Oxidation einer Kohlenstoff-Kohlenstoff-Bindung setzt weniger Energie frei als die Oxidation einer Kohlenstoff-Sauerstoff-Bindung – die Energie genügt nicht, um Elektronen exergonisch zu NAD^+ zu transferieren. Entsprechend ist nicht NAD^+ der Elektronenakzeptor dieser Dehydrogenierung, sondern ein Coenzym mit niedrigerer Energie, **Flavinadenindinucleotid (FAD)**. Ebenso wie NAD^+ und das Coenzym A enthält FAD als Teil seiner Struktur ein B-Vitamin – Riboflavin (▶*Abbildung 10.9*). FAD nimmt zwei Protonen und zwei Elektronen auf, sodass die reduzierte Form folgendermaßen geschrieben wird: $FADH_2$. Schon bald werden Sie sehen, dass der maximale ATP-Ertrag nach der Oxidation des Coenzyms bei ungefähr drei ATP für NADH und bei nur circa zwei ATP für $FADH_2$ liegt.

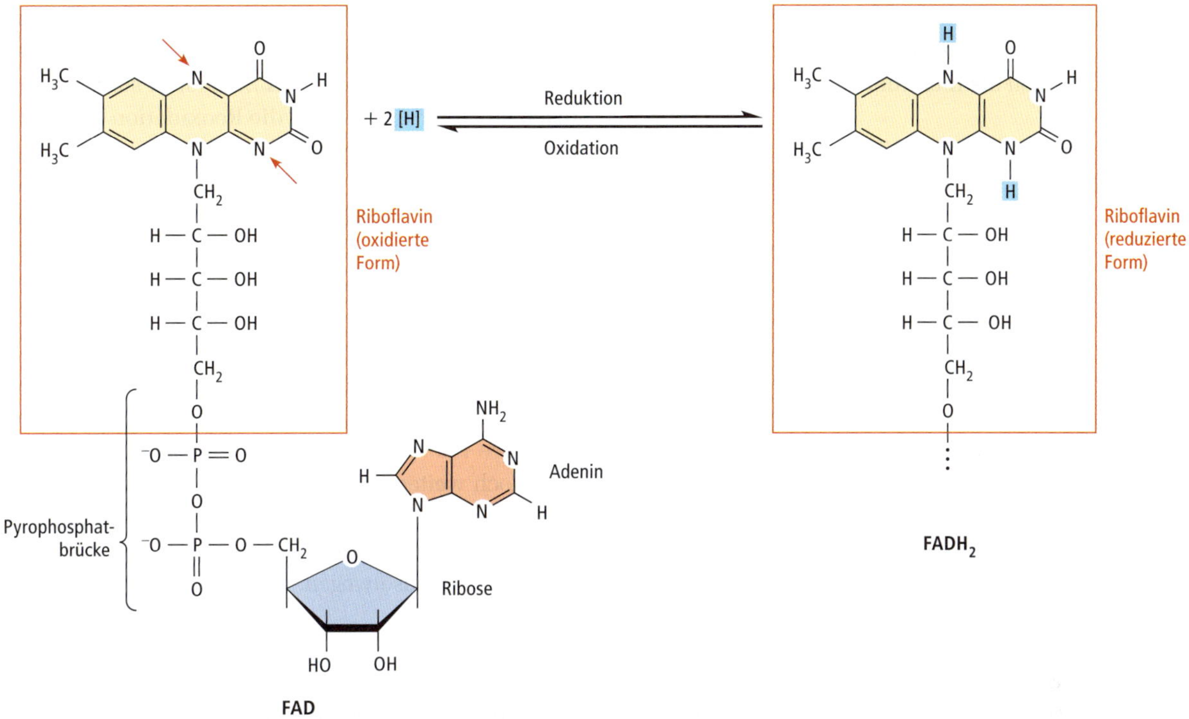

Abbildung 10.9: Struktur von FAD und dessen Oxidation und Reduktion. Der in dem roten Kasten abgebildete Teil des Coenzyms ist Riboflavin, ein B-Vitamin. Die Pfeile zeigen auf die beiden Stickstoffatome des Riboflavins, die jeweils ein Proton und ein Elektron aufnehmen, wenn FAD zu $FADH_2$ reduziert wird. Die Hälfte des Moleküls, zu dem Riboflavin gehört und eine Phosphatgruppe repräsentieren die Struktur von Flavinmononucleotid (FMN), einem engverwandten Coenzym.

Im nächsten Schritt des Kreislaufs wird die Doppelbindung von Fumarat hydratisiert, woraus Malat (Äpfelsäure) resultiert (Reaktion TCA-7, wird von dem Enzym Fumarathydratase katalysiert). Da Fumarat ein asymmetrisches Molekül ist, besteht für die Hydroxylgruppe des Wassers eine ebenso große Chance, eines der inneren Kohlenstoffatome aufzunehmen. Daraus folgt, dass die in der *Abbildung 10.8* rosa unterlegten Kohlenstoffatome (damit man die Acetatgruppe gut verfolgen kann, die zuletzt in den Kreislauf eintrat) bei diesem Schritt zufällig verteilt werden und daher ab diesem Reaktionsschritt nicht farbig unterlegt sind. In der Reaktion TCA-8 wird die Hydroxylgruppe des Malats das Ziel der letzten Oxidation des Kreislaufs. Wenn die Elektronen von den benachbarten Kohlenstoff- und Sauerstoffatomen abgegeben werden und eine C=O-Doppelbindung eingehen, dient NAD^+ als Elektronenakzeptor, woraus NADH entsteht, während Malat zu Oxalacetat umgewandelt wird.

10.3.6 Zusammenfassung: Die Produkte des TCA-Zyklus sind CO_2, ATP, NADH und $FADH_2$

Nach der Regeneration von Oxalacetat ist ein Durchgang des Kreislaufs abgeschlossen. Wir können das Ganze zusammenfassen, indem wir die folgenden Merkmale des TCA-Zyklus festhalten:

1. Zwei Kohlenstoffatome treten in den Zyklus als Acetyl-CoA ein, das an das Akzeptormolekül Oxalacetat mit vier Kohlenstoffatomen gebunden wird, woraus Citrat entsteht, eine Verbindung mit sechs Kohlenstoffatomen.

2. An zwei Schritten des Kreislaufs findet eine Decarboxylierung statt, sodass der Input von zwei Kohlenstoffatomen als Acetyl-CoA durch die Abgabe von zwei Kohlenstoffatomen als Kohlendioxid ausgeglichen wird.

3. Die Oxidation findet an vier Schritten statt, wobei NAD^+ dreimal als Elektronenakzeptor und FAD einmal als Elektronenakzeptor dienen.

4. An einer Stelle wird ATP erzeugt; in tierischen Zellen ist GTP ein Zwischenprodukt.

5. Ein Umlauf des Kreislaufs ist nach Regeneration von Oxalacetat, dem ursprünglichen Akzeptor mit vier Kohlenstoffatomen, abgeschlossen.

Indem wir die acht Reaktionen summieren, aus denen sich der in *Abbildung 10.8* dargestellte TCA-Zyklus zusammensetzt, kommen wir zu einer Gesamtreaktion (In dieser und in den folgenden Reaktionen werden die Protonen und Wassermoleküle nur dann dargestellt, wenn sie für eine Veränderung oder für das chemische Gleichgewicht von Bedeutung sind.) Diese Reaktion wird folgendermaßen geschrieben:

$$\text{Acetyl-CoA} + 3\,\text{NAD} + \text{FAD} + \text{ADP} + P_i \longrightarrow 2\,CO_2 + 3\,\text{NADH} + \text{FADH}_2 + \text{CoA–SH} + \text{ATP} \quad (10\text{-}2)$$

Da der Kreislauf tatsächlich zweimal ablaufen muss, um beide CoA-Moleküle zu metabolisieren, die aus einem einzigen Glucosemolekül hervorgingen, kann man die zusammenfassende Reaktion pro Glucose aus der Darstellung erhalten, indem man die Reaktion 10-2 verdoppelt. Wenn wir zu dieser Reaktion die Gesamtreaktion der Glykolyse zum Pyruvat hinzufügen (Reaktion 9-16) und für die oxidative Decarboxylierung von Pyruvat zu Acetyl-CoA (Reaktion 10-1, gleichfalls mit zwei multipliziert), erhalten wir folgende Gesamtreaktion für die gesamte Reaktionsfolge von der Glucose bis zum TCA-Zyklus:

$$\text{Glucose} + 10\,\text{NAD}^+ + 2\,\text{FAD} + 4\,\text{ADP} + 4\,P_i \longrightarrow 6\,CO_2 + 10\,\text{NADH} + 2\,\text{FADH}_2 + 4\,\text{ATP} \quad (10\text{-}3)$$

Wenn Sie sich diese zusammenfassende Reaktion anschauen, könnten Ihnen zwei Aspekte ganz besonders auffallen: der bislang geringe ATP-Gewinn und die Menge von Coenzymmolekülen, die während der Oxidation von Glucose reduziert werden. Trotz des geringen ATP-Ertrags müssen wir die reduzierten Coenzyme NADH und $FADH_2$ als hoch energetische Verbindungen ansehen. Später werden wir in diesem Kapitel darstellen, dass der Transfer von Elektronen von diesen Coenzymen zum Sauerstoff stark exergonisch abläuft. Somit liefert die Reoxidation der zwölf reduzierten Coenzymmoleküle, die auf der rechten Seite der Reaktion 10-3 stehen, die Energie, die benötigt wird, um die Synthese des größten Teils der 38 ATP-Moleküle anzutreiben, die während der vollständigen Oxidation von Glucose gebildet werden können.

Im Hinblick auf die Freisetzung dieser Energie müssen wir uns mit den noch verbleibenden Schritten der Zellatmung beschäftigen – Elektronentransport und oxidative Phosphorylierung. Vorher schauen wir uns aber noch weitere Merkmale des TCA-Zyklus an: dessen Regulierung, dessen zentrale Position im Energiemetabolismus und dessen Rolle in anderen metabolischen Stoffwechselwegen.

10.3.7 Mehrere TCA-Enzyme unterliegen der allosterischen Regulation

Ebenso wie alle metabolischen Stoffwechselwege muss auch der TCA-Zyklus sorgfältig reguliert werden, um sicherzustellen, dass der Aktivitätsgrad das Bedürfnis der Zelle nach dessen Produkten widerspiegelt. Die wichtigsten regulatorischen Stellen sind in der ▸*Abbildung 10.10* dargestellt. Die Kontrolle erfolgt vor allem durch die **allosterische Regulation** von vier Schlüsselenzymen durch spezifische *Effektormoleküle*, die reversibel an die Schlüsselenzyme binden. Bestimmt erinnern Sie sich noch daran, dass wir in *Kapitel 6* festgestellt haben, dass Effektormoleküle entweder als Inhibitoren oder Aktivatoren wirken können, was wir in der *Abbildung 10.10* als rote Minus- bzw. grüne Pluszeichen gekennzeichnet haben. Außer der allosterischen Regulation wird der Pyruvatdehydrogenasekomplex (PDH) reversibel durch Phosphorylierung inaktiviert und durch Dephosphorylierung von einer Proteinkomponente aktiviert.

Der Regulation des TCA-Zyklus liegt eine zentrale Logik zugrunde. Es werden Acetyl-CoA, NAD^+, FAD und ADP als Substrate verwendet und die Produkte NADH, $FADH_2$, CO_2 und ATP gebildet (siehe Reaktionen 10-3 und 10-4). Drei dieser Produkte – NADH, ATP und Acetyl-CoA – sind wichtige allosterische Effektoren von einem oder von mehreren Enzymen, wie Sie der *Abbildung 10.10* entnehmen können. Außerdem aktivieren NAD^+, ADP und AMP jeweils mindestens eines der regulatorischen Enzyme. Daher ist der Kreislauf höchst empfindlich für den Redox- und Energiestatus der Zelle, der sowohl von dem Verhältnis von $NADH/NAD^+$ und den relativen Konzentrationen von ATP, ADP und AMP bestimmt wird.

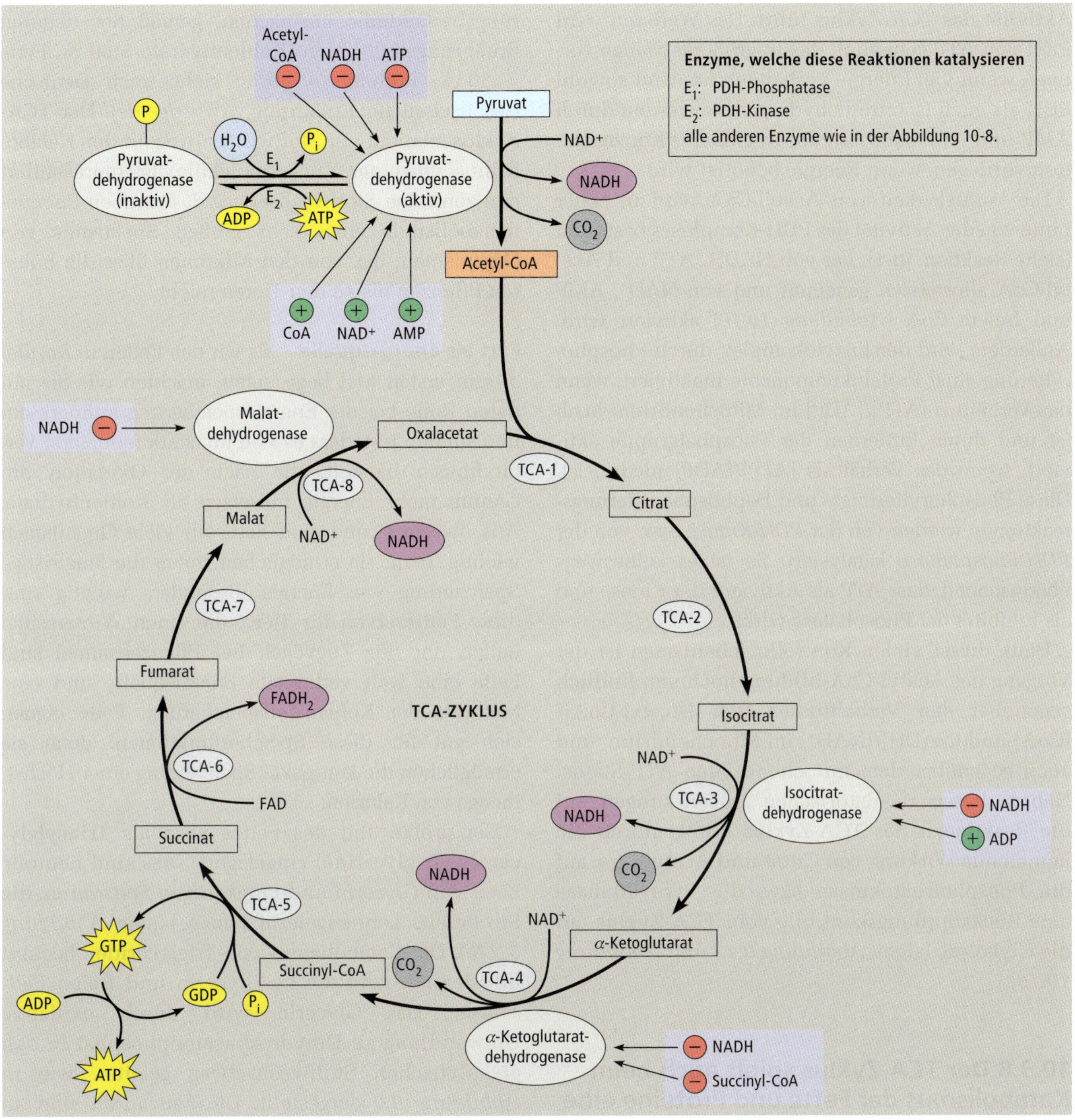

Abbildung 10.10: Die Regulation des TCA-Zyklus. Die Reaktion der Pyruvatdehydrogenase und der TCA-Zyklus sind hier skizziert. Die Bezeichnungen der regulatorischen Enzyme sind voll ausgeschrieben. Die wichtigsten regulatorischen Effekte sind entweder als Aktivierung (+) oder Hemmung (−) gekennzeichnet. Zu den allosterischen Regulatoren gehören CoA, NAD^+, AMP und ADP als Aktivatoren und Acetyl-CoA, NADH, ATP und Succinyl-CoA als Inhibitoren. Abgesehen von dem allosterischen Effekt auf die Aktivität der Pyruvatdehydrogenase aktiviert ATP zudem die PDH-Kinase (E_2), das Enzym, das eine Komponente des PDH-Komplexes phosphoryliert, wodurch er in seine inaktive Form umgewandelt wird. Das Enzym PDH-Phosphatase (E_1) entfernt die Phosphatgruppe, wodurch das Enzym in seine aktive Form konvertiert wird.

Die vier in der *Abbildung 10.10* aufgeführten NADH erzeugenden Dehydrogenasen werden von NADH gehemmt. Daher senkt eine Steigerung der NADH-Konzentration des Mitochondriums die Aktivitäten dieser Dehydrogenasen, was zur Minderung der Aktivität des TCA-Zyklus führt. Des Weiteren wird PDH von ATP gehemmt, das in größerer Menge vorliegt, wenn viel Energie vorhanden ist. Und sowohl PDH als auch Isocitratdehydrogenase werden durch AMP und ADP aktiviert, die in größerer Konzentration vorliegen, wenn Energie benötigt wird.

Die Verfügbarkeit von Acetyl-CoA wird in erster Linie von der Aktivität des PDH-Komplexes bestimmt (siehe Reaktion 10-1), der von NADH, ATP und Acetyl-CoA allosterisch gehemmt und von NAD^+, AMP und freiem CoA (*Abbildung 10.10*) aktiviert wird. Außerdem wird der Enzymkomplex durch Phosphorylierung einer Proteinkomponente inaktiviert, wenn das Verhältnis [ATP]/[ADP] im Mitochondrium hoch ist und durch Entfernen der Phosphatgruppe aktiviert, wenn das Verhältnis [ATP]/[ADP] niedrig ist. Diese Phosphorylierungs- und Dephosphorylierungsreaktionen werden von der *PDH-Kinase* bzw. von der *PDH-Phosphatase* katalysiert. So ist es keineswegs überraschend, dass ATP als Aktivator der Kinase und als Inhibitor der Phosphatase wirkt.

Dank dieser vielen Kontrollmechanismen ist der Vorgang der Acetyl-CoA-Bildung hoch empfindlich gegenüber den Verhältnissen von [Acetyl-CoA]/[CoA] und [NADH]/[NAD^+] im Mitochondrium und auch gegenüber dem mitochondrialen ATP-Status. Neben diesen regulatorischen Auswirkungen auf die Reaktionen des TCA-Zyklus erfolgt durch die hemmende Wirkung von Citrat und Acetyl-CoA auf die Phosphofructokinase bzw. die Pyruvatkinase eine Rückkopplungskontrolle vom TCA-Zyklus auf die Glykolyse (siehe *Abbildung 9.12* und *Abbildung 10.10*).

10.3.8 Der TCA-Zyklus spielt auch beim Katabolismus der Fette und Proteine eine wichtige Rolle

Von entscheidender Bedeutung ist, dass Sie die zentrale Rolle des TCA-Zyklus in allen aeroben Energiestoffwechselwegen verstehen. Bisher haben wir nur die Glucose als wichtigstes Substrat der zellulären Atmung betrachtet. Neben der Glucose (und anderen Kohlenhydraten) müssen wir auch die Rolle alternativer Energiemoleküle im zellulären Energiemetabolismus und dem TCA-Zyklus berücksichtigen, vor allem die Aufgaben der Fette und Proteine, die ungefähr die Hälfte der empfohlenen menschlichen Nahrungsbestandteile ausmachen, gemäß der neueren Ernährungsrichtlinien (Kohlenhydrate = 50 %, Fette = 30 %, Proteine = 20 %; siehe auch Deutsche Gesellschaft für Ernährung, *www.dge.de*). Der TCA-Zyklus ist nicht nur Stoffwechselweg für den Katabolismus einzelner Zuckermoleküle. Er repräsentiert den zentralen Stoffwechselweg des aeroben Energiemetabolismus eines sehr großen Spektrums von Organismen, das von den Mikroben über die höheren Pflanzen bis zu den Tieren reicht.

Fett als Energiequelle Als wir den Fetten in *Kapitel 3* zum ersten Mal begegneten, machten wir Sie auf deren Rolle bei der Energiespeicherung aufmerksam und stellten fest, dass es sich um stark reduzierte Verbindungen handelt, die nach der Oxidation pro Gramm mehr Energie freisetzen als Kohlenhydrate. Aus diesem Grund sind Fette für viele Organismen wichtig, denn sie ermöglichen ihnen die langfristige Speicherung von Energie. Besonders wichtig sind diese Fettreserven für Tiere, die einen Winterschlaf halten und für Zugvögel. Bei Pflanzensamen sind Fette eine weit verbreitete Energiequelle und eine Methode der Kohlenstoffspeicherung. Fette eignen sich gut für diese Speicherfunktionen, denn sie ermöglichen die kompakte Speicherung einer Höchstmenge von Kalorien.

Der größte Teil des Fettes wird als **Triacylglycerole** (Triglyceride) eingelagert. Dies sind neutrale Ester von *Glycerin* und *langkettigen Fettsäuren*, die Sie bereits kennengelernt haben (siehe *Abbildung 3.27b*). Der Katabolismus von Triglyceriden beginnt mit deren Hydrolyse zu Glycerin und freien Fettsäuren. Das Glycerin wird durch oxidative Umwandlung zu Dihydroxyacetonphosphat in den glykolytischen Stoffwechselweg geleitet, wie in *Abbildung 9.9* dargestellt. Die Fettsäuren sind an das Coenzym A gebunden und bilden ein Fettsäure-Acyl-CoA, das dann durch **β-Oxidation** abgebaut wird. Bei diesem katabolischen Vorgang wird Acetyl-CoA gebildet und es entstehen die reduzierten Coenzyme NADH und $FADH_2$.

Bei Bakterien findet die β-Oxidation im Cytoplasma statt und bei Eukaryoten sowohl in den

Mitochondrien als auch in den Peroxisomen. Bei Pflanzen und anderen Eukaryoten, die für Energieversorgung nicht von Fettsäuren abhängig sind, findet die β-Oxidation im Peroxisom statt und kann als Weg zum Recycling von Membranfettsäuren dienen. In diesem Zusammenhang werden wir uns auf den Vorgang der β-Oxidation konzentrieren, der in den Mitochondrien der Tiere stattfindet, bei dem gesättigte Fettsäuren mit gerader Anzahl von Kohlenstoffatomen als Energiequelle zur Verfügung stehen.

Bei Tieren werden die meisten Fettsäuren aus dem durch die Nahrung aufgenommenen Fett gewonnen, so wie das Pyruvat aus den Kohlenhydraten. Diese Fette werden im Mitochondrium oxidativ in Acetyl-CoA umgewandelt, das dann weiter im TCA-Zyklus katabolisiert werden kann. Die Fettsäuren werden in einer Reihe sich wiederholender Kreisläufe abgebaut, wobei in jedem Kreislauf solange zwei Kohlenstoffatome entfernt werden, bis sie vollständig abgebaut sind. Diesen Vorgang des Fettsäurekatabolismus zu Acetyl-CoA bezeichnet man als β-Oxidation, denn die oxidativen Ereignisse in jedem Kreislauf finden an dem Kohlenstoffatom in der β-Position der Fettsäure statt (das heißt, dem zweiten Kohlenstoffatom der Carboxylsäuregruppe). Jeder Kreislauf besteht aus den gleichen vier Schritten – Oxidation, Hydratation, Reoxidation und Thiolyse (▶*Abbildung 10.11*) – und führt zur Bildung jeweils eines Moleküls $FADH_2$, NADH und Acetyl-CoA während die Fettsäure in jedem Kreislauf um zwei Kohlenstoffatome verkürzt wird.

Die β-Oxidation der Fettsäure beginnt mit einem Aktivierungsschritt im Cytosol, für den Energie benötigt wird. Durch die Energie der ATP-Hydrolyse wird ein CoA-Molekül an die Fettsäure angeknüpft (Reaktion FA-1 in *Abbildung 10.11*). Es entsteht ein Fettsäure-Acyl-CoA, das von einer spezifischen, in der inneren Membran lokalisierten Translokase in das Mitochondrium transportiert wird. Die nächsten vier enzymatischen Schritte werden solange in Zyklen wiederholt, bis die Fettsäure vollständig abgebaut ist, wobei sie pro Zyklus zwei Kohlenstoffatome als Acetyl-CoA abgibt. Die ersten drei der vier Schritte weisen eine starke Ähnlichkeit mit den Oxidations-, Hydratations- und Reoxidationsschritten des TCA-Zyklus auf, die zur Umwandlung von Succinat zu Oxalacetat führen (TCA-6, TCA-7 und TCA-8).

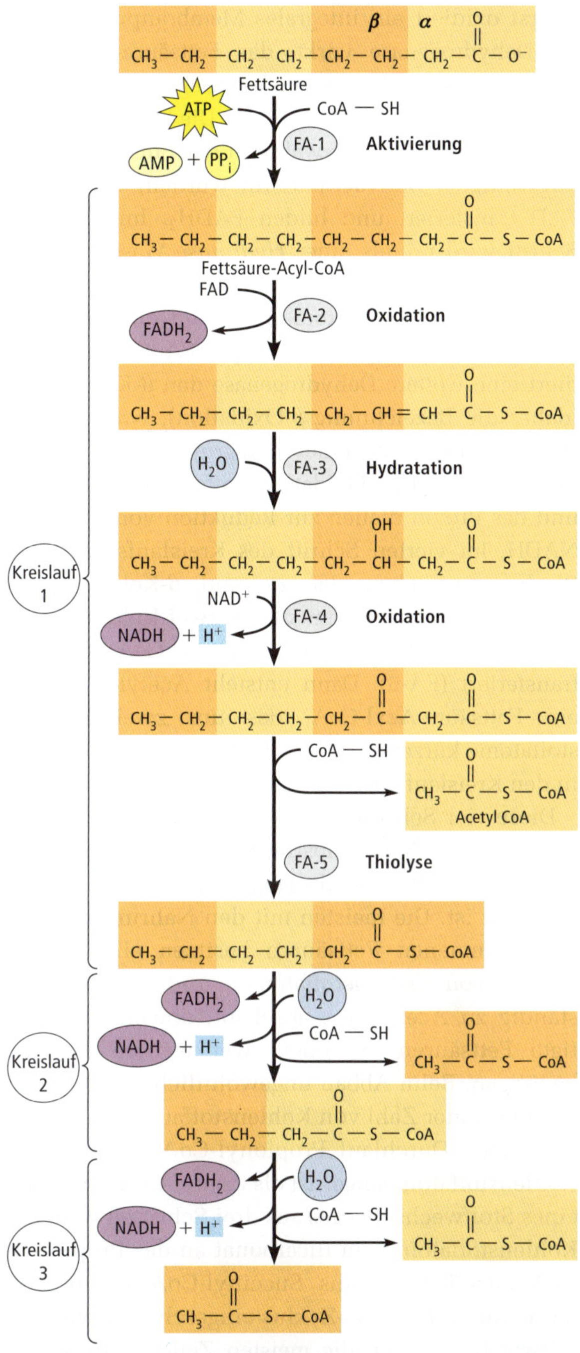

Abbildung 10.11: Der Stoffwechselweg der β-Oxidation. Im Anschluss an einen ATP-abhängigen Aktivierungsschritt, bei dem eine Fettsäure an CoA geknüpft wird, wird das Acyl-CoA-Derivat in das Mitochondrium (oder Peroxisom) transportiert und in einer Reihe sich wiederholender Zyklen aus Oxidation, Hydratation, Reoxidation und Thiolyse abgebaut. Bei jedem Durchgang des Zyklus entstehen in den Oxidationsschritten ein $FADH_2$ und ein NADH und im Thiolyseschritt wird Acetyl-CoA freigesetzt, wodurch insgesamt die Fettsäure um zwei Kohlenstoffatome verkürzt wird. Das obige Beispiel gilt für die Fettsäure Octanoat (Caprylsäure) mit acht Kohlenstoffatomen, für deren Abbau drei Zyklen der β-Oxidation erforderlich sind. (Die Anzahl der Reaktionen und die chemischen Einzelheiten sind nur für den ersten Durchlauf des Kreislaufs angegeben.)

Zuerst oxidiert ein integrales Membranprotein, das als Dehydrogenase wirkt, das Fettsäure-Acyl-CoA und es entsteht eine Doppelbindung zwischen dem α- und dem β-Kohlenstoff (FA-2). Die beiden Elektronen und Protonen, die während der Entstehung des ungesättigten Derivats entfernt wurden, werden zu FAD transferiert und bilden $FADH_2$. Im nächsten Schritt wird mittels einer *Hydratase* Wasser an der Position der Doppelbindung hinzugefügt, sodass der α-Kohlenstoff ein H-Atom erhält und der β-Kohlenstoff erhält eine Hydroxlygruppe (FA-3). Dann oxidiert eine weitere Dehydrogenase den β-Kohlenstoff (daher die Bezeichnung β-Oxidation), wodurch die Hydroxlygruppe zu einer Ketogruppe wird (FA-4). Beide durch diese Oxidation entfernten Elektronen und das Proton dienen zur Reduktion von NAD^+ zu NADH. Im vierten Schritt des Kreislaufs wird die Bindung zwischen den α- und β-Kohlenstoffen gespalten und ein Fragment aus zwei Kohlenstoffen wird zum S-Atom eines zweiten CoA-Moleküls transferiert (FA-5). Dann entsteht Acetyl-CoA und ein Fettsäure-Acyl-CoA, das um zwei Kohlenstoffatome kürzer ist als das Fettsäure-Acyl-CoA, das in den Kreislauf aus vier Schritten eingetreten war.

Diese vier Schritte, bei denen das verkürzte Fettsäure-Acyl-CoA als Substrat dient, werden solange wiederholt, bis die Ausgangsfettsäure vollständig abgebaut ist. Die meisten mit den Nahrungsmitteln aufgenommenen Fettsäuren besitzen eine gerade Anzahl von Kohlenstoffatomen und werden vollständig zu Acetyl-CoA abgebaut, obwohl ungesättigte Fettsäuren ein oder zwei weitere Enzyme benötigen. Beim Abbau ungewöhnlicher Fettsäuren mit ungerader Zahl von Kohlenstoffatomen entsteht im letzten Durchlauf Propionyl-CoA, das um ein Kohlenstoffatom länger ist als Acetyl-CoA. Im Laufe eines Stoffwechselweges aus drei Schritten wird ein Kohlenstoffatom vom Bicarbonat an das Propionyl-CoA angefügt, woraus Succinyl-CoA hervorgeht, das dann in den TCA-Zyklus eingeschleust wird.

Zwar bevorzugen die meisten Zellen Glucose als Energiequelle, doch liefern Fette dann die Energie, wenn nicht ausreichend Glucose zur Verfügung steht (beispielsweise während Perioden mit Nahrungsmangel), bei sehr geringer Aufnahme von Kohlenhydraten oder nach außerordentlich starker körperlicher Anstrengung (beispielsweise die Teilnahme an einem Marathonlauf). Beim Menschen kann der übermäßige Abbau von Fett den Vorrat an freiem CoA sehr stark vermindern und einen Zustand herbeiführen, den man als *Ketose* bezeichnet. Im Zustand der Ketose können die Fette nicht vollständig zu CO_2 oxidiert werden und es werden die sogenannten Ketonkörper (Aceton, Acetoacetat und β-Hydroxybutyrat) gebildet, die Produkte der Teiloxidation. Diese können in großen Mengen den pH-Wert des Blutes senken, was zu einer *Ketoacidose* führt, einem Zustand, der oft bei unkontrollierter Diabetes zu beobachten ist. Zwar können die Ketonkörper den Herz- und Hirnzellen als Energiequelle dienen, doch ist eine lang anhaltende Ketoacidose infolge von Insulinmangel tödlich, falls die Krankheit unbehandelt bleibt.

Proteine als Quellen für Aminosäuren und Energie

Obwohl Proteine Aufgaben von Enzymen, Transportproteinen, Hormonen und Rezeptoren in der Zelle übernehmen, können sie auch katabolisiert werden, um notfalls ATP zu bilden, vor allem während des Fastens oder Hungerns, wenn Kohlenhydrat- und Lipidreserven erschöpft sind. Bei Pflanzen liefert während der Keimung der Samen der Abbau von Proteinen zu freien Aminosäuren Komponenten für die Proteinsynthese. Außerdem findet in allen Zellen ein konstanter Umsatz von Proteinen und proteinhaltigen Strukturen statt und die daraus hervorgehenden Aminosäuren können entweder zur Synthese neuer Proteine genutzt werden oder oxidativ abgebaut werden, um Energie zu gewinnen.

Der Proteinkatabolismus setzt mit der Hydrolyse von Peptidbindungen ein, die Aminosäuren in der Polypeptidkette verbinden. Diesen Vorgang bezeichnet man als **Proteolyse** und die dafür verantwortlichen Proteine sind die *Proteasen*. Die Produkte des proteolytischen Abbaus sind kleine Peptide und freie Aminosäuren. Der weitere Abbau der Peptide wird von Peptidasen katalysiert, die entweder interne Peptidbindungen hydrolysieren (*Endopeptidasen*) oder sie entfernen aufeinanderfolgende Aminosäuren vom Ende des Peptids (*Exopeptidasen*).

Unabhängig davon, ob freie Aminosäuren als solche aufgenommen werden oder durch Verwertung von Proteinen gewonnen werden, sie können zur Energiegewinnung katabolisiert werden. Im Allgemeinen werden diese alternativen Substrate in so wenigen Schritten wie nur möglich zu Zwischenprodukten des Hauptkatabolismus umgewandelt. Trotz ihrer großen Anzahl und ihrer Vielfalt führen alle Stoffwechselwege des Katabolismus von Aminosäuren schließlich zur Bildung von Pyruvat, Acetyl-CoA oder einigen wenigen Schlüsselzwischenprodukten des TCA-Zyklus, vor allem α-Ketoglutarat, Oxalacetat, Fumarat und Succinyl-CoA. Das Mitochondrium nimmt auch am *Harnstoffzyklus* teil, einem Stoffwechselweg der Leber, bei dem überschüssige Aminogruppen aus abgebauten Aminosäuren zu *Harnstoff* umgewandelt werden, der über die Nieren ausgeschieden wird.

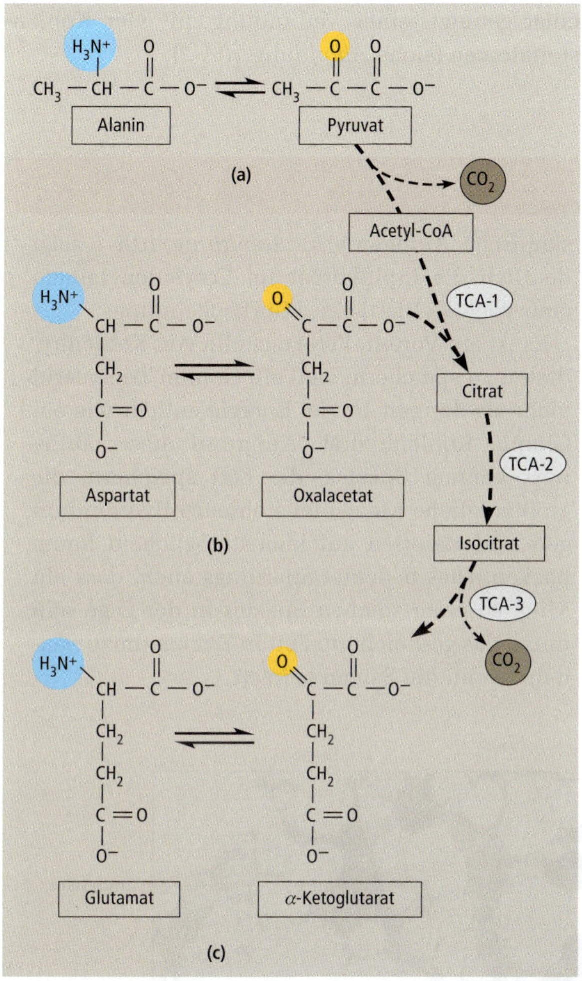

Abbildung 10.12: Umwandlung mehrerer Aminosäuren und ihre entsprechenden Ketosäuren im TCA-Zyklus. Die Aminosäuren (a) Alanin, (b) Aspartat und (c) Glutamat können in die entsprechenden α-Ketosäuren konvertiert werden: Pyruvat, Oxalacetat bzw. α-Ketoglutarat. Jede dieser Ketosäuren ist ein Zwischenprodukt des TCA-Zyklus, von dem hier ein Teil dargestellt ist, um den metabolischen Kontext dieser Reaktionen herzustellen. In jedem Fall ist die Aminogruppe blau und die Ketogruppe gelb unterlegt. Diese Reaktionen sind leicht umkehrbar und laufen entweder beim Katabolismus (Oxidation von Aminosäuren zu CO_2 und H_2O) oder beim Anabolismus (Bildung von Aminosäuren für die Proteinsynthese) ab.

Von den 20 in Proteinen enthaltenen Aminosäuren bilden drei Pyruvat oder unmittelbare Zwischenprodukte des TCA-Zyklus: Alanin, Aspartat und Glutamat können direkt zu Pyruvat, Oxalacetat bzw. α-Ketoglutarat umgewandelt werden (▶*Abbildung 10.12*). Alle anderen Aminosäuren benötigen kompliziertere Stoffwechselwege, aber in letzter Konsequenz sind deren Endprodukte stets Zwischenprodukte des TCA-Zyklus.

10.3.9 Der TCA-Zyklus bildet Vorläufer für anabolische Stoffwechselwege

Zu der katabolischen Funktion des TCA-Zyklus kommt noch eine beachtliche Produktion von Zwischenprodukten mit vier, fünf und sechs Kohlenstoffatomen hinzu, die in den TCA-Zyklus der meisten Zellen einfließen oder aus ihm ausgeschleust werden. Diese Nebenreaktionen können den TCA-Zyklus bei Bedarf auffüllen oder sie dienen zur Synthese anderer Verbindungen in anabolischen Stoffwechselwegen. Da der TCA-Zyklus ein zentraler Knotenpunkt zwischen katabolischen und anabolischen Stoffwechselwegen ist, wird er häufig als **amphibolischer Stoffwechselweg** bezeichnet (von der griechischen Vorsilbe *amphi-*, was „beide" bedeutet).

Der TCA-Zyklus spielt nicht allein im Katabolismus eine zentrale Rolle, sondern wirkt auch an verschiedenen anabolischen Vorgängen mit, beispielsweise an den drei in der *Abbildung 10.12* dargestellten Reaktionen, die α-Keto-Zwischenprodukte des TCA-Zyklus in die Aminosäuren Alanin, Aspartat und Glutamat umwandeln. Diese Aminosäuren sind Proteinbausteine, wodurch der TCA-Zyklus indirekt an der Proteinsynthese mitwirkt, indem er mehrere für diesen Vorgang benötigte Aminosäuren liefert. Es gibt noch weitere metabolische Vorläufer, die der TCA-Zyklus zur Verfügung stellt; dazu gehören Succinyl-CoA und Citrat. Succinyl-CoA ist der Ausgangspunkt für die Biosynthese von Häm, während Citrat aus dem Mitochondrium transportiert werden kann und als Quelle für Acetyl-CoA dient, das zur schrittweisen Synthese von Fettsäuren im Cytosol benötigt wird.

10.3.10 Der Glyoxylat-Kreislauf wandelt Acetyl-CoA in Kohlenhydrate um

Im *Glyoxylat-Kreislauf* werden mehrere Zwischenprodukte gebildet, die auch im TCA-Zyklus entstehen, aber der Glyoxylat-Kreislauf übernimmt bei einigen keimenden Samen und Pilzsporen eine spezialisierte anabolische Funktion, die wir in *Exkurs 10A* darstellen. Dieser Kreislauf läuft in einem besonderen Typ des Peroxisoms ab, dem sogenannten Glyoxysom, das in den meisten Pflanzensamen enthalten ist, die Fett speichern und dieses Fett in Saccharose umwandeln müssen. Der Glyoxylat-Kreislauf hat mehrere Reaktionen (und Enzyme) mit dem TCA-Zyklus gemeinsam, aber ihm fehlen zwei oxidative Decarboxylierungsreaktionen, bei denen CO_2 im TCA-Zyklus freigesetzt wird. Stattdessen werden zwei Acetatmoleküle (die den Stoffwechselweg als Acetyl-CoA betreten) zur Bildung von Succinat genutzt, einer Verbindung mit vier Kohlenstoffatomen (siehe *Abbildung 10A-2*).

10A ▶ Näher betrachtet

Der Glyoxylat-Kreislauf, Glyoxysomen und die Samenkeimung

Pflanzenspezies, die in ihren Samen Kohlenstoff und Energie als Fette speichern, müssen sich einer besonderen metabolischen Herausforderung stellen, wenn ihre Samen keimen: Sie müssen das gespeicherte Fett in Saccharose umwandeln, der unmittelbaren Kohlenstoff- und Energiequelle der meisten Zellen des Keimlings. Viele Pflanzenspezies gehören zu dieser Kategorie, unter anderem gut bekannte ölhaltige Spezies wie Sojabohnen, Erdnüsse, Sonnenblumen, Rizinussamen und Mais. Das Fett besteht hauptsächlich aus Triglyceriden und wird in der Zelle in *Lipidkörpern* gespeichert. Die elektronenmikroskopische Aufnahme in *Abbildung 10A-1* zeigt deutlich die Lipidkörper im Cotyledon (einem embryonalen Blatt) eines Gurkenkeimlings.

Es ist ein Vorteil, Fette anstelle von Kohlenhydraten zu speichern, weil ein Gramm Triglycerid mehr als doppelt so viel Energie enthält wie ein Gramm Kohlenhydrat. Aufgrund dieser Differenz können Spezies, die Fett speichern, die größtmögliche Menge an Kohlenstoffverbindungen und Kalorien auf kleinstmöglichem Raum packen. Dies bedeutet allerdings auch, dass ein Mitglied einer solchen Spezies in der Lage sein muss, das gespeicherte Fett in Zucker umzuwandeln, wenn die Samen keimen.

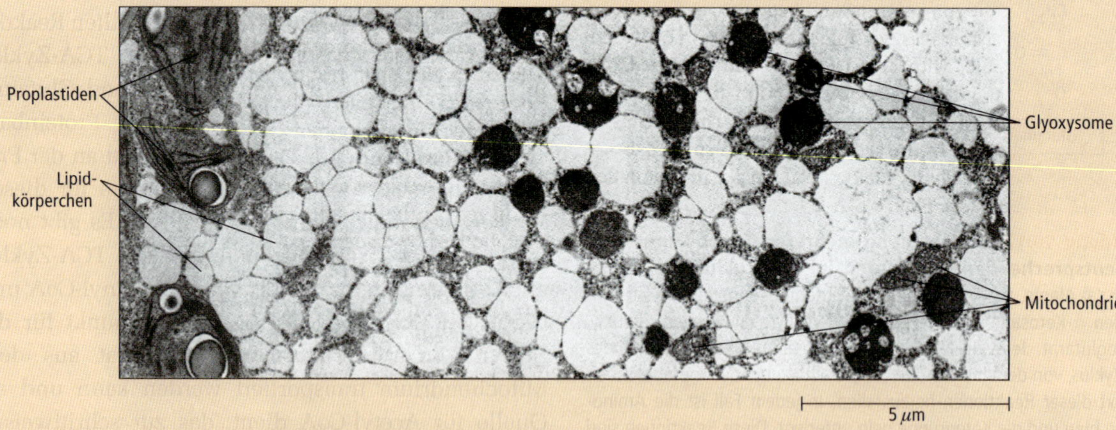

Abbildung 10A-1: Die Assoziation von Glyoxysomen und Lipidkörpern in fettspeichernden Keimlingen. Hier ist eine Zelle aus dem Cotyledon eines Gurkenkeimlings während der frühen Entwicklung nach der Keimung abgebildet. Die Glyoxysomen und Mitochondrien, die an der Mobilisierung des Fetts und der Gluconeogenese mitwirken, sind eng mit den Lipidkörpern assoziiert, in denen das Fett gelagert wird. Das Fett liegt vor allem in Form von Triglyceriden (auch Triacylglycerole) vor. Die Tatsache, dass das Cotyledon keine photosynthetische Aktivität besitzt und sich daher noch immer heterotroph ernährt, ergibt sich aus der Gegenwart von Proplastiden anstelle reifer Chloroplasten (TEM).

Während viele Organismen mühelos Zucker und andere Kohlenhydrate in Speicherfett umwandeln (so wie der Mensch), können die meisten eukaryotischen Organismen, zu denen auch wir gehören, die Umwandlung von Fett in Zucker nicht selber ausführen. Für die Keimlinge der fettspeichernden Pflanzenspezies ist die Umwandlung gespeicherter Triglyceride zu Saccharose allerdings lebensnotwendig, denn Kohlenstoff und Energie wird in Form von Saccharose zu den wachsenden Sprossen und Wurzelspitzen des sich entwickelnden Keimlings transportiert.

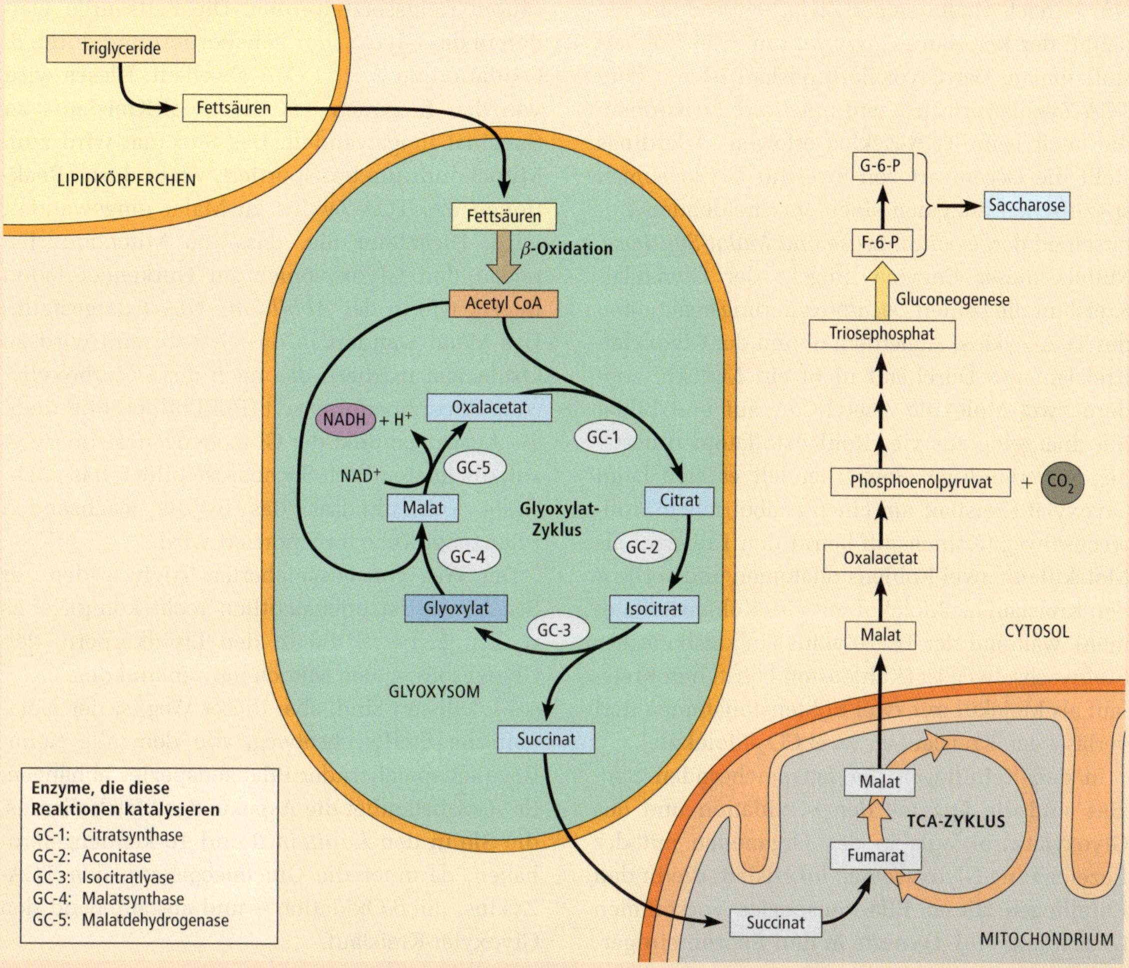

Abbildung 10A-2: Der Glyoxylat-Kreislauf und die Gluconeogenese bei fettspeichernden Keimlingen. Keimlinge fettspeichernder Pflanzen können gespeichertes Fett in Zucker umwandeln. Die aus der Hydrolyse gespeicherter Triglyceride gewonnenen Fettsäuren werden durch β-Oxidation zu Acetyl-CoA oxidiert. Das Acetyl-CoA wird dann im Glyoxylat-Kreislauf zu Succinat umgewandelt. Der Glyoxylat-Kreislauf ist eine anabolische Reaktionsfolge aus fünf Reaktionen, die nach dem Glyoxylat benannt wurde, dem Molekül, das von den Reaktionen GC-3 bzw. GC-4 erzeugt und abgebaut wird. Alle Enzyme der β-Oxidation und des Glyoxylat-Kreislaufs sind im Glyoxysom lokalisiert. Die Umwandlung von Succinat zu Malat erfolgt im Mitochondrium, während der weitere Metabolismus von Malat über Phosphoenolpyruvat zu Hexosen und dann zu Saccharose im Cytosol stattfindet. In den Keimlingen der fettspeichernden Pflanzenspezies, wie Sojabohnen, Erdnüssen, Mais und Rizinus wird Acetyl-CoA durch β-Oxidation von Fettsäuren gewonnen. Bei Bakterien und eukaryotischen Organismen, die durch Abbau von Substraten aus zwei Kohlenstoffatomen gedeihen können, beispielsweise Ethanol oder Acetat, wird Acetyl-CoA aus Acetylphosphat gewonnen, das durch ATP-abhängige Phosphorylierung von freiem Acetat entsteht.

Die metabolischen Stoffwechselwege für diesen Umwandlungsvorgang sind die β-Oxidation und der Glyoxylat-Kreislauf. Die β-Oxidation hat die Aufgabe, das gespeicherte Fett zu Acetyl-CoA abzubauen. Das Acetyl-CoA tritt dann in den Glyoxylat-Kreislauf ein (*Abbildung 10A-2*). Der zyklische Stoffwechselweg aus fünf Reaktionen wurde nach einem seiner Zwischenprodukte benannt, der Ketosäure *Glyoxylat* mit zwei Kohlenstoffatomen. Der Glyoxylat-Kreislauf ist mit dem TCA-Zyklus verwandt und nutzt drei Reaktionen, die auch beim TCA-Zyklus erfolgen. Allerdings stellt die Gegenwart von zwei für Glyxoysomen spezifischen Enzymen einen entscheidenden Unterschied dar, *Isocitrat-Lyase* und *Malat-Synthase*. Mittels dieser Enzyme umgeht der Glyoxylat-Kreislauf die beiden Decarboxylierungsreaktionen des TCA-Zyklus. Außerdem nimmt der Glyoxylat-Kreislauf pro Durchlauf nicht ein Molekül sondern zwei Moleküle Acetyl-CoA auf und bildet Succinat, eine aus vier Kohlenstoffatomen bestehende Verbindung. Somit handelt es sich beim Glyoxylat-Kreislauf um einen anabolischen Stoffwechselweg (Kohlenstoff betritt den Kreislauf als Molekül mit zwei Kohlenstoffatomen und verlässt den Kreislauf als Molekül mit vier Kohlenstoffatomen), während der TCA-Zyklus ein katabolischer Stoffwechselweg ist (Kohlenstoff betritt den Kreislauf als Molekül mit zwei Kohlenstoffatomen und verlässt den Kreislauf als zwei CO_2-Moleküle).

In den Keimlingen der fettspeichernden Spezies sind die Enzyme der β-Oxidation und des Glyoxylat-Kreislaufs in den Organellen mit der Bezeichnung Glyoxysomen lokalisiert, die in den Keimlingen dieser Pflanzenspezies vorkommen (*Abbildung 10A-1*) sowie in den Sporen einiger Pilze. Die enge Assoziation von Glyoxysomen und Lipidkörpern erleichtert vermutlich den Transfer von Fettsäuren aus den Lipidkörpern.

In der *Abbildung 10A-2* ist der betreffende Metabolismus in intrazellulärem Kontext dargestellt. Die gespeicherten Triglyceride werden in den Lipidkörpern hydrolysiert, woraufhin Fettsäuren freigesetzt werden. Die Fettsäuren werden in das Glyoxysom transportiert und durch β-Oxidation zu Acetyl-CoA abgebaut. Dieses wird von den Enzymen des Glyoxylat-Kreislaufs zu Succinat umgewandelt. Das Succinat wird zum Mitochondrium transportiert, wo es durch Reaktionen des TCA-Zyklus zu Malat umgewandelt wird. (Beachten Sie, dass die Mitochondrien neben den Glyoxysomen im Gurkencotyledon liegen, wie in der *Abbildung 10A-1* dargestellt.) Das Malat wandert in das Cytosol und wird zu Oxalacetat oxidiert, das nach der Decarboxylierung Phosphoenolpyruvt (PEP) bildet. PEP dient als Ausgangspunkt der Gluconeogenese im Cytosol, die letztendlich Saccharose bildet, das wichtigste Kohlenhydrat, das in die wachsenden Pflanzengewebe transportiert wird.

Der Weg von gespeicherten Triglyceriden zur Saccharose ist offensichtlich recht komplex. Es wirken Enzyme, die in den Lipidkörpern, den Glyoxysomen, den Mitochondrien und dem Cytosol lokalisiert sind, aber dieser Weg ist der metabolische Stoffwechselweg, von dem alle Keimlinge fettspeichernder Pflanzenspezies abhängen. Er vervollständigt die Aspekte des Metabolismus, die Sie in den *Kapiteln 9* und *10* kennengelernt haben, darunter die Gluconeogenese, den TCA-Zyklus, die β-Oxidation – und abschließend den Glyoxylat-Kreislauf.

Elektronentransport: Elektronenfluss von Coenzymen zum Sauerstoff 10.4

Nachdem wir uns mit den ersten drei Schritten der aeroben Atmung beschäftigt haben – Glykolyse, Pyruvatoxidation und TCA-Zyklus – wollen wir auf das zurückblicken, was wir schon geschafft haben. Wie aus der Reaktion 10-3 hervorgeht, ist der chemotrophe Energiemetabolismus mittels des TCA-Zyklus für die Synthese von vier ATP-Molekülen pro Glucose verantwortlich: zwei ATP-Moleküle aus der Glykolyse und zwei ATP-Moleküle aus dem TCA-Zyklus. Die vollständige Oxidation von Glucose zu O_2 könnte 686 kcal/mol liefern, aber es werden weniger als zehn Prozent dieser Menge gewonnen (jeweils nur vier ATP × ungefähr 10 kcal/mol auf der Grundlage des $\Delta G'$-Werts der ATP-Synthese in einer typischen Zelle.) Wo ist die restliche freie Energie geblieben? Und wann kommen wir zu dem wesentlich größeren, für die Zellatmung charakteristischen ATP-Gewinn?

Die Antwort auf diese Frage gibt uns die Reaktion 10-3. Dort steckt die freie Energie, repräsentiert von den reduzierten Coenzymmolekülen NADH und $FADH_2$. Im Folgenden werden wir sehen, dass große Energiemengen freigesetzt werden, wenn diese Enzyme durch Transfer ihrer Elektronen zum molekularen Sauerstoff reoxidiert werden. Tatsächlich werden ungefähr 90 % der potenziellen freien Energie eines Glucosemoleküls in die zwölf Moleküle NADH und $FADH_2$ umgewandelt, die bei der Oxidation eines Moleküls Glucose zu CO_2 entstehen.

10.4.1 Das Elektronentransportsystem überträgt Elektronen von reduzierten Coenzymen zum Sauerstoff

Der Vorgang der Reoxidation von Coenzymen durch den Transfer von Elektronen zum Sauerstoff wird als **Elektronentransport** bezeichnet. Der Elektronentransport ist der vierte Schritt des Atmungsmetabolismus (siehe *Abbildung 10.1*). Den Schritt, der die ATP-Synthese (Schritt ❺) begleitet, werden wir später in diesem Kapitel darstellen. Denken Sie aber daran, dass Elektronentransport und ATP-Synthese keine voneinander getrennten Vorgänge sind. Beides sind integrale Bestandteile der Zellatmung, die funktional durch den elektrochemischen Gradienten verknüpft sind, der durch den Elektronentransport entsteht und zugleich die Energiequelle ist, welche die ATP-Synthese antreibt.

Elektronentransport und Coenzymoxidation Beim Elektronentransport läuft eine stark exergonische Oxidation von NADH und $FADH_2$ mit O_2 als terminalem Elektronenakzeptor ab; sodass wir die zusammenfassende Gleichung folgendermaßen formulieren können:

$$\mathrm{NADH} + \mathrm{H}^+ + \frac{1}{2}\,\mathrm{O}_2 \longrightarrow \mathrm{NAD}^+ + \mathrm{H_2O} \qquad \Delta G^{\circ\prime} = -52{,}4\ \mathrm{kcal/mol} \qquad (10\text{-}4)$$

$$\mathrm{FADH_2} + \frac{1}{2}\,\mathrm{O}_2 \longrightarrow \mathrm{FAD} + \mathrm{H_2O} \qquad \Delta G^{\circ\prime} = -45{,}9\ \mathrm{kcal/mol} \qquad (10\text{-}5)$$

Der Elektronentransport bewirkt nicht nur die Reoxidation von Coenzymen und den Abbau von Sauerstoff, sondern führt auch zur Bildung von Wasser, der reduzierten Form des Sauerstoffs, und zusammen mit CO_2 zu einem der beiden Endprodukte des aeroben Energiemetabolismus.

Das Elektronentransportsystem Der wichtigste Aspekt der Reaktionen 10-4 und 10-5 ist die große Menge freier Energie, die nach der Oxidation von NADH und $FADH_2$ durch den Transfer von Elektronen zum Sauerstoff freigesetzt wird. Die stark negativen Werte von $\Delta G^{\circ\prime}$ dieser Reaktionen machen uns deutlich, dass die Oxidation eines Coenzyms ein außerordentlich exergonischer Vorgang ist, der ausreicht, um mehrere Moleküle ATP zu synthetisieren. Der Elektronentransfer wird über einen mehrstufigen Vorgang abgewickelt, an dem eine geordnete Abfolge reversibel oxidierbarer Elektronenüberträger mitwirkt, deren Zusammenspiel man als **Elektronentransportsystem (ETS)** bezeichnet. Das ETS enthält eine Reihe integraler Membranproteine, die in der inneren mitochondrialen Membran der Eukaryoten (oder der Plasmamembran der Bakterien) lokalisiert sind.

Wir fokussieren unsere Darstellung des Elektronentransportsystems auf drei Fragen: (1) Welches sind die wichtigsten Elektronenüberträger des ETS? (2) In welcher Reihenfolge treten die Überträger in diesem System auf? (3) Wie sind diese Überträger in der Membran angeordnet, um sicherzustellen, dass der Elektronenfluss von reduzierten Coenzymen zum Sauerstoff an das Pumpen von Protonen durch die Membran gekoppelt ist, wodurch der elektrochemische Protonengradient aufgebaut wird, von dem die ATP-Synthese abhängt?

10.4.2 Das Elektronentransportsystem besteht aus fünf Arten von Überträgern

Die Überträger, aus denen sich das ETS zusammensetzt, sind *Flavoproteine*, *Eisen-Schwefel-Proteine*, *Cytochrome*, *kupferhaltige Cytochrome* und ein *Chinon*, das man als *Coenzym Q* bezeichnet. Die Flavoproteine und das Coenzym Q transportieren Protonen und Elektronen. Mit Ausnahme von Coenzym Q sind alle Überträger Proteine mit spezifischen prosthetischen Gruppen, die reversibel oxidiert und reduziert werden können. Fast alle Ereignisse des Elektronentransports laufen in den Membranen ab, sodass es nicht verwundert, dass die meisten dieser Überträger hydrophobe Moleküle sind. Tatsächlich kommt der größte Teil der Zwischenprodukte in der Membran als Teile großer Proteingruppierungen vor, der sogenannten respiratorischen Komplexe. Zuerst werden wir uns kurz die Chemie dieser Elektronenüberträger anschauen und sehen, wie sie in Atmungskomplexen organisiert und als Abfolge von Überträgern angeordnet sind, die Elektronen von reduzierten Coenzymen zum Sauerstoff übertragen.

Flavoproteine Mehrere membranständige **Flavoproteine** wirken am Elektronentransport mit, die entweder *Flavinadenindinucleotid* (*FAD*) oder *Flavinadeninmononucleotid* (*FMN*) als prosthetische Gruppe nutzen. Im Grunde ist FMN die Hälfte des in der *Abbildung 10.9* dargestellten FAD-Moleküls, die Flavin enthält. Als Beispiel eines Flavoproteins führen wir die *NADH-Dehydrogenase* an, die zu dem Proteinkomplex gehört, der Elektronenpaare von NADH aufnimmt. Ein weiteres uns bereits aus dem TCA-Zyklus bekanntes Beispiel ist das Enzym Succinatdehydrogenase, bei dem FAD die prosthetische Gruppe bildet und der Teil des membranständigen Atmungskomplexes ist, der über FAD Elektronenpaare von Succinat aufnimmt. Ein wichtiges Merkmal der Flavoproteine (und des Coenzyms NADH) ist, dass sie sowohl Elektronen als auch Protonen übertragen, denn sie werden reversibel oxidiert und reduziert.

Eisen-Schwefel-Proteine **Eisen-Schwefel-Proteine**, die auch als *Nicht-Häm-Eisen-Proteine* bezeichnet werden, bilden eine Familie von Proteinen, die jeweils ein *Eisen-Schwefel-Zentrum* (*Fe-S-Zentrum*) besitzen, das aus Eisen- und Schwefelatomen besteht, die mit den Cysteingruppen dieses Proteins einen Komplex bilden. Es sind mindestens zwölf verschiedene Fe-S-Zentren am mitochondrialen Transportsystem beteiligt. Die Eisenatome dieser Zentren sind die eigentlichen Elektronenüberträger. Jedes Eisenatom wechselt während des Elektronentransports zwischen den oxidierten (Fe^{3+}) und den reduzierten (Fe^{2+}) Zuständen, wobei in diesem Fall nur jeweils ein Elektron und keine Protonen übertragen werden.

Cytochrome Ebenso wie die Eisen-Schwefel-Proteine enthalten auch die **Cytochrome** Eisen, aber als Teil einer prosthetischen Gruppe eines Porphyrins, dem sogenannten Häm, das Sie wahrscheinlich als Komponente des Hämoglobins kennen (siehe ▸*Abbildung 10.13* und *3.4*). Es gibt mindestens fünf verschiedene Arten von Cytochromen, die am Elektronentransportsystem mitwirken. Man bezeichnet sie als Cytochrome *b*, *c*, c_1, *a* und a_3. Das Eisenatom des Häms der prosthetischen Gruppe dient den Cytochromen ebenso wie das Eisen-Schwefel-Zentrum als Elektronenüberträger. Somit sind auch die Cytochrome Überträger eines Elektrons, die keine Protonen transferieren. Während die Cytochrome *b*, c_1, *a* und a_3 integrale Membranproteine sind, ist Cytochrom *c* ein peripheres Membranprotein, das locker mit der äußeren Membranoberfläche assoziiert ist. Außerdem ist Cytochrom *c* nicht Teil eines großen Komplexes und kann daher schneller diffundieren, eine sehr wichtige Eigenschaft, die es für seine Aufgabe bei der Übertragung von Elektronen zwischen Proteinkomplexen benötigt.

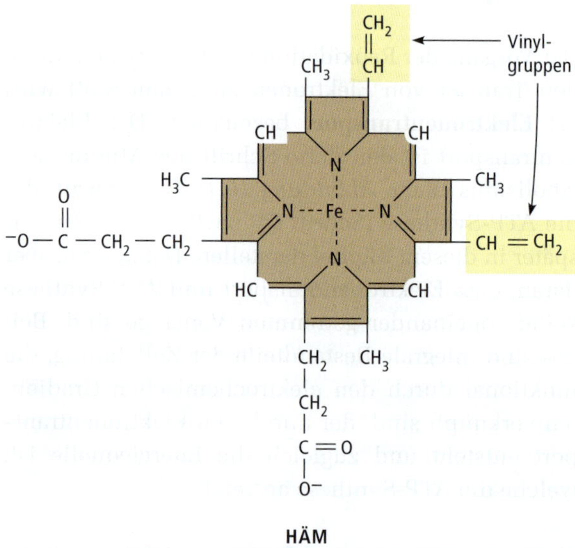

Abbildung 10.13: Die Struktur von Häm. Häm, das auch als Eisen-Protoporphyrin IX bezeichnet wird, ist die prosthetische Gruppe der Cytochrome *b*, *c* und c_1. Ein ähnliches Molekül, das Häm A, kommt in den Cytochromen a_1 und a_3 vor. Das Häm der Cytochrome *c* und c_1 ist durch Thioetherbindungen zwischen den Sulfhydrylgruppen von zwei Cysteinen in dem Protein und den Vinylgruppen (—CH=CH) des Häms (hellgelb unterlegt) kovalent mit dem Protein gebunden. Das Häm anderer prosthetischer Gruppen ist nicht kovalent mit dem Protein verbunden.

Kupferhaltige Cytochrome Außer Eisenatomen enthalten die Cytochrome *a* und a_3 auch ein einziges, an die Hämgruppe des Cytochroms gebundenes Kupferatom, wo es mit einem Eisenatom assoziiert und ein **bimetallisches Eisen-Kupfer-Zentrum** (**Fe-Cu-Zentrum**) bildet. Ebenso wie die Eisenatome können auch die Kupferionen reversibel von der oxidierten (Cu^{2+}) in die reduzierte (Cu^{+}) Form umgewandelt werden, indem einzelne Elektronen aufgenommen oder abgegeben werden. Das Eisen-Kupfer-Zentrum spielt eine entscheidende Rolle, denn es sorgt dafür, dass ein O_2-Molekül solange an den Cytochromoxidasekomplex gebunden bleibt, bis das O_2-Molekül die erforderlichen vier Elektronen und vier Protonen aufgenommen hat, woraufhin die Sauerstoffatome als zwei Moleküle Wasser freigesetzt werden. (Eine Anmerkung in puncto Ernährung: wenn Sie sich jemals die Frage stellen sollten, warum Sie die Elemente Eisen und Kupfer mit Ihrer Nahrung aufnehmen müssen, dann sind deren Aufgaben im Elektronentransport ein überaus wichtiger Grund.)

Das Coenzym Q Die einzige Nichtproteinkomponente des ETS ist das **Coenzym Q (CoQ)**, ein Chinon, dessen Struktur Sie in der ▶*Abbildung 10.14* sehen. Weil dieses Enzym überall in der belebten Natur zu finden ist, wird das Coenzym Q auch *Ubichinon* genannt (die Vorsilbe „ubi" bedeutet „überall" oder „universell"). *Abbildung 10.14* zeigt auch die reversible Reduktion des CoQ in zwei aufeinanderfolgenden Schritten, in denen jeweils ein Elektron und ein Proton von der Chinon-Form (CoQ) über die *Semichinon*-Form (CoQH) auf die *Dihydrochinon*-Form ($CoQH_2$) übertragen werden. Im Gegensatz zu den meisten ETS ist das Coenzym Q in der nicht-polaren inneren mitochondrialen Membran (oder der Plasmamembran bei den Bakterien) frei beweglich. CoQ-Moleküle sind die am weitesten verbreiteten Elektronenträger in der Membran und nehmen eine zentrale Position im ETS ein, wobei sie als Sammelstelle für Elektronen reduzierter prosthetischer Gruppen der FMN- und FAD-verknüpften Dehydrogenasen in der Membran dienen. Obwohl der größte Teil des CoQ beweglich ist, legen neueste Forschungsergebnisse die Vermutung nahe, dass ein Teil fest an spezifische Atmungskomplexe gebunden ist und am Mechanismus des Protonenpumpens mitwirken könnte.

Beachten Sie, dass das Coenzym Q bei der Reduktion sowohl Elektronen als auch Protonen aufnimmt und dass es bei der Oxidation Elektronen und Protonen abgibt. Diese Eigenschaft ist für die Rolle des Coenzyms Q beim aktiven Transport oder dem Pumpen von Protonen durch die innere mitochondriale Membran von entscheidender Bedeutung. Wenn CoQ zu $CoQH_2$ reduziert wird, akzeptiert es immer Protonen von einer Seite der Membran und diffundiert durch die Membran zur äußeren Oberfläche, wo es zu CoQ oxidiert wird, wobei die Protonen auf der anderen Membranseite abgegeben werden. Durch diese Bewegung entsteht eine mit dem Elektronentransport gekoppelte Protonenpumpe, von der man annimmt, dass es sich um einen der Mechanismen handelt, wodurch Mitochondrien, Chloroplasten und Bakterien elektrochemische Protonengradienten aufbauen und aufrechterhalten, die zur Speicherung der Energie des Elektronentransport genutzt werden.

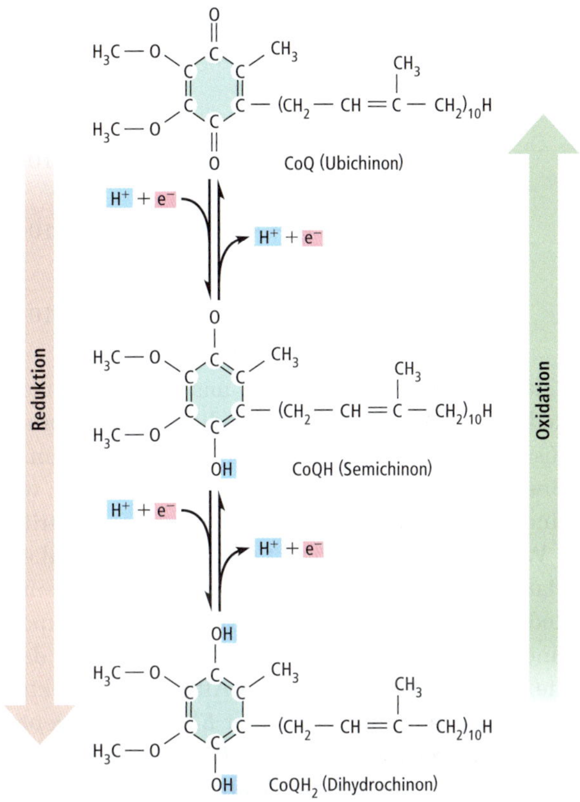

Abbildung 10.14: Oxidierte und reduzierte Formen des Coenzyms Q. Das Coenzym Q (auch als Ubichinon bezeichnet) nimmt sowohl Elektronen als auch Protonen auf, denn es wird zweistufig reversibel mit jeweils einem Elektron reduziert und bildet ausgehend von der Chinonform über CoQH (das Semichinon) schließlich $CoQH_2$ (das Dihydrochinon).

10.4.3 Die Elektronenüberträger arbeiten in einer Sequenz, die durch ihre Reduktionspotenziale bestimmt wird

Nun sind wir mit den fünf Arten der Elektronenüberträger des ETS vertraut. Unsere nächste Frage betrifft die Sequenz, in der diese Überträger arbeiten. Zur Beantwortung dieser Frage müssen wir den Begriff des **Standardreduktionspotenzials** verstehen, E_0', einer Maßeinheit in Volt (V) für die Affinität, die ein Molekül für Elektronen hat. Das Standardreduktionspotenzial beschreibt, wie leicht ein Molekül Elektronen aufnimmt und reduziert wird. Standardreduktionspotenziale werden experimentell für ein **Redoxpaar (Reduktions-Oxidations-Paar)** festgelegt, das aus zwei Molekülen oder Ionen besteht, die durch Abgabe oder Aufnahme von Elektronen ineinander umgewandelt werden können. Beispielsweise bilden NAD^+ und NADH ein Redoxpaar, ebenso wie Fe^{3+} und Fe^{2+} oder $\frac{1}{2}$ O_2 und H_2O, wie in den Reaktionen 10-6 bis 10-8 dargestellt:

$$NAD^+ + H^+ + 2\,e^- \longrightarrow NADH \qquad (10\text{-}6)$$

$$Fe^{3+} + e^- \longrightarrow Fe^{2+} \qquad (10\text{-}7)$$

$$\frac{1}{2}\,O_2 + 2\,H^+ + 2\,e^- \longrightarrow H_2O \qquad (10\text{-}8)$$

Relative Werte von E_0' geben uns die Möglichkeit, Redoxpaare zu vergleichen und die Richtung vorherzusagen, in der Elektronen fließen werden, wenn in einem System mehrere Redoxpaare vorkommen, was eindeutig auf das Elektronentransportsystem zutrifft.

Wie oben beschrieben, ist das Redoxpotenzial ein Maß für die Affinität der oxidierten Form eines Redoxpaares für Elektronen. Wenn ein Redoxpaar einen positiven E_0'-Wert hat, so bedeutet dies, dass die oxidierte Form eine hohe Affinität für Elektronen besitzt und daher ein guter *Elektronenakzeptor* ist. So ist beispielsweise der E_0'-Wert für O_2/H_2O stark positiv, was für die Qualität von O_2 als Elektronenakzeptor spricht. Andererseits hat das Paar NAD^+/NADH einen stark negativen E_0'-Wert, was bedeutet, dass NAD^+ ein schlechter Elektronenakzeptor ist. Einen negativen Elektronenakzeptor kann man als Maß dafür heranziehen, wie gut die reduzierte Form eines Redoxpaares als *Elektronendonor* taugt. Somit bedeutet der stark negative E_0'-Wert für das NADH-Paar, dass NADH ein guter Elektronendonor ist.

Die Bedeutung von Standardreduktionspotenzialen verstehen Wenn wir Berechnungen und Vergleiche von Reduktionspotenzialen für verschiedene Redoxpaare standardisieren möchten, so benötigen wir dafür selbstverständlich Werte, die unter spezifischen Bedingungen festgelegt werden, ebenso wie für die Standardänderung der freien Energie in *Kapitel 5*. Zu diesem Zweck werden wir mit dem Standardreduktionspotenzial (E_0') arbeiten, dem Reduktionspotenzial eines Redoxpaares unter Standardbedingungen (25 °C, 1 *M* Konzentration, 1 Atmosphäre Druck und einem pH-Wert von 7,0). Die Standardreduktionspotenziale von Redoxpaaren, die für den Energiemetabolismus von Bedeutung sind, haben wir in der ▶*Tabelle 10.2* aufgeführt.

Vereinbarungsgemäß dient das Redoxpaar 2 H^+/H_2 als Referenz und ihm wird der Wert 0,00 V zugewiesen (*Tabelle 10.2*, fettgedruckte Zeile). Wenn ein Redoxpaar ein positives Standardreduktionspotenzial besitzt, so bedeutet dies, dass die oxidierte Form des Paares unter Standardbedingungen eine höhere Affinität für Elektronen hat als H^+ und dass es von H_2 Elektronen aufnehmen kann. Umgekehrt bedeutet ein negatives Reduktionspotenzial, dass die oxidierte Form des Paares weniger Affinität für Elektronen besitzt als H^+ und die reduzierte Form wird Elektronen an H^+ abgeben, wobei H_2 entsteht.

Die Redoxpaare in der *Tabelle 10.2* sind in einer Reihenfolge aufgeführt, wobei die negativsten Werte für E_0' (das heißt die besten Elektronendonoren und damit die stärksten Reduktionswirkstoffe) oben stehen. Jedes in der *Tabelle 10.2* aufgeführte Redoxpaar kann mit jedem anderen Paar eine Redoxreaktion durchlaufen. Die Richtung einer solchen Reaktion unter Standardbedingungen kann durch den Wert des Redoxpotenzials vorhergesagt werden, denn unter Standardbedingungen *reduziert die reduzierte Form eines Redoxpaares spontan die oxidierte Form eines jeden anderen unterhalb in der Tabelle stehenden Redoxpaares.* Daher kann NADH Pyruvat zu Lactat reduzieren, aber nicht α-Ketoglutarat zu Isocitrat.

Die Tendenz der reduzierten Form eines Paares, die oxidierte Form eines anderen Paares zu reduzieren, kann man durch Ermittlung von $\Delta E_0'$ quantifizieren, die Differenz der Werte von E_0' der beiden Paare:

$$\Delta E_0' = E_0'{}_{,\,\text{Akzeptor}} - E_0'{}_{,\,\text{Donor}} \qquad (10\text{-}9)$$

Der Wert von $\Delta E_0'$ für die Übertragung von Elektronen von NADH zu O_2 (Reaktion 10-4) wird folgendermaßen berechnet, wobei NADH der Donor und O_2 der Akzeptor ist:

$$\begin{aligned}\Delta E_0' &= E_0'{}_{,\,\text{Akzeptor}} - E_0'{}_{,\,\text{Donor}}\\ &= +0{,}816 - (-0{,}32) = +1{,}136\ \text{V} \qquad (10\text{-}10)\end{aligned}$$

Tabelle 10.2

Standardreduktionspotenziale für biologisch wichtige Redoxpaare*

Redoxpaar (oxidierte Form ⟶ reduzierte Form)	Anzahl der Elektronen	$E_0{}'$ (V)
Acetat ⟶ Pyruvat	2	−0,70
Succinat ⟶ α-Ketoglutarat	2	−0,67
Acetat ⟶ Acetaldehyd	2	−0,60
3-Phosphoglycerat ⟶ Glycerinaldehyd-3-Phosphat	2	−0,55
α-Ketoglutarat ⟶ Isocitrat	2	−0,38
NAD^+ ⟶ NADH	2	−0,32
FMN ⟶ $FMNH_2$	2	−0,30
1,3-Bisphosphoglycerat ⟶ Glycerinaldehyd-3-Phosphat	2	−0,29
Acetaldehyd ⟶ Ethanol	2	−0,20
Pyruvat ⟶ Lactat	2	−0,19
FAD ⟶ $FADH_2$	2	−0,18
Oxalacetat ⟶ Malat	2	−0,17
Fumarat ⟶ Succinat	2	−0,03
$2\ H^+$ ⟶ H_2	**2**	**0,00****
CoQ ⟶ $CoQH_2$	2	+0,04
Cytochrom *b* (Fe^{3+} ⟶ Fe^{2+})	1	+0,07
Cytochrom *c* (Fe^{3+} ⟶ Fe^{2+})	1	+0,25
Cytochrom *a* (Fe^{3+} ⟶ Fe^{2+})	1	+0,29
Cytochrom a_3 (Fe^{3+} ⟶ Fe^{2+})	1	+0,55
Fe^{3+} ⟶ Fe^{2+} (anorganisches Eisen)	1	+0,77
1/2 O_2 → H_2O	2	+0,816

* *Jeder Wert von $\Delta E_0{}'$ gilt für die folgende Halbreaktion, wobei n die Anzahl der übertragenen Elektronen repräsentiert: oxidierte Form + $n\ H^+$ + $n\ e^-$ ⟶ reduzierte Form.*

** *Definitionsgemäß ist das Redoxpaar der Bezugspunkt zur Ermittlung der Werte aller anderen Redoxpaare. Es wird vorausgesetzt, dass $[H^+]$ = 1,0 M ist und daher der pH-Wert bei 0,0 liegt. Bei einem pH-Wert von 7,0 beträgt der Wert für das Paar $2\ H^+/H_2$ − 0,42 V.*

Die Beziehung zwischen $\Delta G^{\circ\prime}$ und $\Delta E_0{}'$ Gewiss haben Sie es schon erraten, $\Delta E_0{}'$ ist ein Maß für die thermodynamische Spontanität für die Redoxreaktion zwischen zwei Redoxpaaren unter Standardbedingungen. Daher kann die Spontanität einer Redoxreaktion unter Standardbedingungen entweder als $\Delta G^{\circ\prime}$ oder $\Delta E_0{}'$ ausgedrückt werden. Die Vorzeichenvereinbarung für $\Delta E_0{}'$ ist das Gegenteil von $\Delta G^{\circ\prime}$, sodass $\Delta G^{\circ\prime}$ bei einer exergonischen Reaktion ein negatives Vorzeichen hat, während $\Delta E_0{}'$ ein positives hat. Für jede Oxidations-Reduktions-Reaktion wird $\Delta G^{\circ\prime}$ durch folgende Gleichung mit $\Delta E_0{}'$ in Beziehung gesetzt:

$$\Delta G^{\circ\prime} = -nF\,\Delta E_0{}' \qquad (10\text{-}11)$$

Wobei n die Anzahl der übertragenen Elektronen ist, und F ist die Faradaykonstante (23,062 cal/(mol · V)). Zum Beispiel findet bei der Reaktion von NADH mit Sauerstoff (Reaktion 10-4) der Transfer von zwei Elektronen statt, sodass $\Delta G^{\circ\prime}$ der Reaktion folgendermaßen berechnet werden kann:

$$\Delta G^{\circ\prime} = -2F\,\Delta E_0{}' = -2\,(23{,}062)\,(+1{,}136)$$
$$= -52{,}400\ \text{cal/mol} = -52{,}4\ \text{kcal/mol} \quad (10\text{-}12)$$

Der Wert von $\Delta G^{\circ\prime}$ dieser Reaktion ist stark negativ, weshalb der Transfer von Elektronen von NADH zu O_2 unter Standardbedingungen thermodynamisch spontan abläuft. Diese Differenz der Reduktionspotenziale zwischen den Redoxpaaren NAD^+/NADH und O_2/H_2O treibt den ETS an und im Folgenden werden wir sehen, dass ein Protonengradient aufgebaut wird, dessen elektrochemisches Potenzial die ATP-Synthese antreibt.

Die Anordnung der Elektronenüberträger Jetzt verfügen wir über die Information, die wir brauchen, um das Puzzle des ETS zusammenzusetzen. Wir wissen schon, dass das respiratorische ETS sich aus mehreren FMN- und FAD-verknüpften Dehydrogenasen, Eisen-Schwefel-Proteinen mit einer Gesamtmenge von zwölf oder mehr Fe-S-Zentren, fünf Cytochromen (darunter zwei mit Fe-Cu-Zentren) und einer Gruppe von Coenzym-Q-Molekülen zusammensetzt. In der ▶*Abbildung 10.15* sind die wichtigsten Komponenten des ETS von freiem NADH ($E_0{}'$ = −0,32 V) und dem $FADH_2$ der Succinatdehydrogenase ($E_0{}'$ = −0,18 V) bis zu Sauerstoff ($E_0{}'$ = +0,816 V) dargestellt und entsprechend ihrer Standardreduktionspotenziale angeordnet ($E_0{}'$-Werte gemäß der *Tabelle 10.2*).

Im Hinblick auf die Energie ist die Kernaussage der *Abbildung 10.15*, dass *die Position eines jeden Überträgers von dessen Standardreduktionspotenzial bestimmt wird*. Mit anderen Worten besteht das Elektronentransportsystem aus einer Reihe chemisch

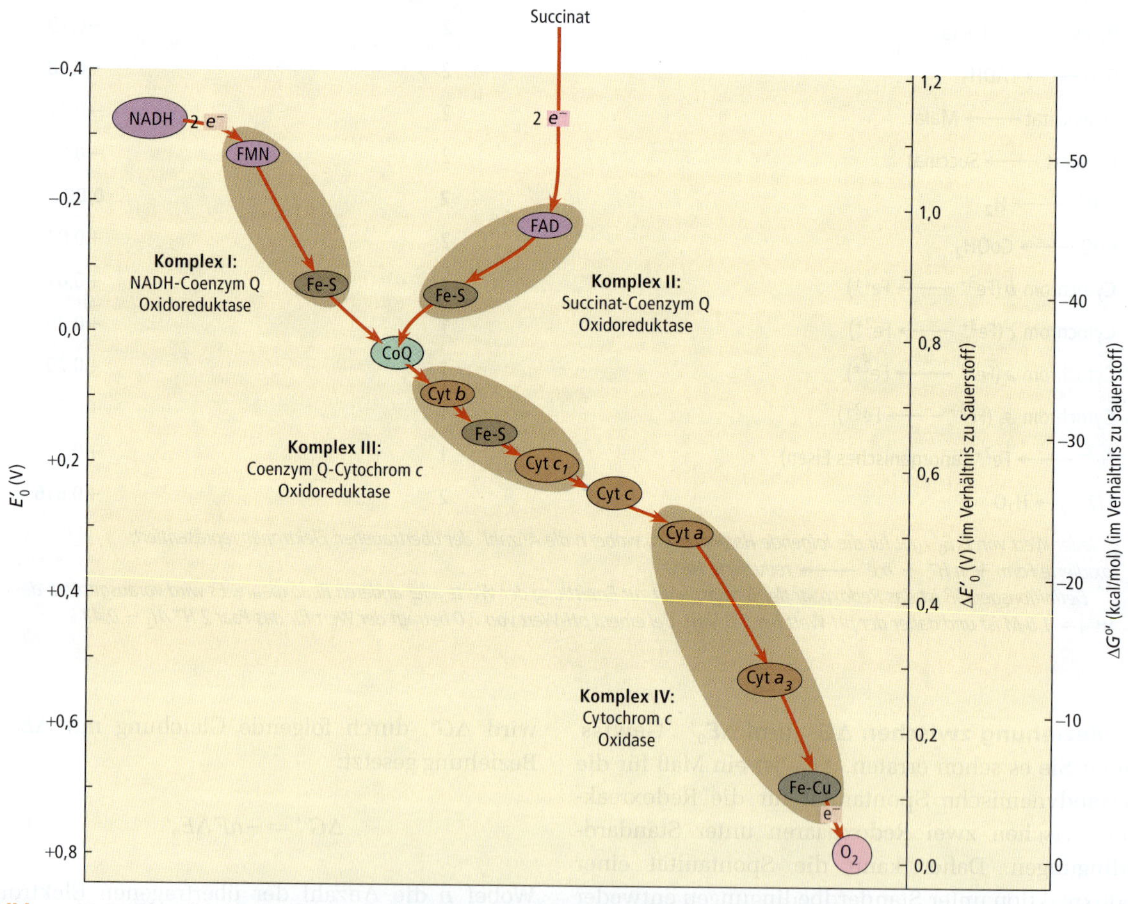

Abbildung 10.15: Die wichtigsten Komponenten der Atmungskomplexe und deren Energetik. Die wichtigsten Zwischenprodukte des Elektronentransports von NADH (−0,32 V) und $FADH_2$ (−0,18 V) zu Sauerstoff (+0,816 V) sind vertikal entsprechend ihrer Energieniveaus positioniert, gemäß ihrer Standardreduktionspotenziale ($E_0{}'$, linke Achse). Die vier Atmungskomplexe sind als braune ovale Formen abgebildet, wobei die wichtigsten Überträger in jedem Komplex nochmals in kleineren Ovalen aufgeführt werden. Coenzym Q und Cytochrom *c* sind kleine mobile Zwischenprodukte, die Elektronen zwischen mehreren Komplexen übertragen. Die roten Linien zeichnen den exergonischen Fluss von Elektronen durch das System nach. Auf den rechten Achsen sehen Sie die Werte von $\Delta E_0{}'$ und $\Delta G^{\circ\prime}$ im Verhältnis zu Sauerstoff (das heißt die Veränderungen des Standardreduktionspotenzials und der Standardänderung der freien Energie für den Transfer von Elektronen zu O_2).

unterschiedlicher Überträger, deren Reihenfolge bei der Teilnahme am Elektronentransfer von ihren relativen Reduktionspotenzialen bestimmt wird. Dies bedeutet wiederum, dass der Elektronentransfer von NADH oder $FADH_2$, in der Abbildung oben, zu O_2, unten, spontan und exergonisch abläuft, wobei sich einige Übertragungen zwischen aufeinanderfolgenden Überträgern durch recht große Differenzen in den Werten für E_0' auszeichnen und damit durch große Veränderungen der freien Energie.

10.4.4 Die meisten Elektronenüberträger gehören vier großen Atmungskomplexen an

Obwohl viele Elektronenüberträger am ETS mitwirken, sind die meisten von ihnen nicht als getrennte Einheiten in der Membran präsent. Stattdessen erbrachten Experimente im Hinblick auf das Verhalten dieser Elektronenüberträger aus mitochondrialen Präparaten, dass sie in *Multiproteinkomplexen* organisiert sind. Extrahiert man beispielsweise mitochondriale Membranen unter schonenden Bedingungen, so kann nur Cytochrom *c* leicht entfernt werden. Die anderen Elektronenüberträger bleiben in der inneren Membran gebunden und werden erst dann freigesetzt, wenn die Membran mit Detergenzien oder konzentrierten Salzlösungen behandelt wird. Durch diese Behandlungsmethoden kann man die verbleibenden Elektronenüberträger nicht als einzelne Moleküle sondern als vier große Komplexe aus der Membran extrahieren.

Auf der Grundlage dieser und ähnlicher Ergebnisse kommt man zu dem Schluss, dass die meisten Elektronenüberträger im ETS wahrscheinlich in der inneren mitochondrialen Membran in vier verschiedenen Arten von **Atmungskomplexen** angeordnet sind. Diese Komplexe sind in der *Abbildung 10.15* durch die braunen Ovale und römischen Ziffern dargestellt, welche die Reihenfolge der verschiedenen Elektronenüberträger auf der Grundlage ihrer E_0'-Werte sowie ihrer Organisation in der Membran angeben.

Eigenschaften der Atmungskomplexe Jeder Atmungskomplex besteht aus einem charakteristischen Komplex von Polypeptiden und prosthetischen Gruppen und jeder Komplex übernimmt eine einzigartige Rolle im Elektronentransportvorgang. In der ▸*Tabelle 10.3* werden einige Eigenschaften dieser Komplexe aufgeführt.

Tabelle 10.3

Eigenschaften der mitochondrialen Atmungskomplexe

Atmungskomplex				Elektronenfluss		
Nummer	Bezeichnung	Anzahl der Polypeptide*	Prosthetische Gruppen	Aufgenommen von	Weitergegeben an	Transportierte Protonen (pro Elektronenpaar)
I	NADH-Coenzym-Q-Oxidoreduktase (NADH-Dehydrogenase)	43 (7)	1 FMN 6 – 9 Fe-S-Zentren	NADH	Coenzym Q	4
II	Succinat-Coenzym-Q-Oxidoreduktase (Succinatdehydrogenase)	4 (0)	1 FAD 3 Fe-S-Zentren	Succinat (über enzym gebundenes FAD)	Coenzym Q	0
III	Coenzym-Q-Cytochrom-*c*-Oxidoreduktase	11 (1)	2 Cytochrom *b* 1 Cytochrom c_1 1 Fe-S-Zentrum	Coenzym Q	Cytochrom *c*	4**
IV	Cytochrom-*c*-Oxidase	13 (3)	1 Cytochrom *a* 1 Cytochrom a_3 2 Cu-Zentren (als Fe-Cu-Zentren mit Cytochrom a_3	Cytochrom *c*	Sauerstoff (O_2)	2

* *Die Anzahl der Polypeptide, die vom mitochondrialen Genom kodiert werden, ist für jeden Komplex in Klammern angegeben.*
** *Zu dem Wert von Komplex III gehören zwei Protonen, die von Coenzym Q transportiert werden.*

Komplex I transferiert Elektronen von NADH zu Coenzym Q und wird als *NADH-Coenzym-Q-Oxidoreduktasekomplex* (oder *NADH-Dehydrogenasekomplex*) bezeichnet. **Komplex II** transferiert Elektronen vom Succinat in der Reaktion TCA-6 zu CoQ. Dieser Komplex trägt die Bezeichnung *Succinat-Coenzym-Q-Oxidoreduktasekomplex*, obwohl man auch häufig die gebräuchlichere Bezeichnung *Succinatdehydrogenase* hört. Der **Komplex III** wird als *Coenzym-Q-Cytochrom-c-Oxidoreduktasekomplex* bezeichnet, weil hier Elektronen von Coenzym Q aufgenommen und an das Cytochrom *c* weitergegeben werden. Diesen Komplex bezeichnet man auch als *Cytochrom-b/c_1-Komplex*, denn diese beiden Cytochrome sind dessen wichtigste Komponenten. Der **Komplex IV** transferiert Elektronen von Cytochrom *c* zum Sauerstoff und wird als *Cytochrom-c-Oxidase* bezeichnet.

In der ▸*Abbildung 10.16* werden die drei Komplexe der NADH-Oxidation (Komplexe I, III und IV) in ihrer richtigen eukaryotischen Umgebung dargestellt, der inneren mitochondrialen Membran. (Komplex II wurde nicht in die Abbildung aufgenommen, da er nicht an der NADH-Oxidation mitwirkt.) Außerdem ist in der Abbildung das Auswärtspumpen von Protonen durch die Membran dargestellt, das zusammen mit dem Elektronentransport in der Membran abläuft. Jeder dieser Komplexe repräsentiert einen Bereich, in dem Protonen nach außen gepumpt werden. *Für jedes Elektronenpaar, das durch die Komplexe I, III und IV transportiert wird, werden zehn Protonen von der Matrix in den Intermembranraum gepumpt.*

Einige Wissenschaftler haben festgestellt, dass unter bestimmten Bedingungen noch weitere Protonen aus der Matrix gepumpt werden können, wofür aber keine weiteren Elektronen transportiert werden müssen. Dies kann durch die Wirkung eines mitochondrialen **Q-Kreislaufs** erklärt werden, der

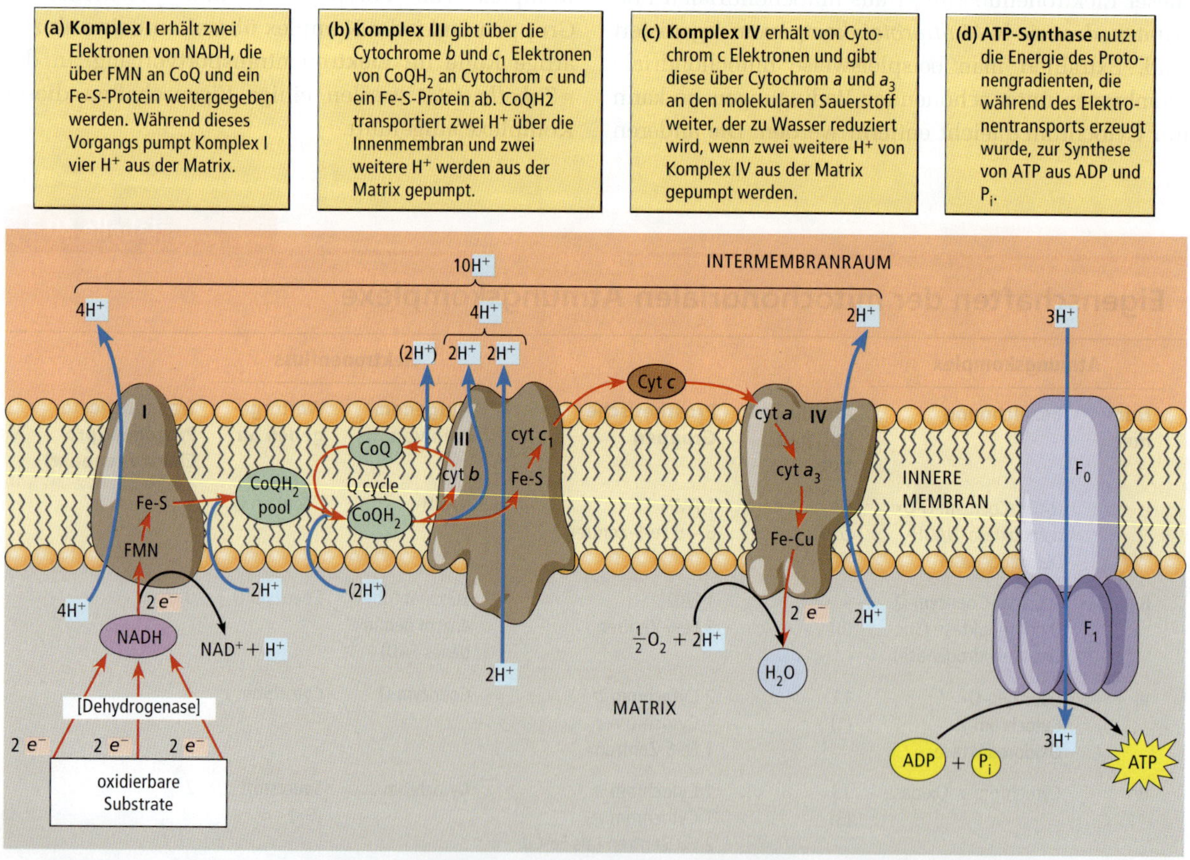

Abbildung 10.16: Der Elektronenfluss durch die Atmungskomplexe I, III und IV verursacht gerichtetes Protonenpumpen. (a – c) Elektronen von oxidierbaren Substanzen in der mitochondrialen Matrix fließen exergonisch über die Atmungskomplexe I, III und IV vom NADH zum Sauerstoff. (d) Während des Transports von zwei Elektronen werden 10 H^+ durch die innere Membran gepumpt und drei ATP werden von der F_0F_1-ATP-Synthase synthetisiert. Zwei weitere H^+ (in Klammern) werden während des Q-Kreislaufs gepumpt.

erstmalig im Jahr 1975 von Peter Mitchell vorgestellt wurde. In diesem Modell wird für jedes Elektron, das von $CoQH_2$ zum Fe-S-Protein von Komplex III transportiert wird, ein Elektron von $CoQH_2$ im Q-Kreislauf genutzt, um über Cytochrom *b* ein zweites Molekül CoQ zu reduzieren. Wenn CoQ zu $CoQH_2$ reduziert wird, werden zwei weitere Protonen (in der *Abbildung 10.16* in Klammern) von der Matrix aufgenommen und dann in den Intermembranraum freisetzt, wenn $CoQH_2$ reoxidiert wird.

Die Rolle der Cytochrom-*c*-Oxidase Unter den an der aeroben Atmung des Menschen beteiligten Atmungskomplexen ist der Cytochrom-*c*-Oxidase-Komplex (Komplex IV) die **terminale Oxidase**, bei der Elektronen direkt zum Sauerstoff übertragen werden. Daher ist dieser Komplex die entscheidende Verbindung zwischen der aeroben Atmung und dem Sauerstoff, der alles erst möglich macht. Cyanid- und Azidionen sind für fast alle aeroben Zellen stark toxisch, denn sie binden fest an das Fe-Cu-Zentrum von Cytochrom-*c*-Oxidase, wodurch der Elektronentransport blockiert wird. Der Transport von vier Elektronen vom Cytochrom *c* zum O_2 plus das Anfügen von vier Protonen führt zur Bildung von zwei Molekülen H_2O. Man weiß allerdings aus Untersuchungen, dass die Komplexe I und III auch Elektronen direkt zum O_2 übertragen können, was zu einer unvollständigen Reduktion führt. Dabei können das toxische *Superoxidanion* (O_2^-) oder *Wasserstoffperoxid* (H_2O_2) entstehen – Verbindungen, die unter normalen und pathologischen Bedingungen zur Zellalterung beitragen.

10.4.5 Die Atmungskomplexe bewegen sich frei in der inneren Mitochondrienmembran

Im Gegensatz zu den integralen Proteinen in der Plasmamembran sind die Proteinkomplexe der mitochondrialen Innenmembran beweglich und können frei innerhalb der Ebene der Membran diffundieren. Diese Diffusion kann man experimentell nachweisen. Im Rahmen eines Versuches wurden mitochondriale Innenmembranen einem elektrischen Feld ausgesetzt und die Verteilung der Proteinkomplexe wurde anschließend mittels Gefrierbruchanalyse ermittelt. Man stellte fest, dass Partikel, die den Proteinkomplexen entsprachen, sich an einem Ende der Membran anhäuften. Als man das elektrische Feld ausschaltete, kehrten die Partikel innerhalb von Sekunden wieder in ihre zufällige Anordnung zurück, was eindeutig dafür spricht, dass sie frei innerhalb der flüssigen Lipiddoppelschicht diffundieren.

Die Ergebnisse dieser und ähnlicher Untersuchungen machen deutlich, dass die Atmungskomplexe nicht geordnet in der Membran aufgereiht sind, was man oft in Lehrbüchern liest, sondern in der Membran als mobile Komplexe existieren. Tatsächlich liegt in der mitochondrialen inneren Membran eine große Menge ungesättigter und gesättigter Phospholipide vor und praktisch kein Cholesterin, sodass die Fluidität sehr hoch ist und entsprechend auch die Mobilität der Atmungskomplexe.

Neuere Forschungsarbeiten legen die Vermutung nahe, dass diese Multiproteinatmungskomplexe selbst in Superkomplexen organisiert sind, den sogenannten **Respirasomen**, die mehrere in definierten Verhältnissen miteinander assoziierte Atmungskomplexe enthalten. Die Assoziation von mehreren TCA-Zyklus-Dehydrogenasen mit diesen Respirasomen deutet darauf hin, dass deren Funktion darin besteht, die Diffusionsdistanzen zu verkürzen, wodurch der Elektronenfluss zwischen den Atmungskomplexen erleichtert wird. Respirasomen kommen in sehr verschiedenen Organismen vor, bei Bakterien, Hefen, Pflanzen und dem Menschen, und üben auch andere regulatorische Funktionen aus.

Wie Sie der *Abbildung 10.15* entnehmen können, sind NADH, Coenzym Q und Cytochrom *c* die Schlüsselzwischenprodukte des Elektronentransfervorgangs. NADH knüpft das ETS an die Dehydrogenierungsreaktionen (Oxidationen) des TCA-Zyklus und an die meisten anderen Reaktionen in der Matrix des Mitochondriums. Coenzym Q und Cytochrom *c* übertragen Elektronen zwischen den Atmungskomplexen. Coenzym Q nimmt Elektronen von den Komplexen I und II auf und ist im Grunde der „Trichter", in dem Elektronen von praktisch jeder Oxidationsreaktion in der Zelle gesammelt werden. Coenzym Q und Cytochrom *c* sind relative kleine Moleküle, die entweder innerhalb der Membran (Coenzym Q) oder auf der Membranoberfläche (Cytochrom *c*) schnell diffundieren. Außerdem sind sie recht zahlreich – ungefähr zehn Moleküle Cytochrom *c* und 50 Moleküle Coenzym Q pro Komplex I. Aufgrund ihrer Häufigkeit und ihrer Mobilität können diese Carrier so viele Elektronen zwischen den wichtigsten Komplexen transferieren, dass sie die beobachteten Geschwindigkeiten der Elektronenübertragung bei aktiv atmenden Mitochondrien erreichen.

Der elektrochemische Protonengradient: Schlüssel der Energiekopplung 10.5

Bisher haben Sie gelernt, dass Coenzyme während der oxidativen Ereignisse der Glykolyse, der Pyruvatoxidation und des TCA-Zyklus reduziert werden, den ersten drei Schritten der aeroben Atmung (siehe *Abbildung 10.1*). Sie haben außerdem gelernt, dass reduzierte Coenzyme durch den exergonischen Transfer von Elektronen zum Sauerstoff über ein System reversibel oxidierbarer Zwischenprodukte, die in der inneren mitochondrialen Membran lokalisiert sind, reoxidiert werden (Schritt ❹). Jetzt werden wir uns damit beschäftigen, wie die freie Energie, die während des Elektronentransports freigesetzt wird, zur Bildung eines elektrochemischen Protonengradienten genutzt wird und wie die Energie des Gradienten dann in Schritt ❺ zum Antrieb der ATP-Synthese aufgewendet wird.

Da bei diesem Verfahren zur ATP-Synthese Phosphorylierungsereignisse eine Rolle spielen, die an den sauerstoffabhängigen Elektronentransport gebunden sind, wird dieser Vorgang als **oxidative Phosphorylierung** bezeichnet, wodurch er von der Substratkettenphosphorylierung unterschieden wird, die als integraler Bestandteil einer spezifischen Reaktion des metabolischen Stoffwechselweges abläuft. (Reaktionen Gly-7 und Gly-10 der Glykolyse und Reaktion TCA-5 des TCA-Zyklus sind Beispiele für die Substratkettenphosphorylierung; siehe *Abbildung 9.7* und *Abbildung 10.8*).

10.5.1 Elektronentransport und ATP-Synthese sind gekoppelte Reaktionen

Vom Ablauf her ist die oxidative Phosphorylierung komplexer als die Substratkettenphosphorylierung. Im Laufe der Zeit wurde über dieses schwierige Thema höchst kontrovers diskutiert, was einen angesehenen Fachmann auf diesem Gebiet zu der Aussage veranlasste, „jeder, den die oxidative Phosphorylierung nicht verwirrt, kapiert einfach gar nichts.“ Mittlerweile wissen wir jedoch, dass ein **elektrochemischer Protonengradient** die entscheidende Verbindung zwischen dem Elektronentransport und der ATP-Bildung ist, der durch gerichtetes Pumpen von Protonen durch die Membran aufgebaut wird, in welcher der Elektronentransport abläuft.

Unter normalen zellulären Bedingungen ist die ATP-Synthese an den Elektronentransport *gekoppelt*. Dies bedeutet nicht nur, dass die ATP-Synthese vom Elektronenfluss abhängt, sondern dass der Elektronenfluss nur dann möglich ist, wenn ATP synthetisiert werden kann. Durch Behandlung isolierter Mitochondrien mit bestimmten Chemikalien – sogenannten *Entkopplern* (engl.: *uncouplers*) – wird die Anhängigkeit dieser beiden Vorgänge voneinander entkoppelt. Mit anderen Worten, Entkoppler ermöglichen sogar dann einen unablässigen Elektronentransport (und Abbau von O_2), wenn keine ATP-Synthese zur Verfügung steht. Im Gegensatz dazu setzen Atmungskomplexinhibitoren, die den Elektronenfluss beenden, auch der ATP-Synthese ein Ende. Daher hängt die ATP-Synthese stark vom Elektronentransport ab, aber der Elektronenfluss ist nicht unbedingt von der ATP-Synthese abhängig. Im braunen adipösen Fettgewebe neugeborener Säugetiere läuft ein ähnlicher Entkopplungsmechanismus ab, bei dem mittels eines exergonischen Elektronentransports Wärme und nicht ATP gebildet wird.

Atmungskontrolle des Elektronentransports Da der Elektronentransport an die ATP-Synthese gekoppelt ist, reguliert die Verfügbarkeit von ADP die Geschwindigkeit der oxidativen Phosphorylierung und daher des Elektronentransports. Diese Regulierung bezeichnet man als **Atmungskontrolle** und deren physiologische Bedeutung wird schnell deutlich: Der Elektronentransport und die ATP-Synthese werden bei hoher ADP-Konzentration begünstigt (das heißt, bei niedriger ATP-Konzentration) und bei niedriger ADP-Konzentration gehemmt (bei hoher ATP-Konzentration). Daher wird die oxidative Phosphorylierung entsprechend den Bedürfnissen der Zelle reguliert, sodass der Elektronenfluss von organischen Energieträgern zum Sauerstoff den Energiebedürfnissen der Zelle angepasst ist. Dieser regulatorische Mechanismus wird deutlich, wenn man sich körperlich anstrengt, denn die Anhäufung von ADP im Muskelgewebe bewirkt einen schnelleren Elektronenfluss, worauf ein dramatischer Anstieg des Sauerstoffbedarfs folgt.

Das chemiosmotische Modell: Das „fehlende Verbindungsstück" ist ein Protonengradient Wie kann die ATP-Synthese, eine Dehydrierungsreaktion, eng an den Elektronentransport gekoppelt sein, der durch sequenzielle Oxidation und Reduktion verschiedener Proteinkomplexe in einer Lipiddoppelschicht abläuft? Über diese Frage haben sich die Wissenschaftler mehrere Jahrzehnte lang die Köpfe zerbrochen. Die meisten waren der Ansicht, dass irgendwelche noch nicht entdeckten Zwischenprodukte an der oxidativen Phosphorylierung mitwirken müssten, ebenso wie bei der Substratkettenphosphorylierung (Rufen Sie sich die Schritte der ATP-Gewinnung in den Reaktionen Gly-7 und Gly-10 aus der *Abbildung 9.7* und die Reaktion TCA-5 in *Abbildung 10.8* ins Gedächtnis.)

Während andere sich auf die fieberhafte Suche nach hochenergetischen Zwischenprodukten machten, präsentierte der britische Biochemiker Peter Mitchell den revolutionären Vorschlag, dass diese Zwischenprodukte vielleicht gar nicht existierten. 1961 schlug Mitchell eine andere Erklärung vor, das **chemiosmotische Kopplungsmodell**. Gemäß diesem Modell wird der exergonische Transfer von Elektronen durch die Atmungskomplexe von dem in eine Richtung stattfindenden Protonenpumpen durch die Membran begleitet, in der sich das Transportsystem befindet. Der auf diese Weise gebildete elektrochemische Protonengradient stellt die potenzielle Energie dar, welche die Antriebskraft für die ATP-Synthese liefert. Mit anderen Worten, das „fehlende Verbindungsstück" zwischen Elektronentransport und ATP-Synthese war kein hochenergetisches chemisches Zwischenprodukt, sondern ein elektrochemischer Protonengradient. In der *Abbildung 10.16* wird dieser Mechanismus dargestellt, wobei sowohl das Auswärtspumpen der Protonen dargestellt wird, das mit dem Elektronentransport durch die Komplexe I, III und IV einhergeht als auch die von Protonen angetriebene Synthese von ATP durch den F_oF_1-Komplex.

Sie vermuten schon ganz richtig, Mitchells Theorie stieß auf viel Skepsis und Widerstand. Diese Theorie war nicht nur ein radikaler Bruch mit der gängigen Meinung über die Kopplung, sondern Mitchell legte nicht einmal experimentell erbrachte Daten vor. Im Laufe der Jahre wurden jedoch viele Daten gesammelt, die Mitchells Modell untermauerten und 1978 erhielt Mitchell für seine Pionierarbeit den Nobelpreis. Heutzutage ist das chemiosmotische Modell ein gut überprüftes Konzept, das den Rahmen unseres Verständnisses für Energieumwandlungen bietet und zwar nicht nur in mitochondrialen Membranen, sondern auch in den Membranen der Chloroplasten und der Bakterien.

Die grundlegende Aussage des chemiosmotischen Modells besteht darin, dass *die Verbindung zwischen Elektronentransport und ATP-Bildung ein elektrochemisches Potenzial über einer Membran ist.* Tatsächlich verdankt das Modell seinen Namen diesem Merkmal: Der „chemi"-Teil des Begriffs bezieht sich auf die chemischen Vorgänge der Oxidation und des Elektronentransfers und der „osmotische"-Teil stammt vom griechischen Wort „osmos", das „stoßen" bedeutet – in diesem Fall werden Protonen durch die Membran gestoßen. Das chemiosmotische Modell hat sich als besonders hilfreich erwiesen, was nicht nur daran liegt, dass es eine sehr plausible Erklärung für die gekoppelte ATP-Gewinnung liefert, sondern auch an seinem gewaltigen Einfluss auf unsere heutige Sichtweise der Energiespeicherung in biologischen Systemen.

10.5.2 Die Oxidation von Coenzymen pumpt genügend Protonen zur Bildung von drei ATP pro NADH und zwei ATP pro $FADH_2$

Bevor wir uns mit dem experimentellen Beweis beschäftigen, der das chemiosmotische Modell bestätigte, beachten Sie bitte, dass in der *Abbildung 10.16* Schätzwerte für die Anzahl der Protonen angegeben werden, die von den drei an der NADH-Oxidation beteiligten Atmungskomplexen nach außen gepumpt werden und für die Anzahl der Protonen, die zum Antrieb der ATP-Synthese durch den F_oF_1-Komplex benötigt wird. In diesem Zusammenhang ist das Wort „Schätzwert" wichtig, denn Wissenschaftler sind sich noch nicht über alle Zahlen einig. Diese Uneinigkeit geht zum Teil auf ein Strukturmerkmal zurück, das in den verschiedenen ATP-Synthasekomplexen voneinander abweicht. Im Folgenden werden wir sehen, dass die Anzahl von Protonen, die zur Bildung von drei ATP benötigt werden, direkt mit der Anzahl von *c*-Untereinheiten in dem F_o-Teil der F_oF_1-ATP-Synthase in Zusammenhang steht und diese Anzahl kann sich bei den Organismen unterscheiden.

Sie haben schon erfahren, dass die meisten Dehydrogenasen in der mitochondrialen Matrix Elektronen von oxidierbaren Substraten auf NAD^+ übertragen, wodurch NADH entsteht. NADH überträgt wiederum Elektronen zur FMN-Komponente des Komplexes I, wodurch das Elektronentransportsystem beladen wird. In der *Abbildung 10.16* wird der Transfer von zwei Elektronen von NADH abwärts der Atmungskette zum Sauerstoff dargestellt, der mit dem Pumpen von vier Protonen durch Komplex I, vier Protonen durch CoQ plus Komplex III und zwei Protonen durch Komplex IV durch die Membran einhergeht. Das ergibt insgesamt zehn Protonen pro NADH (zwölf Protonen pro NADH, wenn der Q-Kreislauf stattfindet).

Man geht davon aus, dass zum Antrieb der Synthese eines Moleküls ATP durch die F_oF_1-ATP-Synthase die erforderliche Protonenanzahl bei drei oder vier liegt, wobei drei als wahrscheinlicher gelten. Gehen wir davon aus, dass pro oxidiertem NADH zehn Protonen gepumpt werden und dass drei Protonen pro ATP-Molekül benötigt werden, dann können wir folgern, dass bei der oxidativen Phosphorylierung ungefähr drei Moleküle ATP pro oxidiertem NADH synthetisiert werden. Diese Annahme passt gut zu Untersuchungen, die bis in die 1940er Jahre zurückreichen, denen zufolge im Allgemeinen eine fixes Verhältnis zwischen der Anzahl der Moleküle gebildeten ATPs und der Anzahl der Sauerstoffatome besteht, die bei der Atmung verbraucht werden, wenn ein Elektronenpaar entlang der Sequenz von Überträgern vom reduzierten Coenzym zum Sauerstoff wandert. Racker und seine Kollegen wiesen beispielsweise nach, dass synthetische Phospholipidvesikel, die Komplex I, Komplex III oder Komplex IV enthielten, ein Molekül ATP pro Elektronenpaar, das den Komplex passierte, bilden konnten. Diese Ergebnisse stimmen mit unserem heutigen Verständnis überein, demzufolge jeder dieser drei Komplexe als Protonenpumpe dient, wodurch er zum Protonengradient beiträgt, der die ATP-Synthese antreibt.

Für unsere Überlegungen gehen wir einmal davon aus, dass die ATP-Erträge für NADH bei drei und für $FADH_2$ bei zwei liegen, wobei wir nicht vergessen dürfen, dass die Werte, auf denen diese Erträge beruhen, noch nicht exakt bestimmt wurden. Diese Zahlenwerte sind aber ganz brauchbar, denn der Wert von $\Delta G^{\circ\prime}$ für die Oxidation von NADH durch molekularen Sauerstoff beträgt −52,4 kcal/mol. Damit liegt genügend freie Energie vor, um drei ATP zu bilden (wofür unter zellulären Bedingungen jeweils 10 kcal/mol erforderlich sind), wenn man von einer Effizienz von nur 50 % ausgeht.

10.5.3 Experimentelle Beweise für das chemiosmotische Modell

Das chemiosmotische Modell wurde erstmals im Jahr 1961 formuliert. Mittlerweile wird es allgemein als Verbindung zwischen Elektronentransport und ATP-Synthese akzeptiert. Um dies zu verstehen, müssen wir zuerst mehrere der wichtigsten Experimente kennenlernen, die dieses Modell stützen. Dabei werden Sie mehr über den Mechanismus der osmotischen Kopplung erfahren.

1. Der Elektronentransport bewirkt, dass Protonen aus der mitochondrialen Matrix herausgepumpt werden Kurz nachdem Mitchell und seine Kollegen das chemiosmotische Modell vorgestellt hatten, wiesen sie experimentell nach, dass der Elektronenfluss durch das ETS zusammen mit dem Transport von Protonen durch die innere mitochondriale Membran abläuft. Zuerst lösten sie Mitochondrien in einem Medium, in dem aufgrund des fehlenden Sauerstoffs kein Elektronentransfer stattfinden konnte. Die Protonenkonzentration (das heißt der pH-Wert) des Mediums wurde gemessen während der Elektronentransfer durch Zugabe von Sauerstoff angeregt wurde. Unter diesen Bedingungen sank der pH-Wert des Mediums schnell, wobei entweder NADH oder Succinat als Elektronenquelle dienten (▶*Abbildung 10.17*). Da ein Abfall des pH-Werts eine Zunahme der Protonenkonzentration widerspiegelt, folgerten Mitchell und Moyle, dass der Elektronentransfer innerhalb der mitochondrialen Innenmembran zugleich mit dem **Pumpen von Protonen in eine Richtung** von der mitochondrialen Matrix in das externe Medium stattfindet.

Der Mechanismus, durch den der Transfer von Elektronen von einem Überträger zum anderen mit dem unidirektionalen Transport von Protonen gekoppelt ist, wurde bis heute nicht aufgeklärt. Es kann möglicherweise mehr als einen Mechanismus geben. Ein möglicher Vorgang wurde bereits im Hinblick auf das Coenzym Q vorgestellt, das zwei Protonen durch die mitochondriale Membran transportiert, wenn es zwei Elektronen vom Atmungskomplex I zum Komplex III trägt (*Abbildung 10.16*).

Bei den Protonenpumpenkomplexen I und IV legen heutige Forschungsergebnisse nahe, dass ein zweiter Pumpmechanismus allosterische Veränderungen der Proteinkonformation bewirkt. In einem Konformationszustand könnte ein Polypeptid des

Komplexes an ein Proton an der inneren Seite der Membran binden. Dann könnte der Transfer eines oder mehrerer Elektronen durch den Komplex dafür sorgen, dass das Polypeptid eine andere Konformation annimmt und das Proton an der äußeren Seite der Membran freisetzt. Somit könnte der Vorgang des Protonenpumpens entweder über den physikalischen Transport eines Überträgermoleküls wie Coenzym Q oder durch eine Konformationsänderung in einem Polypeptid innerhalb eines Atmungskomplexes bewerkstelligt werden.

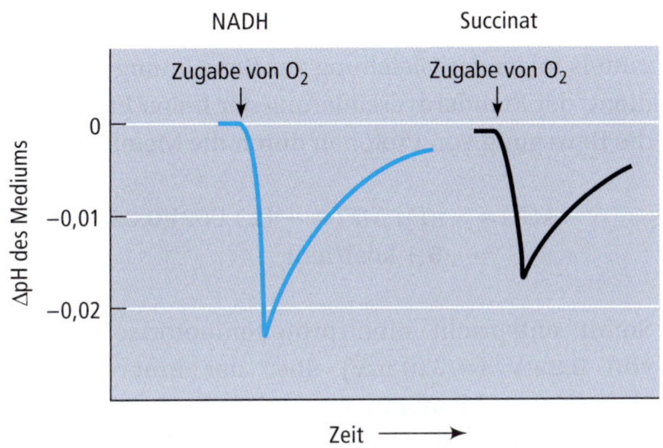

Abbildung 10.17: Experimenteller Nachweis, dass der Elektronentransport einen Protonengradienten aufbaut. Isolierte Mitochondrien wurden entweder mit NADH oder mit Succinat als Elektronenquelle inkubiert. Die Mitochondrien wurden nicht mit Sauerstoff versorgt und der pH-Wert des Mediums wurde während der Zugabe einer bekannten Menge Sauerstoffs überwacht. Der schnelle Abfall des pH-Werts spiegelt den Anstieg der Protonenkonzentration wider, was darauf hinweist, dass Protonen aus der mitochondrialen Matrix gepumpt wurden, als Sauerstoff zur Verfügung stand. Die Veränderung des pH-Werts war in reproduzierbarer Weise größer mit NADH als mit Succinat, was mit dem größeren ATP-Ertrag übereinstimmt, der mit der Oxidation von NADH einhergeht.

2. Die Komponenten des Elektronentransportsystems sind in der inneren Mitochondrienmembran asymmetrisch ausgerichtet Das von Mitchell und Moyle nachgewiesene unidirektionale Pumpen beruht darauf, dass die Elektronenüberträger, aus denen das ETS besteht, innerhalb der Membran asymmetrisch ausgerichtet sind. Wäre dies nicht der Fall, würden die Protonen vermutlich nach dem Zufallsprinzip in beide Richtungen gepumpt werden. Aus Untersuchungen mit einer Vielzahl von Antikörpern, Enzymen und Markierungsreagenzien, die entwickelt wurden, um mit verschiedenen Membrankomponenten in Wechselwirkung zu treten, ging eindeutig hervor, dass einige Teile der Atmungskomplexe zur Matrixseite der Innenmembran ausgerichtet sind und andere zur gegenüberliegenden Seite und dass es sich bei einigen um Transmembranproteine handelt. Diese Ergebnisse stützen die Annahme, dass ETS-Komponenten asymmetrisch über die innere mitochondriale Membran verteilt sind, wie in der *Abbildung 10.16* dargestellt.

3. Membranvesikel enthalten die Komplexe I, III oder IV und bauen Protonengradienten auf Das chemiosmotische Modell erhielt weitere Unterstützung aus Versuchen zur Rekonstitution von Membranvesikeln aus Mischungen isolierter Komponenten. Da jeder der Atmungskomplexe I, III und IV eine Kopplungsstelle für die ATP-Synthese besitzt (siehe *Abbildung 10.16*), geht man bei dem chemiosmotischen Modell davon aus, dass es in der Lage sein müsste, Protonen durch die innere mitochondriale Membran zu pumpen. Diese Annahme wurde experimentell bestätigt, indem man künstliche Phospholipidvesikel, die Komplex I, III oder IV enthielten, rekonstituierte. Nachdem die geeigneten Substrate zugesetzt wurden, war jeder der drei Komplexe in der Lage, Protonen durch die Membran des Vesikels zu pumpen. Wie bereits angemerkt, sind diese Vesikel auch zur ATP-Synthese fähig.

4. Die oxidative Phosphorylierung benötigt ein membranumhülltes Kompartiment Das chemiosmotische Modell geht eindeutig davon aus, dass die oxidative Phosphorylierung nur innerhalb eines Kompartiments abläuft, das von einer intakten mitochondrialen Membran umgeben ist, ansonsten könnte der Protonengradient, der die ATP-Synthese antreibt, nicht aufrechterhalten werden. Diese Annahme wurde durch den experimentellen Nachweis bestätigt, dass der Elektronentransfer, der von isolierten Komplexen durchgeführt wird, nicht an die ATP-Synthese gekoppelt werden kann, es sei denn diese Komplexe sind in Membranen eingebettet, die geschlossene intakte Vesikel bilden.

5. Entkoppler stoppen den Protonengradienten und die ATP-Synthese Ein weiterer Nachweis für die Rolle, die Protonengradienten bei der ATP-Bildung spielen, stammt von Versuchen mit Wirkstoffen wie Dinitrophenol (DNP), von denen man weiß, dass sie die ATP-Synthese vom Elektronentransport abkoppeln. Beispielsweise wies Mitchell 1963 nach, dass Membranen in der Gegenwart von DNP für Protonen frei permeabel werden. Anders formuliert, Dinitrophenol beendet die ATP-Synthese und nimmt der Membran die Fähigkeit, einen Protonengradienten aufrechtzuhalten. Dieses Ergebnis stimmt eindeutig überein mit dem Konzept der ATP-Synthese, die von einem elektrochemischen Protonengradienten angetrieben wird.

6. Die Energie des Protonengradienten reicht für den Antrieb der ATP-Synthese Das chemiosmotische Modell ist nur dann überlebensfähig, wenn der durch den Elektronentransport aufgebaute Protonengradient eine für den Antrieb der ATP-Synthese ausreichende Menge Energie speichert. Wir können diese Frage mit einigen wenigen thermodynamischen Berechnungen beantworten. Am elektrochemischen Protonengradient über der inneren Membran eines metabolisch aktiven Mitochondriums wirken sowohl ein Membranpotenzial (die „elektrische"-Komponente des Gradienten) als auch ein Konzentrationsgradient (die „chemische" Komponente) mit. Aus *Kapitel 8* werden Sie sicherlich noch wissen, dass die Gleichung zur Quantifizierung des elektrochemischen Gradienten aus zwei Termen besteht, einem für das Membranpotenzial, V_m, und einem zweiten für den Konzentrationsgradienten, bei dem es sich im Fall von Protonen um einen pH-Gradienten handelt (siehe *Tabelle 8.3*).

Typischerweise hat ein Mitochondrium, das aktiv an der aeroben Atmung mitwirkt, ein Membranpotenzial von ungefähr 160 mV (auf der dem Intermembranraum zugewandten Seite positiv) und der pH-Gradient liegt bei ungefähr 1,0 pH-Einheiten (höher auf der Matrixseite). Dieser elektrochemische Protonengradient übt eine **protonenmotorische Kraft** aus (***PMF***; engl.: *proton motive force*), die Protonen tendenziell zurück entlang ihres Konzentrationsgradienten bewegt – das heißt zurück in die Matrix des Mitochondriums. Man kann die *PMF* durch Addieren der Beiträge des Membranpotenzials und des pH-Gradienten mittels folgender Gleichung berechnen:

$$PMF = V_m + 2{,}303\,RT\,\Delta pH/F \qquad (10\text{-}13)$$

wobei *PMF* die protonenmotorische Kraft in Volt ist, V_m gibt das Membranpotenzial in Volt an, ΔpH ist die Differenz des pH-Werts in der Membran ($\Delta pH = pH_{Matrix} - pH_{Cytosol}$), R steht für die Gaskonstante (1,987 cal/(mol · K)), T ist die Temperatur in Kelvin und F ist die Faradaykonstante (23,062 cal/(mol · V)).

Man kann die *PMF* eines Mitochondriums bei 37 °C mit einem V_m von 0,16 V und einem pH-Gradienten von 1,0 Einheiten folgendermaßen berechnen:

$$PMF = 0{,}16 + \left(\frac{2{,}303(1{,}987)(37+273)(1{,}0)}{23{,}062}\right)$$

$$= 0{,}16 + 0{,}06 = 0{,}22\text{ V} \qquad (10\text{-}14)$$

Beachten Sie, dass das Membranpotenzial mehr als 70 % der mitochondrialen *PMF* ausmacht.

Ebenso wie das Redoxpotenzial ist auch die *PMF* eine elektrische Kraft, die in Volt gemessen wird und mittels folgender Gleichung zur Berechnung von $\Delta G°'$ dient, der Standardveränderung der freien Energie für die Bewegung von Protonen durch die Membran:

$$\Delta G°' = -nF(PMF) = -(23{,}062)(0{,}22)$$

$$= -5{,}1\text{ kcal/mol} \qquad (10\text{-}15)$$

Somit entspricht eine protonenmotorische Kraft von 0,22 V (= 220 mV) über der inneren mitochondrialen Membran einer Standardveränderung der freien Energie von ungefähr −5,1 kcal/mol Protonen. Diese Energiemenge wird freigesetzt, wenn die Protonen in die Matrix zurückkehren.

Reicht diese Energiemenge für die ATP-Synthese? Es überrascht nicht, dass die Antwort „ja" lautet, obwohl dies davon abhängt, wie viele Protonen zum Antrieb der Synthese eines Moleküls ATP durch den F_oF_1-Komplex benötigt werden. In seinem ursprünglichen Modell ging Mitchell von der Annahme aus, dass es zwei Protonen pro ATP sind, was ungefähr 10,2 kcal/mol liefern würde, die kaum zur Bildung von ATP reichen, wenn man einmal annimmt, dass der Wert von $\Delta G'$ für die Phosphorylierung von ADP bei circa 10 bis 14 kcal/mol unter mitochondrialen Bedingungen liegt. Nach wie vor ist man sich nicht über die Anzahl von Protonen pro ATP einig, aber die korrekte Anzahl liegt wahrscheinlich eher bei drei als bei vier Protonen. Diese Anzahl würde ungefähr 15 bis 20 kcal Energie pro ATP liefern, womit sichergestellt wäre, dass die Reaktion stark in Richtung ATP-Bildung abläuft.

7. Künstliche Protonengradienten können die ATP-Synthese ohne Elektronentransport antreiben Der direkte Nachweis, dass ein Protonengradient tatsächlich die ATP-Synthese antreiben kann, wurde erbracht, indem man Mitochondrien oder Vesikel aus inneren Mitochondrienmembranen einem künstlichen pH-Gradienten aussetzte. Als man die Mitochondrien in einer Lösung suspendierte, in der die externe Protonenkonzentration durch Zugabe einer Säure plötzlich erhöht wurde, entstand als Reaktion auf den künstlich erzeugten Protonengradienten ATP. Da solche künstlichen pH-Gradienten sogar ohne oxidierbare Substrate, die sonst Elektronen an das ETS abgeben würden, die ATP-Bildung induzieren, liegt es auf der Hand, dass die ATP-Synthese sogar ohne Elektronentransport von einem Protonengradienten induziert werden kann.

ATP-Synthese: Wir setzen alle Puzzleteile zusammen 10.6

Nun sind wir bereit für den fünften und letzten Schritt der aeroben Atmung: die ATP-Synthese. Bisher haben wir folgendes erarbeitet: (1) Ein Teil der in der Glucose enthaltenen Energie wird während der Oxidationsreaktionen der Glykolyse und des TCA-Zyklus zu reduzierten Coenzymen transferiert, und (2) diese Energie wird zum Aufbau eines elektrochemischen Protonengradienten über der inneren Membran des Mitochondriums genutzt. Jetzt können wir uns die Frage stellen, wie die *PMF* des Gradienten dafür eingespannt wird, die ATP-Synthese anzutreiben. Zur Beantwortung dieser Frage kehren wir zu den F_1-Komplexen, die wir auf den inneren Oberflächen der Cristae sehen können (siehe *Abbildung 10.5*), und schauen uns an, wie diese Partikel ATP synthetisieren können.

10.6.1 F_1-Partikel besitzen ATP-Syntheseaktivität

Die Versuche von Racker und seinen Kollegen erbrachten einen Schlüsselbeweis für die Rolle der F_1-Partikel, als sie folgende chemiosmotische Hypothese überprüften: Membranen enthalten eine reversible, Protonen transportierende ATPase, die zur gekoppelten ATP-Synthese fähig ist. Sie begannen mit intakten Mitochondrien (▸*Abbildung 10.18*), die sie so aufbrachen, dass die Fragmente der inneren Membran kleine Vesikel bildeten, die sie als *submitochondriale Partikel* (▸*Abbildung 10.18b*) bezeichneten. Diese submitochondrialen Partikel vermochten Elektronentransport und ATP-Synthese auszuführen. Indem man diese Partikel mechanischer Bewegung aussetzte oder sie mit einer Protease behandelte, konnte man die F_1-Strukturen von den Membranvesikeln trennen (▸*Abbildung 10.18c*).

Als man die F_1-Partikel und die Membranvesikel durch Zentrifugation trennte, konnte die Membranfraktion noch immer den Elektronentransport ausführen, aber die ATP-Synthese war nicht länger möglich; die beiden Funktionen waren entkoppelt (▸*Abbildung 10.18d*). Die isolierten F_1-Partikel waren hingegen weder zum Elektronentransport noch zur ATP-Synthese fähig, besaßen jedoch ATPase-Aktivität (▸*Abbildung 10.18e*), eine Eigenschaft, die auch die F-Typ-ATPase des mitochondrialen F_oF_1-Komplexes besitzt (siehe *Tabelle 8.2*). Indem man die F_1-Partikel wieder in die Membran einfügte, vermochte man die ATP-Bildungsfähigkeit der Membranfraktion wiederherzustellen, was nahelegt, dass die kugelförmigen Ausstülpungen auf der inneren Oberfläche der inneren mitochondrialen Membran ein wichtiger Teil des ATP-erzeugenden Komplexes der Membran sind. Diese F_1-Partikel wurden daher als *Kopplungsfaktoren* bezeichnet (engl.: ***coupling factors***; das „F“ in F_1), und heute weiß man, dass diese Strukturen für die ATP-Syntheseaktivität der inneren mitochondrialen Membran oder der bakteriellen Plasmamembran verantwortlich sind.

10.6.2 Der F_oF_1-Komplex: Die Protonentranslokation durch F_o treibt die ATP-Synthese durch F_1 an

Obschon der F_1-Teil des F_oF_1-ATP-Synthasekomplexes nicht direkt mit der Membran verbunden ist, ist der F_1-Teil an den F_o-Komplex gebunden, der in die innere mitochondriale Membran eingebettet ist (siehe *Abbildung 10.5c*). Heute wissen wir, dass der F_o-Komplex als **Protonentranslokator** dient, ein Kanal, durch den Protonen durch die innere mitochondriale Membran fließen (oder die bakterielle Plasmamembran wie im Fall des *Escherichia-coli*-Komplexes, der hier dargestellt wird). Daher stellt der F_oF_1-Komplex die vollständige, funktionale **ATP-Synthase** dar. Die F_o-Komponente bildet einen Kanal für den exergonischen Fluss von Protonen durch die Membran und die F_1-Komponente führt die eigentliche Synthese von ATP durch, die von der Energie des Protonengradienten angetrieben wird.

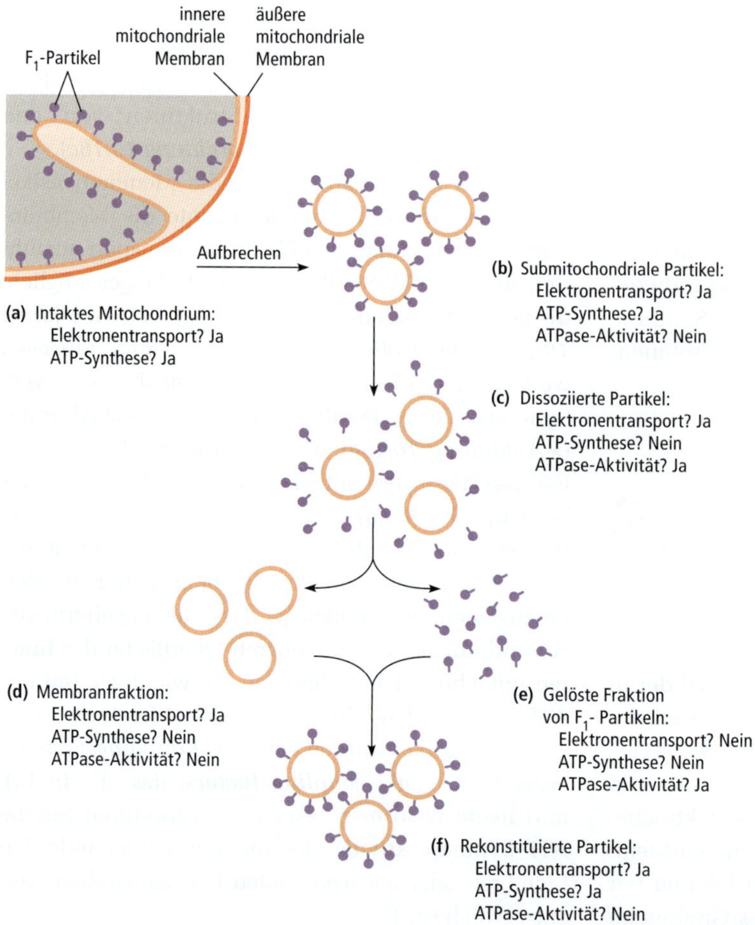

Abbildung 10.18: Dissoziation und Rekonstitution des mitochondrialen ATP-Synthesesystems. (a) Intakte Mitochondrien wurden so aufgebrochen, dass die Fragmente der inneren Membran (b) submitochondriale Partikel bildeten, die sowohl zum Elektronentransport als auch zur ATP-Synthese befähigt waren. (c) Als man diese Partikel durch mechanische Bewegung oder enzymatische Behandlung dissoziierte, konnte man als Komponenten eine (d) Membranfraktionen erhalten, die keine ATP-Syntheseaktivität besaß und (e) eine lösliche Fraktion mit kugelförmigen F_1-Partikeln mit ATP-Syntheseaktivität. (f) Durch Mischen der beiden Fraktionen wurden die Struktur und die ATP-Syntheseaktivität wiederhergestellt.

In der ▶*Tabelle 10.4* sind die Polypeptidzusammensetzungen des bakteriellen F_oF_1-Komplexes von *Escherichia coli* aufgeführt und die ▶*Abbildung 10.19* veranschaulicht die vier wichtigsten Strukturkomponenten dieses funktionalen Komplexes. Jeder F_o-Komplex bzw. jeder F_1-Komplex enthält sowohl eine statische Komponente, die nicht die Position ändert und eine mobile Komponente, die sich während der Protonentranslokation bewegt. Diese Komponenten des F_oF_1-Komplexes bilden gemeinsam eines der Wunder der molekularen Welt – einen Miniaturmotor, in welchem der Protonenfluss ein mikroskopisches Zahnrad anwirft, das die ATP-Synthese antreibt.

Der F_o-Komplex ist in die bakterielle Membran eingebettet (oder die innere mitochondriale Membran eukaryotischer Zellen) und setzt sich aus einer *a*-Untereinheit, zwei *b*-Untereinheiten und zehn *c*-Untereinheiten zusammen. Die *a*- und *b*-Untereinheiten bilden die statische Komponente, die in der Membran immobilisiert wird. Die zehn *c*-Untereinheiten bilden einen Ring, der als Miniaturzahnrad funktioniert, das in der Membran relativ zu den *a*- und *b*-Untereinheiten rotiert. Die *a*-Untereinheit übernimmt die Aufgabe eines Protonenkanals und die *b*-Untereinheiten bilden den Statorstiel, der die Oberflächen der F_o- und F_1-Komplexe verbindet.

Der F_1-Komplex ragt in das bakterielle Cytoplasma (oder in die mitochondriale Matrix der eukaryotischen Zellen) hinein und besteht aus drei α-Untereinheiten, drei β-Untereinheiten plus einer Delta- (δ), einer Gamma- (γ) und einer Epsilon-Untereinheit (ε). ATP wird von einem katalytischen Ring aus drei $\alpha\beta$-Komplexen synthetisiert, die ein Hexagon alternierender Untereinheiten bilden. Die δ-Untereinheit von F_1 verankert den katalytischen $\alpha_3\beta_3$-Ring in den b_2-Statorstiel von F_o, wodurch der katalytische Ring immobilisiert wird. Die mobile Komponente von F_1 besteht aus den γ- und den ε-Untereinheiten, die an den Ring aus *c*-Untereinheiten in F_o gebunden sind (und sich mit diesem bewegen). Wenn sich Protonen durch den F_o-Protonenkanal bewegen, rotiert der c_{10}-Ring und dreht die γ-Untereinheit des katalytischen $\alpha_3\beta_3$-Rings. Dies führt zur ATP-Synthese durch den katalytischen Ring, der einen komplizierten Mechanismus nutzt, den wir im nächsten Abschnitt beschreiben werden.

Tabelle 10.4

Polypeptidzusammensetzung der F_oF_1-ATP-Synthase (ATPase)* von *E. coli*

Struktur	Polypeptid	Molekulargewicht	Anzahl	Funktion
F_o	*a*	30.000	1	Protonenkanal
	b	17.000	2	peripherer Statorstiel, der F_o und F_1 verbindet
	c	8000	10	rotierender Ring, der die γ-Untereinheit von F_1 dreht
F_1	α	52.000	3	fördert die Aktivität der β-Untereinheit
	β	55.000	3	katalytisches Zentrum der ATP-Synthese
	δ	19.000	1	verankert den $\alpha_3\beta_3$-Ring im Statorstiel von F_o
	γ	31.000	1	rotiert zur Übertragung von Energie von F_o auf F_1
	ε	15.000	1	verankert die γ-Untereinheit in den c_{10}-Ring von F_o

** Die mitochondrialen F_oF_1-Komplexe ähneln dem bakteriellen Komplex, doch gibt es kleine Unterschiede im Hinblick auf die Polypeptidzusammensetzungen von F_o und F_1.*

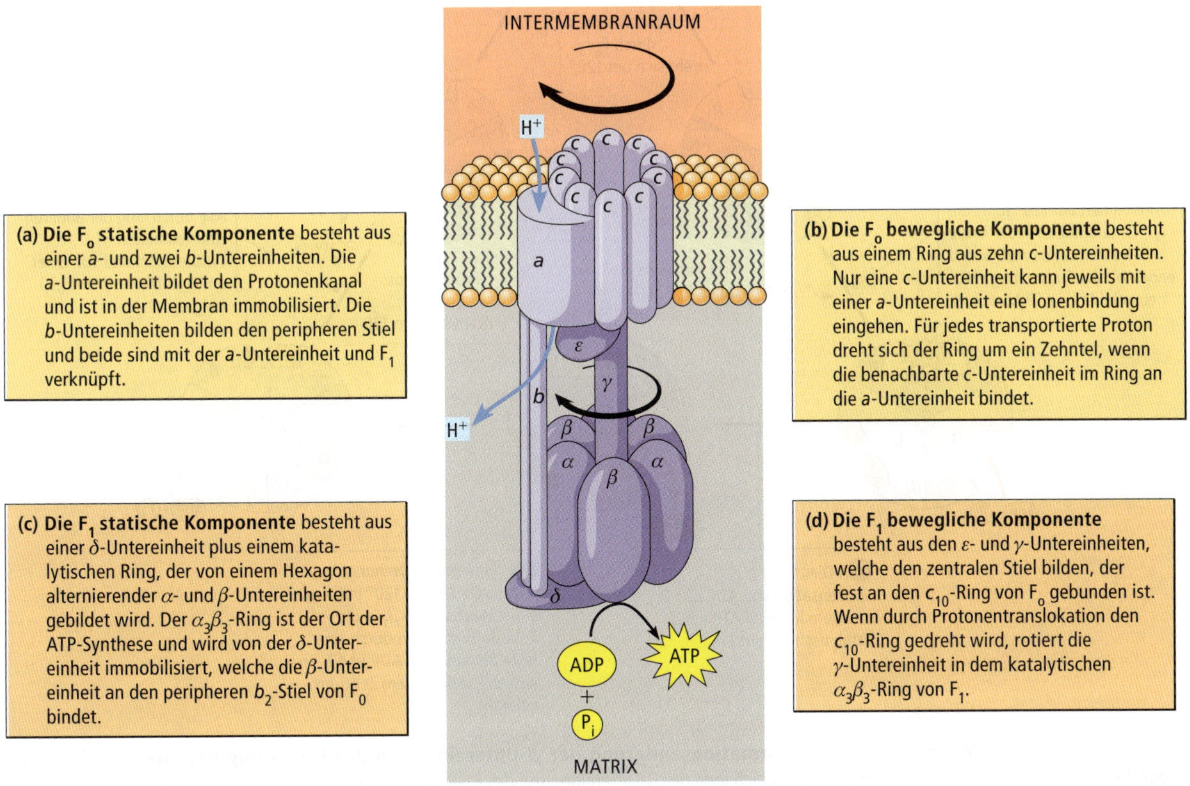

Abbildung 10.19: F_o- und F_1-Komponenten der F_oF_1-ATP-Synthase von *E. coli*. Diese Darstellung zeigt die Zusammensetzung der Untereinheiten der statischen und beweglichen Komponenten von F_o ((a) und (b)) und F_1 ((c) und (d)), den Komplexen, aus denen die funktionale F_oF_1-ATP-Synthase von *E. coli* besteht. Wenn zehn H^+ durch den F_o-Protonentranslokator transportiert werden, rotiert der Ring aus zehn *c*-Untereinheiten in F_o einmal, was zur Synthese von drei ATP durch den katalytischen $\alpha_3\beta_3$-Ring von F_1 führt.

10.6.3 Die physikalische Rotation der γ-Untereinheit vermittelt die ATP-Synthese durch F_oF_1

Nachdem die Verbindung zwischen dem Elektronentransport in der Membran und dem Protonenpumpen durch die Membran erkannt worden war, war das nächste Puzzleteil fast genauso rätselhaft: Wie treibt der exergonische Fluss von Protonen durch F_0 die ansonsten endergonische ATP-Synthese durch die drei β-Untereinheiten von F_1 an? 1979 gab Paul Boyer eine ganz neue Antwort auf diese Frage. Er schlug das in der ▸*Abbildung 10.20* dargestellte **Bindungs-Wechsel-Modell** vor.

Boyers Modell beruhte auf der Ansicht, dass die katalytischen Zentren auf jeder der drei β-Untereinheiten des F_1-Komplexes drei ganz unterschiedliche Konformationszustände durchliefen, die recht unterschiedliche Affinitäten für die Substrate (ADP und P_i) und das Produkt (ATP) besaßen. Boyer bezeichnete diese als L-Konformation (für lockere), die mit ADP und P_i eine lockere Bindung eingeht; T-Konformation (für feste, engl.: *tight*), die eine feste Bindung mit ADP und P_i eingeht und deren Kondensation zu ATP katalysiert; und O-Konformation (für offene), mit sehr geringer Affinität für Substrate oder Produkte, die zumeist nicht eingenommen wird. Boyer schlug vor, dass jedes dieser drei akti-

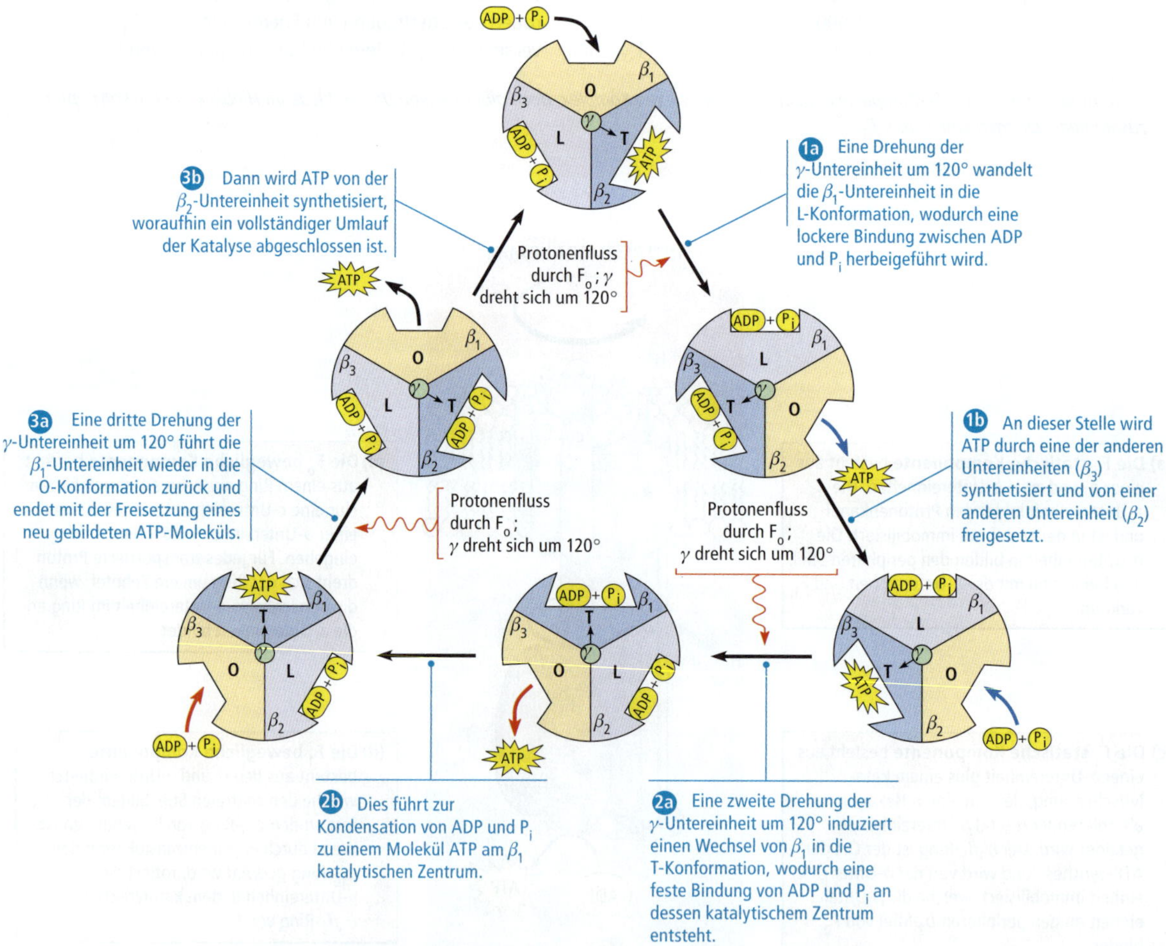

Abbildung 10.20: Das Modell, das die Konformationsänderung der β-Untereinheiten des F_0F_1-Komplexes bei der ATP-Synthese beschreibt. Gemäß diesem Modell befindet sich jede der β-Untereinheiten des F_1-Komplexes zu jedem Zeitpunkt in einer anderen Konformation. Jede Untereinheit durchläuft eine Sequenz von Konformationsänderungen von der O-Konformation (offen) über die L-Konformation (locker) zur T-Konformation (fest, engl.: *tight*). Diese Konformationsänderungen werden durch die Rotation der γ-Untereinheit angetrieben. Der Vorgang der ATP-Synthese beginnt, wenn eine der β-Untereinheiten (willkürlich als β_1 bezeichnet) sich in der O-Konformation befindet und läuft in den sechs dargestellten Schritten ab, wobei drei Rotationen von 120° und die Synthese von drei ATP pro vollständiger Rotation von 360° erfolgen. Beachten Sie, dass die gleiche Ereignisabfolge auf jeder Untereinheit abläuft, aber zeitweilig ausgeschaltet wird.

ven Zentren zu jeder Zeit in einer anderen Konformation vorliegen könnte und dass der hexagonale Ring der α- und β-Untereinheiten tatsächlich um den zentralen Stiel *rotiert*, der die γ-Untereinheit enthält. Als Triebkraft dieser Rotation schlug er den Protonenfluss durch den F_o-Komplex vor. (Wir haben bereits angemerkt, dass man heute weiß, dass eine γ-Untereinheit innerhalb des stationären katalytischen $\alpha_3\beta_3$-Rings rotiert, aber das Konzept der relativen Bewegung war schon recht zutreffend.)

Obschon Boyers Modell anfänglich keine große Akzeptanz fand, wurde es 1994 von John Walker und seinen Mitarbeitern weitestgehend bestätigt, die mittels Röntgenstrahlkristallographie das erste detaillierte Atommodell des F_1-Komplexes erstellten. In ihrem Modell identifizierten sie Strukturen in den aktiven Zentren der β-Untereinheiten, die mit Boyers O-, L- und T-Konformation übereinstimmten und sie bestätigten, dass jedes dieser drei aktiven Zentren sich jederzeit in einer anderen Konformation befand. Noch erstaunlicher aber war, dass die γ-Untereinheit innerhalb des Stiels, der die Komplexe F_1 und F_o verbindet (siehe *Abbildung 10.20*), sich asymmetrisch in das Zentrum der F_1-Struktur erstreckt, sodass zu jeder Zeit ein anderer Kontakt mit einer anderen Wirkung auf die β-Untereinheiten ausgeübt wird.

Das Bindungs-Wechsel-Modell bei der Arbeit Die in der *Abbildung 10.20* dargestellte Reaktionsabfolge beruht auf einem heute gültigen Modell, wie der exergonische Fluss von Protonen durch den F_o-Komplex die ATP-Synthese durch die katalytischen Zentren auf den drei β-Untereinheiten des F_1-Komplexes antreibt. Wenn die Protonen durch einen Kanal in der α-Untereinheit von F_o fließen, treiben sie die Rotation des Rings der c-Untereinheiten in der F_o-Struktur an – und daher auch die Rotation der γ-Untereinheit des Stiels, der mit dem c-Ring verbunden ist. Die Asymmetrie der γ-Untereinheit führt nicht nur jederzeit zu den unterschiedlichen charakteristischen Wechselwirkungen mit den drei β-Untereinheiten, sondern bewirkt zudem, dass jede β-Untereinheit nacheinander die O-, L- und T-Konformation durchläuft, während sich die γ-Untereinheit um 360 Grad dreht.

Die Art, wie der Protonenfluss durch F_o eine Rotation des c_{10}-Rings herbeiführt, ist tatsächlich ein Wunderwerk der Proteinstruktur und ihrer Funktion. Jede der zehn c-Untereinheiten besitzt einen Aspartatrest, der auf der unbeweglichen α-Untereinheit mit einem Argininrest eine Ionenbindung eingehen kann. Nur ein Aspartat einer c-Untereinheit kann jeweils an das Arginin binden – und nur, wenn das Aspartat keine Protonen besitzt (ungeladen). Wenn ein Proton an der externen Seite der Membran aufgenommen wird, dann protonisiert und neutralisiert es den Aspartatrest und bricht dabei die Ionenbindung. Die daraus resultierende Konformationsänderung führt zu einer Rotation um den zehnten Teil einer ganzen Drehung, wodurch der Aspartatrest in dem benachbarten Rest ein Proton verliert und mit dem Arginin der α-Untereinheit eine Ionenbindung eingeht. Somit führen der c_{10}-Ring (und die angeheftete γ-Untereinheit von F_1) eine vollständige Rotation durch, während zehn Protonen über die α-Untereinheit die Membran passieren.

In der Zwischenzeit beginnt die b_1-Untereinheit im katalytischen $\alpha_3\beta_3$-Ring in der O-Konformation, wobei die Substrate ADP und P_i am katalytischen Zentrum (siehe *Abbildung 10.20*) andocken können. In der O-Konformation hat das katalytische Zentrum für diese Substrate nur eine geringe Affinität. Wenn Protonen durch die F_o-Untereinheit durch die Membran fließen, drehen sich der c-Ring und die angeheftete γ-Untereinheit um 120 Grad (Schritt **1a**). Dadurch wird auf der b_1-Untereinheit ein Wechsel von der O- zur L-Konformation herbeigeführt, was wiederum zu einer lockeren Bindung von ADP und P_i mit dem katalytischen Zentrum führt.

Im Anschluss an die Synthese eines ATP-Moleküls durch die β_3-Untereinheit (Schritt 1b) dreht sich die γ-Untereinheit wieder um 120° (Schritt **2a**) und induziert dabei einen Wechsel der β_1-Untereinheit in die T-Konformation. Dadurch wird die Affinität für ADP und P_i erhöht, die fest an das katalytische Zentrum gebunden werden und spontan kondensieren, wodurch ATP gebildet wird (Schritt **2b**). Daraufhin dreht sich die γ-Untereinheit um weitere 120°, wodurch das β_1-katalytische Zentrum in die O-Konformation zurückkehrt und das ATP vom katalytischen Zentrum freigesetzt wird (Schritt **3a**). Nachdem eine der anderen Untereinheiten (die β_2-Untereinheit; Schritt **3b**) ein ATP-Molekül gebildet hat, ist ein vollständiger Zyklus durchlaufen und die β_1-Untereinheit steht für eine weitere Runde der ATP-Synthese bereit. Bedenken Sie, dass die gleichen Ereignisse auch auf den beiden anderen Untereinheiten stattgefunden haben. Somit führt eine vollständige Drehung der γ-Untereinheit zur Synthese von drei ATP-Molekülen, jeweils ein Molekül von einer der drei β-Untereinheiten.

Gibt es eine spontane ATP-Synthese? Bei genauer Betrachtung der *Abbildung 10.20* kann man erkennen, dass jeder der drei Schritte, in denen ATP gebildet wird, ohne Energieaufwand stattfindet. Wir wissen aber, dass die Synthese von ATP eine höchst endergonische Reaktion ist. Wie also, könnten wir uns fragen, läuft die ATP-Synthese im katalytischen Zentrum der β-Untereinheit in der T-Konformation spontan ab? Im Grunde wissen wir nur mit Sicherheit, dass die ATP-Synthese in einer *verdünnten wässrigen Lösung* eine stark endergonische Reaktion ist. An der Reaktion am katalytischen Zentrum einer β-Untereinheit wirken enzymgebundene Zwischenprodukte in einer entscheidend anderen Umgebung mit – diese Umgebung unterscheidet sich so gravierend, dass der Wert von $\Delta G^{\circ\prime}$ der Reaktion unter diesen Bedingungen fast bei null liegt (▶*Abbildung 10.21*), und die Synthese kann daher ohne unmittelbaren Energieaufwand spontan ablaufen. Man nimmt an, dass die unmittelbare Umgebung des katalytischen Zentrums dazu dient, die Ladungsabstoßung zwischen ADP und P_i zu minimieren, wodurch deren Kondensation zu ATP begünstigt wird.

Dies bedeutet aber keineswegs, dass die ATP-Synthese ohne thermodynamische Kosten stattfindet. Es bedeutet lediglich, dass Energie an anderen Stellen des Kreislaufs benötigt wird. Zuvor wird Energie benötigt, um den Übergang des katalytischen Zentrums von der L- in die T-Konformation zu bewältigen, wodurch ADP und P_i dicht gepackt werden, was deren Interaktion begünstigt (Schritt 2a der *Abbildung 10.20*). Anschließend wird Energie für die Freisetzung des fest an das katalytische Zentrum gebundenen ATP-Produkts benötigt (Schritt 3a). Diese Energie liefert der durch den Elektronentransport generierte Protonengradient und sie wird in Form mechanischer Energie zur Verfügung gestellt, die durch die Rotation des *c*-Rings und der γ-Untereinheit erzeugt wird. Daher ist die F_oF_1-ATP-Synthase ein wunderbares Beispiel dafür, wie eine Zelle elektrische Arbeit (Elektronentransport) über Konzentrationsarbeit (Protonengradient) in mechanische Arbeit (Rotation der Untereinheit) und schließlich in biosynthetische Arbeit (ATP-Synthese) umwandelt.

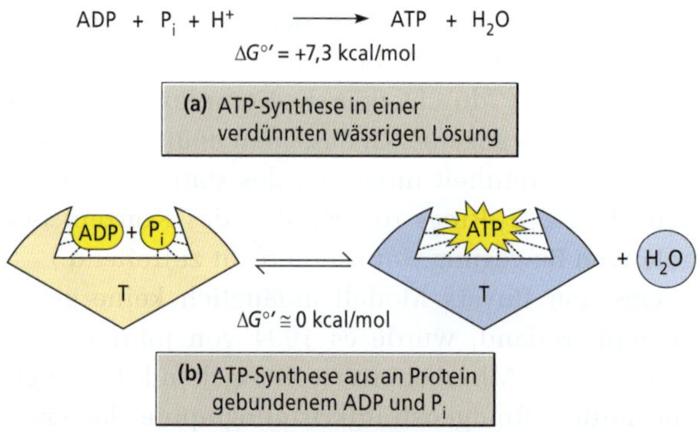

Abbildung 10.21: Vergleich der Energetik der ATP-Synthese. Die für die ATP-Synthese benötigte Energie unterliegt in Abhängigkeit von der jeweiligen Umgebung erheblichen Schwankungen. (a) In einer verdünnten wässrigen Lösung ist die ATP-Synthese aus gelöstem ADP und P_i eine stark endergonische Reaktion, deren Wert von $\Delta G^{\circ\prime}$ bei $+7{,}3$ kcal/mol liegt. (b) Das katalytische Zentrum einer β-Untereinheit in der T-Konformation. Die biochemische Umgebung unterscheidet sich gravierend und der Wert von $\Delta G^{\circ\prime}$ dieser Reaktion liegt nahe null (das heißt, K_{eq} beträgt fast 1) und daher kann diese Reaktion ohne unmittelbaren Energieaufwand spontan ablaufen.

10.6.4 Das chemiosmotische Modell läuft über dynamischen transmembranen Protonentransport ab

In der ▶*Abbildung 10.22* ist die Dynamik des chemiosmotischen Modells zusammenfassend dargestellt. Die Komplexe I, III und IV des ETS pumpen Protonen durch die innere Mitochondrienmembran, so dass sie sich innerhalb der Cristae anhäufen. Der dadurch gebildete elektrochemische Protonengradient treibt dann mittels der F_oF_1-Komplexe, die mit der Innenmembran assoziiert sind, die ATP-Bildung an. Dies ist anders ausgedrückt der kontinuierliche, dynamische Hin-und-her-Transport durch die innere Membran. Zuerst werden wir die Anzahl von Protonen zählen, die von jedem in *Abbildung 10.22* dargestellten Komplex abgegeben werden: 10 für die Komplexe I + III + IV (über NADH) und 6 für die Komplexe II + III = IV (über $FADH_2$). Gehen wir einmal hiervon aus und nehmen wir an, dass 3 Protonen für die Synthese eines ATP-Moleküls notwendig sind, dann scheint die Bildung von 3 ATP pro NADH und 2 ATP pro $FADH_2$ doch recht einleuchtend.

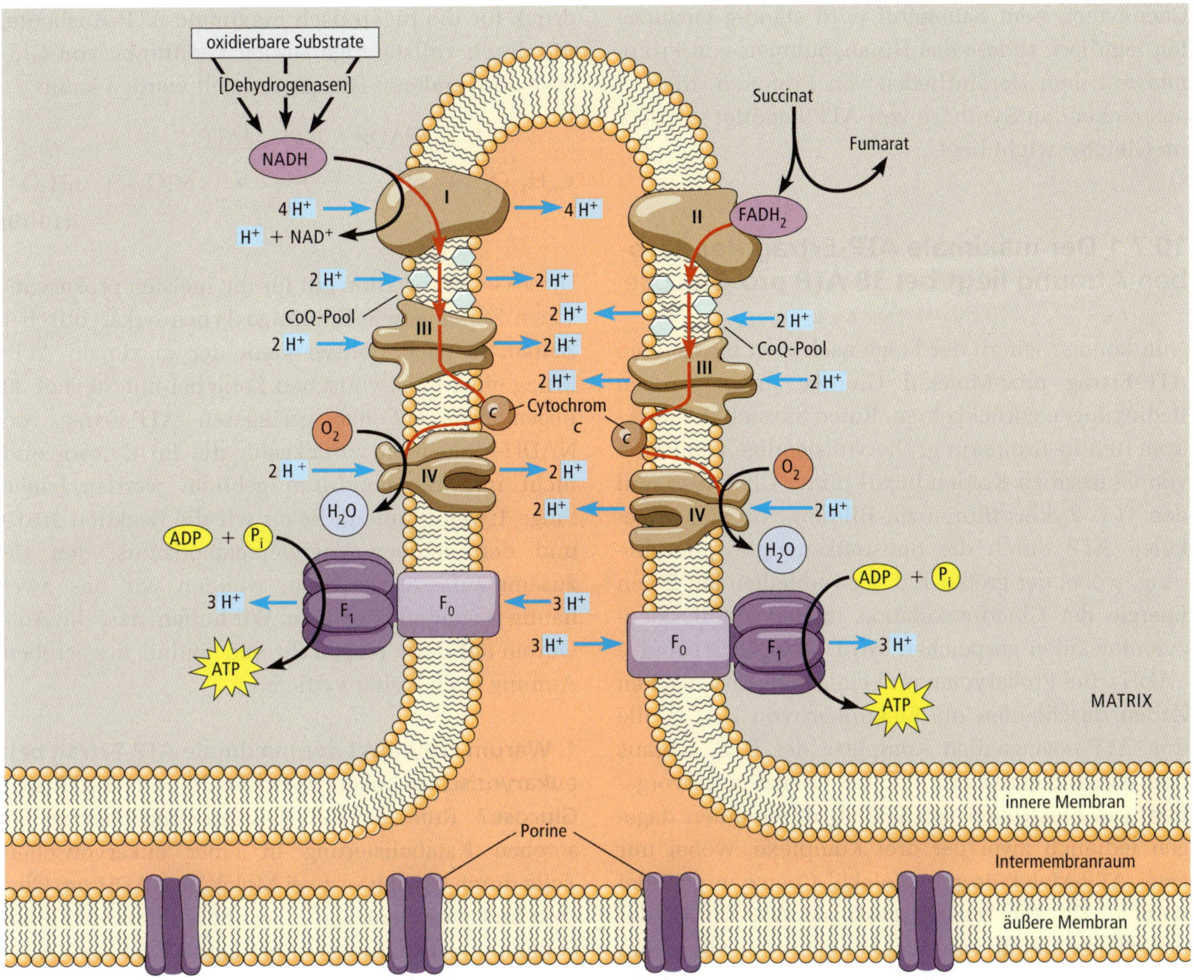

Abbildung 10.22: Die Dynamik des elektrochemischen Gradienten. Die Atmungskomplexe I bis IV sind integrale Bestandteile der inneren Mitochondrienmembran. Die Komplexe I, III und IV (aber nicht Komplex II) koppeln den exergonischen Fluss von Elektronen (rote Linie) durch die Komplexe mit dem Auswärtspumpen von Protonen (blau) durch die Membran. Die protonenmotorische Kraft des dadurch erzeugten elektrochemischen Protonengradienten treibt die ATP-Synthese durch F_1 an, während die Protonen vom F_0-Komplex wieder durch die Membran transportiert werden, der in die innere Membran eingebettet ist. Die ATP-Synthese verbraucht auch in der mitochondrialen Matrix Protonen (siehe *Abbildung 9.1b*); dieser Verbrauch trägt zum transmembranen Protonengradienten bei, der die ATP-Synthese antreibt.

10.7 Die aerobe Atmung: Zusammenfassung

Für die Zusammenfassung der aeroben Atmung kehren wir zu *Abbildung 10.1* zurück und schauen uns die Rolle einer jeden Komponente nochmals an. Während Substrate wie Kohlenhydrate und Fette zur Gewinnung von Energie oxidiert werden, werden Coenzyme reduziert. Diese reduzierten Coenzyme repräsentieren die gespeicherte Form eines Großteils der freien Energie, die bei der Oxidation der Ausgangssubstratmoleküle freigesetzt wurde. Diese Energie kann dann zur ATP-Synthese eingesetzt werden, wenn die Coenzyme durch das ETS reoxidiert werden. Wenn die Elektronen von NADH oder $FADH_2$ zum Sauerstoff transportiert werden, passieren sie mehrere Atmungskomplexe, in denen der Elektronentransport an das gerichtete Pumpen von Protonen durch die Membran gekoppelt ist. *Der dadurch erzeugte elektrochemische Gradient baut eine protonenmotorische Kraft auf, die als Antriebskraft der ATP-Synthese dient.* Unter den meisten Bedingungen wird eine gleichbleibende protonenmotorische Kraft im Gleichgewicht über der Membran aufrechterhalten. Der Transfer von Elektronen von dem

Coenzymen zum Sauerstoff wird ständig genauesten reguliert, sodass das Hinauspumpen von Protonen mit dem Hereinfließen von Protonen, die zur ausreichenden Synthese von ATP benötigt werden, im Gleichgewicht liegt.

10.7.1 Der maximale ATP-Ertrag der aeroben Atmung liegt bei 38 ATP pro Glucose

Nun können wir zu der Frage nach dem **maximalen ATP-Ertrag** pro Molekül Glucose unter aeroben Bedingungen zurückkehren. Rufen Sie sich die Reaktion 10-3 in Erinnerung. Die vollständige Oxidation von Glucose zu Kohlendioxid durch Glykolyse und den TCA-Zyklus führen zur Bildung von vier Molekülen ATP durch die Substratkettenphosphorylierung, wobei der größte Teil der verbleibenden freien Energie der Glucoseoxidation in den zwölf Coenzymmolekülen gespeichert wird – 10 NADH und 2 $FADH_2$. Bei Prokaryoten und einigen eukaryotischen Zellen durchlaufen die Elektronen von NADH alle drei ATP-erzeugenden Komplexe des ETS, woraus drei ATP-Moleküle pro Molekül Coenzym hervorgehen. Die Elektronen von $FADH_2$ durchlaufen dagegen lediglich zwei der drei Komplexe, wobei nur zwei ATP-Moleküle pro Molekül Coenzym gebildet werden. Der theoretisch maximale ATP-Ertrag, der nach Reoxidation von 12 Coenzym-Molekülen pro Glucose entsteht, kann daher folgendermaßen dargestellt werden:

$$10\,NADH + 10\,H^+ + 5\,O_2 + 30\,ADP + 30\,P_i \longrightarrow 10\,NAD^+ + 10\,H_2O + 30\,ATP \qquad (10\text{-}16)$$

$$2\,FADH_2 + O_2 + 4\,ADP + 4\,P_i \longrightarrow 2\,FAD + 2\,H_2O + 4ATP \qquad (10\text{-}17)$$

Wenn wir diese Reaktionen zusammenfassen, erhalten wir eine Gesamtreaktion des Elektronentransports und der ATP-Synthese:

$$10\,NADH + 10\,H^+ + 2\,FADH_2 + 6\,O_2 + 34\,ADP + 34\,P_i \longrightarrow 10\,NAD^+ + 2\,FAD + 12\,H_2O + 34\,ATP \qquad (10\text{-}18)$$

Wenn wir die Reaktion 10-18 in die Gesamtreaktion der Glykolyse und des TCA-Zyklus (Reaktion 10-3) einbeziehen, erhalten wir folgenden Gesamtausdruck für die theoretisch maximale ATP-Ausbeute, die durch vollständige aerobe Veratmung von Glucose oder anderen Hexosen erzielt werden kann:

$$C_6H_{12}O_6 + 6O_2 \xrightarrow{38ADP + 38P_i \;\curvearrowright\; 38ATP} 6CO_2 + 6H_2O \qquad (10\text{-}19)$$

Diese Gesamtreaktion gilt für die meisten prokaryotischen Zellen sowie für einige Typen eukaryotischer Zellen. Je nach Zelltyp kann der maximale ATP-Ertrag einer eukaryotischen Zelle bei nur 36 statt 38 liegen, was auf den geringeren ATP-Ertrag von NADH-Molekülen zurückgeht, die im Cytosol und nicht im Mitochondrium gebildet werden (siehe Frage 1 weiter unten). Bevor wir die Reaktion 10-19 und den aeroben Energiemetabolismus, den sie zusammenfasst, verlassen, wenden wir uns zwei häufig gestellten Fragen zu. Wir hoffen, dass die Antworten auf diese Fragen Ihr Verständnis der aeroben Atmung noch weiter vertiefen.

1. Warum schwankt der maximale ATP-Ertrag bei eukaryotischen Zellen zwischen 36 und 38 ATP pro Glucose? Rufen Sie sich in Erinnerung, dass bei der aeroben Katabolisierung in einer eukaryotischen Zelle durch Glykolyse zwei Moleküle NADH pro Glucose im Cytosol entstehen, während durch den Katabolismus von Pyruvat weitere acht Moleküle NADH in der Matrix des Mitochondriums gebildet werden. Diese räumliche Unterscheidung ist von Bedeutung, weil die innere Membran des Mitochondriums kein Transportprotein für NADH oder NAD^+ besitzt, weshalb das im Cytosol gebildete NADH nicht in das Mitochondrium transportiert werden kann, um seine Elektronen zum Komplex I des ETS zu transferieren. Stattdessen werden die Elektronen und H^+-Ionen von einem oder mehreren *Elektronenshuttlesystemen* in das Mitochondrium transportiert, die sich im Hinblick auf die Anzahl der ATP-Moleküle, die pro oxidiertem NADH-Molekül gebildet werden, unterscheiden.

Ein **Elektronenshuttlesystem** besteht aus einem oder mehreren Elektronenüberträgern, die reversibel reduziert werden können, wobei in der Membran sowohl für die oxidierten als auch für die reduzierten Formen des Überträgers Transportproteine zur Verfügung stehen. In den Leber-, Nieren- und Herzzellen werden Elektronen vom NADH des Cytosols mittels des *Malat-Aspartat-Shuttles* in das Mitochondrium transportiert. Nachdem NADH Oxalacetat im Cytosol zu Malat reduziert hat, wird das Malat in die mitochondriale Matrix transportiert, wo es NAD^+ zu NADH reduziert. Auf diese Weise durchwandern Elektronen vom NADH im Cytosol alle drei Protonenpumpenkomplexe des mitochondrialen ETS und bilden drei Moleküle ATP. Das Aspartat wird wieder zum Cytosol zurücktransportiert, um mehr Oxalacetat zu bilden, das Elektronen von NADH aufnimmt.

Im Gegensatz dazu werden im Skelettmuskel, im Gehirn und anderen Geweben die Elektronen vom NADH des Cytosols zu den mitochondrialen Atmungskomplexen über einen anderen Mechanismus transportiert. Dieser Transport erfolgt mittels eines Shuttlemechanismus, der FAD und nicht NAD^+ als mitochondrialen Elektronenakzeptor nutzt. Dieser Mechanismus wird als **Glycerin-Phosphat-**

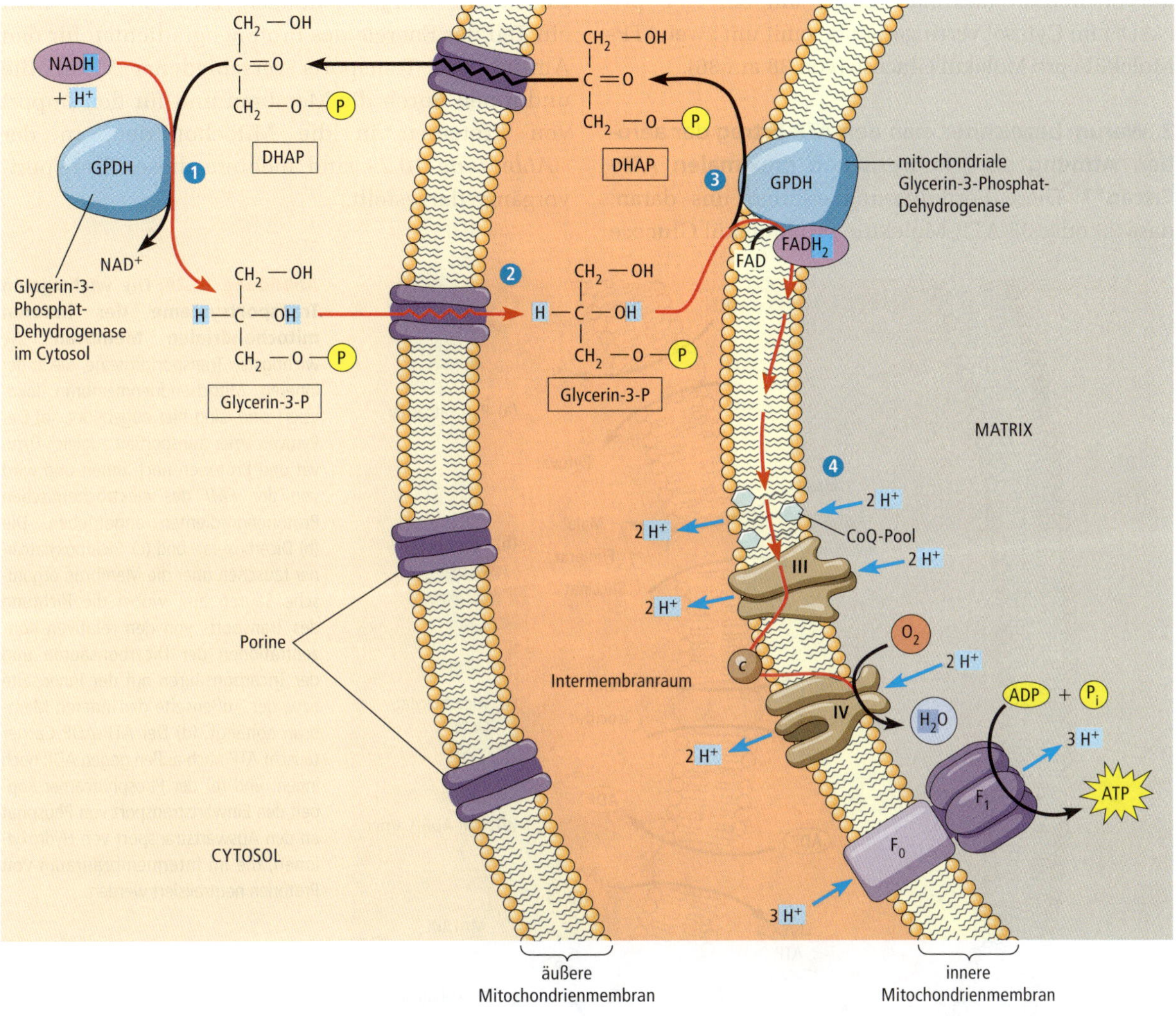

Abbildung 10.23: Der Glycerin-Phosphat-Shuttle. Die mitochondriale Innenmembran ist für NADH undurchlässig, sodass Elektronen von NADH im Cytosol durch einen der beiden Shuttlemechanismen ins Mitochondrium transportiert werden. Die Zellen der Skelettmuskeln, des Gehirns und anderer Gewebe nutzen zu diesem Zweck den Glycerin-Phosphat-Shuttle. Die rote Linie zeichnet den Weg der Elektronen von NADH aus dem Cytosol zum Sauerstoff nach. ❶ Das im Cytosol befindliche Enzym Glycerin-3-Phosphatdehydrogenase (GPDH) nutzt Elektronen (und Protonen) von NADH zur Reduktion von Dihydroxyacetonphosphat (DHAP) zu Glycerin-3-Phosphat (Glycerin-3-P), das die äußere mitochondriale Membran durchqueren kann ❷, indem es durch einen Porinkanal diffundiert. ❸ Anschließend wird Glycerin-3-P durch eine in der Innenmembran mit FAD verknüpfte GPDH zu DHAP reduziert, was von der Reduktion von FAD zu $FADH_2$ begleitet wird. Da NADH ein energiereicheres Coenzym als $FADH_2$ ist, handelt es sich bei dem Einwärtstransport um einen exergonischen Vorgang, der von der Differenz der Reduktionspotenziale der beiden Coenzyme angetrieben wird. Für den Einwärtstransport muss mit einem verminderten ATP-Ertrag bezahlt werden ❹, denn vier Elektronen von dem durch mitochondriale GPDH erzeugten $FADH_2$ umgehen den Komplex I, wodurch die Anzahl der Protonen verringert wird, die durch die innere Membran gepumpt werden.

Shuttle bezeichnet und in der ▸*Abbildung 10.23* dargestellt. Das NADH im Cytosol reduziert Dihydroxyacetonphosphat (DHAP) zu Glycerin-3-Phosphat, das in das Mitochondrium transportiert wird. Dort wird es von einem Enzym, das FAD und nicht NAD^+ als Elektronenakzeptor verwendet, zu DHAP reoxidiert. Dies hat zur Folge, dass diese Elektronen den Komplex I des ETS umgehen, wobei nur zwei Moleküle ATP statt drei Moleküle ATP gebildet werden. Dadurch wird der theoretisch maximale Ertrag um ein ATP pro NADH im Cytosol verringert und somit um zwei ATP-Moleküle pro Molekül Glucose (von 38 auf 36).

2. Warum bezeichnet man den ATP-Ertrag der aeroben Atmung als „theoretischen maximalen ATP-Ertrag"? Diese Formulierung erinnert uns daran, dass 36 oder 38 ATP-Moleküle pro Molekül Glucose nur dann möglich sind, wenn wir davon ausgehen, dass die Energie des elektrochemischen Protonengradienten einzig zum Antrieb der ATP-Synthese aufgewendet wird. Diese Annahme kann recht hilfreich sein, wenn es um die Berechnung der höchstmöglichen Erträge geht, ansonsten ist sie aber unrealistisch, weil die *PMF* des Protonengradienten nicht nur die Triebkraft für die ATP-Synthese liefert, sondern auch für andere Reaktionen und Vorgänge, die Energie benötigen. Zum Beispiel dient ein Teil der Energie des Protonengradienten für den Antrieb des Transports verschiedener Metabolite und Ionen durch die Membran und für den Import von Proteinen in die Mitochondrien. In der ▸*Abbildung 10.24* sind mehrere dieser Transportvorgänge dargestellt.

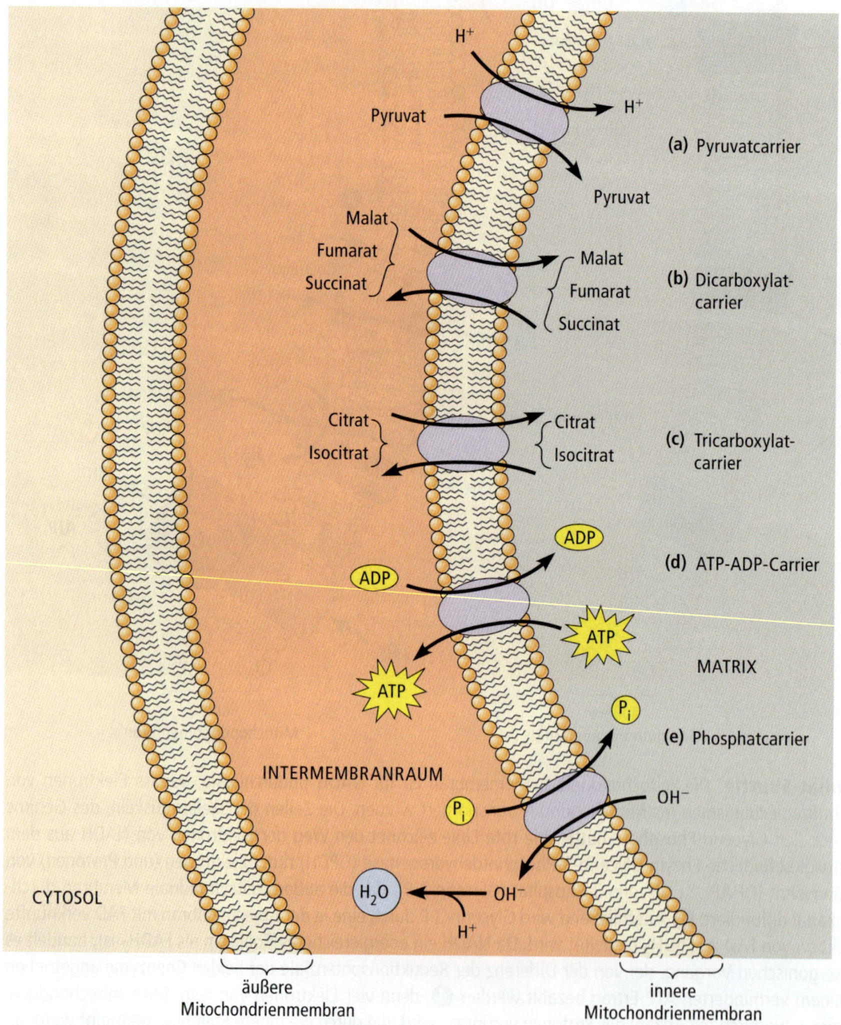

Abbildung 10.24: Die wichtigsten Transportsysteme der inneren mitochondrialen Membran. Die wichtigsten Transportproteine, die in der inneren Mitochondrienmembran lokalisiert sind, sind hier abgebildet. (a) Der Pyruvatcarrier transportiert zugleich Pyruvat und Protonen nach innen und wird von der *PMF* des elektrochemischen Protonengradienten angetrieben. Die (b) Dicarboxylat- und (c) Tricarboxylatcarrier tauschen über die Membran organische Säuren aus, wobei die Richtung des Transports von den relativen Konzentrationen der Dicarbonsäuren und der Tricarbonsäuren auf der Innenseite bzw. der Außenseite der inneren Membran abhängt. (d) Der ATP-ADP-Carrier tauscht ATP nach außen gegen ADP nach innen, und (e) der Phosphatcarrier koppelt den Einwärtstransport von Phosphat an den Auswärtstransport von Hydroxylionen, die im Intermembranraum von Protonen neutralisiert werden.

In Abhängigkeit von den relativen Konzentrationen von Pyruvat, Fettsäuren, Aminosäuren und den Zwischenprodukten des TCA-Zyklus im Cytosol und der mitochondrialen Matrix können unterschiedliche Energiemengen benötigt werden, um sicherzustellen, dass das Mitochondrium angemessen mit oxidierbaren Substraten und Zwischenprodukten des TCA-Zyklus versorgt wird. Des Weiteren läuft der Einwärtstransport von Phosphationen, die für die ATP-Synthese benötigt werden, gleichzeitig mit dem Auswärtstransport von Hydroxylionen ab, die im Intermembranraum von Protonen neutralisiert werden, wodurch der Protonengradient verringert wird. In einigen Zellen kann der Phosphattransporter als Symporter fungieren, der ein Phosphation und ein Proton gleichzeitig einwärts transportiert.

10.7.2 Die aerobe Atmung ist ein höchst effizienter Vorgang

Möchten wir die Gesamteffizienz der ATP-Bildung durch aerobe Atmung ermitteln, so müssen wir uns die Frage stellen, welcher Energieanteil der Glucoseoxidation in den 36 oder 38 Molekülen ATP gespeichert wird, die pro Molekül Glucose gebildet werden. Der $\Delta G°'$-Wert für die vollständige Oxidation von Glucose zu CO_2 und H_2O beträgt -686 kcal/mol. Die ATP-Hydrolyse hat einen Standardwert von $\Delta G°'$, der bei ungefähr $-7{,}3$ kcal/mol liegt, aber der tatsächliche $\Delta G°'$-Wert unter zellulären Bedingungen liegt typischerweise im Bereich von -10 bis -14 kcal/mol. Gehen wir, wie schon zuvor in diesem Kapitel, von einem Wert von 10 kcal/mol aus, dann entsprechen die 36 – 38 Moleküle ATP, die durch aerobe Atmung von einem Mol Glucose in einer aeroben Zelle gebildet werden, ungefähr 360 – 380 kcal Energie, die pro Mol oxidierter Glucose gespeichert werden. Damit liegt die Effizienz bei circa 52 – 55 % und weit über dem, was die effizientesten Maschinen, die wir bauen können, erzielen.

Dies also ist der aerobe Energiemetabolismus. Keine Microchips, keine mechanischen Teile, kein Lärm, keine Umweltverschmutzung – und alles läuft an Strukturen ab, die man nur unter dem Elektronenmikroskop sichtbar machen kann. Trotzdem läuft dieser Vorgang ständig in lebenden Zellen ab und zwar mit einer Effizienz, Genauigkeit und Regulation, die wir kaum nachvollziehen können, um sie angemessen zu würdigen, ganz zu schweigen von unserem Wunsch, diesen Vorgang in unseren Laboren nachzuahmen.

▶ ZUSAMMENFASSUNG DER WICHTIGSTEN INHALTE ◀

Zellatmung: Maximierung der ATP-Erträge

- Verglichen mit der Fermentation (Gärung) liefert die aerobe Atmung der Zelle wesentlich mehr freie Energie, die sie aus organischen Substraten wie Zuckern, Fetten und Proteinen gewinnt, indem sie molekularen Sauerstoff als terminalen Elektronenakzeptor nutzt.

- Der vollständige Katabolismus von Glucose, die aus größeren Kohlenhydraten gewonnen wird, beginnt mit der Glykolyse im Cytosol, woraus Pyruvat hervorgeht. Das Pyruvat wird in das Mitochondrium transportiert, wo es oxidativ zu Acetyl-CoA decarboxyliert wird, unter Freisetzung von CO_2. Das Acetyl-CoA wird dann von den Enzymen des TCA-Zyklus vollständig zu CO_2 oxidiert.

Das Mitochondrium: Mittelpunkt der Handlung

- Die Mitochondrien sind der Ort des Atmungsmetabolismus in eukaryotischen Zellen und sind sehr wichtige Organellen, vor allem für Zellen, die große Mengen von ATP benötigen. In einigen Zelltypen können sie große, untereinander verbundene Netzwerke bilden, sie werden aber typischerweise als einzelne Organellen betrachtet.

- Ein Mitochondrium ist von zwei Membranen umgeben. Die äußere Membran ist aufgrund von Porinen für Ionen und kleine Moleküle frei passierbar. Die innere Membran stellt eine wichtige Permeabilitätsbarriere dar, die spezifische Transportproteine (Carrier) für den Einwärtstransport von Pyruvat, Fettsäuren und anderen organischen Molekülen in die mitochondriale Matrix enthält.

- Die innere Membran besitzt viele Einstülpungen, die sogenannten Cristae, die erheblich zur Vergrößerung der Membranoberfläche beitragen und damit die Möglichkeit bieten, zahlreiche Atmungskomplexe unterzubringen, nämlich die F_0F_1-Komplexe und Transportproteine, die für die Atmungsfunktion benötigt werden. Räume in den Cristae dienen den Protonen, die während des Elektronentransports durch die Membran gepumpt werden, als Sammelstelle, um die anschließende ATP-Synthese anzutreiben.

Der Tricarbonsäurezyklus: Die zyklische Oxidation

- Das durch Glykolyse gewonnene Pyruvat wird oxidativ zu Acetyl-CoA decarboxyliert, wobei NADH und CO_2 entstehen. Das Acetyl-CoA tritt durch Verbindung mit Oxalacetat in den TCA-Zyklus ein und bildet Citrat.

- Wenn das Citrat in Succinat umgewandelt wird, werden zwei Moleküle CO_2 freigesetzt und zwei NADH gebildet. Dies geschieht über oxidative Decarboxylierungsschritte plus einen ATP erzeugenden Schritt. Anschließend wird das Succinat oxidiert und zu Oxalacetat umgewandelt, wodurch $FADH_2$ und NADH entstehen.

- Mehrere Enzyme des TCA-Zyklus unterliegen der allosterischen Regulation. Drei Produkte des Pyruvatkatabolismus (NADH, ATP und Acetyl-CoA) wirken als Inhibitoren. Die Substrate NAD^+, AMP, ADP und CoA wirken als Aktivatoren.

- Der TCA-Zyklus ist auch für den Katabolismus von Fetten und Proteinen zur Energiegewinnung von Bedeutung. Der Fettsäurekatabolismus über die β-Oxidation läuft in der mitochondrialen Matrix ab, wobei Acetyl-CoA gebildet wird, das dann den TCA-Zyklus betritt. Die Proteine werden zu Aminosäuren abgebaut, die entweder zu Zwischenprodukten des glykolytischen Stoffwechselwegs oder des TCA-Zyklus umgewandelt werden.

- Außerdem dienen mehrere Zwischenprodukte des TCA-Zyklus als Quelle für Vorläufer der anabolischen Stoffwechselwege, beispielsweise der Aminosäure- und der Hämsynthese. Bei einigen Pflanzensamen kann das Acetyl-CoA der Speicherfette zu Kohlenhydraten umgewandelt werden.

Elektronentransport: Elektronenfluss von Coenzymen zum Sauerstoff

- Der größte Teil der durch den aeroben Katabolismus von Glucose gewonnenen Energie wird dann gebildet, wenn die reduzierten Coenzyme NADH und $FADH_2$ von einem Elektronentransportsystem reoxidiert werden. Dieses System setzt sich aus mehreren unterschiedlichen Atmungskomplexen zusammen – großen Multiproteinkomplexen, welche in die innere mitochondriale Membran eingebettet sind.

- Die Atmungskomplexe können sich innerhalb der Membran seitlich frei bewegen (laterale Diffusion) und zu größeren Superkomplexen anhäufen, die man als Respirasomen bezeichnet.

- Schlüsselzwischenprodukte des Elektronentransportsystems sind das Coenzym Q und Cytochrom *c*, die Elektronen zwischen den Komplexen übertragen. Bei aeroben Organismen ist Sauerstoff der terminale Elektronenakzeptor und das Produkt der Sauerstoffreduktion ist Wasser.

Der elektrochemische Protonengradient und die ATP-Synthese

- Von den vier wichtigsten Atmungskomplexen koppeln drei Komplexe (die Komplexe I, III und IV) den Transfer von Elektronen an das Auswärtspumpen von Protonen. Dadurch wird ein elektrochemischer Protonengradient aufgebaut, der die Triebkraft für die ATP-Bildung liefert.

- Das ATP-Synthesesystem besteht aus einem Protonentranslokator, F_o, der in die Membran eingebettet ist und einer ATP-Synthase, F_1, die aus der Innenmembran auf der Matrixseite herausragt.

- ATP wird von F_1 synthetisiert, wenn der Protonengradient den Transport von Protonen durch F_o antreibt. Somit sind der elektrochemische Protonengradient und ATP tatsächlich untereinander austauschbare Formen gespeicherter Energie.

Die aerobe Atmung: Zusammenfassung

- Die vollständige Oxidation von Glucose zu sechs Molekülen CO_2 ergibt insgesamt zehn NADH, zwei $FADH_2$ und vier ATP. Jedes im Elektronentransportsystem oxidierte NADH-Molekül bewirkt die Synthese von drei ATP und jedes $FADH_2$-Molekül ergibt zwei ATP.
- Daher liegt der maximale ATP-Ertrag der aeroben Atmung bei 38 ATP pro Molekül Glucose. Bei einigen eukaryotischen Zellen wird der Ertrag allerdings auf 36 verringert, wenn das NADH, das durch Glykolyse im Cytosol gebildet wird, seine Elektronen über den Glycerin-Phosphat-Shuttle an das mitochondriale $FADH_2$ abgibt.

ZUSAMMENHÄNGE HERSTELLEN

Nun haben wir unsere Darstellung des aeroben Metabolismus abgeschlossen und Sie wissen, wie der Sauerstoff, den Sie einatmen, ihre Zellen dazu befähigt, die maximale Energiemenge aus Glucose zu gewinnen. Hoffentlich können Sie dank Ihrer in den vorangegangenen Kapiteln erworbenen Kenntnisse über Zellchemie, Membranen, Enzyme und Bioenergetik nachvollziehen, wie die gut definierten Strukturmerkmale der Mitochondrien spezifischen Enzymen und Elektronenüberträgern helfen, bei der Bildung von ATP zusammenzuarbeiten. Im Laufe unserer weiteren Darstellungen zur Zellbiologie werden Sie viele Beispiele dafür kennenlernen, wie die aus dem Katabolismus energiereicher Moleküle gewonnene Energie für Zellfunktionen genutzt wird. Während Sie diese Seiten umblättern, nutzen Ihre Zellen ATP, um die Muskelkontraktion mit Energie zu versorgen. Wenn Sie Musik hören, wenden Ihre Zellen zur Übertragung von Nervenimpulsen ATP auf. Sollten Sie sich geschnitten haben und die Wunde heilt, so dient Ihren Zellen ATP zur Teilung und Synthese neuer DNA. Bevor Sie aber all die Verwendungsmöglichkeiten von Energie bei zellulären Vorgängen kennenlernen, wollen wir herausfinden, wo die Glucose, die wir verwerten, herkommt. Im nächsten Kapitel werden wir sehen, wie photosynthetisch aktive Organismen Sonnenenergie nutzen, sie in chemische Energie umwandeln und diese zur Umwandlung von Kohlendioxid in Zucker einsetzen. Dabei werden Sie wieder miterleben, wie diese Vorgänge durch die koordinierte Abfolge von Enzymen und von membranständigen Elektronenüberträgern in einem spezialisierten Zellorganell funktionieren – im Chloroplasten.

ÜBUNGSAUFGABEN

Schwierigere Aufgaben sind mit einem • gekennzeichnet.

10-1 Lokalisierung von Molekülen und Funktionen im Mitochondrium. Geben Sie an, ob die im Folgenden aufgeführten Moleküle oder Funktionen Ihrer Meinung nach in der Matrix (MA), der inneren Membran (IM), der äußeren Membran (ÄM), dem Intermembranraum (IS) oder überhaupt nicht im Mitochondrium (N) vorkommen.

A Coenzym A

B Coenzym Q

C Nucleotidphosphorylierung

D Succinatdehydrogenase

E Malatdehydrogenase

F Fettsäureverlängerung

G Dicarboxylatcarrier

H Umwandlung von Lactat zu Pyruvat

I ATP-Synthase

J Aufbau einer hohen Protonenkonzentration

K Respirasomen

L Crista Junctions

M Fettsäure-Acyl-CoA-Translokase

10-2 Lokalisierung von Molekülen und Funktionen in der prokaryotischen Zelle. Wiederholen Sie Aufgabe 10-1, doch geben Sie bitte an, wo Ihrer Meinung nach jedes der aufgeführten Moleküle bzw. der aufgeführten Funktionen lokalisiert ist. Wahlmöglichkeiten: Cytoplasma (CY), Plasmamembran (PM), Extrazellulärer Raum (EZ) oder gar nicht (N).

10-3 Richtig oder falsch. Geben Sie an, welche der folgenden Behauptungen wahr (W) oder falsch (F) ist. Wenn die Behauptung falsch sein sollte, so formulieren Sie diese bitte so um, dass sie zutrifft.

A Der geordnete Fluss von Kohlenstoff durch den TCA-Zyklus ist möglich, weil jedes der an dem Kreislauf mitwirkenden Enzyme so in die innere mitochondriale Membran eingebettet ist, dass ihre Reihenfolge in der Membran ihrer Reihenfolge im Kreislauf entspricht.

B Im Hinblick auf die Thermodynamik sollte Acetyl-CoA in der Lage sein, die Phosphorylierung von ADP (oder GDP) anzutreiben, ganz wie Succinyl-CoA dies leistet, vorausgesetzt, dass das geeignete Enzym zur Verfügung steht.

C Atmung ist unmöglich, wenn Sauerstoff nicht als Elektronenakzeptor für die Reoxidation von Coenzymen zur Verfügung steht.

D Wir können vorhersagen, das der Fluss von Elektronen durch das Elektronentransportsystem exergonisch ablaufen wird, weil das NAD^+/NADH-Redoxpaar einen stark negativen Wert für $\Delta E_0'$ hat und das O_2/H_2O-Redoxpaar einen stark positiven Wert für $\Delta E_0'$.

E Das Coenzym FAD tendiert dazu, eine feste Bindung mit den Dehydrogenaseenzymen einzugehen, die es als Elektronenakzeptor nutzen.

F Da bei der β-Oxidation Fettsäuren zu Acetyl-CoA-Einheiten mit zwei Kohlenstoffatomen abgebaut werden, ist es nicht möglich, Fettsäuren mit einer ungeraden Anzahl von Kohlenstoffatomen abzubauen.

10-4 Mitochondrialer Transport. Für die aerobe Atmung muss sich eine Reihe von Substanzen in stetem Fluss durch die innere mitochondriale Membran befinden. Nehmen Sie den Fall einer Hirnzelle, deren einzige Energiequelle Glucose ist, und geben Sie an, welche der folgenden Substanzen sich Ihrer Ansicht nach im Nettofluss durch die Membran befindet, und, wenn dies der Fall sein sollte, so geben Sie an, wie viele Moleküle sich in welcher Richtung pro katabolisiertem Molekül Glucose durch die Membran bewegen.

A Pyruvat

B Sauerstoff

C ATP

D ADP

E Acetyl-CoA

F Glycerin-3-Phosphat

G NADH

H $FADH_2$

I Oxalacetat

J Wasser

K Elektronen

L Protonen

10-5 Vervollständigung des Stoffwechselwegs. Vervollständigen Sie in jedem aufgeführten Fall den Stoffwechselweg, indem Sie die Strukturen und die Reihenfolge der Zwischenprodukte nennen.

A Die Umwandlung von Citrat zu α-Ketoglutarat durch die Reaktionen TCA-2 und TCA-3 erfolgt nicht allein unter Mitwirkung des Zwischenprodukts Isocitrat, sondern auch durch die Moleküle (in der *Abbildung 10.8* nicht dargestellt)

Aconitat (Aconitsäure) und Oxalsuccinat. Stellen Sie den Stoffwechselweg vom Citrat zum α-Ketoglutarat dar, indem Sie die Strukturen und die Reihenfolge der drei Zwischenprodukte zu Papier bringen.

B Die Synthese der Aminosäure Glutamat kann ausgehend von Pyruvat und Alanin über eine metabolische Sequenz durchgeführt werden, welche die amphibolische Rolle des TCA-Zyklus veranschaulicht. Entwerfen Sie einen solchen Stoffwechselweg und gehen Sie von der Annahme aus, dass jedes weitere benötigte Enzym zur Verfügung steht.

C Wenn Pyruvat-2-^{14}C (Pyruvat, dessen mittleres Kohlenstoffatom radioaktiv markiert wurde) aktiv atmenden Mitochondrien zugeführt wird, wird der größte Teil der Radioaktivität vom Citrat aufgenommen. Zeichnen Sie den Weg nach, über den radioaktiv markierte Kohlenstoffatome in das Citrat eingebaut werden und geben Sie an, an welcher Stelle das markierte Kohlenstoffatom zuerst im Citratmolekül auftreten wird.

10-6 Der rechnende Zellbiologe. Nehmen Sie die *Tabelle 10.2* als Grundlage für die Berechnungen, die Sie zur Beantwortung folgender Fragen durchführen müssen.

A Stellen Sie zunächst keine Berechnungen an, sondern sagen Sie nur voraus, ob Isocitrat unter Standardbedingungen Elektronen exergonisch an NAD^+ abgeben kann? Warum haben Sie sich für Ihre Vorhersage entschieden?

B Welches ist der Wert von $\Delta E_0'$ für die Oxidation von Isocitrat durch NAD^+ unter Standardbedingungen? Wird die Vorhersage, die Sie in Aufgabenteil a getroffen haben, von dieser Berechnung gestützt? Erklären Sie Ihre Antwort.

C Berechnen Sie $\Delta G^{\circ\prime}$ für die Oxidation von Isocitrat durch NAD^+ unter Standardbedingungen. Inwiefern ist diese Berechnung für den aeroben Energiemetabolismus relevant?

D Wiederholen Sie die Aufgabenteile a bis c für die Oxidation von Lactat zu Pyruvat durch NAD^+. Inwiefern ist diese Berechnung für den aeroben Energiemetabolismus relevant?

E Wiederholen Sie nun die Aufgabenteile a bis c für die Oxidation von Succinat zu Fumarat, wobei NAD^+ als Elektronenakzeptor dient. Sie sollten feststellen, dass $\Delta G^{\circ\prime}$ stark positiv ist. Was sagt Ihnen das im Hinblick auf die Wahrscheinlichkeit, dass NAD^+ als Elektronenakzeptor für die Succinatdehydrogenasereaktion des TCA-Zyklus dienen könnte?

F Wiederholen Sie abschließend die Aufgabenteile a bis c für die Oxidation von Succinat zu Fumarat, wobei das Coenzym Q als Elektronenakzeptor dient. Warum ist es sinnvoll, das Coenzym Q für den Elektronenakzeptor zu halten, obwohl die Succinatdehydrogenase in der *Abbildung 10.8* mit FAD als unmittelbarem Elektronenakzeptor dargestellt ist?

10-7 Berechnung der maximalen ATP-Erträge. In der ▶ *Tabelle 10.5* ist der ATP-Ertrag während der aeroben Atmung von Glucose zusammenfassend aufgeführt.

A Vervollständigen Sie die *Tabelle 10.5* für ein aerobes Bakterium. Wie hoch ist der maximale ATP-Ertrag?

B Setzen Sie in die *Tabelle 10.5* die notwendigen Veränderungen ein zur Berechnung des maximalen ATP-Ertrags für eine eukaryotische Zelle, die zum Transport von Elektronen aus dem Cytosol in die Matrix des Mitochondriums den Glycerin-Phosphat-Shuttle nutzt.

Tabelle 10.5

Berechnung des maximalen ATP-Ertrags durch aerobe Oxidation von Glucose

Stadium der Atmung	Glykolyse (Glucose → 2 Pyruvat)	Pyruvat-Oxidation (2 Pyruvat → 2 Acetyl-CoA)	TCA-Zyklus (zwei abgeschlossene Zyklen)
CO_2-Ertrag			
NADH-Ertrag			
ATP pro NADH			
$FADH_2$-Ertrag			
ATP pro $FADH_2$			
ATP aus der Substratkettenphosphorylierung			
ATP aus der oxidativen Phosphorylierung			
Maximaler ATP-Ertrag			

10-8 Regulation des Katabolismus. Erklären Sie den Vorteil folgender regulatorischer Mechanismen für eine Zelle.

A Isocitratdehydrogenase (*Abbildung 10.8*, Reaktion TCA-3) wird allosterisch durch ADP aktiviert.

B Die Dehydrogenasen, die Isocitrat oxidieren, α-Ketoglutarat und Malat (Reaktionen TCA-3, TCA-4 und TCA-8) werden alle allosterisch durch NADH gehemmt.

C Die Pyruvatdehydrogenase (*Abbildung 10.8*, Reaktion 10-1) wird allosterisch durch ATP gehemmt.

D Die Phosphofructokinase (*Abbildung 9.7*, Reaktion Gly-3) wird allosterisch durch Citrat gehemmt.

E Die Pyruvatdehydrogenasekinase (*Abbildung 10.10*, Enzym E_1) wird allosterisch durch NADH aktiviert.

F Die α-Ketoglutaratdehydrogenase (*Abbildung 10.8*, Reaktion TCA-4) wird allosterisch durch Succinyl-CoA gehemmt.

10-9 Letale Synthese. Die Blätter von *Dichapetalum cymosum*, eine südafrikanische Pflanze, sind sehr giftig. Tiere, die diese Pflanzen fressen, bekommen Krämpfe und im Allgemeinen sterben sie kurze Zeit darauf. Eine der augenfälligsten Wirkungen der Vergiftung ist eine deutliche Erhöhung der Citratkonzentration und eine Blockade des TCA-Zyklus in vielen Organen des betroffenen Tieres. Der toxische Wirkstoff in den Pflanzenblättern ist Fluoracetat, aber das eigentliche Gift in den Geweben des Tieres ist Fluorcitrat. Wenn man Fluoracetat mit gereinigten Enzymen des TCA-Zyklus inkubiert, übt es keine hemmende Wirkung auf die Enzymaktivität aus.

A Warum können Sie davon ausgehen, dass Fluorcitrat eine inhibitorische Wirkung auf eines oder mehrere Enzyme des TCA-Zyklus hat, wenn es in vitro mit gereinigten Enzymen inkubiert wird, obwohl Fluoracetat keine Wirkung hat?

B Welches Enzym des TCA-Zyklus wird Ihrer Ansicht nach von Fluorcitrat angegriffen? Nennen Sie zwei Gründe für Ihre Antwort.

C Wie könnte Fluoracetat zu Fluorcitrat umgewandelt werden?

D Warum bezeichnet man dieses Phänomen als *letale Synthese*?

10-10 Oxidation gesättigter Fettsäuren

A Berechnen Sie die Anzahl der Moleküle von $FADH_2$, NADH und Acetyl-CoA, die gebildet werden, wenn ein Molekül Palmitat (16 Kohlenstoffatome) durch β-Oxidation abgebaut wird.

B Vergleichen Sie diese Anzahl mit der, die durch β-Oxidation von Stearat (18 Kohlenstoffatome) gebildet wird.

C Formulieren Sie eine Gleichung für die Anzahl von Acetyl-CoA-, $FADH_2$- und NADH-Molekülen, die aus einer Fettsäure mit n Kohlenstoffatomen hervorgehen (n = eine gerade Anzahl).

D Geben Sie an, wie viel ATP nach der vollständigen Oxidation von Acetyl-CoA-Molekülen im TCA-Zyklus und dem Elektronentransport vom $FADH_2$ und NADH zum Sauerstoff aus Palmitat und Stearat gebildet wird.

E Formulieren Sie eine Gleichung für die Anzahl von ATP-Molekülen, die durch vollständige Oxidation einer Fettsäure mit n Kohlenstoffatomen gebildet werden (n = eine gerade Anzahl).

10-11 Oxidation von NADH im Cytosol. Bei einigen eukaryotischen Zellen wird das durch Glykolyse im Cytosol generierte NADH durch den Glycerin-Phosphat-Shuttle, der in *Abbildung 10.23* dargestellt ist, reoxidiert.

A Formulieren Sie eine stöchiometrisch richtige Gleichung für die Reduktion von Dihydroxyacetonphosphat (DHAP) zu Glycerin-3-Phosphat (Glycerin-3-P) durch NADH im Cytosol und für die Oxidation von Glycerin-3-Phosphat zu DHAP durch die mit FAD verknüpfte Glycerin-3-Phosphatdehydrogenase in der Innenmembran des Mitochondriums.

B Fügen Sie die beiden Reaktionen aus Aufgabenteil a zusammen, um eine Gesamtreaktion für den Transfer von Elektronen von NADH im Cytosol zu mitochondrialem FAD zu erhalten. Berechnen Sie die Werte von $\Delta E_0'$ und $\Delta G°'$ für diese Reaktion. Ist der Einwärtstransport von Elektronen unter Standardbedingungen thermodynamisch durchführbar?

C Schreiben Sie eine stöchiometrisch richtige Gleichung für die Reoxidation von $FADH_2$ durch das Coenzym Q in der Innenmembran. Gehen Sie davon aus, dass CoQ zu $CoQH_2$ reduziert wird. Berechnen Sie die Werte von $\Delta E_0'$ und $\Delta G°'$ für diese Reaktion. Ist dieser Transfer unter Standardbedingungen thermodynamisch durchführbar?

D Schreiben Sie eine stöchiometrisch richtige Gleichung für den Transfer von Elektronen vom NADH im Cytosol zum mitochondrialen CoQ und berechnen Sie die Werte von $\Delta E_0'$ und $\Delta G°'$ für diese Reaktion. Ist dieser Transfer unter Standardbedingungen thermodynamisch durchführbar?

E Angenommen das Verhältnis $[NADH]/[NAD^+]$ im Cytosol ist 5,0 und das Verhältnis $[CoQH_2]/[CoQ]$ in der inneren Membran ist 2,0. Errechnen Sie den Wert von $\Delta G'$ für die Reaktion in Aufgabenteil d bei 25 °C und einem pH-Wert von 7,0.

F Wird der Wert von $\Delta G'$ für den Einwärtstransfer von Elektronen vom NADH zum CoQ durch das Verhältnis reduzierter Formen und oxidierter Formen des enzymgebundenen FAD in der inneren Membran beeinflusst? Warum oder warum nicht?

• **10-12 Braunes Fett und Thermogenin.** Die meisten neugeborenen Säugetiere, aber auch Kleinkinder und Erwachsene, haben einen besonderen Typ adipösen Gewebes, das man als braunes Fett bezeichnet. In diesem ist in der mitochondrialen Innenmembran ein natürlich vorkommendes Entkopplungsprotein enthalten, das *Thermogenin.* Thermogenin koppelt die ATP-Synthese vom Elektronentransport ab, sodass die in Form eines Elektronenflusses durch die Elektronentransportkette freigesetzte Energie als Wärme verlorengeht.

A Was geschieht mit der Energie, die freigesetzt wird, wenn der Elektronentransport weiterläuft, die ATP-Synthese aber aufhört? Warum könnte es für ein Baby von Vorteil sein, in der Innenmembran der Mitochondrien, die das braune Fettgewebe in großer Zahl enthält, Thermogenin zu haben.

B Auch einige ausgewachsene Säugetiere haben braunes Fett. Würde Ihrer Ansicht nach ein Bär, der Winterschlaf hält, mehr braunes Fettgewebe und mehr Thermogenin besitzen als ein körperlich aktiver Bär? Erklären Sie Ihre Überlegung.

C Schlagen Sie ausgehend von der Lage in der Zelle eine Wirkungsweise von Thermogenin vor. Welches Experiment würden Sie durchführen, um Ihre Hypothese zu untermauern?

D Was würde mit einem Säugetier geschehen, wenn alle Mitochondrien seines Organismus mit dem Entkopplungsprotein ausgestattet wären und nicht nur das braune Fettgewebe?

• **10-13 Analyse des Elektronentransportsystems.** Zur Bestimmung der für das Protonenpumpen verantwortlichen Segmente des Elektronentransportsystems (ETS) und damit für die ATP-Synthese, inkubieren Wissenschaftler im Allgemeinen isolierte Mitochondrien unter Standardbedingungen, sodass nur ein Teil des ETS funktioniert. Bei unserer Vorgehensweise versorgen wir die Mitochondrien mit einem Elektronendonor und einem Elektronenakzeptor, von denen man weiß, dass sie das ETS an spezifischen Stellen hemmen. Außerdem werden oftmals spezifische Inhibitoren zugesetzt. In einem dieser Experimente wurden die Mitochondrien mit β-Hydroxybutyrat, mit oxidiertem Cytochrom *c*, ADP, P_i und Cyanid inkubiert. (Mitochondrien besitzen eine von NAD^+ abhängige Dehydrogenase, die β-Hydroxybutyrat zu β-Ketobutyrat oxidieren kann.)

A Welches ist der Elektronendonor dieses Systems? Welches ist der Elektronenakzeptor? Welches ist mit größter Wahrscheinlichkeit der Weg des Elektronentransports in diesem System?

B Geben Sie auf der Grundlage Ihres Wissens über das ETS an, wie viele Mol ATP Ihrer Meinung nach pro Mol oxidierten β-Hydroxybutyrats gebildet werden könnten. Formulieren Sie eine stöchiometrisch richtige Gleichung für die in diesem System ablaufende Reaktion.

C Cyanid ist der einzige diesem System zugesetzte Wirkstoff, der nicht Teil der stöchiometrisch richtigen Gleichung für diese Reaktion ist. Warum wurde diesem System Cyanid zugeführt? Welches Ergebnis würden Sie erwarten, wenn man kein Cyanid hinzugefügt hätte?

D Würden Sie erwarten, dass die Enzyme des TCA-Zyklus in diesem Versuch aktiv sind? Erklären Sie Ihre Überlegung.

E Warum ist es von Bedeutung, dass β-Ketobutyrat nicht weiter in diesem System metabolisiert werden kann? Die Struktur von Lactat ist der von β-Ketobutyrat recht ähnlich; welche Auswirkung hätte die Zugabe von Lactat als oxidierbarer Substanz an Stelle von β-Ketobutyrat gehabt?

WEITERFÜHRENDE LITERATUR

Historisch bedeutsame Literatur ist mit einem • gekennzeichnet.

Allgemeine Literatur

Metzler, D. E. Biochemistry: *The Chemical Reactions of Living Cells*, 2. Aufl. San Diego: Academic Press, 2001.

Morowitz, H., J. Kostelnik u J. D. Yang. The origin of intermediary metabolism. *Proc. Natl. Acad. Sci. USA* 97 (2000): 7704.

Orgel, L. E. Self-organizing biochemical cycles. *Proc. Natl. Acad. Sci. USA* 97 (2000): 12503.

Papa, S., F. Guerrieri und J. M. Tager, Hrsg. *Frontiers of Cellular Bioenergetics: Molecular Biology, Biochemistry, and Physiopathology.* New York: Kluwer Academic/Plenum Publishers, 1999.

• Racker, E. From Pasteur to Mitchell: A hundred years of bioenergetics. *Fed. Proc.* 39 (1980): 210.

Mitochondriale Struktur und Merkmale

• Ernster, L. und G. Schatz. Mitochondria: An historical overview. *J. Cell. Biol.* 91 (1981): 226s.

Frey, T. G. und C. A. Mannella. The internal structure of the mitochondria. *Trends. Biochem. Sci.* 25 (2000): 319.

Gena, P., E. Fanelli, C. Brenner, M. Svelto und G. Calamita. News and views on mitochondrial water transport. *Front. Biosci.* 14 (2009): 4189.

Legros, F., P. Frachon und F. Malka. Organization and dynamics of human mitochondrial DNA. *J. Cell Sci.* 117 (2004): 2653.

Lenaz, G. et al. New insights into structure and function of mitochondria and their role in aging and disease. *Antioxid. Redox Signal.* 8 (2006): 417.

Martin, W. et al. Der Schritt zum komplexen Leben. *Spektrum der Wissenschaft* 7 (2013): 40.

Swayne, T. C., A. C. Gay und L. A. Pon. Visualization of mitochondria in budding yeast. *Methods Cell Biol.* 80 (2007): 591.

Tanji, K. und E. Bonilla. Optical imaging techniques to visualize mitochondria. *Methods Cell Biol.* 80 (2007): 135.

Wallace, D. C., W. Fan und V. Procaccio. Mitochondrial energetic and therapeutics. *Ann. Rev. Pathol.* 5 (2010): 297.

Tricarbonsäurekreislauf und Elektronentransport

Beinert, H., R. Holm und E. Münck. Iron-sulfur clusters: Nature's modular, multipurpose structures. *Science* 277 (1997): 653.

Cocchini, G. Function and structure of complex II of the respiratory chain. *Annu. Rev. Biochem.* 72 (2003): 77.

Hederstedt, L. Complex II is complex too. *Science* 299 (2003): 671.

Huynen, M. A., T. Dandekar und P. Bork. Variation and evolution of the citric-acid cycle: A genomic perspective. *Trends Microbiol. 7* (1999): 281.

- Kornberg, H. L. Tricarboxylic acid cycles. *BioEssays 7* (1987): 236.
- Krebs, H. A. The history of the tricarboxylic acid cycles. *Perspect. Biol. Med.* 14 (1970): 154.
- Mitchell, P. Keilin's respiratory chain concept and its chemiosmotic consequences. *Science* 206 (1979): 1148.

Schnarrenberger, C. und W. Martin. Evolution of the enzymes of the citric acid cycle and the glyoxylate cycle of higher plants. A case study of endosymbiotic gene transfer. *Eur. J. Biochem.* 269 (2002): 868.

Schultz, B. E. und S. I. Chan. Structures and proton pumping strategies of mitochondrial respiratory enzymes. *Annu. Rev. Biophys. Biomol. Struct.* 30 (2001): 23.

Oxidative Phosphorylierung und ATP-Synthese

Aksimentiev, A. et al. Insights into the molecular mechanism of rotation in the F_0 sector of ATP Synthase. *Biophys. J.* 86 (2004): 1332.

Itoh, H., K. Adachi und A. Takahashi. Mechanically driven ATP synthesis by F_1-ATPase. *Nature* 427 (2004): 465.

Junge, W., H. Sielaff und S. Engelbrecht. Torque generation and elastic power transmission in the rotary F_0F_1-ATPase. *Nature* 459 (2009): 364.

Leyva, J. A., M. A. Bianchet und L. M. Amzel. Understanding ATP synthesis: Structure and mechanism of the F_1-ATPase. *Mol. Membr. Biol.* 20 (2003): 27.

- Mitchell, P. Coupling of phosphorylation to electron and hydrogen transfer by a chemiosmotic type of mechanism. *Nature* 191 (1961): 144.

Rubinstein, J. L., R. Henderson und J. E. Walker. Structure of the mitochondrial ATP synthase by electron cryomicroscopy. *EMBO J.* 22 (2003): 6182.

von Ballmoos, C., A. Wiedenmann und P. Dimroth. Essentials for ATP synthesis by F_1F_0 ATP synthases. *Annu. Rev. Biochem.* 78 (2009): 649.

Regulation des respiratorischen Metabolismus

Blank, L. M. und U. Sauer. TCA cycle activity in Saccharomyces cerevisiae is a function of the environmentally determined specific growth and glucose uptake rates. *Microbiology* 150 (2004): 1085.

Das, J. The role of mitochondrial respiration in physiological and evolutionary adaptation. *BioEssays* 9 (2006): 890.

de Meirleir, L. Defects of pyruvate metabolism and the Krebs cycle. *J. Child. Neurol.* 17, Supp 3 (2002): 3526.

Lascaris, R., J. Piwowarski und H. van der Spek. Overexpression of HAP4 in glucose-derepressed yeast cells reveals respiratory control of glucose-regulated genes. *Microbiology* 150 (2004): 929.

Sheehan, T. E., D. A. Hood und P. A. Kumar. Tissue-specific regulation of cytochrome *c* Oxidase expression by thyroid hormone. *Amer. J. Physiol.* 286 (2004): E968.

Weinberg, F. und N. S. Chandel. Mitochondrial metabolism and cancer. *Ann. NY. Acad. Sci.* 1177 (2009): 66.

Phototropher Energiemetabolismus: Photosynthese

11

ÜBERBLICK

In den beiden vorangegangenen Kapiteln haben wir uns mit Fermentation (Gärung) und Atmung beschäftigt, zwei chemotrophen Lösungen für die universelle Herausforderung aller lebenden Zellen, ihre Energie- und Kohlenstoffbedürfnisse zu decken. Das Überleben der meisten chemotrophen Organismen (uns eingeschlossen) ist von einer externen Quelle organischer Substrate abhängig. Sicherlich werden Sie sich erinnern, dass Chemotrophe ihre Energie durch Oxidation hochenergetischer, reduzierter Verbindungen (wie Kohlenhydrate, Fette und Proteine) über katabolische Stoffwechselwege erhalten. Sie können außerdem Zwischenprodukte dieser oxidativen Stoffwechselwege als Quellen für Kohlenstoffskelette zur Biosynthese über anabolische Stoffwechselwege nutzen. Würde man die Chemotrophen jedoch ganz allein lassen, so würden sie ohne ständige Versorgung mit diesen reduzierten organischen Verbindungen bald sterben.

In diesem Kapitel werden Sie erfahren, wie photosynthetische Organismen die chemische Energie und den organischen Kohlenstoff bilden, die von den Chemotrophen aus der Biosphäre aufgenommen werden. Diese photosynthetischen Organismen nutzen Sonnenenergie zur Reduktion von CO_2 und bilden Kohlenhydrate, Fette und Proteine – die reduzierten Formen von Kohlenstoff, die alle Chemotrophen unabdingbar benötigen.

Der Einsatz von Sonnenenergie zum Antrieb anabolischer Stoffwechselwege, durch welche die Bausteine des Lebens gebildet werden, wird passenderweise als **Photosynthese** bezeichnet – die Umwandlung von Lichtenergie in chemische Energie und die anschließende Nutzung dieser Energie zur Synthese organischer Moleküle. Fast das gesamte Leben auf der Erde wird durch die Energie erhalten, die unseren Planeten in Form von Sonnenlicht erreicht. Phototrophe sind Organismen, die diese Sonnenenergie in chemische Energie in Form von ATP und dem reduzierten Coenzym NADPH umwandeln. NADPH ist ein Elektronen- und Wasserstoffträger vieler anabolischer Stoffwechselwege und eng mit NADH verwandt, dem wir zuvor in katabolischen Stoffwechselwegen begegnet sind.

Einige Phototrophe, beispielsweise die in *Kapitel 7* beschriebenen Halobakterien, sind **Photoheterotrophe** – Organismen, die zwar Energie aus Sonnenlicht gewinnen, aber trotzdem von organischen Quellen aus reduziertem Kohlenstoff abhängig sind. Die meisten anderen Phototrophen – dazu gehören Pflanzen, Algen und die meisten photosynthetischen Bakterien – werden als *Photoautotrophe* bezeichnet. Dies sind Organismen, die Sonnenenergie zur Synthese energiereicher organischer Moleküle aus anorganischem Ausgangsmaterial nutzen, beispielsweise Kohlendioxid und Wasser. Viele Photoautotrophe setzen als Nebenprodukt der Photosynthese molekularen Sauerstoff frei. Somit füllen die Phototrophen die Biosphäre nicht nur mit reduziertem Kohlenstoff auf, sondern liefern auch den Sauerstoff der Atmosphäre, den aerobe Organismen zur Oxidation dieser reduzierten Verbindungen nutzen, um Energie zu gewinnen.

In diesem Kapitel werden wir uns mit zwei allgemeinen Aspekten der Photosynthese beschäftigen: wie Photoautotrophe Sonnenenergie einfangen und in chemische Energie umwandeln und wie diese Energie genutzt wird, um energiearme Verbindungen wie Kohlendioxid und Wasser in energiereiche organische Moleküle wie Kohlenhydrate, Fette und Proteine umzuwandeln.

Ein Überblick über die Photosynthese 11.1

Die Photosynthese umfasst zwei wichtige biochemische Prozesse: Energietransduktion und Kohlenstoffassimilierung (▸*Abbildung 11.1*). Bei den **Energietransduktionsreaktionen** wird Lichtenergie von den Chlorophyllmolekülen absorbiert und in chemische Energie in Form von ATP und NADPH umgewandelt. Das durch Energietransduktionsreaktionen gebildete ATP und NADPH liefert anschließend Energie bzw. Reduktionsenergie für die **Kohlenstoffassimilierungsreaktionen**, die man auch als *Kohlenstofffixierungsreaktionen* bezeichnet. Während der Kohlenstoffassimilierungsreaktionen, die im Allgemeinen als *Calvin-Zyklus* bezeichnet werden, werden vollständig oxidierte Kohlenstoffatome des Kohlendioxids fixiert (reduziert und kovalent gebunden) und bilden Kohlenhydrate. Diese Vorgänge laufen in den Chloroplasten eukaryotischer Phototropher oder in spezialisierten Membransystemen photosynthetischer Bakterien ab.

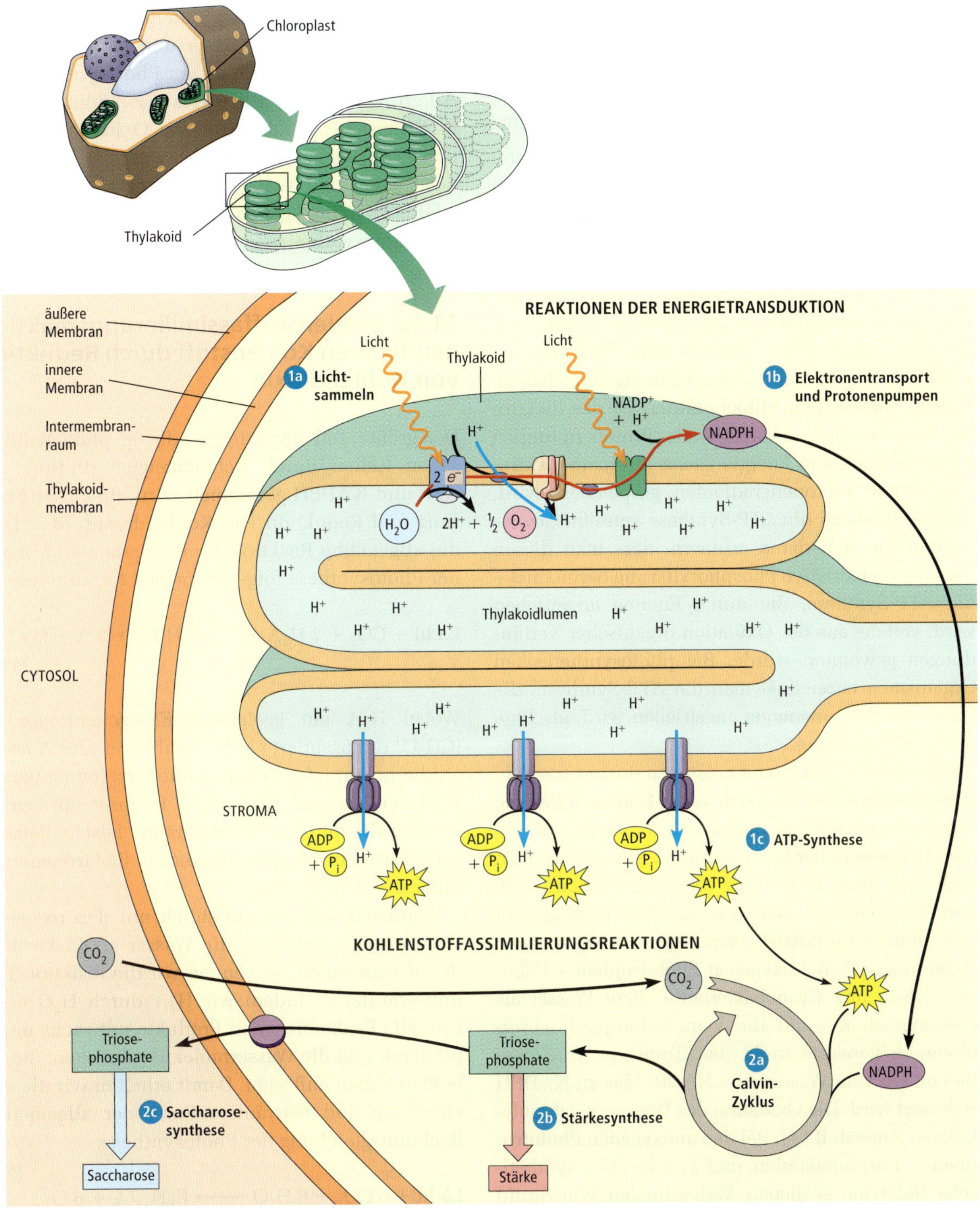

Abbildung 11.1: Ein Überblick über die Photosynthese. Dies ist eine Schemazeichnung eines Chloroplasten, des Organells für die Photosynthese eukaryotischer Zellen. Hier laufen die wichtigsten photosynthetischen Vorgänge ab. Die Photosynthese kann in zwei große funktionale Einheiten gegliedert werden: Energietransduktion und Kohlenstoffassimilierung. Die Energietransduktionsreaktionen laufen in den Thylakoiden des Chloroplasten ab und umfassen 1a Lichtabsorption, 1b Elektronentransport zum NADH unter gleichzeitigem Protonenpumpen und 1c ATP-Synthese. Zu den Kohlenstoffassimilierungsreaktionen gehören 2a der Calvin-Zyklus und 2b die Biosynthese von Stärke im Stroma des Chloroplasten plus 2c die Biosynthese von Saccharose im Cytosol.

11.1.1 Energietransduktionsreaktionen wandeln Sonnenenergie in chemische Energie um

Die Lichtenergie der Sonne wird von einer Reihe grüner Pigmentmoleküle gesammelt, den *Chlorophyllen*, die sich in den grünen Blättern der Pflanzen und den Zellen von Algen und photosynthetischen Bakterien finden. Durch Lichtabsorption wird ein Elektron des Chlorophyllmoleküls angeregt, das dann von dem Molekül abgegeben wird und mit Hilfe eines Elektronentransportsystems (ETS) energetisch „bergab" fließt, ähnlich dem ETS, das wir zuvor bei den Mitochondrien kennengelernt haben. Ebenso wie bei den Mitochondrien ist der Elektronenfluss an das unidirektionale Protonenpumpen gekoppelt, bei dem Energie zuerst in einem elektrochemischen Protonengradienten gespeichert wird, der anschließend die ATP-Synthase antreibt. Gewiss werden Sie sich daran erinnern, dass man diesen Vorgang als oxidative Phosphorylierung bezeichnet – die ATP-Synthese, die durch Energie angetrieben wird, welche aus der Oxidation organischer Verbindungen gewonnen wurde. Bei photosynthetischen Organismen bezeichnet man die ATP-Synthese, die durch die Sonnenenergie angetrieben wird, als *Photophosphorylierung*.

Diese Kohlenstoffatome müssen reduziert werden, damit sie die vollständig oxidierten Kohlenstoffatome des Kohlendioxids in organische Moleküle aufnehmen können. Daher benötigen die Photoautotrophen nicht nur Energie in Form von ATP, sondern auch Reduktionsenergie, die von NADPH bereitgestellt wird, einem mit NADH verwandten Coenzym (siehe *Abbildung 9.5*). Bei **oxygenen Phototrophen** – Pflanzen, Algen und Cyanobakterien – dient Wasser als Elektronendonor und die vom Chlorophyll absorbierte Lichtenergie treibt den Transport von zwei Elektronen vom Wasser zum $NADP^+$, das zu NADPH reduziert wird. Die Oxidation des Wassers setzt molekularen Sauerstoff frei. Bei den **anoxygenen Phototrophen** – Purpurbakterien und Grüne photosynthetische Bakterien – dienen Verbindungen wie Sulfid (S^{2-}), Thiosulfat ($S_2O_3^{2-}$) oder Succinat als Elektronendonoren und die oxidierten Formen dieser Verbindungen werden freigesetzt. Sowohl bei den oxygenen als auch bei den anoxygenen Phototrophen wird die lichtabhängige Bildung von NADPH als *Photoreduktion* bezeichnet.

Im Allgemeinen denken wir an die oxygenen Phototrophen, wie Bäume, Gräser und andere weit verbreitete Pflanzen, wenn es um Photosynthese geht. Allerdings geht unser heutiges Verständnis der Photosynthese als lichtgetriebenem Oxidations-Reduktions-Vorgang auf die Arbeiten von C. B. van Niel in den 1930er und 1940er Jahren zurück, der Experimente mit anoxygenen Purpurbakterien und Grünen photosynthetischen Bakterien durchführte.

11.1.2 Kohlenstoffassimilierungsreaktionen fixieren Kohlenstoff durch Reduktion von Kohlendioxid

Der größte Teil der Energie, die in photosynthetischen Zellen durch lichtabhängige Bildung von ATP und NADPH gesammelt wird, dient der Fixierung und Reduktion von Kohlendioxid. Man kann die allgemeine Reaktion für den gesamten Vorgang der Photosynthese folgendermaßen formulieren:

$$\text{Licht} + CO_2 + 2\,H_2A \longrightarrow [CH_2O] + 2\,A + H_2O \qquad (11\text{-}1)$$

Wobei H_2A ein geeigneter *Elektronendonor* ist, $[CH_2O]$ repräsentiert ein Kohlenhydrat und A ist die oxidierte Form des Elektronendonors. Indem wir die Photosynthese auf diese Weise formulieren, vermeiden wir die immer wiederkehrende falsche Behauptung, dass Phototrophe Wasser als Elektronendonor nutzen.

Wenn wir uns ausschließlich mit den oxygenen Phototrophen befassen, die Wasser als Elektronendonor verwenden, so können wir die Reaktion 11-1 umformulieren, indem wir H_2A durch H_2O ersetzen, alle Reaktanten und Produkte mit sechs multiplizieren und die Wassermoleküle abziehen, die auf beiden Seiten auftreten. Damit erhalten wir die spezifischere und vertrautere Form der allgemeinen Reaktionsgleichung der Photosynthese:

$$\text{Licht} + 6\,CO_2 + 6\,H_2O \longrightarrow C_6H_{12}O_6 + 6\,O_2 \qquad (11\text{-}2)$$

Schon bald werden Sie sehen, dass das unmittelbare Produkt der photosynthetischen Kohlenstofffixierung ein Zucker mit drei Kohlenstoffatomen ist (eine Triose) und keine Hexose, wie oben dargestellt. Diese Triosen werden dann für eine Reihe biosynthetischer

Stoffwechselwege benötigt, unter anderem zur Biosynthese von Glucose (wie in der Reaktion 11-2 dargestellt), Saccharose und Stärke. Saccharose ist das wichtigste Transportkohlenhydrat der meisten Pflanzenspezies. Es überträgt Energie und reduzierten Kohlenstoff von photosynthetischen Zellen durch die Leiterbahnen der Pflanzen zu nicht-photosynthetischen Zellen. Stärke (oder Glykogen bei photosynthetischen Bakterien) ist das wichtigste Speicherkohlenhydrat der phototrophen Zellen.

11.1.3 Der Chloroplast ist das photosynthetische Organell der eukaryotischen Zellen

Unsere Modellorganismen zum Verständnis der Photosynthese sind die uns vertrautesten oxygenen Phototrophen – die grünen Pflanzen. Daher werden wir uns der Struktur und Funktion des **Chloroplasten** widmen, dem Organell, das für die meisten photosynthetischen Ereignisse in eukaryotischen Phototrophen verantwortlich ist. Bei den Pflanzen und Algen laufen die wichtigsten Ereignisse der photosynthetischen Energietransduktion und der Kohlenstoffassimilierung in diesen spezialisierten Organellen ab.

Da Chloroplasten im Allgemeinen groß (1 – 5 μm breit und 1 – 10 μm lang) und gefärbt sind, wurden sie schon zu einem frühen Zeitpunkt in der Zellbiologie von Antonie van Leeuwenhoek und Nehemiah Grew im 17. Jahrhundert beschrieben. In der ▶*Abbildung 11.2a* sehen Sie die deutlich erkennbaren Chloroplasten in einer Blattzelle von *Coleus* (Buntnessel). Eine reife Blattzelle enthält meist 20–100 Chloroplasten, während eine Algenzelle typischerweise nur einen oder einige wenige Chloroplasten besitzt. Die Form dieser Organellen schwankt deutlich zwischen einer einfachen, abgeflachten Kugel, wie man sie häufig in Pflanzen vorfindet, und komplexeren Formen in Grünalgen. Eine Zelle der filamentösen Grünalge *Spirogyra* enthält beispielsweise einen oder mehrere Chloroplasten in der Form einer Kette, wie in der ▶*Abbildung 11.2b* zu erkennen.

Nicht alle Pflanzen enthalten Chloroplasten. Kurz nach der Differenzierung enthalten Pflanzenzellen kleinere Organellen, die sogenannten **Proplastiden**, die sich zu einem der vielen verschiedenen **Plastiden** entwickeln können, die wiederum so ausgestattet sind, dass sie verschiedene Funktionen übernehmen können. Die Chloroplasten sind lediglich ein Beispiel eines Plastids. Einige Proplastiden differenzieren sich zu *Amyloplasten*, den Orten der Stärkespeicherung. Andere Proplastiden erhalten rote, orange oder gelbe Pigmente und bilden die *Chromoplasten*, die den Blumen und Pflanzen ihre jeweiligen Farben verleihen. Proplastiden können sich außerdem zu Organellen für die Speicherung von Proteinen (Proteinoplasten) und Lipiden (Elaioplasten) entwickeln.

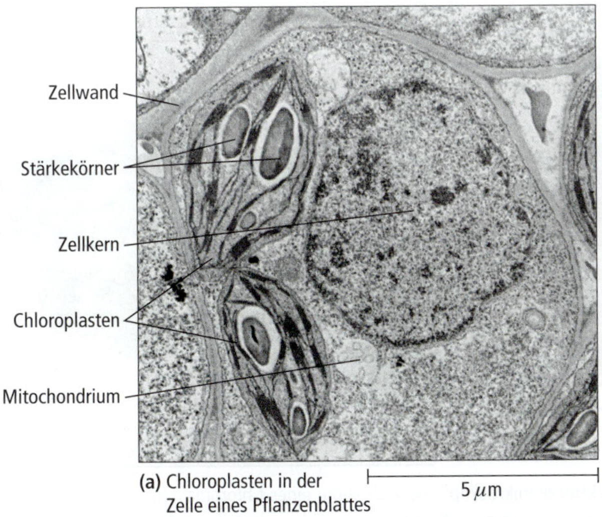

(a) Chloroplasten in der Zelle eines Pflanzenblattes

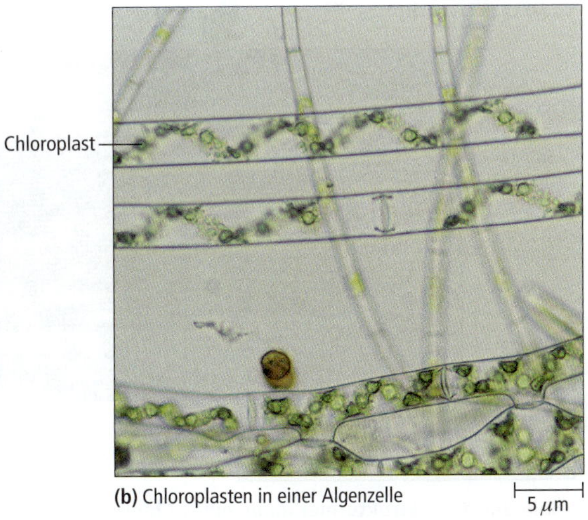

(b) Chloroplasten in einer Algenzelle

Abbildung 11.2: Chloroplasten. (a) Diese elektronenmikroskopische Aufnahme einer Parenchymzelle eines *Coleus*-Blattes zeigt deutlich, wie gut Chloroplasten in einer Blattzelle einer Pflanze zu erkennen sind. Die Zelle enthält viele Chloroplasten, von denen drei in diesem Querschnitt zu erkennen sind. Die Gegenwart großer Stärkekügelchen in den Chloroplasten weist darauf hin, dass die Zelle vor ihrer Fixierung für die elektronenmikroskopische Aufnahme (TEM) photosynthetisch aktiv war. (b) In dieser lichtmikroskopischen Aufnahme sind die wie an einer Kette aufgereihten Chloroplasten in den Zellen der filamentösen Grünalge *Spirogyra* zu sehen.

11.1.4 Chloroplasten bestehen aus drei Membransystemen

In ▶*Abbildung 11.3a* und ▶*Abbildung 11.3b* sehen Sie eine genauere Aufnahme eines Chloroplasten einer pflanzlichen Blattzelle. Wie das Mitochondrium besitzen auch die Chloroplasten eine äußere und eine innere Membran, die oftmals durch einen schmalen Intermembranraum getrennt sind (▶*Abbildung 11.3c*). Die innere Membran umgibt das **Stroma**, eine gelähnliche Matrix, die sehr viele Enzyme für die Kohlenstoff-, Stickstoff- und Schwefelreduktion und die Assimilierung enthält. Die äußere Membran enthält Transmembranproteine, die **Porine**, die den Porinen in der äußeren mitochondrialen Membran ähneln. Da Porine die Passage gelöster Stoffe mit einem Molekulargewicht von bis zu 5.000 gestatten, ist die äußere Membran für die meisten kleinen organischen Moleküle und Ionen permeabel. Die innere Membran bildet allerdings eine wichtige Permeabilitätsbarriere. Transportproteine in der inneren Membran kontrollieren den Fluss der meisten Metabolite zwischen dem Intermembranraum und dem Stroma. Drei wichtige Metabolite, die frei durch die äußeren und inneren Membranen diffundieren können, sind Wasser, Kohlendioxid und Sauerstoff.

Des Weiteren haben die Chloroplasten **Thylakoide**, ein drittes Membransystem innerhalb des Chloroplasten, das ein inneres Kompartiment bildet. Thylakoide, dargestellt in *Abbildung 11.3c* und ▶*Abbildung 11.3d*, sind abgeflachte Strukturen, die im Stroma verteilt sind. Sie sind meist in Stapeln angeordnet, die man als **Grana** (Singular: **Granum**) bezeichnet. Die Grana sind durch ein Netzwerk langer Thylakoide untereinander verbunden, die sogenannten **Stromathylakoide**. Im Grunde sind alle photosynthetischen Komponenten, die Pigmente, Enzyme und Elektronenträger, auf oder in der Thylakoidmembran lokalisiert.

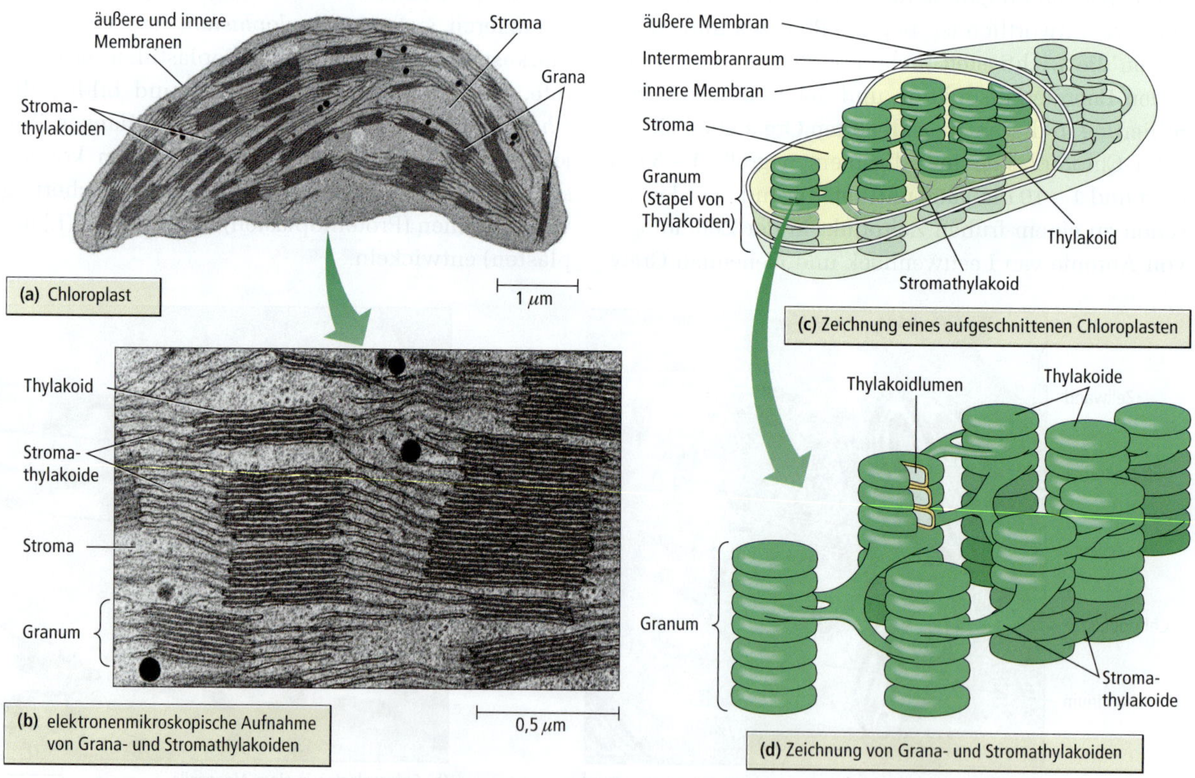

Abbildung 11.3: Strukturmerkmale eines Chloroplasten. (a) Elektronenmikroskopische Aufnahme eines Chloroplasten in einem Blatt des Wiesen-Lieschgrases (*Phleum pratense*) (TEM). (b) Vergrößerte elektronenmikroskopische Aufnahme des Chloroplasten aus Abschnitt a, in der die Anordnung der Grana und der Stromathylakoide zu erkennen ist (TEM). (c) Zeichnung der dreidimensionalen Struktur eines typischen Chloroplasten. (d) Die Darstellung des Übergangs der Thylakoidmembranen zeigt die Anordnung der Thylakoiden in Stapeln, die Grana heißen, und Stromathylakoide, welche die Grana untereinander verbinden. Die Thylakoidmembranen bilden ein abgetrenntes Kompartiment, das Lumen des Thylakoids.

Aus elektronenmikroskopischen Aufnahmen aufeinanderfolgender Schnitte geht hervor, dass die Grana und die Stromathylakoide ein einzelnes durchgehendes Kompartiment umgeben, das **Thylakoidlumen**. Die von der Thylakoidmembran gebildete semipermeable Barriere trennt das Lumen vom Stroma und spielt beim Aufbau eines elektrochemischen Protonengradienten und der ATP-Synthese eine wichtige Rolle. Die hohe Protonenkonzentration, die während des lichtgetriebenen -Elektronentransports durch die Membranbarriere in das Lumen gepumpt wird, speichert potenzielle Energie, die später die ATP-Synthese antreibt, wenn die Protonen in das Stroma zurückkehren. Diesen Vorgang kann man mit einem Staudamm vergleichen, dessen Wasser von einem Damm gehalten wird, der eine physikalische Barriere für das Wasser bildet. Der erhöhte Wasserstand speichert potenzielle Energie (in diesem Fall Gravitationsenergie), die dann in mechanische Energie umgewandelt werden kann, wenn das Wasser mittels kontrollierter Öffnung des Damms abgelassen wird, wodurch die Turbinen angetrieben werden, die elektrische Energie erzeugen.

Photosynthetische Bakterien besitzen keine Chloroplasten. Bei einigen, zum Beispiel den Cyanobakterien, ist die Plasmamembran nach innen gefaltet und bildet *photosynthetische Membranen*. Diese Strukturen, dargestellt in der ▶*Abbildung 11.4*, entsprechen den Thylakoiden. Tatsächlich scheinen die Cyanobakterien bis zu einem bestimmten Grad freilebende Chloroplasten zu sein. Ähnlichkeiten zwischen Mitochondrien, Chloroplasten und Bakterienzellen veranlassten die Biologen zur Formulierung der *Endosymbiontentheorie*, der zufolge Mitochondrien und Chloroplasten von Bakterien abstammen, die vor ein bis zwei Milliarden Jahren von primitiven Zellen einverleibt wurden. In *Exkurs 11A* geben wir eine zusammenfassende Darstellung dieser Theorie.

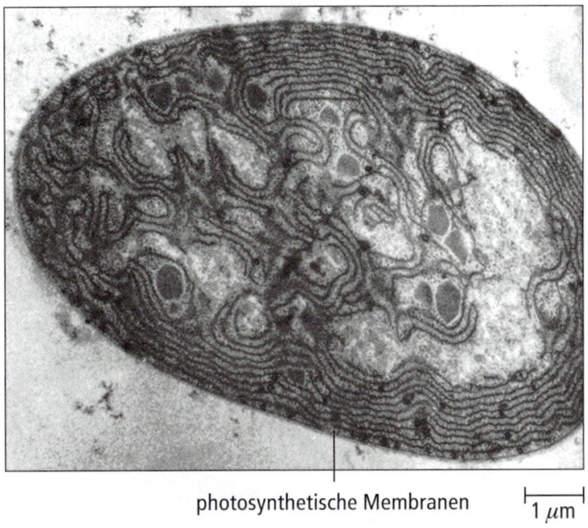

Abbildung 11.4: Die photosynthetischen Membranen eines Cyanobakteriums. Cyanobakterien sind ebenso wie andere Photoautrophe zur photosynthetischen Kohlenstofffixierung befähigt. Diese elektronenmikroskopische Aufnahme eines Dünnschnitts von *Anabaena azollae* zeigt die stark gefalteten Membranen, die den Thylakoiden der Chloroplasten ähneln (TEM).

11A ▶ Näher betrachtet

Die Endosymbiontentheorie und die Evolution der Mitochondrien und Chloroplasten aus frühen Bakterien

Die Diskussion über die evolutionären Ursprünge der Mitochondrien und Chloroplasten hat eine lange Geschichte. Bereits im Jahr 1883 brachte Andreas F. W. Schimper die Idee hervor, dass die Chloroplasten aus der symbiotischen Beziehung zwischen photosynthetischen Bakterien und nicht-photosynthetischen Zellen hervorgegangen seien. Mitte der 1920er Jahre griffen andere Wissenschaftler Schimpers Idee auf und erweiterten sie um den symbiotischen Ursprung der Mitochondrien. Diese Gedanken wurden als lächerlich betrachtet und jahrzehntelang bis in die 1960er Jahre ad acta gelegt. Damals stellte man fest, dass Mitochondrien und Chloroplasten eine eigene DNA besaßen. Weitere Forschungsarbeiten offenbarten, dass Mitochondrien und Chloroplasten **semiautonome Organellen** sind, Organellen, die sich eigenständig teilen und nicht nur DNA sondern auch mRNA, tRNAs und Ribosomen enthalten.

Heute wissen wir, dass die die Vorgänge der DNA-, RNA- und Proteinsynthese bei Mitochondrien und Chloroplasten eine größere Ähnlichkeit mit den entsprechenden Prozessen in bakteriellen Zellen aufweisen als in eukaryotischen Zellen. Dies veranlasste die Biologen zur Formulierung der *Endosymbiontentheorie*. Diese Theorie von Lynn Margulis besagt, dass Mitochondrien und Chloroplasten Abkömmlinge urtümlicher Bakterien sind, die vor ein bis zwei Milliarden Jahren mit primitiven Vorläuferzellen der Eukaryoten eine symbiotische Beziehung (eine Verbindung zu beiderseitigem Nutzen) eingingen. In der *Abbildung 11A-1* ist die mutmaßliche Abfolge der Ereignisse, die zur Entwicklung von Mitochondrien und Chloroplasten führte, dargestellt.

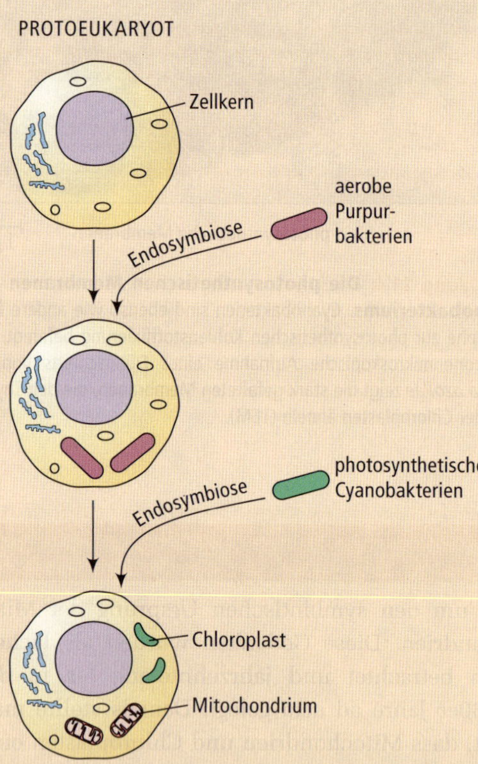

Abbildung 11A-1: Die wichtigsten Ereignisse, die während der Evolution eukaryotischer Zellen stattgefunden haben könnten. Eindeutige Forschungsergebnisse unterstützen die Hypothese des endosymbiotischen Ursprungs der Mitochondrien und Chloroplasten. Die meisten Biologen stimmen darin überein, dass die primitiven Zellen, die von Protoeukaryoten (Vorläufern der Eukaryoten) einverleibt wurden und die sich dann in der weiteren Evolution zu Mitochondrien bzw. Chloroplasten entwickelten, Purpurbakterien bzw. Cyanobakterien waren. Diese Idee beruht auf Ähnlichkeiten in der Größe, der Membranlipidzusammensetzung, Vergleichen der rRNA-Basensequenzen, der Gegenwart ringförmiger DNA-Moleküle und der Fähigkeit zu eigenständiger Reproduktion.

Die Endosymbiontentheorie basiert auf der Grundvoraussetzung, dass die frühen Zellen sich zur Energiegewinnung *anaerober* Mechanismen bedienten, denn in der frühen Erdatmosphäre gab es keinen molekularen Sauerstoff. Einige wenige anaerobe Zellen entwickelten schließlich Pigmente, die Lichtenergie in chemische Energie umzusetzen vermochten, weshalb sie Sonnenlicht als Energiequelle nutzen konnten. Einige dieser photosynthetischen Organismen entwickelten Mechanismen mit deren Hilfe sie Wasser als Elektronendonor einsetzen konnten. Dies hatte zur Folge, dass Sauerstoff als Nebenprodukt freigesetzt wurde und die Erdatmosphäre eine dramatische Veränderung erfuhr.

Als sich der Sauerstoff in der Atmosphäre der Erde anhäufte, entwickelten sich einige anaerobe Bakterien zu *aeroben* Organismen, indem sie Stoffwechselwege mit sauerstoffabhängigem Elektronentransport und oxidativer Phosphorylierung entwickelten. Die Endosymbiontentheorie besagt, dass der Vorfahre der eukaryotischen Zellen (der sogenannte **Protoeukaryot**) mindestens ein wichtiges Merkmal entwickelte, das ihn von den anderen primitiven Zellen unterschied: die Fähigkeit, durch *Phagocytose* Nährstoffe und Partikel aus der Umgebung aufzunehmen. Dank dieser Fähigkeit vermochten die Protoeukaryoten endosymbiotische Beziehungen mit frühen Bakterien einzugehen. Noch ist allerdings unklar, wie diese frühen Zellen einen von einer Membran umhüllten Zellkern entwickelten.

Die Mitochondrien stammen vermutlich von frühen Purpurbakterien ab

Der erste Schritt in Richtung Evolution der Mitochondrien kann stattgefunden haben, als anaerobe Protoeukaryoten, die zur Energiegewinnung von der Glykolyse abhängig waren, sich durch Phagocytose (*Abbildung 11A-1*) kleinere aerobe Bakterien einverleibten. Die aufgenommenen aeroben Bakterien waren zu aerober Atmung fähig und haben der anaeroben Wirtszelle größere Mengen nützlicher Energie zur Verfügung gestellt. Die Wirtszelle bot ihrerseits den in ihrem Cytoplasma befindlichen Bakterien Schutz und Nährstoffe. Somit etablierten die einverleibten Bakterien und die Protoeukaryoten zu beiderseitigem Nutzen eine symbiotische Beziehung. Allmählich, im

Laufe von Hunderten von Millionen Jahren, verloren die Bakterien Funktionen und Gene, die nicht für das Überleben in ihrer neuen cytoplasmatischen Umgebung notwendig waren, und entwickelten sich zu Mitochondrien. Vergleicht man die Basensequenzen mitochondrialer ribosomaler RNAs (rRNAs) mit denen verschiedener anderer bakterieller RNAs, so findet man bei den Purpurbakterien die größten Übereinstimmungen, was darauf hinweist, dass der einverleibte Vorfahre der Mitochondrien ein frühes Mitglied dieser Gruppe gewesen ist.

Die Chloroplasten stammen vermutlich von frühen Cyanobakterien ab

Gemäß der Endosymbiontentheorie fand der erste Schritt in Richtung Evolution der Chloroplasten statt, als Mitglieder einer Untergruppe früher Protoeukaryoten, die bereits aerobe Bakterien oder primitive Mitochondrien besaßen, primitive photosynthetische Zellen aufnahmen. Ebenso wie bei der soeben dargestellten Evolution der Mitochondrien, lieferten die einverleibten Organismen der Wirtszelle wahrscheinlich Energie im Austausch für Schutz und Nährstoffe. Die photosynthetischen Zellen verloren nach und nach die nicht für die neue Umgebung notwendigen Funktionen und Gene und entwickelten sich zu einem integralen Bestandteil der Wirtszelle. Vergleicht man die Basensequenzen der rRNAs von Chloroplasten mit denen verschiedener bakterieller rRNAs, so findet man die größten Übereinstimmungen bei den *Cyanobakterien*, woraus man schließen kann, dass der Vorfahr der Chloroplasten ein frühes Mitglied dieser Gruppe war.

Die Endosymbiontentheorie beruht in erster Linie auf biochemischen Ähnlichkeiten, die man bei Mitochondrien, Chloroplasten und Bakterien herausgefunden hat, sie wird aber auch durch heute bestehende symbiotische Beziehungen unterstützt, die denen ähneln, die in einer weit zurückliegenden Zeit existiert haben könnten. Algen, Dinoflagellaten, Diatomeen (Kieselalgen) und photosynthetische Bakterien leben als Endosymbionten im Cytoplasma von Zellen in mehr als 150 Arten heute existierender Protisten und Invertebraten. Sehr häufig ist die Zellwand des einverleibten Organismus nicht mehr vorhanden und in einigen wenigen Fällen unterlag die Zellstruktur noch weiterer Reduktion, sodass nur noch die Chloroplasten des Endosymbionten vorhanden sind.

Ein faszinierendes Beispiel für Endosymbiose bieten einige marine Nacktschnecken und verwandte Mollusken, deren Zellen, die den Verdauungstrakt der Tiere auskleiden, Chloroplasten enthalten. Diese Chloroplasten, die von den Grünalgen stammen, von denen sich die Mollusken ernähren, führen noch lange Zeit nachdem sie in die Zellen des Tieres aufgenommen wurden, eine Photosynthese durch. Die mittels dieses photosynthetischen Vorgangs gebildeten Kohlenhydrate werden sogar als Nährstoffquelle an den Organismus verteilt. Obwohl die Chloroplasten nicht wachsen und sich nicht teilen, arbeiten die Organellen im Cytoplasma der tierischen Zelle noch mehrere Monate weiter. Diese Wirtsorganismen hat man als „Grüntiere“ bezeichnet.

Heute können wir nahezu sicher sein, dass eukaryotische Zellen durch die frühe Aufnahme von Endosymbionten letztendlich Mitochondrien und Chloroplasten entwickelten, wie wir sie heute kennen. 2001 wurde durch eine amerikanische Forschergruppe der Universität Utah zweifelsfrei nachgewiesen, dass Endosymbiose bei Prokaryoten vorkommt. Die Arbeitsgruppe entdeckte in Bakterien andere Bakterien, die mit ihren Wirtszellen in Symbiose leben.

Photosynthetische Energietransduktion I: Lichtabsorption 11.2

Das erste Stadium der photosynthetischen Energietransduktion ist das Absorbieren von Lichtenergie der Sonne. Wie bei jeder elektromagnetischen Strahlung besitzt auch das Licht Wellen und Partikel. Der Anteil des beispielsweise für uns sichtbaren elektromagnetischen Spektrums besteht aus Licht, dessen Wellenlängen zwischen ungefähr 380 bis 750 nm liegen. Licht verhält sich allerdings auch wie ein Strom einzelner Partikel, der sogenannten **Photonen**, wobei jedes Photon ein **Quantum** (unteilbares Paket) Energie trägt. Die Wellenlänge eines Photons und die exakte von ihm getragene Energiemenge verhalten sich umgekehrt proportional (siehe *Abbildung 2.3*). Ein Photon ultravioletten oder blauen Lichts hat zum Beispiel eine kürzere Wellenlänge und trägt ein größeres Quantum Energie als ein Photon infraroten Lichts mit längerer Wellenlänge.

Wenn ein Photon von einem **Pigment** (Licht absorbierendes Molekül), zum Beispiel einem Chlorophyll, absorbiert wird, wird die Energie des Photons auf ein Elektron übertragen, das aus seinem *Grundzustand* in einem Orbital mit geringer Energie in einen *aktivierten Zustand* in einem Orbital mit hoher Energie übergeht. Dieser Vorgang, die sogenannte **Photoexzitation** (**Photoanregung**), ist der erste Schritt der Photosynthese. Da jedes Pigment eine andere Atom- und Elektronenkonfiguration besitzt, zeigt es charakteristische Absorptionsspektren, welche die jeweiligen Wellenlängen des Lichts angeben, die das Pigment absorbiert. In ▶*Abbildung 11.5* führen wir die Absorptionsspektren mehrerer häufig in photosynthetischen Organismen vorkommender Pigmente auf sowie das Spektrum der Sonnenstrahlung, die auf die Erde gelangt. Beachten Sie, dass die überlappenden Absorptionsspektren verschiedener Chlorophylle und akzessorischer Pigmente effektiv das gesamte Spektrum des Sonnenlichts nutzen, das auf die Erde gelangt.

Ein photoexzitiertes (durch Licht angeregtes) Elektron eines Pigmentmoleküls verliert seine Stabilität und muss entweder in den Grundzustand in ein Orbital geringer Energie zurückkehren oder in ein relativ stabiles Orbital mit höherer Energie, im Allgemeinen in ein anderes Molekül, transferiert werden. Wenn das Elektron in ein Orbital geringer Energie zurückkehrt, geht die absorbierte Energie entweder in Form freigesetzter Wärme oder als ausgesandtes Licht (Fluoreszenz) verloren. Alternativ kann die absorbierte Energie von dem photoexzitierten Elektron an ein Elektron in einem benachbarten Pigmentmolekül übertragen werden. Diesen Vorgang bezeichnet man als **Resonanzenergietransfer**. Er ist von großer Bedeutung für den Transport gesammelten Lichtes von lichtabsorbierenden Molekülen zu Molekülen wie Chlorophyll, die ein aktiviertes Elektron an ein organisches Akzeptormolekül weiterleiten können. Die Übertragung eines photoexzitierten Elektrons an ein anderes Molekül bezeichnet man als **photochemische Reduktion**. Dieser Transfer ist von grundlegender Bedeutung für die Umwandlung von Lichtenergie in chemische Energie.

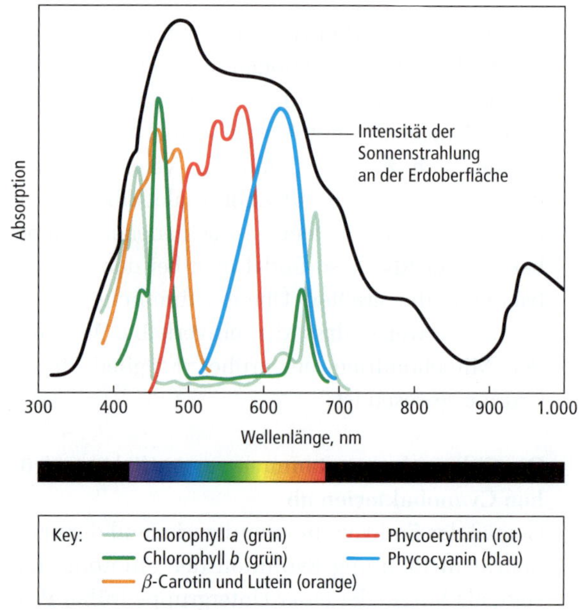

Abbildung 11.5: Die Absorptionsspektren häufig vorkommender photosynthetischer Pigmente. Der Graph zeigt die Absorptionsspektren verschiedener Chlorophylle und akzessorischer Pigmente (farbige Linien) und vergleicht diese mit der spektralen Verteilung der auf die Erdoberfläche gelangenden Sonnenenergie (schwarze Linie). Aus dem schmalen Kasten unterhalb des Graphen lässt sich die Farbe ablesen, mit der das menschliche Auge die jeweilige Wellenlänge wahrnimmt.

11.2.1 Chlorophyll ist die wichtigste Verbindung zwischen der Sonnenenergie und dem Leben auf der Erde

Chlorophyll, das in fast allen photosynthetischen Organismen enthalten ist, ist das wichtigste Energietransduktionspigment, das Sonnenenergie in die Biosphäre leitet. Die Strukturen der beiden Typen von Chlorophyll – Chlorophyll *a* und Chlorophyll *b* – sind in der ▶*Abbildung 11.6* dargestellt. Das Skelett eines jeden Moleküls setzt sich aus einem zentralen *Porphyrinring* und einer stark hydrophoben *Phytolseitenkette* zusammen. Die alternierenden Doppelbindungen im Porphyrinring sind für die Absorption sichtbaren Lichtes verantwortlich, während die Phytolseitenketten mit den Lipiden der Thylakoidmembran oder den Membranen der Cyanobakterien interagieren, indem sie die lichtabsorbierenden Moleküle in diesen Membranen verankern.

Das Magnesium-Ion (Mg^{2+}) der Chlorophylle *a* und *b* beeinflusst die Elektronenverteilung im Porphyrinring und stellt sicher, dass eine Reihe energiereicher Orbitale zur Verfügung steht. Daher können mehrere spezifische Wellenlängen des Lichts absorbiert werden. Beispielsweise besitzt Chlorophyll *a* ein breites Absorptionsspektrum, mit Maxima bei ungefähr 420 nm und 660 nm (*Abbildung 11.5*). Chlorophyll *b* unterscheidet sich von Chlorophyll *a* durch die Gegenwart einer Aldehydgruppe (Formylgruppe; –CHO) an Stelle der Methylgruppe (–CH_3) auf dem Porphyrinring. Diese geringfügige Strukturänderung verschiebt das Absorptionsmaximum in Richtung des Zentrums des sichtbaren Spektrums (*Abbildung 11.5*).

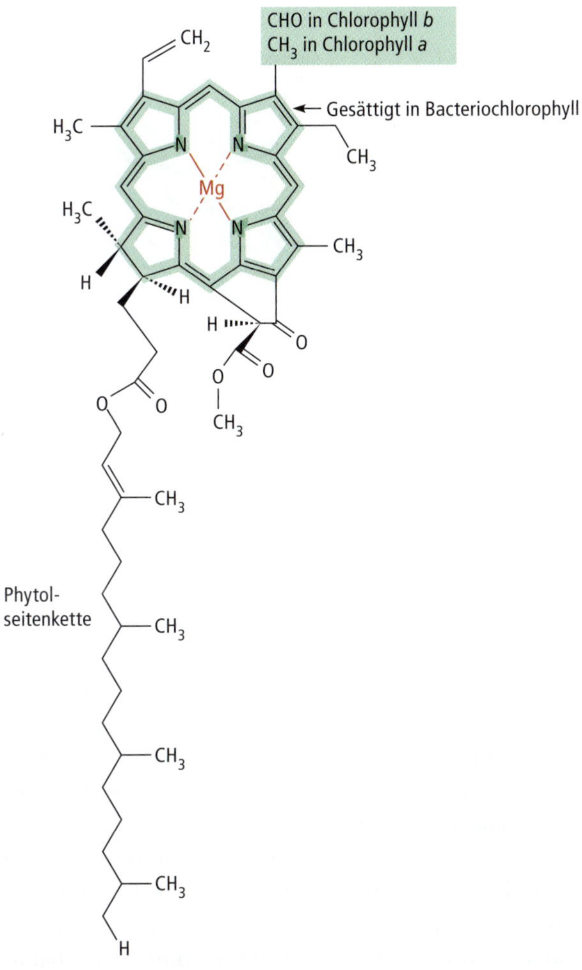

Abbildung 11.6: Die Strukturen von Chlorophyll *a* und Chlorophyll *b*. Jedes Chlorophyllmolekül besitzt einen zentralen Porphyrinring (grüne Umrahmung), der Mg^{2+} enthält und eine hydrophobe Phytolseitenkette. Die Chlorophylle *a* und *b* unterscheiden sich lediglich an der angezeigten Position (grüner Kasten) und Bacteriochlorophyll besitzt im Porphyrinring (Pfeil) eine gesättigte Kohlenstoff-Kohlenstoff-Bindung.

Alle Pflanzen und Grünalgen enthalten sowohl Chlorophyll *a* als auch Chlorophyll *b*. Die kombinierten Absorptionsspektren der beiden Chlorophylle ermöglichen die Nutzung eines breiten Spektrums von Wellenlängen des Sonnenlichts wodurch diese Organismen mehr Photonen sammeln können. Da Chlorophylle vor allem die Wellenlänge des blauen und des roten Lichts absorbieren, erscheinen sie dem menschlichen Auge grün. Andere oxygene photosynthetische Organismen ergänzen Chlorophyll *a* entweder mit Chlorophyll *c* (Braunalgen, Diatomeen und Dinoflagellaten), mit Chlorophyll *d* (Rotalgen) oder mit Phycobilin (Rotalgen und Cyanobakterien).

Bacteriochlorophyll ist eine Unterfamilie der Chlorophyllmoleküle und kommt ausschließlich bei den anoxygenen Phototrophen vor (photosynthetische Bakterien). Charakteristischerweise besitzen sie eine gesättigte C–C-Bindung, die nicht in Chlorophyllmolekülen vorkommt (in der *Abbildung 11.6* verweist ein Pfeil auf diese Stelle). In diesem Fall verschieben strukturelle Änderungen das Absorptionsmaximum der Bacteriochlorophylle in Richtung der fast ultravioletten und tiefroten Bereiche des Spektrums.

11.2.2 Akzessorische Pigmente steigern die Absorption von Sonnenlicht

Die meisten photosynthetischen Organismen besitzen zudem **akzessorische Pigmente**, die Photonen absorbieren, die Chlorophyll nicht aufnehmen kann. Dann übertragen sie die Energie dieser Photonen mittels Resonanzenergietransfer auf ein Chlorophyllmolekül. Dank dieses Vorgangs können Organismen die Energie eines wesentlich größeren Teils des Sonnenlichts, das auf die Erdoberfläche trifft, absorbieren, wie in der *Abbildung 11.5* dargestellt, in der das Emissionsspektrum der Sonnenenergie schwarz und das Absorptionsspektrum verschiedener akzessorischer Pigmente in Farbe abgebildet sind. Es gibt zwei Typen akzessorischer Pigmente: **Carotinoide** und **Phycobiline**. In den Thylakoidmembranen der meisten Pflanzen und Grünalgen sind die beiden Carotinoide *β-Carotin* und *Lutein* in großer Anzahl enthalten, deren Absorptionsspektren große Ähnlichkeit aufweisen. Wenn diese Pigmente in ausreichend großer Anzahl vorhanden sind und nicht vom Chlorophyll überdeckt werden, verleihen sie den Blättern eine orange oder gelbe Färbung (oder den Karotten, denen sie ihren Namen verdanken). Das Absorptionsmaximum der Carotinoide liegt zwischen 420 und 480 nm und sie absorbieren Photonen eines großen Bereichs des blauen Spektrums und erscheinen uns daher gelb.

Phycobiline kommen ausschließlich in Rotalgen und Cyanobakterien vor. Zwei weit verbreitete Beispiele sind *Phycoerythrin* und *Phycocyanin*. Phycoerythrin absorbiert Photonen aus dem blauen, dem grünen und dem gelben Bereich des Spektrums (somit erscheint es uns rot) und befähigt die Rotalgen zur Nutzung des trüben Lichts, das die Oberflächenschichten der Ozeane durchdringt. Phycocyanin absorbiert wiederum Photonen des orangen Anteils des Spektrums, sodass es blau erscheint und ein charakteristisches Merkmal der Cyanobakterien darstellt, die nahe der Oberfläche eines Sees oder an Land leben. Somit spiegeln die Variationen im Hinblick auf Menge und Eigenschaften der akzessorischen Pigmente oftmals die Anpassung eines Phototrophen an seine spezifische Umgebung wider.

11.2.3 Licht absorbierende Moleküle sind in Fotosystemen und Lichtabsorptionskomplexen organisiert

Chlorophyllmoleküle, akzessorische Pigmente und assoziierte Proteine sind in funktionalen Einheiten organisiert, den sogenannten **Fotosystemen**, die sich in den Thylakoidmembranen der Chloroplasten oder den Membranen von photosynthetischen Bakterien befinden. Die Chlorophyllmoleküle sind über lange hydrophobe Phytolseitenketten in den Membranen verankert. Chlorophyllbindeproteine stabilisieren das Chlorophyll im Fotosystem und verändern das Absorptionsspektrum spezifischer Chlorophyllmoleküle. Andere Proteine im Fotosystem binden Komponenten des Elektronentransportsystems oder katalysieren Oxidations-Reduktions-Reaktionen.

Die meisten Pigmente eines Fotosystems dienen als lichtabsorbierende **Antennenpigmente**, ähnlich einer Radioantenne, die Radiowellen auffängt. Diese Antennenpigmente absorbieren Photonen und leiten die Energie mittels Resonanzenergietransfer an ein benachbartes Chlorophyllmolekül oder ein akzessorisches Pigment weiter, wie in der ▶*Abbildung 11.7* dargestellt. Neueste Arbeiten mit photosynthetischen Algen lassen allerdings die Vermutung zu, dass an diesem Energietransfer quantenmechanische Vorgänge mitwirken, die bislang nicht in der Biologie beobachtet wurden. Es handelt sich nicht um einen einfachen, schrittweise linear ablaufenden Vorgang von Molekül zu Molekül, sondern dieser Energietransfer kann wellenartig ablaufen, wobei mehrere Wege gleichzeitig beschritten werden. Daraus kann man schließen, dass einige Antennenpigmente über quantenmechanische Wahrscheinlichkeitseffekte „verkabelt" sind, wodurch die Effektivität der Lichtabsorption erhöht wird.

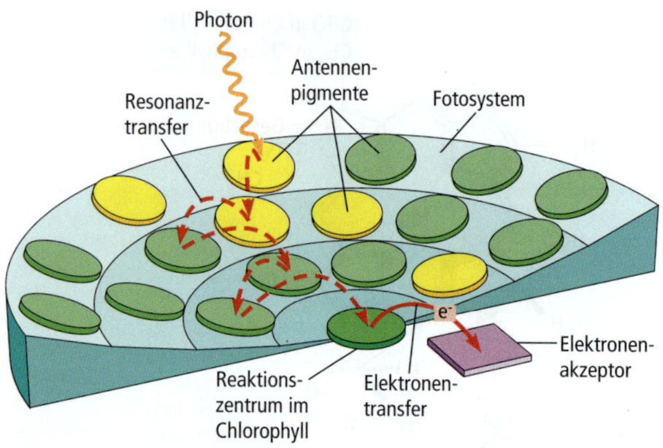

Abbildung 11.7: Der Transfer von Energie zum Reaktionszentrum eines Fotosystems. Die von den Lichtantennen absorbierte Energie wird mittels Resonanzenergietransfer so lange weitergeleitet, bis sie zu einem spezifischen Chlorophyll-*a*-Molekül im Reaktionszentrum eines Fotosystems gelangt. Die Energie wird gespeichert, wenn ein aktiviertes Elektron von dem Chlorophyll abgegeben und an ein organisches Akzeptormolekül weitergeleitet wird.

Die photochemischen Ereignisse, die den Elektronenfluss und das Pumpen von Protonen antreiben, beginnen erst mit Eintreffen der Energie im **Reaktionszentrum** eines Fotosystems, in dem sich zwei unterschiedliche Moleküle von Chlorophyll *a*, die man als *besonderes Paar* bezeichnet, befinden. Dieses Paar ist von anderen Komponenten des Reaktionszentrums umgeben und katalysiert die Umwandlung von Sonnenenergie in chemische Energie. Im *Exkurs 11B* ist die Struktur eines bakteriellen Reaktionszentrums dargestellt.

Im Allgemeinen ist jedes Fotosystem mit einem **Lichtsammelkomplex** (**LHC**, engl.: *light-harvesting complex*) verknüpft, der ebenso wie ein Fotosystem, Lichtenergie sammelt. Allerdings besitzt der LHC kein Reaktionszentrum. Stattdessen leitet er mittels Resonanzenergietransfer die gesammelte Energie an ein nahegelegenes Fotosystem weiter.

Diese LHCs liegen beweglich in der Thylakoidmembran und können sich bewegen, um sich den veränderten Lichtverhältnissen anzupassen. Bei den Pflanzen und Grünalgen bestehen die LHCs aus ungefähr 80 – 250 Molekülen von Chlorophyll *a* und Chlorophyll *b* sowie Carotinoiden und Pigmentbindeproteinen. Rotalgen und Cyanobakterien haben einen anderen Typ von LHC, das sogenannte **Phycobilisom**, das an Stelle von Chlorophyll und Carotinoiden Phycobiline enthält. Das Fotosystem und die assoziierten LHCs bezeichnet man als **Fotosystemkomplex**.

11B ▸ Näher betrachtet

Ein photosynthetisches Reaktionszentrum eines Purpurbakteriums

Einen Großteil unseres Wissens über photosynthetische Reaktionszentren und Lichtsammler verdanken wir Untersuchungen zu Reaktionszentrenkomplexen photosynthetischer Bakterien. In den späten 1960er Jahren reinigten Roderick Clayton und seine Mitarbeiter den Reaktionszentrumskomplex eines Purpurbakteriums auf, *Rhodopseudomonas sphaeroides* (heute: *Rhodobacter sphaeroides*). Später kristallisierten die deutschen Wissenschaftler Hartmut Michel, Johann Deisenhofer und Robert Hubert einen Reaktionszentrumskomplex aus einem anderen Purpurbakterium, *Rhodopseudomonas viridis* (heute: *Blastochloris viridis*) und bestimmten mittels Röntgenstrahlkristallographie dessen Struktur. Damit zeigten sie nicht nur die erste detaillierte Ansicht der Anordnung der Pigmentmoleküle zum Einfangen von Lichtenergie, sondern waren die ersten, die jemals einen Membranproteinkomplex kristallisiert hatten. 1988 erhielten Michel, Deisenhofer und Huber für ihre faszinierenden und bahnbrechenden Beiträge den Nobelpreis für Chemie.

Wie in der *Abbildung 11B-1* dargestellt, gehören vier Proteinuntereinheiten zum Reaktionszentrum von *R. viridis*. Die erste Untereinheit ist ein an die äußere Oberfläche der Bakterienmembran gebundenes Cytochrommolekül. Die L- und M-Untereinheiten durchspannen die Membran und stabilisieren einen Komplex aus insgesamt vier Bacteriochlorophyll-*b*-Molekülen, zwei Molekülen Bacteriophäophytin und zwei Chinonen. Die Untereinheiten L und M sind homolog zu den Proteinen D1 bzw. D2 im Fotosystem II (PSII) oxygener Phototropher (siehe ▸*Abbildung 11.9*). Die H-Untereinheit ist an die cytoplasmatische Oberfläche der Membran gebunden und zu einem PSII-Protein homolog, dem CP43. Der Elektronenfluss durch das bakterielle Fotosystem ähnelt dem Elektronenfluss durch das PSII oxygener Phototropher, allerdings mit zwei gewaltigen Unterschieden: das bakterielle Fotosystem besitzt keinen sauerstoffbildenden Komplex.

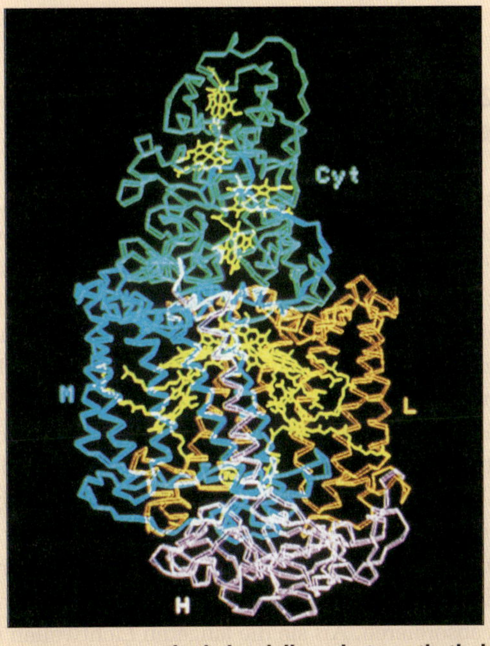

Abbildung 11B-1: Ein bakterielles photosynthetisches Reaktionszentrum. Die Struktur des Reaktionszentrums von *Rhodopseudomonas viridis* zeigt das Cytochrom auf der bakteriellen Oberfläche (blau) mit vier gebundenen Hämgruppen (gelb), die Transmembranuntereinheiten L und M, die Bacteriochlorophyll enthalten (gelb) und die cytoplasmatische Untereinheit H.

Zwei Moleküle Bacteriochlorophyll *b*, die man als *P960* bezeichnet, weil ihr Absorptionsmaximum bei 960 nm liegt, haben eine unverzichtbare Rolle bei der Katalyse des lichtabhängigen Transfers eines Elektrons zum ETS. Die Absorption eines Photons, entweder direkt ober durch akzessorische Pigmente, senkt das Reduktionspotenzial von P960 von circa +0,5 auf –0,7 V. Das photoexzitierte Elektron wird sofort zum Bacteriophäophytin transferiert, wodurch die Ladungstrennung stabilisiert wird. Von Bacteriophäophytin fließt das Elektron exergonisch durch zwei Chinone und einen Cytochrom-b/c_1-Komplex zum Cytochrom *c*. Dieser Elektronenfluss ist an das unidirektionale Protonenpumpen durch die bakterielle Membran gekoppelt. Dann kehrt Cytochrom *c* wieder zum oxidierten P960 zurück. Ebenso wie bei den Chloroplasten treibt der elektrochemische Protonengradient über der Membran die ATP-Synthese über den CF_0CF_1-Komplex an.

Bedenken Sie, dass es sich bei dem gerade beschriebenen Elektronenfluss um einen zyklischen Vorgang handelt, bei dem kein Nettogewinn an Reduktionsenergie bleibt. Wie nun erzeugt die Zelle das Reduktionsäquivalent? Bei *R. viridis* nehmen der Cytochrom-b/c_1-Komplex und das Cytochrom *c* Elektronen von Donoren wie Wasserstoffsulfid, Thiosulfat oder Succinat auf. Das durch zyklische Photophosphorylierung gebildete ATP dient dann dazu Elektronen energetisch vom Cytochrom-b/c_1-Komplex oder vom Cytochrom *c* „bergauf" zum NAD^+ zu heben. Der zuvor beschriebene zyklische Elektronenfluss unterscheidet sich erheblich vom zyklischen Fluss durch PSI bei den oxygenen Phototrophen. Daher kann man das bakterielle Fotosystem als gewissermaßen vereinfachte Version des PSII bei Pflanzen, Grünalgen und Cyanobakterien beschreiben.

11.2.4 Oxygene Phototrophe haben zwei Arten von Fotosystemen

In den 1940er Jahren entdeckten Robert Emerson und seine Kollegen von der University of Illinois, dass zwei getrennte Fotoreaktionen an der oxygenen Photosynthese beteiligt sind. An der Grünalge *Chlorella* maßen sie die Geschwindigkeit der Photosynthese im Verhältnis zur Wellenlänge, indem sie die Geschwindigkeit kontrollierten, mit der Sauerstoff bei veränderter Wellenlänge des Lichts, das sie den Zellen zuführten, freigesetzt wurde. Zuerst beobachteten sie einen steilen Abfall der photosynthetischen Effizienz oberhalb einer Wellenlänge von ungefähr 690 nm. Dies fanden sie recht seltsam, denn *Chlorella* enthält Chlorophyllmoleküle, die Licht einer Wellenlänge von über 690 nm stark absorbieren. Als sie die längeren Lichtwellen mit Licht kürzerer Wellenlänge (ungefähr 650 nm) ergänzten, ereignete sich fast keine Senkung der Photosyntheserate. Stattdessen stellten sie fest, dass die Photosynthese, welche durch Kombination langer und kurzer Wellenlängen roten Lichts angetrieben wurde, die Summe an Aktivitäten übertraf, die sie mit nur einer Wellenlänge erzielten. Das synergetische Phänomen ging als **Emerson-Effekt** in die Geschichte ein.

Heute wissen wir, dass der Emerson-Effekt auf zwei unterschiedlichen Fotosystemen beruht. Das Fotosystem I (PSI) hat ein Absorptionsmaximum von 700 nm, während das Absorptionsmaximum des Fotosystems II (PSII) bei 680 nm liegt. Jedes Elektron, das vom Wasser zum $NADP^+$ wandert, muss zweimal photoexzitiert werden, einmal von jedem Fotosystem. Wenn die Belichtung auf Wellenlängen oberhalb von 690 nm beschränkt wird, ist PSII nicht aktiv und die Photosynthese wird erheblich eingeschränkt.

Im Folgenden werden wir feststellen, dass jedes Elektron zuerst von PSII und anschließend von PSI aktiviert wird. Bitte lassen Sie sich nicht von der Nomenklatur verwirren: Die Bezeichnung der Fotosysteme entspricht der Reihenfolge ihrer Entdeckung. Obwohl PSI zuerst entdeckt wurde, stellte sich später heraus, dass der erste Photoexzitationsvorgang im PSII stattfindet.

Im Reaktionszentrum eines jeden Fotosystems liegt ein anderes **spezielles Paar** von Chlorophyll-*a*-Molekülen vor, deren Elektronen im Anschluss an die Photonenabsorption aktiviert werden. Diese Chlorophyllmoleküle werden bei PSII als **P680** und bei PSI als **P700** bezeichnet, worin sich ihre spezifischen Absorptionsmaxima widerspiegeln. In den Grana- und Stromathylakoidmembranen liegen die beiden Fotosysteme in unterschiedlichen Mengen vor. Wie wir bereits im Zusammenhang mit den Lichtsammelkomplexen erfahren haben, sind diese Fotosysteme in gewisser Weise in der Membran beweglich, und dank ihrer Beweglichkeit kann sich die Zelle den sich ändernden Lichtmengen (Helligkeit) und der Lichtqualität (Wellenlänge) anpassen.

Photosynthetische Energietransduktion II: NADPH-Synthese 11.3

Das zweite Stadium der photosynthetischen Energietransduktion nutzt eine Reihe von Elektronenüberträgern für den Transport aktivierter Elektronen vom Chlorophyll zum Coenzym Nicotinamid-Ade-

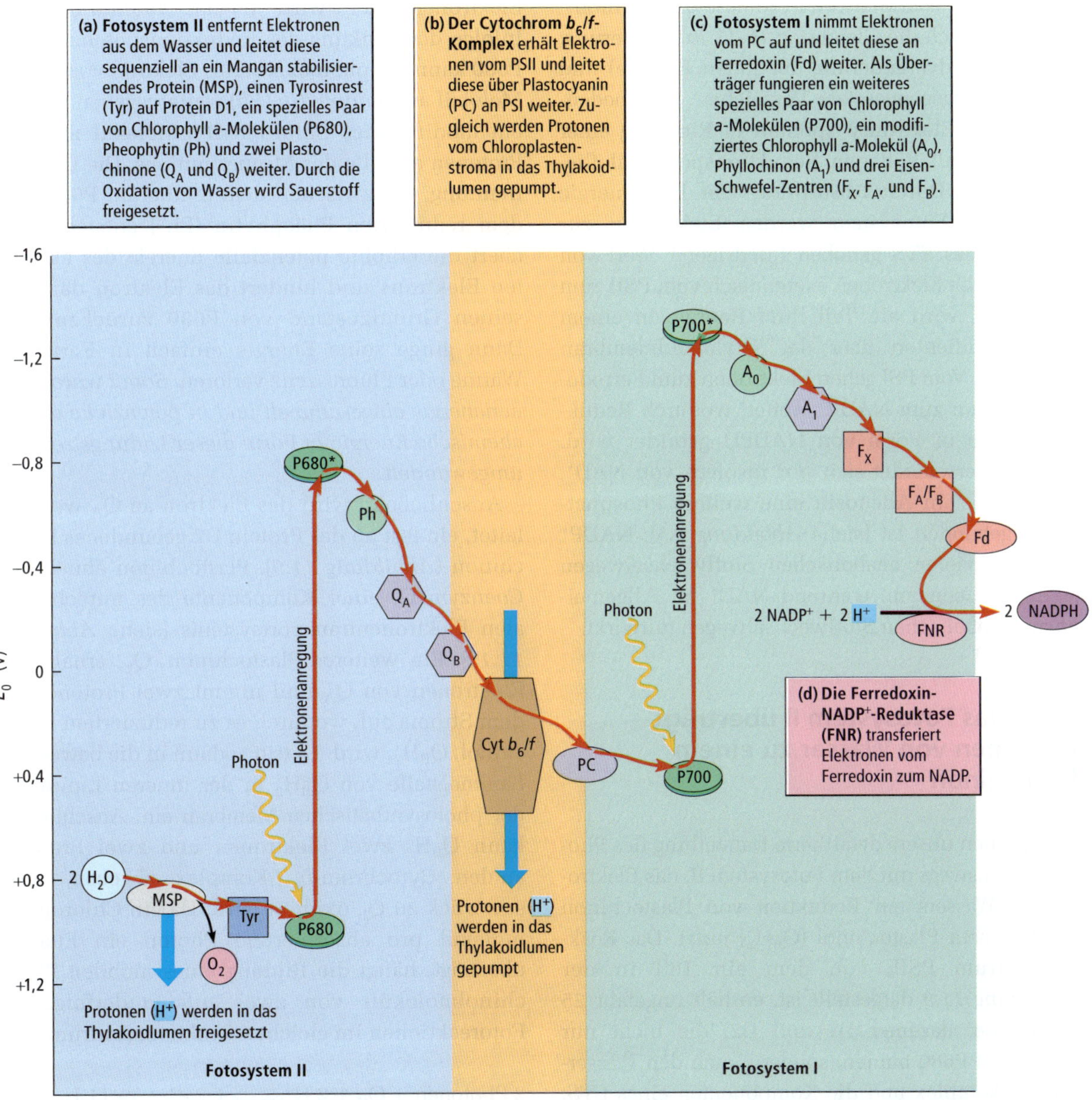

Abbildung 11.8: Der nichtzyklische Elektronenfluss bei oxygenen Phototrophen. Der Elektronenfluss vom Wasser zum NADPH (rote Pfeile) erfolgt über einen linearen Weg durch (a) Fotosystem II (PSII), (b) den Cytochrom-b_6/f-Komplex, (c) Fotosystem I (PSI) und (d) Ferredoxin-NADP+-Reduktase (FNR). Beachten Sie, wie die Absorption von Photonen durch die Chlorophylle P680 und P700 zu einem steilen Abfall ihrer Reduktionspotenziale führt (vertikale Achse), wodurch sie aktivierte Elektronen an einen Akzeptor mit hohem negativem Reduktionspotenzial abgeben können. Die *Abbildung 11.9* stellt die Ausrichtung dieser Komponenten sowie den ATP-Synthesekomplex innerhalb der Thylakoidmembran dar.

nin-Dinucleotid-Phosphat ($NADP^+$), woraus NADPH entsteht, die reduzierte Form von $NADP^+$. Diesen Vorgang bezeichnet man als Photoreduktion. An diesem Vorgang ist das Elektronentransportsystem (ETS) eines Chloroplasten beteiligt, das dem mitochondrialen ETS ähnelt, das wir in *Kapitel 10* beschrieben haben. Zum vollständigen Photoreduktionsweg (▸*Abbildung 11.8*) gehören mehrere Komponenten, und viele Moleküle des ETS eines Chloroplasten ähneln denen des mitochondrialen ETS – Cytochrome, Eisen-Schwefel-Proteine und Chinon.

Rufen Sie sich die Gleichung 10-11 in Erinnerung. $\Delta G^{\circ\prime}$ (Standardveränderung der freien Energie) und $E_0{}'$ haben entgegengesetzte Vorzeichen. Dies bedeutet, dass die Elektronen spontan in Richtung einer Verbindung mit höherem Reduktionspotenzial fließen werden. Durch Absorption von Lichtenergie durch jedes Fotosystem werden Elektronen zur „Spitze“ eines ETS gehoben (niedrigerer Wert von $E_0{}'$). Wenn die Elektronen exergonisch vom PSII zum PSI fließen, wird ein Teil ihrer Energie in einem Protonengradienten über der Thylakoidmembran gespeichert. Vom PSI gehen Elektronen zum Ferredoxin und dann zum $NADP^+$ weiter, wodurch Reduktionsenergie in Form von NADPH gebildet wird. $NADP^+$ unterscheidet sich nur insofern von NAD^+, als dass an sein Adenosin eine weitere Phosphatgruppe gebunden ist (siehe *Abbildung 9.5*). $NADP^+$ ist ein an vielen anabolischen Stoffwechselwegen beteiligtes Coenzym, während NAD^+ im Allgemeinen an katabolischen Stoffwechselwegen mitwirkt.

11.3.1 Das Fotosystem II überträgt Elektronen von Wasser zu einem Plastochinon

Wir beginnen unsere detaillierte Darstellung des Photoreduktionswegs mit dem Fotosystem II, das Elektronen des Wassers zur Reduktion von Plastochinon (Q_B) zu einem Plastochinol (Q_BH_2) nutzt. Das Reaktionszentrum PSII, von dem ein Teil in der ▸*Abbildung 11.9* dargestellt ist, enthält ungefähr 25 Polypeptide, darunter D1 und D2, die nicht nur Chlorophyll P680 binden, sondern auch den Wasserspaltungskomplex und die Komponenten eines ETS. Das Reaktionszentrum von PSII wird von 40 – 50 weiteren Chlorophyll-*a*-Molekülen und circa zehn *β*-Carotinmolekülen umgeben, welche die Photonensammlung fördern.

Bei Pflanzen und Grünalgen ist PSII im Allgemeinen mit dem **Lichtsammelkomplex II (LHC II)** assoziiert, der circa 250 Chlorophyll- und zahlreiche Carotinoidmoleküle enthält. Die von den Antennenpigmenten von PSII oder LHCII aufgefangene Energie wird durch Resonanzenergietransfer zum Reaktionszentrum weitergeleitet. Wenn die Energie im Reaktionszentrum ankommt, senkt sie das Reduktionspotenzial eines P680-Chlorophyll-*a*-Moleküls auf ungefähr –0,80 V, wodurch dieses ein besserer Elektronendonor wird (siehe *Abbildung 11.8*). Infolge der Senkung des Reduktionspotenzials von P680 kann ein photoexzitiertes Elektron von diesem Molekül an *Phäophytin (Ph)* weitergegeben werden, ein modifiziertes Chlorophyll-*a*-Molekül mit zwei Protonen anstelle des Magnesiumions. Die Ladungstrennung, die zwischen dem oxidierten $P680^+$ und dem reduzierten Phäophytin (Ph^-) entsteht, speichert die erhöhte potenzielle Energie des aktivierten Elektrons und hindert das Elektron daran, in seinen Grundzustand von P680 zurückzufallen. Dann ginge seine Energie einfach in Form von Wärme oder Fluoreszenz verloren. *Somit wurde Sonnenenergie eingesammelt und in potenzielle elektrochemische Energie in Form dieser Ladungstrennung umgewandelt.*

Anschließend wird das Elektron an Q_A weitergeleitet, ein fest an das Protein D2 gebundenes Plastochinon (*Abbildung 11.9*). Plastochinon ähnelt dem *Coenzym* Q, einer Komponente des mitochondrialen Elektronentransportsystems (siehe *Abbildung 11.15*). Ein weiteres Plastochinon, Q_B, erhält zwei Elektronen von Q_A und nimmt zwei Protonen aus dem Stroma auf, wodurch es zu reduziertem Plastochinol, Q_BH_2, wird. Es tritt sodann in die bewegliche Sammelstelle von Q_BH_2 in der inneren Lipidphase der photosynthetischen Membran ein. Anschließend kann Q_BH_2 zwei Elektronen und zwei Protonen an den Cytochrom-b_6/f-Komplex abgeben, wenn es zurück zu Q_B oxidiert wird. Da ein Chlorophyllmolekül pro absorbiertem Photon ein Elektron überträgt, hängt die Bildung eines mobilen Plastochinolmoleküls von zwei aufeinanderfolgenden Fotoreaktionen im gleichen Reaktionszentrum ab:

$$2\ \text{Photonen} + Q_B + 2\ H^+_{\text{Stroma}} + 2\ e^- \longrightarrow Q_BH_2 \tag{11-3}$$

(a) Zum **PSII** gehören 25 Polypeptide, von denen zwei (D1 und D2) an Chlorophyll P680 und Komponenten des Elektronentransportsystems binden. Das Cluster von vier Manganatomen unterstützt die Oxidation von Wasser.

(b) **Der Cytochrom b_6/f-Komplex** enthält sieben Polypeptide und zwei Cytochrome (b_6 und f) sowie ein Eisen-Schwefel-Protein (Fe-S).

(c) Das **PSI** enthält mehr als zehn Polypeptide und bindet Chlorophyll P700 und mehrere weitere Elektronenüberträger. Die Elektronen werden mit Hilfe der Ferredoxin-NADP$^+$-Reduktase über gelöstes Ferredoxin (Fd) zum NADPH transportiert.

(d) **Der ATP-Synthasekomplex** nutzt den durch Elektronentransport entstandenen Protonengradienten zur ATP-Synthese.

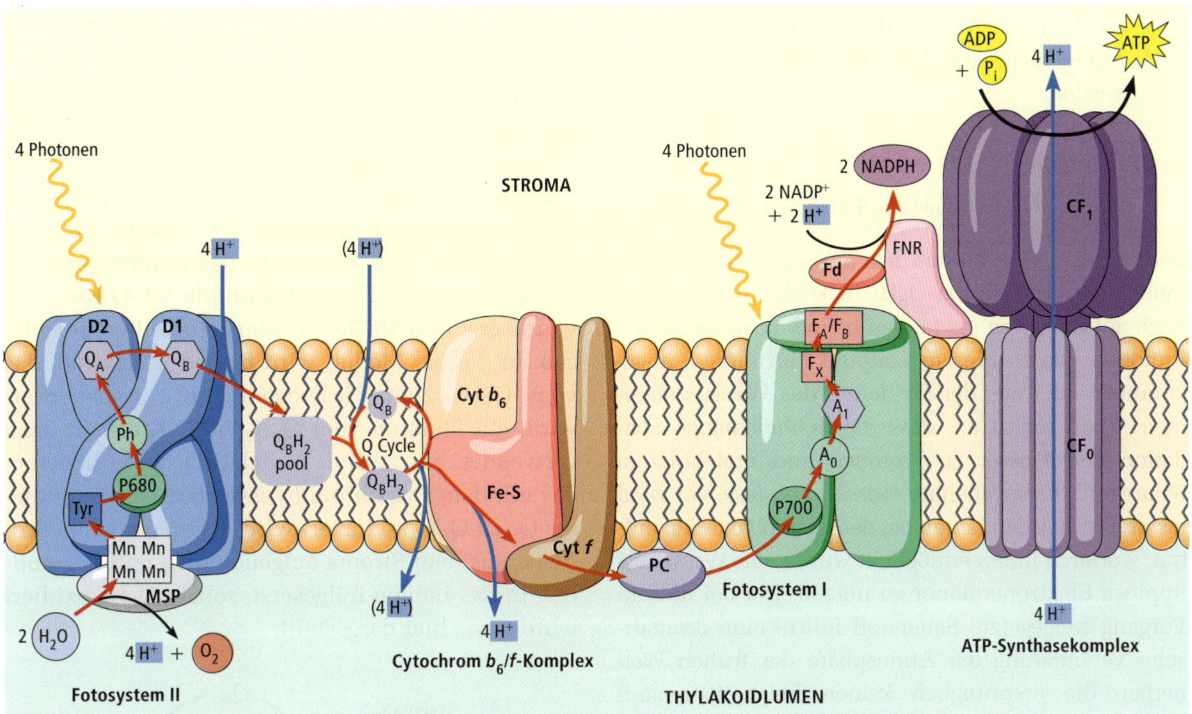

Abbildung 11.9: Ein Modell zur Veranschaulichung der Ausrichtung der wichtigsten Energietransduktionskomplexe in der Thylakoidmembran. Diese Zeichnung stellt die Anordnung (a) eines Fotosystems II (PSII), (b) des Cytochrom-b_6/f-Komplexes, (c) des Fotosystems I (PSI) und (d) des CF_0CF_1-ATP-Synthasekomplexes in der Thylakoidmembran dar. Die gezeigte Stöchiometrie gilt für den Transport von vier Elektronen (rote Pfeile) vom H_2O zum NADP$^+$ während von jedem Fotosystem vier Photonen absorbiert werden. Dadurch werden sechs H^+ aus dem Stroma entfernt und acht H^+ dem Lumen zugeführt. Über den Q-Kreislauf können weitere vier Protonen aus dem Stroma in das Lumen pro vier transportierten Elektronen zugeführt werden, wie in Klammern dargestellt. Siehe *Abbildung 11.8* für die allgemeingültige Erklärung der Symbole.

Damit dem Plastochinon sein abgegebenes Elektron ersetzt wird, wird oxidiertes P680$^+$ von einem Elektron des Wassers reduziert. Dafür besitzt PSII einen **sauerstoffbildenden Komplex** (**OEC**, engl.: *oxygen-evolving complex*), eine Ansammlung von Proteinen und Manganionen, welche die Spaltung und Oxidation von Wasser katalysieren, wobei molekularer Sauerstoff (O_2), Elektronen und Protonen gebildet werden. Zwei Wassermoleküle geben vier Elektronen, jeweils eines nach dem anderen, über einen Tyrosinrest an Protein D1 und dann an vier Moleküle oxidiertes P680$^+$ (siehe *Abbildung 11.8* und *Abbildung 11.9*). Ein Mangan-stabilisierendes Protein (MSP) hält ein Cluster von vier Mangan-Ionen zusammen, welche die vier Elektronen aufnehmen sollen, die bei der Oxidation der beiden Wassermoleküle freigesetzt werden. Damit wird die Bildung teilweise oxidierter Zwischenprodukte wie beispielsweise Wasserstoffperoxid (H_2O_2) oder eines Superoxidanions (O_2^-) verhindert, die bei Freisetzung für die Zelle toxisch wären. Bei diesem Vorgang werden innerhalb des Thylakoidlumens vier Protonen und ein Sauerstoffmolekül freigesetzt, wie hier dargestellt:

$$2\,H_2O \longrightarrow O_2 + 4\,e^- + 4\,H^+_{Lumen} \quad (11\text{-}4)$$

Die sich im Lumen anhäufenden Protonen tragen zum Aufbau eines elektrochemischen Protonengradienten über der Thylakoidmembran bei und das Sauerstoffmolekül diffundiert aus dem Chloroplasten heraus. Da die vollständige Oxidation von zwei Wassermolekülen zu molekularem Sauerstoff von vier Fotoreaktionen abhängt, kann die Nettoreaktion, die von vier Photoexzitationen im PSII katalysiert wird, durch Verdopplung der Reaktion 11-3 und Anfügen an die Reaktion 11-4 zusammengefasst werden:

$$4\ \text{Photonen} + 2\ H_2O + 2\ Q_B + 4\ H^+_{Stroma} \longrightarrow O_2 + 2\ Q_BH_2 + 4\ H^+_{Lumen} \qquad (11\text{-}5)$$

Beachten Sie, dass die aus dem Stroma entfernten Protonen sich als Teil von Q_BH_2 in Wirklichkeit immer noch auf dem Weg ins Lumen befinden, während die Protonen, die zu diesem Zeitpunkt im Lumen angekommen sind, aus der Oxidation des Wassers stammen. Man nimmt an, dass die lichtabhängige Oxidation von Wasser zu Protonen und molekularem Sauerstoff, die sogenannte *Wasserphotolyse*, vor zwei bis drei Milliarden Jahren bei den Cyanobakterien auftrat, wodurch ihnen ermöglicht wurde, das Wasser als üppigen Elektronendonor zu nutzen. Der bei diesem Vorgang freigesetzte Sauerstoff führte eine dramatische Veränderung der Atmosphäre der frühen Welt herbei, die ursprünglich keinen freien Sauerstoff enthielt, und bahnte den Weg für die Entwicklung der aeroben Atmung. Außerdem führte die O_2-Freisetzung zur Bildung der Ozonschicht in der Stratosphäre, die das Leben auf der Erde vor zerstörerischer UV-Strahlung aus dem Weltall schützt. Nur so konnte sich das Leben entwickeln, das wir heute kennen.

11.3.2 Der Cytochrom-b_6/*f*-Komplex überträgt Elektronen von einem Plastochinol zum Plastocyanin

Die vom Q_BH_2 transportierten Elektronen fließen durch einen ETS, der an das unidirektionale Protonenpumpen durch die Thylakoidmembran gekoppelt ist, in das Lumen. Dies erfolgt durch den **Cytochrom-b_6/*f*-Komplex**, der analog ist zum mitochondrialen Atmungskomplex III, den wir in *Kapitel 10* beschrieben haben (siehe *Abbildung 10.15* und *Abbildung 10.16*). Der Cytochrom-b_6/*f*-Komplex setzt sich aus sieben verschiedenen integralen Membranproteinen zusammen, darunter zwei Cytochrome und ein Eisen-Schwefel-Protein.

Das mobile Q_BH_2 gibt zwei Elektronen, die es vom PSI erhielt, nacheinander über *Cytochrom* b_6 und das Eisen-Schwefel-Protein ab. Bei der Oxidation eines jeden Q_BH_2 werden zwei Protonen in das Thylakoidlumen freigesetzt. Dies ermöglicht Q_B dann zum Plastochinon-Pool zurückzukehren, wo es zur Aufnahme weiterer Elektronen vom PSII und weiterer Protonen aus dem Stroma bereit steht.

Neuere Forschungsergebnisse stützen ein Modell, das eine Erklärung dafür liefert, wie mittels eines angedachten Chloroplasten-Q-Kreislaufs weitere Protonen aus dem Stroma in das Lumen gepumpt werden können. Dieser Chloroplasten-Q-Kreislauf wurde erstmals 1975 von Peter Mitchell vorgeschlagen. In diesem Modell wird für jedes Elektron, das vom Q_BH_2 zum Plastocyanin (PC) transportiert wird, ein Elektron vom Q_BH_2 im Q-Kreislauf dazu verwendet, ein zweites Molekül Q_B zu reduzieren, das mit dem Cytochrom b_6 assoziiert ist. Wenn dieses Q_B zu Q_BH_2 reduziert wird, werden weitere Protonen aus dem Stroma aufgenommen und letztendlich in das Lumen freigesetzt, sobald Q_BH_2 oxidiert wurde, wie hier dargestellt:

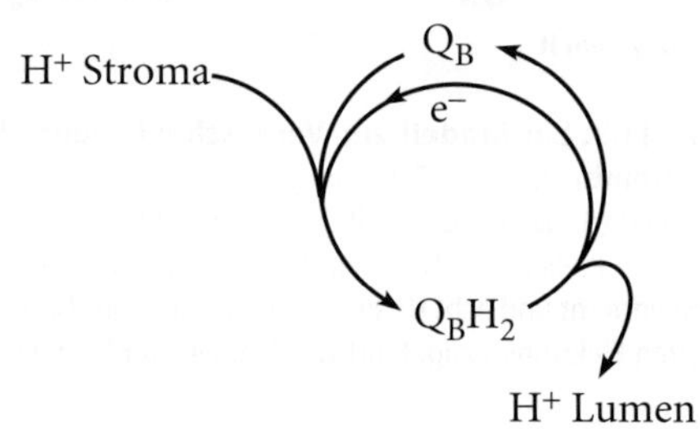

Da die Hälfte der Elektronen von Q_BH_2 zu Q_B recycelt werden, würde die Arbeit des vorgeschlagenen Q-Kreislaufs die Anzahl von Protonen verdoppeln, die pro Elektron, das an das Plastocyanin (PC) abgegeben wird, vom Stroma in das Lumen transportiert werden, wie in *Abbildung 11.9* am Beispiel der eingeklammerten weiteren 4 H^+ gezeigt. Dieses Ergebnis stimmt mit neueren Forschungen überein, die zeigen, dass unter bestimmten Umständen – wie geringer Lichtintensität oder Induktion der Photosynthese in dunkeladaptierten Pflanzen – für jedes durch die Fotosysteme transportierte Elektron drei H^+ im Lumen angesammelt werden (eines durch Spaltung des Wassers, eines während des Elektronentransfers über Cytochrom b_6/f zum PC und eines vom Q-Kreislauf).

Im Anschluss daran gibt das reduzierte Cytochrom *f* Elektronen an ein kupferhaltiges Protein mit der Bezeichnung **Plastocyanin (PC)** ab. Plastocyanin ist ebenso wie Plastochinon ein mobiler Elektronenüberträger und transferiert die Elektronen zum PSI. Im Gegensatz zu Plastochinon ist es ein peripheres Membranprotein, das auf der Lumenseite der Thylakoidmembran vorkommt, und es überträgt nur jeweils ein Elektron. Beginnend mit den beiden Q_BH_2-Molekülen, die im PSII erzeugt wurden (siehe *Reaktion 11-5*) kann die Nettoreaktion, die vom Cytochrom-b_6/f-Komplex für jedes direkt zum PC transferierte Elektron katalysiert wird, folgendermaßen zusammengefasst werden:

$$2\ Q_BH_2 + 4\ PC(CU^{2+}) \longrightarrow 2\ Q_B + 4\ H^+_{Lumen} + 4\ PC(CU^+) \qquad (11\text{-}6)$$

Des Weiteren würde der vorgeschlagene Q-Kreislauf die Anzahl der Protonen, die in das Lumen transportiert werden, auf acht verdoppeln, denn die Hälfte der Elektronen durchläuft auf ihrem Weg zum PC den Q-Kreislauf. Somit fügen vier Fotoreaktionen im PSII dem Thylakoidlumen insgesamt acht (bis zwölf) Protonen zu: vier durch die Oxidation von Wasser zu Sauerstoff und vier (bis acht) werden von Plastochinon in das Lumen transportiert (*Abbildung 11.9*).

11.3.3 Das Fotosystem I überträgt Elektronen vom Plastocyanin zum Ferredoxin

Die Aufgabe des Fotosystems I besteht darin, photoexzitierte Elektronen vom reduzierten Plastocyanin zu einem Protein zu transportieren, das man als Ferredoxin bezeichnet, dem unmittelbaren Elektronendonor für $NADP^+$. Wie in der *Abbildung 11.9* dargestellt, gehört anstelle eines Phäophytinmoleküls ein drittes Chlorophyll-*a*-Molekül, das A_0, zum Reaktionszentrum von PSI. Weitere Komponenten des Reaktionszentrums sind ein Phyllochinon (A_1) sowie drei Eisen-Schwefel-Zentren (F_X, F_A und F_B), die ein ETS bilden, das A_0 an Ferredoxin bindet.

Das PSI der Pflanzen und Grünalgen ist mit dem **Lichtsammelkomplex I (LHCI)** assoziiert, der weniger Antennenmoleküle als LHCII enthält – zwischen 80 und 120 Chlorophyll- und einige wenige Carotinoidmoleküle. Ebenso wie im PSII-Komplex wird Energie zu einem Reaktionszentrum kanalisiert, das ein besonderes Paar von Chlorophyll-*a*-Molekülen enthält. Die vom PSI absorbierte Energie senkt das Reduktionspotenzial des speziellen Paares von Chlorophyllen mit der Bezeichnung P700 auf ungefähr –1,30 V (siehe *Abbildung 11.8*). Ein aktiviertes Elektron wird dann schnell vom P700 zum A_0 weitergeleitet und die Ladungstrennung zwischen dem oxidierten $P700^+$ und dem reduzierten A_0 hindert das Elektron daran, in seinen anfänglichen Grundzustand zurückzukehren. Ebenso wie beim PSII speichert diese Ladungstrennung einen Teil der Lichtenergie, die als potenzielle elektrochemische Energie absorbiert wird. Das Elektron, das P700 abgegeben hat, wird durch ein Elektron vom reduzierten Plastocyanin ersetzt.

Von A_0 fließen Elektronen energetisch durch das ETS zum Ferredoxin, dem letzten Elektronenakzeptor des PSI. **Ferredoxin (Fd)** ist ein bewegliches Eisen-Schwefel-Protein des Chloroplastenstromas. Ferredoxin ist ein wichtiges Reaktionsäquivalent mehrerer anderer metabolischer Stoffwechselwege im Chloroplasten, unter anderem dient es für die Stickstoff- und Schwefelassimilierung. Ausgehend von vier reduzierten Plastocyaninmolekülen, die im Cytochrom-b_6/f-Komplex gebildet werden (Reaktion 11-6), kann die vom PSI katalysierte Nettoreaktion folgendermaßen zusammengefasst werden:

$$4\ \text{Photonen} + 4\ PC(Cu^+) + 4\ Fd(Fe^{3+}) \longrightarrow 4\ PC\ (Cu^{2+}) + 4\ Fd(Fe^{2+}) \qquad (11\text{-}7)$$

11.3.4 Ferredoxin-$NADP^+$-Reduktase katalysiert die Reduktion von $NADP^+$

Der letzte Schritt des Photoreduktionswegs ist der Transfer von Elektronen vom Ferredoxin zum $NADP^+$, wodurch das für die photosynthetische Kohlenstoffreduktion und Assimilierung unabdingbare NADPH zur Verfügung gestellt wird. Dieser Transfer wird von dem Enzym **Ferredoxin-NADP$^+$-Reduktase (FNR)** katalysiert, einem peripheren Membranprotein, das sich auf der Stromaseite der Thylakoidmembran befindet. Beginnend mit vier vom PSI erzeugten reduzierten Ferredoxinmolekülen (siehe *Abbildung 1-7*), gelangen wir zu folgender Gleichung:

$$4\ Fd(Fe^{2+}) + 2\ NADP^+ + 2\ H^+_{Stroma} \longrightarrow 4\ Fd(Fe^{3+}) + 2\ NADPH \qquad (11\text{-}8)$$

Bedenken Sie, dass die Reduktion eines NADP$^+$-Moleküls ein H$^+$ aus dem Stroma plus zwei Elektronen verbraucht, jeweils von einem reduzierten Ferredoxin. Zwar werden durch diese Reaktion nicht wirklich Protonen vom Stroma in das Lumen transportiert, doch senkt diese Reaktion die Protonenkonzentration des Stromas und trägt zum elektrochemischen Protonengradienten über der Thylakoidmembran bei.

In Zusammenarbeit mit dem Chloroplasten bewirken die verschiedenen Komponenten des ETS einen ständigen unidirektionalen Elektronenfluss vom Wasser zum NADP$^+$, wie in *Abbildung 11.8* und *Abbildung 11.9* dargestellt. Diesen Elektronenfluss bezeichnet man als **nichtzyklischen Elektronenfluss**. Diese Bezeichnung dient zu allererst der Unterscheidung vom zyklischen Elektronenfluss (vom Ferredoxin zurück zum Cytochrom-b_6/f-Komplex), dem wir bald begegnen werden. Das Nettoergebnis der vollständigen lichtabhängigen Oxidation von zwei Wassermolekülen zu molekularem Sauerstoff kann man durch Summierung der Reaktionen 11-5 bis 11-8 erhalten, unter der Voraussetzung, dass Ferredoxin an keinen anderen Stoffwechselwegen Elektronen abgibt:

$$8\ \text{Photonen} + 2\ H_2O + 6\ H^+_{Stroma} + 2\ NADP^+ \longrightarrow 8\ H^+_{Lumen} + O_2 + 2\ NADPH \qquad (11\text{-}9)$$

Für jeweils acht absorbierte Photonen (vier vom PSII und vier vom PSI) werden zwei Moleküle NADPH gebildet. Des Weiteren ist das ETS der Photoreduktion an einen Mechanismus gekoppelt, über den das unidirektionale Protonenpumpen durch die Thylakoidmembran vom Stroma zum Lumen erfolgt. Der Einsatz des vorgeschlagenen Q-Kreislaufs würde die Anzahl der sich im Lumen ansammelnden Protonen auf zwölf erhöhen. Somit wird die Sonnenenergie in zwei Formen als potenzielle Energie gesammelt und gespeichert: als Reduktionsäquivalent NADPH und als elektrochemischer Protonengradient.

Nun werden wir uns damit beschäftigen, wie die potenzielle Energie dieses Protonengradienten zur Synthese von ATP aufgewendet wird und zwar auf eine Weise, die der mitochondrialen ATP-Synthese ähnelt. Trotz der Unterschiede zwischen Chloroplasten und Mitochondrien besitzen beide eine äußere Membran, eine innere Membran und einen Innenraum, in dem Protonen angehäuft werden – bei den Mitochondrien der Raum zwischen den Cristae und im Chloroplasten die Thylakoide. Bei beiden läuft ein exergonischer Elektronentransport über eine Reihe membranständiger Überträgerkomplexe ab, die abwechselnd reduziert und oxidiert werden, während sie den Protonengradienten für die ATP-Synthese aufbauen. Bei den Mitochondrien wandern die Elektronen allerdings von energiereichen reduzierten Coenzymen zum Sauerstoff und bilden Wasser, während die chemische Energie von einer Form (NADH) in eine andere Form (ATP) umgewandelt wird. Bei den Chloroplasten wird die Sonnenenergie zum Entfernen von Elektronen aus dem Wasser genutzt, wodurch Sauerstoff entsteht, wenn die Sonnenenergie in chemische Energie in Form von NADPH und ATP umgewandelt wird.

11.4 Photosynthetische Energietransduktion III: ATP-Synthese

Nun werden wir im letzen Stadium der photosynthetischen Energietransduktion erfahren, wie die jetzt im Protonengradienten gespeicherte potenzielle Energie dazu verwendet wird, ATP aus ADP und P_i zu synthetisieren. Da die zur Phosphorylierung von ADP eingesetzte Energie von der Sonne stammt, bezeichnet man diesen Vorgang als **Photophosphorylierung**. Die Thylakoidmembran ist für Protonen praktisch undurchlässig, weshalb sich über der Membran in belichteten Chloroplasten ein beachtlicher elektrochemischer Protonengradient aufbauen kann. Wie in *Kapitel 10* in Bezug auf Mitochondrien dargestellt, können wir die gesamte protonenmotorische Kraft (*PMF*) über der Thylakoidmembran berechnen, indem wir den Term der Protonenkonzentration (*pH*) und den Term des Membranpotenzials (V_m) addieren (siehe Gleichung 10-13). Dies kann zur Ermittlung der Standardveränderung der freien Energie ($\Delta G^{\circ\prime}$) für den Transport von Protonen vom Lumen zum Stroma herangezogen werden.

In den Mitochondrien liegt die Differenz des pH-Werts (ΔpH) über der inneren Membran bei nur etwa einer Einheit, wodurch ungefähr 0,06 V (30 %) zur gesamten *PMF* von 0,22 V beigetragen werden. Die restlichen 70 % der *PMF* stammen von der Membranpotenzialdifferenz von ungefähr 0,16 V (siehe Gleichung 10-14). Bei Chloroplasten ist der Wert von ΔpH wichtiger als der von ΔV_m und trägt etwa 80 % zur gesamten *PMF* bei. Das durch Licht induzierte Protonenpumpen im Thylakoidlumen bewirkt einen Abfall des pH-Wertes auf circa 6. In Verbindung mit einem Anstieg des pH-Werts im Stroma auf circa 8 in Folge der Senkung der Protonenkonzentration entsteht ein ΔpH-Wert von ungefähr zwei Einheiten, der ausreicht, um eine *PMF* von circa 0,12 V bei 25 °C zu erzeugen. Gehen wir einmal von Schätzungen der Membranpotenzialdifferenz aus, die bei ungefähr 0,03 V liegen, so erhalten wir einen Gesamtwert für die *PMF* von 0,15 V, was einen Wert für $\Delta G^{\circ\prime}$ von ungefähr 3,5 kcal/mol für Protonen bedeutet, die sich durch die Thylakoidmembran bewegen.

11.4.1 Der ATP-Synthasekomplex koppelt den Transport von Protonen durch die Thylakoidmembran an die ATP-Synthese

Bei den Chloroplasten, aber auch bei den Mitochondrien und den Bakterien, treibt der Transport von Protonen durch eine Membran von der hohen zur niedrigen Konzentration die Synthese von ATP durch einen **ATP-Synthasekomplex** an. Der ATP-Synthasekomplex der Chloroplasten, den man als **CF_0CF_1-Komplex** bezeichnet, weist beachtliche Gemeinsamkeiten mit den F_0F_1-Komplexen der in *Kapitel 10* beschriebenen Mitochondrien und Bakterien auf (siehe *Abbildung 10.19*). Die **CF_1**-Komponente ist eine hydrophile Gruppierung von Polypeptiden, die aus der Stromaseite der Thylakoidmembran herausragen und drei katalytische Zentren für die ATP-Synthese enthalten. Ebenso wie die bakterielle Einheit F_1, setzt sich CF_1 aus fünf verschiedenen Polypeptiden mit einer Stöchiometrie von $\alpha_3\beta_3\gamma\delta\varepsilon$ zusammen. Diese CF_1-Polypeptide haben ähnliche Strukturen und Funktionen wie die analogen F_1-Polypeptide.

Die **CF_0**-Komponente ist ein hydrophober Komplex von in der Thylakoidmembran verankerten Proteinen, die große Ähnlichkeit mit der F_0-Komponente der F_0F_1-ATP-Synthase aufweist. Die CF_0-Untereinheiten I und II bilden einen peripheren Stiel, der CF_0 mit CF_1 verbindet und erfüllen damit dieselbe Funktion wie die beiden *b*-Untereinheiten von F_1 (siehe *Abbildung 10.19*). Die CF_0-Untereinheit (ähnlich der *a*-Untereinheit von F_0) ist der **Protonentranslokator**, durch den Protonen unter dem Druck von *PMF* vom Lumen zum Stroma zurückfließen. Der Protonenfluss durch die Untereinheit IV führt zur Rotation eines benachbarten Rings, der aus Untereinheit-III-Polypeptiden (ähnlich den *c*-Untereinheiten im *c*-Ring von F_0) besteht. Diese Rotation ist über die CF_1-Komponente an die ATP-Synthese gekoppelt, wie in *Kapitel 10* in Bezug auf die F_0F_1-ATP-Synthase beschrieben.

Früher legten Ergebnisse biochemischer Experimente die Annahme nahe, dass für jeweils drei Protonen, die den CF_0CF_1-Komplex passierten, ein ATP synthetisiert wurde. Andere auf Experimenten beruhende Modelle weisen jedoch darauf hin, dass für jedes synthetisierte ATP vier Protonen transportiert werden müssen. Neueste Ergebnisse, denen zufolge es 14 Kopien der Untereinheit III im rotierenden Ring des CF_0CF_1-Komplex des Spinatchloroplasten gibt, lassen den Schluss zu, dass der Transport von 14 Protonen durch den CF_0CF_1-Komplex zur Rotation führt und die Synthese von drei ATP (also mehr als 4 H^+ pro ATP) herbeiführt. Vielleicht erklärt die unterschiedliche Anzahl von Untereinheit-III-Polypeptiden in den verschiedenen Organismen die abweichenden H^+/ATP-Verhältnisse, welche die Wissenschaftler durch unterschiedliche Experimente erhielten.

Geht man davon aus, dass H^+ und ATP im Verhältnis 1 : 4 vorliegen, so kann man die von einem ATP-Synthasekomplex katalysierte Reaktion folgendermaßen zusammenfassen:

$$4\,H^+_{Lumen} + ADP + P_i \longrightarrow 4\,H^+_{Stroma} + ATP \qquad (11\text{-}10)$$

Im Hinblick auf die Thermodynamik ist dieses Ergebnis recht wahrscheinlich. Der $\Delta G'$-Wert für die ATP-Synthese im Chloroplastenstroma liegt im Allgemeinen bei 10 – 14 kcal/mol, während die zur Verfügung stehende Energie bei ungefähr 14 Kilokalorien pro vier Mol Protonen liegt, die durch de ATP-Synthasekomplexe transportiert werden (3,5 kcal/mol × 4 mol = 14 kcal). Somit erzeugt der Fluss von vier Elektronen durch den nichtzyklischen Weg, der in *Abbildung 11.8* und der *Abbildung 11.9* dargestellt wird, nicht nur zwei NADPH-Moleküle, sondern führt auch zur Synthese von zwei ATP-Molekülen (4 Elektronen × 2 Protonen/Elektron × 1 ATP/4 Protonen = 2 ATP-Moleküle).

11.4.2 Durch zyklische Photophosphorylierung kann eine photosynthetische Zelle NADPH-Synthese und ATP-Synthese im Gleichgewicht halten

Bevor wir unsere Darstellung der photosynthetischen Energietransduktionsreaktionen abschließen, müssen wir uns damit beschäftigen, wie Phototrophe NADPH-Synthese und ATP-Synthese im Gleichgewicht halten können, um den jeweiligen Energiebedürfnissen einer lebenden Zelle exakt zu entsprechen. Beachten Sie, dass der nichtzyklische Elektronenfluss zur Bildung von zwei ATP pro zwei NADPH-Molekülen führt. Da sowohl ATP als auch NADPH von einer Vielzahl metabolischer Stoffwechselwege verbraucht werden, ist es sehr unwahrscheinlich, dass eine photosynthetische Zelle diese stets genau mit der Geschwindigkeit erhält, mit der sie vom nichtzyklischen Elektronenfluss erzeugt werden. Typischerweise benötigen Zellen mehr ATP als NADPH, weil viele zelluläre Aktivitäten, wie beispielsweise der aktive Transport durch Membranen, ATP aber nicht NADPH benötigen.

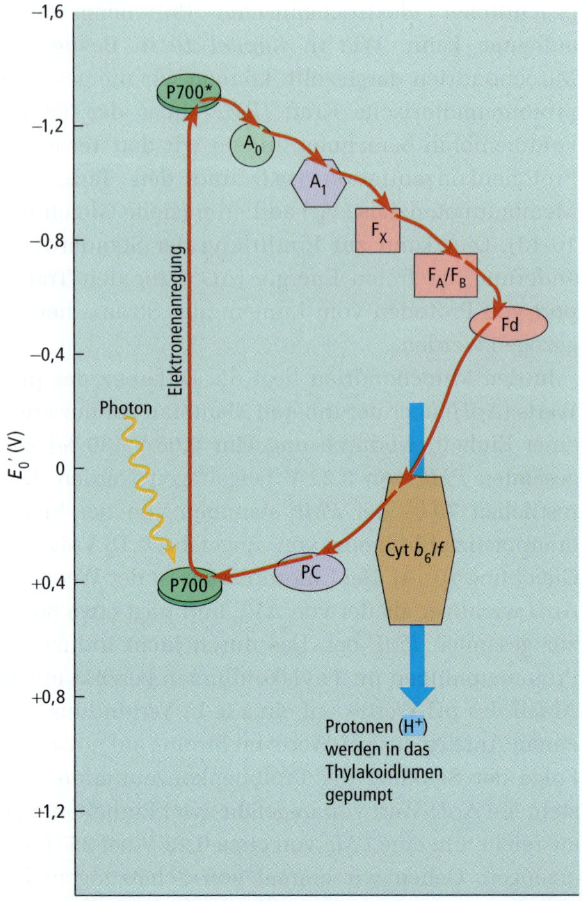

Abbildung 11.10: Der zyklische Elektronenfluss. Der zyklische Elektronenfluss durch das PSI ermöglicht oxygenen Phototrophen die Geschwindigkeit der ATP/NADPH-Bildung in photosynthetischen Zellen zu erhöhen. Bei niedriger $NADP^+$-Konzentration (das heißt bei hoher NADPH-Konzentration) gibt Ferredoxin (Fd) Elektronen an den Cytochrom-b_6/f-Komplex ab. Die Elektronen kehren dann über Plastocyanin (PC) wieder zu P700 zurück. Da dieser zyklische Elektronenfluss an ein unidirektionales Protonenpumpen durch die Thylakoidmembran gekoppelt ist, wird überschüssige Reduktionskraft in die ATP-Synthese kanalisiert. Siehe *Abbildung 11.8* für eine generelle Erklärung der Symbole.

Bei geringem NADPH-Verbrauch und/oder bei zusätzlichem ATP-Bedarf, kann ein weiterer Mechanismus, den man als **zyklischen Elektronenfluss** bezeichnet, in Kraft treten. Dabei wird die Reduktionskraft, die durch das PSI erzeugt wird, zur ATP-Synthese genutzt und es findet keine $NADP^+$-Reduktion statt. Der zyklische Elektronenfluss ist in der ▸*Abbildung 11.10* dargestellt und unterscheidet sich von dem zuvor dargestellten Q-Kreislauf. Beim zyklischen Elektronenfluss überträgt das reduzierte Ferredoxin, das im PSI gebildet wurde, Elektronen zurück zu einem Cytochrom-b_6/*f*-Komplex und gibt diese nicht an $NADP^+$ ab. Der exergonische Fluss von Elektronen vom Ferredoxin durch den Cytochrom-b_6 /*f*-Komplex zum Plastocyanin ist an das Protonenpumpen gekoppelt, wodurch er zur *PMF* durch die Thylakoidmembran beiträgt. Vom Plastocyanin kehren die Elektronen zu einem oxidierten $P700^+$-Molekül im PSI zurück, schließen damit einen Kreislauf ab und ermöglichen P700 die Absorption eines Photons. Den Prozess, der durch diesen zyklischen Elektronenfluss überschüssiges ATP synthetisiert, bezeichnet man als *zyklische Photophosphorylierung*. Da kein Elektronenfluss vom PSII mitwirkt, wird dabei kein Wasser oxidiert und kein Sauerstoff freigesetzt.

11.4.3 Zusammenfassung des vollständigen Energietransduktionssystems

Das in der *Abbildung 11.9* dargestellte Modell zeigt das gesamte photosynthetische Energietransduktionssystem in der Thylakoidmembran. Die wichtigsten Merkmale des gesamten Systems des Transfers von Elektronen vom Wasser zum $NADP^+$ und die daraus resultierende ATP-Synthese können im Hinblick auf die daran beteiligten Komponenten in folgende Teilreaktionen untergliedert werden:

1. *Der Fotosystem-II-Komplex:* Ein Komplex aus Chlorophyllmolekülen, akzessorischen Pigmenten und Proteinen, die das P680-Chlorophyll-Reaktionszentrum enthalten. Wasser wird oxidiert, von dem sauerstoffbildenden Komplex gespalten und Elektronen fließen vom Wasser zum P680. Im Anschluss an die Photonenabsorption geben photoexzitierte P680-Moleküle Elektronen an Plastochinon ab, wodurch dies zu Plastochinol reduziert wird, einem mobilen Elektronenträger.

2. *Cytochrom-b_6/f-Komplex:* Ein Elektronentransportsystem, das Elektronen vom Plastochinol zum Plastocyanin transferiert, wodurch PSII und PSI verknüpft werden. Der Elektronenfluss durch diesen Komplex ist an das unidirektionale Pumpen von Protonen durch die Thylakoidmembran gekoppelt, wodurch ein elektrochemischer Protonengradient aufgebaut wird, der die ATP-Synthese antreibt. Dank eines optionalen Elektronenflusses besteht die Möglichkeit zur Synthese von zusätzlichem ATP.

3. *Der Fotosystem-I-Komplex:* Eine Komplex aus Chlorophyllmolekülen, akzessorischen Pigmenten und Proteinen, die das P790-Chlorophyll-Reaktionszentrum enthalten, das Elektronen vom Plastocyanin aufnimmt. Nach der Photoexzitation gibt P700 Elektronen an Ferredoxin ab, ein Stromaprotein.

4. *Die Ferrexodin-$NADP^+$-Reduktase:* Ein Enzym auf der Stromaseite der Thylakoidmembran, das den Transfer von Elektronen von zwei reduzierten Ferredoxinmolekülen zusammen mit einem Proton zu einem einzigen $NADP^+$-Molekül katalysiert. Das im Stroma gebildete NADPH ist ein wichtiges Reduktions-Agens vieler metabolischer Stoffwechselwege.

5. *Der ATP-Synthasekomplex (CF_0CF_1-Komplex):* Ein Protonenkanal und eine ATP-Synthase, die den exergonischen Fluss von Protonen vom Thylakoidlumen zum Stroma mit der Synthese von ATP koppeln. Ebenso wie NADPH sammelt sich das ATP im Stroma, wo es die Energie für die Kohlenstoffassimilierung liefert.

Innerhalb eines Chloroplasten laufen sowohl nichtzyklische als auch zyklische Wege des Elektronenflusses ab (mit und ohne Q-Kreislauf), wodurch den relativen Mengen von gebildetem ATP und NADPH Flexibilität verliehen wird. ATP kann in Bezug auf NADPH in einer fast äquimolaren Menge gebildet werden – vorausgesetzt, dass der nichtzyklische Weg alleine abläuft – oder es kann sehr viel ATP gebildet werden, indem entweder der Q-Kreislauf oder der zyklische Kreislauf von PSI ablaufen.

Photosynthetische Kohlenstoffassimilierung I: Der Calvin-Zyklus 11.5

Da wir nun über einige Information im Hinblick auf die Struktur des Chloroplasten und die photosynthetische Energietransduktion verfügen, sind wir gut auf die photosynthetische Kohlenstoffassimilierung vorbereitet. Genauer gesagt werden wir uns mit den wichtigsten Ereignissen der Kohlenstoffassimilierung beschäftigen: der einleitenden Fixierung und Reduktion von Kohlendioxid zur Bildung einfacher Kohlenhydrate aus drei Kohlenstoffatomen. Der fundamentale Stoffwechselweg für den Transport anorganischen Kohlenstoffs in die Biosphäre ist der **Calvin-Zyklus**, der bei allen oxygenen und den meisten anoxygenen Phototrophen abläuft.

Dieser Stoffwechselweg wurde nach Melvin Calvin benannt, dessen Forschung im Jahr 1961 mit dem Nobelpreis ausgezeichnet wurde. Er und seine Kollegen Andrew Benson und James Bassham klärten diesen Zyklus mithilfe von radioaktiven Isotopen auf. Mithilfe von $^{14}CO_2$ wiesen sie nach, dass Triosephosphate die ersten Produkte der photosynthetischen Kohlenstofffixierung waren. Wir haben bereits zuvor erwähnt, dass diese Triosephosphate in eine Reihe metabolischer Stoffwechselwege eingeschleust werden, von denen die Saccharose- und die Stärkebiosynthese die wichtigsten sind. In der ▸*Abbildung 11.11* geben wir einen Überblick über den Calvin-Zyklus und in der ▸*Abbildung 11.12* erhalten Sie mehr biochemische und strukturelle Einzelheiten.

Bei Pflanzen und Algen beschränkt sich der Calvin-Zyklus auf das Chloroplastenstroma, wo ATP und NADHP durch photosynthetische Energietransduktionsreaktionen angehäuft werden. Bei den Pflanzen gelangt Kohlendioxid meist durch besondere Poren in das Blatt, die **Stomata** (Singular: **Stoma**). Im Blatt diffundieren die Kohlendioxidmoleküle in die **Mesophyllzellen** und gelangen in den meisten Pflanzenspezies ungehindert in das Chloroplastenstroma, den Ort der Kohlenstofffixierung.

Der Einfachheit halber teilen wir den Calvin-Zyklus in drei Phasen auf:

1. Die Carboxylierung des organischen Akzeptormoleküls *Ribulose-1,5-Bisphosphat* und die sofortige Hydrolyse zur Bildung von sechs Molekülen *3-Phosphoglycerat*.

2. Die Reduktion von 3-Phosphoglycerat zur Bildung des Triosephosphats *Glycerinaldehyd-3-Phosphat*.

3. Bildung des ersten Akzeptormoleküls für die weitere Kohlenstoffassimilierung.

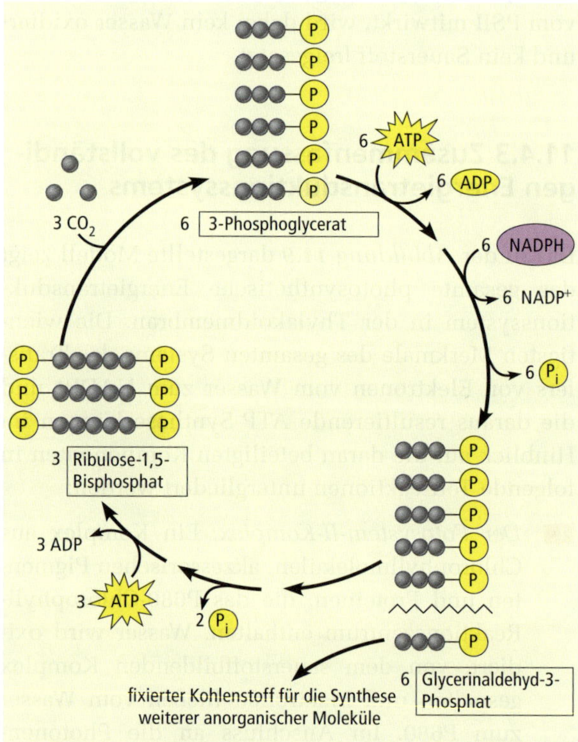

Abbildung 11.11: Überblick über den Calvin-Zyklus. Ausgehend von drei Molekülen Ribulose-1,5-Bisphosphat werden drei Moleküle CO_2 fixiert und die Produkte werden so neu angeordnet, dass sie sechs Moleküle 3-Phosphoglycerat bilden. Mittels ATP und NADPH werden diese sechs Moleküle 3-Phosphoglycerat zu sechs Molekülen Glycerinaldehyd-3-Phosphat reduziert. Es wird mehr ATP verbraucht, wenn fünf dieser Glycerinaldehyd-3-Phosphatmoleküle neu angeordnet werden, um drei Moleküle Ru-P_2 zu bilden, die drei weitere CO_2 aufnehmen. Das sechste Glycerinaldehyd-3-Phosphatmolekül, das die drei fixierten CO_2 repräsentiert, wird zur Synthese anderer organischer Verbindungen in der Zelle aus dem Kreislauf ausgeschleust.

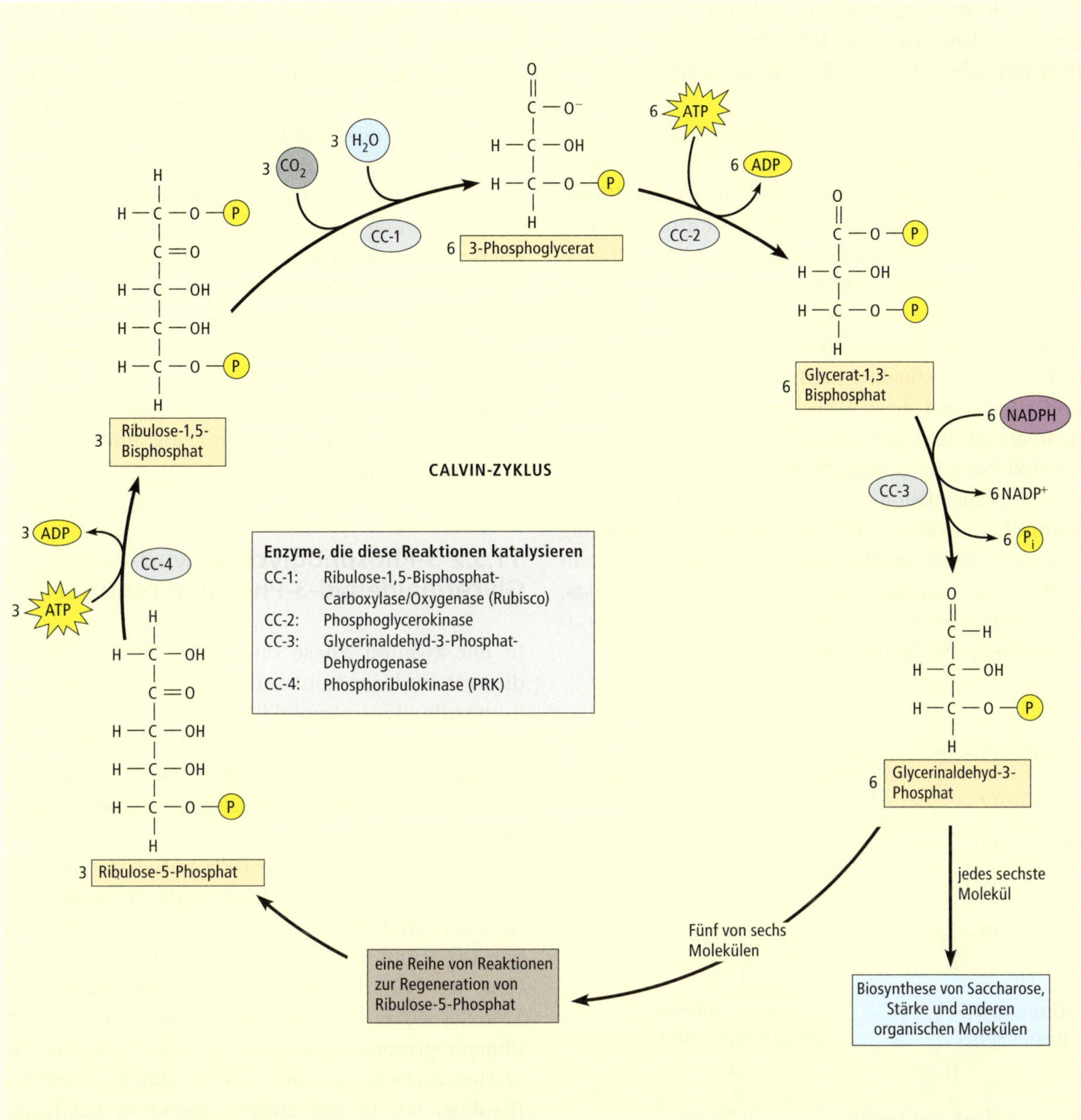

Abbildung 11.12: Der Calvin-Zyklus zur photosynthetischen Kohlenstoffassimilierung. Während eines Durchlaufs des Calvin-Zyklus (CC), werden drei CO_2-Moleküle fixiert, die ein Molekül Triosephosphat bilden. Das CO_2-Molekül wird in der Reaktion CC-1 fixiert und bildet 3-Phosphoglycerat. Die Reaktionen CC-2 und CC-3 nutzen ATP und NADPH zur Reduktion von 3-Phosphoglycerat zu Glycerinaldehyd-3-Phosphat. Jedes sechste Glycerinaldehyd-3-Phosphatmolekül dient zur Biosynthese von Saccharose, Stärke und anderen organischen Molekülen. Die anderen fünf Glycerinaldehyd-3-Phosphatmoleküle werden für die Bildung von drei Molekülen Ribulose-5-Phosphat benötigt. Das Ribulose-5-Phosphat wird dann durch ATP in der Reaktion CC-4 phosphoryliert und bildet Ribulose-1,5-Bisphosphat, das Akzeptormolekül der Reaktion CC-1, womit ein Kreislauf vollendet ist.

11.5.1 Kohlendioxid tritt durch Carboxylierung von Ribulose-1,5-Bisphosphat in den Calvin-Zyklus ein

Die erste Phase des Calvin-Zyklus beginnt mit der kovalenten Bindung von Kohlendioxid an den Carbonylkohlenstoff von Ribulose-1,5-Bisphosphat (Reaktion CC-1 in *Abbildung 11.12*). Die Carboxylierung dieses C_5-Akzeptormoleküls würde wohl zur Bildung eines Produktes mit sechs Kohlenstoffatomen führen, aber bislang hat noch niemand ein solches Molekül isoliert. Calvin und seine Kollegen brachten die Alge *Chlorella* mit radioaktiv markiertem $^{14}CO_2$ in Kontakt und wiesen auf diese Weise nach, dass es sich bei dem ersten nachweisbaren Produkt der Kohlendioxidfixierung im Calvin-Zyklus um ein Molekül aus drei Kohlenstoffatomen handelt: 3-Phosphoglycerat. Vermutlich existiert die hypothetische Verbindung aus sechs Kohlenstoffatomen nur vorübergehend in Form eines enzymgebundenen Zwischenprodukts, das sofort hydrolysiert wird und zwei Moleküle 3-Phosphoglycerat bildet, wie unten dargestellt:

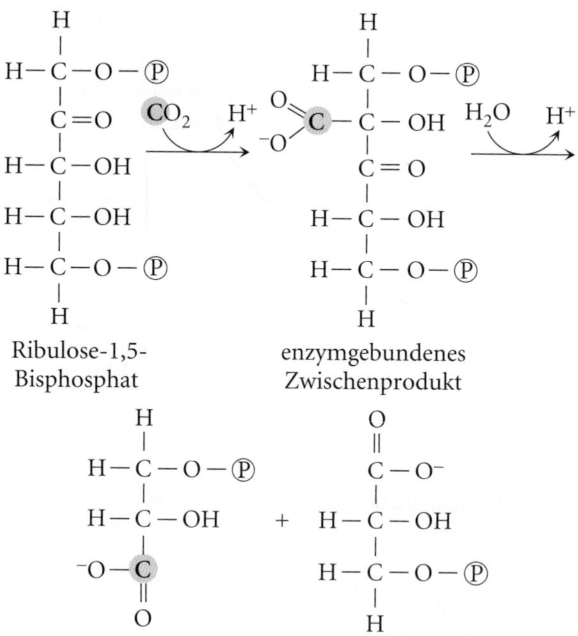

zwei Moleküle 3-Phosphoglycerat (11-11)

Das neu fixierte Kohlendioxid (grau unterlegt) tritt als Carboxylgruppe in einem der beiden 3-Phosphoglyceratmoleküle auf.

Das Enzym, das die Aufnahme des Kohlendioxids und die Bildung von 3-Phosphoglycerat katalysiert, trägt die Bezeichnung **Ribulose-1,5-Bisphosphat-Carboxylase/Oxygenase** (**RuBisCO**, oder einfach **Rubisco**). Dieses relativ große Enzym (das Molekulargewicht liegt bei circa 560.000) kommt ausschließlich bei Phototrophen vor und gehört mit Ausnahme einiger weniger photosynthetischer Bakterien zu allen photosynthetischen Organismen. Angesichts der fundamentalen Rolle für die Kohlendioxidfixierung in praktisch der gesamten Biosphäre überrascht es wohl kaum, dass man davon ausgeht, dass Rubisco weltweit das mengenmäßig am häufigsten vorkommende Protein ist. Rubisco stellt einen Anteil von ungefähr 10 – 25 % der löslichen Blattproteine, und einer Schätzung nach liegt die Gesamtmenge von Rubisco auf der Erde bei 40 Millionen Tonnen oder circa zehn Kilogramm pro Kopf der Bevölkerung.

11.5.2 3-Phosphoglycerat wird zu Glycerinaldehyd-3-Phosphat reduziert

In der zweiten Phase des Calvin-Zyklus werden die während der Kohlendioxidfixierung gebildeten 3-Phosphoglyceratmoleküle zu Glycerinaldehyd-3-Phosphat reduziert. Dies erfolgt über eine Reihe von Reaktionen, die im Grunde die Umkehrung der oxidativen Reaktionsreihe der Glykolyse sind (Reaktionen Gly-6 und Gly-7 in *Abbildung 9.7*), mit der einzigen Ausnahme, dass NADPH mitwirkt und nicht NADH. Die Schritte der durch NADPH vermittelten Reaktion sind in der *Abbildung 11.12* als Reaktionen CC-2 und CC-3 dargestellt. In der ersten Reaktion katalysiert die Phosphoglycerokinase den Transfer einer Phosphatgruppe vom ATP zum 3-Phosphoglycerat. Aus dieser Reaktion geht ein aktiviertes Zwischenprodukt hervor, das Glycerat-1,3-Bisphosphat. In der zweiten Reaktion katalysiert die Glycerinaldehyd-3-Phosphatdehydrogenase den Transfer von zwei Elektronen und einem Proton vom NADPH zum Glycerat-1,3-Bisphosphat, das zu Glycerinaldehyd-3-Phosphat (G3P) reduziert wird.

An diesem Punkt müssen wir etwas rechnen. Mit jedem von Rubisco fixierten Kohlendioxidmolekül (Reaktion CC-1) werden zwei 3-Phosphoglyceratmoleküle gebildet. Die Reduktion beider Moleküle zu Glycerinaldehyd-3-Phosphat (G3P) erfolgt auf Kosten der Hydrolyse von zwei ATP-Molekülen und der Oxidation von zwei NADPH-Molekülen – all das für den Nettogewinn von lediglich einem Kohlenstoffatom. Für die Nettosynthese eines Triosephosphatmoleküls ist die Fixierung und Reduktion von *drei* Kohlendioxidmolekülen notwendig, um die Kohlenstoffbilanz aufrechtzuhalten, und daher werden sechs ATP und sechs NADPH verbraucht:

$$3\ \text{Ribulose-1,5-Bisphosphat} + 3\ CO_2 + 3\ H_2O + 6\ \text{ATP} + 6\ \text{NADPH} \longrightarrow 6\ \text{G3P} + 6\ \text{ADP} + 6\ P_i + 6\ \text{NADP}^+ \quad (11\text{-}12)$$

11.5.3 Die Bildung von Ribulose-1,5-Bisphosphat ermöglicht kontinuierliche Kohlenstoffassimilierung

Jedes sechste Triosephosphatmolekül – die Bilanz nach Durchlauf dreier Carboxylierungen des Calvin-Zyklus – dient für die Biosynthese von Saccharose, Stärke oder anderen organischen Molekülen. Die fünf verbleibenden Triosephosphate der dritten und letzten Phase des Calvin-Zyklus werden zur Bildung von drei Molekülen der Akzeptorpentose Ribulose-1,5-Bisphosphat benötigt (Reaktion CC-4). Vier Grundreaktionen, die von *Aldolasen*, *Transketolasen*, *Phosphatasen* und *Isomerasen* katalysiert werden – wandeln fünf Moleküle Glycerinaldehyd-3-Phosphat in drei Moleküle *Ribulose-5-Phosphat* um. Anschließend phosphoryliert die *Phosphoribulokinase* (*PRK*) jedes Ribulose-5-Phosphat zu Ribulose-1,5-Bisphosphat, das in der Reaktion CC-1 Kohlendioxid aufnimmt. Die Bildung von Ribulose-1,5-Bisphosphat aus Glycerinaldehyd-3-Phosphat erfolgt auf Kosten von drei Molekülen ATP. Die Reaktionsfolge kann mit folgender Nettoreaktion zusammengefasst werden:

$$5\ \text{G3P} + 3\ \text{ATP} + 2\ H_2O \longrightarrow 3\ \text{Ribulose-1,5-Bisphosphat} + 3\ \text{ADP} + 2\ P_i \quad (11\text{-}13)$$

11.5.4 Der vollständige Calvin-Zyklus und dessen Zusammenhang mit der photosynthetischen Energietransduktion

Die ursprüngliche Kohlenstoffassimilierung durch den Calvin-Zyklus kann mit den Reaktionen 11-12 und 11-13 zusammengefasst werden, welche die gesamte Chemie des Kreislaufs von der Kohlenstofffixierung und Reduktion bis zur Triosephosphatsynthese und Bildung des organischen Akzeptormoleküls umfassen. Die daraus resultierende Reaktion lautet folgendermaßen:

$$3\ CO_2 + 9\ \text{ATP} + 6\ \text{NADPH} + 5\ H_2O \longrightarrow \text{G3P} + 9\ \text{ADP} + 6\ \text{NADP}^+ + 8\ P_i \quad (11\text{-}14)$$

Beachten Sie die Kosten von ATP und NADPH: Die Synthese von Kohlenhydraten mit drei Kohlenstoffatomen findet auf Kosten von neun ATP-Molekülen und sechs NADPH-Molekülen statt, das heißt drei ATP und zwei NADPH für jedes fixierte Kohlendioxidmolekül. Somit wird die Aktivität des zyklischen Wegs von PSI und/oder des Q-Kreislaufs benötigt, um zusätzliches ATP zu bilden.

Nun haben wir alles zusammen, um die Gesamtreaktion der Photosynthese aufzuschreiben, die sowohl Energietransduktion als auch Kohlenstoffassimilierung berücksichtigt. Wir betrachten dabei nur den Calvin-Zyklus und vernachlässigen einfach, dass ATP oder NADPH für andere Stoffwechselwege benötigt werden. Somit sind die Anforderungen klargestellt. Gemäß Reaktion 11-14 erfordert die Synthese eines Moleküls Glyerinaldehyd-3-Phosphat neun ATP- und sechs NADPH-Moleküle. Dieser Bedarf kann durch den Fluss von zwölf Elektronen über den nichtzyklischen Stoffwechselweg gedeckt werden, für den 24 Photonen von zwei aufeinander folgenden Fotosystemen absorbiert werden müssen. Damit sind sechs NADPH-Moleküle (3 × Reaktion 11-9) und acht von neun ATP-Molekülen (8 × Reaktion 11-10) bereitgestellt. Für den Fluss von zwei Elektronen durch den zyklischen Weg von PSI werden zwei weitere Photonen benötigt, und ein weiteres ATP-Molekül wird geliefert (1 × Reaktion 11-10). Somit lautet die Nettoreaktion für die Energietransduktion:

$$26\ \text{Photonen} + 9\ \text{ADP} + 9\ P_i + 6\ \text{NADP}^+ \longrightarrow O_2 + 9\ \text{ATP} + 6\ \text{NADPH} + 3\ H_2O \quad (11\text{-}15)$$

Die Absorption von 26 Photonen wird während des nichtzyklischen Elektronenflusses von zwölf Photoexzitationsereignissen am PSI und zwölf am PSII und während des zyklischen Elektronenflusses von zwei Photoexzitationsereignissen am PSI bewerkstelligt. (Wenn der Q-Kreislauf abläuft, werden etwas weniger Photonen benötigt.)

Indem wir die zusammenfassende Gleichung für den Calvin-Zyklus (Reaktion 11-14) mit der Nettoreaktion der Energietransduktion (Reaktion 11-15) zusammenfassen, erhalten wir folgende Gesamtreaktion:

$$26 \text{ Photonen} + 3\,CO_2 + 5\,H_2O + P_i \longrightarrow G3P + 3\,O_2 + 3\,H_2O \qquad (11\text{-}16)$$

Da die Phosphatgruppe meist durch Hydrolyse entfernt wird, wenn Glycerinaldehyd-3-Phosphat in komplexere organische Verbindungen eingebaut wird, können wir die Reaktion 11-16 folgendermaßen umformulieren:

$$26 \text{ Photonen} + 3\,CO_2 + 6\,H_2O \longrightarrow \text{Glycerinaldehyd} + 3\,O_2 + 3\,H_2O \qquad (11\text{-}17)$$

Diese Reaktion ist fast identisch mit der photosynthetischen Nettoreaktion, die wir zu Beginn dieses Kapitels vorstellten (Reaktion 11-2). Der Unterschied besteht darin, dass wir jetzt die photochemische und metabolische Komplexität, die sich hinter dieser auf den ersten Blick einfachen Gleichung verbirgt, wesentlich besser verstehen. Des Weiteren haben wir die ungenauen Begriffe *Licht* und $C_6H_{12}O_6$ durch eine spezifische Anzahl von Photonen und ein erstes Produkt der Kohlendioxidfixierung ersetzt.

Dank dieser Information vermögen wir die maximale Effizienz der photosynthetischen Energietransduktion und der Kohlenstoffassimilierung zu berechnen. Wenn man für rotes Licht eine Wellenlänge von 670 nm annimmt, stellen 26 Mol Photonen 26 × 43 kcal/mol Photonen dar oder insgesamt 1.118 kcal Energie. Da sich Glycerinaldehyd im Hinblick auf die freie Energie von Kohlendioxid und Wasser um 343 kcal/mol unterscheidet, liegt die Effizienz der photosynthetischen Energietransduktion bei ungefähr 31 % (333/1.118 = 0,31). Dieser Wert übertrifft die Effizienz der meisten von Menschen erschaffenen Maschinen bei Weitem.

11.6 Die Regulation des Calvin-Zyklus

In der Dunkelheit benötigen phototrophe Organismen ständig Energie und Kohlenstoffe aus dem Pool der Kohlenhydrate, die sich ansammeln, wenn Licht zur Verfügung steht. Diese Aktivität wäre vergebens, wenn der Calvin-Zyklus weiterhin Kohlenstoff fixieren würde, während Glykolyse und andere Stoffwechselwege gespeicherte Kohlenhydrate verbrauchen. Der Organismus würde Energie aufwenden, um Kohlendioxid zur Bildung von Zuckern und anderen Kohlenhydraten zu reduzieren, und diese Kohlenhydrate zugleich zur Energieerzeugung oxidieren. Da alle biologischen Stoffwechselwege mit weniger als 100 % thermodynamischer Effizienz ablaufen, würde dieser unsinnige Kreislauf von Synthese und Abbau zu einem Nettoverlust der Energie in Form von Wärme führen. Es überrascht also keineswegs, dass Phototrophe über mehrere regulatorische Systeme verfügen, um sicherzustellen, dass der Calvin-Zyklus nur dann abläuft, wenn Licht zur Verfügung steht.

11.6.1 Der Calvin-Zyklus wird stark reguliert, um maximale Effizienz zu garantieren

Die erste Stufe der Kontrolle besteht in der Regulation der Synthese der Schlüsselenzyme des Calvin-Zyklus. Enzyme, die nur für die lichtabhängige Kohlendioxidfixierung und die Reduktion von Bedeutung sind, kommen in Pflanzengeweben, die nicht mit Licht in Kontakt kommen, im Allgemeinen nicht vor. In den Plastiden der Wurzelzellen ist zum Beispiel weniger als ein Prozent der Rubiscoaktivität der Chloroplasten von Blattzellen feststellbar.

Die Enzyme des Calvin-Zyklus werden außerdem durch die Konzentration der Schlüsselmetabolite reguliert. Denken Sie an die Veränderungen im Chloroplastenstroma, wenn das Licht den Transport von Elektronen vom Wasser zum Ferredoxin antreibt. Wenn Protonen vom Stroma in das Lumen gepumpt werden, steigt der pH-Wert des Stromas von ungefähr 7,2 (einem typischen Wert in der Dunkelheit) auf ungefähr 8,0 an. Zugleich diffundieren Magnesiumionen von Lumen in das Stroma, also in die entgegengesetzte Richtung, und die Konzentration von Magnesiumionen im Stroma steigt um etwa das Fünffache. Schließlich sammeln sich auch reduziertes Ferredoxin, NADPH und ATP in hohen Konzentrationen an. Jeder dieser Faktoren dient als Signal, das Enzyme des Calvin-Zyklus sowie Enzyme anderer metabolischer Stoffwechselwege aktivieren kann.

Drei Enzyme, die nur im Calvin-Zyklus vorkommen, sind logischerweise Punkte der metabolischen Kontrolle. Rubisco ist ganz klar ein Kandidat, denn es katalysiert die Carboxylierungsreaktion des Calvin-Zyklus. Die anderen Kandidaten sind die *Sedohep-*

tulose-Bisphosphat-Phosphatase und die *Phosphoribulokinase* (*PRK*), die auch bei der Wiedergewinnung des organischen Akzeptormoleküls Ribulose-1,5-Bisphosphat eine Rolle spielen. Diese drei Enzyme werden durch einen hohen pH-Wert und eine hohe Konzentration von Magnesiumionen stimuliert. In der Dunkelheit sinken der pH-Wert und die Konzentration der Magnesiumionen im Stroma, woraufhin diese Enzyme an Aktivität verlieren. Jedes dieser Enzyme kommt ausschließlich im Calvin-Zyklus vor und katalysiert eine grundsätzlich unumkehrbare Reaktion. Rufen Sie sich aus *Kapitel 9* in Erinnerung, dass auch die Glykolyse an den Orten spezifischer und irreversibler Reaktionen reguliert wird.

Ein anderes System zur Koordinierung der photosynthetischen Energietransduktion und der Kohlenstoffassimilierung, (siehe ▸*Abbildung 11.13*), hängt von Ferredoxin ab. In der Gegenwart von Licht gibt Wasser Elektronen ab, die Ferredoxin reduzieren. Das Enzym *Ferredoxin-Thioredoxinreduktase* katalysiert dann den Transfer von Elektronen vom Ferredoxin zum *Thioredoxin*, einem weiteren mobilen Elektronenüberträger. Thioredoxin beeinflusst die Enzymaktivität, indem es Disulfidbindungen (S–S) zu Sulfhydrylgruppen (SH) reduziert, worauf ein Protein eine Konformationsänderung durchmacht. Glycerinaldehyd-3-Phosphatdehydrogenase (Reaktion CC-3 in *Abbildung 11.12*), Sedoheptulose-Bisphosphatase und PRK werden allesamt durch diese Konformationsänderung aktiviert, die auf die Reduktion von Disulfidbindungen durch Thioredoxin zurückgeht. In der Dunkelheit steht kein Ferredoxin zur Verfügung und die Sulfhydrylgruppen reoxidieren spontan zu Disulfidbindungen, wodurch die Enzyme deaktiviert werden. Die zuvor dargestellte CF_0CF_1-ATP-Synthase ist auch von dem Thioredoxinsystem betroffen.

Da der Calvin-Zyklus Moleküle mit drei Kohlenstoffatomen produziert, die direkt in die Glykolyse eingeschleust werden können, ist im Licht kein Abbau komplexer Kohlenhydrate erforderlich. Es verwundert nicht, dass die gleichen Mechanismen, die zur Aktivierung von Enzymen des Calvin-Zyklus führen, die Enzyme der abbauenden Stoffwechselwege aktivieren. Ein Beispiel dafür ist die *Phosphofructokinase*, der wichtigste Kontrollpunkt der Glykolyse. Während der Calvin-Zyklus im Licht abläuft, stellt die Hemmung der Phosphofructokinase durch hohe Konzentrationen von ATP sicher, dass die frühen Schritte der Glykolyse umgangen werden, wodurch die Entwicklung eines weiteren potenziell sinnlosen Kreislaufs vermieden wird.

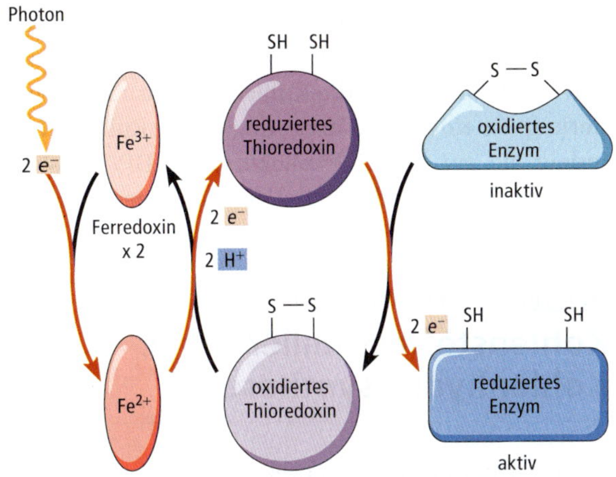

Abbildung 11.13: Die von Thioredoxin vermittelte Aktivierung eines Enzyms des Calvin-Zyklus. Zwei reduzierte Ferredoxinmoleküle, die von dem Photoreduktionsweg gebildet wurden, geben an Thioredoxin Elektronen ab, einen Elektronenüberträger, der als Zwischenprodukt entsteht. Das Thioredoxin aktiviert sodann ein Zielenzym, indem es eine Disulfidbindung zu zwei Sulfhydrylgruppen reduziert. In anderen Fällen kann Thioredoxin Enzyme inaktivieren.

11.6.2 Die Rubiscoaktivase reguliert die Kohlenstofffixierung durch Rubisco

Die Aktivität des Calvin-Zyklus wird außerdem von der Rubiscoaktivase reguliert, einem Protein, das die Aktivität von Rubisco modulieren kann. Die Rubiscoaktivase entfernt inhibitorische Zucker-Phosphat-Verbindungen vom aktiven Zentrum der Rubisco, wodurch die Fähigkeit der Rubisco, Kohlenstoff zu fixieren, angeregt wird. Somit kann die Rubisco ihre maximale katalytische Aktivität entfalten und fördert die Kohlenstofffixierung trotz eigentlich suboptimaler CO_2-Konzentrationen. Außerdem besitzt die Rubiscoaktivase eine inhärente ATPase-Aktivität, die für die Fähigkeit zur Aktivierung von Rubisco von essenzieller Bedeutung ist. Diese ATPase-Aktivität registriert das Verhältnis ADP/ATP und ist bei einem niedrigen Verhältnis am höchsten (im Licht). In der Dunkelheit hemmt also die Anhäufung von ADP die ATPase-Aktivität der Rubiscoaktivase, Rubisco wird herabreguliert und ATP wird gespeichert, wenn Rubisco nicht benötigt wird.

Abgesehen davon, dass die Rubiscoaktivase den Energiestatus der Zelle erfasst, reagiert sie durch Interaktion mit Thioredoxin auf den Redoxzustand der Zelle. Neuere Arbeiten von Archie Portis und seinen Kollegen zeigen, dass die von ADP induzierte Hemmung der Aktivität im Licht erheblich durch die von Thioredoxin vermittelte Reduktion einer Disulfidbrücke in der Rubiscoaktivase gemindert wird. Somit trägt die Rubiscoaktivase zur Regulierung der Kohlenstofffixierung durch Rubisco bei, indem sie auf die Lichtmenge, das ADP/ATP-Verhältnis und den Redoxstatus der Zelle reagiert.

Photosynthetische Kohlenstoffassimilierung II: Kohlenhydratsynthese 11.7

Da die während des Calvin-Zyklus gebildeten Triosephosphate von metabolischen Stoffwechselwegen im Cytosol sowie im Stroma des Chloroplasten verbraucht werden, muss es einen Transportmechanismus geben, um sie durch die innere Membran des Chloroplasten zu bewegen. Das am häufigsten in der inneren Membran des Chloroplasten vorkommende Protein ist ein *Phosphattranslokator*, der den Austausch von Dihydroxyacetonphosphat, Glycerinaldehyd-3-Phosphat oder 3-Phosphoglycerat im Stroma gegen P_i im Cytosol katalysiert. Dieses *Antiportsystem* (siehe *Abbildung 8.6*) stellt sicher, dass Triosephosphate nur dann exportiert werden, wenn P_i – das für die Synthese neuer Triosephosphate benötigt wird – in das Stroma zurückkehrt. Hinzu kommt, dass die Spezifität des Phosphattranslokators genügt, um andere Zwischenprodukte des Calvin-Zyklus daran zu hindern, das Stroma zu verlassen. Im Cytosol können Triosephosphate für die Saccharosesynthese eingesetzt werden, worauf wir bald eingehen werden, oder sie können in den glykolytischen Stoffwechselweg eintreten, um ATP und NADPH im Cytosol zur Verfügung zu stellen. Die im Stroma verbleibenden Triosephosphate dienen zumeist der Stärkesynthese, auf die wir gleichfalls bald zu sprechen kommen.

11.7.1 Glucose-1-Phosphat wird aus Triosephosphaten synthetisiert

Das wichtigste Hexosephosphat, das sowohl für die Synthese von Stärke als auch für die Synthese von Saccharose benötigt wird, ist Glucose-1-Phosphat, das aus zwei Triosephosphaten gebildet wird, wie in ▸*Abbildung 11.14* dargestellt mit den Reaktionen S-1 bis S-3. Diese Reaktionsreihen laufen sowohl im Cytosol (c) als auch im Chloroplastenstroma (s) ab. Hexosen und Hexosephosphate müssen in jedem dieser Kompartimente synthetisiert werden, denn sie können die innere Chloroplastenmembran nicht durchqueren. Die ersten Schritte dieser Sequenz ähneln den Reaktionen, die Sie in unserer Diskussion der Gluconeogenese in *Kapitel 9* kennengelernt haben. Im ersten Schritt der Verwertung des Triosephosphats erfolgt eine von Aldolase katalysierte Kondensationsreaktion, aus der Fructose-1,6-Bisphosphat hervorgeht. Ebenso wie bei der Gluconeogenese wird der Stoffwechselweg durch hydrolytisches Entfernen einer Phosphatgruppe von Fructose-1,6-Bisphosphat exergonisch und es entsteht Fructose-6-Phosphat. Das diese Reaktion katalysierende Enzym, Fructose-1,6-Bisphosphatase, kommt in zwei Formen vor, eine im Cytosol und die andere im Chloroplastenstroma. Die verschiedenen Formen dieses Enzyms werden als Isoenzyme bezeichnet – physikalisch unterschiedliche Proteine, die aber die gleiche Reaktion katalysieren. Das Fructose-6-Phosphat kann dann über Glucose-6-Phosphat zu Glucose-1-Phosphat umgewandelt werden (Reaktionen S-2 und S-3). Auch in diesem Fall katalysieren einzelne Isoenzyme jede dieser Reaktionen im Cytosol und im Chloroplastenstroma.

In Lehrbüchern wird Glucose oftmals als Endprodukt der photosynthetischen Kohlenstoffassimilierung dargestellt. Diese Darstellung ist eher eine vereinfachende Definition, um zusammenfassende Reaktionen zu formulieren und keine metabolische Tatsache, denn in Wahrheit sammelt sich nur sehr wenig freie Glucose in photosynthetischen Zellen an. Der größte Teil der Glucose wird entweder in andere Kohlenhydrate (beispielsweise Saccharose) oder in Speicherkohlenhydrate (wie Stärke in Pflanzen und Glykogen in photosynthetischen Bakterien) metabolisiert. In Wirklichkeit wird die Benennung eines konkreten Endprodukts der photosynthetischen Kohlenstoffassimilierung recht willkürlich, wenn man über die Gruppe von Triosephosphaten hinausgeht, die im Calvin-Zyklus gebildet werden. Tatsächlich könnten wir den gesamten photosynthetischen Organismus – Pflanze, Algenzelle oder Bakterium – als „Endprodukt" der Photosynthese betrachten.

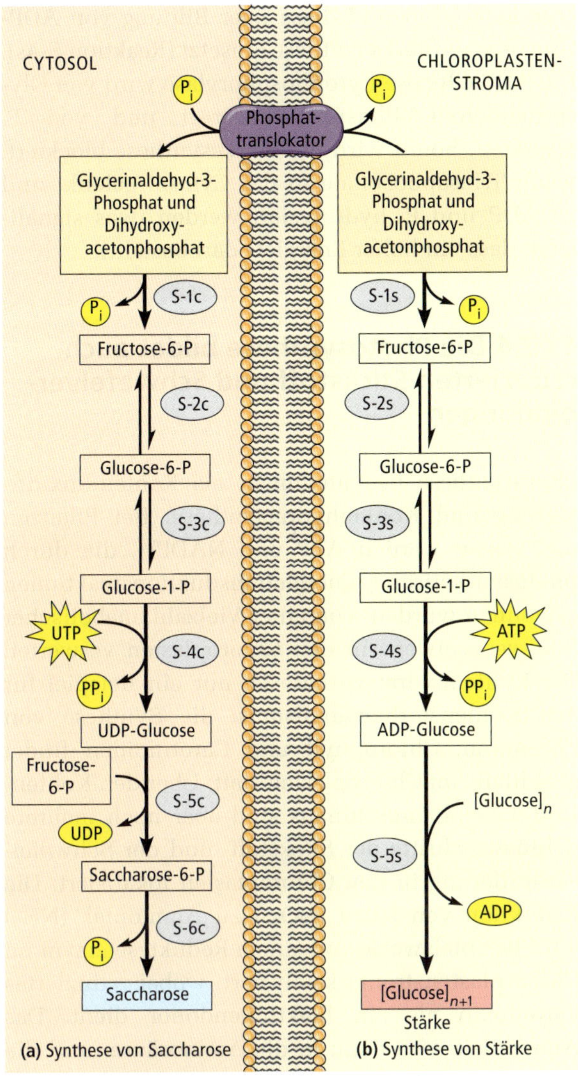

Enzyme, die diese Reaktionen katalysieren

S-1:	Aldolase und Fructose-1,6-Bisphosphat
S-2:	Phosphoglucoisomerase
S-3:	Phosphoglucomutase
S-4:	UDP-Glucosephyrophosphorylase
S-5c:	Saccharose-Phosphatsynthase
S-6c:	Saccharosephosphatase
S-4s:	ADP-Glucosepyrophosphorylase
S-5s:	Stärkesynthase

Abbildung 11.14: Die Biosynthese von Saccharose und Stärke aus Produkten des Calvin-Zyklus. Die Triosephosphate Glycerinaldehyd-3-Phosphat und Dihydroxyacetonphosphat aus dem Chloroplastenstroma werden durch den Phosphattranslokator im Antiport gegen anorganisches Phosphat aus dem Cytosol getauscht. (a) Die Saccharosesynthese findet nur im Cytosol statt, während die (b) Stärkesynthese nur im Chloroplastenstroma stattfindet. Die Enzyme und Isoenzyme, die diese Reaktionen katalysieren sind entweder im Cytosol (c) oder im Stroma (s) lokalisiert.

11.7.2 Die Biosynthese von Saccharose läuft im Cytosol ab

Rufen Sie sich aus *Kapitel 3* in Erinnerung, dass Saccharose (engl.: *Sucrose*) ein Disaccharid ist, das jeweils aus einem Molekül Glucose und Fructose besteht, die über eine glykosidische Bindung verknüpft sind (siehe *Abbildung 3.23*). Die Saccharose interessiert uns, weil sie bei den meisten Pflanzen das wichtigste Kohlenhydrat zum Transport gespeicherter Energie und reduzierten Kohlenstoffs ist. Des Weiteren dient Saccharose bei einigen Spezies wie der Zuckerrübe und dem Zuckerrohr als Speicherkohlenhydrat. Wie in der ▸*Abbildung 11.14a* dargestellt, ist die Saccharosesynthese im Cytosol einer photosynthetisch aktiven Zelle lokalisiert. Die aus dem Chloroplastenstroma exportierten und nicht von anderen metabolischen Stoffwechselwegen verbrauchten Triosephosphate werden zu Fructose-6-Phosphat und Glucose-1-Phosphat umgewandelt. Die Glucose des Glucose-1-Phosphats wird anschließend durch eine Reaktion von Glucose-1-Phosphat mit *Uridintriphosphat* (*UTP*) aktiviert und es entsteht UDP-Glucose (Reaktion S-4c). Schließlich wird diese Glucose an Fructose-6-Phosphat gebunden und es geht das phosphorylierte Disaccharid Saccharose-6-Phosphat hervor. Durch hydrolytisches Entfernen der Phosphatgruppe wird freie Saccharose erzeugt (Reaktionen S-5c und S-6c). (Bei einigen Pflanzenspezies kann die Glucose direkt von der UDP-Glucose zur freien Fructose transferiert werden.) Die Saccharose wird aus den Blättern exportiert und überträgt Energie und reduzierten Kohlenstoff an das nicht photosynthetische Gewebe des Organismus.

Wie der Calvin-Zyklus unterliegt auch die Saccharosesynthese genauester Kontrolle, um Konflikte mit abbauenden Stoffwechselwegen zu vermeiden. Die *cytosolische* Fructose-1,6-Bisphosphatase wird zum Beispiel von Fructose-2,6-Bisphosphat gehemmt, einem Metabolit, den wir in *Kapitel 9* als wichtigen Regulator der Glykolyse und der Gluconeogenese in Leberzellen vorgestellt haben. In Pflanzenzellen sammelt sich Fructose-2,6-Bisphosphat als Antwort auf hohe Konzentrationen von Fructose-6-Bisphosphat (signalisiert, dass eine geringe Nachfrage nach Saccharose herrscht) oder niedrige Konzentrationen von 3-Phosphoglycerat und Dihydroxyacetonphosphat (signalisiert, dass ein große Nachfrage nach Triosephosphat besteht). Ein weiterer Kontrollpunkt der

Saccharosesynthese ist die *Saccharose-Phosphat-Synthase*, das Enzym, das den Transfer von Glucose von der UDP-Glucose zum Fructose-6-Phosphat katalysiert (Reaktion S-5c). Dieses Enzym wird von Glucose-6-Phosphat angeregt und von Saccharose-6-Phosphat, UDP und P_i gehemmt.

11.7.3 Die Biosynthese von Stärke läuft im Chloroplastenstroma ab

Die Synthese von Stärke findet in Pflanzenzellen ausschließlich in den Plastiden statt. Bei photosynthetischen Pflanzenzellen erfolgt die Stärkesynthese im Allgemeinen in den Chloroplasten, die im Grunde photosynthetische Plastiden sind. Wenn Energie und Kohlenstoff ausreichend vorhanden sind, um die metabolischen Bedürfnisse einer Pflanze zu erfüllen, werden die Triosephosphate innerhalb des Chloroplastenstromas in Glucose-1-Phosphat umgewandelt, das dann zur Stärkesynthese dient. Wie in der ▸*Abbildung 11.14b* dargestellt, wird die Glucose durch die Reaktion von Glucose-1-Phosphat mit ATP aktiviert, woraus *ADP-Glucose* hervorgeht (Reaktion S-4s). Im Anschluss wird die aktivierte Glucose mittels einer *Stärkesynthase* direkt zu einer wachsenden Stärkekette transferiert, was eine Elongation (Verlängerung) des Polysaccharids herbeiführt (Reaktion S-5s). In der *Abbildung 11.2a* sehen Sie, dass Stärke in größeren Speichergranula innerhalb des Chloroplastenstromas gespeichert werden kann. Wenn die Photosynthese durch Dunkelheit oder andere Faktoren eingeschränkt wird, dann wird Stärke zu Triosephosphaten abgebaut, die in die Glykolyse eintreten können oder im Cytosol zu Saccharose umgewandelt und aus der Zelle hinaus transportiert werden können.

Ebenso wie der Calvin-Zyklus und die Saccharosesynthese wird auch die Synthese der Stärke sehr fein kontrolliert. Die Fructose-Bisphosphatase der Chloroplasten, die Fructose-1,6-Bisphosphat zur Glucose- und Stärkebiosynthese im Stroma leitet, wird von demselben Thioredoxinsystem aktiviert, das auch die Enzyme des Calvin-Zyklus beeinflusst. Dank dieser Regulierung wird sichergestellt, dass die Stärkesynthese ausschließlich dann abläuft, wenn ausreichend Licht für die Photoreduktion vorhanden ist. Das Schlüsselenzym für diese Regulierung ist jedoch die *ADP-Glucose-Pyrophosphorylase*, welche die Aktivierung von Glucose katalysiert und diese über Bildung von ADP-Glucose zur Stärkesynthese einsetzt (Reaktion S-4s). Die ADP-Glucose-Pyrophosphorylase wird von Glycerinaldehyd-3-Phosphat angeregt und von P_i gehemmt. Somit wird die Stärkesynthese blockiert, wenn Triosephosphate in das Cytosol gelenkt und zu ADP und P_i hydrolysiert werden (was signalisiert, dass ein hoher Energiebedarf besteht).

11.7.4 Die Photosynthese bildet auch reduzierten Stickstoff und Schwefelverbindungen

Photosynthese bedeutet mehr als Kohlendioxidfixierung und Kohlenhydratsynthese. Bei Pflanzen und Algen werden ATP und NADPH, die durch photosynthetische Energietransduktionsreaktionen gewonnen wurden, von einer Vielzahl anabolischer Stoffwechselwege in den Chloroplasten verwertet. Die Kohlenhydratsynthese ist nur ein Beispiel für den Kohlenstoffmetabolismus; die Synthese von Fettsäuren, Chlorophyll und Carotinoiden findet gleichfalls im Chloroplasten statt. Über den Kohlenstoffmetabolismus hinaus sind aber noch mehrere Schlüsselschritte der Stickstoff- und der Schwefelassimilierung in den Chloroplasten lokalisiert. Die Reduktion von Nitrit (NO_2^-) zu Ammoniak (NH_3) wird beispielsweise von einem Reduktaseenzym im Chloroplastenstroma katalysiert, wobei reduziertes Ferredoxin als ein Elektronendonor dient. Das Ammoniak wird dann in die Aminosäure- und die Nucleotidsynthese geleitet, die zum Teil in den Chloroplasten ablaufen. Des Weiteren wird ein erheblicher Teil der Reduktion von Sulfat (SO_4^{2-}) zu Sulfid (S^{2-}) von Enzymen im Chloroplastenstroma katalysiert. In diesem Fall liefern ATP und reduziertes Ferredoxin Energie und Reduktionsenergie. Das Sulfid kann dann ebenso wie das Ammoniak zur Aminosäuresynthese herangezogen werden.

11.8 Die Oxygenaseaktivität von Rubisco mindert die Effizienz der Photosynthese

Die erste von Rubisco katalysierte Reaktion – dabei wirkt die Rubisco als *Carboxylase* – ist das Anfügen von Kohlendioxid und Wasser an Ribulose-1,5-Bisphosphat, woraus zwei Moleküle 3-Phosphoglycerat hervorgehen. Rubisco kann allerdings auch als *Oxygenase* wirken. Mittels dieser Aktivität katalysiert Rubisco das Anknüpfen molekularen Sauerstoffs (und nicht Kohlendioxids) an Ribulose-1,5-Bisphosphat:

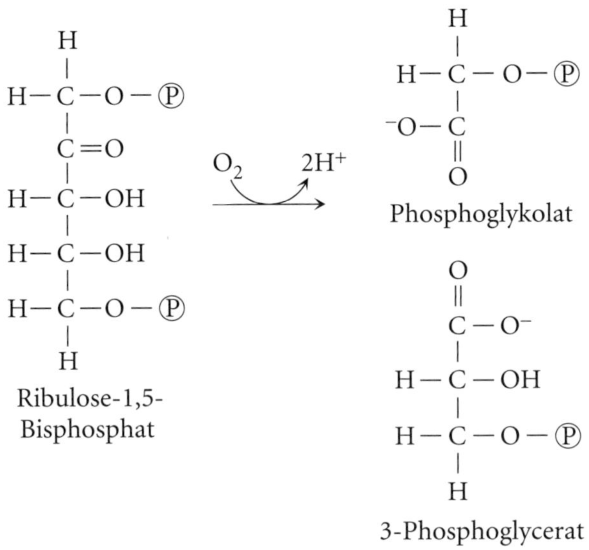

(11-18)

Als Ergebnis dieser Oxygenaseaktivität von Rubisco erhält man ein 3-Kohlenstoffprodukt – 3-Phosphoglycerat – und ein 2-Kohlenstoffprodukt, **Phosphoglykolat**. Da Phosphoglykolat nicht im nächsten Schritt des Calvin-Zyklus verwendet werden kann, scheint es Materialverschwendung der Kohlenstoffassimilierung zu sein. Man hat bisher keine weiteren Funktionen dieser verschwenderischen Oxygenaseaktivität von Rubisco eindeutig nachgewiesen.

Die Bemühungen, die Oxygenaseaktivität von Rubisco durch Änderung der Aminosäuresequenz des Enzyms zu verringern, sind weitestgehend erfolglos geblieben, denn eine Senkung der Oxygenaseaktivität geht im Allgemeinen mit einem kompensatorischen Rückgang der Carboxylaseaktivität einher. Warum besitzt Rubisco diese schädliche Oxygenaseaktivität? Einer Theorie zufolge ist die Oxygenaseaktivität ein evolutionäres Relikt aus der Zeit als der größte Teil der Atmosphäre noch nicht aus Sauerstoff bestand und das Enzym nicht ohne ernsthafte Störung der Carboxylasefunktion ausgeschaltet werden konnte. Nicht einmal die natürliche Selektion scheint der Aufgabe gewachsen zu sein, dieses Enzym zu verändern. Stattdessen entwickelten von Rubisco abhängige Phototrophe drei alternative Strategien, um mit der offensichtlich überflüssigen Oxygenaseaktivität fertig zu werden. In den folgenden Darstellungen werden wir uns kurz mit dem photorespiratorischen Glykolatstoffwechselweg, mit der C_4-Photosynthese und mit dem Crassulaceen-Säurestoffwechsel beschäftigen.

11.8.1 Der Glykolatstoffwechselweg bringt reduzierten Kohlenstoff aus Phosphoglykolat wieder in den Calvin-Zyklus

Bei allen photosynthetischen Zellen wird das Phosphoglykolat, das durch die Oxygenaseaktivität von Rubisco entsteht, in den **Glykolatstoffwechselweg** geleitet (▶*Abbildung 11.15*). Dieser Stoffwechselweg verfügt über Phosphoglykolat und bringt ungefähr 75 % des reduzierten im Phosphoglykolat enthaltenen Kohlenstoffs in Form von 3-Phosphoglycerat wieder in den Calvin-Zyklus zurück, wobei die restlichen 25 % als CO_2 freigesetzt werden. Da der Glykolatstoffwechselweg durch die lichtabhängige Aufnahme von Sauerstoff und die Produktion von Kohlendioxid charakterisiert ist, spricht man auch von **Photorespiration**.

Mehrere Schritte des Glykolatstoffwechselwegs sind in einem spezifischen Typ des Peroxisoms lokalisiert, dem sogenannten **Blattperoxisom**. Wie Sie aus *Kapitel 4* bereits wissen, sind Peroxisomen Organellen, die Oxidaseenzyme enthalten, die Wasserstoffperoxid bilden. Das potenziell schädliche Wasserstoffperoxid wird dann von einem weiteren Enzym des Peroxisoms ausgeschaltet, der Katalase, die Wasserstoffperoxid zu Wasser und Sauerstoff abbaut. Da die Peroxisomen eine sehr wichtige Funktion im glykolytischen Stoffwechselweg übernehmen, kommen sie in allen photosynthetischen Pflanzengeweben vor.

Ein typisches Blattperoxisom einer Mesophyllzelle ist in der elektronenmikroskopischen *Abbildung 4.20b* dargestellt. Der kristalline Zellkern innerhalb der Matrix des Organells besteht aus Katalase, einem Markerenzym für Peroxisomen. Achten Sie auf die Nähe des Blattperoxisoms zu einem Chloroplasten und einem Mitochondrium. Diese Assoziation ist häufig in photosynthetischen Blattzellen anzutreffen. Höchstwahrscheinlich spiegelt sie einen Weg wider, um den Transfer von Metaboliten zwischen diesen drei am Glykolatstoffwechselweg beteiligten Organellen zu erleichtern.

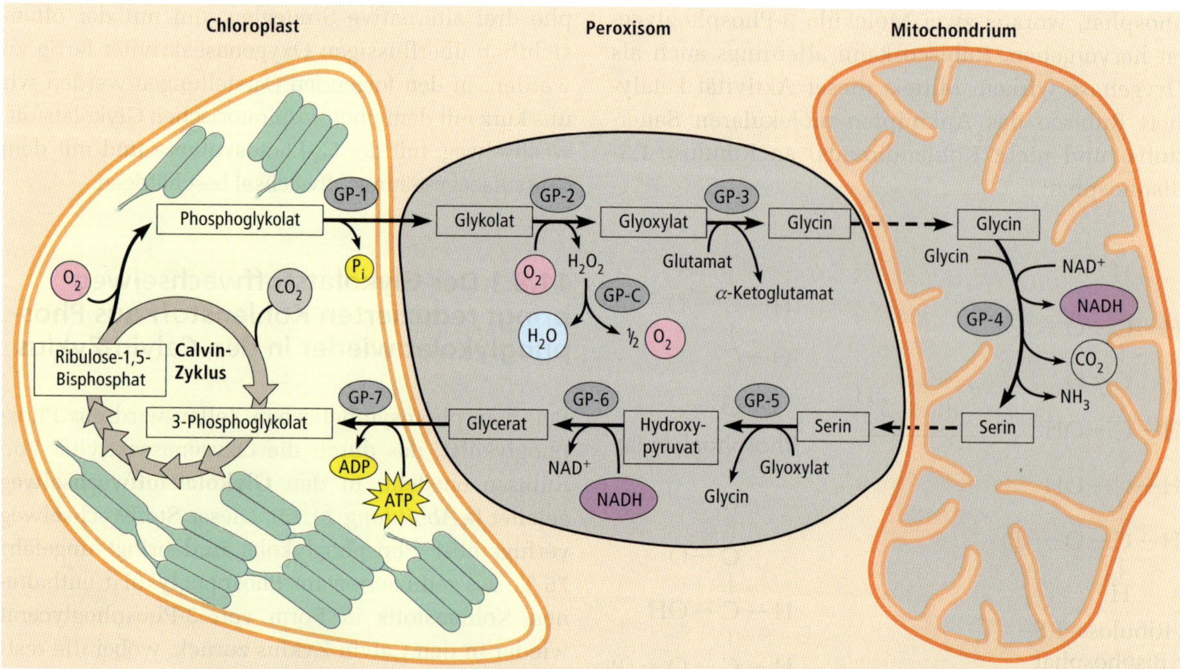

Abbildung 11.15: Der Glykolatstoffwechselweg. Glykolat entsteht als Produkt der Oxygenaseaktivität von Rubisco. Das Zwischenprodukt ist Phosphoglykolat, das durch eine in der Chloroplastenmembran lokalisierte Phosphatase in freies Glykolat umgewandelt wird (Reaktion GP-1). Das freie Glykolat diffundiert aus dem Chloroplastenstroma und wird in einem Stoffwechselweg aus fünf Schritten metabolisiert (Reaktionen GP-2 bis GP-6), der zum Teil im Peroxisom und zum Teil im Mitochondrium abläuft. Das Glycerat diffundiert in den Chloroplasten und wird zu 3-Phophoglycerat phosphoryliert (Reaktion GP-7), das in den Calvin-Zyklus eintritt. Die für die Photorespiration charakteristische Sauerstoffaufnahme und Kohlendioxidentwicklung finden im Peroxisom (Reaktion GP-2) bzw. im Mitochondrium statt (Reaktion GP-4). Beachten Sie, dass zwei Moleküle Glykolat notwendig sind, um ein Molekül 3-Phosphoglycerat zu bilden.

Enzyme, die diese Reaktionen katalysieren

GP-1:	Phosphoglykolatphosphatase
GP-2:	Glykolatoxidase
GP-3:	Glutamat: Glyoxylataminotransferase
GP-4:	Glycindecarboxylase und Serinhydroxymethyltransferase
GP-5:	Serin: Glyoxylataminotransferase
GP-6:	Hydroxypuyruvatreduktase
GP-7:	Glyceratkinase
GP-C:	Catalase

Im Chloroplasten wird das von Rubisco gebildete Phosphoglykolat schnell von einer Phosphatase im Stroma dephosphoryliert (Reaktion GP-1). Das Produkt ist *Glykolat*, das zu einem nahegelegenen Blattperoxisom diffundiert, wo es von einer *Oxidase* zu Glyoxylat umgewandelt wird (Reaktion GP-2). Die Oxidation von Glykolat geht mit der Aufnahme von Sauerstoff und der Erzeugung von Wasserstoffperoxid einher, das von einer Katalase sofort zu Sauerstoff und Wasser abgebaut wird (Reaktion GP-C). Während der nächsten Reaktion im Peroxisom katalysiert eine Aminotransferase den Transport einer Aminogruppe vom Glutamat zum Glyoxylat und es entsteht Glycin (Reaktion GP-3).

Glycin diffundiert vom Blattperoxisom zu einem Mitochondrium. Dort sind zwei Enzyme nacheinander aktiv – eine *Decarboxylase* und eine *Hydroxylmethyltransferase*. Sie wandeln zwei Glycinmoleküle in ein einziges *Serin* um. Dies geht mit der Bildung von NADH und der Freisetzung von Kohlendioxid und Ammoniak einher (Reaktion GP-4). Daher führt die Oxygenaseaktivität der Rubisco nicht nur zum Verlust von Kohlenstoff, sondern auch zu einem potenziellen Verlust an Stickstoff. Damit die Stickstoffreserven nicht zur Neige gehen, muss Ammoniak auf Kosten von ATP und dem Reduktionsmittel reassimiliert werden.

Das Serin diffundiert zum Peroxisom zurück, wo eine weitere *Aminotransferase* die Aminogruppe entfernt, wodurch *Hydroxypyruvat* entsteht (Reaktion GP-5). Eine *Reduktase*, die NADH als Elektronendonor nutzt, reduziert sodann Hydroxypyruvat zu *Glycerat* (Reaktion GP-6). Schließlich diffundiert das Glycerat zum Chloroplasten, wo es von der *Glyceratkinase* zu 3-Phosphoglycerat phosphoryliert wird (Reaktion GP-7), eine Schlüsselzwischenprodukt des Calvin-Zyklus.

Welchen Vorteil hat dieser lange Wiedergewinnungsweg (engl.: *salvage pathway*), der sich durch mehrere Organellen hindurchzieht? Drei von vier

Kohlenstoffatomen, die den Calvin-Zyklus als Bestandteil von Phosphoglykolat verlassen, werden in Form von 3-Phosphoglycerat wiedergewonnen. Ohne diesen Stoffwechselweg würde sich Phosphoglykolat in toxischer Konzentration ansammeln und der für die Wiedergewinnung von Ribulose-1,5-Bisphophat und den kontinuierlichen Ablauf des Calvin-Zyklus unabdingbare Vorrat an Triosephosphaten würde sich erschöpfen. Im Hinblick auf Energie und reduzierten Kohlenstoff bringt der Phosphoglykolatmetabolismus erhebliche Kosten. Für jeweils drei wiedergewonnene Kohlenstoffatome muss ein Ammoniakmolekül auf Kosten eines ATP und zweier reduzierter Ferredoxinmoleküle reassimiliert werden und das durch Reaktion GP-6 erzeugte Glycerat muss auf Kosten eines ATP-Moleküls phosphoryliert werden. Dank der offensichtlich unverzichtbaren Oxygenaseaktivität der Rubisco ist die Photorespiration jedoch ein Nettogewinn für die Pflanze. Bedenken Sie nur den Wert von drei recycelten Kohlenstoffatomen: Neun ATP und sechs NADPH wurden bei der vorherigen Fixierung und Reduktion eines jeden Kohlendioxidatoms verbraucht.

11.8.2 C_4-Pflanzen minimieren die Photorespiration, indem sie Rubisco auf Zellen mit hohen CO_2-Konzentrationen beschränken

Pflanzen, die in heißen, trockenen Gebieten mit intensiver Sonneneinstrahlung leben, sind ganz besonders von der Oxygenaseaktivität von Rubisco betroffen. Mit steigender Temperatur sinkt die Löslichkeit des Kohlendioxids schneller als die Löslichkeit von Sauerstoff, wodurch das Verhältnis $CO_2 : O_2$ in der Lösung sinkt. Ein weiteres Problem kommt auf bei der Reaktion der Pflanzen auf Trockenheit. Tagsüber schließen sie ihre Stomata (Spaltöffnungen in der Epidermis), um den Wasserverlust zu minimieren. Bei geschlossenen Stomata kann kein Kohlendioxid in das Blatt eindringen und die Konzentration von Kohlendioxid in der Pflanzenzelle sinkt. Außerdem wird durch die Photolyse weiterhin Sauerstoff erzeugt, der sich ansammelt, weil er bei geschlossenen Stomata nicht aus dem Blatt hinaus diffundieren kann.

In einigen Fällen ist das Potenzial für den Verlust von Energie und Kohlenstoff durch Photorespiration derartig stark, dass Pflanzen zur Lösung dieses Problems spezielle Anpassungsstrategien entwickelt haben. Eine häufig genutzte Vorgehensweise besteht darin, Rubisco auf Zellen zu beschränken, die eine hohe Kohlendioxidkonzentration aufweisen, wodurch die Oxygenaseaktivität des Enzyms verringert wird.

Bei vielen tropischen Gräsern, darunter sind auch wirtschaftlich relevante Nutzpflanzen wie Mais, Hirse und Zuckerrohr, wird die Isolierung von Rubisco durch einen kurzen Carboxylierungs-/Decarboxylierungs-Stoffwechselweg bewerkstelligt, den man als **Hatch-Slack-Weg** bezeichnet, benannt nach D. Hatch und C. Roger Slack, zwei Pflanzenphysiologen, die einen großen Anteil an der Aufklärung dieses Stoffwechselwegs hatten. Pflanzen, die diesen Stoffwechselweg nutzen, bezeichnet man als **C_4-Pflanzen**, denn das unmittelbare Produkt der Kohlendioxidfixierung durch den Hatch-Slack-Weg ist die organische Säure Oxalacetat aus vier Kohlenstoffatomen. Dieser Begriff dient zur Unterscheidung dieser Pflanzen von den **C_3-Pflanzen**, deren erstes nachweisbares Produkt der Kohlenstofffixierung die Verbindung 3-Phosphoglycerat aus drei Kohlenstoffatomen ist.

Möchte man den Vorteil des Hatch-Slack-Wegs wirklich verstehen, so muss man sich zuerst die Anordnung des Hatch-Slack-Wegs und des Calvin-Zyklus im Blatt einer C_4-Pflanze anschauen. Wie in der ▸*Abbildung 11.16* dargestellt, findet man in den Blättern der C_4-Pflanzen, aber nicht in den Blättern der C_3-Pflanzen, zwei verschiedene Typen photosynthetischer Zellen – *Mesophyllzellen* und *Leitbündel-Scheidenzellen* –, die sich im Hinblick auf ihre Enzymzusammensetzung und somit ihre metabolischen Aktivitäten voneinander unterscheiden. Der Schritt der Kohlendioxidfixierung in einer C_4-Pflanze wird in Mesophyllzellen nicht von dem Enzym Rubisco geleistet. Die Mesophyllzellen sind dem Kohlendioxid und dem Sauerstoff ausgesetzt, die durch die Stomata in das Blatt gelangen. Das in den Mesophyllzellen fixierte Kohlendioxid wird anschließend in die von der umgebenden Atmosphäre gut isolierten Leitbündel-Scheidenzellen transferiert. Der gesamte Calvin-Zyklus (auch die Rubisco-Aktivität) läuft nur in den Leitbündel-Scheidenzellen der Chloroplasten ab. Auf Grund der Aktivität des Hatch-Slack-Kreislaufs kann die Kohlendioxidkonzentration in Leitbündel-Scheidenzellen die Konzentration in der Atmosphäre um das Zehnfache übertreffen, wodurch die Carboxylaseaktivität der Rubisco stark begünstigt und deren Oxygenaseaktivität gesenkt wird. In der ▸*Abbildung 11.17* bieten wir eine detaillierte Darstellung des Hatch-Slack-Wegs. Er beginnt mit der

Carboxylierung von *Phophoenolpyruvat* (*PEP*), woraus Oxalacetat hervorgeht (Reaktion HS-1). Die Carboxylierung wird von einer spezifischen im Cytosol enthaltenen Form der *PEP-Carboxylase* katalysiert, die in den Mesophyllzellen der C_4-Pflanzen besonders häufig vorkommt. Dieser Carboxylase fehlt nicht nur die Oxygenaseaktivität der Rubisco, sie ist außerdem ein hervorragender Kohlendioxidfänger in Form von Hydrogencarbonat, das sich bei der Lösung von Kohlendioxid in Wasser bildet.

Bei einem Weg, den der Hatch-Slack-Kreislauf einschlagen kann, wird das von der PEP-Carboxylase gebildete Oxalacetat schnell von einer *NADPH-abhängigen Malatdehydrogenase* abgebaut (Reaktion HS-2 in *Abbildung 11.17*). Malat ist eine stabile Säure aus vier Kohlenstoffatomen, die Kohlenstoff von den Mesophyllzellen zu den Chloroplasten in Leitbündel-Scheidenzellen transportiert. Dort wird durch Decarboxylierung mithilfe des *NADP⁺-abhängigen Malatenzyms* CO_2 freigesetzt (Reaktion HS-3). Das freigesetzte Kohlendioxid wird dann wieder fixiert und im Calvin-Zyklus reduziert. Da die Decarboxylierung von Malat mit der Bildung von NADPH einhergeht, überträgt der Hatch-Slack-Weg auch Reduktionsenergie von Mesophyllzellen an Leitbündel-Scheidenzellen. Damit wird die Nachfrage nach dem nichtzyklischen Elektronenfluss von $NADP^+$ in die Leitbündel-Scheidenzellen verringert. Dies wiederum senkt die Bildung von Sauerstoff durch die PSII-Komplexe und mindert die weitere Carboxylaseaktivität der Rubisco.

Das durch die Decarboxylierung von Malat erzeugte Pyruvat diffundiert in die Mesophyllzelle. Dort wird es unter ATP-Verbrauch phosphoryliert und es entsteht PEP (Reaktion HS-4), der erste Kohlendioxidakzeptor des Hatch-Slack-Wegs. Somit ist der gesamte Vorgang ein Kreislauf und das Nettoergebnis ist ein Zuträgersystem, das Kohlendioxid in Mesophyllzellen einfängt und an den Calvin-Zyklus in Leitbündel-Scheidenzellen weiterleitet. Der Hatch-Slack-Kreislauf ist keineswegs ein Ersatz für den Calvin-Zyklus. Er ist vielmehr einfach eine einleitende Carboxylierungs-/Decarboxylierungssequenz, die CO_2 in den Leitbündel-Scheidenzellen konzentriert. Dort muss weniger Sauerstoff mit der Carboxylierungsaktivität der Rubisco kompetitieren.

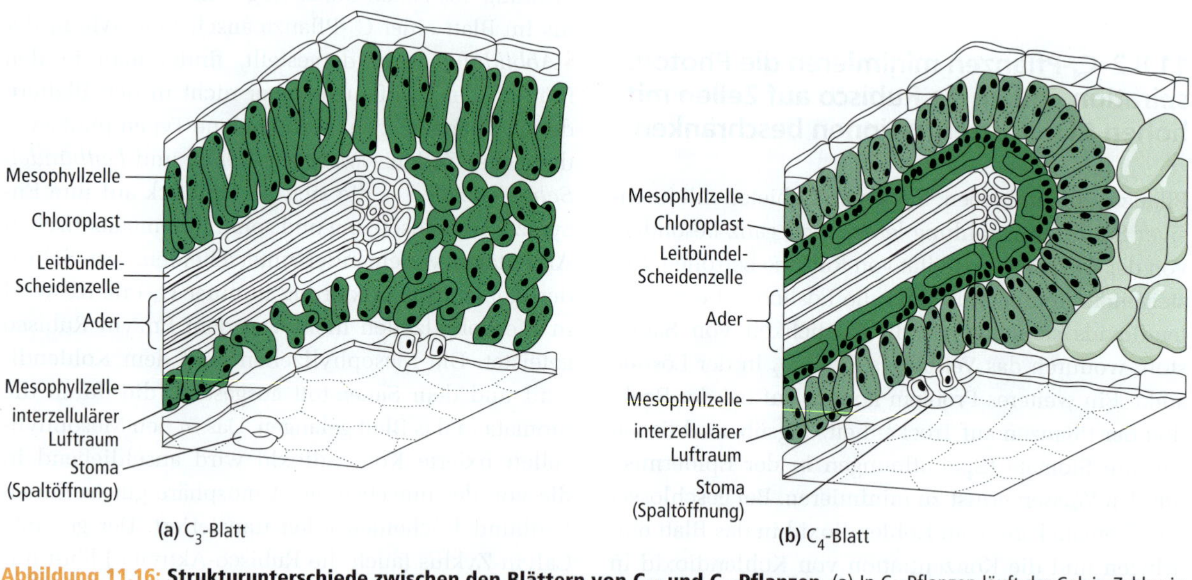

Abbildung 11.16: Strukturunterschiede zwischen den Blättern von C_3- und C_4-Pflanzen. (a) In C_3-Pflanzen läuft der Calvin-Zyklus in den Mesophyllzellen ab. (b) Bei C_4-Pflanzen ist der Calvin-Zyklus auf die Leitbündel-Scheidenzellen beschränkt, die von atmosphärischem Kohlendioxid und Sauerstoff relativ isoliert sind. C_4-Pflanzen nutzen den Hatch-Slack-Weg zur Anhäufung von Kohlendioxid in Mesophyllzellen und konzentrieren das Kohlendioxid in den Leitbündel-Scheidenzellen. Die Leitbündel-Scheidenzellen umgeben die vaskulären Leitbündel (Adern) des Blattes, die Kohlenhydrate zu anderen Pflanzenteilen transportieren. Diese konzentrische Anordnung bezeichnet man als Kranz-Anatomie. Sie ist von grundlegender Bedeutung für die photosynthetische Effizienz der C_4-Pflanzen.

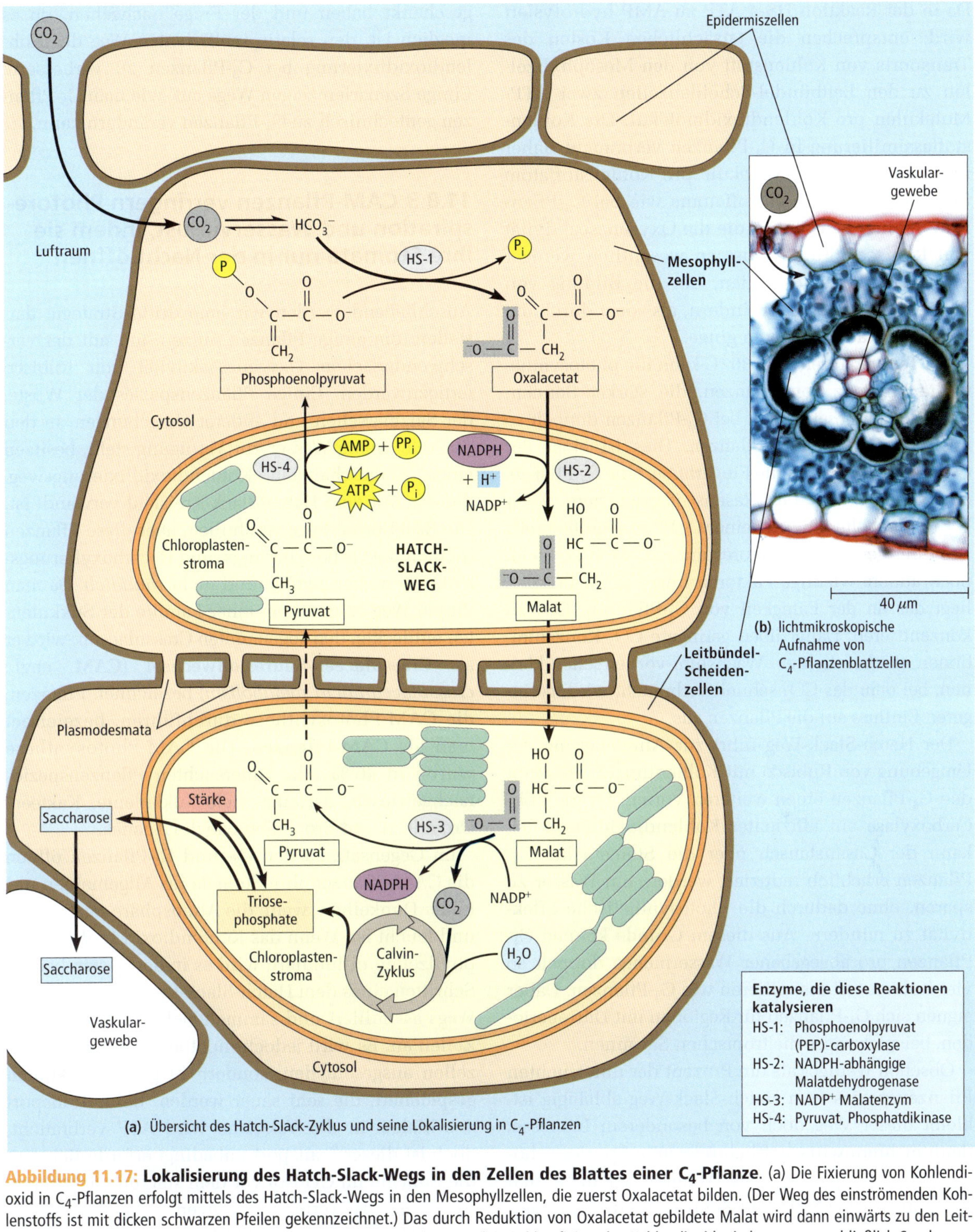

Abbildung 11.17: Lokalisierung des Hatch-Slack-Wegs in den Zellen des Blattes einer C_4-Pflanze. (a) Die Fixierung von Kohlendioxid in C_4-Pflanzen erfolgt mittels des Hatch-Slack-Wegs in den Mesophyllzellen, die zuerst Oxalacetat bilden. (Der Weg des einströmenden Kohlenstoffs ist mit dicken schwarzen Pfeilen gekennzeichnet.) Das durch Reduktion von Oxalacetat gebildete Malat wird dann einwärts zu den Leitbündel-Scheidenzellen transportiert, wo es decarboxyliert wird. Der Calvin-Zyklus fixiert das Kohlendioxid wieder, woraus schließlich Saccharose hervorgeht. Diese wird zu benachbartem Vaskulargewebe transportiert, von wo es zu anderen Pflanzenteilen weitergeht. Die Enzyme, die den Hatch-Slack-Weg katalysieren, sind im Kasten rechts aufgeführt. Das Enzym Pyruvat-Phosphat-Dikinase, das die Phosphorylierung von Pyruvat katalysiert, kommt einzig im Hatch-Slack-Weg vor. (b) Blattzellen einer C_4-Pflanze in einer lichtmikroskopischen Aufnahme eines Querschnitts von Mais, *Zea mays*.

Da in der Reaktion HS-4 ATP zu AMP hydrolysiert wird, entsprechen die tatsächlichen Kosten des Transports von Kohlenstoff von den Mesophyllzellen zu den Leitbündel-Scheidenzellen zwei ATP-Molekülen pro Kohlendioxidmolekül. Die Kohlenstoffassimilierung in C_4-Pflanzen verbraucht daher insgesamt fünf ATP-Moleküle pro Kohlenstoffatom und nicht drei Kohlenstoffatome wie bei C_3-Pflanzen. In einer Umgebung, die die Oxygenaseaktivität von Rubisco fördert, muss so wesentlich weniger Energie verbraucht werden, um die Bildung von Phosphoglykolat zu verhindern, als sonst durch die Photorespiration verloren ginge.

Bei Temperaturen über 30 °C kann die photosynthetische Effizienz von Pflanzen, die starker Sonnenstrahlung ausgesetzt sind, bei C_4-Pflanzen doppelt so hoch sein wie bei C_3-Pflanzen. Dies ist einer der Gründe dafür, warum die Fingerhirse, eine C_4-Pflanze, oftmals C_3-Gräser des Rasens überwuchert. Zwar beruht die hohe Effizienz einer C_4-Pflanze größtenteils aus ihrer geringeren Photorespiration, doch kommen noch andere wichtige Faktoren hinzu. Zum Beispiel liegt das an der Fähigkeit von C_4-Pflanzen, CO_2 zu konzentrieren. Daher üben geringere CO_2-Konzentrationen, die bei dichtem Wachstum vorherrschen können, bei dem das CO_2 schnell verbraucht wird, geringeren Einfluss auf die Pflanzen aus.

Der Hatch-Slack-Weg führt zur Anreicherung der Umgebung von Rubisco mit Kohlendioxid. Dies gibt den C_4-Pflanzen einen weiteren Vorteil. Da die PEP-Carboxylase ein effizienter Kohlendioxidfänger ist, kann der Gasaustausch über die Stomata bei C_4-Pflanzen erheblich reduziert werden, um Wasser zu sparen, ohne dadurch die photosynthetische Effektivität zu mindern. Aus diesem Grunde können C_4-Pflanzen pro abgegebener Wassermenge doppelt so viel Kohlenstoff assimilieren wie C_3-Pflanzen. Daher eignen sich C_4-Pflanzen für Regionen mit Dürreperioden, beispielsweise die tropischen Savannen.

Obschon weniger als ein Prozent der untersuchten Pflanzenspezies vom Hatch-Slack-Weg abhängig ist, bleibt dieser Weg doch von besonderem Interesse, denn mehrere wirtschaftlich relevante Spezies gehören dieser Gruppe an. Des Weiteren zeichnen sich C_4-Pflanzen, wie Mais und Zuckerrohr, durch photosynthetische Nettogeschwindigkeiten aus, welche die C_3-Pflanzen, beispielsweise Weizen, oftmals um das Doppelte oder Dreifache übertreffen. So wundert es nicht, dass Nutzpflanzenphysiologen und Pflanzenzüchter den C_4-Spezies sehr viel Aufmerksamkeit geschenkt haben und der Frage nachgehen, ob es möglich ist, den relativ ineffizienten Weg der Kohlendioxidfixierung bei C_3-Pflanzen zu verbessern. Einige Szenarien zeigen Wege auf, wie man C_3-Pflanzen gentechnisch zu C_4-Pflanzen verändern kann.

11.8.3 CAM-Pflanzen verringern Photorespiration und Wasserverlust, indem sie ihre Stomata nur in der Nacht öffnen

Abschließend werden wir eine dritte Strategie darstellen, die einige Pflanzen nutzen, um mit der verschwenderischen Oxygenaseaktivität von Rubisco fertigzuwerden. Einige Pflanzenspezies der Wüste, der Salzmarschen und anderer Umgebungen, in den nur sehr wenig Wasser zur Verfügung steht, besitzen einen vorgeschalteten Kohlendioxidfixierungsweg, der eng mit dem Hatch-Slack-Kreislauf verwandt ist. Die Reaktionsabfolge ist ähnlich, aber diese Pflanzen trennen die Carboxylierungs- und Decarboxylierungsreaktionen eher *zeitlich* und nicht *räumlich*. Da man diesen Weg erstmalig in einer Familie der Sukkulenten entdeckte, den sogenannten Crassulaceen, wird er als **Crassulaceen-Säurestoffwechsel** (**CAM**, engl.: *crassulacean acid metabolism*) bezeichnet. Pflanzen, die CAM-Photosynthese durchführen, bezeichnet man als **CAM-Pflanzen**. Die CAM-Photosynthese wurde in 40 % aller untersuchten Pflanzenspezies nachgewiesen, darunter viele Sukkulente, Kakteen, Orchideen und Bromelien wie die Ananas.

Im Gegensatz zu den C_3- und C_4-Pflanzen öffnen die CAM-Pflanzen ihre Stomata im Allgemeinen nur in der Dunkelheit, wenn die Atmosphäre relativ kühl und feucht ist. Wenn das Kohlendioxid in die Mesophyllzellen diffundiert, wird es in den ersten beiden Schritten eines dem Hatch-Slack-Kreislauf ähnlichen Wegs assimiliert und sammelt sich als Malat in den Zellen an. Es wird jedoch nicht aus den Mesophyllzellen ausgeschieden, sondern in großen Vakuolen gespeichert, die sehr sauer werden. Beim Transport des Malats in die Vakuolen wird ATP verbraucht, doch ist dieser Transport unbedingt erforderlich, um die Enzyme im Cytosol vor dem starken nächtlichen Abfall des pH-Wertes zu schützen.

Tagsüber schließen CAM-Pflanzen ihre Stomata, um Wasser zu sparen. Dann diffundiert das Malat von den Vakuolen ins Cytosol, in dem der Hatch-Slack-Weg weiterläuft. Das durch die Decarboxylierung von Malat freigesetzte Kohlendioxid diffundiert in das Chloroplastenstroma. Dort wird es wieder fixiert und im Calvin-Zyklus reduziert. Die hohe Kohlendioxidkonzentration und die geringe Sauerstoffkonzentration, die entstehen, wenn Licht für die Synthese von ATP und NADPH zur Verfügung steht, begünstigen die Carboxylaseaktivität der Rubisco erheblich und minimieren den Verlust von Kohlenstoff durch die Photorespiration. Beachten Sie, dass die Carboxylierung von PEP und die Decarboxylierung von Malat im gleichen Kompartiment ablaufen. Aus diesem Grund muss die Aktivität der PEP-Carboxylase in CAM-Pflanzen während des Tages strengstens unterbunden werden, damit sich kein nutzloser Kreislauf entwickelt.

Auf Grund ihrer bemerkenswerten Fähigkeit, Wasser zu speichern, können CAM-Pflanzen 25-mal mehr Kohlendioxid pro Einheit ausgeschiedenen Wassers speichern als C_3-Pflanzen. Des Weiteren führen einige CAM-Pflanzen einen Prozess durch, den man als *CAM-Verzögerung* (engl.: *CAM idling*) bezeichnet. Mittels dieser Strategie halten die Pflanzen ihre Stomata tagsüber und nachts geschlossen. Das Kohlendioxid wird einfach zwischen Photosynthese und Atmung wieder aufbereitet, sodass praktisch kein Wasserverlust entsteht. Daher gelingt solchen Pflanzen natürlich kein Nettogewinn an Kohlenhydraten und sie wachsen nicht sonderlich gut. Dank dieser Fähigkeit können sie aber monatelange Trockenperioden überstehen, und sie verdanken dieser Fähigkeit auch ihre hohe Lebenserwartung – sie werden mehr als 100 Jahre alt.

▶ ZUSAMMENFASSUNG DER WICHTIGSTEN INHALTE ◀

Ein Überblick über die Photosynthese

- Die Photosynthese ist der einzige und lebenswichtigste metabolische Vorgang praktisch aller Lebensformen auf der Erde, denn wir alle, ganz gleich, welche unmittelbaren Energiequellen wir nutzen, hängen in letzter Konsequenz von der Sonnenenergie ab.

- Die Energietransduktionsreaktionen der Photosynthese wandeln Sonnenenergie in chemische Energie in Form von NADPH und ATP um. Die Kohlenstoffassimilierungsreaktionen nutzen diese chemische Energie zur Fixierung und Reduzierung von Kohlendioxid zu Kohlenhydraten.

- Bei eukaryotischen Phototrophen läuft die Photosynthese in den Chloroplasten ab, die ein inneres Membransystem besitzen, die sogenannten Thylakoidmembranen, in denen sich die benötigten Komponenten befinden.

Photosynthetische Energietransduktion I: Lichtabsorption

- Photonen des Lichts werden von Chlorophyll oder akzessorischen Pigmentmolekülen in Thylakoidmembranen oder photosynthetischen Bakterienmembranen absorbiert. Deren Energie wird schnell zu einem speziellen Paar von Chlorophyllmolekülen im Reaktionszentrum eines Fotosystems weitergeleitet.

- Im Reaktionszentrum dient die Energie zur Anregung und Abgabe eines Elektrons aus dem Chlorophyll sowie zur Induktion einer Ladungstrennung. Bei oxygenen Phototrophen wird dieses Elektron durch ein Elektron eines Wassermoleküls ersetzt, wodurch Sauerstoff erzeugt wird.

Photosynthetische Energietransduktion II: NADPH-Synthese

- Der Elektronentransfer vom Wasser zu $NADP^+$ hängt von zwei nacheinander ablaufenden Fotosystemen ab. Fotosystem II ist für die Oxidation von Wasser verantwortlich und Fotosystem I für die Reduktion von $NADP^+$ zu NADPH im Stroma.

- Der Elektronenfluss zwischen den Fotosystemen führt durch einen Cytochrom-*b*/*f*-Komplex, der Protonen in das Thylakoidlumen pumpt. Der dadurch entstandene Protonengradient repräsentiert die gespeicherte Energie des Sonnenlichts.

Photosynthetische Energietransduktion III: ATP-Synthese

- Die protonenmotorische Kraft über der Thylakoidmembran dient zum Antrieb der ATP-Synthese durch den in die Membran eingebetteten CF_0CF_1-Komplex.

- Wenn die Protonen durch den CF_0-Protonenkanal in der Membran vom Lumen in das Stroma zurückfließen, wird von dem CF_1-Teil des Komplexes, der in das Stroma hineinragt, ATP synthetisiert.

Photosynthetische Kohlenstoffassimilierung I: Der Calvin-Zyklus

- Im Stroma dienen ATP und NADPH zur Fixierung und Reduzierung von Kohlendioxid in eine organische Form. Dies erfolgt durch die Enzyme des Calvin-Zyklus.

- Der Calvin-Zyklus besteht aus drei Hauptphasen: Fixierung von Kohlendioxid durch Rubisco zur Bildung von 3-Phosphoglycerat, Reduktion von 3-Phosphoglycerat zu Glycerinaldehyd-3-Phosphat und Bildung von Ribulose-1,5-Bisphosphat, dem ersten Kohlendioxidakzeptor.

- Für die Nettosynthese eines Triosephosphatmoleküls sind die Fixierung von drei CO_2-Molekülen sowie der Aufwand von neun ATP und sechs NADPH-Molekülen erforderlich. Für jeweils drei fixierte CO_2 verlässt ein Molekül Glycerinaldehyd-3-Phosphat den Kreislauf und dient der weiteren Synthese von Kohlenhydrat.

Die Regulation des Calvin-Zyklus

- Die Regulierung der Schlüsselenzyme des Calvin-Zyklus gewährleistet maximale Effizienz. Mehrere dieser Enzyme werden bei der Synthese reguliert. Dies bedeutet, dass sie nur in photosynthetischen, dem Licht ausgesetzten Geweben synthetisiert werden. Sie werden außerdem von dem hohen pH-Wert des Stromas und den hohen Magnesiumkonzentrationen aktiviert, die während der Lichtphase vorliegen.

- Weitere Mittel zur Regulierung sind Thioredoxin, das den Redoxstatus einer Zelle wahrnimmt, und die Rubiscoaktivase. Sie entfernt unter Lichteinfluss Inhibitoren von der aktiven Stelle der Rubisco.

Photosynthetische Kohlenstoffassimilierung II: Kohlenhydratsynthese

- Das erste Produkt der Kohlendioxidfixierung ist Glycerinaldehyd-3-Phosphat. Dies kann in ein zweites Triosephosphat umgewandelt werden, das sogenannte Dihydroxyacetonphosphat. Einige dieser Triosephosphatmoleküle werden für die Biosynthese komplexerer Kohlenhydrate benötigt, beispielsweise Glucose, Saccharose, Stärke oder Glykogen. Andere dienen als Energiequellen oder Kohlenstoffskelette anderer metabolischer Stoffwechselwege.

- Außerdem wird das in den Chloroplasten erzeugte ATP für die Synthese von Fettsäuren und Chlorophyll sowie für die Reduktion und Assimilierung von Stickstoff und Schwefel benötigt.

Die Oxygenaseaktivität von Rubisco mindert die Effizienz der Photosynthese

- Rubisco vermag sowohl Sauerstoff als auch CO_2 zu verwerten, was zur Bildung von Phosphoglykolat führt, das im Calvin-Zyklus keine Verwendung findet. Der Glykolatstoffwechselweg wandelt zwei Moleküle Phosphoglykolat in ein Molekül 3-Phosphoglykolat um, das dann in den Calvin-Zyklus eintreten kann.

- Am Glykolatstoffwechselweg sind Chloroplasten, Peroxisomen und Mitochondrien beteiligt. Da lichtabhängig CO_2 freigesetzt und Sauerstoff verbraucht wird, bezeichnet man diesen Vorgang auch als Photorespiration.

- Bei C_4-Pflanzen und CAM-Pflanzen wird das Kohlendioxid durch eine vorgeschaltete Carboxylierung fixiert, an der Rubisco nicht mitwirkt. Dann wird das Kohlendioxid unter Bedingungen mit geringer Sauerstoffkonzentration und konzentriertem CO_2 decarboxyliert – entweder in einem anderen Zelltyp oder zu einer anderen Tageszeit. Diese Bedingungen begünstigen die Carboxylaseaktivität der Rubisco.

ZUSAMMENHÄNGE HERSTELLEN

In diesem Kapitel haben Sie erfahren, wie phototrophe Zellen durch die Transduktion von Sonnenenergie in chemische Energie Kohlenstoff fixieren, der für die Existenz der gesamten biologischen Welt absolut notwendig ist. Fast die gesamte in organischen Molekülen gespeicherte Energie, von der Chemotrophe abhängig sind, entspricht der Energie des Sonnenlichtes, die ursprünglich in den Molekülen organischer Verbindungen während der Photosynthese gesammelt wurde. Im Laufe unserer weiteren Ausführungen werden wir viele Beispiele dafür kennenlernen, wie chemotrophe Zellen die aus diesen organischen Verbindungen gewonnene Energie zur Ausführung lebenswichtiger Vorgänge nutzen: Bewegung, Biosynthese, Transport und Zellteilung. Bedenken Sie stets, dass die gesamte Energie zum Antrieb dieser Vorgänge von der Sonne über uns stammt und dass Leben nur deshalb möglich ist, weil photosynthetische Organismen in der Lage sind, Kohlendioxid zu fixieren und zu reduzieren. Dies leisten sie mittels der Sonnenenergie, die stark endergonische Vorgänge antreibt. Auf Grund der photochemischen Ereignisse, an deren Anfang die Absorption von Licht durch Chlorophyll steht, vermochte dieses bemerkenswerte Molekül die Biosphäre eines gesamten Planeten – der Erde – zu verändern.

ÜBUNGSAUFGABEN

Schwierigere Aufgaben sind mit einem • gekennzeichnet.

11-1 Richtig, falsch oder die Information genügt nicht. Geben Sie für jede der folgenden Behauptung an, ob sie richtig (R) oder falsch (F) ist, oder ob die Information nicht ausreicht, um eine Entscheidung zu treffen (I).

A Saccharose wird im Chloroplastenstroma gebildet und aus den photosynthetischen Zellen exportiert, um Energie und reduzierten Kohlenstoff für nicht photosynthetische Pflanzenzellen zu liefern.

B 90 % der von einem Fotosystemkomplex gesammelten Sonnenenergie wird absorbiert, wenn die Photonen auf ein besonderes Paar von Chlorophyllmolekülen im Reaktionszentrum des Komplexes treffen.

C Der Energiebedarf, der ausgedrückt wird als die Menge von ATP, die pro Molekül fixiertem Kohlendioxid verbraucht wird, ist bei einer C_3-Pflanze höher als bei einer C_4-Pflanze.

D Der letzte Elektronendonor für die photosynthetische Erzeugung von NADPH ist immer Wasser.

E Das Enzym Rubisco ist insofern ungewöhnlich, als es je nach Umgebung zwei verschiedene enzymatische Aktivitäten ausführt.

11-2 Die *hcef*-Mutante. Vor kurzem isolierten Livingston und seine Kollegen (*The Plant Cell* 22:221; 2010) eine Mutante von *Arabidopsis thaliana*, die einen ungewöhnlich hohen zyklischen Elektronenfluss aufwies (*hcef*, engl.: *high cyclic electron flow*). Können Sie die Ergebnisse vorhersagen, welche Livingston und seine Kollegen beim Vergleich der *hcef*-Mutantenpflanzen mit normalen *Arabidopsis*-Pflanzen fanden?

A Wie wurde der nichtzyklische Elektronenfluss in *hcef*-Mutantenpflanzen beeinflusst?

B Was geschah mit dem lichtgetriebenen Protonenfluss durch die Thylakoidmembran?

C Wie wirkte sich dies auf die Aktivität von PSII aus?

D Die Wissenschaftler beobachteten einen starken Anstieg der Fructose-1,6-Bisphosphatkonzentration im Stroma der *hcef*-Mutante. Welches Enzym ist Ihrer Ansicht nach defekt?

E Welche Auswirkung hat Ihrer Ansicht nach die Stärkesynthese im Stroma?

11-3 Die Rolle der Saccharose. Eine Pflanze nutzt die Sonnenenergie, um ATP und NADPH zu bilden. Diese treiben die Synthese von Kohlenhydraten in den Blättern an. Mindestens ein Kohlenhydrat, Saccharose, wird als Energiequelle zu den nicht photosynthetischen Teilen der Pflanze transportiert (Stämme, Wurzeln, Blüten und Früchte). Somit dient ATP der Bildung von Saccharose und diese dann zur Bildung von ATP. Für die Pflanze wäre es einfacher, nur ATP zu bilden und das ATP dann selber direkt zu den anderen Pflanzenteilen zu bringen. Dann wären der Calvin-Zyklus, der glykolytische Stoffwechselweg und der TCA-Zyklus überhaupt nicht erforderlich (und das Leben der Zellbiologiestudierenden wäre um einiges leichter). Nennen Sie mindestens zwei gewichtige Gründe, warum Pflanzen ihre Energiewirtschaft nicht auf diese Weise betreiben.

11-4 Die Auswirkungen der Photosynthese. Angenommen Sie arbeiten mit einer belichteten Suspension von *Chlorella*-Zellen, die in Gegenwart von 0,1 % Kohlendioxid und 20 % Sauerstoff photosynthetisch aktiv sind. Welche kurzfristigen Auswirkungen werden die folgenden Änderungen auf die Konzentrationen von 3-Phosphoglycerat und Ribulose-1,5-Bisphosphat zeigen? Erklären Sie jeweils Ihre Antwort.

A Die Kohlendioxidkonzentration wird plötzlich um das 1.000-Fache verringert.

B Licht kommt nur noch im Bereich der grünen Wellenlängen an (510 – 550 nm).

C Es wird ein Inhibitor des Fotosystems II zugefügt.

D Die Sauerstoffkonzentration wird von 20 % auf 1 % gesenkt.

11-5 Der Energiefluss der Photosynthese. Ein Teil der Sonnenenergie, die auf die Oberfläche eines Blattes gelangt, wird letztendlich in chemische Energie umgewandelt und ist in den chemischen Bindungen von Kohlenhydraten enthalten, die man im Allgemeinen als Endprodukte der Photosynthese ansieht. Zwischen den Photonen und den Kohlenhydratmolekülen existiert die Energie allerdings in verschiedenen Formen. Zeichnen Sie den Energiefluss vom Photon über ATP zum Stärkemolekül nach. Gehen Sie von einer Wellenlänge des Lichts im Absorptionsbereich eines akzessorischen Pigments und nicht eines Chlorophylls aus.

11-6 Die Minze und die Maus. Joseph Priestley, ein britischer Geistlicher, war auf dem Gebiet der Photosynthese ein bedeutender Wissenschaftler. Im Jahr 1771 schrieb Priestley folgenden Text:

Man könnte der Meinung sein, dass die Luft, da sie sowohl für das Leben der Pflanzen als auch für das Leben der Tiere notwendig ist, auf beide Leben den gleichen Einfluss ausüben würde. Ich gestehe, selber davon ausgegangen zu sein, als ich zum ersten Mal ein Minze-Zweiglein in einen Glasbehälter gab, den ich umgekehrt in einen Wasserkessel stellte. Einige Monate lang wuchs die Minze weiter. Ich stellte fest, dass die Luft keine Kerze löschte und auch der Maus, die ich dort hinsetzte, nichts antat.

Erklären Sie Priestleys Beobachtungen und deren Bedeutung für die ersten Schritte auf dem Weg zum späteren Verständnis der Photosynthese.

11-7 Die Effizienz der Photosynthese. Wir haben in diesem Kapitel einen Schätzwert für die maximale photosynthetische Effizienz bei der Umwandlung roten Lichts, Kohlendioxids und Wassers zu Glycerinaldehyd angegeben. Unter Laborbedingungen *könnte* ein photosynthetischer Organismus 31 % der auf ihn gelangenden Lichtenergie in chemische Bindungsenergie organischer Moleküle umwandeln. In Wahrheit liegt die photosynthetische Effizienz aber weit unter diesem Wert, bei 5 % oder weniger. Gehen Sie von einer in natürlicher Umgebung wachsenden Pflanze aus und nennen Sie vier Gründe für diese Diskrepanz.

11-8 Die Struktur des Chloroplasten. Wo sind in einem Chloroplasten die folgenden Substanzen lokalisiert oder laufen die folgenden Vorgänge ab? Spezifizieren Sie Ihre Antworten so genau wie möglich.

A Ferredoxin-$NADP^+$-Reduktase

B Zyklischer Elektronenfluss

C Stärkesynthase

D Lichtsammel-Komplex I

E Plastochinol

F Protonenpumpen

G P700

H Reduktion von 3-Phosphoglycerat

I Carotinoidmoleküle

J Sauerstoffbildender Komplex

11-9 Der Metabolittransport durch Membranen. Geben Sie für jeden der folgenden Metabolite an, ob Sie einen Gleichgewichtsfluss durch eine oder mehrere Membranen in einem photosynthetisch aktiven Chloroplasten erwarten. Falls ja, geben Sie an, welche Membran(en) der Metabolit durchqueren muss.

A CO_2

B P_i

C Elektronen

D Stärke

E Glycerinaldehyd-3-Phosphat

F NADPH

G ATP

H O_2

I Protonen

J Pyruvat

11-10 Der Crassulaceen-Säuremetabolismus. Eine CAM-Pflanze nutzt einen dem Hatch-Slack-Kreislauf ähnlichen Weg, um Kohlendioxid vor Beginn des Wegs zu fixieren. Zeichnen Sie den Fluss von Kohlenstoff von der Atmosphäre zum Glycerinaldehyd-3-Phosphat in einer CAM-Pflanze nach. Wie wird dadurch der Wasserverlust dieser Pflanzen verringert.

11-11 Die Endosymbiontentheorie. Gemäß der Endosymbiontentheorie entwickelten sich Mitochondrien und Chloroplasten aus frühen Bakterien, die sich primitive Zellen mit Kern einverleibten. Biologen haben die Theorie entwickelt, dass die Endosymbiose auch zur Evolution anderer Zellstrukturen führte, beispielsweise zu Geißeln und Peroxisomen. Im Laufe von mehr als Hundertmillionen Jahren verloren die einverleibten Bakterien Eigenschaften, die für das Überleben in der Wirtszelle nicht notwendig waren.

A Geben Sie, ausgehend von Ihrem Wissen über die Membransysteme der Organellen, für jedes Membransystem der Mitochondrien (zwei Systeme) und der Chloroplasten (drei Systeme) an, ob dieses höchstwahrscheinlich aus einem einverleibten Bakterium oder einem Wirt mit Zellkern hervorging. Erklären Sie Ihre Überlegung.

B Beschreiben Sie eine Struktur oder einen metabolischen Vorgang, den die Purpurbakterien verloren haben könnten, als sie zu Endosymbionten in einer eukaryotischen Zelle wurden. Wie könnte der Verlust dieses Merkmals das Leben der Bakterien außerhalb des Wirts unmöglich gemacht haben?

C Beschreiben Sie eine Struktur oder einen metabolischen Vorgang, auf den die Cyanobakterien verzichtet haben könnten, nachdem sie Endosymbionten in einer eukaryotischen Zelle wurden. Wie könnte der Verlust dieses Merkmals das Leben der Bakterien außerhalb des Wirts unmöglich gemacht haben?

D Im Gegensatz zu Mitochondrien oder Chloroplasten weisen Peroxisomen nur wenig Ähnlichkeit mit frei lebenden Organismen auf. Nehmen Sie an, dass Peroxisomen von einverleibten Bakterien abstammen. Beschreiben Sie drei Merkmale, die Mitochondrien noch besitzen, die den Peroxisomen aber im Laufe von Hunderten von Millionen Jahren verloren gingen. Beschreiben Sie einen Vorteil, den Peroxisomen den frühen Zellen mit Zellkern verliehen haben könnten.

WEITERFÜHRENDE LITERATUR

Historisch bedeutsame Literatur ist mit einem • gekennzeichnet.

Allgemeine Literaturstellen

Aro, E.-M. und B. Andersson, Hrsg. *Regulation of Photosynthesis, Advances in Photosynthesis and Respiration*, Vol. 11. Boston: Kluwer Academic Publishers, 2001.

• Emerson, R. Photosynthesis. *Annu. Rev. Biochem.* 6 (1937): 535.

Laisk, A., L. Nedbal und Govindjee, Hrsg. *Photosynthesis in Silico: Understanding Complexity from Molecules to Ecosystems.* Dordrecht, The Netherlands: Springer, 2009.

Leegood. R. C., T. D. Sharkey und S. von Daemmerer, Hrsg. *Photosynthesis: Physiology and Metabolism. Advances in Photosynthesis*, Vol. 9. Boston: Kluwer Academic Publishers, 2000.

Der Chloroplast

Argyroudi-Akoyunoglou, J. H. und H. Senger. *The Chloroplast: From Molecular Biology to Biotechnology.* Boston: Kluwer Academic Publishers, 1999.

Leister, D. Chloroplast research in the genomic age. *Trends Genet.* 19 (2003): 47.

Li. H.-M. und C.-C. Chiu. Protein transport into chloroplasts. *Annu. Rev. Plant Biol.* 61 (2010): 157.

Photosynthetic Energy Transduction

Eberhard, S., G. Finazzi und F. A. Wollman. The dynamics of photosynthesis. *Annu. Rev. Genet.* 42 (2008): 463.

Lubitz, W. und N. Cox. Wie Pflanzen Wasser spalten. *Spektrum der Wissenschaft* 9 (2013): 34.

McCarty, R. E., Y. Evron und E. A. Johnson. The chloroplast ATP Synthase: A rotary enzyme? *Annu. Rev. Plant. Physiol. Plant. Mol. Biol.* 51 (2000): 83.

Nelson, N. und C. F. Yocum. Structure and function of photosystems I and II. *Annu. Rev. Plant. Biol.* 57 (2006): 521.

Richter, M. L. et al. Coupling proton movement to ATP synthesis in the chloroplast ATP Synthase. *J. Bioenerg. Biomembr.* 37 (2005): 467.

Schools, G. D. Quantum-coherent electronic energy transfer: Did nature think of it first? *J. Phys. Chem. Lett.* 1 (2010): 2.

Seelert, H., N. A. Dencher und D. J. Müller. Fourteen protomers compose the oligomer III of the proton rotor in spinach chloroplast ATP synthase. *J. Mol. Biol.* 333 (2003): 337.

Shikanai, T. Cyclic electron transport around Photosystem I: Genetic approaches. *Annu. Rev. Plant Biol.* 58 (2007): 199.

Wohlgemuth, S. und M. Antonietti. Künstliche Fotosynthese. *Spektrum der Wissenschaft* 9 (2013): 44.

Der Calvin-Zyklus und Kohlenhydratsynthese

• Calvin, M. The path of carbon in photosynthesis. *Science* 135 (1962): 879.

Hügler, M. und S. M. Sievert. Beyond the Calvin cycle: Autotrophic carbon fixation in the ocean. *Annu. Rev. Marine Sci.* 3 (2011).

Portis, A. R., Jr. Rubisco activase – Rubisco's catalytic chaperone. *Photosynth. Res.* 75 (2003): 11.

Spreitzer, R. J. und M. E. Salvucci. Rubisco: Structure, regulatory interactions and possibilities for a better enzyme. *Annu. Rev. Plant Biol.* 53 (2002): 449.

Photorespiration, C_4-Pflanzen und CAM-Pflanzen

Cushman, J. C. und H. J. Bohnert. Crassulacean acid metabolism: Molecular genetics. *Annu. Rev. Plant Physiol. Plant Mol. Biol.* 50 (1999): 305.

Foyer, C. H., A. J. Bloom, G. Queval und G. Noctor. Photorespiratory metabolism: Mutants, energetics, and redox signaling. *Annu. Rev. Plant Biol.* 60 (2009): 455.

Matsuoka, M. et al. Molecular engineering of C_4 photosynthesis. *Annu. Rev. Plant Physiol. Plant Mol. Biol.* 52 (2001): 297.

Tipple, B. J. und M. Pagani. The early origins of terrestrial C_4 photosynthesis. *Annu. Rev. Earth Planetary Sci.* 35 (2007): 435.

Wingler, A. et al. Photorespiration: Metabolic pathways and their role in stress protection. *Philos. Trans. R. Soc. Lond. B Biol. Sci.* 355 (2000): 1517.

Exkurs 11A: Die Endosymbiontentheorie

Margulis, L. und D. Sagan. *Acquiring Genomes: A Theory of the Origins of Species.* New York: Basic Books, 2003.

Poole, A. M. und D. Penny. Evaluating hypotheses for the origin of eukaryotes. *BioEssays* 29 (2007): 500.

Das Endomembransystem und Peroxisomen

12

ÜBERBLICK

Das tiefere Verständnis der eukaryotischen Zelle hängt davon ab, die überragende Rolle der intrazellulären Membranen und der Kompartimentalisierung der verschiedenen Funktionen innerhalb der Organellen zu verstehen – die verschiedenen zellulären Aktivitäten laufen in intrazellulären, von einer Membran umhüllten Kompartimenten ab. Ganz gleich ob wir uns mit Speicherung und Transkription genetischer Information, der Biosynthese sekretorischer Proteine, dem Abbau langkettiger Fettsäuren oder irgendeinem anderen der vielen metabolischen Vorgänge beschäftigen, die in eukaryotischen Zellen stattfinden, viele Reaktionen eines bestimmten Stoffwechselwegs erfolgen in einem bestimmten Organell. Außerdem müssen der Transport von Molekülen zwischen Organellen und deren Austausch (engl.: *trafficking*), genauestens reguliert werden, um sicherzustellen, dass jedes Organell die für seine Struktur und Funktion richtigen Komponenten erhält.

In *Kapitel 4* haben wir uns kurz mit den wichtigsten Organellen der eukaryotischen Zellen beschäftigt. In den *Kapiteln 10* und *11* haben wir mehr über Mitochondrien und Chloroplasten erfahren. Jetzt sind wir ausreichend vorbereitet, um einzelne Organellen genauer zu betrachten. Wir beginnen mit dem *rauen endoplasmatischen Reticulum*, dem *glatten endoplasmatischen Reticulum* und dem *Golgi-Komplex*. Dies sind Orte der Proteinsynthese, der Prozessierung, der Produktionsüberwachung und der Sortierung. Im Anschluss werden wir uns den *Endosomen* zuwenden. Diese Organellen spielen eine wichtige Rolle beim Transport von Material und dessen Sortierung in der Zelle. Endosomen wirken bei der Bildung von *Lysosomen* mit. Sie sind für den Abbau sowohl aufgenommener als auch nicht mehr benötigter intra-

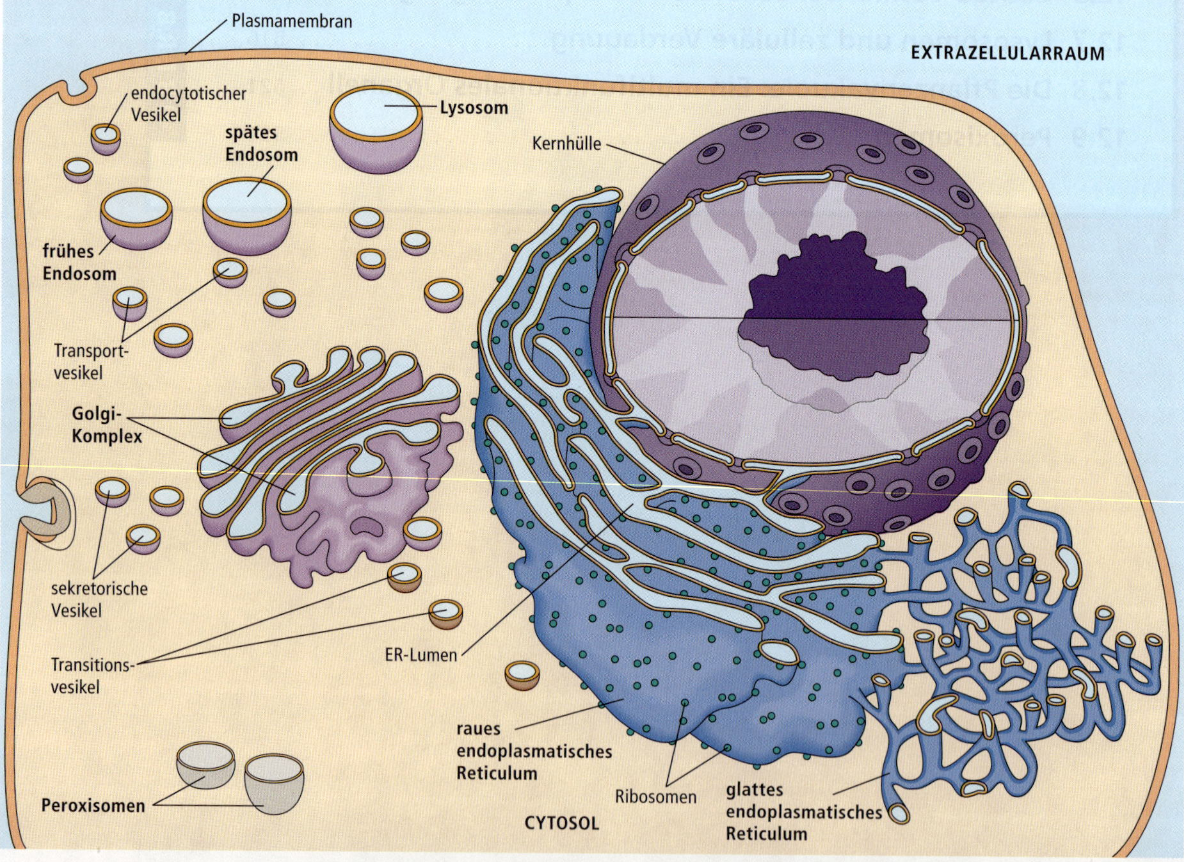

Abbildung 12.1: Das Endomembransystem. Das Endomembransystem der eukaryotischen Zelle besteht aus dem endoplasmatischen Reticulum (ER), dem Golgi-Komplex, Endosomen und Lysosomen (aber nicht aus Peroxisomen). Es ist sowohl mit der Kernhülle als auch mit der Plasmamembran assoziiert. Das ER-Lumen ist über Transportvesikel, die Material zwischen den Organellen befördern sowie einen Austausch mit der Plasmamembran erlauben, mit dem Inneren des Golgi-Komplexes, den Endosomen und den Lysosomen verbunden.

zellulärer Komponenten verantwortlich. Abschließend werden wir auf die *Peroxisomen* eingehen, in denen Reaktionen ablaufen, die Wasserstoffperoxid bilden, und die verschiedene metabolische Funktionen übernehmen.

Bitte denken Sie bei der Beschäftigung mit diesen Organellen stets daran, dass das endoplasmatische Reticulum, der Golgi-Komplex, Endosomen und Lysosomen (aber nicht die Peroxisomen) das **Endomembransystem** der eukaryotischen Zelle bilden, wie in der ▸*Abbildung 12.1* dargestellt. (Die Kernhülle, mit der wir uns in *Kapitel 18* eingehender beschäftigen werden, ist eng mit dem Endomembransystem assoziiert.) Das Material wird mit Hilfe von Transportvesikeln, die zwischen den verschiedenen Organellen Speditеurdienste leisten, vom endoplasmatischen Reticulum zum Golgi-Komplex hin und vom Golgi-Komplex weg zu den Endosomen und Lysosomen befördert. Diese Transportvesikel bewegen Membranlipide und von Membranen umhüllte Proteine zu ihren richtigen Bestimmungsorten in der Zelle. Sie befördern außerdem lösliche, zur Ausscheidung bestimmte Substanzen. Somit bilden diese Organellen und die sie verbindenden Vesikel ein einzigartiges dynamisches System von Membranen und Innenräumen. Derzeit ist eine der spannendsten Aufgabenstellungen der modernen Zellbiologie der Materialaustausch der Endomembranen (engl.: *endomembrane trafficking*). Wie schafft es jedes der unendlich vielen Proteine und Lipide in einer Zelle rechtzeitig an seinen richtigen Bestimmungsort zu gelangen?

Das endoplasmatische Reticulum 12.1

Das **endoplasmatische Reticulum (ER)** ist ein untereinander verknüpftes Netzwerk aus abgeflachten Säckchen, Tubuli und miteinander verknüpften Vesikeln, das sich über das gesamte Cytoplasma der eukaryotischen Zelle erstreckt. *Endoplasmatisch* bedeutet ganz einfach „innerhalb des (Cyto)Plasmas" und *Reticulum* ist ein lateinisches Wort mit der Bedeutung „Netzwerk". Die von einer Membran umhüllten Säckchen bezeichnet man als **ER-Zisternen** (Singluar: **ER-Zisterne**) und der von ihnen umschlossene Raum ist das sogenannte **ER-Lumen** (*Abbildung 12.1*). 50 – 90 % der gesamten Membranen in einer Säugetierzelle umgeben das ER-Lumen. Im Gegensatz zu bekannteren Organellen, beispielsweise dem Mitochondrium oder dem Chloroplasten, kann das ER nur dann unter dem Lichtmikroskop sichtbar gemacht werden, wenn man ein oder mehrere Kompartimente anfärbt oder mit einem fluoreszierenden Molekül markiert.

Das ER wurde erstmalig im späten 19. Jahrhundert Gegenstand des Interesses, als man es in einigen eukaryotischen Zellen vorfand. Vor allem die an der Sekretion mitwirkenden Zellen enthielten Regionen, die bei Einwirkung basischer Farben eine intensive Färbung zeigten. Die Bedeutung dieser Regionen blieb bis in die 1950er Jahre unerkannt. Doch dann wurde das Auflösungsvermögen der Elektronenmikroskope erheblich verbessert. Dadurch vermochten Zellbiologen zum ersten Mal das feine Netzwerk des ER aus intrazellulären Membranen sichtbar zu machen und dessen Rolle bei zellulären Abläufen aufzudecken. Das ist ein häufig anzutreffendes Motiv bei wissenschaftlichen Entdeckungen – konzeptionelle Fortschritte auf einem Gebiet folgen häufig technologischen Fortschritten auf einem verwandten (oder sogar nicht verwandten) Gebiet.

Heute wissen wir, dass die mit dem ER assoziierten Enzyme für die Biosynthese von Proteinen verantwortlich sind, die für die Aufnahme in die Plasmamembran oder in Organellen des endoplasmatischen Systems bestimmt sind, und für die Synthese von Proteinen, die zum Transport aus der Zelle hinaus vorgesehen sind. Des Weiteren spielt das ER eine zentrale Rolle bei der Biosynthese von Lipiden, darunter Triglyceride (Triacylgylcerine), Cholesterin und verwandte Verbindungen. Das ER ist der Ursprung der meisten Lipide, die zu intrazellulären Membranen und zur Plasmamembran zusammengebaut werden.

12.1.1 Die beiden Grundformen des endoplasmatischen Reticulums unterscheiden sich in Struktur und Funktion

Die beiden Grundformen des endoplasmatischen Reticulums, die typischerweise in eukaryotischen Zellen vorkommen, unterscheiden sich durch die Gegenwart oder das Fehlen von Ribosomen, die mit der ER-Membran verknüpft sind (▸*Abbildung 12.2*). Das **raue endoplasmatische Reticulum (raues ER)** zeichnet sich durch Ribosomen aus, die auf der cytosolischen Seite der Membran (der dem ER-Lumen abgewandten Seite; ▸*Abbildung 12.2a*) liegen. Die Translation durch diese Ribosomen läuft im Cytosol ab, aber die neu synthetisierten Proteine treten kurz darauf in das ER-Lumen ein. Da Ribosomen RNA enthalten, war es eben diese RNA, die stark mit den basischen Farben reagierte, die man zuerst verwendete, um das raue ER zu identifizieren. Untereinheiten des ER, die **Transitionselemente** (**TEs**, engl.: *transitional elements*), spielen eine wichtige Rolle bei der Bildung von **Transitionsvesikeln**, die Lipide und Proteine vom ER zum Golgi-Komplex transportieren. Im Gegensatz dazu beruht die glatte Erscheinung des **glatten endoplasmatische Reticulums** (**glattes ER**) darauf, dass keine Ribosomen mit der Membran verknüpft sind (▶*Abbildung 12.2b*). Zudem übernimmt es andere Aufgaben in der Zelle.

Das raue und das glatte ER sind morphologisch leicht voneinander zu unterscheiden. Wie in *Abbildung 12.1* dargestellt, bilden die Membranen des rauen ER im Allgemeinen große flache Blätter, während die Membranen des glatten ER normalerweise röhrenförmigen Strukturen bilden. Die Transitionselemente des rauen ER bilden eine Ausnahme von dieser Regel. Häufig ähneln sie dem glatten ER. Allerdings sind das raue und das glatte ER keine getrennten Organellen – elektronenmikroskopische Aufnahmen und Untersuchungen an lebenden Zellen haben den Nachweis erbracht, dass die Räume ihrer Lumen ineinander übergehen. Daher können Substanzen zwischen dem rauen und dem glatten ER ohne Unterstützung von Vesikeln transportiert werden.

In den meisten eukaryotischen Zellen kommen beide Typen des ER vor, aber es gibt erhebliche Abweichungen im Hinblick auf die relativen Mengen eines jeden Typs, je nach Aktivitäten der jeweiligen Zelle. Zellen, die an der Biosynthese sekretorischer Proteine beteiligt sind, beispielsweise die Leberzellen und Zellen, die Verdauungsenzyme bilden, besitzen tendenziell sehr deutlich hervortretende raue ER-Netzwerke. Andererseits enthalten Zellen, die Steroidhormone bilden, beispielsweise Zellen der Geschlechtsorgane oder der Eierstöcke, ausgedehnte Netzwerke des glatten ER.

Wenn man Gewebe für die subzelluläre Fraktionierung homogenisiert, werden die ER-Membranen oftmals in kleinere Fragmente aufgebrochen, die sich spontan schließen und abgeschlossene Vesikel bilden, die sogenannten **Mikrosomen**. Die Fraktionen können mit und ohne angeheftete Ribosomen isoliert werden, je nachdem, ob es sich um eine Membran des rauen bzw. des glatten ER handelt. Diese Präparate sind außerordentlich hilfreich zur Untersuchung beider ER-Typen. Bitte denken Sie stets daran, dass eine Zelle keine Mikrosomen enthält; sie sind nur ein Artefakt des Prozessierungsvorgangs. In *Exkurs 12A* bieten wir eine genaue Darstellung der subzellulären Fraktion durch differenzielle Zentrifugation.

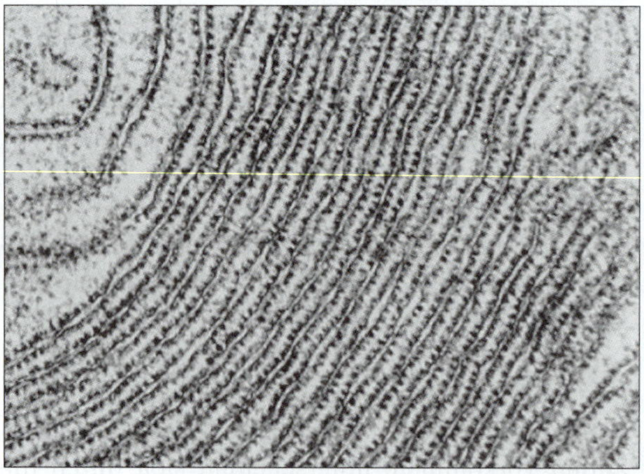

(a) raues endoplasmatisches Reticulum — 0,25 μm

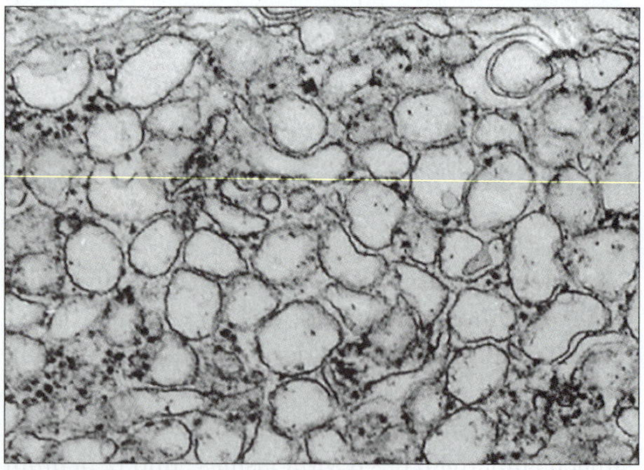

(b) glattes endoplasmatisches Reticulum — 0,25 μm

Abbildung 12.2: Das raue und das glatte endoplasmatische Reticulum. (a) Elektronenmikroskopische Aufnahme des rauen endoplasmatischen Reticulums. Das raue ER ist mit Ribosomen besetzt. (b) Elektronenmikroskopische Aufnahme des glatten endoplasmatischen Reticulums. Die dunklen Punkte in der Nähe des glatten ER scheinen Glykogengranula zu sein (TEMs).

12A ▶ Arbeitstechniken

Zentrifugation: Eine unverzichtbare Technik der Zellbiologie

Die Zentrifugation ist ein Verfahren zur Isolierung und Reinigung von Organellen und Makromolekülen. Diese Methode beruht auf folgender Tatsache: Wenn man einen Partikel eines Zellextraktes extrem hohen Drehgeschwindigkeiten in einer Laborzentrifuge aussetzt, dann hängt die Geschwindigkeit der Bewegung des Partikels durch eine spezifische Lösung von seiner *Größe* und *Dichte* sowie von der Dichte und Viskosität der Lösung ab. Je größer oder dichter der Partikel, desto höher die Sedimentationsgeschwindigkeit (Sinkgeschwindigkeit) oder die Geschwindigkeit der Bewegung durch die Lösung. Zentrifugation wird standardmäßig in allen Laboren in der Welt eingesetzt, um gelöste Moleküle aus Zellresten in Lösungen aufgebrochener Zellen zu holen, ausgefällte Makromoleküle wie DNA und Proteine aus Zellsuspensionen zu sammeln und verschiedene Zellkomponenten entsprechend ihrer Sedimentationsgeschwindigkeit zu trennen.

Da die meisten Organellen und Makromoleküle sich ganz erheblich voneinander in Hinblick auf Größe und/oder Dichte unterscheiden, kann man durch Zentrifugation einer Mischung von Zellkomponenten die einzelnen Komponenten anhand ihrer unterschiedlichen Sedimentationsgeschwindigkeiten auftrennen. Dieses Verfahren, die sogenannte **subzelluläre Fraktionierung**, gibt Wissenschaftlern die Möglichkeit, spezifische Organellen und Makromoleküle zur weiteren Bearbeitung und Untersuchung in vitro zu isolieren und zu reinigen.

Albert Claude, George Palade und Christian de Duve erhielten 1974 für ihre Pionierarbeit auf dem Gebiet der Zentrifugation und subzellulären Fraktionierung den Nobelpreis. Claude spielte bei der Entwicklung der differenziellen Zentrifugation als Methode zur Isolierung von Organellen eine herausragende Rolle. Palade machte sich diese Technik schnell zu Nutze, um das endoplasmatische Reticulum und den Golgi-Komplex zu untersuchen. Dadurch beschrieb er die Rollen dieser Organellen bei der Biosynthese, der Prozessierung und der Sekretion von Proteinen (siehe *Abbildung 12-10*). De Duve wiederum entdeckte mit Hilfe der Zentrifugation zwei vollkommen neue Organellen – die Lysosomen und die Peroxisomen.

Des Weiteren wird die Zentrifugation routinemäßig zur Isolierung und Reinigung von DNA und Proteinen eingesetzt. Im Anschluss an die Zelllyse werden unlösliche Zellreste und Organellen durch Zentrifugation entfernt und der lösliche cytoplasmatische Anteil, der DNA oder Protein enthält, wird gewonnen. Durch Behandlung mit dem geeigneten Ausfällungsmittel wird die DNA oder das Protein unlöslich, sodass man sie in einem zweiten Zentrifugationsdurchlauf isolieren kann.

Zentrifugation und die Präparierung von Proben

Im Grunde besteht eine Zentrifuge aus einem Rotor – der sich oftmals in einer gekühlten Kammer befindet. Er dreht sich, angetrieben von einem elektrischen Motor, außerordentlich schnell. In dem Rotor steckt ein Zentrifugierröhrchen, das Lösungen oder Suspensionen von Partikeln zur Fraktionierung enthält. Für Zentrifugierungsarbeiten bei hohen Geschwindigkeiten – mehr als 20.000 Umdrehungen pro Minute (U/min bzw. rpm, engl.: *revolutions per minute*) – benötigt man eine mit einem Vakuumsystem ausgestattete Ultrazentrifuge, um die Reibung zwischen Rotor und Luft zu mindern. Einige Ultrazentrifugen erreichen Geschwindigkeiten von mehr als 100.000 rpm, wodurch die Proben Kräften ausgesetzt werden, welche die Erdanziehungskraft um das 500.000-Fache übersteigen.

Gewebeproben müssen homogenisiert oder aufgebrochen werden, bevor die Zellkomponenten mittels Zentrifugation getrennt werden können. Um die Integrität der Organellen zu bewahren, erfolgt die Homogenisierung im Allgemeinen in einer kalten isotonischen Lösung, beispielsweise bei 0,25 *M* Rohrzucker. Zum Aufbrechen wird die Probe in einem Mörser mit einem Stampfer zerrieben, indem man die Zellen durch eine schmale Öffnung (French Press) presst, oder das Gewebe wird osmotischem Schock oder enzymatischem Abbau ausgesetzt. Das daraus gewonnene Homogenat ist eine Suspension von Organellen, kleinen Zellkomponenten, Membranen und Molekülen. Wenn das Gewebe ausreichend homogenisiert wur-

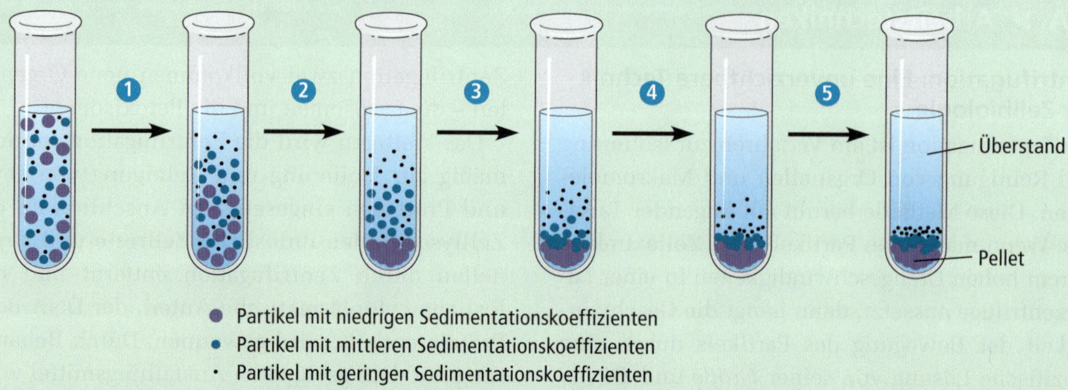

Abbildung 12A-1: Differenzielle Zentrifugation. Bei der differenziellen Zentrifugation trennt man Partikel entsprechend ihrer unterschiedlichen Sedimentationsgeschwindigkeit, worin sich die Unterschiede hinsichtlich der Größe- und/oder Dichte widerspiegeln. Diese Technik wird hier am Beispiel von drei Partikeln veranschaulicht, die sich erheblich im Hinblick auf die Größe unterscheiden. Diese Partikel, die zu Beginn Bestandteil einer homogenen Mischung sind, werden in fünf aufeinanderfolgenden Intervallen einer festgelegten Zentrifugalkraft ausgesetzt (eingekreiste Zahlen). Partikel von geringerer Größe oder Dichte sedimentieren schnell, Partikel von mittlerer Größe oder Dichte (blaue Kugeln) sedimentieren langsamer und die kleinsten Partikel oder Partikel mit geringster Dichte (schwarze Kreise) sedimentieren sehr langsam. Schließlich sinken alle Partikel auf den Boden des Röhrchens, es sei denn, der Vorgang wird nach einer definierten Zeit abgebrochen

de, bleiben die meisten Organellen und andere Strukturen erhalten und bewahren ihre ursprünglichen biochemischen Eigenschaften.

Differenzielle Zentrifugation

Mittels der differenziellen Zentrifugation trennt man Organellen entsprechend ihrer Größen- und/oder Dichteunterschiede. Wie in der *Abbildung 12A-1* dargestellt, sedimentieren große oder schwere Partikel (violette Kugeln) schnell, Partikel von mittlerer Größe oder Dichte (blaue Kugeln) sedimentieren langsamer und die kleinsten Partikel oder solche geringster Dichte (schwarze Kreise) sedimentieren sehr langsam.

Wir können die relative Größe und/oder Dichte eines Organells oder eines Makromoleküls mit dem Sedimentationskoeffizienten ausdrücken, einem Maß für die Geschwindigkeit, mit der Partikel sedimentieren, wenn man sie zentrifugiert. Die Sedimentationskoeffizienten werden in Svedberg-Einheiten (S) ausgedrückt, zu Ehren von Theodor Svedberg, dem schwedischen Chemiker, der zwischen 1920 und 1940 die Ultrazentrifuge entwickelte. In *Abbildung 12A-2* haben wir die Sedimentationskoeffizienten einiger Organellen, Makromoleküle und Viren aufgeführt.

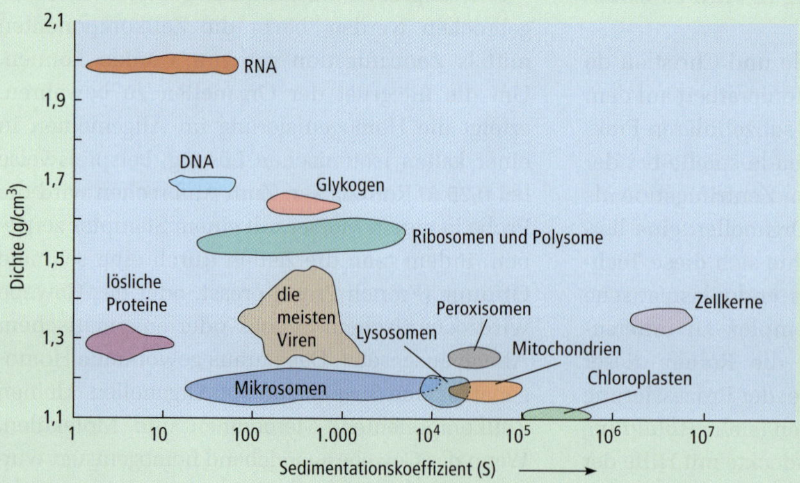

Abbildung 12A-2: Die Sedimentationskoeffizienten und Dichten einiger Organellen, Makromoleküle und Viren. Der Sedimentationskoeffizient eines Partikels, ausgedrückt in Svedberg-Einheiten (S), gibt an, wie schnell der Partikel sedimentiert, wenn man ihn der Zentrifugalkraft aussetzt. Ein höherer S-Wert entspricht einer schnelleren Sedimentation. Die Dichte eines Partikels (ausgedrückt in g/cm^3) gibt an, wie weit sich der Partikel während der Gleichgewichts-Dichtegradienten-Zentrifugation bewegt.

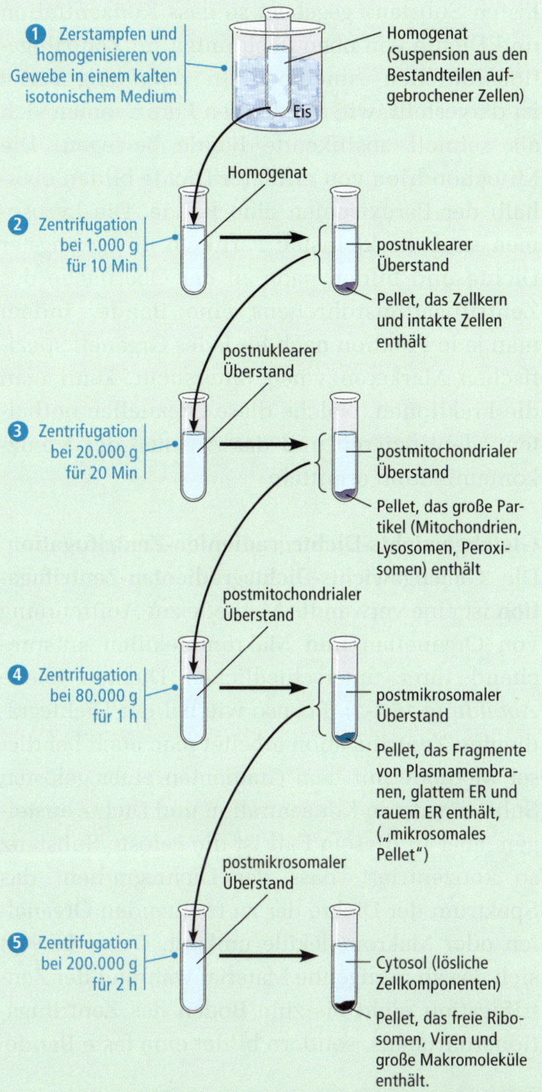

Abbildung 12A-3: Die differenzielle Zentrifugation und die Isolierung von Organellen. Zur Isolierung spezifischer Zellkomponenten durchläuft das homogenisierte Gewebe eine Reihe von Zentrifugationsschritten. Jeder Schritt nutzt den Überstand des vorherigen und setzt diesen Überstand für einen längeren Zeitraum einer höheren Gravitationskraft aus.

In der *Abbildung 12A-3* bieten wir ein Beispiel für die differenzielle Zentrifugation. Zuerst wird das interessierende Gewebe homogenisiert (Schritt 1). Dann isoliert man subzelluläre Fraktionen, indem man das Homogenat und die nachfolgenden Überstände nacheinander immer stärkeren Kräften und längeren Zentrifugationszeiten im Zentrifugalfeld aussetzt (Schritte 2 – 5). Der Überstand ist eine gereinigte Lösung von Homogenat, die zurückbleibt, nachdem Partikel einer bestimmten Größe und Dichte als Pellet nach jedem Zentrifugationsvorgang entfernt wurden. In jedem Fall kann der Überstand eines Schrittes in ein neues Zentrifugierröhrchen gegeben werden, dann wieder einer noch größeren Zentrifugalkraft ausgesetzt werden, um das nächste Pellet zu gewinnen. In aufeinander folgenden Schritten werden die Pellets mit Zellkernen, intakten Zellen und Zellresten angereichert (Schritt 2); mit Mitochondrien, Lysosomen und Peroxisomen (Schritt 3); mit ER und anderen Membranfragmenten (Schritt 4) und mit freien Ribosomen und großen Makromolekülen (Schritt 5). Das in jedem Pellet enthaltene Material kann wieder suspendiert werden und für Untersuchungen unter dem Elektronenmikroskop oder biochemische Versuche genutzt werden. Der letzte Überstand besteht vor allem aus löslichen Zellbausteinen wie DNA und Protein.

Jede auf diese Weise gewonnene Fraktion ist mit den jeweiligen Organellen angereichert, doch kann sie durchaus mit anderen Organellen und Zellkomponenten kontaminiert sein. Oft kann man den größten Teil der Kontaminationen aus einem Pellet entfernen, indem man das Pellet in einer isotonischen Lösung suspendiert und den Zentrifugationsvorgang wiederholt.

Dichtegradienten-Zentrifugation

Bei den zuvor dargestellten Beispielen für differenzielle Zentrifugation waren die zu trennenden Partikel vor der Zentrifugation gleichmäßig in der Lösung verteilt. Die Dichtegradienten-Zentrifugation (oder zonale Zentrifugation) ist eine Variante der differenziellen Zentrifugation, bei der ein Präparat zur Fraktionierung als dünne Schicht auf den Gradienten einer gelösten Substanz platziert wird. Der Gradient besteht aus einer zunehmenden Konzentration der gelösten Substanz – und damit auch der Dichte – von oben nach unten im Zentrifugationsröhrchen. Wenn man dieses der Kraft eines Zentrifugationsfeldes aussetzt, dann bewegen sich die in Größe und/oder Dichte zu unterscheidenden Partikel als deutlich voneinander unterscheidbare Zonen oder Banden mit unterschiedlicher Geschwindigkeit abwärts. Aufgrund des Gradienten der gelösten Substanz im Zentrifugationsröhrchen treffen die Partikel am Ende einer Zone stets auf eine geringfügig dichtere Lösung und werden dadurch minimal beeinträchtigt. Im Endergebnis bleibt jede Bande kompakt, wodurch die Fähigkeit, unterschiedliche Partikel zu trennen, erhöht wird.

In der *Abbildung 12A-4* haben wir diesen Vorgang dargestellt. Die großen und dichten Partikel wandern als schnell sedimentierende Bande (violett) im Gradienten, Partikel von mittlerer Größe oder Dichte (blau) sedimentieren weniger schnell, und die kleinsten Partikel (schwarz) wandern recht langsam. Der Zentrifugationsvorgang wird beendet, wenn die interessierenden Banden soweit durch den Gradienten gewandert sind, dass man sie voneinander unterscheiden kann, also *bevor* die Banden den Boden des Zentrifugationsröhrchens erreichen. Es ist sehr wichtig, an diesem Punkt anzuhalten, denn alle Partikel haben eine größere Dichte als die Lösung im Zentrifugationsröhrchen, sogar ganz auf dem Boden des Zentrifugationsröhrchens. Wenn man den Zentrifugationsvorgang zu lange fortsetzt, wandern die Banden nacheinander auf den Boden des Zentrifugationsröhrchens, durchmischen sich dort und die Auftrennung war erfolglos.

Die Dichtegradienten-Zentrifugation kann zur Trennung von Lysosomen, Mitochondrien und Peroxisomen eingesetzt werden, die sich in ihrer Dichte geringfügig voneinander unterscheiden. Das interessierende Gewebe wird zuerst homogenisiert und ein mit diesen Organellen angereichertes Pellet wird auf einen Gradienten einer gelösten Substanz gegeben, so dass Konzentration und Dichte von oben nach unten im Zentrifugationsröhrchen zunehmen. In *Abbildung 12A-4* ist dargestellt, wie die dichten Peroxisomen sich als schnell absinkende Bande bewegen. Die Mitochondrien von mittlerer Dichte bilden oberhalb der Peroxisomen eine Bande. Die Lysosomen sind die kleinsten Partikeln mit geringster Dichte und bilden nahe an der Oberfläche des Zentrifugationsröhrchens eine Bande. Indem man jede Fraktion nach für jedes Organell spezifischen Markerenzymen untersucht, kann man die Fraktionen, welche diese Organellen enthalten, identifizieren und das Ausmaß der Kreuzkontamination ermitteln.

Gleichgewichts-Dichtegradienten-Zentrifugation
Die **Gleichgewichts-Dichtegradienten-Zentrifugation** ist eine verwandte Methode zur Auftrennung von Organellen und Makromolekülen entsprechend ihrer unterschiedlichen Dichten (siehe *Abbildung 12A-2*). Ebenso wie bei der Dichtegradienten-Zentrifugation arbeitet man auch bei dieser Methode mit dem Gradienten einer gelösten Substanz, deren Konzentration und Dichte ansteigen, aber in diesem Fall ist die gelöste Substanz so konzentriert, dass der Dichtegradient das Spektrum der Dichte der zu trennenden Organellen oder Makromoleküle umfasst. Daher bewegt sich das zu reinigende Material während der Zentrifugation nicht bis zum Boden des Zentrifugationsröhrchens, sondern bildet eine feste Bande

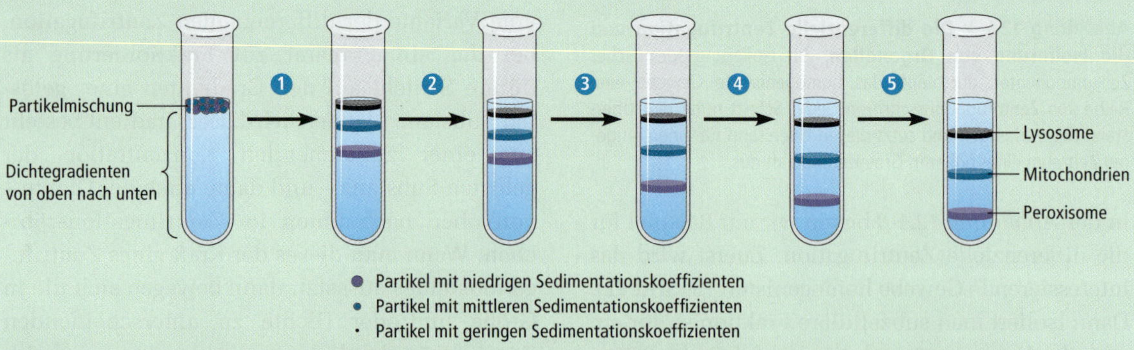

Abbildung 12A-4: Dichtegradienten-Zentrifugation. Ebenso wie die differenzielle Zentrifugation (siehe *Abbildung 12A-1*) ist auch die Dichtegradienten-Zentrifugation eine Technik zur Trennung von Partikeln, beispielsweise von Organellen, auf der Grundlage ihrer Sedimentationsgeschwindigkeiten. Bei dieser Zentrifugationsmethode wird die zu fraktionierende Probe als dünne Schicht auf den Gradienten einer gelösten Substanz gegeben, so dass die Dichte von oben nach unten im Zentrifugationsröhrchen zunimmt. Der Effekt wird hier für drei Organellen dargestellt, die sich in ihrer Größe und/oder Dichte unterscheiden. Wenn man die Organellen fünf Mal hintereinander der Zentrifugationskraft aussetzt (eingekreiste Zahlen), dann wandern die Organellen als deutlich voneinander abgegrenzte Banden durch den Gradienten.

in einer stabilen Gleichgewichtsposition, wo ihre Dichte exakt der Dichte des Gradienten an dieser Position entspricht.

Zur Trennung von Organellen durch die Gleichgewichts-Dichtegradienten-Zentrifugation arbeitet man sehr häufig mit einem Saccharosegradienten und das Dichtespektrum liegt zwischen 1,10 und 1,30 g/cm^3 (0,75 – 2,3 *M* Saccharose). Diese Methode dient außerdem zur Trennung verschiedener DNA- und RNA-Formen entsprechend ihrer jeweiligen Dichte. Mit Hilfe der Gleichgewichts-Dichtegradienten-Zentrifugation haben Meselson und Stahl (siehe *Abbildung 19.3*) in ihren klassischen Experimenten den Mechanismus der DNA-Replikation aufgeklärt.

12.1.2 Das raue ER wirkt an der Biosynthese und der Prozessierung von Proteinen mit

Die Ribosomen an der cytosolischen Seite der rauen ER-Membran sind sowohl für die Synthese von membranständigen Proteinen als auch für die löslichen Proteine im Endomembransystem verantwortlich. Wie gelangen die Proteine vom Ort ihrer Synthese auf der gegenüberliegenden (cytosolischen) Seite der rauen ER-Membran in das ER-Lumen und das Endomembransystem? Die Synthese der Proteine für das Endomembransystem beginnt an den cytoplasmatischen Ribosomen, die kurz nach der Initiation der Translation über Rezeptorproteine mit der ER-Membran eine Bindung eingehen. Neu synthetisierte Proteine treten kotranslational in das Endomembransystem ein – das heißt, sie werden durch einen Porenkomplex in der ER-Membran in das raue ER-Lumen aufgenommen, wenn das Polypeptid von dem ER-umhüllten Ribosom synthetisiert wird (siehe *Abbildung 22.16*). Nach der Biosynthese verbleiben die Proteine, welche die ER-Membran durchspannen, entweder über hydrophobe Regionen des Polypeptids oder über kovalente Bindung mit Membranlipiden in der ER-Membran verankert. Lösliche Proteine, darunter sekretorische Proteine, werden in das ER-Lumen freigesetzt.

Abgesehen von seiner Rolle bei der Biosynthese von Polypeptidketten, spielen sich auf dem rauen ER noch weitere Vorgänge ab, darunter die ersten Schritte der Anfügung und Prozessierung von Kohlenhydratgruppen an Glykoproteine, die Faltung von Polypeptiden, das Erkennen und Entfernen von falsch gefalteten Polypeptiden und die Zusammensetzung multimerer Proteine. Somit gehört zu den ER-spezifischen Proteinen eine ganze Reihe von Enzymen, die kotranslationale und posttranslationale Modifikationen katalysieren. Zu diesen Modifikationen gehören die Glykosylierung, die für die Zuordnung der Proteine zu ihrem Bestimmungsort von Bedeutung ist, und die Bildung von Disulfidbindungen, die für die richtige Proteinfaltung von essenzieller Bedeutung sind. Diese Themen werden wir im Rahmen der Proteinbiosynthese, der Orientierung und der Faltung in *Kapitel 22* genauer darstellen.

Des Weiteren ist das ER ein Qualitätskontrollpunkt. Bei dem *ER-assoziierten Abbau* (*ERAD*; engl.: *ER-associated degradation*), werden falsch modifizierte, fehlgefaltete oder nicht richtig zusammengesetzte Proteine durch cytosolische *Proteasomen* aus dem ER abgebaut, bevor sie in den Golgi-Komplex gelangen können. Mehrere Erkrankungen des Menschen, darunter die Zystische Fibrose und die familiäre Hypercholesterinämie, sind mit Defekten in diesen Vorgängen assoziiert.

12.1.3 Das glatte ER ist an der Detoxifikation, dem Kohlenhydratmetabolismus, der Calciumspeicherung und der Steroidbiosynthese beteiligt

Detoxifikation (Entgiftung) Bei der Detoxifikation wirkt häufig eine von einem Enzym katalysierte **Hydroxylierung** mit, denn das Anfügen von Hydroxylgruppen an hydrophobe toxische Substanzen fördert deren Löslichkeit und der Körper kann sie leichter ausscheiden. Die Hydroxylierung organischer Akzeptormoleküle wird typischerweise von einem Mitglied der Cytochrom-P-450-Proteinfamilie katalysiert. Diese Proteine kommen in großer Anzahl im glatten ER der Hepatocyten (Leberzellen) vor, in denen die Detoxifikation vieler Substanzen und Giftstoffe stattfindet.

In den Hepatocyten transferiert ein Elektronentransportsystem Elektronen vom NADPH oder NADH zu einer Hämgruppe in einem Cytochrom-P-450-Protein, das dann ein Elektron an molekularen Sauerstoff abgibt. Ein Atom des molekularen Sauerstoffs nimmt zwei Elektronen und zwei H^+ auf und bildet H_2O. Das andere Sauerstoffatom wird als Teil einer Hydroxylgruppe an das organische Substratmolekül angefügt. Da eines der beiden Sauerstoffatome von O_2 in das Reaktionsprodukt eingebaut wird, bezeichnet man diese Cytochrom-P-450-Enzyme oft als *Monooxygenasen*. Die Nettoreaktion ist unten dargestellt, wobei R für den organischen Hydroxylakzeptor steht:

$$RH + NAD(P)H + H^+ + O_2 \longrightarrow ROH + NAD(P)^+ + H_2O \quad (12\text{-}1)$$

Der Abbau hydrophober Barbiturate (Betäubungsmittel) wird zum Beispiel von Hydroxylierungsenzymen im glatten ER gefördert. Injiziert man einer Ratte sedatives Phenobarbital (wirkt als Beruhigungsmittel), so kann man den schnellen Anstieg von Enzymen in der Leber fördern, die das Barbiturat detoxifizieren, was mit einem dramatischen Wachstum des glatten ER einhergeht. Dies bedeutet allerdings, dass zunehmend größere Mengen des Pharmakons notwendig sind, um den gleichen sedativen Effekt herbeizuführen. Diesen Effekt bezeichnet man als *Toleranz* (oder *Sucht*), die man bei Individuen beobachten kann, die regelmäßig Phenobarbital einnehmen. Des Weiteren besitzt das durch Phenobarbital induzierte Enzym Hydroxylier-Aktivität und kann daher eine Reihe von Pharmaka löslich machen, darunter hilfreiche Wirkstoffe wie Antibiotika, Antikoagulanzien (Blutgerinnungshemmstoffe) und Steroide. Die Folge ist in letzter Konsequenz die dauerhafte, suchthafte Einnahme von Barbituraten, wodurch die Effektivität vieler anderer klinisch hilfreicher Medikamente sinkt.

Ein weiteres Cytochrom-P-450-Protein des glatten ER ist Teil eines Enzymkomplexes mit der Bezeichnung *Aryl-Kohlenwasserstoffhydroxylase*. Dieser Komplex ist an der Metabolisierung polyzyklischer Kohlenwasserstoffe beteiligt, organischer Moleküle, die aus zwei oder mehr verknüpften Benzolringen bestehen, die oftmals toxisch wirken. Die Hydroxylierung solcher Moleküle ist sehr wichtig, um deren Löslichkeit in Wasser zu fördern, doch oftmals wirken die oxidierten Produkte toxischer als die ursprüngliche Verbindung. Die Aryl-Kohlenwasserstoffhydroxylase wandelt potenzielle Karzinogene in ihre chemisch aktiven Formen um. Mäuse, die hohe Konzentrationen dieser Hydroxylase synthetisieren, erkranken mit höherer Inzidenz spontan an Krebs als normale Mäuse, während die mit einem Inhibitor von Aryl-Kohlenwasserstoffhydroxylase behandelten Mäuse seltener Tumore entwickeln. Interessanterweise wird die Aryl-Kohlenwasserstoffhydroxylase stark durch Zigarettenrauch induziert, was Rauchern unter Ihnen zu denken geben sollte.

Neuere Arbeiten erbrachten den Nachweis, dass die unterschiedliche Aktivität und Nebenwirkungen bestimmter Medikamente und Pharmaka auf Unterschieden im Vorkommen oder der Aktivität bestimmter Cytochrom-P-450-Gene bei verschiedenen Patienten beruhen. Diese Erkenntnis führte zur Einführung eines neuen Untersuchungsgebietes, der **Pharmakogenetik** (auch *Pharmakogenomik*). Die auf diesem Gebiet tätigen Wissenschaftler befassen sich mit der Fragestellung, wie die vererbten Unterschiede in Genen (und den daraus hervorgehenden Genprodukten) zu unterschiedlichen Reaktionen auf Medikamente, Pharmaka und Umweltgifte führen.

Kohlenhydratmetabolismus Das glatte ER der Hepatocyten (Leberzellen) wirkt außerdem am enzymatischen Abbau gespeicherten Glykogens mit, was man durch die Gegenwart der *Glucose-6-Phosphatase* nachweisen kann. Die Glucose-6-Phosphatase kommt als membranständiges Enzym nur im ER vor. Daher wird dessen Auftreten als Marker zur Identifizierung des ER während der subzellulären Fraktionierung oder zur Sichtbarmachung des ER mittels fluoreszierender Antikörper eingesetzt. Die Glucose-6-Phosphatase hydrolysiert die Phosphatgruppe des Glucose-6-Phosphats und es entstehen freie Glucose und anorganisches Phosphat (P_i):

$$\text{Glucose-6-Phosphat} + H_2O \longrightarrow \text{Glucose} + P_i \quad (12\text{-}2)$$

Das Enzym kommt in großer Menge in der Leber vor, denn die Leber hat die wichtige Aufgabe, die Glucosekonzentration im Blut relativ konstant zu halten. Die Leber speichert in den mit dem glatten ER assoziierten Granula Glucose in Form von Glykogen (▸*Abbildung 12.3a*). Wenn der Körper Glucose braucht, besonders zwischen den Mahlzeiten und als Reaktion auf verstärkte Muskelaktivität, wird Leberglykogen durch Phosphorolyse abgebaut (siehe *Abbildung 9.10*), wodurch Glucose-6-Phosphat entsteht (▸*Abbildung 12.3b*). Da Membranen im Allgemeinen für phosphorylierte Zucker undurchlässig sind, muss das Glucose-6-Phosphat von der Glucose-6-Phosphatase in freie Glucose umgewandelt werden, damit die freie Glucose die

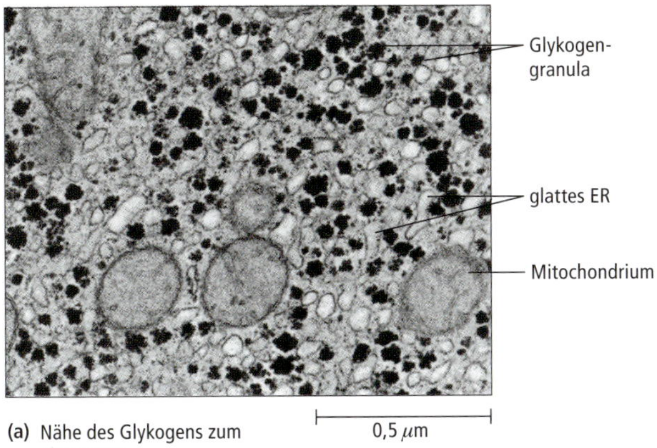

(a) Nähe des Glykogens zum glatten ER

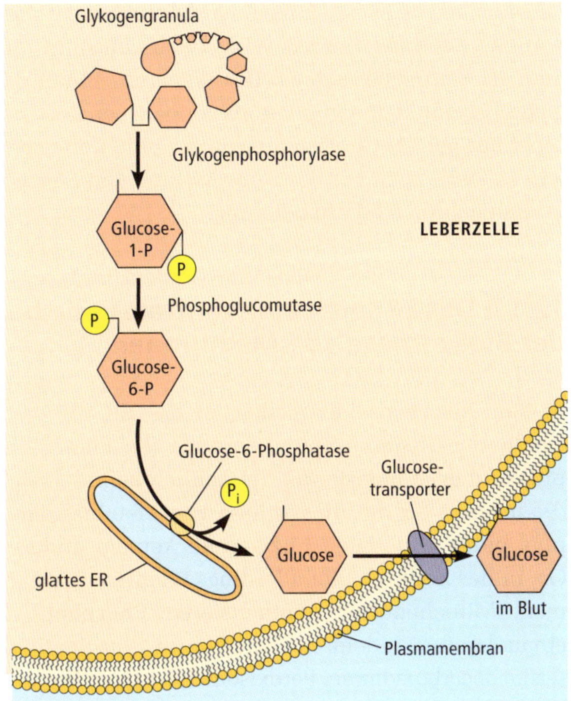

(b) Prozess des Glycogen-Abbaus in der Leber

Abbildung 12.3: **Die Rolle des glatten ER im Katabolismus von Leberglykogen.** (a) Diese elektronenmikroskopische Aufnahme einer Affenleberzelle macht zahlreiche Granula von Glykogen sichtbar, die eng mit dem glatten ER assoziiert sind (TEM). (b) Der Abbau von Leberglykogen erfolgt schrittweise durch Entfernen von Glucoseeinheiten in Form von Glucose-1-Phosphat. Darauf folgt die Umwandlung von Glucose-1-Phosphat zu Glucose-6-Phosphat durch Enzyme im Cytosol. Das Entfernen der Phosphatgruppe hängt von der Glucose-6-Phosphatase ab, einem mit der Membran des glatten ER assoziierten Enzym. Die freie Glucose wird dann von einem Glucosetransporter (GLUT2) in der Plasmamembran aus der Leberzelle in das Blut transportiert.

Zelle verlassen und in den Blutkreislauf eintreten kann. Die freie Glucose verlässt die Leberzellen über den Glucosetransporter GLUT2 und gelangt in das Blut, von wo aus sie in andere Zellen transportiert wird, die Energie benötigen. Die Aktivität der Glucose-6-Phosphatase ist in Leber-, Nieren- und Darmzellen zu finden, aber nicht in den Muskel- und Hirnzellen. Die Muskel- und Hirnzellen halten das Glucose-6-Phosphat zurück, um ihren eigenen, hohen Energiebedarf zu decken.

Calciumspeicherung Das *sarkoplasmatische Reticulum* der Muskelzellen ist ein Beispiel für ein glattes, auf die Calciumspeicherung spezialisiertes ER. In diesen Zellen enthält das ER-Lumen hohe Konzentrationen calciumbindender Proteine. Calciumionen werden von *ATP-abhängigen Calcium-ATPasen* aktiv in das ER gepumpt und als Reaktion auf extrazelluläre Signale freigesetzt, um die Muskelkontraktion auszulösen (siehe *Abbildung 14.12*). Die Bindung von Neurotransmittermolekülen an Rezeptoren auf der Oberfläche der Muskelzelle löst eine Kaskade von Signalen aus, die zur Freisetzung von Calcium aus dem sarkoplasmatischen Reticulum führen und die Kontraktion der Muskelfasern bewirken. In den *Kapiteln 13* und *16* werden wir uns eingehender mit der Übertragung von Nervenimpulsen und der Muskelkontraktion beschäftigen.

Steroidbiosynthese Das glatte ER bestimmter Zellen ist der Ort der Biosynthese von Cholesterin (in der Literatur teilweise auch als Cholesterol bezeichnet) und Steroidhormonen wie Cortisol, Testosteron und Östrogen. Große Mengen an glattem ER finden sich in den Zellen der Nebenniere, die Cortisol bilden, in den Leydig-Zellen der Hoden, die Testosteron bilden, in Leberzellen, die Cholesterin bilden und in den Follikelzellen der Eierstöcke, die Östrogen bilden. Man hat das glatte ER außerdem in enger Assoziation mit den Plastiden einiger Pflanzen nachgewiesen, in denen es an der Phytohormonsynthese mitwirken könnte.

Cholesterin, Cortisol und die männlichen und weiblichen Steroidhormone, die wir gerade vorgestellt haben, besitzen alle eine Struktur aus vier Ringen, unterscheiden sich jedoch im Hinblick auf Anzahl und Anordnung der Kohlenstoffseitenketten und der Hydroxylgruppen (siehe *Abbildung 3.27e* und *Abbildung 3.30*). *Hydroxy-3-methylglutaryl-CoA-Reduktase* (*HMG-CoA-Reduktase*), das Enzym, das die entscheidende Reaktion in der Cholesterinbiosynthese katalysiert, kommt in großen Mengen im glatten ER der

Leberzellen vor. Dieses Enzym wird durch eine Klasse von cholesterinsenkenden Wirkstoffen gehemmt, die man als *Statine* bezeichnet. Des Weiteren enthält das glatte ER eine Reihe von P-450-Monooxygenasen, die nicht nur bei der Cholesterinsynthese eine Rolle spielen, sondern auch bei der Umwandlung von Steroidhormonen durch Hydroxylierung.

12.1.4 Das ER spielt eine zentrale Rolle bei der Biosynthese von Membranen

In den eukaryotischen Zellen ist das ER die erste Quelle der Membranlipide, darunter der Phospholipide und des Cholesterins. Tatsächlich befinden sich die meisten für die Biosynthese von Membranphospholipiden benötigten Enzyme an keinem anderen Ort in der Zelle. Es gibt allerdings wichtige Ausnahmen: Mitochondrien synthetisieren Phosphatidylethanolamine, indem sie eingeführte Phosphatidylserine decarboxylieren. Peroxisomen besitzen Enzyme zur Synthese von Cholesterin. Und Chloroplasten enthalten Enzyme zur Synthese von chloroplastenspezifischen Lipiden.

Die Biosynthese von Fettsäuren für Membranphospholipidmoleküle findet im Cytoplasma statt und sie werden nur in den Monolayer der ER-Membran aufgenommen, der dem Cytosol zugewandt ist. Zellmembranen sind natürlich *Phospholipiddoppelschichten*, wobei die Phospholipide auf beiden Seiten verteilt vorliegen. Somit muss es einen Mechanismus zum Transport von Phospholipiden von der einen Membranschicht zur anderen geben. Da es für Phospholipide thermodynamisch nicht vorteilhaft ist, spontan mit der erforderlichen Geschwindigkeit von einer Seite der Doppelschicht auf die andere zu wechseln, hängt der Transfer von **Phospholipidtranslokatoren** ab, den sogenannten **Flippasen**. Sie katalysieren die Translokation von Phospholipiden durch ER-Membranen, den sogenannten Flipflop (siehe *Abbildung 7.10*).

Ähnlich den Enzymen sind auch die Phospholipidtranslokatoren recht spezifisch und üben nur auf die Geschwindigkeit des Vorgangs einen Einfluss aus. Daher hängt der Typ der Phospholipidmoleküle, die durch eine Membran transportiert werden, von den jeweilig vorhandenen Translokatoren ab, die zu der in *Kapitel 7* dargestellten *Membranasymmetrie* beitragen. Beispielsweise enthält die ER-Membran einen Translokator für Phosphatidylcholin und dieses kommt aus diesem Grund in beiden Monolayern der ER-Membran vor. Im Gegensatz dazu gibt es keinen Translokator für Phosphatidylethanolamin, Phosphatidylinositol oder Phosphatidylserin, die daher nur im cytosolischen Monolayer lokalisiert sind. Wenn Vesikel der ER-Membran mit anderen Organellen des Endomembransystems verschmelzen, werden die verschiedenen Zusammensetzungen der Monoschichten des Cytosols und des Lumens, die im ER vorkommen, auf diese andere Zellmembran übertragen.

Der Transport von Phospholipiden vom ER zu einem Mitochondrium, einem Chloroplasten oder Peroxisomen stellt ein in seiner Art einzigartiges Problem dar. Anders als bei den Organellen des Endomembransystems erfolgt das Wachstum dieser Organellen nicht durch Verschmelzung mit aus dem ER hervorgegangenen Vesikeln. Stattdessen übertragen cytosolische **Phospholipidtransferproteine** (die man auch als *Phospholipidüberträgerproteine* bezeichnet) Phospholipidmoleküle von der ER-Membran auf die äußeren Membranen der Mitochondrien und der Chloroplasten. Jedes Transferprotein erkennt ein spezifisches Phospholipid, entfernt dies aus einer Membran und transportiert es durch das Cytosol zu einer anderen Membran. Dieser Proteintransfer trägt auch zum Transport von Phospholipiden vom ER zu anderen Zellmembranen bei, unter anderem auch zur Plasmamembran.

Obwohl das ER der Ursprungsort der meisten Membranlipide ist, unterscheiden sich die anderen Zellmembranen im Hinblick auf ihre Zusammensetzung erheblich von der Zusammensetzung der ER-Membran (▸*Tabelle 12.1*). Charakteristische Merkmale der Plasmamembran sind die relativ geringe Menge von Phosphoglyceriden und die großen Konzentrationen von Cholesterin, Sphingomyelin und Glykolipiden. Wissenschaftler haben ausgehend von den Kompartimenten des Endomembransystems zur Plasmamembran einen ansteigenden Gradienten des Cholesteringehalts im ER festgestellt. Dieser korreliert mit dem ansteigenden Gradienten der Membrandicke. Die ER-Membranen sind ungefähr 5 nm dick, während die Plasmamembranen circa 8 nm dick sind. Diese unterschiedlichen Membrandicken wirken sich auf die Sortierung und Zielrichtung der integralen Membranproteine aus, auf die wir nach unserer Darstellung des Golgi-Komplexes und seiner Rolle bei der Proteinprozessierung eingehen werden.

Tabelle 12.1

Zusammensetzung des ER und der Plasmamembranen von Rattenleberzellen

Membran-komponente	ER-Membran	Plasma-membran
Membrankomponenten als % des Membrangewichts		
Kohlenhydrat	10	10
Protein	62	54
Lipide (insgesamt)	27	36
Membranlipide als % des Gewichts aller Lipide		
Phosphatidylcholin	40	24
Phosphatidylethanolamin	17	7
Phosphatidylserin	5	4
Cholesterin	6	17
Sphingomyelin	5	19
Glykolipide	Spuren	7
andere Lipide	27	22

Der Golgi-Komplex 12.2

Wir wenden unsere Aufmerksamkeit jetzt dem Golgi-Komplex zu, einem Baustein des Endomembransystems, der physikalisch und funktionell eng mit dem ER verbunden ist. Im Golgi-Komplex durchlaufen Glykoproteine des ERs eine weitere Prozessierung und werden zusammen mit den Membranlipiden für den Transport zu ihren Bestimmungsorten innerhalb oder außerhalb der Zelle ausgewählt und in Vesikel verpackt. Somit spielt der Golgi-Komplex eine sehr wichtige Rolle für den Transport von Membranbestandteilen und den Transport von Proteinen in eukaryotischen Zellen.

Der **Golgi-Komplex** (oder *Golgi-Apparat*) erhielt seinen Namen von Camillo Golgi, dem italienischen Biologen, der ihn als erster im Jahr 1898 beschrieb. Er berichtete, dass mit Osmiumtetroxid inkubierte Nervenzellen Osmiumspeicher aufwiesen, die gleich einem fadenförmigen Netzwerk den Zellkern umgaben. Die gleiche Färbereaktion wurde bei einer Vielzahl von Zelltypen und mit anderen Schwermetallen nachgewiesen. Man konnte allerdings keine Zellstruktur ausfindig machen, um das Anfärben zu erklären. Daher blieb die Beschaffenheit – ja sogar die Existenz – des Golgi-Komplexes ein kontrovers diskutiertes Thema, das schließlich mit Hilfe der Elektronenmikroskopie geklärt werden konnte.

12.2.1 Der Golgi-Komplex besteht aus einer Reihe membranumhüllter Zisternen

Der Golgi-Komplex besteht aus einer Reihe von membranumschlossenen, scheibenförmigen, übereinandergestapelten flachen Hohlräumen, die man Zisternen nennt, wie in ▶*Abbildung 12.4* darge-

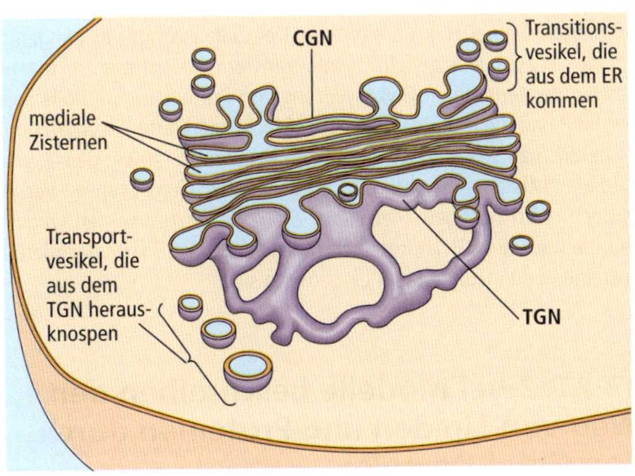

(a) Ein Golgi-Stapel in einer tierischen Zelle

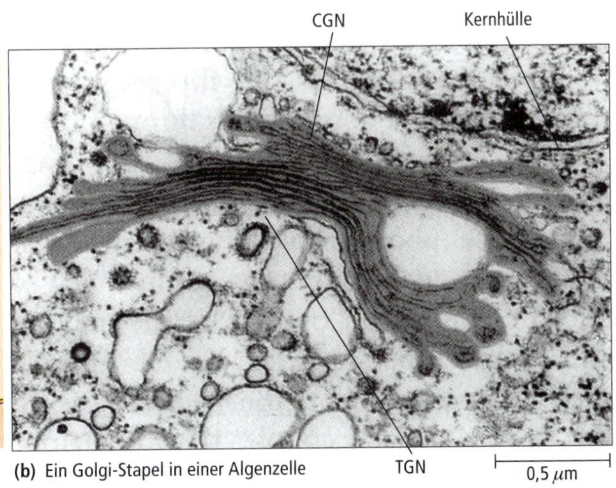

(b) Ein Golgi-Stapel in einer Algenzelle

Abbildung 12.4: Die Golgi-Struktur. Ein Golgi-Stapel besteht aus einer geringen Anzahl flacher Zisternen. (a) Auf der *cis*-Seite verschmelzen aus dem ER kommende Transitionsvesikel mit Membranen des *cis*-Golgi-Netzwerkes (CGN). Auf der *trans*-Seite entstehen durch Abknospen aus dem *trans*-Golgi-Netzwerk (TGN) Transportvesikel. Die Transportvesikel transportieren Lipide und Proteine zu anderen Kompartimenten des Endomembransystems oder bilden sekretorische Vesikel. (b) Diese elektronenmikroskopische Aufnahme zeigt einen Golgi-Stapel, der neben der Zellkernhülle einer Algenzelle liegt (TEM).

stellt. Man bezeichnet eine Reihe dieser Zisternen als Golgi-Stapel, den man unter dem Elektronenmikroskop sichtbar machen kann (▶*Abbildung 12.4b*). Im Allgemeinen bilden drei bis acht Zisternen einen Golgi-Stapel, obwohl Anzahl und Größe der Golgi-Stapel je nach Zelltyp und metabolischer Aktivität der Zelle stark variieren. Einige Zellen besitzen einen großen Stapel, während andere – vor allem sekretorisch aktive Zellen – Hunderte oder sogar Tausende von Golgi-Stapeln aufweisen.

Die statische Ansicht des ER und des Golgi-Komplexes der elektronenmikroskopischen Aufnahme *Abbildung 12.4b* kann irreführen, denn diese Organellen sind im Grunde dynamische Strukturen. Sowohl das ER als auch der Golgi-Komplex sind typischerweise von zahlreichen *Transportvesikeln* umgeben, die Lipide und Proteine vom ER zum Golgi-Komplex transportieren, zwischen den Zisternen eines Golgi-Stapels und vom Golgi-Komplex zu verschiedenen Orten in der Zelle, unter anderem auch zu den Endosomen, Lysosomen und sekretorischen Granula. Somit ist das Lumen des Golgi-Komplexes, oder der *Intrazisternenraum*, Teil des aus Innenräumen bestehenden Netzwerks des Endomembransystems (siehe *Abbildung 12.1*).

Die beiden Seiten des Golgi-Stapels Jeder Golgi-Stapel hat zwei unterschiedliche Seiten (*Abbildung 12.4*). Die *cis-Seite* ist zum ER ausgerichtet. Das dem ER am nächsten gelegene Golgi-Kompartiment ist ein Netzwerk aus flachen, von einer Membran umgebenen Hohlräumen, das man als ***cis*-Golgi-Netzwerk (CGN)** bezeichnet. Ständig kommen Vesikel, die neu synthetisierte Lipide und Proteine aus dem ER enthalten, im CGN an, wo sie mit den CGN-Membranen verschmelzen. Die gegenüberliegende Seite des Golgi-Komplexes wird als *trans-Seite* bezeichnet. Das auf dieser Seite des Golgi-Komplexes gelegene Kompartiment weist eine ähnliche Morphologie auf und trägt die Bezeichnung ***trans*-Golgi-Netzwerk (TGN)**. Hier verlassen Proteine und Lipide den Golgi-Komplex in **Transportvesikeln**, die ständig aus den Spitzen der TGN-Zisternen herausknospen. Diese Transportvesikel befördern Lipide und Proteine vom Golgi-Komplex zu sekretorischen Granula, Endosomen, Lysosomen und der Plasmamembran. Die zentralen Hohlräume zwischen dem CGN und dem TGN bilden die mediale Zisterne des Golgi-Stapels, in der ein Großteil der Proteinprozessierung abläuft.

Das CGN, das TGN und die medialen Zisternen des Golgi-Komplexes unterscheiden sich im Hinblick auf Biochemie und Funktion. Jedes Kompartiment enthält spezifische Rezeptorproteine und Enzyme, die für spezifische Schritte der Protein- und Membranprozessierung notwendig sind, was man durch immunologische und cytochemische Färbetechniken nachgewiesen hat. Diese biochemische *Polarität* wird in ▶*Abbildung 12.5* veranschaulicht. Es handelt sich um die Aufnahme eines Golgi-Stapels in einer Nierenzelle eines Hasen. Zum Nachweis von *N-Acetylglucosamintransferase I* wurde dieses Enzym, das die Kohlenhydratseitenketten von Glykoproteinen modifiziert, angefärbt. Dadurch wurde der Nachweis erbracht, dass das Enzym konzentriert in den medialen Zisternen des Golgi-Komplexes vorkommt.

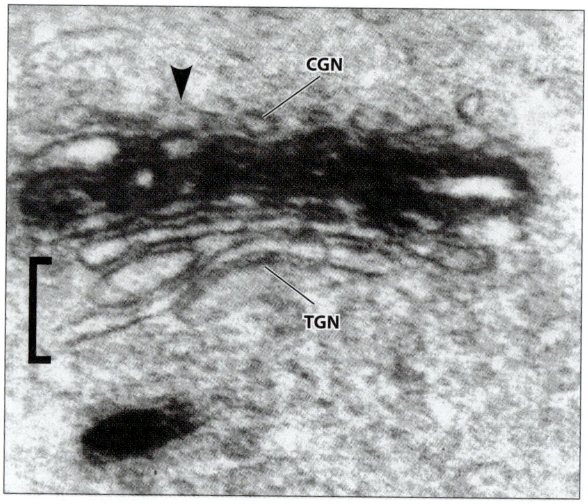

Abbildung 12.5: Immunochemisches Anfärben eines Golgi-Komplexes. Diese elektronenmikroskopische Aufnahme zeigt einen Golgi-Stapel einer Hasennierenzelle. Der Zellabschnitt wird angefärbt, um das Enzym *N*-Acetylglucosamintransferase I sichtbar zu machen, das bei der terminalen Glykosylierung von Proteinen eine Rolle spielt. Der Pfeil und die Klammer weisen auf nicht-markierte Zisternen hin; es ist deutlich zu sehen, dass das Enzym konzentriert in einigen wenigen medialen Zisternen nahe der *cis*-Seite des Golgi-Stapels vorliegt. Dadurch wird nachgewiesen, dass *N-Acetylglucosamin* den Oligosacchariden auf den Glykoproteinen hinzugefügt wird, kurz nachdem die Proteine in den Golgi-Stapel eingetreten sind.

12.2.2 Zwei Modelle beschreiben den Weg von Lipiden und Proteinen durch den Golgi-Komplex

Man hat zwei Modelle entwickelt, um den Transport von Lipiden und Proteinen vom CGN zum TGN über die medialen Zisternen des Golgi-Komplexes zu erklären. Gemäß dem **Vesikeltransportmodell** ist jedes Kompartiment des Golgi-Stapels eine stabile Struktur. Der Verkehr zwischen aufeinander folgenden Zisternen wird von *Shuttlevesikeln* bewerkstelligt, die aus einer Zisterne herausknospen und mit der nächsten Zisterne in der *cis-trans*-Richtung verschmelzen. Die für das TGN bestimmten Proteine (u.a. Lysosomen- und Membranproteine, sekretorische Proteine) werden einfach von Shuttlevesikeln weiter transportiert, während Moleküle, die im ER und den aufeinanderfolgenden Golgi-Kompartimenten verbleiben sollen, aktiv zurückgehalten oder wieder zurückgeholt werden.

Gemäß dem zweiten Modell, das man als **Modell der Zisternenreifung** bezeichnet, handelt es sich bei den Golgi-Zisternen um vorübergehend gebildete Kompartimente, die sich allmählich von CGN-Zisternen über mediale Zisternen zu TGN-Zisternen entwickeln. In diesem Modell gehen Transitionsvesikel des ER in das CGN über, in dem sich spezifische Enzyme für die frühen Schritte der Proteinprozessierung ansammeln. Schritt für Schritt wird jede *cis*-Zisterne erst in eine intermediäre mediale Zisterne und dann in eine *trans*-Zisterne umgewandelt und nimmt während dieses Vorgangs weitere Enzyme auf. Die in späteren Kompartimenten nicht mehr benötigten Enzyme kehren in die früheren Kompartimente zurück. In beiden Modellen bildet das TGN Transportvesikel oder sekretorische Granula, die spezielle Substanzen für die jeweiligen Zielorte jenseits des Golgi-Komplexes enthalten.

Aus Versuchen ging hervor, dass diese beiden Modelle sich nicht unbedingt ausschließen müssen. Es ist wahrscheinlich, dass beide bis zu einem gewissen Grad Gültigkeit haben, je nach Organismus und Aufgabe der Zelle. Während das Vesikeltransportmodell erheblich durch Versuche gestützt wird, sind einige zelluläre Komponenten in den medialen Kompartimenten des Golgi-Komplexes eindeutig zu groß, um von den kleinen Shuttlevesikeln der Zellen transportiert zu werden. Beispielsweise treten Polysaccharidhüllen, die einige Algen bilden, zuerst in den frühen Golgi-Kompartimenten auf. Die Hüllen sind zu groß, um von den Transportvesikeln aufgenommen zu werden, doch durchwandern sie trotzdem späte Golgi-Kompartimente auf ihrem Weg zur Plasmamembran, wo sie in die Zellwand eingebaut werden.

In jüngster Zeit hat man zeitverzögerte Fluoreszenzmikroskopie in lebenden Hefezellen eingesetzt, um einzelne Golgi-Zisternen in Echtzeit zu untersuchen. Die dreidimensionale Analyse von Bildern stützt das Modell der Zisternenreifung und legt den Schluss nahe, dass die Zisternen mit konstanter Geschwindigkeit reifen. Außerdem hat man die Geschwindigkeit gemessen, mit der sich markierte sekretorische Proteine durch den Golgi-Komplex bewegen und diese Geschwindigkeit stimmte mit der Geschwindigkeit der Reifung der Zisternen überein. Obwohl viele Wissenschaftler seit mehr als 100 Jahren an der Enträtselung der Geheimnisse des Golgi-Komplexes und dessen vielfältiger Funktionen arbeiten, ist es noch nicht gelungen, diese Fragen eindeutig zu klären.

Anterograder und retrograder Transport Der Transport von Substanzen vom ER durch den Golgi-Komplex zur Plasmamembran wird als **anterograder Transport** bezeichnet (*antero* stammt von dem lateinischen Wort für „vorn" ab und *grade* ist mit dem Wort für „Schritt" verwandt). Jedes Mal, wenn ein sekretorisches Vesikel mit der Plasmamembran verschmilzt und seinen Inhalt durch Exocytose entleert, wird ein Teil der Membran, die aus dem ER stammt, Bestandteil der Plasmamembran. Die Zelle recycelt Lipide und Proteine, die während der späten Stadien des anterograden Transports nicht mehr gebraucht werden, um den Fluss von Lipiden zur Plasmamembran auszugleichen und um sicherzustellen, dass es stets einen Nachschub an Bausteinen zur Bildung neuer Vesikel gibt. Dies wird mit Hilfe des **retrograden Transports** (*retro* ist das lateinische Wort für „zurück") geleistet. Es handelt sich um den Rückfluss von Membranmaterial der Golgi-Zisternen zum ER.

Bei dem Vesikeltransportmodell erleichtert der retrograde Fluss sowohl die Wiedergewinnung ER-spezifischer Lipide und Proteine, die vom ER zum CGN gelangten, als auch den Transport Kompartiment-spezifischer Proteine zurück zu bestimmten medialen Zisternen des Golgi-Stapels. Das für das TGN bestimmte Material wird weitertransportiert. Noch ist nicht geklärt, ob dieser retrograde Verkehr direkt von allen medialen Zisternen des Golgi-Stapels zurück zum ER erfolgt oder durch reversen Fluss durch aufeinanderfolgende Zisternen. Dem Zisternenreifungsmodell zufolge trägt der retrograde Fluss Material zu sich neu bildenden Kompartimenten zurück nachdem Rezeptoren und Enzyme nicht länger in den reiferen Kompartimenten benötigt werden.

Die Aufgaben des ER und des Golgi-Komplexes bei der Proteinglykosylierung 12.3

In ganz erheblichem Maß erfolgt die Proteinprozessierung, die im ER und im Golgi-Komplex abläuft, mittels **Glykosylierung** – dem Anfügen von Kohlenhydratseitenketten an spezifische Aminosäurereste von Proteinen, die dann **Glykoproteine** bilden. Anschließende Enzym-katalysierte Reaktionen modifizieren dann die Oligosaccharidseitenkette, die an das Protein angeheftet wurde. Bei Zellen hat man zwei allgemeine Formen der Glykosylierung beobachtet (siehe *Abbildung 7.25*). Die **N-verknüpfte Glykosylierung** (oder **N-Glykosylierung**) erfolgt über Anfügen einer spezifischen Oligosaccharideinheit an das *Stickstoffatom* der terminalen Aminogruppe bestimmter Asparaginreste. Die **O-verknüpfte Glykosylierung** erfolgt über das Anfügen eines Oligosaccharids an ein *Sauerstoffatom* einer Hydroxylgruppe bestimmter Serin- oder Threoninreste. Jeder Schritt der Glykosylierung ist stark von vorangehenden Modifikationen abhängig. Nur ein Fehler bei einem Schritt, vielleicht auf Grund eines defekten Enzyms, kann die weitere Modifikation einer Kohlenhydratseitenkette blockieren und zu schweren Stoffwechselerkrankungen der betroffenen Gewebe und des gesamten Organismus führen.

12.3.1 Die initiale Glykosylierung findet im ER statt

Im Folgenden konzentrieren wir uns auf die N-Glykosylierung. In ▸*Abbildung 12.6* werden die Schritte der Glykosylierung dargestellt, die ablaufen könnten, während das Glykoprotein vom ER zum CGN wandert und durch den Golgi-Komplex zum TGN. Beachten Sie, dass spezifische Enzyme vorhanden sind, die verschiedene Schritte der Glykosylierung und anschließende Modifikationen in spezifischen Kompartimenten des ER und des Golgi-Komplexes katalysieren. Die ersten Schritte der N-Glykosylierung erfolgen auf der cytosolischen Oberfläche der ER-Membran und spätere Schritte laufen im ER-Lumen ab (▸*Abbildung 12.7*). Trotz der Vielfalt von Oligosacchariden, die man in reifen Glykoproteinen vorfindet, haben alle Kohlenhydratseitenketten, die an die Proteine im ER angefügt werden, anfangs ein gemeinsames **Kernoligosaccharid** gemeinsam. Dies setzt sich aus zwei Einheiten von N-Acetylglucosamin (GlcNAc, siehe *Abbildung 3.26a*), neun Mannoseeinheiten und drei Glucoseeinheiten zusammen.

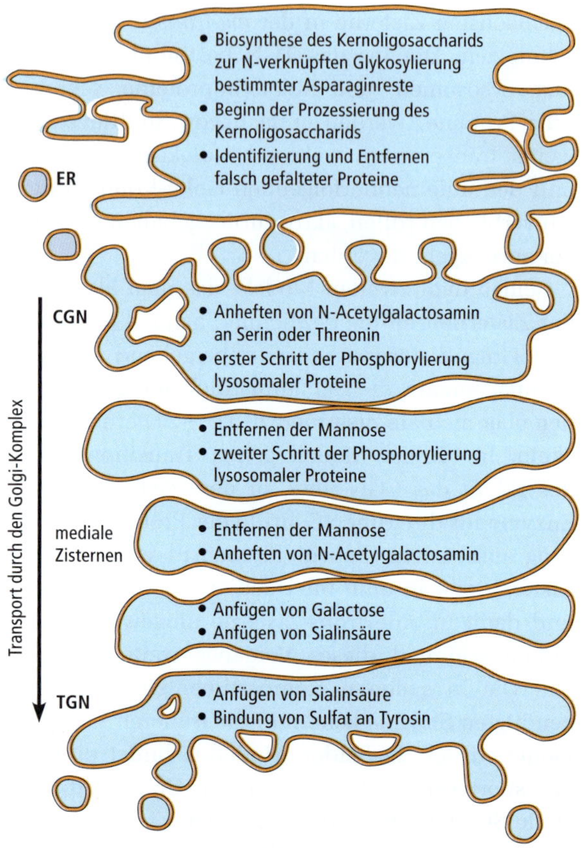

Abbildung 12.6: Kompartimentalisierung der Schritte der Glykosylierung und anschließende Modifikation von Proteinen. Enzyme, die spezifische Schritte der Glykosylierung und die weitere Modifikation von Proteinen katalysieren, sind in verschiedenen Kompartimenten des ER und des Golgi-Komplexes lokalisiert. Die Prozessierung erfolgt sequenziell, wenn die Proteine von einem Kompartiment zum nächsten wandern. Die hier dargestellten Schritte sind Beispiele möglicher Modifikationen und müssen nicht bei allen Glykoproteinen erfolgen.

Die Glykosylierung beginnt mit einem Dolicholphosphat, einem Oligosaccharidüberträger, der in der ER-Membran lokalisiert ist (▸*Abbildung 12.7*, Schritt ❶). GlcNAc und Mannosegruppen werden anschließend an die Phosphatgruppe des Dolicholphosphats angehängt (Schritt ❷). Das wachsende Kernoligosaccharid wird dann von einer *Flippase* vom Cytosol zum ER-Lumen transportiert (Schritt ❸). Wenn es im ER-Lumen angelangt ist, werden mehr Mannose- und Glucoseeinheiten angefügt (Schritt ❹). Das vollständige Kernoligosaccharid wird sodann als einzelne Einheit vom Dolichol zu einem Asparaginrest eines Empfängerproteins transferiert (Schritt 5). Schließlich wird das an ein Protein angeheftete Oligosaccharid prozessiert und modifiziert (Schritt 6).

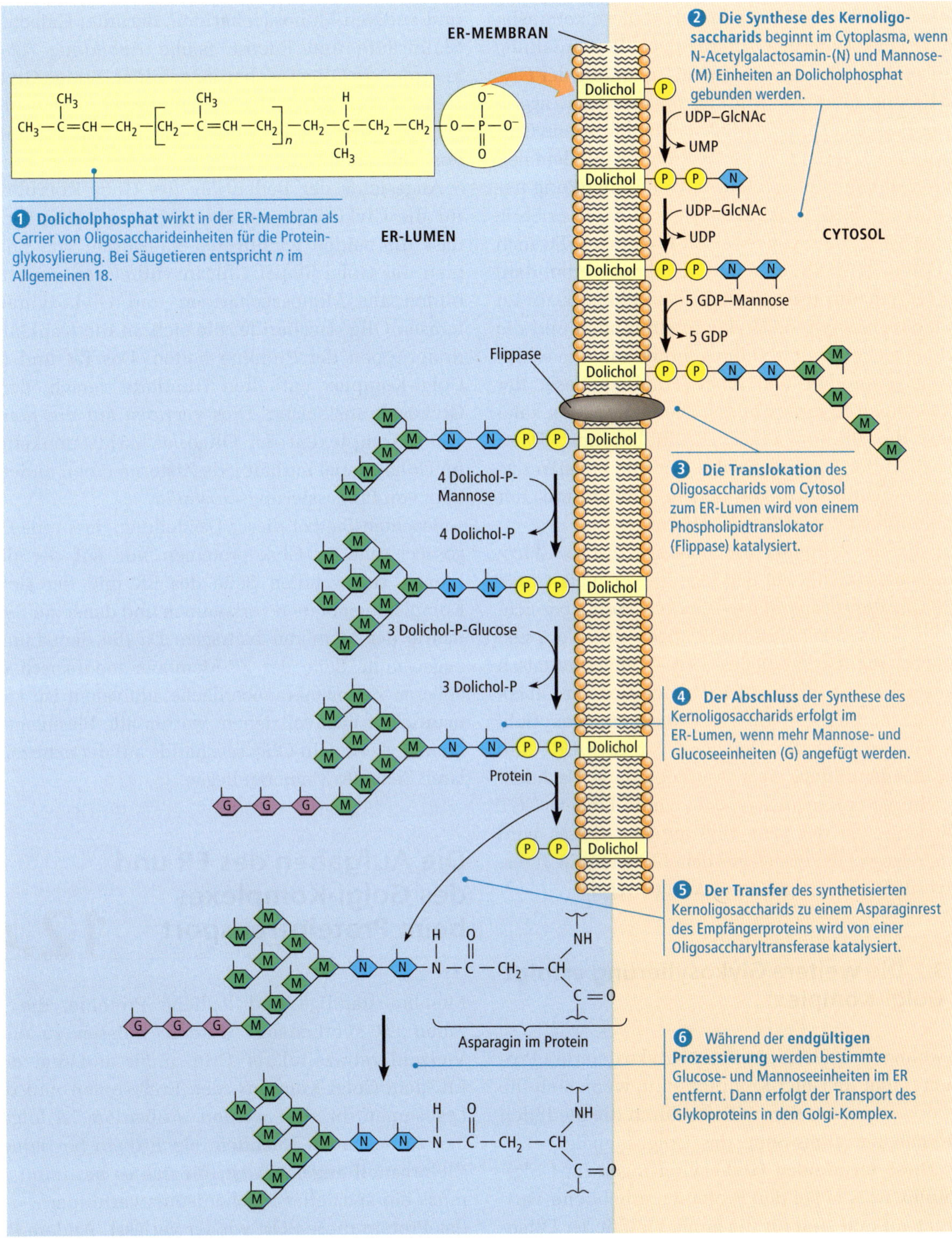

Abbildung 12.7: Die *N*-verknüpfte Glykosylierung von Proteinen im ER. Die Synthese von Kernoligosacchariden beginnt im Cytoplasma, wobei ein Dolicholphosphatmolekül als Überträger dient. Das teilweise synthetisierte Oligosaccharid wird in das ER-Lumen transferiert, wo weitere Oligosaccharide angefügt werden. Das vollständige Oligosaccharid wird dann zu Zielproteinen weitergeleitet und im Laufe der endgültigen Prozessierung werden mehrere Monosaccharide entfernt.

Im Allgemeinen wird das Kernoligosaccharid an das Protein angeheftet, während das Polypeptid von einem an die ER-Membran gebundenen Ribosom synthetisiert wird. Wir wissen, dass diese kotranslationale Glykosylierung zur richtigen Proteinfaltung beiträgt, denn die experimentelle Hemmung der Glykosylierung führt zur Bildung fehlgefalteter, aggregierter Proteine. Durch Anfügen einer einzelnen Glucoseeinheit können weitere ER-Proteine mit dem neu synthetisierten Glykoprotein in Wechselwirkung treten und auf diese Weise sicherstellen, dass es richtig gefaltet wird. Eins von zwei ER-Proteinen, die man als Calnexin (CNX, mit der Membran verbunden) und Calreticulin (CRT, löslich) bezeichnet, kann an das monoglucosylierte Glykoprotein binden und die Bildung einer Disulfidbindung fördern, indem es mit dem Glykoprotein und einer Thiolreduktase, der *ERp57*, einen Komplex bildet. Dieser Komplex katalysiert die Bildung einer Disulfidbindung. Dann dissoziiert der Proteinkomplex und die endständige Glucoseeinheit wird von einem Enzym mit der Bezeichnung *Glucosidase II* entfernt.

Zu diesem Zeitpunkt tritt eine spezifische Glucosyltransferase im ER auf den Plan, die man als *UGGT* (*UDP-Glucose-Glykoproteinglucotransferase*) bezeichnet. Sie ist ein Sensor für die richtige Faltung des neu synthetisierten Glykoproteins. UGGT bindet an falsch gefaltete Proteine und fügt wieder eine einzelne Glucoseeinheit an. Dadurch wird das Protein zu einem Substrat für den nächsten Durchlauf der CNX/CRT-Bindung und der Bildung einer Disulfidbindung. Nachdem die richtige Konformation erreicht wurde, bindet UGGT nicht länger an das neue Glykoprotein. Dieses wird dann freigegeben, um sich aus dem ER heraus in Transportvesikeln zum Golgi-Komplex zu bewegen.

12.3.2 Die weitere Glykosylierung erfolgt im Golgi-Komplex

Die weitere Prozessierung von N-glykosylierten Proteinen findet im Golgi-Komplex statt, wenn sich die Glykoproteine von der *cis*-Seite durch die medialen Zisternen zur *trans*-Seite des Golgi-Stapels bewegen. Diese **terminalen Glykosylierungen** im Golgi-Komplex weisen bei den Proteinen erhebliche Variabilität auf und sind für die große Vielfalt der Oligosaccharidseitenketten der Proteine verantwortlich.

Bei der terminalen Glykosylierung werden immer einige Kohlenhydrateinheiten des Kernoligosaccharids entfernt. In einigen Fällen findet keine weitere Prozessierung im Golgi-Komplex statt. In andern Fällen werden durch weiteres Anfügen von GlcNAc und anderen Monosacchariden, darunter Galactose, Sialinsäure und Fucose (siehe *Abbildung 7.26a*), komplexere Oligosaccharide gebildet. Einige Glykoproteine enthalten Galactoseeinheiten, die mittels Galactosyltransferase, einem nur im Golgi-Komplex vorkommenden Markerenzym, angefügt werden.

Angesichts der Bedeutung des Golgi-Komplexes für die Glykosylierung überrascht es weiter nicht, dass die beiden wichtigsten Kategorien von Enzymen der Golgi-Stapel Glucansynthetasen sind. Sie bilden aus Monosacchariden und Glykosyltransferasen Oligosaccharide, die sich an die Kohlenhydratgruppen der Proteine heften. Das ER und der Golgi-Komplex enthalten Hunderte verschiedener Glykosyltransferasen. Dies verweist auf die potenzielle Komplexität der Oligosaccharidseitenketten. Im Golgi-Stapel enthält jede Zisterne einen anderen Satz von Prozessierungsenzymen.

Beachten Sie bei dieser Darstellung, dass reife Oligosaccharide in Glykoproteinen nur auf der dem Lumen zugewandten Seite des ER und der Golgi-Komplexmembranen vorkommen und daher zur Symmetrie der Membran beitragen. Da die dem Lumen zugewandte Seite der ER-Membran topologisch der äußeren Zellmembranoberfläche äquivalent ist, kann man leicht nachvollziehen, warum alle Plasmamembran-Glykoprotein-Oligosaccharide auf der extrazellulären Seite der Membran liegen.

12.4 Die Aufgaben des ER und des Golgi-Komplexes beim Proteintransport

Membranständige und lösliche Proteine, die im rauen ER synthetisiert werden, müssen zu einer Vielzahl intrazellulärer Orte, unter anderem dem ER, dem Golgi-Komplex, den Endosomen und den Lysosomen dirigiert werden. Außerdem ist folgendes zu beachten: Nachdem ein Protein bei seinem Zielorganell angelangt ist, für das es bestimmt ist, muss ein spezieller Mechanismus verhindern, dass das Protein diesen Ort wieder verlässt. Andere Proteingruppen, die im rauen ER synthetisiert werden, sind für die Aufnahme in die Plasmamembran oder für die Freisetzung in den extrazellulären Raum bestimmt. Daher enthält jedes Protein ein spezifisches „Etikett", wodurch das Protein einem Transportvesikel zugeordnet wird, das ganz gezielt Material von einem spezifischen Ort in der Zelle zu einem anderen transportiert. Je nach Protein und Bestimmungsort kann es sich bei der Markierung um eine Aminosäuresequenz, eine Oligosaccharidseitenkette, eine hydrophobe Domäne oder irgendein anderes Strukturmerkmal handeln. Die Markierungen könnten auch daran mitwirken, Material von bestimmten Vesikeln „abzulehnen".

Die Membranlipide können auch etikettiert werden, um den Vesikeln beim Erreichen ihres Bestimmungsortes behilflich zu sein. Als Markierung können ein oder mehrere Phosphatgruppen dienen, die von einer spezifischen Kinase an die Positionen 3, 4 und/oder 5 eines Membranphosphatidylinositol-Moleküls (PI) angeknüpft wurden. Ein Beispiel: Zur richtigen Sortierung von Vesikeln für die Vakuole in der Hefe wird eine funktionale PI-3-Kinase benötigt. In Säugetierzellen unterbricht die Hemmung der Inositolkinase den Vesikelverkehr zum Lysosom.

Mit ▶*Abbildung 12.8* erhalten Sie einen Überblick über den Transport, an dem das ER und der Golgi-Komplex mitwirken. Die Sortierung von Proteinen beginnt im ER und in den frühen Kompartimenten des Golgi-Stapels, der über Mechanismen verfügt, um Kompartiment-spezifische Proteine wieder aufzufinden oder zurückzuhalten. Dieser bedeutende Schritt bewahrt die Kompartiment-spezifischen Funktionen, die benötigt werden, um die Integrität der Glykosylierung und Prozessierung von Stoffwechselwegen aufrechtzuhalten. Das endgültige Sortieren von Material, das den Golgi-Komplex verlässt, findet im TGN statt, wo Lipide und Proteine selektiv in verschiedene Populationen von Transportvesikeln gepackt werden,

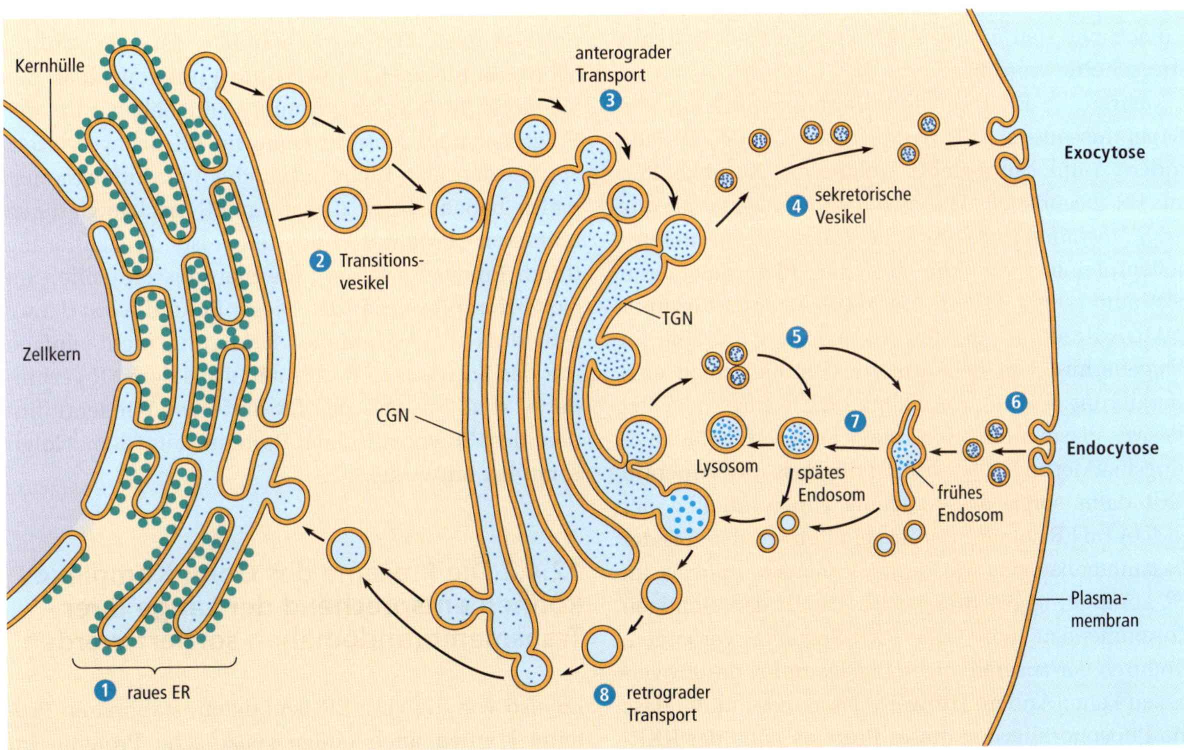

Abbildung 12.8: Der Transport durch das Endomembransystem. Vesikel transportieren Lipide und Proteine auf verschiedenen Wegen vom ER durch den Golgi-Komplex zu ihren jeweiligen Bestimmungsorten wie unter anderem sekretorischen Vesikeln, Endosomen und Lysosomen. ❶ Während Ribosomen des rauen ER Proteine synthetisieren, werden die Proteine in das ER-Lumen transferiert, wo die ersten Glykosylierungsschritte ablaufen. ❷ Transportvesikel transportieren glykosylierte Proteine (und neu synthetisierte Lipide) zum CGN. ❸ Lipide und Proteine wandern mittels Shuttlevesikeln durch die Zisternen zum Golgi-Stapel und Zisternen reifen, wenn ihnen neue Enzyme über Vesikel hinzugefügt werden. ❹ Am TGN knospen einige Vesikel ab und bilden sekretorische Vesikel, die zur Plasmamembran wandern und ihren Inhalt durch Exocytose freigeben. ❺ Andere Vesikel knospen vom TGN ab und bilden Endosomen, die wiederum die Bildung von Lysosomen unterstützen. ❻ Proteine und andere Substanzen werden durch Endocytose von der Zelle aufgenommen, es entstehen endocytische Vesikel, die mit frühen Endosomen verschmelzen. ❼ Frühe Endosomen, die zum Abbau bestimmtes Material enthalten, reifen und bilden späte Endosomen und dann Lysosomen. ❽ Der retrograde Transport bringt Kompartiment-spezifische Proteine wieder zu früheren Kompartimenten zurück.

die für verschiedene Zielorganellen in der Zelle bestimmt sind. Bei einigen Zellen wirkt der Golgi-Komplex auch an der Prozessierung von Proteinen mit, die über Endocytose in die Zelle gelangen.

12.4.1 ER-spezifische Proteine enthalten Markierungen zum Zurückhalten und Wiederauffinden

Im ER wird eine spezifische Proteinzusammensetzung benötigt. Diese wird dadurch aufrechterhalten, dass einige Proteine daran gehindert werden sich fortzubewegen, wenn die Vesikel aus der ER-Membran herausknospen. Andere Proteine werden wieder aufgefunden, die das ER fälschlicherweise verlassen haben und zum CGN gewandert sind. Es ist nicht ganz geklärt, wie Proteine, die das ER niemals verlassen, zurückgehalten werden, aber einer Theorie zu Folge bilden sie große Komplexe, die physikalisch von den aus dem ER knospenden Vesikeln abgeschottet werden.

Mehrere im ER lokalisierte Proteine enthalten die Tripeptidsequenz RXR (Arg-X-Arg, wobei X für jede andere Aminosäure steht), welche das Zurückhalten im ER begünstigt. Diese *Rückhaltungsmarkierung* (engl.: *retention tag*) kommt in einigen Multiuntereinheitsproteinen vor, die für die Plasmamembran bestimmt sind. Der N-Methyl-D-Aspartat-Rezeptor (NMDA-Rezeptor), der für die Neurotransmission im Säugetierhirn von Bedeutung ist, enthält solch eine Markierung. Warum nun, könnten Sie fragen, besitzt dieses Plasmamembranprotein eine ER-Rückhaltungsmarkierung? Man nimmt an, dass das Tripeptid RXR dafür sorgt, dass einzelne Untereinheiten der NMDA im ER solange zurückgehalten werden, bis der Zusammenbau des Multiuntereinheitskomplexes im ER komplett abgeschlossen ist. Durch den richtigen Zusammenbau wird die RXR-Sequenz verborgen, wodurch der zusammengesetzte Komplex das ER verlassen kann. Andere Hinweise lassen vermuten, dass die Phosphorylierung dieses Proteins nahe der RXR-Sequenz die Freisetzung aus dem ER fördert.

Bisher hat man den Vorgang des Wiederfindens und Zurückholens von Proteinen durch den retrograden Fluss von Vesikeln vom CGN zum ER besser aufgeklärt als den der Proteinrückhaltung. Viele lösliche und ER-spezifische Proteine enthalten *Wiederauffindungsmarkierungen* (engl.: *retrieval tags*), die an spezifische Transmembranrezeptoren binden, die zum Lumen des Golgi-Komplexes hin ausgerichtet sind. Bei diesen Markierungen handelt es sich um kurze, C-terminale Aminosäuresequenzen wie beispielsweise KDEL (Lys-Asp-Glu-Leu) oder KKXX (Lys-Lys-X-X, wobei X für jede andere Aminosäure steht) bei Säugetieren und HDEL (His-Asp-Glu-Leu) bei Hefe. Wenn ein Protein, das diese Markierung trägt, an seinen Rezeptor bindet, durchläuft der Rezeptor eine Konformationsänderung und der Rezeptor-Liganden-Komplex wird für den Rücktransport zum ER in Transportvesikel gepackt.

Der Nachweis für die Bedeutung der Wiederauffindungsmarkierungen wurde durch Experimente mit künstlichen *chimären Proteinen* erbracht, die man auch als *Fusionsproteine* bezeichnet. Diese werden durch Verbinden von DNA-Sequenzen hergestellt, die zwei Polypeptidsegmente verschiedener Proteine kodieren, wodurch aus den verknüpften DNAs ein Hybridpolypeptid hervorgeht. Proteine, die normalerweise von der Zelle ausgeschieden werden, wurden auf diese Weise so verändert, dass sie Aminosäuren aufnehmen, welche die Funktion einer ER-Wiederauffindungsmarkierung innehaben. In der Folge hat man diese Proteine im ER nachgewiesen, sie wurden also nicht ausgeschieden. Interessanterweise haben einige dieser im ER nachgewiesenen chimären Proteine eine teilweise Prozessierung durch Enzyme erfahren, die man ausschließlich im Golgi-Komplex vorfindet. Dieser Befund weist darauf hin, dass die vermutete Markierung nicht einfach nur das Entwischen des Proteins aus dem ER verhinderte, sondern dass das ER aktiv am Wiederauffinden der ER-spezifischen Proteine aus dem Golgi-Komplex mitwirkte.

12.4.2 Die Proteine des Golgi-Komplexes können entsprechend der Länge ihrer Transmembrandomänen sortiert werden

Ebenso wie die vom ER benötigten, stationären Proteine können auch einige spezifische Proteine im Golgi-Komplex Rückhaltungs- oder Wiederauffindungsmarkierungen besitzen. Des Weiteren könnte im Golgi-Komplex und im ER die Bildung großer, vom Vesikeltransport ausgeschlossener Komplexe eine Rolle spielen, die für die Erhaltung der Proteinzusammensetzung im Golgi-Komplex von Bedeutung sind. Außerdem werden wir im Folgenden sehen, dass wahrscheinlich ein ganz anderer Mechanismus im Golgi-Komplex abläuft – ein Mechanismus, an dem die hydrophoben Regionen der Golgi-Proteine mitwirken.

Alle uns bekannten Golgi-spezifischen Proteine sind integrale Membranproteine, die eine oder mehrere hydrophobe Transmembrandomänen besitzen, die in der Golgi-Membran verankert sind. Die Länge dieser hydrophoben Domänen kann darüber entscheiden, in welche Zisternen des Golgi-Komplexes das jeweilige an die Membran gebundene Protein aufgenommen wird, wenn es durch das Organell wandert. Rufen Sie sich in Erinnerung, dass die Dicke der Zellmembranen vom ER (ungefähr 5 nm) zur Plasmamembran (ungefähr 8 nm) stetig ansteigt. Unter den Golgi-spezifischen Proteinen beobachtet man einen entsprechenden Anstieg in der Länge der hydrophoben Transmembrandomänen vom CGN zum TGN. Solche Proteine neigen dazu, sich so lange von einem Kompartiment zum nächsten zu bewegen, bis die Dicke der Membran die Länge der Transmembrandomänen übertrifft, wodurch einer weiteren Abwendung ein Riegel vorgeschoben wird.

12.4.3 Der gezielte Transport löslicher lysosomaler Proteine zu Endosomen und Lysosomen als Modell der Proteinsortierung im TGN

Auf ihrer Reise durch das ER und die frühen Kompartimente des Golgi-Komplexes durchlaufen die löslichen lysosomalen Enzyme ebenso wie andere Glykoproteine eine N-Glykosylierung, an die sich das Entfernen von Glucose- und Mannoseeinheiten anschließt. Innerhalb des Golgi-Komplexes werden allerdings Mannosereste in der Kohlenhydratseitenkette der lysosomalen Enzyme phosphoryliert, was zur Entstehung eines Oligosaccharids führt, das Mannose-6-Phosphat (M-6-P) enthält. Diese Oligosaccharidmarkierung dient der Unterscheidung von löslichen lysosomalen Proteinen und anderen Glykoproteinen und stellt deren Transport zu den Lysosomen sicher (▶ *Abbildung 12.9*).

Die Phosphorylierung der Mannosereste wird von zwei Golgi-spezifischen Enzymen katalysiert. Das erste Enzym, das in einem frühen Kompartiment des Golgi-Stapels lokalisiert ist, ist eine Phosphotransferase, die GlcNAc-1-Phosphat an das Kohlenstoffatom 6 der Mannose anfügt. Das zweite, in einem mittleren Kompartiment des Golgi-Stapels lokalisierte Enzym entfernt GlcNAc und hinterlässt einen Mannose-6-Phosphatrest am Oligosaccharid.

Auf der inneren Oberfläche der TGN-Membran liegen Mannose-6-Phosphatrezeptoren (MPRs), an welche die Mannose-6-Phosphatreste lysosomaler Proteine binden. Der pH-Wert des TGN liegt bei ungefähr 6,4, wodurch die Bindung löslicher lysosomaler Enzyme an diese Rezeptoren gefördert wird. Nachdem M-6-P-markierte lysosomale Proteine an die MPRs gebunden haben, werden die Rezeptor-Liganden-Komplexe in Transportvesikel gepackt und zu einem Endosom befördert. In tierischen Zellen werden lysosomale Enzyme für den Abbau von Substanzen benötigt, die über Endocytose in die Zelle gelangen und vom TGN zu Organellen transportiert werden, die man als **späte Endosomen** bezeichnet. Diese entwickeln sich aus **frühen Endosomen**, die durch Abschnürung von Vesikeln aus dem TGN und der Plasmamembran hervorgehen.

Im Laufe des Reifungsprozesses eines frühen Endosoms zu einem späten Endosom sinkt der pH-Wert des Lumens auf circa 5,5. Dies führt zur Dissoziation der gebundenen lysosomalen Enzyme von den MPRs. Hierdurch wird der retrograde Transport dieser Enzyme zusammen mit den Rezeptoren, die in den Vesikeln recycelt werden, die zum TGN zurückkehren, zum Golgi-Komplex unterbunden. Schließlich reift das späte Endosom zu einem neuen Lysosom oder es gibt seinen Inhalt an ein aktives Lysosom weiter.

Dieses Modell des gerichteten Transports lysosomaler Enzyme durch Zielsteuerung wurde auf Grund von Untersuchungen der erblichen menschlichen *I-Zellenerkrankung* (oder *Mukolipidose II*) entwickelt. Kultivierte Fibroblastenzellen von Patienten mit I-Zellenerkrankung synthetisieren alle zu erwartenden lysosomalen Enzyme, setzen dann aber die meisten löslichen Proteine in das extrazelluläre Medium frei, anstatt sie in die Lysosomen einzubauen. Die Ausscheidung der lysosomalen Enzyme führt dann zu massiven Störungen in vielen Geweben und Organen des Körpers. Die ausgeschiedenen Proteine unterscheiden sich durch die fehlenden Mannose-6-Phosphatreste an ihren Oligosaccharidseitenketten. Ohne Zweifel ist die Mannose-6-Phosphatmarkierung von grundlegender Bedeutung für die Ausrichtung der löslichen lysosomalen Glykoproteine auf das Lysosom. Sicherlich werden Sie sich schon gedacht haben, dass die I-Zellenerkrankung auf eine defekte Phosphotransferase zurückgeht, die für das Anfügen des Mannose-6-Phosphats an Oligosaccharidketten auf lysosomalen Enzymen benötigt wird. Zwar scheinen Mannose-6-Phosphatreste eine wichtige Rolle bei der Zielsteuerung des Transports vom ER zum Lysosom zu spielen, doch sind wohl noch andere Stoffwechselwege beteiligt. Irgendwie erreichen die sauren lysosomalen Hydrolasen auch bei Patienten mit I-Zellenerkrankung immer noch die Lysosomen in den Leberzellen.

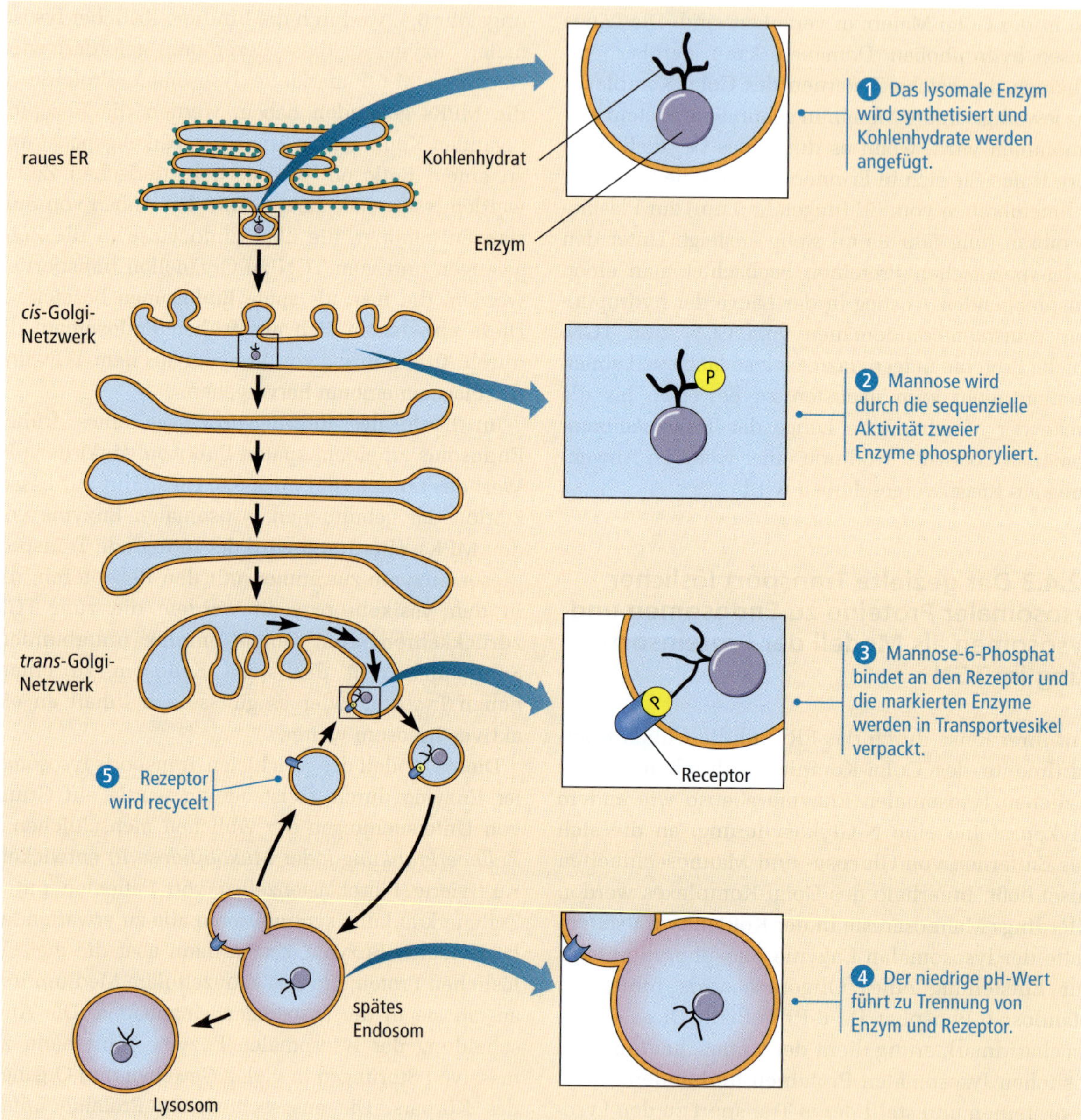

Abbildung 12.9: Die Zielsteuerung des Transports löslicher lysosomaler Enzyme zu Endosomen und Lysosomen durch Mannose-6-Phosphat-Markierung. ❶ Im ER durchlaufen lösliche lysosomale Enzyme eine N-Glykosylierung, an die sich das Entfernen von Glucose- und Mannoseeinheiten anschließt. ❷ Im Golgi-Komplex werden Mannosereste an den lysosomalen Enzymen von zwei Enzymen phosphoryliert. Das erste Enzym fügt *N*-Acetylglucosamin-1-Phosphat an das Kohlenstoffatom 6 der Mannose an. Das zweite Enzym entfernt *N*-Acetylglucosamin und lässt den phosphorylierten Mannoserest zurück. ❸ Die markierten lysosomalen Enzyme binden an Mannose-6-Phosphat-Rezeptoren im TGN und werden in umhüllte Transportvesikel gepackt, welche die Enzyme zum späten Endosom transportieren. ❹ Aufgrund des sauren Milieus im Lumen eines späten Endosoms dissoziieren die Enzyme von ihren Rezeptoren. ❺ Die Rezeptoren werden in den Vesikeln, die zum TGN zurückkehren, recycelt. Das späte Endosom reift entweder zu einem Lysosom heran oder überträgt seinen Inhalt auf ein aktives Lysosom.

12.4.4 Sekretorische Stoffwechselwege transportieren Moleküle aus der Zelle

Ein ganz wichtiger Teil des in *Abbildung 12.8* dargestellten Vesikeltransports sind die **sekretorischen Stoffwechselwege**, über die sich Proteine vom ER durch den Golgi-Komplex zu **sekretorischen Vesikeln** und **sekretorischen Granula** bewegen, die dann ihren Inhalt in die äußere Zellumgebung abgeben. Die aufeinander abgestimmten Aufgaben des ER und des Golgi-Komplexes bei der Sekretion wurden 1967 von James Jamieson und George Palade in sekretorischen Zellen der Bauspeicheldrüsen von Meerschweinchen nachgewiesen. Mit Hilfe der mikroskopischen Autoradiographie konnten sie den Transport radioaktiv markierter Proteine vom Ort ihrer Synthese im ER durch den Golgi-Komplex bis zum anschließenden Verpacken in sekretorische Vesikel nachvollziehen.

In der ▶*Abbildung 12.10* stellen wir die Ergebnisse dieses klassischen Experiments vor. Drei Minuten nachdem man die Gewebeschnitte mit einer radioaktiven Aminosäure in Kontakt gebracht hatte, wies man neu synthetisierte, mit einer radioaktiven Aminosäure markierte Proteine (unregelmäßige dunkle Färbung) im rauen ER nach (Bildabschnitt a). Wenige Minuten später traten markierte Proteine erstmalig im Golgi-Komplex auf (Bildabschnitt b). 37 Minuten später entdeckte man in den aus dem Golgi-Komplex knospenden Vesikeln markierte Proteine. Diese Vesikel bezeichneten Jamieson und Palade als *Kondensierungsvakuolen* (auch *kondensierende Vakuolen* genannt; Bildabschnitt c). Nach 117 Minuten begannen sich radioaktiv markierte Proteine in dichten *Zymogengranula* anzuhäufen. Dabei handelt es sich um Vesikel, die sekretorische Proteine in die extrazelluläre Umgebung der Zelle ausscheiden (Bildabschnitt d). Einige radioaktiv markierte Proteine entdeckte man im extrazellulären Bereich nahe der Zelle, wodurch nachgewiesen war, dass einige sekretorische Granula ihren Inhalt aus der Zelle freigesetzt hatten.

Ausgehend von diesem klassischen Experiment und zahlreichen ähnlichen seitdem durchgeführten Untersuchungen verfügen wir heute über ein recht detailliertes Verständnis der in *Abbildung 12.8* dargestellten sekretorischen Stoffwechselwege. Außerdem unterscheiden wir heute zwischen zwei verschiedenen Arten des Ausscheidungsvorgangs bei eukaryotischen Zellen. Bei der *konstitutiven Sekretion* geben die Vesikel an der Oberfläche der Plasmamembran kontinuierlich Substanzen ab, während bei der *regulierten Sekretion* als Reaktion auf ein extrazelluläres Signal eine kontrollierte, schnelle Ausscheidung erfolgt.

(a) **Nach drei Minuten** befindet sich der größte Teil des markierten Proteins im rauen ER, wo es gerade synthetisiert wurde.

(b) **Nach sieben Minuten** wurde der größte Teil des markierten in die benachbarten Golgi-Komplexe transportiert (Pfeile).

(c) **Nach 37 Minuten** wird das markierte Protein in Vakuolen konzentriert, die sich neben dem Golgi-Komplex ansammeln.

(d) **Nach 117 Minuten** befindet sich das markierte Protein in den Zymogengranula und steht für den Export in das Lumen bereit.

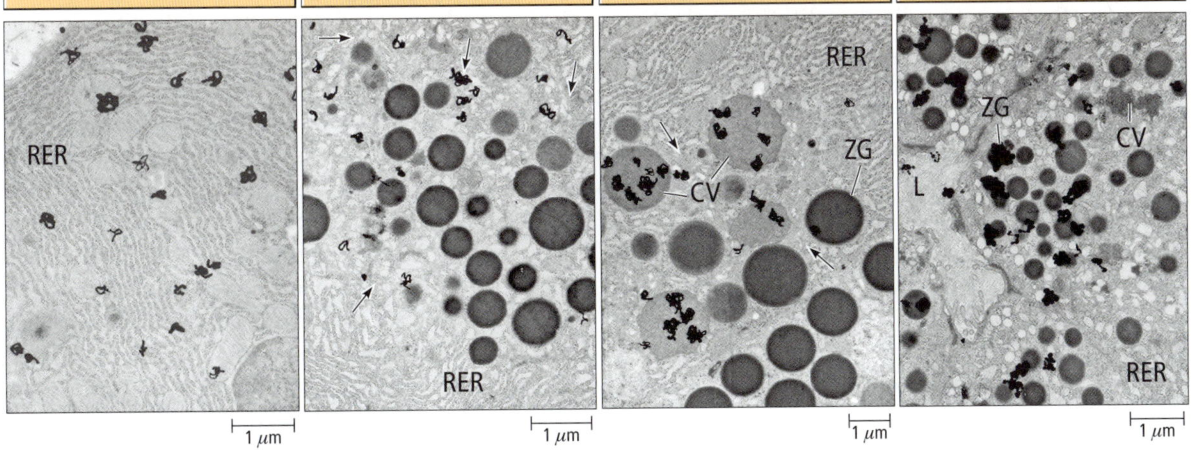

Abbildung 12.10: Nachweis eines sekretorischen Stoffwechselwegs durch Autoradiographie. Jamieson und Palade wollten den Weg neu synthetisierter Proteine durch eine Zelle nachvollziehen. Dafür behandelten sie Schnitte des Bauchspeicheldrüsengewebes von Meerschweinchen mit einer geringen Menge einer radioaktiven Aminosäure, um neu synthetisierte Proteine radioaktiv zu markieren. Nachdem sie nicht eingebaute Aminosäuren ausgewaschen hatten, ermittelten sie mithilfe mikroskopischer Autoradiographie zu mehreren Zeitpunkten nach der Injektion die Position des radioaktiv markierten Proteins in der sekretorischen Bauchspeicheldrüsenzelle, (a) bis (d). Abkürzungen: RER, raues endoplasmatisches Reticulum; CV, kondensierende Vakuole; ZG, Zymogengranula; L, Lumen. Die Pfeile zeigen auf die Ränder des Golgi-Komplexes (TEMs).

Die konstitutive Sekretion Nach der Knospung aus dem TGN wandern einige sekretorische Vesikel direkt an die Zelloberfläche, wo sie sofort mit der Plasmamembran verschmelzen und über Exocytose ihren Inhalt freisetzen. Dieser nichtregulierte Vorgang, der ständig und unabhängig von spezifischen extrazellulären Signalen abläuft, findet in den meisten eukaryotischen Zellen statt und wird als **konstitutive Sekretion** bezeichnet. Ein Beispiel dafür ist die kontinuierliche Freisetzung von Schleim (Mukus) durch die Zellen, die Ihren Darm oder Atemwege auskleiden.

Früher ging man davon aus, dass die konstitutive Sekretion ein fehlerhafter Stoffwechselweg ist, der von im rauen ER synthetisierten Proteinen beschritten wird. Diesem Modell zufolge müssen alle Proteine, die für den Verbleib im Endomembransystem bestimmt sind, über eine Markierung verfügen, die sie vor der konstitutiven Ausscheidung bewahrt. Andernfalls werden sie durch das Endomembransystem wandern und auf Grund eines Fehlers aus der Zelle freigesetzt werden. Dieses Modell wurde durch Untersuchungen untermauert, bei denen das Entfernen von KDEL-Wiederauffindungsmarkierungen auf stationären ER-Proteinen zur Sekretion des modifizierten Proteins führte. Neuere Untersuchungen zeigen jedoch, dass verschiedene Markierungen aus kurzen Aminosäuresequenzen zur Identifizierung spezifischer Proteine dienen, die konstitutiv sekretiert werden sollen.

Bei einigen Proteinen könnte eine N-Glykosylierung des Proteins für die konstitutive Sekretion erforderlich sein. Diese wurde vor Kurzem anhand des Interleukins-13 der Maus nachgewiesen, eines sekretierten Proteins, das an der extrazellulären Signalübertragung von Zelle zu Zelle mitwirkt. In einer weiteren Arbeit neueren Datums wurde nachgewiesen, dass durch Anfügen einer N-Glykosylierungsstelle an das menschliche p53-Tumorsuppressorprotein, ein Protein, das normalerweise nicht sekretiert wird, dieses veränderte p53-Protein aus den Zellen abgegeben wurde. Sie ahnen es bereits, das Sekretionsprotein war N-glykosyliert.

Die regulierte Sekretion Während Vesikel bei der konstitutiven Sekretion kontinuierlich und direkt vom TGN zur Plasmamembran wandern, sammeln sich sekretorische, an der regulierten Sekretion mitwirkende Vesikel in der Zelle an und verschmelzen ausschließlich als Antwort auf spezifische extrazelluläre Signale mit der Plasmamembran. Ein wichtiges Beispiel dafür ist die Freisetzung von Neurotransmittern, auf die wir in *Kapitel 13* (siehe *Abbildung 13.18*) eingehen werden. Zwei weitere Beispiele für die regulierte Sekretion sind die Freisetzung von Insulin aus den β-Drüsen der Bauchspeicheldrüse als Antwort auf Glucose und die Freisetzung von Zymogenen – inaktiven Vorläufern hydrolytischer Enzyme – aus den Acinuszellen der Bauchspeicheldrüse als Antwort auf Calcium oder endokrine Hormone.

Die regulatorischen sekretorischen Vesikel entstehen durch Abknospen aus dem TGN als unreife sekretorische Vesikel, die nachfolgend einen Reifungsprozess durchlaufen. Die Reifung sekretorischer Proteine erfolgt durch die Konzentrierung von Proteinen – dies bezeichnet man als *Kondensation* –, und häufig findet auch eine proteolytische Prozessierung der Proteine statt. Die reifen sekretorischen Vesikel wandern dann ganz dicht an die sekretorische Stelle heran und verbleiben solange in der Nähe der Plasmamembran bis sie ein hormonales oder chemisches Signal empfangen, das die Freisetzung ihres Inhalts durch Verschmelzung mit der Plasmamembran auslöst.

Die Zymogengranula sind eine Art reifer regulierter sekretorischer Vesikel und stellen Einlagerungskörperchen mit Speicher- oder Sekretionsproteinen dar. Diese Vesikel sind im Allgemeinen recht groß und enthalten hoch konzentrierte Proteine, wie in *Abbildung 12.10* und ▸*Abbildung 12.11* dargestellt. Beachten Sie, dass die Zymogengranula konzentriert in einer Region vorliegen zwischen den Golgi-Stapeln, aus denen sie hervorgehen, und dem Teil der Plasmamembran, der an den extrazellulären Raum grenzt, in das der Inhalt ihrer Granula schließlich entleert wird.

Zur Zielsteuerung eines Proteins in ein reguliertes sekretorisches Vesikel hinein wird Information benötigt. Diese liegt wahrscheinlich in der Aminosäuresequenz des Proteins, allerdings sind die genauen Signalsequenzen und Mechanismen noch nicht bekannt. Nach heutigem Wissensstand geht man davon aus, dass hohe Konzentrationen sekretorischer Proteine in sekretorischen Granula die Bildung großer *Proteinaggregate* fördern, die nichtsekretorische Proteine ausschließen. Dieser Vorgang würde im TGN ablaufen, in dem nur Aggregate in Vesikel gepackt werden, die für sekretorische Granula bestimmt sind. Diese Vorgänge könnten auch in den sekretorischen Granula selber ablaufen. Der pH-Wert im TGN und im Lumen der sekretorischen Granula könnte als Auslöser dienen, der die Aggregation begünstigt, während das Material das TGN verlässt. Die löslichen Proteine, die nicht Bestandteil eines Aggregats im TGN oder eines sekretorische Granulum werden, würden dann von Transportvesikeln zu anderen Orten transportiert werden.

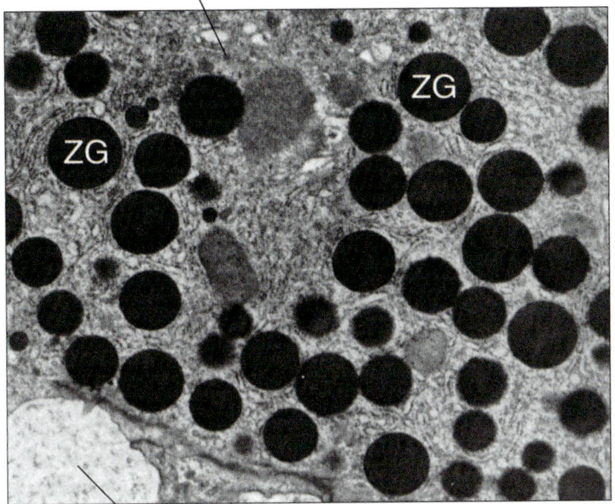

Abbildung 12.11: Zymogengranula. Diese elektronenmikroskopische Aufnahme einer Acinuszelle (sekretorische Zelle) aus der exokrinen Bauchspeicheldrüse einer Ratte verdeutlicht die Bedeutung der Zymogengranula (ZG), die zur Ausscheidung bestimmte Enzyme enthalten. Normalerweise liegen sie konzentriert in der Region der Zelle zwischen dem Golgi-Komplex vor, aus dem sie hervorgehen und dem Teil der Plasmamembran, der an das Lumen des Ausführganges grenzt, in den die Zymogene ausgeschüttet werden (TEM).

Exocytose und Endocytose: Der Materialtransport durch die Plasmamembran 12.5

Es gibt zwei Transportmethoden für Substanzen durch die Plasmamembran. Zum einen die *Exocytose*, der Vorgang, durch den sekretorische Granula ihren Inhalt in die Umgebung der Zelle freisetzen und die *Endocytose*, der Vorgang, über den die Zelle externes Material aufnimmt. Beide Vorgänge kommen ausschließlich bei eukaryotischen Zellen vor und wirken auch beim Transport, dem Recycling und dem Umsatz von Membranproteinen mit. Wir werden uns zuerst mit der Exocytose beschäftigen, weil sie der erste Schritt eines sekretorischen Weges ist, der seinen Anfang im ER und im Golgi-Komplex nimmt.

12.5.1 Durch Exocytose werden intrazelluläre Moleküle in den Extrazellularraum abgegeben

Bei der Exocytose werden Proteine aus einem Vesikel in die äußere Umgebung der Zelle freigesetzt, während die Membran des Vesikels mit der Plasmamembran verschmilzt. Es gibt sowohl bei tierischen als auch bei pflanzlichen Zellen eine Reihe von Proteinen, die durch Exocytose ausgeschieden werden. Tierische Zellen scheiden Peptide und Proteinhormone, Schleim, Milchproteine und Verdauungsenzyme aus. Pflanzen- und Algenzellen scheiden Enzyme und Strukturproteine aus, die mit der Zellwand assoziiert sind, und fleischfressende Pflanzen scheiden hydrolytische Enzyme aus, die zur Verdauung gefangener Insekten dienen.

Der Vorgang der Exocytose ist schematisch in ▶*Abbildung 12.12a* dargestellt. Vesikel, die zur Sekretion bestimmte Zellprodukte enthalten, wandern an die Zelloberfläche (Schritt 1), wo die Membran des Vesikels mit der Plasmamembran verschmilzt (Schritt 2). Durch Verschmelzung mit der Plasmamembran wird der Vesikelinhalt in die äußere Zellumgebung abgegeben (Schritt 3). Bei diesem Vorgang verschmilzt die Membran des Vesikels mit der Plasmamembran, wobei die *innere* (lumenale) Oberfläche des Vesikels zur *äußeren* (extrazellulären) Oberfläche der Plasmamembran wird (Schritt 4). Somit weisen die Oligosaccharidketten der Glykoproteine und Glykolipide, die ursprünglich im ER und im Golgi-Lumen gebildet wurden, in Richtung des extrazellulären Raums.

Noch ist der Mechanismus, der dem Transport exocytischer Vesikel an die Zelloberfläche zugrunde liegt, nicht vollständig geklärt. Nach heutigem Kenntnisstand wirken Mikrotubuli an dem Transport mit. In einigen Zellen scheinen sich die Vesikel vom Golgi-Komplex zur Plasmamembran zu bewegen. Diese Bewegung erfolgt auf „Schienen" aus Mikrotubuli, die parallel zur Transportrichtung des Vesikels verlaufen. Des Weiteren hört der Vesikeltransport auf, wenn man die Zellen mit Colchicin behandelt. Dies ist ein pflanzliches Alkaloid, das den Zusammenbau der Mikrotubuli verhindert. In *Kapitel 16* werden wir uns mit dem intrazellulären Transport von Vesikeln entlang von Mikrotubuli beschäftigen.

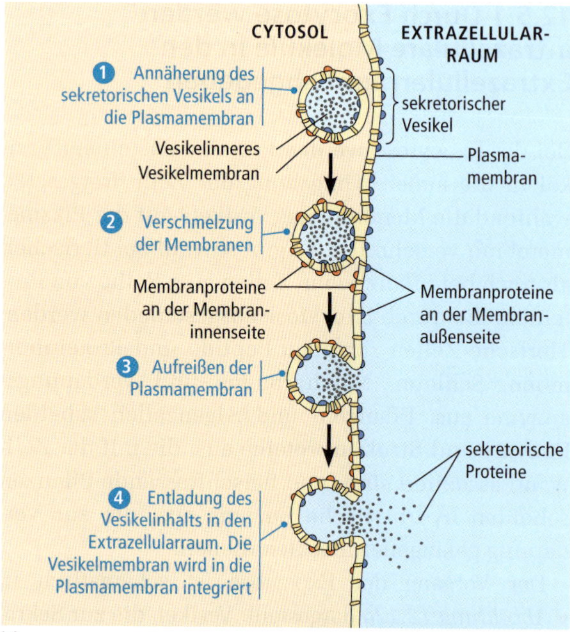

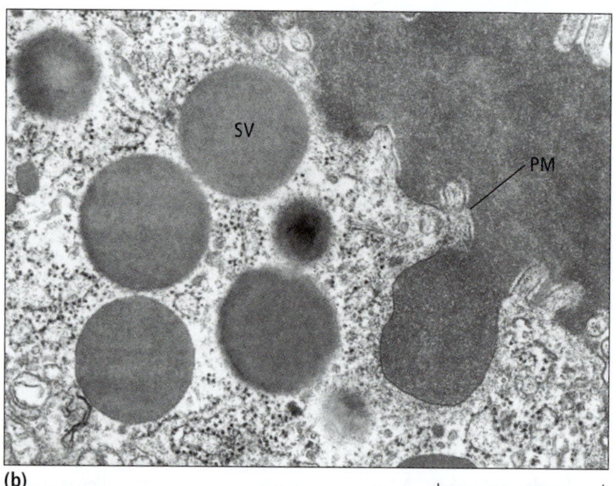

Abbildung 12.12: Exocytose. (a) In dieser Zeichnung sehen Sie, wie ein sekretorisches Vesikel sich der Plasmamembran nähert, mit ihr verschmilzt und seinen Inhalt durch Exocytose in die äußere Umgebung der Zelle abgibt. (b) In der Bauchspeicheldrüsenzelle eines Affen nähern sich die sekretorischen Vesikel (SV) der Plasmamembran (PM), wo ein Vesikel mit der Membran verschmolzen ist und seine Inhalte freigesetzt hat.

Die Rolle des Calciums bei der Auslösung der Exocytose Im Allgemeinen wird die Verschmelzung regulierter sekretorischer Vesikel mit der Plasmamembran durch ein spezifisches extrazelluläres Signal ausgelöst. In den meisten Fällen handelt es sich bei dem Signal um ein Hormon oder einen Neurotransmitter, der an spezifische Rezeptoren auf der Zelloberfläche bindet und die Synthese oder Freisetzung eines **sekundären Botenstoffs** in der Zelle auslöst, wie wir in *Kapitel 14* sehen werden. Bei der regulierten Sekretion scheint ein vorübergehender Anstieg der intrazellulären Konzentration von Calciumionen ein sehr wichtiger Schritt in der Signalkaskade zu sein, die vom Rezeptor auf der Zelloberfläche zur Exocytose führt. Beispielsweise induziert die Mikroinjektion von Calcium in Bauchspeicheldrüsenzellen reife sekretorische Granula zur Entladung ihres Inhalts in das extrazelluläre Medium. Die spezifische Rolle des Calciums ist nicht klar, aber es scheint so zu sein, dass ein Anstieg der intrazellulären Calciumkonzentration zur Aktivierung von Proteinkinasen führt, deren Zielproteine entweder Komponenten der Vesikelmembran oder der Plasmamembran sind.

Die polarisierte Sekretion In vielen Fällen ist die Exocytose spezifischer Proteine auf eine spezifische Oberfläche der Zelle begrenzt. Zum Beispiel setzen die sekretorischen Zellen, die Ihren Darm auskleiden, Verdauungsenzyme nur auf der Seite der Zelle frei, die zur Innenseite des Darms ausgerichtet ist. Dieses Phänomen, das man als **polarisierte Sekretion** bezeichnet, wird auch bei Nervenzellen beobachtet, die Neurotransmittermoleküle nur an Schnittstellen (Synapsen) mit anderen Nervenzellen freisetzen (siehe *Abbildung 13.16*). Die für eine polarisierte Sekretion bestimmten Proteine, sowie Lipide und Proteinkomponenten der beiden Membranschichten, werden Vesikeln zugeordnet, die an lokalisierte Erkennungsstellen auf Unterdomänen der Plasmamembran binden.

12.5.2 Durch Endocytose werden extrazelluläre Moleküle importiert, indem sich Vesikel von der Plasmamembran abschnüren

Die meisten eukaryotischen Zellen führen eine oder mehrere Formen der **Endocytose** aus, um extrazelluläres Material aufzunehmen. Ein kleines Segment der Plasmamembran faltet sich schrittweise nach innen (▸*Abbildung 12.13*, Schritt 1) und schnürt sich dann ab, um ein endocytisches Vesikel zu bilden, das aufgenommene Substanzen oder Partikel enthält (Schritte 2–4). Die Endocytose ist für mehrere zelluläre Vorgänge von Bedeutung, darunter dem Abbau lebensnotwendiger Nährstoffe durch einzellige Organismen und zur Elimination von Mikroorgansimen durch die weißen Blutkörperchen.

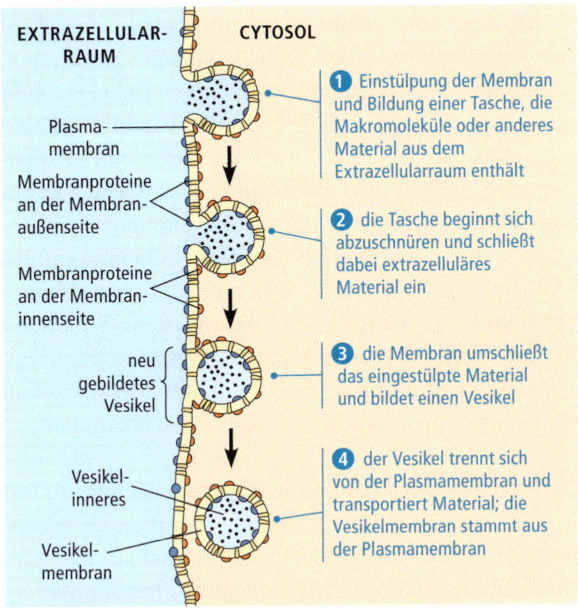

Abbildung 12.13: **Endocytose**. Diese Zeichnung stellt die Aufnahme von Substanzen aus der äußeren Zellumgebung während der Endocytose dar. Zur besseren Übersicht wurden die Hüllproteine am Ort der Einstülpung und in der Nähe des endocytischen Vesikels nicht in der Zeichnung berücksichtigt.

Im Hinblick auf den Membranfluss üben Exocytose und Endocytose ganz eindeutig entgegengesetzte Wirkungen aus. Während bei der Exocytose Lipide und Proteine in die Plasmamembran eingebaut werden, werden diese durch Endocytose entfernt. Somit ist die Gleichgewichtszusammensetzung der Plasmamembran das Ergebnis einer Balance zwischen Exocytose und Endocytose. Durch die Endocytose und den retrograden Transport kann die Zelle während der Exocytose sekretorischer Vesikel Moleküle der Plasmamembran wiederaufbereiten und nochmals verwenden.

Das Ausmaß des daraus resultierenden Membranaustauschs ist gewaltig. Beispielsweise recyceln die sekretorischen Zellen Ihrer Bauchspeicheldrüse innerhalb von ungefähr 90 Minuten eine Membranmenge, die der gesamten Zelloberfläche entspricht. Kultivierte Makrophagen (große weiße Blutkörperchen) sind sogar noch schneller. Sie ersetzen binnen 30 Minuten eine Membranmenge, die der gesamten Plasmamembran entspricht!

Während der Endocytose isoliert die Membran eines endocytischen Vesikels die aufgenommenen Substanzen gegenüber dem Cytosol. Die meisten endocytischen Vesikel entwickeln sich zu frühen Endosomen weiter, die mit Vesikeln des TGN verschmelzen, welche Verdauungsenzyme aufnehmen und zu neuen Lysosomen heranreifen. Im Allgemeinen unterscheidet man zwischen *Phagocytose* (griechisch für „zelluläres Essen"; hierbei werden große feste Partikel aufgenommen) und der *Pinocytose* („zelluläres Trinken"; dabei werden Flüssigkeiten aufgenommen, die lösliche oder suspendierte Moleküle enthalten).

Die Phagocytose Die Aufnahme großer Partikel (Durchmesser > 0,5 μm), wie zum Beispiel Aggregate von Makromolekülen, Teile anderer Zellen oder sogar ganze Mikroorganismen oder andere Zellen, bezeichnet man als **Phagocytose**. Viele einzellige Eukaryoten, beispielsweise Amöben und Protozoen mit Cilien, nehmen Nahrung stets durch Phagocytose auf. Auch einige primitive Tiere, vor allem Plattwürmer, Hohltiere und Schwämme nutzen Phagocytose zur Nahrungsaufnahme.

Bei den komplexeren Organismen wird die Phagocytose allerdings nur von spezialisierten Zellen ausgeführt, den **Phagocyten**. Das Blut der Säugetiere enthält zum Beispiel zwei Klassen weißer Blutkörperchen – *Neutrophile* und *Makrophagen* –, denen die Phagocytose eher zur Verteidigung als zur Nahrungsaufnahme dient. Diese Zellen sind in der Lage, sich Fremdmaterial oder invasive Mikroorganismen im Blutkreislauf oder in verletzten Geweben einzuverleiben und zu verdauen. Des Weiteren üben Makrophagen auch die Funktion der körpereigenen Müllabfuhr aus, indem sie Zellreste und ganze beschädigte Zellen aus verletzten Geweben aufnehmen. Unter bestimmten Bedingungen betreiben auch andere Säugetierzellen Phagocytose. Beispielsweise können die Fibroblasten des Bindegewebes Kollagen aufnehmen und damit das Gewebe remodellieren und dendritische Zellen der Säugetiermilz können sich im Rahmen einer Immunantwort Bakterien einverleiben.

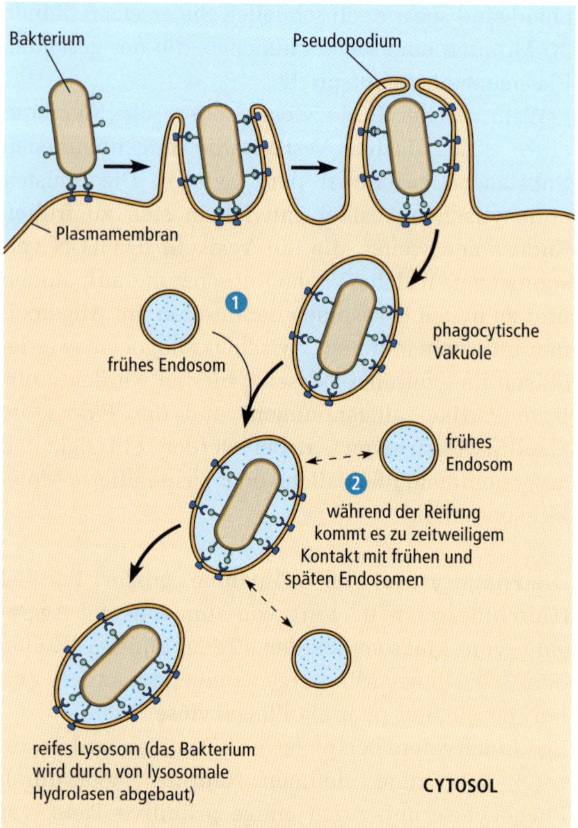

(a)

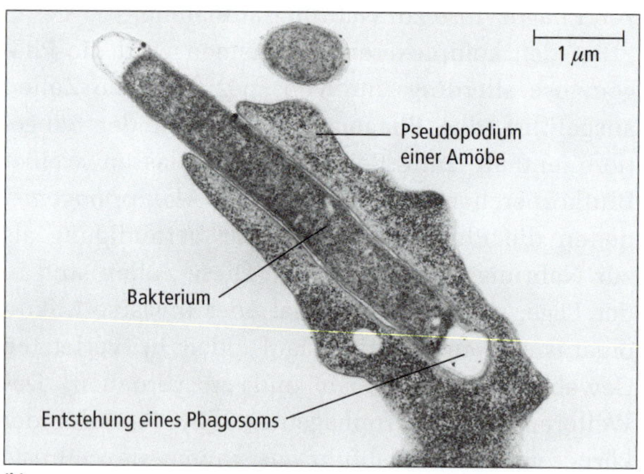

(b)

Abbildung 12.14: Phagocytose. (a) Partikel oder Mikroorganismen binden an die Zelloberfläche. Dadurch wird die Phagocytose ausgelöst. Membranausstülpungen, die sogenannten Pseudopodien, umgeben schrittweise den Partikel. Schließlich treffen die Pseudopodien aufeinander und nehmen den Partikel auf, wobei sie eine phagocytische Vakuole bilden. Diese Vakuole ❶ verschmilzt dann mit einem frühen Endosom oder bildet zeitweilig Verbindungen (als gestrichelte Linien dargestellt) zu frühen und späten Endosomen ❷ und reift zu einem Lysosom heran. In diesem findet der Abbau des aufgenommenen Materials statt. (b) Diese mikroskopische Aufnahme zeigt die Entstehung eines Phagosoms während sich eine Amöbe eine stäbchenförmige Bakterienzelle einverleibt (TEM).

Die Phagocytose ist am besten bei den Amöben untersucht worden, die sie zur Nahrungsaufnahme einsetzen. Durch Kontakt mit Nahrungspartikeln oder kleineren Organismen wird die Phagocytose ausgelöst, wie in ▸*Abbildung 12.14* dargestellt. Der Partikel wird allmählich von Membranausstülpungen umgeben, den sogenannten *Pseudopodien*, die dann zusammentreffen und ihn vollständig aufnehmen. Dabei entsteht eine intrazelluläre phagocytische Vakuole. Dieses endocytische Vesikel, das auch als *Phagosom* bezeichnet wird, verschmilzt dann mit einem späten Endosom oder reift direkt zu einem Lysosom heran. Es entsteht ein großes Vesikel, in dem aufgenommenes Material abgebaut wird. Die menschlichen Phagocyten spielen eine Rolle im Immunsystem. Sie bilden in der phagocytischen Vakuole Wasserstoffperoxid, Hypochlorsäure und andere Oxidantien in toxischen Konzentrationen, um Mikroorganismen abzutöten.

Die rezeptorvermittelte Endocytose Zellen sind in der Lage, über einen Vorgang, den man als **rezeptorvermittelte Endocytose** bezeichnet (auch **clathrinabhängige Endocytose** genannt), bestimmte lösliche und suspendierte Substanzen aufzunehmen. Bei diesem Vorgang nutzen Zellen spezifische Rezeptoren, die sich auf der äußeren Oberfläche der Plasmamembran befinden. Die rezeptorvermittelte Endocytose ist der wichtigste Mechanismus der eukaryotischen Zellen zur spezifischen Aufnahme der meisten Makromoleküle. Je nach Zelltyp vermögen Säugetierzellen mit diesem Mechanismus Hormone, Wachstumsfaktoren, Enzyme, Serumproteine, Cholesterin, Antikörper, Eisen und sogar einige Viren und bakterielle Toxine aufzunehmen.

In *Exkurs 12B* stellen wir die Entdeckung der rezeptorvermittelten Endocytose und ihrer Rolle bei der Aufnahme von *Lipoproteinen mit geringer Dichte* (*LDL*, engl.: *low-density lipoproteins*) dar. Durch rezeptorvermittelte Endocytose von LDL wird Cholesterin in Säugetierzellen transportiert. Ihr Interesse an der Aufklärung der Familiären Hypercholesterinämie, einer vererbbaren Prädisposition für hohe Cholesterinwerte und damit für Arteriosklerose und Herzerkrankungen, führte Michael Brown und Joseph Goldstein zur Entdeckung der rezeptorvermittelten Endocytose, wofür sie 1986 beide den Nobelpreis erhielten.

In ▸*Abbildung 12.15* ist die rezeptorvermittelte Endocytose dargestellt. Der Vorgang beginnt mit der Bindung spezifischer Moleküle (die man als Liganden bezeichnet) an ihre *Rezeptoren* – spezifische, ligandenbindende integrale Membranproteine in der Plasmamembran (Schritt ❶). Die Rezeptor-Liganden-Komplexe diffundieren seitlich in der Membran, bis sie an spezialisierten Membranregionen ankommen, den sogenannten *Coated Pits* (*Stachelsaumgrübchen*). Diese stellen spezielle Membranregionen dar, in denen sich die Rezeptor-Liganden-Komplexe zur Internalisierung ansammeln (Schritt ❷). In einer typischen Säugetierzelle nehmen die Coated Pits ungefähr 20 % der Gesamtoberfläche der Plasmamembran ein.

Die Akkumulation von Rezeptor-Liganden-Komplexen zieht weitere Proteine auf der inneren (cytosolischen) Oberfläche der Plasmamembran zusammen. Die hinzukommenden Proteine – darunter die *Adaptorproteine*, *Clathrin* und *Dynamin* – werden für die Membrankrümmung und Einstülpung des Coated Pits benötigt, bei der sich Clathrin anlagert (Schritt ❸). Die Einstülpung geht soweit, bis sich das Stachelsaumgrübchen von der Plasmamembran abschnürt und ein **clathrinumhülltes Vesikel** bildet (Schritt ❹). Die Clathrinhülle wird anschließend freigesetzt und lässt ein membranumhülltes Vesikel zurück (Schritt ❺). Die Hüllproteine und Dynamin werden dann für die Plasmamembran recycelt, wo sie neue Vesikel bilden, während das membranumhüllte Vesikel bereit ist, um mit einem frühen Endosom zu verschmelzen (Schritt ❻).

Geschwindigkeit und Umfang der rezeptorvermittelten Endocytose sind beeindruckend. Im Allgemeinen schnürt sich ein Coated Pit innerhalb einer Minute nach Beginn des Vorganges ab und bis zu 2.500 dieser Stachelsaumgrübchen werden pro Minute in einer kultivierten Fibroblastenzelle gebildet. ▸*Abbildung 12.16* zeigt die Bildung eines Vesikels nach Invagination eines Coated Pit am Beispiel der rezeptorvermittelten Endocytose von Dotterproteinen an einer Oocyte eines Huhns.

Es gibt mehrere Varianten der rezeptorvermittelten Endocytose. Der epidermale Wachstumsfaktor (EGF, engl.: *epidermal growth factor*), der die Teilung von Epithelzellen stimuliert, durchläuft über den in der *Abbildung 12.15* dargestellten Mechanismus eine Endocytose. In diesem Fall spielt die Endocytose eine wichtige Rolle bei der Zellsignalisierung. Nach der Aufnahme der EGF-Rezeptoren-Komplexe reagiert die Zelle fast nicht mehr auf weiteres EGF. Diesen Vorgang bezeichnet man als *Desensitivierung*. Fehler bei der Desensitivierung, die auf eine defekte Endocytose zurückgehen, kön-

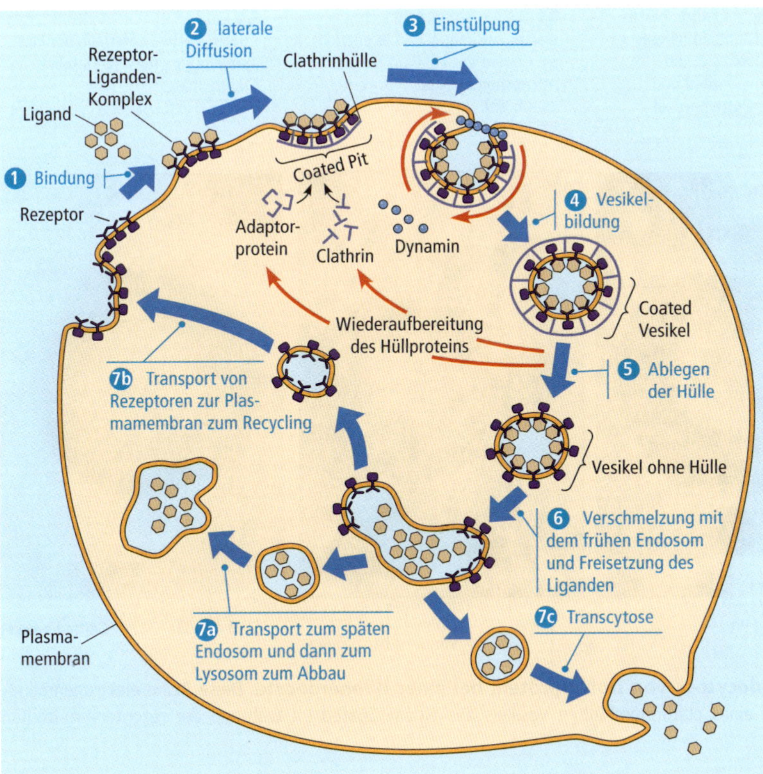

Abbildung 12.15: Die rezeptorvermittelte Endocytose. Während der rezeptorvermittelten Endocytose ❶ binden die Moleküle, die aufgenommen werden, an ihre spezifischen Rezeptoren an der Oberfläche der Plasmamembran. ❷ Rezeptor-Liganden-Komplexe sammeln sich in Coated Pits (Stachelsaumgrübchen), ❸ an denen die Adaptorproteine Clathrin und Dynamin auf der cytosolischen Membranseite die Einstülpung fördern. Das Ergebnis ist ❹ ein abgeschnürtes clathrinumhülltes Vesikel, das ❺ schnell seine Clathrinhülle verliert. Der clathrinfreie Vesikel ist jetzt in der Lage, ❻ mit anderen intrazellulären Membranen zu verschmelzen, im Allgemeinen mit einer Membran, die ein frühes Endosom umgibt, in dem das aufgenommene Material sortiert wird. Das weitere Schicksal der Rezeptoren und der aufgenommenen Moleküle hängt von der Art dieser Moleküle ab. Häufig befördern Transportvesikel ⑦a die Moleküle zum Abbau in ein Endosom. Zu den alternativen Wegen gehören ⑦b das Recycling zur Plasmamembran oder ⑦c der Transport in eine andere Region der Plasmamembran und nachfolgende Exocytose (sogenannte Transcytose). Zur Vereinfachung ist der Zellkern nicht eingezeichnet.

nen zu einer Überstimulierung durch EGF führen. Daraufhin kommt es zu übermäßigem Zellwachstum, Zellteilung und möglicher Tumorbildung.

Bei einer anderen Variante der rezeptorvermittelten Endocytose liegen unabhängig von der Bildung von Rezeptoren-Liganden-Komplexen Rezeptoren in Coated Pits vor. Durch Bindung der Liganden an die Rezeptoren wird die Internalisierung ausgelöst. Bei noch einer anderen Variante sind die Rezeptoren nicht nur konstitutiv (andauernd) konzentriert, sondern sie werden auch konstitutiv aufgenommen, unabhängig davon, ob die Liganden an die Rezeptoren gebunden haben oder nicht. Zum Beispiel werden die LDL-Rezeptoren, die wir in *Exkurs 12B* darstellen, konstitutiv aufgenommen.

Nach der rezeptorvermittelten Endocytose verschmelzen die nicht mehr von Clathrin umhüllten Vesikel mit den aus dem TGN herausknospenden Vesikeln und bilden in den peripheren Regionen der Zelle frühe Endosomen. Die *frühen Endosomen* sind Organellen der Sortierung und des Recyclings von extrazellulärem Material, das die Zelle durch Endocytose aufgenommen hat.

Sehr häufig – aber nicht immer – werden Proteinmoleküle, die für einen neuen Durchlauf der Endocytose notwendig sind, recycelt, nachdem sie sich von dem zum Abbau bestimmten Material getrennt haben. Das frühe Endosom benötigt außerdem lysosomale Proteine aus dem TGN und reift zu einem späten Endosom heran, das sich dann zu einem Lysosom entwickelt. Wir werden die Rolle der Endosomen beim Abbau zu einem späteren Zeitpunkt in diesem Kapitel besprechen.

Das Recycling von Rezeptormolekülen der Plasmamembran wird durch die Ansäuerung der frühen Endosomen begünstigt. Während der pH-Wert im Inneren eines Endocytenvesikels bei circa 7,0 liegt, beträgt der innere pH-Wert des frühen Endosoms dagegen 5,9 bis 6,5. Der niedrige pH-Wert wird durch ATP-abhängige Protonenpumpen (H^+-ATPasen) in der Membran des Endosoms aufrechterhalten. Die leicht saure Umgebung des frühen Endosoms senkt die Affinität der meisten Rezeptor-Liganden-Komplexe (zum Beispiel bei LDL und seinem Rezeptor), wodurch die Rezeptoren zum Recycling für die Plasmamembran freigesetzt werden, während neu aufgenommenes Material zu anderen Orten umgeleitet wird. Dieser Vorgang weist Ähnlichkeit mit der säureinduzierten Wiederaufbereitung von Mannose-6-Phosphatrezeptoren auf, die vom Lysosom zurück zum TGN geleitet werden, worauf wir zuvor eingegangen sind.

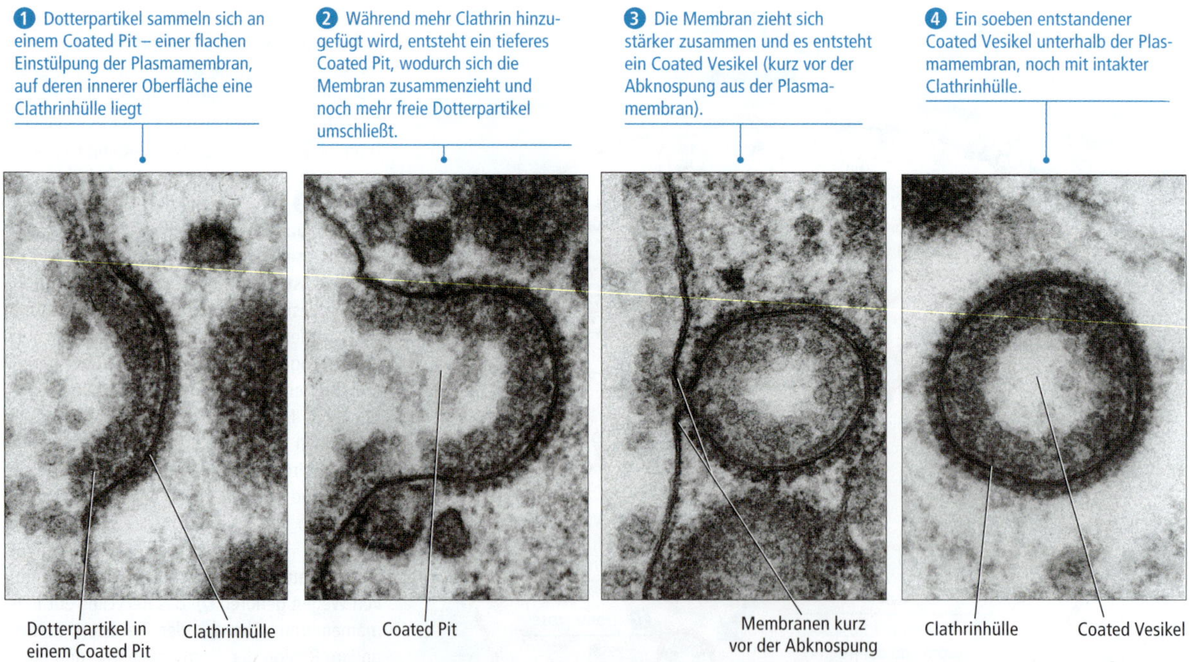

Abbildung 12.16: Die rezeptorvermittelte Endocytose von Dotterprotein bei einer Hühneroocyte. Diese Reihe elektronenmikroskopischer Aufnahmen veranschaulicht die Bildung eines clathrinumhüllten Vesikels aus einem Coated Pit während der rezeptorvermittelten Endocytose (TEMs).

Das Sortieren der Rezeptoren und Liganden ist nicht immer so einfach wie das Recycling der Rezeptoren zur Plasmamembran und das Zurückhalten der Liganden im Endosom. Je nach Ligand trennen sich einige Rezeptor-Liganden-Komplexe nicht vom frühen Endosom. Während dissoziierte Liganden zu einem Lysosom transportiert werden, werden intakte Rezeptor-Liganden-Komplexe weiterhin in Transportvesikel einsortiert und verpackt. Es gibt mindestens drei alternative Mechanismen, mit denen diese Komplexe weiter verarbeitet werden: (1) Einige Rezeptor-Liganden-Komplexe (zum Beispiel der epidermale Wachstumsfaktor und sein Rezeptor) werden zum Abbau zu einem Lysosom transportiert. (2) Andere Rezeptor-Liganden-Komplexe werden zum TGN transportiert, wo sie in eine Reihe von Stoffwechselwegen aufgenommen werden, welche die Komplexe durch das Endomembransystem befördern. (3) Rezeptor-Liganden-Komplexe können auch mit Hilfe von Transportvesikeln zu einer anderen Region der Plasmamembran transportiert werden, wo sie im Rahmen eines Vorgangs, den man als **Transcytose** bezeichnet, ausgeschieden werden. Dieser Stoffwechselweg vermittelt den gerichteten Transfer von Vesikeln mit extrazellulärem Material von einer Seite der Zelle, auf der die Endocytose abläuft, durch das Cytoplasma zur gegenüberliegenden Seite, auf der die Exocytose abläuft. Beispielsweise werden Immunglobuline durch Epithelzellen mittels Transcytose vom mütterlichen Blut in das Blut des Fötus transportiert.

12B ▶ Klinische Bedeutung

Cholesterin, der LDL-Rezeptor und die rezeptorvermittelte Endocytose

Die rezeptorvermittelte Endocytose ist ein höchst effizienter Stoffwechselweg für die Aufnahme spezifischer Makromoleküle durch eukaryotische Zellen. Auf diesem Weg können viele verschiedene Arten von Makromolekülen aufgenommen werden und jedes Makromolekül wird von seinem spezifischen Rezeptor in der Plasmamembran des richtigen Zelltyps erkannt. Im Folgenden werden wir die Entdeckung der rezeptorvermittelten Endocytose nachvollziehen, wobei wir uns auf einen spezifischen Rezeptor konzentrieren werden – und, wie sich dabei herausstellen wird, auf ein gesundheitliches Problem, das viele von uns betrifft: den Cholesteringehalt im Blut.

Wie Sie vielleicht schon wissen, ist einer der wichtigsten Faktoren für die Herzinfarkt-Prädisposition eines Menschen ein über der Norm liegender Cholesteringehalt im Serum, ein Zustand, den man als *Hypercholesterinämie* (erhöhter Serumcholesterinspiegel) bezeichnet. Da Cholesterin nicht löslich ist, lagert es sich an den Innenwänden der Blutgefäße ab, wo es *atherosklerotische Plaques* bildet, was dann sekundär durch Einlagerung von Fettsäuren und Kalk zur Verhärtung und Verengung der Arterien führt. Diese sehr häufige Krankheit wird Arteriosklerose genannt. In letzter Konsequenz können diese Ablagerungen den Blutstrom durch die Arterien blockieren und zu Schlaganfällen und Herzinfarkten führen. Bedenken Sie, dass Cholesterin eine normale lebensnotwendige Komponente einer gesunden tierischen Zellmembran ist – zur Aufrechterhaltung der Funktionen dieser Membranen wird ein bestimmter Cholesteringehalt benötigt. Daher synthetisiert der Körper Cholesterin, wenn die mit der Nahrung zugeführte Menge nicht ausreicht.

Obschon ein hoher Cholesteringehalt häufig mit der Ernährungsweise in Zusammenhang gebracht wird, liegt bei einigen Menschen eine genetische Prädisposition für einen hohen Blutcholesterinspiegel vor und damit eine Neigung zu Arteriosklerose mit nachfolgenden Herzerkrankungen. Menschen mit dieser vererbbaren Prädisposition, die **Familiäre Hypercholesterinämie (FH)** genannt wird, leiden unter stark erhöhten Konzentration von Blutcholesterin (ungefähr 650 – 1.000 mg/100 ml Blutserum), zum Vergleich liegt die normale Konzentration bei ungefähr 130 – 200 mg/100 ml). Typischerweise entwickeln die Betroffenen schon früh Arteriosklerose und sterben oft vor Erreichen des 30. Lebensjahres.

Die Verbindung zwischen FH und der rezeptorvermittelten Endocytose wurde von Michael Brown und Joseph Goldstein entdeckt, die 1972 mit ihrer Forschungsarbeit begannen. Ihre Entdeckung der rezeptorvermittelten Endocytose wurde 1986 mit dem Nobelpreis gewürdigt. Brown und Goldstein begannen mit der Kultivierung von

Fibroblasten (Bindegewebszellen) von FH-Patienten und wiesen nach, dass diese Zellen im Vergleich zu normalen Zellen mit anormal hoher Geschwindigkeit Cholesterin synthetisierten. Ihre nächste wichtige Beobachtung war, dass auch normale Zellen mit anormal hoher Geschwindigkeit Cholesterin synthetisierten, wenn ihnen keine **Lipoproteine mit geringer Dichte (LDLs**, engl.: *low-density lipoproteins*) zur Verfügung standen, die sonst im Kulturmedium enthalten waren. LDL ist eine Form, in der Cholesterin im Blut transportiert und von den Zellen aufgenommen wird.

LDL ist einer von vielen Typen von *Blutlipoproteinpartikeln*, die entsprechend ihrer Dichte klassifiziert werden. Eine andere Klasse sind die **Lipoproteine mit hoher Dichte (HDLs**, engl.: *high-density lipoproteins*), die in gemäßigt hoher Konzentration nicht als gesundheitsschädlich gelten. Ein Lipoproteinpartikel besteht aus einem Monolayer Phospholipid und Cholesterinmolekülen sowie einem oder mehreren Proteinmolekülen. Diese werden von den Lipiden so ausgerichtet, dass ihre polaren Kopfgruppen zu dem wässrigen Medium auf der Außenseite ausgerichtet sind und ihre nicht-polaren Schwänze in das Innere des Partikels hineinragen, der außerdem Cholesterinmoleküle enthält, die mit langkettigen Fettsäuren verestert sind (*Abbildung 12B-1*). LDLs haben den höchsten Cholesteringehalt – mehr als 50 %.

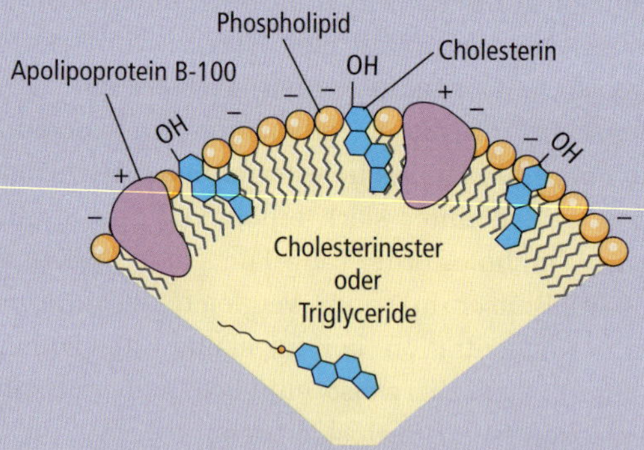

Abbildung 12B-1: Die LDL-Struktur. Lipoproteine unterscheiden sich im Hinblick auf ihre Dichte je nach den relativen Mengen von Lipiden und Proteinen, wobei größere Lipidmengen eine geringere Dichte zur Folge haben. Die Dichte des hier dargestellten Lipoproteins mit geringer Dichte (LDL) liegt zwischen 1,02 und 1,06 g/ml. Es enthält ungefähr 800 Phospholipidmoleküle und 500 freie Cholesterinmoleküle in der Lipidmonoschicht und circa 1500 veresterte Cholesterinmoleküle im Inneren. Apolipoprotein B-100 ist in die Lipidmonoschicht eingebettet und vermittelt die Bindung des LDL an die LDL-Rezeptoren an den Zelloberflächen.

Abgesehen von den Phospholipiden und dem Cholesterin besitzt jeder LDL-Partikel ein großes Protein mit der Bezeichnung *Apolipoprotein B-100*, das in seine Lipidmonoschicht eingebettet ist. Dieses Protein ist für unser Verständnis der unterschiedlichen Antworten von FH-Zellen und normalen Zellen auf das im Medium enthaltene LDL von entscheidender Bedeutung. Normale Fibroblasten halten in der Gegenwart von LDL eine niedrige Geschwindigkeit der Cholesterinsynthese aufrecht, wenn ihnen jedoch kein LDL zur Verfügung steht, synthetisieren sie mit abnorm hoher Geschwindigkeit Cholesterin. Da bekannt war, dass Cholesterin seine eigene Synthese nach unten reguliert, stellten Brown und Goldstein die Hypothese auf, dass LDL am Transport von Cholesterin in die Zelle beteiligt ist. Da FH-Fibroblasten andererseits Cholesterin mit hoher Geschwindigkeit synthetisierten, unabhängig davon, ob das Medium LDL enthielt oder nicht, gingen Brown und Goldstein davon aus, dass diese Zellen einen Defekt bei der LDL-abhängigen Cholesterinaufnahme haben könnten.

Ausgehend von diesen Beobachtungen, postulierten Brown und Goldstein, dass zur Aufnahme von Cholesterin in die Zellen ein spezifischer Rezeptor für LDL-Partikel an der Zelloberfläche notwendig sei. Daher führten sie Experimente durch, um zu überprüfen, ob den FH-Patienten dieser Rezeptor fehlte oder ob er defekt war. In einer Reihe brillianter Experimente wiesen die beiden Wissenschaftler und ihre Kollegen die Existenz eines LDL-spezifischen Membranproteins nach, den **LDL-Rezeptor**. Außerdem erbrachten sie den Beweis, dass dieser LDL-Rezeptor das Apolipoprotein-B-100-Molekül erkennt, das in jedem LDL-Partikel enthalten ist. Des Weiteren zeigten sie, dass dieser LDL-Rezeptor den Zellen von FH-Patienten entweder gänzlich fehlte oder dass die FH-Patienten defekte LDL-Rezeptoren besaßen.

Zur Sichtbarmachung dieser LDL-Partikel, verknüpften die Wissenschaftler diese mit Molekülen von Ferritin, einem Protein, das Eisenatome bindet. Da die Elektronen in Eisenatomen dicht gepackt sind, erscheinen sie unter dem Elektronenmikroskop als dunkle Punkte (*Abbildung 12B-2*). Mit Hilfe der Technik wiesen Brown und Goldstein nach, dass mit Ferritin verknüpfte LDL-Partikel an die Zelloberfläche binden und an spezifischen Stellen Cluster bilden (*Abbildung 12B-2a*). Heute wissen wir, dass es sich bei diesen Stellen um *Coated Pits* handelt, die sich in den Regionen der Plasmamembran befinden, in denen sich typischerweise Clathrin auf der cytoplasmatischen Seite der Membran ansammelt, und an der Außenseite der Membran liegt an diesen Stellen eine Akkumulation membranständiger Rezeptor-Liganden-Komplexe vor.

Die dunklen Punkte waren auch auf der Innenseite von Vesikeln zu sehen, die durch Einstülpung und Abschnürung aus den Coated Pits hervorgingen (*Abbildung 12B-2a*). Mit anderen Worten banden die Rezeptoren nicht nur das LDL an der Zelloberfläche, sondern waren offensichtlich auch an der Internalisierung von LDL in Vesikeln beteiligt. Kurzum, diese Wissenschaftler hatten einen neuen Mechanismus der Zellen entdeckt, um Makromoleküle aus ihrer Umgebung aufzunehmen. Da es sich um einen endocytischen Vorgang handelte, an dem spezifische Rezeptoren mitwirkten, gaben Brown und Goldstein diesem Vorgang den Namen, den wir noch heute verwenden – rezeptorvermittelte Endocytose.

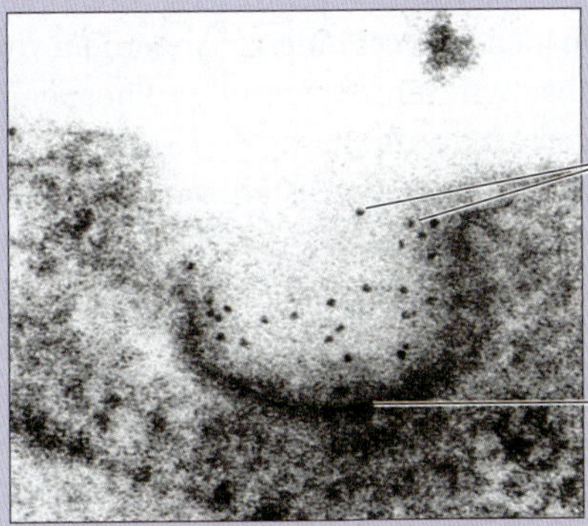

(a) an Rezeptoren gebundene Partikel in einem Coated Pit

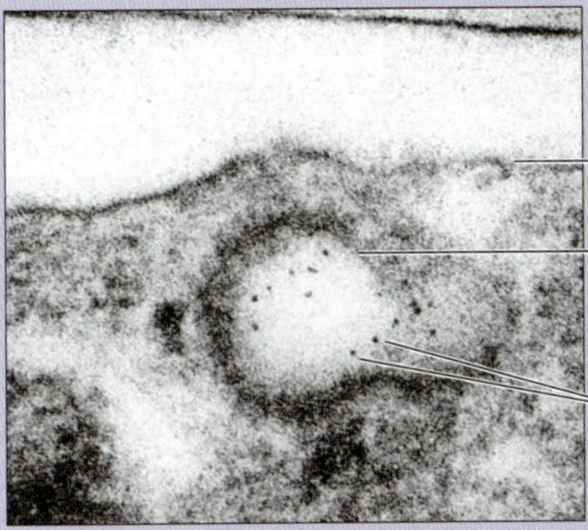

(b) Coated Vesikel bildet sich in Coated Pit

Abbildung 12B-2: Ansichten der LDL-Bindung. Durch Bindung von LDL-Partikeln an Ferritin, ein Eisen bindendes Protein, kann man die LDL-Ferritin-Komplexe unter dem Elektronenmikroskop sichtbar machen, was an der Dichte der an das Ferritin gebundenen Eisenatome liegt. (a) LDL-Ferritin-Komplexe sind als dunkle Punkte zu erkennen. Sie binden an Rezeptoren, die konzentriert in den Coated Pits an der Oberfläche einer kultivierten menschlichen Fibroblastenzelle liegen. (b) Die LDL-Ferritin-Komplexe werden aufgenommen, wenn ein clathrinumhülltes Vesikel nach der Einstülpung der Plasmamembran und Abschnürung in der Nähe des Coated Pit gebildet wird (TEMs).

Die Clathrin-unabhängige Endocytose Ein Beispiel für einen Mechanismus der Clathrin-unabhängigen Endocytose ist die Flüssigkeits-Endocytose. Dabei handelt es sich um einen Typ der Pinocytose, um eine nichtspezifische Internalisierung extrazellulärer Flüssigkeiten. Im Gegensatz zur rezeptorvermittelten Endocytose konzentriert die Flüssigkeits-Endocytose aufgenommene Substanzen nicht auf. Da Zellen auch dann Flüssigkeiten aufnehmen können, wenn sie nicht über selektive Mechanismen verfügen, um nur bestimmte Moleküle aufzunehmen oder auch nicht, spiegelt die Konzentration der in diesen Vesikeln aufgenommenen Flüssigkeiten die Konzentration eben dieser Flüssigkeiten in der extrazellulären Umgebung wider. Im Gegensatz zu anderen Formen der Endocytose läuft die Flüssigkeits-Endocytose in den meisten eukaryotischen Zellen mit relativ konstanter Geschwindigkeit ab. Da dieser Mechanismus die Membranmenge kompensiert, die der Plasmamembran kontinuierlich durch Exocytose zugefügt wird, handelt es sich um eine Möglichkeit der Zelle zur Kontrolle des Zellvolumens und der Zelloberfläche. Nachdem die Vesikel der Flüssigkeits-Endocytose in die Zelle gelangt sind, werden sie ebenso wie andere endocytische Vesikel zu den frühen Endosomen weitergeleitet.

12.6 Coated Vesikel bei zellulären Transportvorgängen

Die meisten der am Lipid- und Proteintransfer beteiligten Vesikel werden als *Coated Vesikel* („umhüllte Vesikel“) bezeichnet. Diese Bezeichnung beruht auf den charakteristischen Hüllen oder Schichten von Proteinen dieser Vesikel, die bei ihrer Entstehung ihre cytosolische Oberfläche bedecken. Coated Vesikel sind ein Merkmal der meisten zellulären Vorgänge, die am Transfer oder Austausch von Substanzen zwischen spezifischen membranumhüllten intrazellulären Kompartimenten eukaryotischer Zellen oder zwischen Innen- und Außenseite einer Zelle mitwirken.

Thomas Roth und Keith Porter berichteten 1964 zum ersten Mal von Coated Vesikeln. Sie beschrieben deren Mitwirkung an der selektiven Aufnahme von Dotterprotein am Beispiel der Entwicklung von Mückenoocyten. Seitdem hat man nachgewiesen, dass Coated Vesikel bei vielen zellulären Abläufen lebenswichtige Aufgaben übernehmen. Sie sind ebenso am Vesikeltransport durch das Endomembransystem wie am Transport während der Exocytose und der Endocytose beteiligt. Es ist wahrscheinlich, dass diese Vesikel an fast allen, wenn nicht sogar allen, Vesikeltransportvorgängen mitwirken, welche die verschiedenen, von einer Membran umgebenen Kompartimente und ebenso die Plasmamembran der eukaryotischen Zelle untereinander verbinden.

Ein gemeinsames Merkmal der Coated Vesikel ist eine Proteinhülle auf der cytosolischen Seite der Membran, die das Vesikel umgibt. Die am besten untersuchten Hüllproteine sind *Clathrin*, *COPI* und *COPII* (COP ist eine Abkürzung für „Hüllprotein“, engl.: *coat protein*.). Hüllproteine wirken an mehreren Schritten bei der Bildung von Transportvesikeln mit. Der Typ des jeweiligen Hüllproteins auf einem Vesikel unterstützt die Sortierung und Zielsteuerung von Molekülen zu ihren verschiedenen Bestimmungsorten in der Zelle. Zu den allgemeineren Aufgaben der COPs gehört zum Beispiel, dass sie eine fast flache Membran dazu bringen, kugelförmige Vesikel zu bilden, um eine nichtspezifische Verschmelzung eines knospenden Vesikels mit nahegelegenen Membranen vor dem Abknospen zu verhindern. Außerdem regulieren sie Wechselwirkungen zwischen knospenden Vesikeln und den Mikrotubuli, die den Transport von Vesikeln durch die Zelle bewerkstelligen.

Der spezifische Proteinsatz, der die Außenseite eines Vesikels überzieht, ist ein Indikator für den Ursprung und das Ziel des Vesikels in der Zelle. (▶ *Tabelle 12.2*). *Clathrin-Coated Vesikel* wirken am selektiven Proteintransport vom TGN zu Endosomen mit und am Transport von Rezeptor-Liganden-Komplexen aus der Plasmamembran bei der Endocytose. *COPI-Coated Vesikel* erleichtern wiederum den retrograden Transport von Proteinen vom Golgi-Komplex zurück zum ER sowie zwischen Zisternen des Golgi-Komplexes. *COPII-Coated Vesikel* sind am Transport von Material vom ER zum Golgi-Komplex beteiligt.

Tabelle 12.2

Coated Vesikel in eukaryotischen Zellen

Coated Vesikel	Hüllproteine*	Ursprung	Ziel
Clathrin	Clathrin, AP1, ARF	TGN	Endosom
Clathrin	Clathrin, AP2	Plasmamembran	Endosom
COPI	COPI, ARF	Golgi-Komplex	ER oder Golgi-Komplex
COPII	COPII, (Sec13/31 und Sec23/24), Sar1	ER	Golgi-Komplex
Caveolin	Caveolin	Plasmamembran	ER?

* *ARF bedeutet ADP-Ribosylierungsfaktor; AP1 und AP2 bezeichnen verschiedene Adaptorproteinkomplexe (diese bezeichnet man auch als Montageproteinkomplexe, engl.: assembly protein complexes).*

Ein viertes, erst vor kürzerer Zeit entdecktes Hüllprotein, ist *Caveolin*. Noch wird die genaue Rolle der Caveolin-Coated Vesikel, der **Caveolae**, kontrovers diskutiert. Caveolae sind kleine Einstülpungen der Plasmamembran (ca. 50 – 100 nm im Durchmesser), die charakteristischerweise das Protein *Caveolin* enthalten. Es handelt sich um eine Art „Lipidfloß" (engl.: *Lipid Raft*), das reich an Cholesterin und Sphingolipiden ist und an der Aufnahme von Cholesterin in die Zellen beteiligt sein könnte. Mäuse, denen Caveolin fehlt, zeigen dramatische Anomalien im Herzkreislaufsystem, wo sich dann starke Cholesterin-Plaques ausbilden. Andere Untersuchungen belegen, dass diese cholesterintragenden Caveolae eine wichtige Rolle bei der Signaltransduktion spielen und bei der Transcytose und Mechanotransduktion beteiligt sind.

12.6.1 Clathrin-Coated Vesikel sind von Gittern aus Clathrin und Adaptorprotein umgeben

Clathrin-Coated Vesikel sind von Hüllen umgeben, die aus zwei multimeren Proteinen bestehen, Clathrin und *Adaptorprotein* (*AP*). Der Begriff Clathrin stammt vom lateinischen Wort *clathratus* für Gitter ab und er ist gut gewählt, denn Clathrin und AP bilden Proteingitter aus Polygonen (Vielecken). Flache Clathringitter bestehen ausschließlich aus Hexagonen (Sechsecken), während gebogene Clathringitter, die sich unter Coated Pits bilden und Vesikel umgeben, sich aus Hexagonen (Sechsecken) und Pentagonen (Fünfecken) zusammensetzen. Die Verwendung von Clathrin zum Coating (zur Umhüllung) von Vesikeln ist für die Zelle sehr vorteilhaft, denn die einzigartige Form der Clathrinproteine und die Art und Weise, wie sie sich zusammensetzen, um Clathrinhüllen zu bilden, liefert die Antriebskraft, die bewirkt, dass sich flache Membranen zu kugelförmigen Vesikeln biegen.

Im Jahr 1981 machten Ernst Ungewickell und Daniel Burton die Grundstruktureinheiten von Clathringittern sichtbar. Dies sind dreibeinige Strukturen, die man als Triskelione bezeichnet (▸*Abbildung 12.17a*). Jedes Triskelion ist ein multimeres Protein aus drei großen Polypeptiden (schweren Ketten) und drei kleinen Polypeptiden (leichten Ketten), die von einem zentralen Scheitelpunkt ausgehen, wie in ▸*Abbildung 12.17b* dargestellt. Antikörper, die leichte Ketten von Clathrin erkennen, binden nahe dem zentralen Scheitelpunkt an die Beine des Triskelions, woraus man schließen kann, dass die leichten Ketten mit der Innenseite des Beins assoziiert sind.

Indem die Wissenschaftler Informationen, die sie der Elektronenmikroskopie und der Röntgenstrahlkristallographie verdankten, kombinierten, entwickelten sie folgendes Modell der Organisation von Triskelionen zu den charakteristischen Hexagonen und Pentagonen der Clathrin-Coated Pits und Vesikel (▸*Abbildung 12.17c*). An jedem Scheitelpunkt des polygonalen Gitters liegt jeweils ein Clathrintriskelion. Jedes Polypeptidbein erstreckt sich über zwei Längen des Gitters, wobei das Knie der schweren Kette des Clathrins auf einem benachbarten Scheitelpunkt liegt. Diese Anordnung von Triskelionen zu überlappenden Netzwerken stellt große longitudinale Kontakte zwischen Clathrinpolypeptiden sicher und kann die mechanische Kraft übertragen, die zur Bildung umhüllter Vesikel benötigt wird.

Der zweite wichtige Baustein der Clathrinhüllen – das **Adaptorprotein** (**AP**) – wurde ursprünglich einfach auf Grund seiner Fähigkeit entdeckt, den Zusammenbau von Clathrinhüllen um Vesikel zu fördern. Daher wird es manchmal als *Montageprotein* (engl. *assembly protein*) bezeichnet. Heute wissen wir, dass eukaryotische Zellen mindestens vier Typen von AP-Komplexen besitzen, die jeweils aus vier Polypeptiden bestehen – zwei Adaptinuntereinheiten, eine Kette mittlerer Länge und eine kurze Kette. Die vier Polypeptide, die sich im Hinblick auf den AP-Komplex geringfügig unterscheiden, binden an verschiedene Transmembran-Rezeptor-Proteine und sorgen während der Vesikelknospung und der Zielsteuerung für Spezifität.

Abgesehen davon, dass die AP-Komplexe die richtige Konzentration von Makromolekülen in den Coated Pits sicherstellen, vermitteln sie auch die Bindung von Clathrin an in der Plasmamembran eingebettete Proteine. Angesichts der zentralen Rolle der AP-Komplexe überrascht es nicht, dass es sich um Stellen der Regulation des Clathrinzusammenbaus und der Clathrindissoziation handelt. So wird beispielsweise die Fähigkeit von AP-Komplexen, an Clathrin zu binden, vom pH-Wert, der Phosphorylierung und der Dephosphorylierung beeinflusst.

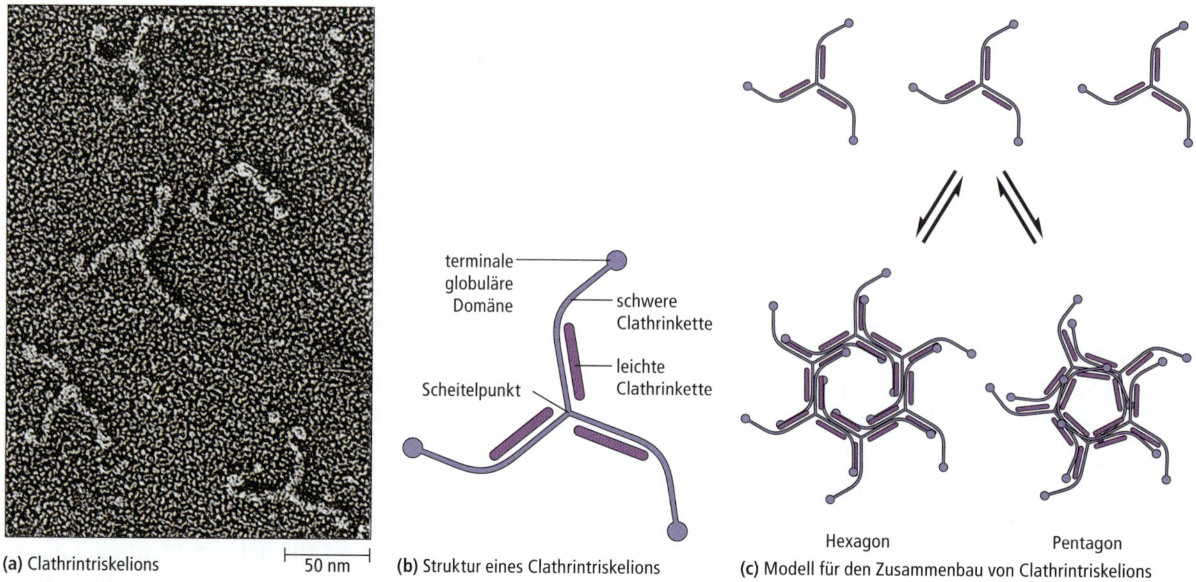

(a) Clathrintriskelions (b) Struktur eines Clathrintriskelions (c) Modell für den Zusammenbau von Clathrintriskelions

Abbildung 12.17: Clathrintriskelione. Hier abgebildet sind (a) eine elektronenmikroskopische Aufnahme von Clathrintriskelionen (SEM) und (b) eine Zeichnung, die veranschaulicht, dass sich jedes Triskelion aus drei schweren Ketten Clathrin und drei leichten Ketten Clathrin zusammensetzt und (c) ein Modell für die Zusammensetzung von Triskelionen zu den charakteristischen Clathrinpentagonen und Clathrinhexagonen, die man in Stachelsaumgrüben und Vesikeln findet.

12.6.2 Der Zusammenbau von Clathrinhüllen fördert die Bildung von Vesikeln aus der Plasmamembran und dem TGN

Zur Bindung von AP-Komplexen an die Plasmamembran und zur Konzentration von Rezeptoren oder Rezeptor-Liganden-Komplexen in Coated Pits werden ATP und GTP benötigt – vielleicht aber auch nur zur Regulation des Vorgangs. Der Zusammenbau einer Clathrinhülle auf der cytosolischen Membranseite scheint einen Teil der Triebkraft zu liefern, die für die Bildung eines Vesikels an dieser Stelle benötigt wird. Anfangs sind alle Clathrineinheiten hexagonal und bilden eine flache, zweidimensionale Struktur (▶*Abbildung 12.18a, c*). Wenn mehr Clathrintriskelione in das wachsende Gitter eingebaut werden, kann sich die neue Clathrinhülle aufgrund der Kombination hexagonaler und pentagonaler Einheiten um das knospende Vesikel legen (▶*Abbildung 12.18b, d*).

Wenn sich immer mehr Clathrin um das knospende Vesikel legt, dann wirkt zumindest ein weiteres Protein mit – **Dynamin**. Dynamin ist eine cytosolische GTPase, die für das Einschnüren des Coated Pits und den Abschluss des knospenden Vesikels benötigt wird. Dieses essenzielle Protein wurde erstmalig bei *Drosophila* nachgewiesen, einer Taufliege, die häufig als genetischer Modellorganismus dient. Fliegen, die eine temperatursensitive Form von Dynamin exprimieren, waren sofort gelähmt, wenn man durch eine Temperaturveränderung die Dynaminfunktion gestört hatte. Weitere Untersuchungen offenbarten eine Ansammlung von Coated Pits in den Membranen der neuromuskulären Übergänge der betroffenen Fliegen. Wenn das Dynamin um den Hals des Coated Pits helikale Ringe bildet, schließt sich das Vesikel. Wenn GTP hydrolysiert wird, verfestigen sich die Dynaminringe und trennen das vollständig verschlossene endocytische Vesikel von der Plasmamembran.

Ein weiterer Mechanismus sorgt dafür, dass die Clathrin-Coated Membranen *von der Clathrinhülle befreit werden*. Dieser Vorgang muss auf regulierte Weise ablaufen, denn in den meisten Fällen bleibt die Clathrinhülle solange intakt, wie die Membran Teil des Coated Pit oder des knospenden Vesikels ist. Nachdem die Bildung des Vesikels abgeschlossen ist, dissoziiert die Membran schnell. Ebenso wie der Zusammenbau ist auch die Auflösung der Clathrinhülle ein Vorgang, für den Energie aufgewendet werden muss. Diese Energie wird aus der Hydrolyse von ungefähr drei ATP-Molekülen pro Triskelion gewonnen. Mindestens ein Protein, eine *Uncoating-ATPase*, ist für diesen Vorgang unbedingt notwendig, obwohl die Uncoating-ATPase nur die Clathrintriskelione aus den APs freisetzt. Die für die Freisetzung von APs aus der Membran verantwortlichen Faktoren sind noch nicht identifiziert worden.

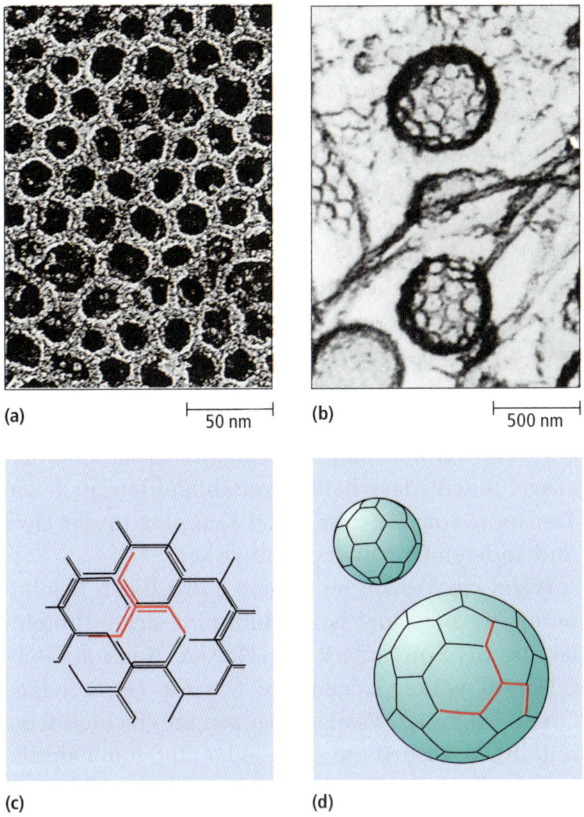

Abbildung 12.18: Clathringitter. Jedes Vesikel ist von einem Korb überlappender Clathrinkomplexe umgeben. (a) Elektronenmikroskopische Aufnahme einer Gefrierätzung eines Clathringitters einer menschlichen Karzinomzelle. Dieses flache Gitter setzt sich aus hexagonalen Einheiten zusammen. (b) Elektronenmikroskopische Aufnahme von Clathrinkörben, die aus einem Kalbshirn isoliert wurden. Die Körbe setzen sich aus pentagonalen und hexagonalen Einheiten zusammen (TEMs). (c) und (d) Interpretierende Zeichnungen des Clathringitters und von Clathrinkörben, die in (a) und (b) dargestellt werden.

Clathrin-Coated Vesikel dissoziieren leicht zu löslichen Clathrinkomplexen, Adaptor-Protein-Komplexen und Vesikeln ohne Hülle, die sich unter geeigneten Bedingungen schnell wieder zusammenfügen. In einer leicht sauren Lösung, die Calciumionen enthält, setzen sich Clathrinkomplexe unabhängig vom Adaptorprotein und membranumhüllten Vesikeln zusammen, was zur Bildung leerer Hüllen führt, den sogenannten *Clathrinkörben*. Der Zusammenbau erfolgt mit faszinierender Geschwindigkeit – bei günstigen Bedingungen innerhalb von Sekunden. Die Leichtigkeit, mit der sich Clathrinhüllen zusammensetzen und wieder auflösen, ist eines ihrer wichtigsten Merkmale, denn die Verschmelzung der darunterliegenden Membran mit der Membran eines anderen Kompartiments scheint nur dann abzulaufen, wenn das Vesikel teilweise oder ganz von der Clathrinhülle befreit ist.

12.6.3 COPI- und COPII-Coated Vesikel pendeln zwischen dem ER und dem Golgi-Komplex

Man hat in allen untersuchten eukaryotischen Zellen *COPI-Coated Vesikel* gefunden, in Säugetier-, Insekten-, Pflanzen- und Hefezellen. Sie wirken am retrograden Transport vom Golgi-Komplex zurück zum ER sowie am direktionalen Transport zwischen den Zisternen des Golgi-Komplexes mit. COPI-Coated Vesikel sind von Hüllen umgeben, die aus COPI-Protein und einem **ADP-Ribosylierungsfaktor (ARF)** bestehen, einem kleinen GTP-bindenden Protein. COPI ist die wichtigste Komponente der Hülle. Es ist ein multimeres Protein aus sieben Untereinheiten.

Die Zusammensetzung einer COPI-Hülle wird von ARF vermittelt. Im Cytosol kommt ARF als Teil eines ARF-GDP-Komplexes vor. Trifft ARF auf einen spezifischen mit der Membran (an der gerade ein neuer Coated Vesikel entsteht) assoziierten Guaninnucleotid-Austauschfaktor, wird das GDP gegen GTP ausgetauscht. Dadurch wird im ARF eine Konformationsänderung ausgelöst, sodass im ARF seine hydrophobe N-terminale Region freigelegt wird, die mit der Lipiddoppelschicht der Membran eine Bindung eingeht. Nachdem es fest verankert ist, bindet ARF an die COPI-Multimere und der Zusammenbau der Hülle treibt die Bildung und das Knospen eines neuen Vesikels voran. Nachdem ein freies Vesikel entstanden ist, löst ein Protein in der Donormembran die Hydrolyse von GTP aus und das daraus hervorgegangene ARF-GDP setzt die Hüllproteine für einen weiteren Durchlauf der Vesikelknospung frei. Unsere Kenntnis des COP-vermittelten Vesikeltransports verdanken wir maßgeblich dem Pilztoxin *Brefeldin A.* Dieses Toxin hemmt den Vorgang, indem es mit der Fähigkeit des Guaninnucleotid-Austauschfaktors interferiert, aus ARF-GDP ARF-GTP zu bilden.

COPII-Coated Vesikel wurden zuerst in der Hefe entdeckt, wo sie beim Transport vom ER zum Golgi-Komplex eine Rolle spielen. Man hat bei Säugetieren und Pflanzen Homologe einiger Komponenten der **COPII-Hüllen** identifiziert und der COPII-vermittelte Mechanismus des ER-Exports scheint bei so unterschiedlichen Organismen wie der Hefe und dem Menschen stark konserviert zu sein. Die COPII-Hülle der Hefe setzt sich aus zwei Proteinkomplexen zusammen – den sogenannten Sec13/31 und Sec23/24 – sowie einem kleinen GTP-bindenden Protein mit der Bezeichnung SarI, das dem ARF ähnelt. Über einen Mechanismus, der Ähnlichkeit mit der Bildung der COPI-Hülle aufweist, nähert sich ein an GDP gebundenes SarI-Molekül der Membran, aus der sich ein Vesikel zu bilden beginnt. Ein peripheres Membranprotein löst dann den Austausch von GTP gegen GDP aus, wodurch SarI an Sec13/31 und Sec23/24 binden kann. Nach der Bildung eines freien Vesikels löst eine Komponente der COPII-Hülle die GTP-Hydrolyse aus und Sar1 setzt Sec13/31 und Sec23/24 frei. Für ihre Arbeiten zur Aufklärung all dieser verschiedenen Mechanismen, die beim zellulären Vesikel-Trafficking beteiligt sind, erhielten die amerikanischen Wissenschaftler Randy Scheckman und James Rothman 2013 den Nobelpreis für Medizin und Physiologie.

12.6.4 SNARE-Proteine vermitteln die Verschmelzung zwischen Vesikeln und Zielmembranen

Ein Großteil des intrazellulären, von Coated Vesikeln vermittelten Transports ist höchst spezifisch. Wie wir gesehen haben, findet das endgültige Sortieren der im ER synthetisierten Proteine im TGN statt, wenn die Lipide und Proteine für den Transport zu ihren verschiedenen Bestimmungsorten in Vesikel verpackt werden. Rufen Sie sich bitte in Erinnerung, dass die Adaptorkomplexe, die bei der Entstehung von Clathrin-Coated Vesikeln aus dem TGN entstehen, aus zwei Adaptinuntereinheiten bestehen. Die beiden Adaptinuntereinheiten sind zum Teil für die Spezifität verantwortlich, wenn die Rezeptoren zum Einschluss in ein knospendes Vesikel konzentriert werden.

Nachdem sich ein Vesikel gebildet hat, sind allerdings noch weitere Proteine erforderlich, um sicherzustellen, dass der Vesikel zu den richtigen Orten gelangt. Daher muss es einen Mechanismus geben, der verhindert, dass die verschiedenen Vesikel einer Zelle zufällig mit der falschen Membran fusionieren. Die SNARE-Hypothese bietet ein Arbeitsmodell für diese Sortierung und Zielsteuerung im intrazellulären Transport (▶ *Abbildung 12.19*).

Gemäß diesem Modell sind an der richtigen Sortierung und Zielausrichtung der Vesikel in eukaryotischen Zellen zwei Familien von SNARE-Proteinen (engl.: *soluble* ***N****-ethylmaleimide-sensitive-factor* ***a****ttachment* ***re****ceptor*) beteiligt: die v-SNAREs (Vesikel-SNAREs), die auf den Transportvesikeln liegen und die t-SNAREs (Ziel-SNAREs; von engl. *target*) auf den Zielmembranen. Die v-SNAREs und die t-SNAREs sind komplementäre Moleküle, die im Verbund mit Tethering-Proteinen („Festzurr-Protein") einem Vesikel die Fähigkeit verleihen, seine Zielmembran zu erkennen und mit ihr zu verschmelzen. Sowohl v-SNAREs als auch t-SNAREs fanden anfangs das Interesse der Wissenschaftler, weil sie eine Rolle bei der neuronalen Exocytose spielen. Seit ihrer Entdeckung im Hirngewebe hat man herausgefunden, dass beide Proteinfamilien auch am Transport vom ER zum Golgi-Komplex in der Hefe und anderen Organismen mitwirken.

Wenn ein Vesikel an seinem endgültigen Bestimmungsort angelangt ist, kommt eine dritte Proteinfamilie ins Spiel, die **Rab-GTPasen**. Auch die Rab-GTPasen wirken spezifisch: Die für verschiedene Orte bestimmten Vesikel besitzen unterschiedliche, mit ihnen assoziierte Mitglieder der Rab-Familie. Wie in der *Abbildung 12.19* dargestellt, vermögen die komplementären v-SNAREs und t-SNAREs aufgrund ihrer Affinität für einander einen stabilen Komplex zu bilden. Dadurch wird abgesichert, dass diese Proteine nach ihrer Kollision solange in Kontakt bleiben, bis ein mit dem Vesikel assoziiertes Rab-Protein die komplementären v-SNAREs und t-SNAREs fest miteinander verbinden kann, wodurch die Fusion mit der Membran ermöglicht wird.

Im Anschluss an die Vesikelfusion vermitteln der **N-Ethylmaleinimid-sensitive Faktor** (**NSF** engl.: *N-ethylmaleimide-sensitive factor*) und eine Gruppe **löslicher NSF-Bindeproteine** (**SNAPs**, engl. *soluble NSF attachment proteins*) die Freisetzung der v-SNAREs und t-SNAREs der Donor- und der Zielmembranen. An diesem Schritt könnte die ATP-Hydrolyse beteiligt sein, aber ihre genaue Rolle ist noch unklar. NSF und SNAPs wirken an der Fusion einer Reihe zellulärer Membranen mit, womit darauf verwiesen wird, dass sie nicht für die Spezifität während der Zielausrichtung verantwortlich sind.

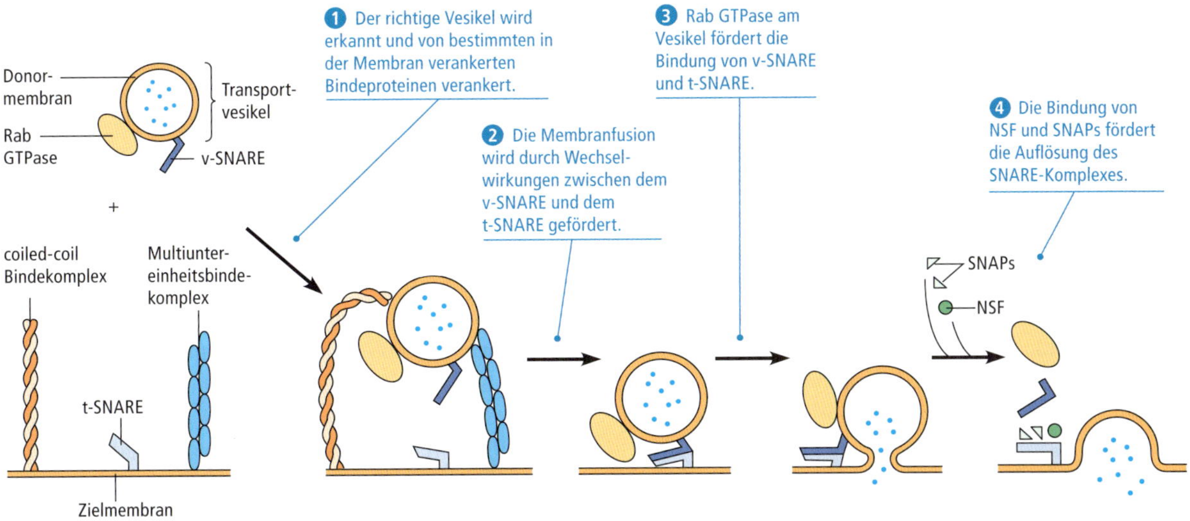

Abbildung 12.19: Die SNARE-Hypothese zur Erklärung der Fusionierung von Transportvesikeln mit der Zielmembran. Die molekularen Grundbausteine, die Sortierung und Zielsteuerung von Vesikeln in eukaryotischen Zellen vermitteln, sind Tethering-Proteine, v-SNAREs auf Transportvesikeln, t-SNAREs auf Zielmembranen, Rab-GTPase, NSF und mehrere SNAPs. Der genaue Zeitpunkt der GTP- oder ATP-Hydrolyse ist noch nicht geklärt, aber sie findet höchstwahrscheinlich nach der Fusionierung statt.

Die SNARE-Proteine werden für die Fusion der Neurotransmitter enthaltenden Vesikel mit der Plasmamembran der Nervenzellen benötigt. Dieser Verschmelzungsvorgang setzt mittels Exocytose die Neurotransmitter frei, wodurch ein elektrischer Impuls entsteht, der z.B. die Muskelkontraktion einleitet. Botulinumtoxin (Botox), das von dem Bakterium *Clostridium botulinum* gebildet wird, ist eine Protease, die ein für diese Fusion benötigtes SNARE-Protein spaltet. Somit interferiert das Toxin mit der Muskelkontraktion und kann eine Lähmung herbeiführen. Obwohl Botox eines der stärksten uns bekannten biologischen Toxine ist, kann es in geringer Dosierung therapeutisch zur Kontrolle von Muskelzuckungen oder zur Korrektur des Schielens eingesetzt werden. Des Weiteren findet Botox in der Kosmetik zur Entfernung von Falten Verwendung, die durch Muskelkontraktionen in der Haut entstehen. Zurzeit wird Botox auf seinen potenziellen Einsatz zur Behandlung bei Migräne untersucht.

Neuere Forschungsergebnisse legen die Vermutung nahe, dass SNARE-Proteine nicht allein für die Spezifität der Zielausrichtung der Vesikel verantwortlich sein könnten. Eine weitere Proteinklasse, die sogenannten **Tethering-Proteine** („**Festzurr-Proteine**"), wirken über große Entfernungen und verleihen Spezifität, indem sie Vesikel vor der Wechselwirkung zwischen v-SNARE und t-SNARE an ihren Zielmembranen festzurren (*Abbildung 12.19*). Dies ist uns aufgrund experimenteller, toxininduzierter Spaltung von SNARE-Proteinen in vivo bekannt, wodurch die Bildung eines SNARE-Komplexes blockiert werden kann, ohne die Vesikelassoziation mit der Zielmembran zu blockieren.

Die beiden wichtigsten Gruppen der Tethering-Proteine sind heute bekannt – die *Coiled-coil-Proteine* und die *Multiuntereinheitskomplexe*. Die Coiled-coil-Proteine, wie zum Beispiel die Golgine, sind für die initiale Erkennung und Bindung von COPI- oder COPII-Coated Vesikeln an den Golgi-Komplex von Bedeutung. Die Golgine sind an einem Ende im Golgi-Komplex verankert und kontaktieren mit dem anderen Ende das richtige vorbeikommende Vesikel. Wir wissen, dass diese Proteine auch bei der Bindung von Golgizisternen aneinander eine wichtige Rolle spielen, denn gegen bestimmte Golgine gerichtete Antikörper blockieren die Wirkung von Golginen und brechen die Struktur der medialen Golgizisternen auf.

Die zweite Klasse der Bindeproteine setzt sich aus mehreren Familien von Multiuntereinheitsproteinkomplexen zusammen, die vier bis acht einzelne Polypeptide enthalten. Zum Beispiel ist der Exocystenkomplex der Hefe und der Säugetiere für die Proteinsekretion von Bedeutung, der sowohl an die Plasmamembran als auch an die Vesikel aus dem TGN bindet, deren Inhalt zur Ausscheidung bestimmt ist. Andere Typen multimerer Bindekomplexe sind zum Beispiel der *COG-Komplex* (engl.: *conserved oligomeric Golgi complex*), der *GARP-Komplex* (engl.: *Golgi-associated retrograde protein complex*) und der *TRAPP-Komplex* (engl.: *transport protein particle complex*), die an der initialen Erkennung und der Spezifität der Interaktion zwischen Vesikel und Zielmembran mitwirken. Die meisten Proteine dieser Komplexe sind in so unterschiedlichen Organismen wie Hefe und Mensch stark konserviert. Im Moment gehört die Identifizierung der Funktionen dieser Komplexe und ihrer Rollen bei den einzelnen Untereinheiten zu den spannendsten Arbeiten an den Grenzen der modernen Zellbiologie.

Lysosomen und zelluläre Verdauung 12.7

Das Lysosom ist ein Organell des Endomembransystems, das Verdauungsenzyme beherbergt, die alle wichtigen Klassen biologischer Makromoleküle abbauen können – Lipide, Kohlenhydrate, Nucleinsäuren und Proteine. Diese hydrolytischen Enzyme bauen extrazelluläres Material ab, das durch Endocytose in die Zelle gelangte, sowie beschädigte oder nicht länger benötigte intrazelluläre Strukturen und Makromoleküle. Zuerst werden wir uns das Organell selbst einmal genauer anschauen und dann zu den lysosomalen Abbauvorgängen übergehen. Abschließend werden wir uns mit einigen Erkrankungen beschäftigen, die auf Fehlfunktionen der Lysosomen zurückgehen.

12.7.1 Lysosomen trennen Verdauungsenzyme vom Rest der Zelle

Bereits in *Kapitel 4* haben Sie gelernt, dass Lysosomen zu Beginn der 1950er Jahre von Christian de Duve und seinen Kollegen (siehe *Exkurs 4B*) entdeckt wurden. Dank der differenziellen Zentrifugation erkannten die Wissenschaftler, dass eine saure Phosphatase, von der man ursprünglich annahm, sie sei im Mitochondrium lokalisiert, in Wahrheit in einer Klasse von Partikeln vorkam, von der niemals zuvor berichtet worden war. Neben der sauren Phosphatase enthielt das neue Organell noch mehrere andere hydrolytische Enzyme, darunter β-Glucuronidase, eine Desoxyribonuclease, eine Ribonuclease und eine Protease. Aufgrund der Tatsache, dass das neu entdeckte Organell ganz offensichtlich eine Rolle bei den lytischen Vorgängen der Zelle spielte, gab de Duve ihm den Namen *Lysosom*.

Erst nachdem man die Existenz des Lysosoms vermutet hatte, seine Eigenschaften beschrieben wurden und der Inhalt an Enzymen spezifiziert wurde, vermochte man das Organell unter dem Elektronenmikroskop sichtbar zu machen und erkannte es als eine normale Komponente der meisten tierischen Zellen. Die endgültige Bestätigung erhielt man durch cytochemische Anfärbereaktionen, dank der man die saure Phosphatase und andere lysosomale Enzyme mit spezifischen Strukturen verknüpfen konnte, die man unter dem Elektronenmikroskop erkennen kann (►*Abbildung 12.20*).

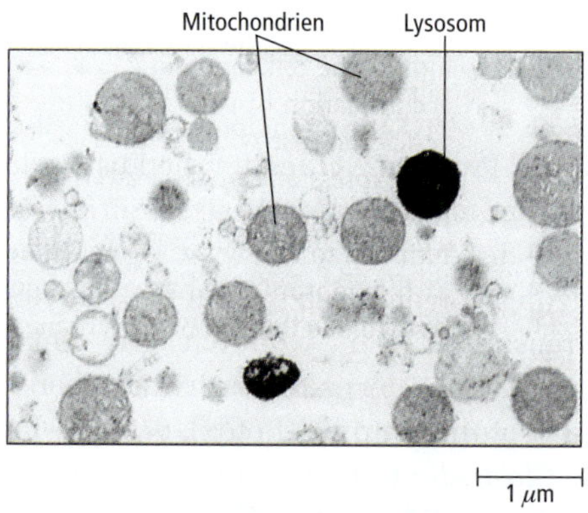

Abbildung 12.20: Cytochemische Lokalisierung der sauren Phosphatase, eines lysosomalen Enzyms. Das Gewebe wurde in einem Medium mit löslichen Bleinitrat und β-Glycerophosphat inkubiert, das von der sauren Phosphatase gespalten wird, wodurch freies Glycerin und Phosphatanionen entstehen. Die Phosphatanionen reagieren mit den Bleiionen und es entsteht unlösliches Bleiphosphat, das an der Stelle der Enzymaktivität ausfällt und den Ort der sauren Phosphatase in der Zelle anzeigt. Die dunkel angefärbten Organellen in dieser Darstellung sind Lysosomen, die durch Ablagerungen von elektronendichtem Bleiphosphat hell markiert sind. Sie sind von Mitochondrien umgeben, die keine saure Phosphatase besitzen und nicht elektronendicht werden (TEM).

Lysosomen sind sehr heterogen hinsichtlich Größe und Form, aber im Allgemeinen haben sie einen Durchmesser von ungefähr 0,5 μm. Ebenso wie das ER und der Golgi-Komplex ist auch das Lysosom von einer einzigen Membran umgeben. Diese Membran schützt den Rest der Zelle vor den hydrolytischen Enzymen des lysosomalen Lumens. Die Lumenseite der lysosomalen Membranproteine ist stark glykosyliert und bildet eine durchgehende Kohlenhydrathülle, die wohl die Membranproteine von den lysosomalen Proteasen schützt. Die ATP-abhängigen Protonenpumpen in der Membran halten im Lysosom eine saure Umgebung aufrecht (pH-Wert 4,0 bis 5,0). Dadurch wird der enzymatische Abbau von Makromolekülen begünstigt, der durch Aktivierung saurer Hydrolasen und partielle Denaturierung der zum Abbau bestimmten Makromoleküle erfolgt. Die Abbauprodukte werden anschließend durch die Membran zum Cytosol transportiert, wo sie in verschiedene Stoffwechselwege eingeschleust oder aus der Zelle ausgeschieden werden.

Seit der Pionierarbeit von de Duve ist die Liste der lysosomalen Enzyme immer länger geworden, aber alle lysosomalen Enzyme haben eine gemeinsame Eigenschaft – es sind *saure Hydrolasen* (hydrolytische Enzyme, deren optimaler pH-Wert bei ungefähr 5,0 liegt). Die Liste umfasst mindestens fünf Phosphatasen, 14 Proteasen und Peptidasen, zwei Nucleasen, sechs Lipasen, 13 Glykosidasen und sieben Sulfatasen. All diese lysosomalen Enzyme können zusammen die wichtigsten Klassen der biologischen Makromoleküle abbauen. Es wundert also nicht, dass die Zelle alle diese Enzyme an einem Ort sammelt, an dem sie ihr keinen Schaden zufügen können.

12.7.2 Lysosomen entwickeln sich aus Endosomen

Lysosomale Enzyme werden an Ribosomen synthetisiert, die an das raue ER angeheftet sind. Vor dem Transport zum Golgi-Komplex werden sie durch eine Pore in der Membran des ER in das ER-Lumen transportiert. Im Anschluss an Modifikation und Prozessierung im ER und den Kompartimenten des Golgi-Komplexes werden die lysosomalen Enzyme von anderen Proteinen im TGN sortiert. Wir haben an früherer Stelle in diesem Kapitel das Anfügen einer einzigen Mannose-6-Phosphatmarkierung an lysosomale Enzyme beschrieben. Auch an den membranständigen lysosomalen Proteinen finden sich verschiedene Sortierungssignale. Die lysosomalen Enzyme werden in Clathrin-Coated Vesikel gepackt, die aus dem TGN herausknospen. Die Vesikel verlieren ihre Proteinhüllen und wandern zu einem der Kompartimente des Endosoms (siehe *Abbildung 12.19*).

Danach werden die lysosomalen Enzyme in Transportvesikeln vom TGN zu Endosomen transportiert, wie in ▸*Abbildung 12.21* dargestellt. Rufen Sie sich in Erinnerung, dass frühe Endosomen durch Verschmelzung von Vesikeln des TGN und Vesikeln der Plasma-

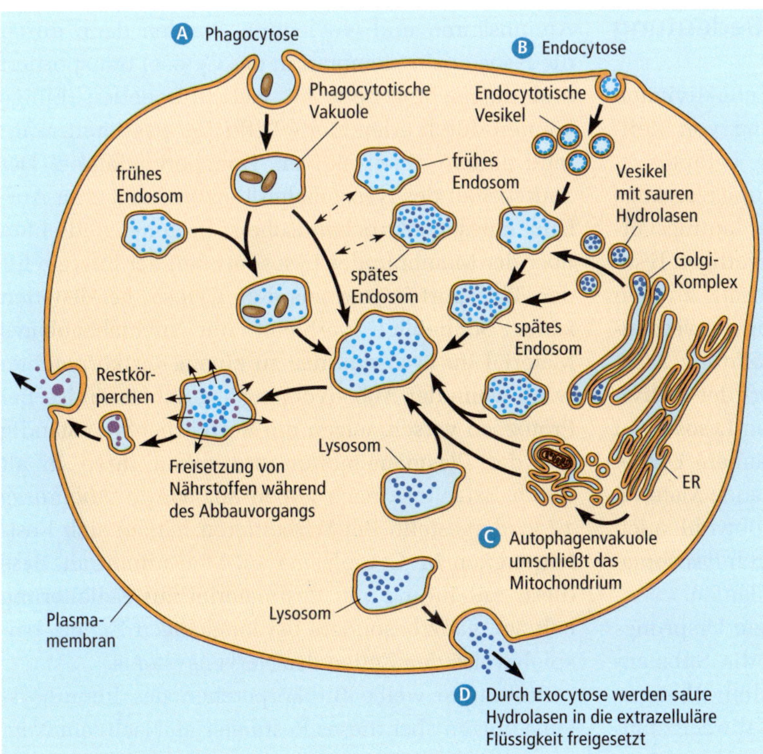

Abbildung 12.21: Die Bildung von Lysosomen und ihre Aufgaben bei zellulären Abbauvorgängen. In dieser idealisierten Zelle sind die wichtigsten Vorgänge dargestellt, an denen ein Lysosom mitwirkt. Folgende Stoffwechselwege werden dargestellt: (A) Phagocytose, (B) rezeptorvermittelte Endocytose, (C) Autophagie und (D) extrazellulärer Abbau. Zur Vereinfachung wurde kein Zellkern eingezeichnet.

membran entstehen. Im Laufe der Zeit reifen die frühen Endosomen zu späten Endosomen heran. Diese Organellen verfügen über einen vollständigen Satz saurer Hydrolasen, sind aber nicht an der Abbauaktivität beteiligt. Da der pH-Wert des frühen endosomalen Lumens von 6,0 auf 5,5 fällt, verliert das Organell seine Fähigkeit, mit endocytotischen Vesikeln zu verschmelzen. Das späte Endosom ist im Grunde eine Anhäufung neu synthetisierter Verdauungsenzyme sowie extra- und intrazellulären zum Abbau bestimmten Materials, das so verpackt wurde, dass die Zelle vor hydrolytischen Enzymen geschützt wird.

Im letzten Entwicklungsschritt eines Lysosoms werden saure Hydrolasen aktiviert. Diese Aktivierung findet statt, wenn die Enzyme und ihre Substrate auf eine noch stärker saure Umgebung treffen. Eukaryotische Zellen bewältigen diesen Schritt auf zwei Wegen. ATP-abhängige Protonenpumpen können den pH-Wert des Lumens später Endosomen auf Werte von 4,0 - 5,0 senken, wodurch das späte Endosom in ein Lysosom umgewandelt wird. Auf diese Weise entsteht ein neues Organell. Alternativ kann das späte Endosom Material in das saure Lumen eines bereits existierenden Lysosoms transferieren.

12.7.3 Lysosomale Enzyme sind für verschiedene Abbauvorgänge von Bedeutung

Lysosomen sind für so verschiedene Zellaktivitäten wie Ernährung, Verteidigung, Recycling von Zellkomponenten und Zelldifferenzierung verantwortlich. Wir können die zellulären Verdauungsvorgänge nach zwei Kriterien unterscheiden: Verdauungsvorgänge, die vom Ort der Aktivität des jeweiligen lysosomalen Enzyms abhängen, im Gegensatz zu den Verdauungsvorgängen, die vom Ursprung des verdauten Materials abhängen. Dies ist in *Abbildung 12.21* dargestellt. Im Allgemeinen liegt der Ort der Aktivität in der Zelle. In einigen Fällen können Lysosomen ihre Enzyme durch Exocytose in die äußere Umgebung der Zelle freisetzen. Das zu verdauende Material ist häufig extrazellulären Ursprungs, obwohl auch wichtige Vorgänge bekannt sind, die durch lysosomalen Abbau interner Zellkomponenten ablaufen.

Die reifen Lysosomen unterschiedlichen Ursprungs werden unterschieden in Lysosomen, die Substanzen extrazellulären Ursprungs enthalten (**heterophage Lysosomen**), und in Lysosomen, die Substanzen intrazellulären Ursprungs enthalten (**autophage Lysosomen**). Die spezifischen Vorgänge, an denen lysosomale Enzyme mitwirken, sind *Phagocytose*, *rezeptorvermittelte Endocytose*, *Autophagie* und *extrazellulärer Abbau*. Diese sind in *Abbildung 12.21* als Wege A, B, C bzw. D dargestellt.

Phagocytose und rezeptorvermittelte Endocytose: Lysosomen zur Verteidigung und Nahrungsaufnahme Eine der wichtigsten Funktionen der lysosomalen Enzyme ist der Abbau von Fremdmaterial, das durch Phagocytose oder rezeptorvermittelte Endocytose in eukaryotische Zellen gelangt (siehe *Abbildung 12.14* und *Abbildung 12.15*). Phagocytotische Vakuolen werden durch Verschmelzung mit frühen Endosomen zu Lysosomen (▶*Abbildung 12.21*, Weg A). Je nach aufgenommenem Material können sich diese Lysosomen ganz erheblich in Größe, Erscheinungsbild, Inhalt und Verdauungsstadium voneinander unterscheiden. Vesikel, die Material über die rezeptorvermittelte Endocytose aufnehmen, können auch frühe Endosomen bilden (Weg B der *Abbildung 12.21*). Wenn frühe Endosomen mit Vesikeln aus dem TGN verschmelzen, die saure Hydrolasen enthalten, können sie zu späten Endosomen und Lysosomen heranreifen, in denen das aufgenommene Material abgebaut wird.

Lösliche Abbauprodukte, beispielsweise Zucker, Aminosäuren und Nucleotide, werden dann durch die lysosomale Membran in das Cytosol transportiert und dienen der Zelle als Nährstoffquellen. Einige können durch erleichterte Diffusion passieren, während andere einen aktiven Transport erfahren. Der Säuregehalt des lysosomalen Lumens trägt zum Aufbau eines elektrochemischen Protonengradienten über der Membran des Lysosoms bei, der Energie für den Transport in und aus dem Cytosol bereitstellen kann. Schließlich verbleibt nur nichtabbaubares Material im Lysosom, das zu einem Restkörperchen wird, wenn der Abbauvorgang abgeschlossen ist. Bei Protozoen verschmelzen die Restkörperchen ständig mit der Plasmamembran und geben ihren Inhalt durch Exocytose nach außen ab, wie in *Abbildung 12.21* dargestellt. Bei Wirbeltieren häufen sich Restkörperchen im Cytoplasma an. Man nimmt an, dass diese Anhäufung von Restmaterial zur Zellalterung beiträgt, ganz besonders bei langlebigen Zellen, beispielsweise den Zellen des Nervensystems.

Bestimmte weiße Blutkörperchen des Immunsystems nutzen aber dieses Restmaterial. Nachdem *Neu-*

trophile eingedrungene Mikroorganismen durch Phagocytose und Lysosomenaktivität abgebaut haben, setzen sie das Restmaterial frei, das dann von *Makrophagen* aufgesammelt wird. Diese Makrophagen transportieren dieses Abbaumaterial zu den Lymphknoten und präsentieren es anderen Immunzellen (B-Lymphocyten und T-Lymphocyten), um sie darüber zu „unterrichten", welches Fremdmaterial im Körper aufgefunden wurde. Dieser Vorgang veranlasst die Lymphocyten zur Bildung von Gedächtniszellen, um – für den Fall, dass der selbe Mikroorganismen später nochmals in den Körper eindringen sollte – schnell auf den Eindringling reagieren zu können.

Autophagie: ein biologisches Recycling-System Eine zweite wichtige Aufgabe der Lysosomen ist der Abbau beschädigter oder nicht länger benötigter zellulärer Strukturen und Komponenten. Die meisten Zellorganellen befinden sich in einem Zustand dynamischen Gleichgewichts. Unablässig werden neue Organellen synthetisiert, während alte Organellen abgebaut werden. Der Abbau alter oder unnötiger Organellen oder Zellstrukturen wird als **Autophagie** bezeichnet. Dieser Begriff leitet sich aus dem Griechischen ab und steht für „selbst essend/zerstörend". Autophagie wird durch den Weg C in der *Abbildung 12.21* veranschaulicht.

Es gibt zwei Formen der Autophagie – *Makrophagie* und *Mikrophagie*. Die **Makrophagie** beginnt, wenn ein Organell oder eine andere Struktur von einer aus dem ER abgeleiteten Doppelmembran umhüllt wird. Das daraus hervorgehende Vesikel bezeichnet man als **autophage Vakuole** (oder **Autophagosom**). Sehr häufig kann man in diesen Vakuolen identifizierbare Reste von Zellstrukturen ausmachen, wie in der ▸*Abbildung 12.22*. **Mikrophagie** bedeutet die Bildung einer wesentlich kleineren autophagen Vakuole, die von einer einzigen Phospholipiddoppelschicht umgeben ist, die winzige Plasmamembranfragmente und kleine Teile von Organellen umschließt.

In den Zellen läuft Autophagie unter den meisten Bedingungen mit unterschiedlicher Geschwindigkeit ab, aber sie kommt während der Entwicklung der roten Blutkörperchen besonders häufig vor. Während der Reifung des roten Blutkörperchens wird praktisch der gesamte intrazelluläre Inhalt zerstört, auch alle Mitochondrien. Diese Zerstörung wird durch autophagen Abbau durchgeführt. Eine verstärkte Autophagie findet man auch bei Zellen, die durch Nahrungsmittelknappheit unter Stress leiden. Vermutlich ist dieser Vorgang Ausdruck des verzweifelten Versuchs der Zelle, ihre Energiebedürfnisse weiterhin zu decken, obwohl dies zu Lasten ihrer eigenen Strukturen geht.

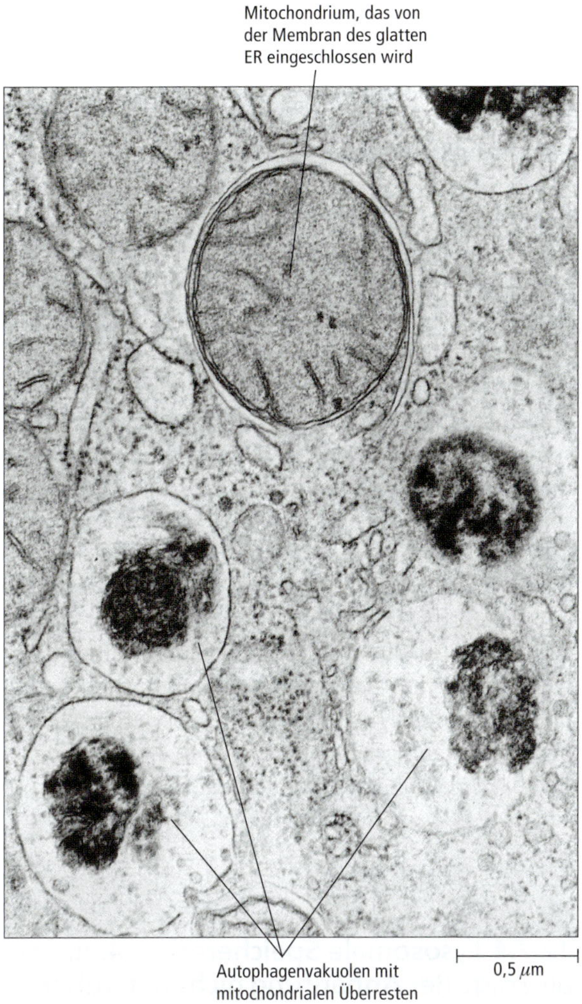

Abbildung 12.22: Autophager Abbau. Hier sind die frühen und späten Schritte des autophagen Abbaus in einer Rattenleberzelle abgebildet. Im oberen Bildteil entwickelt sich gerade eine autophage Vakuole bei der ein Mitochondrium von einer aus dem ER stammenden Membran umschlossen wird. Am unteren Bildrand befinden sich mehrere autophage Vakuolen, die Reste von Mitochondrien enthalten (TEM). Die meisten alten Organellen werden durch autophagen Abbau entsorgt.

Es wurde lange vermutet, dass einige Krebszellen nur in ungenügendem Maß zur Autophagie fähig sind, neuere Forschungsarbeiten lassen uns nun einen direkten Zusammenhang zwischen Autophagie und Krebs annehmen. Die menschliche Version des für die Autophagie bei Hefezellen benötigten Gens fehlt nachgewiesenermaßen häufig bei Brustkrebs- oder Eileitertumorzellen. Durch Knock out dieser Genfunktion bei Mäusen erhöhte sich die Autophagie. Man konstatierte ein Nachlassen der Autophagie und einen Anstieg der Erkrankungen an Brust- und Lungentumoren. Einige Onkogene, also Krebs fördernde Gene, unterdrücken während ihrer Entwicklung die Autophagie. Es liegt auf der Hand, dass noch viel Forschungsbedarf in diesem Bereich besteht.

Extrazelluläre Verdauung Während die meisten Verdauungsprozesse unter Beteiligung lysosomaler Enzyme innerhalb der Zellen stattfinden, kommt es in einigen Fällen vor, dass Lysosomen ihren Inhalt über Exocytose an die Zellaußenseite entleeren, so dass es zur **extrazellulären Verdauung** kommt (Weg D in der *Abbildung 12.21*). Ein Beispiel für die extrazelluläre Verdauung finden wir bei der Befruchtung einer tierischen Eizelle. Der Spermienkopf gibt lysosomale Enzyme ab, welche die Hüllen um die Eizelle und deren Membran auflösen, die dem Spermium sonst das Eindringen unmöglich machen würden. Einige Entzündungen, wie zum Beispiel die rheumatoide Arthritis, könnten durch lysosomale Enzyme entstehen, die von weißen Blutkörperchen fälschlicherweise in den betroffenen Gelenken freigesetzt werden und dort das Gewebe zerstören. Die Steroidhormone Cortison und Hydrocortison wirken anscheinend entzündungshemmend weil sie die Membranen der Lysosme stabilisieren und dadurch deren unkontrollierte Freisetzung verhindern.

12.7.4 Lysosomale Speichererkrankungen als Folge der Anhäufung nicht abbaubaren Materials

Die lebenswichtige Aufgabe der Lysosomen beim Recycling zellulärer Komponenten wird ganz deutlich bei Erkrankungen, die auf Defekte spezifischer lysosomaler Proteine zurückgehen. Mehr als 40 **lysosomale Speichererkrankungen** sind bekannt, von denen sich jede durch eine schädliche Anhäufung spezifischer Substanzen – im Allgemeinen Polysaccharide oder Proteine – charakterisiert (siehe *Exkurs 4A*). In den meisten Fällen kommt es auf Grund defekter oder fehlender Abbauenzyme zur Anhäufung der Substanzen, aber manchmal liegt es auch an defekten Proteinen, die Abbauprodukte vom lysosomalen Lumen in das Cytosol transportieren. In jedem Fall sind die Zellen, in denen sich das Material ansammelt, stark beeinträchtigt oder defekt. Die Folgen sind Dysfunktionen des Skeletts, Muskelschwäche und mentale Retardierung, die oftmals mit dem Tod enden. Unglücklicherweise sind lysosomale Speichererkrankungen noch nicht heilbar.

Die erste Speichererkrankung, die man aufgeklärt hatte, war die Typ-II-Glykogenose (Glykogenspeicherkrankheit), bei der Kleinkinder in Leber, Herz und Skelettmuskeln exzessive Mengen von Glykogen anhäufen und früh sterben. Als Verursacher des Problems stellte sich eine defekte Form des lysosomalen Enzyms α-1,4-Glucosidase heraus, das in normalen Zellen die Glykogenhydrolyse katalysiert. Obwohl der Glykogenmetabolismus vorrangig im Cytosol abläuft, kann eine gewisse Menge von Glykogen durch Autophagie in das Lysosom gelangen und sich zu einer schädlichen Konzentration anhäufen, wenn sie nicht zu Glucose abgebaut werden kann.

Zwei der am besten untersuchen lysosomalen Speichererkrankungen sind das *Hurler-Syndrom* und das *Hunter-Syndrom*. Beide beruhen auf Defekten im Abbau von Glykosaminoglykanen, den wichtigsten Kohlenhydratkomponenten der extrazellulären Matrix (siehe *Kapitel 17*). Das defekte Enzym, in einem Patienten mit Hurler-Syndrom, ist die α-L-Iduronidase, die für den Abbau von Glykosaminoglykanen benötigt wird. Auf Grund elektronenmikroskopischer Beobachtung von Schweißdrüsenzellen eines Patienten mit dem Hurler-Syndrom sind uns die großen Mengen atypischer Vakuolen bekannt, die sowohl auf Anfärben bzgl. saurer Phosphatase als auch auf das Anfärben nicht abgebauter Glykosaminoglykane reagieren. Offensichtlich handelt es sich bei diesen Vakuolen um abnorme späte Endosomen, die nicht abbaubares Material enthalten.

Mentale Retardierung ist ein typisches Merkmal lysosomaler Speichererkrankungen. Sie kann auf den beeinträchtigten Metabolismus von Glykolipiden zurückgehen, die wichtige Bausteine des Gehirngewebes und der Myelinscheiden der Nervenzellaxone sind. Ein besonders gut untersuchtes Beispiel ist die *Tay-Sachs-Krankheit*, eine rezessiv vererbte Erkrankung. Im Alter von ungefähr sechs Monaten tritt bei den betroffenen Kindern ein schneller mentaler Verfall auf, gefolgt von Lähmungserscheinungen. Normalerweise sterben die Kinder innerhalb von drei Jahren. Die Erkrankung entsteht durch Akkumulation eines bestimmten Glykolipids, des sogenannten *Gang-*

liosids, im Nervengewebe. Das fehlende lysosomale Enzym ist in diesem Fall *β-N-Acetylhexosaminidase*, das für die Spaltung des terminalen N-Acetylgalactosamin aus dem Kohlenhydratanteil des Gangliosids verantwortlich ist. Die Lysosomen der von der Tay-Sachs-Krankheit betroffenen Kinder sind mit Membranfragmenten angefüllt, die nichtabgebaute Ganglioside enthalten.

Die Pflanzenvakuole: Ein multifunktionales Organell 12.8

Pflanzen enthalten saure, von Membranen umgebene Kompartimente, die sogenannten Vakuolen. Sie ähneln den Lysosomen der meisten tierischen Zellen, übernehmen aber im Allgemeinen zusätzliche Aufgaben. Die Biogenese (Entstehung) der Vakuole und des Lysosoms verlaufen gleich. Die meisten Komponenten werden im ER synthetisiert und zum Golgi-Komplex transportiert, wo die Proteine eine weitere Prozessierung durchlaufen. Dann übertragen die Coated Vesikel die für die Vakuole bestimmten Lipide und Proteine an eine **Provakuole**, die dem Endosom entspricht. Schließlich reift die Provakuole zu einer funktionalen Vakuole heran, die bis zu 90 % des Volumens einer Pflanzenzelle einnehmen kann.

Die Pflanzenvakuolen beherbergen nicht nur die hydrolytischen Enzyme, sondern sie übernehmen zahlreiche weitere lebenswichtige Funktionen. Die meisten ergeben sich aus der Tatsache, dass die Pflanze sich nicht fortbewegen kann und daher nur bedingt auf Veränderung in ihrer Umgebung reagieren kann. Wie bereits in *Kapitel 4* erwähnt, besteht eine wichtige Aufgabe der Vakuole darin, den Turgor aufrechtzuhalten. Das ist der osmotische Druck, der Zellen vor dem Zusammenfallen schützt. Der Turgor bewahrt eine Zelle vor dem Erschlaffen und kann die Ausdehnung der Zelle fördern. Wird die Zellwand während der Entwicklung der Zelle nachgiebig und erhöht sich gleichzeitig der Turgor, so kann sich die Zelle ausdehnen.

Eine weitere Rolle der Pflanzenvakuole ist die Regulierung des cytosolischen pH-Werts. ATP-abhängige Protonenpumpen in der Membran der Vakuole können eine Absenkung des pH-Werts im Cytosol ausgleichen (zum Beispiel infolge einer Änderung der extrazellulären Umweltbedingungen), indem Protonen vom Cytosol zum Lumen der Vakuole transferiert werden.

Die Vakuole dient außerdem als Speicherkompartiment. Im Allgemeinen werden Samenspeicherproteine von Ribosomen synthetisiert, die mit dem rauen ER assoziiert sind. Sie werden kotranslational in das ER-Lumen eingeschleust. Einige Speicherproteine verbleiben im ER, während andere zu den Vakuolen transportiert werden. Dieser Transport erfolgt entweder durch Autophagie von Vesikeln, die aus dem ER herausknospen oder über den Golgi-Komplex. Wenn die Samen keimen, stehen die Speicherproteine zur Hydrolyse durch Vakuolenproteasen zur Verfügung, wodurch Aminosäuren für die Biosynthese neuer Proteine freigesetzt werden, welche die Pflanze für ihr Wachstum benötigt.

Weitere, in Vakuolen enthaltene Substanzen sind unter anderem das in CAM-Pflanzen gespeicherte Malat (*Kapitel 11*), Anthocyane, die den Blüten und Früchten ihre Farbe verleihen, toxische Substanzen, die vor Fressfeinden schützen, anorganische und organische Nährstoffe, Verbindungen, die Zellen vor ultraviolettem Licht schützen und übrig gebliebene, nicht abbaubare Rückstände. Eine wichtige Aufgabe der Pflanzenvakuolen besteht in der Speicherung löslicher und nicht-löslicher Abfallsubstanzen. Im Gegensatz zu den Tieren verfügen die meisten Pflanzen nicht über einen Ausscheidungsmechanismus, um gelöste Reststoffe aus ihrem Organismus zu entfernen. Die großen Vakuolen der Pflanzenzellen geben den Zellen die Möglichkeit, gelöste Substanzen in einem hohen Maß zu akkumulieren, so dass metabolische Vorgänge nicht gehemmt oder unterbunden werden, wie es der Fall wäre, wenn diese Substanzen im Cytosol verbleiben würden.

Peroxisomen 12.9

Ebenso wie der Golgi-Komplex, die Endosomen und die Lysosomen sind auch die **Peroxisomen** von einzelnen Membranen umgeben. Sie stammen allerdings nicht aus dem endoplasmatischen Reticulum und sind daher nicht Bestandteil des Endomembransystems, zu dem die anderen in diesem Kapitel vorgestellten Organellen gehören. Alle eukaryotischen Zellen besitzen Peroxisomen, aber in den Nieren- und Leberzellen der Säugetiere liegen sie in besonders hoher Anzahl vor und auch in Algenzellen und den photosynthetisch aktiven Pflanzenzellen sowie in keimenden Samen von Pflanzenspezies, die in ihren Samen Fett speichern. Peroxisomen sind etwas kleiner als Mitochondrien, doch unterscheiden sie sich je nach Funktion und Gewebe, in dem sie sich befinden, erheblich in der Größe.

Ungeachtet seiner Lokalisierung oder Größe ist das charakteristische Merkmal eines Peroxisoms die Gegenwart der *Katalase*, eines für den Abbau von Wasserstoffperoxid (H_2O_2) notwendigen Enzyms. Wasserstoffperoxid ist eine potenziell toxische Verbindung, die aus einer Reihe oxidativer Reaktionen hervorgeht, die von *Oxidasen* katalysiert werden. Sowohl die Katalase als auch die Oxidase kommen ausschließlich im Peroxisom vor. Somit finden Bildung und Abbau von H_2O_2 im gleichen Organell statt, wodurch der Rest der Zelle vor Kontakt mit diesem schädlichen Oxidans bewahrt wird. Bevor wir uns mit den Funktionen der Peroxisomen beschäftigen, wollen wir uns zunächst einmal ansehen, wie sie entdeckt wurden und wie man sie unter dem Elektronenmikroskop von anderen Organellen unterscheiden kann.

12.9.1 Die Entdeckung der Peroxisomen und die Weiterentwicklung der Gleichgewichts-Gradienten-Zentrifugation

Christian de Duve und seine Kollegen entdeckten nicht nur die Lysosomen, sondern auch die Peroxisomen. Im Laufe ihrer ersten Untersuchungen der Lysosomen, trafen sie auf mindestens ein Enzym, die *Uratoxidase*, die zwar keine saure Hydrolase war, aber doch mit lysosomalen Fraktionen assoziiert ist. Mittels eines Saccharose-Dichtegradienten fanden die Wissenschaftler heraus, dass die Uratoxidase der Rattenleber in einer Region gebildet wurde, deren Gradient eine etwas höhere Dichte aufwies als der Gradient anderer Organellen, beispielsweise der Lysosomen und der Mitochondrien (*Abbildung 12A-4*).

Nachdem die Isolierung und Aufreinigung dieser neuen Organellen gelungen war, identifizierten die Wissenschaftler weitere Enzyme in den Fraktionen, die Uratoxidase enthielten, unter anderem Katalase und D-Aminosäureoxidase. Wie wir gesehen haben, baut Katalase H_2O_2 ab. Ebenso wie Uratoxidase bildet D-Aminosäureoxidase H_2O_2. Da das neue Organell offensichtlich am Wasserstoffperoxidmetabolismus mitwirkte, erhielt es den Namen *Peroxisom*.

Seitdem wurden noch weitere peroxisomale Enzyme entdeckt. Heute weiß man, dass das Enzymkomplement dieses Organells sich erheblich von einer Spezies zur anderen, von Organ zu Organ und in einigen Fällen von einem Entwicklungsstadium zum anderem in einem Organ unterscheidet. Trotzdem bedeutet die Gegenwart der Katalase und einer oder mehrerer Wasserstoffperoxid erzeugender Oxidasen ein einzigartiges Charakteristikum der Peroxisomen.

Nachdem man die Peroxisomen identifiziert und biochemisch isoliert hatte, wurde die Existenz von Organellen mit den erwarteten Eigenschaften durch die Elektronenmikroskopie untermauert. Es stellte sich heraus, dass Peroxisomen die funktionalen Äquivalente von Organellen sind, die man bereits früher in tierischen und pflanzlichen Zellen unter dem Elektronenmikroskop sichtbar gemacht hatte. Da man aber damals nichts über ihre Funktion wusste, hatte man sie einfach als *Mikrokörperchen* bezeichnet. Sowohl in pflanzlichen als auch in tierischen Zellen haben Peroxisomen im Allgemeinen einen Durchmesser von 0,2 bis 2,0 μm, sie sind von einer einzelnen Membran umgeben und besitzen ein feines granuläres oder kristallines Inneres.

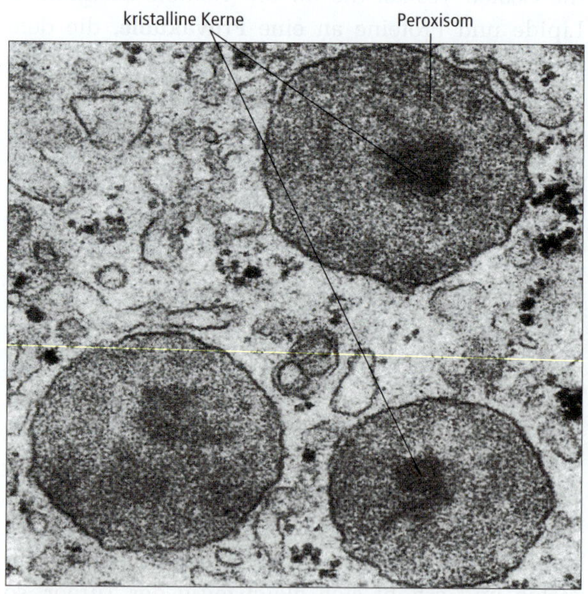

Abbildung 12.23: Peroxisomen in tierischen Zellen. Diese elektronenmikroskopische Aufnahme zeigt mehrere Peroxisomen (Mikrokörperchen) im Cytoplasma einer Rattenleberzelle. In jedem Mikrokörperchen kann man den kristallinen Kern gut erkennen. In tierischen Peroxisomen sind die Kerne fast immer kristalline Uratoxidasen (TEM).

Wie Sie in ▶*Abbildung 12.23* sehen, enthalten Peroxisomen häufig einen deutlich erkennbaren kristallinen Kern, der im Allgemeinen aus kristallisierter Uratoxidase besteht. Auch die Peroxisomen von Pflanzenblättern können kristalline Kerne aus Katalase enthalten (siehe *Abbildung 4.20*). In Gegenwart solcher Kristalle sind Peroxisomen leicht zu identifizieren, denn Uratoxidase und Katalase sind zwei der Enzyme, mittels derer Peroxisomen definiert werden. In Gegenwart eines kristallinen Kerns ist es allerdings nicht immer einfach, Peroxisomen ultrastrukturell ausfindig zu machen.

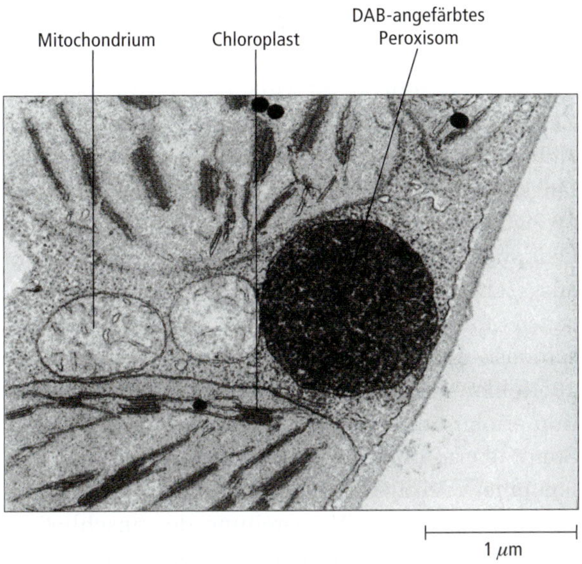

Abbildung 12.24: Cytochemische Lokalisierung von Katalase in Pflanzenperoxisomen. Die Abbildung zeigt die Zelle einer Tabakpflanze, ähnlich der *Abbildung 4.20*, doch wurde hier mit Diaminobenzidin angefärbt (DAB). Das Prinzip dieses Versuchs ähnelt dem cytochemischen Versuch, den wir in *Abbildung 12.20* mit saurer Phosphatase beschrieben haben. Die Katalase oxidiert DAB zu einer polymeren Form, die zur Ablagerung von elektronendichten Osmiumatomen in Gewebe führt, das mit Osmiumtetroxid (OsO_4) behandelt wurde. Die DAB-Technik zeigt, dass der Niederschlag von Osmium sich auf die Peroxisomen beschränkt und dass die Katalase eine Komponente des kristallinen Kerns ist (TEM).

In solchen Fällen erweist sich ein cytochemischer Test für Katalase, die sogenannte *Diaminobenzidinreaktion* (*DAB-Reaktion*) als hilfreich. Katalase oxidiert DAB zu einer polymeren Form, die zur Ablagerung von elektronendichten Osmiumatomen führt, wenn man das Gewebe mit Osmiumtetroxid behandelt. Die daraus hervorgehenden elektronendichten Niederschläge sind gut in den Zellen des angefärbten Gewebes zu erkennen. In tierischen Peroxisomen führt DAB oftmals im gesamten Innenraum zu einer intensiven Färbung. Dies weist darauf hin, dass das lösliche Enzym gleichmäßig über die Matrix des Organells verteilt ist. Ähnliches beobachtet man beim Anfärben von Blattperoxisomen, denen ein kristalliner Katalasekern fehlt. Die DAB-Färbung ist im gesamten Peroxisom erkennbar (▸*Abbildung 12.24*). Da die Katalase das einzige Enzym ist, das in allen Peroxisomen vorkommt, und sie in keinem anderen Organell standardmäßig nachgewiesen wird, ist die DAB-Reaktion ein verlässliches und spezifisches Hilfsmittel, wenn es darum geht, ein Organell als Peroxisom zu identifizieren.

12.9.2 Die meisten Funktionen der Peroxisomen sind mit dem Wasserstoffperoxid-Metabolismus verknüpft

Peroxisomen kommen häufig in Tieren, Pflanzen, Algen und Pilzen vor. Bei den Tieren findet man sie am häufigsten in Leber- und Nierenzellen. Die lebenswichtigen Aufgaben der Peroxisomen in eukaryotischen Zellen wurden in den letzten Jahren immer deutlicher, was zu neuen Forschungsarbeiten auf dem Gebiet der metabolischen Stoffwechselwege und der Erkrankungen führte, die auf defekte Komponenten der in diesen Organellen ablaufenden Stoffwechselwege zurückzuführen sind. Es gibt mindestens fünf allgemeine Kategorien für peroxisomale Funktionen, die wir in den folgenden Abschnitten behandeln werden: Wasserstoffperoxid-Metabolismus, Detoxifikation schädlicher Verbindungen, Oxidation von Fettsäuren, Metabolismus stickstoffhaltiger Verbindungen und Katabolismus ungewöhnlicher Substanzen.

Der Wasserstoffperoxid-Metabolismus Eine eminent wichtige Aufgabe der Peroxisomen in eukaryotischen Zellen ist die Detoxifikation von H_2O_2 durch die Katalase, die bis zu 15 % des gesamten Proteins in einem Peroxisom ausmachen kann. Die Oxidasen, die in den Peroxisomen H_2O_2 erzeugen, transferieren Elektronen und Wasserstoffionen (Wasserstoffatome) von ihren Substraten zu molekularem Sauerstoff (O_2) und reduzieren diesen zu H_2O_2. Wir nehmen RH_2 als oxidierbares Substrat an und formulieren die folgende allgemeine Reaktion, die von Oxidasen katalysiert wird:

$$RH_2 + O_2 \longrightarrow R + H_2O_2 \qquad (12\text{-}3)$$

Das auf diese Weise gebildete Wasserstoffperoxid wird auf zwei Wegen von der Katalase abgebaut. Im Allgemeinen baut die Katalase bei der Detoxifikation zwei Moleküle H_2O_2 gleichzeitig ab – ein Molekül wird zu Sauerstoff oxidiert und das andere wird zu Wasser reduziert:

$$2\ H_2O_2 \longrightarrow O_2 + 2\ H_2O \qquad (12\text{-}4)$$

Alternativ hat die Katalase eine *Peroxidasefunktion*, wobei Elektronen eines organischen Donors zur Reduktion von Wasserstoffperoxid zu Wasser verwendet werden:

$$R'H_2 + H_2O_2 \longrightarrow R' + 2\ H_2O \qquad (12\text{-}5)$$

(Das hochgestellte Zeichen an der R-Gruppe verweist lediglich darauf, dass sich dieses Substrat von dem Substrat in der Reaktion 12-3 unterscheidet.)

In beiden Fällen erhalten wir das gleiche Ergebnis: Ohne jemals das Peroxisom zu verlassen, wird Wasserstoffperoxid abgebaut. Angesichts der Toxizität von Wasserstoffperoxid (Wasserstoffperoxid ist der wichtigste Bestandteil vieler Desinfektionsmittel) ist es nur gut, dass die Enzyme, die Wasserstoffperoxid erzeugen, zusammen mit der Katalase, die den Abbau von Wasserstoffperoxid katalysiert, in einem Kompartiment lokalisiert sind.

Detoxifikation schädlicher Verbindungen In ihrer Eigenschaft als Peroxidase (Reaktion 12-5) kann die Katalase eine Vielzahl toxischer Substanzen als Elektronendonoren nutzen, unter anderem Methanol, Ethanol, Ameisensäure, Formaldehyd, Nitrite und Phenole. Da all diese Verbindungen für Zellen schädlich sind, kann die oxidative Detoxifikation durch Katalase eine lebenswichtige Funktion des Peroxisoms sein. Man geht davon aus, dass die in großer Anzahl in den Leber- und Nierenzellen enthaltenen Peroxisomen bei diesen Detoxifikationsreaktionen eine wichtige Rolle spielen.

Des Weiteren sind peroxisomale Enzyme wichtig für die Detoxifikation **reaktiver Sauerstoffspezies** (**ROS**; engl.: *reactive oxygen species*) wie H_2O_2, das Superoxidanion (O_2^-), das Hydroxylradikal (OH•, der Punkt verweist auf ein nicht gepaartes, stark reaktives Elektron) und organische Peroxidkonjugate. Diese reaktiven Sauerstoffspezies können sich während des normalen Zellmetabolismus in Gegenwart molekularen Sauerstoffs bilden. Wenn sich diese ROS in einer Zelle anhäufen, kann die Zelle unter *oxidativem Stress* leiden. Enzyme der Peroxisomen wie die Superoxidismutase, die Katalase und Peroxidasen detoxifizieren diese reaktiven Sauerstoffspezies, wodurch sie die Anhäufung und nachfolgende oxidative Schädigung der Zellkomponenten verhindern.

Oxidation von Fettsäuren Die Peroxisomen tierischer und pflanzlicher Zellen sowie der Algenzellen enthalten Enzyme, die für die Oxidation von Fettsäuren über den Weg der β-Oxidation notwendig sind, um die Zelle mit Energie zu versorgen. Ungefähr 25 – 50 % der Fettsäureoxidation in tierischen Geweben läuft in den Peroxisomen ab, wobei der Rest in den Mitochondrien stattfindet. In den Zellen der Pflanzen und der Hefe findet die gesamte β-Oxidation in den Peroxisomen statt.

Die peroxisomale β-Oxidation ist für tierische Zellen von besonderer Bedeutung, vor allem beim Abbau langkettiger (16 – 22 Kohlenstoffatome), sehr langkettiger (24 – 26 Kohlenstoffatome) und verzweigtkettiger Fettsäuren. Das Hauptprodukt der β-Oxidation, Acetyl-CoA, wird dann in das Cytosol ausgeschieden. Von dort wird es in den biosynthetischen Stoffwechselweg oder den TCA-Zyklus eingeschleust. Andere Fettsäuren werden auf weniger als 16 Kohlenstoffatome verkürzt. Die weitere Oxidation erfolgt im Allgemeinen in den Mitochondrien. Somit übernimmt das Peroxisom der tierischen Zellen eine wichtige Aufgabe mit der Kürzung von Fettsäuren, die zur Vorbereitung des anschließenden Metabolismus in den Mitochondrien dient, anstatt diese vollständig zu Acetyl-CoA abzubauen. Andererseits sind die Peroxisom für Pflanzen und Hefen sehr wichtig, weil sie den vollständigen Katabolismus aller Fettsäuren zu Acetyl-CoA leisten.

Metabolismus stickstoffhaltiger Verbindungen Mit Ausnahme der Primaten benötigen die meisten Tiere *Uratoxidase* (diese wird auch als *Uricase* bezeichnet), um Urat zu oxidieren. Dieses Purin wird während des Katabolismus von Nucleinsäuren und einigen Proteinen gebildet. Ebenso wie andere Oxidasen katalysiert die Uratoxidase den direkten Transfer von Wasserstoffatomen vom Substrat zum molekularen Sauerstoff, wodurch H_2O_2 entsteht:

$$\text{Urat} + O_2 \longrightarrow \text{Allantoin} + H_2O_2 \qquad (12\text{-}6)$$

Wir haben bereits zuvor festgestellt, dass H_2O_2 im Peroxisom sofort von einer Katalase abgebaut wird. Das Allantoin wird weiter metabolisiert und dann vom Organismus ausgeschieden, entweder als Allantoinsäure oder – bei den Crustaceen, Fischen und Amphibien – als Harnsäure.

Auch die *Aminotransferasen* gehören zu den peroxisomalen, am Stickstoffmetabolismus mitwirkenden Enzymen. Die Mitglieder dieser Enzymgruppe katalysieren den Transport von Aminogruppen ($–NH_3^+$) von Aminosäuren zu α-Ketosäuren:

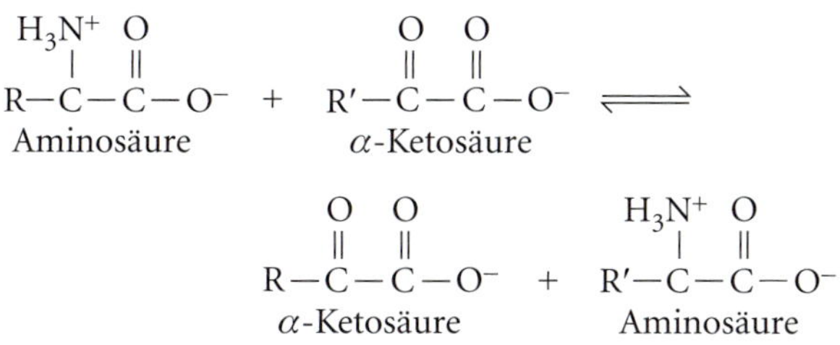

(12-7)

Diese Enzyme spielen eine wichtige Rolle bei der Biosynthese und dem Abbau von Aminosäuren, indem sie Aminogruppen von einem Molekül zum anderen transferieren (siehe *Abbildung 10.12*).

Katabolismus ungewöhnlicher Substanzen Einige Substrate für peroxisomale Oxidasen sind seltene Verbindungen. Die Zelle verfügt über keine anderen Abbauwege für diese Verbindungen. Zu diesen Verbindungen gehören D-Aminosäuren, die von den abbauenden Enzymen nicht wie die in den Polypeptiden üblichen L-Aminosäuren erkannt werden. In einigen Zellen enthalten die Peroxisomen auch Enzyme, die andere ungewöhnliche Substanzen abbauen, die sogenannten **Xenobiotika**. Hierbei handelt es sich um chemische Verbindungen, die dem biologischen Organismus fremd sind. Diese Kategorie umfasst Alkane, kurzkettige Kohlenwasserstoffverbindungen, die in Erdöl enthalten sind, und andere Rohölprodukte. Pilze mit diesen Enzymen vermögen solche Xenobiotika zu metabolisieren und man könnte sich diese Fähigkeit zu Nutze machen, um Umweltschäden durch Ölverschmutzungen zu beseitigen.

Peroxisomale Erkrankungen Angesichts der Vielzahl metabolischer Stoffwechselwege in Peroxisomen überrascht es nicht, dass defekte peroxisomale Proteine die Ursache sehr vieler Erkrankungen sind (siehe *Exkurs 4A*). Die am häufigsten auftretende peroxisomale Erkrankung ist die X-chromosomale Adrenoleukodystrophie. Das defekte Protein, das diese Erkrankung herbeiführt, ist ein integrales Membranprotein, das für den Transport langkettiger Fettsäuren in das Peroxisom zur anstehenden β-Oxidation verantwortlich ist. Die Anhäufung dieser langkettigen Fettsäuren in den Körperflüssigkeiten zerstört die Myelinscheiden in den Nervengeweben.

12.9.3 Pflanzenzellen enthalten Peroxisomen, die nicht in tierischen Zellen vorkommen

Die Peroxisomen der Pflanzen und Algen sind an mehreren spezifischen Aspekten des zellulären Energiemetabolismus beteiligt, mit dem wir uns in den *Kapiteln 10* und *11* beschäftigt haben. Hier werden wir uns darauf beschränken, einige für die Pflanzen spezifische Peroxisomen vorzustellen, und kurz auf deren Funktionen eingehen.

Blattperoxisomen Die Zellen der Pflanzen und anderer photosynthetisch aktiver Pflanzengewebe enthalten charakteristische große Blattperoxisomen, die häufig in lockerem Kontakt mit Chloroplasten und Mitochondrien zu stehen scheinen (siehe *Abbildung 12.24*; siehe auch *4.20*). Die räumliche Nähe dieser drei Organellen spiegelt wahrscheinlich ihr gemeinsames Wirken am Glykolatstoffwechselweg wider (siehe *Abbildung 11.15*). Diesen Stoffwechselweg bezeichnet man auch als *photorespiratorischen Stoffwechselweg*, denn er geht mit der lichtabhängigen Aufnahme von O_2 und der Freisetzung von CO_2 einher. Mehrere Enzyme dieses Stoffwechselwegs, unter anderem die Wasserstoffperoxid bildende Oxidase und zwei Aminotransferasen, kommen ausschließlich in Blattperoxisomen vor.

Glyoxysomen Eine weitere sich funktionell unterscheidende Art des Pflanzenperoxisoms entsteht vorübergehend in den Samen von Pflanzenspezies, die in ihrem Samen Kohlenstoff- und Energiereserven als Fett speichern (vor allem Triglyceride). In diesen Spezies werden gespeicherte Triglyceride mobilisiert und im Laufe der Entwicklung über eine Reihe von Ereignissen zu Saccharose umgewandelt. Zu diesen Ereignissen gehören auch die β-Oxidation von Fettsäuren sowie ein Stoffwechselweg, den man als Glyoxylatkreislauf bezeichnet. Alle für diese Vorgänge benötigten Enzyme sind in spezialisierten Peroxisomen, den sogenannten **Glyoxysomen**, lokalisiert (siehe *Exkurs 10A*).

Glyoxysomen kommen ausschließlich in den Geweben vor, in denen Fett gespeichert wird (Endosperm oder Cotyledon, je nach Spezies) und liegen während der relativ kurzen Zeitspanne vor, die der

Keimling für das Aufbrauchen seiner Fettreserve benötigt. Nachdem sie ihre Aufgabe im Keimling beendet haben, werden die Glyoxysomen in Peroxisomen umgewandelt. Es wurde berichtet, dass Glyoxysomen in alternden Geweben einiger Pflanzenspezies wieder auftreten, was vermutlich daran liegt, dass sie Lipide abbauen, die aus der Membran alternder Zellen stammen. Noch ist die Rolle nicht klar, die sie beim Alterungsprozess spielen.

Andere Arten von Blattperoxisomen Abgesehen davon, dass sie in Geweben vorkommen, die entweder Photorespiration oder die β-Oxidation von Fettsäuren betreiben, sind Peroxisomen auch in anderen Pflanzengeweben vorhanden. Zum Beispiel kommt eine andere Art spezialisierter Peroxisomen in den Wurzelknöllchen vor, den Strukturen der Pflanzenwurzeln, in denen Pflanzenzellen und bestimmte symbiontische Bakterien bei der Fixierung atmosphärischen Stickstoffs zusammenarbeiten (das heißt bei der Umwandlung von N_2 in eine organische Form). Die Peroxisomen dieser Zellen wirken an der Prozessierung fixierten Stickstoffs mit.

12.9.4 Peroxisomen entstehen durch Teilung bereits existierender Peroxisomen

Ebenso wie bei anderen Organellen steigt durch Zellwachstum und Zellteilung auch die Anzahl der Peroxisomen. Diese Art der Organellenvermehrung bezeichnet man als *Biogenese* und die peroxisomalen Proteine, die für diesen Vorgang benötigt werden, sind die *Peroxine*. Die Biogenese von Endosomen und Lysosomen läuft über Verschmelzung von Vesikeln ab, die aus dem Golgi-Komplex herausknospen. Früher nahm man an, dass Peroxisomen auf ähnliche Weise aus Vesikeln hervorgingen. Später waren die meisten Wissenschaftler der Auffassung, dass die Biogenese der Peroxisomen ausschließlich auf Teilung bereits existierender Peroxisomen beruhe. Neuere Forschungsergebnisse lassen vermuten, dass neue Peroxisomen entweder über einen der beiden bereits beschriebenen Wege entstehen oder vielleicht durch Kombination beider. Ganz gleich, ihre Biogenese wirft zwei wichtige Fragen auf:

Erstens, woher stammen die Lipide, aus denen die neu synthetisierte peroxisomale Membran gebaut wird? Wir wissen, dass einige der Lipide durch peroxisomale Enzyme synthetisiert werden, während andere im ER synthetisiert und über Phospholipidaustauschproteine zum Peroxisom transportiert werden. Es gibt allerdings einige Hinweise darauf, dass diese Austauschproteine nicht immer ausreichen, um den schnellen Einbau neuer Lipide zu bewerkstelligen, und dass einige direkt von den Vesikeln, die aus dem ER stammen, transportiert werden.

Zweitens, wo sind die neuen Enzyme und die anderen Proteine der neu synthetisierten peroxisomalen Membran und der Matrix? Die für die Peroxisomen bestimmten Proteine werden an freien cytosolischen Ribosomen synthetisiert und posttranslational in bereits existierende Peroxisomen eingebaut. Der Transport von Polypeptiden durch die Membran des Peroxisoms ist ein ATP-abhängiger Vorgang, der von spezifischen Membranperoxinen vermittel wird, doch die genaue Aufgabe des ATP ist noch nicht geklärt.

In ▸*Abbildung 12.25* werden sowohl der Einbau von Membrankomponenten, Matrixenzymen und Enzymcofaktoren aus dem Cytosol in ein Peroxisom dargestellt (Schritte ❶–❸) als auch die Bildung neuer Peroxisomen durch Teilung eines bereits existierenden Organells (Schritt ❹). Das in der Abbildung dargestellte Protein ist eine Katalase, ein tetrameres Protein. An jede Untereinheit dieses Proteins ist eine Hämgruppe geknüpft. Die Untereinheiten werden auf cytosolischen Ribosomen synthetisiert, in das Peroxisom transportiert, gefaltet und dann mit dem Häm zusammengesetzt. So entsteht ein aktives tetrameres Enzym. Peroxisomen können nicht nur einzelne, nicht-gefaltete Polypeptide importieren, sondern auch größere, gefaltete Polypeptide und sogar native oligomere Proteine.

Neue wissenschaftliche Arbeiten lassen die Schlussfolgerung zu, dass einige Proteine im Cytosol synthetisiert werden, doch dann wandern sie zum ER in Vesikeln, bevor sie in die Peroxisomen eingebaut werden (Schritt ❺). Dieser Transport wird durch die Gegenwart N-verknüpfter Oligosaccharide auf bestimmten Peroxinen untermauert, die typisch für im ER synthetisierte Proteine sind. Des Weiteren führt die Behandlung von Hefezellen mit dem Toxin Brefeldin A, das die Bildung ER-abgeleiteter Vesikel verhindert, zur Anhäufung des Peroxins *Pex3p* im ER.

Ganz ähnliche Vorgänge laufen in Pflanzenzellen ab. Dort scheint die Ascorbatperoxidase im ER im Cytosol synthetisiert zu werden, doch bevor sie in das Peroxisom eingebaut wird, wird sie zu einer Unterdomäne des ER transportiert. Diese vermeintliche Unterdomäne des ER, die vermutlich an der

Sortierung cytosolischer Proteine mitwirkt, die für das Peroxisom bestimmt sind, hat man als peroxisomales ER (*pER*) bezeichnet, obgleich dessen Existenz noch kontrovers diskutiert wird. Ähnlich verhält es sich mit der Existenz des Protoperoxisoms. Dies ist ein aus dem ER stammendes Vesikel, von dem einige Wissenschaftler annehmen, dass es sich direkt zu einem Peroxisom entwickeln kann. Auch diese Annahme ist noch umstritten.

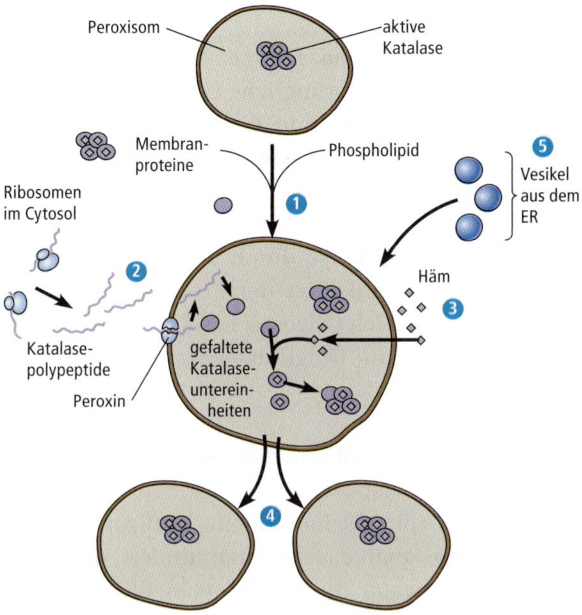

Abbildung 12.25: Biogenese der Peroxisomen und Proteinimport. Normalerweise gehen neue Peroxisomen durch Teilung aus bereits bestehenden Peroxisomen hervor und weniger durch Verschmelzung von Vesikeln des Golgi-Komplexes. (1) Lipide und Membranproteine können an die bereits existierenden Peroxisomen über das Cytosol angefügt werden. (2) Polypeptide für die peroxisomalen Matrixenzyme werden an cytosolischen Ribosomen synthetisiert und über ein Transmembran-Peroxisom-Transportprotein durch die Membran geschleust. Das hier abgebildete Enzym ist eine Katalase, ein tetrameres Protein, das einen Hämcofaktor benötigt. (3) Häm tritt über einen getrennten Stoffwechselweg in das peroxisomale Lumen ein und die Katalasepolypeptide werden gefaltet und zusammengesetzt, um mit dem Häm ein aktives tetrameres Protein zu bilden. (4) Nachdem Lipide und Protein angefügt wurden, entstehen durch Teilung der bereits existierenden Peroxisomen neue Peroxisomen. (5) Einige Wissenschaftler sind der Auffassung, dass Peroxisomen ihre Proteine aus protoperoxisomalen, aus dem ER stammenden Vesikeln erhalten oder sich de novo aus solchen Vesikeln bilden können.

Damit der posttranslationale Import seine Arbeit auch aufnehmen kann, muss jedes für ein spezifisches Organell bestimmtes Protein in irgendeiner Form markiert sein oder ein Signal aussenden, sodass das Protein zum richtigen Organell geleitet werden kann. Die Wirkung dieser Signale beruht darauf, dass sie spezifische Rezeptoren oder andere Merkmale auf der Oberfläche der richtigen Membran erkennen. In jedem Fall handelt es sich bei dem Signal um eine Sequenz von Aminosäuren, die sich in Sequenz, Länge und Lokalisierung von Proteinen unterscheidet, die auf andere Organellen ausgerichtet sind. Das Signal, das zumindest einige peroxisomale Proteine auf ihren Bestimmungsort ausrichtet, setzt sich aus nur drei Aminosäuren zusammen und liegt in der Nähe oder am Carboxylterminus des Moleküls. Zum Beispiel ist die am häufigsten vorgefundene Sequenz SKL (Ser-Lys-Leu), doch gibt es eine Reihe anderer Aminosäuren, die auch auf jeder dieser drei Positionen möglich sind.

Das C-terminale Tripeptid, das *PTS-1* (*Peroxisomales Zielsignal 1*, engl.: *peroxisomal targeting signal-1*), wird von dem cytosolischen Peroxin *Pex5p* erkannt und gebunden. Ein zweites peroxisomales Signal, das *PTS-2*, ist eine N-terminale Sequenz, die von dem Peroxin *Pex7p* erkannt wird. Diese PTS-bindenden Peroxine transportieren PTS-haltige Proteine zum Peroxisom, in das sie über einen noch nicht ganz geklärten Mechanismus aufgenommen werden. Auf der Membran des Peroxisoms interagieren Pex5p und Pex7p mit einem oder mehreren *Andockproteinen* (engl.: *docking proteins*). Man vermutet, dass sie im Anschluss mit ihrer Transportgut in das Peroxisom eintreten. Dieses setzen sie dann frei und wandern vom Peroxisom zurück zum Cytosol, um an weiteren Transportdurchläufen mitzuwirken.

Suresh Subramani und andere Wissenschaftler haben bewiesen, dass ein Protein, das normalerweise von PTS-1 auf das Peroxisom ausgerichtet wurde, im Cytosol verbleibt, wenn die SKL-Sequenz entfernt wurde. Andersherum steuert das Anfügen einer SKL-Sequenz an ein cytosolisches Protein das chimäre Protein zum Peroxisom. Somit ist die SKL-Sequenz, eine der möglichen Varianten, sowohl notwendig als auch ausreichend, um Proteine zu Peroxisomen zu steuern. Des Weiteren funktioniert eine in einer Spezies identifizierte peroxisomale Zielsequenz häufig auch in anderen Spezies. Dies wird sogar bei evolutionär sehr unterschiedlichen Spezies beobachtet wie Pflanzen, Hefen, Insekten und Tieren.

Ein weiteres faszinierendes Beispiel ist das Gen Luciferase, ein peroxisomales Enzym, das Glühwürmchen die Fähigkeit verleiht, Licht auszusenden. Dieses Gen hat man in Pflanzenzellen übertragen, aus denen vollständige Pflanzen gezüchtet wurden. Als man die Zellen der gentechnisch veränderten Pflanzen sorgfältig untersuchte, fand man die Luciferase in Peroxisomen, eben den Organellen, in denen es auch in den Glühwürmchen vorkommt. Unser Wissen über die Transportmechanismen der Peroxisomen und die Identifizierung zahlreicher Peroxine, die bei der Hefe und dem Menschen konserviert wurden, gekoppelt mit unseren weit entwickelten Methoden der Gentechnik, die uns bei dem Modellorganismus Hefe zur Verfügung stehen, werden unser Verständnis vertiefen und die Behandlungsmethoden menschlicher Erkrankungen, die auf die fehlerhafte Biogenese von Peroxisomen oder fehlerhaften Proteinimport zurückgehen, weiterentwickeln.

ZUSAMMENFASSUNG DER WICHTIGSTEN INHALTE

Das endoplasmatische Reticulum

- Das Endomembransystem der eukaryotischen Zellen ist von besonderer Bedeutung. Es handelt sich dabei um eine komplizierte Anordnung von membranumgebenen Organellen, die aus dem endoplasmatischen Reticulum (ER) stammen. Das ER ist ein Netzwerk aus Hohlräumen, Tubuli und Vesikeln, die von einer einzigen Membran umgeben sind, die das ER-Lumen vom Cytosol abgrenzt, in dem es sich befindet.

- Das raue ER besitzt Ribosomen, die Proteine synthetisieren, die für die Plasmamembran, zur Sekretion oder für verschiedene Organellen des Endomembransystems (die Kernhülle, den Golgi-Komplex, Endosomen und Lysosomen) bestimmt sind. Sowohl das raue als auch das glatte ER synthetisieren Lipide für Zellmembranen. Das glatte ER ist auch der Ort der Detoxifikation, des Kohlenhydratmetabolismus, der Calciumspeicherung und der Steroidbiosynthese einiger Zellen.

Der Golgi-Komplex

- Der Golgi-Komplex spielt bei der Glykosylierung von Proteinen und der Sortierung von Proteinen für den Transport zu anderen Organellen, beim Transport zur Plasmamembran oder zur Sekretion eine bedeutende Rolle.

- Transitionsvesikel, die aus dem ER herausknospen, verschmelzen mit dem *cis*-Golgi-Netzwerk (CGN) und transportieren Lipide und Proteine zum Golgi-Komplex. Dann wandern die Proteine durch die Golgi-Zisternen zum *trans*-Golgi-Netzwerk (TGN).

Die Aufgaben des ER und des Golgi-Komplexes bei der Proteinglykosylierung

- Bevor die Proteine in Transitionsvesikeln das ER verlassen, durchlaufen sie die ersten Schritte der Proteinmodifikation. ER-spezifische Proteine katalysieren die ursprüngliche Glykosylierung und Faltung der Polypeptide, die Ausschaltung falsch gefalteter Proteine und den Zusammenbau multimerer Proteine.

- Während ihrer Reise durch den Golgi-Komplex wird die Modifikation der Proteine fortgesetzt, während zugleich Oligosaccharidseitenketten modifiziert oder im Golgilumen weiter glykosyliert werden.

Die Aufgaben des ER und des Golgi-Komplexes beim Proteintransport

- Einige ER-spezifische Proteine verfügen über ein Rückhaltesignal, das sie daran hindert, das ER zu verlassen, wenn die Vesikel vom ER zum CGN transportiert werden. Andere ER-Proteine besitzen eine Wiederauffindungsmarkierung. Diese ermöglicht es ihnen, in Vesikeln, die aus dem CGN kommen, in das ER zurückzukehren.

- Zahlreiche Transportvesikel knospen aus dem TGN-Golgi-Netzwerk heraus und transportieren prozessierte Proteine zu ihrem endgültigen Bestimmungsort. Die Markierung identifiziert ein bestimmtes Protein und dessen Bestimmungsort. Bei dieser Markierung kann es sich um eine kurze Aminosäuresequenz, eine Oligosaccharidseitenkette oder ein anderes Strukturmerkmal handeln.

- Hydrolytische, für das Lysosom bestimmte Enzyme werden an einen Mannose-Rest phosphoryliert. Vesikel, die für diese Mannosegruppen spezifische Rezeptoren besitzen, befördern diese Enzyme zum Lysosom. Während der Ansäuerung im Lysosom, werden die Enzyme von den Rezeptoren freigesetzt, die dann zum TGN zum erneuten Einsatz zurückgebracht werden.

Exocytose und Endocytose

- Bei der Exocytose werden Lipide und Proteine in die Plasmamembran eingebaut, wenn sekretorische Granula ihren Inhalt in das extrazelluläre Medium freisetzen, indem sie mit der Plasmamembran verschmelzen. Dieser Einbau von Material in die Plasmamembran wird durch den Vorgang der Endocytose ausgeglichen. Hierbei werden Lipide und Proteine aus der Plasmamembran entfernt, während extrazelluläres Material in Vesikel verpackt wird.

- Die Phagocytose ist eine Form der Endocytose. Sie erfolgt durch Aufnahme extrazellulärer Partikel mittels Einstülpung der Plasmamembran. Die rezeptorvermittelte Endocytose hängt von der stark spezifischen Bindung von Liganden an die entsprechenden Rezeptoren auf der Zelloberfläche ab. Nachdem die Rezeptoren und andere notwendige Proteine zurück zur Plasmamembran gesendet wurden, wird das aufgenommene Material in beiden Fällen zum Abbau zu Lysosomen transportiert oder zur neuerlichen Verwendung zu anderen Orten in der Zelle weitergeleitet.

Coated Vesikel bei zellulären Transportvorgängen

- Transportvesikel befördern Material durch das Endomembransystem. Hüllproteine – zu ihnen gehören Clathrin, COPI, COPII und Caveolin – wirken an der Sortierung von Molekülen, die für verschiedene Orte in der Zelle bestimmt sind, und an der Bildung von Vesikeln mit.

- Die spezifischen Hüllproteine, die ein Vesikel umschließen, verweisen auf seinen Ursprung und helfen, seinen Bestimmungsort in der Zelle zu ermitteln. Clathrin-Coated Vesikel transportieren Material vom TGM oder der Plasmamembran zu den Endosomen. COPII-Coated Vesikel transportieren Material vom ER zum Golgi-Komplex, während COPI-Coated Vesikel Material vom Golgi-Komplex zurück zum ER befördern.

- Nachdem sich das Transportvesikel seinem Bestimmungsort genähert hat, wird es erkannt und von Bindeproteinen gebunden, die an die Zielmembran angeheftet sind. Zu diesem Zeitpunkt interagieren die v-SNAREs in der Membran des Transportvesikels mit den t-SNAREs in der Zielmembran, wodurch die Membranfusion gefördert wird.

Lysosomen und zelluläre Verdauung

- Das über Phagocytose oder rezeptorvermittelte Endocytose aufgenommene extrazelluläre Material wird in frühen Endosomen sortiert. Diese reifen dann zu späten Endosomen und Lysosomen heran und verschmelzen mit den Vesikeln, die inaktive hydrolytische Enzyme enthalten, die im TGN in die Vesikel gepackt wurden.

- Die Membran des späten Endosoms enthält ATP-abhängige Protonenpumpen, die den pH-Wert des endosomalen Lumens senken und die Umwandlung des späten Endosoms in ein Lysosom unterstützen. Auf Grund des niedrigen pH-Wertes werden dann interaktive, saure Hydrolasen aktiv, die die meisten biologischen Moleküle abbauen können.

- Lysosomen wirken auch bei Autophagie und der Erneuerung bzw. dem Recycling beschädigter oder nicht länger benötigter Zellstrukturen mit. Bei einigen Zellen wird extrazelluläres Material von Enzymen abgebaut, die Lysosomen mittels Exocytose aus der Zelle ausscheiden.

Die Pflanzenvakuole: Ein multifunktionales Organell

- Die Pflanzenvakuole ist ein saures Kompartiment, das dem tierischen Lysosom ähnelt. Sie besitzt hydrolytische Enzyme zum Abbau von Makromolekülen. Außerdem unterstützt die Pflanzenvakuole die Zelle bei der Aufrechterhaltung eines positiven Turgors und dient als Kompartiment, das viele verschiedene Pflanzenmetabolite speichert.

Peroxisomen

- Peroxisomen, die nicht Bestandteil des Endomembransystems sind, scheinen durch Teilung bereits existierender Organellen und nicht durch Abschnürung von Vesikeln aus dem ER oder dem Golgi-Komplex hervorzugehen. Wie dem auch sei, man diskutiert momentan die Existenz von Protoperoxisomen. Einige Wissenschaftler vertreten die Auffassung, dass diese Vesikel aus dem ER herausknospen und sich zu neuen Peroxisomen entwickeln.

- Einige peroxisomale Membranlipide werden von peroxisomalen Enzymen synthetisiert, während andere von Phospholipid-Austauschproteinen aus dem ER angeliefert werden. Die meisten peroxisomalen Proteine werden von cytosolischen Ribosomen synthetisiert und posttranslational eingeführt. Man vermutet, dass andere peroxisomale Proteine über eine vermutliche Unterdomäne des ER, das sogenannte peroxisomale ER (pER), kommen.

- Die Katalase ist das Enzym, das ein Peroxisom definiert. Die Katalase baut das toxische Wasserstoffperoxid ab, das im Peroxisom von verschiedenen Oxidasen gebildet wird. Die Peroxisomen der tierischen Zellen übernehmen eine wichtige Aufgabe bei der Detoxifikation schädlicher Substanzen, der Oxidation von Fettsäuren und dem Metabolismus stickstoffhaltiger Verbindungen. Bei den Pflanzen übernehmen die Peroxisomen verschiedene Aufgaben bei der Umwandlung gespeicherter Lipide zu Kohlenhydrat durch Glyoxysomen und bei der Photorespiration der Blattperoxisomen.

ZUSAMMENHÄNGE HERSTELLEN

Nun haben wir die Hälfte unserer Darstellung der Zellbiologie geschafft. Jetzt sind Sie mit vielen grundlegenden Eigenschaften der Zelle und ihrer Komponenten vertraut. Wie auf so vielen Gebieten der Biologie wird die Funktion häufig von der Struktur bestimmt und ein Verständnis der Zellchemie und der Makromoleküle, aus denen die Zellstrukturen und Organellen bestehen, ist von entscheidender Bedeutung. Sie haben gelernt, wie Enzyme funktionieren und wie Zellen Energie aus der Sonne oder organischen Nährstoffmolekülen gewinnen. In diesem Kapitel haben Sie Ihre Kenntnisse der Membranstruktur und ihrer Funktion angewandt, um den Transport von Material mittels des Endomembransystems durch die Zelle zu verstehen. In der zweiten Hälfte dieses Buches werden wir uns auf spezifischere Aspekte der Zellbiologie konzentrieren. Unter anderem werden Sie erfahren, wie Zellen auf externe elektrische und hormonelle Signale reagieren, wie Material in die Zellen transportiert wird, wie sich Zellen fortbewegen und wie die Kontraktion von Muskelzellen abläuft. Wir werden uns damit beschäftigen, wie die extrazelluläre Matrix der tierischen Zellen und die Zellwand der Pflanzenzellen Zellen miteinander verknüpfen, um spezialisierte Gewebe zu bilden. Anschließend werden wir unser Augenmerk auf die Aufgaben der DNA und RNA im Hinblick auf Zellwachstum und Reproduktion lenken, auf die Expression genetischer Information und schließlich auf Defekte im Zellmetabolismus, die zur Entwicklung von Krebs führen können.

ÜBUNGSAUFGABEN

Schwierigere Aufgaben sind mit einem • gekennzeichnet.

12-1 Kompartimentalisierung der Funktion. Jeder der nachfolgend aufgeführten Vorgänge ist mit einem oder mehreren spezifischen eukaryotischen Organellen assoziiert. Benennen Sie jeweils das Organell oder die Organellen und geben Sie einen Vorteil an, der sich daraus ergibt, dass dieser Vorgang auf das Organell oder die Organellen beschränkt ist.

A β-Oxidation langkettiger Fettsäuren

B Biosynthese von Cholesterin

C Biosynthese von Insulin

D Biosynthese von Testosteron und Östrogen

E Abbau beschädigter Organellen

F Glykosylierung von Membranproteinen

G Hydroxylierung von Phenobarbital

H Sortierung lysosomaler Proteine und sekretorischer Proteine

12-2 Das endoplasmatische Reticulum. Geben Sie für jede der folgenden Behauptungen an, ob sie nur auf das raue ER zutrifft (R), nur auf das glatte ER (G), auf beide (RG) oder ob sie nicht auf das ER (K) zutrifft.

A enthält weniger Cholesterin als die Plasmamembran

B die äußere (cytosolische) Oberfläche ist mit Ribosomen besetzt

C wirkt an der Detoxifikation von Toxinen mit

D wirkt am Abbau von Glykogen mit

E Ort der Biosynthese sekretorischer Proteine

F Ort der Faltung membranständiger Proteine

G tendiert zur Bildung von Röhrenstrukturen

H besteht im Allgemeinen aus flachen Hohlräumen

I nur unter dem Elektronenmikroskop erkennbar

12-3 Die Biosynthese integraler Membranproteine. Abgesehen von ihrer Rolle bei der zellulären Sekretion sind das raue ER und der Golgi-Komplex auch für die Biosynthese integraler Membranproteine verantwortlich. Genauer gesagt, diese Organellen sind die Quelle der Glykoproteine, die in der äußeren Phospholipidmonoschicht der Plasmamembran vorkommen.

A Stellen Sie in einer Reihe von Zeichnungen die Synthese und Glykosylierung von Glykoproteinen der Plasmamembran dar.

B Erklären Sie, warum die Kohlenhydratgruppen der Membranglykoproteine immer auf der äußeren Oberfläche der Plasmamembran liegen.

C Von welchen Annahmen über biologische Membranen sind Sie ausgegangen, um ihre Zeichnungen für Aufgabenteil a anzufertigen und die Frage in Aufgabenteil b zu beantworten?

12-4 Coated Vesikel im intrazellulären Transport. Geben Sie für jede der folgenden Behauptungen an, auf welches Coated Vesikel die Behauptung zutrifft: Clathrin- (C), COPI- (I) oder COPII-Coated Vesikel (II). Jede Behauptung kann auf eines, auf mehrere oder auf kein Coated Vesikel, das wir in diesem Kapitel behandelt haben, zutreffen.

A Die Bindung des Hüllproteins an den LDL-Rezeptor wird von einem Adaptor-Proteinkomplex bewerkstelligt.

B Die Verschmelzung des Vesikels (nach Auflösung der Hülle) mit der Golgi-Membran wird von einem spezifischen t-SNARE und von Rab-Proteinen erleichtert.

C Spielt eine Rolle beim direkten Transport zwischen dem ER und dem Golgi-Komplex.

D Spielt eine Rolle beim Sortieren von Proteinen für den intrazellulären Transport zu spezifischen Bestimmungsorten.

E Spielt eine Rolle beim Transport saurer Hydrolasen zu späten Endosomen.

F Ist für alle endocytotischen Vorgänge von Bedeutung.

G Ist für den retrograden Transport durch den Golgi-Komplex von Bedeutung.

H Wirkt am Transport von Membranlipiden vom TGN zur Plasmamembran mit.

I Die strukturelle Grundkomponente der Hülle bezeichnet man als Triskelion.

J Die Proteinhülle löst sich kurz nach Bildung des Vesikels auf.

K Zur Proteinhülle gehört immer ein spezifisches kleines GTP-Bindeprotein.

• **12-5 Was geht hier vor sich?** Wissenschaftler haben eine Gruppe von Pflanzenproteinen entdeckt, die mit den Exocystenproteinen der Hefe verwandt sind (*The Plant Cell* 20 (2008): 1330). Erklären Sie, warum die folgenden, von den Wissenschaftlern gemachten Beobachtungen die Vermutung nahelegen, dass die Pflanzenproteine einen Bindekomplex bilden, der dem Exocystenkomplex der Hefe und der Säugetiere ähnelt.

A Im Anschluss an die Größenfraktionierung pflanzlicher Proteinextrakte binden Antikörper, die jedes der verschiedenen pflanzlichen Exocystenproteine erkennen, an die Proteinfraktion mit dem gleichen, hohen Molekulargewicht.

B Mutationen in vier dieser Proteine führen zu einer defekten Pollenkeimung.

C Pflanzen, denen mehr als eines dieser Proteine fehlt, sind stärker von der defekten Pollenkeimung betroffen als Pflanzen, denen nur ein Protein fehlt.

D Die Exocystenproteine sammeln sich alle an der wachsenden Spitze der sich verlängernden Pollenzellen.

E Pollenzellen von in Exocystengenen mutierten Pflanzen weisen entweder einen Defekt im Spitzenwachstum oder in keimenden Pollenzellen auf.

WEITERFÜHRENDE LITERATUR

Historisch bedeutsame Literatur ist mit einem • gekennzeichnet.

Allgemeine Literaturstellen

Brown, D. Imaging protein trafficking. *Nephron. Exp. Nephrol.* 103 (2006): 55.

Nunnari, J. und P. Walter. Regulation of organelle biogenesis. *Cell* 84 (1996): 389.

Pan, S., C. J. Carter und N. V. Raikhel. Understanding protein trafficking in plant cells through proteomics. *Expert. Rev. Proteomics* 2 (2005): 781.

Uemura, K., A. Kuzuya und S. Shimohama. Protein trafficking and Alzheimers's disease. *Curr. Alzheimer Res.* 1 (2004): 1.

Das endoplasmatische Reticulum und der Golgi-Komplex

Bankaitis, V. A. et al. Golgi membrane dynamics and lipid metabolism. *Curr. Biol.* 22 (2012): R414.

Dancourt, J. und C. Barlowe. Protein sorting receptors in the early secretory pathway. *Annu. Rev. Biochem.* 79 (2010): 777.

Ellgaard, L. und A. Helenius. ER quality control: Towards an understanding at the molecular level. *Curr. Opin. Cell Biol.* 13 (2001): 431.

• Farquhar, M. G. und G. E. Palade. The Golgi apparatus: 100 years of progress and controversy. *Trends Cell. Biol.* 8 (1998): 2.

Glick, B. S. und A. Nakano. Membrane traffic within the Golgi apparatus. *Annu. Rev. Cell Dev. Biol.* 25 (2009): 113.

• Jamieson, J. D. und G. E. Palade. Intracellular transport of secretory proteins in the pancreatic exocrine cell II: Transport to condensing vacuoles and zymogen granules. *J. Cell Biol.* 34 (1967): 597.

Klumperman, J. Transport between ER and Golgi. *Curr. Opin. Cell Biol.* 12 (2000): 445.

Zhao, L. und S. L. Ackerman. Endoplasmic reticulum stress in health and disease. *Curr. Opin. Cell Biol.* 18 (2006): 444.

Exocytose und Endocytose

Bláquez, M. und K. I. J. Shennan. Basic mechanisms of secretion: Sorting into the regulated secretory pathway. *Biochem. Cell Biol.* 78 (2000): 181.

Jutras, I. und M. Desjardins. Phagocytose: At the crossroads of innate and adaptive immunity. *Annu. Rev. Cell Dev. Biol.* 12 (2005): 511.

Lemmon, S. K. und L. M. Traub. Sorting in the endosomal system in yeast and animal cells. *Curr. Opin. Cell Biol.* 12 (2000): 457.

Ng, T. W., E. M. Ooi, G. F. Watts, D. C. Chan und P. H. Barrett. Genetic determinants of apolipoprotein B-100 kinetics. *Curr. Opin. Lipidol.* 21 (2010): 141.

Pelham, H. R. B. Insights from yeast endosomes. *Curr. Opin. Cell Biol.* 14 (2002): 454.

Tjelle, T. E., T. Lúvdal und T. Berg. Phagosome dynamics and function. *BioEssays* 22 (2000): 255.

Transportvesikel

Fielding, C. J. *Lipid Rafts and Caveolae: From Membrane Biophysics to Cell Biology.* New York: Wiley-VCH, 2007.

Hsu, V. W. und J. S. Yang. Mechanisms of COPI vesicle formation. *FEBS Lett.* 583 (2009): 3758.

Lipka, V., C. Kwon und R. Panstruga. SNARE-ware: The role of SNARE-domain proteins in plant biology. *Annu. Rev. Cell Dev. Biol.* 23 (2007): 147.

Whyte, J. R. C. und S. Munro. Vesicle tethering complexes in membrane traffic. *J. Cell Sci.* 115 (2002): 2627.

Xiang-A. L., W. V. Everson und E. J. Smart. Caveolae, lipid rafts, and vascular disease. *Trends Cardiovasc. Med.* 15 (2005): 92.

Lysosomen und Vakuolen

- Bainton, D. The discovery of lysosomes. *J. Cell Biol.* 91 (1981): 66s.

Bonifacino, J. S. und L. M. Traub. Signals for sorting of transmembrane proteins to endosomes and lysosomes. *Annu. Rev. Biochem.* 72 (2003): 395.

De, D. N. *Plant Cell Vacuoles: An Introduction.* Collingwood, Victoria: CSIRO Publishing, 2000.

- de Duve, C. The lysosome. *Sci. Amer.* 208 (Mai, 1963): 64.

Klionsky, D. J. und S. D. Emr. Autophagy as a regulated pathway of cellular degradation. *Science* 290 (2000): 1717.

Marx, J. Autophagy: Is it cancer's friend or foe? *Science* 312 (2006): 1160.

Saftig, P. und J. Klumperman. Lysosome biogenesis and lysosomal membrane proteins: Trafficking meets function. *Nature Rev. Mol. Cell. Biol.* 10 (2009): 623.

Peroxisomen

- de Duve, C. The Peroxisome: A new cytoplasmic organelle. *Proc. R. Soc. Lond. Ser. B Biol. Sci.* 173 (1969): 71.

Gärtner, J. Organelle disease: Peroxisomal disorders. *Eur. J. Pediatr.* 159 [Suppl. 3] (2000): S236.

Lazarow, P. B. Peroxisome biogenesis: Advances and conundrums. *Curr. Opin. Cell Biol.* 15 (2003): 489.

Ma, C. und S. Subramani. Peroxisome matrix and membrane protein biogenesis. *IUMBM Life.* 61 (2009): 713.

Mullen, R. T., C. R. Flynn und R. N. Trelease. How are peroxisomes formed? The role of the endoplasmatic reticulum and peroxins. *Trends Plant Sci.* 6 (2001): 256.

Smith, J. J. und J. D. Aitchison. Regulation of peroxisome dynamics. *Curr. Opin. Cell Biol.* 21 (2009): 119.

Titorenko, V. I. und R. T. Mullen. Peroxisome biogenesis. The peroxisomal endomembrane system and the role of the ER. *J. Cell Biol.* 174 (2006): 11.

Signaltransduktionsmechanismen I: elektrische und synaptische Signale in Neuronen

13

ÜBERBLICK

Seit *Kapitel 8* ist Ihnen bekannt, dass die Fähigkeit zur Regulation des Ionenflusses zwischen dem Zellinneren und der äußeren Umgebung der Zelle eine Schlüsseleigenschaft der Zellmembranen darstellt. Da Ionen geladene, gelöste Substanzen sind, können Zellen tatsächlich den elektrischen Strom durch ihre Membranen sowie elektrische Potenziale über den Membranen regulieren. Das beeindruckendste Beispiel für die Regulierung elektrischer Eigenschaften der Zelle stellt die wichtigste Zellkomponente des tierischen Nervensystems dar: die Nervenzelle oder das *Neuron*.

In diesem Kapitel werden wir uns mit den Zellmechanismen beschäftigen, mit deren Hilfe die Neuronen in beachtlicher Geschwindigkeit Signale durch den Körper schicken, und wir werden unseren Blick darauf richten, wie Neuronen miteinander in Kontakt treten. Über diese Beschäftigung mit den Neuronen werden wir wichtige Einblicke darin gewinnen, wie Zellen im Allgemeinen ihre elektrischen Fähigkeiten regulieren und wie sie sich über Signale verständigen. Im ersten Teil dieses Kapitels werden Sie erfahren, dass praktisch alle Zellen ein elektrisches Potenzial über ihrer Plasmamembran aufrechterhalten und dass Nervenzellen über besondere Mechanismen verfügen, um dieses Potenzial zur Weiterleitung von Information über große Entfernungen zu nutzen. Im zweiten Teil dieses Kapitels werden wir uns auf die Vorgänge konzentrieren, die zur Informationsübertragung von Neuronen auf andere Zellen dienen, beispielsweise auf andere Nervenzellen sowie auf Drüsen- oder Muskelzellen.

Neuronen 13.1

Fast alle höheren Tiere besitzen ein *Nervensystem*, in dem elektrische Impulse auf spezialisierten Plasmamembranen von Nervenzellen weitergeleitet werden. Das Nervensystem der Vertebraten zeigt zwei Hauptkomponenten: das *zentrale Nervensystem* (ZNS; CNS, engl.: *central nervous system*), dieses setzt sich aus dem Gehirn und dem Rückgrat zusammen; und die zweite Komponente ist das *periphere Nervensystem* (PNS, engl.: *peripheral nervous system*), das aus sensorischen und motorischen Komponenten besteht. Die Zellen des Nervensystems können grob in zwei Gruppen eingeteilt werden: Neuronen und Gliazellen. Alle **Neuronen** senden elektrische Impulse aus oder empfangen elektrische Impulse. Neuronen können entsprechend ihrer Funktion in drei Grundtypen eingeteilt werden: sensorische Neuronen, motorische Neuronen und Interneuronen. *Sensorische Neuronen* sind eine vielfältige Gruppe von Zellen, die für die Wahrnehmung verschiedener Reize zuständig sind, sie liefern einen unablässigen Informationsstrom über den Zustand des Körpers und dessen Umgebung, den verschiedene sensorische Rezeptoren des Gehirns aufnehmen. *Motorische Neuronen* übermitteln Signale vom ZNS zu den Muskeln oder Drüsen, die sie durchziehen – das heißt den Geweben, mit denen sie synaptische Verbindungen unterhalten. *Interneuronen* prozessieren Signale, die sie von anderen Neuronen erhalten und leiten die Information zu anderen Teilen des Nervensystems weiter.

Der Begriff *Gliazelle* (von dem griechischen Wort für „Klebstoff") umfasst eine Reihe von Zelltypen. Gliazellen sind die mit Abstand am häufigsten vorkommenden Zellen des ZNS. *Mikrogliazellen* sind phagocytische Zellen, die Infektionen bekämpfen und Abfallprodukte entfernen. *Oligodendrocyten* und *Schwann-Zellen* bilden die schützende *Myelinscheide* um die Neuronen des ZNS und die Neuronen der peripheren Nerven. *Astrocyten* kontrollieren aus dem Blut stammende Komponenten, die in die extrazelluläre Flüssigkeit gelangen, von der die Nervenzellen umgeben sind. Dadurch wird die *Blut-Hirn-Schranke* aufgebaut.

Das Gehirngewebe besteht aus feinen neuronalen Netzwerken. Es ist für die Koordination der Nervenfunktionen verantwortlich – beim Menschen besteht es aus ca. zehn Milliarden Neuronen. Jedes Neuron kann die Information Tausender anderer Neuronen empfangen, sodass die Verbindungen des Gehirns in die Trilliarden gehen. Wir haben uns nicht zum Ziel gesetzt, hier auf die allgemeine Funktionsweise des Nervensystems einzugehen. Vielmehr möchten wir die zellulären Mechanismen untersuchen, über die diese elektrischen Signale, die sogenannten *Nervenimpulse*, verbreitet werden. Wenn wir die Funktionen von Nervenzellen besser verstehen, können wir auch mehrere allgemeine Aspekte der Membranfunktion leichter nachvollziehen. Ein Beispiel dieser Membranfunktionen sind die spezialisierten, hoch entwickelten Nervenzellen.

13.1.1 Neuronen eignen sich besonders gut für die Übertragung elektrischer Signale

In der ▸*Abbildung 13.1* ist die Struktur eines typischen motorischen Neurons dargestellt. Der Zellkörper des **Neurons**, auch **Soma** genannt, ähnelt dem anderer Zellen und besitzt einen Zellkern und viele Komponenten des Endomembransystems, die sie in *Kapitel 12* kennengelernt haben. Neuronen haben außerdem Anhängsel oder Verzweigungen, die sogenannten Fortsätze. Der Transport von Substanzen zu diesen Fortsätzen oder von diesen Fortsätzen weg wird neuronaler Transport genannt und ist eine besondere Aufgabe der Neuronen, die wir in *Kapitel 15* genauer darstellen werden. Es gibt zwei Typen von Fortsätzen: Der eine Typ empfängt Signale und verschaltet diese mit den Signalen anderer Neuronen und wird **Dendrit** genannt. Der andere Typ leitet Signale weiter, manchmal über große Entfernungen – das sind die **Axone**. Das Cytosol eines Axons wird im Allgemeinen als **Axoplasma** bezeichnet. Die Axone vieler Vertebraten sind von einer diskontinuierlichen **Myelinscheide** umgeben. Diese isoliert die Axonsegmente, welche durch die **Ranvier-Schnürringe** getrennt sind. Axone können sehr lang sein – mehrere Tausend Mal länger als der Durchmesser des Zellkörpers. Beispielsweise liegt der Zellkörper eines motorischen Neurons, das Ihren Fuß innerviert, in ihrem Rückgrat und das Axon erstreckt sich ungefähr einen Meter entlang ihres Beins! Ein **Nerv** besteht aus vielen Axonbündeln und ist von Bindegewebe umgeben.

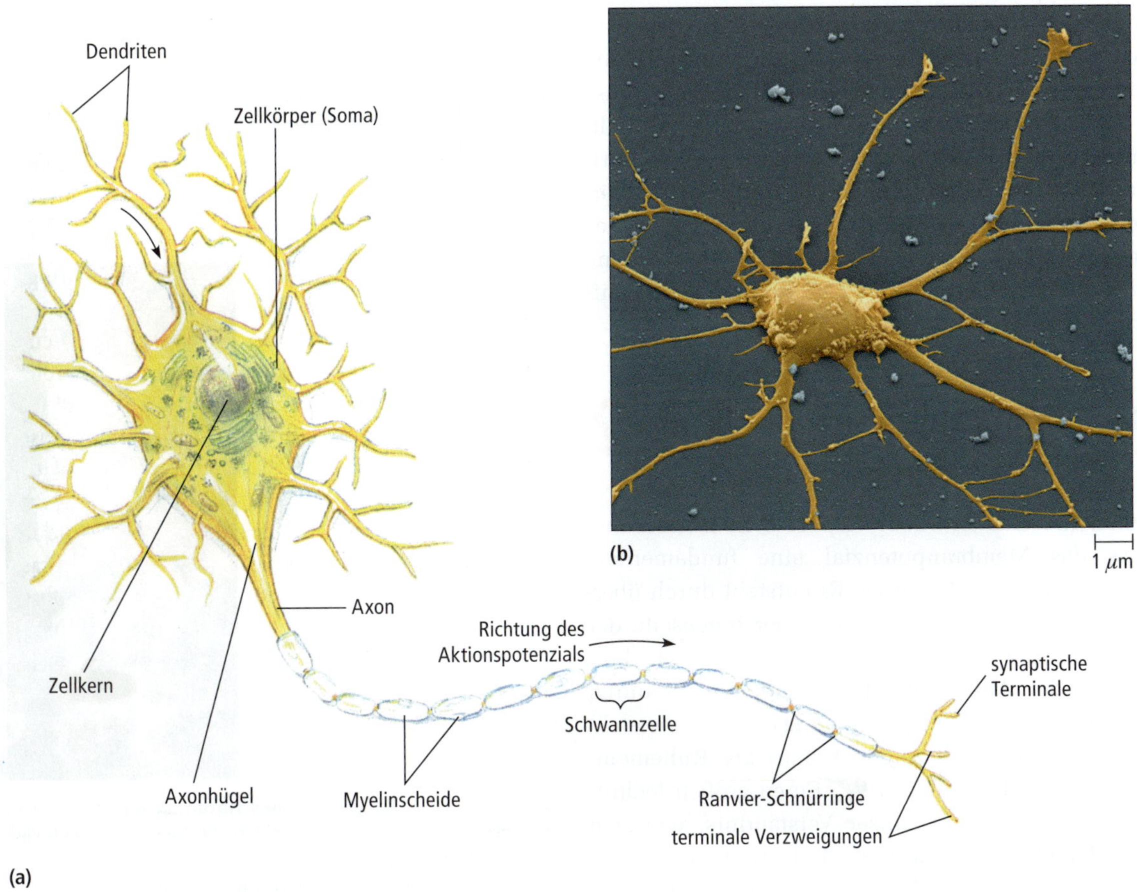

Abbildung 13.1: Die Struktur eines typischen motorischen Neurons. (a) Zeichnung der Struktur eines typischen motorischen Neurons. Der Zellkörper (Soma) enthält den Zellkern und die meisten üblichen Organellen. Dendriten leiten Signale in das Zellinnere. Ausgehend vom Axonhügel, übermittelt das Axon Signale nach außen (die schwarzen Pfeile zeigen in die Richtung der Weiterleitung). Am Ende des Axons befinden sich viele synaptische Endkolben. Das Axon einiger, aber nicht aller Neuronen ist von einer diskontinuierlichen Myelinscheide umgeben, die es elektrisch isoliert. Jedes Segment der Scheide besteht aus einer konzentrischen Schicht von Membranen, die von einer Schwann-Zelle um das Axon gewickelt werden (oder einer Oligodendrocyte im ZNS). Einschnürungen in der Myelinscheide, die sogenannten Ranvier-Schnürringe, sind Regionen konzentrierter elektrischer Aktivität. (b) Rasterelektronenmikroskopische Aufnahme des Zellkörpers und der Dendriten eines Neurons. Das Neuron wurde orange angefärbt. Die Schwann-Zellen sind nicht sichtbar.

Wie in der *Abbildung 13.1* dargestellt, hat ein motorisches Neuron viele verzweigte Dendriten und ein einziges Axon führt vom Zellkörper weg. Das Axon eines typischen Neurons ist wesentlich länger als die Dendriten und bildet viele Verzweigungen aus. Die Verzweigungen enden in Strukturen, die man als **synaptische Axonterminale (synaptische Endkolben)** bezeichnet. Die Axonterminale, die unter anderem Mitochondrien und sekretorische Vesikel enthalten, übertragen die Signale an die nächste Zelle. Diese kann ein anderes Neuron, eine Muskel- oder Drüsenzelle sein. In jedem Fall wird die Schaltstelle als **Synapse** bezeichnet. Bei den Schaltstellen zwischen Neuronen befinden sich die Synapsen im Allgemeinen zwischen einem Axon und einem Dendriten, aber sie können auch zwischen zwei Dendriten liegen. Typischerweise bilden Neuronen mit vielen anderen Neuronen Synapsen. Diese Synapsen werden nicht nur an den Enden ihrer Axone ausgebildet, sondern auch an anderen Stellen entlang des Axons.

Neuronen sind von großer struktureller Vielfalt. Einige sensorische Neuronen haben nur einen Fortsatz, der Signale zum Zellkörper und vom Zellkörper fort leitet. Des Weiteren ist die Struktur des Fortsatzes kein Zufallsergebnis. Viele verschiedene Klassen von Neuronen im ZNS können allein aufgrund ihrer Struktur identifiziert werden.

Das Membranpotenzial 13.2

Rufen Sie sich bitte aus *Kapitel 8* in Erinnerung, dass das Membranpotenzial eine fundamentale Eigenschaft aller Zellen ist. Es entsteht durch überschüssige negative Ladungen an der Innenseite der Plasmamembran und überschüssige positive Ladungen an der Außenseite der Membran. Das durch diese ungleiche Ladungsverteilung entstandene elektrische Potenzial bezeichnet man als **Ruhemembranpotenzial**, abgekürzt $\mathbf{V_m}$. Einen großen technischen Fortschritt für unser Verständnis, wie sich das Membranpotenzial verändert, wenn Nervensignale übertragen werden, verdanken wir der Entdeckung sehr großer Axone in einigen Nervenfasern des Tintenfisches. Diese Nervenfasern aktivieren das plötzliche Ausstoßen von Wasser aus der Mantelhöhle des Tintenfisches, wodurch sich dieser schnell rückwärts bewegen kann, um seinen Fressfeinden zu entkommen (▶*Abbildung 13.2*). Das Riesenaxon des Tintenfisches hat einen Durchmesser von ungefähr 0,5 – 1,0 mm. Auf Grund dieses Durchmessers kann man sehr gut winzige Elektroden (sog. *Mikroelektroden*) einführen, um elektrische Potenziale und Ionenströme durch die Axonmembran zu messen. Das Ruhemembranpotenzial wird gemessen, indem man eine Mikroelektrode in der Zelle und eine zweite außerhalb der Zelle anbringt (▶*Abbildung 13.3a*). Der Wert wird im Allgemeinen in Millivolt (mV) angegeben. (Bitte verwechseln Sie das Potenzial V_m nicht mit der Einheit mV.) Die Elektroden vergleichen das Verhältnis von negativer zu positiver Ladung in der Zelle und außerhalb der Zelle. Da im Zellinneren normalerweise ein Überschuss an negativer Ladung vorherrscht, sagt man, dass die Zelle ein negatives Ruhemembranpotenzial hat. Zum Beispiel liegt das Ruhemembranpotenzial des Riesenaxons des Tintenfisches bei ungefähr –60 mV.

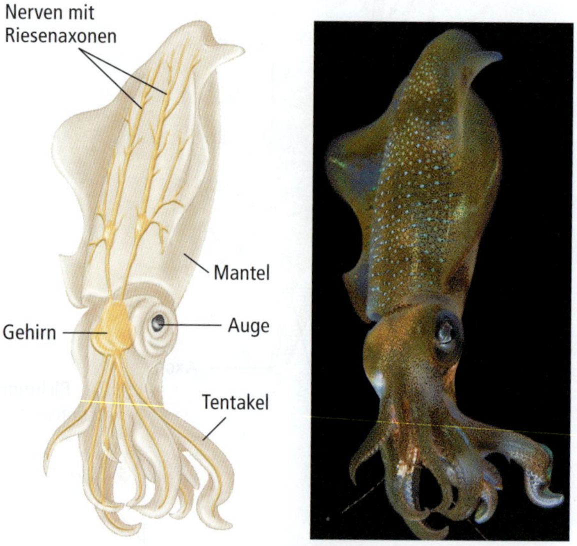

Abbildung 13.2: Riesenaxon des Tintenfisches. Zum Nervensystem des Tintenfisches gehören motorische Nerven zur Kontrolle der Schwimmbewegungen. Die Nerven enthalten Riesenaxone (Fasern), mit einem Durchmesser von bis zu 1 mm. Das Riesenaxon ist ein hervorragendes Modellsystem zur Untersuchung von Ruhe- und Aktionspotenzialen in einer biologischen Membran.

(a) Messen des Ruhemembranpotenzials. Die unterschiedlichen Potenziale zwischen der Mikro- und der Referenzelektrode werden durch einen Verstärker verstärkt und an einem Voltmeter, einem Oszilloskop oder einem Computermonitor angezeigt.

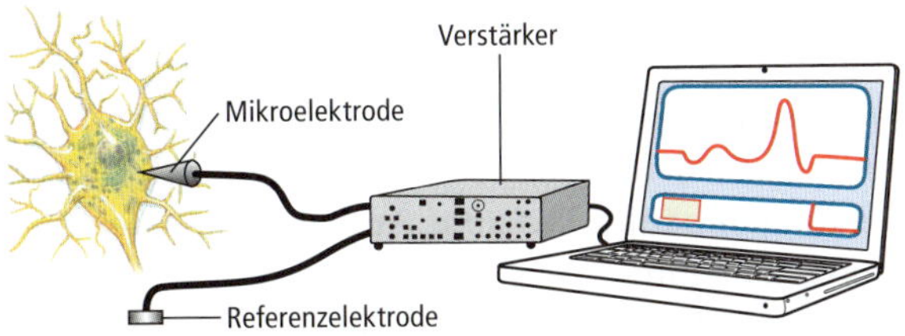

(b) Messen eines Aktionspotenzials in einem Tintenfischaxon. Die Stimulations-Elektrode wird an einen Impulsgenerator angeschlossen, der einen Strompuls auf das Axon überträgt, wenn der Schalter kurzzeitig geschlossen wird. Der dadurch erzeugte Nervenimpuls wird entlang des Axons geleitet und kann wenige Millisekunden später von der Aufnahmeelektrode aufgezeichnet werden.

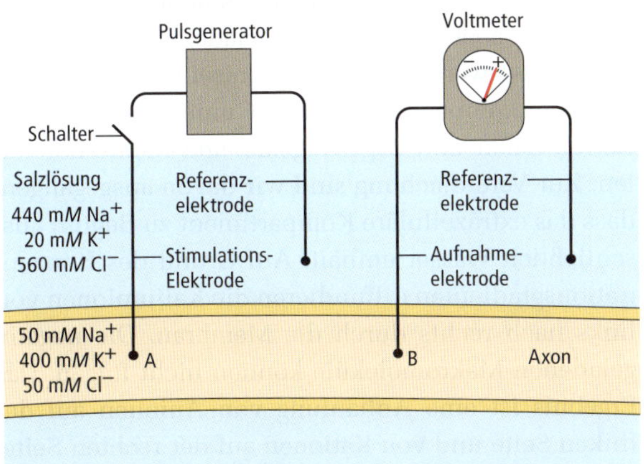

Abbildung 13.3: Messung des Membranpotenzials. (a) Zur Messung des Ruhemembranpotenzials werden zwei Elektroden benötigt. Eine wird in das Axon eingeführt (die aufnehmende Elektrode) und die andere wird in die Flüssigkeit eingeführt, welche die Zelle umgibt (die Referenzelektrode). (b) Zur Messung des Aktionspotenzials werden vier Elektroden benötigt. Eine im Axon zur Aktivierung, eine zweite im Axon zur Aufnahme und zwei in der die Zelle umgebenden Flüssigkeit als Referenzelektroden.

Nervenzellen, Muskelzellen und bestimmte andere Zelltypen, wie die Inselzellen der Bauchspeicheldrüse der Wirbeltiere, verfügen über eine besondere Eigenschaft, die sogenannte **elektrische Erregbarkeit**. In elektrisch erregbaren Zellen lösen bestimmte Reize eine schnelle Sequenz von Veränderungen im Membranpotenzial aus, das sogenannte *Aktionspotenzial*. Während eines Aktionspotenzials wechselt das Membranpotenzial von negativen zu positiven Werten und dann wieder zu negativen Werten. Dieser Wechsel vollzieht sich innerhalb weniger Millisekunden. Mikroelektroden können nicht nur das Ruhemembranpotenzial messen, sondern sie dienen auch zur Messung dieser dynamischen Veränderungen im Membranpotenzial. Die sogenannte Stimulierungselektrode wird an eine Stromquelle angeschlossen und in einiger Entfernung von der Aufnahmeelektrode in das Axon eingeführt (siehe ▸*Abbildung 13.3b*). Ein kurzer, von der Stimulierungselektrode ausgesandter Impuls depolarisiert die Membran um circa 20 mV (das heißt, von –60 auf ungefähr –40 mV), wodurch das Neuron das Schwellenpotenzial überschreitet. Dadurch wird ein Aktionspotenzial ausgelöst, das sich von der Stimulierungselektrode fortbewegt. Wenn das Aktionspotenzial die Aufnahmeelektrode erreicht, dann zeichnet das Voltmeter oder ein Oszilloskop ein charakteristisches Muster der Veränderungen des Membranpotenzials auf. Alan Hodgkin und Andrew Huxley fanden mit Hilfe von Mikroelektroden und dem Tintenfischriesenaxon heraus, wie die Aktionspotenziale erzeugt werden. 1963 erhielten sie für diese Arbeit gemeinsam den Nobelpreis. Möchte man verstehen, wie Nervenzellen mittels Aktionspotenzialen Signale übertragen, müssen wir uns zuerst damit beschäftigen, wie Zellen ein Ruhemembranpotenzial aufbauen und wie sich das Membranpotenzial während eines Aktionspotenzials verändert.

13.2.1 Das Ruhemembranpotenzial hängt von den unterschiedlichen Ionenkonzentrationen innerhalb und außerhalb des Neurons und der selektiven Permeabilität der Membran ab

Das Ruhemembranpotenzial beruht darauf, dass im Cytosol der Zelle und in der extrazellulären Flüssigkeit unterschiedliche Zusammensetzungen von Kationen und Anionen vorliegen. Die extrazelluläre Flüssigkeit enthält gelöste Salze, darunter Natriumchlorid und in geringerer Menge Kaliumchlorid. Das Cytosol enthält mehr Kalium als Natrium, was auf der Wirkung der Na^+/K^+-Pumpe beruht (wurde in *Kapitel 8* erklärt). Die Anionen im Cytosol sind vor allem impermeable, negativ geladene Makromoleküle wie Proteine, RNA und eine Reihe anderer Moleküle, die extrazellulär entweder gar nicht vorkommen oder dort in wesentlich geringerer Menge vorliegen, als innerhalb der Zelle. Diese negativ geladenen Makromoleküle können die Plasmamembran nicht durchqueren und bleiben daher innerhalb der Zelle. Die Ionenkonzentrationen für zwei gut untersuchte

Typen von Neuronen, das Tintenfischaxon und ein Säugetieraxon, sind in der ▸*Tabelle 13.1* aufgeführt. Zum Verständnis der Entstehung des Membranpotenzials müssen wir uns zu allererst einige physikalische Prinzipien ins Gedächtnis rufen. Erstens, alle Substanzen diffundieren tendenziell von einer Region, in der sie in hoher Konzentration vorliegen, zu einer Region geringerer Konzentration. Normalerweise liegt in Zellen eine hohe und außerhalb der Zellen eine niedrige Kaliumionenkonzentration vor. Diese ungleiche Verteilung von Kaliumionen bezeichnet man als Kaliumgradienten. Auf Grund des hohen Kaliumgradienten neigen die Kaliumionen dazu, aus der Zelle zu diffundieren. Sie können die Plasmamembran aber nur durch spezielle Kaliumkanäle durchqueren.

Das zweite Grundprinzip ist das der *Elektroneutralität.* In einer Lösung enthaltene Ionen kommen immer in Paaren vor, jeweils ein positives und ein negatives Ion, sodass es kein Nettoungleichgewicht gibt. Für jedes Ion, das wir als A bezeichnen, muss in der Lösung ein entgegengesetzt geladenes Ion B vorliegen. Daher bezeichnen wir B als das *Gegenion* von A. Im Cytosol dienen Kaliumionen (K^+) als Gegenionen der organischen Anionen. Außerhalb der Zelle ist Natrium (Na^+) das am häufigsten vorkommende Kation und Chlorid (Cl^-) ist das Gegenion.

Obwohl in einer Lösung eine gleiche Anzahl positiver und negativer Ladung verteilt sein muss, können diese Ladungen örtlich getrennt vorliegen, sodass in einer Region mehr positive Ladungen vorherrschen, während eine andere Region mehr negative Ladungen besitzt. Es erfordert viel Arbeit, diese Ladungen zu trennen. Sogar nachdem man sie getrennt hat, neigen sie dazu, sich zurückzubewegen, um die ungleiche Ladungsverteilung auszugleichen. Die Tendenz entgegengesetzt geladener Ionen zurückzufließen, wird als **elektrisches Potenzial** oder **Spannung** bezeichnet. Wenn negative oder positive Ionen sich aufeinander zu bewegen, sprechen wir von einem Strom, der fließt. Dieser Strom wird in Ampère (A) gemessen. Mit Hilfe dieser Prinzipien können wir verstehen, wie ein Ruhemembranpotenzial aufgrund von ungleichen Ionenkonzentrationen im Cytosol und der extrazellulären Flüssigkeit und der charakteristischen Eigenschaften der Plasmamembran entsteht.

Normalerweise ist die Plasmamembran für Kaliumionen durchlässig, was auf dem Vorhandensein von Kaliumkanälen in der Plasmamembran beruht, die den Kaliumionen das Ausströmen aus der Zelle ermöglichen. Es gibt allerdings keine Kanäle für negativ geladene organische Makromoleküle. Wenn das Kalium das Cytosol verlässt, lässt es eine größer werdende Anzahl organischer Anionen ohne Gegenionen zurück. Daher sammelt sich ein Überschuss an negativer Ladung im Cytosol an, während sich außerhalb der Zelle ein Überschuss an positiver Ladung anhäuft, was zum Aufbau eines Membranpotenzials führt.

In der ▸*Abbildung 13.4* ist der Aufbau eines Membranpotenzials anhand eines in zwei Kammern unterteilten Behälters dargestellt, dessen beide Kammern von einer semipermeablen Membran getrennt sind. Das linke Kompartiment stellt das Cytosol der Zelle dar, die rechte Kammer die extrazelluläre Flüssigkeit. Die semipermeable Membran lässt Kaliumionen passieren, aber keine negativ geladenen Makromoleküle (diese werden von M^- repräsentiert). Das cytosolische Kompartiment enthält eine Mischung aus Kaliumionen und negativ geladenen Makromolekülen. Zur Vereinfachung sind wir davon ausgegangen, dass das extrazelluläre Kompartiment zu Beginn ausschließlich Wasser enthält. Auf Grund des Konzentrationsgradienten diffundieren die Kaliumionen von links nach rechts durch die Membran. Die negativ geladenen Makromoleküle können nicht folgen. Das Ergebnis ist eine Anhäufung von Anionen auf der linken Seite und von Kationen auf der rechten Seite. Durch die Trennung der negativen Ladung von der positiven Ladung wird ein Membranpotenzial aufgebaut. Obwohl diese Ladungstrennung eine (im Verhältnis zu einer normalen Batterie mit 1,5 Volt) geringe Spannung aufbaut, handelt es sich trotzdem um eine potenzielle Energie, die zur Verrichtung von Arbeit genutzt werden kann.

Wenn die Kaliumionen wie in der *Abbildung 13.4* dargestellt, von links nach rechts diffundieren, steigt die Negativität des linken Kompartiments. Dieses Potenzial baut sich letztendlich so lange auf, bis die positiv geladenen Kaliumionen so schnell in das linke Kompartiment zurückgezogen werden, wie sie es verlassen hatten. Auf diese Weise entsteht ein Gleichgewicht, in dem die auf Grund des Membranpotenzials entstandene Anziehungskraft die Tendenz der Kaliumionen ausgleicht, abwärts des Konzentrationsgradienten zu diffundieren. Diese Form des Gleichgewichts, in dem ein chemischer Gradient mit einem elektrischen Potenzial ausgeglichen wird, bezeichnet man als **elektrochemisches Gleichgewicht**.

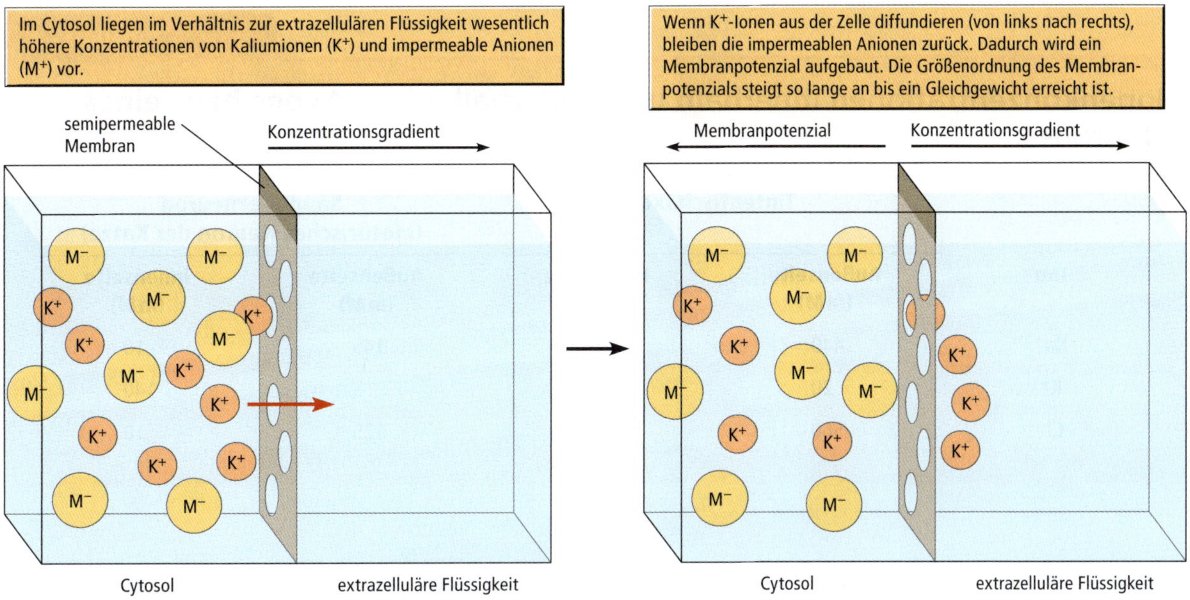

Abbildung 13.4: Entstehung des Gleichgewichtspotenzials. Hier stellt ein Behälter mit zwei Kammern das Cytosol einer Zelle und die äußere Umgebung der Zelle dar. Diese sind durch eine semipermeable Membran getrennt. Zur Vereinfachung sind in diesem Beispiel nur Kaliumionen (K^+) und Anionen (M^-), die die Membran nicht passieren können, aufgeführt.

Das Membranpotenzial im Moment des Gleichgewichts ist das **Gleichgewichtspotenzial** oder **Umkehrpotenzial**. Die Größe des Kaliumionengradienten bestimmt die Größe des Gleichgewichtspotenzials. Im nächsten Abschnitt werden wir dieses Verhältnis mathematisch darstellen, sodass wir das Membranpotenzial auch berechnen können.

13.2.2 Die Nernst-Gleichung beschreibt das Verhältnis zwischen Membranpotenzial und Ionenkonzentration

Die **Nernst-Gleichung** wurde nach dem deutschen physikalischen Chemiker und Nobelpreisträger Walther Nernst benannt, der sie im Rahmen seiner Arbeiten mit elektrochemischen Zellen (den Vorläufern der modernen Batterie) formulierte. Die Nernst-Gleichung beschreibt das mathematische Verhältnis zwischen einem Ionengradienten und dem Gleichgewichtspotenzial, das sich aufbaut, wenn eine Membran nur für ein Ion durchlässig ist:

$$E_x = \frac{RT}{zF} \ln \frac{[X]_{\text{außen}}}{[X]_{\text{innen}}} \qquad (13\text{-}1)$$

Hier steht E_x für das Gleichgewichtspotenzial des Ions X (in Volt), R ist die Gaskonstante (1,987 cal/K·mol), T ist die absolute Temperatur in Kelvin (0 °C = 273 K), z ist die Valenz des Ions, F ist die Faradaykonstante (23,062 cal/mol), $[X]_{\text{außen}}$ gibt die Konzentration von X außerhalb der Zelle (in M) und $[X]_{\text{innen}}$ gibt die Konzentration von X in der Zelle an (in M). Wir können diese Gleichung vereinfachen, indem wir von der Annahme ausgehen, dass die Temperatur 293 K (20 °C) beträgt – ein Wert, der für das Riesenaxon des Tintenfisches ganz brauchbar ist – und dass X ein monovalentes Kation ist und daher eine Valenz von +1 hat. Wenn wir R, T, F und z durch diese Werte ersetzen und sie in die Nernst-Gleichung einsetzen und den natürlichen Logarithmus in $\log_{10}$ umwandeln ($\log_{10}$ = ln/2,303), dann kürzen wir die Gleichung auf:

$$E_x = 0{,}058 \log_{10} \frac{[X]_{\text{außen}}}{[X]_{\text{innen}}} \qquad (13\text{-}2)$$

Aus dieser vereinfachten Form können wir folgendes ablesen: bei jeder Verzehnfachung des Kationengradienten ändert sich das Membranpotenzial um −0,058 V oder −58 mV.

Tabelle 13.1

Ionenkonzentrationen innerhalb und außerhalb eines Axons bzw. eines Neurons

Ion	Tintenfischaxon		Säugetierneuron (motorisches Neuron der Katze)	
	Außenseite (m*M*)	Innenseite (m*M*)	Außenseite (m*M*)	Innenseite (m*M*)
Na^+	440	50	145	10
K^+	20	400	5	140
Cl^-	560	50	125	10

Die Na^+/K^+-Pumpe Obwohl die Plasmamembran für Natriumionen relativ undurchlässig ist (da es normalerweise in der Plasmamembran von Zellen viel weniger Na^+-Kanäle als K^+-Kanäle gibt), gibt es immer einen gewissen Leckstrom. Zum Ausgleich dieser Leckströme pumpt die Na^+/K^+-Pumpe unablässig Natrium aus der Zelle hinaus, während Kalium einwärts strömt (siehe *Abbildung 8.12*). Im Durchschnitt transportiert die Pumpe für jedes hydrolysierte ATP-Molekül drei Natriumionen aus der Zelle und zwei Kaliumionen in die Zelle. Die Na^+/K^+-Pumpe hält den hohen Kaliumionengradienten über die Membran aufrecht, auf dem das Ruhemembranpotenzial beruht. Deshalb kann man sagen, dass das Membranpotenzial überwiegend ein Kalium-Diffusionspotenzial darstellt.

13.2.3 Auswirkung der Fließgleichgewichtskonzentrationen von Ionen auf das Ruhemembranpotenzial

Obschon die Gleichung 13-2 die Entstehung des Membranpotenzials erklärt, ist sie unvollständig, was vor allem daran liegt, dass sie den Einfluss der Anionen nicht berücksichtigt. Das wichtigste Anion in der extrazellulären Flüssigkeit ist Chlorid. Wie wir gesehen haben, sind Natrium-, Kalium- und Chloridionen die wichtigsten Ionenkomponenten im Cytosol und in der extrazellulären Flüssigkeit. Infolge ihrer ungleichen Verteilung über die Zellmembran übt jedes Ion einen anderen Einfluss auf das Membranpotenzial aus. Die Größenordnung des Konzentrationsgradienten eines jeden Ions eines Säugetierneurons wird in der ▸*Abbildung 13.5* veranschaulicht. Tendenziell diffundiert jedes Ion abwärts seines elektrochemischen Gradienten und führt dadurch eine Veränderung des Membranpotenzials herbei.

Kaliumionen diffundieren durch K^+-Kanäle aus der Zelle, wodurch das Membranpotenzial negativer wird. Natriumionen strömen durch Na^+-Kanäle in die Zelle hinein, wodurch das Membranpotenzial positiv ansteigt und eine Depolarisierung der Membran bewirkt (das heißt, das Membranpotenzial verliert an Negativität). Chloridionen diffundieren durch Cl^--Kanäle in die Zelle, was eigentlich eine Steigerung der Negativität des Membranpotenzials zur Folge haben sollte. Allerdings werden die Chloridionen vom negativen Membranpotenzial abgestoßen, sodass sie im Allgemeinen in Verbindung mit positiv geladenen Ionen, beispielsweise Natriumionen, durch die entsprechenden Ionenkanäle in die Zelle strömen. Diese Doppelbewegung neutralisiert den Depolarisierungseffekt des Natriumzustroms. Eine zunehmende Permeabilität der Plasmamembran für Chloridionen kann zwei Folgen haben, die beide eine Senkung der neuronalen Erregbarkeit nach sich ziehen. Erstens, der Nettozustrom von Chloridionen (Einströmen von Chloridionen ohne passendes Kation) führt zur Hyperpolarisierung der Membran (das heißt, das Membranpotenzial wird stärker negativ als sonst üblich). Zweitens, wenn die Membran für Natriumionen durchlässig wird, strömen einige Chloridionen zusammen mit Natriumionen in die

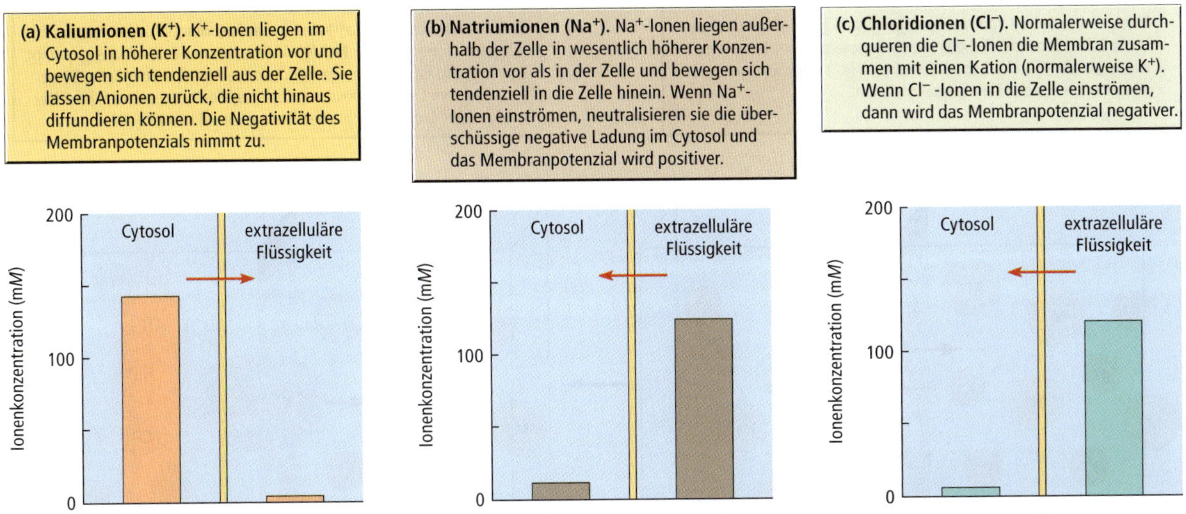

Abbildung 13.5: Relative Konzentrationsdifferenzen von Kalium-, Natrium- und Chloridionen über der Plasmamembran eines Säugetierneurons. Jedes der Hauptionen im Cytosol – (a) Kalium, (b) Natrium und (c) Chlorid – ist im Konzentrationsgradienten über der Plasmamembran enthalten. Der rote Pfeil zeigt die Richtung an, in die das Ion tendenziell als Reaktion auf seinen elektrochemischen Gradienten fließen würde.

Zelle ein. Beachten Sie bitte, dass die beiden Ionen natürlich durch unterschiedliche Ionenkanäle in die Plasmamembran einströmen.

Dieser Effekt der einströmenden Chloridionen wird später sehr wichtig werden, wenn wir uns mit inhibitorischen Neurotransmittern beschäftigen.

13.2.4 Die Goldman-Gleichung beschreibt den Einfluss aller Ionen auf das Membranpotenzial

Die relativen Beiträge der wichtigsten Ionen sind von Bedeutung für das Membranpotenzial, denn sogar im Ruhezustand gewährt die Zelle den Natrium- und Chloridionen sowie Kaliumionen nur begrenzt das Durchqueren der Plasmamembran durch die jeweiligen Ionenkanäle. Wenn wir das Einsickern von Natrium- und Chloridionen in die Zelle berücksichtigen möchten, so kann uns die Nernst-Gleichung nicht weiterhelfen, denn sie berücksichtigt jeweils nur ein Ion und geht davon aus, dass sich dieses Ion im elektrochemischen Gleichgewicht befindet. Wir müssen uns von dem statischen Konzept des Gleichgewichtspotenzials verabschieden und den Ionenbewegungen im Fließgleichgewicht (engl.: *steady state*) über die Plasmamembran zuwenden.

Wir können dieses Konzept des Fließgleichgewichts der Ionenbewegung anschaulich darstellen, indem wir wieder zu unserem Modell einer Zelle im elektrochemischen Gleichgewicht zurückkehren (▶*Abbildung 13.6*). Bedenken Sie, dass das Membranpotenzial einer nur für Kaliumionen durchlässigen Zelle, gleich dem Gleichgewichtspotenzial für Kaliumionen ist. Unter diesen Bedingungen findet keine Nettobewegung von Kaliumionen aus der Zelle statt. Was aber, wenn wir von einer auch für Natriumionen leicht durchlässigen Membran ausgehen? Wir wissen, dass die Zelle sowohl einen hohen Natriumgradienten über der Membran hat als auch ein negatives Membranpotenzial, das dem Gleichgewichtspotenzial der Kaliumionen entspricht. Diese Kräfte treiben Natriumionen in die Zelle. Wenn Natriumionen in die Zelle hineinsickern, wird die Membran teilweise depolarisiert. Während das Membranpotenzial neutralisiert wird, besteht weniger Kraft, um die Kaliumionen am Verlassen der Zelle zu hindern. Daher diffundieren die Kaliumionen nach außen und gleichen den Einwärtstransport von Natriumionen aus. Der Einwärtstransport von Natriumionen verschiebt das Membranpotenzial in die positive Richtung, während der Auswärtstransport von Kaliumionen das Membranpotenzial wieder in die negative Richtung verschiebt.

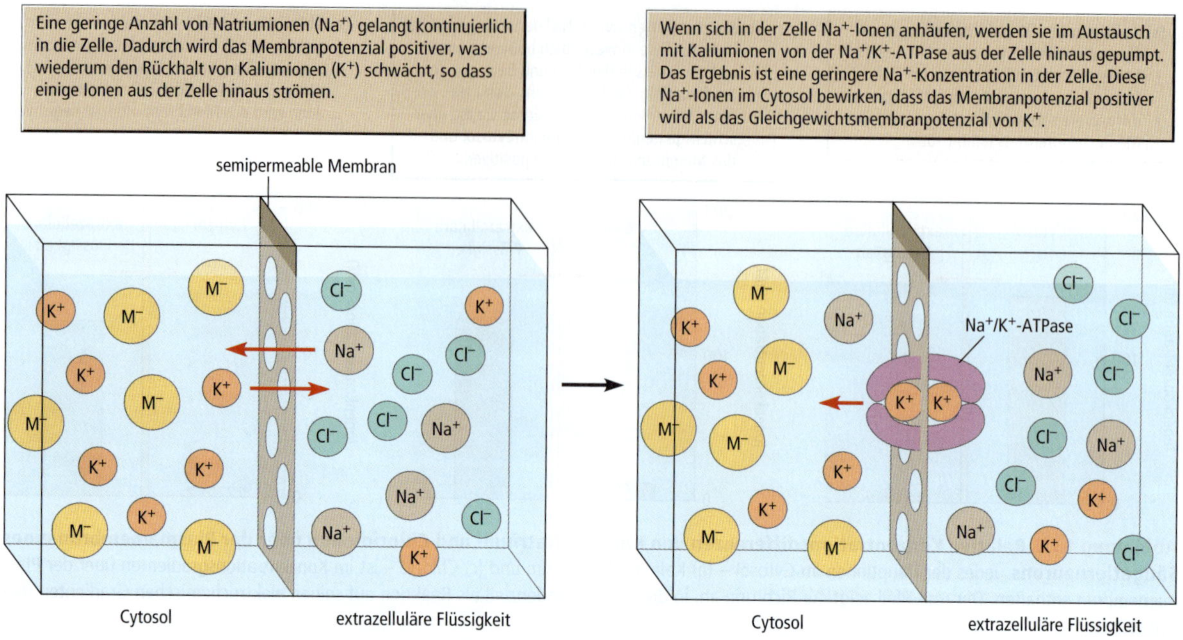

Abbildung 13.6: Fließgleichgewicht der Ionenbewegung. Das tatsächliche Membranpotenzial einer Zelle hängt von der Permeabilität der Plasmamembran für verschiedene Ionen und den Fließgleichgewichtsbewegungen der Ionen durch die Membran ab, wie hier mittels des Zwei-Kammer-Modells dargestellt. Der rote Pfeil zeigt in die Richtung, in die das betreffende Ion fließt.

Die Transportbewegungen von Natrium- und Kaliumionen durch die Membran üben grundsätzlich entgegengesetzte Wirkungen auf das Membranpotenzial aus. Bei einem Tintenfischaxon tendiert der Natriumionengradient in Richtung eines Membranpotenzials von ungefähr +55 mV, während der Ionengradient der Kaliumionen in Richtung eines Membranpotenzials von circa −75 mV tendiert. Bei welchem Wert wird sich das Membranpotenzial einpendeln? Die Pioniere auf dem Gebiet der Neurobiologie, David E. Goldman, Alan Lloyd Hodgkin und Bernard Katz beschrieben als erste, wie die Gradienten mehrerer unterschiedlicher Ionen jeweils in Abhängigkeit der relativen Ionenpermeabilität der Plasmamembran zum Membranpotenzial beitragen. Die Goldman-Hodgkin-Katz-Gleichung, die man eher unter dem Namen **Goldman-Gleichung** kennt, lautet wie folgt:

$$V_m = \frac{RT}{F} \ln \frac{(P_K)[K^+]_{außen} + (P_{Na})[Na^+]_{außen} + (P_{Cl})[Cl^-]_{innen}}{(P_K)[K^+]_{innen} + (P_{Na})[Na^+]_{innen} + (P_{Cl})[Cl^-]_{außen}} \tag{13-3}$$

Aufgrund der negativen Valenz von Chloridionen, tritt $[Cl^-]_{innen}$ im Zähler auf und $[Cl^-]_{außen}$ im Nenner.

Der Hauptunterschied zwischen der Nernst-Gleichung und der Goldman-Gleichung besteht in der Berücksichtigung der Permeabilitäten. Hier berücksichtigen P_K, P_{Na} und P_{Cl} die relative Permeabilität der Plasmamembran für das jeweilige Ion. Wenn wir die relative Permeabilität miteinbeziehen, umgehen wir die schwierige Aufgabe, für jedes Ion die absolute Permeabilität zu ermitteln. Zwar berücksichtigt die hier formulierte Gleichung nur die Beiträge der Kalium-, Natrium- und Chloridionen, doch können auch weitere Ionen transportiert werden. Mit Ausnahme ganz besonderer Bedingungen ist die Permeabilität der Plasmamembran für andere Ionen allerdings im Allgemeinen so niedrig, dass deren Beiträge zu vernachlässigen sind.

An Hand eines Tintenfischaxons können wir anschaulich darstellen, wie man aufgrund der bekannten Fließgleichgewichtskonzentrationen und der relativen Permeabilität von Natrium-, Kalium- und Chloridionen das Ruhemembranpotenzial recht genau schätzen kann. Zu diesem Zweck ordnen wir K^+ einen Permeabilitätswert von 1,0 zu und setzen die Permeabilitätswerte aller anderen Ionen im Verhältnis zu K^+ fest. Beim Tintenfischaxon liegt die Permeabilität von Natriumionen nur bei ungefähr 4 % der Permeabilität von Kaliumionen und für

Chloridionen liegt der Wert bei 45 %. Die relativen Werte von P_K, P_{Na} und P_{Cl} liegen daher jeweils bei 1,0, 0,04 und 0,45. Mit Hilfe dieser Werte, einer Temperatur von 20 °C und den intra- und extrazellulären Konzentrationen für Na^+, K^+ und Cl^-, die Sie aus der *Tabelle 13.1* für das Tintenfischaxon entnehmen können, sollten Sie das Ruhemembranpotenzial eines Tintenfischaxons berechnen können. Es beträgt −60,3 mV. Typische Messwerte für das Ruhemembranpotenzial eines Tintenfischaxons liegen bei ungefähr −60 mV. Dieser Wert liegt beachtlich nahe des von uns berechneten Potenzials.

Wenn die relative Permeabilität für ein Ion sehr hoch ist, reduziert sich die Goldman-Gleichung für das jeweilige Ion auf die Nernst-Gleichung. Vernachlässigen wir einmal den Beitrag der Chloridionen (was wir häufig machen können), verkürzt sich die Gleichung 13-3, wenn P_{Na} viel größer ist als P_K ($P_{Na} >> P_K$), folgendermaßen:

$$V_m = \frac{RT}{F}\ln\frac{[Na^+]_{außen}}{[Na^+]_{innen}} \tag{13-4}$$

Dies ist einfach die Nernst-Gleichung für Natrium. Da das Ruhemembranpotenzial für Natrium bei circa +55 mV liegt, wird eine Zelle depolarisiert, wenn sie für Natrium stark durchlässig wird. Ähnlich verhält es sich, wenn $P_K >> P_{Na}$ gilt, dann reduziert sich die Goldman-Gleichung auf die Nernst-Gleichung für Kalium. Da das Ruhemembranpotenzial für Kalium bei ungefähr −75 mV liegt, wird eine hohe Permeabilität für Kalium die Zelle wieder in einen polarisierten Zustand überführen. Wir werden sehen, dass Neuronen sich genau dieser Strategie bedienen, um ihre Plasmamembranen vorübergehend zu depolarisieren und dann wieder zu repolarisieren (= die alte Polarität wiederherstellen).

Elektrische Erregbarkeit 13.3

Bei fast allen Zellen hängt die Entstehung eines Ruhemembranpotenzials von Ionengradienten und Ionenpermeabilität ab. Das einzige Unterscheidungsmerkmal der elektrisch erregbaren Zelle ist ihre Reaktion auf die Depolarisierung der Membran. Während eine nichterregbare Zelle, die vorübergehend leicht depolarisiert wurde, einfach zu ihrem ursprünglichen Ruhemembranpotenzial zurückkehrt, reagiert eine elektrisch erregbare, in gleichem Maß depolarisierte Zelle mit einem *Aktionspotenzial.*

Elektrisch erregbare Zellen können ein Aktionspotenzial aufbauen, weil in ihrer Plasmamembran zusätzlich zu anderen Ionenkanälen spannungsgesteuerte liegen. Wir müssen die Funktionsweise dieser Ionenkanäle in der Nervenzellmembran verstehen, um nachzuvollziehen, wie Nervenzellen elektrische Signale übermitteln.

13.3.1 Ionenkanäle sind Tore für den Ionentransport durch die Membran

In *Kapitel 8* haben Sie die Ionenkanäle kennengelernt. Dies sind integrale Membranproteine, die in der Lipiddoppelschicht wassergefüllte Poren bilden, durch die Ionen diffundieren können. Rufen Sie sich in Erinnerung, dass **spannungsgesteuerte Ionenkanäle** – wie schon ihr Name sagt – auf Änderungen der Spannung, also des Membranpotenzials, über der Membran reagieren. Spannungsgesteuerte Natrium- und Kaliumkanäle sind für das Aktionspotenzial verantwortlich. Ligandengesteuerte Ionenkanäle öffnen sich hingegen, wenn ein bestimmtes Molekül an den Kanal bindet (das Wort *Ligand* ist lateinischen Ursprungs, abgeleitet von *ligare*, was „binden“ bedeutet). Andere Kanäle tragen zu der ionischen Fließgleichgewichtspermeabilität von Membranen bei. Diese *Leckkanäle* ermöglichen ruhenden Zellen in gewissem Umfang die Passage von Kationen, vor allem von Kaliumionen. Die genaue Kenntnis der Struktur und der Funktion spannungsgesteuerter Natrium- und Kaliumkanäle ist für das Verständnis des Aktionspotenzials von fundamentaler Bedeutung. Zu Beginn unserer Darstellung werfen wir einen Blick auf die experimentelle Untersuchung von Ionenkanälen.

13.3.2 Patch Clamp und molekularbiologische Techniken ermöglichen die Beobachtung der Aktivität einzelner Ionenkanäle

Das beste Bild davon, wie Kanäle funktionieren, verdanken wir einer Technik zur Aufzeichnung von Ionenströmen durch einzelne Kanäle. Es handelt sich dabei um die **Patch-Clamp-Technik** (▸*Abbildung 13.7*). Sie wurde von den deutschen Elektrophysiologen Erwin Neher und Bert Sakmann entwickelt, die 1991 für ihre Arbeiten den Nobelpreis erhielten.

Zur Aufzeichnung der Ströme einzelner Kanäle wird eine Mikropipette, deren Spitze einen Durchmesser von ungefähr 1 – 10 μm hat, vorsichtig mit einem Mikromanipulator gegen die Oberfläche einer Zelle, beispielsweise eines Neurons, geführt. Dann wird durch Unterdruck in der Patchpipette ein Stück der Plasmamembran angesaugt. Nun befindet sich ein Membranfleck (Patch) in der Öffnung der Patchpipette, der von der übrigen Membranumgebung isoliert ist und der mit speziellen Techniken fest in der Patchpipette eingeklemmt (Clamp) ist (*Abbildung 13.7*, ❶). Dieser Membranfleck ist so klein, dass er im Allgemeinen nur einen oder wenige Kanäle enthält. Der Strom, getragen von Ionen, kann nur durch die Ionenkanäle in dem Membranfleck in die Pipette hinein und aus ihr heraus fließen. Dies ermöglicht den Wissenschaftlern, verschiedene Eigenschaften der einzelnen Kanäle zu untersuchen. Man kann die Kanäle in einer intakten Zelle untersuchen, oder der Membranabschnitt kann von der Zelle abgetrennt werden, sodass die cytosolische Membranseite zugänglich wird (*Abbildung 13.7*, ❷).

Während des Versuchs hält ein Verstärker die Spannung über der Membran konstant. An diesen ist ein komplizierter Rückkopplungskreislauf angeschlossen, die sogenannte Spannungsklemme (engl.: *voltage clamp*; daher der Begriff *Patch Clamp*). Die Spannungsklemme sorgt dafür, dass die Zelle unabhängig von den elektrischen Eigenschaften der Plasmamembran ein Membranpotenzial beibehält, in das je nach Bedarf Strom zugeführt wird, damit diese Spannung konstant auf dem gewünschten Wert bleibt. Dann misst die Spannungsklemme selbst geringfügigste Veränderungen des Stromflusses – tatsächliche Ionenströme durch einzelne Kanäle – in der Patchpipette. Durch die Patch-Clamp-Technik wurde der Nachweis erbracht, dass ein geöffneter Natriumkanal die gleiche Menge *Strom* leitet – das heißt, die gleiche Anzahl von Ionen pro Zeiteinheit. Mit anderen Worten, Natriumkanäle sind entweder geöffnet oder geschlossen.

Auf Grund dieser Eigenschaften der Ionenkanäle können wir einen bestimmten Kanal auf Grund seiner Leitfähigkeit charakterisieren. Die *Leitfähigkeit* ist ein indirektes Maß für die Permeabilität eines Kanals, wenn eine spezifische Spannung über der Membran angelegt wird.

In der Fachsprache der Elektrizitätslehre würde man sagen, dass die Leitfähigkeit der Reziprokwert des Widerstands ist. Dies bedeutet für spannungsgesteuerte Natriumkanäle folgendes: Wenn man eine Spannung von 50 mV über einer Membran anlegt, dann wird ein Strom von ungefähr 1 Picoampere (1 pA = 1×10^{-12} A) erzeugt. Dieser Stromfluss entspricht ungefähr sechs Millionen Natriumionen, die pro Sekunde durch den Kanal fließen. An Hand der *Abbildung 13.7*, ❸ können sie diesen Sachverhalt nachvollziehen.

Bei einer Einzelkanalaufzeichnung erhöhte die Membrandepolarisation (was durch Änderung der angelegten Spannung in Richtung eines positiven Potenzials erreicht wird) die Wahrscheinlichkeit, dass sich ein Kanal öffnet. Auch vor der Depolarisation der Membran kann sich gelegentlich ein Kanal öffnen und wieder schließen. Wenn sich der Kanal geöffnet hat, kann er sich aber nur dann wieder öffnen, wenn das Membranpotenzial vorher mit einem stärker negativen Wert wiederhergestellt wurde. Während der Depolarisation der Membran setzt die Kanalaktivität aus, weil der Kanal inaktiviert wird. Darauf werden wir zu einem späteren Zeitpunkt in diesem Kapitel eingehen.

In der heutigen Forschung über Ionenkanäle verbindet man die Patch-Clamp-Technik mit der Molekularbiologie. Heutzutage kann man im Labor große Mengen von Kanalproteinen synthetisieren, um deren Funktionen in künstlichen Lipiddoppelschichten oder nach Expression der Kanalproteine in Froschoocyten (diese Zellen werden sehr gerne benutzt, weil sie mit einem Durchmesser von ca. 1,2 mm riesig groß sind und sich zusätzlich hervorragend für die Expression fremder Proteine eignen) zu untersuchen. Spezifische molekulare Modifikationen oder Mutationen des Kanals können herangezogen werden, um den Beitrag verschiedener Regionen des Kanalproteins an der Kanalfunktion zu ermitteln. Mit Hilfe dieser Vorgehensweise hat man die für die Spannungssteuerung verantwortlichen Domänen der Natrium- und Kaliumdomänen untersucht. Seit der ersten Beschreibung der neuen Technik durch E. Neher und B. Sakmann ist die Methode vielfach abgewandelt und verbessert worden, sodass es heute schon vollautomatische Patch-Clamp-Roboter gibt, die in der Pharmaindustrie vielfältig eingesetzt werden. Diese Technik hat unser Wissen um die molekularen Mechanismen der Informationsübertragung und der interzellulären Kommunikation revolutioniert.

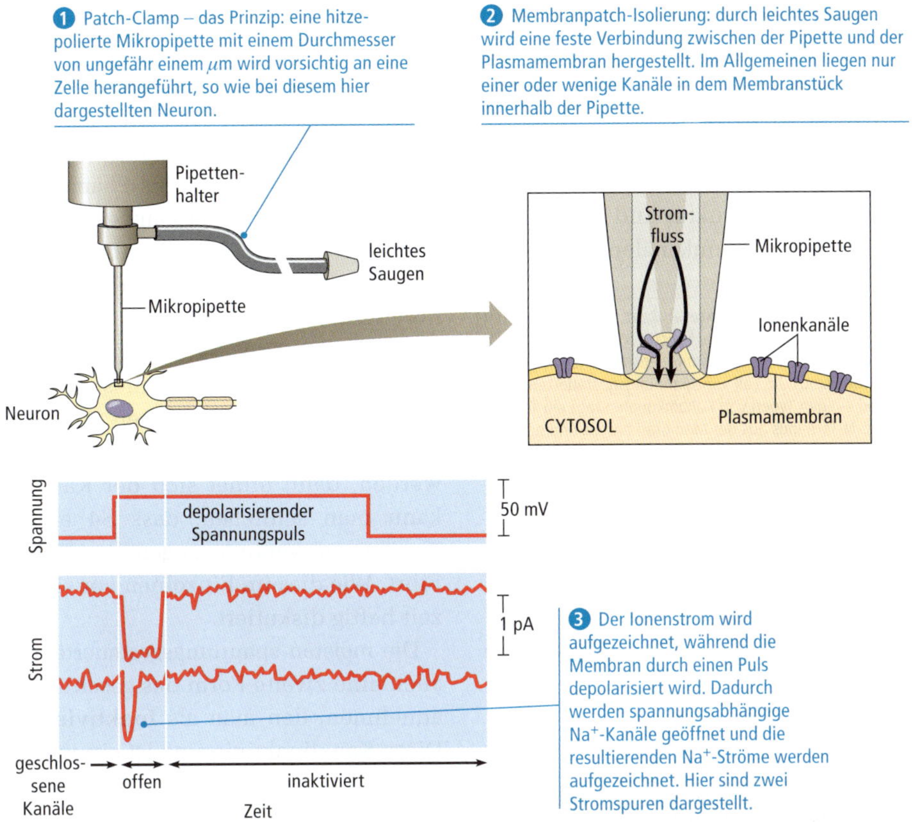

Abbildung 13.7: Die Patch-Clamp-Technik. Mit der Patch-Clamp-Technik kann man das Verhalten einzelner Ionenkanäle in einem kleinen Membranfleck (patch) untersuchen. Wenn sich ein bestimmter Kanal öffnet, dann fließt stets die gleiche Strommenge durch den Kanal (1 pA pro hier abgebildetem Natriumkanal). Auf den starken Na^+-Strom in Folge der Öffnung aller Kanäle schließt sich aufgrund der Kanalinaktivierung eine Ruhephase an.

13.3.3 Spezielle Domänen der spannungsgesteuerten Kanäle fungieren als Sensoren und Inaktivatoren

Man kann die Struktur spannungsgesteuerter Ionenkanäle in zwei verschiedene, doch ähnliche Kategorien einteilen. *Spannungsgesteuerte Kaliumkanäle* sind *multimere* Proteine – das heißt, sie bestehen aus mehreren getrennten Proteinuntereinheiten, die miteinander assoziieren und einen funktionalen Kanal bilden. Im Fall der Kaliumkanäle assoziieren vier getrennte Proteinuntereinheiten in einer Membran. Sie bilden eine zentrale Pore, durch die Ionen fließen können. Im Gegensatz dazu sind *spannungsgesteuerte Natriumkanäle* riesig große monomere Proteine (mit anderen Worten, sie bestehen aus einem einzigen Polypeptid) mit vier getrennten Domänen. Jede Domäne ähnelt einer der Untereinheiten des spannungsgesteuerten Kaliumkanals. In beiden Kanaltypen enthält jede Domäne oder Untereinheit sechs Transmembran-α-Helices (die Untereinheiten S1 bis S6; ▶*Abbildung 13.8a*). Außerdem gibt es auch noch andere spannungsgesteuerte Ionenkanäle, z. B. für Calcium- und Chloridionen.

Die Größe der Pore, und was noch wichtiger ist, die Art und Weise wie die Pore mit einem Ion in Wechselwirkung tritt, bestimmt die Ionenselektivität des Kanals. In der ▶*Abbildung 13.8b* wird dargestellt, warum dies auf den bakteriellen Kaliumkanal Kcsa zutrifft. Die Struktur der spannungsgesteuerten Kaliumkanäle der Wirbeltiere ist ganz ähnlich. Sauerstoffatome von Aminosäuren, die den Zentralkanal auskleiden, sind exakt so positioniert, dass sie mit den Ionen interagieren, wenn diese den *Selektionsfilter* passieren, wobei sie ihre Wassermoleküle, die als Hydrathülle dienten, abgeben. Die Passgenauigkeit zwischen K^+-Ionen und Sauerstoffatomen, die den Kanal auskleiden, ist von bemerkenswerter Präzision. Na^+-Ionen, die kleiner sind als K^+-Ionen, können ausschließlich mit Sauerstoffatomen auf einer

Seite des Kanals interagieren. Aus diesem Grunde ist es für die Natriumionen energetisch ungünstig, die Hydrathülle abzustreifen, was ihnen wiederum eine Passage durch den Kaliumkanal verwehrt. Roderick MacKinnon erhielt 2003 den Nobelpreis für Chemie. Diese Würdigung erhielt er zum Teil auch für seine Arbeit über die molekulare Struktur und die funktionellen Mechanismen von Kaliumkanälen.

(a) Domänenstruktur einer einzelnen Untereinheit. Jede Untereinheit oder Domäne enthält sechs Transmembranhelices, S1 – S6. Die vierte Transmembranhelix, S4, könnte als Spannungssensor dienen und ist Teil des Gating-Mechanismus. Im Fall von spannungsgesteuerten Natriumkanälen und einigen Typen von Kaliumkanälen ragt ein Teil des Kanals nahe des N-Terminus aus der Membran heraus und bildet ein Deaktivierungsprotein.

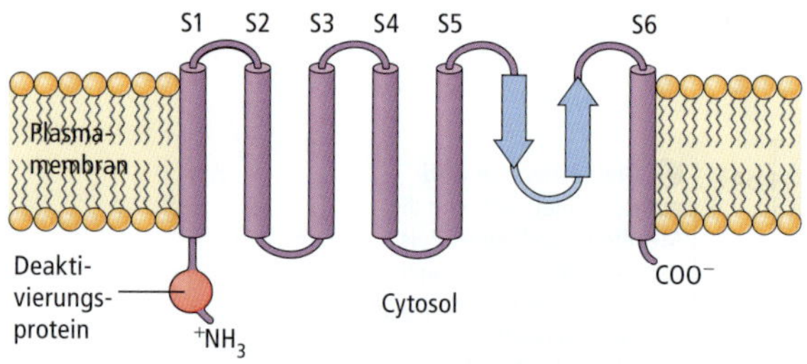

(b) Porenstruktur. Zwei der vier Untereinheiten eines spannungsgesteuerten Kaliumkanals sind hier dargestellt. Nur der Transmembranteil des Kanals ist zu sehen. Wenn K^+-Ionen mit Hydrathülle in den Kanal einströmen, streifen sie diese Hülle ab und binden an Sauerstoffatome der Aminosäuren, die den Selektivitätsfilter auskleiden.

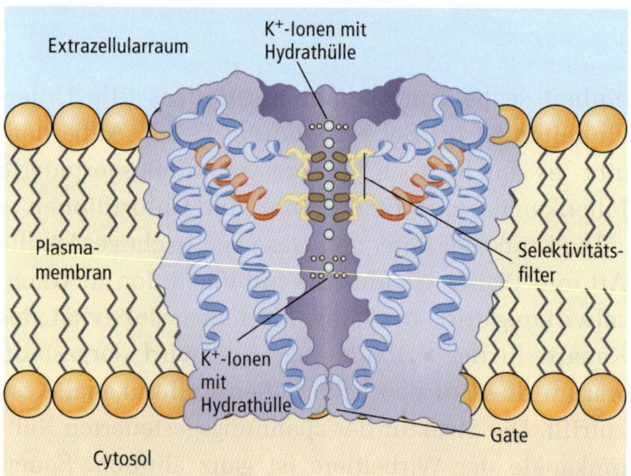

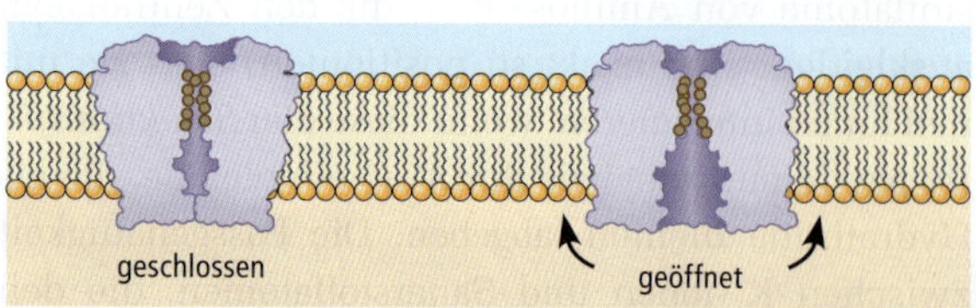

(c) Kanalgating. Öffnen und Schließen des Kanals hängt vom Konformationszustand der Kanaluntereinheiten ab.

Spannungsgesteuerte Natriumkanäle haben die Fähigkeit, sich als Antwort auf einen Spannungsreiz zu öffnen und sich dann wieder zu schließen. Dieses Phänomen bezeichnet man als **Kanalsteuerung** (engl.: *channel gating*). Hierbei handelt es sich um ein „Alles-oder-nichts-Phänomen". Das heißt, der Kanal ist entweder ganz geöffnet oder geschlossen, eine teilweise Öffnung gibt es nicht (▸*Abbildung 13.8c*). Eine der Transmembran-α-Helices der spannungsgesteuerten Kanäle der Wirbeltiere, die Transmembrandomäne S4, übernimmt während des Gatings die Funktion eines **Spannungssensors**. Wenn die positiv geladenen Aminosäuren im S4 experimentell durch neutrale Aminosäuren ersetzt werden, dann öffnet sich der Kanal nicht. Daraus kann man schließen, dass S4 eine Antwort der Kanäle auf Veränderungen des Potenzials herbeiführt. Wie dies im Einzelnen vor sich geht wird zurzeit heftig diskutiert.

Die meisten spannungsgesteuerten Kanäle können auch eine zweite Form des geschlossenen Zustands annehmen, den man als **Inaktivierung** bezeichnet. Diese Kanalinaktivierung ist ein wichtiges Merkmal der spannungsgesteuerten Natrium- und Kaliumkanäle (▸*Abbildung 13.9*).

Wenn ein Kanal inaktiviert wird, dann kann er sich nicht sofort wieder öffnen, selbst wenn ein erneuter Spannungsreiz eingehen sollte. Man muss sich die Kanalinaktivierung so vorstellen, als würde man ein geschlossenes Tor mit einem Vorhängeschloss sichern. Erst wenn man das Vorhängeschloss entfernt, kann man das Tor wieder öffnen. Die Inaktivierung wird durch Teile des Kanals bewirkt, die sogenannten *Inaktivierungsproteine*.

Abbildung 13.8: Allgemeine Struktur spannungsgesteuerter Ionenkanäle. (a) Domänenstruktur. Spannungsgesteuerte Kanäle für Natrium-, Kalium- und Calciumionen haben gemeinsame Grundstrukturen. Ein Kanal ist grundsätzlich eine rechteckige Röhre, deren vier Wände entweder aus vier Untereinheiten bestehen (zum Beispiel Kaliumkanäle) oder auch vier Domänen eines einzigen Polypeptids (zum Beispiel Natriumkanäle). (b) Ionenselektivität von Kanälen. Die geschlossene Transmembranregion eines Kaliumkanals. Diese Zeichnung wurde nach dem bakteriellen Kcsa-Kanal angefertigt, aber die Kaliumkanäle von Wirbeltieren sind ähnlich aufgebaut. Hydratisierte Kaliumionen (blau unterlegt) gelangen in den Kanal, wo sie ihre Hydrathülle abstreifen und dann an die Sauerstoffatome binden können. Diese sind exakt in den Aminosäuren positioniert, die den Selektionsfilter auskleiden (schwarz unterlegt). (c) Gating. Der Kanal wird von einer Tor-Region (gate) reguliert, die sich öffnen und schließen kann, je nach Zustand der Domänen der Spannungssensoren im Kanal.

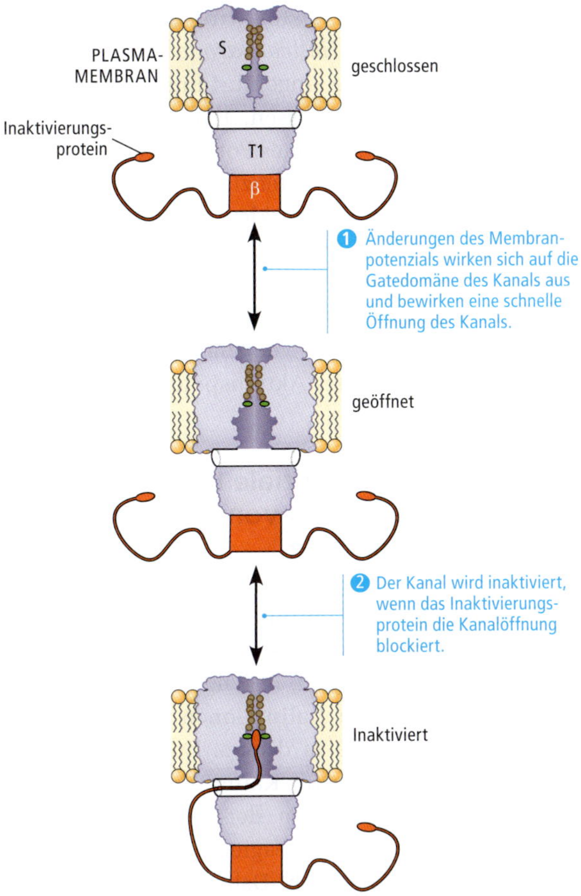

Abbildung 13.9: Die Funktion eines spannungsgesteuerten Ionenkanals. (a) Kaliumkanäle von Säugetieren besitzen drei Hauptdomänen: die Transmembrandomänen (S) und die cytosolischen Domänen (T1) der α-Untereinheit und der β-Untereinheit. Die N-terminale Region der β-Untereinheit enthält ein Inaktivierungsprotein. Das Gating beruht darauf, dass in einem Teil der Transmembrandomäne eine Konformationsänderung stattfindet, wenn sich das Membranpotenzial ändert. (b) Kanalinaktivierung. Hier sind zwei der vier Inaktivierungsproteine eines spannungsgesteuerten Kaliumkanals dargestellt. Die Känale werden inaktiviert, wenn sich ein Inaktivierungsprotein durch eine „Fensterregion" des Kanals bewegt und die Kanalpore verschließt. Im inaktivierten Zustand kann der Kanal sich nicht wieder öffnen, selbst wenn ein erneuter Spannungspuls eintreffen sollte.

Die meisten Kanäle besitzen vier Inaktivierungsproteine. Während der Inaktivierung schiebt sich ein Protein in die Kanalöffnung. Damit ein Kanal wieder reaktiviert werden kann und sich als Reaktion auf einen Reiz öffnen kann, muss sich das Inaktivierungsprotein aus der Pore entfernt haben. Behandelt man die cytosolische Seite des Kanals mit einer Protease oder mit Antikörpern, die gegen das Protein des Kanals, von dem man annimmt, dass es für die Inaktivierung verantwortlich ist, gerichtet sind, so verliert das Inaktivierungsprotein seine Wirkung und die Kanäle können nicht mehr inaktiviert werden.

In den folgenden Abschnitten dieses Kapitels werden Sie sehen, dass die Regulierung von Ionenkanälen von entscheidender Bedeutung für die Funktion der Neuronen ist. Defekte in mehreren spannungsgesteuerten Ionenkanälen wurden mit menschlichen neuronalen Erkrankungen in Verbindung gebracht (diese Erkrankungen bezeichnet man als „Kanalopathien"). So leiden beispielsweise Menschen mit einer Mutation in bestimmten K^+-Kanälen an Ataxie (einem Defekt in der Muskelkoordination), und eine Form der Epilepsie geht auf eine Mutation in einem Typ des spannungsgesteuerten Na^+-Kanals zurück.

Das Aktionspotenzial 13.4

Wir haben gesehen, wie ein Ionengradient über einer selektiv-permeablen Membran ein Membranpotenzial erzeugen kann und wie sich, gemäß der Goldman-Gleichung, das Membranpotenzial als Reaktion auf Veränderungen der Ionenpermeabilität verändert. Wir haben außerdem die Struktur der Ionenkanäle untersucht, welche die Permeabilität der Membran im Hinblick auf verschiedene Ionen regulieren. Damit sind wir vorbereitet, um zu erkunden, wie das koordinierte Öffnen und Schließen von Ionenkanälen zum Aufbau eines Aktionspotenzials führen kann. Zunächst stellen wir dar, wie sich das Membranpotenzial während eines Aktionspotenzials verändert. Da das Riesenaxon des Tintenfisches von großer Bedeutung für die Wissenschaftsgeschichte ist, werden wir es als Modell verwenden.

13.4.1 Aktionspotenziale laufen als elektrische Signale am Axon entlang

Ein ruhendes Neuron ist ein System, das für elektrische Signale empfänglich ist. Wir haben gesehen, dass das Membranpotenzial einer Zelle auf dem fein ausbalancierten Gleichgewicht zwischen Ionengradienten und Ionenpermeabilität beruht. Dieses Gleichgewicht wird durch Depolarisation der Membran kurzzeitig drastisch verändert. Bei geringer Depolarisation – weniger als etwa +20 mV – repolarisiert das Membranpotenzial normalerweise spontan und kehrt in den Ruhezustand zurück, die Veränderung zieht also keinerlei Konsequenzen nach sich. Eine weitere Depolarisation bringt die Membran an das **Schwellenpotenzial**. Jenseits des Schwellenpotenzials erfahren die elektrischen Eigenschaften und die Permeabilität der Nervenzellmembran für Ionen schnelle und tiefgreifende Veränderungen und es wird ein Aktionspotenzial initiiert.

Ein Aktionspotenzial ist eine kurze, aber starke elektrische Depolarisierung und Repolarisierung der neuronalen Plasmamembran, die auf den Einstrom von Natriumionen und den darauf folgenden Ausstrom von Kaliumionen beruht. Diese Ionentransporte werden durch Öffnen und Schließen spannungsgesteuerter Natrium- und Kaliumkanäle gesteuert. Tatsächlich können wir den Aufbau eines Aktionspotenzials nur über das Verhalten dieser Kanäle beschreiben. Nachdem in einer Region der Membran ein Aktionspotenzial initiiert wurde, bewegt sich das Aktionspotenzial über einen Vorgang, den man als **Propagation** bezeichnet, ausgehend von seiner Ausgangsstelle an der Membran entlang.

13.4.2 Aktionspotenziale beruhen auf schnellen Veränderungen des Membranpotenzials des Axons

Bereits in der *Abbildung 13.3b* haben Sie gesehen, dass man die Entstehung und Weiterleitung eines Aktionspotenzials gut anhand großer Axone, wie dem des Tintenfisches, untersuchen kann. In der ▸*Abbildung 13.10* ist die mit einem Aktionspotenzial assoziierte Sequenz der Veränderungen des Membranpotenzials dargestellt. In weniger als einer Millisekunde steigt das Membranpotenzial aus dem Ruhezustand von ca. −60 mV auf ungefähr +40 mV an – tatsächlich wird das Membraninnere für kurze Zeit positiv. Dann sinkt das Potenzial etwas langsamer ab und fällt auf einen Wert von circa −75 mV (dies bezeichnet man als *Hyperpolarisation*, engl.: *undershoot*). Letztendlich stabilisiert sich das Potenzial wieder im Ruhepotenzial von etwa −60 mV. Wie aus der *Abbildung 13.10* ersichtlich, dauert die vollständige Ereignisabfolge während eines Aktionspotenzials nur wenige Millisekunden. Der in der *Abbildung 13.3b* dargestellte Messaufbau dient auch zur Messung von Ionenströmen, die zu verschiedenen Phasen eines Aktionspotenzials durch die Membran fließen. Dafür wird eine zusätzliche Mikroelektrode, die *Halteelektrode* (engl.: *holding electrode*) in die Zelle eingeführt und an eine Spannungsklemme angeschlossen. Damit kann man in der Membran ein bestimmtes Potenzial festlegen und aufrechterhalten („das Potenzial wird geklemmt"). Mit Hilfe dieser Spannungsklemmenapparatur kann der Strom gemessen werden, der bei jedem vorgegebenen Membranpotenzial durch die Membran fließt. Diesen Versuchen verdanken wir fundamentale Beiträge zu unserem Verständnis der molekularen Mechanismen eines Aktionspotenzials.

13.4.3 Aktionspotenziale beruhen auf dem schnellen Strom von Ionen durch axonale Ionenkanäle

In einem ruhenden Neuron sind die meisten spannungsabhängigen Natrium- und Kaliumkanäle im Allgemeinen geschlossen. In Folge der Durchlässigkeit der Membran für Kaliumionen im Fließgleichgewicht, ist die Zelle in diesem Zustand ungefähr 100 Mal durchlässiger für Kalium- als für Natriumionen. Wenn eine Region der Nervenzelle leicht depolarisiert wird, dann reagiert ein Teil der Natriumkanäle und öffnet sich. Dabei führt der erhöhte Natriumstrom zu einer weiteren Depolarisierung der Membran. Die ansteigende Depolarisierung bedingt einen sogar noch stärkeren Natriumeinstrom, der die Membran noch stärker depolarisiert. Diese Eins-zu-eins-Beziehung zwischen Depolarisierung, dem Öffnen der spannungsgesteuerten Natriumkanäle und einem angestiegenen Natriumstrom baut eine positive Rückkopplung auf, die man als *Hodgkin-Kreislauf* bezeichnet.

Unterschwellige Depolarisation Im Ruhezustand halten der Ausstrom von Kaliumionen durch die Leckkanäle und die Arbeit der Na^+/K^+-Pumpe das Ruhemembranpotenzial aufrecht. Wenn die Membran geringfügig depolarisiert wird, erholt sich das Membranpotenzial spontan wieder und es wird kein Aktionspotenzial erzeugt. Der Grad der Depolarisation ist zu gering, um ein Aktionspotenzial zu bilden, was man als *unterschwellige Depolarisation* bezeichnet.

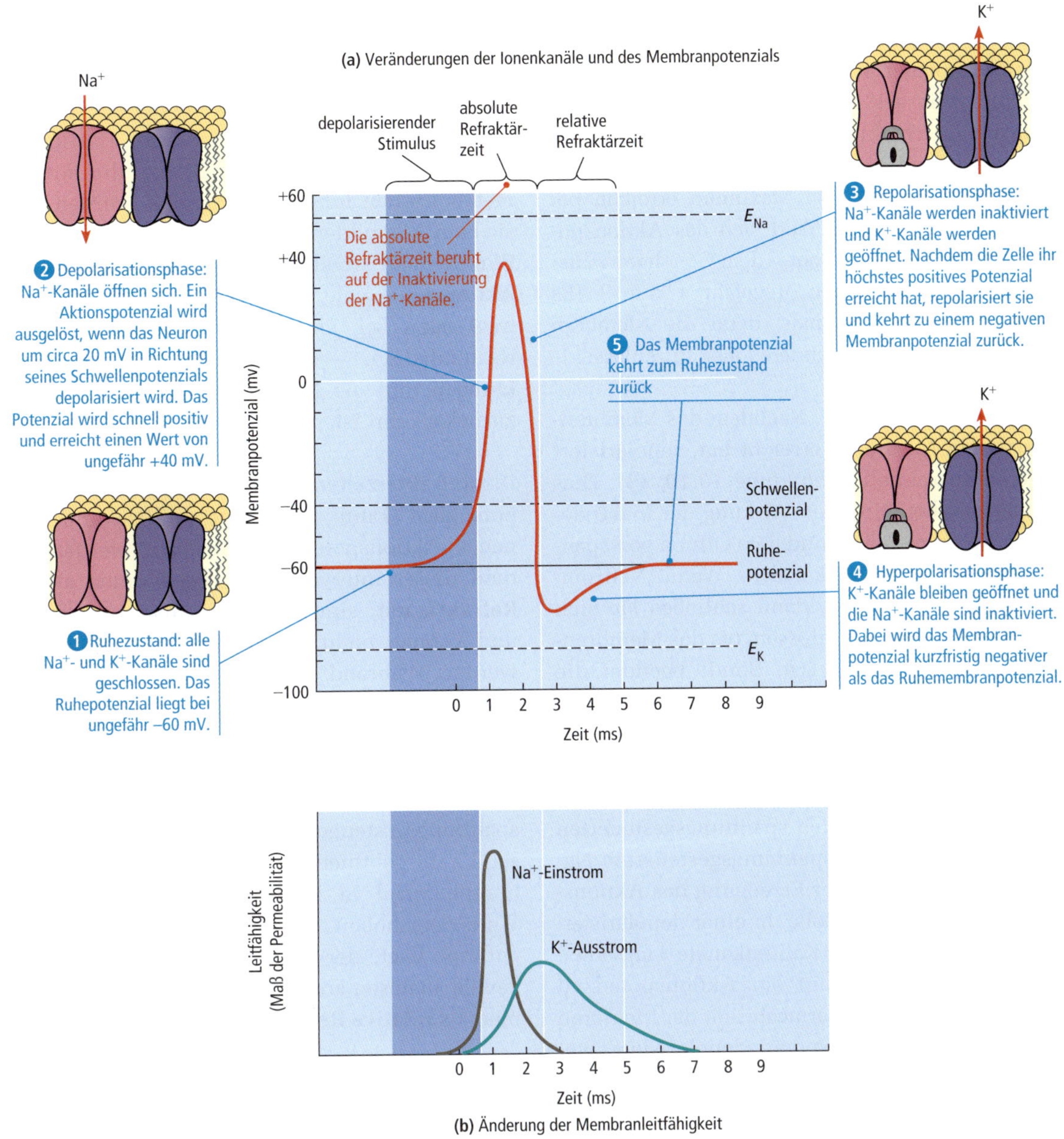

Abbildung 13.10: Veränderungen der Ionenkanäle und der elektrischen Ströme in der Membran eines Tintenfischaxons während eines Aktionspotenzials. (a) Die Änderung des Membranpotenzials geht auf den Transport von Na^+ und K^+ durch deren spannungsgesteuerte Kanäle zurück, von denen hier jeder Schritt des Aktionspotenzials dargestellt wird. Die absolute Refraktärzeit beruht auf der Inaktivierung des Natriumkanals. Beachten Sie, dass das Membranpotenzial an der Spitze des Aktionspotenzials sich dem E_{Na}-Wert (Natriumgleichgewichtspotenzial) von ungefähr +55 mV nähert; ähnlich verhält es sich mit den potenziellen Hyperpolarisierungen nahe dem E_K-Wert (Kaliumgleichgewichtspotenzial) von circa −75 mV. (b) Die Veränderung der Membranleitfähigkeit (Permeabilität der Membran für spezifische Ionen). Die depolarisierte Membran wird zuerst sehr durchlässig für Natriumionen, wodurch ein starker Einwärtsstrom von Natrium ausgelöst wird. Anschließend, bei nachlassender Permeabilität für Natrium, steigt vorübergehend die Permeabilität der Membran für Kaliumionen an, wodurch die Membran hyperpolarisiert.

Die Depolarisationsphase Wenn sich alle spannungsabhängigen Natriumkanäle der Membran gleichzeitig öffnen würden, dann überträfe die Permeabilität der Zelle für Natrium die für Kalium um das Zehnfache. Da Natrium dann das durchlässigere Ion wäre, wäre das Membranpotenzial vor allem eine Funktion des Natriumionengradienten. Das geschieht auch tatsächlich, wenn die Membran jenseits des Schwellenpotenzials depolarisiert wird (*Abbildung 13.10*, ❶ und ❷). Nachdem das Schwellenpotenzial erreicht wurde, beginnt die Aktivierung einer großen Anzahl von Natriumkanälen. Dann steigt das Membranpotenzial schnell stark an. Sobald die Geschwindigkeit des Natriumeinstroms geringfügig die Maximalgeschwindigkeit des Kaliumausstroms übersteigt, wird ein Aktionspotenzial ausgelöst. Wenn das Membranpotenzial sein Maximum erreicht, bei ungefähr +40 mV, dann nähert sich das Aktionspotenzial – erreicht es aber nicht – dem Gleichgewichtspotenzial für Natriumionen (ungefähr +55 mV). (Es erreicht diesen Wert niemals, denn die Membran bleibt während dessen für andere Ionen durchlässig.)

Die Repolarisationsphase Nachdem das Membranpotenzial sein Maximum erreicht hat, repolarisiert die Membran schnell (*Abbildung 13.10*, ❸). Dies beruht auf der kombinierten Wirkung der Inaktivierung von Natriumkanälen und dem Öffnen von spannungsgesteuerten Kaliumkanälen. Wenn Natriumkanäle inaktiviert werden, dann schließen sie sich und bleiben so lange geschlossen, bis das Membranpotenzial wieder negativ ist. Somit beendet die Kanalinaktivierung den Einstrom von Natriumionen. Wenn die Kaliumionen die Zelle verlassen, kommt es automatisch zur Repolarisation der Zelle.

Die Differenz im Hinblick auf die Reaktionsgeschwindigkeit zwischen den spannungsgesteuerten Kaliumkanälen und den spannungsgesteuerten Natriumkanälen spielt bei der Erzeugung des Aktionspotenzials eine wichtige Rolle. In einer depolarisierten Zelle öffnen sich die Kaliumkanäle langsamer. Aus diesem Grund beginnt ein Aktionspotenzial mit einer Steigerung der Permeabilität der Membran für Natrium, was die Membran depolarisiert, woraufhin die Permeabilität der Membran für Kalium zunimmt, wodurch die Membran repolarisiert wird.

Die Hyperpolarisationsphase (Undershoot) An Ende eines Aktionspotenzials sind die meisten Neuronen hyperpolarisiert. In diesem Zustand wird das Membranpotenzial kurzfristig sogar noch negativer als es normalerweise im Ruhezustand ist (*Abbildung 13.10*, ❹). Die Hyperpolarisation beruht auf einer gestiegenen Permeabilität für Kalium, während die spannungsgesteuerten Kaliumkanäle geöffnet sind. Beachten Sie, dass das Potenzial der Hyperpolarisation sich fast dem Gleichgewichtspotenzial für Kaliumionen nähert (ungefähr −75 mV beim Tintenfischaxon). Wenn sich die spannungsgesteuerten Kaliumkanäle schließen, kehrt das Membranpotenzial wieder in den Ruhezustand zurück (*Abbildung 13.10*, ❺). Wichtig ist, dass die schnelle Wiederherstellung des Ruhepotenzials nach Erzeugung eines Aktionspotenzials ohne die Mitwirkung der Na^+/K^+-Pumpe abläuft, sondern über den passiven Transport von Ionen abgewickelt wird. In Zellen, die mit einem metabolischen Inhibitor behandelt wurden, sodass sie kein ATP bilden konnten (und daher die Na^+/K^+-Pumpe nicht arbeiten konnte), können immer noch Aktionspotenziale aufgebaut werden. Die Pumpe trägt dazu bei, ein negatives Ruhepotenzial aufrechtzuhalten, wenn das Aktionspotenzial abgeklungen und die Membran in ihren Ruhezustand zurückgekehrt ist.

Die Refraktärzeiten Nach Erzeugung eines Aktionspotenzials kann für einige Millisekunden kein neues Aktionspotenzial aufgebaut werden. Während dieses Intervalls, der sogenannten **absoluten Refraktärzeit**, sind die Natriumkanäle inaktiviert und können nicht durch Depolarisierung geöffnet werden. Während der Hyperpolarisation, wenn die Natriumkanäle wieder aktiviert sind und sich wieder öffnen können, ist es möglich, aber schwierig, ein Aktionspotenzial auszulösen. Dies beruht darauf, dass sowohl Kaliumleckkanäle als auch die spannungsgesteuerten Kaliumkanäle während dieser Phase geöffnet sind. Dadurch wird das Membranpotenzial in Richtung eines stark negativen Werts verschoben, der weit von dem Schwellenwert entfernt liegt, der eine Aktivierung der Natriumkanäle auslösen könnte. Dieses Intervall bezeichnet man als **relative Refraktärzeit**.

Änderungen der Ionenkonzentrationen durch ein Aktionspotenzial Unsere Darstellung der Ionentransporte könnte den Eindruck erwecken, dass ein Aktionspotenzial mit signifikanten Veränderungen der cytosolischen Konzentrationen von Natrium- und Kaliumionen einhergeht. Tatsächlich ist es so, dass sich die absoluten zellulären Konzentrationen von Natrium- und Kaliumionen während eines einzigen Aktionspotenzials so gut wie gar nicht ändern. Rufen Sie sich in Erinnerung, dass das Membranpotenzial auf den leichten Überschuss einer negativen Ladung auf einer Seite der Membran beruht. Die Anzahl dieser überschüssigen negativen Ladungen ist nur ein winziger Bruchteil aller in der Zelle befindlichen Ionen, und die Anzahl von Ionen, welche die Membran durchqueren müssen, um sie zu neutralisieren oder das Gleichgewicht zu verändern, ist verhältnismäßig gering.

Nichtsdestotrotz kann eine intensive neuronale Aktivität signifikante Veränderungen in den Ionenkonzentrationen bewirken. Wenn zum Beispiel ein Neuron über längere Zeit hinweg viele Aktionspotenziale erzeugt, steigt die Konzentration von Kalium außerhalb der Zelle merklich an. Dies kann sich sowohl auf das Membranpotenzial des betreffenden Neurons als auch auf die umgebenden Zellen auswirken. Man nimmt an, dass Astrocyten, die Gliazellen, welche die Blut-Hirn-Schranke bilden, dieses Problem kontrollieren, indem sie überschüssige Kaliumionen aufnehmen.

13.4.4 Aktionspotenziale werden ohne Kraftverlust über das Axon weitergeleitet

Damit Neuronen Signale übertragen können, müssen die vorübergehende Depolarisation und die Repolarisation, die während eines Aktionspotenzials ablaufen, entlang der neuronalen Membran übertragen werden. Die Depolarisation an einer Stelle der Membran breitet sich über einen Vorgang, den man als **passive Ausbreitung der Depolarisation** bezeichnet, auf benachbarte Regionen aus. Wenn sich eine Depolarisationswelle passiv von ihrem Ursprungsort ausbreitet, dann nimmt damit das Ausmaß der Depolarisation ab. Infolge dieser Abnahme der Depolarisation in Abhängigkeit von der Entfernung zum Ursprungsort haben die Aktionspotenziale Schwierigkeiten, sich passiv über sehr große Entfernungen auszubreiten. Damit die Aktionspotenziale größere Strecken zurücklegen können, muss ein Aktionspotenzial von einem Punkt der Membran zum nächsten Punkt entlang der Membran aktiv weitergegeben werden.

Zum Verständnis des Unterschieds zwischen der passiven Ausbreitung der Depolarisation und der Weiterleitung eines Aktionspotenzials schauen wir uns an, wie ein Signal von seinem Ursprung auf den Dendriten zum Ende des Axons wandert (▸*Abbildung 13.11*). Die ankommenden Signale werden über Synapsen zu einem Neuron übertragen. Diese Synapsen sind Kontaktpunkte zwischen der synaptischen Axonterminale des übertragenden Neurons und den Dendriten des empfangenden Neurons. Wenn die Dendriten des empfangenden Neurons von den ankommenden Signalen depolarisiert werden, breitet sich die Depolarisierung passiv über die Membran von den Dendriten zur Basis des Axons aus – dem **Axonhügel**. Der Axonhügel ist die Region, in der am leichtesten Aktionspotenziale erzeugt werden können. Dies liegt an den verstreut über die Dendriten und den Zellkörper liegenden Natriumkanälen, die aber im Axonhügel und an den Ranvier-Schnürringen konzentriert sind. Ein bestimmtes Maß an Depolarisierung führt an den Stellen zum stärksten Einwärtsstrom von Natrium, an denen die meisten Natriumkanäle liegen. Die am Axonhügel initiierten Aktionspotenziale werden dann entlang des Axons weitergeleitet.

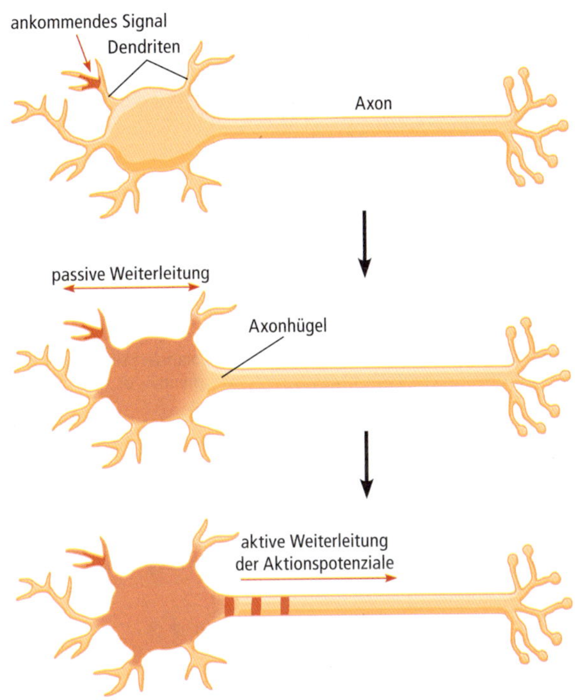

Abbildung 13.11: Die passive Ausbreitung der Depolarisation und die aktive Weiterleitung eines Aktionspotenzials in einem Neuron. Die Übertragung eines Nervenimpulses entlang eines Neurons hängt sowohl von der passiven Ausbreitung der Depolarisation als auch von der aktiven Weiterleitung von Aktionspotenzialen ab. Das Neuron wird stimuliert, wenn seine Dendriten von anderen Dendriten einen depolarisierenden Reiz erhalten. Die am Dendriten beginnende Depolarisierung breitet sich passiv über den Zellkörper zum Axonhügel aus, wo ein Aktionspotenzial entsteht. Das Aktionspotenzial wird dann auf dem Axon aktiv weitergeleitet.

Der Mechanismus zur Weiterleitung eines Aktionspotenzials in nicht myelinisierten Nervenzellen (also unisolierten Zellen ohne Myelin-Scheide) ist in ▸*Abbildung 13.12* dargestellt. Die Stimulation einer im Ruhezustand befindlichen Membran führt zur Depolarisation der Membran und plötzlich strömen an dieser Stelle Ionen in das Axon ❶. Die Membranpolarität wird in diesem Moment kurzzeitig umgekehrt und diese Depolarisation breitet sich dann auf einen benachbarten Punkt aus ❷. Die Depolarisation an dieser benachbarten Stelle genügt, um das Schwellenpotenzial zu übersteigen, und löst den Einstrom von Natriumionen aus ❸. Mittlerweile ist die Membran aber auch schon höchst durchlässig für Kaliumionen, da die langsamen spannungsgesteuerten Kaliumkanäle aktiviert wurden. Wenn die Kaliumionen in die Zelle strömen, wird die negative Polarität wiederhergestellt und dieser Teil der Membran kehrt wieder in den Ruhezustand zurück ❹.

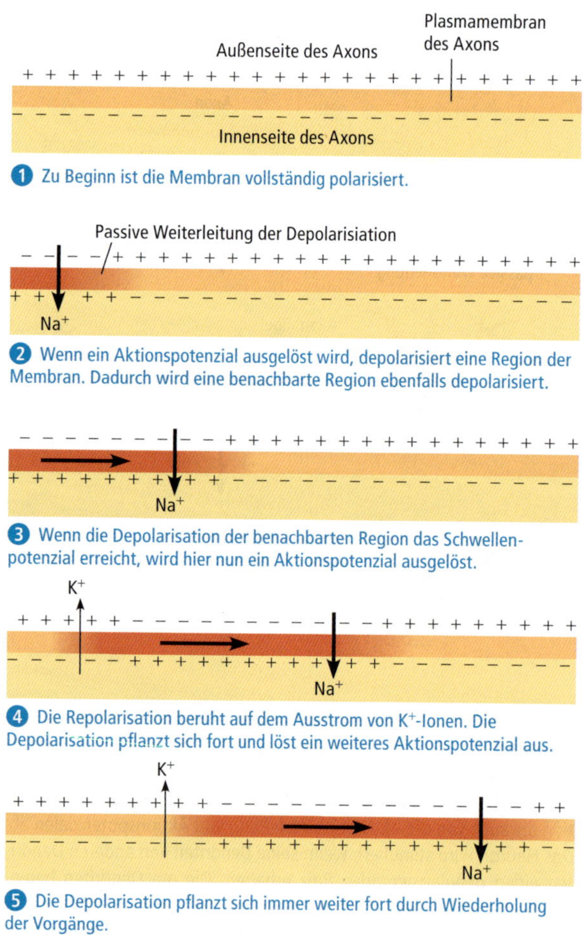

Abbildung 13.12: **Übertragung eines Aktionspotenzials in einem nicht-myelinisierten Axon.** Ein nicht-myelinisiertes Axon kann man sich als eine Kette vorstellen, die sich aus Punkten zusammensetzt, wobei jeder Punkt ein Aktionspotenzial durchlaufen kann. Beachten Sie, dass nahe der Stellen, an denen sich ein Aktionspotenzial bildet, keine Rückwärtsübertragung stattfinden kann, denn die Natriumkanäle sind inaktiviert und die Membran ist hyperpolarisiert.

Mittlerweile hat sich die Depolarisation auf eine neue Region ausgebreitet, wodurch die Ereignisabfolge an dieser neuen Stelle der Membran ausgelöst wird ❺. Auf diese Weise bewegt sich das Aktionspotenzial durch Abfolge von Depolarisations-Repolarisations-Ereignissen entlang der Membran. Die Membranpolarität wird in unmittelbarer Nachbarschaft des Signals umgekehrt, kehrt aber wieder in den Normalzustand zurück, wenn das Signal auf dem Axon entlang weiterläuft. Die Übertragung dieser Ereignisabfolge auf der Nervenfaser bezeichnet man als *weitergeleitetes Aktionspotenzial* oder **Nervenimpuls**. Der Nervenimpuls kann sich nur ausgehend von der Ausgangsstelle der Depolarisation *fortbewegen*, weil die Natriumkanäle, die gerade depolarisiert wurden, inaktiviert sind und nicht sofort auf eine weitere Stimulierung durch Depolarisation reagieren können.

Da ein Aktionspotenzial aktiv übertragen wird, lässt seine Stärke im Laufe der Übertragung nicht nach. Das liegt daran, dass es immer wieder an jedem aufeinander folgenden Punkt der Membran neu erzeugt wird, wie ein Ereignis, das nach dem Prinzip „alles oder nichts“ abläuft. Somit kann ein Nervenimpuls über praktisch jede Entfernung übertragen werden, ohne seine Stärke einzubüßen.

13.4.5 Die Myelinscheide um das Axon übernimmt die Funktion einer elektrischen Isolierung

Die Axone der Wirbeltiere verfügen über eine weitere Spezialisierung: Sie sind von einer in regelmäßigen Abständen eingeschnürten *Myelinscheide* umgeben, die aus vielen konzentrischen Membranschichten besteht. Die Myelinscheide ist eine sehr effektive elektrische Isolierung der Axonsegmente, die sie umhüllt (vergleichbar mit der Plastikumhüllung eines elektrischen Kabels). Die Myelinscheide der Neuronen im ZNS wird von **Oligodendrocyten** gebildet. Im peripheren Nervensystem (PNS) bilden die **Schwann-Zellen** die Myelinscheide (siehe *Abbildung 13.1*). Jede dieser Schwann-Zellen umhüllt fest mit ihrer eigenen Plasmamembran Schicht um Schicht konzentrisch das Axon (▶*Abbildung 13.13*). Da jede Schwann-Zelle ein kurzes Segment eines einzigen Axons umhüllt (ungefähr 1 mm), sind viele Schwann-Zellen erforderlich, um ein Axon des PNS mit einer diskontinuierlichen Myelinscheide zu umschließen. Durch die Myelinisierung steigt der Querschnitt der Nervenfaser, wobei der Durchmesser des Axons nicht größer wird. Mit ansteigender Zahl der Myelin-Wicklungen um das

Axon, steigt die Reizleitungsgeschwindigkeit an. Die schnellsten Fasern haben auch die dickste Myelinscheide, in diesen Fasern kann sich eine Depolarisation weiter und viel schneller ausbreiten als in einem nicht-myelinisierten Axon.

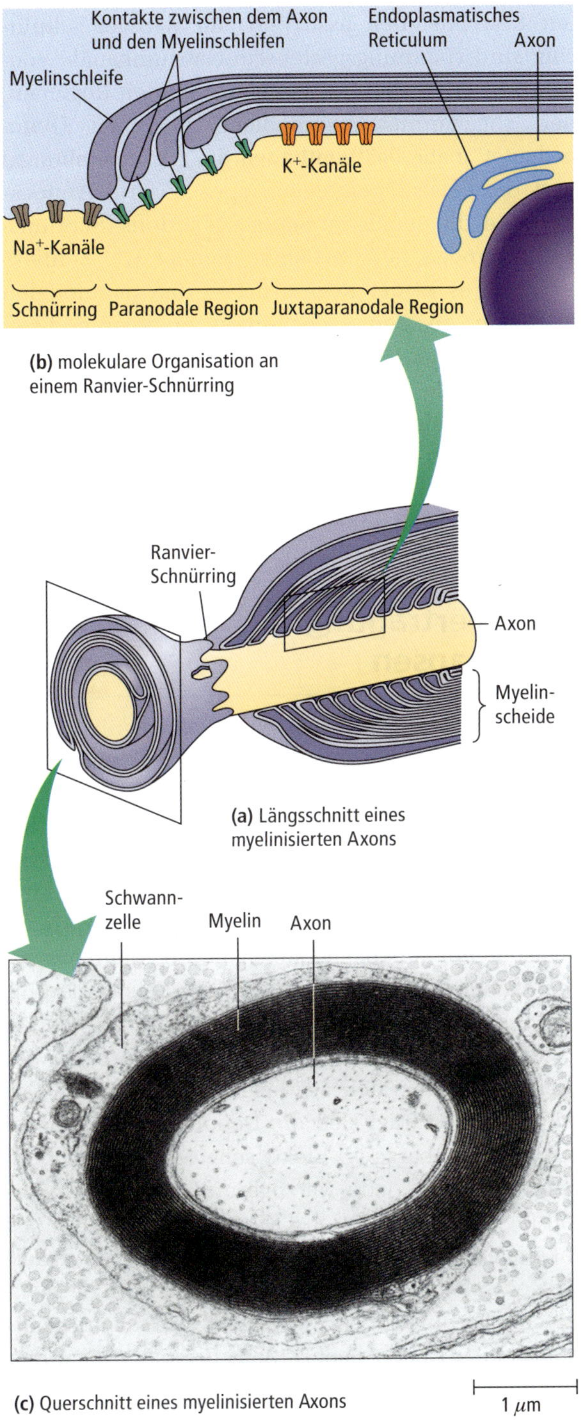

(b) molekulare Organisation an einem Ranvier-Schnürring

(a) Längsschnitt eines myelinisierten Axons

(c) Querschnitt eines myelinisierten Axons

Allerdings hebt die Myelinisierung nicht die Notwendigkeit einer aktiven Weiterleitung auf. Damit die Depolarisation von einer Stelle sich auf den Rest des Neurons übertragen kann, muss das Aktionspotenzial immer noch regelmäßig entlang des Axons erneuert werden. Dieser Erneuerungsvorgang findet an den *Ranvier-Schnürringen* (auch Ranvier'sche Schnürringe) statt. Dabei handelt es sich um Unterbrechungen in der Myelinschicht, deren Abstände (1 – 2 mm) sicherstellen, dass die durch ein Aktionspotenzial an einem Ranvier-Schnürring ausgelöste Depolarisation immer noch so stark ist, dass an dem benachbarten Ranvier-Schnürring das Schwellenpotenzial erreicht wird und ein Aktionspotenzial ausgelöst wird (▶*Abbildung 13.14*). Bei einem myelinisierten Axon kann nur an den Ranvier-Schnürringen ein Aktionspotenzial erzeugt werden, denn der Stromfluss durch die Membran ist an den anderen Bereichen der Membran eingeschränkt. Zudem liegen an den Ranvier-Schnürringen Natriumkanäle in hoher Zahl vor. Somit springen Aktionspotenziale an myelinisierten Axonen von einem Ranvier-Schnürring zum nächsten anstatt langsam an der Membran entlang zu laufen. Diese sogenannte *saltatorische Erregungsleitung* läuft wesentlich schneller ab als die kontinuierliche Übertragung in nicht-myelinisierten Axonen (*saltatorisch* stammt von dem lateinischen Wort für „springen" ab, siehe *Abbildung 13.14*). Die Myelinisierung ist ein charakteristisches Merkmal der Axone von Wirbeltieren. Der Verlust dieser Fähigkeit führt zu einem dramatischen Abfall des elektrischen Widerstands der Axonmembran. Vergleichbar dem Fließen von Wasser durch einen undichten Gartenschlauch, senkt der mangelnde Widerstand bedrohlich die Leitungsgeschwindigkeit über das

Abbildung 13.13: Die Myelinisierung von Axonen. (a) Ein Axon des peripheren Nervensystems, das von einer Schwann-Zelle myelinisiert wird. Jede Schwann-Zelle bildet ein Segment der Myelinscheide, indem sie ihre eigene Plasmamembran konzentrisch um das Axon hüllt. (b) Organisation eines typischen Ranvier-Schnürrings im peripheren Nervensystem. Die Natriumkanäle (braun) liegen konzentriert im Schnürring vor. Myelinscheiden sind an die Regionen neben dem Schnürring angeheftet („paranodale" Regionen). Die Anheftung erfolgt über Proteine auf der Axonmembran und auf den Myelinschleifen (grün). Neben den paranodalen Regionen liegen Ansammlungen von Kaliumkanälen (orange). (c) Diese Querschnittansicht eines myelinisierten Axons des Nervensystems einer Katze zeigt die konzentrischen Membranschichten, die von der Schwann-Zelle um das Axon gewickelt wurden (TEM).

Axon. Multiple Sklerose, eine menschliche Erkrankung, die mit Schwächung der Muskeln einhergeht, beruht darauf, dass das Immunsystem der Patienten die eigenen myelinisierten Nervenfasern angreift, was zum Abbau der Myelinscheiden führt. Wenn die betroffenen Nerven Muskeln innervieren, werden die motorischen Fähigkeiten der Patienten ganz erheblich beeinträchtigt.

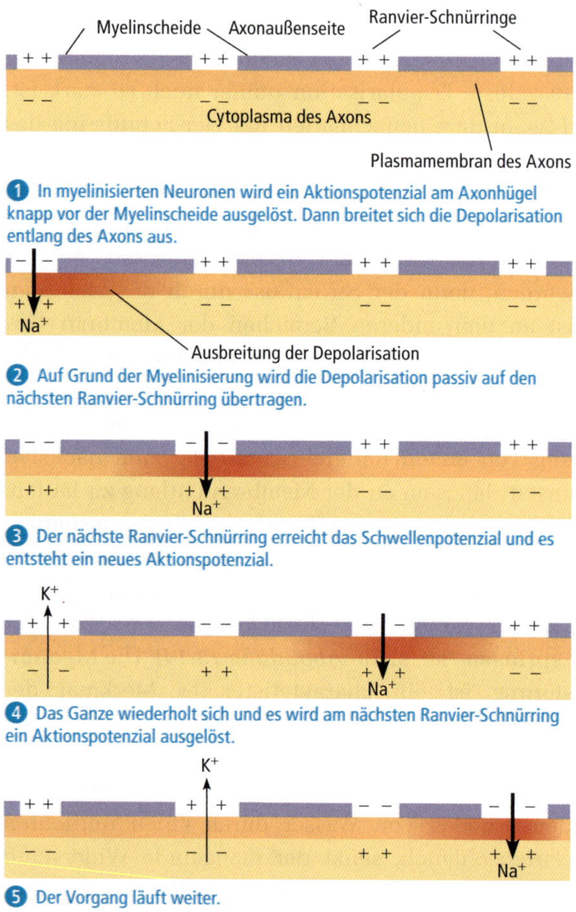

Abbildung 13.14: Die Übertragung eines Aktionspotenzials auf einem myelinisierten Axon. In einem myelinisierten Axon können Aktionspotenziale nur an den Ranvier-Schnürringen erzeugt werden. Durch die Myelinisierung und die strukturelle Organisation der Schnürringe kann hier durch die konzentrierten Natriumkanäle eine größere Menge Natrium einströmen. Die resultierende Depolarisation kann sich entlang des Axons wesentlich schneller und weiter ausbreiten als dies ohne Myelin der Fall wäre. Das Ergebnis ist eine Welle von Depolarisations-Repolarisations-Ereignissen, die von einem Ranvier-Schnürring zum nächsten auf dem Axon weiterspringt.

Die Ranvier-Schnürringe sind hoch organisierte Strukturen. Sie sorgen für einen engen Kontakt zwischen den Myelinringen der Membran der Gliazellen im ZNS oder der Schwann-Zellen im PNZ und der Plasmamembran der myelinisierten Axone. Drei verschiedene Regionen sind mit diesen spezialisierten Kontaktstellen assoziiert. Im Ranvier-Schnürring sind spannungsgesteuerte Natriumkanäle konzentriert lokalisiert. In den benachbarten Regionen, den sogenannten paranodalen Regionen (*para-* bedeutet „nahe bei") enthalten die Axonmembranen und die Gliazellmembranen spezialisierte Andock-Proteine, die denen der Septate Junctions (Septumsverbindungen) ähneln (siehe *Kapitel 17*). Schließlich gibt es in der Region neben den paranodalen Regionen, in den sogenannten juxtaparanodalen Regionen (*juxta-* bedeutet „neben"), sehr viele Kaliumkanäle (*Abbildung 13.13b*). Die strukturelle Anordnung der Ranvier-Schnürringe verhindert in den Regionen um die Ranvier-Schnürringe die freie Bewegung der Natrium- und Kaliumkanäle in der Plasmamembran des Axons.

Die Übertragung an Synapsen 13.5

Nervenzellen kommunizieren über Synapsen untereinander und mit Drüsen, Muskeln und vielen anderen Zelltypen. Es gibt zwei sich im Hinblick auf ihre Struktur unterscheidende Typen von Synapsen, elektrische und chemische. In einer **elektrischen Synapse** ist ein Neuron, das **präsynaptische Neuron**, mit einem zweiten Neuron, dem **postsynaptischen Neuron** über Gap Junctions verknüpft (▶*Abbildung 13.15*; in *Kapitel 17* werden wir im Detail auf Gap Junctions eingehen). Wenn sich die Ionen zwischen den beiden Zellen hin und her bewegen, überträgt sich die Depolarisierung passiv auf die Nachbarzelle. Elektrische Synapsen sorgen praktisch ohne jede Verzögerung für die Weiterleitung. Sie sind an den Orten des Nervensystems lokalisiert, an denen eine hohe Geschwindigkeit von entscheidender Bedeutung ist. Ähnliche elektrische Verbindungen kann man zwischen nichtneuronalen Zellen beobachten, beispielsweise den Herzmuskelzellen (siehe *Kapitel 16*).

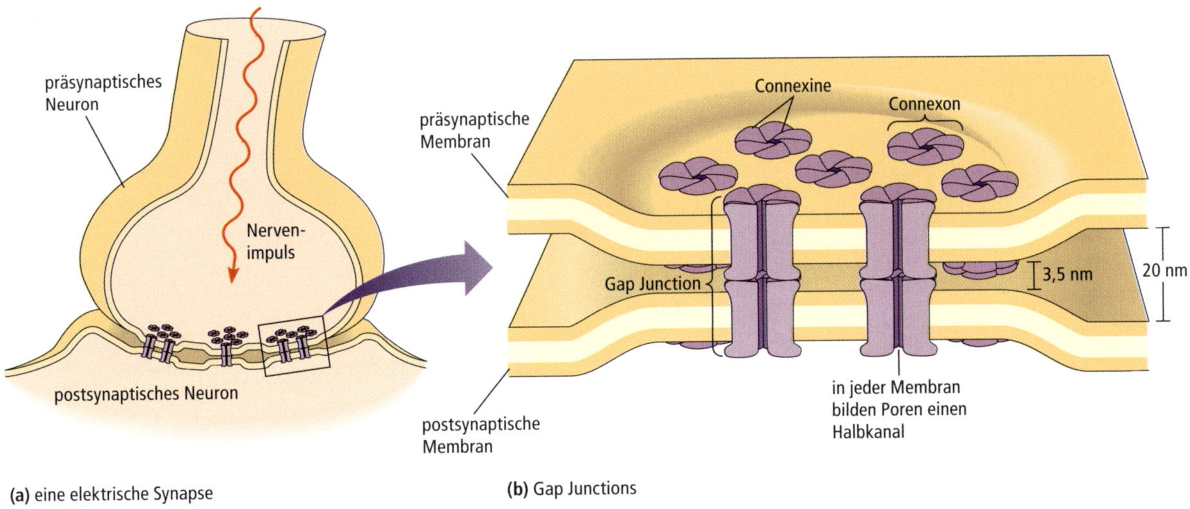

Abbildung 13.15: Eine elektrische Synapse. (a) In den elektrischen Synapsen sind die präsynaptischen und die postsynaptischen Neuronen über Gap Junctions verknüpft, durch die kleine Moleküle und Ionen frei vom Cytosol der einen Zelle in das Cytosol der Nachbarzellen fließen können. Wenn ein Aktionspotenzial auf der präsynaptischen Seite einer elektrischen Synapse ankommt, breitet sich auf Grund des Stroms positiv geladener Ionen die Depolarisierung passiv über die Gap Junction aus. (b) Die Gap Junction besteht aus einer Reihe von Kanälen. Ein Kanal setzt sich aus sechs Proteinuntereinheiten zusammen. Eine Proteinuntereinheit wird als Connexin bezeichnet. Die Gesamtheit aller sechs Proteinuntereinheiten bildet ein Connexon (einen Hemikanal). Zwei Connexons, eins in der präsynaptischen Membran und das andere in der postsynaptischen Membran, bilden eine Gap Junction.

In einer **chemischen Synapse** sind die präsynaptischen und die postsynaptischen Neuronen nicht über Gap Junctions direkt miteinander verbunden (▶ *Abbildung 13.16*), wohl aber über Zelladhäsionsproteine (auf die wir in *Kapitel 17* eingehen werden). Stattdessen ist die präsynaptische Membran durch einen kleinen Zwischenraum von ungefähr 20 – 50 nm von der postsynaptischen Membran getrennt, den sogenannten **synaptischen Spalt**. Ein Nervensignal, das an den Enden des präsynaptischen Neurons ankommt, kann als elektrischer Impuls nicht den synaptischen Spalt überqueren. Damit eine synaptische Übertragung erfolgen kann, muss das elektrische Signal am präsynaptischen Neuron in ein chemisches Signal umgewandelt werden, das ein Neurotransmitter transportiert. Neurotransmittermoleküle werden in den synaptischen Terminalen des präsynaptischen Neurons gespeichert. Ein an der Axonterminale ankommendes Aktionspotenzial bewirkt, dass der Neurotransmitter in den synaptischen Spalt ausgeschüttet wird und dort diffundiert. Die Neurotransmittermoleküle binden dann an spezifische Proteine, die in die Plasmamembran des präsynaptischen Neurons eingebettet sind (*Rezeptoren*) und werden wieder in elektrische Signale zurückverwandelt. Dadurch wird eine Sequenz von Ereignissen ausgelöst, die je nach Synapse entweder zur Anregung oder Hemmung eines Aktionspotenzials im postsynaptischen Neuron führt.

Neurotransmitterrezeptoren teilt man in zwei große Gruppen ein: *ligandengesteuerte Ionenkanäle* (manchmal werden sie auch als *ionotropische Rezeptoren* bezeichnet). In diesen wirkt sich die Aktivierung direkt auf die Zelle aus. Zum zweiten gibt es Rezeptoren, die indirekt, über ein System intrazellulärer Botenstoffe (manchmal werden sie auch als *metabotropische Rezeptoren* bezeichnet, ▶ *Abbildung 13.17*) wirken. Die zweite Gruppe von Rezeptoren werden wir in *Kapitel 14* besprechen, hier konzentrieren wir uns auf *ligandengesteuerte Kanäle*). Diese Membranionenkanäle öffnen sich als Antwort auf die Bindung eines Neurotransmitters und können dann entweder exzitatorische oder inhibitorische Antworten in der postsynaptischen Zelle auslösen.

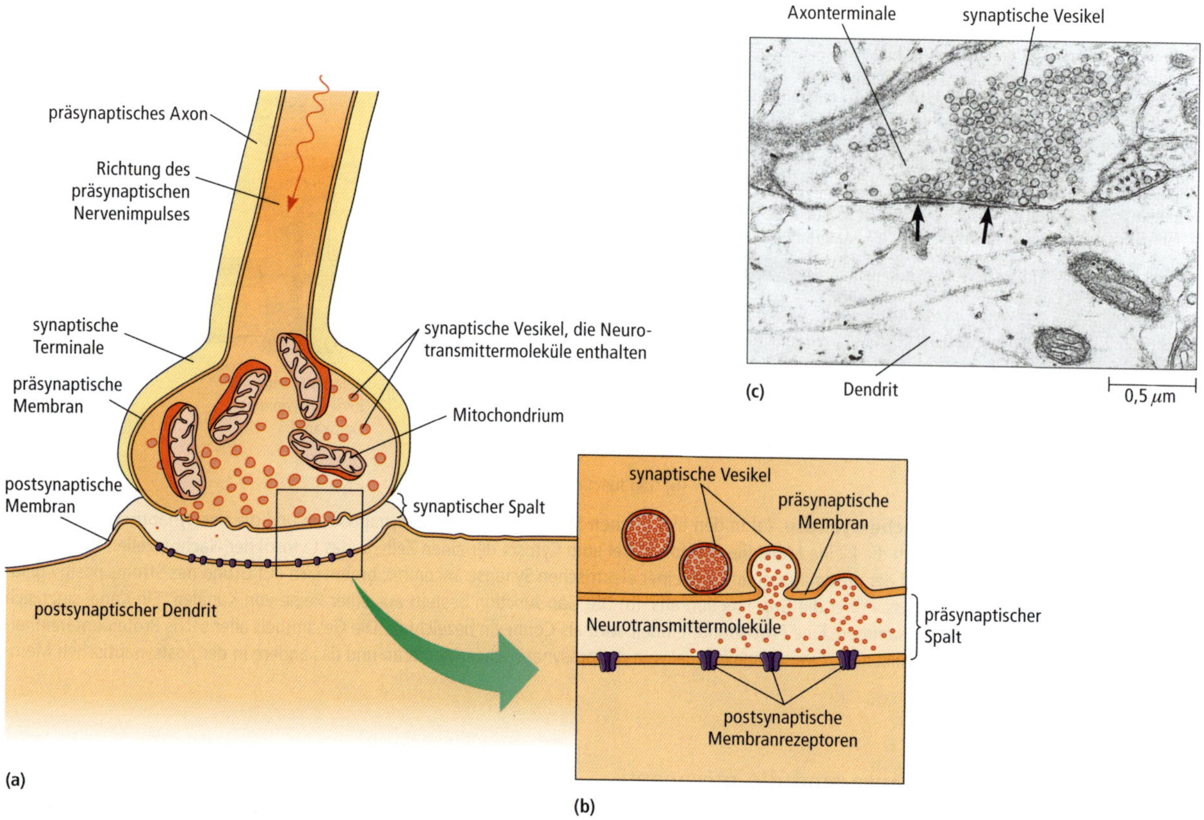

Abbildung 13.16: Eine chemische Synapse. (a) Wenn ein Nervenimpuls vom präsynaptischen Axon die Synapse erreicht (roter Pfeil), führt dies in der synaptischen Axonterminale zur Verschmelzung der synaptischen Vesikel, die mit Neurotransmitter gefüllt sind, mit der präsynaptischen Membran, wodurch deren Inhalt in den synaptischen Spalt freigesetzt wird. (b) Die Neurotransmittermoleküle diffundieren durch den Spalt von der präsynaptischen (axonalen) Membran zur postsynaptischen (dendritischen) Membran, wo sie an spezifische Membranrezeptoren binden und die Polarisierung der Membran ändern; entweder wird die postsynaptische Zelle angeregt oder gehemmt. (c) Elektronenmikroskopische Aufnahme einer Synapse (TEM). Die Pfeile zeigen auf die postsynaptische Stelle, wo Membranrezeptoren und andere Proteine ein Cluster bilden.

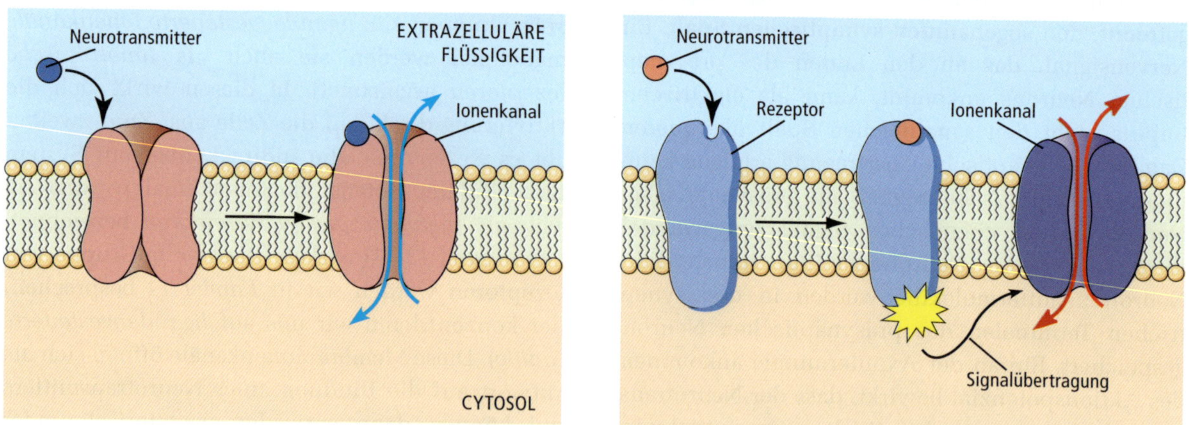

(a) direkte Wirkung des Neurotransmitters (ionotropischer Rezeptor) **(b)** indirekte Wirkung des Neurotransmitters (metabotropischer Rezeptor)

Abbildung 13.17: Verschiedene Rezeptortypen, die als chemische Synapsen dienen. (a) Direkte Wirkung des Neurotransmitters. Ionotropische Rezeptoren wirken direkt als Ionenkanäle. Wenn sie an einen Neurotransmitter binden, durchlaufen sie eine Konformationsänderung und Ionen können hindurchfließen. (b) Indirekte Wirkung des Neurotransmitters. Wenn metabotropische Rezeptoren an Neurotransmitter binden, setzen sie eine Signalkaskade in Gang, die indirekt zur Öffnung eines Ionenkanals führt. Da sie indirekt wirken, erzielen metabotropische Rezeptoren ihre Wirkung langsamer als ionotropische Rezeptoren.

13.5.1 Neurotransmitter übertragen Signale an Nervensynapsen

Im Grunde ist jedes, von einem Neuron freigesetzte Signalmolekül ein Neurotransmitter. Viele Arten von Molekülen übernehmen die Funktion von Neurotransmittern. Die meisten werden über einen spezifischen Rezeptortyp von der postsynaptischen Zelle wahrgenommen. Die meisten Neurotransmitter haben mehr als nur einen Rezeptortyp. Wenn ein Neurotransmittermolekül an seinen Rezeptor bindet, verändern sich die Eigenschaften des Rezeptors und das postsynaptische Neuron reagiert entsprechend. Ein *exzitatorischer Rezeptor* löst eine Depolarisation des postsynaptischen Neurons aus, während ein *inhibitorischer Rezeptor* im Allgemeinen eine Hyperpolarisation der postsynaptischen Zelle bewirkt.

Zwar gibt es unterschiedliche Definitionen zur Beschreibung eines Neurotransmitters, doch müssen drei Kriterien erfüllt sein: (1) Der Neurotransmitter muss die physiologisch richtige Antwort auslösen, wenn er in den synaptischen Spalt freigesetzt wird. (2) Er muss auf natürliche Weise im präsynaptischen Neuron vorkommen. (3) Er muss zum richtigen Zeitpunkt der Stimulation des präsynaptischen Neurons freigesetzt werden. Viele Moleküle stimmen mit diesen Kriterien überein, darunter Acetylcholin, eine Gruppe biogener Amine, die man als Catecholamine bezeichnet, bestimmte Aminosäuren und deren Derivate, Peptide, Endocannabinoide, Nucleotide wie zum Beispiel ATP und Gase (beispielsweise Stickstoffmonooxid). In der ▸ *Tabelle 13.2* werden mehrere häufig vorkommende Neurotransmitter aufgeführt, von denen wir einige hier besprechen werden.

Acetylcholin Bei den Wirbeltieren ist Acetylcholin der am weitesten verbreitete Neurotransmitter für Synapsen zwischen den außerhalb des zentralen Nervensystems (ZNS) lokalisierten Neuronen, sowie für neuromuskuläre Verbindungen (siehe *Kapitel 16*). Acetylcholin ist ein exzitatorischer Neurotransmitter. Bernard Katz und seine Kollegen machten als erste die wichtige Beobachtung, dass Acetylcholin innerhalb von 0,1 msec nach der Bindung die Permeabilität der postsynaptischen Membran für Natrium steigert. Synapsen, bei denen Acetylcholin als Neurotransmitter zum Einsatz kommt, werden als **cholinerge Synapsen** bezeichnet.

Catecholamine Die Catecholamine, zu denen *Dopamin* und die Hormone *Adrenalin* (*Epinephrin*) und *Noradrenalin* (*Norepinephrin*) gehören, sind Derivate der Aminosäure Tyrosin. Da die Catecholamine hauptsächlich in der Nebenniere (Glandula adrenalis) synthetisiert werden, bezeichnet man die Synapsen, bei denen sie verwendet werden, als **adrenerge Synapsen**. Adrenerge Synapsen kommen in den Verbindungen zwischen Nerven und glatter Muskulatur in den inneren Organen vor, beispielsweise im Darm sowie in den Verbindungen zwischen den Nerven im Gehirn. In *Kapitel 14* werden wir uns mit der Wirkungsweise adrenerger Hormone beschäftigen.

Aminosäuren und deren Derivate Zu den Neurotransmittern gehören auch Aminosäuren und deren Derivate, darunter *Histamin*, *Serotonin* und *γ-Aminobuttersäure* (*GABA*) sowie *Glycin* und *Glutamat*. Serotonin wirkt im ZNS. Es gilt als anregender Neurotransmitter, denn es wirkt indirekt an der Schließung von Kaliumkanälen mit. Dadurch wird eine Wirkung erzielt, die dem Öffnen von Natriumkanälen in einer depolarisierten postsynaptischen Zelle ähnelt. Allerdings wirkt sich der Effekt wesentlich langsamer aus als Antworten auf geöffnete Natriumkanäle. GABA und Glycin sind inhibitorische Neurotransmitter, während Glutamat exzitatorisch wirkt.

Neuropeptide Durch proteolytische Spaltung von Vorläuferproteinen werden kurze Aminosäureketten gebildet, die **Neuropeptide** bilden. Man hat Hunderte von Neuropeptiden identifiziert. Einige Neuropeptide besitzen Eigenschaften, die denen der Neurotransmitter ähneln, denn sie können die Aktivität anderer Neuronen im Gehirn anregen, hemmen oder verändern. Sie unterscheiden sich aber insofern von typischen Neurotransmittern als dass sie auf Gruppen von Neuronen wirken und diese Wirkung langfristig erhalten bleibt.

Tabelle 13.2

Verschiedene Arten von Neurotransmittern

Neurotransmitter	Struktur	Funktionale Klasse	Sekretionsorte
Catecholamine			
Acetylcholin	$H_3C-C(=O)-O-CH_2-CH_2-N^+-[CH_3]_3$	regt die Skelettmuskelzellen von Wirbeltieren an; wirkt an anderen Stellen exzitatorisch oder inhibitorisch	ZNS; PNS; neuromuskuläre Endplatte der Wirbeltiere
Biogene Amine			
Noradrenalin (Norepinephrin)	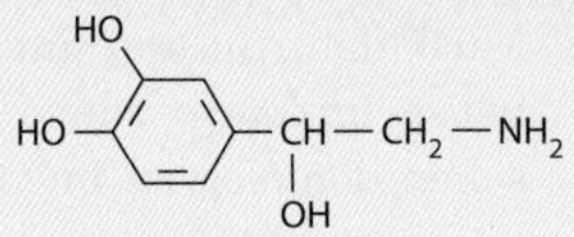	exzitatorisch oder inhibitorisch	
Dopamin	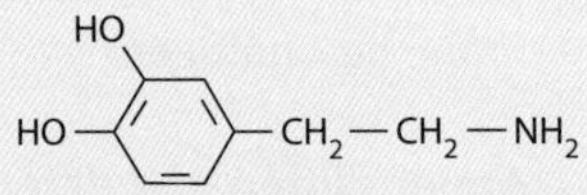	im Allgemeinen exzitatorisch; kann an einigen Stellen hemmend wirken	ZNS; PNS
Serotonin	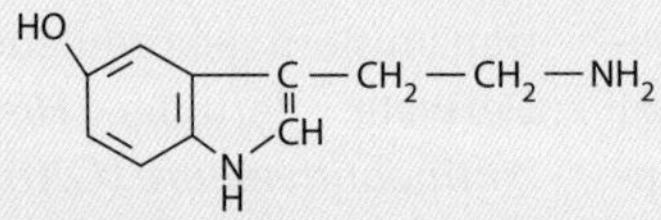	im Allgemeinen inhibitorisch	ZNS
Aminosäuren			
GABA (γ-Aminobuttersäure)	$H_2N-CH_2-CH_2-CH_2-COOH$	inhibitorisch	ZNS; neuromuskuläre Endplatte der Wirbellosen
Glutamat	$H_2N-CH(COOH)-CH_2-CH_2-COOH$	exzitatorisch	ZNS; neuromuskuläre Endplatte der Wirbellosen
Glycin	H_2N-CH_2-COOH	inhibitorisch	ZNS
Neuropeptide			
Substanz P	Arg—Pro—Lys—Pro—Gln—Gln—Phe—Phe—Gly—L	exzitatorisch	ZNS; PNS
Met-Enkephalin (ein Endorphin)	Tyr—Gly—Gly—Phe—Met	im Allgemeinen inhibitorisch	ZNS
Endocannabinoide			
Anandamid	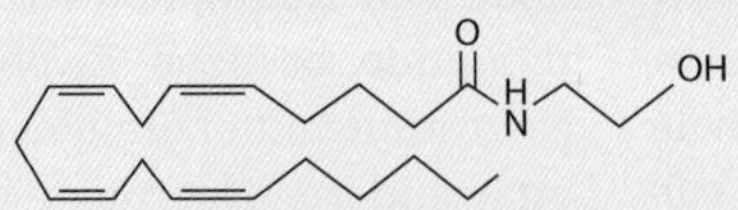	inhibitorisch	ZNS
Gase			
Stickstoffmonoxid	N=O	exzitatorisch oder inhibitorisch	PNS

Zu den Neuropeptiden gehören unter anderem *Enkephaline*, die auf natürliche Weise im Säugetiergehirn synthetisiert werden und die Aktivität von Neuronen in den Gehirnregionen hemmen, in denen die Schmerzwahrnehmung lokalisiert ist. Die Veränderung der neuronalen Aktivität durch diese Neuropeptide scheint dem Phänomen zugrunde zu liegen, dass Individuen, die unter großem Stress leiden oder unter Schock stehen, keinen Schmerz empfinden. Die schmerzstillende Wirkung von Medikamenten wie Morphin, Codein, Demerol und Heroin beruht auf ihrer Fähigkeit, an die Stellen im Gehirn anzudocken, auf die normalerweise Enkephaline abzielen.

Weitere, von Synapsen freigesetzte Substanzen sind die Lipidderivate, die man als *Endocannabinoide* bezeichnet, welche die Aktivität präsynaptischer Neuronen hemmen. Der wichtigste Endocannabinoidrezeptor des Gehirns wird auch von Tetrahydrocannabinol oder THC angeregt. Diese Substanz ist in den Pflanzen der Gattung *Cannabis* enthalten. Marihuana ist ein Derivat der Blätter der Spezies *Cannabis sativa* und seine Wirkung beruht auf THC.

13.5.2 Calcium regt die Sekretion von Neurotransmittern aus präsynaptischen Neuronen an

Die Sekretion von Neurotransmittern durch die präsynaptische Zelle wird direkt über die Konzentration von Calciumionen in der synaptischen Axonterminale gesteuert (▶*Abbildung 13.18*). Jedes ankommende Aktionspotenzial bewirkt die Depolarisation der präsynaptischen Membran durch einen kurzzeitigen Anstieg der Calciumkonzentration in der synaptischen Axonterminale. Dies beruht darauf, dass in der präsynaptischen Membran **spannungsgesteuerte Calciumkanäle** geöffnet werden. Normalerweise ist die Zellmembran recht undurchlässig für Calciumionen, sodass die Calciumkonzentration im Cytosol niedrig bleibt (ungefähr 0,1 m*M*). Allerdings liegt über der Membran ein sehr hoher Calciumgradient vor, denn die Calciumkonzentration außerhalb der Zelle ist ungefähr 10.000 Mal höher als im Cytosol. Daher werden die Calciumionen in die Zelle hineinströmen, wenn sich Calciumkanäle öffnen. Für seine Arbeiten zur Aufklärung der Calcium-induzierten synaptischen Sekretion von Neurotransmittern erhielt der deutschstämmige Wissenschaftler Thomas Südhof 2013 den Nobelpreis für Medizin und Physiologie.

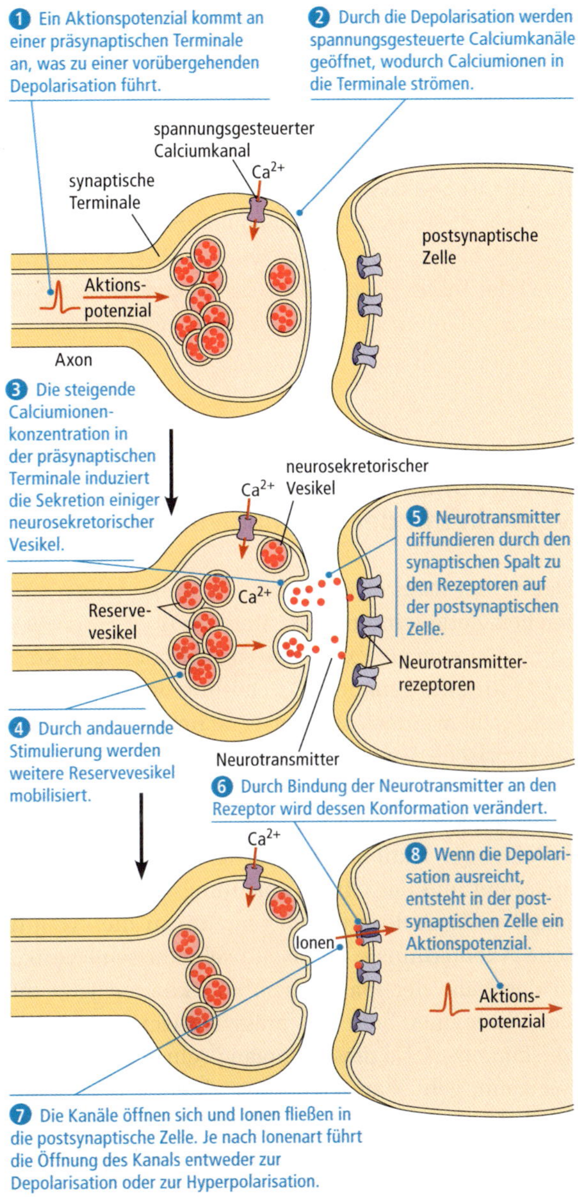

Abbildung 13.18: Synaptische Übertragung. Wenn ein Aktionspotenzial an der präsynaptischen Axonterminale ankommt, werden spannungsgesteuerte Calciumkanäle geöffnet. Infolge der erhöhten Calciumkonzentration kommt es zur Freisetzung eines Neurotransmitters, der durch den synaptischen Spalt diffundiert und auf der postsynaptischen Zelle an seinen Rezeptor bindet. Die daraus resultierende Depolarisation löst ein Aktionspotenzial aus.

Neurotransmittermoleküle sind in kleinen, membranumhüllten **neurosekretorischen Vesikeln** in den synaptischen Axonterminalen gespeichert (siehe *Abbildung 13.18*). Der Calciumstrom durch spannungsgesteuerte Calciumkanäle in die synaptische Axonterminale hat zwei sehr wichtige Auswirkungen auf die neurosekretorischen Vesikel. Erstens, die gespeicherten Vesikel werden zur raschen Freisetzung mobilisiert. Zweitens, die zur Freisetzung vorbereiteten Vesikel docken schnell an die präsynaptische Plasmamembran an und fusionieren mit ihr. Währenddessen bewegt sich die Membran eines Vesikels dicht an die Plasmamembran der Axonterminale heran, mit der es verschmilzt. Daraufhin wird der Inhalt des Vesikels freigesetzt. Diesen Vorgang werden wir uns genauer anschauen.

13.5.3 Die Sekretion der Neurotransmitter erfolgt über Andocken und Fusion von Vesikeln mit der Plasmamembran

Damit der Neurotransmitter an einer postsynaptischen Zelle wirken kann, muss er über einen Vorgang, den man als Exocytose bezeichnet (siehe *Kapitel 12* für eine genauere Darstellung der Exocytose), freigesetzt werden. Hierbei verschmilzt das neurosekretorische Vesikel mit der Plasmamembran und der Inhalt des Vesikels wird in den synaptischen Spalt freigesetzt.

Wenn ein Aktionspotenzial an einem Axonende ankommt und das Öffnen spannungsgesteuerter Calciumkanäle auslöst, strömt Calcium in die synaptische Axonterminale ein. Neurosekretorische Vesikel in der Nähe der Plasmamembran können jetzt mit der Plasmamembran des präsynaptischen Neurons verschmelzen. Da dieser Vorgang sehr schnell ablaufen kann, geht man davon aus, dass an der Fusion Vesikel mitwirken, die bereits an die Plasmamembran „angedockt" haben. Die Vorgänge des Andockens und der Fusion neurosekretorischer Vesikel mit der Plasmamembran der aktiven Zone werden von t- und v-SNARE-Proteinen vermittelt, ganz so wie wir es in Bezug auf andere exocytotische Ereignisse in *Kapitel 12* dargestellt haben (siehe ▶*Abbildung 13.19*; spezifische Mechanismen, die an den Andockungsschritten der Exocytose mitwirken, werden in *Kapitel 12* genauer dargestellt). Bei dem koordinierten Andocken der Vesikel sind Calcium-„Sensoren" beteiligt, bei denen es sich um Proteine aus der Familie der *Synaptotagmine* zu handeln scheint. Synaptotagmine können Calcium binden. Dabei durchlaufen sie eine Konformationsänderung, aufgrund der die t- und v-SNARE-Komplexe effizient miteinander in Wechselwirkung treten können.

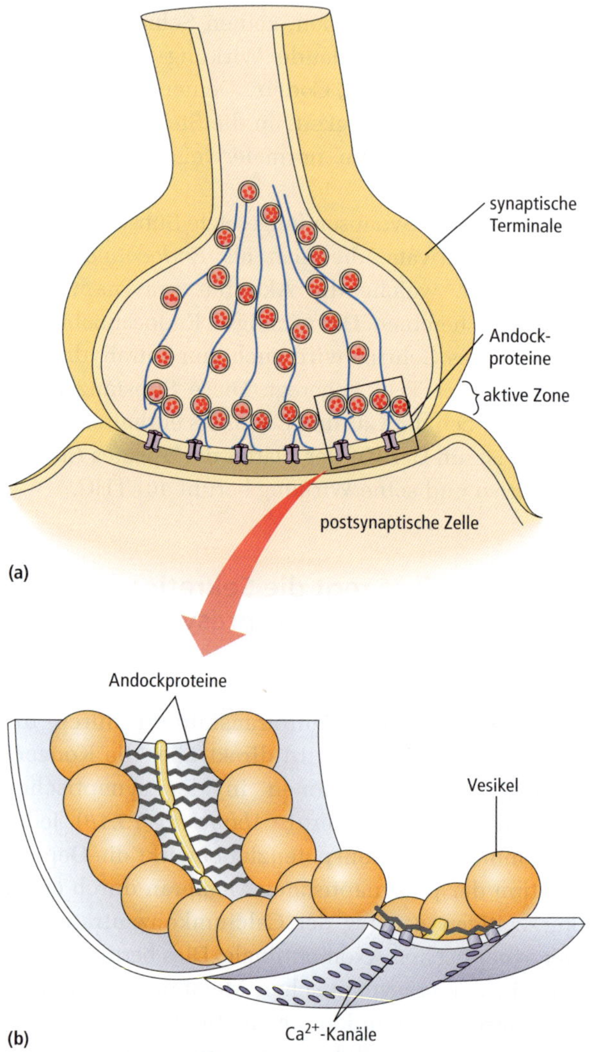

Abbildung 13.19: Andocken synaptischer Vesikel an die Plasmamembran eines präsynaptischen Neurons. Als Antwort auf eine erhöhte Calciumkonzentration im präsynaptischen Neuron gehen einige synaptische Vesikel eine feste Verbindung mit der Plasmamembran ein (oder docken an diese an). Wenn sich nahegelegene Calciumkanäle öffnen, verschmelzen diese angedockten Vesikel mit der Plasmamembran und setzen ihren Inhalt frei. (b) Die Zeichnung beruht auf einer TEM-Rekonstruktion der aktiven Zone eines motorischen Neurons eines Frosches. Die angedockten Vesikel sind in Reihen angeordnet und über einen Komplex aus Proteinen verbunden, die mit dem Andocken assoziiert sind. Die Calciumkanäle befinden sich unmittelbar unterhalb der Vesikel.

Das Fusionieren der sekretorischen Vesikel mit der präsynaptischen Membran findet an einer bestimmten Stelle statt, der **aktiven Zone**. Sie liegt in der Membran des präsynaptischen Neurons (siehe *Abbildung 13.19*). Die aktive Zone ist eine hochorganisierte Struktur. Hier liegen die Calciumkanäle und die synaptischen Vesikel, die ihre Neurotransmitter freisetzen, dicht nebeneinander. Dadurch lässt sich das extrem schnelle Fusionieren angedockter Vesikel mit der präsynaptischen Plasmamembran erklären, wenn das Neuron angeregt wird. Zwei bekannte und potenziell tödlich verlaufende Erkrankungen des Menschen beruhen auf Störungen der Mechanismen des Andockens von Vesikeln an die Membran und der Fusion mit der Membran. Sowohl Tetanus (Wundstarrkrampf) als auch Botulismus (Fleischvergiftung) gehen auf die Wechselwirkung von **Neurotoxinen** mit dem Andocken von Vesikeln und der Freisetzung von deren Inhalt zurück. *Tetanustoxine* verhindern die Freisetzung von Neurotransmittern aus inhibitorischen Neuronen im Rückgrat. Dies führt zu unkontrollierter Muskelkontraktion (aus diesem Grund hat man Tetanus auch im Volksmund als „Wundstarrkrampf" bezeichnet). Das *Botulinumtoxin* verhindert die Freisetzung von Neurotransmittern aus motorischen Neuronen. Dies führt zu Muskelschwäche und Lähmung.

Bitte rufen Sie sich aus *Kapitel 12* in Erinnerung, dass die Exocytose von Vesikeln mit dem Einbau der Vesikelmembran in die Plasmamembran einhergeht. Wenn Neuronen in schneller Abfolge viele neurosekretorische Vesikel freisetzen, dann kann das potenziell zur Anhäufung übergroßer Membranmengen in der präsynaptischen Nervenendigung führen. Neuronen lösen dieses Problem mit Hilfe der *kompensatorischen Endocytose*. Der Mechanismus der kompensatorischen Endocytose beruht auf der Bildung Clathrin-abhängiger Vesikel (*Kapitel 12*). Sie ermöglichen ein Recycling von Membranen und dadurch gelingt es ihnen, die Größe des terminalen Nervs zu erhalten.

In Fällen, in denen Neuronen sehr schnell feuern müssen, können sie sich einer noch schnelleren Methode zur Freisetzung von Neurotransmittern bedienen, der sogenannten *Kiss-and-run-Exocytose*. Bei diesem Mechanismus verschmelzen die Vesikel nicht mit der Membran, sondern geben ihre Neurotransmitter über eine winzige Öffnung in beiden Membranen (Vesikel und Neuron) in den synaptischen Spalt ab. Das Vesikel schließt sich dann schnell wieder, ohne den weiteren Schritt der vollständigen Fusion mit der Plasmamembran zu vollziehen.

13.5.4 Neurotransmitter werden von spezifischen Rezeptoren in postsynaptischen Membranen erkannt

Wenn Neurotransmitter an einer Synapse ausgeschieden werden, dann muss die postsynaptische Zelle deren Gegenwart erkennen. Typischerweise wird für diese Antwort ein *Proteinrezeptor* benötigt, an den der Neurotransmitter bindet und die Antwort des postsynaptischen Neurons auslöst. Die verschiedenen Neurotransmitter binden an spezifische Rezeptoren. In *Kapitel 14* werden wir uns eingehender mit Rezeptoren beschäftigen. Hier stellen wir nun mehrere gut untersuchte Rezeptoren vor, die spezifisch an der synaptischen Übertragung beteiligt sind.

Der nikotinische Acetylcholinrezeptor Ein Rezeptortyp, an den Acetylcholin bindet, ist ein ligandengesteuerter Natriumkanal, der sogenannte *nikotinische Acetylcholinrezeptor* (*nAchR*). (Die Bezeichnung „nikotinisch" beruht auf der Wirkung von Acetylcholin auf diesen Rezeptor, der auch durch Nikotin aktiviert werden kann; muscarinische AchRs, die auch von Acetylcholin aktiviert werden, werden von dem Pilzgift Muscarin aktiviert und nicht von Nikotin.) Wenn zwei Acetylcholinmoleküle eine Bindung mit dem Rezeptor eingehen, dann öffnet sich der Kanal und Natriumionen können in das postsynaptische Neuron einströmen, wodurch eine Depolarisation ausgelöst wird.

Wir verdanken unser Wissen über den nAchR besonders den vielen Untersuchungen am elektrischen Organ des Zitterrochens (*Torpedo californica*). Das elektrische Organ dieses Fischs besteht aus *Elektroplaxen* – Zellstapeln, die nur auf einer Seite mit Nerven durchzogen sind. Die nervenreiche Seite des Stapels kann als Antwort auf einen Stimulus eine Ladungsänderung von ungefähr −90 mV auf etwa +60 mV erfahren, während die nicht von Nerven durchzogene Seite bei −90 mV bleibt. Daher kann an der Spitze eines Aktionspotenzials über einem einzelnen Elektroplax durchaus eine Potenzialdifferenz von circa 150 mV aufgebaut werden. Da das elektrische Organ Tausende dieser in Serie geschalteten Elektroplaxe enthält, addieren sich deren Spannungen, sodass der Zitterrochen Spannungen bis zu 1.000 Volt mit einer Stromstärke von bis zu 50 A ans umgebende Wasser abgeben kann. Der räuberische Zitterrochen nutzt diese Stromschläge, um Beutetiere zu lähmen.

Bei der Untersuchung unter dem Elektronenmikroskop stellt man fest, dass Elektroplaxmembranen sehr viele rosettenförmige Partikel mit einem Durchmesser von 8 nm enthalten (▶*Abbildung 13.20a*). Diese Partikel sind die nikotinischen Acetylcholinrezeptoren.

Die biochemische Aufreinigung des Acetylcholinrezeptors gelang vor allem durch Verwendung mehrerer Neurotoxine aus Schlangengiften, darunter *α-Bungarotoxin* und *Cobratoxin*. Diese Neurotoxine dienen als hoch spezifische Hilfsmittel zur Lokalisierung und Quantifizierung von nAchRs, denn man kann sie gut radioaktiv markieren, und da sie fest und spezifisch an das Rezeptorprotein binden, wird dieses radioaktiv markiert. Andere Neurotoxine wirken auf synaptische Komponenten (*Exkurs 13A*).

Der gereinigte nAchR hat ein Molekulargewicht von ungefähr 300.000 und setzt sich aus vier Typen von Untereinheiten zusammen: α-, β-, γ- und δ-Untereinheit. Jede Untereinheit enthält circa 500 Aminosäuren (▶*Abbildung 13.20b, c*). Diese Rezeptoren spielen eine Schlüsselrolle bei der Übertragung von Nervenimpulsen an Muskelzellen der Skelettmuskulatur (für mehr Information siehe *Exkurs 13A*). In einigen Fällen entwickeln Menschen eine Autoimmunantwort gegen ihre eigenen Acetylcholinrezeptoren (mit anderen Worten, ihr Immunsystem greift ihre eigenen Rezeptoren an). Die Betroffenen leiden dann an einer Erkrankung, die man als *Myasthenia gravis* bezeichnet, eine degenerative Muskelschwäche, die auch bei Hunden vorkommen kann.

Der GABA-Rezeptor Der γ-Aminobuttersäure-Rezeptor (GABA-Rezeptor) ist ein ligandengesteuerter Kanal. Im geöffneten Zustand ist er für Chloridionen durchlässiger als für Natriumionen. Da Chloridionen normalerweise in der Umgebung eines Neurons in höherer Konzentration vorkommen (siehe *Tabelle 13.1*), strömen nach Öffnung eines GABA-Rezeptorkanals überwiegend Chloridionen in das postsynaptische Neuron, wodurch dieses hyperpolarisiert wird. Die Hyperpolarisation der postsynaptischen Membran mindert die Wahrscheinlichkeit, dass im postsynaptischen Neuron ein Aktionspotenzial initiiert wird. *Benzodiazepin-haltige Medikamente*, wie beispielsweise Valium und Librium, können die Wirkung von GABA auf seinen Rezeptor intensivieren. Darauf beruht vermutlich die beruhigende Wirkung dieser Medikamente.

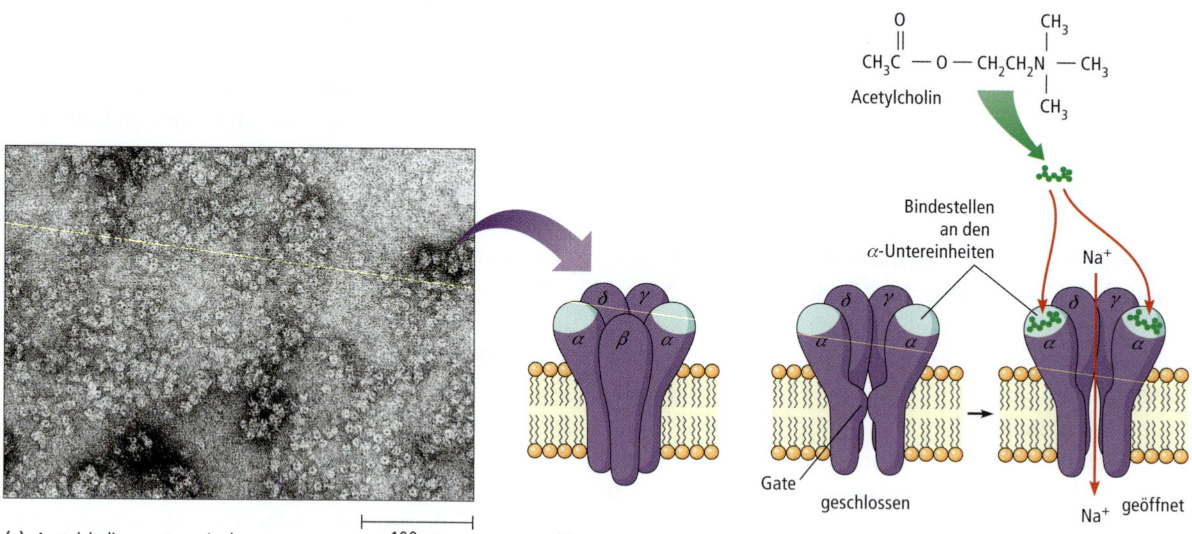

(a) Acetylcholinrezeptoren in der Membran eines Elektroplax

(b) Struktur des Rezeptors

(c) Funktion des Rezeptors

Abbildung 13.20: Der nikotinische Acetylcholinrezeptor. Der nikotinische Acetylcholinrezeptor (nAchR) ist ein wichtiger exzitatorischer Rezeptor des zentralen Nervensystems. (a) Diese mikroskopische Aufnahme der postsynaptischen Membran eines Elektroplax zeigt die rosettenähnlichen nAchR-Partikel (TEM). (b) Der nAchR besteht aus fünf Untereinheiten, darunter zwei α-Untereinheiten mit den Bindestellen für Acetylcholin und jeweils eine β-, γ- und δ-Untereinheit. Die Untereinheiten aggregieren in der Lipiddoppelschicht, sodass die Transmembrananteile einen Kanal bilden. (c) Der Kanal (hier wird die β-Untereinheit nicht dargestellt) ist normalerweise geschlossen. Wenn das Acetylcholin an die beiden Bindungsstellen auf den α-Untereinheiten bindet, ändert sich die Konformation der Untereinheiten, sodass sich der Kanal öffnet und Natriumionen einströmen können.

13A ▶ Klinische Bedeutung

Vergiftete Pfeile, Schlangenbisse und Nervengase

Unsere Körperfunktionen hängen in ganz entscheidendem Maße vom Nervensystem ab. Jede Störung, welche die Übertragung von Nervenimpulsen unterbricht, ist mit größter Wahrscheinlichkeit schädlich. Da Acetylcholin ein so wichtiger Neurotransmitter ist, wirkt jede Substanz, die mit der Funktion von Acetylcholin interferiert, fast unweigerlich tödlich. Verschiedene Toxine üben spezifische Wirkungen auf cholinerge Synapsen aus und deren Wirkungsweisen sind einfach zu erklären, wenn man die Physiologie der synaptischen Übertragung verstanden hat.

Nachdem Acetylcholin in den synaptischen Spalt freigesetzt und die postsynaptische Membran depolarisiert wurde, muss das überschüssige Acetylcholin schnell von dem Enzym Acetylcholinesterase hydrolysiert werden. Sollte dies nicht erfolgen, so kann die Membran nicht zum Ruhepotenzial zurückkehren und weitere synaptische Signalübertragungen werden unmöglich. Substanzen, welche die Aktivität von Acetylcholinesterase hemmen, sind daher im Allgemeinen stark toxisch.

Eine Familie der Acetylcholinesterase-Inhibitoren sind die *Carbamoylester*. Diese Verbindungen hemmen die Acetylcholinesterase durch kovalente Bindung an das aktive Zentrum des Enzyms, wodurch der Abbau von Acetylcholin effektiv blockiert wird. Ein Beispiel eines solchen Inhibitors ist *Physostigmin* (dieser Inhibitor wird manchmal auch als *Eserin* bezeichnet). Es handelt sich um ein natürlich vorkommendes Alkaloid, das in den Samen der Kalabarbohne gebildet wird.

Viele synthetische organische Phosphate bilden mit dem aktiven Zentrum der Acetylcholinesterase sogar noch stabilere kovalente Komplexe. Aus diesem Grund können sie ihre hemmende Wirkung noch stärker entfalten. Dazu zählen die häufig eingesetzten Insektizide *Parathion* und *Malathion* sowie Nervengase, beispielsweise *Tabun* und *Sarin*. Diese Verbindungen bewirken zuerst eine Muskellähmung, denn die postsynaptische Membran kann nicht zu ihrem Ruhepotenzial zurückkehren.

Die Nervenimpulsübertragung an den cholinergen Synapsen kann auch von Substanzen blockiert werden, die ebenso wie Acetylcholin an dessen Rezeptor auf der postsynaptischen Membran binden können. Ein bekanntes Beispiel eines solchen Giftes ist *Curare*, ein Pflanzenextrakt, das die südamerikanischen Indianer früher für ihre Giftpfeile verwendeten. Zu den aktiven Faktoren von Curare gehört *d-Tubocurarin*. Schlangengifte haben die gleiche Wirkungsweise. Sowohl *α-Bungarotoxin* (von Giftnattern, Schlangen der Gattung *Bungarus*) als auch *Cobratoxin* (von der Kobra) sind kleine Proteine, die kovalent an den Acetylcholinrezeptor binden, wodurch sie die Depolarisierung der postsynaptischen Membran blockieren.

Substanzen mit dieser Wirkungsweise werden als *Antagonisten* der cholinergen Systeme bezeichnet. Andere Verbindungen, die sogenannten *Agonisten*, erzielen die genau entgegengesetzte Wirkung. Agonisten binden auch an den Acetylcholinrezeptor und führen eine Depolarisierung der postsynaptischen Membran herbei. Im Gegensatz zu Acetylcholin können Agonisten nicht schnell inaktiviert werden, weshalb die Membran nicht zu ihrem Ruhepotenzial zurückkehren kann.

Zwar sind vergiftete Pfeile, Schlangengifte, Nervengase und Wirkstoffe mit muskelrelaxierender Wirkung von unterschiedlichstem Ursprung und finden verschiedenste Anwendungen, doch haben sie einige gemeinsame Merkmale. Jede dieser Substanzen interferiert auf ihre Weise mit der normalen Funktion von Acetylcholin und daher wirkt jede als Neurotoxin, denn es wird die Übertragung von Nervenimpulsen unterbrochen, was potenziell tödliche Folgen hat. Jede dieser Substanzen dient auch als Mittel für Forschungszwecke, wodurch wieder einmal deutlich wird, dass Biologen und Biochemikern ein sehr nützliches Arsenal exotischer Hilfsmittel zur Verfügung steht, auf das sie stets zurückgreifen können, um sich wissenschaftlich mit den komplizierten Mechanismen der Zellfunktionen auseinander zu setzen.

13.5.5 Neurotransmitter müssen bald nach ihrer Freisetzung schnell inaktiviert werden

Damit Neuronen Signale auch effektiv übertragen können, ist das Abstellen des Reizes ebenso wichtig wie das Anschalten. Ganz gleich ob es sich um anregende oder hemmende Reize handelt, nachdem der Neurotransmitter ausgeschüttet wurde, muss er schnell aus dem synaptischen Spalt entfernt werden. Sollte dies nicht geschehen, dann würde die Stimulierung oder Hemmung eines postsynaptischen Neurons unverhältnismäßig verlängert werden, sogar ohne Aussenden weiterer Signale seitens der präsynaptischen Neuronen. Im Fall von Acetylcholin muss zum Beispiel das überschüssige Acetylcholin hydrolysiert werden, um das Ruhepotenzial der präsynaptischen Membran wieder herzustellen. Geschieht dies jedoch nicht, so treten gewaltige Probleme auf (siehe *Exkurs 13A*).

Zwei spezifische Mechanismen werden zur Entfernung von Neurotransmittern aus dem synaptischen Spalt eingesetzt: Abbau zu inaktiven Molekülen oder Wiederaufnahme in die präsynaptische Axonterminale. Den ersten Mechanismus werden wir am Beispiel von Acetylcholin darstellen. Das Enzym Acetylcholinesterase hydrolysiert Acetylcholin zu Essigsäure (oder Acetat) und Cholin. Beide Substanzen stimulieren den Acetylcholinrezeptor nicht mehr. Purinnucleotid-Neurotransmitter werden gleichfalls von spezifischen Enzymen abgebaut. Die zweite, sehr häufig eingesetzte Methode zur Beendigung einer synaptischen Übertragung ist die **Neurotransmitter-Wiederaufnahme**. Bei der Wiederaufnahme werden Neurotransmitter in die präsynaptischen Axonterminale oder nahe gelegene unterstützende Zellen zurücktransportiert (in *Kapitel 8* haben Sie den Pumpmechanismus bereits kennengelernt). Die Wiederaufnahme des Neurotransmitters kann sehr schnell vor sich gehen. Die Synapsen einiger Neuronen können innerhalb von nur einer Millisekunde von allen Neurotransmittern bereinigt werden. Die Wirkung einiger Antidepressiva beruht auf der Blockierung der Aufnahme spezifischer Neurotransmitter. Zum Beispiel blockiert Prozac (Wirkstoff: Fluoxetin) die Wiederaufnahme von Serotonin. Dies führt zum lokalen Anstieg der Serotoninkonzentration und anhaltender Stimulation der entsprechenden Rezeptoren.

13.6 Integration und Prozessierung von Nervensignalen

Wenn ein Signal über eine Synapse gesandt wird, baut sich nicht automatisch ein Aktionspotenzial in der postsynaptischen Zelle auf. Somit handelt es sich nicht einfach um eine Eins-zu-eins-Umsetzung von Aktionspotenzialen, die an einer präsynaptischen Axonterminale ankommen zu Aktionspotenzialen, die an einem postsynaptischen Neuron initiiert werden. Ein einzelnes Aktionspotenzial kann zwar zur Folge haben, dass genügend Neurotransmitter abgegeben wird, um eine nachweisbare Depolarisation der postsynaptischen Membran herbeizuführen, doch muss das noch lange nicht für ein Aktionspotenzial in der postsynaptischen Zelle ausreichen. Erst wenn die Depolarisation der postsynaptischen Membran stark genug ist, um das Schwellenpotenzial am Axonhügel zu überschreiten, wird ein Aktionspotenzial am postsynaptischen Neuron ausgelöst. Diese modulierende Wirkung auf das Potenzial mit zunehmender Neurotransmitterausschüttung, die auf der zunehmenden Bindung von Neurotransmittern beruht, bezeichnet man als *postsynaptische Potenziale* (PSPs, engl.: *postsynaptic potentials*). Im Fall eines erregenden Neurotransmitters kommt es zu dem sogenannten **exzitatorischen postsynaptischen Potenzial (EPSP)**. Entsprechend verhält es sich im Fall eines hemmenden Neurotransmitters. Dieser hyperpolarisiert geringfügig das postsynaptische Neuron und wird als **inhibitorisches postsynaptisches Potenzial (IPSP)** bezeichnet.

Soll nun ein präsynaptisches Neuron ein postsynaptisches Neuron zur Bildung eines Aktionspotenzials anregen, so muss das EPSP so stark ansteigen, dass das Schwellenpotenzial der postsynaptischen Membran erreicht wird. Im Folgenden werden wir uns die beiden Mechanismen anschauen, mit deren Hilfe EPSPs dies erreichen.

13.6.1 Neuronen können Signale von anderen Neuronen durch zeitliche und räumliche Summation integrieren

Ein einzelnes Aktionspotenzial baut nur ein kurzzeitiges EPSP auf. Wenn allerdings zwei Aktionspotenziale schnell nacheinander am präsynaptischen

Neuron abgefeuert werden, dann bleibt dem postsynaptischen Neuron keine Zeit, um sich von dem ersten EPSP zu erholen, bevor es das zweite EPSP empfängt. Aus diesem Grund wird das postsynaptische Neuron stärker depolarisiert. Eine schnelle Folge von Aktionspotenzialen summiert mit der Zeit EPSPs und treibt das postsynaptische Neuron an seinen Schwellenwert. Diesen Vorgang bezeichnet man als *zeitliche Summation*.

Im Allgemeinen reichen die Mengen von Neurotransmittern, die in Folge eines Aktionspotenzials an einer einzigen Synapse freigesetzt werden, nicht aus, um in der postsynaptischen Zelle ein Aktionspotenzial aufzubauen. Wenn viele Aktionspotenziale dazu führen, dass gleichzeitig viele Neurotransmitter freigesetzt werden, dann verstärken sich ihre Effekte und manchmal führt dies zu einer starken Depolarisation in der postsynaptischen Zelle. Diesen Vorgang bezeichnet man als *räumliche Summation*, denn das postsynaptische Neuron integriert die zahlreichen kleinen Depolarisationen, die an seiner Oberfläche ablaufen, zu einer einzigen großen Depolarisation.

13.6.2 Neuronen können sowohl erregende als auch hemmende Signale von anderen Neuronen integrieren

Postsynaptische Neuronen empfangen nicht nur Reize unterschiedlicher Stärke, sondern auch Signale exzitatorischer und inhibitorischer Neuronen gleichzeitig (▸ *Abbildung 13.21*). Neuronen können wirklich Tausende synaptischer Signale von anderen Neuronen empfangen. Wenn diese verschiedenen Neuronen gleichzeitig feuern, dann wirken sie zusammen auf das Membranpotenzial des postsynaptischen Neurons. Somit ist ein einziges Neuron in der Lage, effektiv ankommende Signale (erregende oder hemmende) zu integrieren, indem es die EPSPs und IPSPs physikalisch summiert.

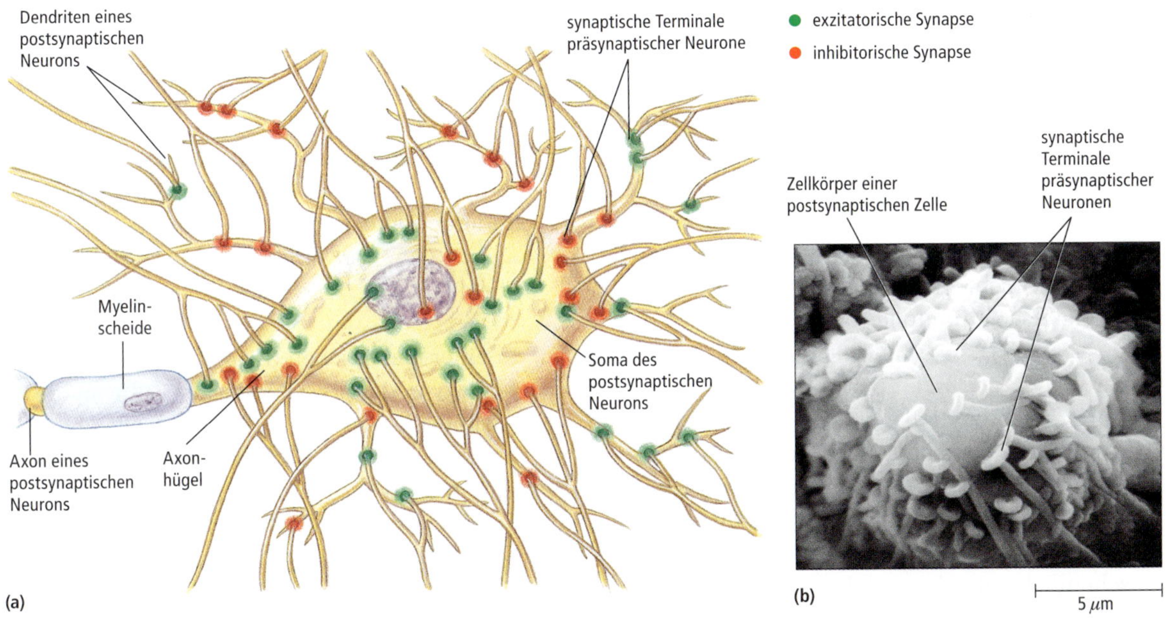

Abbildung 13.21: Integration synaptischer Signale. (a) Neuronen, vor allem des ZNS, empfangen Signale von Tausenden von Synapsen. Einige Signale sind erregend (grün), andere hemmend (rot). An dem Axonhügel eines solchen Neurons kann ein Aktionspotenzial erzeugt werden, wenn die Wirkung aller Aktionspotenziale, die von diesen Synapsen gebildet werden, eine Depolarisation oberhalb des Schwellenpotenzials herbeiführen. Sowohl die zeitliche als auch die räumliche Summierung tragen dazu bei, dass ein Aktionspotenzial aufgebaut wird. (b) Diese SEM zeigt, dass die synaptischen Enden vieler präsynaptischer Neuronen mit einem einzelnen postsynaptischen Neuron in Kontakt treten können.

ZUSAMMENFASSUNG DER WICHTIGSTEN INHALTE

Neuronen

- Zellen im Nervensystem sind hoch spezialisiert, um elektrische Impulse zu übertragen. Diese Übertragung erfolgt über feine Fortsätze (Dendriten und Axone), die entweder übertragene Impulse empfangen (Dendriten) oder sie an die nächste Zelle weiterleiten (Axone).

- Die Membran eines Axons kann von einer Myelinscheide ummantelt sein oder auch nicht. Diese Myelinscheide hat die Funktion einer elektrischen Isolierung, dank der Nervenimpulse schneller weitergeleitet werden können.

Das Membranpotenzial

- Zellen bauen auf Grund der Trennung positiver und negativer Ladungen über der Plasmamembran ein Membranpotenzial auf. Dieses Potenzial wird aufgebaut, wenn jedes Ion, für das die Membran durchlässig ist, sich abwärts des elektrochemischen Gradienten bewegt.

- Die Goldman-Gleichung dient zur Berechnung des Ruhemembranpotenzials einer Zelle, das von den Permeabilitäten der Membran für die beteiligten Ionen abhängt. Das Ruhepotenzial der Plasmamembran der meisten tierischen Zellen liegt im Allgemeinen im Bereich von −60 bis −75 mV, recht nahe an dem Gleichgewichtspotenzial der Kaliumionen.

Elektrische Erregbarkeit und Aktionspotenziale

- Unter einem Aktionspotenzial versteht man die kurzzeitige Depolarisation und Repolarisation der neuronalen Membran aufgrund der sequenziellen Öffnung und Schließung spannungsgesteuerter Natrium- und Kaliumkanäle. Die Wahrscheinlichkeit, dass sich spannungsgesteuerte Ionenkanäle öffnen und somit auch Ionen leiten, hängt von deren Membranpotenzial ab.

- Die Eigenschaften von Ionenkanälen wurden mit Hilfe der Patch-Clamp-Technik untersucht, die man mit molekularbiologischen Methoden kombinierte, um die Leitfähigkeit einzelner Kanäle zu messen.

- Ein Aktionspotenzial wird initiiert, wenn die Membran bis zu ihrem Schwellenpotenzial depolarisiert wurde. Dann öffnen sich die spannungsgesteuerten Natriumkanäle und Natriumionen strömen in die Zelle hinein. Dadurch wird das Membranpotenzial auf ungefähr +40 mV hochgetrieben. Schließlich werden die spannungsgesteuerten Natriumkanäle inaktiviert.

- Die Repolarisation der Membran erfolgt durch Öffnen langsamerer, spannungsgesteuerter Kaliumkanäle, was zur Repolarisation der Membran führt und mit einer kurzfristigen Hyperpolarisierung der Membran einhergeht. Diese Abfolge zwischen Öffnen und Schließen des Kanals spielt sich innerhalb weniger Millisekunden ab.

- Die Depolarisation der Membran infolge eines Aktionspotenzials wird passiv auf benachbarte Regionen der Membran übertragen. Dadurch wird in der Nachbarregion wiederum ein neues Membranpotenzial aufgebaut. Auf diese Weise wird ein Aktionspotenzial entlang der Membran weitergeleitet.

Die Übertragung an Synapsen

- Schließlich erreichen die Aktionspotenziale die Synapse zwischen einer Nervenzelle und einer anderen Zelle, mit der diese Zelle kommuniziert. Diese Synapsen sind entweder elektrisch oder chemisch.

- In einer elektrischen Synapse wird die Depolarisation von der präsynaptischen Zelle an die postsynaptische Zelle über Gap Junctions übertragen. In einer chemischen Synapse erhöht der elektrische Impuls die Permeabilität der Membran für Calcium, wodurch die Ausschüttung von Neurotransmittern in den synaptischen Spalt angeregt wird.

- Es gibt viele verschiedene Typen von Neurotransmittern. Sie binden an spezielle Typen von Rezeptoren, was entweder zu einer Hyperpolarisation oder einer Depolarisation der postsynaptischen Membran führt.

- Zur Übertragung von Nervenimpulsen muss der Zellkörper des postsynaptischen Neurons die erregende oder hemmende Aktivität Tausender synaptischer Signale verarbeiten und integrieren.

ZUSAMMENHÄNGE HERSTELLEN

In diesem Kapitel haben wir Sie mit einem spezialisierten Zelltyp bekannt gemacht, dem Neuron, das mit Hilfe von Membranpotenzialen Signale von einem Teil des Organismus an einen anderen überträgt. Obwohl Neuronen im Hinblick auf Empfang und Übertragung elektrischer Impulse höchst spezialisiert sind, nutzen Neuronen und andere Zellen mit erregbaren Membranen die gleichen Ionentransportvorgänge (die sie in *Kapitel 8* gelernt haben), um ihr Gleichgewichtspotenzial zu regulieren. Das Aktionspotenzial eines Neurons wird mithilfe streng kontrollierter, vorübergehender Depolarisation und Repolarisation der Membran aufgebaut. Depolarisation und Repolarisation erfolgen durch sequenzielles Öffnen und Schließen spannungsgesteuerter Natrium- und Kaliumionenkanäle. Die Bedeutung des Fließgleichgewichts des Ionentransports zur Erzeugung eines Aktionspotenzials steuert einen weiteren Beitrag zu den bereits in *Kapitel 8* dargestellten Gleichgewichtspotenzialen bei. Elektrische Synapsen ermöglichen die direkte Übertragung elektrischer Potenziale von einem Neuron zum anderen. Diese Synapsen funktionieren über Gap Junctions, die wir in *Kapitel 17* eingehender darstellen werden. In chemischen Synapsen werden Aktionspotenziale durch die Ausschüttung von Neurotransmittern von einem Neuron zum nächsten weitergeleitet. Die Neurotransmitter werden von präsynaptischen Neuronen durch Exocytose freigesetzt (den Vorgang der Exocytose haben wir in *Kapitel 12* behandelt). Die Bindung von Neurotransmittern an die postsynaptischen Zellmembranen setzt eine Reihe von Ereignissen in Gang, die zur Depolarisation der postsynaptischen Membran führen. Obwohl die Neurotransmitter manchmal direkt an Rezeptoren wirken, die auch als Ionenkanäle fungieren, können Neurotransmitter in anderen Fällen indirekt durch zelluläre Signalkaskaden im postsynaptischen Neuron wirken. Im nächsten Kapitel werden Sie mehr über diese Signalkaskaden erfahren.

ÜBUNGSAUFGABEN

Schwierigere Aufgaben sind mit einem • gekennzeichnet.

13-1 Die Wahrheit über Nervenzellen. Geben Sie für jede der folgenden Behauptungen an, ob sie auf alle Nervenzellen (A), auf einige Nervenzellen (E) oder gar nicht auf Nervenzellen (N) zutrifft.

A Axonale Endigungen steht mit den Zellen, die sie innervieren, in direktem Kontakt.

B Das Ruhemembranpotenzial der Axonmembran ist positiv.

C Ranvier-Schnürringe befinden sich in regelmäßigen Abständen auf dem Axon.

D Das Ruhemembranpotenzial liegt näher an dem Gleichgewichtspotenzial für Kaliumionen als an dem Gleichgewichtspotenzial für Natriumionen, weil die Permeabilität der Axonmembran für Kalium wesentlich größer ist als für Natrium.

E Die Exzitation der Membran beruht darauf, dass sie vorübergehend für Natriumionen durchlässiger wird.

F Das elektrische Potenzial über der Membran des Axons kann man ohne Schwierigkeiten mit Hilfe von Elektroden messen.

G Eine Erhöhung der Calciumkonzentration regt die Freisetzung neurosekretorischer Vesikel an, die Serotonin enthalten.

• **13-2 Das Ruhemembranpotenzial**. Mit Hilfe der Goldman-Gleichung kann man V_m errechnen, das Ruhemembranpotenzial einer biologischen Membran. Wie in diesem Kapitel dargestellt, berücksichtigt die Gleichung nur Natrium-, Kalium- und Chloridionen.

A Warum treten nur diese drei Ionen in der Goldman-Gleichung auf, obwohl sie für die Übertragung von Nervenimpulsen gilt.

B Schlagen Sie eine allgemein gültigere Formulierung der Goldman-Gleichung vor, die auf alle Membranen zutrifft, die auch für andere monovalente Ionen selektiv permeabel sind.

C Wie stark wäre die Änderung des Ruhemembranpotenzials, wenn die relative Permeabilität von Natriumionen bei 1,0 und nicht bei 0,01 läge?

D Sind Sie der Ansicht, dass ein Graph von V_m gegen die relative Permeabilität der Membran für Natrium linear verliefe? Warum oder warum nicht?

13-3 Die Patch-Clamp-Technik. Mit Hilfe der Patch-Clamp-Technik können Wissenschaftler das Öffnen und Schließen eines einzigen Kanals in einer Membran messen. Ein typischer Acetylcholinkanal leitet ungefähr 5 pA (Picoampere) ionischen Stroms (1 Picoampere = 10^{-12} Ampere) über einen Zeitraum von ungefähr 5 msec bei −60 mV.

A Angenommen ein elektrischer Strom von 1 A beträgt ungefähr $6{,}2 \times 10^{18}$ elektrische Ladungen pro Sekunde. Wie viele Ionen (Kalium oder Natrium) fließen durch den geöffneten Kanal?

B Sind Sie der Ansicht, dass durch Öffnen eines einzigen Rezeptorkanals eine postsynaptische Membran ausreichend depolarisiert wird? Warum oder warum nicht?

13-4 Das Gleichgewichtspotenzial. Beantworten Sie jede der folgenden Fragen im Hinblick auf E_{Cl}, dem Gleichgewichtspotenzial für Chloridionen. Die Konzentration von Chloridionen kann im Riesenaxon des Tintenfisches im Bereich von 50 bis 150 m*M* liegen.

A Berechnen Sie bitte noch gar nichts, sondern geben Sie nur an, ob E_{Cl} einen positiven oder negativen Wert haben wird. Begründen Sie Ihre Entscheidung.

B Berechnen Sie jetzt bitte E_{Cl} und gehen Sie von der Annahme aus, dass die intrazelluläre Chloridkonzentration bei 50 m*M* liegt.

C Wie groß wäre die Differenz von E_{Cl}, wenn die intrazelluläre Chloridkonzentration bei 150 m*M* liegen würde?

13-5 Herzklopfen. Die Stimulation der Muskelzellen zeigt einige der Prinzipien der Nervenzellenstimulation. Ein wesentlicher Unterschied besteht darin, dass Calcium bei der Muskelzellenstimulierung eine größere Rolle spielt. Die im Folgenden aufgeführten Ionenkonzentrationen sind typisch für den menschlichen Herzmuskel und das Blutplasma, das die Muskeln umspült:

$[K^+]$: 150 m*M* in der Zelle, 4,6 m*M* im Plasma
$[Na^+]$: 10 m*M* in der Zelle, 145 m*M* im Plasma
$[Ca^{2+}]$: 0,001 m*M* in der Zelle; 6 m*M* im Plasma

In der ►*Abbildung 13.22* wird die Veränderung des Membranpotenzials in Abhängigkeit von der Zeit nach Anregung einer Herzmuskelzelle dargestellt.

A Berechnen sie mit Hilfe der aufgeführten Konzentrationen das Gleichgewichtspotenzial für jedes der drei Ionen.

B Warum ist das Ruhemembranpotenzial wesentlich negativer als das des Tintenfischaxons (−75 mV gegen −60 mV)?

C Das positivere Membranpotenzial in der Region A des Graphen könnte theoretisch auf dem Transport von einem oder beiden Kationen durch die Membran beruhen. Um welche Kationen handelt es sich und in welche Richtung würde dieser Transport Ihrer Meinung nach durch die Membran verlaufen?

D Wie könnten Sie zwischen den in Aufgabenteil c aufgeführten Möglichkeiten unterscheiden?

E Die rasche Senkung des Membranpotenzials, die in der Region B abläuft, beruht auf dem Ausstrom von Kaliumionen. Auf Grund welcher Kräfte verlassen die Kaliumionen zu diesem

Zeitpunkt die Zelle? Warum wirken die gleichen Kräfte nicht in der Region A der Kurve?

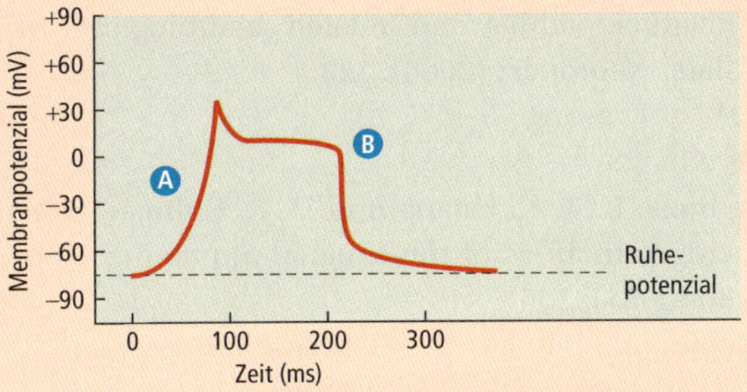

Abbildung 13.22: Das Aktionspotenzial in einer Muskelzelle des menschlichen Herzens.

13-6 Die Alles-oder-Nichts-Antwort auf die Membranexzitation. Eine Nervenzellenmembran reagiert durch eine Alles-oder-Nichts-Antwort auf einen erregenden Impuls. Das heißt, die Größenordnung einer Antwort ist eine Funktion der Größenordnung des Stimulus, sobald der Schwellenwert überschritten wurde.

A Erklären Sie mit eigenen Worten, woran das liegt.

B Wenn jedes Neuron eine Alles-oder-Nichts-Antwort gibt, wie kann dann Ihrer Meinung nach das Nervensystem eines Tieres die verschiedenen Intensitätsgrade der Stimulation unterscheiden? Wie kann Ihrer Ansicht nach Ihr eigenes Nervensystem zwischen einem warmen und einem kalten Metallgriff oder zwischen einem Kammerorchester oder einer Rockgruppe unterscheiden?

13-7 Die Einbahnstraße der Übertragung. Warum bewegt sich ein Aktionspotenzial nur in einer Richtung auf dem Axon?

13-8 Multiple Sklerose und die Übertragung des Aktionspotenzials. Die Multiple Sklerose (MS) ist eine Autoimmunerkrankung, die myelinisierte Nerven angreift und die Myelinscheide abbaut, von der diese Nerven umhüllt sind. Wie sind Ihrer Ansicht nach die Auswirkungen auf die Übertragung von Aktionspotenzialen in einer beschädigten Nervenzelle in einem MS-Patienten?

13-9 Der Deutschen liebstes Obst. Sportlern, die Muskelkrämpfe bekommen, wird empfohlen, Bananen zu essen. Diese Früchte sind reich an Kalium. Erklären Sie, warum eine Erhöhung der Kaliumkonzentration zur Folge hat, dass es schwieriger wird, in Neuronen, die Muskelzellen innervieren, ein Aktionspotenzial zu erzeugen, wodurch die Kontraktion der Muskelzellen herabgesetzt wird.

13-10 Heruntergedrückt und weg. Endocannabinoide werden von postsynaptischen Neuronen gebildet, sie wirken aber auf Rezeptoren (CB1-Rezeptoren) in präsynaptischen Neuronen. Ein Neuronentyp, auf den diese Endocannabinoide abzielen, sind *glutamatergische* Neuronen (das heißt, Neuronen, die Glutamat als Neurotransmitter freisetzen).

A CB1-Agonisten, beispielsweise THC, reduzieren den Calciumzustrom, indem sie die Aktivität spannungsabhängiger Calciumkanäle blockieren. Welche Wirkung hätte dies auf die Freisetzung von Glutamat?

B Glutamat veranlasst die Membran postsynaptischer Neuronen zur Hyperpolarisation. Wie würde sich THC auf die Geschwindigkeit der Übertragung von Nervenimpulsen in postsynaptischen Neuronen auswirken, die mit den glutamatergischen Neuronen Synapsen bilden?

13-11 Probleme an der Synapse. Medikamente, welche die Aufnahme von Neurotransmittern beeinflussen, werden sehr häufig zur Behandlung des Aufmerksamkeitsdefizitsyndroms und von Hyperaktivität sowie bei klinischer Depression eingesetzt. Erklären Sie mit Hilfe der Fachbegriffe der Molekularbiologie, welche Wirkung/Wirkungen diese Wiederaufnahme-Inhibitoren auf postsynaptische Neuronen haben. Gehen Sie von der Annahme aus, dass es sich bei dem fraglichen Neurotransmitter um einen für postsynaptische Neuronen exzitatorischen Neurotransmitter handelt.

WEITERFÜHRENDE LITERATUR

Historisch bedeutsame Literatur ist mit einem • gekennzeichnet.

Allgemeine Literaturstellen

Albright, T. D. et al. Neural science: A century of progress and the mysteries that remain. *Cell* 100 (2000): S1.

Byrne, J. H. und J. L. Roberts, Hrsg. *From Molecules to Networks: An Introduction to Cellular and Molecular Neuroscience.* 2. Aufl., Burlington, Massachusetts: Academic Press, 2009.

Nicholls, J. G. et al. *From Neuron to Brain*, 4. Aufl., Sunderland, Massachusetts: Sinauer, 2001.

Südhof, T. C. und R. C. Malenka. Understanding synapses: Past, present, and future. *Neuron* 60 (2008): 469.

Ionenkanäle, Patch-Clamp-Technik und Membranexzitation

Choe, S. Potassium channel structures. *Nature Rev. Neurosci.* 3 (2002): 115.

Gouaux, E. und R. Mackinnon. Principles of selective ion transport in channels and pumps. *Science* 310 (2005): 1461.

• Hodgkin, A. L. und A. F. Huxley. A quantitative description of membrane current and its application to conduction and excitation in nerve. *J. Physiol.* 117 (1952): 500.

Kaplan, J. H. Biochemistry of Na, K-ATPase. *Annu. Rev. Biochem.* 71 (2002): 511.

Kurata, H. T. und D. Fedida. A structural interpretation of voltage-gated potassium channel inactivation. *Prog. Biophys. Mol. Biol.* 92 (2006): 185.

• Neher, E. und B. Sakmann. Die Erforschung von Zellsignalen mit der Patch-Clamp-Technik. *Spektrum der Wissenschaft* 5 (1992): 48.

Vincent, A., B. Lang und K. A. Kleopa. Autoimmune channelopathies and related neurological disorders. *Neuron* 52 (2006): 123.

Myelin

Pedraza, L., J. K. Huang und D. R. Colman. Organizing principles of the axoglial apparatus. *Neuron* 30 (2001): 335.

Steinman, L., R. Martin, C. Bernard. P. Conlon und J. Oksenberg. Multiple sclerosis: Deeper understanding of its pathogenesis reveals new targets for therapy. *Annu. Rev. Neurosci.* 25 (2002): 491.

Neurotransmitter

Nestler, E. J. und R. C. Malenka. Das süchtige Gehirn. *Spektrum der Wissenschaft.* 6 (2004): 34.

Nicoll, R. A. und Alger, B. E. Das Gehirn und sein Marihuana. *Spektrum der Wissenschaft.* 7 (2005): 48.

Vincent, A., D. Beesonn und B. Lang. Molecular targets for autoimmune and genetic disorders of neuromuscular transmission. *Eur. J. Biochem.* 267 (2000): 6717.

Synaptische Übertragung

Dittmann, J. und T. A. Ryan. Molecular activity of endocytosis at nerve terminals. *Annu. Rev. Cell Dev. Biol.* 25 (2009): 133 – 60.

• Harlow, M. L. et al. The architecture of the active zone material at the frog's neuromuscular junction. *Nature* 409 (2001): 479.

Takamori, S. et al. molecular anatomy of a trafficking organelle. *Cell* 127 (2006): 831.

Signaltransduktionsmechanismen II: Botenstoffe und Rezeptoren

14

ÜBERBLICK

Im letzten Kapitel haben Sie gelernt, wie Nervenzellen miteinander und mit anderen Zelltypen kommunizieren. Sie haben gesehen, dass ein Aktionspotenzial, das an einer Synapse ankommt, die Freisetzung von Neurotransmittern verursacht, die wiederum an Rezeptoren in der benachbarten postsynaptischen Zellmembran binden. Dadurch wird das Signal weitergeleitet. Nun können wir uns mit einem zweiten wichtigen Mechanismus der interzellulären Kommunikation beschäftigen. In diesem neuen Fall wird das Signal allerdings über regulatorische chemische Botenstoffe übertragen und die Rezeptoren auf den Oberflächen der Zellen können recht weit von den Neurotransmitter freisetzenden Zellen entfernt liegen. Somit verfügen Tiere über zwei verschiedene, aber komplementäre Systeme zur Kommunikation und Steuerung. In beiden Systemen übernehmen Rezeptoren ganz entscheidende Aufgaben.

Chemische Signale und zelluläre Rezeptoren 14.1

Alle Zellen verfügen über einen Mechanismus zur Wahrnehmung und Antwort auf spezifische chemische Signale. Beispielsweise tragen Prokaryoten Rezeptormoleküle in ihrer Plasmamembran, durch die sie auf Substanzen in ihrer Umgebung reagieren können. Der menschliche Körper hat Rezeptoren auf der Zunge und in der Nase, die chemische Substanzen in der Nahrung und der Luft wahrnehmen. Sogar die Zellen tierischer Embryos im Frühstadium der Entwicklung verfügen über eine ausgeklügelte Maschinerie zur Wahrnehmung von Veränderungen in ihrer Umgebung.

Zellen senden auch Signale aus. Ein Weg der Signalisierung besteht darin, Moleküle auf ihren Oberflächen zu präsentieren, die von speziellen Rezeptoren auf den Oberflächen anderer Zellen erkannt werden. Für diese Form der Zell-Zell-Kommunikation müssen die Zellen direkt miteinander in Kontakt treten. Alternativ kann eine Zelle chemische Signale abgeben, die von anderen Zellen erkannt werden, entweder in der näheren Umgebung oder in größerer Entfernung. In komplexen multizellulären Organismen ist es von größter Bedeutung, die verschiedenen Aktivitäten von Zellen oder Geweben zu regulieren und zu koordinieren, denn der gesamte Organismus ist in verschiedene Gewebe organisiert, die sich aus spezialisierten Zellen zusammensetzen. Des Weiteren können die spezifischen Funktionen dieser Zellen nur unter bestimmten physiologischen Umständen von besonderer Bedeutung sein, oder ein Gewebe hat die Aufgabe, in verschiedenen Situationen mehrere unterschiedliche Funktionen zu übernehmen. Häufig steuern multizelluläre Organismen die Aktivitäten spezialisierter Zellen durch Freisetzung chemischer Botenstoffe, dem Thema dieses Kapitels.

14.1.1 Zellen können verschiedene Typen chemischer Signale empfangen

Viele verschiedene Verbindungen können als chemische Botenstoffe fungieren (▶*Abbildung 14.1*). Häufig klassifiziert man Signalmoleküle nach der Entfernung, die zwischen dem Ort liegt, an dem sie synthetisiert werden, und dem/den Zielgewebe/n, auf die sie wirken. Einige Botenstoffe, zum Beispiel Hormone, wirken als *endokrine Signale* („endokrin" leitet sich von dem griechischen Wort für „ausscheiden in" ab). Sie werden in größerer Entfernung von ihren Zielgeweben synthetisiert und über das Kreislaufsystem zu ihren verschiedenen Wirkungsorten im Körper transportiert. Andere Signale wie Wachstumsfaktoren werden lokal abgegeben und verteilen sich in einem kleinen Bereich, wo sie auf nahe gelegene Gewebe wirken. Diese Signale bezeichnet man als *parakrine Signale* (von dem griechischen Wort *para*, das „neben" bedeutet). Wenn die Übertragungsentfernung von Signalen so gering ist, dass physikalischer Kontakt zwischen den Senderzellen und den Empfängerzellen notwendig ist, dann spricht man von *juxtakrinen Signalen*. Außerdem gibt es noch lokale Mediatoren, die auf die gleiche Zelle rückwirken, welche sie gebildet hat; diese Signale bezeichnet man als *autokrine Signale*.

Nachdem ein Botenstoff sein Zielgewebe erreicht hat, bindet er an spezielle **Rezeptoren** auf der Oberfläche der Zielzellen. Dadurch wird der Signalisierungsvorgang, die Signaltransduktion, eingeleitet. Der logische und allgemeine Informationsfluss, über den die Signalisierung abläuft, wird in der ▶*Abbildung 14.2a* dargestellt. Ein Molekül, das entweder in der Nähe der Zielzelle oder aber auch an einem weiter entfernten Ort abgegeben wurde, dient als **Ligand**, indem es an den Rezeptor bindet. Häufig bindet ein Ligand an einen in der Plasmamembran der Empfängerzelle eingebetteten Rezeptor. In anderen Fällen, zum Beispiel bei den Steroidhormonen, ist der Ligand ein „primärer Botenstoff" (engl.: *primary messenger*). In Folge der Bindung des Liganden an den Rezeptor werden weitere Moleküle in der Empfängerzelle gebildet. Bei diesen **sekundären Botenstoffen** (**Second Messenger**; engl.: ***secondary messenger***) handelt es sich um kleine Moleküle oder Ionen, die Signale von einem Ort in der Zelle, zum Beispiel der Plasmamembran, in das Zellinnere weiterleiten. Dadurch lösen sie eine Kaskade von Veränderungen („Signalkaskade") in der Zielzelle aus. Häufig wirken sich diese Ereignisse auf die Expression spezifischer Gene in der Zielzelle aus. Letztendlich wird eine Änderung einer oder mehrerer Funktionen oder Reaktionen der Zelle herbeigeführt. Die Fähigkeit der Zelle, eine Wechselwirkung zwischen Rezeptor und Ligand in eine Änderung ihres Verhaltens oder der Genexpression umzusetzen, wird als **Signaltransduktion** bezeichnet.

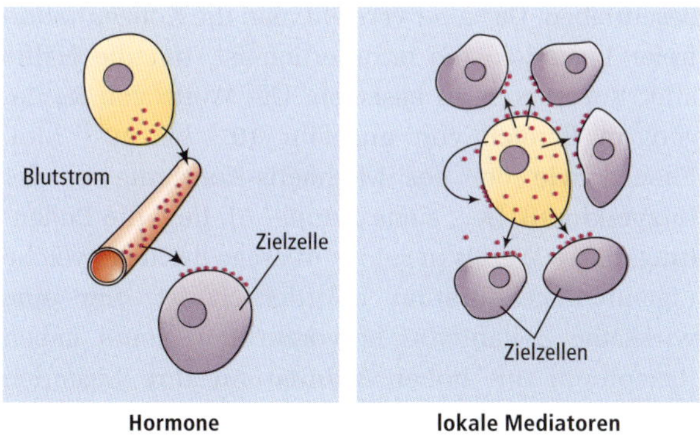

Abbildung 14.1: Zell-Zell-Signalisierung durch Hormone und lokale Mediatoren. Der Hauptunterschied zwischen den Klassen der Signalmoleküle ist die Entfernung, die das Molekül zurücklegt, bevor es auf seine Zielzelle oder auf sein Zielgewebe trifft. Endokrine Hormone werden vom Blutstrom transportiert. Lokale Mediatoren, beispielsweise Wachstumsfaktoren, können auf nahe gelegene Zellen wirken (parakrine Signale) oder auf die Zelle, die sie bildet (autokrine Signale). Obwohl viele Signalmoleküle an der Zelloberfläche wirken, gelangen einige hydrophobe Moleküle durch die Plasmamembran in ihre Zielzellen.

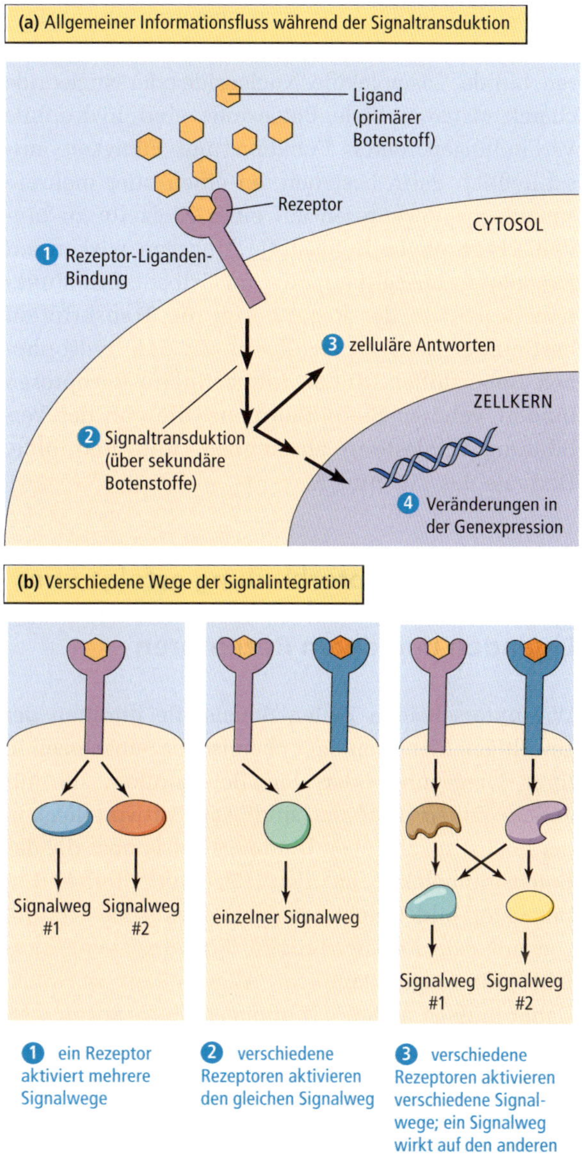

Abbildung 14.2: Der Informationsfluss während der Signaltransduktion. (a) Der allgemeine Informationsfluss während der Signaltransduktion. Durch Bindung eines Liganden an einen Rezeptor werden Ereignissequenzen ausgelöst, die das Signal in das Zellinnere weiterleiten und spezifische Zellantworten und/oder Veränderungen in der Genexpression herbeiführen. (b) Verschiedene Wege der Signalintegration. ❶ Ein Signal kann mehrere Signaltransduktionswege aktivieren. ❷ Mehrere Signale können den gleichen Weg aktivieren. ❸ Verschiedene Signale können verschiedene Wege aktivieren, wobei eine Komponente des einen Weges eine Komponente eines anderen Weges regulieren kann.

Botenstoffmoleküle kann man chemisch als Aminosäuren oder deren Derivate, Peptide, Proteine, Fettsäuren, Lipide, Gasmoleküle, Nucleoside oder Nucleotide charakterisieren. Viele Botenstoffe sind hydrophile Verbindungen, deren Funktion und Fähigkeit ausschließlich darin bestehen, an einen oder mehrere spezifische Rezeptoren auf einer Zielzelle zu binden. Hydrophobe Botenstoffe hingegen wirken auf Rezeptoren im Zellkern oder im Cytosol. Ihre Funktion besteht in der Regel darin, die Transkription bestimmter Gene zu regulieren. Zu den hydrophoben Botenstoffen, die an intrazelluläre Rezeptoren binden, gehören Steroidhormone, die von der Verbindung Cholesterin abstammen, und Retinoide, Derivate des Vitamins A.

14.1.2 Die Rezeptorbindung erfolgt über spezifische Wechselwirkungen zwischen Liganden und deren Rezeptoren

Wie unterscheiden Zellen Botenstoffe inmitten der gewaltigen Menge anderer chemischer Substanzen in ihrer Umgebung oder von Botenstoffen, die für andere Zellen bestimmt sind? Die Antwort liegt in der höchst spezifischen Bindungsweise, über die das Botenstoffmolekül an den Rezeptor bindet. Ein Botenstoff bildet nicht-kovalente chemische Bindungen mit dem Rezeptorprotein. Einzelne nicht-kovalente Bindungen sind im Allgemeinen schwach. Daher müssen mehrere Bindungen eingegangen werden, damit eine starke Bindung entsteht. Nun muss ein Rezeptor, der mit seinem Liganden mehrere Bindungen eingehen möchte, eine Bindestelle (eine *Bindetasche*) haben, in die der Botenstoff perfekt hineinpasst – wie ein Handschuh, der für die Hand gemacht ist. Des Weiteren müssen innerhalb der Ligandenbindestelle auf dem Rezeptor geeignete Aminosäureseitenketten so positioniert sein, dass sie mit dem Botenstoffmolekül chemische Bindungen eingehen können. Diese Kombination aus Passform der Bindestelle und strategischer Positionierung der Aminosäureseitenketten innerhalb der Bindestelle gibt dem Rezeptor die Möglichkeit, seinen spezifischen Liganden unter all den Tausenden anderen chemischen Substanzen herauszufinden.

In den meisten Fällen ähnelt die Bindungsreaktion zwischen einem Liganden und seinem spezifischen Rezeptor, dem sogenannten komplementären Rezeptor, der Bindung eines Enzyms an sein Substrat. Bei der Bindung eines Liganden an seinen Rezeptor wird der Rezeptor *besetzt*. So kann der Ligand entweder gebunden sein (an seinen Rezeptor) oder frei in der Lösung existieren. Die von einem Liganden besetzte Anzahl von Rezeptoren verhält sich proportional zur Konzentration freier Liganden in Lösung. Wenn die Ligandenkonzentration ansteigt, werden immer mehr komplementäre Rezeptoren besetzt, sodass zu einem Zeitpunkt praktisch alle Rezeptoren besetzt sind – diesen Zustand bezeichnet man als Sättigung. Im Prinzip hat eine darüber ansteigende Ligandenkonzentration keinen weiteren Einfluss auf die Zielzelle.

Rezeptoraffinität Die Beziehung zwischen der Konzentration von Liganden in Lösung und der Anzahl besetzter Rezeptoren kann man qualitativ mit dem Begriff **Rezeptoraffinität** beschreiben. Angenommen fast alle Rezeptoren sind bei niedriger Konzentration freier Liganden besetzt, dann sagt man, dass der Rezeptor eine hohe Affinität für seinen Liganden hat. Umgekehrt bedeutet dies, wenn eine relativ hohe Konzentration von Liganden erforderlich ist, um die meisten Rezeptoren zu besetzen, dann sagt man, dass der Rezeptor eine geringe Affinität für seinen Liganden hat. Die Rezeptoraffinität kann man quantitativ als **Dissoziationskonstante**, K_d, beschreiben. Darunter versteht man die Konzentration freier Liganden, die erforderlich ist, um die Hälfte aller Rezeptoren zu besetzen. Die Werte von K_d liegen im Bereich von ungefähr 10^{-7} bis 10^{-10} Mol. Ebenso wie bei der Michaelis-Konstante in der Enzymkinetik (K_m, siehe *Kapitel 6*), liegt die Bedeutung dieses Wertes in seiner Aussage darüber, welche Ligandenkonzentration erforderlich ist, um eine wirksame Zellantwort hervorzurufen. Somit haben Rezeptoren mit hoher Affinität für ihre Liganden eine sehr niedrige Dissoziationskonstante und umgekehrt haben Rezeptoren mit geringer Affinität eine hohe Dissoziationskonstante K_d. Typischerweise muss die Ligandenkonzentration im Bereich des K_d-Wertes des Rezeptors für den Liganden liegen, um eine Wirkung auf das Zielgewebe auszuüben.

Abgesehen von den intrinsischen Eigenschaften des Rezeptors können die Wechselwirkungen zwischen Rezeptor und Ligand auch von *Corezeptoren* auf der Zelloberfläche beeinflusst werden. Corezeptoren unterstützen die Wechselwirkung des Rezeptors mit seinem Liganden durch physikalische Interaktion mit dem Rezeptor. Eine sehr gut untersuchte

Klasse dieser Moleküle sind die *Heparan-Sulfat-Proteoglykane*, darunter *Glypicane* und *Syndecane*. Corezeptoren bieten eine Regulationsmöglichkeit in den Rezeptor-Ligand-Wechselwirkungen.

Rezeptor-Herabregulierung Obwohl Rezeptoren eine charakteristische Affinität für ihre Liganden besitzen, sind Zellen darauf ausgerichtet, Änderungen in der Ligandenkonzentration wahrzunehmen und sind weniger auf festgelegte Ligandenkonzentrationen fixiert. Wenn in Gegenwart eines Liganden Rezeptoren über einen längeren Zeitraum besetzt sind, dann passt sich die Zelle an diesen Zustand an („adaptiert") und antwortet nicht mehr auf den Liganden. Die Zelle muss aber weiterhin angeregt werden. Soll die Zelle aber weiterhin angeregt werden, muss die Ligandenkonzentration weiter erhöht werden. Diese Änderungen bezeichnet man als Herabregulierung des Rezeptors. Es gibt zwei Hauptwege, über die diese Anpassung abläuft. Erstens können Zellen die Dichte der Rezeptoren auf ihren Oberflächen als Antwort auf ein Signal verändern. Durch einen Vorgang, den man als *rezeptorvermittelte Endocytose* bezeichnet, können Zellen Rezeptoren von ihrer Zelloberfläche entfernen. Bei diesem Vorgang stülpen sich kleine Teile der Plasmamembran, in der die Rezeptoren sitzen, ein und die Rezeptoren werden endocytotisch internalisiert. (In *Kapitel 12* haben wir uns eingehend mit der rezeptorvermittelten Endocytose beschäftigt.) Infolge der verminderten Anzahl von Rezeptoren auf der Zelloberfläche antwortet die Zelle auch weniger auf den Liganden.

Ein zweiter Anpassungsmodus an Signale wird als *Desensitivierung* bezeichnet. Die Desensitivierung erfolgt über strukturelle Veränderungen des Rezeptors, wodurch dessen Affinität für Liganden gesenkt wird oder dieser nicht länger in der Lage ist, Änderungen in der Zellfunktion auszulösen. Mit Hilfe der Desensitivierung können sich Zellen an die ständig schwankenden Konzentrationen der Botenstoffe anpassen. Ein sehr häufiger Weg zur Desensitivierung ist das Anhängen von Phosphatgruppen an spezifische Aminosäuren im cytosolischen Teil des Rezeptors. Schon bald werden Sie ein gut bekanntes Beispiel einer solchen Phosphorylierung kennenlernen, die über einen β-adrenergen Rezeptor erfolgt. Wenn ein Ligand nicht länger vorhanden ist, muss sich die Zelle im Hinblick auf die Fähigkeit zu antworten, in einen Ruhezustand zurücksetzen. Im Fall des β-adrenergen Rezeptors werden durch die ständige Aktivität von Phosphatasen im Cytosol inhibitorische Phosphate entfernt, wodurch der Rezeptor in einen Zustand versetzt wird, in dem er leichter auf den Liganden reagiert.

Das Wissen über die Mechanismen der Rezeptor-Liganden-Bindung öffnete Wissenschaftlern und pharmazeutischen Unternehmen ein großes Feld von Möglichkeiten. Obwohl Rezeptoren Bindungsstellen haben, in die das Botenstoffmolekül recht gut hineinpasst, kann man ähnliche synthetische Liganden herstellen, die sogar noch fester oder selektiver binden. Das ist von ganz besonderer Bedeutung, wenn mehr als nur ein Rezeptortyp für einen Liganden existiert. Medikamente, die den Rezeptor aktivieren, an den sie binden, werden als **Agonisten** bezeichnet. Während normale Botenstoffe im Rezeptor eine Veränderung herbeiführen, wenn sie binden, hat man sowohl synthetische als auch natürliche Verbindungen entdeckt, die an Rezeptoren binden, aber keine derartige Veränderung auslösen. Diese **Antagonisten** hemmen den Rezeptor, indem sie den natürlich vorkommenden Botenstoff an einer Bindung und Aktivierung des Rezeptors hindern.

Medikamente, die bestimmte Rezeptoren selektiv aktivieren oder hemmen, sind bei der Behandlung vieler medizinischer Probleme von zentraler Bedeutung. Zum Beispiel aktivieren oder hemmen *Isoproterenol* und *Propranolol* β-adrenerge Rezeptoren, auf die wir in diesem Kapitel noch zu sprechen kommen. Isoproterenol wird zur Behandlung von Asthma oder zur Stimulation des Herzens eingesetzt. Propranolol senkt den Blutdruck und die Intensität von Herzmuskelkontraktionen und dient zur Kontrolle von Angstattacken. Ein weiteres Beispiel ist *Famotidin*, eine Verbindung, die bestimmte Typen von Histaminrezeptoren, die in Magenzellen vorkommen, selektiv bindet und hemmt. Famotidin kommt als „Magensäureregulator" unter eben diesem Namen in Deutschland in den Handel. Ein weiteres Medikament – *Cimetidin* –, das in Deutschland unter der Handelsbezeichnung Cimetag vertrieben wird, hat eine ähnliche Wirkungsweise.

14.1.3 Die Rezeptorbindung aktiviert eine Signalkaskade in der Zelle

Wenn ein Ligand an seinen komplementären Rezeptor bindet, dann findet im Rezeptor eine Veränderung statt, die wiederum eine Veränderung der

Zellaktivitäten nach sich zieht. Im Allgemeinen induziert die Bindung eines Liganden entweder eine Änderung der Rezeptorkonformation oder die Rezeptoren lagern sich zusammen. Nachdem diese Änderungen stattgefunden haben, leitet der Rezeptor eine vorprogrammierte Abfolge von Ereignissen in der Zelle ein. Unter dem Begriff „vorprogrammiert“ versteht man das Phänomen, dass Zellen über ein größeres Repertoire an Funktionen verfügen als sie je zu einem bestimmten Zeitpunkt einsetzen. Einige dieser zellulären Vorgänge kommen erst dann zum Einsatz, wenn bestimmte Signale empfangen werden, durch die sie ausgelöst werden.

Signalintegration Die Zellen des menschlichen Körpers können zu jeder Zeit eine sehr große Anzahl von Signalen empfangen. Wie reagieren Zellen auf diese Komplexität? Den größten Teil dieses Kapitels werden wir uns mit jeder Signalkaskade einzeln beschäftigen. Dabei unterstellen wir, dass diese Signalkaskade ganz allein isoliert von anderen Mechanismen in der Zelle abläuft. In Wirklichkeit müssen Zellen viele Signale jedoch *integrieren*, um auf ihre Umgebung koordiniert zu antworten. Tatsächlich können viele verschiedene Signalkaskaden zu jedem beliebigen Zeitpunkt in einer Zelle ablaufen. Diese Signalkaskaden stehen miteinander auf komplexe Art und Weise in Wechselwirkung, denn die Verbindungen einer Kaskade wirken sich auf die Fähigkeit einer anderen Kaskade aus, Signale zu übertragen (▶*Abbildung 14.2b*). Manchmal kann ein einziger Rezeptor mehrere Signaltransduktionswege aktivieren. Dies werden wir uns sowohl am Beispiel von G-Protein-gekoppelten Rezeptoren als auch am Beispiel der Rezeptor-Tyrosinkinasen ansehen. In anderen Fällen laufen verschiedene Signalkaskaden auf den gleichen Molekülen zusammen. Sekundäre Botenstoffe liefern gute Beispiele für diese „Signalintegratoren“. Es gibt aber auch Fälle, in denen verschiedene Liganden an ihre entsprechenden Rezeptoren auf der Zelloberfläche binden. Dadurch werden spezifische Signalkaskaden in den Zellen aktiviert. Die aktivierten Verbindungen des einen Signaltransduktionsweges üben dann eine Wirkung auf die Verbindungen eines anderen Weges aus. Diese Form der Interaktion bezeichnet man als Signal-Crosstalk. Hierfür geben wir Ihnen ein Beispiel. Die Aktivität des Rezeptors für den Wachstumsfaktor TGFβ kann durch Proteine gehemmt werden, die aktiviert werden, wenn die Zelle mit anderen Wachstumsfaktoren in Kontakt kommt, die ihre Wirkung über einen anderen Rezeptortyp entfalten (eine Rezeptor-Tyrosinkinase). Man sollte sich zelluläre Signalkaskaden besser nicht als linear ablaufende Vorgänge vorstellen, sondern als komplexe dreidimensionale Netzwerke biochemischer Signaltransduktionswege, die jederzeit die Eigenschaften einer Zelle verändern können. Viele Signalkaskaden einer Zelle sind derart komplex untereinander verschaltet, dass sich das komplette Verständnis solcher Kaskaden sehr schwierig gestaltet und viele bis heute noch unverstanden sind.

Signalamplifikation Zelluläre Signalkaskaden stellen den Zellen einen weiteren Mechanismus zur Verfügung, um auf ein externes Signal zu reagieren: die Signalamplifikation (Signalverstärkung). Oftmals genügen außerordentlich geringe Mengen eines Liganden zur Auslösung einer Antwort an einer Zielzelle, wobei es zu einer sehr heftigen Antwort der Zelle kommt. In vielen Fällen beruht diese heftige Antwort der Zielzelle auf einer Signalkaskade der Empfängerzelle. In jedem Schritt der Signalkaskade hält ein Signalzwischenprodukt seine Funktion so lange aufrecht, bis für den nächsten Schritt der Kaskade genügend Moleküle gebildet wurden. Dadurch multiplizieren sich die Effekte einer einzigen Rezeptor-Liganden-Interaktion auf der Zelloberfläche. Ein gut bekanntes Beispiel einer solchen Signalamplifikation findet beim Abbau von Glykogen in Leberzellen als Antwort auf das Hormon Adrenalin (Epinephrin) statt (▶*Abbildung 14.3*). Das Ergebnis einer solchen Kaskade hat immense Folgen. Ein einzelnes Adrenalinmolekül kann die Freisetzung von Hunderten von Millionen von Glucosemolekülen aus Glykogen anregen, einem Glucosepolymer zur Speicherung von Glucose in Zellen.

Die Signaltransduktionsereignisse werden dann in einer Zelle eingeleitet oder geändert, wenn ein Ligand an seinen komplementären Rezeptor auf der Zelloberfläche oder im Cytoplasma der Zelle bindet. Je nach Wirkungsweise kann man die Rezeptoren in mehrere Grundkategorien einordnen. In *Kapitel 13* haben wir die ligandengesteuerten Kanäle erklärt. In diesem Kapitel konzentrieren wir uns auf Plasmamembranrezeptoren, deren Mehrzahl grob in zwei Familien eingeteilt werden kann: G-Protein-gekoppelte Rezeptoren und die mit den Proteinkinasen gekoppelten Rezeptoren. Wir beginnen mit den G-Protein-gekoppelten Rezeptoren.

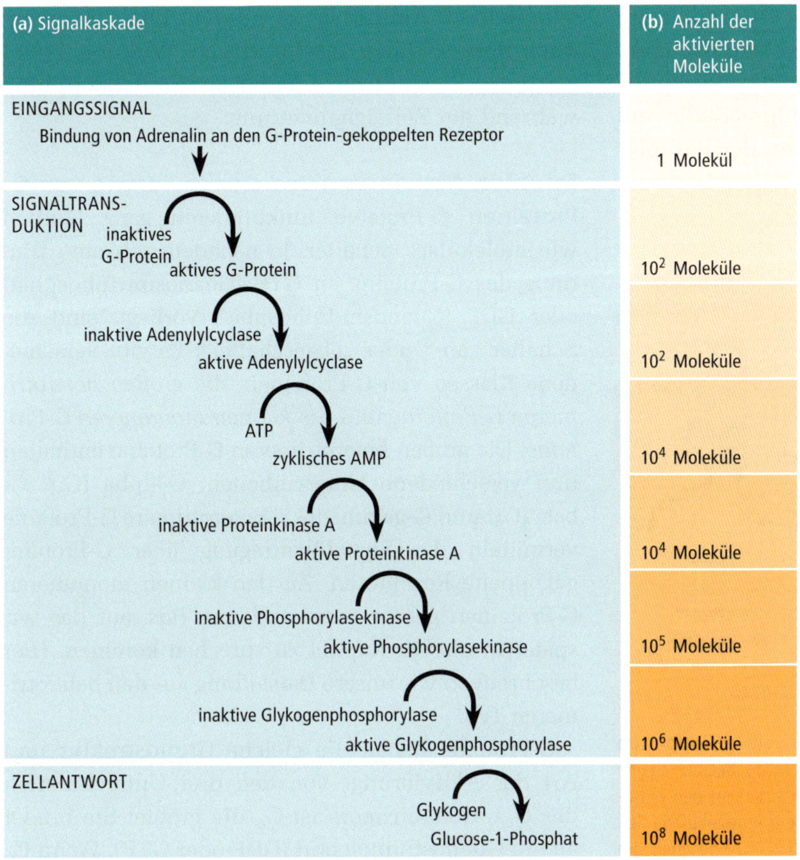

Abbildung 14.3: Signalkaskaden können die Zellantwort auf ein externes Signal verstärken. Leberzellen reagieren auf das Hormon Adrenalin durch Abbau von Glykogen, um Glucose-1-Phosphat freizusetzen. (a) Der Adrenalinrezeptor ist ein G-Protein-gekoppelter Rezeptor, der ein Enzym mit der Bezeichnung Adenylylcyclase (auch Adenylatcyclase genannt) aktiviert. Die Adenylylcyclase katalysiert die Bildung eines sekundären Botenstoffes, cAMP, das eine Proteinkinase aktiviert (die Proteinkinase A). Diese aktiviert wiederum eine weitere Kinase (Phosphorylasekinase). Zuletzt wird das Enzym Glykogenphosphorylase aktiviert, das den Abbau von Glykogen katalysiert. (b) Links steht die ungefähre Anzahl von Molekülen, die bei jedem Schritt erzeugt werden. Ein Adrenalinmolekül kann die Freisetzung von Hunderten von Millionen von Glucose-1-Phosphatmolekülen auslösen.

14.2 G-Protein-gekoppelte Rezeptoren

14.2.1 Viele Rezeptoren mit sieben Transmembrandomänen wirken über G-Proteine

Der Name der Familie der G-Protein-gekoppelten Rezeptoren beruht darauf, dass die Ligandenbindung eine Änderung der Rezeptorkonformation herbeiführt, die ein bestimmtes G-Protein aktiviert (eine Abkürzung für *Guanin-Nucleotid-Bindeprotein*). Ein Teil des aktivierten G-Proteins bindet wiederum an ein Zielprotein, beispielsweise an ein Enzym oder ein Kanalprotein und löst eine Veränderung in der Aktivität des Zielproteins aus. Dies führt eine Veränderung der Zielaktivität herbei. Zu den G-Protein-gekoppelten Rezeptoren gehören olfaktorische Rezeptoren (verantwortlich für die Geruchswahrnehmung), Adrenalin- und Noradrenalinrezeptoren und Hormonrezeptoren, die durch Thyroid-stimulierendes Hormon oder Follikel-stimulierendes Hormon stimuliert werden. Eine Klasse G-Protein-gekoppelter Rezeptoren von großer klinischer Bedeutung sind die *Opioidrezeptoren* (landläufig auch als Opiatrezeptoren bezeichnet). Narkotische Medikamente wie Morphin binden an diese Rezeptoren, worauf die schmerzstillende Wirkung beruht. Unglücklicherweise induzieren Morphin und andere verwandte Wirkstoffe langfristige Veränderungen der synaptischen Funktion im Gehirn, was zu Abhängigkeit von diesen Wirkstoffen führt.

Die Struktur und Regulation der G-Protein-gekoppelten Rezeptoren Die G-Protein-gekoppelten Rezeptoren sind bemerkenswert, da sie sich trotz ihrer recht ähnlichen Struktur erheblich im Hinblick auf ihre Aminosäuresequenzen unterscheiden. In jedem Fall bildet das Rezeptorprotein sieben Transmembran-α-Helices, die über alternierende cytosolische oder extrazelluläre Schleifen miteinander verbunden sind. Der N-Terminus des Proteins ist zur extrazellulären

Flüssigkeit ausgerichtet, während der C-Terminus im Cytosol liegt (▶*Abbildung 14.4*). Der extrazelluläre Teil eines jeden G-Protein-gekoppelten Rezeptors besitzt eine einzigartige Ligandenbindungsstelle und dank der cytosolischen Schleifen kann der Rezeptor nur mit bestimmten Typen von G-Proteinen in Wechselwirkung treten.

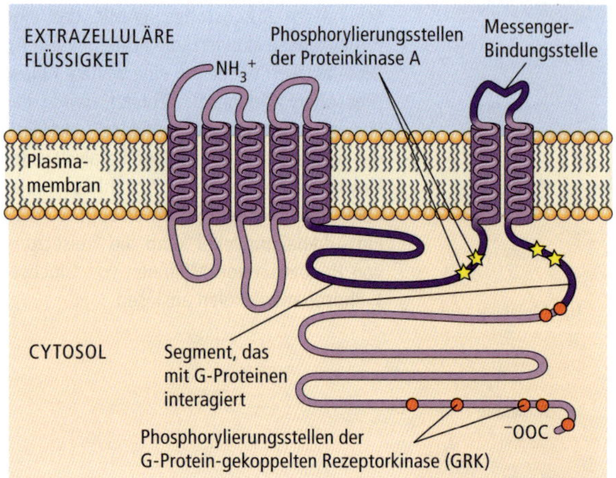

Abbildung 14.4: Die Struktur der G-Protein-gekoppelten Rezeptoren. Jeder G-Protein-gekoppelte Rezeptor besitzt sieben Transmembran-α-Helices. Die Bindung eines Liganden an den extrazellulären Teil eines Rezeptors führt dazu, dass ein intrazellulärer Teil des Rezeptors an ein G-Protein bindet und es aktiviert. Abgesehen von den hier dargestellten Regionen ist manchmal auch eine zweite cytosolische Schleife an den G-Protein-Wechselwirkungen beteiligt. Gleichfalls sind spezifische Aminosäuren in der cytosolischen Region Ziele für die Phosphorylierung durch G-Protein-gekoppelte Rezeptorkinasen (GRKs) und die Proteinkinase A.

Die G-Protein-gekoppelten Rezeptoren können auf verschiedenen Wegen reguliert werden. Einer der wichtigsten Regulationswege erfolgt über die Phosphorylierung spezifischer Aminosäuren in ihrer cytosolischen Domäne. Bei der Phosphorylierung dieser Aminosäuren wird der Rezeptor desensitiviert. Eine Klasse von Proteinen, die diese Funktion ausführen, sind die **G-Protein-gekoppelten Rezeptorkinasen (GRKs)**. Sie wirken spezifisch auf aktivierte Rezeptoren. Wenn spezifische Aminosäuren im cytosolischen Teil der G-Protein-gekoppelten Rezeptoren durch GRKs stark phosphoryliert werden, beispielsweise die β-adrenergen Rezeptoren, kann das Protein *β-Arrestin* an die Aminosäuren binden und deren Fähigkeit, mit G-Proteinen zu assoziieren, vollständig unterbinden. Eine andere Kinase, die **Proteinkinase A (PKA)**, die selbst von einem G-Protein-vermittelten Signal aktiviert wird, kann andere Aminosäuren auf dem Rezeptor phosphorylieren. Diese inhibitorische Wirkung bietet ein gutes Beispiel für eine negative Rückkopplung während der Zellsignalisierung.

Struktur, Aktivierung und Deaktivierung von G-Proteinen G-Proteine funktionieren ganz ähnlich wie molekulare Schalter. Je nachdem, ob eine Bindung des G-Proteins an GTP (Guanosintriphosphat) oder GDP (Guanosindiphosphat) vorliegt, sind die Schalter „an-" oder „abgeschaltet". Es gibt verschiedene Klassen von G-Proteinen: die *großen heterotrimeren G-Proteine* und die *kleinen monomeren G-Proteine*. Die großen heterotrimeren G-Proteine enthalten drei verschiedene Untereinheiten, G-alpha (G_α), G-beta (G_β) und G-gamma (G_γ). Heterotrimere G-Proteine vermitteln die Signalübertragung über G-Protein-gekoppelte Rezeptoren. Zu den kleinen monomeren G-Proteinen gehört unter anderem *Ras*, auf das wir später in diesem Kapitel zu sprechen kommen. Hier beschränken wir unsere Darstellung auf den heterotrimeren Typ.

G-Proteine haben die gleiche Grundstruktur und Art der Aktivierung. Von den drei Untereinheiten des $G_{\alpha\beta\gamma}$-Heterotrimers ist G_α die größte. Sie bindet an ein Guanosinnucleotid (GDP oder GTP). Wenn G_α an GTP bindet, dann löst es sich auch von dem $G_{\beta\gamma}$-Komplex. Die G_β- und G_γ-Untereinheiten sind allerdings permanent miteinander verbunden. Einige G-Proteine, beispielsweise G_s, stimulieren die Signaltransduktion (*s* steht für „stimulierend"). Andere, zum Beispiel G_i, hemmen die Signaltransduktion (*i* steht für „inhibitorisch").

Wenn ein Botenstoff an einen G-Protein-gekoppelten Rezeptor auf der Oberfläche einer Zelle bindet, bewirkt die Konformationsänderung des Rezeptors, dass ein G-Protein mit dem Rezeptor assoziiert, wodurch wiederum G_α dazu veranlasst wird, sein gebundenes GDP abzugeben. Dann bindet ein Molekül GTP an G_α, das sich daraufhin von dem Komplex ablöst (▶*Abbildung 14.5*). Je nach G-Protein und Zelltyp können dann die freie GTP-G_α-Untereinheit oder der $G_{\beta\gamma}$-Komplex die Signalkaskade in der Zelle einleiten. Jeder Teil des G-Proteins übt seine Wirkung dadurch aus, dass er an ein bestimmtes Enzym oder ein anderes Protein in der Zelle bindet. In einigen Fällen regulieren die GTP-G_α-Untereinheit und die $G_{\beta\gamma}$-Untereinheit gleichzeitig verschiedene Vorgänge im Cytosol.

Die Aktivität eines G-Proteins dauert nur so lange an, wie die G_α-Untereinheit an GTP gebunden ist und die G_α- und $G_{\beta\gamma}$-Untereinheiten getrennt sind. Da die G_α-Untereinheit die GTP-Hydrolyse katalysiert, endet ihre Aktivität mit der Hydrolyse ihres gebundenen GTPs zu GDP. Dann findet eine neuerliche Assoziation mit $G_{\beta\gamma}$ statt. Auf Grund dieser Eigenschaft kann die Signalkaskade beendet werden, wenn der Botenstoff aufgebraucht wurde. Einige G_α-Proteine sind nicht besonders effizient, was die Katalyse der GTP-Hydrolyse betrifft. Allerdings wird ihre Effektivität ganz erheblich durch Regulatoren der **G-Protein-Signalisierungs-Proteine** (**RGS**; engl.: *regulators of G protein signaling*) verstärkt. Wenn RGS-Proteine an G_α binden, regen sie die GTP-Hydrolyse an. Diese *GTPase-Aktivierungsproteine* (*GAPs*) sind wichtige Regulatoren der G-Proteinfunktion. Das werden wir auch sehen, wenn wir uns mit dem *Ras*-Protein beschäftigen.

Auf Grund der vielen verschiedenen G-Proteine gibt es eine große Vielfalt G-Protein-gekoppelter Signalkaskaden, doch in diesem Rahmen können wir uns nur mit einigen beschäftigen. Vielleicht ist die wichtigste und am häufigsten vorkommende aller G-Protein-gekoppelten Signalkaskaden die Freisetzung oder Bildung sekundärer Botenstoffe (engl.: *secondary messenger*). Im nächsten Abschnitt werden Sie lernen, dass zyklisches AMP und Calciumionen häufig als sekundäre Botenstoffe eingesetzt werden. Sie regen die Aktivität von Zielenzymen an, wenn ihre Konzentration im Cytosol ansteigt. Andere gut untersuchte Beispiele von G-Protein-gekoppelten Signalkaskaden finden wir in der Retina des Auges und in den Endothelzellen. Sie nutzen einen anderen sekundären Botenstoff, zyklisches GMP (*Exkurs 14A*).

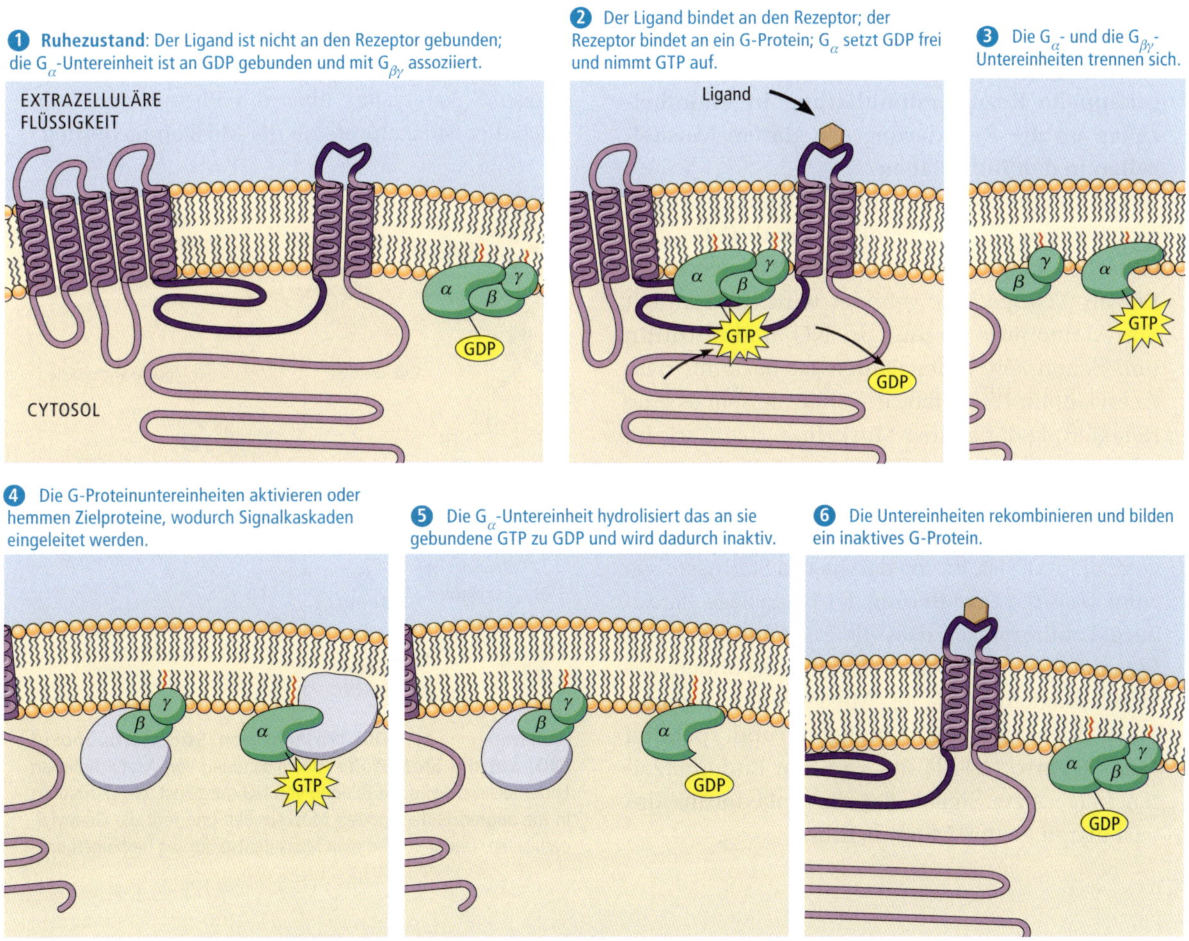

Abbildung 14.5: Der Zyklus der Aktivierung/Deaktivierung eines G-Proteins. Wenn ein Ligand an einen G-Protein-gekoppelten Rezeptor bindet, wird das G-Protein gebunden und aktiviert. Seine dissoziierten Untereinheiten können Zielproteine regulieren. Letztendlich wird durch die Hydrolyse des an G_α gebundenen GTPs das Signal beendet.

14A ▶ Näher betrachtet

G-Proteine und zyklisches AMP

Zyklisches AMP (cAMP; engl.: *cyclic AMP*) ist ein wichtiger Second Messenger, der an vielen Zellsignalereignissen mitwirkt. Allerdings ist cAMP nicht das einzige zyklische Nucleotid, das bei der Zellsignalisierung eine Rolle spielt. Ebenso wie das Enzym Adenylylcyclase die Bildung von cAMP katalysieren kann, so katalysiert das Enzym Guanylylcyclase die Bildung von zyklischem GMP (cGMP). Zyklisches GMP wird, analog zur Bildung von cAMP aus ATP, aus GTP abgeleitet und ebenso wie cAMP übernimmt cGMP Aufgaben eines Second Messengers. In diesem Zusammenhang werden wir uns auf ein Beispiel der G-Protein-gekoppelten Signalisierung konzentrieren, an der cGMP mitwirkt: Die Stickstoffmonoxid-Signalkaskade in Endothelzellen.

Stickstoffmonoxid (NO) koppelt die G-Protein-gekoppelte Rezeptorstimulierung in Endothelzellen an die Relaxierung der glatten Muskelzellen in den Blutgefäßen

Ein wichtiges Signalmolekül des kardiovaskulären Systems ist Stickstoffmonoxid (NO), ein toxisches, kurzlebiges Gasmolekül, das von dem Enzym *NO-Synthase* gebildet wird. Es wandelt die Aminosäure Arginin in NO und Citrullin um. Schon seit vielen Jahren ist bekannt, dass Acetylcholin Blutgefäße erweitert, indem es eine Relaxierung der glatten Muskeln herbeiführt. Im Jahr 1980 wies Robert Furchgott nach, dass Acetylcholin nur dann Blutgefäße erweitert, wenn das *Endothel* (die innere Auskleidung der Blutgefäße) intakt ist. Er zog daraus die Schlussfolgerung, dass die Erweiterung der Blutgefäße darauf zurückzuführen sei, dass die Endothelzellen ein Signalmolekül (oder einen Vasodilator) bilden, das eine Relaxierung glatter Muskelzellen bewirkt. 1986 identifizierten Furchgott und parallel Louis Ignarro NO als das von den Endothelzellen freigesetzte Signal, das zur Relaxierung des vaskulären glatten Muskels führt.

In der *Abbildung 14-A1* ist die Bindung von Acetylcholin an die Oberfläche vaskulärer Endothelzellen dargestellt, was zur Freisetzung von NO führt. Dieser Vorgang besteht aus sechs Schritten. ❶ Acetylcholin bindet an G-Protein-gekoppelte Rezeptoren, die den Phosphoinositol-Signalweg aktivieren. Dadurch werden die Endothelzellen zur Bildung von IP_3 veranlasst. ❷ IP_3 bewirkt die Freisetzung von Calcium aus dem endoplasmatischen Reticulum. ❸ Die Calciumionen binden an Calmodulin. Dieser Komplex regt die NO-Synthase zur Bildung von NO an. ❹ NO ist ein Gas, das leicht durch die Plasmamembran diffundiert und das dann von der Endothelzelle ausgehend in die benachbarten glatten Muskelzellen gelangt. ❺ Nachdem es in die glatte Muskelzelle gelangt ist, aktiviert NO die Guanylylcyclase. ❻ Der Anstieg der cGMP-Konzentration aktiviert ein Protein mit der Bezeichnung *Proteinkinase G*. Die Proteinkinase G katalysiert über die Phosphorylierung spezieller Muskelproteine die Muskelrelaxierung.

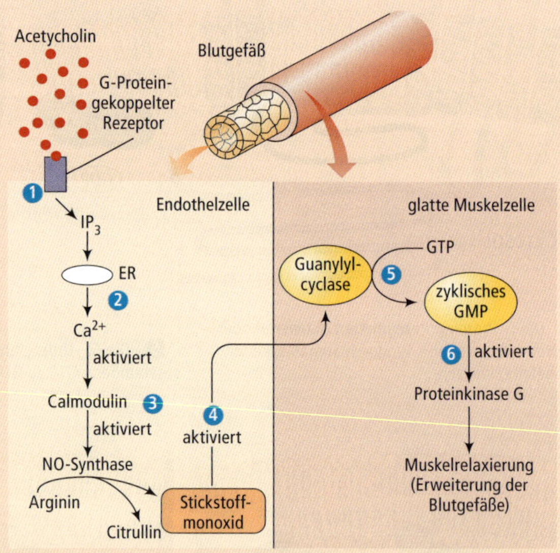

Abbildung 14A-1: Die Wirkung von Stickstoffmonoxid (NO) auf die Blutgefäße. Durch Bindung von Acetylcholin an Endothelzellen wird die Bildung von NO ausgelöst. NO diffundiert in die angrenzenden glatten Muskelzellen und regt die Guanylylcyclase an. Dadurch wird eine Muskelentspannung herbeigeführt.

Der Mechanismus, über den die Acetylcholinstimulation der Endothelzellen zur Relaxierung der glatten Muskeln führt, erklärt auch den Wirkungsmechanismus der chemischen Substanz *Nitroglycerin*. Nitroglycerin wird häufig von Patienten mit Angina pectoris eingenommen (Schmerzen in der Brust, die auf einen unzureichenden Blutfluss zum Herzen beruhen), um die Kontraktion der Koronararterien zu lösen. 1977 fand Ferid Murad heraus, dass Nitroglycerin und ähnliche vasodilatorische Mittel die Freisetzung von NO bewirken, was zur Relaxierung der arteriellen glatten Muskelzellen führt. Im Jahr 1998 erhielten Furchgott, Ignarro und Murad für ihre Aufklärung der Wirkung von NO auf das kardiovaskuläre System den Nobelpreis. Auch Neuronen nutzen NO zur Signalübertragung an nahe gelegene Zellen. Das von den Neuronen im Penis freigesetzte NO führt zur Erweiterung der Blutgefäße, die für die Erektion verantwortlich sind. Das Medikament *Sildenafil*, das im Handel unter der Produktbezeichnung Viagra vertrieben wird, ist ein Inhibitor einer Phosphodiesterase, die normalerweise den Abbau von zyklischem GMP katalysiert. Indem erhöhte Konzentrationen von zyklischem GMP im Schwellkörpergewebe aufrecht erhalten werden, wird dafür gesorgt, dass der Stoffwechselweg nach Freisetzung von NO einen längeren Zeitraum einnimmt.

14.2.2 Einige G-Proteine regulieren die Bildung des Second Messengers zyklisches AMP

Zyklisches AMP (cAMP) wird aus cytosolischem ATP durch das Enzym Adenylylcyclase gebildet (▶*Abbildung 14.6*). Die Adenylylcyclase ist an der Innenseite der Plasmamembran verankert. Der katalytische Teil ragt in das Cytosol hinein. Normalerweise bleibt das Enzym solange inaktiv bis eine aktivierte G_α-Untereinheit eines spezifischen G-Proteins an es bindet, beispielsweise G_s. Wenn ein G-Protein-gekoppelter Rezeptor an G_s gekoppelt wird, regt die Bindung des Liganden die $G_{s\alpha}$-Untereinheit an, GDP abzugeben und GTP zu binden (▶*Abbildung 14.7*). Dieser Vorgang veranlasst wiederum GTP-$G_{s\alpha}$ dazu, sich von den $G_{s\beta\gamma}$-Untereinheiten zu lösen und an die Adenylylcyclase zu binden. Wenn GTP-$G_{s\alpha}$ an die Adenylylcyclase bindet, wird das Enzym aktiviert und wandelt ATP in cAMP um. Im Gegensatz dazu hemmt ein anderes G_α-Protein, $G_{i\alpha}$, die Adenylylcyclase. Zu einem späteren Zeitpunkt in diesem Kapitel werden wir uns mit der Rolle von G_i bei der Regulierung von Kaliumkanälen über seine $G_{\beta\gamma}$-Untereinheiten beschäftigen.

G-Proteine reagieren schnell auf Veränderungen in der Ligandenkonzentration, denn sie bleiben nur für kurze Zeit aktiv bevor die G_α-Untereinheit das gebundene GTP hydrolysiert und es in seinen nicht-aktiven Zustand zurückführt. Nachdem ein G-Protein deaktiviert wurde, beendet die Adenylylcyclase ihre cAMP-Produktion. Die cAMP-Konzentration würde aber in der Zelle weiterhin erhöht bleiben, wenn es nicht das Enzym **Phosphodiesterase** gäbe. Dieses Enzym baut cAMP ab. Des Weiteren wird dadurch sichergestellt, dass die Signalkaskade sofort abgestellt wird, sobald die Konzentration des Liganden außerhalb der Zelle sinkt.

cAMP übernimmt bei vielen verschiedenen Zellfunktionen wichtige Aufgaben, von denen wir einige in der ▶*Tabelle 14.1* aufgeführt haben. Es scheint, als hätte cAMP ein Hauptziel in der Zelle – das Enzym Proteinkinase A. PKA phosphoryliert eine große Vielzahl zellulärer Proteine, indem ein Phosphat von ATP auf ein Serin oder Threonin im Zielprotein übertragen wird. cAMP reguliert die Aktivität von PKA, indem es die Abspaltung von zwei regulatorischen Untereinheiten aus den beiden katalytischen Untereinheiten bewirkt (▶*Abbildung 14.8*). Nachdem die katalytischen Untereinheiten freigesetzt sind, kann PKA die Phosphorylierung verschiedener Proteine in der Zelle katalysieren.

Ein Anstieg der cAMP-Konzentration kann sich in den verschiedenen Zellen unterschiedlich auswirken: Wenn cAMP in erhöhter Konzentration in Skelettmuskel- und Leberzellen vorkommt, wird der Abbau von Glykogen stimuliert. Im Herzmuskel verstärkt die erhöhte cAMP-Konzentration die Herzmuskelkontraktion, während die Kontraktion im glatten Muskel gehemmt wird. In den Blutplättchen führt eine erhöhte cAMP-Konzentration dazu, dass die Mobilisierung während der Blutgerinnung gehemmt wird. In intestinalen Epithelzellen führt die erhöhte cAMP-Konzentration zur Ausscheidung von Salzen und Wasser in das Lumen des Darms. Jede dieser Reaktionen bietet uns ein Beispiel für die zuvor angesprochene vorprogrammierte Antwort. Wenn die Konzentration von cAMP in diesen verschiedenen Zelltypen künstlich angehoben wird, können eben diese zellulären Antworten sogar in Abwesenheit eines Liganden ausgelöst werden. Dies kann auf zweierlei Wegen vor sich gehen: entweder durch direkte Anregung der cAMP-Bildung oder durch Hemmung des Enzyms Phosphodiesterase (tatsächlich gibt es verschiedene Phosphodiesterasen), welches cAMP abbaut. Beispiele für Phosphodiesteraseinhibitoren sind die *Methylxanthine*, Verbindungen wie Koffein und Theophyllin, die in Kaffee, Tee oder Softdrinks enthalten sind. (Theophyllin wird häufig als Wirkstoff bei der Asthmabehandlung eingesetzt, denn es relaxiert die glatten Muskeln der Bronchien.)

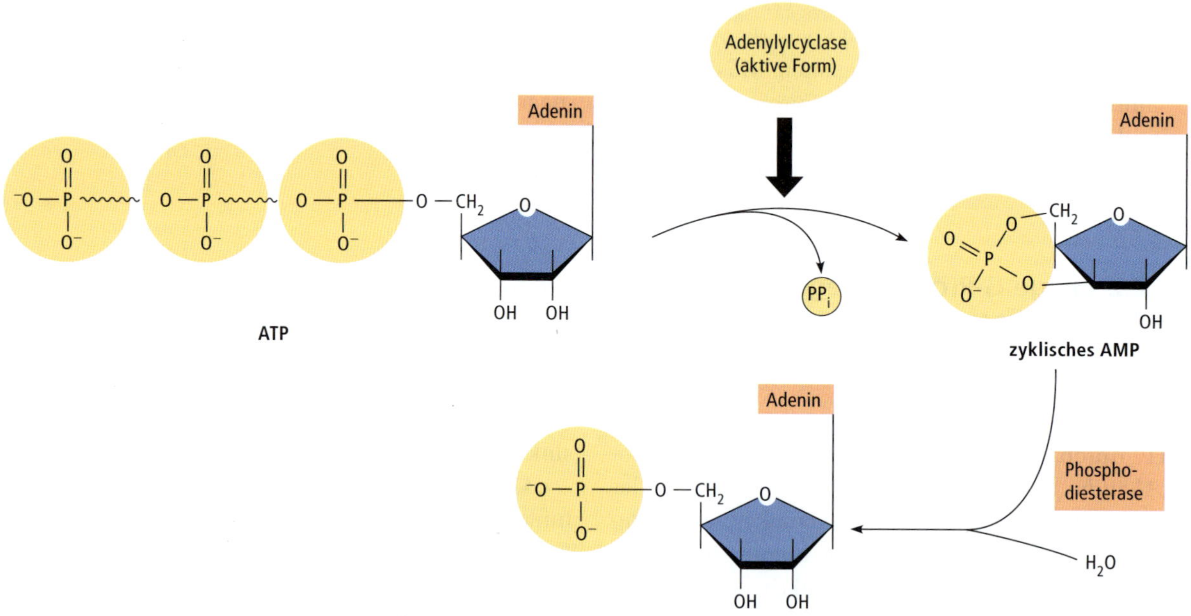

Abbildung 14.6: Struktur und Metabolismus von cAMP. Zyklisches AMP (Adenosin-3′5′-zyklisches Monophosphat) wird aus ATP in einer Reaktion synthetisiert, die von der aktiven Form des Enzyms Adenylylcyclase katalysiert wird. Das Enzym wird durch die Hydrolyse von AMP deaktiviert. Diese Reaktion wird von der Phosphodiesterase katalysiert. Adenylylcyclase ist ein membrangebundenes Enzym, während die Phosphodiesterase im Cytosol lokalisiert ist.

Tabelle 14.1

Beispiele für Zellfunktionen, die von cAMP reguliert werden

Regulierte Funktion	Zielgewebe	Hormone
Glykogenabbau	Muskel, Leber	Adrenalin (Epinephrin)
Fettsäurebildung	Fettgewebe	Adrenalin
Herzgeschwindigkeit, Blutdruck	kardiovaskulär	Adrenalin
Wasserreabsorption	Niere	antidiuretisches Hormon
Knochenresorption	Knochen	Parathormon

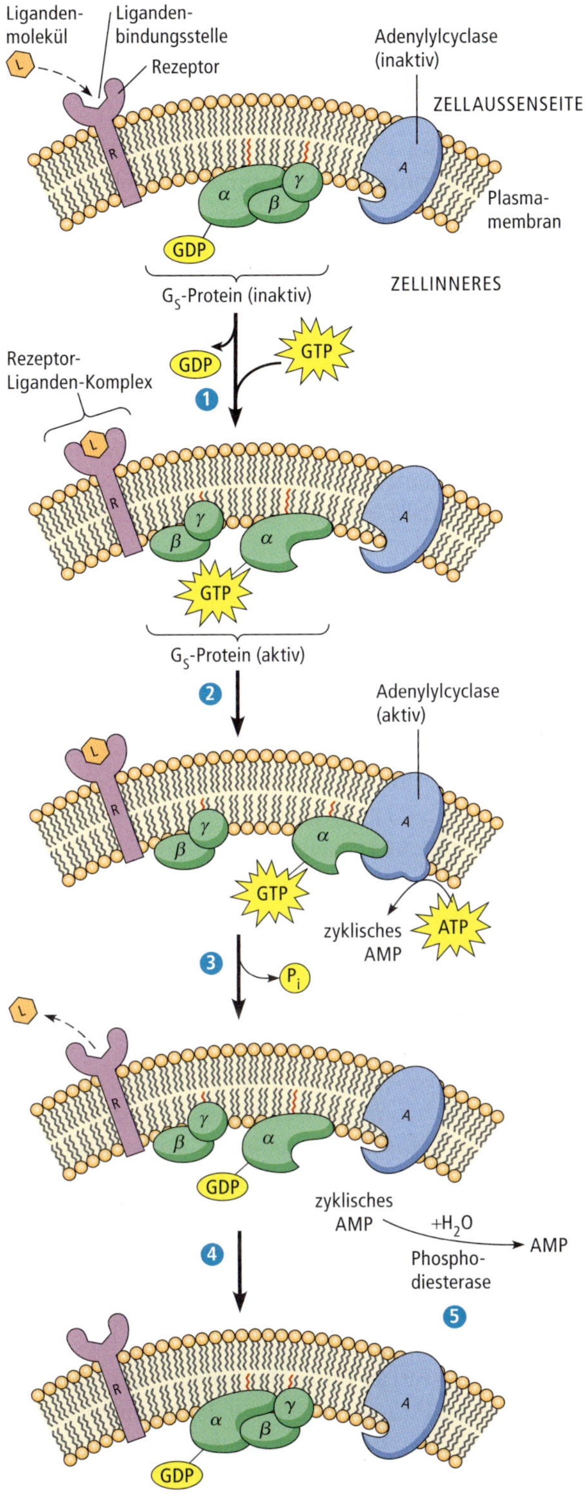

Abbildung 14.7: Die Rollen der G-Proteine und des zyklischen AMPs bei der Signaltransduktion. Im nicht-aktivierten Zustand existieren die α-, β- und γ-Untereinheiten als Komplex, wobei GDP an die α-Untereinheit gebunden ist. Wenn ein Ligand (L) an seinen Rezeptor bindet, wird durch ihn ein G_S-Protein gebunden und aktiviert. ❶ Wenn ein Rezeptor durch eine Ligandenbindung aktiviert wird, assoziiert der Rezeptor-Liganden-Komplex mit dem G_S-Protein, wodurch GDP durch GTP ersetzt wird und der GTP-$G_{S\alpha}$-Komplex dissoziiert. ❷ Der GTP-$G_{S\alpha}$-Komplex bindet und aktiviert daraufhin eine membrangebundene Adenylylcyclase, die cAMP synthetisiert. ❸ Die Aktivierung wird beendet, wenn der Ligand den Rezeptor verlässt. Das GTP wird durch die GTPase-Aktivität der $G_{S\alpha}$-Untereinheit zu GDP hydrolysiert und $G_{S\alpha}$ dissoziiert von der Adenylylcyclase. ❹ Dann kehrt die Adenylylcyclase in ihre inaktive Form zurück, $G_{S\alpha}$ assoziiert wieder mit dem $G_{S\beta\gamma}$-Komplex und ❺ cAMP-Moleküle im Cytosol werden durch Phosphodiesterasen zu AMP hydrolysiert.

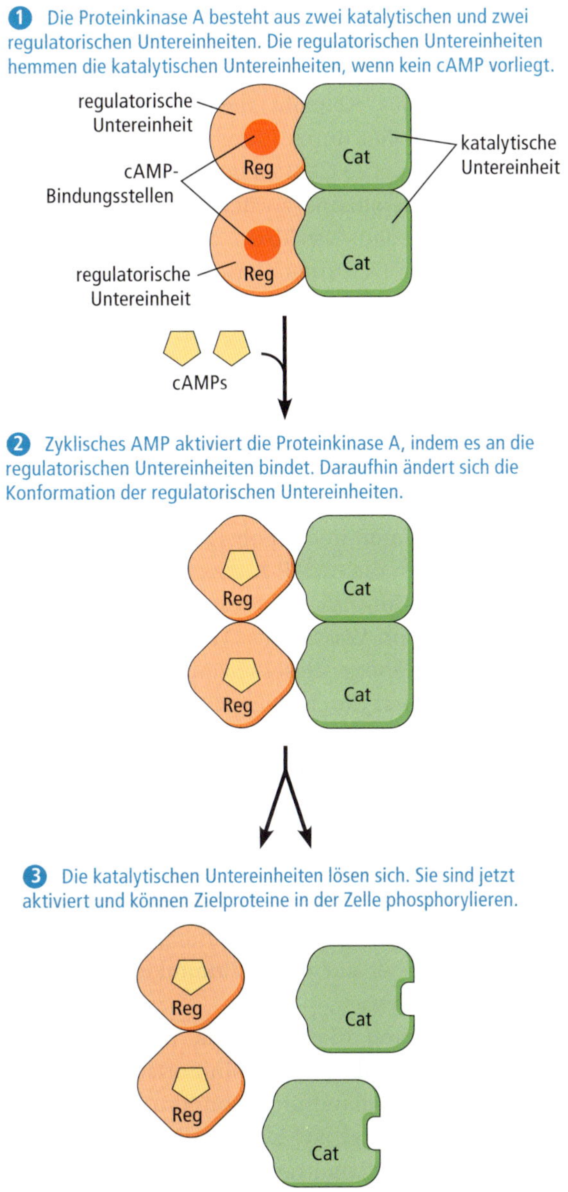

Abbildung 14.8: Die Aktivierung der Proteinkinase A durch zyklisches AMP. PKA setzt sich aus vier Untereinheiten zusammen, zwei katalytische und zwei regulatorische Untereinheiten. Die regulatorischen Untereinheiten hindern die katalytischen Untereinheiten daran, ihre Wirkung zu entfalten, wenn kein cAMP vorliegt. Die cAMP-Bindung aktiviert dann die katalytischen Untereinheiten, die daraufhin ihre Zielproteine regulieren.

14.2.3 Mehrere schwere menschliche Erkrankungen beruhen auf der Unterbrechung von G-Protein-Signalkaskaden

Was würde passieren, wenn das G-Protein-Adenylylcyclasesystem nicht abgeschaltet werden könnte? Diese Fragen können wir beantworten, wenn wir uns die Ereignisse anschauen, die sich bei zwei menschlichen Erkrankungen abspielen, die von Bakterien verursacht werden. Die Bakterien *Vibrio cholerae* (der Erreger der Cholera) und *Bordetella pertussis* (der Erreger des Keuchhustens) verursachen die jeweilige Krankheit durch Einwirkung auf heterotrimere G-Proteine. Die Cholera geht auf die Ausscheidung des Choleratoxins zurück, wenn *V. cholerae* den Darm besiedelt. Das Toxin verändert die Sekretion von Salzen (Natriumchlorid und Natriumbicarbonat) und von Flüssigkeit ins intestinale Lumen, was normalerweise von Hormonen reguliert wird. Diese Hormone bewirken über das G-Protein G_s die Veränderung der intrazellulären cAMP-Konzentration. Ein Teil des Choleratoxins ist ein Enzym, das G_s chemisch modifiziert (indem eine ADP-Ribose angefügt wird), sodass es nicht länger GTP zu GDP hydrolysieren kann. In der Folge kann G_s nicht abgeschaltet werden, die cAMP-Konzentrationen bleiben erhöht und die Intestinalzellen scheiden große Mengen von Salz und Wasser aus. Wenn keine Behandlung zur Linderung dieser Symptome eingeleitet wird, tritt der Tod durch Dehydrierung ein. Das von *B. pertussis* abgesonderte *Pertussistoxin* wirkt auf ähnliche Weise, jedoch auf das inhibitorische G-Protein G_i. Normalerweise schaltet das Protein die Adenylylcyclase ab. Für den Fall, dass es von dem Pertussistoxin deaktiviert wird, ist G_i nicht mehr in der Lage, die Adenylylcyclase zu hemmen. Daraufhin sammelt sich Flüssigkeit in der Lunge an, was den charakteristischen, mit dieser Erkrankung assoziierten Husten bewirkt.

Die Entdeckung dieser Toxine und ihrer Wirkungsweisen brachte nicht allein Fortschritte in der medizinischen Behandlung, sondern stellte auch wertvolle Hilfsmittel zur Untersuchung der G-Protein-gekoppelten Signaltransduktion zur Verfügung. Da diese beiden bakteriellen Toxine auf zwei verschiedene G-Proteine wirken, konnten die Wissenschaftler die gereinigten Toxine nutzen, um eine Signalkaskade mit einem bestimmten G-Protein in Zusammenhang zu bringen.

14.2.4 Viele G-Proteine nutzen Inositoltrisphosphat und Diacylglycerin als Second Messenger

Die Bedeutung der Inositolphospholipide für die Zellsignalisierung wurde erstmalig durch die Pionierarbeiten von Robert Michell und Michael Berridge deutlich. Zu Beginn der 1980er Jahre stellte Berridge fest, dass sich in den zur Sekretion stimulierten Speicheldrüsen bestimmter Insektenlarven Veränderungen in den Membraninositolphospholipiden vollzogen. Heute wissen wir, dass Inositol-1,4,5-Trisphosphat (IP_3), eines der Abbauprodukte der Inositolphospholipide, als wichtiger Second Messenger dient. IP_3 wird dann aus Phosphatidylinositol-4,5-Bisphosphat (PIP_2) gebildet, einem relativ selten vorkommenden Membranphospholipid, wenn das Enzym **Phospholipase C (PLC)** aktiviert ist. Die Phospholipase C spaltet PIP_2 in zwei Moleküle – **Inositoltrisphosphat** und **Diacylglycerin (DAG)** (▶*Abbildung 14.9*). Nach der Entdeckung von IP_3 und DAG stellte man schnell fest, dass sie als Second Messenger an einer Vielzahl regulierter Zellfunktionen mitwirken, von denen wir einige in der ▶*Tabelle 14.2* aufführen.

▶*Abbildung 14.10* zeigt die Rollen, die IP_3 und DAG als Second Messenger des Inositol-Phospholipid-Calcium-Wegs übernehmen. Das Ganze beginnt mit der Bindung eines Liganden an seinen Membranrezeptor, wodurch ein spezifisches G-Protein, das G_q, aktiviert wird. Dann aktiviert G_q einen Typ der Phospholipase C, das sogenannte C_β. Dies hat die Bildung von IP_3 und DAG zur Folge. Inositoltrisphosphat ist in Wasser löslich und diffundiert schnell im Cytosol, indem es an einen ligandengesteuerten Calciumkanal bindet, den **IP_3-Rezeptorkanal** im endoplasmatischen Reticulum (ER). Bei der Bindung von IP_3 öffnet sich der Kanal und es werden Calciumionen in das Cytosol freigesetzt. Dann löst das Calcium die gewünschte physiologische Antwort aus.

Sowohl die intrazelluläre Freisetzung von Calcium als auch die Bildung von DAG in der Membran durch die Aktivität der Phospholipase C aktiviert Enzyme der Proteinkinase-C-Familie (PKC). PKC kann dann je nach Zelltyp spezifische Serin- und Threoningruppen einer Vielzahl von Zielproteinen phosphorylieren. Die Rolle von DAG wurde experimentell geklärt, indem man dessen Wirkung mit Hilfe von Phorbolestern nachahmte. Phorbolester sind Pflanzenmetabolite, die an PKC binden und es direkt aktivieren. Mittels einer Reihe pharmakologischer Wirkstoffe wiesen die Wissenschaftler nach, dass die durch IP_3 stimulierte Freisetzung von Calcium und die DAG vermittelte Kinaseaktivität für eine umfassende Antwort in den Zielzellen erforderlich sind.

Eine ganze Reihe zellulärer Wirkungen wurden mit der Aktivierung der Proteinkinase C in Zusammenhang gebracht. Dazu gehören die Stimulation des Zellwachstums, die Regulation der Ionenkanäle, Veränderungen im Cytoskelett, der Anstieg des pH-Wertes und Auswirkungen im Hinblick auf die Sekretion von Proteinen und anderen Substanzen.

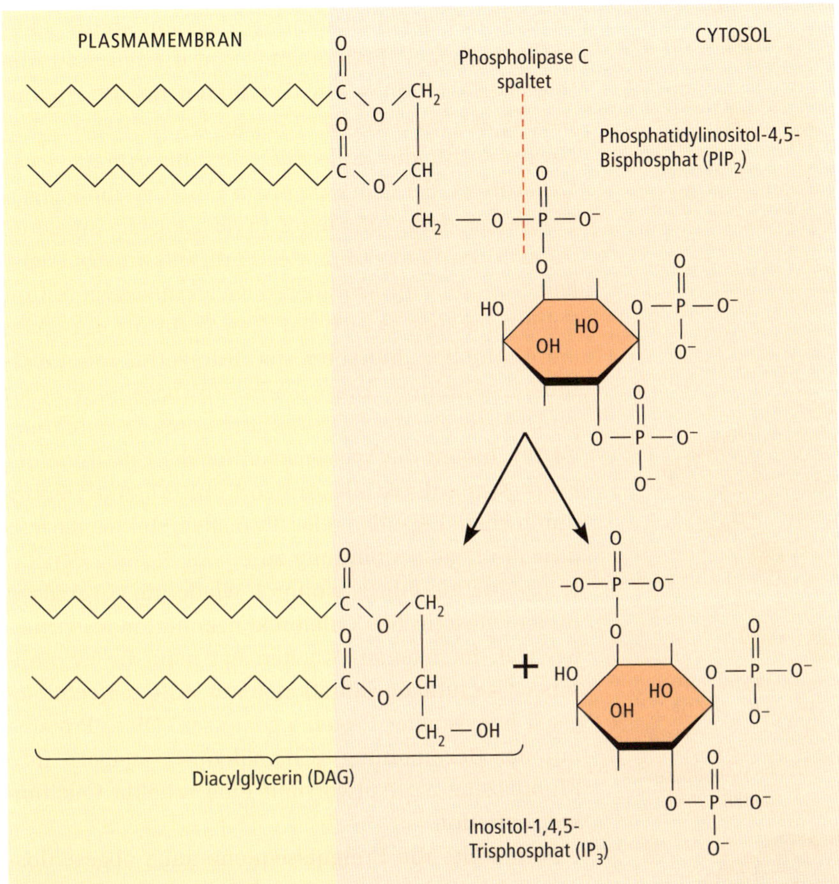

Abbildung 14.9: Die Bildung von Inositoltrisphosphat und Diacylglycerin. Inositoltrisphosphat (IP_3) und Diacylglycerin (DAG) entstehen, wenn die Phospholipase C Phosphatidylinositol-4,5-Bisphosphat (PIP_2) spaltet, eines der Phospholipide der Membran. IP_3 wird in das Cytosol freigesetzt, während DAG in der Membran verbleibt. Sowohl IP_3 als auch DAG sind Second Messenger, die an einer Reihe von Signalkaskaden mitwirken.

Tabelle 14.2

Beispiele für Zellfunktionen, die von Inositoltrisphosphat und Diacylglycerin reguliert werden

Regulierte Funktion	Zielgewebe	Botenstoff
Blutplättchenaktivierung	Blutplättchen	Thrombin
Muskelkontraktion	glatte Muskeln	Acetylcholin
Insulinsekretion	Bauchspeicheldrüse, endokrin	Acetylcholin
Amylasesekretion	Bauchspeicheldrüse, exokrin	Acetylcholin
Glyogenabbau	Leber	antidiuretisches Hormon
Antikörperbildung	B-Lymphocyten	Fremdantigene

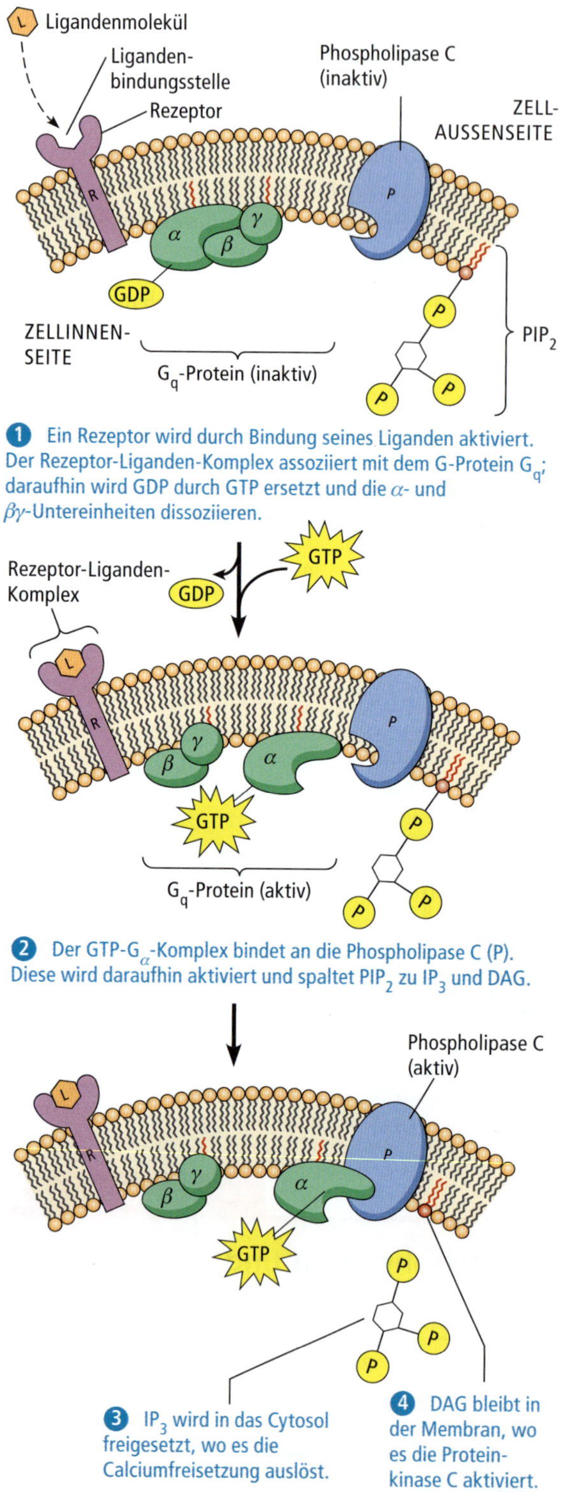

Abbildung 14.10: Die Rolle von IP_3 und DAG bei der Signaltransduktion. Wenn ein Rezeptor (R) durch Bindung an seinen Liganden (L) auf der äußeren Oberfläche der Plasmamembran aktiviert wird, führt die Aktivierung des G-Proteins zur Bildung von IP_3 und Diacylglycerin (DAG), wodurch die Freisetzung von Calcium bzw. die Aktivierung der Proteinkinase C ausgelöst werden.

14.2.5 Die Freisetzung von Calciumionen ist ein Schlüsselereignis vieler Signalkaskaden

Woher wissen wir, dass die in der *Abbildung 14.10* dargestellte Sequenz von Ereignissen, vor allem die Verknüpfung zwischen der IP_3-Signalisierung und der Freisetzung von Calcium in den Zellen, auch tatsächlich in diesen Zellen abläuft? Die Antwort beginnt mit der Beobachtung, dass ein spezifisches physiologisches Phänomen – in diesem Fall die Speichelsekretion – von Produkten der Phospholipase C aktiviert werden konnte: IP_3 und DAG. Den Nachweis für die Rolle des Calciums erbrachte ein Experiment, bei dem man einen Calcium-abhängigen Fluoreszenzfarbstoff, Fura-2, in die Zielzelle injizierte. Da sich die Fluoreszenz des Farbstoffs in Abhängigkeit von der intrazellulären Calciumkonzentration ändert, handelt es sich bei dem Farbstoff um einen empfindlichen Indikator der intrazellulären Calciumkonzentration. Diese Farbstoffe bezeichnet man typischerweise als Calciumindikatoren (▸*Abbildung 14.11*). Indem die Wissenschaftler die Zunahme der Fluoreszenz direkt als Antwort auf die Aktivierung durch einen Liganden oder IP_3 maßen, stellten sie fest, dass die Ligandenbindung zu einem Anstieg der IP_3-Konzentration führte, wodurch wiederum ein Anstieg in der cytosolischen Calciumkonzentration festzustellen war. In neueren Arbeiten hat man die cytosolischen Calciumkonzentrationen mit Hilfe gentechnologisch hergestellter Proteine gemessen. Diese Proteine mit der Bezeichnung „Chamäleons", steigern ihre Fluoreszenz als Antwort auf eine erhöhte Calciumkonzentration.

Nun sollte die Ereignissequenz auch abgeschlossen werden. Dafür musste der Anstieg der Calciumkonzentrationen mit der tatsächlichen physiologischen Antwort auf die Zielzelle in Verbindung gebracht werden. Diese Verbindung gelang dadurch, dass man Zielzellen in Abwesenheit von extrazellulärem Calcium mit Calciumionophoren behandelte (z. B. mit Ionomycin oder A23187). Ionophoren bewirken, dass Membranen für Calcium durchlässig werden, wodurch intrazellulär gespeichertes Calcium ohne physiologischen Reiz freigesetzt wird. Die Behandlung mit Calciumionophor diente zur Nachahmung der Wirkung von IP_3. Somit konnte man davon ausgehen, dass Calcium ein Zwischenprodukt des IP_3-Signaltransduktionsweges war.

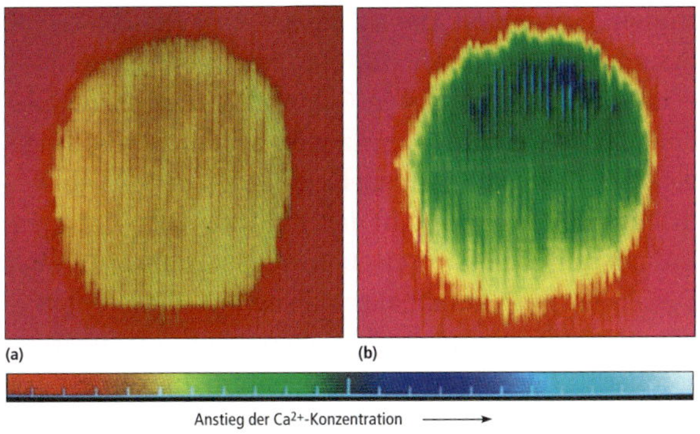

Abbildung 14.11: **Anstieg der freien cytosolische Ca^{2+}-Konzentration, ausgelöst durch ein Hormon, dass die Bildung von Inositoltrisphosphat stimuliert.** Die Zellen der Nebenniere eines Rindes wurden mit Fura-2 beladen, einem Farbstoff, der fluoresziert, wenn er mit Ca^{2+} in Kontakt kommt. Die Farbe der Fluoreszenz verändert sich in Abhängigkeit von der schwankenden Ca^{2+}-Konzentration. (a) Fluoreszenzmikroskopische Aufnahme einer nicht-stimulierten Nebennierenzelle die farbkodiert wurde, um die verschiedenen Konzentrationen der Fluoreszenz als Antwort auf freies Ca^{2+} wiederzugeben. Die gelbe Färbung verweist auf eine relativ geringe Konzentration an freiem Ca^{2+}. (b) Fluoreszenz in einer Nebennierenzelle, die mittels Angiotensin angeregt wurde, einem Hormon, das die Bildung von IP_3 auslöst. Die grüne und die blaue Farbe zeigen die erhöhte Konzentration an freiem Ca^{2+} an.

Calciumionen (Ca^{2+}) spielen eine ganz wichtige Rolle bei der Regulation einer Vielzahl von Zellfunktionen. ▸*Abbildung 14.12* gibt einen Überblick über die verschiedenen Mechanismen der Calciumregulation. Normalerweise wird die Calciumkonzentration im Cytosol bei einer sehr geringen Konzentration konstant gehalten. Dies beruht auf der Gegenwart von **Calcium-ATPasen** in der Plasmamembran und im ER. Calcium-ATPasen in der Plasmamembran transportierten Calcium aus der Zelle hinaus, während die Calcium-ATPasen im ER Calciumionen in das Lumen des ER pumpen. Außerdem besitzen einige Zellen Natrium-Calcium-Austauscher, welche die Calciumkonzentration im Cytosol noch weiter absenken. Schließlich können Mitochondrien Calcium in die mitochondriale Matrix transportieren. Bei den meisten im Ruhezustand befindlichen Zellen halten die ATPasen die Calciumkonzentration im Cytosol bei 0,1 μM.

Es gibt verschiedene Wege, über die eine Reihe von Reizen einen Anstieg der Calciumkonzentration her-

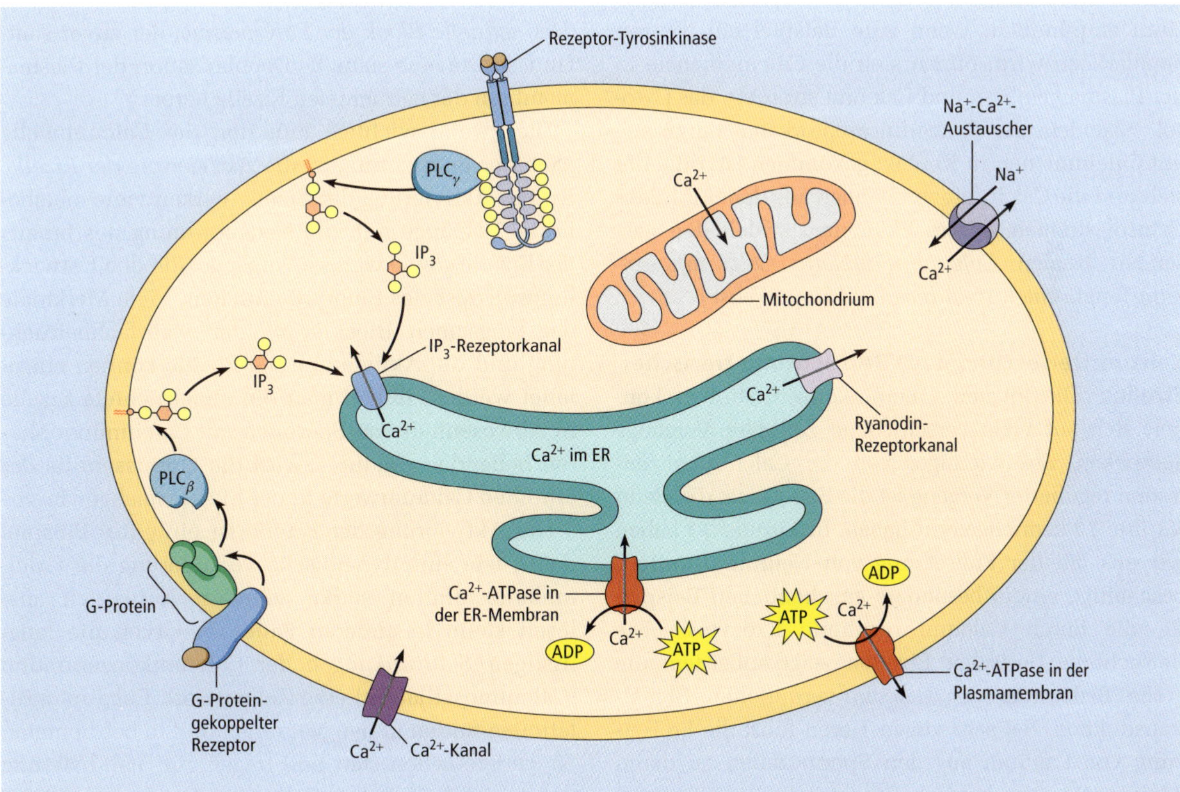

Abbildung 14.12: **Überblick über die Calciumregulation in Zellen.** Durch die Aktivitäten der ER-Calcium-ATPase, der Calcium-ATPase in der Plasmamembran, der Na^+/Ca^{2+}-Austauscher und der Mitochondrien wird die Ca^{2+}-Konzentration im Cytosol gesenkt. Die Ca^{2+}-Konzentration steigt im Cytosol an, wenn die Ca^{2+}-Kanäle in der Plasmamembran geöffnet werden und/oder Ca^{2+} durch IP_3- oder Ryanodinrezeptorkanäle in der ER-Membran freigesetzt wird.

beiführen kann. Einer dieser Wege, den wir in *Kapitel 13* in Zusammenhang mit den Neuronen dargestellt haben, funktioniert durch Öffnen der Calciumkanäle in der Plasmamembran. Die Calciumkonzentration in der extrazellulären Flüssigkeit und im Blut liegt bei ungefähr 1,2 m*M*, also um das 10.000-Fache höher als im Cytosol. Folglich können Calciumionen in die Zelle einströmen, sobald sich Calciumkanäle öffnen.

Die cytosolische Calciumkonzentration kann auch durch Freisetzung aus den intrazellulären Speichern erhöht werden. Die im ER eingelagerten Calciumionen können durch den IP_3-Rezeptorkanal, den wir zuvor ansprachen, und durch den Ryanodinrezeptorkanal freigesetzt werden. Der Name geht auf die Empfindlichkeit für das Pflanzenalkaloid *Ryanodin* zurück. Die *Ryanodinrezeptorkanäle* sind von besonderer Bedeutung für die Calciumfreisetzung aus dem sarkoplasmatischen Reticulum der Herz- und Skelettmuskel (siehe *Kapitel 16*), aber Zellen, die keine Muskelzellen sind, wie zum Beispiel die Neuronen, haben auch Ryanodinrezeptoren. Überraschenderweise sind sowohl Ryanodin- als auch IP_3-Rezeptoren für Calcium empfindlich. Wenn zum Beispiel ein Neuron depolarisiert wird, öffnen sich die Calciumkanäle in der Plasmamembran und Calcium strömt in das Cytosol. Nachdem der Ryanodinrezeptorkanal kurzfristig mit Calciumionen in Kontakt gekommen ist, öffnet er sich und die Calciumionen können aus dem ER in das Cytosol strömen. Dieses Phänomen erhielt den passenden Namen *Calcium-induzierte Calciumfreisetzung* (engl.: *calcium-induced calcium release*).

Calciumfreisetzung nach Befruchtung tierischer Eizellen Die lokalen Calciumkonzentrationen können sich auf viele verschiedene zelluläre Vorgänge auswirken. Ein wichtiger von der Calciumkonzentration regulierter Vorgang ist die Exocytose, die sie in *Kapitel 12* kennengelernt haben. In *Kapitel 13* haben wir uns mit der Freisetzung von Neurotransmittern beschäftigt, einem besonders anschaulichen Beispiel für die durch Calcium regulierte Exocytose. Die Befruchtung tierischer Eizellen zeigt außerdem die große Bedeutung der Calcium-vermittelten Signaltransduktion. Bei sehr vielen Tieren führt die Freisetzung von Calcium aus den Spermazellen zu deren Aktivierung. Die aktivierte Spermazelle kann dann an die Oberfläche reifer Eizellen binden und sich mit diesen bei der Befruchtung vereinigen. Dadurch wird eine faszinierende Ereignisfolge ausgelöst. Eine der frühen Antworten der Eizelle – innerhalb von 30 Sekunden bis mehrere Minuten nach der Befruchtung – ist die Freisetzung von Calcium aus inneren Speichern. Das Calcium wird zuerst an der Stelle freigesetzt, an der die Spermazelle die Eioberfläche durchdringt und breitet sich dann mittels der Calcium-induzierten Calciumfreisetzung über die Eizelle aus. Dieser Vorgang ähnelt der sich kräuselnden Oberfläche eines Teichs, wenn ein Kieselstein auf die Wasseroberfläche auftrifft. Die wellenähnliche Verbreitung der Calciumfreisetzung kann man mit Hilfe von Calciumindikatoren sichtbar machen (▶*Abbildung 14.13a*).

Die Calciumfreisetzung ist für zwei entscheidende Vorgänge von größter Bedeutung. Erstens regt sie die Exocytose von Vesikeln an, die man als *Kortikalgranula* bezeichnet (▶*Abbildung 14.13b*). Die Freisetzung der Kortikalgranula bewirkt Veränderungen in der Proteinhülle, die viele Eizellen umgibt (sie wird häufig als *Vitellinhülle* bezeichnet). In Folge dieser Veränderungen können keine Spermazellen mehr an die Eizelle binden. So wird verhindert, dass mehr als eine Spermazelle die Eizelle befruchtet. Diesen Vorgang bezeichnet man als *langsamen Block der Polyspermie*. (Der *schnelle Block der Polyspermie*, der zuvor stattfand, führte eine schnelle Depolarisation der Plasmamembran der befruchteten Eizelle herbei.)

Die zweite wichtige Funktion der Calciumwelle nach der Befruchtung ist die *Aktivierung der Eizelle*. An der Aktivierung der Eizelle wirken viele metabolische Vorgänge mit, die Neuanordnung des Inhalts der Eizelle sowie weitere Vorgänge, die den Entwicklungsprozess des Embryos einleiten. Viele Merkmale der langsamen Blockierung der Mehrfachbefruchtung und die Aktivierung der Eizelle können eingeleitet werden, indem man die unbefruchtete Eizelle in Abwesenheit von Spermien mit Calciumionophoren behandelt. Dadurch wird die Schlüsselrolle der erhöhten Calciumwerte in der Eizelle nachgewiesen.

Die Aktivierung der Eizelle ist ein gutes Beispiel dafür, wie eine dynamische Veränderung der Calciumkonzentration starke zelluläre Antworten auslösen kann. In anderen Fällen bewirken die langfristigen *Schwankungen* der Calciumkonzentration (Calciumoszillation) eine Zellantwort. Calciumoszillationen finden in den Neuronen und in befruchteten Säugetiereizellen statt und tragen zur Stabilisierung des Zustands in diesen Zellen bei. Calciumoszillationen spielen außerdem eine wichtige Rolle bei der Regulation des Öffnens und Schließens von Stomata in Pflanzen.

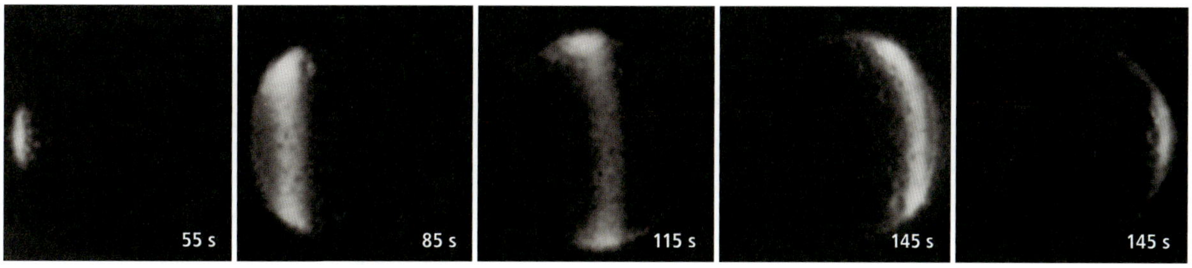

(a)

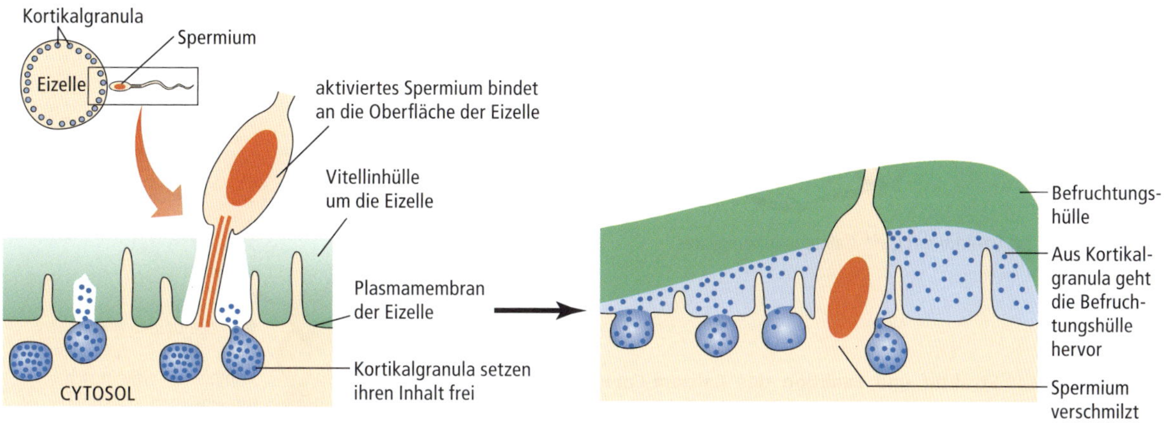

(b)

Abbildung 14.13: Vorübergehender Anstieg der freien Ca^{2+}-Konzentration in der Eizelle unmittelbar nach der Befruchtung. (a) Bei diesem klassischen Experiment wurde in die Eizelle eines Fisches Aequorin injiziert, ein Farbstoff, der Licht ausstrahlt, wenn er im Cytosol an freies Ca^{2+} bindet. Die Zeit, die nach der Befruchtung vergeht, wird in jedem Foto in Sekunden wiedergegeben. In den ersten paar Minuten nach der Befruchtung bewegt sich kurzzeitig eine Welle erhöhter Ca^{2+}-Konzentration durch die Eizelle. Sie beginnt an dem Punkt, an dem die Spermazelle links in die Eizelle eindrang. (b) Eine aktivierte Spermazelle, beispielsweise die hier abgebildete Seeigelspermazelle, bindet an die Oberfläche der Eizelle, wodurch lokal Ca^{2+} freigesetzt wird und die Exocytose von Kortikalgranula erfolgt. Daraus geht eine Befruchtungshülle hervor, die verhindert, dass weitere Spermazellen in das Ei eindringen können.

Die Calciumbindung aktiviert viele Effektorproteine Calcium kann direkt an viele verschiedene Effektorproteine binden, wodurch sich deren Aktivität verändert. Die Antwort einer Zielzelle auf einen Anstieg der Calciumkonzentration hängt von den jeweiligen Calciumbindeproteinen in der Zelle ab. Das bedeutet, dass die gleiche Veränderung der Calciumkonzentration deutlich unterschiedliche Wirkungen in zwei Zielzellen hervorrufen kann, wenn in den Zellen verschiedene Calcium-abhängige Enzymsysteme vorliegen. Ein mögliches Calciumbindeprotein ist das Protein **Calmodulin**.

Wie vermittelt Calmodulin die durch Calcium aktivierten Ereignisse in der Zelle? Das Calmodulinmolekül wurde mit einem beweglichen „Arm" verglichen, wobei sich an jedem Ende des Arms eine „Hand" befindet (▶*Abbildung 14.14a*). An jede „Hand-Region" binden zwei Calciumionen, wodurch sich die Form des Calmodulins verändert und ein aktiver Calcium-Calmodulin-Komplex entsteht (▶*Abbildung 14.14b*, Schritte ❶ und ❷). Wenn ein Protein mit einer Calmodulinbindestelle in der Zelle vorkommt, beispielsweise eine Proteinkinase oder eine Phosphatase, dann binden die Hände und der Arm an dieses Protein, indem sie sich um die Bindungsstellen wickeln (*Abbildung 14.14b*, Schritt ❸). Die Calmodulinbindung beeinflusst wiederum erheblich die Funktion eines solchen Proteins.

Ein wichtiges Merkmal von Calmodulin ist seine Affinität für Calcium: Calmodulin bindet an Calcium, wenn die cytosolische Calciumkonzentration auf circa 1,0 μM steigt, es setzt aber Calcium frei, wenn die cytosolischen Calciumwerte auf den Ruhezustand von 0,1 μM zurückgehen. Daher ist Calmodulin bestens geeignet, seine Aufgaben im Bereich der typischen cytosolischen Calciumkonzentrationen zu erfüllen.

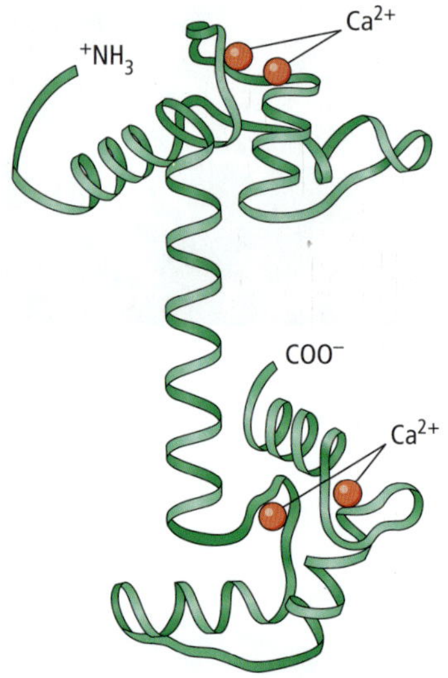

(a) Struktur des Ca^{2+}-Calmodulinkomplexes

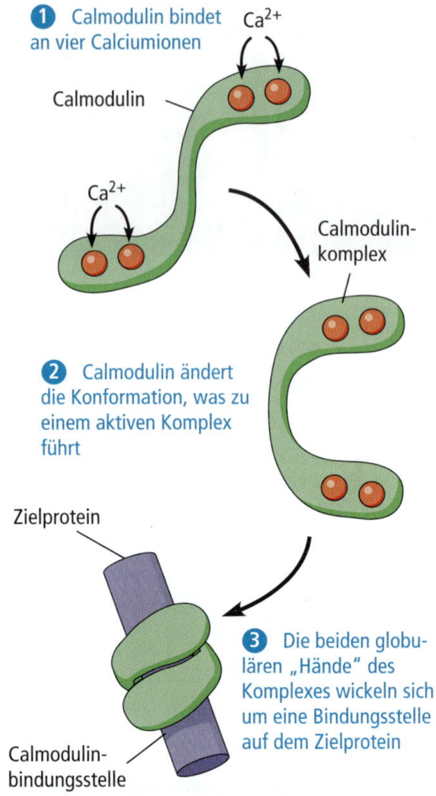

(b) Funktion des Ca^{2+}-Calmodulinkomplexes

Abbildung 14.14: Struktur und Funktion des Calcium-Calmodulinkomplexes. (a) Calmodulin ist ein cytosolisches Ca^{2+}-Bindeprotein. Das Modell seiner Molekularstruktur beruht auf den Daten einer Röntgenstrahlkristallographie. Das Molekül besteht aus zwei globulären Enden („Händen"), die durch eine helikale Region („Arm") verbunden sind. Jedes Ende hat zwei Calciumbindestellen. (b) Nach der Bindung von Ca^{2+} kann Calmodulin Zielproteine regulieren.

14.2.6 Die $\beta\gamma$-Untereinheiten der G-Proteine können auch Signale weiterleiten

Wir haben gesehen, dass die α-Untereinheiten aktivierter G-Proteine mit Proteinen wie Adenylylcyclase und Phospholipase C interagieren können, um Veränderungen in einer Zelle herbeizuführen, die ein Signal empfängt. Allerdings kann auch $G_{\beta\gamma}$ an der Signalisierung mitwirken. Zum Beispiel können G-Proteinrezeptorkinasen, die Sie bereits kennengelernt haben, von der $\beta\gamma$-Untereinheit eines dissoziierten G-Proteins aktiviert werden. Dadurch wird ein Rückmeldungsmechanismus zu den G-Proteinsignalen ausgelöst. Ein gut untersuchtes Beispiel der $G_{\beta\gamma}$-Signalisierung ist der muscarinische Acetylcholinrezeptor. In *Kapitel 13* haben Sie gelernt, dass einige Neurotransmitterrezeptoren indirekt wirken und über intrazelluläre Signalkaskaden Einfluss auf Ionenkanäle nehmen. Wenn Acetylcholin an den muscarinischen Acetylcholinrezeptor bindet, wirkt die $\beta\gamma$-Untereinheit des assoziierten G-Proteins (G_i) auf die Kaliumkanäle in der Plasmamembran, woraufhin sich diese öffnen (▶*Abbildung 14.15*). Wenn kein Acetylcholin mehr vorhanden ist, schließen sich die α- und $\beta\gamma$-Untereinheiten wieder zusammen, woraufhin sich die Kaliumkanäle schließen.

Ein weiteres Beispiel für $G_{\beta\gamma}$-Signalisierung ist die knospende Hefe, *Saccharomyces cerevisiae* (siehe *Abbildung 14.18*). Während der Paarung nutzt die Hefe die Mechanismen der G-Protein-gekoppelten Signalkaskaden, aber auch zur Wahrnehmung der Osmolarität, der Verfügbarkeit von Nährstoffen und anderer Umweltfaktoren. Interessanterweise lösen die aktivierten $\beta\gamma$-Untereinheiten in diesem Fall eine Reihe von Phosphorylierungsprozessen aus, die zur Aktivierung einer Kinase führen, die man als *MAP-Kinase* bezeichnet. MAP-Kinasen sind Schlüsselproteine einer anderen Signalkaskade in höheren Eukaryoten, dem Rezeptor-Tyrosinkinase-Weg, mit dem wir uns im nächsten Abschnitt beschäftigen werden.

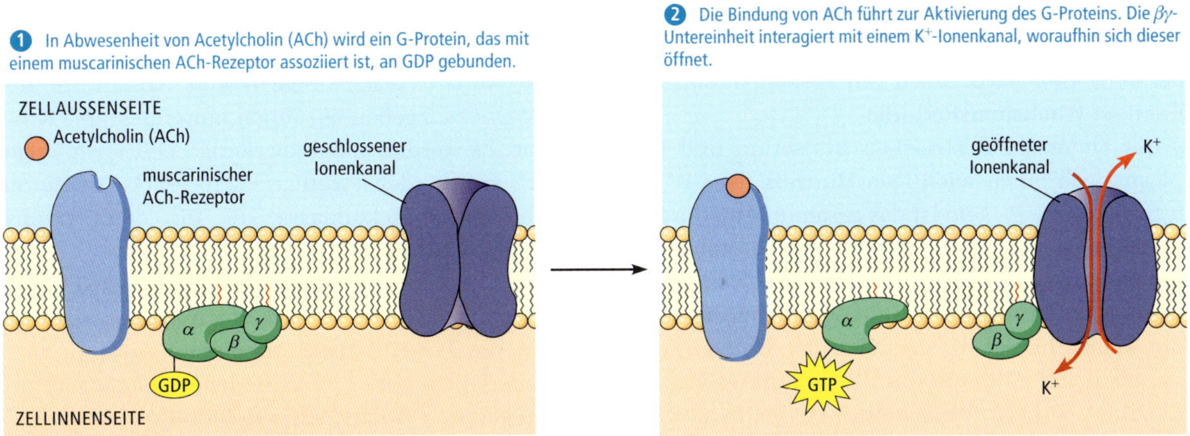

Abbildung 14.15: Die $G_{\beta\gamma}$-Untereinheiten eines G-Proteins regulieren indirekt Ionenkanäle in einigen Neuronen. Ein Typ von Acetylcholinrezeptor (der muscarinische Rezeptor) ist ein G-Protein-gekoppelten Rezeptor. Wenn Acetylcholin bindet, aktiviert es die $G_{\beta\gamma}$-Untereinheit von G_i, wodurch das Öffnen der Kaliumkanäle reguliert wird.

14.2.7 Weitere Signalkaskaden, die G-Proteine aktivieren

Außer den bereits vorgestellten Beispielen gibt es noch viele weitere Wege, die zur Aktivierung heterotrimerer G-Proteine führen. Dazu gehören *Wnts*, die über Rezeptoren mit sieben Transmembrandomänen (engl.: *seven-pass receptors*) wirken, die sogenannten Frizzleds (siehe *Kapitel 24*), und über die Hedgehog-Signalkaskade, die zum Teil über ein anderes Seven-pass-Protein agiert, das sogenannte *Smoothened*. Diese Signalkaskaden unterstreichen die Komplexität der Zellsignalisierungswege in einer Zelle.

14.3 Proteinkinase-assoziierte Rezeptoren

Sie haben gesehen, dass G-Protein-gekoppelte Rezeptoren ihre Signale in das Zellinnere weiterleiten, indem sie in einem G-Protein Veränderungen herbeiführen, die wiederum eine Kaskade von Signaltransduktionsereignissen auslösen. Eine weitere große Familie von Proteinen bedient sich einer anderen Strategie zur Signalübertragung. Sie übernehmen nicht nur die Funktion von Rezeptoren, sie sind außerdem noch Proteinkinasen. Wenn der passende Ligand an sie bindet, wird ihre Kinaseaktivität angeregt und sie übertragen über eine Kaskade von Phosphorylierungsereignissen Signale in die Zelle.

Rufen Sie sich in Erinnerung, dass Kinasen an bestimmte Aminosäuren in Zielproteinen Phosphatgruppen anfügen (siehe *Kapitel 6*). Man kann Rezeptorkinasen in zwei große Kategorien einteilen: Rezeptorkinasen, die einen Tyrosinrest phosphorylieren (*Tyrosinkinasen*) und Rezeptorkinasen, die einen Serin- oder Threoninrest (*Serin/Threoninkinasen*) phosphorylieren. Im Folgenden werden wir uns eingehender mit *Rezeptorproteinkinasen* beschäftigen.

14.3.1 Wachstumsfaktoren binden oft an Kinase-assoziierte Rezeptoren

Proteinkinase-assoziierte Rezeptoren nehmen an vielen wichtigen Zellvorgängen teil. Ein gut untersuchter Vorgang ist die Zellproliferation (Zellwachstum und Zellvermehrung). Damit sich eine Zelle teilen kann, müssen ihr alle für die Synthese ihrer Komponenten notwendigen Nährstoffe zur Verfügung stehen. Allerdings reichen Nährstoffe allein im Allgemeinen nicht für Wachstum aus. Zellen benötigen häufig weitere Signale, um das Zellwachstum anzuregen. Biologen wurden mit den Anforderungen, die das Zellwachstum stellt, konfrontiert, als sie Zellen in vitro kultivieren wollten. Obwohl die Zellen in ein nährstoffreiches Wachstumsmedium gegeben wurden, unter anderem Blutplasma, wuchsen sie nicht. Einen Wendepunkt markierte der Einsatz von Serum anstelle von Plasma. Serum unterstützte das Zellwachstum, was Plasma nicht tat.

Viele im Blutserum enthaltene Botenstoffe sind mittlerweile gereinigt worden und sie sind Mitglieder verschiedener Klassen von Proteinen, den sogenannten **Wachstumsfaktoren**.

Der Unterschied zwischen Blutserum und Blutplasma gab einen wichtigen Hinweis über Wachstumsfaktoren. *Plasma* ist das gesamte Blut, darunter reaktionsbereite Blutplättchen (= Thrombocyten, die Gerinnungskomponenten enthalten), allerdings keine roten und weißen Blutkörperchen. *Serum* ist die klare Flüssigkeit, die nach der Blutgerinnung zurückbleibt. Während der Blutgerinnung scheiden die Blutplättchen Wachstumsfaktoren in das Blut ab, die das Wachstum spezieller Zellen anregen, der *Fibroblasten*. Sie bilden neues Bindegewebe, aus dem eine Narbe entsteht. Nach der Blutgerinnung ist das neu gebildete Serum mit dem *Blutplättchen-abgeleiteten Wachstumsfaktor* (*PDGF*, engl.: *platelet-derived growth factor*) angereichet. Plasma enthält diesen Faktor nicht, da keine Gerinnungsreaktion stattgefunden hat.

Heute wissen wir, dass der Rezeptor für PDGF eine Rezeptor-Tyrosinkinase ist. Tatsächlich wirken mehrere Wachstumsfaktoren durch Stimulation von Rezeptor-Tyrosinkinasen, darunter *Insulin*, der *insulinähnliche Wachstumsfaktor-1*, der *Fibroblastenwachstumsfaktor*, der *epidermale Wachstumsfaktor* und der *Nervenwachstumsfaktor*. Man hat noch viele weitere Wachstumsfaktoren isoliert. In der ▸*Tabelle 14.3* geben wir Ihnen nur eine kleine Kostprobe. Es werden außerdem einige Zelltypen aufgeführt, auf die der jeweilige Faktor wirkt, sowie die allgemeine Molekülklasse, die für jeden Wachstumsfaktor als Rezeptor dient.

Zwar werden sie alle unter der Bezeichnung Wachstumsfaktoren geführt, doch wirken die Proteine, die Tyrosinkinase und andere Rezeptortypen aktivieren, an vielen verschiedenen Vorgängen mit. Dazu gehören Wachstum und Zellteilung sowie entscheidende Vorgänge während der embryonalen Entwicklung, Reaktionen auf Verletzungen von Geweben und viele weitere Aktivitäten. In *Kapitel 19* werden wir uns mit den Auswirkungen der Wachstumsfaktoren auf die Zellteilung beschäftigen und in *Kapitel 24* mit ihrer Rolle bei der Krebsentstehung. In diesem Zusammenhang genügt es zu wissen, dass Wachstumsfaktoren ausgeschiedene Moleküle sind, die ihre Wirkung in unmittelbarer Umgebung entfalten und spezifische Wirkungen auf Zellen ausüben, die den passenden Rezeptor zur Bindung des Wachstumsfaktors besitzen.

Tabelle 14.3

Beispiele für Wachstumsfaktorenfamilien

Wachstumsfaktor	Zielzellen	Rezeptortyp
Epidermaler Wachstumsfaktor (EGF)	viele Epithel- und Mesenchymalzellen	Tyrosinkinase
Transformierender Wachstumsfaktor α (TGFα)	ebenso wie bei EGF	Tyrosinkinase
Blutplättchen-abgeleiteter Wachstumsfaktor β (PDGF)	Mesenchymalzellen, glatte Muskelzellen, Trophoblasten	Tyrosinkinase
Transformierender Wachstumsfaktor β (TGFβ)	Fibroblastenzellen	Serin/Threoninkinase
Fibroblastenwachstumsfaktor (FGF)	Mesenchymalzellen, Fibroblasten, viele andere Zelltypen	Tyrosinkinase
Interleukin-2 (IL-2)	Cytotoxische T-Lymphocyten	Komplex aus drei Untereinheiten
Koloniestimulierender Wachstumsfaktor-1 (CSF-1)	Makrophagenvorläufer	Tyrosinkinase
Wnts	viele Typen embryonaler Zellen	Frizzled (Seven-pass-Protein)
Hedgehogs	viele Typen embryonaler Zellen	Patched (Seven-pass-Protein)

14.3.2 Rezeptor-Tyrosinkinasen sammeln sich und durchlaufen eine Autophosphorylierung

Viele **Rezeptor-Tyrosinkinasen** (**RTKs**) lösen eine Kette von Signalkaskaden in der Zelle aus, die letzten Endes zu Zellwachstum, Zellvermehrung oder zur Spezialisierung von Zellen führen. Zu den RTKs gehören die Rezeptoren für Insulin, den Nervenwachstumsfaktorrezeptor (NGF) und den epidermalen Wachstumsfaktor (EGF) (▶*Abbildung 14.16*).

Die Struktur der Rezeptor-Tyrosinkinasen Die Rezeptor-Tyrosinkinasen unterscheiden sich strukturell in vielerlei Hinsicht von den G-Protein-gekoppelten Rezeptoren. Häufig setzen sich diese Rezeptoren aus einer einzigen Polypeptidkette mit nur einer Transmembrandomäne zusammen. Innerhalb dieser Polypeptidkette gibt es mehrere verschiedene Domänen (▶*Abbildung 14.16a*). Der extrazelluläre Teil des Rezeptors enthält die *Ligandenbindedomäne*. Das andere Ende des Proteins ragt durch die Plasmamembran in das Cytosol hinein. Auf der cytosolischen Seite bildet ein Teil des Rezeptors die Tyrosinkinase. Der cytosolische Teil des Rezeptors enthält Tyrosinreste, die wiederum selbst Ziel des Tyrosinkinase-Teils des Rezeptors sind.

Häufig ist die Tyrosinkinase ein integraler Bestandteil des Rezeptorproteins. In einigen Fällen sind der Rezeptor und die Tyrosinkinase allerdings zwei getrennte Proteine und dann bezeichnet man die Tyrosinkinase als eine *Nicht-Rezeptor-Tyrosinkinase*. Sie kann jedoch an den Rezeptor binden und aktiviert werden, wenn der Rezeptor an seinen Liganden bindet, sodass der Nettoeffekt dem der Aktivierung einer typischen Rezeptor-Tyrosinkinase recht ähnlich kommt.

Die Nicht-Rezeptor-Tyrosinkinasen waren tatsächlich die ersten Tyrosinkinasen, die man entdeckte. Die zuerst identifizierte Nicht-Rezeptor-Tyrosinkinase war das Src-Protein. Dieses Protein wird von dem *src*-Gen des Vogelvirus *Sarcoma* kodiert. Eine Form des Src kann normale Zellen in Krebszellen umwandeln. Auf dieses Thema werden wir in *Kapitel 24* eingehen. Es wurden noch viele andere Nicht-Rezeptor-Tyrosinkinasen entdeckt, von denen die meisten strukturell dem Src-Protein ähneln.

Die Aktivierung der Rezeptor-Tyrosinkinasen Die Signaltransduktion wird eingeleitet, wenn ein Ligand

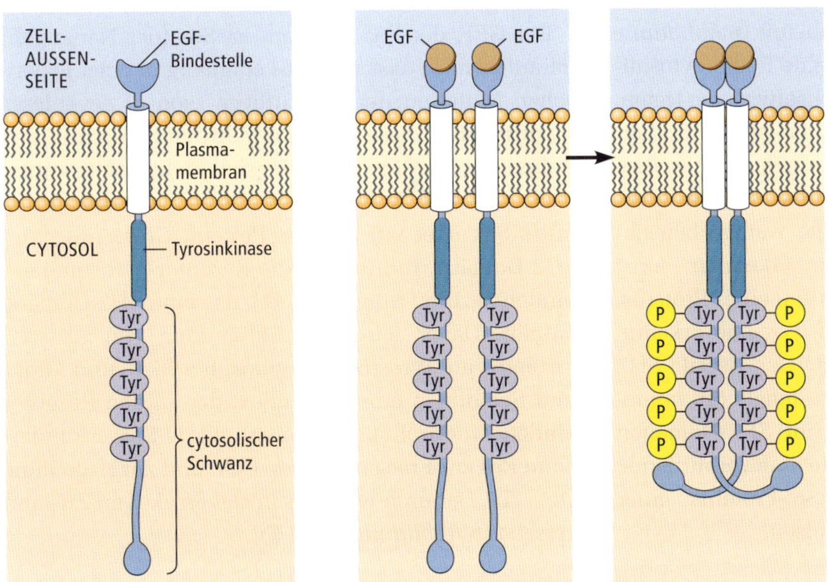

(a) Struktur des Rezeptors für den epidermalen Wachstumsfaktor (EGF)

(b) Aktivierung des EGF-Rezeptors

Abbildung 14.16: Struktur und Aktivierung einer Rezeptor-Tyrosinkinase. (a) Der Rezeptor des hier dargestellten epidermalen Wachstumsfaktors (EGF) ist typisch für viele Rezeptor-Tyrosinkinasen (RTKs). Diese Rezeptoren haben häufig nur eine Transmembrandomäne. Der Ligand (EGF in diesem Fall) bindet an den extrazellulären Teil des Rezeptors. In der Zelle besitzt ein Teil des Rezeptors Tyrosinkinase-Aktivität. Der übrige Rezeptor enthält eine Reihe von Tyrosinresten. Diese sind Substrate für die Tyrosinkinase. (b) Die Aktivierung von RTKs setzt mit der Ligandenbindung ein, woraufhin der Rezeptor dimerisiert. Nachdem sich zwei Rezeptormonomere zusammengeschlossen haben, kommt es zur Überkreuzphosphorylierung auf Tyrosin-Aminosäureresten. Die Bildung von Tyrosinphosphatresten (Tyr-P) auf dem Rezeptor schafft Bindestellen für cytosolische Proteine, die SH2-Domänen enthalten.

bindet, woraufhin die Rezeptor-Tyrosinkinasen-Monomere dimerisieren (▸*Abbildung 14.16b*). Bei vielen der am besten untersuchten Fälle schließen sich zwei Rezeptormonomere in der Plasmamembran zu einem Dimer zusammen, wenn ihr Ligand an sie bindet. Nachdem diese Dimerisierung erfolgt ist, phosphoryliert die mit jedem Rezeptor assoziierte Tyrosinkinase die Tyrosinreste des benachbarten Rezeptors. Da die Rezeptoren mit anderen Rezeptoren gleichen Typs phosphorylieren, bezeichnet man diesen Vorgang als **Autophosphorylierung**.

14.3.3 Rezeptor-Tyrosinkinasen leiten eine Signalkaskade ein, an der Ras und MAP-Kinase mitwirken

Rezeptor-Tyrosinkinasen nutzen eine andere Methode zur Initiierung der Signaltransduktion als die G-Protein-gekoppelten Rezeptoren. Viele Schlüsselereignisse der RTK-Signalisierung hat man mit Hilfe mutierter Modellorganismen identifiziert, beispielsweise *Drosophila* und *Caenorhabditis elegans*. Auf diese Themen gehen wir in *Exkurs 14B* ausführlich ein. Im Folgenden geben wir Ihnen einen Überblick.

Wenn als Antwort auf die Ligandenbindung die Autophosphorylierung von Tyrosinresten an dem cytosolischen Teil des Rezeptors abläuft (▸*Abbildung 14.17* ①), rekrutiert der Rezeptor eine Reihe cytosolischer Proteine, die mit ihm in Wechselwirkung treten. Jedes dieser Proteine bindet an einen phosphorylierten Tyrosinrest des Rezeptors. Jedes cytosolische Protein muss eine Sequenz von Aminosäuren besitzen, die das Phosphotyrosin und einige wenige benachbarte Aminosäuren des Rezeptors erkennen, sonst kann das Protein nicht binden. Der Teil eines Proteins, der eines dieser phosphorylierten Tyrosine erkennt, wird als **SH2-Domäne** bezeichnet. Der Begriff SH2 steht für Src-Homologe (Domäne) 2, (engl.: *Src homology (domain) 2*), weil Proteine mit SH2-Domänen Aminosäuresequenzen besitzen, die eine verblüffende Ähnlichkeit mit einem Teil des Src-Proteins (einer cytosolischen Tyrosinkinase) aufweisen.

Durch Rekrutierung verschiedener Proteine, die SH2-Domänen enthalten, werden verschiedene Signalkaskaden aktiviert. Dies hat zur Folge, dass Rezeptor-Tyrosinkinasen mehrere verschiedene Signalkaskaden gleichzeitig aktivieren. Dazu gehören der Weg des Second Messengers Inositol-Phospholipid-Calcium, den wir bereits dargestellt haben (*Abbildung 14.12*) sowie der Ras-Weg, der letztendlich die Expression von Genen aktiviert, die am Wachstum oder der Entwicklung mitwirken.

Ras (*Ra*t sarcoma, ein kleines Proto-Onkogen, das häufig an der Entstehung von Tumoren beteiligt ist) ist für die Regulierung des Zellwachstums von Bedeutung. Anders als heterotrimere G-Proteine, die mit G-Protein-gekoppelten Rezeptoren assoziiert sind, besteht Ras nur aus einer Untereinheit. Ras und andere *kleine monomere G-Proteine* sind wichtige Signalmoleküle. Ebenso wie andere G-Proteine kann Ras entweder an GDP oder GTP binden, doch nur in Verbindung mit GTP wird Ras aktiv. Im Fall einer fehlenden Rezeptorstimulierung verbleibt Ras im Allgemeinen an GDP gebunden. Damit Ras aktiv wird, muss es GDP freisetzen und ein Molekül GTP binden. Hierfür benötigt Ras die Unterstützung eines anderen Proteintyps, des sogenannten **Guanin-Nucleotid-Austauschfaktors** (**GEF**, engl.: *guanine-nucleotide exchange factor*).

Der GEF, der Ras aktiviert, ist **Sos** (der Name geht darauf zurück, dass man Sos erstmalig in einer genetischen Mutation der Fruchtfliege „son of sevenless" identifizierte. Diese Mutation führt zu Fehlern in den Zellen des Facettenauges, die sich nicht richtig entwickeln können; *Exkurs 14B*). Zu seiner Aktivierung muss Sos über ein anderes Protein, *GRB2* mit einer SH2-Domäne, indirekt an die Rezeptor-Tyrosinkinase binden (▸*Abbildung 14.17* ②), das eine SH2-Domäne enthält. Daher wird zur Aktivierung von Ras der Rezeptor an Tyrosinresten phosphoryliert und GRB2 und Sos bilden einen Komplex, der an den Rezeptor bindet, wodurch Sos aktiviert wird. Sos stimuliert dann Ras zur Freisetzung von GDP und zur Aufnahme von GTP. Dadurch wird Ras in seinen aktiven Zustand versetzt (▸*Abbildung 14.17* ③).

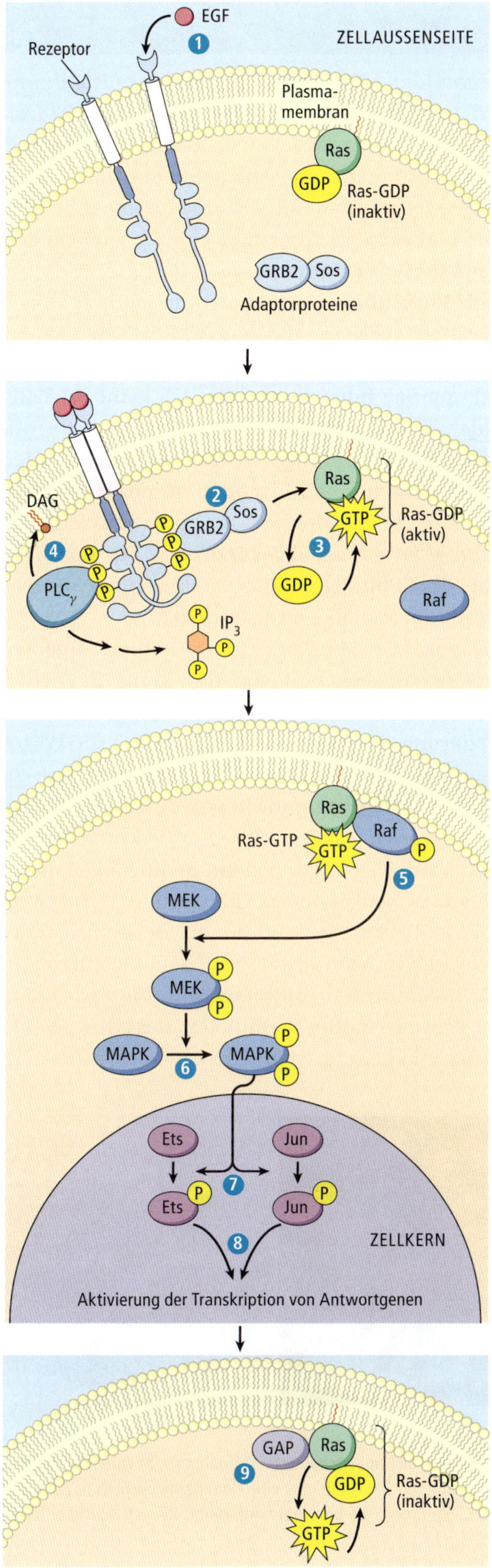

Abbildung 14.17: Signaltransduktion durch Rezeptor-Tyrosinkinasen. ❶ Im Anschluss an die Ligandenbindung dimerisieren die Rezeptor-Tyrosinkinasen, zum Beispiel der epidermale Wachstumsfaktor (EGF) und ❷ durchlaufen eine Autophosphorylierung. Nach der Phosphorylierung eines Rezeptors an den Tyrosinresten auf der Cytosol-Seite, binden Proteine mit SH2-Domänen wie GRB2 an den Rezeptor und rekrutieren Sos, einen GEF für Ras. ❸ Sos veranlasst dann die Aktivierung von Ras, indem es Ras bei der Freisetzung von GDP und der Aufnahme von GTP unterstützt. ❹ Gleichzeitig führt die Bindung der Phospholipase Cγ an den aktivierten Rezeptor zu dessen Aktivierung und zur Spaltung von PIP_2 zu IP_3 und DAG. ❺ Das aktivierte Ras leitet eine Kaskade von Phosphorylierungsereignissen ein, die mit dem Protein Raf beginnen, das die Phosphorylierung von MEK katalysiert. ❻ Schließlich wird die MAP-Kinase (MAPK) phosphoryliert. ❼ Die aktivierte MAPK katalysiert die Phosphorylierung von Proteinen wie Ets und Jun, die mit anderen Proteinen im Zellkern wirken und ❽ die Transkription von Antwortgenen regulieren. ❾ Durch die Hydrolyse des an Ras gebundenen GTP, ein Schritt den GAP erleichtert, wird Ras deaktiviert.

Nachdem Ras aktiviert wurde, löst es eine Reihe von Phosphorylierungsreaktionen aus (▸*Abbildung 14.17* ❺). Das erste Protein dieser Kaskade ist eine Proteinkinase mit der Bezeichnung *Raf*. Das aktivierte Raf phosphoryliert wiederum Serin- und Threoninreste in dem Protein *MEK*. MEK kann sodann Threonin- und Tyrosinreste in einer Proteinklasse namens **mitogen-aktivierte Proteinkinasen** oder **MAP-Kinasen (MAPKs**; ▸*Abbildung 14.17* ❻) phosphorylieren. MAPKs werden aktiviert, wenn die Zellen einen Wachstumsanreiz erhalten und sich teilen (ein solches Signal wird manchmal als *mitogen* bezeichnet und daher stammt die Bezeichnung der Kinase). Eine Funktion von MAPKs besteht darin, Kernproteine zu phosphorylieren, die sogenannten Transkriptionsfaktoren, welche die Genexpression regulieren (▸*Abbildung 14.17* ❼). Eines dieser Kernproteine trägt die Bezeichnung *Jun*, eine Komponente des Transkriptionsfaktors AP-1, sowie andere Proteine, die Mitglieder der *Ets*-Familie der Transkriptionsfaktoren sind. Diese Proteine regulieren wiederum die Expression von Genen, deren Proteinprodukte für Zellwachstum und Zellteilung benötigt werden (▸*Abbildung 14.17* ❽).

Wenn Ras sich im aktiven Zustand befindet, muss es durch Hydrolyse von GTP, das an Ras gebunden ist, inaktiviert werden, um eine weitere Stimulierung des Ras-Weges zu vermeiden. Die GTP-Hydrolyse wird von einem **GTPase-Aktivierungsprotein** gefördert (**GAP**; ▸*Abbildung 14.17* ❾). GAPs können die Inaktivierung von Ras um das Hundertfache beschleunigen.

14B ▶ Arbeitstechniken

Genetische Modellsysteme zur Untersuchung der Zellsignalisierung

Moderne Zellbiologen nutzen eine Reihe experimenteller Hilfsmittel zur Untersuchung biologischer Schlüsselereignisse, darunter die genetische Analyse von Mutanten, die bei spezifischen Zellsignalkaskaden Defekte aufweisen. Die Anwendung genetischer Modellorganismen, darunter die Hefe *Saccharomyces cerevisiae*, der Nematode *Caenorhabditis elegans* und die Taufliege *Drosophila melanogaster*, revolutionierten unsere Fähigkeit, die Funktionen spezifischer Proteine mit wichtigen Zellsignalkaskaden in Zusammenhang zu bringen. Zum Beispiel erbrachten Untersuchungen der knospenden Hefe sehr wichtige Informationen über die Steuerung des Zellzyklus (siehe *Kapitel 19*). In diesem Zusammenhang konzentrieren wir uns darauf, wie man mit Hilfe genetischer Modellorganismen Schlüsselaspekte eines wichtigen zellulären Weges aufklärte, des Rezeptor-Tyrosinkinase-Wegs (RTK).

Die Rezeptor-Tyrosinkinase-Signalkaskade und das Fliegenauge

Ungefähr zur gleichen Zeit arbeitete man an der Aufklärung der Zellsignalkaskaden von RTKs am Beispiel von zwei Systemen: dem Facettenauge von *Drosophila* und den Eilegestrukturen (oder Vulva) des Nematoden *C. elegans*. Wir werden uns hier mit dem Auge von *Drosophila* beschäftigen. Das Facettenauge von *Drosophila* setzt sich aus ungefähr 800 „Einzelaugen" zusammen, den *Ommatidia* (Singular *Ommatidium*; *Abbildung 14B-1a*). Jedes Ommatidium setzt sich aus 22 Einzelzellen zusammen. Acht davon dienen als Photorezeptoren, die entsprechend ihrer Lage bezeichnet wurden (R1 – R8). Mutationen im Ras-Gen können das Aussehen eines Facettenauges dramatisch beeinflussen (*Abbildung 14B-1c*), weil die Bildung der Ommatidia stark abhängig von einer RTK ist, die von einem Gen namens *sevenless* (abgekürzt Sev) kodiert wird. Der Verlust von Sev führt dazu, dass sich keine R7-Zelle bildet, die sich stattdessen zu einer Kegelzelle differenziert (*Abbildung 14B-1d*). Weitere Studien identifizierten einen Liganden an der benachbarten R8-Zelle, der den Sev-Rezeptor aktiviert: den *Bride of Sevenless*, abgekürzt Boss. Das Boss-Protein auf R8 bindet an den Sev-Rezeptor, was daraufhin die Signalkaskade auslöst.

Daten von *sev*-Knockout-Mutanten ergaben, dass in Abwesenheit von Sev keine R7-Zellen gebildet werden (*Abbildung 14B-2a*). Zur Identifizierung weiterer Bausteine des *sev*-Weges ersannen die Wissenschaftler Bedingungen, in denen der Sev-Rezeptor in gerade ausreichender Menge vorlag, um noch die Entwicklung von R7 zuzulassen (Genetiker nennen Bedingungen dieser Art einen „sensitivierten Hintergrund"). Anschließend isolierten sie Mutationen, deren Augendefekte nur in Verbindung mit dem sensitivierenden Defekt in Sev auftraten (*Abbildung 14B-2c*). Die Wissenschaftler vermuteten, dass diese Mutationen die gleiche Signalkaskade beeinflussten,

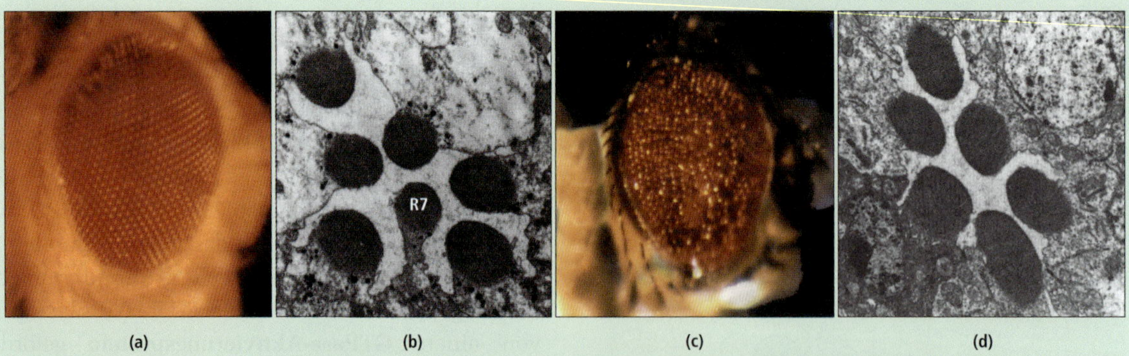

Abbildung 14B-1: Das Facettenauge von *Drosophila*. (a) Ein normales Auge (lichtmikroskopische Aufnahme). (b) Querschnitt eines normalen Ommatidiums mit hoher Auflösung (TEM). Die R7-Zelle liegt in der Mitte. (c) Ein Auge, das eine dominante, aktivierte Form von Ras exprimiert, erscheint rau. (d) In einer *Sevenless*-Mutante, die nicht die RTK exprimiert, die benötigt wird, damit R7 sich richtig differenziert, ist keine R7-Zelle zu finden.

die durch Sev/Boss aktiviert wird. Mit diesem Ansatz konnten sie dann einige wichtige Komponenten der RTK-Signalkaskaden identifizieren. In Verbindung mit biochemischen Experimenten an kultivierten Zellen entschlüsselten diese Pionierleistungen die wesentlichen Prozesse der TRK-Signalkaskaden.

In anderen Untersuchungen wurden die Auswirkungen von Mehrfachmutationen im *sev*-Signalweg studiert. In mutierten Fliegen ohne funktionelles Sev, aber mit einer sehr dominanten Ras-Mutation, die zu einer starken Reduktion der GTPase-Aktivität des Proteins führte (eine solche Mutation macht Ras *konstitutiv* aktiv, d. h. Ras ist überstimuliert), differenziert sich R7, obwohl es das Signal von R8 nicht empfangen kann (*Abbildung 14B-2d*). Daraus wurde ersichtlich, dass der *sev*-Signalweg im Normalfall Ras aktiviert. Wenn Ras überstimuliert ist und sich quasi selbst aktiviert, werden die Prozesse an der Zelloberfläche nicht mehr benötigt. Diese und ähnliche Studien an *C. elegans* identifizierten die Signalkaskaden, die nach Stimulation der RTK ausgelöst werden.

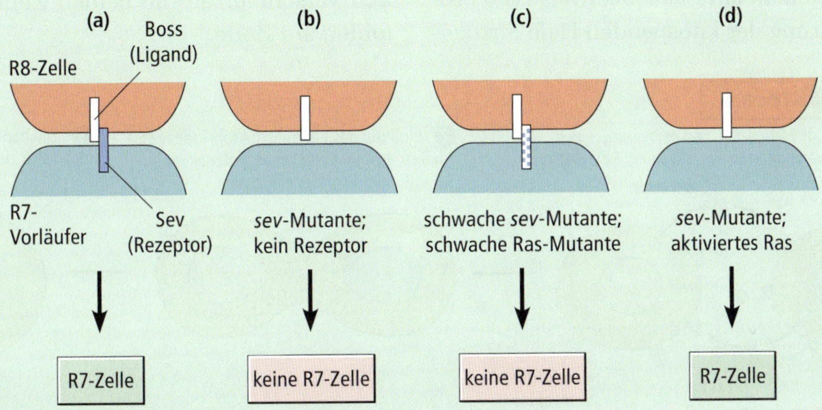

Abbildung 14B-2: Mutationen des Ras-Weges können die RTK-Signalisierung entweder umgehen oder Defekte im RTK-Signalweg verstärken. (a) In einer normalen Zelle aktiviert der Boss-Ligand auf der Oberfläche der R8-Zelle den Sev-Rezeptor auf der benachbarten R7-Vorläuferzelle, woraufhin eine normale Differenzierung erfolgt. (b) In *sev*-Mutanten fehlt der Sev-Rezeptor und führt dazu, dass die R7-Vorläuferzelle das Signal von R8 nicht empfangen kann; deshalb differenziert sich die R7-Zelle nicht aus. (c) Trägt *sev* eine minder schwere Mutation, welche normalerweise die Bildung einer R7-Zelle erlauben würde, aber die R7-Vorläuferzelle besitzt ebenfalls eine kleine Mutation in *ras*, dann kann keine R7-Zelle gebildet werden. (d) Fehlt der Fliege das funktionelle Sev-Protein, exprimiert aber gleichzeitig eine dominante, konstitutive aktive Form von Ras, dann entwickelt sich eine normale R7-Zelle.

14.3.4 Rezeptor-Tyrosinkinasen aktivieren eine Vielzahl weiterer Signalwege

Ebenso wie die G-Protein-gekoppelten Rezeptoren können auch Rezeptor-Tyrosinkinasen die Phospholipase C aktivieren (*Abbildung 14.17* ❹). Wir haben bereits gesehen, dass die Aktivierung der Phospholipase C zur Bildung von IP_3 und DAG führt und dass IP_3 Calcium aus intrazellulären Speichern freisetzt. Allerdings unterscheidet sich die Phospholipase C_γ (die von den Rezeptor-Tyrosinkinasen aktiviert wird) von der Phospholipase C_β (die von den G-Protein-gekoppelten Rezeptoren aktiviert wird). Die Phospholipase C_γ enthält eine SH2-Domäne und muss an den Rezeptor binden. Nach der Bindung an den Rezeptor wird die Phospholipase C_γ von der Rezeptor-Tyrosinkinase phosphoryliert und aktiviert.

Außerdem können Rezeptor-Tyrosinkinasen weitere Enzyme binden, beispielsweise *Phosphatidylinositol-3-Kinase* (*PI-3-Kinase*), die das Plasmamembran-Phospholipid Phosphatidylinositol phosphoryliert. Dieses Enzym übernimmt wichtige Aufgaben bei Zellwachstum und Zellteilung, denn es wirkt über verschiedene Phosphatidylinositole. Die Rolle dieser Kinase ist vielfältig und komplex. Zu einem späteren Zeitpunkt in diesem Kapitel werden wir uns mit einer Rolle der PI-3-Kinase beim Insulinsignalweg beschäftigen.

14.3.5 Gerüstkomplexe können die Zellsignalisierung erleichtern

Wir haben bereits erfahren, dass die Rezeptor-Tyrosinkinasen eine Reihe von Phosphorylierungsreaktionen stimulieren können, die von dem aktiven Ras-Protein initiiert werden. Neuere Forschungsergebnisse lassen die Schlussfolgerung zu, dass Signalisierungskomponenten wie der Ras-Weg manchmal zu Multiproteinkomplexen zusammengesetzt werden. Aufgrund dieser Komplexe werden die Kaskadenreaktionen effizienter und begrenzen die zellulären Antworten auf Signale auf eine kleine Region. Gut untersucht sind beispielsweise die Prozesse bei der Paarung der knospenden Hefe *Saccharomyces cerevisiae*. Unter günstigen Bedingungen ist Hefe haploid. Unter Stress scheiden die Zellen des Paarungstyps a ein chemisches Signal aus, das man als *a-Faktor* bezeichnet. Dieser Faktor kann an spezifische G-Protein-gekoppelte Rezeptoren auf nahe gelegenen α-Zellen binden (▶*Abbildung 14.18a*). Gleichzeitig scheiden α-Zellen einen *α-Faktor* aus, der an die entsprechenden Rezeptoren auf a-Zellen bindet. Diese *Paarungsfaktor*-Signalisierung (engl.: *mating factor*) führt zu weitreichenden Veränderungen in den beiden Zellen, unter anderem zu polarisierter Sekretion, Veränderungen des Cytoskeletts und Veränderungen der Genexpression. Letztendlich verschmelzen die beiden Zellen zu einer diploiden a/α-Zelle.

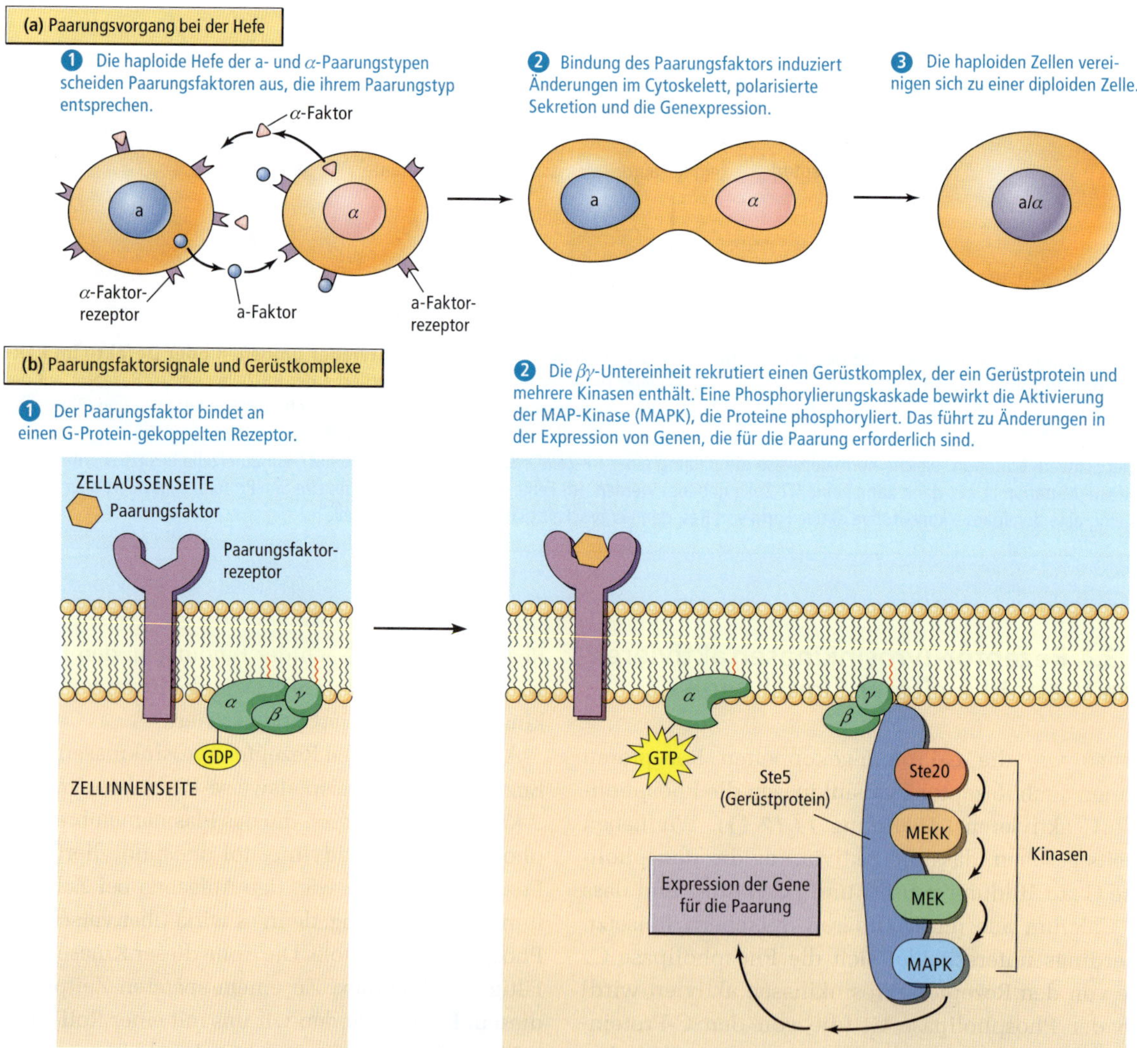

Abbildung 14.18: Gerüstkomplexe können die Zellsignalisierung erleichtern. (a) Die Paarung bei der Hefe erfolgt über den Austausch von Paarungsfaktoren durch haploide Zellen unterschiedlicher Paarungstypen. Paarungstypenrezeptoren sind G-Protein-gekoppelte Rezeptoren. (b) Die Paarungsfaktorsignalisierung wird mittels eines Gerüstkomplexes als Antwort auf die $G_{\beta\gamma}$-Untereinheit eines mit Paarungsfaktorrezeptoren assoziierten G-Proteins bewerkstelligt.

Wie wir gesehen haben, wird die Paarungsfaktor-Signalisierung von einer aktivierten $G_{\beta\gamma}$-Untereinheit eines G-Proteins vermittelt. $G_{\beta\gamma}$ rekrutiert ein großes Gerüstprotein (engl.: *scaffold protein*) für die Plasmamembran, das *Ste5*. Ste5 steigert die Effizienz der Signaltransduktion für den Paarungsweg, indem die daran beteiligten Kinasen zu einem großen Komplex gebündelt werden. In diesem Fall führt dies über eine spezifische Phosphorylierungskaskade zu der Phosphorylierung von MAPK (▶*Abbildung 14.18b*). MAPK wiederum phosphoryliert Proteine, die Veränderungen der Genexpression bewirken, die für die Paarung relevant sind. Man hat andere ähnliche Gerüstkomplexe in der Hefe identifiziert, die Antworten auf Änderungen der Osmolarität, des Nährstoffangebots und anderer Umweltsignale regulieren. Gerüstkomplexe kommen nicht ausschließlich in der Hefe vor. Neuronale Synapsen enthalten beispielsweise Multiproteinkomplexe; es ist wahrscheinlich, dass viele Signalisierungswege sich auch diese Strategie zu Nutze machen. Eine wichtige Klasse von Proteinen, die zahlreiche Signalisierungsmoleküle binden und deren Funktionen in Multiproteinkomplexen regulieren, ist die Klasse der sogenannten *14-3-3-Proteine*.

14.3.6 Dominant negative Mutantenrezeptoren sind wichtige Hilfsmittel zur Untersuchung der Rezeptorfunktion

Die Wachstumsfaktor-Signalkaskaden sind für viele zelluläre Ereignisse von Bedeutung. Dies ist bereits bekannt. Wie aber können wir identifizieren, welche Rezeptoren für welche Ereignisse relevant sind? Einen Weg weist uns die Genetik (*Exkurs 14B*). Bei einem anderen Verfahren führt man Mutationen in den jeweiligen Rezeptor ein und untersucht die Folgen. Betrachten Sie zum Beispiel die **Fibroblastenwachstumsfaktoren (FGFs)** und deren Rezeptor-Tyrosinkinasen, die *Fibroblastenwachstumsfaktorenrezeptoren (FGFRs)*. FGFs und ihre Rezeptoren vermitteln viele wichtige Signalisierungsereignisse in tierischen Embryos und im Gewebe erwachsener Individuen. Normale FGFs durchlaufen ebenso wie die Rezeptoren des epidermalen Wachstumsfaktors nach der Ligandenbindung eine Autophosphorylierung, die wir in der ▶*Abbildung 14.19* dargestellt haben. Einige Typen mutierter FGFs sind jedoch in der Lage, an normale Rezeptoren zu binden, was aber nicht zu normaler Autophosphorylierung führt. Wenn eine Zelle solche mutierte Rezeptoren bildet, obwohl in der Zelle auch eine große Menge normaler, funktionstüchtiger Rezeptoren entstehen, verhindert die Gegenwart des mutierten Rezeptors, dass der normale Rezeptor ordentlich funktioniert. Die normale Funktion wird beeinträchtigt, weil FGFRs als Dimere zusammenwirken müssen, um FGFs zu binden. Wenn ein normaler Rezeptor mit einem mutierten Rezeptor ein Dimer bildet, dann laufen die Phosphorylierungsereignisse, die normalerweise innerhalb des Tyrosinkinase-Anteils ablaufen, nicht ab und die Signaltransduktion wird blockiert (▶*Abbildung 14.19b*). Eine Mutation, die in der Lage ist, sich über die Funktion des normalen Rezeptors hinwegzusetzen, wird manchmal als **dominant negative Mutation** bezeichnet. Diese Mutationen sind dominant, weil der mutierte Rezeptor alle anderen normalen, eventuell vorliegenden Rezeptoren „dominiert". Sie sind „negativ", denn sie bringen mutierte Rezeptoren hervor, die nicht länger ihrer Funktion nachgehen können. Einige Mutationen bringen auch FGFRs hervor, die aktiv signalisieren, obwohl kein Ligand vorliegt. Diese Mutationen bezeichnet man als **konstitutiv aktive Mutationen**, denn sie bewirken, dass der Rezeptor sich so verhält als wäre er konstant „angeschaltet".

Dominate negative Mutationen wirken sich stark auf Wachstum und Entwicklung von Wirbeltieren aus. Exprimiert man beispielsweise gentechnologisch veränderte dominant negative FGFRs in Froschembryos, dann entwickeln diese weder Körper- noch Schwanzgewebe, woraus „Kaulquappen" mit Köpfen aber ohne Körper hervorgehen! Beim Menschen führen dominant negative Mutationen im Transmembranteil des *FGFR-3*-Gens in den meisten Fällen zu Zwergwuchs, was man als *Achondroplasie* bezeichnet. Charakteristisch für heterozygote Individuen ist das anormale Knochenwachstum. Die Knochen der Patienten zeigen anormale Ossifikation (bei diesem Vorgang wird während der Kindheit der Knorpel in Knochen umgewandelt). Eine verwandte Erkrankung ist die sogenannten *Thanatophore Dysplasie*. Sie beruht häufig auf der Veränderung einer einzelnen Aminosäure im cytosolischen Teil des FGFR-3-Proteins. In diesem Fall treten schwerwiegendere Anomalien auf. Die betroffenen Individuen sterben schon bald nach der Geburt. Die dramatische Auswirkung der Veränderung einer einzelnen Aminosäure in einem Protein stellt die Schlüsselrolle der Wachstumsfaktor-Rezeptoren in der menschlichen Entwicklung dar.

(a) Normaler FGF-Rezeptor. Nach der Bindung von FGF bilden Rezeptoren Dimere und übertragen über Ras und MAPK das entsprechende Signal.

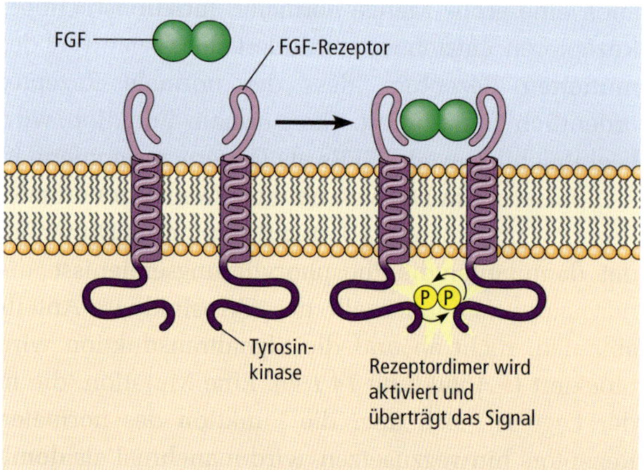

(b) Dominant negativer FGF-Rezeptor. Wenn eine Zelle mutierte FGF-Rezeptoren bildet, können die normalen Rezeptoren Dimere bilden, wie in (a) dargestellt oder die defekten Rezeptoren können an FGF binden und mit normalen Rezeptoren einen Dimer bilden. In diesem Fall wird kein Signal übertragen. Wenn ausreichend mutierte Rezeptoren vorliegen, werden die meisten normalen Rezeptoren mit mutierten Rezeptoren gepaart, woraufhin die gesamte Signalkaskade unterbrochen wird.

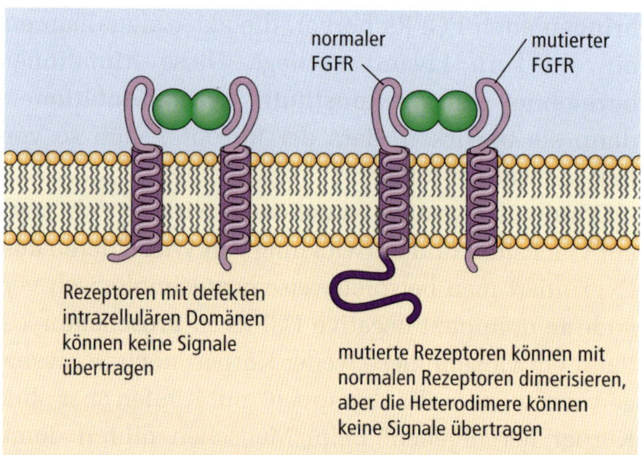

Abbildung 14.19: Dominant negative Störung der FGF-Rezeptorfunktion. Dominant negative Mutationen in Rezeptoren können genutzt werden, um die Auswirkungen zu untersuchen, welche diese Störung in einem Wachstumsfaktor-Rezeptor hat, sogar in Gegenwart normaler Rezeptoren. Das hier dargestellte Beispiel zeigt dies am Rezeptor für den Fibroblastenwachstumsfaktor (FGF).

14.3.7 Andere Wachstumsfaktoren übertragen ihre Signale über Serin/Threoninkinasen-Rezeptoren

Wir haben gesehen, dass bei der Bindung eines Liganden an Tyrosinkinase-Rezeptoren in der Zelle eine Reihe von Signaltransduktionsereignissen aktiviert wird, die zu Veränderungen in der Zelle führen, die das Signal empfängt. Eine weitere wichtige Klasse von Proteinkinase-assoziierten Rezeptoren nutzt einen ganz anderen Satz von Signalkaskaden, um Veränderungen in der Zelle hervorzurufen. Diese Rezeptoren phosphorylieren Serin- und Threoninreste anstatt von Tyrosinresten. Eine wichtige Klasse von **Serin/Threoninkinasen-Rezeptoren** ist die Familie der Proteine, welche die verschiedenen **transformierenden Wachstumsfaktoren *β* (TGF*β*)** der Familie der Wachstumsfaktoren binden. Diese Familie der Wachstumsfaktoren reguliert eine ganze Reihe zellulärer Funktionen sowohl in Embryos als auch in ausgewachsenen Tieren, darunter Zellwachstum, programmierten Zelltod (Apoptose), Zellspezialisierung sowie Schlüsselereignisse der embryonalen Entwicklung.

Der erste Schritt der TGF*β*-Signalisierung ist die Bindung des Wachstumsfaktors an den Transmembranrezeptor (▸*Abbildung 14.20*, ❶ und ❷). Im Allgemeinen binden Mitglieder der TGF*β*-Familie an zwei Typen von Rezeptoren der Empfängerzelle: die *Typ-I-* und die *Typ-II-Rezeptoren*. Einige Mitglieder der TGF*β*-Familie bilden Dimere miteinander bevor sie an ihren spezifischen Rezeptor binden. Nach Bindung des Liganden phosphoryliert der Typ-II-Rezeptor den Typ-I-Rezeptor (*Abbildung 14.20*). Dann initiiert der Typ-I-Rezeptor in der Zelle eine Signalkaskade, wodurch eine Klasse von Proteinen phosphoryliert wird, die man als **Smads** bezeichnet (der Name beruht auf den Bezeichnungen für zwei der ersten Proteine, die man aus dieser Proteinklasse entdeckte). Es gibt drei Typen von Smads: Smads, die von einem Komplex aus Ankerproteinen und aktivierten Rezeptoren phosphoryliert werden, nennt man *Rezeptor-regulierte Smads* oder *R-Smads* (▸*Abbildung 14.20*, ❸). Ein anderer Smad-Typ, *Smad 4*, bildet mit phosphorylierten R-Smads einen Multiproteinkomplex. Wenn Smad-4-Moleküle mit R-Smads binden, kann der gesamte Komplex in den Zellkern gelangen, wo er mit anderen Kofaktoren und DNA-Bindeproteinen assoziiert, um die Genexpression zu regulieren (▸*Abbildung 14.20*, ❹). Andere Smads üben ihre Wirkung an verschiedenen Orten der TGF*β*-Signalkaskade aus, um diesen Weg zu hemmen; ein Typ kann an Rezeptoren binden und diesen hemmen, während ein anderer Typ an Smad 4 bindet und dieses hemmt. Die Smad-Signalkaskade wird beendet, wenn der R-Smad abgebaut wird oder zurück ins Cytosol transportiert wird. Smad 4 kann sich vom Zellkern zurück zum Cytosol bewegen, um wieder Verwendung zu finden, wenn die Zelle ein neues Signal empfängt.

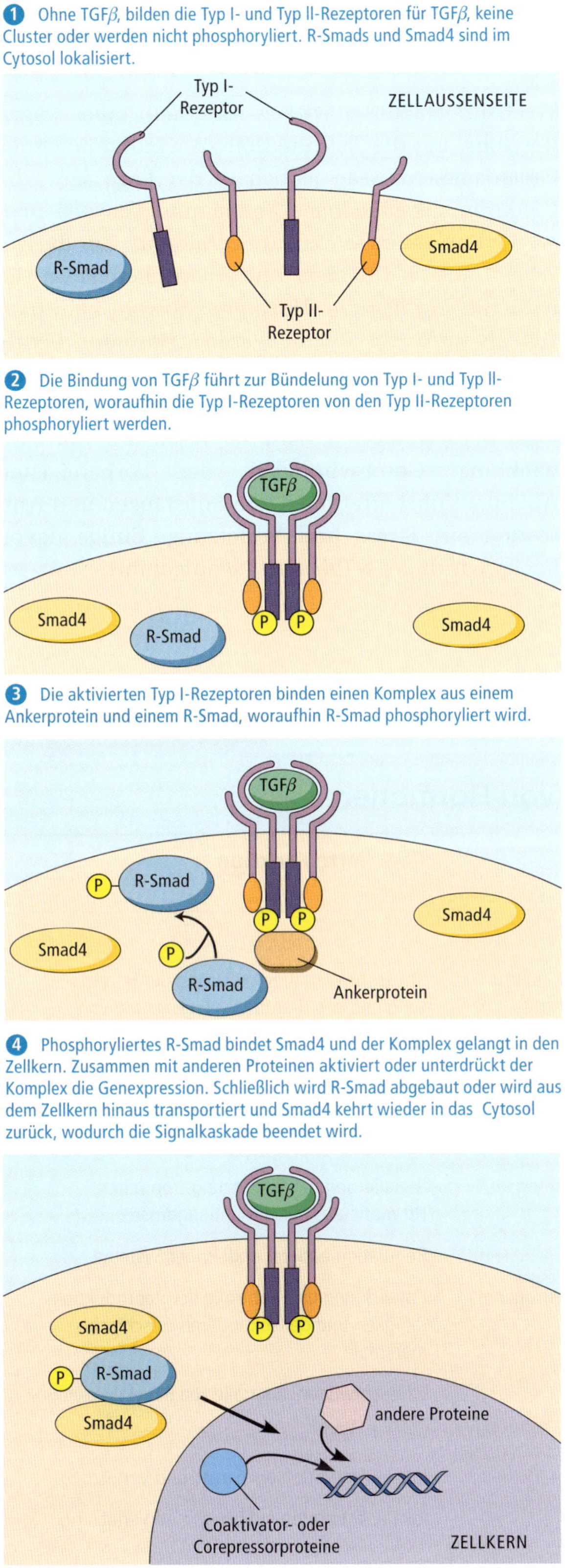

Abbildung 14.20: Signaltransduktion über die Proteinfamilie der TGFβ-Rezeptoren. TGFβ-Rezeptoren übertragen ihre Signale via Proteine, die Smads, an den Zellkern. Nachdem die Bindung des Liganden den Rezeptor aktiviert hat, werden von Rezeptoren regulierte Smads (R-Smads) phosphoryliert, binden Smad 4 und gelangen in den Zellkern, was zu Veränderungen in der Genexpression führt. Eine Reihe inhibitorischer Proteine kann die Rezeptoraktivierung, die Wechselwirkungen von R-Smads mit Rezeptoren oder die Wechselwirkung von R-Smads mit Smad 4 blockieren.

14.3.8 Unterbrechung der Wachstumsfaktorsignalkaskaden kann zu Krebsentstehung führen

Wir haben also gelernt, dass Wachstumsfaktoren wichtige Ereignisse wie Zellwachstum und -teilung, Zellbewegung und Genexpression regulieren. Wir haben außerdem erfahren, dass die Wachstumsfaktoren bei der embryonalen Entwicklung alle zellbiologischen Ereignisse streng regulieren. Wenn die normale embryonale Entwicklung ein Musterbeispiel für die richtige Regulation von Wachstumsfaktoren ist, so stellen viele Formen der Krebsentstehung genau das Gegenteil dar. Heute wissen wir, dass einige Krebstumore auf den Verlust der Regulationsfähigkeit der Wachstumsfaktorsignalkaskaden zurückgehen. Eines der zuerst identifizierten für Krebs verantwortlichen Gene war eine mutierte Form von Ras. Mutationen von Ras sind häufig mit Krebs assoziiert, worauf wir in *Kapitel 24* genauer eingehen werden. Mutationen des epidermalen Wachstumsfaktors können zur Entwicklung von Brustkrebs führen, zu einem Glioblastom (einem Krebs der Gliazellen im Gehirn) oder zu einem Fibrosarkom (einem Krebstumor der Röhrenknochen). Ähnlich verhält es sich mit Mutationen im TGFβ-Typ-I-Rezeptor, die für ein Drittel aller Eierstockkrebserkrankungen verantwortlich sind und mit Mutationen im Typ-II-Rezeptor bei vielen kolorektalen Krebstumoren. Die Hälfte aller Fälle von Bauchspeicheldrüsenkrebs geht auf Mutationen in Smad 4 zurück.

14.3.9 Wachstumsfaktor-Signalkaskaden haben gemeinsame Merkmale

Obwohl sich die Fälle im Detail voneinander unterscheiden, haben die meisten Wachstumsfaktor-Signalkaskaden mehrere gemeinsame Merkmale. Häufig führt die Ligandenbindung zur Aktivierung und/oder zur Polymerisierung von Rezeptoren. Die Rezeptoraktivierung löst dann eine Ereignisabfolge aus, in deren Ablauf einige intermediäre Proteine ihre Phosphatgruppen abgeben oder Phosphatgruppen aufnehmen. Allerdings besitzen nicht alle Wachstumsfaktor-Rezeptoren eine eigene Kinaseaktivität. Zum Beispiel führt die Bindung einiger Wachstumsfaktoren an ihre Rezeptoren zur Aktivierung einer eigenständigen intrazellulären Proteinkinase, der *Janus-Kinase*.

Oftmals ist das Endergebnis der Wachstumsfaktorsignalisierung eine Veränderung in einem oder in mehreren Proteinen, die in den Zellkern transportiert werden. Dies hat wiederum Veränderungen im Hinblick auf die Genexpression in der Zelle zur Folge, die das Signal empfängt. Die spezifische Antwort der Empfängerzelle hängt von der Zellart sowie von der Kombination von Signalen ab, die von dieser Zelle gleichzeitig empfangen werden. Im nächsten Abschnitt werden Sie sehen, dass die gleiche Logik auch für Signalübertragungen über größere Entfernungen gilt, die von Hormonen vermittelt werden.

Hormonsignalisierung 14.4

Wachstumsfaktoren wirken innerhalb eines engen Bereichs, um die Zellfunktion zu regulieren. Große Organismen müssen jedoch in der Lage sein, die Funktion verschiedener Zellen und Gewebe über große Entfernungen zu koordinieren. Zu diesem Zweck nutzen Pflanzen und Tiere chemische Signale, die sogenannten **Hormone**. Sowohl bei Pflanzen als auch bei Tieren werden Hormone häufig vaskulär transportiert. Hunderte verschiedener Hormone regulieren ein breites Spektrum physiologischer Funktionen, darunter Wachstum und Entwicklung, Geschwindigkeit der körpereigenen Abläufe, Konzentrationen von Substanzen und Antworten auf Stress und Verletzung. Einige davon haben wir in der ▸*Tabelle 14.4* aufgeführt.

Tabelle 14.4

Chemische Klassifikation und Funktion von Hormonen

Chemische Klassifizierung	Beispiel	Regulierte Funktion
Endokrine Hormone		
Aminosäurederivate	Adrenalin (Epinephrin) und Noradrenalin (Norepinephrin; beides Tyrosinderivate)	Stressantworten; Regulierung der Herzleistung und des Blutdrucks; Freisetzung von Glucose und Fettsäuren aus Speichern
	Thyroxin (Tyrosinderivat)	Regulierung der metabolischen Geschwindigkeit
Peptide	antidiuretisches Hormon (Vasopressin)	Regulierung der Wasserhomöostase und des Blutdrucks
	hypothalamische Hormone (Freisetzungsfaktoren)	Regulierung der Freisetzung tropischer Hormone aus der Hirnanhangdrüse
Proteine	Hormone der Adenohypophyse	Regulation anderer endokriner Systeme
Steroide	Sexualhormone (Androgene und Östrogene)	Entwicklung und Kontrolle der Reproduktionsfähigkeit und der sekundären Geschlechtsmerkmale
	Corticosteroide	Stressantworten; Kontrolle von Blutelektrolyten
Parakrine Hormone		
Aminosäurederivate	Histamine	lokale Antworten auf Stress und Verletzung
Derivate der Arachidonsäure	Prostaglandine	lokale Antworten auf Stress und Verletzung

Zwar können wir Hormone auf Grund ihrer regulatorischen Funktion als Gruppe auffassen, doch unterschieden sie sich in mancher Hinsicht. Sowohl Pflanzen als auch Tiere bilden eine ansehnliche Menge von Hormonen. Einige Hormone sind Steroide oder andere hydrophobe Moleküle, die auf intrazelluläre Rezeptoren ausgerichtet sind. Andere Hormone, beispielsweise die adrenergen Hormone, auf die wir später noch zu sprechen kommen werden, zielen auf eine Vielzahl G-Protein-gekoppelter Rezeptoren ab. Dann gibt es auch Hormone, zum Beispiel Insulin, die den Rezeptor-Tyrosinkinasen als Liganden dienen. Pflanzen bilden Phytohormone wie beispielsweise Steroidhormone, die *Brassinosteroide*, die das Blattwachstum regulieren. Ähnlich verhält es sich mit dem organischen Molekül *Ethylen*, das die Fruchtreifung reguliert, und *Abszisinsäure* bewirkt das Schließen der Stomata während Trockenheitsperioden. Da unser Verständnis der tierischen Hormone bereits sehr gut vorangeschritten ist, konzentrieren wir uns in dem noch verbleibenden Teil dieses Kapitels auf diese, vor allem auf die endokrinen Hormone.

14.4.1 Hormone können je nach zurückgelegter Entfernung und nach ihren chemischen Eigenschaften klassifiziert werden

Endokrine Hormone werden über die Blutbahn von den Zellen, aus denen sie freigesetzt werden, zu anderen Zellen transportiert, in denen sie eine oder mehrere spezifische Funktionen regulieren. Endokrine Hormone werden von dem *endokrinen Gewebe* des Körpers synthetisiert und direkt in die Blutbahn abgegeben. Nachdem sie in die Blutbahn sekretiert wurden, bleibt ihnen nur eine kurze Lebensspanne. Diese reicht von wenigen Sekunden für Adrenalin (ein Produkt der Nebennierenrinde) bis zu vielen Stunden, wie im Fall des Insulins. Wenn die Hormone durch die Blutbahn zirkulieren, kommen die Hormonmoleküle mit den überall im Körper verteilten Rezeptoren in Kontakt. Ein Gewebe, das von einem bestimmten Hormon besonders angesprochen wird, bezeichnet man als *Zielgewebe* des jeweiligen Hormons (▶*Abbildung 14.21*). So sind zum Beispiel Herz und Leber Zielgewebe für Adrenalin, während die Leber und die Skelettmuskeln Ziele für Insulin sind.

Man kann Hormone auch entsprechend ihrer chemischen Eigenschaften klassifizieren. Im Hinblick auf die Chemie kann man vier Kategorien unterscheiden: Aminosäurederivate, Peptide, Proteine und den Lipiden ähnliche Hormone wie die Steroide. Als Beispiel für ein Aminosäurederivat sei Adrenalin genannt, ein Tyrosinderivat. *Antidiuretisches Hormon* (das man auch als *Vasopressin* bezeichnet) ist ein Beispiel für ein Peptidhormon, während Insulin ein Protein ist. *Testosteron* ist ein Steroidhormon. Die Steroidhormone sind Cholesterinderivate (siehe *Abbildung 3.30*), die entweder in den Gonaden (als *Geschlechtshormone*) oder im Cortex der Nebenniere (die *Corticosteroide*) synthetisiert werden.

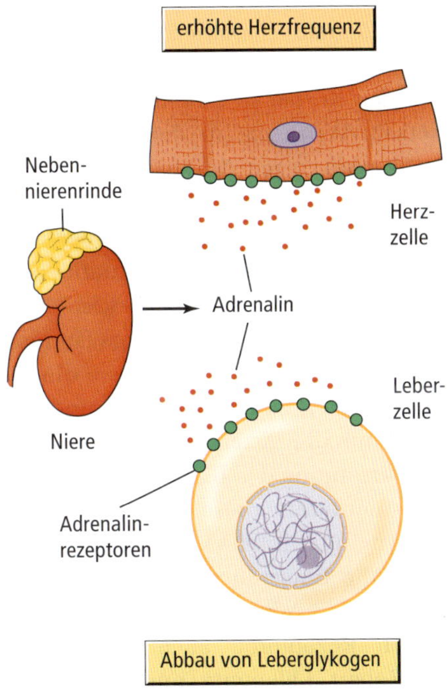

Abbildung 14.21: Zielgewebe für endokrine Hormone. Die Zellen eines Zielgewebes besitzen hormonspezifische Rezeptoren, die in die Plasmamembran der Zielzellen eingebettet sind (oder, im Fall der Steroidhormone, im Zellkern oder im Cytosol lokalisiert sind): Herz- und Leberzellen können auf Adrenalin reagieren, das von der Nebenniere synthetisiert wurde, denn in der Plasmamembran dieser Zellen sind adrenalinspezifische Rezeptoren lokalisiert. Ein spezifisches Hormon kann unterschiedliche Antworten in verschiedenen Zielzellen auslösen. Adrenalin führt zu einem Anstieg der Herzfrequenz, regt aber auch den Glykogenabbau in der Leber an.

14.4.2 Die Steuerung des Glucosemetabolismus ist ein gutes Beispiel für endokrine Regulierung

Da Hormone die Funktion bestimmter Zielgewebe regulieren, ist ein Aspekt der Beschäftigung mit Hormonen die Untersuchung der spezifischen Funktionen dieser Zielgewebe. Wir werden uns eingehender mit den **adrenergen Hormonen** Adrenalin und Noradrenalin beschäftigen, um die Wirkung endokriner Hormone zu veranschaulichen. (Adrenalin wird auch als Epinephrin bezeichnet; die beiden Wörter sind lateinischen bzw. griechischen Ursprungs und bedeuten „oberhalb oder nahe der Niere". Sie beziehen sich auf die Lage der Nebennierendrüsen im Körper. Diese synthetisieren das Hormon.) Grundsätzlich verfolgen adrenerge Hormone die Strategie, viele der normalen Körperfunktionen einzustellen und dem Herzmuskel und den Skelettmuskeln vitale Ressourcen zur Verfügung zu stellen, aber auch den Körper in erhöhte Alarmbereitschaft zu versetzen. Wenn sie in den Blutstrom ausgeschieden werden, regen Adrenalin und Noradrenalin viele verschiedene Gewebe oder Organe an, die alle darauf ausgerichtet sind, den Körper auf gefährliche oder nervlich belastende Situationen vorzubereiten (die sogenannte Kampf-oder-Flucht-Antwort). Grundsätzlich lösen adrenerge Hormone eine verstärkte Herzleistung aus, indem sie Blut von den viszeralen Organen zu den Muskeln und zum Herzen leiten und die Arteriolen erweitern, um die Sauerstoffversorgung des Blutes zu erleichtern. Des Weiteren stimulieren diese Hormone den Abbau von Glykogen, um die Muskeln mit Glucose zu versorgen. Für die Entschlüsselung der Struktur und der Funktion der Adrenorezeptoren, wie die entsprechenden Rezeptoren auch genannt werden, erhielten Robert Lefkowitz und sein Mitarbeiter Brian Kobilka 2012 den Nobelpreis für Chemie.

Adrenerge Hormone binden an eine Familie der G-Protein-gekoppelten Rezeptoren, die sogenannten **adrenergen Rezeptoren**. Man kann sie grob in die α- und die *β-adrenergen Rezeptoren* einteilen. Die α-adrenergen Rezeptoren binden Adrenalin und Noradrenalin. Diese Rezeptoren sind auf den glatten Muskeln lokalisiert, die den Blutstrom zu den viszeralen Organen regulieren. Die β-adrenergen Rezeptoren binden Adrenalin wesentlich besser als Noradrenalin. Diese Rezeptoren befinden sich auf den glatten Muskeln, die mit den Arteriolen assoziiert sind, die das Herz, die glatten Muskeln der Bronchien in den Lungen und die Skelettmuskeln versorgen.

Die α- und die β-adrenergen Rezeptoren stimulieren verschiedene Signaltransduktionswege, weil sie mit verschiedenen G-Proteinen gekoppelt sind. Zum Beispiel die G-Proteine, die von einem Typ des α-adrenergen Rezeptors aktiviert werden. Die α_1-adrenergen Rezeptoren sind G_q-Proteine, während die β-adrenergen Rezeptoren G_s aktivieren. Bereits zuvor hatten wir festgestellt, dass durch die Aktivierung von G_s der cAMP Signaltransduktionsweg angeregt wird. Dies führt zur Relaxierung bestimmter glatter Muskeln. Die Aktivierung von G_q regt die Phospholipase C an. Daraufhin werden IP_3 und DAG gebildet, wodurch wiederum die intrazelluläre Calciumkonzentration erhöht wird. Als spezifisches Beispiel der cAMP-vermittelten Regulation schauen wir uns die Steuerung des Glykogenabbaus durch das Hormon Adrenalin in Leber- und Muskelzellen an.

Intrazelluläre Wirkungen adrenerger Hormone: Steuerung des Glykogenabbaus Eine Wirkungsweise der adrenergen Hormone ist die Stimulation des Glykogenabbaus, damit die Muskelzellen ausreichend mit Glucose versorgt werden. Der Abbau von Glykogen wird von dem Enzym Glykogenphosphorylase erleichtert. Dieses Enzym katalysiert eine Reaktion, bei der die glykosidische Verbindung zwischen zwei Glucoseuntereinheiten in Anwesenheit von anorganischem Phosphat gespalten wird. Daraufhin wird ein Molekül Glucose-1-Phosphat freigesetzt. Das Glykogenphosphorylasesystem war die erste cAMP-vermittelte regulatorische Sequenz, die man nachvollziehen konnte. Die Arbeit wurde 1956 von Earl Sutherland veröffentlicht, der 1971 für seine Entdeckung den Nobelpreis erhielt.

Die Signalkaskade, die von der hormonellen Stimulierung bis zum Glykogenabbau abläuft, wird in der ▸*Abbildung 14.22* dargestellt. Die Reaktionsabfolge wird von einem Adrenalinmolekül eingeleitet, das an einen β-adrenergen Rezeptor in der Plasmamembran einer Leber- oder Muskelzelle bindet. Der Rezeptor aktiviert ein benachbartes G_s-Protein und dieses G_s-Protein stimuliert wiederum die Adenylylcyclase. Diese bildet aus ATP cAMP. Die dadurch bewirkte vorübergehend erhöhte Konzentration von cAMP im Cytosol aktiviert die Proteinkinase A (PKA; *Abbildung 14.22*, ❶). PKA aktiviert sodann eine weitere Ereigniskaskade, die mit der Phosphorylierung des Enzyms Phosphorylasekinase einsetzt (*Abbildung*

14.22, ❷). Dies führt zur Umwandlung von Glykogenphosphorylase aus der Phosphorylase *b*, der weniger aktiven Form, in die Phosphorylase *a*, die aktivere Form (*Abbildung 14.22*, ❸), und somit wird Glykogen schneller abgebaut (*Abbildung 14.22*, ❹).

cAMP regt die Deaktivierung des für die Glykogensynthese verantwortlichen Enzymsystems an. PKA phosphoryliert auch das Enzym *Glykogensynthase*. Durch diese Phosphorylierung wird das Enzym aber nicht aktiviert, sondern deaktiviert. Somit erzielt cAMP zwei Wirkungen, sowohl eine erhöhte Geschwindigkeit des Glykogenabbaus als auch eine Verlangsamung der Glykogensynthese.

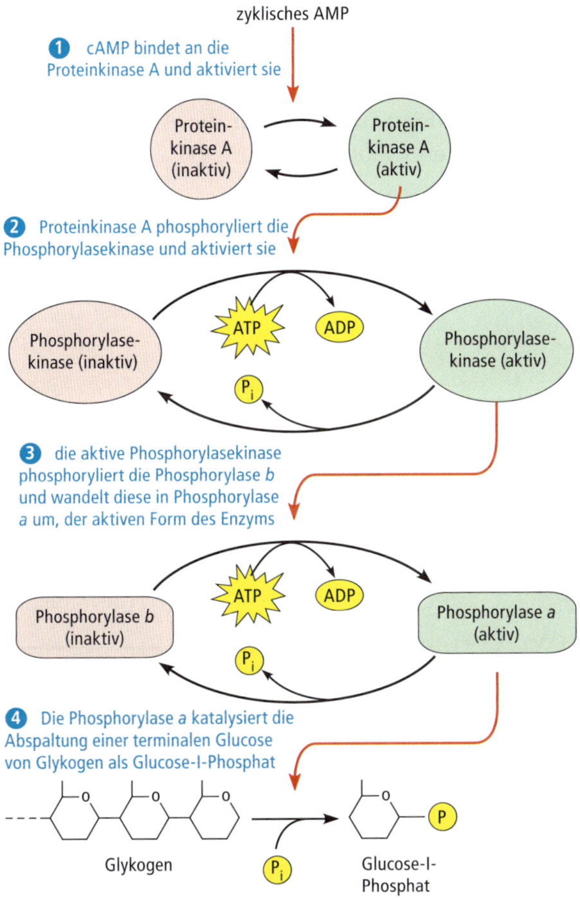

Abbildung 14.22: Stimulierung des Glykogenabbaus durch Adrenalin. Muskel- und Leberzellen antworten auf einen erhöhten Adrenalinspiegel im Blut, indem sie die Geschwindigkeit des Glykogenabbaus steigern. Der stimulatorische Effekt des extrazellulären Adrenalins auf den intrazellulären Glykogenkatabolismus wird von einer durch G-Protein und cAMP induzierten regulatorischen Kaskade vermittelt.

α_1-adrenerge Rezeptoren und der IP_3-Weg Ein weiterer wichtiger adrenerger Weg wird von den α_1-adrenergen Rezeptoren ausgelöst, welche die Bildung von IP_3 und DAG anregen. Die α_1-adrenergen Rezeptoren kommen vor allem in den glatten Muskeln der Blutgefäße vor, unter anderem in denen, die den Blutstrom zum Darm steuern. Wenn α_1-adrenerge Rezeptoren angeregt werden, führt die Bildung von IP_3 zu einem Anstieg der intrazellulären Calciumkonzentration. Die erhöhte Calciumkonzentration bewirkt die Kontraktion der glatten Muskelzellen, was zur Verengung der Blutgefäße und vermindertem Blutfluss führt. Somit wirkt sich die Aktivierung der α_1-adrenergen Rezeptoren auf die Zellen der glatten Muskeln aus und zwar mit dem gegenteiligen Effekt der Aktivierung der β-adrenergen Rezeptoren, deren Aktivierung eine Entspannung der glatten Muskeln auslöst.

Die Insulinsignalisierung über die PI-3-Kinase zur Regulation der Glucosekonzentration im Ruhezustand Wir haben gesehen, wie Adrenalin über G-Protein-vermittelte Signale metabolische Vorgänge – darunter die Bildung und den Verbrauch von Glucose in Leber- und Muskelzellen – in Situationen reguliert, in denen der Organismus Stress ausgesetzt ist. Während der normalen Aktivität regulieren allerdings zwei Peptidhormone, die von spezialisierten Zellen in der Bauchspeicheldrüse gebildet werden, die man als *Langerhanssche Inseln* bezeichnet, die Glucosekonzentration im Blut. Eines dieser Peptide, das Peptidhormon **Glucagon**, wirkt über das gleiche von Adrenalin aktivierte G-Protein und erhöht daher die Blutglucose durch Abbau von Glykogen, wenn der Glucosespiegel im Blut zu weit abgesunken ist. Das andere Hormon, **Insulin**, wirkt auf eine dem Adrenalin und dem Glucagon entgegengesetzte Weise, indem es die Konzentration der Glucose im Blut *senkt*. Diese Senkung wird durch Förderung der Aufnahme von Glucose in Muskelzellen und Zellen des Fettgewebes sowie durch Stimulation der Glykogensynthese bewerkstelligt. Eine Erkrankung mit schweren weltweiten Konsequenzen ist die *Typ-I-Diabetes*, die letztendlich zum Verlust der Beta-Zellen in den Langerhansschen Inseln führt, die Insulin bilden. 1923 erhielten Frederick Banting und John Macleod für ihre Entdeckung, dass man die Typ-I-Diabetes erfolgreich mit Insulin behandeln kann, den Nobelpreis. Unglücklicherweise erweist sich die Behandlung mit Insulin bei der Typ-II-Diabetes als weniger erfolgreich. Dieser Diabetestyp hat epidemische Ausmaße erreicht und Hunderte von Millionen Erwachsener sind weltweit davon betroffen. Die Typ-II-Diabetes scheint eher auf einer Resistenz gegenüber Insulin zu beruhen als auf dem Unvermögen, Insulin zu bilden.

Insulin hat sowohl eine sehr rasche als auch eine langfristige Wirkung auf eine Vielzahl von Zellen. In den Muskel- und Fettgewebezellen bewirkt Insulin beispielsweise innerhalb weniger Minuten die Aufnahme von Glucose, ohne Synthese neuer Proteine. Damit Insulin langfristig wirken kann, beispielsweise zur Bildung von Enzymen, die an der Glykogensynthese mitwirken, sind über mehrere Stunden hohe Insulinkonzentrationen erforderlich. Insulin erzielt diese Wirkungen, indem es an die Rezeptor-Tyrosinkinasen bindet. Im Gegensatz zu dem epidermalen Wachstumsfaktor besitzt der Insulinrezeptor allerdings zwei α- und zwei β-Untereinheiten. Wenn Insulin mit dem Rezeptor eine Bindung eingeht, phosphorylieren die β-Untereinheiten des Rezeptors ein Protein mit der Bezeichnung *Insulin-Rezeptor-Substrat-1* (*IRS-1*). Das phosphorylierte IRS-1 kann zwei verschiedene Wege anregen (▶*Abbildung 14.23*). Erstens kann IRS-1 GRB2 rekrutieren, wodurch der Ras-Weg aktiviert wird (*Abbildung 14.23*, ❶). Zweitens kann IRS-1 das Enzym Phosphatidylinositol-3-Kinase binden (abgekürzt **PI-3-Kinase** oder **PI3K**). Die PI-3-Kinase katalysiert dann das Anfügen einer Phosphatgruppe an das Plasmamembranlipid PIP_2 (Phosphatidylinositol-4,5-Bisphosphat), wodurch PIP_2 zu PIP_3 (Phosphatidylinositol-3,4,5-Trisphosphat; *Abbildung 14.23*, ❷) umgewandelt wird. PIP_3 wiederum bindet an eine Proteinkinase, die **Akt** (auch *Proteinkinase B* genannt), die durch Phosphorylierung anderer Kinasen aktiviert wird (*Abbildung 14.23*, ❸). Die Menge des PIP_3 wird auch von Enzymen reguliert, die der PI-3-Kinase entgegenwirken. Eines dieser Proteine ist **PTEN**, eine Phosphatase, die eine Phosphatgruppe von PIP_3 entfernt und dadurch die Aktivierung von Akt verhindert (*Abbildung 14.23*, ❸).

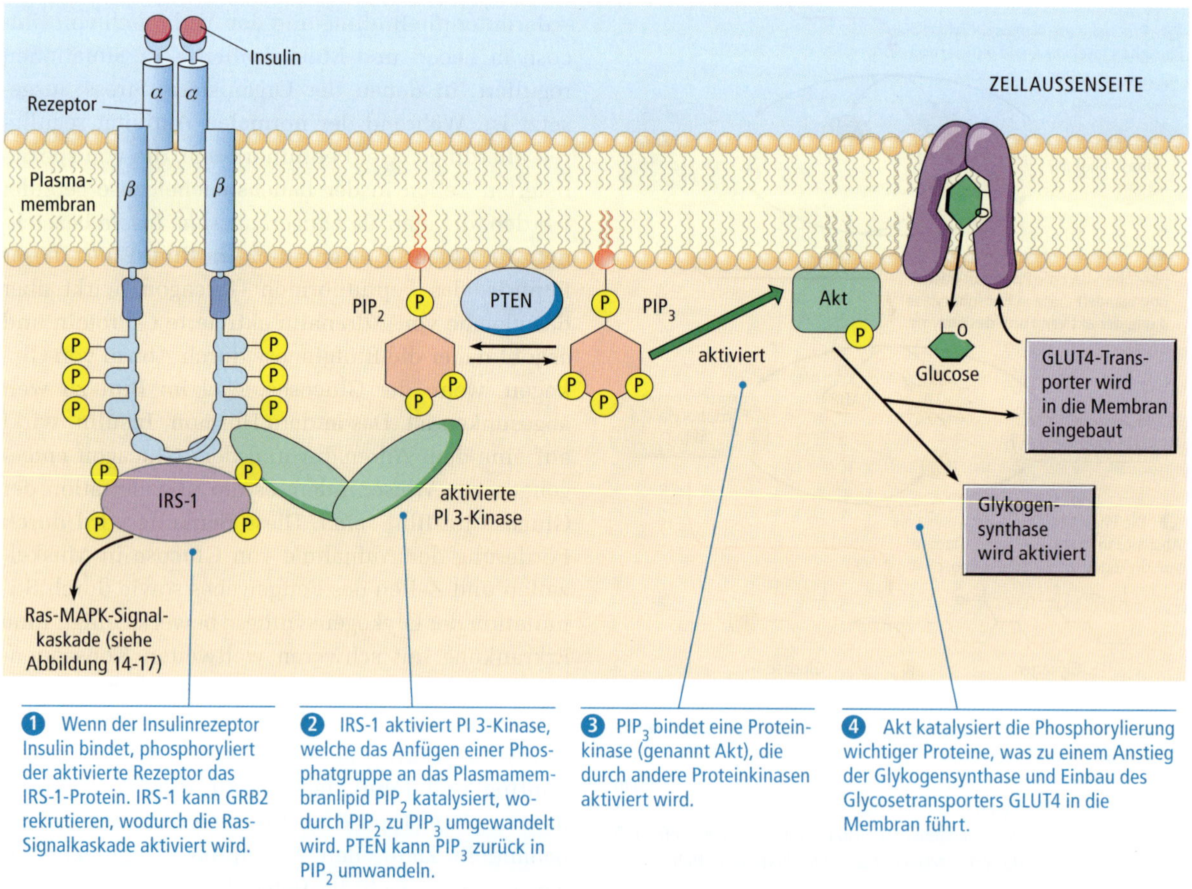

Abbildung 14.23: Die Insulinsignalkaskade. Die Insulinsignalkaskade beeinflusst die Glucosehomöostase, indem sie viele Signalisierungswege reguliert. Der Insulinrezeptor ist ein Multiuntereinheit-Tyrosinkinase-Rezeptor. Wenn Insulin an diesen bindet, wird durch Akkumulation und Aktivieren des IRS-1-Proteins die Signaltransduktion eingeleitet. Dies führt zum Glucoseimport, der Stimulierung der Glykogensynthese und der Regulation der Genexpression.

Die Aktivierung von Akt bringt zwei wichtige Konsequenzen mit sich (*Abbildung 14.23*, ❹). Erstens bewegt sich ein Glucosetransporterprotein mit der Bezeichnung *GLUT4* von den Vesikeln im Cytosol zur Plasmamembran, wodurch die Aufnahme von Glucose aus dem Blut möglich wird. Zweitens kann Akt das Protein *Glykogensynthasekinase 3* (*GSK3*) phosphorylieren, woraufhin dessen Aktivität gemindert wird. Dies bewirkt einen Anstieg der Menge der nicht phosphorylierten, aktiveren Form der Glykogensynthase, die, wie wir gesehen haben, die Glykogenbildung antreibt. Durch Stimulation der Glucoseabsorption und der Polymerisation der Glucose zu Glykogen erweist sich die Insulinsignalisierung als eine Schlüsselkomponente der Glucosehomöostase.

14.4.3 Steroidhormonrezeptoren wirken in erster Linie im Zellkern, nicht an der Zelloberfläche

Nicht alle Hormonrezeptoren sind an der Zelloberfläche lokalisiert. Steroidhormone, eine wichtige Hormonklasse, binden an Rezeptoren, die ihre Wirkung vorrangig im Zellkern und nicht an der Zelloberfläche entfalten. Diese **Steroidrezeptorproteine** vermitteln die Wirkung von Steroidhormonen wie Progesteron, Östrogen, Testosteron und Glucocorticoiden. (Verwandte Rezeptoren für das Thyroidhormon, das Vitamin D und die Retinsäure, das Vitamin A, wirken auf ähnliche Weise.) Steroidhormone sind Lipidsignalisierungsmoleküle, die von Zellen des endokrinen Gewebes synthetisiert werden. Die Hormone werden in den Blutstrom freigesetzt und durch den Körper transportiert, wobei sie an die Zellen mit den geeigneten Rezeptoren Signale übermitteln. Nachdem ein Steroidhormon in eine Zielzelle gelangt ist, bindet es an den entsprechenden Rezeptor im Cytosol und löst dadurch eine Reihe von Ereignissen aus, die in letzter Konsequenz die Transkription eines spezifischen Gensatzes aktivieren oder in seltenen Fällen hemmen (▶*Abbildung 14.24*).

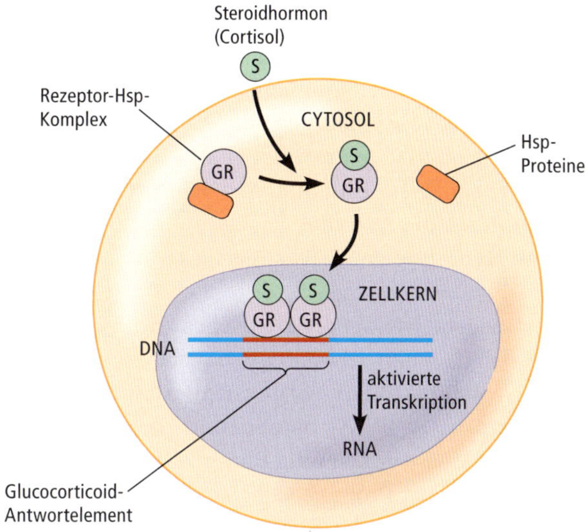

Abbildung 14.24: Aktivierung der Gentranskription durch Steroidhormonrezeptoren. Das hier dargestellte Beispiel ist das Steroidhormon Cortisol (S). Cortisol diffundiert durch die Plasmamembran und bindet an den Glucocorticoidrezeptor (GR), was zur Freisetzung von Hitzeschockproteinen (Hsp) und zur Aktivierung der DNA-Bindestelle des GR-Moleküls führt. Das GR-Molekül tritt dann in den Zellkern ein und bindet an ein Glucocorticoidantwortelement in der DNA. Dieses veranlasst wiederum ein zweites GR-Molekül zur Bindung an das gleiche Antwortelement. Das daraus hervorgehende GR-Dimer aktiviert die Transkription des benachbarten Gens.

▶ ZUSAMMENFASSUNG DER WICHTIGSTEN INHALTE ◀

Prinzipien der Zellsignalisierung

- Zellen nutzen eine Vielzahl spezifischer Rezeptoren, um auf Hormone, Wachstumsfaktoren und andere Substanzen (Liganden), die in der extrazellulären Flüssigkeit lokalisiert sind, zu antworten. Viele Rezeptoren sind Transmembranproteine.

- Auf die Ligandenbindung folgt die Signalübertragung in das Zellinnere, wodurch spezifische intrazelluläre Ereignisse reguliert werden. Die Signalübertragung wird häufig von einem Second Messenger (sekundärer Botenstoff) übernommen, der die Antworten auf die eingehenden Signale erheblich verstärken kann.

- Ein Ligand kann mehrere Signalisierungswege auslösen, und Zellen müssen oftmals mehrere Signale gleichzeitig integrieren. Letztlich müssen die Signalkaskaden auch wieder beendet werden. Verschiedene Signalwege bewerkstelligen dies auf unterschiedlichen Wegen.

- Pharmaka oder andere chemische Substanzen, die an einen Rezeptor binden, können zur künstlichen Stimulation von Rezeptoren (Agonisten) dienen oder diese hemmen (Antagonisten).

G-Proteinsignalisierung

- Ein heterotrimeres G-Protein wird aktiviert, wenn ein Ligand an seinen assoziierten Rezeptor bindet, was zum Austausch von GDP gegen GTP auf der G_α-Untereinheit und zur Dissoziation der G_α-Untereinheit von den $G_{\beta\gamma}$-Untereinheiten führt. Die G_α- oder $G_{\beta\gamma}$-Untereinheiten aktivieren sodann verschiedene Signalkaskaden. Wenn G_α sein gebundenes GTP hydrolysiert hat, können G_α und $G_{\beta\gamma}$ wieder eine Bindung eingehen. RGS-Proteine regulieren die Aktivität von $G\alpha$, indem die schnellere Hydrolyse von GTP angeregt wird.

- Der Second Messenger zyklisches AMP wird synthetisiert, wenn die Adenylylcyclase von einem G_α-Protein aktiviert wird. cAMP kann eine Proteinkinase A (PKA) binden und aktivieren. Die Proteinkinase A kann die Phosphorylierung vieler verschiedener Proteine katalysieren. Die Phosphodiesterase kann die Spaltung und Deaktivierung von cAMP katalysieren. Die Aktivierung eines weiteren G-Protein-gekoppelten Rezeptors führt stattdessen zur Bildung von zyklischem GMP.

- Inositoltrisphosphat (IP_3) und Diacylglycerin (DAG) werden aus Phosphatidylinositolbisphosphat gebildet, wenn andere G-Proteine das Enzym Phospholipase C_β aktivieren.

- $G_{\beta\gamma}$-Untereinheiten können auch Signalkaskaden aktivieren, unter anderem die Regulation von Kaliumkanälen in Neuronen.

Calcium

- Die Freisetzung von Ca^{2+} aus inneren Speichern im endoplasmatischen Reticulum wird von IP_3 ausgelöst.

- Die Wirkungen von Ca^{2+} werden oftmals durch Proteine vermittelt, die Calcium binden, zum Beispiel Calmodulin.

- Die Ca^{2+}-induzierte Ca^{2+}-Freisetzung ermöglicht die schnelle Ausbreitung von Ca^{2+}-Signalen, zum Beispiel während der Befruchtung tierischer Eizellen.

Rezeptor-Protein-Kinasen

- Wachstumsfaktoren regulieren Zellwachstum und Zellverhalten. Viele Wachstumsfaktoren binden an Tyrosinkinase-Rezeptoren; andere binden an Serin/Threoninkinase-Rezeptoren.

- Serin/Threoninkinase-Rezeptoren werden nach Ligandenbindung durch Autophosphorylierung an spezifischen Tyrosinen phosphoryliert. Phosphorylierte Rezeptoren rekrutieren Proteine, die SH2-Domänen enthalten. Diese aktivieren die wichtigsten Signaltransduktionswege (darunter die Ras- und die Phospholipase C_γ-Wege).

- Ras ist ein monomeres G-Protein, das von GTPase-Aktivierungsproteinen (GAPs) und von dem Guanin-Nucleotid-Austauschfaktor (GEF) Sos reguliert wird. Ras aktiviert eine Kaskade von Phosphorylierungsereignissen, die zur Aktivierung von Transkriptionsfaktoren führt, welche die Genexpression regulieren.

- Serin/Threoninkinase-Rezeptoren wirken über Smads, die von Rezeptoren reguliert werden und von deren Bindepartner, Smad 4, die nach der Rezeptoraktivierung als Komplex in den Zellkern eintreten.

- In einigen Fällen, zum Beispiel im Fall des Hefepaarungsweges, werden Komponenten der Signalisierungswege von Gerüstproteinen in unmittelbarer Nähe zusammengehalten.

Hormone

- Endokrine Hormone werden von Körpergeweben ausgeschieden und regulieren Aktivitäten in weit entfernt liegenden Körpergeweben.

- Adrenerge Hormone, die vom Nebennierenmark ausgeschieden werden, binden an G-Protein-gekoppelte β-adrenerge Rezeptoren, welche die Bildung von cAMP anregen und an α-adrenerge Rezeptoren, welche die Phospholipase C_β anregen, wodurch die Konzentration des intrazellulären Ca^{2+} ansteigt.

- Insulin reguliert die Glucosehomöostase durch Stimulierung vielfältiger Signalisierungswege, darunter Ras- und PI-3-Kinase-Wege.
- Steroidhormone binden an cytosolische Rezeptorproteine. Der Hormon-Rezeptor-Komplex reguliert dann im Zellkern die Genexpression.

ZUSAMMENHÄNGE HERSTELLEN

In diesem Kapitel haben Sie gelernt, dass ein entscheidendes Merkmal der Zellen eines multizellulären Organismus dessen Fähigkeit ist, Signale zu senden und zu empfangen. Einige dieser Signale, beispielsweise Wachstumsfaktoren, wirken auf kurze Distanz, ähnlich den Neurotransmittern, die Sie in *Kapitel 13* kennengelernt haben. Andere, zum Beispiel Hormone, wirken auf große Entfernung. Da die meisten Rezeptoren Transmembranproteine sind, müssen die auf der Zelloberfläche empfangenen Signale bis tief in die Zelle hinein weitergeleitet werden. In einigen Fällen läuft das Übertragungssystem über eine Phosphorylierungskaskade ab, ein Thema, dem Sie in *Kapitel 6* erstmalig begegnet sind. Die Zellsignalisierung steuert eine große Anzahl zellulärer Vorgänge – von der Freisetzung der Glucose, welche die metabolischen Stoffwechselwege versorgt, denen Sie in den *Kapiteln 9* und *10* begegnet sind, über Endocytose und Exocytose, bekannt aus *Kapitel 12*, bis zur embryonalen Entwicklung und dem Zelltod. Zwei sehr streng durch Zellsignalisierung gesteuerte Vorgänge sind der Zellzyklus und die Apoptose, über die Sie in *Kapitel 19* mehr erfahren werden. Wenn ein solcher Signalisierungsvorgang falsch läuft, kann sich ein Krebstumor entwickeln; in *Kapitel 24* können Sie Ihre Kenntnisse darüber vertiefen. Das dynamische Gleichgewicht von Aufbau und Abbau des Cytoskeletts ist ein lebenswichtiger Vorgang, der durch zelluläre Signalkaskaden gesteuert wird; dies wird das Thema unserer nächsten beiden Kapitel sein.

ÜBUNGSAUFGABEN

Schwierigere Aufgaben sind mit einem • gekennzeichnet.

14-1 Chemische Signale und Second Messenger. Bitte tragen Sie die richtigen Bezeichnungen in die Lücken ein.

A ____________________ ist ein intrazelluläres Protein, das Calcium bindet und Enzyme aktiviert.

B Glucagon ist ein Beispiel für ein ____________ ________ Hormon.

C Eine Substanz, die in eine spezifische Bindestelle auf der Oberfläche eines Proteinmoleküls passt, bezeichnet man als ______________ ______ .

D Zwei Produkte der Phospholipase-C-Aktivität, die als Second Messenger dienen, sind ______ ______________ und ____________________ .

E Zyklisches AMP wird von dem Enzym ______ ______________ gebildet und von dem Enzym ____________________ abgebaut.

F Calciumionen werden in Zellen vor allem von ____________________ freigesetzt.

14-2 Heterotrimere und monomere G-Proteine. G-Protein-gekoppelte Rezeptoren interagieren mit heterotrimeren G-Proteinen, um diese zu aktivieren.

A Die $G_{\beta\gamma}$-Untereinheit katalysiert nach ihrer Bindung an den Rezeptor den GDP/GTP-Austausch an der G_{α}-Untereinheit. Inwiefern ähnelt dieser Vorgang der Aktivierung von Ras durch einen Tyrosinkinase-Rezeptor?

B Welche Ähnlichkeiten bestehen auf molekularer Ebene zwischen der Regulation der Geschwindigkeit der GTP-Hydrolyse in Zellen durch den katalytisch aktiven Teil eines heterotrimeren G-Proteins und der durch Ras?

14-3 Calciumchelatoren und Ionophore. *Calciumchelatoren* und *Calciumionophore* sind zwei wichtige Hilfsmittel, die für Untersuchungen zur Rolle von Ca^{2+} genutzt wurden. Ca^{2+} löst verschiedene zelluläre Ereignisse aus. Chelatoren sind Verbindungen wie EGTA und EDTA, die eine feste Bindung mit Ca^{2+}-Ionen eingehen, wodurch die freie (oder verfügbare) Ca^{2+}-Ionenkonzentration außerhalb der Zelle fast auf null reduziert wird. Ionophore sind Verbindungen, die Ionen durch die Lipiddoppelschichten der Membranen transportieren, unter anderem durch die Plasmamembran und die inneren Membranen wie das ER. Im Hinblick auf die Ca^{2+}-Ionen sind zwei häufig eingesetzte Ionophore A23187 und Ionomycin. Nutzen Sie diese Hilfsmittel und stellen Sie dar, wie sie beweisen könnten, dass ein Hormon seine Wirkung dadurch erzielt, dass es (1) dafür sorgt, dass Ca^{2+} durch Kanäle in die Zelle gelangt oder (2) Ca^{2+} aus intrazellulären Speichern wie dem ER freigesetzt wird.

• **14-4 Es liegt in den Augen**. Zur Beantwortung dieser Frage empfiehlt es sich, *Exkurs 14B* heranzuziehen. Rufen Sie sich in Erinnerung, dass jedes Ommatidium im Facettenauge eine Photorezeptorzelle enthält, R7, die von einer benachbarten Zelle, R8, ein Signal empfangen muss, um sich zu differenzieren. Dieser Weg hängt von dem Ras-Signalisierungsweg ab. Bitte denken Sie auch daran, dass man dank der Mutanten Einsicht in den Ablauf dieses Weges gewonnen hat. Geben Sie für jede der nachfolgend aufgeführten Situationen an, ob sich die R7-Zelle differenzieren würde. Erklären Sie bitte auf der Grundlage ihrer Kenntnisse des daran beteiligten molekularen Weges Ihre Überlegungen.

A R7-Zellen sind mutiert, so dass den Sevenless-Rezeptoren die SH2-Bindedomäne fehlt.

B R7-Zellen sind mutiert, so dass sie kein funktionales Sos mehr besitzen, aber sie enthalten eine konstitutiv aktive dominante Mutation in Ras.

C R7-Zellen sind mutiert, so dass sie keine funktionale MAP-Kinase mehr besitzen.

D R8-Zellen sind mutiert, so dass sie zu viel Bride-of-sevenless-Liganden bilden, den R7-Zellen aber fehlt Sevenless.

14-5 Membranrezeptoren und Medizin. Hypertension oder Bluthochdruck tritt oftmals bei älteren Menschen auf. Ein typisches Medikament, das häufig zur Blutdrucksenkung verschrieben wird, enthält Verbindungen, die man als Beta-Blocker bezeichnet. Diese blockieren β-adrenerge Rezeptoren im Körper. Warum sind Ihrer Ansicht nach diese Beta-Blocker ein effektives Mittel gegen Bluthochdruck?

• **14-6 Der Ras-Aktivierung auf der Spur**. Mit Hilfe gentechnologisch veränderter Moleküle kann man die Aktivierung einzelner Ras-Moleküle in stimulierten Zellen nachvollziehen. Dies erfolgt mittels des Fluoreszenz-Resonanz-Transfers (FRET; siehe Anhang (online) für mehr Information). In der ▶*Abbildung 14.25* sehen Sie den Zeitverlauf nach der Ras-Aktivierung in Folge der Stimulierung durch den epidermalen Wachstumsfaktor (EGF).

A Ermitteln Sie bitte, ausgehend von der Kurve, wie viel Zeit benötigt wird, um Ras zu aktivieren.

B Warum lässt die Aktivität von Ras nach wenigen Minuten nach und dies obwohl EGF noch immer vorliegt?

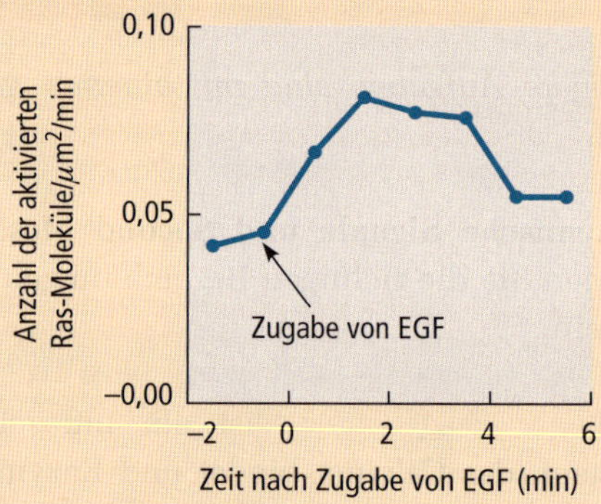

Abbildung 14.25: Aktivierung von Ras nach Stimulation des epidermalen Wachstumsfaktors.

14-7 Chemische Lockstoffrezeptoren für Neutrophile. Im Allgemeinen sind *Neutrophile* Blutzellen, die Bakterien an den Infektionsorten abtöten. Neutrophile sind in der Lage, mit Hilfe der *Chemotaxis* ihren Weg zu diesen Infektionsorten zu finden. Bei diesem Vorgang nehmen Neutrophile bakterielle Proteine wahr und folgen der Spur dieser Proteine in Richtung des Infektionsortes. Angenommen Sie stellen fest, dass die Chemotaxis durch das Pertussistoxin gehemmt ist. Welcher Rezeptor ist höchstwahrscheinlich an der Antwort auf die bakteriellen Proteine beteiligt?

14-8 Einmal genügt. Ein Mensch, der zum ersten Mal eine Zigarette raucht, ist erheblich stärkeren Folgeerscheinungen ausgesetzt als ein Gewohnheitsraucher. Gehen Sie von der Annahme aus, dass der Rauch Nikotin enthält und erklären Sie diesen Unterschied.

14-9 Rührei. Unbefruchtete Seestern-Eizellen können zur Bildung von Fremdproteinen induziert werden. Dies geschieht entweder durch Injektion der mRNA, die für ein Protein Ihrer Wahl kodiert, oder direkte Injektion gereinigter Moleküle. Was würde Ihrer Meinung nach in den folgenden Fällen passieren und warum?

A „Caged calcium", eine Kombination aus Ca^{2+}-Ionen und einem Chelator, wird in eine Eizelle injiziert. Dann bringt man mit Hilfe eines Lichtstrahls den Chelator zur Freisetzung des Ca^{2+} in einer kleinen Region der Eizelle.

B Man injiziert die mRNA für IP_3-Rezeptoren, welche die Freisetzung von Ca^{2+} verhindern und dann wird die Eizelle befruchtet.

C Fluo3, ein Molekül, das als Antwort auf erhöhte Ca^{2+}-Konzentrationen fluoresziert, wird in normale Eizellen injiziert, die dann befruchtet werden.

WEITERFÜHRENDE LITERATUR

Historisch bedeutsame Literatur ist mit einem • gekennzeichnet.

Allgemeine Prinzipien der Zellsignalisierung

Hunter, T. The age of crosstalk: Phosphorylation, ubiquitination, and beyond. *Mol. Cell* 28 (2007): 730.

Hunter, T. Tyrosine phosphorylation: Thirty years and counting. *Curr. Opin. Cell. Biol.* 21 (2009): 140.

Levitsky, A. *Receptors: A Quantitative Approach.* Menlo Park, Kalifornien: Benjamin Cummings, 1984.

Pawson, T. Dynamic control of signaling by modular adaptor proteins. *Curr. Opin. Cell. Biol.* 19 (2007): 112.

G-Proteine und Systeme mit sekundären Botenstoffen

Berridge, M. J., M. D. Bootman und H. L. Roderick. Calcium signalling: Dynamics, homeostasis and remodelling. *Nature Rev. Mol. Cell. Biol.* 4 (2003): 517.

Dupre, D. J., M. Robitaille, R. V. Rebois und T. E. Hebert. The role of Gβγ subunits in the organization, assembly, and function of GPCR signaling complexes. *Annu. Rev. Pharmacol. Toxicol.* 49 (2009): 31.

Gainetdinov, R. R. et al. Desensitization of G protein-coupled receptors and neuronal functions. *Annu. Rev. Neurosci.* 27 (2004): 107.

• Levitsky, A. From epinephrine to cyclic AMP. *Science* 241 (1988): 800.

• Linder, M. E. und A. G. Gilman. G proteins. *Sci. Amer.* 267 (1992): 56.

Pierce, K. L., R. T. Premont und R. J. Lefkowitz. Seven-transmembrane receptors. *Nature Rev. Mol. Cell Biol.* 3 (2002): 639.

Steinberg, S. F. Structural basis of protein kinase C isoform function. *Physiol. Rev.* 88 (2008): 1341.

• Sutherland, E. W. Studies on the mechanism of hormone action. *Science* 177 (1972): 401.

• Tang, W. J. und A. G. Gilman. Adenylyl cyclases. *Cell* 71 (1992): 1069.

Tyrosinkinasen-Rezeptoren und Wachstumsfaktorsignalisierung

Angers, S. und R. T. Moon. Proximal events in Wnt signal transduction. *Nat. Rev. Mol. Cell Biol.* 10 (2009): 468.

Heldin, C. H., M. Landstrom und A. Moustakas. Mechanism of TGF-β signaling to growth arrest, apoptosis, and epithelial-mesenchymal transition. *Curr. Opin. Cell Biol.* 21 (2009): 166.

Malumbres, M. und M. Barbacid. RAS oncogenes: The first 30 years. *Nature. Rev. Cancer* 3 (2003): 459.

Massgue, J., J. Seoane und D. Wotton. Smad transcription factors. *Genes Dev.* 19 (2005): 2783.

• Rozakis-Adcock, M. et al. The SH2 and SH3 domains of mammalian Grb 2 couple the EGF receptor to the Ras activator mSos1. *Nature* 363 (1993): 83.

Seeliger, M. A. und J. Kuriyan. A MAPK scaffold lends a helping hand. *Cell* 136 (2009): 994.

Physiologie und Zellsignalisierung

Cohen, P. The Twentieth century struggle to decipher insulin signaling. *Nature. Rev. Biol. Cell Biol.* 7 (2006): 867.

Francis, S. und B. Waldeck. Beta-adrenoceptor agonists and asthma – 100 years of development. *Eur. J. Pharmacol.* 445 (2002): 1.

Hadley, M. E. und J. E. Levine. *Endocrinology.* 6. Aufl. Upper Saddle River, New Jersey: Pearson/Prentice Hall, 2007.

Magi, M. et al. Erectile dysfunction: From biochemical pharmacology to advances in medical therapy. *Eur. J. Endocrinol.* 143 (2000): 143.

Murad, F. Shattuck Lecture. Nitric oxide and cyclic GMP in cell signaling and drug development. *New Engl. J. Med.* 355 (2006): 2003.

Robinson-Rechavi, M., H Escriva García und V. Laudet. The nuclear receptor superfamily. *J. Cell. Sci.* 116 (2003): 585 – 586.

Silverthorn, D. U. Physiologie. Pearson-Verlag, 2009.

Modellsysteme und Zellsignalisierung

Hariharan, I. K. und D. A. Haber. Yeast, flies, worms, and fish in the study of human disease. *New. Engl. J. Med.* 348 (2003): 2457.

Thomas, B. J. und D. A. Wassarman. A fly's eye view of biology. *Trends Genet.* 15 (1999): 184.

Das Cytoskelett

15

ÜBERBLICK

In den vorangegangenen Kapiteln haben wir eine Reihe zellulärer Vorgänge und Stoffwechselwege kennengelernt, von denen viele in den Organellen eukaryotischer Zellen ablaufen. Außerdem haben wir uns mit Signalkaskaden beschäftigt, die an der Zelloberfläche initiiert werden und tiefgreifende Folgen für die zelluläre Funktion mit sich bringen. Nun wenden wir uns dem Cytosol zu, der Region des Cytoplasmas, die zwischen den Organellen liegt und diese umgibt. Noch vor wenigen Jahrzehnten vertrat man die Auffassung, dass das Cytosol der eukaryotischen Zelle grundsätzlich eher uninteressant sei, eine gelähnliche Substanz, in welcher der Zellkern und andere Organellen eingelagert sind. Nun zeigten Fortschritte in der Mikroskopie und anderen Untersuchungsmethoden, dass das Innere einer eukaryotischen Zelle höchst strukturiert ist. Ein Teil der inneren Struktur wird von dem **Cytoskelett** bestimmt, einem komplizierten Netzwerk untereinander verbundener Filamente und Tubuli, die sich über das gesamte Cytosol erstrecken, vom Zellkern bis zur inneren Oberfläche der Plasmamembran. Das Cytoskelett ist für intrazelluläre Bewegungsvorgänge und die Zellteilung verantwortlich. Bei den Eukaryoten wirkt es aktiv am Transport der von Membranen umgebenen Organellen im Cytosol mit. Es übernimmt außerdem eine ähnliche Rolle für die Messenger-RNA und andere Zellkomponenten. Des Weiteren wirkt das Cytoskelett an vielen Formen der Zellbewegung mit und ist sehr eng mit anderen Vorgängen wie der Zellsignalisierung und der Zell-Zell-Adhäsion verknüpft. Das Cytoskelett unterliegt Veränderungen, die auf der Zelloberfläche ablaufen, und scheint zugleich an diesen Ereignissen teilzunehmen und sie zu beeinflussen.

Der Begriff Cytoskelett erfasst exakt die Rolle dieses polymeren Netzwerks, denn es verleiht der Zellfunktion Gestalt und innere Struktur. Es gibt den Zellen ein hohes Maß an innerer Organisation und die Fähigkeit, komplexe Gestalt anzunehmen und beizubehalten, was sonst nicht möglich wäre. Allerdings spiegeln sich in dieser Bezeichnung nicht die dynamischen Eigenschaften und die Fähigkeit zu Veränderungen wider und auch nicht seine Mitwirkung an einer Vielzahl zellulärer Vorgänge.

15.1 Die wichtigsten Strukturelemente des Cytoskeletts

15.1.1 Bei den Eukaryoten unterscheidet man drei Grundbausteine des Cytoskeletts

Die drei wichtigsten Strukturelemente des Cytoskeletts bei den Eukaryoten sind die *Mikrotubuli*, die *Mikrofilamente* und die *intermediären Filamente* (▶ *Tabelle 15.1*). Die Existenz dieser drei Systeme von Filamenten und Tubuli wurde erstmalig mit Hilfe der Elektronenmikroskopie sichtbar gemacht. Mittels biochemischer und cytochemischer Untersuchungen identifizierte man die verschiedenen Proteine eines jeden Systems. Die Technik der indirekten Immunfluoreszenz (siehe *Anhang, Abbildung A-12* (online)) bewährte sich besonders zur Lokalisierung spezifischer Proteine des Cytoskeletts.

Jedes Strukturelement des Cytoskeletts hat eine charakteristische Größe, Struktur und intrazelluläre Verteilung, und jedes Element entsteht durch Polymerisation verschiedenartiger Untereinheiten (*Tabelle 15.1*). Mikrotubuli bestehen aus dem Protein *Tubulin* mit einem Durchmesser von ungefähr 25 nm. Mikrofilamente, deren Durchmesser bei circa 7 nm liegt, sind Polymere des Proteins *Actin*. Der Durchmesser der intermediären Filamente liegt im Bereich von 8 – 12 nm. Die Untereinheiten der intermediären Filamente sind je nach Zelltyp sehr unterschiedlich. Abgesehen von dem jeweils wichtigsten Proteinbaustein besitzt jedes Filament des Cytoskeletts eine Reihe weiterer mit ihm assoziierter Proteine. Diese zusätzlichen Proteine verleihen den Elementen des Cytoskeletts die eindrucksvolle strukturelle und funktionelle Vielfalt.

Tabelle 15.1

Eigenschaften von Mikrotubuli, Mikrofilamenten und intermediären Filamenten

	Mikrotubuli	**Mikrofilamente**	**Intermediäre Filamente**
	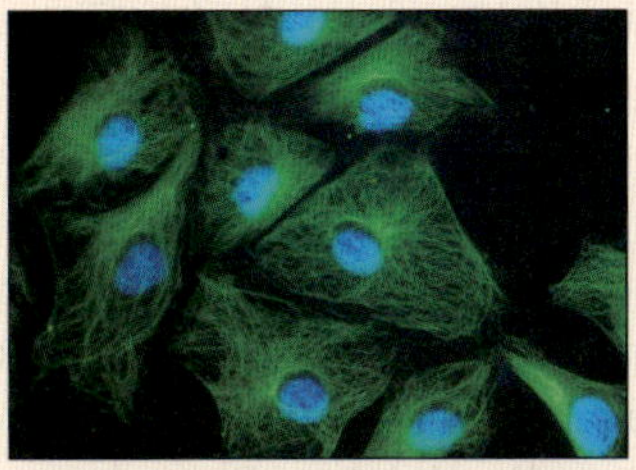	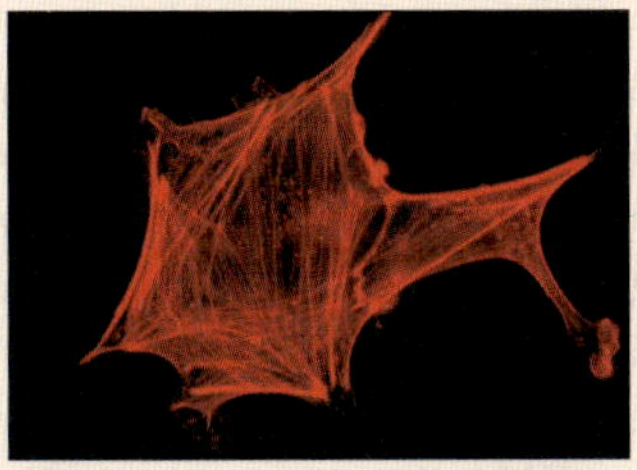	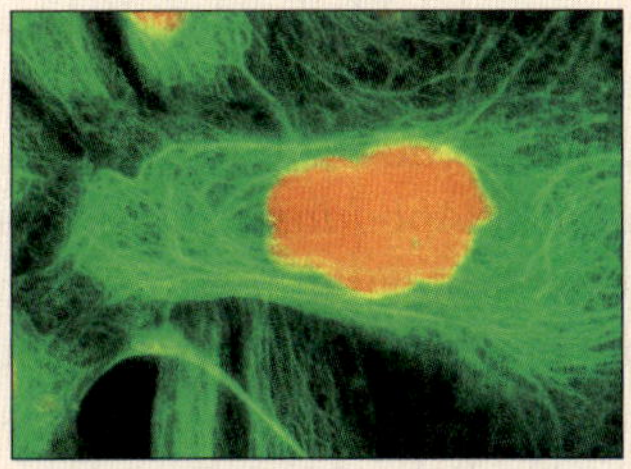
Polymer / **Untereinheit**	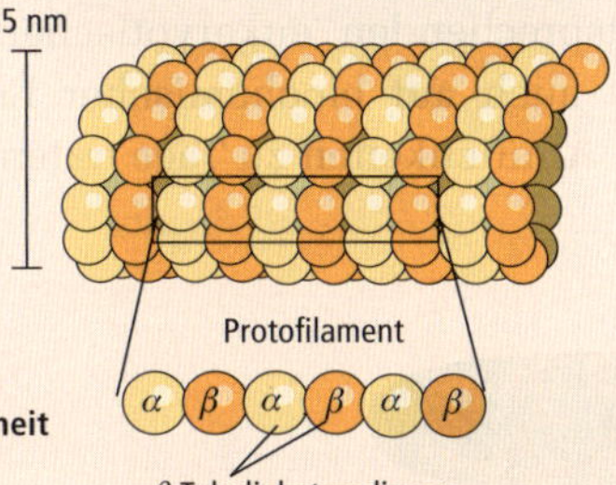	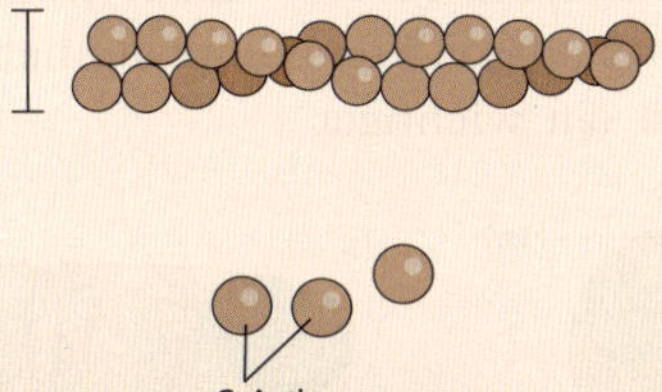	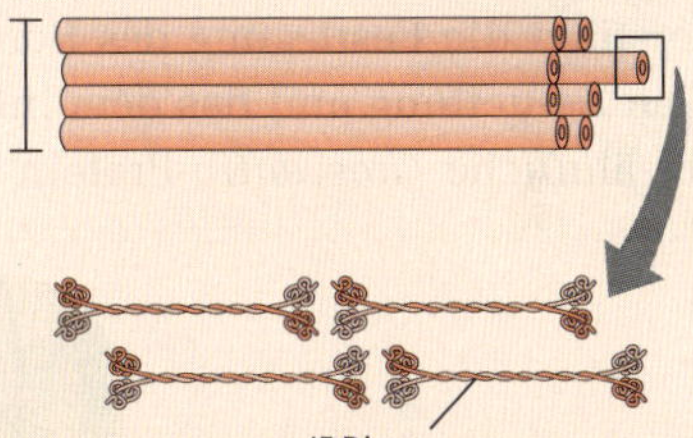
Struktur	Röhre, deren Wand aus 13 Protofilamenten besteht	zwei umeinander geschlungene Ketten aus F-Actin	acht Protofilamente, deren Enden durch gestaffelte Überlappungen verknüpft sind
Durchmesser	äußerer Durchmesser: 25 nm	7 nm	8 – 12 nm
Monomere	α-Tubulin β-Tubulin	G-Actin	mehrere Proteine; siehe ▶ *Tabelle 15.4*
Polarität	(+)-, (−)-Enden	(+)-, (−)-Enden	keine Polarität bekannt
Funktionen	cytoplasmatische Tubuli: Organisation und Erhalt der Form der tierischen Zelle und der Polarität Chromosomenbewegung intrazellulärer Transport; Ein- und Auswärtstransport und Transport von Organellen axonemale Tubuli: Zellmotilität	Muskelkontraktion Strömung des Cytoplasmas Cytokinese intrazellulärer Transport/ Ein- und Auswärtstransport	strukturelles Stützwerk Bildung von Zellkernlamina und Gerüst Stärkung des Nervenzellaxons (Neurofilamentprotein) Parallelstruktur der Muskelfasern (Desmin)

15.1.2 Strukturelle Ähnlichkeit des bakteriellen und eukaryotischen Cytoskeletts

Vor noch gar nicht langer Zeit war man der Ansicht, dass die Proteine des Cytoskeletts einzig bei Eukaryoten vorkommen. Nun haben aber neuere wissenschaftliche Arbeiten gezeigt, dass auch Bakterien, beispielsweise die stäbchenförmigen Bakterien und die Archaea, gleichfalls über Polymersysteme verfügen, die im Hinblick auf die Funktion den Mikrofilamenten, Mikrotubuli und intermediären Filamenten ähneln (▶*Abbildung 15.1*). Basierend auf Mutationsexperimenten hat man festgestellt, dass sie ähnliche Aufgaben übernehmen wie ihre eukaryotischen Gegenstücke. Zum Beispiel wirkt das dem Actin ähnliche *MreB*-Protein an der DNA-Segregation mit. Das dem Tubulin ähnliche *FtsZ*-Protein unterstützt die Festlegung des Bereiches der bakteriellen Zellteilung und das dem intermediären Filament ähnliche *Crescentin*-Protein ist ein wichtiger Regulator der Zellform. Tatsächlich wird das FtsZ-Protein auch von bestimmten Organellen einiger Eukaryoten gebildet, beispielsweise den Chloroplasten und den Mitochondrien, und es bestimmt die Bereiche, an denen sich diese Organellen teilen. Diese Forschungsergebnisse liefern einen weiteren Nachweis der in *Kapitel 4* dargestellten Endosymbiontentheorie. Obwohl die bakteriellen Proteine im Hinblick auf die Aminosäuren nur wenig Ähnlichkeit mit ihren eukaryotischen Pendants aufweisen, hat man mit Hilfe der Röntgenstrahlkristallographie nachgewiesen, dass sie zu Polymeren zusammengesetzt sind und ihre Gesamtstruktur eine bemerkenswerte Ähnlichkeit aufweist (▶*Abbildung 15.1e*). Des Weiteren binden äquivalente Proteine die gleichen Phosphonucleotide wie bei den entsprechenden eukaryotischen Organismen, womit auch auf biochemischer Ebene ganz erstaunliche Ähnlichkeiten zu Tage treten.

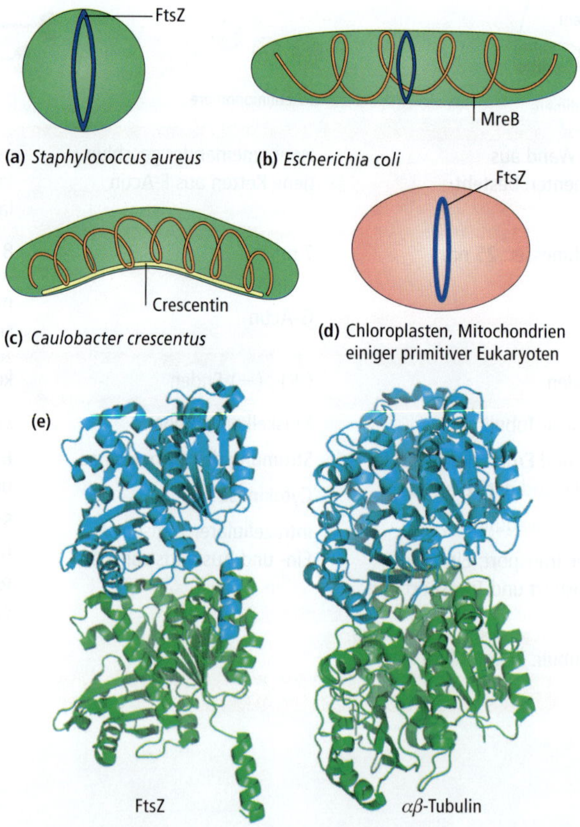

Abbildung 15.1: Cytoskelettproteine der Bakterien und der Eukaryoten weisen Ähnlichkeiten auf. In den Teilen a – d ist die Anordnung mehrerer Proteine des bakteriellen Cytoskeletts dargestellt. Blau: die dem FtsZ-Protein ähnlichen Mikrotubuli. Orange: das dem Actin ähnliche MreB-Protein. Gelb: das dem intermediären Filament ähnliche Protein Crescentin. (a) *S. aureus.* (b) *E. coli.* (c) *Caulobacter.* (d) Einige Plastide und Mitochondrien einiger primitiver Eukaryoten exprimieren an den Orten der Zellteilung FtsZ. (e) Vergleich der Struktur von FtsZ (links) und $\alpha\beta$-Tubulinheterodimer (Röntgenstrahlkristallographie). Beachten Sie die ähnlichen Strukturen.

15.1.3 Das Cytoskelett wird andauernd dynamisch auf- und abgebaut

Das Cytoskelett liegt momentan im Fokus des wissenschaftlichen Interesses der Zellbiologen. Mikrotubuli und Mikrofilamente sind vielleicht durch ihre Aufgaben bei der Zellmotilität am besten bekannt. So sind beispielsweise Mikrofilamente essenzielle Komponenten der *Muskelfibrillen* und Mikrotubuli sind die Strukturelemente der *Cilien* und der *Flagellen*. Diese Anhängsel helfen einigen Zellen dabei, sich selber durch eine flüssige Umgebung vorwärts zu bewegen oder Flüssigkeiten an der Zelle vorbei zu transportieren. Dank ihrer Größe kann man diese Strukturen bereits unter dem Lichtmikroskop erkennen und daher waren sie schon bekannt und wurden bereits untersucht, lange bevor man erkannte, dass eben diese Strukturelemente zugleich integrale Bestandteile des Cytoskeletts der meisten Zellen sind. Mit der Einführung modernerer mikroskopischer Techniken wurde dann schließlich klar, dass die meisten Zellen in der Lage sind, dynamisch zu regulieren, wo und wann sie spezifische Strukturen des Cytoskeletts zusammen- oder wieder auseinanderbauen. Neuere Einblicke in die Struktur des Cytoskeletts stützen sich vor allem auf eine Kombination mehrerer leistungsfähiger mikroskopischer Techniken: verschiedene Typen der Fluoreszenzmikroskopie, digitale Videomikroskopie und verschiedene Typen der Elektronenmikroskopie (▶ *Tabelle 15.2*). Im Anhang (online) stellen wir jede Technik im Einzelnen dar. Außerdem kann man bestimmte Substanzen verwenden, um die Funktion des Cytoskeletts zu stören (▶ *Tabelle 15.3*). Im Verbund mit den immer weiter entwickelten biochemischen Untersuchungsmethoden hat man mit Hilfe dieser Techniken die unglaublich dynamische Beschaffenheit des Cytoskeletts und die bemerkenswert elaborierte Struktur des Cytoskeletts aufgedeckt.

In diesem Kapitel konzentrieren wir uns auf die Struktur des Cytoskeletts und wie dessen Komponenten dynamisch zusammengesetzt und wieder auseinandergebaut werden. Wir beschäftigen uns stets mit der Chemie der Untereinheit/en, der Struktur des Polymers und wie dieses polymerisiert wird, mit der Rolle akzessorischer Proteine sowie einiger Aufgaben, welche die jeweilige Komponente im Hinblick auf Struktur und Funktion in der Zelle übernimmt. In diesem Zusammenhang schauen wir uns nacheinander Mikrotubuli, Mikrofilamente und Intermediärfilamente an und gehen auf ihre eigenen unabhängigen Funktionen ein. In Wirklichkeit sind aber die Komponenten des Cytoskeletts strukturell und funktional miteinander verknüpft, worauf wir im letzten Abschnitt dieses Kapitels eingehen werden. Wir beginnen unsere Darstellung mit den Mikrotubuli.

Mikrotubuli 15.2

15.2.1 Zwei Typen von Mikrotubuli sind für viele Funktionen in der Zelle verantwortlich

Mikrotubuli (MT; engl.: *microtubules*) sind die größten Elemente des Cytoskeletts (siehe *Tabelle 15.1*). Man kann die Mikrotubuli der eukaryotischen Zellen in zwei große Gruppen einteilen, die sich im Grad der Organisation und der strukturellen Stabilität unterscheiden.

Zur ersten Gruppe gehören oftmals locker organisierte Mikrotubuli mit einem dynamischen Netzwerk aus **cytoplasmatischen Mikrotubuli**. Die cytoplasmatischen Mikrotubuli in eukaryotischen Zellen wurden erst in den frühen 1960er Jahren mit der Einführung besserer Fixierungstechniken erkannt, mit deren Hilfe man das Netzwerk der Mikrotubuli sichtbar machen konnte, von dem man heute weiß, dass es das Cytosol der meisten eukaryotischen Zellen durchzieht. Seither hat man mit Hilfe der Fluoreszenzmikroskopie die Vielfalt und Komplexität der Mikrotubuli-Netzwerke in verschiedenen Zellen sichtbar gemacht.

Cytoplasmatische Mikrotubuli sind für viele Funktionen verantwortlich (siehe *Tabelle 15.1*). So sind sie beispielsweise in tierischen Zellen für die Erhaltung der Axons verantwortlich, der Fortsätze der Nervenzellen, deren elektrische Eigenschaften wir in *Kapitel 13* dargestellt haben. Einige wandernde tierische Zellen benötigen cytoplasmatische Mikrotubuli, um ihre polarisierte Form beizubehalten. In Pflanzenzellen bestimmten cytoplasmatische Mikrotubuli die Ausrichtung der Cellulosemikrofibrillen, die während des Zellwachstums in den Zellwänden eingelagert werden (siehe *Kapitel 17*). Von großer Bedeutung ist auch, dass cytoplasmatische Mikrotubuli mitotische und meiotische Spindeln bilden, die für die Bewegung der Chromosomen während der Mitose und der Meiose unerlässlich sind (siehe *Kapitel 19*). Cytoplasmatische Mikrotubuli tragen außerdem zur räumlichen Disposition und zum gerichteten Transport von Vesikeln und anderen Organellen bei, da sie ein organisiertes System von Fasern bilden, die zur Lenkung des Transports dienen.

Die zweite Gruppe der Mikrotubuli sind die **axonemalen Mikrotubuli**. Dazu zählen hoch organisierte, stabile Mikrotubuli, die in spezifischen subzellulären Strukturen vorliegen, die mit der Zellbewegung in Zusammenhang stehen, so bei Cilien, Flagellen und den Basalkörpern, die mit diesen Fortsätzen verknüpft sind. Der zentrale Schaft oder das *Axonem* einer Cilie oder einer Geißel besteht aus einem Bündel sehr geordneter axonemaler Mikrotubuli und assoziiebrter Proteine. Angesichts der Ordnung und Stabilität wundert es nicht, dass die axonemalen Mikrotubuli zuerst entdeckt und untersucht wurden. Wir sind bereits einem Vertreter dieser Struktur begegnet; das Axonem des Spermiumschwanzes aus *Abbildung 4.12* setzt sich aus Mikrotubuli zusammen. In *Kapitel 16* werden wir uns mit der Struktur des Axonems und der durch Mikrotubuli vermittelten Motilität eingehender beschäftigen.

Tabelle 15.2

Techniken zur Sichtbarmachung des Cytoskeletts

Technik	Beschreibung	Beispiel	
Fluoreszenzmikroskopie mit fixierten Präparaten*	Fluoreszierende Verbindungen binden direkt an Proteine des Cytoskeletts oder man verwendet Antikörper, um Proteine des Cytoskeletts in chemisch konservierten Zellen indirekt zu markieren, woraufhin diese unter dem Fluoreszenzmikroskop leuchten.	Ein mit fluoreszierenden, gegen Actin ausgerichteten Antikörpern angefärbter Fibroblast, weist Bündel von Actinfilamenten auf.	
Fluoreszenzmikroskopie lebender Zellen*	Bildung verschiedener fluoreszierender Versionen von Proteinen des Cytoskeletts, die in lebende Zellen eingefügt werden. Mittels Fluoreszenzmikroskopie und Video- oder Digitalkameras werden die in der Zelle aktiven Proteine beobachtet.	Fluoreszierende Tubulinmoleküle wurden in lebende Fibroblastenzellen mikroinjiziert. In der Zelle werden die Tubulindimere in Mikrotubuli eingebaut, die dann unter dem Fluoreszenzmikroskop gut sichtbar sind.	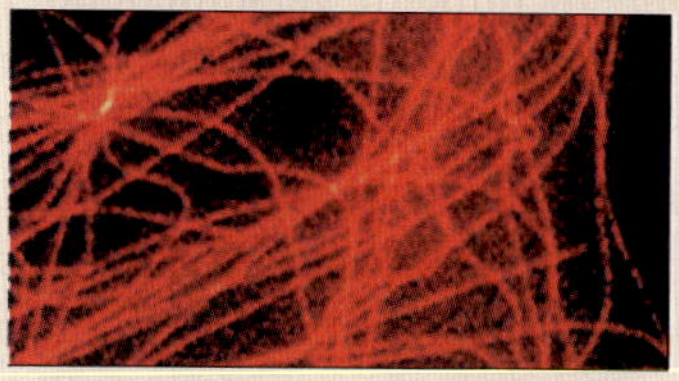
Computerunterstützte Mikroskopie mit Digital- oder Videokamera	Hoch aufgelöste Bilder einer an einen Computer angeschlossenen Video- oder Digitalkamera dienen zur Verstärkung des Kontrasts und beseitigen Hintergrundbilder, die das Bild verdunkeln.	Man erstellte zwei mikroskopische Aufnahmen mehrerer Mikrotubuli, um sie im Detail sichtbar zu machen.	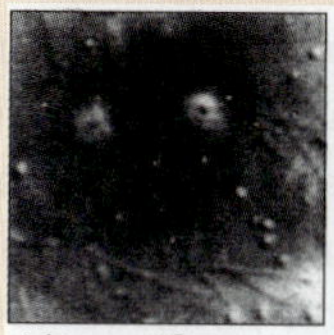 nicht vergrößert 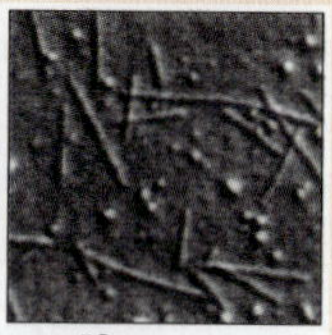 vergrößert
Elektronenmikroskopie	Mittels der Elektronenmikroskopie kann man einzelne Filamente sichtbar machen. Die Filamente werden als Dünnschnitte, mittels Gefrierätzung oder Gefrierbruch präpariert.	Eine Fibroblastenzelle wurde mit der Gefrierbruch-Gefrierätzungsmethode präpariert. Es sind Bündel von Actinmikrofilamenten sichtbar.	

* *Konfokal-, Dekonvolutions-, Multiphoton- und TIRF-Mikroskopie (Interne Totalreflexionsfluoreszenzmikroskopie; engl.: total internal reflection fluorescence microscopy) sind häufig angewandte Techniken, um fluoreszierende Signale besser nachweisen zu können. Siehe Anhang (online) für eine detailliertere Darstellung dieser Techniken.*

Tabelle 15.3

Substanzen zur Einschränkung der Funktion des Cytoskeletts

Substanz	Quelle	Wirkung
Mikrotubuli-spezifische Substanzen		
Colchicin, Colcemid	Herbstzeitlose, *Colchicum autumnale*	bindet Tubulinmonomere, hemmt die Polymerisation
Nocadazol	synthetisches Benzimidazol	bindet β-Tubulin, hemmt die Polymerisation
Vinblastin, Vincristin	Zimmerimmergrün, *Vinca rosea*	bündelt Tubulinheterodimere
Taxol	Pazifische Eibe, *Taxus brevifolia*	stabilisiert Mikrotubuli
Mikrofilamente-spezifische Substanzen		
Cytochalasin D	Pilzmetabolit	verhindert das Anfügen neuer Monomere an die Plusenden
Latrunculin A	Schwamm aus dem Roten Meer, *Latrunculia magnifica*	Anhäufung von Actinmonomeren
Phalloidin	Knollenblätterpilz, *Amanita phalloides*	bindet und stabilisiert zusammengesetzte Mikrofilamente

15.2.2 Tubulinheterodimere sind die Proteinbausteine der Mikrotubuli

Mikrotubuli sind gerade, hohle, röhrenförmige Strukturen mit einem Außendurchmesser von circa 25 nm und einem Innendurchmesser von circa 15 nm (▶ *Abbildung 15.2*). Die Länge ist sehr variabel. Einige sind nicht einmal 200 nm lang, andere, beispielsweise die axonemalen Mikrotubuli, können eine Länge von mehreren Mikrometern haben. Die Wand eines Mikrotubulus setzt sich aus horizontal benachbarten linearen Polymeren zusammen, den **Protofilamenten**. Im Allgemeinen sind 13 Protofilamente nebeneinander angeordnet und bilden ein hohles Zentrum oder Lumen. Obwohl einige Mikrotubuli mancher Tiere sich aus mehr oder weniger als 13 Protofilamenten zusammensetzen, sind 13 Protofilamente doch bei weitem am häufigsten.

Wie in der *Abbildung 15.2* dargestellt, ist die eigentliche Untereinheit eines Protofilaments ein Heterodimer des Proteins **Tubulin** (siehe *Abbildung 15.1e* für die dreidimensionale Struktur). Die Heterodimere aus denen die Protofilamente bestehen, sind je aus einem Molekül **α-Tubulin** und einem Molekül **β-Tubulin** zusammengesetzt. Sobald einzelne α- und β-Tubulinmoleküle synthetisiert wurden, gehen sie eine kovalente Bindung ein und bilden ein **$\alpha\beta$-Heterodimer**, das unter normalen Bedingungen nicht dissoziiert.

Einzelne α- und β-Tubulinmoleküle besitzen einen Durchmesser von 4 – 5 nm und die Molekülmasse beträgt 55 kDa. Strukturuntersuchungen haben erbracht, dass α- und β-Tubuline fast identische dreidimensionale Strukturen besitzen, obgleich nur 40 % ihrer Aminosäuresequenz identisch sind. Jedes Tubulin besitzt eine GTP-Bindedomäne am N-Terminus. In der Mitte dieser Domäne kann Colchicin binden (Colchicin ist ein Gift, das die Bildung von Mikrotubuli hemmt; siehe unten) und eine dritte Domäne am C-Terminus, die mit den Proteinen interagiert, die mit Mikrotubuli assoziiert sind (engl.: *microtubules associated proteins*, MAPs; auf die MAPs werden wir später in diesem Kapitel zu sprechen kommen).

In einem Mikrotubulus weisen alle Tubulindimere in die gleiche Richtung, sodass alle α-Tubulinuntereinheiten zum gleichen Ende gewandt sind. Diese gleichförmige Ausrichtung der Tubulindimere hat zur Folge, dass sich die Enden der Protofilamente chemisch und strukturell unterscheiden und das Protofilament somit eine inhärente Polarität aufweist. Da die Ausrichtung der Tubulindimere für alle Protofilamente eines Mikrotubulus gleich ist, hat der Mikrotubulus selbst eine polare Struktur.

Die meisten Organismen haben mehrere eng verwandte, jedoch nicht identische Gene für jede der α- und β-Tubulinuntereinheiten. Diese sich geringfügig unterscheidenden Formen des Tubulins werden als *Tubulinisoforme* bezeichnet. Im Säugetiergehirn gibt es beispielsweise fünf α- und fünf β-Tubulinisoforme. Diese Isoformen unterscheiden sich hauptsächlich in der Domäne des C-Terminus, was nahelegt, dass verschiedene Tubulinisoforme mit verschiedenen Proteinen in Wechselwirkung treten können. Abgesehen von den verschiedenen Isoformen kann Tubulin auch chemisch modifiziert werden. Acetylierte Tubuline bilden tendenziell stabilere Mikrotubuli als nicht-acetylierte Tubuline.

15.2.3 Mikrotubuli können Singletts, Dubletten und Tripletten bilden

Cytoplasmatische Mikrotubuli sind einfache Röhren oder Singlettmikrotubuli, die sich aus 13 Protofilamenten zusammensetzen. Einige axonemale Mikrotubuli sind allerdings komplexer: Sie enthalten *Dubletten* und *Tripletten* von Mikrotubuli. Dubletten und Tripletten enthalten einen vollständigen Mikrotubulus aus 13 Protofilamenten (den *A-Tubulus*) und einen oder zwei weitere unvollständige Tubuli (die *B-* und *C-Tubuli*), die sich aus zehn oder elf Protofilamenten zusammensetzen (▶*Abbildung 15.2c*). Dubletten kommen in den Cilien und den Geißeln vor; Tripletten in den Basalkörpern und den Centriolen. In *Kapitel 16* werden wir uns eingehender mit Cilien und Geißeln beschäftigen.

15.2.4 Mikrotubuli entstehen durch Anlagerung von Tubulindimeren an den Enden

Mikrotubuli entstehen durch reversible Polymerisation von Tubulindimeren. Der Polymerisationsvorgang wurde eingehend in vitro untersucht; in der ▶*Abbildung 15.3* ist schematisch der Zusammenbau eines Mikrotubulus dargestellt. Erwärmt man eine Lösung mit ausreichender Konzentration von Tubulindimeren, GTP und Mg^{2+} von 0 °C auf 37 °C, dann setzt eine Polymerisierungsreaktion ein. (Die Bildung des Mikrotubulus kann man gut mit Hilfe eines Spektrophotometers als Zunahme

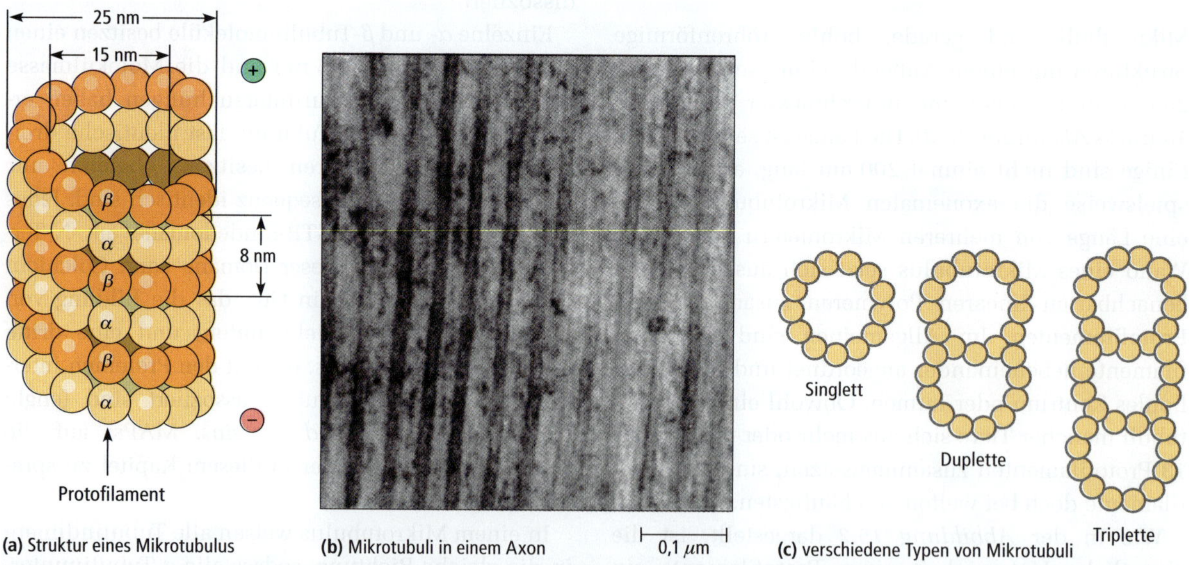

Abbildung 15.2: Struktur der Mikrotubuli. (a) Schematische Darstellung eines Mikrotubulus als hohler Zylinder, der ein Lumen umschließt. Der äußere Durchmesser liegt bei ungefähr 25 nm und der innere Durchmesser bei ungefähr 15 nm. Die Wand des Zylinders besteht aus 13 Protofilamenten. Der Pfeil weist auf ein Protofilament. Ein Protofilament ist ein lineares Polymer aus Tubulindimeren, die jeweils aus zwei Polypeptiden zusammengesetzt sind – α-Tubulin und β-Tubulin. Alle Heterodimere in den Protofilamenten haben die gleiche Ausrichtung. Das macht die Polarität der Mikrotubuli verständlich. (b) Mikrotubuli in einem Längsschnitt eines Axons (TEM). (c) Mikrotubuli existieren als einzelne Mikrotubuli (13 Protofilamente umschließen ein hohles Lumen), Doppelmikrotubuli (Dubletten) und Dreifachmikrotubuli (Tripletten). Dubletten und Tripletten enthalten einen vollständigen Mikrotubulus aus 13 Protofilamenten (den *A-Tubulus*) und einen oder zwei weitere, nicht vollständig ausgebildete Mikrotubuli (die sogenannten *B-* und *C-Tubuli*), die aus zehn Protofilamenten zusammengesetzt sind.

der Lichtstreuung messen.) Ein entscheidender Schritt bei der Bildung des Mikrotubulus ist die Aggregation von Tubulindimeren zu Bündeln, den sogenannten *Oligomeren*. Diese Oligomere dienen als „Zellkerne“, aus denen neue Mikrotubuli herauswachsen und daher bezeichnet man diesen Vorgang als **Kernbildung** (**Nukleation**). Nach der Kernbildung des Mikrotubulus wächst dieser durch Anlagerung von Untereinheiten an beiden Enden. Diesen Vorgang bezeichnet man als **Elongation**.

Anfangs schreitet die Bildung des Mikrotubulus langsam voran, eine Wachstumsphase die man als *lag-Phase* bezeichnet. Dieser Zeitraum spiegelt den relativ langsamen Vorgang der Mikrotubulusnukleation wider. Die Elongationsphase – das Anlagern von Tubulindimeren – läuft im Verglich zur Nukleation recht schnell ab. Schließlich nimmt die Masse des Mikrotubulus so lange zu, bis die Konzentration freien Tubulins an ihre Grenzen stößt. Daraufhin setzt die *Plateauphase* ein, in der Auf- und Abbau im Gleichgewicht liegen.

Das Wachstum von Mikrotubuli in vitro hängt von der Konzentration von Tubulindimeren ab. Die Konzentration von Tubulinheterodimeren, bei der sich die Bildung und der Abbau von Mikrotubuli genau im Gleichgewicht befinden, bezeichnet man als **kritische Konzentration**. Tendenziell wachsen Mikrotubuli, wenn die Tubulinkonzentration die kritische Konzentration übersteigt, und die Depolymerisation setzt dann ein, wenn die Tubulinkonzentration unter diese kritische Konzentration absinkt.

15.2.5 Die Anlagerung von Tubulindimeren läuft schneller an den Plusenden der Mikrotubuli ab

Die inhärente strukturelle Polarität von Mikrotubuli bedeutet, dass sich die beiden Enden chemisch unterscheiden. Ein weiterer wichtiger Unterschied zwischen den beiden Enden des Mikrotubulus besteht darin, dass ein Ende schneller wachsen oder abnehmen kann als das andere Ende. Man kann die unterschiedliche Geschwindigkeit des Zusammenbaus gut sichtbar machen, indem man mit Mikrotubuli assoziierte Strukturen, die an der Basis von Cilien vorkommen, die sogenannten *Basalkörper*, mit Tubulinheterodimeren mischt. An beiden Enden werden Tubulinheterodimere zusammengesetzt, aber an einem Ende wachsen sie schneller als am anderen

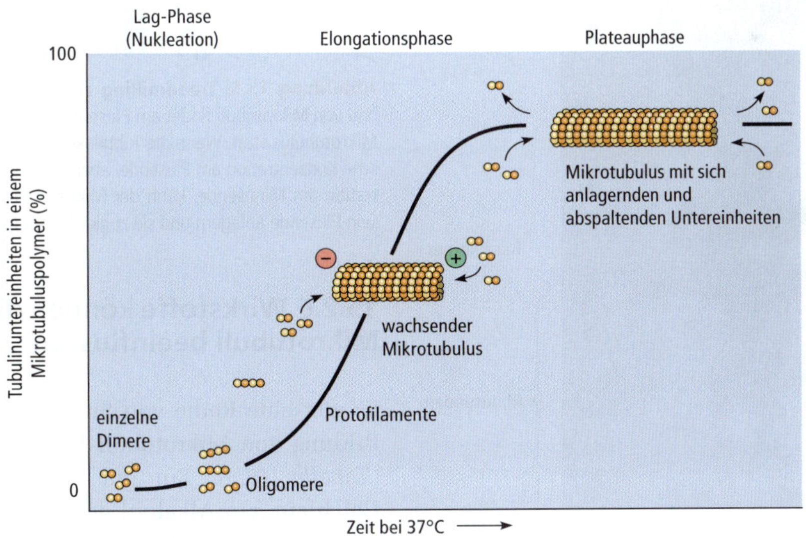

Abbildung 15.3: Die Kinetik des Zusammenbaus eines Mikrotubulus in vitro. Man kann die Kinetik des Zusammenbaus eines Mikrotubulus nachvollziehen, indem man den Anteil des Lichts beobachtet, der von einer Lösung gestreut wird, die GTP-Tubulin enthält und von 0 °C auf 37 °C erwärmt wurde. (Die Bildung eines Mikrototubulus wird durch Kälte gehemmt und durch Wärme aktiviert.) Diese Messungen der Lichtstreuung spiegeln Veränderungen in der Gesamtpopulation der Mikrotubuli wider, nicht die Zusammensetzung einzelner Mikrotubuli. Bei diesem Messverfahren lassen sich drei Phasen der Bildung eines Mikrotubulus unterscheiden: die lag-Phase, die Elongationsphase und die Plateauphase. Die lag-Phase entspricht der Zeit der Kernbildung. Während der Elongationsphase wächst der Mikrotubulus schnell, was zur Abnahme der Konzentration von Tubulinuntereinheiten in der Lösung führt. Wenn die Konzentration so weit gesunken ist, dass keine weitere Zusammensetzung mehr möglich ist, wurde die Plateauphase erreicht. Während der Plateauphase werden gleichzeitig Untereinheiten angefügt und entfernt.

Ende. (Man kann die Position des Basalkörpers in einem wachsenden Mikrotubulus aufgrund seines andersartigen Erscheinungsbildes unter dem Elektronenmikroskop lokalisieren; ▶*Abbildung 15.4*). Das rasch wachsende Ende des Mikrotubulus ist das **Plusende** und das andere Ende bezeichnet man als **Minusende**. Bald werden Sie erfahren, dass die Minusenden von Mikrotubuli oftmals im Centrosom verankert sind; in diesem Fall findet das Wachstum nur an den Plusenden statt.

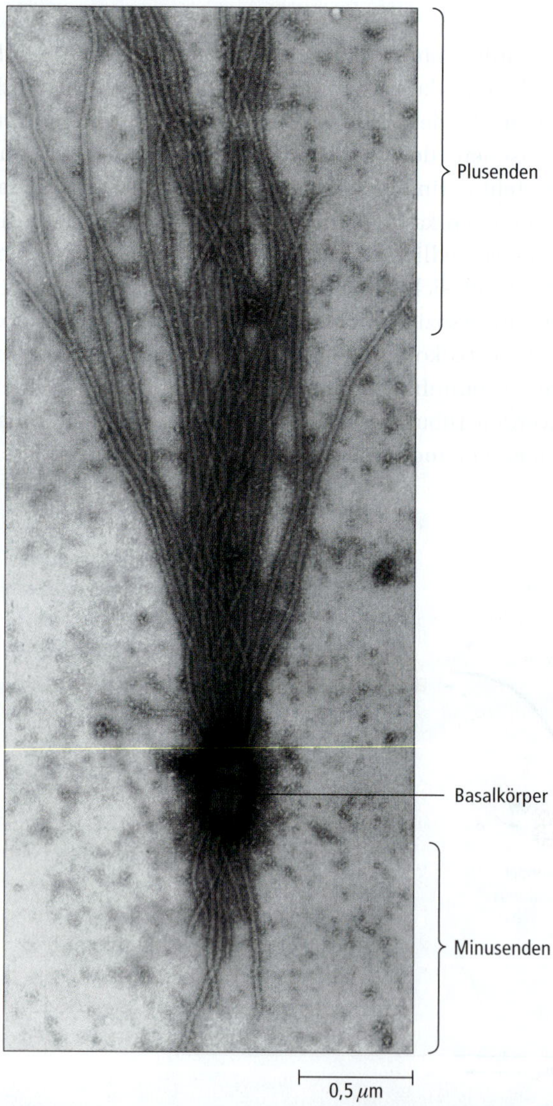

Abbildung 15.4: Polarer Zusammenbau von Mikrotubuli in vitro. Die Polarität der Zusammensetzung von Mikrotubuli kann man nachweisen, indem man Basalkörper in eine Lösung mit Tubulindimeren gibt. Die Tubulindimere lagern sich an die Plus- und Minusenden der Mikrotubuli des Basalkörpers an. Allerdings sind die vom Plusende aus wachsenden Mikrotubuli wesentlich länger als die vom Minusende aus wachsenden.

Die unterschiedlichen Wachstumsgeschwindigkeiten der Plus- und Minusenden der Mikrotubuli spiegeln die verschiedenen kritischen Konzentrationen wider, die für die Zusammensetzung an den beiden Enden des Mikrotubulus benötigt werden. Die kritische Konzentration am Plusende ist niedriger als am Minusende. Wenn die Konzentration freien Tubulins über der kritischen Konzentration des Plusendes liegt, aber unter der kritischen Konzentration des Minusendes, wird eine Anlagerung am Plusende erfolgen, während am Minusende eine Depolymerisation stattfindet. Das Phänomen des Gleichgewichts der Anlagerung von Untereinheiten an einem Ende und der Abspaltung am anderen Ende wird als *Treadmilling* bezeichnet (▶*Abbildung 15.5*).

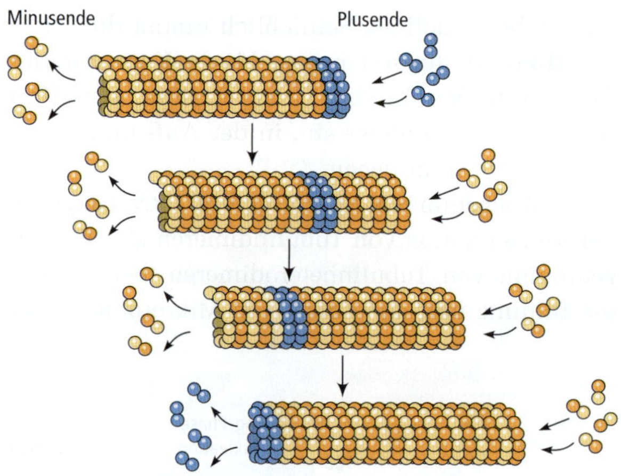

Abbildung 15.5: Treadmilling der Mikrotubuli. Der Zusammenbau von Mikrotubuli findet am Plusende schneller als am Minusende des Mikrotubulus statt. Wenn die Tubulinkonzentration höher ist als die kritische Konzentration am Plusende, aber niedriger als die kritische Konzentration am Minusende, kann der Mikrotubulus Tubulinheterodimere an sein Plusende anlagern und sie zugleich vom Minusende abspalten.

15.2.6 Wirkstoffe können die Bildung von Mikrotubuli beeinflussen

Es gibt eine Reihe von Substanzen, welche auf die Bildung von Mikrotubuli Einfluss nehmen können (*Tabelle 15.3*). Ein gut bekannter Wirkstoff ist **Colchicin**, ein Alkaloid der Herbstzeitlosen, *Colchicum autumnale*, das an Tubulinmonomere bindet. Es wirkt auf die Aggregation von Mikrotubuli stark hemmend und fördert den Abbau. Der daraus hervorgehende Tubulin-Colchicin-Komplex kann zwar noch immer an das wachsende Ende eines Mikrotubulus anlagern, aber später wird jede weitere Anlagerung von Tubulinmolekülen verhindert. Die

Struktur wird destabilisiert und somit der Abbau des Mikrotubulus gefördert. *Vinblastin* und *Vincristin* sind verwandte Verbindungen aus dem Zimmer-immergrün (*Vinca rosea*), die zur Aggregation von Tubulin in der Zelle führen. Die Verbindung **Nocodazol** (ein synthetisches Benzimidazol) ist ein weiterer Inhibitor der Polymerisation der Mikrotubuli und wird häufig in Experimenten anstelle von Colchicin verwendet, denn seine Wirkung ist leichter rückgängig zu machen, wenn die Substanz abgesetzt wird.

Diese Verbindungen bezeichnet man als *antimitotische Substanzen*, denn sie unterbrechen die Bildung der mitotischen Spindel bei der Zellteilung und blockieren dadurch den weiteren Ablauf der Mitose. Die Sensitivität der mitotischen Spindel für diese Hemmstoffe ist nachvollziehbar, denn die Spindelfasern bestehen aus vielen Mikrotubuli. In der medizinischen Behandlung finden Vinblastin und Vincristin als Antikrebswirkstoffe Anwendung. Sie sind dafür gut eignet, da sich die Krebszellen schnell teilen und somit besonders empfindlich auf Wirkstoffe reagieren, die mit der mitotischen Spindel interferieren.

Im Gegensatz dazu bindet Taxol (auch Paclitaxel genannt, aus der Pazifischen Eibe, *Taxus brevifolia*) fest an Mikrotubuli und dient ihrer Stabilisierung, wodurch ein Großteil des freien Tubulins sich in den Mikrotubuli ansammelt. In den Zellen bewirkt Taxol die Zusammensetzung freien Tubulins zu Mikrotubuli und setzt der Zellteilung während der Mitose ein Ende. Somit blockieren sowohl Taxol als auch Colchicin die Zellen in der Mitose. Sie wirken sich allerdings entgegengesetzt auf die Mikrotubuli aus und somit auch auf die Fasern der mitotischen Spindel. Taxol dient außerdem zur Behandlung von Krebserkrankungen, vor allem bei Brustkrebs.

15.2.7 Die GTP-Hydrolyse trägt zur dynamischen Instabilität von Mikrotubuli bei

Im vorigen Abschnitt haben Sie gelernt, dass Tubulin in vitro zusammengebaut werden kann, wenn man es mit Mg^{2+} und GTP zusammenbringt. GTP wird für den Zusammenbau von Mikrotubuli benötigt. Jedes Tubulindimer bindet zwei GTP-Moleküle. Das α-Tubulin bindet ein GTP und das andere GTP wird von dem β-Tubulin gebunden und kann kurze Zeit nachdem das Heterodimer an ein Mikrotubulus angefügt wurde zu GDP hydrolysiert werden. Höchstwahrscheinlich wird GTP für die Bildung von Mikrotubuli benötigt, weil die Bindung der über GDP verknüpften Tubulinheterodimere zu schwach ist, um die Polymerisation zu unterstützen. Die Hydrolyse von GTP ist allerdings nicht für den Zusammenbau erforderlich, denn die Mikrotubuli polymerisieren aus Tubulinheterodimeren, die an ein nicht-hydrolysierbares Analog von GTP gebunden sind.

Bei Experimenten zum Zusammenbau von Mikrotubuli in vitro, bei denen man isolierte Centrosomen (eine Struktur, auf die wir später genauer eingehen werden) als Nukleationsorte verwendet hat, stellte man fest, dass einige Mikrotubuli durch Polymerisation wachsen können, während andere durch Depolymerisation gleichzeitig verkürzt werden. Daraus ergibt sich, dass einige Mikrotubuli auf Kosten anderer wachsen.

Zur Klärung des Phänomens der gleichzeitigen Polymerisation und Depolymerisation schlugen Tim Mitchison und Marc Kirschner das **Modell der dynamischen Instabilität** vor. Dieses Modell beruht auf der Annahme von zwei Populationen von Mikrotubuli. Eine Population wächst durch kontinuierliche Polymerisation an den Plusenden in die Länge und die andere Population baut ihre Länge durch Depolymerisation ab. Der Unterschied zwischen den beiden Populationen besteht darin, dass an das Tubulin der wachsenden Plusenden GTP gebunden ist, während bei den schrumpfenden Mikrotubuli GDP gebunden ist. Man nimmt an, dass die GTP-Moleküle die Mikrotubuli schützen, indem sie das Abspalten von Untereinheiten aus ihren Plusenden verhindern. Diese *GTP-Kappe* sorgt für eine stabile Spitze des Mikrotubulus, an die weitere Dimere angefügt werden können (*Abbildung 15.6a*). Die Hydrolyse von GTP durch ein β-Tubulin führt letztendlich zu einer instabilen Spitze, an der schnell eine Depolymerisation einsetzen kann.

Die Konzentration des an GTP gebundenen Tubulins ist von entscheidender Bedeutung für das Modell der dynamischen Instabilität. Wenn an GTP gebundenes Tubulin ausreichend zur Verfügung steht, wird es schnell an den Mikrotubulus angelagert, wodurch eine große GTP-Tubulin-Kappe entsteht. Bei sinkender Konzentration von GTP-Tubulin verlangsamt sich die Anlagerung von Tubulin. Bei entsprechend niedriger Konzentration von GTP-Tubulin läuft die Hydrolyse von GTP auf den β-Tubulinuntereinheiten in der Nähe der Spitze des

Mikrotubulus schneller ab als die Anlagerung neuen, GTP-gebundenen Tubulins. Das führt zum Schrumpfen der GTP-Kappe. Wenn die GTP-Kappe gänzlich abgebaut ist, wird der Mikrotubulus instabil und der Abbau der an GDP gebundenen Untereinheiten von der Spitze wird gefördert.

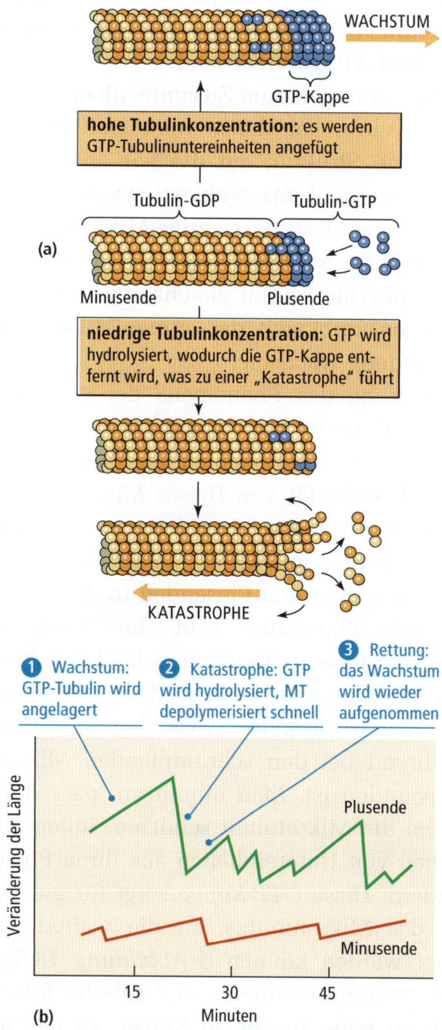

Abbildung 15.6: Die GTP-Kappe und ihre Rolle bei der dynamischen Instabilität der Mikrotubuli. (a) Ein Modell zur Darstellung der Rolle der GTP-Kappe. Bei hoher Tubulinkonzentration wird Tubulin-GTP schneller an die Mikrotubulusspitze angelagert als das eingebaute GTP hydrolysiert werden kann. Die daraus hervorgehende GTP-Kappe stabilisiert die Mikrotubulusspitze und begünstigt weiteres Wachstum. Bei niedrigeren Tubulinkonzentrationen lässt die Wachstumsgeschwindigkeit nach, wodurch die GTP-Hydrolyse wieder aufholt. Dadurch entsteht eine instabile Spitze (keine GTP-Kappe), was die Depolymerisation des Mikrotubulus fördert. (b) Ein einzelner Mikrotubulus unter dem Lichtmikroskop, 1 Es können Wachstum und 2 katastrophales Schrumpfen erfolgen. Die Plus- und Minusenden wachsen und schrumpfen unabhängig voneinander; die Veränderungen der Länge laufen an dem Plusende wesentlich dynamischer ab. 3 Die Rettung geschieht durch Wechsel von Abbau zu Wachstum.

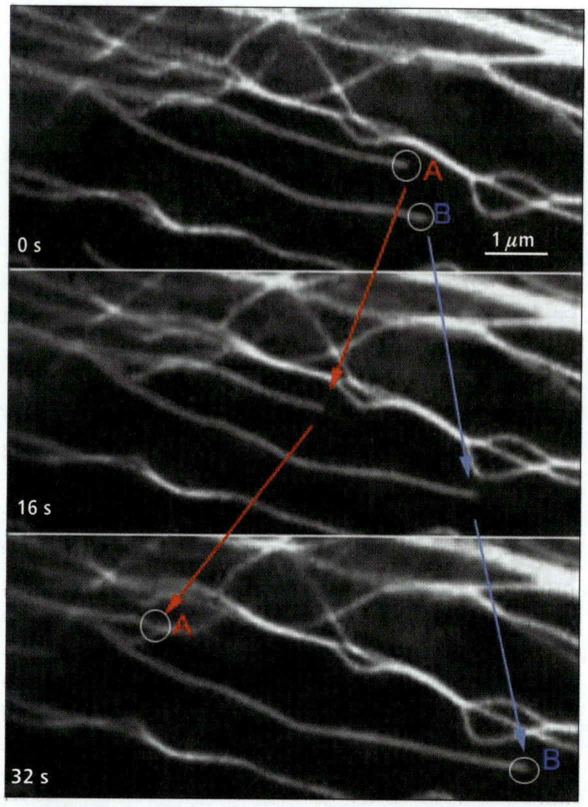

Abbildung 15.7: Die dynamische Instabilität von Mikrotubuli in vivo. Mikrotubuli einer lebenden Zelle, die mittels Fluoreszenzmikroskopie sichtbar gemacht wurden. Sie beweisen die dynamische Instabilität in vivo. Hier hat man zwei einzelne Mikrotubuli markiert, um sie über einen Zeitraum zu beobachten. Der Mikrotubulus B wächst über einen Zeitraum von 32 Sekunden, während A schrumpft.

Einen direkten Nachweis für die dynamische Instabilität stammt von der Beobachtung einzelner Mikrotubuli in vitro mit Hilfe der Lichtmikroskopie. Ein einzelner Mikrotubulus kann abwechselnd Perioden des Wachstums und des Abbaus durchlaufen (▶*Abbildung 15.6b*). Wenn ein Mikrotubulus von der Wachstumsphase in die Abbauphase wechselt, so spricht man von der *Mikrotubuluskatastrophe*. Der Mikrotubulus kann vollständig verschwinden oder abrupt wieder in die Wachstumsphase springen, ein Phänomen, das man als *Mikrotubulusrettung* bezeichnet. Die Häufigkeit des Auftretens einer Katastrophe verhält sich umgekehrt zur Konzentration freien Tubulins. Bei hoher Tubulinkonzentration treten die Katastrophen mit geringerer Wahrscheinlichkeit auf, aber sie sind nicht ausgeschlossen. Sollte sich nun aber tatsächlich eine Mikrotubuluskatastrophe ereignen, so bewirken höhere Tubulinkonzentrationen eher eine Rettung.

Bei jeder Tubulinkonzentration ist eine Katastrophe am Plusende eines Mikrotubulus wahrscheinlicher – das heißt, die dynamische Instabilität ist am Plusende des Mikrotubulus ausgeprägter. Man hat die dynamische Instabilität in lebenden Zellen mit Hilfe des Video-unterstützten Differenzial-Interferenz-Kontrast-Mikroskops und mit Fluoreszenzmikroskopie nachgewiesen, um die Lebenszyklen eines Mikrotubulus nachzuvollziehen (▶*Abbildung 15.7*). Diese Untersuchungen haben bewiesen, dass die dynamische Instabilität eine Schlüsseleigenschaft der Mikrotubuli lebender Zellen ist.

15.2.8 Mikrotubuli gehen aus Mikrotubuli-Organisationszentren in der Zelle hervor

Bislang haben wir uns vorrangig mit den Eigenschaften beschäftigt, die Tubulin und Mikrotubuli in vitro zeigen und auf diese Weise ein Fundament für die Funktion von Mikrotubuli in der Zelle gelegt. Allerdings läuft die Bildung von Mikrotubuli in vivo geordneter und regulierter ab. Es werden an spezifischen Stellen für spezifische Zellfunktionen ganze Sets von Mikrotubuli gebildet.

Im Allgemeinen gehen Mikrotubuli aus einer Struktur in der Zelle hervor, die man als **Mikrotubuli-Organisationszentrum** (**MTOC**, engl.: *microtubule-organizing center*) bezeichnet. Ein MTOC ist der Ort, an dem der Zusammenbau eines Mikrotubulus eingeleitet wird und in dem ein Teil dieser Mikrotubuli verankert ist. Bei vielen Zellen tritt während der Interphase ein MTOC auf, das **Centrosom**, das in der Nähe des Zellkerns liegt. Das Centrosom einer tierischen Zelle ist normalerweise mit zwei Centriolen assoziiert, die von einem diffusen granulären Material umgeben sind, das *Pericentriolarmaterial* (▶*Abbildung 15.8a*). Dank elektronenmikroskopischer Aufnahmen des Centrosoms ist bekannt, dass Mikrotubuli aus dem Pericentriolarmaterial hervorgehen (▶*Abbildung 15.8b*).

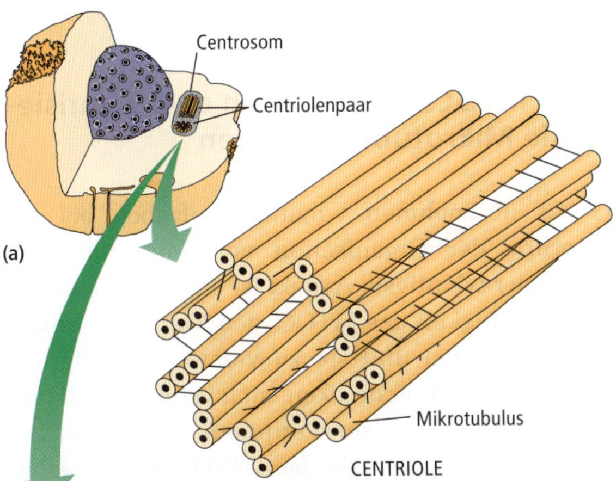

(a)

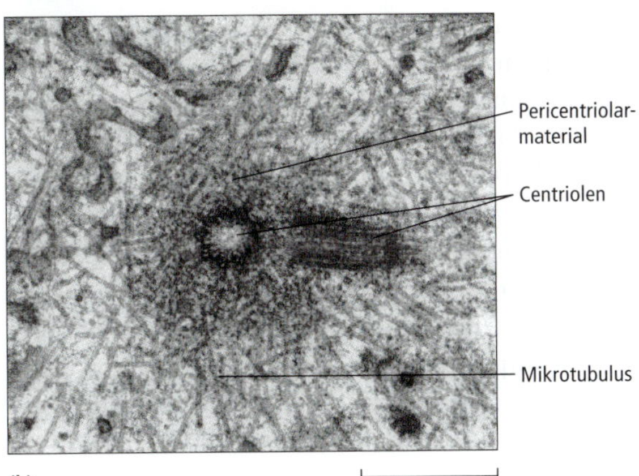

(b)

Abbildung 15.8: Das Centrosom. (a) In tierischen Zellen enthält das Centrosom zwei Centriolen und assoziiertes Pericentriolarmaterial. Die Wände der Centriolen bestehen aus neun Sätzen von Triplett-Mikrotubuli. (b) Elektronenmikroskopische Aufnahme eines Centrosoms mit Centriolen und Pericentriolarmaterial. Beachten Sie, dass die Mikrotubuli aus dem Pericentriolarmaterial hervorgehen. (c) In-vitro-Nukleation und Zusammenbau von Mikrotubuli am Centrosom.

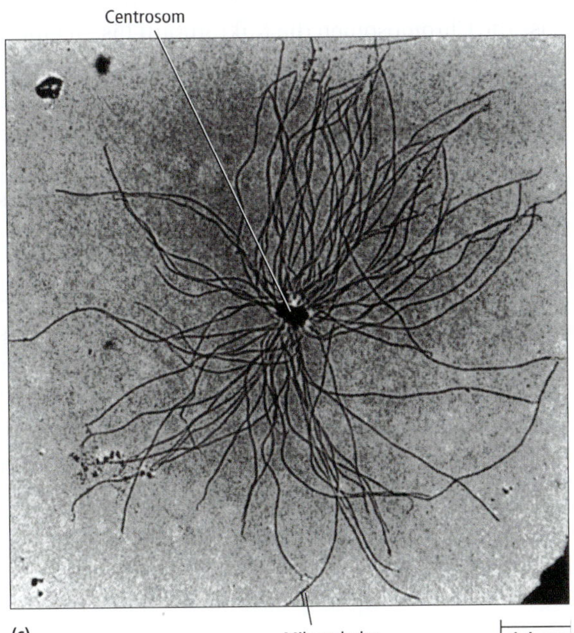

(c)

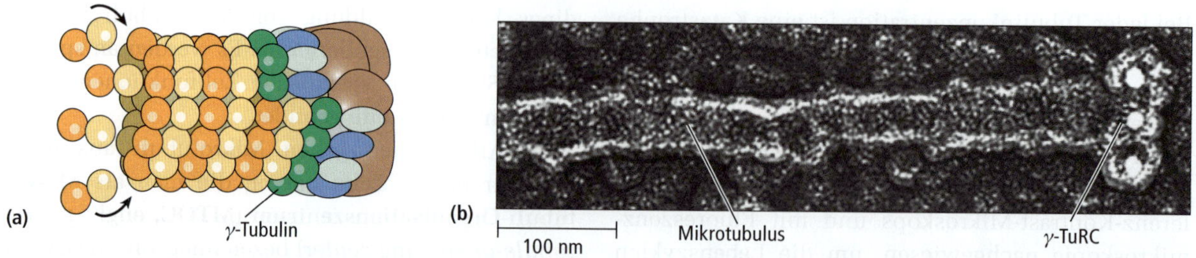

Abbildung 15.9: γ-Tubulinringkomplexe (γ-TuRCs) bilden den Keim von Mikrotubuli. (a) γ-TuRCs in Centrosomen bilden den Keim für das Wachstum von Mikrotubuli. Die Plusenden der Mikrotubuli weisen von dem γ-TuRC fort. (b) Eine Platinkopie eines Mikrotubulus in vitro. Hierzu wurde eine Komponente des γ-TuRCs (Xgrip109) mit Antikörpern markiert, an die kleine Partikel des Metalls gebunden waren. In der elektronenmikroskopischen Aufnahme sind diese Antikörper als helle runde Strukturen erkennbar (TEM).

Die symmetrische Struktur von Centriolen ist bemerkenswert: Die Wände der Centriolen setzen sich aus neun Paaren von Triplett-Mikrotubuli zusammen (*Abbildung 15.8a*). Meistens sind die Centriolen rechtwinkelig zueinander angeordnet; die Bedeutung dieser Anordnung ist noch nicht geklärt. Man weiß, dass Centriolen an der Bildung der Basalkörper mitwirken, die für die Bildung von Cilien und Geißeln von Bedeutung sind (siehe *Kapitel 16*). Die Rolle der Centriolen in Zellen ohne Cilien ist weniger klar. In tierischen Zellen können Centriolen zur Rekrutierung von Pericentriolarmaterial für das Centrosom dienen, das dann die Nukleation des Wachstums von Mikrotubuli initiiert. In tierischen Zellen ohne Centriolen verstreut sich das Mikrotubuli-Nukleationsmaterial und das MTOC verschwindet. Zellen ohne Centriolen sind immer noch zur Zellteilung befähigt, was wahrscheinlich daran liegt, dass die Chromosomen die Mikrotubuli bis zu einem gewissen Grad eigenständig organisieren können. Die daraus hervorgehenden Spindeln sind allerdings schlecht organisiert. Im Gegensatz zu tierischen Zellen haben die Zellen der höheren Pflanzen keine Centriolen. Diese Tatsache weist darauf hin, dass Centriolen für die Bildung von MTOCs nicht unbedingt erforderlich sind.

Große, ringförmige Proteinkomplexe im Centrosom enthalten einen anderen Typ von Tubulin, das γ-Tubulin. In Verbindung mit einer Reihe anderer Proteine, den GRiPs (*G*amma-Tubulin-*Ri*ng*p*roteine) kann man γ-Tubulinringe an der Basis von Mikrotubuli erkennen, die aus dem Centrosom heraustreten (▶*Abbildung 15.9*). Diese γ-Tubulinringkomplexe (γ-TuRCs, engl.: *γ-tubulin ring complexes*) dienen als Ausgangspunkt des Zusammenbaus neuer Mikrotubuli außerhalb des Centrosoms. Die Bedeutung von γ-TuRCs wurde nachgewiesen, indem man Zellen das γ-Tubulin oder Verbindungen mit γ-TuRC entnahm. Ohne diese Proteine können die Centrosomen keine Mikrotubuli bilden. Abgesehen von dem Centrosom besitzen einige Zelltypen andere MTOCs. Der Basalkörper an der Basis eines Ciliums in Zellen mit Cilien dient auch als MTOC. Während der Zellteilung verdoppeln sich die Centrosomen und für jede Tochterzelle wird ein neues MTOC gebildet. In *Kapitel 19* werden wir die Mitose ausführlich darstellen.

15.2.9 MTOCs organisieren und polarisieren die Mikrotubuli in Zellen

MTOCs übernehmen wichtige Aufgaben bei der Steuerung der Organisation von Mikrotubuli in Zellen. Der wichtigste Aspekt ist dabei wahrscheinlich die Fähigkeit des MTOC, den Keim von Mikrotubuli zu bilden und sie zu verankern. Aufgrund dieser Fähigkeit erstrecken sich Mikrotubuli aus dem MTOC heraus zur Peripherie der Zelle. Des Weiteren entspringen sie dem MTOC mit festgelegter Polarität – ihre Minusenden sind im MTOC verankert und ihre Plusenden erstrecken sich Richtung Zellmembran. In der ▶*Abbildung 15.10* stellen wir die Beziehung zwischen dem MTOC und der Verteilung und Polarität von Mikrotubuli dar. Die Fähigkeit der MTOCs, ebenso wie des Centrosoms, zur Keimbildung hat eine wichtige Auswirkung auf die Dynamik der Mikrotubuli in den Zellen. Da die Minusenden vieler Mikrotubuli im Centrosom verankert sind, finden das dynamische Wachstum und die Schrumpfung dieser Mikrotubuli an den Plusenden tendenziell eher an der Zellperipherie statt.

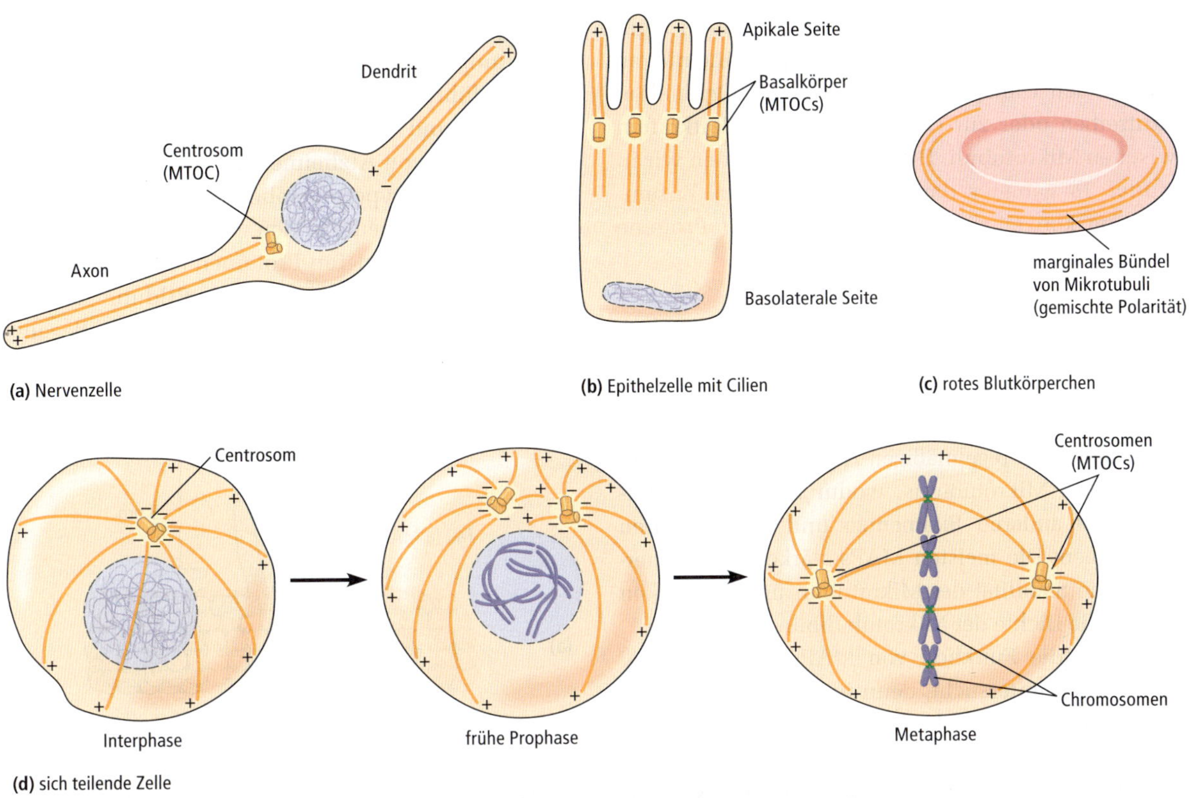

Abbildung 15.10: Die Auswirkungen der Polarität von Mikrotubuli auf die Ausrichtung des Mikrotubulus in tierischen Zellen. In der Zelle wird die Verteilung der meisten Mikrotubuli von dem Mikrotubuli-Organisationszentrum (MTOC) bestimmt. Manchmal übernimmt das Centrosom die Funktion des Mikrotubuli-Organisationszentrums. Die Ausrichtung des Mikrotubulus kann sich nach der Funktion richten. Die Mikrotubuli sind orange dargestellt. (a) Nervenzellen enthalten zwei verschiedene Sätze von Mikrotubuli, einmal am Axon und dann am Dendriten. Die Mikrotubuli der Axons sind am Minusende mit dem Centrosom verbunden und mit den Plusenden an der Spitze des Axons. Die Mikrotubuli der Dendriten sind nicht mit dem Centrosom verbunden und besitzen gemischte Polarität. (b) Epithelzellen mit Cilien haben viele MTOCs, die Basalkörper, die an der Basis eines jeden Ciliums liegen. Bei neuen Mikrotubuli mit Cilien liegen die Minusenden in den Basalkörpern und sie verlängern sich, wobei die Plusenden in Richtung der Spitze der Cilien wachsen. (c) Reife menschliche Blutkörperchen haben keine MTOCs. Die Mikrotubuli mit gemischter Polarität existieren als kreisförmiges Band an der Zellperipherie. Dieses Band trägt dazu bei, die runde Form der Zelle zu erhalten. (d) Während der Mitose sind die Mikrotubuli in einer sich teilenden Zelle so ausgerichtet, dass ihre Minusenden im Centrosom verankert sind und ihre Plusenden vom Centrosom fort weisen. Der Zellteilung geht die Teilung des Centrosoms voraus. Dann trennen sich die beiden Centrosomen und bilden jeweils einen Pol der mitotischen Spindel. In der Metaphase liegen die Centrosomen an entgegengesetzten Seiten der Zelle. Jedes Centrosom oder jeder Spindelpol bildet eine halbe Spindel der Mikrotubuli – einige erstrecken sich vom Pol zu den Chromosomen, andere von Pol zu Pol.

Das MTOC hat außerdem Einfluss auf die Anzahl der Mikrotubuli in einer Zelle. Jedes MTOC besitzt eine begrenzte Anzahl von Nukleations- und Verankerungsstellen, die wahrscheinlich darüber bestimmen, wie viele Mikrotubuli gebildet werden können. Die Fähigkeit des MTOC Mikrotubuli hervorzubringen, kann während bestimmter zellulärer Vorgänge, beispielsweise der Mitose, verändert werden. Zum Beispiel ist die Fähigkeit zur Bildung von Mikrotubuli bei Centrosomen, die mit Spindelpolen in mitotischen Zellen assoziiert sind, während der Prophase und der Metaphase am stärksten ausgeprägt (siehe *Kapitel 19*).

15.2.10 Die Stabilität von Mikrotubuli wird in den Zellen von einer Reihe von Mikrotubuli-Bindeproteinen streng reguliert

Wir haben gelernt, dass zelluläre Mikrotubuli von dynamischer Instabilität sind. Sie wachsen aus dem Centrosom heraus und fallen dann auseinander. Dieser Vorgang könnte die Ursache für die zufällige Verteilung und Kurzlebigkeit der Mikrotubuli sein, jedoch nicht für die organisierten und stabilen Reihungen der Mikrotubuli in den Zellen. Tatsächlich regulieren Zellen die Mikrotubuli mit höchster Präzision. Dafür machen sie sich eine Reihe von Proteinen zunutze, mit deren Hilfe sie Struktur,

Zusammenbau und Funktion der Mikrotubuli regulieren. Einige der Mikrotubuli-Bindeproteine nutzen ATP, um den Transport von Vesikeln und Organellen anzutreiben oder zur Generierung von Gleitkräften zwischen Mikrotubuli. Diese Proteine werden wir in *Kapitel 16* genauer darstellen. In diesem Zusammenhang konzentrieren wir uns hier auf Proteine zur Regulierung der Mikrotubulistruktur.

Mikrotubuli-Stabilisierungs-/Bündelungsproteine

Mikrotubuli-assoziierte Proteine (MAPs; engl.: *microtubule-associated proteins*) machen 10 bis 15 % der Masse der aus Zellen isolierten Mikrotubuli aus. MAPs binden in regelmäßigen Abständen entlang der Wand eines Mikrotubulus, wodurch sie eine Interaktion mit anderen Filamenten und Zellstrukturen ermöglichen. Die meisten MAPs stärken erwiesenermaßen die Stabilität der Mikrotubuli und sie wirken sich auf die Dichte der Mikrotubulibündel aus.

Man hat die Funktion von MAPs eingehend bei Gehirnzellen untersucht, denn in Gehirnzellen kommen diese Proteine sehr häufig vor. In *Kapitel 13* haben wir dargestellt, dass Neuronen Axone besitzen, die elektrische Signale vom Zellkörper des Neurons ausgehend weiterleiten, und Dendriten, die Signale von benachbarten Zellen empfangen und sie zum Zellkörper leiten. Die Mikrotubulibündel sind normalerweise in den Axonen dichter als in den Dendriten. Ein MAP mit der Bezeichnung *Tau* bewirkt, dass Mikrotubuli in den Axonen feste Bündel bilden. Ein anderes MAP, *MAP2*, kommt in den Dendriten vor und führt zur Bildung lockerer Mikrotubulibündel. Ein Teil der MAPs, wie zum Beispiel Tau und MAP2, bindet entlang eines Mikrotubulus; ein anderer Teil erstreckt sich im rechten Winkel von dem Mikrotubulus aus, wo das Protein mit anderen Proteinen in Wechselwirkung treten kann (▶ *Abbildung 15.11a*). Die Länge dieser „Arme" kontrolliert die Abstände der Mikrotubuli in den Bündeln. MAP2 hat einen längeren Arm als Tau. Daher sorgt MAP2 dafür, dass die Mikrotubulusbündel weniger dicht gepackt sind als die mit Tau assoziieren.

Die Bedeutung der MAPs kann man nachweisen, indem man nicht-neuronale Zellen dazu nutzt, das Tau-Protein künstlich zu bilden. Normalerweise sind die Zellen rund. Wenn sie jedoch große Mengen von Tau exprimieren, bilden diese Zellen einzelne lange Bündel, die eine bemerkenswerte Ähnlichkeit mit Axonen haben. Tau spielt auch bei menschlichen Erkrankungen eine Rolle. Dichte Neuritenanhängsel, die *neurofibrillären Bündel*, sind ein Erkennungsmerkmal mehrerer Erkrankungen, die zu Demenz führen, beispielsweise Alzheimer, die Pick-Krankheit und mehrere Formen von Lähmungsarten. Im Fall von Alzheimer enthalten diese Bündel große Mengen hyperphosphorylierter Tau-Proteine, die helikale Filamente bilden. Menschliche Mutationen, die zu defekten Tau-Proteinen führen, bedingen eine erbliche Prädisposition zur Bildung neurofibrillärer Bündel. Daher werden diese neurodegenerativen Krankheitsbilder auch gelegentlich als *Tauopathien* bezeichnet.

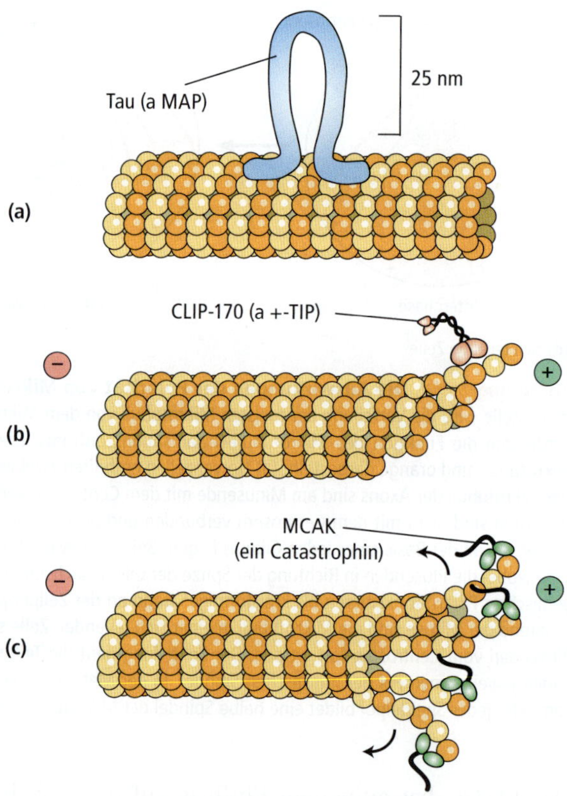

Abbildung 15.11: Mikrotubulus-Interaktionsproteine regulieren in vivo die Mikrotubulusfunktion. Drei verschiedene Mikrotubulus-Interaktionsproteine sind dargestellt. (a) Tau ist ein MAP. Ein Teil von Tau bindet entlang eines Mikrotubulus; ein anderer Teil von Tau erstreckt sich von dem Mikrotubulus fort und reguliert auf diese Weise die Abstände der Mikrotubuli. (b) +-TIP-Proteine, beispielsweise CLIP-170, binden an oder in der Nähe der Plusenden von Mikrotubuli, wodurch diese stabilisiert werden. (c) Catastrophine wie MCAK gehören zur Familie der Kinesinproteine, die Mikrotubuli destabilisieren.

+-TIP-Proteine Im Allgemeinen sind Mikrotubuli zu instabil, um einen längeren Zeitraum zu überdauern und depolymerisieren schnell, es sei denn, sie werden irgendwie stabilisiert. Eine Möglichkeit der Stabilisierung von Mikrotubuli besteht darin, die wachsenden Plusenden „einzufangen" und zu schützen. Zu diesem Zweck assoziieren **+-TIP-Proteine** (engl.: +-end *tubulin interacting proteins*) mit den Plusenden der Mikrotubuli. Einige dieser Proteine scheinen entweder direkt oder indirekt an der Stabilisierung von Plusenden mitzuwirken. Dadurch wird die Gefahr gemindert, dass sie einen katastrophalen Verlust der Untereinheiten erleiden (▶*Abbildung 15.12*). Ein wichtiges Beispiel für das Einfangen eines Mikrotubulus sind die Kinetochore während der Mitose, worauf wir uns in *Kapitel 19* konzentrieren werden. Andere +-TIPs assoziieren mit dem *Zellcortex*, einem Netzwerk auf Actinbasis unterhalb der Plasmamembran und können die Mikrotubuli, die sich dort erstrecken, stabilisieren.

Mikrotubuli destabilisierende/verkürzende Proteine

Wie wir gesehen haben, gibt es einige Proteine, die Mikrotubuli stabilisieren, denn sie senken die Wahrscheinlichkeit der Depolymerisation. Andere Proteine hingegen fördern die Depolymerisation von Mikrotubuli. Beispielsweise bindet das Protein *Stathmin/Op 18* an Tubulinheterodimere und verhindert deren Polymerisation. Andere Proteine entfalten ihre Wirkung nach der Polymerisation an den Enden von Mikrotubuli und begünstigen das Abschälen von Untereinheiten an den Enden. Mehrere Proteine der *Kinesin*familie wirken auf diese Weise (*Abbildung 15.12*; in *Kapitel 16* werden Sie mehr über andere Kinesine erfahren). Indem sie streng den Wirkungsort von Catastrophinen reguliert, kann eine Zelle genau kontrollieren, wo und wann die Bildung und Depolymerisation von Mikrotubuli erfolgen. Ein hervorragendes Beispiel für diese Regulation ist die mitotische Spindel, mit der wir uns in *Kapitel 19* beschäftigen werden. Es gibt noch weitere Proteine, die Mikrotubuli beeinträchtigen; zu diesen Proteinen gehören die *Katanine*.

15.3 Mikrofilamente

Mit einem Durchmesser von nur 7 nm sind die **Mikrofilamente** (**MF**, engl.: *microfilaments*) die kleinsten Filamente des Cytoskeletts. Am bekanntesten sind Mikrofilamente für ihre Rolle als kontraktile Fibrillen der Muskelzellen, wo sie mit dickeren Filamenten aus Myosin in Wechselwirkung treten und die charakteristischen Kontraktionen der Muskeln herbeiführen (siehe *Kapitel 16*). MF kommen allerdings nicht nur in Muskelzellen vor. Sie sind Bestandteil fast aller eukaryotischer Zellen und wirken an zahlreichen anderen Phänomenen mit,

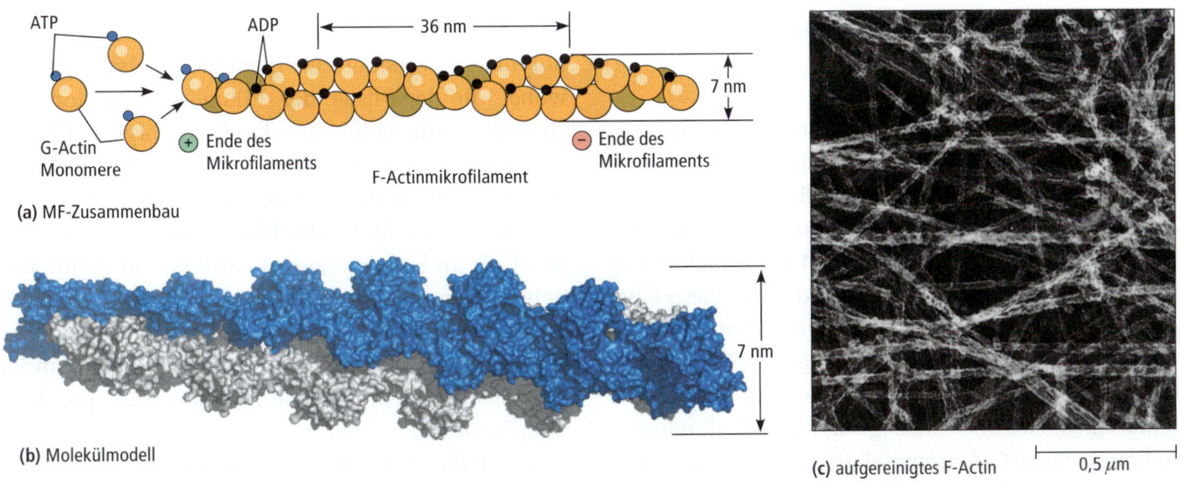

Abbildung 15.12: Modell für den Zusammenbau eines Mikrofilaments in vitro. (a) Monomere von G-Actin polymerisieren zu langen Filamenten von F-Actin mit einem Durchmesser von ungefähr 7 nm. Eine ganze Windung der Helix erfolgt alle 36 – 37 nm, wobei circa 13,5 Monomere für eine vollständige Windung benötigt werden. Das Anfügen eines jeden G-Actinmonomers geht im Allgemeinen mit der Hydrolyse des ATP-Moleküls einher oder findet nach der Hydrolyse des ATP-Moleküls statt, obwohl die Energie der ATP-Hydrolyse nicht benötigt wird, um die Polymerisationsreaktion anzutreiben. (b) Molekulares Modell von F-Actin, das auf den Röntgenstrahlkristallstrukturen von G-Actin basiert. Zwei Stränge von 13G-Actinmonomeren sind abgebildet. Ein Strang ist blau unterlegt, der andere grau. (c) Elektronenmikroskopische Aufnahme eines gereinigten F-Actins (TEM).

unter anderem sind sie Bestandteil des Bewegungsapparats und übernehmen Strukturfunktionen.

Zu den Beispielen für Zellbewegungen, an denen Mikrofilamente beteiligt sind, zählen die Zellmigration mit Hilfe von Lamellipodien und Filopodien, die *Mobilität der Amöben* und die *cytoplasmatische Strömung*, ein regelmäßiges Muster cytoplasmatischer Strömung in einigen pflanzlichen und tierischen Zellen. In *Kapitel 16* werden wir uns eingehend mit diesen Phänomenen beschäftigen. MF bilden auch die Teilungsfurchen, die das Cytoplasma tierischer Zellen während der Cytokinese trennen (siehe *Kapitel 19*). Außerdem sind sie an den Zell-Zell-Kontaktbereichen lokalisiert und dort, wo die Zellen an der extrazellulären Matrix haften (siehe *Kapitel 17*).

Abgesehen davon, dass sie eine Reihe von Zellbewegungen vermitteln, spielen sie auch bei der Entwicklung und Erhaltung der Zellform eine wichtige Rolle. Die meisten tierischen Zellen besitzen zum Beispiel ein dichtes Netzwerk von Mikrofilamenten, den sogenannten **Zellcortex**, der sich unmittelbar unterhalb der Plasmamembran befindet. Der Cortex verleiht der Zelloberfläche strukturelle Festigkeit und ermöglicht Veränderungen der Zellform und Zellbewegung. Außerdem setzt sich der Strukturkern der *Mikrovilli* aus parallelen Bündeln von MF zusammen, fingerähnlichen Anhängseln auf der Oberfläche vieler tierischer Zellen (siehe *Abbildung 4.2*).

15.3.1 Actin ist der Proteinbaustein der Mikrofilamente

Actin ist ein Protein, das in praktisch allen eukaryotischen Zellen außerordentlich häufig vorkommt, unter anderem auch in den Zellen der Pflanzen, Algen und Pilze. Actin wird als einzelnes Polypeptid aus 375 Aminosäuren synthetisiert und hat ein Molekulargewicht von ungefähr 42 kDa. Nach der Synthese faltet es sich zu einem annähernd U-förmigen Molekül, dessen zentrale Vertiefung ATP oder ADP bindet. Einzelne Actinmoleküle bezeichnet man als **G-Actin** (globuläres Actin). Unter geeigneten Bedingungen polymerisieren G-Actinmoleküle und bilden Mikrofilamente; das Actin dieser Form ist das **F-Actin** (filamentöses Actin; siehe *Abbildung 15.12*). Actin in der G- oder F-Form bindet außerdem an eine Vielzahl weiterer Proteine, die man unter der Bezeichnung *Actin-bindende Proteine* zusammenfasst.

15.3.2 Zellen enthalten verschiedene Typen von Actin

Von den drei Typen der Cytoskelettproteine ist Actin das am stärksten konservierte. In Funktionsuntersuchungen scheinen alle Actine zunächst identisch zu sein und Actine verschiedener Organismen kopolymerisieren zu Filamenten. Trotz dieses hohen Grades an Sequenzähnlichkeit unterscheiden sich die Actine der Organismen und der Gewebe innerhalb eines Organismus. Auf der Grundlage der Sequenzähnlichkeit kann man die Actine grob in zwei Hauptgruppen unterteilen: die *muskelspezifischen Actine* (*α-Actine*) und die *Nichtmuskelactine* (*β-* und *γ-Actine*). β- und γ-Actin sind in verschiedenen Regionen der Zelle lokalisiert und scheinen mit Actin-bindenden Proteinen verschiedene Wechselwirkungen einzugehen. Beispielsweise enthält eine Seite der Epithelzellen, die apikale Seite, Mikrovilli, während die entgegengesetzte Seite, die sogenannte basolaterale Seite, mit der extrazellulären Matrix assoziiert ist (siehe *Abbildung 17.18*). β-Actin kommt hauptsächlich im apikalen Bereich von Epithelzellen vor, während γ-Actin konzentriert am Basalende und den Zellseiten vorliegt.

15.3.3 G-Actinmonomere polymerisieren zu F-Actinmikrofilamenten

Ebenso wie Tubulindimere können auch G-Actinpolymere reversibel zu Filamenten polymerisieren, wobei die lag-Phase der Filamentnukleation entspricht, an die sich eine schnellere Polymer-Elongationsphase anschließt. Die Kinetik der Actinpolymerisation kann man in Lösung mit fluoreszierendem G-Actin beobachten. Die Fluoreszenz von markiertem F-Actin kann gemessen werden und ergibt ähnliche Daten wie für Tubulin. Die F-Actinfilamente bestehen aus zwei linearen Strängen polymerisierten G-Actins, die sich um eine Helixachse winden und aus jeweils 13,5 Actionmonomeren pro Windung bestehen (*Abbildung 15.12*).

Innerhalb eines Mikrofilaments sind alle Actinmonomere in die gleiche Richtung orientiert, sodass ein Mikrofilament ebenso wie ein Mikrotubulus Polarität besitzt, wobei sich die Enden chemisch und strukturell voneinander unterscheiden. Diese Polarität kann man leicht durch Inkubation von

Mikrofilamenten mit **Myosinsubfragment 1 (S1)** nachweisen, einem proteolytischen Myosinfragment (▸*Abbildung 15.13*). S1-Fragmente binden an Actinmikrofilamente und verleihen ihnen das charakteristische Pfeilspitzenmuster, wobei alle S1-Moleküle in die gleiche Richtung zeigen (▸*Abbildung 15.13c*). Ausgehend von diesem Pfeilspitzenmuster verwendet man im Allgemeinen die Begriffe *spitzes Ende* und *stacheliges Ende*, um die Plus- und Minusenden eines Mikrofilaments zu unterscheiden. Die Polarität eines Mikrofilaments ist von Bedeutung, weil sie an jedem Ende des Filaments die unabhängige Regulation des Actinzusammenbaus oder -abbaus ermöglicht.

Man spricht von Polarität der Mikrofilamente und unterscheidet ein Plusende, an dem G-Actin schneller angelagert oder abgespalten wird und ein Minusende, an dem G-Actin langsamer angelagert oder abgespalten wird (siehe ▸*Abbildung 15.12a*). Wenn G-Actin auf kurzen Fragmenten von F-Actin polymerisiert wird, das mit S1 versehen ist, schreitet die Polymerisation am stacheligen Ende wesentlich schneller voran. Dies zeigt an, dass das stachelige Ende zugleich das Plusende ist. Sogar unter Bedingungen, die für das Anlagern von Monomeren an beiden Enden gleich günstig sind, wächst das Plusende schneller als das Minusende.

Wenn sich die G-Actinmonomere auf einem Mikrofilament anhäufen, wird das gebundene ATP langsam zu ADP hydrolysiert, ganz so wie das an Tubulin gebundene GTP zu GDP hydrolysiert wird. Somit besitzen die wachsenden Enden von Mikrofilamenten tendenziell viel ATP-F-Actin, während die meisten Mikrofilamente aus ADP-F-Actin bestehen. Allerdings ist die ATP-Hydrolyse keine unabdingbare Voraussetzung für die Elongation eines Mikrofilaments, da Mikrofilamente auch aus ADP-G-Actin oder nicht hydrolysierbaren Analoga von ATP-G-Actin zusammengefügt werden können.

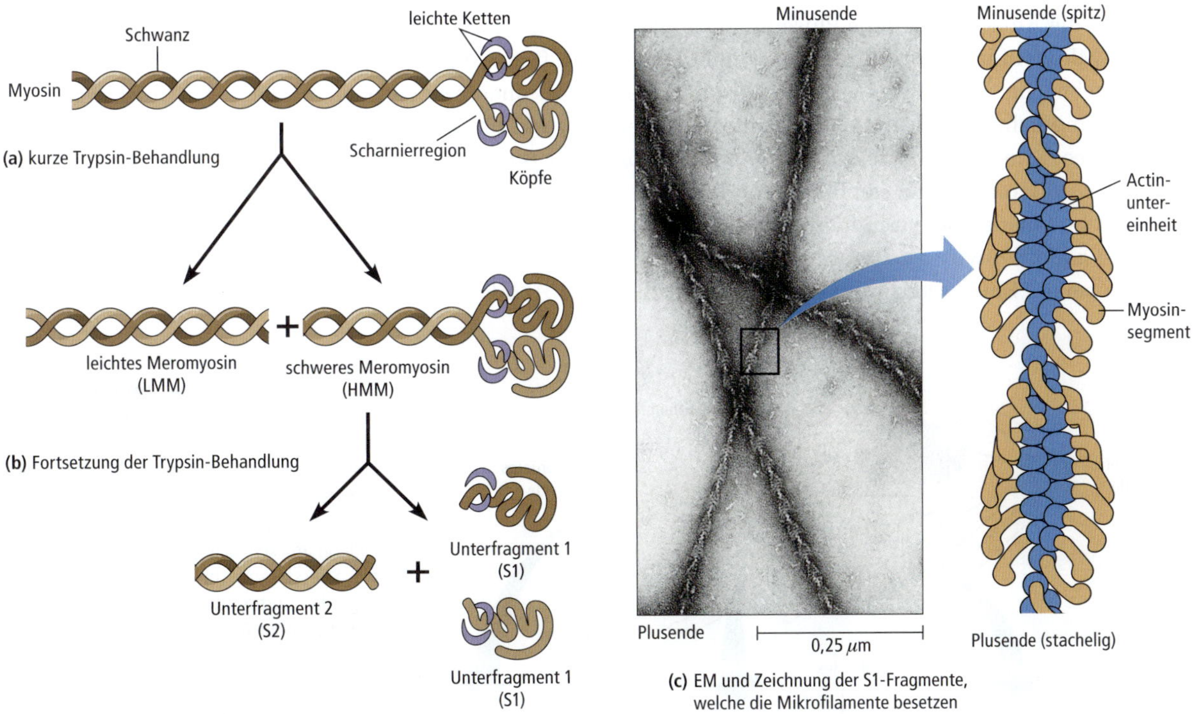

Abbildung 15.13: Myosin-S1-Subfragmente zur Ermittlung der Actinpolarität. Myosin II ist Teil der Kontraktionsmaschinerie der Muskelzellen. Der globuläre Kopf des Myosinmoleküls bindet an Actin, während die Myosinschwänze mit den Myosinfilamenten (den dicken Myofilamenten der Muskelzellen) assoziieren können. (a) Myosin II kann von Proteasen, beispielsweise Trypsin, in zwei Teile gespalten werden, schweres Meromyosin (HMM, engl.: *heavy meromyosi*) und leichtes Meromyosin (LMM, engl.: *light meromyosin*). (b) HMM kann weiter abgebaut werden, sodass letztendlich nur ein globulärer Kopf bleibt. Dieses Fragment, das sogenannte Myosin-Subfragment 1 (S1), behält seine Actinbindeeigenschaften. (c) Wenn man die Mikrofilamente mit Myosin S1 inkubiert und dann unter dem Elektronenmikroskop untersucht, scheinen die S1-Fragmente die Mikrofilamente mit Pfeilspitzen zu versehen. Alle S1-Pfeilspitzen sind zu einem Minusende ausgerichtet, was auf die Polarität des Mikrofilaments verweist.

15.3.4 Spezifische Substanzen beeinflussen die Polymerisation von Mikrofilamenten

Wie bereits bei der Darstellung der Mikrotubuli gezeigt, gibt es auch für Mikrofilamente spezifische Strukturen, welche den Zusammenbau von Actin zu Mikrofilamenten beeinträchtigen (*Tabelle 15.3*). Die Vorgänge, die in mit diesen Substanzen behandelten Zellen unterbrochen werden, hängen wahrscheinlich mit den Mikrofilamenten zusammen. Mehrere Substanzen führen eine Depolymerisation von Mikrofilamenten herbei. Die *Cytochalasine*, beispielsweise *Cytochalasin D*, sind Pilzmetabolite, die das Anfügen neuer Monomere an bereits polymerisierte MF verhindern. Wenn die Untereinheiten allmählich von den Minusenden der MF in den mit Cytochalasin behandelten Zellen abgebaut werden, dann depolymerisieren sie letztendlich komplett. Im Gegensatz dazu entfaltet **Latrunculin A**, ein Toxin aus dem Schwamm *Latrunculia magnifica* des Roten Meeres, seine Wirkung durch Anhäufen von Monomeren, wodurch die Anlagerung an die Plusenden der wachsenden MF verhindert wird. In beiden Fällen ist das Nettoergebnis der Verlust von MF in den behandelten Zellen. Umgekehrt verhält es sich mit dem zyklischen Peptid des Knollenblätterpilzes (*Amanita phalloides*), das Mikrofilamente stabilisiert und dadurch deren Depolymerisation verhindert. Fluoreszenzmarkiertes *Phalloidin* wird auch zur Visualisierung von F-Actin bei der Fluoreszenzmikroskopie eingesetzt.

15.3.5 Zellen können Actin dynamisch in eine Reihe von Strukturen einbauen

Ebenso wie bei den Mikrotubuli können Zellen dynamisch regulieren, wo und wie G-Actin in Mikrofilamente eingebaut werden soll. Zum Beispiel besitzen zur Kriechbewegung fähige Zellen auf ihrem vorwärtsgerichteten Ende spezialisierte Strukturen, die sogenannten *Lamellipodien* und *Filopodien*, mittels derer sie sich auf einer Oberfläche bewegen können (in *Kapitel 16* werden wir uns diese spezialisierten Strukturen genauer anschauen). Die Form dieser Ausstülpungen hängt von der Fortbewegungsweise der Zelle und von der Organisation der Actinfilamente innerhalb der Zelle ab. In Zellen, die fest an die Oberfläche angeheftet sind und die sich nicht gut bewegen können, erstrecken sich organisierte Actinbündel, die *Stressfasern*, vom Schwanzende oder dem nachgezogenen Ende bis zur Vorderseite der Zelle (▶*Abbildung 15.14a*). Die sich schnell bewegenden Zellen besitzen keine solchen spezialisierten Actinbündel. In diesen Zellen ist der Zellcortex, der sich unmittelbar unterhalb der Plasmamembran befindet und mit Actin angereichert ist, zu einer Art Gel quervernetzt oder in einem sehr lockeren Netzwerk von Mikrofilamenten organisiert (▶*Abbildung 15.14b*). Am vorderen Zellende, und das trifft vor allem auf die Filopodien zu, bilden die Mikrofilamente stark ausgerichtete, polarisierte Stränge, deren Plusenden auf die Spitze des Ausläufers zeigen (▶*Abbildung 15.14c*). Das Actin der Lamellipodien

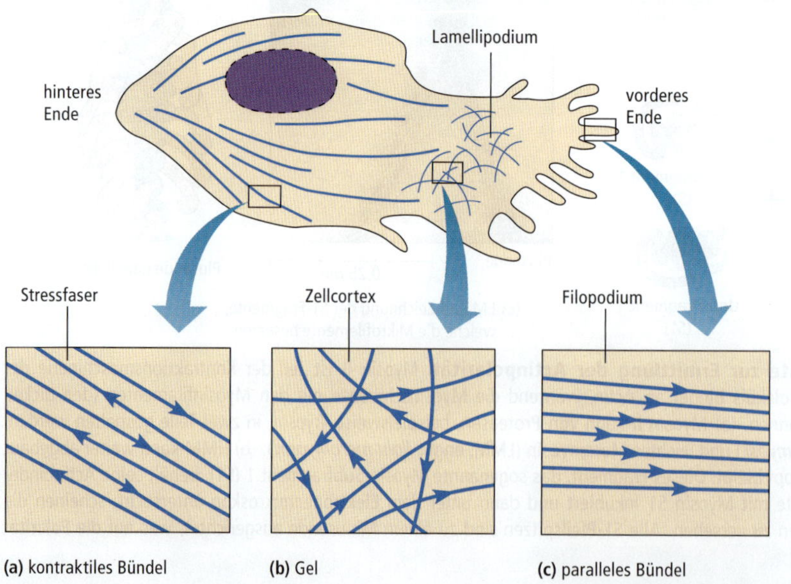

Abbildung 15.14: Die Anordnung von Actin in kriechenden Zellen. Actin kommt in einer Vielzahl verschiedener Strukturen in kriechenden Zellen vor, beispielsweise in diesem Makrophagen. (a) Von dem nachgezogenen Ende bis zum vorderen Ende der Zelle erstrecken sich kontraktile Actinbündel, die Stressfasern. (b) An der Zellperipherie liegt der Cortex, der ein dreidimensionales Flechtwerk aus Actinfilamenten enthält, die in einem Gel quervernetzt sind. (c) Die breite Vorderseite der Lamellipodien kann dünne, fingerähnliche Ausstülpungen bilden, die Filopodien. Während viele Lamellipodien ein Actinnetzwerk enthalten, enthalten Filopodien parallel angeordnete Actinfilamente.

ist typischerweise weniger gut organisiert als das der Filopodien (▸*Abbildung 15.15*). Voraussetzung für das Verständnis, wie Zellen eine solche Fülle von Strukturen auf Actinbasis regulieren, ist, dass man begreift, wie Zellen die Polymerisation von MF regulieren können und wie sich MF nach ihrer Polymerisation zu Netzwerken anordnen.

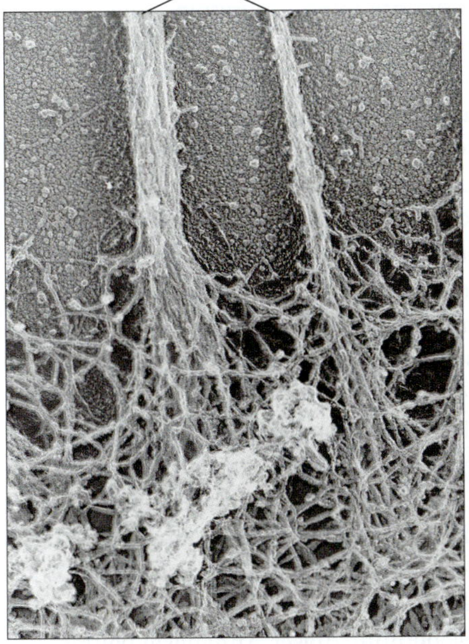

Abbildung 15.15: Elektronenmikroskopische Aufnahme von Actinbündeln in Filopodien. Diese Ansicht der Peripherie eines Makrophagen zeigt zwei deutlich erkennbare Actinbündel in den Filopodien, die sich aus der Zelloberfläche herausstrecken. Die Actinfilamente in den Filopodien verschmelzen mit dem Netzwerk aus Actinfilamenten, das genau unterhalb der Plasmamembran des Lamellipodiums liegt.

15.3.6 Actin-bindende Proteine regulieren Polymerisation, Länge und Organisation von Mikrofilamenten

Wie auch bei den Mikrotubuli können Zellen den Ort des Zusammenbaus von Actin und die Struktur des daraus hervorgehenden Actinnetzwerks genauestens kontrollieren. Für diese Aufgaben steht den Zellen eine Vielzahl von Actin-bindenden Proteinen zur Verfügung (▸*Abbildung 15.16*). Der Vorgang der Mikrofilament-Polymerisation wird in mehreren Schritten kontrolliert, dazu gehören die Nukleation neuer Mikrofilamente, die Elongation und der Abbau bereits existierender MFs und die Assoziation von Mikrofilamenten zu Netzwerken. Im Folgenden werden wir kurz auf jeden dieser Schritte eingehen.

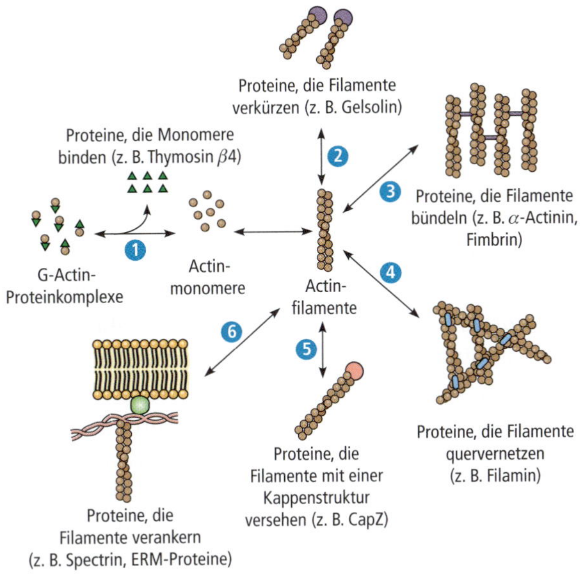

Abbildung 15.16: Actin-bindende Proteine regulieren die Organisation von Actin. Actin-bindende Proteine sind für die Umwandlung von Actinfilamenten von einer Form in die andere verantwortlich. Dazu gehören (1) Monomer-bindende Proteine wie Thymosin $\beta 4$ und Profilin; (2) Filament-verkürzende Proteine wie Gelsolin; (3) Filament-bündelnde Proteine wie α-Actinin, Fimbrin und Fascin; (4) Filament-quervernetzende Proteine wie Filamin. (5) Proteine wie CapZ und Tropomodulin versehen Filamente mit einer Kappenstruktur. (6) Filament-verankernde Proteine wie Spectrin und ERM-Proteine.

Proteine zur Regulation der Polymerisation Wenn keine anderen Faktoren vorliegen, hängt das Wachstum von Mikrofilamenten von der Konzentration von ATP-gebundenem G-Actin ab. Bei hoher Konzentration von ATP-gebundenem G-Actin setzen sich so lange Mikrofilamente zusammen, bis nicht mehr ausreichend G-Actin zur Verfügung steht. In der Zelle ist die Menge an freiem G-Actin für die Zusammensetzung von Mikrofilamenten allerdings begrenzt, denn das G-Actin wird von dem Protein *Thymosin β4* gebunden. Ein zweites Protein, das sogenannte *Profilin*, scheint mit dem *Thymosin β4* um die Bindung von G-Actinmonomeren zu konkurrieren. Eine hohe Profilinkonzentration begünstigt die Polymerisation, vorausgesetzt, dass freie Filamente zur Verfügung stehen. Allerdings ist ein anderes Protein bekannt, das *ADF/Cofilin*, das an ADP-G-Actin und F-Actin bindet. Man nimmt an, dass ADF/Cofilin die Geschwindigkeit des Umsatzes von ADP-Actin an den Minusenden der Mikrofilamente erhöht. Das ADP an diesen G-Actinmonomeren kann dann gegen ein neues ATP ausgetauscht werden und das ATP-G-Actin kann dann zum Anfügen an die wachsenden Plusenden der Mikrofilamente recycelt werden. ADF/Cofilin verkürzt auch die Filamente und schafft dadurch neue Plusenden.

Proteine versehen Actinfilamente mit einer Kappenstruktur (Capping) Die Frage, ob die Enden von Mikrofilamenten für weiteres Wachstum zur Verfügung stehen, hängt davon ab, ob das Ende des Filaments *mit einer Kappenstruktur versehen (capping protein)* ist. Dieser Vorgang findet statt, wenn ein Capping-Protein an das Ende eines Filaments bindet und ein weiteres Anlagern oder Abspalten von Untereinheiten verhindert, wodurch das Filament stabilisiert wird. Ein Protein, das als Kappe der Plusenden von Mikrofilamenten dient, trägt bezeichnenderweise den Namen *CapZ*. Wenn CapZ an das Ende eines Filaments gebunden wird, wird eine weitere Anlagerung von Untereinheiten an das Plusende verhindert; wenn CapZ abgespalten wird, kann die Anlagerung neuer Untereinheiten wieder aufgenommen werden. Eine weitere Klasse von Proteinen, die *Tropomoduline*, binden an die Minusenden von Actinfilamenten, wodurch das Abspalten von Untereinheiten von den spitzen Enden des F-Actins verhindert wird. Tropomoduline sind in den Muskelsarkomeren enthalten, mit denen wir uns in *Kapitel 16* beschäftigen werden.

Proteine, die Actinfilamente quervernetzen In vielen Fällen bilden Actinnetzwerke lockere Flechtwerke kreuz und quer laufender, quervernetzter Mikrofilamente. Eines dieser quervernetzenden Proteine, das für die Netzwerke von Bedeutung ist, heißt *Filamin*. Es handelt sich um ein langes Molekül, das aus zwei identischen Polypeptiden besteht, deren Köpfe miteinander verbunden sind. Filamin hat an jedem Schwanz eine Actinbindestelle. Filaminmoleküle dienen als „Spleißer", die zwei Mikrofilamente verknüpfen, wenn sie sich überschneiden. Auf die Weise werden die Mikrofilamente verknüpft und bilden dreidimensionale Netzwerke.

Proteine, die Actinfilamente verkürzen Allerdings gibt es Proteine, die eine genau entgegengesetzte Rolle übernehmen, indem sie das Netzwerk des Filaments aufbrechen. Dadurch verliert das Cortikalactin seine Festigkeit und verflüssigt sich. Dies erreichen die Proteine, indem sie die Mikrofilamente verkürzen und/oder mit einer Kappenstruktur versehen. Es gibt einige Fälle, in denen Proteine beide Funktionen erfüllen, wie beispielsweise das *Gelsolin*. Gelsolin löst Mikrofilamente auf und versieht deren neu entstandene Enden mit Kappenstrukturen, wodurch eine weitere Polymerisation verhindert wird.

Proteine, die Actinfilamente bündeln Im Gegensatz zur lockeren Organisation von Actin im Zellcortex können auch die Actin-haltigen Strukturen in kriechenden oder nicht-kriechenden Zellen höchst organisiert sein. In diesen Fällen kann das Actin fest in Reihen gebündelt vorliegen. Diese Bindung wird von einer Reihe Actin-bindender Proteine vermittelt. Eines dieser Proteine ist *α-Actinin*, ein Protein, das vor allem in Strukturen vorkommt, die man als *fokale Kontakte* oder *fokale Adhäsionen* bezeichnet. Die Zellen benötigen diese Strukturen, um während der Fortbewegung adhäsive Verbindungen zur extrazellulären Matrix herzustellen. In *Kapitel 17* werden wir uns eingehender mit diesen Strukturen beschäftigen. Ein weiteres Bündelungsprotein, *Fascin*, kommt in den Filopodien vor. Fascin sorgt dafür, dass das im Kern eines Filopodiums enthaltene Actin dicht gebündelt bleibt, wodurch es zur stachelähnlichen Erscheinung dieser Anhängsel beiträgt.

Die am besten untersuchten Strukturen geordneter Actinkomplexe sind wahrscheinlich die Actinbündel der **Mikrovilli**. Mikrovilli (Singular: **Mikrovillus**) sind besonders charakteristische Merkmale der intestinalen Schleimzellen (▸*Abbildung 15.17a*). Eine einzelne Schleimzelle des Dünndarms besitzt beispielsweise mehrere Tausend Mikrovilli, wobei jede ungefähr 1 – 2 μm lang ist und einen Durchmesser von circa 0,1 μm hat. Dadurch wird die Oberfläche der Zelle um etwa das 20-fache vergrößert. Diese große Oberfläche ist von entscheidender Bedeutung für die Darmfunktion, denn die Aufnahme verdauter Nahrungsbestandteile hängt von einer großen Absorptionsfläche ab.

Wie in der ▸*Abbildung 15.17b* dargestellt, setzt sich der Kern (nicht zu verwechseln mit dem Zellkern!) des intestinalen Mikrovillus aus einem festen Bündel von Mikrofilamenten zusammen. Die Plusenden weisen zur Spitze, wo sie über eine amorphe, elektronendichte Schicht mit der Membran verbunden sind. Die Mikrofilamente im Bündel sind außerdem über laterale Querverbindungen mit der

Plasmamembran, die aus den Proteinen *Myosin I* und *Calmodulin* bestehen, verknüpft. Diese Querverbindungen erstrecken sich ungefähr 20 – 30 nm von dem Bündel fort und kontaktieren elektronendichte Flecken auf der inneren Membranoberfläche. Benachbarte Mikrofilamente in dem Bündel sind in regelmäßigen Abständen fest über die quervernetzenden Proteine (man bezeichnet diese auch als Actin-bündelnde Proteine) *Fimbrin* und *Villin* zusammengefasst.

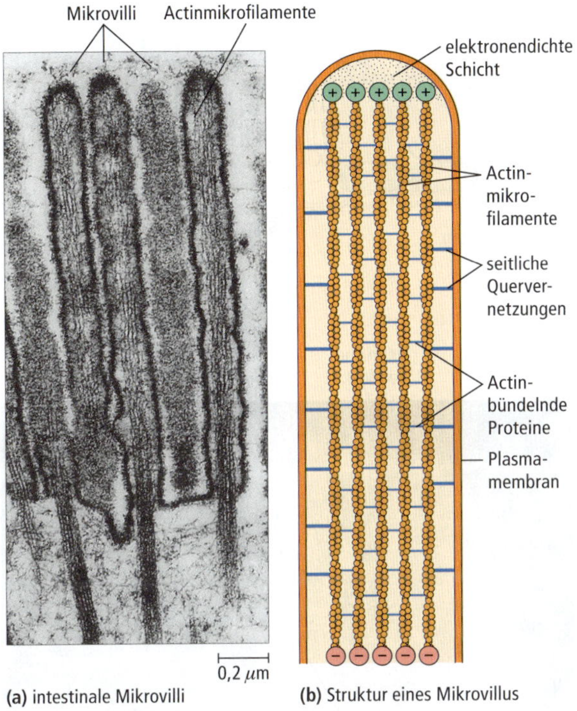

Abbildung 15.17: Struktur eines Mikrovillus. (a) Eine elektronenmikroskopische Aufnahme von Mikrovilli intestinaler Schleimzellen (TEM). (b) Schematische Darstellung eines einzelnen Mikrovillus. Der Kern der Mikrofilamente ist sichtbar. Dieser Kern verleiht dem Mikrovillus die charakteristische Steifheit. Der Kern besteht aus mehreren Dutzend Mikrofilamenten, deren Plusenden nach außen zur Spitze und deren Minusenden zur Zelle ausgerichtet sind. Die Plusenden sind in einen amorphen, elektronendichten Belag eingebettet. Die Mikrofilamente sind durch Actin-bündelnde Proteine (quervernetzende Proteine) fest miteinander verbunden und über laterale Querverbindungen mit der inneren Oberfläche der Plasmamembran verknüpft.

An der Basis des Mikrovillus geht das Mikrofilamentbündel in ein Netzwerk aus Filamenten über, das sogenannte **terminale Netz** (engl.: *terminal web*) (▶*Abbildung 15.18*). Die Filamente des terminalen Netzes bestehen vor allem aus Myosin und Spectrin. Sie verbinden die Mikrofilamente untereinander, mit Proteinen in der Plasmamembran und vielleicht auch mit dem Netzwerk der intermediären Filamente unterhalb des terminalen Netzes. Das terminale Netz scheint den Mikrovilli Festigkeit zu geben, indem es ihre Mikrofilamentbündel gut verankert, sodass sie gerade aus der Zelloberfläche herausragen.

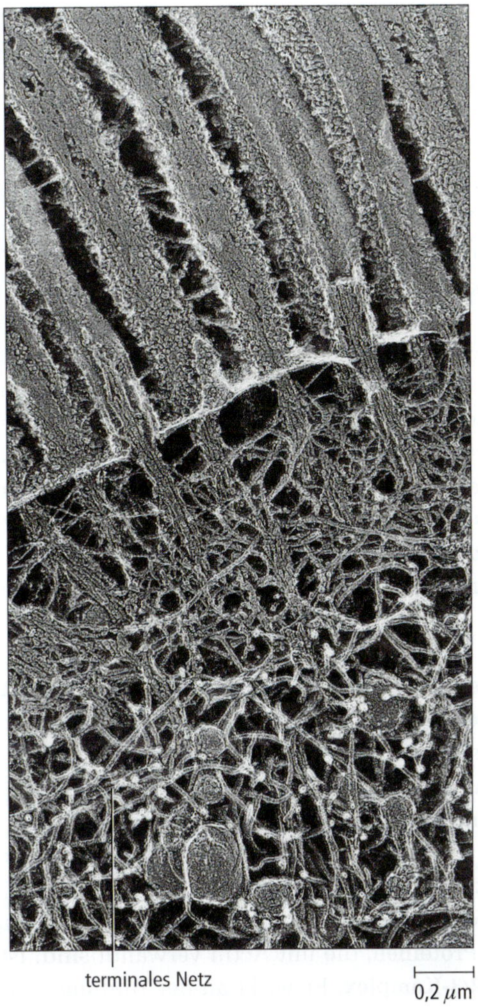

Abbildung 15.18: Das terminale Netz einer intestinalen Epithelzelle. Das terminale Netz unterhalb der Plasmamembran in einer elektronenmikroskopischen Aufnahme einer Gefrierätzung einer intestinalen Epithelzelle. Bündel von Mikrofilamenten, aus denen die Kerne der Mikrovilli bestehen, erstrecken sich in das terminale Netz.

Proteine, die Actin an Membranen binden Damit die Mikrofilamente bei der Zellbewegung oder der Cytokinese (Zellteilung) auch auf die Plasmamembran Kraft ausüben können, müssen sie mit der Plasmamembran verbunden sein. Die Verbindung von Mikrofilamenten mit der Plasmamembran erfolgt indirekt und es werden dafür ein oder zwei Ankerproteine benötigt, welche die Mikrofilamente mit den Transmembranproteinen, die in der Plasmamembran eingebettet sind, verankern. Eine Proteingruppe, die sehr häufig an der Verknüpfung von Mikrofilamenten mit Membranen beteiligt zu sein scheint, ist die Protein-Familie der Actin-bindenden Proteine mit *Bande-4.1-Protein, Ezrin, Radixin* und *Moesin*. Eine Mutation dieser Proteine wirkt sich auf eine große Anzahl zellulärer Vorgänge aus, unter anderem auf die Cytokinese, die Sekretion und die Bildung von Mikrovilli. Ein weiteres Beispiel für die Verbindung von Actin mit Membranen bieten die Proteine *Spectrin* und *Ankyrin* (▶*Abbildung 15.19*). In *Kapitel 7* haben Sie bereits erfahren, dass die Plasmamembran des Erythrocyten durch ein Netzwerk von Spectrinfilamenten gestützt wird, die über sehr kurze Actinketten quervernetzt sind. Dieses Netzwerk ist über Moleküle des Proteins Ankyrin und Bande 4.1 mit der Plasmamembran verbunden. Diese Proteine verbinden die Spectrinfilamente mit spezifischen Transmembranproteinen. Aufgrund von Mutationen in Genen, die Spectrine und Ankyrine in *Drosophila* und in dem Nematoden *Caenorhabditis elegans* kodieren, wissen wir, dass diese Proteine bei einer großen Anzahl von Zellen eine wichtige Aufgabe zur Erhaltung der Zellform übernehmen.

Proteine, die Verzweigung und Wachstum von Actin fördern Zellen können Actin nicht nur zu lockeren Netzwerken und Bündeln zusammensetzen, sondern auch zu verzweigten Netzwerken, die ein baumähnliches oder *dendritisches* Netzwerk bilden (▶*Abbildung 15.20a*). Solche dentritischen Netzwerke sind charakteristische Merkmale der Lamellipodien kriechender Zellen. Ein Komplex von Proteinen, die mit Actin verwandt sind, ist der **Arp2/3-Komplex**. Er wirkt an der Bildung von Verzweigungen mit, indem zu beiden Seiten des bereits existierenden Filaments die Bildung neuer Zweige angeregt wird (▶*Abbildung 15.20b*). Proteine, über die wir bereits gesprochen haben, wie Profilin, Cofilin und Capping-Proteine regulieren die Länge der Filamente, die aus den Verzweigungspunkten polymerisieren, wodurch sie die Länge dieser Strukturen regulieren.

Die Verzweigung von Arp2/3 wird durch eine Familie von Proteinen aktiviert, zu denen das *Wiskott-Aldrich-Syndrom-Protein* (*WASP*) und *WAVE/Scar* gehören. Die Blutplättchen betroffener Menschen, die kein funktionales WASP bilden können, sind in ihrer Fähigkeit zur Veränderung ihrer Gestalt eingeschränkt und haben daher Schwierigkeiten, Blutgerinnsel zu bilden. Auch an einer ganz anderen Erkrankung ist der Arp2/3-Komplex beteiligt: Pathogene Bakterien können die Pläne der Actinpolymerisations-Maschinerie der Zelle „stehlen" und auf diese Weise ihre eigene Weiterverbreitung veranlassen (*Exkurs 15A*).

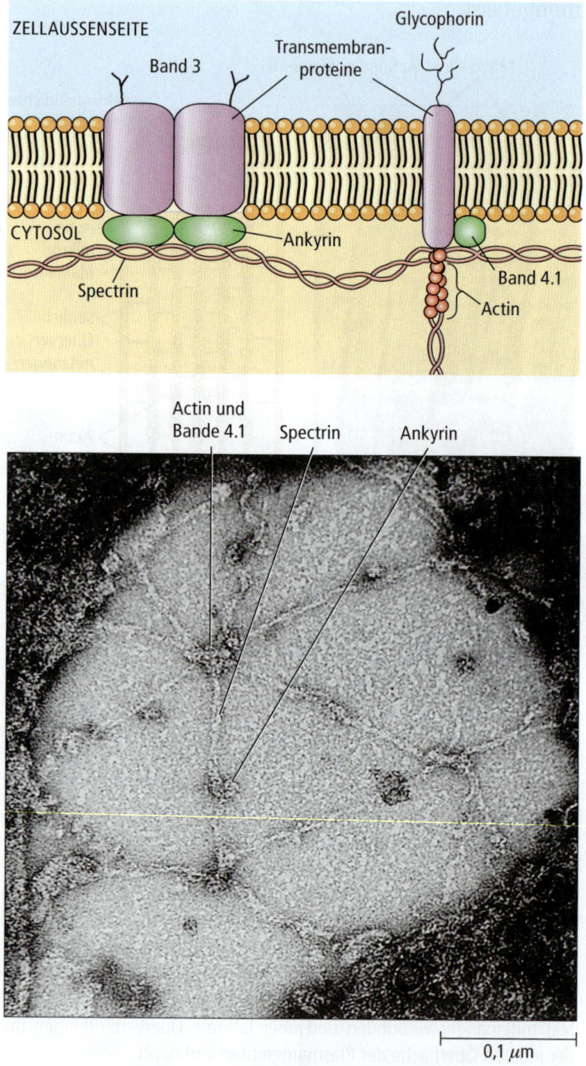

Abbildung 15.19: Unterstützung der Erythrocytenplasmamembran durch ein Spectrin-Ankyrin-Actin-Netzwerk. Die Plasmamembran der roten Blutkörperchen wird an ihrer Innenseite von einem filamentösen Netzwerk gestützt, das der Zelle sowohl Festigkeit als auch Flexibilität verleiht. (a) Schematische Darstellung der wichtigsten Komponenten des Spectrin-Ankyrin-Actin-Netzwerks. Das Netzwerk ist über Moleküle des Proteins Ankyrin am Bande-3-Transmembranprotein verankert. (b) Eine elektronenmikroskopische Aufnahme einer Erythrocytenmembran, in der Spectrinnetzwerk-Komponenten sichtbar sind (TEM).

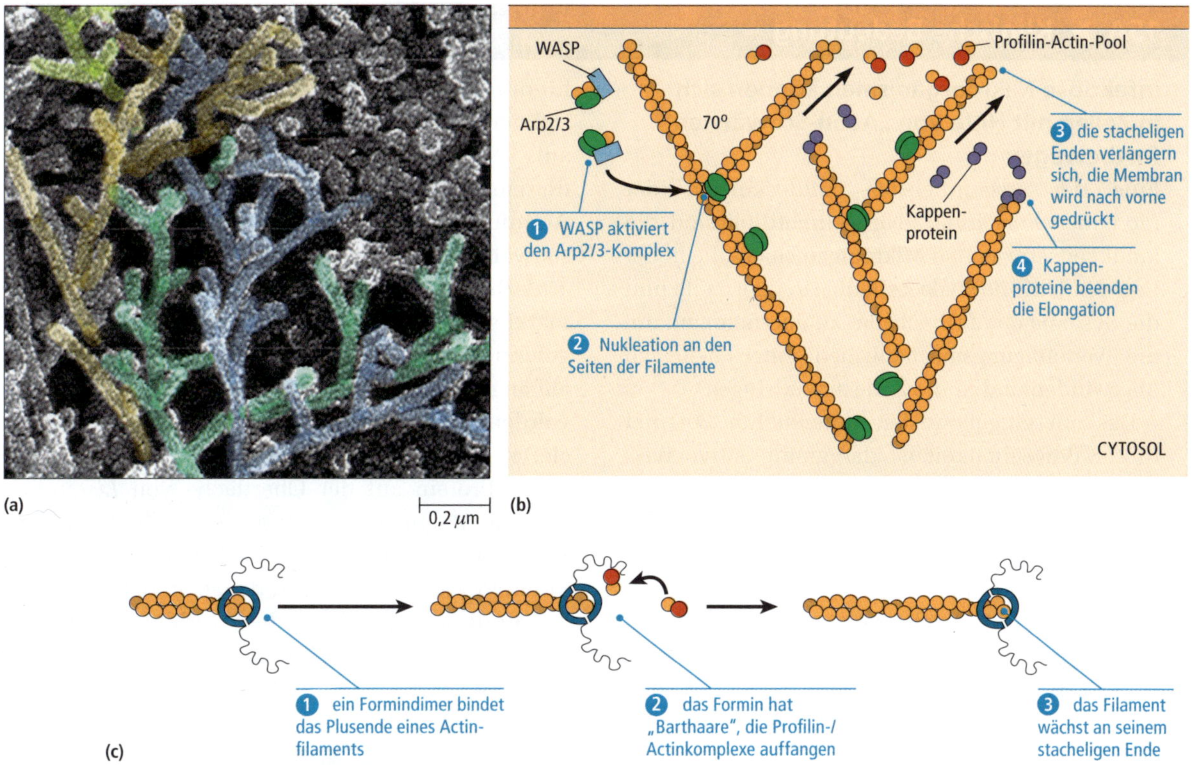

Abbildung 15.20: Bildung von Actinnetzwerken durch Actinpolymerisation. Actinnetzwerke, wie diese aus kriechenden Zellen, weisen ein charakteristisches Verzweigungsmuster auf. (a) Verzweigte Actinfilamente in einem Froschkeratocyten. Einzelne verzweigte Actinfilamente sind farbig unterlegt, um sie leichter zu unterscheiden (Gefrierätzungselektronenmikroskopische Aufnahme). (b) Modell für Arp2/3-abhängige Verzweigung. Die Verzweigung wird von Proteinen der WASP-Familie angeregt; Capping der Proteine hilft, die Länge neuer Zweige zu regulieren. (c) Modell für die Formin-induzierte Elongation eines Actinfilaments. Formindimere binden Profilinactin, das als „Arbeitsbühne" der Actinpolymerisation dient.

Die verzweigten Actinnetzwerke sind lediglich ein Typ der auf Actin basierenden Strukturen, die Zellen bilden können. Bei der Verrichtung einiger zellulärer Abläufe sind lange Actinfilamente von größerem Nutzen. In diesem Fall kann die Actinpolymerisation unabhängig vom Arp2/3-Komplex über Proteine reguliert werden, die man als *Formine* bezeichnet. Formine sind für den Zusammenbau bestimmter nicht verzweigter F-Actinstrukturen notwendig, unter anderem zur Bildung von Actinsträngen und der kontraktilen Ringe während der Zellteilung (siehe *Kapitel 19*). Formine scheinen in der Lage zu sein, in einem „nicht abreißenden Band" zu wirken, indem sie sich auf dem Ende eines wachsenden Filaments bewegen und zugleich das Wachstum des Filaments anregen (▸*Abbildung 15.20c*). Formine können Dimere bilden, indem sie an die Plusenden von Actinfilamenten binden. Einige Formine besitzen Ausläufer, die Profilin binden können, und daher nimmt man an, dass sie als „Arbeitsbühne" für die Anlagerung von Actinmonomeren an wachsende Filamente dienen. Pflanzen enthalten eine große Anzahl von Proteinen, die den Forminen ähneln. Man geht davon aus, dass sie ähnliche Rollen bei der Regulation des Actincytoskeletts übernehmen.

15A ▶ Klinische Bedeutung

Infektiöse Mikroorganismen können sich in Zellen mit Hilfe von „Actin-Schwänzen" fortbewegen

Eine der erstaunlichsten Entdeckungen der modernen Forschung über Zellmotilität sind die krankheitserregenden Mikroorganismen, die in der Lage sind, die normale Zelladhäsion der Zelle und die Systeme der Zellmotilität zu übernehmen, um die Verteidigungsmechanismen einer Zelle zu überwinden und in die Zelle einzudringen.

Das am eingehendsten untersuchte Beispiel dieser Beweglichkeit ist das grampositive Bakterium *Listeria monocytogenes*. Bei Kontakt mit einer Wirtszelle bindet ein *Listeria*-Protein, das Internalin A, auf der Zelloberfläche an E-Cadherin (siehe *Kapitel 17* für mehr Informationen über Cadherine). Nach erfolgter Bindung dringt *Listeria* in die Zelle ein, bewegt sich mit einer Geschwindigkeit von 11 μm/min durch die Zelle hindurch bis zu einer benachbarten, noch nicht infizierten Zelle fort, wo der Infektionszyklus aufs Neue beginnt (*Abbildung 15A-1*). Von diesem Bakterium gehen strahlenförmig kurze Actinfilamente aus und bilden „Kometenschwänze" aus verzweigtem F-Actin (*Abbildung 15A-1*b). Unter Verwendung von fluoreszenzmarkiertem Actin haben Wissenschaftler herausgefunden, dass die Schwänze durch Arp2/3-abhängige Polymerisation von Actin gebildet werden, das nahe der Oberfläche des internalisierten Bakteriums rekrutiert wird.

Das Protein auf der Oberfläche von *Listeria*, das die Polymerisation von Actin begünstigt, trägt die Bezeichnung *ActA*. Die von ActA initiierten Mikrofilamente sind denen an dem vorderen Ende kriechender Zellen verblüffend ähnlich und werden mit Hilfe einer ganz ähnlichen Zellmaschinerie gebildet.

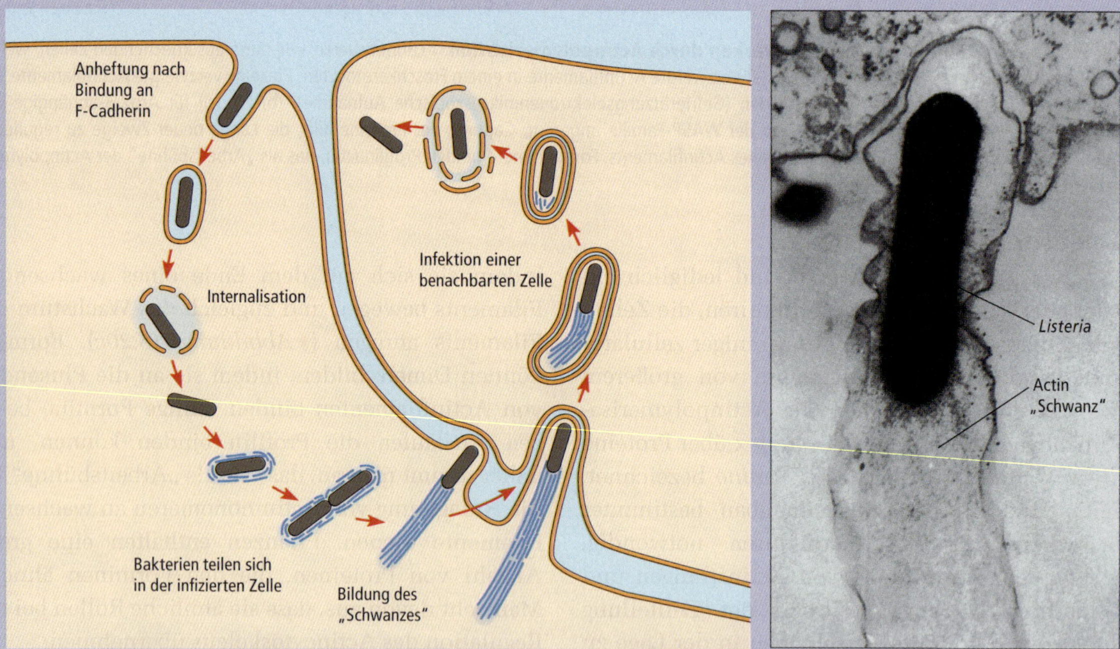

(a) (b) 0,1 μm

Abbildung 15A-1: Infektion eines Makrophagen durch *Listeria monocytogenes*. (a) Lebenszyklus von *Listeria*. Ein Bakterium heftet sich an die Oberfläche einer nicht infizierten Zelle. Das Bakterium bewegt sich dann in die Zelle hinein, wo es sich teilt und in der infizierten Zelle weitere Bakterien bildet. Dann infiziert es eine benachbarte Zelle, indem es einen „Kometenschwanz" aus polymerisiertem Actin bildet, der wie ein Propeller die Zelle vorantreibt. (b) Die Transmissionselektronenmikroskopische Aufnahme zeigt *Listeria* in einem infizierten Makrophagen und den „Kometenschwanz" aus Actinfilamenten, der sich hinter dem Bakterium bildet.

Andere Bakterien induzieren verschiedene Arten von „Actin-Schwänzen“. Bakterien der Gattung *Rickettsia*, die das Fleckfieber verursachen, induzieren lange, nicht-verzweigte Actinfilamente, die an Filopodien erinnern. Somit haben verschiedene Pathogene unterschiedliche Wege entwickelt, um das Cytoskelett von Wirtszellen für ihre Vermehrung auszunutzen.

Einige Pathogene binden an die Zelloberfläche, werden aber nicht internalisiert. So heftet sich beispielsweise die enteropathogene Form von *E. coli*, die zur Diarrhö bei Kindern führt, durch Koloniebildung auf der Oberfläche intestinaler Epithelzellen fest. Dort organisieren die Mikroorganismen Actin-reiche „Sockel“, die ebenso wie die Actin-Schwänze von *Listeria* wirken.

15.3.7 Die Zellsignalisierung reguliert, wo und wann Strukturen auf Actinbasis zusammengesetzt werden

Wir haben gesehen, dass Actin-bindende Proteine die Typen von Strukturen auf Actinbasis regulieren, die von den Zellen zusammengesetzt werden. Die Zellsignalisierung reguliert ihrerseits die Aktivität dieser Proteine. Sowohl die Plasmamembranlipide als auch mehrere kleine G-Proteine, die mit Ras in Zusammenhang stehen (siehe *Kapitel 14*), regulieren Bildung, Stabilität und Abbau von Mikrofilamenten.

Inositolphospholipide Inositolphospholipide bilden eine Gruppe von Membranphospholipiden, die den Actinzusammenbau regulieren. Rufen Sie sich bitte in Erinnerung, dass *Phosphatidylinositol-4,5-Bisphosphat* (PIP_2) bei einigen Signalkaskaden von Bedeutung ist, beispielsweise bei der Insulinsignalisierung (siehe *Kapitel 14*). PIP_2 kann an Profilin, CapZ und Proteine wie Ezrin binden, wodurch diese an die Plasmamembran gebunden werden. Es kann aber auch die Fähigkeit dieser Proteine, mit Actin zu interagieren, regulieren. Zum Beispiel bindet CapZ fest an PIP_2, wodurch PIP_2 vom Ende eines Mikrofilaments abgespalten wird. Dadurch kann das Filament abgebaut werden und seine Monomere stehen für die Zusammensetzung neuer Filamente zur Verfügung. Gelsolin ist ein weiteres Actin-bindendes Protein, das durch Bindung an Polyphosphoinositide reguliert werden kann. Wenn Gelsolin an ein spezifisches Polyphosphoinositid bindet, kann es nicht länger das Plusende eines Mikrofilaments schützen. Dadurch kann das nicht mehr mit einer Kappe versehene Ende seine Länge verändern.

Die GTPasen der Rho-Familie Ein ganz erstaunlicher Fall der Regulation des Actincytoskeletts ist die dramatische Veränderung des Cytoskeletts der Zellen, die mit bestimmten Wachstumsfaktoren in Kontakt kommen. Als Antwort auf die Stimulation des von Blutplättchen gebildeten Wachstumsfaktors (PDGF; engl.: *platelet-derived growth factor*) beginnen Fibroblasten zu wachsen, sich zu teilen und bilden Actin-reiche Membranausläufer, die den Lamellipodien ähneln. Andere Faktoren, beispielsweise Lysophosphatidsäure (LPA), regen Zellen zur Bildung von Stressfasern an.

Wie führen diese Signale eine tiefgreifende Neuorganisation im Actincytoskelett herbei? Die Wirkung vieler Signale beruht auf Veränderungen in Folge der Wirkung einer Familie monomerer G-Proteine, der sogenannten **Rho-GTPasen**. Drei Schlüsselmitglieder dieser Familie sind **Rho**, **Rac** und **Cdc42**. Diese Proteine hat man zuerst in der Hefe identifiziert. Sie sind wichtige Regulatoren des Actincytoskeletts aller Eukaryoten. Jede Rho-GTPase hat tiefgreifende und unterschiedliche Auswirkungen auf das Actincytoskelett (▸*Abbildung 15.21*). Beispielsweise führt die Aktivierung des Rho-Wegs zur Bildung von Stressfasern und die Rho-Deaktivierung verhindert die Bildung von Stressfasern, nachdem die Fibroblasten mit LPA in Kontakt gekommen sind. In ähnlicher Weise führt die Rac-Aktivierung bei kultivierten Zellen häufig zur Bildung von Lamellipodien und die Hemmung von Rac verhindert die normale Antwort auf PDGE. Schließlich führt die Aktivierung von Cdc42 zur Bildung von Filopodien. Rho-GTPasen haben viele verschiedene Funktionen in Zellen: beispielsweise Bildung von Ausläufern der Plasmamembran, Induktion und Abbau der Teilungsfurche bei der Zellteilung und Regulation der Endo- und Exocytose. Viele dieser Prozesse sind unter strenger Kontrolle der Zellsignalisierung. Es überrascht also nicht, dass diese Proteine für Wachstumsfaktoren wie PDGF und LPA von essenzieller Bedeutung sind, um ihre gewünschten Wirkungen zu erzielen.

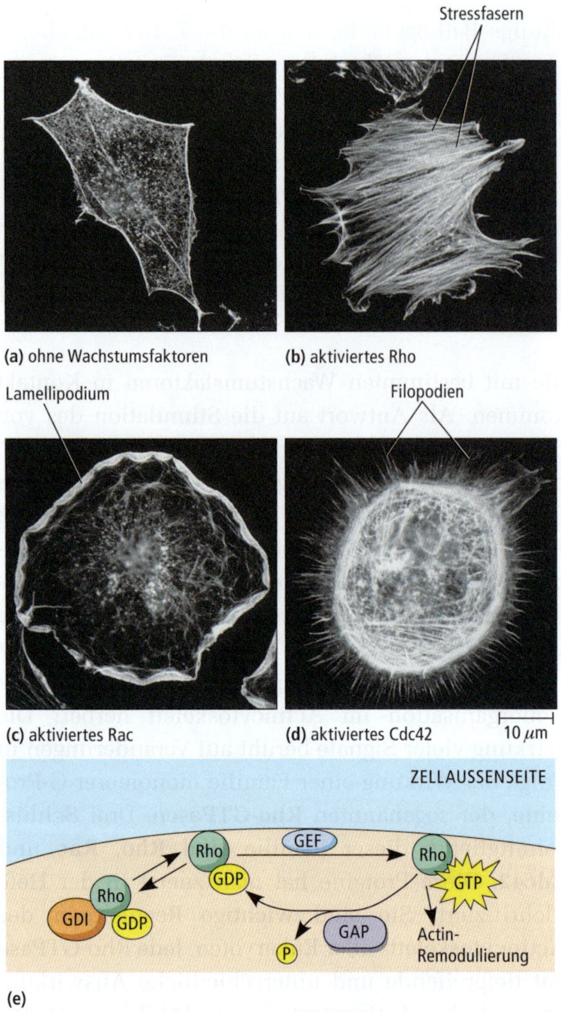

Abbildung 15.21: Regulation von Membranausläufern durch Proteine der Rho-Familie. (a) Wenn man einen kultivierten Fibroblasten ohne Wachstumsfaktoren mit einem Actin-sensitiven Farbstoff anfärbt, hat er erst wenige Actinbündel und entwickelt nur wenige Membranausläufer. (b) Unter Bedingungen, die den Rho-Signalisierungsweg aktivieren (beispielsweise durch Zufügen von Lysophosphatidsäure, LPA), entwickeln sich Stressfasern. (c) Wenn der Rac-Weg aktiviert wird (in diesem Fall durch Injektion von mutiertem Rac, das immer aktiv ist), bilden sich Lamellipodien. (d) Wenn man Cdc42 aktiviert (zum Beispiel durch Injektion des Guanin-Nucleotidaustauschfaktors, der Cdc42 aktiviert), bilden sich Filopodien. (e) Regulation von Proteinen der Rho-Familie. Nucleotidaustauschfaktoren (GEFs) stimulieren den Austausch eines gebundenen GDP durch GTP, sie aktivieren Proteine der Rho-Familie und ermöglichen deren Stimulation der Actin-Remodellierung. Die Proteine, die GTPase aktivieren (GAPs), bewirken, dass Rho-GTPasen das an sie gebundene GTP hydrolisieren, wodurch sie deaktiviert werden. Inhibitoren des Austauschs von Guanin-Nucleotid (GDIs, engl.: *guanine-nucleotide displacement inhibitors*) können inaktive G-Proteine der Rho-Familie bündeln und im Cytosol zurückhalten.

Ebenso wie Ras (siehe *Kapitel 14*) werden die GTPasen der Rho-Familie von *Guanin-Nucleotid-Austauschfaktoren* (*GEFs*, engl.: *guanine-nucleotid exchange factors*) stimuliert, die den Austausch eines gebundenen GDPs gegen GTP katalysieren (▸*Abbildung 15.21e*). Entsprechende *GTPase-aktivierende Proteine* (*GAPs*) stimulieren Rho-GTPasen zur Hydrolyse ihres gebundenen GTPs, wodurch diese ihre Aktivität verlieren. Außerdem können die *Guanin-Nucleotid-Austauschinhibitoren* (*GDIs*, engl.: *guanine-nucleotide displacement inhibitors*) inaktive Rho-GTPasen im Cytosol akkumulieren. All diese Ereignisse können durch Zellsignale verändert werden, wodurch höchst differenziert bestimmt wird, an welchem Ort Strukturen auf Actinbasis zusammengesetzt werden. Nach ihrer Aktivierung können Rho-GTPasen verschiedene Typen der Actinpolymerisation anregen. Beispielsweise kann aktiviertes Cdc42 an WASP binden und es aktivieren. Dies regt die Actinpolymerisation durch den Arp2/3-Komplex an. Rac kann ein anderes Protein der WASP-Familie aktivieren, WAVE. Es ist bekannt, dass Rho an Formine binden und sie aktivieren kann, wodurch sich erklärt, warum die Aktivierung von Rho die Bildung längerer und weniger verzweigter Actinfilamente bewirkt.

Intermediäre Filamente 15.4

Intermediäre Filamente (IF) haben einen Durchmesser von ungefähr 8 – 12 nm, sodass sie im Hinblick auf die Größe zwischen den Mikrotubuli und den Mikrofilamenten liegen (siehe *Tabelle 15.1*) oder zwischen den dünnen (Actin) und den dicken (Myosin) Filamenten in den Muskelzellen, in denen man die intermediären Filamente zum ersten Mal nachwies. Bis heute hat sich die Forschung vor allem mit tierischen Zellen beschäftigt, in denen intermediäre Filamente nur einzeln oder in Bündeln vorkommen und vermutlich eine Rolle bei der Struktur oder Erhaltung der Spannung übernehmen. Ein sehr gut bekanntes und häufig vorkommendes intermediäres Filament ist das Protein *Keratin*. Keratin ist ein wichtiger Baustein von Strukturen, die von der Haut der Tiere gebildet werden, unter anderem von Haaren, Krallen und Fingernägeln, von Hörnern und Schnäbeln, vom Panzer der Schildkröte, von den Schuppen der Fische und von den obersten Hautschichten. Die ▸*Abbildung 15.22* zeigt eine elektronenmikroskopische Aufnahme von Intermediärfilamenten einer kultivierten menschlichen Fibroblastenzelle.

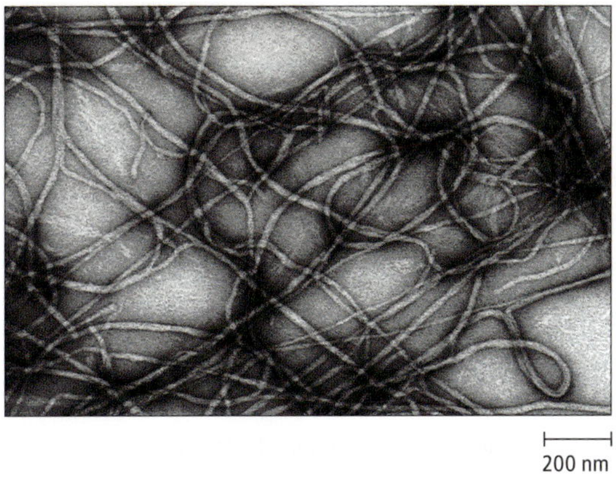

Abbildung 15.22: **Intermediäre Filamente**. Elektronenmikroskopische Aufnahme der angefärbten Keratin-5- und Keratin-14-Intermediärfilamente, die in vitro rekonstituiert wurden (TEM).

Intermediäre Filamente sind die stabilsten und am wenigsten in Wasser löslichen Bausteine des Cytoskeletts. Durch Behandlung der Zellen mit Detergenzien oder mit Lösungen mit hoher oder geringer Ionenstärke kann man die meisten Mikrotubuli, Mikrofilamente und anderen Proteine aus dem Cytosol entfernen, Netzwerke intermediärer Filamente aber behalten ihre ursprüngliche Form bei. Aufgrund der Stabilität der intermediären Filamente sind einige Wissenschaftler der Ansicht, dass sie als Gerüst dienen, um den gesamten Rahmen des Cytoskeletts zusammenzuhalten. Im Gegensatz zu den Mikrotubuli und den Mikrofilamenten sind die intermediären Filamente wahrscheinlich nicht polarisiert.

15.4.1 Intermediäre Filamentproteine sind gewebespezifisch

Im Gegensatz zu den Mikrotubuli und den Mikrofilamenten weisen intermediäre Filamente ganz erhebliche Unterschiede in ihrer Aminosäurezusammensetzung auf, die von Gewebe zu Gewebe stark variiert. Auf Grundlage des Zelltyps, in dem sie vorkommen, kann man die intermediären Filamente und ihre Proteine (IF-Proteine) in sechs Klassen einteilen (▶ *Tabelle 15.4*). Zu den Klassen I und II gehören die *Keratine*. Das sind Proteine, aus denen die *Tonofilamente* bestehen, die in den Epithelzellen vorkommen, die Körperoberflächen bedecken und Körperhöhlen auskleiden. (Die intermediären Filamente, die unterhalb des terminalen Netzes in der intestinalen Schleimhautzelle in *Abbildung 15.18* zu erkennen sind, bestehen aus Keratin.) Die Keratine der Klasse I sind *saure Keratine*, während die Mitglieder der Klasse II *basische* oder *neutrale Keratine* sind; zu jeder Klasse gehören mindestens 15 verschiedene Keratine.

Zu den IF-Proteinen der Klasse III zählen Vimentin, Desmin und saures Gliafaserprotein. *Vimentin* kommt im Bindegewebe und anderen Zellen vor, die von Nichtepithelzellen abgeleitet sind. Filamente, die Vimentin enthalten, sind oft Erkennungsmerkmale kultivierter Fibroblastenzellen, in denen sie ein Netzwerk bilden, das sich vom Zentrum bis zur Peripherie der Zelle erstreckt. *Desmin* kommt in Muskelzellen vor und *saures Gliafaserprotein* (GFA, engl.: *glial fibrillary acidic protein*) ist für die Gliazellen charakteristisch, welche die Nervenzellen umgeben und isolieren. Die intermediären Filamente der Klasse IV sind die *Neurofilamentproteine* (NF) in den Neurofilamenten der Nervenzellen. Die intermediären Filamente der Klasse V sind die Kernlamine A, B und C. Sie bilden bei allen eukaryotischen Zellen entlang der inneren Oberfläche der Zellkernmembran ein filamentöses Gerüst aus Laminin, auch bei den Pflanzen. Die Neurofilamente der Zellen des embryonalen Nervensystems bestehen aus *Nestin*, das die Klasse VI bildet.

Als man intermediäre Filamentproteine und ihre Gene sequenzierte, wurde klar, dass diese Proteine von einer einzigen (großen) Familie verwandter Gene kodiert werden und dass man sie daher aufgrund der verwandten Aminosäuresequenz klassifizieren kann. Die Einteilung in die sechs Klassen der IF-Proteine wurde auf dieser Grundlage vorgenommen (siehe *Tabelle 15.4*).

Aufgrund der Gewebespezifität der intermediären Filamente kann man tierische Zellen aus verschiedenen Geweben anhand des jeweiligen IF-Proteins unterscheiden, das man mit Hilfe der Immunfluoreszenzmikroskopie identifizieren kann. Diese *Typisierung der Intermediärfilamente* dient in der Medizin als diagnostisches Hilfsmittel. Die Typisierung der Intermediärfilamente erweist sich besonders bei der Diagnose von Krebs als nützlich, denn Tumorzellen behalten die für das Ausgangsgewebe typischen intermediären Filamentproteine zurück, unabhängig von dem Ort im Körper, an welchem die Metastasen auftreten. Da die richtige Behandlung eines Tumors häufig von dessen Ausgangsgewebe abhängt, erweist sich die Typisierung der IF-Proteine vor allem in den Fällen als hilfreich, in denen konventionelle mikroskopische Techniken nur bedingt einsetzbar sind.

Tabelle 15.4

Klassen der intermediäre Filamente

Klasse	Intermediär-Filament-Protein	Molekular-gewicht (kDa)	Gewebe	Funktion
I	saure Cytokeratine	40 – 56,5	Epithelzellen	mechanischer Halt
II	basische Cytokeratine	53 – 67	Epithelzellen	mechanischer Halt
III	Vimentin	54	Fibroblasten; Mesenchymzellen; Augenlinse	Erhaltung der Zellform
	Desmin	53 – 54	Muskelzellen, vor allem der glatten Muskulatur	strukturelle Stütze der kontraktilen Maschinerie
	GFA-Protein	50	Gliazellen und Astrocyten	Erhaltung der Zellform
IV	Neurofilamentproteine		zentrale und periphere Nerven	Axonstabilität; bestimmt die Axongröße
	NF-L (groß)	62		
	NF-M (klein)	102		
	NF-H (klein)	110		
V	Kernfaserschichten		alle Zelltypen	bilden ein Gerüst, um den Zellkern in Form zu halten
	Lamin	70		
	Lamin B	67		
	Lamin C	60		
VI	Nestin	240	neuronale Stammzellen	unbekannt

15.4.2 Intermediäre Filamente setzen sich aus fibrösen Untereinheiten zusammen

Da die IF-Proteine einer Familie verwandter Gene angehören, haben alle intermediären Filamentproteine einige gemeinsame Merkmale, obwohl sie sich im Hinblick auf Größe und chemische Eigenschaften stark unterscheiden. Im Gegensatz zu Actin und Tubulin sind IF-Proteine fibröse und nicht-globuläre Proteine. Alle IF-Proteine haben eine homologe zentrale Domäne von 310 bis 318 Aminosäuren, die im Hinblick auf Größe, Sekundärstruktur und in gewissem Maß auch in der Sequenz hoch konserviert ist. Diese zentrale Domäne besteht aus vier Segmenten spiralisierter Helices, über die drei kurze Linkersegmente verteilt sind. Die zentrale helikale Domäne wird von N- und C-terminalen Domänen flankiert, die sich bezüglich Größe, Sequenz und Funktion bei den IF-Proteinen unterscheiden. Darauf beruht vermutlich die funktionale Vielfalt dieser Proteine.

Ein mögliches Modell für den Zusammenbau von Intermediärfilamenten wird in der ▶*Abbildung 15.23* dargestellt. Die grundlegende Struktureinheit der intermediären Filamente setzt sich aus zwei intermediären Filamentpolypeptiden zusammen, die in einer *Coiled-coil*-Struktur ineinandergreifen. Die zentralen helikalen Domänen der beiden Polypeptide sind parallel zueinander aufgereiht, wobei die N- und C-terminalen Regionen an jedem Ende als globuläre Domänen herausragen. Zwei dieser Dimere reihen sich dann seitlich aneinander und bilden ein tetrameres *Protofilament*. Protofilamente interagieren und assoziieren durch Überlappung, sodass sowohl seitlich als auch der Länge nach eine filamentöse Struktur entsteht. Man geht davon aus, dass ein vollständig zusammengesetztes intermediäres Filament aus acht, stets gleich starken Protofilamenten besteht. Wahrscheinlich sind die Protofilamente an den Enden durch gestaffelte Überlappungen verbunden.

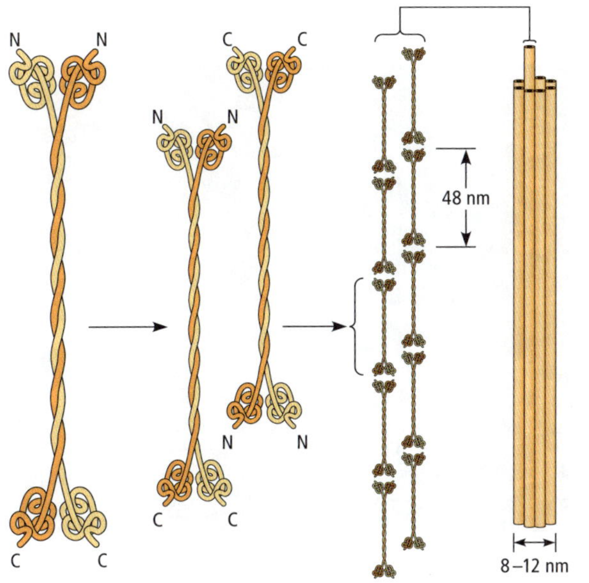

Abbildung 15.23: Modell für den Zusammenbau eines intermediären Filaments in vitro. (a) Der Ausgangspunkt für den Zusammenbau ist ein Paar intermediärer Filamentpolypeptide. Die beiden Polypeptide sind bei allen intermediären Filamenten mit Ausnahme der Keratinfilamente identisch. Dieses sind obligate Heterodimere mit jeweils einem Typ-I- und einem Typ-II-Polypeptid. Die beiden Polypeptide winden sich umeinander und bilden eine spiralisierte Kette aus zwei Kettensträngen, wobei ihre konservierte zentrale Domäne parallel zueinander verläuft. (b) Zwei Dimere reihen sich seitlich aneinander und bilden ein tetrameres Protofilament. (c) Protofilamente setzen sich an den Enden und seitlich zu größeren Filamenten zusammen. (d) Das schließlich zusammengesetzte intermediäre Filament hat vermutlich überall eine Stärke von acht Protofilamenten.

15.4.3 Intermediäre Filamente verleihen Geweben mechanische Belastbarkeit

Intermediäre Filamente sind wichtige Strukturbausteine vieler Zellen und Gewebe. Da sie oftmals in Zellregionen vorkommen, die starker mechanischer Belastung ausgesetzt sind, nimmt man an, dass sie den Zellen helfen, mechanische Zugspannungen zu kompensieren. Wenn man beispielsweise Keratinfilamente genetisch in den Keratinocyten transgener Mäuse verändert, werden die Epidermiszellen sehr fragil und reißen leicht auf. Beim Menschen entwickelt sich als Folge natürlich auftretender Mutationen der Keratine eine Hauterkrankung mit Blasen- und Wundenbildung, die sogenannte *Epidermolyse bullosa simplex* (*EBS*). Weitere pathologische Zustände, die vermutlich auf Defekte der intermediären Filamente beruhen, sind unter anderem die *Amyotrophe Lateralsklerose* (*ALS*) sowie bestimmte Formen der erblichen *Cardiomyopathien*, Erkrankungen des Herzmuskels, die auf Defekte in der Organisation des Herzmuskels zurückgehen.

Obwohl unsere Diskussion der intermediären Filamente den Eindruck erwecken könnte, dass es sich um statische Strukturen handelt, trifft dies nicht zu. Zum Beispiel werden intermediäre Filamente in Neuronen dynamisch transportiert und remodelliert. Verschiedene intermediäre Filamente bilden ein strukturelles Gerüst, die Kernlamina, die an der inneren Oberfläche der Zellkernmembran liegt (darauf werden wir in *Kapitel 18* und *Kapitel 19* genauer eingehen). Die Kernlamina setzt sich aus drei einzelnen intermediären Filamentproteinen zusammen, den *Kernlaminen A*, *B* und *C*. Diese Lamine werden im Rahmen der Auflösung der Zellkernhülle zu Beginn der Mitose phosphoryliert und abgebaut. Nach der Mitose entfernen Laminaphosphatasen die Phosphatgruppen, woraufhin sich wieder eine Zellkernhülle bilden kann.

15.4.4 Das Cytoskelett ist eine mechanisch hoch integrierte Struktur

In den vorherigen Abschnitten haben wir uns die einzelnen Komponenten des Cytoskeletts als voneinander getrennte Einheiten angesehen. Tatsächlich hängt die zelluläre Architektur von den einzigartigen Eigenschaften der verschiedenen, miteinander kooperierenden Bausteine des Cytoskeletts ab. Man geht im Allgemeinen davon aus, dass Mikrotubuli einem Druck, der entsteht, wenn man eine Zelle zusammenpresst, Widerstand leisten können, während Mikrofilamente als kontraktile Elemente dienen, die Spannung erzeugen. Intermediäre Filamente sind elastisch und widersetzen sich Zugkräften.

Die mechanische Integration der intermediären Filamente, der Mikrofilamente und der Mikrotubuli wird durch spezifische Linkerproteine ermöglicht, die diese miteinander verbinden, die sogenannten *Plakine*. Ein Plakin, das *Plectin*, ist ein vielseitiges Linkerprotein, das an den Stellen vorkommt, an denen die intermediären Filamente an Mikrofilamente oder Mikrotubuli geknüpft sind (▶*Abbildung 15.24*). Plectin sowie mehrere andere Plakine enthalten Bindungsstellen für intermediäre Filamente, Mikrofilamente und Mikrotubuli. Indem die Plakine diese Haupttypen aus Polymeren verknüpfen, tragen sie dazu bei, diese in ein mechanisch integriertes Cytoskelett-Netzwerk zu integrieren. Aus diesem Grunde können die untereinander verknüpften Strukturen des Cytoskeletts sich so an Zugkräfte anpassen, dass die spannungstragenden Elemente in Richtung der Anspannung ausgerichtet werden. Diese Fähigkeiten des Cytoskeletts, mechanischen Stress zu bewältigen, sind beispielsweise für die Epithelzellen, die den Darm auskleiden, von großer Bedeutung. Diese Zellen sind laufend starkem mechanischem Stress ausgesetzt, wenn sich die Zellen der glatten Muskeln in den Darmwänden zusammenziehen und Druck auf den Darminhalt ausüben.

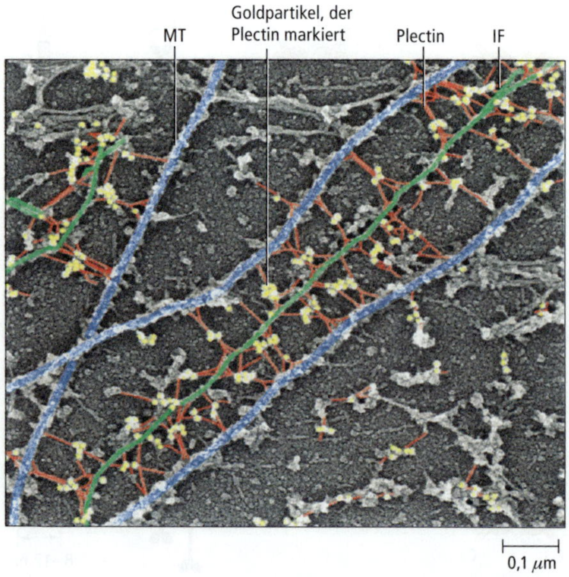

Abbildung 15.24: Verbindungen zwischen Intermediärfilamenten und den anderen Komponenten des Cytoskeletts. Intermediäre Filamente sind über das Protein Plectin sowohl an Mikrotubuli als auch an Actinfilamente geknüpft. Plectin (rot) verknüpft intermediäre Filamente (grün) mit Mikrotubuli (blau). Goldpartikel (gelb) markieren Plectin (elektronenmikroskopische Aufnahme einer Gefrierätzung). Plectine können auch Actinmikrofilamente binden (nicht dargestellt). Hier dienen die intermediären Filamente als starke, doch elastische Verbindungen zwischen den verschiedenen Komponenten des Cytoskeletts.

▶ ZUSAMMENFASSUNG DER WICHTIGSTEN INHALTE ◀

Das Cytoskelett

- Sowohl Prokaryoten als auch Eukaryoten besitzen ein untereinander verknüpftes Netzwerk aus filamentösen Proteinen, die sich aus kleineren Untereinheiten durch Polymerisation zusammensetzen, das sogenannte Cytoskelett. Bei den Eukaryoten besteht das Cytoskelett aus einen großen dreidimensionalen Netzwerk von Mikrotubuli (MT), Mikrofilamenten (MF) und intermediären Filamenten (IF). Sie bestimmen die Zellform und ermöglichen zahlreiche Formen zellulärer Bewegung.

- Das Cytoskelett ist ein Strukturmerkmal der Zellen, das man mittlerweile sehr gut mit Techniken der digitalen Videomikroskopie, der Fluoreszenz- und der Elektronenmikroskopie sichtbar machen kann.

- Ein Reihe von Substanzen kann dazu verwendet werden, den dynamischen Auf- und Abbau von Mikrotubuli und Mikrofilamenten der Eukaryoten zu stören. Diese Substanzen helfen herauszufinden, welche zellulären Prozesse die jeweiligen Filamente des Cytoskeletts benötigen.

Mikrotubuli

- Mikrotubuli (MT) sind hohle Röhren, deren Wände aus Heterodimeren von α- und β-Tubulin bestehen, die linear zu Protofilamenten polymerisiert sind. Sowohl α- als auch β-Tubulin können GTP binden. Sie wurden zuerst als Komponenten der axonemalen Strukturen bei Cilien und Flagellen und bei der mitotischen Spindel sich teilender Zellen identifiziert. Heute weiß man, dass Mikrotubuli ein grundlegender cytoplasmatischer Bestandteil der meisten eukaryotischen Zellen sind.

- Mikrotubuli sind polare Strukturen, die bevorzugt an einem Ende wachsen, dem sogenannten Plusende. Mikrotubuli wachsen, wenn die Konzentration von Tubulin die kritische Konzentration übersteigt. Dann liegt die Anlagerung von Untereinheiten an dem einen Ende genau mit dem Verlust von Untereinheiten am anderen Ende des Mikrotubulus im Gleichgewicht.

- Substanzen wie Nocodazol, Colchicin und Colcemid führen eine Depolymerisation von Mikrotubuli herbei; Taxol stabilisiert Mikrotubuli.

- Mikrotubuli durchlaufen Zyklen katastrophaler Verkürzung und Elongation – ein Phänomen, das man als dynamische Instabilität bezeichnet. Diese geht mit der Hydrolyse von GTP durch β-Tubulin nahe dem Plusende einher. Anschließend wird die GTP-Kappe am Plusende wiederhergestellt.

- In den Zellen werden Dynamik und Wachstum der Mikrotubuli von den Mikrotubuliorganisationszentren (MTOCs, engl.: *microtubule-organizing centers*) gesteuert. Das Centrosom ist ein wichtiges MTOC, das Nukleationsstellen enthält, die reich an γ-Tubulin sind und zur Nukleation des Wachstums von Mikrotubuli dienen.

- Die mit den Mikrotubuli assoziierten Proteine (MAPs, engl.: *microtubuli-associated proteins*) stabilisieren die Länge der Mikrotubuli, +-TIP-Proteine stabilisieren und verankern ihre Plusenden und Catastrophine treiben die katastrophale Depolymerisation voran.

Mikrofilamente

- Mikrofilamente (MF) oder F-Actin sind doppelsträngige Polymere aus G-Actinmonomeren, die ATP binden. Ursprünglich wurde man wegen ihrer Rolle in den Muskelzellen auf sie aufmerksam. Mikrofilamente sind Komponenten praktisch aller eukaryotischen Zellen.

- Ebenso wie die Mikrotubuli sind auch die Mikrofilamente polare Strukturen. G-Actinmonomere lagern sich bevorzugt an die Plusenden der Mikrofilamente. An den Minusenden lagern sich die Untereinheiten weitaus langsamer an und werden auch langsamer abgespalten.

- Die Actin-bindenden Proteine regulieren streng die Polymerisation und Funktion von F-Actin. Dazu gehören Proteine, die Monomere binden, welche die Polymerisation regulieren sowie Proteine, welche die Enden mit Kappen versehen, quervernetzen, verkürzen, bündeln und F-Actin auf verschiedene Weisen verankern.

- Die Zusammensetzung von Mikrofilamenten in den Zellen wird durch Zellsignalisierung reguliert. Diese kann durch die Aktivität von Phosphoinositiden sowie von den monomeren G-Proteinen Rho, Rac und Cdc42 gesteuert werden.

Intermediäre Filamente

- Intermediäre Filamente (IF) sind die stabilsten und am wenigsten wasserlöslichen Bausteine des Cytoskeletts. Sie scheinen bei der Struktur der Zellen sowie bei der Belastung durch Zugspannung in Zellen eine große Rolle zu spielen.

- Man kann gewebespezifische intermediäre Filamente zur Identifizierung von Zelltypen einsetzen. Diese Typisierung ist bei der Krebsdiagnose hilfreich.

- Alle Intermediärfilament-Proteine (IF-Proteine) besitzen eine hoch konservierte zentrale Domäne, die von terminalen Regionen flankiert wird, die sich im Hinblick auf Größe und Sequenz unterscheiden.

- Intermediäre Filamente, Mikrotubulis und Mikrofilamente sind miteinander verknüpft und bilden die Netzwerke des Cytoskeletts, die Spannung und Druck widerstehen können. Ihnen verdanken die Zellen ihre mechanische Belastbarkeit und Festigkeit.

ZUSAMMENHÄNGE HERSTELLEN

In unserem Überblick über die Zelle sahen wir in *Kapitel 4*, dass das Cytoskelett eine Schlüsselkomponente der Zellstruktur und der Zellfunktion ist. In diesem Kapitel haben Sie gelernt, dass das Cytoskelett ein Strukturmerkmal bakterieller und eukaryotischer Zellen ist. Das eukaryotische Cytoskelett besteht aus einem großen dreidimensionalen Netzwerk von Mikrotubuli, Mikrofilamenten und intermediären Filamenten, das die Zellform bestimmt und eine Reihe von Zellbewegungen zulässt. Das Cytoskelett wird für viele Zellereignisse benötigt – angefangen vom Transport der Vesikel in der Zelle (siehe *Kapitel 12*) über die Adhäsion von Zellen in tierischen Geweben bis zur Konstruktion der pflanzlichen Zellwände, worauf wir in *Kapitel 17* eingehen werden. Ebenso wie andere biologische Polymere, beispielsweise einzelne Proteine, Nucleinsäuren und Kohlenhydrate, mit denen wir uns in *Kapitel 3* beschäftigt haben, beruht die Polymerisation der Polymere des Cytoskeletts auf der Zusammensetzung von Makromolekülen aus sich wiederholenden Untereinheiten. Wo und wann die lokale Polymerisation des Cytoskeletts erfolgt, ist ein wichtiges und streng reguliertes Ereignis. Ein Weg der Polymerisation wird durch Zellsignalisierung kontrolliert; in einigen Fällen aktivieren Zellsignale die Rho-Familie der GTPasen. Diese ähneln dem monomeren G-Protein Ras, das Sie als Schlüsselkomponente der Rezeptor-Tyrosin-Kinase-Signalisierung in *Kapitel 14* kennengelernt haben. Einen sehr wichtigen Vorgang, für dessen Ablauf die Koordination der Aktivitäten des Cytoskeletts unerlässlich ist – die Zellteilung – werden wir ausführlich in *Kapitel 19* darstellen. Dort werden Sie erfahren, dass Mikrotubuli für die Mitose von entscheidender Bedeutung sind und dass Actin unbedingt für die Cytokinese benötigt wird. Da das Cytoskelett für das Zellwachstum gebraucht wird, steht es im Mittelpunkt einer chemotherapeutischen Behandlung einer Krebserkrankung. Darüber werden Sie mehr in *Kapitel 24* erfahren.

Für ein tieferes Verständnis der Beteiligung des Cytoskeletts an wichtigen dynamischen Prozessen in der Zelle, beispielsweise an der Zellteilung und der Zellbewegung, müssen wir uns damit auseinandersetzen, wie vernetzte Proteinkomplexe des Cytoskeletts für die Zellbewegung eingesetzt werden und wie sie Komponenten innerhalb der Zellen transportieren. Dieses Gebiet steht im Mittelpunkt des folgenden Kapitels.

ÜBUNGSAUFGABEN

Schwierigere Aufgaben sind mit einem • gekennzeichnet.

15-1 Filamente und Tubuli. Geben Sie für jede der folgenden Beschreibungen an, ob sie auf Mikrotubuli (MT), Mikrofilamente (MF), intermediäre Filamente (IF) oder auf keines zutrifft (K). Auf einige Beschreibungen treffen mehre Antworten zu.

- **A** wirkt an der Muskelkontraktion mit.
- **B** wirkt an der Bewegung von Cilien und Geißeln mit.
- **C** ist für die Chromosomenbewegungen wichtiger als für die Cytokinese (Zellteilung).
- **D** ist für die Cytokinese wichtiger als für die Chromosomenbewegungen in tierischen Zellen.
- **E** überstehen die Behandlung mit Lösungen nichtionischer Detergenzien oder mit Lösungen mit hoher Ionenstärke.
- **F** strukturell ähnliche Proteine kommen in bakteriellen Zellen vor.
- **G** ihre Untereinheiten können an Phosphonucleotide binden und diese hydrolysieren.
- **H** man kann sie mit Hilfe der Immunfluoreszenzmikroskopie nachweisen.
- **I** sie übernehmen gut untersuchte Rollen bei der Zellbewegung.
- **J** die fundamentale, sich wiederholende Untereinheit ist ein Dimer.

15-2 Richtig oder Falsch. Überprüfen Sie, ob die folgenden Angaben richtig (R) oder falsch (F) sind. Geben Sie eine kurze Begründung für Ihre Antwort.

A Die Bezeichnung des Minusendes von Mikrotubuli und von Mikrofilamenten beruht darauf, dass Untereinheiten abgespalten, aber niemals angelagert werden.

B Die für die Polymerisation von Tubulin und Actin benötigte Energie entsteht durch Hydrolyse eines Nucleosidtriphosphats.

C Mikrotubuli, Mikrofilamente und intermediäre Filamente kommen in einer typischen eukaryotischen Zelle vor und befinden sich mit vielen Untereinheitenproteinen in einem dynamischen Gleichgewicht.

D Durch Behandlung mit Latrunculin A könnte man intrazelluläre Bewegungen von *Listeria* blockieren.

E Eine Algenzelle enthält weder Tubulin noch Actin.

F Alle Proteinuntereinheiten der intermediären Filamente werden von Genen der gleichen Genfamilie kodiert.

G Die Minusenden aller Mikrotubuli in tierischen Zellen sind im Centrosom verankert.

H Solange Actinmonomere an das Plusende eines Mikrofilaments angelagert werden, verlängert sich das Mikrofilament.

15-3 Untersuchungen des Cytoskeletts. Im Folgenden lesen Sie mehrere neuere Forschungsergebnisse über die Proteine des Cytoskeletts. Geben Sie jeweils die Schlussfolgerungen an, die aus diesen Ergebnissen gezogen werden können.

A Kleine Vesikel pigmentierter epidermaler Fischzellen, die Pigmente enthalten, aggregieren oder zerstreuen sich als Antwort auf die Behandlung mit bestimmten chemischen Substanzen. Wenn man Nocodazol zu den Zellen gibt, in denen man die Pigmentgranula zur Aggregation induziert hat, können die Granula nicht wieder auseinander streben.

B Behandelt man eine tierische Zelle mit Colchicin, dann depolymerisieren deren Mikrotubuli und verschwinden. Wenn man das Colchicin dann auswäscht, bilden sich wieder Mikrotubuli. Sie beginnen an dem Centrosom und verlängern sich nach außen mit einer Geschwindigkeit, die ungefähr der Geschwindigkeit entspricht, mit der Tubulin in vitro polymerisiert (1 μm/min).

C Man hat festgestellt, das Extrakte sich nicht teilender Froschoocyten in der G2-Phase des Zellzyklus Strukturen enthalten, welche die Polymerisation von Tubulin zu Mikrotubuli in vitro induzieren könnten. Bei der Untersuchung mit immunologischer Anfärbung, zeigte sich, dass diese Strukturen γ-Tubulin enthalten.

• **15-4 Stabilisierung und die kritische Konzentration**. Angenommen Sie hätten die gesamte kritische Konzentration einer Probe gereinigten Tubulins ermittelt. Dann geben Sie ein Präparat von Centrosomen hinzu (Mikrotubuli-organisierende Zentren), die Mikrotubuli nukleieren, sodass das Minusende an das Centrosom gebunden wird und dank dieser Stabilität ein Abbau verhindert werden kann. Wenn Sie erneut die gesamte kritische Konzentration ermitteln, stellen Sie eine Veränderung fest. Erklären Sie, worauf die Veränderung der gesamten kritischen Tubulin-Konzentration zurückzuführen sein könnte.

15-5 Da macht jemand Ärger. Die Polymerisation von G-Actin in Mikrofilamenten kann man beobachten, indem man Actin mit Pyren (einem Farbstoff, der von Actin aufgenommen wird) markiert und die Fluoreszenz von polymerisiertem Actin in einem Reagenzglas misst. Der Anstieg der Fluoreszenz kann dann im Verhältnis zur Zeit aufgetragen werden, ähnlich den Versuchen mit Lichtstreuung zur Messung der Tubulinpolymerisation (▶*Abbildung 15.25*). Untersuchen Sie den Graphen und finden Sie heraus, welche der Kurven den folgenden Situationen entspricht. Bitte begründen Sie jeweils Ihre Antwort.

A Es wird nur Pyren-Actin in Gegenwart eines Puffers zugegeben.

B Pyren-Actin wird zusammen mit gereinigten Arp2/3-Komplexproteinen zugegeben.

C Pyren-Actin wird zusammen mit gereinigten Arp2/3-Komplexproteinen und einem gereinigten Proteinfragment zugegeben, das einem aktiven N-WASP entspricht (einem Protein der WASP-Familie).

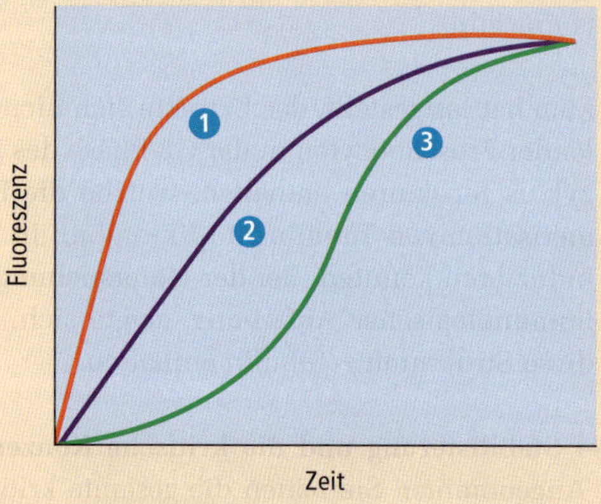

Abbildung 15.25: Actinpolymerisationskinetik, die als Aufnahme von Pyren in Actin unter verschiedenen Versuchsbedingungen gemessen wurde.

• **15-6 Schwammiges Actin.** Sie möchten über einen längeren Zeitraum die genauen Auswirkungen von Cytochalasin D auf Mikrofilamente beobachten. Fertigen Sie ausgehend von ihren Kenntnissen der molekularen Mechanismen der Wirkung von Cytochalasinen mehrere Zeichnungen an, die darstellen, was mit den Mikrofilamenten in Zellen geschieht, die mit der Substanz behandelt wurden. Erklären Sie vor allem, warum bereits existierende Polymere schließlich depolymerisieren.

• **15-7 Eine neue Falte.** Man kann Fibroblasten auf dünne Schichten von Silikongummi legen. Unter normalen Bedingungen üben die Fibroblasten eine so starke Spannung auf das Gummi aus, dass dieses sichtbare Falten wirft. Erklären Sie, wie die Fähigkeit von Fibroblasten, im Gummi Falten hervorzurufen mit der Verhalten normaler Zellen unter folgenden Bedingungen in Einklang zu bringen ist.

A Man injiziert in die Zellen große Mengen von aufgereinigtem Gelsolin.

B Die Zellen werden mit einer membranpermeablen Form von C3-Transferase behandelt, einem Toxin des Bakteriums *Clostridium botulinum.* Dieses Toxin modifiziert kovalent eine Aminosäure in Rho durch ADP-Ribosylierung. Dadurch vermag Rho nicht länger Proteine zu binden, die es normalerweise im aktiven Zustand binden würde.

C Die Zellen werden mit Taxol behandelt.

D Die Zellen werden mit Latrunculin A behandelt, dann wird die Substanz ausgewaschen und die Zellen werden in regelmäßigen Abständen kontrolliert.

E Ein konstitutiv aktiviertes Rho wird in die Zelle eingeführt.

15-8 Höchst strapaziert. Heutzutage ist es mit Hilfe der Nanotechnologie möglich, magnetische Kügelchen an die Oberflächen großer Zellen zu heften, um deren mechanische Festigkeit zu messen. Außerdem ist bekannt, dass Acrylamid, das zur Herstellung von Gelen für die Proteinelektrophorese polymerisiert wird, stark giftig wirkt. Eine Wirkung von Acrylamid besteht darin, intermediäre Filamente, wie beispielsweise Keratin, zu depolymerisieren. Welche Wirkung hätte Ihrer Ansicht nach die Behandlung mit Acrylamid auf die mechanische Festigkeit einer Keratinocyte (Hautzelle)? Erklären Sie Ihre Antwort.

WEITERFÜHRENDE LITERATUR

Historisch bedeutsame Literatur ist mit einem • gekennzeichnet.

Allgemeine Literaturstellen

Pollard, T. D. The cytoskeleton, cellular motility and the reductionist agenda. *Nature* 422 (2003): 741.

Techniken zur Untersuchung des Cytoskeletts

Baumeister, W. und Fritsche, O. 3D-Einblicke in die Zellmaschinerie. *Spektrum der Wissenschaft* 11 (2003): 44.

• Bridgman, P. C. und T. S. Reese. The structure of cytoplasm in directly frozen cultured cells. 1. Filamentous meshworks and the cytoplasmic ground substance. *J. Cell. Biol.* 99 (1980): 1655.

• Hirokawa, N. und J. E. Heuser. Quick-freeze, deep-etch visualization of the cytoskeleton beneath surface differentiations of intestinal epithelial cells. *J. Cell Biol.* 91 (1981): 399s.

Das prokaryotische Cytoskelett

Cabeen, M. T. und C. Jacobs-Wagner. Skin and bones: The bacterial cytoskeleton, cell wall, and cell morphogenesis. *J. Cell Biol.* 179 (2007): 381.

Graumann, P. L. Cytoskeletal elements in bacteria. *Annu. Rev. Microbiol.* 61 (2007): 589.

Mikrotubuli

Akhmanova, A. und M. O. Steinmetz. Tracking the ends: A dynamic protein network controls the fate of microtubule tips. *Nat. Rev. Mol. Cell Biol.* 9 (2008): 309.

Gardner, M. K., A. J. Hunt, H. V. Goodson und D. J. Odde. Microtubule assembly dynamics: New insights at the nanoscale. *Curr. Opin. Cell. Biol.* 20 (2008): 64.

Howard, J. und A. A. Hyman. Microtubule polymerases and depolymerases. *Curr. Opin. Cell Biol.* 19 (2007): 31.

• Mitchison, T. und M. Kirschner. Dynamic instability of microtubule growth. *Nature* 312 (1984): 237.

• Nicolaou, K. C. et al. Taxoids: New weapons against cancer. *Sci. Amer.* 274 (1996): 94.

Wiese, C. und Y. Zheng. Microtubule nucleation: Gamma-tubulin and beyond. *J. Cell Sci.* 119 (2006): 4143.

Mikrofilamente

Baines, A. J. Evolution of Spectrin function in cytoskeletal and membrane networks. *Biochem. Soc. Trans.* 37 (2009): 796 – 803.

Goode, B. L. und M. J. Eck. Mechanism and function of formins in the control of actin assembly. *Annu. Rev. Biochem.* 76 (2007): 593.

Heasman, S. J. und A. J. Ridley. Mammalian Rho GTPases: New insights into their functions from in vivo studies. *Nat. Rev. Mol. Cell Biol.* 9 (2008): 690.

• Heintzelman, M. B. und M. S. Mooseker. Assembly of the intestinal brush border cytoskeleton. *Curr. Top. Dev. Biol.* 26 (1992): 93.

Hughes, S. C. und R. G. Fehon. Understanding ERM proteins – The awesome power of genetics finally brought to bear. *Curr. Opin. Cell Biol.* 19 (2007): 51.

Insall, R. H. und L. M. Machesky. Actin dynamics at the leading edge: From simple machinery to complex networks. *Dev. Cell.* 17 (2009): 310.

Jaffe, A. B. und A. Hall. Rho GTPases: Biochemistry and biology. *Annu. Rev. Cell Dev. Biol.* 21 (2005): 247.

Lambrechts, A., K. Gevaert, P. Cossart, J. Vandekerckhove und M. Van Troys. Listeria comet tails: The actin-based motility machinery at work. *Trends Cell. Biol.* 18 (2008): 220.

Niggli, V. Regulation of protein activities by phosphoinositide phosphates. *Annu. Rev. Cell Dev. Biol.* 21 (2005): 57.

Pollard, T. D. Regulation of actin filament assembly by Arp2/3 complex and formins. *Annu. Rev. Biophys. Biomol. Struct.* 36 (2007): 451.

• Schroder, R. R. et al. Three-dimensional atomic model of F-actin decorated with *Dictyostelium* myosin S1. *Nature* 364 (1993): 171.

Stossel, T. P. et al. Filamins as integrators of cell mechanics and signalling. *Nature Rev. Mol. Cell Biol.* 2 (2001): 138 – 145.

Windner, S. J. und K. R. Ayscough. Actin-binding proteins. *J. Cell Sci.* 118 (2005): 651.

Intermediärfilamente

Fuchs, E. und D. W. Cleveland. A structural scaffolding of intermediate filaments in health and disease. *Science* 279 (1998): 514.

Goldman, R. D., B. Grin, M. G. Mendez und E. R. Kuczmarski. Intermediate filaments: Versatile building blocks of cell structure. *Curr. Opin. Cell Biol.* 20 (2008): 28.

Zellbewegung: Motilität und Kontraktilität

16

ÜBERBLICK

Im vorherigen Kapitel haben Sie gelernt, dass das Cytoskelett der eukaryotischen Zellen als intrazelluläres Gerüst dient, das Strukturen in der Zelle organisiert und der Zelle Gestalt verleiht. In diesem Kapitel werden wir die Rolle der Elemente des Cytoskeletts im Hinblick auf die zelluläre Motilität betrachten. Motilität kann sich auf die Bewegung einer Zelle (oder eines ganzen Organismus) durch ihre Umgebung beziehen, auf die Bewegung der Umgebung an der Zelle vorbei oder durch sie hindurch, auf den Transport von Komponenten innerhalb der Zelle oder auf die Verkürzung der Zelle. Kontraktilität, ein verwandter Begriff, wird häufig verwendet, um die Verkürzung (Kontraktion) von Muskelzellen auszudrücken. Die Kontraktilität ist eine spezialisierte Form der Motilität.

Bewegliche Systeme 16.1

Motilität trifft man auf der Ebene des Gewebes, der Zelle und auf subzellulärer Ebene an. Die auffälligsten Beispiele für Motilität, vor allem in der Welt der Tiere, ereignen sich auf der Ebene des Gewebes. Die am häufigsten vorkommenden tierischen Muskelgewebe bestehen aus Zellen, die spezifisch für Kontraktion ausgerüstet sind. Die erzeugten Bewegungen sind oftmals ganz offensichtlich. So können sie sich beispielsweise durch Beugung eines Gliedes, durch Schlagen des Herzens oder durch Uteruskontraktion während der Geburt eines Kindes manifestieren.

Auf zellulärer Ebene beobachtet man Motilität in einzelnen Zellen oder von Organismen, die aus einer oder nur wenigen Zellen bestehen. Wir finden sie bei so unterschiedlichen Zelltypen wie Protozoen mit Cilien oder beweglichen Spermien, wobei die Beweglichkeit jeweils von Cilien oder Geißeln abhängt, den zellulären Ausläufern, welche Zellen wie mit einem Propeller fortbewegen. Weitere Beispiele sind das Actin-abhängige Kriechen einzelner Zellen, die amöboide Bewegung und das Eindringen von Krebszellen aus bösartigen Tumoren in das umgebende Gewebe.

Ebenso bedeutsam ist die Bewegung *intrazellulärer* Komponenten. So spielen beispielsweise die stark geordneten Mikrotubuli der mitotischen Spindel bei der Verteilung der Chromosomen während der Zellteilung eine Schlüsselrolle, worauf wir in *Kapitel 19* eingehen werden. Zellen, die sich gerade nicht teilen, transportieren unablässig Komponenten wie RNAs, Multiproteinkomplexe und von Membranen umhüllte Vesikel, die Sie in *Kapitel 12* kennengelernt haben, von einem Ort zum anderen.

Motilität ist eine besonders faszinierende Form der Energienutzung durch Zellen, denn häufig wirkt die direkte Umwandlung chemischer Energie in mechanische Energie mit. Im Gegensatz dazu benötigen die meisten mechanischen Geräte, die Bewegung aus chemischen Substanzen erzeugen (beispielsweise ein Automotor, der von der Verbrennung von Benzin abhängt) eine Zwischenform der Energie (das heißt erhitzte Gase). Wir werden sehen, dass die zelluläre Energie für Motilität im Allgemeinen aus ATP gewonnen wird, dessen Hydrolyse an Veränderungen in der Gestalt spezifischer Proteine gekoppelt ist, welche die Bewegung vermitteln. Zur Erzeugung von Bewegung liefern die Mikrofilamente und Mikrotubuli des Cytoskeletts den **Motorproteinen** oder **Mechanoenzymen** ein Grundgerüst. Sie treten mit dem Cytoskelett in Wechselwirkung, um auf molekularer Ebene Bewegung zu erzeugen. Die Kombination der Wirkungen dieser molekularen Bewegungen baut auf zellulärer Ebene Bewegung auf. In Fällen wie der Muskelkontraktion erzeugt das Zusammenspiel vieler sich gleichzeitig bewegender Zellen auf der Ebene des Gewebes dann Bewegung.

Bei den Eukaryoten gibt es zwei Haupttypen der Motilität. Am ersten Typ sind Wechselwirkungen zwischen spezialisierten Motorproteinen und Mikrotubuli beteiligt. Mikrotubuli kommen in Zellen in großer Zahl vor und werden für eine ganze Reihe intrazellulärer Bewegungen genutzt. Ein spezifisches Beispiel einer Bewegung auf Basis von Mikrotubuli ist der *schnelle axonale Transport*, mit dessen Hilfe eine Nervenzelle Material zwischen ihrem Zellkörper und außerhalb liegenden Regionen bewerkstelligt. Ein weiterer Vorgang ist das Gleiten von Mikrotubuli in *Cilien* und *Flagellen*. Der zweite Typ der eukaryotischen Motilität beruht auf Wechselwirkungen zwischen Actinmikrofilamenten und Mitgliedern der *Myosin*familie der Motormoleküle. Ein uns vertrautes Beispiel der Bewegung durch Mikrofilamente ist die *Muskelkontraktion*. Wir beginnen unsere detaillierte Darstellung der beiden Motilitätstypen mit zwei Proteinen, die für die Bewegung durch Mikrotubuli von grundlegender Bedeutung sind.

Intrazelluläre Bewegung durch Mikrotubuli: Kinesin und Dynein 16.2

Mikrotubuli (MT) bilden ein festes Schienennetz für den Transport einer Reihe von Vesikeln und Organellen, die von Membranen umgeben sind. In *Kapitel 15* haben Sie erfahren, dass das Centrosom Mikrotubuli organisiert und ausrichtet, denn die Minusenden der meisten Mikrotubuli sind im Centrosom verankert. Das Centrosom liegt im Allgemeinen nahe des Zentrums der Zelle, sodass man den Transport in Richtung des Minusendes der Mikrotubuli als „Binnenverkehr“ bezeichnen könnte. Der zu den Plusenden geleitete Transport könnte entsprechend als „Fernverkehr“ bezeichnet werden, was bedeutet, dass er zur Zellperipherie geleitet wird.

Zwar stellen die Mikrotubuli ein organisiertes Schienennetz zur Verfügung, auf denen sich die Organellen bewegen können, doch liefern sie nicht die für die Bewegung notwendige Energie. Die für die Bewegung erforderliche mechanische Arbeit leisten Mikrotubuli-assoziierte Motorproteine, die sich an Vesikel oder Organellen anheften und dann „auf dem Mikrotubulus entlanglaufen“, wofür sie ATP nutzen, das die benötigte Energie zur Verfügung stellt. Außerdem erkennen Motorproteine die Polarität eines Mikrotubulus, wobei jedes Motorprotein sich bevorzugt in eine Richtung bewegt. Bisher sind zwei Hauptfamilien der MT-Motorproteine bekannt: die Kinesine und die Dyneine (▶ *Tabelle 16.1*).

Tabelle 16.1

Motorproteine eukaryotischer Zellen

Motorprotein	Typische Funktion
Mikrotubuli-assoziierte Motoren	
Dyneine	
Cytoplasmatisches Dynein	transportiert Material zu den Minusenden von Mikrotubuli
Axonemales Dynein	aktiviert die Gleitbewegung der MT in Geißeln
*Kinesine**	
Kinesin 1 (klassisches Kinesin)	Dimer; transportiert Material zu den Plusenden von Mikrotubuli
Kinesin 3	Monomer; Transport synaptischer Vesikel in Neuronen
Kinesin 5	bipolar, tetramer; bidirektionale Gleitbewegung von Mikrotubuli während der Anaphase der Mitose
Kinesin 6	Abschluss der Cytokinese (Zellteilung)
Kinesin 13 („Catastrophine")	Dimer; Destabilisierung von Plusenden der Mikrotubuli
Kinesin 14	Spindeldynamik während der Meiose und Mitose; Transport zum Minusende der Mikrotubuli
Mikrofilament-assoziierte Motoren	
*Myosine**	
Myosin I	Bewegung von Membranen entlang von Mikrofilamenten; Endocytose
Myosin II	Gleitbewegung der Mikrofilamente im Muskel; andere kontraktile Ereignisse wie Cytokinese, Zellmigration
Myosin V	Vesikelpositionierung und Transport
Myosin VI	Endocytose; Transport zu den Minusenden der Mikrofilamente
Myosin VII	Basis der Stereocilien im Innenohr
Myosin X	Spitzen der Filopodien
Myosin XV	Spitzen der Stereocilien im Innenohr

* *Kinesine und Myosine umfassen große Proteinfamilien. Es gibt viele Familien von Kinesinen und Myosinen.*

16.2.1 Motorproteine transportieren Organellen während des axonalen Transports auf Mikrotubuli

Viele grundlegende Erkenntnisse intrazellulären Transports an Mikrotubuli entlang stammen von dem historisch bedeutenden Riesenaxon des Tintenfisches (siehe *Abbildung 13.2* zu mehr Einzelheiten über das Riesenaxon des Tintenfisches). Proteine oder Neurotransmitter, die im Zellkörper (Soma) des Neurons synthetisiert werden, müssen von dort über weite Entfernungen von bis zu einem Meter zu den Nervenendigungen transportiert werden. Dieser Transport ist notwendig, weil Ribosomen ausschließlich im Zellkörper vorkommen, sodass in den Axonen oder den synaptischen Terminalen keine Proteinsynthese stattfindet. Stattdessen werden Proteine und membranumhüllte Vesikel im Zellkörper synthetisiert und entlang der Axone zu den synaptischen Terminalen transportiert. Ganz ohne Zweifel wird dafür irgendeine Form energieabhängigen Transports benötigt, und die Bewegung auf der Grundlage von Mikrotubuli stellt eben diesen Mechanismus bereit. Dieser Vorgang, der sogenannte **schnelle axonale Transport**, erfolgt durch die Bewegung von Vesikeln und anderen Organellen an Mikrotubuli entlang. (Wir werden uns nicht mit dem langsamen axonalen Transport beschäftigen, an dem etwas andere Vorgänge mitwirken.)

Dass Mikrotubuli beim axonalen Transport eine Rolle spielen könnten, wurde erstmalig vermutet, als man herausfand, dass dieser Vorgang von Substanzen gehemmt wurde, die Mikrotubuli depolymerisieren, jedoch nicht durch Substanzen beeinträchtigt wurde, die auf Mikrofilamente abzielen. Seitdem hat man Mikrotubuli entlang des Axons sichtbar gemacht und nachgewiesen, dass sie typische Merkmale des axonalen Cytoskeletts sind. Des Weiteren besitzen axonale Mikrotubuli kleine, mit ihnen assoziierte, von Membranen umgebene Vesikel und Mitochondrien (▶*Abbildung 16.1*).

Der Nachweis, dass ein Motorprotein die Bewegungen von Organellen bewirkt, gelang den Wissenschaftlern mit dem Befund, dass sich Organellen in der Gegenwart von ATP entlang feiner filamentöser Strukturen bewegen können, die im Axoplasma (dem Cytosol der Axons) vorkommen und die man durch videounterstützte Differenzial-Interferenz-Kontrast-Mikroskopie sichtbar machen konnte (siehe Anhang (online) für eine genauere Darstellung). Die Transportgeschwindigkeit, mit der sich die Organellen bewegten, lag bei ungefähr 2 μm/sec, was mit der Geschwindigkeit des axonalen Transports intakter Neuronen vergleichbar ist. Durch Kombination von Immunfluoreszenz- und Elektronenmikroskopie konnte man zeigen, dass die feinen Filamente, an denen entlang sich die Organellen bewegten, tatsächlich Mikrotubuli waren.

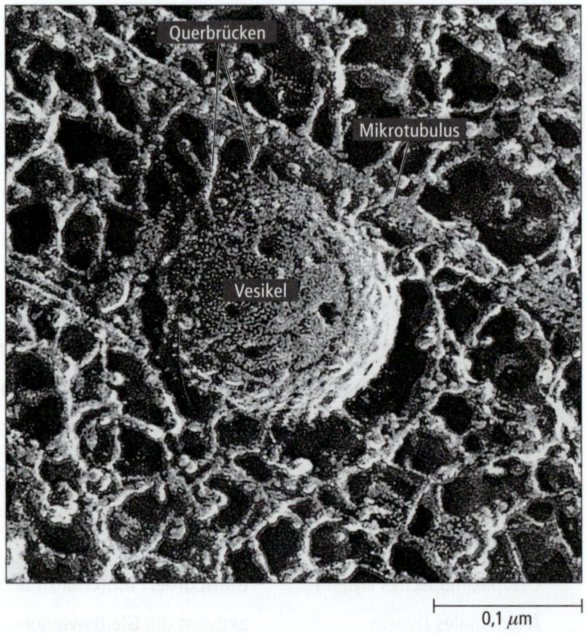

Abbildung 16.1: Ein an einen Mikrotubulus angehefteter Vesikel im Axon eines Flusskrebses. Der Membranvesikel (runde Struktur in der Mitte) ist über Brücken mit dem Mikrotubulus verknüpft (elektronenmikroskopische Aufnahme einer Gefrierätzung).

Seither hat man zwei MT-Motorproteine aufgereinigt und charakterisiert, die für den schnellen axonalen Transport verantwortlich sind. Zur Bestimmung, in welcher Richtung der Transport durch diese Motorproteine erfolgte, setzte man aufgereinigte Proteine ein, um den Transport von Polystyrolkügelchen an polymerisierten Mikrotubuli aus aufgereinigten Centrosomen entlang zu verfolgen. Als man Polystyrolkügelchen, aufgereinigtes Kinesin und ATP zu diesen Mikrotubuli gab, bewegten sich die Kügelchen in Richtung der Plusenden (das heißt, sie entfernten sich vom Centrosom). Dieser Befund bedeutet, dass Kinesin in einer Nervenzelle den Transport vom Zellkörper entlang des Axons zur Nervenendigung vermittelt (der sogenannte anterograde axonale Transport). Als man mit aufgereinigtem cytoplasmatischen Dynein ähnliche Versuche durchführte, bewegten sich die

Partikel in die entgegengesetzte Richtung, zu den Minusenden der Mikrotubuli (der sogenannte retrograde axonale Transport, wenn es sich um Neuronen handelt). Somit transportieren diese molekularen Motoren ihre *Ladung*, jene Organellen oder Komponenten, die sich auf den Mikrotubulusbahnen vorwärts bewegen, innerhalb des Cytosols in entgegengesetzte Richtungen (▶*Abbildung 16.2*). Dieser Befund wurde mehrfach durch neuere molekulare und genetische Analysen belegt.

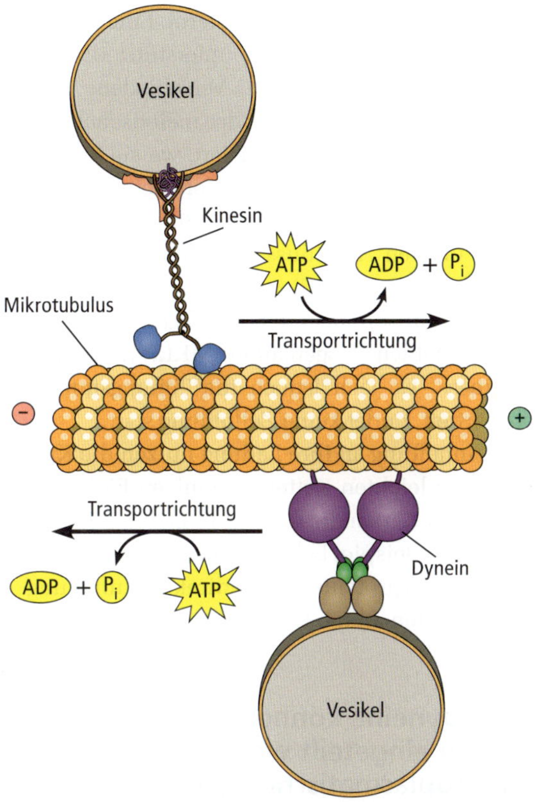

Abbildung 16.2: Mikrotubulus-abhängige Motilität. Kinesine und Dyneine sind molekulare Motorproteine, welche die ATP-Hydrolyse an Konformationsänderungen koppeln, sodass ein „Schritt" auf den Mikrotubuli möglich wird. Die meisten Kinesine bewegen Vesikel oder Organellen in Richtung der Plusenden von Mikrotubuli. Dyneine transportieren in die Gegenrichtung, zu den Minusenden der Mikrotubuli.

Man könnte aus der *Abbildung 16.2* schließen, dass die Ladung auf den Mikrotubuli immer in die eine oder die andere Richtung transportiert wird. In einigen Fällen, beispielsweise beim axonalen Transport, ist der unidirektionale Transport die Regel. Es gibt allerdings einige Vesikel, die ihre Richtung während ihrer Bewegung auf einem Mikrotubulus ändern können. In diesen Fällen ist die Ladung sowohl an Kinesine als auch an Dyneine gebunden. Die Transportrichtung scheint von dem dominierenden Motorproteintyp bestimmt zu werden.

16.2.2 Die Bewegung von Motorproteinen auf Mikrotubuli erfolgt durch Hydrolyse von ATP

Die ersten Kinesine, die man im Cytoplasma des Riesenaxons des Tintenfisches identifizierte, setzten sich aus drei Teilen zusammen: einer globulären *Kopf*region, die sich an Mikrotubuli heftet und an der Hydrolyse von ATP mitwirkt, zweitens einer spiralisierten helikalen Region und schließlich einer Region mit einer *leichten Kette*, die an der Anheftung von Kinesin an andere Proteine und Organellen beteiligt ist (▶*Abbildung 16.3a*). Die Bewegungen der einzelnen Kinesinmoleküle auf den Mikrotubulibahnen wurden untersucht, indem man Kügelchen an Kinesin heftete oder die Kraft gemessen hat, die von einzelnen Kinesinmolekülen ausgeübt werden kann. Hierfür wurden kalibrierte Glasfasern oder Kügelchen verwendet, die man mit einem besonderen Typ von Laserstrahl bewegen kann, der sogenannten „optischen Pinzette" (siehe *Anhang* (online)). Klassische Kinesine bewegen sich in Schritten von 8 nm Schrittweite entlang der Mikrotubulibahnen: einer der beiden globulären Köpfe bewegt sich nach vorn und heftet sich an eine neue β-Tubulin-Untereinheit an, daraufhin löst sich der nachfolgende globuläre Kopf, der sich nun an eine neue Region des Mikrotubulus anbindet. Man muss sich diese Bewegung als „Gehen" vorstellen, wobei die beiden globulären Köpfe abwechselnd die Aufgabe des vorderen Fußes übernehmen (▶*Abbildung 16.3b*). Diese Bewegung ist an die Hydrolyse von ATP gekoppelt, das an spezifische Stellen in den Köpfen gebunden ist. Im Endeffekt bewegt sich das Kinesin zum Plusende eines Mikrotubulus, und die dafür benötigte Energie wird durch Hydrolyse von ATP gewonnen. Ein einzelnes Kinesin-1-Molekül ist auf *Prozessivität* ausgerichtet; dies ist die Eigenschaft von Enzymen, eine einmal ausgelöste Reaktion selbsttätig immer weiterzuführen. Das Kinesin-1-Molekül kann auf diese Weise sehr große Entfernungen zurücklegen, bevor es sich von einem Mikrotubulus löst. Dafür setzt es sein gebundenes ADP frei und erhält ein neues ATP-Molekül, sodass der Zyklus von Neuem beginnen kann. Ein einzelnes Kinesin-Molekül kann bis zu 1 μm zurücklegen. Das ist im Verhältnis zur

Größe des Kinesin-Moleküls eine sehr große Distanz. In ihrer Eigenschaft als molekulare Motoren scheinen Kinesine recht effizient zu wirken. Schätzungen ihres Wirkungsgrades bei der Umsetzung der durch Hydrolyse von ATP gewonnenen Energie liegen in einer Größenordnung von 60 – 70 %. Zum Vergleich: Ein moderner Dieselmotor kommt gerade einmal auf 50 %.

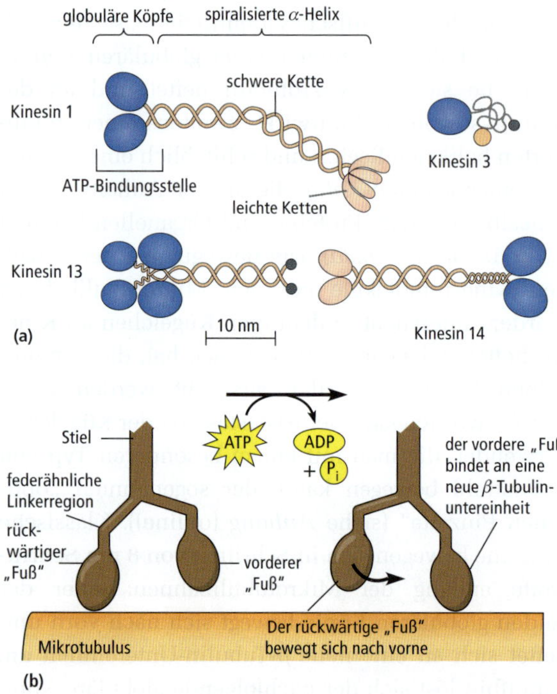

Abbildung 16.3: Bewegung von Kinesin. (a) Die Grundstruktur mehrerer Mitglieder der Kinesinfamilie. (b) Kinesine „schreiten" auf Mikrotubuli voran. Der vordere „Fuß", einer der beiden globulären Köpfe des Kinesins, löst sich von einer β-Tubulin-Untereinheit durch Hydrolyse von ATP, um einen Schritt nach vorn zu machen. Dann löst sich der hintere „Fuß" durch Hydrolyse von ATP und springt nach vorn, sodass er nun vorne liegt.

16.2.3 Die Kinesine bilden eine sehr große Familie von Proteinen mit unterschiedlichen Strukturen und Funktionen

Seit der Entdeckung des ersten Kinesins, das am anterograden Transport in Neuronen beteiligt ist, wurden noch viele weitere Kinesine gefunden. Man kann sie aufgrund ihrer Struktur in Familien einteilen (*Tabelle 16.1*). Einige dieser Kinesine bilden mit einem weiteren identischen Protein oder mit einem anderen Kinesin Dimere. Eine Familie (Kinesin 14) bewegt sich bevorzugt in Richtung auf die Minusenden und nicht auf die Plusenden hin. Biochemische und immuncytochemische Untersuchungen sowie Analysen mutierter Organismen haben ergeben, dass Kinesine an vielen verschiedenen Vorgängen in der Zelle mitwirken. Eine wichtige Funktion der Kinesine ist die Bewegung und Lokalisierung von Substanzen in der Zelle. Dazu gehören RNAs, Multiproteinkomplexe und von Membranen umgebene Organellen. (Zu einem späteren Zeitpunkt werden wir uns in diesem Kapitel mit ihrer Rolle beim Transport von Organellen beschäftigen.) In *Kapitel 15* haben Sie eine andere Aufgabe der Kinesine kennengelernt. Eine Familie der Kinesine, die Catastrophine, unterstützt die Depolymerisation von Mikrotubuli. Verschiedene Kinesine sind in der mitotischen oder der meiotischen Spindel oder den Kinetochoren lokalisiert, wo sie in verschiedenen Phasen der Mitose und der Meiose ihren Aufgaben nachgehen (siehe *Kapitel 19*). Andere Kinesine werden für den Abschluss der Mitose und der Cytokinese benötigt. So initiieren beispielsweise Zellen in mutierten *Drosophila* oder *C. elegans*, denen diese Kinesine fehlen (sogenannte MKLP-Kinesine), die Cytokinese. Da sich jedoch die Teilungsfurche niemals vertieft, findet keine Zellteilung statt.

Zur Anheftung an ihre Ladung nutzen die Kinesine häufig ihre leichten Ketten. In einigen Fällen binden die leichten Ketten direkt an ihre Ladung. In anderen Fällen, zum Beispiel bei den Mitochondrien, ermöglichen Adapterproteine die indirekte Anheftung der leichten Ketten an die Ladung.

16.2.4 Dyneine können in zwei Hauptgruppen eingeteilt werden: axonemale und cytoplasmatische Dyneine

Die Familie der Motorproteine der Dyneine umfasst zwei Grundtypen: cytoplasmatisches Dynein und axonemales Dynein (*Tabelle 16.1*). Im Gegensatz zu den Kinesinen wurden nur sehr wenige Dyneine identifiziert. Cytoplasmatisches Dynein enthält zwei schwere Ketten, die mit Mikrotubuli interagieren, zwei intermediäre Ketten und zwei leichte intermediäre Ketten sowie verschiedene leichte Ketten. Entgegen den meisten Kinesinen bewegt sich cytoplasmatisches Dynein in Richtung des Minusendes von Mikrotubuli. Cytoplasmatisches Dynein ist mit einem Proteinkomplex assoziiert, dem **Dynactin** (▶*Abbildung 16.4*). Der Dynactin-Komplex unterstützt die Bindung des cytoplasmatischen Dyneins an die Ladung (zum Beispiel membranumgebene Vesikel), die auf Mikrotubulibahnen transportiert wird, indem Proteine wie Spectrin an die Membran der Ladung geheftet werden.

Man hat mindestens vier Typen von axonemalem Dynein identifiziert. Später in diesem Kapitel werden wir uns eingehender mit der Funktion von axonemalem Dynein in Cilien und Flagellen beschäftigen.

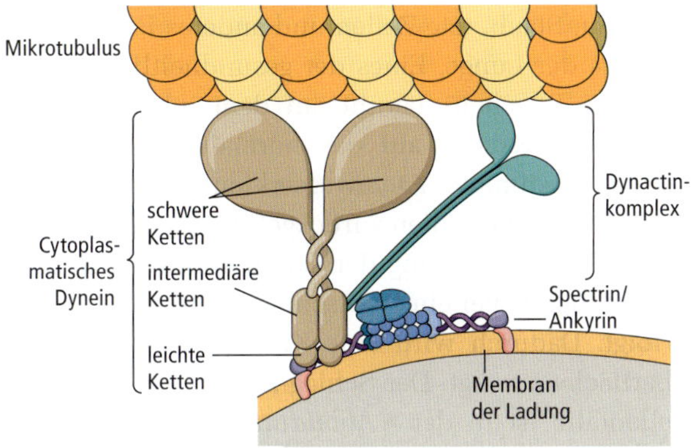

Abbildung 16.4: Schematische Darstellung des cytoplasmatischen Dynein-/Dynactin-Komplexes. Cytoplasmatisches Dynein (braun) ist indirekt über den Dynactin-Multiprotein-Komplex (bläulich) mit der Membran der Ladung verknüpft. Der Dynactin-Komplex bindet an einen Komplex, der Spectrin und Ankyrin enthält und mit der Membran des Ladungsvesikels assoziiert ist.

16.2.5 Mikrotubulimotoren wirken an der Formgebung des Endomembransystems und dem Vesikeltransport mit

In *Kapitel 12* haben Sie gelernt, dass die Zelle über ein ausgeklügeltes Transportsystem aus Vesikeln und von Membranen umgebenen Organellen verfügt. Rufen Sie sich bitte zunächst in Erinnerung, dass das Endomembransystem ein komplexes Netzwerk aus membranumschlossenen Tubuli ist. Dieses Netzwerk ist nicht allein für den Auswärtstransport und die Prozessierung neu synthetisierter Proteine von Bedeutung, sondern auch für Abläufe wie die Calciumfreisetzung (siehe *Kapitel 14*). Mikrotubulimotoren scheinen für die dynamische Formgebung dieses komplizierten Netzwerkes wichtig zu sein. Liveaufnahmen von Mikrotubuli und Membranen des endoplasmatischen Reticulums (ER) in vitro und in lebenden Zellen weisen darauf hin, dass abgeschnürte Teile des ER auf Mikrotubulibahnen transportiert werden können.

Denken Sie auch daran, dass sich der Golgi-Komplex aus einer Reihe flacher Membranstapel zusammensetzt, die in der Region des Centrosoms liegen. Die Funktion des Golgi-Komplexes besteht darin, im ER synthetisierte Proteine aufzunehmen sowie die Proteine zu prozessieren und zu verpacken, die zu den für sie vorgesehenen Bestimmungsorten in der Zelle geschickt werden sollen. Bei jedem Schritt dieses Vorgangs werden Proteine in Vesikeln transportiert. Daher haben wir es mit einem kontinuierlichen Fluss von Vesikeln zum Golgi-Komplex hin und vom Golgi-Komplex weg zu tun. Die Vesikel werden von Mikrotubulimotoren auf Mikrotubulibahnen transportiert (▸*Abbildung 16.5*).

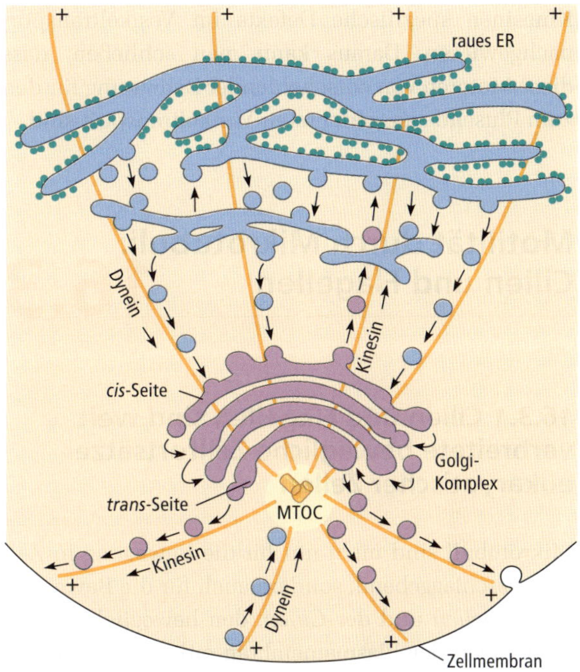

Abbildung 16.5: Mikrotubuli und das Endomembransystem. Vesikel, die sich zum Golgi-Komplex und vom Golgi-Komplex fortbewegen, sind an Mikrotubuli gebunden und werden von Motorproteinen transportiert. Vesikel, die entweder vom ER oder der Zellmembran stammen, werden von Dynein zum Golgi-Komplex und dem Mikrotubuli-Organisationszentrum (MTOC) transportiert, während Vesikel aus dem Golgi-Komplex von Kinesinen entweder zum ER oder zur Zellperipherie transportiert werden.

In mehreren Versuchen hat man nachgewiesen, dass der Transport entlang Mikrotubulibahnen für die Golgi-Stapel von ganz entscheidender Bedeutung ist. Wenn man zum Beispiel Mikrotubuli mit der Substanz Nocodazol depolymerisiert (siehe *Kapitel 15*), dann löst sich der Golgi-Komplex auf. Wäscht man jedoch das Nocodazol aus, dann bildet sich der

Golgi-Komplex wieder neu. Ähnlich verhält es sich mit der Unterbrechung der Funktion des Dynactin-Komplexes: Wenn man Zellen dazu bringt, zu viele Kopien einer Untereinheit des Dynactin-Komplexes zu bilden, kollabiert daraufhin der Golgi-Komplex und der Transport von Zwischenprodukten vom ER zum Golgi-Komplex wird unterbrochen.

Die Proteine werden während ihrer Wanderung durch die Stapel der Golgi-Membranen prozessiert. Die fertiggestellten Proteine verlassen – immer noch in Vesikel verpackt – den Komplex auf der anderen Seite. Die in Richtung des Plusendes ausgerichteten Mikrotubulimotoren transportieren die fertiggestellten Vesikel vom Golgi-Komplex zur Zellperipherie. Man hat in Organismen mit verschiedenen mutierten Kinesinen spezifische Defekte im Vesikeltransport nachgewiesen. Daraus kann man schließen, dass diese Motoren von entscheidender Bedeutung für den zum Plusende ausgerichteten Vesikeltransport sind.

Motilität durch Mikrotubuli: Cilien und Flagellen 16.3

16.3.1 Cilien und Flagellen sind weit verbreitete bewegliche Zellfortsätze eukaryotischer Zellen

Mikrotubuli sind nicht nur für die Bewegung in Zellen ausschlaggebend, sondern auch für die Bewegung der *Flagellen* und der *Cilien*, den beweglichen Ausstülpungen der Plasmamembran eukaryotischer Zellen. Die beiden Typen von Zellfortsätzen haben eine gemeinsame strukturelle Basis und unterscheiden sich lediglich im Hinblick auf Länge, Anzahl pro Zelle und Art des Schlagens. **Cilien** (Singular **Cilium**) haben einen Durchmesser von 0,25 μm, eine Länge von circa 2 – 10 μm und kommen tendenziell in großer Anzahl auf der Oberfläche von spezialisierten Zellen vor. Jedes Cilium wird durch eine Ausstülpung der Plasmamembran gebildet und ist daher eine intrazelluläre Struktur. Cilien findet man sowohl bei einzelligen als auch bei vielzelligen Eukaryoten. Einzellige Organismen, zum Beispiel *Paramecium*, ein Protozoe, nutzen ihre Cilien sowohl zur Fortbewegung als auch für die Nahrungsaufnahme. Bei den mehrzelligen Organismen dienen die Cilien vor allem dazu, die Umgebung an der Zelle vorbei zu bewegen und nicht dazu, die Zelle durch die Umgebung zu bewegen. Die Zellen, welche die Luftwege des menschlichen Atemtraktes auskleiden, besitzen zum Beispiel jeweils mehrere Hundert Cilien, was bedeutet, dass jeder Quadratzentimeter des Epithelgewebes, das den Atemtrakt auskleidet, ungefähr eine Milliarde Cilien hat (▸*Abbildung 16.6a*)! Das koordinierte, wellenartige Schlagen dieser Cilien befördert Schleim, Staub, tote Zellen und anderes Fremdmaterial aus der Lunge. Eines der gesundheitlichen Risiken des Rauchens beruht auf dem inhibitorischen Effekt des Rauchs auf das normale Schlagen der Cilien. Bestimmte Atemwegserkrankungen können auch auf defekte Cilien zurückgeführt werden.

Die Schlagbewegung der Cilien ähnelt der Ruderbewegung, wobei ein Kraftschlag senkrecht zur Cilie erfolgt. Dadurch wird eine Kraft parallel zur Zelloberfläche erzeugt. Der Schlag-Zyklus einer Epithelzellencilie ist in der ▸*Abbildung 16.6b* dargestellt. Jeder Schlag-Zyklus dauert circa 0,1 – 0,2 s und umfasst einen kräftigen Kraftschlag, an den sich ein Rückschlag anschließt.

Flagellen (Singular **Flagellum**) dienen den Zellen zur Bewegung durch eine flüssige Umgebung. Obwohl sie den gleichen Durchmesser haben wie Cilien, sind Flagellen häufig wesentlich länger – von 1 μm bis zu einer Länge von mehreren Millimetern, aber im Allgemeinen im Bereich von 10 – 200 μm. Eine Zelle kann nur eine oder wenige Flagellen haben (▸*Abbildung 16.6c*). Flagellen (Geißeln) unterscheiden sich von den Cilien in der Schlagweise. Die Geißelbewegung erfolgt durch fortgesetzte Schwingung, die im Allgemeinen symmetrisch und wellenförmig abläuft und sogar ein helikales Bewegungsmuster aufweisen kann. Dieser ondulierende Schlagtyp erzeugt eine parallel zur Geißel verlaufende Kraft, sodass sich die Zelle etwa in die Richtung der Geißelachse bewegt. Das Bewegungsmuster der meisten begeißelten Zellen, beispielsweise des Spermiums, entsteht durch Vortrieb der Zelle durch die am Hinterende der Zelle liegende Geißel. Es sind auch Fälle bekannt, bei denen die Geißel tatsächlich am Vorderende der Zelle liegt. In der *Abbildung 16.6d* ist diese Schwimmbewegung dargestellt. Die Geißeln von Bakterien (siehe *Abbildung 5.3*) bestehen aus einem gänzlich anderen Satz von Proteinen, und der Mechanismus ihrer Bewegung ist vollkommen anders. Diese Geißeln sind faszinierend, aber an dieser Stelle werden wir uns nicht weiter mit ihnen beschäftigen.

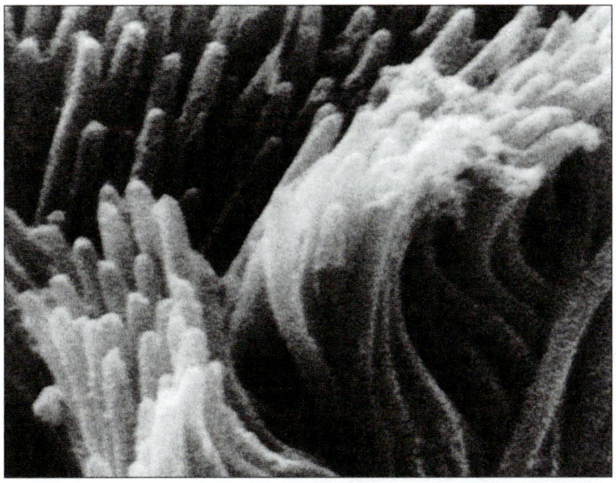

(a) Cilien auf einer Trachealzelle eines Säugetieres

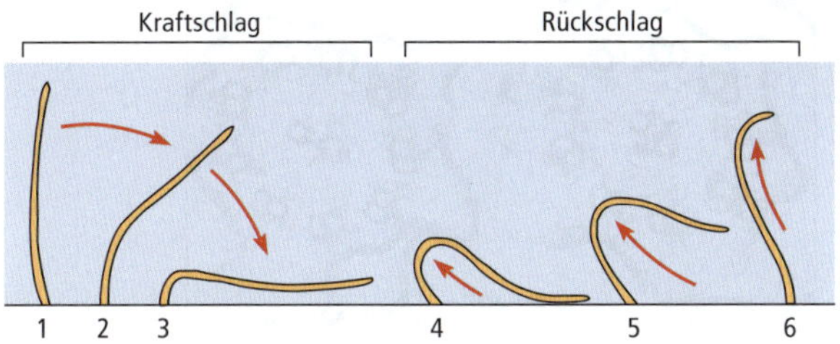

(b) Schlagen einer Cilie

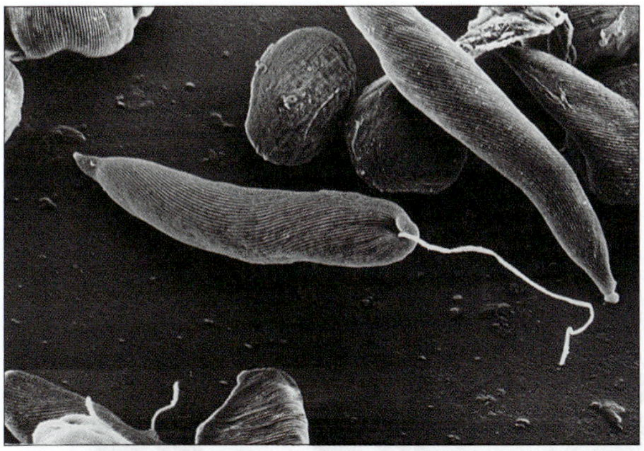

(c) Geißel der einzelligen Alge *Euglena*

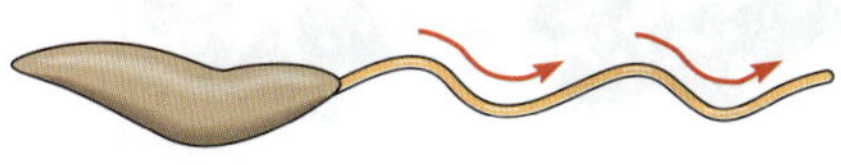

(d) Bewegung einer begeißelten eukaryotischen Zelle

Abbildung 16.6: Cilien und Flagellen. (a) Mikroskopische Aufnahme einer Cilie auf einer Trachealzelle eines Säugetieres (SEM). (b) Die Schlagbewegung eines Ciliums auf der Oberfläche einer Epithelzelle des menschlichen Atemtraktes. Eine Ruderbewegung beginnt mit einem Schlag, der Flüssigkeit über die Zelloberfläche treibt. Darauf folgt ein Rückschlag, woraufhin das Cilium sich für den nächsten Schlag erholt. Jeder Schlag-Zyklus dauert ungefähr 0,1 – 0,2 s (c) Mikroskopische Aufnahme der begeißelten, einzelligen Alge *Euglena* (SEM). (d) Bewegung einer begeißelten eukaryotischen Zelle durch eine wässrige Umgebung.

16.3.2 Cilien und Flagellen bestehen aus einem mit dem Basalkörper verbundenen Axonem

Cilien und Flagellen haben eine gemeinsame Struktur, das sogenannte Axonem mit einem Durchmesser von etwa 0,25 μm. Das Axonem ist mit dem Basalkörper verbunden und von einer Ausstülpung der Zellmembran umgeben (▶*Abbildung 16.7a*). Zwischen dem Axonem und dem Basalkörper liegt eine Übergangszone, in der die Anordnung der Mikrotubuli im Basalkörper das für das Axonem charakteristische Muster annimmt. Querschnittansichten des Axonems, der Übergangszone und des Basalkörpers sind in ▶*Abbildung 16.7b, c* und *d* dargestellt.

Der Basalkörper hat das gleiche Erscheinungsbild wie die Centriole. Ein Basalkörper besteht aus neun Sätzen tubulärer Strukturen, die sich um ihn herum gruppieren. Wie Sie in *Kapitel 15* gesehen haben, bezeichnet man jeden Satz als Triplett, denn er besteht aus drei Tubuli mit gemeinsamen Wänden – einem vollständigen Tubulus und zwei unvollständigen Tubuli. Wenn eine Cilie oder eine Geißel entsteht, wandert eine Centriole an die Zelloberfläche und berührt die Plasmamembran. Dann dient die Centriole als Nukleationsstelle für die Zusammensetzung des Mikrotubulus, indem sie die Polymerisation der neun äußeren Dubletten des Axonems initiiert. Nachdem der Zusammenbau des Tubulus begonnen hat, bezeichnet man die Centriole als Basalkörper.

Die zur Vorwärtsbewegung genutzten Axoneme der Cilien und Geißeln zeigen ein charakteristisches „9+2"-Muster. Es gibt neun **äußere Dubletten** von Tubuli und zwei weitere Mikrotubuli im Zentrum, die man oft als **zentrales Paar** bezeichnet. Eine andere spezialisierte Gruppe von Cilien, die sogenannten *Primärcilien*, dienen als sensorische Strukturen und übernehmen während der Entwicklung des tierischen Embryos eine wichtige Aufgabe. Fast jede tierische Zelle trägt solch eine primäre Cilie. Diese Cilien haben eine „9+0"-Struktur, das heißt, ihnen fehlt das zentrale Paar. Defekte in diesen Cilien können beim Menschen schwere Krankheiten auslösen (siehe *Exkurs 16A*).

In der ▶*Abbildung 16.8* sind die Strukturmerkmale eines typischen „9+2"-Ciliums genauer dargestellt. Die neun äußeren Dubletten des Axonems sind vermutlich Fortsätze der zwei oder drei Subfasern eines jeden der insgesamt neun Tripletts des Basalkörpers.

Jede äußere Dublette des Axonems besteht daher aus einem vollständigen Mikrotubulus, dem **A-Tubulus**, und einem unvollständigen Mikrotubulus, dem **B-Tubulus** (▶*Abbildung 16.8b*). Der A-Tubulus besitzt 13 Protofilamente, während der B-Tubulus nur zehn oder elf hat. Beide Tubuli des zentralen Paares sind vollständig und haben jeweils 13 Protofilamente. All diese Strukturen enthalten Tubulin sowie ein zweites Protein, das *Tektin*. Tektin ist mit den intermediären Filamentproteinen verwandt (siehe *Kapitel 15*) und eine notwendige Komponente des Axonems. Die A- und B-Tubuli haben eine Wand gemeinsam, deren Hauptbestandteil vermutlich Tektin ist.

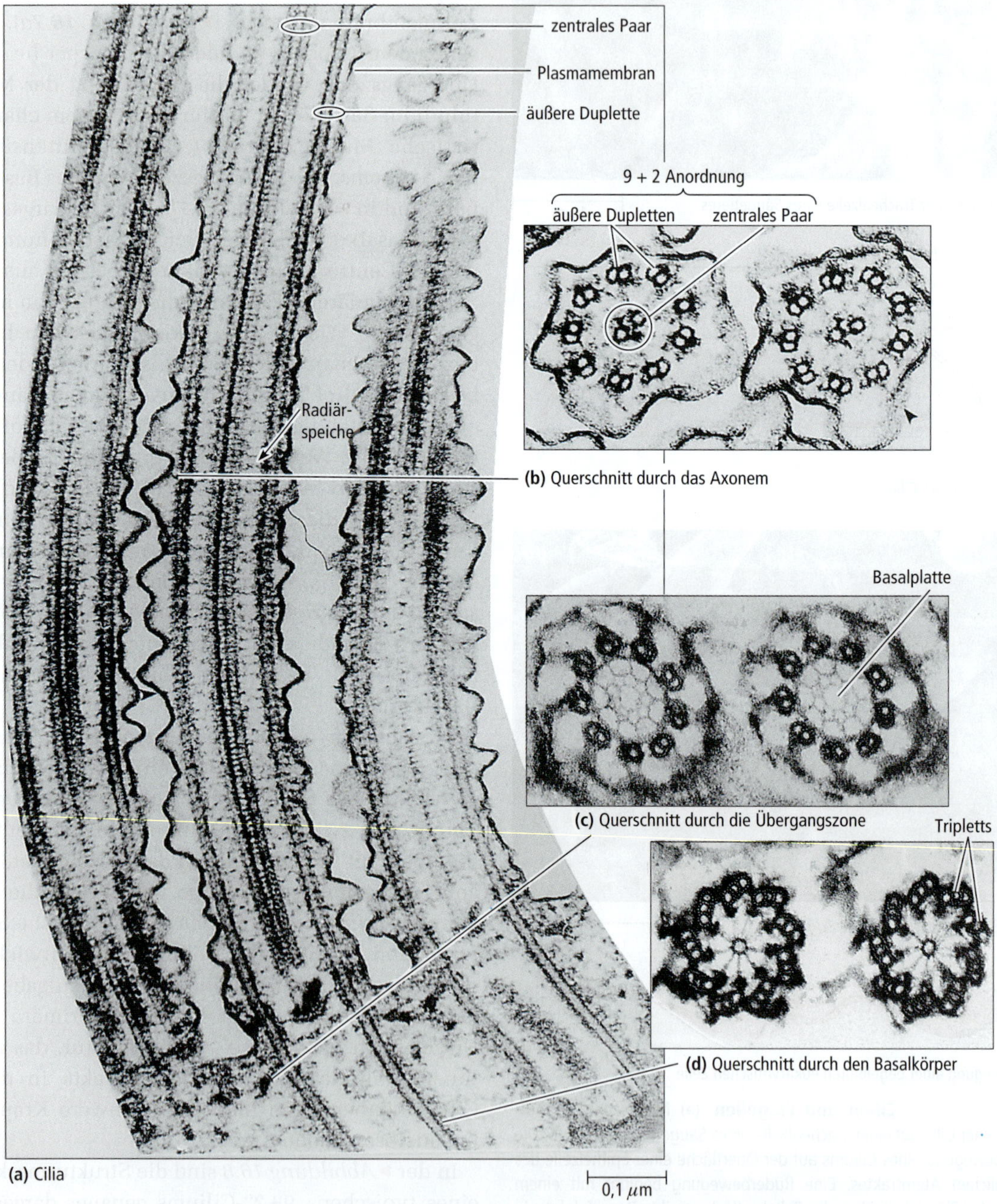

Abbildung 16.7: Struktur eines Ciliums. (a) Diese Längsschnitte von drei Cilien des Protozoen *Tetrahymena thermophila* veranschaulichen mehrere Strukturmerkmale von Cilien, unter anderem das zentrale Paar, die äußeren Mikrotubuli, Dubletten und die radialen Speichen. Querschnittansichten der (b) Axoneme, (c) der Übergangszone zwischen Cilien und Basalkörpern und (d) der Basalkörper. Achten Sie auf das Triplettmuster des Basalkörpers und das „9+2"-Muster der Tubulianordnung im Axonem des Ciliums (alle Aufnahmen sind TEMs).

Abgesehen von den Mikrotubuli enthalten Axoneme mehrere weitere Schlüsselkomponenten (*Abbildung 16.8b*). Am wichtigsten sind die **Seitenarme**, die aus jedem A-Tubulus der neun äußeren Dubletten herausragen. Jeder Seitenarm erstreckt sich im Uhrzeigersinn zu den B-Tubuli der benachbarten Dubletten. Diese Arme bestehen aus axonemalem Dynein, das für das Aneinandervorbeigleiten der Mikrotubuli im Axonem verantwortlich ist, was zur Beugung des Axonems führt. Die Dyneinarme liegen paarweise vor und bestehen aus einem inneren und einem äußeren Arm, die in regelmäßigen Intervallen auf dem Mikrotubulus liegen. In kürzeren Abständen werden benachbarte Dubletten über **Interdublettenverbindungen** verknüpft. Diese Verbindungen schränken wahrscheinlich die Bewegungsfreiheit der Dubletten untereinander wenn, wenn sich das Axonem krümmt.

In regelmäßigen Abständen erstrecken sich Radiärspeichen ausgehend von den neun Mikrotubulidubletten nach innen. Sie enden in der Nähe einer Reihe von Ausstülpungen, die sich vom zentralen Paar der Mikrotubuli erstrecken. Diese Speichen übernehmen wahrscheinlich bei der Umsetzung der Gleitbewegung benachbarter Dubletten in die Beugebewegung eine wichtige Rolle. Diese Beugung ist für diese Zellfortsätze charakteristisch. Außer der Anheftung der Radiärspeichen an das zentrale Paar verknüpft ein Protein mit der Bezeichnung **Nexin** benachbarte Dubletten miteinander und spielt wahrscheinlich ebenfalls eine Rolle bei der Umsetzung der Gleitbewegung in die Beugebewegung.

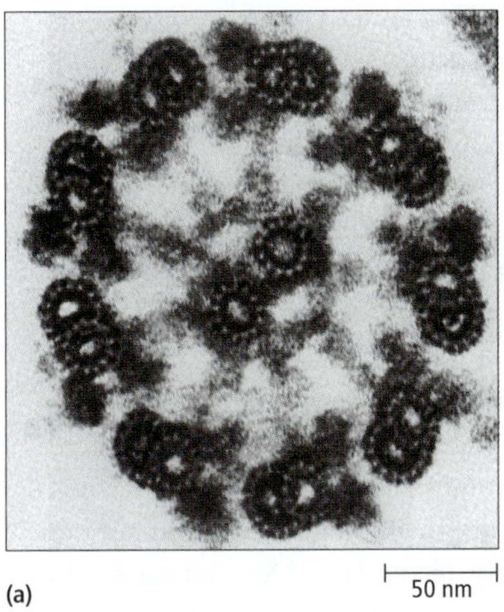

(a)

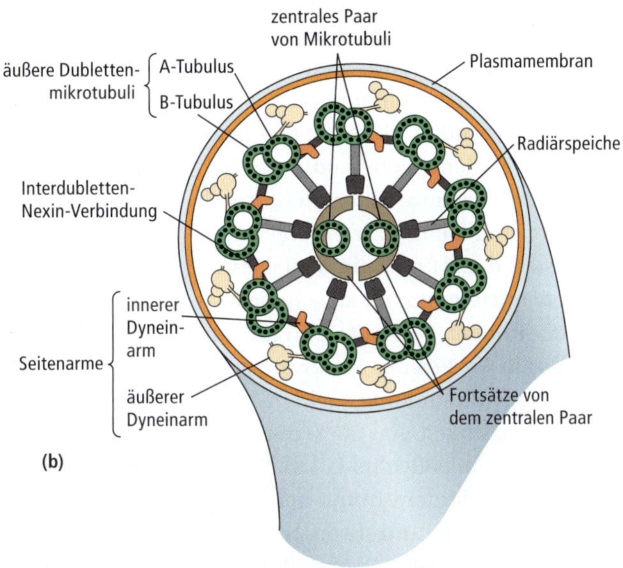

(b)

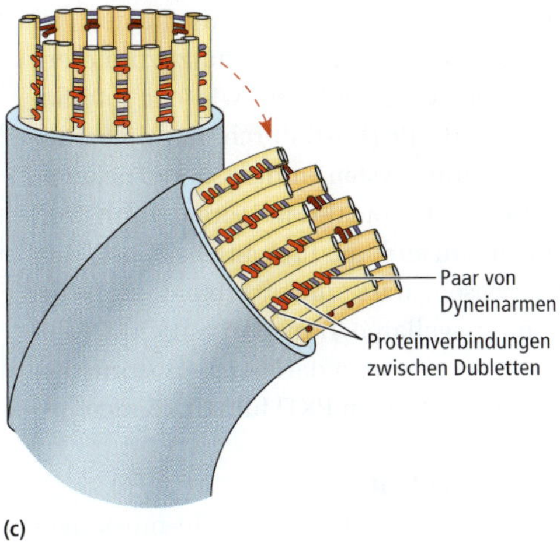

(c)

Abbildung 16.8: Vergrößerungen eines Axonems. (a) Diese mikroskopische Aufnahme zeigt ein Axonem einer Geißel von *Chlamydomonas* (TEM). (b) Schematische Darstellung des Querschnitts eines Axonems. Die Mikrotubuli des zentralen Paares haben jeweils 13 Protofilamente, ebenso wie die A-Tubuli der äußeren Dubletten. Jeder B-Tubulus besteht aus elf eigenen Protofilamenten und hat fünf Protofilamente mit dem A-Tubulus gemeinsam. Die Dynein-Seitenarme haben ATPase-Aktivität und man geht davon aus, dass sie für das Gleiten benachbarter Dubletten verantwortlich sind. Die Verbindungen zwischen den Dubletten (Nexinverbindungen) verknüpfen benachbarte Dubletten. Die radialen Speichen zeigen nach Innen und enden in der Nähe von Ausstülpungen, die sich vom zentralen Paar der Mikrotubuli erstrecken. (c) Beugung des Axonems durch Dynein. Durch Verbindung der äußeren Dublette der Mikrotubuli mit dem zentralen Paar wird das Gleiten der benachbarten Mikrotubuli in eine lokale Beugung des Axonems umgewandelt.

16A ▶ Klinische Bedeutung

Cytoskelett-Motorproteine und menschliche Krankheiten

Mittlerweile ist es einfacher geworden, Gene zu isolieren, deren Defekte der Grund für viele genetische Erkrankungen beim Menschen sind. Wissenschaftler haben mehrere Krankheiten des Menschen auf Defekte in Motorproteinen zurückführen können. Im Folgenden werden wir uns mit zwei Beispielen auseinandersetzen: der Umkehr der Körpersymmetrie und der genetisch bedingten Taubheit.

Dyneine, die Umkehrung der Links-Rechts-Körperachse und Ciliopathien

Bei mindestens einem von 20.000 menschlichen Neugeborenen ist die Lage aller Körperorgane spiegelverkehrt. Dieser Zustand, den man als *Situs inversus viscerum* bezeichnet, hat keine medizinischen Folgen und wird häufig erst dann erkannt, wenn ein Patient sich medizinischen Untersuchungen zur Diagnose einer nicht damit in Zusammenhang stehenden Erkrankung unterzieht. Im Gegensatz dazu führt die Verlagerung nur weniger Organe (*Heterotaxie*) zu schwerwiegenden gesundheitlichen Beeinträchtigungen. Bei Patienten, die am *Kartagener Syndrom*, einer autosomal-rezessiven Erkrankung, leiden, liegt mit einer Wahrscheinlichkeit von 50 % eine vollständige Umkehr der Links-Rechts-Lokalisierung innerer Organe vor. Außerdem treten bei männlichen Patienten Sterilität und Bronchialprobleme auf. Der Grund für diese Anomalitäten ist ein Defekt in den äußeren Dyneinarmen der Cilien und Flagellen. Die Ansicht, dass Mikrotubulus-Motorproteine in irgendeiner Form an der Links-Rechts-Asymmetrie während der Entwicklung des Säugetierembryos beteiligt sind, wird durch Versuche mit Mäusen gestützt. In *inversus viscerum* (*iv*)-mutierten Mäusen liegen die inneren Organe bei der Hälfte der neugeborenen Homozygoten seitenverkehrt. Überraschenderweise kodiert *iv* ein axonemales Dynein, das für die Aktivität der Primärcilien benötigt wird („9+0"-Cilien), welche für die Links-Rechts-Symmetrie erforderlich sind. Bemerkenswert ist, dass man ähnliche Cilien in allen Wirbeltierembryos entdeckt hat, und man nimmt an, dass sie in allen Fällen eine ähnliche Rolle spielen. Durch die Drehbewegung können die Cilien einen Strom ausgeschiedener Komponenten aufbauen, der Signalmoleküle durch die Mittellinie des Embryos transportiert, oder sie können eine sensorische Funktion übernehmen. Ein Ziel der aktuellen Forschung ist, die Rolle dieser faszinierenden Cilien bei der embryonalen Entwicklung aufzuklären.

Man weiß, dass neben dem *Situs inversus* eine immer größer werdende Anzahl von Erkrankungen des Menschen auf Defekten in Cilien beruht. Zu diesen Erkrankungen, die man als „Ciliopathien" bezeichnet, gehören verschiedene Syndrome beim Menschen, darunter das *Bardet-Biedl-Syndrom* (*BBS*) und die *polyzystische Nierenerkrankung* (*PKD*, engl.: *polycystic kidney disease*). BBS wird grundsätzlich durch Fettleibigkeit, Retinitis pigmentosa (Netzhautdegeneration, die zu Erblindung führt), Polydaktylie (eine Überzahl von Fingern und Zehen), Unterentwicklung der Hoden und mentale Retardierung charakterisiert. Mindestens elf menschliche Gene führen im Falle einer Mutation zu BBS. Alle von diesen Genen kodierten Proteine liegen in Basalkörpern oder Cilien. Eine Untersuchung der entsprechenden Gene des Fadenwurms *C. elegans* hat ergeben, dass BBS-Proteine am intraflagellaren Transport mitwirken, indem sie Material in und auf den Primärcilien befördern. Die Degeneration der Retina bei BBS-Patienten geht auf Defekte im *Verbindungscilium* der Stäbchenzellen zurück. Das Verbindungscilium befördert Komponenten zu äußeren Stäbchensegmenten und nutzt zu diesem Zweck die gleiche Maschinerie wie der intraflagellare Transport. PKD ist durch multiple, mit Flüssigkeit gefüllte Zysten in den Nieren gekennzeichnet. Eine autosomal-dominante Form von PKD ist mit einem anderen Protein assoziiert. Man hat nachgewiesen, dass dieses Protein bei Würmern am intraflagellaren Transport mitwirkt. Man weiß allerdings nur wenig darüber, wie Störungen in solch einem Protein zu PKD führen können.

Myosine und Taubheit

Seit Neuestem ist bekannt, dass nicht-muskuläre Myosine ebenfalls an genetischen Erkrankungen des Menschen beteiligt sind. So führen beispielsweise Mutationen in einem Myosin VII zum *Usher-Syndrom*, einer autosomal-rezessiven Erkrankung, für die ein kongenitaler (angeborener) Hörverlust, Probleme im Vestibularsystem (Gleichgewichtsorgan) und Retinitis pigmentosa charakteristisch sind. Eine weitere Form der Taubheit beim Menschen wird durch rezessive Mutationen im *Myosin-XV*-Gen bedingt. Die Shaker-2-Maus ist ein Modell für dieses Krankheitsbild. Wenn man Mäuse gentechnisch so verändert, dass sie eine funktionale Kopie des *Myosin-XV*-Gens tragen, können sie vor Taubheit gerettet werden. Wie führen Defekte in Myosinen zu Taubheit? Spezialisierte Zellen, die sogenannten Haarzellen, befinden sich im Corti-Organ (einer spezialisierten Struktur in der Schnecke des Innenohres) und im Vestibularsystem. Sie enthalten besondere, Actin-reiche sensorische Strukturen, die *Stereocilien* (*Abbildung 16A-1*). Indem die Haarzellen Bewegung von Flüssigkeit im Innenohr wahrnehmen, führen sie eine Transduktion der Geräusch- und Bewegungswahrnehmung durch. Myosin VII liegt im Zellkörper von Haarzellen und in Stereocilien konzentriert vor. Ein anderes Myosin (Myosin IC) ist an den Stellen lokalisiert, an denen die Haarzellen seitlich verbunden sind. Myosin XV liegt an den Spitzen der Stereocilien konzentriert vor. Man nimmt an, dass diese Myosine alle daran mitwirken, die Stereocilien zu einem mechanisch integrierten Vibrationssensor zu verbinden.

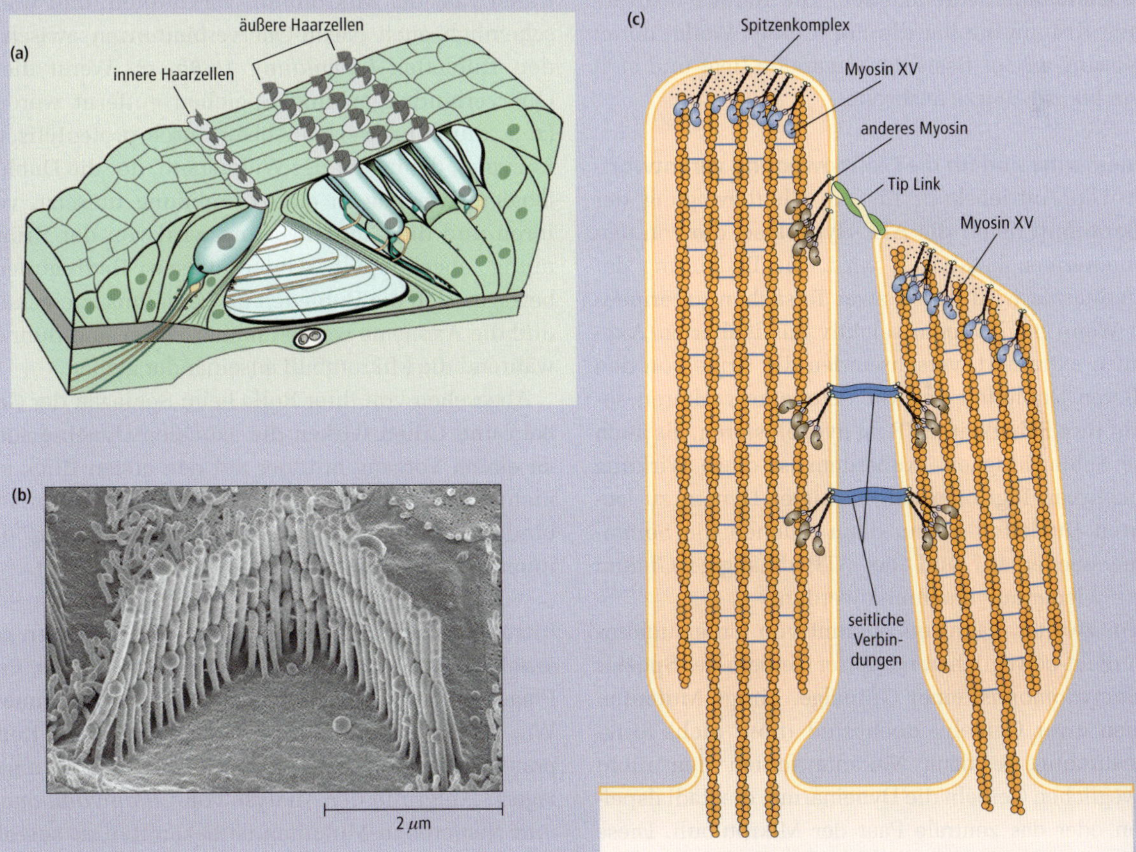

Abbildung 16A-1: Stereocilien und das Innenohr. (a) Haarzellen des Innenohres, darunter die des Corti-Organs in der Schnecke, enthalten Stereocilien. (b) Rasterelektronenmikroskopische Aufnahme von Stereocilien in einer äußeren Haarzelle. (c) Stereocilien ähneln den Mikrovilli, sind aber wesentlich größer. Sie nehmen geringste Bewegungen wahr, die durch Geräuschvibrationen oder Flüssigkeitsbewegung in den Bogenkanälen erzeugt werden. „Tip Links", welche aus Zelloberflächenproteinen bestehen, die den Cadherinen ähneln (siehe *Kapitel 17*), sind mit Myosin XV assoziiert. Seitliche Verbindungen sind mit anderen Myosintypen assoziiert. Diese Verbindungen verknüpfen ein Stereocilium mit dem nächsten.

16.3.3 Das Gleiten der Mikrotubuli im Axonem führt zur Krümmung der Cilien und Flagellen

Wie wirkt sich axonemales Dynein auf diese komplizierte Struktur des Axonems aus, um die charakteristische Krümmung der Cilien und Flagellen zu erzeugen? Die Gesamtlänge von Mikrotubuli in Cilien und Geißeln verändert sich nicht. Stattdessen gleiten die Mikrotubuli in benachbarten äußeren Dubletten durch Verschiebung gegeneinander und werden dafür durch ATP mit Energie versorgt. Gemäß dem Mikrotubuli-Gleitmodell für Cilien und Flagellen wird diese Gleitbewegung in eine lokalisierte Krümmung umgesetzt, denn die Dubletten des Axonems sind sternförmig mit dem zentralen Paar und miteinander verbunden und können daher nicht frei aneinander vorbeigleiten. Die daraus resultierende Krümmung hat die Form einer Welle, deren Ursprung an der Basis der Organelle liegt und sich dann bis zur Spitze ausbreitet.

Dyneinarme sind für die Gleitbewegung verantwortlich Die Antriebskraft für die Gleitbewegung der Mikrotubuli liefert die ATP-Hydrolyse, die von den Dyneinarmen katalysiert wird. Die Bedeutung der Dyneinarme wird durch zwei Tatsachen untermauert: Wenn man Dynein selektiv aus isolierten Axonemen extrahiert, verschwinden die Arme von den äußeren Dubletten und die Axoneme verlieren sowohl ihre Fähigkeit, ATP zu hydrolysieren, als auch ihre Schlagfähigkeit. Außerdem ist diese Wirkung umkehrbar: fügt man aufgereinigtes Dynein zu isolierten Dubletten hinzu, dann tauchen die Seitenarme wieder auf und das ATP-abhängige Gleiten kann wieder aufgenommen werden.

Ein zweiter Nachweis stammt von Untersuchungen nicht-beweglicher, mutierter Geißeln der Spezies *Chlamydomonas*, einer Grünalge. Einige Mutanten haben zwar Geißeln, doch sind diese nicht funktionstüchtig. Je nach Mutante fehlen den nicht beweglichen Geißeln die Dyneinarme, die Radialspeichen oder das zentrale Paar der Mikrotubuli. Diese Strukturen sind daher für die Krümmung der Flagellen unabdingbar.

Das axonemale Dynein ist ein sehr großes Protein. Es besitzt mehrere Untereinheiten, von denen die drei größten ATPase-Aktivität haben und ein Molekulargewicht von jeweils ungefähr 450.000. Während des Gleitvorgangs heftet sich der Stiel des Dyneinarms offensichtlich abwechselnd an den B-Tubulus an und löst sich wieder. Für jeden Zyklus ist die Hydrolyse von ATP erforderlich, und stets wird der Dyneinarm von einer Dublette zur benachbarten Dublette geschoben. Auf diese Weise bewegen die Dyneinarme einer Dublette die benachbarte Dublette, wodurch sich die beiden gegeneinander verschieben.

Quervernetzungen und Speichen sind für die Krümmung verantwortlich Damit das durch Dynein vermittelte Gleiten von Dubletten in eine Krümmungsbewegung umgewandelt werden kann, müssen die Dubletten so verankert sein, dass sie der Gleitbewegung Widerstand entgegensetzen können, aber eine Deformation zulassen. Für den Widerstand sorgen Radialspeichen, welche die Dubletten mit dem zentralen Paar der Mikrotubuli verknüpfen, und wahrscheinlich auch Nexin-Querverbindungen zwischen den Dubletten (*Abbildung 16.8b*, c). Wenn diese Querverbindungen und Speichen entfernt werden (z. B. durch teilweisen Abbau durch proteolytische Enzyme), dann geht der Widerstand, der die Dublettengleitbewegung in eine Krümmung umsetzt, verloren und die Gleitbewegung wird von der Krümmung abgekoppelt. Unter diesen Bedingungen bewegen sich die Dubletten im Verhältnis zueinander und die Axoneme werden immer länger und dünner, während die Mikrotubuli auseinander gleiten.

Abgesehen von ihrer Rolle beim Schlagen der Geißeln und Cilien wirken die axonalen Dyneine auch an einem Vorgang mit, der auf den ersten Blick gar nicht mit der Gleitbewegung der Mikrotubuli in Verbindung zu stehen scheint: der Positionierung der inneren Organe des Körpers (siehe *Exkurs 16A*).

Intraflagellarer Transport fügt Komponenten an wachsende Flagellen an Die feine Struktur von Flagellen und Cilien lässt eine Frage aufkommen: Wie werden Tubulinuntereinheiten und andere Komponenten an wachsende Cilien oder Flagellen angelagert? Aufgrund der Analyse von *Chlamydomonas*- und Nematoden-Mutanten ist bekannt, dass sowohl zu den Plusenden als auch zu den Minusenden ausgerichtete Mikrotubulimotoren am Transport von Komponenten zu und von den Spitzen von Flagellen mitarbeiten. Dieser Vorgang, der **intraflagellare Transport (IFT)**, ist in gewisser Weise analog zum axonalen Transport in Nervenzellen: Kinesine transportieren Material zu den Spitzen der Geißeln und ein Dynein bringt Material zurück zur Basis. Damit diese Motorproteine an IFT-Partikel geknüpft werden können, sind mehrere Adaptorproteine notwendig, die zwei verschiedene Hauptproteinkomplexe bilden. Beim Menschen sind mehrere Krankheitssyndrome bekannt, die auf Mutationen in Komponenten dieser Proteinkomplexe zurückgehen (siehe *Exkurs 16A*).

Zellbewegung auf Actinbasis: die Myosine 16.4

Die Bewegung von Molekülen und anderen Zellkomponenten erfolgt entlang eines weiteren wichtigen Filamentsystems in der Zelle – dem Actincytoskelett. Ebenso wie bei den Mikrotubuli üben ATP-abhängige Motoren eine Kraft auf Actinmikrofilamente in Zellen aus. Diese Motoren gehören alle zu einer großen Superfamilie von Proteinen, den **Myosinen**.

16.4.1 Myosine bilden eine große Familie von Motoren auf Actinbasis, die verschiedene Rollen bei der Zellmotilität übernehmen

Zurzeit sind 24 Klassen von Myosinen bekannt (siehe *Tabelle 16.1* für eine Liste einiger Haupttypen der Myosine). Alle Myosine haben mindestens eine Polypeptidkette, die sogenannte schwere Kette, mit einer globulären Kopfgruppe, die an einem Ende an einen unterschiedlich langen Schwanz geknüpft ist (▶*Abbildung 16.9*). Der globuläre Kopf bindet Actin und nutzt die aus der Hydrolyse von ATP gewonnene Energie zur Bewegung am Actinfilament entlang. Viele Myosine bewegen sich in Richtung der Plusenden der Actinfilamente. (Myosin VI stellt eine gut untersuchte Ausnahme dar: es bewegt sich zum Minusende der Actinfilamente.)

Die Struktur der Schwanzregion variiert bei den verschiedenen Myosinarten. Daher können die Myosinmoleküle an verschiedene Moleküle oder Zellstrukturen binden. Die Schwanzstruktur bestimmt auch die Fähigkeit der Myosine, an andere identische Myosine zu binden und Dimere oder lange Verbünde zu bilden. Typischerweise enthalten Myosine kleine Polypeptide, die an die globuläre Kopfgruppe gebunden sind. Diese Polypeptide, die man als *leichte Ketten* bezeichnet, spielen oftmals eine Rolle bei der Regulation der Aktivität der Myosin-ATPase. Einige Myosine sind insofern ungewöhnlich, als sowohl in ihrer Schwanzregion als auch in ihrem Kopf eine Bindungsstelle für Actin liegt. Außerdem scheinen einige Myosine an Membranen zu binden, was nahelegt, dass diese Formen des Myosins eine Rolle bei der Bewegung der Plasmamembran oder beim Transport membranumhüllter Organellen in der Zelle spielen.

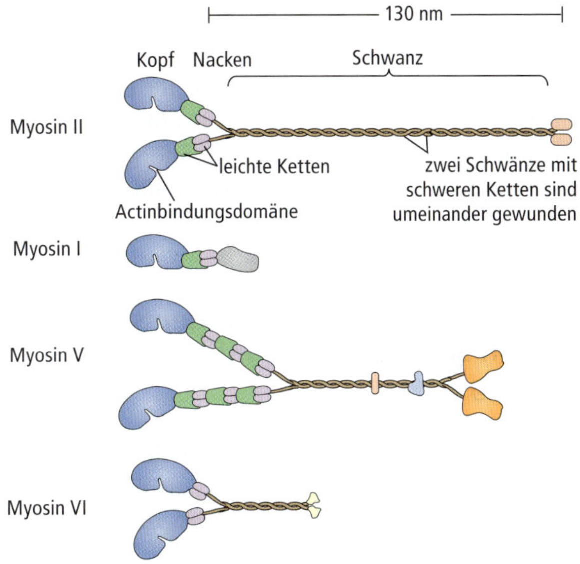

Abbildung 16.9: Mitglieder der Myosinfamilie. Alle Myosine haben einen Actin- und ATP-bindenden „Kopf" mit einer schweren Kette und typischerweise zwei oder mehr regulatorische leichte Ketten. Einige Myosine, beispielsweise Myosin I, haben einen Kopf. Andere, zum Beispiel Myosin II, V und VI, assoziieren über ihre Schwänze zu zweisträngigen Spiralen.

Die Myosine üben weitreichende Funktionen aus, beispielsweise bei der Muskelkontraktion (Muskelmyosin II), bei der Zellbewegung (nicht-muskuläres Myosin II), bei der Phagocytose (Myosin VI) und beim Vesikeltransport oder bei Vorgängen, die mit der Membran assoziiert sind (Myosin I, V). Eine Funktion, die man bei den Myosinen nicht erwartet, ist ihre Fähigkeit, Strukturen aufrechtzuerhalten, die für das Hören beim Menschen erforderlich sind (siehe *Exkurs 16A*).

Die am besten verstandenen Myosine sind die **Typ-II-Myosine**. Sie setzen sich aus zwei schweren Ketten zusammen, von denen jede mit einem globulären Myosinkopf, einer hinteren Region, einem langen, stäbchenähnlichen Schwanz und vier leichten Ketten ausgestattet ist. Diese Myosine finden sich in den Zellen der Skelettmuskulatur, der Herzmuskulatur und der glatten Muskeln sowie in nicht-muskulären

Zellen. Die Typ-II-Myosine unterscheiden sich dahingehend von den anderen Myosinen, dass sie sich zu langen Filamenten zusammensetzen, wie die dicken Filamente der Muskelzellen. Die Grundfunktion von Myosin II besteht bei allen Zelltypen darin, die ATP-Hydrolyse in mechanische Kraft umzuwandeln, welche bewirkt, dass Actinfilamente am Myosinmolekül vorbeigleiten, was typischerweise zur Kontraktion einer Zelle oder von Zellgruppen führt. So zeigt beispielsweise die Analyse von Drosophila-Embryos, bei denen ein nicht-muskuläres Myosin des Typs II mutiert wurde, dass dieses Myosin für den Zusammenschluss von Gewebeblättern benötigt wird. Die nicht-muskulären Typ-II-Myosine sind auch an der Bildung des kontraktilen Rings während der Cytokinese beteiligt (siehe *Kapitel 19*).

16.4.2 Viele Myosine bewegen sich mit kurzen Schritten an Actinfilamenten entlang

Ebenso wie die Kinesine hat man auch die Myosine als einzelne Moleküle untersucht. Aus diesen Untersuchungen weiß man, dass die Kraft, die ein einzelner Myosinkopf auf Actin ausübt, der Kraft ähnelt, die man bei Kinesinen gemessen hat. Ebenso wie Kinesin ist auch Myosin ein effizienter Motor. Wenn die Myosine Ladungen mittleren Gewichts ziehen müssen, dann liegt ihr Wirkungsgrad bei circa 50 %.

Es ist hilfreich, die beiden am besten untersuchten Typen der Motorproteine des Cytoskeletts zu vergleichen, das „klassische" Kinesin und Myosin II, denn heute sind wir in der Lage zu beobachten, wie sie als biochemische Motoren auf der Ebene einzelner Moleküle wirken. Beide besitzen zwei Köpfe, die sie dazu nutzen, auf einem Proteinfilament „voranzuschreiten". Außerdem bedienen sich beide der ATP-Hydrolyse, um ihre Form zu verändern. Trotz dieser Gemeinsamkeiten gibt es auch tiefgreifende Unterschiede. Konventionelle Kinesine arbeiten allein oder in kleinen Gruppen, um Vesikel über große Entfernungen zu transportieren, und ein einzelnes Kinesin kann Hunderte von Nanometern auf einem einzigen Mikrotubulus zurücklegen. Im Gegensatz dazu gleitet ein einzelnes Myosin-II-Molekül pro Kraftschlag ungefähr 12 – 15 nm. Nicht alle Myosine legen so kurze Entfernungen zurück. Myosin V zum Beispiel ist am Transport von Organellen und Vesikeln beteiligt und legt wesentlich größere Distanzen zurück.

Wenn Myosin II keine großen Distanzen auf dem Actin zurücklegen kann, wie kann es dann an der Bewegung mitwirken? Myosin-II-Moleküle kooperieren häufig in großen Verbünden. Im Fall von Myosin-II-Filamenten im Muskel können diese Verbünde aus Milliarden von Motoren bestehen, die zusammenarbeiten, um die Kontraktion des Skelettmuskels zu bewerkstelligen. Diesen Vorgang werden wir uns jetzt anschauen.

Muskelkontraktion durch Filamente 16.5

Die **Muskelkontraktion** ist das bekannteste Beispiel für mechanische Arbeit, die durch intrazelluläre Filamente vermittelt wird. Säugetiere besitzen drei Arten von Muskeln: den Skelettmuskel, den Herzmuskel und den glatten Muskel. Wir wenden uns zuerst dem Skelettmuskel zu, denn ein Großteil unseres Wissens über den Kontraktionsvorgang verdanken wir den frühen Forschungsarbeiten zur Molekularstruktur und zur Funktion dieses Muskels.

16.5.1 Skelettmuskelzellen enthalten dünne und dicke Filamente

Skelettmuskeln sind für willkürliche Bewegungen verantwortlich. Die strukturelle Organisation des Skelettmuskels ist in ▶*Abbildung 16.10* dargestellt. Ein Muskel setzt sich aus Bündeln paralleler Muskelfasern zusammen, die mit Sehnen an den Knochen befestigt sind, welche der Muskel dann bewegen kann. Eine Faser ist im Grunde eine lange, dünne, vielkernige, auf ihre Kontraktionsfunktion hoch spezialisierte Zelle. Die vielen Kerne beruhen auf der Verschmelzung embryonaler Zellen (den sogenannten Myoblasten) während der Differenzierung zur Bildung eines *Syncytiums*. Diese Zellverschmelzung ist zumindest zum Teil für die faszinierende Länge der Muskelzellen verantwortlich. Sie können viele Zentimeter lang werden. Damit die Muskeln auf andere Gewebe Kraft ausüben können, nutzen sie spezialisierte Strukturen, um sich an andere Gewebe anzuheften. Eine dieser Strukturen trägt die Bezeichnung *Costamere*; auf diese werden wir in *Kapitel 17* eingehen.

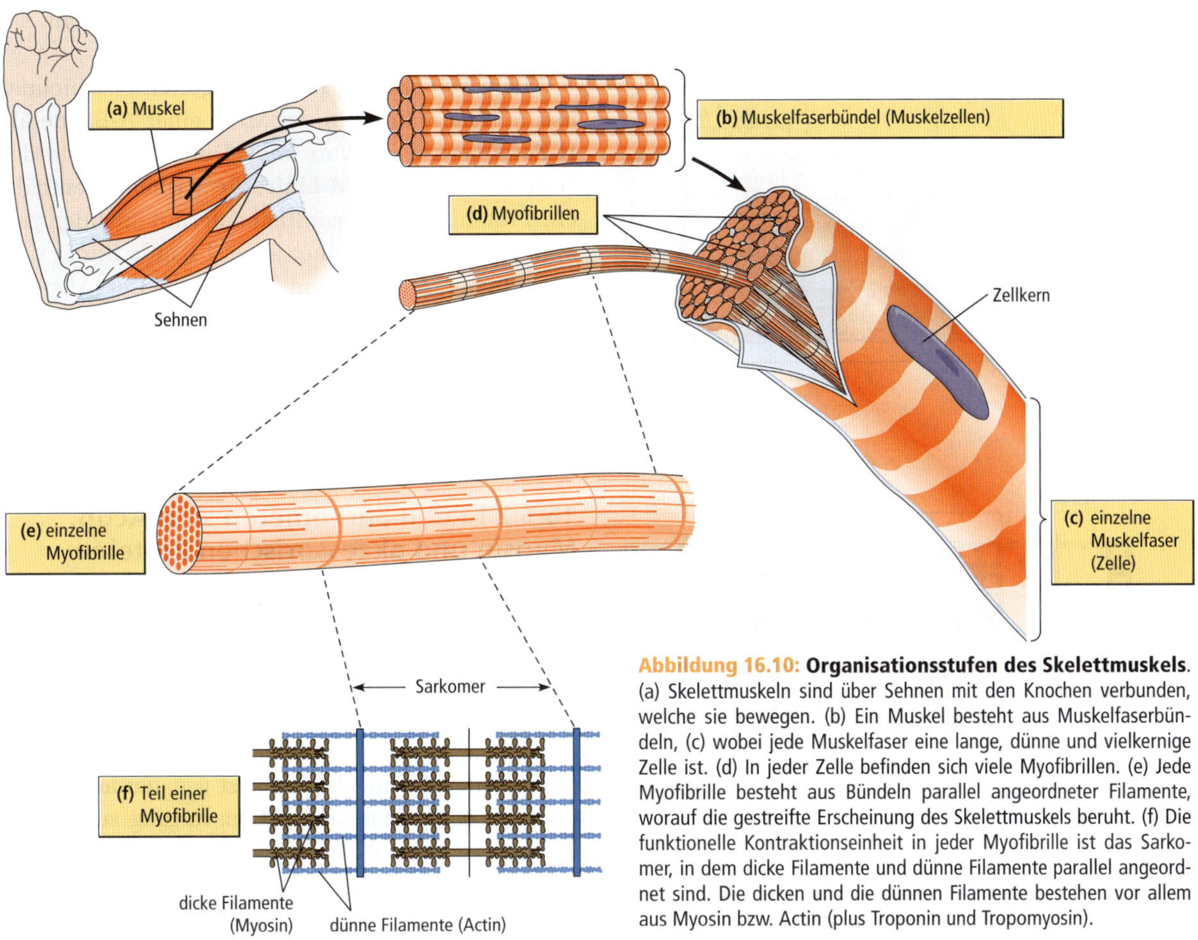

Abbildung 16.10: Organisationsstufen des Skelettmuskels. (a) Skelettmuskeln sind über Sehnen mit den Knochen verbunden, welche sie bewegen. (b) Ein Muskel besteht aus Muskelfaserbündeln, (c) wobei jede Muskelfaser eine lange, dünne und vielkernige Zelle ist. (d) In jeder Zelle befinden sich viele Myofibrillen. (e) Jede Myofibrille besteht aus Bündeln parallel angeordneter Filamente, worauf die gestreifte Erscheinung des Skelettmuskels beruht. (f) Die funktionelle Kontraktionseinheit in jeder Myofibrille ist das Sarkomer, in dem dicke Filamente und dünne Filamente parallel angeordnet sind. Die dicken und die dünnen Filamente bestehen vor allem aus Myosin bzw. Actin (plus Troponin und Tropomyosin).

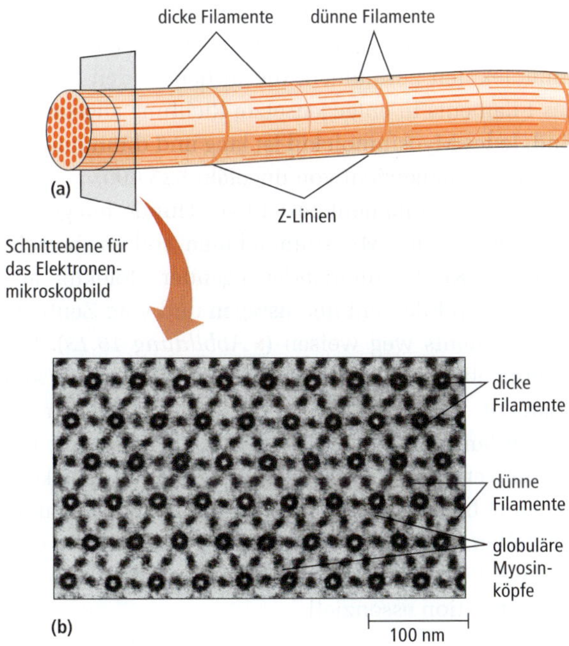

Abbildung 16.11: Anordnung der dicken und der dünnen Filamente in einer Myofibrille. (a) Eine Myofibrille besteht aus vernetzten dicken und dünnen Filamenten. (b) Die dünnen Filamente sind in einem hexagonalen Muster um die dicken Filamente angeordnet, was man in diesem Querschnitt eines Flugmuskels der Taufliege *Drosophila melanogaster* im elektronenmikroskopischen Bild sehr gut erkennen kann (HVEM; engl.: *high-voltage electron microscopy*).

Auf subzellulärer Ebene enthält jede Muskelfaser (oder Muskelzelle) zahlreiche **Myofibrillen**. Myofibrillen haben einen Durchmesser von $1 - 2\,\mu m$ und können sich über die Gesamtlänge einer Zelle erstrecken. Jede Myofibrille ist in Längsrichtung in viele funktionelle kontraktile Einheiten unterteilt, die **Sarkomere**. Das Sarkomer ist die fundamentale kontraktile Einheit der Muskelzelle. Jedes Sarkomer einer Myofibrille enthält Bündel **dicker Filamente** und **dünner Filamente**. Dicke Filamente bestehen aus Myosin, während die Hauptbestandteile der dünnen Filamente Actin, Tropomyosin und Troponin sind. Die dünnen Filamente sind in einem hexagonalen Muster um die dicken Filamente angeordnet, was man im Querschnitt gut sehen kann (▶*Abbildung 16.11*).

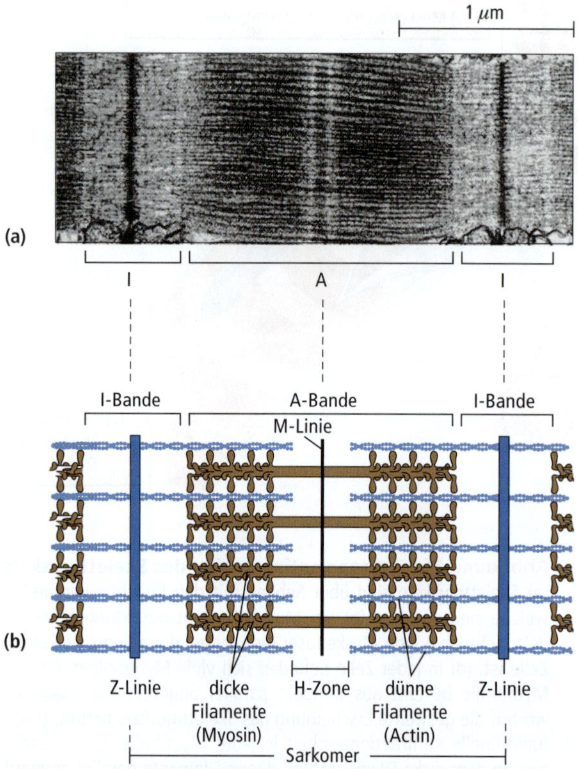

Abbildung 16.12: Das Sarkomer eines Skelettmuskels. (a) Elektronenmikroskopische Aufnahme eines einzelnen Sarkomers (TEM). (b) Zeichnung zur Darstellung des sich wiederholenden Bands im gestreiften Muskel als Vernetzung dicker und dünner Filamente. Eine A-Bande entspricht der Länge eines dicken Filaments und eine I-Bande dem Teil der dünnen Filamente, der nicht mit den dicken Filamenten überlappt. Die helle Zone in der Mitte der A-Bande wird als H-Zone bezeichnet, die Linie in der Mitte als M-Linie. Die dichte Zone im Zentrum einer jeden I-Bande ist die Z-Line. Ein Sarkomer, die funktionelle Wiederholungseinheit der Myofibrille, entspricht dem Abstand zwischen zwei aufeinanderfolgenden Z-Linien.

Durch die Anordnung der Filamente in verschiedene, klar definierte Zonen ergibt sich im mikroskopischen Bild ein Muster aus abwechselnd hellen und dunklen Streifen, auch Banden genannt (▶*Abbildung 16.12a*). Diese Bandenmuster, auch Streifenbildung genannt, sind für die Skelett- und Herzmuskeln charakteristisch. Daher bezeichnet man diese Muskulatur als **quergestreifte Muskulatur**. Die dunklen Banden heißen **A-Banden** und die hellen Banden **I-Banden**. (Die Terminologie für die Struktur und das Erscheinungsbild der Muskelmyofibrillen beruht auf Beobachtungen, die man mit dem polarisierenden Lichtmikroskop gemacht hat. I steht für *isotop* und A für *anisotop*. Die Begriffe beziehen sich auf das Erscheinungsbild dieser Banden, wenn man sie unter linear polarisiertem Licht betrachtet.)

Wie in ▶*Abbildung 16.12b* dargestellt, bezeichnet man die helle Zone in der Mitte einer A-Bande als **H-Zone** (von dem Wort *hell*). Durch die Mitte der H-Zone verläuft die **M-Linie**, die Myomesin enthält, ein Protein, das Myosinfilamente miteinander verbindet. In der Mitte einer jeden I-Bande findet sich eine dichte Z-Linie (von *zwischen*). Der Abstand von einer Z-Linie zur nächsten definiert ein einzelnes Sarkomer. Die Länge eines Sarkomers liegt im entspannten Zustand bei ungefähr 2,5 – 3,0 μm, verkürzt sich aber bei der Kontraktion des Muskels.

16.5.2 In den Sarkomeren sind Actin, Myosin und akzessorischen Proteine angeordnet

Das Streifenmuster des Skelettmuskels und die während der Kontraktion beobachtete Verkürzung der Sarkomere beruhen auf der Anordnung dicker und dünner Filamente in Myofibrillen. Daher werden wir uns diese beiden Filamenttypen jetzt genauer anschauen und uns dann dem Kontraktionsvorgang zuwenden, bei dem sie eine entscheidende Rolle spielen.

Dicke Filamente – Myosin Der Durchmesser der dicken Filamente der Myofibrillen beträgt circa 15 nm, die Länge etwa 1,6 μm. Sie liegen parallel zueinander in der Mitte des Sarkomers (siehe *Abbildung 16.12*). Jedes dicke Filament setzt sich aus Myosinmolekülen zusammen, die in den beiden Hälften des Filaments in entgegensetzte Richtung angeordnet sind. Jedes Myosinmolekül ist lang und dünn und hat ein Molekulargewicht von ungefähr 525.000.

Jedes dicke Filament besteht aus Hunderten gestaffelt angeordneten Myosinmolekülen, sodass abwechselnd die Köpfe aufeinanderfolgender Moleküle aus dem dicken Filament herausragen und vom Zentrum des Filaments weg weisen (▶*Abbildung 16.13*). Die hervorstehenden Kopfpaare liegen auf dem dicken Filament 14,3 nm auseinander. Jedes Kopfpaar ist zum Filament des vorhergehenden Paares um ein Drittel versetzt. Diese hervorstehenden Köpfe können mit benachbarten dünnen Filamenten Kontakt herstellen und Querbrücken zwischen dicken und dünnen Filamenten bilden; diese sind für die Muskelkontraktion essenziell.

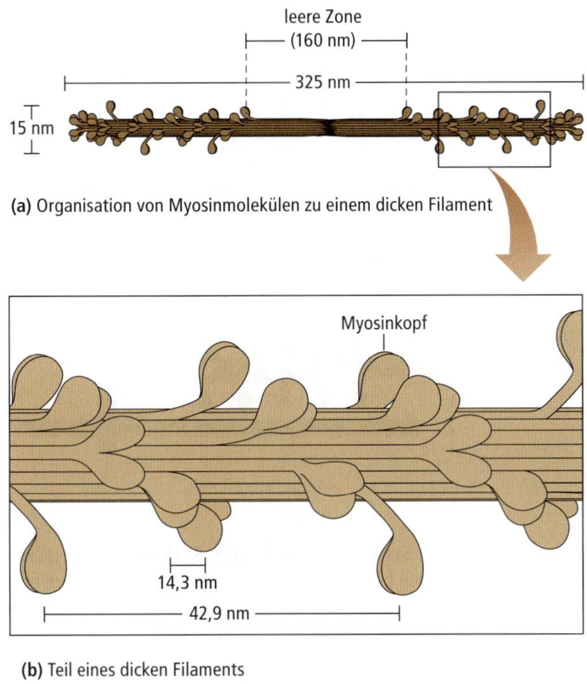

Abbildung 16.13: Das dicke Filament des Skelettmuskels. (a) Das dicke Filament der Myofibrille besteht aus Hunderten von Myosinmolekülen, die in einer sich wiederholenden Anordnung gestaffelt vorliegen. Hier ist nur ein Teil eines solchen dicken Filaments dargestellt. Ein typisches dickes Filament hat eine Länge von ungefähr 1,6 μm und einen Durchmesser von circa 15 nm. Einzelne Myosinmoleküle sind längs in das Filament integriert, wobei ihre ATPase-haltigen Köpfe vom Zentrum des Filaments wegweisen. Die zentrale Region des Filaments ist daher eine leere Zone, die keine Köpfe enthält. (b) Diese Vergrößerung eines Teils des dicken Filaments zeigt die Paare der Myosinköpfe, die 14,3 nm auseinander liegen.

Dünne Filamente – Actin Die dünnen Filamente der Myofibrillen sind zwischen den dicken Filamenten angeordnet und haben einen Durchmesser von ungefähr 7 nm und eine Länge von etwa 1 μm. Jede I-Bande setzt sich aus *zwei* Sätzen dünner Filamente zusammen, einem Satz auf jeder Seite der Z-Linie. Jedes Filament ist mit der Z-Linie verbunden und erstreckt sich in Richtung und in die A-Bande im Zentrum des Sarkomers hinein. So erklärt sich die Länge der I-Banden von fast 2 μm im gestreckten Muskel.

▶*Abbildung 16.14* zeigt die Struktur eines dünnen Filaments. Ein dünnes Filament besteht aus mindestens drei Proteinen. Das wichtigste Element der dünnen Filamente ist das F-Actin, um das sich die Proteine **Tropomyosin** und **Troponin** winden. Tropomyosin ist ein langes, filamentöses Molekül, das dem Myosinschwanz ähnelt und in die Furche der Actin-Helix passt. Jedes Tropomyosinmolekül erstreckt sich auf dem Filament über eine Länge von ungefähr 38,5 nm und assoziiert auf dieser Länge mit sieben Actinmonomeren. So sind in jedem dünnen Filament zwei F-Actinketten mit zwei Tropomyosinfäden verdrillt.

Troponin ist ein Komplex aus drei Polypeptidketten: TnT, TnC und TnI. TnT bindet an Tropomyosin und man vermutet, dass es für die Positionierung des Komplexes auf dem Tropomyosinmolekül verantwortlich ist. TnC bindet Calciumionen und TnI bindet Actin. (*Tn* steht für Troponin, *T* für Tropomyosin, *C* für Calcium und *I* für inhibitorisch, denn TnI hemmt die Muskelkontraktion.) Mit jedem Tropomyosinmolekül ist ein Troponinkomplex assoziiert, sodass die aufeinanderfolgenden Troponinkomplexe auf einem dünnen Filament 38,5 nm auseinander liegen. Troponin und Tropomyosin bilden eine für Calcium sensitive Schaltstelle, welche die Kontraktion des Skelett- und des Herzmuskels aktiviert.

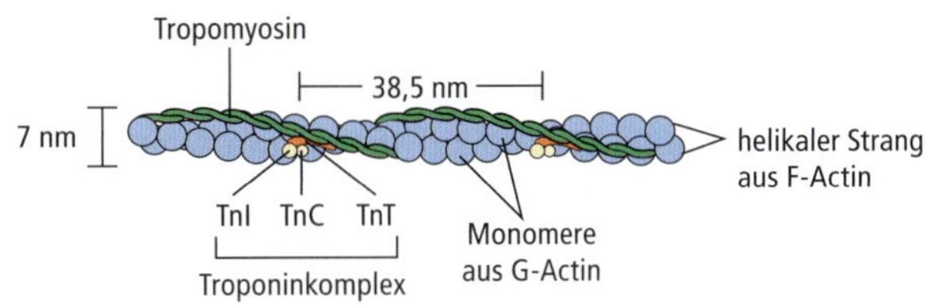

Abbildung 16.14: Das dünne Filament des gestreiften Muskels. Jedes dünne Filament besteht aus zwei Strängen F-Actin, in den G-Actin-Monomere wie auf einer Perlenkette angeordnet vorliegen. Insgesamt ergibt diese Anordnung das Bild einer doppelsträngigen Helix. Eine Folge dieser Anordnung ist, dass zwei Furchen zu beiden Seiten des Filaments entlang laufen. In diesen Furchen liegen lange, bandähnliche Tropomyosinmoleküle. Jedes Tropomyosinmolekül setzt sich aus zwei α-Helices zusammen, die so umeinander gewunden sind, dass sie ein Band mit einem Durchmesser von ungefähr 2 nm und einer Länge von 38,5 nm bilden. Jedes Tropomyosinmolekül ist mit einem Troponinkomplex assoziiert, der aus drei Polypeptiden besteht: TnT, TnC und TnI.

Organisation der Muskelfilamentproteine Wie können filamentöse Proteine von Muskelfasern eine derartig präzise Organisation aufrechterhalten, während die Mikrofilamente in anderen Zellen relativ ungeordnet vorliegen? Erstens ist das Actin in den dünnen Filamenten so ausgerichtet, dass alle Plusenden in Z-Linien verankert sind. Da sich Myosin II in Richtung des Plusendes von F-Actin bewegt, garantiert diese Anordnung, dass die dicken Filamente sich zu den Z-Linien bewegen. Zweitens spielen Strukturproteine bei der Aufrechterhaltung der Anordnung der einzelnen Muskelproteine eine zentrale Rolle (▶*Abbildung 16.15*). Zum Beispiel sorgt α-Actinin dafür, dass die Actinfilamente gebündelt in parallelen Reihen vorliegen. Das Capping-Protein CapZ trägt dafür Sorge, dass die Plusenden der Actinfilamente an die Z-Linie angeheftet bleiben und versieht zugleich das Actin der dünnen Filamente mit einer Kappe. Am anderen Ende der dünnen Filamente liegt *Tropomodulin*, das dazu beiträgt, Länge und Stabilität der dünnen Filamente zu erhalten, indem es an deren Minusenden bindet. *Myomesin* kommt in der H-Zone der Reihen dicker Filamente vor und bündelt die Myosinmoleküle, aus denen sich die Reihen zusammensetzen. Ein drittes Strukturprotein, *Titin*, verbindet die dicken Filamente mit den Z-Linien. Titin, das größte Protein in tierischen Geweben, ist höchst flexibel. Während des Kontraktions-Relaxierungs-Kreislaufs kann es die dicken Filamente im Verhältnis zu den dünnen Filamenten in der richtigen Position halten. Dieses Titingerüst verhindert außerdem, dass die Reihen dicker und dünner Filamente auseinandergezogen werden, wenn sich ein Muskel streckt. Ein weiteres Protein, *Nebulin*, stabilisiert die Organisation der dünnen Filamente. In ▶*Tabelle 16.2* sind die an der Muskelkontraktion beteiligten Proteinkomponenten aufgeführt. Der Kontraktionsvorgang beruht auf der komplexen Interaktion all dieser Proteine.

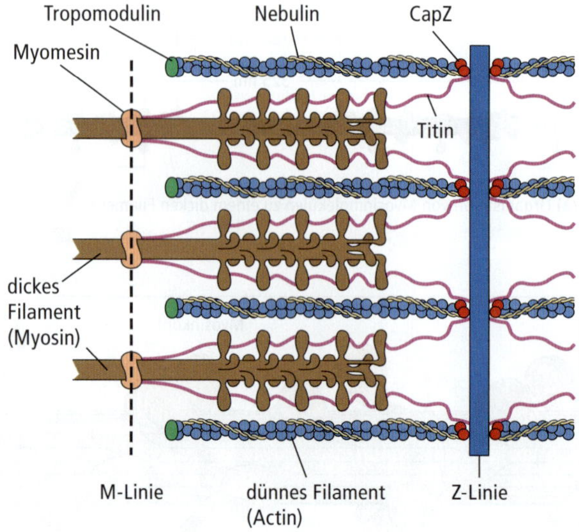

Abbildung 16.15: Strukturproteine des Sarkomers. Die dicken und dünnen Filamente benötigen eine strukturelle Stütze, um ihre präzise Organisation im Sarkomer aufrechtzuhalten. Zwei Proteine leisten diese Hilfe: α-Actinin und Myomesin, die Actin bzw. Myosinfilamente bündeln. Titin verbindet die dicken Filamente mit der Z-Linie, wodurch deren Position zwischen den dünnen Filamenten erhalten wird. Nebulin stabilisiert die Organisation der dünnen Filamente. Zur Vereinfachung wird Tropomyosin nicht dargestellt.

Tabelle 16.2

Die wichtigsten Proteinkomponenten der Skelettmuskelzellen der Wirbeltiere

Protein	Molekulargewicht	Funktion
Actin	42.000	wichtige Komponente der dünnen Filamente
Myosin	510.000	wichtige Komponente der dicken Filamente
Tropomyosin	64.000	windet sich um die dünnen Filamente
Troponin	78.000	befindet sich in regelmäßigen Abständen auf den dünnen Filamenten; vermittelt die Calciumregulation bei der Kontraktion
Titin	2.500.000	knüpft dicke Filamente an die Z-Line
Nebulin	700.000	knüpft dünne Filamente an die Z-Linie; stabilisiert dünne Filamente
Myomesin	185.000	bündelt Myosin an der M-Linie
α-Actinin	190.000	bündelt Actinfilamente und heftet sie an die Z-Linie
Ca^{2+}-ATPase	115.000	wichtiges Protein des sarkoplasmatischen Reticulums (SR); transportiert Ca^{2+} zur Muskelrelaxierung in das SR
CapZ	68.000	heftet Actinfilamente an die Z-Linie; kappt Actin
Tropomodulin	41.000	erhält Länge und Stabilität der dünnen Filamente

16.5.3 Der Gleitfilament-Theorie beschreibt die Muskelkontraktion

Mit diesem Wissen über die Muskelstruktur können wir uns jetzt damit beschäftigen, was während des Kontraktionsvorgangs abläuft. Dank elektronenmikroskopischer Untersuchungen ist klar, dass die Länge der A-Banden der Myofibrillen während der Kontraktion gleich bleibt, während sich die I-Banden fortschreitend verkürzen und im vollständig kontrahierten Zustand praktisch verschwinden. Im Jahr 1954 haben Andrew Huxley und Rolf Niedergerke sowie Hugh Huxley und Jean Hanson unabhängig voneinander das in ▸*Abbildung 16.16* dargestellte **sliding filament model (Gleitfilament-Modell)** vorgeschlagen, um diese Beobachtungen zu erklären. Gemäß diesem Modell beruht die Muskelkontraktion auf dünnen Filamenten, die an dicken Filamenten vorbeigleiten, wobei keines der Filamente seine Länge verändert. Das Gleitfilament-Modell erwies sich nicht nur als zutreffend, sondern lenkte die Aufmerksamkeit auch auf die molekularen Wechselwirkungen zwischen den dicken und den dünnen Filamenten, auf denen dieser Gleitvorgang beruht.

Wie in der ▸*Abbildung 16.16a* dargestellt, erfolgt die Kontraktion durch die Gleitbewegung dünner Filamente, wobei sie nacheinander in die Zwischenräume zwischen benachbarten dicken Filamenten gezogen werden. Bei diesem Vorgang kommt es zu einer immer stärkeren Überlappung mit den dicken Filamenten und zur Verkürzung der I-Bande. Das Ergebnis ist eine Verkürzung der einzelnen Sarkomere und Myofibrillen sowie eine Kontraktion der Muskelzelle und des gesamten Gewebes. Dies führt wiederum zur Bewegung der mit dem Muskel verknüpften Körperteile.

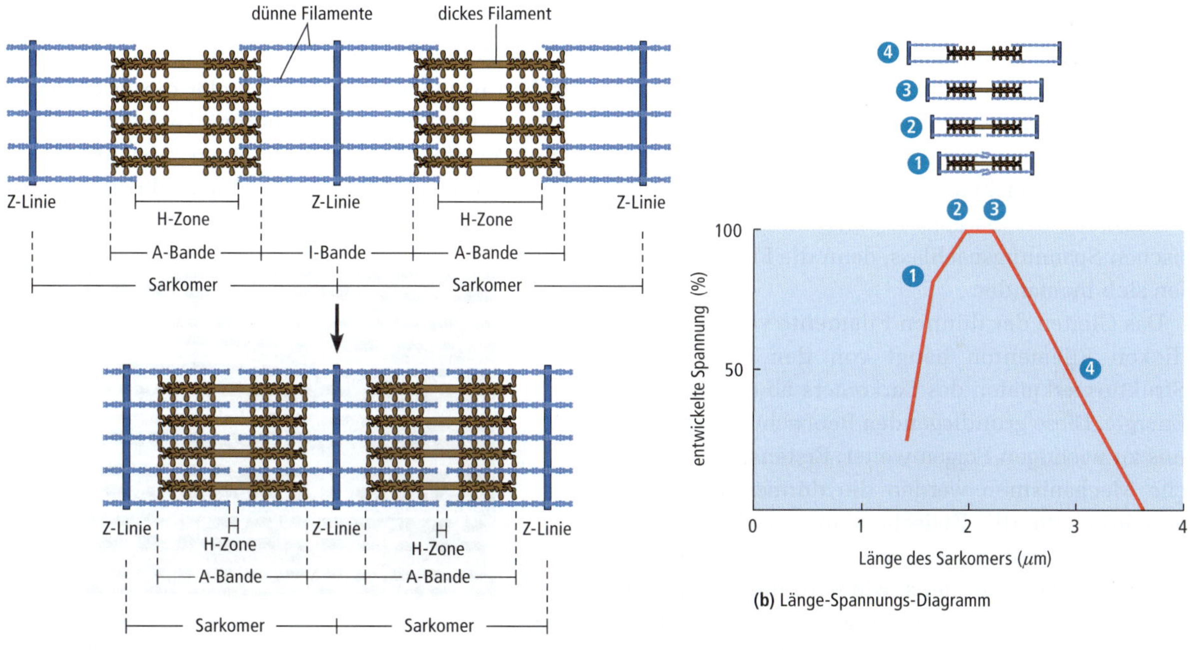

(a) Gleitfilament Modell

Abbildung 16.16: Das Gleitfilament-Modell der Muskelkontraktion. (a) Zwei Sarkomere einer Myofibrille während des Kontraktionsvorgangs. Die ausgestreckte Konfiguration wird oben dargestellt, während die untere Ansicht eine stärker kontrahierte Myofibrille zeigt. Eine Myofibrille verkürzt sich schrittweise durch das Aneinandervorbeigleiten der dicken und dünnen Filamente. Das Ergebnis ist eine stärkere Vernetzung der Filamente, jedoch verändert sich nicht die Länge der einzelnen Filamente. Die zunehmende Überlappung der dicken und dünnen Filamente führt zu einer voranschreitenden Verkürzung der I-Bande, denn das Aneinandervorbeischieben der Filamente wird während der Kontraktion fortgesetzt. (b) Dieser Graph zeigt, dass sich die vom Sarkomer aufgebaute Spannung proportional zur Überlappung zwischen den dünnen Filamenten und der Region der dicken Filamente mit Myosinköpfen verhält. Wenn sich das Sarkomer zu verkürzen beginnt, beispielsweise während der Muskelkontraktion, rücken die Z-Linien dichter zusammen, wodurch die Überlappung zwischen dünnen und dicken Filamenten zunimmt. Infolge der Überlappung kann ein größerer Teil des dicken Filaments mit dem dünnen Filament interagieren. Aus diesem Grund kann der Muskel mehr Spannung aufbauen (von ❹ nach ❸). Dieses proportionale Verhältnis bleibt bestehen bis die dünnen Filamente in die H-Zone gleiten. Dort gibt es keine Myosinköpfe, sodass die Spannung konstant bleibt (von ❸ nach ❷). Jede weitere Verkürzung des Sarkomers führt zu einem dramatischen Nachlassen der Spannung (von ❷ nach ❶), da sich die Filamente nicht mehr weiter verschieben können.

Das Vorbeigleiten der dicken und dünnen Filamente als Mittel zur Krafterzeugung legt nahe, dass zwischen der Kraft, die während der Kontraktion erzeugt wird, und dem Grad der Verkürzung des Sarkomers ein Zusammenhang bestehen muss. Misst man das Verhältnis zwischen Verkürzung und Kraft, dann erfüllt sich die Vorhersage des Gleitfilament-Modells (▶*Abbildung 16.16b*): Die Kraft, die der Muskel während der Kontraktion erzeugen kann, hängt von der Anzahl der Myosinköpfe des dicken Filaments ab, die mit dem dünnen Filament in Kontakt treten können. Wenn das Sarkomer ausgestreckt ist, gibt es relativ wenig Überlappung zwischen den dünnen und den dicken Filamenten, weshalb nur wenig Kraft erzeugt wird. Dieser Fall kommt aber praktisch nie vor, denn der Skelettmuskel hat immer eine gewisse Vordehnung, sodass die dünnen und dicken Filamente in einer optimalen Position zueinander stehen. Wenn sich das Sarkomer verkürzt, dann vergrößert sich die Region der Überlappungen und die Kontraktionskraft lässt nach. Schließlich wird ein Punkt erreicht, an dem eine weitere Verkürzung zu keiner weiteren Überlappung zwischen dünnen und dicken Filamenten führt und die Kontraktionskraft gleich bleibt. Jede weitere Verkürzung des Sarkomers führt zu einem dramatischen Spannungsnachlass, denn die Filamente ballen sich ineinander.

Das Gleiten der dünnen Filamente vorbei an den dicken Filamenten hängt von den ausgefeilten Strukturmerkmalen des Sarkomers ab und benötigt Energie. Diese grundlegenden Beobachtungen leiten uns zu wichtigen Fragen weiter: Erstens, durch welche Mechanismen werden die dünnen Filamente allmählich in die Zwischenräume zwischen den dicken Filamenten gezogen und führen eine Kontraktion herbei? Zweitens, wie wird die Energie aus ATP zum Antrieb dieses Vorgangs genutzt? Diese Fragen werden wir im nächsten Abschnitt beantworten.

16.5.4 Querbrücken halten die Filamente zusammen und ATP liefert Energie für deren Bewegung

Die Bildung von Querbrücken Die Regionen der Überlappung zwischen dünnen und dicken Filamenten, ganz gleich, ob es sich um große (im kontrahierten Muskel) oder kleine Regionen (im relaxierten Muskel) handelt, charakterisieren sich immer durch vorübergehend aufgebaute **Querbrücken**. Die Querbrücken werden durch Verbindungen zwischen dem F-Actin der dünnen Filamente und den Myosinköpfen der dicken Filamente gebildet (▶*Abbildung 16.17*). Für die Kontraktion müssen sich die Querbrücken schnell bilden und wieder abbauen, sodass jeder Zyklus der Querbrückenbildung dafür sorgt, dass die dünnen Filamente sich immer stärker mit den dicken Filamenten vernetzen, wodurch die einzelnen Sarkomere verkürzt werden. Somit durchläuft ein einzelner Myosinkopf auf dem dicken Filament einen Zyklus von Ereignissen, in dessen Verlauf er an spezifische Actinuntereinheiten auf dem dünnen Filament bindet, seine Form verändert, wofür Energie aufgebracht werden muss, das dünne Filament an sich vorbeizieht, dann seine Verbindung mit dem dünnen Filament löst und mit einer weiter in Richtung der Z-Linie auf dem dünnen Filament liegenden Stelle erneut bindet. Die Muskelkontraktion ist das Nettoergebnis des zyklischen Bindens und Lösens vieler dieser Querbrücken. Jeder Zyklus der Querbrückenbildung führt eine Translokation eines kleinen Abschnitts des dünnen Filaments einer einzelnen Fibrille in einer einzelnen Zelle herbei.

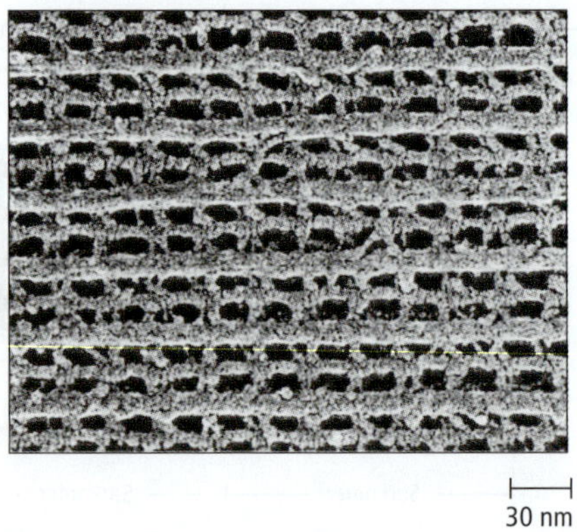

Abbildung 16.17: Querbrücken. Die Querbrücken zwischen dicken und dünnen Filamenten werden von den hervorstehenden Köpfen der Myosinmoleküle gebildet und können gut unter dem hochauflösenden Transmissionselektronenmikroskop (TEM) sichtbar gemacht werden.

ATP und der Kontraktionszyklus Die Antriebskraft für die Querbrückenbildung ist die Hydrolyse von ATP, die von den Myosinköpfen katalysiert wird. Man kann den ATP-Bedarf im Experiment nachweisen, denn isolierte Muskelfasern kontrahieren in Anwesenheit von Calcium als Reaktion auf zugeführtes ATP.

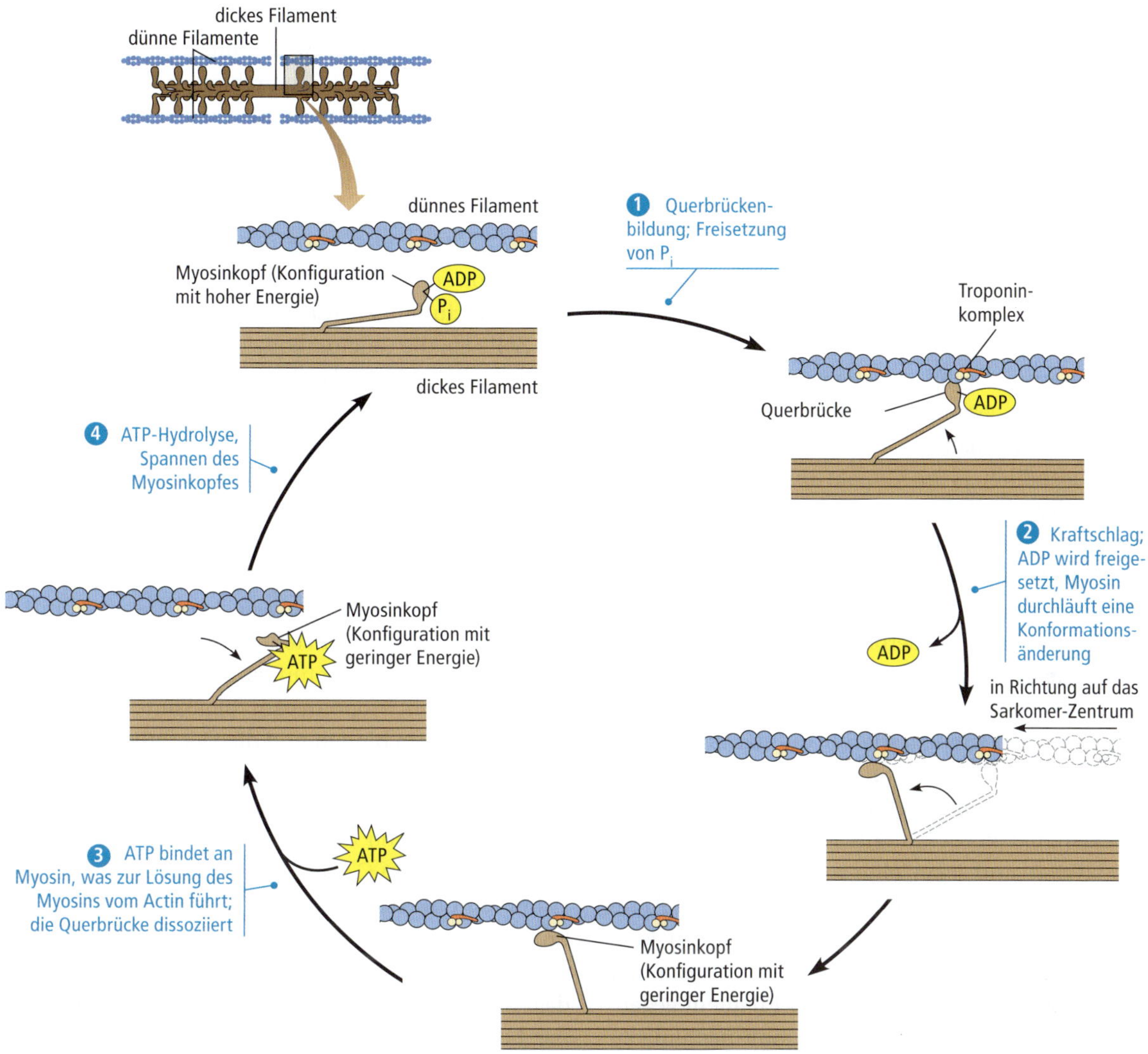

Abbildung 16.18: Der zyklische Vorgang der Muskelkontraktion. Ein kleines Segment benachbarter dicker und dünner Filamente (siehe das zur Orientierung eingesetzte Nebenbild oben links) dient zur Veranschaulichung einer Reihe von Reaktionen, in der die von einem Myosinkopf gebildete Querbrücke das dünne Filament ins Zentrum des Sarkomers zieht, wodurch die Myofibrille zur Kontraktion veranlasst wird. Schritt 1 zeigt die Querbrückenkonfiguration des relaxierten Muskels, während am Ende von Schritt 2 die Konfiguration des angespannten Muskels dargestellt wird. Eine genauere Beschreibung der Vorgänge finden Sie im Text.

Der Mechanismus der Muskelkontraktion wird in ▶*Abbildung 16.18* als Zyklus aus vier Schritten beschrieben. In Schritt 1 ist eine hochenergetische Konfiguration dargestellt, die ein ADP- und ein P_i-Molekül enthält (im Grunde ein hydrolysiertes ATP). Ein spezifischer Myosinkopf geht mit dem Actinfilament eine lockere Bindung ein. Der Myosinkopf geht dann in eine festere Bindungskonfiguration über, für die P_i abgespaltet werden muss. In Schritt 2 erfolgt der Kraftschlag. Der Übergang von Myosin in den Zustand einer festeren Bindung löst im Myosin eine Konformationsänderung aus, die mit der Freisetzung von ADP assoziiert ist. Diese Konformationsänderung ist mit einer Bewegung des Kopfes verknüpft, wodurch das dicke Filament veranlasst wird, das dünne Filament an sich vorbei zu ziehen, welches sich dann gegenüber dem dicken Filament bewegt.

In Schritt 3 erfolgt die Auflösung der Querbrücke, denn ATP bindet zur Vorbereitung des nächsten Schrittes an den Myosinkopf. Die Bindung von ATP führt eine Konformationsänderung im Myosinkopf herbei, der die Bindung an Actin schwächt. Diese

Lösung der Bindung zwischen Actin und Myosin durch ATP wird *Weichmachereffekt* des ATP genannt. Bei fehlendem ATP findet keine Auflösung der Querbrücke statt und der Muskel verharrt im angespannten Zustand, den man als *Rigor* bezeichnet. *Rigor mortis*, die Totenstarre, beruht auf dem vollständigen Abbau von ATP und der fortschreitenden Anhäufung von Querbrücken in der Konformation, die wir am Ende von Schritt ❷ darstellen. Beachten Sie Folgendes: nachdem die dicken und dünnen Filamente voneinander losgelöst sind, könnten sie frei in ihre vorherigen Positionen zurückschnellen, sie werden aber immer auf ihrer gesamten Länge von vielen Querbrücken zusammengehalten – so wie zumindest ein Bein eines Tausendfüßlers in Kontakt mit der Oberfläche steht, auf der er sich bewegt. Tatsächlich besitzt jedes Filament ungefähr 350 Myosinköpfe, und jeder Myosinkopf bindet und löst sich während einer schnellen Kontraktion circa fünfmal pro Sekunde, sodass zu jedem Zeitpunkt viele Querbrücken bestehen.

In Schritt ❹ wird schließlich die ATP-Hydrolyse genutzt, um den Myosinkopf in die hochenergetische Konfiguration zu drehen, die für die nächste Runde der Querbrückenbildung und des Filamentgleitens notwendig ist. Damit kehren wir wieder an unseren Ausgangspunkt zurück, denn jetzt ist der Myosinkopf aktiviert und kann eine neue Querbrücke bilden. Die neue Querbrücke wird jetzt aber mit Actin gebildet, das weiter abwärts auf dem dünnen Filament liegt, denn der erste Durchlauf führte zu einer Nettoverschiebung auf dem dünnen Filament gegenüber dem dicken Filament. In den nun nachfolgenden Durchläufen zieht der in *Abbildung 16.18* exemplarisch dargestellte Myosinkopf das dünne Filament in Richtung einer weiteren Kontraktion. Und wie sieht es mit der Richtung der Kontraktion aus? Rufen Sie sich bitte in Erinnerung, dass das Actin in den dünnen Filamenten in die gleiche Richtung zeigt, wobei die Plusenden in den Z-Linien verankert sind. Myosin II bewegt sich immer zum *Plus*ende des dünnen Filaments, wodurch die Richtung der Kontraktion festgelegt wird.

16.5.5 Die Regulation der Muskelkontraktion hängt von Calcium ab

Bisher beruht unsere Darstellung der Muskelkontraktion auf der Annahme, dass der Skelettmuskel so lange kontinuierlich kontrahiert, wie ausreichend ATP zur Verfügung steht. Jedoch wissen wir aus Erfahrung, dass die meisten Skelettmuskeln mehr Zeit im relaxierten Zustand als kontrahiert verbringen. Kontraktion und Relaxation müssen daher reguliert werden, damit koordinierte Bewegungen in Verbindung mit Muskelaktivität durchgeführt werden können.

Die Rolle des Calciums bei der Kontraktion Die Regulation der Muskelkontraktion hängt von den freien Calciumionen (Ca^{2+}) sowie von der Fähigkeit der Zelle ab, die Calciumkonzentration im Cytosol (in Muskelzellen als Sarkoplasma bezeichnet) mit den Myofibrillen schnell anzuheben oder zu senken. Die regulatorischen Proteine Tropomyosin und Troponin regulieren zusammen die Verfügbarkeit von Myosinbindungsstellen auf den Actinfilamenten, und deren Regulationsvermögen hängt entscheidend von der Calciumkonzentration im Sarkoplasma ab.

Damit Sie diesen Vorgang nachvollziehen können, müssen wir zuerst klarstellen, dass die Myosinbindungsstellen auf den Actinfilamenten im entspannten Zustand durch Tropomyosin blockiert sind. Damit Myosin an Actin binden und die Querbrückenbildung auslösen kann, müssen die Tropomyosinmoleküle aus dem Weg geräumt werden. Die Abhängigkeit der Muskelkontraktion von der Calciumkonzentration beruht auf dem Troponin C (TnC), an das Calciumion bindet. Wenn ein Calciumion an TnC bindet, durchläuft das Protein eine Konformationsänderung, die auf das Tropomyosinmolekül übertragen wird. Daraufhin wird das Tropomyosinmolekül in Richtung des Zentrums der helikalen Furche des dünnen Filaments bewegt und die Blockade ist aufgelöst. Die Bindungsstellen für die Myosinköpfe auf dem Actin sind dann für die Myosinköpfe zugänglich, wodurch die Kontraktion eingeleitet werden kann.

In der ▸*Abbildung 16.19* ist dargestellt, wie der Troponin-Tropomyosin-Komplex die Interaktion zwischen Actin und Myosin reguliert. Bei niedriger Calciumkonzentration im Sarkoplasma ($< 0{,}1\ \mu M\ Ca^{2+}$) blockiert Tropomyosin die Myosinbindungsstellen auf dem Actinfilament, wodurch es sehr effektiv die Interaktion mit Myosin unterbindet (▸*Abbildung 16.19a*). Dadurch wird eine Bildung von Querbrücken gehemmt und der Muskel bleibt entspannt. Bei höheren Calciumkonzentrationen ($> 0{,}1\ \mu M\ Ca^{2+}$) bindet Calcium an TnC, worauf das Tropomyosinmolekül seine Position wechselt. Damit können die Myosinköpfe mit den Bindungsstellen auf dem Actinfilament in Kontakt kommen und die Kontraktion einleiten (▸*Abbildung 16.19b*). Wenn die Calciumkonzentration wieder abfällt, da das Calcium aus dem Cytosol gepumpt wird (worauf wir gleich eingehen werden), löst sich der Troponin-Calcium-Komplex auf und das Tropomyosin geht in seine Ausgangsposition zurück. Dadurch wird die Myosinbindung gehemmt, eine weitere Querbrückenbildung verhindert und der Kontraktionszyklus endet.

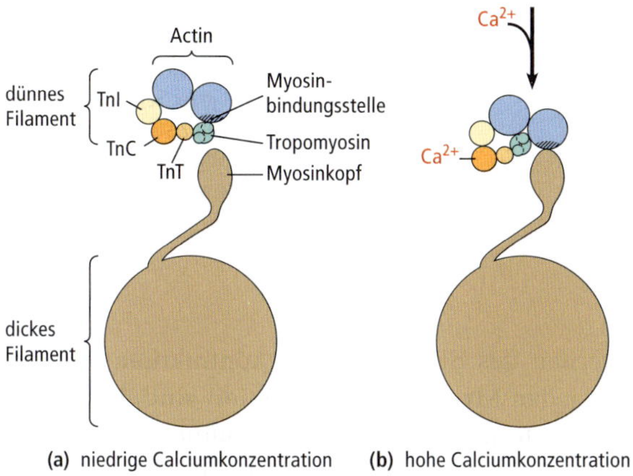

Abbildung 16.19: Regulation der Kontraktion im quergestreiften Muskel. (a) Bei niedrigen Konzentrationen ($< 0{,}1\,\mu M$ Ca^{2+}) wird das Calcium nicht an die TnC-Untereinheit von Troponin gebunden und Tropomyosin blockiert die Myosinbindungsstellen auf dem Actin, wodurch Myosin inaktiv bleibt und daher den Muskel in einem relaxierten Zustand hält. (b) Bei hohen Konzentrationen ($> 0{,}1\,\mu M\, Ca^{2+}$) bindet Calcium an die TnC-Untereinheit von Troponin. Dadurch wird eine Konformationsänderung herbeigeführt, die auf Tropomyosin übertragen wird. Das Tropomyosinmolekül bewegt sich zum Zentrum der Furche des dünnen Filaments, wodurch Myosin wieder Zugang zu den Bindungsstellen auf dem Actin erhält und somit eine Kontraktion auslösen kann.

Regulation der Calciumkonzentration im Skelettmuskel

Aus der bisherigen Darstellung ist Ihnen bekannt, dass die Muskelkontraktion durch die Konzentration von Calciumionen im Sarkoplasma gesteuert wird. Wie wird nun aber die Calciumkonzentration reguliert? Denken Sie einmal daran, was geschehen muss, wenn wir irgendeinen Körperteil bewegen – beispielsweise wenn wir den Zeigefinger beugen. Im Gehirn wird ein Nervenimpuls erzeugt und entlang der Wirbelsäule an die Nervenzellen oder *Motoneuronen* weitergeleitet, die einen kleinen Muskel im Unterarm steuern. Die Motoneuronen aktivieren die richtigen Muskelzellen, die sich kontrahieren und danach wieder entspannen. All dies läuft in wenigen 100 ms ab. Wenn die an die Muskelzelle gesendeten Nervenimpulse nachlassen, sinkt die Calciumkonzentration schnell und der Muskel entspannt sich. Möchten Sie also die Muskelkontraktion verstehen, so müssen Sie wissen, wie Nervenimpulse Änderungen in der Calciumkonzentration des Sarkoplasmas herbeiführen und wie diese Veränderungen sich auf die Kontraktionsmaschinerie auswirken. Muskelzellen haben viele spezialisierte Fähigkeiten, die eine schnelle Veränderung der Konzentration von Calciumionen im Sarkoplasma erleichtern und eine rasche Antwort der Kontraktionsmaschinerie möglich machen. Dies sind die Themen des nächsten Abschnitts.

Ereignisse an der neuromuskulären Verbindung

Rufen Sie sich aus *Kapitel 13* in Erinnerung, dass das an eine Muskelzelle ausgesandte Signal zur Kontraktion in Form eines elektrischen Impulses von einer Nervenzelle übertragen wird, dem *Aktionspotenzial*. Der Ort, an dem der Nerv die Muskelzelle innerviert oder Kontakt herstellt, ist die **neuromuskuläre Verbindung**. An der neuromuskulären Verbindung verzweigt sich das Axon und bildet *synaptische Nervenendigungen*, die mit der Muskelzelle in Kontakt treten. Diese Nervenendigungen enthalten den Neurotransmitter Acetylcholin, der in membranumhüllten Vesikeln gespeichert ist und als Antwort auf ein Aktionspotenzial an den Nervenendigungen abgegeben wird. Die Region unterhalb der Nervenendigungen in der Plasmamembran der Muskelzelle bezeichnet man als *motorische Endplatte*. In der Plasmamembran (dem Sarkolemm der Muskelzellen), sind Acetylcholinrezeptoren lokalisiert. Wenn Acetylcholin an den Rezeptor bindet, öffnet sich eine Pore im Rezeptor, durch die Natriumionen in die Muskelzelle strömen können. Der Natriumeinstrom führt wiederum zur Depolarisation einer Membran, und diese Depolarisation breitet sich dann weiter aus.

Übertragung eines Impulses in das Muskelinnere

Nachdem an der motorischen Endplatte eine Depolarisation der Membran stattgefunden hat, breitet sich die Depolarisation über das **Transversalsystem** (engl.: *transverse (T-)tubule system*; ▸*Abbildung 16.20*) durch das Sarkolemm aus. Das Transversalsystem setzt sich aus einer Reihe regelmäßiger Einstülpungen (T-Tubuli) der Muskelmembran zusammen, die in das Innere einer Muskelzelle hineinragen. Die T-Tubuli leiten Aktionspotenziale in die Muskelzelle weiter und sind zum Teil dafür verantwortlich, dass Muskelzellen so schnell auf einen Nervenimpuls antworten können.

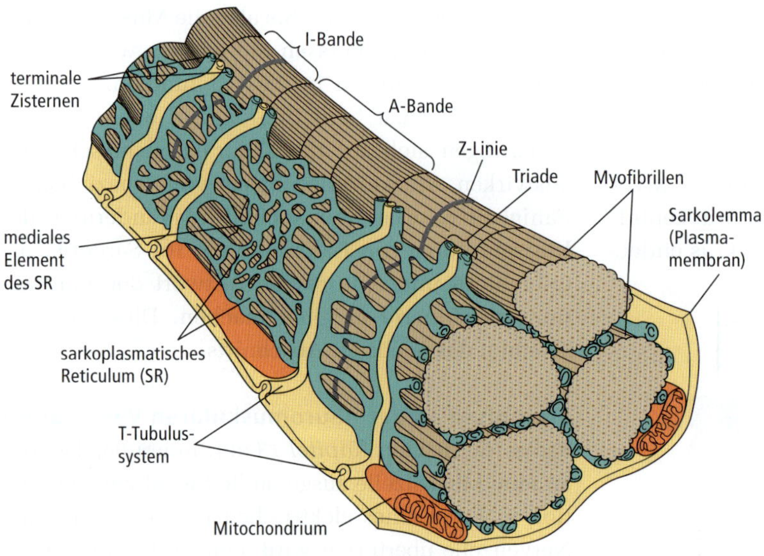

Abbildung 16.20: Das sarkoplasmatische Reticulum und das Transversalsystem der Skelettmuskelzellen. Das sarkoplasmatische Reticulum (SR) ist ein ausgedehntes Netzwerk aus spezialisiertem ER, das Calciumionen akkumuliert und diese als Antwort auf Nervensignale freisetzt. T-Tubuli sind Einstülpungen des Sarkolemms (der Plasmamembran), die Veränderungen des Membranpotenzials in das Zellinnere weiterleiten. An den Stellen, an denen der T-Tubulus nahe der terminalen Zisternen des SR vorbeiläuft, bildet sich eine Triade, die man unter dem Elektronenmikroskop als Querschnitt drei benachbarter Röhren sichtbar machen kann. Der T-Tubulus liegt in der Mitte. Auf jeder Seite des SR befindet sich eine der terminalen Zisternen des SR. Die Triade enthält den wichtigen Verbindungskomplex, der die Freisetzung von Calciumionen aus dem SR reguliert.

In der Muskelzelle kommt das Transversalsystem mit dem **sarkoplasmatischen Reticulum (SR)** in Kontakt, einem System intrazellulärer Membranen in Form flacher Säcke oder Röhren. Wie der Name bereits vermuten lässt, ähnelt das SR dem endoplasmatischen Reticulum (ER) der Nicht-Muskelzellen, allerdings mit dem Unterschied, dass es höchst spezialisiert ist. Das SR verläuft entlang der Myofibrillen, wo es darauf ausgerichtet ist, Calciumionen direkt an der Myofibrille freizusetzen, eine Kontraktion zu bewirken, anschließend das Calcium von der Myofibrille zu entfernen und eine Relaxierung herbeizuführen. Die Nähe des SR zu den Myofibrillen erleichtert die schnelle Antwort der Muskelzellen auf Nervensignale.

Die Funktion des SR bei der Freisetzung und Aufnahme von Calcium Man kann das SR im Hinblick auf seine Funktion in zwei Komponenten unterteilen, die man als mediales Element und als terminale Zisternen (siehe *Abbildung 16.20*) bezeichnet. In den terminalen Zisternen des SR befindet sich eine hohe Konzentration ATP-abhängiger Calciumpumpen, die unablässig Calcium in das Lumen des SR pumpen. Die Fähigkeit des SR, Calciumionen zu pumpen und zu akkumulieren, ist eine unabdingbare Voraussetzung für die Muskelrelaxation, aber auch für die Muskelkontraktion. Durch das Hineinpumpen von Calcium wird im Lumen des SR eine hohe Calciumkonzentration aufgebaut (bis zu mehrere Millimolar). Dieses Calcium kann dann bei Bedarf aus den terminalen Zisternen des SR freigesetzt werden. In *Abbildung 16.20* ist dargestellt, wie die terminalen Zisternen des SR neben dem kontraktilen Apparat einer jeden Myofibrille positioniert sind. Die terminalen Zisternen liegen im Allgemeinen unmittelbar neben einem T-Tubulus, woraus eine Struktur mit der Bezeichnung **Triade** hervorgeht. Unter dem Elektronenmikroskop betrachtet erscheint eine Triade als drei aneinandergereihte Kreise. Der mittlere Kreis ist die Membran des T-Tubulus, und die beiden angrenzenden Kreise sind die Membranen der terminalen Zisternen. Bei genauerer Untersuchung der Triade stellt man fest, dass die terminalen Zisternen mit dem T-Tubulus über besondere Strukturen zwischen den beiden Membranen verbunden zu sein scheinen. Diese Strukturen bezeichnet man als *Verbindungskomplex* (engl.: *junctional complex*; auf diesen werden wir bald eingehen).

Die räumliche Nähe der T-Tubuli, der terminalen Zisternen des SR und der kontraktilen Maschinerie der Myofibrille bildet die Grundlage dafür, dass die Muskelzellen derartig schnell auf einen Nervenimpuls reagieren können. Das Aktionspotenzial wandert von der Motorendplatte weiter, breitet sich über das Sarkolemm aus und gelangt zum T-Tubulus (▸*Abbildung 16.21*). Während das Aktionspotenzial den T-Tubulus abwärts wandert, aktiviert es spannungsgesteuerte Calciumkanäle im T-Tubulus, die sogenannten Dihydropyridin-Rezeptoren (DHP-Rezeptoren). Die DHP-Rezeptoren des Sarkolemms sind mechanisch mit den Ryanodinrezeptoren in den terminalen Zisternen des SR gekoppelt. Eine Aktivierung der DHP-Rezeptoren führt zwar nicht zu einem signifikanten Calciumeinstrom, wohl aber zur Akti-

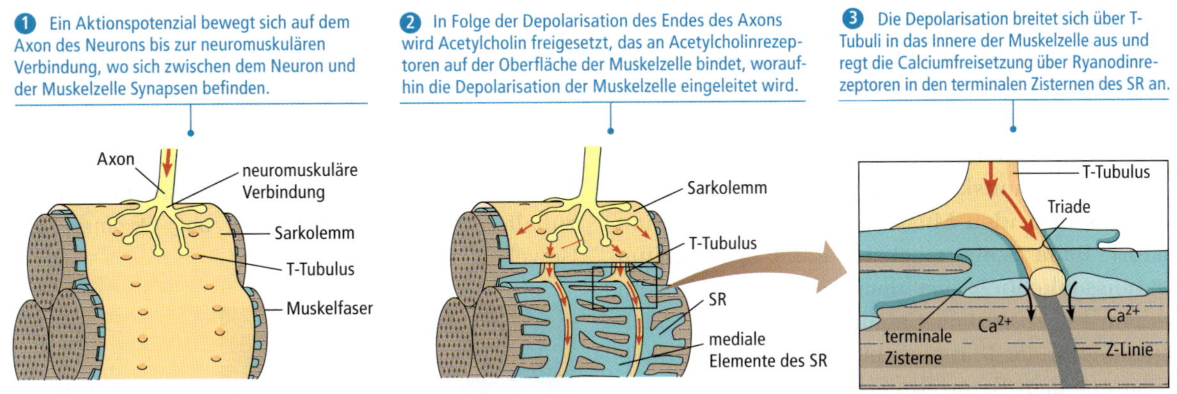

Abbildung 16.21: Stimulation einer Muskelzelle durch einen Nervenimpuls. Der Nervenimpuls bewirkt eine Depolarisation der Muskelzelle, die sich über das Transversalsystem in das Innere der Muskelzelle ausbreitet und die Freisetzung von Calcium aus den terminalen Zisternen des sarkoplasmatischen Reticulums (SR) anregt.

vierung und Öffnung der Ryanodinrezeptoren (siehe *Abbildung 14.12*). Wenn sich die Ryanodinrezeptorkanäle öffnen, strömt Calcium sehr schnell aus dem SR in das Sarkoplasma, das unmittelbar neben den Myofibrillen liegt, und bewirkt deren Kontraktion.

Dadurch, dass Calcium aus dem SR hinausströmt, kommt es zur Kontraktion der Muskelzelle. Damit sich die Muskelzelle entspannen kann, muss die Calciumkonzentration wieder die Konzentration des Ruhezustands erreichen. Dies gelingt, weil Calcium in das SR zurück gepumpt wird. Die Membran des SR enthält ein primär aktives Transportprotein, eine **Calcium-ATPase**. Sie kann Calciumionen vom Sarkoplasma in die Zisternen des SR pumpen. Diese Pumpen liegen konzentriert im medialen Element des SR. Der ATP-abhängige Mechanismus, der dafür sorgt, dass Calcium durch die Pumpe strömt, ähnelt der in *Kapitel 8* dargestellten Na^+/K^+-Pumpe (siehe *Abbildung 8.11*).

Durch das Pumpen von Calcium aus dem Sarkoplasma zurück in die SR-Zisternen wird die Calciumkonzentration schnell so weit gesenkt, dass das Troponin Calcium freisetzt, das Tropomyosin wieder die Blockadeposition auf dem Actin einnimmt und die Bildung einer weiteren Querbrücke verhindert wird. Die Querbrücken verschwinden daher schnell, wenn Actin sich vom Myosin löst und vom Tropomyosin blockiert wird. Dadurch bleibt der Muskel entspannt und kann wieder gedehnt werden, denn bei fehlenden Querbrückenkontakten können die dünnen, zwischen den dicken Filamenten gelegenen Filamente wieder passiv an den dicken Filamenten vorbeigleiten. Dies passiert über eine passive Streckung durch antagonistische Muskeln.

16.5.6 Die koordinierte Kontraktion der Herzmuskelzellen erfolgt durch elektrische Kopplung

Der Herzmuskel ist dafür verantwortlich, dass das Herz schlägt und Blut durch das Kreislaufsystem des Körpers gepumpt wird. Der Herzmuskel arbeitet unaufhörlich. Während eines Jahres schlägt unser Herz 40 Millionen Mal! Der Herzmuskel ist dem Skelettmuskel im Hinblick auf Die Organisation von Actin- und Myosinfilamenten im Herzmuskel ist ähnlich wie im Skelettmuskel und zeigt das gleiche quergestreifte Erscheinungsbild (▶*Abbildung 16.22*). Im Gegensatz zum Skelettmuskel wird der Großteil der für das Schlagen des Herzens im Ruhezustand benötigten Energie nicht von der Blutglucose bereitgestellt, sondern von freien Fettsäuren, die vom Fettgewebe (Fettspeicherung) über das Serum-Albumin, ein Blutprotein, transportiert werden.

Ein zweiter Unterschied zwischen Herz- und Skelettmuskel besteht darin, dass Herzmuskelzellen nicht mehrkernig sind. Stattdessen sind die Zellen an den Enden über Strukturen miteinander verbunden, die man als **Glanzstreifen** bezeichnet. Diese Glanzstreifen haben eine hohe Dichte von Desmosomen und Gap Junctions (siehe *Kapitel 17*). Die Gap Junctions vermögen benachbarte Zellen elektrisch zu koppeln, wodurch sich während des Kontraktionszyklus Depolarisationswellen im Herzen ausbreiten können. Das Herz wird nicht wie der Skelettmuskel durch Nervenimpulse aktiviert, sondern es kommt spontan etwa einmal pro Sekunde zur Kontraktion. Die Geschwindigkeit des Herzschlags wird von einer „Schrittmacherregion", dem sogenannten

Sinusknoten, im oberen Bereich des Herzens (rechtes Atrium) gesteuert. Die vom Schrittmacher ausgelöste Depolarisationswelle breitet sich dann über das gesamte Herz aus und erzeugt den Herzschlag.

Der dritte Unterschied zwischen dem Skelett- und dem Herzmuskel ist die Herkunft des Calciums, das in beiden Muskeltypen die Kontraktion auslöst. Beim Skelettmuskel stammt das Calcium fast ausschließlich aus dem SR, während beim Herzmuskel zusätzlich Calciumionen durch Calciumkanäle in der Plasmamembran der Herzmuskelzellen aus dem Extrazellularraum einströmen. Zur Beendigung der Kontraktion werden die Calciumionen durch ATPasen ins SR zurückgepumpt, und zusätzlich wird Ca^{2+} über einen Na^+/Ca^{2+}-Antiporter in den Extrazellularraum transportiert.

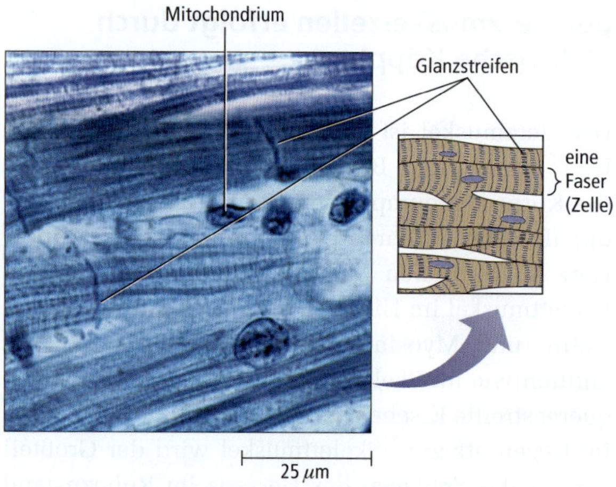

Abbildung 16.22: Herzmuskelzellen. Herzmuskelzellen besitzen einen kontraktilen Mechanismus und Sarkomere als funktionelle Einheiten, womit sie den Skelettmuskelzellen ähneln. Im Gegensatz zu den Skelettmuskelzellen werden die Herzmuskelzellen an den Enden durch Glanzstreifen mit Gap Junctions verbunden, weshalb Ionen und elektrische Signale von einer Zelle zur nächsten weitergeleitet werden können. Die Permeabilität für Ionen sorgt dafür, dass ein Kontraktionsreiz sich gleichmäßig über alle Zellen des Herzens ausbreiten kann (LM).

16.5.7 Der glatte Muskel ist den Nicht-Muskelzellen ähnlicher als dem Skelettmuskel

Der glatte Muskel ist für unwillkürliche Kontraktionen wie die des Magens, des Darms, des Uterus und der Blutgefäße verantwortlich. Im Allgemeinen handelt es sich um langsame Kontraktionsvorgänge, die bis zu fünf Sekunden benötigen, um ihre maximale Spannung zu erreichen. Die Kontraktionen glatter Muskeln halten wesentlich länger an die als Kontraktionen des Skelett- oder des Herzmuskels. Obwohl der glatte Muskel nicht zur schnellen Kontraktion fähig ist, so ist er doch dazu geeignet, die Spannung über einen längeren Zeitraum aufrechtzuhalten, was beispielsweise bei Organen und Geweben erforderlich ist.

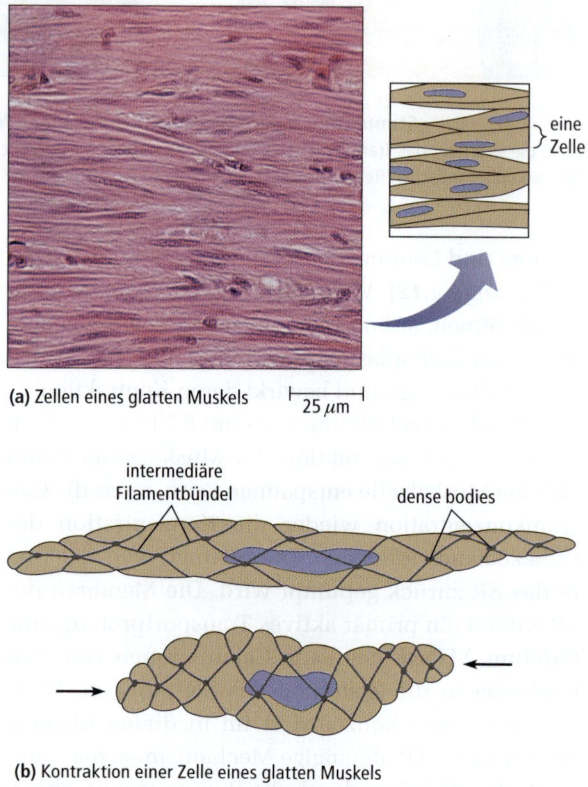

Abbildung 16.23: Der glatte Muskel und die Kontraktion des glatten Muskels. (a) Die einzelnen Zellen des glatten Muskels sind lang und spindelförmig, sie haben weder Z-Linien noch eine Sarkomerstruktur (LM). (b) In der Zelle des glatten Muskels scheinen kontraktile Actin- und Myosinbündel in plaqueähnlichen Strukturen verankert zu sein, die man als dense bodies bezeichnet. Die dense bodies sind miteinander über intermediäre Filamente verknüpft, wobei die Actin- und Myosinbündel im schiefen Winkel zur Längsachse der Zelle ausgerichtet sind. Bei der Kontraktion der Actin- und Myosinbündel werden die dense bodies und die intermediären Filamente zueinander angezogen und es kommt zur hier dargestellten zellulären Kontraktion.

Die Struktur des glatten Muskels Die Zellen der glatten Muskeln sind lang und dünn mit einem spitzen Ende. Im Gegensatz zum Skelett- oder Herzmuskel sind die glatten Muskeln nicht gestreift (▶*Abbildung 16.23a*). Die Zellen der glatten Muskeln enthalten keine Z-Linien, die für die periodische Organisation von Sarkomeren verantwortlich sind, welche in den Zellen der Skelett- und der Herzmuskeln vorkommen. Stattdessen enthalten die Zellen der glatten Muskeln „**dense bodies**", plaqueähnliche Strukturen im Cytoplasma und auf der Zellmembran (▶*Abbildung 16.23b*), die intermediäre Filamente enthalten. Bündel von Actinfilamenten sind an ihren Enden mit diesen dense bodies verbunden. Aus diesem Grund scheinen die Actinfilamente in einem Kreuzgittermuster vorzuliegen, das im schiefen Winkel zur Längsachse der Zelle ausgerichtet ist. Querbrücken verbinden im glatten Muskel dicke und dünne Filamente, aber nicht in dem sich regelmäßig wiederholenden Muster wie man es beim Skelettmuskel findet.

Die Regulation der Kontraktion in den Zellen der glatten Muskeln Die Kontraktion der Zellen des glatten Muskels sowie der Nicht-Muskelzellen wird auf andere Weise reguliert als die Kontraktion der Skelettmuskelzellen. Obwohl Skelettmuskelzellen und glatte Muskelzellen beide durch einen Anstieg der Konzentration von Calciumionen im Sarkoplasma angeregt werden, unterscheiden sich die der Kontraktion zugrunde liegenden Mechanismen doch erheblich. Wenn die Calciumkonzentration im Sarkoplasma der glatten Muskelzellen ansteigt, dann läuft eine Kaskade von Ereignissen ab, zu der die Aktivierung der **Myosin-Leichtketten-Kinase** (**MLCK**, engl.: *myosin light-chain kinase*) gehört. Das aktivierte MLCK phosphoryliert dann einen Typ der Myosin-Leichtketten, die **regulatorische leichte Kette** (siehe *Abbildung 16.9*, Myosin II).

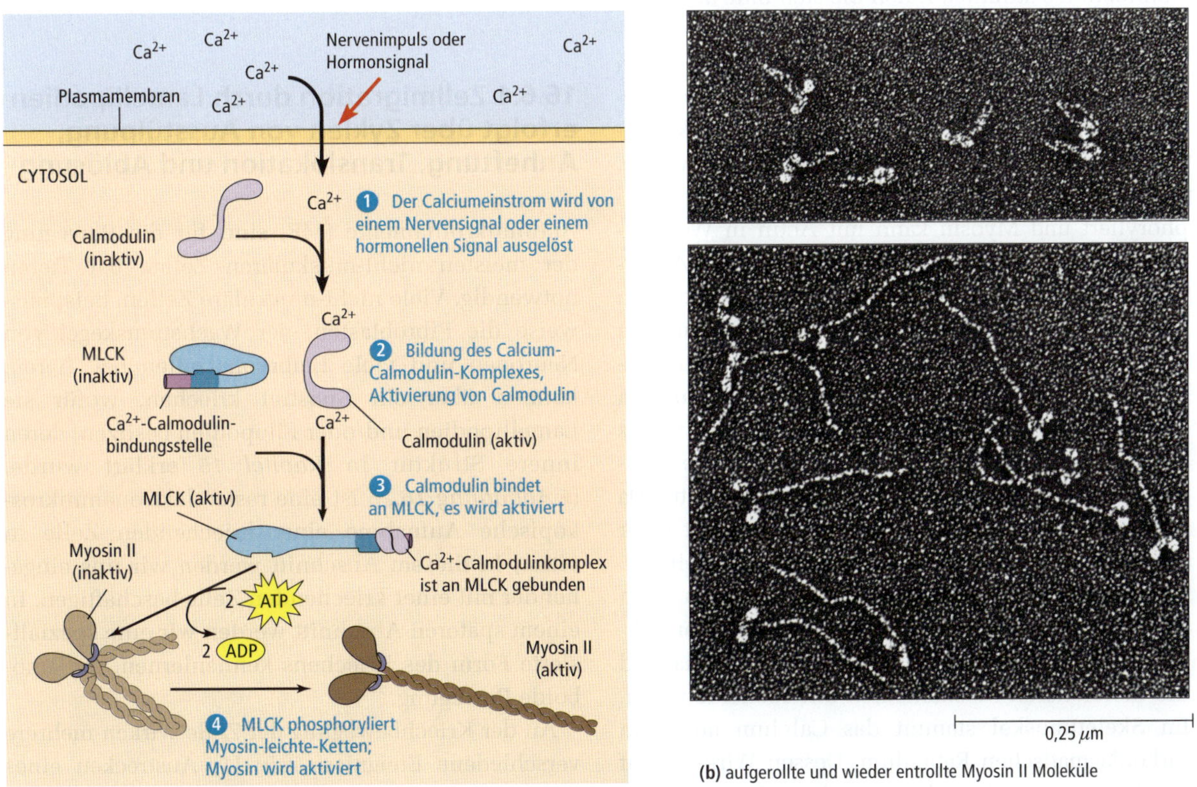

(a) Phosphorylierung von Myosin II durch die Myosin-leichte-Ketten-Kinase (MLCK)

(b) aufgerollte und wieder entrollte Myosin II Moleküle

Abbildung 16.24: Phosphorylierung des Myosins im glatten Muskel und in nicht-muskulären Zellen. (a) Die Funktionen sowohl des Myosin II des glatten Muskels als auch des nicht-muskulären Myosin II werden durch Phosphorylierung der regulatorischen leichten Ketten reguliert. Ein Einstrom von Calciumionen durch Ca^{2+}-Kanäle in die Zelle, der von einem Nervenimpuls oder einem hormonellen Signal ausgelöst wird, bewirkt, dass der Calcium-Calmodulin-Komplex an die Myosin-Leichtketten-Kinase (MLCK) bindet, wodurch wiederum die Myosin-Leichtketten phosphoryliert werden. Das aktivierte (und entrollte) Myosin kann dann an Actin binden. (b) Elektronenmikroskopische Aufnahmen aufgerollter und wieder entrollter Myosin-II-Moleküle (TEM).

Die Myosin-Leichtketten-Phosphorylierung wirkt sich auf zweierlei Weise auf Myosin aus. Erstens sind einige Myosinmoleküle aufgewickelt, sodass sie keine Filamente bilden können. Nach der Phosphorylierung der Myosin-Leichtkette entrollt sich der Myosinschwanz und steht nun für den Zusammenbau eines Filaments bereit. Zweitens aktiviert die Phosphorylierung der Myosin-Leichtketten Myosin, wodurch es mit Actinfilamenten interagieren kann, um einen Querbrückenzyklus zu durchlaufen.

Die Ereigniskaskade, die zur Aktivierung des Myosins des glatten Muskels und des nicht-muskulären Myosins führt, ist in ▶*Abbildung 16.24a* dargestellt. Als Reaktion auf einen Nervenimpuls oder ein hormonelles Signal, das die Zelle des glatten Muskels erreicht, kommt es zum Einstrom extrazellulärer Calciumionen durch Ca^{2+}-Kanäle, wodurch die intrazelluläre Calciumkonzentration ansteigt und eine Kontraktion stattfindet. Rufen Sie sich bitte aus *Kapitel 14* in Erinnerung, dass der Anstieg der intrazellulären Calciumkonzentration das Protein *Calmodulin* aktivieren kann. Der daraus resultierende *Calcium-Calmodulin-Komplex* kann die Myosin-Leichtketten-Kinase binden und dadurch das Enzym aktivieren. Daraufhin werden die Myosin-Leichtketten phosphoryliert und Myosin kann mit Actin in Wechselwirkung treten und eine Kontraktion auslösen. Außerdem strecken sich die Myosinschwänze und können sich mit anderen Myosinmolekülen zu Filamenten zusammensetzen (▶*Abbildung 16.24b*). Wenn die Calciumkonzentration in den Zellen der glatten Muskeln wieder sinkt, wird die MLCK aktiviert und ein zweites Enzym, die *Myosin-Leichtketten-Phosphatase*, entfernt die Phosphatgruppe der Myosin-Leichtkette. Da die dephosphorylierten Myosinmoleküle nicht mehr an Actin binden können, relaxiert die Muskelzelle.

Somit wird sowohl der Skelettmuskel als auch der glatte Muskel von Calciumionen zur Kontraktion aktiviert, aber die Quellen des Calciums und die molekularen Mechanismen unterscheiden sich. Im Skelettmuskel stammt das Calcium aus dem sarkoplasmatischen Reticulum. Dessen Wirkung auf die Actin-Myosin-Interaktion wird von Troponin vermittelt und geschieht sehr schnell, denn sie hängt nur von Konformationsänderungen ab. Im glatten Muskel werden die Calciumionen von außen in die Zelle geschleust und ihre Wirkung wird von Calmodulin vermittelt. Die Wirkung setzt in diesem Fall wesentlich später ein, denn sie beruht auf der kovalenten Modifikation (Phosphorylierung) des Myosinmoleküls.

Bewegung in Nicht-Muskelzellen durch Actin 16.6

Actin und Myosin sind so gut bekannt, weil sie die wichtigsten Komponenten der dünnen und dicken Filamente der Muskelzellen sind. Tatsächlich repräsentieren die Muskelzellen aber nur einen spezialisierten Fall von Zellbewegungen, die durch die Wechselwirkung von Actin und Myosin angetrieben werden. Actine und Myosine hat man mittlerweile in fast allen eukaryotischen Zellen nachgewiesen, und man weiß, dass sie bei verschiedenen Typen der nicht-muskulären Motilität wichtige Aufgaben übernehmen. Ein Beispiel der Actin-abhängigen, nicht-muskulären Motilität läuft während der Cytokinese (Zellteilung) ab (siehe *Kapitel 19*). In den nun folgenden Abschnitten werden wir mehrere Beispiele vorstellen.

16.6.1 Zellmigration durch Lamellipodien erfolgt über Zyklen von Ausstülpung, Anheftung, Translokation und Ablösung

Actinmikrofilamente (MF) sind für die Bewegung der meisten nicht-muskulären Zellen bei Tieren notwendig. Viele nicht-muskuläre Zellen, beispielsweise die Fibroblasten, der Wachstumskegel von Neuronen und viele Embryonalzellen bei Tieren, können über ein Substrat kriechen, wofür sie Lamellipodien und/oder Filopodien besitzen, deren innere Struktur in *Kapitel 15* erklärt wurde. (▶*Abbildung 16.25* ist eine rasterelektronenmikroskopische Aufnahme einer kriechenden Zelle in vitro.) In diesem Abschnitt werden wir uns eingehender mit einer kriechenden Zelle beschäftigen. In einem späteren Abschnitt werden wir eine spezialisierte Form des Kriechens kennenlernen, die amöboide Bewegung.

An der Kriechbewegung der Zelle wirken mehrere verschiedene Ereignisse mit: (1) Austrecken eines Fortsatzes am „vorderen" Zellpol; (2) Anheften der Ausstülpung an das Substrat und (3) Erzeugung einer Spannung, wodurch die Zelle vorwärts gezogen wird, während sich der „Schwanz" der Zelle vom Substrat löst und nachgezogen wird. Diese Ereignisse haben wir in ▶*Abbildung 16.26* zusammengefasst.

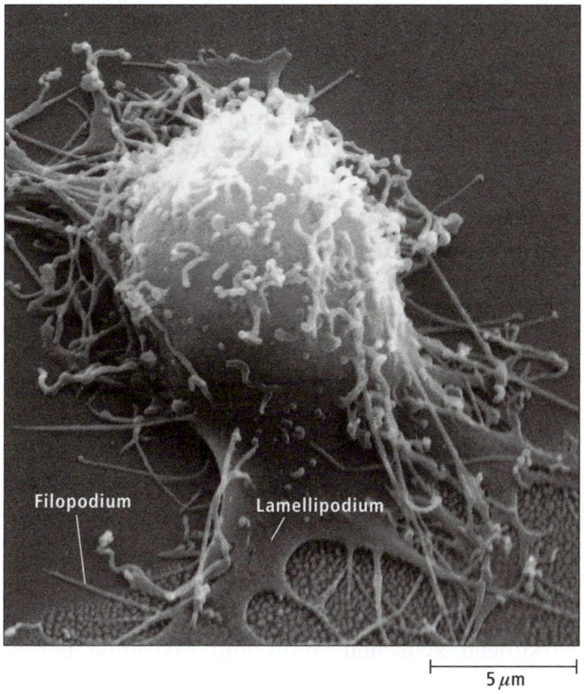

Abbildung 16.25: Eine kriechende Zelle. Ein Maus-Fibroblast mit einem Lamellipodium und zahlreichen Filopodien, die sich von der Zelloberfläche aus erstrecken (SEM).

Das Ausstülpen von Fortsätzen Um zu kriechen, müssen Zellen an ihrem *vorderen Zellpol* spezialisierte *Fortsätze* ausbilden. Ein Typ dieser Fortsätze ist ein dünne Cytoplasmaschicht, ein sogenanntes **Lamellipodium** (Plural: **Lamellipodien**). Ein anderer Typ eines Zellfortsatzes ist eine dünne, spitze Struktur, ein **Filopodium** (Plural: **Filopodien**). Zur Fortbewegung verfügen kriechende Zellen häufig über beide Typen von Plasmamembranausstülpungen.

Von fundamentaler Bedeutung für die Dynamik der Ausstülpung ist das Phänomen des **retrograden Flusses** von F-Actin. Während des normalen retrograden Flusses findet eine Massenbewegung von Mikrofilamenten zur Rückseite der Ausstülpung statt, während sich der Fortsatz ausstülpt. Der retrograde Fluss scheint das Ergebnis zweier simultan ablaufender Vorgänge zu sein: *Actinzusammenbau* an der Spitze des wachsenden Lamellipodiums oder Filopodiums und *rückwärtige Translokation* der Actinfilamente zur Basis der Ausstülpung. In einer typischen Zelle stehen der Zusammenbau vorne und die rückwärtige Translokation im Gleichgewicht; während der eine oder der andere Prozess abläuft, kann ein Fortsatz ausgestreckt oder zurückgezogen werden.

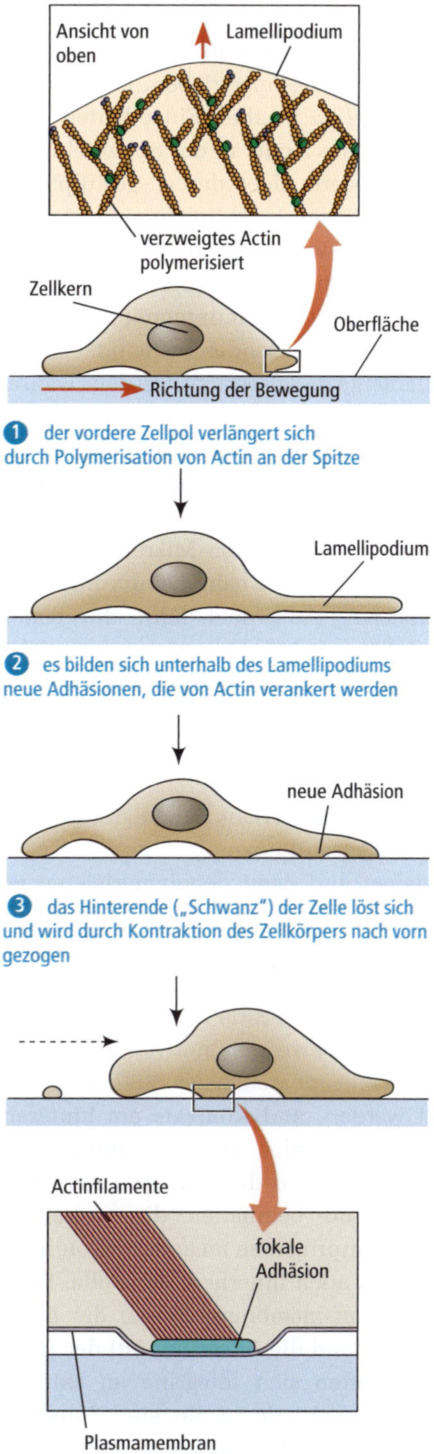

Abbildung 16.26: Die Schritte beim Kriechen einer Zelle. Mehrere verschiedene Prozesse sind an der Kriechbewegung der Zelle beteiligt, darunter die Ausstülpung von Fortsätzen, das Anheften ans Substrat und die Kontraktionsaktivitäten. Die Ausstülpung geht mit der Arp2/3-abhängigen Actinpolymerisation am führenden Ende einher. Durch die Anheftung wird Actin mit der Zelloberfläche verbunden, typischerweise über Integrine, die sich an fokalen Adhäsionen bündeln.

Die Actinpolymerisation, vor allem bei den Lamellipodien, wird von der Arp2/3-abhängigen dendritischen Verzweigung angetrieben, ein Vorgang, den wir in *Kapitel 15* in allen Einzelheiten dargestellt haben. Wenn das Actin an der Spitze eines Fortsatzes polymerisiert, zieht der ausgestülpte Fortsatz nach vorn. Während die Spitze einer Ausstülpung erweitert wird, wird das polymerisierte Actin zur Basis der Ausstülpung gezogen, wo es abgebaut wird. Die freigesetzten Actinmonomere stehen dann bereit, um an die Plusenden neuer oder wachsender Mikrofilamente angelagert zu werden, während die Zelle nach vorne kriecht.

Auch Mikrotubuli sind an der polarisierten Ausstülpung von Fortsätzen beteiligt. Obwohl man noch nicht ganz verstanden hat, worin genau ihre Aufgabe besteht, kann man bei den Mikrotubuli kultivierter Zellen sehen, dass sie nahe beim vorderen Zellpol polymerisieren. Außerdem führt die Behandlung einiger Zellen mit Mikrotubuli-depolymerisierenden Wirkstoffen zur Aufhebung der Polarisierung und sie bilden spontan an ihrer gesamten Oberfläche Fortsätze.

Die Zellanheftung Wenn Zellen Actin nur an den Spitzen der Ausstülpungen polymerisieren, es rückwärts ziehen und dann depolymerisieren würden, wären sie nicht fähig, sich zu bewegen. Irgendetwas muss den retrograden Fluss zur Vorwärtsbewegung der gesamten Zelle koppeln. Außerdem ist eine Anheftung oder Adhäsion der Zelle an ein Substrat für die Kriechbewegung notwendig. Am Vorderende der Zelle müssen neue Stellen zur Bindung gebildet werden, und Kontakte am hinteren Ende müssen gelöst werden. Die Anheftungsstellen zwischen der Zelle und dem Substrat sind komplexe Strukturen und beinhalten die Anheftung von Transmembranproteinen an andere Proteine sowohl außerhalb als auch innerhalb der Zelle. Eine Familie dieser Transmembranproteine, die der Anheftung dienen, sind die *Integrine*. Auf der Außenseite der Zelle heften sich Integrine an extrazelluläre Matrixproteine. In der Zelle sind Integrine über Ankerproteine an Actinfilamente gebunden. Diese Integrin-abhängigen Anheftungen bezeichnet man als *fokale Kontakte*; sie sind für die Zellbewegung von grundlegender Bedeutung. In *Kapitel 17* werden wir uns eingehender mit dem Phänomen des fokalen Kontakts beschäftigen.

Die Intensität der Anheftung einer Zelle an das unter ihr befindliche Substrat ist entscheidend dafür, ob eine Zelle sich vorwärts bewegen kann. In dieser Hinsicht ist die Actinpolymerisation am vorderen Zellpol analog zu einem Auto im Leerlauf. Nachdem man im Auto einen Gang eingelegt hat, bewegt es sich schnell vorwärts. Ebenso verhält es sich mit der Zelle: Durch die feste Anheftung des vorderen Zellpols wird das Gleichgewicht zugunsten einer Vorwärtsbewegung verschoben.

Translokation und Ablösung Bei der Kriechbewegung der Zelle haben wir es mit der koordinierten Bildung von Ausstülpungen, der Anheftung und der Vorwärtsbewegung des gesamten Zellkörpers zu tun. Durch Kontraktion des hinteren Zellteils wird der Zellkörper nach vorn gepresst und die Zelle löst ihre Anheftungsstellen am hinteren Ende. Es liegen Hinweise darauf vor, dass die Kontraktion auf Wechselwirkungen zwischen Actin und Myosinen beruht und dass die Kontraktion unter der Kontrolle des Proteins Rho steht. Man geht davon aus, dass Rho die Aktivierung nicht-muskulären Myosins II reguliert, das sich im hinteren Bereich der Zelle befindet. In mutierten Zellen des zellulären Schleimpilzes *Dictyostelium* ist kein Myosin II lokalisiert, und daher ist die Zelle nur vermindert fähig, ihr hinteres Ende zurückziehen. Ähnliches geschieht, wenn die Rho-Aktivität in kriechenden Monocyten gehemmt wird. Sie sind nicht mehr in der Lage, Anheftungen am hinteren Ende zu lösen und das Ende zu kontrahieren. Diese sowie andere Ergebnisse untermauern die Idee, dass Rho und Myosin II am Zurückziehen des „Zellschwanzes" beteiligt sind.

Die Kontraktion des Zellkörpers muss mit der Lösung des hinteren Zellendes verknüpft sein. Zur Lösung müssen Adhäsionskontakte aufgebrochen werden. Interessanterweise sind die Kontakte am Hinterende manchmal so stark, dass sie nicht gelöst werden können, und der „Zellschwanz" bricht tatsächlich ab, wenn die Zelle das vordere Ende nach vorn zieht (siehe *Abbildung 16.26*). Im Allgemeinen wirkt sich die Intensität der Anheftung an das Substrat auf die Kriechgeschwindigkeit der Zelle aus. Wenn Zellen zu fest an ihr Substrat gebunden sind, dann können sie mit dem Substrat nicht dynamisch Verbindungen herstellen und wieder auflösen, wodurch ihre Motilität beeinträchtigt wäre. Zur Bewerkstelligung der Bewegung müssen neue Anheftungen mit dem Lösen alter Anheftungen im Gleichgewicht stehen.

16.6.2 Die Chemotaxis ist eine gerichtete Bewegung als Antwort auf den Gradienten eines chemischen Signalstoffes

Ein Schlüsselmerkmal sich bewegender Zellen im Körper und in Embryos ist die *gerichtete* Bewegung. Eine Form der gerichteten Bewegung entsteht über die Bildung von Ausstülpungen, die sich vor allem auf einer Zellseite befinden. In diesem Fall müssen die Zellen in der Lage sein, nicht nur zu regulieren, ob sie Ausstülpungen bilden möchten, sondern sie müssen auch entscheiden, wo diese gebildet werden sollen. Gelöste chemische Moleküle können als wichtige Signalgeber für die gerichtete Bewegung dienen. Wenn sich eine bewegliche Zelle in Richtung einer höheren oder niedrigeren Konzentration einer löslichen chemischen Substanz bewegt, dann bezeichnet man diese Antwort als **Chemotaxis**. Moleküle, welche diese Antwort auslösen, werden Attraktanten (positive Chemotaxis, wenn sich eine Zelle in Richtung höherer Konzentrationen des Moleküls bewegt) oder Repellenten (negative Chemotaxis, wenn sich eine Zelle von der höheren Konzentration des Moleküls fortbewegt) genannt. Bei Eukaryoten wurde die Chemotaxis am intensivsten bei den weißen Blutkörperchen und dem Schleimpilz *Dictyostelium* untersucht. In beiden Fällen führt der örtliche Anstieg der Konzentration eines chemischen Lockstoffs (kleine Peptide im Fall der weißen Blutkörperchen, bei *Dictyostelium* zyklisches AMP) dramatische Veränderungen im Actincytoskelett herbei, unter anderem in Actin-bindenden Proteinen, und bewirkt die Bewegung der Zelle zur Quelle des chemischen Signalstoffs hin. Diese Veränderungen erfolgen durch lokale Aktivierung von Rezeptoren für die anziehende Substanz (oder Rezeptoren für den Schreckstoff) auf der Zelloberfläche der Zellen. Diese Rezeptoren sind G-Protein-gekoppelte Rezeptoren, die wir in *Kapitel 14* behandelt haben. Durch die Aktivierung dieser Rezeptoren kommt es zur örtlichen Anhäufung von Phosphoinositiden (siehe *Kapitel 15*). Man nimmt an, dass dies wiederum zur polarisierten Mobilmachung der Cytoskelettmaschinerie der Zelle führt, die dann eine Ausstülpung in Fortbewegungsrichtung bildet.

16.6.3 Die amöboide Bewegung beruht auf Zyklen von Verfestigung und Verflüssigung des Actincytoskeletts

Bei Amöben und weißen Blutkörperchen kann man eine Kriechbewegung beobachten, die man als **amöboide Bewegung** bezeichnet (▶*Abbildung 16.27*). Diese Form der Bewegung beruht auf Ausstülpungen des Cytosols, den **Pseudopodien** (Singular: **Pseudopodium**, von dem griechischen Wort für „falscher Fuß"). Die zur amöboiden Bewegung fähigen Zellen besitzen eine äußere Schicht mit dickem, gallertartigem, actinreichem Cytosol („Gel") und eine innere, flüssigere Cytosolschicht („Sol"). Beispielsweise fließt in einer Amöbe mit ausgestrecktem Pseudopodium Material vorwärts in Richtung der Ausstülpung und verfestigt sich an der Spitze des Pseudopodiums (diesen Vorgang bezeichnet man häufig als Gelierung oder Gelation). Währenddessen geht gallertartiges Cytosol am Hinterende der Zelle in einen flüssigeren Zustand über und strömt in Richtung des Pseudopodiums („Verflüssigung").

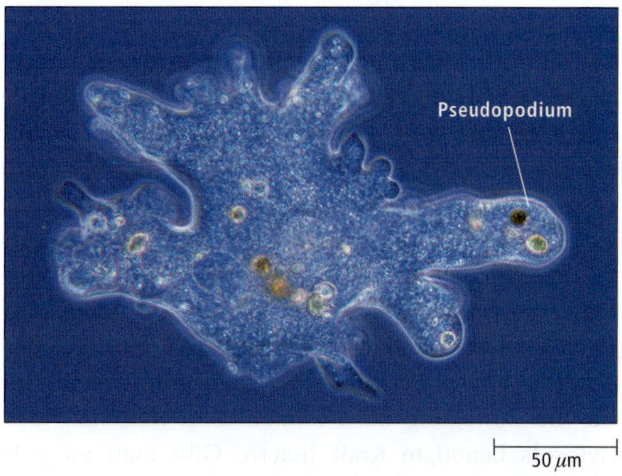

Abbildung 16.27: Die amöboide Bewegung. Mikroskopische Aufnahme von *Amoeba proteus*, einem Protozoen, der sich durch Ausstrecken der Pseudopodien fortbewegt (LM).

Proteine wie Gelsolin, die in diesen Gelen enthalten sind, können von Calcium aktiviert werden und daraufhin das Gel in den flüssigeren Zustand übergehen lassen. Versuche haben gezeigt, dass die vorwärts gerichtete Cytosol-Strömung im Pseudopodium ohne Druck aus dem Hinterende abläuft: Wenn man die Membran einer Pseudopodiumzelle mit einem Detergens entfernt, dann können die noch verbleibenden Komponenten weiterhin vorwärtsströmen, vorausgesetzt, man führt die richtig Mischung aus Ionen und anderen chemischen Substanzen zu. Ein auf das Endoplasma ausgeübter Druck, der vermutlich auf die Kontraktion eines Actomyosinnetzwerkes im Hinterende der Zelle zurückgeht, kann das Endoplasma auch vorwärtspressen, wodurch die Bildung einer Ausstülpung am vorderen Zellpol unterstützt wird.

16.6.4 Molekulare Motoren auf Actin-Basis bewegen Substrate im Cytoplasma einiger Zellen

Die cytoplasmatische Strömung, eine von Actomyosin abhängige Bewegung des Cytosols in einer Zelle, kann man bei einer Reihe von Organismen beobachten, die nicht zur amöboiden Bewegung fähig sind. Schleimpilze wie beispielsweise *Physarum polycephalum* bilden weit verzweigte Netzwerke, in denen das Cytosol hin und her strömt.

In vielen Pflanzenzellen umkreisen Zellbestandteile eine zentrale Vakuole. Diesen Strömungsvorgang bezeichnet man als *Cyclose*. Die Cyclose wurde am intensivsten bei der großen Algenzelle *Nitella* untersucht, die bis zu einen Meter hohe Vegetationskörper ausbildet. In diesem Fall scheinen durch die Strömung Zellinhalte zu zirkulieren und sich zu vermischen (▶*Abbildung 16.28a*). Verantwortlich für die cytoplasmatische Strömung sind Actinfilamente, denn in Zellen, die man mit Cytochalasin behandelt hat, wird die cytoplasmatische Strömung gehemmt. Bei *Nitella* liegt ein dichter Satz aufgereihter Mikrofilamente in der Nähe der Orte vor, an denen die Cyclose stattfindet (▶*Abbildung 16.28b*). An der Cyclose wirken spezifische Myosine mit, welche die für die Bewegung der Komponenten innerhalb des Cytosols benötigte Kraft liefern. Gibt man zu aufgebrochenen *Nitella*-Zellen Latexkügelchen, die mit verschiedenen Typen von Myosin behandelt wurden, dann bewegen sich die Kügelchen ATP-abhängig entlang der Actinfilamente, und zwar in die gleiche Richtung wie die normale Organellenbewegung.

Bei tierischen Zellen kann Myosin auch am Vesikeltransport mitwirken. Man weiß beispielsweise aufgrund sorgfältiger In-vitro-Beobachtung von Vesikeln aus dem Cytoplasma der Riesenaxone des Tintenfisches, dass einzelne Vesikel von Mikrotubuli auf Mikrofilamente springen können. Das bedeutet, dass die Vesikel an ihrer Oberfläche sowohl Mikrotubulimotoren, zum Beispiel Kinesin, als auch Myosine besitzen. Myosin V kann für die Actin-abhängige Vesikelbewegung von besonderer Bedeutung sein. Es könnte in der Lage sein, physikalisch mit Kinesinen auf der Oberfläche dieser Vesikel zu interagieren. Es wurde bereits nachgewiesen, dass Myosin V mit den Plusenden von Mikrotubuli interagiert. Daher eignet es sich gut als „Transferprotein" zwischen Mikrotubuli und dem Vesikeltransport durch Mikrofilamente. Beim *Griscelli-Syndrom*, einer vererbten Erkrankung des Menschen, leiden die Betroffenen an teilweisem Albinismus und neurologischen Störungen, die durch eine Mutation in dieser Klasse von Myosinen verursacht werden.

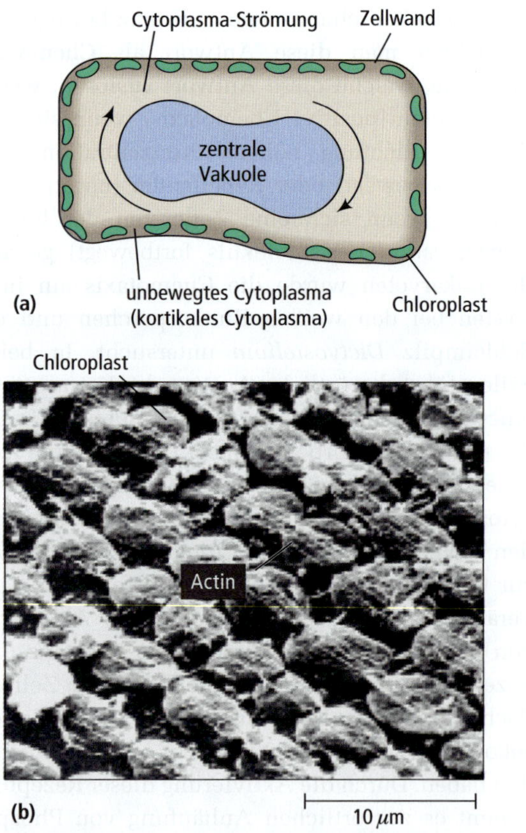

Abbildung 16.28: Die cytoplasmatische Strömung. (a) Cyclose in einer Algenzelle. Das Cytoplasma bewegt sich im Kreis um eine zentrale Vakuole und wird von Myosinmotoren angetrieben, die mit dem Actin, das an den Chloroplasten in der Nähe der Zellwand verankert ist, interagiert. (b) Chloroplasten und Actinfilamente in einer Algenzelle. Die Actinfilamente sind in parallel verlaufenden Strängen angeordnet.

▶ ZUSAMMENFASSUNG DER WICHTIGSTEN INHALTE ◀

Motile Systeme

- Zellmotilität und intrazellulärer Transport zellulärer Komponenten werden von Motorproteinen angetrieben, welche die ATP-Hydrolyse an Bewegungen auf Mikrotubuli (MT) oder Mikrofilamenten (MF) koppeln. Die ATP-Hydrolyse ist an Konformationsänderungen im Motorprotein gekoppelt, wodurch sich das Motorprotein auf den Elementen des Cytoskeletts bewegen kann.

Motilität durch Mikrotubuli

- Kinesine bewegen sich im Allgemeinen in Richtung des Plusendes von Mikrotubuli; Dyneine in Richtung des Minusendes.

- Es gibt viele Familien von Kinesinen, die als höchst fortbewegungsfähige Motorproteine wirken und auf den Mikrotubuli große Entfernungen zurücklegen können. Eine der wichtigsten Funktionen von Kinesinen besteht darin, intrazelluläre Ladung zu transportieren. Kinesine binden vor allem über ihre leichten Ketten an Adapterproteine und/oder deren Ladung.

- Es gibt nur relativ wenige Dyneine. Man kann sie in zwei Grundklassen einteilen: cytoplasmatische und axonemale Dyneine. Die cytoplasmatischen Dyneine binden an den Dynactin-Komplex, der als Adapter zwischen Dyneinen und deren Ladung fungiert.

- Mikrotubulimotoren sind für die Form und den Transport des Endomembransystems innerhalb von Zellen und für den intraflagellaren Transport zuständig.

- Axonemale Dyneine sind für die Krümmung von Cilien und eukaryotischen Flagellen verantwortlich. Die Dyneinarme ragen aus einer Mikrotubulusdublette heraus zur nächsten und lassen einen Satz von Mikrotubuli am anderen vorbei gleiten. Die neun äußeren Dubletten des Axonems sind seitlich miteinander verbunden und sternförmig mit dem zentralen Paar in einem Mikrotubulus verknüpft. Diese Verbindungen ermöglichen die Gleitbewegung, die von Dyneinen mit Energie versorgt wird, und die Krümmung der Cilie oder der Flagelle bewirkt.

Motilität durch Mikrofilamente

- Es gibt viele Familien von Myosinen, und viele bewegen sich zu den Plusenden der Mikrofilamente. Am besten ist die Familie von Myosin II untersucht, von der eine Form im Skelettmuskel vorkommt. Andere Myosine sind an höchst unterschiedlichen Ereignissen beteiligt: der Cytokinese, dem Vesikeltransport und der Endocytose.

- Die Skelettmuskelkontraktion beruht auf dem regelmäßigen Gleiten dünner, Actin-haltiger Filamente vorbei an dicken Myosinfilamenten. Dieser Vorgang wird durch die Interaktion zwischen dem ATPase-Kopf der Myosine und den aufeinanderfolgenden Myosin-Bindestellen auf den Actinfilamenten angetrieben. Die Kontraktion wird durch Freisetzung von Calcium aus dem sarkoplasmatischen Reticulum (SR) ausgelöst, das an Troponin bindet. Dies führt zu einer Konformationsänderung im Tropomyosin, wodurch wiederum auf dem dünnen Filament Myosinbindungsstellen freigelegt werden. Die Kontraktion lässt nach, wenn Calcium aktiv zurück in das SR gepumpt wird.

- Im glatten Muskel wird die Wirkung von Calcium durch Calmodulin vermittelt. Calmodulin aktiviert die Myosin-Leichtketten-Kinase, was zur Phosphorylierung von Myosin führt.

- Actin und Myosin wirken an verschiedenen Formen der Motilität mit, darunter der Kriechbewegung von Zellen, der amöboiden Bewegung, der cytoplasmatischen Strömung und der Cytokinese. Bei den kriechenden Zellen bewirkt die Polymerisation von Actin eine Verlängerung zellulärer Ausstülpungen; es folgen das Anheften der ausgestülpten Fortsätze an das Substrat und die Kontraktion der Zellen. Diese Vorgänge treiben die kriechende Vorwärtsbewegung der Zelle an.

ZUSAMMENHÄNGE HERSTELLEN

In *Kapitel 15* haben wir gesehen, wie sich cytoskelettale Polymere des Cytoskeletts streng kontrolliert zusammenbauen und auflösen. In diesem Kapitel haben wir uns damit befasst, wie Motorproteine sich auf diesen Polymeren entlangbewegen. Für die Zellbewegung nutzen Zellen Motorproteine des Cytoskeletts. Ebenso wie bei den anderen, bereits behandelten Mechanoenzymen, beispielsweise bei der F1-Untereinheit der mitochondrialen ATP-Synthase (*Kapitel 10*), wird die eukaryotische Motilität von einer Reihe von Motormolekülen angetrieben (Dyneine und Kinesine bei den Mikrotubuli, Myosin bei Actin), welche die Aufgabe von Mechanoenzymen ausüben. In diesem Fall ist die Bewegung an die Hydrolyse von ATP gekoppelt. Motoren des Cytoskeletts bewegen intrazelluläre Komponenten wie Vesikel und das Endomembransystem, mit denen wir uns in *Kapitel 12* beschäftigt haben, sowie Elemente des Cytoskeletts. Auch die Zellbewegungen werden von Motoren des Cytoskeletts bewerkstelligt. Tatsächlich ist Motilität ein wichtiges Thema in der Zellbiologie. Im Fall des glatten Muskels und der Chemotaxis haben Sie erfahren, dass diese Ereignisse genauestens durch Zellsignalisierung gesteuert werden, mit der wir uns in *Kapitel 14* auseinander gesetzt haben. Was den Skelettmuskel betrifft, so wird die Bewegung durch neuronale Aktivität gesteuert, einem zentralen Thema von *Kapitel 13*. Die Zellen können sich nur dann effizient bewegen, wenn sie aneinander oder an die extrazelluläre Matrix gebunden sind, dem Thema des nächsten Kapitels.

ÜBUNGSAUFGABEN

Schwierigere Aufgaben sind mit einem • gekennzeichnet.

16-1 Das Kartagener-Syndrom. Unfruchtbarkeit bei männlichen Erwachsenen mit dem angeborenen Kartagener-Syndrom beruht auf unbeweglichen Spermien. Durch zytologische Untersuchung hat man festgestellt, dass die Spermien der betroffenen Individuen Schwänze (das heißt Flagellen) besitzen, denen eine oder mehrere normale Strukturkomponenten fehlen. Diese Patienten haben wahrscheinlich auch eine Krankengeschichte mit Atemwegserkrankungen, vor allem wiederkehrender Bronchitis (Entzündung der Bronchien) und Sinusitis (Nasennebenhöhlenentzündung). Dies beruht auf dem Unvermögen, Schleim aus den Atemwegen und den Nebenhöhlen wegzutransportieren.

A Welches wäre eine wahrscheinliche mechanistische Erklärung für die Unbeweglichkeit der Spermien im Fall einer solchen Unfruchtbarkeit?

B Warum gibt es einen Zusammenhang zwischen den Atemwegserkrankungen und der Unfruchtbarkeit der betroffenen Individuen?

16-2 Eine bewegende Erfahrung. Geben Sie für jede der nachfolgenden Behauptungen an, ob sie auf das Motilitätssystem zutrifft, das Sie benötigen, um Ihren Arm zu heben (S), das Ihr Herz zum Schlagen bringt (H), das verdaute Nahrung durch ihren Darm transportiert (G) oder das Schleim und Fremdstoffe aus Ihrem Atemtrakt entfernt (C). In einigen Fällen kann mehr als eine Antwort zutreffen.

A Es hängt von den quergestreiften Muskeln ab, die man unter dem Elektronenmikroskop erkennt.

B Die Bewegung würde wahrscheinlich von eben jenen Medikamenten beeinträchtigt werden, die auch die Motilität eines begeißelten Protozoen einschränken.

C Für die Bewegung wird ATP benötigt.

D Die Bewegung erfolgt durch die von Calmodulin vermittelte Calciumsignalisierung.

E Die Bewegung erfolgt durch Wechselwirkung zwischen Actin- und Myosinfilamenten.

F Die Bewegung hängt in großem Maß von der Versorgung mit Energie durch Fettsäureoxidation ab.

G Die Bewegung wird vom willkürlichen Nervensystem gesteuert.

16-3 Die Muskelstruktur. Der Skelettmuskel des Frosches besteht aus dicken Filamenten mit einer Länge von 1,6 μm und dünnen Filamenten mit einer Länge von 1 μm.

A Welche Länge haben die A-Bande und die I-Bande eines Muskels mit einem Sarkomer von 3,2 μm Länge? Beschreiben Sie, wie sich die Verkürzung des Sarkomers während der Kontraktion von 3,2 auf 2,0 μm auf die Länge der beiden Banden auswirkt.

B Die H-Zone ist ein spezifischer Teil der A-Bande. Angenommen, die H-Zone einer jeden A-Bande verkürzt sich um 1,2 auf 0 μm, während sich das Sarkomer von 3,2 auf 2,0 μm verkürzt. Was können Sie daraus im Hinblick auf die physikalische Bedeutung der H-Zone ableiten?

C Welche Aussage können Sie über die Entfernung von der Z-Linie zum Rand der H-Zone während der Kontraktion treffen?

16-4 Rigor mortis und der Kontraktionszyklus. Im Tod versteifen sich alle Muskeln des Körpers und können nicht mehr gestreckt werden. Man sagt, dass der Leichnam in eine Leichenstarre (Rigor mortis) fällt.

A Erklären Sie die Ursache der Leichenstarre. An welcher Stelle wird der Kontraktionszyklus des Muskels beendet? Warum?

B Wann würde bei Ihnen die Leichenstarre schneller eintreten: wenn Sie zur Vorlesung rennen oder in einer Vorlesung sitzen? Begründen Sie Ihre Antwort.

C Welche Wirkung hätte Ihrer Ansicht nach die Zugabe von ATP auf die in der Leichenstarre befindlichen Muskeln?

• **16-5 AMPPNP und der Kontraktionszyklus**. AMPPNP ist die Abkürzung für ein Strukturanalog von ATP, dessen dritte Phosphatgruppe über eine CH_2-Gruppe und nicht über ein Sauerstoffatom an die zweite Phosphatgruppe gebunden ist. AMPPNP bindet an die ATP-Bindestelle praktisch aller ATPasen, auch bei Myosin. Es unterscheidet sich von ATP jedoch darin, dass das terminale Phosphat nicht durch Hydrolyse entfernt werden kann. Gibt man isolierte Myofibrillen in ein Reagenzglas mit einer Lösung aus Calciumionen und AMPPPNP, dann wird die Kontraktion schnell beendet.

A An welchem Punkt wird der Kontraktionszyklus durch AMPPNP unterbrochen? Zeichnen Sie die Anordnung des dünnen Filaments, des dicken Filaments und einer Querbrücke in unterbrochener Konfiguration.

B Würde die Kontraktion Ihrer Auffassung nach fortgesetzt werden, wenn man ATP in ein Reagenzglas geben würde, in dem sich durch AMPPNP gehemmte Myofibrillen befinden? Erklären Sie Ihre Antwort.

C Gibt es noch weitere Vorgänge in einer Muskelzelle, die Ihrer Ansicht nach durch AMPPNP gehemmt werden könnten?

16-6 In zwei verschiedene Richtung gezerrt. Die folgenden Fragen beziehen sich auf die Anordnung von Actin und Myosin in kontraktilen Strukturen.

A In den Sarkomeren des Skelettmuskels liegt die H-Zone in der Mitte und wird zu beiden Seiten von einer Z-Linie begrenzt. Während der Kontraktion bewegen sich die zu beiden Seiten liegenden Z-Linien in entgegengesetzter Richtung zur H-Zone. Myosin kann jedoch nur in einer Richtung auf einem Actinfilament entlanggleiten. Wie können Sie die in entgegengesetzte Richtungen verlaufenden Bewegungen der Z-Linien mit der unidirektionalen Bewegung von Myosin auf einem Actinfilament in Einklang bringen?

B Die Stressfasern der Nicht-Muskelzellen enthalten kontraktile Bündel von Actin und Myosin II. Wie müssen Actin und Myosin in den Stressfasern ausgerichtet sein, damit es zur Kontraktion der Stressfasern oder zum Aufbau einer Spannung kommen kann?

16-7 Nervöses Zucken. Die militärischen Konflikte der jüngsten Vergangenheit haben Diskussionen über „Massenvernichtungswaffen" aufkommen lassen, darunter auch über Nervengas. Ein Nervengas enthält die chemische Substanz Sarin. Sarin hemmt die Aufnahme des Neurotransmitters Acetylcholin. Welche Wirkung hätte Ihrer Meinung nach Sarin auf die Muskelfunktion von Individuen, die mit Nervengas in Kontakt kommen, und warum? Diskutieren Sie in Ihrer Antwort bitte eingehend, wie sich Sarin vermutlich auf die neuromuskuläre Verbindung auswirken würde und welche Wirkung auf die Signalisierungsereignisse und Vorgänge im Cytoskelett in den betroffenen Muskelzellen ausgeübt werden könnte.

• **16-8 Vorgewarnt**. Polarisierte Strukturen des Cytoskeletts und intraflagellarer Transport (IFT) sind an der Bildung von Cilien und Flagellen beteiligt.

A Durch Beobachtung der doppelt begeißelten Alge *Chlamydomonas reinhardtii* ist bekannt, dass sich Partikel mit einer Geschwindigkeit von 2,5 μm/min in Richtung der Flagellenspitzen bewegen. Die Partikel, die zur Basis der Flagellen zurückkehren, bewegen sich jedoch mit einer Geschwindigkeit von 4 μm/min. Wie erklären Sie diesen Geschwindigkeitsunterschied?

B Man hat in *Chlamydomonas* temperatursensitive Mutationen in einem Kinesin II identifiziert, das für den IFT benötigt wird. Diese Mutationen führen nur zu Störungen, wenn die Temperatur einen bestimmten Schwellenwert übersteigt, die sogenannte *restriktive Temperatur*. Wenn Algen mit vollständig ausgebildeten Flagellen bei restriktiver Temperatur wachsen, dann degenerieren ihre Flagellen. Was können Sie daraus im Hinblick auf die Notwendigkeit des IFT für dieses Experiment schließen?

C Ausgehend von Ihrem Wissen über die Direktionalität von Mikrotubulimotoren und mit der Information aus Aufgabenteil (b) sagen Sie bitte, wo Ihrer Ansicht nach die Plusenden der flagellaren Mikrotubuli lokalisiert sind. Begründen Sie Ihre Antwort.

16-9 Wieder AMPPNP. AMPPNP kann zur Untersuchung von Mikrotubulimotoren und von Myosinen eingesetzt werden.

A Welche Wirkungen hätte AMPPNP Ihrer Ansicht nach auf ein Spermiumflagellum? Gehen Sie bitte bei Ihrer Antwort speziell auf die Funktion des gehemmten Moleküls und die Wirkung auf die gesamte Flagellenfunktion ein.

B Als Wissenschaftler aufgereinigte Vesikel, Nervencytosol aus den Riesenaxonen von Tintenfischen und Mikrotubuli in Gegenwart von AMPPNP inkubierten, gingen die Vesikel mit den Mikrotubuli eine feste Bindung ein, bewegten sich aber nicht. Dann verwendeten die Wissenschaftler AMPPNP, um die Bindung mit den Mikrotubuli zu verstärken, und die an Proteine gebundenen Mikrotubuli wurden mittels Zentrifugation herausgefiltert. Das wichtigste durch diese Methode gereinigte Protein fördert den Transport von Vesikeln vom Zellkörper weg, in dem der Zellkern lokalisiert ist. Welches Protein war das?

WEITERFÜHRENDE LITERATUR

Historisch bedeutsame Literatur ist mit einem • gekennzeichnet.

Allgemeine Literaturstellen

Bray, D. *Cell Movements: From Molecules to Motility*, 2. Ausg. New York: Garland, 2001.

Vale, R. D. The molecular motor toolbox for intracellular transport. *Cell* 112 (2003): 467 – 480.

Motilität auf der Grundlage von Mikrotubuli

Gennerich, A. und R. D. Vale. Walking the walk: How kinesin and dynein coordinate their steps. *Curr. Opin. Cell Biol.* 21 (2009): 59,

Hirokawa, N., Y. Noda, Y. Tanaka und S. Niwa. Kinesin superfamily motor proteins and intracellular transport. *Nature Rev. Mol. Cell Biol.* 10 (2009): 682.

Hook, P. und R. B. Vallee. The dynein family at a glance. *J. Cell Sci.* 119 (2006): 4369.

Cilien und Flagellen

Brokaw, C. J. Thinking about flagellar oscillation. *Cell Motil. Cytoskeleton* 66 (2009): 425.

• Brokaw, C. J., D. J. L. Luck und B. Huang. Analysis of the movement of *Chlamydomonas* flagella: The function of the radial-spoke system is revealed by comparison of wild-type and mutant flagella. *J. Cell Biol.* 92 (1982): 722.

• Goodenough, U. W. und J. E. Heuser. Substructure of the outer dynein arm. *J. Cell Biol.* 95 (1982): 795.

• Grigg, G. Discovery of the 9 + 2 subfibrillar structure of flagella/cilia. *BioEssays* 13 (1991): 363.

Nicastro, D. et al. The molecular architecture of axonemes revealed by cyroelectron tomography. *Science* 313 (2006): 944.

Silverman, M. A. und M. R. Leroux. Intraflagellar transport and the generation of dynamic, structurally and functionally diverse cilia. *Trends Cell Biol.* 19 (2009): 306.

Motilität auf der Grundlage von Filamenten

Geeves, M. A. und K. C. Holmes. The molecular mechanism of muscle contraction. *Adv. Protein Chem.* 71 (2005): 161.

• Huxley, A. F. *Reflexions on Muscle.* Princeton, New Jersey: Princeton University Press, 1980.

• Huxley, A. F. The mechanism of muscular contraction. *Science* 164 (1969): 1356.

• Maruyama, K. Birth of the sliding filament concept in muscle contraction. *J. Biochem.* 117 (1995): 1.

Rossi, D., V. Barone, E. Giacomello, V. Cusimano und V. Sorrentino. The sarcoplasmatic reticulum: An organized patchwork of specialized domains. *Traffic* 9 (2008): 1044.

Silverthron, D. U. *Physiologie: Muskulatur.* Pearson-Verlag (2009): 565.

Spudich, J. A. The myosin swinging cross-bridge model. *Nature Rev. Mol. Cell Biol.* 2 (2001): 387.

Squire, J. M., H. A. Al-Khayat, C. Knupp und P. K. Luther. Molecular architecture in muscle contractile assemblies. *Adv. Protein Chem.* 71 (2005): 17.

Motilität auf der Grundlage nicht-muskulärer Filamente

Gillespie, P. G. und U. Müller. Mechanotransduction by hair cells: Models, molecules, and mechanisms. *Cell* 139 (2009): 33.

Hodge, T. und M. J. Cope. A myosin family tree. *J. Cell Sci.* (2000): 113: 3353.

Kay, R. R., P. Langridge, D. Traynor und O. Hoeller. Changing directions in the study of chemotaxis. *Nature Rev. Mol. Cell Biol.* 9 (2008): 455.

Le Clainche, C. und M. F. Carlier. Regulation of actin assembly associated with protusion and adhesion in cell migration. *Physiol. Rev.* 88 (2008): 489 – 513.

Ridley, A. J. et al. Cell migration: Integrating signals from front to back. *Science* 302 (2003): 1704.

• Taylor, D. L. und J. S. Condeelis. Cytoplasmatic structure and contractility in amoeboid cells. *Int. Rev.* 56 (1979): 57.

Vicente-Manzanares, M., X. Ma, R. S. Adelstein und A. R. Horwitz. Non-muscle myosin II takes centre stage in cell adhesion and migration. *Nature Rev. Mol. Cell Biol.* 10 (2009): 778.

Jenseits der Zelle: Zelladhäsionen, Zellverbindungen und extrazelluläre Strukturen

17

ÜBERBLICK

In den vorangegangenen Kapiteln haben wir Zellen so behandelt, als existierten sie isoliert und als endeten sie an der Plasmamembran. Die meisten Organismen sind jedoch mehrzellige Lebewesen. Sie bestehen aus vielen Zellen, ja manchmal aus Billionen von Zellen. Viele Zellarten – darunter auch die meisten Zellen Ihres Körpers – verbringen ihr Leben in direktem Kontakt zu benachbarten Zellen. Aufgrund der Organisation von Zellen zu *Geweben* können vielzellige Organismen komplexe Strukturen aufbauen. Diese Gewebe sind wiederum auf präzise Art und Weise angeordnet, um so einen Organismus zu bilden. Wie ist es diesen Geweben möglich, Struktur anzunehmen? Betrachten Sie die beiden Typen tierischer Gewebe, die in ▶*Abbildung 17.1* dargestellt sind. Ein Typ ist eine Schicht aus Zellen, das Epithel. Das sind zum Beispiel die Zellen, die den Dünndarm oder die Atemwege auskleiden, aber auch die Haut ist ein Epithel. Diese Zellen sind eindeutig *polarisiert* – das heißt, sie enthalten an den gegenüberliegenden Zellseiten deutlich abgegrenzte funktionale Domänen. Die mit der äußeren Umgebung in Kontakt stehende Zellseite (zum Beispiel das Lumen des Dünndarms oder der Atemwege) wird häufig als *apikale* (oder auch luminale) Zellseite bezeichnet. Die Bereiche unterhalb der festen Tight Junctions (Schlussleisten), inklusive der Bereiche, die mit der Basallamina in Kontakt stehen, sowie die seitlichen Bereiche zwischen den Zellen bilden die *basolaterale* Seite der Zelle (nicht ganz korrekt auch als basale Seite bezeichnet). Der andere in *Abbildung 17.1* dargestellte Zelltyp stammt aus einem weniger fest organisierten Gewebetyp, dem *Bindegewebe*, beispielsweise der Lederhaut der Haut. In jedem Fall müssen die Zellen miteinander verbunden oder an ein mechanisch festes Gerüst gebunden sein, oder sie gehen beide Formen der Verbindung ein. Möchte man also verstehen, wie vielzellige Organismen aufgebaut sind, so muss man sowohl die Verbindungen zwischen den Zellen, die *Zell-Zell-Adhäsionen*, als auch die *extrazellulären Strukturen* betrachten, an die sich Zellen anheften. Zellen nutzen eine ganze Reihe ausgeklügelter molekularer Komplexe oder Verbindungen, um sich aneinanderzuheften, und an den meisten dieser Komplexe wirken Transmembranproteine mit, welche die Zelloberfläche mit dem Cytoskelett verbinden (darüber haben Sie viel in den *Kapiteln 15* und *16* gelernt). Um sich an extrazelluläre Strukturen zu heften, nutzen Zellen aber andere Typen molekularer Komplexe. Dafür sind spezifische Verknüpfungen zwischen der Zelloberfläche und dem Cytoskelett erforderlich.

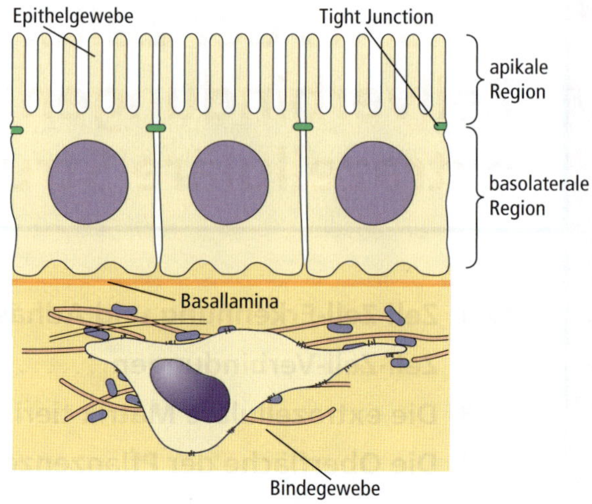

Abbildung 17.1: Zwei verschiedene Gewebetypen bei Tieren. Gewebe sind vielzellige Strukturen, die aus Zellen bestehen, welche über extrazelluläres Material miteinander verbunden sind. In einem polarisierten Epithel (oben), beispielsweise den Zellen, die den Dünndarm von Säugetieren auskleiden, sind die Zellen über Zell-Zell-Adhäsionen (Tight Junctions) miteinander verbunden. Die apikalen Oberflächen dieser Zellen unterscheiden sich funktional und strukturell erheblich von den Oberflächen der basolateralen Seite, die sich auf der sogenannten Basallamina befinden. In einem Bindegewebe (unten), beispielsweise der Lederhaut der Haut, sind locker miteinander verbundene Zellen in extrazelluläre Matrixfasern eingebettet.

Die extrazellulären Strukturen bestehen vor allem aus Makromolekülen, die von der Zelle ausgeschieden werden. Tierische Zellen haben eine *extrazelluläre Matrix* (engl.: *extracellular matrix*; ECM), die in verschiedenen Formen existiert und wichtige Aufgaben bei zellulären Vorgängen wie der Zellteilung, der Motilität, der Differenzierung sowie der Adhäsion übernimmt. Epithelzellen, wie sie in *Abbildung 17.1* zu sehen sind, bilden beispielsweise basolateral eine spezialisierte extrazelluläre Matrix, die *Basallamina*, eine zellfreie Proteinschicht „unter" den Epithelzellen. Bindegewebe bilden wiederum eine weniger fest organisierte Matrix. Bei Pflanzen, Pilzen, Algen und Prokaryoten ist die extrazelluläre Struktur eine *Zellwand* – auch wenn deren chemische Zusammensetzung sich bei diesen Organismen ganz beträchtlich unterscheiden kann. Zellwände verleihen den Zellen, die sie umschließen, Festigkeit. Sie dienen als Permeabilitätsbarrieren und schützen die Zellen vor physikalischem Schaden und vor Angriffen von Viren und infektiösen Organismen.

Den größten Teil unserer Aufmerksamkeit widmen wir in diesem Kapitel den Zell-Zell-Kontakten tierischer Zellen, den für diese Adhäsionen charakteristischen Verbindungen und der Antwort auf die Frage, wie tierische Zellen mit der extrazellulären Matrix in Wechselwirkung treten. Anschließend werden wir uns mit den Wänden beschäftigen, welche die pflanzliche Zelle umgeben, und den spezialisierten Strukturen, die eine Zell-Zell-Kommunikation zwischen pflanzlichen Zellen ermöglicht, obwohl eine Zellwand zwischen den Zellen liegt.

Zell-Zell-Erkennung und Adhäsion 17.1

Einzelne Zellen können sich zu präzisen Mustern anordnen und Gewebe, Organe und Organsysteme bilden. Dafür müssen diese einzelnen Zellen in der Lage sein, sich zu erkennen, sich zu verbinden und miteinander zu kommunizieren. In diesem Abschnitt werden wir uns mit dem *Zell-Zell-Kontakt* beschäftigen und uns später in diesem Kapitel *interzellulären Verbindungen* widmen.

17.1.1 Transmembranproteine vermitteln Zell-Zell-Kontakte

Tierische Zellen machen sich spezialisierte Adhäsionsrezeptoren zunutze, um miteinander Verbindungen einzugehen. Viele dieser Adhäsionsproteine sind Transmembranproteine, was bedeutet, dass der extrazelluläre Anteil dieser Proteine mit dem extrazellulären Teil ähnlicher Proteine auf der Oberfläche einer benachbarten Zelle interagieren kann. Obwohl schematische Zeichnungen adhäsiver Strukturen nahelegen können, dass es sich nach dem Zusammenbau um statische Strukturen handeln könnte, so trifft das überhaupt nicht zu. Zellen können Adhäsionen als Antwort auf eine Vielzahl von Signalen dynamisch zusammensetzen und abbauen. Viele Adhäsionsproteine werden ständig recycelt: Proteine von der Zelloberfläche werden durch Endocytose aufgenommen und neue Proteine werden durch Exocytose auf der Oberfläche abgelagert. Außerdem dienen Adhäsionsproteine als Schlüsselstellen für die Zusammensetzung von Signalisierungskomplexen in Zellen und für die dynamische Zusammensetzung wichtiger Strukturen des Cytoskeletts an Orten der Zelladhäsion. Auf diese Weise wird die Zelladhäsion mit anderen sehr wichtigen Vorgängen koordiniert, unter anderem der Zellsignalisierung, der Zellbewegung, dem Zellwachstum und dem Überleben der Zelle.

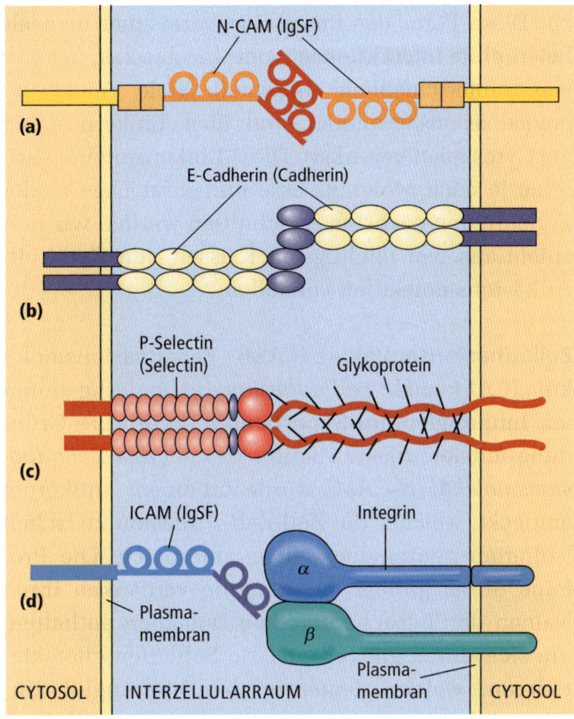

Abbildung 17.2: **Verschiedene Typen der Zell-Zell-Adhäsionsproteine**. Zellen binden mit Hilfe von Transmembranproteinen an andere Zellen. Diese Transmembranproteine gliedern sich in einige wenige Hauptklassen: (a) die Proteine der *Immunglobulin-Superfamilie (IgSF)*, wie N-CAM; (b) Cadherine, zum Beispiel E-Cadherin; (c) Selectine, die mit den Kohlenhydraten der Glykoproteine auf anderen Zellen eine Bindung eingehen; und (d) in einigen wenigen Fällen, wie bei den Leukocyten, die Integrine, die an IgSF-Proteine wie ICAM auf der Oberfläche von Endothelzellen binden.

Heute wissen wir, dass die Zell-Zell-Adhäsionsrezeptoren in eine relativ kleine Anzahl von Klassen eingeteilt werden können. Dazu zählen die Proteine der *Immunglobulin-Superfamilie (IgSF)*, *Cadherine*, *Selectine* und in einigen wenigen Fällen die *Integrine* (▶*Abbildung 17.2*). In jedem Fall bindet das Adhäsionsprotein auf der Oberfläche der einen Zelle an den geeigneten Liganden auf der Oberfläche einer benachbarten Zelle. In einigen Fällen, zum Beispiel bei vielen Cadherinen und den Mitgliedern der Immunglobulin-Superfamilie, interagieren Zellen mit identischen Molekülen auf der Zelloberfläche, an die sie angeheftet sind. Man bezeichnet derartige Wechselwirkungen als **homophile Interaktionen** (aus dem Griechischen von *homos*, was „gleich", und *philia*, was „Freundschaft" bedeutet). In anderen Fällen, interagiert ein Zelladhäsionsrezeptor auf einer Zelle mit einem anderen Molekül auf der Oberfläche der Zelle, an die er bindet; beispielsweise trifft dies auf die Selectine und die Integrine zu. Diese Form der Interaktion bezeichnet man als **heterophile Interaktionen** (vom Griechischen *heteros*, was „unterschiedlich" bedeutet). Viele Transmembranadhäsionsrezeptoren sind über Linkerproteine am Cytoskelett verankert. Diese Linkerproteine variieren je nach Molekülklasse und ihrer Lage in der Zelle. In den nächsten Abschnitten werden wir Beispiele aus den wichtigsten Klassen von Zell-Zell-Adhäsionsmolekülen vorstellen.

Zelladhäsionsmoleküle (CAM) Zelladhäsionsmoleküle (CAM; engl.: *cell adhesion molecules*) gehören zur **Immunglobulin-Superfamilie (IgSF)**. Das Gründungsmitglied dieser Familie, das *neurale Zelladhäsionsmolekül (N-CAM)*, wurde mit einem Antikörper entdeckt, welcher die Zell-Zell-Adhäsion zwischen isolierten neuronalen Zellen unterbrach. Die Proteine dieser großen Superfamilie verdanken ihren Namen der Tatsache, dass sie Domänen enthalten, die sich durch gut organisierte Schleifen charakterisieren, welche denen in den Immunglobulin-Untereinheiten ähneln, aus denen sich Antikörper zusammensetzen. Zum Beispiel interagieren CAM, z. B. N-CAM, auf einer Zelle über diese Domänen homophil mit den CAM auf einer benachbarten Zelle. Andere IgSF-Mitglieder interagieren heterophil mit ihren Liganden. IgSF-Mitglieder nehmen an einer Vielzahl von Adhäsionsereignissen teil. Im embryonalen Nervensystem sind CAM, wie N-CAM und L1-CAM, am Wachstum und der Bündelung von Neuronen beteiligt. Menschen mit Mutationen im L1-CAM-Gen haben Störungen im Corpus callosum (einer quer verlaufenden Verbindung zwischen den beiden Hirnhemisphären), welche mentale Retardierung und andere Defekte hervorrufen.

Cadherine Mit Hilfe von Antibiotika zur Blockierung der Zell-Zell-Kontakte entdeckte man die **Cadherine**, eine wichtige Gruppe adhäsiver Glykoproteine, die in der Plasmamembran der meisten tierischen Zellen vorkommen. Ebenso wie die CAM spielen auch die Cadherine bei der Zell-Zell-Erkennung und der Adhäsion eine entscheidende Rolle. Die beiden Proteingruppen kann man unterscheiden, weil Cadherine im Gegensatz zu CAM Calcium für ihre Funktionsfähigkeit benötigen. Ca^{2+} bindet und stabilisiert die Konformation von Cadherinen, sodass sie die Zell-Zell-Adhäsion vermitteln können.

Cadherine sind durch eine Reihe strukturell ähnlicher Domänen (oder „Wiederholungen", engl.: *repeats*) in ihrer extrazellulären Domäne charakterisiert. Diese auch Ektodomänen (EC-Domänen) genannten Sequenzen sind ca. 100 Aminosäuren lang, evolutionär hoch konserviert und besitzen negative

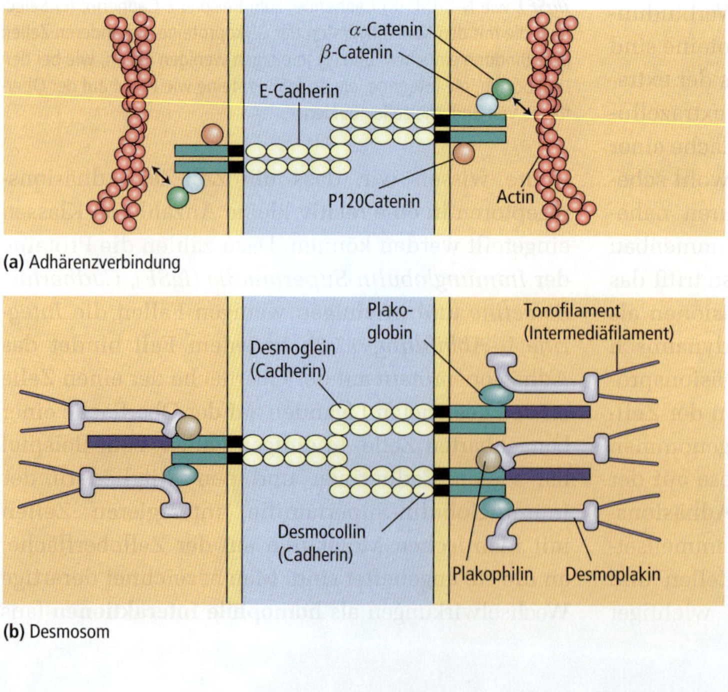

Abbildung 17.3: Die Struktur der Cadherine. Cadherine kommen an den Stellen der Zell-Zell-Adhäsion vor. (a) „Klassische" Cadherine, wie E-Cadherin, vermitteln die Zell-Zell-Kontakte an den Adhärenz-Verbindungen (engl.: *adherens junctions*, eine Gruppe von Adhäsionsverbindungen). E-Cadherinmoleküle assoziieren paarweise in der Plasmamembran (Homodimere) und interagieren über extrazelluläre Domänen mit Homodimeren in den benachbarten Zellen. Ihr cytosolischer Schwanz bindet an das Linkerprotein β-Catenin. β-Catenin bindet seinerseits an α-Catenin, das wiederum die Bindung zu Actin herstellt. (b) Die Cadherine in den Desmosomen, die Desmocolline und Desmogleine, interagieren wahrscheinlich paarweise. Man nimmt an, dass sich benachbarte Zellen über ihre Desmogleine aneinanderknüpfen. Im Cytosol interagieren desmosomale Cadherine mit Proteinen im desmosomalen Plaque (Plakoglobin, Plakophilin und Desmoplakin), welches Desmosomen mit intermediären Filamenten verankert.

Bereiche, die Ca^{2+}-abhängige homophile Bindungen ermöglichen. Die einzelnen Ektodomänen sind durch kurze Linkersequenzen miteinander verbunden und wiederholen sich bis zu 34-mal. Mitglieder der Cadherin-Superfamilie besitzen eine erheblich schwankende Anzahl dieser Wiederholungen und unterscheiden sich zudem in der Struktur der cytosolischen Enden. Das am besten charakterisierte Cadherin, das E-Cadherin (*E* steht für „Epithel") besitzt fünf Wiederholungsdomänen. E-Cadherinmoleküle assoziieren paarweise in der Plasmamembran. Aufgrund der Struktur ihrer extrazellulären Domänen können sie sich, gleich einem Reißverschluss, homophil verschließen, denn die Cadherine einer Zelle greifen mit den Cadherinen einer benachbarten Zelle ineinander (▸*Abbildung 17.3*). An ihren cytosolischen Enden assoziieren Cadherine mit dem Cytoskelett, wodurch sie die Zelloberfläche mit dem Cytoskelett verbinden. Diese Verbindungen unterscheiden sich bei den verschiedenen Typen der Cadherine. Damit werden wir uns auseinandersetzen, wenn wir uns zu einem späteren Zeitpunkt in diesem Kapitel mit der Struktur der Zell-Zell-Verbindungen beschäftigen.

In den spezifischen Geweben werden verschiedene Cadherine exprimiert. Ihre regulierte Expression ist ein ganz besonders faszinierendes Merkmal der embryonalen Entwicklung und bedingt die Fähigkeit verschiedener Gewebe, sich voneinander zu trennen, wenn der Embryo seine Gestalt ändert. Die Rolle der verschiedenen Cadherine bei der Zell-Zell-Adhäsion hat man anhand kultivierter Fibroblasten, den sogenannten *L-Zellen*, untersucht. Sie gehen eine nur schwache Bindung miteinander ein und enthalten wenig Cadherin. Als man aufgereinigte DNA, die E-Cadherin oder P-Cadherin kodiert (P steht für „die Plazenta", in der man dieses Cadherin erstmalig beschrieb), in L-Zellen einführte, begannen die Zellen mit der Bildung von Cadherinen und banden fester aneinander. Außerdem binden die L-Zellen, die E-Cadherin bilden, vorzugsweise an andere, gleichfalls E-Cadherin bildende Zellen. Ähnlich verhält es sich mit Zellen, die P-Cadherin bilden und selektiv an andere, ebenfalls P-Cadherin bildende Zellen binden (▸*Abbildung 17.4*). Aus diesen Beobachtungen kann man folgern, dass die Menge und die Arten der Cadherinmoleküle auf Zelloberflächen bei der Zuweisung der Zelltypen zu spezifischen Geweben helfen.

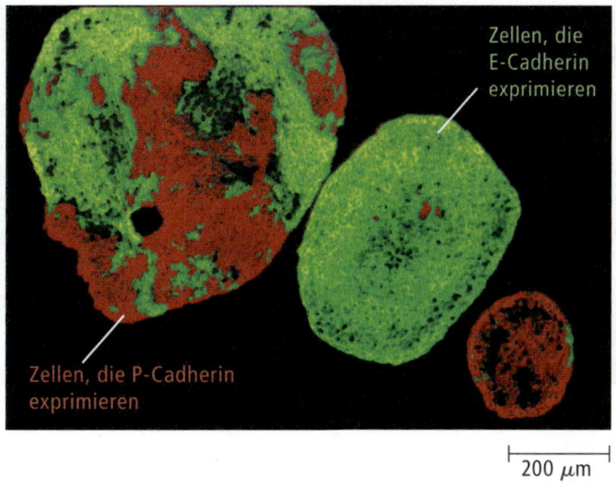

Abbildung 17.4: Die Wirkung von Cadherinen auf Zell-Zell-Kontakte. Normalerweise binden kultivierte L-Zellen nicht aneinander. Wenn man DNA, die E-Cadherin oder P-Cadherin kodiert, in diese Zellen einführt, dann wird Cadherin gebildet und es findet ein Zell-Zell-Kontakt statt. Zellen, die P-Cadherin (rot) und Zellen, die E-Cadherin (grün) bilden, kann man mit fluoreszierenden, für das jeweilige Cadherin spezifischen Antikörpern anfärben. Das Färbemuster zeigt, dass die P-Cadherin bildenden Zellen in anderen Regionen lokalisiert sind als die Zellen, die E-Cadherin bilden. Dieser Befund weist darauf hin, dass E-Cadherin bildende Zellen vorzugsweise an andere E-Cadherin bildende Zellen binden. Ganz ähnlich ist es bei Zellen, die P-Cadherin bilden und vorzugsweise an andere P-Cadherin bildende Zellen binden.

Vor allem bei der embryonalen Entwicklung spielen die Cadherine eine Hauptrolle. Während der embryonalen Entwicklung sind der dynamische Zusammenbau und der Abbau von Adhäsionen auf Cadherinbasis strengstens reguliert. Hemmt man beispielsweise in Froschembryos die mRNA, die für den wichtigsten Cadherintyp kodiert, dann verlieren die Froschembryos ihre normale Organisation (▸*Abbildung 17.5*). Andere Cadherine (N-Cadherine) unterstützen neuronale Zellen bei der Bildung von Nervenbündeln und dem Aufbau synaptischer Verbindungen. Ein Prozess von ganz besonderer Bedeutung, der häufig während der embryonalen Entwicklung abläuft, ist der Abbau eines Epithels zu locker organisierten, migratorischen Zellen, den sogenannten Mesenchymzellen. Diese *Epithel-Mesenchym-Transition (EMT)* geht mit Veränderungen in der Cadherinexpression einher. Veränderungen in der Cadherinexpression finden auch in Krebszellen statt. Sehr häufig stoppt auf den Oberflächen von Krebszellen die Expression von Cadherinen, zum Beispiel die Expression von E-Cadherin. Daraus folgt, dass sie im Gegensatz zu gesunden Zellen eine EMT durchlaufen, und diese Zellen sich damit auf andere Körperteile ausbreiten können. Diesen Vorgang bezeichnet man als Metastasierung, die Bildung von Metastasen (siehe *Kapitel 24*).

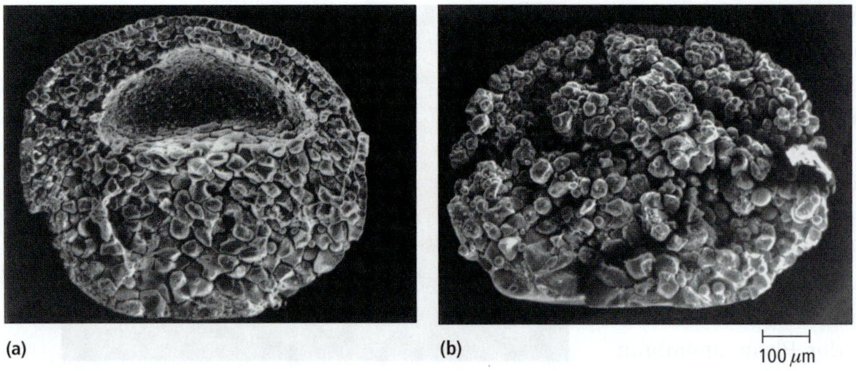

Abbildung 17.5: Cadherine während der embryonalen Entwicklung. Nach zahlreichen Zellteilungszyklen bilden Froschembryonen eine Blastula, in der sich ein mit Flüssigkeit gefüllter und mit Zellen ausgekleideter Hohlraum befindet. Wenn man in den Embryonen die mRNA für ein spezielles Cadherin (EP-Cadherin) zerstört, dann können sie kein EP-Cadherinprotein mehr bilden. Das verhindert die normale Entwicklung (b), verglichen mit Kontrollembryonen (a).

17.1.2 Kohlenhydratgruppen sind für die Zell-Zell-Erkennung und die Adhäsion wichtig

Ebenso wie andere Glykoproteine beeinflussen wahrscheinlich die Kohlenhydratseitenketten der CAM und der Cadherine deren Adhäsionseigenschaften. Des Weiteren gibt es einige gut untersuchte Beispiele dafür, wie sich auf der Zelloberfläche lokalisierte Kohlenhydrate auf die Zelladhäsion auswirken.

Lectine Eine Beteiligung von Kohlenhydratgruppen an der Zelladhäsion wird dadurch deutlich, dass viele tierische und pflanzliche Zellen Kohlenhydrat-Bindungsproteine abgeben, die sogenannten **Lectine**. Lectine fördern die Zell-Zell-Adhäsion, indem sie an einen spezifischen Zucker oder eine spezifische Zuckersequenz binden, die sich auf der äußeren Zelloberfläche befindet. Da Lectine im Allgemeinen mehr als nur eine Kohlenhydratbindungsstelle besitzen, können sie an die Kohlenhydratgruppen auf zwei verschiedenen Zellen binden, wodurch die Zellen vernetzt werden.

Selectine und die Leukocytenadhäsion Die Kohlenhydraterkennung spielt später in diesem Kapitel noch eine wichtige Rolle, und zwar bei den Interaktionen von Leukocyten (weißen Blutkörperchen) mit Endothelzellen, die Blutgefäße auskleiden, oder mit Blutplättchen. Die Zelloberflächenglykoproteine mit der Bezeichnung **Selectine** vermitteln diese Wechselwirkungen. Jeder Zelltyp exprimiert ein anderes Selectin (L-Selectin auf Leukocyten, E-Selectin auf den Endothelzellen der Blutgefäße und P-Selectin auf Blutplättchen und Endothelzellen). Leukocyten rollen an den Wänden von Blutgefäßen entlang. Im Fall einer Entzündung heften sie sich in der Nähe des Entzündungsherdes an die Wand des Blutgefäßes und wandern dann aus dem Blutgefäß heraus zum Ort der Entzündung. Die erste Anheftung der Leukocyten wird durch Bindung von Selectinen auf den Leukocyten an Kohlenhydrate auf der Oberfläche von Endothelzellen und umgekehrt vermittelt. Wenn die Leukocyten sich nicht mehr bewegen und beginnen, in das Gewebe einzudringen, bilden sie stabilere Kontakte. Diese werden von einem spezifischen Integrin an der Oberfläche des Leukocyten und von Proteinen der Immunglobulin-Superfamilie, den *ICAM*, auf den Oberflächen von Endothelzellen vermittelt (▶*Abbildung 17.6*).

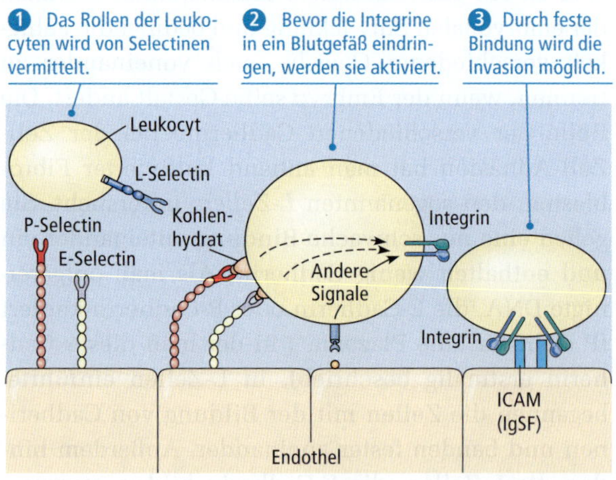

Abbildung 17.6: Die Leukocytenadhäsion und Selectine. Die erste Anheftung von Leukocyten an Endothelzellen wird von Selectinen vermittelt. Daraufhin können sie an den Endothelzellen entlangrollen, welche die Blutgefäße auskleiden. Aufgrund der starken, von Integrinen vermittelten Adhäsion können die Leukocyten stoppen und zwischen den Zellen in der Wand des Blutgefäßes hindurch zu den Entzündungsorten schlüpfen.

(Adaptiert von D. Vestweber und J. E. Blanks, Mechanisms that regulate the function of the selectins and their Ligands, Physiological Reviews 79 (1), Januar 1999: 181 – 213, Abb. 1. Mit Genehmigung der Am Physiol. Soc.)

Kohlenhydrate und das Überleben der Erythrocyten Eines der am eingehendsten untersuchten Beispiele zur Verdeutlichung der Wichtigkeit von Kohlenhydraten auf der Zelloberfläche ist die Bestimmung der Blutgruppen A, B, AB und 0 des Menschen mit Hilfe einer spezifischen Kohlenhydratseitenkette auf einem Glykolipid der Erythrocyten-Plasmamembran. Das AB0-Blutgruppensystem beruht auf Unterschieden in den Kohlenhydratseitenketten auf der Oberfläche der roten Blutkörperchen. Wenn man bei einer Transfusion die falsche Blutgruppe wählt, kann es dadurch zur Verklumpung der roten Blutkörperchen kommen und möglicherweise den Tod eines Patienten zur Folge haben.

Die vier Blutgruppen im AB0-System hängen von genetisch bedingten Unterschieden in der Struktur einer verzweigten Kohlenhydratkette ab, die an ein spezifisches Glykoprotein in der Plasmamembran des Erythrocyten gebunden ist. Bei Individuen mit der Blutgruppe A findet sich an den Enden dieses Kohlenhydrats der Aminozucker *N*-Acetylgalactosamin (GalNAc), während Individuen mit der Blutgruppe B stattdessen Galactose (Gal) haben. Bei Individuen mit der Blutgruppe AB liegt sowohl *N*-Acetylgalactosamin als auch Galactose vor. Bei Individuen mit der Blutgruppe 0 kommt keiner dieser terminalen Zucker vor.

Diese geringfügigen Unterschiede haben gewaltige Auswirkungen auf die Kompatibilität von Bluttransfusionen, denn im Blutstrom von Menschen mit den Blutgruppen A, B oder 0 befinden sich Antikörper, die den jeweiligen terminalen Zucker dieses spezifischen Glykoplipids erkennen und an ihn binden. Ein Individuum, in dessen Blut Antikörper gegen einen oder beide Zucker (GalNAc oder Gal) vorliegen, verträgt keine Bluttransfusion von einem Spender, in dessen Blut das Glykolipid mit dem terminalen Zucker enthalten ist. Individuen der Blutgruppe A besitzen Antikörper gegen Kohlenhydratseitenketten, die mit Galactose enden. Gerade diese kommen im Blut der Blutgruppen B und AB vor. Daher kann man bei ihnen keine Transfusion mit Blut der Blutgruppen B und AB durchführen. Hingegen können sie Blut von Spendern mit den Blutgruppen A oder 0 erhalten. Umgekehrt bedeutet dies, dass Individuen mit der Blutgruppe B Antikörper gegen Kohlenhydratseitenketten besitzen, die mit GalNAc enden, die bei den Blutgruppen A und AB auftreten. Aus diesen Grunde kann man keine Transfusion mit Blut der Blutgruppen A oder AB durchführen, wohl aber mit Blut von Spendern der Blutgruppen B oder 0. Individuen der Blutgruppe 0 bezeichnet man als Universalspender, denn ihre Erythrocyten lösen keine Immunantwort bei anderen Blutgruppen aus, da sie keine Antigene vom Typ A oder B tragen.

Zell-Zell-Verbindungen 17.2

Per Definition kommt bei einzelligen Organismen keine dauerhafte Assoziation zwischen Zellen vor (obwohl sie vorübergehend Assoziationen eingehen können, beispielsweise bei Bakterienschwärmen oder der Aggregation von Amöbenzellen der Schleimpilze). Während bei ihnen eine einzelne Zelle in sich eine Einheit bildet, verfügen vielzellige Organismen über spezifische Mechanismen, mit deren Hilfe Zellen langfristig zu Gruppen zusammengefasst und Gewebe und Organe gebildet werden. Diese Assoziationen beruhen im Allgemeinen auf spezialisierten Modifikationen der Plasmamembran genau an den Stellen, an denen die Zellen in Kontakt treten. Diese spezialisierten Strukturen bezeichnet man als **Zell-Zell-Verbindungen** (engl.: *cell-cell-junctions*). Die drei am häufigsten bei Tieren auftretenden Zell-Zell-Verbindungen sind *Adhäsionsverbindungen*, *Tight Junctions* und *Gap Junctions*. In ▸*Abbildung 17.7* sind diese Verbindungsarten dargestellt.

Bei Pflanzen ist durch die Existenz der Zellwand zwischen den Plasmamembranen benachbarter Zellen die Arten von Zellverbindungen, welche tierische Zellen verknüpfen, nicht möglich. Trotzdem üben die Zellwand und besondere Strukturen, die *Plasmodesmen* (auch *Plasmodesmata*), ähnliche Funktionen aus, womit wir uns später in diesem Kapitel beschäftigen werden.

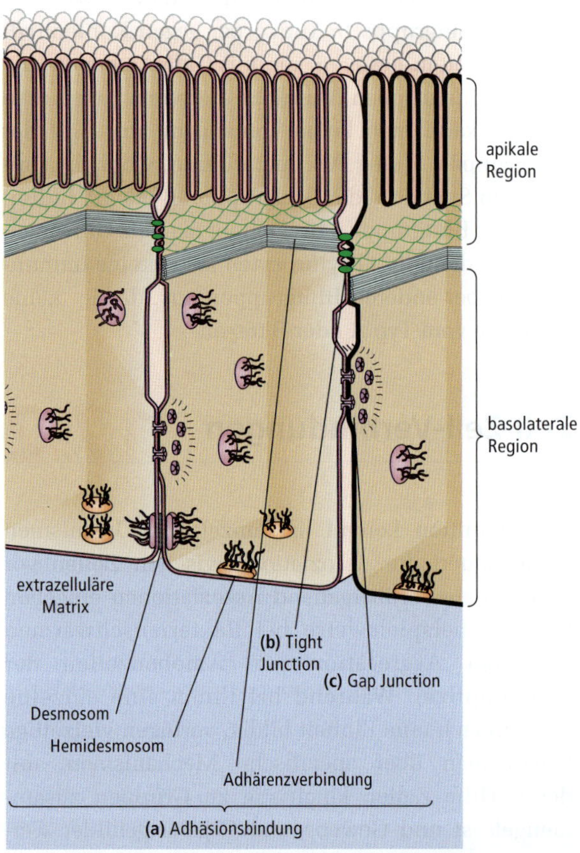

Abbildung 17.7: Die wichtigsten Zellverbindungen bei tierischen Zellen. (a) Adhäsionsverbindungen sind auf die Zell-Zell- und die Zell-ECM-Adhäsion spezialisiert. Desmosomen und Hemidesmosomen binden an intermediäre Filamente in der Zelle, während Adhärenzverbindungen und fokale Kontakte an Actinmikrofilamente binden. (b) Tight Junctions bauen eine weitgehend impermeable Abdichtung zwischen Zellen auf, wodurch Flüssigkeiten, Moleküle oder Ionen daran gehindert werden, über den interzellulären Zwischenraum eine Zellschicht zu durchqueren. (c) Gap Junctions ermöglichen eine direkte chemische und elektrische Kommunikation zwischen Zellen, indem sie die Passage kleiner Moleküle und Ionen von einer Zelle zur anderen zulassen. Beachten Sie, dass Adhäsionsverbindungen ebenso wie Tight Junctions auch Actin akkumulieren können (in der Abbildung nicht dargestellt).

17.2.1 Polaritäts-Proteine regulieren die Positionierung von Zell-Zell-Verbindungen

Sowohl einzelne freibewegliche Zellen als auch Epithelien zeigen eine deutliche funktionelle Polarität. Sie besitzen definierte Regionen, die offensichtlich unterschiedliche Aktivitäten ausführen. Vor allem Epithelzellen zeigen eine ausgeprägte Polarität, durch welche die apikale von der basolateralen Seite der Zelle getrennt ist (siehe *Abbildung 17.1*). In zahlreichen Untersuchungen, darunter grundlegenden Publikationen über den Nematoden *C. elegans* und die Taufliege *Drosophila*, hat man Proteine identifiziert, die dazu beitragen, die Polarität der Epithelzellen aufzubauen und aufrechtzuhalten. Ein wichtiger Proteinkomplex, der an den apikalen Seiten der Epithelzellen lokalisiert ist, ist der *Par3/Par6/atypische-Proteinkinase-C(aPKC)-Komplex*. Die Namen der Par-Proteine beruhen auf Mutationen in *C. elegans*, die zur fehlerhaften Verteilung (engl.: *par*titioning) von Zellbestandteilen im einzelligen Embryo führen. In Verbindung mit den Proteinen der Rho-Familie Cdc42 oder Rac übernimmt der Par3/Par6/aPKC-Komplex eine wichtige Aufgabe bei der Rekrutierung weiterer Proteinkomplexe an den apikalen Seiten von Epithelzellen. Par-Proteine spielen zudem eine wichtige Rolle bei nicht-epithelialen Zellen, doch ist darüber wesentlich weniger bekannt.

17.2.2 Adhäsionsverbindungen verknüpfen benachbarte Zellen miteinander

Eine der drei wichtigsten Typen von Verbindungen zwischen tierischen Zellen ist die **Adhäsionsverbindung** (▶ *Tabelle 17.1*). Adhäsionsverbindungen verknüpfen Zellen zu Geweben, wodurch die Zellen die Fähigkeit erlangen, als Einheit zu funktionieren. Alle Verbindungen dieser Kategorie verankern die Zelloberfläche am Cytoskelett. Das daraus hervorgehende untereinander verknüpfte Netzwerk aus Membranen und Cytoskelett hilft, die Integrität des Gewebes zu erhalten und mechanischem Stress zu widerstehen.

Die beiden wichtigsten Arten der Zell-Zell-Adhäsionsverbindungen sind *Adhärenzverbindungen* (engl.: *adherens junctions*) und *Desmosomen* (*Abbildung 17.7*). Trotz struktureller und funktionaler Unterschiede haben alle Adhäsionsverbindungen zwei verschiedene Proteinarten gemeinsam: *intrazelluläre Anheftungsproteine*, welche die Verbindungen mit den richtigen Cytoskelettfilamenten auf der Innenseite der Plasmamembran verknüpfen, und *Cadherine*. Diese ragen aus der äußeren Membranoberfläche heraus und verbinden Zellen miteinander.

Tabelle 17.1

Verbindungen zwischen tierischen Zellen

Art der Verbindung	Hauptfunktion	Merkmale	Zwischenraum	Assoziierte Strukturen
Adhäsionsverbindungen				
Fokaler Kontakt	Zell-ECM-Adhäsion	lokalisierte Anheftungspunkte	20 – 25 nm	Actinmikrofilamente
Hemidesmosomen	Zell-Basallamina-Adhäsion	lokalisierte Anheftungspunkte	25 – 35 nm	Intermediärfilamente (Tonofilamente)
Adhärenzverbindungen	Zell-Zell-Adhäsion	kontinuierliche Anheftungszonen	20 – 25 nm	Actinmikrofilamente
Desmosomen	Zell-Zell-Adhäsion	lokalisierte Anheftungspunkte	25 – 35 nm	Intermediärfilamente (Tonofilamente)
Tight Junction	versiegelt Zellzwischenräume	Verschlussleisten zwischen Epithelzellen	keiner	Transmembranverbindungsproteine, Actin
Gap Junction	Austausch von Ionen und kleinen Molekülen zwischen Zellen	Connexon (Transmembranproteinkomplexe mit 3 nm-Poren)	2 – 3 nm	Connexine in einer Membran verbinden sich mit Connexinen der Nachbarmembran und bilden so zwischen den Zellen Kanäle

Adhärenzverbindungen Die von Cadherin vermittelten Adhäsionsverbindungen, die mit Actin interagieren, bezeichnet man als **Adhärenzverbindungen** (*Tabelle 17.1*). Der Abstand zwischen den benachbarten Membranen liegt bei den Adhärenzverbindungen bei ungefähr 20 – 25 nm. Vor allem in Epithelien sind die Adhärenzverbindungen von Bedeutung. In den Epithelzellen bilden Adhärenzverbindungen einen kontinuierlichen, die Zelle umlaufenden Adhäsionsgürtel, der die Zellen unterhalb der Tight Junctions an der lateralen Seite der Membran umgibt (*Abbildung 17.7*).

Adhärenzverbindungen sind Anheftungspunkte zwischen der Zelloberfläche und dem Cytoskelett (siehe *Abbildung 17.7a*). Ein Protein mit der Bezeichnung *β-Catenin* bindet an den cytosolischen Schwanz des Cadherins. *β-Catenin* übernimmt vielfältige Aufgaben in der Zelle: Abgesehen von seiner Tätigkeit bei der Zelladhäsion wirkt es auch am Wnt-Signalweg mit, einem Zellsignalisierungsweg, der bei der Krebsentstehung eine wichtige Rolle spielt (siehe *Kapitel 24*). *β-Catenin* wird wiederum von einem zweiten Protein gebunden, dem *α-Catenin*, das Actin zur Bindung rekrutieren kann. Obwohl man *β-Catenin* im Allgemeinen als desmosomales Protein betrachtet (siehe unten), kommt in einigen Adhärenzverbindungen ein weiteres Mitglied der Familie der *β-Catenine* vor, das Plakoglobin. Eine Kernkomponente der Adhärenzverbindungen ist *p120Catenin* (*p120ctn*). Dieses Protein bindet in der Nähe der Plasmamembran an den cytoplasmatischen Schwanz von Cadherinen. p120ctn reguliert sowohl die Stabilität von Cadherin an der Oberfläche als auch die Aktivität von Rho, einem Actinregulator, mit dem wir uns in *Kapitel 15* beschäftigt haben.

Sie haben also gesehen, dass Zell-Zell-Adhäsionen und Adhäsionen zwischen Zellen und extrazellulärer Matrix für die normale Funktion von Zellen und Geweben im Körper sehr wichtig sind. Ein überraschendes Forschungsergebnis der modernen Mikrobiologie ist, dass viele Pathogene, zum Beispiel solche, die verschiedene Formen der Lebensmittelvergiftung zu hervorrufen, über eben diese Adhäsionssysteme verfügen. Im *Exkurs 17A* werden diese Infektionsmechanismen im Detail dargestellt.

17A ▶ Klinische Bedeutung

Lebensmittelvergiftung und „böse Tierchen“: Die Zelloberflächenconnection

Zellkontakt und Zellerkennung spielen während des Aufbaus und der Erhaltung von Geweben im menschlichen Körper eine große Rolle. Überraschenderweise machen sich Fremdlinge, die in den menschlichen Körper eindringen, eben gerade jene Proteine zu Nutze, welche gesunde Zellen für die Zelladhäsion benötigen. Im Folgenden werden wir uns ein Beispiel dafür anschauen, wie Bakterien sich an menschliche Zellen heften und sie infizieren: die enteropathogenen Bakterien.

Enteropathogene Bakterien nutzen normale Zelladhäsionsproteine zur Infektion von Wirtszellen Ein gutes Beispiel dieser Form des „molekularen Übergriffs“ auf normale Zelladhäsionsvorgänge findet statt, wenn pathogene Bakterien in den Verdauungstrakt gelangen (diese Bakterien bezeichnet man als *enteropathogene* Bakterien; *enteron* stammt aus dem Griechischen und bedeutet „Darm“). Diese Bakterien sind für zahlreiche Arten von Lebensmittelvergiftungen verantwortlich und stellen in ihrer Gesamtheit eine erhebliche Gefährdung der öffentlichen Gesundheit dar. Obwohl einige pathogene Bakterien mehrere Strategien nutzen können, um in das Darmepithel einzudringen, so weiß man aus etlichen gut untersuchten Fällen, dass sie an Zelladhäsionsmoleküle wie Integrine oder Cadherine binden.

Einer der am besten aufgeklärten Fälle von Angriffen auf die Zelladhäsion ist der des enteropathogenen Bakteriums *Yersinia pseudotuberculosis*. Eine Infektion mit Bakterien der Gattung *Yersinia*, die im Allgemeinen über kontaminiertes Wasser oder verseuchte Lebensmittel erfolgt, führt 24 bis 48 Stunden nach Kontakt mit den Bakterien zu einer Gastroenteritis (Magen-Darm-Entzündung) mit Symptomen wie Durchfall (Diarrhö) und Erbrechen. *Y. pseudotuberculosis* nutzt ein Protein mit 986 Aminosäuren auf seiner äußeren Membran, das sogenannte *Invasin*, um in Säugetierzellen einzudringen. Erstaunlicherweise sind Integrine mit β_1-Untereinheiten auf der Oberfläche der Zellen, die den Darm auskleiden, die zellulären Rezeptoren für Invasin (*Abbildung 17A-1*). Die Identifizierung des zellulären Rezeptors von *Yersinia* war eine wichtige Entdeckung, da man nachweisen konnte, dass Bakterien in Zellen eindringen können, indem sie auf häufig vorkommende Zelloberflächenproteine der Säugetiere abzielen.

Da nun die molekularen Wege, die Bakterien einschlagen, um in Wirtszellen einzudringen, identifiziert waren, wurde die Kooperationsbereitschaft normaler Oberflächenproteine ein weitverbreitetes Thema der Pathogenese. Ein zweites enteropathogenes Bakterium, *Shigella flexnerii*, bindet gleichfalls über Proteine auf seiner Oberfläche an ein Integrin ($\alpha5\beta1$). Eine Infektion mit *Shigella* führt zur Dysenterie (landläufig Ruhr genannt) und geht zumeist auf kontaminierte rohe Lebensmittel zurück. Jährlich treten in den Vereinigten Staaten ungefähr 300.000 Fälle von Shigellose auf, sodass man sich einem gravierenden Gesundheitsproblem gegenüber sieht. In Deutschland treten jährlich etwa 1.000 Fälle auf.

Ein weiteres gut untersuchtes Beispiel für die bakterielle Ausnutzung der Zelladhäsion bietet *Listeria monocytogenes*. Eine Listerieninfektion kann auf unsachgemäß zubereitete rohe Nahrungsmittel zurückzuführen sein, beispielsweise nicht-pasteurisierte Milch und Hackfleisch. Obwohl in den Vereinigten Staaten nicht besonders viele Fälle von Listeriose auftreten (in den USA entwickeln ungefähr 2.000 Menschen pro Jahr Symptome; in Deutschland wurden 2012 427 Fälle gemeldet), stellt eine Infektion ein schwerwiegendes gesundheitliches Problem dar. Ungefähr 25 % der Infizierten sterben, und viele erkranken an bakterieller Meningitis (Hirnhautentzündung). *Listeria* exprimiert auf seiner Oberfläche ein Protein mit der Bezeichnung *Internalin A*, das an E-Cadherin auf den Zelloberflächen im Darm binden kann (*Abbildung 17A-1*). Heute wissen wir, dass ebendiese Bakterien so wie sie die normale Zelladhäsionsmaschinerie der Darmzellen „kapern“, sich auch das Cytoskelett zunutze machen, nachdem sie in eine infizierte Zelle eingedrungen sind (siehe *Kasten 15A*).

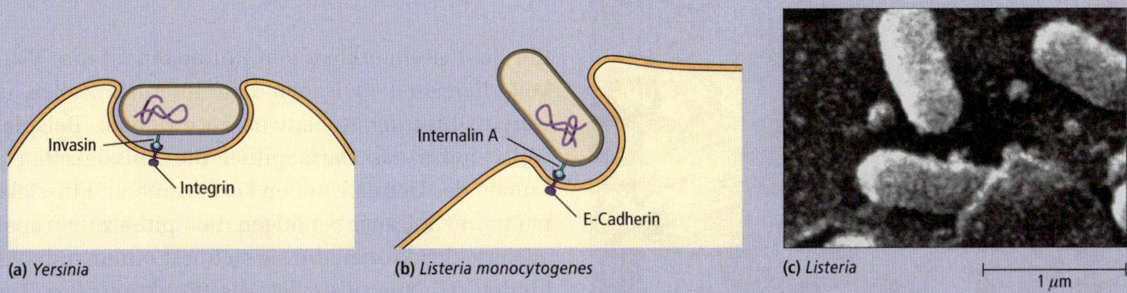

Abbildung 17A-1: Bakterielle Pathogene und Zelladhäsionsproteine. Bakterien, die in die Epithelien des Darmtrakts beim Menschen eindringen, binden an Zelladhäsionsrezeptoren auf der Oberfläche von Darmzellen. (a) Spezies der Gattung *Yersinia* exprimieren das Protein Invasin, das an Integrine der Darmzellen mit β_1-Untereinheiten bindet. (b) *Listeria monocytogenes* exprimiert das Protein Internalin A, das an E-Cadherin auf Darmzellen bindet. (c) Aufnahme von *Listeria*, das sich an die Oberfläche kultivierter Epithelzellen geheftet hat.

Desmosomen Desmosomen sind enge, scheibenförmige Verbindungen zwischen den benachbarten Zellen eines Gewebes. Desmosomen (auch als Macula adhaerens bezeichnet) verleihen dem Gewebe strukturelle Integrität und befähigen die Zellen, als Einheit zu funktionieren und mechanischen Stress zu überstehen. Desmosomen kommen in vielen Geweben vor, doch hauptsächlich in Geweben, die starker mechanischer Beanspruchung ausgesetzt sind, wie Haut, Herzmuskel und Gebärmutterhals. In ▸*Abbildung 17.8* sehen Sie die Struktur eines typischen Desmosoms. Die Plasmamembranen der beiden benachbarten Zellen sind parallel angeordnet und haben einen Zwischenraum von ca. 25 – 35 nm. Der extrazelluläre Raum zwischen den beiden Membranen ist der *Desmosomenkern*. Der Desmosomenkern setzt sich aus den desmosomalen Cadherinen zusammen, *Desmocollin* und *Desmoglein* (▸*Abbildung 17.3b*). Im Gegensatz zu E-Cadherin interagieren Desmocolline und Desmogleine wahrscheinlich heterophil über den intrazellulären Zwischenraum. Ebenso wie andere Cadherine binden Linkerproteine an den cytosolischen Schwanz und verknüpfen diesen mit dem Cytoskelett. Das zur Familie der β-Cateninproteine gehörende *Plakoglobin* bindet an Desmocollin. Plakoglobin bindet wiederum an das Protein *Desmoplakin*. Desmoplakin bindet an *Tonofilamente*, die aus intermediären Filamenten wie Vimentin, Desmin oder Keratin bestehen. Unmittelbar unterhalb der Plasmamembran der beiden benachbarten Zellen liegt eine dicke Plaque, welche diese Linkerproteine und Tonofilamente enthält.

Der Verlust der desmosomalen Komponenten kann verheerende Folgen haben. Beispielsweise sterben Mäuse, denen Plakoglobin fehlt, an Herzversagen und Hauterkrankungen. Ähnlich verhält es sich bei Mutationen in Desmocollinen, die im Herzen exprimiert werden. Sie können bei erwachsenen Patienten zu Schäden des Herzmuskels führen. Menschen, die Autoimmunreaktionen gegen Komponenten ihrer Desmosomen entwickeln, bekommen eine blasenbildende Hautkrankheit mit der Bezeichnung *Pemphigus vulgaris* (Blasensucht). Einige Patienten bilden Autoantikörper (Antikörper, die gegen körpereigene Proteine gerichtet sind) gegen Desmogleine, andere Patienten Autoantikörper gegen Linkerproteine, beispielsweise gegen Desmoplakin. Zur Ausbildung ähnlicher blasenbildender Hautkrankheiten kommt es, wenn bei Patienten Mutationen in Genen vorliegen, die desmosomale Proteine kodieren.

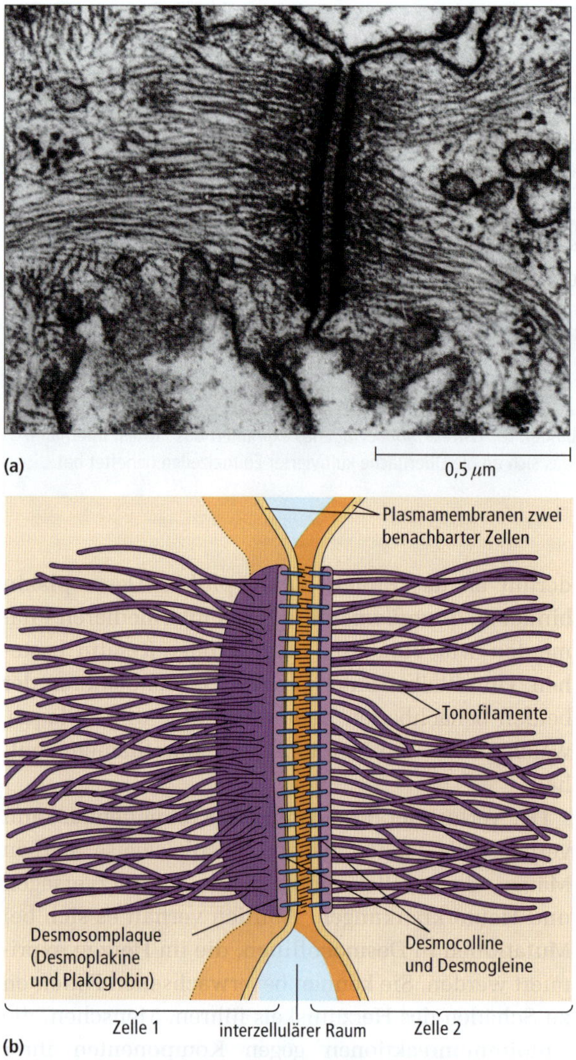

Abbildung 17.8: Die Struktur eines Desmosoms. (a) Elektronenmikroskopische Aufnahme eins Desmosoms, das zwei Zellen in der Haut eines Wassermolchs verbindet (TEM). (b) Schematische Zeichnung eines Desmosoms. Der Abstand zwischen den Zellen in der Desmosomregion beträgt 25 – 35 nm, was ungefähr dem Abstand einer nicht-verknüpften Region entspricht. Der Desomsomkern zwischen den beiden Membranen ist mit Cadherinen ausgefüllt (Desmocolline und Desmogleine). Die Plaque auf der cytoplasmatischen Seite der Membran enthält Desmoplakine und Plakoglobin und ist mit Tonofilamenten verknüpft. Tonofilamente sind Intermediärfilamente, die je nach Zelltyp aus Keratin, Desmin oder Vimentin bestehen. Indem Desmosomen Tonofilamente benachbarter Zellen miteinander verbinden, tragen sie zur mechanischen Festigkeit der Epithelien bei.

17.2.3 Tight Junctions verhindern die Passage von Molekülen

Ein Schlüsselmerkmal von Epithelien ist ihre Fähigkeit, Barrieren zwischen den internen Zellen des Körpers und der Außenwelt zu errichten. Beispielsweise muss das Darmepithel die Flüssigkeiten im Lumen des Darms von den körperinneren Flüssigkeiten trennen. Daher benötigen die Epithelzellen spezialisierte Strukturen, die sie sich fest miteinander verbinden können. Das ist die Funktion der **Tight Junctions** (**Zonula occludens**, **Schlussleiste**). Wie ihr Name bereits sagt, verhindern sie jeden Zwischenraum zwischen den Plasmamembranen benachbarter Zellen (▶*Abbildung 17.9*). Die Tight Junctions zwischen den in enger Nachbarschaft liegenden Zellen eines Epithels, das ein Organ oder eine Körperhöhle auskleidet, bilden ein kontinuierliches Band in der apikalen Region der seitlichen Oberflächen einer jeden Zelle, genau über den Adhärenzverbindungen. Diese Bänder stellen eine hervorragende Barriere dar (▶*Abbildung 17.9a*), sodass Moleküle typischerweise durch die Zellen hindurch transportiert werden müssen, wenn sie das Epithel überqueren sollen. Tight Junctions sind vor allem charakteristische Zell-Zell-Verbindungen der Epithelzellen. Sie kommen auch häufig in den Kanälen und Hohlräumen der Drüsen vor, die mit dem Verdauungstrakt verbunden sind, beispielsweise der Leber und der Bauchspeicheldrüse, sowie der Blase; dort gewährleisten sie, dass der in der Blase gespeicherte Harn nicht zwischen den Epithelzellen hindurchsickert. Tight Junctions bilden eine Diffusionsbarriere, die verhindert, dass Ionen und Moleküle ungerichtet zwischen den Epithelzellen hindurch in den Körper gelangen. Je nach Lage der Tight Junctions kann diese Diffusionsbarriere sehr undurchlässig („tight epithelium") oder durchlässig für Ionen oder kleinere Moleküle sein („leaky epithelium").

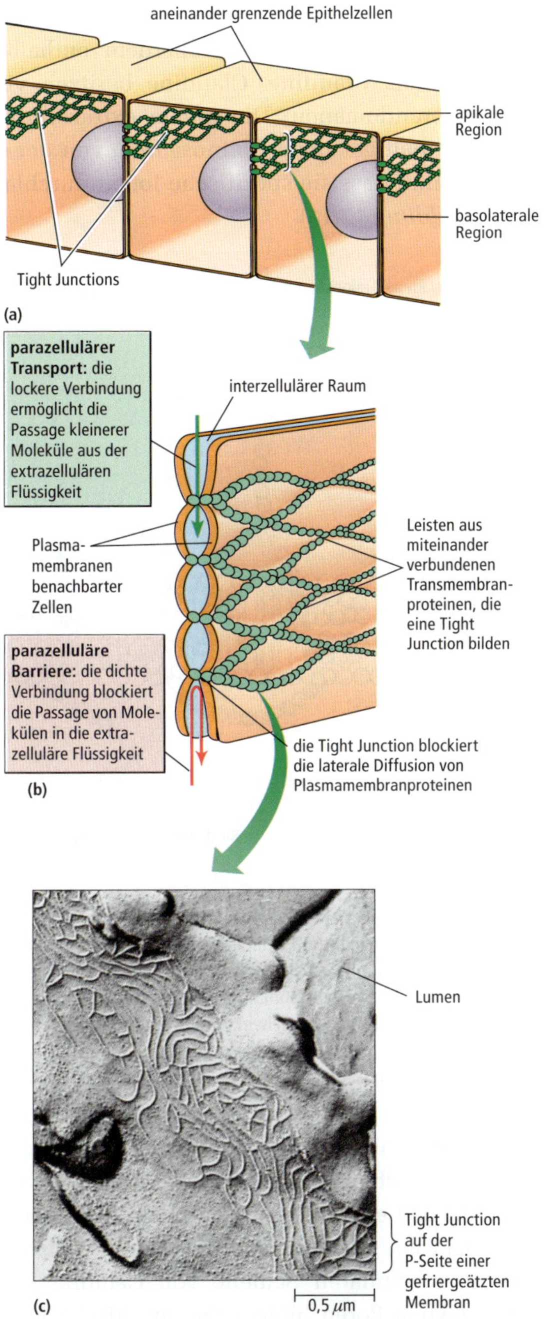

Abbildung 17.9: Struktur der Tight Junction. (a) Schematische Darstellung mehrerer benachbarter Epithelzellen, die durch Tight Junctions verbunden werden. (b) Die Transmembranverbindungsproteine in den Plasmamembranen zwei benachbarter Zellen liegen gebündelt an den Kontaktpunkten und bilden Grate aus Proteinen, welche die Plasmamembranen fest miteinander verbinden. Tight Junctions verhindern den Durchlass extrazellulärer Moleküle durch Spalten zwischen den Zellen (rote Pfeile) und blockieren zudem die Seitwärtsbewegung von Transmembranproteinen. (c) Diese elektronenmikroskopische Aufnahme eines Gefrierätzpräparats zeigt die Tight Junctions zwischen den Zellen einer Froschblase. Die Tight Junctions sind als erhabene Grate auf der protoplasmatischen Seite (P) der Membran zu erkennen. Das Lumen ist der Hohlraum der Blase (TEM).

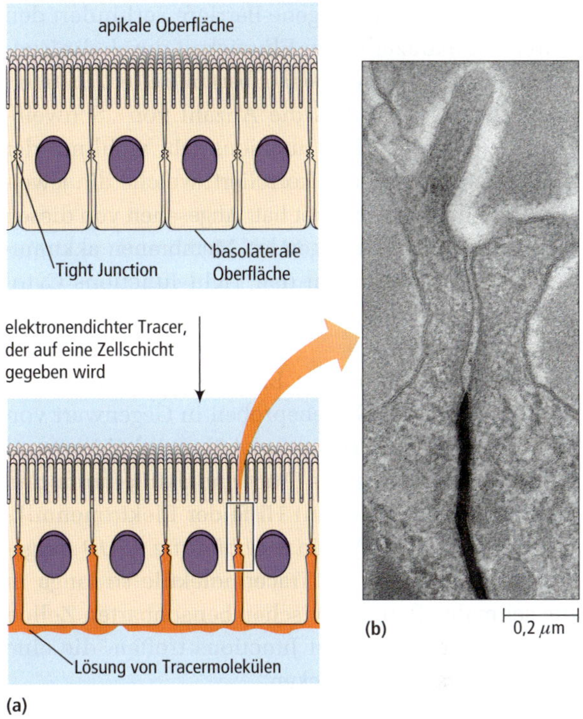

Abbildung 17.10: Experimentelles Vorgehen zum Beweis, dass Tight Junctions eine Permeabilitätsbarriere aufbauen. (a) Gibt man einen elektronendichten Tracer in den extrazellulären Raum auf einer Seite der Epithelzellschicht zu, dringen die Tracermoleküle nur so tief in den Spalt zwischen benachbarten Zellen ein, bis sie auf Tight Junctions treffen. (b) Da die Tracermoleküle elektronendicht sind, kann man ihr Eindringen in den interzellulären Spalt mit dem Elektronenmikroskop sichtbar machen (TEM).

Tight Junctions verbinden die Membranen benachbarter Zellen höchst effektiv. Allerdings stehen die Membranen der Nachbarzellen nicht über weite Bereiche miteinander in Kontakt, vielmehr sind sie an genau definierten Stellen über Proteinkomplexe miteinander verbunden (▶*Abbildung 17.9b*). Tight Junctions kann man insbesondere mit Hilfe der Gefrierätztechnik unter dem Mikroskop sichtbar machen, wobei die inneren Seiten der Membranen erkennbar sind. Jede dieser Tight Junctions ist als Reihe von Graten zu sehen, die ein untereinander verbundenes Netzwerk bilden, das sich über die Verbindungsstellen ausdehnt (▶*Abbildung 17.9c*). Jeder Grat besteht aus einer ununterbrochenen Reihe dicht gepackter Transmembranverbindungsproteine mit einem Durchmesser von 3 – 4 nm. Das Ergebnis gleicht zwei verrosteten Metallstücken, die man an den Seiten zusammengeschweißt hat. Durch die verschweißten Seiten ist kein Zwischenraum mehr möglich und sie siegeln die Verbindung effektiv ab.

Die daraus hervorgegangene Barriere verhindert den Durchlass extrazellulärer Flüssigkeit durch die Zwischenräume zwischen benachbarten Zellen. Es überrascht keineswegs, dass die Anzahl von „Schweißnähten“ über den Tight Junctions sehr wohl mit der Stärke der Versiegelung korreliert, welche die jeweilige Tight Junction gebildet hat. Abgesehen von diesen dicht nebeneinander liegenden Membranen akkumulieren Gerüstproteine an den Tight Junctions Cytoskelettproteine wie F-Actin, die sich an die Tight Junctions anlagern.

Zur Untersuchung der Eigenschaften von Tight Junctions wurden Gewebeproben in Gegenwart von elektronendichten Tracermolekülen inkubiert und dann die Bewegung des Tracermoleküls durch den extrazellulären Raum mit Hilfe der Elektronenmikroskopie verfolgt. Wie in ▶*Abbildung 17.10* dargestellt, diffundieren die Tracermoleküle so lange in die schmalen Räume zwischen benachbarten Zellen hinein, bis sie auf Tight Junctions treffen, die eine weitere Diffusion abblocken.

Die Rolle von Tight Junctions bei der Blockade der lateralen Diffusion von Membranproteinen Tight Junctions kann man sich als „Tore“ vorstellen, die Flüssigkeiten, Ionen und Moleküle daran hindern, sich unkontrolliert zwischen den Zellen hindurch ins Körperinnere zu bewegen. Zugleich sind Tight Junctions aber auch „Zäune“, die eine Seitwärtsbewegung von Lipiden und Proteinen innerhalb der Membran unterbinden. Die Lipidbewegung wird nur im äußeren Monolayer blockiert, aber die Bewegung integraler Membranproteine wird vollständig unterbunden. Tight Junctions sorgen durch Verhinderung der lateralen Diffusion von Proteinen dafür, dass die Bereiche der apikalen und der basolateralen Membran eine vollkommen unterschiedliche Ausstattung mit integralen Membranproteinen haben. Auf diese Weise entsteht die für die normale Funktion von Epithelien so wichtige *funktionale Polarität* der Epithelzellen.

17.2.4 Claudine bilden eine Abdichtung an den Tight Junctions

Tight Junctions enthalten mehrere wichtige Transmembranproteine. Dazu gehören ein Transmembranprotein mit der Bezeichnung *Occludin* und die Proteine der Immunglobulin-Superfamilie, die *junktionalen Adhäsionsmoleküle* (*JAM*; engl.: *junctional adhesion molecules*). Außerdem enthalten Tight Junctions **Claudine**. Claudine besitzen vier Transmembrandomänen. Die größte extrazelluläre Schleife enthält geladene Aminosäuren, von denen man annimmt, dass sie spezifische Ionen durchlassen (▶*Abbildung 17.11*).

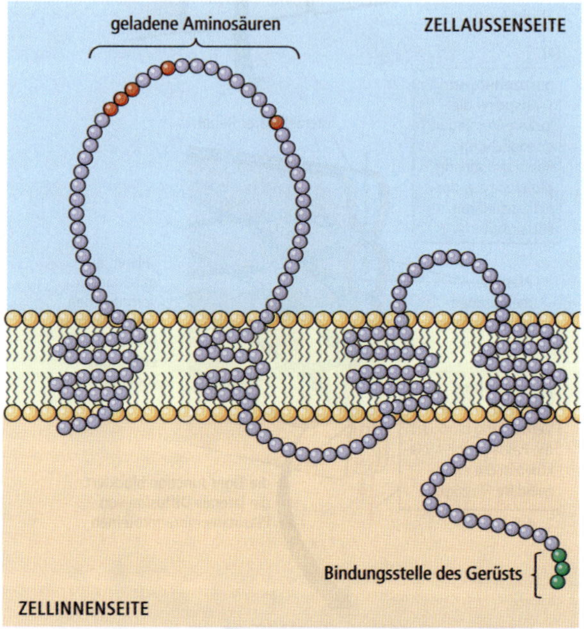

Abbildung 17.11: Die Struktur von Claudin. Claudine besitzen vier Transmembrandomänen und charakteristische extra- und intrazelluläre Schleifen. Die größte extrazelluläre Schleife enthält geladene Aminosäuren, von denen man annimmt, dass sie mit Claudinen auf einer benachbarten Zelle in Wechselwirkung treten, um eine parazelluläre Pore zu bilden, durch die Ionen passieren können. Der C-Terminus von Claudinen kann an Gerüstproteine im Cytosol binden.

Man geht davon aus, dass Claudine in der Plasmamembran benachbarter Zellen eng miteinander verzahnt sind und eine feste Abdichtung bilden. Ferner nimmt man an, dass geladene Aminosäuren in der großen extrazellulären Schleife von Claudinen für Ionen selektive Poren bilden, die spezifische Ionen durch das Epithel lassen. Da sich in diesem Fall Ionen zwischen den Zellen hindurch bewegen, aber nicht in die Zellen hineingelangen, bezeichnet man diese Form des Transports als **parazellulären Transport** (siehe *Abbildung 17.9*). Wenn Zellen, die keine Tight Junctions bilden, stattdessen Claudine exprimieren, bilden sie den Tight Junctions recht ähnliche Verbindungen. Außer ihrer Aufgabe, Tight Junctions zusammenzusetzen, scheinen Claudine auch den parazellulären Transport von Ionen durch Epithelzellen zu regulieren (siehe unten). Die Selektivität dieser Diffusionsbarriere hängt offenbar von der unterschiedlichen Zusammensetzung der Claudine ab und ist den jeweiligen Anforderungen des speziellen Epithels angepasst. Durch Änderungen in der Zusammensetzung der Claudine und anderer Proteine können Tight Junctions ihre Durchlässigkeit auch entsprechend den physiologischen Erfordernissen variieren. In den verschiedenen Epithelgeweben werden unterschiedliche Claudine exprimiert, und man vermutet, dass sie den Geweben unterschiedliche Permeabilitätseigenschaften verleihen. Mutationen in Claudin-16 führen zu *Familiärer Hypomagnesiämie mit Hypercalciurie und Nephrocalcinose* (*FHHNC*), einer autosomal-rezessiven Erkrankung, die durch ein gravierendes Ungleichgewicht in den Konzentrationen von Mg^{2+} und Ca^{2+} charakterisiert ist.

17.2.5 Gap Junctions ermöglichen direkte elektrische und chemische Kommunikation zwischen Zellen

Gap Junctions bilden Regionen, in denen die Plasmamembranen zweier Zellen dicht nebeneinander liegen und in engem Kontakt stehen. Der Abstand beträgt nur 2 – 3 nm und wird von kleinen molekularen „Leitungen" überquert. Gap Junctions stellen also Punkte cytoplasmatischen Kontakts zwischen zwei benachbarten Zellen dar, durch den sich Ionen und kleine Moleküle bewegen können. Sie ermöglichen benachbarten Zellen eine direkte elektrische und chemische Kommunikation.

▸*Abbildung 17.12* stellt die Struktur von Gap Junctions dar. An den Gap Junctions sind die beiden Plasmamembranen benachbarter Zellen durch fest gepackte, hohle Zylinder, die **Connexone**, verbunden. Einzelne Gap Junctions können aus nur ganz wenigen oder bis zu Tausenden gebündelter Connexone bestehen. Bei Wirbeltieren wird ein Connexon durch die kreisförmige Ansammlung von sechs Untereinheiten des Proteins *Connexin* gebildet. Wirbellose Tiere haben keine Connexine. Stattdessen bilden sie Proteine, die sogenannten *Innexine*, die wohl die Aufgabe der Connexine übernehmen.

In den Geweben kommen viele verschiedene Connexine vor (es gibt mehr als ein Dutzend Typen), doch jede bildet auf ähnliche Weise Connexone. Der Komplex von Connexinen einer Zelle bildet einen *Halbkanal* (engl.: *hemi channel*), welcher mit seinem Pendant der Nachbarzelle verbunden ist und so als Connexon einen Kanal zwischen den beiden Zellen bildet (▸*Abbildung 17.12a*). Der Durchmesser eines Connexons liegt bei ungefähr 7 nm. Ein Connexon hat ein hohles Zentrum, das einen sehr schmalen, hydrophilen Kanal durch die Membran bildet. Der Kanal hat an seiner schmalsten Stelle einen Durchmesser von circa 3 nm – gerade groß genug, um Ionen und kleinen Moleküle Durchlass zu gewähren, aber zu klein für Proteine, Nucleinsäuren und Organellen. Zu der Gruppe der kleinen Moleküle, die passieren können, gehören außer Ionen einzelne Zucker, Aminosäuren und Nucleotide – fast alle am Zellmetabolismus beteiligten Moleküle. Indem Wissenschaftler fluoreszierende Moleküle in Zellen einführten, die über Gap Junctions miteinander verbunden sind, konnten sie nachweisen, dass Gap Junctions gelöste Stoffe mit einem Molekulargewicht von bis zu 1200 durchlassen.

Obwohl Connexone anfangs als geschlossene Strukturen gebildet werden, verbinden sich die Enden der Connexin-Zylinder in den beiden Membranen, sobald die Connexone benachbarter Zellen in Kontakt treten. Sie bilden direkte Kommunikationskanäle zwischen den beiden Zellen, die man unter dem Elektronenmikroskop sichtbar machen kann (▸*Abbildung 17.12b, c*). Nachdem sich der Kanal vollständig ausgebildet hat, können verschiedene zelluläre Parameter wie das Membranpotenzial oder die Konzentration an Second Messengern das Öffnen oder Schließen von Gap Junctions beeinflussen.

Gap Junctions findet man bei den meisten Zellen der Vertebraten und der Invertebraten. Sie kommen vor allem in Geweben vor, in denen eine extrem schnelle Kommunikation zwischen Zellen erforderlich ist, wie Muskeln und Nerven (z. B. in elektrischen Synapsen; siehe *Kapitel 13*). Im Herzmuskel erleichtern Gap Junctions den Fluss der elektrischen Erregungen, welche das Herz zum Schlagen bringen. Diese Funktionen wurden durch die Analyse von Mutationen in Connexinen und Innexinen bestätigt. Bei Mäusen, denen ein Connexintyp fehlt, ist zum Beispiel die Weiterleitung elektrischer Impulse im Herzen gestört. Mehrere Erkrankungen beim Menschen konnten direkt mit Defekten in den Gap Junctions in Verbindung gebracht werden. Dazu gehören mehrere Typen demyelinisierender neurodegenerativer Erkrankungen, verschiedene Hautkrankheiten, die Entwicklung des grauen Stars und einige Formen von Taubheit.

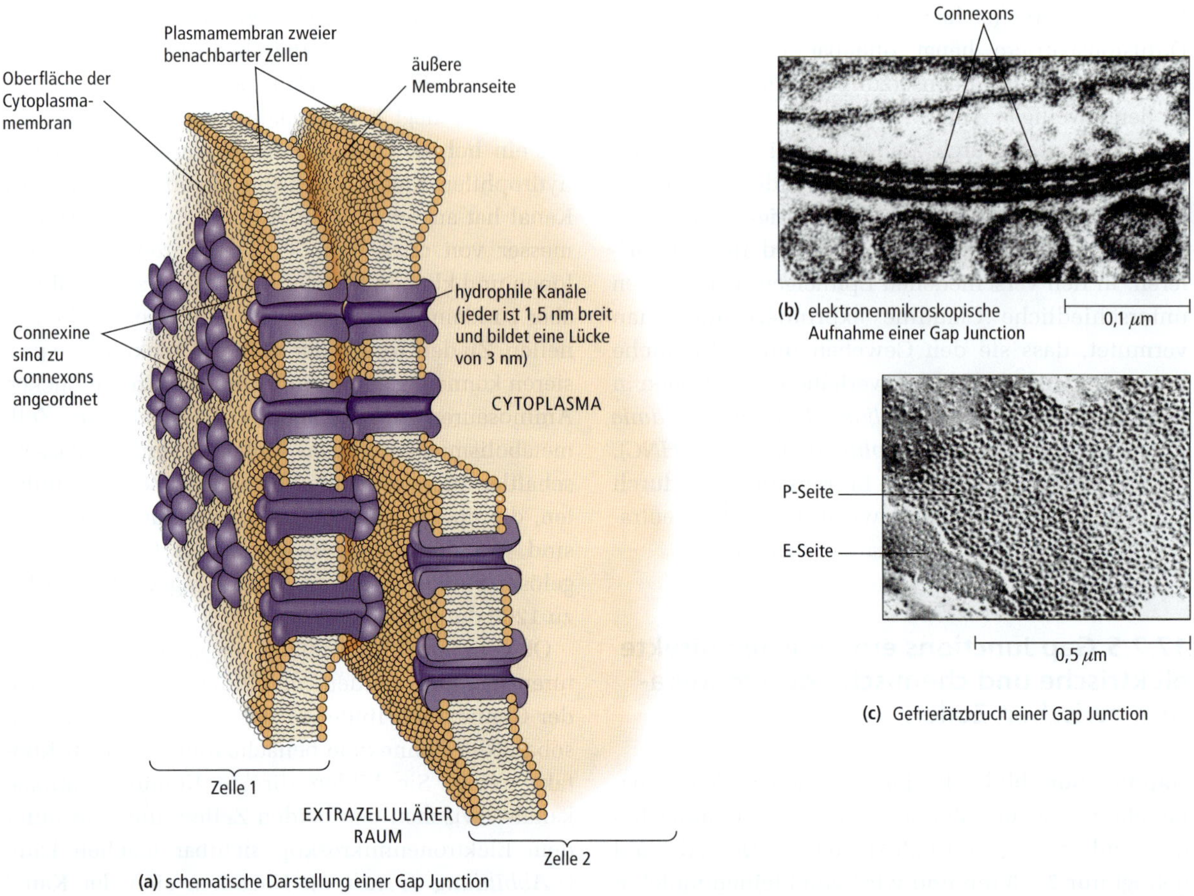

Abbildung 17.12: Die Struktur von Gap Junctions. (a) Schematische Darstellung der Gap Junctions. Gap Junctions bestehen aus einer großen Anzahl hydrophiler Kanäle, die durch Zusammenschluss zweier Connexone in der Plasmamembran zweier benachbarter Zellen gebildet werden. (b) Elektronenmikroskopische Aufnahme von Gap Junctions zwischen zwei benachbarten Nervenzellen. Die Connexone, die sich durch die Membranen erstrecken, sind hier als perlenähnliche Vorsprünge zu erkennen, die ungefähr 17 nm auseinander liegen und sich auf jeder Seite der Membran-Membran-Verbindung befinden (TEM). (c) Gap Junctions, die mit der Gefrierätzmethode präpariert wurden. Die Gap Junctions sind als Aggregation von Intermembranpartikeln auf der protoplasmatischen Seite (P) zu erkennen und auf der äußeren Seite der Membran (E, engl.: *exterior*) als Reihe von Vertiefungen (TEM).

Die extrazelluläre Matrix tierischer Zellen 17.3

Gewebe bestehen nicht einfach nur aus Zellen. Zellen interagieren mit extrazellulären Komponenten, die für die Gewebestruktur und die Funktion der Gewebe von ganz entscheidender Bedeutung sind. Bei tierischen Zellen nimmt diese **extrazelluläre Matrix (ECM**; engl.: *extracellular matrix*) bemerkenswert vielfältige Formen an. In ▸*Abbildung 17.13* sind drei Beispiele dargestellt. *Knochen* besteht in erster Linie aus fester extrazellulärer Matrix, in der eine winzige Menge von Zellen verteilt liegt. *Knorpel* ist ein weiteres Gewebe, das fast gänzlich aus Matrixmaterial besteht, obwohl die Matrix hier wesentlich flexibler ist als im Knochen. Im Gegensatz zu Knochen und Knorpel besitzt das *Bindegewebe*, welches Drüsen und Blutgefäße umgibt, eine recht gelatinöse extrazelluläre Matrix, die zahlreiche, verteilt liegende Fibroblastenzellen enthält. Wie wir schon gesehen haben, bilden Epithelzellen eine spezialisierte ECM, die man als Basallamina bezeichnet.

Diese Beispiele veranschaulichen die vielfältigen Rollen, welche die ECM bei der Festlegung der Form und der mechanischen Eigenschaften von Organen und Geweben übernimmt. Trotz der unterschiedlichen Funktionen setzt sich die ECM tierischer Zellen fast immer aus diesen drei Molekülklassen zusammen: (1) Strukturproteinen wie *Kollagenen* und *Elastinen*, die der ECM Festigkeit und Flexibilität verleihen; (2) Protein-Polysaccharid-Komplexen, den *Proteoglykanen*, welche die Matrix bilden, in der die Strukturmoleküle eingebettet sind; und (3) adhäsiven Glykoproteinen wie *Fibronectinen* und *Lamininen*, dank derer die Zellen an die Matrix anheften können (▶ *Tabelle 17.2*). Die beachtliche Reihe von Eigenschaften der ECM in den verschiedenen Geweben geht nicht nur auf die unterschiedlichen Strukturproteine und die verschiedenen Arten von Proteoglykanen zurück, sondern auch auf Unterschiede im Mengenverhältnis der Strukturproteine – Kollagen, das am häufigsten vorkommt – zu den Proteoglykanen und auf das Verhältnis von Art und Menge adhäsiver Glykoproteine. Nun werden wir nacheinander jede dieser drei Klassen von ECM-Bausteinen betrachten.

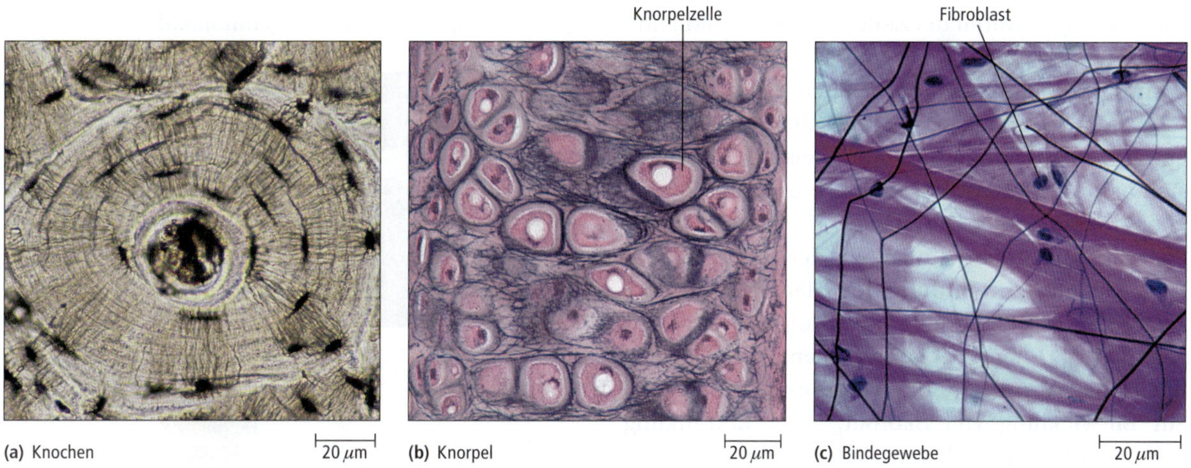

Abbildung 17.13: Verschiedene Arten extrazellulärer Matrix. Die ECM nimmt in den Geweben unterschiedliche Formen an, wie Sie aus diesen Aufnahmen ersehen können. (a) In einem Knochengewebe bildet eine harte, verkalkte ECM konzentrische Kreise um zentrale Kanäle. Die kleinen elliptischen Einkerbungen sind Zonen, in denen sich Knochenzellen befinden. (b) Im Knorpel sind die Zellen in eine flexible Matrix eingebettet, die große Mengen von Proteoglykanen enthält. (c) Im Bindegewebe unter der Haut sind die Fibroblasten von einer ECM umgeben, die große Mengen von Kollagenfasern enthält.

Tabelle 17.2

Extrazelluläre Strukturen eukaryotischer Zellen

Art des Organismus	Extrazelluläre Struktur	Strukturfaser	Komponenten der hydratisierten Matrix	Adhäsive Moleküle
Tiere	extrazelluläre Matrix (ECM)	Kollagene und Elastine	Proteoglykane	Fibronectine und Laminine
Pflanzen	Zellwand	Cellulose	Hemicellulosen und Extensine	Pectine

17.3.1 Kollagene sind für die Festigkeit der extrazellulären Matrix verantwortlich

Der am häufigsten vorkommende Baustein der ECM ist bei Tieren eine große Familie eng verwandter Proteine, die sogenannten **Kollagene**. Sie bilden Fasern mit hoher Zugfestigkeit und sind daher für die Festigkeit des ECM verantwortlich. Insgesamt betrachtet ist Kollagen das in Vertebraten am häufigsten vorkommende Protein und macht bis zu 25 – 30 % des gesamten Proteins im Körper aus. Kollagen wird von verschiedenen Zelltypen im Bindegewebe abgegeben, darunter auch von den *Fibroblasten*. Ohne Kollagen wären die Zellen in diesen und anderen Geweben nicht stark genug, um eine bestimmte Form aufrechtzuhalten. Tatsächlich gehen mehrere schwere Erkrankungen des Menschen auf Mutationen in Kollagenen zurück. Zum Beispiel handelt es sich beim Ehlers-Danlos-Syndrom um eine Gruppe von Erbkrankheiten, die durch Überbeweglichkeit der Gelenke, Überdehnbarkeit der Haut, die zu dünn ist und zur Bildung von Hämatomen neigt, und/oder verletzungsanfällige Blutgefäße gekennzeichnet ist. Vitamin C ist ein essenzieller Cofaktor der Kollagensynthese. Ein Vitamin-C-Mangel führt zur Entwicklung von Skorbut, einer Erkrankung, die vor allem in früheren Zeiten unter Seeleuten auftrat, aber auch heute noch immer in einigen Entwicklungsländern weit verbreitet ist.

Alle Kollagene haben zwei charakteristische Merkmale gemeinsam: ihr Auftreten in Form einer stabilen *Tripelhelix* aus drei umeinander gewundenen Polypeptidketten und ihre ungewöhnliche Aminosäurezusammensetzung. Insbesondere besitzen Kollagene sowohl eine große Menge der häufig vorkommenden Aminosäure Glycin als auch der seltenen Aminosäuren Hydroxylysin und Hydroxyprolin, die nur gelegentlich in anderen Proteinen vorkommen. (Die Strukturen von Hydroxylysin und Hydroxyprolin sind in *Abbildung 7.25c* dargestellt.) Der hohe Glycingehalt ist für die Ausbildung der Tripelhelix verantwortlich, denn die Glycinreste liegen in der Achse der Helix, und Glycin ist die einzige Aminosäure, die so klein ist, dass sie in das Innere einer Tripelhelix passt.

Bei den meisten tierischen Geweben kann man die Kollagenfasern unter dem Elektronenmikroskop in Bündeln über die gesamte extrazelluläre Matrix verteilt erkennen (▶*Abbildung 17.14a*). Eine der faszinierendsten Eigenschaften der Kollagenfasern ist ihre enorme physikalische Stärke. So benötigt man eine Kraft von mehr als neun Kilogramm, um eine Kollagenfaser mit einem Millimeter Durchmesser zu dehnen! Wie in ▶*Abbildung 17.14b* dargestellt, besteht jede Kollagenfaser aus zahlreichen *Fibrillen*. Eine Fibrille wiederum besteht aus vielen Kollagenmolekülen, und jedes Kollagenmolekül aus drei Polypeptiden, den α-Ketten, die wie eine feste, rechtsgängige Tripelhelix spiralisiert sind (▶*Abbildung 17.14c, d*). Kollagenmoleküle haben eine Länge von ungefähr 270 nm und einen Durchmesser von etwa 1,5 nm. Sie sind in den Fibrillen seitlich und an den Enden verbunden. Im Durchschnitt besitzt eine typische Kollagenfaser ungefähr 270 Kollagenmoleküle.

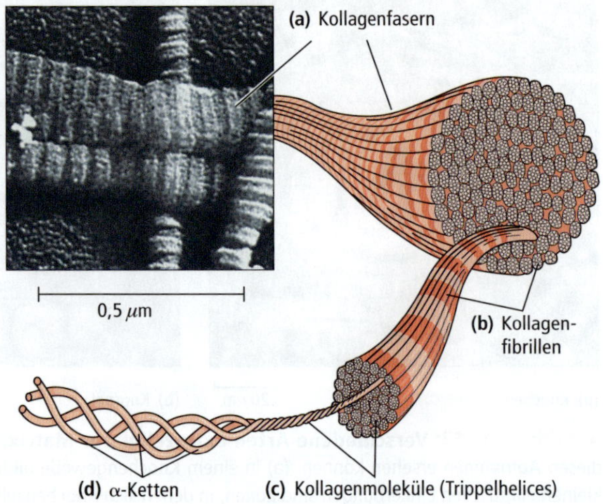

Abbildung 17.14: Die Struktur von Kollagen. (a) Kollagenfasern unter dem SEM. (b) Eine Kollagenfaser enthält viele Fibrillen, wobei jede Fibrille ein Bündel aus Kollagenmolekülen ist, die man auch als Tropokollagen bezeichnet. (c) Jedes Kollagenmolekül ist eine Tripelhelix, die sich aus (d) drei umeinander gewundenen α-Ketten zusammensetzt. Die unter dem SEM auf den Fasern erkennbaren, sich wiederholenden Banden spiegeln das regelmäßige, doch versetzte Anlagern bei der seitlichen Assoziation von Kollagenmolekülen wider, die Fibrillen bilden; zu Einzelheiten siehe ▶*Abbildung 17.15*.

17.3.2 Ein Vorläufer namens Prokollagen bildet viele Typen gewebsspezifischer Kollagene

Angesichts der Komplexität einer Kollagenfaser muss man sich die wichtige Frage stellen, wie eine derart ausgefeilte Struktur gebildet wird (▶*Abbildung 17.15*). Im Lumen des endoplasmatischen Reticulums (ER) bilden drei α-Ketten eine Tripelhelix, das **Prokollagen**. An beiden Enden der Tripelhelixstruktur verhindern kurze, nicht-helikale Aminosäuresequenzen solange die Bildung von Kollagenfasern, wie das Prokollagen in der Zelle verbleibt. Nachdem das Prokollagen aus der Zelle in den interzellulären Raum abgegeben wurde, wird es von der *Prokollagenpeptidase* in Kollagen umgewandelt. Die Prokollagenpeptidase ist ein Enzym, das die überschüssigen Aminosäuren sowohl von den N- als auch C-terminalen Enden der Tripelhelix abspaltet. Die daraus hervorgehenden Kollagenmoleküle assoziieren spontan und bilden reife Kollagenfibrillen, die sich dann seitlich zu Fasern zusammenlagern.

Die Stabilität der Kollagenfibrille wird durch Wasserstoffbrückenbindungen verstärkt, an denen die Hydroxylgruppen von Hydroxyprolin- und Hydroxylysinresten in den α-Ketten mitwirken. Diese Wasserstoffbrückenbindungen bilden sowohl innerhalb der Kollagenmoleküle als auch zwischen den Kollagenmolekülen einer Fibrille Quervernetzungen. Außerdem befinden sich häufig spezialisierte Typen von Kollagen auf der Oberfläche der Kollagenfibrillen. Die Tripelhelixstruktur dieser spezialisierten Kollagene wird in regelmäßigen Abständen unterbrochen, sodass sich die Moleküle biegen können und daher als flexible Brücken zwischen benachbarten Kollagenfibrillen oder zwischen Kollagenfibrillen und anderen Matrixkomponenten dienen.

Wirbeltiere besitzen ungefähr 25 Arten von α-Ketten. Jede wird von einem eigenen Gen kodiert und besitzt ihre eigene, einzigartige Aminosäuresequenz. Diese verschiedenen α-Ketten gehen unterschiedliche Kombinationen ein und bilden mindestens 15 Typen von Kollagenmolekülen, von denen die meisten in spezifischen Geweben vorkommen (▸ *Tabelle 17.3*). Die Typen I, II und III kommen am häufigsten vor. Der Typ I macht allein schon 90 % des Kollagens im menschlichen Körper aus.

Wenn man Fibrillen, die aus Typ-I-, -II-, -III- oder -V-Kollagenmolekülen bestehen, unter dem Elektronenmikroskop untersucht, dann erkennt man ein charakteristisches Muster aus dunklen Querbändern oder *Streifen*, die sich in Abständen von etwa 67 nm (siehe *Abbildung 17.14a*) wiederholen. Diese Bänder spiegeln die regelmäßige, aber versetzte Anordnung von Tripelhelices wider, mit der die Tripelhelices seitlich assoziieren und Fibrillen bilden (▸ *Abbildung 17.15*, 3). Typ-IV-Kollagen bildet sehr feine, nicht-gestreifte Fibrillen. Die Strukturen der anderen Kollagene sind weniger gut charakterisiert.

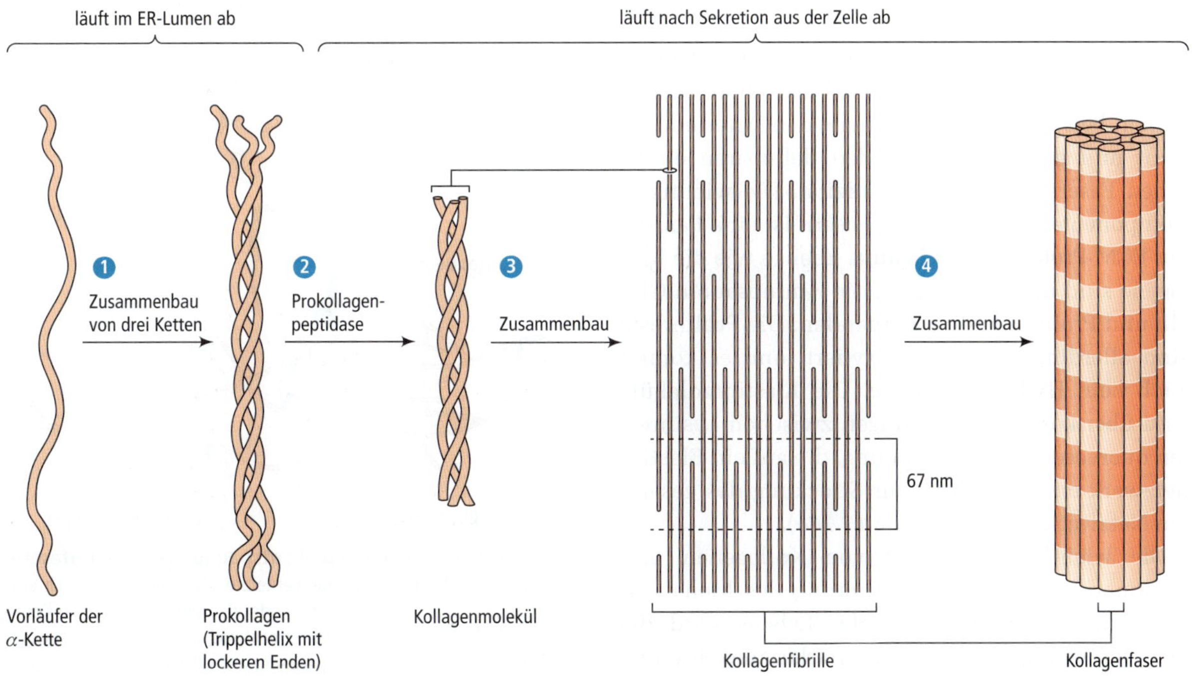

Abbildung 17.15: Kollagenzusammensetzung. ❶ Kollagenvorläuferketten werden im Lumen des ER zusammengesetzt und bilden eine Tripelhelix aus Prokollagenmolekülen. ❷ Nachdem das Prokollagen aus der Zelle abgegeben wurde, wird es durch eine Reaktion, bei der Peptide abgespalten werden und die von dem Enzym Prokollagenpeptidase katalysiert wird, zu Kollagen umgewandelt. ❸ Die Kollagenmoleküle, auch als Tropokollagen bezeichnet, gehen dann miteinander Bindungen ein und setzen sich selbst zu Kollagenfibrillen zusammen. ❹ Die Fibrillen setzen sich seitlich zu Kollagenfasern zusammen. Im gestreiften Kollagen beruht der sich wiederholende Abstand von 67 nm auf gepackten Reihen von Kollagenmolekülen, wobei jede Reihe um ein Viertel der Länge eines einzelnen Moleküls versetzt liegt.

Tabelle 17.3

Kollagentypen, ihr Vorkommen und ihre Struktur

Strukturtyp	Kollagentyp(en)	Repräsentative Gewebe
Lange Fibrillen	I, II, III, V, XI	Haut, Knochen, Sehnen, Knorpel, Muskel
Mit den Fibrillen assoziiert, mit unterbrochenen Tripelhelices	IX, XII, XIV	Knorpel, embryonale Haut, Sehnen
Mit den Fibrillen assoziiert, bildet mit Partikeln besetzte Filamente	VI	Interstitialgewebe
Blattartig	IV, VIII, X	Basallamina, Knorpelwachstumsplatten
Verankerungsfibrillen	VII	Epithelgewebe
Transmembran	XVII	Haut
Andere	XIII, XV, XVI, XVIII, XIX	Basalmembranen, einige Gewebe

17.3.3 Elastine verleihen der extrazellulären Matrix Elastizität und Flexibilität

Obwohl die Kollagenfasern der ECM große Zugfestigkeit verleihen, eignet sich ihre starre, stäbchenähnliche Struktur nicht sonderlich gut dafür, einigen Geweben, deren Form ständig verändert wird, die notwendige Elastizität und Flexibilität zu verleihen, beispielsweise der Lunge, den Arterien, der Haut und dem Darm. Auf den dehnbaren elastischen Fasern beruht die Elastizität. Die wichtigste Komponente der elastischen Fasern ist eine Familie der ECM-Proteine, die **Elastine**. Ebenso wie die Kollagene sind in den Elastinen die Aminosäuren Glycin und Prolin reichlich vorhanden. Die Prolinreste sind allerdings nicht hydroxyliert, und es kommt auch kein Hydroxylysin vor. Die Elastinmoleküle sind über kovalente Bindungen zwischen Lysinresten quervernetzt. Die Spannung, die auf ein Elastinnetzwerk einwirkt, führt zur Streckung des gesamten Netzwerkes (▶*Abbildung 17.16a*).

Die wichtigen Aufgaben von Kollagenen und Elastinen werden bei der Alterung des Menschen am deutlichsten. Im Laufe des Lebens wird die Quervernetzung der Kollagene stärker und ihre Flexibilität nimmt ab. Die Elastine der Hautgewebe werden abgebaut. Dies hat zur Folge, dass Knochen und Gelenke älterer Menschen an Flexibilität einbüßen und die Haut Falten bildet.

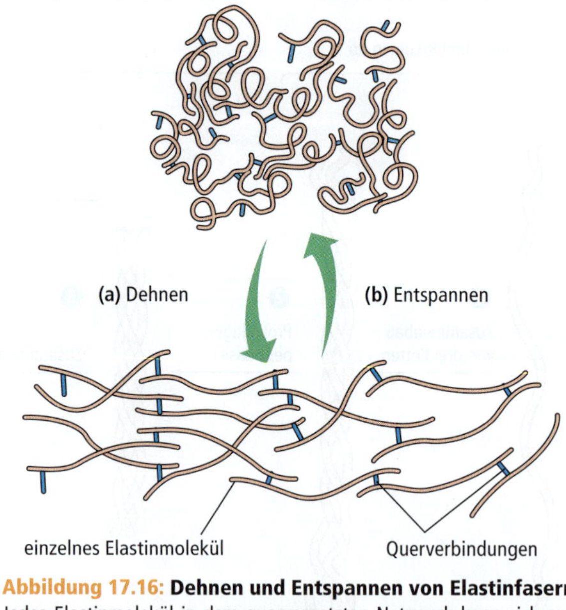

Abbildung 17.16: Dehnen und Entspannen von Elastinfasern. Jedes Elastinmolekül in dem quervernetzten Netzwerk kann sich entweder in der ausgestreckten (unten) oder der kompakten (oben) Konfiguration befinden. Die Faser (a) streckt sich und nimmt die ausgestreckte Form an, wenn eine Spannung auf sie einwirkt und (b) zieht sich in die kompakte Form zusammen, wenn die Spannung nachlässt.

17.3.4 Kollagen- und Elastinfasern sind in eine Matrix aus Proteoglykanen eingebettet

Das hydratisierte, Gel-ähnliche Netzwerk, in dem die Kollagen- und Elastinfibrillen des ECM eingebettet sind, besteht hauptsächlich aus Proteoglykanen, also Glykoproteinen, in denen eine große Anzahl von Glykosaminoglykanen an ein einzelnes Proteinmolekül geknüpft ist.

Glykosaminoglykane (**GAG**) sind große Kohlenhydrate, die charakteristischerweise aus sich wiederholenden Disaccharid-Untereinheiten bestehen, wie in ▶*Abbildung 17.17* anhand der drei am häufigsten vorkommenden Typen *Chondroitinsulfat*, *Keratansulfat* und *Hyaluronsäure* dargestellt. In jedem Fall ist einer der beiden Zucker der Disaccharid-Wiederholungseinheit ein Aminozucker, entweder *N-Acetylglucosamin* (*GlcNAc*) oder *N-Acetylgalactosamin* (*GalNAc*). Der andere Bestandteil der Disaccharid-Wiederholungseinheit ist im Allgemeinen ein Zucker oder eine Zuckersäure, zumeist *Galactose* (*Gal*) oder *Glucuronat* (*GlcUA*). In den meisten Fällen sind an den Aminozucker eine oder mehrere Sulfatgruppen geknüpft. Von den in *Abbildung 17.17* dargestellten GAG-Wiederholungseinheiten ist Hyaluronsäure die einzige Substanz, die keine Sulfatgruppen enthält. Da GAG hydrophile Moleküle mit vielen negativ geladenen Sulfat- und Carboxylgruppen sind, ziehen sie sowohl Wasser als auch Kationen an, wodurch sie eine hydratisierte, gelatineartige Matrix bilden, in die Kollagen- und Elastinfibrillen eingebettet werden.

Die meisten Glykosaminoglykane in der ECM sind kovalent an Proteinmoleküle gebunden und bilden **Proteoglykane**. Jedes Proteoglykan besteht aus zahlreichen GAG-Ketten, die auf der ganzen Länge eines **Kernproteins** gebunden sind, wie in *Abbildung 17.17* dargestellt. Durch Kombination verschiedener Kernproteine und GAG unterschiedlicher Arten und Längen können viele Arten von Proteoglykanen gebildet werden. Proteoglykane unterscheiden sich erheblich in ihrer Größe, abhängig vom Molekulargewicht des Kernproteins (das Molekulargewicht liegt zwischen ungefähr 10.000 bis zu mehr als 500.000) sowie von Anzahl und Länge der Kohlenhydratketten (1 – 200 pro Molekül mit einer durchschnittlichen Länge von circa 800 Monosaccharideinheiten). Die meisten Proteoglykane sind sehr groß. Ihr Molekulargewicht liegt im Bereich von 0,25 – 3 Millionen. Proteoglykane sind direkt an Kollagenfasern gebunden und bilden die Faser-Netzwerk-Struktur des ECM.

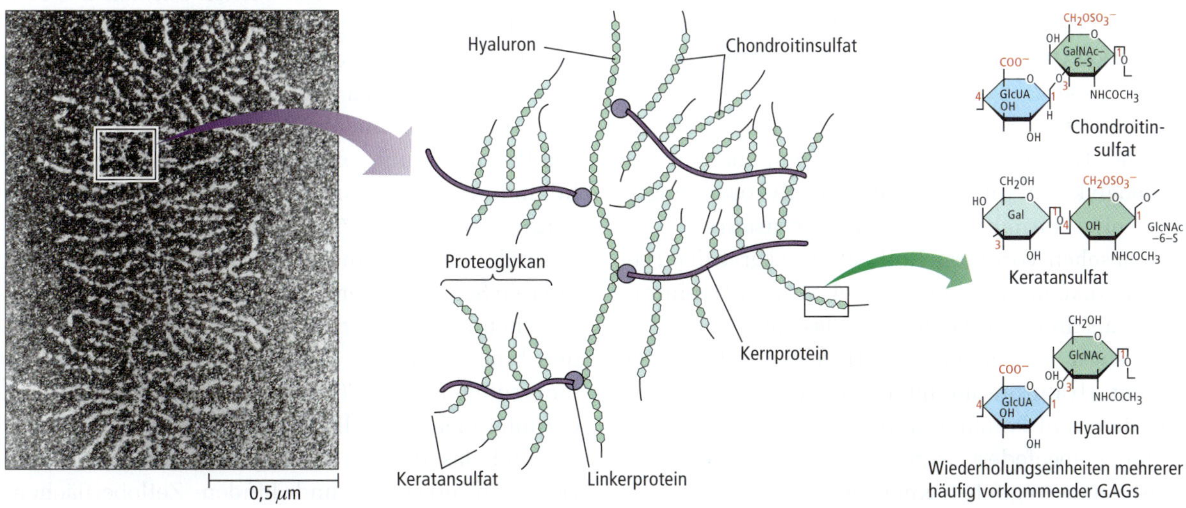

Abbildung 17.17: Die Struktur der Proteoglykane im Knorpel. Im Knorpel assoziieren viele Proteoglykane mit einem Hyaluronrückgrat und bilden einen unter dem Elektronenmikroskop gut erkennbaren Komplex. (a) Ein aus Rinderknorpel isolierter Proteoglykankomplex (TEM). (b) Schematische Darstellung eines kleinen Teils der Struktur von Kernproteinen mit Proteoglykanen, die über Linkerproteine an ein langes Hyaluronmolekül gebunden sind. Kurze Keratansulfat- und Chondroitinsulfatketten sind kovalent entlang der Kernproteine gebunden. Proteoglykane bestehen zu 95 % aus Kohlenhydraten. (c) Strukturen der sich wiederholenden Disaccharid-Einheiten in drei häufig vorkommenden extrazellulären Glykosaminoglykanen (GAG), wie sie in der extrazellulären Matrix tierischer Zellen vorkommen. Die sich wiederholende Chondroitinsulfat-Einheit (oben) besteht aus Glucuronat (GlcUA), der ionisierten Form der Gluconsäure, und *N*-Acetylgalactosamin (GalNAc). Die Wiederholungseinheit Keratansulfat (Mitte) besteht aus Galactose (Gal) und *N*-Acetylglucosamin (GlcNAc). Hyaluron (unten) hat eine Wiederholungseinheit aus GlcUA und GlcNAc.

Es gibt Fälle, in denen die Proteoglykane selbst integrale Komponenten der Plasmamembran sind, wobei ihre Kernpolypeptide in die Membran eingebettet sind. In anderen Fällen sind Proteoglykane kovalent an Membranphospholipide geknüpft. Alternativ können entweder Proteoglykane oder Kollagen an spezifische Rezeptorproteine auf der äußeren Oberfläche der Plasmamembran binden.

Proteoglykane kommen in vielen Geweben als einzelne Moleküle vor. Im Knorpel sind jedoch zahlreiche Proteoglykane an lange Hyaluronsäuremoleküle geknüpft. Dadurch entstehen die großen, in *Abbildung 17.17* dargestellten Komplexe. Ein einzelner Komplex kann ein Molekulargewicht von mehreren Millionen haben, und seine Länge kann mehrere Mikrometer übertreffen.

Die bemerkenswerte Widerstandsfähigkeit und Biegsamkeit des Knorpels beruhen in erster Linie auf den Eigenschaften dieser Komplexe. Kleinere Proteoglykane sind dafür bekannt, dass sie die Wachstumsfaktor-Signalkaskaden erleichtern, über die Sie in *Kapitel 14* viel erfahren haben. Zum Beispiel fungiert ein Proteoglykan mit der Bezeichnung *Syndecan* als Modulator der Wachstumsfaktor-Signalkaskade der Fibroblasten.

17.3.5 Freie Hyaluronsäure schmiert die Gelenke und erleichtert die Zellmigration

Die meisten in der extrazellulären Matrix vorkommenden GAG existieren nur als Komponenten von Proteoglykanen und nicht als freie Glykosaminoglykane; eine Ausnahme ist die **Hyaluronsäure**.

Abgesehen von ihrer Rolle als Rückgrat des Proteoglykankomplexes im Knorpel, kommt Hyaluronsäure als freies Molekül vor, das aus Hunderten oder sogar Tausenden von Disaccharid-Einheiten besteht. Hyaluronsäuremoleküle wirken als Gelenkschmiere und kommen dort am häufigsten vor, wo Reibung abgefedert werden muss, beispielsweise zwischen beweglichen Knochen.

17.3.6 Adhäsive Glykoproteine verankern Zellen an der extrazellulären Matrix

Direkte Verbindungen zwischen der ECM und der Plasmamembran werden von einer Familie *adhäsiver Glykoproteine* tatkräftig unterstützt, die Proteoglykane und Kollagenmoleküle sowohl aneinander als auch an Rezeptoren auf der Membranoberfläche binden. Diese Proteine besitzen typischerweise viele Domänen, von denen einige Bindungsstellen für Makromoleküle in der ECM und andere Bindungsstellen für Membranrezeptoren sind. Die beiden am weitesten verbreiteten adhäsiven Glykoproteine sind die *Fibronectine* und die *Laminine*. Viele Membranrezeptoren, an die diese Glykoproteine binden, gehören zu einer Familie von Transmembranproteinen, den *Integrinen*. In den folgenden Abschnitten werden wir uns mit den beiden Familien beschäftigen.

17.3.7 Fibronectine verbinden Zellen mit der ECM und steuern die Zellbewegung

Die **Fibronectine** bilden eine Familie eng verwandter adhäsiver Glykoproteine in der ECM und kommen sehr häufig bei den Wirbeltieren vor. Fibronectine findet man in gelöster Form im Blut und anderen Körperflüssigkeiten, als nicht-lösliche Fibrillen in der extrazellulären Matrix und in intermediärer Form in lockerer Assoziation mit Zelloberflächen. Die Existenz dieser verschiedenen Formen des Proteins kommt daher, dass die vom Fibronectin-Gen transkribierte RNA prozessiert wird, um viele verschiedene mRNAs zu bilden.

Ein Fibronectinmolekül besteht aus zwei sehr großen Polypeptiduntereinheiten, die durch zwei Disulfidbindungen nahe ihrer Carboxylgruppen verknüpft sind (▶*Abbildung 17.18*). Jede Untereinheit besitzt ungefähr 2500 Aminosäuren und ist durch kurze, flexible Segmente der Polypeptidkette in eine Reihe stäbchenförmiger Domänen gefaltet. Mehrere Domänen binden an eine spezifischere Art von Makromolekülen in der ECM oder auf Zelloberflächen, darunter mehrere Kollagentypen (I, II und IV), Heparin und das Blutgerinnungsprotein Fibrin. Andere Domänen erkennen und binden Zelloberflächenrezeptoren. Für die Rezeptorbindeaktivität dieser Domänen ist eine spezifische Tripeptidsequenz verantwortlich, die RGD-Sequenz (Arginin-Glycin-Aspartat). Die *RGD-Sequenz* bei den extrazellulären adhäsiven Proteinen weit verbreitet und wird von verschiedenen Integrinen auf der Zelloberfläche erkannt (siehe nächster Abschnitt).

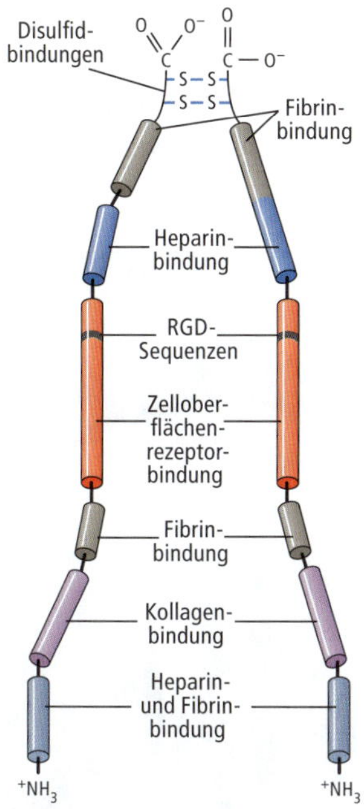

Abbildung 17.18: Die Struktur von Fibronectin. Ein Fibronectinmolekül setzt sich aus zwei nahezu identischen Polypeptidketten zusammen, die über zwei Disulfidbindungen nahe ihrer Carboxylgruppen verknüpft sind. Jede Polypeptidkette ist in eine Reihe von Domänen gefaltet, die über kurze, flexible Segmente verknüpft sind. Diese Domänen besitzen Bindungsstellen für ECM-Komponenten oder spezifische Rezeptoren auf der Zelloberfläche. Die Rezeptor-Bindedomäne enthält die Tripeptidsequenz RGD (Arginin-Glycin-Aspartat), die von Fibronectinrezeptoren erkannt werden kann. Außer den bereits erwähnten Bindungsaktivitäten besitzt Fibronectin Bindungsstellen für Heparansulfat, Hyaluronsäure und Ganglioside (Glykosphingolipide, die Sialinsäure enthalten).

Die Wirkung von Fibronectin auf Zellform und Zellbewegung Fibronectin bindet an Zelloberflächenrezeptoren und an ECM-Komponenten wie Kollagen und Heparin. Es dient als Überbrückungsmolekül, das sich an Zellen der ECM heftet. Diese Funktion als Anker kann man experimentell nachweisen, indem man Zellen in eine Petrischale gibt, die mit Fibronectin überzogen wurde. Unter diesen Bedingungen heften sich die Zellen stärker an die Oberfläche der Petrischale, als sie dies ohne Fibronectin täten. Nachdem sie sich angeheftet haben, verflachen sich die Zellen (▶*Abbildung 17.19a*) und die Komponenten des Actincytoskeletts werden entsprechend dem außerhalb der Zelle lokalisierten Fibronectin ausgerichtet (▶*Abbildung 17.19b, c*). In einigen Fällen beruht die Ausrichtung darauf, dass die Zelle die ECM remodelliert, indem sie diese in neue Anordnungsformationen bringt. In anderen Fällen richtet sich die Zelle von selbst mit der ECM aus.

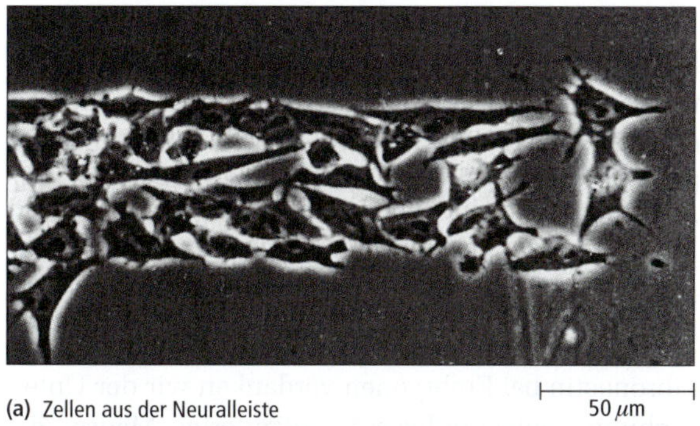

(a) Zellen aus der Neuralleiste

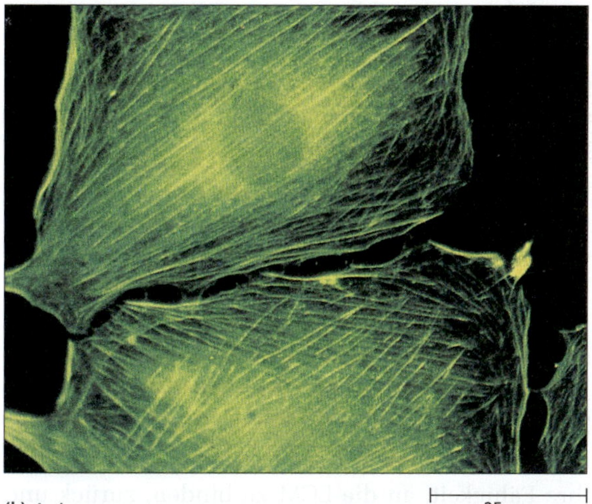

(b) Actin

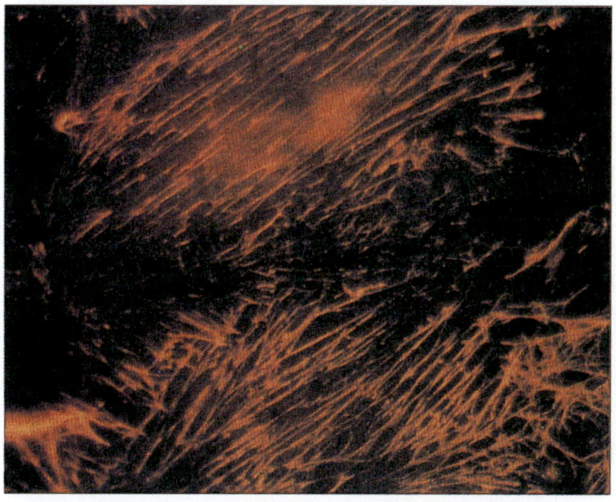

(c) Fibronectin

Abbildung 17.19: Interaktion zwischen Fibronectin und wandernden Zellen. (a) Neuralleistenzellen (ein Typ migratorischer embryonaler Zellen), die in vitro vorzugsweise auf einem Fibronectinstreifen wandern (phasenkonstrastmikroskopische Aufnahme). (b und c) Fluoreszenzmikroskopische Aufnahme mit den gleichen kultivierten Zellen, die mit fluoreszierenden Antikörpern angefärbt wurden, welche entweder für (b) Actin oder (c) Fibronectin spezifisch sind. Beachten Sie, dass das extrazelluläre Fibronectinnetzwerk und die intrazellulären Actinmikrofilamente im gleichen Muster ausgerichtet sind.

Fibronectin ist außerdem an der Zellbewegung beteiligt. Wenn man zum Beispiel migratorische embryonale Zellen auf Fibronectin kultiviert, dann gehen sie ohne Weiteres eine Bindung mit Fibronectin ein (*Abbildung 17.19a*). Die Wege, auf denen sich die wandernden Zellen bewegen, sind reich an Fibronectin, was nahelegt, dass die Zellen durch Bindung an Fibronectinmoleküle auf diesem Weg geführt werden. Einen direkteren Nachweis für die Bedeutung von Fibronectin bei Embryonen verdanken wir der Untersuchung gentechnologisch veränderter Mäuse, die kein Fibronectin bilden können. Diese Mäuse leiden unter schweren Störungen in einigen Zellen, aus denen sich Muskulatur und Gefäßsystem zusammensetzen. Die Defekte verdeutlichen die entscheidende Bedeutung von Fibronectin während der embryonalen Entwicklung.

Man nimmt außerdem an, dass Fibronectin bei der Entwicklung von Tumoren beteiligt ist. Diese Vermutung beruht auf der Beobachtung, dass viele Arten von Krebszellen keine Fibronectine synthetisieren, was mit einem Verlust der Zellform und der Ablösung von der ECM einhergeht. Wenn man diese Zellen mit Fibronectin versorgt, dann nehmen sie häufig ihre normale Gestalt wieder an, gewinnen ihre Fähigkeit, an die ECM zu binden, zurück und scheinen nicht länger bösartig zu sein.

Die Wirkungen von Fibronectin auf die Blutgerinnung Die lösliche Form von Fibronectin im Blut, das sogenannte *Plasmafibronectin*, ist an der Blutgerinnung beteiligt. Fibronectin unterstützt die Blutgerinnung, denn es verfügt über mehrere Bindedomänen, die *Fibrin* erkennen. Fibrin ist das Blutgerinnungsprotein und kann während der Bildung von Blutgerinnseln Blutplättchen an Fibrin heften.

17.3.8 Laminine binden Zellen an die Basallamina

Eine weitere wichtige adhäsive Glykoproteinfamilie der ECM sind die **Laminine**, die von einfachen Invertebraten bis hin zum Menschen konserviert sind. Im Gegensatz zu den Fibronectinen, die oft in Stützgeweben und Blutflüssigkeiten enthalten sind, trifft man die Laminine vor allem in der **Basallamina** an. Diese dünne Proteinschicht aus spezialisiertem extrazellulärem Material, deren Dicke im Allgemeinen bei 5 nm liegt, befindet sich „unterhalb“ der Epithelzellen, wodurch die Epithelzellen vom Bindegewebe getrennt werden (▶*Abbildung 17.20*). Die Basallamina umgeben auch Muskelzellen, Fettzellen und die Schwann-Zellen, welche die Myelinscheiden um die Nervenzellen bilden.

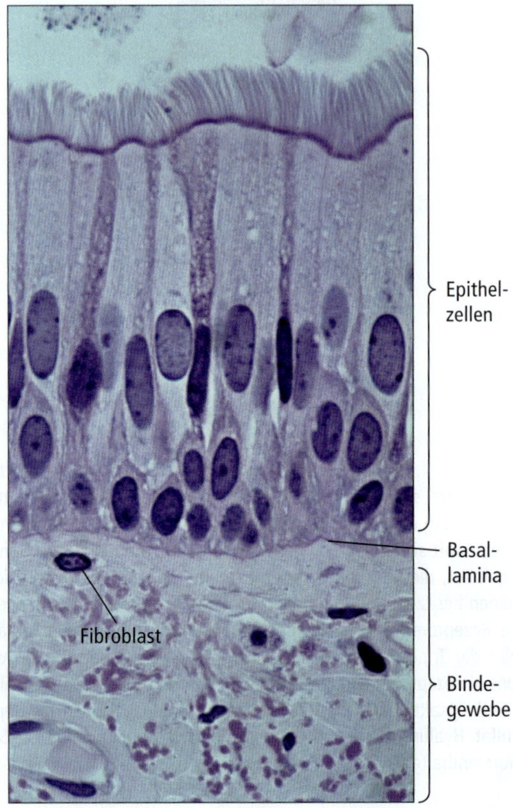

Abbildung 17.20: Die Basallamina. Die Basallamina ist eine dünne Schicht mit einer Stärke von zumeist 50 nm. Sie besteht aus Matrixmaterial, das eine Schicht von Epithelzellen vom darunterliegenden Bindegewebe trennt (TEM).

Die Eigenschaften der Basallamina Die Basallamina ist eine Strukturstütze, die zur Aufrechterhaltung der Gewebeorganisation und als Permeabilitätsbarriere dient, welche die Bewegung von Molekülen und Zellen reguliert. In der Niere übernimmt eine extrem dicke Basallamina die Funktion eines Filters, durch den kleine Moleküle, aber keine Blutproteine, vom Blut in den Urin gelangen können. Die Basallamina unterhalb der Epithelzellen verhindert die Passage darunterliegender Bindegewebszellen in das Epithel, ist jedoch durchlässig für weiße Blutkörperchen zur Verteidigung gegen Infektionen. Die Wirkung der Basallamina auf die Zellmigration ist von besonderem Interesse, weil Krebszellen verstärkt an die Basallamina binden. Diese Fähigkeit der Krebszellen könnte deren Bewegung durch die Basallamina erleichtern und ihnen die Möglichkeit eröffnen, von einer Region des Körpers in die nächste zu wandern.

Trotz der Unterschiede im Hinblick auf Funktion und spezifische Zusammensetzung je nach Gewebe enthalten alle Basallaminae Typ-IV-Kollagen, Proteoglykane, Laminine sowie ein weiteres Glykoprotein, das *Entactin* oder *Nidogen*. Es können auch Fibronectine enthalten sein, aber die Laminine sind die am häufigsten in der Basallamina vorkommenden adhäsiven Glykoproteine. Man nimmt an, dass die Laminine vor allem auf der Oberfläche der Basallamina lokalisiert sind, die den darüber liegenden Epithelzellen zugewandt ist. Dort tragen sie dazu bei, die Zellen mit der Basallamina zu verbinden. Fibronectine hingegen sind auf der anderen Seite der Basallamina lokalisiert, wo sie für die Verankerung der Zellen im Bindegewebe wichtig sind.

Zellen können die Eigenschaften der Basallamina durch Sekretion von Enzymen, die Veränderungen in der Basallamina katalysieren, beeinflussen. Eine wichtige Klasse dazu fähiger Enzyme sind die *Matrixmetalloproteinasen* (*MMP*). Diese Enzyme, die Metallionen als Cofaktoren benötigen, bauen die ECM lokal ab, sodass Zellen durch die ECM hindurch gelangen können. Dies ist beispielsweise für Leukocyten sehr wichtig, um im Fall einer Entzündung in das verletzte Gewebe eindringen zu können. MMP sind außerdem an abnormalen Invasionsereignissen beteiligt. Die MMP-Aktivität invasiver Krebszellen, zum Beispiel von metastatischen Melanomzellen, ist sehr hoch. In *Kapitel 24* werden wir uns eingehend mit diesen Enzymen beschäftigen.

Die Eigenschaften von Laminin Laminin ist ein sehr großes Protein mit einem Molekulargewicht von ungefähr 850.000. Es besteht aus drei langen Polypeptiden, die man mit α, β und γ bezeichnet. Es gibt verschiedene Typen der drei Untereinheiten, die unterschiedlich miteinander kombiniert werden können. Die Polypeptidketten werden über Disulfidbindungen miteinander verknüpft und wie ein Kreuz angeordnet, wobei ein Teil des langen Arms zu einer dreisträngigen Spirale gewunden ist (▶*Abbildung 17.21*). Ebenso wie Fibronectin besteht Laminin aus mehreren Domänen, zu denen Bindungsstellen für Typ-IV-Kollagen, Heparin, Heparansulfat und Entactin gehören sowie Lamininrezeptorproteine auf der Oberfläche darüber liegender Zellen. Aufgrund der Bindungsstellen wirkt Laminin als Brückenmolekül, das Zellen an die Basallamina bindet. Entactinmoleküle besitzen Bindungsstellen für Laminin und Typ-IV-Kollagen, und man nimmt daher an, dass sie die Bindung von Typ-IV-Kollagen und Lamininnetzwerken in der Basallamina verstärken.

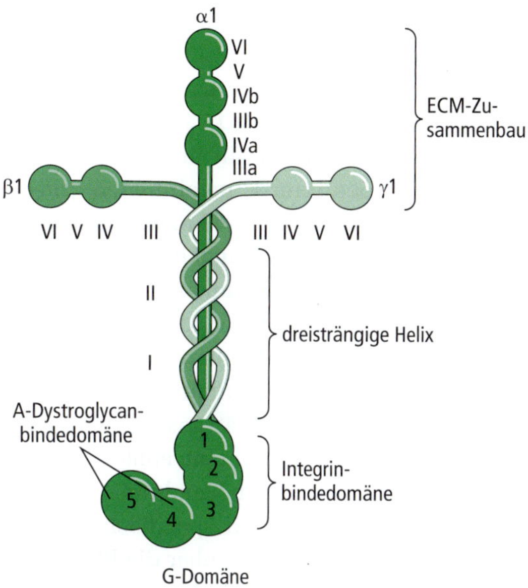

Abbildung 17.21: Die Struktur von Laminin. Ein Lamininmolekül besteht aus drei großen Polypeptiden – α, β und γ –, die über Disulfidbindungen zu einer kreuzähnlichen Struktur verbunden sind. Ein Teil des langen Arms besteht aus einer dreisträngigen Spirale. Die funktionalen Domänen der Enden der α-Kette binden an organspezifische Zelloberflächenrezeptoren, während die funktionalen Domänen auf den Enden der beiden Arme des Kreuzes für Typ-IV-Kollagen spezifisch sind. Die Kreuzarme enthalten außerdem Laminin-Laminin-Bindungsstellen, wodurch die Lamininmoleküle Bindungen miteinander eingehen und große Aggregate bilden können. Laminin besitzt zudem Bindungsstellen für Heparin und Heparansulfat sowie für Entactin (nicht dargestellt).

Wiedergabe mit Erlaubnis von Macmillan Publishers Ltd: Abb. 1 aus M. P. Marinkovich, Laminin 332 in Squamous-Cell Carcinoma, Nature Reviews Cancer 7:370 – 380. Copyright 2007.

17.3.9 Integrine sind Zelloberflächenrezeptoren, die ECM-Bausteine binden

Fibronectine und Laminine können an tierische Zellen binden, weil sich auf der Plasmamembran der meisten Zellen spezifische Rezeptoren befinden, die spezifische Regionen des Fibronectin- oder Lamininmoleküls erkennen. Diese Rezeptoren – sowie die Rezeptoren für eine Vielzahl anderer ECM-Bausteine – gehören zu einer großen Familie von Transmembranproteinen, den sogenannten **Integrinen**. Der Name beruht auf ihrer Funktion, denn sie *integrieren* das Cytoskelett in die extrazelluläre Matrix. Integrine sind wichtige Rezeptoren, denn sie sind für Zellen das wesentlichste Hilfsmittel, um mit ECM-Proteinen wie Kollagen, Fibronectin und Laminin eine Verbindung einzugehen.

Die Struktur von Integrinen Ein Integrin besteht aus zwei großen Transmembranpolypeptiden, der α- und β-Untereinheit, die nicht kovalent miteinander verbunden sind (▶*Abbildung 17.22*). Integrine unterscheiden sich im Hinblick auf ihre Bindungsspezifität und die Größe ihrer Untereinheiten erheblich (das Molekulargewicht schwankt zwischen 110.000 und 140.000 bei der α-Untereinheit, zwischen 85.000 und 91.000 bei der β-Untereinheit). Bei einem spezifischen Integrin interagieren die extrazellulären Teile der α- und β-Untereinheit und bilden eine Bindungsstelle für ein bestimmtes ECM-Protein, wobei die Bindungsspezifität anscheinend hauptsächlich von der α-Untereinheit abhängt. Auf der cytoplasmatischen Seite der Membran besitzen die Integrine Bindungsstellen für spezifische Moleküle des Cytoskeletts, wodurch sie über die Plasmamembran eine mechanische Verbindung zwischen dem Cytoskelett und der ECM herstellen.

Aufgrund der vielen Typen von α- und β-Untereinheiten gibt es eine große Anzahl von verschiedenen Integrin-Heterodimeren mit unterschiedlicher Bindungsspezifität. Beispielsweise kommen Integrine, die eine β_1-Untereinheit enthalten, auf den Oberflächen der meisten Wirbeltierzellen vor und vermitteln vor allem Zell-ECM-Wechselwirkungen. Hingegen sind Integrine, die eine β_2-Untereinheit enthalten, nur auf der Oberfläche weißer Blutkörperchen lokalisiert und vor allem an Zell-Zell-Wechselwirkungen beteiligt. Das am häufigsten vorkommende Integrin, welches Fibronectin bindet, ist $\alpha_5\beta_1$, während $\alpha_6\beta_1$ an Laminin bindet. Viele Integrine erkennen die RGD-Sequenz in den spezifischen ECM-Glykoproteinen, die sie verbinden. Allerdings muss die Bindungsstelle auch andere Teile des Glykoproteins erkennen, denn Integrine besitzen eine größere Spezifität für die Glykoproteinbindung als die RGD-Sequenz.

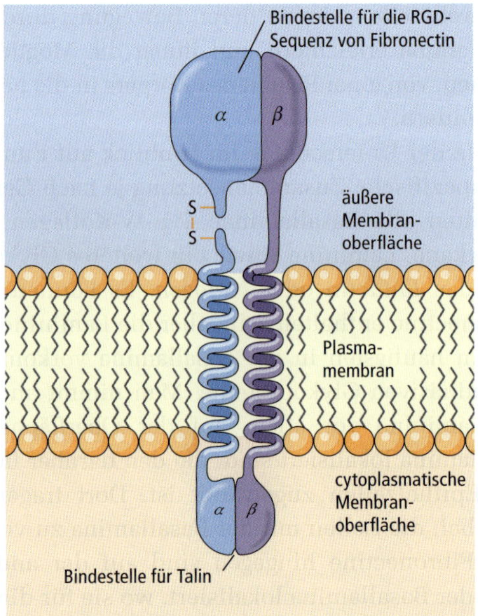

Abbildung 17.22: Ein Integrin: Der Fibronectinrezeptor. Ein Integrin besteht aus α- und β-Untereinheiten, Transmembranpolypeptiden, die nicht kovalent miteinander verbunden sind, und die auf der äußeren Membranoberfläche eine Bindungsstelle für den Liganden und auf der inneren Membranoberfläche eine Bindungsstelle für ein spezifisches Cytoskelettprotein bilden. Hier ist ein Fibronectinrezeptor ($\alpha_5\beta_1$) dargestellt, der eine Bindungsstelle für Fibronectin auf der äußeren Oberfläche und eine Bindungsstelle für Talin auf der cytoplasmatischen Seite der Membran besitzt. Bei diesem und auch anderen Integrinen ist die α-Untereinheit in zwei Segmente geteilt, die über eine Disulfidbindung zusammengehalten werden. Sowohl die α- als auch die β-Untereinheit sind auf der Außenseite glykosyliert, allerdings sind die Zuckerseitenketten hier nicht dargestellt.

Integrine und das Cytoskelett Obwohl Integrine die extrazelluläre Matrix mit dem Cytoskelett verknüpfen, erfolgt diese Bindung nicht direkt. Stattdessen interagieren die Schwänze der Integrine mit Proteinen im Cytosol, welche die Integrine mit Cytoskelettproteinen verbinden. Integrine schaffen zwei Verbindungstypen mit dem Cytoskelett (▶*Abbildung 17.23*). Kriechende Zellen und nicht-epitheliale Zellen wie Fibroblasten binden über **Fokaladhäsionen** an die Moleküle der extrazellulären Matrix. Fokaladhäsionen enthalten Integrinaggregate, die über mehrere Linkerproteine mit Bündeln von Actinmikrofilamenten interagieren (▶*Abbildung 17.23a, b*). Dazu gehören *Talin*, das an das Actinbindeprotein *Vinculin* binden kann, und *α-Actinin*, das direkt an Actinmikrofilamente bindet.

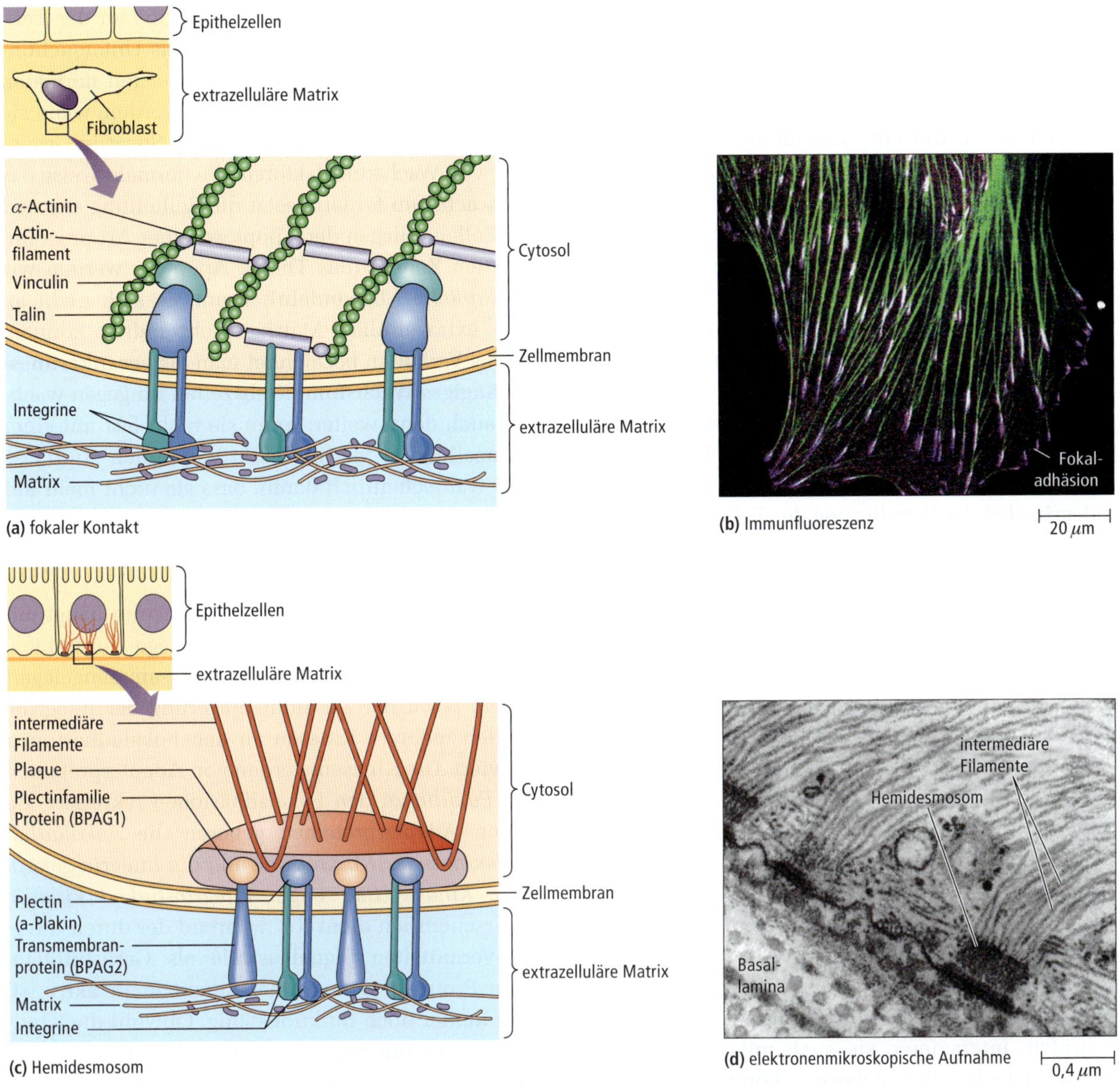

Abbildung 17.23: Integrine, Fokaladhäsionen und Hemidesmosomen. (a) Kriechende Zellen, die sich über Fokaladhäsion an die extrazelluläre Matrix heften. Fokaladhäsionen enthalten Integrine wie $\alpha_5\beta_1$-Integrin und mit Integrin assoziierte Linkerproteine wie Talin, Vinculin und α-Actinin, das Integrin an das Actincytoskelett bindet. (b) Eine kultivierte Gliazelle eines Frosches, die angefärbt wurde (grün), um Actin sichtbar zu machen, und mit Antikörpern angefärbt wurde, die β_1-Integrin (violett) und Vinculin erkennen. Die weißen Streifen sind die Regionen, in denen man die drei Proteine zusammen lokalisiert hat. Beachten Sie, wie die Actinmikrofilamente an den Fokaladhäsionen enden. (c) Epithelzellen heften sich über Hemidesmosomen an die extrazelluläre Matrix, die $\alpha_6\beta_4$-Integrine enthält. Die Epithelzellen binden über Linkerproteine wie Plectin an Intermediärfilamente. (d) Die äußere Oberfläche eines Hemidesmosoms grenzt direkt an die Basallamina (TEM).

Dem anderen wichtigen Typ der von Integrin vermittelten Verbindung begegnen wir bei den Epithelzellen. Epithelzellen heften sich über **Hemidesmosomen** (so benannt, weil sie „halben Desmosomen“ ähneln; über Desmosomen haben wir früher in diesem Kapitel gesprochen) an die Basallamina. In den Hemidesmosomen ist $\alpha_6\beta_4$-Integrin enthalten. Hier sind die Integrine nicht an Actin geknüpft, sondern an Intermediärfilamente, typischerweise an *Keratin* (▶*Abbildung 17.23c, d*). Die Linkerproteine der Hemidesmosomen bilden eine dichte **Plaque**, die gebündelte Integrine mit dem Cytoskelett verbindet. Unter den Linkerproteinen sind vor allem Mitglieder der **Plakin**proteinfamilie vertreten. Ein unter der Bezeichnung *Plectin* bekanntes Plakin verbindet Keratinfilamente mit Integrinen. Ein anderes Transmembranprotein, *BPAG2*, und sein assoziiertes Plakin, *BPAG1*, können als Brücke zwischen Keratin und Laminin dienen. Diese Proteine wurden mit Hilfe von Antikörpern entdeckt, welche von Patienten stammten, die eine Autoimmunantwort gegen ihre eigenen Hemidesmosomen entwickelt hatten. Von der sich daraus entwickelnden Hautkrankheit, dem *bullösen Pemphigoid*, sind hauptsächlich ältere Menschen betroffen, und zu den Symptomen gehört die Blasenbildung der Haut. Die Proteine wurden nach der Krankheit benannt (*BPAG* ist die Abkürzung für „*b*ullous *p*emphigoid *a*ntigen").

Die Funktion von Integrinen Da sie auf der Außenseite der Zelle an Komponenten der ECM und im Zellinneren an Actinmikrofilamente binden, spielen Integrine bei der Regulierung der Zellbewegung und der Zellbindung eine wichtige Rolle. Mäuse, die eine bestimmte Integrinuntereinheit (α_7) nicht bilden können, welche für das Anheften von Laminin benötigt wird, entwickeln eine bestimmte Form der fortschreitenden Muskeldystrophie. Menschen mit der gleichen Mutation entwickeln ebenfalls eine fortschreitende Muskeldegeneration. Rufen Sie sich bitte in Erinnerung, dass Hemidesmosomen $\alpha_6\beta_1$-Integrine nutzen, um an Laminin zu binden. Menschen mit Mutationen in der β_4-Untereinheit entwickeln die *Epidermolysis bullosa*, eine schwere Hauterkrankung mit Blasenbildung.

Integrine und Signalisierung Obwohl eine der wichtigsten Aufgaben der Integrine darin besteht, das Cytoskelett und die extrazelluläre Matrix zu verknüpfen, interagieren sie auch mit intrazellulären Signalkaskaden. Beispielsweise können Signale wie die Bindung von Wachstumsfaktoren, die zur Aktivierung der MAP-Kinase führen (siehe *Kapitel 14*), bewirken, dass sich die Integrine zusammenlagern. (Diese Aktivität wird oftmals als „Inside-out-Signalisierung" bezeichnet, denn innere Veränderungen in der Zelle wirken sich auf die Oberfläche von Integrinen aus.) Die Inside-out-Signalisierung scheint auf Konformationsänderungen in den cytoplasmatischen Regionen der α- und β-Untereinheiten zu beruhen. Integrine können außerdem als Rezeptoren dienen, die selber die intrazellulären Signalkaskaden aktivieren (diese Aktivität wird manchmal als „Outside-in-Signalisierung" bezeichnet). Die ersten Beobachtungen, die nahelegten, dass Integrine an der Zellsignalisierung mitwirken, gingen aus Untersuchungen von Krebszellen hervor. Die meisten normalen Zellen können nur dann kultiviert werden, wenn sie an eine Oberfläche angeheftet sind. Sogar in Gegenwart von Wachstumsfaktoren, die normalerweise das Zellwachstum fördern, setzt die Zellteilung aus und die Zellen erliegen der Apoptose, einer Art programmiertem Zelltod (das Thema Apoptose werden wir in *Kapitel 19* behandeln), wenn sie sich nicht an eine extrazelluläre Matrixschicht heften können. Dieses Verhalten bezeichnet man als **verankerungsabhängiges Wachstum**. Krebszellen hingegen wachsen auch dann weiter, wenn sie nicht fest mit einer extrazellulären Matrixschicht verbunden sind. Das liegt wahrscheinlich daran, dass sie nicht mehr auf die Transduktion von Signalen angewiesen sind, die auf der Verbindung mit der extrazellulären Matrix beruhen.

Das verankerungsabhängige Wachstum hängt mit der Aktivierung intrazellulärer Wege zusammen, nachdem sich die Integrine zusammengelagert haben. Nach der Zusammenlagerung der Integrine werden mehrere Kinasen an den Fokaladhäsionen aktiviert. Die Kinasen werden von Adapterproteinen wie *Paxillin* zu den Fokaladhäsionen rekrutiert. Zu diesen Adapterproteinen gehören die *Fokaladhäsionskinase* (*FAK*), *Kindline* und die *Integrin-gekoppelte Kinase* (*ILK*; engl.: *integrin-linked kinase*). Wahrscheinlich dient ILK während der durch Integrin vermittelten Signalkaskade als Gerüstprotein, denn Proteine, deren Kinase nicht mehr aktiv ist, sind immer noch funktionsfähig. Obwohl die Kindline an der Integrinaktivierung mitwirken, ist ihre genaue Funktion noch unklar. Mutationen in einem Kindlin führen zum Kindler-Syndrom. Kinder und Jugendliche mit dem Kindler-Syndrom entwickeln häufig kleinere Hautdefekte und sind normalerweise sehr anfällig für Sonnenbrand. FAK scheint sehr wichtig für die Regulation des verankerungsabhängigen Wachstums zu sein. Krebszellen enthalten sogar dann aktiviertes FAK, wenn sie nicht angeheftet sind. Man kann Zellen in Krebs-ähnliche Zellen umwandeln, indem man eine aktivierte FAK-Mutante zur Expression bringt. Diese Versuche verdeutlichen die Bedeutung der Zelladhäsion für die Krebsforschung.

17.3.10 Der Dystrophin/Dystroglykan-Komplex stabilisiert die Anheftung von Muskelzellen an die extrazelluläre Matrix

Neben den Fokaladhäsionen und den Hemidesmosomen gibt es noch einen dritten Typ der ECM-Bindung, die bei Erkrankungen des Menschen eine wichtige Rolle spielt. Das *Costamer* ist eine Anheftungsstruktur, die man auf der Oberfläche des gestreiften Muskels vorfindet. Costamere sind parallel zu den Z-Scheiben auf der Oberfläche von Muskelzellen angeordnet. Sie stellen eine physikalische Verbindung zwischen den auf der Oberfläche der Muskelzellen befindlichen Myofibrillen und der Plasmamembran (Sarkolemm) her. Costamere enthalten viele Proteine, die man auch in fokalen Kontakten findet, darunter β_1-Integrin, Vinculin, Talin und α-Actinin. Des Weiteren enthalten sie das Intermediärfilamentprotein Desmin und einen spezialisierten Proteinkomplex mit dem großen Protein **Dystrophin** (▸*Abbildung 17.24*). Mutationen im Dystrophin-Gen führen zur Entwicklung der am häufigsten auftretenden Form der Muskeldystrophie, der *Duchenne-Muskeldystrophie* (*DMD*). Die Duchenne-Muskeldystrophie ist eine schwere, rezessive, X-chromosomale Muskeldystrophie, die mit einer Frequenz von 1:3.500 bei männlichen Individuen auftritt. DMD-Patienten erleiden eine fortschreitende Muskeldegeneration, die zum Verlust der Gehfähigkeit und letztendlich zum Tod führt.

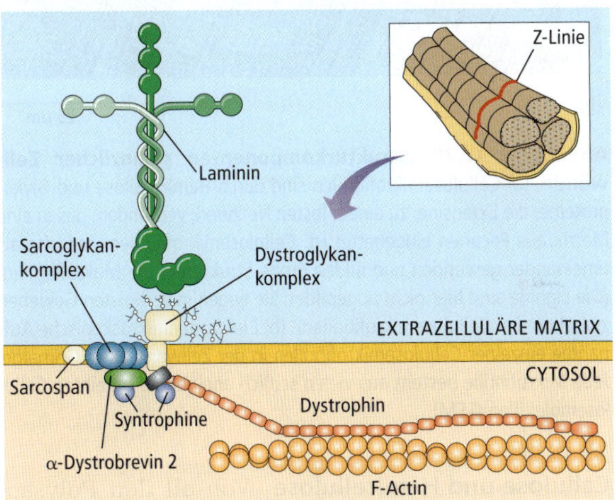

Abbildung 17.24: Der Dystrophin/Dystroglykan-Komplex der Muskelzellen. Dystrophin, ein sehr großes cytosolisches Protein, interagiert im Cytosol mit Actin. Dystrophin ist über eine Reihe von Proteinen mit dem Dystroglykankomplex auf der Zelloberfläche verbunden. Der Dystroglykankomplex interagiert wiederum mit extrazellulären Matrixproteinen, zum Beispiel mit Laminin.

Dystrophin tritt mit einem Multiproteinkomplex in Wechselwirkung, zu dem das integrale Membranprotein *Dystroglykan* und *Sarcoglykan-Sarcospan*-Komplexe sowie cytosolische Proteine, die *Dystrobrevine* und *Synthrophine* gehören. Man weiß, dass Dystroglykan über drei Regionen in der Laminin-G-Domäne bindet, wodurch der Komplex an die extrazelluläre Matrix gebunden wird (*Abbildung 17.24*). Bei Verlust vieler weiterer Komponenten des Dystrophinkomplexes kommt es bei Menschen und Mäusen zur Entwicklung der Muskeldystrophie.

17.3.11 Die Glykocalyx ist eine polysaccharidreiche Zone an der Peripherie tierischer Zellen

Obwohl tierische Zellen nicht von einer festen Hülle wie einer Zellwand umgeben sind, ist die Plasmamembran häufig von einer polysaccharidreichen Zone, der *Glykocalyx*, umgeben (siehe *Abbildung 7.27*). Zu den Aufgaben der Glykocalyx gehören Zellerkennung und Adhäsion, der Schutz der Zelloberfläche und der Aufbau von Permeabilitätsbarrieren. Spezialisierte Strukturen wie die äußere Hülle der Amöben und die Gallerthüllen, von denen die meisten tierischen Eizellen umschlossen sind, liefern jeweils ein Beispiel für die Glykocalyx.

17.4 Die Oberfläche der Pflanzenzelle

Bisher haben wir das Hauptaugenmerk unserer Diskussion auf die Zelloberfläche bei Tieren gelegt. Die Oberflächen der Pflanzen-, Algen- und Bakterienzellen besitzen die gleichen Eigenschaften, aber sie haben auch einige einzigartige Merkmale. Im verbleibenden Teil dieses Kapitels werden wir die Unterscheidungsmerkmale der pflanzlichen Zelloberfläche behandeln.

17.4.1 Zellwände bilden einen strukturellen Rahmen und dienen als Permeabilitätsbarriere

Eines der hervorstechendsten Merkmale der Pflanzen ist die Tatsache, dass sie keine Knochen oder ähnliche Skelettstrukturen besitzen und doch von bemerkenswerter Festigkeit sind. Diese Festigkeit verdanken die Pflanzen den starren *Zellwänden*, von der Pflanzenzellen umschlossen sind. Ausnahmen bilden einige Algen und einige Samen. Die Festigkeit der Zellwand hat zur Folge, dass die Zellen praktisch bewegungsunfähig sind. Zugleich widerstehen die Pflanzen aufgrund der starken Zellwände dem großen *Turgordruck*, der durch die Aufnahme von Wasser entsteht. Der Turgor ist für Pflanzen überlebenswichtig, denn ihm verdanken sie in erheblichem Maß die Turgidität oder Festigkeit ihres Gewebes, und er liefert die für die Zellexpansion erforderliche Kraft.

Die Pflanzenzellwand ist zugleich eine Permeabilitätsbarriere für große Moleküle. Für Wasser, Gase, Ionen und kleine wasserlösliche Moleküle wie Zucker oder Aminosäuren stellt die Zellwand kein wirkliches Hindernis dar. Diese Substanzen diffundieren mühelos durch die Zellwand hindurch.

17.4.2 Die pflanzliche Zellwand ist ein Netzwerk aus Cellulosemikrofibrillen, Polysacchariden und Glykoproteinen

Ebenso wie die extrazelluläre Matrix der tierischen Zellen bestehen die pflanzlichen Zellen vor allem aus langen, in ein Netzwerk verzweigter Moleküle eingebetteten Fasern. Die Pflanzenzellwände enthalten allerdings weder Kollagen noch Proteoglykane, sondern *Cellulosemikrofibrillen*, die ein komplexes Maschenwerk aus verzweigten Polysacchariden und Glykoproteinen bilden, die *Extensine* (siehe *Tabelle 17.2*). Die beiden wichtigsten Typen von Polysacchariden sind *Hemicellulosen* und *Pectine*. Cellulose macht 40 % des Trockengewichts einer Pflanzenzellwand aus, Hemicellulose 20 % und Pectine ungefähr 30 %, Glykoproteine sind mit 10 % vertreten. ▶*Abbildung 17.25a* stellt die Beziehungen zwischen diesen Zellwandkomponenten dar. Cellulose, Hemicellulosen und Glykoproteine sind miteinander verbunden und bilden ein starres, quervernetztes Geflecht, das in eine Pectinmatrix eingebettet ist. Die Lignine sind nicht abgebildet. In verholzten Geweben liegen sie zwischen den Cellulosefibrillen und sorgen für besondere Stärke und Festigkeit. Im Folgenden werden wir uns mit jeder dieser Komponenten nacheinander beschäftigen.

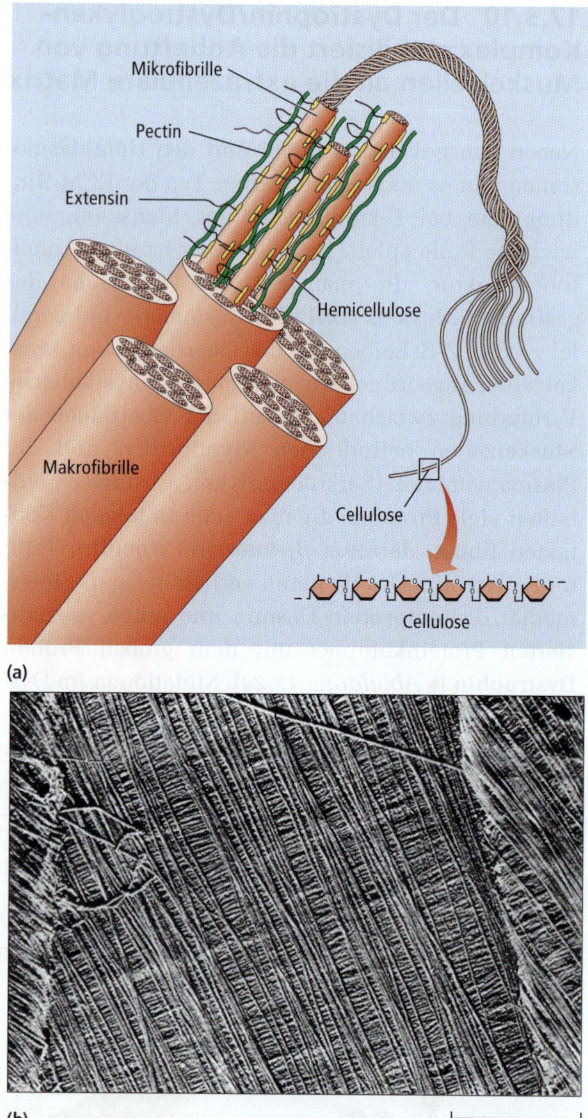

Abbildung 17.25: Strukturkomponenten pflanzlicher Zellwände. (a) Cellulosemikrofibrillen sind durch Hemicellulose und Glykoproteine, die Extensine, zu einem festen Netzwerk verbunden, das in eine Matrix aus Pectinen eingebettet ist. Cellulosemikrofibrillen sind oftmals umeinander gewunden und bilden große Strukturen, die Makrofibrillen. (Die Lignine sind hier nicht abgebildet. Sie liegen in verholzten Geweben zwischen den Cellulosemikrofibrillen). (b) Elektronenmikroskopische Aufnahme einzelner Cellulosemikrofibrillen in der Zellwand einer Grünalge. Jede Mikrofibrille besteht aus vielen seitlich aneinander gereihten Cellulosemolekülen (TEM).

Cellulose und Hemicellulose Von all den Polysacchariden der Pflanzenzelle ist **Cellulose** das wichtigste. Cellulose ist das am häufigsten einzeln vorkommende Makromolekül der Erde. Wie Sie aus *Kapitel 3* wissen, ist die Cellulose ein unverzweigtes Polymer, das sich aus Tausenden von β-D-Glukoseeinheiten zusammensetzt, die über β-(1,4)-Bindungen miteinander verknüpft sind. Cellulosemoleküle sind lange, bandartige Strukturen, die durch intramolekulare Wasserstoffbrückenbindungen stabilisiert werden. Viele dieser Moleküle (zumeist 50 – 60) haften in Parallelanordnung aneinander und bilden die **Mikrofibrillen** der Zellwände. Cellulosemikrofibrillen sind wie bei einem Seil verdrillt und bilden dadurch sogar noch größere Strukturen, die sogenannten *Makrofibrillen* (*Abbildung 17.25a*). Die Zugfestigkeit der Cellulosemakrofibrillen ist mit der eines gleich großen Stahlstücks vergleichbar!

Trotz des Namens unterscheiden sich die **Hemicellulosen** chemisch und strukturell von der Cellulose. Die Hemicellulosen bilden eine heterogene Gruppe von Polysacchariden, wobei ein jedes aus einer langen linearen Kette eines einzigen Zuckers besteht (Glucose oder Xylose) und kurzen, zu einem festen Netzwerk verflochtenen Seitenketten (*Abbildung 17.25a*). Im Allgemeinen enthalten die Seitenketten mehrere Zuckerarten, darunter die Hexosen Glucose, Galactose und Mannose sowie die Pentosen Xylose und Arabinose.

Weitere Zellwandkomponenten Abgesehen von Cellulose und Hemicellulose haben Zellwände noch weitere wichtige Komponenten. **Pectine** sind ebenfalls verzweigte Polysaccharide, deren Rückgrat bezeichnet man aber als *Rhamnogalacturonane*, die sich in erster Linie aus negativ geladener Galacturonsäure und der Hexose Rhamnose zusammensetzen. Die an das Rückgrat gebundenen Seitenketten enthalten einige der Monosaccharide, die man auch in Hemicellulosen vorfindet. Pectinmoleküle bilden eine Matrix, in die Cellulosemikrofibrillen eingebettet sind (*Abbildung 17.25a*). Sie verbinden auch benachbarte Zellwände. Aufgrund ihrer stark verzweigten Struktur und ihrer negativen Ladung binden Pectine Wassermoleküle und sind daher von Gel-ähnlicher Substanz. (Wegen ihrer Fähigkeit, Gel zu bilden, fügt man bei der Herstellung von Fruchtsäften, Marmeladen und Gelees Pectin hinzu.)

Außer den Hemicellulosen und den Pectinen enthalten Zellwände eine Gruppe verwandter Glykoproteine, die **Extensine**. Trotz ihres Namens sind die Extensine in Wahrheit starre, stäbchenähnliche Moleküle, die fest in das komplexe Polysaccharidnetzwerk eingeflochten sind (*Abbildung 17.25a*). Tatsächlich sind Extensine ein solch integraler Bestandteil, sodass Versuche, sie chemisch zu extrahieren, zum Verlust der Zellwandstruktur führen. Zuerst werden Extensine in löslicher Form in der Zellwand gelagert. Danach gehen die Extensinmoleküle miteinander und mit der Cellulose kovalente Querverbindungen ein, sodass ein verstärkter Protein-Polysaccharid-Komplex entsteht. Extensine kommen weniger häufig in aktiv wachsenden Geweben vor. Am häufigsten sind sie in den Zellwänden von Geweben vertreten, die einer Pflanze als mechanische Stütze dienen.

Lignine sind unlösliche Polymere aromatischer Alkohole, die vor allem in verholzten Geweben enthalten sind. (Das lateinische Wort für „Holz" ist *lignum*.) Ligninmoleküle sind vor allem zwischen den Cellulosefibrillen angesiedelt, wo sie sich der Einwirkung von Druck widersetzen. Lignin macht 25 % des Trockengewichts von Holzpflanzen aus, sodass es nach Cellulose der zweithäufigste organische Baustein auf der Erde ist.

17.4.3 Zellwände werden in mehreren getrennten Stufen synthetisiert

Die pflanzlichen Zellwandkomponenten werden schrittweise von der Zelle abgegeben, sodass eine Reihe von Schichten entsteht. Die zuerst synthetisierte Schicht ist schließlich die am weitesten von der Plasmamembran entfernte Schicht. Die erste Struktur ist die **Mittellamelle**. Benachbarte Zellen haben eine Mittellamelle gemeinsam, die sie aneinander kittet (▶*Abbildung 17.26*). Die nächste Struktur, die gebildet wird, ist die **primäre Zellwand**, die während der Wachstumsphase von Pflanzen entsteht. Primäre Zellwände sind ungefähr 100 – 200 nm dick, also stärker als die Basallamina tierischer Zellen (50 nm). Die primäre Zellwand ist ein locker organisiertes Netzwerk von Cellulosemikrofibrillen, die mit Hemicellulose, Pectinen und Glykoproteinen assoziiert sind (▶*Abbildung 17.27a*). Die Cellulosemikrofibrillen werden von Cellulose-synthetisierenden Enzymkomplexen gebildet, den sogenannten *Rosetten*, die in der Plasmamembran lokalisiert sind. Da die Mikrofibrillen in anderen Zellkomponenten verankert sind, müssen sich die Rosetten auf der Ebene der Membran bewegen, wenn sich die wachsenden Cellulosemikrofibrillen erweitern.

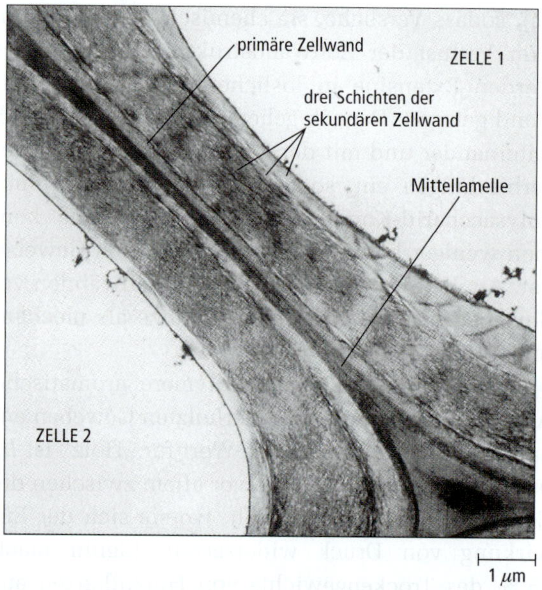

Abbildung 17.26: Die Mittellamelle. Die Mittellamelle ist eine Schicht des Zellwandmaterials, die sich zwei benachbarte Zellen teilen. Sie besteht vor allem aus klebrigen Pectinen und sorgt für eine feste Verbindung zwischen den Zellen.

Während des Wachstums der Sprossen und der Wurzeln einer Pflanze müssen die Zellwände neu geformt werden. Eine Proteinfamilie, die *Expansine*, hilft, die Biegsamkeit der Zellwände zu erhalten. Die Expansine erfüllen diese Aufgabe, indem sie die normale Wasserstoffbrückenbindung der Glykane in den Mikrofibrillen der Zellwand aufbrechen, sodass sich die Mikrofibrillen neu anordnen können.

Die lockere Textur der primären Zellwand bildet eine relativ dünne, flexible Struktur. In bestimmten Pflanzenzellen ist das Zellwachstum dann abgeschlossen. Allerdings legen viele Zellen, die ihr Wachstum eingestellt haben, dickere und festere

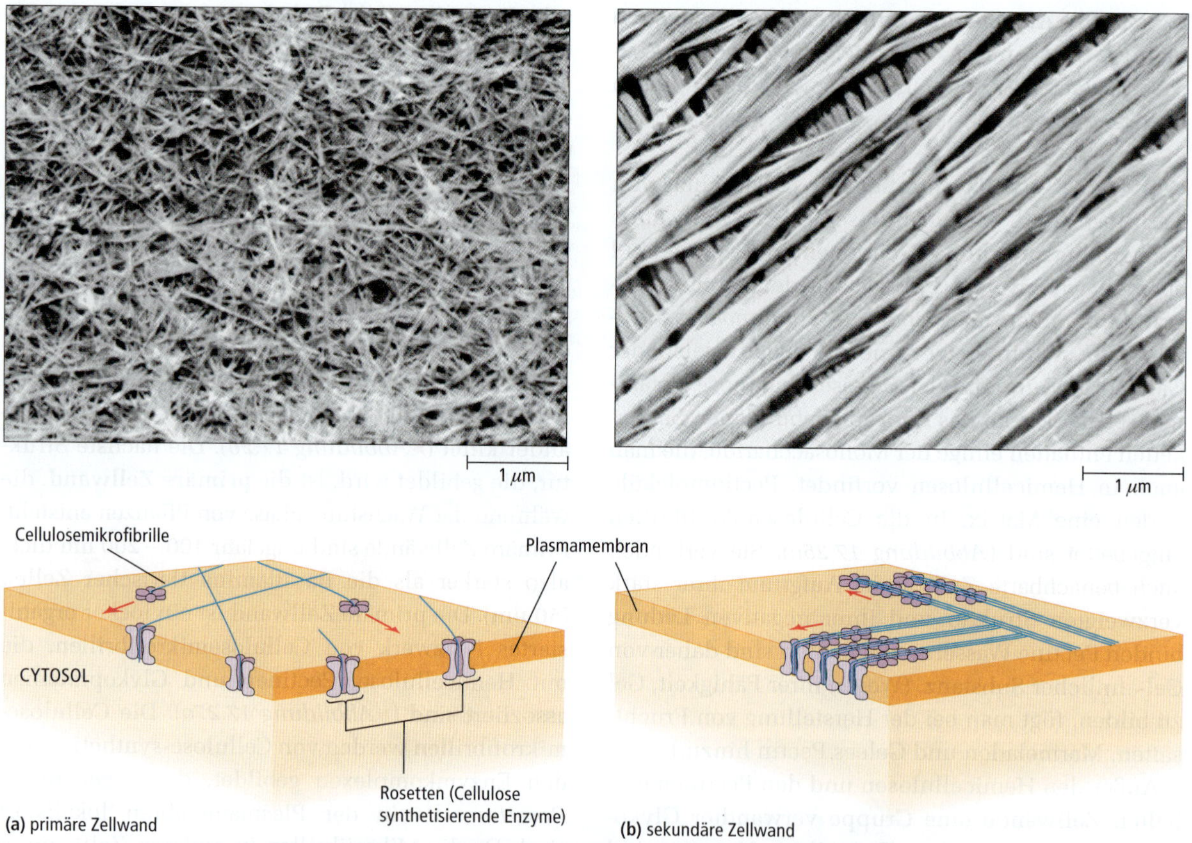

Abbildung 17.27: Cellulosemikrofibrillen der primären und der sekundären pflanzlichen Zellwände. (a) *Die primäre Zellwand*: Diese elektronenmikroskopische Aufnahme zeigt locker organisierte zelluläre Mikrofibrillen einer primären Zellwand, und die schematische Zeichnung stellt dar, wie zelluläre Mikrofibrillen von Rosetten synthetisiert werden, wobei jede Rosette eine Anhäufung von in die Plasmamembran eingebetteten Enzymen ist, die Cellulose synthetisieren. Wenn eine Rosette ein Bündel von Cellulosemolekülen synthetisiert, bewegt sie sich in Pfeilrichtung durch die Plasmamembran. (b) *Die sekundäre Zellwand*: Diese elektronenmikroskopische Aufnahme zeigt dicht gepackte, parallel ausgerichtete Cellulosemakrofibrillen. Die schematische Zeichnung stellt Rosetten dar, die dichte Aggregate bilden, große Mengen parallel angeordneter Mikrofibrillen produzieren und auf diese Weise zelluläre Makrofibrillen hervorbringen (TEM).

Schichten an, die man als **sekundäre Zellwand** bezeichnet (▶*Abbildung 17.27b*). Die vielschichtige sekundäre Zellwand wird auf die innere Oberfläche der primären Zellwand aufgelagert, nachdem das Wachstum beendet wurde. Cellulose und Lignine sind die wichtigsten Bausteine der sekundären Zellwand, weshalb diese Struktur wesentlich stärker, härter und starrer ist als die primäre Zellwand. Jede Schicht der sekundären Zellwand besteht aus dicht gepackten Bündeln von Cellulosemikrofibrillen. Sie sind parallel angeordnet und liegen in Längsausrichtung mit den Mikrofibrillen benachbarter Schichten. Diese Organisation verleiht der sekundären Zellwand größere mechanische Stärke und Festigkeit.

Während der Entstehung der sekundären Zellwand werden unterhalb der Plasmamembran lokalisierte Mikrotubuli so ausgerichtet wie die neu gebildeten Cellulosemikrofibrillen, und die Cellulose-synthetisierenden Rosetten werden zu großen Reihen zusammengelagert, die Dutzende von Rosetten enthalten. Man nimmt an, dass die darunterliegenden Mikrotubuli die Bewegung dieser Rosettenballungen steuern, welche während der Dehnung der Zellwände große parallele Bündel von Cellulosemikrofibrillen synthetisieren.

17.4.4 Plasmodesmen ermöglichten die direkte Zell-Zell-Kommunikation durch die Zellwand

Da jede Pflanzenzelle von einer Plasmamembran und einer Zellwand umschlossen ist, könnten Sie sich fragen, an welcher Stelle Pflanzenzellen wohl zu interzellulärer Kommunikation fähig sind, so wie es die Gap Junctions tierischer Zellen ermöglichen. Tatsächlich besitzen Pflanzenzellen derartige Strukturen. Wie in *Abbildung 17.1* dargestellt, sind **Plasmodesmen** (Singular: **Plasmodesma**, auch **Plasmodesmata** genannt) cytoplasmatische Kanäle durch die relativ großen Öffnungen in der Zellwand, sodass die Plasmamembranen der beiden benachbarten Zellen in Kontakt stehen. Jedes Plasmodesma ist daher von der den beiden verbundenen Zellen gemeinsamen Plasmamembran umgeben. Ein Plasmodesma hat die Form eines Zylinders, wobei sich der Zylinder an beiden Enden verjüngt. Der Kanaldurchmesser liegt zwischen ungefähr 20 und circa 200 nm. Eine einzelne Röhrenstruktur, der *Desmotubulus*, befindet sich im Allgemeinen im mittleren Kanal des Plasmodesma. Zisternen des endoplasmatischen Reticulums (ER) sind häufig in der Nähe von Plasmodesmen auf beiden Seiten der Zellwand zu erkennen. ER-Membranen angrenzender Zellen sind mit dem Desmotubulus und dem ER anderer Zellen verbunden, wie in ▶*Abbildung 17.28b* dargestellt.

Der Cytoplasmaring zwischen dem Desmotubulus und der Membran, die am Plasmodesma verläuft, ist der *Annulus*. Man geht davon aus, dass der Annulus das Cytoplasma zwischen zwei benachbarten Zellen verbindet, wodurch Moleküle frei von einer Zelle in die nächste gelangen können. Sogar noch nach der Zellteilung und der Ablagerung neuer Zellwände zwischen zwei Tochterzellen wird die cytoplasmatische Verbindung zwischen den Tochterzellen durch Plasmodesmen aufrechterhalten, die sich zwischen den neugebildeten Zellen erstrecken. Tatsächlich werden die meisten Plasmodesmen während der Zellteilung gebildet, wenn die neue Zellwand entsteht. Zwar werden später geringfügige Veränderungen vorgenommen, aber Anzahl und Lage der Plasmodesmen sind schon zur Zeit der Zellteilung weitestgehend festgelegt.

In vielerlei Hinsicht scheinen Plasmodesmen die Funktion von Gap Junctions auszuüben. Sie verringern den elektrischen Widerstand zwischen benachbarten Zellen um das 50-Fache verglichen mit Zellen, die vollständig durch die Plasmamembran voneinander getrennt sind. Tatsächlich verhält sich der Ionenfluss zwischen benachbarten Zellen (als elektrischer Strom gemessen) proportional zur Anzahl von Plasmodesmen, die Zellen verbinden. Allerdings ermöglichen Plasmodesmen die Passage wesentlich größerer Moleküle, darunter Signalmoleküle, RNAs, Transkriptionsfaktoren und sogar von Viren.

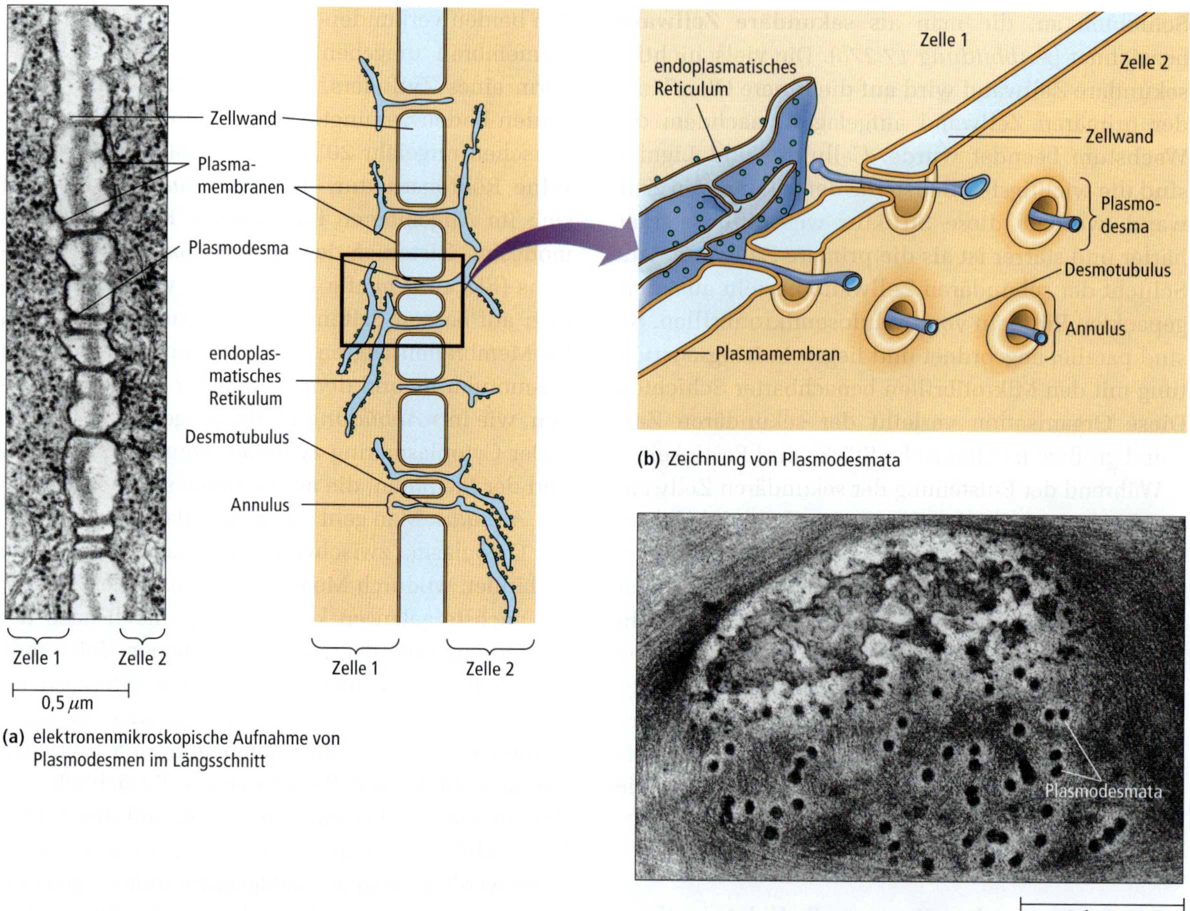

(a) elektronenmikroskopische Aufnahme von Plasmodesmen im Längsschnitt

(b) Zeichnung von Plasmodesmata

(c) elektronenmikroskopische Aufnahme von Plasmodesmen im Querschnitt

Abbildung 17.28: Plasmodesmen. Ein Plasmodesma ist ein durch die Zellwand zwischen zwei benachbarten Pflanzenzellen verlaufender Kanal, der einen cytoplasmatischen Austausch zwischen den Zellen ermöglicht. Die Plasmamembran einer Zelle ist mit der Plasmamembran der anderen Zellen am Plasmodesma verbunden. Die meisten Plasmodesmen haben in der Mitte einen schmalen, zylindrischen Mikrotubulus, der aus dem ER hervorgegangen ist und mit dem ER beider Zellen in Verbindung zu stehen scheint. Zwischen dem Desmotubulus und der Plasmamembran, die am Plasmodesma entlang läuft, liegt ein schmaler Cytoplasmaring, der Annulus. (a) Die elektronenmikroskopische Aufnahme und die Zeichnung zeigen die zwischen zwei benachbarten Wurzelzellen des Wiesenlieschgrases liegende Zellwand mit zahlreichen Plasmodesmen (TEM). (b) Schematische Darstellung einer Zellwand mit vielen Plasmodesmen zur Veranschaulichung der Verbindung von ER und Cytoplasma zwischen benachbarten Zellen. (c) Elektronenmikroskopische Aufnahme eines Querschnitts vieler Plasmodesmen.

▶ ZUSAMMENFASSUNG DER WICHTIGSTEN INHALTE ◀

Zell-Zell-Erkennung und Adhäsion

- Zell-Zell-Erkennung und Adhäsion werden von Glykoproteinen der Plasmamembran sowie IgSF-Proteinen, Selectinen und Cadherinen vermittelt.
- Kohlenhydratgruppen auf Zelloberflächen sind für die Zell-Zell-Erkennung und die Adhäsion von großer Bedeutung.

Zell-Zell-Verbindungen

- Viele tierische Zellen stehen über Verbindungen miteinander in Kontakt. Es gibt drei Verbindungstypen: adhäsive Verbindungen, Tight Junctions und Gap Junctions.
- Adhäsive Verbindungen wie Adhärenzverbindungen und Desmosomen halten Zellen mit Hilfe von Cadherinen zusammen.

- Adhäsive Verbindungen sind über Linkerproteine, die sich an Mikrofilamente (Adhärenzverbindungen) heften, oder über Intermediärfilamente (Desmosomen), am Cytoskelett verankert.

- Desmosomen kommen besonders häufig in Geweben vor, die erheblichen mechanischen Stressbelastungen ausgesetzt sind.

- Tight Junctions bilden eine Permeabilitätsbarriere zwischen den Epithelzellen und verhindern die seitliche Bewegung von Membranproteinen. Dadurch teilen sie die Membran in zwei unterschiedliche funktionale Domänen. Sie regulieren außerdem den parazellulären Transport durch das Epithel.

- Gap Junctions bilden offene Kanäle zwischen Zellen, wodurch die direkte chemische und elektrische Kommunikation zwischen Zellen ermöglicht wird. Die Gap Junctions sind nur für Ionen und kleine Moleküle passierbar.

Die extrazelluläre Matrix tierischer Zellen

- Pflanzliche und tierische Zellen besitzen extrazelluläre Strukturen, die aus langen, starren Fasern bestehen, die in eine formlose, hydratisierte Matrix verzweigter Moleküle eingebettet sind. Bei Tieren besteht die extrazelluläre Matrix (ECM, engl.: *extracellular matrix*) aus Kollagen- und/oder Elastinfasern, die in ein Netzwerk aus Glykosaminoglykanen und Proteoglykanen eingebettet sind.

- Kollagen ist für die Festigkeit der ECM verantwortlich, Elastin verleiht ihr Elastizität.

- Die ECM wird durch adhäsive Glykoproteine wie Fibronectine, die Zellen mit der ECM verbinden, und Lamine, die Zellen an die Basallamina heften, an einer Bewegung gehindert.

- Zellen nutzen Rezeptorglykoproteine an ihren Oberflächen, die Integrine, um sich an die ECM zu binden. Integrine heften sich ebenso wie Cadherine über Linkerproteine an das Cytoskelett. Fokaladhäsionen verbinden sich mit Actin, und Hemidesmosomen binden an Intermediärfilamente.

Die Oberfläche der Pflanzenzelle

- Die primäre Zellwand einer Pflanzenzelle besteht vor allem aus Cellulosefasern, die in ein komplexes Netzwerk aus Hemicellulosen, Pectinen und Extensinen gebettet sind.

- Die sekundäre Zellwand wird durch Lignine verstärkt, einem wichtigen Baustein des Holzes.

- Plasmodesmen sind von Membranen umschlossene cytoplasmatische Kanäle, die eine chemische und elektrische Kommunikation zwischen benachbarten Zellen ermöglichen.

ZUSAMMENHÄNGE HERSTELLEN

In diesem Kapitel haben Sie gelernt, dass die Zellen vielzelliger Organismen in Geweben organisiert sind. Diese Organisation setzt voraus, dass die Zellen miteinander und mit der extrazellulären Matrix spezialisierte Verbindungen eingehen können. Die Adhäsion tierischer Zellen aneinander und mit der ECM hängt von Verbindungen mit dem Cytoskelett ab. In den *Kapiteln 15* und *16* haben wir das Cytoskelett behandelt. Da es sich bei vielen Adhäsionsrezeptoren um Transmembranproteine handelt, werden sie so wie andere Transmembranproteine gebildet und zur Zelloberfläche transportiert. Diese Tatsache ist Ihnen aus *Kapitel 12* bekannt. In *Kapitel 22* werden Sie noch mehr darüber erfahren. Ähnliches gilt für die Zelloberflächenkohlenhydrate, die Sie seit *Kapitel 7* kennen. Die Zelladhäsion reguliert die Zellsignalisierung und wird ihrerseits von zellulären Kaskaden reguliert, die Ihnen seit *Kapitel 14* vertraut sind. Veränderungen der Zelladhäsion sind für die Regulation des Zellwachstums und der Apoptose notwendig (worauf wir in *Kapitel 19* eingehen werden), aber auch für die Metastasenbildung bei Krebstumoren (worüber Sie in *Kapitel 24* mehr Information erhalten werden).

ÜBUNGSAUFGABEN

Schwierigere Aufgaben sind mit einem • gekennzeichnet.

17-1 Jenseits der Membran: ECM und Zellwände. Vergleichen Sie und stellen Sie die extrazelluläre Matrix (ECM) der tierischen Zellen den Wänden um Pflanzenzellen gegenüber.

A Welches organisatorische Grundprinzip unterliegt sowohl der ECM als auch den Zellwänden?

B Welches sind jeweils die chemischen Bausteine?

C Welche funktionalen Rollen haben die ECM und die Zellwand gemeinsam?

D Welche funktionalen Rollen übernimmt nur die ECM und welche nur die Zellwand?

• **17-2 Die Verankerung der Zellen in der ECM.** Tierische Zellen heften sich an mehrere verschiedene Arten von Proteinen in der ECM.

A Erklären Sie kurz die Bedeutung der verschiedenen Domänen des Fibronectinmoleküls (siehe *Abbildung 17.18*) oder des Laminimoleküls (*Abbildung 17.21*) für deren Funktion.

B Historisch gesehen war das Aufbrechen der Bindung von Integrinen an ihre Liganden mit Hilfe eines synthetischen Peptids, das die Bindungsstelle auf dem ECM-Molekül nachbildet, an die das Integrin bindet, ein wichtiges Verfahren. Im Fall von Fibronectin handelt es sich bei der Aminosäuresequenz um Arginin-Glycin-Aspartat (schreibt man diese Sequenz nur mit dem einzelnen, jeder Aminosäure zugewiesenen Buchstaben, so lautet diese Sequenz RGD). Erklären Sie, warum durch Anfügen solcher synthetischer Peptide die Bindung von Zellen an ihre normale Haftfläche aufgebrochen werden würde.

17-3 Vergleichen und stellen Sie gegenüber. Wählen Sie für jeden der in Liste A aufgeführten Begriffe einen verwandten Begriff aus Liste B und erklären Sie die Beziehung zwischen den beiden Begriffen, indem sie diese im Hinblick auf Struktur oder Funktion vergleichen oder gegenüberstellen.

Liste A	Liste B
A Kollagen	basolaterale Oberfläche
B Fibronectin	fokale Adhäsion
C Integrin	Elastin
D IgSF	Laminin
E ECM	Cadherin
F Hemidesmosom	Glykocalyx
G apikale Oberfläche	Selectin

17-4 Verdichtung. Bei Säugetierembryos z. B. der Maus teilt sich die befruchtete Eizelle dreimal und bildet dann acht locker gepackte Zellen, die sich in einem als *Kompaktion* (*Verdichtung*) bezeichneten Vorgang fest miteinander verbinden. In den späten 1970er Jahren stellten mehrere Labore Antikörper gegen Oberflächenproteine von Mäusezellen her. Die Antikörper verhinderten die Kompaktion ebenso wie die Entfernung von Ca^{2+} aus dem Medium. Welches Protein erkennen diese Antikörper vermutlich und warum?

17-5 Zellverbindungen und Plasmodesmen. Geben Sie für jede der folgenden Aussagen an, ob sie auf adhäsive Verbindungen (A), Tight Junctions (T), Gap Junctions (G) und/oder Plasmodesmen (P) zutrifft. Eine Aussage kann auf eine, auf alle oder auf keine der Verbindungen zutreffen.

A Ist mit Filamenten assoziiert, die entweder Kontraktions- oder Spannungseigenschaften verleihen.

B Die Stellen der Membranfusion beschränken sich auf angrenzende tight Junctions benachbarter Membranen.

C Erfordert die Aufreihung von Connexonen in den Plasmamembranen zweier benachbarter Zellen.

D Feste Versiegelung der Membranen zweier benachbarter Zellen.

E Ermöglicht den Austausch von Metaboliten zwischen dem Cytoplasma zweier benachbarter Zellen.

17-6 Verbindungsproteine. Geben Sie für jedes der folgenden Proteine oder Strukturen an, ob es sich um eine Komponente von Adhärenzverbindungen (A), Desmosomen (D), Tight Junctions (T), Gap Junctions (G) oder Plasmodesmen (P) handelt und beschreiben Sie kurz die Rolle des Proteins in der Verbindung.

A Connexin

B E-Cadherin

C Desmocolline

D Desmotubulus

E Desmoplakin

F Annulus

G α-Catenin

H Claudine

17-7 Achtung Lücke! Man kann die Kommunikation an einer Gap Junction mit einer Reihe experimenteller Hilfsmittel untersuchen. Eines dieser Hilfsmittel ist die Farbstoffkopplung. Sie beruht auf der Fähigkeit kleiner fluoreszierender Moleküle, über Gap Junctions von einer Zelle in die andere zu gelangen. Diese Technik haben Werner Loewenstein und seine Kollegen ausgearbeitet. Was können Sie aus jedem der folgenden Experimente in Bezug auf Gap Junctions folgern?

A Loewenstein und seine Kollegen injizierten fluoreszierende Moleküle unterschiedlichen Molekulargewichts in Zellen und beobachteten mit Hilfe eines Fluoreszenzmikroskops die Bewegung der Moleküle in benachbarte Zellen. Als sie Moleküle mit einem Molekulargewicht von 1,926 injizierten, vermochten diese nicht von einer Zelle in eine andere Zelle zu gelangen, wohl aber Moleküle mit einem Molekulargewicht von 1,158.

B Microglia (Stützzellen im Gehirn) werden durch Gap Junctions miteinander verbunden. Wenn man den Fluoreszenzfarbstoff Lucifer-Gelb in einzelne Microglia injiziert, die Teil einer großen Zellgruppe sind, dann gelangt nur wenig Farbstoff in andere Zellen. Behandelt man Microglia mit dem Calciumionophor 4Br-A23187, so beobachtet man einen dramatischen Anstieg der Farbbewegung zwischen den Zellen.

• **17-8 Claudinselektivität**. Claudin-4 hemmt normalerweise die Passage von Na^+-Ionen durch Epithelzellen, von denen es exprimiert wird. Wenn man jedoch positiv geladene Aminosäuren nahe der Spitze der großen extrazellulären Schleife von Claudin-4 in negativ geladene Aminosäuren umwandelt, dann gelangen Na^+-Ionen durch das Epithel. Wie erklären Sie die Veränderung der Permeabilität für Na^+?

17-9 Pflanzenzellwände. Unterscheiden Sie zwischen den Begriffen in den folgenden Paaren im Hinblick auf die Struktur der Pflanzenzellwand und geben Sie jeweils die Bedeutung an.

A primäre Zellwand, sekundäre Zellwand

B Cellulose; Hemicellulose

C Xylan; Xyloglucan

D Extensin; Lignin

E Desmotubulus; Annulus

F Plasmodesma; Gap Junction

• **17-10 Skorbut und Kollagen**. Skorbut ist eine Krankheit, die bis in das 19. Jahrhundert unter Seeleuten weit verbreitet war und von der Menschen betroffen waren, die durch ihre Ernährungsweise nicht ausreichend mit Vitamin C (Ascorbinsäure) versorgt wurden. An Skorbut erkrankte Menschen litten an verschiedenen Störungen, darunter großflächigen Blutergüssen, Hämorrhagie (Blutungen) und Verlust des Stützgewebes. Ascorbinsäure dient als Reduktionsmittel, das für die Aufrechterhaltung der Aktivität von Prolyl-Hydroxylase verantwortlich ist, dem Enzym, das die Hydroxylierung von Prolinresten in der Kollagentripelhelix katalysiert, die für die Stabilität der Helix benötigt werden.

A Postulieren Sie ausgehend von dieser Information die Rolle von Hydroxyprolin in Kollagentripelhelices und erklären Sie die Ereignissequenz, die von einem ernährungsbedingten Vitamin-C-Mangel zu Symptomen wie Blutergüssen und dem Verlust des Stützgewebes führt.

B Können Sie sich denken, warum Seeleute heute nicht mehr an Skorbut erkranken? Und warum werden englische Seeleute noch heute als „limeys" bezeichnet („lime" ist das englische Wort für „Limette")?

WEITERFÜHRENDE LITERATUR

Historisch bedeutsame Literatur ist mit einem • gekennzeichnet.

Allgemeine Literaturstellen

Geiger, B., J. P. Spatz und A. D. Bershadsky. Environmental sensing through focal adhesions. *Nature Rev. Mol. Cell Biol.* 10 (2009): 21.

Gumbiner, B. M. Regulation of Cadherin-mediated adhesion in morphogenesis. *Nature Rev. Mol. Cell Biol.* 6 (2005): 622.

Zell-Zell-Adhäsion

Pizarro-Cerda, J. und P. Cossart. Bacterial adhesion and entry into host cells. *Cell* 124 (2006): 715.

Pokutta, S. und W. J. Weis. Structure and mechanism of cadherins and catenins in cell-cell contacts. *Annu. Rev. Cell Dev. Biol.* 23 (2007): 237.

• Powell, K. The sticky business of discovering cadherins. *J. Cell. Biol.* 170 (2005): 514.

Takeichi, M. The Cadherin superfamily in neuronal connections and interactions. *Nature Rev. Neurosci.* 8 (2007): 11 – 20.

Vestweber, D. und J. E. Blanks. Mechanisms that regulate the function of the selectins and their ligands. *Physiol. Rev.* 79 (1999): 181.

Zell-Zell-Verbindungen

Balda, M. S. und K. Matter. Tight Junctions at a glance. *J. Cell Sci.* 121 (2008): 3677.

Chiba, H., M. Osanai, M. Murata, T. Kojima und N. Sawada. Transmembran proteins of tight junctions. Biochim. Biophys. *Acta* 1778 (2008): 588.

Desai, B. V., R. M. Harmon und K. J. Green. Desmosomes at a glance. *J. Cell Sci.* 122 (2009): 4401.

Phelan, P. und T. A. Starich. Innexins get into the gap. *BioEssays* 23 (2001): 388.

Van Itallie, C. M. und J. M. Anderson. Claudins and epithelial paracellular transport. *Annu. Rev. Physiol.* 68 (2006): 403 – 429.

Wei, C. J. Xu und C. W. Lo. Connexins and cell signaling in development and disease. *Annu. Rev. Cell. Dev. Biol.* 20 (2004): 811.

Die extrazelluläre Matrix tierischer Zellen

Kielty, C. M., M. J. Sherratt und C. A. Shuttleworth. Elastic fibers. *J. Cell Sci.* 115 (2002): 2817.

Page-McCaw, A., A. J. Ewald und Z. Werb. Matrix metalloproteinases and the regulation of tissue remodelling. *Nature Rev. Mol. Cell Biol.* 8 (2007): 221.

Schéele, S., A. Nyström, M. Durbeej, J. F. Talts, M. Ekblom und P. Ekblom. Laminin isoforms in development and disease. *J. Mol. Med.* 85 (2007): 825.

Shoulders, M. D. und R. T. Raines. Collagen structure and stability. *Annu. Rev. Biochem.* 78 (2009): 929.

Extrazelluläre Matrixrezeptoren

Ervasti, J. M. und K. J. Sonnemann. Biology of the striated muscle dystrophin-glykoprotein complex. *Int. Rev. Cytol.* 265 (2008): 191.

Harburger, D. S. und D. A. Calderwood. Integrin signalling at a glance. *J. Cell Sci.* 122 (2009): 159.

Humphries, J. D., A. Byron und M. J. Humphries. Integrin ligands at a glance. *J. Cell Sci.* 119 (2006): 3901.

Jones, J. C., S. B. Hopkinson u L. E. Goldfinger. Structure and assembly of hemidesmosomes. *BioEssays* 20 (1998): 488.

Legate, K. R., S. A. Wickstrom und R. Fässler. Genetic and cell biological analysis of integrin outside-in signaling. *Genes Dev.* 23 (2009): 397.

Die Pflanzenzellwand und Plasmodesmen

Cosgrove, D. J. Growth of the plant cell. *Nature Rev. Mol. Cell Biol.* 6 (2005): 850.

Lerouxel, O. et al. Biosynthesis of plant cell wall polysaccharides – A complex process. *Curr. Opin. Plant Biol.* 9 (2006): 621.

Li, Y., L. Jones und S. McQueen-Mason. Expansins and cell growth. *Curr. Opin. Plant Biol.* 6 (2003): 603.

Maule, A. J. Plasmodesmata: Structure, formation and biogenesis. *Curr. Opin. Plant Biol.* 11 (2008): 680.

Die strukturelle Basis der zellulären Information: DNA, Chromosomen und der Zellkern

18

ÜBERBLICK

In unserer bisherigen Darstellung der Zellstruktur und der Zellfunktion sind wir immer von einer gewissen Vorhersehbarkeit, einer Ordnung und Kontrolle ausgegangen. Wir erwarten, dass Organellen und andere Zellstrukturen ein bestimmtes Erscheinungsbild und eine bestimmte Funktion haben, dass metabolische Stoffwechselwege an spezifischen Orten auf geordnete Art und Weise ablaufen und dass alle Zellaktivitäten sorgfältig kontrolliert, höchst effizient und vererbbar sind.

Diese Erwartungshaltung ist Ausdruck unserer Überzeugung, dass Zellen einen Satz von „Anweisungen" besitzen, die ihre Struktur spezifizieren, ihre Funktionen vorgeben, ihre Aktivitäten regulieren, und dass diese Strukturen problemlos an die Tochterzellen weitergegeben werden können. Vor 150 Jahren erarbeitete der Augustinermönch Gregor Mendel die Regeln für das von ihm bei Erbsenpflanzen beobachtete Vererbungsmuster, obwohl er noch nichts von den zellulären oder molekularen Grundlagen dieser Regeln wusste. Seine Untersuchungen führten Mendel zu der Schlussfolgerung, dass die Erbinformation in Form sich deutlich voneinander unterscheidender Einheiten weitergegeben wurde. Diese Einheiten bezeichnen wir heute als **Gene**. Heute wissen wir auch, dass Gene aus DNA-Sequenzen bestehen, die funktionale Produkte kodieren, die im Allgemeinen Proteine sind; in einigen Fällen handelt es sich aber auch um regulatorische RNA-Moleküle, die keine Proteine kodieren.

In ▸*Abbildung 18.1* erhalten Sie einen ersten Überblick, wie die DNA in den Zellen ihrer instruierenden Rolle nachgeht und zugleich den Rahmen, in den die nachfolgenden Kapitel über Informationsfluss eingefasst sind. Die Darstellung veranschaulicht die Tatsache, dass die von der DNA übertragene Information sowohl *zwischen* den Generationen von Zellen fließt als auch *innerhalb* einer einzelnen Zelle. Während des ersten dieser beiden Vorgänge (▸*Abbildung 18.1a*) durchläuft die in den DNA-Molekülen einer Zelle gespeicherte Information eine Replikation, aus der zwei DNA-Kopien hervorgehen, die bei der Zellteilung an die Tochterzellen verteilt werden. In den ersten drei Kapiteln dieses Abschnitts werden wir unser Hauptaugenmerk auf die Strukturen und Ereignisse richten, die mit diesem Aspekt des Informationsflusses in Zusammenhang stehen. In diesem Kapitel beschäftigen wir uns mit der strukturellen Organisation von DNA und den Chromosomen, in die sie gepackt ist. Wir diskutieren außerdem den Zellkern, die Organelle, in der sich die Chromosomen der eukaryotischen Zellen befinden. In *Kapitel 19* setzen wir uns dann mit der DNA-Replikation und der Zellteilung auseinander, während Sie in *Kapitel 20* die zellulären und molekularen Ereignisse kennenlernen werden, die mit dem Informationsfluss zwischen den Generationen sich geschlechtlich vermehrender Organismen assoziiert sind (darunter auch Mendels Arbeit und deren chromosomale Grundlage).

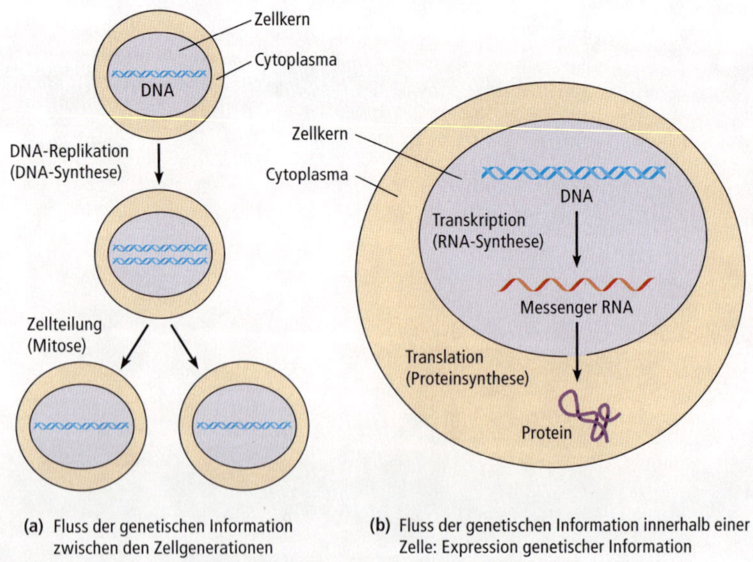

Abbildung 18.1: Der Informationsfluss in Zellen. Die Darstellungen zeigen eukaryotische Zellen, aber DNA-Replikation, Zellteilung, Transkription und Translation sind Vorgänge, die auch in prokaryotischen Zellen ablaufen. (a) Die in DNA-Molekülen kodierte genetische Information wird durch DNA-Replikation und Zellteilung (bei eukaryotischen Zellen durch Mitose) an nachfolgende Zellgenerationen weitergegeben. Die DNA wird zuerst verdoppelt und dann zu gleichen Teilen zwischen beiden Tochterzellen aufgeteilt. Auf diese Weise wird sichergestellt, dass jede Tochterzelle die gleiche genetische Information besitzt wie die Zelle, aus der sie hervorging. (b) In einer Zelle wird die in der DNA kodierte genetische Information durch die Vorgänge der Transkription (RNA-Synthese) und Translation (Proteinsynthese) exprimiert. Bei der Transkription werden einzelne DNA-Segmente als Matrizen für die Synthese von Messenger-RNA und anderen RNA-Molekülen verwendet. Die Translation ist der Vorgang, bei dem Aminosäuren in einer Sequenz zusammengefügt werden, die von der Nucleotidsequenz in der Messenger-RNA vorgeschrieben wird.

▸*Abbildung 18.1b* fasst zusammen, wie die in der DNA enthaltene Information *in* einer Zelle verwendet wird. Die in der DNA gespeicherten Anweisungen werden in einem Vorgang aus zwei Schritten, der *Transkription* und der *Translation*, weitergegeben. Während der Transkription wird in einer enzymatischen Reaktion, bei der Information von der DNA kopiert wird, die RNA synthetisiert. Während der Translation werden die Basensequenzen der entstandenen Messenger-RNA-Moleküle genutzt, um die Aminosäuresequenz der Proteine zu bestimmen. *Somit wird Information, die zuerst in DNA-Basensequenzen gespeichert war, schließlich dazu verwendet, die Synthese spezifischer Proteinmoleküle zu kodieren.* Letztendlich sind es bestimmte Proteine, die von einer Zelle synthetisiert werden, die zum größten Teil die Strukturmerkmale einer Zelle sowie die Funktion, die sie ausführt, festlegen. Transkription und Translation, die gemeinsam die Expression genetischer Information ausführen, sind Themen der *Kapitel 21* bis *23*.

Wir beginnen dieses Kapitel mit einer Darstellung der Entdeckung der DNA, dem Molekül, auf dessen informationsgebende Rolle sich die folgenden sechs Kapitel fokussieren.

Die chemische Natur des genetischen Materials 18.1

Als Mendel zum ersten Mal die Existenz von „Faktoren“ postulierte, die von den Eltern auf die Nachkommen vererbt werden, war ihm das Molekül nicht bekannt, das diese Faktoren befähigt, vererbte Information zu speichern und weiterzugeben. Nur wenige Jahre später wurde dieses Molekül auf ganz unspektakuläre Weise von Johann Friedrich Miescher entdeckt, einem Schweizer Arzt. Miescher berichtete 1869 von der Entdeckung einer Substanz, die man heute als DNA bezeichnet. Das war nur wenige Jahre bevor der Zellbiologe Walther Flemming zum ersten Mal Chromosomen beobachtete, als er sich teilende Zellen unter dem Mikroskop betrachtete. Der Begriff „Gen“ wurde von dem dänischen Forscher Wilhelm Johannsen erst 1909 geprägt nach dem griechischen Wort ‚genos‘ für Geschlecht.

18.1.1 Mieschers Entdeckung der DNA führte zu widersprüchlichen Vorschlägen über die chemische Beschaffenheit von Genen

Mieschers Interesse galt der Chemie des Zellkerns, von dem die meisten Wissenschaftler annahmen, dass er das genetische Material der Zelle enthalte. Bei seinen ersten Experimenten isolierte Miescher Zellkerne weißer Blutkörperchen, die er aus dem Eiter von Operationsverbänden gewonnen hatte. Als er diese Zellkerne mit Laugensalz extrahierte, entdeckte er eine neuartige Substanz, die er als „Nuclein“ bezeichnete, von der wir aber heute wissen, dass es sich zum größten Teil um DNA handelte. Dann wendete sich Miescher der Untersuchung von DNA aus einer weniger unangenehmen Quelle zu, Lachssperma. Fischsperma scheint eine zunächst recht ungewöhnliche Materialquelle zu sein, doch das ändert sich sehr schnell, wenn man weiß, dass der Zellkern mehr als 90 % der Masse einer typischen Spermazelle ausmacht und die DNA daher den größten Teil der Masse der Spermazellen einnimmt. Aus diesem Grund glaubte Miescher zunächst, dass die DNA an der Übertragung von Erbinformation mitwirke. Bald verwarf er diese Idee, denn aus seinen ungenauen Messmethoden schloss er fälschlicherweise, dass Eizellen mehr DNA enthielten als Spermazellen. Ausgehend von der Überlegung, dass Spermazellen und Eizellen etwa zu gleichen Teilen Erbinformation an die Nachkommen weitergeben, gelangte er zu der Auffassung, dass die DNA keine Erbinformation tragen konnte.

Auch wenn Miescher sich irrte, was die Rolle der DNA betrifft, berichtete ein Botaniker namens Eduard Zacharias in den frühen 1880er Jahren, dass die Färbung von Chromosomen verschwand, wenn man die DNA aus Zellen extrahierte. Da Befunde bereits die Vermutung nahelegten, dass die Chromosomen bei der Übertragung von Erbinformation eine Rolle spielten, folgerten Zacharias und andere Wissenschaftler, dass die DNA das genetische Material sei. Diese Ansicht herrschte bis Anfang des 20. Jahrhunderts vor. Damals führten nicht richtig interpretierte Anfärbungsexperimente zu der falschen Schlussfolgerung, dass die DNA-Menge sich in den Zellen dramatisch unterscheiden kann. Da man davon ausging, dass Zellen eine konstante Menge der Substanz enthielten, die ihre Erbinformationen speicherte, wandte man sich auf Grund dieser Beobachtung von der Vorstellung ab, dass die DNA die genetische Information trägt.

Aus diesem Grund glaubten die meisten Wissenschaftler zwischen 1910 und 1940, dass Gene aus Protein und nicht aus DNA bestünden. Die chemischen Grundbausteine sowohl der Proteine als auch der Nucleinsäuren wurden zu Beginn des 20. Jahrhunderts entdeckt, und man hielt Proteine für komplexer und damit eher fähig, genetische Information zu speichern. Man argumentierte, dass Proteine aus 20 verschiedenen Aminosäuren bestünden, die in einer großen Anzahl möglicher Kombinationen zusammengesetzt werden könnten. Daraus ging die Diversität und Komplexität der Sequenz hervor, die man von einem Molekül erwarten musste, dass genetische Information speichert und überträgt. Im Gegensatz dazu war man weithin der Auffassung, dass die DNA ein einfaches Polymer sei, das aus der gleichen Sequenz von vier Basen bestand (zum Beispiel dem Tetranucleotid – ATCG –), die immer wieder wiederholt wurde. Ihm musste die Variabilität fehlen, die man von einem genetischen Molekül erwartete. Man vertrat die Ansicht, dass ein einfaches Polymer lediglich als strukturelle Unterstützung der Gene diene, die wiederum aus Proteinen bestünden. Diese Meinung herrschte so lange vor, bis zwei verschiedene Befunde das Problem zu Gunsten der DNA als genetisches Material lösten, was wir im Folgenden darstellen werden.

18.1.2 Avery wies nach, dass die DNA das genetische Material der Bakterien ist

Auf die Biologen, die Proteinmoleküle untersuchten, um herauszufinden, wie genetische Information gespeichert und übertragen wird, wartete eine sensationelle Überraschung. Die Grundlage liefert im Jahre 1928 der britische Arzt Frederick Griffith, der einen pathologischen Stamm eins Bakteriums untersuchte, den man damals als „Pneumococcus" bezeichnete. Er ist der Erreger einer bei Tieren tödlich verlaufenden Lungenentzündung. Griffith entdeckte, dass dieses Bakterium (heute trägt es die Bezeichnung *Streptococcus pneumoniae*) in zwei Formen existiert, dem sogenannten *S-Stamm* und dem *R-Stamm*. Wenn man die Bakterien auf einem festen Agarmedium kultiviert, dann bildet der S-Stamm glatte und glänzende Kolonien. Dies liegt an dem Schleim, einer von der Zelle sekretierten Polysaccharidhülle, während der R-Stamm keine Schleimhülle bilden kann und seine Kolonien daher eine raue Begrenzung aufweisen.

Wenn man die Bakterien des S-Stamms (aber nicht des R-Stamms) in Mäuse injiziert, dann lösen diese Bakterien eine tödliche Lungenentzündung aus. Die Fähigkeit des S-Stamms, die Krankheit hervorzurufen, steht in direktem Zusammenhang mit der Bildung der Polysaccharidhülle, welche die Bakterienzellen vor dem Immunsystem der Maus schützt. Eine der faszinierendsten Entdeckungen von Griffith war jedoch, dass die Lungenentzündung auch induziert werden konnte, wenn man den Tieren eine Mischung lebender R-Stamm-Bakterien und abgetöteter S-Stamm-Bakterien injizierte (▶*Abbildung 18.2*). Das war eine überraschende Entdeckung, denn weder lebende Bakterien des R-Stamms noch abgetötete Bakterien des S-Stamms führten eine Lungenentzündung herbei, wenn man sie einzeln injizierte. Als Griffith die Tiere obduzierte, denen er eine Mischung aus lebendem R-Stamm- und abgetöteten S-Stamm-Bakterien injiziert hatte, stellte er fest, dass in ihnen sehr viele Bakterien des S-Stamms lebten. Da er den Tiere nicht lebende S-Stamm-Zellen injiziert hatte, folgerte er, dass sich die nicht-pathogenen R-Bakterien irgendwie in pathogene S-Bakterien verwandelt haben müssten, was durch eine Substanz herbeigeführt worden war, die in den durch Hitzeeinwirkung abgetöteten S-Bakterien enthalten sein musste, die er mit injiziert hatte. Dieses Phänomen bezeichnete Griffith als **genetische Transformation**, und die aktive (doch noch unbekannte) Substanz in den S-Zellen bezeichnete er als das „transformierendes Prinzip".

Ausgehend von Griffiths Entdeckungen arbeiteten Oswald Avery und seine Kollegen des Rockefeller Institute in New York 14 Jahre lang weiter. Die Wissenschaftler führten die Forschung auf dem Gebiet der bakteriellen Transformation fort und gelangten logischerweise zu der grundlegenden Fragestellung, welche Komponente der durch Hitzeeinwirkung abgetöteten S-Bakterien nun tatsächlich transformierende Aktivität ausübte. Sie fraktionierten zellfreie Extrakte von Bakterien des S-Stamms und stellten fest, dass man nur durch Fraktionierung der Nucleinsäure eine Transformation erzielen konnte. Hinzu kam, dass die Aktivität spezifisch durch Behandlung mit Desoxyribonuclease abgeschaltet werden konnte, einem Enzym, das die DNA abbaut. Diese und andere Befunde überzeugten sie, dass es

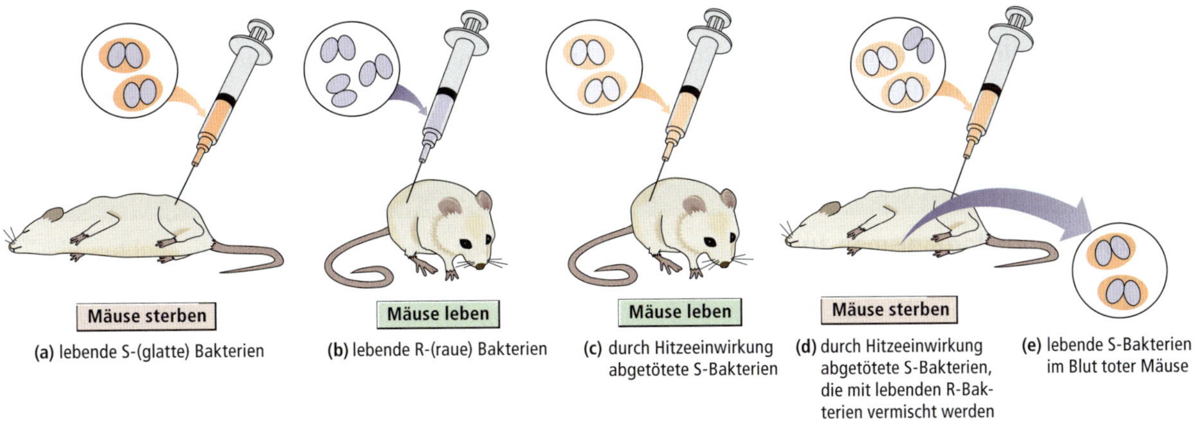

Abbildung 18.2: Griffiths Experiment zur genetischen Transformation bei Pneumococcus. S-Zellen (glatt) des Pneumococcus-Bakteriums *(Streptococcus pneumoniae)* wirken bei Mäusen pathogen; R-Zellen (rau) wirken nicht pathogen. (a) Injektion lebender S-Bakterien in Mäuse führt zu Lungenentzündung und Tod. (b) Bei Injektion lebender R-Bakterien bleiben die Mäuse gesund. (c) Durch Hitzeeinwirkung abgetötete S-Bakterien erzielen allein injiziert keine Wirkung. (d) Injiziert man eine Mischung aus lebenden R-Bakterien und durch Hitze abgetöteten S-Bakterien, dann entwickeln die Mäuse eine Lungenentzündung und sterben. (e) Die Entdeckung lebender Bakterien des S-Stamms im Blut der Mäuse aus Versuch (d) ließ Griffith vermuten, dass eine Substanz in den durch Hitze abgetöteten S-Zellen eine erbliche Veränderung (Transformation) in den nicht-pathogenen R-Bakterien zu pathogenen S-Bakterien herbeigeführt hatte. Später wurde diese chemische Substanz als DNA identifiziert.

sich bei der transformierenden Substanz von Pneumococcus um DNA handeln musste – eine Schlussfolgerung, die Avery, Colin MacLeod und Maclyn McCarty 1944 veröffentlichten.

Dies war der erste stringent dokumentierte Nachweis von DNA als Träger der genetischen Information. Ungeachtet der Beweiskraft der Experimente akzeptierte man in der wissenschaftlichen Gemeinde aber nicht sofort, dass der DNA eine Rolle in der Genetik zugewiesen werden sollte. Die Skepsis wurde vor allem durch die sich hartnäckig haltende und weit verbreitete Überzeugung genährt, dass die Komplexität der DNA einer solchen Rolle nicht genügen könne. Außerdem stellten viele Wissenschaftler in Frage, dass die genetische Information in Bakterien mit der Vererbung in anderen Organismen in Zusammenhang stehen könne. Allerdings wurden die meisten noch verbliebenen Zweifel acht Jahre später aus dem Weg geräumt, als man nachwies, dass die DNA das genetische Material eines Virus war, das Bakteriophagen T2.

18.1.3 Hershey und Chase wiesen nach, dass DNA das genetische Material von Viren ist

Bakteriophagen – oder kurz **Phagen** – sind Viren, die Bakterien infizieren. Seit den 1930er Jahren werden sie wissenschaftlich untersucht. Ein großer Teil unserer Kenntnisse über Molekulargenetik beruht auf Experimenten mit diesen Viren. In *Exkurs 18A* stellen wir die Anatomie und den Replikationszyklus einiger Phagen dar und erklären, warum sie sich hervorragend für genetische Untersuchungen eignen.

Einer der am besten untersuchten Phagen, die das Bakterium *Escherichia coli* infizieren, ist der Bakteriophage T2. Im Fall einer Infektion heftet sich der Phage an die bakterielle Zelloberfläche und injiziert Material in die Zelle. Kurz darauf beginnt die Bakterienzelle Tausende neuer Kopien des Virus zu bilden. Dieses Szenario legt nahe, dass das in die Bakterienzelle injizierte Material die genetische Information trägt, welche die Bildung des Virus steuert. Wie ist die chemische Beschaffenheit des injizierten Materials? 1952 entwarfen Alfred Hershey und Martha Chase ein Experiment, um die Antwort auf diese Frage zu finden. Es gibt nur zwei Möglichkeiten, denn das T2-Virus wird aus lediglich zwei Arten von Molekülen zusammensetzt: DNA und Protein. Hershey und Chase mussten zwischen diesen beiden Alternativen unterscheiden. Dafür machten sie sich die Tatsache zunutze, dass die Proteine des T2-Virus ebenso wie die meisten Proteine das Element Schwefel enthalten (in den Aminosäuren Methionin und Cystein), aber nicht Phosphat, während die virale DNA Phosphat enthält (in seinem Zucker-Phosphat-Rückgrat), jedoch keinen Schwefel. Hershey und Chase präparierten daher zwei Gruppen von T2-Phagenpartikeln (so bezeichnet man intakte Phagen) mit zwei unterschiedlichen radioaktiven Markierungen. Bei einer Gruppe markierten sie die Phagenproteine mit dem radioaktiven Isotop ^{35}S, bei der anderen Gruppe markierten sie die Phagen-DNA mit dem Isotop ^{32}P.

18A ▶ Arbeitstechniken

Phagen: Modellorganismen zur Untersuchung von Genen

Seit den Anfängen der Genetik Mitte des 19. Jahrhunderts haben sich die Wissenschaftler eine immer größer werdende Anzahl von Organismen für ihre Untersuchungen zunutze gemacht. Zuerst arbeiteten sie in erster Linie mit Pflanzen und Tieren; Mendel beispielsweise mit Erbsenpflanzen, spätere Wissenschaftler bevorzugt mit der Taufliege. Um 1940 wandten sie sich Bakterien und Viren zu, womit den Biologen experimentelle Systeme zur Verfügung standen, welche die Genetik als Wissenschaft buchstäblich revolutionierten und Forschung auf molekularer Ebene ermöglichten.

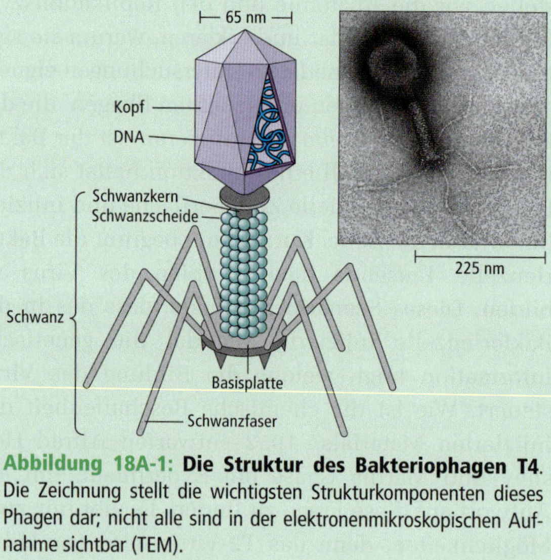

Abbildung 18A-1: Die Struktur des Bakteriophagen T4. Die Zeichnung stellt die wichtigsten Strukturkomponenten dieses Phagen dar; nicht alle sind in der elektronenmikroskopischen Aufnahme sichtbar (TEM).

Bakteriophagen waren von ganz besonderer Bedeutung. Bakteriophagen oder kurz Phagen sind Viren, die Bakterienzellen infizieren. Man kann ohne Probleme innerhalb von kurzer Zeit große Mengen von Phagenpartikeln züchten. Dadurch wird das Durchsehen auf Mutanten (Phagen mit vererbbaren Variationen) erheblich erleichtert und so verfügen Genetiker über ein Hilfsmittel zur Identifizierung bestimmter Gene.

Einige der am eingehendsten untersuchten Phagen sind die T2-, T4- und T6-Bakteriophagen (die sogenannten geradzahligen T-Phagen), die das Bakterium *Escherichia coli* infizieren. Diese drei geradzahligen T-Bakteriophagen haben eine ähnliche, gut beschriebene Struktur. T4 ist in *Abbildung 18A-1* dargestellt. Der *Kopf* des Phagen ist eine mit DNA gefüllte, hohle, ikosaedrische Proteinkapsel (ein Objekt mit 20 Flächen). Der Kopf ist mit einem *Proteinschwanz* verbunden, der sich aus einem *hohlen Schwanzkern* zusammensetzt, welcher von einer kontraktilen *Schwanzscheide* umschlossen ist und in einer hexagonalen *Basisplatte* endet, an die sechs *Schwanzfasern* geheftet sind.

In *Abbildung 18A-2* sind die wichtigsten Ereignisse des Replikationszyklus des T4-Phagen dargestellt. Die Zeichnungen sind nicht maßstabsgetreu; das Bakterium ist im Verhältnis größer, als es gemäß der elektronenmikroskopischen Aufnahme sein dürfte. Zu Beginn des Replikationsvorgangs heftet sich ein Phagenpartikel an die Zellwand einer Bakterienzelle. Wenn der Phage mit der Zelle kollidiert, „geht er in die Hocke“, sodass seine Basisplatte sich an ein spezifisches Rezeptorprotein in der Zellwand heftet (*Abbildung 18A-2a, 1*). Dann kontrahiert die Schwanzscheide, wodurch der hohle Schwanzkern durch die Zellwand dringt. Der Schwanzkern bildet eine Art Nadel, die zur Injektion der Bakteriophagen-DNA in das Bakterium dient (2). Nachdem die DNA in die Bakterienzelle gelangt ist, wird die genetische Information des Phagen transkribiert und translatiert (3). Dadurch entstehen einige Schlüsselproteine, welche die metabolische Maschinerie der Wirtszelle zugunsten des Phagen umstellen, was im Allgemeinen seiner eigenen Multiplikation dient. Da der Phage lediglich aus einem von einer Proteinhülle (*Capsid*) umschlossenen DNA-Molekül besteht, dient der größte Teil der metabolischen Aktivität der infizierten Zelle zur

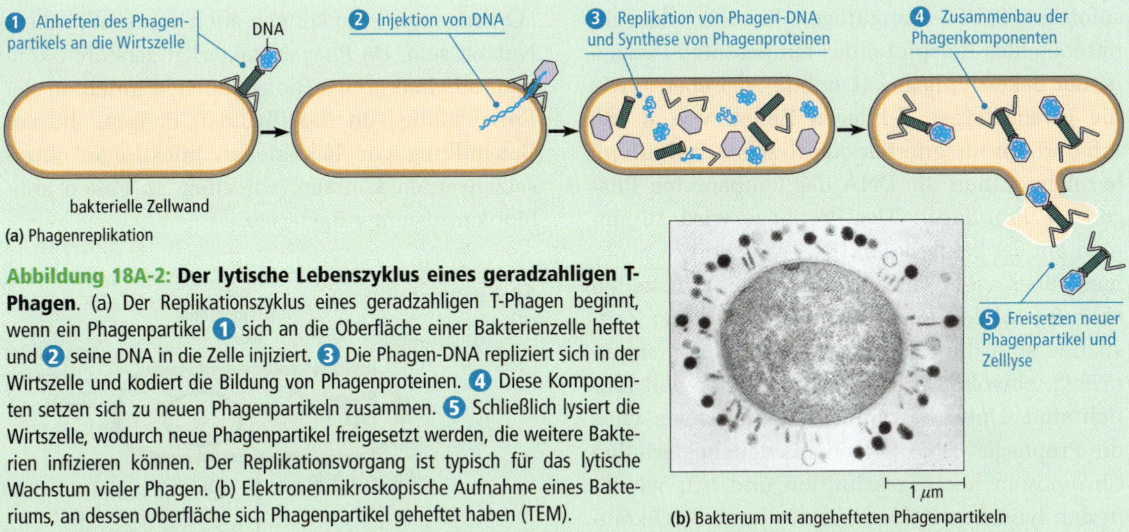

Abbildung 18A-2: Der lytische Lebenszyklus eines geradzahligen T-Phagen. (a) Der Replikationszyklus eines geradzahligen T-Phagen beginnt, wenn ein Phagenpartikel (1) sich an die Oberfläche einer Bakterienzelle heftet und (2) seine DNA in die Zelle injiziert. (3) Die Phagen-DNA repliziert sich in der Wirtszelle und kodiert die Bildung von Phagenproteinen. (4) Diese Komponenten setzen sich zu neuen Phagenpartikeln zusammen. (5) Schließlich lysiert die Wirtszelle, wodurch neue Phagenpartikel freigesetzt werden, die weitere Bakterien infizieren können. Der Replikationsvorgang ist typisch für das lytische Wachstum vieler Phagen. (b) Elektronenmikroskopische Aufnahme eines Bakteriums, an dessen Oberfläche sich Phagenpartikel geheftet haben (TEM).

Replikation von Phagen-DNA und zur Synthese von Capsidproteinen. Die Phagen-DNA und die Capsidproteine setzen sich durch Selbstorganisation zu Hunderten neuer Phagenpartikel zusammen (4). Innerhalb von ungefähr dreißig Minuten lysiert die infizierte Zelle (sie bricht auf), wodurch die neuen Phagenpartikel in das Medium freigesetzt werden (5). Jeder neue Phage kann nun eine andere Bakterienzelle infizieren – bis zu 10^{11} Phagenpartikel pro Milliliter werden in infizierten Bakterienkulturen gefunden.

Zur Ermittlung der Anzahl der in einer Probe enthaltenen Phagenpartikel wird ein abgemessenes Volumen mit Bakterienzellen gemischt, die in einem flüssigen Medium wachsen, damit sich die Phagen an die Bakterien heften können. Dann wird die Mischung in eine Petrischale mit einem Agarwachstumsmedium gegeben. Nach der Inkubation replizieren sich die Bakterien und bilden auf der Oberfläche des Nährmediums einen dichten „Rasen" von Zellen. An jeder Stelle, an der Phagen Bakterien infiziert haben, ist ein heller Fleck im Rasen zu erkennen, denn dort wurden die Bakterienzellen von der sich multiplizierenden Phagenpopulation abgetötet. Diese klaren Flecken bezeichnet man als *Plaques*. Die Anzahl der Plaques gibt die Anzahl von Phagenpartikeln wieder, die in der ursprünglichen Phagen-Bakterien-Mischung vorhanden waren, vorausgesetzt, dass die Ausgangsmenge von Phagen so gering war, dass sichergestellt werden kann, dass jeder Phage einen eigenen Plaque bildete. In *Abbildung 18A-3* sind die Plaques dargestellt, die ein T4-Bakteriophage auf einem Rasen mit *E.-coli*-Zellen bildete.

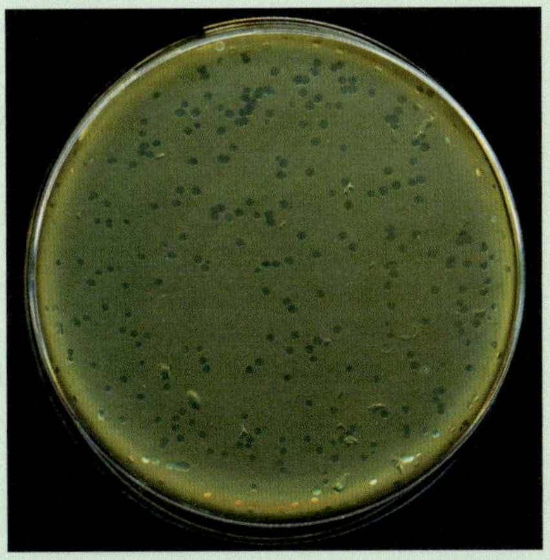

Abbildung 18A-3: Phagenplaques auf einem Bakterienrasen. Die Phagenplaques haben sich auf dem Rasen eines mit dem Phagen T4 infizierten *E.-coli*-Bakteriums gebildet. Jede Plaque entsteht durch die Reproduktion eines einzelnen Phagenpartikels in der Ausgangsmischung.

Der in *Abbildung 18A-2* dargestellte Ereignisablauf wird als *lytisches Wachstum* bezeichnet und ist für einen *virulenten Phagen* charakteristisch. Das lytische Wachstum führt zur Lyse der Wirtszelle und zur Entstehung vieler Nachkommen in Form von Phagenpartikeln. Im Gegensatz dazu kann ein *temperenter Phage* sich entweder durch lytisches Wachstum reproduzieren, wie ein virulenter Phage, oder seine DNA in das bakterielle Chromosom integrieren, ohne der Wirtszelle sofortigen Schaden zuzufügen. Ein besonders gut untersuchtes Beispiel eines temperenten Phagen ist der Bakteriophage λ (Lambda), der ebenso wie die geradzahligen T-Phagen Zellen von *E. coli* infiziert. Im integrierten oder *lysogenen Stadium* bezeichnet man die DNA des temperenten Phagen als *Prophagen*. Der Prophage wird zusammen mit der bakteriellen DNA repliziert, was oftmals über viele Generationen von Wirtszellen abläuft (*Abbildung 18A-4*). Während dieser Zeitspanne sind die Phagengene inaktiv oder *unterdrückt*, obwohl sie für den Wirt potenziell tödlich sind. Unter bestimmten Bedingungen wird die Prophagen-DNA jedoch aus dem bakteriellen Chromosom herausgeschnitten und tritt wieder in den lytischen Zyklus ein, wodurch Nachkommen der Phagenpartikel entstehen, welche die Wirtszelle lysieren.

Einer der Gründe dafür, warum Bakteriophagen für Genetiker so interessant sind, liegt in der geringen Größe ihrer Genome. Daher sind sie recht leicht zu identifizieren und ihre Gene können gut untersucht werden. Das Genom des Bakteriophagen λ ist zum Beispiel ein einzelnes DNA-Molekül, das weniger als 60 Gene enthält. Das Genom von *E. coli* umfasst hingegen mehrere Tausend Gene. Es gibt noch kleinere Phagen, von denen manche weniger als ein Dutzend Gene enthalten. Aufgrund ihrer einfachen Genome, ihres kurzen Replikationszyklus und der enormen Nachkommenschaft, die in einem geringen Volumen eines Kulturmediums erzeugt werden kann, gehören die Bakteriophagen zu den am besten verstandenen „Organismen". Sie können auch von praktischem Nutzen sein. Da Phagen Bakterien zerstören können, arbeiten einige Biotechnologiefirmen an der Entwicklung von modifizierten Phagen, die zur Behandlung von bakteriellen Infektionen eingesetzt werden könnten, vor allem in Fällen antibiotikaresistenter Bakterien.

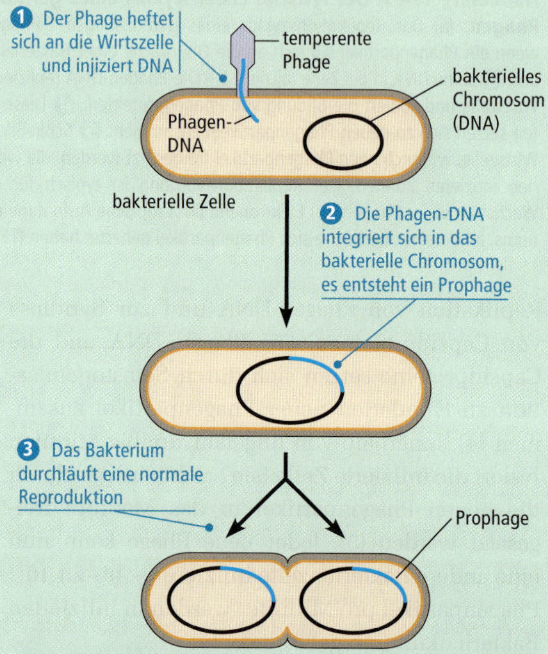

Abbildung 18A-4: Das lysogene Stadium eines Prophagen in einem bakteriellen Chromosom. Die von einem temperenten Phagen injizierte DNA kann in die DNA des bakteriellen Chromosoms integriert werden. Die integrierte Phagen-DNA, der sogenannten Prophage, wird bei jeder Reproduktion des Bakteriums zusammen mit der bakteriellen DNA repliziert.

Durch den Einsatz radioaktiver Isotope vermochten Hershey und Chase sowohl den Weg des Proteins als auch den der DNA während des Infektionsprozesses nachzuvollziehen (▶*Abbildung 18.3*). Zu Beginn des Experiments mischten sie radioaktive Phagen mit intakten Bakterienzellen, dann hefteten sich die Phagen an die Oberflächen der Bakterienzellen und injizierten ihr genetisches Material in die Zellen. Hershey und Chase stellten fest, dass die leeren Proteinhüllen (oder „Phagenghosts") gut von der Oberfläche der Bakterienzellen entfernt werden konnten, indem sie die Lösung in einen handelsüblichen Küchenmixer gaben und die Zellen durch Zentrifugation einen Niederschlag bildeten. Dann maßen sie die Radioaktivität des flüssigen Überstands und im Pellet der Bakterien auf dem Boden des Reagenzglases.

Die Daten zeigten, dass der größte Teil (65 %) von ^{32}P in den Bakterienzellen enthalten war, während der größte Teil (80 %) von ^{35}S in das umliegende Medium abgegeben worden war (▶*Abbildung 18.3b*). Da ^{32}P die virale DNA und ^{35}S das virale Protein markierten, folgerten Hershey und Chase, dass die DNA und nicht das Protein in die bakteriellen Zellen injiziert worden sein müsste. Die DNA musste also das genetische Material des Phagen T2 sein. Diese Schlussfolgerung wurde durch folgende Beobachtung gestützt: Wenn man die infizierten radioaktiven Bakterien wieder in eine neue Flüssigkeit gab und länger inkubierte, wurde ^{32}P auf einige der nachkommenden Phagenpartikel übertragen, aber ^{35}S wurde nicht weitergegeben.

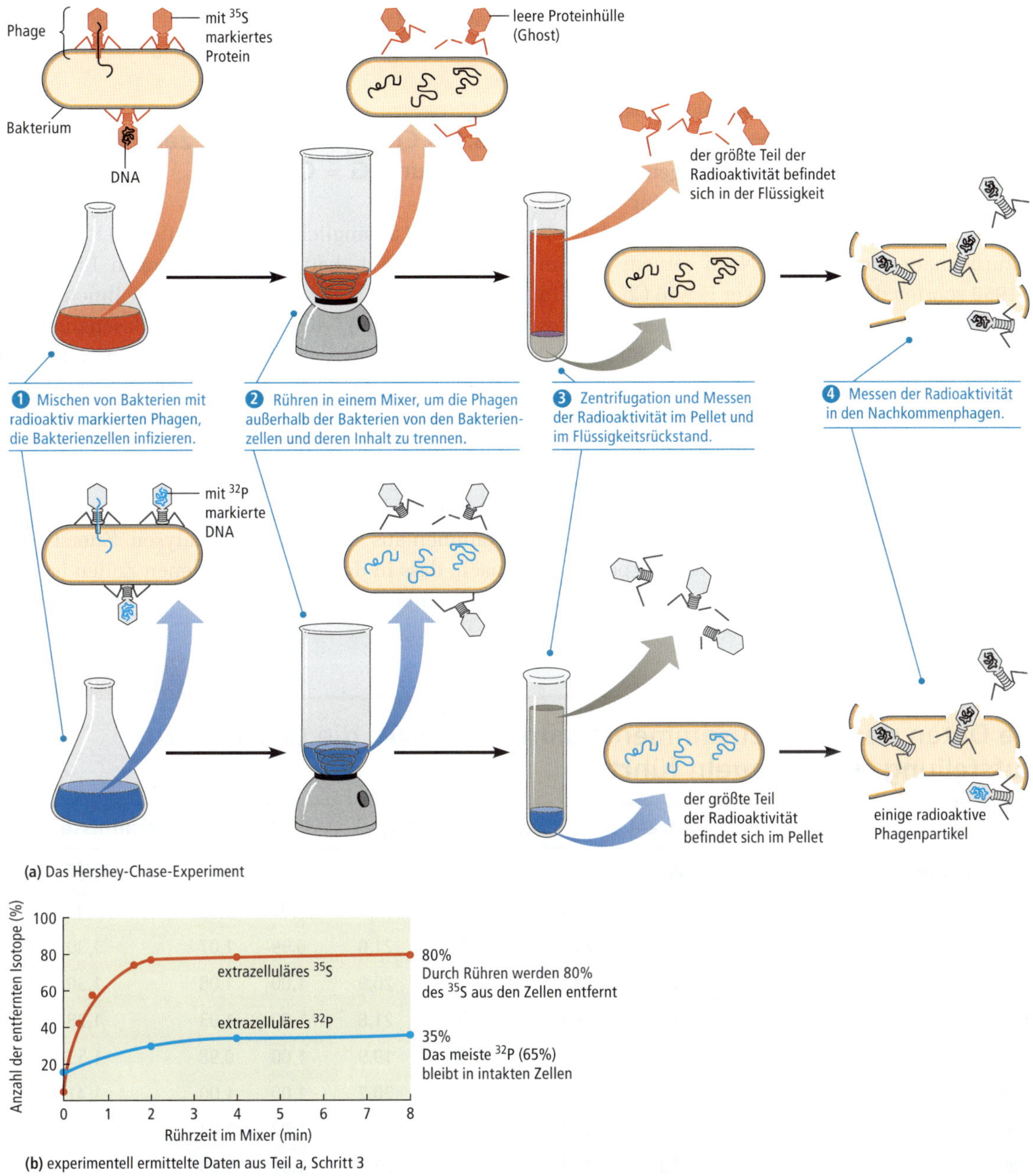

Abbildung 18.3: Das Hershey-Chase-Experiment: DNA als genetisches Material des Phagen T2. (a) ❶ T2 wurde entweder mit ^{35}S (zur Markierung von Protein) oder mit ^{35}P (zur Markierung der DNA) verwendet, um die Bakterien zu infizieren. Die Phagen heften sich an die Zelloberfläche und injizieren ihre DNA. ❷ Durch die Behandlung der infizierten Zellen in einem Mixer wird der größte Teil von ^{35}S abgetrennt, während der größte Teil von ^{35}P noch vorhanden ist. ❸ Durch die Zentrifugation bilden die Zellen einen Niederschlag, während die Phagenpartikel ebenso wie die Ghosts im Überstand bleiben. ❹ Wenn die Zellen in jedem Pellet weiter inkubiert werden, kodiert die Phagen-DNA die Synthese und auch die Freisetzung neuer Phagenpartikel. Einige dieser Phagen enthalten in ihrer DNA ^{35}P (da die alte, markierte DNA in einige der neuen Partikel verpackt wurde), aber keiner enthält in seinen Hüllproteinen ^{35}S. (b) Die Abbildung zeigt das Ausmaß, in dem ^{35}S und ^{35}P aus den intakten Zellen im Schritt ❸ als Funktion der Inkubation im Mixer entfernt werden. Einige Minuten der Behandlung im Mixer reichen, um den Großteil von ^{35}S (80 %) zu entfernen, während der Großteil von ^{35}P (65 %) in den Zellen bleibt.

Das Ergebnis der beschriebenen Experimente war, dass die meisten Biologen zu Beginn der 1950er Jahre die Auffassung teilten, dass Gene aus DNA und nicht aus Protein bestehen. Unglücklicherweise erhielt Oswald Avery, der Visionär, der maßgeblich für die Richtungsänderung im Hinblick auf die Funktion der DNA verantwortlich war, niemals die Würdigung, die ihm zugestanden hätte. Das Nobelpreiskomitee diskutierte zwar über Averys Arbeit, beschloss jedoch, dass er nicht genügend geleistet habe. Vielleicht liegt auch der Grund für die fehlende Anerkennung Averys in seinem bescheidenen und zurückhaltenden Wesen. Nach seinem Tod im Jahr 1955 schrieb der Biochemiker Erwin Chargaff in einem Nachruf: „Er war ein stiller Mann; und es würde das Ansehen der Welt steigern, hätten diese ihm mehr Anerkennung gezollt."

Warum schenkte man den Experimenten von Hershey und Chase mehr Aufmerksamkeit als Averys früheren Arbeiten über bakterielle Transformation, obwohl beide Arbeiten zum gleichen Ergebnis führten? Der Hauptgrund scheint ganz einfach die Zeit zu sein, die reifer geworden war, sowie weitere passende Beweise, die nach der Publikation durch Avery gefunden worden waren. Vielleicht war der wichtigste Beweis, dass die Variabilität der DNA-Struktur tatsächlich genügte, um als genetisches Material zu dienen. Diesen Nachweis erbrachten Untersuchungen der Basenzusammensetzung der DNA, worauf wir im Folgenden eingehen werden.

18.1.4 Chargaffs Regeln zeigen, dass A = T und G = C

Trotz der anfänglich eher verhaltenen Reaktion auf Averys Arbeit, hatte sie doch großen Einfluss auf einige andere Wissenschaftler. Zu ihnen gehörte Erwin Chargaff, der sich für die Basenzusammensetzung der DNA interessierte. Zwischen 1944 und 1952 arbeitete Chargaff mit chromatographischen Methoden, um die relativen Mengen von vier Basen zu trennen und zu quantifizieren – Adenin (A), Guanin (G), Cytosin (C) und Thymin (T) –, die in der DNA enthalten sind. Einige wichtige Entdeckungen stammen aus seinen ersten Analysen. Zuerst wies er nach, dass in der aus verschiedenen Zellen isolierten DNA einer bestimmten Spezies die vier Basen stets

Tabelle 18.1

Die Daten der Basenzusammensetzung der DNA, die Chargaff zur Aufstellung seiner Regeln führten

	Anzahl eines jeden Nucleotidtyps*				Nucleotidverhältnisse**		
DNA-Quelle	**A**	**T**	**G**	**C**	**A/T**	**G/C**	**(A + T)/(G + C)**
Thymusdrüse des Rindes	28,4	28,4	21,1	22,1	1,00	0,95	1,31
Rinderleber	28,1	28,4	22,5	21,0	0,99	1,07	1,30
Rinderniere	28,3	28,2	22,6	20,9	1,00	1,08	1,30
Rinderhirn	28,0	28,1	22,3	21,6	1,00	1,03	1,28
Menschliche Leber	30,3	30,3	19,5	19,9	1,00	0,98	1,53
Heuschrecke	29,3	29,3	20,5	20,7	1,00	1,00	1,41
Seeigel	32,8	32,1	17,7	17,3	1,02	1,02	1,85
Weizenkeim	27,3	27,1	22,7	22,8	1,01	1,00	1,19
Meereskrebs	47,3	47,3	2,7	2,7	1,00	1,00	17,50
Aspergillus (Schimmelpilz)	25,0	24,9	25,1	25,0	1,00	1,00	1,00
Saccharomyces cerevisiae (Hefe)	31,3	32,9	18,7	17,1	0,95	1,09	1,79
Clostridium (Bakterium)	36,9	36,3	14,0	12,8	1,02	1,09	2,73

* *Die in diesen vier Spalten angegebenen Werte entsprechen der durchschnittlichen Anzahl jedes Nucleotidtyps pro 100 Nucleotiden in der DNA.*
** *Die Verhältnisse von A/T und G/C entsprechen aufgrund experimenteller Ungenauigkeiten nicht immer genau 1,00.*

im gleichen Prozentsatz enthalten sind (▶ *Tabelle 18.1*, Zeilen 1 – 4) und dass dieser Prozentsatz unabhängig von Individuum, Gewebe, Alter und Ernährungszustand ist. Genau das würde man von einer chemischen Substanz erwarten, die genetische Information speichert, denn man würde davon ausgehen, dass die Zellen einer bestimmten Spezies ähnliche genetische Information tragen. Allerdings stellte Chargaff fest, dass sich die Basenzusammensetzung der DNA bei den Spezies unterscheidet. Dies kann man erkennen, wenn man sich die letzte Spalte von *Tabelle 18.1* anschaut, in der die relativen Mengen der Basen A und T im Verhältnis zu G und C in der DNA verschiedener Organismen aufgeführt sind. Außerdem geht aus den Daten hervor, dass DNA-Präparate eng verwandter Spezies ähnliche Basenzusammensetzungen haben, während sich die Basenzusammensetzungen sehr entfernter Spezies recht stark voneinander unterscheiden. Auch dies würde man von einem Molekül erwarten, welches genetische Information speichert.

Chargaff erstaunlichster Befund war allerdings, dass bei allen von ihm untersuchten DNA-Proben die Anzahl der Adenine und der Thymine gleich war (A = T) und dass die Anzahl der Guanine der Anzahl der Cytosine (G = C) entsprach. Das bedeutete, dass die Menge von Purinen der Menge von Pyrimidinen entsprach (A + G = C + T). Die Bedeutung dieser Äquivalenzen, die man als Chargaffs Regeln bezeichnet, gab ein Rätsel auf und blieb auch so lange ein Rätsel, bis Watson und Crick im Jahr 1953 das Modell der DNA als Doppelhelix präsentierten.

Die DNA-Struktur 18.2

Als die wissenschaftliche Gemeinde allmählich den Befund akzeptierte, dass die DNA die genetische Information speichert, kam gleich wieder eine Reihe neuer Fragen auf, nämlich wie die DNA ihre genetische Funktion ausübt? Eine der ersten Fragen, die es zu lösen galt, lautete: Wie replizieren Zellen exakt ihre DNA, sodass Doppelkopien der genetischen Information während der Zellteilung und während der Reproduktion vom Elternteil an die Nachkommen von einer Zelle an die nächste Zelle weitergegeben werden können? Zur Beantwortung dieser Frage musste man die dreidimensionale Struktur der DNA verstehen, die Watson und Crick 1953 formulierten und ihr Modell der DNA als Doppelhelix vorstellten. In *Kapitel 3* haben wir die Struktur der Doppelhelix dargestellt und in *Exkurs 3A* ihre Entdeckung geschildert. Jetzt wenden wir uns der Doppelhelix wieder zu und betrachten einige weitere Details.

18.2.1 Watson und Crick entdeckten, dass die DNA eine Doppelhelix ist

1952 gehören James Watson und Francis Crick zu einer Handvoll von Wissenschaftlern, die davon überzeugt waren, dass die DNA das genetische Material sei und dass man, wenn man nur ihre dreidimensionale Struktur kennen würde, wertvolle Hinweise auf ihre Funktionsweise erhalten könne. Watson und Crick, die an der Cambridge University in England arbeiteten, näherten sich dem Rätsel, indem sie Drahtmodelle möglicher Strukturen konstruierten. Schon seit Jahren war bekannt, dass es sich bei der DNA um ein langes Polymer mit einem Rückgrat aus sich wiederholenden Zucker- (Desoxyribose-) und Phosphateinheiten handelte, wobei an jeden Zucker eine stickstoffhaltige Base geknüpft war. Bei ihrer Modellbauarbeit half ihnen ihr Wissen, dass die bestimmten Formen, in denen die Basen A, G, C und T bei physiologischem pH-Wert vorliegen, die Bildung spezifischer Wasserstoffbrückenbindungen zwischen ihnen ermöglichen. Den entscheidenden experimentellen Nachweis verdankten sie einer Röntgenbeugungsaufnahme der DNA von Rosalind Franklin, die am King's College in London arbeitete. Franklins gewissenhafte und sorgfältige Analyse des Beugungsmusters brachte zutage, dass es sich bei der DNA um ein langes, helikales Molekül mit nur einem Strukturmerkmal handelt, das alle 0,34 nm wiederholt wird, und einem weiteren, sich alle 3,4 nm wiederholenden Strukturmerkmal. Ausgehend von der durch diese Aufnahme erlangten Information, erstellten Watson und Crick schließlich ein DNA-Modell, das aus zwei umeinandergeschlungenen Strängen bestand – eine **Doppelhelix**. Watson und Crick veröffentlichten ihre Ergebnisse im April 1953 in einer Publikation, die gerade mal aus einer Seite in dem Fachjournal ‚Nature' bestand. Für diese epochale Entdeckung erhielten die beiden zusammen mit Maurice Wilkins den Nobelpreis für Medizin; Rosalind Franklin konnte nicht mehr nominiert werden, da sie zu diesem Zeitpunkt bereits verstorben war.

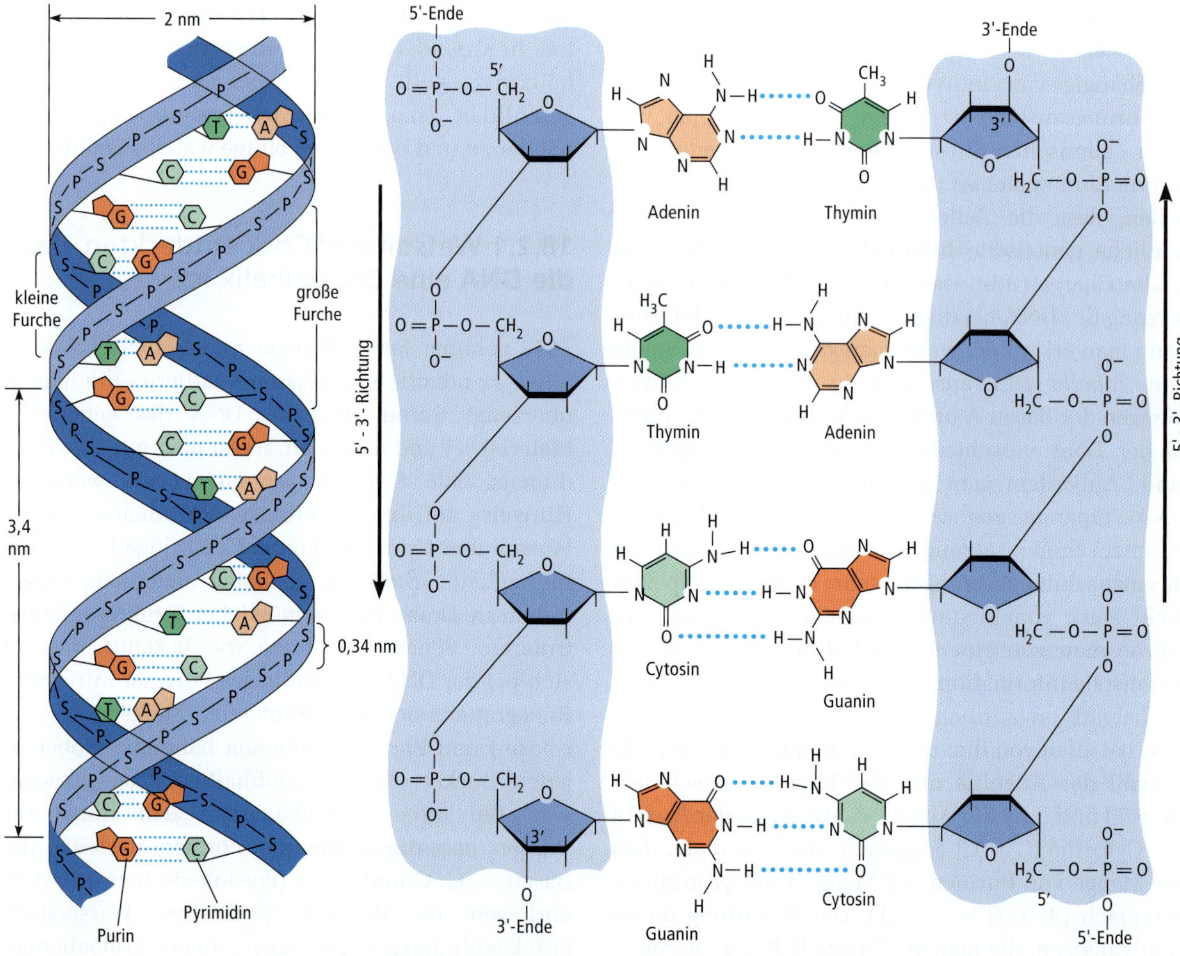

(a) Doppelhelix

(b) antiparallele Orientierung der Stränge

Abbildung 18.4: Die DNA-Doppelhelix. (a) Die schematische Darstellung zeigt die Zucker-Phosphat-Ketten des DNA-Rückgrats, die komplementären Basenpaare, die großen und die kleinen Furchen sowie mehrere wichtige Abmessungen. A = Adenin, G = Guanin, C = Cytosin, T = Thymin, P = Phosphat und S = Zucker (Desoxyribose). (b) Ein Strang eines DNA-Moleküls verläuft in die 5′→3′-Richtung, während der komplementäre Strang in die entgegengesetzte 3′→5′-Richtung verläuft. Die Zeichnung stellt außerdem die Wasserstoffbrücken dar, welche die Basen in den AT- und GC-Paaren verbinden.

In ▸*Abbildung 18.4* ist die Doppelhelix von Watson und Crick dargestellt. Die Zucker-Phosphat-Rückgrate der beiden Stränge liegen auf der Außenseite der Helix, und die Basen zeigen nach innen in das Zentrum der Helix. Sie bilden die „Sprossen" der Wendeltreppe, der diese Struktur ähnelt. Die Helix ist rechtsgängig, was deutet, dass sie sich rechtsherum nach „oben" schraubt (beachten Sie, dass dies sogar dann stimmt, wenn sie die Zeichnung auf den Kopf drehen). Die Doppelhelix enthält zehn Nucleotidpaare pro Windung und wächst pro Nucleotidpaar um 0,34 nm. Folglich verlängert sich das Molekül pro vollständiger Windung um 3,4 nm. Der Durchmesser der Helix beträgt 2 nm. Diese Entfernung erweist sich aber als zu klein für zwei Purine und als zu groß für zwei Pyrimidine, aber ein Purin und ein Pyrimidin können gut untergebracht werden, was mit Chargaffs Regeln übereinstimmt. Die Paarung von Pyrimidin und Purin war mit anderen Worten aufgrund ihrer physikalischen Größen notwendig. Die beiden Stränge werden von Wasserstoffbrückenbindungen zwischen den Basen der gegenüberliegenden Stränge zusammengehalten. Außerdem passen die Wasserstoffbrückenbindungen, welche die beiden Stränge der Doppelhelix zusammenhalten *nur, wenn sie zwischen der Base Adenin (A) in einer Kette und Thymin (T) in der anderen oder zwischen der Base Guanin (G) in einer*

Kette und Cytosin (C) in der anderen gebildet werden. Das bedeutet, dass die Sequenz eines Strangs die Basensequenz des gegenüberliegenden Strangs vorschreibt. Daher bezeichnet man die beiden Stränge der DNA-Doppelhelix als zueinander **komplementär**. Ein solches Modell erklärt die von Chargaff gemachte Beobachtung, dass in den DNA-Molekülen die Basen A und T und die Basen G und C in gleichen Mengen enthalten sind.

Die weitestreichende Erkenntnis, die man aus dem Modell von Watson und Crick gewann, war, dass es einen Mechanismus geben musste, mit dessen Hilfe Zellen ihre genetische Information replizieren konnten: Die beiden DNA-Stränge der Doppelhelix konnten sich einfach vor der Zellteilung trennen, sodass jeder Strang als *Matrize* dienen konnte und auf diese Weise auf Grundlage der Basenpaarungsregeln die Synthese eines neuen komplementären DNA-Strangs diktierte. Mit anderen Worten, die Base A in einem Matrizenstrang würde die Aufnahme der Base T in den sich neu bildenden Strang spezifizieren, die Base G die Aufnahme der Base C, die Base T die Aufnahme der Base A und die Base C die Aufnahme der Base G. Im nächsten Kapitel werden wir den experimentellen Beweis für diesen angedachten Mechanismus darstellen und die molekulare Grundlage der DNA-Replikation im Detail erläutern.

In *Abbildung 18.4* sind noch einige weitere wichtige Merkmale der DNA-Doppelhelix dargestellt. Beachten Sie zum Beispiel, dass die beiden Stränge so umeinander verdreht sind, sodass eine *große Furche* und eine *kleine Furche* entstehen. Wenn man die Basenpaare von der großen Furche aus betrachtet, so erhält man mehr Information als bei der Betrachtung von der kleinen Furche aus, denn in der großen Furche binden mehr Wasserstoffbrückendonoren (H) und -akzeptoren (O, N), ebenso wie die Methylgruppe der Base T. Daher können regulatorische Proteine an die große Furche binden und spezifische Basensequenzen erkennen, ohne die Doppelhelix zu entwinden.

Ein weiteres wichtiges Merkmal ist die antiparallele Anordnung der beiden DNA-Stränge, wie in *Abbildung 18.4b* dargestellt. Aus der Zeichnung geht hervor, dass die Phosphodiesterbindungen, welche den 5′-Kohlenstoff eines Nucleotids mit dem 3′-Kohlenstoff des benachbarten Nucleotids verbinden, in den beiden DNA-Strängen in *entgegengesetzte* Richtungen verlaufen. So verläuft der linke Strang in die *5′→3′-Ausrichtung*, denn sein erstes Nucleotid hat ein freies 5′-Ende und sein letztes Nucleotid ein freies 3′-Ende. Umgekehrt verläuft der rechte Strang von oben nach unten in die 3′→5′-Richtung, denn sein erstes Nucleotid hat ein freies 3′-Ende und sein letztes Nucleotid ein freies 5′-Ende. Die entgegengesetzte Ausrichtung der beiden Stränge hat sowohl für die DNA-Replikation als auch für die DNA-Transkription weitreichende Folgen, worauf wir in den *Kapiteln 19* und *21* genauer eingehen werden.

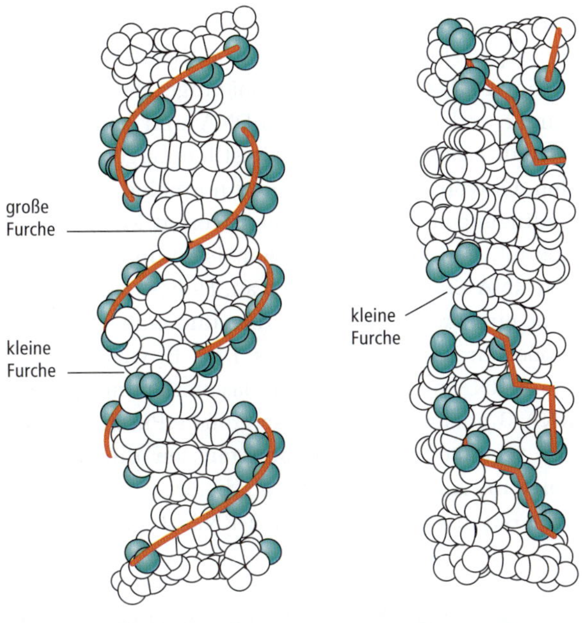

Abbildung 18.5: Alternative Formen der DNA. (a) In der normalen B-Form der DNA bildet das Zucker-Phosphat-Rückgrat eine glatte rechtshändige Doppel-Helix. (b) In der Z-DNA bildet das Rückgrat eine linkshändige Helix, die einer Zickzacklinie gleicht. Die farbige Unterlegung dient der Hervorhebung der Rückgrate.

Die rechtshändige Helix von Watson und Crick ist eine idealisierte Version der sogenannten B-DNA (▶*Abbildung 18.5a*). Natürlich vorkommende B-DNA-Doppelhelices sind flexible Moleküle, deren genaue Formen und Ausmaße von der lokalen Nucleotidsequenz abhängen. Obwohl die B-DNA die am häufigsten auftretende Form von DNA in Zellen (und in Testlösungen von DNA) ist, kann die DNA auch in anderen Formen existieren, vielleicht in Form kurzer, in Molekülen verstreuter Segmente, bei denen es sich hauptsächlich um B-DNA handelt. Die wichtigsten dieser alternativen Formen sind die Z-DNA und die A-DNA. Wie in *Abbildung 18.5* dargestellt, handelt es sich bei der *Z-DNA* um eine *linkshändige* Doppelhelix. Sie verdankt ihren Namen dem Zickzackmuster ihres Zucker-Phosphat-Rückgrats und ist länger und dünner als die B-DNA. Die Z-Form kommt häufig in DNA-Regionen vor, die entweder abwechselnd Purine und Pyrimidine enthalten oder Cytosine mit zusätzlichen Methylgruppen (die nicht in chromosomaler DNA vorkommen, siehe *Kapitel 23*). Obwohl die biologische Bedeutung der Z-DNA noch nicht gut aufgeklärt ist, gibt es jedoch Befunde, aus denen man schließen kann, dass kurze DNA-Fragmente kurzzeitig in die Z-Konfiguration springen. Die Änderung ist Teil des Prozesses, der die Expression bestimmter Gene aktiviert.

Die A-DNA ist eine rechtshändige Helix. Sie ist kürzer und dicker als die B-DNA und kann durch Dehydrierung von B-DNA künstlich hergestellt werden. Obwohl die A-DNA unter normalen zellulären Bedingungen nicht in nennenswerten Mengen vorkommt, so gehören doch die meisten doppelsträngigen RNA-Stücke dem A-Typ an. Helices vom Typ A habe eine breitere kleine Furche und eine schmalere große Furche als Helices des Typs B, weshalb sich die A-RNA nicht gut für die Basenerkennung durch RNA-Bindeproteine aus der großen Furche eignet. Die regulatorischen Proteine müssen die Doppelhelix im Allgemeinen entspiralisieren, um spezifische Basensequenzen in der A-RNA zu erkennen.

18.2.2 Die DNA kann zwischen relaxiertem und überspiralisiertem Zustand wechseln

Es gibt viele Situationen, in denen sich die DNA-Doppelhelix um sich selber winden kann und eine **überspiralisierte DNA („supercoiled" DNA)** bildet. Obwohl man heute weiß, dass die DNA häufig überspiralisiert vorliegt, so wurde das Phänomen der Überspiralisierung erstmalig in der DNA bestimmter kleiner Viren identifiziert, die ringförmige DNA-Moleküle enthalten, welche als geschlossene Schleifen vorliegen. Ringförmige DNA-Moleküle kommen auch in Bakterien, Mitochondrien und Chloroplasten vor. Auch wenn das Phänomen der Überspiralisierung nicht nur bei ringförmiger DNA auftritt, so kann man es in diesen Molekülen doch am besten untersuchen.

Ein DNA-Molekül kann zwischen dem überspiralisierten Zustand und dem nicht-überspiralisierten Zustand, dem *relaxierten* Zustand, hin und her wechseln. Zum besseren Verständnis dieses Grundgedankens können Sie folgende Übung durchführen: Nehmen Sie ein Stück Seil, das aus zwei umeinandergeschlungenen Strängen besteht, die eine rechtshändige Drehung machen. Dies entspricht einem relaxierten, linearen DNA-Molekül. Wenn man nun die Enden dieses Seils miteinander verbindet, so geschieht gar nichts. Das Seil bildet zwar jetzt einen Kreis, befindet sich aber immer noch im relaxierten Zustand. Wenn Sie das Seil aber noch einmal in die Richtung drehen, in die die beiden Stränge bereits gedreht wurden, und die Enden dann zusammenführen, dann befindet sich das Seil im Zustand einer *positiven Überspiralisierung*. Umgekehrt passiert Folgendes: wenn Sie das Seil nochmals in die entgegengesetzte Richtung drehen, dann wird es *negativ überspiralisiert*. Ebenso wie das Seil in diesem Beispiel kann ein relaxiertes DNA-Molekül durch Drehung in die gleiche Richtung positiv überspiralisiert werden, genauso wie eine Doppel-Helix gewunden ist und durch Windung in die entgegengesetzte Richtung negativ überspiralisiert werden kann (▶*Abbildung 18.6*). Die ringförmigen, in der Natur vorkommenden DNA-Moleküle, auch die der Bakterien, Viren und eukaryotischen Organellen sind grundsätzlich negativ überspiralisiert.

Überspiralisierung kommt auch bei linearen DNA-Molekülen vor, wenn Regionen des Moleküls in einer Zellstruktur verankert sind und nicht frei rotieren können. Zu jedem Zeitpunkt können größere Teile der linearen DNA im Zellkern eukaryotischer Zellen überspiralisiert vorliegen. Wenn die DNA während der Zellteilung in die Chromosomen gepackt wird, trägt die ausgedehnte Überspiralisierung zu einer kompakteren Form der DNA bei.

Da die Überspiralisierung sowohl die räumliche Organisation als auch den Energiestatus der DNA beeinflusst, wirkt sie sich auf die Fähigkeit des DNA-Moleküls aus, mit anderen Molekülen in Wechselwirkung zu treten. Die positive Überspiralisierung bedeutet eine festere Wicklung der Doppelhelix und reduziert daher die Möglichkeiten zur Interaktion. Im Gegensatz dazu ist die negative Überspiralisierung mit einer Entwindung der Doppelhelix assoziiert, sodass ihre Stränge Zugang zu den Proteinen haben, die an der DNA-Replikation und DNA-Transkription mitwirken.

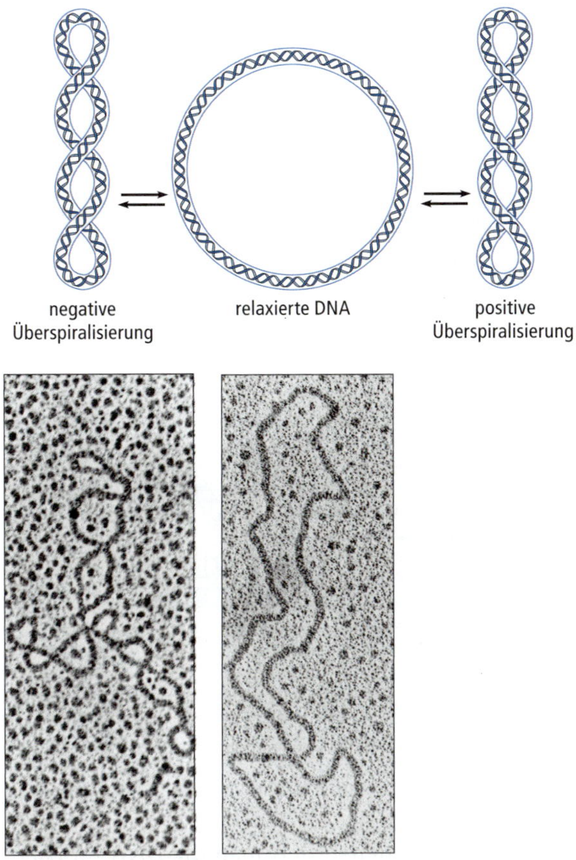

Abbildung 18.6: Übergang von relaxierter DNA in überspiralisierte DNA. (*oben*) Umwandlung eines relaxierten ringförmigen DNA-Moleküls in die negativ überspiralisierte Form (durch Drehung in die entgegengesetzte Richtung während sich die Doppelhelix entwindet) und in die positiv überspiralisierte Form (durch Drehung in die gleiche Richtung während sich die Doppelhelix entwindet). (*unten*) Elektronenmikroskopische Aufnahmen ringförmiger DNA-Moleküle des Bakteriophagen PM2. Abgebildet sind ein Molekül mit negativer Überspiralisierung links und ein relaxiertes Molekül rechts (TEM).

Der Wechsel zwischen relaxierter und spiralisierter Form der DNA wird von Enzymen katalysiert, die man als **Topoisomerasen** bezeichnet. Diese werden entweder als Topoisomerasen des *Typs I* oder des *Typs II* klassifiziert. Beide katalysieren die Relaxierung überspiralisierter DNA. Die Typ-I-Enzyme bewirken kurzzeitige Einzelstrangbrüche in der DNA, während die Typ-II-Enzyme vorübergehende Doppelstrangbrüche herbeiführen. In ▶*Abbildung 18.7* ist dargestellt, wie sich die kurzzeitigen Brüche auf die DNA-Überspiralisierung auswirken. Die Topoisomerasen des Typs I führen eine DNA-Relaxierung herbei, indem sie einen Strang der Doppelhelix durchschneiden. Aus diesem Grund kann sich die DNA drehen, und der intakte Strang kann durch den Bruch gezogen werden, bevor der gebrochene Strang wieder versiegelt wird. Im Gegensatz dazu bewirken die Topoisomerasen des Typs II eine Relaxierung, indem sie beide DNA-Stränge schneiden und dann ein Segment der intakten Doppelhelix durch den Bruch stecken, bevor sie diesen Bruch wieder versiegeln. Die Wirkung der Topoisomerasen des Typs II beruht aber im Gegensatz zur Wirkung der Topoisomerasen des Typs I auf der Energie, die aus der Hydrolyse von ATP gewonnen wird.

Typ-I- und Typ-II-Topoisomerasen können sowohl positive als auch negative Überspiralisierungen auslösen. Außerdem besitzen Bakterien eine Typ-II-Topoisomerase, die sogenannte **DNA-Gyrase**, die sowohl eine Relaxierung als auch eine Überspiralisierung auslösen kann. In *Kapitel 19* werden Sie lernen, dass die DNA-Gyrase eines von mehreren Enzymen ist, die an der DNA-Replikation mitwirken. Sie kann die positive Überspiralisierung relaxieren, die auf der teilweisen Entwindung der Doppelhelix beruht, oder sie kann aktiv eine negative Überspiralisierung auslösen, welche die Trennung der Stränge fördert, wodurch die an der DNA-Replikation mitwirkenden Proteine leichter Zugang finden. Um Überspiralisierung in einer DNA auszulösen, benötigt die DNA-Gyrase ATP; sie benötigt aber kein ATP, um ein bereits überspiralisiertes Molekül zu relaxieren.

18.2.3 Die beiden Stränge der DNA-Doppelhelix können experimentell durch Denaturierung getrennt und durch Renaturierung wieder verbunden werden

Da die beiden Stränge der DNA-Doppelhelix über relativ schwache, nicht-kovalente Bindungen verknüpft sind, können die Stränge unter geeigneten Bedingungen leicht voneinander getrennt werden. In den folgenden Kapiteln werden Sie sehen, dass die Trennung der Stränge ein integraler Bestandteil sowohl der DNA-Replikation als auch der RNA-Synthese ist. Man kann die Stränge auch experimentell trennen, was zur **DNA-Denaturierung** führt; den Umkehrprozess, bei dem aus den getrennten Strängen wieder eine Doppelhelix hervorgeht, bezeichnet man als **DNA-Renaturierung**.

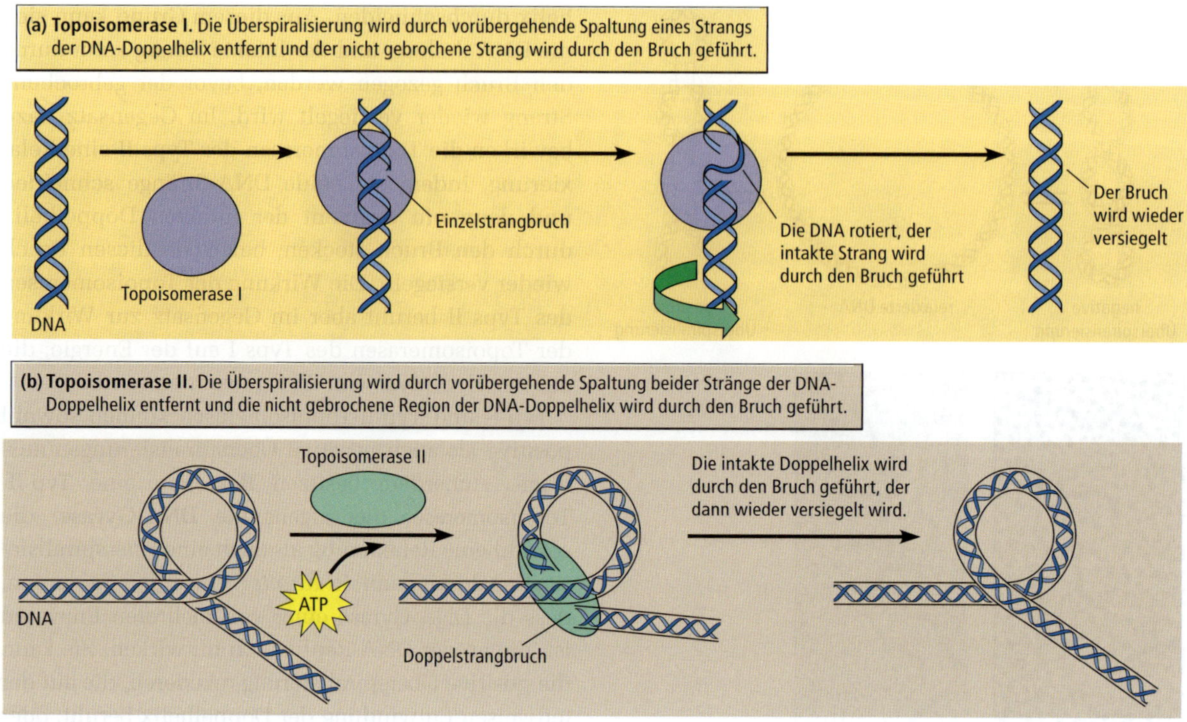

Abbildung 18.7: Von den Topoisomerasen I und II katalysierte Reaktionen. (a) Typ-I-und (b) Typ-II-Topoisomerasen werden zur Aufhebung positiver und negativer Überspiralsierungen aus DNA eingesetzt.

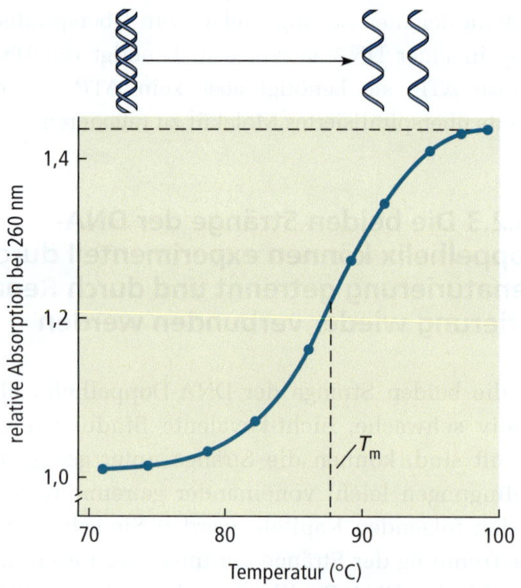

Abbildung 18.8: Denaturierungsprofil der DNA durch Hitze. Wenn man die Temperatur einer Lösung mit doppelsträngiger (nativer) DNA erhöht, dann führt die Hitze zur Denaturierung der DNA. Die Umwandlung in Einzelstränge geht mit dem Anstieg der Lichtabsorption bei 260 nm einher. Die Temperatur, bei der der Wendepunkt dieses Anstiegs erreicht wird, ist die sogenannte Schmelztemperatur, T_m. Im dargestellten Beispiel liegt T_m bei ungefähr 87 °C.

Im Allgemeinen denaturiert man die DNA im Labor durch Erhöhung der Temperatur oder des pH-Werts. Wenn man eine Denaturierung herbeiführt, indem man die Temperatur allmählich erhöht, dann behält die DNA ihre Doppelstrang- oder native Struktur so lange, bis sie eine kritische Temperatur erreicht. An diesem Punkt angelangt, denaturiert oder „schmilzt" die Doppelstruktur schnell und zerfällt in ihre beiden Stränge. Der Schmelzvorgang kann einfach beobachtet werden, denn doppelsträngige und einzelsträngige DNA unterscheiden sich im Hinblick auf ihre Fähigkeit, Strahlung zu absorbieren. Jede DNA absorbiert ultraviolette Strahlung von bis zu ungefähr 260 nm. Wenn man die Temperatur einer DNA in Lösung allmählich erhöht, dann bleibt die Absorption bei 260 nm so lange konstant, bis die Doppelhelix in ihre Einzelstränge denaturiert. Wenn sich die Stränge trennen, steigt die Absorption auf Grund der intrinsischen Absorption der einzelsträngigen DNA schnell an (▶*Abbildung 18.8*).

Die Temperatur, bei der der Absorptionswechsel zur Hälfte vollzogen ist, bezeichnet man als die **DNA-Schmelztemperatur** (**T_m**). Der Wert der

Schmelztemperatur spiegelt wider, wie fest die DNA-Doppelhelix zusammengehalten wird. Zum Beispiel widersetzen sich die GC-Basenpaare, die von drei Wasserstoffbrückenbindungen zusammengehalten werden, stärker der Trennung als AT-Basenpaare, die nur zwei Wasserstoffbrückenbindungen besitzen (siehe *Abbildung 18.4b*). Daher steigt die Schmelztemperatur direkt proportional zur relativen Anzahl von GC-Basenpaaren in der DNA (▶*Abbildung 18.9*). Entsprechend schmelzen DNA-Moleküle, in denen die beiden Stränge der Doppelhelix und ihre Basenpaare richtig an jeder Position einander zugeordnet sind, bei höheren Temperaturen als DNA-Moleküle, deren Stränge nicht perfekt komplementär sind.

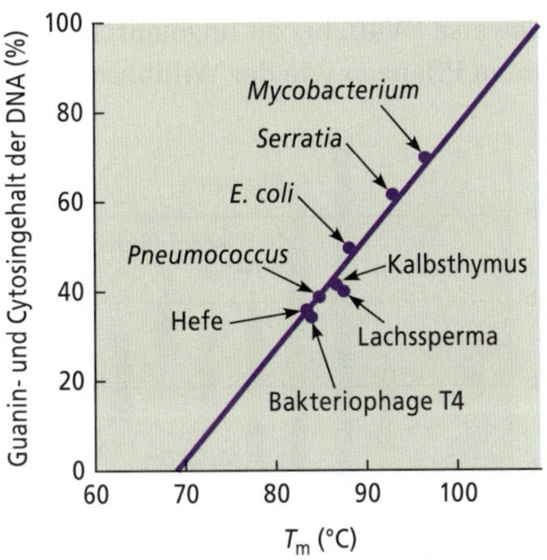

Abbildung 18.9: Abhängigkeit der DNA-Schmelztemperatur von der Basenzusammensetzung. Die Schmelztemperatur der DNA steigt mit dem G + C-Gehalt an, wie aus dem Verhältnis zwischen T_m und dem G + C-Gehalt für DNA-Proben aus zahlreichen Quellen hervorgeht.

Man kann denaturierte DNA wieder renaturieren, indem man die Temperatur senkt, sodass sich die Wasserstoffbrücken zwischen den beiden Strängen wieder bilden (▶*Abbildung 18.10*). Die Möglichkeit, Nucleinsäuren zu renaturieren, hat eine ganze Reihe wissenschaftlicher Anwendungen gefunden. An erster Stelle steht allerdings, dass dieses Verfahren die Grundlage der **Nucleinsäurehybridisierung** darstellt. Eine Reihe von Methoden zur Identifizierung von Nucleinsäuren beruht auf der Fähigkeit einzelsträngiger Ketten, mit komplementären Basensequenzen Bindungen einzugehen oder zu *hybridisieren*. Man kann die Nucleinsäurehybridisierung auf DNA-DNA-, DNA-RNA- oder sogar auf RNA-RNA-Interaktionen anwenden. Bei der DNA-DNA-Hybridisierung wird beispielsweise die zu untersuchenden DNA denaturiert und dann mit einem gereinigten, einzelsträngigen, radioaktiven DNA-Fragment, einer sogenannten **Sonde**, inkubiert, deren Sequenz zu der Basensequenz komplementär ist, die man nachzuweisen wünscht. In *Exkurs 18C* stellen wir exemplarisch den Einsatz einer Sonde beim DNA-Fingerprinting vor.

Nucleinsäuresequenzen müssen nicht unbedingt perfekt komplementär sein, um zu hybridisieren. Eine Änderung der Temperatur, der Salzkonzentration und des pH-Werts während der Hybridisierung kann eine Paarung zwischen zwei teilweise komplementären Sequenzen ermöglichen, die mehrere fehlgepaarte Basen enthalten. Unter solchen Bedingungen wird eine Hybridisierung zwischen miteinander verwandten, nicht aber identischen DNAs stattfinden. Diese Vorgehensweise hilft bei der Identifizierung von Familien verwandter Gene, sowohl bei einem bestimmten Typ von Organismus als auch bei verschiedenen Arten von Organismen.

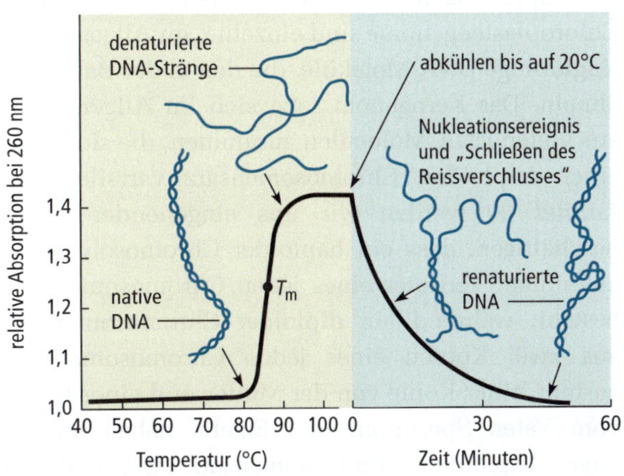

Abbildung 18.10: DNA-Denaturierung und DNA-Renaturierung. Erhitzt man eine Lösung nativer (doppelsträngiger) DNA langsam unter sorgfältig kontrollierten Bedingungen, dann „schmilzt" die DNA innerhalb eines engen Temperaturbereichs, was mit einem Anstieg der Absorption bei 260 nm einhergeht. Lässt man die Lösung abkühlen, dann reassoziieren die getrennten DNA-Stränge wieder durch zufällige Kollisionen, an die sich eine schnelles, „reißverschlussartiges" Zusammenschließen der komplementären Basenpaare in den beiden Strängen anschließt. Für die Reassoziierung sind unterschiedliche Zeitspannen erforderlich, die sowohl von der DNA-Konzentration in der Lösung als auch von der Länge der DNA-Stränge abhängen.

Die Organisation der DNA in Genomen 18.3

Bisher haben wir uns mit mehreren chemischen und physikalischen Eigenschaften der DNA beschäftigt. Als Zellbiologen interessieren wir uns aber in erster Linie dafür, was diese Eigenschaften für die Zelle bedeuten. Daher möchten wir wissen, wie viel DNA in den Zellen enthalten ist, wie und wo Zellen die DNA lagern und wie sie die in der DNA enthaltene genetische Information nutzen. Wir beginnen mit der Frage nach den Mengen der enthaltenen DNA, denn diese Menge legt den maximalen Informationsgehalt fest, über den eine Zelle verfügen kann.

Das Genom eines Organismus oder Virus besteht aus DNA (bei einigen Viren aus RNA), das einen vollständigen Satz aller genetischen Information dieses Organismus oder Virus enthält. Bei vielen Viren und Bakterien liegt das Genom als einzelnes lineares oder ringförmiges DNA-Molekül oder in einer geringen Anzahl dieser Moleküle vor. Eukaryotische Zellen haben ein Zellkerngenom, ein mitochondriales Genom und, bei den Pflanzen und Algen, auch ein Chloroplastengenom. Mitochondriale Genome und Chloroplastengenome sind einzelne, im Allgemeinen ringförmige DNA-Moleküle, die denen der Bakterien ähneln. Das Kerngenom setzt sich im Allgemeinen aus vielen DNA-Molekülen zusammen, die sich über einen haploiden Chromosomensatz verteilen. (In *Kapitel 20* werden wir uns eingehender damit beschäftigen, dass ein haploider Chromosomensatz aus einem Vertreter eines jeden Chromosomentyps besteht, während ein diploider Chromosomensatz aus zwei Kopien eines jeden Chromosomentyps besteht, einer Kopie von der Mutter und einer Kopie vom Vater. Spermium und Eizelle haben jeweils einen haploiden Chromosomensatz, während die meisten anderen Typen eukaryotischer Zellen diploid sind.)

18.3.1 Die Größe des Genoms nimmt mit der Komplexität des Organismus zu

Die Größe des Genoms wird im Allgemeinen als Gesamtheit der Nucleotidbasenpaare ausgedrückt, der **Basenpaare (bp)**. Zum Beispiel setzt sich das ringförmige DNA-Molekül, aus dem das Genom von *E. coli* besteht, aus 4,639,221 bp zusammen. Da diese Zahlen tendenziell sehr groß sind, verwendet man Abkürzungen wie *Kb* (Kilobasen), *Mb* (Megabasen) und *Gb* (Gigabasen), um sich auf Tausend, eine Million bzw. eine Milliarde Basenpaare zu beziehen. Daher kann man die Größe des Genoms von *E. coli* einfach als 4,6 Mb ausdrücken. In ▸*Abbildung 18.11* ist die Bandbreite der Genomgrößen für verschiedene Gruppen von Organismen angegeben. Diese Daten zeigen ein Spektrum von fast acht Größenordnungen im Hinblick auf die Genomgröße, von einigen wenigen Tausend Basenpaaren bei den einfachsten Viren bis zu mehr als 100 Milliarden Basenpaaren bei bestimmten Pflanzen, Amphibien und Protisten. Im Verhältnis zur Gesamtlänge der DNA entspricht dies einer Länge von unter 2 μm DNA bei einem kleinen Virus, beispielsweise SV40, bis zu ungefähr 34 m DNA bei bestimmten Pflanzen wie der Wildblume *Trillium*.

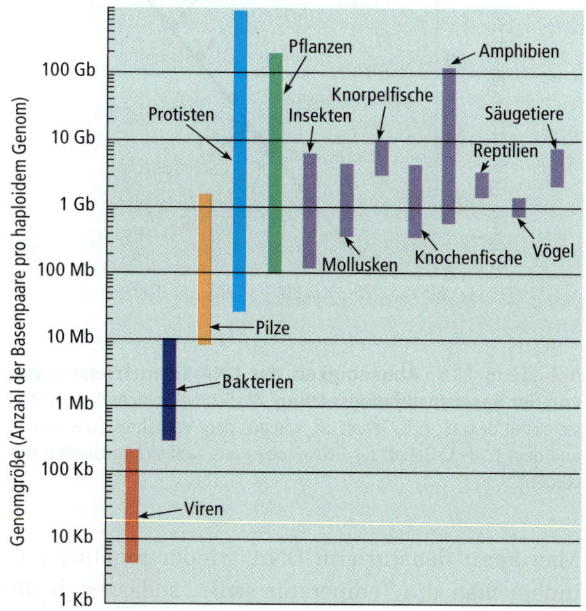

Abbildung 18.11: Beziehung zwischen Genomgröße und Organismus. Für jeden angegebenen Organismus stellt der Balken die ungefähre Genomgröße dar, die man durch Messen der Anzahl der Basenpaare pro haploidem Genom erhält. Die gleiche Farbe (violett) wird für Gruppen aus dem Tierreich verwendet.

Ganz allgemein formuliert, nimmt die Größe des Genoms mit der Komplexität des Organismus zu. Die Nucleinsäure der Viren genügt, um nur einige oder wenige Dutzend Proteine zu kodieren, Bakterien können einige Tausend Proteine spezifizieren, und eukaryotische Zellen haben genügend DNA (zumindest theoretisch), um Hundertausende von

Proteinen zu kodieren. Bei genauerer Analyse dieser Daten fallen allerdings einige verwirrende Merkmale auf. Vor allem sticht heraus, dass die große Bandbreite der Genomgrößen der Eukaryoten nicht eindeutig mit den uns bekannten Differenzen im Hinblick auf die Komplexität der Organismen korreliert. Einige Amphibien und Pflanzen besitzen zum Beispiel riesige Genome, die um das Zehn- oder sogar Hundertfache größer sind als die der Amphibien oder Pflanzen oder der Säugetierspezies. Beispielsweise ist bei *Trillium*, einem Mitglied der Lilienfamilie, keine erkennbare Notwendigkeit für außergewöhnlich große Mengen genetischer Information zu erkennen. Allerdings ist das Genom von *Trillium* mehr als 20-mal größer als das der Erbsenpflanze und 30-mal größer als das des Menschen. Außerdem besitzt eine einzellige Amöbe ein Genom, das 200-mal größer ist als das des Menschen. Wir haben keine Ahnung, warum Lilienpflanzen und Amöben so viel DNA besitzen. Diese Genomgröße betont die Tatsache, dass die meisten eukaryotischen Genome große Mengen von DNA tragen, deren Funktion uns heute noch nicht bekannt ist. Später werden wir uns eingehender mit diesem Phänomen beschäftigen. Letztendlich kommt man bei der Analyse zu dem Ergebnis, dass die Genomgröße von geringerer Bedeutung ist als die Anzahl und Identität der funktionalen Gene und der DNA-Sequenzen, die deren Expression kontrollieren.

18.3.2 Restriktionsendonucleasen schneiden die DNA an spezifischen Stellen

Da die vererbten Ähnlichkeiten und Unterschiede, die man bei Organismen beobachtet, auf deren DNA beruhen, können wir davon ausgehen, dass wir durch die Untersuchung von DNA-Molekülen wichtige biologische Erkenntnisse gewinnen. Wir können in den Nucleotidsequenzen der genomischen DNA Hinweise zur Lösung einer Myriade von Geheimnissen finden – von der Steuerung der Genexpression in einer Zelle bis zur Evolution neuer Spezies. Die meisten DNA-Moleküle sind viel zu groß, um intakt untersucht zu werden. Tatsächlich war die DNA bis in die frühen 1970er Jahre das am schwierigsten mit biochemischen Methoden zu untersuchende biologische Molekül. Angesichts ihrer Größe wirkte die eukaryotische DNA besonders einschüchternd und es gab keine Methode, mit der man die DNA an spezifischen Stellen spalten konnte, um reproduzierbare Fragmente zu erhalten. Es schien unwahrscheinlich, dass man jemals in der Lage sein könnte, spezifische eukaryotische Gene zu identifizieren, zu sequenzieren und mit ihnen zu arbeiten. Trotzdem wurde die DNA in weniger als einem Jahrzehnt das biologische Molekül, mit dem man am besten arbeiten konnte.

Diesen Durchbruch verdankt man der Entdeckung der **Restriktionsendonucleasen** (sie werden auch als *Restriktionsenzyme* bezeichnet). Dies sind aus Bakterien isolierte Proteine, die fremde DNA-Moleküle an spezifischen internen Stellen schneiden. (In *Exkurs 18B* beschreiben wir die biologische Rolle von Restriktionsendonucleasen und stellen im Einzelnen einige Stellen dar, an denen sie spalten; hier konzentrieren wir uns auf ihre Verwendung als analytische Hilfsmittel.) Durch Spaltung mit einem Restriktionsenzym erhält man einen spezifischen Satz von DNA-Fragmenten, die sogenannten *Restriktionsfragmente*. Jedes Restriktionsenzym spaltet doppelsträngige DNA nur an den Stellen, an denen es auf eine spezifische Erkennungssequenz trifft, die **Erkennungsschnittstelle**, die im Allgemeinen vier oder sechs (aber auch acht oder mehr sind möglich) Nucleotide lang ist. Als Beispiel hier die Restriktionsschnittstelle des verwendeten *E.-coli*-Restriktionsenzyms, *Eco*RI:

$$\begin{array}{c} \downarrow \qquad\qquad\quad \\ 5'\,G-A-A-T-T-C\,3' \\ 3'\,C-T-T-A-A-G\,5' \\ \qquad\qquad\quad \uparrow \end{array}$$

Die Pfeile zeigen an, wo *Eco*RI die DNA spaltet. Dieses Restriktionsenzym macht einen *versetzten* Schnitt im doppelsträngigen DNA-Molekül, was Sie aus der *Abbildung 18B-1b* (*Exkurs 18B*) ersehen können.

Restriktionsschnittstellen kommen so häufig in der DNA vor, dass typische Restriktionsenzyme die DNA in Fragmente spalten können, deren Länge zwischen wenigen Hundert bis zu einigen Tausend Basenpaaren schwankt. Mit Fragmenten dieser Größe kann man wesentlich leichter arbeiten als mit den enorm langen DNA-Molekülen, aus denen man sie herausgeschnitten hat.

Trennung von Restriktionsfragmenten durch Gelelektrophorese Durch Inkubation einer DNA-Probe mit einem spezifischen Restriktionsenzym erhält man eine Reihe von Restriktionsfragmenten unterschiedlicher Größe. Wenn ein Wissenschaftler Anzahl und Länge dieser Fragmente bestimmen und einzelne Fragmente zur weiteren Untersuchung isolieren möchte, muss er in der Lage sein, die Fragmente zu trennen. Das hierfür bevorzugte Verfahren ist die **Gelelektrophorese**. Im Grunde handelt es sich um die Methode, die man auch zur Trennung von Proteinen und Polypeptiden nutzt (siehe *Abbildung 7.22*). Tatsächlich ist das Verfahren bei der DNA noch einfacher als das für Proteine, denn DNA-Moleküle haben eine negative Ladung (aufgrund ihrer Phosphatgruppen) und müssen daher nicht mit einem negativ geladenen Detergens behandelt werden, damit sie sich in Richtung der Anode bewegen. Kleine DNA-Fragmente werden im Allgemeinen mit Hilfe von *Polyacrylamidgelen* getrennt, während größere DNA-Fragmente mit poröseren Gelen aus *Agarose*, einem Polysaccharid, getrennt werden.

▸*Abbildung 18.12* zeigt die Trennung von Restriktionsfragmenten verschiedener Größen durch Gelelektrophorese. Zuerst werden die DNA-Proben mit dem gewünschten Restriktionsenzym inkubiert; in der Abbildung wurden drei verschiedene Restriktionsenzyme verwendet. Dann werden die Proben in getrennten Taschen („Löcher") an einem Ende des Gels aufgetragen. Anschließend wird eine elektrische Spannung über dem Gel angelegt, wobei sich die Anode am entgegengesetzten Ende des Gels befindet. Aufgrund der negativ geladenen Phosphatgruppen bewegen sich die DNA-Fragmente in Richtung der Anode. Kleinere Fragmente (das heißt, Fragmente mit geringerem Molekulargewicht) bewegen sich recht leicht und wandern daher schnell, während größere Fragmente sich langsamer bewegen. Die Spannung wird so lange aufrechterhalten, bis sich die Fragmente gut über das Gel verteilt haben. Letztendlich erhält man eine Reihe von DNA-Fragmenten, die aufgrund ihrer Größenunterschiede getrennt wurden.

Man kann die im Gel befindlichen DNA-Fragmente entweder durch Anfärben oder mittels radioaktiver Markierung sichtbar machen. Bei einer standardmäßig eingesetzten Technik wird das Gel in den Farbstoff *Ethidiumbromid* eingelegt, das an DNA bindet und unter ultraviolettem Licht orange fluoresziert. Sind die DNA-Fragmente radioaktiv, so kann man deren Positionen durch **Autoradiographie** bestimmen, einer Technik zum Nachweis radioaktiver Moleküle, bei der man einen Röntgenfilm auf die Probe legt. Nach der Entwicklung erhält man mit dem Film ein *Autoradiogramm*, das an den Stellen dunkler ist, an denen die Radioaktivität mit dem Film interagiert hat. Nachdem man einzelne DNA-Fragmente auf diese Weise bestimmt hat, kann man sie zur weiteren Untersuchung aus dem Gel entfernen.

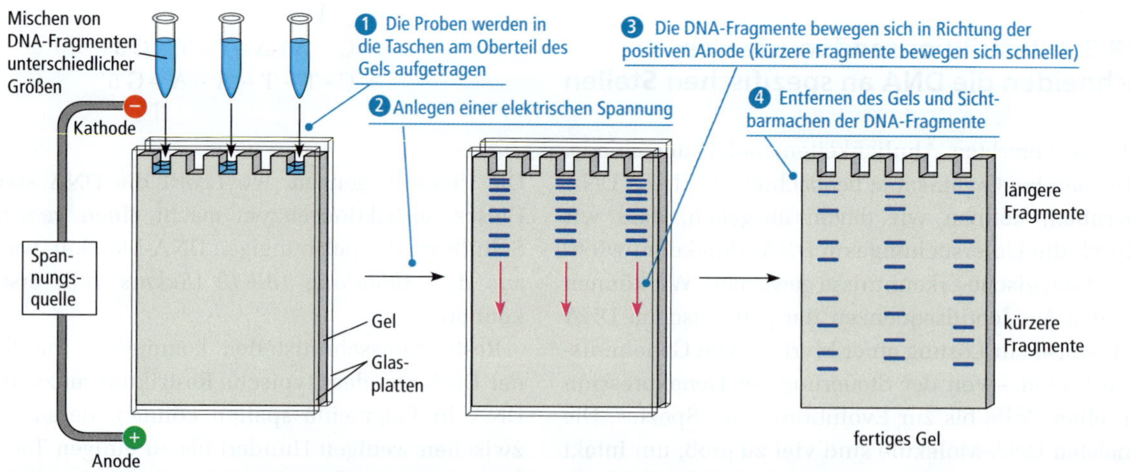

Abbildung 18.12: Gelelektrophorese von DNA. Die drei Probenröhrchen (‚Caps') enthalten Mischungen von DNA-Fragmenten, die man durch Inkubation von DNA mit verschiedenen Restriktionsenzymen erhalten hat. Es wird jeweils eine kleine Probe am oberen Ende des Gels aufgetragen und eine elektrische Spannung von mehreren hundert Volt angelegt. Dadurch wandern die DNA-Fragmente in Richtung der Anode, wobei kürzere Fragmente sich schneller bewegen als größere. Nachdem sich die Fragmente nach einiger Zeit voneinander getrennt haben, wird das Gel aus der Kammer genommen und mit einem Farbstoff angefärbt, zum Beispiel Ethidiumbromid. Dieses bindet DNA-Fragmente, und sie fluoreszieren unter ultraviolettem Licht. Alternativ kann man mit Autoradiographie die DNA-Banden im Gel lokalisieren, vorausgesetzt, dass die DNA radioaktiv markiert wurde.

18B ▶ Näher betrachtet

Wir schauen uns die Restriktionsendonucleasen genauer an

Restriktionsenzyme sind ein Typ von Endonucleasen (ein Enzym, das die DNA innerhalb des Doppelstrangs spaltet), der bei den meisten Bakterien vorkommt. Diese Enzyme helfen den Bakterien, sich gegen das Eindringen fremder DNA-Moleküle zu schützen, vor allem vor der DNA von Bakteriophagen. Tatsächlich beruht die Bezeichnung „Restriktions"-endonuclease auf der Entdeckung, dass diese Enzyme die Fähigkeit von Fremd-DNA *einschränken*, die Transkriptions- und Translationsmaschinerie der bakteriellen Zellen zu übernehmen.

Die bakterielle Zelle verfügt zum Schutz ihrer eigenen DNA vor Abbau über Enzyme, die Methylgruppen ($—CH_3$) an spezifische Nucleotide anfügen, die ihre eigenen Restriktionsenzyme sonst nicht erkennen würde. Nachdem die Nucleotide methyliert wurden, werden sie von den Restriktionsenzymen nicht mehr erkannt und die bakterielle DNA wird somit nicht von den eigenen Restriktionsenzymen der Zelle angegriffen. Man sagt daher, dass Restriktionsenzyme Teil des **Restriktions-Methylierungs-Systems** der Zelle sind: die Fremd-DNA wird von den Restriktionsenzymen gespalten, während das bakterielle Genom durch vorhergehende Methylierung geschützt wird.

Die Restriktionsenzyme wurden nach den Bakterien benannt, aus denen man sie gewonnen hat. Jede Bezeichnung eines Enzyms setzt sich aus dem ersten Buchstaben der Bakteriengattung und den ersten beiden Buchstaben der Spezies zusammen. Auch der Bakterienstamm wird manchmal angegeben, und wenn zwei oder mehr Enzyme aus der gleichen Spezies isoliert wurden, werden sie (mit römischen Ziffern) in der Reihenfolge ihrer Entdeckung nummeriert. Somit wurde das erste Restriktionsenzym, das man aus dem *E.-coli*-Stamm R isolierte, als *Eco*RI bezeichnet, während das dritte Enzym, das man aus *Haemophilus aegyptius* isolierte, die Bezeichnung *Hae*III trägt.

Restriktionsenzyme sind für doppelsträngige DNA spezifisch und spalten beide Stränge. Jedes Restriktionsenzym erkennt eine spezifische DNA-Sequenz, die im Allgemeinen vier oder sechs (es können aber auch acht oder mehr sein) Nucleotide lang ist. Zum Beispiel erkennt das Enzym *Hae*III die Tetranucleotidsequenz GGCC und spaltet die DNA-Doppelhelix, die in *Abbildung 18B-1* dargestellt ist. In der *Tabelle 18B-1* sind die Restriktionserkennungsstellen für mehrere andere Restriktionsenzyme angegeben. Einige Restriktionsenzyme, wie *Hae*III, schneiden beide Stränge an der gleichen Stelle. Dadurch entstehen Restriktionsfragmente mit *stumpfen Enden*. Viele andere Restriktionsenzyme spalten die beiden Stränge versetzt, was zu kurzen, einzelsträngigen Strangabschnitten ober Überhängen auf beiden Fragmenten führt. *Eco*RI ist ein Beispiel für ein solches Enzym; es erkennt die Sequenz GAATTC und spaltet das DNA-Molekül versetzt, sodass auf beiden Fragmenten ein AATT-Schwanz entsteht (*Abbildung 18B-1b*).

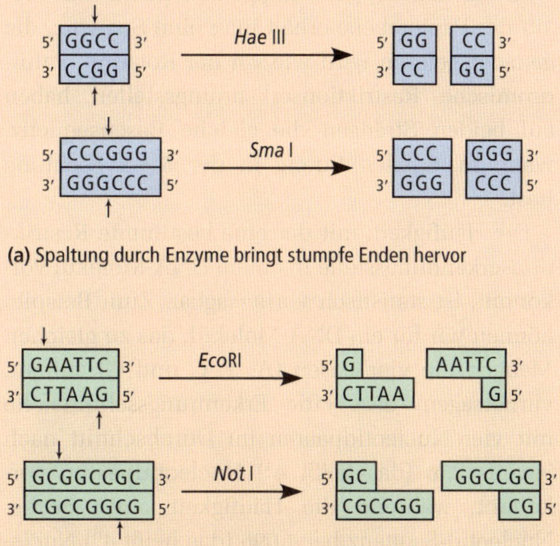

Abbildung 18B-1: Spaltung von DNA durch Restriktionsenzyme. (a) *Hae* III und *Sma* I sind Beispiele für Restriktionsenzyme, die beide DNA-Stränge an der gleichen Stelle spalten, sodass Fragmente mit stumpfen Enden entstehen. (b) *Eco*RI und *Not*I sind Beispiele für Enzyme, die DNA versetzt spalten, worauf Fragmente mit cohäsiven Enden hervorgehen. Ein Gentechnologe kann die cohäsiven Enden zur Verbindung von DNA-Fragmenten aus unterschiedlichen Quellen nutzen, was wir in *Kapitel 20* erklären werden.

Die von den Enzymen gebildeten Restriktionsfragmente mit dem versetzten Spaltungsmuster haben immer **kohäsive Enden** (sie werden auch als *klebrige Enden, engl.: sticky ends* bezeichnet). Diese Bezeichnung beruht auf der Tatsache, dass der einzelsträngige Schwanz am Ende jedes dieser Fragmente mit dem Schwanz an jedem Ende eines anderen Fragments, das von dem gleichen Enzym gebildet wird, eine Basenpaarung eingehen kann, wobei die Fragmente über Wasserstoffbrückenbindungen zusammengehalten werden. Enzyme, die diese Fragmente hervorbringen, sind ganz besonders nützlich, denn man kann sie experimentell zur Bildung rekombinanter DNA-Moleküle nutzen, worauf wir in *Kapitel 20* eingehen werden.

Die Restriktionserkennungsstellen der meisten Restriktionsenzyme sind *Palindrome*, dies bedeutet, dass die Sequenz von beiden Richtungen gelesen gleich ist. (Das Wort *Radar* ist zum Beispiel ein Palindrom.) Die palindromische Beschaffenheit einer Restriktionserkennungsstelle beruht auf ihrer doppelten Rotationssymmetrie. Das heißt, durch Rotation der doppelsträngigen Sequenz um 180° auf der Papierebene erhält man eine Sequenz, die genauso gelesen wird wie vor der Rotation. Palindromische Restriktionserkennungsstellen haben auf beiden Strängen die gleiche Basensequenz, wenn man jeden Strang in der 5′→3′-Richtung liest.

Die Häufigkeit, mit der eine bestimmte Restriktionserkennungsstelle in einem DNA-Molekül vorkommt, ist statistisch vorhersagbar. Zum Beispiel können wir für ein DNA-Molekül, das zu gleichen Mengen die vier Basen (A, T, C und G) enthält, vorhersagen, dass eine Erkennungsschnittstelle mit vier Nucleotidpaaren im Durchschnitt nach jeweils 256 (das heißt 4^4) Nucleotidpaaren vorkommt, während die Häufigkeit einer Sechs-Nucleotid-Sequenz bei 4.096 (das heißt 4^6) Nucleotidpaaren liegt. Restriktionsenzyme schneiden daher die DNA tendenziell in Fragmente, deren Längen typischerweise von mehreren Hundert bis zu einigen Tausend Nucleotidpaaren variieren – zumeist Fragmente von der Größe eines Gens. Diese Teilstücke bezeichnet man als *Restriktionsfragmente*. Da jedes Restriktionsenzym nur eine einzelne, spezifische Nucleotidsequenz spaltet, trennt es ein bestimmtes DNA-Molekül immer auf die gleiche, vorhersagbare Weise, wodurch man eine reproduzierbare Menge von Restriktionsfragmenten erhält. Aufgrund dieser Eigenschaft sind Restriktionsenzyme ein sehr nützliches Hilfsmittel zur Bildung von DNA-Bruchstücken, deren Größe sich für weitere Untersuchungen eignet.

Tabelle 18B-1: Einige häufig eingesetzte Restriktionsenzyme und ihre Erkennungssequenzen

Enzym	Organismus	Erkennungssequenz*
*Bam*HI	*Bacillus amyloliquefaciens*	5′ G↓G–A–T–C–C 3′ 3′ C–C–T–A–G↑G 5′
*Eco*RI	*Escherichia coli*	5′ G↓A–A–T–T–C 3′ 3′ C–T–T–A–A↑G 5′
*Hae*III	*Haemophilus aegyptius*	5′ G–G↓C–C 3′ 3′ C–C↑G–G 5′
*Hind*III	*Haemophilus influenzae*	5′ A↓A–G–C–T–T 3′ 3′ T–T–C–G–A↑A 5′
*Pst*I	*Providencia stuartii* 164	5′ C–T–G–C–A↓G 3′ 3′ G↑A–C–G–T–C 5′
*Pvu*I	*Proteus vulgaris*	5′ C–G–A–T↓C–G 3′ 3′ G–C↑T–A–G–C 5′
*Pvu*II	*Proteus vulgaris*	5′ C–A–G↓C–T–G 3′ 3′ G–T–C↑G–A–C 5′
*Sal*I	*Streptomyces albus* G	5′ C↓T–C–G–A–C 3′ 3′ C–A–G–C–T↑G 5′

* *Die Pfeile in den Erkennungssequenzen weisen auf die Stellen, an denen das Restriktionsenzym die beiden Stränge des DNA-Moleküls spaltet.*

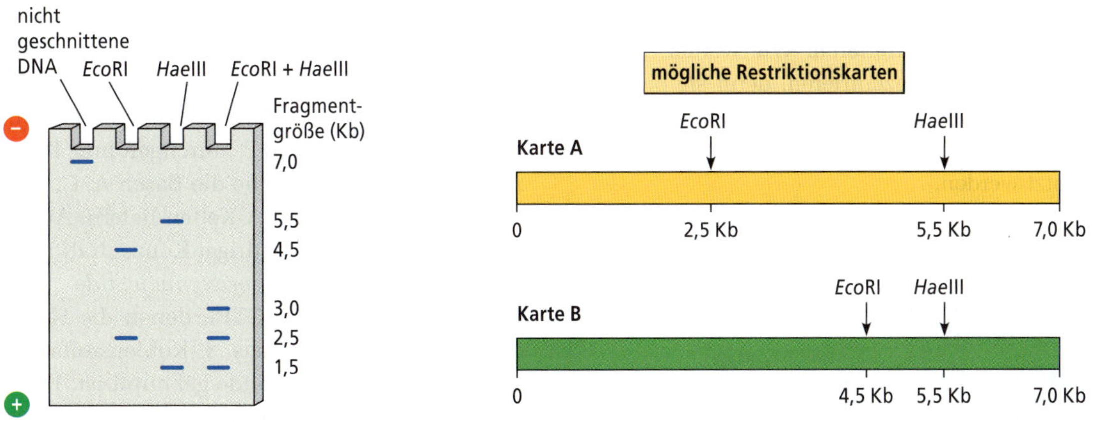

Abbildung 18.13: Restriktionskartierung. In diesem hypothetischen Beispiel wird die Position der Restriktionserkennungsstellen für *Eco*RI und *Hae*III in einem DNA-Fragment mit einer Länge von 7,0 Kb ermittelt. Das links abgebildete Gel zeigt, dass *Eco*RI die DNA in zwei Fragmente von 2,5 Kb und 4,5 Kb spaltet. Daraus geht hervor, dass die DNA an einer einzigen, 2,5 Kb von einem Ende entfernten Stelle gespalten wurde. Bei der Behandlung mit *Hae*III wird die DNA in zwei Fragmente von 1,5 Kb und 5,5 Kb gespalten, woraus hervorgeht, dass die DNA an einer einzigen Stelle gespalten wurde, die 1,5 Kb von einem Ende entfernt liegt. Ausgehend von dieser Information kann man zwei mögliche Restriktionskarten erstellen. Wenn Karte A richtig wäre, dann müsste man bei gleichzeitigem Abbau der DNA mit *Eco*RI und *Hae*III drei Fragmente von 3,0 Kb, 2,5 Kb und 1,5 Kb erhalten. Wenn Karte B richtig wäre, dann müsste man bei gleichzeitigem Abbau der DNA mit *Eco*RI und *Hae*III drei Fragmente von 4,5 Kb, 1,5 Kb und 1,0 Kb erhalten. Die experimentell gewonnenen Daten zeigen, dass Karte A richtig ist.

Restriktionskartierung Wie ermittelt ein Wissenschaftler die Reihenfolge, in der die Restriktionsfragmente in einem DNA-Molekül angeordnet sind? Bei einem Verfahren wird die DNA mit zwei oder mehr Restriktionsenzymen allein oder in Kombination behandelt. Daran schließt sich die Gelelektrophorese an, um die Größe der gewonnenen DNA-Fragmente zu bestimmen. In ▸*Abbildung 18.13* ist die Anwendung dieses Verfahrens auf ein einfaches DNA-Molekül, das mit den Restriktionsenzymen *Eco*RI und *Hae*III gespalten wird, dargestellt. In diesem Beispiel spaltet jedes einzelne Restriktionsenzym die DNA in zwei Fragmente, was uns zeigt, dass die DNA eine Restriktionsschneidestelle für jedes Enzym enthält. Ausgehend von dieser Information kann man zwei mögliche Restriktionskarten entwerfen (siehe Karten A und B in *Abbildung 18.13*). Um herauszufinden, welche der beiden Karten die richtige ist, muss man ein Experiment durchführen, bei dem das Ausgangs-DNA-Molekül gleichzeitig mit *Eco*RI und *Hae*III gespalten wird. Die Größe der durch gleichzeitigen Abbau mit beiden Enzymen gewonnenen Fragmente zeigt, dass Karte A die richtige Karte sein muss.

In der Praxis verwendet man bei der Restriktionskartierung im Allgemeinen erheblich komplexere Daten als in unserem einfachen Beispiel. In diesen Fällen kann man die von jedem Restriktionsenzym gewonnenen DNA-Fragmente physikalisch isolieren – zum Beispiel, indem man das Gel in Scheiben schneidet und die DNA aus jeder Scheibe isoliert. Die isolierten Fragmente werden dann einzeln mit dem zweiten Restriktionsenzym gespalten, sodass man die Spaltungsstellen in jedem Fragment einzeln untersuchen kann. In Aufgabe 18-4 geben wir ein Beispiel dafür, wie man mit Hilfe dieser Vorgehensweise eine **Restriktionskarte** erstellen kann, in der die Positionen aller Restriktionserkennungsstellen in der Ausgangs-DNA aufgeführt werden.

18.3.3 Schnelle Verfahren zur DNA-Sequenzierung

Ungefähr zur gleichen Zeit als die Techniken zur Präparierung von Restriktionsfragmenten entwickelt wurden, entwickelte man zwei Methoden zur schnellen **DNA-Sequenzierung** – also zur Ermittlung der linearen Anordnung der Basen in einer DNA. Eine Methode wurde von Allan Maxam und Walter Gilbert entwickelt, die andere stammt von Frederick Sanger und seinen Kollegen. Die Maxam-Gilbert-Methode, die sogenannte *chemische Methode*, beruht auf dem Einsatz von (nicht-proteinhaltigen) chemischen Substanzen, welche die DNA bevorzugt an spezifischen Basen schneiden; bei der Sanger-Methode, der sogenannten *Kettenabbruchmethode*, arbeitet man mit *Didesoxynucleotiden* (Nucleotide ohne 3′-Hydroxylgruppe), die mit der normalen enzymatischen Synthese von DNA interferieren. Wir werden uns auf Sangers Methode konzentrieren, denn sie bildet die Grundlage für die automatisierten Systeme, welche heute für die meisten DNA-Sequenzierungsarbeiten eingesetzt werden.

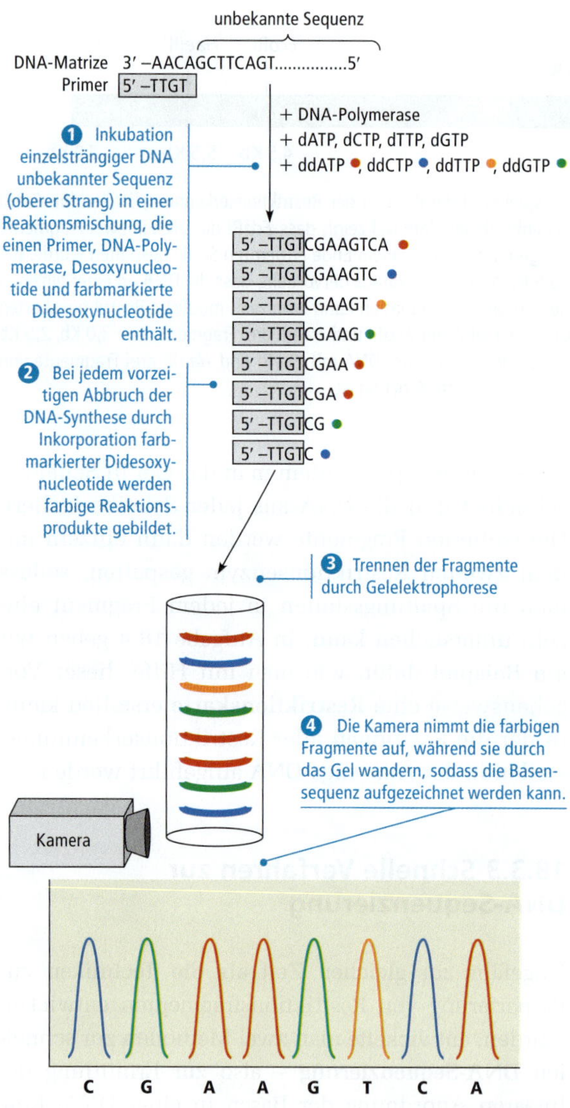

Abbildung 18.14: DNA-Sequenzierung. Darstellung der Kettenabbruchtechnik, bei der man sich farbmarkierter Didesoxynucleotide bedient, die an den Einsatz in Hochgeschwindigkeitssystemen zur automatisierten Sequenzierung angepasst wurden. Auch wenn in diesem Beispiel nur die Ergebnisse der ersten acht Basen einer DNA-Sequenz zusammengefasst werden, ermittelt man mit Experimenten dieser Art im Allgemeinen die Sequenz von DNA-Fragmenten mit einer Länge von 500 – 800 Basen. Im Text werden die vier wichtigsten Schritte des Verfahrens erläutert.

Bei dieser Methode dient ein einzelsträngiges DNA-Fragment als Matrize zur Steuerung der Synthese neuer komplementärer DNA-Stränge. Die DNA-Synthese wird mit den *Desoxynucleotiden* dATP, dCTP, dTTP und dGTP durchgeführt. Das sind normale Substrate, welche die Basen A, C, T und G für die wachsenden DNA-Ketten liefern. Außerdem bedient man sich, in niedriger Konzentration, vierer farbstoffmarkierter *Didesoxynucleotide* (ddATP, ddCTP, ddTTP und ddGTP), denen die Hydroxylgruppe fehlt, die an das 3′-Kohlenstoffatom der normalen Desoxynucleotide geknüpft ist. Wenn ein Didesoxynucleotid anstelle eines normalen Desoxynucleotids in eine wachsende DNA-Kette eingebaut wird, dann wird die *DNA-Synthese vorzeitig beendet*, denn die fehlende 3′-Hydroxylgruppe verhindert die Bindung des nächsten Nucleotids. Daher entsteht eine Reihe unvollständiger DNA-Fragmente, deren Größen Information über die lineare Reihenfolge der Basen in der DNA geben.

▸*Abbildung 18.14* veranschaulicht das Vorgehen bei dieser Methode. In Schritt 1 wird eine Reaktionsmischung mit den Didesoxynucleotiden ddATP, ddCTP, ddTTP und ddGTP zusammengestellt. Jedes wird mit einem andersfarbigen Fluoreszenzfarbstoff markiert (zum Beispiel ddATP = rot, ddCTP = blau, ddTTP = orange und ddGTP = grün). Diese farbigen Didesoxynucleotide werden mit den normalen Desoxynucleotidsubstraten für die DNA-Synthese sowie mit einem einzelsträngigen DNA-Molekül, das sequenziert werden soll, und einem kurzen, einzelsträngigen DNA-*Primer*, der mit dem 3′-Ende des sequenzierten DNA-Strangs komplementär ist, vermischt. Wenn man die DNA-Polymerase hinzufügt, dann katalysiert sie das Anheften der Nucleotide, ein Nucleotid nach dem anderen, an das 3′-Ende des Primers. Das ergibt einen wachsenden DNA-Strang, der komplementär ist mit der Matrize, dessen Sequenz ermittelt werden soll. Die meisten eingefügten Nucleotide sind normale Desoxynucleotide, da sie die von der DNA-Polymerase bevorzugten Substrate sind. Doch wird auch immer wieder, ganz nach dem Zufallsprinzip, ein farbiges Didesoxynucleotid anstelle seines normalen Äquivalents eingefügt. Jedes Mal, wenn ein Didesoxynucleotid eingefügt wird, hält es die DNA-Synthese des jeweiligen Strangs an. Folglich erzeugt man eine Mischung aus Strängen verschiedener Längen, wobei jeder Strang an dem Ende eine farbige Base enthält, an der die

DNA-Synthese vorzeitig durch Einbau eines Didesoxynucleotids angehalten wurde (Schritt ❷).

Dann erfolgt die Elektrophorese in einem Polyacrylamidgel zur Auftrennung der neu synthetisierten DNA-Fragmente, denn die kürzeren Fragmente bewegen sich schneller durch das Gel als die längeren (Schritt ❸). Während sich die Fragmente durch das Gel bewegen, nimmt eine Spezialkamera die Farbe eines jeden vorbeiziehenden Fragments auf. In Schritt ❹ ist dargestellt, wie man mit Hilfe dieser Information die DNA-Basensequenz ermitteln kann. In diesem Beispiel ist das kürzeste DNA-Fragment blau und das zweitkürzeste Fragment grün. Da blau und grün die Farben von ddCTP bzw. ddGTP sind, müssen die ersten beiden Basen, die an den Primer angefügt wurden, C und dann G gewesen sein. Bei automatisierten DNA-Sequenzierungssystemen wird diese Information für Hunderte von Basen nacheinander gesammelt und dann in einen Computer gegeben, sodass man rasch die vollständige Sequenz des ursprünglichen DNA-Fragments ermitteln kann.

18.3.4 Die kompletten Genome vieler Organismen wurden bereits sequenziert

Die Bedeutung der gerade beschriebenen Methode kann gar nicht genug gewürdigt werden. Die DNA-Sequenzierung ist heute so selbstverständlich und automatisiert, dass sie standardmäßig nicht nur auf einzelne Gene angewandt wird, sondern auf ganze Genome. Obwohl DNA-Sequenzierungsmaschinen immer nur die Sequenz eines kurzen DNA-Teilstückes, im Allgemeinen mit einer Länge von 500 – 800 Basen, auf einmal ermitteln, suchen Computerprogramme unter diesen Fragmenten nach überlappenden Sequenzen. Dadurch werden die Daten von Hunderten oder Tausenden von DNA-Fragmenten zu längeren Fragmenten zusammengesetzt, die eine Länge von Millionen von Basenpaaren erreichen können.

Bei vielen der ersten Erfolge der Genomsequenzierung arbeitete man mit Bakterien, da ihre Genome relativ klein sind und zumeist nur wenige Millionen Basenpaare enthalten. Heutzutage stehen uns für mehr als 2.000 Bakterienarten vollständige DNA-Sequenzen zur Verfügung, darunter auch für Bakterien, die für eine Reihe von Erkrankungen des Menschen verantwortlich sind. Tatsächlich sind die Sequenzierungssysteme so effizient, dass ein Forschungsinstitut berichtete, innerhalb eines Monats die Sequenzierung von 15 verschiedenen Bakteriengenomen durchgeführt zu haben! Allerdings wurde die DNA-Sequenzierung auch auf wesentlich größere Genome angewandt, darunter auf mehrere Dutzend Organismen, die in der biologischen Forschung von größter Bedeutung sind (▶*Tabelle 18.2*). Zum Beispiel haben Wissenschaftler die vollständige Genomsequenz der Hefe *Saccharomyces cerevisiae* ermittelt (12,1 Mb), der Senfpflanze *Arabidopsis thaliana* (125 Mb) und der Taufliege *Drosophila melanogaster* (180 Mb).

Tabelle 18.2

Beispiele sequenzierter Genome*

Organismus	Genomgröße	Geschätzte Anzahl der Gene
Bakterien		
Mycoplasma genitalium	0,6 Mb	470
Haemophilus influenzae	1,8 Mb	1740
Streptococcus pneumoniae	2,2 Mb	2240
Escherichia coli	4,6 Mb	4400
Hefe (*S. cerevisiae*)	12,1 Mb	6200
Nematode (*C. elegans*)	97 Mb	19.700
Senfpflanze (*A. thaliana*)	125 Mb	25.500
Taufliege (*D. melanogaster*)	180 Mb	13.600
Reis (*O. sativa*)	389 Mb	37.500
Maus (*Mus musculus*)	2.500 Mb	25.000
Mensch (*H. sapiens*)	3.200 Mb	23.000

* *Stand September 2012, es wurden die vollständigen Genome von 3699 Organismen veröffentlicht (darunter 2.584 Bakterien, 163 Archaea und 211 Eukaryoten). Durch die vielfältigen, weltweiten Projekte wächst die Liste der sequenzierten Genome beinahe täglich.*

Für uns Menschen ist natürlich die DNA-Sequenzierung des menschlichen Genoms die größte Aufgabe. Was für eine Ehrfurcht gebietende Herausforderung mag das wohl gewesen sein? Zur Beantwortung dieser Frage müssen wir uns klar machen, dass das menschliche Zellkerngenom ungefähr 3,2 Milliarden Basen enthält, was in etwa das Tausendfache der in einer Zelle von *E. coli* enthalten DNA ist. Eine Möglichkeit, die Dimension dieser Arbeit zu erfassen, ist, sich vor Augen zu halten, dass im Labor von Frederick Blattner in den frühen 1990er Jahren, als man sich ernsthaft an die Sequenzierung des menschlichen Genoms machte, fast sechs Jahre daran gearbeitet wurde, die vollständige Basensequenz des Genoms von *E. coli* zu bestimmen. Hätte man mit dieser Geschwindigkeit weitergearbeitet, so hätte ein einzelnes Labor fast 6.000 Jahre für die Sequenzierung des menschlichen Genoms benötigt! Folglich trafen sich Wissenschaftler aus aller Welt 1990 und riefen das *Human Genome Project* ins Leben, eine gemeinsame internationale Aufgabe, an der Hunderte von Wissenschaftlern mitarbeiteten, die ihre Daten austauschten, um die gesamte Sequenz des menschlichen Genoms zu entschlüsseln. Ende der 1990er Jahre nahm sich auch ein kommerzielles Unternehmen, die Celera Genomics, dieser Aufgabe an. Dank dieser Anstrengungen hatte man 2003 die vollständige Sequenz des menschlichen Genoms bestimmt, zwei Jahre früher als geplant.

Diese monumentale Leistung wurde nach mehr als einem Jahrzehnt Arbeit und einem Kostenaufwand von fast drei Milliarden Dollar erzielt. Heute kann man dank ständiger Verbesserung der Sanger-Sequenzierungsmethode Genome vergleichbarer Größe für 20 Millionen Dollar in einem Jahr sequenzieren, und der schnelle Fortschritt ist nicht aufzuhalten. Beispielsweise ermöglicht ein neu entwickeltes Sequenzierungsverfahren die gleichzeitige Sequenzierung von einer Million DNA-Fragmenten in mikroskopischen Reaktionskammern. Dadurch kann man das menschliche Genom in weniger als einem Monat für 100.000 Dollar sequenzieren. Aber das ist noch nicht das Ende der Sequenzierung. Man hat einen Preis ausgeschrieben, um die Entwicklung einer Technologie zu fördern, mit der ein menschliches Genom für 1.000 Dollar sequenziert werden kann – bei diesem Preis könnten Ärzte eines Tages eine Kopie des Genoms eines Patienten anfordern, um aufgrund der Gene des Patienten die für ihn am besten geeignete Behandlung herauszufinden. Mittlerweile gibt es kommerzielle Anbieter, die komplette Genome mit Hilfe tausender Sequenzier-Roboter („next generation sequencing") innerhalb kürzester Zeit und kostengünstig sequenzieren.

18.3.5 Die neue Wissenschaft der Bioinformatik entschlüsselt Genome, Transkriptome und Proteome

Aufgrund ihrer bloßen Größenordnung und ihrer möglichen Auswirkung auf unser Verständnis der menschlichen Evolution, der Physiologie und der Krankheiten, ist die Sequenzierung des menschlichen Genoms eine der krönenden Leistungen der modernen Biologie. Trotzdem war die Entschlüsselung der Basensequenz nur der „leichte" Teil. Jetzt kommt der schwierige Teil: die Deutung dieser Sequenz aus Milliarden von As, Gs, Cs und Ts. Zum Beispiel, welche DNA-Abschnitte entsprechen welchen Genen, wann und in welchen Geweben werden diese Gene exprimiert, welche Arten von Proteinen kodieren sie und wie interagieren all diese Proteine miteinander und funktionieren?

Die Notwendigkeit der Analyse derart riesiger Datenmengen führte zur Entwicklung einer neuen Wissenschaft, der **Bioinformatik**. Diese Wissenschaft setzt Computersysteme, spezielle Software und biologische Prinzipien ein, um dieser Datenflut einen Sinn zu geben. Computerprogramme, die DNA-Fragmente analysieren, welche Aminosäuresequenzen kodieren könnten, werden zum Beispiel eingesetzt, um die Anzahl der proteinkodierenden Gene abzuschätzen. Derartige Analysen lassen auf ungefähr 23.000 proteinkodierende Gene im menschlichen Genom schließen, von denen ungefähr die Hälfte vor der Genomsequenzierung nicht bekannt war. Das Faszinierende an dieser Schätzung ist, dass die Menschen also nur ungefähr doppelt so viele Gene haben wie die Taufliege, kaum mehr Gene als ein Wurm und ungefähr 14.000 Gene weniger als eine Reispflanze! Außerdem ergaben Computeranalysen, dass weniger als zwei Prozent des menschlichen Genoms Proteine kodieren. Während die verbleibenden 98 % einige wichtige regulatorische Elemente enthalten sowie einige Gene, die RNA-Produkte und keine Proteine kodieren, hat ein Großteil keine offensichtliche Funktion. (Für Beispiele verweisen wir auf die Diskussion repetitiver DNA im folgenden Abschnitt und auf Introns in *Kapitel 21*). Zwar ist die Bedeutung dieser zusätzlichen DNA noch nicht geklärt, doch gibt es einige Hinweise darauf, dass ihre Existenz die Fähigkeit des Genoms, sich im Laufe der Zeit weiterzuentwickeln, fördern könnte.

Durch Bestimmung der DNA-Sequenz des Genoms eines Organismus erhält man nur einen teilweisen Einblick in die Funktionen, die das Genom ausführt. Wissenschaftler müssen über das Genom hinausblicken, um die Moleküle zu untersuchen, die es produziert. Da an dem ersten Schritt der Genexpression die Transkription von Genomsequenzen in RNA beteiligt ist, hat man Techniken entwickelt, um **Transkriptome** zu identifizieren, das heißt, die Gesamtheit aller von einem Genom gebildeten RNA-Moleküle. In *Kapitel 23* werden Sie erfahren, wie die Entwicklung der *DNA-Microarray-Technologie* zur gleichzeitigen Identifizierung von tausenden RNA-Molekülen die Untersuchung von Transkriptomen vereinfacht hat.

Die meisten RNAs dienen wiederum zur Steuerung der Proteinbildung, daher untersuchen Wissenschaftler auch **Proteome** – die Struktur und Merkmale aller von einem Genom gebildeten Proteine. Das Proteom eines Organismus ist wesentlich komplexer als sein Genom. Die ungefähr 23.000 Gene in den menschlichen Zellen bilden Hunderttausende verschiedene Proteine. In den *Kapiteln 21* und *23* werden wir erklären, wie Zellen aus einer wesentlich geringeren Anzahl von Genen so viele Proteine bilden können. Sie werden erfahren, dass diese Fähigkeit, so viele Proteine zu bilden, durch einen Mechanismus möglich gemacht wird, den man als *alternatives Spleißen* bezeichnet. Dank dieses Mechanismus kann ein einzelnes Gen auf verschiedene Weisen „gelesen" werden und so viele Versionen seines Proteinprodukts herstellen. Außerdem unterliegen die entstehenden Proteine nachfolgenden biochemischen Veränderungen, aus denen entweder neue Proteine oder vielfache Versionen des gleichen Proteins hervorgehen.

Die Identifizierung der großen Anzahl von Proteinen, die von einem Genom gebildet werden, wurde durch die **Massenspektrometrie** erleichtert. Das ist eine sehr schnelle, außerordentlich sensitive Technik, bei der man mittels magnetischer und elektrischer Felder Proteine oder Proteinfragmente entsprechend ihrer unterschiedlichen Masse und Ladung trennt. Ein Anwendungsbereich der Massenspektrometrie ist die Identifizierung von Peptiden aus Proteinen, die man durch Gelelektrophorese gereinigt hat und die dann von Proteasen, beispielsweise Trypsin, abgebaut werden. Durch Vergleich der erhaltenen Daten mit den prognostizierten Massen der Peptide, die von den in den Genomdatenbänken vorliegenden DNA-Sequenzen gebildet worden wären, kann man die Proteine identifizieren, die von neu entdeckten Genen gebildet werden. Andere Techniken ermöglichen die Untersuchung von Interaktionen und funktionalen Eigenschaften einer großen Anzahl der in einem Proteom enthaltenen Proteine. Man kann beispielsweise Tausende verschiedener Proteine (oder andere Moleküle, die an spezifische Proteine binden) als winzige Punkte auf einem Träger immobilisieren, der kleiner als ein Objektträger für die Mikroskopie ist. Die erhaltenen *Protein-Microarrays* (oder Protein„chips") können dann zur Untersuchung einer Reihe von Proteineigenschaften herangezogen werden, beispielsweise der Fähigkeit eines einzelnen Proteins, an andere Moleküle zu binden, die in die umgebende Lösung gegeben werden.

Die gewaltige Datenmenge, die über DNA- und Proteinsequenzen gesammelt wird, stellte die Wissenschaftler, welche Informationen über ein bestimmtes Gen oder Protein finden möchten, vor eine große Herausforderung. Zur Lösung dieses Problems werden die neuesten DNA- und Proteinsequenzen von Hunderten von Organismen in mehreren Online-Datenbanken gespeichert. Außerdem hat man Software entwickelt, um die Wissenschaftler beim Auffinden der gewünschten Information zu unterstützen. Zu den am häufigsten genutzten Programmen gehört **BLAST** (**Basic Local Alignment Search Tool**), ein Softwareprogramm, das Datenbanken absucht, um DNA- oder Proteinsequenzen zu finden, die irgendeiner bekannten Sequenz von Interesse ähneln. Wenn Sie beispielsweise ein neues Gen in einem Organismus identifizieren, das noch nie zuvor untersucht wurde und dessen Basensequenz noch nicht ermittelt wurde, könnten Sie über eine Suchanfrage bei BLAST herausfinden, ob der Mensch (oder irgendein anderer in der Datenbank geführter Organismus) ein ähnliches Gen besitzt. Sollten Sie sich für die Eigenschaften eines bestimmten Proteins interessieren und Teile seiner Aminosäuresequenz kennen, so könnten Sie über BLAST verwandte Proteine identifizieren. Das Zuweisungsverfahren über BLAST ist daher zu einem routinemäßigen Schritt bei der Analyse und Charakterisierung von Genen und Proteinen geworden.

18.3.6 Geringfügige Unterschiede in der Genomsequenz unterscheiden Menschen voneinander

Die zuerst veröffentlichte Sequenz des menschlichen Genoms ist im Grunde ein Mosaik, das man durch die Analyse der aus zehn verschiedenen Individuen isolierten DNA erhalten hat. Mittlerweile hat man allerdings bereits die Genome mehrerer tausend Menschen sequenziert, da die Sequenziertechniken immer schneller und kostengünstiger wurden und sich dieser Trend bestimmt noch verstärken wird. Durchschnittlich werden ungefähr 99,7 % der Basen Ihres Genoms perfekt mit dieser veröffentlichen Sequenz oder mit der DNA-Basensequenz Ihres Nachbars übereinstimmen. Die verbleibenden 0,3 % der Basenpaare unterscheiden sich allerdings von Mensch zu Mensch, woraus Merkmale hervorgehen, die uns zu einzigartigen Individuen machen. Unterschiede, die auf Änderungen einzelner Basen zurückgehen, bezeichnet man als **Einzelnucleotidpolymorphismen** (**SNPs**, ausgesprochen „snips"; engl.: *single nucleotide polymorphisms*). Obwohl 0,3 % keine beachtliche Größenordnung sein mag, ergibt 0,3 % multipliziert mit 3,2 Milliarden Basen im menschlichen Genom insgesamt ungefähr 10 Millionen SNPs. Wissenschaftler haben bereits Datenbanken aufgebaut, in denen die meisten der am häufigsten auftretenden SNPs gespeichert werden. Man nimmt an, dass sie sehr wichtig sind, denn einige dieser winzigen genetischen Varianten können Ihre Empfindlichkeit für bestimmte Krankheiten beeinflussen oder darüber entscheiden, wie Sie auf eine bestimmte Behandlungsmethode reagieren.

Die meisten SNPs liegen allerdings nicht in den proteinkodierenden Regionen der Gene. Wie finden wir also heraus, welche SNPs mit welchen wichtigen Merkmalen in Zusammenhang stehen, beispielsweise der Empfindlichkeit für eine bestimmte Krankheit? Glücklicherweise muss man nicht alle zehn Millionen SNPs getrennt untersuchen, denn SNPs sind nicht unabhängig voneinander. Die nahe beieinander auf einem Chromosom lokalisierten SNPs werden tendenziell in Blöcken vererbt, den **Haplotypen**. Eine Datenbank mit diesen Haplotypen, die sogenannte *HapMap*, stellt denjenigen Wissenschaftlern ein Werkzeug zur Verfügung, die sich für die Beziehung zwischen Genen und Krankheit interessieren: nur einige wenige hundert SNPs (jedes in einem anderen Haplotyp lokalisiert) müssen untersucht werden und nicht zehn Millionen. Nachdem ein Merkmal mit einem bestimmten Haplotyp in Verbindung gebracht wurde, werden nur die SNPs innerhalb dieses Haplotyps untersucht, um herauszufinden, welche verantwortlich sind.

SNPs sind nicht die einzige Quelle genetischer Variation, welche die Individualität eines Menschen definieren. DNA-Neuanordnungen, Deletionen und Duplikationen tragen gleichfalls zur Variation unter den Genomen bei. Diese Mechanismen haben DNA-Segmente entstehen lassen, die Tausende von Basenpaaren lang sind und von denen bei den verschiedenen Individuen unterschiedliche Anzahlen von Kopien vorkommen. Man geht davon aus, dass das Genom eines jeden Menschen Hunderte dieser **Kopienzahlvariationen** (**CNV**; engl.: *copy number variations*) enthält, an der insgesamt Millionen von DNA-Basenpaaren mitwirken.

Die Wirkung unseres rasch wachsenden Wissens über das menschliche Genom wird jetzt bereits deutlich, denn Erkenntnisse über die genetische Grundlage von Erkrankungen beim Menschen – von Brustkrebs und Darmkrebs bis zu Diabetes und Alzheimer – werden in immer kürzeren Abständen publiziert. Diese Entdeckungen kündigen eine Revolution der künftigen medizinischen Praxis an, denn sie geben uns die Möglichkeit an die Hand, Krankheitsgene zu identifizieren und deren Funktion zu untersuchen, um darauf aufbauend medizinische Maßnahmen zur Linderung oder sogar Vermeidung der Krankheit zu entwickeln, die sogenannte personalisierte Medizin. Diese personalisierten Behandlungsmethoden sind derzeit aber noch Zukunftsmusik.

Allerdings stellt uns die Fähigkeit, potenziell schädliche Gene zu identifizieren, auch vor ethische Fragen, denn wir alle tragen möglicherweise ein paar Dutzend Gene, die für irgendetwas ein Risiko bergen. Diese Information könnte möglicherweise missbraucht werden – beispielsweise zur genetischen Diskriminierung von Individuen oder Gruppen von Menschen durch Versicherungsgesellschaften, Arbeitgeber oder sogar Regierungsinstitutionen. Des Weiteren erhöht die detaillierte Kenntnis des menschlichen Genoms das Potenzial zur Nutzung rekombinanter DNA-Technologien (siehe *Kapitel 20*), um die Gene der Menschen gezielt zu *verändern*, nicht nur zur Korrektur von Krankheiten in einem falsch funktionierenden Körpergewebe, sondern auch zur Änderung von Genen im Sperma und in Eizellen, was die genetische Zusammensetzung künftiger Generationen verändern würde. Das Problem, wie man diese Fähigkeiten nutzbringend einsetzt und wie man sie regulieren kann, birgt eindeutig Fragestellungen, die nicht nur die wissenschaftliche Gemeinde, sondern die gesamte menschliche Gesellschaft betreffen.

18.3.7 Repetitive DNA-Sequenzen erklären zum Teil die Größe eukaryotischer Genome

Abgesehen von den Schwierigkeiten, die das menschliche Genom aufgrund seiner gewaltigen Größe bei der DNA-Sequenzierung bereitete, stellt es uns noch vor eine grundlegendere Frage: Spiegelt die große DNA-Menge in menschlichen Zellen einfach den Bedarf an tausendmal mehr Genen als in bakteriellen Zellen wider oder spielen noch andere Faktoren eine Rolle? Der erste Durchbruch zur Beantwortung dieser Frage erfolgte in den späten 1960er Jahren, als Roy Britten und David Kohne Untersuchungen zur DNA-Renaturierung durchführten und dabei sich wiederholende DNA-Sequenzen entdeckten.

Bei diesen Experimenten wurde die DNA in kleine Fragmente zerlegt und durch Temperaturerhöhung in einzelne Stränge aufgetrennt. Dann wurde die Temperatur gesenkt und die einzelsträngigen Fragmente konnten renaturieren. Die Renaturierungsgeschwindigkeit hängt von der Konzentration jeder einzelnen Art von DNA-Sequenz ab; je höher die Konzentration von Fragmenten einer bestimmten DNA-Sequenz, desto größer die Wahrscheinlichkeit, dass sie zufällig mit komplementären Strängen kollidieren und reassoziieren. Schauen wir uns als Beispiel die DNA einer Bakterienzelle und die DNA einer typischen Säugetierzelle an, die das Tausendfache an DNA enthält. Wenn dieser unterschiedliche DNA-Gehalt einen tausendfachen Unterschied in den Arten der vorliegenden DNA-Sequenzen widerspiegelt, dann müsste die bakterielle DNA 1.000-mal schneller renaturieren als Säugetier-DNA. Der Grund für diese Vorhersage ist, dass jede einzelne DNA-Sequenz in einer tausendfach niedrigeren Konzentration in der DNA-Säugetierprobe existieren muss, denn es liegen 1.000-mal mehr Arten von Sequenzen vor, und so stellt jede einzelne Sequenz einen kleinen Teil der gesamten Sequenzenpopulation dar.

Als Britten und Kohne das Verhalten von Säugetier- und Bakterien-DNA verglichen, erhielten sie eben nicht genau diese erwarteten Ergebnisse. In ▸*Abbildung 18.15*, in der die Daten von Britten und Kohne zusammengefasst sind, die sie für DNA von *E. coli* und Kälbern erhielten, ist die Renaturierung als Funktion der Ausgangs-DNA-Konzentration aufgetragen und mit der verstrichenen Zeit multipliziert, denn dadurch kann man die Daten aus den Reaktionen mit verschiedenen DNA-Konzentrationen leichter miteinander vergleichen. Aus den auf diese Weise aufgetragenen Daten geht hervor, dass Kalbs-DNA aus zwei Klassen von Sequenzen besteht, die mit sehr unterschiedlicher Geschwindigkeit renaturieren. Ein Sequenztyp, der ungefähr 40 % der Kalbs-DNA ausmacht, renaturiert *schneller* als bakterielle DNA. Die naheliegendste Erklärung für dieses unerwartete Ergebnis ist, dass Kalbs-DNA **repetitive DNA-Sequenzen** enthält, die in Mehrfachkopien vorliegen. Die Existenz von Mehrfachkopien erhöht die Konzentration dieser Sequenzen, was mehr Kollisionen und eine höhere Reassoziierungsgeschwindigkeit bedingt als man erwarten könnte, wenn jede Sequenz nur als Einzelkopie vorläge.

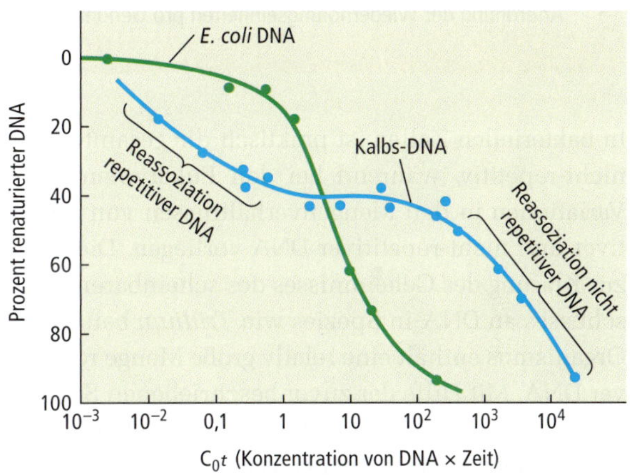

Abbildung 18.15: Renaturierung von Kalbs- und *E.-coli*-DNA. Die Kalbs-DNA, die schneller reassoziiert als die Bakterien-DNA, besteht aus (repetitiven) Wiederholungssequenzen.

Die übrigen 60 % der Kalbs-DNA renaturieren ungefähr 1.000-mal langsamer als die DNA von *E. coli*. Dieses Verhalten wird von Sequenzen erwartet, die als Einzelkopie vorliegen. Daher bezeichnet man diesen Anteil als **nicht-repetitive DNA**, um sie von den Wiederholungssequenzen zu unterscheiden, die schneller renaturieren. Nicht-repetitive DNA-Sequenzen kommen jeweils in einer Kopie pro Genom vor. Die meisten proteinkodierenden Gene bestehen aus nicht-repetitiver DNA, obwohl das nicht bedeutet, dass nicht-repetitive DNA stets Proteine kodiert.

Tabelle 18.3

Kategorien von Wiederholungssequenzen der eukaryotischen DNA

I. Tandemartig repetitive DNA, darunter einfache Sequenzwiederholung der DNA	
10 – 15 % der meisten Säugetiergenome besitzen diesen DNA-Typ	
Länge jeder repetitiven Einheit:	1 – 2000 bp; typischerweise 5 – 10 bp für Einfachsequenz-repetitive DNA
Anzahl der Wiederholungen pro Genom:	$10^2 – 10^5$
Anordnung der Wiederholungseinheiten:	Tandem
Gesamtlänge der Satelliten-DNA an jeder Stelle:	
Normale Satelliten-DNA:	$10^5 – 10^7$ bp
Minisatelliten-DNA:	$10^2 – 10^5$ bp
Mikrosatelliten-DNA:	$10^1 – 10^2$ bp
II. Eingestreute repetitive DNA	
25 – 50 % der meisten Säugetiergenome haben diesen DNA-Typ	
Länge jeder repetitiven Einheit:	$10^2 – 10^4$ bp
Anordnung der Wiederholungseinheiten:	verstreut über das gesamte Genom
Anordnung der Wiederholungseinheiten pro Genom:	$10^1 – 10^6$; die „Kopien" sind nicht identisch

In bakteriellen Zellen ist praktisch die gesamte DNA nicht-repetitiv, während bei den Eukaryoten große Variationen in den Mengenverhältnissen von repetitiver und nicht-repetitiver DNA vorliegen. Dies trägt zur Klärung des Geheimnisses des scheinbaren Überschusses an DNA in Spezies wie *Trillium* bei: Dieser Organismus enthält eine relativ große Menge repetitiver DNA. Mit Hilfe der zuvor beschriebenen Sequenzierungstechniken vermochten Wissenschaftler die Basensequenz verschiedener Typen repetitiver DNAs zu ermitteln und diese in zwei Hauptkategorien zu klassifizieren: *tandemartig repetitive DNA* und *eingestreute repetitive DNA* (▶ *Tabelle 18.3*).

Tandemartig repetitive DNA Eine der Hauptkategorien der repetitiven DNA bezeichnet man als tandemartig repetitive DNA, denn die Vielfachkopien sind nebeneinander in einer Reihe aufgereiht – also als Tandem. Tandemartig wiederholte DNA macht 10 – 15 % eines typischen Säugetiergenoms aus und besteht aus vielen verschiedenen Typen von DNA-Sequenzen, die sich sowohl im Hinblick auf die Länge als auch auf die grundlegende Wiederholungseinheit und die Zahl der aufeinanderfolgenden Wiederholungen dieser Einheit unterscheiden. Die Länge der Wiederholungseinheit kann stark variieren, von 1 bis etwa 2.000 bp. Meistens ist die Wiederholungseinheit kürzer als 10 bp, daher bezeichnet man diese Kategorie als *einfache Sequenzwiederholung der DNA*. Hier ein Beispiel (das nur einen Strang zeigt) einer einfachen Sequenzwiederholung der DNA, die aus einer Einheit aus fünf Basen besteht, GTTAC:

...GTTACGTTACGTTACGTTACGTAC...

Die Anzahl der sequenziellen Wiederholungen der GTTAC-Einheit kann an bestimmten Stellen des Genoms bis zu mehrere Hunderttausend betragen.

Tandemartig repetitive DNA vom Typ der einfachen Sequenzwiederholung wurden ursprünglich als *Satelliten-DNA* bezeichnet, denn die sie unterscheidende Basenkomposition lässt sie als „Satellitenband" erscheinen, das sie vom Rest der genomischen DNA während der Zentrifugation trennt, die darauf abzielt, Moleküle entsprechend ihrer Dichte zu trennen. Die unterschiedliche Dichte beruht darauf, dass sich Adenin und Guanin geringfügig hinsichtlich ihres Molekulargewichts unterscheiden, ebenso wie Cytosin und Thymin. Daher unterscheiden sich DNAs mit unterschiedlichen Basenzusammensetzungen voneinander. In den Verfahren, bei denen Satellitenbanden auftreten, wird die genomische DNA in kurze DNA-Segmente unterschiedlicher Dichten gespalten, die sich dann während des Zentrifugationsvorgangs frei bewegen können.

Was ist die Funktion einer einfachen Sequenzwiederholung der DNA (der Satelliten-DNA)? Da diese Sequenzen im Allgemeinen nicht transkribiert werden, nimmt man an, dass sie stattdessen bestimmten Regionen auf Chromosomen besondere physikalische Eigenschaften verleihen könnten. Bei den meisten Eukaryoten gibt es chromosomale Regionen, die sogenannten **Centromere** (diese spielen bei der Chromosomenverteilung während der Zellteilung eine wichtige Rolle, siehe *Kapitel 19*), die besonders reich sind an einfachen Sequenzwiederholungen, und diese Sequenzen könnten dem Centrosom spezialisierte strukturelle Eigenschaften übertragen. **Telomere**, an den Enden der Chromosomen lokalisierte DNA-Sequenzen, haben auch einfache Sequenzwiederholungen. Im nächsten Kapitel werden Sie erfahren, wie Telomere Chromosomen während des Replikationszyklus vor dem Abbau an ihren verwundbaren Enden schützen (siehe *Abbildung 19.16*). Die Telomere des Menschen enthalten 250 – 1.500 Kopien der Sequenz TTAGGG, die über Hunderte von Millionen Jahren der Evolution stark konserviert wurde. Alle bisher untersuchten Wirbeltiere besitzen die gleiche identische Sequenz, und sogar einzellige Eukaryoten besitzen ähnliche Sequenzen. Anscheinend sind diese Sequenzen für das Überleben dieser Organismen von entscheidender Bedeutung.

Die Menge von Satelliten-DNA, die an jeder Stelle vorhanden sein kann, unterliegt sehr starken Schwankungen. Die Länge einer typischen Satelliten-DNA liegt im Bereich von 10^5 bis 10^7 bp. Der Begriff *Minisatelliten*-DNA bezieht sich auf kurze Regionen, im Allgemeinen ungefähr 10^2 bis 10^5 bp, die jeweils eine tandemartig repetitive Wiederholungseinheit von ungefähr 10 – 100 bp bilden. *Mikrosatelliten*-DNA, in der die Wiederholungseinheit nur 1 – 10 bp lang ist, ist sogar noch kürzer (sie erreicht eine Länge von 10 – 100 bp), obwohl zahlreiche Stellen im Genom die gleiche Sequenz aufweisen können. Die kurzen wiederholten Sequenzen der Mikrosatelliten- und Minisatelliten-DNAs sind im Labor beim **DNA-Fingerabdruck** (DNA-Fingerprinting) außerordentlich hilfreich. Bei diesem Verfahren, auf das wir in *Exkurs 18C* genauer eingehen werden, nutzt man die Gelelektrophorese, um DNA-Fragmente aus verschiedenen Regionen der Genome von zwei oder mehr Individuen zu vergleichen. Der DNA-Fingerabdruck ist ein ebenso akkurates Mittel zur Identifizierung von Individuen wie der konventionelle Fingerabdruck.

Wissenschaftler verschiedener Disziplinen haben die überraschende Entdeckung gemacht, dass mehr als ein Dutzend erblicher Erkrankungen des Nervensystems auf einfache Veränderungen in der Mikrosatelliten-DNA zurückzuführen sind. Genauer gesagt gehen diese Erkrankungen auf eine zu große Anzahl wiederholter Trinucleotidsequenzen innerhalb des ansonsten normalen Gens zurück. Ein Beispiel für dieses Phänomen, die sogenannte *Tripletwiederholungsamplifikation*, ist *Chorea Huntington* (engl.: *Huntington's disease*), eine spät auftretende, unweigerlich letale neurodegenerative Krankheit. Die normale Version des Huntington-Gens enthält das Trinucleotid CAG, das in Tandemordnung 11- – 34-mal wiederholt wird. Die Gene der betroffenen Individuen besitzen allerdings bis zu 100 Kopien der repetitiven Einheit. Neurologische Krankheiten, die auf einer Amplifikation anderer Tripletwiederholungssequenzen beruhen, sind das *Fragile-X-Syndrom*, das für mentale Retardierung hauptverantwortlich ist, und die *myotonische Dystrophie*, die zu Muskelabbau führt. Bei einigen dieser Krankheiten befindet sich die Wiederholungssequenz in einer Region des betroffenen Gens, die nicht translatiert wird, bei anderen Krankheiten wird die Wiederholungssequenz in ein Polypeptidsegment translatiert, das aus einem langen Strang der gleichen Aminosäure besteht. In beiden Fällen scheint die Schwere der Erkrankung mit der Anzahl der Tripletwiederholungen zu korrelieren.

Eingestreut repetitive DNA Der andere Haupttyp der DNA-Wiederholungen ist die **eingestreut repetitive DNA** (engl.: interspersed repetitive DNA). In diesem Fall ist die DNA nicht in Tandemanordnung gebündelt, sondern die Wiederholungseinheiten dieses DNA-Typs liegen verstreut über das Genom verteilt. Ein einzelne Wiederholungseinheit kann Hunderte oder sogar Tausende von Basenpaaren lang sein, und die verstreut liegenden „Kopien", deren Anzahl in die Hunderttausende gehen kann, sind einander zwar ähnlich, aber nicht identisch. Eingestreut repetitive DNA macht typischerweise 25 – 50 % der Säugetiergenome aus.

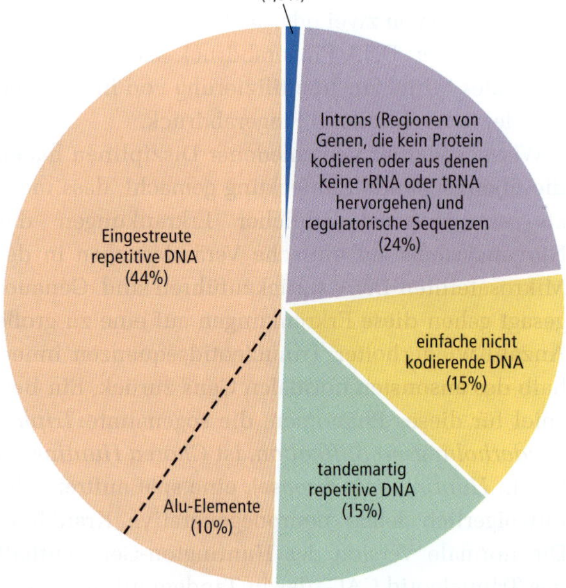

Abbildung 18.16: DNA-Typen des menschlichen Genoms. Die DNA, die Proteine kodiert oder in ribosomale bzw. transfer-RNA transkribiert wird, macht nur 1,5 % der gesamten DNA des menschlichen Genoms aus. Die eingestreut repetitive DNA macht 44 % des menschlichen Genoms aus; fast ein Viertel davon besteht aus *Alu*-Elementen. Tandemartig repetitive DNA macht weitere 15 % des Genoms aus.

Der größte Teil der eingestreut repetitiven DNA setzt sich aus Familien von **transponierbaren Elementen (Transposons)** zusammen, die man auch als „springende Gene" bezeichnet, denn sie können sich im Genom bewegen, und wo immer sie anhalten, können sie Kopien von sich hinterlassen. Bemerkenswerterweise besteht das menschliche Genom zur Hälfte aus diesen mobilen Elementen. Die am häufigsten vorkommenden, die **LINEs** (engl.: *long interspersed nuclear elements*) liegen in der Größe zwischen 6.000 – 8.000 bp und machen ungefähr 20 % des Genoms aus. LINEs haben Gene, die Enzyme kodieren, die am Kopieren von LINE-Sequenzen (und anderen mobilen Elementen) beteiligt sind und die Kopien an einem anderen Ort in das Genom einfügen. Eine weitere Klasse mobiler Elemente, die **SINEs** (engl.: *short interspersed nuclear elements*), bestehen aus kurzen Wiederholungssequenzen von weniger als 500 bp Länge, die keine Gene enthalten, sondern im Hinblick auf ihre Bewegungsfähigkeit von Enzymen abhängig sind, die andere mobile Elemente für sie synthetisieren. Die am häufigsten beim Menschen vorkommenden SINEs haben eine Länge von circa 300 bp und werden als *Alu-Sequenzen* bezeichnet, denn die zuerst identifizierten SINEs enthielten ausnahmslos eine Restriktionsstelle für das Restriktionsenzym *Alu*I. Fast eine Million Kopien der *Alu*-Sequenz liegen über das menschliche Genom verstreut und machen somit ungefähr zehn Prozent der DNA aus. DNA, die Proteine kodiert oder ribosomale bzw. transfer-RNAs bildet (dieser Typ der DNA kommt in *Exons* vor, was Sie in *Kapitel 21* erfahren werden), macht überraschenderweise nur einen geringen Teil der DNA des menschlichen Genoms aus (▶*Abbildung 18.16*).

Die Mobilität von LINEs, SINEs sowie anderen Typen von Transposons geht vermutlich auf die kreative genomische Variabilität zurück, die zur evolutionären Anpassungsfähigkeit der Organismen beiträgt. Außerdem können sich einige LINEs während der normalen Entwicklung bewegen und die Expression benachbarter Gene verändern, was eine mögliche Rolle in der Genregulation nahelegt. Die Ursprünge der transponierbaren Elemente und die Mechanismen, durch die sie sich bewegen, werden wir in *Kapitel 21* eingehender darstellen.

Das Packen von DNA 18.4

Die Zellen müssen eine erstaunliche Menge von DNA unterbringen, sogar die Spezies mit Genomen von bescheidener Größe. Zum Beispiel hat die typische *E.-coli*-Zelle einen Durchmesser von ungefähr 1 μm und eine Länge von 2 μm; sie muss allerdings ein (ringförmiges) DNA-Molekül mit einer Länge von circa 1.600 μm unterbringen – genug DNA, um die Zelle mehr als 250-mal zu umwickeln! Eukaryotische Zellen sehen sich einer noch größeren Herausforderung gegenüber. Eine menschliche Zelle durchschnittlicher Größe enthält genügend DNA, um die Zelle mehr als 15.000-mal zu umwickeln. Irgendwie muss also diese DNA effizient in die Zellen gepackt werden und zugleich noch der zellulären Maschinerie sowohl für die DNA-Replikation als auch für die Transkription spezifischer Gene zur Verfügung stehen. Ohne jeden Zweifel ist das Packen der DNA für alle Lebensformen eine schwierige Aufgabe. Zuerst werden wir uns damit beschäftigen, wie Bakterien die Aufgabe, ihre DNA zu organisieren, bewältigen und dann werden wir das gleiche Problem bei den Eukaryoten untersuchen.

18C ▶ Arbeitstechniken

DNA-Fingerprinting

Die Analyse von Fragmentmustern, die man erhält, wenn man DNA mit Restriktionsenzymen abbaut, wurde für eine Vielzahl von Vorhaben eingesetzt, von der Erforschung der Organisation des Genoms bis zur praktischen Anwendung, beispielsweise zur Diagnose von Erbkrankheiten oder der Aufklärung schwerer Verbrechen. Diese praktischen Anwendungen beruhen auf der Tatsache, dass es nicht zwei Menschen gibt (außer eineiige Zwillinge), die exakt den gleichen Satz von DNA-Basensequenzen besitzen. Obwohl die Unterschiede in der DNA-Sequenz zwischen zwei Menschen recht gering sind, verändern sie die Länge einiger DNA-Fragmente, die von den Restriktionsenzymen gebildet werden. Diese unterschiedlich langen Fragmente, die sogenannten **Restriktionsfragment-Längenpolymorphismen (RFLPs**; engl.: *restriction fragment length polymorphisms*) können mittels der Gelelektrophorese untersucht werden. Die entstehenden Fragmentmuster dienen als „Fingerabdruck", der das Individuum identifiziert, von dem die DNA stammt.

Bei der praktischen Anwendung wird beim *DNA-Fingerprinting* nur ein kleiner ausgewählter Teil von Restriktionsfragmenten untersucht. Zur Veranschaulichung dieses Punktes fassen wir in *Abbildung 18C-1* zusammen, wie man den DNA-Fingerabdruck einsetzen kann, um festzustellen, ob Individuen ein bestimmtes, eine Krankheit verursachendes Gen tragen, obwohl sie zurzeit noch keine Symptome der Krankheit aufweisen. Stellen Sie sich bitte bei diesem Beispiel vor, dass die Individuen I, II und III Mitglieder einer Familie sind, in der das Krankheit verursachende Gen vorkommt. Man weiß, dass das Individuum I das defekte Gen besitzt, nicht aber Individuum II, und wir möchten den genetischen Status ihres Kindes, Individuum III, herausfinden.

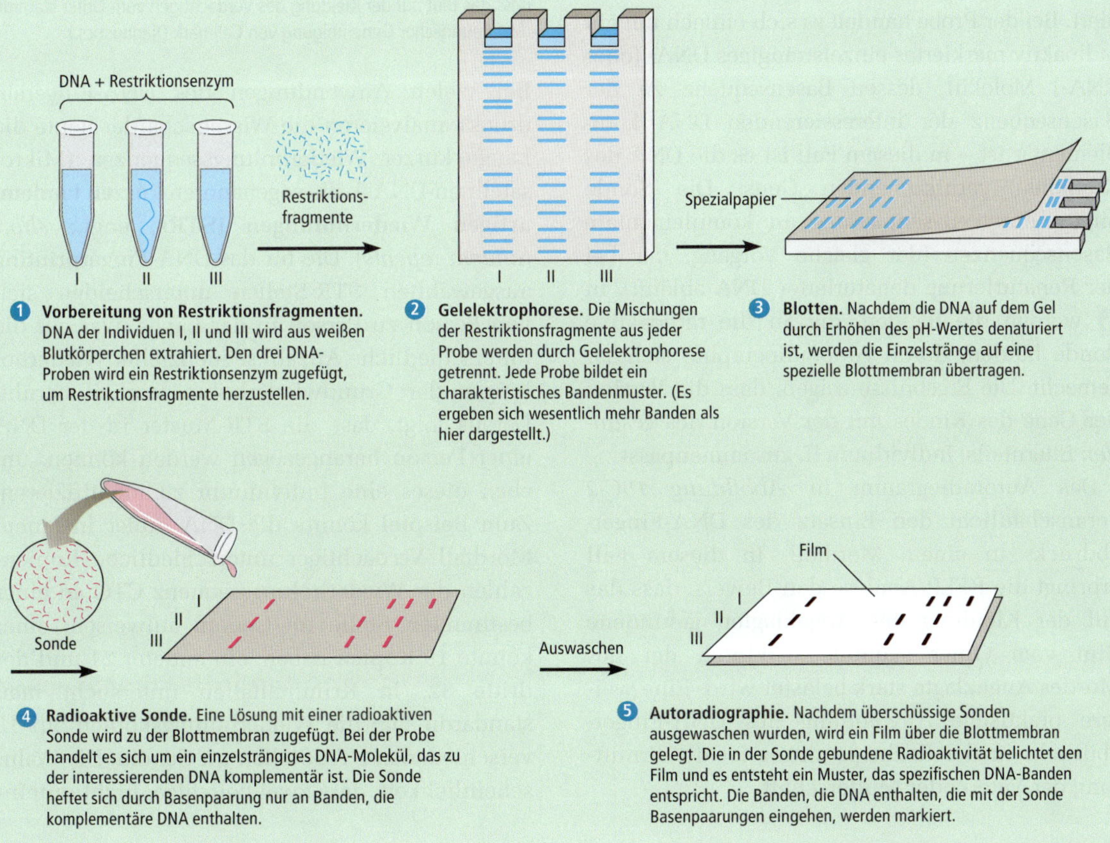

❶ **Vorbereitung von Restriktionsfragmenten.** DNA der Individuen I, II und III wird aus weißen Blutkörperchen extrahiert. Den drei DNA-Proben wird ein Restriktionsenzym zugefügt, um Restriktionsfragmente herzustellen.

❷ **Gelelektrophorese.** Die Mischungen der Restriktionsfragmente aus jeder Probe werden durch Gelelektrophorese getrennt. Jede Probe bildet ein charakteristisches Bandenmuster. (Es ergeben sich wesentlich mehr Banden als hier dargestellt.)

❸ **Blotten.** Nachdem die DNA auf dem Gel durch Erhöhen des pH-Wertes denaturiert ist, werden die Einzelstränge auf eine spezielle Blottmembran übertragen.

❹ **Radioaktive Sonde.** Eine Lösung mit einer radioaktiven Sonde wird zu der Blottmembran zugefügt. Bei der Probe handelt es sich um ein einzelsträngiges DNA-Molekül, das zu der interessierenden DNA komplementär ist. Die Sonde heftet sich durch Basenpaarung nur an Banden, die komplementäre DNA enthalten.

❺ **Autoradiographie.** Nachdem überschüssige Sonden ausgewaschen wurden, wird ein Film über die Blottmembran gelegt. Die in der Sonde gebundene Radioaktivität belichtet den Film und es entsteht ein Muster, das spezifischen DNA-Banden entspricht. Die Banden, die DNA enthalten, die mit der Sonde Basenpaarungen eingehen, werden markiert.

Abbildung 18C-1: RFLP-Analyse

Der Schlüssel zum DNA-Fingerprinting ist der sogenannte **Southern Blot** (nach E. M. Southern, der diese Technik 1975 entwickelte), aber im Grunde setzt sich das Fingerprinting aus mehreren einzelnen Schritten zusammen. In ❶ der *Abbildung 18C-1* wird die DNA dieser drei Individuen mit einem Restriktionsenzym gespalten. In ❷ werden die gewonnenen Fragmente durch Gelelektrophorese getrennt. Da die DNA einer jeden Person stellvertretend für ein ganzes Genom steht, würden jetzt Hunderttausende von Banden auftreten, wenn man alle Banden sichtbar machen würde. Und nun kommt die Brillanz des Herrn Southern ins Spiel. Dank der von ihm entwickelten Technik können wir bestimmte, uns interessierende DNA-Sequenzen in einer komplexen Mischung lokalisieren. Beim Southern-Blotting-Verfahren ❸ wird nach der Elektrophorese eine besondere Art von „Transfermembran" (Nitrocellulose oder Nylon) auf das Trägergel aufgelegt, sodass die getrennten DNA-Fragmente auf die Membran übertragen werden können. In ❹ wird eine radioaktive *Sonde* mit der Membran inkubiert. Bei der Probe handelt es sich einfach um ein radioaktiv markiertes einzelsträngiges DNA- (oder RNA-) Molekül, dessen Basensequenz zu der Basensequenz der interessierenden DNA komplementär ist – in diesem Fall ist es die DNA des Krankheit verursachenden Gens. Die Sonde bindet durch Basenpaarung an komplementäre Basensequenzen (der gleiche Vorgang, der bei der Renaturierung denaturierter DNA abläuft). In ❺ werden die Banden, die an die radioaktive Sonde binden, durch Autoradiographie sichtbar gemacht. Die Ergebnisse zeigen, dass die Version der Gene des Kindes mit der Version des *gesunden* Elternteils, Individuum II, zusammenpasst.

Das Autoradiogramm in *Abbildung 18C-2* veranschaulicht den Einsatz des DNA-Fingerabdrucks in einem Mordfall. In diesem Fall erbringt die RFLP-Analyse den Beweis, dass das auf der Kleidung des Angeklagten gefundene Blut vom Opfer stammte, wodurch der des Mordes Angeklagte stark belastet wird. Eine weitere praktische Anwendung des DNA-Fingerabdrucks in der Rechtsprechung ist die Ermittlung der Vater- oder Mutterschaft.

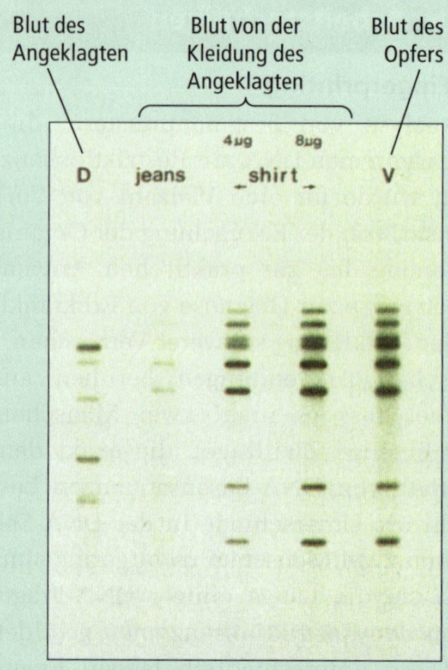

Abbildung 18C-2: DNA-Fingerabdruck aus einem Mordfall. Aus einem Blutfleck auf der Kleidung eines Verdächtigen wurde DNA isoliert und mittels RFLP-Analyse mit der DNA des Verdächtigen und der DNA des Opfers verglichen. Das Bandenmuster der DNA aus dem Blutfleck stimmt mit der DNA des Opfers überein und zeigt, dass das Blut auf der Kleidung des Verdächtigen vom Opfer stammt. (Mit freundlicher Genehmigung von Cellmark Diagnostics.)

Bei vielen Anwendungen des DNA-Fingerabdrucks analysieren die Wissenschaftler heute die Länge kurzer Wiederholungssequenzen (Mikrosatelliten-DNAs), die sogenannten **kurzen tandemartigen Wiederholungen** (**STRs**; engl.: *short tandem repeats*). Die für das DNA-Fingerprinting ausgewählten STR-Stellen unterscheiden sich von Person zu Person in der Länge, was auf die unterschiedliche Anzahl sequenzieller Wiederholungen der Grundwiederholungseinheit beruht. Daraus folgt, dass die STR-Muster in der DNA einer Person herangezogen werden können, um eben dieses eine Individuum zu identifizieren. Zum Beispiel könnte die DNA dreier in einem Mordfall Verdächtiger unterschiedliche Kopienzahlen der Wiederholungssequenz CTG an einer bestimmten Stelle im Genom aufweisen; einer könnte 19 Kopien haben, ein anderer 21 und der dritte 32. In Kriminalfällen untersucht man standardmäßig die Wiederholungskopien auf 13 verschiedenen STR-Stellen im Genom. Die Wahrscheinlichkeit, dass zwei beliebige, nicht miteinander verwandte Individuen auf allen 13 Stellen exakt das gleiche Profil aufweisen, liegt ungefähr bei eins zu einer Million Milliarden.

Der Nutzen des DNA-Fingerprintings wird außerdem durch die *Polymerasekettenreaktion* (**PCR**; engl.: *polymerase chain reaction*) verdeutlicht, einer Technik zur Erstellung von DNA-Vielfachkopien, die wir in *Kapitel 19* genauer darstellen werden. Ausgehend von der aus einer einzelnen Zelle isolierten DNA, kann man mit Hilfe der PCR innerhalb weniger Stunden selektiv Million von Kopien jeder DNA-Sequenz synthetisieren und auf diese Weise ganz leicht genügend DNA herstellen, um eine Fingerprintinganalyse von 13 STR-Stellen durchzuführen. Somit können einige wenige Hautzellen, die eine Person auf einem Füller oder auf dem Autoschlüssel zurücklässt, genügend DNA zur Verfügung stellen, um eben diese eine Person zu identifizieren.

18.4.1 Die bakterielle DNA liegt in Bakterienchromosom und Plasmiden vor

Früher nahm man an, dass das Genom eines Bakteriums, wie das von *E. coli*, ein „nacktes" DNA-Molekül sei, dem jegliche feinere Organisation fehlt und das nur über sehr geringe Mengen mit ihr assoziierter Proteine verfügt. Heute wissen wir, dass die Organisation des Bakteriengenoms stärker den Chromosomen der Eukaryoten ähnelt, als man zuvor für möglich hielt. Bakteriengenetiker bezeichnen die Struktur, die den Hauptteil des bakteriellen Genoms enthält, daher als bakterielles Chromosom. Allerdings ist es kein „klassisches" Chromosom wie bei den Eukaryoten, denn es liegt in zirkulärer, in sich geschlossener Form vor. Obwohl es eine Länge von über einem Millimeter hat, ist es so dicht strukturiert, dass es nur einen kleinen Teil der Bakterienzelle einnimmt.

Das Bakterienchromosom Bakterienchromosomen können einzeln oder mehrfach, ringförmig oder linear sein; die häufigste Anordnung ist ein einzelnes, ringförmiges DNA-Molekül, das an geringe Mengen von Protein gebunden ist und in einem spezifischen Bereich in der Bakterienzelle liegt, dem sogenannten **Nucleoid** (**Kernäquivalent**; ▸*Abbildung 18.17*). Obwohl das Nucleoid nicht von einer Membran umgeben ist, bildet die in dieser Region liegende bakterielle DNA eine fadenähnliche Masse aus Fasern, die so gepackt sind, dass eine deutliche Grenze zwischen dem Nucleoid und dem Rest der Zelle besteht. Die DNA des Bakterienchromosoms ist negativ überspiralisiert und in einer Reihe von Schleifen organisiert, die im Schnitt ungefähr 20.000 Basenpaare lang sind. Da die beiden Enden jeder Schleife in den Strukturkomponenten verankert sind, die sich im Nucleoid befinden, kann die Überspiralisierung jeder einzelnen Schleife ohne Auswirkung auf die Überspiralisierung benachbarter Schleifen verändert werden.

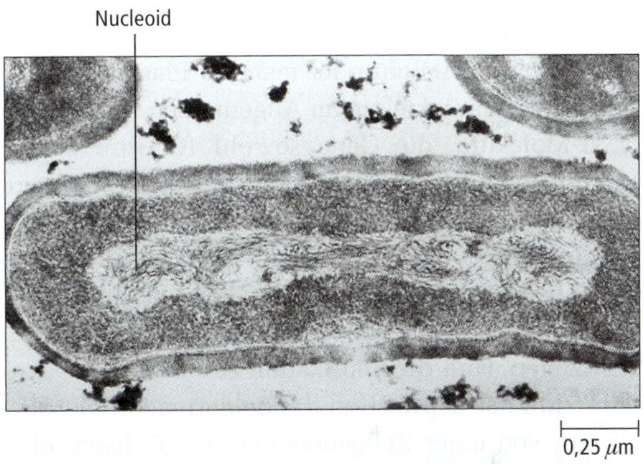

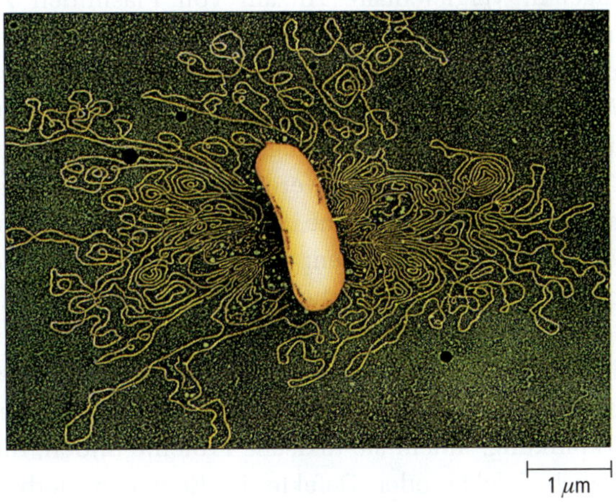

Abbildung 18.17: Das bakterielle Nucleoid. Die obere elektronenmikroskopische Aufnahme zeigt eine Bakterienzelle mit einem deutlich erkennbaren Nucleoid, in dem das Bakterienchromosom liegt. Wenn man Bakterienzellen aufbricht, wird die chromosomale DNA aus der Zelle freigesetzt. Die untere Aufnahme zeigt, dass die freigesetzte DNA eine Reihe von Schleifen bildet, die an das strukturelle Gitter im Nucleoid angeheftet bleiben (TEM).

Man vermutet, dass die Schleifen durch RNA und Proteinmoleküle verankert werden. Der Nachweis für die strukturelle Rolle der RNA im Bakterienchromosom stammt von Untersuchungen, die zeigen, dass die Behandlung mit Ribonuclease, einem Enzym, das RNA abbaut, zur Freisetzung einiger Schleifen führt, obwohl die Überspiralisierung dadurch nicht aufgehoben wird. Die überspiralisierte DNA, aus der jede Schleife besteht, ist in perlenartigen Strukturen organisiert, die kleine, einfache Proteinmoleküle enthalten, welche mit den Histonen eukaryotischer Zellen analog sind (siehe weiter unten). Nach heutigem Forschungsstand ist das DNA-Molekül um Partikel aus Grundprotein gewickelt. Somit besteht, soweit wir heute wissen, das Bakterienchromosom aus überspiralisierter DNA, die an kleine Grundproteine gebunden und dann in Schleifendomänen gefaltet ist.

Bakterienplasmide Außer dem Chromosom besitzt die Bakterienzelle ein oder mehrere Plasmide. **Plasmide** sind relativ kleine, im Allgemeinen ringförmige DNA-Moleküle, die Gene sowohl für ihre eigene Replikation als auch häufig für eine oder mehrere zelluläre Funktionen tragen (im Allgemeinen keine von essenzieller Bedeutung). Die meisten Plasmide sind überspiralisiert, worauf ihre kondensierte, kompakte Form beruht. Obwohl Plasmide unabhängig replizieren, läuft die Replikation zumeist relativ synchron mit der Replikation des Bakterienchromosoms ab, um von einer Zellgeneration zur nächsten eine ungefähr vergleichbare Anzahl von Plasmiden zu erhalten. Bei den Zellen von *E. coli* unterscheidet man mehrere Klassen von Plasmiden: *F-Faktoren (Fertilitätsfaktoren)* wirken an der Konjugation mit, ein geschlechtlicher Vorgang, mit dem wir uns in *Kapitel 20* beschäftigen werden; *R-Faktoren (Resistenzfaktoren)* tragen Gene für die Ausbildung von Medikamentenresistenzen; *colicinogene Faktoren (col-Faktoren)* ermöglichen dem Bakterium die Sekretion von *Colicinen*, Toxine, die andere Bakterien, denen dieser col-Faktor fehlt, abtöten; *Virulenzfaktoren* erhöhen die Wahrscheinlichkeit einer Erkrankung, indem sie toxische Proteine bilden, die Gewebedefekte oder Defekte in Enzymen herbeiführen, woraufhin Bakterien in Wirtszellen eindringen können. Weiterhin bildet *E. coli metabolische Plasmide*, welche die für bestimmte metabolische Reaktionen benötigten Enzyme bilden. Einige *E.-coli*-Stämme besitzen *kryptische Plasmide*, die keine uns bekannte Funktion ausüben und nur die Gene tragen, die das Plasmid zur Replikation und Übertragung auf andere Zellen benötigt.

18.4.2 Eukaryotische Zellen packen DNA in Chromatin und Chromosomen

Wenn wir uns von Bakterien nun den Eukaryoten zuwenden, so wird das Packen der DNA komplizierter. Erstens sind wesentlich größere Mengen von DNA beteiligt. Jedes eukaryotische Chromosom enthält ein einzelnes, lineares und riesiges DNA-Molekül. Ein einziges dieser DNA-Moleküle kann in menschlichen Zellen eine Länge von 10 cm oder mehr haben – ungefähr hundertmal größer als das DNA-Molekül in einem typischen Bakterienchromosom. Zweitens wird aufgrund der Assoziation der eukaryotischen DNA mit größeren Mengen und einer größeren Anzahl von Proteinen eine größere strukturelle Komplexität erreicht. Die an diese Proteine gebundene DNA wird in **Chromatin**fasern mit einem Durchmesser von 10 – 30 nm umgewandelt, die normalerweise über den Zellkern verteilt liegen. Bei der Zellteilung (und in einigen anderen Fällen) kondensieren diese Fasern und falten sich zu wesentlich größeren kompakten Strukturen, die dann als einzelne **Chromosomen** erkennbar werden.

Die Proteine, die die wichtigste Rolle in der Chromatinstruktur übernehmen, sind die **Histone**. Sie bilden eine Gruppe relativ kleiner Proteine mit einem hohen Gehalt der Aminosäuren Lysin und Arginin, die ihnen eine starke positive Ladung verleihen. Die Bindung der Histone an die negativ geladene DNA wird daher durch Ionenbindungen stabilisiert. In den meisten Zellen entspricht die Masse der Histone in etwa der DNA-Masse. Man unterscheidet bei den Histonen fünf Haupttypen, die mit H1, H2A, H2B, H3 und H4 bezeichnet werden. Chromatin enthält ungefähr zu gleichen Teilen H2A-, H2B-, H3- und H4-Moleküle sowie ungefähr halb so viele H1-Moleküle. Dieses Verhältnis ist bei den verschiedenen Arten eukaryotischer Zellen erstaunlich konstant und vom Zelltyp und dem physiologischen Zustand unabhängig. Abgesehen von den Histonen enthält Chromatin eine vielfältige Gruppe von *Nicht-Histon-Proteinen*, die vielfältige enzymatische, strukturelle und regulatorische Aufgaben erfüllen.

18.4.3 Nucleosomen sind die Basiseinheit der Chromatinstruktur

Die DNA eines typischen Zellkerns wäre länger als einen Meter, wenn man sie vollständig ausstrecken würde, während der Zellkern selber im Allgemeinen nur einen Durchmesser von 5 – 10 μm hat. Das Falten einer derart langen DNA in einen Zellkern, der fast eine Millionen Mal kleiner ist, stellt ein erhebliches topologisches Problem dar. Eine der ersten Erkenntnisse über den Faltungsvorgang gewann man in den 1960er Jahren, als die von Maurice Wilkins mit Hilfe der Röntgenstrahlbeugung durchgeführten Untersuchungen enthüllten, dass gereinigte Chromatinfasern eine sich wiederholende Strukturuntereinheit besitzen, die man weder in der DNA noch in den Histonen alleine vorfindet. Daher folgerte Wilkins, dass Histone der DNA eine sich wiederholende strukturelle Organisation aufzwingen. Im Jahr 1974 wurde ein Hinweis auf diese Struktur geliefert. Ada und Donald Olins veröffentlichten elektronenmikroskopische Aufnahmen von Chromatinfasern, die ohne Verwendung der starken Lösungsmittel, die man bei früheren Verfahren zur Präparierung von Chromatin für mikroskopische Untersuchungen benutzt hatte, aus Zellen isoliert worden waren. Die auf diese Weise sichtbar gemachten Chromatinfasern waren als Reihe winziger Partikel erkennbar, die durch dünne Filamente miteinander verbunden waren. Diese „Perlen-auf-einer-Schnur"-Struktur legt die Vermutung nahe, dass die Perlen aus Protein bestanden (vermutlich Histonen) und die dünnen Filamente, welche die Perlen verbanden, der DNA entsprachen. Heute bezeichnen wir jede Perle zusammen mit dem mit ihr assoziierten kurzen DNA-Teilstück als ein **Nucleosom** (▶*Abbildung 18.18*).

Hätte man sich ausschließlich auf die Elektronenmikroskopie verlassen, so wäre es schwierig geworden, herauszufinden, ob Nucleosomen normale Bausteine des Chromatins sind oder während der Präparation der Probe gebildete Artefakte. Glücklicherweise wurde ungefähr zur gleichen Zeit ein unabhängiger Nachweis über die Existenz einer Wiederholungsstruktur im Chromatin erbracht. Dean Hewish und Leigh Burgoyne entdeckten, dass Rattenleberzellkerne eine Nuclease enthielten, die DNA in Chromatinfasern spalten konnte. In einer entscheidenden Versuchsreihe brachten die Wissenschaftler Chromatin mit dieser Nuclease in Kontakt und reinigten anschließend die teilweise abgebaute DNA, um die Chromatinproteine zu entfernen. Nachdem sie die DNA mittels Gelelektrophorese untersucht hatten, entdeckten sie ein definiertes Bandenmuster von Fragmenten, von denen das kleinste DNA-Teilstück eine Länge von 200 bp hatte und die verbleibenden Fragmente exakte Vielfache von 200 bp waren (▶*Abbildung 18.19*). Da man dieses Fragmentmuster nicht durch Nucleaseabbau proteinfreier DNA erhält, folgerten sie, dass ❶ Chromatinproteine in einem regelmäßigen Muster auf dem DNA-Molekül angeordnet sind und sich dieses Muster in Intervallen von ungefähr 200 bp wiederholt, und ❷ dass die zwischen diesen Proteinclustern lokalisierte DNA für den Nucleaseabbau empfindlich ist, woraus sich Fragmente mit einer Länge des Vielfachen von 200 bp ergeben.

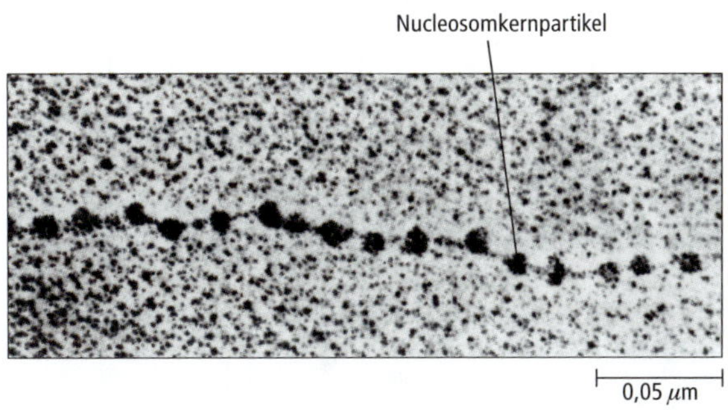

Abbildung 18.18: Nucleosomen. Die Kernpartikel der Nucleosomen sind als perlenartige Strukturen zu erkennen, die in regelmäßigen Abständen auf eukaryotischen Chromatinfasern liegen. Per Definition enthält ein Nucleosom sowohl einen Kernpartikel als auch ein DNA-Teilstück, das eine Verbindung mit dem nächsten Kernpartikel herstellt.

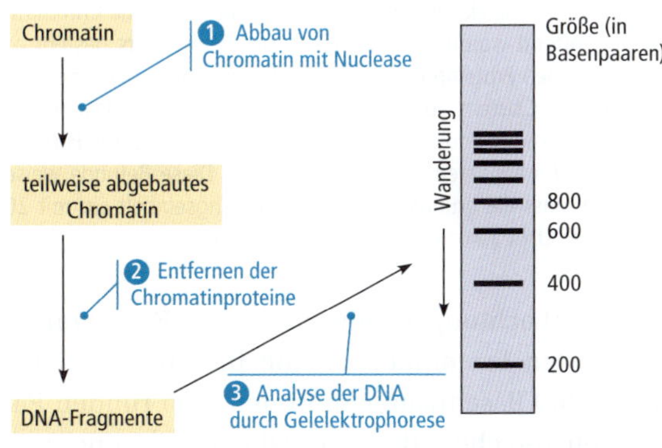

Abbildung 18.19: Nachweis, dass Proteine auf dem DNA-Molekül in Chromatinfasern in regelmäßigen Intervallen von 200 Basenpaaren angeordnet sind. In diesen Experimenten untersuchte man die DNA-Fragmente, die man durch Nucleaseabbau von Rattenleber-Chromatin gewonnen hatte, mittels Gelelektrophorese. Die Entdeckung, dass die DNA-Fragmente Vielfache von 200 Basenpaaren sind, legt nahe, dass Histone in Intervallen von 200 Basenpaaren auf der DNA liegen, wodurch sie ein regelmäßiges Schutzmuster vor dem Abbau durch Nuclease verleihen.

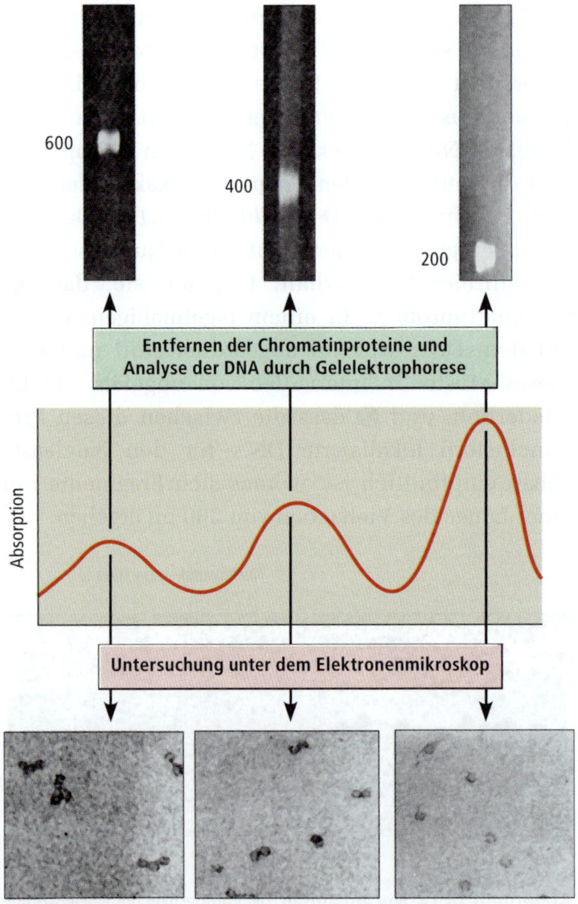

Abbildung 18.20: Nachweis von Nucleosomen. Chromatin, das zum Teil durch Behandlung mit Nuclease aus dem Bakterium Micrococcus abgebaut wurde, wurde durch Dichtegradientenzentrifugation fraktioniert (Bild in der Mitte). Die jeweiligen Absorptionsspitzen (Peaks) wurden dann sowohl unter dem Elektronenmikroskop (unten) als auch durch Gelelektrophorese untersucht, nachdem die Chromatinproteine entfernt worden waren (oben). Der Peak rechts besteht aus einem einzelnen Proteinpartikel mit 200 Basenpaaren DNA, der mittlere Peak aus Clustern aus zwei Partikeln, die mit 400 Basenpaaren DNA assoziiert sind, und der Peak links aus Clustern aus drei Partikeln, die mit 600 Basenpaaren DNA assoziiert sind. Diese Befunde weisen darauf hin, dass die grundlegende Wiederholungseinheit ein mit 200 Basenpaaren DNA assoziierter Proteinpartikel ist.

Diese Beobachtungen führten zu der Frage, ob die postulierten Proteincluster, die in Intervallen von jeweils 200 Basenpaaren auftraten, den runden Partikeln entsprachen, die man bei der elektronenmikroskopischen Untersuchung von Chromatinfasern beobachtet hatte. Zur Beantwortung dieser Frage benötigte man eine Kombination aus den Techniken des Nucleaseabbaus und der Elektronenmikroskopie. Bei diesen Untersuchungen brachte man das Chromatin kurzzeitig in Kontakt mit *mikrobieller Nuclease* – einem bakteriellen Enzym, das, ebenso wie die Rattenleber-Nuclease, Chromatin-DNA in Intervallen von 200 bp spaltet. Das fragmentierte Chromatin wurde anschließend durch Zentrifugation in Teilstücke unterschiedlicher Länge aufgetrennt und unter dem Elektronenmikroskop untersucht. Man stellte fest, dass das kleinste Teilstück einzelne kreisförmige Partikel enthielt, das nächste Teilstück zwei Partikel, das folgende Teilstück drei Partikel und so weiter (▶ *Abbildung 18.20*). Als man die DNA aus diesen Fraktionen isolierte und mit der Gelelektrophorese untersuchte, hatte die DNA aus der Fraktion, die einzelne Partikel enthielt, eine Länge von 200 bp, die DNA aus der Fraktion, die Cluster aus zwei Partikeln enthielt, eine Länge von 400 bp und so weiter. Daraus folgerte man, dass die kreisförmigen Partikel, die man unter dem Elektronenmikroskop beobachtet hatte, jeweils mit 200 bp DNA assoziiert waren. Die grundlegende Wiederholungseinheit, die durchschnittlich 200 bp DNA enthielt und mit einem Proteinpartikel assoziiert war, ist das Nucleosom.

18.4.4 Ein Histon-Octamer bildet den Nucleosomenkern

Die ersten Einblicke in die molekulare Architektur des Nucleosoms stammen aus der Arbeit von Roger Kornberg, der im Jahr 2006 den Nobelpreis für eine Reihe fundamentaler Erkenntnisse über das Packen von DNA und die Transkription bei Eukaryoten erhielt. In früheren Untersuchungen hatten Kornberg und seine Kollegen nachgewiesen, dass die aus Nucleosomen bestehenden Chromatinfasern durch Kombination gereinigter DNA mit einer Mischung aus allen fünf Histonen synthetisiert werden konnten. Als sie jedoch versuchten, einzelne gereinigte Histone zu verwenden, entdeckten sie, dass die Nucleosomen nur dann zusammengesetzt werden konnten, wenn man mit schonenden Methoden arbeitete, bei denen die Verbindungen von Histon H2A mit Histon H2B und Histon H3 mit Histon H4 nicht aufgebrochen wurden. Als sie diese H3-H4- und H2A-H2B-Komplexe mit DNA mischten, wurden die Chromatinfasern mit normaler Nucleosomenstruktur rekonstituiert (wiederhergestellt). Kornberg folgerte daher, dass die Histonkomplexe H3-H4 und H2A-H2B ein integraler Bestandteil des Nucleosoms sind.

Zur genaueren Untersuchung dieser Wechselwirkungen zwischen Histonen behandelten Kornberg und sein Kollege Jean Thomas isoliertes Chromatin mit einem chemischen Reagens, das kovalente Querverbindungen zwischen benachbarten Proteinmolekülen bildet. Nachdem man die chemisch quervernetzten Proteine mit diesem Wirkstoff behandelt hatte, isolierten sie die Proteine und analysierten sie mittels Polyacrylamid-Gelelektrophorese. Proteinkomplexe mit einer Größe von acht Histonmolekülen waren in diesen Gelen zu erkennen, woraus sie schlossen, dass der nucleosomale Partikel ein *Octamer* aus acht Histonen enthielt. Ausgehend von dem Wissen, dass die Histone H3-H4 und die Histone H2A-H2B jeweils feste Komplexe bilden und dass diese vier Histone in ungefähr gleichen Mengen vorkommen, schlugen Kornberg und Thomas vor, dass Histon-Octamere durch Verbindung von zwei H2A-H2B-Dimeren und zwei H3-H4-Dimeren gebildet werden und dass die DNA-Doppelhelix dann um das neu gebildete Octamer gewickelt wird (▶*Abbildung 18.21*).

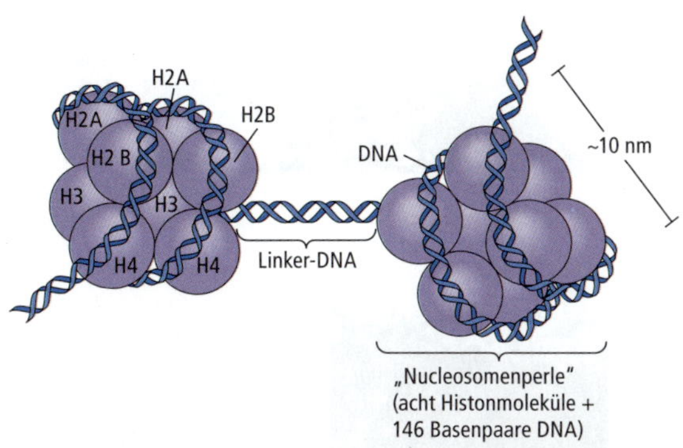

Abbildung 18.21: Ein genauerer Blick auf die Struktur des Nucleosoms. Jedes Nucleosom besteht aus acht Histonmolekülen (jeweils zwei der Histone H2A, H2B, H3 und H4), die mit 146 Basenpaaren DNA und einem Teilstück Linker-DNA mit einer Länge von ungefähr 50 Basenpaaren assoziiert sind. Der Durchmesser einer Nucleosomen„perle", oder eines Kernpartikels liegt bei etwa 10 nm. Man vermutet, dass Histon H1 (nicht dargestellt) an die Linker-DNA bindet und das Packen von Nucleosomen in 30-nm-Fasern erleichtert.

Ein Problem wird allerdings nicht durch das zuvor dargestellte Modell gelöst. Es betrifft die Bedeutung von Histon H1, das nicht Bestandteil des Octamers ist. Wenn man einzelne Nucleosomen isoliert, indem man Chromatin kurz durch Nuclease aus *Micrococcus* abbaut, dann liegt H1 immer noch vor (zusammen mit vier weiteren Histonen und 200 bp DNA). Führt man den Abbauvorgang über einen längeren Zeitraum durch, dann wird das DNA-Fragment weiter abgebaut, bis es schließlich eine Länge von ungefähr 146 bp erreicht: während der letzten Schritte des Abbauvorgangs wird Histon H1 freigesetzt. Der verbleibende Partikel, der aus einem Histon-Octamer besteht, der mit 146 bp DNA assoziiert ist, wird als *Kernpartikel* bezeichnet. Die DNA, die während des Abbauvorgangs von einer Länge von 200 bp auf eine Länge von 146 bp gespalten wird, bezeichnet man als *Linker-DNA*, denn sie verbindet die Nucleosomen miteinander (*Abbildung 18.21*). Da Histon H1 nach dem Abbau der Linker-DNA freigesetzt wird, geht man davon aus, dass die Histon-H1-Moleküle mit der Linker-Region assoziiert sind. Die Länge der Linker-DNA variiert bei den verschiedenen Organismen, aber die mit dem Kern-Nucleosom assoziierte DNA liegt immer bei 146 bp. Diese Länge genügt, um circa 1,7-mal um den Kernpartikel gewickelt zu werden.

18.4.5 Nucleosomen werden gepackt und bilden Chromatinfasern und Chromosomen

Die Bildung von Nucleosomen stellt nur den ersten Schritt des Packvorgangs nucleärer DNA dar (▶*Abbildung 18.22*). Isolierte Chromatinfasern, die als „Perlen auf einer Schnur" erkennbar sind, haben einen Durchmesser von circa 10 nm, aber das Chromatin intakter Zellen bildet häufig eine etwas dickere Faser mit einem Durchmesser von etwa 30 nm, die sogenannte **30-nm-Chromatinfaser**. Bei der Präparierung von isoliertem Chromatin können die 10-nm- und die 30-nm-Formen der Chromatinfaser durch Änderung der Salzkonzentration ausgetauscht werden. Allerdings bilden sich in der 30-nm-Faser keine Chromatinpräparate, wenn die Histon-H1-Moleküle entfernt wurden. Daraus kann man folgern, dass Histon H1 das Packen von Nucleosomen in die 30-nm-Faser erleichtert. Man hat zur Erklärung dafür, wie einzelne Nucleosomen gepackt werden und eine 30-nm-Faser bilden, mehrere Modelle aufgestellt. Die frühesten Modelle postulierten, dass die Nucleosomenkette um sich selbst gewunden wird und eine Art überspiralisierte Struktur bildet. Allerdings lassen neuere Untersuchungen die Vermutung zu, dass die Struktur der 30-nm-Faser wesentlich weniger uniform ist als das Modell der Überspiralisierung es zulässt. Stattdessen scheinen die Nucleosomen der 30-nm-Faser so gepackt zu sein, dass sie eine unregelmäßige, dreidimensionale Zickzack-Struktur bilden, die mit den benachbarten Fasern zusammenhängen könnte.

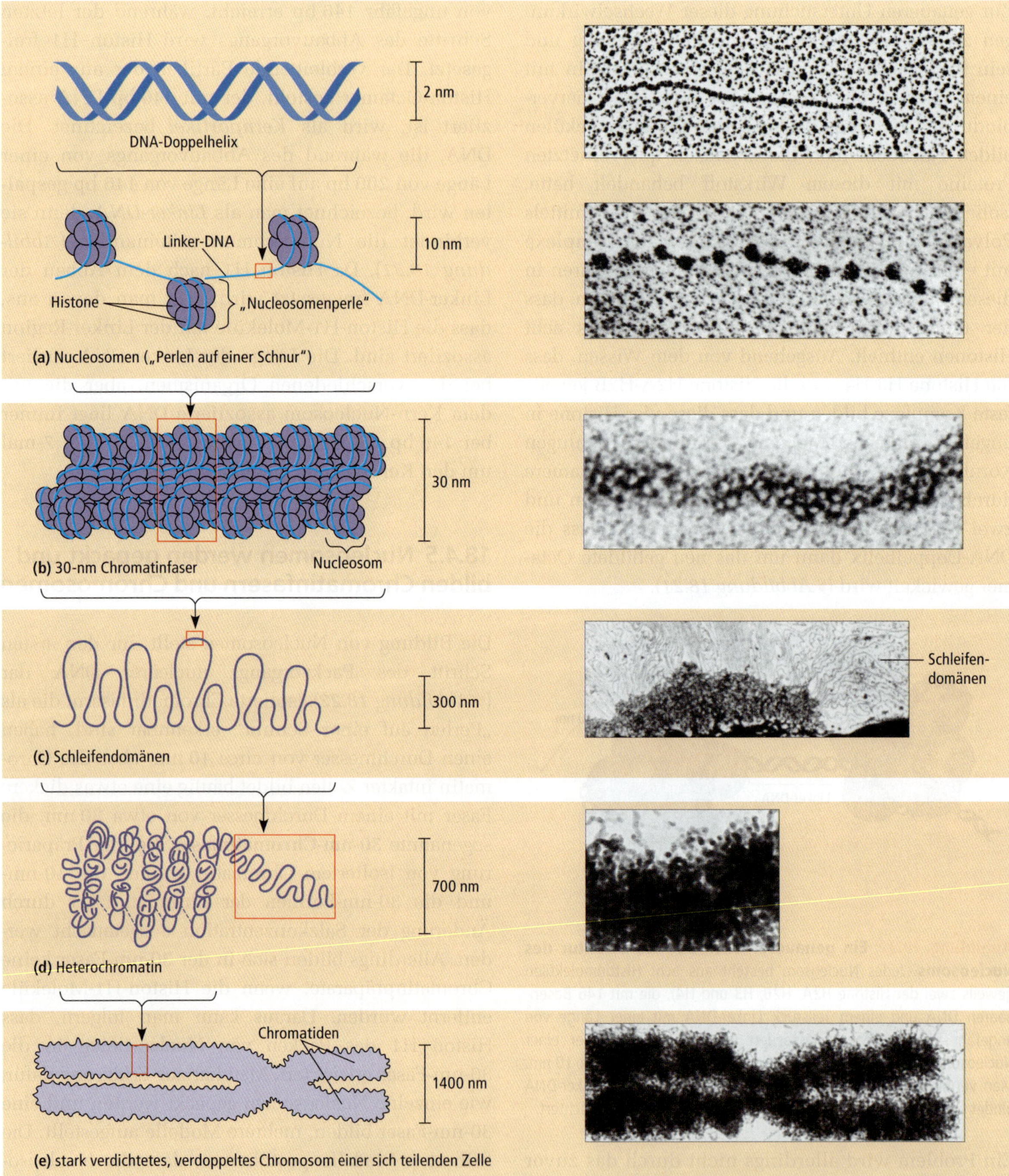

Abbildung 18.22: Die Schritte der Chromatinpackung. Diese Zeichnungen und elektronenmikroskopischen Aufnahmen zeigen ein aktuelles Modell der aufeinander folgenden Schritte der DNA-Spiralisierung und -Faltung und enden schließlich mit den dickt gepackten Chromosomen einer sich teilenden Zelle. (a) „Perlen auf einer Schnur", eine ausgestreckte Konfiguration von Nucleosomen, die durch Assoziation von DNA mit vier Histontypen gebildet wird. (b) Die 30-nm-Chromatinfaser, hier als stark verdichtete Bündelung von Nucleosomen dargestellt. Das fünfte Histon, H1, kann sich auf der Innenseite der Faser befinden. (c) Schleifendomänen aus 30-nm-Fasern, die hier unter dem Elektronenmikroskop sichtbar sind, da ein mitotisches Chromosom experimentell entspiralisiert wurde. (d) Heterochromatin, stark gefaltetes Chromatin, das sogar in Interphasezellen als einzelne Flecken erkennbar ist. (e) Ein repliziertes Chromosom (zwei verknüpfte Chromatiden) einer sich teilenden Zelle, wobei die gesamte DNA des Chromosoms in Form dicht gepackten Heterochromatins vorliegt.

In der nächsten Stufe der Chromatinpackung erfolgt die Faltung der 30-nm-Fasern in **Schleifendomänen**, deren Länge zwischen 50.000 und 100.000 bp liegt. Diese Schleifenanordnung beruht auf der regelmäßigen Verknüpfung von DNA mit einem unlöslichen Netzwerk aus Nicht-Histon-Proteinen, die ein chromosomales *Gerüst* bilden, an das die langen DNA-Schleifen gebunden sind. Die Schleifendomänen kann man am besten auf elektronenmikroskopischen Aufnahmen von Chromosomen erkennen, die aus sich teilenden Zellen isoliert wurden und die man so behandelt hat, dass alle Histone und die meisten Nicht-Histon-Proteine entfernt sind (▶*Abbildung 18.23*). Die Schleifen sind auch in spezialisierten Chromosomentypen erkennbar, die nicht mit dem Vorgang der Zellteilung in Verbindung stehen (siehe die Darstellung der Polytänchromosomen in *Kapitel 23*). In diesen Fällen stellt sich heraus, dass die Chromatinschleifen „aktive" DNA-Regionen enthalten – das heißt, die DNA wird transkribiert. Es ist nachvollziehbar, dass aktive DNA weniger dicht gepackt sein sollte als inaktive DNA, denn die an der Gentranskription beteiligten Enzyme haben dann leichter Zugang.

Sogar in Zellen, in denen Gene aktiv transkribiert werden, können signifikante Mengen von Chromatin noch stärker verdichtet werden (▶*Abbildung 18.22d*). Der Grad der Faltung variiert innerhalb einer gewissen Bandbreite. Chromatinsegmente, die so stark verdichtet sind, dass sie unter dem Mikroskop als dunkle Flecken erkennbar sind, werden als **Heterochromatin** bezeichnet, während man die eher locker gepackte, diffuse Form des Chromatins als **Euchromatin** bezeichnet (siehe *Abbildung 18.27a*). Das stark verdichtete Heterochromatin enthält DNA, die nicht transkribiert wird, während das eher locker gepackte Euchromatin mit DNA assoziiert ist, die aktiv transkribiert wird. Ein Großteil des Chromatins in metabolisch aktiven Zellen wird locker als Euchromatin gepackt; wenn sich eine Zelle allerdings auf die Teilung vorbereitet, wird das *gesamte* Chromatin stark verdichtet, wodurch eine Gruppe mikroskopisch erkennbarer Chromosomen gebildet wird. Da die chromosomale DNA soeben erst verdoppelt wurde, besteht jedes Chromosom aus zwei verdoppelten Einheiten, den *Chromatiden* (▶*Abbildung 18.22e*).

Der Grad der Faltung eines DNA-Moleküls zu Chromatin und Chromosomen kann mittels des **DNA-Packungsverhältnisses** quantifiziert werden. Dies wird berechnet, indem man die Gesamtlänge eines ausgestreckten DNA-Moleküls ermittelt und diesen Wert durch die Länge der Chromatinfaser oder des Chromosoms teilt, in das es verpackt wurde. Die ursprüngliche Spiralisierung der DNA um die Histonkerne der Nucleosomen reduziert die Länge etwa um den Faktor sieben, und die Bildung von 30-nm-Fasern ist die Folge einer weiteren sechsfachen Verdichtung. Das Packungsverhältnis der 30-nm-Faser beträgt daher $7 \times 6 = 42$. Durch weitere Faltung und Spiralisierung steigt das Gesamtpackungsverhältnis von typischem Euchromatin auf ungefähr 750 an. Bei Heterochromatin und den Chromosomen liegt das Packungsverhältnis sogar noch höher. Im Moment der Zellteilung beträgt zum Beispiel die Länge eines typischen menschlichen Chromosoms ungefähr 4 – 5 μm, enthält jedoch ein DNA-Molekül, das fast 75 mm lang wäre, wenn man es vollständig ausstrecken würde. Das Packungsverhältnis eines solchen Chromosoms liegt daher im Bereich von 15.000 – 20.000.

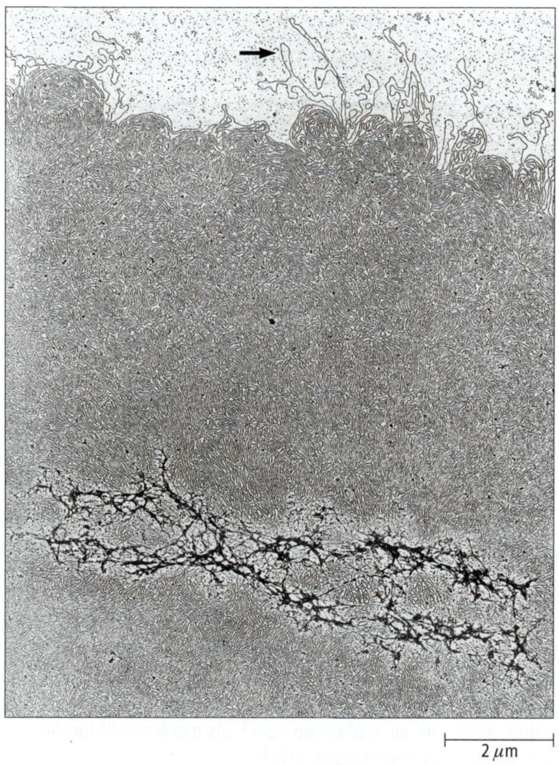

Abbildung 18.23: Elektronenmikroskopische Aufnahme des Proteingerüsts, das nach Entfernen der Histone aus menschlichen Chromosomen zurückbleibt. Die chromosomale DNA bleibt weiterhin als Reihe langer Schleifen an das Gerüst gebunden. Der Pfeil zeigt auf eine Region, in der man sehr gut die Schleife eines DNA-Moleküls erkennen kann (TEM).

18.4.6 Eukaryoten verpacken einen Teil ihrer DNA in Mitochondrien und Chloroplasten

Die DNA einer eukaryotischen Zelle ist nicht allein im Zellkern lokalisiert. Obwohl die Kern-DNA fast die gesamte genetische Information trägt, enthalten auch Mitochondrien und Chloroplasten einen Teil eigener DNA – sowie die erforderliche Maschinerie, um die von der DNA kodierte Information zu replizieren, transkribieren und zu translatieren. Die in den Mitochondrien und Chloroplasten liegenden DNA-Moleküle besitzen keine Histone und sind im Allgemeinen ringförmig (▶*Abbildung 18.24*). Sie gleichen also den Genomen der Bakterien, was auch durchaus zu erwarten ist, bedenkt man den endosymbiontischen Ursprung dieser Organellen (wie in *Exkurs 11A* erläutert). Die Genome der Mitochondrien und der Chloroplasten sind zumeist relativ klein und mit der Größe eines viralen Genoms vergleichbar. Beide Organellen sind daher semiautonom: Sie können einen Teil ihrer Proteine kodieren, doch sie im Hinblick auf die Kodierung des größten Teils ihrer Proteine vom Kerngenom abhängig.

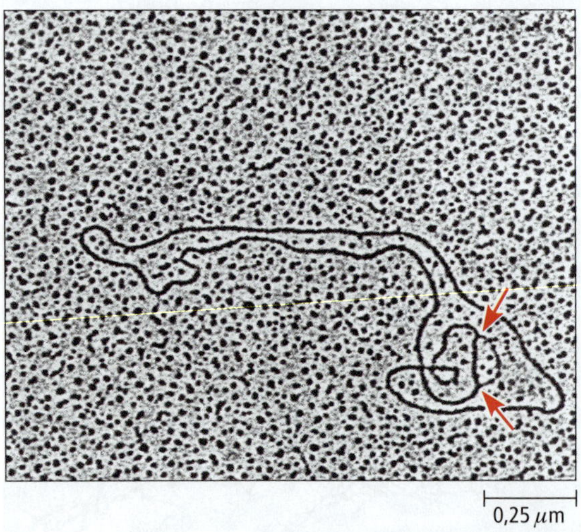

Abbildung 18.24: Mitochondriale DNA. Die mitochondriale DNA der meisten Organismen ist ringförmig, wie man aus dieser elektronenmikroskopischen Aufnahme ersehen kann. Dieses Molekül wurde im Moment der Replikation aufgenommen; die Pfeile verweisen auf die Punkte, an denen die Replikation ablief, als das Molekül für die Elektronenmikroskopie fixiert wurde (TEM).

Das Genom des menschlichen Mitochondriums besteht beispielsweise aus einem ringförmigen DNA-Molekül, das 16.569 Basenpaare enthält und eine Länge von circa 5 μm besitzt. Die von dieser DNA kodierten Polypeptide und RNA sind nur ein Bruchteil (etwa fünf Prozent) der Anzahl der RNA-Moleküle und Proteine, die das Mitochondrium benötigt. Nichtsdestotrotz handelt es sich um einen lebensnotwendigen genetischen Beitrag, denn zu diesen Produkten gehören die RNA-Moleküle, die in den mitochondrialen Ribosomen vorkommen, alle für die mitochondriale Proteinsynthese notwendigen transfer-RNA-Moleküle sowie 13 Polypeptiduntereinheiten des Elektronentransportsystems. Dazu gehören Untereinheiten der NADH-Dehydrogenase, Cytochrom-*b*-, Cytochrom-*c*-Oxidase und die ATP-Synthase (▶*Abbildung 18.25*).

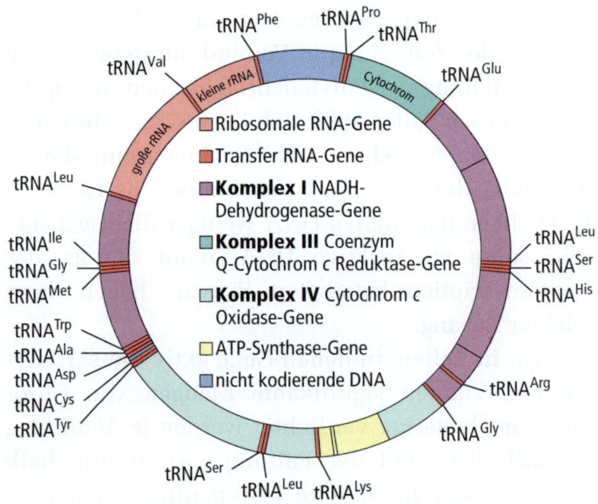

Abbildung 18.25: Das Genom des menschlichen Mitochondriums. Das doppelsträngige DNA-Molekül des menschlichen Mitochondriums ist ringförmig und enthält 16.569 Basenpaare. Dieses Genom kodiert große und kleine ribosomale RNA-Moleküle, transfer-RNA- (tRNA-)Moleküle (jedes wird mit einer hochgestellten Abkürzung aus drei Buchstaben für die Aminosäure, die es überträgt, identifiziert) und Untereinheiten aus einer Reihe von Proteinen, aus denen sich mitochondriale Elektronentransportsystemkomplexe zusammensetzen. Die tRNA-Gene sind sehr kurz, da die sie kodierenden RNA-Moleküle jeweils nur etwa 75 Nucleotide enthalten. Beachten Sie, dass es für Leucin und Serin jeweils zwei tRNA-Gene gibt; sie kodieren für sich geringfügig unterscheidende Versionen von tRNAs für diese Aminosäuren. Das mitochondriale Genom ist extrem kompakt und zwischen den Genen liegt nur wenig nichtkodierende DNA.

Die Größe des mitochondrialen Genoms variiert unter den Organismen erheblich. Die Mitochondrien der Säugetiere haben im Allgemeinen ungefähr 16.500 bp DNA, die mitochondriale DNA der Hefe ist fünfmal größer und pflanzliche mitochondriale DNA noch größer. Es ist allerdings nicht klar, warum die größeren mitochondrialen Genome mehr entsprechende Proteine kodieren müssen. Ein Vergleich der Hefe mit der menschlichen mitochondrialen DNA legt beispielsweise nahe, dass der größte Teil der im Hefemitochondrium enthaltenen DNA aus nichtkodierenden Sequenzen besteht. Abgesehen von diesen jeweils artspezifischen Unterschieden im Hinblick auf die Größe des mitochondrialen Genoms gibt es einige mitochondriale DNA-Sequenzen, die ausschließlich bei einer bestimmten Art vorkommen. Zum Beispiel kann eine 648-Nucleotidsequenz, die gelegentlich als *DNA-Barcode* bezeichnet wird, zur genauen Identifizierung eng verwandter Arten herangezogen werden.

Chloroplasten besitzen typischerweise ringförmige DNA-Moleküle mit einer Länge von 120.000 bp und ungefähr 120 Genen. Neben ribosomaler DNA, transfer-RNA und Polypeptiden, die an der Proteinsynthese mitwirken, kodiert das Chloroplastengenom auch einige wenige an der Photosynthese beteiligte Polypeptide. Dazu gehören mehrere Polypeptidkomponenten der Photosysteme I und II und zwei Untereinheiten der Ribulose-1,5-Bisphosphatcarboxylase, das kohlenstofffixierende Enzym des Calvin-Zyklus (siehe *Kapitel 11*).

Interessanterweise sind die meisten Polypeptide, die von mitochondrialen oder von Chloroplastengenomen kodiert werden, Komponenten multimerer Proteine, die auch Untereinheiten besitzen, die vom Kerngenom kodiert werden. Mit anderen Worten, Organellenproteine, deren Untereinheiten innerhalb der Organelle kodiert werden, sind typischerweise Hybridproteinkomplexe, die Polypeptide enthalten, welche in der Organelle kodiert und synthetisiert werden, sowie auch Polypeptide, die vom Kerngenom kodiert und von cytoplasmatischen Ribosomen synthetisiert werden. Daraus ergeben sich die spannenden Fragestellungen, wie im Cytoplasma synthetisierte Polypeptide in die Organelle gelangen; ein Thema, mit dem wir uns in *Kapitel 22* beschäftigen werden.

Der Zellkern 18.5

Bisher haben wir uns in diesem Kapitel mit der DNA als genetisches Material der Zelle befasst, wir haben das Genom als vollständigen Satz aller von der DNA an die Zellen einer bestimmten Spezies ausgehenden Instruktionen betrachtet und das Chromosom als physikalisches Hilfsmittels zum Packen von DNA innerhalb der Zellen angesehen. Nun kommen wir zum **Zellkern**, dem Ort in der eukaryotischen Zelle, in dem die Chromosomen lokalisiert sind und repliziert werden, und an dem die in ihnen enthaltene DNA transkribiert wird. Daher ist der Zellkern sowohl der Speicher der

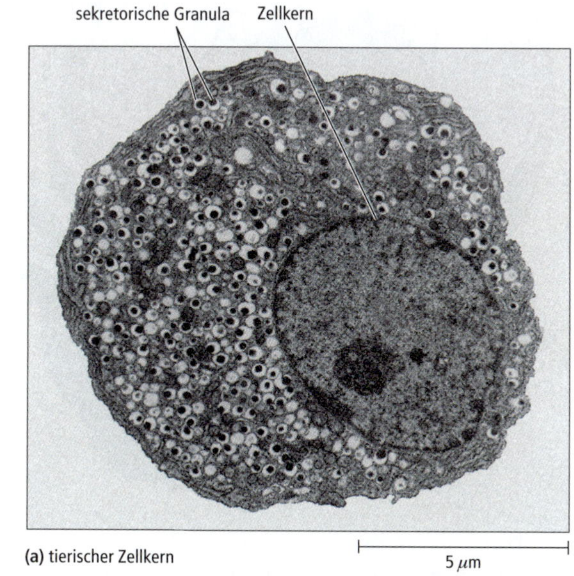

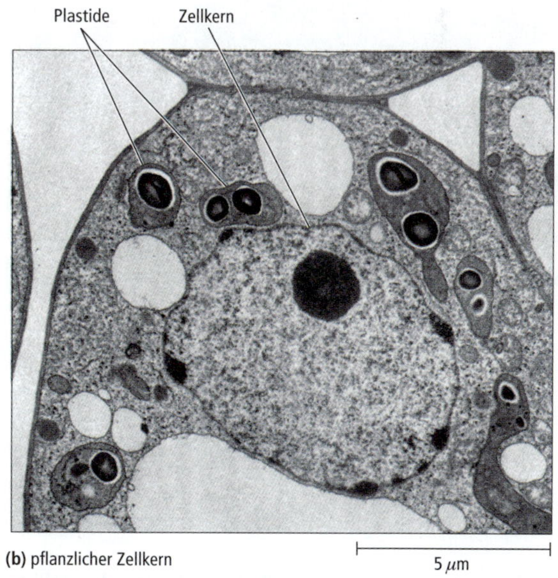

Abbildung 18.26: Der Zellkern. Der Zellkern ist ein deutlich erkennbares Strukturmerkmal der meisten eukaryotischen Zellen. (a) Der Zellkern einer tierischen Zelle. Gezeigt ist eine Insulin bildende Zelle der Rattenbauchspeicheldrüse, daher die deutlich erkennbaren sekretorischen Granula im Cytoplasma. (b) Der Zellkern einer Pflanzenzelle. Es handelt sich um eine Zelle aus einem Sojabohnenwurzelknöllchen. Die deutlich erkennbaren Plastiden spiegeln ihre Rolle bei der Speicherung von Stärkegranula wider (TEM).

genetischen Information der Zelle als auch das Kontrollzentrum bei der Expression dieser Information.

Der Zellkern ist eines der wichtigsten Erkennungs- und Unterscheidungsmerkmale eukaryotischer Zellen (▸*Abbildung 18.26*). Tatsächlich bedeutet das Wort *eukaryon* „wahrer Kern". Das heißt, dass das Hauptmerkmal einer eukaryotischen Zelle im Grunde ihr von einer Membran umschlossener Kern ist, der die Aktivitäten des Genoms – sowohl Replikation als auch Translation – vom Rest des zellulären Metabolismus abtrennt. Im Folgenden werden wir uns zuerst auf die Membranhülle konzentrieren, die den Zellkern begrenzt. Dann werden wir unsere Aufmerksamkeit auf die Poren lenken, welche die Hülle durchsetzen, die strukturelle Matrix im Zellkern, die Anordnung der Chromatinfasern und abschließend auf die Organisation des Nucleolus eingehen. ▸*Abbildung 18.27* gibt einen Überblick über einige dieser Zellkernstrukturen.

18.5.1 Der Zellkern ist von einer Doppelmembran umgeben

Die Existenz einer Membran um den Zellkern wurde erstmalig Ende des 19. Jahrhunderts vermutet und beruht auf den osmotischen Eigenschaften des Zellkerns. Da man unter dem Lichtmikroskop nur eine schmale, ausgefranste Grenze auf der äußeren Oberfläche des Zellkerns erkennen kann, wusste man vor der Entwicklung des Elektronenmikroskops nur wenig über die Struktur dieser Membranbegrenzung. Das Transmissionselektronenmikroskop enthüllte, dass der Zellkern von einer **Zellkernhülle** umgeben ist, die aus zwei Membranen besteht – der äußeren und der inneren Kernmembran –, die von einem **perinukleären Raum** mit einem Durchmesser von ungefähr 20 – 40 nm getrennt werden (siehe ▸*Abbildung 18.27b*). Die äußere Kernmembran geht fließend in das endoplasmatische Reticulum über,

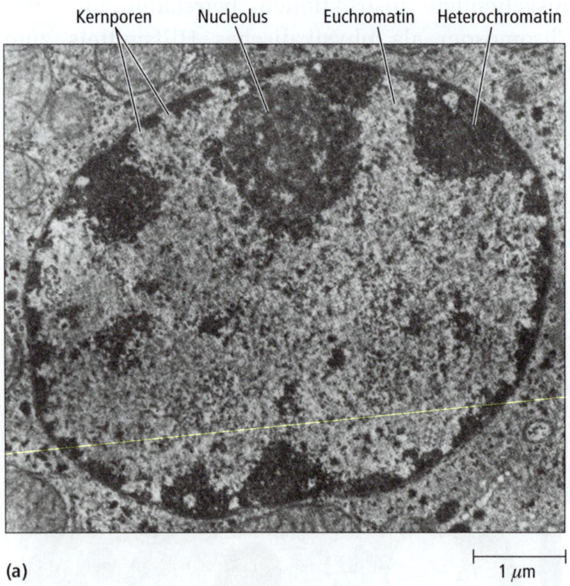

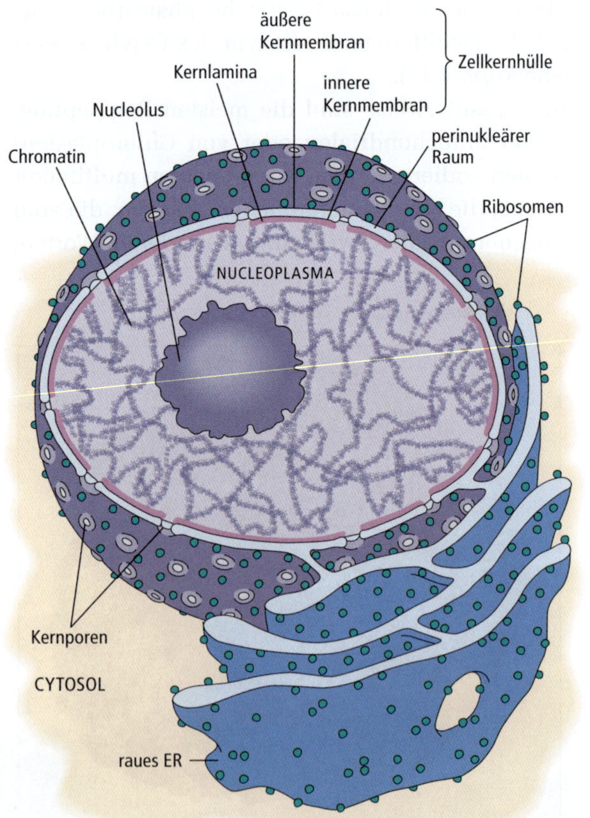

Abbildung 18.27: Die strukturelle Organisation des Zellkerns und der Kernhülle. (a) Elektronenmikroskopische Aufnahme des Zellkerns einer Mausleberzelle mit deutlich erkennbaren markierten Strukturmerkmalen (TEM). Die Kernhülle ist eine doppelte Membran, die Kernporen enthält. Zu den inneren Strukturen gehören der Nucleolus, Euchromatin und Heterochromatin. (b) Zeichnung eines typischen Zellkerns. Zu den Strukturmerkmalen, die in der mikroskopischen Aufnahme allerdings nicht erkennbar sind, gehören die Zellkernlamina, Ribosomen auf der äußeren Kernmembran und die Verbindung zwischen der äußeren Kernmembran und dem rauen ER.

sodass der perinukleäre Raum in das Lumen des ER übergeht. Ebenso wie die Membranen des rauen ER ist die äußere Membran häufig auf ihrer Außenseite mit Ribosomen besetzt, die an der Proteinsynthese mitwirken. Mehrere Proteine der äußeren Membran binden an Actin und die Intermediärfilamente des Cytoskeletts der Zelle, wodurch der Zellkern in der Zelle verankert wird und dem Zellkern ein Mechanismus für Bewegungen zur Verfügung steht. Röhrenförmige Einstülpungen der Zellkernhülle, die man unter dem Begriff *nucleoplasmatisches Reticulum* zusammenfasst, können in den Zellkerninnenraum hineinreichen und die Fläche des Zellkerns vergrößern, die mit der inneren Zellkernmembran in direktem Kontakt steht.

Abbildung 18.28: Kernporen. In dieser mikroskopischen Gefrierätzaufnahme der Zellkernhülle einer Epithelzelle einer Rattenniere sind zahlreiche Kernporen erkennbar. Die Bruchebene zeigt sowohl die Außenseiten der inneren Membran als auch der äußeren Membran. Die Pfeile zeigen auf die Erhöhungen, die den perinukleären Raum darstellen, der von den beiden Membranen eingegrenzt wird.

Eines der charakteristischsten Merkmale der Zellkernhülle ist das Vorhandensein spezialisierter Kanäle, der **Kernporenkomplexe**, die man gut erkennen kann, wenn man die Zellkernhülle mit der Methode der Gefrierätzung unter dem Mikroskop untersucht (▶*Abbildung 18.28*). Jede Pore ist ein kleiner, zylindrischer Kanal, der sich durch beide Membranen der Kernhülle erstreckt, wodurch ein direkter Übergang zwischen dem Cytosol und dem **Nucleoplasma** geschaffen wird (die Bezeichnung für den Innenraum des Zellkerns, der nicht vom Nucleolus eingenommen wird). Die Anzahl der Poren variiert je nach Zelltyp und Zellaktivität erheblich. Ein typischer Säugetierzellkern enthält circa 3.000 – 4.000 Poren oder 10 – 20 Poren pro Quadratmikrometer Membranoberfläche.

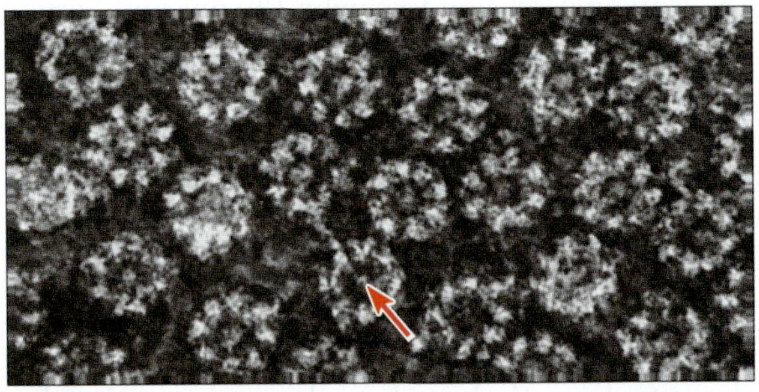

(a) Kernporen in der Kernhülle

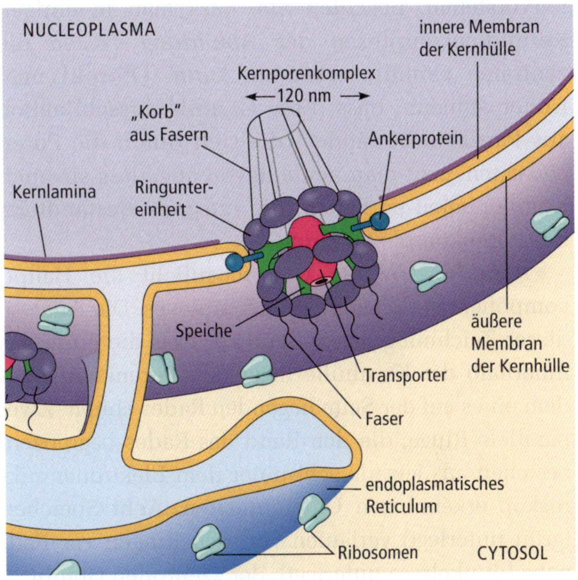

(b) Lage der Kernporen in der Kernmembran

Abbildung 18.29: Struktur des Kernporenkomplexes. (a) Die Negativfärbung der Kernhülle einer Oocyte zeigt das oktagonale Muster der Kernporenkomplexe. Die Pfeile weisen auf die zentralen Granula. Diese Kernhülle stammt von einer Oocyte des Gelbbauchmolches *Taricha granulosa* (TEM). (b) Eine Kernpore entsteht durch die Fusion der inneren und der äußeren Kernmembranen und wird von einer feinen Proteinstruktur ausgekleidet, dem sogenannten Kernporenkomplex. Die Struktur hat in etwa die Form eines Rades und eine oktagonale Symmetrie. Die parallelen Ringe, die jeweils aus acht Untereinheiten bestehen (dunkelviolett unterlegt), bilden den Rand des Rades. Die beiden Ringe werden von acht Speichen (grün) verbunden (zwei Speichen sind nicht dargestellt) und erstrecken sich bis zum zentraler Transporter (dunkelrosa) in der Mitte des Rades; man nimmt an, dass der Transporter zwei Komponenten enthält, die an der Bewegung von Partikeln durch die Pore mitwirken. Oberhalb und unterhalb des Komplexes erstrecken sich Fasern und bilden mit den Fasern auf der nucleoplasmatischen Seite einen Korb, dessen Funktionen noch nicht komplett aufgeklärt wurden.

An jeder Pore sind die innere und die äußere Membran der Kernhülle verbunden, sodass sie einen Kanal bilden, der mit einer feinen Proteinstruktur, dem **Kernporenkomplex** (**NPC**; engl.: *nuclear pore complex*) ausgekleidet ist. Der NPC hat einen äußeren Durchmesser von ungefähr 120 nm und besteht aus ca. 30 verschiedenen Proteinen, den *Nucleoporinen*. In elektronenmikroskopischen Aufnahmen ist die oktagonale Symmetrie das beeindruckendste Merkmal des Porenkomplexes. In mikroskopischen Aufnahmen, wie die in ▸*Abbildung 18.29a*, erkennt man Ringe aus acht Untereinheiten, die in einem oktagonalen Muster angeordnet sind. In anderen Aufnahmen kann man erkennen, dass sowohl auf der cytoplasmatischen als auch aus der nucleoplasmatischen Seite der Kernhülle acht Untereinheiten hervorstehen. Beachten Sie, dass man in einigen Kernporenkomplexen der *Abbildung 18.29a* die zentralen Granula erkennen kann. Obwohl man früher annahm, dass diese Granula ausschließlich aus Partikeln bestanden, die sich durch die Poren bewegten, geht man heute davon aus, dass sie auch Komponenten enthalten, die integrale Bestandteile des Porenkomplexes sind.

▸*Abbildung 18.29b* veranschaulicht die Hauptkomponenten des Kernporenkomplexes. Die Analyse dieser Zeichnung macht deutlich, dass die Form des innerhalb der Kernhülle liegenden Porenkomplexes dem eines auf der Seite liegenden Rades ähnelt. Zwei parallele Ringe, die den Rand des Rades begrenzen, bestehen aus jeweils acht unter dem Elektronenmikroskop erkennbaren Untereinheiten. Acht Speichen (grün unterlegt) verlaufen von den Ringen zur Radnabe (dunkelrosa unterlegt), der „zentralen Granula“, die man in vielen elektronenmikroskopischen Aufnahmen erkennt. Diese Granula wird manchmal als *Transporter* bezeichnet, denn man vermutet, dass sie Komponenten beinhaltet, die am Transport von Makromolekülen durch die Kernhülle mitwirken. Die sich am Rand in den perinukleären Zwischenraum erstreckenden Proteine unterstützen die Verankerung des Porenkomplexes in der Kernhülle. Außerdem erstrecken sich Fasern von den Ringen in das Cytosol und das Nucleoplasma, wobei die Fasern auf der nucleoplasmatischen Seite einen Korb bilden (den man auch als „Käfig“ oder „Reuse“ bezeichnet).

18.5.2 Kernporen ermöglichen das Ein- und Ausschleusen von Molekülen in den bzw. aus dem Zellkern

Die Kernhülle löst ein Problem, aus dem sich aber ein anderes Problem ergibt. Aufgrund ihrer Fähigkeit, Chromosomen und deren Aktivität in einer Region der Zelle zu lokalisieren, ist sie ein Beispiel für die allgemeine eukaryotische Strategie der Kompartimentierung. Wahrscheinlich ist es für den Zellkern von Vorteil, eine Barriere zu besitzen, die Chromosomen einschließt und Organellen wie Ribosomen, Mitochondrien, Lysosomen und Mikrotubuli abtrennt. Die Kernhülle schützt zum Beispiel neu synthetisierte RNA vor der Aktivität cytoplasmatischer Organellen oder vor Enzymen, bevor sie vollständig prozessiert ist.

Allerdings entstehen für die eukaryotischen Zellen durch die Trennung unreifer RNA-Moleküle und Chromosomen vom Cytoplasma durch die Kernhülle mehrere ganz erhebliche Transportprobleme, die sich den Bakterien nicht stellen. Alle Enzyme und Proteine, die für die Chromosomenreplikation und die Transkription der DNA im Zellkern benötigt werden, müssen aus dem Cytoplasma importiert werden, und alle RNA-Moleküle und teilweise zusammengesetzten Ribosomen, die für die Proteinsynthese im Cytoplasma erforderlich sind, müssen aus dem Zellkern transportiert werden (▸*Abbildung 18.30*). Als Antwort auf diese Transportprobleme haben sich spezialisierte Poren entwickelt, die praktisch den gesamten Transport in den Zellkern hinein und wieder hinaus abwickeln.

Um sich eine Vorstellung von dem Ausmaß des Transports durch die Kernporen zu machen, betrachten Sie bitte den Strom ribosomaler Untereinheiten vom Zellkern in das Cytoplasma. Ribosomen werden zum Teil im Zellkern aus zwei Klassen von Untereinheiten zusammengesetzt, wobei jede Untereinheit aus einem Komplex aus RNA und Proteinen besteht. Diese Untereinheiten bewegen sich zum Cytoplasma und werden, falls sie für die Proteinsynthese benötigt werden, zu funktionalen Ribosomen kombiniert, die jeweils einen Untereinheitstyp enthalten. Eine aktiv wachsende Säugetierzelle kann durchaus 20.000 ribosomale Untereinheiten pro Minute synthetisieren. Wir wissen bereits, dass eine solche Zelle ungefähr 3.000 bis 4.000 Kernporen besitzt, sodass die riboso-

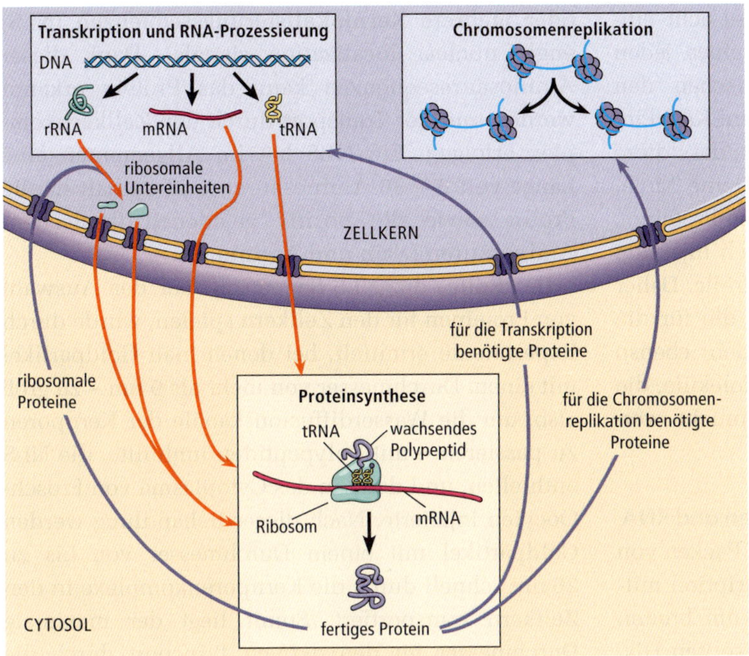

Abbildung 18.30: Makromolekularer Transport in den Zellkern hinein und hinaus. Da eukaryotische Zellen ihre genetische Information im Zellkern speichern, die Proteine jedoch im Cytoplasma synthetisiert werden, müssen alle im Zellkern benötigten Proteine aus dem Cytoplasma (violette Pfeile) importiert werden und alle RNA-Moleküle und ribosomalen Untereinheiten, die für die Proteinsynthese im Cytoplasma gebraucht werden, aus dem Zellkern hinaustransportiert werden (rote Pfeile). Die drei Arten der RNA-Moleküle, die für die Proteinsynthese benötigt werden, sind ribosomale RNA (rRNA), Messenger-RNA (mRNA, Boten-RNA, engl.: *messenger RNA*) und Transfer-RNA (tRNA).

malen Untereinheiten mit einer Geschwindigkeit von circa fünf bis sechs Untereinheiten pro Minute pro Pore ins Cytosol transportiert werden müssen. Der Transport in die entgegengesetzte Richtung ist, wenn überhaupt eine Steigerung möglich ist, noch umfangreicher. Für die Replikation von Chromosomen werden pro Minute 300.000 Histonmoleküle benötigt. Die Geschwindigkeit des Einwärtstransports muss daher bei ungefähr 100 Histonmolekülen pro Minute pro Pore liegen! Abgesehen von diesem intensiven Transport von Makromolekülen bewerkstelligen die Poren auch den Transport kleinerer Partikel, Moleküle und Ionen.

Einfache Diffusion kleiner Moleküle durch Kernporen Der Gedanke, dass kleine Partikel frei durch die Kernporen hin und her diffundieren können, wurde erstmalig durch experimentelle Studien untermauert, bei denen man unterschiedlich große kolloidale Goldpartikel in das Cytoplasma von Zellen injizierte und diese dann unter dem Elektronenmikroskop untersuchte. Kurz nach der Injektion konnte man mitverfolgen, wie die Goldpartikel durch die Kernporen in den Zellkern gelangten. Die Geschwindigkeit, mit der ein Partikel in den Zellkern eintritt, verhält sich umgekehrt zum Durchmesser des Partikels – das heißt, je größer der Goldpartikel, desto langsamer gelangt er in den Zellkern hinein. Partikel mit einem Durchmesser von mehr als 10 nm werden zurückgehalten. Da der Gesamtdurchmesser eines Kernporenkomplexes wesentlich größer ist als diese Goldpartikel, zog man die Schlussfolgerung, dass der Porenkomplex winzige *Wasserdiffusionskanäle* enthält, durch die sich kleine Partikel und Moleküle frei bewegen können.

Zur Ermittlung des Durchmessers dieser Kanäle hat man radioaktive Proteine unterschiedlicher Größen in das Cytoplasma von Zellen injiziert und beobachtet, wie lange die Proteine benötigen, um in den Zellkern zu gelangen. Ein globuläres Protein mit einem Molekulargewicht von 20.000 braucht nur wenige Minuten für den Austausch zwischen dem Cytoplasma und dem Zellkern, aber die meisten Proteine mit einem Molekulargewicht von 60.000 Dalton oder mehr sind kaum in der Lage, in den Zellkern zu gelangen. Diese sowie andere Messungen des Transports durch die Kernporen weisen darauf hin, dass der Durchmesser der Wasserdiffusionskanäle bei circa 9 nm liegt, eine Größe, die für Moleküle, deren Molekulargewicht wesentlich größer als ungefähr 30.000 ist, eine signifikante Permeabilitätsbarriere darstellt. Ursprünglich gingen Wissenschaftler von der Annahme aus, dass jeder Kernporenkomplex nur einen Wasserdiffusionskanal besitzt. Heute liegen jedoch Daten vor, die zeigen, dass acht einzelne 9-nm-Kanäle auf der Peripherie eines jeden Porenkomplexes liegen können – zwischen den Speichen – und vielleicht ein weiterer 9-nm-Kanal im Zentrum des Transporters. Man vermutet, dass diese Wasserdiffusionskanäle für Ionen und kleine Moleküle frei durchlässig sind (auch für kleine Proteine), denn diese Substanzen bewegen sich nach Injektion in die Zellen schnell durch die Zellkernhülle. Daher diffundieren die Nucleosidtriphosphate, die für die DNA- und RNA-Synthese benötigt werden, ebenso frei durch die Poren wie andere kleine Moleküle, die für metabolische Stoffwechselwege gebraucht werden, die im Zellkern ablaufen.

Der aktive Transport von großen Proteinen und RNA durch Kernporen Viele Proteine, die am Packen von DNA, an der Replikation und der Transkription mitwirken, sind so klein, dass sie einen 9 nm breiten Kanal passieren können. Beispielsweise sollten Histone, deren Molekulargewicht 21.000 oder weniger beträgt, ohne Probleme passiv durch die Kernporen diffundieren können. Einige Kernproteine sind allerdings sehr groß. Die an der DNA- und RNA-Synthese beteiligten Enzyme besitzen beispielsweise Untereinheiten, deren Molekulargewicht weit über 100.000 liegt, womit sie zu groß sind, um durch eine 9-nm-Öffnung zu passen. Auch Messenger-RNA-Moleküle stellen eine Herausforderung dar, denn sie verlassen den Zellkern an Proteine gebunden als recht große RNA-Protein-Komplexe („Ribonucleoproteine"). Ribosomale Untereinheiten müssen, nachdem sie im Zellkern zusammengesetzt wurden, in das Cytoplasma transportiert werden. Ganz ohne Zweifel stellt der Transport all dieser Partikel durch die Kernporen eine wirklich große Herausforderung dar.

Es gibt sehr viele aus Experimenten gewonnene Daten, die belegen, dass diese großen Moleküle und Partikel durch einen selektiven Vorgang aktiv durch die Kernporen transportiert werden. Ebenso wie der aktive Transport durch einzelne Membranen wird auch für den aktiven Transport durch Kernporen Energie benötigt, und es muss eine spezifische Bindung der zu transportierenden Substanz an Membranproteine erfolgen, die in diesem Fall Bestandteile des Kernporenkomplexes sein müssen. Der diesem Vorgang zugrundeliegende molekulare Mechanismus ist bei den Proteinen am besten verstanden, die aktiv vom Cytosol in den Zellkern transportiert werden. Diese Proteine enthalten eine oder mehrere **Kernlokalisierungssequenzen** (**NLS**; engl.: nuclear localization signals). Dank dieser Aminosäuresequenzen kann das Protein erkannt werden und der Transport durch den Zellkernkomplex erfolgen. Ein NLS hat im Allgemeinen eine Länge von 8 – 30 Aminosäuren und enthält häufig Prolin sowie die positiv geladenen (basischen) Aminosäuren Lysin und Arginin.

Die Rolle, die NLS-Sequenzen bei der Auswahl von Proteinen für den Zellkern spielen, wurde durch Experimente ermittelt, bei denen man Goldpartikel mit einem Durchmesser von mehr als 9 nm – zu groß also, um die Wasserdiffusionskanäle der Kernporen zu passieren – mit Polypeptiden umhüllte, die NLS enthielten, und dann in das Cytoplasma von Frosch-Oocyten injizierte. Nach dieser Behandlung werden Goldpartikel mit einem Durchmesser von bis zu 26 nm schnell durch die Kernporenkomplexe in den Zellkern transportiert. Somit liegt der maximale Durchmesser für den *aktiven* Transport durch die Kernhülle wahrscheinlich bei 26 nm (gegenüber 9 nm bei der einfachen Diffusion). Dies ist nur eines der Beispiele, bei denen man nachweisen konnte, dass eine kurze Aminosäuresequenz ein Molekül oder einen Partikel gezielt zu einer spezifischen Stelle in der Zelle transportiert hat.

Der Transport cytoplasmatischer Proteine in den Zellkern durch Kernporen wird in ▸*Abbildung 18.31a* dargestellt. In Schritt ❶ wird ein cytoplasmatisches Protein, das eine NLS enthält, von einem besonderen Typ von Rezeptorprotein erkannt, dem sogenannten **Importin**, das an die NLS bindet und den Transport NLS-haltigen Proteins zu einer Zellkernpore bewerkstelligt. In Schritt ❷ wird der Importin-NLS-Proteinkomplex von einem im Zentrum des Kernporenkomplexes gelegenen Transporter (NPC, engl.: nuclear pore complex) transportiert. Nachdem dieser Komplex im Zellkern angelangt ist, assoziiert das Importinmolekül mit einem GTP-bindenden Protein, dem sogenannten *Ran*. Infolge dieser Wechselwirkung zwischen Importin und Ran wird das NLS-haltige Protein für seine Verwendung im Zellkern freigesetzt (Schritt ❸). Der Ran-GTP-Importinkomplex wird anschließend durch eine Kernpore in das Cytoplasma zurück transportiert (Schritt ❹), wo das Importin für einen neuen Durchlauf freigesetzt wird. Diese Freisetzung geht mit der Hydrolyse von Ran-gebundenem GTP einher (Schritt ❺). Experimente, aus denen hervorging, dass der Kerntransport gehemmt werden kann, indem man Zellen mit nicht-

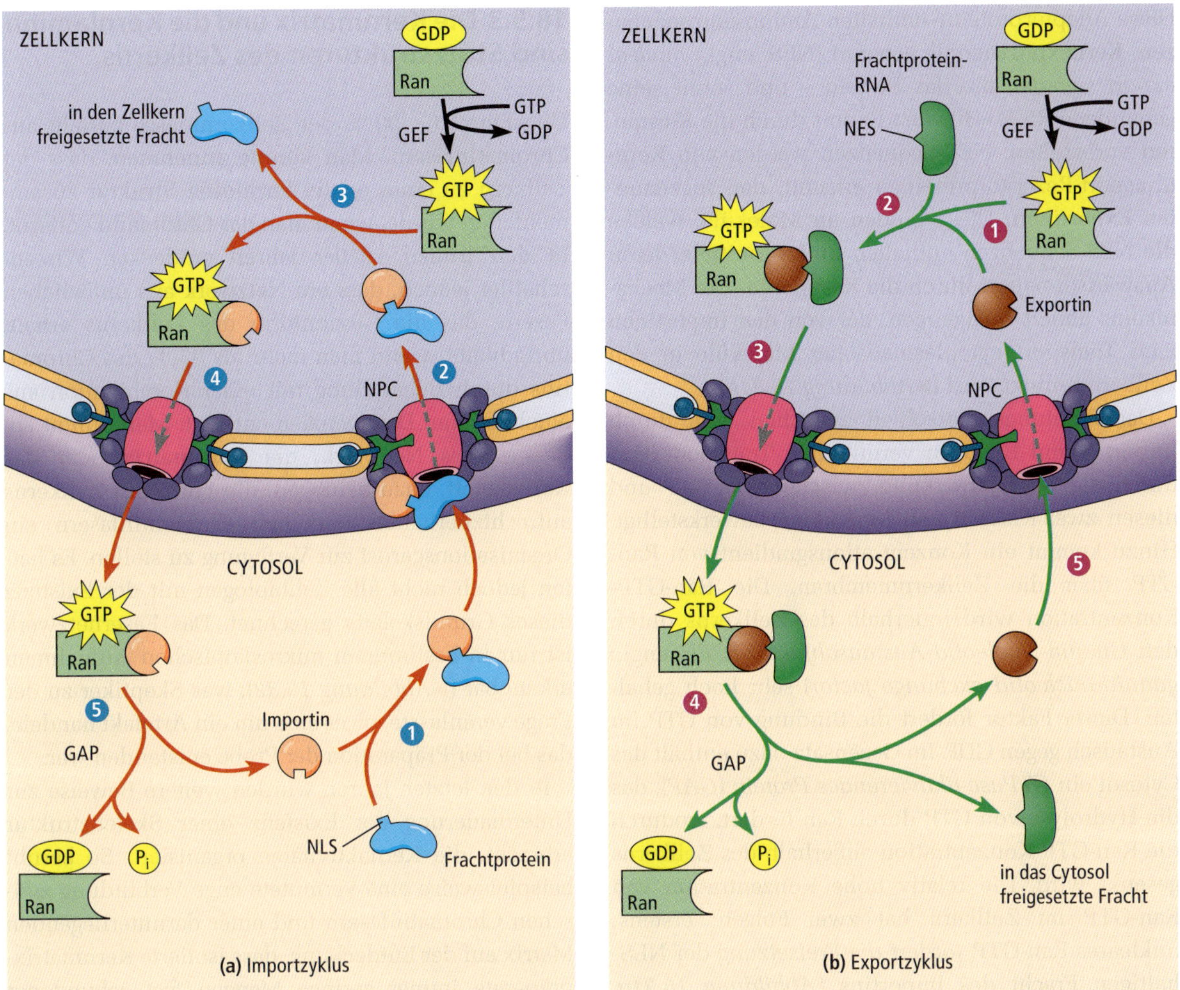

Abbildung 18.31: Transport durch den Kernporenkomplex. (a) Importzyklus. Im Cytosol gebildete Proteine, die für den Einsatz im Zellkern bestimmt sind, enthalten eine Kernlokalisierungssequenz (NLS), die sie als „Fracht" für den Transport durch den Zellkernporenkomplex leitet. ❶ Ein NLS-enthaltendes Frachtprotein bindet an Importin und ❷ der Importin-Frachtprotein-Komplex wird dann durch den Zellkernporenkomplex befördert. ❸ Nukleares Ran-GTP bindet an Importin, worauf die Freisetzung des Frachtproteins im Zellkern ausgelöst wird. ❹ Der Ran-GTP-Importin-Komplex wird zurück ins Cytosol transportiert, wo ❺ die Hydrolyse von GTP zu GDP mit der Freisetzung von Importin einhergeht. (b) Exportzyklus. Die wichtigste Ladung für den Export aus dem Zellkern ist RNA und nicht Protein, aber die RNAs werden im Allgemeinen von Proteinen, die ein Kernexportsignal (NES) enthalten, aus dem Zellkern transportiert. Während des Exportzyklus ❶ bindet Ran-GTP im Zellkern an Exportin, das ❷ die Bindung von Exportin an seine Fracht fördert; in diesem Fall handelt es sich um einen Protein-RNA-Komplex. ❸ Der Exportin-Fracht-Ran-GTP-Komplex wird durch die Kernporen in das Cytosol befördert, wo ❹ das Exportin und dessen Fracht von Ran-GTP freigesetzt werden, was mit der Hydrolyse von GTP zu GDP einhergeht. ❺ Exportin kehrt dann wieder in den Zellkern zurück, wo der Exportzyklus von Neuem begonnen werden kann. Die Zyklen von Import und Export werden beide durch einen Konzentrationsgradienten von Ran-GTP angetrieben, der durch die Gegenwart von GEF (Guanin-Nucleotid-Austauschfaktor) im Zellkern und einem GAP (GTPase-aktivierenden Protein) im Cytosol aufrechterhalten wird.

hydrolysierbaren GTP-Analoga in Kontakt bringt, nicht aber, wenn man sie mit nicht-hydrolysierbaren ATP-Analoga in Kontakt bringt, haben den Beweis dafür geliefert, dass dieser GTP-Hydrolyse-Schritt die für den Kerntransport benötigte Energie liefert.

Beim Export von Material aus dem Zellkern laufen ähnliche Mechanismen ab. Der Hauptunterschied besteht darin, dass der Transport aus dem Zellkern hauptsächlich RNA-Moleküle betrifft, die im Zellkern synthetisiert werden, ihre Funktion aber im Cytoplasma erfüllen, während der Zellkernimport hauptsächlich zum Import von Proteinen dient, die im Cytoplasma synthetisiert werden, aber im Zellkern wirken. Obwohl die Hauptfracht des Zellkerntransports RNA und nicht Protein ist, wird der RNA-Export von Proteinen vermittelt, die RNA binden.

Diese Adapterproteine enthalten Aminosäuresequenzen, **Kernexportsignale** genannt (**NES**; engl.: *nuclear export signals*), die das Protein – und somit seine gebundene RNA – für den Export durch die Kernporen vorbereiten. NES-Sequenzen werden von Kerntransport-Rezeptorproteinen erkannt, den sogenannten **Exportinen**. Diese binden an Moleküle, welche die NES-Sequenzen enthalten und vermitteln deren Auswärtstransport durch die Kernporen. Der Mechanismus ähnelt demjenigen, der von den Importinen zum Transport cytoplasmatischer Moleküle in den Zellkern genutzt wird (▸*Abbildung 18.31b*).

Der Richtungsunterschied zwischen dem durch Importin und Exportin vermittelten Transport wird durch die Wechselwirkung zwischen Ran-GTP und diesen zwei Klassen von Molekülen bewerkstelligt. Hinzu kommt ein Konzentrationsgradient von Ran-GTP über die Zellkernmembran. Die Ran-GTP-Konzentration wird innerhalb des Zellkerns durch den *Guanin-Nucleotid-Austauschfaktor* (*GEF*; engl.: *guanin-nucleotid exchange factor*) sehr hoch gehalten. Dieser Faktor fördert die Bindung von GTP im Austausch gegen GDP. Im Gegensatz dazu enthält das Cytosol ein *GTPase-aktivierendes Protein* (*GAP*), das die Hydrolyse von GTP durch Ran fördert, wodurch die Ran-GTP-Konzentration außerhalb des Zellkerns gesenkt wird. Die relativ hohe Konzentration von Ran-GTP im Zellkern hat zwei Folgen: erstens, nukleares Ran-GTP *fördert die Freisetzung* der NLS-haltigen Fracht des Importins (*Abbildung 18.31a*, Schritt ❸), zweitens, nukleares Ran-GTP *fördert die Bindung* von NES-haltiger Fracht an Exportin (*Abbildung 18.31b*, Schritt ❷). Daraus ergibt sich, dass die Transportrichtung jedes einzelnen Frachtmoleküls durch den Typ der Lokalisierungssequenz bestimmt wird, die es enthält (NLS oder NES). Die Lokalisierungssequenzen bestimmen, welche Importine Fracht im Cytoplasma binden und im Zellkern freisetzen oder welche Exportine im Zellkern an die Fracht binden und diese im Cytoplasma freisetzen.

Durch den nuklearen Transportzyklus stellt sich der Zelle ein Recyclingproblem: Ran-GTP wird zusammen mit Molekülen exportiert, die den Zellkern verlassen. Wenn Ran nicht wieder in den Zellkern zurücktransportiert werden würde, dann wäre der Vorrat an Ran schon bald erschöpft. Ein spezifisches nukleares Transportprotein, *NTF2* (die Abkürzung steht für engl.: *nuclear transport factor 2*) löst dieses Problem, indem es Ran-GDP zurück in den Zellkern schleust.

18.5.3 Die Kernmatrix und die Kernlamina sind Stützstrukturen des Zellkerns

Ungefähr 80 – 90 % der Zellkernmasse besteht aus Chromatinfasern. Man könnte annehmen, dass der Zellkern zu einer relativ formlosen Struktur zusammenfallen würde, wenn man das Chromatin entfernt. In den frühen 1970er Jahren entdecken Wissenschaftler jedoch, dass ein Netzwerk aus unlöslichen Fasern, das die Gesamtform des Zellkerns erhält, übrig bleibt, wenn man mehr als 95 % des Chromatins durch Behandlung mit einer Kombination aus Nuclease und Detergenzien entfernt. Man nimmt an, dass dieses Netzwerk, die **Kernmatrix** oder das **Kernskelett**, dazu beitragen, die Form des Zellkerns aufrechtzuerhalten und den Chromatinfasern ein Organisationsgerüst zur Verfügung zu stellen. Es hatten jedoch nicht alle Zellbiologen mit der Existenz dieses Grundskeletts gerechnet. Das Fasernetzwerk ist nur in bestimmten mikroskopischen Aufnahmen erkennbar (▸*Abbildung 18.32*), was Skeptiker zu der Frage veranlasste, ob es sich um ein Artefakt handele, das bei der Präparation der Probe entstanden war.

In den letzten Jahren wurden weitere Beweise zur Untermauerung der Existenz einer Skelettstruktur erbracht, die Kernaktivitäten organisiert. So beruht beispielsweise eine vermutete enge Verbindung zwischen Chromatinfasern und einer darunterliegenden Matrix auf der Entdeckung, dass isolierte Kernmatrixpräparate immer geringe Mengen fest gebundener DNA und RNA enthalten. Nucleinsäurehybridisierungstechniken haben gezeigt, dass die fest gebundene DNA in Sequenzen angereichert ist, die aktiv in RNA transkribiert werden. Hinzu kommt, dass in Zellen, die mit ^{3}H-Thymidin inkubiert wurden, einem radioaktiven Vorläufer zur DNA-Synthese, die neu synthetisierte radioaktive DNA vorzugsweise mit der Kernmatrix assoziiert. Aus diesen Beobachtungen kann man schließen, dass ein zugrundeliegendes Skelettnetzwerk an der Verankerung von Chromatinfasern an jenen Stellen mitwirken kann, an denen DNA oder RNA synthetisiert wird, wodurch die DNA für eine korrekte Replikation und Transkription angeordnet wird und vielleicht sogar Spuren gelegt werden, auf denen neu gebildete Messenger-RNA für den Transport in das Cytoplasma zu den Kernporen gelenkt wird.

Zwar sind die genaue Zusammensetzung und die Rolle des Zellkerns noch nicht aufgeklärt, doch enthält der Zellkern eine gut untersuchte Skelettstruk-

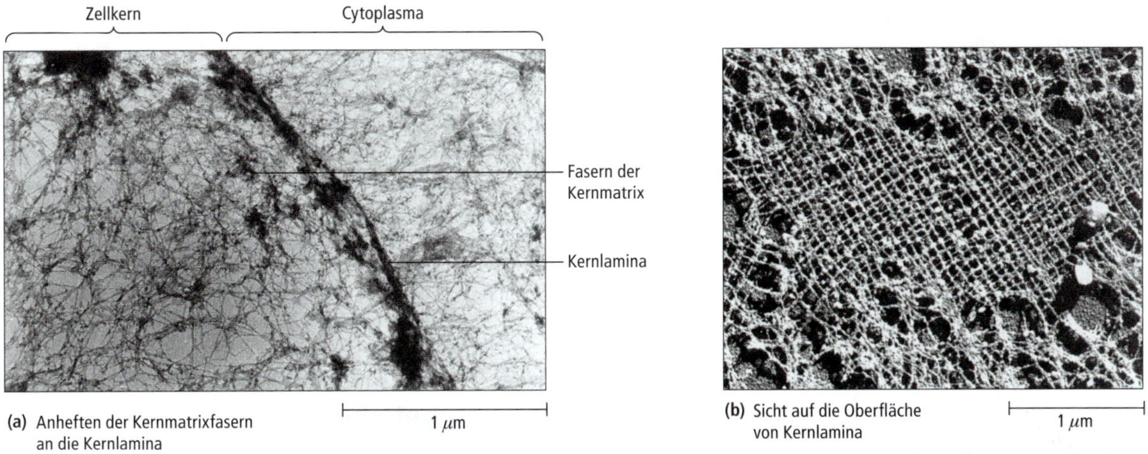

Abbildung 18.32: Die Kernmatrix und die Kernlamina. (a) Diese elektronenmikroskopische Aufnahme eines Teils eines Säugetierzellkerns zeigt ein verzweigtes Netzwerk von Kernmatrixfilamenten, die den Zellkern durchqueren. Diese Filamente scheinen an die Kernlamina geheftet zu sein, die dicke Filamentschicht, welche die nucleoplasmatische Seite der Kernhülle auskleidet. (b) Blick auf die Oberfläche der Kernlamina einer Frosch-Oocyte (TEM).

tur. Diese Struktur, die sogenannte **Kernlamina**, ist ein dünnes, dichtes Netzwerk aus Fasern, das die innere Oberfläche der inneren Zellkernmembran auskleidet und dem Zellkern mechanische Festigkeit verleiht. Die Kernlamina ist ungefähr 10 – 40 nm dick und besteht aus Intermediärfilamenten und Proteinen, den *Laminen* (in *Kapitel 15* haben wir diese genauer beschrieben). Vererbte Defekte in diesen Proteinen sind mit mehr als einem Dutzend Erkrankungen beim Menschen in Verbindung gebracht worden, darunter mehreren schweren Formen des Muskelabbaus oder vorzeitigem Altern. Eine einzige Mutation in einem Lamin-Gen ist zum Beispiel für das *Hutchinson-Gilford-Syndrom* verantwortlich, eine Erkrankung, bei der Symptome des Alters – zum Beispiel Haarausfall, Herz-Kreislauf-Erkrankungen und Abbau von Haut, Muskeln und Knochen – bei kleinen Kindern auftreten und im Allgemeinen im frühen Teenageralter zum Tode führen. Die Zellen dieser Individuen weisen schwere Anomalien im Hinblick auf die Form des Zellkerns auf, obwohl nicht klar ist, welcher Zusammenhang zwischen diesen Zellkernveränderungen und den verschiedenen Krankheitssymptomen besteht.

18.5.4 Chromatinfasern liegen im Zellkern auf nicht-zufällige Weise verteilt vor

Anders als bei der Zellteilung tendieren die Chromatinfasern einer Zelle dazu, stark ausgestreckt und über den gesamten Zellkern verteilt vorzuliegen. Daher könnte man meinen, dass die Chromatinfasern, die zu den einzelnen Chromosomen gehören, innerhalb des Zellkerns zufällig verteilt und stark miteinander verschlungen vorliegen. Es ist vielleicht eine große Überraschung, dass dies nicht zutrifft. Stattdessen besitzt das Chromatin eines jeden Chromosoms seinen eigenen Platz. Dieser Gedanke kam erstmalig im Jahr 1885 auf, aber der Nachweis, dass das auf eine Reihe von Zellen zutrifft, konnte erst durch die Techniken der modernen Molekularbiologie erbracht werden. Aus Experimenten, bei denen man Nucleinsäuresonden einsetzte, die mit der DNA spezifischer Chromosomen hybridisieren (ein Beispiel für eine Technik, die man als *In-situ-Hybridisierung* bezeichnet), ist bekannt, dass die Chromatinfasern, die zu einem einzelnen Chromosom gehören, bestimmte Kompartimente innerhalb des Zellkerns besetzen, die man als *Chromosomenterritorien* bezeichnet (▶*Abbildung 18.33*). In den Leukocyten (weißen Blutkörperchen) des Menschen zum Beispiel liegt Chromosom 18 im Kern immer außen in der Nähe der inneren Kernmembran, während Chromosom 19 stets im Zentrum lokalisiert und Chromosom 7 dazwischen positioniert ist. Der Zellkern bietet also insgesamt kein homogenes Milieu, und ein Chromosom in einem bestimmten Zelltyp hat normalerweise immer das gleiche Nachbarchromosom. Die Positionen dieser Territorien scheinen allerdings nicht vorgeschrieben zu sein. Sie variieren von Zelle zu Zelle eines Organismus und ändern sich während des Lebenszyklus der Zelle. Darin spiegeln sich Änderungen in der Genaktivität der verschiedenen Chromosomen wider.

Die Kernhülle trägt zur Organisation des Chromatins bei, indem sie an den Stellen der inneren Kernhülle, die eng mit den Kernporen assoziiert sind, Teile des Chromatins bindet. Diese Chromatinregionen sind stark verdichtet – das heißt, es handelt sich um Heterochromatin. In elektronenmikroskopischen Aufnahmen ist dieses Material als dunkle, unregelmäßige Schicht um die Zellkernperipherie erkennbar, wie Sie in *Abbildung 18.27a* sehen können. Der Großteil scheint **konstitutives Heterochromatin** zu sein, das in stark verdichteter Form praktisch immer in allen Zellen eines Organismus enthalten ist. Die DNA des konstitutiven Heterochromatins besteht aus repetitiver DNA mit einfachen Sequenzen (rufen Sie sich bitte in Erinnerung, dass es sich um kurze Sequenzen handelt, die tandemartig wiederholt und nicht transkribiert werden). Die beiden wichtigsten chromosomalen Regionen, die aus konstitutivem Heterochromatin bestehen, sind das Centrosom und das Telomer. In vielen Fällen handelt es sich um chromosomale Telomere – die stark repetitiven DNA-Sequenzen, die sich an den Enden der Chromosomen befinden – die nicht während der Zellteilung an die Kernhülle geheftet sind.

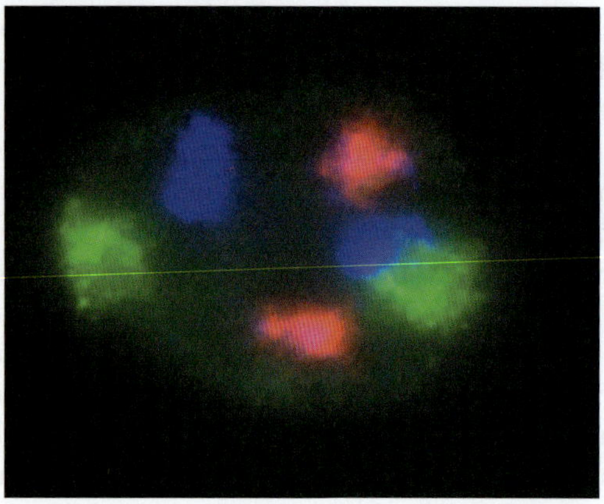

Abbildung 18.33: Chromosomenterritorien. Die Zellen einer Mauslunge wurden mit Fluoreszenzfarbstoffen angefärbt und an Nucleinsäuresonden gebunden, die spezifisch mit der DNA von Chromosom 12 (rot), Chromosom 14 (grün) oder Chromosom 15 (blau) hybridisieren. Diese Ansicht eines einzelnen Zellkerns unter dem Lichtmikroskop zeigt, dass die DNA eines jeden Chromosoms in einer spezifischen Region des Zellkerns lokalisiert ist (jedes Chromosom liegt in zweifacher Kopie vor).

Im Gegensatz zum konstitutiven Heterochromatin variiert das fakultative Heterochromatin je nach der Aktivität, die eine Zelle gerade ausführt. Somit unterscheidet sich dieser Chromatintyp von Gewebe zu Gewebe und kann sogar innerhalb einer Zelle zu verschiedenen Zeiten unterschiedlich sein. Fakultatives Heterochromatin scheint chromosomale Regionen zu repräsentieren, die in einem bestimmten Zelltyp spezifisch inaktiviert werden. Die Bildung von fakultativem Heterochromatin kann ein wichtiges Mittel zu Inaktivierung ganzer Blöcke genetischer Information während der embryonalen Entwicklung sein.

18.5.5 Der Zellkern ist an der Ribosomenbildung beteiligt

Eine wichtige Strukturkomponente des eukaryotischen Zellkerns ist der **Nucleolus** (Plural **Nucleoli**), der Ribosomenfabrik der Zelle. Typische eukaryotische Zellen enthalten einen oder zwei Nucleoli, aber nicht selten kommen auch einige mehr vor. In bestimmten Situationen können sogar Hunderte oder sogar Tausende vorliegen. Im Allgemeinen ist der Nucleolus rund. Er hat einen Durchmesser von mehreren Mikrometern, aber man hat im Hinblick auf Größe und Form beträchtliche Schwankungen beobachtet. Aufgrund ihrer Größe kann man Nucleoli gut unter dem Lichtmikroskop erkennen. Vor 200 Jahren hat man sie das erste Mal beobachtet. Allerdings musste erst in den 1950er Jahren das Elektronenmikroskop entwickelt werden, um die Strukturkomponenten des Nucleolus klar zu identifizieren. In Dünnschnittaufnahmen des Elektronenmikroskops erscheint jeder Nucleolus als membranfreie Organelle, die aus Fibrillen und Granula besteht (▸*Abbildung 18.34*). Die Fibrillen enthalten DNA, die zu *ribosomaler RNA* (*rRNA*) transkribiert wird, der RNA-Komponente der Ribosomen. Die Granula sind rRNA-Moleküle, die mit Proteinen gepackt werden (die aus dem Cytoplasma importiert wurden) und ribosomale Untereinheiten bilden. Wir haben bereits zuvor gesehen, dass die ribosomalen Untereinheiten nacheinander durch die Kernporen in das Cytoplasma transportiert werden. Aufgrund ihrer Rolle bei der Synthetisierung von RNA werden die Nucleoli stark radioaktiv markiert, wenn man die Zelle radioaktiven Vorläufern von RNA aussetzt (▸*Abbildung 18.35*).

Der früheste Hinweis auf einen Zusammenhang zwischen dem Nucleolus und der Ribosomenbildung wurde in den frühen 1960er Jahren von Robert Perry erbracht. Er arbeitete mit einem Mikrostrahl ultravioletten Lichts, um die Nucleoli lebender Zellen zu zerstören. Diese Zellen verloren ihre Fähigkeit, RNA zu synthetisieren, woraus er folgerte, dass der Nucleolus an der Bildung von Ribosomen mitwirkte. Dieser Befund wurde durch Untersuchungen untermauert, die Donald Brown und John Gurdon mit dem afrikanischen Klauenfrosch, *Xenopus laevis*, durchführten. Durch genetische Kreuzungen ist es möglich, *Xenopus*-Embryonen zu schaffen, deren Zellen keine Nucleoli besitzen. Brown und Gurdon entdeckten, dass diese Embryos, die man als *nucleolusfreie Mutanten* bezeichnete, keine RNA synthetisieren konnten und daher während der frühen Entwicklung starben – was wiederum impliziert, dass der Nucleolus an der Ribosomenbildung beteiligt ist. Für sein Lebenswerk erhielt John Gurdon 2012 den Nobelpreis für Medizin.

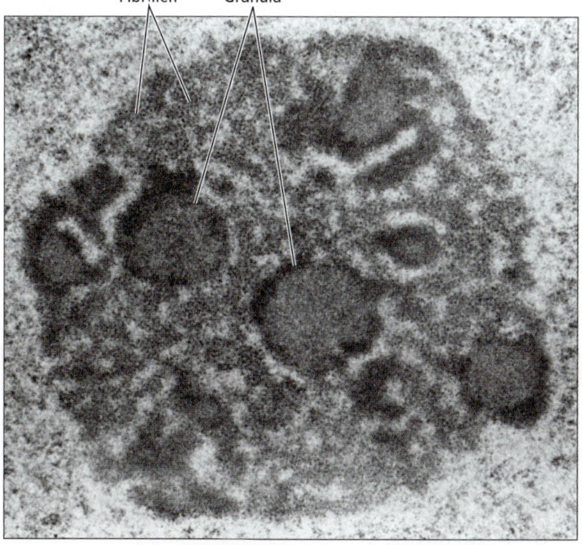

Abbildung 18.34: Der Nucleolus. Der Nucleolus ist eine deutlich erkennbare intranucleäre Struktur, die aus einer Masse aus Fibrillen und Granula besteht. Die Fibrillen sind DNA und rRNA; die Granula sind sich neu bildende ribosomale Untereinheiten. Hier ist der Nucleolus eines Spermatogoniums abgebildet, einer Zelle, aus der Spermazellen hervorgehen (TEM).

Wenn rRNA im Nucleolus synthetisiert wird, dann müssen die DNA-Sequenzen, die diese RNA kodieren, auch im Nucleolus lokalisiert sein. Diese Vermutung wurde durch den Nachweis erhärtet, dass isolierte Nucleoli die **Nucleolus-Organisator-Region** (**NOR**; engl.: *nucleolus organizer region*) enthalten – einen DNA-Abschnitt, der Mehrfachkopien von rRNA-Genen trägt. Diese multiplen rRNA-Gene kommen in allen Genomen vor und sind daher ein wichtiges Beispiel für repetitive DNA, die genetische Information trägt. Die Anzahl der Kopien von rRNA-Genen variiert unter den Spezies erheblich, aber tierische Zellen enthalten im Allgemeinen Hunderte von Kopien und Pflanzenzellen oftmals Tausende. Die Vielfachkopien sind in einer oder mehreren NOR gruppiert, die auf mehr als nur einem Chromosom lokalisiert sein können. In jeder NOR sind die Mehrfachgenkopien tandemartig angeordnet. Ein einzelner Nucleolus kann rRNA-Gene enthalten, die aus mehr als nur einer NOR stammen. Zum Beispiel besitzt das menschliche Genom pro haploidem Chromosomensatz fünf NOR – oder zehn pro diploidem Zellkern – wobei jede nahe der Spitze eines anderen Chromosoms lokalisiert ist. Doch anstelle von zehn getrennten Nucleoli hat ein typischer menschlicher Zellkern einen einzigen großen Nucleolus, der Chromatinschleifen enthält, die von zehn verschiedenen Chromosomen stammen.

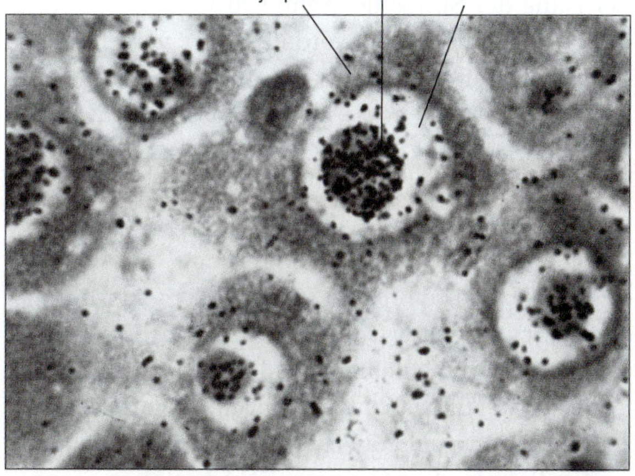

Abbildung 18.35: Der Nucleolus am Ort der RNA-Synthese. Zur Veranschaulichung der Rolle des Nucleolus bei der RNA-Synthese injizierte man in eine Ratte ^{3}H-Cytidin, einen radioaktiv markierten RNA-Vorläufer. Fünf Stunden später entfernte man Lebergewebe und führte eine Autoradiographie durch. Die dunklen Punkte über den Nucleoli in dieser autoradiographischen Aufnahme zeigen, dass das ^{3}H konzentriert in den Nucleoli vorliegt (TEM).

Die Größe des Nucleolus korreliert mit dem Grad seiner Aktivität. In Zellen, in denen mit hoher Geschwindigkeit Proteine synthetisiert werden und die daher mehr Ribosomen benötigen, sind die

Nucleoli tendenziell größer und können 20 bis 25 % des Gesamtvolumens des Zellkerns ausmachen. In weniger aktiven Zellen sind die Nucleoli kleiner.

Der Nucleolus verschwindet während der Mitose, zumindest bei den höheren Pflanzen und Tieren. Wenn sich die Zelle der Phase der Zellteilung nähert, kondensiert das Chromatin zu kompakten Chromosomen, was mit dem Zusammenschrumpfen und dem Verschwinden der Nucleoli einhergeht. Auf der Grundlage unserer heutigen Erkenntnisse über Zusammensetzung und Funktion des Zellkerns ist das auch ganz stimmig: Die ausgedehnten Chromatinschleifen des Nucleolus werden nicht weiter transkribiert, denn sie werden spiralisiert und gefaltet, und jegliche noch verbleibenden rRNA-Moleküle und ribosomalen Proteinmoleküle zerstreuen sich oder werden abgebaut. Somit entspiralisiert sich das Chromatin am Ende der Mitose, die NOR bilden wieder Schleifen, und die rRNA-Synthese wird wiederaufgenommen. In menschlichen Zellen ist dies der einzige Zeitpunkt, zu dem die zehn NOR des diploiden Zellkerns zu erkennen sind; wenn die RNA-Synthese neu einsetzt, werden zehn winzige Nucleoli erkennbar, jeweils einer in der Nähe der Spitze der zehn Chromosomen. Wenn diese Nucleoli größer werden, dann verschmelzen sie schnell zu dem einzigen großen Nucleolus, den man in den menschlichen Zellen, die gerade nicht im Prozess der Teilung begriffen sind, findet.

Abgesehen vom Nucleolus haben Mikroskopiker auch mehrere Arten kleiner, nicht von einer Membran umschlossener Zellkernstrukturen identifiziert. Diese Zellkernkörper spielen wahrscheinlich verschiedene Rollen bei der Prozessierung und Weiterverarbeitung von RNA-Molekülen, die im Zellkern gebildet werden. Dazu gehören *Cajalkörper* (engl.: *Cajal bodies*; benannt nach dem Wissenschaftler, der sie entdeckte), *Gemini von Cajalkörpern* (*GEMS*; engl.: *Gemini of Cajal bodies*; so benannt, weil sie den Cajalkörpern ähneln), *Speckles* und *promyelocytische Leukämiekörper* (*PML bodies*; engl.: *promyelocytic leukemia bodies*). Cajalkörper und GEMS wirken an der Reifung und Prozessierung kleiner RNA des Nucleolus (snoRNA) und kleiner nucleärer RNA (snRNA) mit. Cajalkörper sind mit dem Nucleolus über das Protein *Coilin* verbunden und wahrscheinlich an der Biogenese von Telomerase-Enzymen beteiligt. Speckles, die manchmal als *Interchromatingranulacluster* bezeichnet werden, sind reich an RNAs und Proteinen, die zum Spleißen von mRNA-Vorläufern in reifen mRNAs benötigt werden. Heutzutage konzentriert sich die Forschung auf die Klärung der Rollen dieser Kernkörperchen.

ZUSAMMENFASSUNG DER WICHTIGSTEN INHALTE

Die chemische Natur des genetischen Materials

- Die DNA wurde im 19. Jahrhundert von Miescher entdeckt. Doch erst Mitte des 20. Jahrhunderts erbrachten Untersuchungen an *Pneumococcus* (Bakterien, die Lungenentzündungen hervorrufen) und Bakteriophagen (Viren, die Bakterien infizieren) den Beweis, dass Gene aus DNA bestehen.

Die DNA-Struktur

- Watson und Crick entdeckten, dass die DNA eine Doppelhelix ist, in der eine Base A mit einer Base T und eine Base G mit einer Base C gepaart ist. Die Überspiralisierung der Doppelhelix wirkt sich auf die Fähigkeit der DNA aus, mit anderen Molekülen zu interagieren.
- Unter experimentellen Bedingungen können die beiden Stränge der Doppelhelix getrennt (Denaturierung) und wieder zusammengefügt werden (Renaturierung).

Die Organisation der DNA in Genome

- Die DNA (oder in einigen Viren die RNA) enthält einen vollständigen Satz der genetischen Information eines Organismus, sein sogenanntes Genom. Virale oder prokaryotische Genome bestehen aus einem oder wenigen DNA-Molekülen. Eukaryoten haben ein Kerngenom, das auf viele Chromosomen aufgeteilt wird, wobei jedes ein langes DNA-Molekül enthält; außerdem verfügen sie über ein mitochondriales Genom. Pflanzen und Algen besitzen zusätzlich ein Chloroplastengenom.

- Die Untersuchung von Genomen wurde durch die Entwicklung automatisierter Techniken für die schnelle DNA-Sequenzierung erleichtert. Dank dieser Techniken konnte man die vollständige DNA-Sequenz vieler Organismen ermitteln, auch die des Menschen. Mehrere Online-Datenbanken und Softwareprogramme unterstützen die Wissenschaftler bei der Sortierung der gewaltigen Datenmengen, die über DNA und Proteinsequenzen zusammengetragen werden.

- Die DNA in den Kerngenomen vielzelliger Eukaryoten setzt sich teilweise aus repetitiven Sequenzen zusammen, die keine RNA oder Proteine kodieren. Ein Teil dieser nichtkodierenden DNA übernimmt strukturierende oder regulatorische Aufgaben, aber der größte Teil hat keine uns bekannte Funktion.

Das Packen von DNA

- Aufgrund ihrer außerordentlichen Größe müssen DNA-Moleküle effizient von Proteinen, die an DNA binden, gepackt werden. In eukaryotischen Chromosomen werden kurze DNA-Fragmente um Proteinpartikel gewickelt, die aus acht Histonmolekülen bestehen und eine grundlegende Struktureinheit bilden, das Nucleosom. Nucleosomketten („Perlen auf einer Schnur") werden gepackt und formen eine 30-nm-Chromatinfaser, die dann eine Schleife bildet und weiter gepackt werden kann.

- Bei eukaryotischen Zellen, die gerade aktiv DNA transkribieren, liegt ein Großteil des Chromatins ausgestreckt und nicht-spiralisiert als sogenanntes Euchromatin vor. Andere Teile des Chromatins, das sogenannte Heterochromatin, sind stark verdichtet und befinden sich in einem Zustand, in dem die DNA nicht transkribiert wird. Während der Zellteilung wird das gesamte Chromatin stark verdichtet und bildet deutlich abgetrennte Chromosomen, die man unter dem Lichtmikroskop erkennen kann.

Der Zellkern

- Eukaryotische Chromosomen liegen innerhalb eines Zellkerns; dieser ist von einer Kernhülle umgeben, die aus einer Doppelmembran besteht.

- Die Kernhülle ist mit Kernporenkomplexen durchsetzt, die den Einwärts- und Auswärtstransport zwischen dem Nucleoplasma und dem Cytosol vermitteln. Ionen und kleine Moleküle diffundieren passiv durch die Wasserkanäle des Porenkomplexes. Größere Moleküle und Partikel werden aktiv durch die Poren transportiert.

- Der Nucleolus ist eine spezialisierte Kernstruktur, die an der Synthese ribosomaler RNA und dem Zusammenbau ribosomaler Untereinheiten mitwirkt. Andere Kernkörper übernehmen Aufgaben, die mit der Prozessierung von RNA assoziiert sind.

- Der Zellkern scheint ein Faserskelett zu enthalten, das bestimmte Aktivitäten einzelnen Regionen des Zellkerns zuordnet, beispielsweise die DNA-Replikation und die Bildung von Messenger-RNA. Eine gut untersuchte Skelettstruktur ist die Kernlamina – ein dünnes, dichtes Netzwerk aus Fasern, welche die innere Oberfläche der inneren Zellkernmembran auskleiden, die dem Zellkern mechanische Festigkeit verleiht.

ZUSAMMENHÄNGE HERSTELLEN

In diesem Kapitel haben wir Ihnen die Merkmale der DNA vorgestellt – die Moleküle, welche die genetische Information speichern – und den Zellkern, den Ort in eukaryotischen Zellen, an dem der größte Teil der DNA lokalisiert ist, repliziert und transkribiert wird. Im nächsten Kapitel werden Sie sehen, wie die DNA in einem Vorgang repliziert wird, bei dem die beiden Stränge der Doppelhelix entwunden werden, wodurch jeder Strang die Synthese eines neuen, komplementären Strangs durchführen kann. Sie werden außerdem erfahren, wie die DNA-Replikation mit der Mitose koordiniert ist, einem Typ der Zellteilung, bei der aus einer Zelle zwei Tochterzellen hervorgehen. Sie enthalten die gleiche DNA wie die ursprüngliche Elternzelle. In *Kapitel 20* beschäftigen wir uns mit einem anderen Typ der Zellteilung, der Meiose, bei der die genetische Information der DNA während der Bildung der Spermien und der Eizellen, durch die geschlechtliche Reproduktion erst möglich wird, rekombiniert wird. In den *Kapiteln 21* und *22* werden Sie erfahren, wie die in der DNA gespeicherte genetische Information zur Steuerung der Synthese spezifischer Proteinmoleküle genutzt wird. In *Kapitel 23* schließlich werden die verschiedenen Wege beschrieben, die Zellen zur Regulierung der Expression der in der DNA enthaltenen genetischen Information nutzen.

ÜBUNGSAUFGABEN

Schwierigere Aufgaben sind mit einem • gekennzeichnet.

18-1 Vorwissen. Praktisch jedes von Biologen durchgeführte Experiment basiert auf den Erkenntnissen früherer Experimente.

A Welche Bedeutung hatte für Avery und seine Kollegen der Befund (aus dem Jahr 1932 von J. L. Alloway), dass die gleiche Form der Transformation von R-Zellen zu S-Zellen, die Griffith in Mäusen beobachtet hatte, auch in einer Kultur mit isolierten *Pneumococcus*-Zellen nachgewiesen werden konnte?

B Welche Bedeutung hatte für Hershey und Chase die folgende Annahme (aus dem Jahr 1951 von R. M. Herriott)? „Ein Virus könnte als kleine Nadel voller transformierender Partikel wirken; das Virus an sich dringt niemals in die Zelle ein; nur der Schwanz berührt den Wirt und schneidet vielleicht mit Hilfe von Enzymen ein Loch in die äußere Membran, und dann fließt die Nucleinsäure des Viruskopfes in die Zelle."

C Welche Bedeutung hatten für Watson und Crick die Daten ihrer Kollegen aus Cambridge, die postulierten, dass bestimmte Formen, in denen A, G, C und T beim physiologischen pH-Wert existieren, die Bildung spezifischer Wasserstoffbrücken ermöglichen?

D Inwiefern trugen die Ergebnisse von Hershey und Chase zur Erklärung des früheren Befunds (von T. F. Anderson und R. M. Herriott) bei, dass der Bakteriophage T2 seine Reproduktionsfähigkeit verliert, wenn er durch Osmose auseinanderplatzt, nachdem man virale Partikel in destilliertes Wasser gegeben hat, bevor sie einer Bakterienkultur zugesetzt wurden.

18-2 Die DNA-Zusammensetzung. Beantworten Sie bitte ausgehend von Ihrer Kenntnis der Regeln der komplementären Basenpaarung folgende Fragen:

A Sie untersuchen eine DNA-Probe und stellen fest, dass deren Basenzusammensetzung folgendermaßen aussieht: 30 % A, 20 % T, 30 % G und 20 % C. Was können Sie daraus im Hinblick auf die Struktur der DNA folgern?

B Was können Sie über den Gehalt der Base A in einem doppelsträngigen DNA-Molekül sagen, in dem 40 % der Basen entweder G oder C sind?

C Was können Sie über den Gehalt der Base A in einem doppelsträngigen DNA-Molekül sagen, in dem 40 % der Basen entweder G oder T sind?

D Was können Sie über den Gehalt der Base C in einem doppelsträngigen DNA-Molekül sagen, in dem A 15 % der Basen ausmacht? Würden Sie erwarten, dass T_m dieser DNA über oder unter 90 °C liegt? (Tipp: Schauen Sie sich *Abbildung 18.9* an).

18-3 Die DNA-Struktur. Schauen Sie sich bitte sorgfältig das hier dargestellte doppelsträngige DNA-Molekül an und beachten Sie die doppelte Rotationssymmetrie:

3′ A–G–C–G–C–T–A–T–A–G–C–G–C–T–5′
5′ T–C–G–C–G–A–T–A–T–C–G–C–G–A–3′

Kennzeichnen Sie die folgenden Behauptungen als wahr (W) oder falsch (F).

A Es gibt keine Möglichkeit, das rechte und das linke Ende der Doppelhelix auseinanderzuhalten.

B Wenn man eine Lösung dieser Moleküle erhitzen würde, um sie zu denaturieren, dann würde jedes einzelsträngige Molekül in der Lösung mit jedem anderen Molekül hybridisieren können.

C Wenn man das Molekül in der Mitte in zwei Hälften teilen würde, könnte man die linke von der rechten Hälfte unterscheiden.

D Wenn man die beiden Einzelstränge voneinander trennen würde, wäre es nicht möglich, den einen Strang vom anderen zu unterscheiden.

E Es wäre in einem Einzelstrang dieses Moleküls nicht möglich, zu bestimmen, welches das 3′-Ende und welches das 5′-Ende ist.

18-4 Restriktionskartierung der DNA. Das Genom eines neu entdeckten Bakteriophagen ist ein lineares DNA-Molekül mit einer Länge von 10.500 Nucleotidpaaren. Eine Probe dieser DNA wurde mit dem Restriktionsenzym X inkubiert und eine andere Probe mit dem Restriktionsenzym Y. Die Längen (in Tausenden von Basenpaaren) der Restriktionsfragmente, die von den beiden Enzymen gebildet werden, wurden durch Gelelektrophorese ermittelt:

Enzym X: Fragment X−1 = 4,5; X−2 = 3,6; X−3 = 2,4
Enzym Y: Fragment Y−1 = 5,3, Y−2 = 3,8; Y−3 = 1,5

Anschließend wurden die Fragmente der Reaktion mit dem Enzym X isoliert und mit dem Enzym Y behandelt, und die Fragmente der Reaktion mit dem Enzym Y wurden mit dem Enzym X behandelt. Man erhielt folgende Ergebnisse:

X-Fragmente behandelt mit Y: X−1 → 4,5 (unverändert)
X−2 → 2,1 + 1,5
X−3 → 1,7 + 0,7
Y-Fragmente behandelt mit X: Y−1 → 4,5 + 0,7
Y−2 → 2,1 + 1,7
Y−3 → 1,5 (unverändert)

Zeichnen Sie eine Restriktionskarte der Phagen-DNA, in der die Positionen aller Restriktionsstellen des Enzyms X und des Enzyms Y sowie die Länge der DNA zwischen diesen Schnittstellen angegeben sind.

18-5 DNA-Sequenzierung. Sie haben das in der Aufgabe 18-3 genannte DNA-Fragment isoliert, doch ist Ihnen die vollständige Sequenz nicht bekannt. Da Ihnen die Spezifität des von Ihnen präparierten Restriktionsenzyms bekannt ist, kennen Sie die ersten vier Basen am linken Ende und Sie haben einen einzelsträngigen DNA-Primer der Sequenz 5′ T – C – G – C 3′präpariert. Erklären Sie, wie Sie den Rest der Sequenz mit Hilfe farbmarkierter Didesoxynucleotide bestimmen würden. Zeichnen Sie das Gelmuster, das Sie erhalten würden und geben Sie die Basensequenz der DNA in jeder Bande sowie das Farbmuster an, das eine Kamera in einer DNA-Sequenzierungsanlage aufnehmen würde.

• **18-6 DNA-Schmelzen.** In ▸*Abbildung 18.36* sind die Schmelzkurven von zwei DNA-Präparaten dargestellt, die unter gleichen Bedingungen durch Hitzeeinwirkung denaturiert wurden.

A Welche Schlussfolgerung können Sie im Hinblick auf die Basenzusammensetzungen der beiden Präparate ziehen? Erklären Sie Ihre Antwort.

B Wie könnten Sie den steileren Verlauf der Schmelzkurve des Präparats A erklären?

C Formamid und Harnstoff sind Wirkstoffe, die bekanntermaßen Wasserstoffbrückenbindungen mit Pyrimidinen und Purinen bilden. Welche Wirkung, wenn es überhaupt eine Wirkung gibt, hätte die Zugabe einer geringen Menge Formamid oder Harnstoff zur Inkubationsmischung auf den Verlauf der Schmelzkurve?

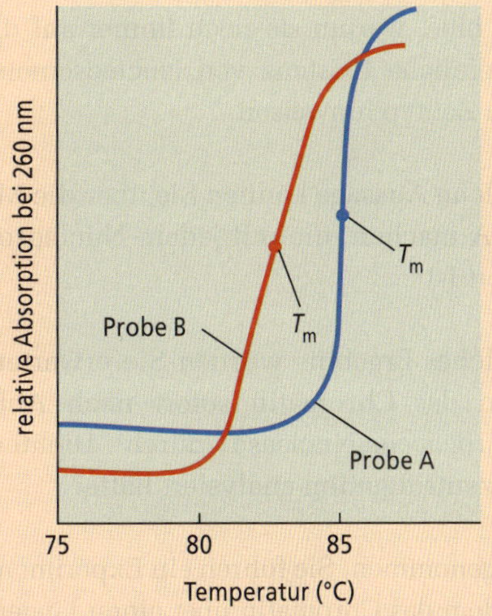

Abbildung 18.36: Hitzedenaturierung von zwei DNA-Präparaten.

• **18-7 DNA-Renaturierung**. Sie erhalten zwei DNA-Proben, die durch Hitzedenaturierung bei 92 °C schmelzen. Nach Denaturierung der DNA mischen sie die beiden Proben und kühlen dann die Mischung ab, sodass die DNA-Stränge reassoziieren. Wenn man die wieder reassoziierte DNA ein zweites Mal denaturiert, dann schmilzt die Probe bei 85 °C.

A Wie könnten Sie das Absinken der Schmelztemperatur von 92 °C auf 85 °C erklären?

B Welches Experiment müssten Sie zum Beweis Ihrer Hypothese durchführen?

C Wenn die wieder reassoziierte DNA bei 92 °C und nicht bei 85 °C geschmolzen wäre, welche Konsequenzen hätte das im Hinblick auf die Basensequenzen der Ausgangsproben der DNA gehabt?

• **18-8 Nucleosomen**. Sie führen ein Experiment durch, in dem Chromatin aus Seeigelspermazellen isoliert und kurzzeitig mit *Micrococcus*-Nuclease behandelt wird. Wenn man die Chromatinproteine entfernt und die verbleibende gereinigte DNA durch Gelelektrophorese analysiert, dann bemerken Sie eine Reihe von DNA-Fragmenten, bei denen es sich um Vielfache von 260 Basenpaaren handelt (das heißt, 260 bp, 520 bp, 780 bp und so weiter).

A Obwohl diese Ergebnisse sich geringfügig von den typischen Ergebnissen unterscheiden, die wir in diesem Kapitel dargestellt haben, erklären Sie bitte, warum sie noch immer auf die wahrscheinliche Existenz von Nucleosomen in diesem Zelltyp hinweisen.

B Welche Aussage können Sie über die Menge an DNA machen, die mit jedem Nucleosom assoziiert ist?

C Welches Ergebnis würden Sie erwarten, wenn man das Chromatin sofort nach Abbau mit *Micrococcus*-Nuclease durch Dichtegradientenzentrifugation analysiert hätte?

D Angenommen, Sie führen ein Experiment durch, in dem das Chromatin über einen längeren Zeitraum mit *Micrococcus*-Nuclease abgebaut wird, bevor die Chromatinproteine entfernt werden. Bei der Analyse der erhaltenen DNA-Präparate durch Elektrophorese erhalten Sie die gesamte DNA in Form von Fragmenten mit einer Länge von 146 bp. Was sagt Ihnen das über die Länge der Linker-DNA in diesem Zelltyp?

18-9 Struktur und Funktion des Zellkerns. Geben Sie die Bedeutung der folgenden experimentell erhaltenen Ergebnisse für Struktur und Funktion des Zellkerns an.

A Saccharose durchquert die Kernhülle mit so großer Geschwindigkeit, dass man die Transportrate nicht exakt messen kann.

B Kolloidale Goldpartikel mit einem Durchmesser von 5,5 nm wandern schnell zwischen dem Zellkern und dem Cytoplasma, wenn man sie in eine Amöbe injiziert, aber Goldpartikel mit einem Durchmesser von 15 nm führen diese Bewegung nicht aus.

C Kernporenkomplexe werden manchmal stark mit RNA- und Proteinfärbungsmitteln angefärbt.

D Wenn man Goldpartikel mit einem Durchmesser von bis zu 26 nm mit einem Polypeptid umhüllt, das ein Kernlokalisierungssignal (NLS) enthält, und dann in das Cytoplasma einer lebenden Zelle injiziert, werden sie in den Zellkern transportiert. Wenn man sie in den Zellkern injiziert, bleiben sie allerdings dort.

E Viele Proteine der Zellkernhülle scheinen bei Analyse durch Gelelektrophorese die gleichen zu sein, wie die Proteine des endoplasmatischen Reticulums.

F Ribosomale Proteine werden im Cytoplasma synthetisiert, aber im Zellkern zusammen mit rRNA in ribosomale Untereinheiten gepackt.

G Wenn man Nucleoli mit einem Mikrostrahl ultravioletten Lichts bestrahlt, dann wird die Synthese ribosomaler RNA gehemmt.

H Die Behandlung von Zellkernen mit dem nicht-ionischen Detergens Triton X-100 löst die Kernhülle auf, hinterlässt aber ansonsten einen intakten Zellkern.

• **18-10 Transport durch die Zellkernhülle**. Man identifizierte knospende Hefe mit temperatursensitiven Mutationen in NTF2. In diesen Mutanten bewirkt das NTF2-Protein allerdings ein Aussetzen der Funktion. Welche Wirkungen würden Sie auf den Transport durch die Zellkernhülle erwarten, wenn Sie diese mutierte Hefe auf 37 °C erwärmen würden? Erklären Sie Ihre Antwort.

18-11 Nucleoli. Geben Sie an, ob die folgenden Behauptungen wahr (W) oder falsch (F) sind. Wenn sie falsch sind, so formulieren Sie diese bitte zu einer richtigen Aussage um.

A Nucleoli sind membranumhüllte Strukturen, die im eukaryotischen Zellkern vorkommen.

B Die unter dem Elektronenmikroskop erkennbaren Fibrillen der Nucleoli enthalten DNA und RNA.

C Die DNA der Nucleoli trägt alle tRNA-Gene der Zelle, die in Clustern aus Vielfachkopien vorliegen.

D Ein einzelner Nucleolus entspricht immer einer einzelnen Nucleolus-Organisator-Region (NOR).

E Nucleoli werden stark radioaktiv markiert, wenn man der Zelle radioaktive Ribonucleotide zufügt.

F Bei Tieren und Pflanzen korreliert das Verschwinden der Nucleoli während der Mitose mit der Aussetzung der Ribosomensynthese.

WEITERFÜHRENDE LITERATUR

Historisch bedeutsame Literatur ist mit einem • gekennzeichnet.

• Avery, O. T. C. M. MacLeod und M. McCarty. Studies on the chemical nature of the substance inducing transformation of pneumococcal types. Induction of transformation by a desoxyribonucleid acid fraction isolated from *Pneumococcus* Typ III. *J. Exp. Med.* 79 (1944): 137.

• Chargaff, E. Preface to a grammar of biology: A hundred years of nucleic acid research. *Science* 172 (1971): 637.

• Hershey, A. D. und M. Chase. Independent functions of viral protein and nucleic acid in growth of bacteriophage. *J. Gen. Physiol.* 36 (1952): 39.

• Portugal, F. H. und J. S. Cohen. *The Century of DNA: A History of the Discovery of the Structure and Function of the Genetic Substance*. Cambridge, MA: MIT Press, 1977.

Watson, J. D. *Die Doppelhelix: Ein persönlicher Bericht über die Entdeckung der DNS-Struktur.* Rowohlt, 21. Auflage, 2011.

DNA-Struktur

Arnott, S. Historical article: DNA polymorphism and the early history of the double helix. *Trends Biochem. Sci.* 31 (2006): 349.

• Bauer, W. R., F. H. C. Crick und J. H. White. Supercoiled DNA. *Sci. Amer.* 243 (Juli 1980): 118.

Dahm, R. Der vergessene Entdecker der DNA. *Spektrum der Wissenschaft* 7 (2010): 50.

Marmur, F. DNA strand separation, renaturation and hybridization. *Trends Biochem. Sci.* 19 (1994): 343.

• Watson, J. D. und F. H. C. Crick. Molecular structure of nucleic acids: A structure for deoxyribose nucleic acid. *Nature* 171 (1953): 737.

Die Organisation der DNA in Genomen

• Britten, R. J. und D. E. Kohne. Repeated sequences of DNA. *Science* 161 (1968): 529.

Church, G. M. Genomes for all. *Sci. Amer.* 294 (Januar 2006): 46.

Cox, J. und M. Mann. Is proteomics the new genomics? *Cell* 130 (2007): 395.

Feuk, L., A. R. Carson und S. W. Scherer. Structural variation in the human genome. *Nature Rev. Genet.* 7 (2006): 85.

Jobling, M. A. und P. Gill. Encoded evidence: DNA in forensic analysis. *Nature Rev. Genet.* 5 (2004): 739.

Pollard, K. S. What makes us human? *Sci. Amer.* 300 (2009): 44.

Kung, L. A. und M. Snyder. Proteome chips for whole-organism assays. *Nature Rev. Mol. Cell Biol.* 7 (2006): 617.

- Lander, E. S. et al. Initial sequencing and analysis of the human genome. *Nature* 409 (2001): 860.

Mirkin, S. M. Expandable DNA repeats and human disease. *Nature* 247 (2007): 932.

Misteli, T. Das Innenleben des Genoms. *Spektrum der Wissenschaft* 7 (2011): 28.

Moxon, E. R. und C. Willis. DNA microsatellites: Agents of evolution? *Sci. Amer.* 280 (Januar 1999): 94.

- Sanger, F. Determination of nucleotide sequences in DNA. *Science* 214 (1981): 1205.

Stoeckle, M. Y. und P. D. Hebert. Barcode of Life. *Sci. Amer.* 299 (2008): 82.

- Venter, J. C. et al. The sequence of the human genome. *Science* 291 (2001): 1304.

DNA-Packen

Kornberg, R. D. und Y. Lorch. Twenty-five years of the nucleosome, fundamental particle of the eukaryotic chromosome, *Cell* 98 (1999): 285.

Tremethick, D. J. Higher-order structures of chromatin: The elusive 30 nm fiber. *Cell* 128 (2007): 651.

Wallace, D. C. Mitochondrial DNA in aging and disease. *Sci. Amer.* 277 (August 1997): 40.

Zlatanova, J., T. C. Bishop, J. M. Victor und K. van Holde. The nucleosome family: Dynamic and growing. *Structure* 17 (2009): 160 – 71.

Der Zellkern

Boisvert, F.-M. et al. The multifunctional nucleolus. *Nature Rev. Mol. Cell Biol.* 8 (2007): 574.

Capell, B. C. und F. S. Collins. Human laminopathies: Nuclei gone genetically awry. *Nature Rev. Genet.* 7 (2006): 940.

Cioce, M. und A. I. Lamond. Cajal bodies: A long history of discovery. *Annu. Rev. Cell Dev. Biol.* 21 (2005): 105.

Cook, A. et al. Structural biology of nucleocytoplasmic transport. *Annu. Rev. Biochem.* 76 (2007): 647.

Fedorova, E. und D. Zink. 2009. Nuclear genome organization: Common themes and individual patterns. *Curr. Opin. Genet. Dev.* 19 (2009): 166.

Gruenbaum, Y. et al. The nuclear lamina comes of age. *Nature Rev. Mol. Cell Biol.* 6 (2005): 21.

Handwerger, K. E. und J. G. Gall. Subnuclear organelles: New insights into form and function. *Trends Cell Biol.* 16 (2006): 19.

Hetzer, M. W., T. C. Walther und I. W. Mattaj. Pushing the envelope: Structure, function, and dynamics of the nuclear periphery. *Annu. Rev. Cell Dev. Biol.* 21 (2005): 347.

Meaburn, K. J. und T. Misteli. Chromosome territories. *Nature* 445 (2007): 379.

Roderick, Y. H. und B. Fahrenkrog. The nuclear pore complex up close. *Curr. Opin. Cell Biol.* 18 (2006): 342.

Thiry, M. und D. L. J. Lafontaine. Birth of a nucleolus: The evolution of nucleolar compartments. *Trends Cell Biol.* 15 (2005): 194.

Zellzyklus, DNA-Replikation und Mitose

19

ÜBERBLICK

Wachstums- und Reproduktionsfähigkeit sind elementare Eigenschaften lebender Organismen. Allerdings sind dem Wachstum einzelner Zellen grundsätzlich Grenzen gesetzt. Bei der Synthese neuer Proteine, Nucleinsäuren, Kohlenhydrate und Lipide führt deren Akkumulation zur Vergrößerung des Zellvolumens, wodurch sich die Plasmamembran ausdehnen muss, um das Platzen der Zelle zu verhindern. Zellen können sich aber nicht unendlich vergrößern; das Wachstum einer Zelle geht mit einer Abnahme des Oberfläche-Volumen-Verhältnisses und damit ihrer Fähigkeit, mit ihrer Umgebung in effektivem Austausch zu stehen, einher. Aus diesem Grund läuft Zellwachstum im Allgemeinen zusammen mit **Zellteilung** ab, wobei aus einer Mutterzelle zwei neue Tochterzellen hervorgehen. (Der Begriff *Tochter* wird vereinbarungsgemäß verwendet und bedeutet nicht, dass Zellen ein Geschlecht haben.) Bei einzelligen Organismen führt die Zellteilung zu einer größeren Gesamtzahl von Individuen einer Population. Bei vielzelligen Organismen steigt durch Zellteilung entweder die Zellzahl, woraufhin der Organismus wächst, oder abgestorbene Zellen werden ersetzt. Bei einem erwachsenen Menschen teilen sich beispielsweise pro Sekunde ungefähr zwei Millionen Stammzellen im Knochenmark, um eine konstante Menge roter Blutkörperchen im Körper zu halten. Obwohl Zellwachstum und Zellteilung häufig gekoppelte Prozesse sind, gibt es eine bemerkenswerte Ausnahme: Eine befruchtete tierische Eizelle durchläuft typischerweise viele Zellteilungen ohne Zellwachstum, wodurch das konstante Volumen des Zellhaufens in immer kleinere einzelne Zellen geteilt wird. Auch in diesem Fall ist die strenge Regulation von Ort und Zeitpunkt der Zellteilung von entscheidender Bedeutung.

Wenn Zellen wachsen und sich teilen, dann sind die neu gebildeten Tochterzellen im Allgemeinen genetische Duplikate der Elternzelle und enthalten die gleichen (oder praktisch gleichen) DNA-Sequenzen. Daher muss die gesamte im Zellkern der Mutterzelle enthaltene genetische Information während des Teilungsvorgangs verdoppelt und sorgfältig auf die Tochterzellen aufgeteilt werden. Die Zelle durchläuft zur Bewältigung dieser Aufgabe eine Reihe deutlich voneinander getrennter Stadien, die man unter dem Begriff *Zellzyklus* zusammenfasst. In diesem Kapitel werden wir die mit dem Zellzyklus assoziierten Ereignisse untersuchen, wobei wir uns auf die Mechanismen konzentrieren werden, die sicherstellen, dass jede neue Zelle einen vollständigen Satz genetischer Information erhält. Anschließend werden wir darstellen, wie der Zellzyklus reguliert wird, um den Bedürfnissen des Organismus gerecht zu werden.

Ein Überblick über den Zellzyklus 19.1

Der Zellzyklus beginnt, wenn zwei neue Zellen durch Teilung einer Mutterzelle gebildet werden, und endet, wenn eine dieser Zellen sich wiederum in zwei Zellen teilt (▶*Abbildung 19.1*). Für die ersten Zellbiologen, die eukaryotische Zellen unter dem Mikroskop betrachteten, waren jene Ereignisse im Leben einer Zelle am aufregendsten, die unmittelbar mit dem Moment des Zyklus zusammenhingen, in dem sich die Zelle tatsächlich teilt. Dieser Teilungsvorgang, die sogenannte **M-Phase**, besteht aus zwei sich überlappenden Ereignissen, während derer sich zuerst der Zellkern und dann das Cytoplasma teilt. Die Zellkernteilung bezeichnet man als **Mitose** (oder auch Karyokinese) und die Teilung des Cytoplasmas zur Bildung von zwei Tochterzellen als **Cytokinese**.

Die Hauptdarsteller des mitotischen Schauspiels sind die Chromosomen. Wie Sie der ▶*Abbildung 19.1a* entnehmen können, zeichnet sich der Beginn der Mitose durch Verdichtung (Spiralisierung und Faltung) des Chromatins der Zelle aus, wodurch so dicke Chromosomen gebildet werden, dass man sie einzeln unter dem Mikroskop erkennen kann. Da die DNA-Replikation bereits stattgefunden hat, besteht jedes Chromosom tatsächlich aus zwei Chromosomenkopien, die so lange aneinander gebunden bleiben, bis sich die Zelle teilt. Solange sie verbunden bleiben, bezeichnet man sie als **Schwesterchromatiden**. Wenn die Chromatiden erkennbar werden, zerbricht die Kernhülle in Fragmente. Dann, in einem kontinuierlichen, von den Mikrotubuli der *mitotischen Spindel* kontrollierten Ablauf, trennen sich die Schwesterchromatiden und – da nun jede ein voll ausgebildetes Chromosom ist – bewegen sie sich zu den entgegengesetzten Enden der Zelle. Zu diesem Zeitpunkt hat die Cytokinese im Allgemeinen bereits eingesetzt und neue Kernmembranen umhüllen bei Abschluss der Zellteilung die beiden Gruppen von Tochterchromosomen.

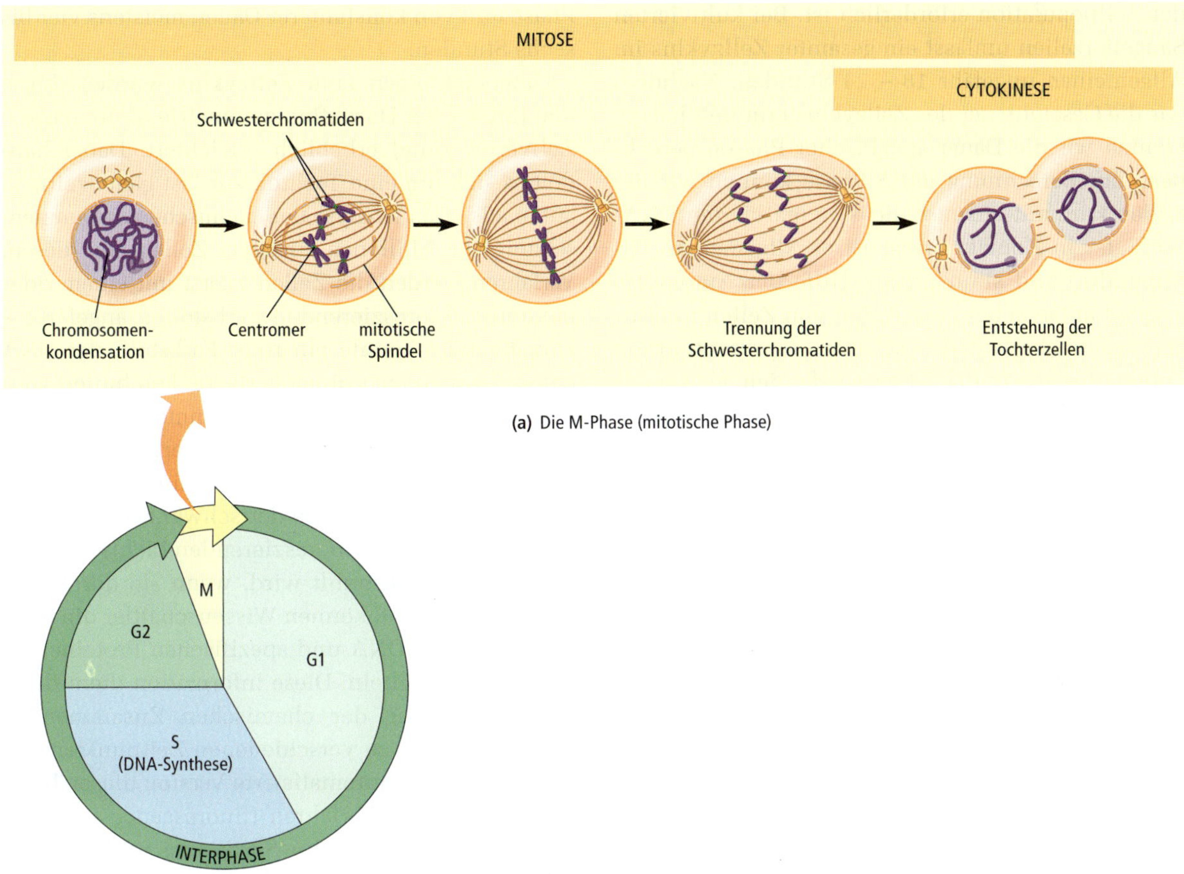

(b) Zellzyklus

Abbildung 19.1: Der eukaryotische Zellzyklus. (a) Die M- (Mitose-)Phase, der Prozess der Zellteilung, ist der für das Auge am deutlichsten erkennbare Vorgang des Zellzyklus. Er setzt sich aus zwei überlappenden Vorgängen zusammen, der Mitose und der Cytokinese. Während der Mitose teilt die mitotische Spindel die verdoppelten, kondensierten Chromosomen in zwei Tochterzellkerne; während der Cytokinese teilt sich das Cytoplasma und es entstehen zwei genetisch identische Tochterzellen. (b) Zwischen den Teilungsvorgängen befindet sich die Zelle in der sogenannten Interphase, die aus der S-Phase (dem Abschnitt der DNA-Replikation) und zwei „Gap"-Phasen besteht, der G_1- und der G_2-Phase. Die Zelle wächst während der Interphase, einer Phase starker metabolischer Aktivität.

Zwar sind die Ereignisse, die sich während der M-Phase abspielen, faszinierend zu beobachten, doch nehmen sie nur einen relativ geringen Teil des gesamten Zellzyklus ein. Bei einer typischen Säugetierzelle dauert die M-Phase weniger als eine Stunde. Zellen verbringen den größten Teil ihrer Wachstumsphase zwischen Teilungsvorgängen, der sogenannten **Interphase** (▶*Abbildung 19.1b*). Die meisten zellulären Komponenten werden kontinuierlich in der Interphase synthetisiert, sodass die Zellmasse allmählich größer wird, während sich die Zelle dem Teilungsvorgang nähert. Während der Interphase verdoppelt sich die Menge nucleärer DNA, und aus Experimenten mit radioaktiven DNA-Vorläufern weiß man, dass die neue Zellkern-DNA während eines spezifischen Teils der Interphase synthetisiert wird, der sogenannten S-Phase (S steht für Synthese). Eine Zeitspanne, die G_1-Phase, trennt die S-Phase von der vorangehenden M-Phase; eine zweite Zeitspanne, die G_2-Phase, trennt das Ende der S-Phase von der nächsten M-Phase (G steht für das englische Wort „gap", also Lücke).

Obwohl sich die Zellen vielzelliger Organismen mit unterschiedlicher Geschwindigkeit teilen, werden die meisten Untersuchungen zum Zellzyklus mit Zellen durchgeführt, die in einer Kultur wachsen, und die Länge des Zyklus ist tendenziell bei den verschiedenen Zelltypen ähnlich. Wir können ohne Weiteres die Gesamtdauer des Zellzyklus für kultivierte Zellen ermitteln – *die Generationszeit* – indem wir die Zellen unter dem Mikroskop zählen und berechnen, wie viel Zeit für eine Verdopplung der Zellpopulation erforderlich ist. Bei kultivierten Säugetierzellen umfasst ein gesamter Zellzyklus im Allgemeinen ungefähr 18 – 24 Stunden. Nachdem wir die Gesamtdauer des Zellzyklus ermittelt haben, können wir die Dauer spezifischer Phasen berechnen. Zur Berechnung der S-Phase können wir die Zellen kurz mit einem radioaktiv markierten DNA-Vorläufer in Kontakt bringen (im Allgemeinen ^{3}H-Thymidin) und sie dann mit Hilfe der Autoradiographie untersuchen. Der Anteil von Zellen mit Silberkörnern oberhalb des Zellkerns repräsentiert die Zellen, die sich in der S-Phase befanden, als sie mit der radioaktiven Verbindung in Kontakt kamen. Wenn wir diesen Anteil mit der Gesamtdauer des Zellzyklus multiplizieren, dann erhalten wir einen Schätzwert für die durchschnittliche Länge der S-Phase. Bei kultivierten Säugetierzellen liegt dieser Faktor häufig bei 0,33, was darauf hinweist, dass die S-Phase ungefähr sechs bis acht Stunden dauert. Ähnlich gehen wir vor, wenn wir die Länge der M-Phase schätzen, indem wir die Generationszeit mit dem Prozentsatz von Zellen multiplizieren, die sich tatsächlich zu irgendeinem Zeitpunkt in der Mitose befanden. Diesen Prozentsatz bezeichnet man als **mitotischen Index**. Der mitotische Index liegt für kultivierte Säugetierzellen oftmals bei ungefähr drei bis fünf Prozent. Das bedeutet, dass die M-Phase weniger als eine Stunde dauert (im Allgemeinen 30 – 45 Minuten).

Im Gegensatz zu den S- und M-Phasen, die bei den verschiedenen Säugetierzellen ähnlich lang sind, ist die Dauer von G_1 je nach Zelltyp recht variabel. Obwohl eine typische G_1-Phase acht bis zehn Stunden umfasst, verbringen einige Zellen nur wenige Minuten oder Stunden in der G_1-Phase, während andere Zellen länger in dieser Phase verweilen. Während der G_1-Phase wird eine wichtige „Entscheidung“ getroffen, nämlich ob und wann sich die Zelle wieder teilen soll. Zellen, die in der G_1-Phase stehen bleiben und auf ein Signal warten, das den Wiedereintritt in den Zellzyklus auslöst und sie zur Teilung anregt, befinden sich in der **G_0-(G null-)**Phase. Andere Zellen treten ganz aus dem Zellzyklus aus und durchlaufen eine *terminale Differenzierung*, d.h. sie sind dazu bestimmt, sich niemals wieder zu teilen: die meisten Nervenzellen in Ihrem Körper befinden sich in diesem Zustand. In einigen Zellen kann auch in der G_2-Phase ein kurzzeitiger Stillstand des Zellzyklus einsetzen. Im Allgemeinen ist aber die G_2-Phase kürzer als die G_1-Phase und von konstanterer Dauer, meistens vier bis sechs Stunden.

Untersuchungen zum Zellzyklus wurden durch den Einsatz der Durchflusszytometrie (Zytometrie = Zellvermessung) erheblich erleichtert. Dabei handelt es sich um eine Technik zur fast gleichzeitigen automatisierten Analyse der chemischen Zusammensetzung von Millionen einzelner Zellen. Bei diesem Verfahren werden die Zellen zuerst mit einem oder mehreren fluoreszierenden Farbstoffen angefärbt – zum Beispiel könnte ein roter Farbstoff, der DNA anfärbt, mit einem grünen Farbstoff kombiniert werden, der spezifisch an ein bestimmtes Zellprotein bindet. Die angefärbten Zellen werden in einem winzigen Flüssigkeitsstrom durch einen Laserstrahl geschickt. Durch Analyse der schwankenden Intensität und Farbe des fluoreszierenden Lichts, das von jeder Zelle ausgestrahlt wird, wenn sie durch den Laserstrahl gleitet, können Wissenschaftler die Konzentration von DNA und spezifischen Proteinen in jeder Zelle ermitteln. Diese Information dient dann zur Bestimmung der chemischen Zusammensetzung der Zellen zu verschiedenen Zeitpunkten des Zellzyklus. Eine automatisierte Version dieser Techniken, das FACS-Verfahren (fluorescence-activated cell sorting), erlaubt die Sortierung und Analyse verschieden angefärbter Zellen.

DNA-Replikation 19.2

Nachdem wir nun einen Überblick über den Zellzyklus gegeben haben, können wir dessen Ablauf genauer unter die Lupe nehmen. Da die DNA-Replikation ein zentrales Ereignis in diesem Zyklus ist, beginnen wir mit der Darstellung des zugrunde liegenden Mechanismus, der wiederum von der Doppelhelixstruktur der DNA abhängt. Tatsächlich veröffentlichten Watson und Crick nur einen Monat nach ihrem heute klassischen Artikel über die Doppelhelix der DNA einen ebenso wichtigen Artikel, in dem sie darstellten, wie eine derartige Basenpaarstruktur sich selber verdoppeln könnte. Hier, in ihren eigenen Worten, die Grundlage für diese Annahme:

> *Unser Modell der Desoxyribonucleinsäure beruht im Grunde auf zwei Matrizen, von denen jede mit der anderen komplementär ist. Wir stellen uns vor, dass die Wasserstoffbrückenbindungen vor*

der Verdopplung aufgebrochen werden, die beiden Stränge sich entspiralisieren und dann trennen. Jeder Strang dient dann als Matrize für die Bildung eines neuen, zu sich selber komplementären Strangs, sodass wir schließlich zwei Paare von Strängen haben, wo wir zuvor nur ein Paar hatten. Außerdem hat eine exakte Verdopplung der Sequenz der Basenpaare stattgefunden. (Watson und Crick, 1953, Nature, 171: 964-967.)

Das von Watson und Crick vorgeschlagene Modell der DNA-Replikation ist in ▶*Abbildung 19.2* dargestellt. Im Kern geht dieses Modell von der Annahme aus, dass einer der beiden Stränge eines jeden neu gebildeten DNA-Moleküls vom Muttermolekül stammt, während der anderen Strang neu synthetisiert wird. Diesen Vorgang bezeichnet man als **semikonservative Replikation**, denn jedes Tochtermolekül behält die Hälfte des Muttermoleküls.

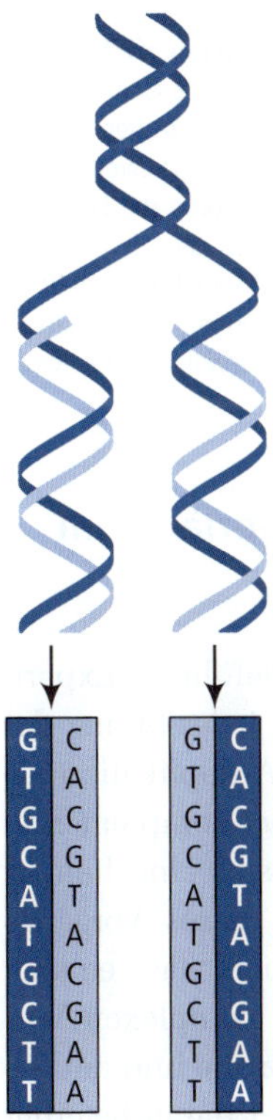

Abbildung 19.2: Watson-Crick-Modell der DNA-Replikation. Im Jahr 1953 schlugen Watson und Crick vor, dass sich die DNA-Doppelhelix semikonservativ repliziert. Sie verwendeten ein ähnliches Modell wie das hier dargestellte, um das Prinzip zu veranschaulichen. Die doppelsträngige Helix entspiralisiert und jeder der beiden Mutterstränge dient als Matrize für die Synthese eines komplementären Tochterstrangs, der entsprechend der Regeln der Basenpaarung zusammengesetzt wird. A, T, C und G stehen für Adenin-, Thymin-, Cytosin- und Guaninnucleotide. A paart mit T und G mit C.

Mit der Dichtegradienten-Zentrifugation wurde die semikonservative DNA-Replikation nachgewiesen Fünf Jahre nach der Veröffentlichung erprobten Matthew Meselson und Franklin Stahl das Watson-Crick-Modell und bewiesen die postulierte semikonservative DNA-Replikation. Die Genialität des Beitrags von Meselson und Stahl lag in der Methode, die sie zusammen mit Jerome Vinograd entwickelten, um die semikonservative Replikation von anderen Möglichkeiten abzugrenzen. Bei ihren Experimenten verwendeten sie zwei verschiedene Isotope von Stickstoff, ^{14}N und ^{15}N, um neu synthetisierte DNA-Stränge von alten Strängen zu unterscheiden. Zuerst kultivierten sie mehrere Generationen bakterieller Zellen in einem Medium, das mit ^{15}N-markiertes Ammoniumchlorid enthielt, um dieses *schwere* (aber nicht radioaktive) Stickstoffisotop in ihre DNA-Moleküle einzubauen. Zellen, die ^{15}N-markierte DNA enthielten, wurden dann in ein Wachstumsmedium übertragen, das das *normale*, leichte Stickstoffisotop (^{14}N) enthielt. Alle neuen DNA-Stränge, die nach diesem Transfer synthetisiert wurden, würden daher ^{14}N und nicht ^{15}N aufnehmen.

Da ^{15}N-markierte DNA erheblich dichter ist als ^{14}N-markierte DNA, konnten sie die alten und neuen DNA-Stränge durch Dichtegradienten-Zentrifugation auseinanderhalten, eine Technik, der Sie bereits zuvor begegnet sind, als wir die Trennung von Organellen in *Kapitel 12* darstellten (siehe *Exkurs 12A*). Kurz gesagt kann man mit dieser Technik Organellen oder Makromoleküle unterschiedlicher Dichte trennen, indem man sie in einer Lösung zentrifugiert, deren Dichte im Zentrifugenröhrchen von oben nach unten zunimmt. Als Reaktion auf die Zentrifugalkraft sinken die Partikel im Röhrchen „abwärts" (in Wirklichkeit bewegen sie sich nach *außen*, fort von der Rotationsachse), bis sie zu einer Dichte gelangen, die ihrer eigenen entspricht. Dann bleiben sie in dieser Gleichgewichtsdichte und können nach der Zentrifugation als Bande an dieser Stelle im Röhrchen entnommen werden.

Bei der DNA-Analyse mit der Dichtegradienten-Zentrifugation arbeitet man häufig mit Cäsiumchlorid (CsCl), einem schweren Metallsalz, das Lösungen von hoher Dichte bildet. Die zu untersuchende DNA wird einfach mit einer Lösung aus Cäsiumchlorid vermischt und dann mit hoher Geschwindigkeit in einer Ultrazentrifuge zentrifugiert (dabei wirkt zum Beispiel acht Stunden lang eine Zentrifugalkraft, die mehrere hunderttausendmal größer ist als die Erdanziehung). Wenn durch die Zentrifugalkraft ein Dichtegradient des Cäsiumchlorids aufgebaut wird, steigen die DNA-Moleküle innerhalb des Gradienten „auf" oder sie sinken „ab", um die Positionen ihres Gleichgewichts zu finden. Der Dichteunterschied zwischen schwerer (^{15}N-haltiger) DNA und leichter

(^{14}N-haltiger) DNA hat zur Folge, dass sie sich an verschiedenen Stellen im Gradienten festsetzen.

Mit dieser Vorgehensweise analysierten Meselson und Stahl DNA bakterieller Zellen, die sie zuerst über mehrere Generationen in ^{15}N kultiviert und dann für weitere Replikationszyklen auf ^{14}N übertragen hatten (▶*Abbildung 19.3*). Welche Ergebnisse würde man bei einer semikonservativen Replikation erwarten? Nach einem Replikationszyklus in ^{14}N sollte jedes DNA-Molekül aus einem ^{15}N-Strang (dem alten Strang) und einem ^{14}N-Strang (dem neuen Strang) bestehen; somit würde die Gesamtdichte zwischen der schweren und der leichten DNA liegen. Die Experimente untermauerten dieses Modell eindeutig. Nach einem Replikationszyklus in ^{14}N-Medium erbrachte die Zentrifugation in Cäsiumchlorid eine einzelne DNA-Bande, deren Dichte *exakt zwischen* der ^{15}N-DNA und der ^{14}N-DNA lag (▶*Abbildung 19.3b*). Da sie jedoch keine Bande im Bereich der Dichte der schweren DNA fanden, folgerten Meselson und Stahl, dass die ursprünglich doppelsträngige Mutter-DNA im Replikationsprozess nicht intakt geblieben war. Ähnliches galt für das Fehlen einer Band mit der Dichte, die sie für leichte DNA erwartet hatten, was darauf hinwies, dass keine DNA-Tochtermoleküle ausschließlich aus neuer DNA bestanden. Stattdessen wurde deutlich, dass ein Teil jedes DNA-Tochtermoleküls neu synthetisiert worden war und ein anderer Teil vom Muttermolekül stammte. Tatsächlich bedeutet die Dichte zwischen der ^{14}N-DNA und der ^{15}N-DNA, dass die ^{14}N/^{15}N-DNA-Hybridmoleküle zu einer Hälfte aus Mutter-DNA und zur anderen Hälfte aus neu synthetisierter DNA bestanden.

Als sie die ^{14}N/^{15}N-DNA-Hybridmoleküle erhitzten, um die beiden Stränge zu trennen, hatte ein Strang eine Dichte von ^{15}N und der andere eine Dichte von ^{14}N, genauso wie es das Modell der semikonservativen Replikation vorgeschlagen hatte.

Daten, die man durch die Analyse von Zellen erhielt, welche über weitere Generationen in Anwesenheit von ^{14}N kultiviert worden waren, bestätigten das Modell nochmals. Nach dem zweiten Zyklus der DNA-Replikation sahen Meselson und Stahl beispielsweise zwei gleiche Banden, von denen eine die Hybriddichte des vorangegangenen Zyklus hatte und die andere die Dichte reiner ^{14}N-DNA (▶*Abbildung 19.3c*). Der Abbildung können Sie entnehmen, dass auch dieser Befund mit dem Modell der semikonservativen Replikation vereinbar ist.

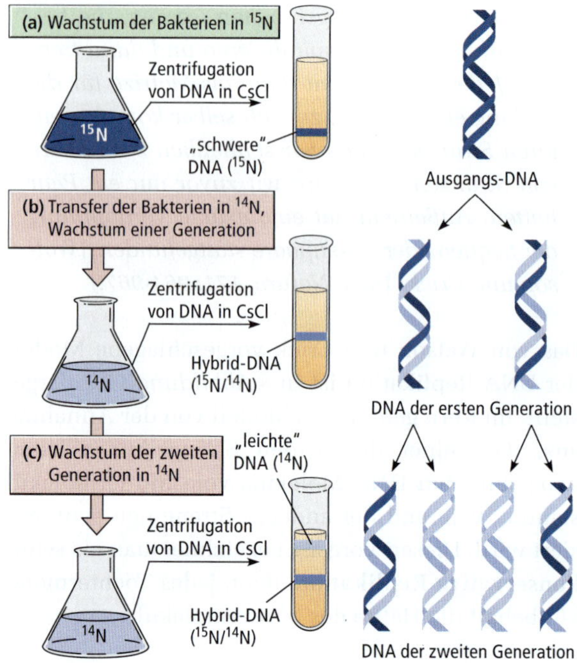

Abbildung 19.3: Semikonservative Replikation dichtemarkierter DNA. Meselson und Stahl (a) kultivierten viele Generationen von Bakterien in einem ^{15}N-haltigen Medium und übertrugen die Zellen dann in ein ^{14}N-haltiges Medium, wo (b) ein oder (c) zwei weitere Replikationszyklen stattfanden. In beiden Fällen wurde die DNA aus den Zellen extrahiert und einer Dichtegradienten-Zentrifugation in Cäsiumchlorid (CsCl) unterzogen. Wie rechts im Modell dargestellt (in dem dunkelblaue Stränge ^{15}N und hellblaue Stränge ^{14}N enthalten), stimmen die Daten mit dem Modell der semikonservativen DNA-Replikation überein.

19.2.1 Die DNA-Replikation verläuft im Allgemeinen bidirektional

Die von Meselson und Stahl durchgeführten Experimente untermauerten die Idee, dass jeder Strang der DNA-Doppelhelix während der DNA-Replikation als Matrize für die Synthese eines neuen, komplementären Strangs diente. Als die Biologen sich eingehender mit den molekularen Einzelheiten dieses Vorgangs befassten, wurde schrittweise deutlich, dass es sich bei der DNA-Replikation um einen komplexen Vorgang handelt, an dem zahlreiche Enzyme und andere Proteine mitwirken – und sogar RNA daran beteiligt ist. Wir werden zuerst die allgemeinen Merkmale dieses Replikationsmechanismus untersuchen und uns dann auf einige molekulare Feinheiten konzentrieren. In diesem Zusammenhang werden wir uns häufig auf das Darmbakterium *Escherichia coli (E. coli)* beziehen, einem Modellorganismus, bei dem die DNA-Replikation besonders gut aufgeklärt wurde.

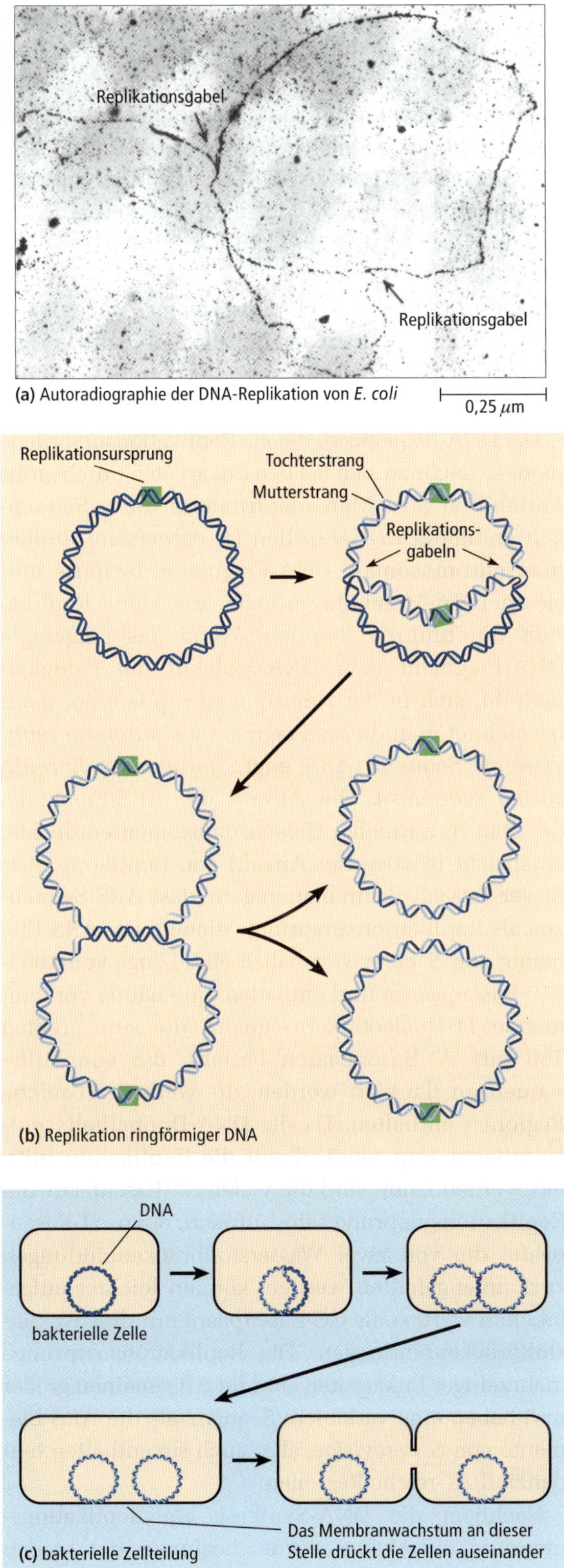

Abbildung 19.4: Replikation ringförmiger DNA. (a) Diese Autoradiographie zeigt ein DNA-Molekül von *E. coli* im Moment der Replikation. Das DNA-Molekül wurde aus einem Bakterium isoliert, das in einem Medium mit ^{3}H-Thymidin kultiviert worden war, wodurch die DNA mit Autoradiographie sichtbar gemacht werden konnte. (b) Die Replikation eines ringförmigen DNA-Moleküls beginnt an einem einzigen Ursprungsort und verläuft bidirektional über das ringförmige DNA-Molekül, wobei sich die beiden Replikationsgabeln in entgegengesetzter Richtung bewegen. Die neuen Stränge sind hellblau unterlegt. Während des Replikationsvorgangs entstehen Zwischenprodukte, die dem griechischen Buchstaben theta (θ) ähneln, nach dem dieser Replikationstyp benannt wurde. (c) Während des Zellteilungszyklus von Bakterien, die ein einziges ringförmiges Chromosom besitzen, werden die Tochterchromosomen durch das Wachstum der Membranen zwischen den Bindungsstellen der beiden Replikationskopien zu den entgegengesetzten Seiten der Zelle bewegt.

Allerdings verdanken wir Untersuchungen von Säugetierviren wie SV40 und der Bäckerhefe *Saccharomyces cerevisiae* gleichfalls detaillierte Kenntnisse der eukaryotischen DNA-Replikation. Die DNA-Replikation scheint ein Schauspiel zu sein, dessen Handlung und molekulare Akteure im Grunde bei bakteriellen und eukaryotischen Zellen gleich sind. Vielleicht ist das im Fall eines solch fundamentalen Vorgangs auch gar nicht verwunderlich – ein Vorgang, der sehr früh in der Evolution des Lebens entstanden sein muss.

Die ersten Experimente zur unmittelbaren Sichtbarmachung der DNA-Replikation führte John Cairns durch, der *E.-coli*-Zellen in einem Medium kultivierte, das den DNA-Vorläufer ^{3}H-Thymidin enthielt, und dann mit Autoradiographie das einzelne, ringförmige DNA-Molekül der Zellen untersuchte, das er im Moment der Replikation fixiert hatte. Ein solches Molekül ist in ▶*Abbildung 19.4a* dargestellt. Die beiden Y-förmigen Strukturen, auf welche die Pfeile weisen, stellen die Orte dar, an denen die DNA-Duplex repliziert wird. Diese **Replikationsgabeln** entstehen durch einen DNA-Replikationsmechanimus, der an einer einzigen Stelle in der DNA beginnt und von diesem Ursprungsort ausgehend *bidirektional* fortschreitet. Mit anderen Worten, es entstehen zwei Replikationsgabeln, die sich in entgegengesetzter Richtung vom Ursprungsort fort bewegen, wodurch die Helix entspiralisiert wird und Kopien beider Stränge entstehen, während die Replikationsgabeln fortschreiten. Bei der ringförmigen DNA wird dieser Vorgang manchmal als *Theta-Replikation* bezeichnet, denn es entstehen Zwischenprodukte, die dem griechischen Buchstaben theta (θ) ähneln, wie Sie in ▶*Abbildung 19.4b* sehen können. Die Theta-Replikation findet nicht nur in bakteriellen Genomen, wie bei *E. coli*, statt, sondern auch in der ringförmigen DNA der Mitochondrien, Chloroplasten, Plasmide sowie einiger Viren. Am Ende eines Zyklus der Theta-Replikation bleiben die entstandenen DNA-Ringe verbunden, und erst eine Topoisomerase kann die beiden Ringe voneinander trennen.

In ▸*Abbildung 19.4c* ist der Zusammenhang dieser Ereignisse mit dem Zellteilungszyklus von Bakterien dargestellt, die ein einziges ringförmiges Chromosom besitzen. Bei diesen Bakterien binden die beiden Kopien des replizierenden Chromosoms an den Stellen der Replikationsursprünge an die Plasmamembran. Während des Zellwachstums zur Vorbereitung auf die Zellteilung wird der Region zwischen diesen Chromosomenanheftungsstellen neues Plasmamembran-Material zugefügt. Dadurch werden die Chromosomen zu den entgegengesetzten Enden der Zelle bewegt. Nach Abschluss der DNA-Replikation und Verdoppelung der Zellgröße trennt sich die Zelle in der Mitte durch *binäre Teilung*, und die beiden Chromosomen werden auf die zwei Tochterzellen verteilt.

19.2.2 Die eukaryotische Replikation erfolgt durch multiple Replikons

Im Gegensatz zu den ringförmigen bakteriellen Chromosomen – bei denen die DNA-Replikation von einem einzigen Ursprungsort ausgeht – beginnt die Replikation der linearen DNA-Moleküle der eukaryotischen Chromosomen an mehreren Stellen, sodass mehrere Replikationseinheiten entstehen, die sogenannten **Replikons** (▸*Abbildung 19.5*). Die DNA eines typischen großen eukaryotischen Chromosoms kann mehrere Tausend Replikons enthalten, jedes mit einer Länge von ungefähr 50.000 – 300.000 Basenpaaren. Im Zentrum jedes Replikons liegt eine besondere DNA-Sequenz, der sogenannte **Replikationsursprung**, an dem die DNA-Synthese durch einen Mechanismus eingeleitet wird, an dem mehrere Gruppen von *Initiatorproteinen* mitwirken. Zuerst bindet ein Proteinkomplex aus mehreren Untereinheiten, der sogenannte *Ursprungserkennungskomplex* (*ORC*; engl.: *origin recognition complex*), an einen Replikationsursprung. Die nächsten bindenden Komponenten sind die *Minichromosomerhaltungsproteine* (*MCM*; (engl.: *minichromosome maintenance proteins*), zu denen mehrere DNA-Helicasen gehören, welche die DNA-Replikation durch Entspiralisierung der Doppelhelix erleichtern. Für die Anhäufung von MCM-Proteinen am Replikationsursprung ist die Mitwirkung einer dritten Gruppe von Proteinen erforderlich, den *helicase loading proteins*. Sie vermitteln die Bindung des MCM-Komplexes an den ORC. Man bezeichnet die zu diesem Zeitpunkt vollständige Gruppe DNA-gebundener Proteine als **Prä-Replikationskomplex**. Die DNA hat nun sozusagen die „Lizenz" zur Replikation. Allerdings beginnt dieser Vorgang erst, wenn noch etliche weitere Proteine hinzugefügt wurden, darunter Enzyme, welche die DNA-Synthese katalysieren.

Die DNA-Sequenzen, die als Replikationsursprünge dienen, zeichnen sich bei den Eukaryoten durch große Variabilität aus. Man identifizierte diese Sequenzen erstmalig in Hefezellen (*S. cerevisiae*), indem man chromosomale DNA-Fragmente isolierte und sie in DNA-Moleküle einfügte, die keine Replikation durchführen konnten. Wenn das eingefügte DNA-Fragment dem DNA-Molekül die Fähigkeit verleiht, sich in der Hefezelle zu replizieren, dann bezeichnet man dieses Fragment als *autonom replizierende Sequenz* (*ARS*; engl.: *autonomously replicating sequence*). Die Anzahl der ARS-Elemente, die man in normalen Hefechromosomen entdeckte, entspricht in etwa der Anzahl von Replikons. Aus dieser Tatsache kann man folgern, dass ARS-Sequenzen als Replikationsursprünge dienen. Die ARS-Elemente von *S. cerevisiae* haben eine Länge von 100 – 150 Basenpaaren und enthalten eine häufig vorkommende 11-Nucleotidkernsequenz, die zum größten Teil aus AT-Basenpaaren besteht, die von Hilfssequenzen flankiert werden, die weitere AT-reiche Regionen enthalten. Da die DNA-Doppelhelix entspiralisiert sein muss, damit die Replikation initiiert werden kann, sind die vielen AT-Basenpaare am Replikationsursprung sehr hilfreich, denn AT-Basenpaare, die von zwei Wasserstoffbrückenbindungen zusammengehalten werden, können leichter aufgebrochen werden als GC-Basenpaare mit drei Wasserstoffbrückenbindungen. Die Replikationsursprünge mehrzelliger Eukaryoten sind im Allgemeinen größer und haben eine variablere Sequenz als die ARS-Elemente von *S. cerevisiae*, aber auch sie enthalten tendenziell AT-reiche Regionen.

Nachdem die DNA-Synthese am Replikationsursprung eingeleitet wurde, beginnen die beiden Replikationsgabeln, DNA ausgehend vom Replikationsursprung in entgegengesetzter Richtung zu syn-

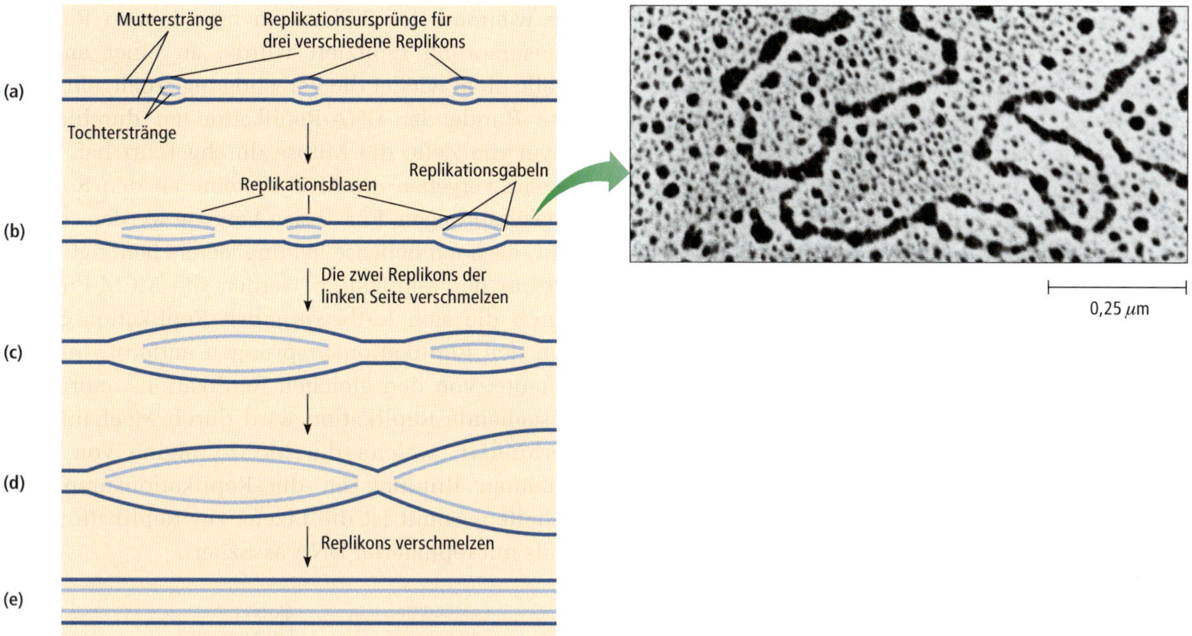

Abbildung 19.5: Multiple Replikons der eukaryotischen DNA. Die Replikation linearer eukaryotischer DNA-Moleküle beginnt an mehreren Ursprungsstellen entlang der DNA; der Beginn der Replikation ist für jede Gruppe von Ursprungsstellen spezifisch. (b) An den Ursprungsstellen entstehen Replikationsblasen. (b) Die Blasen wachsen, während sich die Replikationsgabeln vom Replikationsursprung ausgehend in beide Richtungen auf der DNA entlang bewegen. Die mikroskopische Aufnahme zeigt drei Replikationsblasen in der DNA kultivierter Zellen des Chinesischen Hamsters (TEM). (c) Schließlich treffen die einzelnen Blasen aufeinander und verschmelzen. (d) Eine Y-förmige Struktur entsteht, wenn eine der Replikationsgabeln das Ende eines DNA-Moleküls erreicht. (e) Nachdem alle Replikationsblasen verschmolzen sind, ist die Replikation abgeschlossen und die beiden Tochtermoleküle trennen sich.

thetisieren, wodurch eine „Replikationsblase" entsteht. Diese wächst mit dem in beiden Richtungen fortschreitenden Replikationsvorgang (*Abbildung 19.5*). Wenn die wachsende Replikationsblase eines Replikons auf die Replikationsblase eines benachbarten Replikons trifft, dann wird die von den beiden Replikons synthetisierte DNA verknüpft. Auf diese Weise wird die an vielen Replikationsstellen synthetisierte DNA schließlich verbunden und bildet doppelsträngige Tochtermoleküle, die jeweils aus einem Mutterstrang und einem neuen Strang bestehen.

Warum gibt es bei der DNA-Replikation der Eukaryoten mehrere Replikationsursprünge, nicht aber bei den Bakterien? Da eukaryotische Chromosomen mehr DNA enthalten als bakterielle Chromosomen, würde die Replikation der Chromosomen bei den Eukaryoten wesentlich länger dauern, wenn die DNA-Synthese nur von einem einzigen Replikationsursprung ausginge. Außerdem synthetisiert bei den Eukaryoten jede Replikationsgabel wesentlich langsamer DNA als bei den Bakterien (das liegt vermutlich daran, dass die anwesenden Nucleosomen den Replikationsvorgang verlangsamen).

Messungen der Länge radioaktiver DNA aus Zellen, die unterschiedlich lange mit ^{3}H-Thymidin in Kontakt gekommen waren, ergaben, dass eukaryotische Replikationsgabeln DNA mit einer Geschwindigkeit von ungefähr 2.000 Basenpaaren pro Minute synthetisieren, verglichen mit 50.000 Basenpaaren pro Minute bei Bakterien. Da ein menschliches Genom durchschnittlich ungefähr 3×10^9 Basenpaare DNA enthält, würde es weitaus länger als einen Monat dauern, um ein Chromosom zu verdoppeln, wenn es nur einen Replikationsursprung gäbe!

Das Verhältnis zwischen der Geschwindigkeit der Chromosomenreplikation und der Anzahl von Replikationsursprüngen kann man gut veranschaulichen, indem man die Geschwindigkeit der DNA-Synthese bei embryonalen und adulten Zellen der Taufliege *Drosophila* miteinander vergleicht. In einem sich entwickelnden Embryo, in dem die Zellteilungen in rascher Abfolge stattfinden, nutzen Zellen eine große Anzahl gleichzeitig aktiver Replikons, die nur wenige Tausend Basenpaare lang sind. Daraus ergibt sich, dass die DNA-Replikation sehr schnell abläuft und die S-Phase nur wenige Minuten dauert. Adulte Zellen nutzen hingegen weniger Replikons im Abstand von wenigen Zehntausend oder Hunderttausend Basenpaaren, sodass eine vollständige S-Phase fast zehn Stunden dauert. Da die Geschwindigkeit der DNA-Synthese für eine beliebige Replikationsgabel bei embryonalen und adulten Zellen in etwa gleich ist, wird klar, dass die Länge der S-Phase von der Anzahl der Replikons sowie der Geschwindigkeit, mit der diese aktiviert werden, bestimmt wird – und nicht von der Geschwindigkeit, mit der jedes Replikon DNA synthetisiert.

Während der S-Phase eines typischen eukaryotischen Zellzyklus sind nicht alle Replikons gleichzeitig aktiviert. Stattdessen neigen bestimmte Gruppen von Replikons schon während der frühen S-Phase zur Replikation, während andere erst später replizieren. Über die Reihenfolge, in der die Replikons aktiviert werden, hat man durch Inkubation von Zellen mit *5-Bromodesoxyuridin* (*BrdU*) zu verschiedenen Zeitpunkten während der S-Phase Kenntnisse gewonnen. Dabei handelt es sich um eine Substanz, die anstelle von Thymidin in die DNA eingefügt wird. Da DNA, die BrdU enthält, dichter ist als normale DNA, kann sie durch Dichtegradienten-Zentrifugation von DNA-Rückständen getrennt werden. Die mit BrdU markierte DNA wird dann durch Hybridisierung mit einer Reihe von DNA-Sonden analysiert, die für einzelne Gene spezifisch sind. Aus derartigen Experimenten ging hervor, dass die Gene, die aktiv in einem bestimmten Gewebe exprimiert werden, während der frühen S-Phase repliziert werden, während inaktive Gene zu einem späteren Zeitpunkt der S-Phase repliziert werden. Wenn man das gleiche Gen in zwei verschiedenen Zelltypen analysiert, einem Zelltyp mit einem aktiven Gen und einem mit einem inaktiven Gen, dann kann man die frühe Replikation nur in dem Zelltyp beobachten, in dem das Gen transkribiert wird.

19.2.3 Replikationslizenzierung stellt sicher, dass DNA-Moleküle nur einmal vor jeder Zellteilung verdoppelt werden

Von größter Bedeutung während des eukaryotischen Zellzyklus ist, dass die DNA-Moleküle nur einen Replikationszyklus durchlaufen, und zwar nur einmal vor der Zellteilung. Zur Gewährleistung dieser Einschränkung stellt ein Vorgang, den man als **Lizenzierung** bezeichnet, sicher, dass die DNA, nachdem sie während der S-Phase an irgendeinem Replikationsursprung repliziert wurde, an einer anderen Stelle nicht wieder die Berechtigung erhält, eine weitere Runde der DNA-Replikation zu durchlaufen, bevor die Zelle die Mitose durchgeführt hat. Diese Lizenz vergeben die MCP-Proteine an den Replikationsursprüngen. Für diesen Vorgang werden sowohl ORC als auch helicase loading factors benötigt. Nach Beginn der Replikation werden die MCM-Proteine durch die sich fortbewegenden Replikationsgabeln von den Replikationsursprüngen entfernt, und die erneute, von den gleichen Replikationsursprüngen ausgehende Replikation wird durch Mechanismen verhindert, welche die MCM-Proteine von einer erneuten Bindung an die Replikationsursprünge abhalten. Somit ist die Lizenz zur Replikation niemals mit replizierter DNA assoziiert.

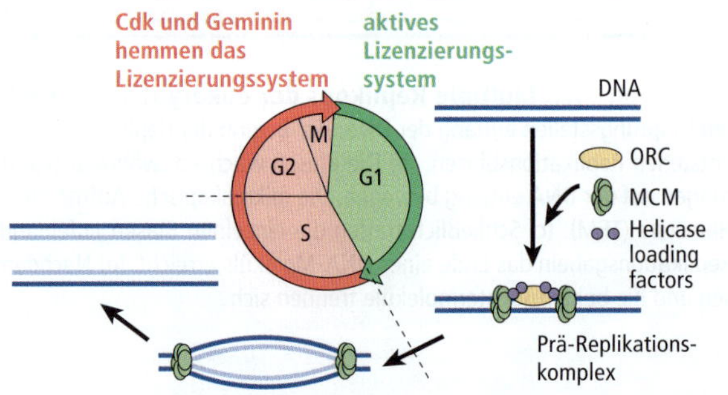

Abbildung 19.6: Lizenzierung der DNA-Replikation während des eukaryotischen Zellzyklus. Während der G_1-Phase wird die DNA für die Replikation lizenziert, indem die MCM-Proteine an die Replikationsursprünge binden, ein Ereignis, für das sowohl ORC als auch helicase loading factors benötigt werden. Das Lizenzierungssystem wird am Ende der G_1-Phase durch die Bildung von Cdks und/oder Geminin abgeschaltet, deren Aktivität die Funktionen von Proteinen hemmt, die für die Lizenzierung (ORC, helicase loading factors und MCM) benötigt werden. Nachdem die Zelle die Mitose abgeschlossen hat, wird Geminin abgebaut und die Aktivität von Cdk sinkt, sodass das Lizenzierungssystem für den nächsten Zellzyklus wieder aktiviert ist.

Ein entscheidender Mitspieler bei diesem Mechanismus ist die *Cyclin-abhängige Kinase* (*Cdk*; engl.: *cyclin-dependent kinase*). Cdk ist ein Enzym, das an vielen Stellen im Zellzyklus beteiligt ist, auf die wir später in diesem Kapitel eingehen werden. Zu Beginn der S-Phase wird eine Form der Cdk gebildet. Sie ist an der Aktivierung der DNA-Synthese an lizenzierten Replikationsursprüngen beteiligt. Außerdem stellt sie sicher, dass die gleichen Replikationsursprünge nicht erneut lizenziert werden können. Cdk blockiert durch Katalyse der Phosphorylierung die Lizenzierung und hemmt dadurch die Funktion von Proteinen, die für die Lizenzierung benötigt werden, beispielsweise ORC und die helicase loading factors. Vielzellige Eukaryoten besitzen einen weiteren Inhibitor der Lizenzierung, das sogenannte *Geminin*, ein während der S-Phase gebildetes Protein, das die Bindung von MCM-Proteinen an die DNA blockiert. Nachdem die Zelle die Mitose abgeschlossen hat, wird Geminin abgebaut und die Aktivität von Cdk sinkt, sodass die für die DNA-Lizenzierung benötigten Proteine ihre Funktion für den nächsten Zellzyklus wieder aufnehmen können (▶*Abbildung 19.6*).

19.2.4 DNA-Polymerasen katalysieren die Elongation von DNA-Ketten

Als man zu Beginn der 1950er Jahre zum ersten Mal das Modell der semikonservativen Replikation vorstellte, dachten die Biologen, dass die DNA-Replikation ein so komplexer Vorgang sei, dass er nur in intakten Zellen ablaufen könne. Doch nur wenige Jahre später beweis Arthur Kornberg (Nobelpreis für Physiologie 1959), dass ein von ihm aus Bakterien isoliertes Enzym DNA-Moleküle in einem Reagenzglas kopieren konnte. Dieses Enzym, die sogenannte **DNA-Polymerase**, benötigt eine geringe Ausgangsmenge an DNA als Matrize. Gelenkt von dieser Matrize katalysiert die DNA-Polymerase die Elongation der DNA-Ketten und nutzt dabei als Substrate Desoxynucleosidtriphosphat-Derivate der vier Basen der DNA (dATP, dTTP, dGTP und dCTP). Da jedes Substrat in eine sich neu bildende DNA-Kette eingebaut wird, werden die terminalen Phosphatgruppen jeweils freigesetzt. Da Desoxynucleosidtriphosphate hoch energetische Bindungen sind (vergleichbar mit ATP), treibt die bei der Spaltung dieser Phosphatbindungen freigesetzte Energie eine Polymerisationsreaktion an, die ansonsten thermodynamisch ungünstig wäre.

Bei der DNA-Polymerase-Reaktion werden neu anzufügende Nucleotide kovalent an das 3′-Hydroxylende der wachsenden DNA-Kette angefügt. Jedes nachfolgende Nucleotid wird durch eine Phosphoesterbindung zwischen der Phosphatgruppe auf seinem 5′-Kohlenstoffatom und der Hydroxylgruppe auf dem 3′-Kohlenstoffatom des im vorherigen Schritt angefügten Nucleotids an die wachsende Kette angehängt (▶*Abbildung 19.7*). Mit anderen Worten, die Kettenverlängerung findet am 3′-Ende eines DNA-Strangs statt, und daher sagt man, dass der Strang in die 5′→3′-Richtung wächst.

Bald nach Kornbergs Entdeckung wurden weitere Formen der DNA-Polymerase nachgewiesen (in ▶*Tabelle 19.1* sind die wichtigsten DNA-Polymerasen aufgeführt, die bei der DNA-Replikation verwendet werden, sowie einige Schlüsselproteine, die an diesem Vorgang mitwirken). Es hat sich herausgestellt, dass das von Kornberg in *E. coli* entdeckte Enzym nicht für die DNA-Replikation in intakten Zellen verantwortlich ist. Diese Tatsache wurde deutlich, als Peter DeLucia und John Cairns berichteten, dass mutierte Stämme von Bakterien, denen das Kornberg-Enzym fehlte, noch immer ihre DNA replizieren und sich normal reproduzieren konnten. Mit dem fehlenden Kornberg-Enzym war es möglich, das Vorhandensein mehrerer weiterer bakterieller Enzyme nachzuweisen, die DNA synthetisieren. Diese neu entdeckten Enzyme werden mit römischen Ziffern benannt (zum Beispiel DNA-Polymerasen II, III, IV und V), um sie vom ursprünglichen Kornberg-Enzym zu unterscheiden, das man heute als DNA-Polymerase I bezeichnet. Als man zum ersten Mal die Geschwindigkeiten verglich, mit denen die verschiedenen DNA-Polymerasen DNA in einem Reagenzglas synthetisierten, stellte man fest, dass nur die DNA-Polymerase III schnell genug arbeitete, um für die Geschwindigkeit der DNA-Replikation in intakten Zellen verantwortlich sein zu können. Diese liegt bei Bakterien bei durchschnittlich 50.000 Basenpaaren pro Minute.

Diese Beobachtungen legten nahe, dass in bakteriellen Zellen die DNA-Polymerase III das in erster Linie für die DNA-Replikation verantwortliche Enzym ist; dieser Nachweis hätte aber mehr Überzeugungskraft, wenn man belegen könnte, dass die Zellen ohne DNA-Polymerase III ihre DNA nicht replizieren können. Wie kann man Zellen kultivieren und untersuchen, die nicht mehr in der Lage sind, eine lebenswichtige Funktion wie die DNA-Replikation durchzuführen? Ein vielversprechender Ansatz ist der Einsatz von **temperatursensitiven Mutanten**. Diese Zellen bilden Proteine, die bei normalen Temperaturen richtig arbeiten, aber schon bei geringfügig veränderter Temperatur stark beeinträchtigt werden. Zum Beispiel hat man Bakterien-Mutanten isoliert, bei denen die DNA-Polymerase III bei 37 °C normal arbeitet, ihre Funktion jedoch bei einer Temperatur von 42 °C aussetzt. Diese Bakterien wachsen normalerweise bei 37 °C, aber sie verlieren ihre Fähigkeit DNA zu replizieren, wenn man die Temperatur auf 42 °C erhöht. Das zeigt, dass die DNA-Polymerase III eine zentrale Rolle bei der normalen DNA-Replikation spielt.

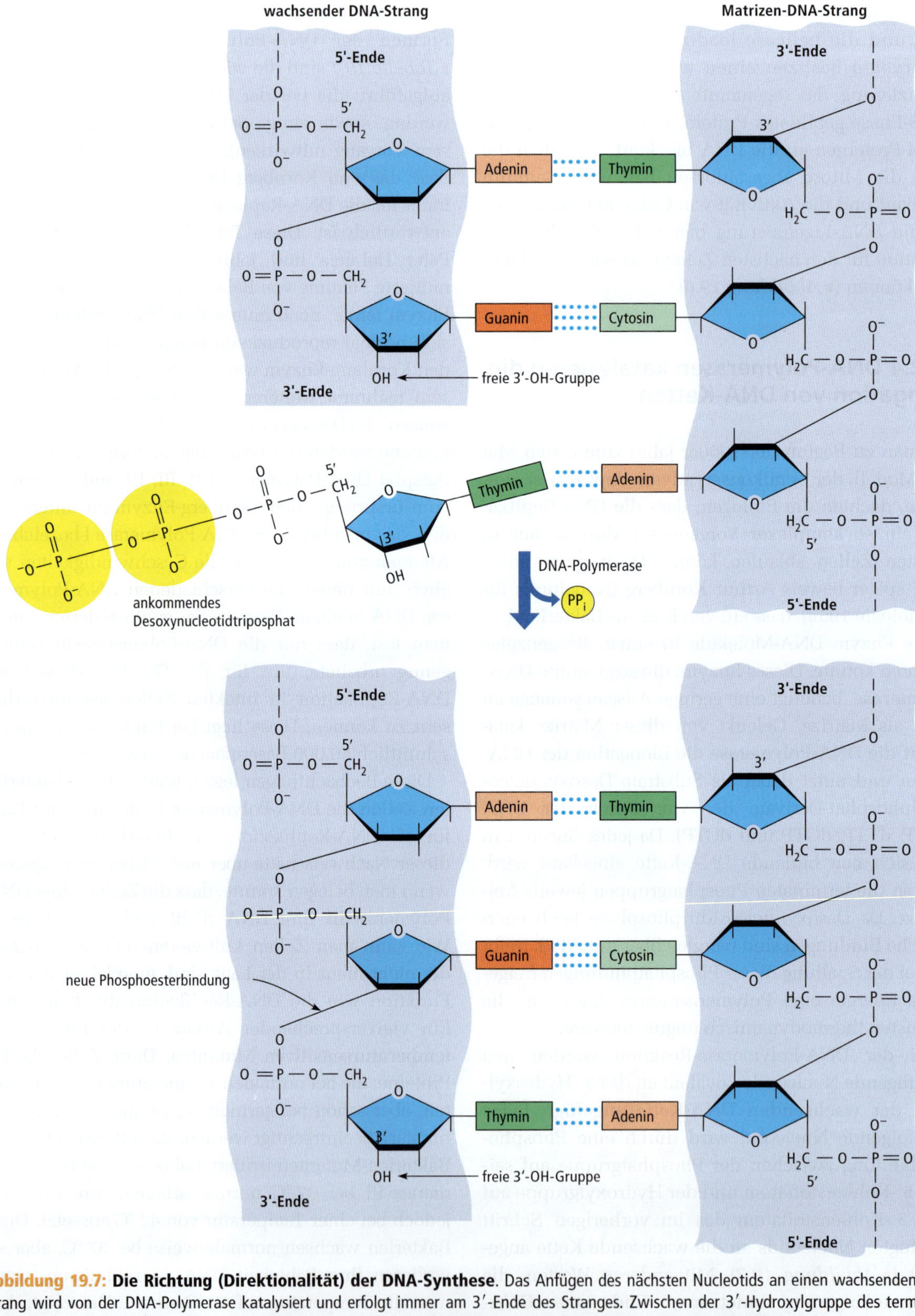

Abbildung 19.7: Die Richtung (Direktionalität) der DNA-Synthese. Das Anfügen des nächsten Nucleotids an einen wachsenden DNA-Strang wird von der DNA-Polymerase katalysiert und erfolgt immer am 3′-Ende des Stranges. Zwischen der 3′-Hydroxylgruppe des terminalen Nucleotids und dem 5′-Phosphat des anzufügenden Desoxynucleosidtriphosphats (hier dTTP) wird eine Phosphoesterbindung ausgebildet, wodurch die Kette um ein Nucleotid verlängert wird und Pyrophosphat (PP_i) freigesetzt wird. Das 3′-Ende des Strangs mit einer freien Hydroxylgruppe kann nun das nächste Nucleotid aufnehmen.

Tabelle 19.1

Einige wichtige DNA-Replikationsproteine bei Bakterien und Eukaryoten

Protein	Zelltyp	Hauptaktivitäten und/oder Funktionen
DNA-Polymerase I	Bakterien	DNA-Synthese; 3'→5'-Exonuclease (zum Korrekturlesen); 5'→3'-Exonuclease; entfernt und ersetzt RNA-Primer, die für die DNA-Replikation benötigt werden (ist auch an der Exzisionsreparatur bei beschädigter DNA beteiligt)
DNA-Polymerase III	Bakterien	DNA-Synthese; 3'→5'-Exonuclease (zum Korrekturlesen); wird bei der Synthese beider DNA-Stränge verwendet
DNA-Polymerase α (alpha)	Eukaryoten	Kern-DNA-Synthese; bildet mit der Primase einen Komplex und beginnt die DNA-Synthese am 3'-Ende von RNA-Primern, sowohl bei Führungs- als auch bei Folgesträngen (ist auch an der DNA-Reparatur beteiligt)
DNA-Polymerase γ (gamma)	Eukaryoten	mitochondriale DNA-Synthese
DNA-Polymerase δ (delta)	Eukaryoten	Kern-DNA-Synthese; 3'→5'-Exonuclease (zum Korrekturlesen); wirkt auch an der Synthese des Führungs- und des Folgestrangs mit (ist auch an der DNA-Reparatur beteiligt)
DNA-Polymerase ε (epsilon)	Eukaryoten	Kern-DNA-Synthese; 3'→5'-Exonuclease (zum Korrekturlesen); man vermutet, dass sie auch an der Synthese des Führungs- und des Folgestrangs mitwirkt (ist auch an der DNA-Reparatur beteiligt)
Primase	Eukaryoten	RNA-Synthese; bildet RNA-Oligonucleotide, die bei der DNA-Synthese als Primer eingesetzt werden
DNA-Helicase	beide	entspiralisiert doppelsträngige DNA
Einzelstrang-DNA-Bindeprotein (SSB; engl. *single-stranded DNA binding protein*)	beide	bindet an einzelsträngige DNA; stabilisiert Stränge entspiralisierter DNA in einer ausgestreckten Konfiguration, was den Zugang weiterer Proteine erleichtert
DNA-Topoisomerase (Typ I und Typ II)	beide	schneidet Einzelstränge (Typ I) oder Doppelstränge (Typ II) in der DNA; induziert und/oder relaxiert die DNA-Überspiralisierung; kann als Drehgelenk dienen, um eine Überspiralisierung vor der DNA-Replikationsgabel zu verhindern; kann verbundene DNA-Ringe am Ende der DNA-Replikation trennen
DNA-Gyrase	Bakterien	Typ-II-DNA-Topoisomerase, die als Drehgelenk dient, um bei *E. coli* eine Überspiralisierung vor der DNA-Replikationsgabel zu verhindern
DNA-Ligase	beide	bildet kovalente Bindungen, um benachbarte DNA-Stränge zu verbinden, darunter Okazaki-Fragmente im Führungsstrang bei der DNA-Synthese und die neuen und alten DNA-Segmente bei der Exzisionsreparatur der DNA
Initiatorproteine	beide	binden an den Replikationsursprung und initiieren die Entspiralisierung der DNA-Doppelhelix
Telomerase	Eukaryoten	Mit einem integralen RNA-Molekül als Matrize

Obwohl die vorangegangen Beobachtungen zeigen, dass die DNA-Polymerase III von zentraler Bedeutung für die DNA-Replikation ist, handelt es sich jedoch nicht um das einzige Enzym. Schon bald werden Sie eine Reihe weiterer Proteine kennenlernen, die für die DNA-Replikation notwendig sind, darunter die DNA-Polymerase I. Die anderen Typen der bakteriellen DNA-Polymerasen (II, IV und V) übernehmen spezialisierte Rollen bei der DNA-Reparatur. Diesen Vorgang werden wir später in diesem Kapitel genauer untersuchen.

Ebenso wie Bakterien enthalten auch eukaryotische Zellen mehrere Typen der DNA-Polymerase. Die neueste Zählung liegt bei einem Dutzend verschiedener Enzyme, von denen jedes einen anderen griechischen Buchstaben trägt. Aus dieser Gruppe sind die DNA-Polymerasen α (alpha), δ (delta) und ε (epsilon) an der Kern-DNA-Replikation beteiligt. Die DNA-Polymerase γ (gamma) kommt nur in den Mitochondrien vor und ist die wichtigste Polymerase bei der mitochondrialen DNA-Replikation. Die meisten anderen DNA-Polymerasen wirken entweder an der DNA-Reparatur oder der Replikation in Regionen mit DNA-Schaden mit.

Zusätzlich zu ihren biologischen Funktionen innerhalb von Zellen haben die DNA-Polymerasen auch wichtige praktische Anwendungen auf dem Gebiet der Biotechnologie gefunden. In *Exkurs 19A* beschreiben wir eine Technik, die sogenannte *Polymerasekettenreaktion* (*PCR*; engl.: *polymerase chain reaction*), bei der ein besonderer Typ der DNA-Polymerase das wichtigste Hilfsmittel dargestellt. Die PCR wird experimentell zur schnellen Amplifikation winziger DNA-Proben eingesetzt und hat sich deshalb als wirkungsvolles Hilfsmittel bei der DNA-Fingerprinting-Methode erwiesen, die wir in *Kapitel 18* dargestellt haben.

19A ▶ Arbeitstechniken

Die PCR-Revolution

Die Fähigkeit, mit einer winzigen Menge von DNA zu arbeiten, hat sich auf vielen Gebieten als äußerst hilfreich erwiesen, von der Paläontologie bis zur Kriminalistik. In *Kapitel 18* haben wir dargestellt, wie der DNA-Fingerabdruck zur Identifizierung und Charakterisierung bestimmter Sequenzen eingesetzt werden kann, in denen nur 1 μg DNA enthalten ist, die Menge eines kleinen Tropfens Blutes (siehe *Exkurs 18C*). Doch manchmal mag nicht einmal diese Menge an DNA zur Verfügung stehen. In diesen Fällen bedient man sich einer anderen Methode, der **Polymerasekettenreaktion (PCR)**. Mit der PCR kann man ausgewählte DNA-Segmente schnell replizieren oder *amplifizieren*, die ursprünglich nur in außerordentlich geringen Mengen zur Verfügung standen. Innerhalb von wenigen Stunden kann die PCR Millionen oder sogar Milliarden von Kopien einer bestimmten DNA-Sequenz anfertigen, wodurch ausreichend Material für den DNA-Fingerabdruck, die DNA-Sequenzierung oder andere Anwendungen bereitgestellt wird.

Die PCR-Methode kann auf das komplexe Multiproteinsystem, das Zellen für ihre DNA-Replikation nutzen, verzichten. Stattdessen benutzt man bei der PCR eine ungewöhnliche DNA-Polymerase, die mit einem synthetischen Primer gekoppelt wird, um eine Kettenreaktion zu initiieren, aus der eine exponentiell wachsende Population spezifischer DNA-Moleküle hervorgeht. Der Biochemiker Kary Mullis erhielt 1993 den Nobelpreis für die Entwicklung dieser Technik. Um eine PCR durchzuführen, müssen Sie zuerst einen Teil der Basensequenz des DNA-Segmentes kennen, das Sie amplifizieren möchten. Ausgehend von dieser Information werden kurze, einzelsträngige *DNA-Primer* chemisch synthetisiert. Diese Primer setzen sich im Allgemeinen aus DNA-Segmenten mit einer Länge von 15 – 20 Nucleotiden zusammen, die auf den gegenüberliegenden Enden des DNA-Segments liegen, welches amplifiziert werden soll. (Wenn die Sequenzen, welche die interessierende Sequenz natürlicherweise flankieren, unbekannt sind, können künstliche Sequenzen angefügt werden, bevor man die Polymerasekettenreaktion durchführt.) Dann fügt man die DNA-Polymerase hinzu, um die Synthese komplementärer DNA-Stränge zu katalysieren, wobei man die beiden Primer als Ausgangspunkte nutzt. Die für diesen Zweck standardmäßig verwendete DNA-Polymerase wurde zuerst aus dem Bakterium *Thermus aquaticus* isoliert, einem Bewohner der heißen Thermalquellen, deren Wassertemperatur normalerweise zwischen 70 – 80 °C liegt. Die optimale Temperatur für dieses Enzym, die sogenannte *Taq*-Polymerase, liegt bei 72 °C. Sogar bei höheren Temperaturen bleibt sie stabil – dank dieser Eigenschaft war es möglich, die PCR zu automatisieren.

▶*Abbildung 19A-1* stellt zusammenfassend den Ablauf der PCR dar. In der Ausgangsreaktionsmischung sind neben der DNA, deren Sequenz amplifiziert werden soll, die *Taq*-DNA-Polymerase, die synthetischen DNA-Primer und die vier Desoxynucleosidtriphosphate (dATP, dTTP, dCTP und dGTP) enthalten. Jeder Reaktionszyklus beginnt mit einem kurzen Erhitzen bis fast zum Siedepunkt (95 °C), um die DNA-Doppelhelix in zwei Stränge zu denaturieren (1).

Die DNA-Lösung wird anschließend abgekühlt, damit die Primer mit den komplementären Regionen auf den DNA-Strängen, die kopiert werden, eine Basenpaarung eingehen können (2). Dann erhöht man die Temperatur auf 72 °C, und die *Taq*-DNA-Polymerase nimmt ihre Arbeit auf. Sie fügt Nucleotide an das 3′-Ende des Primers (3). Die Spezifität der Primer stellt sicher, dass das selektive Kopieren von Fragmenten der DNA-Matrize stromabwärts von den Primern erfolgt. In nur wenigen Minuten hat die *Taq*-Polymerase eine vollständige Kopie der DNA-Zielsequenz angefertigt, wodurch die DNA-Menge verdoppelt wurde. Dann wird die Reaktionsmischung wieder erhitzt, um die neuen Doppelhelices zu schmelzen, es wird mehr Primer zugefügt, um DNA zu binden und der Zyklus wird wiederholt, um die DNA-Menge wieder zu verdoppeln (1 – 3).

Der Reaktionszyklus wird so oft wie notwendig wiederholt, wobei mit jedem Zyklus die DNA-Menge des vorangegangen Durchlaufs verdoppelt wird. Nach dem dritten Zyklus wird eine immer größere Menge der gebildeten, gleich langen DNA-Moleküle nur aus der Zielsequenz bestehen (wie das dritte und das sechste Molekül in der letzten Reihe der Abbildung). Da die *Taq*-Polymerase selbst bei einer Erhitzung bis zu 95 °C nicht zerstört wird, muss nicht bei jedem Zyklus ein neues Enzym zugefügt werden. Meistens reichen 20 – 30 Reaktionszyklen, um die gewünschte DNA-Menge zu erzielen. Die theoretische Amplifikation durch *n* Zyklen beträgt 2^n, daher ergeben 20 Zyklen eine millionenfache oder noch größere Amplifikation (2^{20} = 1.048.576), und 30 Zyklen ergeben mehr als das Milliardenfache (2^{30} = 1.073.741.824). Da jeder Zyklus weniger als fünf Minuten dauert, kann man innerhalb weniger Stunden mehrere Hundert Milliarden Kopien der ursprünglichen DNA-Sequenz anfertigen. Das ist wesentlich schneller als die vielen Tage, die man zur Amplifikation von DNA durch Klonierung in Bakterien benötigt. Diese Methode werden wir in *Kapitel 20* darstellen. Hinzukommt, dass man die PCR mit nur einem einzigen Molekül durchführen kann. Man muss keine Ausgangs-DNA-Probe reinigen, denn die Primer wählen die zu amplifizierende Region aus.

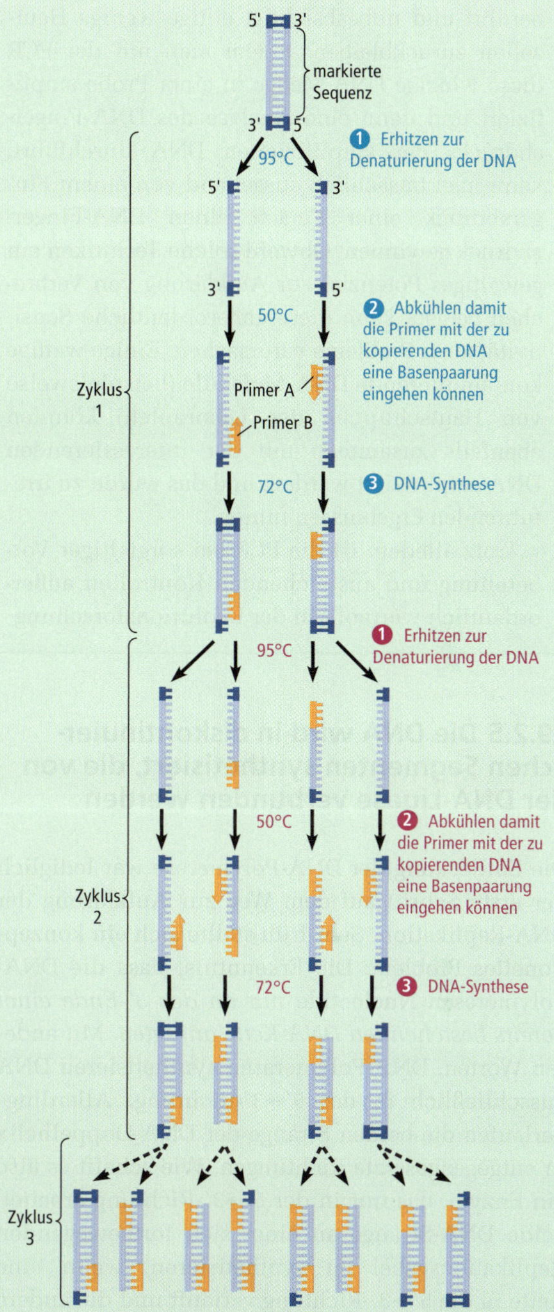

Abbildung 19A-1: DNA-Amplifikation mit der Polymerasekettenreaktion. Siehe Beschreibung im Text des Kastens. Die PCR läuft am besten, wenn das zu amplifizierende DNA-Segment – die Region, die von zwei Primern flankiert wird – eine Länge von 50 – 2.000 Nucleotiden hat.

Aus diesem Grund kann man mit Hilfe der PCR eine Person ausgehend von einer verschwindend geringen DNA-Menge identifizieren, die hinterlassen wird, wenn diese Person einen Gegenstand berührt und unbeabsichtigt einige wenige Hautzellen zurückbleiben. Indem man mit der PCR diese winzige DNA-Menge in einer Probe amplifiziert und dann eine Analyse des DNA-Fingerabdrucks der amplifizierten DNA durchführt, kann man tatsächlich ausgehend von einem Fingerabdruck einer Person einen DNA-Fingerabdruck gewinnen. Obwohl solche Techniken ein gewaltiges Potenzial zur Aufklärung von Verbrechen bergen, kann diese außerordentliche Sensitivität auch Probleme verursachen. Einige wenige kontaminierende DNA-Moleküle (beispielsweise von Hautschuppen des Laboranten) könnten ebenfalls zusammen mit der interessierenden DNA amplifiziert werden, und das würde zu irreführenden Ergebnissen führen.

Trotz alledem ist die PCR bei sorgfältiger Vorbereitung und ausreichenden Kontrollen außerordentlich wertvoll. In der Evolutionsforschung diente sie als Hilfsmittel zur Amplifizierung von DNA-Fragmenten, die man aus antiken ägyptischen Mumien gewonnen hatte sowie aus einem 40.000 Jahre alten Mammut, das in einem Gletscher eingefroren war. Außerdem wurde mit Hilfe der PCR das Genom des Neandertalers und anderer ausgestorbener Vorfahren des modernen Menschen entschlüsselt. Bei der medizinischen Diagnose wird die PCR zur Amplifikation der DNA einzelner embryonaler Zellen für eine schnelle pränatale Diagnose genutzt. Außerdem kann man virale Gene in Zellen nachweisen, die mit HIV oder anderen Viren infiziert sind. Vielleicht ist aber von noch weitreichenderer Bedeutung, dass die PCR die Grundlagenforschung in der molekularen Genetik revolutioniert hat, denn sie ermöglicht problemlos die Amplifikation bestimmter Gene oder Sequenzen aus den Tausenden Genen der Säugetiergenome.

19.2.5 Die DNA wird in diskontinuierlichen Segmenten synthetisiert, die von der DNA-Ligase verbunden werden

Die Entdeckung der DNA-Polymerase war lediglich der erste Schritt auf dem Weg zur Aufklärung der DNA-Replikation. Sehr früh stellte sich ein konzeptionelles Problem: Die Erkenntnis, dass die DNA-Polymerasen Nucleotide *nur an das 3′-Ende einer bereits bestehenden DNA-Kette anfügten*. Mit anderen Worten, DNA-Polymerasen synthetisieren DNA ausschließlich in der 5′→3′-Richtung. Allerdings verlaufen die beiden Stränge der DNA-Doppelhelix in entgegengesetzte Richtungen. Wie schafft es also ein Enzym, das nur in der 5′→3′-Richtung arbeitet, beide DNA-Stränge an einer sich fortbewegenden Replikationsgabel zu synthetisieren, wenn eine Kette in die 5′→3′-Richtung verläuft und die andere Kette in die 3′→5′-Richtung?

Im Jahr 1968 gaben die japanische Wissenschaftlerin Tsuneko Okazaki und ihr Mann Reiji Okazaki die ersten Antworten auf diese Frage. Aus ihren Untersuchungen ergab sich der Vorschlag, dass die DNA in kleinen Fragmenten synthetisiert wird, die später zusammengefügt werden. Die Okazakis isolierten DNA aus Bakterienzellen, die sie kurz einem radioaktiven Substrat aussetzten, welches in neu synthetisierte DNA eingebaut wird. Die Analyse dieser DNA ergab, dass ein Großteil der Radioaktivität in kleinen Fragmenten enthalten war, die eine Länge von tausend Nucleotiden hatten (▶*Abbildung 19.8a*). Nach längerer Markierungsdauer assoziierte die Radioaktivität mit größeren DNA-Molekülen. Aus diesem Befund folgerten die Okazakis, dass die kleineren DNA-Teilstücke, die sogenannten **Okazaki-Fragmente**, Vorläufer sich neu bildender, längerer DNA-Moleküle seien. Spätere Untersuchungen enthüllten, dass die Umwandlung der Okazaki-Fragmente in größere DNA-Moleküle nicht in mutierten Bakterien abläuft, denen das Enzym **DNA-Ligase** fehlt. Die DNA-Ligase verbindet DNA-Fragmente, indem sie die ATP-abhängige Bildung einer Phosphoesterbindung zwischen dem 3′-Ende einer Nucleotidkette und dem 5′-Ende einer anderen Nucleotidkette katalysiert (▶*Abbildung 19.8b*).

Auf Grundlage der zuvor dargestellten Beobachtungen wurde ein Modell der DNA-Replikation entworfen, das mit der Tatsache übereinstimmt, dass die DNA-Polymerase die DNA nur in der 5′→3′-Richtung synthetisiert. Gemäß diesem Modell verläuft die DNA-Synthese an jeder Replikationsgabel *kontinuierlich* in der Richtung, in der sich die Replikationsgabel auf einem Strang bewegt, jedoch für den anderen Strang in der entgegengesetzten Richtung *diskontinuierlich* (▶*Abbildung 19.9*). Daher kann man die beiden Tochterstränge aufgrund ihrer Wachstumsweise unterscheiden. Einer der beiden neuen Stränge, der sogenannte **Führungsstrang**, wird als kontinuierliche Kette synthetisiert, denn er wächst in die 5′→3′-Richtung. Aufgrund der entgegengesetzten Ausrichtung der beiden DNA-Stränge muss der neu gebildete Strang, der sogenannte **Folgestrang**, in die 3′→5′-Richtung wachsen. Die DNA-Polymerase kann aber nicht Nucleotide in der 3′→5′-Richtung anfügen, sodass der Folgestrang stattdessen aus Reihen kurzer, diskontinuierlicher Okazaki-Fragmente gebildet wird, die in der 5′→3′-Richtung synthetisiert werden. Diese Fragmente werden dann von der DNA-Ligase zusammengefügt und bilden einen kontinuierlichen neuen 3′→5′-DNA-Strang. In viralen und bakteriellen Systemen haben Okazaki-Fragmente im Allgemeinen eine Länge von 1.000 – 2.000 Nucleotiden, aber in eukaryotischen Zellen nur ein Zehntel dieser Länge. Bei *E. coli* wird die gleiche DNA-Polymerase, die Polymerase III, zur Synthese von Okazaki-Fragmenten des Folgestrangs und der kontinuierlichen DNA-Kette des Führungsstrangs verwendet. Man nimmt an, dass die DNA-Polymerasen δ und ε bei den Eukaryoten an der Synthese des Führungsstrangs und des Folgestrangs mitwirken.

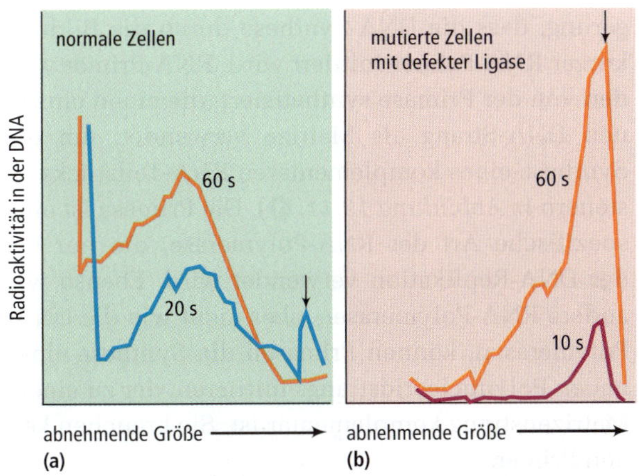

Abbildung 19.8: Zusammenfassende Darstellung der Experimente der Okazakis über den Mechanismus der DNA-Replikation in bakteriellen Zellen. (a) Sie inkubierten die Bakterien kurze Zeit in radioaktivem ^{3}H-Thymidin, um neu synthetisierte DNA zu markieren. Dann isolierten sie die DNA, die in zwei einzelne Stränge aufgetrennt vorlag, und fraktionierten sie durch Zentrifugation in unterschiedlich große Moleküle. Bei den normalen mit ^{3}H-Thymidin inkubierten Bakterien lag ein beträchtlicher Teil der Radioaktivität in kleinen DNA-Fragmenten vor (Pfeil). Nach 60 Sekunden war die gesamte in den kleinen Fragmenten enthaltene Radioaktivität in die größeren DNA-Moleküle übergegangen. (b) In bakteriellen Mutanten, denen das Enzym DNA-Ligase fehlt, bleibt die Radioaktivität sogar noch 60 Sekunden nach der Inkubation in den kleinen DNA-Fragmenten. Daraus folgerten sie, dass die DNA-Ligase normalerweise kleine DNA-Fragmente zu längeren DNA-Ketten zusammenfügt.

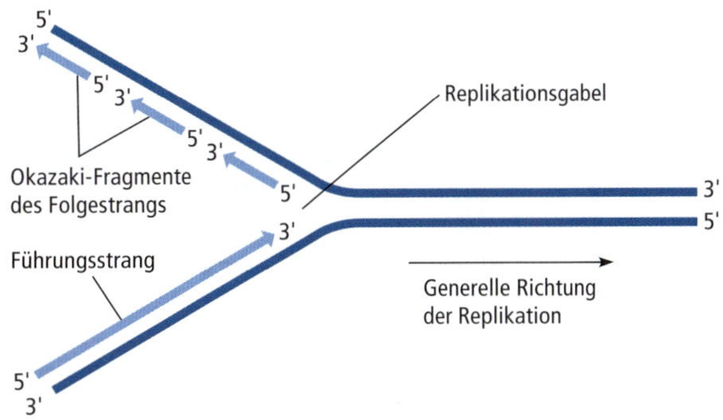

Abbildung 19.9: Richtungen der DNA-Synthese an einer Replikationsgabel. Da DNA-Polymerasen DNA-Ketten nur in der 5′→3′-Richtung synthetisieren, verläuft die Synthese an jeder Replikationsgabel kontinuierlich in die Richtung, in der sich die Replikationsgabel auf dem Führungsstrang fortbewegt, jedoch diskontinuierlich in der Richtung, in der sich die Replikationsgabel auf dem Folgestrang in der entgegengesetzten Richtung bewegt. An der diskontinuierlichen Synthese sind kurze Zwischenprodukte beteiligt, die Okazaki-Fragmente, die bei den bakteriellen Zellen eine Länge von 1.000 – 2.000 Nucleotiden haben, und ungefähr 100 – 200 Nucleotide bei eukaryotischen Zellen. Die Fragmente werden später von dem Enzym DNA-Ligase verbunden. Eltern-DNA ist dunkelblau, neu synthetisierte DNA hellblau unterlegt. Hier sowie in den folgenden Abbildungen zeigen die Pfeile in die Richtung, in der die Nucleinsäurekette verlängert wird.

19.2.6 Das Korrekturlesen erfolgt durch die 3′→5′-Exonucleaseaktivität der DNA-Polymerase

Angesichts der Komplexität des dargestellten Modells könnten Sie sich fragen, warum Zellen nicht einfach ein Enzym entwickelten, das DNA in der 3′→5′-Richtung synthetisiert. Eine mögliche Antwort auf diese Frage steht mit der Notwendigkeit in Zusammenhang, während der DNA-Replikation aufgetretene Fehler zu korrigieren. Bei etwa einem von 100.000 Nucleotiden, das während der DNA-Replikation eingebaut wird, liegt eine falsche Basenpaarung gegenüber dem Matrizenstrang der DNA vor. Das ist eine Fehlerquote, die bei jeder DNA-Replikation einer Zelle mehr als 120.000 Fehler ergäbe. Glücklicherweise werden diese Fehler durch einen **Korrekturlese**mechanismus repariert, der die gleichen DNA-Polymerasemoleküle nutzt, die auch die DNA-Synthese katalysieren. Das Korrekturlesen beruht auf der Tatsache, dass fast alle DNA-Polymerasen eine 3′→5′-Exonucleaseaktivität besitzen (abgesehen von ihrer Fähigkeit zur DNA-Synthese). **Exonucleasen** sind Enzyme, die Nucleinsäuren von einem Ende zum anderen abbauen (im Allgemeinen DNA), anstatt sie im Inneren zu schneiden wie die Endo-

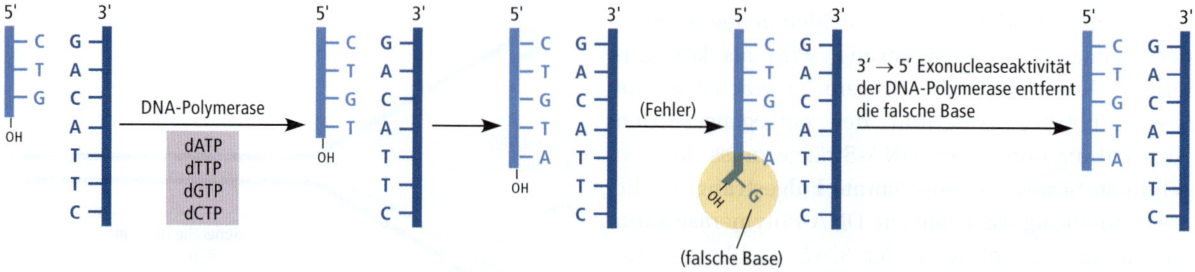

Abbildung 19.10: Korrekturlesen durch die 3′→5′-Exonuclease. Wird während der DNA-Replikation eine falsche Base eingefügt, katalysiert die 3′→5′-Exonucleaseaktivität, die Teil des DNA-Polymerasemoleküls ist, deren Entfernen, sodass die richtige Base eingefügt werden kann.

nucleasen. Eine 3′→5′-Exonuclease schneidet vom 3′-Ende einer Nucleotidkette. Somit können auf Grund der 3′→5′-Exonucleaseaktivität der DNA-Polymerase falsch gepaarte Nucleotidpaare vom 3′-Ende einer wachsenden DNA-Kette entfernt werden (▶*Abbildung 19.10*). Diese Fähigkeit, falsch eingefügte Nucleotide zu entfernen, steigert die Genauigkeit der DNA-Replikation auf durchschnittlich sehr wenige Fehler pro einer Milliarde replizierter Basenpaare.

Wenn Zellen ein Enzym besäßen, das in der Lage wäre, DNA in der 3′→5′-Richtung zu synthetisieren, dann könnte der Mechanismus des Korrekturlesens nicht ablaufen, denn eine in die 3′→5′-Richtung wachsende DNA-Kette hätte ein Nucleotidtriphosphat am wachsenden 5′-Ende. Was wäre, wenn dieses 5′-Nucleotid eine falsche Base enthielte, die während des Korrekturlesens entfernt werden müsste? Durch Entfernen dieses 5′-Nucleotids würde die Triphosphatgruppe entfernt werden, die freie Energie liefert. Die DNA-Polymerase benötigt diese freie Energie, um Nucleotide an eine wachsende DNA-Kette anzubauen, und somit könnte die Kette nicht weiter verlängert werden; die Synthese würde an dieser Stelle abbrechen.

19.2.7 RNA-Primer initiieren die DNA-Replikation

Da die DNA-Polymerase Nucleotide nur an eine bereits existierende Nucleotidkette anfügen kann, stellt sich die Frage, wie die Replikation einer DNA-Doppelhelix eingeleitet wird. Kurze Zeit nach der Entdeckung der Okazaki-Fragmente waren die Wissenschaftler aufgrund folgender Beobachtungen der Ansicht, dass die RNA am Initiierungsprozess mitwirkt: (1) Okazaki-Fragmente weisen häufig kurze RNA-Teilstücke an den 5′-Enden auf, die im Allgemeinen eine Länge von 3 – 10 Nucleotiden haben; (2) Die DNA-Polymerase kann das Anfügen von Nucleotiden sowohl an die 3′-Enden von RNA-Strängen als auch an DNA-Stränge katalysieren; (3) Zellen enthalten ein Enzym, die sogenannte **Primase**, die RNA-Fragmente mit ungefähr zehn Basen mit Hilfe einer DNA als Matrize synthetisiert; (4) im Gegensatz zur DNA-Polymerase, die Nucleotide an die Enden bereits bestehender Stränge anfügt, kann die Primase die RNA-Synthese von Grund auf starten, indem sie zwei Nucleotide miteinander verbindet.

Diese Beobachtungen führten zur der Schlussfolgerung, dass die DNA-Synthese durch die Bildung kurzer **RNA-Primer** initiiert wird. RNA-Primer werden von der Primase synthetisiert, die einen einzelnen DNA-Strang als Matrize verwendet, um die Synthese eines komplementären RNA-Teilstücks zu steuern (▶*Abbildung 19.11*, ❶). Die Primase ist eine spezifische Art der RNA-Polymerase, die nur bei der DNA-Replikation verwendet wird. Ebenso wie andere RNA-Polymerasen, aber nicht wie die DNA-Polymerasen, können Primasen die Synthese eines neuen Polynucleotidstrangs initiieren, der zu einem Matrizenstrang komplementär ist. Sie brauchen keinen Primer.

Bei *E. coli* ist die Primase relativ inaktiv, es sei denn, sie wird von sechs anderen Proteinen unterstützt, die einen als **Primosom** bezeichneten Komplex bilden. Die anderen Primosomproteine wirken bei der Entspiralisierung der Mutter-DNA mit und erkennen DNA-Zielsequenzen, an denen die Replikation initiiert wird. In eukaryotischen Zellen haben wir es mit einer geringfügig veränderten Situation zu tun, sodass man den Begriff *Primosom* in diesem Zusammenhang nicht verwendet. Die eukaryotische Primase ist nicht eng mit Entspiralisierungs-Proteinen assoziiert, sondern ganz fest mit der DNA-Polymerase α verbunden, der für die Initiierung der DNA-Replikation wichtigsten DNA-Polymerase.

Nach Bildung eines RNA-Primers kann die DNA-Synthese weiterlaufen, indem die DNA-Polymerase III (oder DNA-Polymerase α gefolgt von Polymerase δ oder ε bei Eukaryoten) nacheinander Desoxynucleotide an das 3′-Ende des Primers anfügt (▶*Abbildung 19.11*, ❷). Beim Folgestrang muss die Initiation mit einem RNA-Primer nur einmal stattfinden, wenn sich zum ersten Mal eine Replikationsgabel bildet. Die DNA-Polymerase kann in der 5′→3′-Richtung kontinuierlich Nucleotide an die Kette anfügen. Im Gegensatz dazu wird der Folgestrang als Reihe diskontinuierlicher Okazaki-Fragmente synthetisiert, von denen jedes mit einem einzelnen RNA-Primer initiiert werden muss. Für jeden Primer werden von der DNA-Polymerase III solange DNA-Nucleotide angefügt, bis das wachsende Fragment das benachbarte Okazaki-Fragment erreicht. Das nun nicht mehr benötigte RNA-Segment wird entfernt und die DNA-Nucleotide werden polymerisiert, um dessen Platz einzunehmen. Bei *E. coli* werden die RNA-Primer durch die dem DNA-Polymerase I-Molekül inhärente 5′→3′-Exonucleaseaktivität entfernt (sie unterscheidet sich von der 3′→5′-Exonucleaseaktivität, die am Korrekturlesen mitwirkt). Zur gleichen Zeit synthetisiert das DNA-Polymerase-I-Molekül DNA in der normalen 5′→3′-Richtung, um die entstehenden Lücken zu füllen (▶*Abbildung 19.11*, ❸). Benachbarte Fragmente werden nachfolgend von der DNA-Ligase verbunden 4 (▶*Abbildung 19.11*, ❹).

Warum nutzen Zellen RNA-Primer, die später entfernt werden müssen, anstatt gleich einen DNA-Primer einzusetzen? Wieder muss die Antwort auf diese Frage mit der Notwendigkeit der Fehlerkorrektur in Zusammenhang stehen. Wir haben bereits gesehen, dass die DNA-Polymerase eine 3′→5′-Exonucleaseaktivität besitzt, die das Entfernen falscher Nucleotide vom 3′-Ende einer DNA-Kette ermöglicht. Tatsächlich kann die DNA-Polymerase nur dann eine bereits bestehende DNA-Kette verlängern, wenn das Nucleotid am 3′-Ende die richtige Basenpaarung eingegangen ist. Allerdings kann ein Enzym, das die Synthese einer neuen Kette *initiiert*, diesen Korrekturlesevorgang nicht durchführen, denn es fügt kein Nucleotid an ein bereits vorhandenes Ende mit einer Basenpaarung. Daraus folgt, dass sich Enzyme, welche die Nucleinsäuresynthese initiieren, nicht gut für die Fehlerkorrektur eignen. Indem die RNA und nicht die DNA die DNA-Synthese initiiert, stellen Zellen sicher, dass sämtliche während der Initiation falsch eingefügten Basen nur in RNA-Sequenzen vorkommen, die von der DNA-Polymerase I entfernt werden.

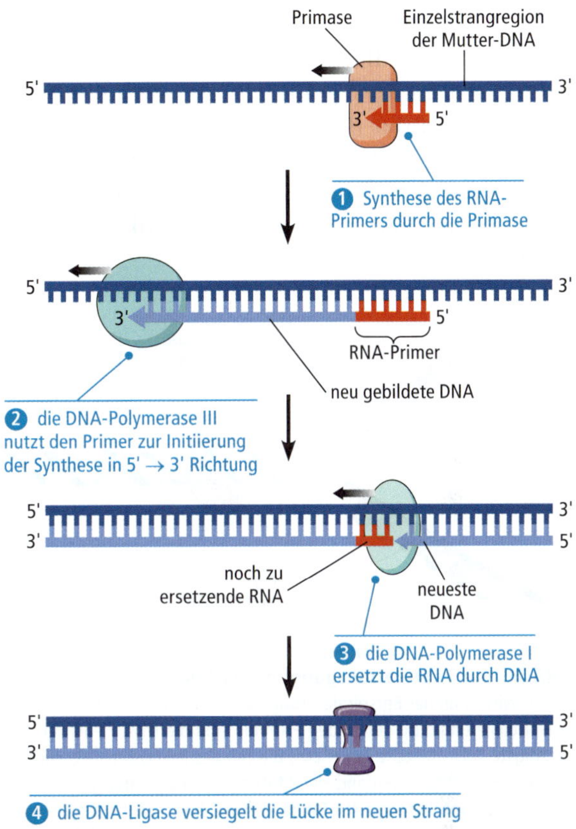

Abbildung 19.11: Die Rolle der RNA-Primer bei der DNA-Replikation. Die DNA-Synthese wird bei Bakterien und Eukaryoten mit einem kurzen RNA-Primer initiiert. Diese Abbildung zeigt den Vorgang bei einem Folgestrang von *E. coli*.

19.2.8 Zur Entspiralisierung der DNA-Doppelhelix werden DNA-Helicasen, Topoisomerasen und Einzelstrang-DNA-Bindeproteine benötigt

Während der DNA-Replikation müssen die beiden Stränge der Doppelhelix an jeder Replikationsgabel entspiralisiert werden, damit die Einzelstränge mit den Enzymen in Kontakt kommen können, von denen sie kopiert werden. Drei Klassen von Proteinen mit unterschiedlichen Funktionen erleichtern den Entspiralisierungsvorgang: *DNA-Helicasen*, *Topoisomerasen* und *Einzelstrang-DNA-Bindeproteine* (▶*Abbildung 19.12*). Die für die Entspiralisierung der DNA verantwortlichen Proteine sind die **DNA-Helicasen**. Mit Hilfe der aus der ATP-Hydrolyse gewonnenen Energie entspiralisieren diese Proteine die DNA-Doppelhelix vor der Replikationsgabel, indem sie die Wasserstoffbrückenbindungen spalten. Bei *E. coli* sind mindestens zwei verschiedene DNA-Helicasen an der DNA-Replikation beteiligt. Eine bindet an die Matrize des Folgestrangs und bewegt sich in die 5'→3'-Richtung, die andere bindet an die Matrize des Führungsstrangs und schreitet in der 3'→5'-Richtung fort. Beide sind Teil des Primosoms, aber die 5'→3'-Helicase ist für die Entspiralisierung der DNA an der Replikationsgabel wichtiger.

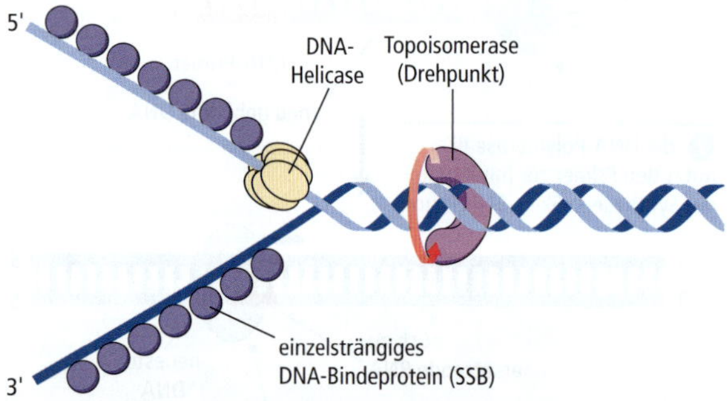

Abbildung 19.12: Proteine, die bei der Entspiralisierung der DNA an der Replikationsgabel mitwirken. Drei Typen von Proteinen wirken an der Entspiralisierung der DNA mit. Die tatsächlich die Entspiralisierung durchführenden Proteine sind die DNA-Helicasen; die wichtigste DNA-Helicase bei *E. coli*, die Teil des Primosoms ist, wirkt in der 5'→3'-Richtung entlang der Matrize des Folgestrangs, wie hier dargestellt. Einzelstrang-DNA-Bindeproteine (SSB, engl.: *single-stranded DNA binding proteins*) stabilisieren die entwundene DNA in einer nicht-spiralisierten Position. Eine Topoisomerase bildet vor der Replikationsgabel einen Drehpunkt; bei *E. coli* handelt es sich bei der Topoisomerase um eine DNA-Gyrase.

Die mit der DNA-Replikation assoziierte Entspiralisierung würde eine inakzeptable Überspiralisierung herbeiführen und möglicherweise ein weiteres Verwickeln der restlichen DNA zur Folge haben, wäre da nicht die Aktivität der **Topoisomerasen**, die wir in *Kapitel 18* erläutert haben. Diese Enzyme bilden Drehpunkte im DNA-Molekül, indem sie in der Doppelhelix Einzel- und Doppelstrangbrüche herbeiführen und schnell wieder versiegeln. Von den ungefähr zehn Topoisomerasen bei *E. coli* ist die *DNA-Gyrase* das Schlüsselenzym der DNA-Replikation, eine Typ-II-Topoisomerase (ein Enzym, das beide DNA-Stränge schneidet). Die DNA-Gyrase nutzt die ATP-Energie und führt negative Überspiralisierungen ein, wodurch sie die positiven Überspiralisierungen relaxiert. Die DNA-Gyrase dient als wichtigster Drehpunkt zur Verhinderung einer positiven Überspiralisierung der DNA vor der Replikationsgabel. Außerdem spielt dieses Enzym sowohl bei der Initiation als auch beim Abschluss der DNA-Replikation bei *E. coli* eine Rolle – beim Öffnen der Doppelhelix am Replikationsursprung und beim Trennen der verbundenen Ringe der Tochter-DNA am Ende. Bei den eukaryotischen Zellen ist der Vorgang nicht so gut aufgeklärt, obwohl beide Typen von Topoisomerasen isoliert wurden.

Nach Beginn der Trennung binden die Moleküle des **Einzelstrang-DNA-Bindeproteins** (**SSB**, engl.: *single-stranded DNA binding protein*) schnell an die freiliegenden Einzelstränge, damit die DNA entspiralisiert bleibt und somit für die DNA-Replikationsmaschinerie zur Verfügung steht. Nachdem ein bestimmtes DNA-Segment repliziert wurde, lösen sich die SSB-Moleküle ab und werden recycelt, indem sie sich an das nächste einzelsträngige Segment heften.

19.2.9 Zusammenfassung der DNA-Replikation

▸*Abbildung 19.13* zeigt die Eckpfeiler unseres heutigen Verständnisses der Mechanismen der DNA-Replikation in *E. coli*. Es beginnt am Replikationsursprung, wo die Enzym-Maschinerie an der Replikationsgabel nacheinander die verschiedenen, für die Synthese der DNA notwendigen Proteine anfügt – das heißt, DNA-Helicase, DNA-Gyrase, SSB, Primase, DNA-Polymerase und DNA-Ligase. Noch einige weitere Proteine (nicht dargestellt) tragen gleichfalls dazu bei, die Effizienz der DNA-Replikation sicherzustellen. Zum Beispiel bildet ein ringförmiges Protein, das *Sliding-clamp*-Protein, einen Ring um die DNA-Doppelhelix und bindet an die DNA-Polymerase. Dadurch kann die DNA-Polymerase an der DNA entlanggleiten und bleibt trotzdem fest mit dieser verbunden.

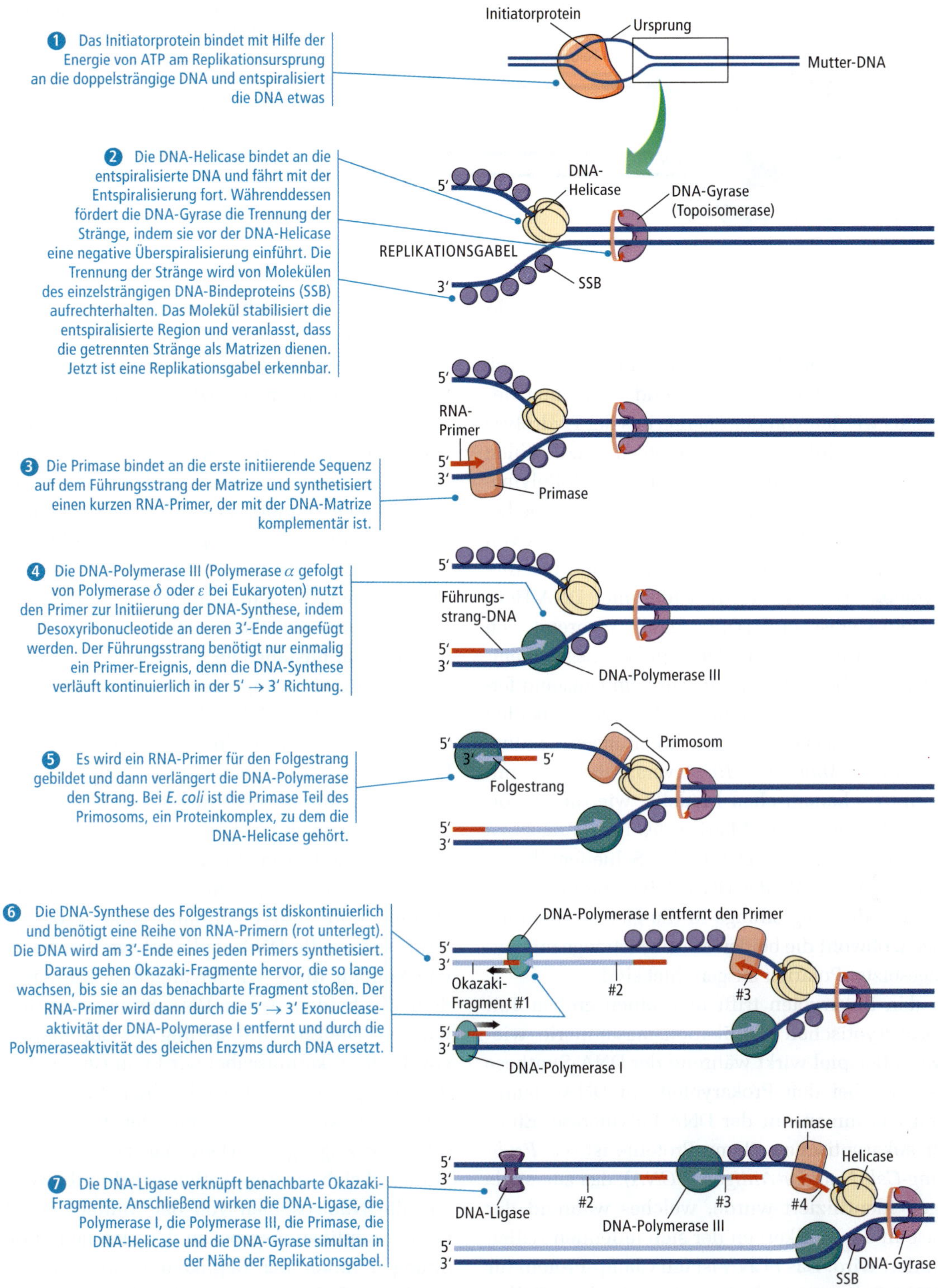

Abbildung 19.13: Zusammenfassung der DNA-Replikation bei Bakterien. Beginnend mit der Initiation am Replikationsursprung, stellt diese Abbildung in sieben Schritten die DNA-Replikation bei *E. coli* dar. Zwei Replikationsgabeln bewegen sich ausgehend vom Replikationsursprung in entgegengesetzter Richtung, aber nur eine Replikationsgabel wird hier zur besseren Verdeutlichung in den Schritten 2 – 7 dargestellt. Die verschiedenen, hier als getrennte Einheiten abgebildeten Proteine sind in einem einzigen großen Komplex, dem Replisom, (mit anderen Proteinen) eng assoziiert. Die Primase und die DNA-Helicase sind besonders eng miteinander verbunden und bilden zusammen mit anderen Proteinen das Primosom. Die Eltern-DNA ist dunkelblau unterlegt, die neu synthetisierte DNA hellblau und die RNA rot. Die Zeichnungen geben nicht die topologische Anordnung der DNA-Stränge wider.

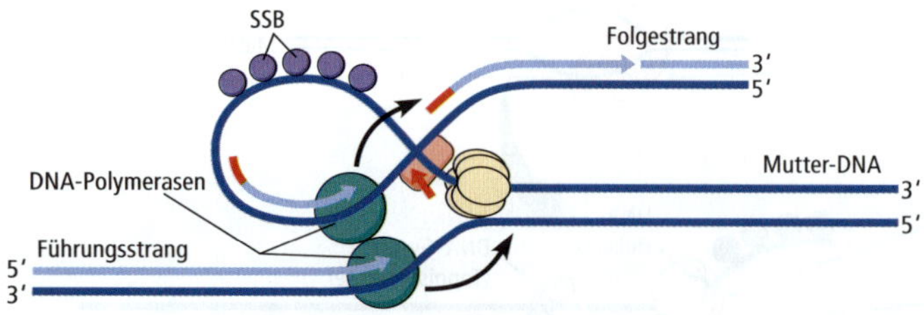

Abbildung 19.14: Anordnung von Proteinen an der Replikationsgabel. Dieses Modell zeigt die Position von einigen in *Abbildung 19.13* dargestellten Schlüsselreplikationsproteinen an der Replikationsgabel. Das wichtigste Unterscheidungsmerkmal ist, dass die Folgestrang-DNA zu einer Schleife gefaltet wird, sodass die Moleküle der DNA-Polymerase auf den Führungs- und Folgesträngen binden und sich in der gleichen physikalischen Richtung (schwarze Pfeile) fortbewegen können, obwohl die beiden Matrizenstränge im Mutter-DNA-Molekül mit entgegengesetzter Polarität ausgerichtet sind.

Die verschiedenen an der DNA-Replikation mitwirkenden Proteine sind locker in einem großen Komplex assoziiert, dem **Replisom**, das ungefähr so groß wie ein Ribosom ist. Aktivität und Bewegung des Replisoms werden von der Energie aus der Hydrolyse der Nucleosidtriphosphate angetrieben. Dazu zählen sowohl die Nucleosidtriphosphate (die DNA-Polymerasen und die Primase nutzen diese als Bausteine bei der DNA- und RNA-Synthese) als auch ATP, das von mehreren anderen an der DNA-Replikation beteiligten Proteine hydrolysiert wird (darunter DNA-Helicase, DNA-Gyrase und DNA-Ligase). Während sich das Replisom in Richtung der Replikationsgabel entlang der DNA bewegt, muss es mit dem Umstand fertig werden, dass die DNA auf der Matrize der beiden Stränge in entgegengesetzten Richtungen synthetisiert wird. ▸*Abbildung 19.14* veranschaulicht mit Hilfe eines schematischen Modells, wie dieser Vorgang durch Faltung der Matrize des Folgestrangs zu einer Schleife abläuft. Durch die Schleifenbildung können die Moleküle der DNA-Polymerase die Führungs- und die Folgestränge in die gleiche Richtung bewegen, obwohl die beiden Matrizenstränge mit entgegengesetzter Polarität ausgerichtet sind.

Bei den Eukaryoten trifft man einen großen Teil der prokaryotischen Replikationsmaschinerie wieder. Zum Beispiel wirkt während der DNA-Synthese ebenso wie bei den Prokaryoten ein DNA-Clamp-Protein zusammen mit der DNA-Polymerase. Eines dieser eukaryotischen Clamp-Proteine ist das *Proliferating-Cell-Nuclear-Antigen* (*PCNA*), das zuerst als Antigen identifiziert wurde, welches während der S-Phase in den Zellkernen der sich teilenden Zellen exprimiert wird. Das PCNA ist ein Clamp-Protein für die DNA-Polymerase δ. In eukaryotischen Zellen stellen die enorme Länge und die sorgfältige Faltung der chromosomalen DNA-Moleküle weitere Herausforderungen an die DNA-Replikation. Zum Beispiel muss man sich fragen, wie die vielen Replikationsursprünge koordiniert werden und wie ihre Aktivierung mit anderen Schlüsselereignissen des Zellzyklus abgestimmt wird. Zur Beantwortung dieser Frage benötigt man ein besseres Verständnis der räumlichen Organisation der DNA-Replikation innerhalb des Zellkerns. Wenn man Zellen kurzzeitig mit DNA-Vorläufern inkubiert, welche die zuletzt gebildete DNA fluoreszieren lassen, dann kann man unter dem Mikroskop erkennen, dass die fluoreszierende DNA in einer Reihe deutlich abgegrenzter Punkte vorliegt, die über den Zellkern verteilt liegen. Diese Beobachtungen lassen die Schlussfolgerung zu, dass es offensichtlich unbewegliche Strukturen gibt, die sogenannten **Replikationsfabriken**, in denen Chromatinfasern durch stationäre Replisome hindurchgeführt werden, die eine DNA-Replikation vollziehen. Diese Orte sind eng mit der inneren Oberfläche der Zellkernhülle assoziiert, obwohl nicht klar ist, ob sie in der Kernmembran oder mit einer anderen Kernstützstruktur verankert sind.

Wenn eine Chromatinfaser durch eine stationäre Replikationsfabrik geleitet wird, wie werden die Histone und andere chromosomale Proteine entfernt, sodass die DNA repliziert werden kann, und wie können diese wieder angefügt werden, nachdem die beiden neuen DNA-Stränge synthetisiert wurden? Die Entspiralisierung der Chromatinfasern vor der Replikationsgabel wird von *Chromatinremodellierungsproteinen* bewerkstelligt. Sie lockern die gepackten Nucleosomen, um der Replikationsmaschinerie Zugang zur DNA-Matrize zu verschaffen. Während sich die Replikationsgabel fortbewegt, gleiten alte Nucleosomen von der Mutter-Doppelhelix vor der Replikationsgabel zu den sich neu bildenden Strängen hinter der Replikationsgabel. Gleichzeitig werden auf den neu entstehenden Strängen neue Nucleosomen gebildet, denn die beiden von der Replikationsgabel gebildeten DNA-Moleküle benötigen doppelt so viele Nucleosomen wie die einzelne Mutter-DNA vor der Replikation hatte. Wann und wie andere chromosomale Proteine angefügt werden, wodurch die höheren Stufen des Chromatinpackens gesteuert werden, und wie all dies zu Wege gebracht wird, ohne das Chromatin zu verdrehen, wird zurzeit mit großem Interesse erforscht. Mittlerweile hat man eine Antwort auf eine der schwierigsten Fragen gefunden, die mit der DNA-Replikation bei Eukaryoten in Zusammenhang stehen – nämlich wie die Replikation endet.

19.2.10 Telomere lösen das Problem der Beendigung der DNA-Replikation

Wenn wir den in *Abbildung 19.13* zusammenfassend dargestellten Vorgang bei dem ringförmigen Genom von *E. coli* (oder jeder anderen ringförmigen DNA) weiterführen, dann werden wir diesen Kreis schließlich beenden. Der Führungsstrang kann einfach in der 5′→3′-Richtung weiterwachsen bis dessen 3′-Ende mit dem 5′-Ende des Folgestrangs, der in der anderen Richtung entgegenkommt, verknüpft wird. Und was den Folgestrang betrifft, so kann das letzte Stück der noch zu synthetisierenden DNA – der Ersatz für den RNA-Primer des letzten Okazaki-Fragments – an das freie 3′-OH-Ende des Folgestrangs geknüpft werden, der in entgegengesetzter Richtung läuft.

Bei linearen DNA-Molekülen bedeutet die Tatsache, dass die DNA-Polymerasen Nucleotide nur an das 3′-OH-Ende einer *bereits existierenden* DNA-Kette anfügen können, ein ernstes Problem, wie in ▸*Abbildung 19.15* dargestellt. Wenn ein wachsender Folgestrang (hellster Blauton) das Ende des DNA-Moleküls erreicht und der letzte RNA-Primer von einer 5′→3′-Exonuclease entfernt wird, kann die letzte Lücke nicht gefüllt werden, denn es fehlt ein 3′-OH-Ende, an das Desoxynucleotide angefügt werden können. Daraus ergibt sich die Gefahr, dass die linearen DNA-Muttermoleküle bei jeder Replikation immer kürzere Tochter-DNA-Moleküle bilden. Wenn dieser Trend unendlich weiterginge, dann gäbe es uns heute nicht!

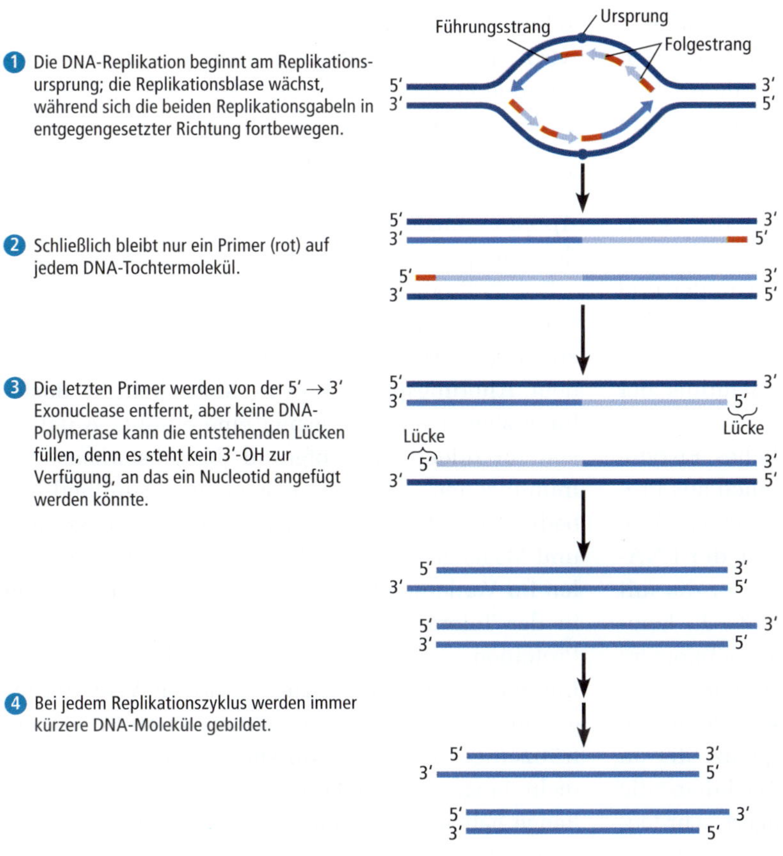

Abbildung 19.15: Das Problem der Replikation der Strangenden. Bei einem linearen DNA-Molekül, beispielsweise einem eukaryotischen Chromosom, kann die normale DNA-Replikationsmaschinerie die Enden nicht replizieren. Daraus folgt, dass die DNA-Moleküle mit jedem Durchlauf der Replikation kürzer werden, was potenziell verheerende Folgen für die Zelle hätte. In dieser schematischen Darstellung sind die Mutter-DNA-Stränge dunkelblau, die Tochter-DNA-Stränge hellblau und die RNA-Primer rot. Zur übersichtlicheren Darstellung zeigen wir nur einen Replikationsursprung und in den letzten beiden Schritten nur das kürzeste Tochtermolekül. (Die Tochter-DNA des Folgestrangs wurde in den ersten drei Schritten mit dem hellsten Blauton dargestellt, um einen Fakt zu verdeutlichen, der nicht mit dem Problem der Beendigung der Replikation in Beziehung steht: jeder Tochterstrang hat an einem Ende einen Führungsstrang und einen Folgestrang. Das wird aus der Abbildung deutlich, denn sie stellt das gesamte replizierende Molekül mit beiden Replikationsgabeln dar.)

Viren mit linearen DNA-Genomen haben verschiedene Lösungswege für dieses Problem gefunden. In einigen Fällen, beispielsweise beim Bakteriophagen λ, bildet die lineare DNA vor der Replikation einen geschlossenen Ring. In anderen Fällen nutzen die Viren ausgefallenere Reproduktionsstrategien, obwohl die DNA-Polymerasen immer in der 5'→3'-Richtung fortschreiten und Nucleotide an das 3'-Ende anfügen.

Eukaryoten haben das Problem des Replikationsendes durch stark repetitive DNA-Sequenzen an den terminalen Enden jedes linearen Chromosoms, die sogenannten **Telomere**, gelöst. Diese besonderen Strukturen bestehen aus kurzen Wiederholungssequenzen, deren 5'→3'-Strang viele G-Basen enthält. Die Sequenz TTAGGG, die sich am Ende der menschlichen Chromosomen befindet, ist ein Beispiel für eine solche Telomerstruktur oder *TEL-Sequenz*. Menschliche Telomere bestehen im Allgemeinen aus 100 bis 1500 Kopien der tandemartig repetitiven TTAGGG-Sequenz. Solche nichtkodierenden Sequenzen an den Enden jedes Chromosoms schützen die Zelle vor dem Verlust wichtiger genetischer Information, wenn ein DNA-Molekül während der DNA-Replikation leicht verkürzt werden sollte. Außerdem kann eine besondere DNA-Polymerase, die **Telomerase**, die Bildung weiterer Kopien der Sequenzen aus Tandemwiederholungen katalysieren. Dadurch wird die allmähliche Verkürzung kompensiert, die während der DNA-Replikation an beiden Enden des Chromosoms stattfindet. Elizabeth Blackburn, Carol Greider und Jack Szostak erhielten 2009 den Nobelpreis für Physiologie oder Medizin als Anerkennung für ihre fundamentalen Beiträge zu unserem Verständnis der Telomere und der Telomerase.

Die Telomerase ist ein ungewöhnliches Enzym, denn sie besteht sowohl aus RNA als auch aus Protein. Bei dem Protozoen *Tetrahymena*, dessen Telomerase als erste isoliert wurde, enthält die RNA-Komponente die Sequenz 3'–AACCCC–5', die mit der Wiederholungssequenz 5'–TTGGGG–3' komplementär ist, aus der die *Tetrahymena*-Telomere bestehen. Wie in ▸*Abbildung 19.16* dargestellt, dient die enzymgebundene RNA als Matrize für die Synthese der DNA-Wiederholungssequenz, die an die Telomerenden angefügt wird. Nachdem die Telomere von der Telomerase verlängert wurden, werden die Telomere von *Telomer-Capping-Proteinen* (engl.: *telomere capping proteins*) geschützt, die an das freiliegende 3'-Ende der DNA binden. Bei vielen Eukaryoten kann das 3'-Ende der DNA durch rückwärtsgerichtete Basenpaarung mit dem entgegengesetzten Strang eine Schleife bilden. Dadurch entsteht eine geschlossene Schleife, die das Ende des Telomers schützt (*Abbildung 19.16*, Schritt 5).

Bei vielzelligen Organismen ist die Telomerase vor allem in den *Keimzellen* lokalisiert, aus denen die Spermien und Eizellen und einige wenige andere Typen aktiv wachsender Zellen hervorgehen. Dank der Telomerase können sich diese Zellen unendlich teilen, ohne die Telomere zu verkürzen. Da die Telomerase in den meisten Zellen nicht vorkommt, verkürzen sich deren chromosomale Telomere mit jeder Zellteilung. Daraus folgt, dass die Länge der Telomere uns verrät, wie oft sich eine Zelle geteilt hat. Wenn sich eine Zelle bereits sehr häufig geteilt hat, dann besteht die Gefahr, dass die Telomere ganz verschwinden und die Zelle liefe dann Gefahr, ihre kodierende DNA abzubauen. Diese potenzielle Gefahr wird durch einen Zellzerstörungsweg umgangen, der von einer verkürzten Telomer-DNA in Gang gebracht wird. Im Grunde wird die Telomer-DNA zu kurz, um an Telomer-Capping-Proteine zu binden oder eine Schleife zu bilden. Dann enthüllt die Telomer-DNA das nackte Ende einer doppelsträngigen DNA, durch dessen Gegenwart ein Signalsystem aktiviert wird, das die *Apoptose* auslöst, einen kontrollierten Zelltod, auf den wir später in diesem Kapitel eingehen werden.

Der Zelltod, der durch die lebenslange Verkürzung der Telomere ausgelöst wird, trägt vermutlich zu einigen degenerativen Erkrankungen bei, die mit dem Alterungsprozess beim Menschen in Beziehung stehen – zum Beispiel eine erhöhte Anfälligkeit für Infektionen aufgrund des Absterbens von Immunzellen, eine langwierige Wundheilung, bedingt durch den Abbau von Bindegewebszellen, und Magengeschwüre infolge des Verlustes von Zellen im Verdauungstrakt. Menschen, die Mutationen in der Telomerase geerbt haben (oder in anderen Proteinen, welche die Länge von Telomeren beeinflussen) erfahren diese degenerativen Veränderungen in jungen Jahren. Sie entwickeln so Symptome frühzeitiger Alterung und sterben im Allgemeinen recht jung. Auf der Grundlage dieser Zusammenhänge haben Wissenschaftler spekuliert, dass eines Tages Telomerase-basierte Therapien im Kampf gegen das Altern des Menschen eingesetzt werden könnten und somit das Leben verlängern könnten.

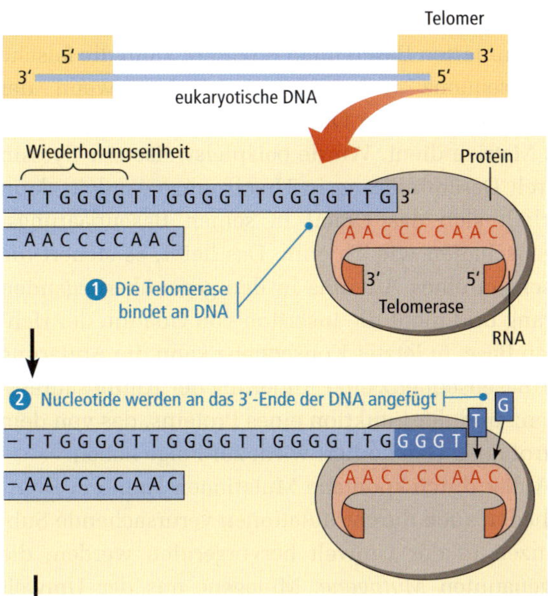

Abbildung 19.16: Die Verlängerung der Telomere durch die Telomerase. Telomere sind Abschnitte repetitiver DNA, die sich an den Enden eukaryotischer Chromosomen befinden. Im Mittelpunkt dieser Abbildung steht ein Ende eines DNA-Moleküls von *Tetrahymena*, deren Telomere die Wiederholungseinheit TTGGGG besitzen (die Tandemwiederholungen der Telomere anderer Spezies sind sehr ähnlich). Das 3'-Ende der DNA erstreckt sich über das 5'-Ende hinaus und dient als Substrat für die Telomerase, ein Enzym, das aus Protein und RNA besteht. Der RNA-Teil der Telomerase von *Tetrahymena* hat eine Länge von 159 Nucleotiden und enthält eine Sequenz aus neun Basen, die mit den Wiederholungseinheiten des Telomers komplementär ist. Wie hier dargestellt, ❶ bindet die Telomerase an das 3'-Ende der Telomer-DNA und nimmt eine Position ein, durch welche die letzten Basen der DNA mit dem Teil der Sequenz aus neun Basen eine Basenpaarung eingehen können. ❷ Dann katalysiert die Telomerase das Anfügen von Nucleotiden an das 3'-Ende des DNA-Strangs, wobei der Rest der RNA-Sequenz aus neun Basen als Matrize dient. ❸ Anschließend schreitet die Telomerase auf dem DNA-Strang in 3'-Richtung voran und wiederholt die Schritte ❷ und ❸ mehrere Male. ❹ In der Zwischenzeit synthetisiert die normale DNA-Replikationsmaschinerie einen Folgestrang, der mit dem von der Telomerase verlängerten Strang komplementär ist. ❺ Bei einigen Eukaryoten faltet sich die verlängerte Telomer-DNA um und bildet eine Schleife, die am Ende des Chromosoms eine Kappe bildet. In der elektronenmikroskopischen Aufnahme sehen Sie eine Schleife im Chromatin, das aus Küken-Erythrocyten isoliert wurde.

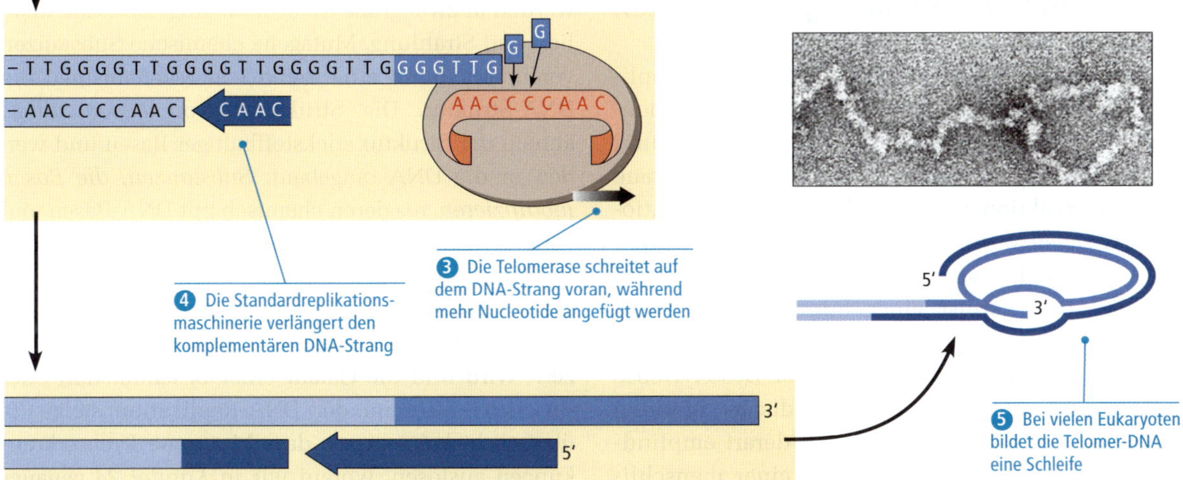

Abgesehen von den Keimzellen und einigen wenigen anderen wachsenden normalen Zellen, hat man die Telomerase auch in menschlichen Krebszellen nachgewiesen. Da Krebszellen sich unkontrolliert sehr häufig teilen können, werden die Telomere ungewöhnlich stark verkürzt. Diese fortschreitende Verkürzung der Telomere würde zur Selbstzerstörung der Krebszellen führen, es sei denn, es würde Telomerase gebildet, um die Telomerlänge zu stabilisieren. Genau das scheint zu passieren. Bei der Untersuchung einer sehr großen Menge menschlicher Zellproben – darunter mehr als 100 Tumore – hat man Telomeraseaktivität in fast allen Krebszellen nachgewiesen, aber in keiner Probe des normalen Gewebes. Wenn die Telomerase also wirklich ein wichtiger Faktor in der Krebsentwicklung ist, dann könnte sie letztendlich ein sinnvolles Angriffsziel für eine medikamentöse Krebstherapie darstellen.

DNA-Schäden und DNA-Reparatur 19.3

Für die genaue Übertragung genetischer Information von einer Zellgeneration zur nächsten ist es nicht nur erforderlich, dass die DNA exakt übertragen wird. Es muss auch dafür Sorge getragen werden, dass DNA-Veränderungen repariert werden, die sowohl spontan als auch infolge von DNA-schädigenden Umwelteinflüssen auftreten. Natürlich sind Veränderungen der DNA gelegentlich von Vorteil, denn DNA-Basensequenzänderungen oder **Mutationen** liefern genetische Variabilität, den „Rohstoff" der Evolution. Jedoch ist die Nettorate, mit der Organismen Mutationen anhäufen, recht niedrig; einigen Schätzungen zufolge mutiert ein Gen nur einmal alle 200.000 Jahre. Die zugrunde liegende Mutationsrate ist weitaus größer, als es diese Zahl vermuten lässt, aber die meisten DNA-Schäden werden kurz nach ihrem Auftreten repariert, sodass sie sich nicht auf spätere Generationen auswirken. Des Weiteren treten die meisten Mutationen nicht in Spermien oder in Eizellen auf, sodass sie ganz selten an die Nachkommenschaft weitergegeben werden.

19.3.1 DNA-Schäden können spontan oder als Antwort auf Mutagene auftreten

Während des normalen Ablaufs der DNA-Replikation treten mehrere Typen von Mutationen spontan auf, am häufigsten bei Depurinations- und Desaminierungsreaktionen. Dies sind spontane Hydrolysereaktionen, die durch zufällige Interaktionen zwischen der DNA und den sie umgebenden Wassermolekülen ausgelöst werden. *Depurination* bedeutet den Verlust einer Purinbase (entweder Adenin oder Guanin) durch spontane Hydrolyse der glykosidischen Bindung mit der Desoxyribose (▸*Abbildung 19.17*). Diese glykosidische Bindung ist in sich instabil und tatsächlich derart empfindlich für Hydrolyse, dass die DNA einer menschlichen Zelle täglich Tausende von Purinbasen verlieren könnte. *Desaminierung* bezeichnet den Verlust einer Aminogruppe einer Base (—NH_2). Die Abspaltung einer Aminogruppe von Cytosin, Adenin oder Guanin verändert die Basenpaarungseigenschaften der betroffenen Basen. Von diesen drei Basen ist Cytosin am empfänglichsten für die Desaminierung, wodurch Uracil entsteht (▸*Abbildung 19.17b*). Ebenso wie die Depurination ist auch die Desaminierung eine Hydrolysereaktion, die im Allgemeinen durch zufällige Kollision eines Wassermoleküls mit der Bindung, welche die Aminogruppe der Base an den Pyrimidin- oder Purinring bindet, beginnt. In einer typischen menschlichen Zelle liegt die Rate der auf eine solche Kollision zurückgehenden DNA-Schäden bei ungefähr 100 Desaminierungsreaktionen pro Tag.

Wird ein DNA-Strang mit fehlenden Purinen oder desaminierten Basen nicht repariert, kann die falsche Basensequenz weitergegeben werden, wenn der Strang im nächsten Durchlauf der DNA-Replikation als Matrize dient. Wurde beispielsweise ein Cytosin durch Desaminierung in Uracil umgewandelt, dann verhält sich das Uracil in seinen Basenpaarungseigenschaften wie Thymin. Das heißt, es steuert die Insertion eines Adenins in den gegenüberliegenden Strang und nicht die Insertion von Guanin, der richtigen Base. In letzter Konsequenz kann die Änderung der Basensequenz eine Änderung der Aminosäuresequenz und der Funktion eines Proteins, das von dem betroffenen Gen kodiert wird, zur Folge haben.

Außer durch spontane Mutationen kann ein DNA-Schaden auch durch Mutationen verursachende Substanzen in der Umwelt hervorgerufen werden, die sogenannten *Mutagene*. Mutagene aus der Umwelt werden in zwei große Kategorien eingeteilt: Chemikalien und Strahlung. Mutagene chemische Substanzen verändern durch eine Reihe von Mechanismen die DNA-Struktur. Die Strukturen von *Basenanaloga* ähneln der Struktur stickstoffhaltiger Basen und werden in die DNA eingebaut; *Substanzen, die Basen modifizieren*, reagieren chemisch mit DNA-Basen und verändern dadurch deren Struktur. Es entstehen die sogenannten *DNA-Addukte*. *Interkalierende Agenzien* schieben sich von selbst zwischen benachbarte Basen der Doppelhelix ein, wodurch die DNA-Struktur verzerrt wird und die Gefahr einer Basendeletion oder -insertion während der DNA-Replikation steigt. Es überrascht keineswegs, dass Mutagene Krebserkrankungen auslösen, worauf wir in *Kapitel 24* genauer eingehen werden. So zeigt zum Beispiel die DNA-Analyse starker Raucher einen direkten Zusammenhang zwischen der Anzahl der Zigaretten, die ein Patient raucht und der Häufigkeit, mit der man in der DNA dieser Patienten Addukte nachweisen kann.

DNA-Mutationen können außerdem durch eine Reihe von Strahlungsarten ausgelöst werden. Das Sonnenlicht ist eine starke Quelle ultravioletter Strahlung. Durch Einführung einer *Pyrimidindimerbildung* wird eine Veränderung der DNA induziert – das heißt, es entstehen kovalente Bindungen zwischen benachbarten Pyrimidinbasen, wobei es sich oftmals um zwei Thymine handelt (▸*Abbildung 19.17c*). Sowohl Replikation als auch Transkription werden von diesen Dimeren blockiert, was vermutlich daran liegt, dass die Enzyme, welche diese Funktionen ausführen, nicht mit der Ausbuchtung in der DNA-Doppelhelix fertig werden. Mutationen können außerdem durch Röntgenstrahlung und verwandte Formen von Strahlung, die von radioaktiven Substanzen ausgeht, ausgelöst werden. Dieser Strahlungstyp wird als *ionisierende Strahlung* bezeichnet, da Elektronen aus biologischen Molekülen entfernt werden, wodurch stark reaktive Zwischenprodukte gebildet werden, die verschiedene Formen von DNA-Schäden herbeiführen.

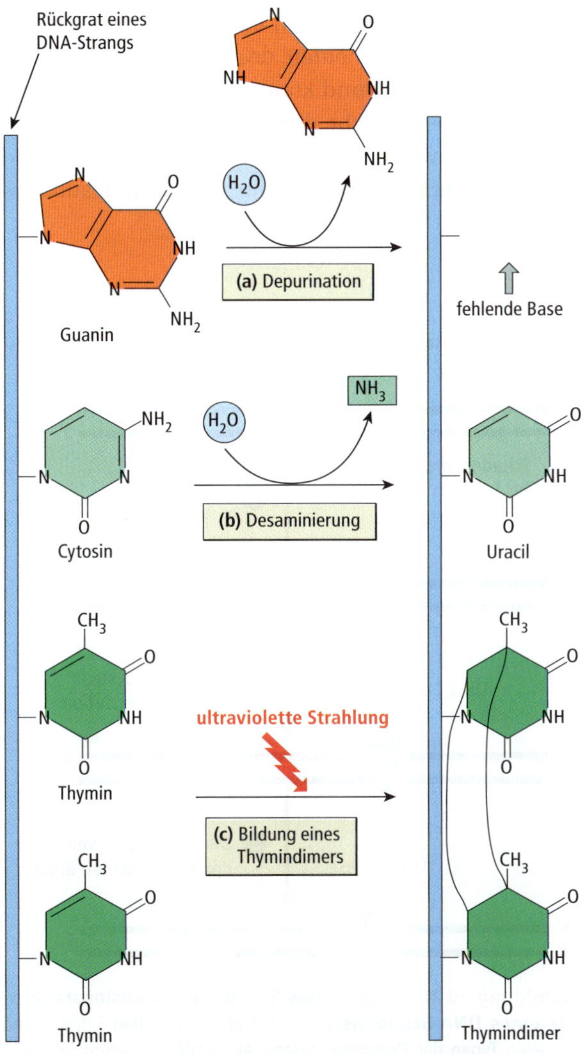

Abbildung 19.17: Einige häufig auftretende Arten von DNA-Schäden. Die häufigsten Arten chemischer Veränderungen, die zu DNA-Schäden führen, sind (a) Depurination, (b) Desaminierung und (c) Bildung von Pyrimidindimeren (hier als Thymindimere dargestellt). Depurination und Desaminierung sind spontane Hydrolysereaktionen, während Dimere durch kovalente Bindungen entstehen, die von ultraviolettem Licht induziert werden.

19.3.2 Transläsionssynthese und Exzisionsreparatur korrigieren Mutationen mit anormalen Nucleotiden

Es ist wohl nicht weiter verwunderlich, dass die Evolution für ein Molekül, das für Gesundheit und Überleben eines Organismus von so großer Bedeutung ist, eine Reihe von Reparaturmechanismen für beschädigte DNA entwickelt hat. In einigen Fällen erfolgt die Reparatur über einen Vorgang der DNA-Replikation, bei dem besondere DNA-Polymerasen genutzt werden, die eine **Transläsionssynthese** ausführen – also die Synthese neuer DNA in Regionen mit beschädigter DNA-Matrize. Zwar neigt dieser Typ der DNA-Synthese manchmal zu Fehlern, doch können dadurch neue DNA-Stränge synthetisiert werden, in denen der Schaden behoben wurde. Zum Beispiel kann die eukaryotische DNA-Polymerase η (eta) die DNA-Synthese in einer Region katalysieren, die einen Thymindimer enthält, indem sie zwei neue Adenine in den sich neu bildenden DNA-Strang einfügt. Da die Mutation aus dem neuen Strang entfernt wurde, aber nicht aus dem Matrizenstrang, handelt es sich bei der Transläsionssynthese um eine Mechanismus zur Schadensbegrenzung, der verhindert, dass eine erste Mutation an die sich neu bildenden DNA-Stränge weitergegeben wird.

Fehler, welche die DNA-Replikationsmaschinerie hinter sich lässt (oder Fehler, die anschließend auftreten), bleiben bestehen und werden zum Ziel einer anderen Gruppe von Enzymen und Proteinen. Schon bei *E. coli* kodieren fast 100 Gene Proteine, die am Entfernen und Ersetzen anormaler Nucleotide mitwirken. Diese Proteine sind Komponenten der **Exzisionsreparatur**wege und korrigieren DNA-Defekte über einen dreistufigen Vorgang (▸*Abbildung 19.18*). Im ersten Schritt werden defekte Nucleotide aus einem Strang der DNA-Doppelhelix ausgeschnitten. Diesen Vorgang führen besondere Enzyme aus, die *Reparaturendonucleasen*, die von Proteinen zur DNA geleitet werden. Die Proteine erkennen die Stellen der DNA-Schäden. Reparaturendonucleasen spalten das DNA-Rückgrat neben der beschädigten Stelle. Dann erleichtern andere Enzyme das Entfernen einzelner oder mehrerer defekter Nucleotide. Beispielsweise könnte eine DNA-Helicase die DNA bereichsweise entspiralisieren, um die beschädigte DNA aus der Doppelhelix freizulegen. Alternativ könnte eine Exonuclease an das durch einen Bruch entstandene Ende binden und den beschädigten Strang Nucleotid für Nucleotid abbauen. Im zweiten Schritt der Exzisionsreparatur ersetzt die DNA-Polymerase die fehlenden Nucleotide durch intakte Nucleotide – bei *E. coli* wird dies im Allgemeinen von der DNA-Polymerase I bewerkstelligt. Die Nucleotidsequenz des Komplementärstrangs dient als Matrize, um die richtige Baseninsertion sicherzustellen, genauso wie bei der DNA-Replikation. Schließlich, im dritten Schritt, versiegelt die DNA-Ligase den Bruch im reparierten Strang, indem sie die fehlende Phosphoesterbindung bildet.

Man unterscheidet zwei Haupttypen der Exzisionsreparatur, die *Basenexzisionsreparatur* und die *Nucleotidexzisionsreparatur*. Bei der **Basenexzisionsreparatur** werden einzelne beschädigte Basen der DNA korrigiert. So entdecken beispielsweise spezifische *DNA-Glykosylasen* desaminierte Basen. Sie erkennen eine spezifische desaminierte Base und entfernen sie aus dem DNA-Molekül, indem sie die Bindung zwischen der Base und dem mit der Base verknüpften Zucker spalten. Der Zucker mit der fehlenden Base wird dann von einer Reparaturendonuclease erkannt, die eine Depurination erkennt. Diese Reparaturendonuclease bricht das Phosphodiesterrückgrat auf einer Seite des Zuckers, dem eine Base fehlt, und ein zweites Enzym schließt dann das Entfernen der Zucker-Phosphat-Einheit ab.

Zum Entfernen von Pyrimidindimeren und anderen Ausbuchtungsläsionen der DNA nutzen Zellen den zweiten Typ der Exzisionsreparatur, die **Nucleotidexzisionsreparatur** (**NER**; engl.: *nucleotide excision repair*). Dieses Reparatursystem agiert mit Proteinen, die große Verzerrungen in der DNA-Doppelhelix erkennen und ein Enzym rekrutieren, die **NER-Endonuclease** (oder **Excinuclease**). Sie schneidet das DNA-Rückgrat zweimal; einmal auf jeder Seite der Verzerrung. Dann bindet eine DNA-Helicase an das Teilstück der DNA zwischen den beiden Brüchen (zwölf Nucleotide bei *E. coli*, 29 beim Menschen) und entspiralisiert das Teilstück, sodass es vom Rest der DNA freigesetzt ist. Schließlich wird die entstehende Lücke von einer DNA-Polymerase gefüllt und von der DNA-Ligase versiegelt.

Das NER-System ist das vielseitigste aller DNA-Reparatursysteme der Zelle. Es erkennt und korrigiert viele Typen von DNA-Schäden, die sonst nicht zu reparieren wären. In einigen Fällen wird das NER-System spezifisch zu DNA-Regionen geschickt, in denen die Transkription nicht fortgesetzt wird, weil die Transkriptionsmaschinerie auf eine Region mit einem DNA-Schaden gestoßen ist. Dieser Mechanismus, die sogenannte *transkriptionsgekoppelte Reparatur* (engl.: *transcription-coupled repair*; TCR), vermag aktive Gene schneller zu reparieren als DNA, die an einem anderen Ort des Genoms lokalisiert ist. Die Bedeutung des NER-Systems wird durch das Leiden der Menschen deutlich, die Mutationen in diesem Reparatursystem haben. Individuen mit der Erkrankung *Xeroderma pigmentosum* tragen im Allgemeinen eine Mutation in einem der sieben Gene, welche die Komponenten des NER-Systems kodieren. Aus diesem Grund können sie keine DNA-Schäden reparieren, welche durch die ultraviolette Strahlung des Sonnenlichts verursacht werden, und sind somit dem erhöhten Risiko ausgesetzt, an Hautkrebs zu erkranken (siehe *Exkurs 24A*).

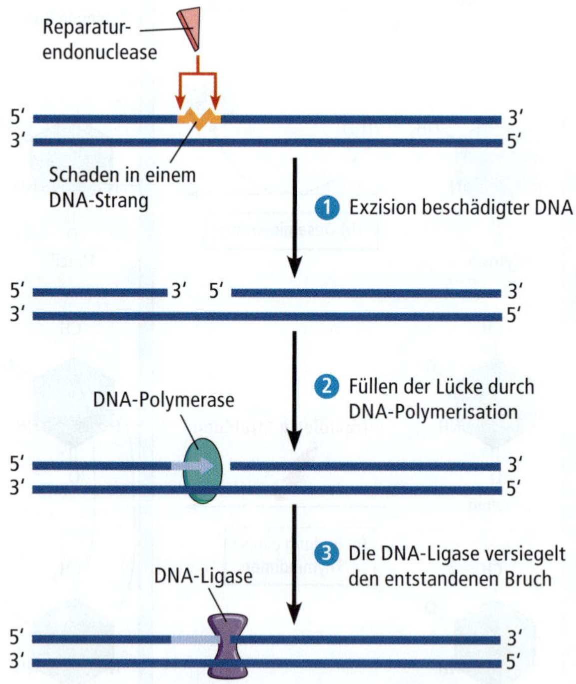

Abbildung 19.18: Allgemeines Schema der Exzisionsreparatur eines DNA-Schadens. Die drei hier dargestellten Schritte sind bei allen Typen der Exzisionsreparatur eines DNA-Schadens in einem Strang gleich. (1) Der defekte Abschnitt des DNA-Strangs und wahrscheinlich ein Teil der DNA auf beiden Seiten des Strangs daneben, werden aus der Doppelhelix ausgeschnitten. Eine Endonuclease, welche die DNA in der Nähe des Schadens aufbricht, ist bei diesem Schritt von größter Bedeutung; eine DNA-Helicase und/oder eine Exonuclease können beim Entfernen des beschädigten Segments mitwirken. (2) Eine DNA-Polymerase füllt die Lücke durch Anfügen von Nucleotiden an das 3′-Ende des Strangs; die DNA-Polymerase I spielt eine Rolle bei *E. coli*. (3) Der Bruch wird von der DNA-Ligase versiegelt.

19.3.3 Die Fehlpaarungsreparatur korrigiert Mutationen mit nicht-komplementären Basenpaaren

Die Exzisionsreparatur ist ein sehr wirkungsvoller Mechanismus zur Korrektur von Schäden, die auf anormalen Nucleotiden beruhen. Doch ist dies nicht der einzige Typ von DNA-Fehler, den Zellen reparieren können. Ein alternativer Reparaturweg, die sogenannte **Fehlpaarungsreparatur** (**MMR**; engl.: *mismatch repair*,), zielt auf Fehler ab, die während der DNA-Replikation entstehen, wenn falsch gepaarte Nucleotide manchmal von den normalen Korrekturlesemechanismen übersehen werden. Da fehlgepaarte Basenpaare keine richtigen Wasserstoffbrückenbindungen ausbilden, kann das Fehlpaarungsreparatursystem diese Basenpaare auffinden und korrigieren. Dieses Reparatursystem muss allerdings ein Problem lösen, um richtig zu agieren, das den Biologen viele Jahre lang ein Rätsel blieb: Inwiefern unterscheidet sich das *falsche* Mitglied eines anormalen Basenpaares von einem *richtigen* Mitglied? Anders als bei der Exzisionsreparatur zeigt keine der Basen eines fehlgepaarten Paares eine Strukturveränderung, aufgrund derer man eine anormale Base erkennen könnte. Das Paar besteht einfach aus zwei normalen Basen, die nicht richtig gepaart wurden, beispielsweise die Base A gepaart mit C oder G gepaart mit T. Wenn C der falsche Partner des Basenpaares AC wäre und das Reparatursystem stattdessen die Base A entfernen würde, dann würde das Reparatursystem eine dauerhafte Mutation schaffen und nicht ein fehlgepaartes Basenpaar reparieren!

Zur Lösung dieses Problems muss das Fehlpaarungsreparatursystem in der Lage sein, zu erkennen, welcher der beiden DNA-Stränge im vorherigen Durchlauf der DNA-Replikation neu synthetisiert wurde (der neue Strang wäre dann der Strang, der eine falsch eingefügte Base enthält). Das Bakterium *E. coli* nutzt ein Auffindungsverfahren, welches auf der Tatsache beruht, dass eine Methylgruppe normalerweise immer an die Base Adenin (A) angefügt wird, wenn es in der Sequenz GATC in der DNA erscheint. Dieser Vorgang der DNA-Methylierung findet erst kurze Zeit nach der Synthese eines neuen DNA-Strangs statt. Daher kann das bakterielle Fehlpaarungsreparatursystem den neuen DNA-Strang aufgrund der fehlenden Methylierung erkennen. Dann führt eine Reparaturendonuclease einen einzigen Bruch in den nicht-methylierten Strang ein und eine Exonuclease entfernt die falschen Nucleotide aus dem gebrochenen Strang.

Obwohl die ersten Beweise für die Existenz der Fehlpaarungsreparatur zum größten Teil auf Untersuchungen bakterieller Zellen beruhten, hat man auch bei Eukaryoten Reparatursysteme nachgewiesen. Die eukaryotische Fehlpaarungsreparatur unterscheidet sich aber von der bakteriellen, denn Eukaryoten nutzen andere Mechanismen als die DNA-Methylierung, um den neu synthetisierten DNA-Strang zu unterscheiden. Die Bedeutung der Fehlpaarungsreparatur für Eukaryoten wird deutlich durch die Entdeckung, dass die am häufigsten auftretende vererbungsbedingte Krebserkrankung, das *hereditäre nicht-polypöse Dickdarmkarzinom* (*HNPCC*, engl.: *hereditary nonpolyposis colon cancer*) auf Mutationen in Genen zurückzuführen ist, die an der Fehlpaarungsreparatur mitwirkende Proteine kodieren.

19.3.4 Die Schadensreparatur erklärt, warum die DNA Thymin und nicht Uracil enthält

Viele Jahre lang war nicht klar, warum die DNA Thymin und nicht Uracil enthält, das in der RNA vorkommt. Beide Basen gehen eine Paarung mit Adenin ein, aber Thymin besitzt eine Methylgruppe, die Uracil nicht hat (▶*Abbildung 19.19*). Da der Schritt zur Bildung von Thymin energieintensiv ist, schiene es für die DNA günstiger zu sein, Uracil zu enthalten. Jetzt aber, da wir wissen, wie der Desaminierungsschaden repariert wird, verstehen wir auch, warum die DNA Thymin und nicht Uracil enthält.

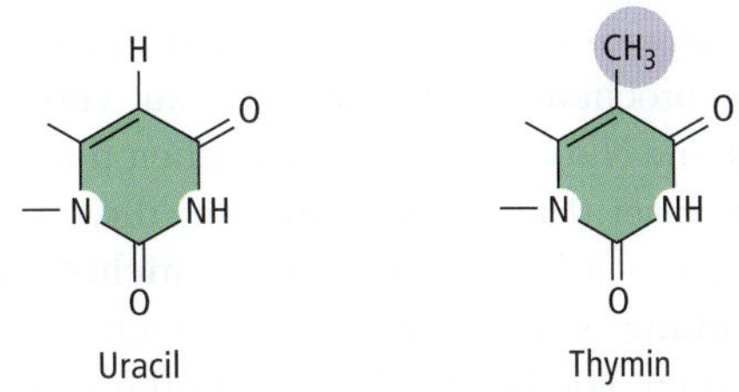

Abbildung 19.19: Vergleich von Uracil und Thymin.

Wenn die DNA durch Desaminierungsreaktionen beschädigt wird, wird Cytosin in Uracil umgewandelt (*Abbildung 19.17b*). Dieses wird von dem DNA-Reparaturenzym *Uracil-DNA-Glykosylase* entdeckt und entfernt. Wenn Uracil eine normale Komponente der DNA wäre, dann würde die DNA-Reparatur nicht greifen, denn das normale Uracil wäre nicht von dem Uracil zu unterscheiden, das durch zufällige Desaminierung von Cytosin gebildet wird. Indem die DNA Thymin und nicht Uracil verwendet, stellen die Zellen sicher, dass der durch die Desaminierung von Cytosin entstandene Schaden erkannt und repariert werden kann, ohne weitere Veränderung im DNA-Molekül vorzunehmen.

19.3.5 DNA-Doppelstrangbrüche werden durch nicht-homologe Verknüpfung der Enden oder homologe Rekombination repariert

Die bisher beschriebenen Reparaturmechanismen – Exzisions- und Fehlpaarungsreparatur – sind wirkungsvolle Mechanismen zur Korrektur von DNA-Schäden, die auf chemisch veränderten oder inkorrekten Basen beruhen. In solchen Fällen entfernt ein „Ausschneiden-und-reparieren"-Weg die beschädigten oder falschen Nucleotide aus einem DNA-Strang, und die dadurch entstandene Lücke wird mit Hilfe des intakten Strangs als Matrize gefüllt. Einige Schäden, beispielsweise Doppelstrangbrüche in der DNA-Doppelhelix, können auf diese Weise jedoch nicht behoben werden. Die Reparatur eines Doppelstrangbruchs ist schwieriger, denn bei anderen DNA-Schäden bleibt ein Strang der Doppelhelix unbeschädigt und kann als Matrize zum Aufreihen und Reparieren des defekten Strangs dienen. Im Gegensatz dazu wird die DNA-Doppelhelix durch Doppelstrangbrüche vollständig in zwei getrennte Segmente gespalten; die Reparaturmaschinerie steht aus diesem Grund vor dem Problem, die beiden richtigen Fragmente zu identifizieren und deren gebrochene Enden wieder zu verknüpfen, wobei keine Nucleotide verloren gehen dürfen.

Es gibt zwei Hauptwege, die in diesen Fällen beschritten werden. Zum einen die **nicht-homologe Verknüpfung von Enden** (engl.: *nonhomologous end-joining*). Hierbei bindet eine Reihe von Proteinen an die Enden der gebrochenen DNA-Fragmente und verknüpft sie. Unglücklicherweise neigt dieser Mechanismus zu Fehlern, denn er kann den Verlust von Nucleotiden aus den gebrochenen Enden nicht verhindern, und es gibt keinerlei Möglichkeit, sicherzustellen, dass die beiden richtigen DNA-Fragmente verknüpft werden. Eine präzisere Methode zur Verknüpfung von Doppelstrangbrüchen ist die sogenannte **homologe Rekombination**. Dieser Weg macht sich die Tatsache zunutze, dass die Zellen im Allgemeinen zwei Kopien von jedem Chromosom besitzen. Wenn ein DNA-Molekül eines Chromosoms einen Doppelstrangbruch erleidet, ist immer noch eine andere intakte Kopie der chromosomalen DNA verfügbar, die als Matrize dient, um die Reparatur des gebrochenen Chromosoms zu steuern. Abgesehen von ihrer Rolle bei der Reparatur von Doppelstrangbrüchen wirkt die homologe Rekombination auch beim Austausch von genetischer Information zwischen Chromosomen während der meiotischen Zellteilungen mit, bei denen Spermien und Eizellen gebildet werden. Aus diesem Grund verlegen wir unsere Darstellung der molekularen Mechanismen, auf denen die homologe Rekombination beruht, nach *Kapitel 20*. In diesem Kapitel werden wir die Meiose und die genetische Rekombination detailliert beschreiben.

Nachdem Sie nun die verschiedenen Typen der DNA-Reparatur kennen gelernt haben, möchten wir betonen, dass einige dieser Proteine an mehreren Reparaturwegen mitwirken. Außerdem spielen viele dieser „Reparaturproteine" weitere Rollen in anderen wichtigen Vorgängen, darunter der DNA-Replikation, der Gentranskription, der genetischen Rekombination und der Steuerung des Zellzyklus. Mit anderen Worten, das gleiche molekulare Werkzeug findet bei einer Vielzahl von Aktivitäten, die mit der DNA in Beziehung stehen, Verwendung.

19.4 Kernteilung und Zellteilung

Wir haben uns mit den Mechanismen der DNA-Replikation und der DNA-Reparatur beschäftigt. Nun können wir uns der Frage zuwenden, wie die beiden Kopien jedes chromosomalen DNA-Moleküls, die während der S-Phase des Zellzyklus entstehen, anschließend voneinander getrennt und den Tochterzellen zugeteilt werden. Diese Vorgänge laufen während der M-Phase ab, in der sowohl die Zellkernteilung (Mitose) als auch die Zellteilung (Cytokinese) stattfinden.

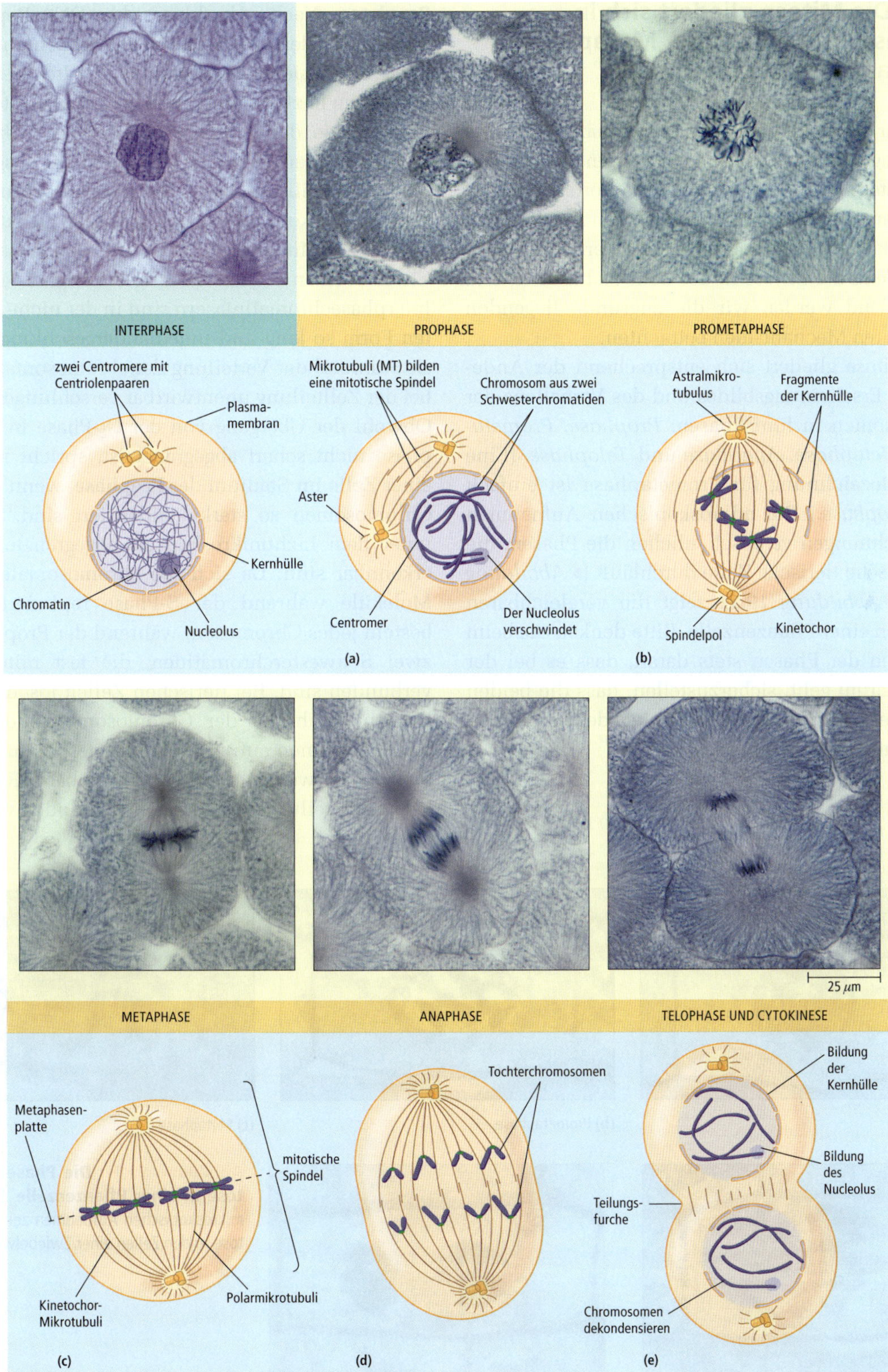

Abbildung 19.20: Die Phasen der Mitose einer tierischen Zelle. Es handelt sich um lichtmikroskopische Aufnahmen der Mitose in den Zellen eines Fischembryos. Die mitotische Spindel, einschließlich der Polstrahlen, ist in den mikroskopischen Aufnahmen der Metaphase und der Anaphase sichtbar. Bei dieser geringen Vergrößerung (ungefähr das 600-Fache) erkennt man eher Spindel„fasern" als einzelne Mikrotubuli; jede Faser setzt sich aus einer Reihe von Mikrotubuli zusammen. Die Zeichnungen sind schematisch und stellen Einzelheiten dar, die in den mikroskopischen Aufnahmen nicht erkennbar sind. Es sind nur vier Chromosomen dargestellt.

19.4.1 Die Mitose gliedert sich in Prophase, Prometaphase, Metaphase, Anaphase und Telophase

Seit mehr als einem Jahrhundert beschäftigt sich die Forschung mit der Mitose, aber erst in den letzten Jahrzehnten hat man entscheidende Fortschritte auf molekularer Ebene gemacht. Wir beginnen mit einem Überblick über die morphologischen Veränderungen, die während der Mitose in der Zelle stattfinden, und anschließend werden wir die zugrunde liegenden molekularen Mechanismen betrachten.

Die Mitose gliedert sich entsprechend der Änderung des Erscheinungsbildes und des Verhaltens der Chromosomen in fünf Phasen: *Prophase, Prometaphase, Metaphase, Anaphase* und *Telophase*. (Eine andere Bezeichnung für Prometaphase ist einfach *späte Prophase*.) Die mikroskopischen Aufnahmen und Zeichnungen veranschaulichen die Phasen, die eine typische tierische Zelle durchläuft (▶*Abbildung 19.20*); ▶*Abbildung 19.21* zeigt die vergleichbaren Stadien in einer Pflanzenzelle. Bitte denken Sie beim Betrachten der Phasen stets daran, dass es bei der Mitose darum geht, sicherzustellen, dass die beiden Tochterzellkerne jeweils eine Kopie jedes verdoppelten Chromosoms erhalten.

Prophase Nach Abschluss der DNA-Replikation beenden Zellen die S-Phase und gehen in die G_2-Phase über (siehe *Abbildung 19.1b*). In dieser Phase finden die letzten Vorbereitungen für die Mitose statt. Gegen Ende der G_2-Phase beginnen die Chromosomen zu kondensieren. Sie gehen von der ausgestreckten, höchst diffusen Form der Interphasechromatinfasern in die kompakte, stark gefaltete Struktur über, die für die Mitose typisch ist. Die Kondensation der Chromosomen ist ein wichtiges Ereignis, denn die Interphasechromatinfasern sind in der nicht-kompakten Form so lang und umeinandergeschlungen, dass sie während der Verteilung der chromosomalen DNA bei der Zellteilung unentwirrbar verschlungen wären. Obwohl der Übergang von der G_2-Phase in die Prophase nicht scharf abgegrenzt ist, spricht man von einer Zelle im Stadium der **Prophase**, wenn einzelne Chromosomen so stark kondensiert sind, dass sie unter dem Lichtmikroskop als abgegrenzte Objekte erkennbar sind. Da sich die chromosomalen DNA-Moleküle während der S-Phase repliziert haben, besteht jedes Chromosom während der Prophase aus zwei Schwesterchromatiden, die fest miteinander verbunden sind. Bei tierischen Zellen lösen sich die Nucleoli während der Chromosomenkondensation im Allgemeinen auf; die Nucleoli der Pflanzenzellen bleiben entweder deutlich erkennbare Einheiten, lösen sich teilweise auf oder verschwinden völlig.

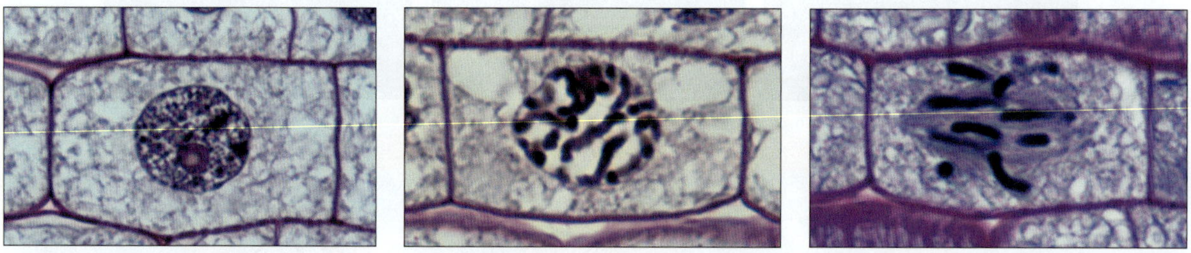

(a) Prophase (b) Prometaphase (c) Metaphase

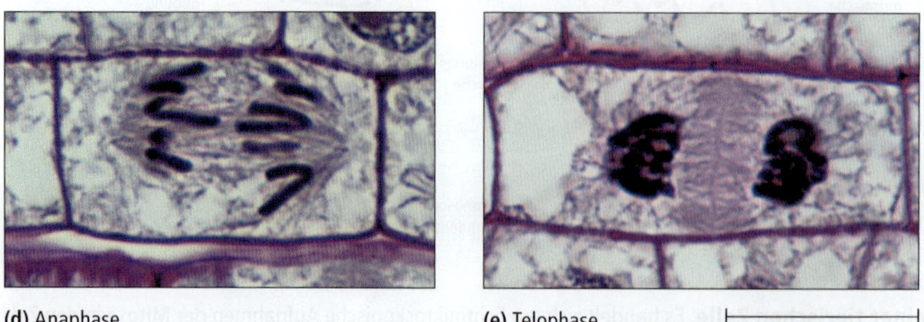

(d) Anaphase (e) Telophase

Abbildung 19.21: Die Phasen der Mitose in einer Pflanzenzelle. Diese lichtmikroskopischen Aufnahmen zeigen die Mitose in den Zellen einer Zwiebelwurzel.

In der Zwischenzeit ist eine andere wichtige Organelle aktiv geworden. Es handelt sich um das **Centrosom**, eine kleine Zone granulären Materials, die neben dem Zellkern lokalisiert ist. Wie in *Kapitel 15* beschrieben, dient das Centrosom als *Mikrotubuli-organisierendes Zentrum* (*MTOC*; engl.: *microtubuli organizing center*), in dem Mikrotubuli zusammengesetzt und verankert werden. Aus einigen Untersuchungen kann man auch folgern, dass die Centrosomen an der Ausrichtung der Spindel in der Zelle mitwirken, die wiederum die Position der Teilungsebene bei der Zellteilung bestimmt. Während jedes Zellzyklus wird das Centrosom vor der Mitose verdoppelt, im Allgemeinen während der S-Phase. Zu Beginn der Prophase trennen sich die Centrosomen dann voneinander und bewegen sich in entgegengesetzter Richtung vom Zellkern weg. Bei dieser Trennung dient jedes Centrosom als Nucleationsstelle für den Zusammenbau von Mikrotubuli, und die Region zwischen den beiden Centrosomen beginnt sich mit Mikrotubuli zu füllen. Diese bilden die **mitotische Spindel**, eine Struktur, welche die Chromosomen später in der Mitose an die Tochterzellen verteilt. Bei diesem Vorgang dissoziieren die cytoskelettalen Mikrotubuli, und ihre Tubulinuntereinheiten werden an die wachsende mitotische Spindel angefügt. Gleichzeitig entsteht in unmittelbarer Nähe zu jedem Centrosom eine dichte Anhäufung aus strahlenförmigen Mikrotubuli, den sogenannten *Astern*.

In das Centrosom der tierischen Zelle ist ein Paar kleiner, zylindrischer, mikrotubulihaltiger Strukturen eingebettet, die *Centriolen*, die oftmals im rechten Winkel zueinander angeordnet sind. Da Centriolen in bestimmten Zelltypen nicht vorkommen, darunter den meisten Pflanzenzellen, können sie nicht von grundlegender Bedeutung für die Mitose sein. Sie spielen allerdings eine wichtige Rolle bei der Bildung von Cilien und Flagellen.

Prometaphase Der Beginn der Prometaphase zeichnet sich durch die Fragmentierung der Membranen der Kernhülle aus. Wenn die Centrosomen an den gegenüberliegenden Polen der Zelle angelangt sind (*Abbildung 19.20b*), können die Spindelmikrotubuli aufgrund der Auflösung der Kernhülle in die Kernregion eindringen und mit den Chromosomen, die zu diesem Zeitpunkt noch immer als gepaarte Chromatiden vorliegen, in Kontakt treten. Die Spindelmikrotubuli heften sich in der Region des **Centromers** an die Chromatiden an. Das Centromer ist ein abgeschlossenes Areal, in dem die beiden Mitglieder jedes Chromatidenpaares zusammengehalten werden. Die DNA jedes Centromers besteht aus einer Einfachsequenz tandemartig repetitiver *CEN-Sequenzen*, deren Zusammensetzung von Art zu Art erheblich variiert. Trotz dieser Vielfalt ist ein gemeinsames Merkmal der Centromerregionen die Gegenwart spezialisierter Nucleosomen, in denen das Histon H3 von einem verwandten Protein ersetzt wird. Beim Menschen bezeichnet man dieses Protein als *CENP-A* (*Centromerprotein A*; engl.: *centromere protein A*).

CENP-A spielt bei der Akkumulation weiterer Proteine im Centromer, die das **Kinetochor** bilden, eine Schlüsselrolle. Das Kinetochor bindet die gepaarten Chromatiden an die Spindelmikrotubuli. Kinetochorproteine beginnen, kurz nachdem die DNA während der S-Phase repliziert hat, mit dem Centromer zu assoziieren. Später werden nacheinander weitere Proteine angefügt, bis reife Kinetochore zusammengesetzt worden sind, die mehr als 50 verschiedene Proteine enthalten. Wie in ▸*Abbildung 19.22a* dargestellt, erhält jedes Chromosom letztendlich zwei Kinetochore, die entgegengesetzt ausgerichtet sind; ein Kinetochor ist mit einem der beiden Chromatiden assoziiert. Während der Prometaphase treten einige Spindelmikrotubuli mit diesen Kinetochoren in Verbindung, wodurch die Chromosomen an die Spindel gebunden werden. Die von diesen **Kinetochor-Mikrotubuli** ausgeübten Kräfte bringen die Chromosomen dann in eine Wackelbewegung und bewegen die Chromosomen allmählich in das Zentrum der Zelle. Diesen Vorgang bezeichnet man als *Kongression* (▸*Abbildung 19.22b*).

Außer den Kinetochor-Mikrotubuli gibt es noch zwei weitere Arten von Mikrotubuli in der Zelle: Die **Polarmikrotubuli**, welche mit den Mikrotubuli der gegenüberliegenden Zellpole interagieren, und die **Astralmikrotubuli**, kürzere Mikrotubuli, welche an jedem Pol die Astern bilden (vom griechischen Wort für „Stern"). Einige Astralmikrotubuli treten vermutlich mit Proteinen, die mit der Plasmamembran assoziiert sind, in Wechselwirkung.

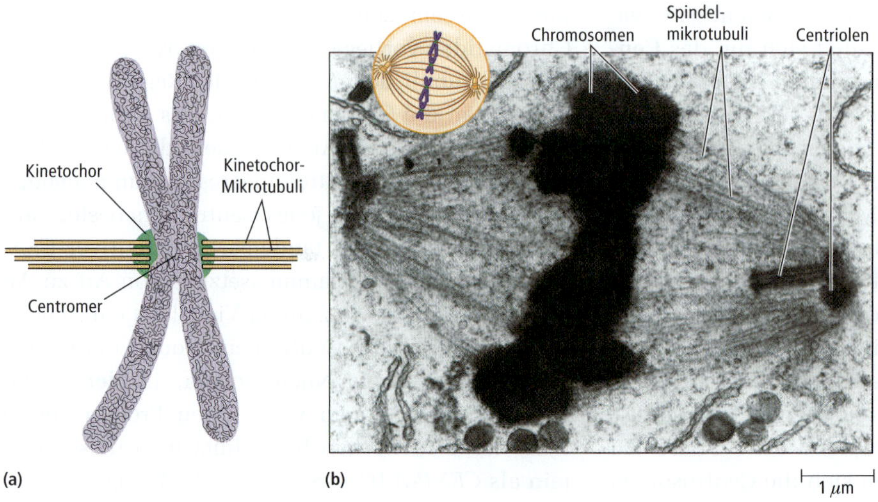

Abbildung 19.22: Anheften der Chromosomen an die mitotische Spindel. (a) Das gezeichnete Modell fasst die Beziehung zwischen dem Centromer, den Kinetochoren und den Kinetochor-Mikrotubuli zusammen. (b) Diese elektronenmikroskopische Aufnahme zeigt die mitotische Spindel einer Hühnerzelle während der Metaphase. Die Centriolen an den beiden Polen und die Spindel zwischen den Polen sind gut erkennbar. Die Chromosomen treten als eine auf den Spindeläquator aufgereihte Masse in Erscheinung. Obwohl in dieser Aufnahme keine einzelnen Chromosomen zu erkennen sind, bleiben die einzelnen Chromosomen in diesem Stadium der Mitose voneinander getrennt (TEM).

Metaphase Eine Zelle befindet sich in der Metaphase, wenn die vollständig verdichteten Chromosomen alle auf der *Metaphasenplatte* aufgereiht werden. Die Metaphasenplatte ist die in gleicher Entfernung von beiden Polen der mitotischen Spindel liegende Ebene (*Abbildung 19.20c*). Wirkstoffe, die mit der Spindelfunktion interferieren, beispielsweise das Alkaloid der Herbstzeitlosen, *Colchicin*, kann man dafür nutzen, um die Zellen in der Metaphase anzuhalten. Mikroskopische Untersuchungen solcher Zellen ermöglichen die Identifizierung einzelner Chromosomen und deren Klassifizierung nach Größe und Form. Diese Analyse bezeichnet man als **Karyotypisierung** (▶*Abbildung 19.23*), die Gesamtheit aller cytologisch identifizierbaren Chromosomeneigenschaften als **Karyotyp**.

In der Metaphase scheinen die Chromosomen relativ stationär zu sein, doch der Schein trügt. Tatsächlich werden die beiden Schwesterchromatiden jedes Chromosoms bereits aktiv zu den gegenüberliegenden Polen gezogen. Sie erscheinen stationär, denn die auf sie einwirkenden Kräfte sind gleich stark und wirken in entgegengesetzter Richtung. Die Chromatiden sind der Preis im Tauziehen zwischen gleich starken Gegnern. (Schon bald werden wir uns mit der Quelle dieser entgegengesetzten Kräfte beschäftigen).

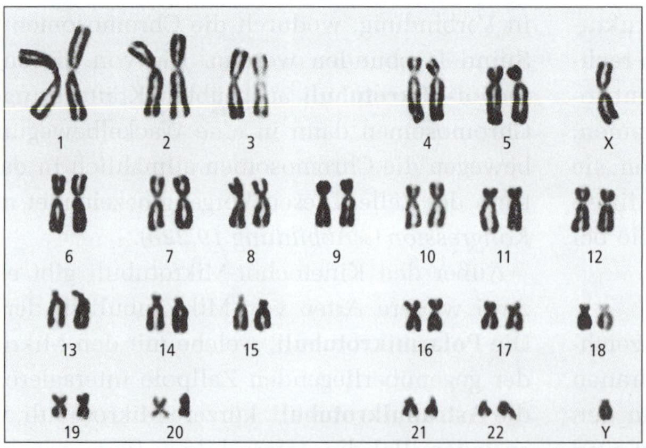

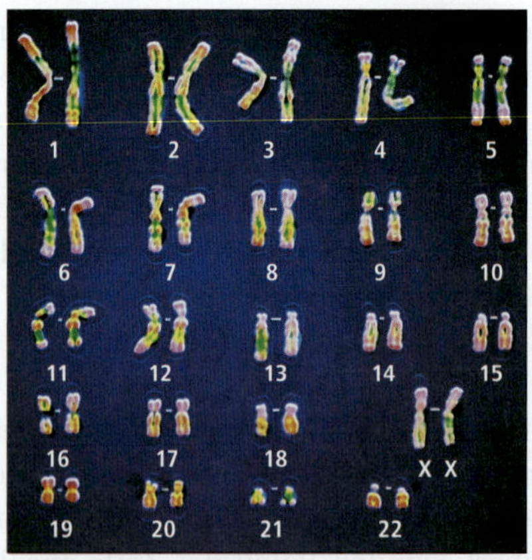

Abbildung 19.23: Mitotischer Karyotyp der menschlichen Chromosomen aus Zellen mit gestoppter Metaphase. (Links) Dieser Chromosomensatz eines Mannes wurde mit einem Farbstoff angefärbt, der gleichmäßig mit dem gesamten Chromosomenkörper reagiert. Männer besitzen 22 Chromosomenpaare plus ein X- und ein Y-Chromosom. Die Chromosomen des Karyotyps wurden entsprechend ihrer Größe und der Position des Centromers angeordnet. (Rechts) Dieser Chromosomensatz einer Frau wurde mit Farbstoffen angefärbt, die selektiv mit bestimmten Chromosomenregionen interagieren. Dadurch entsteht ein für jeden Chromosomentyp einzigartiges Muster.

Anaphase Die Anaphase ist im Allgemeinen die kürzeste Phase der Mitose und dauert nur wenige Minuten. Zu Beginn der Anaphase trennen sich die Schwesterchromatiden jedes Chromosoms abrupt und beginnen, sich mit einer Geschwindigkeit von ungefähr einem Mikrometer pro Minute in Richtung der gegenüberliegenden Spindelpole zu bewegen (*Abbildung 19.20d*).

Die Anaphase ist durch zwei Bewegungsabläufe charakterisiert, die Anaphase A und die Anaphase B (▶*Abbildung 19.24*). In der **Anaphase A** werden die Chromosomen zu den Spindelpolen gezogen, voran das Centromer, während sich die Kinetochor-Mikrotubuli verkürzen. In der **Anaphase B** werden die beiden Spindelpole auseinandergeschoben und gleichzeitig verlängern sich die Polarmikrotubuli. Je nach Zelltyp können Anaphase A und B gleichzeitig ablaufen oder zuerst Anaphase A und dann Anaphase B.

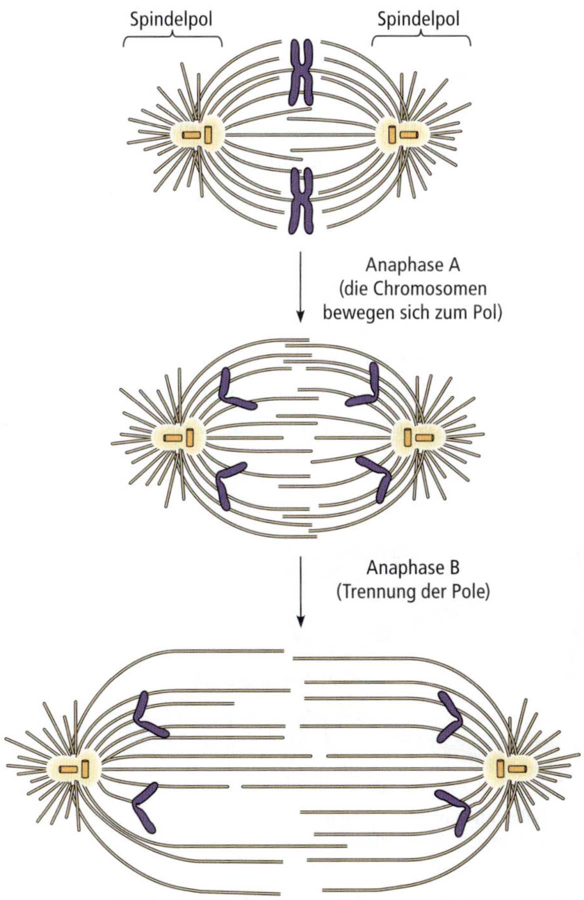

Abbildung 19.24: Die zwei Formen der Bewegung, die während der Anaphase an der Chromosomentrennung mitwirken. In der Anaphase A findet die Bewegung der Chromosomen zu den Spindelpolen statt. In der Anaphase B bewegen sich die Spindelpole voneinander fort. Anaphase A und Anaphase B können gleichzeitig ablaufen.

Telophase Zu Beginn der Telophase haben die Tochterchromosomen die Spindelpole erreicht (*Abbildung 19.20e*). Dann entschrauben sich die Chromosomen und entfalten sich zu den typischen Fasern des Interphasechromatins, an den nucleär organisierenden Bereichen der DNA bilden sich Nucleoli, die Spindel zerfällt und es bilden sich Kernhüllen um die beiden Gruppen der Tochterchromosomen. Während dieser Periode durchlaufen die Zellen im Allgemeinen die Cytokinese. In der Cytokinese findet die Teilung der Zelle in zwei Tochterzellen statt.

19.4.2 Die mitotische Spindel ist für die Bewegung der Chromosomen während der Mitose verantwortlich

Das zentrale Anliegen der Mitose besteht darin, die beiden Sätze von Tochterchromosomen zu trennen und diese auf die beiden sich neu bildenden Tochterzellen aufzuteilen. Zum Verständnis des Mechanismus, der diesem Vorgang zugrunde liegt, müssen wir einen genaueren Blick auf die Struktur werfen, die Mikrotubuli enthält und für diese Auftrennung und Verteilung der Chromatiden verantwortlich ist: die mitotische Spindel.

Spindelzusammenbau und Chromosomenbindung

In *Kapitel 15* haben Sie erfahren, dass alle Tubulinuntereinheiten eines Mikrotubulus gleich ausgerichtet sind. Daher wohnt den Mikrotubuli eine Polarität inne, das heißt, die beiden Enden jedes Mikrotubulus unterscheiden sich chemisch voneinander (▶Abbildung 19.25). Das Ende, an dem der Zusammenbau des Mikrotubulus beginnt – bei den Spindelmikrotubuli befindet es sich am Centrosom – ist das Minus- (–)-ende. Das Ende, das am stärksten wächst und vom Centrosom entfernt liegt, ist das Plus- (+)-ende. Mikrotubuli sind dynamische Strukturen (siehe *Kapitel 15*). An diese Strukturen werden ständig Tubulinuntereinheiten angefügt oder von ihnen abgegeben. Das Ende, an das mehr Untereinheiten angefügt werden, wächst, und der Mikrotubulus wird länger. Im Allgemeinen werden die Untereinheiten bevorzugt am Plusende angefügt, und am Minusende werden vorzugsweise Untereinheiten entfernt, sodass das Längenwachstum eines Mikrotubulus vor allem durch Anfügen von Untereinheiten an das Plusende erfolgt.

Während der späten Prophase ist das Wachstum der Mikrotubuli besonders stark und es werden mehr neue Mikrotubuli an den Centrosomen gebildet. Nachdem sich die Kernhülle zu Beginn der Metaphase aufgelöst hat, wird ein Kontakt zwischen den Mikrotubuli und den chromosomalen Kinetochoren möglich. Wenn ein Kinetochor mit dem Plusende eines Mikrotubulus in Kontakt gekommen ist, gehen sie eine Bindung ein und der Mikrotubulus wird zu einem Kinetochor-Mikrotubulus. Die Bindung verlangsamt die Depolymerisation am Plusende des Mikrotubulus, obwohl Polymerisation und Depolymerisation immer noch ablaufen können.

▸*Abbildung 19.26* ist eine elektronenmikroskopische Aufnahme eines Metaphasechromosoms mit zwei Sätzen angehefteter Mikrotubuli, deren Plusenden in zwei Kinetochore eingebettet sind. Jedes Kinetochor hat eine tellerförmige, dreischichtige Struktur aus Proteinen, die an die CEN-Sequenzen geheftet sind, welche in der DNA des Centromers lokalisiert sind. Die Kinetochore der verschiedenen Spezies variieren im Hinblick auf die Größe. Bei der Hefe sind sie zum Beispiel klein und binden jeweils nur einen Spindelmikrotubulus, während die Kinetochore der Säugetierzellen wesentlich größer sind und jeweils 30 bis 40 Mikrotubuli binden.

Da die beiden Kinetochore an entgegengesetzten Enden des Chromosoms liegen, heften sie sich im Allgemeinen an Mikrotubuli, die den Centrosomen an gegenüberliegenden Zellpolen entspringen. (Die Ausrichtung jedes einzelnen Chromosoms ist dem Zufall überlassen; jedes Kinetochor kann letztendlich zu jedem Zellpol ausgerichtet sein.) In der Zwischenzeit tritt die andere Hauptgruppe der Mikrotubuli – die Polarmikrotubuli – mit den Polarmikrotubuli vom gegenüberliegenden Centrosom in Kontakt. Wenn die Plusenden-Regionen von zwei Mikrotubuli mit entgegengesetzter Polarität zu überlappen beginnen, werden sie von quervernetzenden Proteinen aneinandergebunden (*Abbildung 19.25*). Ebenso wie die Quervernetzung zwischen Kinetochoren und Kinetochor-Mikrotubuli dient auch diese Quervernetzung der Stabilisierung von Polarmikrotubuli. So können wir uns die späte Prophase und die Prometaphase als ein Feuerwerk rasch aus jedem Chromosom herausschießender Mikrotubuli vorstellen. Diejenigen Polarmikrotubuli, die erfolgreich ein Kinetochor oder einen Mikrotubulus entgegengesetzter Polarität treffen, werden stabilisiert, die anderen treten den Rückzug an und zerfallen.

Ein Nachteil dieses Mechanismus liegt darin, dass er nicht erklärt, wie die Spindeln in Zellen ohne Centrosomen zusammengesetzt werden. Dazu gehören die meisten Zellen der höheren Pflanzen sowie die Oocyten (unreifen Eizellen) vieler Tiere. Außerdem haben Experimente mit einem Lasermikrostrahl zur Zerstörung von Centrosomen ergeben, dass tierische Zellen, die normalerweise Centrosomen enthalten, mit Hilfe eines von Centrosomen unabhängigen Mechanismus Spindeln zusammensetzen können. In Zellen ohne Centrosomen sind es eher die Chromosomen als die Centromere, die den Zusammenbau der Mikrotubuli und die Spindelbildung fördern. Die von Chromosomen induzierte Zusammensetzung

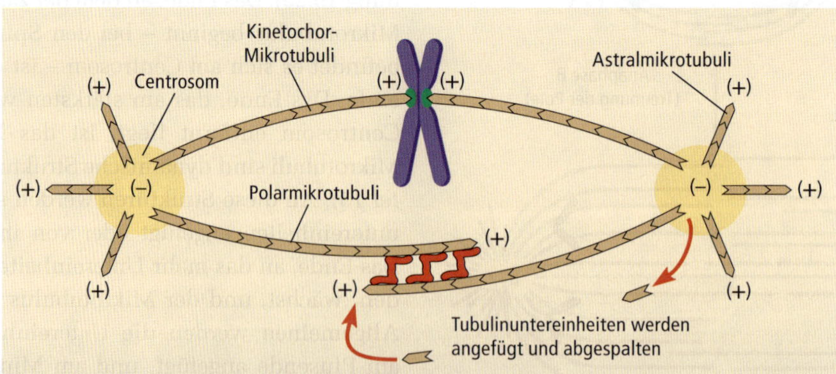

Abbildung 19.25: Polarität der Mikrotubuli in der mitotischen Spindel. Die Zeichnung stellt nur einige der vielen Mikrotubuli dar, aus denen eine mitotische Spindel besteht. Die Ausrichtung der Tubulinuntereinheiten, aus denen ein Mikrotubulus (MT) besteht, führt zu zwei unterschiedlichen Enden der Mikrotubuli. Das Minusende liegt am Centrosom, das Plusende zeigt vom Centrosom weg. Die Mikrotubuli verlängern sich durch Anfügen von Tubulinuntereinheiten und verkürzen sich durch Abgabe von Untereinheiten. Im Allgemeinen erfolgt die Verlängerung durch Anfügen an die Plusenden und die Verkürzung durch Verlust an den Minusenden, aber auch von den Plusenden können Untereinheiten entfernt werden. Die rot unterlegten Strukturen zwischen den Plusenden der hier abgebildeten polaren Mikrotubuli sind Proteine, die sie quervernetzen.

von Mikrotubuli wird mit *Ran* bewerkstelligt, dem GTP-Bindeprotein, auf dessen Rolle wir beim Kerntransport in *Kapitel 18* eingegangen sind (siehe *Abbildung 18.31*). Mitotische Chromosomen besitzen ein Protein, das die Bindung von GTP an Ran fördert. Der Ran-Protein-Komplex interagiert mit dem Protein *Importin*, genauso wie beim Kerntransport. Dies führt zur Freisetzung Importin-gebundener Proteine, die den Zusammenbau von Mikrotubuli fördern. In Zellen ohne Centrosomen beginnt die Spindelbildung in der Nähe der Chromosomen und nicht an den Spindelpolen. Man geht davon aus, dass sogar in den häufiger vorkommenden Fällen, in denen Zellen Centrosomen zur Bildung von Spindelmikrotubuli einsetzen, Ran-GTP dazu beiträgt, die neu gebildete Spindel zu organisieren und das Anheften von Mikrotubuli an chromosomale Kinetochore zu lenken.

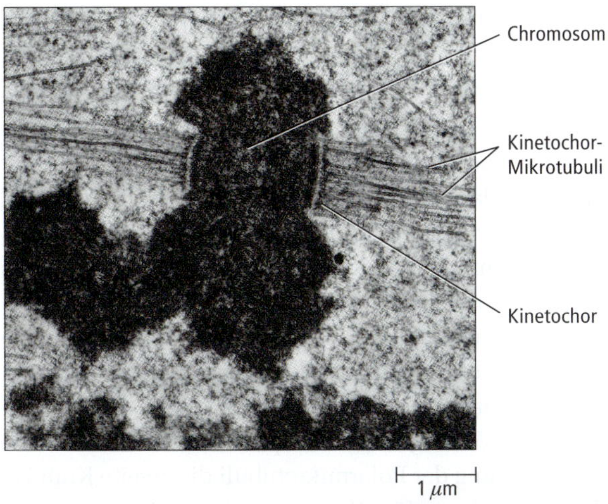

Abbildung 19.26: Kinetochore und ihre Mikrotubuli. Die gestreiften Strukturen zu beiden Seiten des Metaphasechromosoms sind dessen Kinetochore. Jedes Kinetochor ist mit einer der beiden Schwesterchromatiden assoziiert. An jedes Kinetochor sind zahlreiche Kinetochor-Mikrotubuli geheftet. Die beiden Sätze von Mikrotubuli stammen von den gegenüberliegenden Zellpolen (TEM).

Chromosomenaufreihung und -trennung Wenn die Spindelmikrotubuli während der frühen Metaphase an die chromosomalen Kinetochore gebunden werden, liegen die Chromosomen zufällig über die Spindel verteilt. Dann wandern die Chromosomen durch Wackelbewegungen, die von mindestens zwei verschiedenen Kräften erzeugt werden, zur Zentralregion der Spindel. Zuerst üben die Kinetochor-Mikrotubuli eine „Zugkraft“ aus. Diese zieht die Chromosomen zum Pol, an dem die Mikrotubuli angeheftet sind. Diese Kraft kann man experimentell nachweisen, indem man einzelne Chromosomen mit Mikronadeln von der Spindel wegzieht. Ein Chromosom, das von der Spindel entfernt wurde, bewegt sich erst dann wieder, wenn neue Mikrotubuli an sein Kinetochor binden. Dann wird das Chromosom zur Spindel zurückgezogen.

Die zweite Kraft „stößt“ die Chromosomen ab, wenn sie sich einem der Spindelpole nähern. Die Existenz dieser Stoßkraft wurde mit Untersuchungen nachgewiesen, bei denen mit einem Lasermikrostrahl ein Ende eines Chromosoms abgebrochen wurde. Nachdem das abgebrochene Chromosomenfragment von seinem assoziierten Centromer und dem Kinetochor abgeschnitten wurde, entfernt es sich vom nächstgelegenen Spindelpol, obwohl es nicht mehr von Mikrotubuli an die Spindel gebunden wird. Die Natur dieser Stoßkraft, die Chromosomen ohne Mikrotubulihaftung vorantreibt, ist noch nicht eindeutig identifiziert worden.

Die Kombination aus Stoß- und Zugkräften, die auf Chromosomen einwirken, bewegt die Chromosomen zur Metaphaseplatte, der stabilsten Position. Dort reihen sie sich nach dem Zufallsprinzip auf. Obwohl die Bewegung der Chromosomen zu diesem Zeitpunkt auszusetzen scheint, ergaben sorgfältige Untersuchungen an lebenden Zellen, dass sie noch immer zucken. Das zeigt, dass die Chromosomen konstant einer Spannung in beiden Richtungen ausgesetzt sind. Wenn das Kinetochor auf einer Seite eines Metaphasechromosoms durch einen Lasermikrostrahl beschädigt wird, dann bewegt sich das Chromosom sofort zum entgegengesetzten Spindelpol. Somit bleiben die Metaphasechromosomen im Zentrum der Spindel, denn die Kräfte, die sie zu den entgegengesetzten Polen ziehen, befinden sich exakt im Gleichgewicht.

Zu Beginn der Anaphase teilen sich die beiden Chromatiden jedes einzelnen Metaphasechromosoms und beginnen, sich in Richtung der entgegengesetzten Spindelpole zu bewegen. Mehrere Moleküle sind an diesem Vorgang der Chromatidentrennung beteiligt. Eines dieser Moleküle ist das Enzym Topoisomerase II, das sich in der Nähe des Centrosoms konzentriert und Änderungen in der DNA-Überspiralisierung katalysiert. In mutierten Zellen, denen die Topoisomerase II fehlt, sind die gepaarten Chromatiden zu Beginn der Anaphase immer noch bestrebt, sich zu trennen, und erleiden einen Schaden statt sauber getrennt zu werden. Die Chromatidentrennung geht außerdem mit Änderungen in Adhäsionsproteinen einher, von denen die Chromatidenpaare vor Beginn der Anaphase zusammengehalten werden. Später in diesem Kapitel werden Sie sehen, dass die Trennung der Schwesterchromatiden zu Beginn der Anaphase durch den Abbau dieser Adhäsionsproteine ermöglicht wird.

Motorproteine und Chromosomenbewegung Nachdem die beiden Chromatiden jedes Metaphasechromosoms getrennt sind, agieren sie als zwei unabhängige Chromosomen, die sich zu den entgegengesetzten Spindelpolen bewegen. Untersuchungen der Mechanismen, die dieser Bewegung zugrunde liegen, führten zur Entdeckung der Motorproteine. Sie spielen in der Mitose aktive Rollen. Wir haben in den *Kapiteln 15* und *16* bereits gesehen, dass Motorproteine die Energie von ATP nutzen, um ihre Form so zu verändern, dass sie Kraft ausüben und gebundenen Strukturen bewegen können. Motorproteine übernehmen mindestens drei unterschiedliche Aufgaben bei der Bewegung von Anaphasechromosomen.

Die erste Aufgabe dreht sich um den Mechanismus, mit dessen Hilfe Chromosomen während der Anaphase A mit den Kinetochoren voran zu den Spindelpolen gezogen werden. Wie in ▸*Abbildung 19.27a* ❶ dargestellt, wird diese Form der Chromosomenbewegung von molekularen Motoren angetrieben, die mit Kinetochormolekülen assoziiert sind. Es gibt fundierte Hinweise darauf, dass diese molekularen Motoren spezialisierte Mitglieder der Proteinfamilie der Kinesine sind. In *Kapitel 16* haben Sie gelernt, dass einige spezialisierte Kinesine an das Ende eines Mikrotubulus binden und dessen Depolymerisation herbeiführen können. Zwei dieser Kinesin-ähnlichen Motoren wirken an der Bewegung von Chromosomen zu den Spindelpolen mit: einer befindet sich am Plusende der Kinetochor-Mikrotubuli und der andere am Minusende. Der Motor am Plusende ist in das Kinetochor eingebettet, wo er die Mikrotubulus-Depolymerisation induziert und dadurch das Chromosom zum Spindelpol schiebt, während er das Plusende des Mikrotubulus „verschluckt". Gleichzeitig wird der am Minusende lokalisierte Motor in den Spindelpol eingebettet, wo er die Mikrotubulus-Depolymerisation induziert und dadurch die Mikrotubuli und die an sie gebundenen Chromosomen „einrollt".

Die Auffassung, dass die Mikrotubulus-Depolymerisation bei der Chromosomenbewegung eine entscheidende Rolle spielt, wird durch mehrere experimentelle Daten gestützt. Wenn man Zellen mit dem Medikament *Taxol* in Kontakt bringt, das die Mikrotubulus-Depolymerisation hemmt, dann bewegen sich die Chromosomen nicht zu den Spindelpolen. Umgekehrt hat man nachgewiesen, dass sich die Chromosomen in Zellen, auf die ein stärkerer Druck ausgeübt wird, schneller zu den Polen bewegen. Und schließlich hat man auch nachgewiesen, dass Antikörper, welche die Depolymerisationsaktivität sowohl der am Spindelpol lokalisierten Motorproteine als auch der Motorproteine am Kinetochor hemmen, mit der Chromosomenbewegung interferieren.

Die zweite Aufgabe der Motorproteine während der Anaphase hängt mit dem Auseinanderstreben der Spindelpole während der Anaphase B zusammen. In diesem Fall binden bipolare Kinesinmotoren an überlappende Polarmikrotubuli, die von den gegenüberliegenden Spindelpolen ausgehen. Dadurch gleiten die Polarmikrotubuli auseinander, wodurch die Spindelpole getrennt werden (▸*Abbildung 19.27a*, ❷). Während die Mikrotubuli auseinandergleiten, werden sie durch Anfügen von Tubulinuntereinheiten an ihre Plusenden in der Nähe des Spindelzentrums verlängert, wo die Mikrotubuli gegenüberliegender Spindelpole überlappen. Das Gleiten der Mikrotubuli kann man experimentell induzieren, indem man isolierte Spindeln mit ATP in Kontakt bringt. Dies beweist, dass die Motorproteine ihre Energie aus der ATP-Hydrolyse gewinnen und diese Kraft nutzen, um überlappende Mikrotubuli auseinandergleiten zu lassen. Während der Anaphase B kann diese Motoraktivität die primäre Kraft zur Verlängerung der Spindel sein, während die Verlängerung der Polarmikrotubuli die zweite Kraft ist. In ▸*Abbildung 19.27b* und *c* liefern wir den mikroskopischen Beweis für das Gleiten überlappender Polarmikrotubuli während der Anaphase B.

Beim dritten Typ der von einem Motor ausgehenden Kraft, den man während der Anaphase nachgewiesen hat, spielt das *cytoplasmatische Dynein* eine Rolle, das mit den Astralmikrotubuli assoziiert ist (▸*Abbildung 19.27a*, ❸). Die Plusenden der Astralmikrotubuli sind mit dem Zellcortex verbunden. Das ist eine Schicht aus Actinmikrofilamenten, welche die innere Oberfläche der Plasmamembran auskleiden. Cytoplasmatisches Dynein, das sich zu den Minusenden der Mikrotubuli bewegt, scheint jeden Spindelpol zum Cortex zu schieben. Dieser Zug – zusätzlich zum Stoß nach außen, der von den Motorproteinen ausgeht, welche die überlappenden Polarmikrotubuli quervernetzen – unterstützt bei einigen Zelltypen die Trennung der Spindelpole während der Anaphase B.

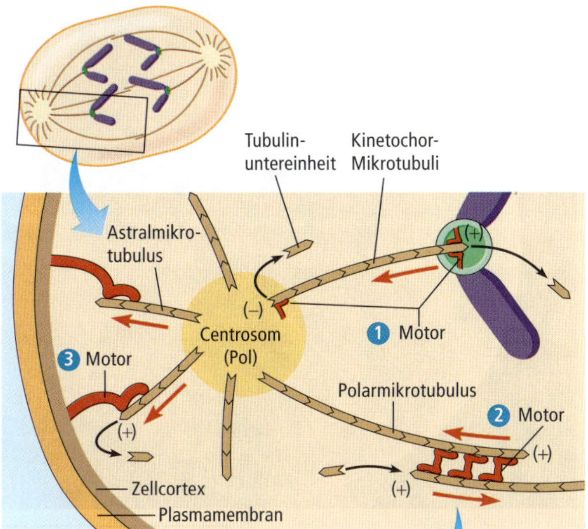

(a) Die drei Funktionen der Motorproteine

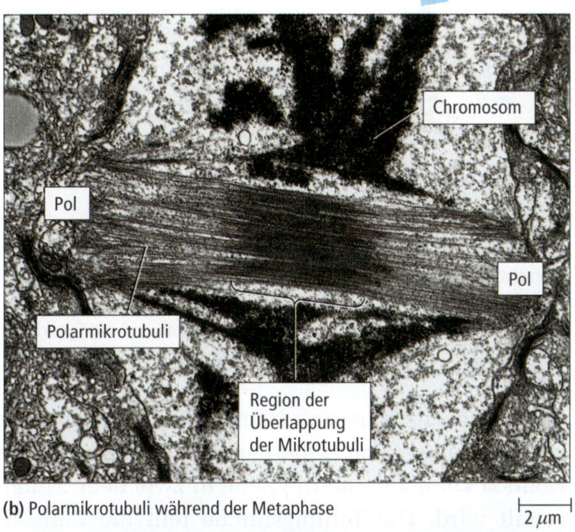

(b) Polarmikrotubuli während der Metaphase

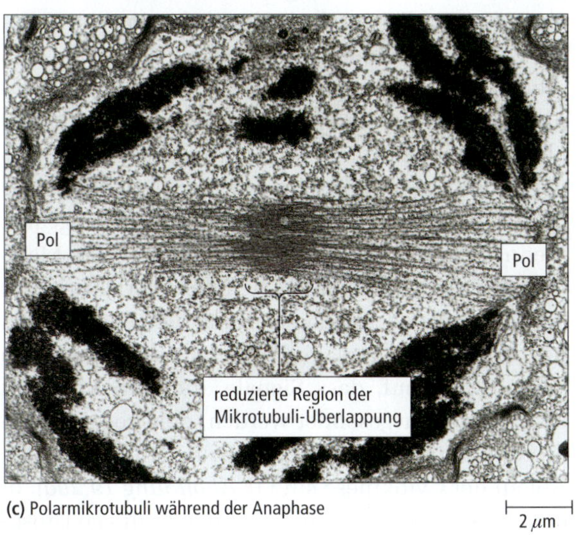

(c) Polarmikrotubuli während der Anaphase

Abbildung 19.27: Mitotische Motoren. (a) Ein Modell für die mitotische Chromosomenbewegung, das auf den drei von den Motorproteinen ausgeübten Funktionen beruht. Die Motorproteine sind rot unterlegt, und die kleinen roten Pfeile zeigen die Bewegungsrichtung an, die von diesen molekularen Motoren erzeugt wird. Motorproteine sind mit drei Typen von Mikrotubuli assoziiert: Kinetochor-Mikrotubuli, Polarmikrotubuli und Astralmikrotubuli. ❶ Die Motorproteine der Kinetochor-Mikrotubuli sind mit ihren beiden Plusenden (eingebettet in das chromosomale Kinetochor) und Minus-Enden assoziiert (die im Centrosom des Spindelpols lokalisiert sind). Die im Kinetochor lokalisierten Motorproteine „verschlucken" (das heißt depolymerisieren) die Plusenden der Kinetochor-Mikrotubuli. Auf diese Weise wird das Chromosom zum Spindelpol gezogen, während die Kinetochor-Mikrotubuli durch den Verlust von Tubulinuntereinheiten verkürzt werden. Gleichzeitig depolymerisieren die am Spindelpol lokalisierten Motorproteine die Minusenden der Kinetochor-Mikrotubuli, indem sie die Mikrotubuli und die an sie gebundenen Chromosomen einrollen. ❷ Motorproteine quervernetzen die Polarmikrotubuli und bewirken deren Auseinanderdriften, wodurch die Spindelpole auseinandergezogen werden. Wenn die Polarmikrotubuli auseinanderdriften, werden sie durch Anfügen von Tubulinuntereinheiten an ihre Plusenden verlängert, an denen sie mit dem Spindelzentrum überlappen. ❸ Motorproteine der Astralmikrotubuli binden die Plusenden von Astralmikrotubuli an den Zellcortex und üben eine Zugkraft auf die Spindelpole aus, indem sie die Depolymerisation der Plus-Enden der Astralmikrotubuli induzieren. (b, c) Die beiden elektronenmikroskopischen Aufnahmen zeigen das Gleiten der Polarmikrotubuli, das von den Motoren der Polarmikrotubuli angetrieben wird. Während der Metaphase kommt es zu einer signifikanten Überlappung gegenüberliegender Polarmikrotubuli. Während der Anaphase bewirken die Polarmikrotubuli-Motoren, dass diese beiden Gruppen von Mikrotubuli auseinandergleiten, sodass sich die Überlappungszone verkleinert (TEM).

Daher sind an der Mitose mindestens drei getrennte Gruppen von Motorproteinen beteiligt, die auf Kinetochor-, Polar- und Astralmikrotubuli wirken (*Abbildung 19.27a*). Die Stoß- und Zugkräfte, die von diesen drei Motorproteinen ausgehen, sind bei verschiedenen Organismen unterschiedlich stark beteiligt. Zum Beispiel ist bei Diatomeen und Hefen das Ziehen (Gleiten) der Mikrotubuli gegen benachbarte Mikrotubuli entgegengesetzter Polarität während der Anaphase von besonderer Bedeutung. Im Gegensatz dazu ist die Zugkraft an den Astern die Hauptkraft von Zellen in bestimmten Pilzen. Bei Wirbeltieren sind wahrscheinlich beide Mechanismen am Werk, obwohl die Astralzugkraft eine größere Rolle spielen könnte, vor allem während der Spindelbildung.

19.4.3 Teilung des Cytoplasmas während der Cytokinese

Nachdem während der Anaphase die beiden Chromosomensätze getrennt wurden, findet während der Cytokinese die Teilung des Cytoplasmas statt, wodurch der Vorgang der Zellteilung abgeschlossen wird. Die Cytokinese beginnt während der späten Anaphase und der frühen Telophase, wenn sich Kernhülle und Nucleoli wieder neu bilden und die Chromosomen in eine aufgelockerte Funktionsform überführt werden. Allerdings ist die Cytokinese nicht untrennbar mit der Mitose verknüpft. In einigen Fällen kann eine recht große Zeitspanne zwischen der Kernteilung (Mitose) und der Cytokinese liegen. Das zeigt, dass die beiden Vorgänge nicht fest gekoppelt sind. Außerdem durchlaufen bestimmte Zelltypen mehrere Zyklen der Chromosomenreplikation und der Kernteilung ohne Cytokinese, woraus eine große Zelle mit vielen Zellkernen hervorgeht, ein *Syncytium*. Manchmal bleiben die vielen Zellkerne erhalten, doch kann es sich auch nur um ein vorübergehendes Stadium in der Entwicklung des Organismus handeln. Dies trifft zum Beispiel auf die Entwicklung eines pflanzlichen Samengewebes zum, das sogenannte *Endosperm* bei Getreidekörnern. Hier erfolgt die Kernteilung ohne Cytokinese, sodass in einem Cytoplasma viele Zellkerne liegen. Dann gibt es mehrere Zyklen der Cytokinese ohne Mitose, wodurch die vielen Zellkerne in einzelne Endospermzellen abgetrennt werden. Einen ähnlichen Vorgang beobachtet man bei einigen Insektenembryos. Die Zellen der Skelettmuskeln der Wirbeltiere, die Muskelfasern, besitzen dauerhaft mehrere Zellkerne.

Trotz dieser Beispiele läuft die Cytokinese in den meisten Fällen zusammen mit der Mitose oder kurz nach der Mitose ab. Dadurch wird sichergestellt, dass die Tochterzellkerne ihr eigenes Cytoplasma erhalten und sich zu getrennten Zellen entwickeln.

Cytokinese bei tierischen Zellen Der Mechanismus der Cytokinese verläuft bei Pflanzen und Tieren unterschiedlich. In tierischen Zellen bezeichnet man die Cytoplasmateilung als **Furchung** (engl.: *cleavage*). Der Vorgang beginnt als leichte Einbuchtung oder Einstülpung der Zellplasmamembran. Diese Einbuchtung vertieft sich zur **Teilungsfurche** (engl.: *cleavage furrow*), die als Ringfurche die gesamte Zelle einschnürt. Dies ist in ▶*Abbildung 19.28* am Beispiel einer befruchteten Froscheizelle dargestellt.

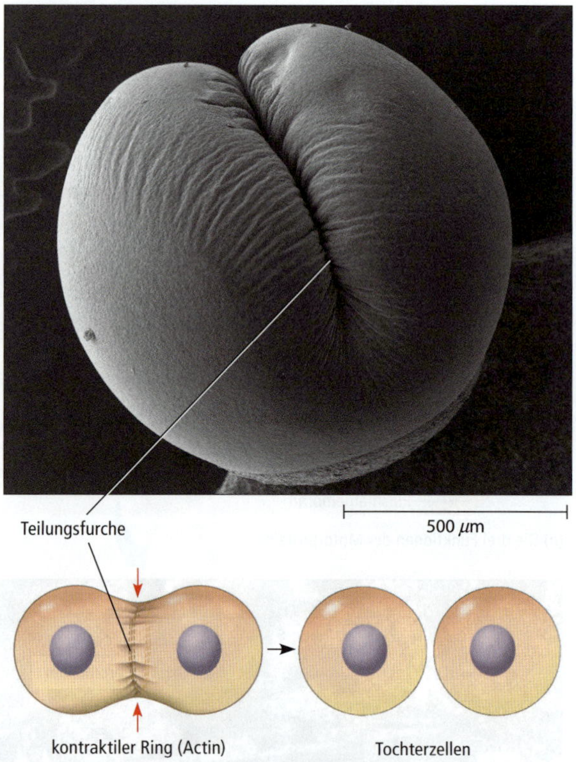

Abbildung 19.28: Cytokinese einer tierischen Zelle. (oben) Elektronenmikroskopische Aufnahme einer befruchteten Froscheizelle im Moment der Teilung. Die Teilungsfurche ist deutlich als Einschnürung der Plasmamembran nach innen erkennbar (SEM). (unten) Schematische Darstellung der Position des kontraktilen Rings während der Cytokinese, der die Zelle einschnürt und zwei Zellen entstehen lässt.

Die Furche schnürt sich immer stärker ein, bis die gegenüberliegenden Oberflächen miteinander in Kontakt kommen und die Zelle in zwei neue Zellen geteilt wird. Die Teilungsfurche teilt die Zelle in einer Ebene, die durch die Zentralregion der Spindel verläuft (*Spindeläquator*). Somit liegt nahe, dass die Position der Spindel festlegt, wo das Cytoplasma geteilt wird. Diese Idee ist experimentell überprüft worden, indem man die mitotische Spindel entweder mit winzigen Glasnadeln oder mittels der Gravitationskräfte einer Zentrifuge bewegt hat. Wenn sich die Spindel vor dem Ende der Metaphase bewegt, dann ändert sich die Ausrichtung der Furchungsebene, sodass sie durch die neue Position des Spindeläquators verläuft. Es gibt begründete Hinweise darauf, dass Signale, die vom Mittelteil der Spindel ausgesendet werden, dem sogenannten *Spindelmittelbereich*, von großer Bedeutung für den Ablauf der Cytokinese sind (▶*Abbildung 19.29a*). In den Zellen von C. elegans oder der Taufliege Drosophila fehlen die Komponenten eines Multiproteinkomplexes (das *Zentralspindlin*), der im Spindelmittelbereich vorkommt. Die Cytokinese beginnt, aber die Teilungsfurche bildet sich zurück. Die Aktivität von Astralmikrotubuli kann das Werk des Spindelmittelbereichs zu Ende bringen, indem sie die Bildung der Teilungsfurche in anderen Regionen des Cortex hemmt.

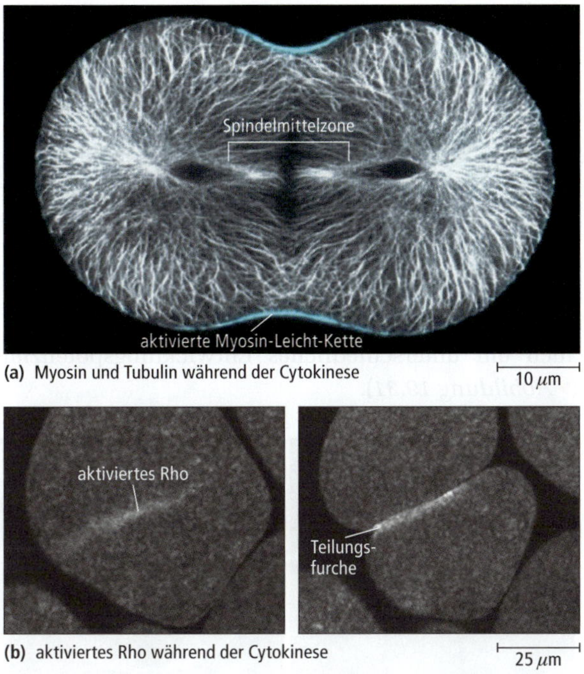

Abbildung 19.29: Myosin und Rho während der Cytokinese. (a) Konfokalmikroskopische Aufnahme der Zygote eines Seeigels. Die Mikrotubuli sind weiß und die aktivierte regulatorische Myosin-Leichtkette blau dargestellt. Das aktive Myosin akkumuliert in der Teilungsfurche. (b) Ein fluoreszierendes Protein, das aktives Rho bindet, akkumuliert in der Teilungsfurche der Zellen in einem *Xenopus*-Embryo (Krallenfrosch). Die Akkumulation von aktivem Rho erfolgt vor der Furchenbildung (links); die gleiche Zelle hat vier Minuten später an der Stelle, an der Rho akkumulierte, eine Furche gebildet.

Die Furche hängt von einem Bündel von Actinmikrofilamenten ab, dem sogenannten **kontraktilen Ring**. Er bildet sich während der Anaphase genau unterhalb der Plasmamembran (*Abbildung 19.29a*). Bei Untersuchung des kontraktilen Rings unter dem Elektronenmikroskop kann man erkennen, dass es sich um eine große Anzahl von Actinfilamenten handelt, deren lange Achsen parallel zur Furche ausgerichtet sind. Bei fortschreitender Furchung verdichtet sich dieser Ring aus Mikrofilamenten um das Cytoplasma, wie ein Gürtel um die Taille, und schnürt die Zelle schließlich in zwei Teile ab. Die Einschnürung des kontraktilen Rings beruht auf Wechselwirkungen zwischen den Actinmikrofilamenten und dem *Myosin*, dem Motorprotein, dessen Rolle bei der Muskelkontraktion in *Kapitel 16* dargestellt wurde.

Der kontraktile Ring bietet uns ein faszinierendes Beispiel dafür, wie schnell Myosinkomplexe in Nicht-Muskelzellen auf- und abgebaut werden können. Die Mitglieder der *Rho*-Familie der GTP-Bindeproteine spielen bei der Regulation des Zusammenbaus und der Aktivierung des kontraktilen Rings eine zentrale Rolle. Ein Familienmitglied, RhoA, wird an die Teilungsfurche geholt (▶*Abbildung 19.29b*). Dort hilft RhoA, durch Aktivierung von Proteinen, welche die Actinpolymerisierung fördern, den Ablauf der Cytokinese zu organisieren. RhoA stimuliert Proteinkinasen, die Myosin phosphorylieren. Die Phosphorylierung ist der entscheidende Schritt bei der Aktivierung von Myosin, das dann als molekularer Motor bei der Einschnürung des kontraktilen Rings wirken kann.

Cytokinese bei pflanzlichen Zellen Die Cytokinese bei höheren Pflanzen unterscheidet sich grundlegend von dem entsprechenden Vorgang bei tierischen Zellen. Da Pflanzenzellen von einer festen Zellwand umgeben sind, können sie keinen kontraktilen Ring auf der Zelloberfläche bilden, der die Zelle in zwei Teile abschnürt. Stattdessen teilen sie sich, indem sie eine Plasmamembran und eine Zellwand zwischen den beiden Tochterzellkernen bilden (▶*Abbildung 19.30*). Mit anderen Worten, wir haben es hier nicht mit einer Einschnürung des Cytoplasmas in zwei Hälften durch einen kontraktilen Ring zu tun, der sich vom Zelläußeren in das Zellinnere bewegt, sondern das Cytoplasma der Pflanzenzelle wird durch einen Vorgang geteilt, der im Zellinneren beginnt und sich zum Zellrand vorarbeitet.

Die Cytokinese bei Pflanzen wird typischerweise während der späten Anaphase oder frühen Telophase eingeleitet. Eine Gruppe kleiner, membranumgebener Vesikel aus dem Golgi-Komplex reiht sich in der Äquatorialregion der Spindel auf. Diese Vesikel, die Polysaccharide und Glykoproteine enthalten, werden für die Bildung der Zellwand benötigt. Der **Phragmoplast** leitet die Vesikel zum Spindeläquator. Der Phragmoplast enthält parallel verlaufende Mikrotubuli, die aus Polarmikrotubuli hervorgegangen sind und horizontal in die Richtung weisen, in welcher die neue Zellwand gebildet wird. Nachdem sie den Äquator erreicht haben, verschmelzen die aus dem Golgi-Apparat stammenden Vesikel und bilden einen großen, flachen Stapel, die **Zellplatte**. Diese Zellplatte repräsentiert die entstehende Zellwand. Der Inhalt des Stapels stellt die Nicht-Cellulose-Komponenten der primären Zellwand, die sich vergrößert, da Bündel von Mikrotubuli und Vesikel auf den Seitenrändern der sich vergrößernden Zellplatte entstehen. Schließlich trifft die Zellplatte auf die ursprüngliche Zellwand, und die beiden Tochterzellen werden voneinander getrennt. Die neue Zellwand wird dann durch Ablagerung von Cellulosemikrofibrillen vervollständigt. In der Zellplatte und der sie neu bildenden Zellwand liegen auch Plasmodesmen, die Kanäle zwischen dem Cytoplasma benachbarter Pflanzenzellen bilden.

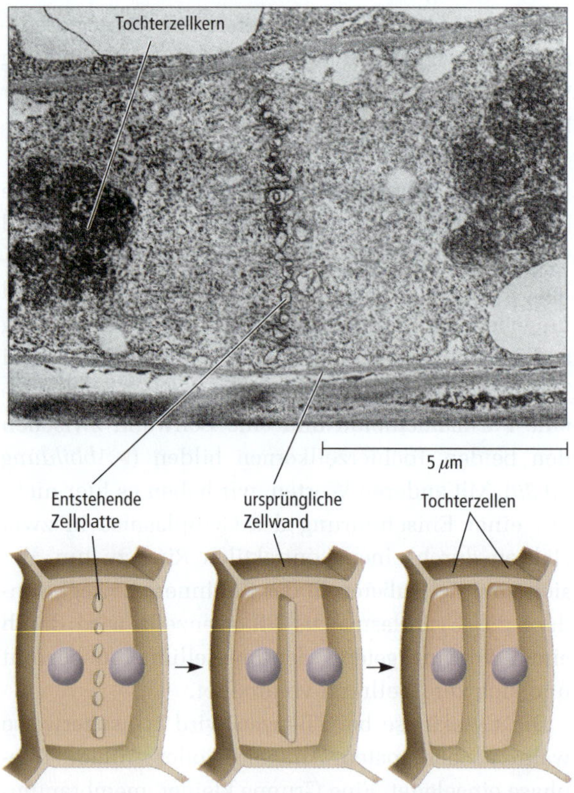

Abbildung 19.30: Cytokinese und Zellplattenbildung in einer pflanzlichen Zelle. (oben) Eine Zelle des Zuckerahorns *Acer saccharinum* in der späten Telophase. Die Tochterzellkerne sind mit ihren Chromosomensätzen teilweise als dunkles Material rechts außen und links außen auf der mikroskopischen Aufnahme erkennbar. Die sich entwickelnde Zellplatte ist als Vesikelreihe in der Mittelzone der Zelle sichtbar. Die Mikrotubuli des Phragmoplasten verlaufen senkrecht zur Zellplatte (TEM). (unten) Schematische Darstellung der Lage der Zellplatte und der ursprünglichen Zellwand einer sich teilenden Pflanzenzelle.

19.4.4 Manchmal verläuft die Zellteilung asymmetrisch

Die Teilungsebene verläuft bei tierischen und pflanzlichen Zellen durch den Spindeläquator. Wenn die Spindel in der Mitte der Zelle liegt, was normalerweise der Fall ist, dann findet eine Teilung in ungefähr gleich große Komponenten zwischen den beiden neuen Zellen statt. Die cytoplasmatische Teilung verläuft aber nicht immer symmetrisch. Bei der knospenden Hefe *Saccharomyces cerevisiae* entsteht eine höchst asymmetrische Spindel, aus der eine große und eine kleine Zelle hervorgehen (siehe *Abbildung 1B-1*). Asymmetrische Teilungen kommen häufig während der Entwicklung von Tierembryos vor. Diese asymmetrischen Teilungen führen zu Zellen, die sich nicht nur in der Größe ganz erheblich voneinander unterscheiden, sondern die Zellen besitzen auch ein unterschiedliches Entwicklungspotenzial (▶*Abbildung 19.31*).

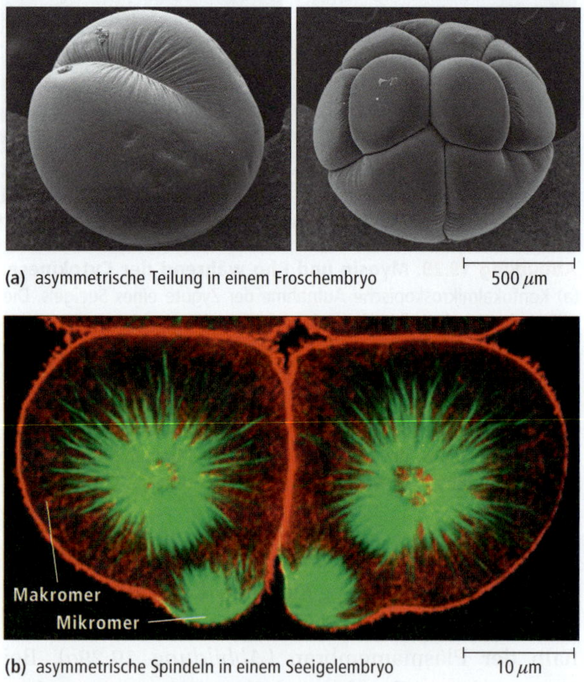

Abbildung 19.31: Asymmetrische Furchung bei Tierembryos. (a) Amphibieneizellen (links) sind sehr groß und enthalten ausreichend Cytoplasma, um nach der Befruchtung mehrere Zyklen der Zellteilung zu durchlaufen. Während der frühen Entwicklung teilt jeder Teilungszyklus das Cytoplasma in kleinere Zellen. Einige Zellen sind wesentlich größer als andere (rechts). (b) Zwei Zellen eines Seeigelembryos im 8-Zell-Stadium mit angefärbten Mikrotubuli (grün) und Actin (rot). Jede Zelle ist im Begriff sich zu teilen, um eine größere Zelle (ein „Makromer") und eine kleinere Zelle (ein „Mikromer") zu bilden. Die Spindel ist sehr asymmetrisch positioniert.

Asymmetrische Teilungen kommen auch bei weiblichen Tieren während der Entwicklung der Eizellen aus Vorläuferzellen, den *Oocyten*, vor. In diesem Fall teilt die Cytokinese das Cytoplasma ungleich, sodass die zur Entwicklung einer Eizelle bestimmte Zelle den größten Teil des Cytoplasmas der ursprünglichen Oocyte erhält (siehe *Abbildung 20.9b*). Dadurch wird die Menge gespeicherter Nährstoffe in jeder Eizelle maximiert.

Bei der Zellteilung gibt es aber noch einen etwas feineren Typ der Asymmetrie. In diesem Fall sehen die Tochterzellen gleich aus, sind aber für unterschiedliche Schicksale bestimmt. Diese ungleiche Bestimmung oder Determination beruht auf Mechanismen, bei denen spezifische Moleküle in bestimmten Regionen des Muttercytoplasmas ungleichmäßig an die beiden Tochterzellen weitergegeben werden, womit ihr einzigartiges Schicksal determiniert wird.

19.5 Regulation des Zellzyklus

An früherer Stelle in diesem Kapitel haben wir einen typischen eukaryotischen Zellzyklus beschrieben, in dessen Verlauf die G_1-, S-, G_2- und M-Phasen im Laufe von ungefähr 24 Stunden in geordneter Reihenfolge ablaufen und abgeschlossen werden. Dieser Prozess kommt bei wachsenden Organismen häufig vor, aber auch bei kultivierten Zellen, denen ausreichend Nährstoffe und Raum zur Verfügung stehen. Man hat allerdings viele Abweichungen beobachtet, vor allem im Hinblick auf die Dauer des Zyklus, die relative Dauer einzelner Phasen und die Intensität, mit der Mitose und Cytokinese aneinander gekoppelt sind. Diese Vielfalt sagt uns, dass der Zellzyklus so reguliert sein muss, dass er den physiologischen Bedürfnissen eines jeden Zelltyps und Organismus zu jeder Zeit gerecht wird. Die molekulare Grundlage der Regulation des Zellzyklus steht im Mittelpunkt des wissenschaftlichen Interesses. Es geht dabei nicht allein um das Verständnis der Lebenszyklen normaler Zellen, sondern auch darum, wie Krebszellen es schaffen, sich den normalen Kontrollmechanismen zu entziehen.

19.5.1 Die Dauer eines Zellzyklus unterscheidet sich bei den verschiedenen Zelltypen

Einige der Variationen des Zellzyklus, denen man am häufigsten begegnet, beruhen auf der Geschwindigkeit der Zellteilung. Bei vielzelligen Organismen unterscheiden sich die Generationszeiten der Zelltypen ganz erheblich voneinander, je nach der Rolle der Zelle im Organismus. Ein Extrem sind Zellen, die sich unablässig teilen, um Zellen zu ersetzen, die ständig verloren gehen oder zerstört werden. Zu dieser Kategorie gehören Zellen, die an der Spermienbildung mitwirken, sowie die *Stammzellen*, aus denen zum Beispiel Blutzellen, Hautzellen und Epithelzellen hervorgehen. Diese bilden die innere Auskleidung der Körperorgane, beispielsweise der Lunge und des Darms. Die Generationszeit menschlicher Stammzellen liegt manchmal bei nur acht Stunden.

Im Gegensatz dazu können Zellen der langsam wachsenden Gewebe Generationszeiten von mehreren Tagen oder länger haben. Einige Zellen, beispielsweise Zellen ausgewachsener Nerven oder des Muskelgewebes, teilen sich überhaupt nicht oder nur ganz selten. Es gibt aber auch Zellen, die sich unter normalen Bedingungen nicht teilen, jedoch durch einen Anreiz zu nochmaliger Teilung induziert werden können. Leberzellen zählen zu dieser Kategorie. Normalerweise wachsen sie in der ausgewachsenen Leber nicht, doch können sie zu Wachstum induziert werden, wenn ein Teil der Leber chirurgisch entfernt wird. Lymphocyten (weiße Blutkörperchen) sind ein weiteres Beispiel. Wenn man sie mit einem Fremdprotein in Kontakt bringt, beginnen sie sich als Teil der Immunantwort zu teilen.

Die meisten Abweichungen bei der Generationszeit beruhen auf der variierenden Länge der G_1-Phase, obwohl die S- und die G_2-Phase ebenfalls variieren können. Sich langsam teilende Zellen können Tage, Monate oder sogar in der stationären G_1-Phase verweilen, der sogenannten G_0-Phase, während sich schnell teilende Zellen eine kurze G_1-Phase durchlaufen oder diese sogar überspringen. Die Embryonalzellen von Insekten, Amphibien und einigen andere Nicht-Säugetieren liefern faszinierende Beispiele für Zellen mit sehr kurzen Zellzyklen ohne G_1-Phase und mit einer sehr kurzen S-Phase. Während der frühen Embryonalentwicklung des Krallenfroschs *Xenopus laevis* wird bei jedem Zellteilungsdurchgang das Ausgangscytoplasma auf immer kleinere Zellen verteilt, bis die Zellgröße des typischen ausgewachsenen Gewebes erreicht ist (▶*Abbildung 19.31a*). Der Zellzyklus dauert weniger als 30 Minuten, obwohl die normale Dauer des Zellzyklus in den Geweben ausgewachsener Frösche bei etwa 20 Stunden liegt. Die hohe Geschwindigkeit der DNA-Synthese, die notwendig ist, um einen so raschen Zellzyklus aufrechtzuerhalten, wird zum Teil durch eine erhöhte Gesamtzahl der Replikons erreicht. Dadurch wird die DNA-Menge verringert, die jedes Replikon synthetisieren muss. Außerdem werden alle Replikons gleichzeitig aktiviert, im Gegensatz zur sequenziellen Aktivierung in den Geweben ausgewachsener Frösche. Durch Erhöhung der Anzahl der Replikons und ihrer simultanen Aktivierung wird die S-Phase in weniger als drei Minuten durchlaufen. Das ist mindestens 100-mal schneller als in den ausgewachsenen Geweben des gleichen Organismus.

Obwohl wir aufgrund dieser Beispiele wissen, dass das Zellwachstum für den Zellzyklus nicht von größter Wichtigkeit ist, sind die beiden Vorgänge doch im Allgemeinen verknüpft, sodass sich Zellen teilen können, ohne immer kleiner zu werden. Eine Proteinkinase mit der Bezeichnung *TOR* (engl.: *target of rapamycin*) spielt in dem Signalisierungsnetzwerk, das die Zellgröße steuert, eine zentrale Rolle und koordiniert diese mit dem Fortlauf des Zellzyklus. Dieses Signalisierungsnetzwerk aktiviert TOR in der Gegenwart von Nährstoffen und Wachstumsfaktoren. Die aktivierte Proteinkinase TOR stimuliert dann Moleküle, welche die Geschwindigkeit der Proteinsynthese kontrollieren. Der daraus folgende Anstieg der Proteinbildung führt zur Vergrößerung der Zellmasse. Einige der von TOR aktivierten Moleküle erleichtern auch den Eintritt in die S-Phase, sodass TOR zu einem wichtigen Regulator des Zellwachstums und des Zellzyklusablaufs wird.

19.5.2 Die Progression durch den Zellzyklus wird an mehreren zentralen Kontrollpunkten überwacht

Das Kontrollsystem, das die Progression durch den Zellzyklus reguliert, muss mehrere Aufgaben bewältigen. Erstens muss es sicherstellen, dass die mit jeder Phase des Zellzyklus verknüpften Ereignisse zur richtigen Zeit und in der korrekten Reihenfolge ausgeführt werden. Zweitens muss es dafür sorgen, dass jede Phase des Zellzyklus vor Beginn der nächsten Phase ordnungsgemäß beendet wurde. Und schließlich muss es in der Lage sein, auf externe Bedingungen zu reagieren, welche die Notwendigkeit von Zellwachstum signalisieren (zum Beispiel die Menge verfügbarer Nährstoffe oder die Gegenwart von Molekülen, die Wachstum signalisieren).

Die soeben beschriebenen Aufgaben werden von einer Reihe von Molekülen bewältigt, die an Schlüsselkontrollpunkten des Zellzyklus agieren (▶*Abbildung 19.32*). An jedem dieser Punkte bestimmen die Bedingungen innerhalb der Zelle, ob die Zelle in das jeweils nächste Stadium des Zellzyklus eintritt. Der erste Kontrollpunkt liegt in der G_1-Phase. Wir haben bereits gesehen, dass die G_1-Phase die größte Variabilität bei allen Zelltypen besitzt und dass Säugetierzellen, bei denen die Teilung ausgesetzt hat, fast immer in der G_1-Phase verharren. Bei kultivierten Zellen kann zum Beispiel der Vorgang der Zellteilung gestoppt oder verlangsamt werden, indem den Zellen nicht ausreichend Nährstoffe zugeführt werden, ihnen Raum fehlt oder Hemmstoffe zugegeben werden, die lebenswichtige Prozesse wie die Proteinsynthese unterdrücken. Stets wird der Zellzyklus in der späten G_1-Phase angehalten. Daraus kann man folgern, dass die Progression von der G_1-Phase in die S-Phase ein entscheidender Kontrollpunkt des Zellzyklus ist. Bei der Hefe bezeichnet man diesen Kontrollpunkt als **Start**. Den Hefezellen müssen ausreichend Nährstoffe zur Verfügung stehen und sie müssen eine bestimmte Größe erreicht haben, bevor sie den Start passieren. Bei tierischen Zellen bezeichnet man den entsprechenden Kontrollpunkt als **Restriktionspunkt**. Die Fähigkeit, diesen Restriktionspunkt zu überschreiten, wird vom Vorhandensein extrazellulärer *Wachstumsfaktoren* beeinflusst. Das sind Proteine, die vielzellige Organismen zur Stimulierung oder Hemmung des Zellwachstums benötigen. Zellen, die erfolgreich den Restriktionspunkt hinter sich gelassen haben, gehen in die S-Phase über, während die Zellen, die den Restriktionspunkt nicht überschritten haben, in die G_0-Phase eintreten und in dieser unterschiedlich lange verweilen. Sie warten auf ein Signal, das ihnen den Wiedereintritt in die G_1-Phase erlaubt, und passieren dann den Restriktionspunkt.

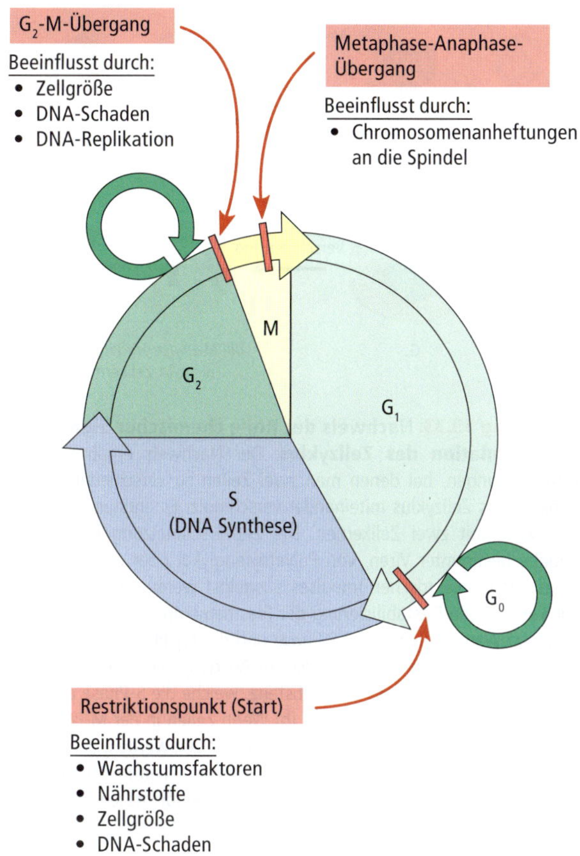

Abbildung 19.32: Zentrale Übergangspunkte des Zellzyklus. Die roten Balken markieren drei wichtige Übergangspunkte des eukaryotischen Zellzyklus, an denen Kontrollmechanismen festgelegen, ob die Zelle weiter durch den Zellzyklus läuft. Diese Entscheidung beruht auf chemischen Signalen, die sowohl den inneren Zustand der Zelle widerspiegeln als auch deren externe Umgebung. Die beiden runden dunkelgrünen Pfeile verweisen auf Stellen in der späten G_1-Phase und der späten G_2-Phase, an denen die Zelle den Zyklus anhalten und in einen Zustand übergehen kann, in dem sie sich nicht teilt.

Ein zweiter wichtiger Kontrollpunkt ist die G_2-M-Grenze, an der die Zelle in die Mitose übergeht. Bei bestimmten Zelltypen kann der Zellzyklus unendlich lange in der G_2-Phase aufgehalten werden, wenn die Zellteilung nicht erforderlich ist. Unter solchen Bedingungen treten die Zellen in einen Zustand ein, in dem sie sich nicht teilen und der mit der G_0-Phase analog ist. Der Stellenwert der Kontrollen, die während der späten G_2-Phase oder der späten G_1-Phase im Hinblick auf die Regulierung der Zellteilungsgeschwindigkeit ausgeübt werden, indem der Zellzyklus vorübergehend aufgehalten wird, unterscheidet sich je nach Organismus und Zelltyp. Im Allgemeinen wird der Durchlauf der Zelle durch den Zellzyklus bei vielzelligen Organismen in der späten G_1-Phase aufgehalten (am Restriktionspunkt). Es gibt auch einige wenige Fälle, beispielsweise die Teilung befruchteter Froscheizellen oder einige Hautzellen, für die der Stillstand durch den Kontrollpunkt in der G_2-Phase wichtiger ist.

Ein dritter Schlüsselkontrollpunkt liegt in der M-Phase am Übergang zwischen Metaphase und Anaphase. Dort entscheidet sich, ob die beiden Chromosomensätze in die sich neu bildenden Tochterzellen geschoben werden. Bevor die Zellen diesen Kontrollpunkt passieren können und die Anaphase einsetzt, müssen alle Chromosomen richtig an der Spindel befestigt sein. Wenn die beiden Chromatiden, aus denen jedes Chromosom besteht, nicht richtig an die gegenüberliegenden Spindelpole gebunden sind, dann wird der Zellzyklus so lange angehalten, bis die Anheftung an die Spindel erfolgt ist. Ohne diesen Mechanismus könnte nicht garantiert werden, dass jede der sich neu bildenden Tochterzellen einen vollständigen Chromosomensatz erhält.

Das Verhalten der Zellen an den verschiedenen Kontrollpunkten wird zum einen vom erfolgreichen Abschluss vorangegangener Ereignisse des Zellzyklus bestimmt (zum Beispiel das Anheften von Chromosomen an die Spindel) und zum anderen von Faktoren in der Zellumgebung (beispielsweise Nährstoffe und Wachstumsfaktoren). Unabhängig davon, welche Einflüsse überwiegen, werden ihre Auswirkungen auf die Progression des Zellzyklus von einer Gruppe verwandter Kontrollmoleküle vermittelt. Diese Kontrollmoleküle aktivieren oder hemmen Wechselwirkungskaskaden, die recht fein abgestimmt sein können. Schauen wir uns einmal an, wie diese Kontrollmoleküle identifiziert wurden und welche Funktionen sie ausführen.

19.5.3 Untersuchungen über Zellfusion und Zellzyklusmutanten führten zur Identifizierung von Molekülen, die den Zellzyklus kontrollieren

Die ersten Hinweise auf die Identität von Molekülen, welche die Progression des Zellzyklus steuern, ergaben sich aus Experimenten zur Zellfusion, die man in den späten 1970er Jahren durchführte. Bei diesen Untersuchungen verschmolz man zwei kultivierte Säugetierzellen, die sich in unterschiedlichen Phasen des Zellzyklus befanden, zu einer einzigen Zelle mit zwei Zellkernen – einem *Heterokaryon*. Aus

▶*Abbildung 19.33* können Sie folgendes entnehmen: wenn sich eine der Ausgangszellen in der S-Phase befindet und die andere Zelle in der G_1-Phase, dann initiiert der G_1-Zellkern schnell die DNA-Synthese, sogar dann, wenn er die S-Phase erst viele Stunden später erreicht hätte. Diese Beobachtungen weisen darauf hin, dass Zellen in der S-Phase Moleküle enthalten, die den Übergang von der G_1-Phase in die S-Phase auslösen. Bei den kontrollierenden Molekülen handelt es sich nicht einfach um Enzyme, die an der DNA-Replikation mitwirken, denn diese Enzyme können in den Zellen, die nicht in die S-Phase eintreten, in hoher Konzentration vorliegen.

Man hat auch Zellfusionsexperimente von Zellen in der Mitose mit Interphasezellen in der G_1-, der S-oder der G_2-Phase durchgeführt. Nach der Verschmelzung wird der Zellkern der Interphasezellen sofort in die frühen Stadien der Mitose getrieben, einschließlich Chromatinverdichtung zu erkennbaren Chromosomen, Spindelbildung und Fragmentierung der Kernhülle. Hätte sich die Interphasezelle in der G_1-Phase befunden, dann hätten sich die verdichteten Chromosomen nicht verdoppelt (▶*Abbildung 19.33b*).

Alle dargestellten Experimente legten die Schlussfolgerung nahe, dass im Cytoplasma enthaltene Moleküle für die Progression von Zellen von der G_1-Phase in die S-Phase und von der G_2-Phase in die Mitose verantwortlich sind. Wir verdanken den wissenschaftlichen Fortschritt der Identifizierung dieser den Zellzyklus kontrollierenden Moleküle den Untersuchungen zur Hefegenetik. Da es sich um einzellige Organismen handelt, die leicht kultivierbar sind und unter definierten Bedingungen im Labor untersucht werden können, eignen sich die Hefen besonders gut zur Erforschung der an der Zellzykluskontrolle mitwirkenden Gene.

Der Genetiker Leland Hartwell, der mit der Hefe *Saccharomyces cerevisiae* arbeitete, leistete bei der Entwicklung von Techniken zur Identifizierung von Hefemutanten, die an einem Punkt des Zellzyklus „hängenblieben", Pionierarbeit. Man könnte erwarten, dass die Untersuchung der meisten dieser Mutanten schwierig oder sogar unmöglich wäre, da ihr blockierter Zellzyklus sie an der Reproduktion hindern würde. Hartwell aber überwand dieses Hindernis mit Hilfe einer schlagkräftigen Strategie – dem Einsatz temperatursensitiver Mutanten.

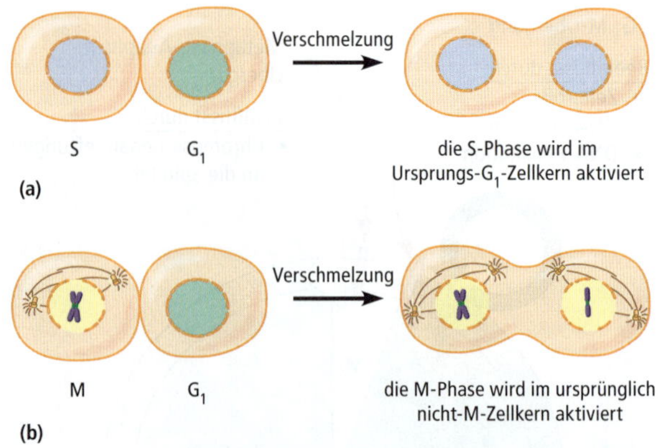

Abbildung 19.33: Nachweis der Rolle chemischer Signale bei der Regulation des Zellzyklus. Der Nachweis ergab sich aus Untersuchungen, bei denen man zwei Zellen zu verschiedenen Zeitpunkten des Zellzyklus miteinander verschmolz. Es entstand eine einzige Zelle mit zwei Zellkernen. Die Zellverschmelzung kann durch Zugabe bestimmter Viren, von Polyethylenglykol oder durch Anlegen eines kurzen elektrischen Impulses ausgelöst werden. Letzteres führt zur kurzzeitigen Destabilisierung der Plasmamembranen (Elektroporation). (a) Wenn Zellen in der S-Phase und der G_1-Phase verschmolzen werden, beginnt die DNA-Synthese im Ausgangs-G_1-Zellkern. Daraus kann man schließen, dass eine Substanz, welche die S-Phase aktiviert, in der S-Phase-Zelle enthalten ist. (b) Wenn Zellen in der M-Phase mit Zellen in irgendeiner anderen Phase verschmolzen werden, dann treten letztere sofort in die Mitose ein. Wenn sich die Zellen in der G_1-Phase befanden, dann haben sich die auftretenden verdichteten Chromosomen nicht repliziert und sind daher analog zu einzelnen Chromatiden.

Wie bereits zuvor in diesem Kapitel erwähnt, sind bei diesem Mutationstyp schädigende Wirkungen erst bei Temperaturen oberhalb der normalen Lebenstemperatur des Organismus erkennbar. Daher kann man Hefezellen, die eine temperatursensitive Mutation tragen, gut bei einer niedrigeren („permissiven") Temperatur kultivieren, auch wenn höhere Temperaturen deren Zellzyklen blockieren würden. Wahrscheinlich liegt das von dem mutierten Zellzyklus kodierte Protein so dicht am normalen Genprodukt, dass seine Funktion nicht von einer niedrigeren Temperatur beeinflusst wird, während die erhöhte Wärmeenergie bei höheren Temperaturen dessen aktive Konformation (die für die Funktion benötigte Molekülform) leichter aufbricht als beim normalen Protein.

Mit diesem Ansatz identifizierten Hartwell und seine Kollegen viele Gene, die am Zellzyklus von *S. cerevisiae* mitwirken, und fanden heraus, an welchem Punkt des Zyklus die Genprodukte wirken. Es war vorhersehbar, dass einige dieser Gene DNA-Replikationsproteine bilden. Andere Gene schienen an der Regulation des Zellzyklus beteiligt zu sein. Paul

Nurse gelang eine bahnbrechende Entdeckung. Er führte ähnliche Experimente mit der Spalthefe (engl.: *fission yeast*) *Schizosaccharomyces pombe* durch. Nurse identifizierte ein Gen mit der Bezeichnung *cdc2*, dessen Aktivität für die Initiierung der Mitose benötigt wird – das heißt, zur Bewegung von Zellen durch den G_2-M-Kontrollpunkt. (Das Akronym *cdc* steht für Zellteilungszyklus, engl.: *cell division cycle*.) Man fand schnell heraus, dass das *cdc2*-Gen Gegenstücke in allen untersuchten eukaryotischen Zellen hatte. Als man die Eigenschaften des Proteins untersuchte, das vom *cdc2*-Gen kodiert wird, entdeckte man, dass es sich um eine *Proteinkinase* handelte – das heißt, ein Enzym, das den Transfer einer Phosphatgruppe von ATP auf spezielle Zielproteine katalysiert. Diese Entdeckung öffnete die Tür zur Entschlüsselung der Geheimnisse des Zellzyklus.

19.5.4 Die Progression durch den Zellzyklus wird von Cyclin-abhängigen Kinasen (Cdks) kontrolliert

Die Phosphorylierung von Zielproteinen durch Proteinkinasen und deren Dephosphorylierung durch Enzyme, die *Proteinphosphatasen*, sind weitverbreitete Mechanismen zur Regulation der Proteinaktivität, die auch sehr häufig bei der Kontrolle des Zellzyklus zum Einsatz kommen. Der Durchlauf durch den Zellzyklus wird von einer Reihe von Proteinkinasen angetrieben – darunter die Proteinkinase, die vom *cdc2*-Gen gebildet wird –, die nur dann enzymatische Aktivität zeigen, wenn sie an einen besonderen Typ von Aktivatorprotein gebunden sind, das **Cyclin**. Diese Proteinkinasen bezeichnet man daher als *Cyclin-abhängige Kinasen* oder einfach *Cdks* (engl.: *cyclin-dependent kinases*). Der eukaryotische Zellzyklus wird von mehreren verschiedenen Cdks kontrolliert, die an verschiedene Cycline binden. Daraus geht eine Vielzahl von Cdk-Cyclin-Komplexen hervor.

Wie ursprünglich schon Tim Hunt am Beispiel der Seeigelembryonen gezeigt hatte, beruht die Bezeichnung Cycline auf der Tatsache, dass ihre Konzentration in der Zelle während der verschiedenen Phasen des Zellzyklus steigt und fällt. Cycline, die für den G_2-M-Kontrollpunkt und die frühen Ereignisse der Mitose benötigt werden, bezeichnet man als *mitotische Cycline*, und die Cdks, an die sie binden, als *mitotische Cdks*. Ebenso werden für den Übergang vom G_1-Restriktionspunkt (oder Start) benötigte Cycline als *G1-Cycline* bezeichnet und die Cdks, an die sie binden, als *G1-Cdks*. Es gibt noch eine andere Gruppe von Cyclinen, die *S-Cycline*, die für Ereignisse gebraucht werden, die mit der DNA-Replikation während der S-Phase assoziiert sind. Unser heutiges Verständnis von Cdks und Cyclinen, das auf den Pionierarbeiten von Hartwell, Nurse und Hunt beruht, wurde 2001 mit dem Nobelpreis für Physiologie oder Medizin gewürdigt.

Wenn der Durchlauf durch kritische Punkte im Zellzyklus von einer Reihe verschiedener Cdks und Cycline kontrolliert wird, die in verschiedenen Kombinationen interagieren, wie wird dann die Aktivität dieser Proteinkomplexe reguliert? Eine Kontrollebene beruht auf der Verfügbarkeit von Cyclinmolekülen. Sie werden zur Aktivierung der Proteinkinaseaktivität der Cdks benötigt. Ein zweiter Regulationstyp läuft über die Phosphorylierung von Cdks. Wir werden beide Kontrolltypen beschreiben, wenn wir einen genaueren Blick auf ein mitotisches Cdk-Cyclin werfen, das den Übergang von der G_2-Phase in die Mitose kontrolliert.

19.5.5 Mitotisches Cdk-Cyclin treibt die Progression in den G_2-M-Übergang durch Phosphorylierung von Schlüsselproteinen an, die an den frühen Stadien der Mitose mitwirken

Der früheste Hinweis auf die Existenz von Kontrollmolekülen, die den Beginn der Mitose auslösen, stammt von Experimenten mit Froscheizellen. Reife Eizellen entwickeln sich durch Meiose aus Vorläuferzellen, den *Oocyten*. Die Meiose ist ein besonderer Typ der Zellteilung, bei der die Anzahl der Chromosomen halbiert wird, wenn sich die Eizellen oder die Spermien bilden (siehe *Kapitel 20*). Während der Eizellenreifung wird der Zellzyklus nach Beginn der Meiose kurzzeitig angehalten. Dann wartet die Oocyte auf die Stimulation durch ein geeignetes Hormon. Anschließend durchläuft die Oocyte die meisten Phasen der Meiose, wird aber während der Metaphase der zweiten der beiden aufeinanderfolgenden Kernteilungen, Meiose I und Meiose II, angehalten. Jetzt handelt es sich um eine „reife" Eizelle, die befruchtet werden kann. In wichtigen Experimenten wiesen Yoshio Masui und seine Kollegen Folgendes nach: wenn man das Cytoplasma einer reifen Eizelle

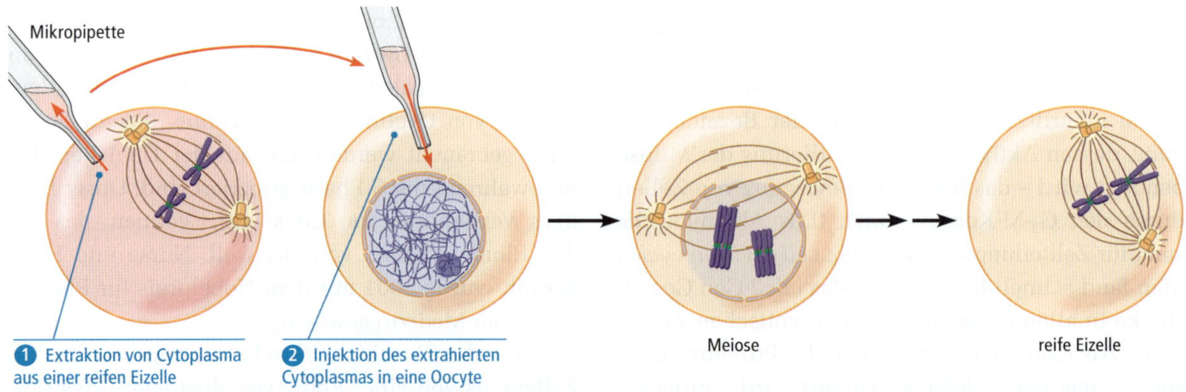

Abbildung 19.34: Nachweis der Existenz von MPF. Hormone lösen in Frosch-Oocyten die Meiose und die Entwicklung reifer Froscheizellen aus, die (bis zu ihrer Befruchtung) in der Metaphase der zweiten Meioseteilung aufgehalten werden. Das hier dargestellte Experiment wurde 1971 von Y. Masui und C. L. Markert durchgeführt. Es lieferte den Beweis für die Existenz einer an diesem Prozess mitwirkenden Substanz. Sie bezeichneten die Substanz als Reifungsfaktor (MPF; engl.: maturation-promoting factor). In ihrem Experiment arbeiteten sie mit einer Mikropipette, um einer reifen Eizelle Cytoplasma zu entnehmen (diese ist in der Metaphase der zweiten meiotischen Teilung angehalten) und injizierten das Cytoplasma in eine unreife Oocyte. Die Oocyte durchlief sodann die Meiose, aus der sie als reife Eizelle hervorging. Diese experimentelle Vorgehensweise diente somit zum Nachweis und letztendlich zur Isolierung von MPF. Man ging davon aus, dass die Hormone, welche die Reifung der Frosch-Oocyten auslösen, durch Stimulation der Synthese oder Aktivierung von MPF wirken. Heute weiß man, dass MPF ein mitotisches Cdk-Cyclin ist.

in das Cytoplasma einer unreifen Oocyte injiziert, die auf ihre hormonelle Stimulation wartet, dann durchläuft die Oocyte sofort die Meiose (▶*Abbildung 19.34*). Masui stellte daher die Hypothese auf, dass eine im Cytoplasma vorhandene chemische Substanz, die er als **MPF** (**Reifungsfaktor**; engl.: *maturation-promoting factor*) bezeichnete, die Reifung der Oocyte induziert (das heißt die meiotische Teilung).

In späteren Experimenten wurde bewiesen, dass MPF nicht nur die Meiose auslöst, sondern auch die Mitose, wenn man MPF in befruchtete Froscheizellen injiziert. Schon bald entdeckte man vergleichbare Moleküle im Cytoplasma einer ganzen Reihe sich teilender Zelltypen, darunter der Hefe, wirbelloser Meerestiere und von Säugetieren. Biochemische Untersuchungen dieser Mitose-induzierenden Moleküle zeigten, dass sie aus zwei Untereinheiten bestehen: einem Cdk und einem Cyclin. Mit anderen Worten, *MPF ist ein mitotischer Cdk-Cyclin-Komplex*. Außerdem ist der mitotische Cdk-Anteil dieses Komplexes fast mit dem Protein identisch, das vom *cdc2*-Gen der Hefe gebildet wird. Tatsächlich kann das menschliche Gen, das mitotisches Cdk kodiert, in Hefezellen mit einem defekten oder fehlenden *cdc*-Gen dieses Gen problemlos ersetzen, obwohl der letzte gemeinsame Vorfahre von Hefen und Menschen wahrscheinlich vor ungefähr einer Milliarde Jahren lebte!

Nachdem man nun nachgewiesen hatte, dass es sich bei MPF um ein mitotisches Cdk-Cyclin handelte, das bei sehr vielen Zelltypen die Mitose auslöst, stellte sich die Frage, wie das mitotische Cdk-Cyclin kontrolliert wird, sodass es im richtigen Moment wirkt – also am Ende der G_2-Phase. Die Antwort liegt nicht in der Verfügbarkeit von mitotischem Cdk. Dessen Konzentration bleibt während des Zellzyklus relativ konstant. Mitotisches Cdk zeigt seine Aktivität als Proteinkinase nur, wenn es an mitotisches Cyclin gebunden ist, und mitotisches Cyclin liegt nicht immer in ausreichender Menge vor. Stattdessen steigt die Konzentration von mitotischem Cyclin während der G_1-Phase, der S-Phase und der G_2-Phase kontinuierlich an. Schließlich erreicht es am Ende der G_2-Phase einen kritischen Schwellenwert, woraufhin es mitotisches Cdk aktivieren kann, und dadurch wird der Beginn der Mitose ausgelöst (▶*Abbildung 19.35*). Nach der Hälfte der Mitose werden die Moleküle des mitotischen Cyclins plötzlich zerstört. Daraufhin sinkt die Aktivität des mitotischen Cdks, sodass keine weitere Mitose stattfinden kann, bis die Konzentration mitotischen Cyclins während des nächsten Zellzyklus wieder ansteigt.

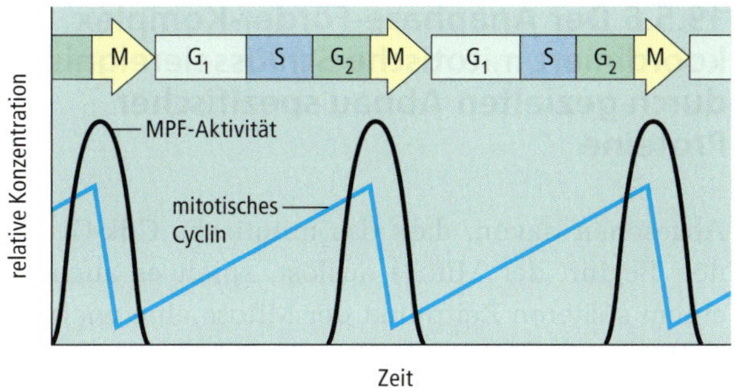

Abbildung 19.35: Schwankende Konzentrationen von mitotischem Cyclin sowie MPF-Aktivität während des Zellzyklus. Die zelluläre Konzentration von mitotischem Cyclin steigt während der Interphase (G_1-Phase, S-Phase, G_2-Phase und fällt dann abrupt in der M-Phase ab. Die Scheitelpunkte der MPF-Aktivität (experimentell ermittelt durch Testen der Fähigkeit, die Mitose zu stimulieren) und der Cyclinkonzentration entsprechen einander, obwohl der Anstieg der MPF-Aktivität erst dann signifikant wird, wenn Cyclin eine Schwellenkonzentration erreicht hat. Aktives MPF setzt sich aus einer Kombination aus mitotischem Cyclin und mitotischem Cdk zusammen. Das mitotische Cdk selbst liegt in konstanter Konzentration vor (im Bild nicht dargestellt), denn die Menge mitotischen Cdks nimmt mit einer Geschwindigkeit zu, die dem Wachstum der Zelle entspricht.

Zur Aktivierung des mitotischen Cdks wird nicht nur mitotisches Cyclin benötigt, sondern es bedarf auch der Phosphorylierung und Dephosphorylierung des Cdk-Moleküls. Wie in ▶*Abbildung 19.36* dargestellt, entsteht durch Bindung von mitotischem Cyclin an mitotisches Cdk ein Cdk-Cyclin-Komplex, der zu Beginn inaktiv ist (Schritt ❶). Damit dieser Komplex die Mitose auslösen kann, muss an eine bestimmte Aminosäure im Cdk-Molekül eine aktivierende Phosphatgruppe angefügt werden. Bevor dieses Phosphat angefügt wird, phosphorylieren *hemmende* Kinasen das Cdk-Molekül an zwei anderen Stellen. Dadurch wird die aktive Stelle blockiert (Schritt ❷). Die aktivierende Phosphatgruppe, gelb unterlegt in Schritt ❸, wird dann durch eine spezifische *aktivierende* Kinase angefügt. Im letzten Schritt der Aktivierungssequenz werden die hemmenden Phosphate von einem spezifischen *Phosphatase*-Enzym entfernt (Schritt ❹). Wenn die Phosphatase mit dem Entfernen der hemmenden Phosphate beginnt, baut sich eine positive Rückkopplungsschleife auf: Das durch diese Reaktion aktivierte mitotische Cdk stimuliert die Phosphatase, wodurch der Aktivierungsvorgang schneller abläuft.

Nachdem das mitotische Cdk-Cyclin durch die vorangegangenen Schritte aktiviert worden ist, löst dessen Proteinkinase-Aktivität den Beginn der Mitose aus (▶*Abbildung 19.37*). Wir haben bereits gesehen, dass zu den frühen Ereignissen der Mitose die Kondensation von Chromosomen, der Zusammenbau der mitotischen Spindel und der Abbau der Kernhülle gehören. Wie löst das mitotische Cdk-Cyclin diese Veränderungen aus? Im Fall des Abbaus der Kernhülle phosphoryliert (und stimuliert andere Kinasen zur Phosphorylierung) das mitotische Cdk-Cyclin die *Lamin*-Proteine der *Kernlamina*, an der die innere Kernmembran befestigt ist (siehe *Abbildung 18.32*). Durch die Phosphorylierung depoly-

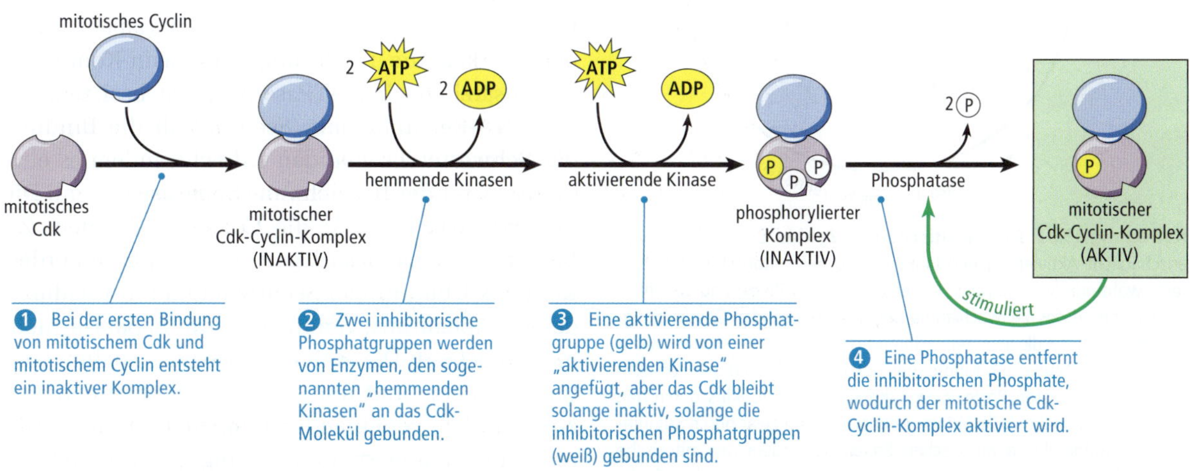

Abbildung 19.36: Regulation des mitotischen Cdk-Cyclins durch Phosphorylierung und Dephosphorylierung. Die Aktivierung von mitotischem Cdk-Cyclin erfolgt durch Anfügen hemmender oder aktivierender Phosphatgruppen. Anschließend entfernt eine Phosphatase die hemmenden Phosphatgruppen. Nachdem mit dem Abbau der hemmenden Phosphatgruppen in Schritt ❹ begonnen wurde, entsteht eine positive Rückkopplungsschleife: der von dieser Reaktion aktivierte Cdk-Cyclin-Komplex stimuliert die Phosphatase, woraufhin der Aktivierungsprozess schneller abläuft.

merisieren die Lamine, was zum Abbau der Kernlamina und zur Destabilisierung der Kernhülle führt. Die Integrität der Kernhülle wird zudem durch Phosphorylierung von mit der Kernhülle assoziierten Proteinen aufgebrochen, und kurz danach werden die Kernmembranen auseinandergerissen. Die Phosphorylierung weiterer Zielproteine durch mitotisches Cdk-Cyclin spielt auch bei anderen mitotischen Ereignissen eine Rolle. Zum Beispiel wirkt die Phosphorylierung eines Multiproteinkomplexes, dem sogenannten *Condensin*, an der Verdichtung von Chromatinfasern zu kompakten Chromosomen mit. Schließlich nimmt man an, dass die Phosphorylierung von Proteinen, die mit Mikrotubuli assoziiert sind, durch das mitotische Cdk-Cyclin den Zusammenbau der mitotischen Spindel erleichtert.

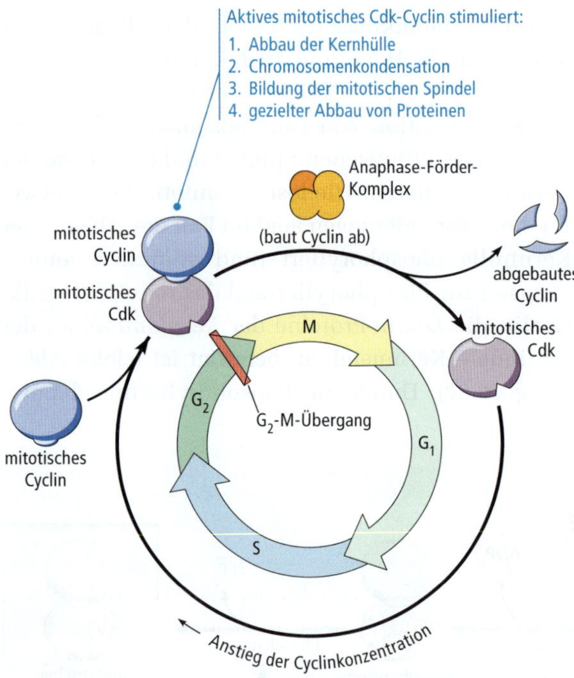

Abbildung 19.37: Der mitotische Cdk-Zyklus. Die Abbildung veranschaulicht Aktivierung und Inaktivierung des mitotischen Cdk-Proteins während des Zellzyklus. In der G_1-Phase, S-Phase und G_2-Phase wird während des Zellwachstums mit gleichbleibender Geschwindigkeit mitotisches Cdk gebildet, während die Konzentration von mitotischem Cyclin stetig sinkt. Mitotisches Cdk und Cyclin bilden einen aktiven Komplex, dessen Proteinkinaseaktivität den Zellzyklus durch den G_2-M-Kontrollpunkt in die Mitose vorantreibt, und zwar durch Stimulation der aufgeführten mitotischen Ereignisse. Indem der mitotische Cdk-Cyclin-Komplex einen Proteinabbauweg aktiviert, der Cyclin abbaut, bewirkt er auch seinen eigenen Abbau, wodurch der vollständige Ablauf der Mitose und der Eintritt in die G_1-Phase des nächsten Zellzyklus möglich werden.

19.5.6 Der Anaphase-Förder-Komplex koordiniert mitotische Schlüsselereignisse durch gezielten Abbau spezifischer Proteine

Abgesehen davon, dass das mitotische Cdk-Cyclin den Beginn der Mitose auslöst, spielt es auch zu einem späteren Zeitpunkt der Mitose eine wichtige Rolle, wenn es darum geht, die Schwesterchromatiden während der Anaphase zu trennen. Das mitotische Cdk-Cyclin übt seinen Einfluss auf dieses Ereignis durch Phosphorylierung aus und trägt dadurch zur Aktivierung des **Anaphase-Förder-Komplexes** (engl.: *anaphase-promoting complex*) bei. Das ist ein Multiproteinkomplex, der mitotische Ereignisse koordiniert, indem er den Abbau mehrerer Schlüsselproteine an spezifischen Punkten während der Mitose fördert. Der Anaphase-Förder-Komplex ist eine Ubiquitin-Ligase, ein Enzymtyp, der spezifische Proteine zum Abbau markiert, indem er an sie das kleine Protein Ubiquitin anlagert. Mit Ubiquitin markierte Proteine werden anschließend durch einen Mechanismus zerstört, den wir in *Kapitel 23* erläutern werden.

Ein entscheidendes, für den Abbau durch den Anaphase-Förder-Komplex markiertes Protein ist **Securin**. Securin hemmt die Trennung der Schwesterchromatiden. Wie in ▸*Abbildung 19.38a* dargestellt, werden die Schwesterchromatiden vor der Anaphase durch Adhäsionsproteine zusammengehalten, die sogenannten **Cohäsine**. Sie werden in der S-Phase an neu gebildete chromosomale DNA gebunden und folgen der Bewegung der Replikationsgabel. Außerdem wirken die ringförmigen Cohäsin-Komplexe, die zusätzlich eine ATPase-Aktivität besitzen, bei der DNA-Reparatur mit. Securin hält die Bindung der Schwesterchromatiden aufrecht, indem es eine Protease mit der Bezeichnung **Separase** hemmt. Die Separase würde sonst die Cohäsine abbauen. Zu Beginn der Anaphase lagert der Anaphase-Förder-Komplex Ubiquitin an Securin an und löst dadurch dessen Abbau aus. Somit wird die Separase nicht mehr blockiert. Die aktivierte Separase spaltet dann Cohäsin. Jetzt sind die Schwesterchromatiden frei, können sich voneinander trennen und sich während der Anaphase in Richtung der Spindelpole bewegen.

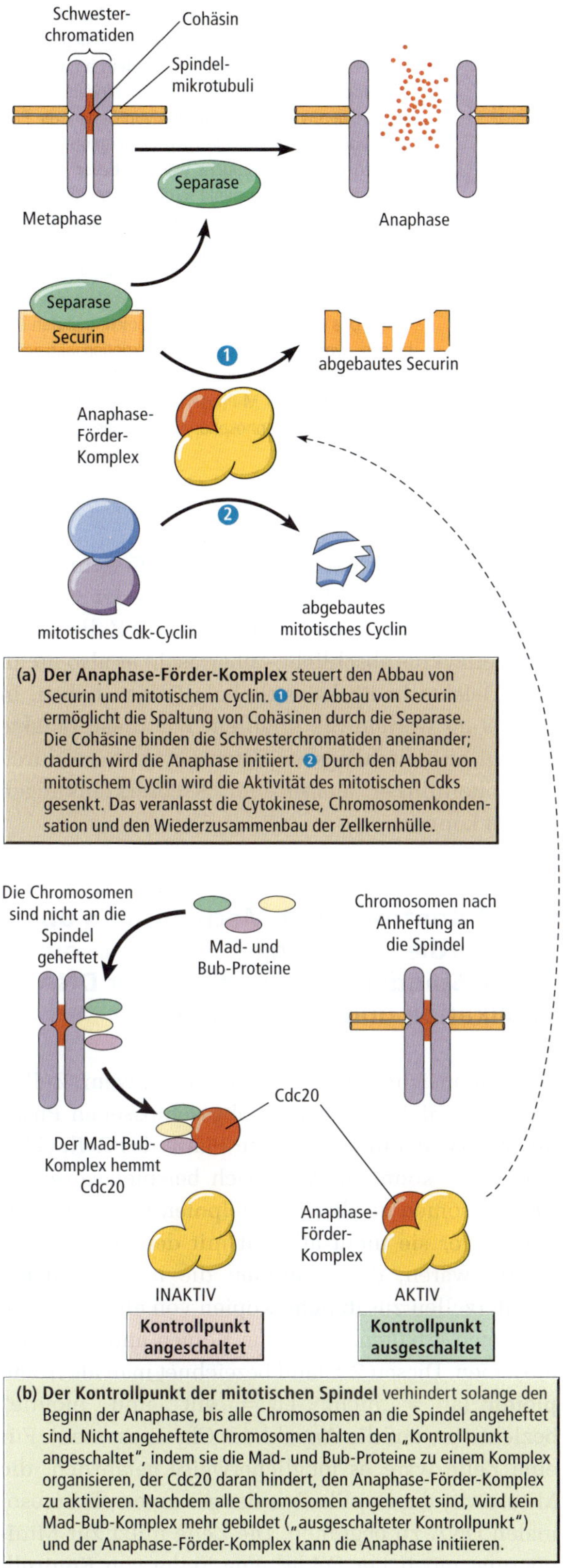

(a) Der Anaphase-Förder-Komplex steuert den Abbau von Securin und mitotischem Cyclin. ❶ Der Abbau von Securin ermöglicht die Spaltung von Cohäsinen durch die Separase. Die Cohäsine binden die Schwesterchromatiden aneinander; dadurch wird die Anaphase initiiert. ❷ Durch den Abbau von mitotischem Cyclin wird die Aktivität des mitotischen Cdks gesenkt. Das veranlasst die Cytokinese, Chromosomenkondensation und den Wiederzusammenbau der Zellkernhülle.

(b) Der Kontrollpunkt der mitotischen Spindel verhindert solange den Beginn der Anaphase, bis alle Chromosomen an die Spindel angeheftet sind. Nicht angeheftete Chromosomen halten den „Kontrollpunkt angeschaltet", indem sie die Mad- und Bub-Proteine zu einem Komplex organisieren, der Cdc20 daran hindert, den Anaphase-Förder-Komplex zu aktivieren. Nachdem alle Chromosomen angeheftet sind, wird kein Mad-Bub-Komplex mehr gebildet („ausgeschalteter Kontrollpunkt") und der Anaphase-Förder-Komplex kann die Anaphase initiieren.

Abbildung 19.38: Der Anaphase-Förder-Komplex und der Kontrollpunkt der mitotischen Spindel. (a) Der Anaphase-Förder-Komplex kontrolliert die letzten Stadien der Mitose, indem er ausgewählte Proteine für den Abbau markiert. Dazu zählen Securin und mitotisches Cyclin. (b) Modell des Kontrollpunkts der mitotischen Spindel. Es stellt dar, wie Chromosomen, die nicht an die Spindel angeheftet sind, einen Komplex aus Mad- und Bub-Proteinen bilden könnten, der den Anaphase-Förder-Komplex hemmt. Dadurch wird der Beginn der Anaphase so lange aufgehalten, bis alle Chromosomen an die Spindel angeheftet sind.

Der Anaphase-Förder-Komplex initiiert die Anaphase, indem er den Abbau der Cohäsine veranlasst. Er induziert aber zudem Ereignisse, die mit dem Ende der Mitose assoziiert sind, indem er ein anderes für den Abbau wichtiges Protein markiert, nämlich das mitotische Cyclin. Der daraus resultierende Verlust von mitotischem Cyclin hat zur Folge, dass die Proteinkinaseaktivität des mitotischen Cdks abfällt. Es gibt Hinweise darauf, dass viele mit dem Austritt aus der Mitose assoziierte Veränderungen – beispielsweise die Cytokinese, die Chromosomenverdichtung und der Wiederzusammenbau der Kernhülle – von diesem Abbauschritt des Cyclins und der damit verknüpften Minderung der Cdk-Aktivität abhängen. Beispielsweise hat man nachgewiesen, dass man durch Einfügen einer nicht-abbaubaren Form von mitotischem Cyclin in Zellen die Cytokinese hemmen, den Wiederzusammenbau der Kernhülle blockieren und die Chromosomen an der Verdichtung hindern kann. Dadurch kann die Mitose nicht vollständig durchlaufen werden.

19.5.7 G_1-Cdk-Cyclin reguliert die Progression durch den Restriktionspunkt durch Phosphorylierung von Rb-Protein

Nachdem wir uns mit der Rolle des mitotischen Cdk-Cyclins bei Kontrollvorgängen während der Mitose beschäftigt haben, wollen wir uns kurz einen anderen Cdk-Cyclintyp anschauen, der den Eintritt in die S-Phase reguliert. Wir haben bereits erwähnt, dass der Restriktionspunkt (Start bei der Hefe) ein Kontrollmechanismus der späten G_1-Phase ist, der darüber entscheidet, ob eine Zelle in die S-Phase eintritt, den weiteren Zellzyklus durchläuft und sich teilen wird. Die Passage durch den Restriktionspunkt ist der wichtigste Schritt, der eine Zelle darauf festlegt, den Zellteilungszyklus zu durchlaufen. Dieser Schritt wird durch eine Reihe von Faktoren kontrolliert,

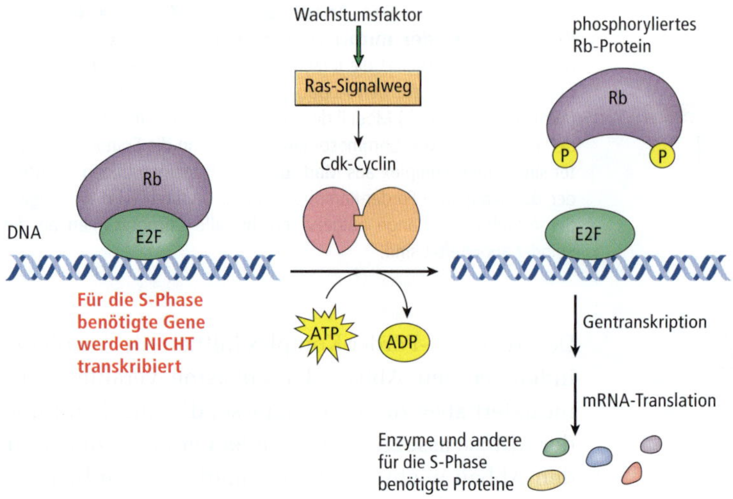

Abbildung 19.39: Die Rolle des Rb-Proteins bei der Kontrolle des Zellzyklus. Im dephosphorylierten Zustand bindet das Rb-Protein an den E2F-Transkriptionsfaktor. Diese Bindung hindert E2F an der Aktivierung der Transkription von Genen, die Proteine kodieren, die für die DNA-Replikation benötigt werden und die gebraucht werden, bevor die Zelle durch den Restriktionspunkt in die S-Phase übergehen kann. In Zellen, die man mit Wachstumsfaktoren angeregt hat, wird der Ras-Weg aktiviert (siehe Abbildung 19.41). Dieser führt zur Bildung und Aktivierung des G_1-Cdk-Cyclin-Komplexes, der das Rb-Protein phosphoryliert. Das phosphorylierte Rb kann nicht mehr an E2F binden, wodurch E2F die Gentranskription aktivieren und den Beginn der S-Phase auslösen kann. Während der nachfolgenden M-Phase (nicht dargestellt), wird das Rb-Protein dephosphoryliert, sodass es wieder E2F hemmen kann.

beispielsweise die Zellgröße, die Verfügbarkeit von Nährstoffen und die Gegenwart von Wachstumsfaktoren, welche die Notwendigkeit des Zellwachstums signalisieren.

Die Signale erzielen ihre Wirkung durch Aktivierung von G_1-Cdk-Cyclin, dessen Proteinkinaseaktivität durch Phosphorylierung mehrerer Zielproteine die Progression durch den Restriktionspunkt auslöst. Eines der Zielproteine ist das **Rb-Protein**, ein Molekül, das die Expression von Genen kontrolliert, deren Genprodukte für die Bewegung durch den Restriktionspunkt in die S-Phase benötigt werden. Der molekulare Mechanismus, über den Rb seine Kontrolle ausführt, ist in ▸*Abbildung 19.39* zusammenfassend dargestellt. Bevor Rb vom G_1-Cdk-Cyclin phosphoryliert wird, bindet Rb an den **E2F-Transkriptionsfaktor** und hemmt diesen. Der E2F-Transkriptionsfaktor ist ein Protein, das sonst die Transkription von Genen aktivieren würde, die Produkte kodieren, welche für den Beginn der DNA-Replikation benötigt werden. Solange das Rb-Protein an E2F gebunden bleibt, ist das E2F-Molekül inaktiv und diese Gene ruhen. Dadurch wird die Zelle am Eintritt in die S-Phase gehindert. Stimuliert man aber die Zellen durch Zugabe von Wachstumsfaktoren zur Teilung, dann wird ein Weg ausgelöst, bei dem G_1-Cdk-Cycline gebildet und aktiviert werden. Diese katalysieren die Phosphorylierung von Rb. Dadurch vermag Rb nicht mehr an E2F zu binden. Somit ist E2F in der Lage, die Transkription von Genen zu aktivieren, deren Produkte für den Eintritt in die S-Phase benötigt werden.

Da das Rb-Protein ein solch wichtiges Ereignis reguliert – nämlich die Entscheidung, ob der Restriktionspunkt durchlaufen wird und die Zelle somit den Zellzyklus abschließt – überrascht es also nicht, dass Defekte in Rb katastrophale Folgen haben. In *Kapitel 24* werden Sie erfahren, wie diese Defekte sowohl zu vererbungsbedingten als auch zu durch Umwelteinflüsse ausgelösten Krebserkrankungen führen können.

19.5.8 Kontrollpunkt-Mechanismen überwachen die Anheftung der Chromosomen an die Spindel, den Durchlauf der DNA-Replikation und DNA-Schäden

Ganz offensichtlich gäbe es Probleme, wenn Zellen von einer nicht vollständig abgeschlossenen Phase des Zellzyklus in die nächste Phase des Zellzyklus übergehen könnten. Wenn sich beispielsweise die Chromosomen zu den Spindelpolen bewegen würden, bevor sie nicht alle gut mit der Spindel verknüpft wären, dann könnten die neu gebildeten Tochterzellen zusätzliche Kopien von einigen Chromosomen erhalten und keine Kopien anderer Chromosomen. Diesen Zustand bezeichnet man als **Aneuploidie** (an = „nicht“, eu = „gut“, und „ploidie“ bezieht sich auf die Anzahl der Chromosomen). Für eine Zelle wäre es möglicherweise gefährlich, die Mitose vor der Replikation der gesamten chromosomalen DNA zu beginnen. Die Zelle nutzt zur Minimierung möglicher Fehler eine Reihe von **Kontrollpunkt**-Mechanismen. Diese überwachen den Zustand in der Zelle und halten den Zellzyklus vorübergehend auf, wenn ungünstige Bedingungen vorherrschen.

Der Kontrollpunkt-Mechanismus, der verhindert, dass die Chromosomenbewegung der Anaphase beginnt, bevor alle Chromosomen an die Spindel angeheftet sind, wird als **Mitosespindel-Kontrollpunkt** bezeichnet. Bei diesem Mechanismus senden die Chromosomen, deren Kinetochore *nicht* an die Spindelmikrotubuli *angeheftet* werden, ein „Wartesignal" aus, das den Anaphase-Förder-Komplex hemmt. Solange diese Hemmung gilt, kann der Abbau von Cohäsinen, von denen die Schwesterchromatiden zusammengehalten werden, nicht ausgelöst werden. Die genaue molekulare Grundlage des Wartesignals ist noch nicht geklärt, aber Mitglieder der *Mad-* und *Bub-Proteinfamilien* spielen eine Rolle. Einem Modell zufolge sammeln sich die Mad- und Bub-Proteine an nicht-angehefteten chromosomalen Kinetochoren. Dort werden sie in einen Multiproteinkomplex umgewandelt, der den Anaphase-Förder-Komplex hemmt, indem sie die Wirkung eines der wichtigsten Aktivatoren dieses Komplexes blockieren, des *Cdc20*-Proteins (siehe *Abbildung 19.38b*). Nachdem alle Chromosomen an die Spindel angeheftet wurden, werden keine Mad- und Bub-Proteine mehr in diesen inhibitorischen Komplex umgewandelt. Dadurch ist der Anaphase-Förder-Komplex frei und kann den Beginn der Anaphase initiieren.

Ein zweiter Kontrollpunktmechanismus, der **DNA-Replikations-Kontrollpunkt**, überwacht den Status der DNA-Replikation, um sicherzustellen, dass die DNA-Synthese abgeschlossen ist, bevor die Zelle aus der G_2-Phase tritt und mit der Mitose beginnt. Der Nachweis dieses Kontrollpunktes ging aus der Behandlung von Zellen mit Inhibitoren hervor, die einen Durchlauf der DNA-Replikation hemmen. Unter solchen Bedingungen wird die Phosphatase, die den letzten Dephosphorylierungsschritt katalysiert, der an der Aktivierung von mitotischem Cdk-Cyclin mitwirkt (siehe *Abbildung 19.36*, 2), durch eine Signalkaskade gehemmt, die von Proteinen ausgelöst wird, die mit der DNA-Replikation in Zusammenhang stehen.

Ein dritter Kontrollpunkt-Mechanismus trägt dazu bei, Zellen mit beschädigter DNA am weiteren Durchlaufen des Zellzyklus zu hindern, es sei denn, der DNA-Schaden wird vorher repariert. In diesem Fall stehen mehrere Reihen von **DNA-Schadens-Kontrollpunkten** zur Verfügung, welche die DNA nach Schäden abtasten und den Zellzyklus an verschiedenen Punkten anhalten können – während der späten G_1-Phase, der S- Phase und der G_2-Phase –, indem sie verschiedene Cdk-Cyclin-Komplexe hemmen. Ein Protein mit der Bezeichnung **p53**, das man gelegentlich als „Wächter des Genoms" bezeichnet, spielt bei diesen Kontrollpunkt-Mechanismen eine zentrale Rolle. In ▶*Abbildung 19.40* ist folgender Ablauf dargestellt: wenn Zellen auf Wirkstoffe treffen, die große Doppelstrangbrüche in der DNA verursachen, dann löst die veränderte DNA die Aktivierung eines Enzyms mit der Bezeichnung *ATM-Proteinkinase* aus. (ATM steht für *Ataxia Telangiectasia Mutated*; Mutationen des ATM-Gens können zu Defekten im Kleinhirn führen. Sie bedingen unkoordinierte Bewegungen sowie aus dem Weiß der Augen hervortretende Blutgefäße). Die Serin-Proteinkinase ATM katalysiert die Phosphorylierung von Kinasen, den sogenannten *Kontrollpunktkinasen*. Die Kontrollpunktkinasen phosphorylieren p53 (und mehrere andere Zielproteine). Durch Phosphorylierung von p53 wird verhindert, dass es mit *Mdm2* interagiert, einem Protein, das sonst p53 durch Anlagerung von Ubiquitin für den Abbau markieren würde (genauso wie der Anaphase-Förder-Komplex Proteine für den Abbau durch Anlagerung von Ubiquitin markiert). Die von ATM katalysierte Phosphorylierung von p53 schützt p53 daher vor dem Abbau und führt in der Gegenwart von beschädigter DNA zur Bildung von p53. Ein mit ATM verwandtes Protein, das *ATR* (ATM-verwandt, engl.: *ATM-related*), hat eine ähnliche Wirkungsweise, führt aber aufgrund der großen Einzelstrangbrüche in der DNA einen Stillstand des Zellzyklus herbei.

Die Anhäufung von p53 aktiviert wiederum zwei Ereignisse: *Stillstand des Zellzyklus* und *Zelltod*. Beide Antworten beruhen auf der Fähigkeit von p53, an die DNA zu binden und als Transkriptionsfaktor zu wirken, der die Transkription spezifischer Gene anregt. Eines der entscheidenden von p53 aktivierten Gene ist das Gen, welches **p21** kodiert, ein Protein, das an mehreren Punkten die Progression durch den Zellzyklus aufhält, indem es die Aktivität mehrerer anderer Cdk-Cycline hemmt. Phosphoryliertes p53 stimuliert auch die Bildung von Enzymen, die an der DNA-Reparatur mitarbeiten. Sollte der Schaden allerdings nicht behoben werden können, dann aktiviert p53 eine Gruppe von Genen, die Proteine kodieren, die den Zelltod durch Apoptose auslösen. Ein Schlüsselprotein dieses Weges, **Puma (p53-hochregulierter Modulator der Apoptose**, engl.: *p53 upregulated modulator of* *apoptosis*), fördert die Apoptose durch Bindung und Inaktivierung des normalerweise auftretenden Inhibitors der Apoptose, *Bcl-2*.

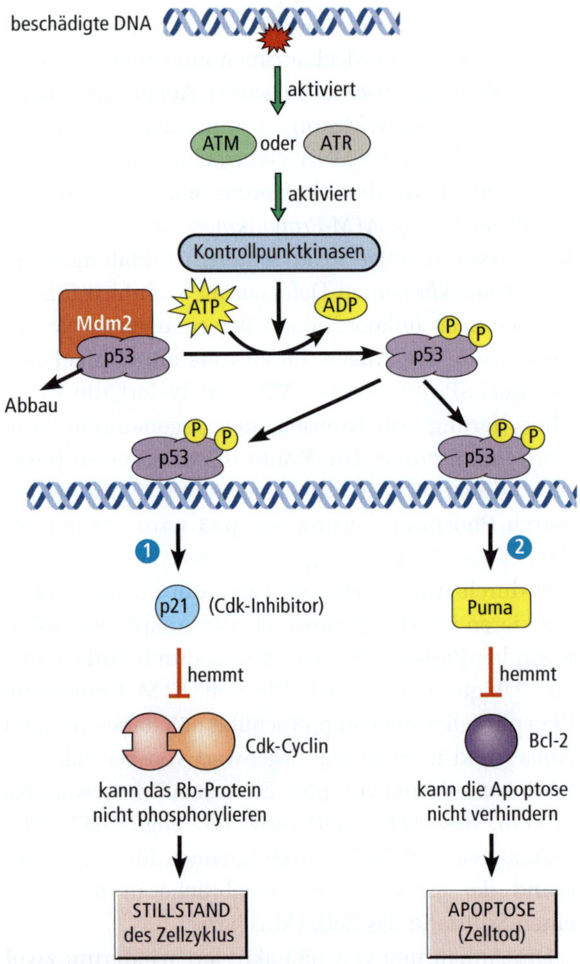

Abbildung 19.40: Die Rolle des p53-Proteins bei der Antwort auf DNA-Schäden. Beschädigte DNA aktiviert die ATM- oder ATR-Proteinkinase, was zur Aktivierung von Kontrollpunktkinasen führt. Daraufhin erfolgt die Phosphorylierung des p53-Proteins. Die Phosphorylierung stabilisiert p53, indem dessen Wechselwirkung mit Mdm2 blockiert wird, einem Protein, das sonst p53 für den Abbau markieren würde. (Der Abbaumechanismus ist nicht dargestellt, aber die Anlagerung von Ubiquitin an p53 wird durch Katalyse von Mdm2 bewerkstelligt. Ubiquitin markiert Moleküle für die wichtigste Proteinabbau-Maschinerie der Zelle, das Proteosom.) Wenn die Wechselwirkung zwischen p53 und Mdm2 durch Phosphorylierung von p53 blockiert wurde, sammelt sich das phosphorylierte p53-Protein an und löst zwei Ereignisse aus: (1) Das p53-Protein bindet an die DNA und aktiviert die Transkription des Gens, das p21-Protein kodiert, einen Cdk-Inhibitor. Die daraus resultierende Hemmung von Cdk-Cyclin verhindert die Phosphorylierung des Rb-Proteins. Dann kommt der Zellzyklus am Restriktionspunkt zum Stillstand. (2) Wenn der DNA-Schaden nicht repariert werden kann, dann aktiviert p53 Gene, die eine Gruppe von Proteinen kodieren, die durch Apoptose den Zelltod auslösen. Ein Schlüsselprotein ist Puma. Puma begünstigt die Apoptose, indem es an den Apoptoseinhibitor Bcl-2 bindet und dessen Wirkung blockiert.

Die Fähigkeit von p53, einen Stillstand des Zellzyklus auszulösen und den Zelltod herbeizuführen, spricht ihm die Rolle eines molekularen Stoppsignals zu, das die Zellen mit DNA-Schäden vor Wachstum schützt und verhindert, dass der Schaden an die Tochterzellen weitergegeben wird. Die Bedeutung dieser Rolle werden wir in *Kapitel 24* ausführlicher erläutern. Dort werden wir erklären, wie sich Defekte der p53-Signalkaskade auf die Entstehung von Krebs auswirken.

19.5.9 Setzen wir das Puzzle zusammen: Die Maschinerie zur Regulation des Zellzyklus

Die Zusammenfassung in ▸*Abbildung 19.41* verallgemeinert und vereinfacht die wichtigsten Merkmale der molekularen „Maschinerie", die den eukaryotischen Zellzyklus reguliert. Die Maschinerie beruht auf zwei grundlegenden, interagierenden Mechanismen. Ein Mechanismus ist ein unabhängiges Uhrwerk, das immer wieder den gleichen Zyklus durchläuft. Die molekulare Grundlage dieses Uhrwerks ist der Wechsel zwischen Synthese und Abbau von Cyclinen. Diese Cycline binden an Cdk-Moleküle, aus denen verschiedene Cdk-Cyclin-Komplexe hervorgehen, die den Durchlauf von Zellen durch die wichtigsten Kontrollpunkte des Zellzyklus auslösen. Der zweite Mechanismus stellt das Uhrwerk je nach Bedarf ein, indem er eine Rückmeldung aus dem Inneren der Zelle und der Zellumgebung liefert. Dieser Mechanismus nutzt weitere Proteine, die, direkt oder indirekt, die Aktivität von Cdk und Cyclinen beeinflussen. Viele dieser zusätzlichen Proteine sind Proteinkinasen oder Phosphatasen. Dieser Teil der Zellzyklusmaschinerie gibt Information über den Zustand des Metabolismus der Zelle – darunter DNA-Schäden und DNA-Reparatur – und über die außerhalb der Zelle herrschenden Bedingungen. Dadurch wird Einfluss darauf genommen, ob die Zelle weiterhin am Prozess der Zellteilung teilnehmen soll. Im nächsten Abschnitt werden wir sehen, dass Signalmoleküle das Wachstum fördern und hemmen können. Diese Signalmoleküle befinden sich außerhalb der Zelle und sind wichtige Komponenten dieses regulatorischen Mechanismus.

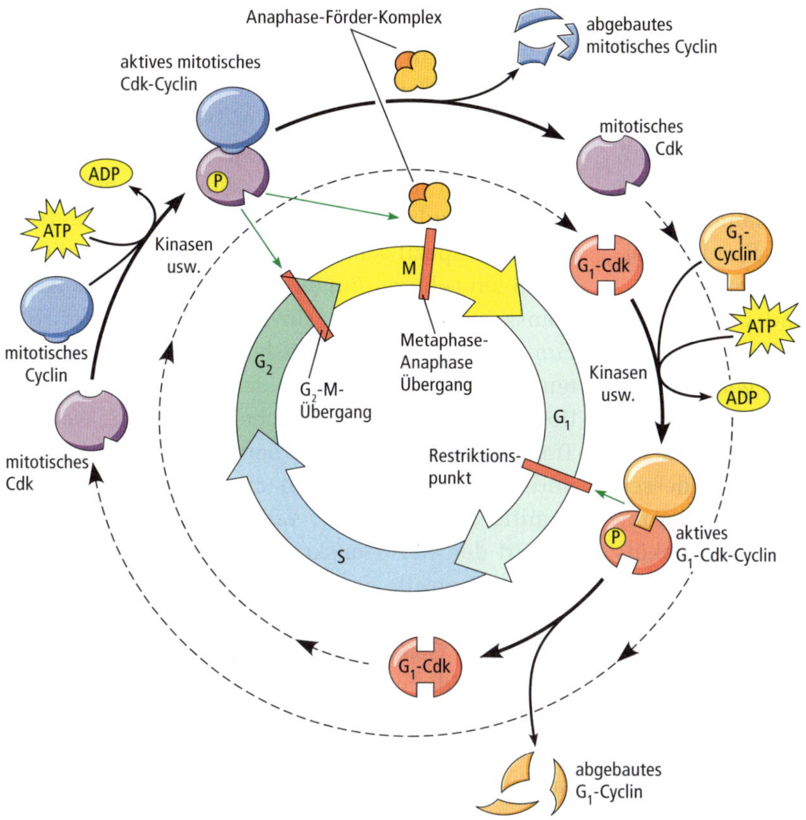

Abbildung 19.41: Allgemeines Modell der Regulation des Zellzyklus. Der Durchlauf durch die drei wichtigsten Kontrollpunkte des Zellzyklus wird von Proteinkomplexen ausgelöst, die aus Cyclin und Cdk bestehen. Diese phosphorylieren andere Proteine und induzieren so das Fortschreiten durch den Kreislauf. G_1-Cdk-Cyclin wirkt am Restriktionspunkt, indem es die Phosphorylierung von Rb-Protein katalysiert. Mitotisches Cdk-Cyclin wirkt am G_2-M-Grenzübergang durch Phosphorylierung von Proteinen, die an der Chromosomenverdichtung, dem Abbau der Kernhülle und dem Zusammenbau der Spindel mitwirken. Das gleiche mitotische Cdk-Cyclin beeinflusst den Übergang von der Metaphase in die Anaphase durch Katalyse der Phosphorylierung des Anaphase-Förderkomplexes, der wiederum die Trennung der Chromosomen und den Abbau des mitotischen Cyclins auslöst. Kontrollpunkt-Mechanismen, welche die Zelle nach DNA-Schäden, DNA-Replikation und Chromosomenanheftung an die Spindel durchsuchen, können Signale aussenden, die den Zellzyklus an einem oder mehreren dieser Schlüsselkontrollpunkte anhalten.

19.6 Wachstumsfaktoren und Zellwachstum und -vermehrung

Einfache einzellige Organismen wie Bakterien oder Hefen leben unter Bedingungen, in denen eine ausreichende Nährstoffversorgung aus der äußeren Zellumgebung der ausschlaggebende Faktor dafür ist, ob die Zellen wachsen und sich teilen. Bei vielzelligen Organismen verhält es sich umgekehrt. Die Zellen sind typischerweise von einer nährstoffreichen extrazellulären Flüssigkeit umgeben, aber der Organismus als Ganzer würde schnell absterben, wenn jede Zelle ständig wachsen und sich teilen würde, nur weil ausreichend Nährstoffe zur Verfügung stehen. Eine Krebserkrankung ist eine potenziell tödliche Erinnerung daran, was passieren würde, wenn das Zellwachstum unvermindert und ohne Koordination mit den Bedürfnissen des gesamten Organismus weiterginge. Vielzellige Organismen nutzen extrazelluläre Signalproteine, die *Wachstumsfaktoren*, um die Geschwindigkeit des Zellwachstums zu kontrollieren (siehe *Tabelle 14.3*). Die meisten Wachstumsfaktoren sind *Mitogene*; das bedeutet, dass sie Zellen dazu stimulieren, den Restriktionspunkt zu passieren und sich anschließend durch Mitose zu teilen.

19.6.1 Stimulierende Wachstumsfaktoren aktivieren den Ras-Weg

Wenn man Säugetierzellen in ein Kulturmedium gibt, das Nährstoffe und Vitamine, jedoch keine Wachstumsfaktoren enthält, dann wird das Wachstum normalerweise in der G_1-Phase angehalten, obwohl entsprechende Nährstoffe zur Verfügung stehen. Wachstum und Zellteilung können durch Zugabe geringer Mengen von Serum (flüssiger, zellfreier Anteil des Blutes) ausgelöst werden, das mehrere stimulierende Wachstumsfaktoren enthält. Zu diesen gehört der **Blutplättchen-Wachstumsfaktor** (**PDGF**, engl.: *platelet-derived growth factor*), ein Protein, das von den Blutplättchen gebildet wird und das

Wachstum von Bindegewebezellen und Zellen der glatten Muskulatur anregt. Ein anderer wichtiger Wachstumsfaktor ist der **epidermale Wachstumsfaktor** (**EGF**; engl.: *epidermal growth factor*), der in vielen Geweben und Blutflüssigkeiten vorkommt. EGF wurde erstmalig von Stanley Cohen aus den Speicheldrüsen von Mäusen isoliert. Stanley Cohen erhielt 1987 den Nobelpreis für seine Pionierarbeiten auf dem Gebiet der Wachstumsfaktoren.

Wachstumsfaktoren wie PDGF und EGF binden an Plasmamembranrezeptoren auf der Oberfläche von Zielzellen. In *Kapitel 14* haben Sie gelernt, dass die Rezeptoren dieser Wachstumsfaktoren Tyrosinkinaseaktivität besitzen. Die Bindung eines Wachstumsfaktors an seinen Rezeptor aktiviert dessen Tyrosinkinaseaktivität, was zur Phosphorylierung der Tyrosinreste in dem Teil des Rezeptormoleküls führt, der in das Cytosol hineinragt. Die Phosphorylierung dieser Tyrosine löst wiederum eine komplexe Signalkaskade von Ereignissen aus, die darin gipfeln, dass die Zelle den Restriktionskontrollpunkt durchschreitet und in die S-Phase eintritt. Der in *Kapitel 14* vorgestellte Ras-Weg spielt bei diesen Ereignissen eine zentrale Rolle, was man durch Untersuchungen mit Zellen nachgewiesen hat, deren Zellteilung ausgesetzt hatte, weil keine Wachstumsfaktoren anwesend waren. Wenn man mutierte, hyperaktive Formen des Ras-Proteins in Zellen injiziert, so treten sie in die S-Phase ein und beginnen mit der Teilung. Umgekehrt geschieht Folgendes: Wenn man in Zellen Antikörper injiziert, die das Ras-Protein inaktivieren, dann sind diese Zellen als Antwort auf die Stimulation durch Wachstumsfaktoren nicht mehr in der Lage, in die S-Phase einzutreten und sich zu teilen.

Wie wirkt sich der Ras-Weg auf den Zellzyklus aus? Wie in ▸*Abbildung 19.42* dargestellt, besteht dieser Vorgang aus mehreren Schritten. ❶ Zunächst führt die Bindung eines Wachstumsfaktors an seinen Rezeptor an der Plasmamembran zur Aktivierung von Ras. ❷ Das aktivierte Ras bewirkt die Phosphorylierung und Aktivierung einer Proteinkinase mit der Bezeichnung *Raf*, die eine Kaskade von Phosphorylierungsereignissen auslöst. Das aktivierte Raf phosphoryliert Serin- und Threoninreste in einer Proteinkinase, *MEK*, die wiederum Threonin- und Tyrosinreste in einer Gruppe von Proteinkinasen phosphoryliert, den sogenannten *MAP-Kinasen* (*Mitogen-aktivierte Proteinkinase, MAPK*; engl.: *mitogen-activated protein kinases*). ❸ Die aktivierten MAPKs wandern in den Zellkern und phosphorylieren mehrere regulatorische Proteine, welche die Transkription spezifischer Gene aktivieren. Zu diesen Proteinen gehören *Jun* (eine Komponente des AP-1-Transkriptionsfaktors) sowie Mitglieder der *Ets-Familie* der Transkriptionsfaktoren. Diese aktivierten Transkriptionsfaktoren schalten die Transkription „früher Gene“ an, welche die Bildung weiterer Transkriptionsfaktoren kodieren, darunter Myc, Fos und Jun. Diese aktivieren die Transkription einer Familie „später Gene“. Eines dieser späten Gene kodiert den E2F-Transkriptionsfaktor. Dessen Rolle bei der Kontrolle des Eintritts in die S-Phase haben wir weiter oben in diesem Kapitel erläutert. ❹ Zu den späten Genen gehören auch mehrere Gene, die entweder Cdk- oder Cyclinmoleküle kodieren, deren Entstehung zur Bildung von Cdk-Cyclin-Komplexen führt, die Rb phosphorylieren und somit den Übergang von der G_1- in die S-Phase auslösen.

Somit kann der Ras-Weg also zusammenfassend als komplexe Signalkaskade mit vielen Schritten verstanden werden, in dem die Bindung eines Wachstumsfaktors an einen Rezeptor auf der Zelloberfläche letztendlich die Zelle dazu veranlasst, durch den Restriktionspunkt in die S-Phase einzutreten. Damit steht die Zelle am Beginn eines Weges, der mit der Zellteilung abschließt. Die Bedeutung dieses Weges für die Kontrolle der Zellproliferation wurde durch die Entdeckung unterstrichen, dass Mutationen des Ras-Wegs häufig in Krebszellen auftreten. So findet man beispielweise mutierte Ras-Proteine, welche die Zellproliferation ständig unabhängig von der Stimulation durch Wachstumsfaktoren anregen, häufig in Bauchspeicheldrüsen-, Darm-, Lungen- und Blasenkrebstumoren. Sie treten bei ungefähr 25 – 30 % aller Krebserkrankungen des Menschen auf. In *Kapitel 24* werden wir die Rolle solcher Mutationen des Ras-Wegs bei der Entstehung von Krebs eingehend beschreiben.

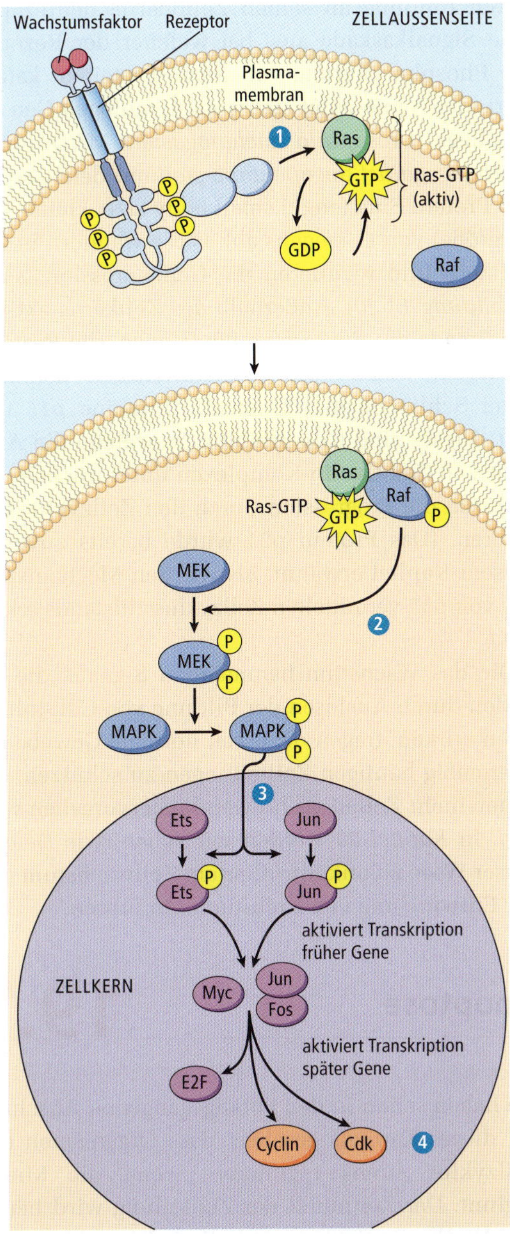

Abbildung 19.42: Regulation des Zellzyklus über den Ras-Weg. Die Regulation des Zellzyklus durch Ras setzt sich aus vier Schritten zusammen: ❶ Bindung eines Wachstumsfaktors an seinen Rezeptor. Dies führt zur Aktivierung des Ras-Proteins. ❷ Aktivierung einer Kaskade cytoplasmatischer Proteinkinasen (Raf, MEK und MAPK). ❸ Aktivierung und Bildung von Kerntranskriptionsfaktoren (Ets, Jun, Fos, Myc, E2F) und ❹ Synthese von Cyclin und Cdk-Molekülen. Die daraus hervorgehenden Cdk-Cyclin-Komplexe katalysieren die Phosphorylierung von Rb und lösen somit den Übergang von der G_1-Phase in die S-Phase aus. (MAPK = MAP-Kinasen).

19.6.2 Stimulierende Wachstumsfaktoren können auch den PI3K-Akt-Weg aktivieren

Wenn ein Wachstumsfaktor an einen Rezeptor bindet, der den Ras-Weg auslöst, kann der aktivierte Rezeptor gleichzeitig auch andere Wege aktivieren. Ein Beispiel, mit dem wir uns in *Kapitel 14* im Zusammenhang mit der Insulinsignalisierung beschäftigt haben, ist der *PI-3-Kinase-Akt-Weg*. Dieser Weg beginnt mit der Rezeptor-induzierten Aktivierung von Phosphatidylinositol-3-Kinase (abgekürzt *PI-3-Kinase* oder *PI3K*). Sie katalysiert die Bildung von PIP_3 (Phosphatidylinositol-3,4,5-Trisphosphat). Das führt letztendlich zur Phosphorylierung und Aktivierung von *Akt*. Akt vermag auf Grund seiner Fähigkeit, die Phosphorylierung mehrerer wichtiger Zielproteine zu katalysieren, die Apoptose zu unterdrücken (siehe nächster Abschnitt dieses Kapitels) und blockiert das Anhalten des Zellzyklus (▶*Abbildung 19.43*). Ein Mechanismus zur Unterdrückung der Apoptose läuft über die Aktivierung eines monomeren G-Proteins, des Rheb (engl.: Ras *homolog enriched in brain*). Die Aktivierung von Rheb führt zur Aktivierung von TOR, einem Schlüsselregulator des Zellwachstums, den wir bereits früher in diesem Kapitel erwähnten. Der Nettoeffekt des PI-3-Kinase-Akt-Signalisierungswegs besteht also darin, Zellüberleben und Zellwachstum zu fördern.

Wie beim Ras-Weg sind auch hier Mutationen, die das normale Verhalten des PI-3-Kinase-Akt-Signalisierungswegs unterbrechen, mit vielen Formen von Krebserkrankungen assoziiert. In einigen Fällen führen diese Mutationen zu übermäßiger Aktivität des Akt-Proteins, sodass das Wachstum der Zellen unmäßig ansteigt und die Zellen überleben. In anderen Fällen beruht die Hyperaktivität des PI-3-Kinase-Akt-Signalisierungswegs auf Mutationen, die Proteine funktionsuntüchtig machen, die diesen Weg normalerweise hemmen. Eines dieser Proteine ist *PTEN*, (engl.: Phosphatase and Tensin homolog), eine Phosphatase, die eine Phosphatgruppe von PIP_3 entfernt und dadurch die Aktivierung von Akt verhindert. Wenn PTEN durch Mutationen unterbrochen wird, dann kann die Zelle PIP_3 nicht abbauen und dessen Konzentration steigt. Die Akkumulation von PIP_3 aktiviert Akt zu unkontrolliertem Verhalten, sogar ohne Wachstumsfaktoren. Das führt zu verstärkter Zellproliferation und steigert das Zellüberleben. Mutationen, welche die Aktivität von PTEN reduzieren, treten in 50 % aller Fälle von Prostatakrebs sowie in 35 % aller Fälle von Gebärmutterkrebs auf und sind in unterschiedlichem Maß für Eierstock-, Brust-, Leber-, Lungen-, Nieren-, Schilddrüsen- und Lymphdrüsenkrebs verantwortlich.

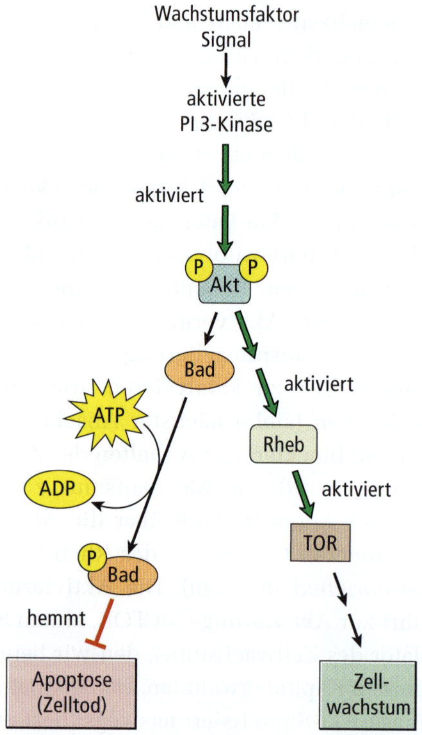

Abbildung 19.43: PI-3-Kinase-Akt-Signalisierungsweg. Wachstumsfaktoren, die an den Tyrosinkinaserezeptoren binden, aktivieren außer dem in der *Abbildung 19.42* dargestellten Ras-Weg mehrere andere Wege. Der hier abgebildete Weg führt zur Aktivierung der Proteinkinase Akt. Akt unterdrückt die Apoptose, zum Teil durch Phosphorylierung und Inaktivierung eines Proteins mit der Bezeichnung Bad, das normalerweise die Apoptose fördert. Akt hemmt auch das Anhalten des Zellzyklus, da es TOR aktiviert. Somit zielt die PI-3-Kinase-Akt-Signalisierung auf das Überleben der Zelle und Zellwachstum ab. Der PI-3-Kinase-Akt-Weg wird von PTEN gehemmt (siehe *Abbildung 14.23*).

19.6.3 Inhibitorische Wachstumsfaktoren wirken durch Cdk-Inhibitoren

Obwohl wir im Allgemeinen der Auffassung sind, das es sich bei Wachstumsfaktoren um das Wachstum stimulierende Moleküle handelt, haben einige Wachstumsfaktoren jedoch die Aufgabe, das Zellwachstum zu hemmen. Ein Beispiel dafür ist der **transformierende Wachstumsfaktor β (TGFβ**; engl.: *transforming growth factor* β). TGFβ ist ein Protein, das entweder das Wachstum stimulieren oder hemmen kann, je nach Zelltyp, auf den er abzielt. In seiner Eigenschaft als Wachstumsinhibitor löst TGFβ durch Bindung an seinen Zelloberflächenrezeptor eine Signalkaskade aus, bei welcher der Rezeptor die Phosphorylierung von *Smad*-Proteinen katalysiert [der Name leitet sich vom homologen Gen der Taufliege *Drosophila melanogaster*, MAD (engl.: *mothers against decapentaplegic*) und dem Gen für das Protein Sma (engl.: small body size, kleine Körpergröße) von *C. elegans* ab]. Diese wandern in den Zellkern und regulieren die Genexpression (siehe *Abbildung 14-20*). Außerhalb des Zellkerns aktivieren Smads die Expression von Genen, die Proteine kodieren, welche die Zellproliferation hemmen. Zwei Schlüsselgene bilden die Proteine *p15* und *p21*. Dieses sind Cdk-Inhibitoren, welche die Aktivität von Cdk-Cyclin-Komplexen unterdrücken und dadurch die Progression durch den Zellzyklus blockieren. (Das Protein p21 wurde bereits zuvor in diesem Kapitel erwähnt, als wir den Mechanismus des von p53 vermittelten Zellzyklusstillstands erklärten.)

Die das Wachstum hemmenden Signale, die auf Zellen durch Auslösen der Bildung von Cdk-Inhibitoren wirken, tragen dazu bei, normale Gewebe vor übermäßig häufigen Zellteilungen zu schützen, aus denen mehr Zellen als notwendig hervorgehen würden. In *Kapitel 24* werden wir sehen, wie Defekte dieser Wege zu unkontrolliertem Zellwachstum und zur Entwicklung von Krebstumoren führen.

Apoptose 19.7

Sie haben schon in den vorangegangenen Abschnitten dieses Kapitels gesehen, dass Organismen den Zellzyklus streng regulieren, wenn die Mitose beginnt. Der Zeitpunkt der Zellteilung wird häufig von Wachstumsfaktoren reguliert. Diese können je nach den herrschenden Umständen die Zellteilung anregen oder hemmen. Es gibt aber auch Situationen, in denen die Organismen regulieren müssen, ob Zellen überleben sollen. Beschädigte oder erkrankte Zellen müssen abgetötet werden, doch stellt das eine große Herausforderung für den Organismus dar. Die zum Absterben bestimmten Zellen müssen so beseitigt werden, dass das Zellinnere der abgetöteten Zelle – dazu gehören Abbauenzyme in Organellen wie zum Beispiel Lysosomen – den umliegenden Zellen keinen Schaden zufügen. Vielzellige Organismen schaffen diese Leistung durch eine

Form des programmierten Zelltods – die **Apoptose**. Die Apoptose ist ein Schlüsselereignis vieler biologischer Prozesse. Bei Embryonen findet die Apoptose in einer Vielzahl von Situationen statt. Dazu gehören beispielsweise das Entfernen der „Schwimmhaut" zwischen den Fingern und Zehen während der Entwicklung der Hände und Füße und das „Beschneiden" der Neuronen, das bei Kleinkindern während der ersten Lebensmonate stattfindet, wenn die Nervenverbindungen in dem sich entwickelnden Gehirn reifen. Bei Erwachsenen findet die Apoptose kontinuierlich statt; wenn Zellen von Pathogenen infiziert werden oder weiße Blutkörperchen das Ende ihrer Lebensspanne erreicht haben, dann befreit sich der Organismus durch Apoptose von diesen Zellen. Wenn Zellen, die durch Apoptose abgetötet werden sollten, weiterleben, dann kann das schwerwiegende Konsequenzen nach sich ziehen. Mutationen in einigen der Proteine, die an der Apoptose mitwirken, können zur Entwicklung einer Krebserkrankung führen. Beispielsweise beruht ein Melanom häufig auf einer Mutation in Apaf-1, einem Protein, auf das wir später in diesem Abschnitt eingehen werden.

Ein anderer Typ des Zelltods ist die *Nekrose*, die manchmal als Folge massiver Verletzung des Gewebes eintritt. Während es bei der Nekrose zum Anschwellen und Aufbrechen verletzter Zellen kommt, wirkt an der Apoptose eine spezifische Reihe programmierter Ereignisse mit, die zur Auflösung des Zellinhalts führen (▸*Abbildung 19.44*). Während der frühen Phasen der Apoptose kommt es zur DNA-Fragmentierung an der Peripherie des Zellkerns, und das Volumen des Cytoplasmas schrumpft ❶. Dann beginnt die Zelle, kleine, bläschenähnliche, cytoplasmatische Ausstülpungen zu bilden, und die Fragmentierung des Zellkerns und der Organellen setzt ein ❷. Die DNA der Zelle wird von einer Apoptose-spezifischen DNA-Endonuclease, oder *DNase* (ein Enzym, das DNA abbaut), in regelmäßigen Abständen entlang der DNA geschnitten. Die daraus hervorgegangenen DNA-Fragmente mit einer Länge des Vielfachen von 200 Basenpaaren bilden eine „Leiter" aus Fragmenten. (Diese genaue Größenverteilung der DNA spiegelt die Empfindlichkeit der DNA für die Spaltung zwischen Nucleosomen wider, Strukturen, die Sie aus *Kapitel 18* kennen). Schließlich teilt sich die Zelle in kleine Teilstücke, die

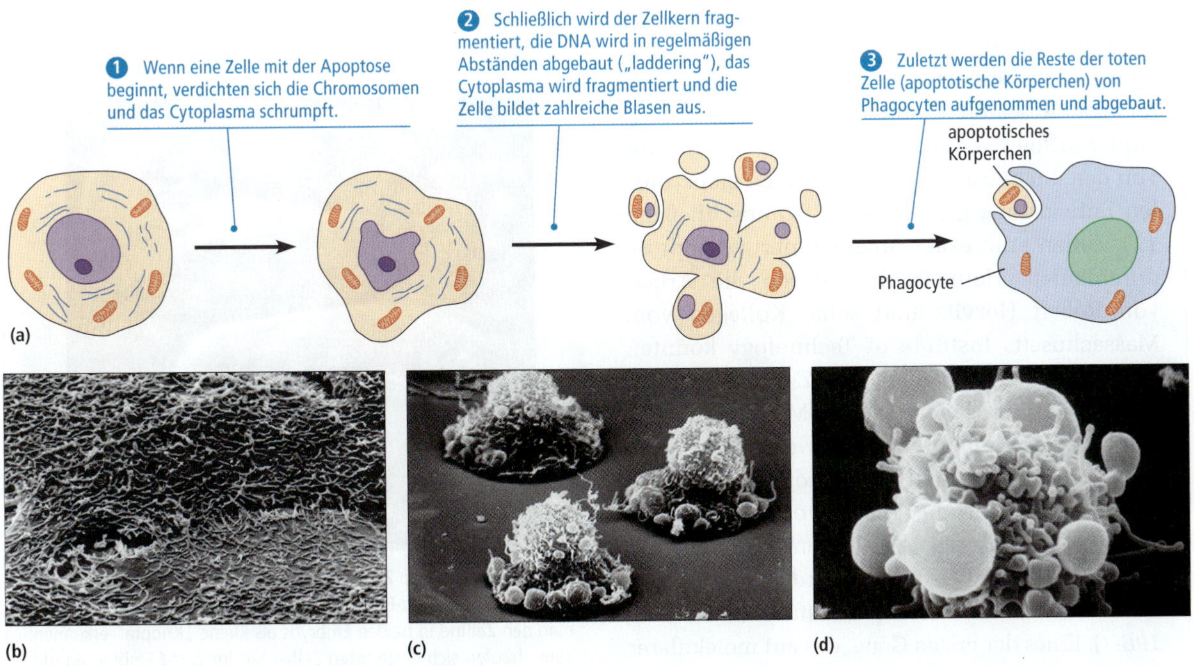

Abbildung 19.44: Die wichtigsten Schritte der Apoptose. (a) Zellen durchlaufen während der Apoptose eine Reihe charakteristischer Veränderungen. Schließlich werden die Reste der toten Zellen (apoptotische Körperchen) von Phagocyten aufgefressen. (b – d) SEMs von Epithelzellen in der Apoptose. (b) Miteinander in Kontakt stehende Epithelzellen bilden in einer Kultur flache Scheiben. (c) Im Verlauf der Apoptose rollen sich die Zellen auf, lösen ihre Verbindungen zu anderen Zellen und entwickeln Bläschen. (d) Eine einzelne abgetötete Zelle mit vielen apoptotischen Körperchen.

apoptotischen Körperchen. Während der Apoptose führt die Inaktivierung eines Phospholipidtranslokators (Flippase; siehe *Kapitel 7*), zur Akkumulation von Phosphatidylserin in der äußeren Schicht der Plasmamembran. Diese Phosphatidylserine senden ein „Friss mich"-Signal aus, damit sich andere Zellen in der Nähe die Reste der apoptotischen Zelle durch Phagocytose (siehe *Kapitel 12*; ❸) einverleiben (typischerweise übernehmen Makrophagen diese Aufgabe). Die Makrophagen sind wie Aasfresser, welche die verbleibenden Zellreste beseitigen.

19B ▶ Arbeitstechniken

Die Apoptose bei Caenorhabditis elegans

Bahnbrechende Ergebnisse bei Untersuchungen zur Apoptose brachte die Analyse der Entwicklung des Nematoden *Caenorhabditis elegans*. *C. elegans* ist auf einzigartige Weise für die Untersuchung des Zelltods geeignet. Sein Lebenszyklus ist sehr kurz, er ist durchsichtig und seine Embryos entwickeln sich bemerkenswert gleichmäßig. Die Entwicklung verläuft derart gleichmäßig, dass die Abstammungslinie einer jeden Zelle im ausgewachsenen Tier vollständig bekannt ist. Das bedeutet, dass die Sequenz der Zellteilungen, die zu den exakt 1.090 während der Entwicklung gebildeten Zellen führt, bis zur einzelligen befruchteten Eizelle zurückverfolgt werden kann! Die als Eutelie bezeichnete Zellkonstanz ist im Tierreich ziemlich selten und besagt, dass jedes Tier exakt die gleiche Zellzahl aufweist. Diese Meisterleistung verdanken wir zum größten Teil der Arbeit von John Sulston am Medical Research Council in Cambridge, England. Sulston wies auch nach, dass bei *C. elegans* von den 1.090 während der normalen embryonalen Entwicklung gebildeten Zellen anschließend 131 Zellen eine exakt programmierte Apoptose durchlaufen. Hauptsächlich durch die Arbeit von Robert Horvitz und seine Kollegen vom Massachusetts Institute of Technology konnten in verschiedenen Fällen des Zelltods defekte Mutanten, die sogenannten *ced*-Mutanten (engl.: *cell death abnormal*), entdeckt werden. So identifizierten Horvitz und seine Kollegen mehrere Mutanten, welche die Phagocytose toter Zellen blockieren, sodass die abgestorbenen Zellen nicht beseitigt werden. Dadurch konnte man sie gut unter dem Lichtmikroskop erkennen (*Abbildung 19B-1*). Eines der ersten Gene, das auf molekularer Ebene charakterisiert wurde, war das Gen *ced-3*, das ein Mitglied der *Caspase*-Familie der Proteine kodiert (siehe ▶*Abbildung 19.45*). Ein anderes Gen, *ced-9*, kodiert in *C. elegans* die Version von *Bcl-2*. Dieses spielt bei der Regulation der Freisetzung von Molekülen, wahrscheinlich vor allem Cytochrom *c*, aus den Mitochondrien eine Schlüsselrolle, was die Apoptose auslösen kann. Ein anderes Gen, *ced-10*, kodiert ein Mitglied der Rac-Familie der Proteine, das für die Phagocytose toter Zellen benötigt wird. Horvitz und Kollegen, die sich bei ihrer Arbeit auch auf die Ergebnisse von Kollegen stützen, die ungefähr zur gleichen Zeit mit kultivierten Zellen gearbeitet hatten, lieferten entscheidende Einblicke in den Ablauf der Apoptose. Für diese Arbeiten – sowie seine Arbeiten zur Zellsignalisierung in der Vulva – erhielt Horvitz zusammen mit Sulston und dem Genetiker Sydney Brenner 2002 den Nobelpreis für Physiologie oder Medizin.

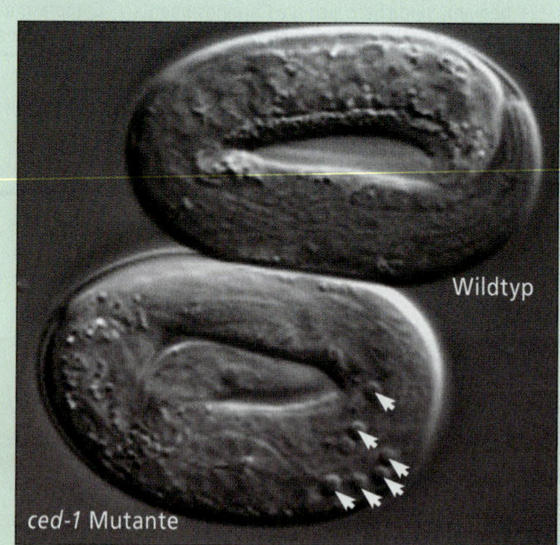

Abbildung 19B-1: Zelltod bei *C. elegans*. Wildtyp- (oben) und *ced-1*-Mutanten-Embryos (unten; DIC-Mikroskopie). Obwohl man den Zelltod in beiden Embryos als kleine „Knöpfe" erkennen kann, häufen sich diese toten Zellen nur im *ced-1*-Embryo an, da die Phagocytose toter Zellen versagt (Pfeile).

Die Tatsache, dass Zellen ein Programm für einen „programmierten Zelltod" in sich tragen, wurde erstmalig durch Untersuchungen mit dem Nematoden *Caenorhabditis elegans* nachgewiesen. Bei diesen Nematoden identifizierte man erstmals Schlüsselgene zur Kontrolle der Apoptose (*Exkurs 19B*). Nachfolgende Untersuchungen zeigten, dass viele andere Organismen, darunter auch Säugetiere, während der Apoptose ähnliche Proteine nutzen. Ein Schlüsselereignis der Apoptose ist die Aktivierung einer Reihe von Enzymen, den **Caspasen** (die Bezeichnung Caspasen beruht darauf, dass sie an ihrer aktiven Stelle ein *C*ystein tragen und dass sie Proteine an den Stellen spalten, die einen *Aspa*raginsäurerest enthalten, an den sich vier für jede Caspase spezifische Aminosäuren anschließen). Caspasen entstehen als inaktive Vorläufer, den sogenannten **Procaspasen**, die dann oftmals von anderen Caspasen gespalten werden und über eine proteolytische Kaskade zu aktiven Enzymen werden. Nach ihrer Aktivierung spalten die Caspasen andere Proteine. Die Apoptose-spezifische DNase ist ein gutes Beispiel; sie ist an ein inhibitorisches Protein gebunden, das von einer Caspase gespalten wird.

19.7.1 Die Apoptose wird durch „Todessignale" oder Rückzug der Wachstumsfaktoren ausgelöst

Es gibt zwei Hauptwege, auf denen Zellen Caspasen aktivieren und den Weg der Apoptose beschreiten. In einigen Fällen werden die Caspasen direkt aktiviert. Wenn zum Beispiel bestimmte Viren die Zellen des menschlichen Körpers infizieren, wird eine Population *cytotoxischer T-Lymphocyten* aktiviert und induziert die infizierten Zellen zur Apoptose. Wie vermögen Lymphocyten Zellen dazu anzuregen, den Prozess der Apoptose zu initiieren? Normalerweise erfolgt die Aktivierung, wenn Zellen Todessignale erhalten. Die beiden am besten bekannten Todessignale sind der *Tumornekrosefaktor (TNF)* und *CD95/Fas*. In diesem Zusammenhang werden wir uns auf CD95 (engl.: *cluster of differentiation*) konzentrieren, ein auf der Oberfläche infizierter Zellen lokalisiertes Protein. Lymphocyten tragen auf ihrer Oberfläche ein Protein, das an CD95 bindet, worauf das CD95 in der infizierten Zelle akkumuliert (*Abbildung 19.45*, ❶). Die Aggregation von CD95 bewirkt die Anheftung von Adapterproteinen an das gebündelte CD95, das wiederum eine Procaspase (*Procaspase-8*) an die Orte der Rezeptoranhäufung ruft. Nach ihrer Aktivierung ❷ wirkt die Procaspase als Initiator der Caspasekaskade. Ein Schlüsseleffekt dieser *Initiator-Procaspasen* ist die Aktivierung einer *Henker-Caspase*, die *Caspase-3* ❸. Die aktive Caspase-3 ist für die Aktivierung vieler Schritte der Apoptose von zentraler Bedeutung.

In anderen Fällen wird die Apoptose indirekt ausgelöst. Das Instrument eines der am besten untersuchten Fälle dieses zweiten Typs der Apoptose sind die **Überlebensfaktoren**. Wenn die Ausschüttung dieser Faktoren eingestellt wird, dann kann die betroffene Zelle in die Apoptose eingehen ❹. Überraschenderweise ist eine Schlüsselstelle der Wirkung dieses zweiten Wegs das Mitochondrium. Der Zusammenhang zwischen Mitochondrien und Zelltod mag erstaunen, aber es ist klar, dass die Mitochondrien abgesehen von ihrer Rolle bei der Energieerzeugung auch eine wichtige Rolle bei der Apoptose spielen. Wenn das Ende der Produktion der Überlebensfaktoren das Todesurteil bedeutet, dann sind die Mitochondrien die Vollstrecker.

Wie treiben die Mitochondrien den Zelltod voran? In einer gesunden Zelle, die nicht für die Apoptose bestimmt ist, gibt es in der äußeren mitochondrialen Membran mehrere anti-apoptotische Proteine, welche die Apoptose hemmen, jedoch nur so lange, wie die Zelle mit Überlebensfaktoren in Kontakt ist. Diese Proteine sind strukturell mit dem Protein **Bcl-2** verwandt, dem am besten untersuchten anti-apoptotischen Protein. Bcl-2 und andere anti-apoptotische Proteine wirken anderen Proteinen, die dem Bcl-2 strukturell ähneln, entgegen. Diese Proteine *fördern* die Apoptose und werden daher als *pro-apoptotische* Proteine bezeichnet. Somit führen pro- und anti-apoptotische Proteine, die von Zellsignalen beeinflusst werden, einen immerwährenden Kampf. Wenn sich das Gleichgewicht zu den pro-apoptotischen Proteinen verschiebt, dann wächst die Wahrscheinlichkeit, dass die Zelle die Apoptose durchlaufen wird ❺. Die Stimulation des Akt-Wegs, von dem Sie früher in diesem Kapitel gehört haben, kann zur Phosphorylierung und Inaktivierung eines pro-apoptotischen Proteins führen, dem *Bad* (die Abkürzung steht für einen mit Bcl-2 assoziierten Apoptoseförderer; engl.: B*cl-2-associated death promoter*; *Abbildung 19.43*).

Überraschenderweise lösen die Mitochondrien die Apoptose durch Freisetzung von Cytochrom *c* in das Cytosol aus (*Abbildung 19.45*, ❻). Obwohl die Einzelheiten dieses Mechanismus zurzeit noch diskutiert werden, führt letztendlich die Anhäufung pro-apoptotischen Proteins auf der Oberfläche von Mitochondrien zur Entstehung von Kanälen in der äußeren mitochondrialen Membran. Dadurch kann Cytochrom *c* in das Cytosol entweichen. Obwohl Cytochrom *c* normalerweise am Elektronentransport mitwirkt (siehe *Kapitel 10*), spielt es auf mindestens zwei Weisen eine bedeutende Rolle bei der Auslösung der Apoptose. Erstens stimuliert Cytochrom *c* die Calciumfreisetzung aus benachbarten Mitochondrien und dem endoplasmatischen Reticulum, wo es Inositol-1-4-5-Trisphosphat-(IP_3)-Rezeptoren bindet. Zweitens kann Cytochrom *c* eine mit Mitochondrien assoziierte Initiator-Procaspase aktivieren, die *Procaspase-9*. Dafür rekrutiert Cytochrom *c* ein cytosolisches Adapterprotein (das *Apaf-1;* apoptotischer Protease-Aktivierungsfaktor-1). Dieses Protein baut die Procaspase-9 in einen Komplex ein, der gelegentlich als *Apoptosom* bezeichnet wird. Das Apoptosom fördert die Bildung der aktiven Caspase-9 ❼. Ebenso wie andere Caspasen aktiviert die Caspase-9 die Henker-Caspase, Caspase-3 ❽. Somit führen am Ende beide Zelltodmechanismen zur Aktivierung einer häufig vorkommenden Caspase, welche die Apoptose veranlasst.

Es gibt noch eine andere Situation, die den mitochondrialen Weg der Apoptose auslösen kann. Wenn eine Zelle so stark beschädigt wird, dass sie sich nicht mehr reparieren kann, dann kann sie ihren eigenen Tod auslösen. Dies trifft vor allem dann ein, wenn es sich um einen DNA-Schaden handelt (zum Beispiel durch Strahlung, Rauchen oder ultraviolettes Licht). Dann kann die Zelle über die Aktivität von *p53* die Apoptose veranlassen ❾. Wir haben bereits zuvor in diesem Kapitel gesehen, dass p53 über das Protein Puma wirkt, das an Bcl-2 bindet und es hemmt (siehe *Abbildung 19.40*, Schritt ❷). In letzter Konsequenz veranlasst der p53-Weg die pro-apoptotischen Proteine zur Apoptose, gerade so als ob die Überlebensfaktoren entzogen würden.

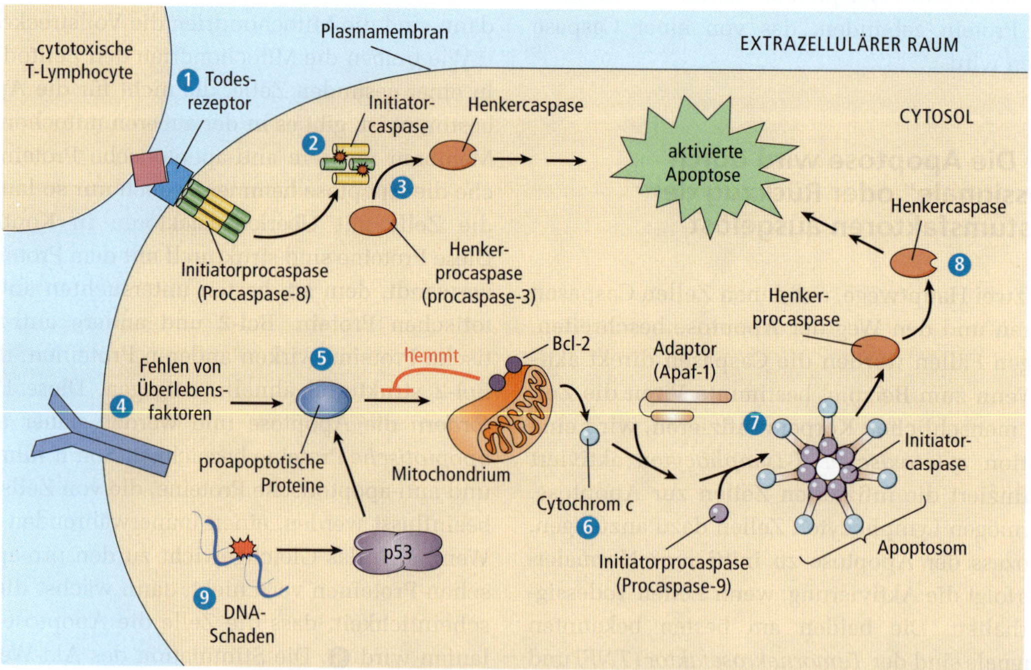

Abbildung 19.45: Induktion der Apoptose durch Zelltodsignale oder Rückzug der Wachstumsfaktoren. Zelltodsignale, wie Liganden auf der Oberfläche eines cytotoxischen T-Lymphocyten, können die Apoptose herbeiführen. ❶ Der Ligand bindet an einen „Todesrezeptor" auf der Oberfläche einer Zielzelle. Die Bindung führt zur Anhäufung von Rezeptoren und der Rekrutierung von Adapterproteinen in der Zielzelle. Dies hat die Akkumulation des Proteins Initiator-Procaspase (Procaspase-8) zur Folge. ❷ Dann werden die Initiator-Procaspasen aktiviert. ❸ Die Initiator-Procaspasen aktivieren ihrerseits die Henker-Caspase, Caspase-3, einen Schlüsselinitiator der Apoptose. ❹ Wenn keine Überlebensfaktoren mehr präsent sind, ❺ akkumulieren Apoptose-fördernde (pro-apoptotische) Proteine, die auf der äußeren Mitochondrienmembran ein Gegengewicht zu den anti-apoptotischen Proteinen bilden (beispielsweise Bcl-2). Dadurch wird die Freisetzung ❻ von Cytochrom *c* herbeigeführt. ❼ Cytochrom *c* bildet mit anderen Proteinen einen Komplex, was zur Aktivierung einer Initiator-Procaspase führt (Caspase-9). ❽ Die Initiator-Procaspase aktiviert nun die Henker-Caspase, Caspase-3, und löst damit die Apoptose aus. ❾ Auch DNA-Schäden können durch die Aktivität des Proteins p53 zur Apoptose führen.

ZUSAMMENFASSUNG DER WICHTIGSTEN INHALTE

Ein Überblick über den Zellzyklus

- Der eukaryotische Zellzyklus wird in die G_1-, die S-, die G_2- und die M-Phase eingeteilt. Die chromosomale DNA-Replikation findet während der S-Phase statt, die Zellteilung (Mitose und Cytokinese) in der M-Phase. Die Interphase (G_1-, S- und G_2-Phase) ist eine Zeit des Zellwachstums und des Metabolismus, die typischerweise ungefähr 95 % des Zellzyklus einnimmt.

- Die Dauer des Zellzyklus variiert beträchtlich; sie reicht von Zellen, die sich sehr schnell und kontinuierlich teilen bis zu Zellen, die sich gar nicht teilen.

DNA-Replikation

- Die DNA-Replikation läuft über einen semikonservativen Mechanismus, bei dem die beiden Stränge der Doppelhelix entspiralisiert werden und jeder Strang als Matrize für die Synthese eines komplementären Strangs dient.

- Die bakterielle Chromosomenreplikation wird typischerweise an einem einzigen Punkt initiiert und bewegt sich in beiden Richtungen um das ringförmige DNA-Molekül. Im Gegensatz dazu wird bei Eukaryoten die DNA-Replikation an vielen Replikons initiiert, und die Replikation erfolgt an jedem Replikon bidirektional. Dank eines Lizensierungsmechanismus, der durch Bindung von MCM-Proteinen an die Replikationsursprünge funktioniert, können Eukaryoten sicherstellen, dass die DNA vor jeder Mitose nur einmal repliziert wird.

- Während der Replikation synthetisieren DNA-Polymerasen DNA in der 5'→3'-Richtung. Die Synthese erfolgt kontinuierlich entlang des Führungsstranges, aber diskontinuierlich auf dem Folgestrang. Daraus gehen kleine Okazaki-Fragmente hervor, die anschließend von der DNA-Ligase verknüpft werden.

- Die DNA-Replikation wird von der Primase initiiert, die kurze RNA-Primer synthetisiert. Diese werden später entfernt und durch DNA ersetzt. Während der Replikation wird die Doppelhelix entspiralisiert. Dies erfolgt durch die gemeinsame Aktivität von DNA-Helicasen, Topoisomerasen und Einzelstrang-DNA-Bindeproteinen. Während die Replikation fortschreitet, können durch einen Korrekturlesemechanismus, der auf der 3'→5'-Exonucleaseaktivität der DNA-Polymerase beruht, falsch gepaarte Nucleotide entfernt und ersetzt werden.

- Die Enden linearer chromosomaler DNA-Moleküle werden von der Telomerase synthetisiert, einem Enzym, das eine RNA-Matrize nutzt, um an den Enden jedes Chromosoms kurze, wiederholte DNA-Sequenzen zu bilden.

DNA-Schäden und DNA-Reparatur

- DNA-Schäden können sowohl spontan als auch durch die Wirkung mutagener chemischer Substanzen und von Strahlung entstehen.

- Einige Formen der DNA-Polymerase führen in Regionen mit beschädigter DNA-Matrize eine Transläsionssynthese neuer DNA aus.

- Die Exzisionsreparatur dient zur Korrektur von DNA-Schäden aufgrund anormaler Basen, während die Fehlpaarungsreparatur falsch gepaarte Nucleotide repariert. Die nicht-homologe Verknüpfung der Enden und die homologe Rekombination dienen zur Reparatur von DNA-Doppelstrangbrüchen.

Kernteilung und Zellteilung

- Die Mitose wird in Prophase, Prometaphase, Metaphase, Anaphase und Telophase unterteilt. Während der Prophase verdichten sich die replizierten Chromosomen zu gepaarten Schwesterchromatiden, während Centrosomen den Zusammenbau der mitotischen Spindel initiieren. In der Prometaphase wird die Zellkernhülle abgebaut, die Chromosomen heften sich an die Spindelmikrotubuli und bewegen sich zum Spindeläquator, wo sie sich in der Metaphase aufreihen. In der Anaphase trennen sich die Schwesterchromatiden, und die daraus hervorgegangenen Tochterchromosomen wandern zu den entgegengesetzten Spindelpolen. Während der Telophase dekondensieren die Chromosomen, und um jeden Tochterzellkern bildet sich wieder eine Zellkernhülle.

- Die Bewegungen der Chromosomen werden von drei Gruppen von Motorproteinen angetrieben. Die an den Kinetochoren und Spindelpolen lokalisierten Chromosomen werden zu den Spindelpolen gezogen. Dies geht mit dem Auseinanderfallen der Mikrotubuli an deren Plus- und Minusenden einher. Motorproteine, die mit Polarmikrotubuli quervernetzen, bewegen überlappende Mikrotubuli in entgegengesetzte Richtungen, wodurch die Spindelpole auseinandergeschoben werden. Die letzte Gruppe der Motorproteine bewegt Astralmikrotubuli in Richtung der Plasmamembran, wodurch die Spindelpole ebenfalls auseinandergeschoben werden.

- Die Cytokinese setzt im Allgemeinen vor Abschluss der Mitose ein. Bei tierischen Zellen bildet ein Actomyosinfilament-Netzwerk eine Teilungsfurche, welche die Zelle in der Mitte einschneidet und dann das Cytoplasma in zwei Tochterzellen trennt. Bei pflanzlichen Zellen bildet sich eine Zellwand in der Mitte der sich teilenden Zelle.

Regulation des Zellzyklus

- Die Progression durch den Zellzyklus wird von Cdk-Cyclin-Komplexen reguliert.

- Am Restriktionspunkt (Start bei der Hefe) katalysiert ein Cdk-Cyclin-Komplex die Phosphorylierung des Proteins Rb und löst so den Übergang in die S-Phase aus.

- Am G_2-M-Kontrollpunkt löst ein weiterer Cdk-Cyclin-Komplex den Eintritt in die Mitose aus. Der Cdk-Cyclin-Komplex katalysiert die Phosphorylierung von Proteinen, die den Abbau der Kernhülle, die Chromosomenkondensation und die Spindelbildung fördern.

- Am Übergang von der Metaphase in die Anaphase löst die Aktivierung des Anaphase-Förderkomplexes einen Proteinabbauweg aus, der die Chromatidentrennung initiiert und mitotisches Cyclin für den Abbau markiert. Der daraus resultierende Verlust der mitotischen Cdk-Aktivität setzt zelluläre Abläufe in Gang, die mit dem Austritt aus der Mitose assoziiert sind. Dazu gehören Cytokinese, Chromosomenkondensation und Wiederzusammensetzung der Kernhülle.

- Kontrollpunktwege überwachen die intrazellulären Bedingungen und halten den Zellzyklus kurzzeitig an, wenn die Bedingungen für ein weiteres Durchlaufen des Zellzyklus ungünstig sind. Der DNA-Replikations-Kontrollpunkt überprüft den Abschluss der DNA-Synthese, bevor die Zelle aus der G_2-Phase in die Mitose übergehen darf. DNA-Schadens-Kontrollpunkte, an denen das Protein p53 mitwirkt, stoppen den Zellzyklus an verschiedenen Punkten, wenn ein DNA-Schaden aufgefunden wurde. Schließlich verhindert der Kontrollpunkt der mitotischen Spindel, dass die Chromosomen sich zu den Spindelpolen bewegen, bevor alle Chromosomen an die Spindel angeheftet sind.

Wachstumsfaktoren und Zellwachstum und -vermehrung

- Die Zellen der vielzelligen Organismen wachsen normalerweise nur, wenn sie von einem oder mehreren geeigneten Wachstumsfaktoren stimuliert werden.

- Viele Wachstumsfaktoren binden an Rezeptoren, die den Ras-Weg aktivieren, der mit der Passage durch den Restriktionspunkt in die S-Phase endet. Wachstumsfaktorrezeptoren aktivieren auch den P1-3-Kinase-Akt-Weg, der Zellüberleben und Zellproliferation durch Phosphorylierung fördert und dadurch Zielproteine aktiviert, welche die Apoptose unterdrücken und ein Anhalten des Zellzyklus verhindern.

- Einige Wachstumsfaktoren hemmen die Zellproliferation (statt sie zu stimulieren), indem sie die Bildung von Cdk-Inhibitoren auslösen.

Apoptose

- Die Apoptose ist eine Form des programmierten Zelltods, der durch die Aktivierung von Todesrezeptoren, den Entzug von Überlebensfaktoren oder das Auftreten von DNA-Schäden ausgelöst wird.

- Die Apoptose geht mit der geordneten Entsorgung der zurückgebliebenen Zellbestandteile einher.

- Proteasen, die Caspasen genannt werden, sind die zentralen Mediatoren der Apoptose. Initiator-Caspasen aktivieren Henker-Caspasen, die wiederum andere Apoptoseproteine aktivieren.

- Initiator-Caspasen können auf verschiedene Arten aktiviert werden, unter anderem durch die Freisetzung von Cytochrom *c* aus Mitochondrien. Pro- und antiapoptotische Proteine der Mitochondrien regulieren die Freisetzung von Cytochrom *c*.

ZUSAMMENHÄNGE HERSTELLEN

In diesem Kapitel haben Sie gelernt, wie die DNA durch einen Mechanismus repliziert wird, der die beiden Stränge der DNA-Doppelhelix entspiralisiert und jeden einzelnen Strang als Matrize nutzt, um die Synthese eines neuen Komplementärstrangs zu steuern. Die beiden Sätze replizierter DNA-Moleküle werden dann während der Mitose auf die beiden Tochterzellen verteilt. Die Zellsignalisierung, ein Thema, von dem Sie in *Kapitel 14* erfahren haben, reguliert die Mitose. Die Vorgänge der Mitose und der Cytokinese beruhen auf einer fein abgestimmten Regulation des Cytoskeletts, das Sie in den *Kapiteln 15* und *16* kennengelernt haben. In *Kapitel 20* werden Sie lernen, wie eine andere Form der Zellteilung, die Meiose, die Rekombination genetischer Information in replizierten DNA-Molekülen während der Bildung von Spermien und Eizellen zulässt, welche die geschlechtliche Reproduktion ermöglichen. Nachdem Sie in diesem Kapitel über die Replikation und Verteilung von DNA-Molekülen während der Mitose gelernt haben und im folgenden Kapitel über die Meiose lernen werden, werden Sie in den *Kapiteln 21* bis *23* erfahren, wie die in den DNA-Molekülen gespeicherte Information exprimiert und reguliert wird.

ÜBUNGSAUFGABEN

Schwierigere Aufgaben sind mit einem • gekennzeichnet.

19-1 Die Phasen des Zellzyklus. Geben Sie für jede der folgenden Aussagen an, ob sie auf die G_1-, die S-, die G_2- oder die M-Phase des Zellzyklus zutreffen. Jede Aussage kann auf eine, mehrere oder auf keine Phase zutreffen.

A Verdopplung der Kern-DNA in der Zelle.

B Die Kernhülle zerbricht in Fragmente.

C Die Schwesterchromatiden trennen sich voneinander.

D Zellen, die sich niemals wieder teilen, werden wahrscheinlich in dieser Phase angehalten.

E Die primäre Zellwand einer pflanzlichen Zelle entsteht.

F Die Chromosomen treten in Form von diffusem, ausgestrecktem Chromatin auf.

G Diese Phase ist Teil der Interphase.

H Geringste Konzentration von mitotischem Cyclin.

I In der Zelle befindet sich ein Cdk-Protein.

J In dieser Phase wurde ein Zellzykluskontrollpunkt identifiziert.

19-2 Der mitotische Index und der Zellzyklus. Der mitotische Index misst die mitotische Aktivität einer Zellpopulation. Er wird als Prozentsatz von Zellen berechnet, die sich zu einem beliebigen Zeitpunkt in der Mitose befinden. Gehen Sie davon aus, dass sich nach Untersuchung von 1.000 Zellen 30 Zellen in der Prophase, 20 in der Prometaphase, 20 in der Metaphase, 10 in der Anaphase, 20 in der Telophase und 900 in der Interphase befinden. Von den 900 Interphasezellen haben 400 Zellen (diese wurden mit einem spezifischen DNA-Farbstoff identifiziert) eine Menge X an DNA, 200 haben 2X und 300 Zellen scheinen dazwischen zu liegen. Auf Grund autoradiographischer Untersuchung wissen Sie, dass die G_2-Phase vier Stunden dauerte.

A Berechnen Sie den mitotischen Index dieser Zellpopulation.

B Spezifizieren Sie den Teil des Zellzyklus, den die folgenden Phasen jeweils ausmachen: Prophase, Prometaphase, Metaphase, Anaphase, Telophase, G_1-, S- und G_2-Phase.

C Wie lang dauert der gesamte Zellzyklus?

D Wie lange (in Stunden) dauert jede der in Teil b aufgeführten Phasen genau?

E Zur Messung der G_2-Phase gab man radioaktives Thymidin (ein DNA-Vorläufer) eine Zeit t in eine Kultur. Proben dieser Kultur werden anschließend in regelmäßigen Abständen autoradiographisch nach markierten Zellkernen untersucht. Welche spezifische Beobachtung müsste gemacht werden, um die Länge der G_2-Phase zu ermitteln?

F Welcher Anteil der Interphasezellen würde Ihrer Meinung nach markierte Zellkerne zeigen, wenn man kurze Zeit nach Kontakt mit dem markierten Thymidin eine autoradiographische Untersuchung durchführen würde? (Gehen Sie von einer so begrenzten Markierungszeit aus, dass das Thymidin gerade in die Zellen gelangen konnte und in die DNA aufgenommen wurde.)

19-3 Wiedersehen mit Meselson und Stahl. Obwohl die Struktur von Watson und Crick ein semikonservatives Modell der DNA-Replikation postulierte, waren mindestens zwei andere Modelle ebenfalls durchaus überzeugend. Gemäß dem *konservativen Modell* bleibt die Doppelhelix der Eltern-DNA intakt und es wird eine zweite, ganz neue Kopie angefertigt. Gemäß dem *dispersiven Modell* enthält jedes der beiden Tochtermoleküle eine Mischung aus alten und neu synthetisierten Segmenten.

A Entwerfen Sie ausgehend von einer Mutter-Doppelhelix gemäß jedem dieser alternativen Modelle die Tochtermoleküle nach zwei Replikationszyklen. Verwenden Sie eine Farbe für die ursprünglichen Mutterstränge und eine andere Farbe für die gesamte danach synthetisierte DNA (wie in *Abbildung 19.3* beim semikonservativem Modell).

B Geben Sie für jedes der alternativen Modelle die Verteilung von DNA-Banden an, die Meselson und Stahl nach einem oder nach zwei Replikationszyklen in ihren Cäsiumchloridgradienten vorgefunden hätten.

19-4 DNA-Replikation zum Ersten. Zeichnen Sie eine Replikationsgabel der bakteriellen DNA, in der ein Strang diskontinuierlich und der andere kontinuierlich repliziert wird. Führen Sie sechs verschiedene Enzymaktivitäten auf, die mit dem Replikationsprozess assoziiert sind. Identifizieren Sie die Funktion jeder Aktivität und zeigen Sie, wo jede dieser Aktivitäten auf der Replikationsgabel lokalisiert wäre. Stellen Sie außerdem in Ihrer Zeichnung die folgenden Merkmale dar: DNA-Matrize, RNA-Primer, Okazaki-Fragmente und einzelsträngiges DNA-Bindeprotein.

• **19-5 DNA-Replikation zum Zweiten**. Im Folgenden geben wir Beobachtungen aus fünf Experimenten wider, die zur Untersuchung des Mechanismus der DNA-Replikation bei einem hypothetischen Organismus namens *Fungus mungus* durchgeführt wurden. Geben Sie im Hinblick auf jedes Experiment an, ob es die Hypothese, dass der Pilz seine DNA durch den gleichen Mechanismus wie bei *E. coli* repliziert, stützt (S), verwirft (V) oder keine Aussage über die Hypothese gemacht wird (KA). Erklären Sie jeweils Ihre Überlegung.

A Keine der beiden DNA-Polymerasen von *F. mungus* scheint Exonucleaseaktivität zu besitzen.

B Einige DNA-Sequenzen von *F. mungus* werden auf beiden Strängen der Replikationsgabel diskontinuierlich synthetisiert.

C Einige DNA-Sequenzen von *F. mungus* kommen pro Genom in Vielfachkopien vor, während andere Sequenzen nur einmal vorliegen.

D Kurze Fragmente der DNA von *F. mungus*, die man während der Replikation isolierte, enthalten Ribose und Desoxyribose.

E Zellen von *F. mungus* werden in Gegenwart der schweren Isotope ^{15}N und ^{13}C über mehrere Generationen kultiviert und dann über eine Generation in einem normalen Medium (^{14}N, ^{12}C) kultiviert. Dann wird die DNA aus diesen Zellen isoliert und denaturiert. Die Einzelstränge ergeben in einem Cäsiumchloriddichtegradienten eine einzelne Bande.

19-6 DNA-Replikation zum Dritten. Angenommen, Sie erhalten eine neue temperatursensitive bakterielle Mutante, die normalerweise bei 37 °C wächst, aber bei 42 °C können die Chromosomen nicht richtig repliziert werden. Sie möchten den zugrunde liegenden Defekt untersuchen und inkubieren die Zellen bei 42 °C mit radioaktiven Substanzen, die für die DNA-Synthese notwendig sind. Nach einer Stunde stellen Sie fest, dass die Zellpopulation ihren DNA-Gehalt verdoppelt hat. Daraus können Sie folgern, dass die DNA-Replikation bei 42 °C noch stattfindet. Außerdem ergibt eine Zentrifugation, dass die gesamte DNA das gleiche große Molekulargewicht hat wie die Ausgangs-DNA der Zellen. Nach Denaturierung der DNA stellen Sie jedoch fest, dass 75 % der resultierenden einzelsträngigen DNA ein Molekulargewicht hat, das nur der Hälfte des Molekulargewichts der ursprünglichen doppelsträngigen DNA entspricht. Außerdem haben die verbleibenden 25 % der DNA ein wesentlich niedrigeres Molekulargewicht. Erklären Sie ausgehend von den dargestellten Ergebnissen, welches Gen Ihrer Ansicht nach in diesen Zellen defekt ist. Erklären Sie, wie ein solcher Defekt sich auf die von Ihnen beobachteten experimentellen Ergebnisse ausgewirkt hat.

19-7 Das Minimalchromosom. Damit das lineare DNA-Molekül eines eukaryotischen Chromosoms intakt von einer Zellgeneration an die nächste weitergegeben werden kann, muss es geeignete Nucleotidsequenzen besitzen, aus denen drei besondere Regionen bestehen: Replikationsursprung (mindestens einer), ein Centromer und zwei Telomere. Was würde passieren, wenn ein solches chromosomales DNA-Molekül irgendwie

A alle Replikationsursprünge verlieren würde?

B die gesamte DNA des Centromers verlieren würde?

C eines der Telomere verlieren würde?

19-8 DNA-Schäden und Reparatur. Geben Sie für jede der folgenden Aussagen an, ob sie auf Desaminierung (DA) oder Pyrimidindimerbildung (PDB) zutreffen. Jede Aussage kann auf einen, mehrere oder auf keinen Vorgang zutreffen.

A Dieser Vorgang wird durch die spontane Hydrolyse einer glykosidischen Bindung ausgelöst.

B Dieser Vorgang wird von ultraviolettem Licht induziert.

C Das kann mit Guanin, aber nicht mit Cytosin geschehen.

D Das kann mit Thymin, aber nicht mit Adenin geschehen.

E Das kann mit Thymin, aber nicht mit Cytosin geschehen.

F Die Reparatur erfolgt durch eine DNA-Glykosylase.

G Die Reparatur erfolgt durch eine Endonuclease.

H Die Reparatur erfolgt durch eine DNA-Ligase.

I Die Reparatur hängt vom Vorhandensein zweier Kopien der genetischen Information in den beiden Strängen der Doppelhelix ab.

J Die Reparatur hängt von der Spaltung der beiden Stränge der Doppelhelix ab.

19-9 Unübliche Purine und Pyrimidine. In ▸*Abbildung 19.46* sind drei nicht standardmäßig vorkommende Stickstoffbasen dargestellt, die durch Desaminierung in der DNA natürlich vorkommender Basen entstehen.

A Geben Sie an, welche Base in der DNA desaminiert werden muss, um jede dieser Basen zu bilden.

B Warum sind nur drei Basen dargestellt, obwohl die DNA vier Basen enthält?

C Warum ist es von Bedeutung, dass keine der in ▸*Abbildung 19.46a* dargestellten Basen auf natürliche Weise in der DNA vorkommt?

D In ▸*Abbildung 19.46b* ist 5-Methylcytosin dargestellt, ein Pyrimidin, das auf natürliche Weise in der DNA entsteht, wenn zelluläre Enzyme Cytosin methylieren. Warum kann die Anwesenheit dieser Base die Wahrscheinlichkeit einer Mutation erhöhen?

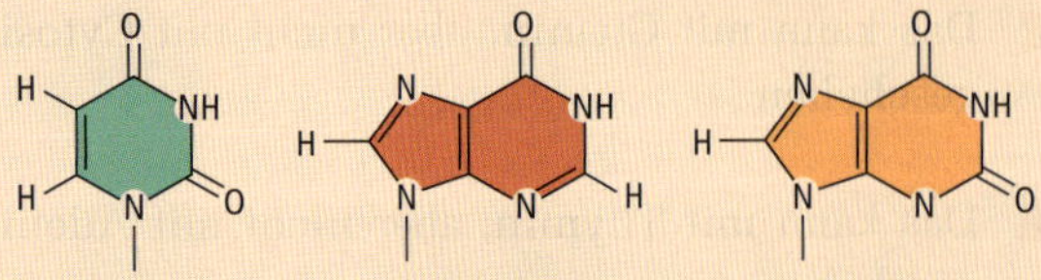

Uracil Hypoxanthin Xanthin
(a)

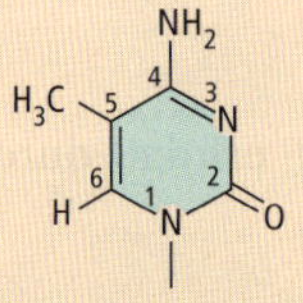

5-Methylcytosin
(b)

Abbildung 19.46: Strukturen unüblicher Purine und Pyrimidine.

• **19-10 Chromosomenbewegung während der Mitose.** Man kann die Mikrotubuli einer Spindel durch Fotobleichen mit einem Lasermikrostrahl markieren (▶*Abbildung 19.47*). Danach haben sich die Chromosomen während der Anaphase *in Richtung* der gebleichten Zone bewegt. Stimmen die folgenden Aussagen mit dem Ergebnis des Experiments überein (Ja) oder nicht (Nein)?

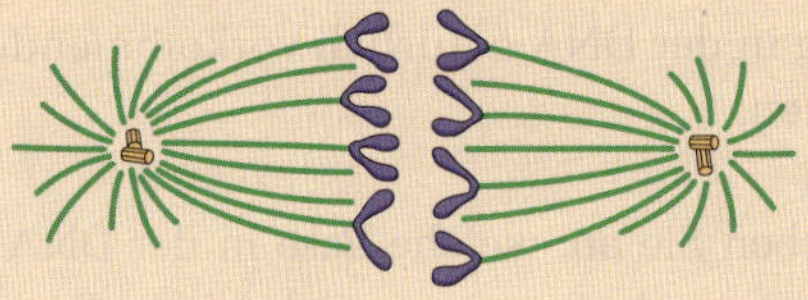

Die Mikrotubuli werden während der Anaphase mit einem fluoreszierenden Farbstoff markiert.

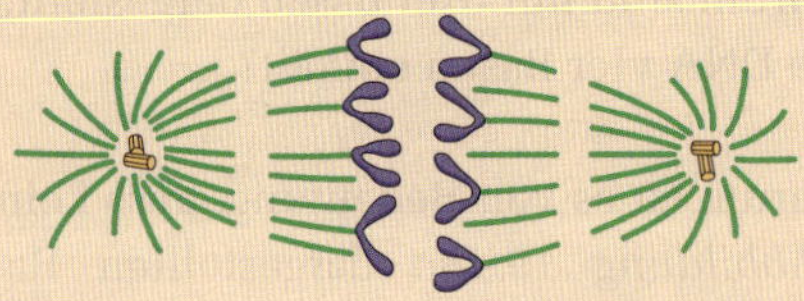

Ein Laserstrahl wird zur Markierung von zwei Arealen verwendet, in denen der Fluoreszenzfarbstoff geblichen wird.

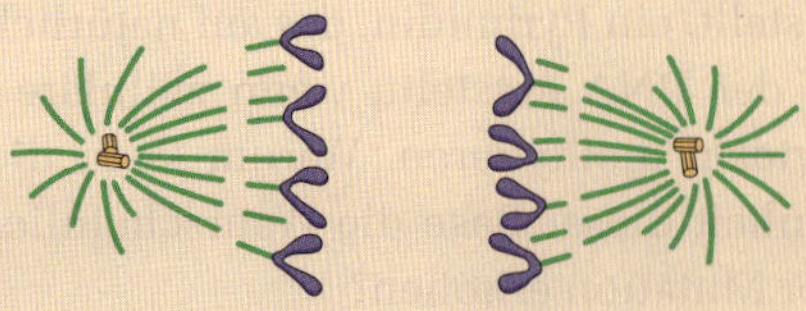

Man beobachtet, dass die Chromosomen in Richtung der gebleichten Areale wandern.

Abbildung 19.47: Einsatz von Laserfotobleichen zur Untersuchung der Chromosomenbewegung während der Mitose.

A Mikrotubuli bewegen Chromosomen ausschließlich durch Dissoziation an den Spindelpolen.

B Chromosomen bewegen sich durch Abbau von Mikrotubuli an ihren Kinetochorenden.

C Chromosomen werden auf Mikrotubuli von Kinetochor-Motorproteinen bewegt, die sich auf der Oberfläche des Mikrotubulus bewegen und das Chromosom „mit sich ziehen".

19-11 Cytokinese. Treffen Sie auf der Grundlage Ihres Wissens über die Cytokinese eine Voraussage, was sich in jeder der folgenden Situationen ereignen wird. Erklären Sie in jedem Fall Ihre Antwort.

A In eine befruchtete Eizelle eines Seeigels wird 30 Minuten vor der ersten Teilung C3-Transferase injiziert, ein bakterielles Toxin, das ADP ribosyliert und Rho hemmt.

B Der einzelligen Zygote von *C. elegans* fehlt *Anilin*, ein Protein, das für den richtigen Zusammenbau von Myosin auf der Zelloberfläche benötigt wird.

19-12 Mehr Fragen zu den Phasen des Zellzyklus. Geben Sie bitte für jedes der folgenden Zellzyklus-Phasenpaare an, wie Sie erkennen könnten, in welcher der beiden Phasen sich eine spezifische Zelle befindet.

A G_1-Phase und G_2-Phase

B G_1-Phase und S-Phase

C G_2-Phase und M-Phase

D G_1-Phase und M-Phase

19-13 Regulation des Zellzyklus. Rufen Sie sich bitte in Erinnerung, dass man bei einer Vorgehensweise zur Untersuchung des Zellzyklus kultivierte Zellen fusioniert hat, die sich in unterschiedlichen Stadien des Zellzyklus befanden, und die Auswirkung der Fusion auf die Zellkerne der fusionierten Zellen (Heterokaryons) beobachtet hat. Wenn man Zellen der G_1-Phase mit Zellen in der S-Phase fusioniert, beginnen die Zellkerne der G_1-Zellen früher mit der DNA-Replikation als ohne Fusion. Bei Verschmelzungen von Zellen in der G_2- und der S-Phase führen die Zellkerne zwar ihre früheren Aktivitäten noch aus und werden offensichtlich nicht durch die Fusion beeinflusst. Verschmelzungen zwischen mitotischen Zellen und Interphasezellen führen in nicht-mitotischen Zellkernen immer zur Chromatinkondensation. Geben Sie, ausgehend von diesen Ergebnissen, an, ob die folgenden Aussagen über die Regulation des Zellzyklus wahrscheinlich wahr sind (W), wahrscheinlich falsch (F) oder nicht aus den Daten gefolgert werden können (N).

A Die Aktivierung der DNA-Synthese kann auf der stimulierenden Aktivität eines oder mehrerer cytoplasmatischer Faktoren beruhen.

B Der Übergang von der S-Phase in die G_2-Phase könnte auf der Gegenwart eines cytoplasmatischen Faktors, der die DNA-Synthese hemmt, beruhen.

C Der Übergang von der G_2-Phase in die Mitose könnte auf der Gegenwart von einem oder mehrerern Faktoren im G_2-Cytoplasma beruhen, welche die Chromatinverdichtung induzieren.

D Die G_1-Phase ist nicht für alle Zellzyklen verpflichtend.

E Der Übergang von der Mitose zur G_1-Phase scheint auf dem Verschwinden oder der Inaktivierung eines cytoplasmatischen Faktors zu beruhen, der in der M-Phase vorkommt.

• **19-14 Die Rolle von Cyclin-abhängigen Proteinkinasen.** Wie würden Sie, ausgehend von Ihrem Verständnis der Regulation des eukaryotischen Zellzyklus, die folgenden experimentell erhaltenen Beobachtungen erklären?

A Wenn man mitotisches Cdk-Cyclin in Zellen injiziert, die gerade die S-Phase durchlaufen haben, finden die Verdichtung der Chromosomen und der Abbau des Zellkerns sofort statt und nicht erst nach der normalen Verzögerung von mehreren Stunden durch die G_2-Phase.

B Wenn man eine anormale, unzerstörbare Form mitotischen Cyclins in Zellen injiziert, treten sie in die Mitose ein, können diese aber nicht beenden und treten wieder in die G_1-Phase ein.

C Mutationen, die das Hauptprotein Phosphatase inaktivieren und die man zur Katalyse von Proteindesphosphorylierungen verwendete, verursachen eine lange Verzögerung des Wiederaufbaus der Kernhülle, die normalerweise am Ende der Mitose stattfindet.

• **19-15 Apoptose und Medizin.** Im aktuellen Fokus der Molekularmedizin liegt das Auslösen oder Hemmen der Apoptose in spezifischen Zellen. Der Ansatz zielt auf mehrere Komponenten des apoptotischen Wegs. Geben Sie für jede der folgenden Aussagen spezifisch an, wie die Behandlung vermutlich die Apoptose stimulieren oder hemmen könnte.

A Die Zellen werden mit einem kleinen Molekül behandelt, dem Pifithrin-α, das ursprünglich wegen seiner Fähigkeit, die p53-abhängige Transkriptionsaktivierung reversibel zu blockieren, isoliert worden war.

B Zellen wurden mit dem rekombinanten TRAIL-Protein in Kontakt gebracht, einem Liganden der Tumornekrosefaktorfamilie der Rezeptoren.

C Die Behandlung von Zellen mit organischen Verbindungen, die in die Zelle eindringen und mit hoher Affinität an die aktive Stelle der Caspase-3 binden.

WEITERFÜHRENDE LITERATUR

Historisch bedeutsame Literatur ist mit einem • gekennzeichnet.

Überblick über den Zellzyklus

Darzynkiewicz, Z., H. Crissman und J. W. Jacobberger. Cytometry of the cell cycle: Cycling through history. *Cytometry* 58A (2004): 21.

DNA-Replication

Aladjem, M. I. Replication in context: Dynamic regulation of DNA replication patterns in metazoans. *Nature Rev. Genet.* 8 (2007): 588.

Alberts, B. DNA replication and recombination. *Nature* 421 (2003): 431.

Blow, J. J. und A. Dutta. Preventing re-replication of chromosomal DNA. *Nature Rev. Mol. Cell Biol.* 6 (2005): 476.

• Friedberg, E. C. The eureka enzyme: The discovery of DNA polymerase. *Nature Rev. Mol. Cell Biol.* 7 (2006): 143.

Gilbert, D. M. In search of the holy replicator. *Nature Rev. Mol. Cell Biol.* 5 (2004): 848.

Gilson, E. und V. Géli. How telomeres are replicated. *Nature Rev. Mol. Cell Biol.* 8 (2007): 825.

• Greider, C. W. und E. H. Blackburn. Telomeres, telomerase, and cancer. *Sci. Amer.* 274 (February 1996): 92.

Johnson, A. und M. O'Donnell. Cellular DNA replicases. Components and dynamics at the replication for. *Annu. Rev. Biochem.* 74 (2005): 283.

Méndez, J. und B. Stillman. Perpetuating the double helix: Molecular machines at eukaryotic DNA replication origins. *BioEssays* 25 (2003): 1158.

• Meselson, M. und F. W. Stahl. The replication of DNA in E. coli. *Proc. Natl. Acad. Sci. USA* 44 (1958): 671.

• Mullis, K. B. The unusual origin of the polymerase chain reaction. *Sci. Amer.* 262 (April 1990): 56.

• Ogawa, T. und R. Okazaki. Discontinuous DNA replication. *Annu. Rev. Biochem.* 49 (1980): 421.

Remus, D. und J. F. Diffley. Eukaryotic DNA replication control: Lock and load, then fire. *Curr. Opin. Cell Biol.* 21 (2009): 771.

Stewart, S. A. und R. A. Weinberg. Telomeres: Cancer to human aging. *Annu. Rev. Cell Dev. Biol.* 22 (2006): 531.

• Watson, J. D. und F. H. C. Crick. Genetical implications of the structure of deoxyribonucleic acid. *Nature* 171 (1953): 964.

DNA-Reparatur

Clarke, P. R. und L. A. Allan. Cell-cycle control in the face of damage – A matter of life or death. *Trends Cell Biol.* 19 (2009): 89.

Eggleston, A. K. et al. Nature Insight: DNA replication and repair. *Nature* 447 (2007): 923

Friedberg, E. C. DNA damage and repair. *Nature* 421 (2003): 436.

Jiricny, J. The multifaceted mismatch-repair system. *Nature Rev. Mol. Cell Biol.* 7 (2006): 335.

Lainé, J.-P. und J.-M. Egly. When transcription and repair meet: A complex system. *Trends Genet.* 22 (2006): 430.

Lieber, M. R. et al. Mechanism and regulation of human non-homologous DNA end-joining. *Nature Rev. Mol. Cell Biol.* 4 (2003): 712.

Kernteilung und Zellteilung

Davis, T. N. und L. Wordeman. Rings, bracelets, sleeves, and chevrons: New structures of kinetochore proteins. *Trends Cell Biol.* 17 (2007): 377.

Glotzer, M. The 3Ms of central spindle assembly: Microtubules, motors and MAPs. *Nat. Rev. Mol. Cell Biol.* 10 (2009): 9.

• Mitchison, T. J. und E. D. Salmon. Mitosis: A history of division. *Nature Cell Biol.* 3 (2001): E17.

Muller, S., A. J. Wright und L. G. Smith. Division plane control in plants: New players in the band. *Trends Cell Biol.* 19 (2009): 180.

Nigg, E. A. Centrosome duplication: Of rules and licences. *Trends Cell Biol.* 17 (2007): 215.

Nigg, E. A. Hrsg. *Centrosomes in Development and Disease.* Weinheim: Wiley-VCH, 2004.

Scholey, J. M., I. Brust-Mascher und A. Mogilner. Cell division. *Nature* 422. (2003): 746.

Siller, K. H. und C. Q. Doe. Spindle orientation during asymmetric cell division. *Nat. Cell Biol.* 11 (2009): 365.

Von Dassow, G. Concurrent cues for cytokinetic furrow induction in animal cells. *Trends Cell Biol.* 19 (2009): 165.

Wadsworth, P. und A. Khodjakov. *E pluribus unum*: Towards a universal mechanism for spindle assembley. *Trends Cell Biol.* 14 (2004): 413.

Regulation des Zellzyklus

Bloom, J. und F. R. Cross. Multiple levels of cyclin specifity in cell-cycle control. *Nature Rev. Mol. Cell Biol.* 8 (2007): 149.

Chan, G. K., S.-T. Liu und T. J. Yen. Kinetochore structure and function. *Trends Cell. Biol.* 15 (2005): 589.

Clarke, P. R. und C. Zhang. Spatial and temporal coordination of mitosis by Ran GTPase. *Nature Rev. Mol. Cell Biol.* 9 (2008): 464.

Coller, H. A., What's taking so long? S-phase entry from quiescence versus proliferation. *Nature Rev. Mol. Cell Biol.* 8 (2007): 667.

De Veylder, L., T. Beeckman und D. Inzé. The ins and outs of the plant cell cycle. *Nature Rev. Mol. Cell Biol.* 8 (2007): 655.

Jiang, B. H. und L. Z. Liu. P13K/PTEN signaling in angiogenesis and tumorigenesis. *Adv. Cancer Res.* 102 (2009): 19.

Murayama, Y. und Uhlmann, F. Biochemical reconstitution of topological DNA binding by the cohesin ring. *Nature* 505 (2014) 367.

• Nasmyth, K. A prize for proliferation. *Cell* 107 (2001): 689.

Nigg, E. A. Mitotic kinases as regulators of cell division and its check-points. *Nature Rev. Mol. Cell Biol.* 2 (2001): 21.

Nurse, P. A long twentieth century of the cell cycle and beyond. *Cell* 100 (2000): 71.

Onn, I., J. M. Heidinger-Pauli, V. Guacci, E. Unal und D. E. Koshland. Sister chromatid cohesion: A simple concept with a complex reality. *Ann. Rev. Cell Dev. Biol.* 24 (2008): 105.

Peters, J.-M. The anaphase promoting complex/cyclosome: A machine designed to destroy. *Nature Rev. Mol. Cell Biol.* 7 (2006): 644.

Pines, J. Mitosis: A matter of getting rid of the right protein at the right time. Trends Cell Biol. 16 (2006): 55.

van den Heuvel, S. und N. J. Dyson. Conserved funtions of the pRB and E2F families. *Nature Rev. Mol. Cell Biol.* 9 (2008): 713.

Apoptose

Alexandrov, L. B. et al. Signatures of mutational processes in human cancer. *Nature* 500 (2013): 415

Brenner, D. und T. W. Mak. Mitochondrial cell death effectors. *Curr. Opin. Cell Biol.* 21 (2009): 871.

Brunelle, J. K. und A. Letai. Control of mitochondrial apoptosis by the Bcl-2 family. *J. Cell Sci.* 122 (2009): 437.

Czabotar, P. E. et al. Control of apoptosis by the BCL-2 protein family: implications for physiology and therapy. *Nat. Rev. Mol. Cell Biol.* 15 (2014): 49

Denial, N. N. und S. J. Korsmeyer. Cell death: Critical control points. *Cell* 116 (2004): 205.

Horvitz, H. R. Worms, life and death (Nobel lecture). *Chembiochem.* 4 (2003): 697.

Ow, Y. P., D. R. Green, Z. Hao und T. W. Mak. Cytochrome *c*: Functions beyond respiration. *Nature Rev. Mol. Cell Biol.* 9 (2008): 532.

Vaseva, A. V. und U. M. Moll. The mitochondrial p53 pathway. *Biochim. Biophys. Acta* 1787 (2009): 414.

Geschlechtliche Vermehrung, Meiose und genetische Rekombination

20

ÜBERBLICK

Im vorangegangenen Kapitel haben wir uns mit der mitotischen Zellteilung beschäftigt, die zur Vermehrung der meisten eukaryotischen Zellen dient. Dadurch werden neue Organismen gebildet oder mehr Zellen pro Organismus. Da der mitotische Zellteilungszyklus aus einer DNA-Replikation besteht, an den sich die Aufteilung identischer Chromosomen auf zwei Tochterzellen anschließt, entstehen durch mitotische Zellteilung genetisch identische oder fast identische Zellen. Diese Fähigkeit, genetische Merkmale exakt weiterzugeben, macht die mitotische Form der Zellteilung zur Grundlage der **ungeschlechtlichen Vermehrung** bei Eukaryoten. Bei der ungeschlechtlichen Vermehrung entstehen durch mitotische Teilung der Zellen in einem einzigen Mutterorganismus neue Individuen, entweder einzellig oder mehrzellig. Auch wenn sich diese Vorgänge bei verschiedenen Organismen im Detail unterscheiden, kommt die ungeschlechtliche Vermehrung in der Natur sehr häufig vor. Beispiele dafür sind die *mitotische Teilung* einzelliger Organismen, die *Knospung* von Nachkommen aus dem mehrzelligen Körper des Mutterorganismus und die *Regeneration* ganzer Organismen aus Teilen des Mutterorganismus. Bei Pflanzen können sogar ganze Organismen aus einzelnen Zellen der Mutterpflanze hervorgehen.

Die ungeschlechtliche Vermehrung kann eine effiziente und in der Evolution erfolgreiche Form der Überlebenssicherung einer Spezies sein. Solange die Umweltbedingungen sich nicht grundlegend verändern, eignet sich die genetische Vorhersehbarkeit der ungeschlechtlichen Vermehrung perfekt zur Sicherung des Überlebens einer Population. Sollten sich die Umweltbedingungen aber verändern, dann kann eine sich ungeschlechtlich vermehrende Population eventuell nicht mehr in der Lage sein, sich den neuen Gegebenheiten anzupassen. Unter diesen Bedingungen haben sich geschlechtlich vermehrende Organismen im Allgemeinen eher einen Vorteil als sich ungeschlechtlich vermehrende Organismen, womit wir uns im Folgenden beschäftigen werden.

20.1 Geschlechtliche Vermehrung

Im Gegensatz zur ungeschlechtlichen Vermehrung, deren Nachkommen mit dem einzigen Mutterorganismus, aus dem sie hervorgehen, genetisch identisch sind, ermöglicht die geschlechtliche Vermehrung die Vermischung der genetischen Information zweier Elternorganismen, woraus Nachkommen hervorgehen, die nicht genetisch identisch sind und sich voneinander sowie von den Eltern unterscheiden. Außerdem sind die Unterschiede der Nachkommen unvorhersehbar; das heißt, wir können nicht vorhersagen, welche Genkombinationen ein bestimmter Nachkomme von seinen beiden Eltern erhalten wird. Da die meisten Pflanzen und Tiere – und sogar viele eukaryotische Mikroorganismen – sich geschlechtlich vermehren, muss diese Form der Reproduktion einige deutliche Vorteile mit sich bringen. Allerdings sind die Evolutionsbiologie und angrenzende Wissenschaftsgebiete noch nicht in der Lage, schlüssig und endgültig zu erklären, warum und wie sich geschlechtliche Vermehrung so grundlegend durchgesetzt hat, denn ihre energetischen „Kosten" für die Organsimen sind ungleich höher als bei der ungeschlechtlichen Vermehrung.

20.1.1 Geschlechtliche Vermehrung führt zu genetischer Vielfalt, indem Chromosomen von zwei unterschiedlichen Elternorganismen zusammengebracht werden

Die geschlechtliche Vermehrung ermöglicht in den neu entstehenden Nachkommen verschiedene Kombinationen von Merkmalen unterschiedlicher Individuen. Darauf beruht die gewaltige Vielfalt der Individuen, aus denen sich eine Population zusammensetzt. Letztendlich beruht die genetische Variation auf dem Auftreten von *Mutationen*, unvorhersehbaren Änderungen der DNA-Basensequenz. Mutationen sind seltene Ereignisse, und vorteilhafte Mutationen treten noch viel seltener auf. Sollten positive Mutationen aber tatsächlich stattfinden, dann ist es eindeutig von Vorteil, sie in der Population zu bewahren. Es kann sogar noch nutzbringender sein, Mutationen in verschiedenen Kombinationen zusammenzuführen – darin liegt der Vorteil der geschlechtlichen Vermehrung. Obwohl Mutationen sowohl bei sich geschlechtlich als auch bei sich ungeschlechtlich vermehrenden Spezies vorkommen, kann nur die geschlechtliche Vermehrung in jedem neuen Nachkommen eine Neuanordnung der genetischen Information bewirken.

Da die geschlechtliche Vermehrung die genetische Information zweier unterschiedlicher Eltern in einem einzigen Nachkommen kombiniert, besitzt jeder sich geschlechtliche vermehrende Organismus zu einem bestimmten Zeitpunkt seines Lebenszyklus zwei Kopien jedes Chromosomentyps, jeweils eine Kopie von einem Elternteil. Die beiden Teile jedes Chromosomenpaares bezeichnet man als **homologe Chromosomen**. Zwei homologe Chromosomen tragen die gleiche Genpalette, obwohl sich die beiden Versionen bei jedem Gen geringfügig in der Basensequenz voneinander unterscheiden können. Es überrascht also keineswegs, dass homologe Chromosomen im Allgemeinen gleich aussehen, wenn man sie unter dem Mikroskop betrachtet (siehe *Abbildung 19.23*). Eine Ausnahme von dieser Regel stellen die **Geschlechtschromosomen** dar, die bestimmen, ob ein Individuum männlich oder weiblich ist. Die beiden Arten von Geschlechtschromosomen, die man im Allgemeinen als X- und Y-Chromosomen bezeichnet, unterscheiden sich im Hinblick auf ihre genetische Zusammensetzung und ihr Erscheinungsbild erheblich. Bei Säugetieren tragen beispielsweise die weiblichen Tiere zwei gleich große X-Chromosomen, während die männlichen Tiere ein X-Chromosom und ein wesentlich kleineres Y-Chromosom besitzen. Trotzdem sind Teile der X- und Y-Chromosomen tatsächlich homolog. Während der geschlechtlichen Vermehrung verhalten sich die X- und Y-Chromosomen als Homologe.

Eine Zelle oder ein Organismus mit zwei Chromosomensätzen ist **diploid** (vom griechischen Wort *diplous*, das „doppelt" bedeutet) und enthält zwei Kopien seines Genoms. Eine Zelle oder ein Organismus mit einem einzigen Chromosomensatz und daher nur einer Genom-Kopie ist **haploid** (vom griechischen Wort *haplous*, das „einzeln" bedeutet). Vereinbarungsgemäß bezeichnet man die Anzahl der haploiden Chromosomen einer Spezies mit n (oder $1n$) und die diploide Anzahl mit $2n$. Beispielsweise bedeutet beim Menschen $n = 23$, dass die meisten menschlichen Zellen zwei Sätze aus 23 Chromosomen enthalten, was eine diploide Gesamtzahl von 46 ergibt. Der diploide Zustand ist ein grundlegendes Merkmal des Lebenszyklus sich geschlechtlich vermehrender Spezies. In gewisser Weise enthält eine diploide Zelle einen Extrasatz von Genen, die für Mutation und genetische Innovation bereitstehen. Veränderungen in einer zweiten Kopie eines Gens stellen im Allgemeinen keine Bedrohung für das Überleben eines Organismus dar, sogar dann nicht, wenn die Mutation die ursprüngliche Funktion dieser bestimmten Genkopie unterbricht. Außerdem bietet der diploide Zustand einen gewissen Schutz gegen Chromosomenschäden. Sollte ein Chromosom tatsächlich kaputt gehen, dann kann es manchmal mit Hilfe der DNA-Sequenz des homologen Chromosoms, die als Matrize dient, repariert werden.

20.1.2 Diploide Zellen können für jedes Gen homozygot oder heterozygot sein

Um die genetischen Konsequenzen des diploiden Zustands weiter zu erforschen, wollen wir uns jetzt auf das Verhalten eines einzelnen **Genlocus** (Plural: Loci) konzentrieren. Der Genlocus ist der Ort auf einem Chromosom, der die DNA-Sequenz eines bestimmten Gens enthält. Der Einfachheit halber gehen wir von der Annahme aus, dass das Gen ein einziges, deutlich abgegrenztes *Merkmal*, wie die Genetiker im Allgemeinen sagen, kontrolliert. Nehmen wir also an, dass von diesem Gen nur eine Kopie pro haploidem Genom vorliegt, sodass ein diploider Organismus zwei Kopien des Gens besitzt, die entweder identisch sind oder sich ein wenig unterscheiden. Die beiden Versionen des Gens sind die **Allele**, und die Kombination der Allele legt fest, wie ein Organismus das von dem Gen kontrollierte Merkmal exprimieren wird. Bei Gartenerbsen bestimmen die Allele an einer bestimmten Stelle des entsprechenden Chromosoms die Samenfarbe, entweder grün oder gelb (▶*Abbildung 20.1*). Ein Organismus mit zwei identischen Allelen für ein bestimmtes Gen wird als **homozygot** für das Gen oder das Merkmal bezeichnet. Somit bezeichnet man eine Erbsenpflanze, die von beiden Eltern das gleiche Allel für gelbe Samenfarbe geerbt hat, als homozygot für die Samenfarbe. Ein Organismus mit zwei verschiedenen Allelen für ein Gen ist **heterozygot** für das Gen oder das Merkmal, das es bestimmt. Eine Erbsenpflanze mit einem Allel, das die gelbe Samenfarbe spezifiziert, und einem zweiten Allel, das die grüne Samenfarbe spezifiziert, ist daher im Hinblick auf die Samenfarbe heterozygot.

In einem heterozygoten Individuum ist eines der beiden Allele oftmals **dominant** und das andere **rezessiv**. Diese Begriffe vermitteln sofort den Gedanken, dass das dominante Allel bestimmt, wie das Merkmal in einem heterozygoten Individuum ausgeprägt wird. (Das Wort „Merkmal" bezieht sich auf eine bestimmte Variante eines Charakters, wie grüne und gelbe Samen, wobei die Samenfarbe der

Charakter ist.) Was die Samenfarbe bei Erbsen betrifft, so ist das gelbe Merkmal dominant gegenüber grün; das bedeutet, dass Erbsenpflanzen, die für die Samenfarbe heterozygot sind, gelbe Samen haben werden. Ein dominantes Allel wird im Allgemeinen durch einen großgeschriebenen Buchstaben gekennzeichnet, der ein Merkmal repräsentiert, während ein entsprechendes rezessives Allel durch den gleichen, aber kleinen Buchstaben repräsentiert wird. In beiden Fällen verwendet man kursiv geschriebene Buchstaben. Somit werden die Allele für die Samenfarbe von Erbsenpflanzen mit *Y* für gelb und *y* für grün darstellt, denn das Merkmal gelb ist dominant. Wie Sie *Abbildung 20.1* entnehmen können, kann die Erbsenpflanze homozygot für das dominante Allel (*YY*), homozygot für das rezessive Allel (*yy*) oder heterozygot (*Yy*) sein.

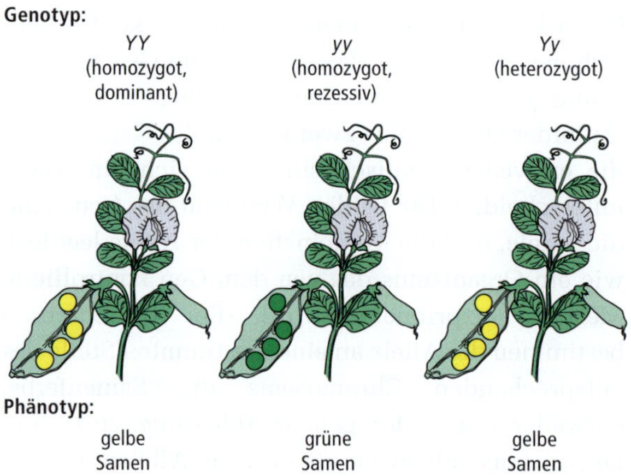

Abbildung 20.1: Genotyp und Phänotyp. Bei Gartenerbsen ist die Samenfarbe (Phänotyp) entweder gelb oder grün. Die Samenfarben-Allele sind *Y* (gelb, dominant) oder *y* (grün, rezessiv). Da die Erbsenpflanze ein diploider Organismus ist, kann die genetische Zusammensetzung (Genotyp) der Samenfarbe homozygot dominant (*YY*), homozygot rezessiv (*yy*) oder heterozygot (*Yy*) sein.

Es ist wichtig, zwischen dem **Genotyp**, der genetischen Zusammensetzung eines Organismus, und dem **Phänotyp** zu unterscheiden, der physikalischen Ausprägung des Genotyps. Im Allgemeinen kann man den Phänotyp eines Organismus durch Betrachtung ermitteln (zum Beispiel, indem man nachschaut, ob die Samen grün oder gelb sind). Andererseits kann man den Genotyp nur durch Untersuchung der DNA des Organismus *direkt* ermitteln. Der Genotyp muss also aus einem indirekten Nachweis abgeleitet werden, beispielsweise dem Phänotyp sowie Information über die Phänotypen der Eltern und/oder des Nachkommen. Organismen mit gleichem Phänotyp müssen nicht unbedingt identische Genotypen haben. Im Beispiel aus *Abbildung 20.1* sind die Erbsenpflanzen mit gelbem Samen (Phänotyp) entweder *YY* oder *Yy* (Genotyp). In ▶*Abbildung 20.2* ist die bisher verwendete genetische Terminologie zusammengefasst.

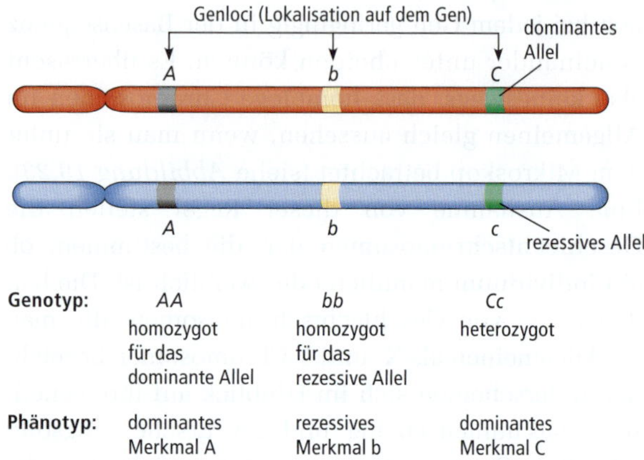

Abbildung 20.2: Genetische Terminologie. In der Zeichnung ist ein homologes Chromosomenpaar einer diploiden Zelle dargestellt. Die Chromosomen sind von gleicher Größe und Form und tragen in der gleichen Reihenfolge Gene für die gleichen Merkmale. Die Lage eines Gens auf einem Chromosom wird als Locus bezeichnet. Die jeweilige Versionen eines Gens – Allele –, die man auf vergleichbaren Genloci auf homologen Chromosomen findet, können identisch (wodurch der Organismus einen Genotyp hat, der für das Gen homozygot ist) oder unterschiedlich sein (wodurch der Organismus einen heterozygoten Genotyp erhält). Wenn ein Allel eines Gens dominant und das andere rezessiv ist, dann zeigt der heterozygote Organismus im Hinblick auf das betreffende Merkmal einen dominanten Phänotyp. Man beobachtet nur dann einen rezessiven Phänotyp, wenn der Genotyp für das rezessive Allel homozygot ist. Hier wurden die Farben Rot und Blau verwendet, um die Herkunft der beiden Chromosomen von den verschiedenen Elternteilen zu unterscheiden, und auch in den meisten weiteren Darstellungen werden wir diese Farben verwenden

20.1.3 Gameten sind haploide, auf geschlechtliche Vermehrung spezialisierte Zellen

Das herausragende Kennzeichen der geschlechtlichen Vermehrung ist die Tatsache, dass die von zwei Eltern beigetragene genetische Information in einem einzigen Individuum zusammengeführt wird. Da die Nachkommen der geschlechtlichen Vermehrung diploid sind, muss der Beitrag eines jeden Elternteils haploid sein. Die haploiden Zellen, die von jedem Elternteil gebildet werden, die sogenannten **Gameten**, verschmelzen und bilden die diploide Nachkommenschaft. Die Entstehung der Gameten ist die **Gametogenese**. Die Unterscheidung der Biologen zwischen männlichen und weiblichen Individuen beruht auf den von ihnen gebildeten Gameten Die von männlichen Individuen gebildeten Gameten, die **Spermien** (oder *Spermatozoen*), sind im Allgemeinen recht klein und meist überaus beweglich. Weibliche Gameten, die sogenannten **Oocyten** oder **Ova** (Singular: **Ovum**), sind auf die Speicherung von Nährstoffen spezialisiert, im Vergleich zu den Spermien tendenziell recht groß und unbeweglich. Zum Beispiel ist das Volumen der Oocyte eines Seeigels mehr als 10.000-mal größer als das einer Spermazelle. Bei Vögeln und Amphibien, die große, mit Dotter gefüllte Eier haben, ist der Unterschied noch größer. Trotz dieser unterschiedlichen Größen geben Spermien und Oocyten die gleichen Mengen chromosomaler DNA an die Nachkommen weiter.

Die Vereinigung von Spermium und Eizelle während der geschlechtlichen Vermehrung ist die **Befruchtung**. Die dadurch befruchtete Eizelle oder **Zygote** ist diploid, denn sie hat einen Chromosomensatz des Spermiums und einen homologen Chromosomensatz der Eizelle erhalten. Bei multizellulären Organismen folgt auf die Befruchtung und Bildung der Zygote eine Reihe mitotischer Teilungen sowie die fortschreitende Spezialisierung verschiedener Zellgruppen zur Bildung eines vielzelligen Embryos und schließlich eines entwickelten Organismus.

In nur sehr wenigen und selten vorkommende Situationen können Eizellen auch ohne Spermien Nachkommen hervorbringen – ein Phänomen, das man als *Parthenogenese* (auch „Jungfernzeugung“ genannt) bezeichnet. Ein faszinierender Vertreter ist der Komodowaran, ein Bewohner der zentralen Inseln Indonesiens. Der Komodowaran ist die größte Echsenart der Welt und erreicht eine Länge von zwei bis drei Metern. Wenn keine männlichen Komodowarane für die geschlechtliche Vermehrung zur Verfügung stehen, bringen die weiblichen Komodowarane durch Selbstbefruchtung Nachkommen hervor, indem eine haploide Eizelle mit einem haploiden *Polarkörper* verschmilzt – einer „Minieizelle“, die gleichzeitig mit den Eizellen gebildet wird. Folglich stammen die Gene jedes Nachkommen nur von der Mutter; dennoch sind die Nachkommen nicht exakte Duplikate der Mutter, denn in den haploiden Zellen, die verschmelzen und einen Embryo bilden, liegen verschiedene Kombinationen von Allelen vor. Auch heimische Blattläuse aus der Gruppe der Aphidoidea können in guten, stabilen Zeiten durch Parthenogenese in kürzester Zeit eine riesige Anzahl von genetisch identischen Nachkommen produzieren.

Bei einigen Organismen können die Gameten nicht als männlich oder weiblich kategorisiert werden. Bestimmte Pilze und einzellige Eukaryoten bilden zum Beispiel Gameten mit identischem Erscheinungsbild, die sich aber auf molekularer Ebene geringfügig voneinander unterscheiden. Diese Gameten unterscheiden sich im **Paarungstyp**. Die Vereinigung von zwei dieser Gameten erfolgt unter der Voraussetzung, dass es sich um unterschiedliche Paarungstypen handelt; die Anzahl möglicher Paarungstypen innerhalb einer Spezies kann größer als zwei sein – in einigen Fällen gibt es sogar mehr als zehn!

Meiose 20.2

Da Gameten haploid sind, können sie nicht durch Mitose aus diploiden Zellen hervorgehen, denn bei der Mitose entstehen mit der ursprünglichen Mutterzelle genetisch identische Tochterzellen. Mit anderen Worten, wenn Gameten durch mitotische Teilung diploider Zellen entstünden, dann hätten sowohl die Spermien als auch die Eizellen eine diploide Chromosomenanzahl, genauso wie die diploiden Mutterzellen. Die durch hypothetische Verschmelzung solcher diploiden Gameten geschaffene Zygote wäre *tetraploid* (das heißt, sie hätte *vier* homologe Chromosomensätze). Außerdem würde sich die Anzahl der Chromosomen mit jeder weiteren Generation verdoppeln – ein unmögliches Szenario. Daher muss während der Bildung der Gameten eine andere Art der Zellteilung erfolgen, damit die Chromosomenanzahl von einer Generation zur nächsten gleich bleibt. Diese besondere Form der Teilung, die **Meiose**, verringert die Chromosomenanzahl von diploid auf haploid.

Die Meiose beinhaltet einen Durchlauf der chromosomalen DNA-Replikation, an den sich zwei aufeinanderfolgende Kernteilungen anschließen. Es entstehen vier Tochterzellkerne (normalerweise in vier getrennten Tochterzellen), die einen haploiden Chromosomensatz pro Zellkern besitzen. In ▶*Abbildung 20.3* sind die Prinzipien der Meiose dargestellt. Sie beginnt mit einer diploiden Zelle, die in dem gezeigten Beispiel vier Chromosomen enthält ($2n = 4$).

Nach nur einem Zyklus der DNA-Replikation folgen zwei Zellteilungen, die Meiose I und die Meiose II. Daraus gehen vier haploide Zellen hervor.

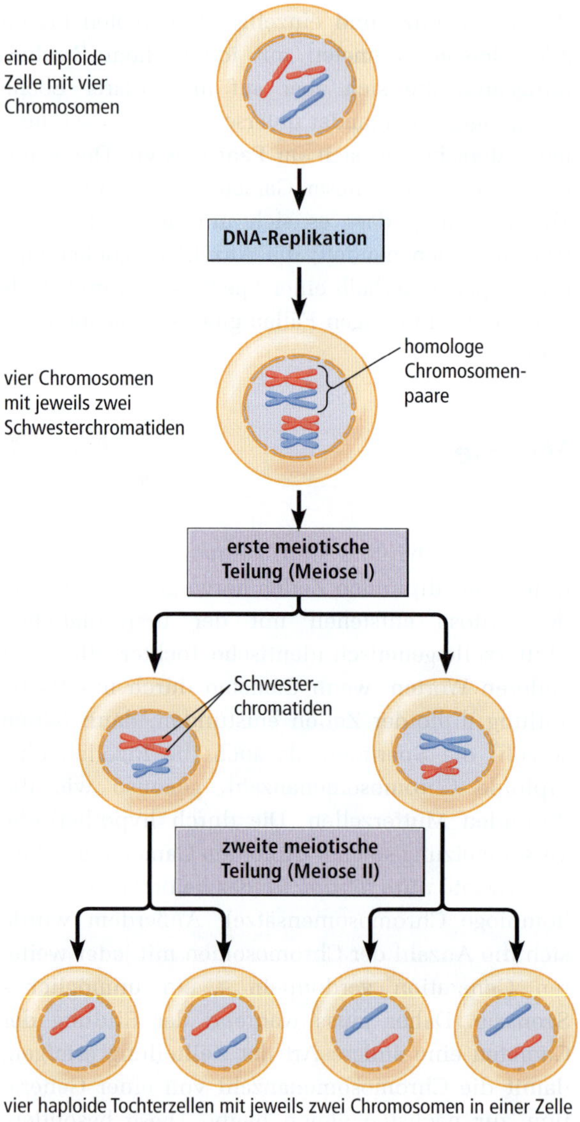

Abbildung 20.3: Das Prinzip der Meiose. Die Meiose beinhaltet einen einzigen Zyklus der DNA-Replikation (Verdopplung der Chromosomen) in einer diploiden Zelle, an den sich zwei aufeinanderfolgende Zellteilungen anschließen. In diesem Beispiel besitzt die diploide Zelle nur vier Chromosomen, die in zwei homologe Paare eingeteilt werden können. Nach der DNA-Replikation besteht jedes Chromosom aus zwei Schwesterchromatiden. Während der ersten meiotischen Teilung (Meiose I) trennen sich die homologen Chromosomen, aber die Schwesterchromatiden bleiben verbunden. Während der zweiten meiotischen Teilung (Meiose II) trennen sich die Schwesterchromatiden. Daraus gehen vier haploide Tochterzellen hervor, die jeweils zwei Chromosomen besitzen. Beachten Sie, dass jede haploide Zelle von jedem homologen Paar ein Chromosom erhalten hat, das in der diploiden Zelle enthalten war. Der Einfachheit halber sind die Folgen von Crossing-over und genetischer Rekombination nicht dargestellt.

20.2.1 Die Lebenszyklen geschlechtlicher Organismen haben diploide und haploide Phasen

Meiose und Befruchtung sind unverzichtbare Bestandteile des Lebenszyklus aller sich geschlechtlich vermehrenden Organismen, denn die Verdopplung der Chromosomenanzahl, die während der Befruchtung stattfindet, wird durch Halbierung während der Meiose ausgeglichen. Daraus folgt, dass der Lebenszyklus eines sich geschlechtlich vermehrenden Organismus in zwei Phasen eingeteilt ist: eine diploide ($2n$) Phase und eine haploide ($1n$) Phase. Die diploide Phase beginnt mit der Befruchtung und dauert bis zur Meiose, während die haploide Phase mit der Meiose beginnt und mit der Befruchtung endet.

Verschiedene Organismen unterscheiden sich im Hinblick auf die relative Dauer der haploiden und diploiden Phasen ihres Lebenszyklus ganz erheblich. Das ist in ▶*Abbildung 20.4* am Beispiel einiger repräsentativer Gruppen dargestellt. Einige Pilze stehen exemplarisch für sich geschlechtlich vermehrende Organismen, deren Lebenszyklen in erster Linie haploid verlaufen und nur eine kurze diploide Phase beinhalten, die mit der Gametenfusion beginnt (was bei den Pilzen der Befruchtung entspricht) und mit der Meiose endet (▶*Abbildung 20.4b*). Im Allgemeinen findet die Meiose fast unmittelbar nach der Verschmelzung der Gameten statt. Daher ist die diploide Phase sehr kurz. Entsprechend ist in solchen Pilzen nur ein sehr kleiner Bruchteil von Zellkernen zu einem bestimmten Zeitpunkt diploid. Die Gameten der Pilze entwickeln sich ohne Meiose aus bereits haploiden Zellen.

Moose und Farne sind wahrscheinlich die besten Beispiele für Organismen, bei denen sowohl die haploiden als auch die diploiden Phasen wichtige Abschnitte des Lebenszyklus darstellen. Jede Spezies dieser Pflanzen hat zwei alternative, morphologisch unterschiedliche, vielzellige Formen, eine haploide und eine diploide (▶*Abbildung 20.4c*). Bei den Moosen ist die haploide Form des Organismus größer und langlebiger, die diploide Form hingegen kleiner und kurzlebiger. Bei den Farnen verhält es sich andersherum. In beiden Fällen entwickeln sich die Gameten aus bereits existierenden haploiden Zellen.

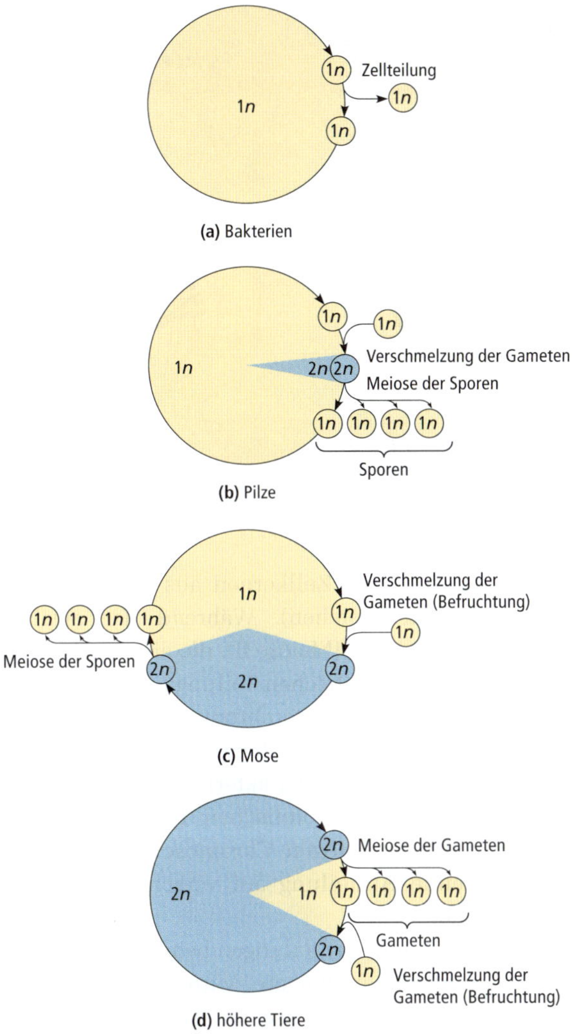

Abbildung 20.4: Die verschiedenen Lebenszyklen. Die relative Dauer der haploiden und diploiden Phasen des Lebenszyklus unterscheidet sich je nach Organismus ganz erheblich. (a) Bakterien existieren ausschließlich im haploiden Zustand. (b) Viele Pilze stehen für eine vorrangig haploide Lebensform, aber sie haben auch eine kurze diploide Phase. Da die Produkte der Meiose bei Pilzen haploide Sporen sind, bezeichnet man diesen Typ der Meiose als Meiose mit Sporenbildung. Aus den Sporen gehen haploide Zellen hervor, von denen einige später zu Gameten werden (ohne Meiose). (c) Moose (sowie Farne) wechseln zwischen haploiden und diploiden Formen, die beide bedeutende Abschnitte der Lebenszyklen dieser Organismen darstellen. Aus der Meiose mit Sporenbildung gehen haploide Sporen hervor, aus denen sich dann haploide Pflanzen entwickeln können. Schließlich findet eine Differenzierung der haploiden Pflanzenzellen zu Gameten statt. (In Samenpflanzen, wie Koniferen und Blütenpflanzen, sind die haploiden Formen des Organismus nicht voll ausgebildet. Sie bestehen jeweils nur aus einer geringen Menge von Zellen.) (d) Höhere Tiere sind die besten Beispiele für vorwiegend diploide Organismen, bei denen nur die Gameten die haploide Phase des Lebenszyklus darstellen. Tiere haben eine Meiose mit Gametenbildung, da die direkten Produkte der Meiose die haploiden Gameten sind.

Organismen, die auf diese Weise zwischen haploiden und diploiden mehrzelligen Formen alternieren, durchlaufen in ihrem Lebenszyklus einen **Generationswechsel**. Abgesehen von Moosen und Farnen findet auch bei eukaryotischen Algen und anderen Pflanzen ein Wechsel von diploiden und haploiden Generationen statt. Bei all diesen Organismen sind die Meioseprodukte **haploide Sporen**, aus denen nach der Keimung durch mitotische Zellteilung die haploide Form der Pflanze oder Alge hervorgeht. Die haploide Form bildet wiederum durch Spezialisierung der bereits haploiden Zellen Gameten. Aus den Gameten entsteht nach der Befruchtung die diploide Form. Da die diploide Form Sporen bildet, bezeichnet man sie als **Sporophyt** („sporenbildende Pflanze“). Die haploide Form bildet Gameten und wird daher als **Gametophyt** bezeichnet. Obwohl alle Pflanzen einen Generationswechsel durchleben, dominiert in den meisten Fällen die Sporophytengeneration. Bei Blütenpflanzen liegt die Gametophytengeneration in einer fast nicht ausgebildeten Form in der Blüte vor (weiblicher Gametophyt im Fruchtblatt, männliche Gametophyten in den Staubbeuteln der Blüte).

Die besten Beispiele für Lebenszyklen, die von der diploiden Phase dominiert werden, finden wir unter den Tieren (▶*Abbildung 20.4d*). Bei diesen Organismen, auch beim Menschen, gehen aus der Meiose nicht Sporen hervor, sondern direkt Gameten, sodass die haploide Phase ausschließlich durch Gameten vertreten wird. In diesen Spezies bezeichnet man die Meiose als Meiose mit Gametenbildung und unterscheidet sie so von der Meiose mit Sporenbildung, die man in sporenbildenden Organismen antrifft, welche einen Generationswechsel durchleben. Die Meiose bringt somit in Tieren Gameten und in Pflanzen Sporen hervor.

Die Meiose verwandelt eine diploide Zelle in vier haploide Zellen 20.3

Ganz gleich, wann die Meiose im Lebenszyklus eines Organismus stattfindet, immer geht ihr eine Chromosomenverdopplung in einer diploiden Zelle voraus, und immer beinhaltet sie zwei aufeinanderfolgende Teilungen, die aus einem diploiden vier

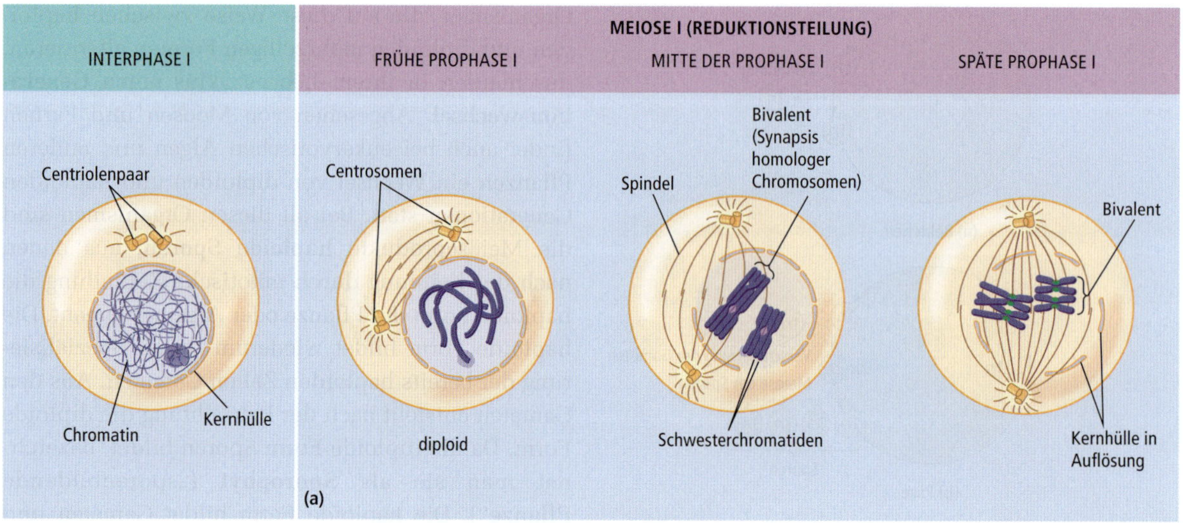

haploide Zellkerne machen. In ▸*Abbildung 20.5* sind die verschiedenen Phasen der Meiose dargestellt. Diese Abbildung können Sie immer wieder heranziehen, während Sie sich mit den folgenden Darstellungen beschäftigen.

Die erste meiotische Teilung, die **Meiose I**, wird manchmal als *Reduktionsteilung* der Meiose bezeichnet, denn bei diesem Ereignis wird die Chromosomenanzahl von diploid auf haploid reduziert. Zu Beginn der Meiose I, in der Prophase, kommen die beiden Chromosomen eines jeden homologen Paares zusammen und tauschen einen Teil ihrer genetischen Information aus (der diesem Austausch zugrunde liegende Mechanismus wird weiter unten beschrieben). Diese Paarung homologer Chromosomen wird als **Synapsis** bezeichnet und findet ausschließlich während der Meiose statt. Zu allen anderen Zeitpunkten, auch während der Mitose, sind die Chromosomen eines homologen Paares voneinander unabhängig.

Die beiden Chromosomen jedes homologen Paares binden während der ersten meiotischen Prophase derart fest aneinander, dass sie als Einheit agieren, als ein **Bivalent** (oder *Tetrade*. Diese Bezeichnung betont, dass jedes der beiden homologen Chromosomen aus zwei Schwesterchromatiden besteht, also aus insgesamt vier Chromatiden). Nachdem sich die Bivalente am Spindeläquator aufgereiht haben, wird jedes Bivalent getrennt und seine beiden homologen Chromosomen werden zu den entgegengesetzten Spindelpolen gezogen. Da jeder Pol nur ein Mitglied von jedem homologen Paar erhält, betrachtet man die während der Meiose I gebildeten Tochterzellkerne als haploid (obwohl die einzelnen Chromosomen in diesen Zellkernen aus zwei Schwesterchromatiden bestehen). Während der zweiten meiotischen Teilung (Meiose II), die eine große Ähnlichkeit mit der mitotischen Teilung besitzt, trennen sich die beiden Schwesterchromatiden eines jeden Chromosoms in zwei Tochterzellen auf. Somit finden die für die Meiose charakteristischen Ereignisse während der ersten meiotischen Teilung statt: die Synapsis der homologen Chromosomen und ihre anschließende Aufteilung auf verschiedene Tochterzellkerne.

Die meiotischen Zellteilungen beinhalten die gleichen Grundstadien wie die Mitose, obwohl Zellbiologen die Prometaphase im Allgemeinen nicht als eigene Phase anerkennen. Somit unterscheidet man bei den meiotischen Phasen die *Prophase*, die *Metaphase*, die *Anaphase* und die *Telophase*. Später werden Sie sehen, dass bei der Meiose die Prophase I wesentlich länger und komplizierter ist als die mitotische Prophase, während die Prophase II tendenziell recht kurz ist. Ein weiterer wichtiger Unterschied zur Mitose besteht darin, dass zwischen den beiden meiotischen Teilungen keine normale Interphase eingeschoben wird. Sollte jedoch eine Interphase stattfinden, dann ist sie im Allgemeinen sehr kurz und – was noch viel wichtiger ist – es findet *keine* DNA-Replikation statt, denn jedes Chromosom besteht bereits aus einem Paar replizierter Schwesterchromatiden, die vor der ersten meiotischen Teilung entstanden waren. Die zweite meiotische Teilung hat das Ziel, diese Schwesterchromatiden auf zwei Tochterzellkerne zu verteilen, wie bei einer typischen mitotischen Teilung.

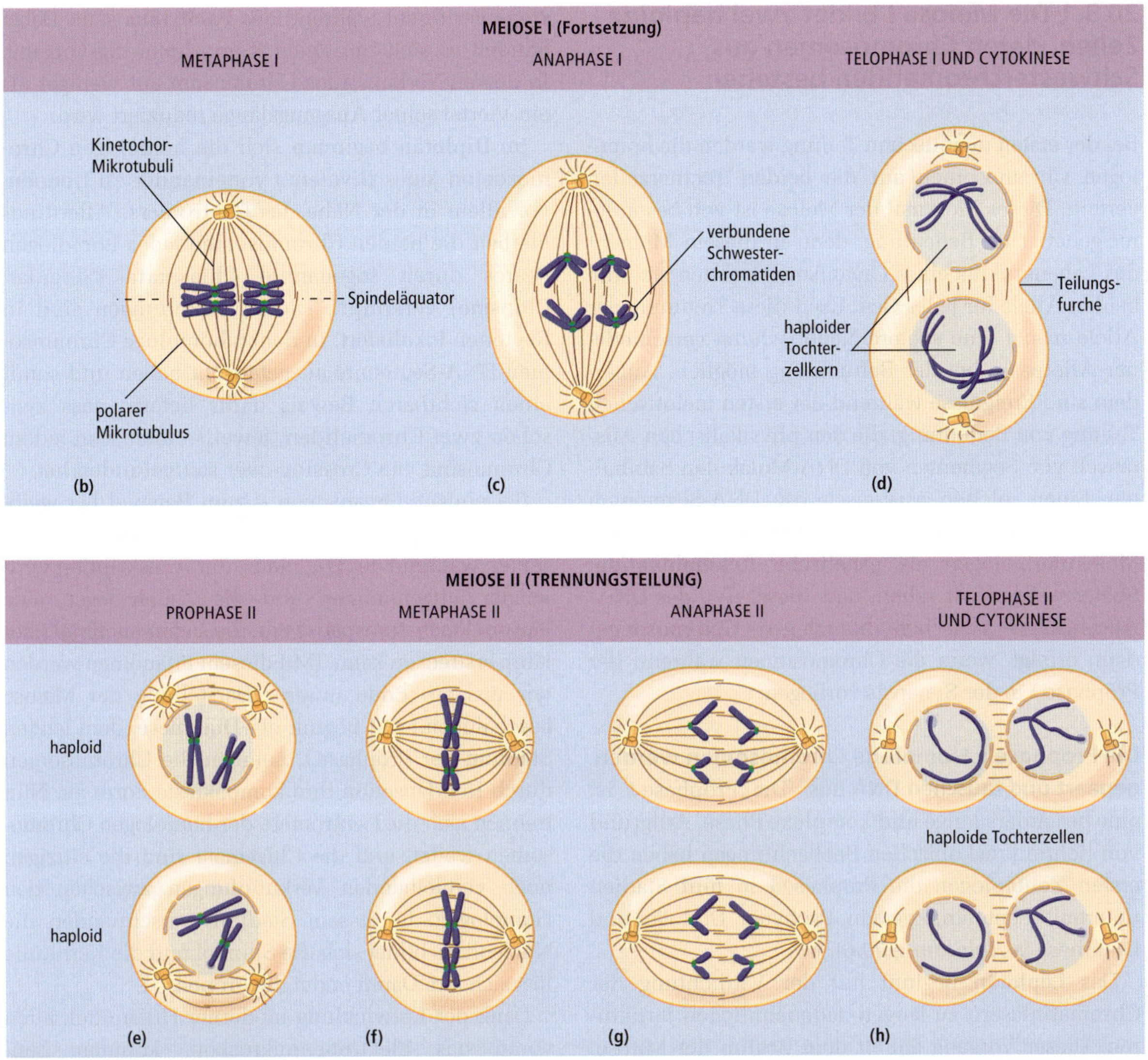

Abbildung 20.5: Meiose in einer tierischen Zelle. Die Meiose beinhaltet zwei Teilungen in Folge, die Meiose I und die Meiose II. Diese Teilungen werden nicht durch DNA-Synthese oder Chromosomenverdopplung unterbrochen. (a) Während der Prophase I kondensieren die Chromosomen (während der vorangegangenen S-Phase fand eine Verdopplung statt) und die beiden Centrosomen wandern zu den entgegengesetzten Polen der Zelle. Jedes Chromosom (in diesem Beispiel sind es vier) setzt sich aus zwei Schwesterchromatiden zusammen. Homologe Chromosomen paaren sich und bilden Bivalente. (b) Die bivalenten Paare werden am Spindeläquator aufgereiht (Metaphase I). (c) In der Anaphase I werden die homologen Chromosomen getrennt, aber die Schwesterchromatiden sind weiterhin an das Centromer geheftet. (d) Es schließen sich Telophase und Cytokinese an. Zwar ist das hier nicht dargestellt, aber es kann dann eine kurze Interphase (Interphase II) folgen. Während der Meiose II (e) verdichten sich die Chromosomen wieder (Prophase II), (f) die Chromosomen reihen sich am Spindeläquator auf (Metaphase II) und (g) schließlich trennen sich die Schwesterchromatiden (Anaphase II). (h) Nach der Telophase II und der Cytokinese existieren vier haploide Tochterzellen, jede mit jeweils einem Chromosom von jedem homologen Paar. Die Prophase I ist ein komplizierter Vorgang, der in ▶ *Abbildung 20.6* genauer dargestellt ist. Die Meiose verläuft in Pflanzen ähnlich, es gibt aber keine Centriolen und es findet keine Cytokinese statt, welche die Bildung einer Zellplatte beinhaltet (siehe dazu *Kapitel 19*).

20.3.1 Die Meiose I bildet zwei haploide Zellen, deren Chromosomen aus Schwesterchromatiden bestehen

Bei der ersten meiotischen Teilung werden die homologen Chromosomen auf die beiden Tochterzellen verteilt. Dieses Merkmal der Meiose ist von besonderer genetischer Bedeutung, denn in diesem Moment des Lebenszyklus eines Organismus trennen sich die beiden Allele für jedes Gen. Eben diese Trennung der Allele macht eine spätere Neumischung verschiedener Allelpaare bei der Befruchtung möglich. Außerdem sind Ereignisse während der ersten meiotischen Teilung von Bedeutung, die den physikalischen Austausch von Segmenten von DNA-Molekülen beinhalten. Einen solchen Austausch von DNA-Segmenten zwischen zwei verschiedenen Quellen bezeichnen Molekularbiologen als **genetische Rekombination**. Später werden wir sehen, dass dieser Typ des DNA-Austausches zwischen homologen Chromosomen dann erfolgt, wenn die Chromosomen während der Prophase I in der Synapsis vorliegen.

Die Prophase I: Homologe Chromosomen werden gepaart und tauschen DNA aus Die Prophase I ist eine besonders lange und komplexe Phase. Aufgrund von lichtmikroskopischen Beobachtungen haben die ersten Zellbiologen die Prophase I in fünf Stadien unterteilt: Leptotän, Zygotän, Pachytän, Diplotän und Diakinese (▶*Abbildung 20.6*).

Das **Leptotän** beginnt mit der Verdichtung der Chromatinfasern zu langen, fadenähnlichen Strukturen. Dieser Vorgang ähnelt dem Beginn der Mitose. Im **Zygotän** läuft die Kondensation weiter, sodass die einzelnen Chromosomen nicht mehr voneinander zu unterscheiden sind und homologe Chromosomen kompakte Paare bilden. Diesen Vorgang bezeichnet man als Synapsis, die zur Bildung von Bivalenten führt. Bitte denken Sie daran, dass jedes Bivalent vier Chromatiden besitzt, wobei zwei jeweils von einem Chromosom stammen. Die Bildung der Bivalente ist von erheblicher genetischer Bedeutung, denn die Nähe zwischen den homologen Chromosomen ermöglicht durch **Crossing-over** den Austausch von DNA-Segmenten. Infolge dieses Austausches genetischer Information zwischen den entsprechenden Regionen homologer Chromosomen ist eine genetische Rekombination möglich. Später in diesem Kapitel werden Sie noch mehr über die molekularen Grundlagen des Crossing-over erfahren. Das Crossing-over findet während des **Pachytäns** statt. Dabei handelt es sich um einen Komprimierungsvorgang, in dessen Verlauf jedes Chromosom auf weniger als ein Viertel seiner Ausgangslänge reduziert wird.

Im **Diplotän** beginnen sich die homologen Chromosomen jedes Bivalents voneinander zu trennen, vor allem in der Nähe des Centromers. Allerdings bleiben die beiden Chromosomen jedes homologen Paares durch sogenannte **Chiasmata** (Singular: **Chiasma**) verknüpft. Diese Verbindungen sind in Regionen lokalisiert, in denen homologe Chromosomen DNA-Segmente ausgetauscht haben und somit einen sichtbaren Beweis dafür liefern, dass zwischen zwei Chromatiden, jeweils einem von jedem Chromosom, ein Crossing-over stattgefunden hat.

Bei einigen Organismen – zum Beispiel bei weiblichen Säugetieren – verdichten sich die Chromosomen während des Diplotäns, die Transkription wird wieder aufgenommen und die Zellen legen eine längere Wachstumspause ein, die sich manchmal über Jahre erstrecken kann. (Mit diesem Phänomen werden wir uns am Ende unserer Darstellung der Meiose beschäftigen.) Mit Beginn der **Diakinese**, dem letzten Stadium der Prophase I, nehmen die Chromosomen durch Kondensation ihre kompakteste Form an. Nun trennen sich die Centromere der homologen Chromosomen weiter, und die Chiasmata sind die einzigen noch verbleibenden Verknüpfungen zwischen den Homologen. In diesem Stadium verschwinden die Nucleoli, es bildet sich die Spindel und die Kernhülle löst sich auf. Damit endet die Prophase I.

Dank der Entwicklung moderner Hilfsmittel, allen voran das Elektronenmikroskop, konnten Zellbiologen unsere Vorstellung von dem, was während der Prophase I abläuft, verfeinern. Sie haben herausgefunden, dass die Struktur, die homologe Chromosomen während der Synapsis dicht nebeneinander hält, ein **synaptischer Komplex** (**SC**; engl.: *synaptonemal complex*) ist. Das ist eine komplizierte Proteinstruktur, die einem Reißverschluss ähnelt (▶*Abbildung 20.7*). Die *lateralen Elemente* des synaptischen Komplexes beginnen sich während des Leptotäns an einzelne Chromosomen zu heften. Allerdings bildet sich das *zentrale Element*, das die homologen Chromosomen im Grunde zusammenhält, erst im Zygotän (siehe ▶*Abbildung 20.7b*). Wie finden die Partner eines Paares homologer Chromosomen einander, sodass sie zu einem synaptischen Komplex zusammengefügt werden können? Während des frühen Zygotäns werden die Enden (Telomere) jedes Chromosoms auf einer Seite des Zellkerns gebündelt und heften sich an die Kernhülle, wobei der Körper jedes Chromosoms sich in den Zellkern erstreckt. Stellen Sie sich vor, dass Sie die Enden von vier Seilen (zwei langen und zwei kurzen) zusammenhalten. Wenn Sie die Seile richtig schütteln, dann werden sich entsprechend ihrer Länge vier Schlaufen bilden. Diese Form der Chromosomenkonfiguration bezeichnet man als „*Bouquet*" und man vermutet, dass sie die Aufreihung der Chromosomen begünstigt.

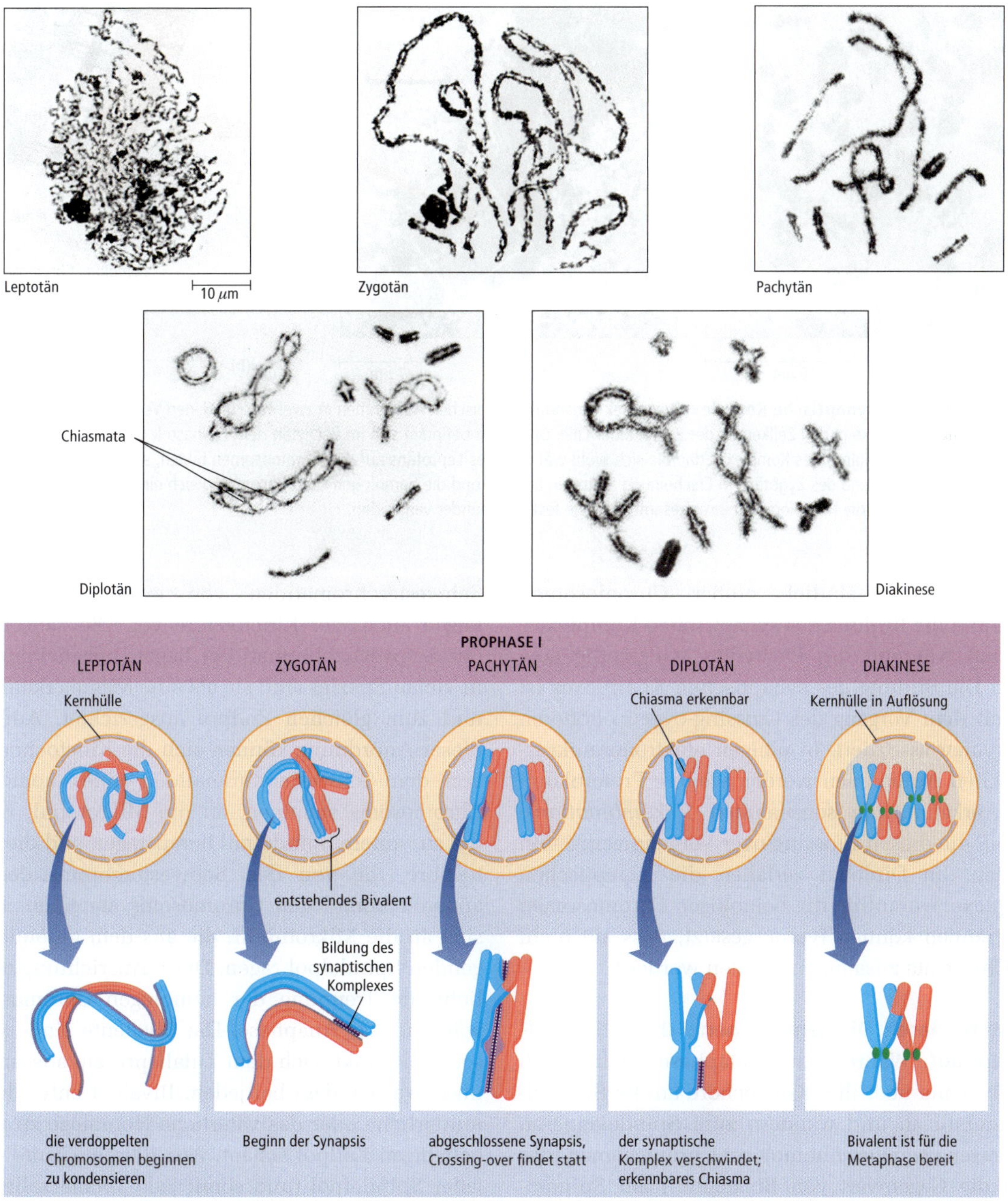

Abbildung 20.6: Die meiotische Prophase I: Ausgehend vom veränderten Verhalten der Chromosomen und ihres Erscheinungsbildes wird die Prophase I in fünf Stadien unterteilt, die in diesen Aufnahmen und der Zeichnung dargestellt sind. Die Zeichnung stellt den Zellkern in jedem Stadium dar, das eine Zelle mit vier Chromosomen durchläuft (zwei homologe Paare). Im Mittelpunkt des unteren Teils der Zeichnung steht ein einzelnes homologes Paar, das genauer dargestellt wird. Dargestellt sind Bildung und späteres Verschwinden des synaptischen Komplexes, einer Proteinstruktur, die Chromosomen während des Pachytäns in enger seitlicher Anlagerung hält. Die Farben Rot und Blau dienen zur Unterscheidung der väterlichen und mütterlichen Chromosomen jedes homologen Paares. Der synaptische Komplex ist violett unterlegt.

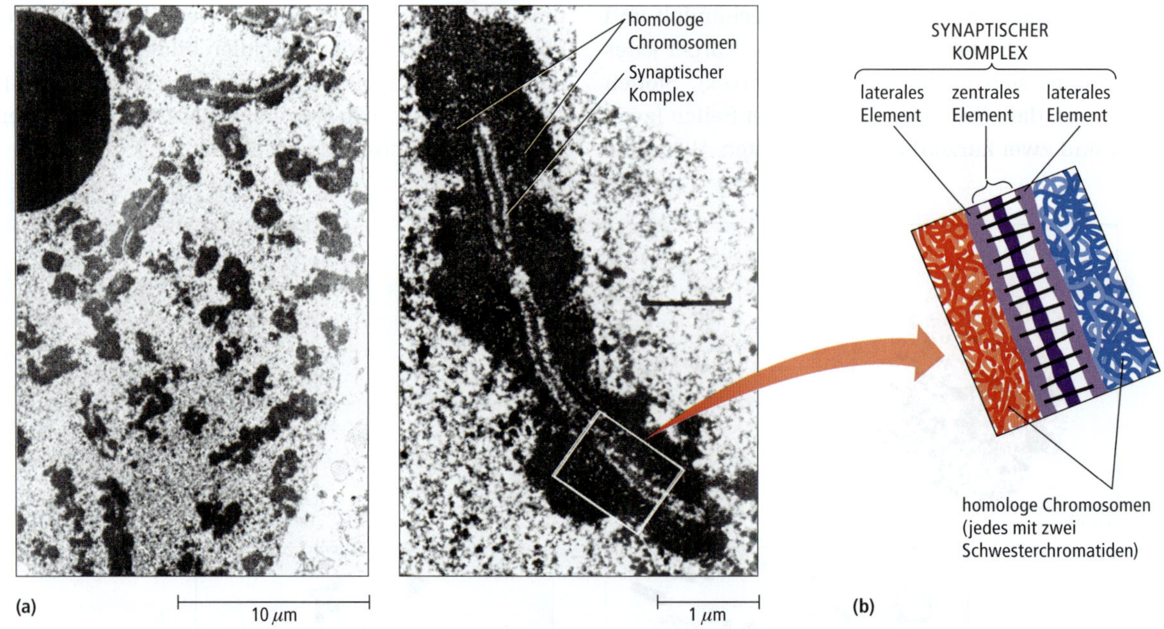

Abbildung 20.7: Der synaptische Komplex. Diese elektronenmikroskopischen Aufnahmen in zwei verschiedenen Vergrößerungsstärken zeigen die synaptischen Komplexe in den Zellkernen der Zellen einer Lilie. Die Zellen befinden sich im Pachytän der Prophase I. (b) Die Zeichnung stellt die *lateralen Elemente* (hellviolett) des Komplexes dar, die sich wohl während des Leptotäns auf den Chromosomen bilden, sowie das *zentrale Element* (dunkelviolett), das während des Zygotäns in Erscheinung zu treten beginnt und die homologen Chromosomen gleich einem Reißverschluss verbindet. Im Pachytän werden die Homologe auf ihrer gesamten Länge fest miteinander verbunden.

Die Aufreihung ähnlich großer Chromosomen erleichtert die Bildung des synaptischen Komplexes, der sich während des Pachytäns vollständig ausbildet. Die Bildung des synaptischen Komplexes ist eng mit dem Vorgang des Crossing-over in höheren Eukaryoten assoziiert. In einigen elektronenmikroskopischen Aufnahmen werden weitere Proteinkomplexe erkannt, die sogenannten *Rekombinationsknoten*, die diesen Crossing-over-Vorgang vermitteln könnten. Im Diplotän zerfallen die synaptischen Komplexe, woraufhin die homologen Chromosomen sich trennen können (vorausgesetzt, dass sie nicht von Chiasmata zusammengehalten werden).

Die Metaphase I: Bivalente reihen sich am Spindeläquator auf Während der Metaphase I heften sich die Bivalente über ihre Kinetochore an die Spindelmikrotubuli an und wandern zum Spindeläquator. Die Präsenz *gepaarter* homologer Chromosomen (das heißt die Gegenwart von Bivalenten) am Spindeläquator während der Metaphase I ist ein fundamentaler Unterschied zwischen der Meiose I und einer typischen mitotischen Teilung. Dort findet kein derartiger Paarungsvorgang statt (▶*Abbildung 20.8*). Da jedes Bivalent vier Chromatiden enthält (zwei Schwesterchromatiden von jedem Chromosom), liegen auch vier Kinetochore vor. Die Kinetochore der Schwesterchromatiden liegen nebeneinander – in vielen Spezies sind sie als eine Masse erkennbar – und zum gleichen Zellpol ausgerichtet. Aufgrund dieser Anordnung können sich die Kinetochore, die von den Schwesterchromatiden eines homologen Chromosoms stammen, an die Mikrotubuli heften, die aus einem Spindelpol herausragen und die Kinetochore, die von den Schwesterchromatiden des anderen homologen Chromosoms stammen, heften sich an die Mikrotubuli, die aus dem gegenüberliegenden Spindelpol ragen. Diese Ausrichtung ermöglicht die Trennung der homologen Chromosomen während der Anaphase. Die Bivalente sind zu diesem Zeitpunkt nach dem Zufallsprinzip ausgerichtet und zwar so, dass bei jedem Bivalent entweder das mütterliche oder das väterliche Homologe zu einem beliebigen Zellpol schaut. Aus diesem Grund erhält jeder Spindelpol (und somit jede Tochterzelle) eine rein zufällige Mischung mütterlicher und väterlicher Chromosomen, wenn die beiden Partner jedes Chromosomenpaares sich während der Anaphase in Richtung der entgegengesetzten Spindelpole bewegen.

Zu diesem Zeitpunkt werden die homologen Chromosomen nur von den Chiasmata zusammengehalten. Hätte aus welchem Grund auch immer während der Prophase I kein Crossing-over stattgefunden und folglich auch keine Bildung von Chiasmata, dann bestünde die Gefahr, das sich die Chromosomen am Spindeläquator nicht richtig paaren und sich die homologen Chromosomen während der Anaphase I nicht ordentlich trennen. Genau dieses Szenario läuft während der Meiose in mutierten Hefezellen ab, bei denen Defekte in der genetischen Rekombination auftreten.

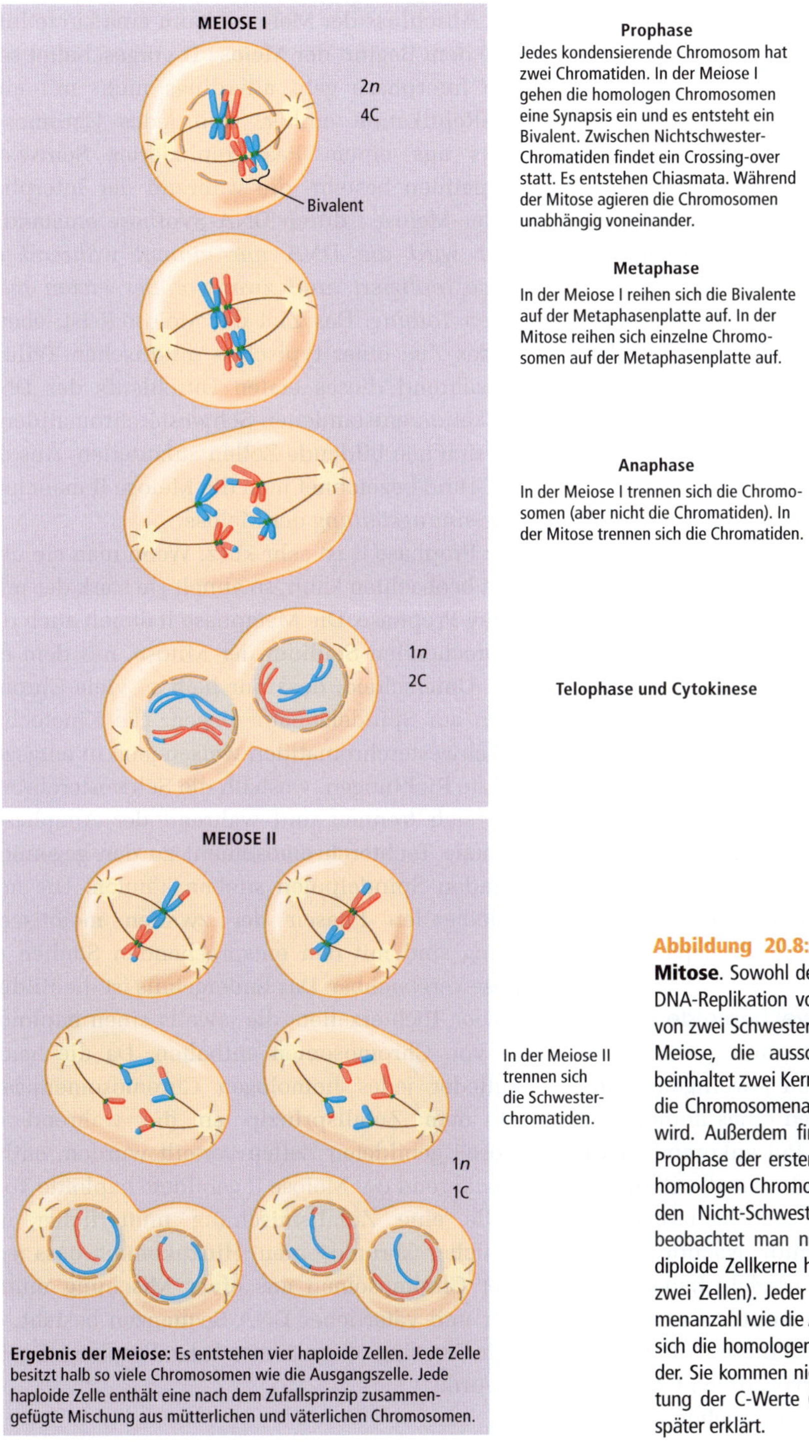

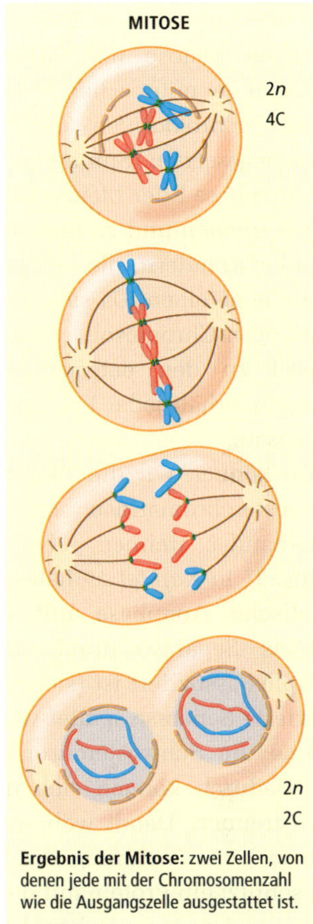

Abbildung 20.8: Vergleich der Meiose und der Mitose. Sowohl der Meiose als auch der Mitose geht die DNA-Replikation voraus, die in der Prophase zur Bildung von zwei Schwesterchromatiden pro Chromosom führt. Die Meiose, die ausschließlich in Keimbahnzellen abläuft, beinhaltet zwei Kernteilungen (und Zellteilungen), wodurch die Chromosomenanzahl auf das haploide Niveau halbiert wird. Außerdem finden während der fein abgestimmten Prophase der ersten meiotischen Teilung die Synapsis der homologen Chromosomen und das Crossing-over zwischen den Nicht-Schwesterchromatiden statt. Bei der Mitose beobachtet man nur eine einzige Teilung, aus der zwei diploide Zellkerne hervorgehen (und im Allgemeinen auch zwei Zellen). Jeder Zellkern besitzt die gleiche Chromosomenanzahl wie die Ausgangszelle. Bei der Mitose verhalten sich die homologen Chromosomen unabhängig voneinander. Sie kommen niemals als Paare zusammen. Die Bedeutung der C-Werte (4C, 2C, 1C) in dieser Abbildung wird später erklärt.

Anaphase I: Homologe Chromosomen bewegen sich zu entgegengesetzten Spindelpolen Zu Beginn der Anaphase I trennen sich die Partner jedes Paares homologer Chromosomen voneinander und beginnen sich in Richtung entgegengesetzter Spindelpole zu bewegen, indem sie von ihren jeweiligen Kinetochor-Mikrotubuli gezogen werden. Achten Sie bitte wieder auf den fundamentalen Unterschied zwischen Meiose und Mitose (*Abbildung 20.8*). Während der mitotischen Anaphase trennen sich die *Schwesterchromatiden* und bewegen sich zu den entgegengesetzten Spindelpolen, während sich in der Anaphase I der Meiose die *homologen Chromosomen trennen* und zu den entgegengesetzten Spindelpolen wandern, die Schwesterchromatiden aber zusammenbleiben. Da sich die beiden Partner jedes homologen Chromosomenpaares während der Anaphase I zu den entgegengesetzten Spindelpolen bewegen, erhält jeder Pol einen haploiden Chromosomensatz.

Wie können wir die Tatsache erklären, dass die Schwesterchromatiden sich während der Mitose voneinander trennen, aber nicht während der Meiose I? In *Kapitel 19* haben Sie gelernt, dass die mitotische Anaphase mit der Aktivierung des Enzyms Separase durch den Anaphase-Förder-Komplex assoziiert ist (siehe *Abbildung 19.38*). Die aktivierte Separase spaltet wiederum die Cohäsine, welche die Schwesterchromatiden zusammenhalten. Dadurch können sich die Schwesterchromatiden trennen. Damit während der Anaphase I der Meiose keine Trennung der Chromatiden stattfindet, schützt ein Protein mit der Bezeichnung *Shugoshin* (aus dem Japanischen, bedeutet „bewachender Geist") die Cohäsine, die auf dem chromosomalen Centromer liegen, vor Abbau durch die Separase.

Telophase I und Cytokinese: zwei haploide Zellen entstehen Die Telophase I beginnt, wenn ein haploider Chromosomensatz den jeweiligen Spindelpol erreicht. Welches Mitglied eines homologen Paares schließlich an welchem Pol ankommt, wird einzig und allein dadurch geregelt, wie die Chromosomen während der Metaphase I zufälligerweise am Spindeläquator ausgerichtet sind. Nachdem die Chromosomen die Spindelpole erreicht haben, bilden sich manchmal Kernhüllen um die Chromosomen, und dann beginnt die Cytokinese. Aus dieser gehen zwei haploide Zellen hervor, deren Chromosomen aus Schwesterchromatiden bestehen. In den meisten Fällen kondensieren die Chromosomen nicht vor Beginn der Meiose II.

20.3.2 Die Meiose II ähnelt einer mitotischen Teilung

Nach Abschluss der Meiose I kann eine kurze Interphase dem Beginn der **Meiose II** vorgeschaltet sein. Diese Interphase geht allerdings nicht mit einer DNA-Replikation einher, weil jedes Chromosom bereits aus einem Paar replizierter Schwesterchromatiden besteht, die während der Interphase vor der Meiose I durch DNA-Synthese entstanden. *Daher wird die DNA nur einmal während der Meiose repliziert, und zwar vor der ersten meiotischen Teilung.* Das Ziel der Meiose II ist, ebenso wie das Ziel einer typischen mitotischen Teilung, die während dieses ersten Durchlaufs der DNA-Replikation entstandenen Schwesterchromatiden in zwei sich neu bildende Zellen aufzuteilen. Aus diesem Grund bezeichnet man die Meiose II manchmal als *Trennungsteilung* der Meiose.

Die Prophase II ist sehr kurz. Wenn man sie überhaupt beobachten kann, so ähnelt sie stark der mitotischen Prophase. Die Metaphase II ähnelt auch dem entsprechenden Stadium der Mitose, mit dem einzigen Unterschied, dass nur halb so viele Chromosomen am Spindeläquator liegen. Die Kinetochore der Schwesterchromatiden weisen jetzt in entgegengesetzte Richtungen, weshalb die Schwesterchromatiden sich trennen und während der Anaphase II (als neue Tochterchromosomen) zu den gegenüberliegenden Spindelpolen streben können. Die noch verbleibenden Phasen der zweiten meiotischen Teilung sind mit den entsprechenden Stadien der Mitose vergleichbar. Das Endergebnis ist die Bildung von vier Tochterzellen, die jeweils einen haploiden Satz von Chromosomen enthalten. Da die beiden Mitglieder jedes homologen Chromosomenpaares nach dem Zufallsprinzip an die während der Meiose I gebildeten Zellen verteilt wurden, enthält jede während der Meiose II gebildete haploide Tochterzelle eine Zufallsmischung mütterlicher und väterlicher Chromosomen. Hinzukommt, dass jedes dieser Chromosomen aus einer Mischung mütterlicher und väterlicher DNA-Sequenzen besteht, die durch Crossing-over während der Prophase I gebildet wurde.

Obwohl jede während der Meiose gebildete Zelle normalerweise einen vollständigen haploiden Chromosomensatz enthält, kann eine selten auftretende Fehlfunktion, die sogenannte **Non-Disjunction**, zur Entstehung von Zellen führen, denen entweder ein bestimmtes Chromosom fehlt oder die ein überzähliges Chromosom haben. Diesen Zustand bezeichneten wir in *Kapitel 19* als *Aneuploidie*. Unter Non-Disjunction versteht man das Unvermögen der homologen Chromosomen (während der Anaphase I) oder der Schwesterchromatiden (während der Anaphase II), sich vor dem Übergang von der Metaphase in die Anaphase zu trennen. Stattdessen bleiben die Chromosomen oder Chromatiden zusammen und bewegen sich in eine der beiden Tochterzellen hinein. Als Folge entsteht eine Zelle, die beide Chromosomenkopien enthält, und eine Zelle ohne Kopie. Die entstandenen Gameten mit einem fehlenden oder überzähligen Chromosom bilden tendenziell defekte Embryos, die vor der Geburt sterben. Allerdings können einige wenige dieser Gameten an der Entwicklung überlebensfähiger Embryos mitwirken. Wenn beispielsweise ein anormales menschliches Spermium, das zwei normale Kopien des Chromosoms 21 trägt, eine normale Eizelle befruchtet, die eine Kopie des Chromosoms 21 trägt, dann kann sich der daraus hervorgehende Embryo, der drei Kopien des Chromosoms 21 trägt, vollständig entwickeln und das Kind wird lebend geboren. Dieses Kind wird allerdings eine Reihe von Entwicklungsanomalien aufweisen – darunter Minderwuchs, die typische Lidfalte, breite Hände und einen niedrigen Intelligenzquotienten – die Symptome des *Down-Syndroms* (*Trisomie 21*).

An diesem Punkt angelangt, sollten Sie sich vielleicht mit *Abbildung 20.8* als Ganzes beschäftigen, um sich Gemeinsamkeiten und Unterschiede zwischen Meiose und Mitose einzuprägen. In dieser Zeichnung ist die in den jeweiligen Stadien der DNA vorhandene DNA-Menge mit dem **Wert C** angegeben. Dieser Wert entspricht der DNA-Menge, die in einem einzigen (haploiden) Chromosomensatz enthalten ist. Vor der S-Phase beträgt die Chromosomenzahl in einer diploiden Zelle 2*n* und die DNA-Menge 2C, denn es liegen zwei Chromosomensätze vor. Bei der DNA-Replikation während der S-Phase wird die DNA-Menge auf 4C verdoppelt, denn jedes Chromosom besteht jetzt aus zwei Chromatiden. Während der Meiose I verringert die Segregation homologer Chromosomen zu verschiedenen Tochterzellen die Chromosomenzahl von 2*n* auf 1*n* und der DNA-Gehalt sinkt von 4C auf 2C. Infolge der Trennung der Schwesterchromatiden während der Meiose II wird die DNA-Menge von 2C auf 1C reduziert, während die Chromosomenzahl bei 1*n* bleibt. Im Gegensatz dazu reduziert die normale Mitose den DNA-Gehalt von 4C auf 2C (durch Trennung der Schwesterchromatiden), während die Chromosomenzahl konstant bei 2*n* bleibt.

20.3.3 Spermien und Eizellen entstehen durch Meiose und anschließende Zelldifferenzierung

Die Meiose ist das Kernstück der Gametogenese. Wir haben bereits gelernt, dass die Gametogenese der Vorgang ist, bei dem haploide Gameten aus diploiden Vorläuferzellen hervorgehen. Allerdings unterscheiden sich männliche und weibliche Gameten ganz erheblich. Daraus folgt, dass die Gametogenese aus mehr Vorgängen als nur der Meiose bestehen muss. In ▸*Abbildung 20.9* ist die Gametogenese bei Tieren dargestellt. Bei männlichen Lebewesen wandelt die Meiose eine diploide *Spermatocyte* in vier haploide, etwa gleich große *Spermatiden* um (▸*Abbildung 20.9a*). Nach Abschluss der Meiose differenzieren sich die Spermatiden zu Samenzellen, indem sie den größten Teil ihres Cytoplasmas verlieren und Geißeln und andere spezialisierte Strukturen entwickeln.

Bei den weiblichen Tieren wird während der Meiose eine diploide *Oocyte* in vier haploide Zellen umgewandelt, von denen aber nur eine überlebt, aus der dann eine funktionale Eizelle hervorgeht (▸*Abbildung 20.9b*). Dies ist das Ergebnis von zwei meiotischen Teilungen, bei denen das Cytoplasma der Oocyte ungleich aufgeteilt wird, wobei eine der vier Tochterzellen den Hauptanteil des Cytoplasmas der ursprünglichen diploiden Oocyte erhält. Die anderen drei kleineren Zellen bezeichnet man als **Polarkörper**. Diese Polarkörper werden im Allgemeinen abgebaut (rufen Sie sich aber in Erinnerung, dass der Komodowaran einen Polarkörper zur „Befruchtung" einer Eizelle nutzen kann). Die Tatsache, dass sich nur eines von vier haploiden Produkten der Meiose zu einer funktionalen Eizelle entwickelt, liegt darin, dass das Cytoplasma, das andernfalls auf die vier Tochterzellen aufgeteilt worden wäre, stattdessen in einer Eizelle konzentriert wird. Damit wird die Menge in einer reifen Eizelle gespeicherter Nährstoffe maximiert.

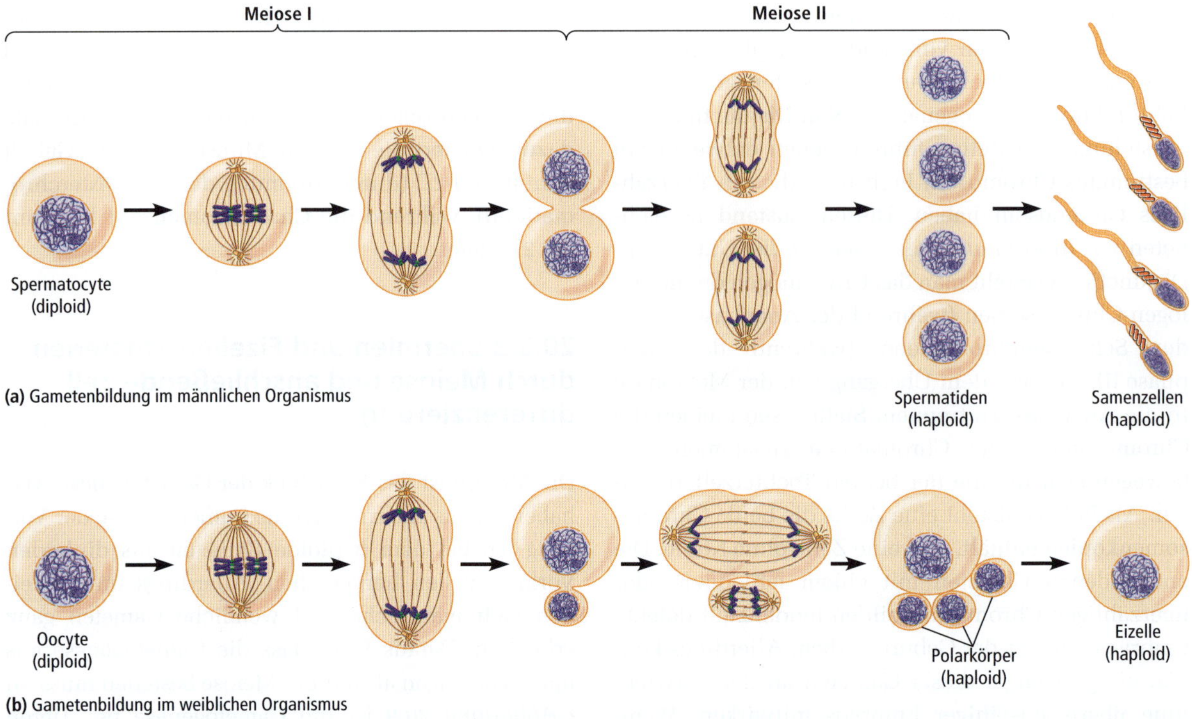

Abbildung 20.9: Gametenbildung. (a) In einem männlichen Organismus bleiben die vier haploiden Produkte der Meiose erhalten und differenzieren zu Spermien. (b) In einem weiblichen Organismus sind beide meiotischen Teilungen asymmetrisch. Es entstehen eine große und drei (in einigen Fällen nur zwei) kleine Eizellen, die sogenannten Polarkörper, aus denen keine funktionalen Gameten hervorgehen. Die reife Eizelle wird im Allgemeinen wesentlich größer als die Oocyte, aus der sie entstand, was hier aber nicht dargestellt ist.

Ein wichtiger Unterschied zwischen Spermien- und Eizellenbildung ist in dem Stadium erkennbar, in dem die Zellen ihre spezialisierten Merkmale erhalten, die sie zu funktionalen, reifen Gameten machen. Während der Entwicklung der Spermazelle bilden sich durch Meiose haploide Spermatiden, die den größten Teil ihres Cytoplasmas ablegen und Flagellen entwickeln, bevor sie funktionell ausgereift sind. Im Gegensatz dazu erhalten die sich entwickelnden Eizellen ihre spezialisierten Merkmale *während* der Meiose, viele davon in der Prophase I. In diesem Stadium wird die Meiose kurzzeitig angehalten, damit die Zelle extensiv wachsen kann. Während dieser *Wachstumsphase* entwickelt die Zelle auch verschiedene Typen äußerer Hüllen. Deren Aufgabe besteht darin, die Eizelle vor chemischem oder physikalischem Schaden zu schützen. Das Wachstum kann während dieser Phase recht stark sein. Eine menschliche Eizelle hat zum Beispiel einen Durchmesser von ungefähr 100 μm. Damit übertrifft ihr Volumen das Volumen der diploiden Oocyte, aus der sie hervorging, um das Hundertfache. Denken Sie an die gewaltige Größe von Vogeleiern! Auch Frosch-Oocyten haben einen Durchmesser von ca. 1,2 mm und sind somit im Vergleich zu normalen Körperzellen riesengroß. Sie eignen sich daher ganz besonders für wissenschaftliche Experimente in der Entwicklungsbiologie.

Nach Abschluss der Wachstumsphase wird die Entwicklung der Oocyten solange in der Prophase I angehalten, bis der Wiederbeginn der Meiose durch einen entsprechenden Stimulus initiiert wird. Bei Amphibien wird der Wiederbeginn der Meiose durch das Steroidhormon Progesteron ausgelöst, dessen Gegenwart zu verstärkter Aktivität der Proteinkinase *MPF* (maturation-promoting factor) führt. In *Kapitel 19* haben wir erklärt, dass MPF ein Cdk-Cyclin-Komplex ist, der die mitotische Teilung kontrolliert, indem er den Übergang von der G_2-Phase in die M-Phase auslöst. Außerdem kontrolliert MPF die Meiose durch Auslösen des Übergangs von der Prophase I in die Metaphase I. Progesteron übt seine Kontrollfunktion über MPF aus, indem es die Bildung von *Mos* anregt, einer Proteinkinase, die eine Reihe weiterer Proteinkinasen aktiviert. Diese wiederum aktivieren MPF.

Als Reaktion auf die Aktivierung von MPF wird die erste meiotische Teilung abgeschlossen. Bei einigen Organismen läuft die zweite meiotische Teilung dann rasch bis zum Schluss durch. Bei anderen hält sie in einem Zwischenstadium an und wird erst nach der Befruchtung abgeschlossen. In den Eizellen von Wirbeltieren wird die zweite meiotische Teilung im Allgemeinen in der Metaphase II angehalten, bis eine Befruchtung stattfindet. Der Stillstand der Metaphase II wird von einem *cytostatischen Faktor* (*CSF*, engl.: *cytostatic factor*) ausgelöst, einem biochemisch aktiven Faktor im Cytoplasma reifer Eizellen. CSF agiert, indem er den Anaphase-Förder-Komplex hemmt, dessen Aktivität normalerweise für den Übergang von der Metaphase in die Anaphase benötigt wird. Nach der Befruchtung einer Eizelle durchläuft CSF einen Inaktivierungsprozess. Bei fehlender CSF-Aktivität kann der Anaphase-Förder-Komplex den Übergang von der Metaphase in die Anaphase auslösen. Daraufhin kann die Meiose abgeschlossen werden.

Wenn die Meiose abgeschlossen ist, ist die Eizelle vollständig ausgereift und kann sogar schon befruchtet sein. Die reife Eizelle ist eine höchst differenzierte Zelle, die darauf spezialisiert ist, einen neuen Organismen zu bilden, ganz so wie eine Muskelzelle darauf spezialisiert ist, zu kontrahieren, oder die Zelle eines roten Blutkörperchens auf den Transport von Sauerstoff. Diese inhärente Spezialisierung der Eizelle wird anschaulich unter Beweis gestellt durch die Beobachtung, dass manche tierischen Eizellen sogar bei nicht-stattgefundener Befruchtung durch ein Spermium durch so einfache künstliche Behandlungsmethoden wie einen Nadelstich zur Entwicklung eines vollständigen Embryos angeregt werden können. Dabei spielt die Erhöhung der intrazellulären Ca^{2+}-Konzentration eine entscheidende Rolle. Daher muss alles, was für die Programmierung der frühen Entwicklungsstadien notwendig ist, bereits in der Eizelle enthalten sein.

Natürlich ist es normalerweise so, dass die Entwicklungsabfolge durch Wechselwirkungen zwischen Spermium und Eizelle aktiviert wird, die in der Eizelle wichtige biochemische Änderungen auslösen. Abgesehen von der schnellen Bildung einer physikalischen Barriere gegen das Eindringen weiterer Spermienzellen in die befruchtete Eizelle (schneller Block der Polyspermie), leitet die Befruchtung zugleich einen wahren Ausbruch metabolischer Aktivität ein, um die embryonale Entwicklung vorzubereiten. Das wird hier zwar nicht dargestellt, aber bei der Befruchtung von Pflanzen laufen ähnlich komplexe zelluläre und biochemische Ereignisse ab.

20.3.4 Die Meiose bringt genetische Vielfalt hervor

Wir haben zuvor betont, dass eine der wichtigsten Aufgaben der Meiose darin besteht, die Chromosomenanzahl in sich geschlechtlich vermehrenden Organismen zu erhalten. Wenn es die Meiose nicht gäbe, dann hätten die Gameten genauso viele Chromosomen wie die anderen Körperzellen und die Chromosomenanzahl würde sich jedes Mal verdoppeln, wenn die Gameten zur Bildung eines neuen Organismus verschmelzen. Genauso wichtig ist allerdings die Rolle der Meiose bei der Entstehung genetischer Diversität in sich geschlechtlich vermehrenden Populationen. Die Meiose ist der Moment beim Fluss der genetischen Information, in dem verschiedene Kombinationen von Chromosomen (und den Allelen, die sie tragen) in den Gameten zur eventuellen Weitergabe an die Nachkommen zusammengesetzt werden. Obwohl jeder Gamet haploid ist und daher einen Partner eines jeden homologen Chromosomenpaares besitzt, unterliegt die jeweilige Kombination väterlicher und mütterlicher Chromosomen in jedem Gameten dem Zufall. Dieses Zufallsprinzip beruht auf der willkürlichen Ausrichtung von Bivalenten in der Metaphase I, wenn die väterlichen und mütterlichen Homologe jedes Paares zu jedem der beiden Pole ausgerichtet sein können, und das unabhängig von den Ausrichtungen der anderen Bivalente. Bei menschlichen Gameten, die 23 Chromosomen enthalten, erhalten wir im Endeffekt mehr als acht Millionen mögliche unterschiedliche Kombinationen mütterlicher und väterlicher Chromosomen!

Außerdem erzeugt das Crossing-over zwischen homologen Chromosomen während der Prophase I weitere genetische Vielfalt unter den Gameten. Das Crossing-over ermöglicht den Austausch von DNA-Segmenten zwischen homologen Chromosomen und erzeugt daher mehr Allelkombinationen, als die zufällige Anordnung mütterlicher und väterlicher Chromosomen schaffen würde. Später in diesem Kapitel werden wir uns wieder mit dem Crossing-over (Rekombination) beschäftigen. Zuerst werden wir uns aber den historischen Experimenten zuwenden, die zur Klärung der genetischen Folgen der

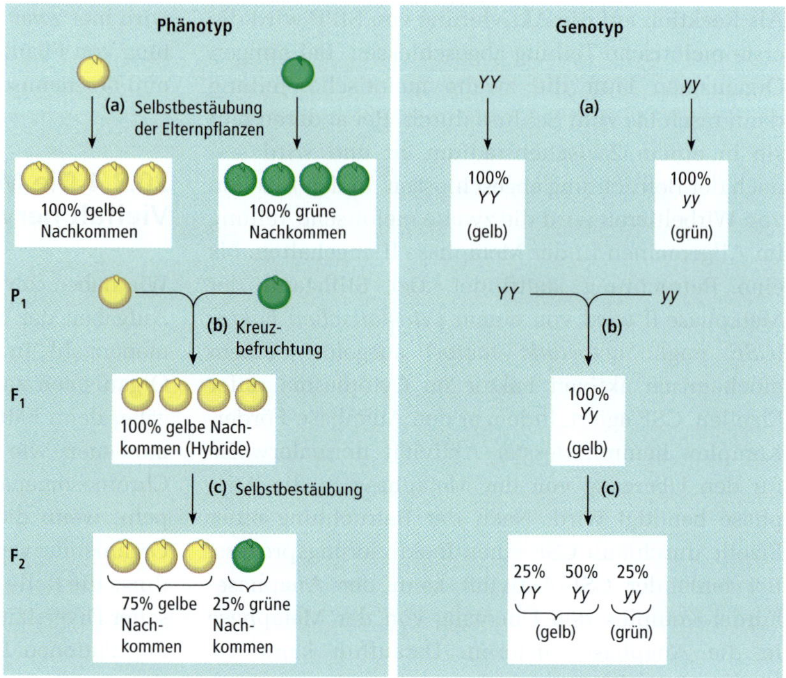

Abbildung 20.10: Genetische Analyse der Samenfarbe bei Erbsenpflanzen. Die genetischen Kreuzungen begannen mit zwei reinerbigen Stämmen von Erbsenpflanzen, eine mit gelben Samen und die andere mit grünen Samen. Das Merkmal gelber Samen ist dominant (Allel *Y*); das Merkmal grüner Samen ist rezessiv (Allel *y*). Die resultierenden Phänotypen der Nachkommen sind links und ihre Genotypen rechts dargestellt (die Genotypen wurden später abgeleitet). (a) Die Elternpflanzen sind entweder für das dominante (*YY*) oder das rezessive (*yy*) Merkmal homozygot und nach Selbstbestäubung reinerbig. (b) Wenn man sie kreuzt, ergeben die Elternpflanzen F_1-Pflanzen (Hybride), die alle heterozygot (*Yy*) sind und daher das dominante Merkmal besitzen. (c) Nach Selbstbestäubung bilden die F_1-Pflanzen in der F_2-Generation gelbe und grüne Samen, und zwar im Verhältnis 3:1. Siehe ▶*Abbildung 20.11* und ▶*Abbildung 20.12* für weitere Analysen.

Chromosomensegregation und der zufälligen Anordnung während der Meiose führten. Diese Experimente führte Gregor Mendel aus, noch bevor man überhaupt von der Existenz von Chromosomen wusste.

Genetische Vielfalt: Segregation und Anordnung der Allele 20.4

Die meisten Biologiestudenten haben von dem Augustinermönch Gregor Mendel und seinen klassischen Experimenten zur Genetik gehört, die er in einem Klostergarten durchführte. Mendels Entdeckungen, die 1865 zum ersten Mal veröffentlich wurden, legten das Fundament für das Gebiet, das wir heute als *Mendel'sche Genetik* bezeichnen. Für seine Arbeit mit der Gartenerbse wählte Mendel sieben gut identifizierbare Merkmale der Erbsenpflanzen aus und selektierte in jedem Fall zwei Pflanzenvarianten, in denen sich die jeweilige Eigenschaft unterschiedlich ausprägte. Zum Beispiel war die Samenfarbe eines der Merkmale, die Mendel wählte, denn er hatte einen Erbsenstamm mit gelben Samen und einen mit grünen (*Abbildung 20.1*). Zuerst legte er fest, dass jeder dieser Pflanzenstämme nach Selbstbefruchtung reinerbig sei. Das bedeutet, dass die aus gelben Samen gewachsenen Pflanzen nur gelbe Samen bildeten und dass Pflanzen, die aus grünen Samen hervorgingen, nur grüne Samen bildeten (▶*Abbildung 20.10*). Nachdem er das festgelegt hatte, war er soweit, dass er die Prinzipien untersuchen konnte, auf denen die Vererbung dieser Merkmale beruhte.

20.4.1 Die Information zur Spezifizierung rezessiver Merkmale kann vorhanden sein, ohne dass sie erkennbar ist

In der ersten Folge von Experimenten kreuzte Mendel die reinerbigen elterlichen Pflanzen (die **P_1-Generation**) und erhielt **hybride** Stämme. Das Ergebnis dieses Experiments muss auf den ersten Blick seltsam gewesen sein: in jedem Fall zeigten die Nachkommen – die sogenannte **F_1-Generation** – das eine oder das andere der elterlichen Merkmale, aber niemals beide Merkmale. Mit anderen Worten, ein elterliches Merkmal war immer dominant und das andere war immer rezessiv. Im Fall der Samenfarbe hatten alle F_1-Pflanzen gelbe Samen (▶*Abbildung 20.10b*). Das zeigt, dass die gelbe Samenfarbe dominant ist.

Im nächsten Sommer führte Mendel eine Selbstbestäubung bei allen F_1-Hybriden durch. Bei jedem der sieben untersuchten Merkmale machte er die gleiche überraschende Beobachtung: das rezessive Merkmal, das in der F_1-Generation unsichtbar war, trat bei den Nachkommen der nächsten Generation, der **F_2-Generation**, wieder auf. Für jedes der sieben Merkmale war das Verhältnis dominanter und rezessiver Phänotypen bei den Nachkommen immer etwa 3:1. Was zum Beispiel die Samenfarbe betrifft, bildeten die Pflanzen, die aus den gelben F_1-Samen gezüchtet worden waren, ungefähr 75 % gelbe und 25 % grüne Samen (▸*Abbildung 20.10c*).

Dieses Ergebnis unterschied sich recht deutlich vom Verhalten reinerbiger gelber Samen des Elternstamms, der nach Selbstbestäubung nur gelbe Samen hervorgebracht hatte. Es gab ganz eindeutig einen wichtigen Unterschied zwischen den gelben Samen des P_1-Stamms und den gelben Samen der F_1-Generation. Sie sahen gleich aus, aber erstere waren reinerbig letztere nicht.

Anschließend führte Mendel eine Selbstbestäubung der F_2-Pflanzen durch. Die F_2-Pflanzen mit dem rezessiven Merkmal (grün im Fall der Samenfarbe) waren immer reinerbig (▸*Abbildung 20.11c*). Das legt nahe, dass sie mit dem P_1-Stamm mit grünen Samen identisch waren, mit denen Mendel seine Experimente begonnen hatte. Die F_2-Pflanzen mit dem dominanten Merkmal brachten ein komplexeres Muster hervor. Ein Drittel war für das dominante Merkmal reinerbig (▸*Abbildung 20.11a*) und schien daher identisch mit den P_1-Pflanzen mit dem dominanten Merkmal (gelbe Samen). Die anderen zwei Drittel der F_2-Pflanzen mit den gelben Samen brachten Nachkommen mit dominanten und rezessiven Phänotypen hervor. Die beiden Eigenschaften standen im Verhältnis von 3:1 (▸*Abbildung 20.11b*) – dem gleichen Verhältnis, das Mendel bei der F_1-Selbstbestäubung erhalten hatte.

Aus diesen Ergebnissen folgerte Mendel, dass die genetische Information, die das rezessive Merkmal spezifiziert, in den F_1-Hybridpflanzen und Samen liegen musste, obwohl das Merkmal unsichtbar blieb. Diese Schlussfolgerung stimmte mit den Ergebnissen einer anderen Reihe von Experimenten überein, in denen F_1-Hybride mit Ausgangselternstämmen gekreuzt worden waren, eine Technik, die man als **Rückkreuzung** bezeichnet (▸*Abbildung 20.12*). Durch Rückkreuzung von F_1-Hybriden mit dem dominanten Elternstamm erhielt Mendel immer Nachkommen mit dem dominanten Merkmal (▸*Abbildung 20.12a*), während er bei Rückkreuzung mit dem rezessiven Elternteil eine Mischung aus Pflanzen mit dominanten und rezessiven Merkmalen im Verhältnis 1:1 erhielt (▸*Abbildung 20.12b*). Des Weiteren verhielten sich die dominanten Nachkommen der letzten Kreuzung ebenso wie die F_1-Hybriden: nach der Selbstbestäubung erhielt Mendel eine Mischung von Phänotypen im Verhältnis 3:1 (▸*Abbildung 20.12c*) und nach Rückkreuzung mit dem rezessiven Elternteil dominante und rezessive Nachkommen im Verhältnis 1:1 (▸*Abbildung 20.12d*). (Eine alternative Form der Darstellung von Kreuzungsdiagrammen, das sogenannte *Punnett-Quadrat*, finden Sie in Aufgabe 20-7 am Ende dieses Kapitels.)

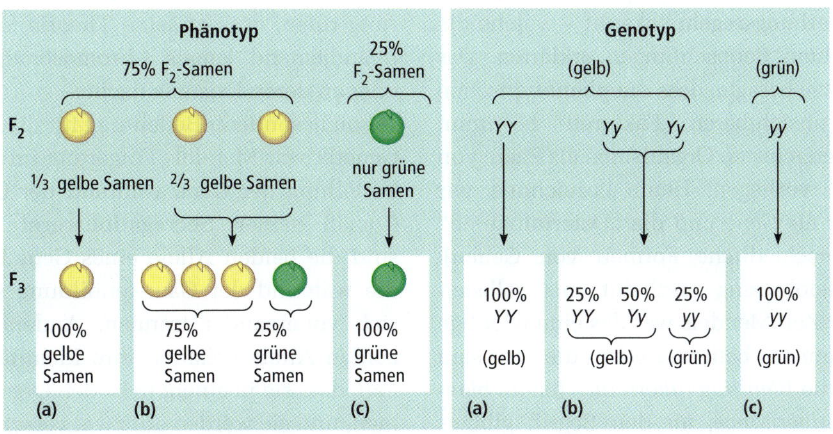

Abbildung 20.11: Analyse der F_2-Erbsenpflanzen nach Selbstbestäubung. Die F_2-Pflanzen aus *Abbildung 20.10* wurden mittels Selbstbestäubung untersucht. Die phänotypischen Ergebnisse sind links abgebildet und die Genotypen (die später gefolgert wurden) rechts. (a) Ein Drittel der gelben F_2-Nachkommen aus *Abbildung 20.10* (25 % der gesamten F_2-Nachkommen) sind nach Selbstbestäubung reinerbig für die gelbe Samenfarbe, denn ihr Genotyp ist *YY*. (b) Zwei Drittel der gelben F_2-Nachkommen (50 % aller F_2-Nachkommen) erbringen nach Selbstbestäubung gelbe und grüne Samen, und zwar im Verhältnis 3:1 (genauso wie die F_2-Pflanzen aus *Abbildung 20.10* nach Selbstbestäubung). (c) Alle grünen F_2-Samen (25 % aller F_2-Nachkommen) sind nach Selbstbestäubung reinerbig für die grüne Samenfarbe, denn ihr Genotyp ist *yy*.

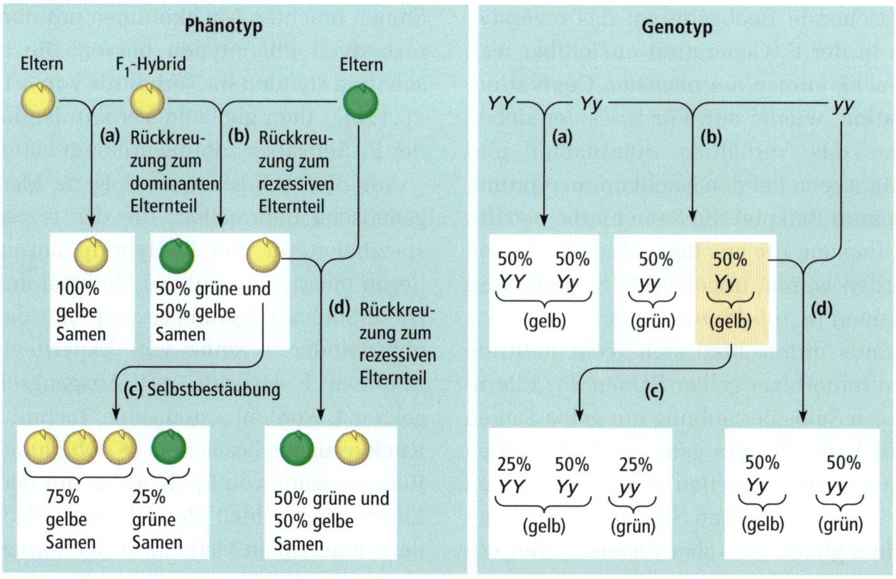

Abbildung 20.12: Analyse von F_1-Hybriden durch Rückkreuzung. Die F_1-Hybriden in *Abbildung 20.10* wurden durch Rückkreuzung der Elternstämme (P_1) untersucht. Die phänotypischen Ergebnisse sind links und die genotypischen (später erschlossen) rechts dargestellt. (a) Nach Rückkreuzung des F_1-Hybrids (*Yy*) mit den dominanten Eltern (*YY*) produzieren alle Nachkommen gelbe Samen, denn der Genotyp war entweder *YY* oder *Yy*. (b) Die Rückkreuzung mit den rezessiven Eltern (*yy*) ergibt zu gleichen Anteilen gelbe (*Yy*) und grüne (*yy*) Samen. (c) Diese Nachkommen mit gelben Samen produzieren nach Selbstbestäubung gelbe und grüne Samen im Verhältnis von 3:1 (genauso wie die F_1-Hybriden in *Abbildung 20.10*). (d) Durch Rückkreuzung der Nachkommen mit gelben Samen mit den homozygoten rezessiven Eltern erhält man wieder gelbe und grüne Samen im Verhältnis 1:1, wie in der Rückkreuzung aus Teil b.

20.4.2 Die Spaltungsregel besagt, dass sich die Allele jedes Gens während der Gametenbildung trennen

Nach einem Jahrzehnt sorgfältiger Arbeit und Aufzeichnung der zuvor dargestellten Vererbungsmuster formulierte Mendel mehrere Prinzipien – sie sind als **Mendel'sche Vererbungsregeln** bekannt – welche die von ihm gemachten Beobachtungen erklärten. Das erste dieser Gesetze besagte, dass die phänotypischen Merkmale von unsichtbaren „Faktoren" bestimmt werden, die in den meisten Organismen als Paare von „Determinanten" vorliegen. Heute bezeichnen wir diese „Faktoren" als *Gene* und die „Determinanten" als *Allele* (unterschiedliche Formen von Genen). Mendels Schlussfolgerung erscheint uns selbsterklärend, aber zur Zeit Mendels war das eine wichtige Behauptung. Damals befürworteten die meisten Wissenschaftler die *Blending Inheritance* (engl.: *blending theory of inheritance*; für den Begriff gibt es keine deutsche Entsprechung). Nach dieser Theorie handelte es sich bei Merkmalen wie gelber und grüner Samenfarbe um so etwas wie Farbdosen, die gemischt werden und Zwischenergebnisse hervorbringen. Andere Wissenschaftler hatten vor Mendel die nicht auf Vermischung beruhende Vererbung beschrieben, sie aber nicht mit Daten und mathematischer Analyse untermauert, die Mendels ganz besonderen Beitrag ausmachten. Mendels Durchbruch ist besonders beeindruckend, wenn wir uns in Erinnerung rufen, dass er seine Theorie formulierte, bevor irgendjemand jemals Chromosomen gesehen hatte oder an deren Existenz dachte.

Von besonderer Bedeutung für die Entwicklung der Genetik war Mendels Folgerung im Hinblick auf die Verteilung der Gene während der Gametenbildung. Gemäß seiner **Segregationsregel** (Spaltungsregel) sind die beiden Allele eines Gens Einheitsfaktoren, die während der Gametenbildung segregieren oder sich voneinander trennen. Anders formuliert, die beiden Allele behalten ihre Identität, sogar für den Fall, dass sie in einem hybriden Organismen vorkommen, und sie werden auf zwei verschiedene Gameten verteilt, sodass sie in späteren Generationen unverändert wieder auftreten können.

20.4.3 Die Unabhängigkeitsregel besagt, dass sich die Allele jedes Gens unabhängig von den Allelen anderer Gene trennen

Abgesehen von den bereits beschriebenen Kreuzungsexperimenten, in deren Mittelpunkt immer ein einzelnes Paar von Allelen stand, untersuchte Mendel auch *Multifaktorkreuzungen* zwischen Pflanzen, die sich im Hinblick auf *mehrere* Merkmale unterschieden. Die Pflanzen unterschieden sich zum Beispiel nicht allein in der Samenfarbe, sondern er kreuzte Pflanzen mit unterschiedlicher Samenform und Blütenstellung. Ebenso wie bei seinen Einzelfaktorkreuzungen arbeitete Mendel auch hier mit für die zu untersuchenden Merkmale reinerbigen (homozygoten) Pflanzen und erzeugte F_1-Hybride, die für jedes Merkmal heterozygot waren. Dann führte er eine Selbstbestäubung dieser Hybride durch und ermittelte, wie häufig die dominanten und rezessiven Formen der verschiedenen Charakteristika bei der Nachkommenschaft auftraten.

Mendel stellte fest, dass in der F_2-Nachkommenschaft alle erdenklichen Kombinationen von Merkmalen auftraten. Daraus folgerte er, dass in den F_1-Gameten alle möglichen Kombinationen der verschiedenen Allele präsent gewesen sein müssten. Außerdem folgert Mendel, ausgehend von den Verhältnissen der verschiedenen Phänotypen, die er in der F_2-Generation vorfand, dass alle möglichen Kombinationen der Allele mit gleicher Häufigkeit in den Gameten auftraten. Mit anderen Worten, *die beiden Allele jedes Gens segregieren unabhängig von den Allelen der anderen Gene.* Dies ist die **Unabhängigkeitsregel** (oder **Neukombinationsregel**), ein weiterer Meilenstein der Genetik. Später sollte bewiesen werden, dass dieses Gesetz nur für Gene auf verschiedenen Chromosomen oder für auf dem gleichen Chromosom sehr weit entfernt liegende Gene gilt.

20.4.4 Frühe mikroskopische Nachweise ließen vermuten, dass Chromosomen die genetische Information tragen könnten

Mendels Entdeckungen hielten bis 1900 einen Dornröschenschlaf in der wissenschaftlichen Literatur, dem Jahr, in dem sein Artikel fast gleichzeitig von drei anderen europäischen Biologen wiederentdeckt wurde. In der Zwischenzeit hatte man viel über die zelluläre Grundlage der Vererbung erfahren. Um 1875 hatten beispielsweise Mikroskopiker Chromosomen mit Hilfe von Farbstoffen entdeckt, die in der aufkommenden Teerfarbenindustrie verwendet wurden. Ungefähr zur selben Zeit erkannte man, dass der Vorgang der Befruchtung die Verschmelzung von Spermium- und Eizellkern beinhaltet. Dies legte nahe, dass der Zellkern die genetische Information trägt.

Der erste Vorschlag, dass die Chromosomen die Träger der genetischen Information sein könnten, stammt aus dem Jahr 1883. Binnen zehn Jahren hatte man Chromosomen in sich teilenden Zellen untersucht und beobachtet, dass sie sich der Länge nach trennten und zwei augenscheinlich identische Tochterchromosomen entstanden. Daraus erwuchs die Erkenntnis, dass die Anzahl von Chromosomen pro Zelle während der Entwicklung eines Organismus konstant bleibt. Mit der Weiterentwicklung der optischen Geräte war auch eine genauere Analyse der Chromosomen möglich. Man wies nach, dass die mitotische Zellteilung mit der Bewegung identischer Tochterchromosomen zu gegenüberliegenden Polen einherging, wodurch sichergestellt wurde, dass die Tochterzellen exakt den gleichen Chromosomensatz erhielten wie ihre Mutterzelle.

Vor diesem Hintergrund müssen wir die Wiederentdeckung von Mendels Veröffentlichung sehen, an die sich fast unmittelbar drei entscheidende Untersuchungen anschlossen, welche die Chromosomen als Träger von Mendels Faktoren identifizierten. Die Wissenschaftler waren Edward Montgomery, Theodor Boveri und Walter Sutton. Montgomerys Beitrag war die Erkenntnis über die Existenz homologer Chromosomen. Ausgehend von sorgfältigen Beobachtungen von Insektenchromosomen folgerte er, dass die Chromosomen der meisten Zellen in zwei Gruppen eingeteilt werden konnten. Ein Mitglied des Paares war mütterlichen Ursprungs und das andere Mitglied väterlichen Ursprungs. Er beobachtete außerdem, dass die beiden Chromosomen eines jeden Typs während der Synapsis in der „Reduktionsteilung“ (die wir heute als Meiose I bezeichnen) bei der Gamentenbildung zusammenkamen. Ein Artikel zur Gametenbildung war ungefähr ein Jahrzehnt zuvor veröffentlicht wurden.

Dann trug Boveri die entscheidende Beobachtung bei, dass jedes Chromosom eine einzigartige genetische Rolle spielt. Dieser Gedanke beruhte auf Untersuchungen, bei denen man Seeigeleizellen in Gegenwart eines Überschusses an Spermien befruchtete, sodass einige Eizellen von zwei Spermien befruchtet wurden. Die Gegenwart von zwei Spermiumzellkernen in einer einzigen Eizelle führte zur Bildung einer anormalen mitotischen Spindel, welche die Chromosomen nicht gleichmäßig an die sich neu bildenden embryonalen Zellen verteilte. Die entstandenen Embryos zeigten in Abhängigkeit von den jeweils fehlenden Chromosomen verschiedene Formen von Entwicklungsfehlern. Daraus folgerte Boveri, dass jedes Chromosom bei der Entwicklung eine einzigartige Aufgabe übernimmt.

In der Zwischenzeit hatte Sutton die Meiose am Grashüpfer untersucht. Im Jahr 1902 machte er die bedeutende Beobachtung, dass die Ausrichtung eines jeden Paares homologer Chromosomen (bivalent) während der Metaphase I am Spindeläquator rein nach dem Zufallsprinzip erfolgte. Anders formuliert konnte also jedes Homologenpaar zusammen mit dem mütterlichen oder dem väterlichen Chromosom an einem der beiden Pole liegen, und dies ungeachtet der Positionen der anderen Paare. Daher sind bei den Gameten, die jedes Individuum bildet, viele verschiedene Kombinationen mütterlicher und väterlicher Chromosomen möglich (beachten Sie die Ähnlichkeit mit Mendels Beobachtung, dass alle möglichen Kombinationen verschiedener Allele in der F_1-Generation der Gameten auftreten).

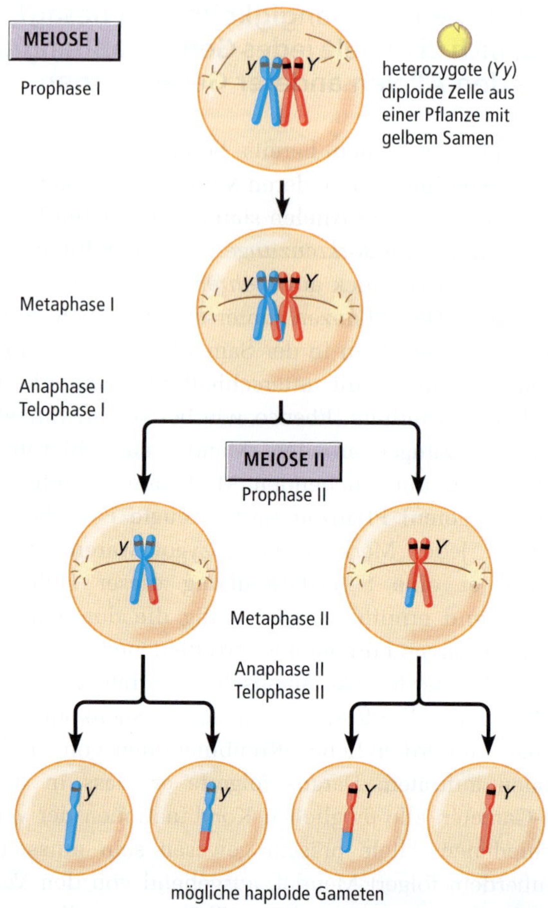

Abbildung 20.13: Die meiotische Grundlage von Mendels Segregationsregel. Die Segregation der Allele für die Samenfarbe während der Meiose ist am Beispiel einer für dieses Merkmal heterozygoten Erbsenpflanze dargestellt. Die Erbsen haben sieben Chromosomenpaare, aber nur das homologe Paar trägt die Allele mit den hier abgebildeten Samenfarben. Während der ersten meiotischen Teilung (Meiose I) paaren sich die homologen Chromosomen (die jeweils aus zwei Schwesterchromatiden bestehen) in der Prophase I, sodass ein Crossing-over stattfinden kann. Dann reihen sich die homologen Chromosomen während der Metaphase I als Paar am Spindeläquator auf und segregieren in der Anaphase I und der Telophase I zu getrennten Zellen. In der Meiose II segregieren die Schwesterchromatiden zu verschiedenen Tochterzellen. Das Ergebnis sind vier haploide Tochterzellen, von denen jede ein Allel für die jeweilige Samenfarbe besitzt.

20.4.5 Das Verhalten der Chromosomen erklärt die Regeln der Segregation und der unabhängigen Verteilung

Zwischen 1902 und 1903 brachte Sutton die dargestellten Beobachtungen zusammen und formulierte eine kohärente Theorie zur Beschreibung der Rolle der Chromosomen bei der Vererbung. Diese *Chromosomentheorie der Vererbung* kann in fünf Hauptpunkten zusammengefasst werden:

1. Mit Ausnahme der Keimzellen (Spermien und Eizellen) enthalten die Zellkerne aller Zellen zwei Sätze homologer Chromosomen, einen Satz mütterlichen Ursprungs und einen Satz väterlichen Ursprungs.

2. Chromosomen behalten ihre Individualität und sind genetisch über den Lebenszyklus eines Organismus konstant.

3. Die beiden Sätze homologer Chromosomen in einer diploiden Zelle sind funktional äquivalent. Sie tragen jeweils einen ähnlichen Satz von Genen.

4. Mütterliche und väterliche Homologe bilden während der Meiose eine Synapsis und bewegen sich dann zu den entgegengesetzten Polen der Teilungsspindel; dadurch segregieren sie zu verschiedenen Zellen.

5. Die mütterlichen und väterlichen Mitglieder verschiedener homologer Paare segregieren während der Meiose unabhängig voneinander.

Die Chromosomentheorie der Vererbung lieferte die physikalische Grundlage für das Verständnis dafür, wie Mendels genetische Faktoren getragen und übertragen werden konnten und wie sie segregierten. So stellt zum Beispiel die Gegenwart von zwei Sätzen homologer Chromosomen in jeder Zelle eine Parallele zu Mendels Hypothese von zwei Determinanten für jedes phänotypische Merkmal dar. Entsprechend bietet die Segregation homologer Chromosomen während der meiotischen Teilungen der Gametenbildung eine Erklärung für Mendels Gesetz der Segregation, und die zufällige Ausrichtung der homologen Paare in der Metaphase I erklärt das Gesetz der unabhängigen Verteilung. In ▸*Abbildung 20.13* und ▸*Abbildung 20.14* stellen wir am Beispiel seiner Erbsenpflanzen die chromosomalen Grundlagen der Mendel'schen Regeln dar. Die Grundlage für die Segregationsregel ist in *Abbildung 20.13* am Beispiel der Allele, welche die Samenfarbe in einer heterozygoten Erbsenpflanze mit dem Genotyp *Yy* bestimmen, dargestellt. (Erbsen haben sieben Chromosomenpaare, aber nur das Paar, welches die Allele für die Samenfarbe trägt, ist hier abgebildet.) Während der Meiose bilden die beiden homologen Chromo-

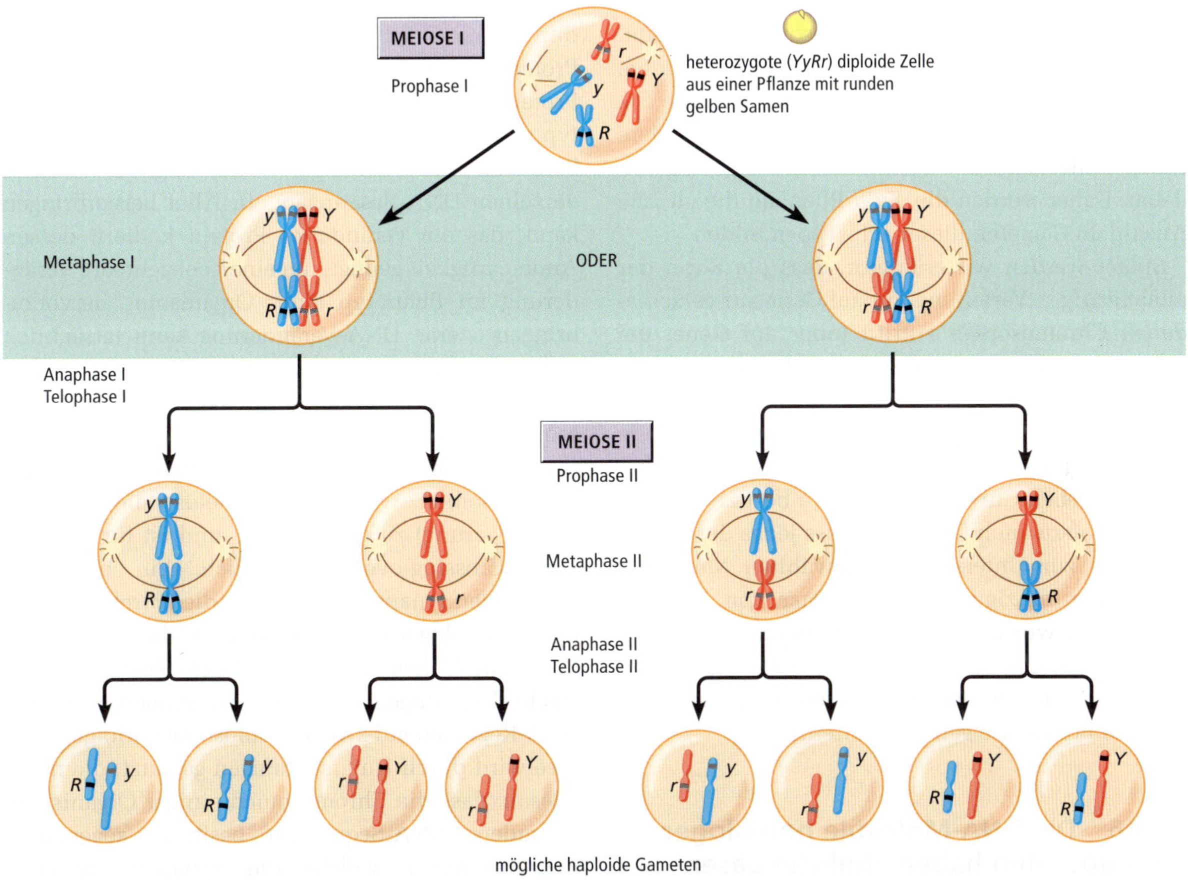

Abbildung 20.14: Die meiotische Grundlage für Mendels Unabhängigkeitsregel. Die unabhängige Verteilung der Allele von zwei Genen auf verschiedenen Chromosomen wird anhand der Meiose in einer für die Samenfarbe (*Yy*) und die Samenform (*Rr*) heterozygoten Erbsenpflanze dargestellt. Erbsenpflanzen haben sieben Chromosomenpaare, aber nur die beiden Paare, welche die Allele für die Samenfarbe und die Samenform tragen, sind dargestellt. Während der Meiose findet die Segregation der Allele für die Samenfarbe unabhängig von der Segregation der Allele für die Samenform statt. Die Grundlage für diese unabhängige Verteilung ist in der Metaphase I zu finden, wenn die homologen Paare (Bivalente) sich am Spindeläquator aufreihen. Da jedes Bivalent in jede Richtung ausgerichtet sein kann, gibt es zwei alternative Lösungen: entweder zeigen die väterlichen Homologe (blau) beide zum gleichen Zellpol, wobei die mütterlichen Homologe (rot) zum anderen Zellpol ausgerichtet sind, oder sie sind auf verschiedene Zellpole ausgerichtet. Die Anordnung in der Metaphase I legt fest, welche Homologe später welchen Tochterzellen zugeteilt werden. Da die verschiedenen Anordnungen mit gleicher Wahrscheinlichkeit stattfinden, können alle möglichen Allelkombinationen mit gleicher Wahrscheinlichkeit in den Gameten vorkommen. Zur Vereinfachung sind Chiasmata und Crossing-over nicht dargestellt.

somen, jedes mit zwei Schwesterchromatiden, in der Prophase I eine Synapse, reihen sich in der Metaphase I am Spindeläquator auf und segregieren dann zu getrennten Tochterzellen. Dann trennt die zweite meiotische Teilung die Schwesterchromatiden, sodass jede haploide Zelle schließlich nur ein Allel für die Samenfarbe trägt, entweder *Y* oder *y*.

Die Grundlage für die Unabhängigkeitsregel wird in ▶*Abbildung 20.14* am Beispiel der Chromosomen dargestellt, welche die Gene für die Samenfarbe (Allele *Y* und *y*) und die Samenform tragen (Allele *R* und *r*, wobei *R* für runde Samen steht, ein dominantes Merkmal, und *r* für runzelige Samen, ein rezessives Merkmal). Die unabhängige Verteilung wird durch die Tatsache erklärt, dass es in der Metaphase I zwei mögliche und gleich wahrscheinliche Anordnungen der Chromosomenpaare gibt. Von den *YyRr*-Zellen, die eine Meiose durchlaufen, bildet die Hälfte Gameten wie diejenigen, die Sie unten links in der Abbildung sehen, und die andere Hälfte bildet Gameten wie die unten rechts abgebildeten. Daher werden die *YyRr*-Pflanzen die gleiche Anzahl an Gameten dieser acht Typen bilden.

Später werden wir erläutern, dass die Regel der unabhängigen Verteilung nur auf Gene auf *verschiedenen* Chromosomen zutrifft (oder auf Gene, die sehr weit voneinander entfernt auf dem gleichen Chromosom liegen). Es ist bemerkenswert, dass Mendel zufällig sieben sich unabhängig verteilende Charakteristika in einem Organismus auswählte, der nur sieben Chromosomenpaare besitzt. Mendel hatte insofern auch Glück, als dass jedes der sieben von ihm zur Untersuchung gewählten Merkmale von einem einzigen Genpaar (Paar von Allelen) kontrolliert wurde. Vielleicht konzentrierte er sich auf Erbsenstämme, die ihm bei vorangegangenen Experimenten die folgerichtigsten und verständlichsten Ergebnisse geliefert hatten.

20.4.6 Die DNA-Moleküle homologer Chromosomen haben ähnliche Basensequenzen

Einer der fünf Hauptpunkte der Chromosomentheorie der Vererbung ist die Idee, dass homologe Chromosomen funktional äquivalent sind. Jedes Chromosom trägt einen ähnlichen Gensatz. Was bedeutet das für unser heutiges Verständnis von der molekularen Organisation der Chromosomen? Es bedeutet ganz einfach, dass homologe Chromosomen DNA-Moleküle besitzen, deren Basensequenzen fast, aber nicht ganz identisch sind. Somit tragen homologe Chromosomen typischerweise die gleichen Gene in exakt der gleichen Reihenfolge. Allerdings können geringfügige Unterschiede in der Basensequenz auf dem chromosomalen DNA-Molekül auf einem Gen unterschiedliche Allele hervorbringen. Derartige Unterschiede beruhen auf Mutationen, und die unterschiedlichen Allele für ein Gen, die wir in einer Population vorfinden – sei es bei Erbsenpflanzen oder beim Menschen – sind Folgen von Mutationen, die sukzessive in einem Gen eines Vorfahren stattgefunden haben. Allele werden im Allgemeinen durch Transkription in RNA und Translation in Proteine „exprimiert", und das Verhalten dieser Proteine bedingt in letzter Konsequenz den Phänotyp eines Organismus. In *Kapitel 21* werden Sie sehen, dass eine so winzige Veränderung wie die eines einzelnen DNA-Basenpaars ein Allel hervorbringen kann, das ein verändertes Protein kodiert, dessen Andersartigkeit genügt, um eine beobachtbare Veränderung im Phänotyp eines Organismus hervorzubringen – eine DNA-Veränderung kann tatsächlich tödliche Folgen mit sich bringen.

Die zugrundliegende Ähnlichkeit in den Basensequenzen ihrer DNA-Moleküle – die *DNA-Homologie* – erklärt vermutlich die Fähigkeit homologer Chromosomen, während der Meiose die Synapsis (enge Paarung) zu durchlaufen, und ist für das normale Crossing-over unerlässlich. Ein bekanntes Modell der Synapsis besagt, dass die korrekte Aufreihung homologer Chromosomen vor der Vollendung des synaptischen Komplexes durch Basenpaarungswechselwirkungen zwischen zusammenpassenden DNA-Regionen auf zwei Chromosomen erfolgt. Diese Idee wird durch Untersuchungen gestützt, die nachwiesen, dass die Chromosomen einiger Organismen besondere DNA-Sequenzen besitzen, sogenannte *Paarungsstellen*, welche die Synapsis zwischen Chromosomen fördern, wenn die gleiche Paarungsstelle auf zwei Chromosomen vorkommt. Proteinkomponenten des synaptischen Komplexes spielen gleichfalls eine Rolle, wenn es darum geht, die Paarung zwischen zusammenpassenden DNA-Regionen homologer Chromosomen zu erleichtern. Nachdem sich der synaptische Komplex vollständig ausgebildet hat, wird die DNA-Rekombination an diesen (und vielleicht auch anderen) Stellen abgeschlossen.

Genetische Variabilität: Rekombination und Crossing-over 20.5

Segregation und unabhängige Verteilung homologer Chromosomen während der ersten meiotischen Teilung führten zur zufallsgemäßen Anordnung der von verschiedenen Chromosomen getragenen Allele, wie in *Abbildung 20.14* am Beispiel der Samenform und der Samenfarbe bei Erbsenpflanzen dargestellt. In ▸*Abbildung 20.15a* wird das Ergebnis der Meiose als verallgemeinerte Version der gleichen Situation zusammengefasst. Hier handelt es sich um einen diploiden Organismus, der für zwei Gene auf nicht-homologen Chromosomen heterozygot ist und die Allelpaare mit der Bezeichnung *Aa* und *Bb* trägt. Die Meiose solch eines Organismus bringt Gameten hervor, in denen Allel *A* mit gleicher Wahrscheinlichkeit mit Allel *B* wie mit Allel *b* auftreten kann, und mit gleicher Wahrscheinlichkeit tritt *B* mit *A* oder mit *a* auf. Was aber geschieht, wenn zwei Gene, *D* und *E*, auf dem gleichen Chromosom liegen? In diesem Fall werden die Allele *D* und *E* standardmäßig in der gleichen Gamete gekoppelt, ebenso wie die Allele *d* und *e* (▸*Abbildung 20.15b*).

Doch selbst bei Genen, die sich auf dem gleichen Chromosom befinden, kann sich aufgrund von Crossing-over eine Veränderung ereignen, die zu genetischer Rekombination führt. Die genetische Rekombination beinhaltet den Austausch genetischen Materials zwischen homologen Chromosomen während der Prophase I der Meiose, wenn die Homologe in der Synapsis sind. Daraus gehen Chromosomen hervor, die neue Allelkombinationen tragen (▸*Abbildung 20.15c*). Das Phänomen der Rekombination wurde zum ersten Mal bei Untersuchungen mit der Taufliege *Drosophila melanogaster* um 1910 von Thomas Hunt Morgan und Kollegen beobachtet. Daher werden wir uns jetzt mit Morgans Arbeit beschäftigen und beginnen mit seiner Entdeckung von Kopplungsgruppen.

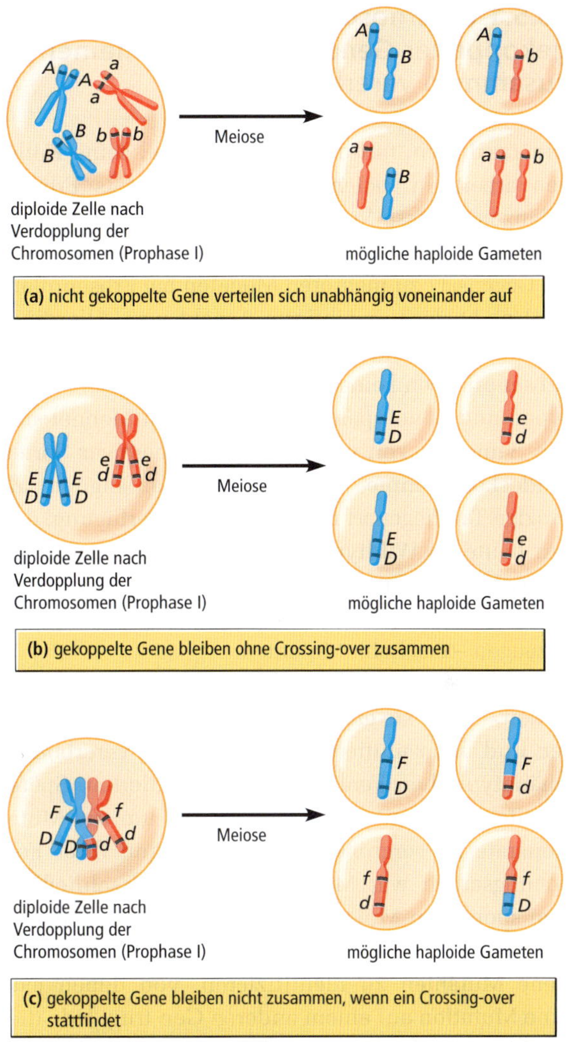

Abbildung 20.15: Segregation und Verteilung gekoppelter und nicht-gekoppelter Gene. In dieser Abbildung sind *A* und *a* die Allele eines Gens, *B* und *b* die Allele eines anderen Gens und so weiter. (a) Allele von Genen auf verschiedenen Chromosomen segregieren während der Meiose und verteilen sich unabhängig voneinander; das Allel *A* kommt in einem Gameten mit gleicher Wahrscheinlichkeit mit Allel *B* oder Allel *b* vor. (b) Allele auf Genen auf dem gleichen Chromosom bleiben während der Meiose gekoppelt, wenn kein Crossing-over stattfindet; in diesem Fall wird Allel *D* standardmäßig im gleichen Gameten mit Allel *E* auftreten, aber nicht mit Allel *e*. (c) Allele von Genen auf dem gleichen Chromosom können während des Crossing-over ausgetauscht werden, sodass das Allel *D* nicht nur mit Allel *F*, sondern auch mit Allel *f* auftreten kann und so weiter.

20.5.1 Chromosomen enthalten Gruppen gekoppelter Gene, die im Allgemeinen zusammen vererbt werden

Die Taufliegen, mit denen Morgan und seine Kollegen arbeiteten, boten gegenüber Mendels Erbsenpflanzen gewisse Vorteile, wobei die relativ geringe Generationszeit der Fliege (ungefähr zwei Wochen im Gegensatz zu mehreren Monaten bei Erbsenpflanzen) nicht der unwichtigste Aspekt war. Allerdings brachten die Taufliegen im Gegensatz zu Mendels Erbsenpflanzen keine vorgefertigte Vielfalt an Phänotypen und Genotypen hervor. Während Mendel sich mit Samenstöcken verschiedener reinerbiger Sorten eindecken konnte, stand Morgan anfänglich als einzige Taufliegenart nur der Typ zur Verfügung, den wir heute als **Wildtyp** oder „normalen" Organismus bezeichnen. Morgan und seine Kollegen mussten daher für ihre genetischen Experimente Varianten erzeugen – das heißt Mutanten.

Morgan und seine Mitarbeiter begannen mit ihrer Arbeit, indem sie große Mengen von Fliegen züchteten und dann mutierte Individuen mit vererbbaren phänotypischen Veränderungen selektierten. Später arbeiteten sie mit Röntgenstrahlung, um die Mutationsrate zu vergrößern, aber zu Beginn ihrer Forschungsarbeit war Morgans Gruppe ausschließlich von spontanen Mutationen abhängig. Innerhalb von fünf Jahren vermochten sie ungefähr 85 verschiedene Mutanten zu identifizieren, von denen jede eine Mutation auf einem anderen Gen trug. Jede dieser Mutanten konnte als Laborstamm vermehrt und je nach Bedarf zur Paarung genutzt werden.

Eine der ersten Entdeckungen von Morgan und seinen Kollegen bei der Analyse ihrer Mutanten war, dass die Gene der mutierten Taufliegen im Gegensatz zu Mendels Erbsenpflanzen sich nicht alle unabhängig voneinander verteilten; stattdessen verhielten sich einige Gene, als wären sie gekoppelt, und für diese Gene hätte Mendel nur wenige oder gar keine neuen Allelkombinationen vorhergesagt. Tatsächlich erkannten sie bald, dass die Gene der Taufliegen in vier **Kopplungsgruppen** unterteilt werden konnten. Jede Gruppe bestand aus einer Reihe **gekoppelter Gene**, die im Allgemeinen zusammen vererbt wurden. Morgan erkannte sehr schnell, dass die Anzahl der Kopplungsgruppen der Anzahl unterschiedlicher Chromosomen im Organismus entsprach (die haploide Chromosomenzahl bei *Drosophila* ist vier). Er machte eine weitreichende Schlussfolgerung: jedes Chromosom ist die physikalische Grundlage für eine spezifische Kopplungsgruppe. Mendel hatte keine Kopplung beobachtet, denn die von ihm untersuchten Gene lagen entweder auf verschiedenen Chromosomen oder auf dem gleichen Chromosom weit voneinander entfernt und verhielten sich daher, als seien sie nicht gekoppelt.

20.5.2 Homologe Chromosomen tauschen während des Crossing-over Segmente aus

Obwohl die von ihnen entdeckten Gene alle in Kopplungsgruppen eingeteilt werden konnten, stellten Morgan und seine Kollegen fest, dass die Kopplung innerhalb dieser Gruppen unvollständig war. Meistens reihten sich die als gekoppelt bekannten (und daher auf dem gleichen Chromosom befindlichen) Gene zusammen auf, was auch zu erwarten war. Manchmal traten in der Nachkommenschaft jedoch zwei oder mehr dieser Merkmale in nicht-parentaler Kombinationen auf. Dieses Phänomen der unvollständigen Kopplung bezeichneten sie als *Rekombination*, denn die verschiedenen Allele traten im Nachkommen in neuen, unerwarteten Verbindungen auf.

Morgan, der für seine Arbeiten 1933 den Nobelpreis für Medizin erhielt, suchte eine Erklärung für diese rekombinanten Nachkommen. Er schlug vor, dass homologe Chromosomen Segmente austauschen können. Dieser Austausch beruhte wahrscheinlich auf einem Bruch-und-Verschmelzungs-Vorgang, wie in ▸*Abbildung 20.16a* dargestellt. Durch diesen Vorgang, den Morgan als *Crossing-over* bezeichnete, konnte ein bestimmtes Allel oder eine bestimmte Gruppe von Allelen, die ursprünglich auf einem Mitglied eines homologen Chromosomenpaares lagen, auf das andere Chromosom und umgekehrt übertragen werden.

In dem in *Abbildung 20.16a* dargestellten Beispiel liegen zwei homologe Chromosomen, eines mit den Allelen *A* und *B* und das andere mit den Allelen *a* und *b*, in der Synapsis nebeneinander. Dann tauschen die Abschnitte eines *AB*-Chromatids und eines Nicht-Schwester-*ab*-Chromatids DNA-Segmente aus, wodurch zwei rekombinante Chromatiden gebildet werden – ein Chromatid mit den Allelen *A* und *b*

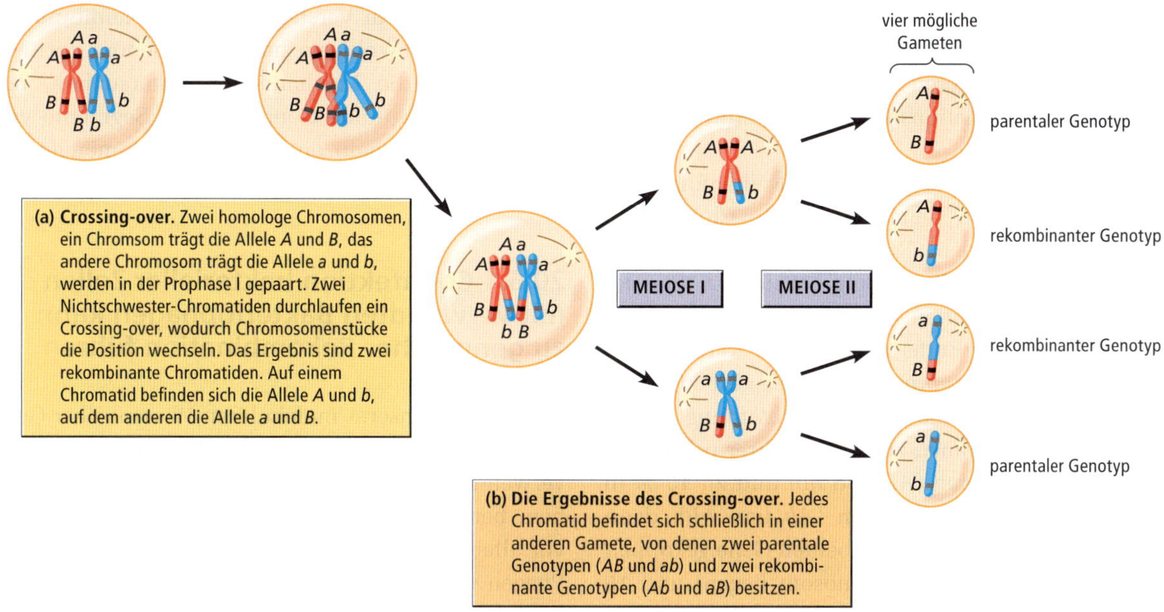

(a) Crossing-over. Zwei homologe Chromosomen, ein Chromsom trägt die Allele *A* und *B*, das andere Chromosom trägt die Allele *a* und *b*, werden in der Prophase I gepaart. Zwei Nichtschwester-Chromatiden durchlaufen ein Crossing-over, wodurch Chromosomenstücke die Position wechseln. Das Ergebnis sind zwei rekombinante Chromatiden. Auf einem Chromatid befinden sich die Allele *A* und *b*, auf dem anderen die Allele *a* und *B*.

(b) Die Ergebnisse des Crossing-over. Jedes Chromatid befindet sich schließlich in einer anderen Gamete, von denen zwei parentale Genotypen (*AB* und *ab*) und zwei rekombinante Genotypen (*Ab* und *aB*) besitzen.

Abbildung 20.16: **Crossing-over und genetische Rekombination.** Nach einem einzigen Crossing-over erhält man als Ergebnis der Meiose zwei elterliche Gameten und zwei rekombinante Gameten.

und das andere mit den Allelen *a* und *B*. Am Ende der zweiten meiotischen Teilung liegt jedes der vier Chromatiden in einer anderen Gamete. Geht man von nur einem Crossing-over aus, so gehören zu den Produkten der Meiose zwei parentale und zwei rekombinante Gameten (▶*Abbildung 20.16b*).

Heute wissen wir, dass das Crossing-over während des Pachytäns der meiotischen Prophase I abläuft (*Abbildung 20.6*), wenn die Schwesterchromatiden dicht gepackt sind und man nur mit Mühe den Ablauf verfolgen kann. Wenn sich die Chromatiden im Diplotän zu trennen beginnen, kann man jedes der vier Chromatiden in einem Bivalent dem einen oder dem anderen der beiden Homologe zuordnen. Ganz gleich an welcher Stelle das Crossing-over stattfindet, die beiden Homologe bleiben miteinander verbunden und bilden ein Chiasma.

In der ersten meiotischen Prophase werden die beiden homologen Chromosomen immer von mindestens einem Chiasma zusammengehalten. Sollte dies nicht der Fall sein, so können sie falsch segregieren. Viele Bivalente enthalten mehrere Chiasmata. Menschliche Bivalente besitzen zum Beispiel typischerweise zwei oder drei Chiasmata, denn häufig finden mehrere Crossing-over zwischen gepaarten Homologen statt. Ein Crossing-over ist nur dann von genetischer Bedeutung, wenn Nicht-Schwesterchromatiden mitwirken. Bei einigen Spezies beobachtet man auch Austauschvorgänge zwischen Schwesterchromatiden. Diese Austauschvorgänge haben aber keine genetischen Konsequenzen, denn Schwesterchromatiden sind genetisch identisch.

20.5.3 Genloci können durch Messung der Rekombinationshäufigkeiten kartiert werden

Letztendlich wurde Morgan und seinen Kollegen klar, dass rekombinante Nachkommen bei den verschiedenen Genpaaren einer Kopplungsgruppe mit unterschiedlicher Häufigkeit auftraten. Aus dieser Beobachtung folgerten sie, dass die Rekombinationshäufigkeit zwischen zwei Genen ein Maß für die Entfernung von Genen war, denn nahe beieinander gelegene Gene wurden mit geringerer Wahrscheinlichkeit durch ein Crossing-over getrennt als weiter entfernt liegende Gene. Diese Erkenntnis führte Alfred Sturtevant, einen Studenten im Grundstudium in Morgans Labor, 1911 zu der Hypothese, dass man mit Hilfe von Rekombinationsdaten bestimmen könnte, wo Gene auf den Chromosomen von *Drosophila* lagen. Mit anderen Worten, ein Chromosom wurde nun als ein mit Genen besetzter Strang betrachtet, deren Positionen auf der Grundlage von Rekombinationshäufigkeiten ermittelt werden konnten.

Die Ermittlung der sequenziellen Reihenfolge und der Entfernung von Genen auf einem Chromosom ausgehend von den Rekombinationshäufigkeiten wird als **genetische Kartierung** bezeichnet. Bei der Erstellung dieser Karten entspricht die Rekombinationshäufigkeit der Entfernung auf der Karte, die in *Karteneinheiten* (*Centimorgans*) ausgedrückt wird. Wenn zum Beispiel die Allele in *Abbildung 20.16b* unter den Nachkommen zu 85 % in ihrer parentalen Kombination auftreten (*AB* und *ab*) und zu 15 % in rekombinanten Kombinationen (*Ab* und *aB*), dann schließen wir daraus, dass die beiden Gene gekoppelt sind (auf dem gleichen Chromosom liegen) und 15 Karteneinheiten voneinander entfernt liegen. Diese Vorgehensweise diente zur Kartierung der Chromosomen vieler Pflanzen- und Tierspezies, sowie von Bakterien und Viren. Da Bakterien und Viren sich nicht geschlechtlich vermehren, arbeitet man mit modifizierten Methoden, um Rekombinanten zu erzeugen.

20.6 Genetische Rekombination bei Bakterien und Viren

Da alles auf dem Crossing-over homologer Chromosomen beruht, könnten Sie der Auffassung sein, dass genetische Rekombination ausschließlich bei sich geschlechtlich vermehrenden Organismen vorkommt. Die geschlechtliche Vermehrung ermöglicht ein Crossing-over pro Generation, wenn die homologen Chromosomen während der meiotischen Teilung, aus der Gameten hervorgehen, dicht nebeneinander liegen. Im Gegensatz dazu haben Bakterien und Viren haploide Genome und vermehren sich ungeschlechtlich. Es gibt keinen erkennbaren Mechanismus für das regelmäßige Verschmelzen von Genomen zweier unterschiedlicher Elternorganismen.

Trotzdem sind Bakterien und Viren zu genetischer Rekombination fähig. Tatsächlich vermochte man auf der Grundlage von Rekombinationsdaten noch lange vor dem Einzug der modernen DNA-Technologien viele virale und bakterielle Genome zu kartieren. Zum Verständnis, wie Rekombination möglich ist, obwohl ein haploides Genom vorliegt, müssen wir die Mechanismen untersuchen, mit denen zwei haploide Genome, oder Segmente von Genomen, innerhalb einer Zelle zusammengeführt werden können.

20.6.1 Co-Infektion bakterieller Zellen mit verwandten Bakteriophagen kann zu genetischer Rekombination führen

Ein Großteil unseres molekularen Wissens über Gene und Rekombination sowie das Vokabular, das wir verwenden, um diesem Wissen Ausdruck zu verleihen, beruht auf Experimenten mit Bakteriophagen, vor allem mit den geradzahligen T-Phagen und dem Phagen λ (siehe *Exkurs 18A*). Zwar sind Phagen haploid und vermehren sich nicht geschlechtlich, doch kann genetische Rekombination zwischen verwandten Phagen stattfinden, wenn einzelne Bakterienzellen gleichzeitig von verschiedenen Versionen eines Phagen infiziert werden. In ▶*Abbildung 20.17* ist ein Experiment dargestellt, in dem Bakterienzellen mit zwei verwandten Typen des T4-Phagen co-infiziert werden. Wenn die Phagen sich in der bakteriellen Zelle replizieren, werden ihre DNA-Moleküle so nebeneinander aufgereiht, dass DNA-Segmente zwischen homologen Regionen ausgetauscht werden können. Die Häufigkeit, mit der daraus rekombinante Phagen hervorgehen, hängt von der Entfernung zwischen den zu untersuchenden Genen ab, genauso wie bei diploiden Organismen. Je größer die Entfernung zwischen den Genen, desto größter die Wahrscheinlichkeit einer zwischen ihnen stattfindenden Rekombination.

Die Phagenrekombination erfolgt durch Crossing-over zwischen relativ kurzen, nackten DNA-Molekülen und nicht zwischen Chromatiden. Die Einfachheit dieses Vorgangs erleichterte die Erforschung der molekularen Mechanismen der Rekombination und der diesen Prozess katalysierenden Proteine. Die Phagenrekombination beinhaltet die präzise Aufreihung homologer DNA-Moleküle in der Region des Crossing-over – diese Voraussetzung gilt vermutlich auch für die Rekombination eukaryotischer und prokaryotischer DNA.

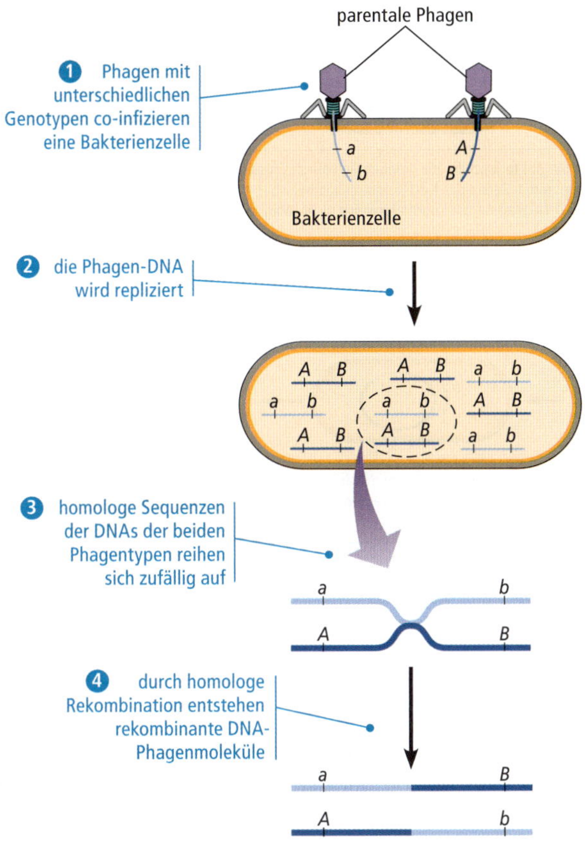

Abbildung 20.17: Genetische Rekombination bei Bakteriophagen. Zwei Phagenpopulationen mit unterschiedlichen Genotypen co-infizieren eine Bakterienzelle. Dadurch wird sichergestellt, dass sich beide Phagengenome gleichzeitig in einer Zelle befinden. Ein Phage trägt die mutierten Allele *a* und *b*, während der andere Phage die Allele *A* und *B* trägt. Bei der Replikation der Phagen-DNA werden sie zufällig aufgereiht und ein Crossing-over findet statt, aus dem rekombinante Phagen-DNA-Moleküle mit *aB*- und *Ab*-Genotypen hervorgehen. Die Häufigkeit, mit der diese rekombinanten Genotypen auftreten, ist ein Maß für die Entfernung zwischen Genen.

20.6.2 Transformation und Transduktion erfolgen durch Rekombination mit freier DNA oder mit DNA, die von Bakteriophagen in Bakterienzellen transportiert wird

Bei den Bakterien gibt es mehrere Mechanismen zur Rekombination genetischer Information. In *Kapitel 18* haben wir bereits einen solchen Mechanismus erwähnt, als wir die Experimente mit rauen und glatten Stämmen von Pneumokkenbakterien darstellten, aus denen Oswald Avery folgerte, dass Bakterienzellen von einem genetischen Typ in einen anderen transformiert werden können, indem man sie mit gereinigter DNA in Kontakt bringt. Die Fähigkeit einer Bakterienzelle, DNA-Moleküle aufzunehmen und einen Teil dieser DNA in das eigene Genom zu integrieren, bezeichnet man als **Transformation** (▸*Abbildung 20.18*). Obwohl die Transformation zuerst als Labortechnik zur künstlichen Einführung von DNA in Bakterienzellen betrachtet wurde, wird sie heute als natürlicher Mechanismus akzeptiert, durch den sich einige (doch bei Weitem nicht alle) Bakterienarten genetische Informationen beschaffen, wenn sie Zugang zur DNA anderer Zellen haben.

Ein zweiter Mechanismus der genetischen Rekombination in Bakterien ist die sogenannte **Transduktion**. An diesem Vorgang ist DNA beteiligt, die ein Bakteriophage in eine Bakterienzelle eingeführt hat. Die meisten Phagen enthalten nur ihre eigene DNA, doch gelegentlich kann ein Phage einen Teil der bakteriellen Wirts-DNA-Sequenzen in seine Phagen-Nachkommen aufnehmen. Ein solcher Phagenpartikel ist fähig, ein anderes Bakterium zu infizieren. Dabei wirkt er wie eine Nadel, die DNA von einer bakteriellen Zelle in die nächste überträgt (▸*Abbildung 20.18b*). Phagen, die in der Lage sind, DNA der Wirtszelle von einer Zelle auf die andere zu übertragen, bezeichnet man als *transduzierende Phagen*.

Der transduzierende Phage P1, der *E. coli* infiziert, hat sich bei der Genkartierung als besonders nützlich erwiesen. Die DNA-Menge, die in einen Phagenpartikel passt, ist verglichen mit der Größe des bakteriellen Genoms nur gering. Zwei Bakteriengene – oder allgemeiner formuliert, genetische Marker (spezifische DNA-Sequenzen) – müssen daher dicht benachbart sein, um gleichzeitig von einem einzigen Phagenpartikel in eine Bakterienzelle eingeführt zu werden. Die Grundlage der *co-transduktionalen Kartierung*, bei der man die Nähe eines Markers zum anderen bestimmt, wird ermittelt, indem man misst, wie häufig die beiden Marker in einem transduzierenden Phagenpartikel gemeinsam übertragen werden. Je dichter die beiden Marker beieinander liegen, desto größer ist die Wahrscheinlichkeit, dass sie in eine Bakterienzelle co-transduziert werden. Aus Untersuchungen mit dem transduzierenden Phagen P1 hat sich ergeben, dass Marker nicht co-transduziert werden können, wenn sie in der bakteriellen DNA mehr als 10^5 Basenpaare voneinander entfernt liegen. Dieser Befund stimmt mit der Beobachtung überein, dass das Genom des P1-Phagen ungefähr diese Größe hat.

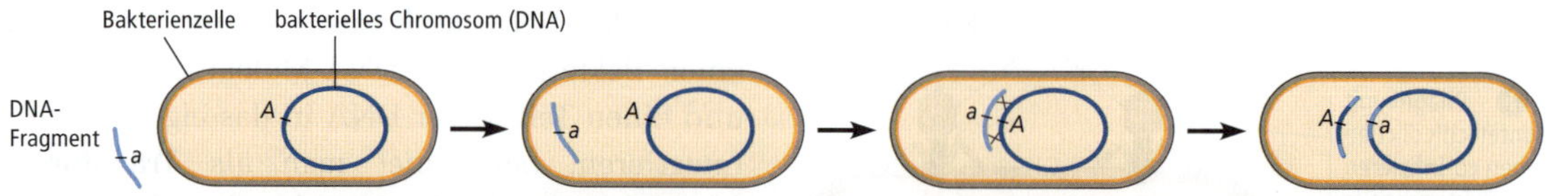

(a) Transformation. Transformation bedeutet die Aufnahme exogener DNA durch die Bakterienzelle, die gelegentlich durch Crossing-over in das bakterielle Genom integriert wird (mit X markiert). Die exogene DNA ist nur dann in den Zellen der Nachkommen nachweisbar, wenn sie in das bakterielle Chromosom integriert wurde, denn das ursprünglich aufgenommene DNA-Fragment ist normalerweise nicht fähig, sich selbst autonom in der Zelle zu replizieren (Ausnahme ist ein intaktes Plasmid).

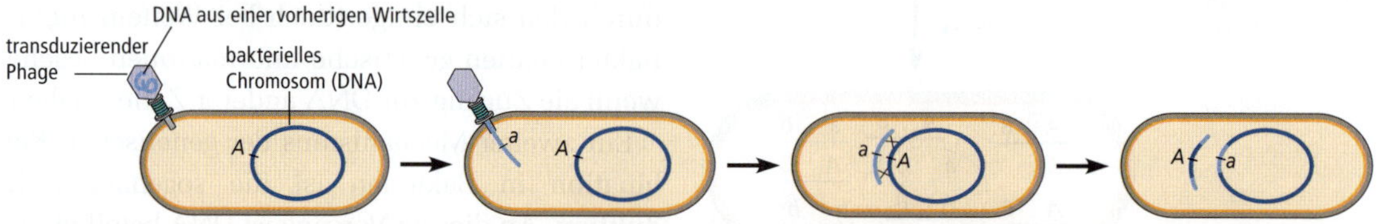

(b) Transduktion. Transduktion bedeutet Einführung exogener DNA in eine Bakterienzelle durch einen Phagen. Nach Injektion in die Wirtszelle kann die DNA genauso wie bei der Transformation in das bakterielle Genom integriert werden. In beiden Fällen werden lineare DNA-Fragmente, die sich außerhalb des bakteriellen Chromosoms befinden, von Nucleasen abgebaut.

Abbildung 20.18: **Transformation und Transduktion in Bakterienzellen**. Transformation und Transduktion sind Mechanismen, mit denen Bakterien externe genetische Information aufnehmen, die entweder aus freier DNA stammt oder aus DNA, die Bakteriophagen in Bakterienzellen eingeführt haben. In dieser Abbildung stehen die Buchstaben *A* und *a* für Allele auf dem gleichen Gen.

20.6.3 Konjugation ist eine modifizierte geschlechtliche Aktivität, die genetische Rekombination bei Bakterien erleichtert

Abgesehen von Transformation und Transduktion transferieren einige Bakterien DNA auch durch **Konjugation** von einer Zelle in die andere. Wie man aus dem Namen schließen kann, ähnelt der Vorgang der Konjugation einem Paarungsvorgang, bei dem ein Bakterium eindeutig als Donor erkennbar ist (häufig als „männlich“ bezeichnet) und das andere als Empfänger („weiblich“). Obwohl die Konjugation einem geschlechtlichen Vorgang ähnelt, ist diese Form des DNA-Transfers kein charakteristischer Bestandteil des bakteriellen Lebenszyklus, und im Allgemeinen ist nur ein Teil des Genoms beteiligt. Daher gilt die Konjugation nicht als echte geschlechtliche Vermehrung. Das Phänomen der Konjugation wurde 1946 von Joshua Lederberg und Edward L. Tatum postuliert, die für ihre Arbeiten 1958 mit dem Nobelpreis für Physiologie oder Medizin ausgezeichnet wurden. Sie wiesen als Erste genetische Rekombination bei Bakterien nach. Sie formulierten außerdem, dass ein physikalischer Kontakt zwischen zwei Zellen eine notwendige Voraussetzung für die Konjugation ist. Heute wissen wir, dass Konjugation durch gerichteten Transfer von DNA vom Donor- zum Empfängerbakterium erfolgt. Schauen wir uns nun den genaueren Ablauf dieses Vorgangs an.

Der F-Faktor Aufgrund einer DNA-Sequenz mit der Bezeichnung **F-Faktor** (F für Fruchtbarkeit, engl.: *fertility*) kann *E. coli* bei der Konjugation die Rolle des Donors übernehmen. Der F-Faktor kann entweder als unabhängig replizierendes Plasmid auftreten oder als DNA-Segment im bakteriellen Chromosom. Donorbakterien, die einen F-Faktor im Plasmid tragen, werden mit F^+ bezeichnet, während Empfängerzellen, die meist gar keinen F-Faktor tragen, mit F^- bezeichnet werden. Donorzellen entwickeln lange, haarähnliche Ausstülpungen, die sogenannten **Sexpili** (Singular: **Pilus**), die aus der Zelloberfläche herausragen (*Abbildung 20.1*). Das Ende eines jeden Sexpilus enthält Moleküle, die selektiv an die Oberfläche von Empfängerzellen binden, was zur Bildung einer vorübergehenden cytoplasmatischen **Paarungsbrücke** führt, über die DNA gerichtet von der Donorzelle zur Empfängerzelle transferiert wird (▸*Abbildung 20.19b*).

Wenn eine Donorzelle in seiner Plasmidform einen F-Faktor enthält, dann wird während der Konjugation schnell eine Kopie zur Empfängerzelle transferiert. Dadurch wird die Empfängerzelle von einer F^--Zelle zu einer F^+-Zelle (▸*Abbildung 20.20a*). Der Transfer beginnt immer am **Transferursprung**, der in dieser Abbildung mit einem Pfeil dargestellt ist. Während des Transfers eines F-Faktors an eine F^--Zelle verliert die Donorzelle ihren F^+-Status aber nicht, denn der F-Faktor wird in enger Assoziation mit dem Transfervorgang repliziert. Daher kann die

Kopie des F-Plasmids in der Donorzelle verbleiben. Letztendlich wird die Vermischung einer F⁺-Population von Bakterien mit F⁻-Zellen zur Entstehung einer Zellenpopulation führen, die ausschließlich F⁺ ist. „Männlich“ ist gewissermaßen ansteckend, und dafür ist der F-Faktor verantwortlich.

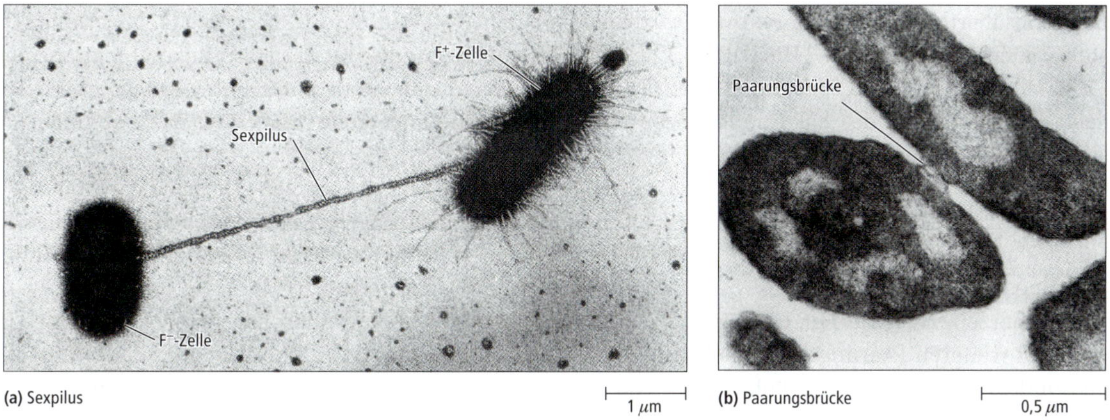

Abbildung 20.19: Der zelluläre Apparat der bakteriellen Konjugation. (a) Die bakterielle Donorzelle rechts, eine F⁺-Zelle, trägt auf ihrer Oberfläche viele schlanke Anhängsel, sogenannte Pili. Einige dieser Pili sind Sexpili, darunter der sehr lange Pilus, der zur anderen Zelle reicht, einer F⁻-Zelle. Die Sexpili bestehen aus Protein, das von einem Gen auf dem F-Faktor kodiert wird. Durch Sexpili kann eine Donorzelle an eine Empfängerzelle andocken. (b) Dann bildet sich eine cytoplasmatische Paarungsbrücke, über die DNA von der Donorzelle an die Empfängerzelle transferiert wird (TEM).

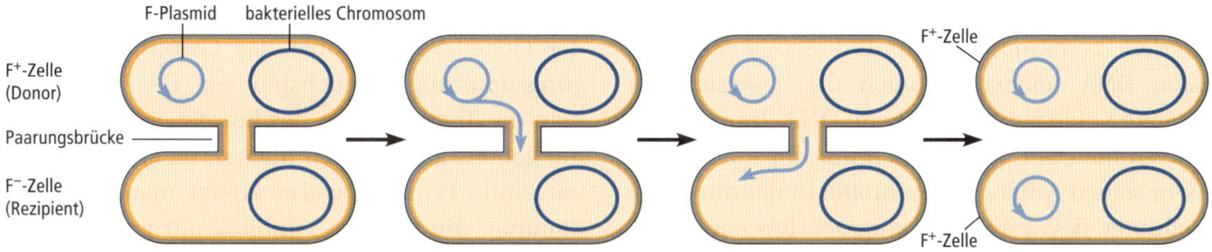

(a) Konjugation zwischen F⁺- und F⁻-Zellen. Der Transfer einer Kopie des F-Faktorplasmids von einem F⁺-Donorbakterium auf einen F⁻-Rezipienten wandelt die F⁻-Zelle in eine F⁺-Zelle um. Der Plasmidtransfer findet über eine Paarungsbrücke statt und beginnt am Transferursprung des F-Faktors, worauf der Pfeil verweist.

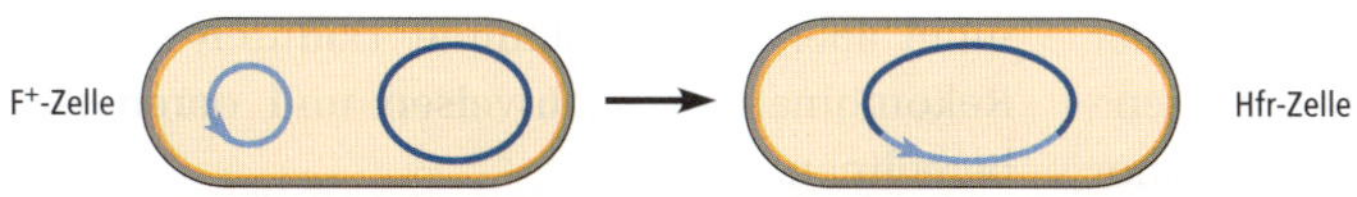

(b) Umwandlung einer F⁺-Zelle in eine Hfr-Zelle. Durch Aufnahme des F-Faktors in das bakterielle Chromosom wird die F⁺-Zelle in eine Hfr-Zelle umgewandelt.

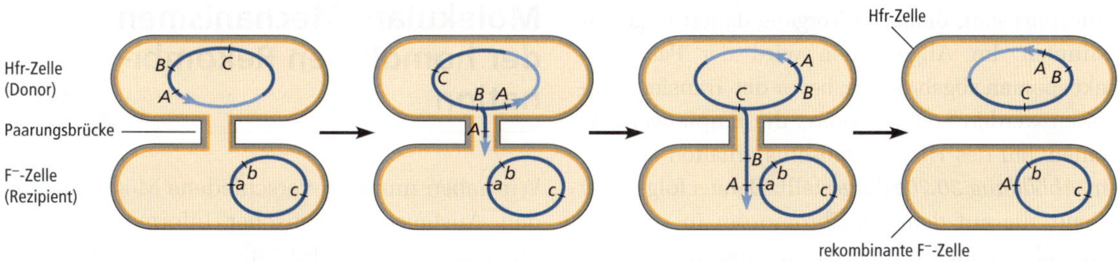

(c) Konjugation zwischen einer Hfr-Zelle und einer F⁻-Zelle. Der Transfer einer Kopie des Hfr-Genoms in eine F⁻-Zelle beginnt am Transferursprung auf dem integrierten F-Faktor. Die Zellen bleiben nur selten solange miteinander in Kontakt bis das gesamte bakterielle Chromosom transferiert wurde. Innerhalb der F⁻-Zelle rekombinieren Teile der Hfr-DNA mit der DNA der F⁻-Zelle. Groß geschriebene Buchstaben stehen für Allele, die von Hfr getragen werden, klein geschriebene Buchstaben repräsentieren die entsprechenden Allele in der F⁻-Zelle. Im letzten Schritt wird Allel *A* von Hfr statt des Allels *a* in die DNA der F⁻-Zellen rekombiniert.

Abbildung 20.20: DNA-Transfer durch bakterielle Konjugation. (a) Das Vorhandensein eines F-Faktor-Plasmids befähigt die *E.-coli*-Zelle, während der Konjugation als Plasmiddonor zu agieren. (b) Chromosomale Integration des F-Faktors erzeugt eine Hfr-Zelle, die (c) während der Konjugation genomische DNA transferieren kann.

Hfr-Zellen und bakterieller Chromosomentransfer

Bisher haben wir gelernt, dass Donor- und Empfängerzellen durch Vorhandensein oder Fehlen des F-Faktors definiert werden. Der F-Faktor wird durch Konjugation übertragen. Wie können daraus rekombinante Bakterien hervorgehen? Die Antwort ist, dass der F-Faktor – der im Allgemeinen als Plasmid vorliegt – manchmal in das bakterielle Chromosom integriert werden kann, wie in ▸*Abbildung 20.20b* dargestellt. (Die Integration beruht auf dem Crossing-over zwischen kurzen DNA-Sequenzen im Chromosom und ähnlichen Sequenzen im F-Faktor.) Durch die chromosomale Integration des F-Faktors wird eine F^+-Donorzelle in eine Hfr-Zelle umgewandelt, die jetzt bei weiteren Paarungen zur Rekombination mit besonders hoher Frequenz befähigt ist, da sie nun *genomische* DNA transferieren kann (engl.: *high frequency recombination*).

Wenn ein Hfr-Bakterium mit einem F^--Empfänger gepaart wird, wird DNA in die Empfängerzelle transferiert (▸*Abbildung 20.20c*). Allerdings wird nicht der F-Faktor selbst transferiert, sondern die Hfr-Zelle transferiert zumindest einen Teil seiner chromosomalen DNA (manchmal auch die gesamte). Sie behält eine Kopie zurück, wie beim DNA-Transfer. Der Transfer nimmt am Transferursprung im integrierten F-Faktor seinen Anfang und schreitet in der durch die Ausrichtung des F-Faktors vorgeschriebenen Richtung im Chromosom voran. Beachten Sie, dass die chromosomale DNA linear transferiert wird, wobei ein kleiner Teil des F-Faktors am Anfang und der restliche Teil am Ende übertragen werden. Da der F-Faktor auf diese Weise geteilt wird, werden nur jene Empfängerzellen zu Hfr-Zellen, die vom Hfr-Donor ein vollständiges bakterielles Chromosom erhalten. Nur sehr selten findet der Transfer eines gesamten Chromosoms statt, denn der Vorgang dauert ungefähr 90 Minuten. Im Allgemeinen wird der Paarungskontakt spontan abgebrochen, bevor der Transfer abgeschlossen werden konnte, sodass die Empfängerzelle nur einen Teil des Hfr-Chromosoms erhalten konnte, wie in *Abbildung 20.20c* dargestellt. Daraus folgt, dass die Gene, die auf dem Hfr-Chromosom in nächster Nachbarschaft zum Transferursprung liegen, mit größter Wahrscheinlichkeit auf die Empfängerzelle transferiert werden.

Nachdem ein Teil des Hfr-Chromosoms durch Konjugation in eine Empfängerzelle übertragen wurde, kann das Hfr-Chromosom mit Regionen der chromosomalen DNA der Empfängerzelle rekombinieren, die eine homologe (ähnliche) Sequenz besitzen. Die rekombinanten bakteriellen Chromosomen, die auf diese Weise erzeugt werden, enthalten einen Teil der genetischen Information von der Donorzelle und einen Teil von der Empfängerzelle. Nur Donor-DNA-Sequenzen, die durch diesen Rekombinationsmechanismus vollständig integriert wurden, überleben in der Empfängerzelle und ihrer Nachkommenschaft. Donor-DNA, die nicht während der Rekombination integriert wurde, sowie DNA, die während des Rekombinationsvorgangs aus dem Empfängerchromosom entfernt wurde, werden anschließend von Nucleasen abgebaut.

Die Korrelation zwischen der Position eines Gens im bakteriellen Chromosom und der Wahrscheinlichkeit seines Transfers kann dazu benutzt werden, Gene im Hinblick auf ihren Abstand vom Transferursprung zu kartieren und damit ihre tatsächliche Reihenfolge zu bestimmen. Wenn zum Beispiel Gen *A* einer Hfr-Zelle bei der Konjugation in 95 % der Fälle, Gen *B* in 70 % und Gen *C* in 55 % der Fälle übertragen wird, dann lautet die Reihenfolge der Gene *A-B-C*, wobei das Gen *A* dem Übertragungsursprung am nächsten liegt. Des Weiteren kann man die Tochterzellen des Empfängerbakteriums für die genetische Analyse nutzen, da sie Rekombinanten sind. Typischerweise kreuzt man Hfr- und F^--Stämme, die sich im Hinblick auf zwei oder mehr genetische Merkmale unterscheiden. Nach der Konjugation werden die Zellen auf ein Nährmedium plattiert, auf dem Rekombinanten wachsen können, nicht aber „Eltern"stämme. Dadurch kann man die Rekombinanten nachweisen und deren Häufigkeit berechnen.

Molekulare Mechanismen der homologen Rekombination 20.7

Wir haben nun fünf verschiedene Möglichkeiten für den Austausch genetischer Information zwischen homologen DNA-Molekülen vorgestellt: (1) Prophase I der Meiose, die mit der Gametogenese in Eukaryoten assoziiert ist, (2) Co-Infektion von Bakterien mit verwandten Bakteriophagen, (3) Transformation von Bakterien mit DNA, (4) Transduktion von Bakterien durch transduzierende Phagen und (5) bakterielle Konjugation. Trotz der deutlichen

Unterschiede haben alle fünf Mechanismen ein grundlegendes gemeinsames Merkmal: es handelt sich immer um **homologe Rekombination**, bei der genetische Information zwischen DNA-Molekülen ausgetauscht wird, die große Sequenzähnlichkeit aufweisen. Damit können wir uns den molekularen Mechanismen zuwenden, auf denen dieser Typ der Rekombination basiert. Da die daran mitwirkenden Prinzipien bei Bakterien und Eukaryoten recht ähnlich sind, werden wir die Mechanismen anhand von Beispielen beider Organismentypen darstellen.

20.7.1 DNA-Bruch und -Austausch sind die Grundlagen der homologen Rekombination

Kurze Zeit nachdem man entdeckt hatte, dass während der Meiose genetische Information zwischen Chromosomen ausgetauscht wird, wurden zur Erklärung dieses Vorgangs zwei Theorien vorgeschlagen. Das *Bruch-und-Austausch-Modell* postulierte, dass in den DNA-Molekülen zweier benachbarter Chromosomen Brüche auftreten, woraufhin ein Austausch erfolgt und die gebrochenen Segmente wieder zusammengefügt werden. Im Gegensatz dazu schlug das *Copy-choice-Modell* vor, dass die genetische Rekombination während der DNA-Replikation erfolgt. Nach diesem Modell beginnt die DNA-Replikation mit der Kopie eines DNA-Moleküls, das in einem Chromosom lokalisiert ist, und wechselt zu einem bestimmten Zeitpunkt zur Kopie der DNA, die im homologen Chromosom liegt. Das Gesamtergebnis wäre ein neues DNA-Molekül, das Information von beiden Chromosomen enthält. Eine der nachvollziehbaren Vorhersagen des Copy-choice-Modells besagt, dass DNA-Replikation und genetische Rekombination gleichzeitig ablaufen müssten. Als spätere Untersuchungen aufdeckten, dass die DNA-Replikation während der S-Phase stattfindet, die Rekombination aber normalerweise während der Prophase I abläuft, musste das Copy-choice-Modell als allgemeines Modell der meiotischen Rekombination aufgegeben werden.

Der erste experimentelle Nachweis, der das Bruch-und-Austausch-Modell stützte, stammt aus dem Jahr 1961 von Matthew Meselson und Jean Weigle. Sie arbeiteten mit Phagen des gleichen genetischen Typs, die sie entweder mit dem schweren (^{15}N) oder dem leichten (^{14}N) Isotop von Stickstoff markiert hatten. Nach gleichzeitiger Infektion von Bakterienzellen mit diesen beiden markierten Stämmen des gleichen Phagentyps entstanden rekombinante Phagenpartikel, deren Gene von beiden Phagen stammten. Als sie die DNA dieser rekombinanten Phagen untersuchten, stellten sie fest, dass diese eine Mischung aus ^{15}N und ^{14}N enthielten (▶*Abbildung 20.21*). Da die Experimente unter Bedingungen durchgeführt wurden, welche die Synthese jeglicher neuer DNA unmöglich machten, mussten die rekombinanten DNA-Moleküle durch Auseinanderbrechen und erneutes Zusammenfügen von DNA-Molekülen entstanden sein, die von den zwei Ausgangsphagen stammten.

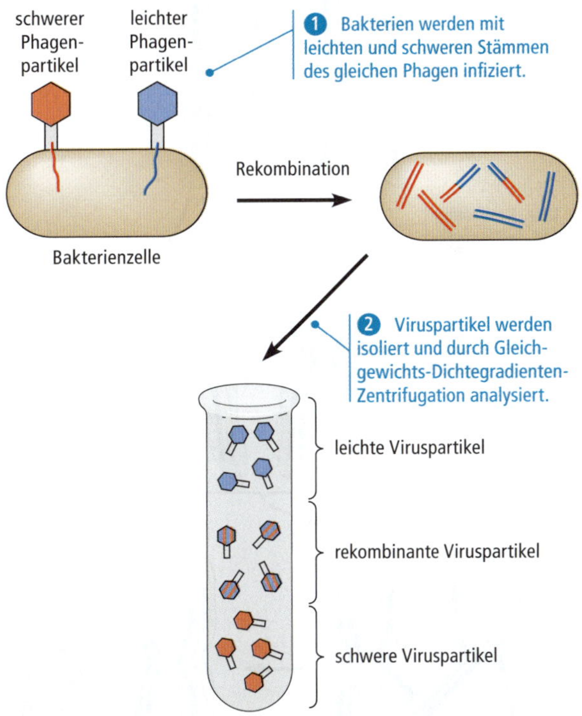

Abbildung 20.21: Nachweis des DNA-Bruchs und des Austauschs während der Bakteriophagenrekombination. Man infizierte Bakterienzellen mit zwei Stämmen des gleichen Phagen, von denen ein Stamm mit ^{15}N und der andere mit ^{14}N markiert worden war. Nach der Rekombination enthielt die DNA der rekombinanten Phagen sowohl ^{15}N als auch ^{14}N. Dieser Befund untermauerte die Idee, dass Rekombination den Bruch und das erneute Zusammenfügen von DNA-Molekülen beinhaltet.

In späteren Experimenten mit Bakterien, deren Chromosomen entweder mit ^{15}N oder ^{14}N markiert worden waren, stellte man fest, dass die DNA, die eine Mischung beider Isotope enthielt, durch genetische Rekombination zwischen bakteriellen Chromosomen entstand. Außerdem stellte man fest, dass diese rekombinanten DNA-Moleküle durch Erhitzen in Einzelstränge dissoziierten und dann in jedem

DNA-Strang eine Mischung aus ^{15}N und ^{14}N nachweisbar war. Somit musste die DNA-Doppelhelix während der Rekombination auseinandergebrochen und neu zusammengefügt worden sein.

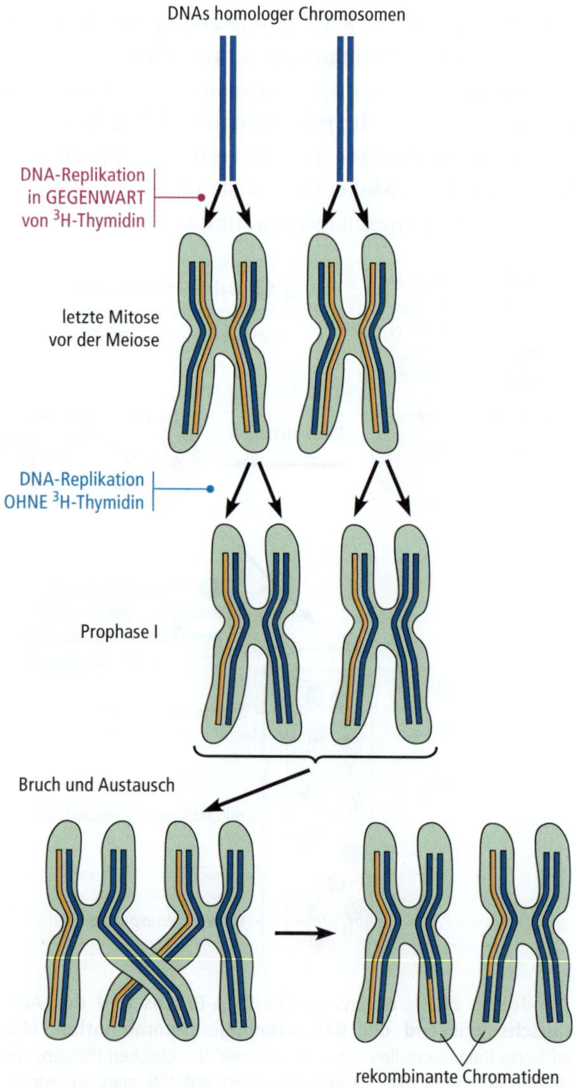

Abbildung 20.22: Experimenteller Nachweis des Bruchs und Austauschs während der eukaryotischen Rekombination. Bei diesem Experiment wurde die DNA radioaktiv markiert, indem man eukaryotische Zellen kurzzeitig vor der letzten Mitose vor der Meiose mit ^3H-Thymidin in Kontakt brachte. Als man die Chromatiden während der Meiose mit Autoradiographie untersuchte, stellte man fest, dass sie eine Mischung aus markierten (orange) und nicht-markierten (dunkelblau) Segmenten enthielten, gerade so wie es das Bruch-und-Austausch-Modell vorhergesagt hatte.

Zu einer ähnlichen Schlussfolgerung gelangte man aufgrund von Experimenten, die J. Herbert Taylor kurze Zeit darauf mit eukaryotischen Zellen durchführte. Bei diesen Versuchen brachte man Zellen in der S-Phase vor der letzten Mitose, die vor der Meiose stattfand, kurzzeitig mit ^3H-Thymidin in Kontakt, wodurch man Chromatiden erzeugte, die pro Doppelhelix einen radioaktiven DNA-Strang enthielten. Während der folgenden S-Phase produzierte die DNA-Replikation ohne ^3H-Thymidin Chromosomen, die ein markiertes und ein nicht-markiertes Chromatid enthielten (▸*Abbildung 20.22*). Während der folgenden Meiose enthielten einige Chromosomen eine Mischung aus radioaktiven und nicht-radioaktiven Segmenten, was dem Bruch-und-Austausch-Modell entsprach. Des Weiteren verhielt sich die Häufigkeit dieser Austauschvorgänge direkte proportional zur Häufigkeit, mit der in diesen Regionen lokalisierte Gene eine genetische Rekombination erfuhren. Diese Beobachtungen untermauerten die Vorstellung, dass die genetische Rekombination in eukaryotischen Zellen, ebenso wie in prokaryotischen Zellen, durch DNA-Bruch und Austausch erfolgt. Außerdem bewiesen diese Experimente, dass die meisten DNA-Austauschvorgänge zwischen homologen Chromosomen und nicht zwischen den beiden Schwesterchromatiden eines Chromosoms stattfanden. Diese Selektivität ist von Bedeutung, denn sie stellt sicher, dass die Gene zwischen väterlichen und mütterlichen Chromosomen ausgetauscht werden. Allerdings finden Rekombinationsvorgänge nicht an allen Stellen des Chromosoms mit gleicher Häufigkeit statt. Stattdessen gibt es auf den Chromosomen Regionen mit hoher Rekombinationshäufigkeit („hot spots") und Regionen, an denen es selten oder nie zu Rekombination kommt („cold spots"). Die Gründe hierfür sind allerdings noch weitgehend unerforscht.

20.7.2 Homologe Rekombination kann zu Genkonversion führen

Die Folgerung, dass die homologe Rekombination auf DNA-Bruch und -Austausch beruht, liefert an sich nicht viel Information über die diesem Vorgang zugrunde liegenden molekularen Mechanismen. Eines der einfachsten Bruch-und-Austauschmodelle, das man sich vorstellen könnte, würde die Spaltung von zwei homologen, doppelsträngigen DNA-Molekülen an vergleichbaren Stellen beinhalten, an die sich Austausch und Zusammenfügen der gespaltenen Enden anschließen würde. Dieses Modell impliziert, dass die genetische Rekombination vollkommen reziprok abläuft, das heißt, dass alle Gene, die von einem Chromosom ausgetauscht werden, auf dem anderen Chromosom wieder auftauchen müssen und umgekehrt. Gehen Sie zum Beispiel von einer hypothetischen Situation aus, in der zwei Gene vorkommen, *P* und *Q*. Wenn ein Chromosom Formen dieser Gene enthält, die mit *P1* und *Q1* bezeichnet werden, und das andere Chromosom alternative Formen mit der Bezeichnung *P2* und *Q2* enthält, dann müsste man annehmen, dass durch reziproken Austausch ein Chromosom mit den Genen *P1* und *Q2* und ein zweites Chromosom mit den Genen *P2* und *Q1* entstünde.

Obwohl man dieses reziproke Muster recht häufig beobachtet, kommen auch Fälle von nicht-reziproker Rekombination vor. So könnte zum Beispiel durch Rekombination ein Chromosom mit den Genen *P1* und *Q2* entstehen und ein zweites Chromosom mit den Genen *P2* und *Q2*. In diesem speziellen Beispiel scheint das auf dem zweiten Chromosom erwartete *Q1*-Gen in ein *Q2*-Gen umgewandelt worden zu sein. Aus diesem Grund bezeichnet man die nicht-reziproke Rekombination häufig als **Genkonversion**. Am häufigsten trifft man auf Genkonversion, wenn die rekombinierenden Gene sehr dicht nebeneinander liegen. Da Rekombination zwischen dicht benachbarten Genen nur sehr selten vorkommt, kann man das Phänomen der Genkonversion am besten bei Organismen beobachten, die sich schnell reproduzieren und große Mengen von Nachkommen erzeugen, z. B. die Hefe oder der Brotschimmelpilz *Neurospora*. In jüngster Zeit hat man Genkonversion allerdings auch beim Menschen nachgewiesen. Beispielsweise beruht eine Form der *kongenitalen adrenalen Hypoplasie* (Unterentwicklung der Nebennieren) auf der Veränderung eines Gens durch Genkonversion.

20.7.3 Homologe Rekombination wird durch Einzelstrang-DNA-Austausch (Holliday-Junctions) initiiert

Aus den zuvor dargestellten Beobachtungen kann man schließen, dass die homologe Rekombination komplizierter ist und nicht durch ein einfaches Bruch-und-Austausch-Modell erklärbar, in dem ein Crossing-over durch Spaltung von zwei doppelsträngigen DNA-Molekülen und dann Austausch und Zusammenfügen der gespaltenen Enden erfolgt. Robin Holliday schlug als Erster ein anderes Modell vor. Seine Idee war, dass Rekombination auf dem Austausch einzelner DNA-Stränge zwischen zwei doppelsträngigen DNA-Molekülen beruht. In ▶*Abbildung 20.23* stellen wir ein aktuelles Modell dar, das erklärt, wie derartige Einzelstrangaustauschvorgänge zu genetischer Rekombination führen können. Laut diesem Modell werden im ersten Schritt ❶ der Rekombination einer oder beide Stränge der DNA-Doppelhelix gespalten. In jedem Fall „dringt" ein einzelner, gebrochener DNA-Strang, der von einem DNA-Molekül stammt, in eine komplementäre Region einer homologen DNA-Doppelhelix ein, wodurch einer der beiden Stränge verschoben wird ❷. Schließlich führt die lokale DNA-Synthese und -Reparatur (❸ und ❹) zu einer Kreuzstruktur, der sogenannten **Holliday-Junction** (auch Holliday-Verbindung genannt). In dieser Struktur hat ein Einzelstrang einer jeden DNA-Doppelhelix ein Crossing-over durchlaufen und wurde mit der gegenüberliegenden Doppelhelix verknüpft. Die elektronenmikroskopische Sichtbarmachung von DNA-Doppelhelices, die an den Orten genetischer Rekombination durch Einzelstrang-Crossing-over-Vorgänge verknüpft wurden (*Abbildung 20.23*, Einschub), untermauert die Existenz von Holliday-Junctions.

Nach Bildung einer Holliday-Junction führt die Entspiralisierung und Neuspiralisierung der DNA-Doppelhelices dazu, dass sich der Crossing-over-Punkt auf der chromosomalen DNA vor und zurück bewegt ❺. Dieses Phänomen, die sogenannte *Schenkelwanderung*, kann die einzelsträngige DNA, die zwischen zwei DNA-Molekülen ausgetauscht wird, schnell verlängern. Nach der Schenkelwanderung wird die Holliday-Junction gespalten, die gespaltenen DNA-Stränge werden neu verknüpft und bilden zwei getrennte DNA-Moleküle. Eine Holliday-Junction kann auf zwei Arten gespalten werden. Wenn sie auf einer Ebene gespalten wird, dann durchlaufen die beiden entstandenen DNA-Moleküle ein Crossing-over, das heißt, die chromosomale DNA, die hinter der Stelle liegt, an der die Rekombination stattfand, wurde zwischen den beiden Chromosomen vollständig ausgetauscht ❻a. Wenn die Holliday-Junction in der anderen Ebene gespalten wird, dann findet kein Crossing-over statt, aber die DNA-Moleküle besitzen eine nicht komplementäre Region nahe der Stelle, an der eine Holliday-Junction entstand ❻b.

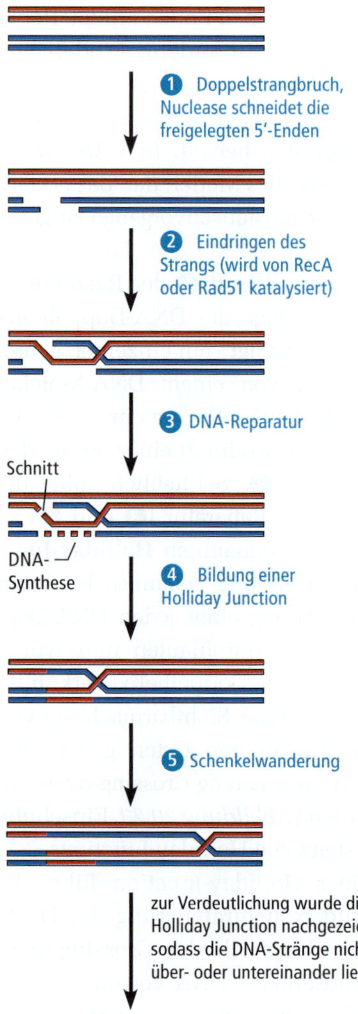

Abbildung 20.23: Molekulares Modell der homologen Rekombination. Gemäß diesem Modell setzt der erste Schritt der Rekombination ein, wenn ① ein gebrochener Strang in einem DNA-Molekül ② in die komplementäre Region einer homologen DNA-Doppelhelix „eindringt". In den Schritten ③ und ④ wird einer der Crossing-over-Punkte durch Spaltung und DNA-Synthese repariert. Dadurch entstehen zwei DNA-Moleküle, die von einer einzigen Holliday-Junction zusammengehalten werden, in der ein Einzelstrang jeder DNA-Doppelhelix ein Crossing-over durchlaufen hat und mit der gegenüberliegenden Doppelhelix verknüpft wurde. Nachdem sich das Crossing-over durch Entspiralisierung der DNA ⑤ und erneute Spiralisierung weiterbewegen musste (Schenkelwanderung), entstehen durch Spaltung in einer Ebene 6a zwei DNA-Moleküle, die ein Crossing-over durchlaufen, während die Spaltung auf einer anderen Ebene 6b zwei DNA-Moleküle erzeugt, die kein Crossing-over durchlaufen, aber eine nicht-komplementäre Region in der Nähe der Stelle enthalten, an der sich eine Holliday-Junction gebildet hat. In der transmissionselektronenmikroskopischen Aufnahme (Einschub) zeigt der Pfeil auf eine Region, in der zwei Bakteriophagen-DNA-Moleküle gerade die homologe Rekombination durchlaufen und durch eine Holliday-Junction verknüpft werden. (Diese Aufnahme entspricht der Konfiguration am linken unteren Rand der Zeichnung, unmittelbar vor den Schritten 6a und 6b).

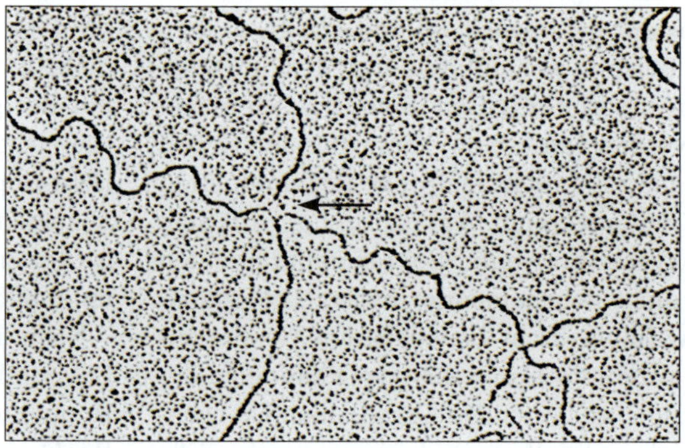

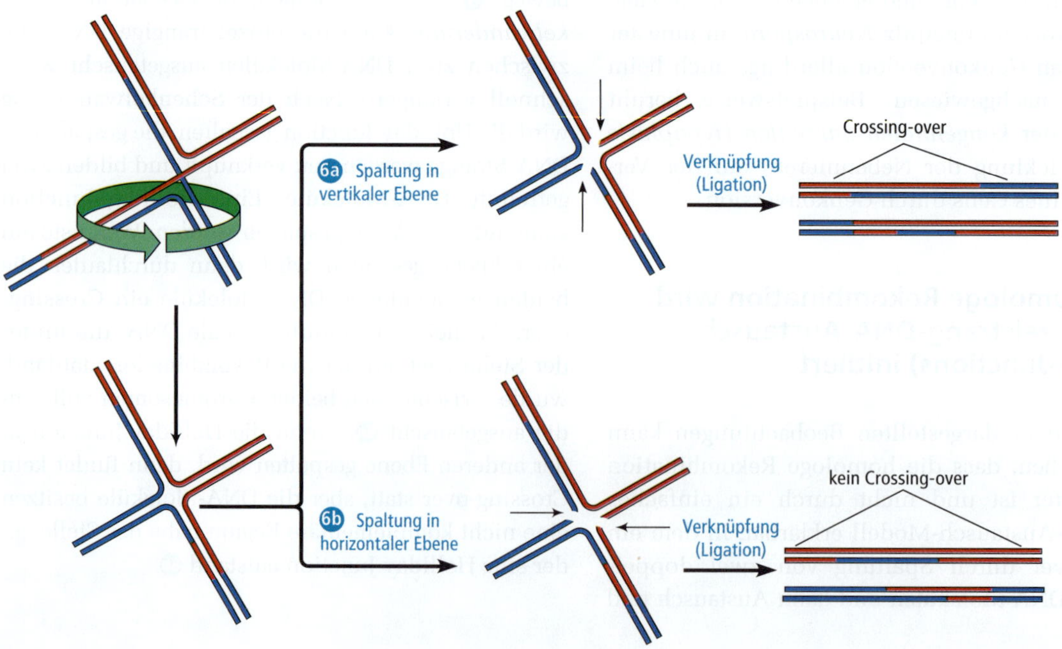

Welches Schicksal erwartet diese nicht-komplementären Regionen? Wenn sie unversehrt bleiben, trennt eine anschließende mitotische Teilung die fehlgepaarten DNA-Stränge. Jeder Strang dient dann als Matrize zur Synthese eines neuen komplementären Strangs. Im Endeffekt erhält man zwei neue DNA-Moleküle mit unterschiedlichen Basensequenzen und somit zwei Zellen mit leicht differierenden Gensequenzen in der betroffenen Region. Dieser Fall wird gelegentlich bei *Neurospora* beobachtet. Bei *Neurospora* können während der Mitose nach der Meiose zwei genetisch unterschiedliche Zellen entstehen. Alternativ kann eine nicht-komplementäre DNA-Region durch Exzisionsreparatur korrigiert werden. Das Endergebnis einer DNA-Reparatur wäre die Umwandlung von Genen von einer Form in die andere – also eine Genkonversion.

Die Identifizierung eines Schlüsselenzyms, das an der homologen Rekombination mitwirkt, gelang erstmalig mit Hilfe bakterieller Extrakte, welche die Bildung von Holliday-Junctions katalysieren. Diese Extrakte enthalten ein Protein, *RecA*, das für die Rekombination benötigt wird. Mutierte Bakterien, die ein defektes RecA-Protein bilden, können keine genetische Rekombination ausführen. Auch Extrakte von Zellen, die Holliday-Junctions aus homologen DNA-Molekülen bilden können, sind dazu nicht in der Lage. Das RecA-Protein katalysiert eine *Stranginvasions*reaktion, bei der ein einzelsträngiges DNA-Segment einen der beiden Stränge einer DNA-Doppelhelix ersetzt. Es katalysiert also Schritt ❷ in *Abbildung 20.23*. Eukaryoten enthalten ein vergleichbares Protein, *Rad51*. Bei der Katalyse der Stranginvasionsreaktion umhüllen RecA und Rad51 zuerst die einzelsträngige DNA-Region. Die einzelsträngige, umhüllte DNA interagiert dann mit einer DNA-Doppelhelix, indem sie sich so lange auf der Ziel-DNA bewegt, bis sie an einer komplementären Sequenz ankommt, mit der sie eine Paarung eingehen kann.

Die Stranginvasion spielt nicht nur bei der genetischen Rekombination eine Rolle, sondern auch bei bestimmten Typen der DNA-Reparatur. Wie bereits in *Kapitel 19* erwähnt, werden Doppelstrangbrüche in der DNA häufig durch einen Prozess repariert, der sich folgende Tatsache zu Nutze macht: Wenn ein Chromosom einen Doppelstrangbruch erleidet, dann kann das intakte DNA-Molekül der homologen chromosomalen DNA als Matrize dienen und die Reparatur des gebrochenen Chromosoms leiten. In diesen Fällen dringen einzelne DNA-Stränge des gebrochenen DNA-Moleküls in das intakte DNA-Molekül ein und finden eine komplementäre Region, die als Matrize für die Reparatur der gebrochenen DNA dient, genau wie in Schritt ❷ der *Abbildung 20.23*.

20.7.4 Der synaptische Komplex erleichtert die homologe Rekombination während der Meiose

In diesem Kapitel haben Sie gelernt, dass die homologen Chromosomen während der Prophase I der Meiose durch eine reißverschlussartige, proteinhaltige Struktur verknüpft werden, den sogenannten synaptischen Komplex. Mehrere Beobachtungen lassen vermuten, dass diese Struktur bei der genetischen Rekombination eine wichtige Rolle spielt. Erstens tritt der synaptische Komplex gleichzeitig mit der Rekombination auf. Zweitens entspricht seine Position zwischen homologen Chromosomen der Region, in der das Crossing-over stattfindet. Drittens kommen synaptische Komplexe nicht in Organismen vor – beispielsweise männlichen Taufliegen –, die keine meiotische Rekombination durchlaufen können.

Vermutlich erleichtert der synaptische Komplex die Rekombination, indem er auf ganzer Länge eine enge Paarung zwischen benachbarten homologen Chromosomen aufrechterhält. Aber wenn der synaptische Komplex die Rekombination erleichtert, wie stellen Zellen dann sicher, dass sich diese Strukturen nur zwischen homologen Chromosomen bilden? Es liegen Beweise für die Existenz eines Vorgangs mit der Bezeichnung *Homologensuche* vor. Bei der Homologensuche bildet ein Einzelstrangbruch in einem DNA-Molekül einen freien Strang, der in eine andere DNA-Doppelhelix eindringt und diese auf komplementäre Sequenzen überprüft (*Abbildung 20.23*, Schritt ❷). Wenn keine ausgeprägte Homologie vorliegt, dringt der freie DNA-Strang in ein anderes DNA-Molekül ein und prüft dort die Komplementarität. Dieser Vorgang wird so lange wiederholt, bis ein homologes DNA-Molekül gefunden wurde. Nur dann entwickelt sich ein synaptischer Komplex, der die homologen Chromosomen auf ihrer ganzen Länge zusammenführt, um die Rekombination zu erleichtern.

20.8 Rekombinante DNA-Technologie und Genklonierung

In der Natur findet genetische Rekombination nur zwischen zwei DNA-Molekülen statt, die von Organismen der gleichen Art stammen. Bei Pflanzen und Tieren sind beispielsweise die beiden Eltern eines Individuums die Originalquellen der DNA, die während der Meiose rekombiniert. Ein auf natürliche Weise entstandenes rekombinantes DNA-Molekül unterscheidet sich im Allgemeinen nur hinsichtlich der Kombination der Allele von den elterlichen DNA-Molekülen. Die fundamentalen Identitäten und Sequenzen seiner Gene bleiben unverändert.

Im Labor gibt es diese Grenzen nicht. Seit Entwicklung der **rekombinanten DNA-Technologie** in den 1970er Jahren steht den Wissenschaftlern eine Reihe von Techniken zur Herstellung rekombinanter DNA im Labor zur Verfügung. Jedes DNA-Segment kann nun aus jedem Genom geschnitten und mit jedem anderen DNA-Segment verknüpft werden. Dank dieser Techniken, die ursprünglich aus der Grundlagenforschung der molekularen Bakterienbiologie stammten, können Wissenschaftler leichter und mit größerer Genauigkeit Gene aus jeder Quelle isolieren und untersuchen, als dies jemals zuvor denkbar war.

Ein zentrales Merkmal der rekombinanten DNA-Technologie ist die Möglichkeit, spezifische DNA-Segmente für Forschungs- und andere Zwecke in ausreichender Menge herzustellen. Diesen Vorgang der Erstellung vieler Kopien spezifischer DNA-Fragmente bezeichnet man als **DNA-Klonierung**. (In der Biologie ist ein *Klon* eine Population von Organismen, die von einem einzigen Vorfahren abstammen und daher genetisch homogen sind. Ein *Zellklon* ist eine Population von Zellen, die von einer einzigen Zelle abstammen. Analog ist ein *DNA-Klon* eine Population von DNA-Molekülen, die aus der Replikation eines einzigen DNA-Moleküls hervorgingen und daher miteinander identisch sind.)

DNA-Klonierung erfolgt durch Einfügen der interessierenden DNA in ein genetisches Element, den **Klonierungsvektor**. Dieser kann autonom replizieren, wenn man ihn in eine kultivierte Zelle einführt – meistens handelt es sich um ein Bakterium wie *E. coli*. Als Klonierungsvektor dient ein Plasmid oder die DNA eines Virus, im Allgemeinen eines Bakteriophagen. In jedem Fall wird der DNA-„Passagier“ des Vektors bei jeder Replikation kopiert. Auf diese Weise kann man große Mengen spezifischer Gene oder anderer DNA-Segmente erzeugen – und auch von ihren Proteinprodukten, wenn die fremden Gene in den wachsenden Zellen, die den Vektor tragen, transkribiert und translatiert werden.

Wenn wir die Bedeutung der rekombinanten DNA-Technologie nachvollziehen möchten, müssen wir uns die ungeheuren Probleme vor Augen führen, mit denen die Biologen zu kämpfen hatten, als sie die Genome eukaryotischer Organismen untersuchten wollten. Ein Großteil des frühen Verständnisses des Informationsflusses in Zellen stammte aus Untersuchungen mit Bakterien und Viren, deren Genome mit Hilfe genetischer Methoden sehr genau kartiert und analysiert wurden. Es war nicht leicht, diese Methoden auf Eukaryoten zu übertragen. Bis vor wenigen Jahrzehnten verzweifelten Wissenschaftler an der Frage, ob es jemals möglich sein würde, eukaryotische Genome in gleichem Maß zu verstehen und zu manipulieren, denn der typische Eukaryot besitzt ungefähr das 10.000-Fache an DNA wie die am besten untersuchten Phagen – das ist wirklich ein Heuhaufen, in dem man eine Nadel von der Größe eines Gens finden soll. Doch die Entwicklung der rekombinanten DNA-Technologie ermöglichte die Isolierung einzelner eukaryotischer Gene in solch großer Menge, dass man sie eingehend untersuchen konnte, und damit wurde eine neue Ära der Biologie eingeläutet.

20.8.1 Die Entdeckung von Restriktionsenzymen ebnete den Weg für die rekombinante DNA-Technologie

Ein erheblicher Teil dessen, was wir als rekombinante DNA-Technologie bezeichnen, beruht auf der Entdeckung von Restriktionsenzymen (siehe *Exkurs 18B*). Die Fähigkeit der Restriktionsenzyme, DNA-Moleküle an spezifischen Sequenzen zu spalten, den sogenannten Restriktionsstellen, macht sie zu sehr nützlichen Hilfsmitteln, wenn es darum geht, DNA-Moleküle in kleinere Fragmente zu schneiden, die auf verschiedene Weisen rekombiniert werden können. Restriktionsenzyme, die DNA auf versetzte Weise schneiden, sind ganz besonders nützlich, denn man erhält einzelsträngige *klebrige Enden* (auch als *köhäsive Enden* bezeichnet; engl.: *sticky ends; cohesive ends*). Im Grunde können zwei beliebige DNA-Fragmente, die vom gleichen Restriktionsenzym erzeugt wurden, durch komplementäre Basenpaarung zwischen ihren einzelsträngigen, klebrigen Enden verknüpft werden. In ▶*Abbildung 20.24* ist der Ablauf dieses Verfahrens dargestellt. Zuerst werden DNA-Moleküle aus zwei Quellen mit einem Restriktionsenzym behandelt, von dem bekannt ist, dass es Fragmente mit klebrigen Enden erzeugt ❶ und dann werden die Fragmente unter Bedingungen, welche die Basenpaarung zwischen den klebrigen Enden begünstigen, vermischt ❷. Nachdem die Verknüpfung stattgefunden hat, werden die DNA-Fragmente von der DNA-Ligase kovalent miteinander versiegelt ❸. Die DNA-Ligase ist ein Enzym, das normalerweise an der DNA-Replikation und -Reparatur mitwirkt (siehe *Kapitel 19*). Das Endprodukt ist ein rekombinantes DNA-Molekül, welches DNA-Sequenzen enthält, die aus zwei verschiedenen Quellen stammen.

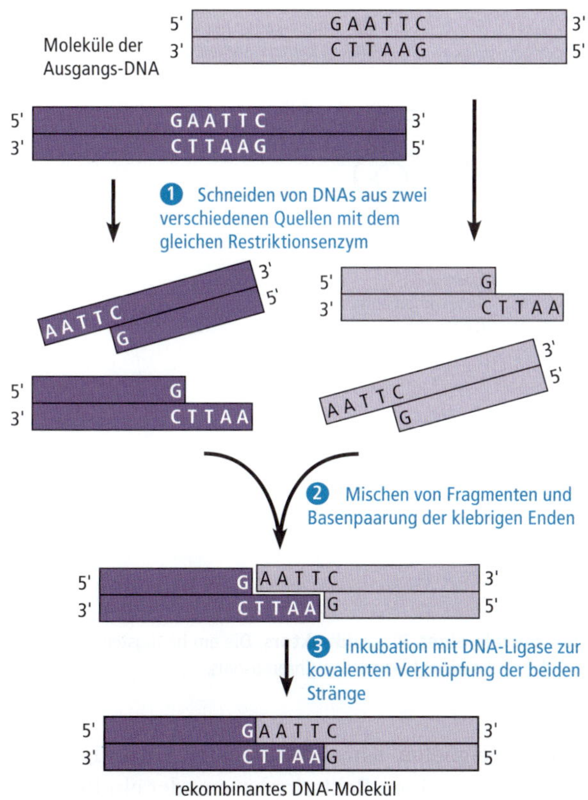

Abbildung 20.24: Bildung rekombinanter DNA-Moleküle. Ein Restriktionsenzym, das klebrige Enden erzeugt (in diesem Fall EcoRI; die Abkürzung steht für *E.-coli*-Restriktionsenzym-I) dient zur Spaltung von DNA-Molekülen aus zwei verschiedenen Quellen. Die komplementären Enden der entstandenen Fragmente werden durch Basenpaarung verknüpft und es entstehen rekombinante Moleküle, die Segmente beider Ausgangsquellen enthalten.

Durch Kombination von Restriktionsenzymen und DNA-Ligase kann man zwei (oder mehr) beliebige DNA-Fragmente unabhängig von ihren Ursprüngen miteinander verbinden. Ein Fragment menschlicher DNA kann genauso einfach an bakterielle DNA oder Phagen-DNA geknüpft werden wie an ein anderes Fragment menschlicher DNA. Mit anderen Worten, es können rekombinante DNA-Moleküle erzeugt werden, die in der Natur niemals existiert haben. Dabei werden natürliche Barrieren überschritten, welche die Rekombination normalerweise auf Genome derselben oder nahe verwandter Arten beschränken. Darin liegt die enorme Potenz der rekombinanten DNA-Technologie (und für einige Kritiker auch der Grund zur Beunruhigung).

20.8.2 Mit den Techniken der DNA-Klonierung kann man große Mengen einzelner Gensequenzen erzeugen

Die enorme Bedeutung der Restriktionsenzyme beruht darauf, dass man mühelos ein gewünschtes DNA-Fragment – im Allgemeinen ein Segment mit einem spezifischen Gen – in einen Klonierungsvektor einfügen kann, der sich in bakteriellen Zellen selbst repliziert. Angenommen, Sie wollten beispielsweise ein Gen isolieren, das ein medizinisch nützliches Produkt kodiert, wie Insulin zur Behandlung von Diabetes oder Blutgerinnungsfaktoren, die Patienten mit Hämophilie benötigen. Mit Hilfe von Restriktionsenzymen kann man eine cDNA, die ein solches Protein kodiert (siehe nächster Abschnitt), in einen Klonierungsvektor in bakteriellen Zellen einfügen und die Bakterien identifizieren, welche die interessierende DNA enthalten. Man ist in der Lage, große Mengen dieser Zellen zu züchten und dadurch die gewünschte DNA (und deren Proteinprodukte) in großen Mengen zu erhalten.

Obwohl sich die Verfahren im Detail unterscheiden, läuft das Grundprinzip der DNA-Klonierung normalerweise mit den folgenden fünf Schritten ab: ❶ Einfügen von DNA in einen Klonierungsvektor; ❷ Einfügen des rekombinanten Vektors in kultivierte Zellen, im Allgemeinen Bakterien; ❸ Amplifikation des rekombinanten Vektors in den Bakterien; ❹ Selektion der Zellen, die rekombinante DNA enthalten und ❺ Identifizierung der Klone mit der interessierenden DNA.

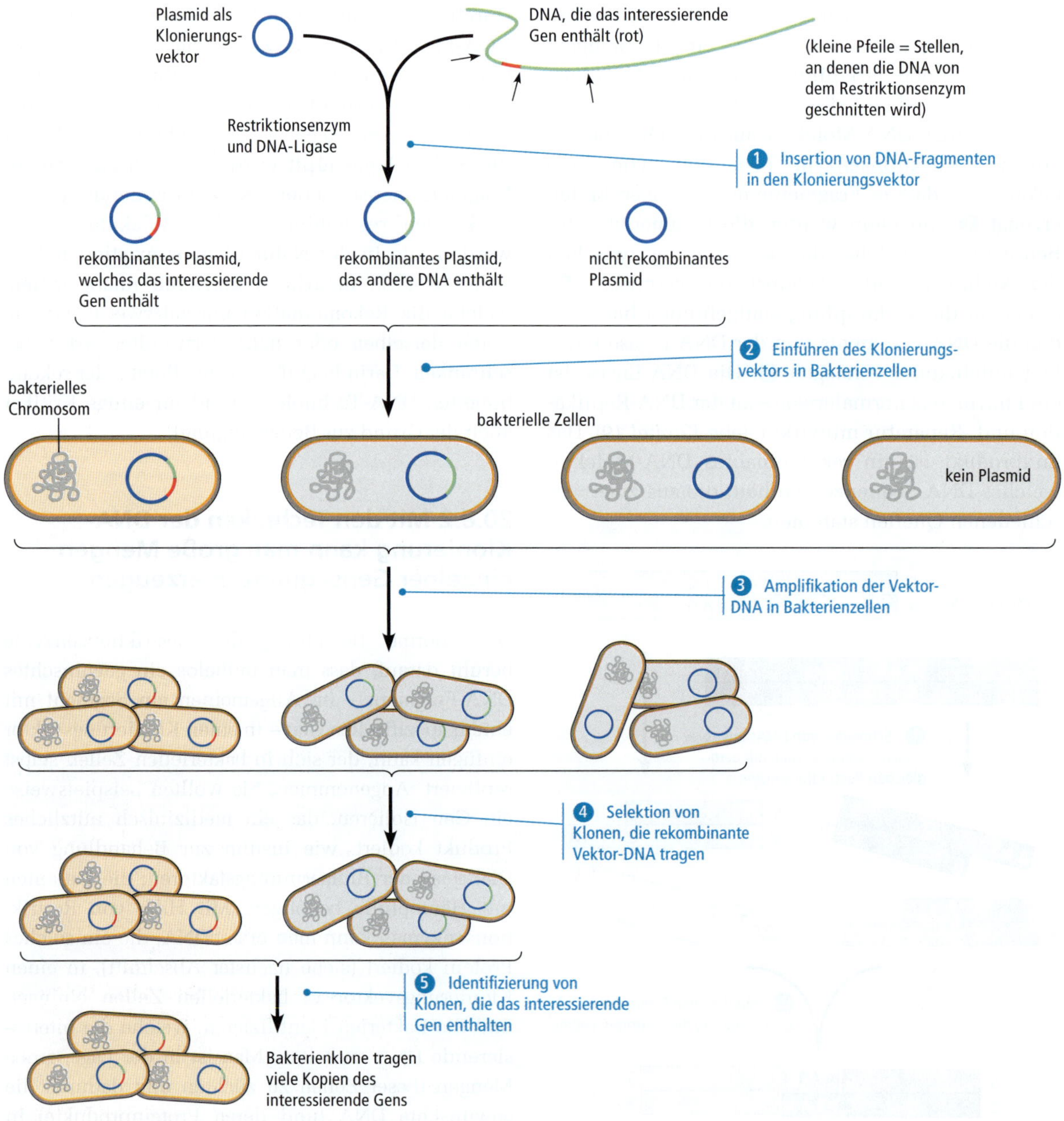

Abbildung 20.25: Überblick über die DNA-Klonierung bei Bakterien mittels eines Plasmidvektors. Die am häufigsten als Klonierungsvektoren verwendeten Plasmide haben im Allgemeinen ungefähr 1/1.000 der Größe eines bakteriellen Chromosoms.

Die ▶*Abbildung 20.25* vermittelt einen Überblick über dieses Verfahren mit einem Klonierungsvektor. Wenn wir uns im Folgenden mit jedem einzelnen Schritt beschäftigen, können Sie diese jeweils in der Abbildung nachvollziehen.

1. Insertion von DNA in einen Klonierungsvektor

Der erste Schritt zur Klonierung eines gewünschten DNA-Fragments besteht darin, dieses Fragment in einen geeigneten Klonierungsvektor einzufügen, im Allgemeinen einen Bakteriophagen oder ein Plasmid. Die meisten der zur DNA-Klonierung verwendeten Vektoren sind selber rekombinante DNA-Moleküle, die eigens zu diesem Zweck konstruiert wurden. Wenn man beispielsweise DNA des Bakteriophagen Lambda (Phage λ) als Klonierungsvektor verwendet, dann wurde ein Teil der nicht lebensnotwendigen Gene aus der Phagen-DNA entfernt, um im Phagenkopf Platz für die DNA zu schaffen. Die als Klonierungsvektoren verwendeten Plasmide besitzen im Allgemeinen eine Reihe von Restriktionsstellen und tragen häufig Gene, die ihren Wirtszellen Antibiotikaresistenz verleihen. Die Antibiotikaresistenz-Gene vereinfachen den Selektionsschritt ❹, während die Präsenz multipler Restriktionsstellen die Möglichkeit eröffnet, in das Plasmid DNA-Fragmente einzuführen, die mit einer Vielzahl von Restriktionsenzymen ausgestattet wurden.

▸*Abbildung 20.26* zeigt die Struktur von *pUC19* („puck-19"), einem Plasmidvektor, der Mitte der 1980er Jahre entwickelt wurde. Das Plasmid sowie eine Reihe vielseitiger, von diesem abgeleiteter Vektoren tragen ein Gen, das Resistenz gegen das Antibiotikum Ampicillin verleiht (*amp*[R]). Bakterien, die solche Plasmide enthalten, können daher aufgrund ihrer Fähigkeit, in Gegenwart von Ampicillin zu wachsen, identifiziert werden. Das pUC19-Plasmid hat außerdem elf verschiedene Restriktionsstellen, die in einer Region des Plasmids gebündelt vorliegen, welche das *lacZ*-Gen enthält. Dieses Gen kodiert das Enzym β-Galactosidase. Durch Einführen von Fremd-DNA in eine beliebige Restriktionsstelle wird das *lacZ*-Gen unterbrochen und somit die Bildung von β-Galactosidase blockiert. Schon bald werden wir sehen, dass diese Unterbrechung der Bildung von β-Galactosidase später im Klonierungsprozess genutzt werden kann, um das Vorhandensein von Plasmiden nachzuweisen, die Fremd-DNA enthalten.

Abbildung 20.26 veranschaulicht, wie ein spezifisches Gen aus einer fremden DNA-Quelle in einen Plasmidvektor inseriert wird. Dies geschieht mit Hilfe von pUC19 als Vektor und einem Restriktions-

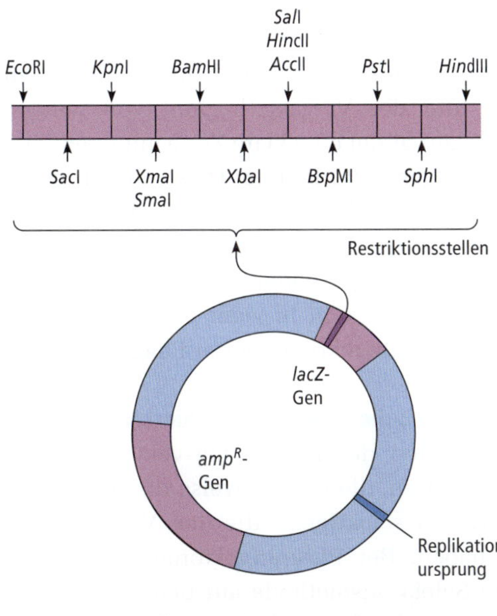

(a) Plasmid pUC19. Das Plasmid pUC19 ist ein *E. coli* Plasmid mit 2686 Basenpaaren, das einen Replikationsursprung, ein Ampicillinresistenz-Gen (*amp*[R]) und ein *lacZ*-Gen enthält, das β-Galactosidase kodiert. Elf Restriktionsstellen liegen im *lacZ*-Gen gebündelt vor.

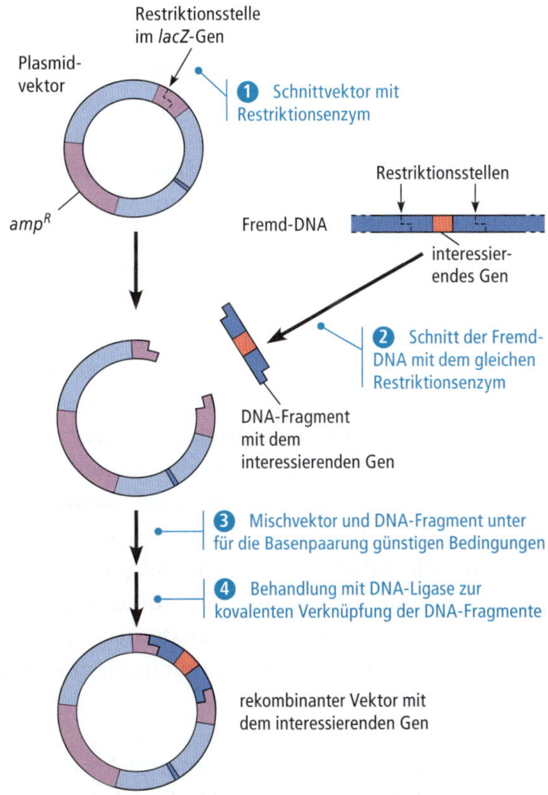

(b) Verfahren zum Einfügen eines Fremd-Gens in pUC19.

Abbildung 20.26: Klonierung eines Gens im Plasmidvektor pUC19. Zur Insertion von Fremd-DNA in ein Plasmid müssen die Fremd- und die Plasmid-DNA mit einem Restriktionsenzym gespalten werden, das die gleiche Stelle erkennt; in diesem Fall eine Stelle im *lacZ*-Gen. Die Fragmente der Fremd-DNA werden mit der linearisierten Plasmid-DNA inkubiert und zwar unter Bedingungen, die eine Basenpaarung zwischen klebrigen Enden begünstigen. Zu den erwarteten Produkten gehören Plasmidmoleküle, die durch Basenpaarung mit einem einzigen Fragment von Fremd-DNA ihre ringförmige Struktur wieder angenommen haben, und einige dieser Plasmidmoleküle werden das interessierende Gen enthalten. Zellen, die solche Plasmide tragen, sind für Ampicillin resistent und werden aufgrund der Fremd-DNA, die in das *lacZ*-Gen inseriert wurde, keine β-Galactosidase bilden.

enzym, das pUC19 an einer einzigen Stelle im *lacZ*-Gen schneidet. Durch Inkubation mit dem Restriktionsenzym wird das Plasmid an der Stelle ❶ geschnitten und die DNA wird linear (der Ring wird geöffnet). Das gleiche Restriktionsenzym spaltet das DNA-Molekül, das die zu klonierenden Gene enthält ❷. Die klebrigen Fragment-Enden der Fremd-DNA werden mit den linearisierten Vektormolekülen unter Bedingungen inkubiert, die eine Basenpaarung begünstigen ❸. Dann folgt die Behandlung mit DNA-Ligase, um die DNA-Moleküle kovalent miteinander zu verknüpfen ❹. Um die schematische Darstellung möglichst einfach zu gestalten zeigt ▸*Abbildung 20.26b* nur das rekombinante Plasmid, welches das gewünschte Fragment Fremd-DNA enthält. In der Praxis wird man aber eine Reihe von DNA-Produkten erhalten, darunter nicht-rekombinante Plasmide und rekombinante Plasmide, die andere durch das Restriktionsenzym gebildete Fragmente enthalten.

2. Einfügen eines rekombinanten Vektors in bakterielle Zellen Nachdem Fremd-DNA in einen Klonierungsvektor eingefügt wurde, wird der entstandene rekombinante Vektor repliziert. Dafür inseriert man ihn in eine geeignete Wirtszelle, im Allgemeinen in das Bakterium *E. coli*. Es gibt zwei Methoden, um Klonierungsvektoren in ein Bakterium einzufügen. Handelt es sich bei dem Klonierungsvektor um eine Phagen-DNA, dann werden die Phagenpartikel zur Infektion einer geeigneten Zellpopulation benutzt. Plasmide hingegen werden einfach in das Medium gegeben, in dem sich die Zielzellen befinden. Sowohl bakterielle als auch eukaryotische Zellen nehmen die Plasmid-DNA aus dem externen Medium auf; allerdings sind besondere Behandlungen erforderlich, um die Effizienz dieses Verfahrens zu maximieren. Beispielsweise kann man die Geschwindigkeit, mit der Zellen DNA aus der externen Umgebung aufnehmen, durch Zugabe von Calciumionen erheblich steigern.

3. Amplifikation des rekombinanten Vektors in Bakterien Nachdem die Wirtsbakterien den rekombinanten Klonierungsvektor aufgenommen haben, werden sie auf ein Nährstoffmedium plattiert, sodass der rekombinante Vektor repliziert oder *amplifiziert* werden kann. Im Fall eines Plasmidvektors wachsen die Bakterien und bilden Kolonien, die jeweils von einer einzigen Zelle abstammen. Unter günstigen Bedingungen teilt sich *E. coli* alle 22 Minuten, sodass man in weniger als elf Stunden Milliarden von Zellen erhält. Während sich die Bakterien vervielfachen, replizieren sich auch die rekombinanten Plasmide, sodass man eine gewaltige Menge von Vektormolekülen mit Fragmenten von Fremd-DNA erhält. Unter diesen Bedingungen wird ein einzelnes, in eine Zelle eingeführtes rekombinantes Plasmid innerhalb von nicht einmal einem halben Tag mehrere Hundertmilliarden Male amplifiziert.

Bei Phagenvektoren wie dem Phagen λ arbeitet man mit einem geringfügig abweichenden Verfahren. Phagenpartikel, die rekombinante DNA enthalten, werden mit bakteriellen Zellen gemischt. Diese Mischung wird auf ein Kulturmedium aufgetragen. Unter günstigen Bedingungen bildet sich ein zusammenhängender „Rasen" von Bakterien aus. Bei jeder Infektion einer Zelle durch einen Phagenpartikel wird der Phage repliziert und führt schließlich zum Aufbrechen und Absterben der Zelle. Die freigesetzten Phagenpartikel können dann benachbarte Zellen infizieren, und der Vorgang beginnt von neuem. Dieser Kreislauf bildet eine klare Zone mit toten Bakterien, eine sogenannte **Plaque**. Diese enthält große Mengen replizierter Phagenpartikel, die durch Replikation eines einzigen Typs rekombinanter Phagen entstanden sind (siehe *Abbildung 18A-3*). Die Millionen von Phagenpartikeln in jeder Plaque enthalten identische Moleküle rekombinierter Phagen-DNA.

4. Selektion von Zellen mit rekombinierter DNA Bei der Amplifikation des Klonierungsvektors arbeitet man mit Verfahren, die vorzugsweise für das Wachstum von Zellen selektieren, die den Vektor aufgenommen haben. Bei Plasmidvektoren wie pUC19 beruht die Selektionsmethode auf den Antibiotikaresistenz-Genen des Plasmidvektors. Beispielsweise sind alle Bakterien, die die in *Abbildung 20.26b* dargestellten rekombinanten Plasmide tragen, gegen das Antibiotikum Ampicillin resistent, denn alle Plasmide besitzen ein intaktes Ampicillin-Resistenz-Gen. Das amp^R-Gen ist ein **selektierbarer Marker**. Er gestattet nur Zellen, die solche Plasmide tragen, das Wachstum auf einem Kulturmedium, das Ampicillin enthält (das Medium „selektiert auf" das Wachstum von Ampicillin-resistenten Zellen).

Allerdings tragen nicht alle Ampicillin-resistenten Bakterien *rekombinante* Plasmide – das heißt, Plasmide, die eine eingefügte Fremd-DNA enthalten. Aber die Bakterien, die rekombinante Plasmide enthalten, können leicht identifiziert werden, denn ihr *lacZ*-Gen wurde durch Fremd-DNA unterbrochen und daher können sie keine β-Galactosidase bilden. Der Mangel an β-Galactosidase kann durch einen einfachen Farbtest nachgewiesen werden. Hierfür werden die Bakterien einem Substrat ausgesetzt, das normalerweise von β-Galactosidase in eine blaufärbende Verbindung gespalten wird. Bakterienkolonien, die das normale pUC19-Plasmid enthalten, werden daher blau gefärbt, während Kolonien, die rekombinante Plasmide mit eingefügten DNA-Fragmenten enthalten, weiß sind.

Einen anderen Weg schlägt man mit Phagenklonierungsvektoren ein, die normalerweise von DNA-Molekülen des Phagen λ stammen, die nur etwa 70 % der Länge einer normalen Phagen-DNA haben. Daraus folgt, dass diese Moleküle zu klein sind, um in funktionale Phagenpartikel gepackt zu werden. Inseriert man aber ein weiteres DNA-Fragment in die Mitte eines solchen Klonierungsvektors, dann entsteht ein längeres rekombinantes DNA-Molekül, das in einen funktionalen Phagen eingebaut werden kann (▶ *Abbildung 20.27*). Arbeitet man mit Phagenklonierungsvektoren, dann werden nur die Phagenpartikel, die eine Fremd-DNA-Sequenz inseriert haben, erfolgreich bakterielle Zellen infizieren.

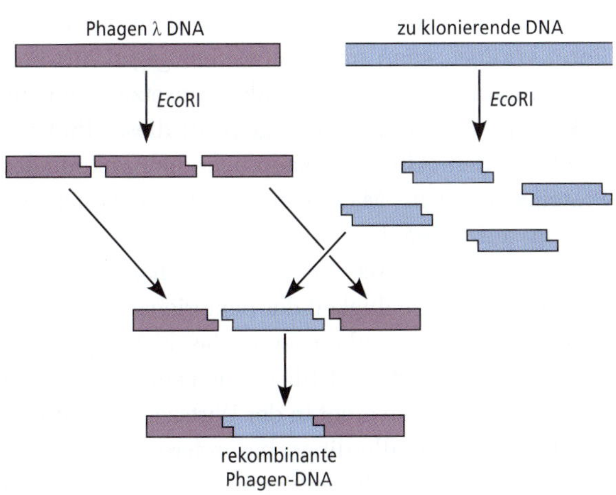

Abbildung 20.27: Der Bakteriophage λ als Klonierungsvektor. Das Zentralsegment des DNA-Moleküls des Bakteriophagen λ wird mittels Spaltung durch *Eco*RI entfernt und dann durch das zu klonierende DNA-Fragment ersetzt. Das inserierte DNA-Fragment wird benötigt, damit die Größe des DNA-Moleküls des Phagen λ genügt, um es in einen funktionalen Phagenpartikel zu packen.

5. Identifizierung von Klonen, welche die interessierende DNA enthalten Bei den zuvor beschriebenen Schritten erhält man im Allgemeinen große Mengen von Bakterien, die viele verschiedene Arten von rekombinanter DNA bilden. Aber nur eine oder einige wenige davon sind für die gewünschte Anwendung relevant. Der erste Schritt bei jedem Verfahren mit rekombinanter DNA besteht daher darin, die Bakterienkolonien (oder Phagenplaques) durchzusehen, um diejenigen Kolonien zu identifizieren, die das spezifische interessierende DNA-Fragment enthalten. Bei der Arbeit mit standarisierten Bakterienklonen isoliert man dazu die DNA aus den Bakterien und verwendet dann Restriktionsenzyme, um sich zu vergewissern, dass die klonierte DNA das erwartetet Muster aufweist. Die klonierte DNA wird dann häufig sequenziert, um die Beschaffenheit der inserierten DNA genau zu überprüfen.

20.8.3 Genom- und cDNA-Datenbanken unterstützen die DNA-Klonierung

Heutzutage ist die Klonierung von Fremd-DNA in bakteriellen Zellen ein Standardverfahren. In der Praxis besteht die größte Schwierigkeit oftmals darin, eine geeignete DNA-Quelle als Ausgangsmaterial zu bekommen. Zwei verschiedene Vorgehensweisen werden standardmäßig zur Bildung von DNA-Ausgangsmaterial angewandt. Beim „Shotgun-Verfahren“ spaltet man das gesamte Genom eines Organismus (oder ein substanzielles Teilstück des Genoms) in eine große Anzahl von Restriktionsfragmenten, die dann in Klonierungsvektoren inseriert werden, sodass sie in Bakterienzellen (oder Phagenpartikel) eingeführt werden können. Die daraus hervorgehende Gruppe von Klonen bezeichnet man als **Genombank**, denn sie enthält klonierte Fragmente, die den größten Teil des Genoms, wenn nicht sogar das gesamte Genom repräsentieren. Die Genombanken eukaryotischer DNA sind wertvolle Quellen, aus denen man spezifische Gene isolieren kann, vorausgesetzt, man verfügt über eine ausreichend sensitive Identifizierungstechnik. Wenn man eine seltene Bakterienkolonie identifiziert hat, welche die gewünschten DNA-Fragmente enthält, kann man diese auf einem Nährstoffmedium züchten, um die benötigte Kopienanzahl des Fragments zu erzeugen. Natürlich achten die DNA-Schnitte des Restriktionsenzyms nicht auf die Gengrenzen, und einige Gene können zwischen zwei oder mehr Restriktionsfragmenten zerteilt werden. Dieses Problem kann man allerdings umgehen, indem man einen Teilabbau der DNA durchführt. Dafür wird die DNA kurzzeitig mit einer geringen Menge eines Restriktionsenzyms in Kontakt gebracht. Unter diesen Bedingungen werden einige Restriktionsstellen nicht geschnitten. Damit erhöht man die Wahrscheinlichkeit, dass zumindest von jedem Gen eine intakte Kopie in der Genombank enthalten sein wird.

Die alternative DNA-Quelle für Klonierungsexperimente ist DNA, die man durch Kopieren von Messenger-RNA (mRNA) mit dem Enzym *Reverse Transkriptase* erhalten hat. Durch diese Reaktion gewinnt man eine Population *komplementärer DNA-*Moleküle (*cDNA*; engl.: complementary DNA), deren Sequenz zu der als Matrize verwendeten mRNA komplementär ist (▶*Abbildung 20.28*). Isoliert man die gesamte RNA-Population einer Zelle und kopiert diese zur späteren Klonierung in cDNA, dann bezeichnet man die auf diese Weise erhaltenen Klone als **cDNA-Bank**. Der Vorteil einer cDNA-Bank liegt darin, dass sie nur die DNA-Sequenzen enthält, die in mRNA transkribiert werden – vermutlich die aktiven Gene von Zellen oder Gewebe, aus denen die mRNA präpariert wurde.

Abgesehen davon, dass sich die cDNA-Bank auf transkribierte Gene beschränkt, bietet sie einen weiteren Vorteil, da sie als Ausgangspunkt für die Klonierung eukaryotischer Gene dient. Wenn man cDNA mit Hilfe von mRNA erzeugt, dann hat man die Garantie, dass die klonierten Gene nur Sequenzen enthalten, die Gene kodieren. Es gibt keine nichtkodierenden Unterbrechungen, die sogenannten *Introns*, die in eukaryotischen Genen sehr häufig vorkommen (siehe *Kapitel 21*). Ein Intron kann so groß sein, dass das System aufgrund der Gesamtlänge eines eukaryotischen Gens zu unhandlich wird, um eine rekombinante DNA-Manipulation durchzuführen. Durch Einsatz von cDNA wird dieses Problem umgangen. Des Weiteren können Bakterien nur dann das richtige Proteinprodukt eines eukaryotischen Gens mit Introns synthetisieren, wenn die Introns entfernt wurden – so wie das in der cDNA der Fall ist.

Nachdem man eine DNA-Bank aufgebaut hat, stellt sich die Frage, wie Bakterien oder Phagen identifiziert werden können, die nur die uns interessierenden Sequenzen tragen. Es stehen mehrere Methoden für das *Screening* von DNA-Banken zur Verfügung. Die Wahl der Methode hängt davon ab, was dem Wissenschaftler über das zu klonierende Gen sowie über die jeweilige Datenbank bekannt ist. Wenn etwas über die Basensequenz des interessierenden Gens bekannt ist, kann der Wissenschaftler mit einer **Nucleinsäuresonde** (engl.: nucleic acid probe) arbeiten. Dabei handelt es sich um ein einzelsträngiges DNA- oder RNA-Molekül, das eine gewünschte DNA-Sequenz durch Basenpaarung mit dieser Sequenz identifizieren kann. Die Sonden können entweder radioaktiv oder mit irgendeiner anderen chemischen Substanz markiert werden, sodass die Sonde leicht sichtbar gemacht werden kann. (In *Exkurs 18C* wird der Einsatz einer solchen Sonde zur Identifizierung von Restriktionsfragmentbanden beim Southern Blotting erklärt.) Der Wissenschaftler präpariert eine markierte DNA- oder RNA-Sonde, welche die vollständige interessierende Nucleotidsequenz oder nur einen Teil dieser Nucleotidsequenz enthält und markiert damit Kolonien, die komplementäre DNA enthalten. In ▶*Abbildung 20.29* wird die Technik zur Hybridisierung einer Kolonie dargestellt und wie man damit Kolonien nach der gewünschten DNA absuchen kann. Nachdem man die geeigneten Kolonien identifiziert hat, erhält man die klonierte DNA aus diesen Kolonien, indem man Vektor-DNA aus den Bakterienzellen isoliert und diese mit demselben Restriktionsenzym hydrolysiert, das man zuvor benutzt hatte.

Ein anderer Ansatz konzentriert sich auf das Protein, das von dem interessierenden Gen kodiert wird. Wenn dieses Protein bekannt ist und in gereinigter Form vorliegt, kann man Antikörper gegen das Protein präparieren und als Sonden einsetzen, um die Bakterienkolonien auf die Gegenwart dieses Proteins zu überprüfen. Alternativ kann man die *Funktion* des Proteins messen. Man könnte zum Beispiel ein Enzym auf seine katalytische Aktivität hin untersuchen. Protein-Screeningmethoden hängen offensichtlich von der Fähigkeit der Bakterienzellen ab, ein Fremdprotein zu synthetisieren, das von einem klonierten Gen kodiert wird. Sie können keine klonierten Gene aufspüren, die nicht in der Wirtszelle exprimiert werden. Es gibt allerdings besondere *Expressionsvektoren*. Mit Hilfe dieser Expressionsvektoren kann man die Wahrscheinlichkeit erhöhen, dass Bakterien eukaryotische Gene richtig und in gewünschter Menge transkribieren. Expressionsvektoren enthalten besondere DNA-Sequenzen, die der bakteriellen Zelle das Signal zur Ausführung dieser Vorgänge geben.

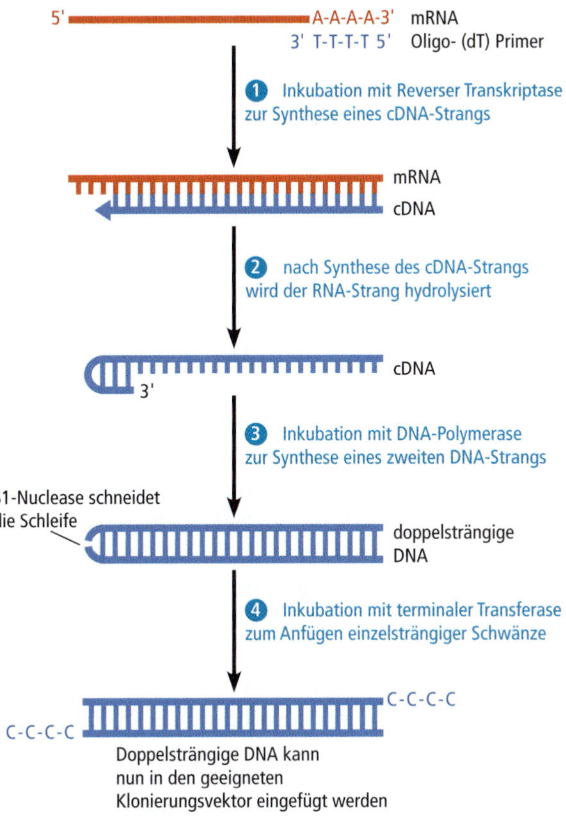

Abbildung 20.28: Präparierung komplementärer DNA (cDNA) zur Klonierung. ❶ Messenger-RNA wird mit Reverser Transkriptase inkubiert, um einen komplementären DNA-Strang (cDNA) zu erhalten. Oligo(dT), eine kurze Kette von Thymindesoxynucleotiden, kann als Primer verwendet werden, denn eukaryotische mRNA besitzt am 3′-Ende einen Schwanz aus Adeninnucleotiden. ❷ Das daraus resultierende mRNA-cDNA-Hybrid wird mit Lauge oder einem Enzym behandelt, um die RNA zu hydrolysieren. Dadurch erhält man eine einzelsträngige cDNA. ❸ Jetzt kann die DNA-Polymerase den komplementären DNA-Strang synthetisieren, wobei das 3′-Ende des ersten DNA-Strangs, das eine Schleife gebildet hat, als Primer benutzt wird. Ein Enzym mit der Bezeichnung S1-Nuclease dient dann zur Spaltung der Schleife. ❹ Damit man die doppelsträngige DNA gut in einen Klonierungsvektor inserieren kann, muss diese einzelsträngige Schwänze haben, die mit denen des Vektors komplementär sind. Diese können durch Inkubation mit terminaler Transferase angeknüpft werden, einem Enzym, das Nucleotide an DNA-Enden anfügt. Wenn zum Beispiel kurze Teilstücke von Cytosin-Nucleotiden (C) an die cDNA und kurze Teilstücke von Guanin-Nucleotiden (G) an einen linearisierten Vektor angefügt werden, kann man rekombinante Moleküle erzeugen, indem man die einzelsträngigen C-Schwänze in der cDNA mit einzelsträngigen G-Schwänzen im Vektor hybridisiert. (Als Alternative zu Schritt ❹ können kurze synthetischer „Linker"-Moleküle, die mehrere Restriktionsstellen enthalten, sowohl an die Enden der cDNA als auch an die stumpfen Enden des Klonierungsvektor angefügt werden. Dann werden die Linker mit einem Restriktionsenzym geschnitten, wodurch man klebrige Enden erhält.)

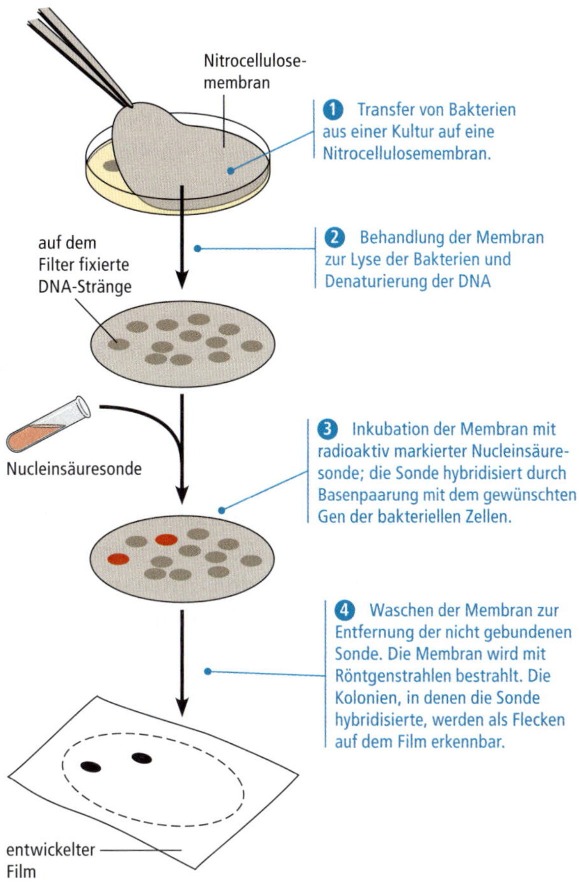

Abbildung 20.29: Technik zur Hybridisierung einer Kolonie. Diese Technik dient zum Screening von Bakterienkolonien auf das Vorhandensein von DNA, deren Sequenz komplementär zur Nucleinsäuresonde ist. Bakterienkolonien werden von der Oberfläche einer Agarplatte auf eine Nitrocellulosemembran übertragen, die dann mit einem Detergens behandelt wird, um die Bakterien zu lysieren, sowie mit Lauge (NaOH), um deren DNA zu denaturieren. Dann werden die Membranen mit Molekülen der Nucleinsäuresonde – radioaktiv markierte, einzelsträngige DNA oder RNA – inkubiert, die sich durch Basenpaarung an jede komplementäre DNA auf der Membran heftet. Die Membran wird gewaschen und zum Nachweis der Kolonien, die DNA enthalten, deren Sequenz mit der Sequenz der Sonde komplementär ist, wird die Membran mit einem Röntgenfilm belichtet.

20.8.4 Große DNA-Segmente können mit YACs und BACs kloniert werden

Die bisher zur Klonierung von DNA aufgeführten Vektoren sind gewiss sehr hilfreich, aber sie haben auch ihre Grenzen: Die in diesen Vektoren klonierten Fremd-DNA-Fragmente können nicht länger als 30.000 Basenpaare (bp) sein. Häufig sind eukaryotische Gene länger und können mit Hilfe dieser

Vektoren daher nicht unbeschadet kloniert werden. Bei Genomkartierungsprojekten möchte man jedoch mit Klonen arbeiten, die sogar noch längere DNA-Fragmente enthalten, denn je mehr DNA man pro Klon erhält, desto weniger Klone benötigt man, um das gesamte Genom abzudecken.

Einer der ersten Meilensteine bei der Klonierung langer DNA-Segmente war die Entwicklung eines Vektors mit der Bezeichnung **künstliches Hefechromosom** (**YAC**; engl.: *yeast artificial chromosome*). Ein YAC ist ein „minimalistisches" eukaryotisches Chromosom – es enthält alle für die normale Chromosomenreplikation und die Segregation zu Tochterzellen notwendigen Sequenzen – aber darüber hinaus fast gar nichts. Wie Sie sich auf der Grundlage ihres Wissens über Chromosomenreplikation und -segregation denken können (siehe *Kapitel 19*), braucht ein eukaryotisches Chromosom drei Arten von DNA-Sequenzen: (1) einen DNA-Replikationsursprung; (2) zwei Telomere zur regelmäßigen Verlängerung der durch die Telomerase verkürzten Enden und (3) ein Centromer, um während der Zellteilung das von einem Kinetochor vermittelte richtige Anheften an die Spindelmikrotubuli zu gewährleisten. Wenn man Hefeversionen dieser drei Arten von DNA-Sequenzen mit einem Segment Fremd-DNA kombiniert, dann findet bei jedem Durchlauf der Zellteilung in der Hefe eine Replikation und Segregation des entstandenen YAC statt, genauso wie bei einem natürlichen Chromosom. Unter geeigneten Bedingungen können Fremd-Gene exprimiert werden.

In ▶*Abbildung 20.30* ist die Konstruktion eines typischen YAC dargestellt. Der dargestellte Vektor besitzt nicht nur einen Replikationsursprung (ORI), eine Centromersequenz (CEN) und zwei Telomere (TEL), sondern er trägt auch zwei Gene, die als selektierbare Marker dienen, sowie drei Restriktionsstellen. Bei Klonierungsexperimenten werden die Vektor- und die Fremd-DNA mit den geeigneten Restriktionsenzymen geschnitten, vermischt und durch DNA-Ligase verknüpft. Die resultierenden Produkte, zu denen eine Vielzahl von YACs gehört, die verschiedene Fragmente von Fremd-DNA tragen, werden in Hefezellen eingeführt, deren Zellwände

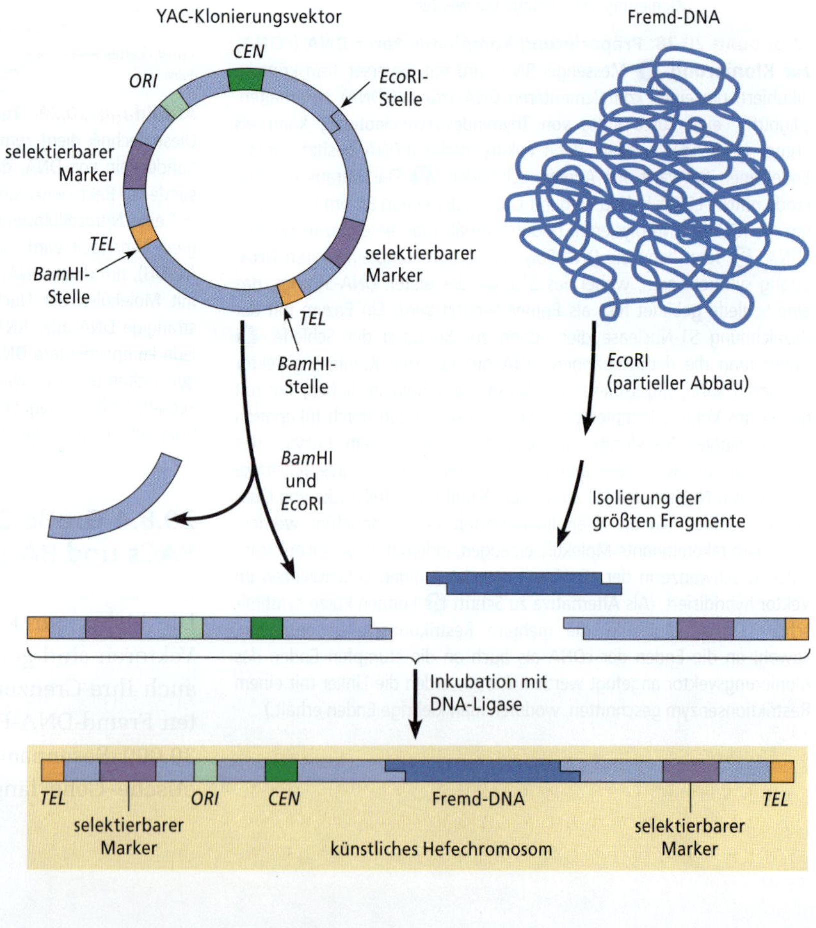

Abbildung 20.30: Konstruktion eines künstlichen Hefechromosoms (YAC). Der YAC-Klonierungsvektor ist ein ringförmiges DNA-Molekül, dessen Nucleotidsequenzen einen Ursprung der DNA-Replikation (*ORI*, engl.: *origin of DNA replication*), ein Centromer (*CEN*), zwei Telomere (*TEL*) und zwei selektierbare Marker spezifizieren. YAC hat zwei Erkennungssequenzen für das Restriktionsenzym *Bam*HI und eine für *Eco*RI. Durch Abbau des YAC-Vektors mit diesen beiden Restriktionsenzymen erhält man lineare DNA-Fragmente, die zusammen alle essenziellen Sequenzen enthalten sowie das Fragment, das die *Bam*HI-Stellen verband. Dieses Fragment wird nicht mehr benötigt. Die Fragmentmischung wird mit Fragmenten aus der partiellen (leichten) Hydrolyse von Fremd-DNA mit EcoRI inkubiert (durch leichten Abbau erhält man große DNA-Fragmente, denn es werden nicht alle Restriktionsstellen geschnitten), und die resultierenden rekombinanten Stränge werden mit DNA-Ligase versiegelt. Zu den Produkten gehören YACs, die Fremd-DNA tragen, wie unten in dieser Abbildung dargestellt. Nachdem die Hefezellen mit den Produkten dieses Verfahrens transformiert wurden, kann man die Zellkolonien identifizieren, die vollständige YACs erhalten haben. Diese Identifizierungsmöglichkeit beruht auf den von den selektierbaren Markern verliehenen Eigenschaften.

entfernt wurden. Das Vorhandensein von zwei selektierbaren Markern vereinfacht das Selektieren von Hefezellen, die YACs mit zwei chromosomalen „Armen" enthalten. Die Zeichnung in der Abbildung ist nicht maßstabsgerecht: die Länge des YAC-Vektors liegt bei nur etwa 10.000 bp, aber die Länge der inserierten Fremd-DNA liegt im Allgemeinen zwischen 300.000 bis 1,5 Millionen bp. Tatsächlich müssen YACs mindestens 50.000 bp tragen, um zuverlässig zu replizieren und zu segregieren.

Ein anderer für die Klonierung großer DNA-Fragmente verwendeter Vektor ist das **bakterielle künstliche Chromosom** (**BAC**; engl.: bacterial artificial chromosome). Dabei handelt es sich um ein Derivat des F-Faktorplasmids, das einigen Bakterien während der bakteriellen Konjugation zum Transfer von DNA zwischen Zellen dient. BAC-Vektoren sind modifizierte Formen des F-Faktorplasmids, die bis zu 350.000 bp Fremd-DNA tragen können und alle Komponenten besitzen, die ein bakterieller Klonierungsvektor besitzen muss, nämlich Replikationsursprünge, Antibiotikaresistenzgene und Insertionsstellen für Fremd-DNA. Ein Typ von BAC erleichtert das Screening auf rekombinante Klone. Hierfür wird das Gen *SacB* verwendet. Das Genprodukt dieses Gens wandelt Saccharose (Haushaltzucker) in eine für Bakterien toxische Substanz um. In dem Gen *SacB* liegt eine *Bam*HI-Klonierungsstelle. Wenn also an dieser Stelle Fremd-DNA in den BAC-Vektor inseriert wird, dann wird das Gen *SacB* unterbrochen. Baut man einen BAC-Vektor in Bakterienzellen ein, die man in der Gegenwart von Saccharose kultiviert hat, dann wachsen nur Zellen, die BAC-Vektor-Moleküle mit eingebauter Fremd-DNA tragen. Zellen, die einen BAC-Vektor tragen, aber kein DNA-Insert, wachsen nicht, denn das Gen *SacB* bleibt intakt und bildet aus Saccharose eine toxische Substanz.

20.8.5 Die PCR wird standardmäßig zur Klonierung von Genen aus sequenzierten Genomen eingesetzt

Viele Jahre lang waren die in den vorangegangenen Abschnitten dargestellten Klonierungsmethoden die wichtigsten Techniken für die Erzeugung klonierter Gene sowie für die Konstruktion langer DNA-Teilstücke für die Genomsequenzierung. Heutzutage haben Wissenschaftler die Genomsequenzen von Hunderten von Bakterien und mehreren Dutzend eukaryotischen Organismen bestimmt, darunter auch die des Menschen. Diese Vorhaben sind ihnen dank der einfacheren und schnelleren *Polymerase-Kettenreaktion* (*PCR*; engl. polymerase chain reaction) gelungen, die heute wesentlich häufiger genutzt wird, um Gene aus cDNA-Banken oder Genombanken zu klonieren. Wie in *Exkurs 19A* dargestellt, benötigt man für die PCR-Methode nur die Kenntnis der Basensequenz des zu amplifizierenden Gens. Im nächsten Schritt werden kurze, einzelsträngige DNA-Primer synthetisiert, die zu Sequenzen auf den gegenüberliegenden Enden des Gens komplementär sind. Diese Primer werden dann verwendet, um die dazwischen liegende DNA zum Zweck der Amplifikation zu markieren.

Doch nicht nur die Geschwindigkeit der PCR stellt einen großen Vorteil dar, sie ermöglicht auch die Modifizierung von Genen, indem an die verwendeten Primer Basensequenzen anfügt werden. Eine dieser Modifizierungstechniken, die *Epitopmarkierung*, beinhaltet das Anfügen kurzer Sequenzen, die eine Abfolge von Aminosäuren kodieren, welche von einem kommerziell erhältlichen Antikörper erkannt wird. Wenn man ein auf diese Weise hergestelltes kloniertes Gen in Zellen exprimiert, dann enthält das von diesem Gen gebildete Protein das zusätzliche Aminosäurenteilstück und kann daher, wenn man den Antikörper mit einem fluoreszierenden Farbstoff markiert, sichtbar gemacht und nachverfolgt werden. Bei einer weiteren Methode der Modifizierung, der sogenannten *Polyhistidinmarkierung* (oder kurz *His*-Markierung; engl.: *polyhistidine tagging*), wird sechsmal hintereinander eine kurze Basensequenz eingefügt, welche die Aminosäure Histidin kodiert. Durch die Gegenwart von sechs benachbarten Histidinen in einem Protein bildet sich eine Struktur, die selektiv Nickelionen bindet, sodass das Protein aufgrund seiner Affinität für Nickel schnell aufgereinigt werden kann.

Gentechnologie 20.9

Die rekombinante DNA-Technologie hat das Gebiet der Zellbiologie sehr stark beeinflusst und führte zu vielen neuen Erkenntnissen über Organisation, Verhalten und Regulation von Genen und deren Proteinprodukten. Viele dieser Entdeckungen wären ohne die Techniken zur Isolierung von Gensequenzen nahezu undenkbar gewesen. Die raschen Fortschritte in der Manipulation von Genen haben auch das neue Gebiet der **Gentechnologie** (auch kurz als Gentechnik bezeichnet) begründet. Darunter versteht man die Anwendung der rekombinanten DNA-Technologie auf die Praxis, vor allem in der Medizin und der Landwirtschaft. Zum Abschluss dieses Kapitels werden wir uns kurz mit einigen Gebieten beschäftigen, auf denen der praktische Nutzen der rekombinanten DNA-Technologie bereits deutlich wird.

20.9.1 Mit Hilfe der Gentechnologie kann man wertvolle Proteine herstellen, was sonst nur unter schwierigen Bedingungen möglich wäre

Ein praktischer Nutzen, den wir der rekombinanten DNA-Technologie verdanken, ist die Möglichkeit, Gene zu klonieren, die medizinisch wichtige Proteine kodieren. Mit konventionellen Methoden wäre dies äußerst schwierig. Zu den ersten Proteinen, die mit Hilfe der Gentechnologie hergestellt wurden, gehört das menschliche Insulin, das ungefähr sieben Millionen Diabetiker in Deutschland zur Behandlung ihrer Krankheit benötigen. Die Versorgung mit Insulin, das man aus menschlichem Blut oder Bauchspeicheldrüsengewebe gereinigt hat, gestaltet sich außerordentlich schwierig. Daher wurden Diabetiker viele Jahre lang mit Insulin behandelt, das man aus Schweinen oder Rindern gewonnen hatte. Dieses kann allerdings toxische Reaktionen hervorrufen. Heutzutage stehen uns mehrere Wege zur Produktion menschlichen Insulins aus genetisch veränderten Bakterien, die das menschliche Insulin-Gen besitzen, zur Verfügung. Aus diesem Grunde können Diabetiker mit Insulinmolekülen behandelt werden, die mit dem von der menschlichen Bauchspeicheldrüse gebildeten Insulin identisch sind.

Ebenso wie Insulin gibt es eine Reihe weiterer medizinisch wichtiger Proteine, die früher nur unter Schwierigkeiten in ausreichender Menge hergestellt werden konnten und heute mit Hilfe der rekombinanten DNA-Technologie produziert werden. Zu diesen gehören die *Blutgerinnungsfaktoren* zur Behandlung der Hämophilie (Bluterkrankheit), das *Wachstumshormon* zur Behandlung von erblichem Zwergwuchs, der *Gewebeplasminogenaktivator* (*TPA*; engl.: *tissue plasminogen activator*), ein Protein, das Blutgerinnsel bei Herzinfarktpatienten auflöst, *Erythropoietin*, welches die Bildung der roten Blutkörperchen bei Patienten mit Anämie anregt sowie der *Tumornekrosefaktor*, *Interferon* und *Interleukin*, welche zur Behandlung bestimmter Krebserkrankungen dienen. Die traditionellen Methoden zur Isolierung und Reinigung solcher Proteine aus natürlichen Quellen sind recht mühselig, und man erhält zumeist nur eine verschwindend geringe Menge des Proteins. Daher war die Versorgung mit diesen Substanzen vor Entwicklung der rekombinanten DNA-Technologie unzureichend und außerordentlich teuer. Jetzt, da man die Gene für diese Proteine in Bakterien und Hefe klonieren kann, ist man in der Lage, diese Proteine im Labor in großen Mengen zu akzeptablen Preisen herzustellen.

20.9.2 Das Ti-Plasmid ist ein nützlicher Vektor zur Insertion von Fremd-Genen in Pflanzen

Die rekombinante DNA-Technologie nutzt man auch zur Veränderung landwirtschaftlich wichtiger Pflanzen durch die Insertion von Genen, die bestimmte Merkmale hervorbringen. Beispiele hierfür sind Resistenzen gegen Insekten, Herbizide oder Viruserkrankungen, eine Steigerung der Stickstoffspeicherungskapazität, der photosynthetischen Effizienz oder des Nährstoffgehalts sowie die Fähigkeit, unter ungünstigen Bedingungen zu wachsen. Bevor man die klonierten Gene in die Pflanzen einführt, werden diese zuerst in ein Ti-Plasmid inseriert, ein natürlich vorkommendes DNA-Molekül des Bakteriums *Agrobacterium tumefaciens*. In der Natur führt die Infektion von Pflanzenzellen mit diesem Bakterium zur Insertion eines kleinen Teils der Plasmid-DNA, die sogenannte *T-DNA-Region*, in die chromosomale DNA der Pflanzenzelle. Die Expression der inserierten DNA löst das unkontrollierte Wachstum eines Gewebes mit der Bezeichnung *Wurzelhalsgallentumor* aus. Im Labor kann man die DNA-Sequenzen, welche die Tumorbildung auslösen, aus dem Ti-Plasmid entfernen, ohne den Transfer von DNA vom Plasmid in das Chromosom der Wirtszelle zu unterbrechen. Das Einführen der interessierenden Gene in solche modifizierten Plasmide ermöglicht die Konstruktion von Vektoren, mit deren Hilfe man Fremd-Gene in Pflanzenzellen übertragen kann.

Die allgemeine Vorgehensweise zur Übertragung von Genen in Pflanzen mittels dieser Plasmide wird zusammenfassend in ▶*Abbildung 20.31* dargestellt. Zuerst wird das gewünschte Fremd-Gen mit standardmäßig verwendeten rekombinanten DNA-Techniken in die T-DNA-Region des isolierten Plasmids eingeführt. Das Plasmid wird wieder in das Bakterium *Agrobacterium* eingeführt, und diese genetisch veränderten Bakterien dienen dann zur Infektion von Pflanzenzellen, die in Kultur gezüchtet werden. Wenn das rekombinante Plasmid in die Pflanzenzelle eindringt, wird dessen T-DNA dauerhaft in das Pflanzengenom integriert und bei jeder Zellteilung an die beiden Tochterzellen weitergegeben. Diese Zellen dienen anschließend zur Erzeugung von Pflanzen, die in allen Zellen rekombinante T-DNA enthalten – und damit auch das gewünschte Fremd-Gen. Das Fremd-Gen wird nun so wie jedes andere Gen an die Nachkommen weitergegeben. Solche Pflanzen bezeichnet man als **transgen**. Dieser allgemeine Begriff bezieht sich auf jeden Organismus, egal ob Pflanze oder Tier, der in allen Zellen ein oder mehrere Gene eines fremden Organismus trägt, auch in seinen Reproduktionszellen. Transgene Pflanzen bezeichnet man häufig auch als GM-Pflanzen (engl.: *genetically modified*), genetisch manipulierte Pflanzen.

20.9.3 Durch genetische Manipulation kann man die Merkmale von Nutzpflanzen verbessern

Die Fähigkeit, mit Hilfe eines Ti-Plasmids neue Gene in Pflanzen einzuführen, gab Wissenschaftlern die Möglichkeit, genetisch veränderte Nutzpflanzen zu erzeugen, die eine Vielzahl neuer Merkmale besaßen. Zum Beispiel hat man Pflanzen hinsichtlich ihrer Resistenz gegen Insektenschädlinge gentechnisch verbessert, indem man ein Gen einführte, das aus dem Bodenbakterium *Bacillus thuringiensis* (*Bt*) kloniert wurde. Dieses *Bt*-Gen kodiert ein Protein, das bei bestimmten Bakterien toxisch wirkt – vor allem Raupen und Käfern, die den Nutzpflanzen durch Zerkauen der Blätter Schaden zufügen. Man führte das *Bt*-Gen in Pflanzen wie Baumwolle oder Mais ein, sodass die Landwirte nicht mehr so große Mengen gefährlicher Pestizide zur Kontrolle der Insekten einsetzen mussten. Dadurch erhielten sie größere Erträge, und eine beachtliche Menge an Tieren und Pflanzen kehrte auf ihre Felder zurück. Als mehrere Millionen Bauern in China sich für den Anbau eines solchen insektenresistenten Stamms gentechnisch veränderter Baumwolle entschieden, senkten sie ihren Pestizideinsatz um 70 %. Dieser Erfolg ging mit steigenden Baumwollerträgen und einer signifikanten Senkung der Todesrate durch Pestizidvergiftung bei landwirtschaftlichen Helfern einher. Vergleichbare

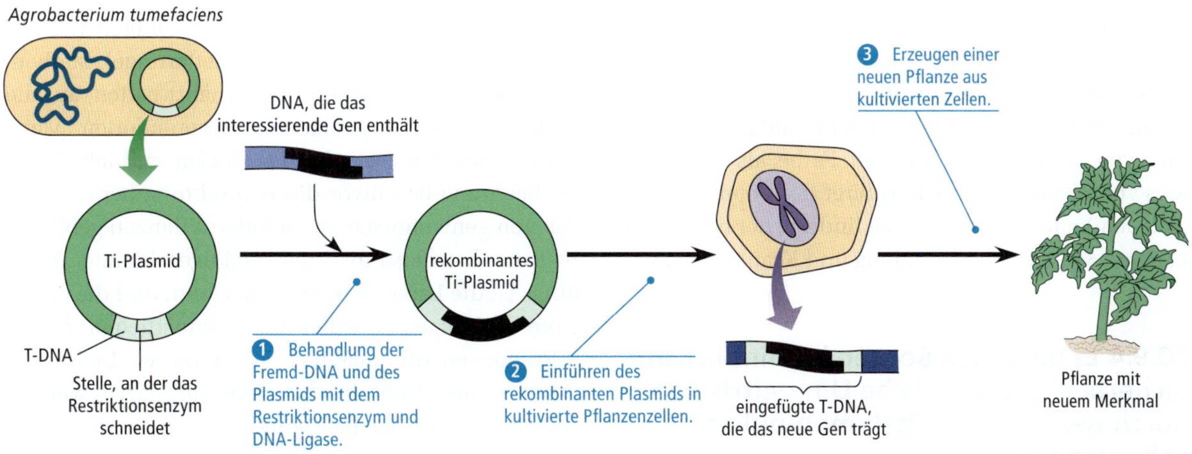

Abbildung 20.31: Verwendung eines Ti-Plasmids zum Transfer von Genen in Pflanzen. Bei den meisten Verfahren zur gentechnischen Veränderung von Pflanzen dient das Ti-Plasmid als Vektor. Ein DNA-Fragment, das ein interessierendes Gen enthält, wird in eine Restriktionsstelle in der T-DNA-Region des Plasmids eingeführt. Das rekombinante Plasmid wird dann in Pflanzenzellen eingeführt, aus denen eine neue Pflanze hervorgeht, die rekombinante T-DNA enthält, die dauerhaft in das Genom jeder Zelle eingebaut ist.

wirtschaftliche und gesundheitliche Verbesserungen wurden von einigen Bauern gemeldet, die insektenresistente Stämme von gentechnisch verändertem Reis anbauten. Auch diese Stämme, die durch Gentechnik gegen Unkrautpestizide an Resistenz gewonnen haben, machen weniger toxische Chemikalien erforderlich und bringen höhere Erträge. Allerdings ist die langfristige Wirkung der genmanipulierten Pflanzen auf die Umwelt noch völlig unerforscht, und es gibt viele Wissenschaftler, die diesen Experimenten sehr kritisch gegenüber stehen. Derzeit ist die Mehrheit der Bevölkerung in Europa noch gegen einen breiten Einsatz von genmanipulierten Pflanzen, welcher die Bauern auch in die Abhängigkeit einiger großen Saatguthersteller bringt.

Ein weiteres Ziel der genetischen Veränderung besteht darin, den Nährwert von Nahrungsmitteln zu steigern. Betrachten Sie beispielsweise Reis, die wichtigste und am weitesten verbreitete Nahrungsquelle weltweit. Mehr als drei Milliarden Menschen essen zurzeit täglich Reis. Man geht davon aus, dass im Jahr 2020 mindestens die Hälfte der Weltbevölkerung von der Versorgung mit Reis abhängig sein wird. Diese Abhängigkeit wird vor allem in den armen Entwicklungsländern ein Problem darstellen, denn ein großer Teil der Bevölkerung ist nicht ausreichend mit Nährstoffen und Vitaminen versorgt. An einem Beispiel möchten wir veranschaulichen, wie man die Nahrungsmittelversorgung mit Hilfe der Gentechnologie verbessern kann. Man veränderte die Gene, die für die Synthese von β-Carotin, einen Vorläufer von Vitamin A, benötigt werden, und führte diese 2001 in Reis ein. Der Gehalt dieser Reispflanzen an β-Carotin wurde binnen weniger Jahre um das 20-Fache erhöht. Das daraus resultierende Produkt wird aufgrund seiner ihm von β-Carotin verliehenen Farbe als „goldener Reis" bezeichnet. Dieser Reis birgt das Potenzial, den globalen Vitamin-A-Mangel zu lindern, der bei Millionen von Kindern zu Erblindung und Krankheit führt.

20.9.4 Es bestehen Sorgen im Hinblick auf Sicherheit und mögliche Umweltrisiken durch gentechnologisch manipulierte Lebensmittel

Als immer mehr gentechnisch manipulierte Nutzpflanzen angebaut wurden, wurden viele kritische Stimmen laut, die mit dieser Technik verbundene Risiken fürchteten, vor allem wegen der Möglichkeit, Gene über Artgrenzen hinweg zu kreuzen, was bei traditionellen Züchtungsverfahren nicht möglich ist. Bei vielen Konsumenten herrscht die Sorge über die Sicherheit vor, denn es ist allgemein bekannt, dass toxische und allergische Reaktionen auf Lebensmittel schwerwiegend oder sogar lebensbedrohlich sein können. Bisher scheint allerdings kein Zweifel daran zu bestehen, dass manche konventionellen Nahrungsmittel auf dem Markt, wie Erdnüsse und Paranüsse, größere Allergierisiken darstellen als bisher bei einem gentechnisch veränderten Lebensmittel nachgewiesen. Des Weiteren steht man genau den gleichen Problemen gegenüber, wenn man neue Nutzpflanzenstämme durch konventionelle Züchtungsmethoden erzeugt. Tatsächlich haben die herkömmlichen Nahrungsmittel bereits durch traditionelle Methoden der Pflanzenzüchtung tiefgreifende Veränderungen in ihrer genetischen Zusammensetzung erfahren, und man kann argumentieren, dass es sicherer ist, einmalig sorgfältig ausgewählte Gene in Pflanzen einzuführen, wie es in der Gentechnologie praktiziert wird, als Tausende von Genen gleichzeitig zu verändern, wie bei der traditionellen Kreuzzüchtung von Pflanzen. Wenn ein einzelnes Gen in eine Nutzpflanze eingeführt wird, dann kann man die Auswirkungen dieses einen Gens und seines Proteinprodukts leichter auf Sicherheitsrisiken überprüfen, so das Argument der Befürworter.

Die Möglichkeit, dass gentechnisch veränderte Nutzpflanzen Umweltrisiken bergen könnten, hat gleichermaßen Besorgnis erregt. Nach einem 1999 durchgeführten Laborexperiment berichteten Wissenschaftler, dass Monarchen (Schmetterlinge), starben, nachdem sie sich von Blättern ernährt hatten, auf die Pollenstaub einer gentechnisch veränderten Maispflanze gefallen war, die das *Bt*-Gen enthielt. Diese Beobachtung beschwor die Befürchtung herauf, dass das von gentechnisch veränderten Pflanzen gebildete *Bt*-Toxin harmlose Insekten schädigen könnte. Allerdings ist die Laborbank nicht das Feld, und die ersten Untersuchungen wurden unter künstlichen Laborbedingungen durchgeführt. Unter diesen Bedingungen konsumierten die Schmetterlingslarve weitaus größere Dosen des *Bt*-Toxins als dies in der Natur möglich wäre. Aus später zusammengetragenen Daten von Anbaufeldern mit gentechnisch veränderten Pflanzen ging hervor, dass die Menge von *Bt*-Maispollen, der die Schmetterlinge unter realen Bedingungen ausgesetzt wären, kein signifikantes Risiko für den Monarchen darstellt.

Trotz berechtigter Sorgen hinsichtlich möglicher Gefahren haben die bisher mit gentechnisch veränderten Pflanzen gemachten Erfahrungen nur wenige Anlass dafür gegeben, mit größeren Risiken für die menschliche Gesundheit oder die Umwelt rechnen zu müssen. Natürlich ist keine neue Technologie völlig risikolos, und die Auswirkungen gentechnisch veränderter Pflanzen auf die Sicherheit der Ökosysteme und die Gesundheit des Menschen sowie ihr Einfluss auf die Umwelt müssen ständig überprüft werden. Zugleich konnte jedoch durch gentechnisch veränderte Pflanzen der Einsatz von Pestiziden gesenkt werden. Außerdem könnten sie einen einzigartigen Beitrag im Kampf gegen Hunger und Krankheit in Entwicklungsländern leisten. Allerdings geraten die Bauern auch in eine direkte Abhängigkeit von einigen Saatgut-Monopolisten, und es hat sich zum Beispiel in Afrika gezeigt, dass die Rückkehr zu traditionellen Anbautechniken wesentlich bessere Ergebnisse erzielte als der Einsatz von genmanipuliertem, teurem Saatgut.

20.9.5 Tiere können durch An- oder Abschalten spezifischer Gene genetisch verändert werden

Ebenso wie wir es gerade bei den Pflanzen gesehen haben, kann man auch Tiere genetisch verändern. Die Techniken, mit deren Hilfe gentechnologisch veränderte DNA eingeführt wird, hängen vom jeweiligen Tier ab; häufig arbeitet man aber mit einer Mikroinjektion gentechnisch veränderter DNA in ein ausgewachsenes Tier oder einen Embryo. Einer der ersten Beweise für die Durchführbarkeit einer Gentransplantation bei Tieren wurde von Richard Palmiter und Ralph Brinster erbracht. Sie transferierten das Gen für das Wachstumshormon in eine befruchtete Mauseizelle. Dadurch erschufen sie eine transgene Maus, in deren Zellen sich ein Gen eines anderen Organismus befand (*Exkurs 20A*). Transgene Tiere sind in vielerlei Hinsicht außerordentlich hilfreich. Im Labor konnte man dank der Gentechnologie die Genexpression sowie die Funktion spezifischer Gene in lebenden Tieren untersuchen. Wenn man beispielsweise Proteine gentechnisch dahingehend verändert, dass sie mit dem grün fluoreszierenden Protein (GFP) verschmelzen, kann deren Position in lebenden Zellen dynamisch nachverfolgt werden (siehe *Anhang* (online)).

Doch begrenzt sich der Nutzen nicht auf die Grundlagenforschung. Gentechnisch veränderte Tiere haben auch einen praktischen Nutzen. Ein Ziel dieser Technologie liegt darin, Nutztiere zu erschaffen, die medizinisch wichtige menschliche Proteine synthetisieren können (zum Beispiel in der Milch weiblicher Säugetiere), die dann leicht aufgereinigt werden können. Ein weiteres Ziel ist die Produktion gentechnisch veränderter Nutztiere als Nahrungsquelle. Viele der Einwände, mit denen wir uns im Zusammenhang mit gentechnisch veränderten Nutzpflanzen beschäftigt haben, werden auch vorgetragen, wenn es um die Züchtung gentechnisch veränderter Nutztiere für die Nahrungsmittelversorgung geht.

Zwar kann es von großem Nutzen sein, mit Hilfe der transgenen Technologie ein gentechnisch verändertes DNA-Fragment in ein Tier einzuführen, doch ist es häufig sinnvoller, ein bestimmtes Gen zu *entfernen (knock out)*. Bei einem Verfahren macht man sich die Fähigkeit der homologen Rekombination zunutze, Basensequenzen zwischen verwandten DNA-Molekülen zu transferieren. Beispielsweise sind Wissenschaftler heute in der Lage, einzelne ausgewählte Gene zu inaktivieren oder „auszuknocken", indem sie die Rekombination mit verwandten Teilstücken nichtfunktionaler DNA induzieren (▶*Abbildung 20.32*). Mit dieser Strategie hat man Hunderte einzigartiger Stämme von **„Knockout"-Mäusen** erschaffen, die jeweils ein defektes Gen tragen. Zurzeit arbeitet man daran, „Knockout"-Stämme für jedes der ungefähr 25.000 Gene einer Maus zu konstruieren. 2007 erhielten Mario Capecchi, Oliver Smithies und Martin Evans den Nobelpreis als Anerkennung für ihre Pionierarbeiten, auf deren Grundlage das Erzeugen von „Knockout"-Mäusen möglich wurde.

Im ersten Schritt der Schaffung einer „Knockout"-Maus muss eine künstliche DNA synthetisiert werden, deren Basensequenz dem Ziel-Gen und dessen flankierenden Sequenzen ähnelt, jedoch mit zwei wichtigen Änderungen (*Abbildung 20.32*, ①): Erstens wird ein antibiotisches Resistenzgen (zum Beispiel eines, das Resistenz gegen Neomycin verleiht) in die Mitte der ausgewählten Gensequenz eingeführt. Damit wird die gentechnisch veränderte Kopie des Gens nicht mehr funktional, und die Zellen, welche die DNA tragen, können somit in Gegenwart das Antibiotikums überleben. Zweitens wird DNA, die ein virales Enzym kodiert, *Thymidinkinase*, an das Ende der DNA geknüpft. Wenn diese DNA in einer Zelle enthalten ist, dann wird sie in Gegenwart eines antiviralen Medikaments (zum Beispiel Ganciclovir) absterben. Anschließend wird diese DNA in die *embryonalen Stammzellen* (*ES-Zellen*; engl.: *embryonic stem cells*) einer Maus eingeführt. Diese Zellen können sich zu allen Zelltypen einer ausgewachsenen Maus differenzieren ❷. In sehr seltenen Fällen dringt die DNA über Mechanismen, die denen der Meiose ähneln, in den Zellkern ein und die künstliche DNA reiht sich mit komplementären Sequenzen auf, die das Ziel-Gen flankieren. Durch homologe Rekombination wird das ausgewählte Gen dann durch die neue, nicht-funktionale Kopie ersetzt. Nur wenn eine homologe Rekombination stattfindet, wird das Thymindinkinase-Gen aus der gentechnisch veränderten DNA entfernt und in der ES-Zelle von Nucleasen abgebaut. In diesem Fall wird die Zelle in Gegenwart von Antibiotika überleben ❸, aber sie wird gegenüber einem antiviralen Medikament unempfindlich sein ❹. Zellen, bei denen diese doppelte Medikamentenselektion nachweisbar ist, werden dann in Mäuseembryos eingeführt, die sich zu ausgewachsenen Mäusen entwickeln. Diese Mäuse besitzen Gewebe, in denen das interessierende Gen inaktiviert wurde ❺. Durch Kreuzzüchtung dieser Tiere erhält man schließlich Stämme reiner „Knockout"-Mäuse, in denen beide Kopien des Ziel-Gens (eines auf jedem Chromosom) in allen Geweben ausgeschaltet sind ❻. Da Wissenschaftlern genehmigt wurde, zu untersuchen, was geschieht, wenn spezifische Gene ausgeschaltet werden, vermochten sie dank der „Knockout"-Mäuse aufzuklären, welche Rolle einzelne Gene bei zahlreichen menschlichen Erkrankungen, darunter Krebs, Fettleibigkeit, Herzerkrankungen, Diabetes, Arthritis und dem Alterungsprozess spielen. Ob diese Erkenntnisse aus Mäusen aber komplett auf den Menschen übertragbar sind, ist weiterhin stark umstritten.

Die „Knockout"-Technologie wurde auch auf andere Gebiete übertragen. Eine Anwendung findet diese Technologie in der *Xenotransplantation*, der Transplantation von Geweben von einer Spezies in eine andere. Schweine standen im Mittelpunkt dieser Forschungsarbeiten, die darauf abzielen, eine Organquelle für Patienten zu schaffen, die auf eine Transplantation warten. Zur Umgehung der Immunabwehr hat man Schweine geschaffen, denen ein Schlüsselenzym mit der Bezeichnung *α-1,3-Galactosyltransferase* fehlt. Dieses Enzym katalysiert bei Schweinen normalerweise das Anfügen von Zuckerresten an Zelloberflächen und trägt zur Immunantwort bei.

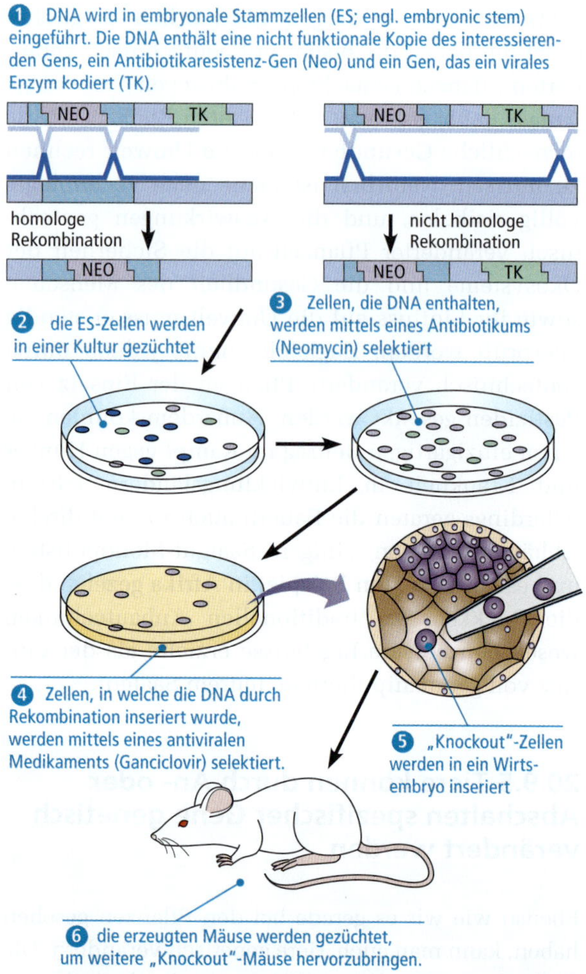

Abbildung 20.32: Erzeugung von „Knockout"-Mäusen durch homologe Rekombination. Die Erzeugung von „Knockout"-Mäusen beinhaltet ❶ die Konstruktion eines auf die DNA abzielenden Vektors, der eine nicht-funktionale Kopie des interessierenden Gens enthält, das ❷ in embryonale Stammzellen (ES-Zellen, engl.: *stem cells*) eingeführt wird. Die ES-Zellen werden mit Hilfe von zwei verschiedenen Medikamente nach seltenen Zellen abgesucht, in denen eine Rekombination stattgefunden hat (❸, ❹). Diese „Knockout"-Zellen werden ❺ in ein Wirtsembryo eingeführt, und ❻ durch anschließende Züchtung erhält man Mäuse, die eine gentechnisch herbeigeführte Mutation tragen.

20.9.6 Gentherapien werden zur Behandlung menschlicher Krankheiten entwickelt

Menschen leiden an vielen Erkrankungen, die ohne Zweifel geheilt werden könnten, wenn man Menschen, die Krankheiten verursachende Gene tragen, normale, funktionale Kopien von Genen übertragen könnte. Der Erfolg mit transgenen und „Knockout"-Mäusen bei ähnlichen Experimenten brachte die Frage auf, ob Gentransplantationstechniken nicht vielleicht zur Reparatur defekter Gene beim Menschen dienen könnten. Zu den eindeutigsten Kandidaten für eine solche Behandlung, die sogenannte *Gentherapie*, gehören genetisch bedingte Erbkrankheiten wie zystische Fibrose, Hämophilie, Hypercholesterinämie, Hämoglobinstörungen, Muskelschwäche, lysosomale Speichererkrankungen und eine Immunstörung, der sogenannte *schwere kombinierte Immundefekt* (*SCID*; engl.: *severe combined immunodeficiency*).

Der erste Mensch, der mit Gentherapie behandelt wurde, war ein vierjähriges Mädchen, das an einer Form von SCID litt, die auf einem Defekt in dem Gen beruhte, das die *Adenosindeaminase* (*ADA*) kodiert. Durch den Verlust der Aktivität von ADA können nicht ausreichend Immunzellen, die *T-Lymphocyten*, gebildet werden. Folglich litt das Kind an häufigen und potenziell lebensbedrohlichen Infektionen. 1990 wurde sie einer Reihe von Behandlungen unterzogen, bei denen eine normale Kopie des klonierten ADA-Gens in ein Virus inseriert wurde. Das Virus sollte die aus dem Blut des Mädchens gewonnenen T-Lymphocyten infizieren. Anschließend injizierte man die Lymphocyten wieder in den Blutkreislauf. Dadurch erzielte man eine signifikante Verbesserung ihrer Immunfunktion, auch wenn die Wirkung im Laufe der Zeit nachließ und die Behandlung bei den meisten anderen SCID-Patienten keine Wirkung zu erzielen schien.

Seit diesen ersten Untersuchungen hat man erhebliche Fortschritte gemacht und die Techniken zur Übertragung klonierter Gene in Zielzellen sowie die Sicherstellung ihrer Funktion entscheidend weiterentwickelt. Im Jahr 2000 berichteten französische Wissenschaftler endlich von einer erfolgreichen Behandlung von Kindern mit SCID (in diesem Fall einer besonders schweren Form von SCID, die auf einem defekten Rezeptor-Gen und nicht auf einem defekten ADA-Gen beruht). Sie verwendeten ein Virus, das sich beim Transfer klonierter Gene als effizienter erweis, und entwickelten bessere Bedingungen zur Kultivierung von Zellen während des Gentransfervorgangs. Dadurch waren sie in der Lage, die Immunfunktion der behandelten Kinder auf einen normalen Status anzuheben. Tatsächlich gelang erstmals eine erfolgreiche Behandlung der Kinder, sodass sie die schützende „Isolationsblase“ verlassen konnten, in der sie während der Behandlung im Krankenhaus von möglichen Infektionsquellen abgeschirmt worden waren.

Es ist daher nachvollziehbar, dass die Enttäuschung groß war, als drei der zehn in dieser ersten Studie behandelten Kinder wenige Jahre später an Leukämie erkrankten. Bei der Untersuchung der Leukämiezellen stellte sich heraus, dass sich das Virus, das man zur Übertragung des korrigierenden Gens verwendet hatte, manchmal direkt neben einem normalen Gen inserierte, welches im Fall einer abnormen Expression Krebs verursachen konnte. (In *Kapitel 24* werden wir genauer darstellen, wie ein solcher Vorgang, die sogenannten *insertionale Mutagenese*, die Krebsentwicklung einleiten kann.) Wir sollten allerdings die Tatsache nicht vergessen, dass diese Untersuchungen auch ein hoffnungsvolles erstes Zeichen dafür waren, dass mit Hilfe der Gentherapie eine lebensbedrohliche genetische Erkrankung therapiert werden kann. Allerdings müssen die damit assoziierten Krebsrisiken noch besser aufgeklärt werden, bevor diese Behandlungsmethoden tatsächlich in der Praxis angewandt werden können.

Eine Vorgehensweise zur Lösung des Krebsrisikos ist die Verwendung eines anderen Virustyps zur Übertragung von Genen in die Zielzellen. Bei den SCID-Untersuchungen arbeitete man mit Retroviren, die sich selbst zufällig in chromosomale DNA inserieren und Sequenzen besitzen, die unabsichtlich benachbarte Wirts-Gene aktivieren können. Ein anderer Virustyp, an dem als Vehikel der Gentherapie gearbeitet wird, das *Adeno-assoziierte Virus* (*AAV*; engl.: *adeno-associated virus*), inseriert sich selber mit geringerer Wahrscheinlichkeit in die chromosomale DNA und aktiviert mit geringerer Wahrscheinlichkeit Wirts-Gene, wenn es inseriert wird. Einige ermutigende Ergebnisse mit diesem Virus hat man bei Patienten mit *Hämophilie* erzielt. Hämophilie ist eine Erbkrankheit, bei der es zu Phasen unkontrollierten Blutens kommt. Sie beruht auf genetischen Defekten in Proteinen, den Blutgerinnungsfaktoren, die an der Bildung von Blutgerinnseln mitwirken. Im Rahmen gentherapeutischer Versuche injizierte man Hämophilie-Patienten AAV, das ein Gen mit dem von ihnen benötigten Blutgerinnungsfaktor enthielt. Wenn man die Leberzellen der Patienten infizierte, bildeten sie ausreichende Mengen des Blutgerinnungsfaktors, um das normalerweise mit dieser Krankheit assoziierte unkontrollierte Bluten zu verringern. Auch wenn diese „Therapie“ nur ungefähr acht Wochen wirkte, weil eine Immunantwort die veränderten Leberzellen zerstörte, zielte diese Immunantwort doch auf eine Komponente von AAV ab, die nur vorübergehend auftritt. Man hofft daher, dass eine kurzfristige Verabreichung von Medikamenten, welche die Immunantwort unterdrücken, eine nachhaltigere Therapie mit sich bringen wird. Neuartige Therapieansätze verzichten ganz auf den Einsatz von Viren als Vektoren und benutzen die wesentlich kleinere mRNA anstatt von DNA, um defekte Proteine in Zielzellen zu reparieren. Hierzu muss die mRNA nur sicher in die Zielzellen gebracht werden und hat dann den enormen Vorteil, dass sie nicht in den Zellkern gelangen muss; dadurch wird eine insertionale Mutagenese verhindert. Aber auch diese Techniken werden frühestens in einigen Jahren zur Behandlung von Patienten zur Verfügung stehen.

Nachdem man in den frühen 1980er Jahren erstmalig das enorme Potenzial der Gentherapie publiziert hatte, wurde die Kritik vorgebracht, dass man zu große Versprechungen mache und zu wenig Erfolge vorweisen konnte. Allerdings brauchen die meisten neuen Technologien Zeit, um perfektioniert zu werden, und auf ihrem Entwicklungsweg erleiden sie immer wieder auf Rückschläge. Davon ist auch die Gentherapie nicht ausgenommen. Trotz der Rückschläge scheint das Ziel, eines Tages standardmäßig mit Hilfe normaler Gene genetische Erkrankungen heilen zu können, durchaus erreichbar, zumindest im Hinblick auf einige genetische Erkrankungen, die auf einzelnen Gendefekten beruhen. Natürlich wirft die Fähigkeit, die Gene der Menschen zu verändern, erhebliche ethische und rechtliche Fragen auf und auch Besorgnis um die Sicherheit dieser Therapie. Letztendlich stellt sich die Frage, wie die Gesellschaft das wachsende Vermögen, in das menschliche Genom einzugreifen, kontrollieren will. Diese Problematik muss gründlich diskutiert werden, und zwar nicht nur von Wissenschaftlern und Ärzten, sondern von der gesamten Gesellschaft.

20A ▶ Arbeitstechniken

Die Konstruktion von „Designermäusen"

Durch Mikroinjektion transferierte man ein DNA-Fragment, welches das Gen des Wachstumshormons von Ratten enthielt, in die Pronuclei befruchteter Mäuseeizellen. Von den 21 Mäusen, die sich aus diesen Eizellen entwickelten, trugen sieben das Gen, und sechs dieser Mäuse wurden wesentlich größer als die anderen Mäuse des Wurfs. (Palmiter et al, 1982, S. 611)

Mit diesen Worten berichtete ein Forschungsgruppe unter Leitung von Richard Palmiter und Ralph Brinster, wie ein genetisches Merkmal unter Umgehung der normalen Züchtungsverfahren experimentell auf Mäuse übertragen werden konnte, das heißt, geschlechtliche Vermehrung und anschließende Selektion gewünschter Merkmale. Die Wissenschaftler injizierten Wachstumshormon-Gene der Ratte in befruchtete Mäuseeizellen, und aus einer dieser Eizellen entwickelte sich eine „Supermaus", die fast doppelt so viel wog wie die anderen Mäuse des Wurfs (*Abbildung 20A-1*). Diese Leistung wurde als bedeutender Durchbruch verkündet, denn man hatte damit bewiesen, dass man Gentechnologie bei Tieren anwenden konnte, und zwar mit all den wissenschaftlichen und praktischen Konsequenzen, welche die Gentechnologie mit sich brachte.

Palmiter, Brinster und ihre Kollegen isolierten zuerst das Gen für das Wachstumshormon (GH) aus einer Genbank für Ratten-DNA. Dies gelang ihnen mit Hilfe der in diesem Kapitel dargestellten Techniken. Das klonierte GH-Gen, dessen regulatorische Region sie entfernt hatten, wurde anschließend mit dem regulatorischen Teil eines Maus-Gens verschmolzen – dem Gen, das *Metallothionein* (*MT*) kodiert. Metallothionein ist ein kleines, metallbindendes Protein, das normalerweise in den Geweben der Maus vorkommt und vermutlich an der Regulation des Zinkniveaus in dem Tier mitwirkt. Die Verschmelzung des *MT*-Gens mit dem *GH*-Gen brachte den Vorteil mit sich, dass die Expression des *MT*-Gens spezifisch durch Zink induziert (angeschaltet) werden konnte.

Durch Mikroinjektion transferierte man in einem Volumen von circa zwei Picolitern (0,000002 μl!) ungefähr 600 Kopien des gentechnisch veränderten DNA-Fragments in befruchtete Mauseizellen. Die DNA wurde in den Pronucleus einer männlichen Maus injiziert. Der haploide Spermiumzellkern war noch nicht mit dem haploiden Zellkern der Eizelle verschmolzen (*Abbildung 20A-2*). Aus den 170 befruchteten Eizellen, die man injizierte und in den Reproduktionstrakt der Leihmüttermäuse implantierte, entwickelten sich 21 Tiere. Sieben Mäuse waren transgene Mäuse, die *MT-GH*-Gene in ihren Zellen trugen. In mindestens einem Fall übertrug eine transgene Maus das *MT-GH*-Gen zuverlässig auf ungefähr die Hälfte ihrer Nachkommen. Daraus folgerte man, dass das Gen stabil in eines ihrer Chromosomen integriert worden war.

Abbildung 20A-1: Gentechnisch veränderte Mäuse. Die „Supermaus", (links im Bild), ist wesentlich größer als die anderen Mäuse des Wurfs, denn sie wurde gentechnisch so verändert, dass sie das Wachstumshormon der Ratte trägt und in großen Mengen exprimiert.

Da das *GH*-Gen an ein *MT*-Gen der regulatorischen Region gekoppelt worden war, sagten die Wissenschaftler voraus, dass das Hybrid-Gen angeschaltet werden könnte, wenn man den Mäusen über ihr Trinkwasser Zink zuführte. Den nachhaltigsten Beweis für die Expression von Ratten-*GH*-Genen lieferte die Tatsache, dass die transgenen Mäuse schneller wuchsen und fast das Doppelte der normalen Mäuse wogen. Während des Zeitraums der maximalen Sensitivität für das Wachstumshormon (im Alter von drei Wochen bis zu drei Monaten) wuchsen die transgenen Tiere drei- oder viermal schneller als die anderen Mäuse des Wurfs.

Mit diesem bedeutenden Experiment wurde bewiesen, dass es möglich ist, klonierte Gene in Zellen höherer Organismen zu übertragen, und dass diese Gene fest in das Genom integriert wurden, wo sie exprimiert und an die Nachkommen weitergegeben wurden. Seit Schaffung der „Supermaus" hat man auf fast allen Gebieten der Gentechnologie schnelle Fortschritte gemacht. Die Supermaus, so scheint es, war nur der Anfang.

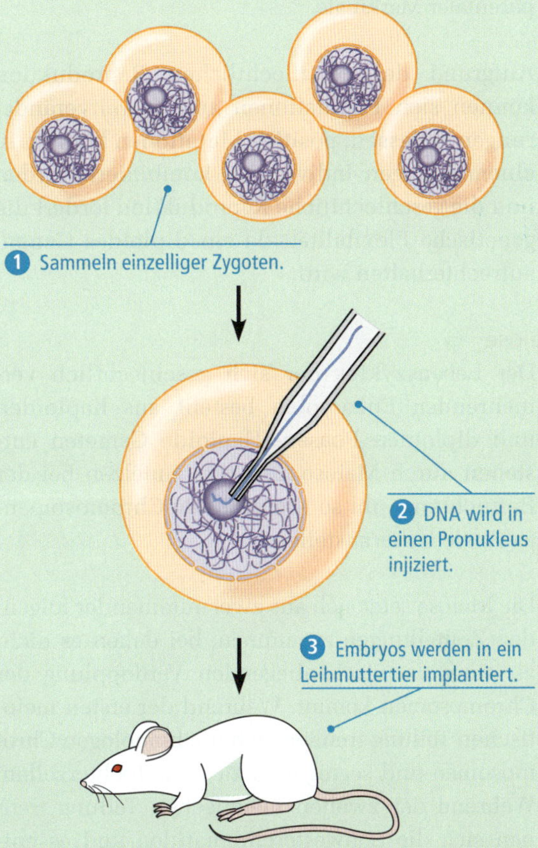

Abbildung 20A-2: Konstruktion transgener Mäuse. Befruchtete Mauseizellen (einzellige Zygoten) werden mit DNA injiziert, normalerweise in einen Pronucleus (entweder stammt der Zellkern aus einem Spermium oder einer Eizelle). Die injizierten Zygoten werden zum Austragen in eine Leihmutter übertragen.

ZUSAMMENFASSUNG DER WICHTIGSTEN INHALTE

Geschlechtliche Vermehrung

- Die ungeschlechtliche Reproduktion beruht auf der mitotischen Zellteilung und bringt genetisch identische (oder fast identische) Nachkommen hervor. Im Gegensatz dazu beinhaltet die geschlechtliche Reproduktion zwei getrenntgeschlechtliche Eltern und führt in den Nachkommen zu einer Mischung parentaler Merkmale.

- Aufgrund der geschlechtlichen Reproduktion können sich Populationen an Umweltveränderungen anpassen, positive Mutationen können in einem einzigen Individuum kombiniert werden und die geschlechtliche Reproduktion fördert die genetische Flexibilität, da ein diploides Genom aufrechterhalten wird.

Meiose

- Der Lebenszyklus der sich geschlechtlich vermehrenden Eukaryoten besteht aus haploiden und diploiden Phasen. Haploide Gameten entstehen durch Meiose und verschmelzen bei der Befruchtung, um so die diploide Chromosomenzahl wiederherzustellen.

- Die Meiose setzt sich aus zwei aufeinander folgenden Zellteilungen zusammen, bei denen es nicht zu einer dazwischenliegenden Verdopplung der Chromosomen kommt. Während der ersten meiotischen Teilung trennen sich die homologen Chromosomen und segregieren zu zwei Tochterzellen. Während der zweiten meiotischen Teilung trennen sich die Schwesterchromatiden und es entstehen vier haploide Tochterzellen.

- Abgesehen davon, dass die Chromosomenzahl von diploid auf haploid reduziert wird, unterscheidet sich die Meiose auch insofern von der Mitose, als die homologen Chromosomen während der Prophase der ersten meiotischen Teilung eine Synapsis eingehen. Dadurch werden Crossing-over und genetische Rekombination zwischen Nicht-Schwester-Chromatiden möglich.

Genetische Vielfalt: Segregation und Anordnung der Allele

- Mendels Regeln der Vererbung beschreiben die genetischen Konsequenzen des Verhaltens der Chromosomen während der Meiose, obwohl diese zu der Zeit, als Mendel seine Experimente durchführte, noch nicht bekannt waren.

- Mendels Regel der Trennung besagt, dass die beiden (mütterlichen und väterlichen) Allele eines Gens deutlich getrennte Einheiten bilden, die sich während der Meiose auf zwei verschiedene Gameten aufteilen. Das Gesetz der unabhängigen Verteilung besagt, dass die Allele eines jeden Gens sich unabhängig von den Allelen anderer Gene trennen (heute weiß man, dass dies nur auf Gene zutrifft, die auf unterschiedlichen Chromosomen oder sehr weit voneinander entfernt auf einem Chromosom liegen).

Genetische Variabilität: Rekombination und Crossing-over

- Die genetische Variabilität der Gameten eines Organismus beruht zum Teil auf der unabhängigen Anordnung von Chromosomen während der Anaphase I und zum Teil auf der genetischen Rekombination während der Prophase I.

- Die Häufigkeit der Rekombination zwischen Genen auf dem gleichen Chromosom ist ein Maß für die Entfernung zwischen den beiden Genen und kann daher zur Kartierung ihrer chromosomalen Lage herangezogen werden.

Genetische Rekombination bei Bakterien und Viren

- Die homologe Rekombination findet nicht nur während der Meiose statt, sondern auch in Viren (während der Co-Infektion) und bei der Übertragung von DNA in Bakterienzellen durch Transformation, Transduktion oder Konjugation.

Molekulare Mechanismen der homologen Rekombination

- Rekombination umfasst Bruch und Austausch zwischen DNA-Molekülen mit großer Sequenzhomologie.

- Manchmal geht die Rekombination mit Genkonversion oder Bildung von DNA-Molekülen einher, deren zwei Stränge nicht vollständig komplementär zueinander sind. Dieses Phänomen kann mit Hilfe von Rekombinationsmodellen erklärt werden, die auf der Bildung von Holliday Junctions beruhen. Dabei handelt es sich um Regionen von Einzelstrangaustauschen zwischen doppelsträngigen DNA-Molekülen.

Rekombinante DNA-Technologie und Genklonierung

- Die rekombinante DNA-Technologie ermöglicht die Kombination von DNA aus zwei (oder mehr) beliebigen Quellen zu einem einzigen DNA-Molekül.

- Durch Kombination eines interessierenden Gens mit einem Plasmid oder Phagen als Klonierungsvektor kann das Gen in bakteriellen Zellen kloniert (amplifiziert) werden. Mit diesen Techniken sowie der Polymerase-Kettenreaktion (PCR; engl.: *polymerase chain reaction*) können große Mengen spezifischer Gensequenzen und ihrer Proteinprodukte für Forschung und praktische Anwendungen präpariert werden.

Gentechnologie

- Die rekombinante DNA-Technologie findet in Medizin und Landwirtschaft viele praktische Anwendungen. Dazu gehören die Herstellung wertvoller Proteine, die sonst nur unter schwierigen Bedingungen hergestellt werden könnten, sowie die Verbesserung von Merkmalen von Nutzpflanzen wie verstärkte Resistenz gegen Insekten, Herbizide oder Krankheiten. Zurzeit arbeitet man an der Entwicklung von Gentherapien zur Behandlung menschlicher Erkrankungen.

ZUSAMMENHÄNGE HERSTELLEN

In diesem Kapitel haben Sie gelernt, wie die Rekombination genetischer Information in replizierten DNA-Molekülen während der Bildung von Spermien und Eizellen durch Meiose abläuft. Dadurch wird geschlechtliche Vermehrung möglich. Im Gegensatz zur mitotischen Zellteilung (*Kapitel 19*), aus der hinsichtlich der DNA-Zusammensetzung tatsächlich identische Zellen hervorgehen, entstehen durch Meiose Zellen mit neuen Kombinationen von DNA-Sequenzen. Vielleicht stellen Sie sich jetzt die Frage: Wie führt die DNA, die während der Mitose oder Meiose repliziert und an die Tochterzellen aufgeteilt wurde, ihre Rolle als Quelle der genetischen Information aus, mit der die Zellstruktur spezifiziert und das Zellverhalten gesteuert werden? In *Kapitel 21* werden wir mit der Antwort auf diese Frage beginnen, indem wir darstellen, wie die DNA einen genetischen Code nutzt, um die Aminosäuresequenz der Proteinmoleküle zu spezifizieren. In den *Kapiteln 21* und *22* werden wir uns mit der Rolle der RNA-Moleküle bei diesem Vorgang beschäftigen. Schließlich werden wir uns in *Kapitel 23* mit den Mechanismen auseinandersetzen, die von Zellen angewandt werden, um die Expression der in ihren DNA-Molekülen gespeicherten genetischen Information zu kontrollieren.

ÜBUNGSAUFGABEN

Schwierigere Aufgaben sind mit einem • gekennzeichnet.

20-1 Die Wahrheit über Sex. Geben Sie für jede der folgenden Aussagen mit einem S (sexuell) an, ob sie auf die geschlechtliche Vermehrung zutrifft, mit einem A (asexuell), ob sie auf die ungeschlechtliche Vermehrung zutrifft, mit einem B, ob sie auf beide Formen der Vermehrung zutrifft, und mit einem N, ob sie auf keine Form zutrifft.

A Merkmale von zwei verschiedenen Eltern können in einem einzigen Nachkommen kombiniert werden.

B Jede Generation von Nachkommen ist mit der vorherigen Generation identisch.

C Mutationen werden an die nächste Generation weitergegeben.

D In jeder Nachkommen-Generation gibt es Individuen, die sich weniger als ihre Eltern für das Überleben eignen, andere sind hingegen besser geeignet.

E Während des Lebenszyklus findet eine Mitose statt.

20-2 Anordnen der Phasen der Meiose. In ▶*Abbildung 20.33* sehen Sie mehrere Phasen der Meiose in einem Organismus, die mit A bis F bezeichnet sind.

A Benennen Sie die diploide Chromosomenzahl dieser Spezies.

B Ordnen Sie die sechs Phasen in richtiger Reihenfolge und benennen Sie jede Phase.

C Zwischen welchen beiden Phasen trennen sich die homologen Chromosomen?

D Zwischen welchen beiden Phasen findet Rekombination statt?

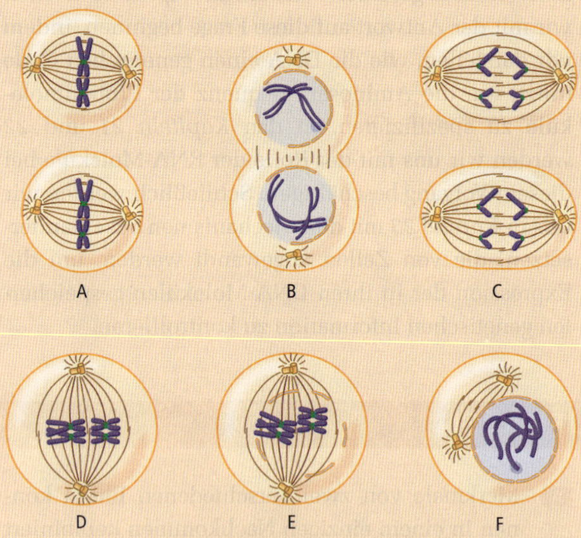

Abbildung 20.33: Die sechs Phasen der Meiose sollen in die richtige Reihenfolge gebracht und identifiziert werden.

20-3 Man muss sie auseinander halten. Stellen Sie kurz dar, wie sie zwischen den folgenden Phasenpaaren in einem Organismus unterscheiden würden:

A Metaphase der Mitose und Metaphase I der Meiose.

B Metaphase der Mitose und Metaphase II der Meiose.

C Metaphase I und Metaphase II der Meiose.

D Telophase der Mitose und Telophase II der Meiose.

E Pachytän und Diplotän der meiotischen Prophase I.

20-4 Ihr Centromer verrät es Ihnen. Angenommen, Sie hätten einen diploiden Organismus vor sich, in dem alle vom Spermium beigetragenen Chromosomen auf ihren Centromeren cytologische Marker tragen. Daher können Sie diese Marker visuell von den Chromosomen unterscheiden, welche die Eizelle beitrug.

A Würden Sie erwarten, dass alle somatischen Zellen (alle Zellen mit Ausnahme der Gameten) dieses Organismus gleich viele mütterliche und väterliche Centromere besitzen?

B Würden Sie erwarten, dass dieses Individuum zu gleichen Teilen mütterliche und väterliche Centromere bildet? Erklären Sie Ihre Antwort.

20-5 Wie viel DNA? Angenommen, X ist die im Gameten eines Organismus enthaltene DNA, der eine diploide Chromosomenzahl von 4 besitzt. Gehen Sie davon aus, dass alle Chromosomen ungefähr gleich groß sind. Wie viel DNA (X, 2X, 1/2X und so weiter) würden Sie in jedem der folgenden Fälle erwarten?

A In einer Zygote unmittelbar nach der Befruchtung

B In einer einzigen Schwesterchromatide

C In einer Tochterzelle nach der Mitose

D In einem einzelnen Chromosom nach der Mitose

E Im Zellkern in der mitotischen Prophase

F In der Zelle während der Metaphase II der Meiose

G In einem Bivalent

20-6 Fehler der Meiose. Kinder mit dem Pätau-Syndrom haben eine zusätzliche Kopie des Chromosoms 13 (Trisomie 13), was zu Störungen in der Entwicklung führt und zu Symptomen wie Spaltlippe, Gaumenspalte, sehr kleinen Augen und zusätzlichen Fingern und Zehen. Eine andere genetisch bedingte Krankheit ist das Turner-Syndrom, eine sogenannte gonosomale Monosomie, was bedeutet, dass sich in den Körperzellen der Patienten anstelle von zwei Geschlechtschromosomen (XX oder XY) nur ein funktionsfähiges X-Chromosom findet. Menschen mit nur einem einzigen X-Chromosom und keinem weiteren Geschlechtschromosom sind phänotypisch Frauen, die an Kleinwuchs, verzögerter Pubertät, Organfehlbildungen und Fehlen der sekundären Geschlechtsmerkmale leiden. Beschreiben Sie die Ereignisse während der Meiose, die zum Auftreten des Pätau- bzw. Turner-Syndroms führen könnten.

20-7 Das Punnet-Quadrat als genetisches Hilfsmittel. Ein *Punnet-Quadrat* oder *Rekombinationsquadrat* ist eine Darstellungsform aller möglichen Kombinationen von Genotypen nach einer Kreuzung. Die Genotypen aller möglichen Gameten von mütterlicher und väterlicher Seite werden an den benachbarten Außenseiten eines Quadrats aus vier einzelnen Kästen aufgetragen. Jeder Kasten des Quadrats stellt dann die Kombination der beiden Allele an der jeweiligen Spitze der Reihe dar. Nach der Regel der unabhängigen Verteilung sind alle möglichen Kombinationen gleich wahrscheinlich. Somit stellt die Häufigkeit eines bestimmten Genotyps innerhalb der vier Kästen die Häufigkeit des Vorkommens dieses Genotyps in der Nachkommenschaft dieser Kreuzung dar.

Abbildung 20.31 zeigt das Punnet-Quadrat für die Kreuzung zweier Erbsenpflanzen. Die genetischen Merkmale, die hier interessieren, sind Samenfarbe (wobei *Y* das Allel für gelbe Samen ist und *y* dasjenige für grüne Samen) und Samenform (wobei *R* das Allel für runde Samen und *r* dasjenige für schrumpelige Samen ist). Das Punnet-Quadrat in *Abbildung 20.31a* zeigt eine Kreuzung für ein Merkmal zwischen Pflanzen, die beide heterozygot für das Merkmal Samenfarbe sind (*Yy* X *Yy*). *Abbildung 20.31b* zeigt ein Punnet-Quadrat für die Kreuzung zweier Merkmale zwischen Pflanzen, die heterozygot für Samenfarbe (*Yy*) und Samenform (*Rr*) sind.

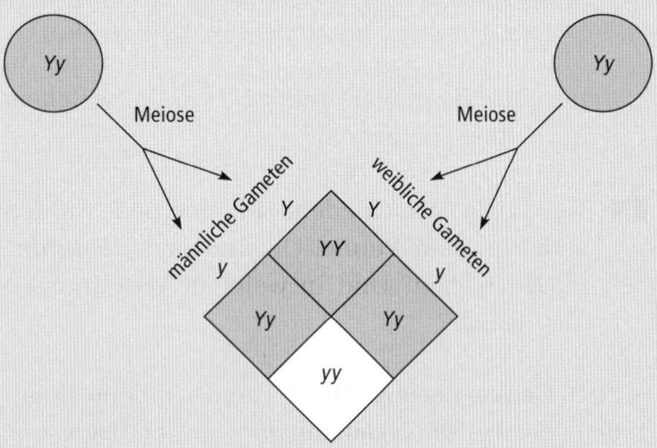

(a) Kreuzung mit einem Faktor

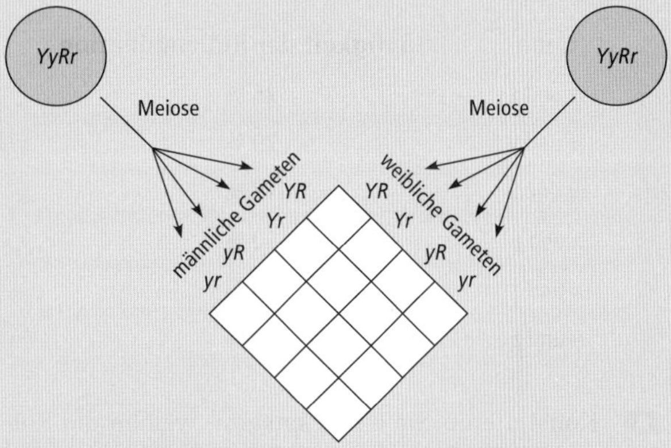

(b) Kreuzung mit zwei Faktoren

Abbildung 20.34: Punnet-Quadrat.

A Benutzen Sie das Punnet-Quadrat aus *Abbildung 20.31a* und erklären Sie die 3:1-Verteilung der Phänotypen, die schon Gregor Mendel bei seinen Experimenten zu einer solchen Kreuzung beobachtete.

B Erklären Sie, warum das Punnet-Quadrat aus *Abbildung 20.31b* aus einer 4×4-Matrix aus 16 Genotypen besteht. Was ist generell die mathematische Beziehung zwischen den interessierenden heterozygoten Allelpaaren und der Anzahl der verschiedenen Gameten?

C In welcher Weise stellt das Punnet-Quadrat aus *Abbildung 20.31b* Mendels Regel der unabhängigen Verteilung dar?

D Komplettieren Sie das Punnet-Quadrat aus *Abbildung 20.31b*, indem Sie alle möglichen Genotypen der Nachkommen eintragen. Wie viele verschiedene Genotypen werden sich in den Nachkommen finden? Und in welchem Verhältnis zueinander?

E Wie viele verschiedene Phänotypen werden sich aus dem Punnet-Quadrat aus *Abbildung 1.31b* ergeben? Und in welchen Verhältnissen zueinander?

• **20-8 Genkartierung**. Die folgende Tabelle liefert Daten über die Häufigkeit, mit der vier Gene (*w, x, y, z*) auf dem gleichen Chromosom miteinander rekombinieren.

Gene	Häufigkeit der Rekombination
w und x	25 %
w und y	29 %
w und z	17 %
x und y	50 %
x und z	9 %
y und z	44 %

A Konstruieren Sie eine Genkarte, welche die Reihenfolge der Gene darstellt, und geben Sie die Karteneinheiten (Centimorgans) an, welche die Gene voneinander trennen.

B Wenn Sie diese Karte erstellt haben, werden Sie vielleicht festgestellt haben, dass sich die Abstände nicht exakt addieren lassen. Können Sie dieses Phänomen erklären?

• **20-9 Homologe Rekombination**. Bakterien nutzen mindestens drei verschiedene Wege zur genetischen Rekombination. Allen drei Wegen ist gemeinsam, dass sie das Protein RecA benötigen. Allerdings sind die Schritte, die vor der Stranginvasion durch RecA ablaufen, bei jedem Weg unterschiedlich. Bei einem der drei Wege bindet ein Enzym-Komplex mit dem Namen RecBCD an DNA-Doppelstrangbrüche und entfaltet sowohl Helicase- als auch Einzelstrangnucleaseaktivitäten.

A Beschreiben Sie ein Modell, in dem der RecBCD-Enzym-Komplex die Reparatur von potenziell gefährlichen DNA-Doppelstrangbrüchen vorbereitet.

B Wenn man Bakterien mit zwei verschiedenen Stämmen des Bakterienphagen Lambda co-infiziert, dann rekombinieren Gene, die in der Nähe bestimmter DNA-Regionen, der sogenannten CHI-Orte des Phagen lokalisiert sind, häufiger als andere Gene. Wie können Sie Ihr Modell so modifizieren, dass diese zusätzliche Information aufgenommen wird?

20-10 Genklonierung und Rekombination. Man verwendet nicht nur Plasmidvektoren in der molekularen Biotechnologie, sondern man nutzt auch Stämme von *E. coli* zur Klonierung.

A Fast alle zur DNA-Klonierung verwendeten Stämme von *E. coli* tragen im *recA*-Gen eine Mutation, die zum Verlust der RecA-Aktivität führt. Warum wäre eine Zelle von *E. coli* mit einer *recA*-Mutation besser als Wirt geeignet, um eine rekombinante Plasmid-DNA weiterzugeben?

B Rufen Sie sich bitte in Erinnerung, dass Restriktionsendonucleasen normalerweise von Bakterien wie *E. coli* gebildet werden (*Exkurs 18B*). Die in der Molekularbiologie verwendeten *E. coli* tragen auch Mutationen in Restriktionsendonucleasen. Warum könnten diese Mutationen Ihrer Ansicht nach von Nutzen sein?

WEITERFÜHRENDE LITERATUR

Historisch bedeutsame Literatur ist mit einem • gekennzeichnet.

Meiose

Bhalla, N. und A. F. Dernburg. Prelude to a Division. *Annu. Rev. Cell Dev. Biol.* 24 (2008): 397.

Clift, D. und Schuh, M. Restarting life: fertilization and the transition from meiosis to mitosis. *Nature Rev. Mol. Cell Biol.* 14 (2013): 549.

Macy, B., M. Wang und H. G. Yu. The many faces of shugoshin, the "guardian spirit," in chromosome segregation. *Cell Cycle* 8 (2009): 35.

Marston, A. L. und A. Amon. Meiosis: Cell-cycle controls shuffle and deal. *Nature Rev. Mol. Cell Biol.* 5 (2004): 983.

Moore, G. und P. Shaw. Improving the chances of finding the right partner. *Curr. Opin. Genet. Dev.* 19 (2009): 99.

Page, S. L. und R. S Hawley, Chromosome choreography: The meiotic ballet. *Science* 301 (2003): 785

Pawlowski, W. P. und W. Z. Cande. Coordinating the events of the meiotic prophase. *Trends Cell Biol.* 15 (2005): 674.

Tomita, K. und J. P. Cooper. The meiotic chromosomal bouquet: SUN collects flowers. *Cell* 125 (2006): 19.

Watanabe, Y. Geometry and force behind kinetochore orientation: lessons from meiosis. *Nature Rev. Mol. Cell Biol.* 13 (2012): 370.

Mendels Experimente

- Mendel, G. et al. The birth of genetics. *Genetics* 35 (1950, Anhang.): 1 (Originalartikel in englischer Übersetzung).
- Sturtevant, A. H. *A History of Genetics.* New York: Harper & Row, 1965.

Der Mechanismus der Rekombination

Chen, J.-M. et al. Gene conversion: Mechanisms, evolution and human disease. *Nature Rev. Genet.* 8 (2007): 762.

Clark, A. J. *recA* mutants of E. coli K12: A personal turning point. *BioEssays* 18 (1996): 767.

Cromie, G. A. und G. R. Smith. Branching out: Meiotic recombination and ist regulation. *Trends Cell Biol.* 17 (2007): 448.

Heyer, W.-D., K. T. Ehmsen und J. A. Solinger. Holliday junctions in the eukaryotic nucleus: Resolution in sight? *Trends Biochem. Sci.* 28 (2003): 548.

Lilley, D. M. J. und M. F. White. The junction-resolving enzymes. *Nature Rev. Mol. Cell Biol.* 2 (2001): 433.

Liu, Y. und S. C. West. Happy Hollidays: 40th anniversary of the Holliday junction. *Nature Rev. Mol. Cell Biol.* 5 (2004): 937.

Stahl, F. Meiotic recombination in yeast: Coronation of the double-strand-break repair model. *Cell* 87 (1996): 965.

Rekombinante DNA-Technologie und Gentechnologie

Bangel-Ruland N. et al. Cystic fibrosis transmembrane conductance regulator-mRNA delivery: a novel alternative for cystic fibrosis gene therapy. *J. Gene Med.* 15 (2013): 414.

Brown, K., K. Hopkin und S. Nemecek. Genetically modified foods: Are they safe? *Sci. Amer.* 284 (April 2001): 51.

Cavazanna-Calvo, M., A. Thrasher und F. Mavilio. The future of gene therapy. *Nature* 427 (2004): 779.

- Chilton, M. D. A vector for introducing new genes into plants. *Sci. Amer.* 248 (Juni 1983): 50.

Friedman, T. Overcoming the obstacles to gene therapy. *Sci. Amer.* 276 (Juni 1997): 96.

Kay, M. A. und H. Nakai. Looking into the safety of AAV vectors. *Nature* 424 (2003): 251.

Kohn, D. B., M. Sadelain und J. C. Glorioso. Occurrence of leukemia following gene therapy of X-linked SCID. *Nature Rev. Cancer* 3 (2003): 477.

Lemaux, P. G. Genetically engineered plants and foods: A scientist's analysis of the issues (part II). *Annu. Rev. Plant Biol.* 60 (2009): 511.

Manno, C. S. et al. Successful transduction of liver in hemophilia by AAV-Factor IX and limitations imposed by the host immune response. *Nature Med.* 12 (2006): 342.

Mullis, K. B. Eine Nachtfahrt und die Polymerase-Kettenreaktion. *Spektrum der Wissenschaft* 6 (1990): 60.

- Palmiter, R. D. et al. Dramatic growth of mice that develop from eggs microinjected with metallothionein-growth hormone fusion genes. *Nature* 300 (1982): 611.

Phelps, C. J. et al. Production of α1,3-galactosyltransferase-deficient pigs. *Science* 299 (2003): 411.

Raney, G. und P. Pingali. Sowing a green revolution. *Sci. Amer.* 297 (September 2007): 104.

Thiemann, W. J. und M. A. Palladino. *Introduction to Biotechnology*. 2. Ausgabe. San Francisco: Pearson, 2008.

Verma, I. M. und M. D. Weitzmann. Gene therapy: Twenty-first century medicine. *Annu. Rev. Biochem.* 74 (2005): 711.

Waehler, R., S. J. Russell und D. T. Curiel. Engineering targeted viral vectors for gene therapy. *Nature Rev. Genet.* 8 (2007): 573.

Genexpression I: Genetischer Code und Transkription

21

ÜBERBLICK

Bisher haben wir die DNA als genetisches Material der Zellen und Organismen vorgestellt. Wir haben uns mit Struktur, Chemie und Replikation beschäftigt sowie mit dem Packen der DNA in Chromosomen und ihrer Verteilung auf Tochterzellen während der mitotischen und der meiotischen Zellteilung. Auf Grundlage dieser Kenntnisse können wir uns nun mit der Expression der DNA auseinandersetzen – das heißt, wie die in der DNA gespeicherte Information die Bildung von RNA und Proteinmolekülen steuert. Wir gliedern die Diskussion dieses wichtigen Themas in drei Kapitel. In diesem Kapitel erläutern wir die Beschaffenheit des genetischen Codes und wie in der DNA gespeicherte Information die Synthese von RNA-Molekülen steuert. Diesen Vorgang bezeichnet man als *Transkription*. In *Kapitel 22* geht es darum, wie RNA-Moleküle zur Synthese spezifischer Proteine genutzt werden. Diesen Vorgang bezeichnet man als *Translation*. Abschließend werden wir in *Kapitel 23* die verschiedenen Mechanismen erläutern, mit denen die Zellen Transkription und Translation steuern, und die *Regulation* der Genexpression vorstellen. Zur Verknüpfung dieser Themen beginnen wir mit einem Überblick über die Rollen, die DNA, RNA und Proteine bei der Genexpression spielen.

Der direktionale Fluss der genetischen Information 21.1

Wie bereits zu Beginn dieser drei Kapitel erwähnt, fließt die genetische Information in Zellen im Allgemeinen von der DNA zur RNA zum Protein (siehe *Abbildung 18.1*). Zuerst dient die DNA (genauer gesagt, ein Segment eines DNA-Strangs) als Matrize für die Synthese eines RNA-Moleküls, das in den meisten Fällen die Synthese eines bestimmten Proteins steuert. (Häufig sind RNA-Moleküle verschiedener Länge und Struktur aber auch die Endprodukte der Genexpression und agieren als regulatorische Elemente im Kern und in der Zelle.) Das Prinzip des gerichteten Informationsflusses von DNA zu RNA zum Protein wird als das *zentrale Dogma der Molekularbiologie* bezeichnet. Diesen Begriff formulierte Francis Crick bald nach Publikation des Doppelhelixmodells der DNA. Man kann das Prinzip folgendermaßen zusammenfassen:

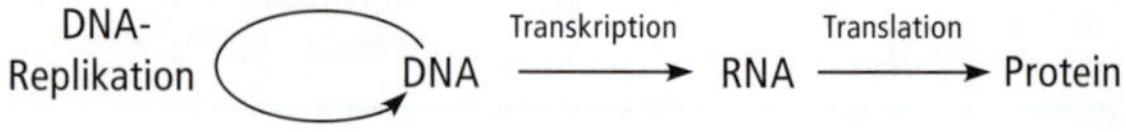

Somit beinhaltet der Fluss der genetischen Information die Replikation der DNA, die Transkription der auf der DNA enthaltenen Information in RNA und die Translation dieser Information von RNA in ein Protein. Der Begriff **Transkription** (von dem lateinischen Wort *transcribere* = um-/überschreiben) wird verwendet, wenn man von der RNA-Synthese spricht, bei der DNA als Matrize dient, um zu betonen, dass in dieser Phase der Genexpression einfach der Transfer von Information von einer Nucleinsäure zur nächsten erfolgt. Die Grundlagen der „Sprache“ bleiben also unverändert. Im Gegensatz dazu bezeichnet man die Proteinsynthese als **Translation** (**Übersetzung**), denn hier wird in eine andere Sprache gewechselt – von der Nucleotidsequenz eines RNA-Moleküls in die Aminosäuresequenz einer Polypeptidkette.

RNA, die in ein Protein umgewandelt wird, bezeichnet man als **Messenger-RNA** (**mRNA**; **Boten-RNA**), denn sie trägt eine genetische Botschaft von der DNA zu den Ribosomen, wo die eigentliche Proteinsynthese stattfindet. Außer der mRNA gibt es noch zwei weitere Typen von RNAs, die an der Proteinsynthese mitwirken: **ribosomale RNA-Moleküle** (**rRNA**), integrale Komponenten des Ribosoms, und **Transfer-RNA-Moleküle** (**tRNA**), welche als Zwischenprodukte dienen, die die kodierte Basensequenz der Messenger-RNA übersetzen und die richtigen Aminosäuren zum Ribosom transportieren. Beachten Sie, dass ribosomale und Transfer-RNAs nicht selber Proteine kodieren. Die diese beiden Typen von RNA kodierenden Gene stehen beispielhaft für Gene, deren Endprodukte RNA-Moleküle und nicht Proteinketten sind. Das Zusammenspiel dieser drei wichtigen Klassen von RNA im gesamten Informationsfluss von DNA zu Protein wird in ▸*Abbildung 21.1* dargestellt.

Außer diesen drei RNA-Typen gibt es noch viele weitere RNAs, die bei verschiedenen Prozessen mitarbeiten: bei der RNA-Reifung zum Beispiel wirken die snRNA (small nuclear RNA) und die snoRNA (small nucleolar RNA) mit. Verschiedene andere RNA-Typen wie die asRNA (antisense RNA) und circRNA (circular RNA) helfen bei der Regulation der Genexpression mit. Viel Aufmerksamkeit hat in den letzten Jahren die siRNA (small interfering RNA) erfahren, die bei einer zellulären Signalkaskade, der RNA Interference (RNAi) entsteht und die jeweils bestimmte Genbereiche abschalten kann.

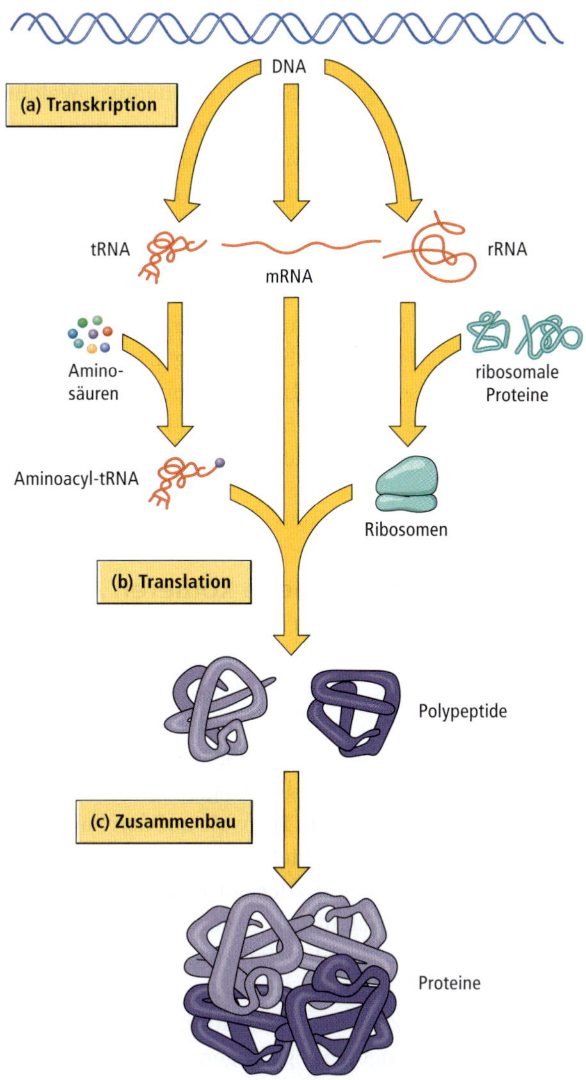

Abbildung 21.1: RNAs als Zwischenprodukte im Fluss der genetischen Information. Die drei wichtigsten Klassen von RNA – tRNA, mRNA und rRNA – werden (a) durch Transkription der geeigneten DNA-Sequenzen (Gene) synthetisiert und (b) wirken an dem sich anschließenden Prozess der Translation (Polypeptidsynthese) mit. Die passenden Aminosäuren werden von der tRNA zur mRNA und zum Ribosom transportiert. Ein tRNA-Molekül, das eine Aminosäure trägt, bezeichnet man als Aminoacyl-tRNA. Dann falten sich die Polypeptide und (c) setzen sich zu funktionalen Proteinen zusammen. Die spezifischen Polypeptide sind hier als Globinketten des Proteins Hämoglobin dargestellt. Zur besseren Verständlichkeit haben wir in dieser Zeichnung viele Einzelheiten nicht aufgenommen, die in diesem und im nächsten Kapitel aber beschrieben werden.

Seit der ersten Formulierung des zentralen Dogmas durch Crick ist dieser Leitsatz mehrfach verfeinert worden. Zum Beispiel hat man herausgefunden, dass viele Viren mit RNA-Genomen RNA-Moleküle mit einer RNA-Matrize synthetisieren. Andere RNA-Viren, beispielsweise HIV, führen eine *reverse Transkription* durch. Dabei dient die virale RNA als Matrize für die DNA-Synthese – ein „Rückfluss" der genetischen Information. (In *Exkurs 21A* stellen wir diese Viren und die Rolle der reversen Transkription bei der Neuanordnung von DNA-Sequenzen dar.) Trotz dieser Variationen des Originalmodells bleibt das Prinzip des Informationsflusses von DNA zu RNA zum Protein das grundlegende Ablaufprinzip, nach dem alle Zellen ihre genetische Information nutzen.

Der genetische Code 21.2

Der Kern der Genexpression liegt in der Beziehung zwischen der Nucleotidbasensequenz von DNA-Molekülen und der linearen Anordnung von Aminosäuren in Proteinmolekülen. Diese Beziehung beruht auf einer Reihe von Gesetzen, die man als den **genetischen Code** bezeichnet. Das Entschlüsseln dieses Codes, der uns sagt, wie DNA Proteine kodieren kann, ist eine der wichtigsten Leistungen der Biologie des zwanzigsten Jahrhunderts.

Man kann sich leicht vorstellen, wie beim Informationsfluss von der DNA zur RNA zum Protein die in der DNA-Basensequenz gespeicherte Information über den Mechanismus der komplementären Basenpaarung an die mRNA weitergeleitet wird. Doch es stellt sich die Frage, wie eine Basensequenz in der mRNA ihre „Botschaft" nutzt, um die Synthese eines Proteinmoleküls zu steuern, das aus einer Sequenz von Aminosäuren besteht. Selbstverständlich muss dafür der richtige Code bekannt sein – die Regeln, die bestimmen, welche Nucleotide in der mRNA welchen Aminosäuren entsprechen. Bis zu seiner Entschlüsselung Anfang der 1960er Jahre war der genetische Code in zweifacher Hinsicht ein Geheimcode: bevor die Wissenschaftler die kodierende Beziehung zwischen der Basensequenz eines DNA-Moleküls und der Aminosäuresequenz eines Proteins richtig klären konnten, mussten sie erst einmal erkennen, dass diese Beziehung überhaupt existiert. Diese Erkenntnis gewannen sie durch die Entdeckung, dass Mutationen in der DNA Änderungen in Proteinen herbeiführen können.

21.2.1 Experimente mit *Neurospora* führten zur Erkenntnis, dass Gene Enzyme kodieren

Der Zusammenhang zwischen Mutationen und Proteinen wurde experimentell erstmalig von George Beadle und Edward Tatum zu Beginn der 1940er Jahre erbracht. George Beadle und Edward Tatum arbeiteten mit dem Brotschimmelpilz *Neurospora crassa*. *Neurospora* ist ein relativ genügsamer Organismus, der in einem Minimalmedium wachsen kann, das nur Zucker, anorganische Salze und das Vitamin Biotin enthält. Mit diesen wenigen Substanzen bildet der Metabolismus von *Neurospora* alles, was der Organismus braucht. Beadle und Tatum wollten den Einfluss der Gene auf die metabolischen Wege untersuchen und behandelten eine Kultur von *Neurospora* mit Röntgenstrahlen, um genetische Mutationen zu induzieren. Dadurch erhielten sie mutierte Stämme, die in dem Minimalmedium nicht mehr überleben konnten, wohl aber in einem Vollmedium, das mit einer Reihe von Aminosäuren, Nucleosiden und Vitaminen angereichert worden war.

Aus diesen Beobachtungen schlossen sie, dass die *Neurospora*-Mutanten ihre Fähigkeit verloren hatten, bestimmte Aminosäuren oder Vitamine zu synthetisieren, und nur überleben konnten, wenn man dem Wachstumsmedium diese Nährstoffe zugeführt hatte. Nun wollten Beadle und Tatum herausfinden, um welche Nährstoffe es sich genau handelte. Sie überführten die mutierten Zellen in verschiedene Wachstumsmedien, wobei jedes Medium aus dem Minimalmedium und einer einzigen Aminosäure oder einem Vitamin bestand. Diese Vorgehensweise führte zur Entdeckung, dass ein mutierter Stamm nur in einem Medium wachsen konnte, das mit Vitamin B_6 ergänzt worden war, ein zweiter Stamm wuchs nur in einem Medium mit der Aminosäure Arginin und so weiter. Schließlich charakterisierten sie eine große Anzahl verschiedener Mutanten, die jeweils in ihrer Fähigkeit, eine bestimmte Aminosäure oder ein bestimmtes Vitamin zu synthetisieren, eingeschränkt waren.

Da Aminosäuren und Vitamine über metabolische Wege synthetisiert werden, die aus vielen Schritten bestehen, machten sich Beadle und Tatum an die Arbeit und wollten in jedem metabolischen Weg den Schritt identifizieren, der einen Defekt erlitten hatte. Zur Bewältigung dieser Aufgabe ergänzten sie das Minimalmedium mit metabolischen Vorläufern einer bestimmten Aminosäure oder eines bestimmten Vitamins und nicht mit der eigentlichen Aminosäure oder dem Vitamin. So fanden sie heraus, welche Vorläufer das Wachstum des jeweiligen mutierten Stamms stützten und konnten folgern, dass jede Mutation einen von einem Enzym katalysierten Schritt auf dem Weg zur Bildung einer bestimmten Verbindung blockierte. Das war, mit anderen Worten, eine Eins-zu-eins-Korrelation zwischen jeder genetischen Mutation und dem Verlust eines spezifischen Enzyms, das der metabolische Weg benötigte. Auf Grundlage dieser Erkenntnisse formulierten Beadle und Tatum die *Ein-Gen-Ein-Enzym-Hypothese*, der zufolge jedes Gen die Bildung eines einzigen Enzyms steuert.

21.2.2 Die meisten Gene kodieren Aminosäuresequenzen von Polypeptidketten

Die Theorie, dass Gene die Bildung von Enzymmolekülen steuern, war ein großer Fortschritt für unser Verständnis der Wirkungsweise von Genen, beantwortete aber nicht die Frage, wie Gene diese Aufgabe lösen. Den ersten Hinweis auf den zugrunde liegenden Mechanismus lieferte das Labor von Linus Pauling, der sich mit der Erbkrankheit *Sichelzellenanämie* beschäftigte. Individuen, die an Sichelzellenanämie leiden, bauen normale Zellen in anormale, „sichelförmige" Zellen um. Aufgrund dieser Form werden die Zellen auf ihrem Weg durch die kleinen Blutgefäße gefangen und beschädigt (▶*Abbildung 21.2*). Pauling wollte den Grund für dieses Verhalten aufklären und beschloss, die Eigenschaften von *Hämoglobin* zu untersuchen, dem wichtigsten Protein der roten Blutkörperchen. Da es sich bei Hämoglobin um ein geladenes Molekül handelt, nutzte er die Technik der *Elektrophorese*. Bei der Elektrophorese werden die elektrisch geladenen Moleküle mittels eines elektrischen Feldes getrennt. Pauling stellte fest, dass das Hämoglobin der Sichelzellen mit anderer Geschwindigkeit wanderte als normales Hämoglobin. Daraus schloss er, dass die beiden Proteine eine unterschiedliche elektrische Ladung besaßen. Da einige Aminosäuren geladene Seitenketten besitzen, schlug Pauling vor, dass der Unterschied zwischen normalem Hämoglobin und dem Hämoglobin der Sichelzellen in ihrer Aminosäurenzusammensetzung begründet sein müsste.

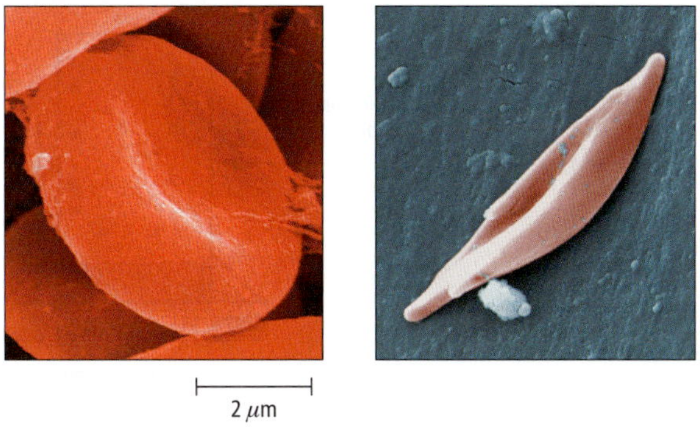

Abbildung 21.2: **Normale und sichelförmige rote Blutkörperchen.** Die rechte mikroskopische Aufnahme zeigt die anormale Form einer Sichelzelle. Diese verzerrte Form, die auf einer mutierten Form des Hämoglobins beruht, hat zur Folge, dass sich die Sichelzellen auf ihrem Weg durch die feinen Kapillaren verhaken und diese verstopfen (SEM).

Zur Überprüfung dieser Hypothese könnte man die Aminosäuresequenz des normalen Hämoglobins und mutierter Formen von Hämoglobin ermitteln. Als Pauling zu Beginn der 1950er Jahre seine Entdeckung machte, war das größte bis dato sequenzierte Protein mehr als zehnmal kleiner als Hämoglobin. Also wäre die Bestimmung der vollständigen Aminosäuresequenz von Hämoglobin eine monumentale Aufgabe gewesen. Glücklicherweise ermöglichte eine geniale Abkürzung, die Vernon Ingram ersonnen hatte, die Identifizierung der Abweichung der Aminosäure im Hämoglobin der Sichelzellen, und es war nicht mehr erforderlich, die vollständige Aminosäuresequenz des Proteins zu bestimmen. Ingram nutzte die Protease Trypsin, um das Hämoglobin in Peptidfragmente zu spalten. Dann wurden die Peptidfragmente voneinander getrennt, so wie in ▸*Abbildung 21.3* dargestellt. Als Ingram die Peptidmuster des normalen Hämoglobins und des Sichelzellenhämoglobins untersuchte, stellte er fest, dass sich die beiden Proteine in nur einem Peptid voneinander unterschieden. Die Analyse der Aminosäurezusammensetzung des veränderten Peptids erbrachte, dass eine Glutaminsäure des normalen Hämoglobins im Sichelzellenhämoglobin durch Valin ersetzt worden war. Da Glutaminsäure negativ geladen und Valin neutral ist, erklärt dieser Austausch (= Aminosäuresubstitution) das von Pauling bei der Elektrophorese beobachtete unterschiedliche Verhalten von normalem und Sichelzellenhämoglobin.

Schon der Tausch einer Glutaminsäure gegen Valin (der auf der Änderung eines einzigen Basenpaares in der DNA beruht) genügt, um die Art und Weise zu ändern, wie die Hämoglobinmoleküle in roten Blutkörperchen angeordnet sind. Normales Hämoglobin ist von geleeartiger Konsistenz, Sichelzellenhämoglobin aber bildet eine Art Kristallstruktur, wenn es Sauerstoff in die Gewebe transportiert und Kohlendioxid aus den Geweben aufnimmt. Die Kristallanordnung verändert die Form der roten Blutkörperchen, sodass eine Sichelform entsteht, die den Blutstrom in den Kapillargefäßen blockiert und zur Entwicklung einer schwächenden, möglicherweise sogar tödlich verlaufenden Krankheit führt (Sichelzellenanämie).

Nachdem Ingram entdeckt hatte, dass eine Genmutation die Veränderung einer einzigen Aminosäure im Sichelzellenhämoglobin bewirkt, bewiesen spätere Untersuchungen die Existenz weiterer anormaler Formen von Hämoglobin, von denen einige auf Mutationen in einem anderen Gen zurückgehen. Zwei verschiedene Gene sind in der Lage, die Aminosäuresequenz des gleichen Proteins zu beeinflussen, weil Hämoglobin ein Protein aus vielen Untereinheiten ist, das zwei verschiedene Arten von Polypeptidketten enthält. Die Aminosäuresequenzen dieser beiden Ketten, der α- und der β-Kette, werden von zwei verschiedenen Genen spezifiziert.

Durch die Entdeckungen von Pauling und Ingram wurden einige Nachjustierungen in dem Ein-Gen-Ein-Enzym-Konzept von Beadle und Tatum erforderlich. Erstens weist die Tatsache, dass Hämoglobin kein Enzym ist, darauf hin, dass Gene im Allgemeinen die Aminosäuresequenzen in Proteinen kodieren und nicht nur Enzyme. Außerdem bewies die Entdeckung, dass verschiedene Gene die α- und β-Ketten des Hämoglobins kodieren, dass jedes Gen die Sequenz einer Polypeptidkette kodiert und nicht unbedingt ein ganzes Protein. Somit wurde die ursprüngliche Hypothese zur Ein-Gen-Ein-Polypeptid-Theorie verfeinert. Gemäß dieser Theorie bestimmt die Nucleotidsequenz eines Gens die Sequenz der Aminosäuren in einer Polypeptidkette. Mitte der 1960er Jahre wurde diese Vermutung im Labor von Charles Yanofsky bestätigt. Dort ermittelte man die Orte von Dutzenden von Mutationen in dem bakteriellen Gen, das eine Untereinheit des Enzyms Tryptophansynthase kodiert. Wie bereits vermutet, entsprachen die

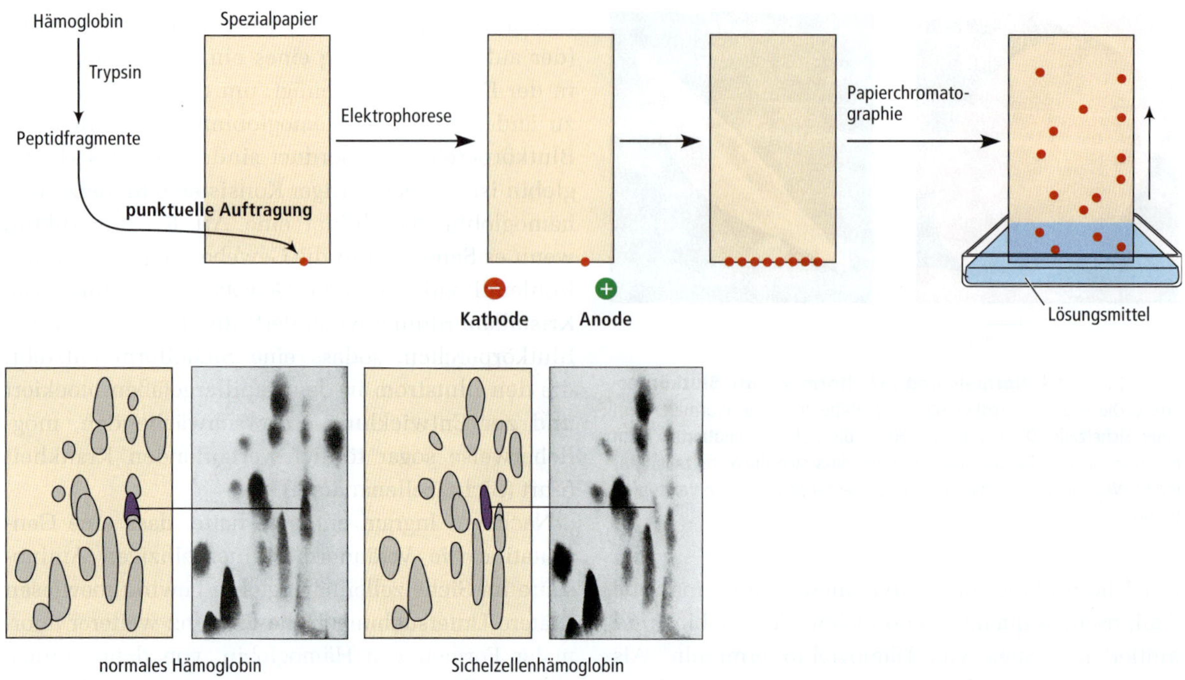

Abbildung 21.3: Peptidmuster des normalen Hämoglobins und des Sichelzellenhämoglobins. (Oben) Normales Hämoglobin und das Hämoglobin von Sichelzellen wurden mit Trypsin abgebaut. Die erhaltenen Peptidfragmente wurden mittels Elektrophorese getrennt; daran schloss sich eine Papierchromatographie an (Bewegung des Lösungsmittels in vertikaler Richtung durch Kapillarkraft). (Unten) Die farbigen Punkte in den Zeichnungen neben jedem Foto zeigen die Peptidfragmente, die sich bei den beiden Hämoglobintypen unterscheiden. In dem veränderten Fragment im Sichelzellenhämoglobin wurde eine Glutaminsäure durch Valin ersetzt.

Positionen der Mutationen in dem Gen den Positionen der resultierenden Aminosäuresubstitutionen in der Tryptophansynthase-Polypeptidkette.

Der Nachweis, dass die Basensequenz eines Gens die Aminosäuresequenz einer Polypeptidkette spezifiziert, war ein Meilenstein; aber spätere Entwicklungen haben gezeigt, dass die Genfunktion häufig komplizierter ist, vor allem bei Eukaryoten. Später in diesem Kapitel werden wir sehen, dass die meisten eukaryotischen Gene nichtkodierende Sequenzen enthalten, die in den kodierenden Regionen verstreut vorliegen und somit keine vollständig lineare Entsprechung mit ihrem Polypeptidprodukt zeigen. Des Weiteren können die kodierenden Sequenzen in diesen Genen in verschiedenen Kombinationen gelesen werden, um verschiedene mRNAs zu synthetisieren, wobei jede mRNA eine einzigartige Polypeptidkette kodiert. Dieses Phänomen, das sogenannte *alternative Spleißen*, ermöglicht die Synthese von Dutzenden oder sogar Hunderten unterschiedlichen Polypeptiden aus nur einem Gen. Daher trifft die Ein-Gen-Ein-Polypeptid-Theorie nicht immer auf Eukaryoten zu. Für die meisten Gene gilt die genauere Formulierung *Ein-Gen-Viele-Polypeptide.*

Wir können aber die Beschreibung der Genfunktion noch komplizierter machen. Mehrere Gentypen bilden gar keine Polypeptidketten. Diese Gene kodieren RNA-Moleküle wie ribosomale RNAs, Transfer-RNAs, kleine nucleäre RNAs (engl.: small nuclear RNAs) und microRNAs. Jede dieser RNAs übernimmt eine andere Funktion. Somit erweist sich sogar die Formulierung Ein-Gen-Viele-Polypeptide als unzulänglich und muss durch eine Formulierung ersetzt werden, die auf einem umfassenderen Konzept der Genfunktion beruht: Gene werden am besten als funktionale Einheiten der DNA definiert, welche die Aminosäuresequenz einer oder mehrerer Polypeptidketten definieren oder alternativ einen oder mehrere RNA-Typen, deren Funktion sich nicht auf die Spezifizierung der Aminosäuresequenz in Polypeptidketten beschränkt.

21A ▶ Näher betrachtet

Reverse Transkription, Retroviren und Retrotransposons

Die Transkription schreitet im Allgemeinen in der im zentralen Dogma beschriebenen Richtung voran. Die DNA dient als Matrize für die RNA-Synthese. In einigen Fällen kann dieser Vorgang allerdings umgekehrt werden und die RNA dient als Matrize für die DNA-Synthese. Dieser Vorgang der **reversen Transkription** wird von dem Enzym Reverse Transkriptase katalysiert, das erstmals von Howard Temin und David Baltimore in bestimmten Viren mit RNA-Genomen entdeckt wurde. Viren, die eine reverse Transkription durchführen, bezeichnet man als **Retroviren**. Zu den Retroviren gehören einige wichtige Pathogene, beispielsweise das *menschliche Immunschwächesyndromvirus* (*HIV*, engl. *human immunodeficiency virus*), der Verursacher des *erworbenen Immunschwächesyndroms* (*AIDS*, *acquired immune deficiency syndrome*) und eine Reihe von Viren, die bei Tieren Krebs erregen.

Retroviren

In *Abbildung 21A-1* ist der Reproduktionszyklus eines typischen Retrovirus dargestellt. In dem Viruspartikel liegen in einem Proteincapsid zwei Kopien des RNA-Genoms. Das Proteincapsid ist von einer Membranhülle umschlossen. An jede RNA-Kopie ist ein Molekül Reverse Transkriptase angeheftet. ❶ Zuerst bindet das Virus an die Oberfläche der Wirtszelle und seine Hülle verschmilzt mit der Plasmamembran. Dadurch werden das Capsid und dessen Inhalt in das Cytoplasma freigesetzt. ❷ Innerhalb der Zelle katalysiert die Reverse Transkriptase die Synthese eines mit der viralen RNA komplementären DNA-Strangs und dann ❸ die Bildung eines zweiten DNA-Strangs, der mit dem ersten DNA-Strang komplementär ist. Das Ergebnis ist eine doppelsträngige DNA-Version des viralen Genoms. ❹ Diese doppelsträngige DNA wandert in den Zellkern ein und integriert sich in die chromosomale DNA der Wirtszelle, ganz ähnlich dem DNA-Genom eines lysogenen Phagen, der sich in die DNA des bakteriellen Chromosoms integriert (siehe *Exkurs 18A*). Ebenso wie ein Prophage wird das integrierte virale Genom, der sogenannte *Provirus*, bei jeder Replikation der DNA der Zelle repliziert. ❺ Durch Transkription der proviralen DNA (durch zelluläre Enzyme) entstehen RNA-Transkripte, die zwei Funktionen ausüben: Erstens dienen sie als mRNA-Moleküle ❻. Diese steuern die Synthese viraler Proteine (Capsidprotein, Hüllprotein und Reverse Transkriptase). ❼ Zweitens werden einige dieser RNA-Transkripte zusammen mit den viralen Proteinen in neue Viruspartikel gepackt. ❽ Die neuen Viren „knospen" aus der Plasmamembran heraus ohne die Zelle dabei abzutöten.

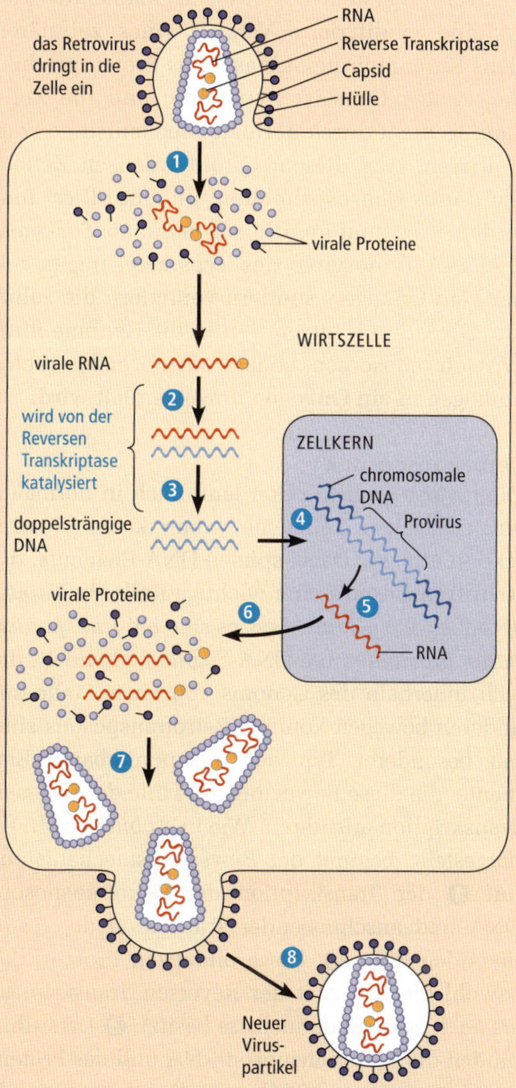

Abbildung 21A-1: Der Reproduktionszyklus eines Retrovirus.

Die Fähigkeit, ein retrovirales Genom in die DNA der Wirtszelle zu integrieren, hilft uns zu erklären, wie einige Retroviren Krebs erregen können. Es gibt zwei Typen dieser Viren, der sogenannten RNA-Tumorviren. Die Viren des ersten Typs tragen ein krebserregendes Onkogen in ihren Genomen und Genen, die virale Proteine kodieren. In *Kapitel 24* werden Sie erfahren, dass es sich bei einem Onkogen um eine mutierte Version eines normalen zellulären Gens handelt (ein Proto-Onkogen), das Proteine kodiert, die zur Regulation des Zellwachstums und der Zellteilung dienen. Das von dem Rous-Sarkom-Virus getragene Gen (dieses Hühnervirus war das erste RNA-Virus, das man entdeckte) ist eine modifizierte Version eines zellulären Gens für eine Proteinkinase. Das Proteinprodukt des viralen Gens ist hyperaktiv und die Zelle kann es nicht durch normale Mechanismen kontrollieren. Aus diesem Grund wachsen Zellen, die dieses Gen exprimieren, unkontrolliert und bilden Krebstumore, die sogenannten *Sarkome.* Die RNA-Tumorviren des Typs zwei tragen selber kein Onkogen, sondern verändern die zelluläre DNA durch Integration in die Genome ihrer Wirtschromosomen, sodass ein normales Proto-Onkogen in ein Onkogen umgewandelt wird.

Retrotransposons

Die reverse Transkription läuft auch in normalen eukaryotischen Zellen ab, wenn keine Virusinfektion erfolgte. Dabei spielen DNA-Elemente, die **Retrotransposons**, eine wichtige Rolle. In *Kapitel 18* haben Sie gelernt, dass es sich bei *transponierbaren Elementen* um DNA-Segmente handelt, die sich innerhalb des Genoms von einer Stelle zur anderen bewegen können. Retrotransposons sind ein besonderer Typ der transponierbaren Elemente, die diese Bewegung mit Hilfe der reversen Transkription ausführen. Wie in *Abbildung 21A-2* dargestellt, beginnt der Bewegungsmechanismus mit ❶ der Transkription der Retrotransposon-DNA und anschließender Translation der resultierenden RNA ❷. Diese bildet ein Protein, das sowohl die Aktivität der Reversen Transkriptase als auch einer Endonuclease besitzt. ❸ Daraufhin binden die Retrotransposon-RNA und das Protein an einer anderen Stelle an die chromosomale DNA und ❹ die Endonuclease schneidet einen der DNA-Stränge. ❺ Hiernach nutzt die Reverse Transkriptase die Retrotransposon-RNA als Matrize und erstellt eine DNA-Kopie, die dann in die DNA-Zielstelle eingefügt wird ❻.

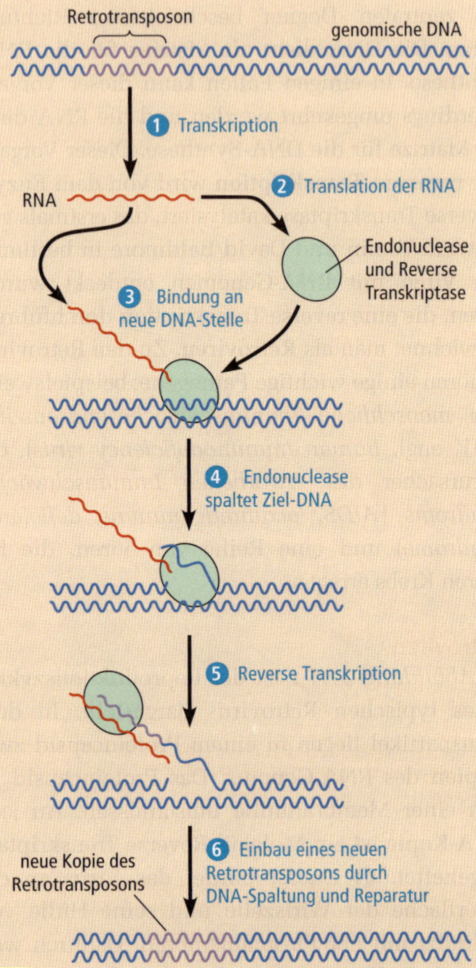

Abbildung 21A-2: Bewegung eines Retrotransposons.

Obwohl Retrotransposons sich nicht häufig bewegen, können sie in einem Genom Kopien in sehr großer Anzahl erstellen. In *Kapitel 18* trafen wir auf ein Beispiel – die Familie der *Alu*-Sequenzen. *Alu*-Sequenzen haben eine Länge von nur 300 Basenpaaren und kodieren keine Reverse Transkriptase. Wenn sie jedoch eine an anderer Stelle im Genom kodierte Reverse Transkriptase verwenden, dann verschicken die *Alu*-Sequenzen Kopien von sich in das gesamte Genom des Menschen oder anderer Primaten. Das menschliche Genom enthält ungefähr eine Million *Alu*-Sequenzen, die zusammen etwa 11 % der gesamten DNA ausmachen. Ein anderes Retrotransposon, das sogenannte *LI-Element*, kommt sogar noch häufiger vor und macht circa 17 % der menschlichen DNA aus. Das *LI*-Transposon ist größer als *Alu* und kodiert seine eigene Reverse Transkriptase und Endonuclease, wie in *Abbildung 21A-2* dargestellt. Warum in den Genomen so viele Kopien von Retrotransposon-Sequenzen wie *LI* und *Alu* enthalten sind, ist noch nicht geklärt. Man nimmt allerdings an, dass sie zur evolutionären Flexibilität und Variabilität beitragen.

21.2.3 Der genetische Code ist ein Triplett-Code

Ausgehend von einer Sequenzbeziehung zwischen der DNA und den Proteinen stellt sich die nächste Frage: Wie viele Nucleotide benötigt die DNA, um jede Aminosäure in einem Protein zu spezifizieren? Wir wissen, dass die Information der DNA in der Sequenz von vier Nucleotiden liegen muss, aus denen sich die DNA zusammensetzt: A, T, G und C. Das Alphabet der DNA besteht nur aus diesen vier „Buchstaben". Da die DNA-Sprache aber mindestens 20 „Wörter" umfassen muss, ein Wort für jede der 20 Aminosäuren in den Proteinmolekülen, muss das DNA-Wort, das jede Aminosäure kodiert, aus mehr als einem Nucleotid bestehen. Ein Duplett-Code aus zwei benachbarten Nucleotiden würde nicht ausreichen, denn vier Nucleotide hoch zwei können nur $4^2=16$ verschiedene Kombinationen ergeben.

Mit drei Nucleotiden pro Wort liegt die Anzahl unterschiedlicher Worte, die man mit einem Alphabet aus nur vier Buchstaben schreiben kann, bei $4^3=64$. Diese Zahl reicht bei Weitem, um 20 verschiedene Aminosäuren zu kodieren. In den frühen 1950er Jahren veranlassten derartige Spekulationen die Biologen zu der Vermutung, dass es einen **Triplett-Code** geben könnte – das heißt, ein Code, in dem drei Basenpaare in doppelsträngiger DNA benötigt werden, um jede Aminosäure in einem Polypeptid zu spezifizieren. Allerdings wurde der direkte Nachweis für die Triplettstruktur des Codes erst zehn Jahre später erbracht. Diesen Nachweis können wir nur verstehen, wenn wir uns zuvor mit Mutationen durch Leserasterverschiebung (engl.: frameshift mutation) beschäftigen.

Mutationen durch Leserasterverschiebung 1961 lieferten Francis Crick, Sydney Brenner und Kollegen den genetischen Beweis für die Triplettnatur des genetischen Codes, indem sie die mutagenen Auswirkungen der chemischen Verbindung *Proflavin* auf den Bakteriophagen T4 untersuchten. Es lohnt sich wirklich, auf diese Arbeiten näher einzugehen. Dabei ist nicht nur der entscheidende Beweis zu würdigen, den sie im Hinblick auf die Beschaffenheit des Codes brachten, sondern auch die Genialität, mit der sie die Bedeutung ihrer Beobachtungen zu interpretieren wussten.

Proflavin ist einer von mehreren *Acridinfarbstoffen*, die standardmäßig als **Mutagene** (Mutationen induzierende Wirkstoffe) in der Genforschung verwendet werden. Acridine sind interessante Mutagene, weil sie ihre Wirkung durch Einfügen (Insertion) oder Deletion einzelner Basenpaare in der DNA erzielen. Manchmal scheinen Mutanten, die durch Behandlung mit Acridin aus einem Wildtypvirus (einem „normalen" Virus) oder -organismus erzeugt wurden, wieder zum Wildtyp zurückzukehren, wenn man sie mit einer größeren Menge des gleichen Mutagens behandelt. Bei genauerer Untersuchung stellt man häufig fest, dass es sich nicht um eine echte Umkehr der Ausgangsmutation handelt, sondern um den Erwerb einer zweiten Mutation, die sehr dicht neben der ersten Mutation liegt.

Diese Mutationen folgen einer interessanten Gesetzmäßigkeit. Angenommen man bezeichnet die erste Änderung als Plusmutation (+) und die zweite als Minusmutation (−). Jede bringt einen mutierten Phänotyp hervor. Sollten sie aber dicht nebeneinander als Doppelmutation auftreten, dann schalten sie sich gegenseitig aus und das Virus oder der Organismus zeigen den normalen Phänotyp des Wildtyps. (Richtig formuliert bezeichnet man den Phänotyp als *Pseudo-Wildtyp*. Obwohl er als Wildtyp erscheint, liegen zwei Mutationen vor.) Dieses Verhalten kann man mit Hilfe der in ▶*Abbildung 21.4* dargestellten Analogie erklären. Angenommen Zeile 1 stellt ein Wildtyp-„Gen" dar, das in einer Sprache geschrieben wurde, die Wörter aus drei Buchstaben verwendet. Wenn wir die Zeile von Anfang an „übersetzen" und jeweils drei Buchstaben lesen, dann ist die Nachricht problemlos verständlich. Unter einer Plusmutation

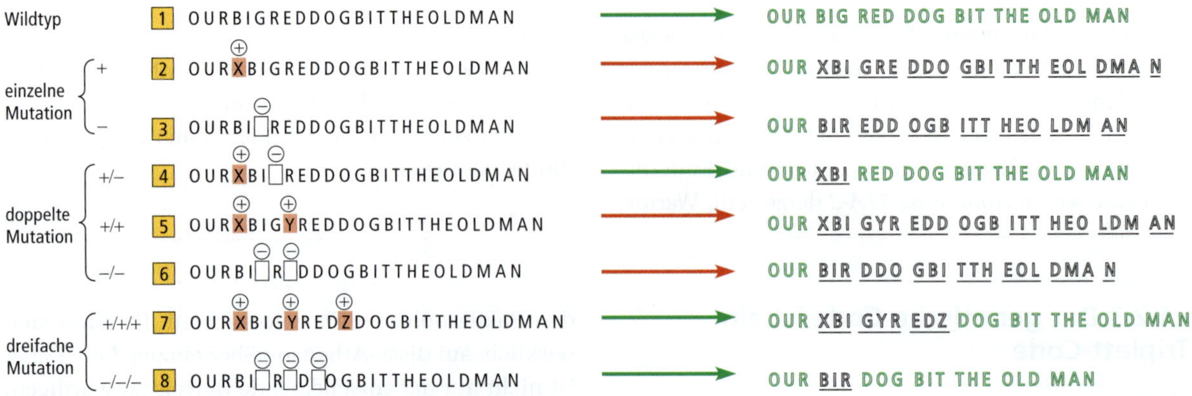

Abbildung 21.4: Leserasterverschiebungs-Mutationen. Die Wirkung von Mutationen mit Verschiebung des Leserasters kann man mit einem englischen Satz veranschaulichen. Der Wildtypsatz (Zeile 1) besteht ausschließlich aus Wörtern mit drei Buchstaben. Wenn man ihn im richtigen Rahmen liest, dann ist er vollkommen verständlich. Durch Einfügen (Zeile 2) oder Weglassen (Zeile 3) eines einzigen Buchstabens wird der Leserahmen verschoben, und von diesem Punkt an ist die Botschaft durcheinandergebracht. (Die aufgrund der Verschiebung des Leserahmens verzerrten Worte sind unterstrichen.) Bei Doppelmutanten, die eine Deletion enthalten, die eine vorherige Insertion „annulliert", wird der Leserahmen ab der zweiten Mutation (Zeile 4) wiederhergestellt. Allerdings haben doppelte Insertionen (Zeile 5) oder doppelte Deletionen (Zeile 6) verzerrte Nachrichten zur Folge. Dreifach-Insertionen (Zeile 7) oder Dreifach-Deletionen (Zeile 8) verzerren einen Teil der Nachricht. Sie stellen den Leserahmen allerdings durch Nettoaddition oder -deletion eines einzigen Wortes wieder her.

versteht man das Einfügen (Insertion) eines einzigen Buchstabens in die Nachricht (Zeile 2). Das mag wie eine zu vernachlässigende Veränderung aussehen. Da die Nachricht aber immer in Einheiten von drei Buchstaben gelesen wird, bedeutet das Einfügen eines weiteren Buchstaben zu Beginn der Sequenz, dass alle noch verbleibenden Buchstaben im falschen Rhythmus gelesen werden. Das führt mit anderen Worten zu einer Verschiebung des *Leserasters*, und das Ergebnis ist eine Nachricht, die ab dem Punkt der Insertion und von dort an verzerrt ist. Man kann eine Minusmutation ähnlich erklären, denn das Löschen eines einzigen Buchstabens führt gleichfalls zur Verschiebung des Leserasters und zu einer anderen verzerrten Nachricht (Zeile 3). Derartige **Leseraster-verschiebungs-Mutationen** sind typische Wirkungen der Acridinfarbstoffe und anderer Mutagene, die eine Insertion oder Deletion einzelner Basenpaare bewirken.

Einzelne Plus- und Minusmutationen verursachen immer eine Änderung des Leserasters und verzerren die Nachricht. Sollten jedoch eine Plus- und eine Minusmutation im gleichen Gen eng nebeneinander auftreten, dann können sie ihre Wirkung zum größten Teil ausschalten. In diesen Fällen kompensiert die Insertion der Plusmutation die Deletion der Minusmutation, und von diesem Punkt an ist die Nachricht verständlich (Zeile 4). Bedenken Sie jedoch, dass Doppelmutationen mit entweder zwei Additionen (+/+; Zeile 5) oder zwei Deletionen (–/–; Zeile 6) sich nicht auf diese Weise ausschalten. Sie bleiben für die gesamte noch verbleibende Nachricht außerhalb des Leserasters.

Nachweis des Triplett-Codes Als Crick und Brenner mit Hilfe von Proflavin T4-Mutationen erzeugten, erhielten sie ähnliche Ergebnisse wie in dem hypothetischen Beispiel aus *Abbildung 21.4*, wo wir mit einer Sprache arbeiteten, die aus Wörtern mit drei Buchstaben besteht. Sie fanden heraus, dass Minusmutanten mit einem abnormalen Phänotyp eine zweite Mutation erfahren konnten, die sie zur Rückkehr zum Phänotyp des Wildtyps veranlasste (oder genauer gesagt, zu einem Pseudo-Wildtyp). Bei der zweiten Mutation handelte es sich immer um eine Plusmutation an einer anderen Stelle, doch in der Nähe der ursprünglichen Minusmutation. Anders formuliert, die zum Phänotyp des Wildtyps zurückgekehrten Mutanten zeigten ein –/+-Mutationsmuster. Crick und Brenner fanden bei ihren Experimenten viele –/+- (oder +/–)-Mutanten mit dem Phänotyp des Wildtyps. Als sie aber durch Rekombination +/+- oder –/–-Doppelmutanten erzeugten, trat der Wildtyp niemals als Phänotyp auf.

Crick und Brenner konstruierten auch Dreifachmutanten des gleichen Typs (+/+/+ oder –/–/–) und stellten fest, dass viele zum Phänotyp des Wildtyps zurückkehrten. Diese Beobachtung kann man allerdings leicht nachvollziehen, wenn man sich die Zeilen 7 und 8 der *Abbildung 21.4* anschaut: das Leseraster (das auf Wörtern mit drei Buchstaben beruht) bleibt am Anfang und am Ende der hypothetischen Nachricht gleich, wenn man drei Buchstaben anfügt oder entfernt. Der Teil der Nachricht zwischen der ersten und der dritten Mutation wird verzerrt, doch sollten sie in großer Nähe zueinander liegen, so kann die Länge des noch verbleiben Satzes genügen, um eine verständliche Nachricht zu übermitteln.

Crick und Brenner übertrugen das Konzept des Drei-Buchstaben-Codes auf die DNA und folgerten, dass sich der Leserahmen des Gens durch Einfügen oder Weglassen eines einzelnen Basenpaares ab diesem Punkt verschiebt, und eine zweite ähnliche Veränderung verschiebt den Leserahmen nochmals. Daher ist die Nachricht ab der Stelle der ersten Mutation verzerrt. Findet jedoch eine dritte Veränderung dieses Typs statt, so wird der ursprüngliche Leserahmen wiederhergestellt und das einzige falsch übersetzte Segment des Gens liegt zwischen der ersten und der dritten Mutation. Diese Art von Fehlern ist häufig tolerierbar, wenn die genetische Nachricht in die Aminosäuresequenz eines Proteins translatiert wird, vorausgesetzt, dass es sich um eine kurze Region handelt und die Veränderungen in der Aminosäuresequenz nicht die Proteinfunktion zerstören. Aus diesem Grunde liegen die einzelne Mutationen in einer Dreifachmutante mit dem Wildtyp-Phänotyp auf der genetischen Karte so dicht nebeneinander. Bei der anschließenden Sequenzierung von Wildtyp-Polypeptiden aus solchen Dreifachmutanten bestätigten sich die leicht veränderten Aminosäuresequenzen, die sie erwartet hatten.

Ausgehend von ihrer Erkenntnis, dass der Wildtyp-Phänotyp oftmals trotz der Addition (oder Deletion) von drei Basenpaaren erhalten bleibt, aber nicht bei Addition oder Deletion von einem oder zwei Basenpaaren, schlossen Crick und Brenner, dass die Nucleotide, aus denen ein DNA-Strang besteht, in Einheiten von jeweils drei gelesen werden. Mit anderen Worten, der genetische Code ist ein Triplett-Code. Das Lesen der Nachricht beginnt an einem spezifischen Startpunkt (um das richtige Leseraster sicherzustellen) und schreitet dann solange mit jeweils drei Nucleotiden voran, bis das Ende der Nachricht erreicht ist, wobei jedes Triplett in die richtige Aminosäure translatiert wird. Bedenken Sie, dass Crick und Brenner nicht die *Abbildung 21.4* vorliegen hatten, als sie die Triplett-Natur des Codes formulierten. Ihre Fähigkeit, aus der Analyse der durch Proflavin induzierten Mutationen die richtige Erklärung abzuleiten, ist ein besonders faszinierendes Beispiel für die sorgfältigen Überlegungen und oftmals genialen Gedankengänge, auf denen bedeutende Fortschritte in den Naturwissenschaften beruhen.

21.2.4 Der genetische Code ist degeneriert und überlappt nicht

Ausgehend von der Tatsache, dass so viele ihrer Dreifachmutanten lebensfähig waren, zogen Crick und Brenner eine weitere Schlussfolgerung: die meisten der 64 möglichen Nucleotidtripletts (oder Codons) müssen Aminosäuren spezifizieren, obwohl sich Proteine nur aus 20 verschiedenen Arten von Aminosäuren zusammensetzen. Wenn nur 20 der 64 möglichen Kombinationen von Nucleotiden in der Zelle „einen Sinn ergeben würden", dann würde man in den verschobenen Abschnitten mit großer Wahrscheinlichkeit auf ein bedeutungsloses Triplett treffen. Solche Tripletts würden gewiss mit der Proteinsynthese interferieren und die Leserasterverschiebungs-Mutationen würden nur selten zum Wildtyp zurückkehren.

Allerdings konstatierten Crick und Brenner häufig eine Rückkehr zum Wildtypverhalten, woraus sie schlossen, dass die meisten der 64 möglichen Tripletts Aminosäuren kodieren müssen. Da es nur 20 Aminosäuren gibt, folgerten sie, dass der genetische Code ein **degenerierter Code** ist – das heißt, eine Aminosäure kann von mehr als nur einem Nucleotidtriplett spezifiziert werden. Die Degeneration übernimmt eine wichtige Funktion bei der Verbesserung der Anpassungsfähigkeit des Kodierungssystems. Wenn nur 20 Tripletts eine Kodierungsfunktion übernehmen dürften (jedes Triplett für eine Aminosäure), würde jede Mutation in der DNA, die zur Bildung irgendeines der anderen 44 möglichen Tripletts führen würde, die genetische Nachricht an diesem Punkt unterbrechen. Aus diesem Grund wäre ein solches Kodierungssystem sehr störanfällig.

Eine weitere Konsequenz der Arbeiten von Crick und Brenner – die wir schon vermutet haben – war, dass der genetische Code *nicht überlappt*. In einem überlappenden Code würde das Leseraster nur jeweils um ein oder zwei Nucleotide auf einem DNA-Strang fortschreiten, sodass jedes Nucleotid zwei- oder dreimal gelesen werden würde. In ▸*Abbildung 21.5* vergleichen wir einen nicht-überlappenden Code mit einem überlappenden Code, in dem sich das Leseraster um jeweils ein Nucleotid vorarbeitet. Im Fall eines überlappenden Codes würde die Insertion oder Deletion eines einzelnen Basenpaares zur Insertion oder Deletion einer Aminosäure an einem Punkt im Polypeptid führen und mehrere benachbarte Aminosäuren ändern. Dies würde sich aber nicht auf das Leseraster des verbleibenden Gens auswirken. Das bedeutet Folgendes: Wenn der genetische Code ein überlappender Code wäre, dann hätten Crick und Brenner ihre Leseraster-verschiebungs-Mutationen gar nicht beobachten können. Somit wiesen ihre Ergebnisse eindeutig auf die nicht-überlappende Beschaffenheit des Codes hin. Jedes Nucleotid ist Teil nur eines einzigen Tripletts.

Interessanterweise gibt es Fälle, in denen ein bestimmtes DNA-Segment in mehr als einem Leseraster translatiert wird, obwohl der genetische Code immer auf nicht-überlappende Weise translatiert wird. Es gibt zum Beispiel Viren mit sehr kleinen Genomen und überlappenden Genen. Das erste Virus dieser Art, das man entdeckte, war der Phage ϕX174 im Jahr 1977. In der DNA dieses Phagen ist ein Gen vollständig in ein anderes Gen eingebettet und, damit die Lage noch komplizierter wird, werden die beiden von einem dritten Gen überlappt! Die drei Gene werden von drei verschiedenen Leserastern translatiert. Anderen Fällen von überlappenden Genen begegnen wir bei den Bakterien, bei denen einige Gene mit den Grenzen von Nucleotiden überlappen.

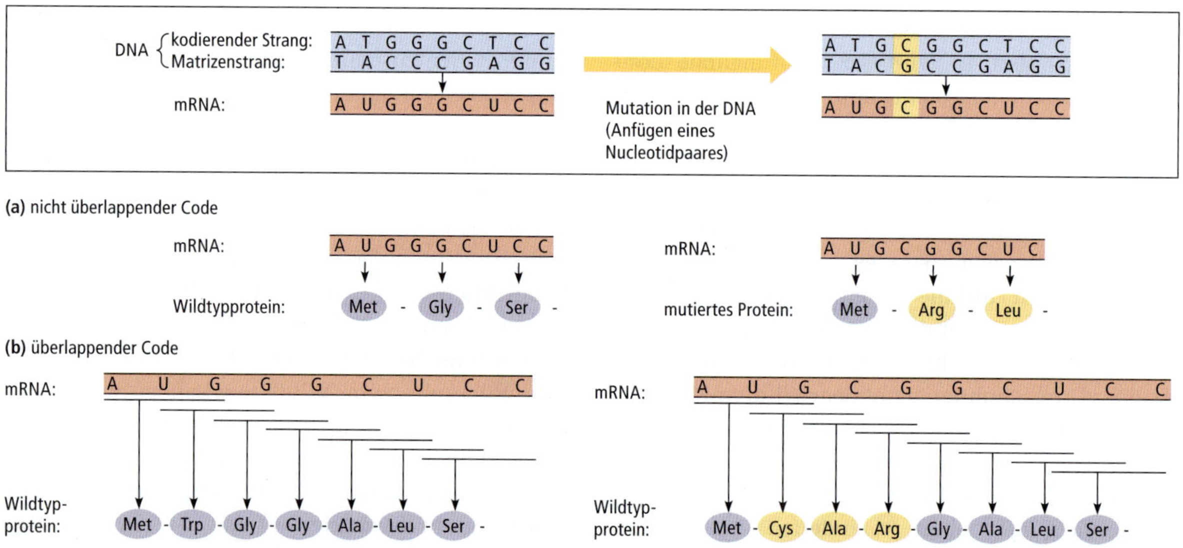

Abbildung 21.5: Auswirkung der Insertion eines einzelnen Basenpaares auf Proteine, die von überlappenden und nicht-überlappenden genetischen Codes kodiert werden. Ein Strang der DNA-Duplex oben, der sogenannte *Matrizenstrang*, wird in das mRNA-Segment aus neun Nucleotiden transkribiert. Dies erfolgt gemäß der Basenpaarungsregeln der DNA-Replikation. Der einzige Unterschied besteht darin, dass in der RNA die Base U anstelle von T benutzt wird. (Der komplementäre DNA-Strang, der eine im Grunde mit der mRNA identische Sequenz besitzt, wird als der *kodierende Strang* bezeichnet.) (a) Bei einem nicht-überlappenden Code schreitet das Leseraster jeweils drei Nucleotide weiter und das mRNA-Segment wird daher in drei aufeinanderfolgenden Tripletts gelesen und kodiert die Aminosäuren Methionin, Glycin und Serin (siehe ▸*Abbildung 21.6* für die Regeln der Aminosäurenkodierung). Wenn die DNA-Duplex in Folge der Insertion eines einzelnen Basenpaares mutiert (das gelb unterlegte CG-Paar im oberen Kasten), hat die mRNA ein zusätzliches Nucleotid. Diese Insertion verändert von diesem Punkt an das Leseraster, sodass die verbleibende mRNA falsch gelesen wird und alle Aminosäuren falsch sind. In dem dargestellten Beispiel findet die Insertion in der Nähe des Anfangs der Nachricht statt, und die einzige Gemeinsamkeit zwischen dem Wildtyp-Protein und dem mutierten Protein ist die erste Aminosäure (Methionin). (b) Bei einem Typ des überlappenden Codes schreitet das Leseraster lediglich um jeweils ein Nucleotid voran. Das Wildtyp-Protein wird aus diesem Grund dreimal mehr Aminosäuren enthalten als ein Protein, das die gleiche mRNA mit einem nicht-überlappenden Code erzeugen würde. Durch Insertion eines einzelnen Basenpaares in die DNA erhält man ein mRNA-Molekül mit einem zusätzlichen Nucleotid. In diesem Fall hat die Insertion nur eine geringe Auswirkung auf das Protein. Zwei Aminosäuren im Wildtyp-Protein werden durch drei andere Aminosäuren im mutierten Protein ersetzt, aber der Rest des Proteins ist normal. Die Leserasterverschiebungs-Mutationen, die Crick und Brenner bei ihren Untersuchungen mit dem mutierten Proflavin entdeckten, hätten nicht entstehen können, wenn der genetische Code überlappen würde. Entsprechend deuteten die von ihnen erhaltenen Daten auf einen nicht-überlappenden Code hin.

21.2.5 Messenger-RNA steuert die Synthese von Polypeptidketten

Nachdem Crick und Brenner 1961 ihre historische Entdeckung publiziert hatten, dauerte es nur fünf Jahre, bis man die Bedeutung der 64 Tripletts des genetischen Codes entschlüsselt hatte. Bevor wir uns anschauen, wie man das geschafft hat, wollen wir die Rolle der RNA im Kodierungssystem erläutern. Im Allgemeinen sagt man, dass sich der genetische Code nicht auf die Anordnung von Nucleotiden in doppelsträngiger DNA bezieht, sondern auf deren Anordnung in einzelsträngigen mRNA-Molekülen, die in Wahrheit die Proteinsynthese steuern. Wie in *Abbildung 21.5* angegeben, werden mRNA-Moleküle über einen Mechanismus, der dem der DNA-Replikation ähnelt, aus DNA transkribiert, aber es gibt zwei entscheidende Unterschiede.

1. Im Gegensatz zur DNA-Replikation, bei der beide DNA-Stränge kopiert werden, dient nur einer der beiden DNA-Stränge – der Matrizenstrang – während der Transkription als Matrize für die mRNA-Bildung. Der Nicht-Matrizenstrang der DNA wird vereinbarungsgemäß – obwohl er nicht direkt an der Transkription beteiligt ist, als **kodierender Strang** bezeichnet. Das liegt an der Sequenzähnlichkeit mit den einzelsträngigen mRNA-Molekülen, welche die kodierte Nachricht tragen.

2. Der Mechanismus zum Kopieren der Sequenzinformation eines DNA-Matrizenstrangs zu einem komplementären RNA-Molekül erfolgt gemäß den gleichen Basenpaarungsregeln wie bei der DNA-Replikation. Der einzige Unterschied besteht darin, dass in der RNA die Base Uracil (U) an der Stelle verwendet wird, an der die Base Thymin (T) in die DNA eingebaut worden wäre. Diese Substitution ist gestattet, denn U und T können beide Wasserstoffbrückenbindungen mit der Base A eingehen. Bei der DNA-Replikation findet eine Basenpaarung zwischen A und T statt, während bei der Transkription eine Basenpaarung zwischen A und U stattfindet. Somit stimmt die Sequenz eines mRNA-Moleküls nicht exakt mit der Sequenz des Strangs überein, der DNA kodiert, denn die mRNA enthält immer an der Stelle die Base U, an der die DNA die Base T hat.

Woher wissen wir, dass mRNA-Moleküle, die durch diesen Transkriptionsvorgang entstehen, die Reihenfolge festlegen, in der Aminosäuren während der Proteinsynthese miteinander verknüpft werden? Diese Beziehung wurde experimentell erstmals 1961 von Marshall Nirenberg und J. Heinrich Matthei nachgewiesen. Sie leisteten auf dem Gebiet der *zellfreien Systeme* zur Untersuchung der Proteinsynthese Pionierarbeit. Mit Hilfe dieser Systeme kann man die Proteinsynthese außerhalb lebender Zellen untersuchen. Dafür werden isolierte Ribosomen, Aminosäuren, eine Energiequelle und ein Extrakt, der gelöste Cytoplasma-Komponenten enthält, vermischt. Nirenberg und Matthei stellten fest, dass durch Zugabe von RNA in zellfreie Systeme die Geschwindigkeit der Proteinsynthese anstieg. Daraus ergab sich die Frage, ob die zugefügten RNA-Moleküle als Nachrichtenboten agierten, welche die Aminosäuresequenzen der erzeugten Proteine bestimmten. Zur Beantwortung dieser Frage ergänzten sie das zellfreie System durch synthetische RNA-Moleküle mit bekannter Basenzusammensetzung, um zu sehen, ob solche RNA-Moleküle den Typ des hergestellten Proteins beeinflussen könnten.

Bei ihren ersten Experimenten arbeiteten sie mit dem Enzym *Polynucleotidphosphorylase*. Dieses Enzym kann man zur Herstellung synthetischer RNA-Moleküle mit bekannter Basenzusammensetzung heranziehen. Anders als die Enzyme, die an der zellulären Transkription mitwirken, benötigt die Polynucleotidphosphorylase keine Matrize, vielmehr setzt sie verfügbare Nucleotide nach dem Zufallsprinzip zu einer linearen Kette zusammen. Sollten nur ein oder zwei von den insgesamt vier Ribonucleotiden (ATP, GTP, CTP und UTP) vorliegen, dann synthetisiert das Enzym RNA-Moleküle mit eingeschränkter Basenzusammensetzung. Das einfachste RNA-Molekül erhält man, wenn eine einzige Nucleotidart verwendet wird, denn das einzig mögliche Produkt wird ein RNA-*Homopolymer* sein – das heißt ein Polymer, das sich aus einem sich wiederholenden Nucleotid zusammensetzt. Inkubiert man beispielsweise Polynucleotidphosphorylase mit UTP als einzigem Substrat, dann erhält man ein Polymer aus Uracil mit der Bezeichnung Poly(U). Als Nirenberg und Matthei ein zellfreies Proteinsynthetisierungssystem mit Poly(U) ergänzten, beobachteten sie einen deutlichen Anstieg der Aufnahme einer bestimmten Aminosäure in die Polypeptidketten, nämlich Phenylalanin. Synthetische RNA-Moleküle, die andere Basen als Uracil enthalten, regten die Aufnahme von Phenylalanin nicht an, während Poly(U) ausschließlich die Aufnahme von Phenylalanin begünstigte.

Aus diesen Beobachtungen folgerten Nirenberg und Matthei, dass Poly(U) die Synthese von Polypeptidketten steuert, die ausschließlich aus Phenylalanin bestehen. Diese Beobachtung stellte einen entscheidenden Fortschritt in der Entwicklung des Konzeptes der Messenger-RNA dar, denn damit war erstmalig der Nachweis gelungen, dass die Basensequenz eines RNA-Moleküls die Reihenfolge bestimmt, in der Aminosäuren während der Proteinsynthese miteinander verknüpft werden.

21.2.6 Das Codonwörterbuch wurde mit Hilfe synthetischer RNA-Polymere und -Tripletts erstellt

Nachdem man nachgewiesen hatte, dass die RNA als Bote agiert, der den Prozess der Proteinsynthese steuert, konnte man die genaue Beschaffenheit des Triplettkodierungssystems aufklären. Nucleotidtripletts in der mRNA, die sogenannten **Codons**, sind die wahren Kodierungseinheiten, die bei der Proteinsynthese von der Translationsmaschinerie gelesen werden. Die vier in der RNA enthaltenen Basen sind die Purine Adenin (A) und Guanin (G) sowie die Pyrimidine Cytosin (C) und Uracil (U). Somit setzen sich die 64 Tripletcodons aus allen 64 möglichen Kombinationen dieser vier „Buchstaben" zusammen, von denen immer drei als Einheit gelesen werden. Da RNA-Moleküle in der 5'→3'-Richtung synthetisiert werden (ebenso wie die DNA) und die Translation am 5'-Ende beginnt, werden die 64 Codons vereinbarungsgemäß stets in der 5'→3'-Richtung geschrieben.

Diese Triplettcodons in der mRNA bestimmen die Aminosäuren, die während der Proteinsynthese eingebaut werden. Es stellt sich jedoch die Frage, welches dieser 64 Triplettcodons für welche Aminosäure kodiert. Die Entdeckung, dass Poly(U) während der Proteinsynthese die Inkorporation von Phenylalanin steuert, versetzte Nirenberg und Matthei in die Lage, das erste Codon zuzuordnen: das Triplett UUU in der mRNA muss die Aminosäure Phenylalanin kodieren. In späteren Experimenten über die Kodierungseigenschaften anderer synthetischer Homopolymere wie Poly(A) und Poly(C) stellte sich schnell heraus, dass AAA Lysin und CCC Prolin kodiert. (Aufgrund unerwarteter Komplikationen im Hinblick auf die Struktur erwies sich Poly(G) als schlechter Messenger und wurde nicht getestet.)

Nach der Untersuchung der Homopolymere stellte man mit Hilfe der Polynucleotidphosphorylase aus einer Mischung von zwei Nucleotiden *Copolymere* her. Inkubiert man zum Beispiel Polynucleotidphosphorylase mit den Vorläufern CTP und ATP, so erhält man ein Copolymer, das aus Cs und As in unvorhersehbarer Reihenfolge zusammengesetzt wurde. Ein solches Copolymer enthält eine Zufallsmischung aus acht verschiedenen Codons: CCC, CCA, CAC, ACC, AAC, ACA, CAA und AAA. Als man dieses Copolymer zur Steuerung der Synthese einsetzte, nahmen die synthetisierten Polypeptide sechs von zwanzig möglichen Aminosäuren auf. Damals war aus Untersuchungen mit dem Homopolymer bereits bekannt, dass zwei dieser Aminosäuren von den Codons CCC und AAA spezifiziert werden, aber die Codons der anderen vier Aminosäuren konnten nicht eindeutig zugeordnet werden.

Somit hing jeder weitere Fortschritt von einem alternativen Mittel zur Codonzuordnung ab, die Nirenbergs Gruppe entwickelte. Sie arbeiteten nicht mehr mit langen Polymeren, sondern synthetisierten 64 sehr kurze RNA-Moleküle, die jeweils aus nur drei Nucleotiden bestanden. Dann untersuchten sie, welche Aminosäure als Antwort auf diese Tripletts an das Ribosom anknüpfte. (Bei diesen Experimenten tragen die tRNA-Moleküle die Aminosäuren tatsächlich zum Ribosom.) Dank dieser Vorgehensweise vermochten sie die meisten Codonzuordnungen zu ermitteln.

In der Zwischenzeit hatte man im Labor von H. Gobind Khorana eine sensiblere Methode der Polymersynthese entwickelt. Khoranas Herangehensweise ähnelte der von Nirenberg und Matthei, doch gab es einen wichtigen Unterschied. Die von ihm synthetisierten Polymere hatten definierte Sequenzen. Somit war er in der Lage, ein synthetisches RNA-Molekül herzustellen, dessen Sequenz immer aus UAUA... bestand. Ein solches RNA-Copolymer besteht aus nur zwei Codons, UAU und AUA, und diese wechseln regelmäßig. Als Khorana ein zellfreies Protein-Synthetisierungs-System mit dieser besonderen RNA ergänzte, entstand ein Polypeptid, das nur Tyrosin und Isoleucin enthielt. Daher konnte Khorana die möglichen Codonzuordnungen für UAU und AUA auf genau diesen beiden Aminosäuren eingrenzen. Als man die mit Hilfe der synthetischen

Polymere gewonnenen Ergebnisse mit den Ergebnissen aus Nirenbergs Bindungsuntersuchungen verknüpfte, konnte man die meisten Codons eindeutig zuordnen.

21.2.7 Von den 64 möglichen Codons der Messenger-RNA kodieren 61 Aminosäuren

Um 1966, gerade einmal fünf Jahre nach Identifizierung des ersten Codons, vermochte man dank der gerade dargestellten Untersuchungsmethoden alle 64 Codons zuzuordnen – das heißt, man hatte den genetischen Code vollständig entschlüsselt, wie in *Abbildung 21.6* dargestellt. Die Aufklärung des Codes bestätigte mehrere Eigenschaften, die man aus früheren indirekten Beweisen abgeleitet hatte. Alle 64 Codons werden zur Translation der mRNA herangezogen. 61 Codons spezifizieren das Anknüpfen von Aminosäuren an die wachsende Polypeptidkette. Eines dieser Codons (AUG) spielt in seiner Eigenschaft als **Startcodon** eine herausragende Rolle, da das Startcodon die Proteinsynthese einleitet. Die verbleibenden drei Codons (UAA, UAG und UGA) sind **Stoppcodons**. Sie weisen die Zelle an, die Synthese der Polypeptidkette an dieser Stelle zu beenden.

Aus *Abbildung 21.6* geht klar hervor, dass der genetische Code *eindeutig* ist: jedes Codon besitzt nur eine einzige Bedeutung. Die Abbildung zeigt außerdem die degenerierte Natur des Codes – das heißt, viele Aminosäuren werden von mehr als einem Codon spezifiziert. Es gibt zum Beispiel zwei Codons für Histidin (His), vier für Threonin (Thr) und sechs für Leucin (Leu). Obwohl dieser degenerierte Code verschwenderisch anmutet, übernimmt er doch bei der Anpassung an das Codierungssystem eine wichtige Aufgabe. Wir haben bereits an früherer Stelle Folgendes angemerkt: wenn es für jede der 20 Aminosäuren nur ein Codon gäbe, dann würde jede Mutation auf den verbleibenden 44 Codons die Synthese der wachsenden Polypeptidkette an diesem Punkt beenden. Dank des degenerierten Codes führen die meisten Mutationen aber lediglich zu Codonänderungen, die eine Modifikation der spezifizierten Aminosäure herbeiführen. Die Änderung im Verhalten eines Proteins durch die Modifikation einer einzigen Aminosäure ist häufig recht gering und kann in einigen Fällen sogar von Vorteil sein. Des Weiteren haben Mutationen in der dritten Base eines Codons häufig überhaupt keine Wirkung auf die spezifizierte Aminosäure. Auch das können Sie der *Abbildung 21.6* entnehmen. Eine Mutation, die beispielsweise das Codon ACU in ACC, ACA oder ACG umwandelt, verändert nicht die entsprechende Aminosäure, die in allen vier Fällen immer Threonin (Thr) ist.

erste Position	zweite Position: U	C	A	G	dritte Position
U	UUU Phe	UCU Ser	UAU Tyr	UGU Cys	U
	UUC Phe	UCC Ser	UAC Tyr	UGC Cys	C
	UUA Leu	UCA Ser	UAA Stop	UGA Stop	A
	UUG Leu	UCG Ser	UAG Stop	UGG Trp	G
C	CUU Leu	CCU Pro	CAU His	CGU Arg	U
	CUC Leu	CCC Pro	CAC His	CGC Arg	C
	CUA Leu	CCA Pro	CAA Gln	CGA Arg	A
	CUG Leu	CCG Pro	CAG Gln	CGG Arg	G
A	AUU Ile	ACU Thr	AAU Asn	AGU Ser	U
	AUC Ile	ACC Thr	AAC Asn	AGC Ser	C
	AUA Ile	ACA Thr	AAA Lys	AGA Arg	A
	AUG Met/start	ACG Thr	AAG Lys	AGG Arg	G
G	GUU Val	GCU Ala	GAU Asp	GGU Gly	U
	GUC Val	GCC Ala	GAC Asp	GGC Gly	C
	GUA Val	GCA Ala	GAA Glu	GGA Gly	A
	GUG Val	GCG Ala	GAG Glu	GGG Gly	G

Abbildung 21.6: Der genetische Code. Die „Worte" des Codes sind Codons aus drei Buchstaben, die in einer Nucleotidsequenz der mRNA vorkommen und in 5'→3'-Richtung gelesen werden. Die Buchstaben stehen für die Nucleotidbasen Uracil (U), Cytosin (C), Adenin (A) und Guanin (G). Jedes Codon spezifiziert entweder eine Aminosäure oder ein Stoppsignal. Zur Entschlüsselung eines Codons muss man den ersten Buchstaben am linken Rand, für die zweite Position die Base am oberen Rand der Tabelle und für die dritte Position die ganz rechts angegebene Basen lesen. Zum Beispiel entspricht AUG der Base Methionin (In *Kapitel 22* werden Sie erfahren, dass AUG auch das Startcodon ist.)

Die Gültigkeit der Codonzuordnungen, die in *Abbildung 21.6* zusammenfassend dargestellt sind, wurde durch die Analyse von Aminosäuresequenzen mutierter Proteine bestätigt. Wir haben zuvor in diesem Kapitel erklärt, dass sich das Sichelzellenhämoglobin an einer Aminosäureposition vom normalen Hämoglobin unterscheidet, wobei Glutaminsäure durch Valin ersetzt wurde. Die Tabelle des genetischen Codes verdeutlicht, dass Glutaminsäure entweder von GAA oder GAG kodiert werden kann. Ganz gleich, welches Triplett eingesetzt wird, die Änderung einer einzigen Base könnte ein Codon für Valin hervorbringen. GAA hätte zum Beispiel zu GUA oder GAG zu GUG umgewandelt werden können. In jedem Fall wäre ein Glutaminsäurecodon in ein Valincodon umgewandelt worden. Viele andere mutierte Proteine sind auf ähnliche Weise untersucht worden. In fast allen Fällen stimmen die Aminosäureersetzungen mit der Änderung einer einzelnen Base in einem Triplettcodon überein.

21.2.8 Der genetische Code ist (fast) universal

Ein letztes und nicht zu vergessendes Merkmal des genetischen Codes ist dessen Universalität. Bis auf wenige Ausnahmen nutzen alle bisher untersuchten Organismen – Bakterien wie Eukaryoten – den gleichen grundlegenden genetischen Code. Sogar Viren nutzen den gleichen Code, obwohl sie keine lebenden Organismen sind. Mit anderen Worten, die 64 Codons stehen immer für die gleiche Aminosäuren oder Stoppcodons, die in *Abbildung 21.6* aufgeführt sind. Dadurch liegt die Vermutung nahe, dass dieses Codierungssystem sehr früh in der Geschichte des Lebens auf der Erde festgelegt wurde und über Milliarden von Jahren der Evolution weitgehend erhalten blieb.

Es gibt allerdings auch einige Abweichungen vom standarisierten genetischen Code, vor allem bei den Mitochondrien sowie einigen Bakterien und anderen einzelligen Organismen. Was die Mitochondrien betrifft, die ihre eigene DNA besitzen und Transkription und Translation durchführen, kann der genetische Code in mehrerlei Hinsicht vom Standardcode abweichen. Ein Unterschied steht mit dem Codon UGA in Zusammenhang. Im Standardcode ist UGA ein Stoppcodon, wird aber in den Mitochondrien der Säugetiere und der Hefe als Tryptophan translatiert. Umgekehrt ist AGA in den Mitochondrien der Säugetiere ein Stoppcodon, obwohl AGA in den meisten anderen Systemen (darunter auch den Mitochondrien der Hefe) Arginin kodiert. Derartige Anomalien beruhen auf den veränderten Eigenschaften der Transfer-RNA-Moleküle (tRNA) der Mitochondrien. Im nächsten Kapitel werden Sie erfahren, dass die Moleküle der tRNA im genetischen Code eine wichtige Rolle spielen, denn sie erkennen Codons in der mRNA und bringen während der Proteinsynthese die richtige Aminosäure zu jedem Codon. Die unterschiedlichen Typen von tRNA-Molekülen in Mitochondrien scheinen darauf zu beruhen, dass Codons wie UAG und AGA abweichend vom standarisierten genetischen Code gelesen werden.

Auch einige Bakterien nutzen abweichend vom Standard ihre eigenen Codons, beispielsweise die Kerngenome bestimmter Protozoen und Pilze. Der Pilz *Candida* bildet zum Beispiel eine ungewöhnliche tRNA, die Serin zu den mRNAs transportiert, die das Codon CUG enthalten, und nicht die normalerweise zu erwartende Aminosäure Leucin. In einem besonders interessanten Fall, den man bei so unterschiedlichen Organismen wie Bakterien und Säugetieren beobachtet hat, ermöglich eine Variation des genetischen Codes die Aufnahme einer 21. Aminosäure, *Selenocystein*. Im Selenocystein ist das Schwefelatom von Cystein durch ein Atom Selen ersetzt worden. In den mRNAs, welche die seltenen Proteine codieren, die Selenocystein enthalten, ist die Bedeutung eines UGA-Codons verändert worden. Es ist kein Stoppcodon mehr, sondern ein Codon, das Selenocystein spezifiziert. In diesen Fällen führt die Faltung des mRNA-Moleküls dazu, dass spezifische UGA-Codons an eine besondere tRNA binden, die Selenocystein trägt. Ihre Funktion als Stoppcodon, welches die Proteinsynthese beendet, ist aufgehoben. Ein ähnlicher Mechanismus ermöglicht einem anderen Stoppcodon, UAG, die Aufnahme einer 22. Aminosäure, *Pyrrolysin*.

21.3 Transkription in Bakterienzellen

Wir haben jetzt den genetischen Code vorgestellt, der die Beziehung zwischen den Nucleotidsequenzen der DNA und den Aminosäuresequenzen der Proteinmoleküle regelt. Damit sind wir bereit für die Diskussion der spezifischen Schritte, die am Fluss der genetischen Information von der DNA zum Protein mitwirken. Der erste Schritt dieses Vorgangs ist die Transkription einer Nucleotidsequenz in der DNA in eine Sequenz von Nucleotiden in der RNA. RNA und DNA sind sich chemisch ähnlich, aber die RNA enthält den Zucker Ribose und nicht Desoxyribose. Sie hat die Base Uracil (U) anstelle der Base Thymin (T) und besteht im Allgemeinen nur aus einem Strang. Ebenso wie auf anderen Gebieten der Molekulargenetik wurden auch die fundamentalen Prinzipien der RNA-Synthese zuerst bei den Bakterien geklärt, denn die dort mitwirkenden Moleküle und Mechanismen sind relativ einfach. Aus diesem Grund werden wir mit der Transkription bei Bakterien beginnen.

21.3.1 Die Transkription wird von der RNA-Polymerase katalysiert, die RNA an einer DNA-Matrize synthetisiert

Die Transkription der DNA wird von dem Enzym **RNA-Polymerase** ausgeführt. Die RNA-Polymerase katalysiert die RNA-Synthese, indem sie die DNA als Matrize verwendet. Bakterielle Zellen besitzen einen einzigen Typ RNA-Polymerase, der alle drei Hauptklassen von RNA synthetisiert – mRNA, tRNA und rRNA. Die Enzyme der verschiedenen Bakterien sind sich recht ähnlich, und die RNA-Polymerase von *Escherichia coli* wurde ganz besonders gut charakterisiert. Es handelt sich um ein großes Protein, das aus zwei α- und zwei β-Untereinheiten besteht, die sich allerdings voneinander unterscheiden und als β und β' bezeichnet werden. Hinzu kommt der sogenannte Sigma-Faktor (σ-Faktor), der abdissoziieren kann. Obwohl das *Kernenzym,* dem die Sigma-Untereinheit fehlt, RNA-Synthese ausführen kann, benötigt man das *Holoenzym* (ein vollständiges Enzym mit allen Untereinheiten), um die Initiation an den richtigen Stellen innerhalb des DNA-Moleküls sicherzustellen. Die Sigma-Untereinheit spielt bei diesem Vorgang eine entscheidende Rolle, denn sie fördert die Bindung der RNA-Polymerase an spezifische DNA-Sequenzen, die sogenannten *Promotoren,* die am Anfang der Gene liegen. Bakterien besitzen eine Reihe verschiedener Sigmafaktoren, die selektiv die Transkription spezifischer Kategorien von Genen initiieren, worauf wir in *Kapitel 23* eingehen werden. Nachdem der Sigma-Faktor die RNA-Polymerase an die richtige Promotorstelle gelenkt hat, wird er im Allgemeinen während der frühen Stadien der Transkription freigesetzt.

21.3.2 Die vier Schritte der Transkription: Bindung, Initiation, Elongation und Termination

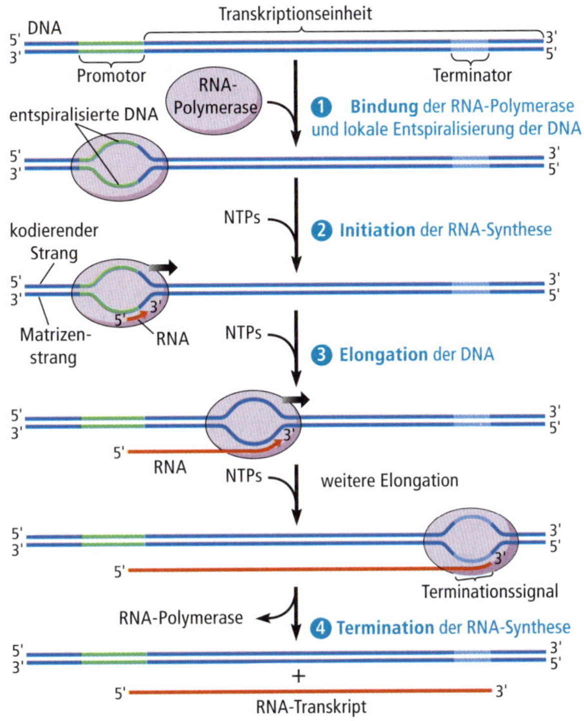

Abbildung 21.7: Überblick über die Transkription. Die Transkription der DNA läuft in vier Hauptschritten ab: ❶ Bindung der RNA-Polymerase an die DNA an einem Promotor, ❷ Initiation der Transkription auf dem Matrizenstrang der DNA, ❸ anschließende Elongation der RNA-Kette und ❹ schließlich Termination der Transkription. Dabei werden die RNA-Polymerase und das fertige RNA-Produkt aus der DNA-Matrize freigesetzt. Dann bewegt sich die RNA-Polymerase auf dem Matrizenstrang der DNA in 3'→5'-Richtung und das RNA-Molekül wächst in 5'→3'-Richtung. Die Überspiralisierung vor der sich bewegenden RNA-Polymerase infolge der Entspiralisierung der DNA wird durch die Wirkung von Topoisomerasen (nicht abgebildet) aufgehoben. Das hier dargestellte allgemeine Schema gilt für die Transkription bei allen Organismen. NTPs (Ribonucleosidtriphosphatmoleküle) = ATP, GTP, CTP und UTP.

Unter Transkription versteht man die Synthese eines RNA-Moleküls, dessen Basensequenz mit der Basensequenz eines DNA-Matrizenstrangs komplementär ist. ▶*Abbildung 21.7* gibt einen Überblick über die RNA-Synthese aus einer einzigen **Transkriptionseinheit**, einem DNA-Segment, aus dessen Transkription ein einzelnes, kontinuierliches RNA-Molekül hervorgeht. Die Transkription beginnt mit ❶ der Bindung der RNA-Polymerase an eine DNA-Promotorsequenz, wodurch eine lokale Entspiralisierung der DNA-Doppelhelix ausgelöst wird. Einer der beiden DNA-Stränge dient der RNA-Polymerase als Matrize, die dann ❷ die Synthese einer RNA-Kette initiiert. Danach bewegt sich das RNA-Polymerasemolekül auf der DNA-Matrize, entspiralisiert die DNA-Doppelhelix und ❸ die Elongation der RNA-Kette schreitet fort. Währenddessen katalysiert das Enzym die Polymerisation von Nucleotiden in einer durch deren Basenpaarung mit dem DNA-Matrizenstrang vorgeschriebenen Reihenfolge. Schließlich transkribiert das Enzym eine besondere Basensequenz, das sogenannte *Terminationssignal*, das die RNA-Synthese beendet ❹ und die Freisetzung des vollständigen RNA-Moleküls sowie die Dissoziation der RNA-Polymerase vom DNA-Matrizenstrang bewirkt.

Obwohl die Transkription ein komplizierter Vorgang ist, kann man ihn gut in vier einzelne Schritte einteilen: Bindung, Initiation, Elongation und Termination. Im Folgenden werden wir uns mit jedem dieser vier Schritte am Beispiel von *E. coli* eingehend beschäftigen. Während Sie den Text lesen, können Sie immer wieder die *Abbildung 21.7* konsultieren und dadurch jeden einzelnen Schritt in den Gesamtprozess einordnen.

Bindung der RNA-Polymerase an eine Promotorsequenz Der erste Schritt der RNA-Synthese ist die *Bindung* der RNA-Polymerase an eine DNA-**Promotorstelle** – eine spezifische Sequenz aus mehreren Dutzend Basenpaaren, die den Startpunkt der RNA-Synthese bestimmt und festlegt, welcher DNA-Strang als Matrizenstrang dienen soll. Jede Transkriptionseinheit hat eine Promotorstelle, die in der Nähe des Anfangs der zu transkribierenden DNA-Sequenz liegt. Vereinbarungsgemäß werden die Promotorsequenzen auf dem kodierenden Strang in 5'→3'-Richtung gelesen. Der kodierende Strang liegt gegenüber dem Matrizenstrang. Die Begriffe „stromaufwärts" und „stromabwärts" beziehen sich auf die DNA-Sequenzen, die zum 5'- beziehungsweise zum 3'-Ende des kodierenden Strangs ausgerichtet sind. Daher bezeichnet man die Region, in welcher der Promotor liegt, als stromaufwärts von der transkribierten Sequenz liegend. Die Bindung der RNA-Polymerase an den Promotor wird von der Sigma-Untereinheit vermittelt und führt in der Region, in der die Transkription beginnt, zur Entspiralisierung eines kurzen DNA-Teilstücks. Dadurch werden zwei getrennte Stränge der Doppelhelix freigelegt.

Die Promotorsequenzen wurden zuerst durch die Techniken des DNA-*Footprinting* und *Electrophoretic Mobility Shift Assay* (EMSA) identifiziert. Diese Techniken dienen dazu, die DNA-Regionen zu lokalisieren, an die ein DNA-Bindeprotein bindet (*Exkurs 21B*). In jüngerer Zeit hat man die Bindung von Proteinen an spezifische genomische DNA-Sequenzen bei Eukaryoten mit Hilfe der Chromatin-Immunopräzipitation (ChIP, engl.: chromatin immunoprecipitation) untersucht. Außerdem hat man Sequenzen identifiziert, die für die Promotorregion von essenzieller Bedeutung sind. Hierfür wurden spezifische Basensequenzen an klonierten Genen entfernt oder hinzugefügt und dann getestet, ob die veränderte DNA von der RNA-Polymerase transkribiert werden kann. Bei der Arbeit mit diesen Techniken stellte sich heraus, dass sich die Promotorstellen der bakteriellen Transkriptionseinheiten ganz erheblich voneinander unterscheiden. Wie ist es bloß möglich, dass nur eine einzige Art von RNA-Polymerase sie alle erkennt? Enzymerkennung und Enzymbindung hängen von mehreren sehr kurzen Sequenzen ab, die innerhalb der Promotorstelle an spezifischen Positionen liegen. Die übrigen Nucleotide des Promotors sind in dieser Hinsicht bedeutungslos.

In ▸*Abbildung 21.8* sind die wichtigsten Sequenzen eines typischen bakteriellen Promotors dargestellt. Der Punkt, an dem die Transkription beginnt, ist der *Startpunkt*. Dabei handelt es sich fast immer um ein Purin, oft aber auch ein Adenin. Ungefähr zehn Basen stromaufwärts vom Startpunkt liegt die sechs Nucleotide umfassende TATAAT-Sequenz, die sogenannte *−10-Sequenz* oder *Pribnow-Box*, die nach ihrem Entdecker benannt wurde. Vereinbarungsgemäß werden die Nucleotide vom Startpunkt (+1) ausgehend nummeriert, nach rechts (stromabwärts) mit positiven Zahlen und nach links (stromaufwärts) mit negativen Zahlen. Das −1-Nucleotid liegt unmittelbar stromaufwärts vom Startpunkt (es gibt keine „0"). An oder in der Nähe der −35-Position liegt die sechs Nucleotide umfassende Sequenz TTGACA, die sogenannte *−35-Sequenz*.

Die −10- und die −35-Sequenzen (und deren Lage zum Startpunkt) wurden im Laufe der Evolution konserviert, aber sie sind nicht bei allen bakteriellen Promotoren identisch und nicht einmal bei allen Promotoren innerhalb eines Genoms. Zum Beispiel ist die −10-Sequenz im Promotor für eines der tRNA-Gene von *E. coli* TATGAT, während die −10-Sequenz für eine Gruppe von Genen, die für den Lactoseabbau

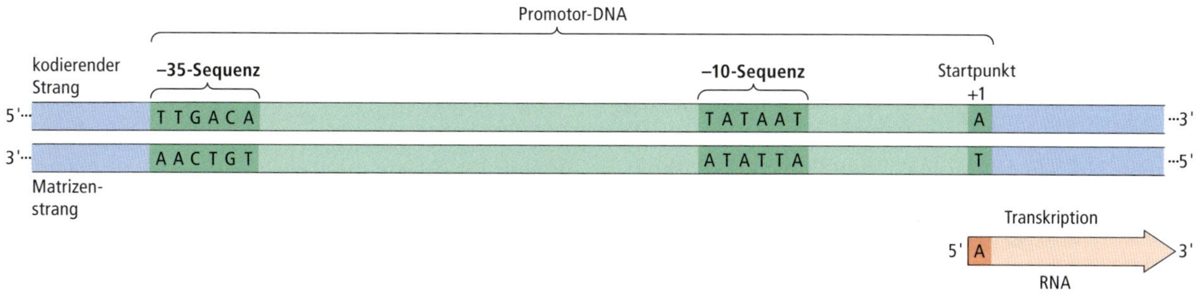

Abbildung 21.8: Organisation einer bakteriellen Promotorsequenz. Bei den Bakterien umfasst die Promotorregion einen Abschnitt von ungefähr 40 bp, der neben dem Transkriptionsstartpunkt liegt und diesen einschließt. Vereinbarungsgemäß werden die wichtigen DNA-Sequenzen so angegeben, wie sie auf dem Kodierungsstrang (dem Nicht-Matrizenstrang, dessen Sequenz dem RNA-Transkript entspricht) erscheinen. Wichtige Merkmale des Promotors sind der Startpunkt (er wird mit +1 und im Allgemeinen mit A gekennzeichnet), die 6-Nucleotid −10-Sequenz und die 6-Nucleotid −35-Sequenz. Wie die Bezeichnungen bereits verraten, gibt es zwei Schlüsselsequenzen, die ungefähr 10 und 35 Nucleotide stromaufwärts des Startpunkts liegen. Die hier abgebildeten Sequenzen sind Konsensussequenzen. Das bedeutet, dass sie auf jeder Position die am häufigsten vorkommenden Basen haben. Die Anzahl der Nucleotide, welche die Konsensussequenzen voneinander und vom Startpunkt trennen, sind für die Promotorfunktion von Bedeutung, nicht aber die Identität dieser Nucleotide.

im gleichen Organismus benötigt werden, TATGTT lautet und die Sequenz in *Abbildung 21.8* TATAAT. Die jeweiligen in der Abbildung dargestellten Promotorsequenzen sind **Konsensussequenzen**, die an jeder Position aus den am häufigsten vorkommenden Nucleotiden innerhalb einer bestimmten Sequenz bestehen. Mutationen, die signifikante Abweichungen von den Konsensussequenzen herbeiführen, können mit der Promotorfunktion interferieren und sogar den Promotor inaktivieren.

Initiation der RNA-Synthese Nachdem ein RNA-Polymerasemolekül an eine Promotorstelle gebunden hat und die DNA-Doppelhelix lokal entspiralisiert wurde, kann die *Initiation* der RNA-Synthese beginnen. Eines der beiden freigelegten Segmente der einzelsträngigen DNA dient als Matrize der RNA-Synthese, wofür nucleäre Ribonucleosidtriphosphat-Moleküle (NTPs) benötigt werden. Der DNA-Strang, der die Promotorsequenz trägt, bestimmt die Ausrichtung der RNA-Polymerase, und die Ausrichtung des Enzyms legt wiederum fest, welcher DNA-Strang transkribiert wird (siehe *Abbildung 21.7*). Sobald die ersten beiden NTP über eine Wasserstoffbrückenbindung am Startpunkt an die komplementären Basen des DNA-Matrizenstrangs gebunden wurden, katalysiert die RNA-Polymerase die Bildung einer Phosphodiesterbindung zwischen der 3′-Hydroxylgruppe des ersten NTP und dem 5′-Phosphat des zweiten NTP. Dieser Vorgang läuft zusammen mit der Freisetzung von Pyrophosphat (PP_i) ab. Dann bewegt sich die Polymerase auf dem Matrizenstrang vorwärts, während jeweils ein Nucleotid nach dem anderen angefügt wird. Das 5′-Phosphat eines jeden neuen Nucleotids wird an die 3′-Hydroxylgruppe der wachsenden RNA-Kette angefügt bis die Kette eine Länge von ungefähr neun Nucleotiden erreicht hat. Zu diesem Zeitpunkt löst sich der Sigma-Faktor im Allgemeinen von dem RNA-Polymerasemolekül und die Initiationsphase ist abgeschlossen.

21B ▶ Arbeitstechniken

Identifizierung der Proteinbindestellen auf der DNA

Die Initiation der Transkription hängt von den Wechselwirkungen der Proteine mit spezifischen DNA-Sequenzen ab. Daher muss sich ein Wissenschaftler, der sich mit der Transkription beschäftigt, mit den Transkriptionsproteinen und den DNA-Sequenzen auseinandersetzen, an welche diese Transkriptionsproteine binden.

Das DNA-*Footprinting* ist eine Technik, die zur Lokalisierung von DNA-Orten dient, an die spezifische Proteine binden. Das zugrunde liegende Prinzip besteht darin, dass die Bindung eines Proteins an eine bestimmte DNA-Sequenz diese vor dem Abbau durch Enzyme oder chemische Substanzen schützen sollte. Bei einer Version des Footprinting, die in *Abbildung 21B-1* dargestellt ist, arbeitet man mit einem Enzym, das die DNA abbaut, der DNase I. Sie greift mehr oder weniger nach dem Zufallsprinzip die Bindungen zwischen Nucleotiden an. In unserem Beispiel ist das Ausgangsmaterial ein DNA-Fragment, das an seinem 5′-Ende mit radioaktivem Phosphat markiert wurde (mit roten Sternen gekennzeichnet).

In Schritt ❶ wird zuerst eine Probe der radioaktiven DNA mit dem zu untersuchenden DNA-Bindeprotein vermischt. Eine andere Probe, die nicht durch ein Protein ergänzt wurde, dient zur Kontrolle. ❷ Beide Proben werden kurz mit einer niedrigen Konzentration von DNase I inkubiert, um zu gewährleisten, dass die DNA-Moleküle nur einmal gespalten werden. Pfeile zeigen auf mögliche Spaltungsstellen in der DNA. ❸ Die Inkubationsmischungen werden elektrophoretisch aufgetrennt und durch Autoradiographie sichtbar gemacht. Die Kontrollbahn (rechts) hat neun Banden, denn jede Spaltungsstelle wurde hydrolysiert. Der anderen Bahn (links) fehlen aber einige Banden, denn das an die DNA gebundene Protein schützte während der Behandlung mit DNase einige Spaltungsstellen. Die leere Region in dieser Bahn ist der „Footprint“. Er identifiziert Position und Länge der DNA-Sequenz, die mit dem DNA-Bindeprotein in Kontakt kommt.

Neben dem DNA-Footprinting hat man auch die Technik des *Electrophoretic Mobility Shift Assay* (EMSA; auch *Gel Shift Assay* genannt) angewandt, um die DNA-Proteinbindung nachzuweisen. Bei dieser Technik wird eine spezifische DNA-Sequenz mit einem DNA-Bindeprotein oder einem Zellextrakt, der ein solches Protein enthält, vermischt. Wenn das Protein an die DNA-Sequenz bindet, dann erhält man eine DNA-Sequenz, die sich bei Gelelektrophorese langsamer bewegt. Diese Änderung der Mobilität zeigt an, dass das Protein an die interessierenden DNA-Sequenzen bindet.

Eine neue Technik, die *Chromatin-Immunpräzipitation* (ChIP; engl.: *Chromatin Immunoprecipitation*), wird heute standardmäßig eingesetzt, um Proteinbindestellen in der DNA des eukaryotischen Chromatins zu untersuchen. Bei der ChIP-Technik werden die Zellen zuerst mit Formaldehyd behandelt, um stabile Quervernetzungen zwischen den Proteinen und den an sie gebundenen DNA-Orten herzustellen. Anschließend werden die Zellen aufgeschlossen, um das Chromatin in kleine Fragmente zu scheren, und die Chromatinfragmente werden mit einem Antikörper gegen das interessierende Protein behandelt. Die an das jeweilige Protein gebundenen DNA-Fragmente werden von dem Antikörper ausgefällt und dann kann die Sequenz der ausgefällten DNA analysiert werden.

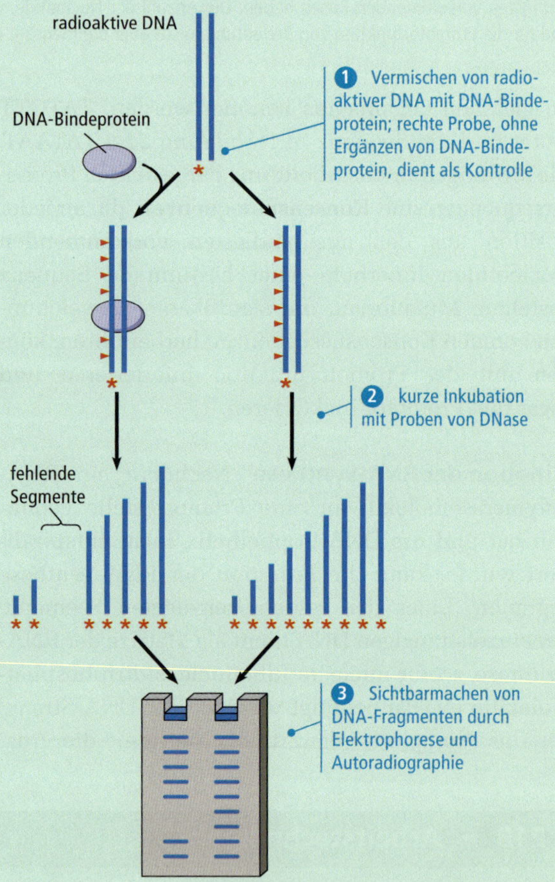

Abbildung 21B-1: DNA-Footprinting als Hilfsmittel zur Identifizierung von DNA-Orten, an die spezifische Proteine binden.

Elongation der RNA-Kette Die Ketten*elongation* (▶*Abbildung 21.9*) schreitet nun voran, während die RNA-Polymerase sich auf dem DNA-Molekül entlang bewegt und dabei die Helix Stück für Stück vor sich entspiralisiert. Zugleich wird jeweils ein komplementäres Nucleotid nach dem anderen an die wachsende RNA-Kette angefügt. Das Enzym bewegt sich auf dem DNA-Matrizenstrang vom 3′-

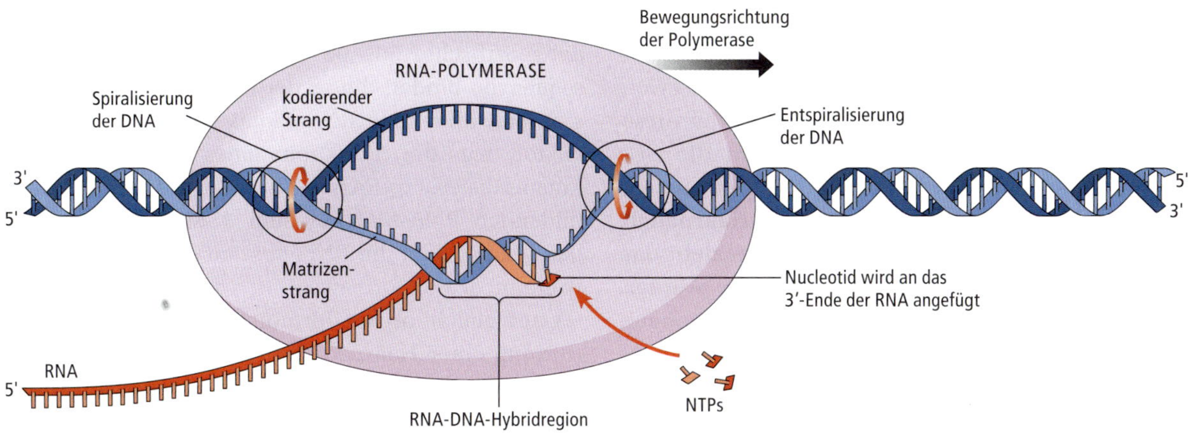

Abbildung 21.9: **Nahaufnahme eines bakteriellen Elongationskomplexes.** Während der Elongation bindet die RNA-Polymerase ungefähr 30 bp DNA. (Rufen Sie sich bitte in Erinnerung, dass jede vollständig Windung der DNA-Doppelhelix aus ungefähr 10 bp besteht.) Zu jeder Zeit werden circa 18 bp DNA entspiralisiert und die zuletzt synthetisierte RNA ist immer noch über eine Wasserstoffbrücke mit der DNA verbunden. Sie bilden ein kurzes RNA-DNA-Hybrid mit einer Länge von acht bis neun Basenpaaren. Die Gesamtlänge der wachsenden RNA, die an das Enzym und/oder die DNA gebunden ist, beträgt ungefähr 25 Nucleotide.

zum 5′-Ende. Da die komplementäre Basenpaarung zwischen dem DNA-Matrizenstrang und der sich neu bildenden RNA-Kette antiparallel verläuft, wird der RNA-Strang in die 5′→3′-Richtung verlängert, da jedes folgende Nucleotid an das 3′-Ende der wachsenden Kette angefügt wird. (In dieser Richtung werden während der DNA-Replikation auch die DNA-Stränge synthetisiert.) Während die RNA-Kette wächst, bleibt die Basenpaarung der zuletzt angefügten Nucleotide mit dem DNA-Matrizenstrang erhalten. Es entsteht ein kurzes RNA-DNA-Hybrid aus acht bis neun Basenpaaren. Während sich die RNA-Polymerase voran bewegt, wird die vor dem Enzym liegende DNA entspiralisiert, damit sich das RNA-DNA-Hybrid bilden kann. Gleichzeitig wird die hinter dem sich voran bewegenden Enzym liegende DNA wieder zu einer Doppelhelix spiralisiert. Die Überspiralisierung, die sonst infolge der Entspiralisierung und erneuten Spiralisierung entstehen würde, wird wie bei der DNA-Replikation durch die Aktivität von Topoisomerasen aufgehoben.

Ebenso wie die DNA-Polymerase besitzt auch die RNA-Polymerase eine 3′→5′-Exonuclease-Aktivität. Theoretisch könnte sie falsch gepaarte Nucleotide vom 3′-Ende einer wachsenden Kette entfernen, wenn eine falsche Base aufgenommen wurde. Die Aktivität der Exonuclease ist aber relativ schwach, und stattdessen dient ein anderer Mechanismus zur Fehlerkorrektur. Wenn ein nicht-komplementäres Nucleotid fälschlicherweise in eine wachsende RNA-Kette eingebaut wurde, geht die RNA-Polymerase einen kleinen Schritt zurück und das nicht-komplementäre Nucleotid katalysiert seine eigene Entfernung sowie das Entfernen des zuvor angefügten Nucleotids. Dieses *RNA-Fehlerlesen* scheint für die Fehlerkorrektur während der Transkription zu genügen. Das liegt vor allem daran, dass gelegentliche Fehler in RNA-Molekülen nicht so bedeutsam sind wie bei der DNA-Replikation, denn von jedem Gen werden zahlreiche RNA-Kopien transkribiert. Daher sind einige ungenaue Kopien tolerierbar. Im Gegensatz dazu wird von jedem DNA-Molekül genau eine Kopie erstellt, wenn die DNA vor der Zellteilung repliziert wird. Da jede sich neu bildende Zelle nur einen Satz DNA-Moleküle erhält, ist es von entscheidender Bedeutung, dass der Kopiermechanismus bei der DNA-Replikation mit größter Genauigkeit arbeitet.

Termination der RNA-Synthese Die Elongation der wachsenden RNA-Kette endet, wenn die RNA-Polymerase eine bestimmte Sequenz kopiert, das sogenannte **Terminationssignal**. Dieses Terminationssignal löst das Ende der Transkription aus. Bei den Bakterien unterscheidet man zwei Klassen von Terminationssignalen. Die Unterscheidung beruht auf der Mitwirkung des sogenannten **rho-Faktors** (ρ-Faktor). RNA-Moleküle, die ohne Hilfe des rho-Faktors terminiert werden können, enthalten eine kurze GC-reiche Sequenz, an die sich in der Nähe ihres 3′-Endes mehrere U-Reste anschließen

(▸*Abbildung 21.10*). Da GC-Basenpaare durch drei Wasserstoffbrückenbindungen zusammengehalten werden, AU-Basenpaare hingegen nur von zwei, wird die Termination folgendermaßen durch diese Konfiguration begünstigt: Erstens enthält die GC-Region miteinander komplementäre Sequenzen, sodass die RNA sich spontan zu einer **Haarnadelschleife** (engl.: *hairpin loop*) faltet. Diese zieht das RNA-Molekül von der DNA weg. Dann werden die schwächeren Bindungen zwischen der Sequenz der U-Reste und der DNA-Matrize aufgebrochen. Dadurch löst sich das neu gebildete RNA-Molekül.

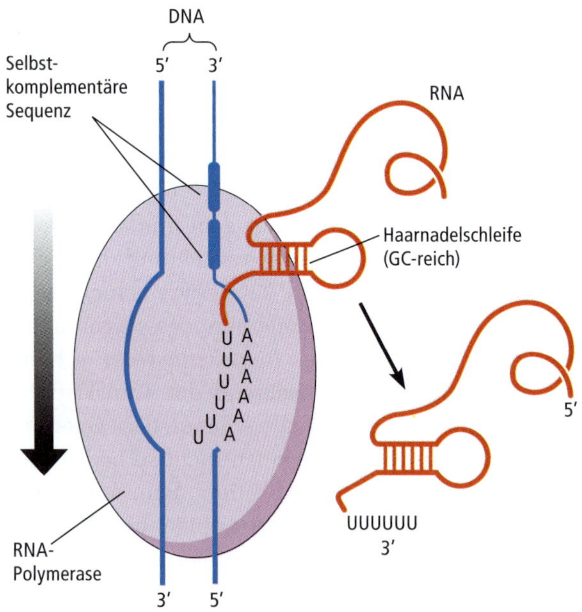

Abbildung 21.10: Termination der Transkription in bakteriellen Genen, die keinen rho-Terminationsfaktor benötigen. Eine kurze, mit sich selbst komplementäre Sequenz in der Nähe des Genendes bewirkt, dass das neu synthetisierte RNA-Molekül eine Haarnadelschleifenstruktur bilden kann, welche die RNA bei der Lösung von der DNA-Matrize unterstützt.

Im Gegensatz dazu benötigen RNA-Moleküle, die keine GC-reiche Haarnadelschleife bilden, zur Termination die Mitwirkung des rho-Faktors. Gene, die solche RNAs kodieren, wurden erstmals bei Experimenten entdeckt, bei denen man gereinigte DNA des Bakteriophagen λ mit gereinigter RNA-Polymerase transkribierte. Es stellte sich heraus, dass einige Gene zu RNA-Molekülen transkribiert wurden, die länger waren als die in lebenden Zellen gebildeten RNAs. Daraus folgerte man, dass die Transkription nicht richtig beendet worden war. Dieses Problem konnte durch Zugabe des rho-Faktors behoben werden, der an spezifische, 50 – 90 Basen lange Terminationssequenzen bindet, die in der Nähe des 3′-Endes der sich neu bildenden RNA-Moleküle liegen. Der rho-Faktor hat die Funktion eines ATP-abhängigen Entspiralisierungs-Enzyms, das sich auf dem sich neu bildenden RNA-Molekül zum 3′-Ende bewegt und dafür sorgt, dass die RNA sich von der DNA trennt, während er sich fortbewegt.

Ganz gleich, ob die Termination von rho oder der Bildung einer Haarnadelschleife abhängt, sie führt zur Freisetzung des neu transkribierten RNA-Moleküls und der RNA-Polymerase im Zellkern. Die Polymerase im Zellkern kann dann den Sigma-Faktor binden und die RNA-Synthese an einem anderen Promotor neu initiieren.

21.4 Transkription bei eukaryotischen Zellen

Die Transkription bei eukaryotischen Zellen läuft in den vier Schritten ab, die wir gerade besprochen haben und die in *Abbildung 21.7* dargestellt sind. Allerdings ist der Vorgang komplizierter als bei den Bakterien. Es gibt folgende Hauptunterschiede:

- *Drei verschiedene RNA-Polymerasen* transkribieren die Kern-DNA von Eukaryoten. Jede synthetisiert eine oder mehreren RNA-Klassen.

- *Eukaryotische Promotoren* sind variantenreicher als bakterielle Promotoren. Für die drei Polymerasen werden nicht nur verschiedene Typen von Promotoren eingesetzt, sondern innerhalb eines jeden Typs gibt es eine beachtliche Variation – besonders bei Promotoren für proteinkodierende Gene. Des Weiteren liegen einige eukaryotische Promotoren tatsächlich *stromabwärts* des Transkriptionsstartpunkts.

- Zur Bindung eukaryotischer RNA-Polymerasen an die DNA werden zusätzliche Proteine benötigt, die *Transkriptionsfaktoren*. Im Gegensatz zum bakteriellen Sigma-Faktor sind eukaryotische Transkriptionsfaktoren nicht Teil der RNA-Polymerase. Stattdessen müssen einige der Transkriptionsfaktoren an die DNA binden, *bevor* die

RNA-Polymerase an den Promotor binden und die Transkription initiieren kann. Somit bestimmen bei den Eukaryoten die Transkriptionsfaktoren und nicht die RNA-Polymerase die Spezifität der Transkription. In diesem Kapitel schränken wir unsere Diskussion auf die Klasse von Faktoren ein, die für die Transkription aller Gene, die von der RNA-Polymerase transkribiert werden, unerlässlich sind. Wir verschieben die Diskussion der regulatorischen Klasse der Transkriptionsfaktoren, die selektiv auf spezifische Gene wirken, auf *Kapitel 23*.

- *Protein-Protein-Wechselwirkungen* spielen im ersten Schritt der eukaryotischen Transkription eine ganz wichtige Rolle. Obwohl einige Transkriptionsfaktoren direkt an die DNA binden, binden viele an andere Proteine – entweder an andere Transkriptionsfaktoren oder an die RNA-Polymerase.

- Im Hinblick auf die Festlegung der Position des 3′-Endes des RNA-Produkts ist die *RNA-Spaltung* wichtiger als die Stelle, an der die Transkription beendet wird.

- Sich neu bildende eukaryotische RNA-Moleküle durchlaufen typischerweise sowohl während als auch in größerem Maß nach der Transkription eine ausgedehnte *RNA-Prozessierung* (chemische Veränderung).

Nun werden wir uns den verschiedenen Aspekten der eukaryotischen Transkription zuwenden und mit den vielen Formen der RNA-Polymerasen beginnen.

21.4.1 Die RNA-Polymerasen I, II und III führen die Transkription im eukaryotischen Zellkern durch

In ▸*Tabelle 21.1* sind einige Eigenschaften der drei RNA-Polymerasen zusammengefasst, die ihre Funktion im Zellkern der eukaryotischen Zelle ausüben. Außerdem sind zwei andere Polymerasen aufgeführt, die in Mitochondrien und Chloroplasten vorkommen. Diese Zellkern-Enzyme haben die Bezeichnung RNA-Polymerase I, II und III erhalten. Wie aus der Tabelle hervorgeht, unterscheiden sich diese Enzyme hinsichtlich ihrer Lage innerhalb des Zellkerns und der verschiedenen Arten von RNA, die sie synthetisieren. Die Zellkern-RNA-Polymerasen unterscheiden sich zudem hinsichtlich ihrer Sensitivität gegenüber verschiedenen Inhibitoren, beispielsweise α-Amanitin, einem tödlichen Toxin des Pilzes *Amanita phalloides* (Grüner Knollenblätterpilz). Die F-Actin bindende Substanz Phalloidin, die wir in *Kapitel 15* erwähnten, stammt ebenfalls von diesem Pilz.

Die **RNA-Polymerase I** liegt im Nucleolus und ist für die Synthese eines RNA-Moleküls verantwortlich, das als Vorläufer von drei der vier rRNA-Typen dient, die in eukaryotischen Ribosomen vorkommen (28S-rRNA, 18S-rRNA und 5,8S-rRNA). Dieses Enzym ist nicht α-Amanitin-sensitiv. Die Assoziation mit dem Nucleolus ist nachvollziehbar, denn der Nucleolus ist der Ort der ribosomalen RNA-Synthese und des Zusammenbaus der ribosomalen Untereinheiten.

Die **RNA-Polymerase II** kommt im Nucleoplasma vor und synthetisiert die Vorläufer der mRNA, der Klasse von RNA-Molekülen, die Proteine kodieren. Die aktiven Moleküle der RNA-Polymerase liegen nicht diffus über den Zellkern verstreut, sondern

Tabelle 21.1

Eigenschaften eukaryotischer RNA-Polymerasen

RNA-Polymerase	Vorkommen	Hauptprodukte	α-Amanitin-Sensitivität
I	Nucleolus	Vorläufer für 28S-rRNA, 18S-rRNA und 5,8S-rRNA	resistent
II	Nucleoplasma	Prä-mRNA, die meisten snRNAs und microRNAs	sehr sensitiv
III	Nucleoplasma	Prä-tRNA, 5S-rRNA und andere kleine RNAs	mäßig sensitiv*
Mitochondriale	Mitochondrium	mitochondriale RNA	resistent
Chloroplasten	Chloroplast	Chloroplasten-RNA	resistent

* *Bei Säugetieren*

bilden deutlich abgegrenzte Bündel, die sogenannten *Transkriptionsfabriken*. Dabei handelt es sich um Orte, an denen aktive Gene zusammenkommen, die transkribiert werden sollen. Abgesehen davon, dass die RNA-Polymerase II mRNA-Vorläufer bildet, synthetisiert sie auch die meisten *snRNAs* – kleine nucleäre RNAs, die an der posttranskriptionalen RNA-Prozessierung mitwirken – sowie die *microRNAs*, welche die Translation und Stabilität spezifischer mRNAs regulieren und, in geringerem Umfang, die Transkription bestimmter Gene kontrollieren. Die RNA-Polymerase II ist für die Synthese einer großen Vielfalt von RNA-Molekülen verantwortlich und zudem äußerst α-Amanitin-sensitiv. Dadurch erklärt sich die Toxizität dieses Pilzgiftes für Menschen und Tiere.

Die RNA-Polymerase II unterscheidet sich im C-Terminus von den Polymerasen I und III, wo sie zusätzliche Aminosäuren hat. Der C-Terminus der RNA-Polymerase II kann an verschiedenen Stellen phosphoryliert werden. Dadurch entsteht manchmal ein sogenannter „Phosphorylierungs-Code". Dieser Phosphorylierungs-Code hat dramatische Auswirkungen auf die Funktionen der Polymerase II und korreliert während der Transkription mit der Position des Enzyms auf der DNA. Somit ist die vielseitigste aller RNA-Polymerasen zugleich die am strengsten regulierte.

Die **RNA-Polymerase III** ist gleichfalls ein nucleoplasmatisches Enzym, aber sie synthetisiert eine Reihe kleiner RNAs, darunter die tRNA-Vorläufer und den kleinsten Typ ribosomaler RNA, die 5S-rRNA. Die RNA-Polymerase III der Säugetiere ist ebenfalls α-Amanitin-sensitiv, jedoch muss die Konzentration des Toxins über der liegen, die zur Hemmung der RNA-Polymerase II notwendig ist (Die vergleichbaren Enzyme einiger anderer Eukaryoten wie Insekten und Hefen sind α-Amanitin-insensitiv.)

Im Hinblick auf die Struktur sind die RNA-Polymerasen I, II und III einander recht ähnlich und weisen auch Ähnlichkeit mit der bakteriellen Zellkern-RNA-Polymerase auf. Diese drei Enzyme sind relativ groß, besitzen mehrere Polypeptiduntereinheiten, und ihr Molekulargewicht liegt bei ungefähr 500.000. Die RNA-Polymerase II beispielsweise hat mehr als zehn Untereinheiten mit mindestens acht verschiedenen Typen. Die drei größten Untereinheiten sind evolutionär mit den bakteriellen RNA-Polymerase-Untereinheiten α, β und β' verwandt. Drei der kleineren Untereinheiten fehlt diese Verwandtschaft, doch kommen sie auch in den RNA-Polymerasen II und III vor. Die RNA-Polymerasen der Mitochondrien und der Chloroplasten weisen große Ähnlichkeit mit den bakteriellen Gegenstücken auf, wie man aufgrund des möglichen Ursprungs dieser Organellen als endosymbiontische Bakterien erwarten würde (siehe *Exkurs 11A*). Ebenso wie die bakterielle RNA-Polymerase sind auch die mitochondrialen Enzyme und die Enzyme der Chloroplasten α-Amanitin-resistent.

21.4.2 Drei Klassen von Promotoren kommen in eukaryotischen Kerngenen vor, je eine Klasse für einen Typ der RNA-Polymerase

Die Promotoren, an die eukaryotische RNA-Polymerasen binden, sind noch viel variabler als bakterielle Promotoren, aber man kann sie in drei Hauptkategorien einteilen, also eine Kategorie pro Polymerasetyp. In ▶*Abbildung 21.11* finden Sie Beispiele für die drei Promotorentypen.

Der Promotor der RNA-Polymerase I – d. h. der Promotor der Transkriptionseinheit, welche die Vorläufer der drei größten rRNAs bildet – besteht aus zwei Teilen (▶*Abbildung 21.11a*). Der sogenannte **Kernpromotor** – er wird als kleinster Satz von DNA-Sequenzen definiert, welche die richtige Initiation der Transkription durch die RNA-Polymerase steuern kann – erstreckt sich in die zu transkribierende Nucleotidsequenz. Der Kernpromotor genügt zur richtigen Initiation der Transkription, aber die Effizienz der Transkription wird durch die Gegenwart eines *stromaufwärts gelegenen Kontrollelements* gesteigert. Dieses Kontrollelement ist bei der RNA-Polymerase I eine recht lange Sequenz, die dem Kernpromotor ähnelt (aber nicht mit ihm identisch ist). Die Transkriptionsfaktoren heften sich an die beiden Teile des Promotors und erleichtern dadurch die Bindung der RNA-Polymerase I an den Kernpromotor, wodurch diese die Transkription am Startpunkt initiieren kann.

Im Fall der RNA-Polymerase II wirken mindestens vier DNA-Sequenzen an der Funktion des Kernpromotors mit (▶*Abbildung 21.11b*). Bei diesen vier Elementen handelt es sich um (1) eine kurze **Initiatorsequenz** (**Inr**; engl.: *initiator*), die den Startpunkt der Transkription umgibt (der Startpunkt ist häufig ein A, wie bei den Bakterien); (2) die **TATA-Box**, die aus einer Konsensussequenz aus TATA und zwei oder drei weiteren As besteht und im Allgemeinen ungefähr 25 Nucleotide stromaufwärts des Startpunkts liegt; (3) das **TFIIB-Erkennungselement** (**BRE**; engl.: *TFIIB recognition element*), das etwas stromaufwärts von der TATA-Box liegt; und (4) das **Downstream-Promotorelement** (**DPE**; engl.: *downstream promotor element*), das circa 30 Nucleotide stromabwärts des Startpunkts liegt. Diese vier Elemente werden in zwei allgemeine Typen von Kernpromotoren unterteilt: *TATA-driven promotors*, die eine Inr-Sequenz und eine TATA-Box mit oder ohne BRE enthalten, und *DPE-driven promotors*, die DPE und Inr-Sequenzen enthalten, aber keine TATA-Box oder BRE. Man findet die TATA-driven promotors nicht nur bei den Eukaryoten, sondern auch bei den Archaea. Dies ist einer der Haupthinweise darauf, dass die Archaea auf mancherlei Weise den Eukaryoten ähnlicher sind als den Bakterien.

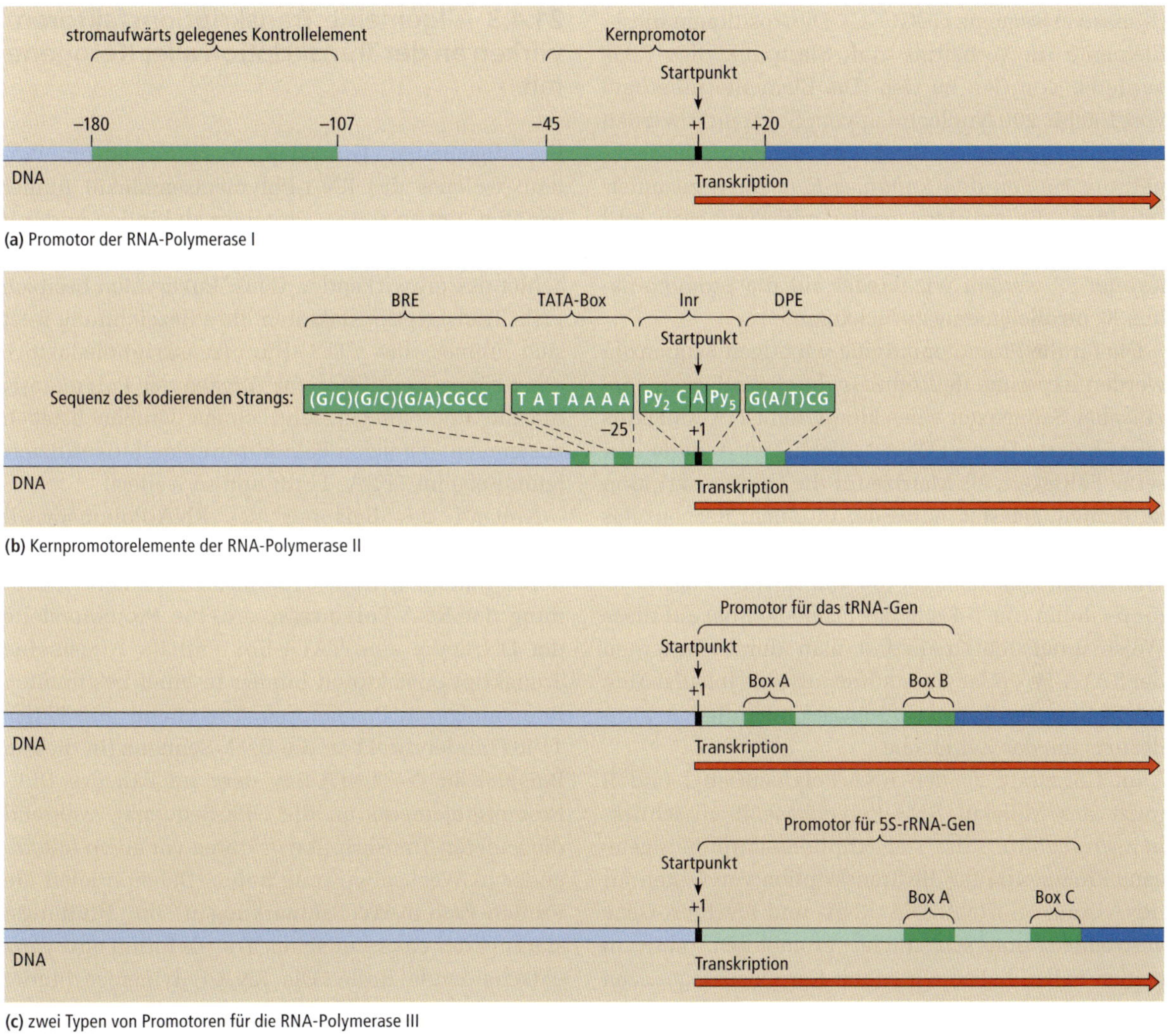

Abbildung 21.11: Beispiele für eukaryotische Promotoren der RNA-Polymerasen I, II und III. (a) Der Promotor der RNA-Polymerase I besteht aus zwei Teilen, einem Kernpromotor, der um den Startpunkt liegt, und einem stromaufwärts gelegenen Kontrollelement. Nachdem die RNA-Polymerase an die richtigen Transkriptionsfaktoren der beiden Teile gebunden hat, bindet sie an den Kernpromotor. (b) Der typische Promotor der RNA-Polymerase II hat eine kurze Initiatorsequenz (Inr). Diese besteht vorrangig aus Pyrimidinen (Py), die entweder mit einer TATA-Box oder einem stromabwärts gelegenen Promotorelement (DPE, engl.: downstream promotor element) kombiniert sind. Promotoren, die eine TATA-Box enthalten, können auch ein TFIIB-Erkennungselement (BRE; engl.: TFIIB recognition element) besitzen, das als Kernpromotor dient. (c) Die Promotoren der RNA-Polymerase III haben verschiedene Strukturen, aber die Promotoren für die tRNA- und die 5S-rRNA-Gene liegen ausschließlich stromabwärts vom Startpunkt innerhalb der transkribierten Sequenz. Die Boxen A, B und C sind DNA-Konsensussequenzen mit einer Länge von jeweils 10 bp. In den tRNA-Genen werden die Boxen A und B von 30 – 60 bp DNA getrennt. In den 5S-rRNA-Genen liegen die Boxen A und C ungefähr 10 – 30 bp voneinander entfernt.

Ein Kernpromotor (TATA- oder BRE-gesteuert) kann nur ein niedriges Transkriptionsniveau aufrechterhalten. Die meisten proteinkodierenden Gene besitzen zusätzlich kurze, weiter stromaufwärts gelegene Sequenzen – *stromaufwärts gelegene Kontrollelemente* – welche die Effizienz des Promotors steigern. Einige dieser stromaufwärts gelegenen Kontrollelemente kommen in vielen verschiedenen Genen vor, zum Beispiel die *CAAT-Box* (Konsensussequenz GCCCAATCT bei Tieren und Hefen) und die *GC-Box* (Konsensussequenz GGGCGG). Die Positionen dieser Elemente im Verhältnis zum Startpunkt des Gens variieren von Gen zu Gen. Die Elemente innerhalb von 100 bis 200 Nucleotiden vom Startpunkt werden häufig als *promotornahe Kontrollelemente* bezeichnet, um sie von den *Enhancer-Elementen* zu unterscheiden, die meistens weiter entfernt liegen und sogar stromaufwärts vom Gen liegen können. In *Kapitel 23* werden wir wieder auf die promotornahen Kontrollelemente zurückkommen.

Die für die Promotoraktivität wichtigen Sequenzen werden experimentell oftmals durch Entfernen spezifischer Sequenzen eines klonierten DNA-Moleküls identifiziert. Dieses DNA-Molekül wird dann auf seine Fähigkeit, als Matrize für die Gentranskription zu dienen, getestet, entweder in einem Reagenzglas oder nach Einführung der DNA in kultivierte Zellen. Wenn man zum Beispiel die Transkription des Gens für β-Globin (die β-Kette des Hämoglobins) auf diese Weise untersucht, reduziert man durch Entfernen der TATA-Box oder einer stromaufwärts lokalisierten CAAT-Box die Transkriptionsgeschwindigkeit mindestens um das Zehnfache.

Im Gegensatz zu den RNA-Polymerasen I und II nutzt das Molekül RNA-Polymerase III ausschließlich *stromabwärts* des Transkriptionsstartpunkts gelegene Promotoren für die Transkription von Genen für tRNAs und 5S-rRNA. Die tRNA- und 5S-rRNA-Gene verwenden unterschiedliche Promotoren, aber in beiden Fällen haben wir es mit Konsensussequenzen zu tun, die aus Blöcken von jeweils ungefähr 10 bp bestehen (▸*Abbildung 21.11c*). Die Konsensussequenzen des tRNA-Promotors heißen *Box A* und *Box B*. Die Promotoren der 5S-rRNA-Gene haben Box A (weiter vom Startpunkt entfernt als die tRNA-Genpromotoren) und eine weitere entscheidende Sequenz, die sogenannte *Box C*. (In der Abbildung ist der dritte Typ der RNA-Polymerase-III-Promotoren nicht dargestellt, ein Upstream-Promotor, der für die Synthese anderer Arten kleiner RNA-Moleküle benötigt wird.)

Die von den eukaryotischen RNA-Polymerasen verwendeten Promotoren müssen von den Transkriptionsfaktoren erkannt und gebunden werden, bevor das RNA-Polymerasemolekül an die DNA binden kann. Im Folgenden werden wir uns mit den Transkriptionsfaktoren beschäftigen.

21.4.3 Allgemeine Transkriptionsfaktoren wirken an der Transkription aller Kerngene mit

Ein **allgemeiner Transkriptionsfaktor** ist ein Protein, welches das RNA-Polymerasemolekül immer benötigt, um an seinen Promotor zu binden und mit der RNA-Synthese zu beginnen, und zwar ungeachtet des mitwirkenden Gens. Eukaryoten besitzen viele Transkriptionsfaktoren. Ihre Bezeichnung setzt sich immer aus „TF“ (für Transkriptionsfaktor), einer römischen Ziffer zur Angabe der Polymerase, die sie unterstützen, und einem Großbuchstaben zusammen, der jeden Faktor individuell identifiziert (zum Beispiel TFIIA, TFIIB und so weiter).

Anhand des Beispiels der RNA-Polymerase II veranschaulicht ▸*Abbildung 21.12* die Mitwirkung der allgemeinen Transkriptionsfaktoren bei der Bindung der RNA-Polymerase an eine Promotorstelle der DNA, die eine TATA-Box enthält. Allgemeine Transkriptionsfaktoren binden in einer bestimmten Reihenfolge an Promotoren, beginnend mit TFIID. TFIID bindet direkt an die DNA-Sequenz (in diesem Beispiel an die TATA-Box oder im Fall des DPE-Promotorelements an die DPE-Sequenz), während die anderen Transkriptionsfaktoren vor allem miteinander in Wechselwirkung treten. Daher spielen die Protein-Protein-Wechselwirkungen im Bindungsstadium der eukaryotischen Transkription eine ganz entscheidende Rolle. Die RNA-Polymerase bindet erst zu einem späteren Zeitpunkt an die DNA. Letztendlich wird ein großer Proteinkomplex einschließlich der RNA-Polymerase an die Promotorregion gebunden und bildet einen *Präinitiationskomplex*.

Bevor die RNA-Polymerase II aber die RNA-Synthese richtig einleiten kann, muss sie vom Präinitiationskomplex freigesetzt werden. Bei diesem Vorgang spielt der allgemeine Transkriptionsfaktor

TFIIH eine Hauptrolle. TFIIH besitzt sowohl Helicaseaktivität zur Entspiralisierung der DNA als auch Proteinkinaseaktivität. Sie katalysiert die Phosphorylierung der RNA-Polymerase II. Durch die Phosphorylierung wird die Form der RNA-Polymerase verändert, sodass sie von den Transkriptionsfaktoren freigesetzt wird und die RNA-Synthese am Startpunkt initiieren kann. Man geht davon aus, dass die Helicaseaktivität von TFIIH die DNA entspiralisiert, sodass das RNA-Polymerasemolekül sich voran bewegen kann.

TFIID, der erste Transkriptionsfaktor, der an den Promotor bindet, verdient ganz besondere Aufmerksamkeit. Dank einer seiner Untereinheiten, dem **TATA-Bindungsprotein (TBP**; engl.: *TATA-binding protein*), kann TFIID die DNA-Promotorsequenzen erkennen und an sie binden. Das TATA-Bindungsprotein kombiniert mit einer unterschiedlich großen Anzahl von Untereinheiten und bildet TFIID. Trotz seiner Bezeichnung ist die Fähigkeit von TBP, an die DNA zu binden, wie in ▸*Abbildung 21.13* dargestellt, nicht auf Promotoren beschränkt, die TATA enthalten. TBP vermag auch an Promotoren ohne TATA-Box zu binden, unter anderem an die Promotoren der RNA-Polymerasen I und III. Je nach Promotortyp assoziiert TBP mit verschiedenen Proteinen. Auf der Interaktion mit ebendiesen assoziierten Proteinen beruht wahrscheinlich ein Großteil der Spezifität von TBP für Promotoren ohne TATA-Box.

Zusätzlich zu den allgemeinen Transkriptionsfaktoren und der RNA-Polymerase II werden noch mehrere andere Arten von Proteinen für eine effiziente Transkription und regulierte Aktivierung spezifischer Gene benötigt. Einige dieser Proteine sind an der Öffnung der Chromatinstruktur zur Erleichterung der Bindung der RNA-Polymerase an die DNA beteiligt. Es gibt außerdem *regulatorische Transkriptionsfaktoren*. Sie aktivieren durch Bindung an stromaufwärts gelegene Kontrollelemente und Rekrutierung von *Coaktivatorproteinen* spezifische Gene. Die Coaktivatorproteine erleichtern wiederum den Zusammenbau des RNA-Polymerase-Präinitiationskomplexes. In *Kapitel 23* werden wir uns eingehender mit den Identitäten und den Rollen dieser zusätzlich benötigten Proteine beschäftigen. In diesem Kapitel gehen wir auf die Regulation der Genexpression ein (siehe *Abbildung 23.22*).

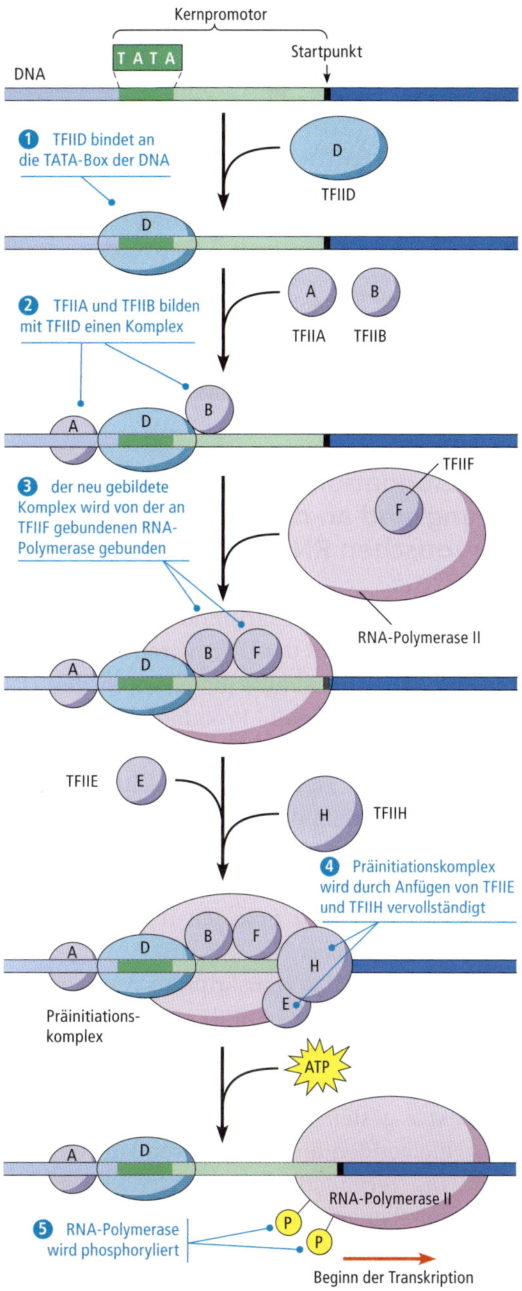

Abbildung 21.12: Die Rolle der allgemeinen Transkriptionsfaktoren bei der Bindung der RNA-Polymerase II an die DNA. Die Zeichnung stellt die sequenzielle Bindung der sechs allgemeinen Transkriptionsfaktoren (die sogenannten TFII_, wobei _ für einen Buchstaben steht, der den jeweiligen Faktor identifiziert) und der RNA-Polymerase dar. Nach dem letzten Aktivierungsschritt, der durch ATP-abhängige Phosphorylierung des RNA-Polymerasemoleküls abläuft, kann die Polymerase die Transkription beginnen. Im intakten Chromatin ist für die effiziente Bindung der allgemeinen Transkriptionsfaktoren und der RNA-Polymerase an die DNA die Mitwirkung weiterer regulatorischer Proteine erforderlich, welche die Chromatinstruktur aufbrechen und den Zusammenbau eines Präinitiationskomplexes an spezifischen Genen erleichtern (siehe *Abbildung 23-23*).

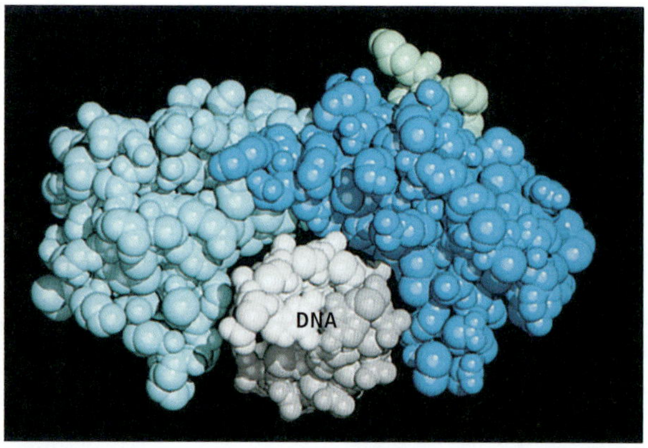

Abbildung 21.13: Das an die DNA gebundene TATA-Bindungsprotein (TBP, engl:. TATA-binding protein). In diesem computergestützten Modell ist das TBP an die DNA gebunden (weiß und grau, Ansicht von oben auf die Achse der DNA). TBP unterscheidet sich von den meisten DNA-Bindungsproteinen, denn es interagiert mit der kleinen Furche der DNA und nicht mit der großen Furche. Zudem verleiht es der DNA eine scharfe Krümmung. Das hier abgebildete TBP-Molekül stammt von der Pflanze *Arabidopsis thaliana*, aber das TBP wurde im Laufe der Evolution stark konserviert. Die hellblaue und die dunkelblaue Farbgebung dienen zur Unterscheidung der beiden symmetrischen Domänen des Polypeptids, und hellgrün wurde für das nicht konservierte N-terminale Segment gewählt. Wenn TBP an die DNA gebunden ist, können andere Transkriptionsfaktoren mit der konvexen Oberfläche des TBP-„Sattels" in Wechselwirkung treten. TBP wirkt an der Initiation der Transkription aller eukaryotischen Promotoren mit.

21.4.4 Elongation, Termination und RNA-Spaltung sind an der Fertigstellung der eukaryotischen RNA-Synthese beteiligt

Nach Initiation der Transkription bewegen sich die RNA-Polymerasen auf der DNA voran und synthetisieren eine komplementäre RNA-Kopie des DNA-Matrizenstrangs. Spezielle Proteine erleichtern den Abbau der Nucleosomen vor der sich bewegenden Polymerase sowie ihre erneute Zusammensetzung unmittelbar nachdem das Enzym vorbeigezogen ist. Trifft das Enzym auf eine Region mit DNA-Schaden, kann die RNA-Polymerase vorübergehend anhalten, während Proteine den Schaden durch DNA-Exzisionsreparatur beheben.

Die Termination der Transkription wird von einer Reihe von Signalen geregelt, die sich je nach RNA-Polymerase unterscheiden. Die Transkription der RNA-Polymerase I wird zum Beispiel von einem Proteinfaktor gesteuert, der ein Terminationssignal aus 18 Nucleotiden an der wachsenden RNA-Kette erkennt. Die Terminationssignale der RNA-Polymerase III sind ebenfalls bekannt. Es handelt sich stets um kurze Wiederholungen von Uracil-Molekülen (wie bei den bakteriellen Terminationssignalen), und zu deren Erkennung werden keine weiteren Proteinfaktoren benötigt. Haarnadelstrukturen scheinen weder an der Termination der Polymerase I noch der Polymerase III mitzuwirken.

Im Fall der RNA-Polymerase II werden Transkripte, die in mRNA umgewandelt werden sollen, häufig noch vor Ende der Transkription an einer spezifischen Stelle gespalten. Die Spaltungsstelle liegt in der wachsenden RNA-Kette 10 – 35 Nucleotide stromabwärts einer besonderen AAUAAA-Sequenz. Die Polymerase kann die Transkription Hunderter oder sogar Tausender Nucleotide jenseits der Spaltungsstelle fortsetzen, jedoch wird diese zusätzliche RNA schnell abgebaut. Die Spaltungsstelle ist auch die Stelle, an der ein *Poly(A)-Schwanz* angefügt wird. Dabei handelt es sich um einen Strang aus Adenin-Nucleotiden, den man bei fast allen eukaryotischen mRNAs am 3′-Ende vorfindet. Das Anfügen des Poly(A)-Schwanzes ist Teil der RNA-Prozessierung und unser nächstes Thema.

21.5 RNA-Prozessierung

Ein durch Transkription neu gebildetes RNA-Molekül wird als **primäres Transkript** bezeichnet. Häufig muss es vor seiner Funktionsaufnahme in der Zelle chemische Veränderungen durchlaufen. Unter dem Begriff **RNA-Prozessierung** verstehen wir alle notwendigen chemischen Veränderungen, um aus dem primären Transkript ein endgültiges RNA-Produkt zu machen, das als Vorläufer für weitere Prozesse dient. Bei der Prozessierung werden im Allgemeinen Teile des primären Transkripts entfernt und spezifische Nucleotide können angefügt oder chemisch modifiziert werden. Die Modifizierung einzelner Nucleotide erfolgt häufig durch Methylierung von Basen oder Ribosegruppen. Außer der chemischen Modifikation gibt es aber noch weitere posttranskriptionale Ereignisse; zum Beispiel müssen spezifische Proteine gebunden oder (bei den Eukaryoten) vom Zellkern in das Cytoplasma transportiert werden, bevor die RNA ihre Funktion aufnehmen kann.

In diesem Abschnitt beschäftigen wir uns mit den wichtigsten Prozessierungsschritten, die zur Bildung von rRNA, tRNA und mRNA aus ihren jeweiligen primären Transkripten erforderlich sind. Obwohl der Begriff *RNA-Prozessierung* sehr häufig mit eukaryotischen Systemen in Zusammenhang gebracht wird, prozessieren auch Bakterien ihre RNA. Aus diesem Grund führen wir sowohl Beispiele für eukaryotische als auch bakterielle RNAs an.

21.5.1 Zur ribosomalen RNA-Prozessierung gehört die Spaltung mehrerer RNAs aus einer gemeinsamen Vorläufer-rRNA

Ribosomale RNA (rRNA) kommt mit Abstand am häufigsten vor und ist zugleich die stabilste Form der RNA in Zellen. Typischerweise macht die rRNA ungefähr 70 – 80 % der gesamten zellulären RNA aus, tRNA stellt circa 10 – 20 % und für mRNA bleiben etwa 10 %. Bei den Eukaryoten enthalten die cytoplasmatischen Ribosomen vier Typen von rRNA, die gewöhnlich durch unterschiedliche Sedimentationsgeschwindigkeiten bei der Zentrifugation gekennzeichnet sind. In ▸*Tabelle 21.2* sind die Sedimentationskoeffizienten (S-Werte) dieser verschiedenen rRNA-Typen aufgeführt. Die kleinere ribosomale Untereinheit hat ein einziges 18S-rRNA-Molekül. Die größere Untereinheit besteht aus drei rRNA-Molekülen; eines mit 28S (bei manchen Spezies lediglich 25S) und die beiden anderen ungefähr mit 5,8S und 5S. Bei den bakteriellen Ribosomen kommen nur drei rRNA-Typen vor: ein mit der kleinen Untereinheit assoziiertes 16S-Molekül und Moleküle mit 23S und 5S, die mit der großen Untereinheit assoziiert sind.

Von den vier rRNA-Typen der eukaryotischen Ribosomen werden die drei größeren (28S, 18S und 5,8S) von einer einzigen Transkriptionseinheit kodiert, die von der RNA-Polymerase I im Nucleolus transkribiert wird, und aus der ein einziges primäres Transkript hervorgeht, die sogenannte **Prä-rRNA** (▸*Abbildung 21.14*). Die DNA-Sequenzen, die diese drei rRNAs kodieren, sind innerhalb der Transkriptionseinheit durch DNA-Segmente getrennt, die sogenannten *transkribierten Spacer* (engl.: *transcribed spacers*). Das Vorliegen dieser drei unterschiedlichen rRNA-Gene innerhalb einer Transkriptionseinheit gewährleistet, dass die Zelle gleiche Mengen dieser drei rRNAs bildet. Die meisten eukaryotischen Genome besitzen Mehrfachkopien der Prä-rRNA-Transkriptionseinheit. Diese sind in einer oder mehreren Tandemformationen angeordnet (*Abbildung 21.1a*). Diese Mehrfachkopien erleichtern die Bildung der großen Mengen an ribosomaler RNA, welche die Zellen im Allgemeinen benötigen. Das haploide menschliche Genom besitzt zum Beispiel 150 – 200 Kopien der Prä-rRNA-Transkriptionseinheit, die sich über fünf Chromosomen verteilen. *Nicht-transkribierte Spacer* (engl.: nontranscribed spacers) trennen die Transkriptionseinheiten innerhalb eines jeden Clusters.

Nachdem die RNA-Polymerase I die Prä-rRNA-Transkriptionseinheit transkribiert hat, wird das gebildete Prä-rRNA-Molekül durch eine Reihe von

Tabelle 21.2

RNA-Komponenten cytoplasmatischer Ribosomen

Quelle	Ribosomale Untereinheit	rRNA Sedimentationskoeffizient	rRNA Nucleotide
Bakterielle Zellen	groß (50S)	23S	2.900
		5S	120
	klein (30S)	16S	1.540
Eukaryotische Zellen	groß (60S)	25 – 28S	≤ 4.700
		5,8S	160
		5S	120
	klein (40S)	18S	1.900

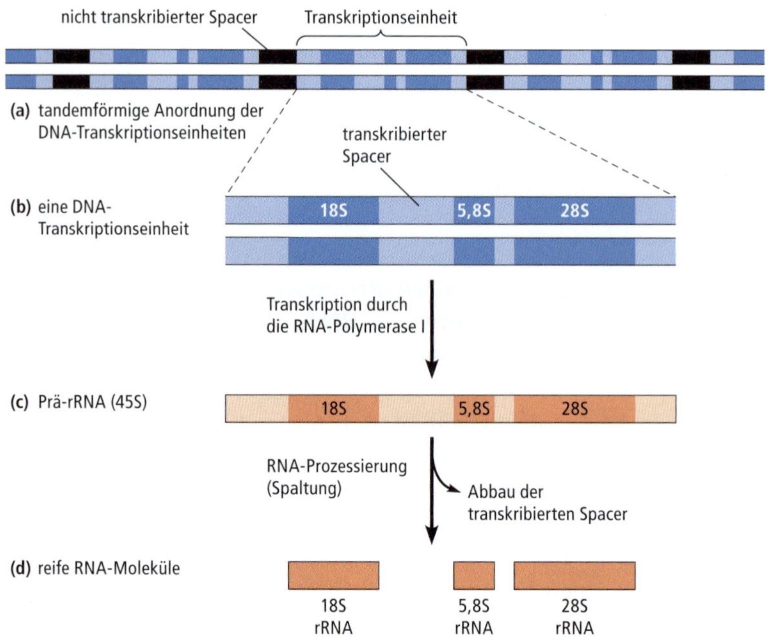

Abbildung 21.14: Eukaryotische rRNA-Gene: Prozessierung der primären Transkripte. (a) Die eukaryotische Transkriptionseinheit, welche die Gene der drei größten rRNAs umfasst, liegt in tandemförmig angeordneten Mehrfachkopien vor. Nicht-transkribierte Spacer (schwarz) trennen die Einheiten. (b) Jede Transkriptionseinheit enthält die Gene für die drei rRNAs (dunkleres Blau) und vier transkribierte Spacer (helleres Blau). (c) Die Transkriptionseinheit wird von der RNA-Polymerase I in ein einziges langes Transkript (Prä-rRNA) transkribiert. Der Sedimentationskoeffizient liegt bei ungefähr 45S. (d) Aus der RNA-Prozessierung gehen reife 18S, 5,8S und 28S rRNA-Moleküle hervor. Die RNA-Spaltung läuft in mehreren Schritten ab. Die Reihenfolge dieser Schritte variiert je nach Spezies und Zelltyp, doch die Endprodukte sind immer die gleichen drei Typen von rRNA-Molekülen.

Spaltungsreaktionen prozessiert, die zur Entfernung der transkribierten Spacer führen und die reifen rRNAs freisetzen (*Abbildung 1.14c, d*). Die transkribierten Spacersequenzen werden dann abgebaut. Die Prä-rRNA wird auch durch Anfügen von Methylgruppen prozessiert. Die Hauptstelle der Methylierung ist die 2′-Hydroxylgruppe der Ribose, obwohl auch einige wenige Basen methyliert werden. Der Methylierungsvorgang sowie die Prä-rRNA-Spaltung werden von einer besonderen Gruppe von RNA-Molekülen gesteuert, den **snoRNAs** (small nucleolar RNAs). Sie binden an komplementäre Regionen des Prä-rRNA-Moleküls und markieren spezifische Stellen zur Methylierung oder Spaltung.

Die Prä-rRNA-Methylierung wurde durch Inkubation von Zellen mit radioaktivem *S-Adenosylmethionin* untersucht. Diese Substanz ist bei zellulären Methylierungsreaktionen der Methylgruppen-Donor. Wenn man menschliche Zellen mit radioaktivem S-Adenosylmethionin inkubiert, findet man alle anfangs in das Prä-rRNA-Molekül eingebauten radioaktiven Methylgruppen schließlich in den 28S-, 18S- und 5,8S-rRNA-Produkten. Dies weist darauf hin, dass die methylierten Segmente während der rRNA-Prozessierung selektiv konserviert werden. Die Methylierung könnte bei der Steuerung der RNA-Prozessierung helfen, indem spezifische Regionen des Prä-rRNA-Moleküls vor der Spaltung geschützt werden. Diese Hypothese wurde durch die Beobachtung untermauert, dass bei Zellen, denen eine der essenziellen Komponenten fehlt, die für das Anfügen von Methylgruppen benötigt werden, das Muster der Prä-rRNA-Spaltung unterbrochen wird.

In Säugetierzellen umfasst das Prä-rRNA-Molekül ungefähr 13.000 Nucleotide und hat einen Sedimentationskoeffizienten von 45S. Die drei reifen rRNA-Moleküle, die durch Spaltung des Vorläufers entstehen, enthalten nur ungefähr 52 % der Ausgangs-RNA. Die verbleibenden 48 % (etwa 6.200 Nucleotide) bestehen aus transkribierten Spacersequenzen, die während der Spaltungsschritte entfernt und abgebaut werden. Die rRNA-Vorläufer einiger anderer Eukaryoten enthalten geringere Mengen an Spacersequenzen, aber in allen Fällen ist die Prä-rRNA größer als die drei rRNA-Moleküle zusammen, die aus ihr entstanden sind. Somit ist immer ein gewisses Maß an Prozessierung erforderlich.

Die Prozessierung von Prä-rRNA im Nucleolus geht mit dem Zusammenbau der RNA mit Proteinen zu ribosomalen Untereinheiten einher. Außer den 28S-, 18S- und 5,8S-rRNAs, die durch Prä-rRNA-Prozessierung gebildet werden, benötigt man für den Zusammenbau von Ribosomen auch 5S-rRNA. Das Gen für die 5S-rRNA stellt eine eigene Transkriptionseinheit dar. Diese wird von der RNA-Polymerase III und nicht von der RNA-Polymerase I transkribiert. Sie liegt gleichfalls in Mehrfachkopien vor, die in langen Tandemformationen angeordnet sind. Die 5S-rRNA-Gene liegen allerdings nicht in der Nähe der größeren rRNAs und neigen daher nicht zur Assoziation mit dem Nucleolus. Im Gegensatz zur Prä-rRNA benötigen die während der Transkription von 5S-rRNA-Genen gebildeten RNA-Moleküle nur ein geringes Maß an Prozessierung oder überhaupt keine.

Ebenso wie bei den Eukaryoten beinhaltet die Ribosomenbildung in prokaryotischen Zellen die Prozessierung vieler rRNAs aus einem größeren Vorläufer. *E. coli* besitzt zum Beispiel sieben über sein Genom verstreut liegende rRNA-Transkriptionseinheiten. Jede Transkriptionseinheit enthält Gene für die drei bakteriellen rRNAs – 23S-rRNA, 16S-rRNA und 5S-rRNA – plus mehrere tRNA-Gene. An der Prozessierung der primären Transkripte, die aus diesen Transkriptionseinheiten hervorgehen, sind zwei Sätze von Enzymen beteiligt, einer für die rRNAs und ein zweiter für die tRNAs.

21.5.2 Die Prozessierung der Transfer-RNA erfolgt durch Entfernen, Anfügen und chemische Modifikation von Nucleotiden

Zellen synthetisieren mehrere Dutzend Arten von tRNA-Molekülen. Jede ist darauf ausgelegt, eine bestimmte Aminosäure zu einem oder mehreren Codons in der mRNA zu transportieren. Alle tRNA-Moleküle haben jedoch eine gemeinsame Grundstruktur, wie in ▸*Abbildung 21.15* dargestellt. Ein reifes tRNA-Molekül enthält nur 70 – 90 Nucleotide, von denen einige chemisch modifiziert werden. Durch Basenpaarungen von in verschiedenen Regionen gelegenen komplementären Sequenzen faltet sich jedes tRNA-Molekül zu einer Sekundärstruktur. Diese enthält mehrere *Haarnadelschleifen* (engl.: hairpin loops; vgl. *Abbildung 21.15*). Die meisten tRNAs haben vier Regionen mit Basenpaarungen, was wir mit hellblauen Punkten in Teil b der Abbildung dargestellt haben. Bei einigen tRNAs liegt an der *variablen Schleife* (engl.: *variable loop*) eine fünfte Region vor. Jede dieser Regionen mit Basenpaarungen ist ein kurzer Abschnitt der RNA-Doppelhelix. Molekularbiologen bezeichnen die Sekundärstruktur der tRNA als *Kleeblatt*struktur, da diese Struktur, wenn man sie zweidimensional zeichnet, einem Kleeblatt ähnelt. In seiner normalen dreidimensionalen Tertiärstruktur liegt das Molekül gefaltet vor, sodass die Form als Ganzes im Grunde dem Buchstaben „L" ähnelt (siehe *Abbildung 22.3b*).

Ebenso wie die ribosomale RNA wird auch die Transfer-RNA sowohl bei eukaryotischen als auch prokaryotischen Zellen aus einer Vorläuferform synthetisiert. Die Prozessierung dieser **Prä-tRNA**-Moleküle erfolgt in mehreren Schritten, die in ▸*Abbildung 21.15a* am Beispiel der Tyrosin-tRNA der Hefe dargestellt ist: ❶ Am 5′-Ende der Prä-tRNA wird eine *Führungssequenz* aus 16 Nucleotiden entfernt. ❷ Am 3′-Ende werden die beiden terminalen Nucleotide der Prä-tRNA entfernt und durch das Trinucleotid CCA ersetzt, worin ein allgemeines Strukturmerkmal aller tRNA-Moleküle liegt. (Bei einigen tRNAs liegt bereits in den primären Transkripten die CCA-Sequenz vor und aus diesem Grund ist keine Modifizierung am 3′-Ende erforderlich.) ❸ In einem typischen tRNA-Molekül werden während der Prä-tRNA-Prozessierung ungefähr 10 – 15 % aller Nucleotide chemisch modifiziert. Zu den wichtigsten Modifikationen gehören die Methylierung von Basen und Zuckern sowie die Bildung ungewöhnlicher Basen wie Dihydrouracil, Ribothymin, Pseudouridin und Inosin.

Die Prozessierung der Tyrosin-tRNA der Hefe ist auch insofern typisch, als dass eine innere Sequenz aus 14 Nucleotiden entfernt wird ❹, obwohl die Transkripte der meisten tRNAs dieser Exzision nicht bedürfen. Ein inneres Segment eines RNA-Transkriptes, das entfernt werden muss, um ein reifes RNA-Produkt zu erzeugen, wird RNA-*Intron* genannt. Im Rahmen unserer Darstellung der mRNA-Prozessierung werden wir uns eingehender mit den Introns beschäftigen, denn es handelt sich um ein fast universelles Merkmal aller mRNA-Vorläufer in eukaryotischen Zellen. Hier stellen wir nur einfach fest, dass einige eukaryotische tRNA-Vorläufer Introns enthalten, die über einen präzisen Mechanismus entfernt werden müssen. Hierfür wird das Vorläufermolekül jedes Mal genau an der gleichen Stelle geschnitten und gespleißt. An diesem Mechanismus aus Schneiden und Spleißen wirken zwei getrennte Enzyme mit, eine RNA-Endonuclease und eine RNA-Ligase, die bei verschiedenen Spezies Ähnlichkeiten aufweisen, sogar bei Organismen, die evolutionär weit auseinander liegen. In einem Experiment, das diesen Aspekt anschaulich unter Beweis stellt, wurden die in *Abbildung 21.15* dargestellten Gene für die Tyrosin-tRNA der Hefe in Oocyten von *Xenopus laevis*, dem Afrikanischen Klauenfrosch, mikroinjiziert.

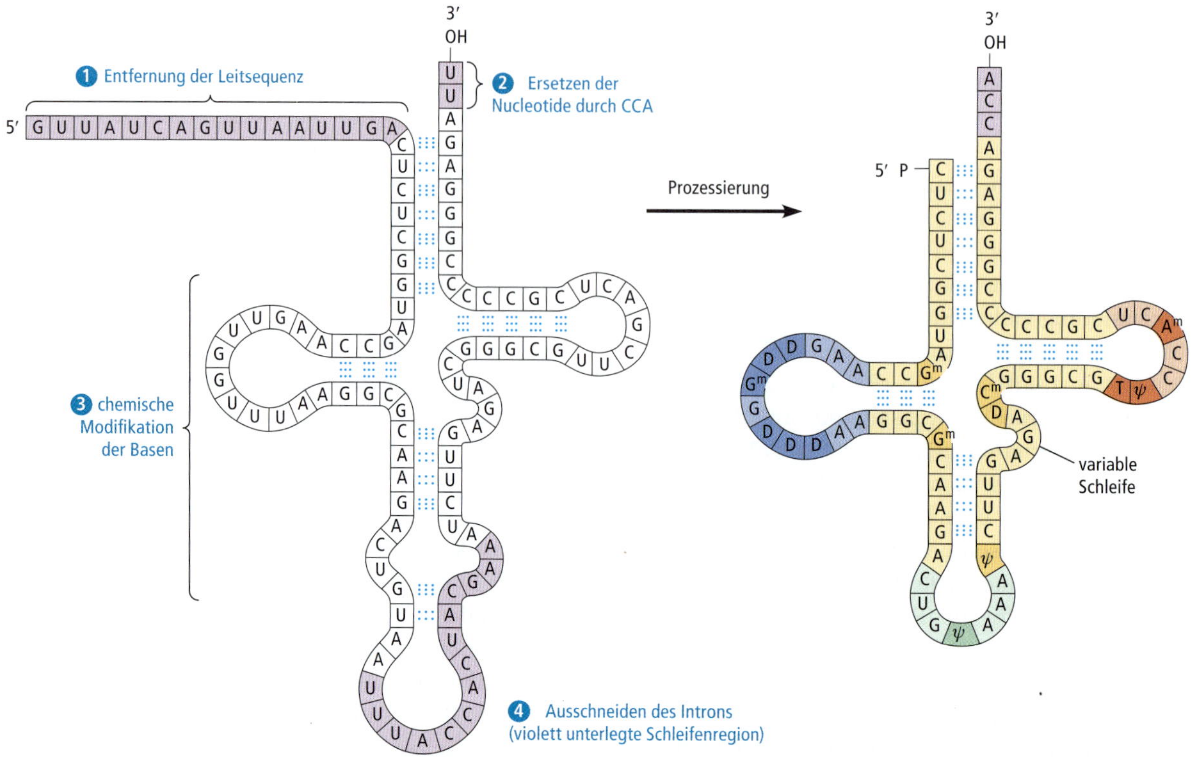

(a) Primäres Transkript (Vorläufer) der Tyrosin tRNA der Hefe

(b) Reife tRNA, Sekundärstruktur

Abbildung 21.15: Prozessierung und Sekundärstruktur der Transfer-RNA. (a) Jedes tRNA-Gen wird als Vorläufer transkribiert, der in ein reifes tRNA-Molekül prozessiert werden muss. In diesem primären Transkript für die Tyrosin-tRNA der Hefe sind alle Regionen violett unterlegt, die während der Prozessierung entfernt werden. Bei der Prozessierung von tRNA wird ❶ die Führungssequenz am 5′-Ende entfernt ❷ und zwei Nucleotide werden durch die Sequenz CCA am 3′-Ende ersetzt (die Sequenz CCA dient in allen reifen tRNAs als Bindungsstelle für Aminosäuren), ❸ bestimmte Basen werden chemisch modifiziert und ❹ ein Intron aus 14 Nucleotiden wird ausgeschnitten. (b) Darstellung der reifen tRNA als flache, kleeblattförmige Struktur, wobei man deutlich die Basenpaarungen zwischen den mit sich selbst komplementären Abschnitten im Molekül erkennen kann. Die modifizierten Basen (dunklere Farben) werden folgendermaßen abgekürzt: A^m für Methyladenin, G^m für Methylguanin, C^m für Methylcytosin, D für Dihydrouracil, T für Ribothymin und ψ für Pseudouridin.

Trotz der evolutionären Divergenz zwischen Pilzen und Amphibien wurden die in die Frosch-Oocyten injizierten Hefegene transkribiert und richtig prozessiert; unter anderem wurde auch das Intron aus 14 Nucleotiden korrekt entfernt.

21.5.3 Die Prozessierung von Messenger-RNA bei Eukaryoten erfolgt durch Capping, Anfügen von Poly(A)-Schwänzen und Entfernen von Introns

Bakterielle mRNA stellt fast immer die Ausnahme von der Regel dar, dass RNA prozessiert werden muss, bevor die Zelle sie nutzbringend einsetzen kann. Meistens wird die bakterielle mRNA so synthetisiert, dass sie für die Translation vorbereitet ist, sogar noch vor Vollendung des gesamten RNA-Moleküls. Außerdem ist die Transkription bei Bakterien nicht durch eine Membranbarriere von den für die Translation verantwortlichen Ribosomen getrennt, sodass bakterielle mRNA-Moleküle während der Synthetisierung durch die RNA-Polymerase häufig bereits mit Ribosomen assoziiert sind. Die elektronenmikroskopische Aufnahme in ▸*Abbildung 21.16* zeigt die Kopplung von Transkription und Translation in einer bakteriellen Zelle.

Im Gegensatz dazu laufen Transkription und Translation bei eukaryotischen Zellen sowohl zeitlich als auch räumlich voneinander getrennt ab: die Transkription findet im Zellkern statt, während die Translation vor allem im Cytoplasma abgewickelt wird.

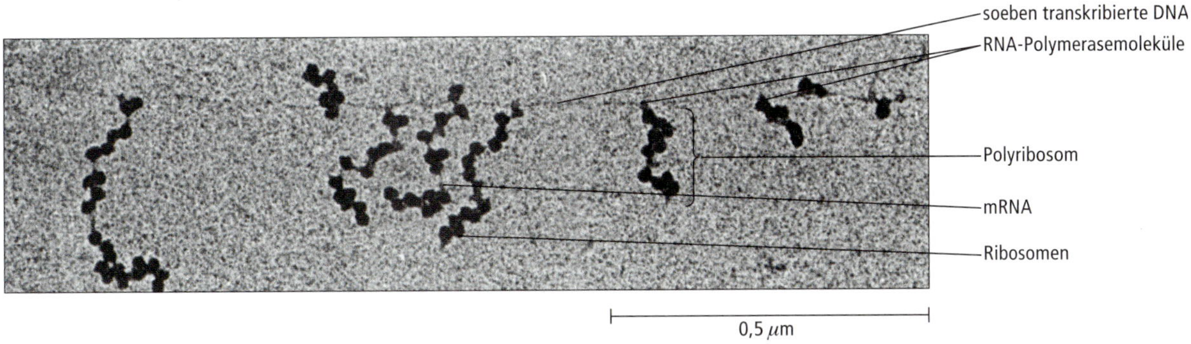

Abbildung 21.16: **Kopplung von Transkription und Translation in bakteriellen Zellen**. Diese elektronenmikroskopische Aufnahme zeigt DNA von *E. coli* während der Transkription durch RNA-Polymerasemoleküle, die sich von links nach rechts bewegen. An jedes Polymerasemolekül ist eine mRNA angeheftet, die noch transkribiert wird. Bei den großen dunklen Partikeln, die an jeden wachsenden mRNA-Strang gebunden sind, handelt es sich um Ribosomen, welche die teilweise bereits fertiggestellte mRNA aktiv translatieren. (Die gerade synthetisierten Polypeptide sind nicht dargestellt.) Ein Cluster aus Ribosomen, das an einen einzigen mRNA-Strang gebunden ist, bezeichnet man als Polyribosom (TEM).

Eine richtige Prozessierung muss im Zellkern stattfinden, um primäre Transkripte in reife mRNA-Moleküle umzuwandeln, die dann zur Translation in das Cytoplasma transportiert werden können. Primäre Transkripte sind häufig sehr lang; typischerweise liegen sie im Bereich von 2.000 bis 20.000 Nucleotiden. Diese Bandbreite spiegelt sich in dem Begriff *heterogene Kern-RNA* (*hnRNA*; engl.: *heterogeneous nuclear RNA*) wider. Dieser Begriff umfasst alle RNA-Moleküle im Zellkern, die keine ribosomale oder Transfer-RNA sind. HnRNA besteht aus einer Mischung aus mRNA-Molekülen sowie deren Vorläufern, der **Prä-mRNA**. Bei der Umwandlung von Prä-mRNA-Molekülen in funktionale mRNAs müssen im Allgemeinen Nucleotidsequenzen entfernt und 5′-Kappen sowie 3′-Schwänze angefügt werden. Darauf gehen wir in den folgenden Abschnitten ein. Die C-terminale Domäne einer der Untereinheiten der RNA-Polymerase II spielt bei der Kopplung dieser RNA-Prozessierungsereignisse mit der Transkription eine zentrale Rolle. Das liegt vermutlich daran, dass sie als Plattform für den Zusammenbau von Proteinkomplexen dient, die an der Prozessierung der Prä-mRNA mitwirken.

5′-Kappen und 3′-Poly(A)-Schwänze Die meisten mRNA-Moleküle erfahren an beiden Enden tiefgreifende Modifikationen. Am 5′-Ende tragen sie alle ein modifiziertes Nucleotid, die sogenannte **5′-Kappe** (das Anfügen dieser Kappe nennt man Capping), und am 3′-Ende liegt im Allgemeinen ein langes Segment aus Adeninribonucleotiden, der **Poly(A)-Schwanz**.

Eine 5′-Kappe ist einfach ein Guanosinnucleotid, das an der Position 7 des Purinrings methyliert wurde. Das Kappen-Nucleotid wird in entgegengesetzter Richtung zum mRNA-Molekül angelagert – das heißt, die Bindung, die das 5′-Ende mit dem RNA-Molekül verknüpft, ist eine 5′→5′-Bindung und keine übliche 3′→5′-Bindung (▶*Abbildung 21.17*). Das Unterscheidungsmerkmal der eukaryotischen mRNA wird kurz nach Initiation der RNA-Synthese an das primäre Transkript angefügt. Im Rahmen des Capping können auch die Riboseringe des ersten und oftmals des zweiten Nucleotids der RNA-Kette methyliert werden, wie in *Abbildung 21.17* dargestellt. Die 5′-Kappe trägt zur Stabilität der mRNA bei, denn sie schützt das Molekül vor dem Abbau durch Nucleasen, welche die RNA am 5′-Ende angreifen. Außerdem spielt die Kappe später bei der Positionierung der mRNA am Ribosom zur Initiation der Translation eine wichtige Rolle.

Außer der 5′-Kappe gibt es einen Poly(A)-Schwanz mit einer Länge von 50 – 250 Nucleotiden, der sich bei den meisten eukaryotischen mRNA-Molekülen am 3′-Ende befindet. (Bei tierischen Zellen gehören die mRNAs zur Kodierung der wichtigsten Histone zu den wenigen mRNAs ohne Poly(A)-Schwanz.) Es ist klar, dass der Poly(A)-Schwanz nach der Transkription angefügt werden muss, denn die Gene enthalten keine langen Segmente aus Thymin-Nucleotiden, die für das Anfügen des Poly(A)-Schwanzes als Matrize dienen könnten. Der direkte Nachweis für diese Schlussfolgerung wurde durch Isolierung des Enzyms *Poly(A)-Polymerase* erbracht. Sie katalysiert das Anfügen von Poly(A)-Sequenzen an die mRNA und benötigt keine RNA-Matrize.

Das Anfügen von Poly(A) ist Teil des Vorgangs, in dessen Verlauf bei den meisten eukaryotischen mRNA-Molekülen das 3′-Ende gebildet wird. Im Gegensatz zu den Bakterien, bei denen spezifische Terminationssequenzen die Transkription am 3′-Ende der sich neu bildenden mRNA beenden, läuft die Transkription eukaryotischer Prä-mRNAs häufig Hunderte oder sogar Tausende Nucleotide nach der Stelle weiter, die als 3′-Ende des endgültigen mRNA-Moleküls bestimmt war. Ein besonderes Signal – es besteht aus einer AAUAAA-Sequenz etwas stromaufwärts und einem GU-reichen und/oder U-reichen Element stromabwärts der Stelle – bestimmt, wo der Poly(A)-Schwanz angefügt werden soll. Wie in ▶*Abbildung 21.18* dargestellt, löst das Signalisierungselement die Spaltung des primären Transkriptes 10 bis 35 Nucleotide stromabwärts von der AAUAAA-Sequenz aus und die Poly(A)-Polymerase katalysiert die Bildung des Poly(A)-Schwanzes. Aus diesen Prozessierungsereignissen geht nicht nur ein Poly(A)-Schwanz hervor, sondern das AAUAAA-Signal könnte auch signalisieren, dass die Termination der Transkription ausgelöst werden soll.

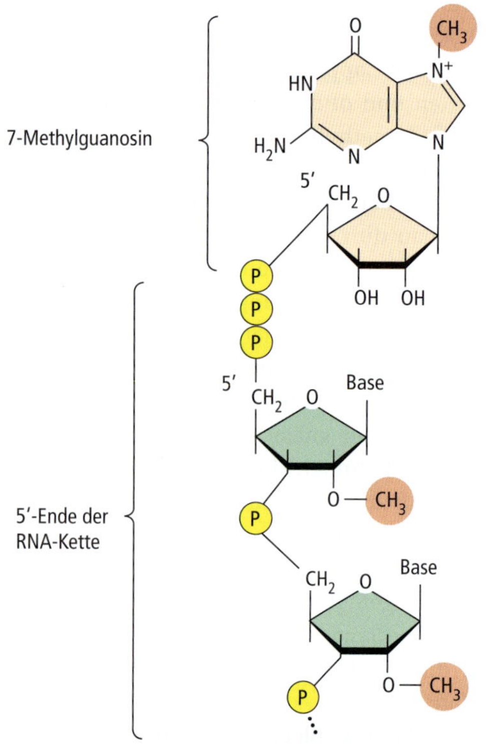

Abbildung 21.17: Kappenstruktur am 5′-Ende der eukaryotischen Prä-mRNA und der mRNA-Moleküle. Die an die ersten beiden Ribosen am 5′-Ende der RNA-Kette gebundenen Methylgruppen sind nicht immer vorhanden. Beachten Sie, dass es sich bei der Bindung zwischen der RNA und dem 7-Methylguanosin um eine 5′→5′-Bindung und nicht um die übliche 3′→5′-Bindung handelt.

Der Poly(A)-Schwanz scheint mehrere Funktionen zu erfüllen. Ebenso wie die 5′-Kappe schützt er die mRNA vor dem Abbau durch Nucleasen; somit hat die Länge des Poly(A)-Schwanzes Einfluss auf die Stabilität der mRNA (je länger der Schwanz, desto länger ist die Lebensspanne der mRNA im Cytoplasma). Hinzu kommt, dass Poly(A) von spezifischen Proteinen erkannt wird, die am Export von mRNA vom Zellkern in das Cytoplasma mitwirken. Außerdem signalisiert er den Ribosomen, dass es sich bei der mRNA um das zu translatierende Molekül handelt. Im Labor kann man mRNA mit Hilfe von Poly(A)-Schwänzen von der häufiger vorkommenden rRNA und tRNA isolieren. Die aus den Zellen extrahierte RNA wird einfach durch eine Säule voller mit Poly(dT) umhüllter Partikel geleitet. Dabei handelt es sich um DNA-Einzelstränge, die ausschließlich aus Thyminnucleotiden bestehen. Moleküle mit Poly(A)-Schwänzen binden über komplementäre Basenpaarung an Poly(dT), während andere RNA-Moleküle durchlaufen. Die mRNA mit Poly(A)-Schwänzen kann dann durch Änderung der Ionenkonzentration aus der Säule eluiert (ausgewaschen) werden.

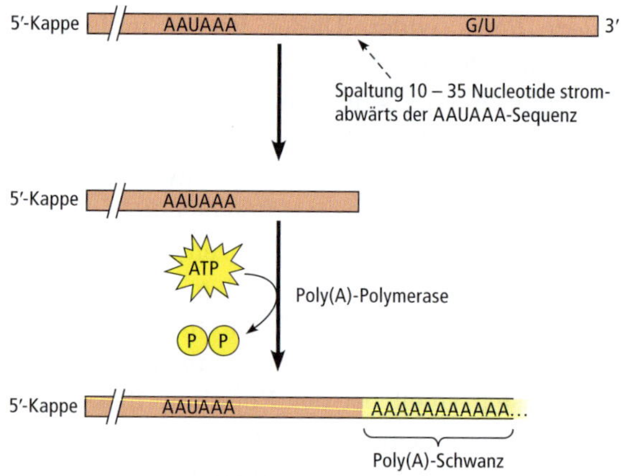

Abbildung 21.18: Anfügen eines Poly(A)-Schwanzes an die Prä-mRNA. Die Transkription eukaryotischer Prä-mRNAs läuft häufig noch jenseits des 3′-Endes der reifen mRNA weiter. Die RNA-Kette wird dann ungefähr 10 bis 35 Nucleotide stromabwärts einer besonderen AAUAAA-Sequenz gespalten. Anschließend wird ein Poly(A)-Schwanz angefügt. Dieser Vorgang wird von der Poly(A)-Polymerase katalysiert. Die richtige AAUAAA-Sequenz zur Schwanzerkennung hebt sich durch die Gegenwart eines begleitenden stromabwärts gelegenen Segments hervor, das GU- und/oder U-reich ist (in der Zeichnung als „G/U" bezeichnet).

Die Entdeckung der Introns Bei eukaryotischen Zellen enthalten die DNA-Vorläufer der meisten mRNAs (sowie einige tRNAs und rRNAs) **Introns** (engl.: *intervening region*). *Introns sind Sequenzen des primären Transkripts, die in der reifen, funktionalen RNA nicht* *auftreten*. Die Entdeckung der Introns war für die Biologen eine große Überraschung. Man hatte bereits bei zahlreichen bakteriellen Genen nachgewiesen, dass die Aminosäuresequenz der Polypeptidkette, die von einem Gen gebildet wurde, genau mit der Sequenz nebeneinander liegender Nucleotide in der DNA übereinstimmte. Diese Beziehung wurde erstmalig Anfang der 1960er Jahre von Charles Yanofsky nachgewiesen. Als bessere Methoden zur Sequenzierung von DNA und Proteinen verfügbar waren, konnte man diesen Befund durch den direkten Vergleich von Nucleotid- und Aminosäuresequenzen bestätigten. Natürlich gingen die Biologen davon aus, dass dies auch auf Eukaryoten zutrifft.

Man war daher geschockt, als Philip Sharp und Richard Roberts 1977 unabhängig voneinander von der Identifizierung eukaryotischer Gene berichteten, die diesem Muster nicht folgten, sondern von Nucleotidteilstücken unterbrochen wurden – den Introns – die weder in der funktionalen mRNA noch in deren Proteinprodukt vorkommen. Die umfassende Bedeutung der Introns bei Eukaryoten wurde mit der Verleihung des Nobelpreises für Medizin an Sharp und Roberts gewürdigt. Die Existenz von Introns wurde erstmals durch das *R-looping* nachgewiesen. Bei dieser Technik wird einzelsträngige RNA unter Bedingungen, welche die Bildung von *Heteroduplexen* fördern, zu doppelsträngiger DNA hybridisiert. Heteroduplexe sind Hybride zwischen komplementären Regionen der RNA und der DNA. Die mRNA hybridisiert mit dem Matrizenstrang der DNA. Der andere Strang bildet eine einzelsträngige DNA-Schleife, die man leicht unter dem Elektronenmikroskop erkennbar machen kann. Als man mit eukaryotischen mRNAs arbeitete, die Proteine wie menschliches β-Globin und Ovalbumin von Hühnern kodieren, sah man überraschenderweise *mehrere* Schleifen (▶*Abbildung 21.19*). Das unerwartete Ergebnis wies darauf hin, dass die DNA-Sequenzen, die eine typische eukaryotische mRNA kodieren, nicht ineinander übergehen, sondern von intervenierenden Sequenzen getrennt werden, die nicht in der endgültigen mRNA auftreten. Die intervenierenden Sequenzen, welche die lineare Kontinuität der Nachrichten-kodierenden Regionen eines Gens unterbrechen, sind die Introns (intervenierende Sequenzen). Sequenzen, die dazu bestimmt sind, in der endgültigen mRNA aufzutreten, bezeichnet man als **Exons** (denn sie werden exprimiert; engl.: *expressed regions*).

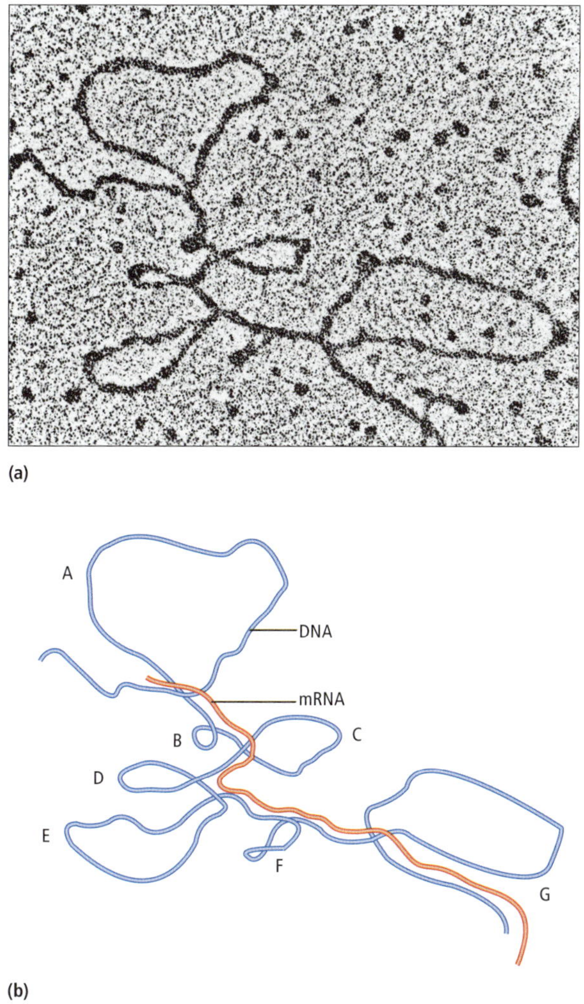

Abbildung 21.19: Nachweis von Introns in Protein-kodierenden Genen. Reife mRNA-Moleküle bildeten mit der DNA (Gen), die transkribiert worden war, Wasserstoffbrückenbindungen. Es entstand ein Hybridmolekül (Heteroduplex). Die gebildeten Hybridmoleküle wurden anschließend unter dem Elektronenmikroskop untersucht. Dies ist hier am Beispiel des Ovalbumin-Gens von Hühnern dargestellt. (a) Elektronenmikroskopische Aufnahme der Schleifen eines Heteroduplex-Komplexes (TEM). (b) Zeichnerische Darstellung der Positionen der mRNA und der ungepaarten DNA-Schleifen, welche die Introns darstellen (A-G).

Nachdem über Introns in einigen wenigen Genen berichtet worden war, tauchten sie plötzlich überall auf. Der Einsatz von Restriktionskarten und DNA-Sequenzierungstechniken führte zu der Schlussfolgerung, dass Introns in den meisten Protein-kodierenden Genen vielzelliger Eukaryoten vorkommen, auch wenn sie sich im Hinblick auf Größe und Anzahl erheblich unterscheiden können (▶*Tabelle 21.3*). Das menschliche β-Globin-Gen besitzt zum Beispiel nur zwei Introns, eines mit 120 bp und eines mit 550 bp. Zusammen machen sie ungefähr 40 %

Tabelle 21.3

Beispiele für Gene mit Introns

Gen	Organismus	Anzahl der Introns	Anzahl der Exons
Actin	*Drosophila*	1	2
β-Globin	Mensch	2	3
Insulin	Mensch	2	3
Actin	Huhn	3	4
Albumin	Mensch	14	15
Thyroglobulin	Mensch	36	37
Kollagen	Huhn	50	51
Titin	Mensch	233	234

der Gesamtlänge des Gens aus. Viele Säugetiergene bestehen sogar zu einem noch größeren Anteil aus Introns. Ein extremes Beispiel ist das menschliche Dystrophin-Gen, dessen Mutation zur Duchenne-Muskeldystrophie führt. Dieses Gen hat eine Länge von über zwei Millionen bp und 85 Introns, die 99 % der DNA des Gens einnehmen!

Die Entdeckung von Introns, die in reifen mRNA-Molekülen nicht vorkommen, leitet zu der Frage über, ob die Introns in der DNA tatsächlich in das primäre Transkript (Prä-mRNA) transkribiert werden. Zur Lösung dieser Frage hat man in Experimenten Prä-mRNA und DNA gemischt und die entstandenen Hybride unter dem Elektronenmikroskop angeschaut. Man erkannte Hybride zwischen der mRNA und der DNA mit vielen R-Schleifen an den Stellen, an denen das DNA-Molekül Sequenzen enthält, die nicht in der mRNA vorkommen (*Abbildung 21.19*). Die Prä-mRNA hybridisiert in einem kontinuierlichen Teilstück mit dem DNA-Molekül und bildet eine einzige R-Schleife. Daraus folgerten die Wissenschaftler, dass die Prä-mRNA-Moleküle kontinuierliche Kopien ihrer entsprechenden Gene sind, die sowohl Introns als auch Sequenzen enthalten, die Teile der endgültigen mRNA werden sollen. Das bedeutet, dass man zur Umwandlung von Prä-mRNA in mRNA spezifische Mechanismen benötigt, um die Introns zu entfernen. Auf diese Mechanismen werden wir im Folgenden eingehen.

21.5.4 Spleißosomen entfernen Introns aus der Prä-mRNA

Um aus einer Prä-mRNA mit Introns eine funktionale mRNA zu gewinnen, müssen Eukaryoten über irgendeinen Mechanismus verfügen, um die Introns zu entfernen und die verbleibenden RNA-Segmente (Exons) zu verbinden. Den gesamten Vorgang des Entfernens von Introns und des Verbindens der Exons bezeichnet man als **RNA-Spleißen**. In ▶*Abbildung 21.20* ist beispielhaft sowohl das primäre Transkript (Prä-mRNA) des β-Globin-Gens als auch das reife Endprodukt (mRNA) dargestellt, das man nach Entfernen der beiden Introns erhält.

Die Bedeutung des RNA-Spleißen für die Gesundheit des Menschen wurde durch die Entdeckung deutlich, dass ungefähr 15 % der Erbkrankheiten beim Menschen auf Fehler beim Spleißen in der Prä-mRNA zurückzuführen sind. Das exakte Spleißen ist unerlässlich, denn ein einziger Nucleotidfehler würde den Leserasterrahmen der mRNA verändern, und damit wäre er nutzlos. Die Präzision des Spleißvorgangs kann man beeinflussen, indem man kurze Basensequenzen an beiden Enden eines Introns unterbricht. Daraus ergibt sich die Vermutung, dass diese Sequenzen die Position der *5'- und der 3'-Spleißstellen* bestimmen – das heißt, die Stellen, an denen die beiden Enden eines Introns während seiner Ent-

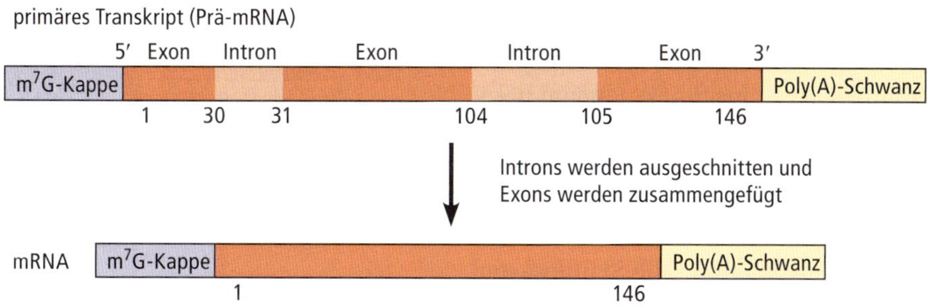

Abbildung 21.20: Überblick über das RNA-Spleißen. Das mit einer Kappe und mit einem Poly(A)-Schwanz versehene primäre Transkript des menschlichen β-Globin-Gens enthält drei Exons (dunkelrot) und zwei Introns (hellrot). Die Zahlen verweisen auf die Codonpositionen in der endgültigen mRNA. In der reifen mRNA, die man durch RNA-Spleißen erhält, wurden die Introns ausgeschnitten und die Exons miteinander verbunden. Es entsteht ein Molekül mit einer durchgehenden Kodierungssequenz. Die Ribosomen der Zelle translatieren diese Nachricht in ein Polypeptid aus 146 Aminosäuren.

fernung gespalten werden. Durch Analyse der Basensequenzen von Hunderten verschiedener Introns ist bekannt, dass das 5′-Ende eines Introns typischerweise mit der Sequenz GU beginnt und das 3′-Ende mit der Sequenz AG endet. Außerdem weist ein kurzer Abschnitt von Basen neben diesen GU- und AG-Sequenzen bei den verschiedenen Introns tendenziell eine Ähnlichkeit auf. Die Basensequenz des restlichen Introns scheint für den Spleißvorgang weitestgehend bedeutungslos zu sein. Obwohl die Anzahl der Introns von wenigen Dutzend Nucleotiden Länge bis zu Tausenden reicht, kann man den größten Teil des Introns künstlich entfernen, ohne den Spleißvorgang zu verändern. Eine besondere Sequenz, die mehrere Dutzend Nucleotide stromaufwärts des 3′-Endes des Introns liegt, stellt eine Ausnahme dar. Es handelt sich um den *Verzweigungspunkt*. Der Verzweigungspunkt spielt im Mechanismus zur Entfernung der Introns eine wichtige Rolle.

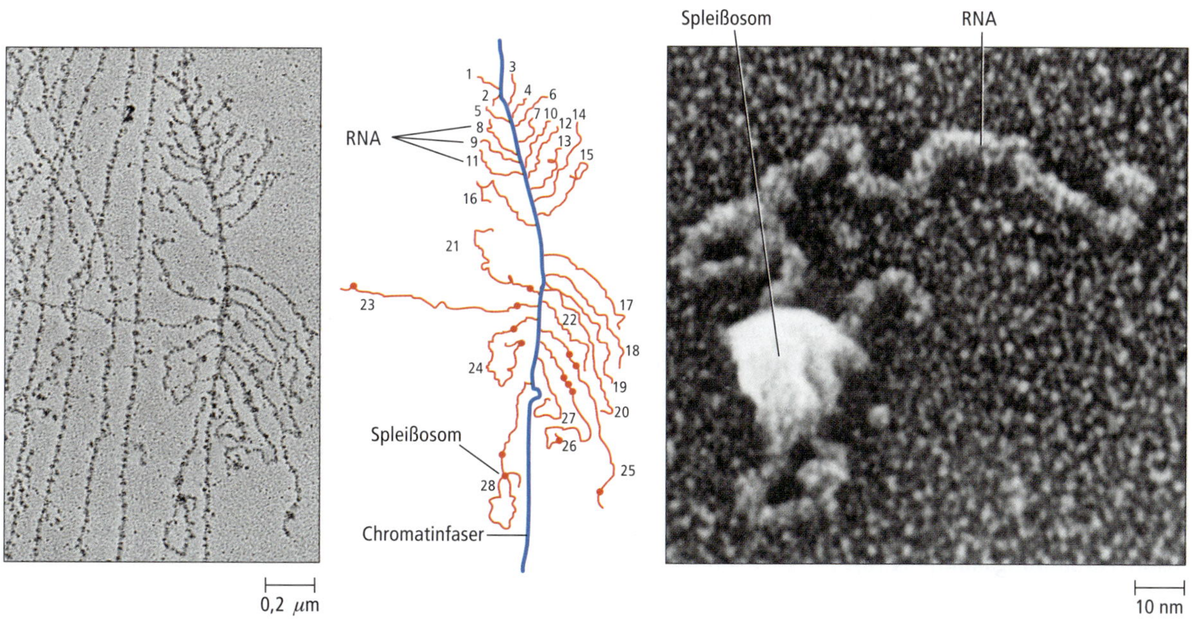

Abbildung 21.21: Unter dem Elektronenmikroskop sichtbar gemachte Spleißosomen. Die elektronenmikroskopische Aufnahme links zeigt Chromatinfasern während ihrer Transkription. Viele sich neu bildende RNA-Transkripte (jedes ist in der Zeichnung einzeln nummeriert) treten aus den Chromatinfasern heraus. Die dunkleren Granula auf den RNA-Transkripten sind snRNPs, die mit dem Zusammenbau des Spleißosoms beginnen. Im Fall des RNA-Transkripts 28 hat sich ein reifes Spleißosom gebildet. Die elektronenmikroskopische Aufnahme mit stärkerer Vergrößerung rechts zeigt ein einzelnes RNA-Molekül mit einem angehefteten Spleißosom (TEM).

Das Entfernen des Introns wird von **Spleißosomen** katalysiert. Spleißosomen sind große, molekulare Metalloenzymkomplexe, die aus fünf Arten von RNA kombiniert mit mehr als 200 Proteinen bestehen und zur Durchführung der Reaktionen Mg^{2+} benötigen. Dank elektronenmikroskopischer Aufnahmen weiß man, dass Spleißosomen auf Prä-mRNA-Molekülen zusammengesetzt werden, während die Synthese der Prä-mRNA noch abläuft (▶*Abbildung 21.21*). Daraus kann man folgern, dass das Intron vor Ende der Transkription der Prä-mRNA entfernt wird. Die auf Prä-mRNAs zusammengebauten Spleißosomen werden aus einer Gruppe kleiner RNA-Proteinkomplexe, den sogenannten **snRNPs** (kleine nucleäre Ribonucleoproteine; engl.: *small nuclear ribonucleoproteins*) und weiteren Proteinen gebildet. Jedes snRNP (man spricht diese Abkürzung englisch „snurp" aus) enthält ein oder zwei kleine Moleküle eines bestimmten RNA-Typs, der sogenannten snRNA (kleine nucleäre RNA; engl.: *small nuclear RNA*).

In ▶*Abbildung 21.22* wird zusammenfassend dargestellt, wie Spleißosomen durch sequenzielle Bindung von snRNPs an Prä-mRNA zusammengesetzt werden. Im ersten Schritt wird ein snRNP, das sogenannte U1, gebunden. Dessen RNA enthält eine spezielle Nucleotidsequenz und ermöglicht die Basenpaarung mit der 5′-Spleißstelle. Ein zweites snRNP, das U2, bindet dann an die Verzweigungspunkt-Sequenz. Schließlich bringt eine andere Gruppe von snRNPs (U4/U6 und U5) die beiden Enden des Introns zusammen und es entsteht ein reifes Spleißosom. Das ist ein massiver Komplex in der Größenordnung eines Ribosoms. Zu diesem Zeitpunkt wird die Prä-mRNA an der 5′-Spleißstelle gespalten und das nun freigelegte 5′-Ende des Introns wird kovalent mit einem Adeninrest verknüpft, der an der Verzweigungspunkt-Sequenz liegt. Dadurch entsteht eine schleifenförmige, lassoartige Struktur, das *Lariat*. Daraufhin wird die 3′-Spleißstelle gespalten und die beiden Enden des Exons werden verknüpft, wodurch das Intron für den nachfolgenden Abbau freigesetzt wird. Ein Multiproteinkomplex, der **Exon-Verbindungskomplex (EJC**; engl.: *exon junction complex*) wird in der Nähe des Randes eines jeden neu gebildeten Exon-Exon-Komplexes abgesetzt. EJCs werden für den effizienten Export von mRNA aus dem Zellkern benötigt. Sie beeinflussen zudem verschiedene regulatorische Ereignisse, darunter Lokalisierung und Translation der mRNA.

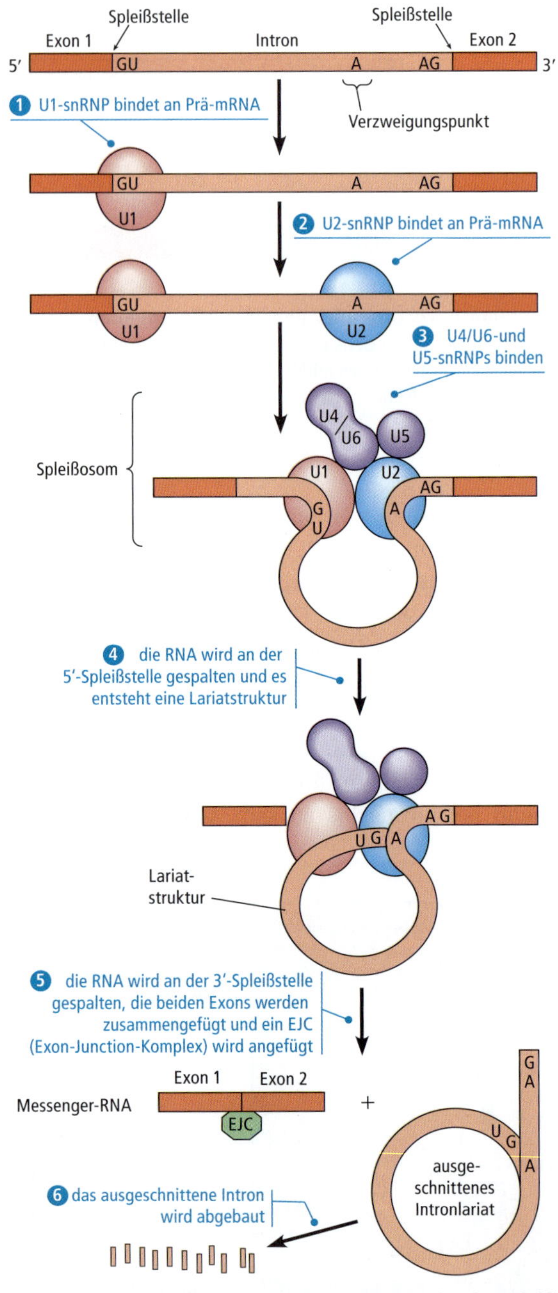

Abbildung 21.22: Entfernen eines Introns durch Spleißosomen. Das Spleißosom ist ein RNA-Proteinkomplex, der im eukaryotischen Zellkern die Prä-mRNA, die ein Intron enthält, spleißt. Das hier dargestellte Substrat ist ein Prä-mRNA-Molekül mit zwei Exons und einem Intron. Die Prä-mRNA setzt sich schrittweise mit dem U1-snRNP, dem U2-snRNP und den U4/U6- sowie U5-snRNPs (sowie mit einigen Nicht-snRNP-Spleißfaktoren) zusammen und bildet ein reifes Spleißosom. Die Prä-mRNA wird dann an der 5′-Spleißstelle gespalten und das soeben freigelegte 5′-Ende mit dem Adenin-Molekül (A) an der Verzweigungspunkt-Sequenz verknüpft. Dadurch entsteht eine schleifenförmige Lariatstruktur. Schließlich wird die 3′-Spleißstelle gespalten und die beiden Enden des Exons werden verknüpft, wodurch das Intron für den anschließenden Abbau freigesetzt wird.

Neben der Hauptklasse von Introns, deren 5'- und 3'-Enden GU- bzw. AG-Sequenzen enthalten, gibt es noch eine zweite Klasse von Introns mit AU- und AC-Sequenzen an diesen Stellen. Diese „AU-AC"-Introns werden häufig von einem zweiten Typ von Spleißosomen ausgeschnitten. Dieser Typ unterscheidet sich im Hinblick auf die snRNP-Zusammensetzung von dem in *Abbildung 21.22* dargestellten Spleißosom. Die vielen Typen von Introns und Spleißosomen führen zu großer Komplexität, aber dennoch liegt ihnen allen ein gemeinsames Prinzip zugrunde: Die snRNA-Moleküle in den Spleißosomen wirken direkt an der Erkennung der Spleißstelle, dem Zusammenbau des Spleißosoms und dem katalytischen Mechanismus des Spleißens mit. Die Idee, dass die snRNAs als Katalysator wirken könnten, kam mit der Entdeckung selbstspleißender RNA-Introns auf. Diese sind unser nächstes Thema.

21.5.5 Einige Introns sind selbstspleißend

Obwohl zur Entfernung eines Introns fast immer die Mitwirkung der Spleißosomen erforderlich ist, gibt es einige wenige Gentypen mit *selbstspleißenden RNA-Introns*. Das RNA-Transkript eines solchen Gens führt den gesamten Vorgang des RNA-Spleißens ohne Hilfe eines Proteins durch (zum Beispiel in einem Reagenzglas). Die RNA des Introns katalysiert diesen Vorgang selbst. Wie bereits in *Kapitel 6* beschrieben, wirken diese RNA-Moleküle als Katalysatoren, die kein Protein benötigen. Sie sind die sogenannten *Ribozyme*.

Es gibt zwei Hauptgruppen von Introns, deren RNA als Ribozyme wirken und das eigene Entfernen katalysieren. Die erste Gruppe, die sogenannten *Gruppe-I-Introns*, kommen im mitochondrialen Genom von Pilzen (z.B. Hefen) in den rRNA-Genen vor sowie in den Genen, die Komponenten für das Elektronentransportsystem kodieren. Die Gruppe-I-Introns kommen auch in mitochondrialen Genen der Pflanzen vor, in einigen rRNA- und tRNA-Genen von Chloroplasten, in den nucleären rRNA-Genen einiger einzelliger Eukaryoten, in einigen tRNA-Genen von Bakterien und in einigen wenigen Bakteriophagen-Genen, die mRNAs kodieren. Gruppe-I-Introns werden in Form von linearen RNA-Fragmenten ausgeschnitten.

Im Gegensatz dazu werden die *Gruppe-II-Introns* als Lariatstrukturen ausgeschnitten, in denen ein Adenin innerhalb des Introns einen Verzweigungspunkt bildet, so wie beim Mechanismus des Spleißosoms. Die Gruppe-II-Introns kommen in den Genen der Mitochondrien und Chloroplasten der Pflanzen sowie der einzelligen Eukaryoten und in den Genomen einiger Archaea und Bakterien vor. Biologen sind der Auffassung, dass der heute vorherrschende Spleißmechanismus, der auf Spleißosomen beruht, sich im Laufe der Evolution aus Gruppe-II-Introns entwickelte, wobei die katalytische Rolle der RNA von den snRNA-Molekülen des Spleißosom übernommen wurde. Diese Idee wurde durch die Entdeckung erhärtet, dass Protein-freie RNA-Moleküle, die man aus Spleißosomen isoliert hatte, den ersten Schritt der Spleißreaktion am Adenin-Verzweigungspunkt katalysieren können.

21.5.6 Die Existenz von Introns ermöglicht alternatives Spleißen und Exonvermischung (Exon-Shuffling)

Die brennenden Fragen bei Exons sind: Warum haben fast alle Gene mehrzelliger Eukaryoten Exons? Warum haben Zellen so viel DNA, die anscheinend keine kodierende Funktion ausübt? Warum wird in jeder Zellgeneration derartig viel Energie in die Synthese von DNA-Segmenten – und deren RNA-Transkripte – investiert, die scheinbar keinem Zweck dienen und nur für den Spleißabfallhaufen bestimmt scheinen?

Genau genommen ist es nicht wahr, dass Introns niemals eigenständig Aufgaben übernehmen. Es gibt einige Fälle, in denen Intron-RNAs prozessiert werden und funktionale Produkte hervorbringen, die nicht abgebaut werden. Es gibt zum Beispiel einige Typen von snoRNA – deren Rolle bei der Steuerung der Prä-rRNA-Methylierung und Spaltung wir an früherer Stelle in diesem Kapitel erläutert haben –, die von Introns abstammen, welche zuerst von der Prä-mRNA entfernt und dann zu snoRNA prozessiert werden. Es gibt auch einige wenige Fälle, in denen Introns sogar zu Proteinen translatiert werden.

Ungeachtet dieser Ausnahmen werden die meisten Introns abgebaut, ohne jemals eine offensichtliche Funktion ausgeführt zu haben. Ein Vorteil dieses scheinbar verschwenderischen Arrangements scheint darin zu bestehen, dass durch Gegenwart von Introns jedes Prä-mRNA-Molekül auf mehrere Arten gespleißt werden kann, wodurch zwei, drei oder mehr als 100 verschiedene mRNAs (und damit auch Polypeptide) aus ein und demselben Gen entstehen können. Dieses Phänomen, das sogenannte **alternative Spleißen**, beruht auf Mechanismen, die bestimmte Spleißstellen aktivieren oder überspringen (▶*Abbildung 21.23*). Diese Spleißstellen werden von verschiedenen Molekülen kontrolliert, unter anderem regulatorischen Proteinen und snoRNAs. Sie binden an *Splicing-enhancer-* und *Splicing-silencer*-Sequenzen in den Prä-mRNAs. Durch Bindung des geeigneten regulatorischen Moleküls an den Splicing enhancer oder silencer werden einzelne Spleißstellen entweder aktiviert oder übersprungen.

Das Vorkommen von alternativem Spleißen kann einen Beitrag zum Verständnis der biologischen Komplexität von Wirbeltieren leisten, die ohne großartigen Anstieg der Anzahl der Gene im Vergleich zu einfacheren Organismen erreicht wird. (Rufen Sie sich bitte aus *Kapitel 18* in Erinnerung, dass der Mensch kaum mehr Gene besitzt als ein Nematode und 12.000 Gene weniger als eine Reispflanze.) Anstatt die Anzahl der Gene zu erhöhen, transkribiert der Mensch die Mehrzahl seiner Gene zu Prä-mRNAs, die auf verschiedene Weisen gespleißt werden können. Daraus resultiert, dass die ungefähr 23.000 menschlichen Gene mRNAs bilden, die Hunderte oder Tausende verschiedener Polypeptide kodieren können.

Eine weitere Funktion der Introns ist, dass sie die Evolution neuer Protein-kodierender Gene ermöglichen. Dies gelingt durch Rekombinationsereignisse, die Exons in neuen Kombinationen zusammenführen. Daran wirken mindestens zwei verschiedenen Mechanismen mit, die beide darauf beruhen, dass es sich bei Introns um lange DNA-Teilstücke handelt, auf denen ohne Beschädigung der kodierenden Sequenzen eine genetische Rekombination stattfinden kann. Zum einen wird die genetische Rekombination zwischen den Introns verschiedener Gene neue Gene hervorbringen, die Exons in neuen Kombinationen enthalten – eine *Exonvermischung* (engl.: *exon shuffling*). Zweitens können durch Rekombination auch Kopien eines einzelnen Exons in einem Gen verdoppelt werden. Die beiden Kopien könnten als exakte Duplikate weiter existieren oder eine Kopie könnte zu einer Sequenz mutieren, die in dem Polypeptid, das von dem Gen kodiert wird, eine neue Aktivität ausführt.

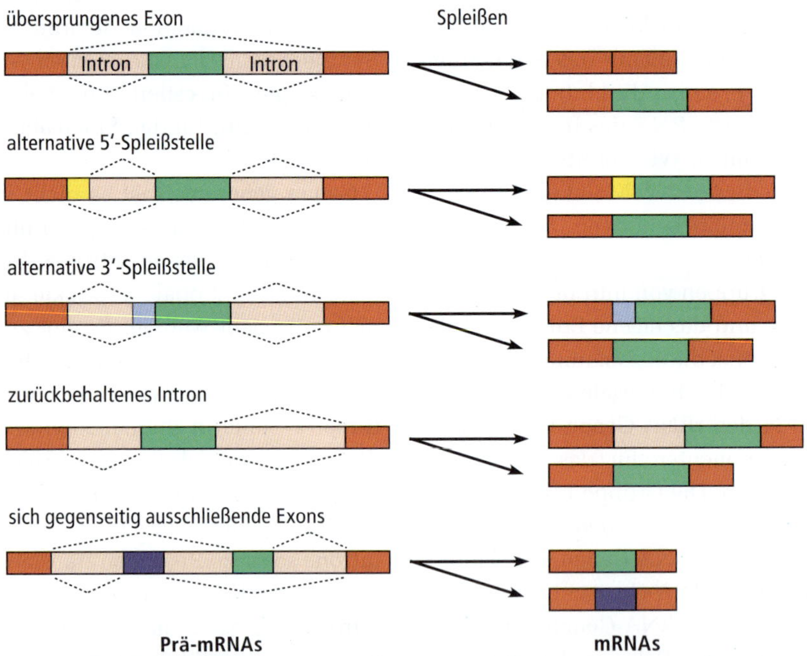

Abbildung 21.23: Beispiele für alternatives Spleißen. Diese Zeichnung veranschaulicht fünf alternative Spleißmechanismen, sodass aus einer Prä-mRNA durch Aktivierung (enhancing) oder Überspringen (silencing) einzelner Spleißstellen verschiedene mRNAs hervorgehen. Die dünne, gestrichelte Linie oberhalb und unterhalb einer jeden Prä-mRNA stellt die Spleißstellen dar, aus denen in jedem Beispiel zwei verschiedene mRNAs hervorgehen.

21.5.7 Durch RNA-Bearbeitung können kodierende mRNA-Sequenzen verändert werden

Ein Jahrzehnt nach Entdeckung der Introns und des RNA-Spleißens entdeckten Molekularbiologen noch einen weiteren unerwarteten Typ der mRNA-Prozessierung, die sogenannte **RNA-Editierung**. Bei der RNA-Editierung können nur ein einziges Nucleotid oder bis zu Hunderte von Nucleotiden eingefügt, entfernt oder innerhalb der kodierenden Sequenz einer mRNA chemisch modifiziert werden. Derartige Veränderungen können neue Start- oder Stoppcodons hervorbringen oder sie können das Leseraster der Nachricht ändern.

Einige der am besten untersuchten Beispiele für RNA-Editierung laufen in den mitochondrialen mRNAs von Trypanosomen ab, einem einzelligen Wirbeltierparasiten. In diesen mRNAs wird die Editierung durch Insertion und Deletion mehrerer Uracilnucleotide an verschiedenen Punkten in der mRNA eingesetzt. Die Information für diese Editierung liegt in kleinen RNA-Molekülen, den sogenannten **gRNAs** (engl.: *guide RNAs*), die von mitochondrialen Genen getrennt von den mRNA-Genen kodiert werden. Ein möglicher Editierungsmechanismus beinhaltet, dass kurze komplementäre Regionen der gRNA und der mRNA durch Wasserstoffbrückenbindungen verknüpft werden und dann nahegelegene Sequenzen von Uracilmolekülen in der gRNA zu mRNA gespleißt werden.

Ein anderer Typ der Editierung läuft in den mRNAs der Mitochondrien und Chloroplasten von Blütenpflanzen ab. In diesen Fällen werden die Nucleotide weder inseriert noch deletiert, aber Cytosine werden durch Desaminierungsreaktionen (und Aminierungsreaktionen) in Uracil (und umgekehrt) umgewandelt. Ähnliche Basenumwandlungen wurden auch in den nucleär kodierten mRNA-Transkripten tierischer Zellen entdeckt. Ein einzelnes Codon in der mRNA, das aus dem Apolipoprotein-B-Gen eines Säugetiers transkribiert wurde, durchläuft während der RNA-Editierung eine Umwandlung von C zu U. Bei einem anderen Typ der Editierung, den man in tierischen Zellkernen nachgewiesen hat, wird Adenosin (A) zu Inosin (I), das im Hinblick auf seine Basenpaarungseigenschaften dem Guanosin (G) ähnelt. Eine solche A-zu-I-Editierung wurde vor allem in den nichtkodierenden Regionen der mRNAs entdeckt, die von mehr als 1600 menschlichen Genen gebildet werden. Der Grund, warum Inosine in nicht-translatierte Regionen von mRNAs eingefügt werden, ist ein Rätsel, doch als Erklärung wurden mögliche Aufgaben zur Regulation der RNA-Stabilität, Lokalisierung und Translationsgeschwindigkeit vorgeschlagen.

Aufgrund der Existenz der RNA-Editierung sollte man vorsichtig sein, wenn man aus genomischen DNA-Sequenzen Rückschlüsse auf Polypeptid- oder RNA-Sequenzen ziehen möchte. Beispielsweise beobachtete man viele Diskrepanzen, als man Aminosäuresequenzen von Proteinen untersuchte, die aus mitochondrialen Pflanzengenen hervorgegangen waren, und sie zum ersten Mal mit den Aminosäuresequenzen verglich, die man auf Grundlage der Basensequenz mitochondrialer DNA erwartet hätte. Obwohl einige dieser Diskrepanzen durch eine vom Standardcodon abweichende Nutzung in Mitochondrien (wurde früher in diesem Kapitel dargestellt) erklärt werden können, gehen die meisten der unerwarteten Aminosäuren darauf zurück, dass die RNA-Editierung die Basensequenz verschiedener mRNA-Codons ändert. Dadurch werden Aminosäuren eingebaut, die man aufgrund der DNA-Sequenz des Gens nicht erwartet hätte.

Die Nucleinsäure-Editierung beschränkt sich nicht auf mRNAs. MicroRNAs – deren Rolle wir in *Kapitel 23* bei der Regulation der Genexpression beschreiben werden – sind eine weitere Klasse von RNAs, die editiert werden können. Auch die DNA wird editiert. Eukaryoten besitzen zum Beispiel ein DNA-Editierungsenzym, das *APOBEC3G*, welches Retroviren inaktiviert. Dies geschieht durch Katalyse von C-zu-U-Umwandlungen im Ausgangs-DNA-Strang, der gebildet wird, wenn die virale DNA von der Reversen Transkriptase kopiert wird (Schritt 2 in *Abbildung 21A-1*). Die C-zu-U-Umwandlungen im ersten Strang ziehen G-zu-A-Umwandlungen im komplementären DNA-Strang nach sich. Dadurch kommt es zu Mutationen, die das Virus schädigen. Als Verteidigungsstrategie gegen diesen Angriff bilden HIV und andere Retroviren ein Protein, das *Vif*. Vif kann das APOBEC3G zerstören. Da die Unterdrückung von APOBEC3G für eine erfolgreiche retrovirale Infektion unerlässlich ist, könnte eine sinnvolle Strategie bei der Entwicklung neuer Behandlungsmethoden gegen HIV/AIDS darin bestehen, die Wirkung von Vif zu blockieren.

21.6 Schlüsselaspekte des mRNA-Metabolismus

Bevor wir dieses Kapitel beenden, sollten wir zwei Schlüsselaspekte des mRNA-Metabolismus betrachten, die für unser gesamtes Verständnis des Verhaltens von mRNA-Molekülen in den Zellen von Bedeutung sind. Dabei handelt es sich um die kurze Lebensspanne der meisten mRNAs und die Fähigkeit der mRNA, genetische Information zu amplifizieren.

21.6.1 Die meisten mRNA-Moleküle haben eine relativ kurze Lebensspanne

Die meisten mRNA-Moleküle haben eine hohe Umsatzrate – das ist die Geschwindigkeit, mit der die Moleküle abgebaut und durch neu synthetisierte Moleküle ersetzt werden. In dieser Hinsicht unterscheidet sich die mRNA stark von den anderen Hauptformen von RNA in der Zelle, der rRNA und der tRNA. Sie sind von beachtlicher Stabilität. Aufgrund ihrer kurzen Lebensspanne übernimmt die mRNA den größten Anteil der Transkriptionsaktivität in vielen Zellen, obwohl sie nur einen Bruchteil der gesamten RNA ausmacht. Die Umsatzrate wird im Allgemeinen mit der *Halbwertszeit* des Moleküls gemessen. Darunter versteht man die Zeit, die benötigt wird, um 50 % der Moleküle, die zu einem bestimmten Zeitpunkt vorhanden sind, abzubauen. Die Halbwertszeit einiger mRNA-Moleküle bakterieller Zellen liegt bei nur wenigen Minuten, während die Halbwertszeit eukaryotischer mRNAs zwischen mehreren Stunden und einigen Tagen schwankt.

Da die Geschwindigkeit, mit der eine bestimmte mRNA abgebaut wird, die Zeitspanne bestimmt, in der dieses Molekül translatiert werden kann, kann sich eine veränderte Lebensdauer der mRNA auf die Proteinmenge auswirken, die durch eine bestimmte Information gebildet wird. In *Kapitel 23* werden Sie erfahren, dass die Regulation der mRNA-Lebensdauer einer der Mechanismen ist, die Zellen zur Kontrolle der Genexpression einsetzen.

21.6.2 Die Existenz der mRNA ermöglicht die Amplifikation der genetischen Information

Dadurch, dass aus demselben Teilstück der DNA-Matrize immer wieder mRNA-Moleküle synthetisiert werden können, haben Zellen die wichtige Möglichkeit zur Amplifikation der genetischen Information. Würden DNA-Gensequenzen direkt zur Proteinsynthese eingesetzt, dann wäre die Anzahl der Proteinmoleküle, die von jedem Gen innerhalb einer bestimmten Zeit translatiert werden könnte, durch die Geschwindigkeit der Polypeptidsynthese strengstens begrenzt. Wir haben aber ein System, in dem mRNA als Zwischenprodukt dient und Mehrfachkopien des Informationsgehalts eines Gens erstellt werden können. Jede dieser Kopien kann wiederum zur Synthese des Proteinprodukts herangezogen werden.

Ein besonders drastisches Beispiel für die Wirkung der Amplifikation ist die Synthese von *Fibroin*, dem wichtigsten Seidenprotein. Das haploide Genom der Seidenraupe besitzt nur ein Fibroingen, dafür werden aber in jeder diploiden Zelle der Seidenraupendrüse 10^4 Kopien der Fibroin-mRNA aus den zwei Kopien des Gens transkribiert. Jedes dieser mRNA-Moleküle steuert seinerseits die Synthese von ungefähr 10^5 Fibroinmolekülen. Daraus geht die Bildung von mehr als 10^9 Molekülen Fibroin pro Zelle hervor – und das alles innerhalb von vier Tagen, welche die Raupe zum Spinnen ihres Kokons benötigt! Ohne mRNA als Zwischenprodukt bräuchte das Genom der Seidenraupe 10^4 Kopien des Fibroin-Gens (oder circa 40.000 Tage!), um den Kokon fertigzustellen.

Bedeutsamer Weise liegen die meisten Protein-kodierenden Gene nur in einer oder wenigen Kopien pro haploidem Genom vor. Im Gegensatz dazu kommen Gene, die rRNA und tRNA kodieren, immer in Mehrfachkopien vor. Für die Zelle ist es von Vorteil, viele Kopien der Gene vorliegen zu haben, deren Endprodukt RNA ist (und nicht Protein), denn dann ist es nicht nötig, die Wirkung jedes Gens durch wiederholte Translation zu amplifizieren.

▶ ZUSAMMENFASSUNG DER WICHTIGSTEN INHALTE ◀

Der direktionale Fluss der genetischen Information

- Die in der DNA gespeicherten Anweisungen werden in die Moleküle der mRNA, der rRNA und der tRNA transkribiert, prozessiert und dienen zur Proteinsynthese.

- Die Basensequenz eines jeden mRNA-Moleküls diktiert die Sequenz der Aminosäuren in einer Polypeptidkette.

Der genetische Code

- Bei der Steuerung der Synthese einer Polypeptidkette wird die mRNA in Einheiten von jeweils drei Basen gelesen, den sogenannten Codons.

- Die Tabelle des genetischen Codes gibt an, welche Aminosäure (oder welches Stopp-Signal) von jedem Codon spezifiziert wird. Der Code ist eindeutig, nicht-überlappend, degeneriert und fast universell.

Transkription in Bakterienzellen

- Transkription ist der Vorgang, durch den ein DNA-Matrizenstrang von der RNA-Polymerase kopiert wird und ein komplementäres RNA-Molekül entsteht.

- Der molekulare Mechanismus der Transkription beinhaltet vier Schritte: (1) Bindung der RNA-Polymerase an Promotorsequenzen im DNA-Matrizenstrang, (2) Initiation der RNA-Synthese, (3) Elongation der RNA-Kette und (4) Termination.

Transkription bei eukaryotischen Zellen

- Die Transkription bei Eukaryoten beruht auf den gleichen allgemeinen Prinzipien wie die Transkription bei den Bakterien, ist aber komplexer. Ein wichtiger Unterschied liegt darin, dass eukaryotische Zellen verschiedene Formen der RNA-Polymerase besitzen, die auf die Synthese verschiedener RNA-Typen spezialisiert sind.

- Die drei nucleären RNA-Polymerasen erkennen verschiedene Familien von DNA-Promotorsequenzen. Diese eukaryotischen Promotoren werden im Allgemeinen von Transkriptionsfaktoren gebunden, die mit der RNA-Polymerase assoziieren und nicht von der RNA-Polymerase selber gebunden werden.

RNA-Prozessierung

- Neu gebildete RNA-Moleküle müssen im Allgemeinen sowohl während als auch nach der Transkription eine Form der Prozessierung durchlaufen, bevor die RNA ihre normale Funktion aufnehmen kann. Die wichtigste Ausnahme stellt die bakterielle RNA dar, deren Translation oftmals vor Beendigung der Transkription beginnt.

- Die RNA-Prozessierung beinhaltet chemische Modifikationen wie die Spaltung multigener Transkriptionseinheiten, das Entfernen nichtkodierender Sequenzen, das Anfügen von Sequenzen an die 3′- und 5′-Enden sowie Insertion, Entfernen und chemische Modifikation einzelner Nucleotide.

- Die Prozessierung eukaryotischer Prä-mRNA ist besonders fein entwickelt. Sie umfasst das Anfügen einer 5′-Kappe und eines 3′-Poly(A)-Schwanzes sowie das Entfernen von Introns durch Spleißosomen oder in einigen Fällen durch einen Vorgang, der von einem RNA-Intron selbst katalysiert wird.

- Durch die Gegenwart von Introns und Exons können mRNA-Moleküle auf mehrfache Weisen gespleißt werden. Dadurch kann ein einzelnes Gen mehrere RNAs bilden, die verschiedene Polypeptide kodieren.

- Dank verschiedener Editierungsmechanismen kann die Basensequenz von mRNA-Molekülen verändert werden, woraus mRNAs hervorgehen, die Polypeptide kodieren, deren Aminosäuresequenzen nicht durch Kenntnis der Basensequenz der entsprechenden Gene vorausgesagt werden könnten.

Schlüsselaspekte des mRNA-Metabolismus

- Die Lebensspanne der meisten mRNAs ist relativ kurz.

- Aktive Protein-kodierende Gene werden mehrfach transkribiert. Dadurch erhält man viele Moleküle ihrer entsprechenden mRNAs. Dies führt zur Amplifikation der Proteinmenge, die jedes Gen bilden kann.

ZUSAMMENHÄNGE HERSTELLEN

Wie füllt die DNA – deren Struktur, Replikation und Verteilung auf Tochterzellen während der Mitose und der Meiose wir in den *Kapiteln 18* bis *20* besprochen haben – ihre Rolle als Quelle der genetischen Information aus, welche die zelluläre Struktur und das Verhalten festlegt? In diesem Kapitel haben Sie gelernt, dass die DNA-Basensequenz der Protein-kodierenden Gene die Aminosäuresequenz der Polypeptidketten mit Hilfe eine Triplettcodes spezifiziert. Der erste Schritt des Dekodierungsprozesses ist die Transkription von DNA-Basensequenzen in Moleküle der Messenger-RNA (mRNA). Das der Transkription zugrunde liegende Prinzip ist relativ leicht zu verstehen, denn es beruht auf dem Transfer von Information von einer Nucleinsäure zur nächsten durch komplementäre Basenpaarung. Dadurch bleibt die „Sprache“ (also die Nucleotidsequenzen) grundsätzlich erhalten. Doch wie, könnten Sie fragen, spezifiziert die Sequenz der Nucleotide in einem mRNA-Molekül die Sequenz der Aminosäuren in einer Polypeptidkette? Die Antwort werden wir Ihnen in *Kapitel 22* geben. Dort werden Sie sehen, wie Nucleotidsequenzen während der Proteinsynthese in Aminosäuresequenzen translatiert werden. Dies ist ein komplexer Vorgang, an dem Ribosomen, Messenger- und Transfer-RNAs sowie Dutzende von Enzymen und Proteinfaktoren mitwirken. Nachdem wir in *Kapitel 22* die Frage nach Bildung, Faltung und Verteilung der Proteine in der Zelle beantwortet haben, werden wir in *Kapitel 23* auf die Regulation der Bildung von Proteinmolekülen eingehen.

ÜBUNGSAUFGABEN

Schwierigere Aufgaben sind mit einem • gekennzeichnet.

21-1 Tripletts oder Sextett? In seiner Rede anlässlich der Verleihung des Nobelpreises im Jahr 1962 betonte Francis Crick, dass die Ergebnisse seiner ersten Experimente, die er mit Barnett, Brenner und Watts-Tobin durchführte, die Vermutung nahelegten, dass es sich bei dem DNA-„Code“ um ein Triplett handele, die Beobachtungen jedoch nicht die Möglichkeit ausschlossen, dass der Code sechs oder mehr Basen benötige.

A Wenn es sich um einen Triplettcode handeln würde, welche Auswirkung hätte das Einfügen oder Entfernen von sechs oder neun Basen auf das Leseraster eines DNA-Teilstücks?

B Wäre der Code tatsächlich ein Sextett, welche Auswirkung hätte das Einfügen oder Entfernen von drei, sechs oder neun Basen auf das Leseraster eines DNA-Teilstücks?

21-2 Der genetische Code in einem T-Phagen. Man stellte fest, dass ein Teil eines von einem T4-Bakteriophagen gebildeten Polypeptids folgende Aminosäuresequenz hatte:

…Lys – Ser – Pro – Ser – Leu – Asn – Ala…

Durch Deletion eines Nucleotids an einer Stelle im DNA-Matrizenstrang des T4-Bakteriophagen mit anschließender Insertion eines anderen Nucleotids ergab sich folgende Änderung der Sequenz:

…Lys – Val – His – His – Leu – Met – Ala…

A Bestimmen Sie die Nucleotidsequenz des mRNA-Segments, die dieses Teilstück des Ausgangspolypeptids kodierte.

B Wie lautet die Nucleotidsequenz der mRNA, die dieses Teilstück des mutierten Polypeptids kodiert?

C Können Sie ermitteln, welches Nucleotid deletiert und welches inseriert wurde? Erklären Sie Ihre Antwort.

21-3 Leserastermutationen. Jede der nach diesem Absatz aufgeführten Mutanten besitzt eine andere mutierte Form des Gens, welches das Protein X kodiert. Jedes mutierte Gen enthält ein oder mehrere Nucleotid-Insertionen (+) oder -Deletionen (−), die von Acridinfarbstoffen verursacht werden. Angenommen, alle Mutationen liegen sehr nahe am Beginn des Gens für das Protein X. Geben Sie in jedem Fall mit „OK“ an, ob das mutierte Protein Ihrer Meinung nach fast normal wäre, oder mit einem „nicht OK“, ob das mutierte Protein offensichtlich nicht normal wäre.

a. −
b. −/+
c. −/−
d. +/−/+
e. +/−/+/−
f. +/+/+
g. +/+/−/+
h. −/−/+/−/−
i. −/−/−/−/−/−

21-4 Aminosäuresubstitutionen in mutierten Proteinen. Obwohl die in *Abbildung 21.7* zusammengefassten Codonzuordnungen ursprünglich aus Experimenten mit synthetischen RNA-Polymeren und Tripletts abgeleitet wurden, wurde ihre Gültigkeit später durch Untersuchung von Aminosäuresequenzen normal auftretender mutierter Proteine bestätigt. Die unten dargestellte Tabelle führt einige Beispiele von Aminosäuresubstitutionen auf, die in mutierten Formen von Hämoglobin, Tryptophansynthase und dem Hüllprotein des Tabakmosaikvirus vorkommen. Listen Sie für jede Änderung der Aminosäure die entsprechenden Änderungen einzelner Basen in der mRNA auf, die zu der jeweiligen Aminosäuresubstitution geführt haben könnten.

Protein	Aminosäuresubstitution
Hämoglobin	Glu → Val His → Tyr Asn → Lys
Hüllprotein des Tabakmosaikvirus	Glu → Gly Ile → Val
Tryptophansynthase	Tyr → Cys Gly → Arg Lys → Stopp

• **21-5 Lokalisierung von Promotoren.** Die folgende Tabelle liefert Daten über die Auswirkungen verschiedener Deletionen in einem eukaryotischen Gen, das 5S-rRNA kodiert, auf die Fähigkeit dieses Gens, durch RNA-Polymerase III transkribiert zu werden.

Entfernte Nucleotide	Fähigkeit des 5S-rRNA-Gens, von der RNA-Polymerase III transkribiert zu werden
−45 durch −1	Ja
+1 durch +47	Ja
+10 durch +47	Ja
+10 durch +63	Nein
+80 durch +123	Nein
+83 durch +123	Ja

A Was sagen Ihnen die Daten über die mögliche Position des Promotors für das 5S-rRNA-Gen?

B Welche Resultate würden Sie erwarten, wenn man ein ähnliches Experiment für ein von der RNA-Polymerase I transkribiertes Gen durchführen würde?

C Welche Resultate würden Sie erwarten, wenn man ein ähnliches Experiment für ein von der RNA-Polymerase II transkribiertes Gen durchführen würde?

21-6 RNA-Polymerasen und Promotoren. Geben Sie für jede der folgenden Behauptungen über RNA-Polymerasen an, ob sie auf ein bakterielles Enzym zutrifft (B), und mit I, II oder III, ob sie auf die entsprechende eukaryotische RNA-Polymerase zutrifft. Eine Behauptung kann auf eines dieser Enzyme, alle Enzyme oder auf keines dieser Enzyme zutreffen.

A Das Enzym ist nicht α-Amanitin-sensitiv.

B Das Enzym katalysiert eine exergone Reaktion.

C Alle primären Transkripte müssen transkribiert werden, bevor sie bei der Translation verwendet werden.

D Das Enzym kann manchmal an ein RNA-Molekül geknüpft sein, an das auch Ribosomen gebunden sind.

E Das Enzym synthetisiert rRNA.

F Die Transkriptionsfaktoren müssen an den Promotor binden, bevor die Polymerase binden kann.

G Das Enzym fügt eine Poly(A)-Sequenz an die mRNA an.

H Das Enzym bewegt sich auf dem DNA-Matrizenstrang in 3'→5'-Richtung fort.

I Das Enzym synthetisiert ein Produkt, das wahrscheinliche eine 5'-Kappe erhält.

J Alle von diesem Enzym genutzten Promotoren liegen vorrangig stromaufwärts vom Transkriptionsstartpunkt und werden nur zum Teil transkribiert.

K Die Spezifität der Transkription durch das Enzym wird von der Untereinheit des Holoenzyms bestimmt.

21-7 RNA-Prozessierung. Die drei Hauptklassen von RNA, die man im Cytoplasma einer typischen eukaryotischen Zelle findet, sind rRNA, tRNA und mRNA. Geben Sie jeweils an, auf welchen RNA-Typ die folgende Behauptung zutrifft:

A Zwei oder mehr Formen der Prozessierung, welche die RNA bestimmt durchlaufen hat.

B Ein Prozessierungsereignis, das nur bei RNA-Spezies abläuft.

C Ein Prozessierungsereignis, das man bei der gleichen RNA-Spezies einer bakteriellen Zelle erwarten würde.

21-8 Spleißosomen. An der von den Spleißosomen im eukaryotischen Zellkern durchgeführten RNA-Prozessierung wirken verschiedene Arten von Proteinen und RNA-Molekülen mit. Geben Sie für jede der folgenden fünf Komponenten des Spleißvorgangs an, ob es sich um ein Protein (P), um RNA (R) oder beides (PR) handelt. Erklären Sie dann bitte kurz, wie jede dieser fünf Komponenten sich in den Vorgang einbringt.

A snRNA

B Spleißosom

C snRNP

D Spleißstellen

E Lariat

• **21-9 Antibiotikainhibitoren der Transkription**. Rifamycin und Actinomycin D sind zwei Antibiotika, die aus dem Bakterium *Streptomyces* gewonnen werden. Rifamycin bindet an die β-Untereinheit der *E.-coli*-RNA-Polymerase und interferiert mit der Bildung der ersten Phosphodiesterbindung an die RNA-Kette. Actinomycin D bindet durch Interkalation (zwischen zwei benachbarte Basenpaare gleiten) an doppelsträngige DNA.

A Auf welchen der vier Schritte der Transkription hätte Rifamycin Ihrer Ansicht nach die größte Wirkung?

B Auf welchen der vier Schritte der Transkription hätte Actinomycin D Ihrer Ansicht nach die größte Wirkung?

C Welcher der beiden Inhibitoren wirkt mit größerer Wahrscheinlichkeit auf die RNA-Synthese kultivierter menschlicher Leberzellen?

D Welcher der beiden Inhibitoren würde sich für ein Experiment eignen, bei dem man die Initiation neuer RNA-Ketten blockieren muss, jedoch nicht mit der Elongation der Ketten interferieren möchte, deren Synthese gerade abläuft?

E Wenn man befruchtete Seeigeleizellen mit Actinomycin D behandelt, dann entwickeln sie sich einige Stunden lang, setzen die Entwicklung dann aber aus und werden zu hohlen Kugeln (den sogenannten Blastulae), die aus mehreren hundert Zellen bestehen. Schlagen Sie eine Erklärung für den Stillstand der embryonalen Entwicklung vor, erklären Sie aber bitte auch, warum bis zu diesem Punkt eine Entwicklung stattfand.

• **21-10 Analyse von Copolymeren.** Bei ihren ersten Versuchen, die Codonzuordnungen zu bestimmen, arbeiteten Nirenberg und Matthei mit RNA-Homopolymeren und dann mit RNA-Copolymeren, die von dem Enzym Polynucleotidphosphorylase synthetisiert worden waren. Dieses Enzym fügt nach dem Zufallsprinzip Nucleotide an die wachsende Kette an, jedoch im Verhältnis zu seiner Konzentration in der Inkubationsmischung. Durch Variation der Menge der Vorläufermoleküle bei der Synthese von Copolymeren vermochten Nirenberg und Matthei die Basenzusammensetzungen der Codons für verschiedene Aminosäuren abzuleiten (aber im Allgemeinen nicht die tatsächlichen Sequenzen). Angenommen, Sie führen zwei Inkubationen von Polynucleotidphosphorylase durch, wobei UTP und CTP in beiden Fällen vorhanden sind, jedoch in unterschiedlichen Anteilen. In der Inkubationsmischung A liegen die Vorläufer in gleichen Konzentrationen vor, in der Inkubationsmischung B ist dreimal mehr UTP als CTP enthalten. Die aus diesen beiden Inkubationsmischungen gewonnenen Copolymere werden dann in ein zellfreies Protein-Synthetisierungssystem gegeben und die erhaltenen Polypeptide werden im Hinblick auf ihre Aminosäurezusammensetzung untersucht.

A Welche acht möglichen Codons der Nucleotidsequenzen der entstandenen Copolymere kommen in beiden Inkubationsmischungen vor? Welche Aminosäuren kodieren diese Codons?

B Wie viele der acht möglichen Codons erwarten Sie unter den 64 Codons des Copolymers, die man durch Inkubation in A erhalten hat? Wie viele in Inkubation B?

C Welche Aussage können Sie über die zu erwartende Häufigkeit der möglichen Aminosäuren in den Polypeptiden treffen, die Sie nach Translation der Copolymere aus der Inkubationsmischung A erhalten? Wie steht es um die Polypeptide, die Sie durch Translation der Copolymere in Inkubationsmischung B erhalten?

D Erklären Sie, welche Information Sie durch diese Technik gewinnen.

E Wäre es mit Hilfe dieser Technik möglich, zu ermitteln, dass Codons mit zwei Us und einem C Phenylalanin, Leucin und Serin kodieren? Warum oder warum nicht?

F Wäre es mit Hilfe dieser Technik möglich, zu entscheiden, welche der drei Codons mit zwei Us und einem C (UUC, UCU, CUU) jeder der drei Aminosäuren entsprechen, die wir in Aufgabenteil e erwähnt haben? Warum oder warum nicht?

G Schlagen Sie eine Vorgehensweise vor, um die drei Codons aus Aufgabenteil f den richtigen Aminosäuren aus Aufgabenteil e zuzuordnen.

• **21-11 Introns.** Sie möchten die Introns dreier neu entdeckter Gene (X, Y und Z) untersuchen. Dazu führen Sie ein Experiment durch, in dem das Restriktionsenzym *Hae*III entweder zur Spaltung der DNA jedes Gens oder zur Spaltung der cDNA dient, die Sie durch Kopieren ihrer mRNA mit Reverser Transkriptase erhalten haben. Die entstandenen DNA-Fragmente werden durch Gelelektrophorese getrennt. Das Vorliegen von Fragmenten in den Gelen wird durch Hybridisierung mit einer radioaktiven DNA-Sonde nachgewiesen, indem das intakte Gen mit DNA-Polymerase in Gegenwart radioaktiver Substrate kopiert wird. Sie erhalten die folgenden Ergebnisse:

DNA-Quelle	Anzahl der Fragmente nach Elektrophorese
Gen *X*-DNA	3
cDNA aus mRNA *X*	2
Gen *Y*-DNA	4
cDNA aus mRNA *Y*	2
Gen *Z*-DNA	2
cDNA aus mRNA *Z*	2

A Welche Schlussfolgerung können Sie über die Anzahl von Introns in Gen *X* ziehen?

B Welche Schlussfolgerung können Sie über die Anzahl von Introns in Gen *Y* ziehen?

C Welche Schlussfolgerung können Sie über die Anzahl von Introns in Gen *Z* ziehen?

21-12 Klonierungsproblem. Mit Hilfe etablierter rekombinanter DNA-Technologie fügen Sie ein Gen einer menschlichen Leberzelle in ein Bakterium ein. Dann exprimiert das Bakterium ein Protein, das der inserierten DNA entspricht. Zu Ihrer Enttäuschung stellen Sie fest, dass das gebildete Protein nutzlos ist und wesentlich mehr Aminosäuren enthält als das von der eukaryotischen Zelle gebildete Protein. Gehen Sie davon aus, dass es sich im menschlichen Gen nicht um eine Mutation handelt. Erklären Sie, was geschehen ist.

WEITERFÜHRENDE LITERATUR

Historisch bedeutsame Literatur ist mit einem • gekennzeichnet.

Informationsfluss und genetischer Code

Atkins, J. F. und P. V. Baranov. Duality in the genetic code. *Nature* 448 (2007): 1004.

Chiu, Y. L. und W. C. Greene. APOBEC3G: An intracellular centurion. *Philos. Trans. R. Soc. Lond. B Biol. Sci* 364 (2009): 689.

• Crick, F. H. C. The genetic code. *Sci. amer.* 207 (Oktober 1962): 66.

• Crick, F. H. C. The genetic code. *Sci. amer.* 215 (Oktober 1966): 55.

Kazazian, H. H. Jr. Mobile elements: Drivers of genome evolution. *Science* 303 (2004): 1626.

Lobanov, A. V. et al. Is there a twenty third amino acid in the genetic code? *Trends Genet.* 22 (2006): 357.

• Nirenberg, M. Historical review: Deciphering the genetic code – A personal account. *Trends Biochem. Sci.* 29 (2004): 46.

• Nirenberg, M. W. The genetic code II. *Sci. Amer.* 208 (März 1963): 80.

• Sarkar, S. Forty years under the central dogma. *Trends Biochem. Sci.* 23 (1998): 312.

Yanofsky, C. Establishing the triplet nature of the genetic code. *Cell* 128 (2007): 815.

Transkription bakterieller Zellen

Landick, R. Shifting RNA polymerase into overdrive. *Science* 284 (1999): 598.

Mooney, R. A., S. A. Darst und R. Landick. Sigman and RNA polymerase: An on-again, off-again relationship? *Mol. Cell* 20 (2005): 335.

Roberts, J. W., S. Shankar und J. J. Filter. RNA polymerase elongation factors. *Annu. Rev. Microbiol.* 62 (2008): 211.

Young, B. A., T. M. Gruber und C. A. Gross. Views of transcription initiation. *Cell* 109 (2002): 417.

Transkription bei eukaryotischen Zellen

Buratowski, S. Connections between mRNA 3‘ end processing and transcription termination. *Curr. Opin. Cell Biol.* 17 (2005): 257.

Cramer, P. Self-correcting messages. *Science* 313 (2006): 447.

Egloff, S. und S. Murphy. Cracking the RNA polymerase II CTD code. *Trends Genet.* 24 (2008): 280.

Juven-Gershon, T., J. Y. Hsu, J. W. Theisen und J. T. Kadonaga. The RNA polymerase II core promotor – The gateway to transcription. *Curr. Opin. Cell Biol.* 20 (2008): 253.

Nudler, E. RNA polymerase active center: The molecular engine of transcription. *Annu. Rev. Biochem.* 78 (2009): 335.

Saunders, A., L. J. Core und J. T. Lis. Breaking barriers to transcription elongation. *Nature Rev. Mol. Cell Biol.* 7 (2006): 557.

Sutherland, H. und W. A. Bickmore. Transcription factories: Gene expression in unions? *Nat. Rev. Genet.* 10 (2009): 457.

Tijan, R. Molecular machines that control genes. *Sci. Amer.* 272 (Februar 1995): 54.

RNA-Prozessierung

Ast, G. Ein Genom voller Alternativen. *Spektrum der Wissenschaft* (November 2005): 48.

Blencowe, B. J. Alternative splicing: New insights from global analysis. *Cell* 126 (2006): 37.

Eisenberg, E. et al. Is abundant A-to-I editing primate-specific? *Trends Genet.* 21 (2005): 77.

Fica, S. M. et al. RNA catalyses nuclear pre-mRNA splicing. *Nature* 503 (2013): 229.

Matera, A. G. und Wang, Z. A day in the life of the splicosome. *Nature Rev. Mol. Cell. Biol.* 15 (2014): 108.

Perales, R. und D. Bentley. "Cotranscriptionality": The transcription elongation complex as a nexus for nuclear transactions. *Mol. Cell.* 36 (2009): 178.

Roy, S. W. und W. Gilbert. The evolution of spliceosomal introns: Patterns, puzzles and progress. *Nature Rev. Genet.* 7 (2006): 211.

Samuel, C. E. et al. RNA editing minireview series. *J. Biol. Chem.* 278 (2003): 1389.

Scherrer, K. Historical review: The discovery of "giant" RNA and RNA processing: 40 years of enigma. *Trends Biochem. Sci.* 28 (2003): 566.

Sharp, P. The discovery of split genes and RNA splicing. *Trends Biochem. Sci.* 30 (2005): 279.

Steitz, J. A. Snurps. *Sci. Amer.* 258 (Juni 1988): 58.

Wahl, M. C., C. L. Will und R. Luhrmann. The spliceosome: Design principles of a dynamic RNP machine. *Cell* 136 (2009): 701.

Wang, G.-S. und T. A. Cooper. Splicing in disease: Disruption of the splicing code and the decoding machinery. *Nature Rev. Genet.* 8 (2007): 749.

Xing, Y. und C. Lee. Alternative splicing and RNA selection pressure – Evolutionary consequences for eukaryotic genomes. *Nature Rev. Genet.* 7 (2006): 499.

Genexpression II: Proteinsynthese und Sortierung

22

ÜBERBLICK

Im vorangegangenen Kapitel haben wir uns mit der Expression von DNA und RNA beschäftigt, dabei das Gebiet der DNA-Transkription abgedeckt und anschließend die Prozessierung der entstandenen RNA-Transkripte behandelt. Das Endprodukt der Genexpression bei Genen, die ribosomale und Transfer-RNAs (und einige andere kleine RNAs) kodieren, ist RNA. Es gibt aber im Genom eines Organismus Tausende anderer Gene, deren Genprodukt ein Protein ist. In diesem Kapitel erklären wir, wie Messenger-RNAs (mRNAs), die von diesen Protein-kodierenden Genen gebildet werden, zu Polypeptiden translatiert werden, wie Polypeptide zu funktionalen Proteinen werden und wie Proteine zu ihren Bestimmungsorten gelangen, an denen sie ihre Funktionen erfüllen.

Die Translation, der Schlüsselschritt für die Bildung von Proteinmolekülen, beinhaltet einen „Sprachenwechsel" von der Nucleotidbasensequenz eines mRNA-Moleküls in die Aminosäuresequenz einer Polypeptidkette. Während dieses Vorgangs spezifiziert eine Sequenz von mRNA-Nucleotiden, die als Triplettcodons gelesen werden, die Reihenfolge, in der die Aminosäuren an die wachsende Polypeptidkette angefügt werden. Ribosomen dienen als intrazelluläre Stellen der Translation, während RNA-Moleküle die Insertion der richtigen Aminosäuren an jeder Position im Polypeptid sicherstellen. Wir beginnen mit einem Überblick über die zelluläre Rollenbesetzung bei der Ausführung der Translation, und im Anschluss schauen wir uns jeden Schritt einzeln an.

22.1 Translation: Die Rollenbesetzung

Die zelluläre Maschinerie zur Translation von mRNA in Polypeptide umfasst fünf Hauptkomponenten: *Ribosomen*, welche die Polypeptidsynthese ausführen, *tRNA-Moleküle*, welche die Aminosäuren auf dem mRNA-Matrizenstrang in der richtigen Reihenfolge anordnen, *Aminoacyl-tRNA-Synthetasen*, die Aminosäuren an die passenden tRNA-Moleküle binden, *mRNA*-Moleküle, welche die Information der Aminosäuresequenz für die zu synthetisierenden Polypeptide kodieren, und *Proteinfaktoren*, die bei mehreren Schritten des Translationsvorgangs helfen. Die Vorstellung der Hauptakteure beginnt mit den Ribosomen.

22.1.1 Ribosomen synthetisieren Polypeptide

Ribosomen spielen bei der Proteinsynthese eine zentrale Rolle, indem sie die mRNA und die Aminosäuren transportierenden tRNAs so ausrichten, dass der genetische Code exakt gelesen werden kann. Außerdem katalysieren sie die Bildung der Peptidbindungen, um die Aminosäuren zu einem Polypeptid zu verbinden. In *Kapitel 4* haben Sie gelernt, dass **Ribosomen** Partikel aus ribosomaler RNA (rRNA) und Protein sind, die im Cytoplasma liegen und bei den Eukaryoten außerdem in der mitochondrialen Matrix und im Chloroplastenstroma. Im eukaryotischen Cytoplasma kommen Ribosomen frei im Cytosol vor, aber auch an die Membranen des endoplasmatischen Reticulums und die äußeren Kernhüllenmembranen gebunden. Die Ribosomen Archaea und Bakterien sind kleiner als die der Eukaryoten, obwohl viele ribosomale Proteine, Translationsfaktoren und tRNAs der Archaea größere Ähnlichkeit mit den eukaryotischen Gegenstücken aufweisen als mit vergleichbaren Komponenten bei den Bakterien.

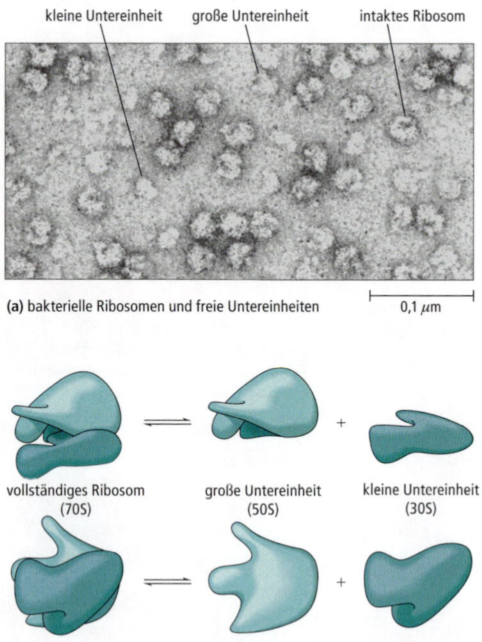

(a) bakterielle Ribosomen und freie Untereinheiten

(b) zwei Ansichten eines bakteriellen Ribosoms und seiner Untereinheiten

Abbildung 22.1: Das bakterielle Ribosom. (a) Die elektronenmikroskopische Aufnahme zeigt sowohl intakte Ribosomen als auch einzelne Untereinheiten (TEM). (b) Die beiden Strukturmodelle, die auf diesen Aufnahmen beruhen, zeigen zwei Ansichten, in denen das Ribosom um 90 Grad gedreht wurde. Bakterielle Ribosomen haben einen Durchmesser von ungefähr 25 nm. (Eukaryotische cytoplasmatische Ribosomen haben in etwa die gleiche Form und einen Durchmesser von circa 30 nm.)

In ▶*Abbildung 22.1* finden sie eine elektronenmikroskopische Aufnahme eines typischen bakteriellen Ribosoms. Wie alle Ribosomen besteht es aus zwei untrennbaren Untereinheiten, einer *großen* und einer *kleinen Untereinheit*. Das bakterielle Ribosom hat einen Sedimentationskoeffizienten von ungefähr 70S und setzt sich aus einer kleinen Untereinheit von 30S und einer großen Untereinheit von 50S zusammen. Das eukaryotische Äquivalent ist ein 80S-Ribosom, das aus einer 40S- und einer 60S-Untereinheit besteht. ▶*Tabelle 22.1* fasst einige Merkmale bakterieller und eukaryotischer Ribosomen und ihrer Untereinheiten zusammen. Das bakterielle Ribosom enthält weniger Proteine, ist gegenüber verschiedenen Inhibitoren der Proteinsynthese sensitiv und hat kleinere RNA-Moleküle (und eine RNA weniger) als eukaryotische Ribosomen. In *Kapitel 21* haben Sie erfahren, dass rRNAs durch Spaltung und Prozessierungsreaktionen, die bei den Eukaryoten im Nucleolus stattfinden, aus größeren Vorläufermolekülen hervorgehen. Während dieser Prozessierungsereignisse assoziieren die rRNAs mit ribosomalen Proteinen und setzen sich selbsttätig zu großen und kleinen Untereinheiten zusammen, die erst nach Bindung an die mRNA zusammengeführt werden. Dank der Röntgenstrahlkristallographie vermochte man die Anordnung einzelner Proteine und RNA-Moleküle der kleinen und großen Untereinheiten der bakteriellen Ribosomen bis zur Atomebene genau zu bestimmen. Venkatraman Ramakrishnan, Thomas A. Steitz und Ada E. Yonath erhielten für ihren Beitrag zu dieser bahnbrechenden Leistung 2009 den Nobelpreis für Chemie.

Mit Hinblick auf ihre Funktion werden die Ribosomen gelegentlich als „Werkbänke" der Proteinsynthese bezeichnet, aber aufgrund ihrer aktiven Rolle bei der Polypeptidsynthese ist die Bezeichnung „Maschine" passender. Im Grunde ähnelt die Rolle des Ribosoms bei der Polypeptidsynthese der eines großen, komplizierten Enzyms, das sich aus mehr als 50 verschiedenen Proteinen und mehreren rRNA-Arten zusammensetzt. Viele Jahre lang ging man davon aus, dass die rRNA lediglich ein Strukturgerüst für ribosomale Proteine bereitstellt, und diese eigentlich die einzelnen Schritte der Polypeptidsynthese ausführen. Heute wissen wir jedoch, dass genau das Gegenteil dieser Annahme eher der Wahrheit entspricht – die rRNA führt viele der Schlüsselfunktionen des Ribosoms aus.

Tabelle 22.1

Eigenschaften bakterieller und eukaryotischer cytoplasmatischer Ribosomen

	Größe der Ribosomen		Untereinheit	Größe der Untereinheit		Proteine der Untereinheiten	RNA-Untereinheit	
Quelle	**S-Wert***	**Molekulargewicht**		**S-Wert**	**Molekulargewicht**		**S-Wert**	**Nucleotide**
Bakterielle Zellen	70S	$2{,}5 \times 10^6$	groß	50S	$1{,}6 \times 10^6$	34	23S	2.900
							5S	120
			klein	30S	$0{,}9 \times 10^6$	21	16S	1.540
Eukaryotische Zellen	80S	$4{,}2 \times 10^6$	groß	60S	$2{,}8 \times 10^6$	ungefähr 46	25 – 28S	≤ 4.700
							5,8S	160
							5S	120
			klein	40S	$1{,}43 \times 10^6$	ungefähr 32	18S	1.900

* *Falls es Sie überraschen sollte, dass die Untereinheiten addiert nicht einem ganzen Ribosom entsprechen, so rufen Sie sich bitte in Erinnerung, dass der S-Wert ein Maß für die Geschwindigkeit ist, mit der ein Partikel nach Zentrifugation sedimentiert, und nur indirekt mit der Masse des Partikels in Beziehung steht.*

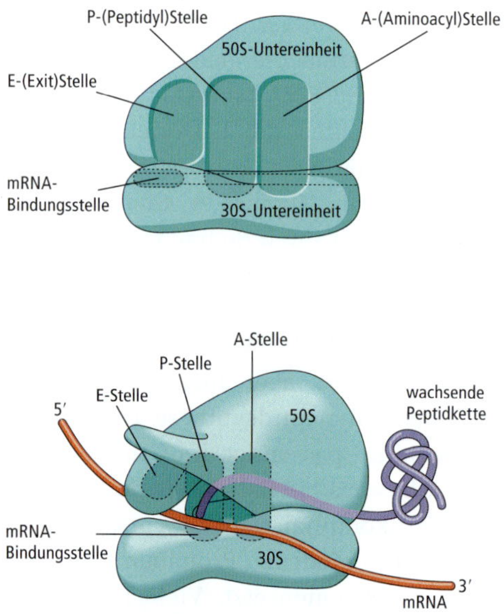

Abbildung 22.2: Bindungsstellen eines Ribosoms. Ribosomen enthalten A- und P-Bindungsstellen, an die sich während der Polypeptidsynthese tRNA-Moleküle anknüpfen, die Aminosäuren transportieren. Außerdem gibt es eine E-Stelle, von der aus entladene tRNAs das Ribosom verlassen. Die mRNA-Bindungsstelle bindet eine spezifische Nucleotidsequenz nahe des 5′-Endes der mRNA. Dadurch wird die mRNA in die richtige Position für die Translation ihres ersten Codons gebracht. Alle Bindungsstellen liegen an oder nahe der Schnittstelle zwischen den großen und den kleinen Untereinheiten. In der oberen Zeichnung, die eine schematische Darstellung des bakteriellen Ribosoms ist, zeigen die beiden horizontalen gestrichelten Linien die Lage des mRNA-Moleküls an. Die untere Zeichnung entspricht mehr der Realität.

Auf dem Ribosom gibt es vier Stellen, die hinsichtlich der Proteinsynthese von besonderer Bedeutung sind (▸*Abbildung 22.2*). Dabei handelt es sich um die **mRNA-Bindungsstelle** und drei Bindungsstellen, an die tRNA binden kann: eine **A-Stelle (Aminoacylstelle)**, an die neu ankommende tRNA mit seiner angefügten Aminosäure bindet, eine **P-Stelle (Peptidylstelle)**, an der die tRNA liegt, welche die wachsende Polypeptidkette transportiert, und eine **E-Stelle (Exitsite)**, von der aus die tRNAs die Ribosomen verlassen, nachdem sie ihre Aminosäuren abgeladen haben. Auf den nächsten Seiten wird klar werden, welche Funktionen diese Stellen bei der Translation übernehmen.

22.1.2 Transfer-RNA-Moleküle bringen Aminosäuren zum Ribosom

Da die Sequenz der Codons in der mRNA letztendlich die Aminosäuresequenz von Polypeptidketten bestimmt, muss es einen Mechanismus geben, der dafür sorgt, dass die Codons die Aminosäuren in der richtigen Reihenfolge anordnen können. Die grundlegenden Eigenschaften dieses Mechanismus wurden erstmalig 1957 von Francis Crick vorgestellt. Mit bemerkenswerter Weitsicht postulierte Crick, dass die Aminosäuren die Nucleotidbasensequenzen nicht direkt erkennen können und dass daher eine Art hypothetisches „Adapter"-Molekül die Wechselwirkung zwischen Aminosäuren und mRNA vermitteln müsste. Außerdem sagte er voraus, dass jedes Adaptermolekül zwei Stellen besitzt, von denen eine Bindungsstelle eine spezifische Aminosäure bindet und die andere eine mRNA-Basensequenz erkennt, welche diese Aminosäure kodiert.

Im Jahr nach Cricks Adapterhypothese entdeckte Mahlon Hoagland eine Familie von Adaptermolekülen, auf die diese vorhergesagten Merkmale zutrafen. Bei der Untersuchung des Prozesses der Proteinsynthese in zellfreien Systemen hatte Hoagland herausgefunden, dass radioaktive Aminosäuren zuerst kovalent an kleine RNA-Moleküle gebunden werden. Durch Anfügen dieser Aminosäure-RNA-Komplexe an Ribosomen begannen Proteinsynthese und Aufnahme radioaktiver Aminosäuren in neue Proteine. Daraus folgerte Hoagland, dass Aminosäuren zu Beginn an kleine RNA-Moleküle gebunden werden, welche die Aminosäuren dann zum Ribosom transportieren, wo sie anschließend in neu entstehende Polypeptidketten eingefügt werden.

Die kleinen, von Hoagland entdeckten RNA-Moleküle wurden als **Transfer-RNAs (tRNAs)** bezeichnet. Gemäß ihrer Rolle als Vermittler zwischen mRNA und Aminosäuren sind die tRNA-Moleküle in zweifacher Hinsicht spezifisch: Jede tRNA bindet an eine spezifische Aminosäure, und jede tRNA erkennt gemäß des genetischen Codes ein oder mehrere mRNA-Codons, welche die jeweilige Aminosäure spezifizieren. Transfer-RNAs binden über Esterbindungen an ihre zugehörigen Aminosäuren. Die Esterbindung knüpft die Aminosäure an die 2′- oder 3′-Hydroxylgruppe des Adenin-Nucleotids, das am 3′-Ende aller tRNA-Moleküle liegt (▸*Abbildung 22.3a*). Für die Wahl der richtigen Aminosäure für jede tRNA sind die Enzyme verantwortlich, welche die Bildung der Esterbindung katalysieren (darauf werden wir gleich eingehen). Vereinbarungsgemäß wird die Bezeichnung der Aminosäure, die an eine bestimmte tRNA bindet, mit hochgestellten Buchstaben angegeben. tRNA-Moleküle, die für Alanin spezifisch sind, bezeichnet man somit als $tRNA^{Ala}$. Nach-

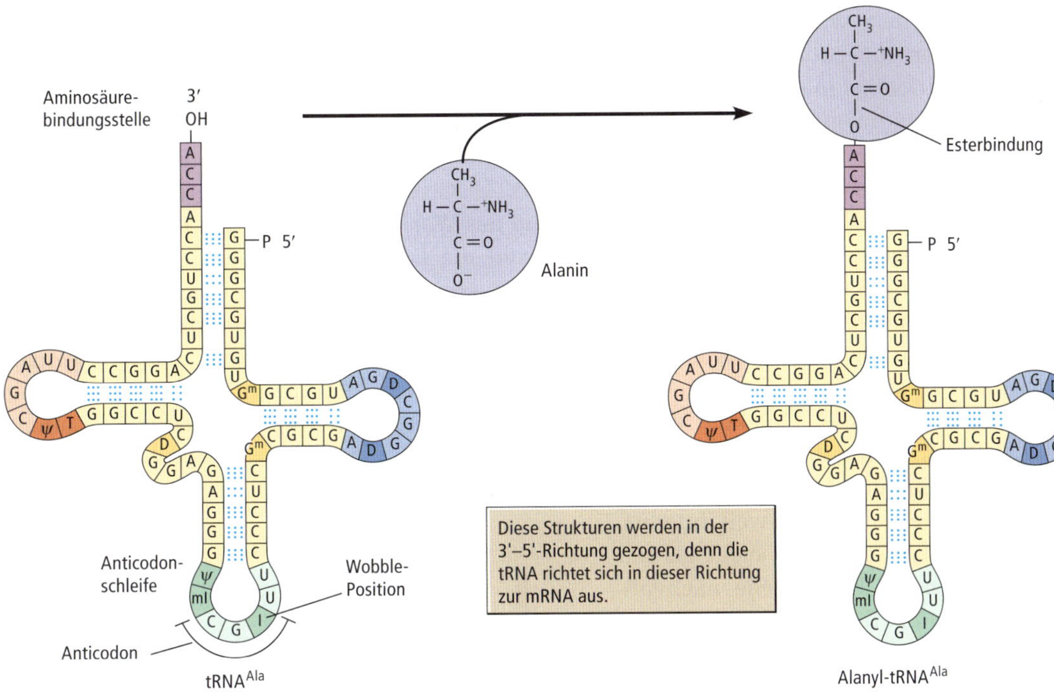

(a) Sekundärstruktur der tRNA vor und nach Bindung der Aminosäure

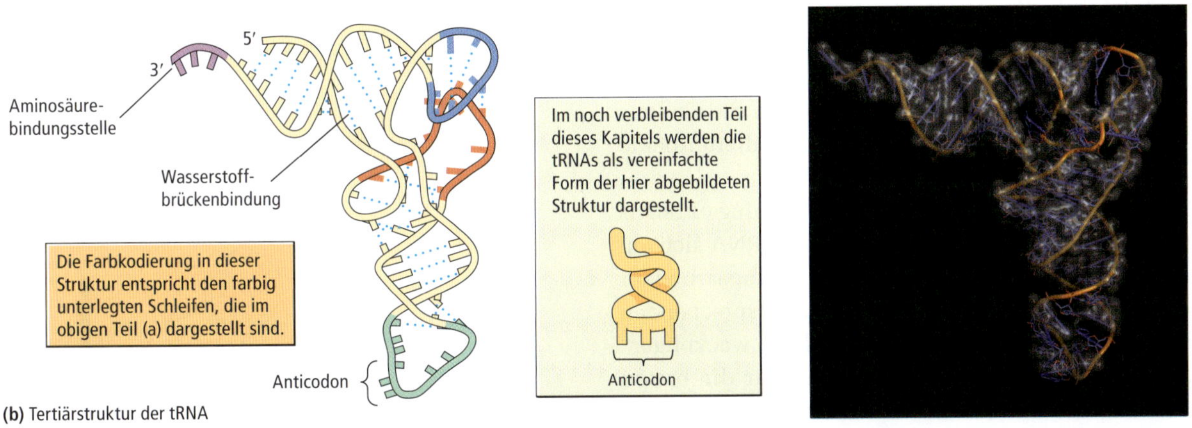

(b) Tertiärstruktur der tRNA

Abbildung 22.3: Struktur und Aminoacylierung einer tRNA. (a) Die Alanin-tRNA der Hefe enthält ebenso wie alle tRNA-Moleküle drei große Schleifen, vier basengepaarte Regionen, ein Anticodontriplett und eine 3′-terminale Sequenz aus CCA. An diese kann über eine Esterbindung die richtige Aminosäure geknüpft werden. Die modifizierten Basen sind dunkel unterlegt und ihre Bezeichnungen (als Nucleoside) wurden folgendermaßen abgekürzt: I für Inosin, mI für Methylinosin, D für Dihydrouridin, T für Ribothymin, ψ für Pseudouridin und G^m für Methylguanosin. (Was die Bedeutung der Wobble-Position im Anticodon betrifft, so schauen Sie sich bitte *Abbildung 22.4* an.) (b) In der L-förmigen Tertiärstruktur einer tRNA liegt die Bindungsstelle der Aminosäure an einem und das Anticodon am anderen Ende. Das rechte Bild zeigt ein dreidimensionales Modell der Phenylalanin-tRNA der Hefe. Die molekulare Oberfläche ist durchsichtig grau und das RNA-Rückgrat ist orange.

dem die Aminosäure gebunden wurde, nennt man die tRNA **Aminoacyl-tRNA** (z. B. Alanyl-$tRNA^{Ala}$). Man bezeichnet die tRNA nun als *beladen* und die gebundene Aminosäure als *aktiviert*.

Transfer-RNA-Moleküle sind in der Lage, Codons in der mRNA zu erkennen, denn jede tRNA besitzt ein **Anticodon**. Ein Anticodon ist eine besondere Trinucleotid-Sequenz (Sequenz aus drei Nucleotiden), die in einer der Schleifen des tRNA-Moleküls liegt (*Abbildung 22.3a*). Das Anticodon jeder tRNA ist mit einem oder mehreren mRNA-Codons komplementär, welche die Aminosäure spezifizieren, die von der tRNA transportiert wird. Daher *können tRNA-Moleküle dank der Anticodons durch komplementäre Basenpaarung Codons in der mRNA erkennen.* Bitte achten Sie stets darauf, wie Codons und Anticodons geschrieben werden: Codons in der mRNA werden in der 5′→3′-Richtung geschrieben, während Anticodons in der tRNA im Allgemeinen in der 3′→5′-Richtung angegeben werden. Somit ist eines der Codons für Alanin 5′-GCC-3′, und das entsprechende Anticodon in der tRNA ist 3′-CGG-5′.

Da der genetische Code mit 61 Codons arbeitet, um die Aminosäuren zu spezifizieren, könnten Sie erwarten, 61 verschiedene tRNA-Moleküle vorzufinden, die an der Proteinsynthese mitwirken. Jedes tRNA-Molekül würde ein anderes Codon erkennen. Die Anzahl der tRNAs liegt allerdings weit unter 61, denn viele tRNA-Moleküle erkennen mehr als nur ein Codon. Diese Tatsache können Sie nachvollziehen, wenn Sie sich die Tabelle des genetischen Codes anschauen (siehe *Abbildung 21.6*). Codons, die sich in der dritten Base unterscheiden, kodieren häufig die gleiche Aminosäure. Zum Beispiel kodieren UUU und UUC Phenylalanin, UCU, UCC, UCA und UCG kodieren alle Serin und so weiter. In diesen Fällen kann die gleiche tRNA an mehr als ein Codon binden und begeht dabei keinen Fehler. Eine einzige tRNA kann beispielsweise die Codons UUU und UUC erkennen, denn sie kodieren beide die Aminosäure Phenylalanin.

Aufgrund dieser Überlegungen schlug Francis Crick die Theorie vor, dass mRNA und tRNA sich auf dem Ribosom so auflagern, dass die Basenpaarung für die dritte Base des Codons und der entsprechenden Base im Anticodon flexibler oder „wackeliger“ (engl.: *to wobble* = wackeln) ist als für die ersten beiden Basen. Gemäß dieser **Wobble-Hypothese** ermöglicht die Flexibilität der Codon-Anticodon-Bindung die Bildung auch ungewöhnlicher Paarungen (▶*Abbildung 22.4*). Die seltene Base Inosin (I), die in anderen RNA-Molekülen außerordentlich selten vorkommt, tritt häufig in der Wobble-Position von tRNA-Anticodons auf (siehe *Abbildung 22.3a*). Inosin ist die flexibelste aller Basen auf Position drei, denn sie kann mit U, C oder A eine Basenpaarung eingehen. Eine tRNA mit dem Anticodon 3′-UAI-5′ kann zum Beispiel die Codons AUU, AUC und AUA erkennen, die alle die Aminosäure Isoleucin kodieren.

Aufgrund des Wobble-Effekts werden für einige Aminosäuren weniger tRNA-Moleküle als Aminosäuren-spezifizierende Codons benötigt. Im Fall von Isoleucin kann eine Zelle alle drei Codons mit einem einzigen tRNA-Molekül translatieren, dessen Anticodon 3′-UAI-5′ lautet. Ähnlich verhält es sich mit den sechs Codons für die Aminosäure Isoleucin (UUA, UUG, CUU, CUC, CUA und CUG), die aufgrund des Wobble-Effekts nur drei tRNAs benötigen. Obwohl die Existenz des Wobble-Effekts bedeutet, dass ein einziges tRNA-Molekül mehr als ein Codon erkennen kann, kodieren die verschiedenen Codons, die von einer bestimmten tRNA erkannt werden, immer die gleiche Aminosäure. Der Wobble-Effekt führt also nicht zur Insertion falscher Aminosäuren.

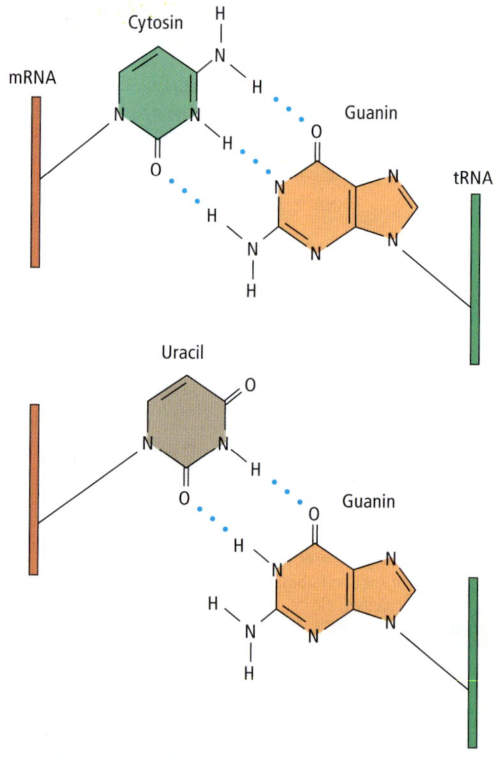

im Codon erkannte Basen (nur die dritte Position)	Base im Anticodon
U	A
G	C
A or G	U
C or U	G
U, C, or A	I (Inosin)

Abbildung 22.4: Die Wobble-Hypothese. Die beiden Zeichnungen veranschaulichen, wie eine leichte Verschiebung oder ein „Wackeln" (engl. *wobble*) der Positionen der Base Guanin in einem tRNA-Anticodon eine Basenpaarung mit Uracil (unten) anstatt der normalerweise komplementären Base Cytosin (oben) ermöglichen würde. Die Tabelle fasst die Basenpaarungen zusammen, die an der dritten Position eines Codons entsprechend der Wobble-Hypothese toleriert werden.

22.1.3 Aminoacyl-tRNA-Synthetasen verbinden Aminosäuren mit den richtigen Transfer-RNAs

Bevor ein tRNA-Molekül seine Aminosäure zum Ribosom transportieren kann, muss die Aminosäure kovalent mit der tRNA verknüpft werden. Für die Bindung der Aminosäuren an ihre entsprechenden tRNAs sind Enzyme verantwortlich, die **Aminoacyl-tRNA-Synthetasen**. Typischerweise haben Zellen 20 verschiedene Aminoacyl-tRNA-Synthetasen; jeweils eine Aminoacyl-tRNA-Synthetase für die 20 verschiedenen Aminosäuren, die zur Proteinsynthese benötigt werden. Zellen, welche die ungewöhnlichen Aminosäuren 21 und 22 einsetzen, Selenocystein und Pyrrolysin, enthalten auch für diese Aminosäuren besondere tRNAs und Aminoacyl-tRNA-Synthetasen. Wenn mehr als nur eine tRNA für eine bestimmte Aminosäure vorhanden ist, erkennt die für die jeweilige Aminosäure spezifische Aminoacyl-tRNA-Synthetase jede der tRNAs. Einige Zellen besitzen weniger als 20 Aminoacyl-tRNA-Synthetasen. In solchen Fällen kann die gleiche Aminoacyl-tRNA-Synthetase die Bindung von zwei verschiedenen Aminosäuren an ihre entsprechenden tRNAs katalysieren. Sie kann aber auch eine falsche Aminosäure an ein tRNA-Molekül binden. Diese „Fehler" werden dann von einem zweiten Enzym richtiggestellt, das die falsche Aminosäure nach der Bindung an die tRNA verändert.

Aminoacyl-tRNA-Synthetasen katalysieren die Anheftung von Aminosäuren an ihre entsprechenden tRNAs. Dies erfolgt über eine Esterbindung und geht mit der Hydrolyse von ATP zu AMP und Pyrophosphat einher:

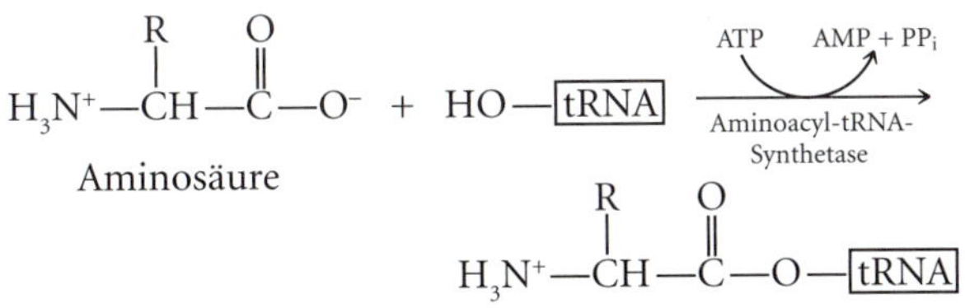

Die Reaktionsschritte sind in ▶*Abbildung 22.5* dargestellt. Die Antriebskraft für diese Reaktion liefert die Hydrolyse von Pyrophosphat zu zwei anorganischen Phosphatmolekülen (2 P_i).

Das Produkt ist eine Aminoacyl-tRNA. Die Esterbindung zwischen der Aminosäure und der tRNA ist eine „hochenergetische" Bindung. Dieser Ausdruck bedeutet einfach, dass die Hydrolyse der Bindung ausreichend Energie freisetzt, um die Bildung einer Peptidbindung anzutreiben, die schließlich die Aminosäure an eine wachsende Polypeptidkette anfügt. Der Vorgang der Aminoacylierung eines tRNA-Moleküls wird aus diesem Grund als *Aminosäureaktivierung* bezeichnet, denn eine Aminosäure wird sowohl an die richtige tRNA gebunden als auch für die nachfolgende Bildung einer Peptidbindung aktiviert.

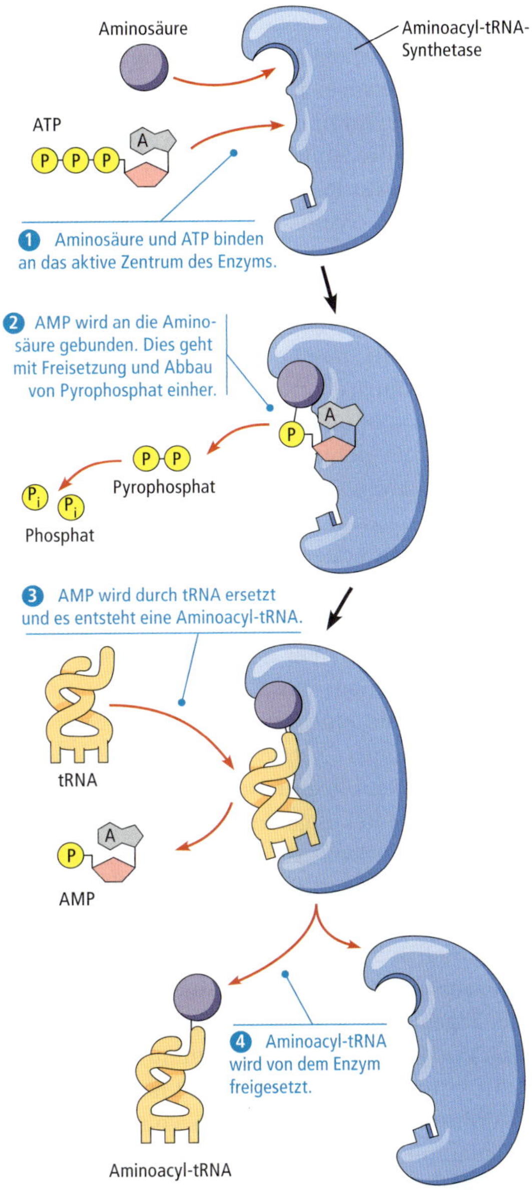

Abbildung 22.5: Aminosäureaktivierung durch eine Aminoacyl-tRNA-Synthetase. Dieses Enzym katalysiert die Bildung einer Esterbindung zwischen der Carboxylgruppe einer Aminosäure und dem 3'-OH-Ende der entsprechenden tRNA. Dadurch entsteht eine Aminoacyl-tRNA.

Wie identifizieren Aminoacyl-tRNA-Synthetasen die für sie passende Aminosäure? Aufgrund von Unterschieden in den Basensequenzen der verschiedenen tRNA-Moleküle können die Synthetasen diese voneinander unterscheiden, und überraschenderweise ist das Anticodon nicht das einzige Erkennungsmerkmal. Veränderungen der Basensequenz des Anticodon-Tripletts oder des 3′-Endes eines tRNA-Moleküls können die Aminosäure, an welche die tRNA bindet, ändern. Somit erkennt die Aminoacyl-tRNA-Synthetase Nucleotide, die in mindestens zwei verschiedenen Regionen von tRNA-Molekülen lokalisiert sind, wenn sie sich die tRNA aussuchen, die an eine bestimmte Aminosäure gebunden werden soll. Nach Bindung der Aminosäure an ein tRNA-Molekül findet ein Korrekturlesen des Endproduktes durch die Aminoacyl-tRNA-Synthetase statt. So wird gewährleistet, dass die richtige Aminosäure verwendet wurde. Das Korrekturlesen wird von einer speziellen Stelle auf der Aminoacyl-tRNA-Synthetase ausgeführt, welche die falsche Aminosäure erkennt und dann die Bindung der falschen Aminosäure mit der tRNA hydrolysiert und spaltet.

Nachdem die richtige Aminosäure an ihre tRNA gebunden wurde, erkennt die tRNA selbst (und nicht die Aminosäure) das entsprechende Codon in der mRNA. Den ersten Nachweis dafür erbrachten Francois Chapeville und Fritz Lipmann. Sie entwarfen ein elegantes Experiment, an dem die tRNA für die Aminosäure Cystein beteiligt war. Sie nahmen die tRNA, nachdem das Cystein gebunden hatte, und behandelten sie mit einem Nickelkatalysator, der das gebundene Cystein in die Aminosäure Alanin umwandelte. Sie erhielten Alanin, das kovalent an ein tRNA-Molekül gebunden war, das normalerweise Cystein trägt. Als die Wissenschaftler die anormale Aminoacyl-tRNA in ein zellfreies Protein-Synthetisierungssystem gaben, wurde das Alanin an den Stellen in die Polypeptidketten eingebaut, die normalerweise vom Cystein besetzt werden. Diese Ergebnisse bewiesen, dass Codons in der mRNA die tRNA-Moleküle und nicht ihre gebundenen Aminosäuren erkennen. Somit ist die Spezifität der Aminoacyl-tRNA-Synthetase von entscheidender Bedeutung für die Genauigkeit der Genexpression, denn sie stellt sicher, dass an jede tRNA die richtige Aminosäure gebunden wird.

22.1.4 Messenger-RNA bringt Information über die Polypeptide zum Ribosom

Wie sie in *Kapitel 21* gelernt haben, steuert die Codonsequenz in der mRNA die Reihenfolge, in der Aminosäuren während der Proteinsynthese verknüpft werden. Daher bestimmt die mRNA, die zufällig an ein bestimmtes Ribosom bindet, welches Polypeptid von dem Ribosom hergestellt werden wird. Bei Eukaryoten, deren Transkription im Zellkern stattfindet und deren Proteinsynthese vorrangig im Cytoplasma abläuft, muss die mRNA zuerst aus dem Zellkern heraus transportiert werden. Dieser Export wird von mRNA-Bindeproteinen vermittelt, die Aminosäuresequenzen enthalten, die man als *nucleäre Exportsignale* (*NES*; engl.: *nuclear export signals*) bezeichnet. Sie zielen auf das für den Transport durch die Kernporen bestimmte Protein (und damit auf dessen gebundene mRNA) ab. Dieser Schritt ist bei kernlosen Bakterien nicht erforderlich. Aus diesem Grund sind Transkription und Translation bei bakteriellen Zellen häufig gekoppelt – das heißt, die Ribosomen können mit der Translation einer mRNA beginnen, bevor die Transkription der DNA beendet wurde (siehe *Abbildung 21.16*).

Das Herzstück jeder Messenger-RNA ist selbstverständlich ihre Nachricht – die Nucleotidsequenz, die ein Polypeptid kodiert. Die mRNAs besitzen allerdings an jedem Ende auch Sequenzen, die nicht translatiert werden (▶*Abbildung 22.6*). Die nicht-translatierte Sequenz am 5′-Ende einer mRNA liegt vor dem **Startcodon**. Das Startcodon ist das erste Codon, das translatiert wird. AUG ist das am häufigsten vorkommende Startcodon, obwohl auch einige andere Tripletts gelegentlich dafür genutzt werden. Die nicht-translatierte Sequenz am 3′-Ende folgt dem **Stoppcodon**. Das Stoppcodon signalisiert das Ende der Translation und kann UAG, UAA oder UGA sein. Die nicht-translatierten Regionen am 5′- und 3′-Ende können nur wenige Dutzend Nucleotide lang sein oder eine Länge von mehreren Hundert Nucleotiden umfassen. Obwohl diese Sequenzen nicht translatiert werden, ist ihre Existenz von grundlegender Bedeutung für die richtige Funktion der mRNA. Zu den nicht-translatierten Regionen eukaryotischer mRNA gehören eine 5′-Kappe und ein 3′-Poly(A)-Schwanz. Beide haben wir in *Kapitel 21* beschrieben. Sie werden nun sehen, dass die 5′-Kappe bei der Initiation der Translation bei Eukaryoten eine wichtige Aufgabe übernimmt.

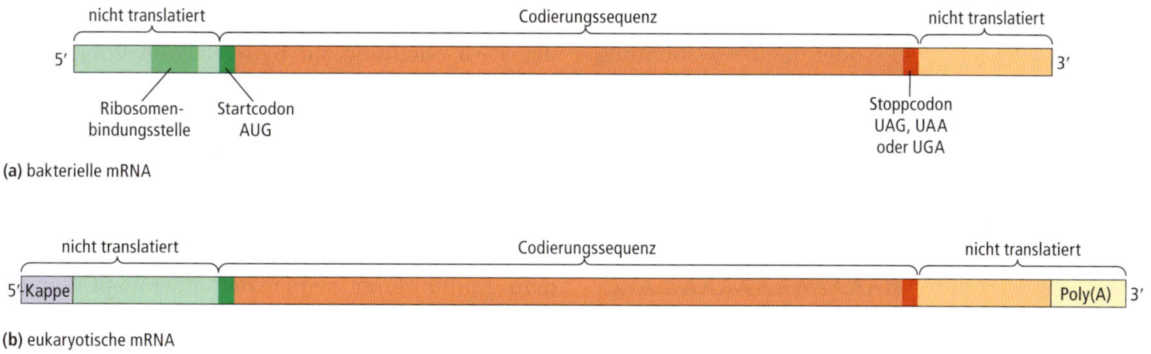

Abbildung 22.6: Vergleich bakterieller und eukaryotischer Messenger-RNA. (a) Ein bakterielles mRNA-Molekül, das ein einziges Polypeptid kodiert, besitzt die hier aufgeführten Merkmale. (Eine polycistronische bakterielle mRNA würde im Allgemeinen eine Reihe dieser Merkmale für jedes Gen besitzen.) (b) Ein eukaryotisches mRNA-Molekül hat außerdem eine 5′-Kappe und einen 3′-Poly(A)-Schwanz. Ihm fehlt eine Ribosomenbindungsstelle (eine nach ihren Entdeckern als Shine-Dalgarno-Sequenz bezeichnete Nucleotidsequenz).

Bei den Eukaryoten sind die meisten mRNA-Moleküle *monocistronisch* (das heißt, sie kodieren ein einziges Polypeptid). Bei den Bakterien und den Archaea sind einige mRNAs *polycistronisch* – sie kodieren mehrere funktional verwandte Polypeptide in einer Zelle. Die Gencluster, aus denen polycistronische mRNAs hervorgehen, sind einzelne Transkriptionseinheiten, die man als *Operons* bezeichnet. In *Kapitel 23* werden wir uns im Rahmen der Genregulation mit den Operons beschäftigen. Obwohl polycistronische RNAs sehr häufig als Merkmal der Prokaryoten betrachtet werden, bilden auch Eukaryoten polycistronische RNAs. In einigen Fällen, beispielsweise bei dem Nematoden *Caenorhabditis elegans*, ist nur die Prä-mRNA polycistronisch. Eine anschließende RNA-Prozessierung führt zu einzelnen, monocistronischen RNAs, die separat translatiert werden. Bei anderen Eukaryoten bleiben dicistronische RNAs (d. h. RNAs, die zwei Proteine kodieren) verbunden und werden zusammen translatiert.

22.1.5 Zur Initiation, Elongation und Termination von Polypeptidketten werden Proteinfaktoren benötigt

Außer den Aminoacyl-tRNA-Synthetasen und den Proteinkomponenten des Ribosoms ist für die Translation auch die Mitwirkung mehrerer anderer Proteinmoleküle notwendig. Einige dieser *Proteinfaktoren* werden für die Initiation der Translation benötigt, andere für die Elongation der Polypeptidkette und wieder andere für die Termination der Polypeptidsynthese. Die Rollen der benötigten Faktoren werden deutlich, wenn wir die Mechanismen der Translation darstellen.

22.2 Der Mechanismus der Translation

Die Translation von mRNAs zu Polypeptiden ist ein geordneter, schrittweise ablaufender Vorgang. Er beginnt mit der Synthese einer Polypeptidkette an dem Ende mit einer freien Aminogruppe (*N-Terminus*) und fügt so lange sequenziell Aminosäuren an die wachsende Polypeptidkette an, bis das Carboxylende (*C-Terminus*) erreicht ist. Der erste experimentelle Nachweis dieses Mechanismus wurde 1961 von Howard Dintzis erbracht, der sich mit der Hämoglobinsynthese in sich entwickelnden Blutkörperchen beschäftigte, die er kurzzeitig mit radioaktiven Aminosäuren inkubierte. Dintzis stellte folgende Überlegung an: Hält man die Inkubationszeit relativ kurz, dann sollte die Radioaktivität in den fertiggestellten Hämoglobinketten dort konzentriert sein, wo sich das zuletzt synthetisierte Ende des Moleküls befindet. Er stellte fest, dass die höchste Konzentration der Radioaktivität in synthetisierten Hämoglobinketten am C-Terminus lag. Dieser Befund verwies darauf, dass der C-Terminus als letzter Teil der Polypeptidkette synthetisiert wurde. Daraus zog er die Schlussfolgerung, dass während der Translation der mRNA *die Aminosäuren zuerst an der wachsenden Polypeptidkette angefügt werden, und zwar beginnend am N-Terminus und dann zum C-Terminus fortschreitend.*

Theoretisch kann die mRNA während der Translation entweder in 5′→3′- oder in 3′→5′-Richtung gelesen werden. Die ersten Versuche, die Richtung zu bestimmen, in der die mRNA tatsächlich gelesen wird, wurden mit künstlichen RNA-Molekülen unternommen. Ein typisches Beispiel für eine synthetische RNA, die man durch Anfügen der Base Cytosin an das 3′-Ende eines Poly(A)-Schwanzes erzeugen kann, ergibt 5′-AAAAAAAAAAAA...AAC-3′. Fügt man diese RNA einem zellfreien Protein-Synthetisierungssystem zu, so stimuliert die RNA die Synthese eines Polypeptids, das am C-Terminus ein Teilstück aus Lysinresten mit einem Asparagin besitzt. Da AAA Lysin und AAC Asparagin kodieren, bedeutet dies, dass *die mRNA in der 5′→3′-Richtung gelesen und übersetzt wird.* Dieser Befund wurde durch viele Untersuchungen bestätigt, bei denen man die Basensequenzen natürlich auftretender mRNAs mit den Aminosäuresequenzen der Polypeptidketten verglich, die sie kodieren. Immer stimmte die Aminosäuresequenz der Polypeptidkette mit der Reihenfolge der mRNA-Codons überein, die in der 5′→3′-Richtung gelesen werden.

Um zu verstehen, wie die Translation der mRNA in der 5′→3′-Richtung zur Synthese von Polypeptiden vom N-Terminus Richtung C-Terminus führt, müssen wir den Translationsvorgang in drei Schritte unterteilen, wie in ▶*Abbildung 22.7* dargestellt: ❶ einen *Initiationsschritt*, während dem die mRNA an das Ribosom gebunden und für die richtige Translation positioniert wird; ❷ einen *Elongationsschritt*, in dem Aminosäuren sequenziell über Peptidbindungen verknüpft werden, wobei die Reihenfolge durch die Anordnung der Codons in der mRNA bestimmt wird, und ❸ die *Termination*, in der die mRNA und die neu synthetisierte Polypeptidkette vom Ribosom freigegeben werden.

In den folgenden Abschnitten werden wir jeden dieser Schritte genau untersuchen. Obwohl wir bakterielle Zellen in den Mittelpunkt unserer Diskussion der Translation stellen, deren Mechanismen gut verstanden sind, sind die entsprechenden Ereignisse bei Eukaryoten durchaus vergleichbar. Die Aspekte, durch die sich Bakterien und Eukaryoten hinsichtlich der Translation voneinander unterscheiden, beziehen sich hauptsächlich auf die Initiation. Darauf werden wir im nächsten Abschnitt eingehen.

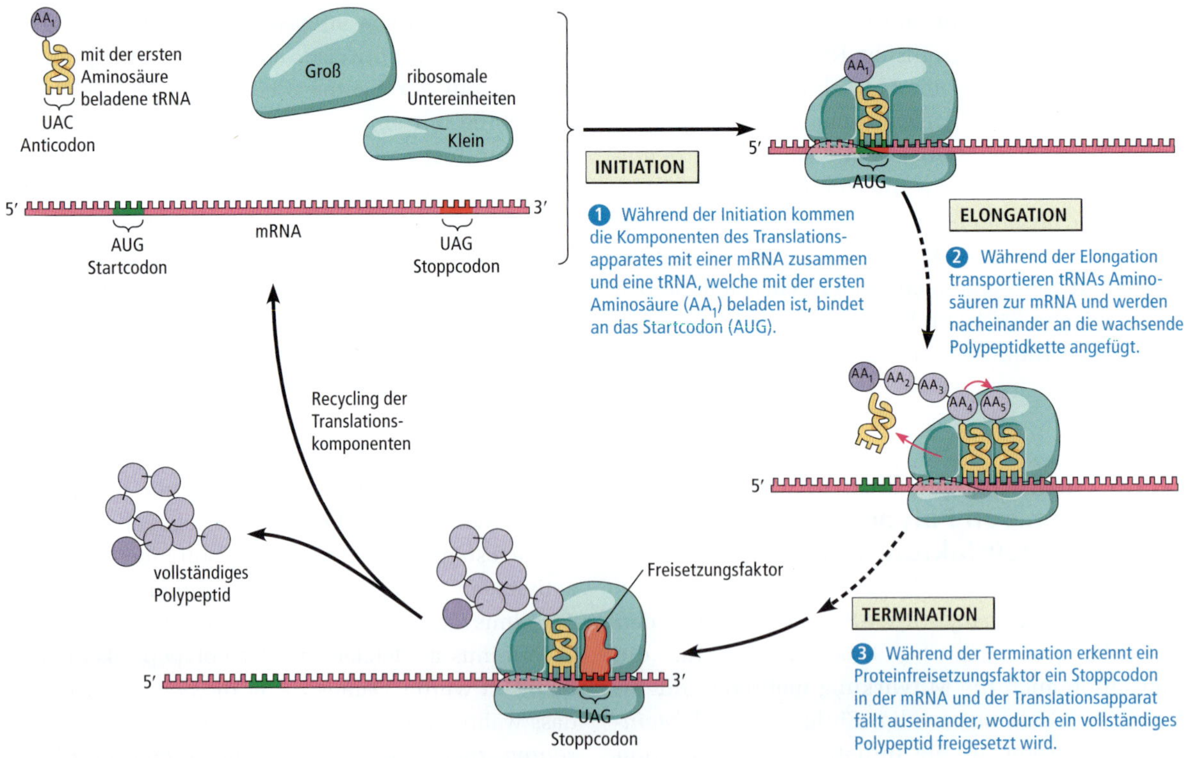

Abbildung 22.7: Überblick über die Translation. Die Translation läuft in drei Schritten ab: Initiation, Elongation und Termination.

22.2.1 Zur Initiation der Translation werden Initiationsfaktoren, ribosomale Untereinheiten, mRNA und Initiator-tRNA benötigt

Bakterielle Initiation In ▸*Abbildung 22.8* wird die Initiation der Translation bei Bakterien veranschaulicht. Es ist zu sehen, dass die Initiation in drei einzelne Schritte unterteilt werden kann. In Schritt ❶ binden die **Initiationsfaktoren** – IF1, IF2 und IF3 – an die kleine (30S) ribosomale Untereinheit, wobei GTP an IF2 bindet. Die Gegenwart von IF3 zu diesem frühen Zeitpunkt der Initiation verhindert, dass die 30S-Untereinheit zu früh mit der 50S-Untereinheit assoziiert.

In Schritt ❷ binden mRNA und tRNA, welche die erste Aminosäure trägt, an die ribosomale 30S-Untereinheit. Die mRNA wird über eine besondere Nucleotidsequenz, die Ribosomenbindungsstelle der mRNA (die man auch nach ihren Entdeckern als *Shine-Dalgarno-Sequenz* bezeichnet), in ihrer richtigen Ausrichtung an die 30S-Untereinheit gebunden. Diese Sequenz setzt sich aus einem Teilstück aus drei bis neun Purinnucleotiden (häufig AGGA) zusammen, das etwas stromaufwärts des Startcodons liegt. Diese Purine in der mRNA bilden komplementäre Basenpaare mit einer Pyrimidin-reichen Sequenz am 3′-Ende der 16S-rRNA, welche die *mRNA-Bindungsstelle* des Ribosoms bildet. Die Bedeutung der mRNA-Bindungsstelle wurde durch Untersuchungen mit

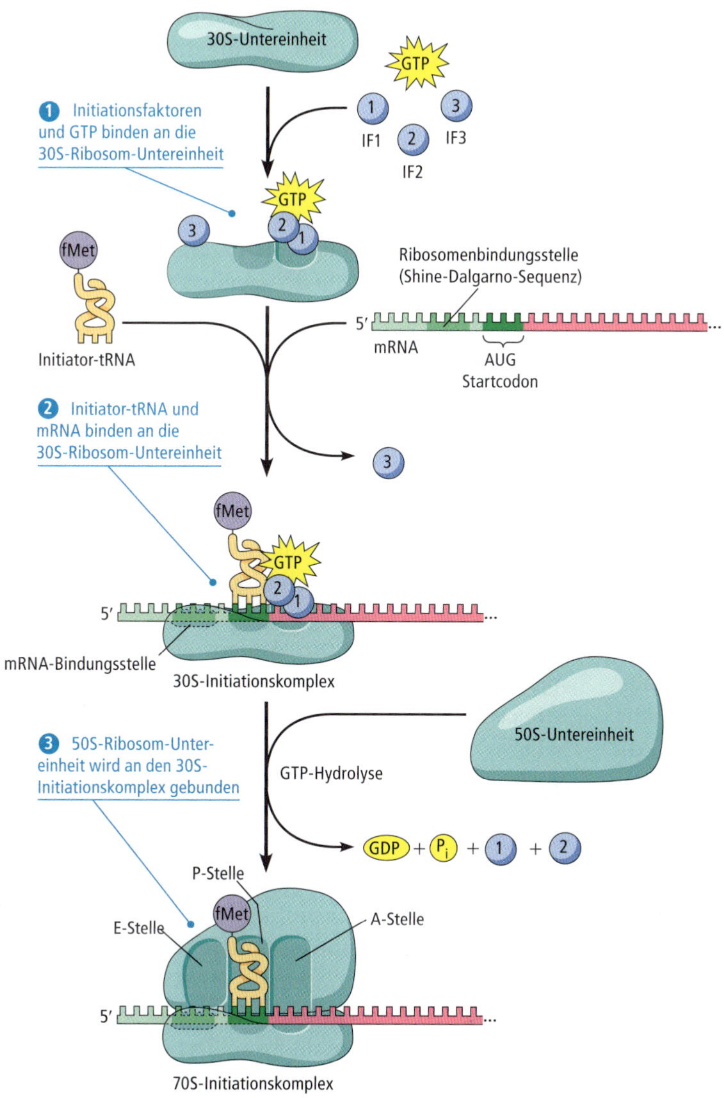

Abbildung 22.8: Initiation der Translation bei Bakterien. Der Zusammenbau des 70S-Translations-Initiations-Komplexes erfolgt in drei Schritten. ❶ Drei Initiationsfaktoren (IF1, IF2 und IF3) plus GTP binden an die kleine ribosomale Untereinheit. ❷ Die Initiator-Aminoacyl-tRNA und mRNA werden gebunden. Die mRNA-Bindungsstelle setzt sich, zumindest teilweise, aus einem Teil der 16S-rRNA der kleinen ribosomalen Untereinheit zusammen. ❸ Die große ribosomale 50S-Untereinheit bindet an den Komplex. Der entstandene 70S-Initiations-Komplex trägt auf der P-Bindungsstelle des Ribosoms eine fMet-$tRNA^{fMet}$.

Colicinen nachgewiesen. Colicine sind Proteine, die von bestimmten *Escherichia-coli*-Stämmen gebildet werden und andere Bakterien töten. Eines dieser Proteine, Colicin E3, tötet Bakterien, indem es deren Fähigkeit, Proteine zu synthetisieren, zerstört. Nachdem es in das Cytoplasma dafür empfindlicher Bakterien gelangt ist, katalysiert Colicin E3 das Entfernen eines Nucleotidfragments mit einer Länge von 49 Basen vom 3'-Ende der 16S-rRNA. Dadurch wird die Bindungsstelle zerstört und die Ribosomen sind nicht mehr in der Lage, Polypeptide zu synthetisieren.

Die Bindung von mRNA an die mRNA-Bindungsstelle der kleinen ribosomalen Untereinheit verlagert das AUG-Startcodon der mRNA an die Proteinbindungsstelle (P-Stelle) des Ribosoms. Dort kann das Startcodon an das Anticodon der richtigen tRNA binden. Der Hinweis auf die Mitwirkung einer bestimmten tRNA-Art an diesem Schritt tauchte auf, als man entdeckte, dass ungefähr die Hälfte der Proteine von *E. coli* Methionin an den N-terminalen Enden enthält. Das überraschte sehr, denn Methionin ist eine seltene Aminosäure, die weniger als 1 % aller Aminosäuren in bakteriellen Proteinen ausmacht. Die Erklärung für ein solches Muster lag auf der Hand, als man entdeckte, dass Bakterienzellen zwei verschiedene Methionin-spezifische tRNAs enthalten: Die $tRNA^{Met}$ trägt ein normales Methionin, das für den Einbau in innere Regionen von Polypeptidketten benötigt wird, und die $tRNA^{fMet}$ ein Methionin, das nach Bindung an die tRNA in das Derivat *N-Formylmethionin* (*fMet*) umgewandelt wird (▶*Abbildung 22.9*). Im N-Formylmethionin wird die Aminogruppe des Methionins durch Anfügen einer Formylgruppe blockiert und kann daher keine Peptidbindung mit einer Aminosäure eingehen. Nur die Carboxylgruppe ist für die Bindung mit einer anderen Aminosäure frei. Daher kann N-Formylmethionin ausschließlich am N-terminalen Ende einer Polypeptidkette liegen. Es liegt also nahe, dass $tRNA^{fMet}$ als **Initiator-tRNA** wirkt und die Translation einleitet. Dieser Gedanke fand schnell Bestätigung, als man entdeckte, das bakterielle Polypeptidketten in den frühen Stadien der Synthese immer N-Formylmethionin am N-Terminus enthalten. Nach Fertigstellung der Polypeptidkette (und in einigen Fällen sogar noch während der Synthese) werden die Formylgruppe und oftmals das Methionin enzymatisch entfernt.

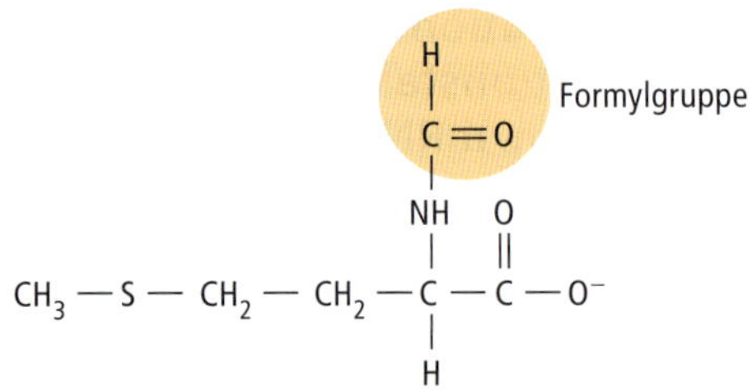

Abbildung 22.9: Struktur von N-Formylmethionin. N-Formylmethionin (fMet) ist eine modifizierte Aminosäure, mit der jedes Polypeptid in Bakterien initiiert wird.

Während der Initiation wird die an das N-Formylmethionin gebundene tRNA an die P-Bindungsstelle der ribosomalen 30S-Untereinheit gebunden. Dies geschieht mit Hilfe des Initiationsfaktors IF2 (plus GTP). Dieser Initiationsfaktor kann die Initiator-$tRNA^{fMet}$ von anderen tRNAs unterscheiden. Dank dieser Eigenschaft von IF2 können wir erklären, warum AUG-Startcodons an die Initiator-$tRNA^{fMet}$ binden, während an anderer Stelle liegende AUG-Codons an die nicht-initiierende $tRNA^{Met}$ binden. Nachdem $tRNA^{fMet}$ an die P-Bindungsstelle angedockt hat, geht dessen Anticodon mit dem AUG-Startcodon in der mRNA eine Basenpaarung ein und IF3 wird freigesetzt. Zu diesem Zeitpunkt bezeichnet man die 30S-Untereinheit, assoziiert mit assoziierten IF1, IF2-GTP, mRNA und N-Formylmethionin-$tRNA^{fMet}$, als **30S-Initiationskomplex**.

Nach Freisetzung von IF3 kann der 30S-Initiationskomplex an eine freie ribosomale 50S-Untereinheit binden. So entsteht der **70S-Initiationskomplex** (Schritt ❸ in *Abbildung 22.8*). Die 50S-Untereinheit fördert die Hydrolyse des an IF-2 gebundenen GTP, woraufhin IF2 und IF1 freigesetzt werden. In diesem Stadium sind alle drei Initiationsfaktoren freigesetzt.

Eukaryotische Initiation Anders als bei Bakterien spezifiziert das AUG-Startcodon bei Eukaryoten (und Archaea) die Aminosäure Methionin und nicht N-Formylmethionin. Weitere Unterschiede sind die Nutzung einer anderen Reihe von Initiationsfaktoren, den sogenannten *eIFs* (ungefähr ein Dutzende Proteine, die Bezeichnungen tragen wie eIF1, eIF2 und so weiter), außerdem ist die Reihenfolge des Zusammenbaus des Initiationskomplexes etwas anders, und es gibt eine besondere Initiator-$tRNA^{Met}$, die – ebenso wie die normale tRNA für Methionin, aber nicht wie die Initiator-tRNA der Bakterien – Methionin trägt, das nicht formyliert werden kann.

Zu Beginn der eukaryotischen Initiation bindet der Initiationsfaktor eIF2 (mit gebundenem GTP) an die Initiator-$tRNA^{Met}$, und zwar *bevor* die tRNA zusammen mit anderen Initiationsfaktoren, darunter *eIF1A* (dem eukaryotischen Gegenpart des bakteriellen IF1), an die kleine ribosomale Untereinheit bindet. Der so entstandene Komplex bindet an das 5′-Ende einer mRNA. Er erkennt mit Hilfe eines Kappenbinde-Initiationsfaktors, eIF4F, die 5′-Kappe. [In einigen Fällen kann der Komplex stattdessen an eine *interne Ribosomen-Eingangs-Sequenz* oder *IRES* (engl.: *internal ribosome entry sequence*) binden. Diese Sequenz liegt direkt stromaufwärts vom Startcodon bestimmter mRNA-Typen, vor allem viraler mRNAs.]

Nachdem die kleine ribosomale Untereinheit an die mRNA gebunden hat, bewegt sie sich mit der Initiator-tRNA im Schlepptau auf der mRNA entlang und beginnt im Allgemeinen am ersten AUG-Triplett, dem sie begegnet, mit der Translation. Die Nucleotide zu beiden Seiten des eukaryotischen Startcodons scheinen an der Erkennung des AUG-Tripletts mitzuwirken. Eine häufig vorkommende Startsequenz lautet ACCAUGG (die als *Kozak-Sequenz* bezeichnet wird, benannt nach dem Wissenschaftler, der entdeckte, dass viele eukaryotische mRNAs diese Sequenz besitzen). Das unterstrichene Triplett ist das eigentliche Startcodon. Nach Basenpaarung der Initiator-$tRNA^{Met}$ mit dem Startcodon verbindet sich die große ribosomale Untereinheit mit dem Komplex. Diese Reaktion wird durch die Hydrolyse von GTP erleichtert, das an den Initiationsfaktor *eIF5B* gebunden ist.

22.2.2 Kettenverlängerung durch sequenzielle Zyklen von Aminoacyl-tRNA-Bindung, Bildung von Peptidbindungen und Translokation

Nach Bildung des Initiationskomplexes wird eine Polypeptidkette durch sukzessives Anfügen von Aminosäuren synthetisiert. Die Sequenz wird von Codons in der mRNA festgelegt. Wie in ▶*Abbildung 22.10* zusammenfassend dargestellt, beinhaltet diese Elongationsphase der Polypeptidsynthese einen sich wiederholenden Zyklus aus drei Schritten, in dessen Verlauf ❶ die *Bindung einer Aminoacyl-tRNA* an das Ribosom erfolgt. Dadurch wird eine neue Aminosäure so positioniert, dass sie an die Polypeptidkette binden kann; ❷ durch *Bildung einer Peptidbindung* wird diese Aminosäure an die wachsende Polypeptidkette geknüpft und ❸ die mRNA rutscht um drei Nucleotide voran. Dies erfolgt über den Prozess der *Translokation*, wodurch das nächste Codon für die Translation in Position gebracht wird. Jeden dieser Schritte stellen wir in den folgenden Absätzen genauestens dar.

Bindung der Aminoacyl-tRNA Zu Beginn der Elongationsphase liegt das AUG-Startcodon in der mRNA an der ribosomalen P-Bindungsstelle und das zweite Startcodon (das unmittelbar stromabwärts vom Startcodon lokalisierte Codon) auf der A-Bindungsstelle. Die Elongation beginnt, wenn eine Aminoacyl-tRNA, deren Anticodon zum zweiten Codon komplementär ist, an die ribosomale A-Bindungsstelle bindet (siehe *Abbildung 22.10*, ❶). Zur Bindung dieser neuen Aminoacyl-tRNA an das Codon auf der A-Bindungsstelle sind zwei Protein-**Elongationsfaktoren** erforderlich, *EF-Tu* und *EF-Ts*. Die für diese Bindung notwendige Energie liefert die Hydrolyse von GTP. Ab diesem Zeitpunkt bindet jede neue Aminoacyl-tRNA zuerst an die A- (Aminoacyl)-Stelle – daher auch der Name.

Die Aufgabe von EF-Tu und dem an EF-Tu gebundenen GTP besteht darin, die Aminoacyl-tRNA an die A-Bindungsstelle des Ribosoms zu befördern. Der EF-Tu-GTP-Komplex fördert die Bindung aller Aminoacyl-tRNAs mit *Ausnahme der Initiator-tRNA* an das Ribosom. Somit wird sichergestellt, dass stromabwärts vom Startcodon lokalisierte AUG-Codons nicht fälschlicherweise eine Initiator-tRNA für das Ribosom rekrutieren. Wenn die Aminoacyl-tRNA zum Ribosom transferiert wird, wird GTP hydrolysiert und der EF-Tu-GTP-Komplex wird freigesetzt. Die Rolle von EF-Ts besteht darin, aus EF-Tu-GDP für den nächsten Elongationszyklus EF-Tu-GTP zu erzeugen (siehe *Abbildung 22.10*, ❶).

Elongationsfaktoren erkennen nicht einzelne Anti-Codons. Das bedeutet, dass alle Aminoacyl-tRNAs (mit Ausnahme der Initiator-tRNAs) nach dem Zufallsprinzip zur A-Bindungsstelle des Ribosoms transportiert werden. Aus diesem Grund muss irgendein Mechanismus dafür sorgen, dass das Ribosom nur die richtige Aminoacyl-tRNA für die anschließende Bildung der Peptidbindung zurückbehält. Wenn das Anticodon einer neuen Aminoacyl-tRNA nicht mit dem mRNA-Codon komplementär ist, das an der A-Bindungsstelle exponiert wird, kann die Aminoacyl-tRNA nicht lang genug an das Ribosom binden, damit die GTP-Hydrolyse stattfinden kann. Wenn das Gegenstück ähnlich ist, aber nicht exakt passt, kann vorübergehend eine Bindung erfolgen und GTP wird hydrolysiert. Allerdings entsteht durch die Fehlpaarung zwischen dem Anticodon der Aminoacyl-tRNA und dem Codon auf der mRNA auf der A-Bindungsstelle eine anormale Struktur. Zumeist wird diese A-Bindungsstelle von dem Ribosom entdeckt und die gebundene Aminoacyl-tRNA wird gelöst. Dieser Mechanismus, der die Bindung falscher Aminoacyl-tRNAs verhindert, sowie das zuvor beschriebene Korrekturlesen der Aminoacyl-tRNA-Synthetasen, stellen sicher, dass die Fehlerquote der Translation im Allgemeinen bei 1:10.000 liegt.

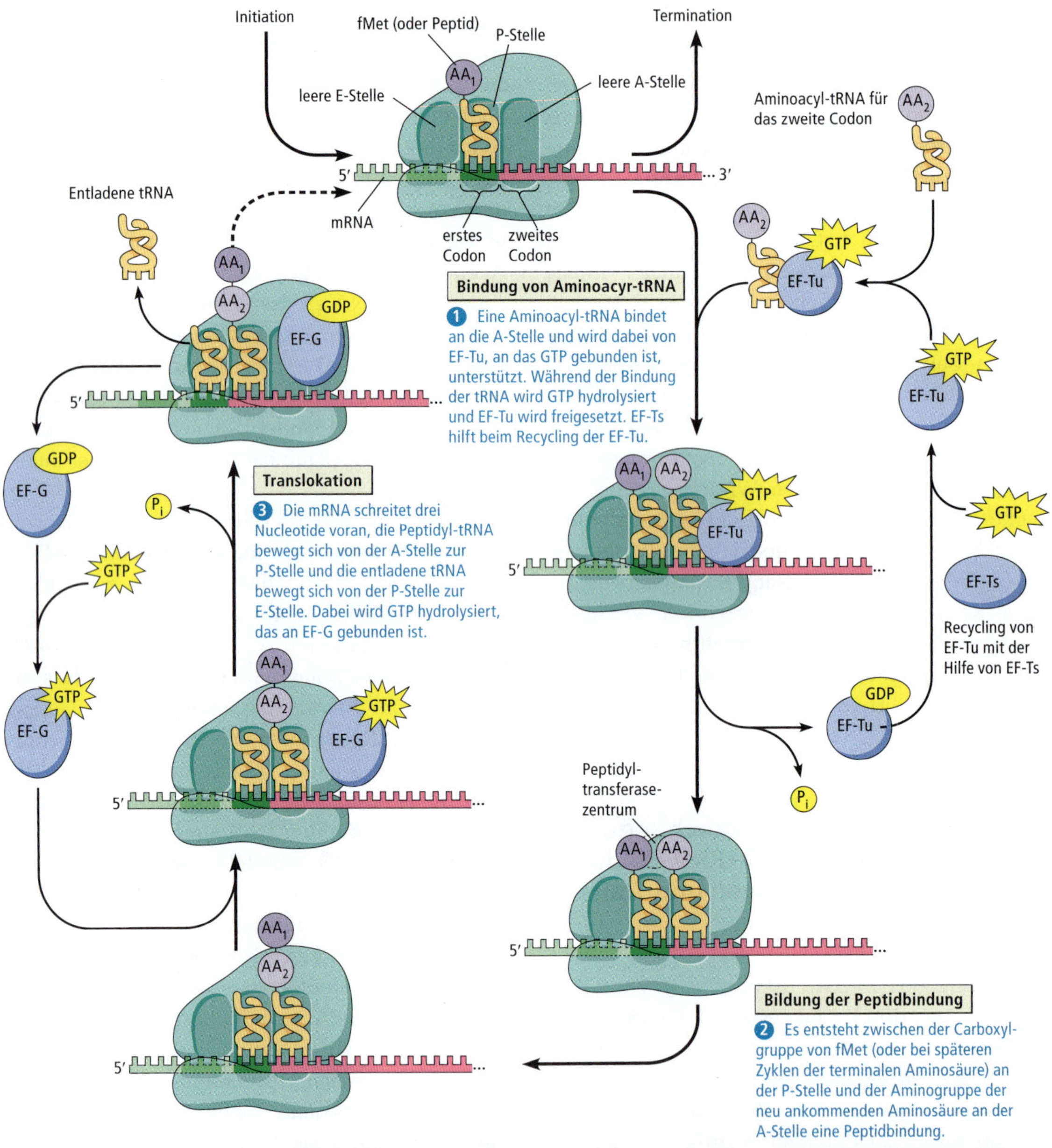

Abbildung 22.10: Elongation der Polypeptidkette bei Eukaryoten. Zur Kettenverlängerung wird eine Peptidyl-tRNA oder, wie im ersten hier dargestellten Elongationszyklus, eine fMet-tRNA^{fMet} an der ribosomalen P-Bindungsstelle benötigt. Nach Bindung der Aminoacyl-tRNA ❶ erfolgt die Bildung einer Peptidbindung, die ❷ von der Peptidyltransferaseaktivität der 23S-rRNA der großen ribosomalen Untereinheit katalysiert wird. Während der Translokation ❸ bewegt sich die Peptidyl-tRNA von der A-Bindungsstelle zur P-Bindungsstelle, nimmt die mRNA mit, bewegt die leere tRNA von der P-Bindungsstelle zur E-Stelle und verlässt das Ribosom. Das nächste mRNA-Codon liegt jetzt auf der A-Bindungsstelle, wo der gleiche Kreislauf für die nächste Aminosäure wiederholt werden kann.

Bildung der Peptidbindung Nach Bindung der richtigen Aminoacyl-tRNA an die ribosomale A-Bindungsstelle erfolgt im nächsten Schritt die Bildung der Peptidbindung zwischen der Aminogruppe der an die A-Bindungsstelle gebundenen Aminosäure und der Carboxylgruppe, welche die Initiationsaminosäure (oder wachsende Polypeptidkette) mit der tRNA an der P-Bindungsstelle verknüpft. Infolge der Peptidbindung wird die wachsende Peptidkette von der tRNA, die auf der P-Bindungsstelle lokalisiert ist, zur tRNA auf der A-Bindungsstelle verlagert (siehe *Abbildung 22.10*, ❷). Die Bildung der Peptidbindung ist der einzige Schritt der Proteinsynthese, für den weder ribosomale Proteinfaktoren noch von außen zugeführte Energie wie GTP oder ATP erforderlich sind. Die notwendige Energie wird durch Spaltung der hochenergetischen Bindung geliefert, welche die Aminosäure oder Peptidkette mit der auf der P-Bindungsstelle gelegenen tRNA verknüpft.

Viele Jahre lang nahm man an, dass die Bildung der Peptidbindung von einem hypothetischen ribosomalen Protein katalysiert wird, der **Peptidyltransferase**. 1992 wiesen Harry Noller und seine Kollegen jedoch nach, dass die große Untereinheit bakterieller Ribosomen eine Peptidyltransferase-Aktivität auch dann noch entfalten kann, wenn alle ribosomalen Proteine entfernt wurden. Im Gegensatz dazu wird die Peptidyltransferase-Aktivität schnell zerstört, wenn die rRNA abgebaut wird, indem man Ribosomen der Ribonuclease aussetzt. Aus diesen Beobachtungen kann man folgern, dass die rRNA und nicht ein ribosomales Protein für die Katalyse der Peptidbindung verantwortlich ist. Bei bakteriellen Ribosomen hat man die Peptidyltransferase-Aktivität auf der 23S-rRNA der großen ribosomalen Untereinheit lokalisiert. Dank hochauflösender Röntgenstrahlen gewann man Daten, mit deren Hilfe man die katalytische Stelle einer spezifischen Region auf der RNA-Kette zuordnen konnte. Somit ist die 23S-rRNA ein Beispiel für ein *Ribozym*. Ein Ribozym ist ein Enzym, das ausschließlich aus RNA besteht (siehe *Kapitel 6*).

Translokation Nach Bildung der Peptidbindung ist in der P-Bindungsstelle eine leere tRNA und in der A-Bindungsstelle eine Peptidyl-tRNA gebunden (die tRNA, an welche die wachsende Polypeptidkette gebunden ist). Die mRNA schreitet nun relativ zur kleinen Untereinheit um drei Nucleotide voran. Dadurch wird das nächste Codon in die richtige Position für die anstehende Translation gebracht. Während der Translokation – für diesen Prozess müssen der Elongationsfaktor *EF-G* und GTP vorübergehend an das Ribosom binden – wird die Peptidyl-tRNA von der A-Bindungsstelle auf die P-Bindungsstelle verlagert, und die leere tRNA von der P-Bindungsstelle auf die E-Bindungsstelle (engl.: *exit site*). Zwar wird dieser Vorgang in *Abbildung 22.10* als ein Schritt dargestellt ❸, doch existiert ein intermediärer „Hybrid"-Zustand. In diesem Zustand liegt die Peptidyl-tRNA noch auf der A-Bindungsstelle, während ihr Aminoacyl-Ende bereits in die Position der P-Bindungsstelle gedreht wurde. Das Anticodon der leeren tRNA liegt immer noch auf der P-Bindungsstelle, während das andere Ende bereits in die Position der E-Bindungsstelle gedreht wurde. Durch Hydrolyse des an EF-G gebundenen GTP erfolgt eine Konformationsänderung im Ribosom. Diese Konformationsänderung schließt die Verlagerung der Peptidyl-tRNA von der A-Bindungsstelle zur P-Bindungsstelle ab, und die entladene tRNA wird von der P-Bindungsstelle auf die E-Bindungsstelle überführt.

Während der Translokation bleibt die Peptidyl-tRNA über eine Wasserstoffbrückenbindung mit der um drei Nucleotide fortschreitenden mRNA verbunden. Die zentrale Rolle der Peptidyl-tRNA während der Translokation wies man mit Hilfe von mutierten tRNA-Molekülen nach, die *vier*-Nucleotid-Anticodons haben. Dabei handelt es sich um tRNAs, die über eine Wasserstoffbrückenbindung an vier Nucleotide in der mRNA gebunden sind. Während der Translokation schreitet die mRNA um vier Nucleotide voran und nicht um drei, wie es normalerweise der Fall ist. Obwohl diese Beobachtung darauf hindeutet, dass die Größe der Anticodonschleife der Peptidyl-tRNA, die an die A-Bindungsstelle gebunden ist, bestimmt, um wie viele Nucleotide die mRNA während der Translokation voranschreitet, ist die physikalische Grundlage des Mechanismus, der tatsächlich die Translokation der mRNA auf der Oberfläche des Ribosoms bewerkstelligt, noch nicht richtig aufgeklärt.

Das Endergebnis der Translokation ist, dass das nächste mRNA-Codon auf die A-Bindungsstelle verlagert wird, sodass das Ribosom nun bereit ist, die nächste Aminoacyl-tRNA aufzunehmen und einen weiteren Elongationszyklus einzuleiten. Der einzige Unterschied zwischen den nachfolgenden Elongationszyklen und dem ersten Elongationszyklus liegt darin, dass zu Beginn des ersten Elongationszyklus eine Initiator-tRNA auf der P-Bindungsstelle liegt, und zu Beginn aller folgenden Zyklen die Peptidyl-tRNA. Während weitere Aminosäuren angelagert werden, wird die mRNA in der 5'→3'-Richtung gelesen. Der Aminoterminus der wachsenden Polypeptidkette gelangt durch einen *Exittunnel* in der 50S-Untereinheit aus dem Ribosom heraus. Dort trifft er auf molekulare Chaperone (engl. für Anstandsdame; der Begriff wurde gewählt, weil die Chaperone die unreifen Proteine vor falschen Kontakten bewahren), die das Polypeptid dabei unterstützen, seine richtige dreidimensionale Struktur anzunehmen. Die Polypeptidsynthese läuft sehr schnell ab. In einer wachsenden *E.-coli*-Zelle kann innerhalb von zehn Sekunden eine Polypeptidkette aus 400 Aminosäuren synthetisiert werden.

22.2.3 Die Termination der Polypeptidsynthese wird durch Freisetzungsfaktoren ausgelöst, die Stoppcodons erkennen

Der in *Abbildung 22.10* dargestellte Elongationsvorgang wird durch weitere Elongationszyklen fortgesetzt, wobei ein Codon nach dem anderen gelesen wird und so lange weitere Aminosäuren an die Polypeptidkette gebunden werden, bis eines der drei möglichen Stoppcodons (UAG, UAA oder UGA) in der mRNA die A-Bindungsstelle des Ribosoms erreicht (▸*Abbildung 22.11*). Im Gegensatz zu anderen Codons werden Stoppcodons nicht von tRNA-Molekülen erkannt. Stattdessen werden sie von Proteinen erkannt, den **Freisetzungsfaktoren**. Freisetzungsfaktoren besitzen bestimmte Regionen („Peptidanticodons"), die auf der A-Bindungsstelle an mRNA-Stoppcodons binden. Nach Bindung an die A-Bindungsstelle zusammen mit GTP beenden die Freisetzungsfaktoren die Translokation, indem sie die Freisetzung des fertigen Polypeptids von der Peptidyl-tRNA auslösen. Im Grunde handelt es sich bei dieser Reaktion um eine hydrolytische Spaltung: Das Polypeptid wird zu einem Wassermolekül und nicht zu einer aktivierten Aminosäure transferiert. Dadurch entsteht am Ende des Polypeptids – am C-Terminus des Polypeptids – eine freie Carboxylgruppe. Das Polypeptid wird durch hydrolytische Spaltung freigesetzt, wobei GTP hydrolysiert wird. Dann löst sich das Ribosom in seine Untereinheiten auf und die tRNAs und mRNAs werden freigesetzt. Nun stehen diese Komponenten für die erneute Verwendung in einem weiteren Zyklus der Proteinsynthese zur Verfügung.

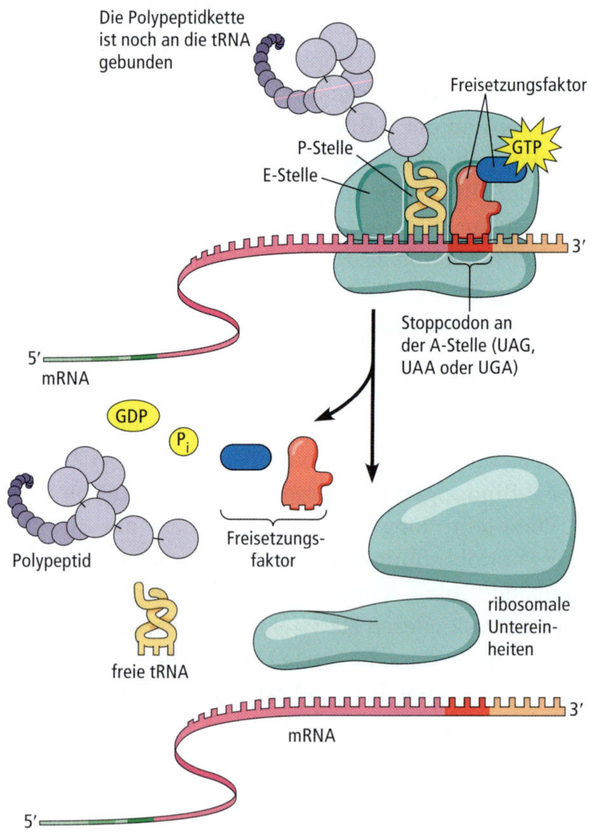

Abbildung 22.11: Termination der Translation. Wenn ein Stoppcodon – UAG, UAA oder UGA – die A-Bindungsstelle erreicht, wird es von Proteinfreisetzungsfaktoren erkannt und gebunden. Die Proteinfreisetzungsfaktoren sind mit GTP assoziiert. Die Hydrolyse von GTP geht mit der Freisetzung des fertiggestellten Polypeptids einher. Dann trennen sich tRNA, mRNA, ribosomale Untereinheiten und Freisetzungsfaktoren voneinander.

22.2.4 Die Proteinfaltung wird durch molekulare Chaperone unterstützt

Bevor die neu synthetisierten Polypeptide ihre Funktion aufnehmen können, müssen sie die richtige dreidimensionale Konfiguration annehmen. Wie in den *Kapiteln 2* und *3* dargestellt, genügt die Primärsequenz eines Proteins zur Spezifizierung der dreidimensionalen Struktur. Einige Polypeptide verfügen über einen Spontanmechanismus zur Faltung, den man im Labor nachvollziehen kann. Die Proteinfaltung in Zellen wird im Allgemeinen von Proteinen unterstützt, die man als **molekulare Chaperone** bezeichnet. Zur richtigen Faltung werden häufig mehrere, nacheinander wirkende Chaperone benötigt, wenn die wachsende Polypeptidkette zum ersten Mal aus dem Exittunnel des Ribosoms heraustritt.

Eine Schlüsselfunktion der molekularen Chaperone besteht darin, während der frühen Stadien der Faltung an die Polypeptidketten zu binden. Dadurch verhindern sie Interaktionen mit anderen Polypeptiden, bevor die sich neu faltenden Polypeptidketten ihre richtige Konformation erlangt haben. Wenn der Faltungsprozess schiefläuft, können die Chaperone manchmal falsch gefaltete Proteine retten und dabei helfen, sie richtig zu falten, oder die falsch gefalteten Proteine werden abgebaut. Allerdings neigen einige Arten falsch gefalteter Proteine dazu, an andere Proteine zu binden und so unlösliche Aggregate zu bilden, die sowohl in Zellen als auch zwischen Zellen abgelagert werden. Derartige Proteinablagerungen unterbrechen die Zellfunktion und können sogar zu Gewebeabbau und Zelltod führen. In *Exkurs 22A* wird besprochen, wie solche Ereignisse zur Entwicklung von Erkrankungen wie Alzheimer und Rinderwahn beitragen können.

Chaperone kommen in der gesamten belebten Welt vor, bei Archaea und Bakterien ebenso wie in den verschiedenen Kompartimenten eukaryotischer Zellen. Zwei der am weitesten verbreiteten Chaperonfamilien sind *Hsp70* und *Hsp60*. Das „Hsp" geht auf die ursprüngliche Bezeichnung dieser Proteine als „Hitzeschockproteine" (engl:. heat shock proteins) zurück, denn Zellen bilden diese als Antwort auf Stresssituationen, beispielsweise hohen Temperaturen. Unter solchen Bedingungen erleichtern Chaperone die Neufaltung der durch Hitze geschädigten Proteine. Mitglieder der Hsp70- und Hsp60-Chaperonfamilien haben unterschiedliche Wirkungsmechanismen, doch beide Mechanismen beinhalten ATP-abhängige Zyklen der Bindung und Freisetzung von Proteinsubstraten (zur Freisetzung wird die Hydrolyse von ATP benötigt). Molekulare Chaperone sind auch an anderen Prozessen der Proteinfaltung beteiligt. Zum Beispiel assistieren sie den Polypeptiden bei der Faltung und Zusammenlagerung zu Proteinaggregaten und – darauf werden wir später in diesem Kapitel eingehen – unterstützen den Proteintransport in die Mitochondrien und Chloroplasten, indem sie die Polypeptide vor dem Transport in diese Organellen in ungefaltetem Zustand halten.

22A ▶ Klinische Bedeutung

Erkrankungen, die auf falscher Proteinfaltung beruhen

Bevor Polypeptidketten ihre normale Funktion aufnehmen können, müssen sie richtig gefaltet werden. Beim Menschen hat man bisher mehr als ein Dutzend Erkrankungen identifiziert, die mit Defekten bei der Proteinfaltung in Zusammenhang stehen. Zu den am besten untersuchten Erkrankungen gehört die *Alzheimer-Krankheit*, eine Störung des Erinnerungsvermögens, von dem in Deutschland derzeit ca. 1,3 Millionen Menschen im Alter von über 65 Jahren betroffen sind; für das Jahr 2050 geht man von 2,6 Millionen Patienten alleine in Deutschland aus. Weltweit sind derzeit 24 Millionen Menschen erkrankt – Tendenz stark steigend. Die Symptome von Alzheimer beruhen auf der Degeneration der Hirnzellen, die zwei anormale Strukturen zeigen – intrazelluläre *Knäuel* einer polymerisierten Form eines akzessorischen Proteins der Mikrotubuli, des sogenannten *tau*, und extrazelluläre *Amyloidplaques*, die Fibrillen aus einem 40 bis 42 Aminosäuren langen Proteinfragment enthalten, *Amyloid-β* (Aβ) genannt. Die Vermutung, dass die Akkumulation von Aβ die primäre Ursache von Alzheimer ist, kam in den frühen 1990er Jahren auf. Damals stellte man fest, dass einige Formen von Alzheimer durch vererbte Mutationen im *Amyloid-Precursor-Protein (APP)* ausgelöst wurden, einem Plasmamembran-Vorläuferprotein, aus dessen Spaltung Aβ hervorgeht. Durch Spaltung des mutierten APP entsteht eine fehlgefaltete Form von Aβ, die sich zu langen Fibrillen zusammenballt und nicht löslich bleibt. Daraufhin entstehen Amyloidplaques, die sich im Gehirn ansammeln. Vererbte Mutationen in den Enzymen, die für die Spaltung von APP zu Aβ verantwortlich sind, können außerdem erbliche Formen von Alzheimer bedingen. Auch für diese Formen ist das Vorhandensein von Amyloidplaques charakteristisch. Die Akkumulation von Amyloid zieht eine Reihe von Ereignissen nach sich, darunter die Veränderung der tau-Proteine in den Zellen, was zum Tod von Hirnzellen und damit zu Gedächtnisverlust und Persönlichkeitsveränderungen führt.

Die meisten Alzheimer-Patienten erben aber keine Mutationen im APP oder in den Enzymen, die APP spalten. Sie bilden eine normale Form von $A\beta$. Obwohl dieses normale $A\beta$ im Allgemeinen keine Probleme verursacht, aggregieren diese $A\beta$-Moleküle zu Fibrillen, die akkumulieren und Amyloidplaques bilden. Eine mögliche Erklärung für dieses Fehlverhalten liefert die Entdeckung, dass Menschen, die verschiedene Formen des Proteins *Apolipoprotein E* (*apoE*) bilden, in unterschiedlichem Maß gefährdet sind, Alzheimer zu entwickeln. ApoE agiert primär beim Cholesterintransport, doch einige Formen von ApoE stimulieren die Akkumulation und Aggregation von $A\beta$ in den Fibrillen, die Amyloidplaques bilden. Somit kann jeder Faktor, der die Akkumulation von $A\beta$ fördert, das Risiko erhöhen, an Alzheimer zu erkranken. Außerdem werden Mutationen in drei weiteren Genen (Präsenilin 1 und 2, APP) mit der früh auftretenden Form der Alzheimer-Erkrankung in Verbindung gebracht.

Dank unseres zunehmenden Verständnisses für die Beziehung zwischen $A\beta$ und Alzheimer vermuten wir, dass diese Erkrankung vielleicht mit Medikamenten behandelt werde könnte, die entweder die Bildung von $A\beta$ unterdrücken oder dessen Abtransport aus dem Gehirn fördern. In Experimenten hat man bereits nachgewiesen, dass Tiere vor der Akkumulation von $A\beta$ geschützt werden können, indem man sie experimentell behandelt hat, beispielsweise (1) mit Enzyminhibitoren, welche die Abspaltung von $A\beta$ aus dessen Vorläufer APP blockieren, (2) mit kleinen Molekülen, welche die Bildung von Amyloidplaques unterbrechen oder deren Bildung verhindern, und (3) mit Vakzinen, die $A\beta$ enthalten und das Immunsystem dazu anregen, die Amyloidplaques abzubauen und/oder deren Entstehung zu verhindern. Einige Vakzine können Mäuse mit Alzheimersymptomen vor weiterem Gedächtnisverlust schützen. Somit besteht die Hoffnung, dass diese zerstörerische Krankheit in nicht allzu ferner Zukunft besiegt werden könnte.

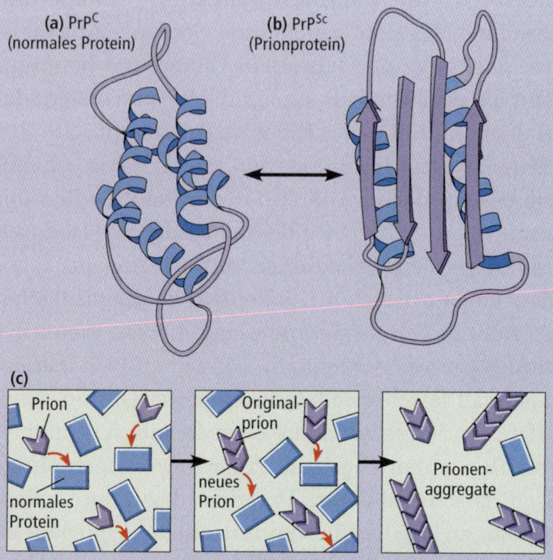

Abbildung 22-A1: Modell, wie Prionen dazu beitragen, dass sie gebildet werden. (a) Ein normales Prionprotein (PrP^C) enthält mehrere α-Helices. (b) Ein falsch gefaltetes Prionprotein (PrP^{Sc}) enthält β-Faltblätter. (c) Die Wechselwirkung zwischen der Prionenform des Proteins mit der normalen Form kann das normale Protein zu Fehlfaltung induzieren. Dadurch wird eine Kettenreaktion ausgelöst, die zur Aggregation der Prionenform des Proteins führen kann, was eine Degeneration des Gehirns nach sich zieht.

Abnormitäten bei der Proteinfaltung sind auch die Ursache für eine Reihe von Infektionskrankheiten, die das Gehirn zerstören; dazu gehören *Scrapie* bei Schafen und *Rinderwahn* bei Kühen. Stanley Prusiner, der 1997 für seine Pionierarbeit auf diesem Gebiet den Nobelpreis erhielt, schlug vor, dass diese Krankheiten von proteinhaltigen Partikeln übertragen werden, den **Prionen** (in *Kapitel 4* sind wir kurz auf Prionen eingegangen). Da Prionen anscheinend weder DNA noch RNA enthalten, könnten sie die Krankheit übertragen, indem sie die infektiöse Verbreitung einer anormalen Proteinfaltung auslösen. Gemäß dieser Theorie kann ein normal gefaltetes Prionprotein (es trägt die Bezeichnung PrP^C, *Abbildung 22-A1a*) eine fehlgefaltete Konformation annehmen. Wenn das falsch gefaltete PrP^{Sc} während des Faltungsprozesses auf ein normales PrP^C-Polypeptid trifft, dann bewirkt es eine Fehlfaltung des normalen Polypeptids (*Abbildung 22A-1c*). Das fehlgefaltete Protein führt in den Nervenzellen des Gehirns zu weitreichenden Schäden, die unkontrollierte Muskelbewegungen bedingen und schließlich zum Tod führen. Die Gegenwart selbst eines geringsten Anteils von Prionprotein kann eine Kettenreaktion auslösen, die eine normale PrP^{C}-Polypeptidkette dazu anleitet, in immer stärkerem Maße die Konfiguration des fehlgefalteten Prionproteins (PrP^{Sc}) anzunehmen. Auf diese Weise können sich die Prionproteine ohne die Beteiligung von DNA oder RNA reproduzieren.

Sogar noch überraschender war die Entdeckung verschiedener „Stämme" von Prionen, die geringfügig unterschiedliche Formen der Erkrankungen ausbilden. Als Wissenschaftler geringe Mengen verschiedener PrP^{Sc}-Stämme mit großen Mengen des gleichen, normalen PrP^{Sc}-Polypeptids in getrennten Reagenzgläsern mischten, bildete sich in jedem Reagenzröhrchen mehr des spezifischen PrP^{Sc}-Stamms, als man ursprünglich in das Reagenzröhrchen gegeben hatte. Diese Möglichkeit, verschiedene Prionenstämme zu identifizieren, half den Wissenschaftlern nachzuweisen, dass fast 200 Menschen in Großbritannien mit den Prionen des Rinderwahns infiziert waren. Ursache der Infektion war der Verzehr von mit Prionen infiziertem Rindfleisch, was zu einer tödlichen Form des Rinderwahns führte, der als *Creutzfeld-Jakob-Krankheit* bekannten Erkrankung (*vCJD*; engl.: variant Creutzfeld-Jakob disease). Diese Rinder wurden infiziert, weil man sie mit Tiermehl gefüttert hatte. Mehr als eine Million Rinder sind daraufhin bereits im Vereinigten Königreich getötet worden, aber noch immer sterben Menschen an der Creutzfeld-Jakob-Krankheit, da sie während der letzten zwei Jahrzehnte infiziertes Fleisch konsumiert haben und die Krankheit auch noch viele Jahre nach dem ersten Kontakt mit den Prionen ausbrechen kann.

Weitere Informationen:
Nature Outlook Alzheimer's disease, Nature 475 (2011): S1.
Jucker, M. und Walker, L. C. Self-propagation of pathogenic protein aggregates in neurodegenerative diseases. Nature 501 (2013): 45.

22.2.5 Für die Proteinsynthese ist ein erheblicher Teil der Zellenergie erforderlich

Für die Polypeptidelongation ist die Hydrolyse von mindestens vier „hochenergetischen" Phosphoanhydridbindungen pro angefügter Aminosäure notwendig. Zwei dieser Bindungen werden während der Aminoacyl-tRNA-Synthetasereaktion gespalten. Dabei wird ATP zu AMP hydrolysiert und es werden zwei Phosphatgruppen freigesetzt (siehe *Abbildung 22.5*). Die noch benötigte Energie liefern zwei Moleküle GTP. Eines dient zur Bindung der neuen Aminoacyl-tRNA an die A-Bindungsstelle und das andere wird für den Translokationsschritt gebraucht. Angenommen, jede Polyanhydridbindung hat einen $\Delta G^{\circ\prime}$-Wert (Standardwert der freien Energie) von 7,3 kcal/mol, dann liefern diese vier Bindungen freie Energie in Höhe von 29,2 kcal/mol pro eingefügter Aminosäure. Somit haben die Elongationsschritte zur Synthese eines Polypeptids aus 100 Aminosäuren einen $\Delta G^{\circ\prime}$-Wert von ungefähr 2920 kcal/mol. Des Weiteren wird während der Bildung des Initiationskomplexes, während der vorübergehenden Bindung falscher Aminoacyl-tRNAs an das Ribosom und während des Terminationsschritts der Polypeptidsynthese weiteres GTP benötigt. Bei der Proteinsynthese handelt es sich ganz eindeutig um einen Vorgang, für den sehr viel Energie gebraucht wird. Tatsächlich benötigt dieser Vorgang einen erheblich Teil der Gesamtenergie der meisten Zellen. Wenn wir außerdem die Energiemenge in Betracht ziehen, die für die Synthese der Messenger-RNA und der Komponenten des Translationsapparates benötigt werden, sowie den ATP-Bedarf durch die Chaperone, dann steigen die Energiekosten der Proteinsynthese noch weiter an.

Es ist wichtig darauf hinzuweisen, dass während der Translation GTP nicht wie ATP als typischer Energiespender auftritt: Die Hydrolyse von GTP ist nicht direkt mit der Bildung einer kovalenten Bindung gekoppelt. Stattdessen scheint GTP Konformationsänderungen der Initiations- und Elongationsfaktoren herbeizuführen, indem es an diese bindet, so wie bei den heterotrimeren und monomeren G-Proteinen in *Kapitel 14*. Diese Konformation gibt den Faktoren die Möglichkeit, (nicht-kovalent) an das Ribosom zu binden und vom Ribosom freigesetzt zu werden. Außerdem trägt die Hydrolyse von GTP, das an den EF-Tu-Apparat gebunden ist, zur Genauigkeit der Translation bei, denn es spielt beim Korrekturlesen eine Rolle. Bei diesem Vorgang werden falsche Aminoacyl-tRNAs abgestoßen, wenn sie die A-Bindungsstelle belegen möchten.

22.2.6 Zusammenfassung der Translation

Sie haben nun gelernt, dass es sich bei der Translation um einen Mechanismus handelt, der in den Strängen der mRNA-Codons gespeicherte Information in eine Kette aus Aminosäuren umwandelt, die über Peptidbindungen miteinander verknüpft sind. Für eine anschauliche Zusammenfassung dieses Vorgangs verweisen wir auf *Abbildung 22.7*. Während das Ribosom die mRNA Codon für Codon in der 5'→3'-Richtung abliest, werden durch komplementäre Basenpaarung zwischen den Codons in der mRNA und den Anticodons der Aminoacyl-tRNA-Moleküle sukzessive Aminosäuren angelagert. Gelangt diese Kette an ein Stoppcodon, so wird das fertiggestellte Polypeptid freigesetzt, und die mRNA sowie ribosomale Untereinheiten stehen für den nächsten Zyklus bereit.

Die meisten Nachrichten werden von vielen Ribosomen zugleich gelesen, wobei jedes Ribosom unmittelbar auf das nächste auf dem gleichen mRNA-Molekül folgt. Ein Cluster solcher Ribosomen, die an eine einzige mRNA gebunden sind, bezeichnet man als **Polyribosom** (siehe *Abbildung 21.16*). Indem viele Polypeptide gleichzeitig synthetisiert werden, maximieren die Polyribosomen die Effizienz der mRNA-Nutzung.

RNA-Moleküle spielen bei der Translation besonders wichtige Rollen. Die mRNA übernimmt als Träger der genetischen Botschaft natürlich eine Hauptrolle. Die tRNA-Moleküle dienen als Transporteure, welche die Aminosäuren zu den richtigen Codons bringen. Die rRNA-Moleküle üben also mehrere Funktionen aus: Sie dienen nicht nur als Strukturkomponenten der Ribosomen, sondern eine rRNA (die 16S-rRNA der kleinen Untereinheit) stellt die Bindungsstelle für die ankommende mRNA bereit und die andere (die 23S-rRNA der großen Untereinheit) katalysiert die Bildung der Peptidbindung. Die fundamentalen Rollen der RNA könnten eine Spur aus der Vergangenheit sein, die uns zeigt, wie sich die Entwicklung der ersten lebenden Organismen auf der Erde vollzog. Wie in *Kapitel 6* dargestellt, stützte die Entdeckung von RNA-Katalysatoren (*Ribozymen*) die Idee, dass die ersten Katalysatoren auf der Erde sich selbst replizierende RNA-Moleküle und nicht Proteine gewesen sein könnten. Daher könnte das heute existierende Ribosom aus einem primitiven Translationsapparat hervorgegangen sein, der vollständig auf RNA-Molekülen beruhte.

Mutationen und Translation 22.3

Nachdem wir den *normalen* Vorgang der Translation besprochen haben, wollen wir uns nun den Ereignissen zuwenden, die auftreten, wenn mRNAs translatiert werden, die *mutierte* Codons enthalten. *Exkurs 22B* gibt einen Überblick über die vier Haupttypen von Mutationen, die in der DNA entstehen, und über deren Wirkung auf die von den mRNAs gebildeten Polypeptidketten. Die meisten Codon-Mutationen verändern einfach eine Aminosäure, und Mutationen in der dritten Base eines Codons führen häufig gar keine Änderung einer Aminosäure herbei. Allerdings können Mutationen, die ein Stoppcodon anfügen oder entfernen oder das Leseraster verschieben, die mRNA-Translation nachhaltig unterbrechen. In diesem Abschnitt werden wir uns mit einigen Mechanismen beschäftigen, mit denen Zellen auf diese Mutationen reagieren.

22B ▶ Näher betrachtet

Ein Mutationsprimer

Im weitesten Sinne bezieht sich der Begriff *Mutation* auf jede Veränderung in der Nucleotidsequenz eines Genoms. Da wir uns bereits mit Transkription und Translation beschäftigt haben, können wir die Wirkungen mehrerer Arten von Mutationen verstehen. Wir beschränken unsere Darstellung auf Protein-kodierende Gene und beschäftigen uns mit den Haupttypen von Mutationen und deren Einfluss auf das Polypeptid, das von dem mutierten Gen kodiert wird.

In diesem und dem vorhergehenden Kapitel sind wir auf mehrere Formen von Mutationen gestoßen, bei denen sich die Änderung der DNA auf ein oder wenige Basenpaare beschränkt (*Abbildung 22B-1a*). Zu Beginn des *Kapitels 21* erwähnten wir zum Beispiel das homozygote Allel, das die Sichelzellenanämie verursacht. Dieses Allel

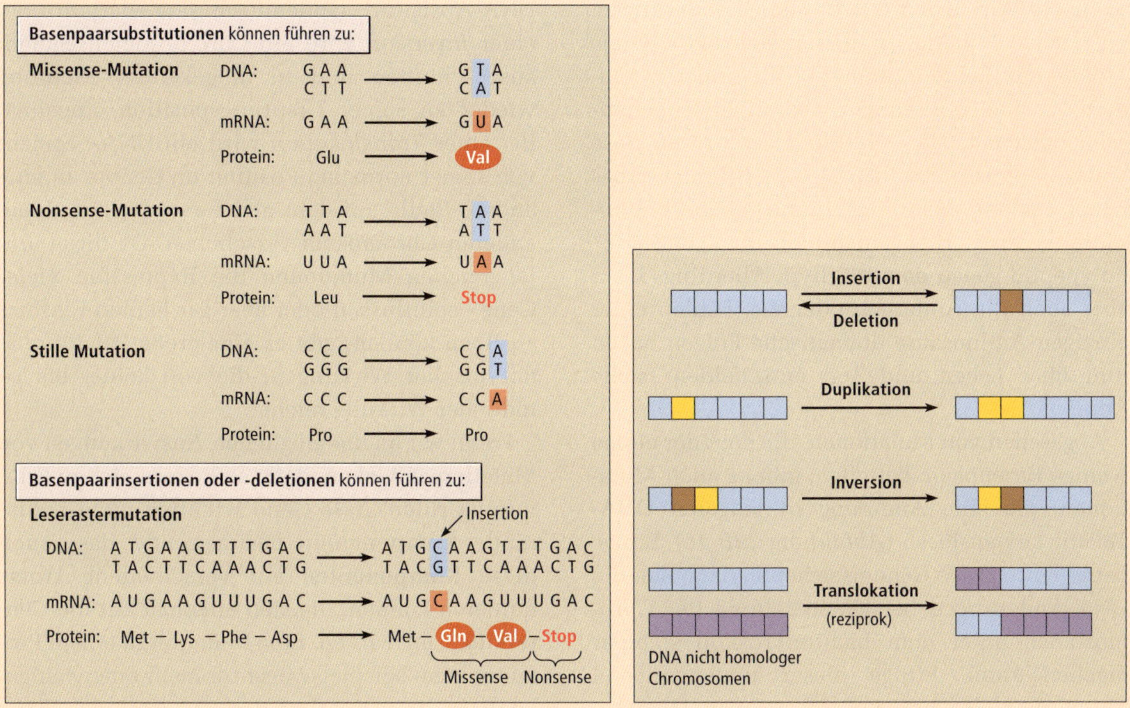

(a) Mutationen, die ein Basenpaar betreffen

(b) Mutationen, die lange DNA-Segmente betreffen

Abbildung 22B-1: Mutations-Typen. Mutationen können (a) ein einzelnes Basenpaar oder (b) längere DNA-Teilstücke betreffen.

stammt von einer Mutation, die man als *Basenpaarsubstitution* bezeichnet. Bei der Basenpaarsubstitution wurde ein AT-Basenpaar durch ein TA-Basenpaar in der DNA ersetzt.

Das hat zur Folge, dass in der vom mutierten Allel transkribierten mRNA ein GAA durch ein GUA-Codon ersetzt wird, und im Polypeptid (β-Globin) ein Valin eine Glutaminsäure ersetzt. Diese Änderung einer einzigen Aminosäure durch den Tausch eines einzigen Basenpaares genügt für eine Konformationsänderung des β-Globins und verändert wiederum im Hämoglobintetramer die Art und Weise, wie Hämoglobinmoleküle in die roten Blutkörperchen gepackt werden. Dabei entstehen anormal geformte Zellen, die auf ihrem Weg durch die kleinen Blutgefäße hängen bleiben und beschädigt werden (siehe *Abbildung 21.2*). Diese Basenpaarsubstitution bezeichnet man als *Missense-Mutation*, denn das mutierte Codon kodiert weiter eine Aminosäure – aber die „falsche".

Alternativ kann eine Basenpaarsubstitution eine Nonstop-Mutation herbeiführen, indem ein normales Stoppcodon in ein Aminosäurecodon umgewandelt wird. Umgekehrt kann durch Umwandlung eines Aminosäurecodons in ein Stoppcodon eine *Nonsense-Mutation* herbeigeführt werden. In letzterem Fall wird die Translationsmaschinerie die Polypeptidsynthese vorzeitig abbrechen. Das Polypeptid wird nicht funktional sein, es sei denn, die Nonsense-Mutation liegt nahe dem Ende der Messenger-RNA oder es liegt eine Suppressor-tRNA vor. Nonsense-, Nonstop- und Missense-Codons können auch auf Basenpaar-Insertionen und Basenpaar-Deletionen beruhen, die zu *Leserastermutationen* führen.

Die Änderung einer einzelnen Aminosäure (oder sogar die Änderung mehrerer Aminosäuren) wirkt sich nicht immer stark auf die Funktion eines Proteins aus. Solange die dreidimensionale Konformation des Proteins relativ unverändert bleibt, mag die biologische Aktivität des Proteins nicht beeinträchtigt werden. Die Substitution einer Aminosäure durch eine Aminosäure des gleichen Typs – zum Beispiel Valin gegen Isoleucin – hat höchst wahrscheinlich keine ernsthafte Auswirkung auf die Proteinfunktion. Die Beschaffenheit des genetischen Codes verringert sogar die Wirkungen von Basenpaaränderungen, denn viele Mutationen stellen sich als *stumme Mutationen* heraus. Stumme Mutationen verändern die Nucleotidsequenz, aber nicht die genetische Botschaft. Die Änderung der dritten Base eines Codons führt häufig zur Bildung eines neuen Codons, das weiterhin die gleiche Aminosäure kodiert. Hier entspricht das „mutierte" Polypeptid genau dem Wildtyp. Allerdings kann aber auch die Änderung oder das Fehlen einer einzigen Aminosäure dramatische Folgen haben und über Leben und Tod entscheiden (siehe *Kapitel 8*).

Abgesehen von Mutationen, die ein oder einige wenige Basenpaare betreffen, gibt es auch Mutationen, die eine Änderung in längeren DNA-Teilstücken auslösen (*Abbildung 22B-1b*). Einige betreffen so große Genomsegmente, dass man die DNA-Änderungen bei Untersuchung der Chromosomen unter dem Lichtmikroskop sichtbar machen kann. Einige dieser umfangreichen Mutationen beruhen auf *Insertionen* (Neueinfügung) oder *Deletionen* (Entfernung) langer DNA-Segmente, aber es gibt auch noch andere Mechanismen. Im Fall einer *Duplikation* wird ein DNA-Abschnitt tandemförmig wiederholt. Bei einer *Inversion* wird ein Chromosomensegment ausgeschnitten und in umgekehrter Richtung wieder an seiner Ursprungsposition eingefügt. Bei einer *Translokation* wird ein DNA-Segment von seiner normalen Position im Genom an eine andere Stelle auf dem gleichen oder auf einem anderen Chromosom verschoben. Da diese umfangreichen Mutationen die Expression vieler Gene beeinflussen oder aber gar keinen Einfluss ausüben können, gibt es eine große Palette phänotypischer Wirkungen, die von keiner bis zu tödlicher Wirkung reicht.

Wenn wir an die möglichen Auswirkungen von Mutationen denken, dann sollte man sich in Erinnerung rufen, dass Gene wichtige nicht-kodierende Komponenten besitzen und dass auch diese Komponenten auf verschiedene Weise mutieren können, die sich ernsthaft auf die Genprodukte auswirken. Eine Mutation in einem Promotor kann beispielsweise zur mehr oder weniger häufigen Transkription des Gens führen. Sogar eine Mutation in einem Intron kann das Genprodukt ernsthaft beeinflussen, wenn sie eine kritische Stelle einer Spleißstellensequenz betrifft.

22.3.1 Suppressor-tRNAs beseitigen die Wirkung einiger Mutationen

Mutationen, die Aminosäure-kodierende Codons in Stoppcodons umwandeln, bezeichnet man als **Nonsense-Mutationen**. In ▸*Abbildung 22.12* zeigen wir einen Fall, in dem die Mutation eines einzigen Basenpaares in der DNA ein AAG-Lysincodon in der mRNA in ein UAG-Stoppsignal umwandelt. Nonsense-Mutationen wie diese führen typischerweise zur Bildung unvollständiger, nicht-funktionaler Polypeptide, deren Synthese am mutierten Stoppcodon vorzeitig abgebrochen wurde.

In lebenswichtigen Genen ist die Wirkung von Nonsense-Mutationen meistens letal. Manchmal kann ihre schädliche Wirkungen allerdings durch eine unabhängige Mutation aufgehoben werden, die ein tRNA-Gen betrifft. Diese mutierten tRNA-Gene bilden mutierte tRNAs, die ein Codon, das sonst ein Stoppcodon wäre, erkennen und an dieser Stelle eine Aminosäure einfügen. In dem in ▸*Abbildung 22.12c* dargestellten Beispiel hat eine mutierte tRNA ein verändertes Anticodon, wodurch die mutierte tRNA das Stoppcodon als Codon für Tyrosin lesen kann. Fast immer unterscheidet sich die eingefügte Aminosäure von der Aminosäure, die im Wildtypprotein normalerweise an dieser Position wäre, aber der entscheidende Punkt ist, dass die Kettentermination umgangen wird und ein vollständiges Polypeptid gebildet werden kann.

Ein tRNA-Molekül, das irgendwie die Wirkung einer Mutation negiert, wird **Suppressor-tRNA** genannt. Sie erwarten gewiss, dass es Suppressor-tRNAs gibt, die, abgesehen von den Nonsense-Mutationen, die Wirkungen verschiedener Mutationen ausgleichen (siehe *Aufgabe 22-8* am Ende des Kapitels). Damit eine Zelle überleben kann, müssen Suppressor-tRNAs recht effizient arbeiten, sonst würde der Proteinsynthese-Apparat zu viele anormale Proteine bilden. Ein übermäßig effizienter Nonsense-Suppressor würde beispielsweise dafür sorgen, dass normale Stoppcodons so gelesen werden, als würden sie eine Aminosäure kodieren.

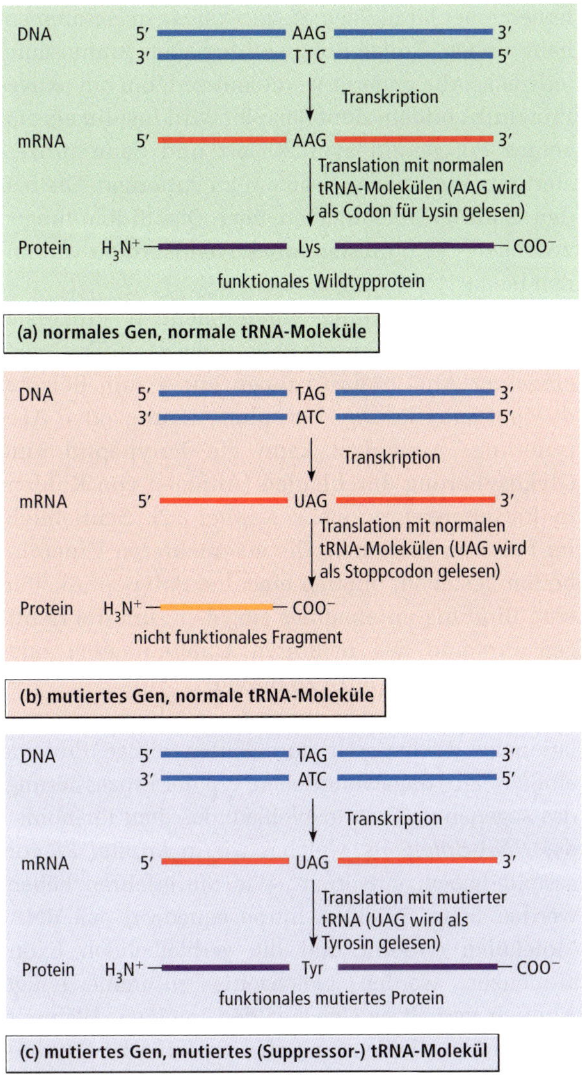

Abbildung 22.12: Nonsense-Mutationen und Suppressor-tRNAs. (a) Ein Wildtypgen (ein normales Gen) wird in ein mRNA-Molekül transkribiert, das an einer Stelle das Codon AAG enthält. Nach der Translation spezifiziert dieses Codon an dieser Stelle im funktionalen Wildtypprotein die Aminosäure Lysin (Lys). (b) Wenn sich eine DNA-Mutation ereignet hat, die das AAG-Codon in der mRNA in ein UAG umwandelt, dann wird das UAG-Codon als Stoppcodon gelesen und als Translationsprodukt wird man ein verkürztes, nicht-funktionales Polypeptid erhalten. Mutationen dieser Art bezeichnet man als Nonsense-Mutationen. (c) In Gegenwart einer mutierten tRNA, die UAG als Aminosäurecodon liest und nicht als Stoppsignal, wird eine Aminosäure eingefügt und die Polypeptidsynthese wird fortgesetzt. Im dargestellten Beispiel wird UAG als Codon für Tyrosin gelesen, denn die mutierte Tyrosin-tRNA hat das Anticodon 3′-AUC-5′ und nicht das übliche Anticodon 3′-AUG-5′ (welches das Tyrosincodon 5′-UAC-3′ erkennt). Daraus wird ein mutiertes Protein hervorgehen, denn ein Lysin wurde an einer Stelle in der langen Kette durch ein Tyrosin ersetzt. Allerdings kann das Protein noch immer seine Funktionalität besitzen, wenn seine biologische Aktivität nicht ernsthaft durch die Aminosäuresubstitution beeinträchtigt wurde.

Dadurch wäre eine normale Termination nicht mehr möglich. Tatsächlich wird aber in den Zellen, die Nonsense-Suppressor-tRNAs enthalten, die Synthese der meisten Polypeptide richtig beendet. Das zeigt uns, dass ein Stoppcodon, das am richtigen Ort am Ende einer mRNA-Kodierungssequenz liegt, noch immer die Termination auslöst, während das gleiche Codon in Innenlage dies nicht bewerkstelligt. Die naheliegendste Erklärung beruht auf der Wirkung von Freisetzungsfaktoren, welche die normale Termination auslösen. Wenn ein Stoppcodon an seinem richtigen Ort nahe des Endes einer RNA liegt, lösen Freisetzungsfaktoren die Termination aus, weil sie an dieser Stelle effizienter an Stoppcodons binden können als Suppressor-tRNAs. Vielleicht liegt das daran, dass die Wirkung von Freisetzungsfaktoren von einer bestimmten Sequenz oder der dreidimensionalen Konfiguration nahe dem Ende der mRNA stimuliert wird.

22.3.2 Nonsense-vermittelter Abbau und Nonstopp-Abbau fördern die Zerstörung von defekten mRNAs

Wenn keine geeignete Suppressor-tRNA zugegen ist, dann beendet ein Nonsense-Stoppcodon vorzeitig die mRNA-Translation. Man erhält eine unvollständige Polypeptidkette, die nicht richtig funktionieren kann und der Zelle sogar Schaden zufügen könnte. Es gilt, die energieintensive Bildung solch nutzloser Produkte zu verhindern. Aus diesem Grund haben eukaryotische Zellen einen Mechanismus zur Qualitätskontrolle entwickelt, den **Nonsense-vermittelten Abbau** zur Zerstörung von mRNAs, die verfrühte Stopp-Codons enthalten. Bei Säugetieren bindet die Methode zur Identifizierung verfrühter Stoppcodons den Exon-Junction-Komplex (EJC; engl.: *exon junction complex*) ein. Das ist ein Multiproteinkomplex, der während des mRNA-Spleißens an den Punkten deponiert wird, an denen ein Intron aus der Prä-mRNA entfernt wurde (siehe *Abbildung 21.22*). Daher ist jedes neu gespleißte mRNA-Molekül an einen oder mehrere Exon-Junction-Komplexe gebunden, jeweils an einen Komplex an jeder Exon-Exon-Junction. Während der Translation beruht die Unterscheidung zwischen normalen und verfrühten Stopp-Codons auf ihrer Beziehung zu den EJCs. Ein Stoppcodon, das in einer mRNA vor dem letzten EJC liegt – mit anderen Worten vor dem letzten Exon –

muss ein verfrühtes Stoppcodon sein. Das Vorhandensein eines solchen Stoppcodons wird zum Abbruch der Translation führen, während noch immer ein oder mehrere EJCs an die mRNA gebunden sind. Die Bindung dieser verbleibenden EJCs kennzeichnet die mRNA für den Abbau.

Wie gehen Zellen mit der entgegengesetzten Situation um, also mit mRNAs ohne Stoppcodon? Bei eukaryotischen Zellen wird die Translation ausgesetzt, wenn ein Ribosom das Ende einer mRNA erreicht, aber nicht auf ein Stoppcodon trifft. Dann bindet ein RNA-Abbauenzym an die leere A-Bindungsstelle des Ribosoms und baut die defekte mRNA ab; diesen Vorgang bezeichnet man als **Nonstopp-Abbau**. Bakterien lösten dieses Problem auf etwas andere Weise. Wenn die Translation am Ende einer bakteriellen mRNA ohne Stoppcodon anhält, bindet ein ungewöhnlicher Typ von RNA, die *tmRNA* („Transfer-Messenger-RNA") an die A-Bindungsstelle des Ribosoms und steuert das Anfügen von etwa einem Dutzend Aminosäuren an die wachsende Polypeptidkette. Diese Aminosäuresequenz erzeugt ein Signal zur Kennzeichnung des zum Abbau bestimmten Proteins. Gleichzeitig wird die mRNA von einer mit der tmRNA assoziierten Ribonuclease abgebaut.

Posttranslationale Prozessierung 22.4

Nach ihrer Synthese werden die Polypeptidketten häufig chemisch modifiziert bevor sie ihre normalen Funktionen aufnehmen. Diese Modifikationen fasst man unter dem Begriff **posttranslationale Modifikationen** zusammen. Bei den Bakterien wird zum Beispiel immer die *N*-Formylgruppe am N-Terminus der Polypeptidketten entfernt. Auch das Methionin, an das es gebunden war, wird entfernt, ebenso wie das Methionin am Anfang eukaryotischer Polypeptide. Daraus folgt, dass relativ wenige reife Polypeptide an ihrem N-Terminus Methionin tragen, obwohl sie alle ursprünglich damit begonnen hatten. Manchmal werden ganz Blöcke von Aminosäuren aus dem Polypeptid entfernt. Bestimmte Enzyme werden beispielsweise als inaktive Vorläufer synthetisiert, die durch Entfernung einer spezifischen Sequenz an einem der beiden Enden aktiviert werden. Der Transport von Proteinen durch Membranen kann auch, wie wir bald sehen werden, mit dem Entfernen einer terminalen *Signalsequenz* in Zusammenhang stehen. Einige Polypeptide haben Aminosäureteilstücke, die entfernt werde müssen, um ein aktives Protein zu bilden. Zum Beispiel wird Insulin als einzelnes Polypeptid synthetisiert und dann prozessiert, um ein inneres Segment zu entfernen. Die beiden Endsegmente bleiben über Disulfidbindungen zwischen Cysteinresten im aktiven Hormon verbunden (siehe *Abbildung 3.7*).

An anderen häufig vorkommenden Prozessierungsereignissen wirken chemische Modifikationen einzelner Aminosäuregruppen mit – zum Beispiel durch Methylierung, Phosphorylierung oder Acetylierung. Außerdem kann ein Polypeptid eine Glykosylierung durchlaufen (Anfügen von Kohlenhydratseitenketten; siehe *Kapitel 12*). Schließlich, im Fall von Proteinen, die aus mehreren Untereinheiten bestehen, müssen einzelne Polypeptidketten eine Bindung miteinander eingehen, um die richtigen Proteine aus mehreren Untereinheiten oder Multiproteinkomplexe zu bilden.

Abgesehen von den zuvor dargestellten posttranslationalen Ereignissen durchlaufen einige Proteine einen relativ ungewöhnlichen Typ der Prozessierung, das sogenannte Proteinspleißen, das dem Phänomen des *RNA-Spleißens*, welches wir in *Kapitel 21* vorgestellt haben, entspricht. Wie Sie erfahren haben, werden beim Spleißen Intronsequenzen aus RNA-Molekülen entfernt und die verbleibenden Exonsequenzen werden gleichzeitig zusammengefügt. Ähnlich verhält es sich mit den Inteinen. Während des Proteinspleißens werden spezifische Aminosäuresequenzen, die *Inteine*, aus der Polypeptidkette entfernt und die verbleibenden Segmente, die *Exteine*, werden zum reifen Protein zusammengefügt. Das Proteinspleißen findet im Allgemeinen intramolekular statt. Dazu gehört das Ausschneiden eines Inteins aus einer einzelnen Polypeptidkette durch einen sich selbst katalysierenden Mechanismus. Das Spleißen kann allerdings auch zwischen zwei Polypeptidketten erfolgen, die aus zwei verschiedenen mRNAs stammen. Zum Beispiel besitzen einige photosynthetische Bakterien eine Untereinheit der DNA-Polymerase III, die aus zwei getrennten Genen gebildet wird. Jedes Gen kodiert ein Intein-haltiges Polypeptid, zu dem ein Teil der DNA-Polymerase-Untereinheit gehört. In einigen Fällen stellen sich die durch Proteinspleißreaktionen entfernten Inteine als stabile Proteine mit eigenen biologischen Funktionen heraus (im Allgemeinen haben sie Endonucleaseaktivität). Früher betrachtete man das Proteinspleißen als seltsame Laune der Natur, doch wurde es mittlerweile in Dutzenden verschiedenen Organismen aller Domänen nachgewiesen (bei Eukaryoten, Bakterien und Archaea).

Proteinerkennung und -sortierung 22.5

Wir haben uns mit der Proteinsynthese beschäftigt und sind somit gut vorbereitet, um die Mechanismen zu verstehen, die jedes neu synthetisierte Protein zu seinem Bestimmungsort lenken. Denken Sie an eine typische eukaryotische Zelle mit ihrer Vielfalt an Organellen, von denen jede ihren einzigartigen Satz von Proteinen besitzt. Eine solche Zelle besitzt mit großer Wahrscheinlichkeit Milliarden Proteinmoleküle, was mindestens 10.000 verschiedene Polypeptidarten bedeutet. Jedes Polypeptid muss seinen Weg zum richtigen Ort in der Zelle und sogar aus der Zelle hinaus finden. Eine begrenzte Anzahl der Polypeptide wird vom mitochondrialen Genom kodiert (und bei Pflanzenzellen auch vom Chloroplastengenom), aber die meisten werden von Kerngenen kodiert und in einem Prozess synthetisiert, der seinen Anfang im Cytosol nimmt. Jedes dieser Polypeptide muss dann zu seinem richtigen Bestimmungsort gelenkt werden und muss daher über eine Art molekularen „Reißverschlusscode" verfügen, der den Transport an die richtige Stelle gewährleistet. Als letztes Thema dieses Kapitels werden wir den Vorgang der Proteinerkennung und -sortierung vorstellen.

Zu Beginn teilen wir die verschiedenen Kompartimente eukaryotischer Zellen in drei Kategorien ein: (1) das Endomembransystem, ein System von untereinander verbundenen Membrankompartimenten, wozu das endoplasmatische Reticulum (ER), der Golgi-Komplex, die Lysosomen, sekretorische Vesikel, die Kernhülle und die Plasmamembran gehören, (2) das Cytosol und (3) die Mitochondrien, Chloroplasten, Peroxisomen (und verwandte Organellen) sowie das Innere des Zellkerns.

Die von Kerngenen kodierten Polypeptide werden über mehrere verschiedene Mechanismen in diese Kompartimente geleitet. Der Vorgang beginnt mit der Transkription von DNA in RNAs, die im Zellkern prozessiert und dann durch die Kernporen in das Cytoplasma transportiert werden, wo der größte Teil der Ribosomen liegt. Im Cytoplasma findet die Translation statt. Obwohl die Translation in erster Linie ein cytoplasmatischer Vorgang ist, gibt es einige Hinweise darauf, dass bis zu zehn Prozent aller Ribosomen einer Zelle tatsächlich im Zellkern lokalisiert sind, wo sie neu synthetisierte RNAs translatieren. Die Zellkerntranslation scheint vor allem als Mechanismus zur Qualitätskontrolle zu dienen, wobei neue mRNAs auf Fehler überprüft werden (siehe Beschreibung des Nonsense-vermittelten Abbaus).

Trotz der Existenz dieser funktionierenden Kernribosomen ist klar, dass der größte Teil der Polypeptidsynthese an cytoplasmatischen Ribosomen stattfindet, nachdem die mRNAs durch die Kernporen transportiert wurden. Wenn sie im Cytoplasma ankommen, werden diese mRNAs mit *freien Ribosomen* (nicht an eine Membran gebundenen Ribosomen) assoziiert. Kurz nach Beginn der Translation trennen sich die beiden Hauptwege zur Lenkung der neu gebildeten Proteinprodukte (▸*Abbildung 22.13*). Den ersten Weg beschreiten Ribosomen, die Polypeptide synthetisieren, die für das Endomembransystem oder den Auswärtstransport aus der Zelle bestimmt sind. Diese Ribosomen werden schon in einem frühen Stadium der Translation an die ER-Membranen gebunden. Dann werden die wachsenden Polypeptidketten während der Synthese durch (oder im Fall der integralen Membranproteine in) die ER-Membran transferiert (▸*Abbildung 22.13a*). Man bezeichnet diesen Transfer von Polypeptiden in das ER als **cotranslationalen Import**, denn der Transport des Polypeptids durch oder in die ER-Membran ist direkt an den Translationsvorgang gekoppelt. Die anschließende Beförderung solcher Proteine vom ER zu den endgültigen Bestimmungsorten wird von verschiedenen Membranvesikeln und dem Golgi-Komplex bewerkstelligt, wie in *Kapitel 12* dargestellt.

Die für Cytosol, Mitochondrien, Chloroplasten, Peroxisomen und das Zellkerninnere bestimmten Polypeptide nehmen einen alternativen Weg (▸*Abbildung 22.13b*). Ribosomen, die diese Typen von Polypeptiden synthetisieren, werden im Cytosol nicht an eine Membran gebunden, sondern bleiben frei. Nach Abschluss der Translation werden die Polypeptide von den Ribosomen freigegeben und verbleiben dann entweder im Cytosol als ihrem endgültigen Bestimmungsort oder werden von der richtigen Organelle aufgenommen. Die Aufnahme solcher fertiggestellter Polypeptide, für die bestimmte Zielsignale ausgesandt werden müssen, bezeichnet man als **posttranslationalen Import**. Im Fall des Zellkerns gelangen die Polypeptide entweder durch die Kernporen in den Zellkern, wie in *Kapitel 18* besprochen (siehe *Abbildung 18.31*). Der Transport der Polypeptide in die Mitochondrien, Chloroplasten und Peroxisomen benötigt die Beteiligung eines anderen Mechanismus, auf den wir gleich eingehen werden.

Mit diesem allgemeinen Überblick sind Sie nun gerüstet, um die Mechanismen des cotranslationalen und des posttranslationalen Imports im Detail kennenzulernen.

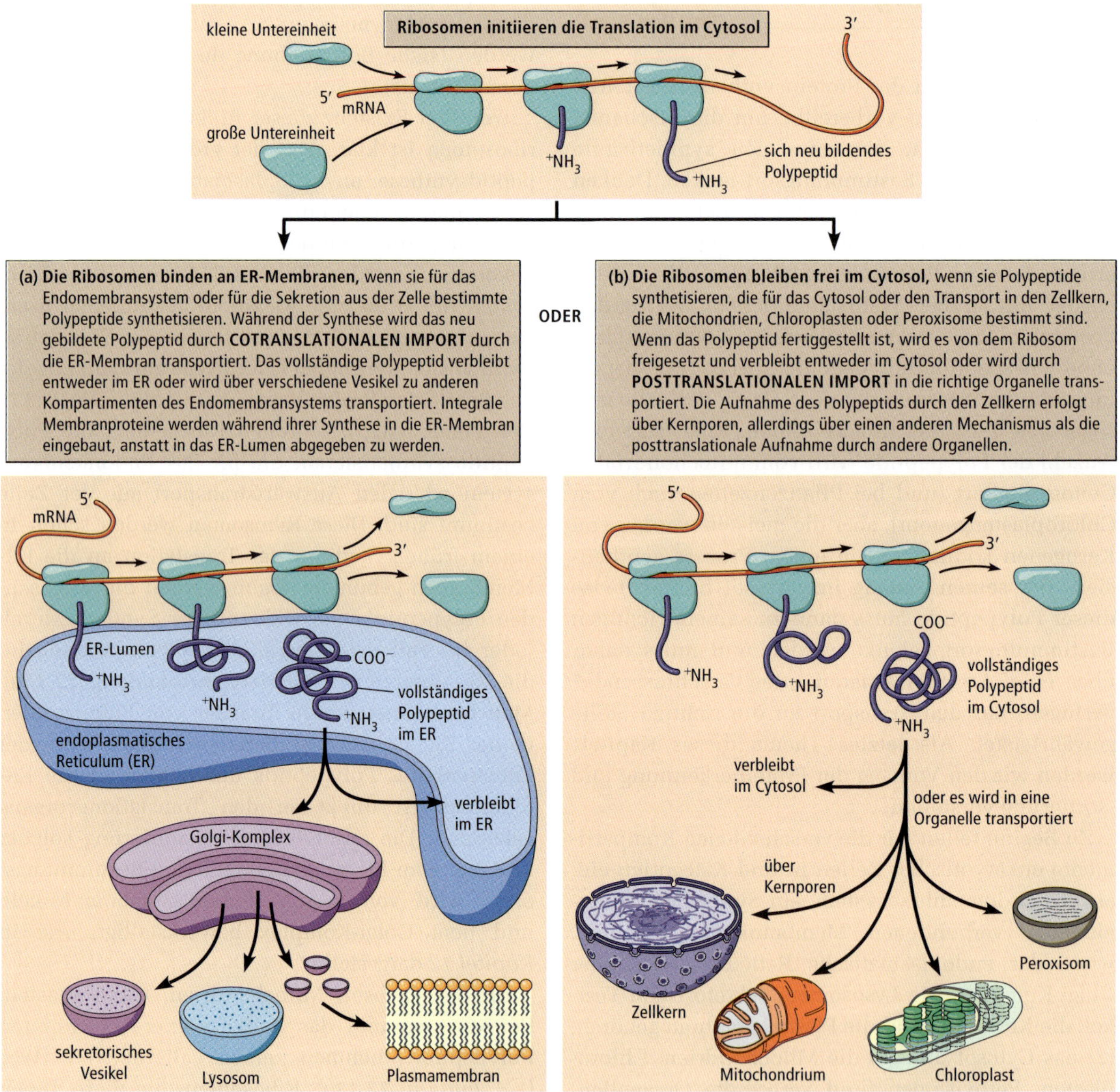

Abbildung 22.13: Intrazelluläre Sortierung von Proteinen. Die Polypeptidsynthese beginnt im Cytosol, schlägt aber einen von zwei möglichen Wegen ein, wenn die Polypeptidkette eine Länge von ungefähr 30 Aminosäuren erreicht hat. (a) Die für das Endomembransystem oder den Auswärtstransport aus der Zelle bestimmten Polypeptide werden während ihrer Synthese durch cotranslationalen Transport durch die ER-Membran transferiert. (b) Andere Polypeptide werden im Cytosol synthetisiert, wo sie entweder verbleiben oder durch posttranslationalen Import in den Zellkern, die Mitochondrien, die Chloroplasten oder die Peroxisomen transferiert werden.

22.5.1 Der cotranslationale Import ermöglicht einigen Proteinen während ihrer Synthese den Eintritt in das ER

Der cotranslationale Import in das ER ist der erste Schritt des Transports neu synthetisierter Proteine zu den verschiedenen Orten innerhalb des Endomembransystems. Die für das Endomembransystem bestimmten Proteine werden an Ribosomen synthetisiert, die kurz nach Beginn der Translation an das ER geheftet werden. Die Rolle, die das ER bei diesem Vorgang spielt, wurde erstmals in Experimenten von Colvin Redman und David Sabatini erkannt. Sie untersuchten die Proteinsynthese isolierter Vesikel auf dem rauen ER (ER-Vesikel mit angehefteten Ribosomen). Solche Vesikel, die *Mikrosomen*, können durch subzelluläre Fraktionierung und Zentrifugation (siehe *Exkurs 12A*) isoliert werden. Nach kurzer Inkubation der rauen ER-Vesikel mit radioaktiven Aminosäuren und anderen für die Proteinsynthese notwendigen Komponenten stoppten sie die Reaktion, indem sie *Puromycin* zufügten. Puromycin ist ein Antibiotikum, das die Freisetzung teilweise fertiggestellter Polypeptidketten von den Ribosomen herbeiführt. Als sie die Ribosomen und Membranvesikel dann trennten und analysierten, um zu sehen, wo die neu synthetisierten, radioaktiven Polypeptidketten lokalisiert waren, fanden sie einen großen Teil der Radioaktivität im ER-Lumen vor (▶*Abbildung 22.14*). Diese Ergebnisse lassen die Schlussfolgerung zu, dass sich neu bildende Polypeptide in das Lumen des ER gelangen, und zwar *während ihrer Synthese*, sodass sie durch das ER zu ihren richtigen Bestimmungsorten geleitet werden können.

Sollten sich einige Polypeptide während ihrer Synthese direkt in das Lumen des ER bewegen, wie bestimmt dann die Zelle, mit welchen Proteinen auf diese Weise verfahren werden soll? Eine Antwort auf diese Frage schlugen 1971 Günter Blobel und David Sabatini vor. Deren Modell wurde als *Signalhypothese* bezeichnet, denn gemäß diesem Modell gab es eine Art intrinsisches Molekularsignal, das unterscheidet, welche der vielen Polypeptide in das Cytosol freigesetzt werden sollten. Diese Hypothese hatte auf das Gebiet der Zellbiologie dermaßen tiefgreifende Auswirkungen, dass Blobel für seinen Nachweis, dass Proteine über intrinsische Signale verfügen, die Transport und Lokalisierung innerhalb der Zelle bestimmen, 1999 den Nobelpreis erhielt.

Die Signalhypothese besagte, dass bei den für das ER bestimmten Polypeptiden das erste Segment des zu synthetisierenden Polypeptids, der N-Terminus, eine **ER-Signalsequenz** enthält. Die ER-Signalsequenz leitet den Ribosom-mRNA-Polypeptid-Komplex zur Oberfläche des rauen ER. Dort wird der Komplex auf der ER-Oberfläche an ein Protein verankert. Wenn sich die Polypeptidkette während der mRNA-Translation verlängert, durchquert der Komplex die ER-Membran und tritt in das ER-Lumen ein.

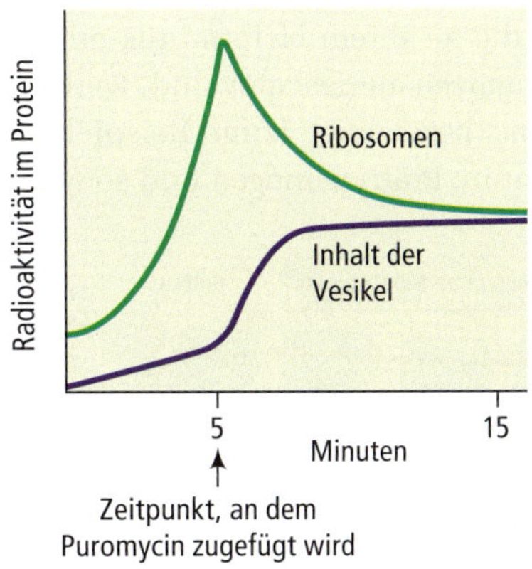

Abbildung 22.14: Nachweis, dass Proteine, die an Ribosomen der ER-Membranen synthetisiert werden, direkt in das ER-Lumen übergehen. ER-Vesikel mit angehefteten Ribosomen wurden isoliert und mit radioaktiven Aminosäuren inkubiert, um neu synthetisierte Polypeptidketten zu markieren. Dann wurde die Proteinsynthese durch Zugabe von Puromycin angehalten, woraufhin auch die sich neu bildenden Polypeptidketten von den Ribosomen freigesetzt wurden. Die Ribosomen wurden dann von den Membranvesikeln entfernt und man maß das mit den Ribosomen und in den Membranvesikeln assoziierte radioaktive Protein. Die Kurve zeigt, dass die Ribosomen nach Zugabe von Puromycin ihre Radioaktivität verlieren und dass diese Radioaktivität in den Vesikeln nachgewiesen werden kann. Die Beobachtung legt nahe, dass die sich neu bildenden Polypeptidketten während ihrer Synthese durch die ER-Membran aufgenommen werden und dass das Puromycin die Ketten zur verfrühten Freisetzung in das Vesikellumen veranlasst.

Kurze Zeit nach Veröffentlichung der Signalhypothese wiesen César Milstein und seine Kollegen die Existenz von ER-Signalsequenzen nach. Sie untersuchten die Synthese der kleinen Untereinheit oder *leichten Kette* des Proteins *Immunglobulin G*. In zellfreien Systemen, die aufgereinigte Ribosomen und die für die Proteinsynthese notwendigen Komponenten enthalten, steuert die mRNA, welche die leichte Kette des Immunglobulins kodiert, die Synthese eines Polypeptidproduktes, dessen N-Terminus 20 Aminosäuren länger ist als die echte leichte Kette. Durch Zufügen von ER-Membranen mit Ribosomen (Mikrosomen) zu diesem System erzeugt man leichte

Ketten des Immunglobulins in der richtigen Größe (▶*Abbildung 22.15*). Aus diesen Ergebnissen konnte man folgern, dass dieses zusätzliche Aminosäuresegment aus 20 Aminosäuren als ER-Signalsequenz agiert und dass diese Sequenz entfernt wird, wenn sich das Polypeptid in das ER bewegt. Spätere Untersuchungen ergaben, dass noch weitere, für das ER bestimmte Polypeptide eine N-terminale Sequenz besitzen, die für das Erkennen des für das ER bestimmten Proteins notwendig ist und entfernt wird, wenn sich das Polypeptid in das ER bewegt. Proteine, die an ihrem N-Terminus mit solchen ER-Signalsequenzen ausgestattet sind, werden häufig als *Präproteine* bezeichnet (zum Beispiel Prälysozym, Präproinsulin, Prätrypsinogen und so weiter).

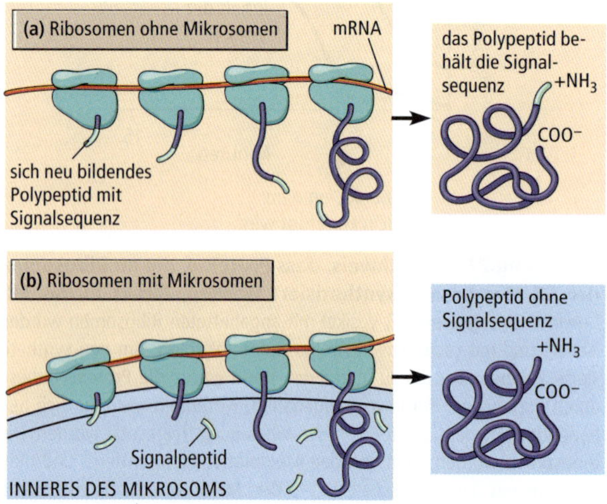

Abbildung 22.15: Nachweis, dass für die normale Prozessierung sekretierter Proteine eine cotranslationale Insertion in das ER notwendig ist. (a) Die Proteinsynthese kann in einem zellfreien System durchgeführt werden, das Ribosomen und andere Komponenten enthält, aber keine Membranen. Fügt man eine Messenger-RNA hinzu, die ein Protein kodiert, das normalerweise sekretiert wird, so erhält man ein anormal großes Protein, was darauf zurückzuführen ist, dass es noch immer die Signalsequenz enthält. (b) Wenn man Mikrosomen, die aus ER-Membranen und angehefteten Ribosomen bestehen, isoliert und die gleiche mRNA zufügt, dann wird das entstandene Protein durch die Vesikelmembran transportiert und die Signalsequenz wird abgespalten.

Aus Sequenzuntersuchungen wissen wir, dass die Aminosäurezusammensetzungen von ER-Signalsequenzen überraschend variabel sind, doch hat man auch mehrere Gemeinsamkeiten entdeckt. ER-Signalsequenzen haben typischerweise eine Länge von 15 bis 30 Aminosäuren und bestehen aus drei Domänen: einer positiv geladenen N-terminalen Region, einer zentralen hydrophoben Region und einer polaren Region, die neben der Stelle liegt, an der die Abspaltung des reifen Proteins stattfinden wird. Das positiv geladene Ende kann die Interaktion mit der hydrophilen Außenseite der ER-Membran fördern, die hydrophobe Region die Interaktion mit der Signalsequenz auf der Lipidinnenseite der Membran. Auf jeden Fall weiß man heute, dass nur Polypeptide mit ER-Signalsequenzen während ihrer Synthese in die ER-Membran eingefügt oder durch die ER-Membran transportiert werden können. Tatsächlich hat man festgestellt, dass Polypeptide, die normalerweise keine ER-Signalsequenzen besitzen, direkt in das ER transportiert wurden, wenn sie mit Hilfe von rekombinanten DNA-Methoden mit ER-Signalsequenzen versehen wurden.

22.5.2 Die Signalerkennungspartikel (SRP) binden den Ribosom-mRNA-Polypeptid-Komplex an die ER-Membran

Nachdem die Existenz der ER-Signalsequenz etabliert war, wurde schnell deutlich, dass die sich neu bildenden Polypeptide an die ER-Membran angeheftet werden müssen, bevor ein größerer Teil des Polypeptids aus dem Ribosom heraustritt. Falls die Translation ohne Anheftung an das ER ablaufen sollte, dann könnte die Signalsequenz durch Faltung der wachsenden Polypeptidkette verdeckt werden. Um zu verstehen, wie diese Gefahr ausgeschlossen wird, müssen wir uns den Signalmechanismus einmal genauer anschauen.

Im Gegensatz zur ursprünglichen Signalhypothese nimmt die ER-Signalsequenz nicht selber Kontakt mit dem ER auf. Stattdessen wird der Kontakt von einem **Signalerkennungspartikel** (**SRP**; engl.: *signal recognition particle*) vermittelt. Dieser erkennt und bindet an die ER-Signalsequenz des sich neu bildenden Polypeptids. Dann bindet er an die ER-Membran (▶*Abbildung 22.16*). Zuerst nahm man an, dass der SRP nur aus Protein besteht (das P stand in der Bezeichnung ursprünglich für Protein). Später wies man allerdings nach, dass der SRP aus sechs verschiedenen Polypeptiden besteht, die mit einem RNA-Molekül aus 300 Nucleotiden (7S) einen Komplex bilden. Die Proteinkomponenten haben drei aktive Zentren: ein Zentrum erkennt und bindet die ER-Signalsequenz, das andere interagiert mit dem Ribosom, um die weitere Translation zu blockieren, und das dritte bindet an die ER-Membran.

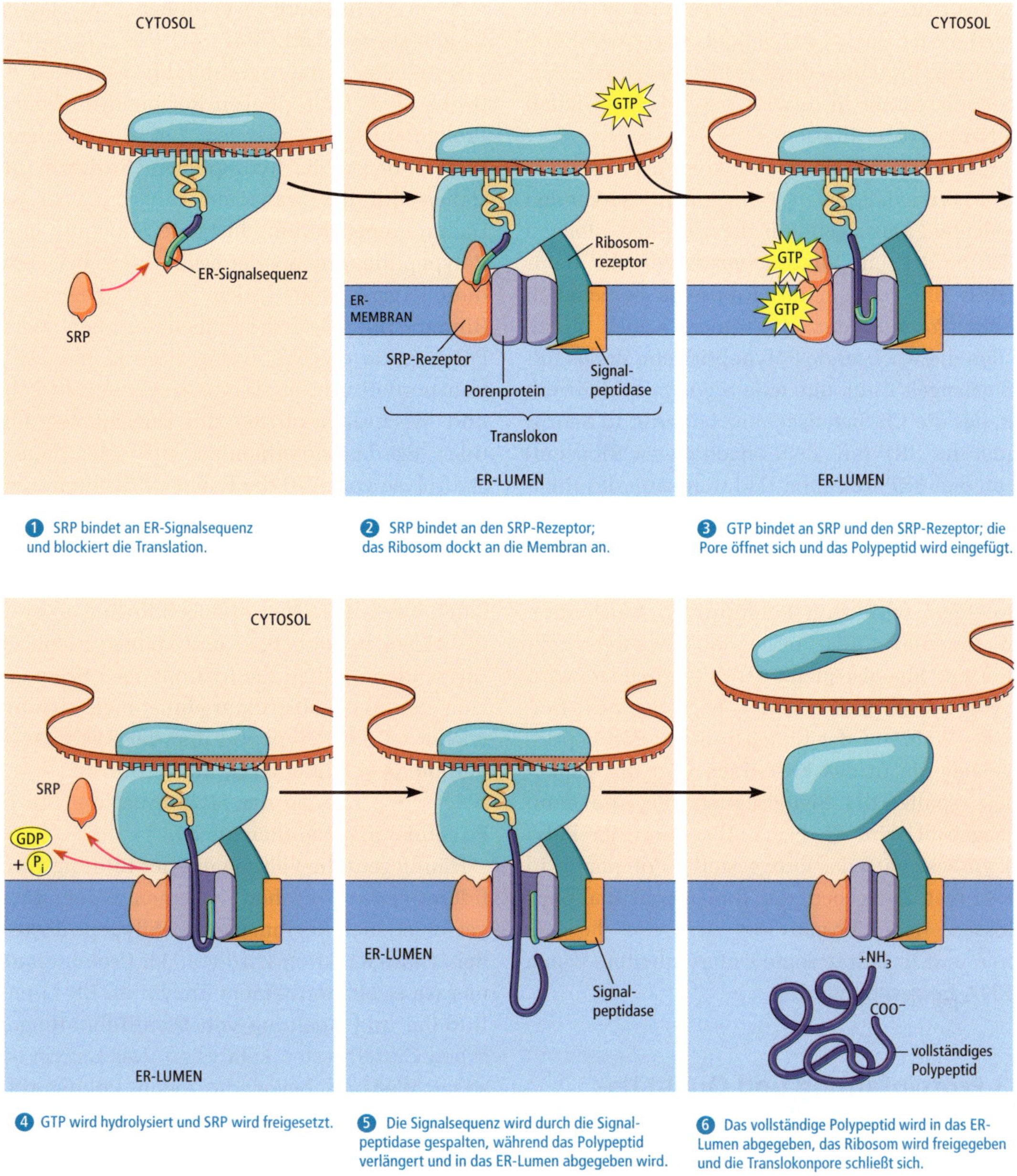

Abbildung 22.16: Ein Modell für den Signalmechanismus des cotranslationalen Imports. Die Abbildung ist eine schematische Zeichnung des Signalmechanismus. Man weiß heute, dass sich die wachsende Polypeptidkette durch eine hydrophile Pore bewegt, die aus einem oder mehreren Membranproteinen besteht. Der Komplex aus Membranproteinen, der die Translokation ausführt, wird als *Translocon* bezeichnet.

Abbildung 22.16 veranschaulicht die Rolle des SRP beim cotranslationalen Transport. Der Vorgang beginnt mit einer mRNA, die ein für das ER bestimmtes Polypeptid kodiert. Die Translation beginnt an einem freien Ribosom. Die Polypeptidsynthese schreitet so lange fort, bis sich die ER-Signalsequenz gebildet hat und aus der Oberfläche des Ribosoms heraustritt. Zu diesem Zeitpunkt bindet das SRP (orange unterlegt) an die Signalsequenz und blockiert die weitere Translation (Schritt 1). Dann bindet der SRP das Ribosom an eine besondere Struktur in der ER-Membran, das sogenannte **Translocon**. Die Bezeichnung Translocon beruht darauf, dass diese Struktur die Translokation von Polypeptiden durch die ER-Membran durchführt. (Beachten Sie, dass der Begriff *Trans-*

lokation wörtlich „Änderung der Position" bedeutet. Hier wird dieser Begriff verwendet, um sowohl den Transport von Proteinen durch Membranen zu erfassen als auch, früher in diesem Kapitel, das Gleiten der mRNA auf dem Ribosom.)

Das Translocon ist ein Proteinkomplex aus mehreren am cotranslationalen Transport mitwirkenden Komponenten. Dazu gehören der *SRP-Rezeptor*, an den SRP bindet, ein *Ribosomenrezeptor*, der dafür sorgt, dass die Position des Ribosoms beibehalten wird, ein *Porenprotein*, das einen Kanal bildet, durch den die wachsende Polypeptidkette in das ER-Lumen gelangen kann, und eine *Signalpeptidase*, ein Enzym, das die ER-Signalsequenz entfernt. In Schritt ❷ bindet der SRP (mit dem angehefteten Ribosom) zuerst an den SRP-Rezeptor. Dadurch kann das Ribosom an den Ribosomenrezeptor gebunden werden. Dann bindet GTP an den SRP und den SRP-Rezeptor. Dadurch kann die Translation fortschreiten und die Signalsequenz wird zum Porenprotein transferiert. Dessen zentraler Kanal öffnet sich während der Insertion der Signalsequenz ❸. Anschließend wird GTP hydrolysiert, und zugleich wird der SRP freigesetzt ❹. Während der Elongation der Polypeptidkette gelangt sie in das ER-Lumen und die Signalpeptidase spaltet die Signalsequenz ab, die dann rasch abgebaut wird ❺. Nach Abschluss der Polypeptidsynthese wird das fertiggestellte Polypeptid in das ER-Lumen abgegeben, der Transloconkanal wird geschlossen, das Ribosom löst sich von der ER-Membran und zerfällt in seine Untereinheiten, wobei die mRNA freigesetzt wird ❻.

22.5.3 Proteinfaltung und Qualitätskontrolle finden im ER statt

Nachdem die Polypeptide in das ER-Lumen abgegeben wurden, nehmen sie durch Faltung ihre endgültige Struktur ein. In einigen Fällen setzen sich mehrere Polypeptide zu Proteinen mit mehreren Untereinheiten zusammen. Wir haben bereits zuvor in diesem Kapitel erwähnt, dass molekulare Chaperone diese Prozesse der Faltung und des Zusammenbaus unterstützen. Das am häufigsten im ER-Lumen vorkommende Chaperon ist ein Mitglied der Hsp70-Familie der Chaperone, das **BiP** (eine Abkürzung für B*indungsprotein*). BiP bindet an hydrophobe Regionen auf Polypeptidketten, vor allem an Regionen, die mit den Aminosäuren Tryptophan, Phenylalanin und Leucin angereichert sind.

In einem reifen, vollständig gefalteten Protein liegen diese hydrophoben Regionen im Inneren des Proteinmoleküls verborgen. Bei einem ungefalteten Protein liegen die hydrophoben Regionen frei und stehen mit der wässrigen Umgebung in Kontakt. Dadurch entsteht eine instabile Situation, in der die Polypeptide miteinander aggregieren. BiP verhindert diese Aggregation, indem es vorübergehend eine Bindung mit den hydrophoben Regionen ungefalteter Polypeptide eingeht, wenn diese in das ER-Lumen transportiert werden. Dadurch werden sie stabilisiert und Wechselwirkungen mit ungefalteten Polypeptiden werden unterbunden. BiP setzt dann durch Hydrolyse von ATP die Polypeptidkette frei, woraufhin das Polypeptid die Möglichkeit zur Faltung erhält (möglicherweise wird ihm dabei von anderen Chaperonen geholfen). Wenn sich das Polypeptid korrekt faltet, werden die hydrophoben Regionen im Inneren des Moleküls verborgen und können nicht mehr an BiP binden. Sollten die hydrophoben Segmente aber keine korrekte Faltstruktur einnehmen, so bindet BiP wieder an das Polypeptid und der Zyklus wird wiederholt. Auf diese Weise nutzt BiP die durch ATP freigesetzte Energie der Hydrolyse, um die richtige Proteinfaltung zu unterstützen.

Häufig geht die Faltung mit der Bildung von Disulfidbindungen zwischen Cysteinen einher, die sich in verschiedenen Regionen einer Polypeptidkette befinden. Diese Reaktion wird von der **Proteindisulfidisomerase** erleichtert, einem Enzym im ER-Lumen, das Bildung und Spaltung von Disulfidbindungen zwischen Cysteinresten katalysiert. Das Enzym entfaltet seine Wirkung bevor das neue Polypeptid fertig synthetisiert ist, sodass mehrere Disulfidbindungen ausprobiert werden können, bis die stabilste Konformation gefunden ist.

Proteine, die sich wiederholt falsch falten, können mehrere Mechanismen der Qualitätskontrolle aktivieren. Einer dieser Mechanismen ist die **unfolded protein response (UPR)**. Sensormoleküle in der ER-Membran erkennen fehlgefaltete Proteine. Diese Sensoren aktivieren Signalwege, welche die Synthese der meisten Proteine beenden, aber die Bildung der Proteine fördern, die für Proteinfaltung und -abbau notwendig sind. Ein weiterer Typ der Qualitätskontrolle, der **ER-assoziierte Abbau (ERAD**; engl.: *ER-associated degradation*) erkennt falsch gefaltete oder falsch zusammengesetzte Proteine und transportiert diese durch die ER-Membran ins Cytosol zurück, wo sie von *Proteosomen* abgebaut werden, die wir in *Kapitel 23* genauer besprechen werden.

22.5.4 In das ER-Lumen freigesetzte Proteine werden zum Golgi-Komplex, zu sekretorischen Vesikeln, zu Lysosomen oder zurück in das ER geleitet

Bei den meisten Proteinen, die von ER-gebundenen Ribosomen synthetisiert werden, handelt es sich um *Glykoproteine* – das heißt, Proteine, an die kovalent Kohlenhydratgruppen gebunden sind. In *Kapitel 12* haben Sie gelernt, dass die ersten Glykosylierungsreaktionen zum Anfügen dieser Kohlenhydratseitenketten im ER ablaufen, häufig noch während der Synthese der wachsenden Polypeptidkette. Nachdem die Polypeptide in das ER-Lumen freigesetzt, glykosyliert und gefaltet wurden, werden sie von mehreren Typen von Transportvesikeln zu ihren Bestimmungsorten in der Zelle gebracht (siehe *Abbildung 12.8*). Die erste Haltestelle auf diesem Weg ist der Golgi-Komplex. Dort kann eine weitere Glykosylierung und Prozessierung der Kohlenhydratseitenketten erfolgen. Der Golgi-Komplex ist der Knotenpunkt zur Sortierung und Verteilung der Proteine an andere Zielorte in der Zelle.

Für lösliche sekretorische Proteine führt der normale Weg vom Golgi-Komplex über sekretorische Vesikel, die sich zur Zelloberfläche bewegen und mit der Plasmamembran verschmelzen, was zur Sekretion dieser Proteine aus der Zelle führt. Lösliche Proteine, die in den Golgi-Komplex eintreten und nicht für die Sekretion aus der Zelle bestimmt sind, besitzen spezifische Kohlenhydratseitenketten und/oder kurze Aminosäuresignalsequenzen, die jedes Protein innerhalb des Endomembransystems zu seinem richtigen Bestimmungsort leiten. Wir haben in *Kapitel 12* zum Beispiel gesehen, dass viele lysosomale Enzyme Kohlenhydratseitenketten mit dem ungewöhnlichen Zucker *Mannose-6-Phosphat* besitzen. Dieser Zucker hat eine Erkennungsfunktion, sodass der Golgi-Komplex diese Proteine selektiv in die sich neu bildenden Lysosomen packen kann (siehe *Abbildung 12.9*). In *Kapitel 12* haben Sie außerdem gelernt, dass es für Proteine, deren Bestimmungsort im ER liegt, einen anderen Signalmechanismus gibt. Der C-Terminus dieser Proteine enthält im Allgemeinen eine *KDEL-Sequenz*, die aus den Aminosäuren Lys-Asp-Glu-Leu oder einer nahe verwandten Sequenz besteht. Der Golgi-Komplex verfügt über einen Rezeptor, der an die KDEL-Sequenz bindet und das markierte Protein zurück ins ER transportiert. Die Proteindisulfidisomerase – das im ER lokalisierte Enzym, dessen Rolle bei der Proteinfaltung im vorhergehenden Abschnitt dargestellt wurde – steht exemplarisch für ein Protein mit einer KDEL-Sequenz, die das Auftreten dieses Moleküls auf das ER beschränkt.

22.5.5 Stopp-Transfersequenzen vermitteln die Insertion integraler Membranproteine

Bisher haben wir uns auf den cotranslationalen Transport und die Sortierung löslicher Proteine konzentriert, die entweder aus der Zelle ausgeschieden werden sollen oder für das Lumen von Endomembrankomponenten wie das ER, den Golgi-Komplex, Lysosomen und ähnliche Vesikel bestimmt sind. Die andere Hauptgruppe von Polypeptiden, die an Ribosomen des ER synthetisiert werden, besteht aus Molekülen, die integrale *Membranproteine* werden sollen. Polypeptide dieses Typs werden von einem Mechanismus synthetisiert, der dem in *Abbildung 22.16* dargestellten Mechanismus für lösliche Proteine ähnelt. Der Unterschied liegt darin, dass die fertiggestellte Polypeptidkette in der ER-Membran verankert bleibt und nicht in das ER-Lumen transportiert wird.

Rufen Sie sich bitte aus *Kapitel 7* in Erinnerung, dass integrale Membranproteine typischerweise durch ein oder mehrere α-helikale *Transmembransegmente* aus 20 bis 30 hydrophoben Aminosäuren in der Lipiddoppelschicht verankert sind. Wenn wir uns mit dem Mechanismus beschäftigen, der solche Proteine nach der Synthese als Teil der ER-Membran zurückbehält und sie nicht in das ER-Lumen abgibt, so konzentrieren wir uns auf den einfachsten Fall: Proteine mit nur einem Transmembransegment. Die daran mitwirkenden Prinzipien gelten aber auch für Proteine mit komplizierteren Konfigurationen. Wissenschaftler postulieren zwei Hauptmechanismen, mittels derer hydrophobe Transmembransegmente sich neu bildende Polypeptidketten in der Lipiddoppelschicht der ER-Membran verankern.

Am ersten Mechanismus wirken Polypeptide mit einer typischen ER-Signalsequenz am N-Terminus mit. Aufgrund dieser Struktur kann ein SRP den Ribosom-mRNA-Komplex an die ER-Membran binden. Die Elongation der Polypeptidkette dauert so lange, bis das hydrophobe Transmembransegment des Polypeptids synthetisiert wurde. Wie in ▶*Abbildung 22.16a* dargestellt, dient dieses Teilstück aus Aminosäuren als **Stopp-Transfersequenz**, welche die Translokation des Polypeptids durch die Membran aufhält. Die Translation geht weiter, aber der Rest der Polypeptidkette bleibt auf der cytosolischen Seite der ER-Membran. Daraus geht ein Transmembranprotein hervor, dessen N-Terminus im ER-Lumen und dessen C-Terminus im Cytosol liegt. In der Zwischenzeit bewegt sich die hydrophobe Stopp-Transfersequenz seitlich durch eine Seitenöffnung im Translocon in die Lipiddoppelschicht hinein und bildet so das dauerhafte Transmembransegment, welches das Protein in der Membran verankert.

Der zweite Mechanismus beinhaltet Membranproteine ohne die typische Signalsequenz am N-Terminus. Stattdessen besitzen diese eine interne **Start-Transfersequenz**, die zwei Funktionen ausführt: Erstens wirkt sie als ER-Signalsequenz, dank der ein SRP den Ribosom-mRNA-Komplex an die ER-Membran binden kann, und ihre hydrophobe Region dient als Membrananker, der sich durch eine Seitenöffnung im Translocon heraus bewegt und das Polypeptid dauerhaft in der Lipiddoppelschicht bindet (▶*Abbildung 22.17b*).

Die Ausrichtung der Start-Transfersequenz zum Zeitpunkt der Insertion bestimmt, welcher Terminus des Polypeptids im ER-Lumen und welcher im Cytosol liegt. Transmembranproteine mit mehreren die Membran durchquerenden Regionen werden auf ähnliche Weise gebildet, jedoch entsteht durch ein alternatives Muster an Start-Transfer- und Stopp-Transfersequenzen ein Polypeptid, das mehrere die Membran durchquerende Transmembrandomänen besitzt, welche die Membran in beide Richtungen durchqueren.

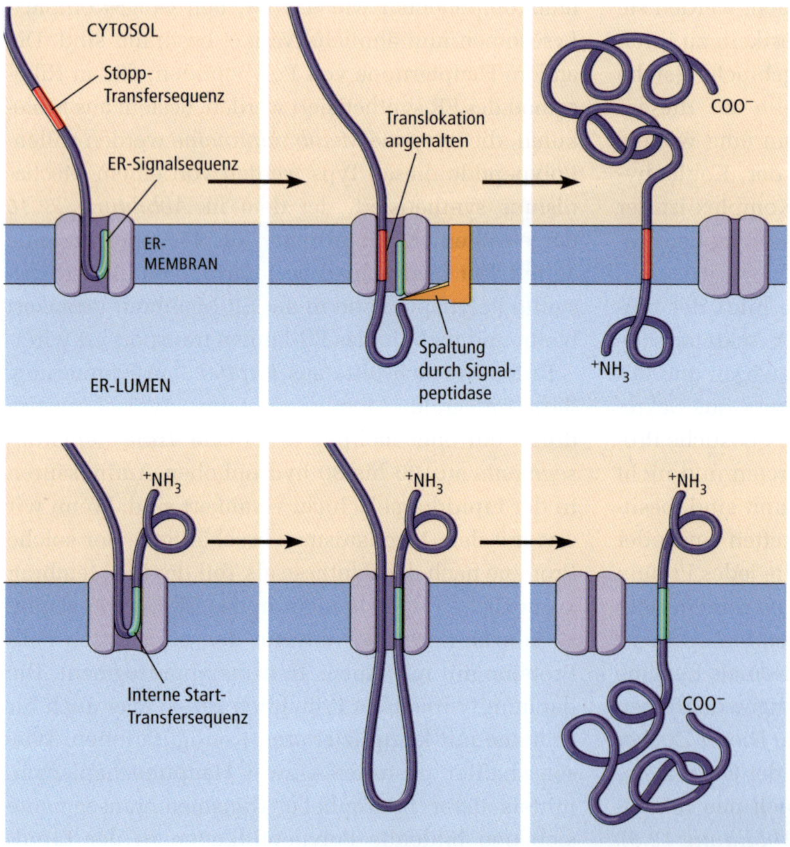

(a) Polypeptid mit interner Stopp-Transfersequenz und einer terminalen ER-Signalsequenz. Die Stopp-Transfersequenz stoppt den Translokationsvorgang und bewegt sich durch eine Seitenöffnung aus dem Translokon, um das Polypeptid in der Membran zu verankern. Dadurch entsteht ein Transmembranprotein, dessen N-Terminus im ER-Lumen und dessen C-Terminus im Cytosol liegt.

(b) Polypeptid mit nur einer einzelnen internen Start-Transfersequenz. Diese einzelne Start-Transfersequenz beginnt mit dem Polypeptidtransfer und bewegt sich dann durch eine Seitenöffnung des Translokons, um sich in der Membran zu verankern. (Wenn dieses Polypeptid auch eine Stopp-Transfersequenz hätte, die den vollständigen Transfer des Polypeptids durch das Translokon verhindern würde, hätte man ein Transmembranprotein, dessen N-Terminus und dessen C-Terminus im Cytosol lägen.)

Abbildung 22.17: Cotranslationale Insertion von Transmembranproteinen in die ER-Membran. Diese Abbildung stellt zwei Mechanismen zum Einfügen integraler Membranproteine mit nur einem Transmembransegment vor. Der Übersichtlichkeit halber werden der SRP, das Ribosom und die meisten anderen Teile des Translokationsapparats nicht dargestellt. Transmembranproteine, deren N- und C-Termini in die entgegengesetzte Richtung als hier dargestellt weisen, können mit Hilfe einer Start-Transfersequenz hergestellt werden, die entgegengesetzt ausgerichtet ist, wenn sie das erste Mal in den Translokationsapparat eingefügt wird.

Nachdem ein neu gebildetes Polypeptid durch einen der beschriebenen Mechanismen in die ER-Membran eingebaut wurde, kann es entweder dort verbleiben und als ER-Membranprotein agieren oder es wird zu anderen Kompartimenten des Endomembransystems transportiert, beispielsweise zum Golgi-Komplex, zu den Lysosomen, zur Kernhülle oder zur Plasmamembran. Der Transport erfolgt mittels einer Reihe von Membranknospungs- und Verschmelzungsereignissen, wobei sich Membranvesikel von einem Kompartiment des Endomembransystems abschnüren und mit einem anderen Kompartiment verschmelzen, wie in *Abbildung 12.8* dargestellt.

22.5.6 Durch posttranslationalen Import können einige Polypeptide nach der Synthese in Organellen gelangen

Im Gegensatz zum cotranslationalen Import von Proteinen in das ER, den wir einige Seiten zuvor erläutert haben, werden für das Zellkerninnere, für Mitochondrien, Chloroplasten oder Peroxisomen bestimmte Proteine erst *nach* Abschluss der Translation in diese Organellen transportiert. Da diese Proteine an freien Ribosomen synthetisiert und ins Cytosol freigesetzt werden, muss jedes Protein über ein Zielsignal verfügen, das es in die richtige Organelle vermittelt. In *Kapitel 12* haben Sie gelernt, dass eine Serin-Lysin-Leucin-Sequenz (SKL im Einbuchstabencode) in der Nähe des C-Terminus eines Proteins ebendieses Protein für die Aufnahme in Peroxisomen markiert. Seit *Kapitel 18* ist Ihnen bekannt, dass der posttranslationale Proteinimport in den Zellkern von Kernlokalisierungssignalen abhängt, die Proteine zum Transport durch Kernporenkomplexe markieren (siehe *Abbildung 18.31*). Hier konzentrieren wir uns auf den Proteinimport in Mitochondrien und Chloroplasten, der durch Signalsequenzen vermittelt wird, die denen des cotranslationalen Imports ähneln.

Import von Polypeptiden in Mitochondrien und Chloroplasten Obwohl Mitochondrien und Chloroplasten ihre eigene DNA und Proteinsynthese-Maschinerie besitzen, synthetisieren sie selbst nur wenige der von ihnen benötigten Polypeptide. Mehr als 95 % der Polypeptide in diesen beiden Organellen, ebenso wie alle Proteine des Zellkerns und der Peroxisomen, werden von Kerngenen kodiert und an cytosolischen Ribosomen synthetisiert. Die geringe Anzahl der in den Mitochondrien synthetisierten Polypeptide ist hauptsächlich für die mitochondriale Membran bestimmt, und die Polypeptide in den Chloroplasten sind vor allem für die Thylakoidmembranen vorgesehen. Fast ausnahmslos sind diese Polypeptide, die von Mitochondrien- und Chloroplastengenen kodiert werden, Untereinheiten multimerer Proteine, wobei eine oder mehrere der anderen Untereinheiten von Kerngenen kodiert und aus dem Cytosol importiert werden. Zum Beispiel setzt sich die Cytochrom-*c*-Oxidase der Säugetiere aus dreizehn Polypeptiden zusammen, von denen drei vom mitochondrialen Genom kodiert und in den Mitochondrien synthetisiert werden. Die anderen zehn Untereinheiten werden im Cytosol synthetisiert und in die Mitochondrien transportiert.

Die meisten Polypeptide der Mitochondrien und Chloroplasten werden an cytosolischen Ribosomen synthetisiert, ins Cytosol abgegeben und innerhalb von wenigen Minuten von der richtigen Organelle (Mitochondrium oder Chloroplast) aufgenommen. Das Zielsignal für diese Polypeptide ist eine besondere Sequenz, die sogenannte **Transitsequenz**. Ebenso wie die ER-Signalsequenz der auf das ER abzielenden Polypeptide ist die Transitsequenz am N-Terminus des Polypeptids lokalisiert. Nachdem die Transitsequenz in das Mitochondrium oder den Chloroplasten eingedrungen ist, wird sie von einer in der Organelle liegenden *Transitpeptidase* entfernt. Das Entfernen der Transitsequenz findet häufig vor Abschluss des Transports statt.

Die Transitsequenz der Polypeptide der Mitochondrien und Chloroplasten enthält typischerweise sowohl hydrophobe als auch hydrophile Aminosäuren. Das Vorhandensein positiv geladener Aminosäuren ist von entscheidender Bedeutung, auch wenn die Sekundärstruktur der Sequenz wichtiger sein könnte als die spezifischen Aminosäuren. Einige mitochondriale Transitsequenzen besitzen beispielsweise positiv geladene Aminosäuren, die so mit hydrophoben Aminosäuren durchsetzt sind, dass sich im Fall einer zu einer α-Helix spiralisierten Sequenz der größte Teil der positiv geladenen Aminosäuren auf der einen Seite der Helix befindet und die hydrophoben Aminosäuren auf der anderen Seite liegen.

Die Aufnahme von Polypeptidketten mit Transitsequenzen wird von spezialisierten Transportkomplexen vermittelt, die in den äußeren und inneren Membranen der Mitochondrien und Chloroplasten lokalisiert sind. Wie in ▸*Abbildung 22.18* dargestellt, bezeichnet man die mitochondrialen Transportkomplexe als **TOM** (Translocase der äußeren mitochondrialen Membran, engl.: *translocase of the outer mitochondrial membrane*) und **TIM** (Translocase der inneren mitochondrialen Membran, engl.: *translocase of the inner mitochondrial membrane*). Die damit vergleichbaren Chloroplastenkomplexe sind **TOC** (Translocase der äußeren Chloroplastenmembran, engl.: *translocase of the outer chloroplast membrane*) und **TIC** (Translocase der inneren Chloroplastenmembran, engl.: *translocase of the inner chloroplast membrane*). Zuerst werden die für den Transport in Mitochondrien oder Chloroplasten bestimmten Polypeptide von TOM- oder TOC-Komponenten ausgewählt, die man als *Transit-Sequenz-Rezeptoren* bezeichnet. Nachdem eine Transitsequenz an ihren Rezeptor gebunden hat, wird das Polypeptid, das diese Sequenz enthält, durch eine *Pore* im TOM- oder TOC-Komplex durch die äußere Membran transportiert. Sollte das Polypeptid für das Innere der Organelle vorgesehen sein, so folgt auf die Bewegung durch den TOM- oder TOC-Komplex schnell die Passage durch den TIM- oder TIC-Komplex der inneren Membran. Die Passage findet vermutlich an einer *Kontaktstelle* statt, an der äußere und innere Membranen dicht beieinander liegen.

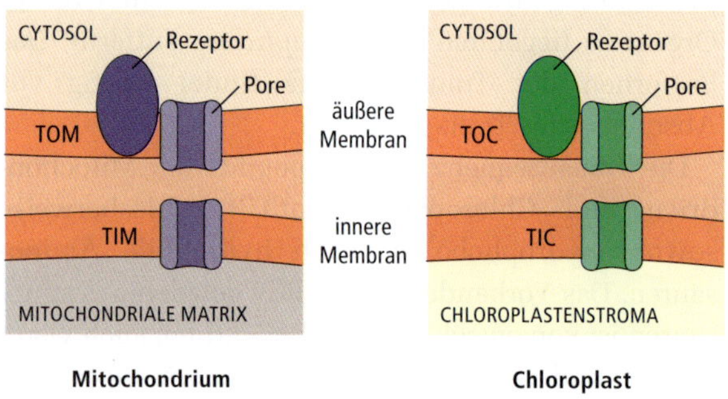

Abbildung 22.18: Proteintransportkomplexe der äußeren und inneren Membranen der Mitochondrien und Chloroplasten. Die Aufnahme der Proteine der Mitochondrien und Chloroplasten, die im Cytosol synthetisiert werden, werden von spezialisierten Transportkomplexen vermittelt, die in den äußeren und inneren Membranen dieser Organellen liegen. Die äußeren und inneren Membrankomplexe der Mitochondrien werden als TOM bzw. TIM bezeichnet. Die vergleichbaren Strukturen der Chloroplasten sind TOC und TIC. Die Transportkomplexe der äußeren Membranen (TOM und TOC) bestehen aus zwei Komponenten: Rezeptorproteinen, die für die Aufnahme bestimmte Polypeptide erkennen und binden, und Kanal-bildenden Porenproteinen, durch die Polypeptide transportiert werden.

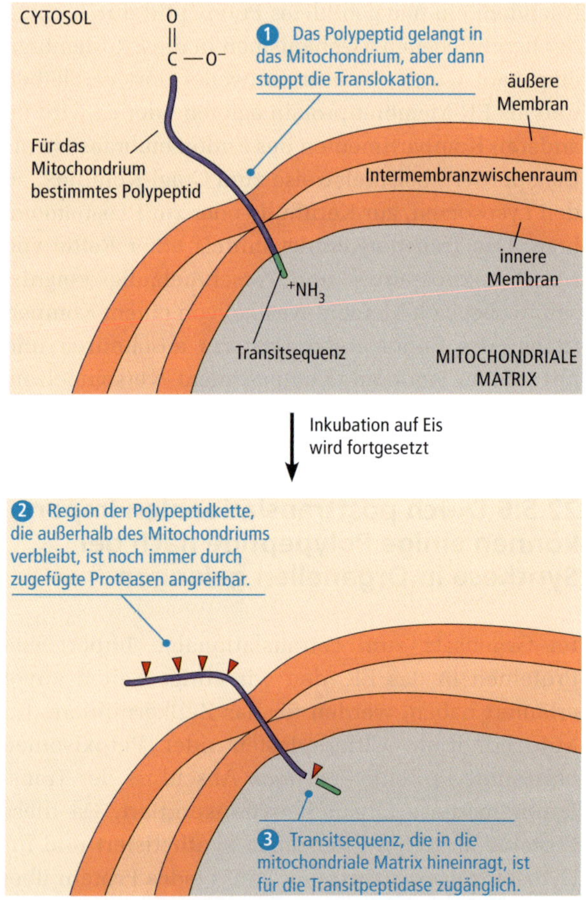

Abbildung 22.19: Experiment zum Nachweis, dass Polypeptide beim Transport beide mitochondrialen Membranen durchqueren. Zum Nachweis, dass Polypeptide, die in Mitochondrien importiert werden, beide Membranen gleichzeitig durchqueren, inkubierte man ein zellfreies Importsystem auf Eis und nicht wie üblich bei einer Temperatur von 37 °C. Bei niedriger Temperatur beginnen die Polypeptide zwar, sich in das Mitochondrium zu bewegen, aber ihre Translokation setzt bald aus. Unter diesen Bedingungen wird die Transitsequenz von der Transitpetidase in der Matrix abgespalten, was darauf hinweist, dass der N-Terminus des Polypeptids im Mitochondrium liegt. Gleichzeitig kann die Polypeptidkette von proteolytischen Enzymen, die auf der Außenseite des Mitochondriums zugefügt wurden, angegriffen werden. Das bedeutet, dass das Polypeptid während des Transports beide Membranen durchspannen muss. Diese geschieht vermutlich an einer zwischen den beiden Membranen liegenden Kontaktstelle.

Einen Beweis für dieses Modell liefert zum einen die Elektronenmikroskopie, die viele enge Kontaktstellen zwischen äußeren und inneren Membranen erkennbar macht. Außerdem gibt es Daten aus biochemischen Experimenten, in denen man zellfreie mitochondriale Importsysteme auf Eis inkubiert hat, um gerade translokalisierte Polypeptide aufzufangen

(▶ *Abbildung 22.19*). Aufgrund der niedrigen Temperatur hört der Transport schon bald nach Beginn auf. Zu diesem Zeitpunkt wurden die Transitsequenzen der Polypeptide bereits von dem Enzym Transitpeptidase, das in der mitochondrialen Matrix liegt, entfernt. Allerdings können die Polypeptide immer noch von zugefügten proteolytischen Enzymen angegriffen werden. Diese Ergebnisse zeigen, dass Polypeptide während des Transports vorübergehend beide Membranen durchqueren können. Mit anderen Worten, der N-Terminus kann in die Matrix des Mitochondriums eindringen, während der Rest des Moleküls sich immer noch außerhalb der Organelle befindet.

Polypeptide, die in Mitochondrien oder Chloroplasten hinein transportiert werden, müssen sich normalerweise im ungefalteten Zustand befinden, um durch die Membranen gelangen zu können, welche diese Organellen umhüllen. Diese an die Polypeptide gestellte Bedingung wurde experimentell nachgewiesen. Dafür fügte man Polypeptide, die eine mitochondriale Transitsequenz enthalten, an Wirkstoffe an, die dafür sorgen, dass die Polypeptidkette in fest gefaltetem Zustand bleibt. Solche Polypeptide binden an die äußere Oberfläche des Mitochondriums, aber sie bewegen sich nicht durch die Membran. Das liegt höchstwahrscheinlich an der Größe des gefalteten Polypeptids. Der Durchmesser des Polypeptids ist größer als die Membranpore, durch die das Polypeptid transportiert werden muss.

Es geht darum, die Polypeptide in einem ungefalteten Zustand zu halten. Daher werden die für Mitochondrien und Chloroplasten bestimmten Polypeptide im Allgemeinen an *Chaperonproteine* gebunden. Die Chaperonproteine ähneln den Chaperonen, die neu synthetisierte Polypeptide bei der Faltung unterstützen. In ▶ *Abbildung 22.20* wird ein aktuelles Modell des Chaperon-vermittelten Imports von Polypeptiden in die mitochondriale Matrix dargestellt. Zu Beginn des Transportvorgangs binden Hsp70-Chaperone an ein sich neu bildendes Polypeptid, dessen Synthese im Cytosol stattfindet. Die Chaperone sorgen dafür, dass es sich in einem locker gefalteten Zustand befindet (Schritt ❶). Dann bindet die Transitsequenz am N-Terminus des Polypeptids an die Rezeptorkomponente vom TOM, die aus der Oberfläche der äußeren mito-chondrialen Membran herausragt ❷. Die Chaperone werden anschließend durch ATP-Hydrolyse freigesetzt, während das Polypeptid durch die TOM- und TIM-Poren in die mitochondriale Matrix bewegt wird ❸. Wenn die Transitsequenz in der Matrix ankommt, wird sie von der Transitpeptidase entfernt ❹. Während der Rest des Polypeptids anschließend in die Matrix gelangt, findet kurzzeitig eine Bindung mit mitochondrialem Hsp70 statt. Zur nachfolgenden Freisetzung von Hsp70 wird wiederum die Hydrolyse von ATP benötigt ❺. Man geht davon aus, dass der Translokationsvorgang mit dieser Energie angetrieben wird. Schließlich binden in den meisten Fällen mitochondriale Hsp70-Chaperonmoleküle an das Polypeptid und assistieren ihm bei der Einnahme seiner vollständig gefalteten Konfiguration ❻.

Nicht nur Chloroplasten, sondern auch Mitochondrien benötigen für den Import von Polypeptiden Energie. Der mitochondriale Import wird sowohl durch ATP-Hydrolyse als auch durch den elektrochemischen Gradienten über der inneren Membran angetrieben. Der elektrochemische Gradient scheint nur für die Bindung und das Eindringen der Transitsequenz erforderlich zu sein. In Experimenten wurde nachgewiesen, dass eine Senkung des Membranpotenzials auf null nach diesem Schritt nicht mit dem noch verbleibenden Transfervorgang interferiert. Chloroplasten halten wiederum einen elektrochemischen Gradienten über der Thylakoidmembran aufrecht, aber nicht über der inneren Membran. Vermutlich wird der Energiebedarf für den Import in das Chloroplastenstroma nur durch ATP gedeckt.

Zielsteuerung von Polypeptiden zu den richtigen Kompartimenten in den Mitochondrien und Chloroplasten Aufgrund der strukturellen Komplexität der Mitochondrien und Chloroplasten müssen die aus dem Cytosol zu importierenden Proteine nicht nur zur richtigen Organelle geleitet werden, sondern auch innerhalb der Organelle zum richtigen Kompartiment. Mitochondrien besitzen vier Kompartimente: die äußere Membran, den Intermembranraum, die innere Membran und die Matrix. Chloroplasten besitzen vier ähnliche Kompartimente (wobei das Stroma die Matrix ersetzt) plus zwei weitere Kompartimente: die Thylakoidmembran und das Thylakoidlumen. Somit muss ein Polypeptid auf seinem Weg zu seinem endgültigen Bestimmungsort ein, zwei oder sogar drei Membranen durchqueren.

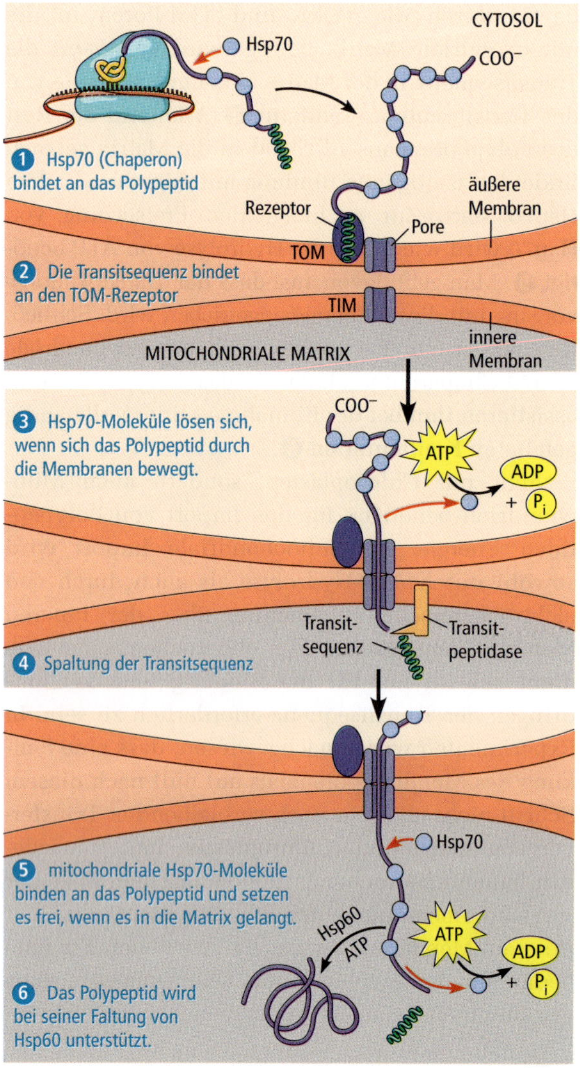

Abbildung 22.20: Posttranslationaler Import von Polypeptiden in das Mitochondrium. Ebenso wie beim cotranslationalen Import in das ER wirken auch am posttranslationalen Import in das Mitochondrium eine Signalsequenz (in diesem Fall handelt es sich um die sogenannte Transitsequenz), ein Membranrezeptor, Poren-bildende Membranproteine und eine Peptidase mit. Beim Mitochondrium erkennt der Membranrezeptor die Signalsequenz aber direkt. Eine Vermittlung durch einen cytosolischen SRP ist hier nicht nötig. Außerdem spielen bei diesem Vorgang Chaperone mehrere ganz entscheidende Rollen: Sie sorgen dafür, dass das Polypeptid nach der Synthese im Cytosol teilweise ungefaltet bleibt, sodass das Polypeptid an die Transitsequenz binden und eine Translokation stattfinden kann (Schritte 1 – 3); Die Chaperone treiben die Translokation selber voran, indem sie an das Polypeptid binden und es *innerhalb* der Matrix freisetzen. Hierbei handelt es sich um einen Vorgang, für den ATP benötigt wird (Schritt 5). Sie assistieren dem Polypeptid bei der Faltung in die endgültige Konformation (Schritt 6). Die hier dargestellten Chaperone sind cytosolische und mitochondriale Versionen von Hsp70 (hellblau) und einem mitochondrialen Hsp60 (nicht dargestellt).

Angesichts der strukturellen Komplexität beider Organellen überrascht es vielleicht gar nicht, dass viele mitochondriale und Chloroplasten-Polypeptide mehr als nur ein Signal benötigen, um zu den richtigen Bestimmungsorten zu gelangen. Zum Beispiel wird für die Zielsteuerung eines Polypeptids zur äußeren oder inneren mitochondrialen Membran eine N-terminale Transitsequenz benötigt, um das Polypeptid zum Mitochondrium zu lenken, und zusätzlich eine innere Sequenz, das sogenannte *hydrophobe Sortierungssignal*, damit das Polypeptid an seinem Bestimmungsort ankommt. In diesem Fall übernimmt das hydrophobe Sortierungssignal die Aufgabe einer Stopp-Transfersequenz. Es stoppt die Translokation des Polypeptids durch die äußere oder innere Membrantranslocase und begünstigt die seitliche Auswärtsbewegung durch eine Seitenöffnung in der Translocase in die Lipiddoppelschicht der Membran hinein. Das hydrophobe Sortierungssignal bleibt in die Membran eingebettet und verankert das Polypeptid in der Lipiddoppelschicht, während die N-terminale Transitsequenz im Allgemeinen entfernt wird. Eine Kombination aus Transitsequenzen und hydrophoben Sortierungssequenzen dient auch zur Zielsteuerung von Polypeptiden im Intermembranraum. In diesem Fall bewegt sich das Polypeptid durch die äußere Membran, und dann werden die Signalsequenzen entfernt. Nun befindet sich das Polypeptid zwischen den beiden Membranen.

An der Zielsteuerung von Chloroplasten-Polypeptiden zu ihren endgültigen Bestimmungsorten sind mehrere Signale beteiligt. Für die Insertion in (oder den Transport durch) die Thylakoidmembran bestimmte Polypeptide müssen beispielsweise zuerst zum Chloroplasten gelenkt werden, um dann in das Stroma transportiert zu werden. Vermutlich durchqueren sie die äußeren und inneren Membranen an einer Kontaktstelle. Im Stroma wird die für diesen ersten Schritt verwendete Transitsequenz vom Polypeptid gespalten. Dadurch wird eine hydrophobe *Thylakoidsignalsequenz* freigelegt, die das Polypeptid entweder zur Thylakoidmembran oder zum Thylakoidlumen steuert. Bei den für die Thylakoidmembran bestimmten Polypeptiden kann die hydrophobe Signalsequenz das Polypeptid spontan in die Lipiddoppelschicht der Thylakoidmembran einfügen und dort verankern. Alternativ wird für das Einfügen einiger Polypeptide in die Thylakoidmembran die

Mitwirkung eines GTP-abhängigen Proteins benötigt, das dem Signalerkennungspartikel (SRP) ähnelt. Dieses Protein lenkt Polypeptide zu ER-Membranen und bindet sie daran.

Für das Thylakoidlumen bestimmte Polypeptide werden vollständig durch die Thylakoidmembran transloziert. Dabei wird die Thylakoidsignalsequenz abgespalten, wenn das Polypeptid in das Lumen freigesetzt wird. Die meisten für das Lumen bestimmten Polypeptide werden mittels eines ATP-abhängigen Vorgangs in ungefaltetem Zustand durch die Thylakoidmembran bewegt. Dieser Mechanismus ähnelt dem zur Bewegung von Polypeptiden durch die äußere Membran von Chloroplasten oder Mitochondrien. Einige stark gefaltete Proteine können auch durch die Thylakoidmembranen transportiert werden, wobei ein alternativer Mechanismus zum Zuge kommt, dessen Energie von einem Protonengradienten geliefert wird. Obwohl die Translokation stark gefalteter Proteine durch Membranen recht ungewöhnlich ist, hat man einige ähnliche Mechanismen bei Peroxisomen und in der bakteriellen Plasmamembran nachgewiesen.

▶ ZUSAMMENFASSUNG DER WICHTIGSTEN INHALTE ◀

Translation: Die Rollenbesetzung

- Der Begriff Translation bezieht sich auf die Synthese von Polypeptidketten an Ribosomen mittels eines Vorgangs, bei dem mRNA als Matrize für die Aminosäuresequenz dient.

- Die rRNA-Komponente des Ribosoms unterstützt die Positionierung der mRNA und katalysiert die Bildung der Peptidbindung; Aminoacyl-tRNA-Synthetasen knüpfen Aminosäuren an die tRNA-Moleküle, die Aminosäuren zum Ribosom tragen. Verschiedene Proteinfaktoren lösen spezifische, mit dem Translationszyklus assoziierte Ereignisse aus.

Der Mechanismus der Translation

- Die Translation setzt sich aus den Schritten Initiation, Elongation und Termination zusammen.

- Während der Initiation lösen Initiationsfaktoren den Zusammenbau von mRNA, ribosomalen Untereinheiten und Initiator-Aminoacyl-tRNA zu einem Initiationskomplex aus.

- Zur Kettenelongation sind mehrere Zyklen aus Aminoacyl-tRNA-Bindung, Bildung einer Peptidbindung und Translokation erforderlich. Jeder Zyklus wird durch die Wirkung von Elongationsfaktoren angetrieben. Als Nettoergebnis fügen Aminoacyl-tRNAs ihre Aminosäuren an die wachsende Polypeptidkette an. Die Reihenfolge wird von der Codonsequenz der mRNA spezifiziert.

- Die Kettentermination erfolgt, wenn Freisetzungsfaktoren ein Stoppcodon in der mRNA erkennen. Dieses Stoppcodon veranlasst die Freisetzung der mRNA und des neu gebildeten Polypeptids aus dem Ribosom.

- Mehrere Initiations-, Elongations- und Freisetzungsfaktoren benötigen GTP-Bindung und Hydrolyse, um ihre Wirkung zu entfalten.

- Die richtige Faltung neu gebildeter Polypeptidketten wird von molekularen Chaperonen unterstützt. Anormal gefaltete Proteine können verschiedene Gesundheitsprobleme auslösen, darunter Alzheimer und Rinderwahn.

Mutationen und Translation

- Nonsense-Mutationen, bei denen ein Aminosäurecodon in ein Stoppcodon umgewandelt wird, können durch Suppressormutationen umgangen werden. Durch die Suppressormutation wird das tRNA-Anticodon als Stoppcodon einer Aminosäure gelesen.

- Defekte mRNAs, die verfrühte Stoppcodons enthalten, werden durch den Nonsense-vermittelten Abbau zerstört. Defekte mRNAs, die kein Stoppcodon besitzen, werden durch Nonstopp-Abbau zerstört.

Posttranslationale Prozessierung

- Neu synthetisierte Polypeptidketten müssen häufig modifiziert werden, bevor sie ihre Funktion aufnehmen können. Zu diesen Modifikationen gehören die Spaltung von Peptidbindungen, Phosphorylierung, Acetylierung, Methylierung, Glykosylierung und das Proteinspleißen.

Proteinerkennung und -sortierung

- Viele Polypeptide verfügen über besondere Aminosäuresequenzen, die sie zu ihrem richtigen Bestimmungsort lenken.
- Die für das Endomembransystem oder zur Sekretion aus der Zelle bestimmten Polypeptide haben eine N-terminale ER-Signalsequenz, die sie dazu veranlasst, noch während der Synthese der Polypeptidkette in Transloconkanäle in der ER-Membran einzutreten.
- Einige dieser Polypeptide bewegen sich vollständig durch das Translocon und werden in das ER-Lumen abgegeben. Andere besitzen eine oder mehrere innere Stopp-Transfersequenzen, die für die Verankerung des Polypeptids in der Membran sorgen. In beiden Fällen können die entstandenen Proteine im ER bleiben oder zu anderen Orten innerhalb des Endomembransystems transportiert werden, beispielsweise zum Golgi-Komplex, zu Lysosomen, zur Plasmamembran oder zu sekretorischen Vesikeln, die das Protein aus der Zelle heraustransportieren.
- Die „unfolded protein response" (UPR) und der ER-assoziierte Abbau (ERAD) unterstützen den Schutzmechanismus des Endomembransystems vor Akkumulation nicht oder falsch gefalteter Proteine.
- Für das Zellkerninnere, die Mitochondrien, Chloroplasten oder Peroxisomen bestimmte Proteine werden an cytosolischen Ribosomen synthetisiert (ebenso wie die Polypeptide, die im Cytosol verbleiben) und dann posttranslational in die richtige Organelle transportiert. Die für Peroxisomen bestimmten Polypeptide enthalten in der Nähe des C-Terminus eine besondere Zielsequenz, während für den Zellkern bestimmte Polypeptide über Kernlokalisierungssignale verfügen, welche die Aufnahme durch Kernporen begünstigen.
- Einige Polypeptide der Mitochondrien und der Chloroplasten benötigen mehr als nur ein Signal, um zu ihren richtigen Bestimmungsorten zu gelangen. Diese Polypeptide besitzen im Allgemeinen eine N-terminale Transitsequenz, um das Polypeptid in die Mitochondrien oder Chloroplasten zu leiten, sowie ein hydrophobes Sortierungssignal, um das Polypeptid zu seinem endgültigen Bestimmungsort innerhalb der Organelle zu lenken.

ZUSAMMENHÄNGE HERSTELLEN

In diesem Kapitel haben Sie gelernt, wie mRNA-Moleküle die Aminosäuresequenz der sich neu bildenden Polypeptidketten bestimmen, die dann zu funktionalen Proteinen gefaltet und zusammengebaut werden. Die Proteine sind für verschiedene subzelluläre Zielorte bestimmt. Wir haben die Mechanismen für die Bildung und den Transport von Proteinmolekülen dargestellt. Diese Mechanismen sind für die meisten Eigenschaften verantwortlich, die wir mit lebenden Zellen assoziieren. Die Ereignisse, die zur Bildung von mRNAs führen, welche die Polypeptidsynthese steuern, wurden in *Kapitel 21* erklärt. Die Rolle des Endomembransystems beim Transport der neuen Proteine zu ihren subzellulären Bestimmungsorten haben wir in *Kapitel 12* vorgestellt. Jetzt verstehen Sie, wie die Proteinmoleküle einer Zelle gebildet und verteilt werden, und können sich auf das nächste Kapitel einlassen, in dem wir beschreiben, wie die Bildung spezifischer Proteine so reguliert wird, dass sie den sich wandelnden Bedürfnissen einzelner Zellen gerecht wird.

ÜBUNGSAUFGABEN

Schwierigere Aufgaben sind mit einem • gekennzeichnet.

22-1 Der genetische Code und zwei menschliche Hormone. Im Folgenden erhalten Sie eine Sequenz eines kleinen Teilstücks menschlicher DNA:

3 ′AATTATACACGATGAAGCTTGTGACAGGGTTTCCAATCATTAA 5′
5′ TTAATATGTGCTACTTCGAACACTGTCCCAAAGGTTAGTAATT 3′

A Welches sind die beiden möglichen RNA-Moleküle, die von dieser DNA transkribiert werden könnten?

B Nur eines dieser beiden RNA-Moleküle kann tatsächlich translatiert werden. Erklären Sie, woran das liegt.

C Das RNA-Molekül, das translatiert werden kann, ist die mRNA des Hormons Vasopressin. Welches wird wohl die Aminosäuresequenz von Vasopressin sein? (Den genetischen Code finden Sie in *Abbildung 21.6*).

D In seiner aktiven Form ist Vasopressin ein Nonapeptid (das heißt, es besitzt neun Aminosäuren) mit Cystein am N-Terminus. Wie können Sie dies auf Grundlage Ihrer Antwort in Aufgabenteil c erklären?

E Ein verwandtes Hormon, Oxytocin, hat folgende Aminosäuresequenz:

Cys – Tyr – Ile – Glu – Asp – Cys – Pro – Leu – Gly

Wie würden Sie die DNA, die Vasopressin kodiert, verändern, sodass sie stattdessen Oxytocin kodiert? Ist in Ihrer Antwort eine mögliche evolutionäre Verwandtschaft zwischen den Genen für Vasopressin und Oxytocin impliziert?

22-2 Nachvollziehen einer Reihe von Mutationen. Die folgende Zeichnung zeigt einige Aminosäuren, die aus Mutationen im Codon einer bestimmten Aminosäure in einem bakteriellen Polypeptid hervorgingen:

Arg → Ile
Arg → Lys → Thr → Ser
Lys → Stop

Nehmen Sie an, dass jeder Pfeil auf eine einzelne Basenpaarsubstitution in einer bakteriellen DNA verweist.

A Bestimmen Sie unter Bezugnahme auf die Tabelle in *Abbildung 21.6* die Codons, die jede dieser Aminosäuren höchst wahrscheinlich haben wird, sowie das Stoppsignal in dieser Zeichnung.

B Ausgehend von einer Population mutierter Zellen, die eine Nonsense-Mutation tragen, wird eine weitere Mutante isoliert, in der das verfrühte Stoppsignal unterdrückt wurde. Ausgehend von der Annahme, dass kein Wobble auftritt und dass eine einzige Basenänderung in der tRNA des Anticodons stattgefunden hat, welches sind dann die Aminosäuren, die möglicherweise in dieser Mutante auf der Position der betreffenden Aminosäure liegen könnten?

• **22-3 Detektivarbeit mit Hilfe von Mutanten**. Sie identifizieren drei unabhängige Missense-Mutationen, die alle das gleiche Gen betreffen. Tatsächlich ist es so, dass alle drei Mutationen das gleiche Codon betreffen, aber nicht die gleiche Aminosäuresubstitution herbeiführen. Die erste Mutation führt eine Substitution von Arginin (Arg) herbei, die zweite eine Substitution von Tyrosin (Tyr) und die dritte eine Substitution von Glutamin (Gln). Jede Mutation betrifft lediglich eine einzelne Base innerhalb dieses Codons, *aber nicht unbedingt die gleiche Base*. Welches war die ursprüngliche Aminosäure?

22-4 Initiation der Translation. In *Abbildung 22.8* ist die Initiation der Translation bei bakteriellen Zellen dargestellt. Entwerfen Sie mit Hilfe der entsprechenden Textseiten eine ähnliche Zeichnung, in der sie die Schritte bei der *eukaryotischen* Initiation der Translation darstellen. Welches sind die Hauptunterschiede zwischen der bakteriellen und der eukaryotischen Initiation?

22-5 Vergleich der bakteriellen und der eukaryotischen Proteinsynthese. Geben Sie für jede der folgenden Behauptungen an, ob es sich um die Proteinsynthese bei Bakterien (Ba), Eukaryoten (E), in beiden Organismen (Bei) oder in keinem Organismus (K) handelt.

A Die mRNA hat in der Führungsregion eine Ribosomenbindungsstelle.

B AUG ist ein Startcodon.

C Das Enzym, das die Bildung der Peptidbindung katalysiert, ist ein RNA-Molekül.

D Die mRNA wird in der 3′→5′-Richtung translatiert.

E Der C-Terminus des Polypeptids wird zuletzt synthetisiert.

F Die Translation wird von besonderen tRNA-Molekülen beendet, die Stoppcodons erkennen.

G Die GTP-Hydrolyse induziert Konformationsänderungen in verschiedenen Proteinen, die an der Polypeptidelongation mitwirken.

H Die ATP-Hydrolyse wird für das Anheften einer Aminosäure an ein tRNA-Molekül benötigt.

I Die Spezifität zur Bindung der richtigen Aminosäuren an die richtigen tRNA-Moleküle ist eine Eigenschaft der Enzyme, die man als Aminoacyl-tRNA-Synthetasen bezeichnet.

• **22-6 Ein antibiotischer Inhibitor der Translation**. Puromycin ist ein starker Inhibitor der Proteinsynthese. Es ist ein Analog des 3′ -Endes der Aminoacyl-tRNA, wie in ▶*Abbildung 22.21* dargestellt (R steht für die funktionale Gruppe der Aminosäure; R′ für den Rest des tRNA-Moleküls). Wenn man Puromycin zu einem zellfreien System gibt, das über die Maschinerie zur Proteinsynthese verfügt, setzen die Ribosomen unvollständige Polypeptidketten frei. Puromycin ist kovalent an jedes Ende der Ketten gebunden.

A Erklären Sie diese Ergebnisse.

B An welches Ende der Polypeptidketten wäre Ihrer Ansicht nach das Puromycin gebunden? Erklären Sie Ihre Antwort.

C Würden Sie erwarten, dass Puromycin an die A- oder die P-Bindungsstelle des Ribosoms oder an beide Bindungsstellen bindet? Erklären Sie Ihre Antwort.

D Angenommen, Puromycin könnte in beiden Fällen gleich gut in die Zelle eindringen, wäre Puromycin Ihrer Meinung nach ein besserer Inhibitor der Proteinsynthese bei Eukaryoten oder bei Bakterien? Erklären Sie Ihre Antwort.

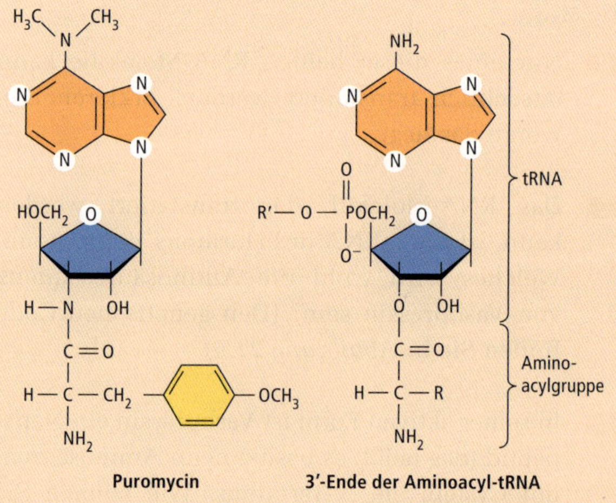

Abbildung 22.21: Die Struktur von Puromycin.

• **22-7 Ein fiktives Antibiotikum**. In einer Untersuchung mit einem zellfreien Protein-Synthesesystem von *E. coli* steuert das Polyribonucleotid AUGUUUUUUUUUUUU die Synthese des Oligopeptids fMet – Phe – Phe – Phe – Phe. In Gegenwart von Rambomycin, einem neu entwickelten Antibiotikum von Macho Pharmaceuticals, wird nur das Dipeptid fMet – Phe gebildet.

A Welcher Schritt der Proteinsynthese wird von Rambomycin gehemmt? Erklären Sie Ihre Antwort.

B Wird das Oligopeptidprodukt am Ende der nichtgehemmten Reaktion an die tRNA angeheftet sein? Wird das Dipeptidprodukt am Ende der von Rambomycin gehemmten Reaktion an die tRNA angeheftet sein? Erklären Sie Ihre Antworten.

22-8 Leseraster-Suppression. Wie in diesem Kapitel dargestellt, kann eine Nonsense-Mutation durch eine mutierte tRNA supprimiert werden, in der eines der drei Anticodonnucleotide verändert wurde. Beschreiben sie eine mutierte tRNA, die eine *Leseraster*mutation unterdrücken könnte. (Tipp: Mit einer solchen mutierten tRNA wurde die Rolle der Peptidyl-tRNA bei der Translokation von mRNA während der Proteinsynthese untersucht.)

• **22-9 Proteinfaltung.** In diesem Kapitel haben wir kurz die Rolle von BiP bei der Proteinfaltung dargestellt. Bitte beantworten Sie die folgenden Fragen über Beobachtungen und Situationen mit BiP.

A BiP kommt in hohen Konzentrationen im ER vor, aber an anderen Orten nur in geringeren Konzentrationen. Woran liegt diese Verteilung und wie wird sie Ihrer Ansicht nach aufrechterhalten?

B Wenn das BiP kodierende Gen mutiert und diese Mutation die Proteinbindungsstelle für hydrophobe Aminosäuren unterbricht, welchen Einfluss könnte die Veränderung auf die Zelle haben?

• **22-10 Cotranslationaler Import.** Sie führen eine Reihe von Experimenten zur Synthese von Prolactin durch, dem Hormon der Hirnanhangdrüse. Es handelt sich um eine einzelne Polypeptidkette aus 199 Aminosäuren. Die Prolactin kodierende mRNA wird in einem zellfreien Proteinsynthese-System translatiert, das Ribosomen, Aminosäuren, tRNAs, Aminoacyl-tRNA-Synthetasen, ATP, GTP und die geeigneten Initiations-, Elongations- und Terminationsfaktoren enthält. Unter diesen Bedingungen erhalten Sie eine Polypeptidkette mit einer Länge von 227 Aminosäuren.

A Wie erklären Sie die Diskrepanz zwischen der normalen Länge von Prolactin (199 Aminosäuren) und der Länge des synthetisierten Polypeptids in Ihrem Experiment (227 Aminosäuren)?

B Sie führen ein zweites Experiment durch, in dem Sie ihr zellfreies Proteinsynthese-System durch SRP ergänzen. Sie stellen fest, dass die Translation nach Synthese einer Polypeptidkette aus 70 Aminosäuren abbricht. Wie erklären Sie diesen Befund? Können Sie erklären, warum dieses Phänomen für die Zelle von Nutzen sein könnte?

C Sie führen ein drittes Experiment durch, in dem Sie ihr zellfreies Proteinsynthese-System sowohl durch SRP als auch durch ER-Membranvesikel ergänzen. Durch Translation der Prolactin-mRNA erhalten Sie jetzt eine Polypeptidkette aus 199 Aminosäuren. Wie können Sie dieses Ergebnis erklären? Wo würden Sie dieses Polypeptid auffinden?

22-11 Zwei Arten des posttranslationalen Imports. Der Mechanismus, durch den die im Cytosol synthetisierten Proteine in die mitochondriale Matrix transportiert werden, unterscheidet sich von dem Mechanismus zum Transport von Proteinen in den Zellkern. Allerdings haben die Mechanismen gemeinsame Merkmale. Geben Sie an, ob sich die folgenden Behauptungen auf den Zellkernimport (Z), den mitochondrialen Import (M), auf beide Transportbewegungen (B) oder auf keine (K) beziehen. Vielleicht möchten Sie für den Zellkernimport in *Kapitel 18* nachlesen, bevor Sie mit der Beantwortung der Aufgabe beginnen (siehe vor allem *Abbildung 18.31*).

A Das Polypeptid, welches in die Organelle transportiert werden soll, besitzt ein spezifisches kurzes Segment aus Aminosäuren, das dieses Polypeptid für die Organelle bestimmt.

B Die Signalsequenz des N-Terminus dieses Polypeptids wird immer von einer Peptidase der Organelle abgespalten.

C Die Signalsequenz wird von einem Rezeptorprotein in der äußeren Membran der Organelle erkannt und gebunden.

D Es ist bekannt, dass für den Translokationsvorgang die Hydrolyse von ATP benötigt wird.

E Es ist bekannt, dass für den Translokationsvorgang die Hydrolyse von GTP benötigt wird.

F Es gibt guten Grund zur Annahme, dass Chaperone an der Translokation des Proteins mitwirken.

G Der Porenkomplex besteht aus mehr als zwei Dutzend Proteinen und ist so groß, dass man ihn gut unter dem Elektronenmikroskop erkennen kann.

WEITERFÜHRENDE LITERATUR

Historisch bedeutsame Literatur ist mit einem • gekennzeichnet.

Translation

Blumenthal, T. Operons in eukaryotes. *Brief. Funct. Genomic Proteomic* 3 (2004): 199.

Cech, T. R. The ribosome is a ribozyme. *Science* 289 (2000): 878.

Chang, Y. F., J. S. Imam und M. F. Wilkinson. The nonsense-mediated decay RNA surveillance pathway. *Annu. Rev. Biochem.* 76 (2007): 51.

• Frank, J. How the ribosome works. *Amer. Scientist* 86 (1998): 428.

Hoagland, M. Enter transfer RNA. *Nature* 431 (2004): 249.

Isken, O. und L. E. Maquat. Quality control of eukaryotic mRNA: Safe-guarding cells from abnormal mRNA function. *Genes Dev.* 21 (2007): 1833.

Moore, S. D. und R. T. Sauer. The tmRNA system for translational surveillance and ribosome rescue. *Annu. Rev. Biochem.* 76 (2007): 101.

Myasnikov, A. G., A. Simonetti, S. Marzi und B. P. Klaholz. Structure-function insights into prokaryotic eukaryotic translation initiation. Curr. Opin. Struct. Biol. 19 (2009): 300.

Norbury, C. J. Cytoplasmic RNA: a case of the tail wagging the dog. *Nature Rev. Mol. Cell Biol.* 13 (2013): 643.

Rodnina, M. V., M. Beringer und W. Wintermeyer. How ribosomes make peptide bonds. *Trends Biochem. Sci.* 32 (2007): 20.

Schmeing, T. M. und V. Ramakrishnan. What recent ribosome structures have revealed about the mechanism of translation. *Nature* 461 (2009): 1234.

Van Noorden, R. Structural biology bags chemistry prizes. *Nature* 461 (2009): 860.

Warner, J. R. und P. M. Knopf. The discovery of polyribosomes. *Trends Biochem. Sci.* 27 (2002): 376.

Youngman, E. M., M. E. McDonald und R. Green. Peptide release on the ribosome: Mechanism and implications for translational control. *Annu. Rev. Microbiol.* 62 (2008): 353.

Zaher, H. S. und R. Green. Fidelity at the molecular level: lessons from protein synthesis. *Cell* 136 (2009): 756.

Proteinfaltung und Prozessierung

Aguzzi, A., M. Heikenwalder und M. Polymenidou. Insights into prion strains and neurotoxicity. *Nature Rev. Mol. Cell Biol.* 8 (2007): 552.

Buku, B., J. Weissman und A. Horwich. Molecular chaperones and protein quality control. *Cell* 125 (2006): 443.

Caughey, B., G. S. Baron, B. Chesebro und M. Jeffrey. Getting a grip on prions: Oligomers, amyloids, and pathological membrane interactions. *Annu. Rev. Biochem.* 78 (20009): 177.

Doyle, S. M., Genest, O. und Wickner, S. Protein rescue from aggregates by powerful molecular chaperone machines. *Nature Rev. Mol. Cell Biol.* 14 (2013): 617.

Paulus, H. Protein splicing and related forms of protein autoprocessing. *Annu. Rev. Biochem.* 69 (2000): 447.

Prusiner, S. B. Detecting mad cow disease. *Sci. Amer.* 291 (Juli 2004): 86.

Smith, B., Hrsg. Nature insight: Protein misfolding. *Nature* 426 (2003): 883 – 909.

Saibil, H. Chaperone machines for protein folding, unfolding and disaggregation. *Nature Rev. Mol. Cell Biol.* 14 (2013): 630.

Wolfe, M. S. Shutting down Alzheimer's *Sci. Amer.* 294 (Mai 2006): 72.

Cotranslationaler Proteinimport

Anderson, D. und P. Walter. Blobel's Nobel: Aminosäure vision validated. *Cell* 99 (1999): 557.

Cross, B. C., I. Sinning, J. Luirink und S. High. Delivering proteins for export from the Cytosol. *Nat. Rev. Mol. Cell Biol.* 10 (2009): 255.

Kramer, G., D. Boehringer, N. Ban und B. Bukau. The ribosome as a platform for co-translational processing, folding and targeting of newly synthesized proteins. *Nat. Struct. Mol. Biol.* 16 (2009): 589.

Matlin, K. S. The strange case of the signal recognition particle. *Nature Rev. Mol. Cell. Biol.* 3 (2002): 538.

Meusser, B. et al. ERAD: The long road to destruction. *Nature Cell Biol.* 7 (2005): 766.

Ron, D. und P. Walter. Signal integration in the endoplasmic reticulum unfolded protein response. *Nature Rev. Mol. Cell. Biol.* 8 (2007): 519.

Schnell, D. J., und D. N. Hebert. Protein translocons: Multifunctional mediators of protein translocation across membranes. *Cell* 112 (2003): 491.

Shental-Bechor, D., S. J. Fleishman und N. Ben-Tal. Has the code for protein translocation been broken? *Trends Biochem. Sci.* 31 (2006): 192.

Tsai, B., Y. Ye und T. A. Rapoport. Retro-translocation of proteins from the endoplasmatic reticulum into the cytosol. *Nature Rev. Mol. Cell. Biol.* 3 (2002): 246.

Posttranslationaler Proteinimport

Chacinska, A., C. M. Koehler, D. Milenkovic, T. Lithgow und N. Pfanner. Importing mitochondrial proteins: Machineries and mechanisms. *Cell* 138 (2009): 628.

Dolezal, P. et al. Evolution of the molecular machines for protein import into mitochondria. *Science* 313 (2006): 314.

Kessler, F. und D. Schnell. Chloroplast biogenesis: Diversity and regulation of the protein import apparatus. *Curr. Opin. Cell Biol.* 21 (2009): 494.

Neupert, W. und J. M. Herrmann. Translocation of proteins into mitochondria. *Annu. Rev. Biochem.* 76 (2007): 723.

Soll, J. und E. Schleiff. Protein import into chloroplasts. *Nature Rev. Mol. Cell. Biol.* 5 (2004): 198.

Teter, S. A. und D. J. Klionsky. How to get a folded protein across a membrane. *Trends Cell Biol.* 9 (1999): 428.

Wickner, W. und R. Schekman. Protein translocation across biological membranes. *Science* 310 (2005): 1452.

Die Regulation der Genexpression

23

ÜBERBLICK

In unserer bisherigen Darstellung des biologischen Informationsflusses haben wir die DNA als wichtigsten Speicher genetischer Information identifiziert. Wir haben erfahren, wie DNA repliziert und repariert wird, und wir haben uns mit den Schritten vertraut gemacht, die über Transkription und Translation an der Expression der genetischen Information der DNA mitwirken. Wir schließen unsere Betrachtung des Informationsflusses mit der Darstellung der verschiedenen Schritte zur Regulation der Genexpression, damit jedes Genprodukt zur richtigen Zeit und in angemessener Menge entsprechend der Bedürfnisse der Zelle hergestellt wird.

Regulation ist ein wichtiger Aspekt fast aller Vorgänge in der Natur. Das gilt in besonderem Maß für die Genexpression. Die meisten Gene werden nicht immer exprimiert. In einigen Fällen kann die Zelle dank selektiver Genexpression ihren Metabolismus im Sparmodus zu halten, indem sie nur die unter den vorherrschenden Bedingungen sofort benötigten Produkte synthetisiert. Dies trifft häufig auf Bakterien zu. Bei vielzelligen Organismen können die Zellen aufgrund der selektiven Genexpression bestimmte Rollen erfüllen. Beispielsweise bilden Haut-, Nagel- und Haarzellen große Mengen von Keratin, während die Zellen der roten Blutkörperchen viel Hämoglobin bilden. Möchte man die Ereignisabfolgen verstehen, die diesen gewaltigen Unterschieden im Hinblick auf die Genexpression zugrunde liegen, so muss man genau nachvollziehen, wie die verschiedenen Zelltypen mit der Expression bestimmter Gene in Abhängigkeit von sich verändernden Umständen (und Identitäten) beginnen oder diese beenden.

Wie zu erwarten, beruhen unsere ersten Erkenntnisse über die Regulation der Genexpression auf der Untersuchung von Bakterien. Allerdings ist man in der Folgezeit durch Fortschritte in der DNA-Technologie auch bei den Eukaryoten vorangekommen. Zuerst werden wir uns die Bakterien anschauen und einige der Genkontrollmechanismen darstellen, die man in diesen Organismen entdeckt hat. Anschließend werden wir uns den Eukaryoten zuwenden.

Die bakterielle Genexpression 23.1

Von den mehreren Tausend Genen einer typischen Bakterienzelle habe einige eine so große Bedeutung, dass sie in wachsenden Zellen immer aktiv sind. Zu diesen *konstitutiven Genen* gehören ribosomale Gene und solche, die Enzyme der Glykolyse kodieren. Die Expression der meisten anderen Gene ist allerdings so reguliert, dass die Menge des endgültigen Genprodukts – Protein oder RNA – sorgfältig auf den Bedarf der Zelle für dieses Produkt abgestimmt ist. Eine Reihe dieser *regulierten Gene* kodieren Enzyme für metabolische Vorgänge, die im Gegensatz zu den Enzymen der Glykolyse, nicht ständig benötigt werden. Ein Weg zur Regulation der intrazellulären Konzentration dieser Enzyme ist der Beginn oder die Beendigung der Gen-Transkription als Antwort auf zelluläre Bedürfnisse. Da die Kontrolle dieser Enzym-kodierenden Gene den bakteriellen Zellen hilft, sich an ihre Umgebung anzupassen, bezeichnet man diesen Mechanismus im Allgemeinen als *adaptive Enzymsynthese*.

23.1.1 Katabolische und anabolische Wege werden durch Induktion und Repression reguliert

Bakterien nutzen etwas andere Vorgehensweisen zur Regulation der Enzymsynthese. Das hängt davon ab, ob ein bestimmtes Enzym am *katabolischen* (abbauenden) oder am *anabolischen* (synthetisierenden) Weg mitwirkt. Enzyme, die diese Wege katalysieren, werden oftmals koordiniert reguliert, das heißt, die Synthese aller an einem bestimmten Stoffwechselweg beteiligten Enzyme wird ganz an- oder abgeschaltet. Im Folgenden werden kurz zwei gut untersuchte Stoffwechselwege dargestellt, ein katabolischer und ein anabolischer.

Katabolische Wege und Substratinduktion Katabolische Enzyme dienen in erster Linie dem Abbau spezifischer Substrate, häufig zur Energiegewinnung. In ▶*Abbildung 23.1* sind die Schritte des katabolischen Wegs dargestellt, der das Disaccharid Lactose zu einfachen Zuckern abbaut, die durch Glykolyse metabolisiert werden können. Der zentrale Schritt dieses Wegs ist die Hydrolyse von Lactose zu den Monosacchariden Glucose und Galactose. Diese Reaktion wird von dem Enzym *β-Galactosidase* katalysiert. Bevor Lactose hydrolysiert werden kann, muss sie jedoch zuerst in die Zelle transportiert werden. Ein Protein mit der Bezeichnung *Lactose-Permease*, das auch als Galactosid-Permease bezeichnet wird, übernimmt diesen Transport bei Bakterien. Die Synthese dieses Transportproteins wird koordiniert mit der β-Galactosidase reguliert.

Da die Funktion eines katabolischen Enzyms darin besteht, ein spezifisches Substrat abzubauen, werden diese Enzyme nur dann benötigt, wenn die Zelle mit dem jeweiligen Substrat konfrontiert ist. Das Enzym β-Galactosidase ist zum Beispiel nur dann sinnvoll, wenn den Zellen Lactose zur Verfügung steht. Wenn keine Lactose vorhanden ist, wird das Enzym nicht benötigt. Entsprechend macht es im Hinblick auf die Ökonomie der Zelle Sinn, mit der Synthese von β-Galactosidase erst zu beginnen, oder diese zu *induzieren*, wenn Lactose vorliegt; aber bei fehlender Lactose wird die Synthese des Enzyms abgeschaltet. Das Anschalten der Enzymsynthese bezeichnet man als *Substratinduktion*, und Enzyme, deren Synthese auf diese Weise reguliert wird, sind *induzierbare Enzyme*. Die meisten katabolischen Wege in bakteriellen Zellen unterliegen der Substratinduktion ihrer Enzyme.

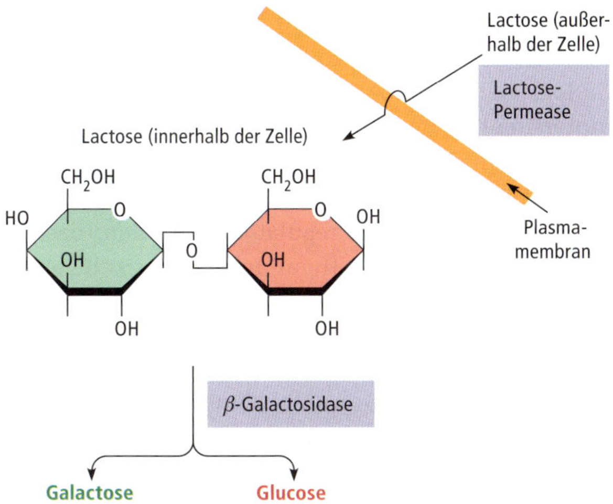

Abbildung 23.1: Lactoseabbau: ein typischer katabolischer Weg. Am Abbau des Disaccharids Lactose wirken zwei Proteine (violette Kästen) mit, deren Synthese koordiniert reguliert wird. Siehe *Abbildung 23.3* und *Abbildung 23.4* für Organisation und Regulation der Gene, welche diese Proteine kodieren. (Die für den anschließenden Katabolismus der Monosaccharide Glucose und Galactose verantwortlichen Enzyme gehören nicht zur gleichen regulatorischen Einheit.)

Anabolische Wege und Endprodukt-Repression Die Regulation der anabolischen Wege ist in gewisser Weise die Umkehr des katabolischen Wegs. Bei anabolischen Wegen korreliert die Menge des von der Zelle gebildeten Enzyms umgekehrt mit der intrazellulären Konzentration des Endproduktes des entsprechenden Stoffwechselwegs. Ein solcher Zusammenhang ist sinnvoll. Wenn beispielsweise die Verfügbarkeit von Tryptophan steigt, dann ist es für die Zelle von Vorteil, die metabolischen Quellen zu schonen, indem sie die Bildung der Enzyme reduziert, die an der Synthese von Tryptophan mitwirken. Andererseits ist es ebenso wichtig für die Zelle, die Bildung dieser Enzyme bei sinkender Tryptophankonzentration wieder anzuschalten. Diese Form der Kontrolle beruht auf der Fähigkeit des Endprodukts, in unserem Beispiel Tryptophan, die weitere Synthese der an der Bildung von Tryptophan beteiligten Enzyme zu unterdrücken (zu reduzieren oder auszusetzen). Diese verminderte Expression der Gene, welche Enzyme kodieren, wird als **Endprodukt-Repression** bezeichnet. Die meisten biosynthetischen Wege in bakteriellen Zellen werden auf diese Weise reguliert.

Repression ist ein allgemeiner Begriff der Molekulargenetik, der sich auf die Reduktion der Expression eines jeden regulierten Gens bezieht. Die wahre genetische Repression wirkt sich immer auf die Protein*synthese* aus, nicht nur auf die *Aktivität* des Proteins. Bitte rufen Sie sich *Kapitel 6* in Erinnerung. Dort hatten wir festgestellt, dass die Endprodukte der biosynthetischen Wege häufig auch eine inhibitorische Wirkung auf die Enzymaktivität ausüben. Diese *Rückkopplungshemmung* (engl.: *feedback inhibition*) unterscheidet sich im Hinblick auf Mechanismus und Ergebnis der Repression. Bei der Rückkopplungshemmung liegen die Moleküle des Enzyms immer noch vor, aber ihre katalytische Aktivität wird unterdrückt. Bei der Endproduktrepression werden die Enzymmoleküle nicht einmal gebildet.

Effektormoleküle Ein gemeinsames Merkmal der Induktion und Repression der Enzymsynthese besteht darin, dass die Kontrolle von kleinen organischen Molekülen ausgelöst wird, die in der Zelle oder der Zellumgebung vorhanden sind. Genetiker bezeichnen die auf diese Weise wirkenden organischen Moleküle als **Effektoren**. Die Effektoren der katabolischen Wege sind fast immer Substrate (in unserem Beispiel die Lactose) und sie bewirken eine Induktion der Genexpression und somit der Enzymsynthese. Die Effektoren der anabolischen Wege sind im Allgemeinen Endprodukte (in unserem Beispiel Tryptophan) und veranlassen zumeist die Repression der Genexpression und somit die Repression der Enzymsynthese.

23.1.2 Die am Lactosekatabolismus mitwirkenden Gene sind in einem induzierbaren Operon organisiert

Das klassische Beispiel für ein induzierbares Enzymsystem bietet das Bakterium *Escherichia coli*. Es handelt sich um die Enzyme des Lactosekatabolismus von *E. coli* – Enzyme, welche die in *Abbildung 23.1* dargestellten Schritte katalysieren. Ein Großteil unseres Wissens über die Kontrolle der Genexpression bei Bakterien, unter anderem auch der Wortschatz zur Formulierung unseres Wissens, beruht auf den Pionierarbeiten von Francois Jacob und Jacques Monod. Sie erhielten für ihre Arbeiten 1965 den Nobelpreis für Physiologie oder Medizin. 1961 publizierten Jacob und Monod einen klassischen Artikel, der wahrscheinlich unser Verständnis der Genregulation weitaus mehr als jede andere Arbeit beeinflusst hat.

In ihrer Veröffentlichung stellten Jacob und Monod ein allgemeines Modell der Genregulation mit großer Tragweite vor. Der Grundpfeiler ihres Modells beruhte auf ihrer Entdeckung, dass die Kontrolle des Lactosekatabolismus auf zwei Gentypen basiert: Beim ersten Gentyp handelt es sich um Gene, die Enzyme kodieren, welche an der Lactoseaufnahme und am Lactosemetabolismus mitwirken. Beim zweiten Gentyp handelt es sich um regulatorische Gene, deren Produkt die Aktivität des ersten Gensatzes kontrolliert. Die am Lactosekatabolismus mitwirkenden Gene sind erstens das Gen *lacZ*, welches das Enzym β-Galactosidase kodiert. Dieses Enzym hydrolysiert Lactose sowie andere β-Galactoside. Das zweite Gen ist *lacY*. Es kodiert die Lactose-Permease, das Protein der Plasmamembran, das Lactose in die Zelle transportiert. Das dritte beteiligte Gen *lacA* kodiert die Transacetylase. Die Transacetylase fügt eine Acetylgruppe an Lactose an, wenn sie von der Zelle aufgenommen wird. Die drei *lac*-Gene *lacZ*, *lacY* und *lacA* liegen im bakteriellen Chromosom nebeneinander und werden nur dann exprimiert, wenn ein Induktor wie Lactose vorliegt. Aus all diesen Beobachtungen folgerten Jacob und Monod, dass die drei Gene eine regulatorische Einheit bilden, oder, wie sie es nannten, ein **Operon** – eine Gruppe von Genen mit ähnlichen Funktionen, die mit DNA-Sequenzen ein Cluster bilden, sodass die Gene gleichzeitig an- oder abgeschaltet werden können.

Die Organisation funktional verwandter Gene in Operons wird sehr häufig bei Bakterien, jedoch seltener bei Eukaryoten beobachtet. Beim Nematoden *Caenorhabditis elegans* liegen ungefähr 15 % der Gene in Operons. Allerdings sind die Gene in den Operons von *C. elegans* anders als bei den Bakterien nicht funktional verwandt. Trotzdem etablierte das Operonmodell mehrere Grundprinzipien, die unser Verständnis der Regulation der Transkription bei bakteriellen und eukaryotischen Systemen nachhaltig geformt haben.

23.1.3 Das *lac*-Operon wird vom *lac*-Repressor negativ reguliert

Ein Schlüsselmerkmal des Operonmodells ist der Gedanke, dass Gene mit metabolisch ähnlichen Funktionen so miteinander verbunden sind, dass ihre Transkription als einzelne Einheit reguliert werden kann. Wie aber wird die Regulation bewerkstelligt? Jacob und Monod gingen dieser Frage nach, indem sie die Fähigkeit von Inducern wie Lactose untersuchten, die Bildung der am Lactosemetabolismus beteiligten Enzyme anzuschalten. Sie fanden heraus, dass für eine Induktion ein weiteres Gen vorliegen muss – ein regulatorisches Gen, das sie als *lacI* bezeichneten (I für Induzierbarkeit, engl.: *inducibility*). Während normale Bakterien nur dann β-Galactosidase, Lactose-Permease und Transacetylase bilden, wenn ein Inducer verfügbar ist, wie in ▸*Abbildung 23.2* dargestellt, bilden *lacZ*, *lacY* und *lacA* Gene, vor denen ein **Promotor** (P_{lac}) und eine besondere Nucleotidsequenz liegen, der **Operator** (***O***). Dieser überlappt mit dem Promotor. Die Transkription des *lac*-Operons beginnt am Promotor, an den die RNA-Polymerase bindet, und schreitet dann durch den Operator an die *lacZ*-, *lacY*- und *lacA*-Gene weiter, bis die Transkription an einer Terminatorsequenz beendet wird. Die Transkription bringt ein einzelnes mRNA-Molekül hervor, das die Polypeptidprodukte aller drei Gene kodiert. Solche mRNA-Moleküle, die mehr als ein Polypeptid kodieren, bezeichnet man als **polycistronische mRNAs**.

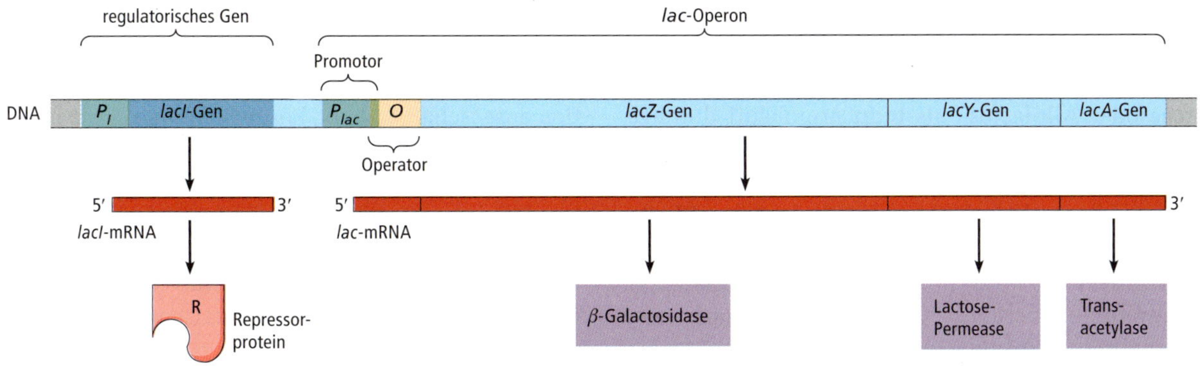

Abbildung 23.2: Das Lactose-Operon von *E. coli*. Das *lac*-Operon besteht aus einem DNA-Segment aus drei direkt hintereinander liegenden Genen (*lacZ*, *lacY* und *lacA*). Diese werden koordiniert translatiert und reguliert. Das nahegelegene regulatorische Gen *lacI* kodiert das *lac*-Repressorprotein R. Sowohl das regulatorische Gen als auch das *lac*-Operon besitzen Promotoren (P_I bzw. P_{lac}), an welche die RNA-Polymerase bindet, sowie Terminatoren, welche die Transkription beenden. P_{lac} überlappt mit der Operatorstelle (*O*), an welche die aktive Form des Repressorproteins bindet. Das Operon wird als einzelnes, langes mRNA-Molekül transkribiert, das alle drei Polypeptide kodiert. Für weitere Einzelheiten zur Regulation siehe *Abbildung 23.3*.

Der Vorteil der Bündelung verwandter Gene zu einem Operon für die Transkription einer einzelnen polycistronischen mRNA liegt darin, dass die Synthese mehrerer Polypeptide nur eines einzigen Kontrollschritts bedarf. Der entscheidende Schritt bei dieser Kontrolle ist die Wechselwirkung zwischen einer Operatorstelle in der DNA und einem Repressorprotein. Die Wechselwirkung zwischen diesen Elementen des *lac*-Operons ist in ▶*Abbildung 23.3* dargestellt. Das Repressorprotein, der sogenannte *lac*-Repressor, wird von dem regulatorischen Gen *lacI* kodiert. *lacI* ist außerhalb des Operons lokalisiert (obwohl es zufälligerweise neben dem *lac*-Operon liegt, welches es reguliert). Der *lac*-Repressor ist ein DNA-Bindeprotein, das die Operatorstelle des *lac*-Operons spezifisch erkennt und an sie bindet (▶*Abbildung 23.3a*). Die RNA-Polymerase wird blockiert und kann sich nicht mehr entlang des *lac*-Operons bewegen und die Gene *lacZ*, *lacY* und *lacA* transkribieren. Mit den knappen Worten der Molekularbiologie formuliert, durch Bindung des Repressors an den Operator werden die Gene des Operons „ausgeschaltet".

Wenn also durch Bindung des Repressors an den Operator die normale Transkription blockiert wird, wie wird dann von den Zellen die Transkription des *lac*-Operons „angeschaltet"? Die Antwort lautet, dass die Inducermoleküle an den *lac*-Repressor binden, wodurch dessen Konformation geändert wird, sodass der Repressor nicht mehr in der Lage ist, an die Operatorstelle in der DNA zu binden. Nun, da die Operatorstelle nicht länger durch den Repressor blockiert wird, kann die RNA-Polymerase an den Promotor binden und auf dem Operon entlangwandern. Dadurch werden die Gene *lacZ*, *lacY* und *lacA* zu einem einzigen polycistronischen mRNA-Molekül transkribiert (▶*Abbildung 23.3b*).

Ein entscheidendes Merkmal eines Repressorproteins ist daher seine Fähigkeit, in zwei alternativen Formen zu existieren. Nur eine dieser Formen bindet an den Operator. Anders formuliert, ein Repressor ist ein *allosterisches Protein*. Wie Sie aus *Kapitel 6* wissen, kann ein allosterisches Protein in zwei verschiedenen Konformationszuständen vorkommen, je nachdem, ob das geeignete Effektormolekül verfügbar ist. In einem Zustand ist das Protein aktiv, im anderen ist es inaktiv oder fast inaktiv. Wenn das Effektormolekül an das Protein bindet, induziert es eine Änderung des Konformationszustands des Proteins und verändert daher auch dessen Aktivität. Die Bindung ist durchaus reversibel, und ohne Effektor nimmt das Protein schnell wieder seine alternative Form an.

In *Abbildung 23.3* ist die reversible Wechselwirkung zwischen dem *lac*-Repressor und seinem Effektor dargestellt, der in Wahrheit nicht Lactose ist, sondern *Allolactose*. Allolactose ist ein Lactoseisomer, das nach Aufnahme der Lactose in die Zelle gebildet wird. Wenn keine Allolactose verfügbar ist, bindet der Repressor an den *lac*-Operator und hemmt die Transkription des *lac*-Operons. Allerdings wird der Repressor durch Bindung von Allolactose in einen Konformationszustand versetzt, der keine Bindung an den *lac*-Operator ermöglicht und die Transkription hemmt. Auf diese Weise löst Lactose die *Induktion* von Enzymen aus, die vom *lac*-Operon kodiert werden. Experimente mit dem *lac*-Operon werden im Allgemeinen mit dem synthetischem β-Galactosid *Isopropylthiogalactosid* (*IPTG*) und nicht mit Lactose oder Allolactose als Inducermolekül durchgeführt. IPTG ist ein gutes Inducersystem, das Zellen nicht metabolisieren können, sodass man mit Hilfe von Isopropylthiogalactosid mögliche Komplikationen vermeiden kann, die infolge des Katabolismus von Effektoren auf unterschiedlichen Effektorkonzentrationen beruhen. Gemäß der standarisierten Formulierung können wir nun formal den Begriff Inducer definieren. Ein **Inducer** ist jedes Effektormolekül, das die Transkription eines induzierbaren Operons anschaltet. Da das *lac*-Operon ohne Induktion ausgeschaltet bleibt, bezeichnet man es als **induzierbares Operon**. In der Computersprache würde man sagen, dass der „default state" eines induzierbaren Operons „off" ist. Obwohl wir uns bisher auf die Kontrolle einzelner Operons beschränkt haben, wirkt ein einzelnes regulatorisches Gen stets auf mehrere Operons, sodass viele Gene koordiniert reguliert werden können.

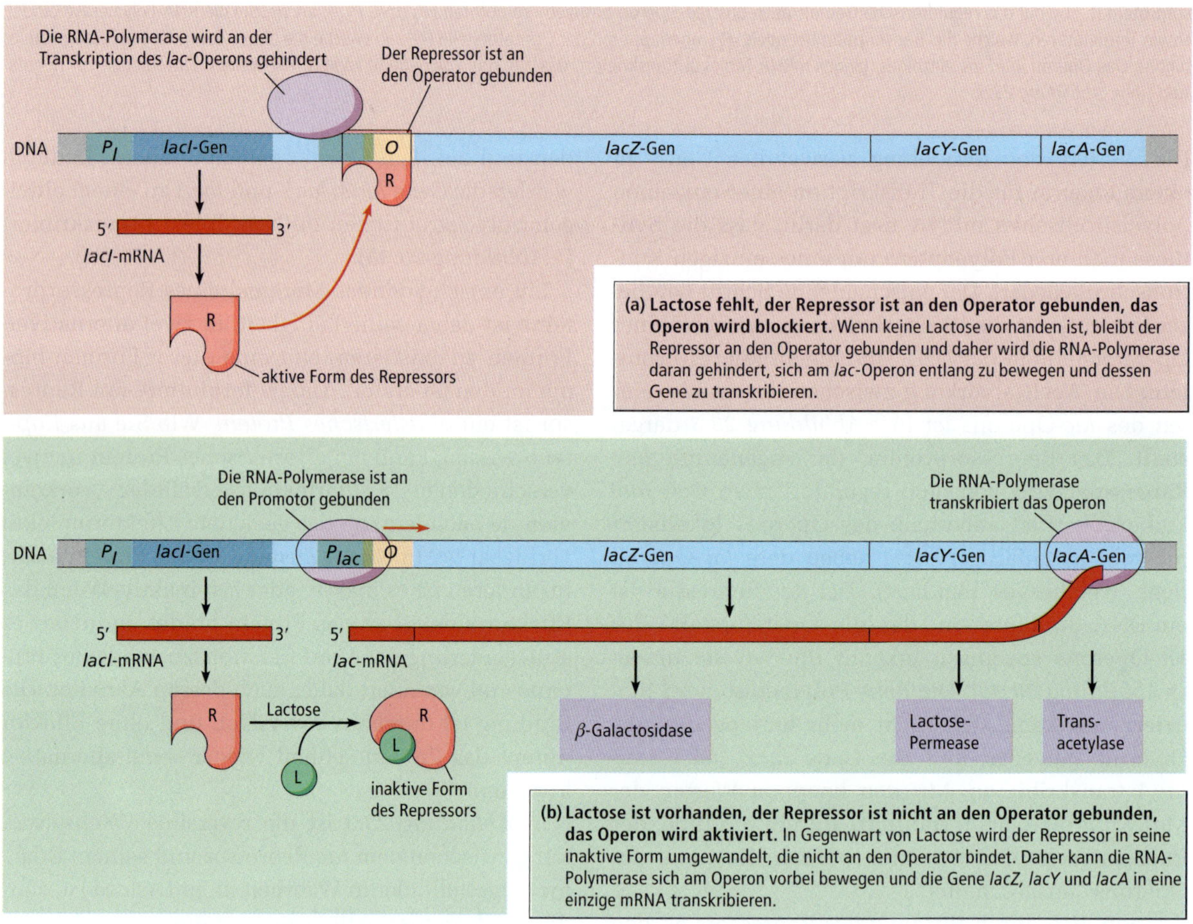

(a) Lactose fehlt, der Repressor ist an den Operator gebunden, das Operon wird blockiert. Wenn keine Lactose vorhanden ist, bleibt der Repressor an den Operator gebunden und daher wird die RNA-Polymerase daran gehindert, sich am *lac*-Operon entlang zu bewegen und dessen Gene zu transkribieren.

(b) Lactose ist vorhanden, der Repressor ist nicht an den Operator gebunden, das Operon wird aktiviert. In Gegenwart von Lactose wird der Repressor in seine inaktive Form umgewandelt, die nicht an den Operator bindet. Daher kann die RNA-Polymerase sich am Operon vorbei bewegen und die Gene *lacZ*, *lacY* und *lacA* in eine einzige mRNA transkribieren.

Abbildung 23.3: Regulation des *lac*-Operons. (a) Die Transkription des *lac*-Operons wird durch Bindung des *lac*-Repressors (R) an den Operator reguliert. (b) Die Aktivität wird wiederum durch dessen Interaktion mit einer Form von Lactose reguliert, der Allolactose (L).

23.1.4 Untersuchungen zur Organisation des *lac*-Operons mit Hilfe von Bakterien-Mutanten

Ein erheblicher Teil der Hinweise, die zur Entwicklung des Operonmodells führten, beruhten auf genetischen Analysen von Bakterien-Mutanten. Diese bildeten entweder anormale Mengen von Enzymen des *lac*-Operons oder reagierten anormal auf Zugabe oder Entfernen von Lactose. Diese Mutationen lagen entweder in den Operongenen (*lacZ*, *lacY* oder *lacA*) oder in den regulatorischen Elementen des Systems (O, P_{lac} oder *lacI*). Diese beiden Klassen von Mutationen kann man leicht voneinander unterscheiden, denn Mutationen in einem Operon wirken sich nur auf ein einzelnes Protein aus, während Mutationen in regulatorischen Regionen typischerweise die Expression aller Operongene betreffen.

In ▶*Tabelle 23.1* sind diese Mutationen und deren Phänotypen zusammengefasst. Wir beginnen in Zeile 1 mit dem induzierbaren Phänotyp der Wildtypzelle (nicht mutiert). Die Pluszeichen in der Spalte der Phänotypen stehen für hohe Enzymkonzentrationen. Die Minuszeichen stehen für niedrige Enzymkonzentrationen, obwohl die Enzymbildung nicht vollständig aussetzt. Sogar wenn keine Lactose in der Zelle vorhanden ist, können Wildtypzellen noch geringe Mengen von *lac*-Enzymen bilden, weil die Bindung des Repressors an den Operator reversibel ist – gelegentlich „fällt“ der aktive Repressor vom Operator „ab“. Die sich daraus ergebende geringe Transkriptionsaktivität ist aber von Bedeutung, denn so können Zellen ausreichend Lactose-Permease bilden, um vor Induktion des *lac*-Operons den Initialtransport von Lactosemolekülen in die Zelle zu erleichtern.

Wenn Sie sich *Tabelle 23.1* anschauen, so werden Sie gewiss besser nachvollziehen können, wie die Analyse genetischer Phänotypen von Jacob und Monod zur Formulierung des Operonmodells der Genregulation führte. Wir werden uns nacheinander mit jeder der sechs in den Zeilen zwei bis sieben aufgeführten Mutationen beschäftigen. Dabei wird Ihnen der Beitrag deutlich werden, den jeder Mutationstyp zur Formulierung des Operonmodells leistete.

Tabelle 23.1

Genetische Analyse von Mutationen des *lac*-Operons

		Phänotyp ohne Inducer		Phänotyp mit Inducer	
Zeilennummer	Genotyp des Bakteriums*	β-Galactosidase	Permease	β-Galactosidase	Permease
1	$I^+P^+O^+Z^+Y^+$	–	–	+	+
2	$I^+P^+O^+Z^+Y^-$	–	–	+	–**
3	$I^+P^+O^+Z^-Y^+$	–	–	–	+
4	$I^+P^+O^cZ^+Y^+$	+	+	+	+
5	$I^+P^-O^+Z^+Y^+$	–	–	–	–
6	$I^sP^+O^+Z^+Y^+$	–	–	–	–
7	$I^-P^+O^+Z^+Y^+$	+	+	+	+

* $P = P_{lac}$

** *Die defekte Permease besitzt ausreichend biologische Aktivität, um geringste Mengen von Lactose in die Zelle zu transportierten, wodurch die Induktion des lac-Operons ermöglicht wird.*

Mutationen der Operongene Mutationen in den Genen *lacY* oder *lacZ* können sogar in Gegenwart eines Inducers (*Tabelle 23.1*, Zeilen 2 und 3) zur Bildung veränderter Enzyme mit geringer oder keiner biologischen Aktivität führen. Die Mutanten können Lactose nicht als Kohlenstoffquelle nutzen, was daran liegt, dass sie entweder Lactose nicht in ausreichender Menge in die Zelle transportieren können (Y^--Mutanten) oder die glykosidische Bindung zwischen Galactose und Glucose im Lactosemolekül nicht spalten können (Z^--Mutanten). Beachten Sie, dass Mutationen in einem bakteriellen Gen oder einer regulatorischen Sequenz, die ein funktionsgestörtes Gen hervorbringen, mit einem hochgestellten Minuszeichen gekennzeichnet sind. Beispielsweise wird der Genotyp eines Bakteriums mit einem defekten *Y*-Gen Y^- geschrieben. Das Wildtypallel wird mit einem hochgestellten Pluszeichen gekennzeichnet.

Operatormutationen Mutationen im Operator können einen konstitutiven Phänotyp hervorrufen. Das heißt, dass die mutierten Zellen kontinuierlich *lac*-Enzyme bilden, ganz gleich, ob ein Inducer vorliegt oder nicht (*Tabelle 23.1*, Zeile 4). Diese Mutationen verändern die Basensequenz der Operator-DNA, sodass der Repressor sie nicht mehr erkennt. Der Genotyp solch *Operator-konstitutiver Mutanten* wird mit O^c dargestellt. Wie alle Mutationen einer regulatorischen Stelle wirken sich auch die O^c-Mutationen gleichzeitig und auf gleiche Weise auf die Synthese aller drei *lac*-Enzyme aus.

Promotormutationen Promotormutationen können die Affinität der RNA-Polymerase für den Promotor herabsetzen. Aus diesem Grund binden weniger RNA-Polymerasemoleküle pro Zeiteinheit an den Promotor und die Geschwindigkeit der mRNA-Bildung sinkt. (Nachdem allerdings ein RNA-Polymerasemolekül an die DNA gebunden hat und mit der Transkription beginnt, wird das mRNA-Molekül mit normaler Geschwindigkeit verlängert.) Normalerweise setzen Mutationen im Promotorbereich (P^-) des *lac*-Operons sowohl den erhöhten Spiegel des Enzyms, das in Gegenwart des Induktors gebildet wird, als auch den bereits niedrigen Grundspiegel der *lac*-Enzymbildung herab, den die Zelle in Abwesenheit des Induktors bilden kann (*Tabelle 23.1*, Zeile 5).

Mutationen der Regulatorgene Es gibt zwei Formen von Mutationen im *lacI*-Gen. Einige Mutanten können unabhängig davon, ob ein Inducer zugegen ist, überhaupt keine *lac*-Enzyme bilden. Dies sind die sogenannten *Superrepressormutanten* (I^s in *Tabelle 23.1*, Zeile 6). Entweder hat das Repressormolekül in diesen Mutanten seine Fähigkeit eingebüßt, den Inducer zu erkennen und an ihn zu binden, vermag aber immer noch den Operator zu erkennen, oder es hat eine Affinität für den Operator, ganz gleich, ob es an einen Inducer gebunden ist oder nicht. In jedem Fall geht der Repressor eine feste Bindung mit dem Operator ein, unterdrückt die Transkription und unterbindet unter allen Umständen die Enzymsynthese.

Die andere Klasse der *lacI*-Mutationen beinhaltet die Synthese eines mutierten Repressorproteins, das den Operator nicht erkennt (oder, was auf einige Fälle zutrifft, es wird gar nicht synthetisiert). Das *lac*-Operon solcher I^--Mutanten kann nicht abgeschaltet werden. Aus diesem Grunde werden die Enzyme konstitutiv synthetisiert (*Tabelle 23.1*, Zeile 7).

I^--Mutanten sowie O^c- und P^--Mutanten veranschaulichen die Bedeutung der spezifischen Erkennung von DNA-Basensequenzen durch regulatorische Proteine während der Kontrolle der Gentranskription. Eine geringfügige Veränderung – entweder in der DNA-Sequenz des Promotors oder des Operators oder im regulatorischen Protein, das an den Operator bindet – kann sich ernsthaft auf die Expression aller Gene im Operon auswirken.

Der *cis/trans*-Test mit partiell diploiden Bakterien

Die Existenz zwei verschiedener Arten konstitutiver Mutanten, O^c und I^-, stellt uns vor die Frage, wie man die konstitutiven Mutanten voneinander unterscheiden kann. Häufig verwendet man einen **cis/trans-Test** zur Unterscheidung zwischen *cis*-aktiven Mutationen, die sich auf DNA-Stellen (zum Beispiel O^c) auswirken, und *trans*-aktiven Mutationen, die sich auf Proteine auswirken (zum Beispiel I^-). Ausgangspunkt des *cis-trans*-Tests ist eine Zelle (ein Organismus) mit zwei verschiedenen Kopien des betreffenden DNA-Segments. Wie Sie wissen, ist *E. coli* im Allgemeinen haploid, aber Jacob und Monod erschufen partiell haploide Bakterien, indem sie eine zweite Kopie des *lac*-Teils des bakteriellen Genoms in das F-Faktorplasmid von F^+-Zellen einfügten.

Diese zweite Kopie konnte durch Konjugation in ein Wirtsbakterium eines gewünschten *lac*-Genotyps transferiert werden, um partiell diploide Bakterien zu schaffen, wie die in ▶*Tabelle 23.2* aufgeführten Typen.

Wenn nur eine Kopie des Operons eine I^-- oder O^c-regulatorische Mutation enthält, kann man bestimmen, ob sich die Mutation auf beide Kopien oder nur auf eine Kopie des Operons, auf der sich die Mutation befindet, auswirkt. Man spricht von einer *cis*-Mutation, wenn die Mutation nur Gene betrifft, die physikalisch mit dem Mutantenlocus verknüpft sind (*cis* bedeutet „auf dieser Seite", was sich in diesem Fall auf eine Mutation bezieht, deren Einfluss streng auf Gene beschränkt ist, die in der gleichen physikalischen Kopie das *lac*-Operons lokalisiert sind). Im Gegensatz dazu bezeichnet man eine Mutation als *trans*, wenn die Gene in beiden Kopien des Operons betroffen sind (*trans* bedeutet „auf der andere Seite"; in diesem Fall bezieht sich der Begriff „trans" auf die Fähigkeit der Mutation, sich irgendwie auf die andere Kopie des *lac*-Operons auszuwirken).

Zur Ermittlung, welche Kopie des *lac*-Operons in einer beliebigen Zelle der Population exprimiert wird, verwendeten Jacob und Monod partiell diploide Zellen, die eine Kopie des *lac*-Operons mit einem defekten *Z*-Gen und eine andere Kopie mit einem defekten *Y*-Gen enthalten. In *Tabelle 23.2* ist dargestellt was passiert, wenn eine dieser *lac*-Operonkopien ein defektes I^--Allel trägt und die andere *lac*-Operonkopie ein normales I^+-Allel. In solchen Zellen sind sowohl β-Galactosidase als auch Permease induzierbar, obwohl das funktionale Gen für eines dieser Enzyme (Z^+-Allel für β-Galactosidase) physikalisch mit dem defekten *I*-Gen verknüpft ist (*Tabelle 23.2*, Zeile 3). Heute wissen wir, dass dieses Phänomen darin begründet ist, dass ein funktionales *I*-Gen in der Zelle aktive Repressormoleküle hervorbringt, die durch das Cytosol diffundieren und an beide Operatorstellen binden, wenn keine Lactose zugegen ist. Aus diesem Grund bezeichnet man den Repressor als **trans-Faktor** (der Begriff *Faktor* bezieht sich in diesem Zusammenhang auf ein Protein).

Mit partiell diploiden Bakterien, die sowohl O^+- als auch O^c-Allele enthalten (*Tabelle 23.2*, Zeile 4), erhält man allerdings ganz andere Ergebnisse. In diesem Fall werden die an das O^c-Allel gebundenen Gene konstitutiv transkribiert (Z^+Y^-), während die mit dem Wildtypallel verbundenen Gene induzierbar sind (Z^-Y^+). Mit anderen Worten wirkt der *O*-Locus in *cis*; er beeinflusst das Verhalten der Gene nur in dem Operon, zu dem er physikalisch gehört. Diese *cis*-Spezifität ist für Mutationen charakteristisch, die sich auf Bindestellen auf der DNA und nicht auf Proteinprodukte von Genen auswirken. Ebenso wie andere nichtkodierende DNA-Sequenzen, die an der Kontrolle der Genexpression mitwirken, bezeichnet man die *O*-Stelle als **cis-Element** (der Begriff *Element* bezieht sich in diesem Zusammenhang auf eine Nucleinsäuresequenz).

Tabelle 23.2

Diploidanalyse von Mutationen, die sich auf das *lac*-Operon auswirken

		Phänotyp ohne Inducer		Phänotyp mit Inducer	
Zeilennummer	**Genotyp des diploiden Bakteriums***	**β-Galactosidase**	**Permease**	**β-Galactosidase**	**Permease**
1	$I^+P^+O^+Z^+Y^+/I^+P^+O^+Z^+Y^+$	–	–	+	+
2	$I^+P^+O^+Z^-Y^+/I^+P^+O^+Z^+Y^-$	–	–	+	+
3	$I^+P^+O^+Z^-Y^+/I^-P^+O^+Z^+Y^-$	–	–	+	+
4	$I^+P^+O^+Z^-Y^+/I^+P^+O^cZ^+Y^-$	+	–	+	+
5	$I^+P^+O^+Z^-Y^+/I^SP^+O^+Z^+Y^-$	–	–	–	–

$^*P = P_{lac}$

23.1.5 Positive Regulation des *lac*-Operons durch das Katabolitaktivatorprotein (CAP)

Unter normalen Bedingungen steht das *lac*-Operon unter *negativer* Regulation, das heißt, es ist normalerweise ausgeschaltet und wird nur dann angeschaltet, wenn Lactose verfügbar ist. Was passiert aber, wenn *sowohl* Lactose *als auch* Glucose zur Verfügung stehen? Glucose wird von fast allen Zellen als Energiequelle bevorzugt, denn die Enzyme der Glykolyse und des Tricarboxylsäurezyklus (TCA) werden im Allgemeinen ständig gebildet. Tatsächlich wachsen die Zellen von *E. coli* sowohl in Gegenwart von Glucose als auch von Lactose. Sie nutzen aber bevorzugt Glucose, und die vom *lac*-Operon kodierten Enzyme liegen in sehr geringer Konzentration vor, obwohl der Inducer für dieses Operon verfügbar ist. Bakterielle Zellen müssen daher über einen Mechanismus verfügen, der sicherzustellt, dass andere Kohlenstoffquellen bereitstehen, wenn keine Glucose zur Verfügung steht. Dieses Phänomen, die sogenannte *Katabolitrepression*, beschreibt die Fähigkeit von Glucose, die Synthese katabolischer Enzyme, die von induzierbaren bakteriellen Operons gebildet werden, zu hemmen. Die Katabolitrepression ist ein wichtiges Beispiel für eine *positive* Transkriptionskontrolle.

Ebenso wie die anderen regulatorischen Mechanismen, die wir kennengelernt haben, wird der bevorzugte Abbau von Glucose durch einen genetischen Kontrollmechanismus ermöglicht, an dem ein allosterisches regulatorisches Protein und ein kleines Effektormolekül mitwirken. Das eigentliche Effektormolekül, das die Genexpression kontrolliert, ist nicht Glucose, sondern ein sekundäres Signal, das die Glucosekonzentration in der Zelle übermittelt. Dieses sekundäre Signal ist eine Form von AMP, das *zyklische AMP* oder *cAMP* (siehe *Abbildung 14.6*). Glucose hemmt indirekt die Adenylylcyclase (oder Adenylatcyklase), das Enzym, das die Synthese von cAMP aus ATP katalysiert. Je mehr Glucose also verfügbar ist, desto weniger cAMP wird gebildet.

Wie beeinflusst cAMP die Genexpression? Ebenso wie andere Effektoren bindet cAMP an allosterisches regulatorisches Protein. In ▸*Abbildung 23.4* wird dargestellt, dass es sich bei diesem besonderen regulatorischen Protein, dem sogenannten *Katabolitaktivatorprotein* (CAP, engl.: *catabolite activator protein*) oder cAMP-Response-Protein (CRP), um ein Aktivatorprotein handelt, das die Transkription anschaltet. Für sich allein ist CAP nicht funktionsfähig. Wenn es aber mit cAMP komplexiert, kann es an eine bestimmte Basensequenz innerhalb von Operons binden, die ein katabolisches Enzym bilden. Diese Basensequenz, die *CAP-Bindungsstelle*, liegt stromaufwärts vom Promotor. *Abbildung 23.4* zeigt die Position der CAP-Bindungsstelle (mit C markiert) im *lac*-Operon. Ähnliche Stellen findet man in induzierbaren Operons, die am Metabolismus vieler anderer Zucker mitwirken, beispielsweise Saccharose-, Galactose- und Arabinoseoperons. Wenn die aktive Form von CAP (das heißt der CAP-cAMP-Komplex) an einer ihrer Erkennungsstellen an die DNA bindet, wird die Bindung der RNA-Polymerase an den Promotor erheblich verstärkt, wodurch die Initiation der Transkription stimuliert wird. Somit übt CAP, wenn keine Glucose verfügbar ist, einen *positiven* Effekt auf die Genexpression des *lac*-Operons aus. Der CAP-cAMP-Komplex verstärkt die Transkription induzierbarer Operons erheblich. So kann beispielsweise die Transkription des *lac*-Operons auf diese Weise um das 50-Fache verstärkt werden – vorausgesetzt, dass der Repressor für das Operon durch einen Effektor (die Allolactose) inaktiviert wurde.

Eine andere Situation liegt bei hoher Glucosekonzentration in der Zelle vor. In diesem Fall sinkt die cAMP-Konzentration, und CAP liegt fast ausschließlich in inaktivierter Form vor. Daher kann CAP die Transkription des *lac*-Operons nicht anregen. Auf diese Weise stellen Zellen die Synthese katabolischer Enzyme ab, die nicht gebraucht werden, wenn Glucose in ausreichender Menge als Energiequelle zur Verfügung steht.

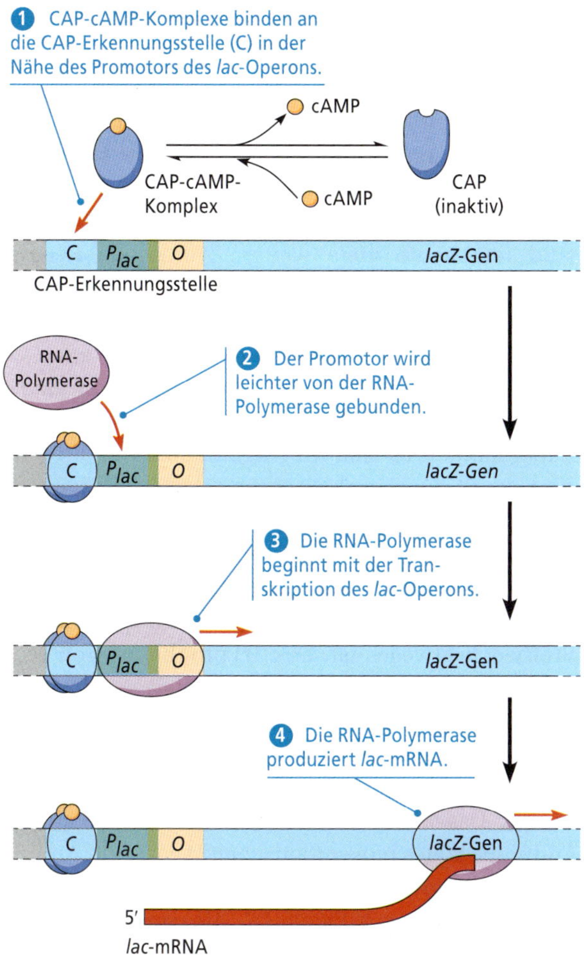

Abbildung 23.4: Das Katabolitaktivatorprotein (CAP) und seine Funktion. CAP ist ein allosterisches Protein, das durch Bindung an zyklisches AMP (cAMP) in seine aktive Form umgewandelt wird. Die Konzentration von cAMP wird wiederum von der Glucosekonzentration beeinflusst. Zwei CAP-cAMP-Komplexe vermitteln die katabolische Expression, indem sie an die DNA binden und die Transkription verschiedener induzierbarer Operons aktivieren, darunter auch das hier dargestellte *lac*-Operon.

23.1.6 Das *lac*-Operon ist ein Beispiel für die doppelte Kontrolle der Genexpression

Wie wir gerade gesehen haben, unterliegt das *lac*-Operon sowohl einer positiven als auch einer negativen Kontrolle. Tatsächlich werden die meisten Gene der Prokaryoten und Eukaryoten doppelt kontrolliert. Für Sie ist es wichtig, den negativen und den positiven Typ der Transkriptionskontrolle ganz klar unterscheiden zu können. Dafür müssen Sie sich den primären Effekt des regulatorischen Proteins vor Augen halten, das an die DNA des Operons bindet. Wenn das regulatorische Protein bei der Bindung die Transkription abschaltet, dann handelt es sich um einen negativen Kontrollmechanismus. Führt die Bindung an die DNA aber zur Aktivierung oder Verstärkung der Transkription, dann ist das regulatorische Protein Teil eines positiven Kontrollmechanismus.

23.1.7 Die Struktur des *lac*-Repressor/Operator-Komplexes bestätigt das Operonmodell

Im Jahr 1996 berichteten Mitchell Lewis, Ponzy Lu und Kollegen die Struktur des an die DNA gebundenen *lac*-Repressorproteins (▸*Abbildung 23.5*). Die Struktur bestätigte frühere genetische und biochemische Untersuchungen und lieferte genauere Einblicke in die Regulation der Transkription. Das von dem Gen *lacI* kodierte Repressorprotein (▸*Abbildung 23.5a*) tritt mit der Operator-DNA in Wechselwirkung und bindet als Tetramer (das heißt, vier Kopien des Proteins wirken zusammen; ▸*Abbildung 23.5b*). Der Repressor bindet an den primären Operator O_1, der eine Länge von 21 Basenpaaren hat. Außerdem gibt es noch zwei Operator-DNA-Sequenzen, O_2 und O_3. Wenn der Repressor an die O_1- und O_3-Stellen gebunden hat, induziert er in der DNA wahrscheinlich eine Schleifenbildung. Diese hemmt die Bewegung der RNA-Polymerase. Man geht davon aus, dass die Größe der Schleife sogar dann eine Bindung mit CAP ermöglich, wenn die DNA einen Schleifenbereich hat (▸*Abbildung 23.5c*). Wenn Allolactose an die Inducerstelle bindet, wird die Konformation des Proteins so verändert, dass es nicht mehr mit der DNA interagieren kann. Dann relaxiert die Schleife und die RNA-Polymerase kann sich auf der DNA bewegen, um das *lac*-Operon zu transkribieren.

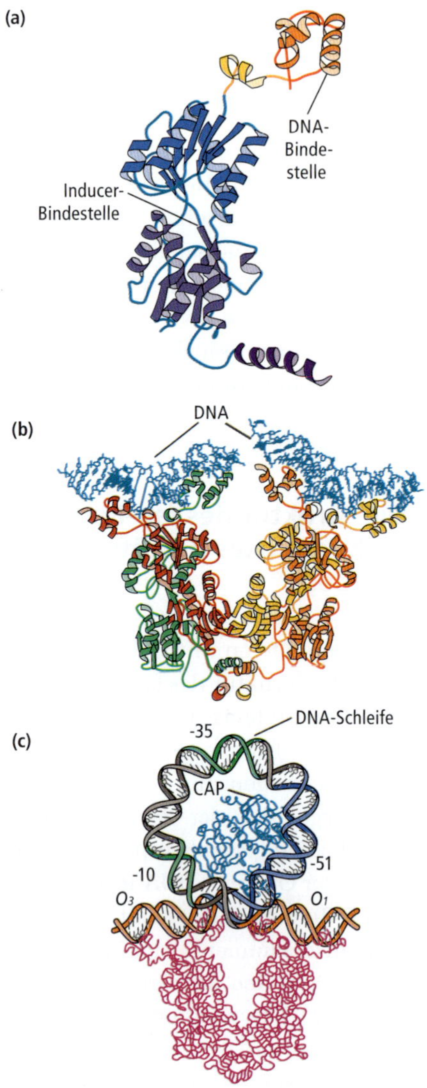

Abbildung 23.5: Struktur des lac-Repressor/Operator-Komplexes. Modell des an die Operator-DNA gebundenen *lac*-Repressoroperons auf der Grundlage von Röntgenstrahlkristallstrukturanalysen. (a) Das Repressormonomer, dessen Inducerbindungsstelle dargestellt ist, und die DNA-Bindungsstelle sind rot unterlegt. (b) Das Repressordimer (hellblau unterlegt) ist an zwei Segmente Operator-DNA gebunden, die jeweils aus 21 Basenpaaren bestehen. (c) Der an die *lac*-DNA gebundene Repressor (rosa unterlegt) und CAP (hellblau unterlegt). Durch Bindung an die Operatorregionen O_1 und O_3 entsteht eine Schleife in der Promotor-DNA, welche die Transkription unterdrückt.

Aus M. Lewis et al. Crystal Structure of the Lactose Operon Repressor and its Complexes with DNA and Inducer. Science 271 (1996): 1247–1254. Wiedergegeben mit Genehmigung von AAAS.

23.1.8 Die an der Tryptophansynthese mitwirkenden Gene sind in einem reprimierbaren Operon organisiert

Auch wenn ein Großteil der Arbeit, die zur ersten Formulierung des Operonkonzepts führte, auf Untersuchungen mit dem *lac*-Operon von *E. coli* beruhte, sind uns heute viele weitere bakterielle Regulationssysteme bekannt, die nach dem gleichen Muster ablaufen. Operons, die Enzyme der katabolischen Wege kodieren, ähneln dem *lac*-Operon, da auch sie induzierbar sind, das heißt, sie werden von einem spezifischen allosterischen Effektor *angeschaltet*. Dabei handelt es sich im Allgemeinen um ein Substrat des Stoffwechselweges. Im Gegensatz dazu sind Operons, die Enzyme der anabolischen (biosynthetischen) Wege regulieren, **reprimierbare Operons**. Sie werden allosterisch *abgeschaltet*. Das Abschalten übernimmt ein Effektor, der das Endprodukt des Stoffwechselweges ist. Das Tryptophanoperon (*trp*) ist ein gutes Beispiel für ein reprimierbares Operon. Das **trp-Operon** enthält Gene, die an der Tryptophanbiosynthese mitwirkende Enzyme kodieren, sowie DNA-Sequenzen zur Regulation dieser Enzym-Synthesen. Das Effektormolekül ist in diesem Fall das Endprodukt des biosynthetischen Weges, die Aminosäure Tryptophan.

Die Bildung von Enzymen, die vom *trp*-Operon kodiert werden, wird in Gegenwart von Tryptophan inhibiert; wenn kein Tryptophan verfügbar ist, wird diese Hemmung aufgehoben (▶*Abbildung 23.6a*). Das regulatorische Gen für dieses Operon, *trpR*, kodiert ein *trp*-Repressorprotein das – im Gegensatz zum *lac*-Repressor – aktiv ist (an die Operator-DNA bindet), wenn es mit dem Effektor eine Bindung eingegangen ist; in seiner freien Form ist es allerdings inaktiv. Manchmal bezeichnet man den Effektor solcher Systeme (in diesem Fall des Tryptophans) als **Corepressor**, denn er wird zusammen mit dem Repressorprotein benötigt, um die Transkription des Operons abzuschalten.

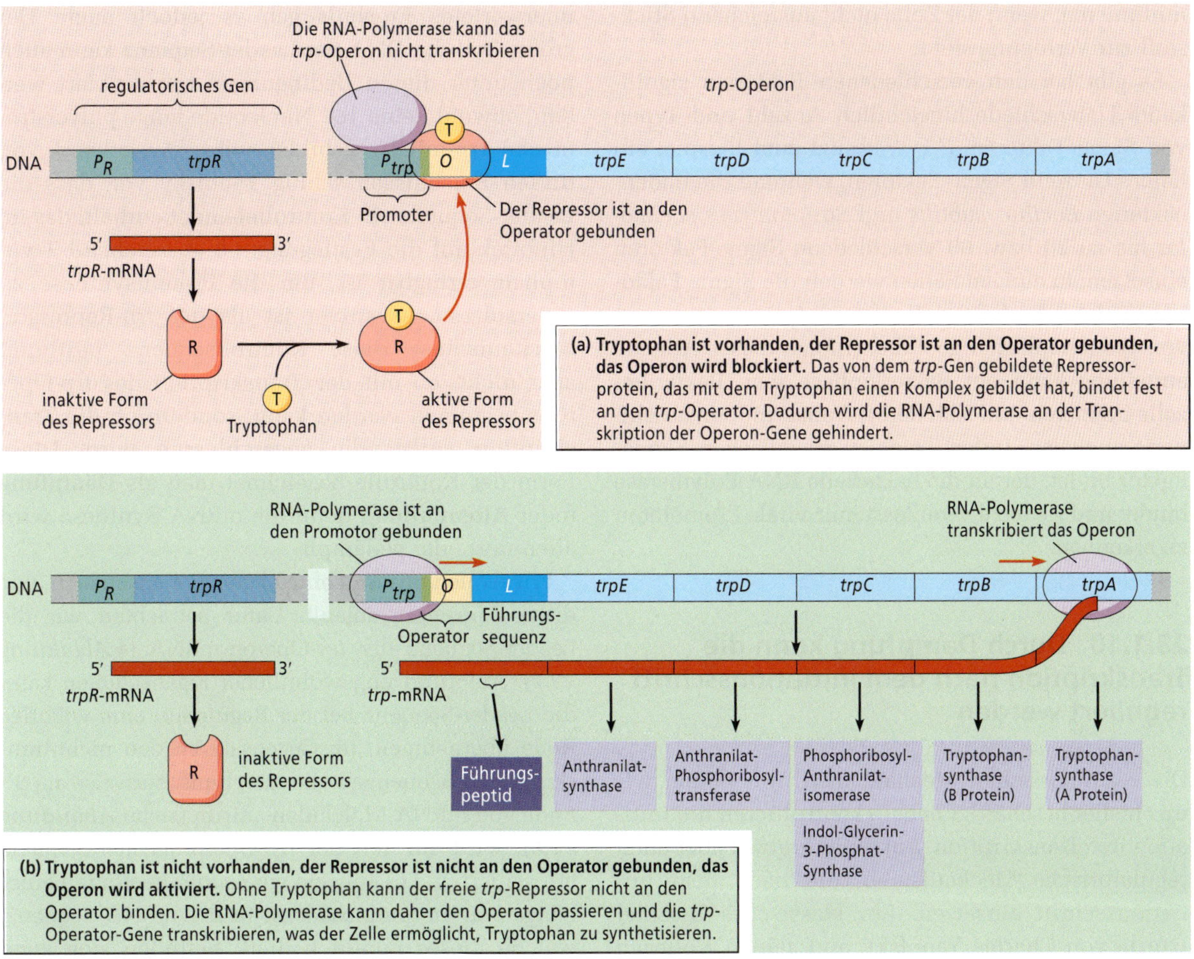

(a) Tryptophan ist vorhanden, der Repressor ist an den Operator gebunden, das Operon wird blockiert. Das von dem *trp*-Gen gebildete Repressorprotein, das mit dem Tryptophan einen Komplex gebildet hat, bindet fest an den *trp*-Operator. Dadurch wird die RNA-Polymerase an der Transkription der Operon-Gene gehindert.

(b) Tryptophan ist nicht vorhanden, der Repressor ist nicht an den Operator gebunden, das Operon wird aktiviert. Ohne Tryptophan kann der freie *trp*-Repressor nicht an den Operator binden. Die RNA-Polymerase kann daher den Operator passieren und die *trp*-Operator-Gene transkribieren, was der Zelle ermöglicht, Tryptophan zu synthetisieren.

Abbildung 23.6: **Regulation des Tryptophan(*trp*)-Operons durch den *trp*-Repressor**. Das *trp*-Operon von *E. coli* setzt sich aus einem DNA-Segment zusammen, zu dem fünf nebeneinander liegende Gene gehören (*trpE*, *trpD*, *trpC*, *trpB* und *trpA*), sowie Promotorsequenzen (P_{trp}), Operatorsequenzen (*O*) und Leader-Sequenzen (*L*; von engl.: *leader* = Führer). Die Gene werden als Einheit reguliert und transkribiert. Sie bilden eine polycistronische mRNA, die Enzyme kodiert, die an der Synthese von Tryptophan mitwirken. Die Leader-Sequenz der mRNA spielt außerdem eine regulatorische Rolle, auf die wir in *Abbildung 23.7* und *Abbildung 23.8* eingehen.

23.1.9 Sigma-Faktoren bestimmen, welche Gen-Sätze exprimiert werden

Bakterielle Zellen nutzen nicht nur regulatorische Proteine, um spezifische Operons zu aktivieren oder zu unterdrücken, sondern auch verschiedene Sigma-Faktoren (σ-Faktoren). Die Sigma-Faktoren kontrollieren, welche Gene transkribiert werden sollen. Bitte rufen Sie sich aus *Kapitel 21* in Erinnerung, dass Bakterien zur richtigen Initiation der Transkription das RNA-Polymerase-Kernenzym mit einem Sigma-Faktor kombinieren müssen. Der Sigma-Faktor ist ein Proteintyp, der Genpromotor-Sequenzen erkennt. Der am häufigsten vorkommende Sigma-Faktor von *E. coli* ist σ^{70}. Er initiiert die Transkription von Genen, deren Protein-Produkte für das normale Wachstum und den Metabolismus notwendig sind. Veränderungen in der Umgebung der Zelle, zum Beispiel Änderungen der Temperatur, der UV-Strahlung oder des pH-Werts, lösen den Einsatz alternativer Sigma-Faktoren aus, beispielsweise σ^S oder σ^{32}. Wenn eine dieser alternativen Formen von Sigma-Faktoren an das Polymerase-Kernenzym bindet, wird die Promotorerkennung verändert und dadurch die Transkription von Genen initiiert, die Proteine kodieren, welche die Zelle bei der Anpassung an die veränderte Umgebung unterstützen. Ein anderer Sigma-Faktor, σ^{54}, gibt der RNA-Polymerase die Möglichkeit, bevorzugt Gene zu transkribieren, deren Produkte die Verlangsamung des Wachstums minimieren, wenn der Zelle nicht ausreichend Stickstoff zur Verfügung steht.

Es gibt bei den verschiedenen Bakterien signifikante Unterschiede hinsichtlich Anzahl und Typen von Sigma-Faktoren. *E. coli* besitzt zum Beispiel ein halbes Dutzend Sigma-Faktoren, während die Bodenbakterien *Bacillus subtilis* und *Streptomyces coelicolor* bis zu 20 bzw. 60 verschiedene Sigma-Faktoren einsetzen. In einigen Fällen werden die Sigma-Faktoren, welche die bakterielle Transkription regulieren, von Bakteriophagen gebildet. Infolge dieser Arbeitsaufteilung kann ein Bakteriophage eine Bakterienzelle infizieren und sich deren Transkriptionsmaschinerie aneignen, indem er einen spezifischen Sigma-Faktor bildet, der an die bakterielle RNA-Polymerase bindet und sie dazu veranlasst, nur virale Promotoren zu erkennen.

23.1.10 Durch Dämpfung kann die Transkription nach dem Initiationsschritt reguliert werden

Die regulatorischen Mechanismen, mit denen wir uns bisher beschäftigt haben, kontrollieren die Initiation der Transkription. Bakterien nutzen aber auch regulatorische Mechanismen, die nach dem Initiationsschritt einsetzen. Ein klassisches Beispiel wurde von Charles Yanofsky und seinen Kollegen entdeckt. Sie fanden heraus, dass das *trp*-Operon von *E. coli* eine bisher unbekannte regulatorische Stelle besitzt, die zwischen dem Promotor/Operator und dem ersten Gen des Operons, *trpE*, liegt. Dieses DNA-Teilstück, die *Leader-Sequenz* (*L-Sequenz*, von engl.: *leader* = Führer) wird zu einem Leader-mRNA-Segment aus 162 Nucleotiden transkribiert und befindet sich am 5′-Ende der polycistronischen *trp*-mRNA (siehe ▸*Abbildung 23.6b*).

Die Analyse von *trp*-Operontranskripten unter verschiedenen Bedingungen brachte wie erwartet zutage, dass nur dann eine vollständige, polycistronische *trp*-mRNA gebildet wird, wenn Tryptophan in begrenzter Menge vorliegt. Dann können die Enzyme des Tryptophan-Biosynthesewegs synthetisiert werden, und somit bildet der Stoffwechselweg mehr Tryptophan. Liegt andererseits genügend Tryptophan vor, dann wird die Transkription der Gene, welche die Enzyme für die Tryptophan-Synthese kodieren, erwartungsgemäß gehemmt. Ein unerwartetes Ergebnis gab es jedoch auch: Der größte Teil der DNA der Leader-Sequenz kann auch noch unter diesen Bedingungen transkribiert werden, obwohl keine 162 Nucleotide lange polycistronische *trp*-mRNA gebildet wird. Ausgehend von diesen Ergebnissen schlug Yanofsky vor, dass die Leader-Sequenz ein Kontrollelement enthält, das im Hinblick auf die Festlegung, ob ausreichend Tryptophan verfügbar ist, um die Proteinsynthese zu unterstützen, sensitiver ist als der *trp*-Repressor-Mechanismus. Diese Kontrollsequenz bestimmt aber nicht, ob mit der Transkription des *trp*-Operons begonnen werden kann, sondern ob die Transkription vollständig abgeschlossen wird. Diese Form der Kontrolle bezeichnet man als **Dämpfung** (oder **Attenuation**), denn die mRNA-Synthese wird attenuiert oder gedämpft.

Wir wollen uns nun einmal genauer anschauen, wie diese Dämpfung abläuft. Dafür betrachten wir die Leader-Sequenz der *trp*-Operon-mRNA (▸*Abbildung 23.7*). Aufgrund ungewöhnlicher Eigenschaften kann die Leader-Sequenz bei der Regulation eine wichtige Rolle übernehmen. Im Gegensatz zu den nicht-transkribierten Sequenzen, die man typischerweise am 5′-Ende von mRNA-Molekülen antrifft (siehe *Abbildung 22.6*), wird ein Teil der *trp*-Operon-Leader-Sequenz translatiert und es entsteht ein *Leader-Peptid* mit einer Länge von 14 Aminosäuren. In der mRNA-Sequenz, welche dieses Peptid kodiert, befinden sich zwei aneinandergrenzende Codons für die Aminosäure Tryptophan. Die Bedeutung dieser Codons werden Sie noch kennenlernen. Außerdem enthält die *trp*-Leader-Sequenz vier Segmente (die Regionen 1, 2, 3 und 4), deren Nucleotide miteinander Basenpaarungen eingehen können, wodurch mehrere unterschiedliche Haarnadelschleifenstrukturen entstehen. Die Region, welche die Regionen 3 und 4 sowie einen angrenzenden Strang aus acht Uracil-Nucleotiden umfasst, bezeichnet man als *Terminator*. Wenn durch Basenpaarung zwischen den Regionen 3 und 4 eine Haarnadelschleife entsteht, dann wirkt diese als Transkriptionsterminationssignal (▸*Abbildung 23.8a*). Bitte rufen Sie sich in Erinnerung, dass die typische bakterielle Termination, die in *Abbildung 21.11* dargestellt ist, gleichfalls eine Haarnadelschleifenstruktur bildet, an die sich ein Strang aus acht Uracil-Molekülen anschließt. Die Bildung einer solchen Struktur führt dazu, dass sich die RNA-Polymerase und die wachsende RNA-Kette von der DNA lösen.

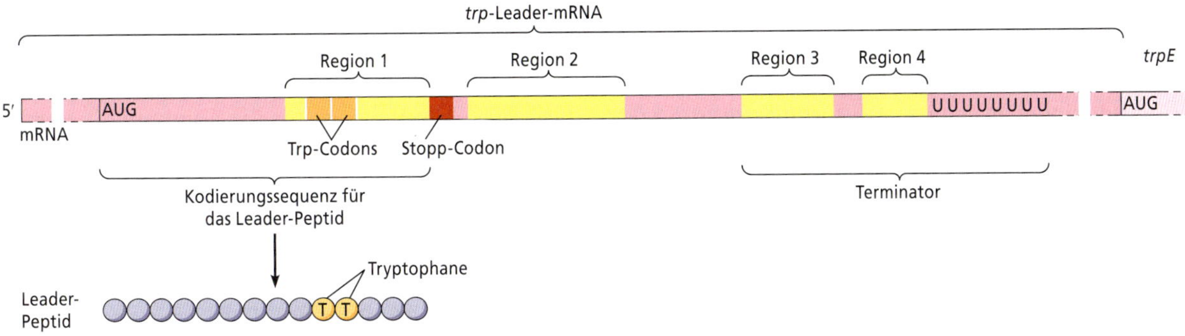

Abbildung 23.7: Die *trp*-mRNA-Leader-Sequenz. Zum Transkript des *trp*-Operons gehört eine Leader-Sequenz aus 162 Nucleotiden, die direkt stromabwärts des Start-Codons für *trpE* liegt, dem ersten Operon des Gens. Zur Leader-Sequenz gehört ein Abschnitt, der ein Leader-Peptid aus 14 Aminosäuren kodiert. Zwei benachbarte Tryptophan- (Trp-)codons in der mRNA-Leader-Sequenz spielen bei der Regulation des Operons durch Dämpfung (Attenuation) eine wichtige Rolle. Die mRNA-Leader-Sequenz enthält außerdem vier Regionen, die in verschiedenen Kombinationen Basenpaarungen eingehen können und Haarnadelstrukturen bilden, wie in *Abbildung 23.8* dargestellt. Ein Teil der mRNA-Leader-Sequenz, der die Regionen 3 und 4 sowie einen Strang aus acht Uracil-Molekülen umfasst, wird als Terminator bezeichnet.

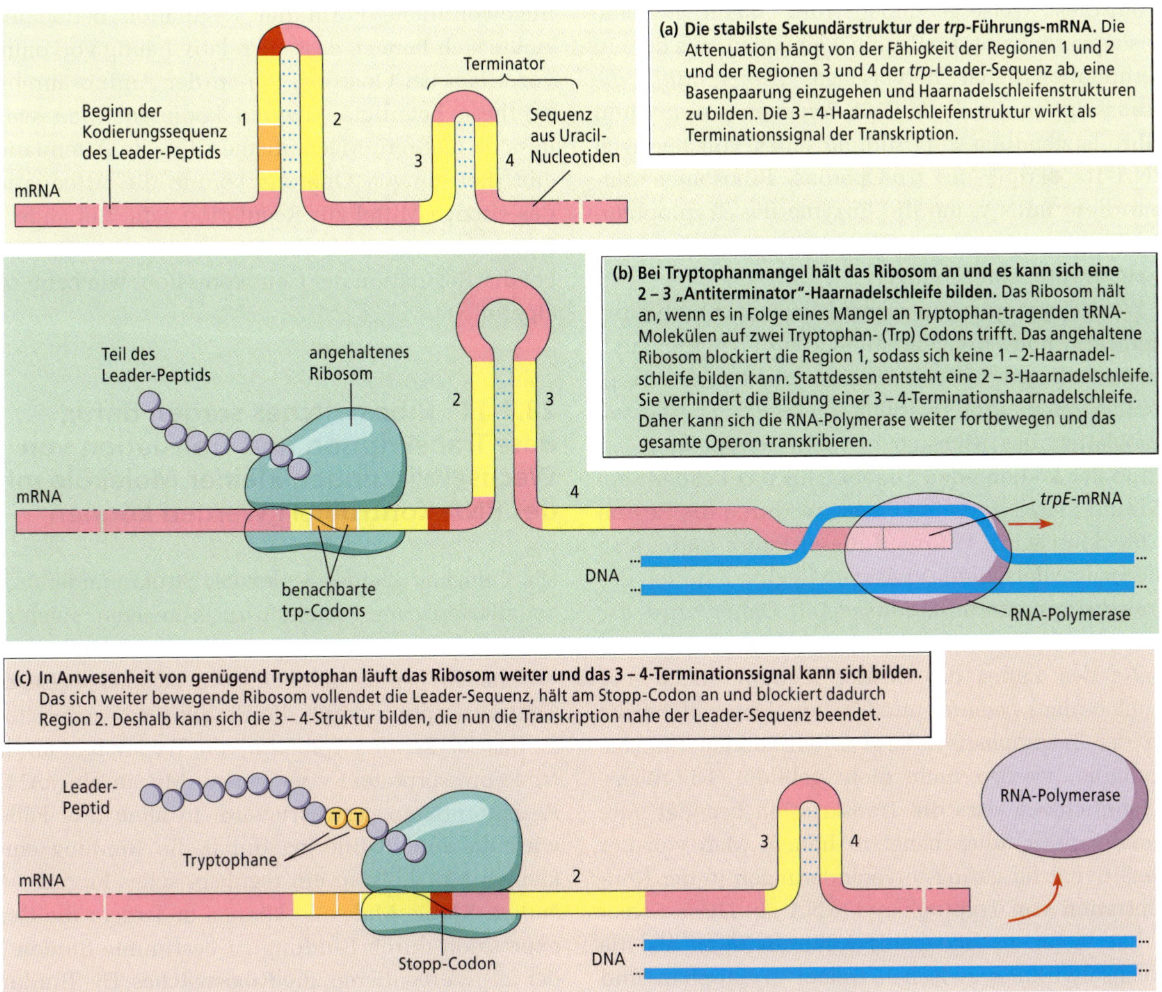

Abbildung 23.8: Dämpfung (Attenuation) im *trp*-Operon. Die Attenuation hängt von der Fähigkeit der Regionen 1 und 2 und der Regionen 3 und 4 der *trp*-mRNA-Leader-Sequenz ab, Basenpaarungen zu bilden, aus denen Haarnadelschleifen-Sekundärstrukturen hervorgehen. Die von den Regionen 3 und 4 gebildete Haarnadelschleife wirkt als Transkriptionsterminationssignal. Sobald sich sie sich gebildet hat, wird die RNA-Polymerase von der DNA freigesetzt.

Wie man aus Yanofskys Experimenten folgern konnte, spielt die Translation der Leader-RNA eine zentrale Rolle beim Dämpfungs-Mechanismus. Ein Ribosom bindet an seine erste Bindungsstelle auf der *trp*-mRNA, sobald diese Stelle auftaucht. Von dieser Stelle ausgehend folgt das Ribosom dicht der RNA-Polymerase. Bei geringer Tryptophankonzentration (▶*Abbildung 23.8b*) liegt auch eine geringe Konzentration von Tryptophanyl-tRNA (tRNA-Moleküle, die Tryptophan tragen) vor. Wenn also das Ribosom an den Tryptophancodons der Leader-RNA ankommt, wartet es kurz auf die Tryptophanyl-tRNA. Das stillstehende Ribosom blockiert die Region 1, wodurch über Paarung der Regionen 2 und 3 eine alternative Haarnadelschleifenstruktur entsteht, die sogenannte *Antiterminator-Haarnadelschleife*. Wenn die Region 3 auf diese Weise gebunden wurde, kann sie keine Basenpaarung mit der Region 4 eingehen, aus der ein Terminationssignal hervorginge. *Daher läuft die Transkription durch die RNA-Polymerase weiter* und führt letztendlich zur Bildung eines vollständigen RNA-Transkripts des *trp*-Operons. Ribosomen nutzen diese mRNA, um die Enzyme des Tryptophan-Stoffwechselweges zu synthetisieren und daher wird mehr Tryptophan gebildet.

Wenn Tryptophan in großer Menge zur Verfügung steht und hohe Konzentrationen von Tryptophanyl-tRNA vorliegen, hält das Ribosom nicht an den Tryptophancodons inne (▶*Abbildung 23.8c*). Stattdessen translatiert das Ribosom bis zum Stoppcodon am Ende der kodierenden Sequenz für das Leader-Peptid und macht dort eine Pause, wodurch die Region 2 blockiert wird. Während dieser Pause bildet sich die Haarnadelschleife zwischen Region 3 und 4, das Transkriptionsterminationssignal. Daher wird die *Transkription durch die RNA-Polymerase* in der Nähe des Endes der Leader-Sequenz (nach 141 Nucleotiden) *beendet* und die mRNAs, welche die an der Tryptophansynthese mitwirkenden Enzyme kodieren, werden nicht mehr gebildet. Die Wahrscheinlichkeit, dass die Transkription beendet oder weitergeführt führt, hängt in hohem Maß von der Sensitivität für geringste Veränderungen in der Konzentration von Tryptophanyl-tRNA ab. Diese Sensitivität bietet ein genaueres Kontrollsystem als die Wechselwirkung zwischen freiem Tryptophan und dem *trp*-Repressor als einziges Mittel der Regulation.

Der zuvor dargestellte Mechanismus, den man bei *E. coli* entdeckt hat, benötigt Ribosomen, die vor Ende der Transkription mit der Translation der mRNA beginnen. Allerdings ist für die Dämpfung (Attenuation) nicht immer die Kopplung von Transkription und Translation erforderlich. Beim Bakterium *B. subtilis* wird die vom *trp*-Operon transkribierte Leader-Sequenz nicht von Ribosomen translatiert und wirkt trotzdem noch als Dämpfer (Attenuator). In diesem Fall wird die Bildung des Terminators von einem Tryptophan-Bindeprotein gesteuert. Wenn Tryptophan zur Verfügung steht, bindet der Protein-Tryptophan-Komplex an die Leader-RNA und legt die Terminatorschleife frei, wodurch die Transkription beendet und das *trp*-Operon abgeschaltet wird.

Obwohl man die Attenuation ursprünglich als ungewöhnliche Form der Regulation betrachtete, stellte sich heraus, dass sie relativ häufig vorkommt, vor allem bei Operons, die an der Aminosäurebiosynthese beteiligte Enzyme kodieren. Man weiß, dass es mehrere Mechanismen für die Attenuation gibt. Bei einigen Operons könnte die Attenuation das einzige Mittel zur Regulation sein. Bei anderen Operons unterstützt die Attenuation den Operator bei der Regulation der Genexpression, wie beim *trp*-Operon.

23.1.11 Riboswitches sorgen dafür, dass Transkription und Translation von Wechselwirkungen kleiner Moleküle mit der RNA kontrolliert werden können

Die Fähigkeit kleiner Moleküle, Strukturänderungen bei allosterischen Proteinen zu induzieren, spielt bei der Regulation der Genexpression eine zentrale Rolle. Wir haben bereits gesehen, wie beispielsweise die Gentranskription durch die Bindung von Allolactose an das *lac*-Repressorprotein, von Tryptophan an das *trp*-Repressorprotein oder von cAMP an ein cAMP-Rezeptorprotein gesteuert wird. In allen drei Fällen wird die mRNA-Bildung durch die Bindung eines kleinen Moleküls an ein regulatorisches Protein verändert. Kleine Moleküle können außerdem die Genexpression durch Bindung an bestimmte Stellen in der mRNA regulieren, die **Riboswitches**. Die Bindung eines geeigneten kleinen Moleküls an seinen entsprechenden Riboswitch (Riboschalter) führt Änderungen in der Struktur der mRNA herbei, die sich entweder auf die Transkription oder Translation auswirken können. Riboswitches kommen typischerweise in der nicht-translatierten Leader-Region transkribierter mRNAs bakterieller Operons vor, obwohl sie auch in den mRNAs von Archaea und Eukaryoten nachgewiesen wurden. Einer der ersten Riboswitches, den man entdeckte, lag in der transkribierten RNA des ***Riboflavin***-Operons (***rib***) des Bakteriums *B. subtilis*. Das *rib*-Operon enthält fünf Gene, die Enzyme kodieren, welche an der Synthese der essenziellen Coenzyme FMN und FAD mitwirken. Die aus dem *rib*-Operon transkribierte RNA besitzt eine Leader-Sequenz, die sich ebenso wie die zuvor dargestellte *trp*-Leader-Sequenz zu einer Haarnadelschleife falten kann, welche die Transkription beendet. Wie in ▶*Abbildung 23.9* dargestellt, fördert die Bindung von FMN an die Leader-Sequenz die Bildung dieser Haarnadelschleife. Daher wird die Transkription des *rib*-Operons beendet, wenn FMN vorliegt, und somit auch die Bildung von Enzymen, die nicht benötigt werden, da sie selber an der Synthese von FMN beteiligt sind.

Abgesehen davon, dass durch Bindung kleiner Moleküle an Riboswitches die Transkription reguliert wird, dient diese Bindung auch zur Steuerung der mRNA-Translation. Einem Beispiel hierfür begegnen wir bei mRNA, die Enzyme kodiert, welche an der Synthese von FMN und FAD bei *E. coli* mitwirken. Anders als bei *B. subtilis* sind die Gene von *E. coli*, die diese Enzyme kodieren, nicht in einem einzigen Operon gebündelt, sondern einige dieser Gene werden von Riboswitches gesteuert. In diesem Fall fördert die Bindung von FMN an seinen mRNA-Riboswitch die Bildung einer Haarnadelschleife, die Sequenzen umfasst, welche für die Bindung von mRNA an Ribosomen benötigt werden. Dadurch dass es diese Sequenzen voneinander fernhält, hindert das gebundene FMA die mRNA daran, mit Ribosomen zu interagieren und die Translation zu beginnen (▶*Abbildung 23.9b*).

(a) Termination der Transkription. Die Bindung eines kleinen Moleküls an einen Riboswitch in der Leader-Sequenz einiger mRNAs löst die Bildung einer Haarnadelschleife aus, welche die Transkription beendet. Die FMN-Bindung der Leader-Sequenz an die transkribierte mRNA des *rib*-Operons von *B. subtilis* funktioniert auf diese Weise.

(b) Initiation der Translation. Bei anderen mRNAs löst die Bindung eines kleinen Moleküls an einen Riboswitch die Bildung einer Haarnadelschleife aus, welche die Stelle enthält, an die das Ribosom normalerweise bindet. Dieser Vorgang interferiert mit der Initiation der Translation. Bei *E. coli* nutzt FMN diesen Kontrolltyp, um die Translation von mRNAs zu hemmen, die Enzyme kodieren, die an der FMN-Synthese mitwirken.

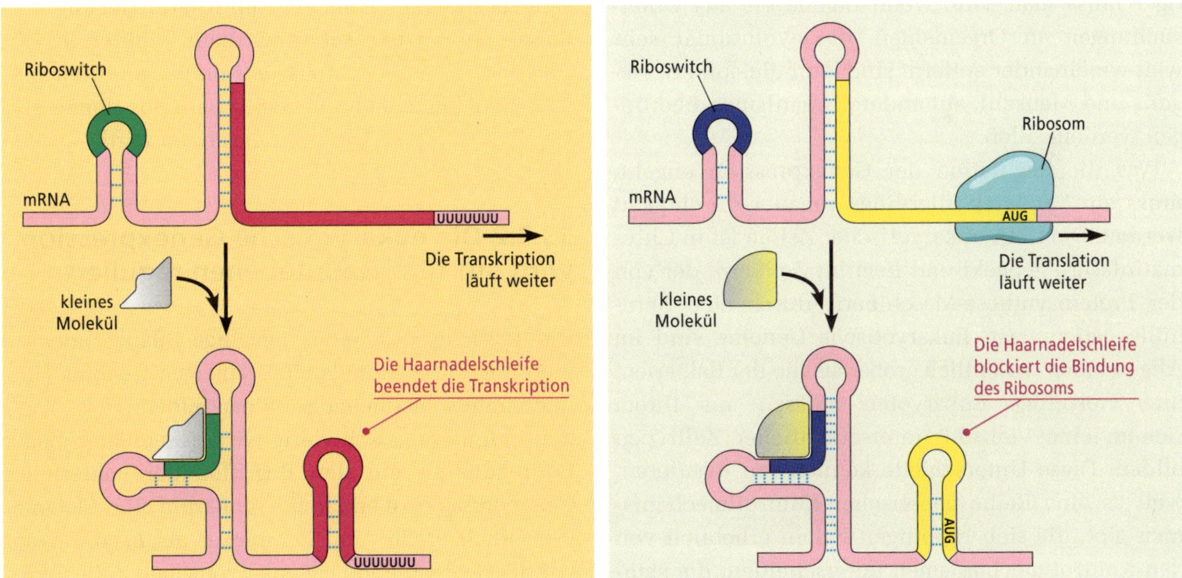

Abbildung 23.9: Kontrolle der Genexpression durch Riboswitches. Diese Modelle zeigen zwei Wege zur Bindung kleiner Moleküle an Riboswitches in der mRNA, wodurch (a) Transkription und (b) Translation gesteuert werden.

Eukaryotische Genregulation: genomische Kontrolle 23.2

In den frühen Tagen der Mikrobiologie lautete ein beliebter Satz: „Was für *E. coli* gilt, gilt auch für Elefanten.“ Diese Maxime brachte die fundamentale Überzeugung zum Ausdruck, dass fast alles, was man auf molekularer Ebene über die bakterielle Zellfunktion erfahren hatte, auch auf Eukaryoten zutraf. Derartige Vorhersagen haben sich aber nur zum Teil bewahrheitet. Im Hinblick auf die zentralen metabolischen Wege und die Mechanismen zum Transport gelöster Substanzen durch Membranen sowie solch fundamentaler Merkmale wie DNA-Struktur, Proteinsynthese und Enzymfunktion gibt es zahlreiche Ähnlichkeiten zwischen der bakteriellen und der eukaryotischen Welt, und Ergebnisse aus Untersuchungen mit Bakterien können häufig auf Eukaryoten übertragen werden. Heute werden allerdings immer wieder Befunde veröffentlicht, dass molekulare Mechanismen selbst bei relativ nah verwandten Organismen nicht direkt übertragbar sind; so können Ergebnisse aus pharmakologischen Studien an Primaten zum Beispiel nicht direkt auf den Menschen übertragen werden. Noch vorsichtiger muss man sein, wenn Ergebnisse aus Untersuchungen an Organismen, die evolutionär sehr weit voneinander entfernt sind (zum Beispiel *C. elegans* und Mensch), auf andere Organismen übertragen werden sollen.

Was die Regulation der Genexpression angeht, muss ein Vergleich allerdings genauer durchdacht werden. Die DNA eukaryotischer Zellen ist in Chromatinfasern gepackt und liegt im Zellkern, der von der Proteinsynthese-Maschinerie durch eine Kernhülle getrennt ist. Eukaryotische Genome sind im Allgemeinen wesentlich größer als die der Bakterien, und vielzellige Eukaryoten müssen aus ihrem Genom eine Vielzahl unterschiedlicher Zelltypen bilden. Diese Unterschiede können nur existieren, weil es eine Reihe genetischer Kontrollmechanismen gibt, die sich in einigen Fällen erheblich von den Kontrollmechanismen unterscheiden, die standardmäßig bei Bakterien beobachtet wurden.

23.2.1 Vielzellige Eukaryoten bestehen aus zahlreichen spezialisierten Zelltypen

Zur Vorbereitung auf unsere Diskussion der eukaryotischen Gensteuerung wollen wir uns kurz die gewaltigen regulatorischen Herausforderungen anschauen, mit denen vielzellige Eukaryoten konfrontiert werden, die häufig aus Hunderten verschiedener Zelltypen bestehen. In diesen Fällen setzt sich ein einzelner Organismus aus einer komplexen Mischung spezialisierter oder *differenzierter* Zelltypen zusammen – zum Beispiel Nerven, Muskeln, Knochen, Blut, Knorpel und Fett – die in den Geweben und Organen auf verschiedene Weisen verknüpft werden. Differenzierte Zellen unterscheiden sich aufgrund ihres unterschiedlichen mikroskopischen Erscheinungsbildes und im Hinblick auf die von ihnen gebildeten Produkte voneinander. Zum Beispiel synthetisieren die roten Blutkörperchen Hämoglobin, Nervenzellen bilden Neurotransmitter und Lymphocyten Antikörper. Diese Unterschiede weisen darauf hin, dass die selektive Kontrolle der Expression einer Vielzahl unterschiedlicher Gene bei dem Mechanismus für die Bildung differenzierter Zellen eine zentrale Rolle spielen muss.

Differenzierte Zellen gehen aus Populationen unreifer, nicht-spezialisierter Zellen hervor. Diesen Vorgang bezeichnet man als **Zelldifferenzierung**. Das klassische Beispiel sehen wir beim Embryo. In diesem frühen Entwicklungsstadium bilden die frühen embryonalen Zellen alle Zelltypen, aus denen später der gesamte Organismus bestehen wird.

23.2.2 Die eukaryotische Genexpression wird auf fünf Hauptebenen reguliert

Die Tatsache, dass eine vielzellige Pflanze oder ein vielzelliges Tier mittels eines einzigen Genoms Hunderte unterschiedlicher Zelltypen bilden muss, macht deutlich, dass es schwierig wird, die eukaryotische Genregulation mit den Begriffen der bakteriellen Genexpression zu erklären – immerhin sind Elefanten wesentlich größer und komplexer als *E. coli*! Wenn wir die Genregulation bei eukaryotischen Zellen wirklich im Kern verstehen wollen, so müssen wir uns dem Thema aus der Sicht der Eukaryoten nähern.

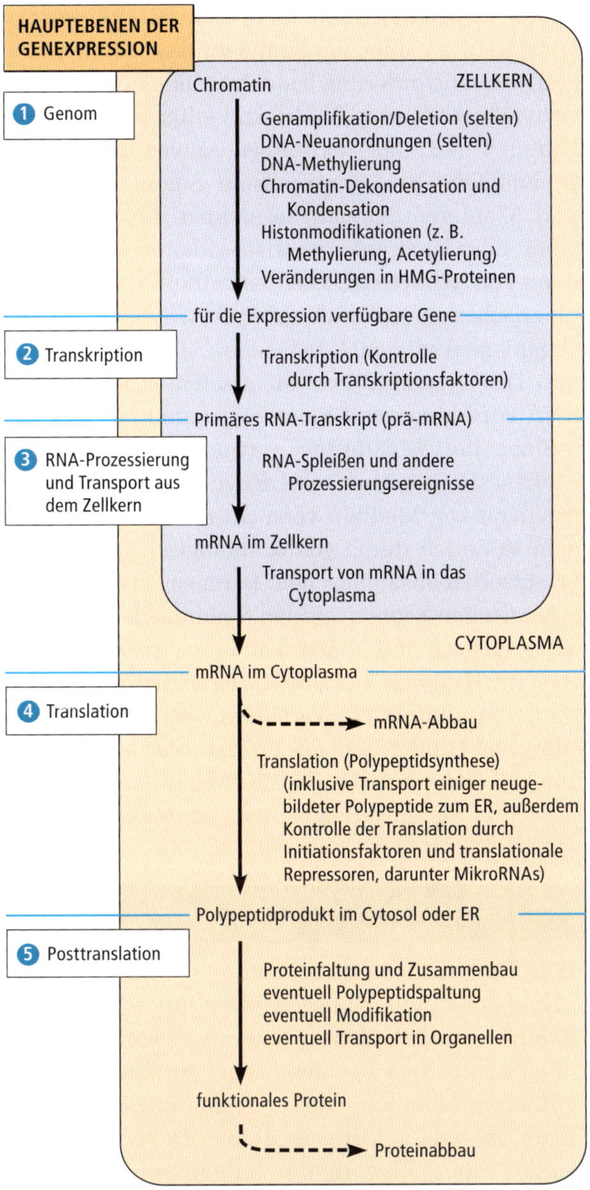

Abbildung 23.10: Die verschiedenen Ebenen der eukaryotischen Genexpression und -regulation. Die Genexpression bei eukaryotischen Zellen wird über eine vielfältige Aneinanderreihung von Mechanismen reguliert, die auf fünf verschiedenen Ebenen operieren: auf der Ebene ① des Genoms, ② der Transkription, ③ der RNA-Prozessierung und des Transport aus dem Zellkern zum Cytoplasma, ④ der Translation und ⑤ der posttranslationalen Ereignisse. Die Kontrollen, die auf den letzten drei Ebenen durchgeführt werden, bezeichnet man als *posttranskriptionale Kontrollmechanismen*.

Das Genmuster, das in jeder eukaryotischen Zelle exprimiert wird, spiegelt sich letztendlich im Spektrum der funktionalen Genprodukte wider, die von der Zelle gebildet werden – im Allgemeinen sind das Proteinmoleküle, aber in einigen Fällen auch RNA. Insgesamt ergibt sich das Bild einer umfassenden Kontrolle, die auf mehreren Stufen ausgeübt wird. Diese möglichen Kontrollpunkte werden in ▸*Abbildung 23.10* hervorgehoben. In dieser Abbildung wird der Fluss der genetischen Information von der genomischen DNA im Zellkern zu funktionalen Proteinen im Cytoplasma dargestellt (viele, jedoch nicht alle Kontrollpunkte finden wir auch bei Bakterien). Wie Sie sehen, wird die Kontrolle an fünf Hauptebenen ausgeübt: der Ebene ① des Genoms, ② der Transkription, ③ der RNA-Prozessierung und des Transports aus dem Zellkern zum Cytoplasma, ④ der Translation und ⑤ der posttranslationalen Ereignisse. Die regulatorischen Mechanismen der letzten drei Kategorien gehören zur *posttranskriptionalen Kontrolle*. Dieser Begriff umfasst eine Vielzahl von Ereignissen. In diesem Kapitel werden wir uns mit einigen der Mechanismen beschäftigen, mittels derer Eukaryoten die Genexpression auf den fünf Ebenen kontrollieren.

23.2.3 Zellen vielzelliger Organismen enthalten in der Regel alle den gleichen Gensatz

Die erste Kontrollebene liegt auf dem Niveau des gesamten Genoms. Bei vielzelligen Pflanzen und Tieren nutzt jeder spezialisierte Zelltyp nur einen Bruchteil aller im Genom des Organismus organisierten Gene. Jedoch haben fast alle Zellen dieser Organismen (abgesehen von haploiden Spermien und Eizellen) den gleichen vollständigen Gensatz. Der eindeutige Beweis dafür, dass spezialisierte Zellen noch immer den vollständigen Gensatz tragen, wurde 1958 von Frederick Steward erbracht. Er kultivierte neue Karottenpflanzen aus einzelnen Karottenwurzelzellen. Da die Zellen einer jeden neuen Karottenpflanze die gleiche Kern-DNA enthielten, die in den Ausgangskarottenzellen enthalten war, war jede neue Pflanze ein Klon (eine genetisch identische Kopie) der Pflanze, aus der Frederick Steward die Ausgangskarottenzellen gewonnen hatte.

1964 berichteten John Gurdon und Kollegen von dem ersten erfolgreichen Klonen tierischer Zellen. Bei Arbeiten mit *Xenopus laevis*, dem südafrikanischen Krallenfrosch, transplantierten sie Zellkerne differenzierter Froschzellen in unbefruchtete Eizellen ohne Zellkern. Obwohl dieses Vorgehen nur wenig Erfolg versprechend schien, gingen aus einigen Eizellen mit transplantierten Zellkernen lebensfähige, schwimmende und fertile Frösche hervor. Ein durch *Zellkerntransplantation* erschaffener Organismus ist ein Klon des Organismus, aus dem der Original-Zellkern entnommen wurde. Die Ergebnisse der Experimente mit Karotten und Fröschen zeigten, dass der Zellkern einer differenzierten Zelle die Entwicklung eines gesamten neuen Organismus steuern kann. Daher bezeichnet man einen solchen Zellkern als *totipotent*: er enthält den vollständigen Gensatz, der benötigt wird, um einen neuen Organismus vom gleichen Typ wie dem Organismus, aus dem man den Zellkern entnommen hatte, zu schaffen.

Ein besonders faszinierendes Beispiel für das Klonen von Tieren stammt aus dem Jahr 1997. Damals machten Ian Wilmut und Kollegen Schlagzeilen, als sie die Geburt des geklonten Lamms Dolly ankündigten, des ersten Säugetiers, das jemals aus einer Zelle geklont wurde, die man einem ausgewachsenen Tier entnommen hatte. Dolly ging aus der Eizelle eines Schafes hervor, dessen Ursprungszellkern durch den Zellkern einer einzelnen Euterzelle eines ausgewachsenen Schafes ersetzt worden war. Später wurden mit Hilfe ähnlicher Techniken viele andere Säugetiere geklont. In *Exkurs 23A* werden wir darauf zu sprechen kommen, dass Klonen eine große Herausforderung bedeutet, denn sie stellt uns vor viele wissenschaftliche und ethische Fragen im Hinblick auf die zukünftige Anwendung dieser Technologie. Bitte verwechseln Sie nicht Klonen und Klonieren: Klonen bezeichnet die Erzeugung eines oder mehrerer genetisch identischer Individuen von Lebewesen. Die Gesamtheit der genetisch identischen Nachkommenschaft wird bei ganzen Organismen wie auch bei Zellen als Klon bezeichnet. Das Erzeugen von identischen Kopien einer DNA wird hingegen Klonieren genannt.

Eines der wichtigsten Anwendungsgebiete des Klonens ist die Humanmedizin. In der modernen regenerativen Medizin versucht man, bei Patienten defekte Zellen durch gentechnologisch hergestellte Ersatzzellen auszutauschen. Beim sogenannten therapeutischen Klonen werden Stammzellen gebildet, die genetisch auf einen Patienten zugeschnitten, aber im Hinblick auf ihre Differenzierung flexibel sind. Ein alternatives Verfahren, bei dem man die ethischen Hindernisse des therapeutischen Klonens umgeht, besteht darin, die Bildung induzierter pluripotenter Stammzellen weiterzuentwickeln.

23A ▶ Arbeitstechniken

Klonen durch Zellkerntransfer und pluripotente Stammzellen

Dolly – das Schaf ohne Vater

Im Februar 1997 machte Ian Wilmut auf der ganzen Welt Schlagzeilen, weil er Dolly vorstellte, das erste Säugetier, das jemals aus einer Zelle eines ausgewachsenen Tieres geklont worden war. Dolly wurde erschaffen, indem die Wissenschaftler den Zellkern aus der Euterzelle eines ausgewachsenen Schafes entfernten und in die Eizelle eines anderen Schafes übertrugen, deren eigenen Zellkern sie entfernt hatten. Obwohl die Technik des **Zellkerntransfers** bereits vorher zum Klonen von Säugetieren angewendet worden war, hatte man sie jedoch niemals zuvor erfolgreich mit Zellen eines ausgewachsenen Tieres durchgeführt.

Wilmut vermutete, dass die vorausgegangenen Fehlversuche auf den Zustand des Chromatins in den Donorzellen zurückzuführen waren. Das Erfolgsgeheimnis seiner Arbeitsgruppe beruhte darauf, dass sie aus dem Euter eines sechs Jahre alten weiblichen Schafes Säugetierdrüsenzellen entnommen hatten. Diesen Zellen entzogen sie dann in einem Kulturmedium die Nährstoffe, sodass die Zellen in die Ruhephase, die G_0-Phase des Zellzyklus, fielen. Als man eine dieser Zellen mit einer Eizelle ohne Zellkern verschmolz, lieferte sie den diploiden DNA-Satz in einem Zustand, der dem Eizellen-Cytoplasma eine Neuprogrammierung der DNA für eine normale embryonale Entwicklung ermöglichte. Durch Implantation einer solchen Eizelle in den Uterus eines anderen weiblichen Schafes wurde ein Lamm ohne Vater geboren, also ein Lamm, dessen Zellen die gleiche Kern-DNA besaßen wie die Zellen des sechs Jahre alten weiblichen Schafes, das den Donorzellkern gespendet hatte (*Abbildung 23A-1*). Innerhalb weniger Jahre nach diesen wegweisenden Experimenten klonte man mit Hilfe ähnlicher Techniken weitere Säugetiere, darunter Rinder, Mäuse, Katzen, Hunde und erst in jüngster Zeit Affen. Dolly verstarb allerdings schon im Alter von sechs Jahren, viel früher als andere Schafe.

Warum arbeiteten Wilmut und seine Arbeitsgruppe mit solchem Eifer an dieser Technik? Ein Grund war das Bestreben, wertvolle transgene Tiere zu klonen. Diese Vorgehensweise hatte man bereits angewandt, um Schafe zu erschaffen, deren Milch medizinisch relevante Proteine enthält, beispielsweise Blutgerinnungsfaktoren, die mit anderen Techniken nur unter schwierigen Bedingungen und mit hohen Kosten in ausreichender Menge hergestellt werden können. Außerdem dachten sie auch an kommerzielle Anwendungen wie Tiere mit besonders hohem Fleischgehalt und die schnellsten Rennpferde. Ein weiteres wichtiges Anwendungsgebiet sind auch die Versuche, vom Aussterben bedrohte Tiere zu klonen oder Tiere, die erst vor kurzem ausgestorben sind.

Die am kontroversesten diskutierte Anwendung bezieht sich auf die Frage, ob es ethisch vertretbar wäre, menschliche Zellen zu klonen. Zurzeit scheint es so zu sein, dass die Bildung gesunder menschlicher Klone – oder *Reproduktionsklone* – außerordentlich schwierig wäre. Man brauchte 277 Versuche, um Dolly zu klonen, und viele geklonte Tiere, die bei Geburt normal zu sein scheinen, entwickeln später gesundheitliche Probleme und sterben früh. Diese häufig auftretenden Defekte beruhen auf dem Unvermögen der DNA im Spenderzellkern, die richtige *epigenetische Reprogrammierung* zu durchlaufen, darunter auch die Methylierung wichtiger Wachstumsgene. Angesichts solcher Probleme und des weit verbreiteten Unbehagens über die Aussicht, menschliche Klone zu erschaffen, fordern viele Menschen Gesetze, die den Einsatz der Technologie zum Klonen von Menschen verbieten. Es gibt aber auch den Vorschlag, dass die Gesellschaft sich letztendlich mit dem Klonen unter bestimmten Einschränkungen einverstanden erklären könnte.

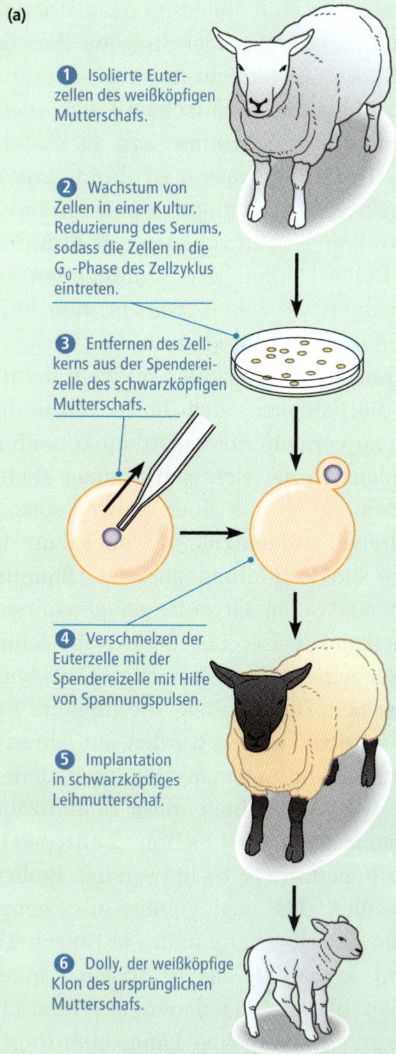

(b)

Abbildung 23A-1: Dolly, das erste aus einer ausgewachsenen Zelle geklonte Säugetier. (a) Dolly wurde aus einer Säugetierzelle (des Euters) geklont, die man in einem Medium mit unzureichender Nährstoffversorgung kultiviert hatte. Diese Euterzelle wurde mit einer Eizelle verschmolzen, deren Zellkern entfernt worden war. (b) Dolly als ausgewachsenes Tier.

Stammzellen – eine Fülle von Möglichkeiten

Die am häufigsten vorgeschlagene Anwendung der Zellkerntransfertechnik ist die Bildung von Stammzellen, die genetisch auf den menschlichen Patienten abgestimmt sind. Es besteht eine gewisse Hoffnung, dass man durch *therapeutisches Klonen* beschädigte menschliche Zellen ersetzten könnte. Wir schauen uns nun die nützlichen Eigenschaften der Stammzellen an und können dann verstehen, warum man auf diese Verwendung in der Medizin hofft.

Pluripotente Stammzellen besitzen definitionsgemäß die Fähigkeit, sich durch kontinuierliche Teilung zu vermehren. Außerdem können sie bei Vorhandensein der richtigen Signale Tochterzellen bilden, die sich zu einer Vielzahl spezialisierter Zelltypen differenzieren, wobei dann normalerweise die Zellteilung aussetzt. Stammzellen können aus reifen Organismen gewonnen werden, beispielsweise aus dem Nabelschnurblut von Neugeborenen oder aus Geweben von Erwachsenen. Diese Zellen, vor allem im Fall von Blut und Knochenmark, werden seit Jahren erfolgreich zur Behandlung menschlicher Patienten eingesetzt. Man bezeichnet diese Stammzellen als *pluripotent*: sie können mehrere Zelltypen bilden, aber ihr Repertoire ist recht begrenzt. **Embryonale Stammzellen** (**ES**; engl.: embryonic stem cells) hingegen unterliegen nicht dieser Einschränkung. Sie sind *totipotent*, das heißt, sie können alle Zelltypen bilden, aus denen ein menschlicher Organismus hervorgehen kann, allerdings keine Zellen, die Strukturen wie die Placenta oder andere unterstützende Membranen bilden, die während der Schwangerschaft benötigt werden.

ES-Zellen stammen von den Zellen der inneren Zellansammlung des frühen Embryos ab, der sogenannte *Blastocyste* (*Abbildung 23A-2a*). Nach ihrer Isolierung werden die Zellen des inneren Zellhaufens mit Hilfe verschiedener Techniken zu echten Stammzellen. Wenn man sie mit verschiedenen Wachstumsfaktoren oder auf andere Weise behandelt, können sie sich zu verschiedenen Zelltypen entwickeln.

Die Möglichkeit, Stammzellen im Labor zu isolieren und zu züchten, leitet zu der Frage über, ob Wissenschaftler einst in der Lage sein werden, gesunde neue Zellen herzustellen, die beschädigte Gewebe von Patienten mit unterschiedlichen Erkrankungen ersetzen. So könnte man beispielsweise Stammzellen, die zu Nervenzellen differenzieren, eines Tages zur Reparatur von Hirnschäden einsetzen, die bei Schlaganfallpatienten oder Patienten mit Parkinson oder Alzheimer auftreten. Andere Stammzellen könnten dazu dienen, defekte Bauchspeicheldrüsenzellen bei Patienten mit Diabetes oder defekte Skelettmuskelzellen bei Patienten mit Muskeldystrophie zu ersetzen. Wenn man Stammzellen durch therapeutisches Klonen gewinnen würde, dann hätte das auch den Vorteil, dass sie genetisch den Zellen des Patienten entsprächen. Dadurch könnte das Problem der Immunabstoßung vermieden werden.

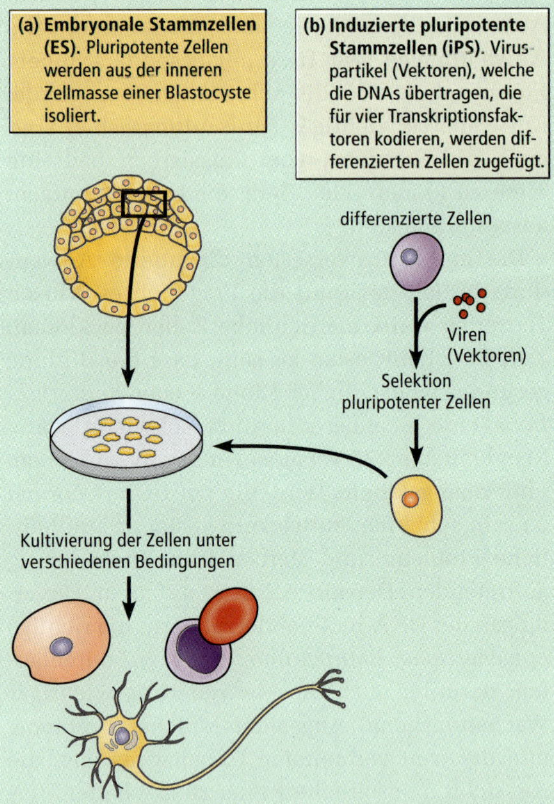

Abbildung 23A-2a: Zwei verschiedene Wege zur Bildung pluripotenter Stammzellen. (a) Embryonale Stammzellen (ES) werden aus den Zellen des inneren Zellhaufens einer Blastocyste gebildet. Der Embryo wird für die Gewinnung der ES-Zellen abgetötet. (b) Induzierte pluripotente Stammzellen (iPS; engl.: *i*nduced *p*luripotent *s*tem *cells*) erhält man, wenn man die Zellen dazu veranlasst, vier Transkriptionsfaktorproteine zu exprimieren. Pluripotente Zellen werden mit Hilfe von Medikamenten selektiert, die alle Zellen außer den pluripotenten abtöten. Nach Isolierung von ES- und iPS-Zellen werden sie unter verschiedenen Bedingungen kultiviert, sodass sie zu verschiedenen Zelltypen differenzieren können.

Trotz ihres Entwicklungspotenzials und der vielversprechenden Therapiemöglichkeiten von embryonalen Stammzellen erheben viele Menschen große ethische Einwände gegen die Gewinnung von ES-Zellen. Für die Isolierung von ES-Zellen muss notwendiger Weise ein Embryo im Frühzustand benutzt werden. Viele Menschen betrachten jeden menschlichen Organismus als unantastbar. Jedem menschlichen Organismus muss ein tiefer moralischer Respekt entgegengebracht werden, weshalb die Gewinnung von ES-Zellen für viele ethisch unvertretbar ist. Andere argumentieren, dass die Blastocyste einen anderen moralischen Status innehat als weiter entwickelte menschliche Organismen, und betrachten die Produktion von ES-Zellen als wichtige, potenzielle medizinische Therapie. Ohne Zweifel wäre es erstrebenswert, Zellen zu finden, deren Entwicklungspotenzial dem der ES-Zellen entspricht und die keine ethischen Probleme heraufbeschwören.

Im Jahr 2006 publizierten Shinya Yamanaka und seine Mitarbeiter tatsächlich eine solche Methode. Ihm und seiner Arbeitsgruppe war es gelungen, differenzierte Mäusezellen in einen pluripotenten Status zurückzuversetzen. Diese **induzierten pluripotenten Stammzellen** (**iPS**; engl.: *induced pluripotent stem cells*) scheinen viele Eigenschaften der ES-Zellen zu besitzen. Für die Gewinnung von iPS-Zellen veranlasste Yamanakas Arbeitsgruppe Zellen zur Expression von vier Transkriptionsfaktoren, die von pluripotenten Zellen exprimiert werden: Oct4, Sox2, Klf4 und c-Myc (*Abbildung 12A-2b*). Im Zuge weiterer Arbeiten von Yamanakas Gruppe sowie von James Thomson und Kollegen von der University of Wisconsin wurde auch mit menschlichen Zellen gearbeitet. Seitdem hat man schnell technische Fortschritte gemacht. Für ihre Arbeiten auf dem Gebiet des Klonens erhielten Shinya Yamanaka und Sir John B. Gurdon im Jahre 2012 den Nobelpreis für Physiologie oder Medizin.

iPS-Zellen scheinen ES-Zellen recht ähnlich und somit eine ideale Quelle für genetisch passende, pluripotente Zellen für medizinische Behandlungen zu sein. Allerdings gibt es noch einige Probleme zu lösen, bevor man sie in Therapien einsetzen kann. Erstens wurden die Gene bei den Experimenten mittels eines Retrovirus eingeführt, der seine DNA in das Genom der Wirtszelle einbaute. Inzwischen wurde nachgewiesen, dass ähnliche Effekte auch ohne Integration viraler DNA möglich sind. Zweitens ist c-Myc ein Proto-Onkogen, das die Tumorentwicklung fördern kann (siehe *Kapitel 24*). Man kann jedoch einige Zelltypen auch ohne c-Mys zur Pluripotenz induzieren. Und schließlich scheint der Methylierungsstatus der DNA vieler iPS-Zellen nicht wie bei ES-Zellen vollständig gelöscht zu sein. Aus diesem Grund ziehen viele Stammzellbiologen, die keine Einwände gegen die Gewinnung von ES-Zellen haben, es vor, weiterhin parallel an ES- und iPS-Zellen zu forschen, denn die beiden Zelltypen weisen unterschiedliche Eigenschaften auf.

Angesichts der weit auseinandergehenden Ansichten über ES-Zellen, Klonen und ähnliche Techniken dauert die Debatte über die ethischen Probleme dieser Techniken an. Der rasche Fortschritt der wissenschaftlichen Entwicklungen auf diesem Gebiet zwingt die Gesellschaft dazu, sich mit diesem Problem auseinanderzusetzen.

23.2.4 Genamplifikation und Gendeletion können das Genom verändern

Obwohl die dargestellten Hinweise darauf hindeuten, dass das Genom in allen Zellen eines erwachsenen eukaryotischen Organismus tendenziell identisch ist, gibt es doch einige Typen der Genregulation, die Ausnahmen von dieser Regel darstellen. Ein Beispiel ist der Mechanismus der **Genamplifikation** zur Erstellung von Vielfachkopien eines Gens. Amplifikation wird durch mehrfache Replikation der DNA in einer spezifischen chromosomalen Region erzielt. Dadurch entstehen Dutzende, Hunderte oder sogar Tausende von Kopien des gleichen DNA-Teilabschnitts. Man kann sich die Genamplifikation als **genomische Kontrolle** vorstellen – das heißt, eine regulatorische Änderung in der strukturellen Zusammensetzung des Genoms.

Eines der am besten untersuchten Beispiele für Genamplifikation sind die ribosomalen RNA-Gene von *Xenopus laevis*, dem Organismus, mit dem John B. Gurdon bei seinen Kerntransplantations-Experimenten arbeitete. Normalerweise enthält das haploide Genom von *Xenopus* ungefähr 500 Gen-Kopien, welche die 5,8S-, 18S- und 28S-rRNA kodieren. Die DNA dieser Gene wird während der Oogenese selektiv ungefähr 4.000-mal reproduziert (Oogenese: Entwicklung der Eizelle vor der Befruchtung). Daraus ergibt sich, dass die reife Oocyte ungefähr zwei Millionen Kopien der rRNA-Gene enthält. Die Genzahl dieser Amplifikation scheint zu genügen, um die gewaltige Produktion von Ribosomen aufrechtzuhalten, die während der Oogenese stattfindet. Diese große Anzahl an Ribosomen wiederum ist notwendig, um die hohe Proteinsyntheserate aufrechtzuhalten, die für die frühe embryonale Entwicklung erforderlich ist.

Dieses besondere Beispiel für Genamplifikation beinhaltet Gene, deren Produkte *RNA* und nicht Proteinmoleküle sind. Die Expression von Genen, die Proteine kodieren – sogar Proteine, die in großen Mengen benötigt werden, wie zum Beispiel ribosomale Proteine – kann im Allgemeinen durch Steigerung der Geschwindigkeit der mRNA-Translation erhöht werden, wofür keine Genamplifikation notwendig ist. Trotzdem kann die gesteigerte Bildung mancher Proteine gelegentlich auf Genamplifikation zurückgeführt werden. Ein Beispiel bei normalen Zellen ist die Synthese von Chorion-Proteinen in Insekteneizellen. Die anormale Amplifikation von Genen, die Proteine der Zellzyklus-Signalisierung kodieren, ist eine häufig beobachtete Veränderung bei Krebszellen (*Kapitel 24*).

Abgesehen davon, dass Zellen Gensequenzen amplifizieren, nach deren Produkten eine große Nachfrage besteht, zerstören Zellen auch Gene, deren Produkte sie nicht benötigen. Ein extremes Beispiel der **Gendeletion** (auch als *DNA-Diminution* bezeichnet) findet in roten Blutkörperchen statt. Sie stoßen ihre Zellkerne aus, nachdem Hämoglobin-mRNA in ausreichenden Mengen gebildet wurde. Ein weniger extremes Beispiel trifft man bei den Nematoden und einer Gruppe winziger Krebstiere, den sogenannten Ruderfußkrebsen, an. Während der embryonalen Entwicklung der Ruderfußkrebse werden in allen Zellen außer denen, die Gameten werden sollen, die heterochromatischen (transkriptional inaktiven) Regionen der Chromosomen ausgeschnitten und ausgeschieden. Auf diese Weise wird die Hälfte der DNA-Menge des Organismus aus den Körperzellen entfernt.

23.2.5 DNA-Neuanordnungen können das Genom verändern

Es sind einige wenige Fälle bekannt, in denen die Genregulation auf der Bewegung von DNA-Segmenten von einer Stelle zu einer anderen innerhalb des Genoms beruht. Diesen Vorgang bezeichnet man als **DNA-Neuanordnung** (engl.: *DNA-rearrangement*). Zwei besonders interessante Beispiele sind der Mechanismus, den Hefezellen zur Kontrolle der Paarung nutzen, und der Mechanismus, über den Wirbeltiere Millionen unterschiedlicher Antikörper bilden.

Paarungstyp-Neuanordnungen bei der Hefe Bei der Hefe *Saccharomyces cerevisiae* findet eine Paarung statt, wenn haploide Zellen zweier unterschiedlicher Paarungstypen mit den Bezeichnungen α und a zu einer diploiden Zelle verschmelzen (siehe *Abbildung 14-18*). Alle haploiden Zellen tragen beide Allele für den Paarungstyp. Der tatsächliche Phänotyp hängt davon ab, welches der beiden Allele α und a an einer bestimmten Stelle im Genom, dem sogenannten ***MAT*-Locus** (engl.: *mating* = Paarung), vorliegt. Häufig wechseln Zellen den Paarungstyp, was vermutlich zur Maximierung der Paarungsmöglichkeiten dient. Diesen Wechsel bewerkstelligen sie durch Verschieben des alternativen Allels in den *MAT*-Locus. Man bezeichnet den Vorgang der DNA-Neuanordnung als *Kassetten-Mechanismus*, denn der Paarungstyp-Locus ist wie ein Kassettenrekorder, in den man entweder die α- oder die a-„Kassette“ (Allel) einlegen und „abspielen“ (transkribieren) kann.

In ▶*Abbildung 23.11* ist der Kassetten-Mechanismus der Hefe im Einzelnen dargestellt. Der *MAT*-Locus, der entweder das α- oder das a-Allel enthält, ist auf dem Hefechromosom 3 lokalisiert, ungefähr in der Mitte zwischen den Extrakopien der beiden Allele. Der Locus, der die Extrakopie des α-Allels speichert, wird als *HMLα* bezeichnet, und der Locus, der die Extrakopie des a-Allels speichert, ist *HMRa*. Um den Paarungstyp zu wechseln, muss eine Nuclease mit der Bezeichnung *HO-Endonuclease* auf dem *MAT*-Locus einen Bruch herbeiführen. Dann bauen Exonucleasen die geschnittene DNA ab. Die *HMLα*- oder *HMRa*-DNA dient als Matrize zur Reparatur der in der DNA entstandenen Lücke. Das führt zu einer Genkonversion am *MAT*-Locus, die den dort aufgefundenen Paarungstyp ändert (in *Kapitel 20* haben wir uns mit Genkonversion beschäftigt).

Die DNAs der beiden Paarungstypen-Allele kodieren die Transkriptionsfaktoren, welche die Expression von Genen steuern, deren Proteinprodukte der Zelle entweder den „α"- oder den „a"-Paarungsphänotyp verleihen. Doch das Vorhandensein von Extrakopien auf den Allelen am *HML*α und am *HMRa* führt zu einer wichtigen Frage: Wenn die Zelle an diesen Stellen sowohl von den α- als auch von den a-Allelen vollständige Kopien enthält, warum werden nicht Proteine synthetisiert, die sowohl den α- als auch den a-Paarungstyp spezifizieren? Die Antwort lautet folgendermaßen: Es gibt eine Gruppe regulatorischer Gene, die sogenannten *silent information regulator genes* (*SIR*). Sie verhindern gemeinsam die Expression genetischer Information am *HML*α und am *HMRa*. Die von den *SIR*-Genen kodierten Proteine blockieren die Transkription von *HML*α und *HMRa*, indem sie an spezifische DNA-Sequenzen binden, welche die α- und a-DNA-Kassetten bei *HML*α und *HMRa* umgeben.

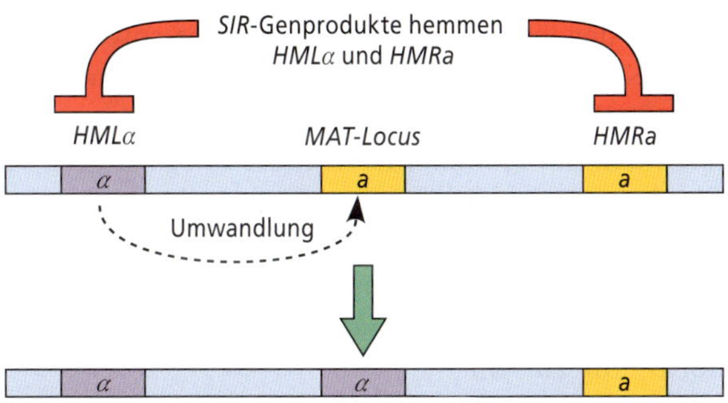

Abbildung 23.11: Kassetten-Mechanismus zum Wechseln des Hefe-Paarungstyps. Das Chromosom 3 von *Saccharomyces cerevisiae* enthält drei Kopien der Information zum Paarungstyp. Die *HML*α- und *HMRa*-Loci enthalten vollständige Kopien der α- bzw. der a-Formen des Gens, aber die Transkription dieser Loci wird von Produkten des Gens *SIR* gehemmt. Der tatsächliche Paarungstyp der Zelle wird von dem Allel bestimmt, das im *MAT*-Locus vorliegt. Wenn eine Zelle den Paarungstyp wechselt, wird die α- oder a-DNA am *MAT*-Locus entfernt und von einer DNA-Kopie der alternativen Paarungstyp-DNA ersetzt. Diese Abbildung stellt beispielhaft den Wechsel eines Paarungstyps von α nach a dar.

Neuanordnungen von Genen für Antikörper Die Lymphocyten des Wirbeltier-Immunsystems nutzen einen etwas anderen Typ der DNA-Neuanordnung zur Bildung von Antikörpermolekülen. Antikörper sind Proteine, die aus zwei Arten von Polypeptiduntereinheiten bestehen, den sogenannten *schweren* und *leichten Ketten*. Wirbeltiere bilden Millionen verschiedener Arten von Antikörpern. Jeder Antikörper wird von einer anderen Lymphocyte (und deren Nachkommen) gebildet, und jeder Antikörper kann ein anderes Fremdmolekül (Antigen) spezifisch erkennen und binden. Allerdings birgt diese gewaltige Vielfalt von Antikörpermolekülen ein potenzielles Problem: Wenn jedes Antikörpermolekül von einem anderen Gen kodiert würde, dann wäre praktisch die gesamte DNA eines Menschen von den Millionen benötigter Antikörper-Gene besetzt.

Lymphocyten umgehen dieses Problem, indem sie mit einer relativ geringen Menge unterschiedlicher DNA-Segmente beginnen und diese in verschiedenen Kombinationen neu anordnen, um Millionen einzigartiger Antikörper-Gene zu bilden. Jedes entsteht in einer anderen sich entwickelnden Lymphocyte. Vier DNA-Sequenzen wirken an dieser Neuanordnung mit: *V-*, *J-*, *D-* und *C-Segmente*. Das C-Segment kodiert eine konstante Region einer schweren oder einer leichten Kette, deren Aminosäuresequenz bei den verschiedenen Antikörpern gleich ist. Die *V-*, *J-* und *D-Segmente* kodieren zusammen variable Regionen, die sich bei den Antikörpern unterscheiden und jedem die Möglichkeit geben, einen spezifischen Typ von Fremdmolekül zu erkennen und zu binden.

Wir wollen uns anschauen, wie das funktioniert, und betrachten die schweren Ketten der menschlichen Antikörper, die aus ungefähr 200 Arten von V-Segmenten, mehr als 20 Arten von D-Segmenten und mindestens sechs Arten von J-Segmenten bestehen. In ▸*Abbildung 23.12* ist dargestellt, dass DNA-Regionen mit verschiedenen V-, D- und J-Segmenten während der Lymphocyten-Entwicklung neu angeordnet werden, um nach dem Zufallsprinzip ein V-, ein D- und eine J-Segment in jeder Lymphocyte zusammenzubringen. Diese dem Zufall überlassene Neuanordnung gibt dem Immunsystem die Möglichkeit, mindestens $200 \times 20 \times 6 = 24.000$ Arten von variablen Regionen mit schweren Ketten zu bilden. Auf ähnliche Weise können auch Tausende verschiedener variabler Regionen mit verschiedenen Arten leichter Ketten gebildet werden (leichte Ketten werden aus ihren eigenen Typen von V-, D- und J-Segmenten gebildet; sie nutzen keine D-Segmente). Schließlich kann jede der Tausend verschiedenen Arten von schweren Ketten mit jeder der Tausend verschiedenen leichten Ketten zusammengesetzt werden. Das schafft die Möglichkeit, Millionen verschiedener Typen von Antikörpern zu bilden. Das Nettoergebnis ist, dass das menschliche

Genom durch Neuanordnung einiger weniger Hundert verschiedener Arten von V-, D- und J-Segmenten Millionen verschiedener Antikörper bildet.

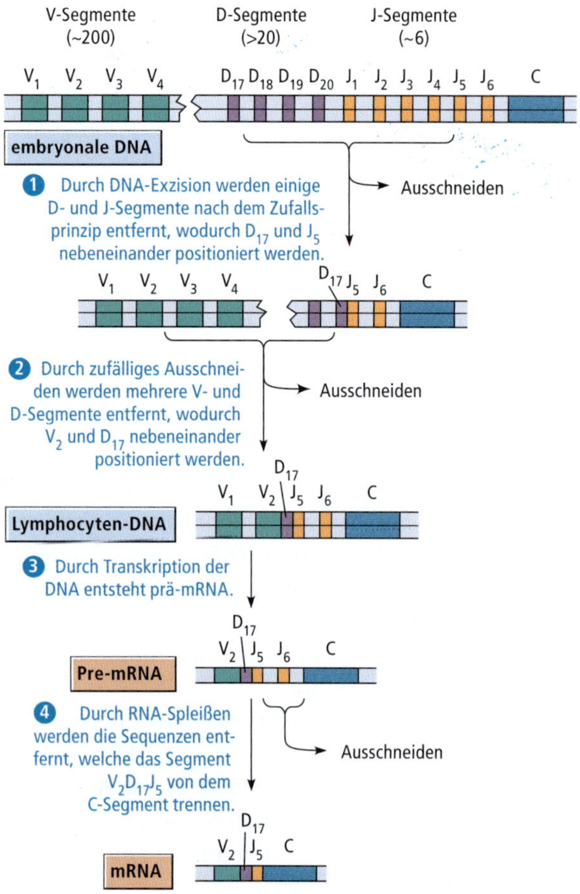

Abbildung 23.12: DNA-Neuanordnung während der Bildung von schweren Ketten in Antikörpern. Gene, die schwere Ketten menschlicher Antikörper kodieren, entstehen durch DNA-Neuanordnungen, an denen mehrere Typen von V-, D- und J-Segmenten mitwirken. Bei diesem Beispiel bringen zufallsbestimmte DNA-Exzisionen eine einzigartige Kombination von V-, D- und J-Segmenten hervor. Nach der Transkription werden die RNA-Sequenzen durch RNA-Spleißen entfernt, wodurch das VDJ-Segment vom C-Segment getrennt wird.

Der Vorgang der DNA-Neuanordnung zur Bildung von Antikörpergenen aktiviert auch die Transkription dieser Gene. Die Aktivierung der Transkription erfolgt über einen Mechanismus, an dem besondere DNA-Sequenzen mitwirken, die *Enhancer.* Bald werden Sie erfahren, dass Enhancer die Geschwindigkeit der Transkriptions-Initiation steigern. Enhancer sind nahe der DNA-Sequenzen lokalisiert, die C-Segmente kodieren; da aber in dieser Region keine Promotorsequenz vorliegt, findet normalerweise keine Transkription statt. Der Promotor für die Gentranskription liegt stromaufwärts der DNA, die V-Segmente kodiert; er ist aber nicht leistungsfähig genug, um die Transkription ohne Enhancer-Sequenz voranzutreiben. Daher liegen die Promotor- und Enhancer-Sequenzen vor der DNA-Neuanordnung so weit auseinander, dass keine Transkription erfolgt. Erst nach der Neuanordnung sind sie so lokalisiert, dass die Transkription initiiert werden kann.

23.2.6 Chromosomenpuffs liefern den sichtbaren Nachweis, dass genomische Kontrolle durch Chromatinauflockerung erfolgt

Wenn wir überlegen, was dazu beiträgt, das eukaryotische Genom – das heißt, die chromosomale DNA – der Transkriptionsmaschinerie der Zelle verfügbar zu machen, treffen wir auf einen weiteren Aspekt der Kontrolle auf Genomebene. Rufen Sie sich bitte aus *Kapitel 21* in Erinnerung, dass eine eukaryotische RNA-Polymerase zur Initiation der Transkription in der Promotorregion eines Gens sowohl mit der DNA als auch mit einer Reihe spezifischer Proteine (allgemein Transkriptionsfaktoren) interagieren muss. Der Promotor ist in eine stark gefaltete und geordnete Chromatinsuperstruktur eingebettet, es sei denn, ein Gen wird transkribiert. Somit scheint für die Expression eukaryotischer Gene ein gewisses Maß an Chromatin-Dekondensation (Auflockerung) notwendig zu sein.

Den frühesten Nachweis, dass für die Gentranskription eine Chromatin-Dekondensation erforderlich ist, erhielt man durch die mikroskopische Sichtbarmachung bestimmter Typen von Insektenchromosomen während der Transkription. Da die DNA der meisten eukaryotischen Zellen als Masse verschlungener Chromatinfasern über den Zellkern verstreut liegt, ist es im Allgemeinen schwierig, die Transkription einzelner Gene unter dem Mikroskop zu beobachten. Allerdings kann man dieses Hindernis mit Hilfe von recht ungewöhnlichen Insektenzellen umgehen. Bei der Taufliege *Drosophila melanogaster* und verwandten Insekten werden einige metabolisch aktive Gewebe (beispielsweise die Speicheldrüsen und der Darm) außerordentlich groß, wobei die Zellgröße zunimmt während die Anzahl der Zellen konstant bleibt. Die Entwicklung von Riesenzellen ist mit mehreren aufeinanderfolgenden Replikationszyklen verknüpft. Da die Replikation aber in Zellen stattfindet, die sich nicht teilen, häufen sich die neu synthetisierten Chromatiden in jedem Zellkern an. Sie reihen sich parallel zu vielsträngigen Strukturen auf, den sogenannten **Polytänchromosomen**. Jedes Polytänchromosom enthält mehrere während der Replikation der beiden Mitglieder eines jeden homologen Paares gebildete Chromatiden. Die vier riesigen Polytänchromosomen in den Speicheldrüsen der *Drosophila*-Larve sind das Ergebnis von zehn Replikationszyklen.

Polytänchromosomen sind sehr große Strukturen. Sie erreichen eine Länge von Hunderten von Mikrometern und sind mehrere Mikrometer breit – ungefähr zehnmal länger und hundertmal breiter als die Metaphasechromosomen typischer eukaryotischer Zellen. Die mikroskopische Aufnahme in ▶*Abbildung 23.13* zeigt ein Polytänchromosom. In jedem Polytänchromosom ist ein charakteristisches Muster aus dunklen Banden erkennbar. Jede Bande repräsentiert eine Chromatindomäne. Diese Chromatindomäne ist im Vergleich zum Chromatin der „Interphaseregionen" zwischen den Banden stark kondensiert. Durch Aktivierung der Gene einer bestimmten Chromosomenbande entspiralisieren sich die verdichteten Chromatinstränge und drehen sich nach außen, wodurch ein **Chromosomenpuff** entsteht. Diese Puffs setzen sich aus DNA-Haarnadelschleifen zusammen, die weniger stark verdichtet sind als die DNA von Banden an anderen Stellen im Chromosom. Obwohl Puffs nicht die einzigen Stellen der Gentranskription auf dem Polytänchromosom sind, korreliert das Maß der Chromosomen-Dekondensation an den Puffs mit der verstärkten transkriptionalen Aktivität an diesen Stellen. Tatsächlich handelt es sich bei den Puffs um Stellen aktiver Transkription. Dies wird dadurch untermauert, dass Puffs Orte sind, an denen sich die RNA-Polymerase II, das Schlüsselenzym für die Polymerisation proteinkodierender RNAs, anreichert.

Während der Entwicklung der *Drosophila*-Larve durchläuft jedes Polytänchromosom im Speicheldrüsenzellkern reproduzierbare Veränderungen, die der Kontrolle eines Insektensteroidhormons unterliegen, dem *Ecdyson*. Ecdyson bindet an ein regulatorisches Protein und aktiviert es so. Dieses Protein stimuliert die Transkription bestimmter Gene. (Eine ähnliche Wirkung wie bei den Steroidhormonen der Wirbeltiere, auf die wir später in diesem Kapitel zu sprechen kommen werden.) Es scheint also mit anderen Worten so, als ob es sich bei dem charakteristischen Puffmuster, das man während der Entwicklung der *Drosophila*-Larve beobachtet, um eine direkte Sichtbarmachung der selektiven Dekondensation und Transkription spezifischer DNA-Segmente handelt, wobei diese Vorgänge einem genetisch festgelegten Entwicklungsprogramm folgen.

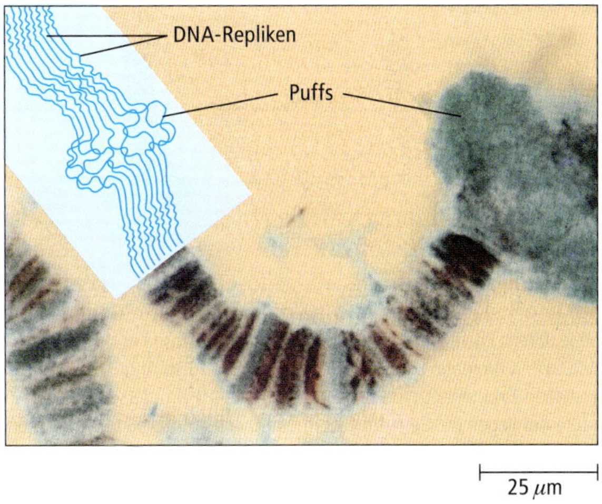

Abbildung 23.13: Puffs in Polytänchromosomen. Puffs sind Regionen, in denen transkriptionsaktives Chromatin weniger stark kondensiert vorliegt, wie schematisch dargestellt. Die lichtmikroskopische Aufnahme zeigt einen Teil eines Polytänchromosoms.

23.2.7 Die Sensitivität der DNase I liefert einen weiteren Beweis für die Rolle der Chromatindekondensation bei der genomischen Kontrolle

Die meisten eukaryotischen Zellen haben keine Polytänchromosomen. Aus diesem Grund ist es schwierig, die Chromatindekondensation in Regionen aktiver Gene sichtbar zu machen. Trotzdem stützen andere Hinweise die Idee, dass die Chromatindekondensation grundsätzlich mit der Gentranskription assoziiert ist. Ein besonders nützliches wissenschaftliches Hilfsmittel ist die *DNase I*, eine aus der Bauchspeicheldrüse isolierte Endonuclease. Bei im Reagenzglas durchgeführten Experimenten bauen geringe Konzentrationen von DNase I vorzugsweise transkriptionsakive DNA im Chromatin ab. Die erhöhte Sensitivität dieser DNA-Regionen für den Abbau durch die DNase I weist darauf hin, dass die DNA entspiralisiert ist.

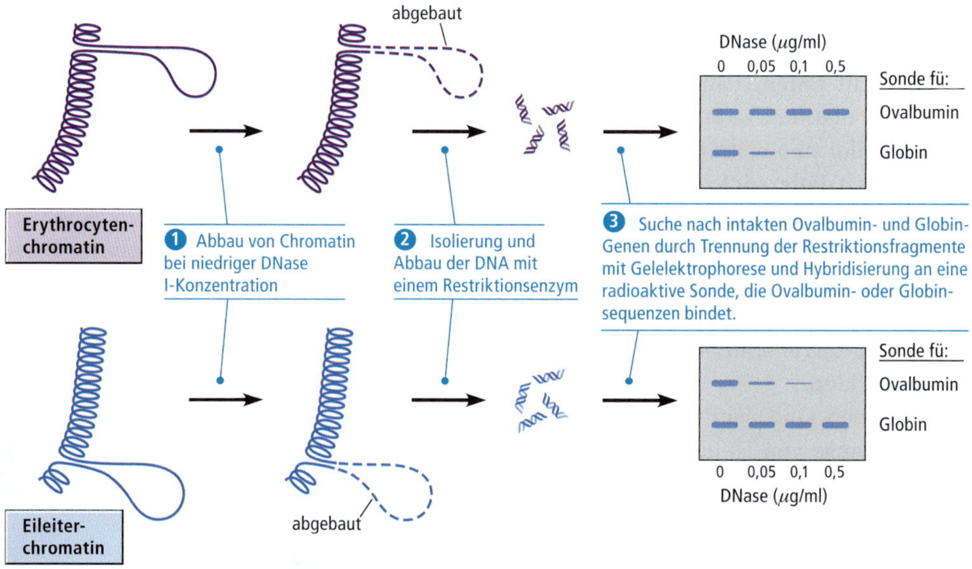

Abbildung 23.14: Sensitivität aktiver Chromatin-Gene für den Abbau durch die DNase I. Man kann die Chromatinkonfiguration aktiver Gene untersuchen, indem man die Zellkerne mit DNase I in Kontakt bringt. Die DNase I baut die DNA durch Schneiden innerer Phosphodiesterbindungen ab. Die im Chromatin kondensierte DNA wird vor dem Angriff der DNase I geschützt, weil sie stark spiralisiert und kondensiert vorliegt. Bei dem hier dargestellten Experiment wird mit Chromatin aus zwei unterschiedlichen Zelltypen gearbeitet, Hühner-Erythrocyten und Eileiterzellen. Im Mittelpunkt des Interesses liegen die Gene für Globin und Ovalbumin, die in Erythrocyten bzw. Eileiterzellen exprimiert werden. Beim Chromatinabbau mit geringer Konzentration von DNase I wird vorzugsweise die DNA in entspiralisierten Regionen abgebaut ❶. Dann wird die DNA gereinigt und mit einem Restriktionsenzym ❷ gespalten, das DNA-Fragmente freisetzt, die ein intaktes Globin- oder Ovalbumin-Gen enthalten (falls nicht durch die DNase I ein Einzelstrangbruch eingeführt wurde). Die Gegenwart dieser Restriktionsfragmente wird in Schritt ❸ nachgewiesen. Mittels Elektrophorese wird die DNA getrennt; die getrennten Fragmente werden auf Filterpapier übertragen (Southern Blot) und mit radioaktiven DNA-Sonden für Globin- und Ovalbumin-Gene hybridisiert. Beachten Sie, dass die aus Erythrocytenchromatin isolierte DNA, die mit immer größeren Mengen von DNase I behandelt wurde, entsprechend geringere Mengen intakter Globin-Gene enthält. Für das Ovalbumin-Gen im Eileiterchromatin erhält man vergleichbare Ergebnisse. Im Gegensatz dazu haben noch höhere Konzentrationen von DNase I keine Auswirkung auf das Globin-Gen im Eileiterchromatin oder auf das Ovalbumin-Gen im Erythrocytenchromatin. Mit anderen Worten, Gene in Geweben, die aktiv transkribiert werden, sind für den Abbau durch DNase I sensitiver.

In ▸*Abbildung 23.14* ist ein klassisches Experiment zur Sensitivität der DNase I dargestellt, in dessen Mittelpunkt ein Hühnergen für ein Globinpolypeptid steht. Es handelt sich um eine der Polypeptiduntereinheiten von Hämoglobin. Das Globin-Gen wird aktiv in den Zellkernen von Hühner-*Erythrocyten* (roten Blutkörperchen) exprimiert. Im Gegensatz zu den Erythrocyten vieler anderer Wirbeltiere behalten Vogel-Erythrocyten ihren Zellkern, wenn sie ausdifferenziert sind. Wenn man diese Zellkerne isoliert und das Chromatin mit DNase I abbaut, wird das Globin-Gen bei geringen DNase-I-Konzentrationen abgebaut, die sich auf das Globin-Gen in anderen Geweben, beispielsweise im Eileitergewebe, nicht auswirken. Gewiss werden Sie schon ahnen, dass ein in Erythrocyten inaktives Gen (zum Beispiel das Gen für Ovalbumin, Eiweißprotein) nicht von der DNase I abgebaut wird. Man erhält genau das gegenteilige Ergebnis, wenn man bei gleicher Vorgehensweise mit Chromatin aus dem Eileiter arbeitet, in dem das Ovalbumin-Gen exprimiert wird und das Globin-Gen inaktiv ist. In diesem Fall ist das Ovalbumin-Gen für den Abbau durch DNase I sensitiver als das Globin-Gen. Diese Daten zeigen, dass die Transkription von Eukaryoten-DNA mit einer erhöhten Sensitivität für den Abbau durch DNase I korreliert.

Die Ergebnisse dieser Experimente sind mit zwei alternativen Erklärungen kompatibel: Entweder ist die Entspiralisierung von Chromatin notwendig, damit die DNA für Transkriptionsfaktoren und die RNA-Polymerase zugänglich wird, oder das Binden dieser Proteine an die DNA führt zur Entspiralisierung. Diese Frage wurde durch Experimente gelöst, die zeigten, dass die Sensitivität für DNase I in Genen, die aktiv transkribiert wurden, in Genen, die soeben transkribiert wurden, aber nicht mehr aktiv sind, und in DNA-Sequenzen, die neben den beiden zuvor beschriebenen Typen liegen, nachweisbar ist. Diese Beobachtungen lassen den Schluss zu, dass die Sensitivität für DNase I nicht auf dem Vorgang der Gentranskription an sich beruht, sondern eine veränderte Chromatinstruktur widerspiegelt, und zwar in den

Regionen mit aktiven oder potenziell aktiven Genen. Das bedeutet vermutlich, dass die Entspiralisierung des Chromatins eine Voraussetzung für die Aktivierung der Transkription ist und nicht ein Folge davon.

Auch bei anderen Experimenten wurde mit der DNase I gearbeitet. Wenn man Zellkerne mit einer sehr geringen Konzentration von DNase I behandelt, kann man spezifische Orte im Chromatin nachweisen, die für den Abbau durch die DNase I außerordentlich sensitiv sind. Diese **DNase-I-Hypersensitivitätsstellen** liegen meist einige Hundert Basen stromaufwärts der Transkriptions-Startstellen aktiver Gene. Im Vergleich zum Großteil der DNA in aktiven Genen sind die DNase-I-Hypersensitivitätsstellen etwa um das Zehnfache sensitiver für den Abbau durch DNase I. Diese Regionen scheinen den Regionen zu entsprechen, in denen die DNA nicht Teil eines Nucleosoms ist. Der Gedanke, dass die DNase-I-Hypersensitivitätsstellen Regionen ohne Nucleosomen sein könnten, kam erstmalig aufgrund von Untersuchungen mit dem eukaryotischen Virus SV40 auf. Wenn das Virus SV40 eine Wirtszelle infiziert, assoziiert dessen ringförmiges DNA-Molekül mit Histonen und bildet typische, unter dem Elektronenmikroskop erkennbare Nucleosomen. Allerdings bleibt eine kleine Region der viralen DNA vollkommen entspiralisiert und frei von Nucleosomen (▶*Abbildung 23.15*). Diese Region, die mehrere DNase-I-Hypersensitivitätsstellen umfasst, enthält DNA-Sequenzen, die regulatorische Proteine binden, welche an der Aktivierung der Transkription mitwirken.

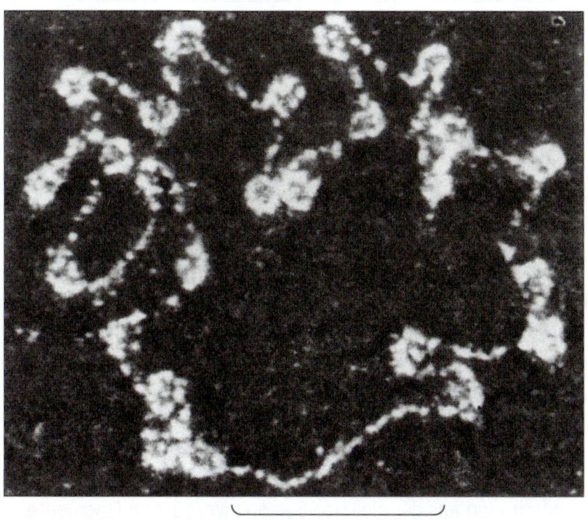

Abbildung 23.15: **Ringförmiges DNA-Molekül eines SV40-Virus aus einer infizierten Wirtszelle.** In dieser hoch aufgelösten elektronenmikroskopischen Aufnahme eines SV40-DNA-Moleküls gibt es in der durch die Klammer gekennzeichneten Region keine Nucleosomen. Diese Region entspricht dem Ort mehrerer DNase-I-Hypersensitivitätsstellen (TEM).

23.2.8 DNA-Methylierung ist mit inaktiven Regionen des Genoms assoziiert

Ein anderer Weg zur Regulierung der Verfügbarkeit spezifischer Regionen des Genoms ist die **DNA-Methylierung**. Unter DNA-Methylierung versteht man das Anfügen von Methylgruppen an einzelne Cytosinbasen in der DNA. Die DNA der meisten Vertebraten enthält geringe Mengen von methyliertem Cytosin, das sich tendenziell in der Nähe der 5′-Enden anhäuft, wo die Promotorsequenzen liegen. Die Methylierung von Promotorregionen kann entweder die Bindung von Proteinen blockieren, die für die Aktivierung der Transkription erforderlich sind, oder als Bindestelle für Proteine dienen, die Chromatin zu inaktiven Konfigurationen kondensieren. Der Effekt ist das Silencing der Genexpression entweder an einer ganz bestimmten Stelle oder in einer gewissen Region des Genoms.

Das für die DNA-Methylierung verantwortliche Enzym wirkt vorzugsweise auf Cytosine, die in 5′-CG-3′-Sequenzen liegen, welche mit bereits methylierten 3′-GC-5′-Sequenzen komplementäre Basenpaarungen eingehen. Mit anderen Worten, wenn ein alter DNA-Strang in einer neu replizierten DNA-Doppelhelix eine methylierte 5′-CG-3′-Sequenz hat, wird die komplementäre 3′-GC-5′-Sequenz des neuen Strangs zur Methylierung bestimmt. Aufgrund dieses Phänomens können DNA-Methylierungsmuster im Laufe aufeinanderfolgender Zyklen der DNA-Replikation vererbt werden. Im Endeffekt ist die DNA-Methylierung eine Mittel zur Schaffung **epigenetischer Veränderungen** – also stabiler Veränderungen der Genexpression, die von einer Zellgeneration an die nächste weitergegeben werden und für die keine Änderung der Basensequenz des Gens notwendig ist.

Ein eindrucksvolles Beispiel sind die X-Chromosomen weiblicher Säugetiere, die von jedem der beiden Elternteile ein X-Chromosom erben. Da männliche Säugetiere nur ein X-Chromosom besitzen, birgt die Expression X-gekoppelter Gene bei männlichen und weiblichen Säugetieren ein potenzielles Ungleichgewicht. Dafür hat die Natur eine Lösung gefunden: Während der frühen embryonalen Entwicklung wird eines der beiden X-Chromosomen nach dem Zufallsprinzip inaktiviert. Während dieser *X-Inaktivierung* wird die DNA eines X-Chromosoms stark methyliert, die Chromatinfasern kondensieren zu einer festen Masse aus Heterochromatin, dessen DNA für die

Transkriptionsfaktoren und die RNA-Polymerase weniger zugänglich ist, und die Gentranskription hört auf. Wenn man Interphasezellen unter dem Mikroskop betrachtet, erkennt man das inaktivierte X-Chromosom als dunklen Fleck, das sogenannte *Barr-Körperchen*. Wenn ein bestimmtes X-Chromosom in einer Zelle erst einmal inaktiviert wurde, bleibt dieses X-Chromosom in allen Zellen inaktiviert, die durch nachfolgende Zellteilungen entstehen. Aus diesem Grund enthalten weibliche Säugetiere ebenso wie männliche nur ein aktives X-Chromosom in jeder adulten Zelle.

Ein weiterer Hinweis darauf, dass die DNA-Methylierung die Genaktivität hemmen kann, geht aus Untersuchungen mit den Restriktionsenzymen *MspI* und *HpaII* hervor. Diese Enzyme spalten die Erkennungsstelle –CCGG–. Allerdings entfaltet *HpaII* seine Wirkung nur, wenn das zentrale C nicht methyliert wird, während *MspI* unabhängig davon schneidet, ob C methyliert wurde oder nicht (▶*Abbildung 23.16*). Ein Vergleich der von diesen beiden Enzymen gebildeten DNA-Fragmente ergab, dass bestimmte DNA-Stellen auf gewebespezifische Weise methyliert werden – das heißt, die Stellen sind nur in einigen Geweben methyliert. Im Allgemeinen sind die Stellen in Geweben methyliert, in denen das Gen nicht aktiv ist, aber nicht methyliert, wenn das Gen aktiv oder potenziell aktiv ist. Zum Beispiel werden CG-Sequenzen in der Nähe der Promotorregion des Globin-Gens in Geweben methyliert, die kein Hämoglobin bilden. In den roten Blutkörperchen werden sie jedoch nicht methyliert.

Die herausragende Bedeutung der DNA-Methylierung wird durch die Entdeckung offenkundig, dass eine zunehmende Anzahl menschlicher Erkrankungen, darunter Krebs, mit Anomalitäten bei der DNA-Methylierung in Zusammenhang steht. Außerdem spielt die DNA-Methylierung bei der genomischen **Prägung** (engl.: *genomic imprinting*) eine Rolle. Bei diesem Vorgang werden bestimmte Gene in Abhängigkeit davon, ob sie von der Mutter oder dem Vater vererbt werden, unterschiedlich exprimiert. So werden zum Beispiel einige geprägte Gene in der Kopie exprimiert, die von der Mutter vererbt wurde, und in der vom Vater vererbten Kopie sind sie abgeschaltet. Das unterschiedliche Verhalten beruht auf verschiedenen Methylierungsmustern: Die Promotorregion der vererbten väterlichen Kopie ist stark methyliert, während die gleiche Region in der vererbten mütterlich Kopie nicht methyliert ist. (Die Prägung läuft auch auf dem entgegengesetzten Weg ab – die mütterliche Kopie und nicht die väterliche Kopie einiger Gene wird durch Methylierung inaktiviert.) Einige Krankheiten resultieren aus Deletionen in spezifischen geprägten Genen. Ein gut untersuchtes Beispiel sind Deletionen in der Region des menschlichen Chromosoms 15, die geprägte Gene enthält. Das *Prader-Willi-Syndrom* zeichnet sich durch die Deletion paternaler Gene in dieser Region aus und ist durch mentale Retardierung, Esssucht und Fettleibigkeit sowie Defekte in der Gonadenentwicklung gekennzeichnet. Im Gegensatz dazu liegt beim *Angelman-Syndrom* eine Deletion im von der mütterlichen Seite stammenden Chromosom vor. Patienten mit dem Angelman-Syndrom lachen und lächeln sehr häufig und zeigen motorische Störungen wie Händeflattern.

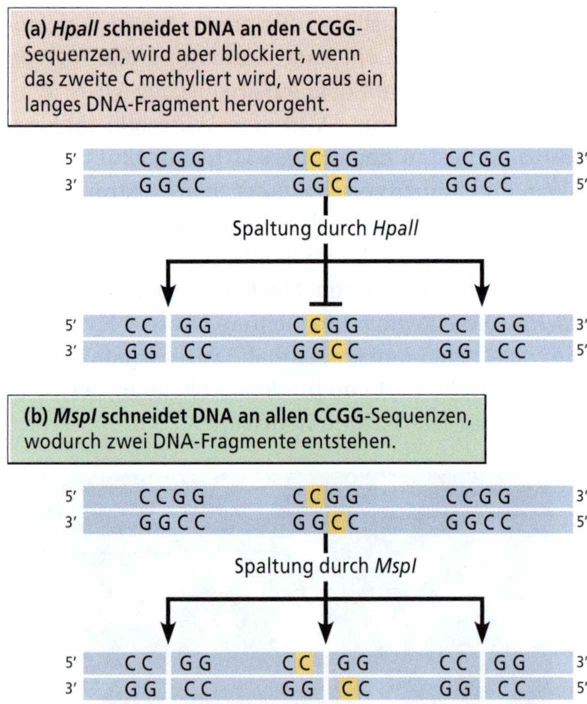

Abbildung 23.16: Unterschiede bei der DNA-Methylierung, die mit Hilfe des enzymatischen Abbaus nachgewiesen wurden. Sowohl *HpaII* als auch *MSPI* schneiden die DNA an CCGG-Sequenzen, aber *HpaII* schneidet nicht, wenn das zweite C methyliert wurde (gelb). (a) Wenn man die dargestellte DNA mit *HpaII* schneidet, entsteht ein langes Fragment, das man mit Hilfe des Southern-Blot-Verfahrens nachweisen kann (siehe *Exkurs 18C*). (b) Schneidet man diese DNA mit *MspI*, erhält man aus der gleichen Region zwei kürzere Fragmente.

Allerdings ist Vererbung nicht der einzige Faktor, der DNA-Methylierungsmuster beeinflusst. Aus Untersuchungen mit eineiigen Zwillingen ist bekannt, dass auch die Umwelt eine Rolle spielt. Die DNA-Methylierungsmuster junger eineiiger Zwillinge sind praktisch nicht zu unterscheiden, aber bei den heranwachsenden Zwillingen sind signifikante Unterschiede zu sehen. Die größten Unterschiede im Hinblick auf die DNA-Methylierung und das Muster der exprimierten Gene sieht man bei Zwillingen, die über große Zeitabschnitte voneinander getrennt leben. Es liegt die Vermutung nahe, dass Umweltfaktoren die DNA-Methylierung und damit die Genexpression beeinflussen.

23.2.9 Veränderungen in Histonen und Chromatin-Remodellierungsproteine können die Genomaktivität ändern

Die DNA-Methylierung ist nicht der einzige Typ genomischer Veränderung, der an der epigenetischen Kontrolle mitwirkt. An einem weiteren Mechanismus wirken Veränderungen in Histonen mit, den Proteinen, deren Rolle wir im Zusammenhang mit dem Packen chromosomaler DNA in *Kapitel 18* erläutert haben. Jedes Histonmolekül hat einen herausragenden Schwanz, der an verschiedenen Stellen durch Anfügen von Methyl-, Acetyl- oder Phosphatgruppen markiert werden kann. Die verschiedenen Kombinationen dieser Markierungen ergeben einen **Histoncode**, der von anderen Proteinen als Signalreihe zur Modifizierung der Chromatinstruktur und Genaktivität gelesen wird.

Bei einem Typ der Markierungsreaktion wird die Aminosäure Lysin *methyliert*. Sie dient je nach Art des Lysins und der Histonklasse entweder als Signal zur Aktivierung oder Unterdrückung der Genexpression. So ist beispielsweise die Methylierung von Lysin 4 im Histon H3 ein Merkmal der meisten aktiven Gene, während die Methylierung der Lysine 9 und 27 mit dem Silencing von Genen assoziiert ist. In bestimmten Fällen führt die Methylierung von Lysin 27 zur Anhäufung und Aktivierung von Enzymen, die benachbarte DNA methylieren, wodurch zwei epigenetische Veränderungen, die am Gen-Silencing beteiligt sind, gekoppelt werden.

Ein weiterer Mechanismus zur Änderung der Histonstruktur ist die *Acetylierung* – das Anfügen von Acetylgruppen an Aminosäureseitenketten. Vor allem das Enzym **Histonacetyltransferase (HAT)** fügt Acetylgruppen an Histonmoleküle an und fördert dadurch die Chromatindekondensation. Ein anderes Enzym, die **Histondeacetylase (HDAC)**, übt die entgegengesetzte Funktion aus. Es entfernt Acetylgruppen von den Histonen. Regulatorische Proteine, die DNA binden, können Komplexe zusammenstellen, in denen diese Enzyme enthalten sind. Dadurch ändern sie die Verfügbarkeit einer Region für die DNA-Transkription. *Repressor*proteine, die dafür sorgen, dass die Transkription an einer bestimmten Stelle seltener abläuft, setzen HDAC-Komplexe zusammen und *Aktivator*proteine rekrutieren HAT-Komplexe (▶*Abbildung 23.17a*; später in diesem Kapitel werden wir genauer auf Aktivatoren und Repressoren der Transkription eingehen). Man weiß durch Experimente, dass acetylierte Histone vorzugweise mit aktiven Genen assoziieren. In den Experimenten inkubierte man mit DNase I und baute damit selektiv transkriptionsaktive Gene ab. Bei dieser Form der Behandlung wird die acetylierte Form der Histone H3 und H4 freigesetzt. Daraus kann man folgern, dass die Acetylierung dieser Histone mit der Genaktivierung assoziiert ist. Diese durch Acetylierung induzierten Veränderungen der Nucleosomstruktur lockern vermutlich die Chromatinpackung und erleichtern dadurch die Bindung von Transkriptionsfaktoren an Genpromotoren.

Eine andere Art der Einflussnahme von Histonen auf Chromatinstruktur und Genaktivität wurde durch Untersuchungen bewiesen, die zeigten, dass dem transkriptionsaktiven Chromatin häufig das Histon H1 fehlt. Da Histon H1 für die Faltung von Chromatin zu 30-nm-Chromatinfasern benötigt wird (*Abbildung 18.22b*), kann das fehlende H1 dazu beitragen, das aktive Chromatin in Form nichtspiralisierter 10-nm-Fasern zu erhalten. Ein ähnliches Merkmal des transkriptionsaktiven Chromatins ist der hohe Gehalt an *Proteinen mit großer Beweglichkeit* (*HMG*; engl.: *high-mobility group proteins*). Dabei handelt es sich um eine Gruppe von Nicht-Histonproteinen. Der Name beruht auf ihrer großen Beweglichkeit bei der Elektrophorese. Wenn man aus einem Präparat mit isoliertem Chromatin die HMG-Proteine entfernt, verlieren die aktiven Gene ihre DNase-I-Sensitivität. Isoliert man bestimmte HMG-Proteine dann aus einem anderen Gewebe und fügt sie dem HMG-freien Chromatin zu, ähnelt das Muster der DNase-I-sensitiven Gene dem Gewebe, aus dem das Chromatin und nicht die HMG-Proteine stammten. Das bedeutet, dass das Chromatin gewebespezifische Eigenschaften besitzt, die von HMG-Proteinen erkannt werden. Dadurch können sie selektiv an Gene binden, die in jedem Gewebe aktiviert werden können. Man vermutet, dass die Bindung von HMG die DNase-I-Sensitivität vermittelt, indem sie hilft, die Chromatinfasern in eine offenere Konfiguration zu entspiralisieren. Dies wird eventuell durch das Entfernen von Histon H1 aus der 30-nm-Faser bewerkstelligt.

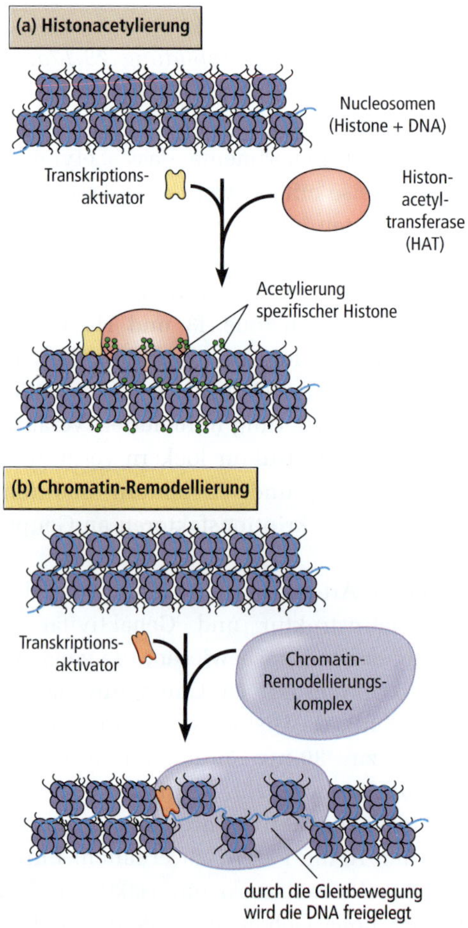

Abbildung 23.17: Die Aufgaben der Histonacetylierung und der Chromatin-Remodellierungsproteine bei der Aktivierung der Transkription. Transkriptionsaktivatorproteine rekrutieren in der Region nahe einem Gen Histonacetyltransferase- (HAT-)Komplexe. Diese Enzyme fügen dann Acetylgruppen an, die ein Öffnen oder Schließen der Chromatinstruktur in dieser Region herbeiführen. (b) Chromatin-Remodellierungsproteine können auf Nucleosomen verschiedene Wirkungen ausüben. In dem hier dargestellten Fall bewirkt ein Chromatin-Remodellierungsprotein das Gleiten von Nucleosomen, wodurch eine DNA-Region freigelegt wird, die dann transkribiert werden kann.

Abgesehen von der Modifikation von Histonen in Nucleosomen verändern auch andere Proteine die Position von Nucleosomen auf der DNA. Diese **Chromatin-Remodellierungsproteine** nutzen die ATP-Hydrolyse zur Veränderung der Organisation und der Position von Nucleosomen auf der DNA (▶*Abbildung 23.17b*). Eine wichtige Klasse dieser Remodellierungsproteine ist die **SWI/SNF**-Familie. Man geht davon aus, dass diese Proteine Nucleosomen gleiten lassen oder dafür sorgen, dass sie aus einer Chromatinregion entfernt werden, sodass die Transkriptionsmaschinerie leichter Zugang zu diesen DNA-Regionen findet. Rufen Sie sich bitte in Erinnerung, dass die Histonacetylierung positiv mit der Genaktivität korreliert. SWI/SNF-Remodellierer besitzen Domänen, die an acetylierte Schwänze von Histonproteinen binden, wodurch Veränderungen in Histonen und Chromatin-Remodellierung gekoppelt werden.

Eukaryotische Genregulation: Transkriptionskontrolle 23.3

Wir haben jetzt einige allgemeine regulatorische Änderungen im Hinblick auf Zusammensetzung und Struktur des Genoms beschrieben. Das Phänomen von Strukturveränderungen, die mit aktiven Regionen des Genoms assoziiert sind, gibt allerdings keine Antwort auf die zugrunde liegende Frage, wie die in diesen Regionen enthaltenen DNA-Sequenzen eigentlich für die Aktivierung ausgewählt werden. Die Antwort ist die **Transkriptionskontrolle**, die zweite Kontrollebene bei der eukaryotischen Genexpression (siehe *Abbildung 23.10*).

23.3.1 In den verschiedenen Zellen werden unterschiedliche Gensätze transkribiert

Wenn wir uns mit der Transkriptionskontrolle beschäftigen, so bewegen wir uns auf einem Gebiet der Genregulation, auf dem in den letzten Jahren viele neue Erkenntnisse gewonnen wurden. Den ersten direkten Hinweis auf die Bedeutung der Transkriptionsregulation bei Eukaryoten verdankt man Experimenten, bei denen neu synthetisierte RNA in den Zellkernen verschiedener Säugetiergewebe verglichen wurde. Leber- und Hirnzellen bilden zum Beispiel verschiedene Sätze von Proteinen, auch wenn es zwischen den beiden Sätzen erhebliche Überschneidungen gibt. Wie können wir die Ursache für diesen

Unterschied herausfinden? Wenn die von diesen beiden Zelltypen gebildeten unterschiedlichen Proteine die differenzielle Gentranskription widerspiegeln – das heißt, die Transkription verschiedener Gene, aus der verschiedene RNA-Sätze hervorgehen – dann müssten wir auch entsprechende Unterschiede zwischen den Beständen der Kern-RNAs erkennen, die aus Hirn- und Leberzellen stammen. Wenn andererseits alle Gene in Leber und Hirn gleichermaßen transkribiert werden, dann würden wir nur, falls überhaupt, wenige Unterschiede zwischen den Beständen der Kern-RNAs aus den beiden Geweben finden, und wir würden folgern, dass die gewebespezifischen Unterschiede bei der Proteinsynthese auf posttranskriptionalen Mechanismen beruhen, welche die Fähigkeit verschiedener RNAs, translatiert zu werden, kontrollieren.

Eine Möglichkeit, zwischen diesen Alternativen zu unterscheiden, bietet die Technik der *Nuclear Run-on Transcription*. Sie liefert uns eine Momentaufnahme der Transkriptionsaktivität, die zu einem bestimmten Zeitpunkt im Zellkern abläuft (▶*Abbildung 23.18*). Dazu werden Transkriptions-aktive Zellkerne vorsichtig aus Zellen entnommen und können die Synthese von RNA-Molekülen in Anwesenheit radioaktiv markierter Nucleosidtriphosphate abschließen. Wenn man einen solchen Versuch mit Leber- und Hirnzellen durchführt, enthalten die neu transkribierten (radioaktiv markierten) RNAs in den Leberzellkernen Sequenzen leberspezifischer Gene. Diese leberspezifischen Sequenzen sind aber nicht in den markierten RNAs nachweisbar, die von isolierten Hirnzellkernen synthetisiert werden. Ähnlich verhält es sich mit neu transkribierten (radioaktiv markierten) RNAs in den Hirnzellkernen, die Sequenzen aus hirnspezifischen Genen enthalten. Diese hirnspezifischen Sequenzen können aber nicht in markierten RNAs nachgewiesen werden, die von isolierten Leberzellkernen synthetisiert wurden.

Man kann also nicht die Synthese von RNA aus leberspezifischen Genen in Hirnzellkernen und umgekehrt nachweisen. Damit zeigen diese Experimente, dass die Genexpression auf der Ebene der Transkription reguliert wird. Anders formuliert, verschiedene Zelltypen transkribierten verschiedene Gensätze, wodurch jeder Zelltyp die Proteine bildet, die er zur Ausführung der spezialisierten Zellfunktionen benötigt.

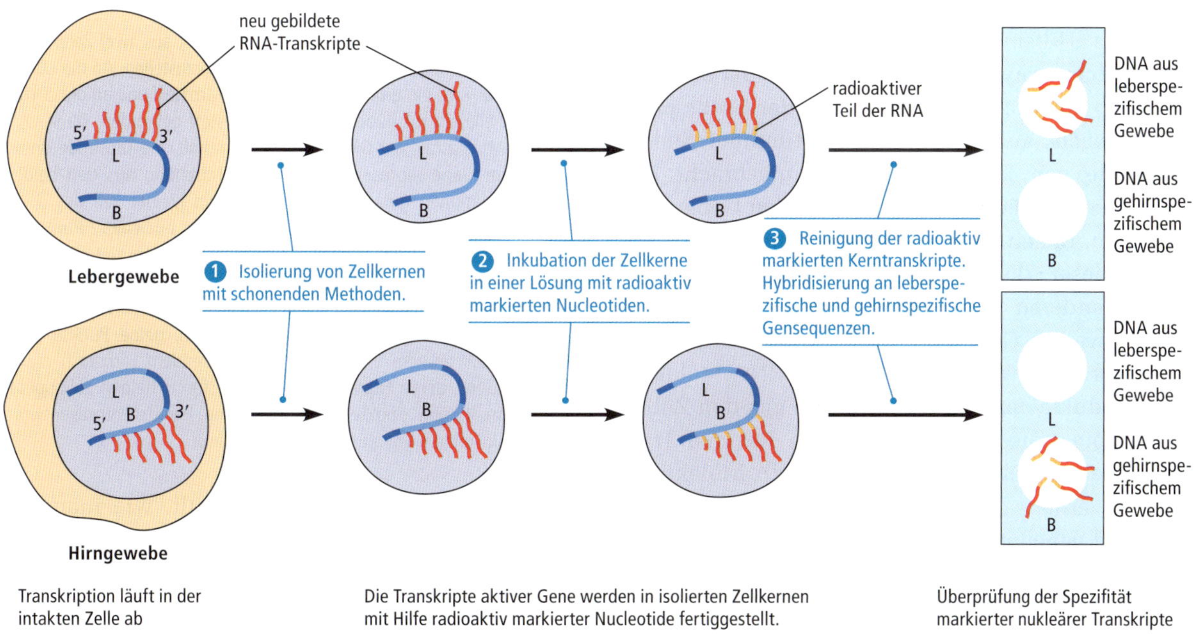

Abbildung 23.18: Nachweis der differenziellen Transkription durch Nuclear Run-on Transcription. Bei diesen Versuchen steht B für ein hypothetisches Gen, das nur im Hirngewebe exprimiert wird, und L für ein Gen, das nur im Lebergewebe exprimiert wird. Isolierte Zellkerne werden in einer Lösung mit radioaktiv markierten Ribonucleotiden inkubiert, die in von aktiven Genen synthetisierter mRNA eingefügt werden. Wenn im Hirn- und Lebergewebe verschiedene Gene aktiv sind, werden einige markierte Sequenzen der Leberzellkerntranskripte nicht in den Hirntranskripten vorkommen und umgekehrt. Die Zusammensetzung der markierten RNA-Population wird getestet, indem die markierte RNA mit den DNA-Sequenzen hybridisieren lässt, die verschiedene auf eine Papierfilterunterlage übertragene Gene repräsentieren 3. Markierte Lebertranskripte hybridisieren mit anderen Gensätzen als markierte Hirntranskripte. Das weist darauf hin, dass sich die Identitäten der aktiven Gene in den beiden Geweben unterscheiden.

23.3.2 DNA-Microarrays ermöglichen die simultane Kontrolle der Expression Tausender Gene

Obwohl die vorangegangenen Beobachtungen aufdeckten, dass in verschiedenen Zelltypen unterschiedliche Gensätze transkribiert werden, kann man nicht ohne Weiteres feststellen, welche Gene jeweils an- oder abgeschaltet werden. Wir stellen nun eine Methode vor, mit der man herausfinden kann, ob ein bestimmtes Gen aktiv ist. Man testet die entsprechende mRNA mit Hilfe einer RNA-Detektionstechnik, der man im Gegensatz zum Southern Blot (eine DNA-Detektionstechnik, die wir in *Exkurs 18C* dargestellt haben) den fantasievollen Namen **Northern Blot** gegeben hat. Beim Northern Blotting wird eine RNA-Probe durch Gelelektrophorese nach Größe getrennt und auf eine spezielle Membran übertragen. Die Membran wird dann mit einer radioaktiven (oder auf andere Weise markierten) DNA-Sonde in Kontakt gebracht, welche die betreffende Gensequenz enthält. Dann wird die mRNA-Menge bestimmt, indem man die gebundene Radioaktivität misst.

Zur Kontrolle der gleichzeitigen Expression von Hunderten oder sogar Tausenden von Genen kann man ein Hilfsmittel einsetzen, den sogenannten **DNA-Microarray**. Ein DNA-Microarray ist ein dünner Chip aus Glas oder Plastik von der Größe eines Fingernagels, auf den man an bestimmten Stellen Tausende von DNA-Fragmenten aufgebracht hat, die den verschiedenen interessierenden Genen entsprechen. Ein einziger Microarray kann 10.000 oder mehr dieser DNA-Fragmente tragen, die jeweils einem anderen Gen entsprechen. Zur Untersuchung, welche Gene einer bestimmten Zellpopulation exprimiert werden, isoliert man RNA-Moleküle (die Produkte der Gentranskription) aus den Zellen und kopiert diese mit dem Enzym Reverse Transkriptase zu einzelsträngigen cDNA-Molekülen. Diese werden dann an einen fluoreszierenden Farbstoff geheftet. Wenn man den DNA-Microarray in die fluoreszierende cDNA taucht, bindet jedes cDNA-Molekül durch komplementäre Basenpaarung an die Stelle auf dem DNA-Microarray, die das spezifische Gen enthält, von dem es transkribiert wurde.

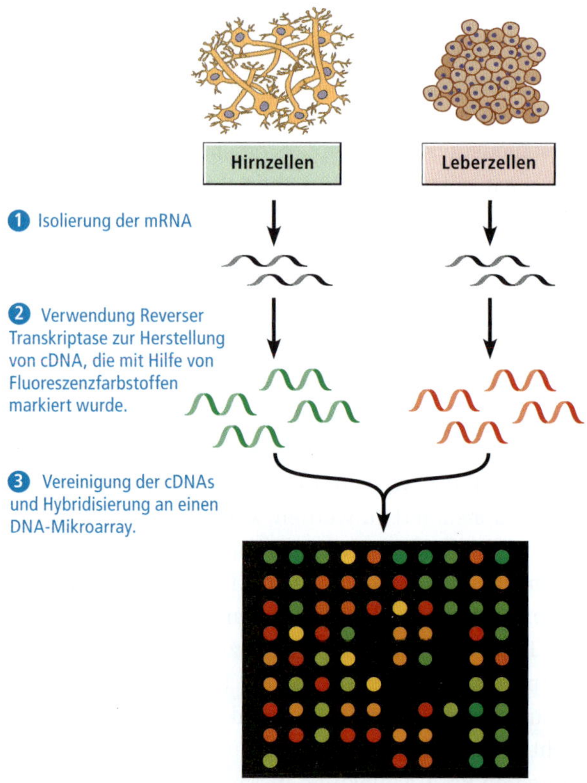

Abbildung 23.19: Untersuchung von Genexpressionsprofilen mit Hilfe des DNA-Microarrays. Bei diesem Experiment wird die Genexpression in Hirn- und Leberzellen miteinander verglichen. Dafür wird mit Hilfe der Reversen Transkriptase mRNA aus zwei Zellpopulationen isoliert, um cDNA-Kopien der mRNAs herzustellen. An die cDNAs der Hirnzelle wird ein grün fluoreszierender Farbstoff und an die cDNAs der Leberzelle ein rot fluoreszierender Farbstoff gebunden. Dann wird ein DNA-Microarray, der DNA-Fragmente enthält, die Tausende unterschiedlicher Gene repräsentieren, in eine Mischung aus den beiden cDNA-Populationen getaucht (hier ist nur ein kleiner Teil des DNA-Microarrays dargestellt). Jede cDNA hybridisiert mit einem Punkt auf dem Microarray, der das spezifische Gen enthält, dem die cDNA entspricht. Daher repräsentieren grüne Punkte Gene, die vorzugsweise in Hirnzellen exprimiert werden, rote Punkte repräsentieren Gene, die vorzugsweise in Leberzellen exprimiert werden, gelbe Punkte (eine Mischung aus grünem und rotem fluoreszierendem Farbstoff) repräsentieren Gene, deren Expression der Expression in beiden Zellpopulationen ähnelt, und dunkle Regionen (keine Punkte) repräsentieren Gene, die in keinem Zelltyp exprimiert werden.

In ▶*Abbildung 23.19* ist dargestellt, wie man mit Hilfe dieses Verfahrens die Muster der Genexpression in Hirn- und Leberzellen vergleichen kann. In diesem Beispiel arbeitet man mit zwei Fluoreszenzfarbstoffen: einem grünen Farbstoff, um die cDNAs zu markieren, die aus Hirnzellen stammen, und einem roten Farbstoff zur Markierung der cDNAs aus Leberzellen. Mischt man die grünen und roten cDNAs und gibt sie auf einen Microarray, dann binden die grünen cDNAs an Gene, die in Hirnzellen exprimiert werden, und die roten cDNAs binden an Gene, die in Leberzellen exprimiert werden. Daher repräsentieren grüne Punkte die stärkere Expression eines Gens in Hirnzellen, rote Punkte repräsentieren die stärkere Expression eines Gens in Leberzellen, gelbe Punkte (eine Mischung aus grünem und rotem Fluoreszenzfarbstoff) repräsentieren Gene, deren Expression ungefähr gleich ist, und schwarze Punkte (ohne Fluoreszenzfarbstoff) repräsentieren Gene, die in keinem Zelltyp exprimiert werden. Folglich kann man durch Messen der Farbe und der Intensität jedes fluoreszierenden Punktes die Expression von Tausenden von Genen gleichzeitig überwachen. Aufgrund der so gewonnenen Daten weiß man, dass viele Gene in bestimmten Zelltypen selektiv exprimiert werden, beispielsweise in Hirn-, Leber- oder anderen differenzierten Zellen.

Der DNA-Microarray findet aber auch praktische Anwendung. Zum Beispiel hat man festgestellt, dass Krebserkrankungen, die bei mikroskopischer Untersuchung gleichen Ursprungs zu sein scheinen, bei Tests mit DNA-Microarrays manchmal andere Genexpressionsprofile aufweisen. Dank dieser Information ist man in der Lage, die Krebserkrankungen der Patienten genauer zu charakterisieren und die auf sie zugeschnittenen Behandlungsmethoden noch besser auf den jeweiligen Patienten abzustimmen.

23.3.3 Proximale Kontrollelemente liegen nahe am Promotor

Im Rahmen unserer Diskussion der Regulation der Gentranskription bei verschiedenen Zelltypen richten wir nun unser Augenmerk auf die Protein-kodierenden Gene, die von der RNA-Polymerase II transkribiert werden. Bereits in *Kapitel 21* haben Sie erfahren, dass die Spezifität der Transkription – das heißt, wo auf der DNA die Transkription initiiert wird – nicht von der RNA-Polymerase selber bestimmt wird, sondern von Proteinen, den sogenannten *Transkriptionsfaktoren*. (Im Gegensatz zu den bakteriellen Sigma-Faktoren, die auch die Initiationsspezifität bestimmen, wird keiner der eukaryotischen Transkriptionsfaktoren als integraler Bestandteil des RNA-Polymerase-Moleküls angesehen.) Bei den in *Kapitel 21* vorgestellten Transkriptionsfaktoren handelte es sich um *allgemeine Transkriptionsfaktoren*. Sie sind unabdingbar für die Transkription *aller* Gene, die von einem bestimmten Typ der RNA-Polymerase transkribiert werden.

Bei den von der RNA-Polymerase II transkribierten Genen vereinigen sich die allgemeinen Transkriptionsfaktoren am Kernpromotor mit der RNA-Polymerase. Der Kernpromotor ist eine Region in unmittelbarer Nachbarschaft des Transkriptionsstartpunktes (siehe *Abbildung 21.11b*). Die Wechselwirkung der allgemeinen Transkriptionsfaktoren und der RNA-Polymerase mit dem Kernpromotor führt oftmals zu einer langsamen Initiation der Transkription, sodass nur wenige Transkripte gebildet werden. Außer dem Kernpromotor haben auch die meisten Protein-kodierenden Gene kurze, weiter stromaufwärts (und in einigen Fällen auch stromabwärts) liegende DNA-Sequenzen, an die andere Transkriptionsfaktoren binden. Dadurch wird die Effizienz des Kernpromotors gesteigert. Wenn man diese zusätzlichen DNA-Elemente experimentell ausschaltet, verringern sich Häufigkeit und Genauigkeit der Transkription.

Für solche regulatorischen DNA-Sequenzen verwenden wir den Begriff **proximale Kontrollelemente**. Als proximale („nahe gelegene") Kontrollelemente bezeichnen wir stromaufwärts des Kernpromotors gelegene Sequenzen, die aber nicht weiter als 100 bis 200 Basenpaare entfernt liegen. Die Anzahl, die genaue Lage und die Identität dieser proximalen Kontrollelemente variiert bei den Genen. Allerdings gibt es drei häufig vorkommende Typen: die *CAAT-Box*, die *GC-Box* und das *Octamer* (die ersten beiden haben wir in *Kapitel 21* vorgestellt; sie sind in ▶*Abbildung 23.20* dargestellt). Die Transkriptionsfaktoren, die selektiv an eine dieser Boxen oder an andere Kontrollsequenzen außerhalb des Kernpromotors binden, bezeichnet man als **regulatorische Transkriptionsfaktoren**. Sie steigern (oder verlangsamen auch manchmal) die Initiation der Transkription, indem sie mit Komponenten aus dem Transkriptionsapparat in Wechselwirkung treten.

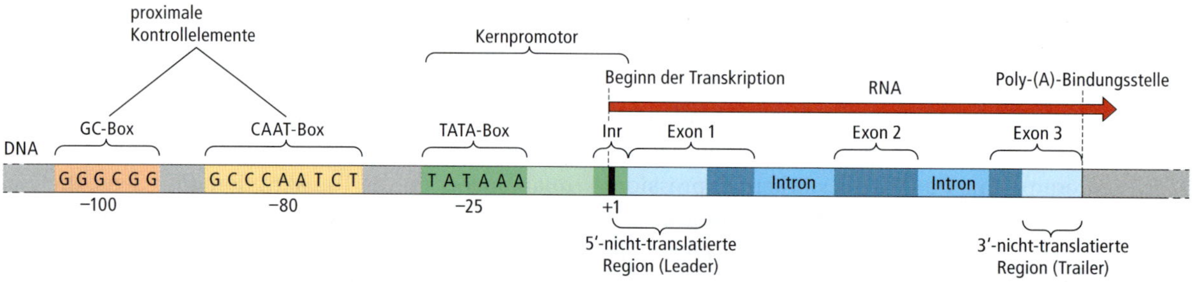

Abbildung 23.20: **Anatomie eines typischen eukaryotischen Gens mit Kernpromotor und proximaler Kontrollregion.** Die (nicht maßstabsgetreue) Zeichnung stellt ein typisches eukaryotische Gen dar, das von der RNA-Polymerase II transkribiert wird. Der Promotor – den man als Kernpromotor bezeichnet, um ihn von der proximalen Kontrollregion zu unterscheiden – enthält charakteristischerweise eine Initiatorsequenz (Inr), die den Transkriptionsstartpunkt umgibt, und eine TATA-Box, die ungefähr 25 bp stromaufwärts (auf der 5′-Seite) des Startpunktes liegt. Am Kernpromotor vereinigen sich die allgemeinen Transkriptionsfaktoren und die RNA-Polymerase zur Initiation der Transkription. Innerhalb von 100 Nucleotiden stromaufwärts des Kernpromotors liegen mehrere proximale Kontrollelemente. Durch Wechselwirkung mit Transkriptionsfaktoren stimulieren sie die Transkription des Gens. Anzahl, Identität und genaue Lage der proximalen Elemente variieren von Gen zu Gen. Wir stellen hier einen einfachen Fall vor, der jeweils eine Kopie der häufig vorkommenden Elemente enthält, der GC-Box und der CAAT-Box. Die Transkriptionseinheit umfasst eine nicht-translatierte Region am 5′-Ende (Leader) und eine nicht-translatierte Region am 3′-Ende (Trailer), die transkribiert und in die mRNA aufgenommen werden, aber keine Sequenzinformation zum Proteinprodukt beitragen. Am Ende des letzten Exons befindet sich eine Stelle, an der im primären Transkript die RNA gespalten wird und einen Poly-(A)-Schwanz erhält.

23.3.4 Enhancer und Silencer liegen unterschiedlich weit vom Promotor entfernt

Proximale Kontrollelemente liegen ebenso wie die meisten bakteriellen Kontrollelemente stromaufwärts vom Kernpromotor. Eine zweite Klasse von DNA-Kontrollsequenzen liegt entweder stromaufwärts oder stromabwärts der Gene, die sie regulieren, und häufig weit vom Promotor entfernt. Dieser zweite Typ von Kontrollregion wird dann als **Enhancer** bezeichnet, wenn er die Gene zur Transkription stimuliert, und als **Silencer**, wenn er die Transkription hemmt. Ursprünglich bezeichnete man diese Kontrollsequenzen als *distale Kontrollelemente*, denn sie üben ihre Funktion in einer Entfernung von bis zu mehreren Hunderttausend Basenpaaren stromaufwärts oder stromabwärts von dem Promotor aus, den sie regulieren (das Wort *distal* bedeutet „weit entfernt"). Das entscheidende Merkmal dieser Sequenzen ist allerdings nicht, wie weit sie vom Promotor entfernt liegen, sondern die Tatsache, dass ihre Lage zum Promotor ganz erheblich variieren kann. Ihre Ausrichtung kann sogar umgekehrt werden, ohne dass ihre Transkriptionsfähigkeit beeinträchtigt wird. Somit müssen Enhancer und Silencer nicht weit vom Promotor entfernt liegen. Sie können sogar recht nahe beim Promotor liegen und befinden sich manchmal sogar *innerhalb* von Genen. Ein Beispiel dafür ist ein Enhancer, der im Intron bestimmter Antikörpergene liegt.

Da wir Enhancer bisher besser verstehen als Silencer, werden wir uns zuerst mit Enhancern beschäftigen. Enhancer, deren spezifische Sequenz variiert, die aber gemeinsame Eigenschaften besitzen, sind mit vielen eukaryotischen Genen assoziiert. Ein typischer Enhancer enthält mehrere verschiedene Kontrollelemente. Jedes Kontrollelement besteht aus einer kurzen DNA-Sequenz, die als Bindestelle für einen anderen regulatorischen Transkriptionsfaktor dient. Einige dieser DNA-Sequenzen können mit proximalen Kontrollelementen identisch sein. Das Octamer und die GC-Box können beispielsweise sowohl als proximale Kontrollelemente und als Komponenten von Enhancern wirken. Damit ein Enhancer funktionieren kann, müssen die regulatorischen Transkriptionsfaktoren, die an verschiedene Kontrollelemente binden, vorhanden sein. Da Enhancer an der Aktivierung der Transkription mitwirken, bezeichnet man diese regulatorischen Transkriptionsfaktoren als **Aktivatoren**.

Zur Untersuchung der Eigenschaften von Enhancern haben Wissenschaftler rekombinante DNA-Techniken eingesetzt, um Position und Ausrichtung des Enhancers gegenüber dem zu regulierenden Gen zu verändern. Wie in ▶*Abbildung 23.21* dargestellt, zeigen diese Untersuchungen, dass Enhancer richtig funktionieren, wenn sie in variabler Entfernung von Transkriptionsstartpunkt liegen, vorausgesetzt, ein Promotor ist vorhanden (▶*Abbildung 23.21a, d–g*). Wenn der Promotor oder der Enhancer entfernt werden, findet keine Expression statt (▶*Abbildung 23.21b, c*). Die Aktivität wird beibehalten, wenn der Enhancer weiter stromaufwärts positioniert wird (▶*Abbildung 23.21e*), wenn seine Ausrichtung im Verhältnis zum Anfang des Gens umgekehrt wird (▶*Abbildung 23.21f*) oder wenn der Enhancer *stromabwärts* vom 3′-Ende des Gens positioniert wird (▶*Abbildung 23.21g*). Diese Eigenschaften macht man sich häufig zunutze, um Enhancer von proximalen Kontrollelementen zu unterscheiden, deren exakte Position innerhalb der DNA von größerer Bedeutung für ihre Funktion ist. Gleichwohl verschwammen die klaren Grenzen zwischen diesen beiden Kategorien immer mehr, je mehr neue Enhancer und proximale Kontrollelemente entdeckt und untersucht wurden. Nach heutigem Stand gibt es ein breites Spektrum von Transkriptionskontrollelementen, deren Eigenschaften sich überschneiden. Das eine Extrem sind bestimmte proximale Kontrollelemente, die exakt an spezifischen Positionen in der Nähe des Promotors lokalisiert sein müssen – wenn man diese nur 15 bis 20 Nucleotide vom Promotor entfernt, verlieren sie ihre Wirksamkeit. Das andere Extrem sind Enhancer, deren Position ganz erheblich variiert werden kann – um bis zu Zehntausende von Nucleotiden vom Promotor entfernt – ohne dass dies mit ihrer Fähigkeit, die Transkription zu aktivieren, interferieren würde.

Silencer haben mit Enhancern viele Eigenschaften gemeinsam, aber sie hemmen die Transkription anstatt sie anzuregen. Da die Bindung regulatorischer Transkriptionsfaktoren am Silencer die Gentranskription verringert, bezeichnet man diese Transkriptionsfaktoren als eukaryotische **Repressoren**. (Zwar ähneln sie bakteriellen Repressoren, weil sie die Transkription abschalten, aber die eukaryotischen Mechanismen unterscheiden sich und sind vielfältiger.) Wir sind bereits zuvor in diesem Kapitel Silencern begegnet, als wir die *SIR*-Hefegene diskutierten. Diese bilden Proteine, welche die Transkription der *HMLα*- und *HMRα*-Paarungstypen-Gene hemmen, indem sie an DNA-Sequenzen binden, die diese beiden Gene umgeben. Die von den *SIR*-Genen gebildeten Proteine sind Beispiele für Repressoren, und die DNA-Stellen in der Nähe von *HMLα* und *HMRα*, an welche diese Repressoren binden, Beispiele für Silencer.

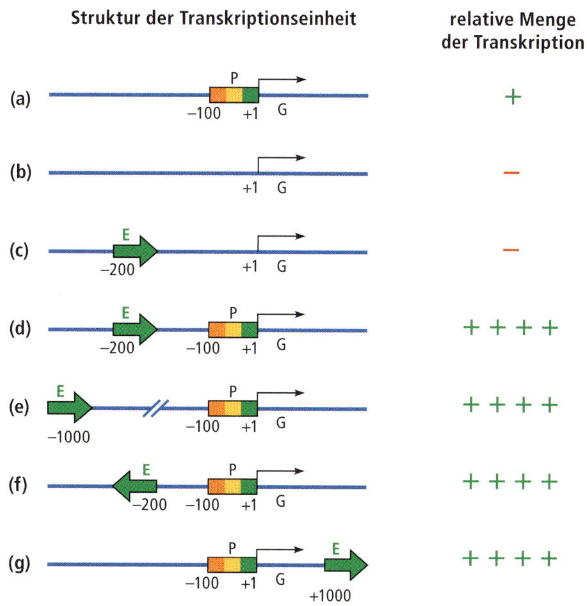

Abbildung 23.21: Auswirkungen von Ausrichtung und Position des Enhancers. Mit Hilfe rekombinanter DNA-Techniken wurden Ausrichtung und Position von DNA-Kontrollelementen verändert und die Auswirkung dieser Änderungen auf die Gentranskription untersucht. Die schwarzen Pfeile weisen in die Richtung der Transkription des Gens G. Der Startpunkt (das erste transkribierte Nucleotid) wurde mit +1 markiert. Die anderen Zahlen geben die Positionen der Nucleotide im Verhältnis zum Startpunkt an. (a) Nur der Kernpromotor (P) in seiner typischen Lage stromaufwärts von Gen G ermöglicht ein Grundniveau der Transkription. (b) Wenn man den Kernpromotor aus dem Gen entfernt, findet keine Transkription statt. (c) Ein Enhancer (E) allein kann die Promotorregion nicht ersetzen, aber (d) ein Enhancer kann in Kombination mit einem Kernpromotor eine wesentlich stärkere Transkription herbeiführen als ein Promotor allein. (e) Man kann die verstärkte Transkription auch beobachten, wenn der Enhancer weiter stromaufwärts verlegt wird, (f) wenn seine Ausrichtung umgekehrt wird und (g) sogar dann, wenn er an die 3′-Seite des Gens verlegt wird.

Eine Komplikation, der man bei Silencern und Enhancern begegnet, beruht auf deren Fähigkeit, die Transkription weit entfernter Gene zu beeinflussen. Das könnte problematisch werden, wenn Gene mit entgegengesetzten Funktionen in benachbarten Regionen liegen. So könnte zum Beispiel eine Gengruppe, die in einem Zelltyp aktiv ist, in der Nähe eines anderen Gensatzes liegen, der in eben diesen Zellen nicht aktiv sein sollte. In solchen Fällen verhindern manchmal DNA-Sequenzen, die sogenannten *Isolatoren*, dass ein Enhancer (oder Silencer) unbeabsichtigt gleichzeitig auf beide Gengruppen wirkt. Isolator-Sequenzen bauen im Verbund mit ihren assoziierten Bindeproteinen physikalische Barrieren zwischen benachbarten DNA-Regionen auf und hindern dadurch Enhancer und Silencer daran, ihre Wirkung noch über diese Barriere hinaus auszuüben.

23.3.5 Coaktivatoren vermitteln die Interaktion zwischen regulatorischen Transkriptionsfaktoren und dem RNA-Polymerasekomplex

Da Enhancer und Silencer weit entfernt von den Genen liegen können, die sie kontrollieren, könnten Sie sich fragen, wie eine Regulation über eine derartige Entfernung überhaupt möglich ist. Zur Beantwortung dieser Frage wenden wir uns wieder den Enhancern zu (Silencer scheinen sich ähnlich zu verhalten). Die Interaktion zwischen Enhancern und den Genen, die sie regulieren, beruht auf zwei Grundprinzipien. Erstens kann durch Schleifenbildung eines DNA-Moleküls ein Enhancer in die Nähe eines Promotors gebracht werden, obwohl Enhancer und Promotor auf der DNA-Doppelhelix sehr weit voneinander entfernt liegen. Zweitens vermittelt eine vielfältige Gruppe von **Coaktivator**-Proteinen die Interaktion zwischen an den Enhancer gebundenen Aktivatoren und dem mit dem Promotor assoziierten RNA-Polymerasekomplex.

Mehrere Typen von Coaktivatoren spielen bei diesen Wechselwirkungen eine Rolle. Dazu gehören Chromatinremodellierungsproteine und Enzyme, die Histone modifizieren. Wir haben gesehen, dass diese Enzyme für die Änderung der Chromatinstruktur wichtig sind. Außerdem fungiert ein großer Multiproteinkomplex, der **Mediator**, als Coaktivator. Er bildet eine „Brücke", die an die mit dem Enhancer assoziierten Aktivatorproteine und an die RNA-Polymerase bindet. Dadurch werden die Enhancer an die Komponenten gebunden, die an der Initiation der Transkription an den RNA-Polymerase-II-Promotoren mitwirken. Der Mediator dient als zentrale Koordinierungseinheit der Genregulation. Er erhält sowohl positive als auch negative Eingaben und übermittelt diese an die Transkriptionsmaschinerie.

In ▶*Abbildung 23.22* ist dargestellt, wie diese Interaktionen die Genaktivierung auslösen können. In Schritt ❶ bindet eine Gruppe von Aktivatorproteinen an ihre jeweiligen DNA-Kontrollelemente im Enhancer und bildet einen Multiproteinkomplex, das sogenannte *Enhanceosom*. Eines oder mehrere dieser Aktivatorproteine veranlassen eine Krümmung der DNA, sodass eine DNA-Schleife entsteht, die den Enhancer näher an den Kernpromotor bringt. In Schritt ❷ interagieren die Aktivatoren mit Coaktivatoren wie Chromatinremodellierungsproteinen (SWI/SNF) und der Histonacetyltransferase. Sie ändern die Chromatinstruktur, sodass die DNA in der Promotorregion leichter zugänglich wird.

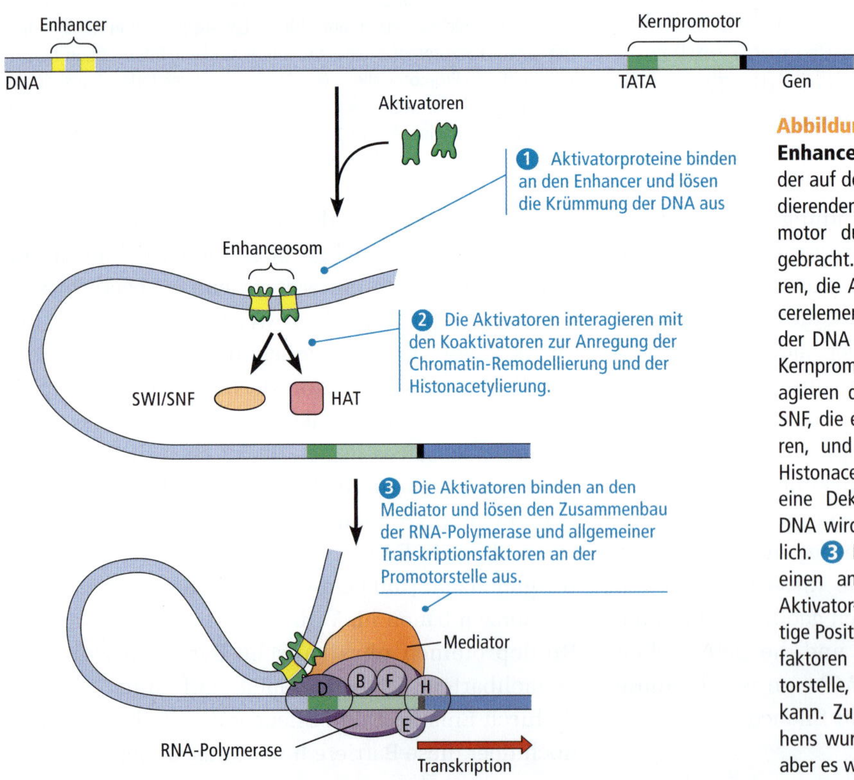

Abbildung 23.22: Modell der Wirkung von Enhancern. In diesem Modell wird ein Enhancer, der auf der DNA weit entfernt von dem proteinkodierenden Gen liegt, das er reguliert, dem Kernpromotor durch Schleifenbildung der DNA näher gebracht. ❶ Regulatorische Transkriptionsfaktoren, die Aktivatoren, binden zuerst an die Enhancerelemente. Dadurch führen sie eine Krümmung der DNA herbei, die den Aktivator näher an den Kernpromotor bringt. ❷ Die Aktivatoren interagieren dann mit Coaktivatorproteinen wie SWI/SNF, die eine Chromatinremodellierung herbeiführen, und HAT (Histonacetyltransferase), das die Histonacetylierung katalysiert. Der Nettoeffekt ist eine Dekondensation des Chromatins, und die DNA wird in der Promotorregion leichter zugänglich. ❸ Die Aktivatoren binden anschließend an einen anderen Coaktivator, den Mediator. Der Aktivator-Mediator-Komplex erleichtert die richtige Positionierung der allgemeinen Transkriptionsfaktoren und der RNA-Polymerase an die Promotorstelle, sodass die Transkription initiiert werden kann. Zur Vereinfachung des komplexen Geschehens wurden nur zwei Aktivatoren eingezeichnet, aber es wirken sechs oder mehr Aktivatoren mit.

Schließlich binden die Aktivatoren an den Mediator (Schritt 3), der die richtige Positionierung der RNA-Polymerase und der allgemeinen Transkriptionsfaktoren an die Promotorstelle erleichtert. Somit kann die Transkription beginnen.

Die Ereignisabfolge und der jeweilige Satz von Komponenten, die an dem hier dargestellten Beispiel mitwirken, stellen ein allgemeines Modell dar, das bei den verschiedenen Genen und regulatorischen Proteinen unterschiedlich ausgeprägt ist. Diese Einzelheiten sind aber gegenüber dem Grundprinzip zu vernachlässigen: Wenn die für ein bestimmtes Gen notwendigen Aktivatorproteine in der Zelle vorkommen, können durch deren Bindung an einen Enhancer Interaktionen mit verschiedenen Coaktivatoren ausgelöst werden, die wiederum zur Bildung des Transkriptionskomplexes am Promotor führen. Daraus resultiert eine effektivere Initiation der Transkription. Somit wird die differenzielle Gentranskription in einer Zelle hauptsächlich von den Aktivatoren bestimmt, welche die Zelle bildet (sowie von Faktoren, welche die Aktivität der Aktivatoren kontrollieren – diesem Thema werden wir uns bald widmen).

23.3.6 Verschiedene DNA-Kontrollelemente und Transkriptionsfaktoren wirken miteinander

Die Erkenntnis, dass verschiedene DNA-Kontrollelemente und ihre Transkriptionsfaktoren an der Kontrolle der eukaryotischen Gentranskription mitwirken, führte zur Entwicklung des **kombinatorischen Modells der Genregulation**. Gemäß diesem Modell wirkt eine relativ geringe Zahl verschiedener DNA-Kontrollelemente und Transkriptionsfaktoren in unterschiedlichen Kombinationen; diese können in verschiedenen Zelltypen höchst spezifische und präzise kontrollierte Muster der Genexpression aufbauen.

Das Modell beruht auf der Annahme, dass einige Transkriptionsfaktoren in vielen verschiedenen Zelltypen vorkommen. Dazu gehören die allgemeinen Transkriptionsfaktoren, die für die Transkription in allen Zellen benötigt werden, sowie weitere regulatorische Faktoren, die für die Transkription konstitutiver und anderer häufig exprimierter Gene benötigt werden. Außerdem werden für die Transkription von Genen, die gewebespezifische Proteine kodieren, Transkriptionsfaktoren oder *Kombinationen* von Transkriptionsfaktoren benötigt, die nur in einzelnen Zelltypen vorkommen. Zur Veranschaulichung dieses Konzepts ist in ▶*Abbildung 23.23* dargestellt, wie mit Hilfe dieses Modells erklärt werden kann, dass Leberzellen große Mengen von Proteinen wie Albumin bilden, aber die Bildung größerer Mengen dieser Proteine in anderen Geweben, beispielsweise im Gehirn, unterbunden wird. Die ursprüngliche Version des kombinatorischen Modells postulierte „alles oder nichts". Das bedeutet, dass die Transkription eines Gens nur dann initiiert werden kann, wenn der vollständige Satz regulatorischer Faktoren des Gens vorliegt. Heute scheint es aber klar zu sein, dass für die meisten Gene eine breite Palette von Möglichkeiten zur Initiation der Transkription bereitsteht: von einem Grundniveau, das vorliegt, wenn *keine* regulatorischen Faktoren vorhanden sind, bis zu einem maximalen Niveau, das erreicht wird, wenn der vollständige Satz aktivierender regulatorischer Faktoren bereitsteht.

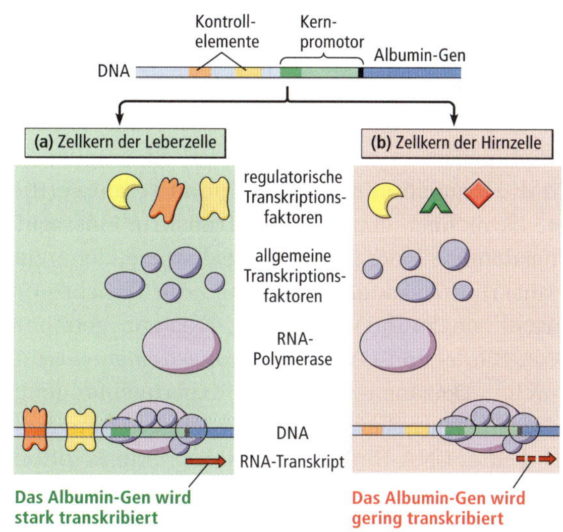

Abbildung 23.23: Ein kombinatorisches Modell der Genexpression. Die Gene für das Protein Albumin sind ebenso wie andere Gene mit einer Reihe regulatorischer DNA-Elemente assoziiert. Hier sind nur zwei Kontrollelemente sowie der Kernpromotor dargestellt. Die Zellen aller Gewebe enthalten die RNA-Polymerase sowie allgemeine Transkriptionsfaktoren, aber der Satz der zur Verfügung stehenden regulatorischen Transkriptionsfaktoren variiert bei den verschiedenen Zelltypen. Wie hier dargestellt, (a) enthalten Leberzellen einen Satz regulatorischer Transkriptionsfaktoren, zu denen Faktoren gehören, die Albumin-Gen-Kontrollelemente erkennen. Wenn diese Faktoren an die DNA binden, fördern sie in hohem Maße die Transkription des Albumin-Gens. (b) Gehirnzellen haben allerdings einen anderen Satz regulatorischer Transkriptionsfaktoren, zu denen nicht alle Transkriptionsfaktoren des Albumin-Gens gehören. Folglich kann der Transkriptionskomplex in Hirnzellen zwar an den Promotor binden, jedoch nur mit geringer Effizienz. Daraus folgt, dass Hirnzellen die Albumin-Gene nur in geringem Maße transkribieren.

23.3.7 Mehrere häufig vorkommende Strukturmotive ermöglichen die Bindung regulatorischer Transkriptionsfaktoren an die DNA und aktivieren die Transkription

Zwar binden nicht alle Transkriptionsfaktoren direkt an die DNA, doch die Transkriptionsfaktoren, die binden, spielen bei der Kontrolle der Transkription eine entscheidende Rolle. Zur Kategorie dieser Proteine gehören der allgemeine Transkriptionsfaktor TFIID und, noch viel wichtiger, die große Vielfalt der regulatorischen Transkriptionsfaktoren (Aktivatoren und Repressoren). Sie erkennen und binden an spezifische DNA-Sequenzen in proximalen Kontrollelementen, Enhancern und Silencern. Aufgrund welcher Eigenschaften vermögen diese regulatorischen Transkriptionsfaktoren ihre Funktionen auszuüben? Regulatorische Transkriptionsfaktoren üben zwei unterschiedliche Aktivitäten aus. Sie binden an eine spezifische DNA-Sequenz und regulieren die Transkription. Diese beiden Aktivitäten liegen in getrennten Proteindomänen. Die Domäne, die eine spezifische DNA-Sequenz erkennt und an sie bindet, wird als die **DNA-Bindedomäne** des Transkriptionsfaktors bezeichnet. Die Proteinregion, die für die Regulation der Transkription verantwortlich ist, bezeichnet man als die **Transkriptionsregulationsdomäne** (oder **Aktivierungsdomäne**, denn viele Transkriptionsfaktoren aktivieren die Transkription anstatt sie zu hemmen). Die Existenz getrennter DNA-Binde- und DNA-Aktivierungsdomänen wurde durch „Domänen-Austausch"-Experimente (engl.: „domaine-swap" experiments) nachgewiesen. Dabei wird die DNA-Binderegion eines Transkriptionsfaktors mit verschiedenen Regionen eines zweiten Transkriptionsfaktors kombiniert. Dadurch entsteht ein Hybridmolekül, das die Transkription nur aktivieren kann, wenn es eine Aktivierungsdomäne enthält, die vom zweiten Transkriptionsfaktor bereitgestellt wird. Die Trennung der DNA-Binde- und DNA-Aktivierungsdomänen eines Transkriptionsfaktors wird auch auf andere Weise genutzt, und zwar für eine Technik, die man als Hefe-Zwei-Hybridsystem bezeichnet (*Exkurs 23B*). Diese Technik wird standardmäßig zur Identifizierung interagierender Proteine eingesetzt.

Aus Untersuchungen ist bekannt, dass Aktivierungsdomänen häufig einen hohen Anteil an sauren Aminosäuren besitzen, die eine starke negative Ladung erzeugen, welche sich auf einer Seite einer α-Helix konzentriert. Mutationen, die zum Anstieg der negativen Ladungen führen, steigern die Fähigkeit des Proteins, die Transkription zu aktivieren, während Mutationen, welche die negative Ladung vermindern, die Bündelung auf einer Seite der α-Helix hemmen und damit die Fähigkeit, die Transkription zu aktiveren, verringern. Auch bei den Transkriptionsfaktoren wurden noch weitere Arten von Aktivierungsdomänen identifiziert. Einige sind mit der Aminosäure Glutamin angereichert, andere enthalten große Mengen von Prolin. Somit sind mehrere Arten von Proteinstrukturen in der Lage, eine Aktivierungsdomäne zu schaffen, welche die Gentranskription anregen kann.

In den DNA-Bindedomänen der Transkriptionsfaktoren hat man spezifische Arten von Proteinstrukturen nachgewiesen. Tatsächlich kann man die meisten regulatorischen Transkriptionsfaktoren auf Grundlage ihres Sekundärstrukturmusters oder *Motivs*, aus dem die DNA-Bindedomäne besteht, in eine geringe Anzahl von Kategorien einteilen. In den folgenden Abschnitten werden wir kurz auf diese DNA-Bindemotive eingehen.

Das Helix-Turn-Helix-Motiv Eines der am häufigsten vorkommenden DNA-Bindemotive, das man sowohl bei eukaryotischen als auch bei bakteriellen Transkriptionsfaktoren nachgewiesen hat, ist das **Helix-Turn-Helix**-Motiv (**HTH**; ▸*Abbildung 23.24a*). Die Struktur besteht aus zwei α-Helices, die durch eine gekrümmte Polypeptidkette miteinander verbunden sind. Obwohl sich die Aminosäuresequenz bei den verschiedenen DNA-Bindeproteinen im Hinblick auf die Struktur unterscheidet, ist das Muster doch im Allgemeinen gleich: Eine α-Helix, die sogenannte *Erkennungshelix*, enthält Aminosäureseitenketten, die spezifische DNA-Sequenzen erkennen und an sie binden, indem sie Wasserstoffbrücken mit Basen bilden, die in der großen Furche der DNA-Doppelhelix liegen. Die zweite α-Helix stabilisiert die gesamte Konfiguration durch hydrophobe Wechselwirkungen mit der Erkennungshelix. Die *lac*- und *trp*-Repressoren, das CAP-Protein und viele Phagen-Repressorproteine sind Beispiele für prokaryotische Proteine, die das Helix-Turn-Helix-Motiv besitzen. Transkriptionsfaktoren, welche die embryonale Entwicklung regulieren (die Klasse von Faktoren, die von homöotischen Genen kodiert wird, auf die wir später eingehen werden), sind eukaryotische Beispiele. In *Abbildung 23.24a* sehen Sie auch ein Modell des Repressors des Phagen λ, ein an die DNA gebundenes Helix-Turn-Helix-Protein. Wie viele regulatorische DNA-Bindeproteine setzt sich auch der Repressor des Phagen λ aus zwei identischen Polypeptiden zusammen. Jedes Polypeptid enthält eine DNA-Bindedomäne.

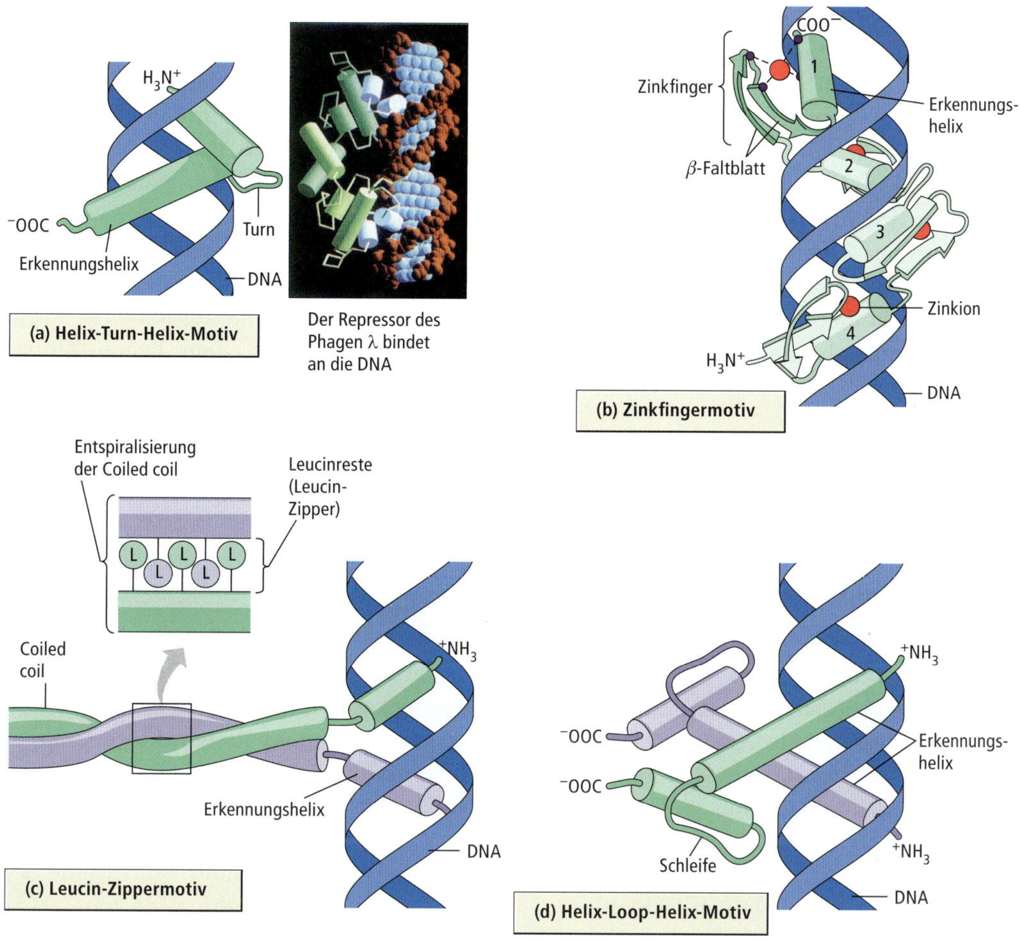

Abbildung 23.24: **Häufig vorkommende Strukturmotive bei DNA-bindenden Transkriptionsfaktoren**. Einige Motive kommen häufig in den DNA-Bindedomänen der regulatorischen Transkriptionsfaktoren vor. Die Teile dieser Domänen, die direkt mit spezifischen DNA-Sequenzen interagieren, sind im Allgemeinen α-Helices, die sogenannten Erkennungshelices, die in die große Furche der DNA passen. In dieser Abbildung sind alle α-Helices als Zylinder dargestellt. (a) Das Helix-Turn-Helix-Motiv (HTH), in dem zwei α-Helices durch eine kurze, flexible Windung verknüpft sind. Die computergestützte Zeichnung zeigt den Phagen-λ-Repressor, ein Beispiel für ein an die DNA gebundenes Helix-Turn-Helix-Protein. Es handelt sich um ein Dimer aus zwei identischen Untereinheiten. Die Helices der beiden DNA-Bindedomänen sind hellblau unterlegt. (b) Das Zinkfinger-Motiv. Jeder Zinkfinger besteht aus einer α-Helix und einem antiparallelen β-Faltblatt (als Bänder dargestellt), die durch die Wechselwirkung von vier Cysteinresten oder von zwei Cystein- und zwei Histidinresten mit einem Zink-Ion zusammengehalten werden. Oben in der Zeichnung sind die Hauptreste als kleine violette Bälle dargestellt, die Zink-Ionen als größere rote Bälle. Die Zinkfingerproteine besitzen typischerweise mehrere aufgereihte Zinkfinger; hier sehen Sie vier. (c) Das Leucin-Reißverschluss-Motiv. In dieser Struktur interagiert eine α-Helix mit regelmäßig angeordneten Leucinresten in einem Polypeptid (grün) mit einer ähnlichen Region in einem zweiten Polypeptid (violett). Die beiden Helices sind umeinander gewunden. (d) Das Helix-Loop-Helix-Motiv, in dem eine kurze α-Helix über eine Polypeptidschleife mit einer längeren α-Helix verbunden ist und mit einer ähnlichen Region in einem anderen Polypeptid interagiert. Daraus entsteht ein Dimer.

Das Zinkfinger-Motiv Das **Zinkfinger**-DNA-Bindemotiv wurde erstmalig im Transkriptionsfaktor der 5S-rRNA-Gene (TFIIIA) identifiziert. Diese Struktur setzt sich aus einer α-Helix und einem β-Faltblatt aus zwei Segmenten zusammen. Die Wechselwirkung zwischen den präzise positionierten Cystein- und Histidinresten mit einem Zink-Ion hält die α-Helix und das β-Faltblatt zusammen. Die Anzahl der Zinkfinger pro Proteinmolekül variiert bei den Transkriptionsfaktoren mit Zinkfingern und reicht von zwei bis zu mehreren Dutzend oder noch mehr Zinkfingern. In ▶*Abbildung 23.24b* ist ein Protein mit vier aufgereihten Zinkfingern dargestellt (TFIIIA hat neun Zinkfinger). Die Zinkfinger ragen aus der Proteinoberfläche heraus und dienen als Kontaktpunkte für spezifische Basensequenzen in der großen Furche der DNA.

Das Leucin-Reißverschluss-Motiv Das **Leucin-Reißverschluss**-Motiv (Leucin-Zipper) beruht auf der Wechselwirkung zwischen zwei Polypeptidketten. Jede Polypeptidkette enthält eine α-Helix, in der Leucinreste in regelmäßigen Abständen auftreten. Da Leucine hydrophobe Aminosäuren sind, die miteinander in Wechselwirkung treten, kann sich der Leucinrest, der auf der äußeren Oberfläche einer α-Helix liegt, mit einem vergleichbaren Abschnitt von Leucinen auf einer anderen α-Helix verknüpfen. Dadurch bilden die beiden α-Helices eine Spirale und schließen sich gleich einem „Reißverschluss" (Zipper) zusammen (▶*Abbildung 23.24c*). Bei einigen Transkriptionsfaktoren „verschließen" die Leucin-Zipper zwei identische Polypeptide. Bei anderen Transkriptionsfaktoren werden zwei Arten von Polypeptiden verknüpft. In jedem Fall beruht die DNA-Bindung auf zwei zusätzlichen Regionen mit α-Helices, die neben dem Leucin-Zipper liegen. Diese beiden α-Helix-Segmente, jeweils ein Segment von einem der beiden Polypeptide, passen in die große Furche der DNA und binden an spezifische Basensequenzen.

23B ▶ Arbeitstechniken

Das Hefe-Zwei-Hybridsystem

Transkriptionsaktivatoren besitzen zwei physikalisch getrennte essenzielle Domänen, auf denen ihre Fähigkeit, die Transkription zu regulieren, beruht: eine DNA-Bindedomäne und eine Aktivierungsdomäne. Man kann die beiden Teile des Transkriptionsaktivators der Hefe, *Gal4*, trennen. Diesen Umstand machten sich Stanley Fields und seine Kollegen zunutze, um die Protein-Protein-Wechselwirkungen mit Hilfe einer Technik zu untersuchen, die man als **Hefe-Zwei-Hybridsystem** (engl.: *yeast two-hybrid system*, Y2H; *Abbildung 23B-1*) bezeichnet und die zur Identifizierung von Protein-Protein-Wechselwirkungen dient. Gal4 aktiviert die Transkription eines Gens (**Gal I**), das ein Galactose umsetzendes Enzym kodiert. Dafür bindet es an eine Sequenz, die *stromaufwärts gelegene Aktivierungssequenz* (oder *UAS*, engl.: *upstream activating sequence*), von *Gal I*. Der Schlüssel für die Hefe-Zwei-Hybridtechnik besteht darin, dass es möglich ist, gentechnische Methoden einzusetzen, um die DNA, welche die DNA-Bindedomäne von Gal4 kodiert, von seiner Aktivierungsdomäne zu trennen und jedes DNA-Teilstück auf einem anderen Plasmid zu platzieren. Die DNA, welche die DNA-Bindedomäne kodiert, wird neben die DNA gesetzt, die ein interessierendes Protein kodiert. Ein solches Konstrukt bezeichnet man als „Köder"-Konstrukt (engl.: „*bait*"), weil es dazu benutzt wird, Wechselwirkungen mit anderen Proteinen „aufzuspüren". Ein anderes Plasmid enthält eine Sequenz, welche die Aktivierungsdomäne von Gal4 kodiert, sowie DNA, die ein Protein kodiert, das mit dem Köderprotein in Wechselwirkung treten kann. Dieses Konstrukt bezeichnet man als „Beute"-Konstrukt (engl. „*prey*"), da es durch den Test „eingefangen" wird.

Die beiden Plasmide werden in die Hefe eingeführt, die ein *Reportergen* trägt; häufig handelt es sich dabei um das *lacZ*-Gen. Wenn dieses Gen transkribiert und die mRNA in der Hefe translatiert wird, kann man seine Gegenwart mit Hilfe einer Farbreaktion nachweisen. Hefe, die beide Plasmide trägt, kann man mittels selektierbarer Marker identifizieren, die von den beiden Plasmiden getragen werden. Wenn das in der Hefe gebildete Köderprotein an das Beuteprotein bindet, dann werden die DNA-Bindedomäne und die Aktivierungsdomäne von *Gal4* so dicht zusammengeführt, dass die Transkriptionsaktivität von *Gal4* wiederhergestellt wird. Bei diesem Vorgang wird das Reportergen exprimiert. Das weist darauf hin, dass das Köder- und das Beuteprotein eine Bindung miteinander eingehen.

Der Hefe-Zwei-Hybridtest ist ein effektives Hilfsmittel, um schnell herauszufinden, zwischen welchen Proteinen eine Wechselwirkung besteht. Wenn man mit einer Genbank von Köderplasmiden arbeitet, um Hefe zu transformieren, kann man mit Hilfe dieser Methode nach unbekannten Proteinen suchen, die an einen bekannten Köder binden. Außerdem wurden Zwei-Hybrid-Durchmusterungen der gesamten Genome von Hefen, Fliegen, Würmern und des Menschen durchgeführt. Die aus diesen umfassenden Durchmusterungen gewonnenen Informationen könnten nahelegen, dass zwei bestimmte Proteine miteinander in Wechselwirkung treten. Anschließend kann man die Untersuchung mit standardmäßig eingesetzten biochemischen Techniken fortführen.

Allerdings ist das klassische Hefe-Zwei-Hybrid-System nicht ganz unproblematisch, da die Interaktion der zu untersuchenden Proteine im Zellkern der Hefe stattfinden muss, da die Transkription nur dort ablaufen kann. Es ist aber möglich, dass sich Proteine in diesem Milieu anders falten als in dem Bereich der Zelle, in dem sie üblicherweise auftreten. Auch die Modifikationen der Hefe sind teilweise verschieden zu denen anderer eukaryotischer Organismen. Diese veränderte Faltung beeinflusst Struktur und Oberflächeneigenschaften der Proteine, wodurch es zu falschen Versuchsergebnissen kommen kann: Proteine, die normalerweise nicht miteinander interagieren würden, tun dies durch die veränderte Oberfläche (falsch positiv), oder Proteine, die tatsächlich miteinander interagieren, können dies durch die veränderte Faltung im Zellkern nicht (falsch negativ). Außerdem ist es möglich, dass zwei Proteine zwar in diesem System interagieren, aber im Zellzyklus, im Zellorganell oder im Zelltyp nicht gleichzeitig auftreten und deshalb nicht tatsächliche Interaktionspartner sein können. Aus den genannten Gründen muss die Interpretation von Ergebnissen aus dem Hefe-Zwei-Hybrid-System mit großer Vorsicht erfolgen. Positive Interaktionen sollten immer mit weiteren Techniken aus der Molekularbiologie verifiziert werden, wie beispielsweise Immunpräzipitation oder FRET. Hefe-Zwei-Hybrid-System-Experimente geben zwar Auskunft über die mögliche Interaktion von zwei Proteinen, jedoch keine Informationen darüber, *wie* diese Interaktion stattfindet. Dazu sind detailliertere Untersuchungen der Struktur der beteiligten Proteine nötig.

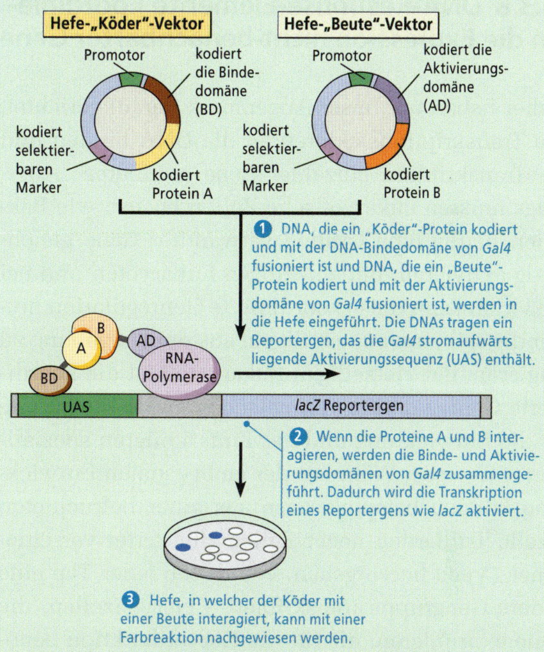

Abbildung 23B-1: Das Hefe-Zwei-Hybridsystem. Das Hefe-Zwei-Hybridsystem dient zum Nachweis von Protein-Protein-Wechselwirkungen und beruht auf dem Einsatz zwei verschiedener DNA-Konstrukte: ❶ Ein „Köder"-Vektor, der die DNA-bindende Domäne von *Gal4* fusioniert mit der DNA eines interessierendes Proteins (Protein A) enthält. ❷ Ein „Beute"-Vektor, der die Aktivierungsdomäne von *Gal4* und ein zweites Protein kodiert (Protein B). Wenn die Proteine in Wechselwirkung treten, wird ein Reportergen (in diesem Fall *lacZ*) exprimiert.

Das Helix-Loop-Helix-Motiv Das **Helix-Loop-Helix-Motiv** (HLH) besteht aus einer kurzen α-Helix, die über eine Schleife mit einer längeren α-Helix verknüpft ist (▶*Abbildung 23.24d*). Ebenso wie die Leucin-Zipper enthalten die Helix-Loop-Helix-Motive hydrophobe Regionen, die im Allgemeinen zwei ähnliche oder unterschiedliche Polypeptide verbinden. Die Bildung eines Vier-Helix-Bündels führt zur Nebeneinanderstellung einer Erkennungshelix, die von einem Polypeptid stammt, und einer anderen Erkennungshelix, die von einem weiteren Polypeptid abgeleitet wurde, sodass die DNA-Bindedomäne aus zwei Teilen besteht.

23.3.8 DNA-Response-Elemente koordinieren die Expression nicht-benachbarter Gene

Bisher haben wir unser Augenmerk darauf gerichtet, wie Transkriptionsfaktoren an die DNA binden und die Transkription einzelner Gene regulieren. Allerdings müssen eukaryotische Zellen ebenso wie Bakterien häufig eine Gruppe verwandter Gene gleichzeitig aktivieren. Bei einzelligen Eukaryoten und bei Bakterien kann diese koordinierte Genregulation notwendig sein, um auf ein Signal aus der Umgebung zu reagieren. Bei vielzelligen Eukaryoten ist die koordinierte Genregulation von entscheidender Bedeutung für die Entwicklung und das Funktionieren spezialisierter Gewebe. Während der embryonalen Entwicklung können beispielsweise aus einer befruchteten Eizelle Trilliarden neuer Zellen Hunderter verschiedener Typen hervorgehen, von denen jeder Typ eine andere Gengruppe transkribiert – Nervenzellen, die Gene exprimieren, die für die Nervenfunktion benötigt werden, Muskelzellen, die Gene exprimieren, die für die Muskelfunktion gebraucht werden und so weiter. Wie koordinieren Eukaryoten unter diesen Bedingungen die Gruppen verwandter Gene?

Anders als bei Bakterien, bei denen die Gene mit verwandten Funktionen häufig nebeneinander in Operons liegen, müssen eukaryotische Gene, die über das Genom verstreut liegen, gleichzeitig angeschaltet (oder abgeschaltet) werden. Zur koordinierten Expression dieser physikalisch getrennten Gene nutzen Eukaryoten DNA-Kontrollsequenzen, die sogenannten **Response-Elemente**. Mit Hilfe der Response-Elemente schalten sie die Transkription *als Antwort auf* ein bestimmtes Signal aus der Umwelt oder Entwicklungssignal an oder ab. Response-Elemente können entweder als proximale Kontrollelemente oder als Komponenten von Enhancern wirken. In beiden Fällen kann durch Positionierung des gleichen Typs von Response-Elementen neben Genen, die auf verschiedenen Stellen des Chromosoms liegen, eine Kontrolle über diese Gene ausgeübt werden, obwohl sie nicht nebeneinander liegen.

Da Response-Elemente die koordinierte Kontrolle verschiedener Gengruppen ermöglichen, spielen sie bei der Regulation der Genexpression während der embryonalen Entwicklung und bei Antworten des Gewebes auf wechselnde physiologische Bedingungen und Umweltsituationen eine sehr wichtige Rolle. In den nächsten Abschnitten werden wir einige Beispiele für koordinierte Genregulation vorstellen.

23.3.9 Steroidhormonrezeptoren agieren als Transkriptionsfaktoren, die an Hormon-Response-Elemente binden

Das Phänomen der koordinierten Genregulation lässt sich sehr schön am Verhalten des *Steroidrezeptorproteins* veranschaulichen, das wir in *Kapitel 14* vorgestellt haben. Steroidrezeptoren, sowie die verwandten *Retinoidrezeptoren*, gehören zur Klasse der Zinkfinger-Transkriptionsfaktoren und bestehen typischerweise aus drei Domänen: Eine Domäne erkennt und bindet an ein spezifisches Response-Element in der DNA, eine zweite Domäne bindet an ein bestimmtes Steroidhormon und die dritte Domäne aktiviert die Transkription. Der genspezifische Effekt von Steroidhormonen beruht auf deren Fähigkeit, als Transkriptionsfaktoren zu wirken, die an DNA-Sequenzen binden, die sogenannten **Hormon-Response-Elemente**. Alle Gene, die von einem bestimmten Steroidhormon aktiviert werden, sind mit dem gleichen Typ von Response-Element assoziiert. Dadurch können sie zusammen reguliert werden. Gene, die beispielsweise von Östrogen aktiviert werden, haben ein 15 bp langes *Östrogen-Response-Element* nahe dem stromaufwärts gelegenen Ende ihrer Promotoren, während Gene, die von Glucocorticoiden aktiviert werden, neben einem *Glucocorticoid-Response-Element* liegen, das eine etwas andere Basensequenz besitzt (▶*Abbildung 23.25a*).

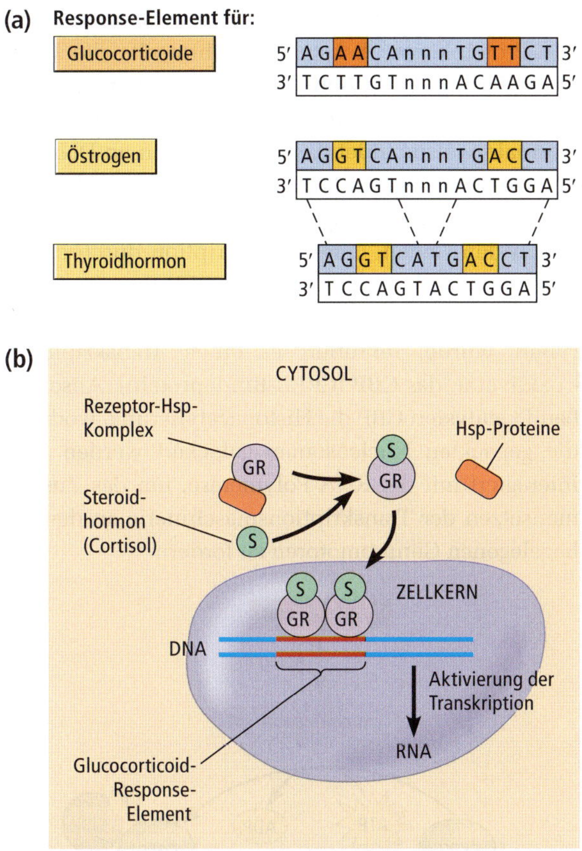

Abbildung 23.25: Interaktion des Steroidhormonrezeptors mit der DNA. (a) Darstellung verschiedener Typen von Hormon-Response-Elementen. Beachten Sie, dass alle drei Beispiele umgekehrte Sequenzwiederholungen enthalten (zwei Kopien der gleichen Sequenz, die in entgegengesetzte Richtungen ausgerichtet sind). Liest man zum Beispiel die Sequenz des Glucocorticoid-Response-Elements von jedem Ende in der 5′→ 3′-Richtung, so erhält man die gleiche DNA-Sequenz: 5′-AGAACA-3′. Die unterlegten Nucleotide sind nur die Basen der umgekehrten Sequenzwiederholungen, die sich bei den drei Typen von Elementen unterscheiden. Das Thyroidhormon-Response-Element enthält die gleichen umgekehrten Sequenzwiederholungen wie das Östrogen-Response-Element, aber die drei Basen, welche die beiden Kopien der Sequenz im Östrogenelement trennen, liegen nicht vor. (Das „n" bedeutet, dass jedes Nucleotid auf dieser Position liegen kann. Die gestrichelten Linien haben wir eingefügt, damit es Ihnen leichter fällt, die vergleichbaren Regionen der Östrogen- und Thyroidhormon-Response-Elemente zusammenzubringen.)

Wie nutzen Steroidrezeptoren diese Hormon-Response-Elemente für die Kontrolle der Genaktivität? Zur anschaulichen Darstellung, wie dies bei einem spezifischen Steroidhormon abläuft, schauen wir uns das Beispiel von *Cortisol* (Hydrocortison) an. Cortisol ist Mitglied einer verwandten Gruppe von Steroidhormonen, den *Glucocorticoiden*. Der Name beruht darauf, dass sie die *Glucose*bildung anregen und in der Nebennieren*rinde* (Cortex) gebildet werden. Als Reaktion auf physikalischen Stress wird Cortisol aus der Nebenniere in den Blutkreislauf freigesetzt. Das hat viele verschiedene Auswirkungen; unter anderem gelangt das zirkulierende Cortisol in Zielzellen in der Leber und aktiviert die Transkription von Genen, die Enzyme kodieren, die an der Glucosesynthese aus Aminosäuren und Lipiden mitwirken.

In ▶*Abbildung 23.25b* fassen wir zusammen, wie Cortisol die Expression solcher Gene reguliert, indem es an den Glucocorticoidrezeptor (GR) bindet, der in den Zielzellen von Cortisol vorliegt. Normalerweise ist der Glucocorticoidrezeptor vor allem im Cytosol lokalisiert. Dort ist der Glucocorticoidrezeptor an Mitglieder der *Hsp*-Familie der Chaperone gebunden. Solange der Glucocorticoidrezeptor mit den Hsp-Proteinen assoziiert ist, kann er nicht in den Zellkern eindringen und an die DNA binden. Allerdings wird durch die Bindung von Cortisol an GR die Freisetzung der Hsp-Proteine ausgelöst. Das GR-Molekül (an das Cortisol gebunden ist) ist dann frei und kann sich in den Zellkern bewegen. Dort bindet es unabhängig von deren Position auf der DNA an Glucocorticoid-Response-Elemente. Die Bindung eines GR-Moleküls an ein Response-Element fördert wiederum die Bindung eines zweiten GR-Moleküls an das gleiche Response-Element. Daraus geht ein GR-*Dimer* hervor, das die Transkription benachbarter Gene aktiviert, indem es Coaktivatoren rekrutiert, welche den Zusammenbau der Transkriptionsmaschinerie fördern.

Die Bindung von zwei GR-Molekülen an die gleiche DNA-Stelle beruht darauf, dass die DNA-Sequenz des Glucocorticoid-Response-Elements eine **umgekehrte Wiederholungssequenz** enthält – das heißt, *zwei* Kopien der gleichen DNA-Sequenz, die in entgegengesetzte Richtungen weisen. Daher binden die beiden GR-Moleküle in einem GR-Dimer jeweils an eine der beiden DNA-Sequenzwiederholungen. Eine solche Bindung eines Proteindimers an eine umgekehrte Sequenzwiederholung innerhalb eines DNA-Kontrollelements kommt sehr häufig bei regulatorischen Transkriptionsfaktoren vor.

Da Glucocorticoid-Response-Elemente in der Nähe aller Gene lokalisiert sind, die von Cortisol angeschaltet werden, aktiviert Cortisol alle Gene gleichzeitig, ungeachtet ihrer Position auf dem Chromosom. Obwohl es geringe Unterschiede zwischen den verschiedenen Steroidhormonen gibt, bietet dieses Modell einen Rahmen, um zu verstehen, wie Steroidhormone, die vom Blutkreislauf praktisch zu allen

Zellen des Körpers transportiert werden, einen spezifischen Gensatz im richtigen Zielgewebe anschalten können.

Obwohl Steroidhormonrezeptoren im Allgemeinen die Gentranskription anregen, gibt es auch Fälle, in denen sie die Gentranskription hemmen. Beispielsweise bindet der Glucocorticoidrezeptor an zwei Typen von DNA-Response-Elementen – ein Typ ist mit Genen assoziiert, deren Transkription aktiviert wird, der andere mit Genen, deren Transkription gehemmt wird. Nach Bindung an den inhibitorischen Typ bildet der Glucocorticoidrezeptor keine Dimere, was er bei Bindung an die aktivierenden Response-Elemente tun würde. Stattdessen unterdrückt der nicht als Dimer vorliegende Glucocorticoidrezeptor die Initiation der Gentranskription, indem er Histondeacetylase rekrutiert. Die Histondeacetylase fördert die Chromatinkondensation. Aufgrund der Existenz getrennter aktivierender und hemmender Response-Elemente, die für den gleichen Hormonrezeptor zuständig sind, kann ein einzelnes Hormon die Transkription von Genen anregen, die eine Proteingruppe kodieren, während es zugleich die Transkription von Genen unterdrückt, die andere Proteine kodieren.

23.3.10 CREBs und STATs sind Beispiele für Transkriptionsfaktoren, die durch Phosphorylierung aktiviert werden

Die gerade besprochenen Steroidhormonrezeptoren sind allosterische Proteine, welche die Genexpression regulieren, indem sie ihre DNA-Bindeaffinität als Antwort auf Steroidhormone ändern, ähnlich den bakteriellen Repressoren, die ihre DNA-Bindeeigenschaften ändern, nachdem sie mit den passenden kleinen Molekülen eine Bindung eingegangen sind. Eine alternative Vorgehensweise zur Kontrolle der Aktivität von Transkriptionsfaktoren beruht auf der *Proteinphosphorylierung* (dem Anfügen von Phosphatgruppen). Ein typisches Beispiel für diesen Kontrolltyp beruht auf der Wirkung von *cAMP* (*zyklisches AMP*), dem häufig vorkommenden Second Messenger, dessen Aufgabe darin besteht, die Wirkungen einer Vielzahl extrazellulärer Signalmoleküle zu vermitteln, die wir in *Kapitel 14* vorgestellt haben. In diesem Kapitel haben wir bereits gesehen, dass cAMP auch bei der Regulation der durch Katabolitrepression kontrollierten Operons bei Bakterien eine Rolle spielt. Bei Eukaryoten entfaltet cAMP seine Wirkung, indem es die Aktivität der Proteinkinase A anregt (*Abbildung 14.8*). Die Proteinkinase A katalysiert ihrerseits die Phosphorylierung einer Vielzahl von Proteinen, darunter des Transkriptionsfaktors CREB (▶*Abbildung 23.26*). Normalerweise bindet das CREB-Protein an DNA-Sequenzen, die sogenannten *cAMP-Response-Elemente* (*CRE*; engl.: *cAMP response elements*). Diese liegen neben den Genen, deren Transkription durch cAMP induziert wird. Nachdem das CREB-Protein (engl.: cAMP response element-binding protein) phosphoryliert wurde, rekrutiert es einen Transkriptions-Coaktivator, das **CBP** (**C**REB-**B**inde**p**rotein). Anschließend katalysiert CBP die Histonacetylierung, wodurch die gepackten Nucleosomen gelockert werden, und interagiert mit der RNA-Polymerase, um das Zusammensetzen der Transkriptionsmaschinerie an den nahegelegenen Genpromotoren zu fördern.

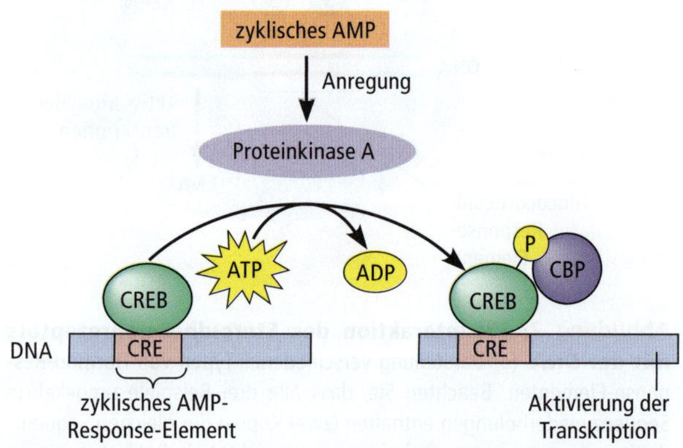

Abbildung 23.26: Aktivierung der Gentranskription durch cAMP. Die vom zyklischen AMP (cAMP) aktivierten Gene besitzen ein stromaufwärts gelegenes cAMP-Response-Element (CRE; engl.: *cyclic AMP response element*), das an einen Transkriptionsfaktor mit der Bezeichnung CREB bindet. In Gegenwart von cAMP wird die cytoplasmatische Proteinkinase A (PKA) aktiviert. Dessen aktivierte katalytische Untereinheit wandert dann in den Zellkern, wo sie die Phosphorylierung von CREB katalysiert. Das phosphorylierte CREB bindet wiederum an CBP, ein Transkriptions-Coaktivator mit Histonacetyltransferase-Aktivität. Abgesehen davon, dass CBP die Histonacetylierung katalysiert, wodurch die Packung der Nucleosomen gelockert wird, assoziiert CBP mit der RNA-Polymerase und erleichtert an Genpromotoren den Zusammenbau der Transkriptionsmaschinerie.

Die Proteinphosphorylierung wirkt auch an der Aktivierung einer Familie von Transkriptionsfaktoren mit, den sogenannten **STATs** (engl.: *signal* **t**ransducers *and* **a**ctivators *of* **t**ranscription). Zu den Signalmolekülen, die STATs aktivieren, gehören die *Interferone*. Dabei handelt es sich um eine Gruppe von Glykoproteinen, welche tierische Zellen als Antwort auf eine Virusinfektion bilden und ausscheiden. Die sekretierten Interferone binden an Zelloberflächenrezeptoren benachbarter Zellen. Dadurch bilden die Zellen Proteine, welche die Resistenz der Zielzellen gegenüber der Virusinfektion steigern. Infolge der Bindung von Interferon an den Zelloberflächenrezeptor assoziiert und aktiviert die cytoplasmatische Domäne des Rezeptors eine intrazelluläre Proteinkinase mit der Bezeichnung *Janus-Kinase* (*Jak*). Das aktivierte Jak-Protein katalysiert seinerseits die Phosphorylierung der STAT-Moleküle, die normalerweise in inaktiver Form im Cytoplasma vorliegen. Die Phosphorylierung veranlasst die STAT-Moleküle zu dimerisieren und vom Cytoplasma in den Zellkern zu wandern, wo sie an die geeigneten DNA-Response-Elemente binden und die Transkription aktivieren.

Der Jak-STAT-Signalweg hat eine beachtliche Spezifität. Die verschiedenen Interferonarten lösen beispielsweise die Phosphorylierung und Aktivierung verschiedener STAT-Proteine aus. Jedes STAT assoziiert mit seinem eigenen DNA-Response-Element und aktiviert die Transkription eines bestimmten Gensatzes. Neben den Interferonen gibt es noch mehrere andere Arten von Signalmolekülen, die an Zelloberflächenrezeptoren binden und die Phosphorylierung von STATs auslösen.

STATs und das CREB-Protein sind nur zwei der vielen Arten von Transkriptionsfaktoren, von denen bekannt ist, dass sie durch Phosphorylierung aktiviert werden. In *Kapitel 14* haben Sie zum Beispiel gelernt, dass die TGFβ-Familie der Wachstumsfaktoren an Plasmamembranrezeptoren bindet, durch deren Aktivierung die Phosphorylierung cytoplasmatischer Proteine, der sogenannten *Smads*, erfolgt. Die Smads wandern dann zum Zellkern und wirken als Transkriptionsfaktoren, welche die Transkription spezifischer Gene anschalten. In *Kapitel 19* haben wir erläutert, wie andere Wachstumsfaktoren die Aktivierung von Proteinkinasen, den *MAP-Kinasen*, auslösen. Sie phosphorylieren und aktivieren Transkriptionsfaktoren, die bei der Kontrolle des Zellwachstums und der Zellteilung eine Rolle spielen.

23.3.11 Das Hitzeschock-Response-Element koordiniert die Expression von Genen, die durch erhöhte Temperaturen aktiviert werden

Die **Hitzeschock-Gene** sind ein weiteres Beispiel für die eukaryotische Koordinierung der Regulation von Genen, die an verschiedenen Stellen auf dem Chromosom lokalisiert sind. Zuerst wurden Hitzeschock-Gene (engl.: heat-shock genes) als Gene definiert, die als Antwort auf einen Temperaturanstieg exprimiert werden. Heute weiß man aber, dass sie auch als Reaktion auf andere Stresssituationen exprimiert werden. Aus diesem Grund bezeichnet man sie als *Stress-Response-Gene*. Sowohl die Genome der Eukaryoten als auch der Bakterien besitzen eine Reihe unterschiedlicher Hitzeschock-Gene. Sie werden durch ein entsprechendes Signal aus der Umwelt alle gleichzeitig aktiviert. Zum Beispiel kann man durch kurzzeitiges Erwärmen kultivierter Zellen um nur wenige Grad die Transkription vieler Hitzeschock-Gene aktivieren. Obwohl die Funktionen dieser Gene noch nicht vollständig entschlüsselt sind, tragen zumindest einige der von den Hitzeschock-Genen gebildeten Proteine dazu bei, den Schaden zu verringern, der den wichtigen zellulären Proteinen infolge der Denaturierung durch Hitzeeinfluss zugefügt wurde.

Bei den Zellen von *Drosophila* ist Hsp70 das wichtigste Produkt der Hitzeschock-Gene. Hsp70 ist ein molekulares Chaperon, das an der normalen Proteinfaltung mitwirkt und auch die Rückfaltung der durch Hitze geschädigten Proteine erleichtert. Die unmittelbar stromaufwärts vom Startpunkt des *hsp70*-Gens gelegene Region enthält mehrere Sequenzen, die man häufig bei eukaryotischen Promotoren antrifft, beispielsweise eine TATA-Box, eine CAAT-Box und eine GC-Box. Außerdem liegt eine 14-bp-Sequenz, das sogenannte **Hitzeschock-Response-Element**, 62 Basen stromaufwärts von der Transkriptionsstartstelle des *hsp70*-Gens bei *Drosophila* und in vergleichbarer Lage in anderen Genen, deren Transkription durch erhöhte Temperaturen aktiviert wird. Spätere Untersuchungen ergaben, dass die Aktivierung von Hitzeschockgenen durch das Binden eines Proteins vermittelt wird, dem sogenannten *Hitzeschock-Transkriptionsfaktor*, der an das Hitzeschock-Response-Element bindet. Der Hitzeschock-Transkriptionsfaktor liegt in nicht-erhitzten Zellen in inaktiver Form vor. Erhöhte Temperaturen veranlassen eine Strukturänderung des Proteins, sodass es an das Hitzeschock-Response-Element in der DNA bindet. Das Protein wird anschließend durch Phosphorylierung weiter modifiziert, wodurch es die Gentranskription aktivieren kann.

Das Hitzeschocksystem veranschaulicht nochmals ein Grundprinzip koordinierter eukaryotischer Regulation: Gene, die auf verschiedenen Chromosomenorten lokalisiert sind, können durch das gleiche Signal aktiviert werden, wenn sich in ihrer Nähe das gleiche Response-Element befindet.

23.3.12 Homöotische Gene kodieren Transkriptionsfaktoren, welche die embryonale Entwicklung regulieren

Einige besonders faszinierende Beispiele für koordinierte Genregulation bei Eukaryoten umfasst eine ungewöhnliche Klasse von Genen, die sogenannten **homöotischen (oder homeotischen) Gene**. Wenn sich in einem dieser Gene eine Mutation ereignet, geschieht während der embryonalen Entwicklung etwas Seltsames – ein Teil des Körpers wird durch eine Struktur ersetzt, die normalerweise an einem anderen Ort auftritt. Die Entdeckung der homöotischen Gene reicht bis in die 1940er Jahre zurück. Damals entdeckte Edward B. Lewis ein Bündel von *Drosophila*-Genen, den *Bithorax-Genkomplex*, in dem bestimmte Mutationen dramatische Abweichungen von der normalen Entwicklung herbeiführen, beispielsweise dass ein weiteres Paar Flügel wächst (▶*Abbildung 23.27a* und *b*). Später entdeckten Thomas Kaufmann und Kollegen, dass eine zweite Gruppe mutierter Gene andere, gleichermaßen bizarre Entwicklungsänderungen hervorbrachte – zum Beispiel wuchsen der Fliege am Kopf Beine an Stelle von Fühlern (▶*Abbildung 23.27c*). Diese Gengruppe bezeichnet man als den *Antennapedia-Genkomplex*. Die *Bithorax*- und *Antennapedia*-Gene werden als homöotische Gene bezeichnet, denn *homöo* bedeutet im Griechischen „gleich" und Mutationen in diesen Genen verändern ein Körpersegment von *Drosophila* auf die Weise, dass es einem anderen Segment ähnelt. Einen Hinweis auf die Funktionsweise homöotischer Gene brachte die Entdeckung, dass die *Bithorax*- und *Antennapedia*-Gene jeweils nahe am 3′-Ende eine ähnliche 180-bp-Sequenz enthielten, die einer vergleichbaren Sequenz ähnelt, die man in anderen homöotischen Genen vorfindet. Die sogenannte **Homöobox** ist eine DNA-Sequenz, die einen Abschnitt von 60 Aminosäuren kodiert, eine sogenannte **Homöodomäne** (▶*Abbildung 23.28*).

Obwohl diese Phänomene auf den ersten Blick scheinbar eine Laune der Natur sind, legt das Wachsen eines Flügelpaars anstelle von Beinen nahe, dass homöotische Gene bei der Festlegung des Körperbauplans sich entwickelnder Fliegenembryos eine Schlüsselrolle übernehmen. Homöotische Gene üben ihren Einfluss aus, indem sie eine Familie regulatorischer Transkriptionsfaktoren kodieren, welche die Transkription von für die Entwicklung wichtigen Genen aktivieren (oder hemmen), indem sie an spezifische DNA-Sequenzen binden. Da alle Kopien an das geeignete DNA-Element im Genom binden, kann jeder homöotische Transkriptionsfaktor die Expression Dutzender oder sogar Hunderter Gene im wachsenden Embryo beeinflussen. Das Ergebnis dieser koordinierten Genregulation ist die Festlegung grundlegender Körpermerkmale, wie beispielsweise Form und Position einer Körperstruktur.

(a) **Wildtyp-*Drosophila*.** Aus den Thoraxsegmenten erstrecken sich zwei Flügel und sechs Beine.

(b) **Bithorax-Mutante.** Es bildet sich ein weiteres Flügelpaar.

(c) **Antennapedia-Mutante.** Es entstehen an der Stelle Beine, an der sich Fühler bilden sollten.

Abbildung 23.27: Homöotische Mutationen bei *Drosophila*. Mutationen im *Bithorax*-Genkomplex wandeln das dritte Thoraxsegment in ein zweites Thoraxsegment (das die Flügel bildende Segment) um, und somit wird ein weiteres Paar Flügel gebildet. Mutationen im *Antennapedia*-Genkomplex bewirken, dass sich an der Stelle, an der die Fühler sein sollten, Beine entwickeln.

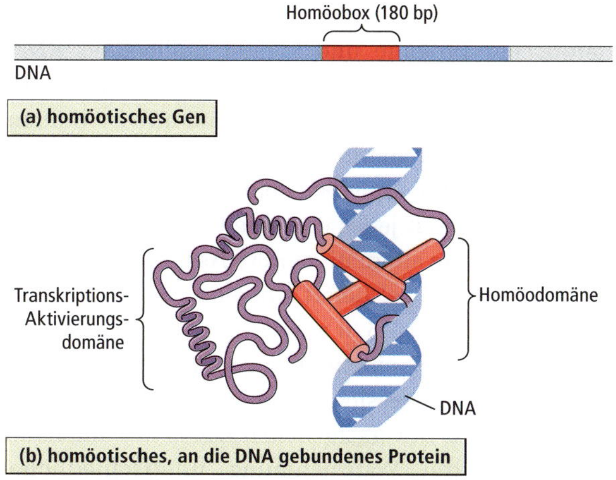

Abbildung 23.28: Homöotische Gene und Proteine. Bei homöotischen Mutanten wie der in *Abbildung 23.27* liegen Mutationen in homöotischen Genen vor. (a) Alle homöotischen Gene enthalten ein 180-bp-Segment, die Homöobox, die im homöotischen Protein eine Homöodomäne kodiert. (b) Die Homöodomäne (rot) ist eine Helix-Turn-Helix-DNA-Bindedomäne, die in Kombination mit einer Transkriptions-Aktivierungs-Domäne das Protein befähigt, als regulatorischer Transkriptionsfaktor zu agieren. Beachten Sie, dass die Homöodomäne drei α-Helices besitzt (als Zylinder dargestellt).

Ein bemerkenswertes Ergebnis der modernen Genomik und der molekularen Entwicklungsbiologie ist die starke Konservierung homöotischer Gene bei Tieren. Man hat bei so unterschiedlichen Organismen wie Nematoden, Seescheiden, Insekten, Fröschen, Mäusen und Menschen Sequenzen gefunden, die den Sequenzen in homöotischen Genen von Fliegen ähneln – eine evolutionäre Distanz von mehr als 500 Millionen Jahren. Bemerkenswerterweise blieb die physikalische Organisation dieser *Hox*-Gene bis auf wenige Ausnahmen über diesen großen Zeitraum erhalten. Sowohl bei den Fliegen als auch den Vertebraten entspricht die 3′-5′-Position dieser Gene in einem Chromosom der anterioren und posterioren Region entlang der von diesen Proteinen regulierten Körperachse (▸*Abbildung 23.29*). Bei den Wirbeltieren scheint eine Vervielfachung des ursprünglichen Gensatzes stattgefunden zu haben, den Taufliegen und andere einfache Tiere besaßen. Während Taufliegen einen Satz homöotischer Gene besitzen, haben Säugetiere vier Sätze von *Hox*-Genen. Aufgrund der Analyse des Expressionsmusters der *Hox*-Gene der Maus und der Folgen, die „Knockout"-Mutanten für einzelne und mehrere *Hox*-Gene mit sich bringen, ist klar, dass diese *Hox*-Gene ebenso wie ihre Gegenstücke bei den Fliegen die Festlegung von Körperstrukturen auf der anterior-posterioren Achse von Wirbeltieren kontrollieren. Man hat auch Mutationen in menschlichen *Hox*-Genen identifiziert. Beispielsweise führen Mutationen im *HoxD13*-Locus zu *Synpolydactylie*. Diese Störung ist charakterisiert durch das Vorkommen von zusätzlichen Fingern oder Zehen, die auch miteinander verwachsen sein können. Heutzutage arbeiten Evolutionsbiologie und Entwicklungsbiologie eng zusammen („EvoDevo"), um zu verstehen, wie auch nur geringfüge Änderungen in *Hox*-Genen den Körperbauplan höherer Tiere ändern können.

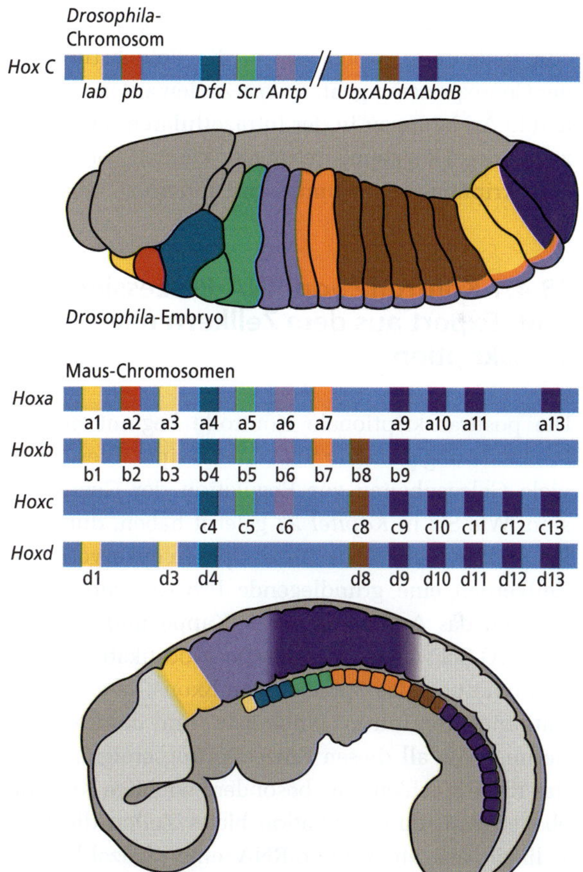

Abbildung 23.29: Organisation und Expression von *Hox*-Genen bei *Drosophila* und der Maus. Im *Drosophila*-Embryo bedeutet int = interkalares Segment, mx = Maxillarsegment, la = Labialsegment, T = Thoraxsegment, A = Abdomensegment. Beachten Sie, dass die Maus vier *Hox*-Komplexe besitzt, die mit a – d gekennzeichnet sind. Die entsprechenden Gene in jedem der vier *Hox*-Cluster der Maus sind durchnummeriert. Sie beginnen mit den geringsten Mengen, in der am weitesten anterioren Region. Achten Sie darauf, dass einige Gene in einigen Clustern nicht vorkommen. Gene gleicher Farbe stehen für ähnliche Gene. Beachten Sie außerdem, dass das einzige *AbdB*-Gen bei Fliegen (dunkelviolett) in der Maus mehrfach verdoppelt vorzuliegen scheint (Gene 9 – 13).

Eukaryotische Genregulation: Posttranskriptionale Kontrolle 23.4

Wir haben uns nun mit den ersten beiden Stufen der Regulation der eukaryotischen Genexpression beschäftigt, nämlich mit den genomischen und transkriptionalen Kontrollvorgängen. Nach der Transkription beinhaltet der Fluss der genetischen Information eine komplexe Reihe *posttranskriptionaler Ereignisse*, von denen jedes als regulatorischer Punkt dienen kann (siehe *Abbildung 23.10* Schritte ❸, ❹ und ❺). Die posttranskriptionale Kontrolle ist besonders dann von Bedeutung, wenn es um die Feinabstimmung der Genexpression geht, sodass Zellen auf vorübergehende Änderungen in der intrazellulären oder extrazellulären Umgebung reagieren können, ohne ihre Transkriptionsmuster umfassend ändern zu müssen.

23.4.1 Kontrolle von RNA-Prozessierung und -Export aus dem Zellkern nach der Transkription

Die posttranskriptionale Kontrolle beginnt mit der Prozessierung primärer RNA-Transkripte. Diese bietet viele Gelegenheiten zur Regulation der Genexpression. Wie Sie in *Kapitel 21* gelernt haben, durchlaufen praktisch alle RNA-Transkripte in eukaryotischen Zellkernen eine grundlegende Prozessierung. Dazu gehören das Anfügen einer 5′-Kappe und eines 3′-Poly-(A)-Schwanzes, chemische Modifikationen wie Methylierung, das Spleißen von Exons, was mit dem Entfernen von Introns einhergeht, und die RNA-Editierung. Von all diesen Prozessierungsereignissen ist das RNA-Spleißen eine besonders wichtige Kontrollebene, denn ihre Regulation bietet Zellen die Möglichkeit, aus einer prä-mRNA eine Vielzahl unterschiedlicher mRNAs zu synthetisieren. Dadurch kann ein Gen mehr als ein Proteinprodukt bilden.

Dieses Phänomen, das sogenannte **alternative Spleißen**, beruht auf der Fähigkeit der Zelle, einige Spleißstellen zu überspringen und andere zu aktivieren (siehe *Abbildung 21-23*). Ungefähr die Hälfte aller menschlichen Gene bildet prä-mRNAs, die alternativ gespleißt werden. Diese Tatsache untermauert die Auffassung, dass die Spleißkontrolle eine wichtige Komponente der Genregulation ist. Die Spleißmuster werden von verschiedenen Faktoren bestimmt, unter anderem von der Anwesenheit regulatorischer Proteine und kleiner nucleolärer RNA-Moleküle (snoRNAs), die an *Spleißenhancer*- oder *Spleißsilencer*sequenzen in der prä-mRNA binden. Die regulatorischen Moleküle eröffnen mehrere Möglichkeiten zum Spleißen einer bestimmten prä-mRNA, wodurch jedes einzelne Gen Dutzende oder sogar Hunderte alternativer mRNAs bilden kann. Das Innenohr der Vögel liefert ein bemerkenswertes Beispiel. Dort werden 576 alternativ gespleißte Formen von mRNA aus einem einzigen Kaliumkanal-Gen gebildet. Die Expression verschiedener Untergruppen dieser mRNAs in verschiedenen Zellen des Innenohrs erleichtert die Wahrnehmung unterschiedlicher Geräuschfrequenzen.

In ▶*Abbildung 23.30* wird ein weiteres gut belegtes Beispiel für alternatives Spleißen vorgestellt. In diesem Fall wirkt die mRNA mit, die einen Antikörpertyp kodiert, das *Immunglobulin M* (*IgM*). Das IgM-Protein existiert in zwei Formen, einer sekretierten Version und einer Version, die in die Plasmamembran der Zelle, die es bildet, eingebaut wird. Wie alle Antikörper setzt sich auch IgM aus vier Polypeptiduntereinheiten zusammen – zwei schweren und zwei leichten Ketten. Die Sequenz der schweren Kette bestimmt, ob IgM sekretiert oder an die Membran gebunden wird. Das Gen, das die schwere Kette kodiert, besitzt zwei alternative Poly-(A)-Stellen, an denen die RNA-Transkripte enden, sodass zwei Arten von prä-mRNA-Molekülen entstehen können, die sich am 3′-Ende unterscheiden. Die Exons in diesen prä-mRNAs werden dann auf zwei verschiedene Weisen zusammengespleißt. Daraus gehen mRNAs hervor, die entweder die sekretierte Version der schweren Kette kodieren oder in die Plasmamembran eingebaut werden. Nur das Spleißmuster der membrangebundenen Version besitzt Exons, welche die hydrophobe Aminosäuredomäne kodieren. Diese Aminosäuredomäne verankert die schwere Kette in der Plasmamembran.

Nach dem Spleißen der RNA wird die mRNA im nächsten kontrollierten posttranskriptionalen Schritt durch die Kernporen in das Cytoplasma transportiert. Man weiß, dass dieser Schritt einer Kontrolle unterliegt, weil RNAs, die einen Defekt beim Capping oder Spleißen aufweisen, nicht ohne Weiteres aus dem Zellkern exportiert werden. Sogar bei normalen RNAs werden bestimmte Moleküle so lange im Zellkern zurückgehalten, bis ihr Export durch einen Reiz ausgelöst wird, der signalisiert, dass eine

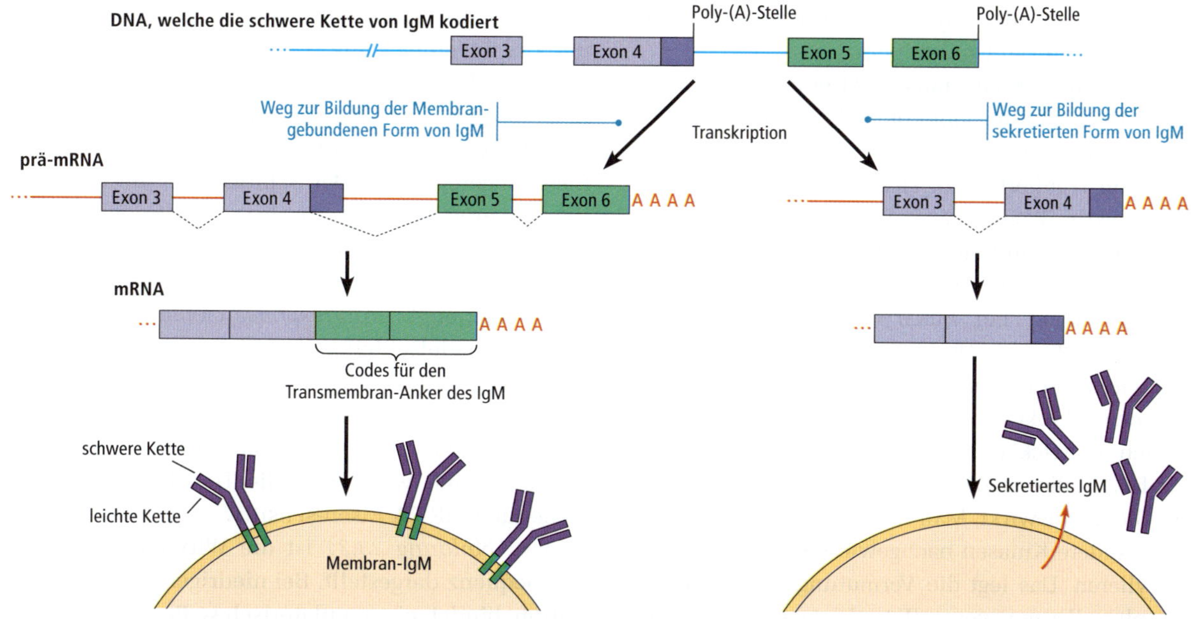

Abbildung 23.30: Alternatives Spleißen zur Bildung verschiedener Genprodukte. Das Antikörperprotein Immunglobulin M (IgM) existiert in zwei Formen: sekretiertes IgM und membrangebundenes IgM. Sie unterscheiden sich in den Carboxylenden ihrer schweren Ketten. Ein einzelnes Gen trägt die genetische Information für beide IgM-Typen der schweren Kette. Das Ende des Gens, das dem C-Terminus des Polypeptids entspricht, ist oben in der Abbildung dargestellt. Diese DNA hat zwei mögliche Stellen, an der eine neue Poly-(A)-Sequenz angefügt werden kann, wo die RNA-Transkripte enden können, und vier Exons, die in zwei alternativen Konfigurationen gespleißt werden können. Die in den primären Transkripten durchgeführten Spleißvorgänge sind durch die V-Form angegeben, unterhalb jeder prä-mRNA als dünne, gestrichelte Linien eingezeichnet. Ein Spleißmuster, das eine Spleißstelle innerhalb von Exon 4 nutzt und die Exons 5 und 6 beibehält, führt zur Synthese von Membran-IgM mit schweren Ketten, die in der Plasmamembran durch einen Transmembrananker gehalten werden, der von den Exons 5 und 6 kodiert wird. Das alternative Produkt wird sekretiert, weil im Exon 4 kein Spleißvorgang stattfindet, und das Transkript nach Exon 4 endet.

bestimmte mRNA für die Translation im Cytoplasma benötigt wird. Außerdem wurde bei viralen RNAs, die in infizierten Zellen gebildet werden, eine Kontrollfunktion nachgewiesen. Beispielsweise bildet HIV – das für AIDS verantwortliche Virus – ein RNA-Molekül, das so lange im Zellkern verbleibt, bis ein virales Protein, das Rev, synthetisiert wurde. Zur Aminosäuresequenz des Rev-Proteins gehört ein *Kern-Exportsignal* (*Abschnitt 18.5.2*). Dieses Exportsignal ermöglicht es Rev, den Export der viralen RNA durch die Kernporen in das Cytoplasma zu steuern.

23.4.2 Die Translationsgeschwindigkeit kann durch Initiationsfaktoren und Translationsrepressoren kontrolliert werden

Nachdem mRNA-Moleküle aus dem Zellkern in das Cytoplasma transportiert wurden, greifen mehrere Mechanismen zur Translationskontrolle. Sie regulieren die Geschwindigkeit, mit der jede mRNA in ihr Polypeptidprodukt translatiert wird. Einige Mechanismen der Translationskontrolle bewerkstelligen ihre Kontrollfunktion, indem sie Ribosomen oder Proteinsynthesefaktoren ändern, andere regulieren die Aktivität und/oder Stabilität der mRNA. Sowohl bei Bakterien als auch bei Eukaryoten findet eine Translationskontrolle statt, doch werden wir unsere Darstellung auf einige eukaryotische Beispiele begrenzen.

Ein gut untersuchter Fall der Translationskontrolle findet bei sich entwickelnden Erythrocyten statt. Hier sind *Globin*polypeptidketten das Hauptprodukt der Translation. Die Synthese von Globin hängt von der Verfügbarkeit von *Häm* ab – der eisenhaltigen prosthetischen Gruppe, die an Globinketten bindet und das endgültige Proteinprodukt, Hämoglobin, bildet. Normalerweise synthetisieren sich entwickelnde Erythrocyten Globin mit hoher Geschwindigkeit. Allerdings wäre die Globinsynthese reine Verschwendung, wenn nicht genügend Häm bereitstünde, um die Bildung von Hämoglobinmolekülen zum Abschluss zu bringen. Daher haben die Erythrocyten einen Mechanismus entwickelt, um die Polypeptidsynthese an die Verfügbarkeit von Häm zu koppeln.

An diesem Mechanismus wirkt eine Proteinkinase mit, der sogenannte *Häm-kontrollierte Inhibitor* (*HCI*; engl.: *heme-controlled inhibitor*), dessen Aktivität von Häm reguliert wird. HCI ist in Gegenwart von Häm inaktiv. Wenn jedoch kein Häm verfügbar ist, phosphoryliert und hemmt HCI den Initiationsfaktor eIF2, eines von mehreren Proteinen, die zur Initiation der Translation bei Eukaryoten benötigt werden (*Abschnitt 22.2.1*). Die verminderte Aktivität von eIF2 senkt die gesamte Translationsaktivität. Jedoch machen Globinketten mehr als 90 % der Polypeptide in sich entwickelnden Erythrocyten aus, weshalb sich HCI in diesen Zellen vor allem auf die Synthese von Globin auswirkt. Man hat in verschiedenen Zelltypen andere Kinasen nachgewiesen, die eIF2 phosphorylieren. Das legt die Vermutung nahe, dass die Phosphorylierung von eIF2 ein weit verbreiteter Mechanismus zur Regulation der Translation ist.

Der Einsatz der Proteinphosphorylierung zur Kontrolle der Transkription beschränkt sich nicht auf die Wirkung von eIF2. Der eukaryotische Initiationsfaktor eIF4F, ein Multiproteinkomplex, der an die 5′-mRNA-Kappe bindet, wird ebenfalls durch Phosphorylierung reguliert. In diesem Fall wird der Initiationsfaktor durch die Phosphorylierung aktiviert und nicht gehemmt. Ein Beispiel für diesen Typ der Kontrolle findet man in Zellen, die mit dem Adenovirus infiziert sind. Das Adenovirus hemmt die Proteinsynthese in infizierten Zellen, indem es die Phosphorylierung von eIF4E blockiert, der Kappenbindeuntereinheit von eIF4F. Andere Viren hemmen den eIF4F-Komplex, indem sie Proteasen bilden, die eIF4F in zwei Fragmente spalten. Ein Fragment enthält die Stelle, die an die 5′-Kappe der mRNA-Moleküle bindet, und das andere die Ribosomenbindestelle. Überraschenderweise kann das Ribosomenbindefragment immer noch die Translation der viralen (aber nicht der zellulären) mRNA initiieren, indem es an die *IRES*-Sequenz bindet, die direkt stromaufwärts vom Startcodon einiger viraler mRNAs liegt (*Abschnitt 22.2.1*). Dadurch kann das Virus die Translationsmaschinerie kapern, um seine eigene mRNA zu translatieren, und zugleich die Translation normaler zellulärer mRNAs abschalten.

Die bisher besprochenen Mechanismen der Translationskontrolle sind relativ unspezifisch, denn sie betreffen die Translationsgeschwindigkeiten aller mRNAs in einer Zelle. Einem spezifischeren Typ der Translationskontrolle begegnen wir bei dem Beispiel von *Ferritin*, einem Eisenspeicherprotein, dessen Synthese selektiv durch die Gegenwart von Eisen angeregt wird. Der Schlüssel zu dieser selektiven Anregung liegt in der nicht-translatierten 5′-Leader-Sequenz der Ferritin-mRNA. Sie enthält ein 28-Nucleotidsegment – das **Eisen-Response-Element** (**IRE**; engl.: *iron-response element*). Es bildet eine Haarnadelschleife, die zur Anregung der Ferritinsynthese durch Eisen benötigt wird. Wenn die IRE-Sequenz experimentell in ein Gen inseriert wird, dessen Expression normalerweise nicht durch Eisen reguliert wird, wird die Translation der entstehenden mRNA Eisen-sensitiv.

In ▸*Abbildung 23.31* ist die Wirkungsweise der IRE-Sequenz dargestellt. Bei niedriger Eisenkonzentration bindet ein regulatorisches Protein mit der Bezeichnung *IRE-Bindeprotein* an die IRE-Sequenz in der Ferritin-mRNA. Damit wird verhindert, dass die mRNA mit ribosomalen Untereinheiten einen Initiationskomplex bildet. Das IRE-Bindeprotein ist allerdings ein allosterisches Protein, dessen Aktivität durch Bindung an Eisen kontrolliert werden kann. Bei höherer Eisenkonzentration bindet das Protein an ein Eisenatom und durchläuft eine Konformationsänderung, die eine Bindung an IRE verhindert. Dadurch kann die Ferritin-mRNA translatiert werden. Das IRE-Bindeprotein steht daher beispielhaft für einen **Translationsrepressor**, der selektiv die Translation einer bestimmten mRNA kontrolliert. Dieser Typ der Translationskontrolle gibt Zellen die Möglichkeit, schneller auf spezifische Änderungen in der Umwelt zu reagieren als durch Transkriptionskontrolle.

Andere Proteine wirken ebenfalls als Translationsrepressoren, doch binden sie an nicht-translatierte 3′-Regionen spezifischer mRNAs. Ein Beispiel für einen solchen Kontrolltyp sind die *PUF*-Proteine. Sie regulieren die Translation von Proteinen, die bei der Entwicklung eine wichtige Aufgabe übernehmen. Wir werden später noch sehen, dass es außer den Translationsrepressormolekülen eine weitere wichtige Klasse kleiner RNAs gibt – MikroRNAs –, die zur Regulation der Translation gleichfalls mit dem 3′-UTR in Wechselwirkung treten.

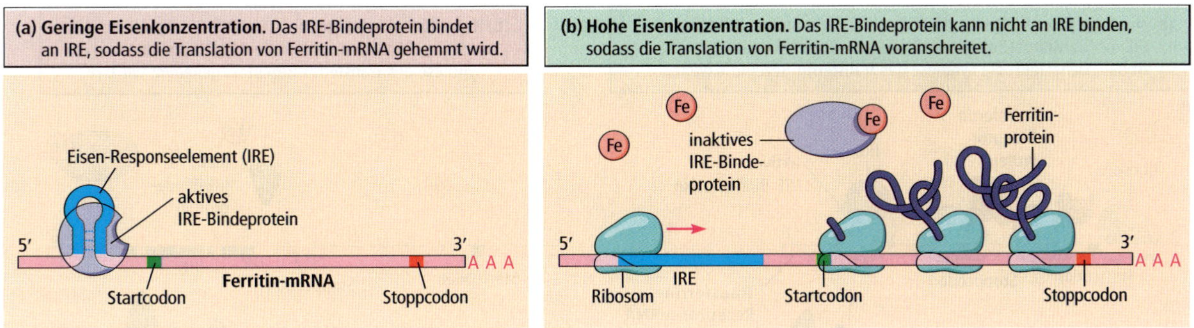

Abbildung 23.31: Translationskontrolle als Antwort auf Eisen. (a) Ein Eisen-Response-Element (IRE; engl.: *iron-response element*), das in der nicht-translatierten 5′-Region der Ferritin-mRNA lokalisiert ist, bildet eine Haarnadelschleifenstruktur, die vom IRE-Bindeprotein gebunden wird. Dieses hemmt die Initiation der Translation. (b) Bei hoher Eisenkonzentration bindet Eisen an das IRE-Bindeprotein und führt eine Konformationsänderung herbei, sodass IRE nicht erkannt wird. Ribosomen können sich daher auf der Ferritin-mRNA ansammeln und diese translatieren.

23.4.3 Die Translation kann auch durch Regulation des mRNA-Abbaus kontrolliert werden

Die Translationsgeschwindigkeiten werden auch durch Änderungen der Stabilität der mRNA kontrolliert. Das bedeutet, wenn ein mRNA-Molekül schneller abgebaut wird, dann bleibt weniger Zeit für die Translation. Die Geschwindigkeit des Abbaus kann man mit *Pulse-Chase-Experimenten* messen: Zuerst werden die Zellen für kurze Zeit („Pulse“) in einer radioaktiven Verbindung inkubiert, die in die mRNA eingebaut wird. Dann werden die Zellen in ein nicht-radioaktives Medium gegeben und weiter inkubiert („Chase“). Während der Chase-Phase nimmt die Zelle keine Radioaktivität mehr auf, sodass der Verlauf der zuvor in die mRNA eingebauten Radioaktivität gemessen werden kann. Mit Hilfe dieses Verfahrens können Wissenschaftler die *Halbwertszeit* einer mRNA messen. Die Halbwertszeit ist die Zeit, die benötigt wird, um 50 % der ursprünglichen (radioaktiven) RNA abzubauen.

Die Halbwertszeiten eukaryotischer mRNAs schwanken erheblich. Einige Wachstumsfaktor-mRNAs werden innerhalb von 30 Minuten oder kürzer abgebaut, mRNAs, die β-Globin kodieren, erst nach mehr als zehn Stunden. Die Länge des Poly-(A)-Schwanzes ist ein Faktor, der bei der Kontrolle der mRNA-Stabilität eine Rolle spielt. Messenger-RNAs mit kurzem Poly-(A)-Schwanz sind tendenziell weniger stabil als mRNAs mit längeren Poly-(A)-Schwänzen. In einigen Fällen wird die Stabilität auch von spezifischen Merkmalen der nicht-translatierten 3′-Region beeinflusst. Zum Beispiel haben kurzlebige mRNAs für mehrere Wachstumsfaktoren in dieser Region bestimmte *AU-reiche Elemente*. Die AU-reichen Sequenzen lösen das Entfernen des Poly-(A)-Schwanzes durch Abbauenzyme aus. Wenn man mit rekombinanten DNA-Techniken ein AU-reiches Element an das 3′-Ende einer normalerweise stabilen Globin-mRNA transferiert, hat die Hybrid-mRNA die für eine Wachstumsfaktor-mRNA typische Halbwertszeit.

Eine weitere Möglichkeit zur Regulation der mRNA-Stabilität stellen wir am Beispiel von Eisen vor. Eisen wirkt nicht nur an der soeben beschriebenen Translationskontrolle mit, sondern spielt auch bei der Kontrolle des mRNA-Abbaus eine wichtige Rolle. Die Aufnahme von Eisen in Säugetierzellen wird von einem Rezeptorprotein der Plasmamembran vermittelt, dem *Transferrinrezeptor*. Bei niedriger Eisenkonzentration wird die Synthese des Transferrinrezeptors durch einen Mechanismus angeregt, der die mRNA des Transferrinrezeptors vor dem Abbau schützt. Dadurch stehen mRNA-Moleküle zur Translation bereit. Wie in ▸*Abbildung 23.32* dargestellt, wirkt IRE an diesem Kontrollmechanismus mit (ähnlich der Ferritin-mRNA). IRE ist in der nicht-translatierten 3′-Region der Transferrinrezeptor-mRNA lokalisiert. Wenn die intrazelluläre Eisenkonzentration niedrig ist und Eisen aufgenommen werden muss, bindet das IRE-Bindeprotein an dieses IRE und schützt die mRNA vor dem Abbau. Bei hoher Eisenkonzentration in der Zelle und keinem weiteren Eisenbedarf bindet das IRE-Bindeprotein an ein Eisenatom und dissoziiert von der mRNA, sodass die mRNA abgebaut werden kann.

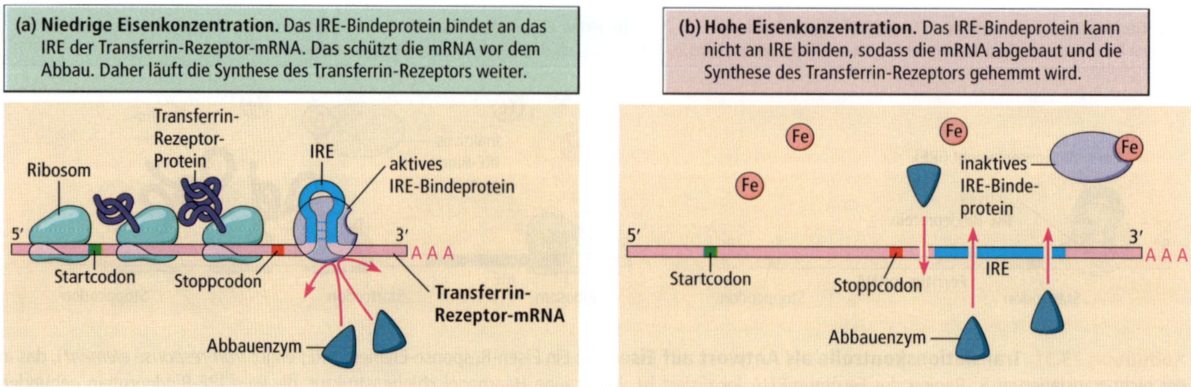

Abbildung 23.32: Kontrolle des mRNA-Abbaus als Antwort auf Eisen. Der Abbau der mRNA, die den Transferrinrezeptor kodiert, ein für die Eisenaufnahme benötigtes Protein, wird vom gleichen IRE-Bindeprotein reguliert, das Sie aus *Abbildung 23.31* kennen. (a) Bei niedriger intrazellulärer Eisenkonzentration bindet das IRE-Bindeprotein in der nicht-translatierten 3′-Region der Transferrinrezeptor-mRNA an IRE. Das schützt die mRNA vor dem Abbau und das Transferrinrezeptorprotein kann synthetisiert werden. (b) Bei hoher Eisenkonzentration binden Eisenatome an das IRE-Bindeprotein, worauf das IRE dissoziiert. Dann ist die mRNA dem Zugriff von Abbauenzymen ausgesetzt.

Es gibt zwei allgemeine Mechanismen zum Abbau von mRNAs. Der Hauptunterschied liegt darin, ob die mRNA in der 3′→5′-Richtung oder in der 5′→3′-Richtung abgebaut wird. Auf dem 3′→5′-*Abbauweg* wird der Poly-(A)-Schwanz gekürzt, die Poly-(A)-Bindeproteine werden vom 3′-Ende der mRNA entfernt und die RNA-Kette wird vom cytoplasmatischen **Exosom** abgebaut. Das Exosom ist ein Komplex aus mehreren 3′→5′-Exonucleasen. Wenn das Exosom schließlich am 5′-Ende der mRNA angelangt ist, wird die 5′-Kappe von einem Enzym abgebaut. Im Gegensatz dazu findet auf dem 5′→3′-*Abbauweg* eine Kürzung des Poly-(A)-Schwanzes am 3′-Ende statt, woraufhin sofort die Kappe vom 5′-Ende entfernt wird. Anschließend wird die mRNA von 5′→3′-Endonucleasen abgebaut. Die am 5′→3′-Abbauweg mitwirkenden Enzyme sind in cytoplasmatischen Strukturen konzentriert, den sogenannten *mRNA-Prozessierungskörpern* oder einfach **P-Körpern** (engl.: *P bodies*). Die P-Körper spielen nicht nur beim mRNA-Abbau eine Rolle, sondern dienen auch vorübergehend als Speicherorte nicht-translatierter mRNAs sowie zur Rekrutierung von Proteinen, die an der RNA-Interferenz mitwirken. Mit der RNA-Interferenz werden wir uns nun beschäftigen.

23.4.4 Die RNA-Interferenz nutzt kleine RNAs zur Hemmung der Expression von Genen mit komplementären Basensequenzen

Regulatorische Proteine wie IRE-Bindeproteine und PUF-Proteine, die an spezifische mRNAs binden, sind nicht die einzigen Moleküle, mit deren Hilfe Zellen die Aktivität der mRNA kontrollieren. Einzelne mRNAs werden auch von einer Klasse kleiner RNA-Moleküle kontrolliert, welche die Expression von mRNAs hemmen, die Sequenzen enthalten, die mit Sequenzen in den kleinen RNAs komplementär sind. Diese RNA-vermittelte Inhibition, die sogenannte **RNA-Interferenz** (oder **RNAi**; engl.: *RNA interference*) beruht auf der Fähigkeit kleiner mRNAs, den mRNA-Abbau auszulösen, die mRNA-Translation zu hemmen oder die Translation des Gens zu hemmen, das eine bestimmte mRNA kodiert.

Der zuerst entdeckte Typ der RNA-Interferenz tritt bei doppelsträngiger RNA auf. Wenn beispielsweise Pflanzen mit einem Virus infiziert wurden, das im Laufe seiner Lebensspanne doppelsträngige RNA bildet, begrenzen die infizierten Zellen die Infektion, indem sie die Expression viraler Gene reduzieren. Außerdem ist dieser Effekt nicht auf virale Gene beschränkt. Wenn man mit gentechnischen Methoden ein normales Pflanzengen in ein Virus inseriert, verringern die mit dem Virus infizierten Zellen die Expression ihrer eigenen Kopie desselben Gens. 1998 wiesen Andrew Fire und Craig Mello die kausale Rolle der doppelsträngigen RNA bei diesem Typ des Gen-Silencing nach. Sie berichteten, dass sie durch Injektion doppelsträngiger RNA in Würmer die Mengen von RNA-Transkripten erheblich reduzieren konnten, die Sequenzen enthielten, die mit denen in der doppelsträngigen RNA komplementär waren. Da ihre Untersuchungen das Fundament für das neue Gebiet der Biologie legten, bei dem man sich mit den Rollen auseinandersetzt, die kleine RNAs bei der Kontrolle der Genexpression übernehmen, wurde die Leistung von Fire und Craig im Jahr 2006 mit dem Nobelpreis gewürdigt.

In ▶*Abbildung 23.33* ist dargestellt, wie doppelsträngige RNAs die Expression spezifischer Gene ausschalten. Zuerst spaltet eine cytoplasmatische Ribonuclease, der sogenannte **Dicer**, die doppelsträngige RNA in Fragmente mit einer Länge von ungefähr 21 bis 22 Basenpaaren. Die resultierenden doppelsträngigen Fragmente, die **siRNAs** (engl.: *small interfering* oder *silencing RNAs*), verbinden sich dann mit einem Proteinkomplex, der die Genexpression hemmt, dem **RISC** (engl.: *RNA-induced silencing complex*). Diesen besonderen Typ von RISC bezeichnet man als siRISC, denn seine siRNA-Komponenten bestimmen, welches Gen für die Hemmung ausgewählt wird.

Nachdem die siRNA in einen siRISC eingebaut wurde, wird einer der siRNA-Stränge abgebaut. Die verbleibende einzelsträngige RNA bindet dann über eine komplementäre Basenpaarung an ein Ziel-mRNA-Molekül. Wenn eine perfekte (oder fast perfekte) Paarung zwischen siRNA und mRNA gelungen ist, wird der mRNA-Abbau durch einen **Slicer** initiiert. Ein Slicer ist eine Ribonucleasekomponente der siRISC, welche die mRNA in der Mitte der komplementären Stelle spaltet. Wenn die Paarung zwischen siRNA und mRNA nicht perfekt gelungen ist, kann die Translation der mRNA gehemmt werden, aber die mRNA wird nicht abgebaut. Es gibt auch einige Fälle, in denen siRISC in den Zellkern gelangt und von seiner siRNA zu komplementären Kern-DNA-Sequenzen geführt wird. Nachdem siRISC mit diesen Gensequenzen assoziiert hat, legt er deren Expression still. Die Stilllegung erfolgt durch Anregen der DNA-Methylierung und/oder Rekrutierung eines Enzyms, das Methylgruppen an Histone anfügt. Dadurch wird die Bildung einer im Hinblick auf die Translation inaktiven, kondensierten Form von Chromatin (Heterochromatin) ausgelöst.

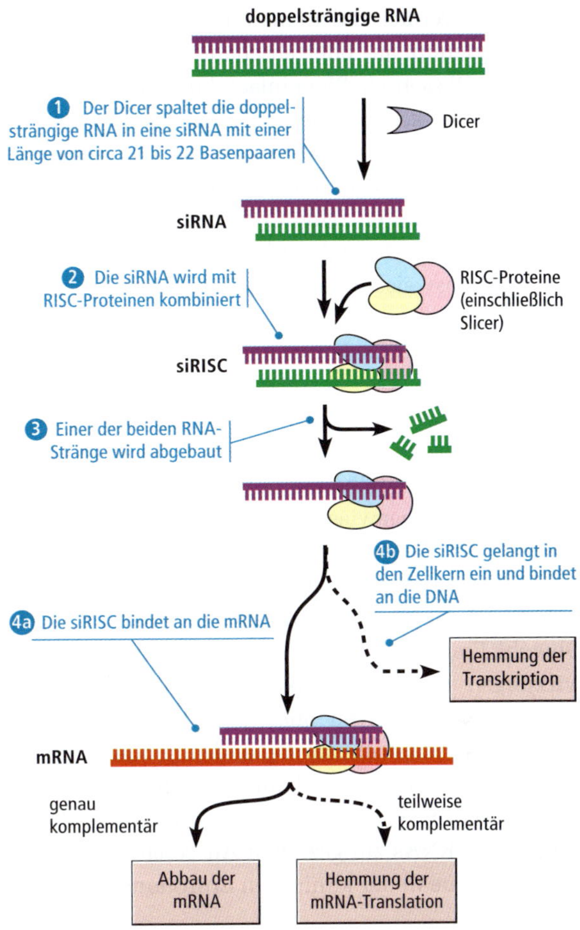

Abbildung 23.33: RNA-Interferenz durch doppelsträngige RNA. Wenn eine Zelle auf doppelsträngige RNA triff, spaltet der Dicer sie in eine siRNA mit einer Länge von 21 bis 22 Basenpaaren. Die siRNA wird anschließend mit RISC-Proteinen kombiniert und bildet einen siRISC. Nachdem einer der beiden siRNA-Stränge abgebaut wurde, bindet der verbleibende Strang den siRISC über komplementäre Basenpaarung entweder an ein Ziel-mRNA-Molekül im Cytoplasma 4a oder an eine Ziel-DNA-Sequenz im Zellkern 4b. Dadurch wird die Genexpression entweder bei der Translation oder der Transkription stillgelegt. Am häufigsten (angezeigt durch die durchgehenden dunklen Pfeile) ist eine exakte komplementäre Paarung zwischen der siRNA und einer entsprechenden mRNA. Dadurch wird eine Spaltung der mRNA durch den Slicer ausgelöst, einer Enzymkomponente des siRISC.

Die RNA-Interferenz mag in der Evolution zur zellulären Verteidigung gegen Viren entstanden sein, die doppelsträngige RNA nutzen. Die RNA-Interferenz hat sich als wichtiges Hilfsmittel im Labor erwiesen, denn sie gibt Wissenschaftlern die Möglichkeit, selektiv die Expression aller Gene abzuschalten, die sie untersuchen möchten. Da heutzutage vollständige Genomsequenzen vieler Organismen zur Verfügung stehen, kann die Funktion jedes einzelnen Gens systematisch untersucht werden, indem man das Gen mit Hilfe der RNA-Interferenz an- oder abschaltet. Dafür synthetisieren die Wissenschaftler einfach kurze siRNAs (oder erwerben sie kommerziell), die mit Sequenzen in Genen, die sie ausschalten möchten, komplementär sind. Durch Einbringen dieser synthetischen siRNAs in Zellen können einzelne Gene nacheinander abgeschaltet werden. Die außerordentliche Effektivität dieser Vorgehensweise wird deutlich, wenn man erfährt, dass 98 % der ungefähr 20.000 Protein-kodierenden Gene des Wurms *C. elegans* nacheinander abgeschaltet wurden.

Ein weiteres mögliches Anwendungsgebiet für siRNAs ist das Silencing von Genen, die an der Entwicklung von Krankheiten mitwirken. Man hat beispielsweise nachgewiesen, dass man durch Injektion von siRNAs, die gegen ein Gen gerichtet waren, das am Cholesterinmetabolismus beteiligt ist, den Cholesterinspiegel im Blut von Mäusen senken konnte. Obwohl Fragen im Hinblick auf Sicherheit, Nebenwirkungen und Wirksamkeit noch unbeantwortet sind, geht man davon aus, dass der Einsatz von siRNAs als Wirkstoffe zur Behandlung oder Vorbeugung gegen Erkrankungen beim Menschen eine große Zukunft haben wird. Mittlerweile sind einige therapeutische siRNAs zur gezielten Ausschaltung pathogener Proteine in der klinischen Erprobung.

23.4.5 Von normalen Zellgenen gebildete MikroRNAs hemmen die Translation von mRNAs, die für die Entwicklung eine wichtige Rolle spielen

Der Nachweis, dass die Genexpression durch Einführen doppelsträngiger RNAs in Zellen stillgelegt werden kann, brachte die Frage auf, ob alle normalen Gene RNAs bilden, die auf ähnliche Weise funktionieren. Auf der Suche nach solchen Molekülen entdeckte man die **MikroRNAs (miRNAs)**. miRNAs sind eine Klasse von einzelsträngigen RNAs mit einer Länge von 21 bis 22 Nucleotiden, die von Genen gebildet werden, die in fast allen Eukaryoten vorkommen. Diese miRNAs binden und regulieren die Expression von mRNAs, die von Genen gebildet werden, die nicht mit den Genen in Verbindung stehen, die miRNAs bilden.

Wie in ▶*Abbildung 23.34* dargestellt, werden Gene, die miRNAs bilden, zuerst in längere RNA-Moleküle transkribiert, die sogenannten *primären miRNAs* (*pri-miRNAs*; engl.: *primary microRNAs*). Sie bilden Haarnadelschleifen. Die pri-miRNAs werden durch sequenzielle Prozessierung zu reifen miRNAs. Zuerst spaltet das Kernenzym **Drosha** die pri-miRNAs zu kleineren Haarnadel-RNAs, den *Vorläufer-MikroRNAs* (*pre-miRNAs*; engl.: *precursor microRNAs*) mit einer Länge von ungefähr 70 Nucleotiden. Dann werden die pre-miRNAs in das Cytoplasma transportiert, wo der Dicer die Haarnadelschleife spaltet, sodass zwei komplementäre kurze, 21 bis 22 Nucleotide lange RNA-Moleküle entstehen.

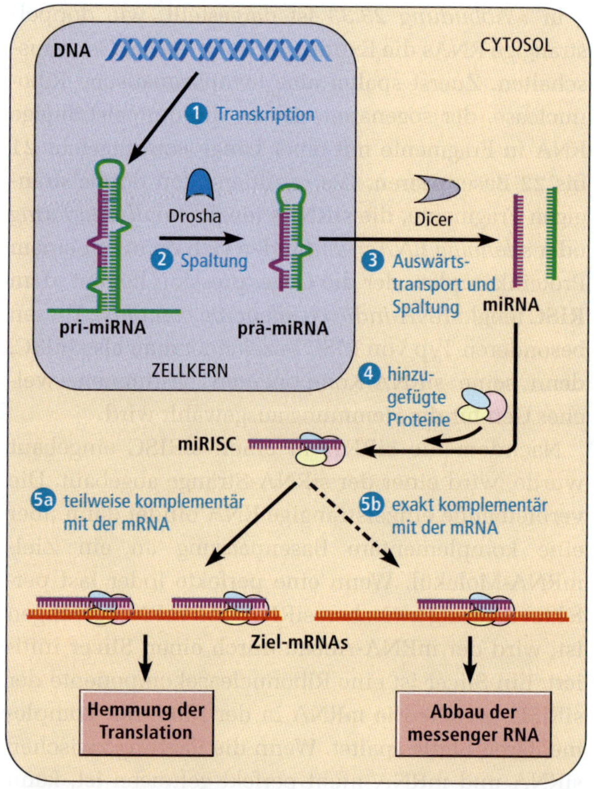

Abbildung 23.34: Translationales Silencing durch MikroRNAs. miRNAs werden in einem mehrstufigen Vorgang gebildet. ❶ Zuerst wird ein miRNA-Gen in ein primäres Transkript transkribiert (pri-miRNA), das eine Haarnadelschleife bildet. ❷ Das Kernenzym Drosha spaltet die pri-miRNA in kleinere (ungefähr 70 Nucleotide) lange Haarnadel-RNAs (prä-miRNA), die dann ❸ aus dem Zellkern transportiert und vom Dicer gespalten wird; das 21 bis 22 Nucleotide lange miRNA-Molekül wird freigesetzt. ❹ Dann verbindet die miRNA sich mit den RISC-Proteinen und bildet einen miRISC. Dieser wird von seiner miRNA zu mRNAs geleitet, deren Sequenzen mit denen der miRNA komplementär sind. 5a In den meisten Fällen binden multiple miRISCs über teilweise komplementäre Sequenzen an die gleiche mRNA und hemmen die Translation. 5b In einigen Fällen ist die miRNA genau mit einer Stelle in einer bestimmten mRNA komplementär. Das führt zum Abbau der mRNA durch einen Mechanismus, der dem bei siRNAs ähnelt.

Eine der kurzen RNAs ist die reife miRNA, die mit einem Proteinkomplex einen **miRISC** bildet. Jeder miRISC hemmt die Expression von mRNAs, die eine Basensequenz enthalten, die mit der Basensequenz der miRNA komplementär ist, die im miRISC liegt. Die Wechselwirkungen zwischen miRISCs und ihren Ziel-mRNAs findet vor allem in cytoplasmatischen P-Körpern statt. Manchmal ist eine miRNA in einem bestimmten miRISC genau komplementär mit einer Sequenz in einer Ziel-mRNA. In solchen Fällen wird die Ziel-mRNA durch einen Mechanismus zerstört, der dem Mechanismus ähnelt, den man bei siRNAs beobachtet. Es kommt allerdings häufiger vor, dass miRNAs nur teilweise mit den Stellen in der Ziel-mRNA komplementär sind. Bei Bindung von miRISCs an partiell komplementäre Stellen wird nicht der Abbau der Ziel-mRNA ausgelöst, sondern die Translation der Ziel-mRNA wird gehemmt. Damit dieser inhibitorische Effekt greifen kann, müssen multiple miRISCs an verschiedene, teilweise komplementäre Stellen in einer bestimmten Ziel-mRNA binden. Diese Form der Inhibition ist aber nicht unbedingt von Dauer. Veränderte zelluläre Bedingungen können eine mRNA von den hemmenden miRISCs freisetzen. Dabei bewegt sich die mRNA von den P-Körpern zu aktiv translatierenden Ribosomen.

In jüngster Zeit hat man Hinweise darauf gefunden, dass eukaryotische Genome zu ungefähr fünf Prozent aus Genen bestehen, die miRNAs kodieren. Bei Säugetieren entspricht dies ungefähr 1.000 miRNA-Genen. Die von diesen Genen gebildeten miRNAs können an die Zielstellen von etwa 200 verschiedenen mRNAs binden, und viele miRNAs zielen gemeinsam auf mehrere mRNAs ab. miRNAs scheinen bei der Steuerung der embryonalen Entwicklung eine wichtige Rolle zu spielen, vor allem bei der Bildung spezialisierter Zelltypen wie Neuronen, Immunzellen sowie Skelett- und Herzmuskelzellen. Bei einer Methode zur Aufklärung der Rollen, die miRNAs bei der Entwicklung spielen, arbeitete man mit der Gen-Knockout-Technik (*Abschnitt 20.9.5*). Mit Hilfe dieser Technik schaltete man spezifische miRNA-Gene in Mäuseembryos aus. Bei einem dieser Experimente führte die Deletion eines miRNA-Gens, *miR-1-2*, zu schweren Herzdefekten, an denen mehr als die Hälfte der Mäuse während der Embryonalentwicklung oder während der ersten Lebensmonate starben. Bisher hat man mindestens ein Dutzend mRNAs identifiziert, die für die Regulation durch miR-1-2-miRNAs bestimmt sind. Diese Gruppe umfasst mRNAs, die Transkriptionsfaktoren kodieren, welche die Entwicklung der Muskelzellen regulieren, sowie eine mRNA, die eine Untereinheit eines Kaliumkanals kodiert, der dazu beiträgt, das Ruhepotenzial der Membran aufrechtzuhalten.

23.4.6 Zur posttranslationalen Kontrolle gehören Abbau und Modifikationen der Struktur und Funktion von Proteinen

Nachdem durch Translation eines mRNA-Moleküls eine Polypeptidkette synthetisiert wurde, bleiben noch viele Möglichkeiten zur Regulation der Aktivität des Polypeptidprodukts offen. Damit sind wir bei der letzten Kontrollstufe der Genexpression angelangt, nämlich den verschiedenen **posttranslationalen Kontroll**mechanismen zur Modifikation der Proteinstruktur und der Proteinfunktion (siehe *Abbildung 23.10*, Schritt ⑤). Zu dieser Kategorie zählen reversible Strukturveränderungen, die sich auf die Proteinfunktion auswirken, beispielsweise die Proteinphosphorylierung und -dephosphorylierung sowie dauerhafte Veränderungen, zum Beispiel die proteolytische Spaltung. Weitere posttranslationale Ereignisse, die der Regulation unterliegen, sind die Steuerung der Proteinfaltung durch Chaperone, das Dirigieren von Proteinen zu intrazellulären und extrazellulären Orten und die Wechselwirkung von Proteinen mit regulatorischen Molekülen oder Ionen wie cAMP oder Ca^{2+}. Diese posttranslationalen Ereignisse werden wir in einem anderen Rahmen darstellen, doch möchten wir sie an dieser Stelle erwähnen, um zu betonen, dass der Informationsfluss in der Zelle erst dann abgeschlossen ist, wenn ein funktionstüchtiges Genprodukt zur Verfügung steht.

Bisher haben wir uns mit den Kontrollmechanismen befasst, die Einfluss auf die Genexpression haben, indem sie die Geschwindigkeit beeinflussen, mit der jedes Gen sein Protein bildet. Allerdings wird die Proteinmenge in einer Zelle ebenso von der Geschwindigkeit beeinflusst, mit der das Protein abgebaut wird, genau wie von der Geschwindigkeit, mit der das Protein gebildet wird. Somit stellt die Regulation der Geschwindigkeit des Proteinabbaus einen weiteren wichtigen Mechanismus zur Einflussnahme auf die Genexpression dar.

Die relativen Beiträge, welche die Geschwindigkeiten der Proteinsynthese und des Proteinabbaus zur endgültigen Konzentration eines jeden Proteins in einer Zelle leisten, werden durch folgende Gleichung zusammengefasst:

$$P = \frac{k_{syn}}{k_{deg}} \qquad (23\text{-}1)$$

P ist die Konzentration eines bestimmten vorliegenden Proteins, k_{syn} ist die Geschwindigkeitskonstante der Proteinsynthese und k_{deg} die Geschwindigkeitskonstante des Proteinabbaus. Im Fall der mRNAs haben wir gesehen, dass die Geschwindigkeitskonstanten für den Abbau häufig als Halbwertszeit ausgedrückt werden. Die Halbwertszeiten zellulärer Proteine schwanken zwischen wenigen Minuten bis zu mehreren Wochen. Derartig große Unterschiede können sich drastisch auf die Fähigkeit verschiedener Proteine auswirken, auf veränderte Umweltbedingungen zu reagieren.

Ein faszinierendes Beispiel liefert uns das Verhalten von Leberzellen, die mit dem Steroidhormon Kortison in Kontakt gebracht werden. Kortison regt die Synthese verschiedener metabolischer Enzyme an. Als Wissenschaftler den Einfluss von Kortison auf zwei Leberenzyme untersuchten, die am Aminosäuremetabolismus mitwirken, *Tryptophanpyrrolase* und *Arginase*, beobachteten sie einen deutlichen Unterschied. Die Konzentration von Tryptophanpyrrolase stieg schnell um das Zehnfache an, während die Konzentration von Arginase nur leicht anstieg. Auf den ersten Blick könnte man aus diesen Daten folgern, dass Kortison selektiv die Synthese von Tryptophanpyrrolase anregt. Tatsächlich stimuliert Kortison gleichermaßen sowohl die Synthese von Tryptophanpyrrolase als auch von Arginase. Die Erklärung für den scheinbaren Widerspruch liegt darin, dass Tryptophanpyrrolase eine wesentlich kürze Halbwertszeit (größeres k_{deg}) als Arginase hat. Mit Hilfe der mathematischen Beziehung aus Gleichung 23-1 kann man berechnen, dass die Konzentration eines Proteins mit kurzer Halbwertszeit (großes k_{deg}) sich als Antwort auf eine andere Synthesegeschwindigkeit stärker ändert als die Konzentration eines Proteins mit längerer Halbwertszeit. Aus diesem Grund haben Enzyme mit wichtiger metabolischer Regulationsfunktion tendenziell kürzere Halbwertszeiten. Dadurch kann ihre intrazelluläre Konzentration als Antwort auf veränderte Bedingungen schnell erhöht oder gesenkt werden.

Auch wenn die Faktoren, welche die Abbaugeschwindigkeit verschiedener Proteine bestimmen, noch nicht vollständig geklärt sind, ist man sich doch einig, dass dieser Vorgang reguliert wird. Bei Ratten, die nicht genügend Futter erhalten, verdoppelt sich beispielsweise innerhalb weniger Tage die Menge des Enzyms Arginase in der Leber, wobei dies keine entsprechende Auswirkung auf die Geschwindigkeit der Arginase-Synthese hat. Die Erklärung für den beobachteten Anstieg lautet, dass die Geschwindigkeit des Arginaseabbaus sich bei hungernden Ratten drastisch verringert. Diese Wirkung ist höchst selektiv. Die meisten Proteine werden bei hungernden Tieren schneller und nicht langsamer abgebaut.

23.4.7 Ubiquitin markiert Proteine für den Abbau durch Proteosomen

Aus dem zuvor dargestellten Beispiel ergibt sich die Frage, wie der Abbau einzelner Proteine selektiv reguliert wird. Bei der am häufigsten angewandten Methode zur Markierung spezifischer, zum Abbau bestimmter Proteine bindet an diese **Ubiquitin**, ein Polypeptid aus 76 Aminosäuren. Für den Vorgang der Bindung von Ubiquitin an Zielproteine werden drei Komponenten benötigt: ein *Ubiquitin-aktivierendes Enzym* (E1; engl.: *ubiquitin-activating enzyme*), ein *Ubiquitin-zusammenfügendes Enzym* (E2; engl.: *ubiquitin conjugating enzyme*) und ein *Substraterkennungsprotein* (engl.: *substrate recognition protein*) oder *Ubiquitinligase* (E3; engl.: *ubiquitin ligase*). Wie Sie in ▸*Abbildung 23.35* sehen, wird Ubiquitin zuerst aktiviert, indem es über eine ATP-abhängige Reaktion an E1 gebunden wird. Das aktivierte Ubiquitin wird dann zu E2 übertragen und anschließend über eine von E3 vermittelte Reaktion an einen Lysinrest im Zielprotein gebunden. Anschließend werden nacheinander weitere Ubiquitin-Moleküle angefügt, sodass kurze Ubiquitinketten entstehen.

Diese Ubiquitinketten dienen als Zielsignale, die von großen, Protein-abbauenden Strukturen erkannt werden, den sogenannten **Proteasomen**. Proteasomen sind die wichtigsten Proteasen (Protein-abbauenden Enzyme) im Cytosol und liegen häufig in hoher Konzentration vor. Proteasomen machen bis zu einem Prozent der zellulären Proteine aus. Jedes Proteasom hat ein Molekulargewicht von ungefähr 2 Millionen und besteht aus einem halben Dutzend Proteasen, die mit mehreren ATPasen und einer Bindestelle für Ubiquitinketten assoziiert sind. Das Proteasom hat die Form eines kurzen Zylinders. Es bindet an ubiquitinylierte Proteine und entfernt deren Ubiquitinketten. Dann werden die Proteine in den zentralen Kanal des Proteasoms geleitet. Ihre Peptidbindungen werden in einem ATP-abhängigen Vorgang hydrolysiert, woraus kleine Peptidfragmente hervorgehen, die am anderen Ende des Zylinders freigesetzt werden.

Der Schlüssel zur Regulation des Proteinabbaus liegt in der Fähigkeit, bestimmte Proteine für die Ubiquitinylierung zu selektieren. Diese Selektivität beruht zum Teil auf der Existenz multipler Formen von E3. Jede Form von E3 steuert die Bindung von Ubiquitin an verschiedene Zielproteine. Die Aminosäure am N-Terminus eines potenziellen Zielproteins ist ein Merkmal, das von den verschiedenen E3-Formen erkannt wird. Einige N-terminale Aminosäuren sorgen dafür, dass bestimmte Proteine schnell ubiquitinyliert und abgebaut werden. Andere Aminosäuren bewirken eine geringere Empfindlichkeit der Proteine für die Ubiquitinylierung.

Interne Aminosäuresequenzen, die sogenannten **Degrons**, sorgen auch dafür, dass bestimmte Proteine für den Abbau selektiert werden. In *Kapitel 19* haben Sie beispielsweise erfahren, dass der Durchlauf durch die letzten Stadien der Mitose von einem Anaphase-Förder-Komplex kontrolliert wird, der ausgewählte Proteine, wie mitotisches Cyclin, für den Abbau markiert. Der Anaphase-Förder-Komplex bewältigt diese Aufgabe als Ubiquitinligase (E3), die an Zielproteine bindet, die einen besonderen Typ von Degron enthalten, der die Ubiquitinylierung dieser Zielproteine durch E2 und ihren anschließenden Abbau durch Proteasomen fördert. Proteasomen sind nicht nur Bestandteil solcher selektiver Mechanismen für den zeitlich richtigen Abbau spezifischer Proteine, sondern sie spielen eine Rolle bei allgemeinen, stetig ablaufenden Mechanismen zur Eliminierung defekter Proteine aus Zellen. Es konnte gezeigt werden, dass bis zu 30 % aller neu synthetisierten Proteine Defekte aufweisen und sofort mit Ubiquitin markiert werden, wodurch ihr Abbau durch Proteasomen ausgelöst wird.

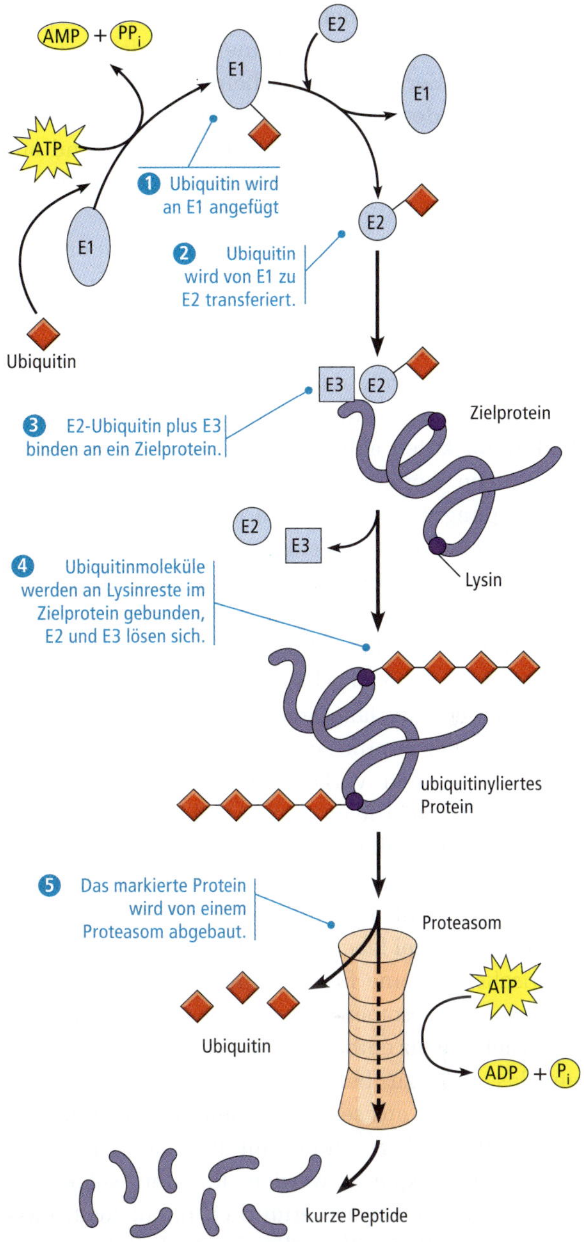

Abbildung 23.35: Das Ubiquitin-Proteasom-System zur Regulation des Proteinabbaus. Ubiquitin wird in Zielproteinen an Lysin geknüpft. Dies geschieht durch die sequenzielle Wirkung eines Ubiquitin-aktivierenden Enzyms (E1), eines Ubiquitin-zusammenfügenden Enzyms (E2) und einer Ubiquitinligase (E3). Dann baut ein Proteasom die Zielproteine zu kurzen Peptiden ab.

Abgesehen von der Ubiquitinylierung können Proteine auch eine ähnliche posttranslationale Modifikation durchlaufen, und zwar durch das Anfügen *kleiner Ubiquitin-verwandter Modifikatoren* (*SUMOs*; engl.: *small ubiquitin-related modifiers*). Bei diesen Peptiden handelt es sich um Ubiquitin-ähnliche Polypeptide, die auf ähnliche Weise wie durch Ubiquitinylierung an zelluläre Proteine gebunden werden. Die SUMOylierung hat anscheinend viele Wirkungen: unter anderem die Veränderung der Proteinstabilität, den Transport in den Zellkern hinein und aus dem Zellkern hinaus sowie die Regulation der Funktion der Transkriptionsfaktoren.

Obwohl das Ubiquitin-Proteasom-System der von den Zellen bevorzugte Mechanismus zum Abbau von Proteinen ist, ist dies nicht das einzige den Zellen zur Verfügung stehende System. In *Kapitel 12* haben Sie gelernt, dass Lysosomen Verdauungsenzyme enthalten, die alle wichtigen Klassen von Makromolekülen abbauen, darunter auch Proteine. Lysosomen können cytosolische Proteine durch Einstülpung der lysosomalen Membran aufnehmen und abbauen. Dabei entstehen kleine Vesikel, die in das Lysosom aufgenommen werden und durch die hydrolytischen Enzyme der Organelle abgebaut werden können. Dieser Vorgang der **Mikroautophagie** selektiert die abgebauten Proteine nicht. Das Ergebnis ist ein langsames und kontinuierliches Recycling der Aminosäuren, die in den zellulären Proteinmolekülen vorkommen. Unter bestimmten Bedingungen würde ein nicht-selektiver Abbau von Proteinen der Zelle Schaden zu fügen. So könnte beispielsweise während einer längeren Hungerperiode der nicht-selektive Abbau zellulärer Proteine zu einem Mangel lebenswichtiger Enzyme oder regulatorischer Proteine führen. Unter diesen Bedingungen bauen Lysosomen vorzugsweise Proteine ab, die eine Zielsequenz enthalten, die aus Glutamin besteht, an das sich zu beiden Seiten ein Tetrapeptid anschließt, das aus sehr basischen, sehr sauren oder sehr hydrophoben Aminosäuren besteht. Proteine mit dieser Sequenz werden für den selektiven Abbau bestimmt, was vermutlich daran liegt, dass sie für die Zelle vorübergehend entbehrlich sind.

23.4.8 Zusammenfassung der eukaryotischen Genregulation

Wir haben nun gesehen, dass die eukaryotische Genregulation ein breites Spektrum von Kontrollmechanismen umfasst, die auf fünf verschiedenen Stufen operieren (schauen Sie sich bitte nochmals *Abbildung 23.10* an, eine bildliche Zusammenfassung). Die erste Stufe der Regulation, die *genomische Kontrolle*, beinhaltet DNA-Veränderungen (Amplifikation, Deletion, Neuanordnung und Methylierung), Chromatin-Dekondensation und -Kondensation, Histonmodifikationen wie Methylierung und Acetylierung sowie Änderungen in HMG-Proteinen. An der zweiten Stufe, der *Translationskontrolle*, wirken Interaktionen zwischen regulatorischen Transkriptionsfaktoren und verschiedenen Typen von DNA-Kontrollelementen mit, die das An- und Abschalten spezifischer Gene in verschiedenen Geweben als Antwort auf veränderte Bedingungen ermöglichen. Auf der dritten Stufe erfolgt die Kontrolle der *RNA-Prozessierung und des Zellkernexports* durch Mechanismen wie alternatives Spleißen und regulierten Export von mRNAs durch Kernporen. Die vierte Stufe, die *Translationskontrolle*, umfasst Mechanismen zur Modifikation der Aktivität der Proteinsynthesefaktoren und zur Kontrolle der Translation sowie des Abbaus spezifischer mRNAs durch den Einsatz translationaler Repressoren und MikroRNAs. Schließlich, auf der fünften Stufe, begegnen wir verschiedenen *posttranslationalen Kontroll*mechanismen für die reversible oder permanente Veränderung der Proteinstruktur sowie Mechanismen zur Kontrolle der Geschwindigkeit, mit der Proteine abgebaut werden. Wenn Sie also lesen, dass eine bestimmte Veränderung der Zellfunktion oder des Zellverhaltens auf einer „Änderung der Genexpression" beruht, so werden Sie verstehen, dass die diesem Phänomen zugrunde liegende Erklärung in den Mechanismen zu finden ist, die auf einer oder mehrerer dieser Kontrollstufen wirken.

Da eukaryotische Genome größer sind als bakterielle und da sie außerdem ihre DNA in Chromatinfasern packen, die durch eine Kernhülle von den Ribosomen getrennt sind, finden wir einige der im vorigen Absatz zusammengefassten Kontrollmechanismen wirklich nur bei Eukaryoten. Die meisten der bei Eukaryoten entdeckten Kontrollmechanismen finden sich allerdings zumindest bei einigen Bakterien.

ZUSAMMENFASSUNG DER WICHTIGSTEN INHALTE

Die bakterielle Genexpression

- Die meisten Gene sind nicht immer aktiv, sondern werden nur bei Bedarf exprimiert. Bei den Bakterien liegen Gene mit verwandten Funktionen häufig gebündelt als Operons vor, die als Antwort auf sich ändernde zelluläre Bedürfnisse an- oder abgeschaltet werden können.

- Operons, die katabolische Enzyme kodieren, sind im Allgemeinen induzierbar – das heißt, ihre Transkription wird durch Anwesenheit eines Substrats angeschaltet. Operons, die anabolische Enzyme kodieren, sind typischerweise reprimierbar. Die Transkription wird nach Erstellung des Endprodukts abgeschaltet. An beiden Typen der Regulation sind allosterische Repressorproteine beteiligt, die an den Operator binden und die Translation verhindern. Einige Operons besitzen außerdem Kontrollstellen, an denen durch Bindung von Aktivatorproteinen, wie dem Katabolit-Aktivatorprotein (CAP), die Transkription aktiviert wird.

- Bestimmte Operons, beispielsweise Operons für die Aminosäuresynthese, bilden mRNAs mit einer Leader-Sequenz. Diese bremst die Transkription, wenn die Aminosäure zur Verfügung steht. Leader-Sequenzen in mRNAs können auch Riboswitches enthalten, die an kleine Moleküle binden. Dadurch wird die Konfiguration der Haarnadelschleife geändert, was sich auf die Termination der Transkription oder die Initiation der Translation auswirkt.

Eukaryotische Genregulation: genomische Kontrolle

- Die meisten Zellen mehrzelliger Organismen enthalten die gleichen Gene, obwohl durch Amplifikation, Deletion, Neuanordnung, Methylierung und epigenetische Regulation Änderungen in der DNA-Sequenz und der Expression herbeigeführt werden können.

- Die Gentranskription ist mit der Entspiralisierung von Chromatinfasern assoziiert. Ein Histoncode, der aus verschiedenen Kombinationen von Methyl-, Acetyl- und Phosphatgruppen besteht, wird von anderen Proteinen als Signalsequenz zur Modifikation der Chromatinstruktur und der Genaktivität gelesen.

Eukaryotische Genregulation: Transkriptionskontrolle

- Die Initiation der eukaryotischen Transkription wird von regulatorischen Transkriptionsfaktoren kontrolliert, die an DNA-Kontrollsequenzen binden, darunter proximale Kontrollelemente, die in der Nähe des Kernpromotors liegen, sowie Enhancer und Silencer, die aus einer Entfernung von mehreren Hunderttausend Basenpaaren vom Promotor wirken. Enhancer üben ihre Wirkung nicht direkt auf den Promotor aus, sondern binden an Aktivatorproteine, die wiederum mit Coaktivatorproteinen in Wechselwirkung treten, unter anderem dem Mediator, der die Chromatinpackung lockert und als Brücke zum RNA-Polymerasekomplex am Promotor dient.

- Die DNA-Responseelemente geben benachbarten Genen die Möglichkeit, auf koordinierte Art und Weise reguliert zu werden. Beispielsweise koordinieren Hormonresponse-Elemente die Expression von Genen, die von spezifischen Hormonen aktiviert werden, und das Hitzeschock-Response-Element koordiniert die Expression von Genen, die durch erhöhte Temperaturen oder andere Stressfaktoren aktiviert werden.

Eukaryotische Genregulation: Posttranskriptionale Kontrolle

- Den Eukaryoten steht eine große Bandbreite posttranskriptionaler Kontrollmechanismen zur Verfügung, darunter das alternative Spleißen zur Bildung multipler RNAs aus einem Gen; allgemeine sowie mRNA-spezifische Mechanismen zur Regulation der Translation und des Abbaus von mRNA sowie weitere posttranslationale Modifikationen der Proteinstruktur, der Proteinaktivität und des Proteinabbaus.

- Proteine, die an spezifische DNA- und RNA-Sequenzen binden, spielen bei vielen Mechanismen, derer sich Zellen zur Kontrolle der Expression spezifischer Gene bedienen, eine Schlüsselrolle. Des Weiteren regulieren zwei Klassen kleiner RNA-Moleküle (siRNAs und MikroRNAs) über einen Vorgang mit der Bezeichnung RNA-Interferenz die Expression spezifischer Gene. Durch Binden an komplementäre Sequenzen in spezifischen mRNAs (oder in einigen Fällen an DNA), legen diese kleinen RNAs die Translation und/oder Transkription einzelner Gene still.

ZUSAMMENHÄNGE HERSTELLEN

In den *Kapiteln 18* bis *22* haben Sie gelernt, wie die in DNA-Molekülen enthaltene genetische Information gespeichert, repliziert und in mRNA transkribiert wird. Die mRNA steuert ihrerseits die Synthese spezifischer Proteine. In diesem Kapitel haben wir erläutert, wie diese Schritte so reguliert werden, dass Zellen die Expression einzelner Gene und von ihnen gebildeter Proteine genauestens kontrollieren können. Einige der Mechanismen zur Kontrolle der Genexpression werden durch eine Änderung der intrazellulären Bedingungen ausgelöst. Andere Mechanismen sind Reaktionen auf extrazelluläre Moleküle, deren Wirkung auf die Genexpression über Signaltransduktionswege vermittelt wird, was wir in *Kapitel 14* beschrieben haben. Die verschiedenen Arten der Kontrolle der Genexpression tragen dazu bei, dass Menge und Aktivität eines jeden Proteins in der Zelle sorgfältig mit den Bedürfnissen der Zelle abgestimmt werden und (im Hinblick auf mehrzellige Organismen) auch mit den Bedürfnissen des Organismus, in dem die Zelle lebt. Da Proteine für die meisten Eigenschaften, die wir mit lebenden Zellen und Organismen assoziieren, verantwortlich sind, können Störungen, die in einem der vielen Schritte auftreten, schwerste Konsequenzen bei der Speicherung und Expression genetischer Information nach sich ziehen. Im nächsten und zugleich letzten Kapitel werden wir darstellen, wie derartige Störungen zur Bildung von Krebszellen führen können, welche die Existenz des Organismus, in dem sie entstehen, lebensgefährlich bedrohen oder sogar zerstören können.

ÜBUNGSAUFGABEN

Schwierigere Aufgaben sind mit einem • gekennzeichnet.

23-1 Arbeit mit *lac*. Der größte Teil unseres Wissens über das *lac*-Operon von *E. coli* stammt aus der genetischen Analyse verschiedener Mutanten. In der nachstehenden Liste sind die Genotypen von sieben *E.-coli*-Stämmen aufgeführt. Geben Sie bitte für jeden Stamm an, ob das Genprodukt *Z* in Anwesenheit von Lactose exprimiert wird und ob es ohne Lactose exprimiert wird. Erklären Sie in jedem Fall Ihre Überlegung.

A $I^+P^+O^+Z^+$

B $I^sP^+O^+Z^+$

C $I^+P^+O^cZ^+$

D $I^-P^+O^+Z^+$

E $I^sP^+O^cZ^+$

F $I^+P^-O^+Z^+$

G wie in Teil A, aber mit Glucose.

23-2 Das sauer eingelegte Bakterium. *Pickelensia hypothetica* ist ein Fantasie-Bakterium, das eine große Anzahl von Kohlenstoffquellen in Ethanol umwandelt, wenn man ihn anaerob in Gegenwart von Ethanol kultiviert. Fügt man dem Kulturmedium Ethanol hinzu, dann schaltet der Organismus entgegenkommenderweise seine eigene Ethanolbildung ab und bildet stattdessen Lactat. Man hat mehrere mutierte *Pickelensia*-Stämme isoliert, die sich im Hinblick auf ihre Fähigkeit zur Ethanolsynthese voneinander unterscheiden. Die Mutanten der Klasse I können gar kein Ethanol synthetisieren. Die Mutationen dieses Typs kartieren in zwei Loci, A und B. Die Mutanten der Klasse II sind wiederum für die Bildung von Ethanol konstitutiv: sie bilden weiterhin Ethanol, unabhängig von dessen Vorkommen im Medium. Die Mutationen dieses Typs kartieren in den Loci C und D. Stämme von *Pickelensia*, die für das Ethanol-Operon diploid sind, weisen folgende Geno- und Phänotypen auf:

$A^+B^-C^+D^+/A^-B^+C^+D^+$ induzierbar
$A^+B^-C^+D^+/A^-B^+C^+D^-$ induzierbar
$A^+B^+C^+D^+/A^+B^+C^-D^+$ konstitutiv (23-2)

A Identifizieren Sie jeden der vier genetischen Loci des Ethanoloperons.

B Geben Sie für jeden der teilweise diploiden Stämme den zu erwartenden Phänotyp an:

1. $A^-B^+C^+D^+/A^-B^+C^+D^-$
2. $A^+B^-C^+D^+/A^-B^+C^+D^-$
3. $A^+B^+C^+D^-/A^-B^-C^-D^+$
4. $A^-B^+C^-D^+/A^+B^-C^+D^+$

• **23-3 Regulation des Bellicose-Katabolismus**. Die Enzyme Bellicosekinase und Bellicosephosphatdehydrogenase werden von dem Bakterium *Hokus focus* koordiniert reguliert. Die Gene, die diese Proteine kodieren, *belA* und *belB*, sind auf der genetischen Karte dieses Organismus verknüpfte Segmente. Bei ihrer Pionierarbeit auf dem Gebiet dieses Systems stellte Professor Jule X. Pression die Behauptung auf, dass das Bakterium auf dem Monosaccharid Bellicose als einziger Kohlenstoffquelle und Energiequelle wachsen kann. Außerdem stellte sie fest, dass beide am Bellicosemetabolismus mitwirkende Enzyme nur dann von dem Bakterium synthetisiert werden, wenn Bellicose im Medium vorhanden ist. Ferner stellte sie fest, dass die Enzymbildung in Gegenwart von Glucose abgeschaltet wird. Sie identifizierte eine Reihe von Mutationen, welche die Enzymbildung verringern oder abschalten. Zudem wies sie nach, dass die Mutationen in zwei Klassen eingeteilt werden können. Die Mutanten der Klasse I liegen in *cis*-aktiven Elementen, während alle Mutanten der Klasse II auf der genetischen Karte entfernt von den Genen liegen, welche die Enzyme kodieren und *trans* wirken. Bisher sind die einzigen konstitutiven Mutanten, die Frau Pression gefunden hat, Deletionen, die *belA* und *belB* an neue DNA stromaufwärts von *belA* binden. In der folgenden Liste geben wir die Folgerungen wieder, die Frau Pression aus ihren Beobachtungen ziehen würde. Geben Sie bitte in jedem Fall an, ob die Folgerung mit den Daten übereinstimmt (Ü), nicht mit den Daten übereinstimmt (NÜ) oder für die Daten irrelevant ist (I).

A Die Zellen von *H. focus* können Bellicose zu ATP metabolisieren.

B Die Enzymbildung der Gene *belA* und *belB* unterliegt der positiven Kontrolle.

C Durch Phosphorylierung von Bellicose wird die Permeabilität des Zuckers für den Transport durch die Plasmamembran herabgesetzt.

D Der Operator für das Bellicoseoperon liegt stromaufwärts vom Promotor.

E Einige Mutationen der Klasse I können im Promotor liegen.

F Einige Mutationen der Klasse II können im Operator liegen.

G Zu den Mutationen der Klasse II können Mutationen in dem Gen gehören, das CAP kodiert.

H Die Mutationen mit konstitutiven Deletionen binden die Gene *belA* und *belB* an einen neuen Promotor.

I Die Expression des Bellicoseoperons wird durch Attenuation reguliert.

23-4 Attenuation in höchstens 25 Wörtern. Vervollständigen Sie bitte jede der folgenden Behauptungen über die Attenuation des trp-Operons von *E. coli* mit maximal 25 Wörtern.

A Die Leader-Sequenz kann als *möglicher Terminator* betrachtet werden, weil ...

B Wenn das Genprodukt des Operons nicht benötigt wird, bildet das 5′-Ende der mRNA eine Sekundärstruktur, die ...

C Unser Verständnis des Mechanismus der Attenuation beruht auf der Annahme, dass die Ribosomen der RNA-Polymerase in ganz geringem Abstand folgen. Diese Form des „dichten Auffahrens“ ist von grundlegender Bedeutung für das Modell, denn ...

D Messungen der Synthesegeschwindigkeit der Translation zeigen, dass die Translation im Allgemeinen schneller abläuft als die Transkription. Diese Beobachtung stützt den vorgeschlagenen Mechanismus der Attenuation, denn ...

E Wenn das Operon, das die Enzyme des biosynthetischen Wegs für die Aminosäure X kodiert, durch diesen Typp der Attenuation reguliert wird, dann kodiert die Leader-Sequenz wahrscheinlich ein Polypeptid, das ...

F Der Mechanismus der Attenuation ist eine sinnvolle Erklärung für die Regulation von Operons, die an der Aminosäurebiosynthese mitwirkende Enzyme kodieren, denn ...

G Dieser Typ der Attenuation ist höchst wahrscheinlich kein Mechanismus zur Regulation der eukaryotischen Genexpression, denn ...

23-5 Positive und negative Kontrolle. Angenommen, Sie arbeiten mit einer Kultur von *E.-coli*-Zellen, die im Medium B wachsen. Das Medium enthält Lactose und Glucose. Zu der Zeit *t* werden 33 % der Zellen in das Medium L übertragen. Dieses Medium enthält zwar Lactose, aber keine Glucose. 33 % der Zellen werden in das Medium G transferiert, das Glucose, aber keine Lactose enthält. Die verbleibenden Zellen bleiben im Medium B. Geben Sie für jede der folgenden Behauptungen mit einem L an, wenn die Behauptung auf die Zellen zutrifft, die in das Medium L übertragen wurden, mit einem G, wenn die Behauptung auf die Zellen zutrifft, die in das Medium G übertragen wurden, mit einem B, wenn die Behauptung auf die Zellen zutrifft, die in das Medium B übertragen wurden, und mit N, wenn die Behauptung auf keine der Zellen zutrifft. In einigen Fällen kann mehr als nur ein Buchstabe richtig sein.

A Die Geschwindigkeit des Glucoseabbaus ist vor und nach der Zeit *t* ungefähr gleich.

B Die Geschwindigkeit des Lactoseabbaus ist nach der Zeit *t* höher als vor der Zeit *t*.

C Die intrazelluläre cAMP-Konzentration ist nach der Zeit *t* niedriger als vor der Zeit *t*.

D An die meisten Stellen der *lac*-Operatoren sind *lac*-Repressorproteine gebunden.

E Die meisten Katabolit-Aktivatorproteine liegen als CAP-cAMP-Komplexe vor.

F Die meisten *lac*-Repressorproteine liegen als Repressor-Glucose-Komplexe vor.

G Die Transkriptionsgeschwindigkeit des *lac*-Operons ist nach der Zeit *t* höher als vor der Zeit *t*.

H An das *lac*-Operon sind sowohl CAP als auch das Repressorprotein gebunden.

23-6 Enhancer. Ein Enhancer kann die Häufigkeit der Transkriptions-Initiation für das mit ihm assoziierte Gen erhöhen, wenn ...

(Geben Sie an, ob die jeweilige Behauptung richtig oder falsch ist und erklären Sie Ihre Antwort.)

A ... er 1.000 Nucleotide stromaufwärts des Kernpromotors des Gens lokalisiert ist.

B ... er in der kodierenden Region des Gens liegt.

C ... kein Promotor vorhanden ist.

D ... er die Schleifenbildung der intervenierenden DNA herbeiführt.

E ... er ein alternatives Spleißen der DNA veranlasst.

23-7 Genamplifikation. Das am besten untersuchte Beispiel der Genamplifikation beruht auf Genen, die während der Oogenese von *Xenopus laevis* ribosomale RNA kodieren. Die nicht-amplifizierte Anzahl ribosomaler RNA-Gene liegt bei circa 500 pro haploidem Genom. Nach der Amplifikation enthält die Oocyte ungefähr 500.000 ribosomale RNA-Gene pro haploidem Genom. Diese Menge scheint erforderlich zu sein, damit die Eizelle die 10^{12} Ribosomen synthetisieren kann, die sich während der zwei Monate der Oogenese in dieser Spezies anhäufen. Jede ribosomale RNA besteht aus ungefähr 13.000 Basenpaaren, und die Größe des Genoms von *Xenopus laevis* liegt bei $2{,}7 \times 10^9$ Basenpaaren pro haploidem Genom.

A Welchen Anteil am gesamten haploiden Genoms repräsentieren die 500 Kopien der ribosomalen RNA-Gene?

B Wie groß ist das Genom (in Basenpaaren) nach Amplifikation der ribosomalen RNA-Gene? Welchen Anteil stellen die amplifizierten ribosomalen RNA-Gene?

C Angenommen, alle ribosomalen RNA-Gene in der amplifizierten Oocyte werden kontinuierlich transkribiert und ergeben so die Anzahl von Ribosomen, die während der zweimonatigen Oogenese benötigt werden. Wie lange müsste die Oogenese dauern, wenn die Gene nicht amplifiziert würden?

D Warum müssen Gene Ihrer Ansicht nach amplifiziert werden, wenn die Zelle eine RNA benötigt, aber nicht, wenn es sich bei dem gewünschten Genprodukt um ein Protein handelt?

• **23-8 Steroidhormone**. Man weiß, dass Steroidhormone die Expression spezifischer Gene in ausgewählten Zielzellen erhöhen. Beispielsweise steigert Testosteron die Bildung des Proteins α2-Mikroglobulin in der Leber, und Hydrocortison (eine Typ von Glucocorticoid) steigert die Bildung des Enzyms Tyrosinaminotransferase in der Leber.

A Erklären Sie bitte, ausgehend von Ihren Kenntnissen über die Wirkung des Steroidhormons, wie diese beiden Steroidhormone selektiv die Bildung zweier verschiedener Proteine im gleichen Gewebe beeinflussen können.

B Bevor man Leberzellen Testosteron oder Hydrocortison zufügt, werden sie entweder mit Puromycin (einem Inhibitor der Proteinsynthese) oder α-Amanitin (einem Inhibitor der RNA-Polymerase II) in Kontakt gebracht. Wie wirkt sich diese Behandlung Ihrer Ansicht nach auf die Wirkung von Testosteron und Hydrocortison aus?

C Angenommen, Sie führen ein „Domänen-Austausch"-Experiment durch, bei dem Sie mit Hilfe rekombinanter DNA-Techniken die Zinkfingerdomänen des Testosteronrezeptors und der Glucocorticoidrezeptoren untereinander austauschen. Welche Wirkungen haben Ihrer Ansicht nach Testosteron und Hydrocortison auf Zellen mit geänderten Rezeptoren?

D Man ersetzt mit Hilfe rekombinanter DNA-Techniken ein Testosteron-Response-Element durch ein Glucocorticoid-Response-Element, das normalerweise in Leberzellen neben dem Tyrosinaminotransferase-Gen liegt. Welche Auswirkungen hätten Ihrer Ansicht nach Testosteron und Hydrocortison auf genetisch veränderte Zellen?

23-9 Homöotische Gene bei *Drosophila*. Man geht davon aus, dass homöotische Gene eine ganz entscheidende Rolle bei der frühen Entwicklung von *Drosophila* übernehmen, denn ...

(Geben Sie bitte an, ob die jeweilige Behauptung richtig oder falsch ist und erklären Sie Ihre Antwort.)

A ... sie kodieren Proteine, die Zinkfingerdomänen enthalten.

B ... Mutationen in homöotischen Genen sind immer letal.

C ... sie kontrollieren die Expression vieler Gene, die für die Entwicklung benötigt werden.

D ... Homöodomänen-Proteine beeinflussen den mRNA-Abbau.

• **23-10 *Hox*-Gene bei Säugetieren**. Es ist bekannt, dass *Hox*-Gene die Identität von Körperteilen bei Säugetieren beeinflussen, ähnlich ihrer Rolle bei Fliegen. Mario Capecchis Labor hat viele Knockout-Stämme von Mäusen gezüchtet, in denen einzelne *Hox*-Gene ausgeschaltet wurden. Viele dieser Knockout-Stämme haben einen extrem unauffälligen Phänotyp, vor allem im Vergleich zu den entsprechenden Fliegenmutanten, die häufig sterben. Wie können Sie diesen Unterschied erklären?

• **23-11 Proteinabbau**. In *Kapitel 19* haben Sie gelernt, dass mitotisches Cyclin beispielhaft für ein Protein steht, das an einem bestimmten Punkt im Zellzyklus selektiv abgebaut wird, nämlich zu Beginn der Anaphase. Angenommen, Sie schaffen mittels rekombinanter DNA-Technologie eine mutierte Form mitotischen Cyclins, die nicht zu Beginn der Anaphase abgebaut wird.

A Die Sequenzanalyse des mutierten mitotischen Cyclins erbringt, dass dem mitotischen Cyclin in der Nähe des Endes des Moleküls ein Abschnitt von neun Aminosäuren fehlt. Diskutieren Sie bitte ausgehend von dieser Information mindestens drei mögliche Erklärungen, warum diese

Form des mitotischen Cyclins nicht zu Beginn der Anaphase abgebaut wird.

B Welche Experimente müssten Sie durchführen, um zwischen den möglichen Erklärungen zu unterscheiden?

C Angenommen, Sie entdecken Zellen, die im zweiten Protein eine Mutation aufweisen, und erfahren, dass diese Mutation das mitotische Cyclin vor dem Abbau zu Beginn der Mitose schützt, und zwar sogar dann, wenn das mitotische Cyclin nicht mutiert ist. Der Abbau eines anderen Proteins scheint in den Zellen normal abzulaufen. Welche Mutation in welchem Protein könnte eine Erklärung für diese Ergebnisse liefern?

23-12 Kontrollebenen. Angenommen, Leber- und Nierengewebe der gleichen Maus enthalten ungefähr 10.000 Spezies cytosolischer mRNA, aber nur circa 25 % dieser cytosolischen mRNA kommen in beiden Geweben vor.

A Schlagen Sie ein Experiment vor, um herauszufinden, dass einige der mRNA-Moleküle in beiden Geweben enthalten sind, aber nicht in anderen Geweben.

B Eine mögliche Erklärung für die Daten ist die differenzielle Transkription in Leber- und Nierenzellkernen. Beschreiben Sie ein Experiment, mit dessen Hilfe Sie zwischen diesen beiden Möglichkeiten unterscheiden könnten.

C Es hat sich herausgestellt, dass alle mRNA-Moleküle sowohl in der Leber als auch in der Niere enthalten sind, aber es ist bekannt, dass die beiden Gewebe unterschiedliche Proteine synthetisieren. Welche Kontrollebene ist Ihrer Ansicht nach am Werk gewesen?

• **23-13 Noch mehr über Kontrollebenen**. Wenn man Seeigelzygoten während der frühen Stadien der embryonalen Entwicklung mit *Actinomycin D*, einem Inhibitor der RNA-Synthese, in Kontakt bringt, laufen Proteinsynthese und Entwicklung so lange weiter, bis die Embryonen eine hohle Kugel aus Zellen bilden, eine Blastula, die aus Hunderten von Zellen besteht. Fügt man diesen Inhibitor jedoch zu einem späteren Zeitpunkt der embryonalen Entwicklung zu, dann wird die Proteinsynthese stark unterdrückt und die normale embryonale Entwicklung stoppt. Wie würden Sie diese Beobachtungen erklären?

WEITERFÜHRENDE LITERATUR

Historisch bedeutsame Literatur ist mit einem • gekennzeichnet.

Bakterielle Genregulation

Barrick, J. E. und R. R. Breaker. The power of riboswitches. *Sci. Amer.* 296 (Januar 2007): 50.

Gruber, T. M. u C. A. Cross. Multiple sigma units and the partitioning of bacterial transcriptioin space. *Annu. Rev. Microbiol.* 57 (2003): 441.

• Jacob, F. und J. Monod. Genetic regulatory mechanisms in the synthesis of proteins. *J. Mol. Biol.* 3 (1961): 318.

Losick, R. und A. L. Sonenshein. Turning gene regulation on its head. *Science* 293 (2001): 2018.

Wilson, C. J., H. Zhan, L. Swint-Kruse und K. S. Matthews. The lactose repressor system: Paradigms for regulation, Allosteric behavior and protein folding. *Cell Mol. Life Sci.* 64 (2007): 3.

• Yanosky, C. Transcription attenuation: Once viewed as a novel regulatory system. *J. Bacteriol.* 182 (2000): 1.

Eukaryotische Genkontrolle: Genomische Kontrolle

Baker, M. iPS cells: Potent stuff. *Nat. Methods* 7 (2010): 17.

Bernstein, B. E., A. Meissner und E. S. Lander. The mammalian epigenome. *Cell* 128 (2007): 669.

Cibelli, J. A decade of cloning mystique. *Science* 316 (2007): 990.

Edwards, C. A. und A. C. Ferguson-Smith. Mechanisms regulating imprinted genes in clusters. *Curr. Opin. Cell Biol.* 19 (2007): 281.

Gibbs, W. W. DNA ist nicht alles. *Spektrum der Wissenschaft.* (April 2004): 68.

Jaenisch, R. und I. Wilmut. Developmental biology. Don't clone humans! *Science* 291 (2001): 2552.

Klose, R. J. und A. P. Bird. Genomic DNA methylation: The mark and its mediators. *Trends Biochem. Sci.* 31 (2006): 89.

Kouzarides, T. Chromatin modifications and their function. *Cell* 128 (2007): 693.

Martin, C. und Y. Zhang. Mechanisms of epigenetic inheritance. *Curr. Opin. Cell Biol.* 19 (2207): 266.

Schubeler, D. Epigenomics: Methylation matters. *Nature* 462 (2009): 296.

Takahashi, K. und S. Yamanaka. Induction of pluripotent stem cells from mouse embryonic and adult fibroblast cultures by defined factors. *Cell* 126 (2006): 663.

Turner, B. M. Cellular memory and the histone code. *Cell* 111 (2002): 285.

Wilmut, I. et al. Somatic cell nuclear transfer. *Nature* 419 (2002): 583.

Yu. J. und J. A. Thomson. Pluripotent stem cell lines. *Genes Dev.* 22 (2008): 1987.

Eukaryotische Genregulation: Transkriptionskontrolle

Cairns, B. R. The logic of chromatin architecture and remodelling at promotors. *Nature* 461 (2009): 193.

Carey, M. The enhanceosome and transcriptional synergy. *Cell* 92 (1998): 5.

Carroll, S. B., B. Prud'homme und N. Gompel. Regulating evolution. *Sci. Am.* 298 (2008): 60.

Gaszner, M. und G. Felsenfeld. Insulators: Exploiting transcriptional and epigenetic mechanisms. *Nature Rev. Genet.* 7 (2006): 703.

Kadonaga, J. T. Regulation of RNA-Polymerase II transcription by sequence-specific DNA binding factors. *Cell* 116 (2004): 247.

Kornberg, R. Mediator and the mechanism of transcriptional activation. *Trends Biochem. Sci.* 30 (2005): 235.

Szutorisz, H., N. Dillon und L. Tora. The role of enhancers as centres for general transcription factors recruitment. *Trends Biochem. Sci.* 30 (2005): 593.

Welch, W. J. How cells respond to stress. *Sci. Amer.* 268 (Mai 1993): 56.

Eukaryotische Genregulation: Posttranskriptionale Kontrolle

Bushati, N. und S. M. Cohen. MicroRNA functions. *Annu. Rev. Cell Dev. Biol.* 23 (2007): 175.

Chen, X. Small RNAs and their roles in plant development. *Annu. Rev. Cell Dev. Biol.* 25 (2009): 21.

Ciechanover, A. Proteolysis: From the Lysosome to ubiquitin in the Proteasom. *Nature Rev. Mol. Cell Biol.* 6 (2005): 79.

Garneau, N. L., J. Wilusz und C. J. Wilusz. The highways and byways of mRNA decay. *Nature Rev. Mol. Cell Biol.* 8 (2007): 113.

Goldberg, A. L., S. J. Elledge und J. W. Harper. The cellular chamber of doom. *Sci. Amer.* 284 (Januar 2001): 68.

Kim, D. H. und J. J. Rossi. Strategies for silencing human disease using RNA interference. *Nature Rev. Genet.* 8 (2007): 173.

Kim, V. N., J. Han und M. C. Siomi. Biogenesis of small RNAs in animals. *Nature Rev. Mol. Cell Biol.* 10 (2009): 126.

Latronico, M. V. und G. Condorelli. MicroRNAs and cardiac pathology. *Nature Rev. Cardiol.* 6 (2009): 419.

Matlin, A. J., F. Clark und C. W. J. Smith. Understanding alternative splicing: Towards a celluar code. *Nature Rev. Cardiol.* 6 (2005): 386.

Parker, R. und U. Sheth. P bodies and the control of mRNA translation and degradation. *Mol. Cell* 25 (2007): 635.

Parker, R. und H. Song. The enzymes and control of eukaryotic mRNA turnover. *Nature Struct. Mol. Biol.* 11 (2004): 121.

Pillai, R. S., S. N. Bhattacharyya und W. Filipowicz. Repression of protein synthesis by miRNAs: How many mechanisms? *Trends Cell Biol.* 17 (2007): 118.

Siomi, H. und M. C. Siomi. On the road to reading the RNA-interference code. *Nature* 457 (2009): 396.

Tang, C. siRNA and miRNA: An insight into RISCs. *Trends Biochem. Sci.* 30 (2005): 106.

Umbach, J. L. und B. R. Cullen. The role of RNAi and microRNAs in animal virus replication and antiviral immunity. *Genes Dev.* 23 (200)): 1151.

Vierstra, R. D. The ubiquitin-26S Proteasome system at the nexus of plant biology. *Nature Rev. Mol. Cell Biol.* 10 (2009): 385.

Wang, Y. und M. Dasso. SUMOylation and deSUMOylation at a glance. *J. Cell Sci.* 122 (2009): 4249.

Krebs

24

ÜBERBLICK

Jeder, der sich mit den Ereignissen in lebenden Zellen beschäftigt, wird angesichts der Komplexität dieser Vorgänge mit einer gewissen Ehrfurcht erfüllt sein. Bedenkt man die Anzahl von Aktivitäten, die in jeder Zelle koordiniert werden müssen, so überrascht es keineswegs, dass es gelegentlich zu Fehlfunktionen kommen kann. Krebs – nach Herz-Kreislauf-Erkrankungen die zweithäufigste Todesursache – ist ein markantes Beispiel für Krankheiten, die auf Anomalitäten der Zellfunktion zurückzuführen sind. Wenn sich die derzeitige Tendenz fortsetzt, so wird fast die Hälfte der Bevölkerung weltweit irgendwann einmal eine Form von Krebs entwickeln und Krebs wird die häufigste Todesursache werden.

Auch wenn wir heute die den Krebserkrankungen zugrunde liegenden zellulären Störungen noch nicht vollständig verstanden haben, so wissen wir doch, dass Genmutationen und Änderungen der Genexpression eine zentrale Rolle spielen. In diesem Kapitel werden wir sehen, wie genetische Veränderungen anomale Eigenschaften von Krebszellen herbeiführen. Im Laufe unserer Darstellung wird deutlich, dass man zur Erklärung des Verhaltens von Krebszellen eine sehr fundierte Kenntnis des normalen Verhaltens von Zellen benötigt, und umgekehrt hat die Erforschung der Biologie der Krebszellen zu unserem Verständnis normaler Zellen beigetragen.

24.1 Unkontrolliertes Zellwachstum und Überleben

Im fünften Jahrhundert vor unserer Zeitrechnung benutzte Hippokrates den Begriff ‚Krebs' zur Beschreibung von Krankheiten, bei denen das Gewebewachstum ungehindert auf den gesamten Körper übergriff und letztendlich zum Tode führte. Krebs kann sich in allen Geweben entwickeln. Je nach beteiligtem Zelltyp kann man Krebserkrankungen in mehrere Kategorien einteilen. **Karzinome**, die ungefähr 90 % aller Krebserkrankungen verursachen, entwickeln sich aus *Epithelzellen*, die äußere und innere Körperoberflächen bedecken. Lungen-, Brust- und Darmkrebs gehören zu den am häufigsten auftreten Krebserkrankungen dieses Typs. **Sarkome** entwickeln sich aus dem Stützgewebe wie Knochen-, Knorpel-, Fett- und Muskelgewebe. Schließlich entstehen **Lymphome** und **Leukämie** in Blutzellen und Zellen des Lymphsystems. Den Begriff *Lymphom* verwendet man zur Bezeichnung von Tumoren, die als feste Gewebemasse wachsen, und der Begriff *Leukämie* ist für Krebszellen reserviert, die hauptsächlich im Blutkreislauf wachsen.

Ausgehend von diesen unterschiedlichen Ursprungsorten und dem spezifischen beteiligten Zelltyp kann man mehrere Hundert Typen von Krebs voneinander unterscheiden. Doch ganz gleich, wo der Krebs entsteht und welcher Zelltyp beteiligt ist, beruht die Gefahr dieser Krankheit auf der Verknüpfung zweier Eigenschaften: der Fähigkeit von Zellen, auf unkontrollierte Art zu wachsen, sowie ihrer Fähigkeit, sich über den gesamten Körper zu verbreiten. Wir beginnen das Kapitel mit der Darstellung dieser beiden Eigenschaften, die Krebs zu einer potenziell tödlich verlaufenden Krankheit machen. Doch schon an dieser Stelle sei darauf hingewiesen, dass ‚Krebs' ein sehr komplexes Verhalten von Zellen bezeichnet, und dass eine Krebszelle aus dem gleichen Organ des einen Patienten nicht das gleiche Muster trägt wie eine Krebszelle aus einem anderen Patienten. Unser Wissen über die Entstehung von Krebszellen und deren Verhalten ist derzeit leider noch sehr rudimentär.

24.1.1 Tumore entstehen, wenn das Gleichgewicht zwischen Zellteilung und Zelldifferenzierung oder Zelltod gestört ist

Ein Krebs ist ein anomaler Typ des Gewebewachstums, in dem sich einige Zellen teilen und in unkontrollierter, relativ autonomer Weise anhäufen, was zu einem stetigen Anstieg der Zahl sich teilender Zellen führt. Die resultierende Masse aus wachsendem Gewebe bezeichnet man als **Tumor** (oder *Neoplasma oder Malignom*). Obwohl Tumore sich den normalen Kontrollen des Zellwachstums entzogen haben, teilen sie sich nicht immer schneller als normale Zellen. Der entscheidende Punkt ist nicht die Geschwindigkeit der Zellteilung, sondern das Gleichgewicht zwischen Zellteilung, Zelldifferenzierung und Zelltod.

Zelldifferenzierung ist der Vorgang, über den Zellen spezialisierte Eigenschaften erwerben, durch die sich die verschiedenen Zelltypen voneinander unterscheiden (*Abschnitt 23.3*). Wenn Zellen diese spezialisierten Merkmale ausprägen, verlieren sie im Allgemeinen die Fähigkeit zur Teilung. Zur Veranschaulichung dieses Aspektes schauen wir uns kurz Zellteilung und Zelldifferenzierung bei der Haut an. Ständig ersetzen neue Zellen alternde Zellen, die von den äußeren Körperoberflächen abgestoßen werden. Die neuen Ersatzzellen gehen aus Zellteilungen in der Basalschicht der Haut hervor (▶*Abbildung 24.1, links*). Normalerweise entstehen bei jeder Teilung einer Baselzelle zwei Zellen mit unterschiedlichem Schicksal. Eine Zelle verbleibt in der Basalschicht und bewahrt ihre Fähigkeit zur Zellteilung, während die andere Zelle ihre Fähigkeit zur Teilung und Differenzierung verliert, wenn sie die Basalschicht verlässt und sich in Richtung äußerer Hautoberfläche bewegt. Während der Differenzierung nimmt die wandernde Zelle allmählich eine flachere Form an und beginnt mit der Bildung von *Keratin*. Keratin ist das Strukturprotein, das den äußeren Hautschichten mechanische Stabilität verleiht. Schließlich stirbt die Zelle ab und wird von der äußeren Hautschicht abgestoßen.

Demzufolge behält bei der normalen Haut eine der beiden durch Zellteilung entstandenen Zellen die Fähigkeit zur Zellteilung, während die andere Zelle die Basalschicht verlässt, ihre Fähigkeit zur Zellteilung verliert und letztendlich abstirbt. Dieses Arrangement stellt sicher, dass die Zahl der sich teilenden Zellen nicht ansteigt. Die in der Basalschicht stattfindenden Zellteilungen bilden lediglich neue Zellen. Diese ersetzen die Zellen, die kontinuierlich von der äußeren Hautoberfläche abgestoßen werden. Im Knochenmark begegnen wir einem ähnlichen Phänomen. Dort entstehen durch Zellteilung neue Blutzellen, die alternde Blutzellen ersetzen, welche dann zerstört werden. Dieser Vorgang läuft auch in der Auskleidung des Verdauungstrakts ab. Die durch Zellteilung neu gebildeten Zellen ersetzen Zellen, die von der inneren Magenoberfläche und dem Darm abgestoßen werden. Bei all diesen Abläufen befindet sich die Zellteilung in einem sorgfältig ausbalancierten Gleichgewicht mit Zellteilung und Zelltod, sodass es nicht zu einer Nettoanhäufung sich teilender Zellen kommen kann.

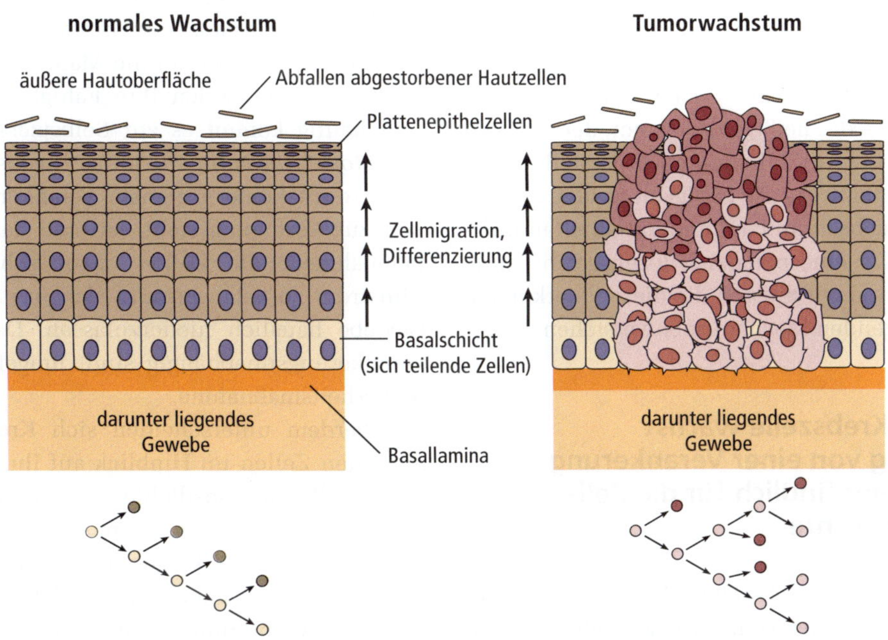

Abbildung 24.1: Vergleich zwischen normalem Wachstum und Tumorwachstum im Epithel der Haut. (Oben links) Bei der normalen Haut entstehen durch Zellteilung in der Basalschicht der Haut neue Zellen, die auf die äußere Oberfläche der Haut wandern. Sie ändern ihre Form und verlieren ihre Fähigkeit zur Zellteilung. (Oben rechts) Beim Tumorwachstum wird dieser geordnete Vorgang unterbrochen und einige der Zellen, die zur äußeren Oberfläche der Haut wandern, behalten ihre Fähigkeit zur Zellteilung. In beiden Zeichnungen dient die Farbunterlegung zur Identifizierung von Zellen, die ihre Fähigkeit zur Zellteilung bewahren. (Unten) Die schematischen Zeichnungen veranschaulichen das Schicksal sich teilender Zellen. In der normalen Haut geht aus jeder Zellteilung in der Basalschicht durchschnittlich eine Zelle hervor, die ihre Zellteilungsfähigkeit beibehält (hellere Farbunterlegung), und eine Zelle, die sich differenziert, wodurch sie ihre Fähigkeit zur Teilung verliert (dunklere Farbunterlegung). Somit kommt es nicht zur Anhäufung sich teilender Zellen. Beim Tumorwachstum ist das richtige Gleichgewicht zwischen Zellteilung, Zelltod oder Zelldifferenzierung nicht mehr gegeben. Dadurch kommt es zu einem progressiven Anstieg der Anzahl sich teilender Zellen.

Bei Tumoren wird dieses feine Gleichgewicht unterbrochen. Die Zellteilung wird von der Zelldifferenzierung und dem Zelltod abgekoppelt. Aus diesem Grund gehen aus einigen Zellteilungsvorgängen zwei sich teilende Zellen hervor. Das führt zu einem fortschreitenden exponentiellen Anstieg der Anzahl sich teilender Zellen (siehe ▶*Abbildung 24.1, rechts*). Wenn sich die Zellen schnell teilen, dann wächst der Tumor schnell, teilen sich die Zellen langsamer, so wächst auch der Tumor langsamer. Doch ungeachtet dessen, wie schnell oder langsam sich die Zellen teilen, der Tumor wird immer weiter wachsen, denn neue Zellen werden in größerer Menge als benötigt gebildet. Während sich die sich teilenden Zellen anhäufen, wird die normale Funktion und Organisation des Gewebes allmählich unterbrochen.

Man klassifiziert Tumore auf der Grundlage ihrer Wachstumsmuster entweder als gutartig oder bösartig. **Gutartige (benigne) Tumore** wachsen in einem begrenzten Areal und sind selten gefährlich. Im Gegensatz dazu können **bösartige (maligne) Tumore** in umliegende Gewebe eindringen, indem sie in den Blutkreislauf gelangen und sich auf entfernter liegende Körperteile ausbreiten (Metastasen). Die Bezeichnung Krebs bezieht sich auf jeden bösartigen Tumor – das heißt, jeder Tumor, der sich von seinem Ursprungsort auf andere Körperstellen ausbreiten kann. Da Krebs die Fähigkeit besitzt, unkontrolliert zu wachsen und auf entfernte Stellen überzugreifen, ist er eine potenziell lebensgefährdende Erkrankung, und wir müssen die diesen Merkmalen zugrunde liegenden Mechanismen verstehen.

24.1.2 Die Krebszelle wächst unabhängig von einer Verankerung und ist unempfindlich für die Zell-Populationsdichte

Das Wachstum der Krebszelle zeigt mehrere Merkmale, durch die sie sich vom normalen Zellwachstum unterscheidet. Ein Merkmal ist natürlich die Fähigkeit, Tumore zu entwickeln. Dieses Merkmal kann man experimentell nachweisen. Man injiziert Zellen in *Nacktmäuse*. Diese durch künstliche Mutationen erzeugten Mäuse ohne jegliche Körperbehaarung besitzen ein gestörtes Immunsystem, das bei gesunden Tieren fremde Zellen normalerweise angreifen und zerstören würde. Normale menschliche Zellen würden nach Injektion in diese Mäuse nicht wachsen, doch Krebszellen wachsen und bilden Tumore.

Krebszellen besitzen auch andere Wachstumseigenschaften, durch die sie sich von normalen Zellen unterscheiden. Beispielsweise wachsen normale Zellen nicht in einer Kultur, wenn man sie in einem Flüssigmedium oder einem halbfesten Material wie Agar suspendiert. Gibt man den Zellen eine feste Oberfläche, an die sie sich anheften können, verankern sich normale Zellen an dieser Oberfläche, breiten sich aus und beginnen zu wachsen. Krebszellen hingegen wachsen nicht nur dann gut, wenn sie an einer Oberfläche verankert sind, sondern auch dann, wenn sie in einem flüssigen oder halbfesten Medium frei suspendiert sind. Daher spricht man bei man Krebszellen von **verankerungsunabhängigem Wachstum**.

Normal wachsende Zellen finden eine Möglichkeit zur Verankerung, indem sie mit Hilfe von Zelloberflächenproteinen, den sogenannten *Integrinen*, an die extrazelluläre Matrix binden (*Abschnitt 17.3.9*). Wenn man das Anheften an die Matrix mit Hilfe chemischer Substanzen verhindert, welche die Bindung von Integrinen an die Matrix blockieren, verlieren normale Zellen ihre Fähigkeit zur Teilung, und häufig kommt es zur Selbstzerstörung durch *Apoptose* (*Abschnitt 19.7*). Das Auslösen der Apoptose, wenn keine geeignete Verankerungsmöglichkeit zur Verfügung steht, ist eine der Sicherheitsmaßnahmen, die Zellen davor schützt, in den Blutstrom zu gelangen und sich in einem anderen Gewebe häuslich niederzulassen. Da Krebszellen verankerungsunabhängig sind, umgehen sie diese Sicherheitsmaßnahme.

Außerdem unterscheiden sich Krebszellen von normalen Zellen im Hinblick auf ihre Antwort auf die Zell-Populationsdichte in einer Kultur. Wenn man normale Zellen in einem Medium kultiviert, so teilen sie sich so lange, bis die Oberfläche des Behältnisses mit einer einzigen Zellschicht bedeckt ist. Nach Ausbildung dieses Monolayers endet die Zellteilung – ein Phänomen, das man als **dichteabhängige Wachstumshemmung** bezeichnet. Krebszellen besitzen eine verminderte Sensitivität für die dichtabhängige Wachstumshemmung und hören folglich nicht auf sich zu teilen, wenn sie das Stadium des Monolayers erreicht haben. Stattdessen wachsen sie weiter und beginnen sich übereinander zu legen.

24.1.3 Krebszellen werden durch Mechanismen unsterblich, welche die Telomerlänge aufrechterhalten

Bei den meisten in einer Kultur wachsenden normalen Zellen findet eine begrenzte Anzahl von Zellteilungen statt. Beispielsweise teilen sich frisch isolierte menschliche Fibroblasten ungefähr 50- bis 60-mal in einer Kultur und dann setzt der Teilungsvorgang aus. Die Zellen durchlaufen verschiedene degenerative Veränderungen und sterben dann sogar ab (▶*Abbildung 24.2*). Unter ähnlichen Bedingungen gibt es für Krebszellen keine derartige Grenze, und sie teilen sich unendlich weiter, als wären sie unsterblich. Ein eindrucksvolles Beispiel sind die *HeLa*-Zellen. 1951 wurden diese Zellen aus einem Gebärmutterhalskrebs isoliert, den man einer Patientin namens Henrietta Lacks (daher die Bezeichnung *HeLa*-Zellen) chirurgisch entfernt hatte. Obwohl sie im selben Jahr an Krebs verstarb, hatte man nach der Operation einige der Tumorzellen in einer Kultur angelegt. Diese Krebszellen begannen sich zu teilen und teilten sich mehr als 60 Jahre lang, wobei sie sich mehr als 20.000 Mal teilten, und es sprechen keine Anzeichen dafür, dass die Zellteilung irgendwann aufhören sollte. Auch heute noch werden HeLa-Zellen in der Forschung eingesetzt.

Warum können sich Krebszellen in einer Kultur unendlich oft teilen, während die meisten normalen menschlichen Zellen sich nur 50- bis 60-mal teilen? Die Antwort geben uns die DNA-Sequenzen der Telomere, die bei jeder DNA-Replikation an den Enden eines jeden Chromosoms verloren gehen (*Abschnitt 19.2.10*). Wenn sich eine normale Zelle zu oft teilt, wird ihr Telomer zu kurz, um die Chromosomenenden zu schützen, und eine Signalkaskade wird ausgelöst, die die Zellteilung anhält (und die Zelle sogar durch Apoptose abtöten kann). Diese Antwort auf die Verkürzung der Telomere bewahrt die ausgewachsenen Zellen vor exzessivem Wachstum und erklärt, warum normale Fibroblasten sich in einer Kultur nur 50- bis 60-mal teilen.

Krebszellen überwinden die von den Telomeren gesetzte Grenze mit Hilfe von Mechanismen, die einige der verkürzten Telomer-Sequenzen wieder auffüllen. Die meisten Krebszellen vollbringen diese Meisterleistung durch Bildung von *Telomerase*. Dieses Enzym fügt Telomer-DNA-Sequenzen an die Enden von DNA-Molekülen an (*Abschnitt 19.2.10*). Ein alternativer Mechanismus zur Beibehaltung der Telomerlänge nutzt Enzyme, die DNA-Sequenzinformationen zwischen Chromosomen austauschen. Mit Hilfe des einen oder des anderen Mechanismus halten Krebszellen die Länge ihrer Telomere oberhalb eines kritischen Schwellenwertes und bewahren ihre Fähigkeit, sich unendlich zu teilen.

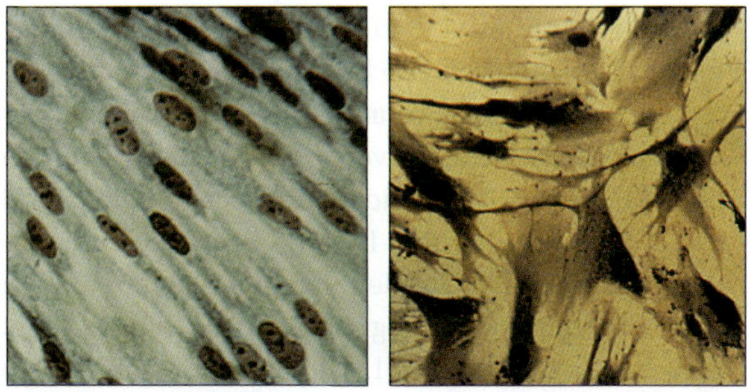

Abbildung 24.2: Mikroskopisches Erscheinungsbild junger und alter menschlicher Fibroblasten. (links) Junge Fibroblasten, die sich erst einige Male in einer Kultur geteilt haben, sind länglich und dünn. (rechts) Nachdem sie sich 50-mal geteilt haben, hören die Zellen mit der Teilung auf und durchlaufen degenerative Veränderungen. Beachten Sie den frappierenden Unterschied zwischen den jungen (sich teilenden) und den älteren (sich nicht mehr teilenden) Zellen.

24.1.4 Defekte in Signalwegen, Zellzyklus-Kontrollen und bei der Apoptose tragen zu unkontrolliertem Zellwachstum bei

Die Mechanismen zur Beibehaltung der Telomerlänge spielen eine entscheidende Rolle, denn sie erlauben den Krebszellen die weitere Zellteilung, aber sie veranlassen sie nicht wirklich zur Zellteilung. Die Defekte, die Krebszellen zu unkontrolliertem Wachstum antreiben, kann man auf eine Vielzahl von Signalwegen und Kontrollmechanismen zurückführen, die normalerweise dafür Sorge tragen, dass zwischen Zellteilung und Zellwachstum das richtige Gleichgewicht besteht. Zum Beispiel haben Sie in den *Kapiteln 14* und *19* gelernt, dass das Zellwachstum von Proteinwachstumsfaktoren reguliert wird, die an Zelloberflächenrezeptoren binden und in Zielzellen Signalwege aktivieren. Normalerweise teilen sich Zellen nur infolge der Stimulierung durch einen Wachstumsfaktor. Durch Änderungen der Signalwege umgehen Krebszellen diesen einschränkenden Mechanismus (den wir gleich beschreiben werden), und diese Änderungen erzeugen ein konstantes Teilungssignal.

Auch Störungen der Kontrolle des Zellzyklus tragen zum unbegrenzten Wachstum von Krebszellen bei. In *Kapitel 19* haben wir erfahren, dass an einem *Restriktionspunkt* über die Fortsetzung des Zellzyklus entschieden wird. Dieser Restriktionspunkt kontrolliert den Übergang von der G_1-Phase in die S-Phase. Wenn man normale Zellen unter suboptimalen Bedingungen kultiviert (dies sind zum Beispiel eine nicht ausreichende Menge von Wachstumsfaktoren, hohe Zelldichte, Fehlen einer Verankerungsmöglichkeit oder unzulängliche Nährstoffversorgung), dann werden die Zellen am Restriktionspunkt angehalten und beenden die Zellteilung. In vergleichbaren Situationen wachsen Krebszellen weiter. Unter extrem lebensfeindlichen Bedingungen, zum Beispiel bei starkem Nährstoffmangel, sterben sie schließlich zufällig während des Zellzyklus und bleiben nicht in der G_1-Phase stehen. Dieses anomale Verhalten beruht darauf, dass die Zellzyklus-Kontrolle in Krebszellen nicht einwandfrei funktioniert. Abgesehen davon, dass Krebszellen nicht richtig auf äußere Signale antworten, reagieren sie auch nicht auf interne Bedingungen, wie zum Beispiel einen DNA-Schaden, der normalerweise Kontrollmechanismen auslösen würde, die zum Stillstand des Zellzyklus führen.

Ein weiterer Faktor, der das Wachstum von Krebszellen beeinflusst, ist die Geschwindigkeit, mit der Zellen absterben. Bei Unterbrechung der Mechanismen, die normalerweise den Zelltod auslösen, sammeln sich die wachsenden Zellen schneller an, als der Zelltod bei normaler Wachstumsgeschwindigkeit eintritt. Der Zelltod wird vor allem durch Wege kontrolliert, welche die Apoptose auslösen, um überflüssige oder defekte Zellen zu beseitigen. Nachdem Krebszellen als überflüssige oder defekte Zellen definiert werden können – das heißt, sie wachsen auf unkontrollierte Weise und haben einen DNA- und einen Chromosomenschaden – warum werden sie also nicht durch Apoptose abgetötet? Die Antwort lautet: Krebszellen verfügen über verschiedene Wege zur Blockierung der Wege, welche die Apoptose auslösen. Daher können sie unter Bedingungen überleben und wachsen, die normalerweise zum Zelltod führen würden. Bei bestimmten Krebsarten beruht das unkontrollierte Wachstum in erster Linie auf dem Unvermögen, die Apoptose zu durchlaufen, und nicht auf vermehrter Zellteilung.

Wie sich Krebs verbreitet 24.2

Obwohl die unkontrollierte Vermehrung ein bestimmendes Merkmal von Krebszellen ist, beruht deren Gefährlichkeit nicht auf diesem Merkmal. Immerhin vermehren sich auch die Zellen gutartiger Tumore unkontrolliert, aber die Tumore bleiben an ihrem Ursprungsort und können im Allgemeinen leicht entfernt werden (es sei denn, sie liegen an Körperstellen, die chirurgisch nicht erreichbar sind). Die Gefahren durch Krebszellen begründen sich auf unkontrollierter Vermehrung *in Kombination mit* ihrer Fähigkeit, sich über den Körper zu verbreiten, weshalb eine vollständige operative Entfernung meist unmöglich ist. Ungefähr 90 % aller Todesfälle durch Krebs gehen auf die Streuung (Metastasen) von Krebs zurück und nicht auf den primären Tumor. Im Folgenden werden wir uns mit den Mechanismen beschäftigen, welche die Streuung von Krebszellen ermöglichen.

24.2.1 Angiogenese ist notwendig, damit Tumore größer als wenige Millimeter im Durchmesser werden können

Seit über 100 Jahren ist den Wissenschaftlern bekannt, dass Tumore ein dichtes Netz aus Blutgefäßen besitzen. Ursprünglich nahm man an, dass es sich um bereits existierende Gefäße handelte, die sich als Antwort auf die Anwesenheit des Tumors ausgeweitet hatten oder Teil einer Entzündungsreaktion waren, die darauf abzielte, den Wirt gegen den Tumor zu verteidigen. 1971 schlug Judah Folkman allerdings eine neue Idee zur Erklärung der Rolle dieser Blutgefäße vor. Er vertrat die Auffassung, dass Tumore Signalmoleküle freisetzen, die eine **Angiogenese** (Wachstum von Blutgefäßen) in den umgebenden Wirtsgeweben auslösen, und dass die Tumore diese neuen Gefäße benötigten, um über die Größe eines winzigen, örtlich begrenzten Zellhaufens hinauszuwachsen.

Dieser Gedanke ergab sich aus Untersuchungen mit Krebszellen, die man unter künstlichen Laborbedingungen in isolierten Organen kultivierte. Bei einem Experiment entfernte man einem Hasen eine normale Schilddrüse und fixierte sie in einer Glaskammer. Man injizierte eine geringe Menge Krebszellen in die Schilddrüse und pumpte eine Nährlösung in das Organ, damit es weiterlebte (▶*Abbildung 24.3a*). Unter diesen Bedingungen teilten sich die Krebszellen einige Tage lang, doch stoppten plötzlich das Wachstum, als der Tumor einen Durchmesser von ein bis zwei Millimetern erreicht hatte. Tatsächlich endete das Wachstum jedes Tumors bei genau der gleichen Größe von ein bis zwei Millimetern. So lag die Vermutung nahe, dass es irgendeine Einschränkung geben musste, die dem Tumor das Wachstum nur bis zu dieser Größe erlaubte.

Als man Tumorzellen aus der Schilddrüse entfernte und sie in die Tiere injizierte, wurde die Zellteilung wieder aufgenommen und es entwickelten sich große Tumore. Warum beendeten die Tumore ihr Wachstum, nachdem sie in der isolierten Schilddrüse nur eine geringe Größe erreicht hatten, wuchsen jedoch in lebenden Tieren ungehindert weiter? Bei genauerer Untersuchung wurde eine Erklärung für dieses Phänomen deutlich: Die winzigen Tumore, lebensfähig, aber in der isolierten Schilddrüse im Ruhezustand, hatten keine Verbindung zu den Blutgefäßen des Organs aufbauen können. Aus diesem Grund beendeten sie ihr Wachstum, nachdem sie einen Durchmesser von ein bis zwei Millimetern erreicht hatten. Als man sie in lebende Tiere injizierte, wurden diese Tumore von Blutgefäßen durchdrungen und wuchsen zu einer enormen Größe heran.

Zur Überprüfung der Idee, dass Blutgefäße für die Aufrechterhaltung des Tumorwachstums notwendig sind, implantierte Folkman Krebszellen in die Vorkammer eines Hasenauges. Dort gibt es keine Blutversorgung. Wie in ▸*Abbildung 24.3b* dargestellt, überlebten diese Krebszellen und entwickelten winzige Tumore. Allerdings vermochten die Blutgefäße der nahegelegenen Iris nicht die Zellen zu erreichen und die Tumore hörten bald auf zu wachsen. Als man die gleichen Zellen direkt in das Irisgewebe implantierte, drangen die Blutgefäße der Iris schnell in die Tumorzellen ein und jeder Tumor wuchs um mehr als das Tausendfache seiner Ausgangsgröße. Wieder einmal entstand der Eindruck, dass Tumore mit Blut versorgt werden müssen, um über die Größe einer winzigen Zellmasse hinauszuwachsen.

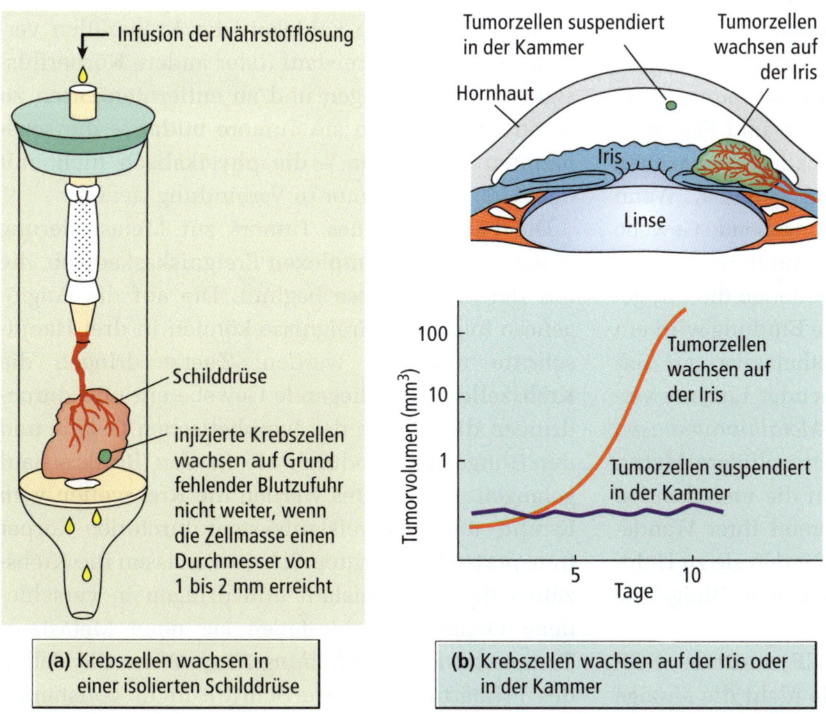

Abbildung 24.3: Zwei Experimente zum Nachweis der Notwendigkeit der Angiogenese. (a) In eine aus einem Hasen isolierte Schilddrüse wurden Krebszellen injiziert, deren Funktionsfähigkeit durch Hineinpumpen einer Nährstofflösung in das Hauptblutgefäß sichergestellt wurde. Die Tumorzellen konnten keinen Kontakt zu den Blutgefäßen knüpfen und das Wachstum des Tumors endete nach Erreichen eines Durchmessers von circa 1–2 mm. (b) Man injizierte Krebszellen in die mit Flüssigkeit gefüllte Vorkammer eines Hasenauges, in der sich keine Blutgefäße befinden, bzw. platzierte sie direkt in der Iris. Die Tumorzellen in der Vorkammer ernährten sich nur durch Diffusion und blieben am Leben, doch das Wachstum setzte aus, bevor sie einen Durchmesser von 1 mm erreicht hatten. Im Gegensatz dazu infiltrierten die Blutgefäße schnell die Krebszellen, die man in die Iris implantiert hatte, sodass die Tumore um mehr als das Tausendfache ihrer ursprünglichen Größe wuchsen.

24.2.2 Das Wachstum der Blutgefäße wird von einem Gleichgewicht zwischen Angiogenese-Aktivatoren und -Inhibitoren kontrolliert

Wenn Tumore also Blutgefäße benötigen, um ihr Wachstum aufrechtzuerhalten, wie stellen sie die Versorgung sicher? Den ersten Hinweis fand man bei Untersuchungen, bei denen Krebszellen in einer Kammer platziert wurden, die von einem Filter mit winzigen Poren umgeben war, durch die Zellen nicht hindurch konnten. Als man diese Kammern in Tiere implantierte, wuchsen in dem umgebenden Wirtsgewebe neue Kapillaren. Im Gegensatz dazu stimulierten normale Zellen, die man gleichfalls in diesen Kammern platzierte, nicht das Wachstum von Blutgefäßen. Diese Ergebnisse legten die Vermutung nahe, dass Krebszellen Moleküle bilden, die durch winzige Poren im Filter diffundieren und im umgebenden Wirtsgewebe die Angiogenese aktivieren.

Spätere Untersuchungen enthüllten, dass die wichtigsten Moleküle zur Aktivierung der Angiogenese Proteine sind, der sogenannte *Endothel-Wachstumsfaktor* (*VEGF*; engl.: *vascular endothelial growth factor*) und der *Fibroblasten-Wachstumsfaktor* (*FGF*; engl.: *fibroblast growth factor*). VEGF und FGF werden von vielen Arten von Krebszellen sowie auch von bestimmten normalen Zellen gebildet. Wenn Krebszellen diese Proteine in das umgebende Gewebe freisetzen, binden sie an Rezeptorproteine auf der Oberfläche der Endothelzellen, mit denen die Blutgefäße ausgekleidet sind. Durch diese Bindung wird ein Signalweg aktiviert, der die Endothelzellen zur Teilung und Sekretion Protein-abbauender Enzyme veranlasst, der sogenannten *Matrix-Metalloproteinasen* (*MMPs*). Die MMPs bauen die extrazelluläre Matrix ab, wodurch die Endothelzellen in die umliegenden Gewebe eindringen können. Während ihrer Wanderung in die umliegenden Gewebe werden sie zu Hohlröhren angeordnet, aus denen sich neue Blutgefäße entwickeln.

Auch wenn viele Tumore VEGF und/oder FGF bilden, sind diese Signalmoleküle nicht die einzige Erklärung für die Aktivierung der Angiogenese. Damit diese fortschreiten kann, müssen die Moleküle die Wirkung der Angiogenese-*Inhibitoren* umgehen, die normalerweise das Wachstum von Blutgefäßen einschränken. Man hat mehr als ein Dutzend natürlich vorkommender Inhibitoren der Angiogenese identifiziert, darunter die Proteine *Angiostatin*, *Endostatin* und *Thrombospondin*. Ein fein abgestimmtes Gleichgewicht zwischen der Konzentration der Angiogenese-Inhibitoren und der Angiogenese-Aktivatoren entscheidet darüber, ob ein Tumor das Wachstum neuer Blutgefäße induziert. Wenn Tumore die Angiogenese auslösen, erfolgt dies im Allgemeinen durch eine vermehrte Bildung von Angiogenese-Aktivatoren. Zugleich nimmt die Bildung von Angiogenese-Inhibitoren ab.

24.2.3 Krebszellen streuen durch Invasion und Metastasierung

Sobald die Angiogenese in einem frühen Stadium der Tumorentwicklung ausgelöst wurde, können sich die Krebszellen ungehindert im Körper ausbreiten. Die Fähigkeit zur Verbreitung beruht auf zwei verschiedenen Mechanismen: Invasion und Metastasierung. Der Begriff **Invasion** bezieht sich auf die direkte Wanderung und das Eindringen von Krebszellen in umliegende Gewebe, während man unter **Metastasierung** die Fähigkeit der Krebszellen versteht, in den Blutkreislauf (oder andere Körperflüssigkeiten) zu gelangen und zu entfernten Orten zu wandern, an denen sie Tumore bilden – die sogenannten *Metastasen* – die physikalisch nicht mit dem Ursprungs-Tumor in Verbindung stehen.

Die Fähigkeit eines Tumors zur Metastasierung hängt von einer komplexen Ereigniskaskade ab, die mit der Angiogenese beginnt. Die auf die Angiogenese folgenden Ereignisse können in drei Hauptschritte unterteilt werden: Zuerst dringen die Krebszellen in umliegende Gewebe ein und durchdringen die Wände der lymphatischen Gefäße und der Blutgefäße, wodurch sie in den Blutkreislauf gelangen. Als zweites werden die Krebszellen vom Lymph- und Blutkreislaufsystem durch den Körper transportiert. Im dritten Schritt verlassen die Krebszellen den Blutkreislauf und dringen in verschiedene Organe ein, in denen sie neue Metastase-Tumore bilden (▶*Abbildung 24.4*). Wenn die Zellen des Primärtumors diese Schritte nicht vollständig durchlaufen können oder wenn einer der Schritte verhindert werden kann, findet keine Metastasierung statt. Daher ist es von fundamentaler Bedeutung zu verstehen, aufgrund welcher Eigenschaften die Krebszellen diese drei Schritte bewerkstelligen können.

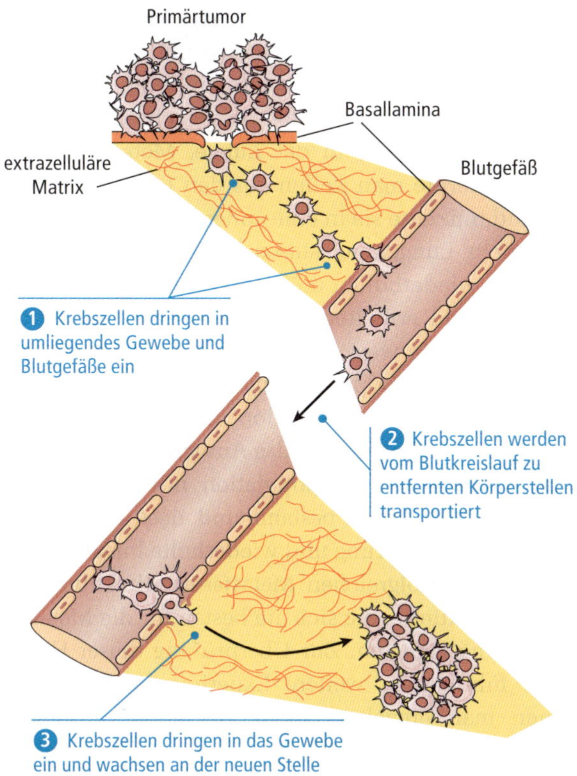

Abbildung 24.4: Stadien der Metastasierung. Nur ein geringer Teil der Zellen einer typischen Krebserkrankung durchläuft erfolgreich die drei Schritte der Metastasierung: (1) Invasion der umliegenden Gewebe und Gefäße, (2) Transport über das Kreislaufsystem und (3) erneute Invasion und Wachstum an einer entfernt liegenden Körperstelle.

24.2.4 Änderung der Zelladhäsion, Motilität und Proteasebildung ermöglichen Krebszellen die Invasion umliegender Gewebe und Gefäße

Im ersten Schritt der Metastase dringen die Krebszellen in umliegende Gewebe und Gefäße ein (*Abbildung 24.4*, Schritt (1)). Im Gegensatz zu gutartigen Tumoren oder den meisten normalen Zellen, die gemeinsam an dem Ort, an dem sie gebildet wurden, bleiben, können Krebszellen ihrer Ursprungsort verlassen und in umliegende Gewebe sowie das Kreislaufsystem eindringen.

Das invasive Verhalten beruht auf mehreren Mechanismen. Zunächst ändern sich die Zelloberflächenproteine, die normalerweise dafür sorgen, dass die Zellen aneinander haften. Den Krebszellen fehlen diese Proteine oder sie haben Defekte, weshalb sich die Zellen leichter vom Haupttumor trennen können. Ein entscheidendes Molekül ist *E-Cadherin*, ein Zell-Adhäsionsprotein, auf dessen Verlust die verminderte Adhäsivität vieler Epithelkrebszellen zurückgeht (*Abschnitt 17.1.1*). Stark invasive Krebszellen besitzen weniger E-Cadherin als normale Zellen. Wenn man isolierten Krebszellen das ihnen fehlende E-Cadherin zuführt und die Zellen dann wieder in Tiere injiziert, wird ihre Fähigkeit, invasive Tumore zu bilden, gehemmt.

Ein weiterer Faktor, auf dem das invasive Verhalten beruht, ist die erhöhte Motilität von Krebszellen. Diese wird von Signalmolekülen angeregt, die in den umliegenden Wirtsgeweben oder von den Krebszellen selbst gebildet werden. Einige dieser Signalmoleküle können als *Chemoattraktanten* wirken. Chemoattraktanten wirken wie Leitsignale, die wandernde Krebszellen anziehen. Die Aktivierung der GTPasen der Rho-Familie spielt bei der Stimulierung der Zellbeweglichkeit, die zu Invasion und Metastasierung führt, eine ganz entscheidende Rolle (*Abschnitt 15.3.7*).

Ein weiteres Merkmal, das zur Invasion beiträgt, ist die Fähigkeit von Krebszellen, *Proteasen* zu bilden. Diese können proteinhaltige Strukturen abbauen, die normalerweise als Barrieren gegen die Bewegung der Krebszellen dienen. Eine ganz wichtige Barriere, die sich den meisten Krebszellen entgegenstellt, ist die *Basallamina*. Die Basallamina ist eine dichte Schicht aus proteinhaltigem Material, das die Epithelschichten von den darunter liegenden Geweben trennt (siehe *Abbildung 17.20*). Epithelkrebserkrankungen machen 90 % aller bösartigen menschlichen Tumore aus. Bevor die Epithelkrebszellen in benachbarte Gewebe eindringen können, muss die Basallamina durchbrochen werden. Dies gelingt den Krebszellen durch die Sekretion von Proteasen, die das Rückgrat der Basallamina bildende Proteine abbauen.

Eine dieser Proteasen ist ein *Plasminogenaktivator*, ein Enzym, das den inaktiven Vorläufer *Plasminogen* in die aktive Protease *Plasmin* umwandelt. Da fast alle Gewebe hohe Konzentrationen von Plasminogen enthalten, können schon geringe Mengen des von den Krebszellen freigesetzten Plasminogenaktivators schnell die Bildung großer Mengen Plasmin katalysieren. Das Plasmin übernimmt zwei Aufgaben: (1) Es baut Komponenten der Basallamina und der extrazellulären Matrix ab. Dadurch wird die Tumorinvasion erleichtert. (2) Es spaltet inaktive Vorläufer der Matrix-Metalloproteinasen, die vor allem von den umliegenden Wirtszellen gebildet werden, in aktive Enzyme, die ebenfalls die Basallamina und die extrazelluläre Matrix abbauen.

Nachdem die Krebszellen durch die Wirkung der Proteasen die Basallamina überwunden haben, erleichtern sie durch Abbau der extrazellulären Matrix der darunter liegenden Gewebe die Wanderbewegung der Krebszellen. Die Krebszellen wandern so lange, bis sie zu winzigen Blut- oder Lymphgefäßen gelangen, die ebenfalls von einer Basallamina umgeben sind. Dann bauen die Proteasen die zweite Basallamina so ab, dass Poren entstehen, durch welche die Krebszellen die Basallamina (und die Schicht der Endothelzellen, welche die Gefäße von innen auskleiden) passieren, um so schließlich in das Blutkreislaufsystem zu gelangen.

24.2.5 Relativ wenige Krebszellen überleben die Reise durch den Blutkreislauf

Krebszellen, denen es gelingt, die Wände winzig kleiner Blutgefäße zu durchdringen, treten in den Blutkreislauf ein, der sie zu entfernt liegenden Körperteilen transportiert (siehe *Abbildung 24.4*, Schritt ❷). Wenn die Krebszellen aber die Wände der lymphatischen Gefäße durchdringen, werden sie zuerst zu regionalen Lymphknoten transportiert, wo sie sich niederlassen und wachsen können. Aus diesem Grund sind die Lymphknoten ein Ort, von dem ausgehend sich der Krebs häufig verbreitet. Die Lymphknoten haben zahleiche Verbindungen zu Blutgefäßen. Daher können Krebszellen, die zuerst in den lymphatischen Kreislauf gelangen, schließlich auch in den Blutkreislauf eintreten.

Ganz gleich, welchen Weg die Krebszellen zuerst einschlagen, letztendlich gelangen sie in großer Anzahl in den Blutkreislauf. Selbst ein winziger bösartiger Tumor, der nur wenige Gramm wiegt, kann täglich mehrere Millionen Krebszellen in den Blutkreislauf freisetzen. Allerdings ist der Blutkreislauf ein für die meisten Krebszellen recht lebensfeindlicher Ort, und weniger als eine von Tausend Krebszellen überlebt die Reise zu einem potenziellen Metastasierungsort. Sind diese wenigen Zellen lediglich zufällige Vertreter der ursprünglichen Tumorzellenpopulation oder repräsentieren sie Zellen, die sich besonders gut für die Metastasenbildung eignen? In ▸*Abbildung 24.5* ist ein zur Beantwortung dieser Fragen entworfenes Experiment dargestellt. In diesem Experiment injizierte man Melanomzellen einer Maus in den Blutkreislauf gesunder Mäuse, um deren Fähigkeit zur Metastasenbildung zu testen. Einige Wochen später traten an verschiedenen Stellen, vor allem aber in der Lunge, Metastasen auf. Dann entfernte man Zellen aus den Lungenmetastasen und injizierte sie in eine andere Maus, woraufhin sich mehr Lungenmetastasen bildeten. Die Wissenschaftler wiederholten die Injektionen mehrere Male in Folge und erhielten schließlich eine Population von Zellen, die wesentlich mehr Metastasen bildete als die Ausgangspopulation des Krebstumors.

Die einfachste Interpretation dieser experimentellen Ergebnisse lautet, dass das Ausgangsmelanom aus einer heterogenen Zellpopulation mit unterschiedlichen Eigenschaften bestand und dass man durch wiederholte Isolierung und wiederholte Injektion von Zellen aus erfolgreichen Metastasen allmählich die Zellen selektierte, die sich am besten für die Metastasenbildung eigneten. Zur Überprüfung dieser Hypothese führte man weitere Experimente durch, bei denen man einzelne Zellen aus einem primären Melanom isolierte und jede isolierte Zelle in einer Kultur zu einer Zellpopulation heranwachsen ließ. Solche Zellpopulationen, die von einer einzigen Ausgangszelle abstammen, bezeichnet man als **Klone**. Als man sie in Tiere injizierte, bildeten einige der geklonten Zellen wenige Metastasen, einige bildeten viele Metastasen und einige lagen zwischen diesen beiden Ergebnissen. Da jeder Klon von einer anderen Zelle im Ausgangstumor stammte, bestätigten die Ergebnisse, dass sich die Zellen des Primärtumors im Hinblick auf ihre Fähigkeit zur Metastasenbildung voneinander unterschieden.

24.2.6 Blutflussmuster und organspezifische Faktoren bestimmen die Orte der Metastasenbildung

Einige Krebszellen, die im Blutkreislauf zirkulieren, durchdringen schließlich die Wand eines winzigen Gefäßes und dringen in ein anderes Organ ein. Dort bilden sie Metastasen, die weit vom Primärtumor entfernt liegen können (*Abbildung 24.4*, Schritt ❸). Obwohl der Blutkreislauf die Krebszellen durch den ganzen Körper transportiert, entwickeln sich Metastasen bevorzugt an bestimmten Orten des Körpers. Ein für diese Spezifität verantwortlicher Faktor hängt mit Blutflussmustern zusammen. Geht man ausschließlich von der Größe aus, dann siedeln sich zirkulierende Krebszellen mit größter Wahrscheinlichkeit in *Kapillaren* an (winzigen Gefäßen, deren Durchmesser dem einer einzelnen Blutzelle entspricht). Nachdem die Krebszellen in den Kapillaren festsitzen, dringen sie durch die Wände dieser winzigen Blutgefäße, treten in das umgebende Gewebe ein und bilden dort neue Tumore. Betrachten Sie beispielsweise die Primärtumore, die sich in den meisten Organen entwickeln. Nachdem die Krebszellen in den Blutstrom gelangt sind, finden sie in den Lungen die ersten Kapillaren, in denen sie sich niederlassen können. Aus diesem Grund ist die Lunge ein Ort, an dem sich die Metastasen vieler Krebsarten entwickeln. Das Blutflussmuster bevorzugt nun aber nicht immer die Lunge. Bei Krebserkrankungen des Magens und des Darms werden die in den Blutkreislauf eingetretenen Krebszellen zuerst zur Leber befördert, deren Blutgefäße sich verzweigen und den Krebszellen Kapillaren zur Ansiedelung bieten. Daher ist die Leber ein Ort, an dem diese Krebsarten häufig Metastasen bilden.

Zwar sind die Blutflussmuster sehr wichtig, doch erklären sie nicht immer die beobachtete Verbreitung von Metastasen. Bereits 1889 schlug Stephen Paget vor, dass zirkulierende Krebszellen eine besondere Affinität für die Umgebung bestimmter Organe besitzen. Pagets Idee, die man als „Seed-and-Soil-Theorie“ bezeichnet, beruht auf der Analogie, dass der Wind die Samen einer Pflanze in eine Richtung trägt, doch die Samen nur unter der Voraussetzung wachsen, dass sie auf den geeigneten Boden fallen. Gemäß dieser Ansicht werden Krebszellen vom Blutkreislauf zu verschiedenen Organen transportiert, aber nur wenige Orte bieten optimale Wachstumsbedingungen für den jeweiligen Krebszellentyp. Diese Theorie wurde durch die systematische Analyse der Orte unterstützt, an denen sich tendenziell Metastasen entwickeln. Bei ungefähr zwei Dritteln aller untersuchten Krebserkrankungen beim Menschen kann die Metastasierung in verschiedenen Organen einzig durch das Blutflussmuster erklärt werden. Bei den verbleibenden Krebserkrankungen kommt es in einigen Organen weniger häufig zur Metastasenbildung als erwartet, und andere Krebszellen bilden häufiger als erwartet Metastasen in bestimmten Organen.

Warum wachsen Krebszellen an bestimmten Orten am besten? Man nimmt an, dass dieses Verhalten auf Wechselwirkungen zwischen Krebszellen und der Mikroumgebung in den Organen liegt, zu denen sie transportiert werden. Ein Beispiel dafür ist Prostatakrebs, der häufig in Knochen Metastasen bildet (ein Muster, das man aufgrund von Blutflussmustern nicht erwarten würde). Den Grund für diese Präferenz konnte man mit Hilfe von Experimenten aufklären. Man mischte Prostatakrebszellen mit Zellen aus verschiedenen Organen – darunter Knochen, Lunge und Niere – und injizierte Tieren diese Zellmischungen. Es stellte sich heraus, dass die Fähigkeit der Prostatakrebszellen zur Tumorentwicklung durch die Gegenwart von Zellen gefördert wurde, die aus dem Knochen, aber nicht aus Lunge oder Niere stammten. In anschließenden Untersuchungen fand man die Erklärung: Knochenzellen bilden spezifische Wachstumsfaktoren. Sie regen die Bildung von Prostatakrebszellen an. Damit haben Sie nur einen von mehreren Typen molekularer Wechselwirkungen kennengelernt, die die Fähigkeit von Krebszellen zum Wachstum in bestimmten Organen beeinflussen.

24.2.7 Das Immunsystem beeinflusst Wachstum und Ausbreitung von Krebszellen

Verfügt der Körper über irgendwelche Mechanismen, um sich gegen Wachstum und Ausbreitung von Krebszellen zu schützen? Eine Möglichkeit ist das Immunsystem, das Fremdzellen angreifen und zerstören kann. Natürlich sind Krebszellen nicht im wahrsten Sinne des Wortes „fremd“, aber sie weisen häufig molekulare Veränderungen auf. Das Immunsystem könnte die Zellen aufgrund dieser Veränderungen als anomale Zellen erkennen. Die *Immunüberwachungstheorie* (engl.: *immune surveillance theory*) postuliert, dass die Immunzerstörung von Krebszellen ein sehr häufiges Ereignis ist, und dass Krebs einfach das gelegentliche Misslingen einer adäquaten Immunantwort gegen anomale Zellen widerspiegelt.

Hinweise zur Untermauerung dieser Theorie erhielt man durch Untersuchungen an Patienten, bei denen eine Organtransplantation durchgeführt worden war. Sie erhalten Immunsuppressiva, um die Immunfunktion zu unterdrücken; dadurch wird das Risiko einer Immunabwehr gegen das transplantierte Organ (Abstoßung) verringert. Gemäß der Immunüberwachungstheorie entwickeln Patienten, die Immunsuppressiva nehmen, schneller Krebserkrankungen als Patienten, die nicht mit Immunsuppressiva behandelt werden. Das Konzept der Immunüberwachungstheorie wurde bei Tieren direkter überprüft. Die Tiere wurden gentechnisch verändert, um spezifische Defekte des Immunsystems herbeiführen zu können. Bei einer Studie arbeitete man mit mutierten Mäusen, die einen Defekt im *Rag2* besaßen. *Rag2* ist ein Gen, das nur in Lymphocyten exprimiert wird. Die mutierten Mäuse, die keine funktionalen Lymphocyten besitzen (und folglich auch keine Immunantwort entwickeln), zeigen eine erhöhte Krebsrate sowohl für spontan auftretende Krebserkrankungen als auch für Krebserkrankungen, die durch die Injektion chemischer, krebserregender Substanzen induziert werden.

Obwohl aus diesen Experimenten gefolgert werden kann, dass das Immunsystem der Mäuse dazu beiträgt, sie vor der Entwicklung von Krebserkrankungen zu schützen, stellt sich die Frage nach der Relevanz dieser Ergebnisse für uns Menschen. Wenn das Immunsystem beim Schutz vor Krebs eine wichtige Rolle spielt, dann müssten wir einen dramatischen Anstieg von Krebserkrankungen bei AIDS-Patienten konstatieren, deren Immunsystem ernsthaft geschwächt ist. Zwar stellt man bei einigen Krebserkrankungen eine erhöhte Rate fest, vor allem beim Kaposi-Sarkom und bei Lymphomen, aber die im Allgemeinen häufiger auftretenden Krebserkrankungen sind nicht vermehrt zu verzeichnen. Die meisten Krebserkrankungen, die vermehrt bei AIDS-Patienten auftreten, gehen auf Viren zurück (auf deren Rolle beim Krebs wir später in diesem Kapitel zu sprechen kommen werden). Diese Beobachtungen lassen hoffen, dass unser Immunsystem uns vor virusinduzierten Krebserkrankungen schützen könnte, aber im Hinblick auf die häufiger auftretenden Krebserkrankungen erweist es sich als weniger hilfreich.

Der Grund dieses Versagens beruht darauf, dass die Krebszellen Wege gefunden haben, um der Zerstörung durch das Immunsystem zu entgehen. Einer dieser Wege beruht auf der Tatsache, dass Tumore aus heterogenen Zellpopulationen bestehen, die verschiedene *Antigene* exprimieren (Substanzen, die eine Immunantwort auslösen). Diese Zellen mit Antigenen, die eine starke Immunantwort auslösen, werden mit großer Wahrscheinlichkeit angegriffen und zerstört, während Zellen, denen diese Antigene fehlen oder die diese in geringeren Mengen bilden, eine größere Überlebenschance haben und wachsen. Somit wird während des Tumorwachstums ständig auf Zellen selektiert, die eine schwächere Immunantwort hervorrufen.

Des Weiteren haben Krebszellen Wege entwickelt, um das Immunsystem zu bekämpfen und es zu überwinden. So bilden einige Krebszellen zum Beispiel Moleküle zur Abtötung oder Hemmung der Funktion von T-Lymphocyten (Immunzellen, die an der Abtötung defekter Zellen mitwirken). Tumore können sich außerdem mit dichtem Gewebe umgeben, das sie vor einem Immunangriff schützt. Ferner können sich Krebszellen so schnell teilen, dass das Immunsystem mit ihrer Abtötung nicht Schritt halten kann, um das Tumorwachstum unter Kontrolle zu halten. Daraus folgt, je größer der Tumor wird, desto leichter wird es für ihn, das Immunsystem zu überwältigen.

24.2.8 Die Mikroumgebung des Tumors beeinflusst Tumorwachstum, Invasion und Metastasenbildung

Wir haben mittlerweile einige Beispiele kennengelernt, bei denen das Verhalten eines Tumors von Wechselwirkungen zwischen Tumorzellen und der umliegenden *Tumormikroumgebung* abhängt. Zu dieser Mikroumgebung zählen normale Zellen, extrazelluläre Moleküle und Komponenten der extrazellulären Matrix. Die Angiogenese wird beispielsweise durch von Tumorzellen freigesetzten Wachstumsfaktoren ausgelöst, die auf normale Endothelzellen im umgebenden Gewebe wirken und so die Bildung neuer Blutgefäße anregen. Proteasen, die sowohl von Tumorzellen als auch von umgebenden normalen Zellen gebildet werden, erleichtern die Invasion, indem sie Komponenten der extrazellulären Matrix und der Basallamina abbauen. Die Beweglichkeit von Krebszellen und die Richtung ihrer Migration wird von Signalmolekülen beeinflusst, die von normalen Zellen in den umliegenden Geweben gebildet werden. Krebszellen vermögen nur in die Kapillaren einzudringen, weil sie sich an Moleküle in der Basallamina anheften. Das Wachstum von Metastasen an entfernten Körperstellen wird von Wachstumsfaktoren und anderen Molekülen angeregt, die von Zellen in den befallenen Organen gebildet werden.

Außerdem gibt es in der Mikroumgebung des Tumors Zellen und Moleküle, die Invasion und Metastasenbildung verhindern. So können beispielsweise normale Zellen des Immunsystems Krebszellen angreifen. Andere Zellen in der Mikroumgebung des Tumors bilden häufig *TGFβ*, einen wirksamen Inhibitor des Wachstums vieler Zelltypen. Krebszellen können wiederum mutieren und infolge dieser Mutation auch in Gegenwart von *TGFβ* wachsen. Es gibt sogar einige Krebszellen, die selbst *TGFβ* sekretieren. Dadurch hemmen sie das Wachstum umgebender normaler Zellen, können schnell reproduzieren und dringen aufgrund der verminderten Wettbewerbsfähigkeit benachbarter Zellen schneller in umliegende Gewebe ein. Dies sind nur einige der vielen Beispiele dafür, wie Interaktionen zwischen der Mikroumgebung des Tumors die Wachstumsfähigkeit von Krebszellen sowie ihre Fähigkeit, in benachbartes Gewebe einzudringen und Metastasen an anderen Körperstellen zu bilden, beeinflussen können.

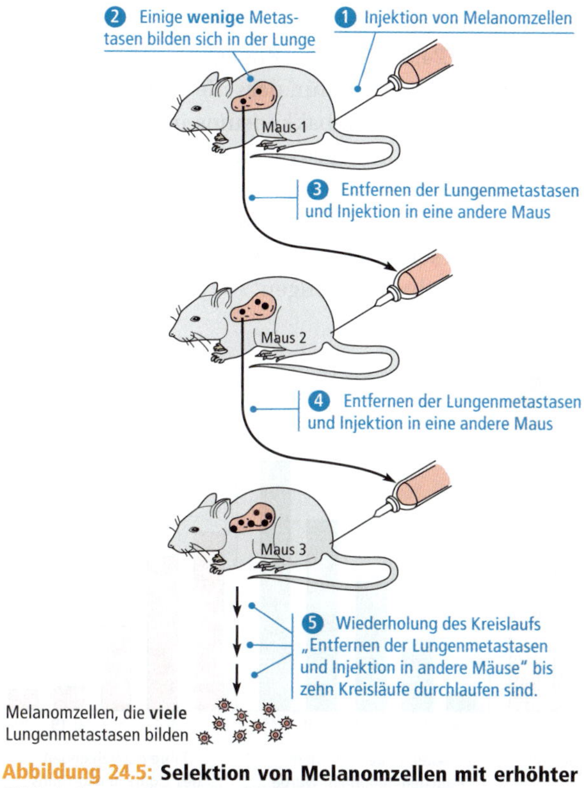

Abbildung 24.5: Selektion von Melanomzellen mit erhöhter Fähigkeit zur Metastasenbildung. Melanomzellen der Maus wurden in die Schwanzvene einer Maus injiziert. Nachdem sich in der Lunge eine kleine Anzahl Metastasen gebildet hatte, wurden die Zellen aus der Lunge entfernt und in eine andere Maus injiziert. Dieser Vorgang wurde zehnmal wiederholt. Die endgültige Population von Melanomzellen bildete wesentlich mehr Metastasen als die Ausgangszellen.

24.3 Was verursacht Krebs?

Das unkontrollierte Wachstum von Krebszellen in Kombination mit ihrer Fähigkeit, an entfernten Orten des Körpers Metastasen zu bilden, macht Krebs zu einer potenziell lebensbedrohlichen Krankheit. Worauf beruht die Bildung von Zellen mit derartig zerstörerischen Eigenschaften? Viele Menschen vertreten die Auffassung, dass Krebs eine geheimnisvolle Krankheit ist und nach dem Zufallsprinzip ohne erkennbare Ursache zuschlägt. Doch diese Auffassung ist falsch. Es gibt Tausende wissenschaftlicher Untersuchungen, von denen einige bereits vor 200 Jahren durchgeführt wurden, die berücksichtigt werden müssen. Die unausweichliche Folgerung, die sich aus all diesen Untersuchungen ergibt, sagt uns, dass Krebserkrankungen im Allgemeinen auf Umweltfaktoren und den Lebensstil zurückzuführen sind, die als Auslöser für DNA-Mutationen wirken.

24.3.1 Epidemiologische Daten helfen viele Krebsursachen zu identifizieren

Der Hinweis darauf, dass ein bestimmter Wirkstoff Krebs verursachen kann, stammt im Allgemeinen aus der *Epidemiologie* – dieser Wissenschaftszweig befasst sich mit der Häufigkeit und der Verteilung von Krankheiten in menschlichen Populationen. Epidemiologische Studien haben gezeigt, dass Krebsarten in den verschiedenen Teilen der Welt mit unterschiedlicher Häufigkeit auftreten. Wir führen hier nur einige Beispiele auf: Magenkrebs tritt häufig in Japan auf, Brustkrebserkrankungen sehr häufig in den USA und Leberkrebs häufig in Afrika und Südostasien. Wissenschaftler wollten herausfinden, ob diese Unterschiede auf Vererbung oder Umwelt zurückzuführen sind. Daher untersuchten sie die Krebsraten bei Menschen, die von einem Land in das andere umgezogen waren. Zum Beispiel ist die Inzidenz (Anzahl der Neuerkrankungen) von Magenkrebs in Japan höher als in den USA und die von Darmkrebs niedriger. Wenn japanische Familien in die USA übersiedeln, gleichen sich ihre Krebsraten den US-Amerikanischen an. Dieser Umstand verweist darauf, dass die Krebsraten stärker von der Umwelt und dem Lebensstil beeinflusst werden als durch Vererbung.

Epidemiologische Daten haben bei der Identifizierung dieser Umwelt- und Lebensstilfaktoren eine wichtige Rolle gespielt. Ein erschreckendes Beispiel ist Lungenkrebs, dessen Rate in den USA seit 1900 um das Zehnfache angestiegen ist (▶*Abbildung 24.6*). Untersuchungen der möglichen Ursachen für die Entwicklung von Lungenkrebs haben gezeigt, dass die meisten Menschen, die Lungenkrebs entwickeln, ein gemeinsames Merkmal haben: sie haben irgendwann einmal Zigaretten geraucht. Wenn Zigaretten dafür verantwortlich wären, so könnte man folgendes vermuten: Starke Raucher entwickeln häufiger Lungenkrebs als Gelegenheitsraucher, langjährige Raucher entwickeln häufiger Lungenkrebs als Menschen, die nur vorübergehend geraucht haben, und die Lungenkrebsraten sinken, wenn das Rauchen eingestellt wird. Rauchen ist nicht nur mit Lungenkrebs assoziiert, sondern mit den meisten Krebskrankheiten des Mundes, der Luftröhre und des Kehlkopfes sowie mit einigen Krebsformen der Speiseröhre, des Magens, der Bauchspeicheldrüse, des Gebärmutterhalses, der Niere, der Blase und des Darms. Ungefähr die Hälfte aller Raucher stirbt an einer Krebserkrankung oder einem Herz-Kreislauf-Leiden. Sie verkürzen ihre Lebenserwartung um 10 bis 15 Jahre. In den USA gehen jährlich ungefähr 130.000 Todesfälle auf Lungenkrebserkrankungen zurück. Auch in Deutschland sterben jährlich noch ca. 50.000 Menschen an den Folgen des Tabakkonsums.

Obwohl die Verbindung zwischen Zigarettenkonsum und Krebs erstmalig aus epidemiologischen Untersuchungen hervorging, benötigt man für den Beleg einer Ursache-Wirkungs-Kette den direkten experimentellen Nachweis. Diesen Beleg erbrachten Laboruntersuchungen, die zeigten, dass Zigarettenrauch mindestens 100 chemische Substanzen enthält, die Krebs erzeugen, wenn man sie Tieren verabreicht. Das Wissen, dass Zigarettenrauch Krebs verursacht, hat unserer Gesellschaft ein schlagkräftiges Hilfsmittel an die Hand gegeben, um die Anzahl der Todesfälle durch Krebs zu verringern. Nachdem die Regierungen und Gesundheitsbehörden verschiedener Länder in den 1960er Jahren begannen, öffentlich auf die Gefahren des Tabakrauchs hinzuweisen, stieg die Anzahl der Raucher in den USA nicht mehr an, sondern begann zu sinken (siehe *Abbildung 24.6*). Dieser Rückgang ist einer der wichtigsten Gründe dafür, dass die Todesfälle durch Krebs als Folge des Tabakkonsums im Lauf des letzten Jahrzehnts zurückgegangen sind. Insgesamt sind die Todesfälle durch Lungenkrebs allerdings nach wie vor steigend, da auch Autoabgase und industrielle Luftverschmutzungen die Entstehung dieser Form von Krebs begünstigen.

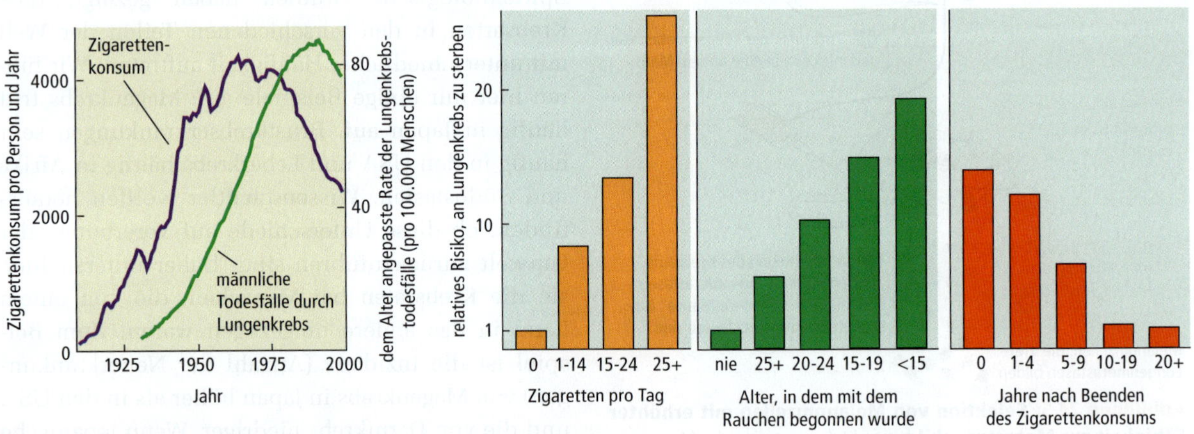

Abbildung 24.6: Zigarettenkonsum und Lungenkrebs. Die Abbildung links zeigt die Zunahme des Zigarettenkonsums in den Vereinigten Staaten während der ersten Hälfte des zwanzigsten Jahrhunderts, in dessen Folge die Anzahl der Todesfälle durch Lungenkrebs explosionsartig anstieg. Zwischen der Zunahme des Zigarettenkonsums und den anschließenden Todesfällen durch Lungenkrebs lagen 25 Jahre. Diese Zeitspanne benötigen die meisten Krebserkrankungen beim Menschen zur Entwicklung nach Aufnahme des krebsverursachenden Agens. Die Balkendiagramme rechts zeigen den Anstieg der Lungenkrebsraten als Funktion der pro Tag gerauchten Zigaretten. Langjährige Raucher entwickeln häufiger Lungenkrebs als Menschen, die nur eine kurze Zeit ihres Lebens Zigaretten konsumierten. Die Lungenkrebsrate nimmt ab, wenn das Rauchen eingestellt wird.

24.3.2 Viele chemische Substanzen verursachen nach metabolischer Aktivierung in der Leber Krebserkrankungen

Der Gedanke, dass bestimmte chemische Substanzen, wie zum Beispiel die im Tabakrauch enthaltenen Stoffe, Krebs verursachen können, wurde zum ersten Mal vor 250 Jahren vorgetragen. Im Jahr 1761 berichtete eine Londoner Arzt, John Hill, dass Menschen, die regelmäßig Schnupftabak nahmen (das Inhalieren zerkleinerten Tabaks), eine anomal hohe Inzidenz von Nasenkrebs entwickelten. Wenige Jahre später beobachtete Percival Pott, ein anderer britischer Arzt, eine erhöhte Inzidenz von Hodensackkrebs bei Männern, die in ihrer Jugend als Schornsteinfeger gearbeitet hatten. Da sie aufgrund ihres Körperbaus besser in die engen Schächte steigen konnten als Erwachsene, mussten häufig Heranwachsende die Rauchabzüge reinigen. Pott spekulierte, dass sich der Ruß in den Hautsekreten des Hodensacks löste, zu Hautreizungen führte und schließlich die Entwicklung von Krebs auslöste. Diese Vermutung führte zu der Entdeckung, dass sich Schornsteinfeger durch Tragen von Schutzkleidung und regelmäßiges Baden vor Hodensackkrebs schützen konnten.

In den vielen Jahren nach diesen Pionierarbeiten ist die Liste der bekannten und vermuteten **Karzinogene** (krebsverursachenden Wirkstoffe) auf Hunderte verschiedene chemische Substanzen angestiegen. Im Allgemeinen bezeichnet man chemische Substanzen als karzinogen, wenn Menschen oder Tiere nach Kontakt mit diesen Substanzen Krebs entwickeln. Das bedeutet nun allerdings nicht, dass jede chemische Substanz durch ihre eigene Wirkung Krebs verursacht. Schauen Sie sich beispielsweise die Wirkung von *2-Naphthylamin* an, einem starken Karzinogen, das bei Fabrikarbeitern zur Entwicklung von Blasenkrebs führte und im Tabakrauch enthalten ist. Wie zu erwarten induziert 2-Naphthylamin bei Labortieren eine hohe Inzidenz von Blasenkrebs. Wenn man 2-Naphthylamin aber direkt in die Blase des Tieres gibt, so entwickelt sich nur selten Krebs. Für diese scheinbare Diskrepanz gibt es folgende Erklärung: Wenn Tiere 2-Naphthylamin aufnehmen oder Menschen es inhalieren, gelangt es in die Leber und wird zu anderen chemischen Substanzen verstoffwechselt. Diese sind die wahren Krebsverursacher. Wenn man 2-Naphthylamin direkt in die Blase eines Tieres befördert, dann umgeht es die metabolische Aktivierung, und es entwickelt sich kein Krebs.

Es gibt viele Karzinogene, die metabolisch aktiviert werden müssen, bevor sie Krebs erzeugen. Diese Substanzen bezeichnet man als **Präkarzinogene**. Als Präkarzinogen gilt jede chemische Substanz, die Krebs erst nach metabolischer Aktivierung erzeugt. Die meisten Präkarzinogene werden von Leberproteinen aktiviert, die zur Enzymfamilie *Cytochrom P450* gehören. Die Mitglieder dieser Enzymfamilie katalysieren die Oxidation aufgenommener fremder chemischer Substanzen, beispielsweise Medikamente oder Umweltgifte. Die Katalyse dient dazu, den Molekülen ihrer Toxizität zunehmen und sie leichter aus dem Körper ausscheiden zu können. Es gibt aber einige Oxidationsreaktionen, die versehentlich fremde chemische Substanzen in Karzinogene umwandeln – ein Phänomen, das man als *Karzinogenaktivierung* bezeichnet.

24.3.3 Von chemischen Karzinogenen ausgelöste DNA-Mutationen führen zu Krebs

Nachdem klar war, dass chemische Substanzen Krebs verursachen, musste die Frage ihrer Wirkung geklärt werden. Der Gedanke, dass karzinogene chemische Substanzen DNA-Mutationen auslösen, wurde 1950 zum ersten Mal formuliert. Es gab jedoch nur sehr schwache Daten, die diese Vermutung stützten, denn niemand hatte die mutagene Wirkung verschiedener chemischer Substanzen systematisch mit ihrer Fähigkeit, Krebs auszulösen, abgeglichen. Diese Information wurde dringend benötigt. Also entwickelte Bruce Ames einen einfachen Labortest zur Messung der mutagenen Aktivität einer chemischen Substanz. Dieses Verfahren bezeichnet man als **Ames-Test**. Bei diesem Test arbeitet man mit Bakterien als Versuchsorganismen, denn sie wachsen in Kultur schnell und in großer Anzahl. Bei den Bakterien handelt es sich um einen besonderen Stamm, der die Aminosäure *Histidin* nicht synthetisieren kann. Wie in ▶*Abbildung 24.7* dargestellt, werden die Bakterien in ein Kulturmedium mit der chemischen Substanz gegeben, deren Mutagenität getestet werden soll, dem aber Histidin fehlt. Normalerweise würden die Bakterien mangels Histidin nicht wachsen. Wenn die untersuchte chemische Substanz aber mutagen wirkt, wird sie zufällige Mutationen auslösen, von denen einige die Fähigkeit zur Synthese von Histidin wiederherstellen. Jedes

Bakterium, das eine solche Mutation erwirbt, wird zu einer sichtbaren Kolonie heranwachsen, sodass die Gesamtzahl der Kolonien ein Maß für die Mutagenität der untersuchten Substanz ist.

Da viele krebsverursachende chemische Substanzen erst nach Modifikation durch Leberenzyme karzinogen wirken, gehört zum Ames-Test noch ein weiterer Schritt. Die untersuchte Substanz wird zuerst mit einem Extrakt aus Leberzellen inkubiert, um die Reaktionen nachzuahmen, die normalerweise in der Leber ablaufen. Die so gewonnene chemische Mischung wird auf ihre Fähigkeit, bakterielle Mutationen herbeizuführen, untersucht. Wenn man den Ames-Test auf diese Weise durchführt, beobachtet man eine große Korrelation zwischen der Fähigkeit einer Substanz, Mutationen zu bewirken, und ihrer Fähigkeit, Krebs zu verursachen.

Karzinogene Substanzen schädigen die DNA auf verschiedenen Wegen, unter anderem, indem sie an die DNA binden und die normale Basenpaarung unterbrechen, Querverbindungen zwischen den beiden Strängen der Doppelhelix bilden, chemische Verbindungen zwischen benachbarten Basen herstellen, einzelne DNA-Basen hydroxylieren oder entfernen und Brüche in einem der beiden DNA-Stränge herbeiführen. In einigen Fällen hat man die Rolle spezifischer mutagener chemischer Substanzen, die Krebs erzeugen, mit ihrem Einfluss auf spezifische Gene in Verbindung gebracht. Zum Beispiel binden im Tabakrauch enthaltene polyzyklische aromatische Kohlenwasserstoffe bevorzugt an spezifische Regionen des Gens *p53* und lösen einzigartige Mutationen aus. Durch diese Mutationen wird die Base T durch die Base G ersetzt. Später in diesem Kapitel werden Sie sehen, dass Mutationen in dem Gen *p53* bei der Entwicklung vieler Krebsarten eine Schlüsselrolle spielen.

Viele vom Menschen produzierte und in die Umwelt abgegebene Substanzen haben sich im Nachhinein als karzinogen erwiesen, sind aber leider noch immer nicht komplett aus der Umwelt verbannt. So findet sich in Nahrungsmittelverpackungen und Trinkflaschen noch immer der krebsauslösende Weichmacher Bisphenol A. DDT, das früher in großen Mengen als Pestizid eingesetzt wurde und teilweise auch noch heute benutzt wird, ist sogar noch gefährlicher als Bisphenol A. Allgemein zeigen die Mitglieder der Familie der polychlorierten Biphenyle (PCB) stark karzinogene Wirkungen. Trotzdem werden viele dieser Substanzen noch immer bei der Herstellung von Plastikwaren und Isoliermaterialien eingesetzt.

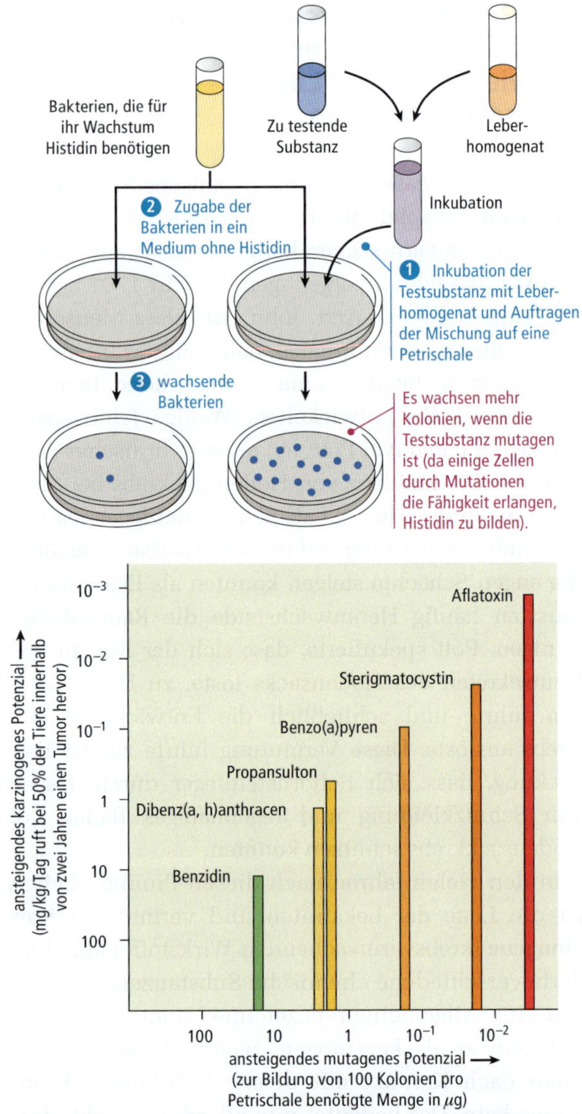

Abbildung 24.7: Ames-Test zum Nachweis möglicher Karzinogene. Der Ames-Test beruht auf der Annahme, dass es sich bei den meisten Karzinogenen um Mutagene handelt. (Oben) Die Fähigkeit von chemischen Substanzen, Mutationen zu induzieren, wird in Bakterien nachgewiesen, welche die Aminosäure Histidin nicht synthetisieren können. Wenn man sie in ein Wachstumsmedium ohne Histidin gibt, dann können nur die Bakterien wachsen, die eine Mutation erworben haben, aufgrund derer sie Histidin synthetisieren können. Die Anzahl der wachsenden Bakterienkolonien steht daher mit der mutagenen Wirkung der getesteten Substanz in Zusammenhang. Chemische Substanzen, die mit dem Ames-Test untersucht werden sollen, werden zuerst mit einem Leberhomogenat inkubiert, denn viele Chemikalien werden erst nach biochemischer Modifikation in der Leber karzinogen. (Unten) Das Balkendiagramm zeigt, dass Substanzen mit starker mutagener Aktivität im Ames-Test auch starke Karzinogene sind. Zur Gruppe dieser besonderen Substanzen gehört Aflatoxin, das stärkste Mutagen und das stärkste Karzinogen. Beachten Sie, dass die Daten im logarithmischen Maßstab aufgetragen wurden, damit Aflatoxin auf dem gleichen Graphen wie Benzidin aufgetragen werden kann, dessen Wirkung als Mutagen und Karzinogen ungefähr 10.000-mal geringer ist als die von Aflatoxin.

24.3.4 Krebs entsteht durch einen dreistufigen Prozess: Initiation, Promotion und Tumorwachstum

Obwohl Mutationen eine sehr wichtige Rolle spielen, läuft die Entwicklung von Krebs in mehreren Schritten ab. Ein früher Hinweis auf die Gültigkeit dieser Idee beruhte auf Untersuchungen von Steinkohleteerkomponenten wie *Dimethylbenz*(a)*anthracen* (*DMBA*) hinsichtlich ihrer Fähigkeit, bei Labortieren Krebs zu verursachen. Die Untersuchungen zeigten, dass Mäuse, denen man nur eine Dosis DMBA gab, selten Tumore entwickelten. Wenn eine so behandelte Maus aber später eine Substanz erhielt, die Hautreizungen verursachte, entwickelte sich auf der behandelten Hautstelle Krebs (▶*Abbildung 24.8*). Der am häufigsten verwendete Reizstoff zur Auslösung der Tumorbildung ist eine pflanzliche Substanz, das sogenannte *Crotonöl*, das vermehrt in *Phorbolestern* vorkommt. Crotonöl an sich ist nicht krebserregend, es entsteht auch kein Krebs, wenn man DMBA *nach* dem Crotonöl gibt. Diese Beobachtungen weisen darauf hin, dass DMBA und Crotonöl zwei verschiedene Aufgaben übernehmen, die man als **Initiation** und **Promotion** bezeichnet. Während der Initiationsphase werden normale Zellen in einen präkanzerogenen Zustand umgewandelt. In der Promotionsphase werden die veränderten Zellen zur Zellteilung und Bildung von Tumoren angeregt.

Es kann ein Jahr oder noch länger dauern, bis die Tiere nach Verabreichen einer einzelnen Dosis DMBA noch Tumore entwickeln, wenn man ihre Haut mit Crotonöl reizt. Das bedeutet, dass nur eine Behandlung mit DMBA einen dauerhaft veränderten Initiationszustand in Zellen herbeiführen kann, die überall im Körper liegen, und die anschließende Behandlung mit Crotonöl fördert bei diesen Zellen die Tumorentwicklung. Die Fähigkeit von chemischen Substanzen, als Initiatoren zu wirken, korreliert mit ihrer Fähigkeit, DNA-Schäden herbeizuführen. Daraus kann man folgern, dass das dauerhaft veränderte Initiationsstadium auf der Fähigkeit von Initiatoren beruht, eine DNA-*Mutation* herbeizuführen.

Im Gegensatz dazu handelt es sich bei der Promotion um einen allmählich fortschreitenden Vorgang, der auf längerem oder wiederholtem Kontakt mit einem fördernden Wirkstoff beruht. Es wurden sehr viele fördernde Wirkstoffe untersucht. Dabei hat man festgestellt, dass ihre wichtigste gemeinsame Eigenschaft darin besteht, das *Zellwachstum* anzuregen. Nicht alle Tumorpromotoren sind Fremdsubstanzen. Hormone und Wachstumsfaktoren, die das normale Zellwachstum anregen, können unbeabsichtigter Weise als Tumorpromotoren wirken, wenn sie auf eine Zelle einwirken, die bereits eine Initiationsmutation durchlaufen hat.

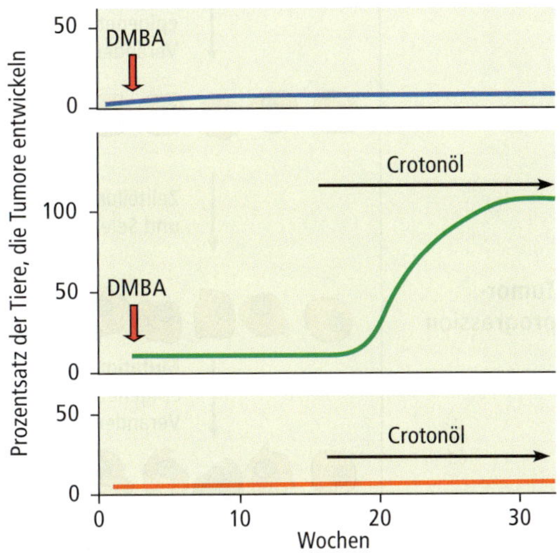

Abbildung 24.8: Nachweis der Initiations- und Förderungsstadien während der Krebsentwicklung. (Oben) Mäuse, die nur eine Dosis DMBA (*Dimethylbenz*(a)*anthracen*) erhielten, entwickelten keine Tumore. (Mitte) Bestreicht man ihre Haut nach Behandlung mit DMBA zweimal wöchentlich mit Crotonöl, so entwickeln sie Hauttumore. Hört man mit dem Auftragen von Crotonöl nach einigen Wochen auf (hier nicht gezeigt), dann bilden sich die Tumore zurück. (Unten) Crotonöl allein führt nicht zur Entwicklung von Hauttumoren. Diese Daten stimmen mit der Schlussfolgerung überein, dass DMBA als Initiator wirkt und dass Crotonöl ein fördernder Wirkstoff ist.

Wenn eine Zelle mit einer Initiationsmutation mit einem Promotionswirkstoff (oder einem natürlichen Wachstumsregulator) in Kontakt kommt, der die initiierte Zelle zu Wachstum veranlasst, steigt die Anzahl der mutierten Zellen. Während des Zellwachstums begünstigt die natürliche Selektion schneller wachsende Zellen mit invasiven Eigenschaften. Dies führt letztendlich zur Bildung eines bösartigen Tumors. Die für die Promotion benötigte Zeit spiegelt sich in der Zeitspanne wider, die häufig zwischen dem Kontakt mit einem initiierenden Karzinogen und der Entwicklung von Krebs liegt.

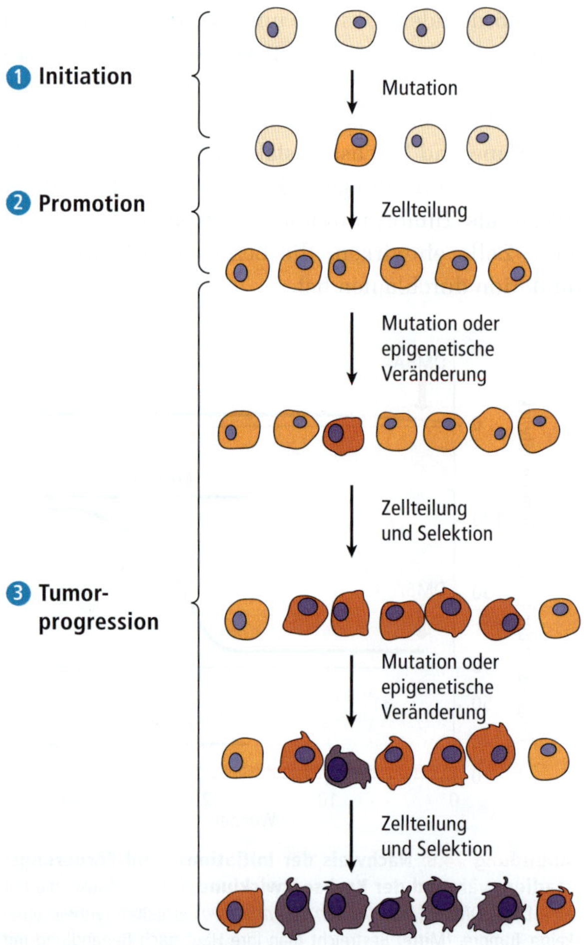

Abbildung 24.9: Hauptstadien der Krebsentwicklung. Die Entwicklung von Krebs ist ein Vorgang aus mehreren Schritten, darunter 1 einem Initiationsereignis, das auf einer DNA-Mutation beruht, 2 einem Promotionsstadium, in dem die initiierte Zelle zum Wachstum angeregt wird und 3 der Tumorprogression. Während der Tumorprogression entstehen durch Mutationen und Änderungen der Genexpression neue Zellvarianten mit größerer Wachstumsgeschwindigkeit und anderen aggressiven Eigenschaften, die bestimmten Zellen einen Selektionsvorteil verschaffen. Diese Zellen sind anderen Zellen zahlenmäßig überlegen und entwickeln sich zur dominierenden Zellpopulation des Tumors. Während der Tumorprogression gehen aus wiederholten Zyklen dieses Selektionsprozesses Zellpopulationen hervor, deren Eigenschaften sich im Laufe der Zeit allmählich ändern.

An Initiation und Promotion schließt sich ein drittes Stadium an, die sogenannte **Tumorprogression** (▸*Abbildung 24.9*). Während der Tumorprogression verändern sich die Eigenschaften der Tumorzellen allmählich, denn die Zellen erwerben anomale Merkmale und werden zunehmend aggressiver. Die Antriebskraft der Tumorprogression geht darauf zurück, dass Zellen mit Merkmalen, die einen selektiven Vorteil verleihen – zum Beispiel größere Wachstumsgeschwindigkeit, erhöhte Invasivität, die Fähigkeit, im Blutkreislauf zu überleben, Resistenz gegen Immunabwehr, die Fähigkeit, in anderen Organen zu wachsen, Medikamentenresistenz, ein Umgehen der Apoptose und so weiter – erfolgreicher sind als Zellen, denen diese Merkmale fehlen; auf diese Weise dominieren diese anomalen Zellen bald die normalen Zellen.

Zwar kann man leicht nachvollziehen, warum Zellen mit diesen Merkmalen durch natürliche Selektion vorherrschen, doch erklärt das nicht, worauf diese anomalen Merkmale in letzter Konsequenz zurückzuführen sind. Ein Weg, der zur Entstehung neuer Merkmale führt, sind weitere DNA-Mutationen, die im Anschluss an die Initiationsmutation stattfinden. Neue Merkmale können auch durch Änderungen in der Expression normaler Gene bedingt sein. Wie Sie in *Kapitel 23* gelernt haben, existieren zahlreiche epigenetische Mechanismen zur Aktivierung oder Hemmung der Aktivität normaler Gene, für die es keiner Mutation bedarf. Somit beruht die Tumorprogression auf einer Kombination von DNA-Mutationen und epigenetischen Änderungen, die ohne Mutation und damit einhergehende natürliche Selektion der Zellen ablaufen, die durch eben diese Mechanismen vorteilhafte Merkmale erlangen.

24.3.5 Ionisierende und ultraviolette Strahlung können auch krebserzeugende DNA-Mutationen hervorrufen

Chemische Substanzen sind nicht die einzigen Wirkstoffe, die der DNA Schaden zufügen und Krebs verursachen. Bereits kurz nach der Entdeckung der Röntgenstrahlung durch Wilhelm Röntgen im Jahr 1895 stellt man fest, dass Menschen, die mit dieser Strahlung arbeiteten, mit abnorm hohen Raten Krebs entwickelten. Anschließende Untersuchungen mit Tieren bestätigten, dass Röntgenstrahlung DNA-Mutationen verursacht und die Krebsbildung in direktem Verhältnis zur verabreichten Strahlendosis steht.

Ein ähnlicher Strahlungstyp geht von radioaktiven Elementen aus. Ein frühes Beispiel für die Krebsgefahr, die von Radioaktivität ausgeht, stammt aus den 1920er Jahren. Damals wurden in einer Fabrik in New Jersey Uhren mit in der Nacht leuchtenden Zifferblättern produziert. Man verwendete für die Bemalung der Zifferblätter eine lumineszierende (leuchtende) Farbe, die das radioaktive Element *Radium* enthielt. Die Farbe wurde mit einem spitzen Pinsel aufgetragen, den die Arbeiter häufig mit der Spitze ihrer Zunge benetzten. Dadurch nahmen sie unbeabsichtigt winzige Mengen Radium auf, das sich in ihren Knochen ansammelte und zur Entwickelung von Knochenkrebs führte.

Man hat außerdem erhöhte Krebsraten durch Kontakt mit Radioaktivität bei Menschen beobachtet, die infolge von Kernexplosionen mit radioaktivem Niederschlag in Kontakt kamen. Die folgenschwersten Vorfälle ereigneten sich nach den Atombombenangriffen auf Hiroshima und Nagasaki im Jahr 1945. Ein anderer Fall bezieht sich auf die Menschen, die von dem Unfall in dem Atomkraftwerk Tschernobyl in der früheren Sowjetunion (heute Ukraine) betroffen waren, das 1986 explodierte.

Röntgenstrahlen und ähnliche Formen radioaktiver Strahlung, die von radioaktiven Elementen ausgesandt werden, bezeichnet man als **ionisierende Strahlung**, denn sie entfernt Elektronen aus Molekülen, wodurch stark reaktive Ionen erzeugt werden, die verschiedene Typen von DNA-Schäden bewirken, darunter Einzel- und Doppelstrangbrüche. **Ultraviolette Strahlung (UV)** ist ein weiterer Strahlungstyp, der durch DNA-Schäden Krebs erzeugt. Die Tatsache, dass die UV-Strahlung des Sonnenlichts Krebs verursacht, wurde erstmalig aus der Beobachtung abgeleitet, dass am häufigsten die Menschen von Hautkrebs betroffen sind, die viel Zeit in der Sonne verbringen, vor allem in tropischen Regionen mit intensivem Sonnenlicht. Die UV-Strahlung wird hauptsächlich von der Haut absorbiert. Dort liefert sie ausreichend Energie, um die Bildung von *Pyrimidindimeren* auszulösen – das heißt, die Bildung kovalenter Bindungen zwischen benachbarten Pyrimidinbasen der DNA, wie in *Abbildung 19.17* dargestellt. Wenn der Schaden irreparabel ist, kann die Verzerrung der Doppelhelix während der Replikation zu einer falschen DNA-Basenpaarung führen. Das führt wiederum zu erkennbaren Mutationsmustern. Eine CC→TT-Mutation (Umwandlung zweier benachbarter Cytosine zu Thyminen) ist einzig auf UV-Kontakt zurückzuführen und kann als Unterscheidungsmerkmal zur Identifizierung von Mutationen dienen, die durch Sonnenlicht verursacht wurden.

Die Existenz dieser charakteristischen Mutationen lieferte eine Möglichkeit zu beweisen, dass UV-induzierte Mutationen Hautkrebs verursachen. Eines der ersten untersuchten Gene war *p53*, von dem bekannt ist, dass es bei vielen Krebserkrankungen des Menschen in mutierter Form vorliegt. Wenn man das Gen *p53* von Hautkrebszellen mit Hilfe von DNA-Sequenzierungstechniken untersucht, beobachtet man häufig eine deutlich erkennbare UV-Mutation (wie CC→TT). Wenn man im Gegensatz dazu *p53*-Mutationen in anderen Krebstypen entdeckt, dann zeigen sie diese typische UV-Signatur nicht (▶ *Abbildung 24.10*).

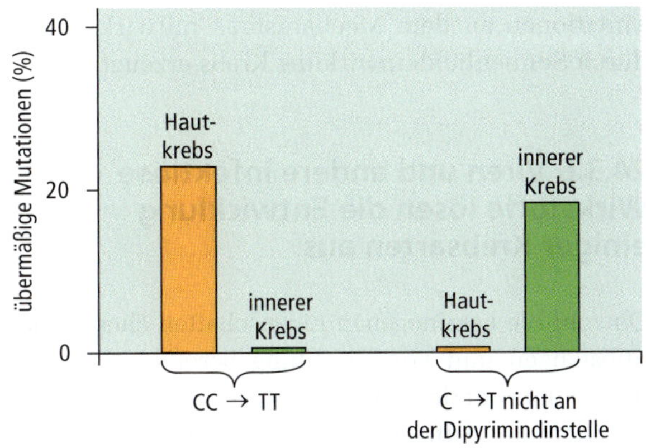

Abbildung 24.10: Inzidenz von zwei Typen von *p53*-Mutationen bei Hautkrebs und Krebserkrankungen der inneren Organe. Die beiden Balken links repräsentieren die Häufigkeit von CC→TT-Mutationen, die durch UV-Strahlung ausgelöst werden. Die beiden Balken rechts repräsentieren die Häufigkeit von C→T-Mutationen, die nicht an Dipyrimidinstellen lokalisiert sind und nicht durch UV-Strahlung ausgelöst werden. Beachten Sie, dass der durch UV-Strahlung ausgelöste Typ der Mutation im *p53*-Gen bei Hautkrebs auftritt (Plattenepithelkarzinome), aber nicht bei Krebserkrankungen innerer Organe. Die Mutationsfrequenzen sind in Relation zu dem aufgetragen, was man nach dem Zufallsprinzip erwarten würde.

Diese Beobachtungen bestätigen, dass Mutationen im Gen *p53*, die man bei Hautkrebszellen nachgewiesen hat, vom Sonnenlicht ausgelöst werden. Allerdings wird dadurch noch nicht bewiesen, dass diese Mutationen auch tatsächlich Krebs auslösen. Könnten die Mutationen einfach irrelevant sein, ein zufälliges Nebenprodukt des sich über einen längeren Zeitraum hinstreckenden Sonnenbadens? Dieser Frage muss nachgegangen werden, indem man die genaue Verteilung der UV-induzierten Mutationen im Gen *p53* untersucht. In *Kapitel 21* haben wir betont, dass Änderungen in der dritten Base eines Codons häufig keine Auswirkung auf die Aminosäure haben, die von diesem Codon spezifiziert wird (siehe *Abbildung 21.6*). Wenn es sich bei den bei Hautkrebs nachgewiesenen *p53*-Mutationen einfach um ein Nebenprodukt des Kontaktes mit Sonnenlicht handelt, dann bewirken die Mutationen in der dritten Basen eines Codons keine Änderung einer Aminosäure und sollten ebenso häufig auftreten wie Mutationen in der ersten oder zweiten Base, die eine Änderung der Aminosäure bewirken. Tatsächlich erbrachte die DNA-Sequenzierung, dass die Verteilung von *p53*-Mutationen in Hautkrebszellen nicht dem Zufall unterworfen ist. Stattdessen sind vorrangig Basenveränderungen betroffen, welche die Aminosäuren im p53-Protein verändern. Das wäre auch zu erwarten gewesen, wenn diese Mutationen an dem Mechanismus mitwirken, der durch Sonnenlichteinwirkung Krebs erzeugt.

24.3.6 Viren und andere infektiöse Wirkstoffe lösen die Entwicklung einiger Krebsarten aus

Obwohl die karzinogenen Eigenschaften chemischer Substanzen und von Strahlung bereits zu Beginn des 19. Jahrhunderts bekannt waren, war man generell nicht der Auffassung, dass infektiöse Wirkstoffe auch Krebs erzeugen könnten, denn Krebs verhält sich im Allgemeinen nicht wie eine ansteckende Krankheit. Im Jahr 1911 führte Peyton Rous Experimente mit kranken Hühnern durch, die ihm Landwirte aus seiner Region brachten. Zum ersten Mal wurde festgestellt, dass Krebs durch ein Virus verursacht werden kann. Diese Hühner entwickelten ausgehend vom Bindegewebe Krebs, sogenannte *Sarkome*. Rous wollte den Ursprung dieser Tumore herausfinden. Er entfernte das Tumorgewebe und passierte es durch einen Filter mit so kleinen Poren, dass nicht einmal Bakterienzellen hindurch passten. Als er den zellfreien Extrakt in gesunde Hühner injizierte, entwickelte auch sie Sarkome. Da er den gesunden Hühnern keine Krebszellen injiziert hatte, folgerte Rous, dass Sarkome von einem Virus übertragen werden konnten, der kleiner als eine Bakterienzelle war. Zum ersten Mal hatte jemand ein **onkogenes Virus** entdeckt, ein Virus, das Krebs verursacht. Obwohl Rous' Erkenntnisse mit Skepsis aufgenommen wurden, erhielt er 1966 im Alter von 87 Jahren endlich den Nobelpreis – mehr als 50 Jahre nach seiner Entdeckung des ersten Krebsvirus!

Heutzutage ist klar, dass es Dutzende von krebserzeugenden Viren bei Tieren gibt. Eine geringe Anzahl von Viren wurde mit Krebserkrankungen beim Menschen in Zusammenhang gebracht. Das erste Beispiel für ein beim Menschen wirksames Virus entdeckte Denis Burkitt, eine britischer Chirurg, der Ende der 1950er Jahre in Afrika arbeitete. Zu bestimmten Jahreszeiten beobachtete Burkitt heftige Ausbrüche von Lymphkrebs im Nacken und Kiefer der Patienten. Da diese Krebserkrankungen, die man heute als **Burkitt-Lymphom** bezeichnet, periodisch als Epidemie in bestimmten geographischen Regionen auftrat, stellte Burkitt die Hypothese auf, dass der Krebs von einem infektiösen Virus übertragen werden müsste. Mit dieser Idee weckte Burkitt die Aufmerksam von zwei Virologen, Epstein und Barr. Mit Hilfe elektronenmikroskopischer Untersuchungen der Burkitt-Lymphomzellen stellten sie fest, dass es sich um ein Virus handelte, das **Epstein-Barr-Virus (EBV)**. Der im Folgenden dargestellte Beweis stützt die Idee, dass das EBV beim Burkitt-Lymphom eine Rolle spielen könnte: (1) EBV-DNA-Proteine werden häufig in Tumorzellen nachgewiesen, die man aus Patienten mit dem Burkitt-Lymphom entnommen hat, aber nicht in den normalen Zellen dieser Patienten. (2) Wenn man EBV in eine Kultur mit normalen menschlichen Lymphocyten gibt, nehmen die Zellen die Eigenschaften der Krebszellen an. (3) Injiziert man EBV in Affen, so entwickeln sie Lymphome.

Abgesehen vom EBV hat man noch bei einigen weiteren Viren einen Zusammenhang mit menschlichen Krebserkrankungen festgestellt. Dazu gehören die *Hepatitis-B-* und *Hepatitis-C*-Viren, die Leberkrebs auslösen, sowie das humane T-Zellen-*Leukämievirus-1* (*HTLV-1*), das zur Entwicklung der T-Zell-Leukämie und von Lymphomen führt. Das durch Geschlechtsverkehr übertragene *humane Papillomavirus* (*HPV*) ist mit Cervixkrebs assoziiert. Außerdem sind Viren nicht die einzigen infektiösen Agenzien, die Krebs verursachen können. Eine chronische Infektion mit dem Bakterium *Helicobacter pylori* (*H. pylori*) – häufig die Ursache von Magengeschwüren – kann Magenkrebs auslösen; Infektionen mit Plattwürmern (Plathelminthes) stehen mit einer geringen Anzahl von Blasen- und Gallengangkrebs in Zusammenhang.

Da diese infektiösen Organismen nun bekannt sind, können neue Strategien zur Krebsvorsorge entwickelt werden. Beispielsweise sind Antibiotika, die *H. pylori* abtöten, hilfreich bei der Vorsorge gegen Magenkrebs, aber der daraufhin beobachtete Rückgang der Helicobacter-Besiedlung in den Industriestaaten geht wiederum mit einer Zunahme der Fälle von Speiseröhrenkarzinomen einher. Impfstoffe gegen Hepatitis B und HPV können das Auftreten von Leber- bzw. Cervixkrebs verringern. Der HPV-Impfstoff, der erstmals

2006 zur Verfügung stand, veranschaulicht zugleich die Schwierigkeiten, die bei der Entwicklung solcher Vakzine auftreten. Seit über 100 Jahren ist der Wissenschaft bekannt, dass der Erreger des Gebärmutterhalskrebses geschlechtlich übertragen wird, aber erst in den späten 1980er Jahren konnte die Arbeitsgruppe von Harald zur Hausen den verantwortlichen Erreger identifizieren, wofür er im Jahr 2008 den Nobelpreis für Physiologie oder Medizin erhielt. Die Schwierigkeiten beruhten darauf, dass HPV nicht das einzige Virus ist, sondern es sich vielmehr um eine heterogene Familie verwandter Viren handelt, die mehr als 100 verschiedene Untertypen umfasst (HPV 1, HPV 2, HPV 3 und so weiter). Nachdem man Tests zur Identifizierung der verschiedenen Untertypen entwickelt hatte, wurde klar, dass Gebärmutterhalskrebs auf einer Infektion mit bestimmten hoch riskanten Virusformen zurückgeht – vor allem HPV 16, HPV 18 und einigen anderen (▶*Abbildung 24.11*). Der erste HPV-Impfstoff richtete sich daher gegen die HPV-Untertypen 16 und 18. Damit hatte der Impfstoff das Potenzial, etwa 70 % aller Formen von Gebärmutterhalskrebs zu verhindern. Diese Impfung bietet außerdem Schutz vor zwei weiteren HPV-Untertypen, die Genitalwarzen verursachen. In Deutschland wird die Impfung seit 2007 von der Ständigen Impfkommission für Mädchen im Alter zwischen 12 und 17 Jahren empfohlen, da epidemiologische Studien gezeigt haben, dass die Vorsorgeimpfung zum Rückgang aller Karzinom-Vorstufen um 75 % führt.

Obwohl die infektiösen, krebsverursachenden Wirkstoffe auch eine vielfältige Ansammlung von Viren, Bakterien und Parasiten beinhalten, kann man ihre Wirkungsmechanismen doch in zwei Hauptkategorien einteilen. Der einen Kategorie gehören Viren und Organismen an – beispielsweise die Hepatitis-B- und Hepatitis-C-Viren sowie parasitäre Plattwürmer –, die das Gewebe zerstören und eine chronische Entzündung verursachen. Unter diesen Bedingungen infiltrieren Zellen des Immunsystems das Gewebe und versuchen, den infektiösen Wirkstoff zu töten. Unglücklicherweise setzen die Immunzellen in ihrem Kampf gegen Infektionen häufig Mechanismen ein, die zur Bildung mutagener Chemikalien führen, beispielsweise Sauerstoff in Form freier Radikale (stark reaktive Formen von Sauerstoff, die ein nicht-gepaartes Elektron enthalten). Das Endergebnis ist eine erhöhte Wahrscheinlichkeit krebsverursachender Mutationen durch die Zellvermehrung zur Reparatur von beschädigtem Gewebe.

Der andere von infektiösen Wirkstoffen eingesetzte Mechanismus zur Krebserzeugung beruht auf der Fähigkeit bestimmter Viren, das Wachstum infizierter Zellen anzuregen. Einige Viren lösen das Zellwachstum durch die unmittelbare Wirkung viraler Gene aus, während andere Viren das Verhalten der Gene der Wirtszellen verändern. In jedem Fall spielen die beteiligten Gentypen nicht nur bei viralen Krebserkrankungen eine Rolle, sondern auch bei Krebserkrankungen, die auf chemische Substanzen und Strahlung zurückzuführen sind. Aus diesem Grund werden wir uns jetzt mit krebsassoziierten Genen und deren Wirkungsweisen beschäftigen.

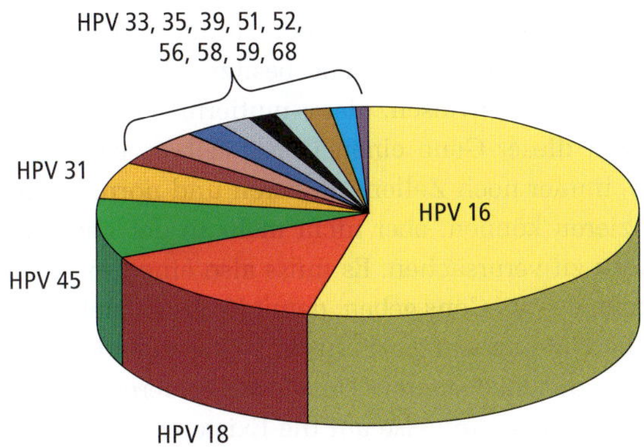

Abbildung 24.11: Dominanz verschiedener Untertypen von HPV beim Gebärmutterhalskrebs. Ungefähr 90 % aller Krebserkrankungen des Gebärmutterhalses beruhen auf einer Infektion mit mindestens einem der Untertypen von HPV, die in diesem Diagramm abgebildet sind.

Onkogene und Tumorsuppressorgene 24.4

Es gibt überwältigend viele Hinweise darauf, dass DNA-Mutationen für die Entwicklung von Krebs von zentraler Bedeutung sind. Gerade haben wir gesehen, dass einige krebsverursachende Mutationen von chemischen Substanzen, Strahlung oder infektiösen Wirkstoffen ausgelöst werden. Es gibt aber auch spontane Mutationen, DNA-Replikationsfehler oder in manchen Fällen vererbte Mutationen. Trotz dieser unterschiedlichen Ursprünge handelt es sich im Endeffekt immer um die Mutation von Genen, die an der Kontrolle des Zellwachstums und des Zellüberlebens mitwirken. Im Folgenden werden wir die beiden wichtigsten Klassen der beteiligten Gene beschreiben: die *Onkogene* und die *Tumorsuppressorgene*.

24.4.1 Onkogene sind Gene, deren Produkte die Entwicklung von Krebs auslösen können

Ein **Onkogen** ist ein Gen, dessen Vorhandensein die Entwicklung von Krebs auslösen kann. Einige Onkogene werden von krebsverursachenden Viren in die Zellen eingeführt, während andere Onkogene durch Mutation normaler Gene entstehen. In jedem der beiden Fälle kodieren Onkogene Proteine, die ein exzessives Zellwachstum anregen und/oder das Überleben der Zelle durch Hemmung der Apoptose begünstigen.

Das erste Onkogen, das entdeckte wurde, war das *Rous-Sarkoma-Virus*, das bei Hühnern Krebs verursacht und nur vier Gene besitzt. Mutationsuntersuchungen bewiesen, dass mutierte Viren, die in einem dieser Gene einen Defekt haben, sogenannte *src*, immer noch Zellen infizieren und normal reproduzieren können, aber nicht mehr in der Lage sind, Krebs zu verursachen. Es muss also eine funktionale Kopie des *src*-Gens geben, damit Krebs entsteht. Ähnliche Untersuchungen führten später zur Identifizierung von Onkogenen in Dutzenden anderer Viren.

Die ersten Hinweise auf die Existenz von Onkogenen bei Krebserkrankungen, die nicht von Viren verursacht werden, beruhten auf Untersuchungen, bei denen man DNA aus menschlichen Blasenkrebszellen isoliert hatte. Diese wurden in einen Stamm kultivierter Mauszellen eingeführt, die sogenannten *3T3-Zellen*. Die DNA wurde Bedingungen unterworfen, welche die **Transfektion** anregen – das heißt, die Aufnahme von Fremd-DNA in die Zellen und deren Inkorporation in ihre Chromosomen. Nach Transfektion mit der Krebszellen-DNA kam es zu übermäßigem Wachstum der 3T3-Zellen der Mäuse. Als man diese Zellen wieder in die Mäuse injizierte, entwickelten sie Krebs. Aus diesem Grund waren die Wissenschaftler der Auffassung, dass ein menschliches Gen, welches die Mäusezellen aufgenommen hatten, Ursache des Krebses war. Dieser Verdacht musste untermauert werden. Mit Hilfe von Genklonierungstechniken untersuchte man die aus den Mäusekrebszellen isolierte DNA. So vermochte man das erste menschliche Onkogen zu identifizieren: ein mutiertes *RAS*-Gen, das eine anomale Form von Ras kodiert. Ras ist ein Protein, dessen Rolle wir bei der Wachstumssignalisierung in den *Kapiteln 14* und *19* dargestellt haben. (*Wichtige Anmerkung*: Die Bezeichnungen der menschlichen Gene – zum Beispiel *RAS* – werden im Allgemeinen mit kursiven Großbuchstaben geschrieben, während die Bezeichnungen der von ihnen gebildeten Proteine – zum Beispiel Ras – nicht kursiv geschrieben werden, und häufig wird nur der erste Buchstabe groß geschrieben.)

RAS war nur eines von mehr als 200 menschlichen Onkogenen, das man entdeckte. Man definiert diese Gene als krebsverursachende Gene, doch ein einzelnes Onkogen genügt im Allgemeinen nicht. Denken Sie zum Beispiel an das Transfektionsexperiment, das wir im vorhergehenden Absatz beschrieben haben. Durch Einführen des *RAS*-Onkogens wurde nur deshalb *Krebs* erzeugt, weil die in diesem Experiment verwendeten 3T3-Zellen bereits eine Mutation in einem anderen Zellzyklus-Kontroll-Gen besaßen. Arbeitet man stattdessen mit frisch isolierten normalen Mäusezellen und nicht mit 3T3-Zellen, dann erzielt man durch Einführen des *RAS*-Onkogens an sich keine krebserzeugende Wirkung. RAS bewirkt aber zusammen mit anderen Onkogenen, die auf den p53-Weg abzielen, die Krebsentwicklung. Diese Beobachtung veranschaulicht ein wichtiges Prinzip: *Im Allgemeinen sind Mehrfachmutationen erforderlich, damit eine normale Zelle zu einer Krebszelle mutiert.*

24.4.2 Proto-Onkogene werden über mehrere verschiedene Mechanismen in Onkogene umgewandelt

Wie erhalten menschliche Krebserkrankungen, von denen die meisten nicht von Viren verursacht werden, Onkogene? Die Antwort ist folgende: Onkogene entstehen durch Mutation normaler Zellgene, der sogenannten **Proto-Onkogene**. Trotz ihres so bösartig klingenden Namens sind Proto-Onkogene kein perfiden Gene, die auf eine Gelegenheit warten, um Krebs zu entwickeln. Es handelt sich vielmehr um normale Zellgene, die einen wichtigen Beitrag zur Regulation des Zellwachstums und des Überlebens der Zelle leisten. Der Begriff *Proto-Onkogen* hat eine ganz einfache Bedeutung. Falls die Struktur oder Aktivität eines Proto-Onkogens durch verschiedene Arten von Mutationen unterbrochen wird, dann kann diese mutierte Form des Gens zur Krebsentwicklung führen. Die Mutationen, die Proto-Onkogene in Onkogene umwandeln, beruhen auf mehreren unterschiedlichen Mechanismen, die in ▸*Abbildung 24.12* zusammengefasst sind und nun kurz dargestellt werden.

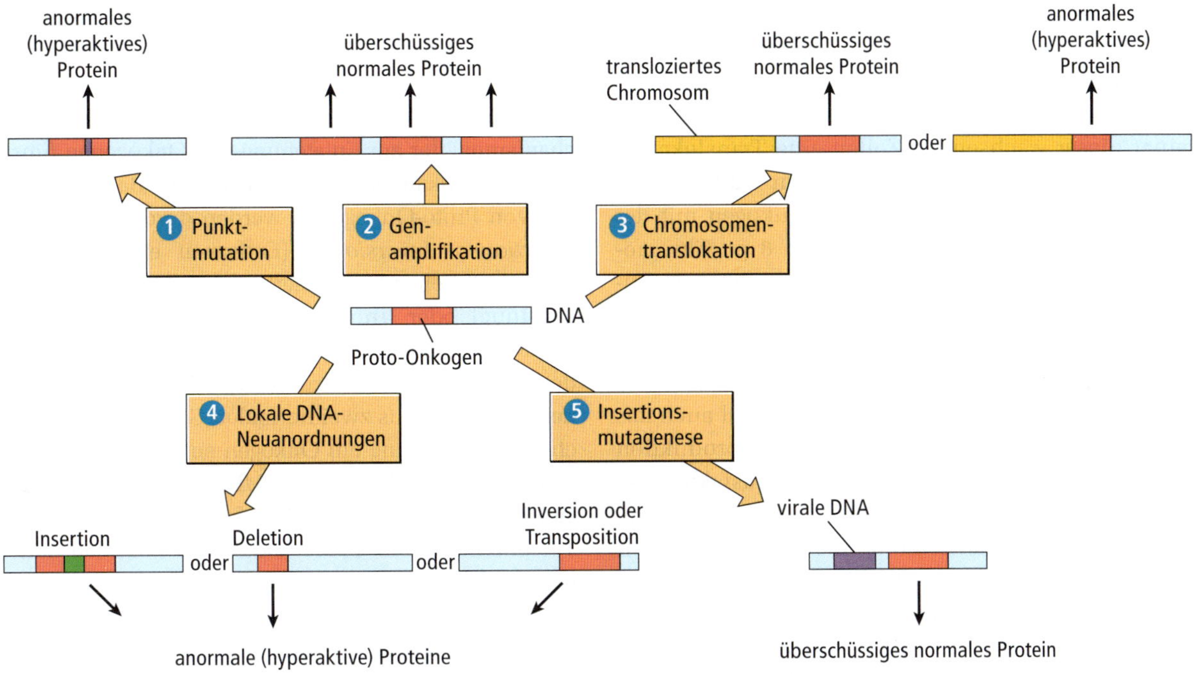

Abbildung 24.12: Fünf Mechanismen zur Umwandlung von Proto-Onkogenen in Onkogene. Einige über diese Mechanismen gebildeten Onkogene kodieren anomale Proteine, während andere normale Proteine aber in übermäßigen Mengen bilden. ❶ Punktmutationen beinhalten eine einzelne Nucleotid-Substitution, aus der ein Onkogen hervorgeht, das ein anomales Protein kodiert. Dieses Protein unterscheidet sich in einer einzelnen Aminosäure von dem normalen Protein, das vom Proto-Onkogen gebildet wird. ❷ Genamplifikation erzeugt mehrfache Genkopien. Dies führt zur übermäßigen Bildung eines normalen Proteins. ❸ Chromosomale Translokationen bewegen Chromosomensegmente von einem Chromosom zum anderen. Dadurch können entweder zwei Gene zu einem Onkogen verschmelzen, das ein anomales Protein kodiert, oder ein Proto-Onkogen kann neben ein stark aktives Gen geschoben werden. Dadurch kann das translokalisierte Proto-Onkogen an Aktivität gewinnen. ❹ Lokale DNA-Neuanordnungen wie Insertionen, Deletionen, Inversionen und Transpositionen können die Struktur von Proto-Onkogenen aufbrechen und sie zur Bildung anomaler Proteine veranlassen. ❺ Eine Insertions-Mutagenese tritt auf, wenn die virale DNA in der Nähe eines Proto-Onkogens integriert wird. Die inserierte DNA kann die Expression des Proto-Onkogens bewirken und es zu verstärkter Proteinbildung anregen.

❶ Punktmutation Der einfachste Mechanismus zur Umwandlung eines Proto-Onkogens in ein Onkogen ist eine Punktmutation – das heißt, eine einzelne Nucleotid-Substitution in der DNA führt zur Substitution einer einzigen Aminosäure in dem Protein, das von dem Proto-Onkogen kodiert wird. Die am häufigsten auftretenden Onkogene dieses Typs sind die *RAS*-Onkogene, die anomale Formen des Ras-Proteins kodieren (Ras steht für rat sarcoma). Punktmutationen führen zu anomalen, hyperaktiven Formen des Ras-Proteins. Sie haben zur Folge, dass der Ras-Weg kontinuierlich aktiviert wird, was zu übermäßigem Zellwachstum führt. Es gibt mehrere Krebserkrankungen des Menschen, bei denen man *RAS*-Onkogene nachgewiesen hat, darunter Blasen-, Lungen-, Darm-, Bauchspeicheldrüsen- und Speicheldrüsenkrebs. Eine Punktmutation kann auf mehreren verschiedenen Stellen innerhalb eines *RAS*-Onkogens liegen. Die jeweilige Stelle scheint von dem Karzinogen beeinflusst zu sein, das die Mutation verursacht hatte.

❷ Genamplifikation Der zweite Mechanismus zur Bildung von Onkogenen läuft über die Genamplifikation. Dadurch wird die Kopienzahl eines Proto-Onkogens erhöht. Bei erhöhter Kopienzahl wird das von dem Proto-Onkogen kodierte Protein im Übermaß gebildet, obwohl das Protein selber normal ist. Bei ungefähr einem Viertel aller menschlichen Brust- und Eierstockkrebserkrankungen liegen amplifizierte Kopien des *ERBB2*-Gens vor. Dieses Gen kodiert einen Wachstumsfaktorrezeptor. Die Gegenwart multipler Genkopien führt zur übermäßigen Bildung von Rezeptorprotein. Dies hat wiederum übermäßiges Zellwachstum zur Folge.

❸ Chromosomentranslokation Während der chromosomalen Translokation wird ein Teil eines Chromosoms physikalisch entfernt und an ein anderes Chromosom gekoppelt. Ein klassisches Beispiel für die Chromosomentranslokation ist das Burkitt-Lymphom, ein mit dem Epstein-Barr-Virus (EBV) assoziierter Krebstyp. Durch Infektion mit EBV wird das Zellwachstum angeregt, doch reicht dies allein nicht aus, um Krebs zu erzeugen. Die Erkrankung beruht ausschließlich darauf, dass im Chromosom 8 einer dieser wachsenden Zellen eine Translokation stattfindet. Bei dem am häufigsten auftretenden Translokationsfall wird ein Proto-Onkogen mit der Bezeichnung *MYC* von Chromosom 8 zu Chromosom 14 bewegt. Es liegt dann in einer höchst aktiven Region des Chromosoms 14, die Gene enthält, welche Antikörpermoleküle kodieren (▶*Abbildung 24.13*). Dadurch, dass das *MYC*-Gen so dicht neben stark aktiven Antikörper-Genen liegt, wird auch das *MYC*-Gen aktiviert. Dies führt zur Überproduktion von Myc-Protein – einem Transkriptionsfaktor, der das Zellwachstum anregt. Obwohl das translozierte *MYC*-Gen manchmal seine normale Struktur behält und ein normales Myc-Protein kodiert, bleibt es immer noch ein Onkogen, denn seine neue Lage auf Chromosom 14 führt zur Überexpression des Gens.

Translokationen können auch die Genstruktur unterbrechen und zur Bildung anomaler Proteine führen. Ein Beispiel dafür ist das *Philadelphia-Chromosom*, eine anomale Version des Chromosoms 22, das häufig mit chronischer myeloischer Leukämie (CML) assoziiert ist. Das Philadelphia-Chromosom entsteht durch DNA-Bruch in der Nähe der Enden der Chromosomen 9 und 22. Daran schließt sich der reziproke Austausch von DNA zwischen den beiden Chromosomen an. Diese Translokation erzeugt ein Onkogen, das *BCR-ABL*. *BCR-ABL* enthält DNA-Sequenzen von zwei verschiedenen Genen (*BCR* und *ABL*). Das Onkogen bildet folglich ein *Fusionsprotein* mit anomaler Funktion, denn es enthält Aminosäuresequenzen von zwei verschiedenen Proteinen.

❹ Lokale DNA-Neuanordnungen Ein weiterer Mechanismus, der zur Entstehung von Onkogenen führt, beinhaltet lokale Neuanordnungen. Die Basensequenzen von Proto-Onkogenen werden durch *Deletionen*, *Insertionen*, *Inversionen* (Entfernen einer Sequenz und anschließende Reinsertion in entgegengesetzter Richtung) oder *Transpositionen* (Verschieben einer Sequenz an eine andere Stelle) verändert. Ein Fall, dem wir bei Speicheldrüsen- und Darmkrebs begegnen, zeigt, wie aus zwei normalen Genen durch einfache Neuanordnung ein Onkogen entsteht. Zwei Gene sind beteiligt, *NTRK1* und *TMP3*. Sie liegen auf dem gleichen Chromosom. *NTRK1* kodiert eine Rezeptor-Tyrosinkinase und *TPM3* kodiert ein komplett anderes Protein, das nicht-muskuläre Tropomyosin. Bei einigen Krebserkrankungen tritt eine DNA-Inversion auf, in deren Folge ein Ende des *TPM3*-Gens mit dem gegenüberliegenden Ende des *NTRK1*-Gens verschmilzt (*Abbildung 24.12*). Das daraus entstandene Gen, das *TRK*-Onkogen, bildet ein Fusionsprotein. Dieses Fusionsprotein enthält die Tyrosinkinasestelle des Rezeptors, der an eine Region des Tropomyosinmoleküls geknüpft ist, die eine *Coiled coil* bildet – eine Struktur, die dafür sorgt, dass zwei Polypeptidketten als Dimer zusammengefügt werden. So bildet das Fusionsprotein dauerhaft ein Dimer und seine Tyrosinkinase wird permanent aktiviert. (Rufen Sie sich bitte aus *Kapitel 14* in Erinnerung, dass Rezeptor-Tyrosinkinasen normalerweise dadurch aktiviert werden, dass zwei Rezeptormoleküle ein Dimer bilden.)

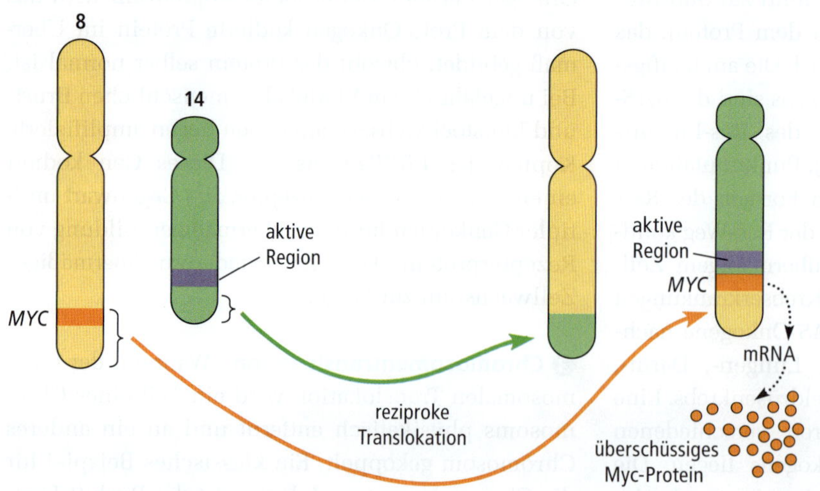

Abbildung 24.13: Chromosomentranslokation beim Burkitt-Lymphom. In den Lymphocyten, aus denen sich das Burkitt-Lymphom entwickelt, wird häufig ein Segment des Chromosoms 8, das ein normales *MYC*-Gen enthält, gegen ein Segment aus dem Chromosom 14 ausgetauscht. Diese reziproke Translokation legt das normale *MYC*-Gen neben eine sehr aktive Region des Chromosoms 14. Die Region enthält Gene, die normale Antikörpermoleküle kodieren. Dadurch, dass das *MYC*-Gen so dicht neben stark aktiven Antikörper-Genen liegt, wird es aktiviert. Dies führt zur Überproduktion von Myc-Protein, was das Zellwachstum anregt.

5 Insertionsmutagenese Retroviren können manchmal sogar dann Krebs verursachen, wenn sie selber keine Onkogene besitzen, indem sie ihre Gene in die Region eines Wirtschromosoms integrieren, in dem ein Proto-Onkogen liegt. Durch Aufnahme der viralen DNA wird das Proto-Onkogen der Wirtszelle in ein Onkogen umgewandelt, woraufhin das Gen überexprimiert wird. Diesem Phänomen, der sogenannten **insertionale Mutagenese**, begegnet man häufig bei Krebserkrankungen von Tieren, nicht aber beim Menschen. Allerdings traten auch beim Menschen bei Gentherapieversuchen unbeabsichtigter Weise einige Krebserkrankungen auf. Bei diesen Versuchen setzte man Retroviren als Vektoren zur Reparatur defekter Gene ein.

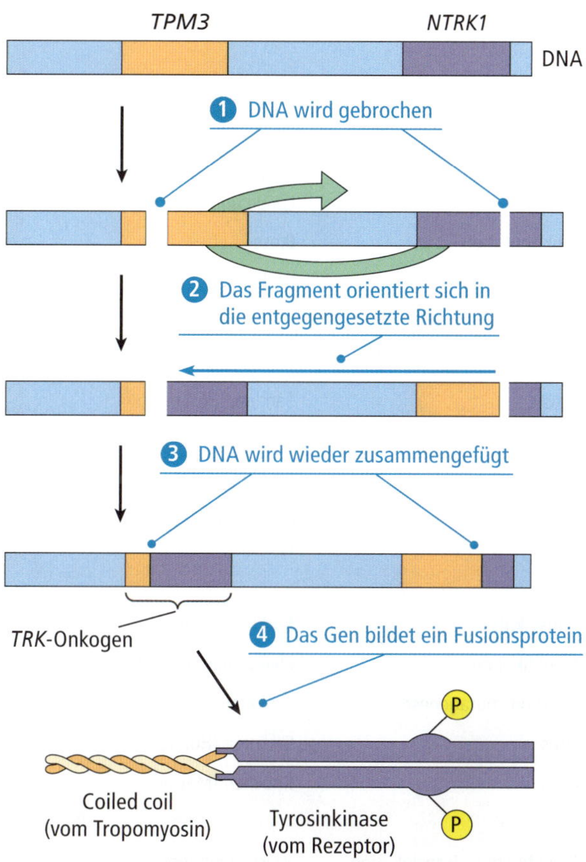

Abbildung 24.14: Der Ursprung des *TRK*-Onkogens. Das *TRK*-Onkogen entsteht durch eine Chromosomeninversion, die Segmente von zwei Genen zusammenführt, welche auf dem gleichen Chromosom liegen. Ein Gen kodiert einen Wachstumsfaktorrezeptor mit Tyrosinkinaseaktivität (*NTRK1*), das andere nicht-muskuläres Tropomyosin (*TPM3*). Infolge dieser Inversion verschmilzt ein Ende des *TPM3*-Gens mit dem gegenüberliegenden Ende des *NTRK1*-Gens. Das so gebildete *TRK*-Onkogen bildet ein Fusionsprotein, in dem das Tropomyosinsegment die Rezeptorregion dazu veranlasst, ein Dimer zu bilden. Dadurch wird dessen Tyrosinkinasestelle permanent aktiviert.

24.4.3 Die meisten Onkogene kodieren Komponenten der Wachstumssignalisierungswege

Wir haben gerade gesehen, dass Änderungen in Proto-Onkogenen diese zu Onkogenen machen, welche wiederum Proteine mit anomaler Struktur kodieren oder dazu führen, dass diese Proteine in übergroßen Mengen gebildet werden. Wie vermögen diese von Onkogenen codierten Proteine Krebs zu erzeugen? Obwohl man bis heute mehr als 200 Onkogene identifiziert hat, kann man viele der von ihnen gebildeten Proteine in sechs Kategorien einordnen: *Wachstumsfaktoren*, *Rezeptoren*, *Plasmamembran-GTP-Bindeproteine*, *Nicht-Rezeptorproteinkinasen*, *Transkriptionsfaktoren* und *Zellzyklus*-oder *Apoptose-Regulatoren* (▶*Tabelle 24.1*). Diese sechs Kategorien stehen mit Schritten der Wachstumssignalisierungswege in Zusammenhang (zum Beispiel die in *Abbildung 19.42* dargestellten Schritte des Ras-Wegs). In den folgenden Abschnitten werden Sie Beispiele dafür kennenlernen, wie die in jeder der sechs Kategorien von Onkogenen gebildete Proteine zur Entwicklung von Krebs beitragen.

1. Wachstumsfaktoren Normalerweise teilen sich Zellen nur nach Anregung durch einen geeigneten Wachstumsfaktor. Besitzt eine Zelle jedoch ein Onkogen, das einen solchen Wachstumsfaktor bildet, so kann die Zelle ihr eigenes Wachstum anregen. Ein Onkogen, das auf diese Weise funktioniert, ist das *v-sis*-Gen („v" bedeutet viral). Es kommt im *Affen-Sarkomavirus* vor, das bei Affen Krebs erzeugt. Das *v-sis*-Onkogen kodiert eine mutierte Form des *Blutplättchen-Wachstumsfaktors* (*PDGF*; engl.: *platelet-derived growth factor*). Wenn das Virus eine Affenzelle infiziert, deren Wachstum normalerweise von PDGF kontrolliert wird, stimuliert das vom *v-sis*-Onkogen gebildete PDGF kontinuierlich das Wachstum der Zelle (im Gegensatz zur normalen Situation, in der Zellen nur mit PDGF in Kontakt kommen, wenn die umliegenden Blutplättchen PDGF freisetzen).

Ein mit PDGF verwandtes Onkogen wurde auch bei einigen menschlichen Sarkomen nachgewiesen. Diese Tumore besitzen eine chromosomale Translokation, aus der ein Gen hervorgeht, in dem ein Teil des PDGF-Gens mit einem nicht verwandten, Kollagen-kodierenden Gen verknüpft wurde. Das daraus entstehende Onkogen bildet auf unkontrollierte Weise PDGF, wodurch die das Gen enthaltenden Zellen zu ständigem Zellwachstum angeregt werden.

Tabelle 24.1

Einige Beispiele von Onkogenen, entsprechend ihrer Proteinfunktion eingeordnet

Bezeichnung des Onkogens	Gebildetes Protein	Ursprung des Onkogens	Häufiger Krebstyp*
1. Wachstumsfaktoren			
v-sis	PDGF	Virus	Sarkome (Affen)
COL1A1-PDGFB	PDGF	Translokation	Fibrosarkom
2. Rezeptoren			
v-erb-b	epidermaler Wachstumsfaktor-Rezeptor	Virus	Leukämie (Hühner)
TRK	Nervenwachstumsfaktor-Rezeptor	DNA-Neuanordnung	Schilddrüse
ERBB2	epidermaler Wachstumsfaktor-Rezeptor 2	Amplifikation	Brust
v-mpl	Thrombopoietin-Rezeptor	Virus	Leukämie (Mäuse)
3. Plasmamembran-GTP-Bindeproteine			
KRAS	Ras	Punktmutation	Bauchspeicheldrüse, Darm, Lunge und andere
HRAS	Ras	Punktmutation	Blase
NRAS	Ras	Punktmutation	Leukämien
4. Nicht-Rezeptorproteinkinasen			
BRAF	Raf-Kinase	Punktmutation	Melanom
v-src	Src-Kinase	Virus	Sarkome (Hühner)
SRC	Src-Kinase	DNA-Neuanordnung	Darm
TEL-JAK2	Jak-Kinase	Translokation	Leukämien
BCR-ABL	Abl-Kinase	Translokation	chronische myeloische Leukämie
5. Transkriptionsfaktoren			
MYC	Myc	Translokation	Burkitt-Lymphom
MYCL	Myc	Amplifikation	kleinzelliger Lungenkrebs
c-myc	Myc	Insertionsmutagenese	Leukämie (Hühner)
v-jun	Jun	Virus	Sarkome (Hühner)
v-fos	Fos	Virus	Knochen (Mäuse)
6. Zellzyklus- oder Apoptoseregulatoren			
CYCD1	Cyclin	Amplifikation, Translokation	Brust, Lymphome
CDK4	Cdk	Amplifikation	Sarkome, Glioblastome
BCL2	Bcl-2	Translokation	Non-Hodgkin-Lymphom
MDM2	Mdm2	Amplifikation	Sarkome, Lunge, Brust und andere

* *Krebsformen beim Menschen, es sei denn, sie werden abweichend spezifiziert. Es werden nur die am häufigsten auftretenden Krebstypen aufgeführt.*

2. Rezeptoren Mehrere Dutzend Onkogene kodieren Rezeptoren, die an Wachstumssignalisierungswegen mitwirken. Wie wir in *Kapitel 14* besprochen haben, besitzen viele Rezeptoren Tyrosinkinaseaktivität, die nur dann aktiviert wird, wenn ein Wachstumsfaktor an den Rezeptor bindet. Manchmal kodieren Onkogene mutierte Versionen dieser Rezeptoren, deren Tyrosinkinaseaktivität dauerhaft und unabhängig vom Vorhandensein oder Fehlen eines Wachstumsfaktors aktiviert wird. Das *TRK*-Onkogen, das wir im Abschnitt über DNA-Neuanordnungen dargestellt haben, ist ein Beispiel dafür (siehe ▸*Abbildung 24.14*). Ein weiteres Beispiel ist das *v-erb-b*-Onkogen. Es kommt in einem Virus vor, das bei Hühnern Leukämie verursacht. Das *v-erb-b*-Onkogen bildet eine veränderte Version des epidermalen *Wachstumsfaktor-Rezeptors* (*EGF*; engl.: *epidermal growth factor*). Dieser behält die Tyrosinkinaseaktivität, aber ihm fehlt die EGF-Bindestelle. Folglich ist der Rezeptor konstitutiv aktiv, das heißt, er bleibt als Tyrosinkinase aktiv, und zwar unabhängig vom Vorhandensein von EGF, während die normale Form des Rezeptors nur dann Tyrosinkinaseaktivität zeigt, wenn sie an EGF gebunden ist (▸*Abbildung 24.15a, b*).

Andere Onkogene bilden normale Rezeptoren, allerdings im Übermaß. Auch dies hat eine hyperaktive Wachstumssignalisierung zur Folge (siehe ▸*Abbildung 24.15c*). Ein Beispiel ist das menschliche *ERBB2*-Gen. Bereits zuvor haben wir in diesem Kapitel erläutert, dass die Amplifikation des *ERBB2*-Gens bei bestimmten Brust- und Eierstockkrebserkrankungen das Gen dazu veranlasst, einen Wachstumsrezeptor in zu großen Mengen zu bilden. Zu viele Rezeptormoleküle bedeuten eine übersteigerte Antwort auf Wachstumsfaktoren und somit exzessives Zellwachstum.

Einige Wachstumssignalisierungswege, beispielsweise der in *Kapitel 23* beschriebene Jak-STAT-Weg, nutzen Rezeptoren, die keine Proteinkinaseaktivität besitzen. Bei diesen Rezeptoren führt die Bindung eines Wachstumsfaktors dazu, dass der aktivierte Rezeptor die Aktivität eines von der Tyrosinkinase unabhängigen Moleküls anregt. Ein Beispiel für ein Onkogen, das einen solchen Rezeptor kodiert, finden wir beim *myeloproliferativen Leukämievirus*, das bei Mäusen Leukämie verursacht. Das Onkogen, das sogenannte *v-mpl*, kodiert eine mutierte Version des Rezeptors für *Thrombopoietin*. Thrombopoietin ist ein Wachstumsfaktor, der den Jak-STAT-Weg nutzt, um die Bildung von Blutplättchen anzuregen.

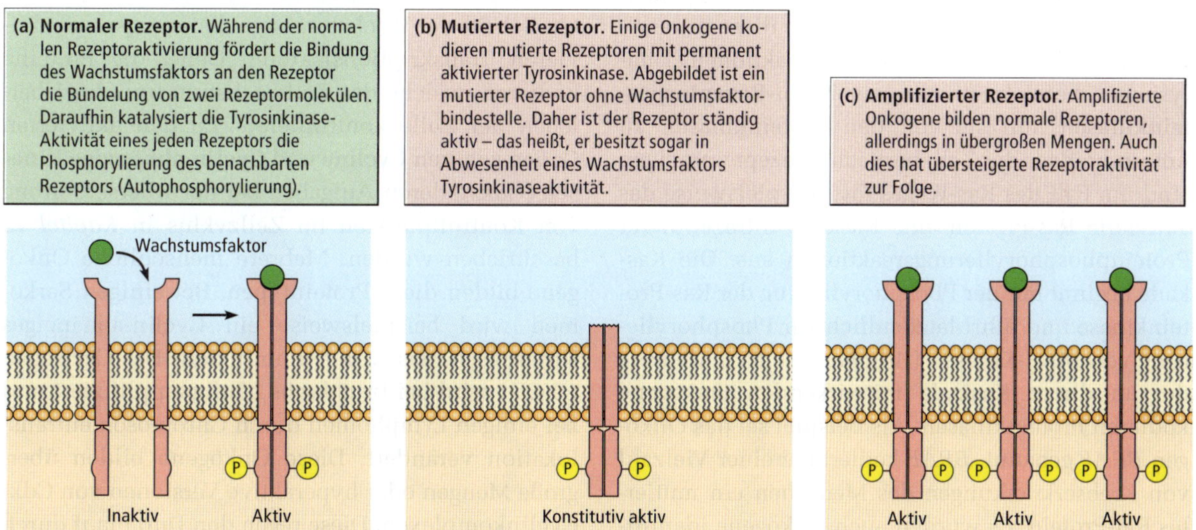

Abbildung 24.15: Tyrosin-Rezeptorkinasen bei normalen Zellen und bei Krebszellen. (a) Normale Rezeptoren besitzen nur nach Bindung eines Wachstumsfaktors Tyrosinkinaseaktivität. (b) Einige Onkogene kodieren mutierte Rezeptoren, deren Tyrosinkinase permanent aktiviert ist. (c) Andere Onkogene bilden zwar normale Rezeptoren, doch in zu großen Mengen. Auch dies führt zu übersteigerter Rezeptoraktivität.

3. Plasmamembran-GTP-Bindeproteine Auf vielen Wachstumssignalisierungswegen führt die Bindung eines Wachstumsfaktors an seinen Rezeptor zur Aktivierung des Plasmamembran-GTP-Bindeproteins, dem sogenannten Ras (*Abschnitt 14.3.3*). Onkogene, die mutierte Ras-Proteine kodieren, gehören zu den am häufigsten auftretenden Typen genetischer Anomalitäten, die man bei Krebserkrankungen des Menschen nachgewiesen hat. Im Allgemeinen bewirken Punktmutationen, die *RAS*-Onkogene hervorbringen, dass eine einzige falsche Aminosäure an eine der drei möglichen Stellen im Ras-Protein inseriert wird. Das Ergebnis ist ein hyperaktives Ras-Protein, das an GTP gebunden bleibt und nicht zu GDP hydrolysiert wird. Dadurch bleibt das Protein dauerhaft in aktiviertem Zustand. In diesem hyperaktiven Zustand sendet das Ras-Protein unablässig ein Wachstumssignalisierungssignal an den Rest des Ras-Weges. Dieses Signal wird unabhängig davon ausgesandt, ob der Wachstumsfaktor an die Wachstumsfaktorrezeptoren der Zelle gebunden ist oder nicht.

4. Nicht-Rezeptorproteinkinasen Ein häufig vorkommendes, gemeinsames Merkmal vieler Wachstumssignalisierungswege sind Proteinphosphorylierungsreaktionen zur Übertragung von Signalen innerhalb der Zelle. Die Enzyme, die diese intrazellulären Proteinphosphorylierungsreaktionen katalysieren, bezeichnet man als **Nicht-Rezeptorproteinkinasen**, um sie von den Proteinkinasen zu unterscheiden, die Zelloberflächenrezeptoren eigen sind. Im Fall des Ras-Weges löst beispielsweise das aktivierte Ras-Protein eine Kaskade intrazellulärer Proteinphosphorylierungsreaktionen aus. Die Kaskade beginnt mit der Phosphorylierung der Ras-Proteinkinase und führt letztendlich zur Phosphorylierung von MAP-Kinasen (*Abschnitt 19.6.1*). Mehrere der an dieser Kaskade mitwirkenden Onkogene kodieren Proteinkinasen. Als Beispiel sei das Onkogen *BRAF* genannt. *BRAF* kodiert bei einer Vielzahl von Krebserkrankungen des Menschen ein mutiertes Raf-Protein. Es wurden auch Onkogene identifiziert, die Nicht-Rezeptorproteinkinasen kodieren und an anderen Signalisierungswegen mitwirken. Zu dieser Gruppe gehören Onkogene, die anomale Versionen von Src-, Jak- und Abl-Proteinkinasen bilden.

5. Transkriptionsfaktoren Einige Nicht-Rezeptorproteinkinasen, die in Wachstumssignalisierungswegen aktiviert werden, lösen in der Folge Veränderungen in Transkriptionsfaktoren aus. Dadurch wird die Genexpression verändert. Onkogene, die mutierte Formen oder zu große Mengen verschiedener Transkriptionsfaktoren bilden, sind bei sehr vielen Krebserkrankungen nachgewiesen worden. Am häufigsten kommen Onkogene vor, die Myc-Transkriptionsfaktoren kodieren. Diese Myc-Transkriptionsfaktoren kontrollieren die Expression zahlreicher Gene, die an Zellwachstum und Zellüberleben mitwirken. So haben wir zum Beispiel schon gesehen, wie die mit dem Burkitt-Lymphom assoziierte Chromosomentranslokation ein *MYC*-Onkogen bildet, das zu große Mengen des Myc-Proteins erzeugt (siehe *Abbildung 24.13*). Das Burkitt-Lymphom ist lediglich eine von mehreren Krebserkrankungen beim Menschen, die mit einer Überproduktion des Myc-Proteins einhergehen. Für die anderen Krebserkrankungen ist eher eine Genamplifikation als eine Chromosomentranslokation verantwortlich. Häufig beobachtet man beispielsweise eine *MYC*-Genamplifikation bei kleinzelligem Lungenkrebs und in geringerem Umfang bei anderen Karzinomen, darunter 20 – 30 % der Brust- und Eierstockkrebserkrankungen.

6. Zellzyklus- und Apoptoseregulatoren Im letzten Schritt der Wachstumssignalisierungswege aktivieren Transkriptionsfaktoren Gene, die Proteine kodieren, welche das Zellwachstum und das Überleben der Zelle kontrollieren. Zu den aktivierten Genen gehören **Cycline** und **Cyclin-abhängige Kinasen** (*Cdks*), deren Aufgaben bei der Überschreitung von Kontrollpunkten im Zellzyklus in *Kapitel 19* beschrieben wurden. Mehrere menschliche Onkogene bilden diese Proteintypen. Bei einigen Sarkomen wird beispielsweise ein Cyclin-abhängiges Kinase-Gen, das *CDK4*, amplifiziert. Das Cyclingen *CYCD1* wird bei Brustkrebs häufig amplifiziert und bei einigen Lymphomen durch Chromosomentranslokation verändert. Diese Onkogene bilden übergroße Mengen oder hyperaktive Versionen von Cdk-Cyclinkomplexen. Diese regen den Durchlauf durch den Zellzyklus an (sogar ohne Wachstumsfaktoren).

Einige Onkogene tragen zur Akkumulation sich teilender Zellen bei, indem sie die Apoptose hemmen und nicht die Zellteilung anregen. Als Beispiel sei das Gen genannt, welches das Protein Bcl-2 kodiert, das die Apoptose hemmt (*Abschnitt 19.7.1*). Bei bestimmten Typen von Lymphomen beobachtet man chromosomale Translokationen, an denen dieses Gen mitwirkt. Das Endergebnis dieser Translokationen ist ein Überschuss an Bcl-2. Bcl-2 hemmt die Apoptose und begünstigt dadurch die Akkumulation sich teilender Zellen. Das Gen *MDM2* kodiert das Mdm2-Protein, das auf p53 abzielt. Auch das Gen *MDM2* kann die Apoptose unterbinden, wenn es amplifiziert oder anomal exprimiert wird. Die übermäßige Bildung von Mdm2 führt zur Zerstörung des Proteins p53, wodurch der p53-Weg gehemmt wird, der normalerweise den Zelltod durch Apoptose auslösen sollte.

Die meisten Onkogene kodieren ein Protein, das zu einer der sechs beschriebenen Kategorien gehört. Einige dieser Onkogene bilden anomale, hyperaktive Versionen dieser Proteine. Andere Onkogene bilden zu große Mengen sonst normaler Proteine. In jedem Fall entsteht ein Protein, das die unkontrollierte Anhäufung sich teilender Zellen anregt.

24.4.4 Tumorsuppressorgene sind Gene, deren Verlust oder Inaktivierung Krebs erzeugen kann

Im Gegensatz zu Onkogenen, deren *Gegenwart* die Krebsbildung auslöst, können auch der Verlust oder die Inaktivierung von **Tumorsuppressorgenen** zur Entstehung von Krebs führen. Der Name impliziert, dass die normale Funktion dieser Gene darin besteht, die Zellteilungen zu kontrollieren. Anders formuliert, Tumorsuppressorgene übernehmen im Vorgang der Zellteilungen eine Bremsfunktion, während Onkogene die Zellteilungen beschleunigen. Von den ungefähr 23.000 Genen des Menschen besitzen nur wenige Dutzend die Eigenschaften von Tumorsuppressorgenen. Da der Verlust auch nur eines einzigen dieser Gene zur Entwicklung von Krebs führen kann, muss jedes Gen eine höchst wichtige Aufgabe ausführen.

Der erste Hinweis darauf, dass Zellen Gene enthalten, deren Verlust zur Entwicklung von Krebs führen kann, geht auf Zellfusionsexperimente zurück. Bei diesen Experimenten wurden normale Zellen mit Krebszellen verschmolzen. Ausgehend von unserem heutigen Verständnis von Onkogenen könnte man erwarten, dass die Hybridzellen, die durch Verschmelzung von Krebszellen mit normalen Zellen entstehen, Onkogene von der Ausgangskrebszelle erhalten haben und sich daher so wie eine Krebszelle unkontrolliert teilen. In Wahrheit geschieht aber genau das nicht. Durch Verschmelzen von Krebszellen mit normalen Zellen erhält man fast immer Hybridzellen, die sich wie die normale Mutterzelle verhalten und keine Tumore bilden (▶*Abbildung 24.16*). Derartige Befunde, die erstmalig in den späten 1960er Jahren veröffentlicht wurden, brachten auch den ersten Hinweis darauf, dass normale Zellen Gene enthalten, deren Produkte das Tumorwachstum unterdrücken und normales Wachstumsverhalten wiederherstellen können.

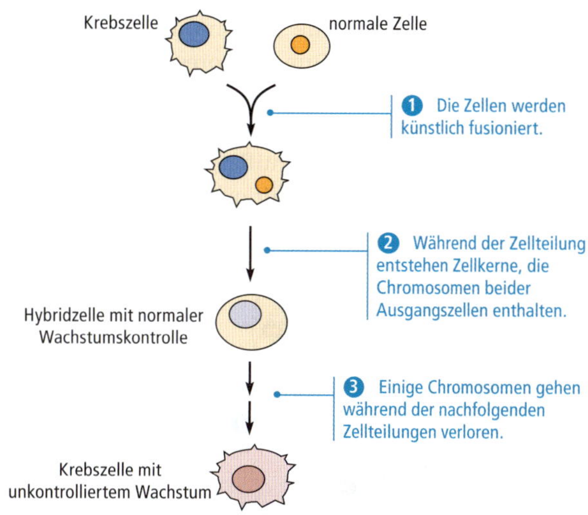

Abbildung 24.16: Fusionierung von Krebszellen und normalen Zellen. Fusioniert man Krebszellen mit normalen Zellen, so bilden die daraus entstanden Zellen zunächst keine Tumore. Nachdem sie über einen längeren Zeitraum in einer Kultur gewachsen sind, nehmen die Hybridzellen im Allgemeinen ein unkontrolliertes Verhalten an und bilden ebenso wie die ursprünglichen Krebszellen einen Tumor. Diese Umkehr geht mit dem Verlust von Chromosomen einher, die Tumorsuppressorgene enthalten.

Obwohl man durch Verschmelzen von Krebszellen mit normalen Zellen Hybridzellen erhält, die keine Tumore bilden, bedeutet dies nicht, dass sich diese Zellen normal verhalten. Kultiviert man sie über einen längeren Zeitraum, dann kehren die Hybridzellen häufig zu dem bösartigen, unkontrollierten Verhalten der ursprünglichen Krebszellen zurück. Die Rückkehr zum bösartigen Verhalten ist mit dem Verlust bestimmter Chromosomen verknüpft. Diese Beobachtung legt nahe, dass die verlorenen Chromosomen Gene enthalten, welche die Fähigkeit zur Tumorbildung unterdrückten. Daher bezeichnete man diese verlorenen Gene schließlich als „Tumorsuppressorgene".

Solange die Hybridzellen beide Ausgangschromosomensätze behalten – das heißt, Chromosomen, die sowohl von Krebszellen als auch von normalen Zellen stammen – wird die Fähigkeit, Tumore zu bilden, unterdrückt. Man kann die Tumorsuppression sogar dann beobachten, wenn die Ausgangskrebszellen ein Onkogen besitzen, beispielsweise ein mutiertes *RAS*-Gen, das aktiv in den Hybridzellen exprimiert wird. Das bedeutet, dass die Tumorsuppressorgene, die in den Chromosomen normaler Zellen lokalisiert sind, die Wirkung eines im Chromosom einer Krebszelle enthaltenen *RAS*-Onkogens umgehen können. Die Fähigkeit zur Tumorbildung tritt erst dann wieder auf, wenn die Hybridzelle ein Chromosom verliert, das ein entscheidendes Tumorsuppressorgen enthielt.

Obwohl man durch Zellfusionsexperimente gute Hinweise auf die Existenz von Tumorsuppressorgenen erhielt, war die Identifizierung dieser Gene keineswegs leicht. Per Definition wird die Existenz eines Tumorsuppressorgens erst dann offensichtlich, wenn das Tumorsuppressorgen seine Funktion eingebüßt hat. Wie können Wissenschaftler etwas ausfindig machen, von dessen Existenz man erst erfährt, wenn es verschwunden ist? Bei einer Herangehensweise arbeitete man mit Familien, in denen ein hohes Risiko für eine Krebserkrankung vorlag. Zwar werden die meisten Krebserkrankungen durch spontane Mutationen oder durch umweltbedingte Mutationen ausgelöst, doch beruhen 10 – 20 % aller Krebsfälle auf vererbten Mutationen. Man bezeichnet diese Krebserkrankungen als erblich. Allerdings bedeutet das nicht, dass Menschen den Krebs tatsächlich von ihren Eltern erben. Was vererbt werden kann, ist eine erhöhte *Empfindlichkeit (Disposition)* für die Entwicklung einer Krebserkrankung.

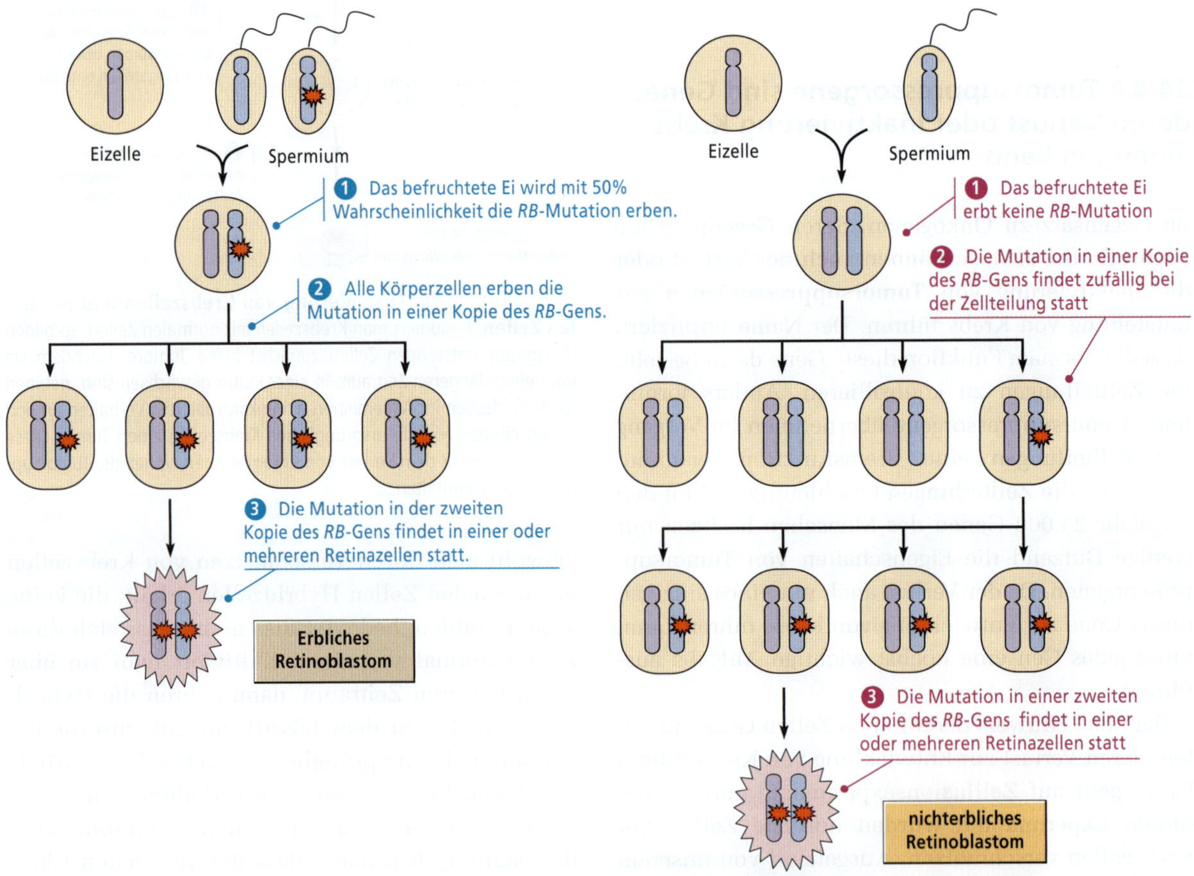

Abbildung 24.17: Das Verhalten von Tumorsuppressorgenen bei erblichen und nicht-erblichen Krebserkrankungen. Dieses Beispiel, an dem das *RB*-Gen mitwirkt und dessen Rolle beim Retinoblastom (einem Augenkrebsleiden) veranschaulicht, ist typisch für viele Tumorsuppressorgene. (Links) Ein Kind, das von einem Elternteil ein defektes *RB*-Gen erbt, wird in jeder Körperzelle eine Mutation tragen. Wenn dann die nicht-defekte Kopie des *RB*-Gens in nur einer retinalen Zelle eine Mutation durchläuft, werden zwei *RB*-Gene defekt sein und es entwickelt sich ein Retinoblastom. (Rechts) Familien, die diesen Defekt nicht in sich tragen, bringen Kinder mit zwei unbeschädigten *RB*-Genen zur Welt. Es kann noch immer eine nicht-erbliche Form des Retinoblastoms entstehen, jedoch nur, wenn der sehr unwahrscheinliche Fall eintritt, dass beide Kopien des *RB*-Gens in der gleichen Zelle mutieren.

Zumeist beruht die erhöhte Empfindlichkeit auf einem vererbten Defekt in einem Tumorsuppressorgen. Da es sich bei Tumorsuppressorgenen um Einheiten handelt, deren Funktionsverlust mit Krebs assoziiert ist, sind im Allgemeinen zwei aufeinanderfolgende Mutationen erforderlich, jeweils eine Mutation in jeder Kopie des Gens, das auf zwei homologen Chromosomen liegt. Die Wahrscheinlichkeit, dass zwei derartige Mutationen zufällig in zwei Kopien des gleichen Gens vorkommen, ist sehr gering. Wenn Menschen jedoch eine mutierte (oder fehlende) Version eines bestimmten Tumorsuppressorgens von einem Elternteil erben, dann sind sie einem wesentlich höheren Risiko der Krebsentwicklung ausgesetzt, denn es wird nur eine Mutation (in der zweiten Kopie des Tumorsuppressorgens) in einer einzige Zelle benötigt, um die Entwicklung einer Krebserkrankung einzuleiten (▸*Abbildung 24.17*). Im nächsten Abschnitt werden wir sehen, wie die Untersuchung der vererbten Empfindlichkeit für Krebs die Identifizierung von Tumorsuppressorgenen erleichterte.

24.4.5 Das *RB*-Tumorsuppressorgen wurde durch Untersuchung von Familien mit erblichem Retinoblastom entdeckt

Das erste Tumorsuppressorgen, das identifiziert wurde, fand man bei der Untersuchung des erblichen Retinoblastoms, einer sehr seltenen Form des Augenkrebses, der sich bei kleinen Kindern entwickelt, in deren Familiengeschichte man diese Krankheit bereits zurückverfolgen kann. Diese Kinder erben von einem ihrer Elternteile eine Deletion in einer spezifischen Region des Chromosoms 13. An sich führt eine solche Deletion nicht zur Entwicklung von Krebs. Allerdings kann im Lauf der vielen Zellteilungszyklen, die im wachsenden Auge ablaufen, eine einzelne Retinazelle gelegentlich eine Deletion oder Mutation in der gleichen Region der zweiten Kopie des Chromosoms 13 erhalten. Ausgehend von diesen Zellen kann sich dann Krebs entwickeln. Aus diesem Muster kann man folgendes ableiten: (1) Das Chromosom 13 enthält ein Gen, das normalerweise die Zellteilung hemmt, und (2) die Deletion oder Zerstörung beider Kopien des Gens muss vor der Krebsentwicklung stattfinden. Durch den Vergleich von DNA-Fragmenten, die man aus dem Chromosom 13 von normalen Zellen und Retinoblastomzellen isoliert hatte, vermochte man das ***RB*-Gen** als das fehlende Gen zu identifizieren.

Das *RB*-Gen kodiert das Rb-Protein. In *Kapitel 19* sind wir auf dessen Rolle bei der Kontrolle des Übergangs von der G_1- zur S-Phase im Zellzyklus eingegangen (siehe *Abbildung 19.39*). Das Rb-Protein ist Teil eines Bremsmechanismus, der die Zelle normalerweise daran hindert, den G_1-Restriktionspunkt zu durchlaufen und ohne geeignetes Signal von einem Wachstumsfaktor in die S-Phase einzutreten. Durch Zerstörung beider Kopien des *RB*-Gens wird dieser Hemmmechanismus unterbrochen und unkontrolliertem Zellwachstum die Tür geöffnet. Die Fähigkeit von *RB*-Mutationen, normale Kontrollen der Zellteilung zu unterbinden, beschränkt sich nicht auf erbliche Retinoblastome, dem seltenen Augenkrebs, bei dem der Gendefekt zum ersten Mal nachgewiesen wurde. Mutationen, die das Rb-Protein zerstören, wurden auch bei nicht-erblichen Retinoblastomen verschiedenen anderen nicht-erblichen Krebsarten nachgewiesen, darunter bestimmten Formen von Lungen-, Brust- und Blasenkrebs.

Das Rb-Protein ist auch Ziel bestimmter Krebsviren. Das **humane Papillomvirus** (**HPV**; engl. *human papillomavirus*) – das für den Gebärmutterhalskrebs verantwortliche Virus – enthält ein Onkogen, welches das *E7-Protein* bildet, das an das Rb-Protein infizierter Zellen bindet und sie daran hindert, ihre Zellteilungen einzudämmen (▸*Abbildung 24.18*, ❶). Somit kann Krebs, ausgelöst durch den Funktionsverlust des Rb-Proteins, entweder durch Mutationen entstehen, die beide Kopien des *RB*-Gens zerstören, oder durch die Wirkung viraler Proteine, die an das Rb-Protein binden und es inaktivieren.

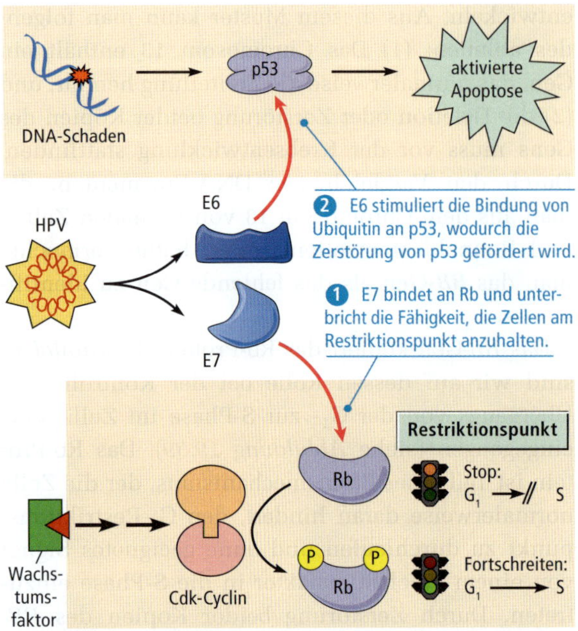

Abbildung 24.18: Onkogene des humanen Papillomvirus (HPV). HPV besitzt zwei Onkogene, welche die Proteine E6 und E7 bilden. ❶ Das E7-Protein bindet an das normale Rb-Protein der Zelle und zerstört dessen Funktion, Zellen am Restriktionspunkt anzuhalten, wodurch es zu unkontrollierter Zellteilung beiträgt, indem es den ungehinderten Durchgang von der G_1- in die S-Phase erlaubt. (Der Mechanismus, durch den das Rb-Protein die Zellen normalerweise am Restriktionspunkt aufhält, wird in der *Abbildung 19.39* dargestellt). ❷ Das E6-Protein fördert die Bindung von Ubiquitin an das p53-Protein einer normalen Zelle. Dadurch wird die Zerstörung von p53 gefördert. Folglich kann p53 die Apoptose in Zellen mit beschädigter DNA nicht mehr auslösen.

24.4.6 Das p53-Tumorsuppressorgen ist das bei Krebsarten des Menschen am häufigsten mutierte Gen

Nach Entdeckung des RB-Gens Mitte der 1980er Jahre wurden noch Dutzende weiterer Tumorsuppressorgene identifiziert. Eines der wichtigsten Tumorsuppressorgene ist das ***p53*-Gen** (beim Menschen wird es auch als *TP53* bezeichnet). Es liegt bei sehr vielen Tumortypen in mutierter Form vor. Tatsächlich findet man bei der Hälfte der zehn Millionen Menschen, bei denen jedes Jahr eine Krebsdiagnose gestellt wird, Tumore mit *p53*-Mutationen. Somit ist es das bei Krebsarten des Menschen am häufigsten mutierte Gen.

Das *p53*-Gen kodiert das p53-Protein. In *Kapitel 19* haben wir dessen Rolle bei der Antwort auf DNA-Schäden beschrieben. Wenn man Zellen mit karzinogenen Agenzien in Kontakt bringt – beispielsweise mit ionisierender Strahlung oder toxischen Chemikalien – die großen DNA-Schaden bewirken, stimuliert die veränderte DNA den p53-Weg. Dieser bewirkt einen Stillstand des Zellzyklus, leitet die Apoptose ein und hindert die genetisch beschädigten Zellen an der Zellteilung (siehe *Abbildung 19.40*). Eben jener Schutzmechanismus fehlt den Krebszellen aufgrund der Mutationen im *p53*-Gen häufig. Die daraus resultierende Inaktivierung des p53-Weges *unterbindet die Apoptose*. Das Aussetzen der Apoptose trägt zur Krebsentwicklung teil, denn nun können Zellen mit beschädigter DNA überleben und sich teilen.

Daher überrascht es nicht, dass Individuen, die von einem Elternteil eine defekte Kopie des *p53*-Gens erben, ebenso wie im Fall des *RB*-Gens einer erhöhten Krebsgefahr ausgesetzt sind. Bei einer Form dieser Erbkrankheit, dem *Li-Fraumeni-Syndrom*, entstehen im frühen Erwachsenenalter Mutationen, welche die zweite, normale Kopie des *p53*-Gens inaktivieren. Mutationen in *p53* kommen auch häufig bei nicht-erblichen Krebserkrankungen vor, die auf Kontakt mit DNA-schädigenden chemischen Substanzen und Strahlung zurückzuführen sind. So verursachen beispielsweise im Tabakrauch enthaltene Karzinogene bei Lungenkrebs mehrere Arten von Mutationen im *p53*-Gen, und Sonnenlicht verursacht *p53*-Mutationen bei Hautkrebserkrankungen. In einigen Fällen reicht eine Mutation in einer Kopie des *p53*-Gens, um das p53-Protein funktionsunfähig zu machen, und zwar auch dann, wenn eine andere Kopie des *p53*-Gens normal ist. Die Erklärung liegt wahrscheinlich in der Tetramerstruktur des p53-Proteins, das aus vier p53-Polypeptidketten besteht. Man nimmt an, dass nur eine mutierte Kette im Tetramer genügt, um zu verhindern, dass das Protein richtig funktioniert.

Ebenso wie das Rb-Protein ist auch das p53-Protein Angriffsobjekt einiger Krebsviren. Abgesehen davon, dass das Humane Papillomavirus (HPV) das E7-Protein bildet, welches Rb inaktiviert, besitzt HPV ein zweites Onkogen. Dieses Onkogen bildet das *E6-Protein*. Das E6-Protein steuert das Anheften von Ubiquitin an das p53-Protein und markiert es auf diese Weise zum Proteinabbau (siehe *Abbildung 24.18*, ❷). Das bedeutet, dass HPV die Wirkung von Proteinen blockieren kann, die sowohl von den RB- als von den p53-Tumorsuppressorgenen gebildet werden.

24.4.7 Das *APC*-Tumorsuppressorgen kodiert ein Protein, das den Wnt-Signalisierungsweg hemmt

Ebenso wie das *p53*-Gen ist auch der nächste Tumorsuppressor ein häufiges Ziel krebsverursachender Mutationen, obwohl der Krebs in diesem Fall vorrangig in einem Organ auftritt: dem Darm. Mutationen des betreffenden Gens, dem ***APC*-Gen**, sind mit einer Erbkrankheit assoziiert, der sogenannten *familiären adenomatösen Polyposis*. Die Betroffenen erben ein defektes *APC*-Gen, das sie für die Entwicklung Tausender *Polypen* (gutartiger Tumore) im Darm prädestiniert, wenn die zweite Kopie des *APC*-Gens eine Mutation durchläuft. In letzter Konsequenz liegt das Risiko, an Darmkrebs zu erkranken, im Alter von 60 Jahren annähernd bei 100 %. Obwohl die familiäre adenomatöse Polyposis eine sehr seltene Krankheit ist und nur ungefähr 1 % aller Darmkrebserkrankungen auf diese genetische Prädisposition zurückgehen, können *APC*-Mutationen auch spontan auftreten oder von Umweltmutagenen ausgelöst werden. Diese Mutationen sind für ungefähr zwei Drittel der häufiger auftretenden, nicht-erblichen Form von Darmkrebs verantwortlich.

Das *APC*-Gen bildet ein Protein, das am Wnt-Weg mitwirkt. Es spielt bei der Kontrolle des Zellwachstums und der Zelldifferenzierung während der embryonalen Entwicklung eine große Rolle. Wie in ▸*Abbildung 24.19* dargestellt, ist *β*-Catenin die zentrale Komponente des Wnt-Wegs (eben jenes Protein, dessen Rolle wir in *Kapitel 17* im Rahmen der Cadherin-vermittelten Zelladhäsion besprochen haben). Normalerweise wird *β*-Catenin von einem Multiprotein-*Zerstörungskomplex* reguliert, der aus APC (das vom *APC*-Gen gebildete Protein) in Kombination mit den Proteinen *Axin* und *Glykogensynthase-Kinase 3* (*GSK3*) besteht. Das in diesen APC-Axin-GSK3-Komplex eingebaute GSK3 katalysiert die Phosphorylierung von *β*-Catenin. Das phosphorylierte *β*-Catenin wird dann mit Ubiquitin verknüpft, welches *β*-Catenin für die Zerstörung durch Proteasomen markiert. Aufgrund des resultierenden *β*-Catenin-Mangels ist der Wnt-Weg nicht mehr aktiv.

(a) Normale Zelle (ohne Wnt-Proteine). Ohne Wachstum-signalisierende Wnt-Proteine ist *β*-Catenin zum Abbau durch den Zerstörungskomplex Axin-APC-GSK3 bestimmt. Dieser Komplex katalysiert die Phosphorylierung von *β*-Catenin. Die Phosphorylierung von *β*-Catenin ist an Ubiquitin geknüpft, wodurch das phosphorylierte *β*-Catenin zum Abbau durch Proteasomen markiert wird. Da kein *β*-Catenin mehr vorhanden ist, bleibt der Wnt-Weg ausgeschaltet.

(b) Normale Zelle (mit Wnt-Proteinen). Der Wnt-Weg wird von Wnt-Proteinen aktiviert, die Wnt-Rezeptoren auf der Zelloberfläche aktivieren. Die aktivierten Rezeptoren binden an Axin, wodurch der Zusammenbau des Zerstörungskomplexes unterbunden wird. Darauf endet der Abbau von *β*-Catenin. Das *β*-Catenin gelangt in den Zellkern und bindet an den TCF-Transkriptionsfaktor. Es entsteht ein Komplex, der eine Reihe von Genen aktiviert, welche die Zellteilung kontrollieren, dazu gehören *MYC* und *CYCD1* (ein Cyclin-Gen).

(c) Krebszelle (unabhängig von der Gegenwart oder dem Fehlen von Wnt-Proteinen). Einige Krebszellen tragen im *APC*-Gen Funktionsverlustmutationen. Wenn keine funktionalen Proteine vorliegen, kann kein Zerstörungskomplex entstehen. Daher reichert sich *β*-Catenin an, gelangt in den Zellkern und aktiviert dauerhaft den Wnt-Weg.

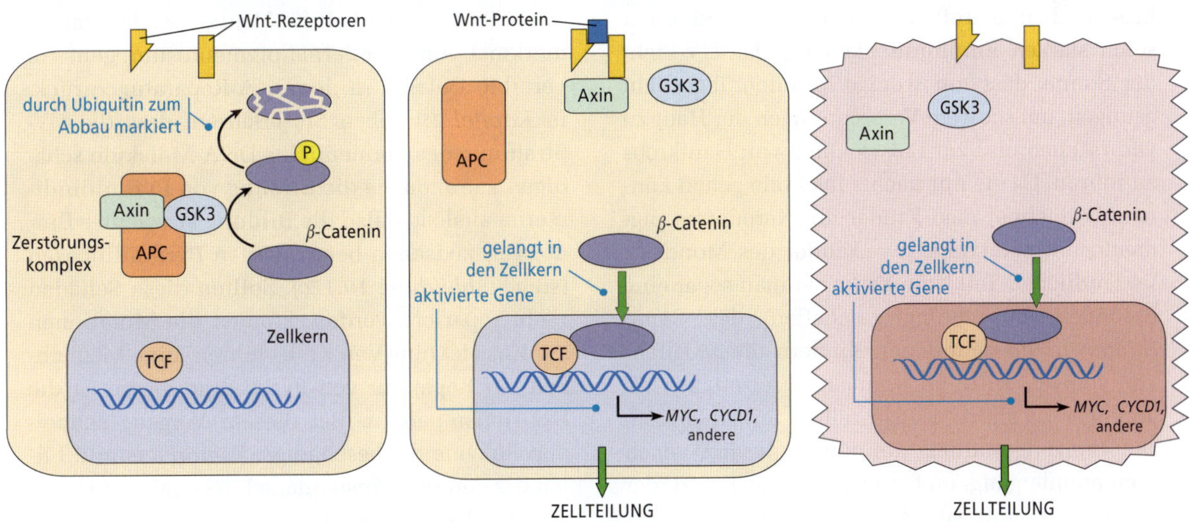

Abbildung 24.19: Der Wnt-Signalisierungsweg. Bei normalen Zellen, abgebildet in (a) und (b), ist der Wnt-Weg nur in Gegenwart von Wnt-Proteinen aktiv. Bei Krebszellen (c) ist der Wnt-Weg unabhängig von Vorhandensein oder Fehlen von Wnt-Proteinen aktiv.

Der Wnt-Weg wird von extrazellulären Signalmolekülen, den *Wnt-Proteinen, angeschaltet.* Diese Wnt-Proteine binden an die auf der Plasmamembran-Oberfläche lokalisierten *Wnt-Rezeptoren* und aktivieren diese. Die aktivierten Wnt-Rezeptoren binden an Axin, verhindern dadurch den Zusammenbau des APC-Axin-GSK3-Zerstörungskomplexes und halten so den Abbau von β-Catenin an. Dann tritt das β-Catenin in den Zellkern ein und bindet an den *TCF-Transkriptionsfaktor.* Es entsteht ein Komplex, der eine Reihe von Zielgenen aktiviert, unter anderem Gene zur Anregung des Zellwachstums. Zu den aktivierten Genen gehören die Gene *MYC* und das Cyclin-Gen *CYCD1* – zwei Gene, deren Funktion als Onkogene zuvor in diesem Kapitel dargestellt wurde (siehe *Tabelle 24.1*).

Mutationen, die zur anomalen Aktivierung des Wnt-Wegs führen, wurden bei vielen Krebserkrankungen nachgewiesen. Bei den meisten Mutationen handelt es sich um Funktionsverlust-Mutationen im *APC*-Gen, die entweder vererbt, oder, was häufiger zutrifft, durch Umweltmutagene ausgelöst wurden. Es fehlen also funktionale APC-Proteine, und somit wird der Zusammenbau des APC-Axin-GSK3-Komplexes verhindert und β-Catenin häuft sich an. Der Wnt-Weg wird in der Einstellung ‚angeschaltet' verbleiben und der Zelle unablässig das Signal zur Zellteilung senden.

24.4.8 Die Inaktivierung einiger Tumorsuppressorgene führt zu genetischer Instabilität

Die normale Mutationsrate für jedes Gen liegt bei ungefähr eins zu einer Million pro Zellteilung. Trotzdem liegen bei Krebs fast immer mehrere Mutationen in mehreren Genen vor – oftmals sind etwa ein Dutzend Mutationen zur Auslösung von Krebs notwendig. Wie gelingt es Krebszellen, so viele Mutationen zu durchlaufen, obwohl eine Mutation ein sehr seltenes Ereignis ist? Die offensichtlichste Erklärung lautet, dass die *Mutationsraten in Krebszellen um das Hundert- oder sogar Tausendfache über denen normaler Zellen liegen.*

24A ▶ Klinische Bedeutung

Kinder des Mondes

Der Zusammenhang zwischen fehlerhafter DNA-Reparatur und dem Krebsrisiko wurde zum ersten Mal bei einer seltenen Erbkrankheit beobachtet, **Xeroderma pigmentosum** (auch Mondscheinkrankheit genannt). Menschen, die von dieser Erbkrankheit betroffen sind, leiden unter einer solch starken Empfindlichkeit für das UV-Licht der Sonne, dass nur wenige Minuten Tageslicht genügen, um schwere Verbrennungen der Haut zu verursachen und zur Entwicklung von Hautkrebs zu führen. Da sie nur nachts ins Freie gehen können, bezeichnet man Kinder mit Xeroderma pigmentosum manchmal als „Kinder des Mondes". Im ländlichen Teil New Yorks hat man sogar eine besondere Einrichtung geschaffen, das *Camp Sundown*, wo betroffenen Kindern die Möglichkeit geboten wird, an normalen Freizeitaktivitäten, aber zu anderen Tageszeiten, teilzunehmen. Die Freizeitgestaltung im Freien beginnt nach Sonnenuntergang und spielt sich während der Nacht ab. Somit können die Kinder wieder im Haus und sicher in abgedunkelten Räumen sein, wenn die Sonne aufgeht. Wissenschaftler der NASA haben sogar einen besonderen „Astronautenanzug" entwickelt, der den Kindern mit Xeroderma pigmentosum ausreichend Schutz vor dem Sonnenlicht bietet, damit sie gelegentlich auch draußen spielen können (▶*Abbildung 24A-1*).

Die Empfindlichkeit für Hautkrebs, das Hauptmerkmal von Xeroderma pigmentosum, geht auf vererbte Defekte in der DNA-Reparatur zurück. In *Kapitel 19* haben Sie erfahren, dass die UV-Strahlung des Sonnenlichts DNA-Moleküle schädigen kann, da sie die Bildung von Pyrimidindimeren auslöst – also die Bildung kovalenter Bindungen zwischen benachbarten Pyrimidinbasen (siehe *Abbildung 19.17c*). Sollten diese Schäden nicht repariert werden, können die Mutationen zur Entwicklung von Krebs führen. Eine Möglichkeit zur Reparatur von Pyrimidindimeren ist die Exzisionsreparatur. Bei diesem Vorgang schneiden Enzyme die beschädigte Region aus und füllen die dadurch entstandene Lücke mit der richtigen Nucleotidsequenz (siehe *Abbildung 19.18*). Ende der 1960er Jahre wurde erstmals berichtet, dass die Zellen der meisten von Xeroderma pigmentosum betroffenen Individuen keine Exzisionsreparatur durchführen können. Daher häufen sich DNA-Mutationen an, und schließlich entwickelt sich Krebs. In späteren Untersuchungen stellte man fest, dass Mutationen in sieben verschiedenen Genen die Exzisionsreparatur unterbrechen und dadurch zur Entwicklung von Xeroderma pigmentosum führen. Die sieben Gene, die von *XPA* bis *XPG* durchnummeriert wurden, kodieren jeweils ein Enzym, das an einem anderen Schritt des Exzisionsreparaturwegs mitwirkt.

Vererbte Mutationen in einem achten Gen, dem *XPV*-Gen, führen zur Entstehung einer anderen Form von Xeroderma pigmentosum. Bei dieser Form wird die Exzisionsreparatur nicht beeinträchtigt, aber die betroffenen Individuen sind weiterhin höchst empfindlich für durch Sonnenlicht induzierte Krebserkrankungen. Diese besondere Mutation betrifft das Gen für die DNA-Polymerase η (eta), einer besonderen Form der DNA-Polymerase. Sie katalysiert die Transläsionssynthese eines neuen DNA-Abschnitts über Regionen hinweg, in denen ein beschädigter Matrizenstrang vorliegt. Die DNA-Polymerase η vermag DNA in Regionen zu replizieren, in denen Pyrimidindimere vorliegen, und Basen richtig in den sich neu bildenden DNA-Strang einzufügen. Somit hemmen vererbte Defekte in der DNA-Polymerase η ebenso wie Defekte bei der Exzisionsreparatur die Korrektur von Pyrimidindimeren, die durch UV-Strahlung entstehen.

Bei Kindern mit Xeroderma pigmentosum, die Defekte in der DNA-Reparatur geerbt haben, liegt das Risiko, an Hautkrebs zu erkranken um das 2.000-Fache höher als bei normalen Kindern. Die betroffenen Individuen entwickeln durchschnittlich im Alter von acht Jahren Hautkrebs. Im Vergleich dazu entwickelt die durchschnittliche Bevölkerung im Alter von 60 Jahren Hautkrebs. Zwar haben die DNA-Reparatur-Defekte auf Hautkrebs die größte Auswirkung, doch bedingen die Defekte bei Xeroderma pigmentosum auch ein um das 20-Fache erhöhtes Risiko für Leukämie sowie Krebserkrankungen des Gehirns, der Lunge, des Magens, der Brust, des Uterus und der Hoden.

Abbildung 24A-1: Ein Kind mit Xeroderma pigmentosum beim Inlineskaten im Freien. Da Kontakt mit Tageslicht für Patienten mit Xeroderma pigmentosum gefährlich ist, hat die NASA einen besonderen „Astronautenanzug" entwickelt, um die Kinder vor der UV-Strahlung der Sonne zu schützen.

Dieser Zustand, die sogenannte **genetische Instabilität**, kann auf verschiedenen Mechanismen beruhen. Eine Gruppe von Mechanismen ist durch *Störungen bei der DNA-Reparatur* bedingt. Vererbte Defekte in Genen, die für die Fehlpaarungsreparatur benötigt werden, sind für das *hereditäre nicht-polypöse kolorektale Karzinom* (*HNPCC*; engl.: *hereditary nonpolyposis colon cancer*) verantwortlich. Es handelt sich um ein vererbtes Syndrom, welches das Krebsrisiko eines Menschen erhöht, da sich Mutationen anhäufen können, anstatt durch Fehlpaarungsreparatur korrigiert zu werden. Eine weitere Erbkrankheit ist *Xeroderma pigmentosum*. Sie beruht auf erblichen Defekten in Genen, die für die Exzisionsreparatur benötigt werden. In *Exkurs 24A* wird beschrieben, wie Kinder, die diese Gendefekte erben, ein extrem hohes Risiko für Hautkrebs entwickeln, da sie nicht in der Lage sind, durch Sonnenlicht ausgelöste DNA-Schäden zu reparieren.

Eine fehlerhafte DNA-Reparatur trägt auch ihren Teil zu erblichen Formen von Brustkrebs bei, die ungefähr 10 % aller Brustkrebsfälle ausmachen. Die meisten erblichen Formen von Brustkrebs (und Eileiterkrebs) treten bei Frauen auf, die entweder eine mutierte Kopie des Gens *BRCA1* oder *BRCA2* erben. Beide Gene kodieren Proteine, die an der Reparatur von DNA-Doppelstrangbrüchen mitwirken. Brust- und Eileiterzellen mit Defekten in einem der beiden BRCA-Proteine weisen viele chromosomale Anomalitäten auf, darunter Translokationen, Deletionen und gebrochene oder verschmolzene Chromosomen. Folglich besteht bei Frauen, die *BRCA*-Mutationen erben, das ganze Leben ein Brustkrebsrisiko von 40 – 80 % und ein Risiko von 15 – 65 % für Krebs der Eierstöcke. In Anbetracht dieser hohen Risiken möchten viele Frauen, in deren Familiengeschichte Brust- oder Eileiterkrebs auftrat, an einem genetischen Test teilnehmen, um feststellen zu lassen, ob sie eine mutierte Form des *BRCA1*- oder des *BRCA2*-Gens tragen. Nachdem sie in einem solchen Test erfahren hatte, dass sie diese Mutationen trägt, hat sich eine bekannte amerikanische Filmschauspielerin sogar prophylaktisch beide Brüste, und später auch die Eierstöcke amputieren lassen.

Genetische Instabilität beschränkt sich nicht auf vererbtes Krebsrisiko. Die meisten Krebserkrankungen sind nicht erblich bedingt, doch gehen sie auf genetische Instabilität zurück. In einigen Fällen kann man die Instabilität auf Mutationen in DNA-Reparaturgenen zurückverfolgen, die entweder spontan entstehen oder durch Umweltmutagene verursacht werden. Eine weitere Erklärung ist der defekte p53-Weg der meisten Krebszellen. Damit ist ein Schutzmechanismus aufgehoben, der die Zellen an Zellzykluskontrollpunkten zur DNA-Reparatur anhalten oder die Apoptose auslösen würde, um Zellen mit beschädigter DNA zu zerstören.

Genetische Instabilität ist außerdem durch Defekte in der Mitose bedingt. Diese Defekte führen während der Zellteilung zu *Unterbrechungen der Chromosomensortierung*. Daraus resultieren gebrochene Chromosomen und *Aneuploidie* (anomale Anzahl der Chromosomen). Ein Grund für die falsche Chromosomensortierung sind überzählige *Centrosomen*. Diese Strukturen unterstützen den Zusammenbau der Mikrotubuli während der Spindelbildung (*Abschnitt 19.4.1*). In *Abbildung 24.20* ist eine Krebszelle mit drei Centrosomen dargestellt, die sich zu einer mitotischen Spindel mit drei Polen zusammengesetzt haben. Spindeln mit drei oder mehr Polen kommen in normalen Geweben nur ganz selten vor, sind bei Krebszellen hingegen häufig anzutreffen. Sie tragen zur Aneuploidie bei, da sie nicht in der Lage sind, die beiden Chromosomensätze richtig zusammenzusetzen. Bei einer Mitose mit anomaler Spindel entstehen meistens Zellen, denen bestimmte Chromosomen fehlen. Diesen Zellen fehlen alle Tumorsuppressorgene, die normalerweise auf eben diesen fehlenden Chromosomen liegen.

Krebszellen können auch Defekte in Proteinen aufweisen. Die Aufgabe dieser Proteine besteht entweder darin, die Chromosomen an die Spindel zu heften oder im *mitotischen Spindelkontrollpunkt* zu verankern. Normalerweise hat der Spindelkontrollpunkt die Aufgabe, die Trennung der Chromosomen in der Anaphase zu verhindern, bevor alle Chromosomen an die Spindel geheftet sind. Bei einigen Krebstypen kommen Mutationen in Genen vor, die Mad- oder Bub-Proteine kodieren. Diese Proteine sind zentrale Komponenten des mitotischen Spindelkontrollpunkts (*Abschnitt 19.5.8*). Liegen defekte Mad- oder Bub-Proteine vor oder stehen diese Proteine nicht in ausreichender Menge zur Verfügung, dann können sich die Chromosomen in Richtung der Spindelpole bewegen, noch bevor alle Chromosomen richtig an die mitotische Spindel angeheftet wurden. Dies hat eine ungenaue Chromosomensortierung zur Folge sowie die Bildung aneuploider Zellen, denen einerseits bestimmte Chromosomen fehlen und die andererseits zu viele Kopien anderer Chromosomen besitzen.

Die Gene, die an der DNA-Reparatur und der Chromosomensortierung beteiligte Proteine kodieren und mit denen wir uns in diesem Abschnitt beschäftigt haben, entsprechen der Definition von Tumorsuppressorgenen, da ihr Verlust oder ihre Inaktivierung zur Entwicklung von Krebs beiträgt. Allerdings gehören sie nicht der gleichen Kategorie wie die *RB*-, *p53*- und *ABC*-Gene an. Diese Gene bilden Proteine zur Einschränkung der Zellteilung und ihr Verlust führt direkt zur Entwicklung von Krebs. Zur Unterscheidung der beiden Klassen von Tumorsuppressorgenen bezeichnet man die *RB*-, *p53*- und *ABC*-Gene als **Gatekeeper-Gene** (engl. für *Pförtner*). Gehen die Gatekeeper verloren, so öffnen sich sofort die Tore zu exzessiver Zellteilung und Tumorbildung. Im Gegensatz dazu bezeichnet man die Gene, die an der DNA-Reparatur und Chromosomensortierung mitwirken, als **Caretaker-Gene** (engl. für *Hausmeister*). Sie halten die genetische Stabilität aufrecht, sind aber nicht direkt an der Kontrolle der Zellteilungen und des Überlebens der Zelle beteiligt. Defekte in den Caretaker-Genen führen zu genetischer Instabilität. Diese wiederum ermöglicht die Akkumulation von Mutationen in anderen Genen (darunter den Gatekeeper-Genen), wodurch unkontrollierte Zellteilungen ausgelöst werden und sich Krebs entwickeln kann. Die durch defekte Caretaker-Gene bedingte genetische Instabilität ist daher ein frühes Ereignis in einem Prozess, der zur Krebsentwicklung führt. In ▸*Tabelle 24.2* sind einige häufig vorkommende Tumorsuppressorgene aufgeführt. Die Tabelle beruht auf der Einteilung in Caretaker- und Gatekeeper-Gene, die entsprechend der Wege, auf denen sie wirken, unterschiedenen werden.

Tabelle 24.2

Beispiel für Tumorsuppressorgene

Gen	Betroffener Weg
Gatekeeper	
APC	Wnt-Signalisierung
CDKN2A	Rb- und p53-Signalisierung
PTEN	PI3K-Akt-Signalisierung
RB	Restriktionspunktkontrolle
SMAD4	TGFβ-Smad-Signalisierung
TGFb-Rezeptor	TGFβ-Smad-Signalisierung
p53	DNA-Schadenantwort
Caretaker	
BRCA1, BRCA2	DNA-Doppelstrangbruchreparatur
MSH2, MSH3, MSH4, MSH5, MSH6, PMS1, PMS2, MLH1	DNA-Fehlpaarungsreparatur
XPA, XPB, XPC, XPD, XPE,, XPF, XPG	DNA-Exzisionsreparatur
XPV (*POL*η)	DNA-Transläsionssynthese

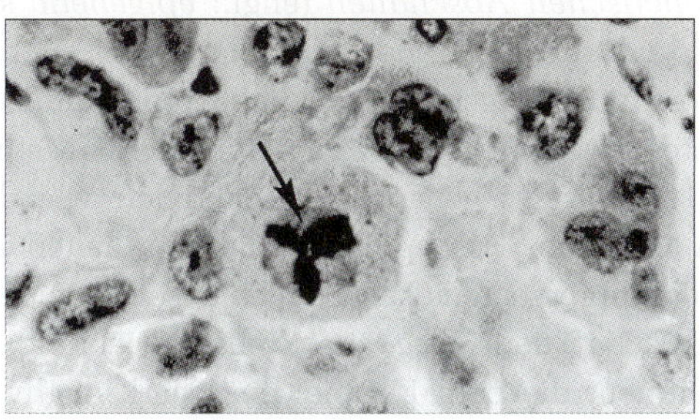

Abbildung 24.20: Anomale Mitose in einer Krebszelle. Bei dieser lichtmikroskopischen Aufnahme von Krebsgewebe erkennt man eine Zelle mit anomaler mitotischer Spindel, die drei Spindelpole besitzt. Diese Spindeln, welche die Chromosom nicht richtig trennen können, entstehen durch drei Centrosomen, anstatt zwei Centrosomen, was normal wäre.

24.4.9 Krebs entsteht durch schrittweise Anhäufung von Mutationen in Onkogenen und Tumorsuppressorgenen

Aus Genomsequenzierungsuntersuchungen ist bekannt, dass ein bestimmter Krebstyp (zum Beispiel Brust-, Lungen- oder Darmkrebs) typischerweise auf Mutationen in 50 bis 75 verschiedenen Protein-kodierenden Genen zurückzuführen ist. Eine kleine Handvoll dieser Gene findet sich häufig in mutierter Form in Krebsgewebeproben des gleichen Krebstyps verschiedener Menschen, während andere Gene sehr selten mutiert sind. Die häufig mutierten Gene wirken auf ungefähr zwölf verschiedenen Wegen, von denen die meisten in diesem Kapitel dargestellt werden.

Die häufig auftretenden Mutationen beinhalten die Inaktivierung von Tumorsuppressorgenen sowie die Umwandlung von Proto-Onkogenen zu Onkogenen. Anders formuliert, zur Entstehung einer Krebszelle müssen im Allgemeinen die dem Zellwachstum gesetzten Bremsen (Tumorsuppressorgene) ausfallen und die das Zellwachstum beschleunigenden Mechanismen (Onkogene) aktiviert werden. Das Prinzip wird durch die schrittweise Progression zum bösartigen Tumor beim Darmkrebs gut veranschaulicht. Das am häufigsten nachgewiesene Muster ist das *KRAS*-Onkogen (ein Mitglied der *RAS*-Genfamilie). Das Auftreten des *KRAS*-Onkogens geht mit Funktionsverlustmutationen der Tumorsuppressorgene *APC*, *SMAD4* und *p53* einher. Schnell wachsende Krebserkrankungen zeigen tendenziell alle vier genetischen Veränderungen, während gutartige Tumore nur eine oder zwei genetische Veränderungen aufweisen.

Wie aus ▸*Abbildung 24.21* ersichtlich, ist die erste standardmäßig nachgewiesene Mutation der Funktionsverlust des Gens *APC* – eine Mutation, die sich häufig in Form kleiner Polypen manifestiert und erst später zum Krebs wird. Mutationen in *KRAS* und *SMAD4* treten meistens dann auf, wenn die Polypen gewachsen sind. Mutationen in *p53* sind dann erkennbar, wenn sich der Krebs endgültig entwickelt hat. Allerdings treten diese Mutationen nicht immer in der gleichen Sequenz oder bei den gleichen Gensätzen auf. Die *APC*-Mutationen sind bei zwei Drittel aller Darmkrebserkrankungen nachweisbar, was aber deutet, dass das *APC*-Gen in jedem dritten Fall von Darmkrebs normal ist. Auf Grund der Analyse von Tumoren, die normale *APC*-Gene

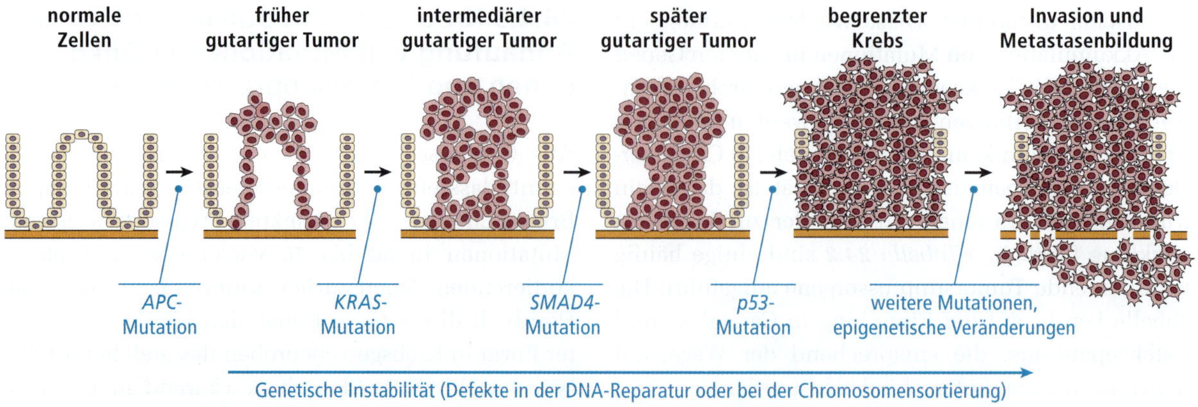

Abbildung 24.21: Stufenmodell der Entwicklung von Darmkrebs. Darmkrebs entsteht häufig durch eine Reihe von Mutationen, an denen die Gene *APC*, *KRAS*, *SMAD4* und *p53* mitwirken. Jede der aufeinanderfolgenden Mutationen ist mit einem zunehmend anomalem Verhalten der Zelle assoziiert. In den frühen Stadien dieses Vorgangs entstehen gutartige Tumore, die sogenannten Polypen. Sie treten aus der inneren Darmoberfläche hervor.

enthalten, weiß man, dass viele *APC*-Gene Onkogene besitzen, die eine anomale, hyperaktive Form von *β-Catenin* bilden. β-Catenin ist ein Protein, das – ebenso wie das APC-Protein – am Wnt-Signalisierungsweg mitwirkt (siehe *Abbildung 24.19*). Da APC den Wnt-Signalisierungsweg hemmt und β-Catenin diesen anregt, haben Mutationen, die zum Verlust von APC führen, sowie Mutationen, die zu hyperaktiven Formen von β-Catenin führen, die gleiche Wirkung: beide verstärken die Zellteilungen, indem sie die Aktivität des Wnt-Signalisierungswegs steigern.

Ein weiterer Weg, der beim Darmkrebs häufig unterbrochen wird, ist der *TGFβ-Smad-Weg* (*Abschnitt 14.3.7*). Er hemmt normalerweise die Teilung der Epithelzellen. Funktionsverlustmutationen in Genen, die Komponenten dieses Wegs kodieren, beispielsweise den TGFβ-Rezeptor oder Smad4, werden sehr häufig bei Darmkrebsfällen nachgewiesen. Diese Mutationen unterbrechen die die Teilung hemmende Aktivität des TGFβ-Smad-Wegs und tragen auf diese Weise zu einer erhöhten Zellteilungsrate bei.

Grundsätzlich wird durch die verschiedenen Darmkrebsmutationen ein allgemeines Prinzip deutlich: Verschiedenen Tumorsuppressorgene und Onkogene können auf den gleichen Weg wirken. Wichtig für die Krebsentwicklung sind die Störung bestimmter Signalisierungswege und nicht die speziellen Genmutationen, die zur Störung des Signalisierungswegs führen.

24.4.10 Epigenetische Veränderungen der Genexpression beeinflussen die Merkmale von Krebszellen

Mutationen, aus denen Onkogene oder inaktive Tumorsuppressorgene hervorgehen, spielen bei der Krebsentwicklung eine zentrale Rolle. Allerdings erklären sie uns nicht alle Merkmale von Krebszellen. Viele charakteristische Merkmale von Krebszellen beruhen nicht auf Genmutationen, sondern auf *epigenetischen Veränderungen* – das heißt, Änderungen der Genexpression ohne Änderung der Basensequenz des Gens.

In *Kapitel 23* haben Sie einen Mechanismus zur Entstehung epigenetischer Veränderungen kennengelernt, bei dem die *DNA-Methylierung* an CG-Stellen von Bedeutung ist, die in der Nähe von Genpromotoren liegen. In normalen Zellen sind diese Stellen nicht methyliert, aber bei Krebszellen kommt eine umfangreiche Methylierung vor. Dort führt sie zum *epigenetischen Abschalten* (engl.: *epigenetic silencing*) zahlreicher Gene, unter anderem auch der Tumorsuppressorgene. Tatsächlich werden die Tumorsuppressorgene der Krebszellen durch DNA-Methylierung mindestens genauso oft inaktiviert wie durch DNA-Mutation. Das epigenetische Abschalten eines Tumorsuppressorgens kann ein erstes entscheidendes Ereignis auf dem Weg zur Krebsentwicklung sein. Individuen, die zum Beispiel eine stark methylierte Form eines DNA-Fehlpaarungsgens erben, das *MLH1*, sind höchst anfällig für mehrere Formen von Krebserkrankungen. Somit kann eine Person, die ein methyliertes Tumorsuppressorgen erbt, eine Prädisposition für die Krebsentwicklung in sich tragen, ganz so als hätte sie eine mutierte Form des Gens geerbt.

Ein weiterer Mechanismus, der eine Änderung der Genexpression bewirkt, beinhaltet *microRNAs*. MicroRNAs binden Tausende einzelner mRNAs und schalten deren Translation ab (siehe *Abbildung 23.34*). Krebszellen bilden große Mengen einiger dieser microRNAs sowie falsche Mengen anderer. Gene, die durch *Überproduktion* von microRNAs zur Krebsentwicklung beitragen, wirken als Onkogene. Zur Kategorie dieser microRNA-Gene gehören *miR-155*, *miR-17-92* und *miR-21*. Wir möchten Ihnen ein Beispiel für die Wirkungsweise dieser Gene geben. *miR-17-92* hemmt die Translation der mRNA, die PTEN kodiert, eine Phosphatase, die PI3K-Akt-Signalisierungswege hemmt. Das *miR-17-92* wird bei bestimmten Krebsformen häufig amplifiziert. Daraufhin wird ein Überschuss der microRNA dieses Gens gebildet und die Synthese von PTEN gehemmt. Da PTEN nicht ausreichend zur Verfügung steht, wird der PI3K-Akt-Signalisierungsweg ständig aktiviert. Infolge dieser Aktivierung kommt es zu verstärkten Zellteilungen und zum vermehrten Überleben dieser Zellen.

MicroRNAs, deren Produktion suboptimal ist, können gleichfalls zur Krebsentwicklung beitragen, da sie als Tumorsuppressoren wirken. Zu den microRNA-Genen dieser Kategorie zählen *let-7*, *miR-29* und das *miR-15a/miR-16-1*-Cluster. Das *miR-15a/miR-16-1*-Gencluster ist bei bestimmten Formen der Leukämie häufig ausgeschaltet. Normalerweise besteht eine der Aufgaben von *miR-15a/miR-16-1* darin, die Translation der mRNA, die Bcl-2 kodiert, zu hemmen. Bcl-2 ist ein Protein, das die Apoptose hemmt (*Abschnitt 19.7.1*). Daher kann die Deletion von *miR-15a/miR-16-1* zur Überproduktion von Bcl-2 führen. Dies wiederum führt zu einer Hemmung der Apoptose.

Einige microRNAs beeinflussen Reaktionen der *Histonmodifikation*. In *Kapitel 23* sind wir auf deren Rolle bei der Regulation der Genexpression eingegangen. Wir möchten ein Beispiel anführen, an dem *miR-101* mitwirkt. Diese microRNA ist in Prostatakrebszellen häufig deletiert. Normalerweise hemmt die von *miR-101* gebildete microRNA die Translation der mRNA, die EZH2 kodiert. Dieses Enzym katalysiert die Histonmethylierung. Daher hat der Verlust des Gens *miR-101* eine erhöhte Bildung von EZH2 zur Folge, und der daraus resultierende Anstieg der Histonmethylierung kann beim Abschalten der Expression von Tumorsuppressorgenen möglicherweise eine Rolle spielen.

24.4.11 Zusammenfassung: Karzinogenese und die entscheidenden Merkmale von Krebs

Ausgehend von der Tatsache, dass verschiedene Kombinationen von Mutationen und epigenetischen Veränderung bei Tumorsuppressorgenen und Onkogenen zur Entwicklung der verschiedenen Krebsarten führen können, fragen Sie sich vielleicht, ob es wohl möglich wäre, einen umfassenden Überblick über den Vorgang der Karzinogenese zu geben, das heißt, die schrittweise Abfolge der Ereignisse, die normale Zellen in Krebszellen umwandelt. Eine Übersicht bietet ▸*Abbildung 24.22*. Die Abbildung beginnt mit den vier Hauptursachen von Krebs: chemische Substanzen, Strahlung, Viren und Vererbung. Durch eine Reihe von Mechanismen führen sie zu DNA-Mutationen. Damit sich Krebs entwickeln kann, müssen diese Mutationen schrittweise Veränderungen herbeiführen, die eine Inaktivierung von Tumorsuppressorgenen und die Umwandlung von Proto-Onkogenen zu Onkogenen umfassen. Diese Mutationen bilden letztendlich zusammen mit epigenetischen Veränderungen eine Gruppe aus sechs Merkmalen, die Douglas Hanahan und Robert Weinberg als *Kennzeichen* von Krebs (engl.: *hallmarks of cancer*) bezeichneten. Alle Krebsarten haben diese sechs Merkmale gemeinsam, die wir in den folgenden Abschnitten darstellen werden. Allerdings kann jedes Merkmal über eine Reihe genetischer und epigenetischer Mechanismen erworben werden.

❶ Verselbstständigung von Wachstumssignalen

Normalerweise wachsen Zellen nur, wenn sie von einem geeigneten Wachstumsfaktor angeregt werden. Der Krebs umgeht diese notwendige Voraussetzung. Dafür sorgt die Wirkung von Onkogenen, die übermäßige Mengen mutierter Versionen von Proteinen bilden, die an diesen das Wachstum fördernden Signalkaskaden mitwirken (siehe *Tabelle 24.1*). Einer dieser bei Krebszellen häufig aktivierten Wege ist der Ras-Weg. Ungefähr 25 – 30 % aller menschlichen Krebserkrankungen weisen mutierte Ras-Proteine auf, die unabhängig von Wachstumsfaktoren einen unablässigen Stimulus zu Zellwachstum und Zellteilung aussenden. Mutationen, die andere Komponenten des Ras-Wegs betreffen, sind gleichermaßen häufig anzutreffen.

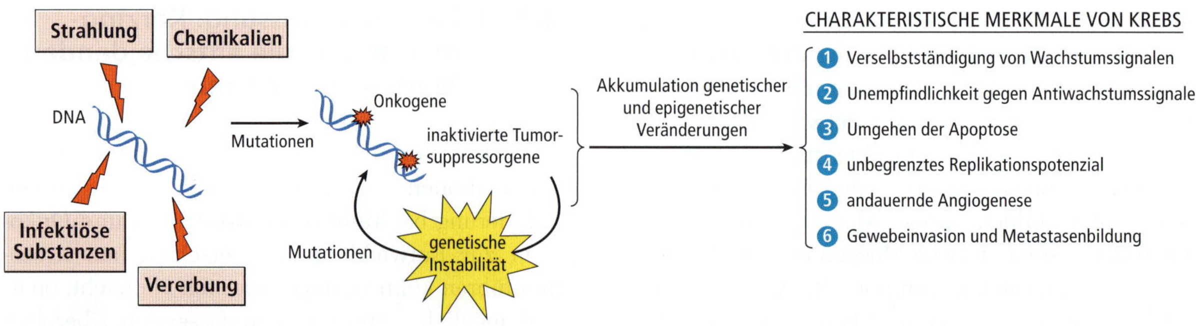

Abbildung 24.22: Überblick über die Karzinogenese. Die vier Hauptursachen von Krebs (chemische Substanzen, Strahlung, Viren und Vererbung) lösen zu Beginn DNA-Veränderungen aus, die zu Onkogenen führen und die Tumorsuppressorgene zerstören. Dies führt schon im frühen Stadium zu genetischer Instabilität. Diese wiederum erleichtert das Auftreten weiterer Mutationen, die (im Verbund mit epigenetischen Änderungen) zu den sechs charakteristischen Kennzeichen führen: Verselbstständigung von Wachstumssignalen, Unempfindlichkeit gegenüber Antiwachstumssignalen, Umgehen der Apoptose, unbegrenztes Replikationspotenzial, andauernde Angiogenese, Gewebeinvasion und Metastasenbildung.

❷ Unempfindlichkeit gegen Antiwachstumssignale Normale Gewebe sind dank einer Vielzahl das Wachstum hemmender Mechanismen vor exzessivem Zellwachstum und übermäßiger Zellteilung geschützt. Krebszellen müssen diesen Antiwachstumssignalen ausweichen, um weiter zu wachsen. Die meisten Antiwachstumssignale wirken während der späten G_1-Phase und üben ihre Wirkung über das Rb-Protein aus. Dessen Phosphorylierung reguliert den Durchtritt durch den Restriktionspunkt in die S-Phase. Normalerweise hemmt TGFβ die Zellteilung durch Auslösen des TGFβ-Smad-Wegs. Dieser bildet Cdk-Inhibitoren, welche die Phosphorylierung von Rb blockieren und auf diese Weise den Übergang von der G_1-Phase in die S-Phase verhindern. Bei Krebszellen wirken verschiedene Mechanismen, die den TGFβ-Smad-Weg unterbrechen, darunter Mutationen, epigenetische Veränderungen und Wechselwirkungen mit viralen Proteinen. Eine weitere Folge von Mutationen im *RB*-Gen besteht darin, dass die Zellen gegenüber der Antiwachstumswirkung von TGFβ sowie jedem anderen Wachstumsinhibitor unempfindlich werden, der seine Wirkung über das Rb-Protein ausübt.

❸ Umgehen der Apoptose Das Überleben von Krebszellen hängt von ihrer Fähigkeit ab, dem normalen Schicksal genetisch beschädigter Zellen zu entrinnen – der Zerstörung durch Apoptose. Häufig beruht die Fähigkeit, die Apoptose zu umgehen, auf Mutationen im Tumorsuppressorgen *p53*. Die Mutationen stören die Fähigkeit des p53-Wegs, als Antwort auf einen DNA-Schaden die Apoptose auszulösen. Bestimmte Onkogene vermögen gleichfalls den p53-Weg zu unterbrechen. Ein Beispiel dafür ist das *MDM2*-Gen. Dieses Gen bildet das Mdm2-Protein, das auf die Zerstörung von p53 abzielt (siehe *Abbildung 19.40*). Ein weiteres Onkogen, das die Fähigkeit des p53-Wegs zur Apoptoseauslösung beeinträchtigt, ist das *BCL2*-Gen, das einen Inhibitor der Apoptose kodiert, das Bcl-2 Protein. *BCL2*-Onkogene bilden große Mengen von Bcl-2, woraufhin die Apoptose unterdrückt wird, sodass anomale Zellen sich weiter teilen und wachsen. Durch diese Mechanismen gelingt es Krebszellen, die Apoptosewege zu umgehen, die normalerweise zur Zerstörung der Krebszellen führen würden.

❹ Unbegrenztes Replikationspotenzial Die Wirkung der drei zuvor dargestellten Merkmale besteht darin, dass Krebszellen von den Mechanismen abgekoppelt werden, die normalerweise ein Gleichgewicht zwischen Zellwachstum und Zellteilung und dem Bedarf des Organismus an neuen Zellen herstellen. Damit wäre allerdings nur dann eine unbegrenzte Zellteilung sichergestellt, wenn ein Mechanismus vorläge, der die Telomersequenzen, die während der RNA-Replikation an den Enden eines jeden Chromosoms verloren gehen, wieder nachliefert. Normalerweise wird das Nachliefern von Telemoren durch Aktivierung des Gens bewerkstelligt, das Telomerase kodiert. Einige Krebszellen aktivieren jedoch einen alternativen Mechanismus zum Erhalt der Telomere, der auf dem Austausch von Sequenzinformation zwischen Chromosomen beruht. In jedem Fall halten Krebszellen die Telomerlänge oberhalb eines kritischen Wertes und erhalten sich somit ihre Fähigkeit zu unendlich vielen Zellteilungen.

❺ Andauernde Angiogenese Ohne Blutversorgung würden Tumore nicht größer werden als wenige Millimeter. Somit müssen Krebszellen zu einem frühen Zeitpunkt der Tumorentwicklung die Angiogenese ankurbeln. Bei einer häufig angewandten Strategie werden Gene aktiviert, die Angiogenese-Stimulatoren kodieren, wobei zugleich die Gene gehemmt werden, die Angiogenese-Inhibitoren kodieren. Bisher sind die Mechanismen, auf denen diese veränderte Genexpression beruht, nicht gut aufgeklärt. In einigen Fällen sind sie mit den Aktivitäten bekannter Tumorsuppressorgene oder Onkogene in Verbindung gebracht worden. Das p53-Protein aktiviert beispielsweise Gene, die den Angiogenese-Inhibitor Thrombospondin kodieren. Somit kann der Verlust der Funktion von p53, dem wir bei vielen Krebserkrankungen des Menschen begegnen, ein Absinken des Thrombospondinspiegels bewirken. Umgekehrt lösen *RAS*-Onkogene die vermehrte Expression des Gens aus, das den Angiogenese-Stimulator VEGF kodiert.

❻ Gewebeinvasion und Metastasenbildung Die Fähigkeit, in umliegende Gewebe einzudringen und Metastasen zu bilden, ist das entscheidende Merkmal, durch den sich Krebs von einem gutartigen Tumor unterscheidet. Bei diesen Ereignissen spielen drei Merkmale der Krebszellen eine entscheidende Rolle: verminderte Zell-Zell-Adhäsion, erhöhte Motilität und die Bildung von Proteasen, welche die extrazelluläre Matrix und die Basallamina abbauen. Die verminderte Adhäsivität beruht häufig auf Veränderungen in *E-Cadherin*. E-Cadherin geht bei den meisten Epithelzellkrebserkrankungen entweder durch Mutation, verminderte Genexpression oder Zerstörung des E-Cadherins selbst verloren. Änderungen in anderen Molekülen, die an der Krebszelladhäsion, der Motilität und der Proteasenbildung mitwirken, spielen gleichfalls eine Rolle bei der Invasion und Metastasenbildung. Die Mechanismen, auf denen diese molekularen Veränderungen beruhen, unterscheiden sich bei den jeweiligen Tumortypen und Gewebeumgebungen, doch im Allgemeinen beruhen sie auf der Aktivierung von Genen, die normalerweise bei der Embryonalentwicklung oder zur Wundheilung benötigt werden.

❼ Das entscheidende zur Krebsbildung befähigende Merkmal: genetische Instabilität Krebszellen gelingt es nur, die sechs zuvor dargestellten Merkmale zu erwerben, wenn sie mehr Mutationen anhäufen, als durch normale Mutationsraten möglich wären. Aus diesem Grund müssen sie genetisch instabil werden, bevor sie genug Mutationen ausgebildet haben, um Krebs zu erzeugen. Die genetische Instabilität beruht sehr häufig auf Mutationen, welche die Fähigkeit des p53-Wegs stören, die Zerstörung genetisch beschädigter Zellen auszulösen. Allerdings spielen auch Mutationen in Genen eine Rolle, die Proteine kodieren, welche an der DNA-Reparatur und der Chromosomensortierung beteiligt sind. Die genetische Instabilität wird einer eigenen Kategorie zugeordnet und zählt nicht zu den sechs charakteristischen Kennzeichen, die direkt am Wachstum von Krebszellen und deren Verbreitung mitwirken. Denn die genetische Instabilität ist ein entscheidendes, der Krebsentwicklung zugrunde liegendes Merkmal, das Krebszellen befähigt, Mutationen anzuhäufen, in deren Folge sich die sechs charakteristischen Kennzeichen entwickeln.

24.5 Diagnose, Vorsorgeuntersuchungen und Behandlung

In den letzten Jahren wurden auf dem Gebiet der genetischen und biochemischen Anomalien, die dem Krebs zugrunde liegen, große Fortschritte erzielt. Man hofft mit dieser Forschungsarbeit ein noch größeres Verständnis der molekularen Veränderungen zu gewinnen, die Krebszellen zeigen, und dadurch letztendlich verbesserte Strategien zur Krebsdiagnose und Behandlung zu entwickeln.

24.5.1 Krebsdiagnose mit Hilfe mikroskopischer Untersuchung von Gewebeproben

Da sich Krebs in fast jedem Gewebe entwickeln kann, können wir nur sehr wenige Verallgemeinerungen im Hinblick auf mögliche Symptome ableiten. Zur endgültigen Diagnose benötigt man im Allgemeinen eine *Biopsie*. Dafür muss durch einen chirurgischen Eingriff eine winzige Gewebeprobe zur mikroskopischen Untersuchung entnommen werden. Obwohl kein einzelnes Merkmal zur visuellen Identifizierung von Krebszellen genügt, so zeigen

Krebszellen doch mehrere Merkmale, die zusammen auf die Entwicklung von Krebs hinweisen (▶*Tabelle 24.3*). Beispielsweise besitzen Krebszellen häufig große, unregelmäßig geformte Zellkerne, zeigen deutlich erkennbare Nucleoli und besitzen ein im Vergleich zum Cytoplasma-Volumen großes Zellkern-Volumen. Sie zeichnen sich ferner durch erhebliche Schwankungen in Zellgröße und Zellform aus. Die normale Gewebeorganisation hat sich aufgelöst. Außerdem verlieren Krebszellen in unterschiedlichem Maß die spezialisierten strukturellen und biochemischen Eigenschaften von Zellen, die normalerweise im Ausgangsgewebe liegen. Bei Krebserkrankungen liegen zudem mehr sich teilende Zellen vor als im Normalfall. Dies bedeutet, dass der mitotische Index weit über dem normalen Prozentsatz liegt. Schließlich ist die äußere Umgrenzung von Krebszellen im Allgemeinen nur schlecht definiert und man erkennt in umliegende Gewebe eindringende Tumorzellen.

Wenn man eine ausreichende Anzahl dieser anomalen Merkmale beobachtet, so kann man die Schlussfolgerung ziehen, dass es sich um Krebs handelt – *sogar dann, wenn Invasion und Metastasenbildung noch nicht stattgefunden haben.* Allerdings schwankt die gesundheitliche Gefahr, die von diesen Anomalien ausgeht, bei den jeweiligen Krebstypen, und zwar auch dann, wenn sie aus dem gleichen Zelltyp im gleichen Organ hervorgingen. Auf dieser Variabilität beruht das **Tumorgrading** (engl.: *tumor grading*). Dabei handelt es sich um die Zuordnung von Zahlen zu Tumoren auf der Grundlage ihrer unterschiedlichen mikroskopischen Erscheinungsbilder. Ein niedriger Grad (zum Beispiel Grad 1) wird Tumoren zugewiesen, deren Zellen normal differenzierte Merkmale zeigen, sich langsam teilen und nur geringe Abweichungen im Hinblick auf die in *Tabelle 24.3* aufgeführten Merkmale zeigen. Ein höherer Grad (zum Beispiel Grad 4) verweist auf Tumore mit sich schnell teilenden, schlecht differenzierten Zellen, die weniger Ähnlichkeit mit normalen Zellen besitzen und schwere Anomalien in Bezug auf die in *Tabelle 24.3* aufgeführten Merkmale aufweisen. Die Krebstumore höchsten Grades enthalten Zellen mit derart schwach differenziertem und anomalem Erscheinungsbild, dass sie keinerlei Ähnlichkeit mehr mit den Zellen des Gewebes gemeinsam haben, aus dem der Tumor ursprünglich stammte. Die Tumore höchsten Grades neigen zu starkem Wachstum und aggressiver Ausbreitung und reagieren weniger auf Therapien als Tumore niedrigeren Grades. Das Tumorgrading wurde von der UICC (Union internationale contre le cancer) eingeführt; Tumore werden in die Grade 1 bis 4 sowie 9 eingeteilt; andere Grade gibt es nicht.

Tabelle 24.3

Einige Unterschiede im Hinblick auf mikroskopisch erkennbare Merkmale gutartiger und bösartiger Tumore

Merkmal	Gutartig	Bösartig
Zellkerngröße	klein	groß
N/C-Verhältnis (Verhältnis von Zellkern-Volumen zu Cytoplasma-Volumen)	gering	hoch
Zellkernform	regelmäßig	pleomorph (unregelmäßige Form)
Mitotischer Index	gering	hoch
Gewebeorganisation	normal	unregelmäßig
Differenzierung	gut differenziert	wenig differenziert
Tumorbegrenzung	gut definiert ↓ 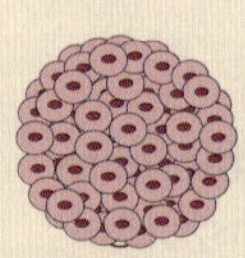	wenig definiert ↓ 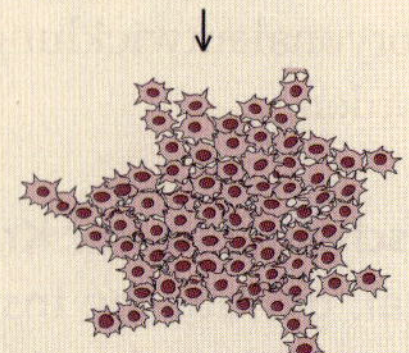

24.5.2 Vorsorgeuntersuchungen zur Früherkennung kann Tod durch Krebs verhindern

Wenn man eine Krebserkrankung diagnostiziert noch bevor der Krebs gestreut hat, dann sind die Heilungschancen relativ hoch. Dies gilt auch für Krebstypen mit schlechter Prognose. Aus diesem Grund besteht eine große Nachfrage nach Vorsorgeuntersuchungen oder Screenings, mit deren Hilfe man Krebserkrankungen in einem frühen Stadium nachweisen kann. Eine der erfolgreichsten Screeningtechniken ist der Pap-Abstrich (engl.: *pap smear*). Diese Technik wurde Anfang der 1930er Jahre von George Papanicolaou (nach dem die Technik benannt wurde) zur Früherkennung von Gebärmutterhalskrebs entwickelt. Dieses Verfahren beruht auf der Überlegung, dass das Erscheinungsbild von Krebszellen so charakteristisch ist, dass man eine wahrscheinliche Krebserkrankung einfach durch Untersuchung einer kleinen Probe isolierter Zellen nachweisen kann. Für einen Pap-Abstrich entnimmt man eine kleine Probe Vaginalsekret, das unter dem Mikroskop untersucht wird. Wenn die Zellen im Sekret ungewöhnliche Merkmale aufweisen – zum Beispiel große, unregelmäßig geformte Zellkerne oder deutliche Abweichungen im Hinblick auf Größe und Form (▶*Abbildung 24.23*) –, dann liegen Anzeichen für eine mögliche Krebserkrankung vor und weitere Tests müssen durchgeführt werden. Ein Pap-Abstrich dient der Früherkennung von Gebärmutterhalskrebs vor der Metastasenbildung. Dank dieser Technik konnten Hunderttausende von Todesfällen durch Krebs verhindert werden.

Der Erfolg des Pap-Abstrichs bereitete den Weg für die Entwicklung von Screeningtechniken für andere Krebserkrankungen. Bei der *Mammographie* nutzt man eine besondere Röntgenstrahltechnik zur Früherkennung von Brustkrebs. Bei der Darmspiegelung wird der Darm mit Hilfe einer an einem Glasfaser-Lichtleiter befestigten Miniaturkamera auf erste Anzeichen einer Darmkrebserkrankung untersucht. Der ideale Screeningtest gäbe den Ärzten die Möglichkeit, Krebserkrankungen im gesamten Körper mit einem einfachen Verfahren wie einem Bluttest aufzufinden. Prostatakrebs ist ein Beispiel für eine Krebserkrankung, die manchmal auf diese Weise nachgewiesen werden kann. Männern ab 50 Jahren wird häufig der **PSA-Test** zur Früherkennung von Prostatakrebs empfohlen. Dieser Test misst die Menge des *Prostata-spezifischen Antigens* (*PAS*; engl.: *prostata-specific antigen*), das im Blut enthalten ist. PSA ist ein Protein, das von den Zellen der Prostatadrüse gebildet wird und als Krebsmarker dient. Normalerweise kommt das Protein nur in sehr geringen Mengen im Blut vor. Wenn ein PSA-Test einen erhöhten PSA-Wert anzeigt, so könnte eine mögliche Prostatakrebserkrankung vorliegen. Dann müssen weitere Tests durchgeführt werden, wie zum Beispiel eine Biopsie, um zu ermitteln, ob es sich tatsächlich um eine Krebserkrankung handelt.

Andere Krebstypen setzen ebenfalls spezifische Proteine in den Blutkreislauf frei, sodass deren Vorhandensein auf ein frühes Entwicklungsstadium einer Krebserkrankung hinweisen könnte. Die Entwicklung von Methoden zum zuverlässigen Nachweis dieser molekularen Krebsmarker steckt noch immer in den Kinderschuhen. Es liegt noch viel Arbeit vor uns, bevor wir genügend wissen, um Krebserkrankungen zuverlässig im Frühstadium nachzuweisen, indem wir nach kleinen Veränderungen in Blutproteinen suchen.

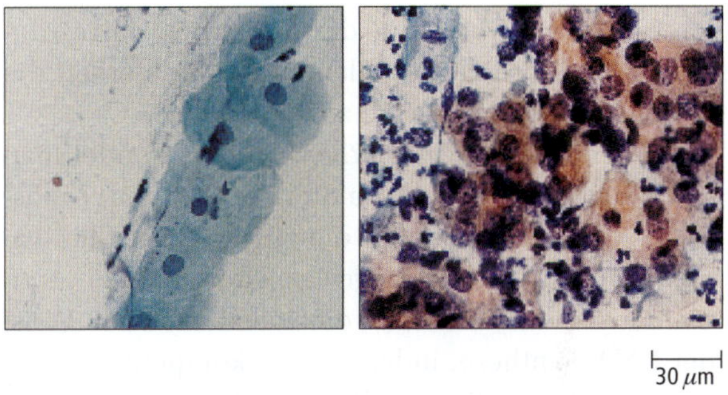

Abbildung 24.23: Normale und anomale Pap-Abstriche. (Links) Bei einem normalen Pap-Abstrich sind die Zellen im Allgemeinen gleich groß und enthalten kleine, runde Zellkerne. (Rechts) Bei einem anomalen Pap-Abstrich erkennt man deutliche Schwankungen im Hinblick auf Zellgröße und Zellform und die Zellkerne sind im Verhältnis zur Zellgröße größer. Die Anomalien dieser isolierten Zellen lassen den Schluss zu, dass sie aus einer Gebärmutterhalskrebserkrankung stammen, und daher müssen weitere Untersuchungen des Uterus angeschlossen werden.

24.5.3 Chirurgie, Bestrahlung und Chemotherapie als Standardbehandlungsmethoden gegen Krebs

Die für die Krebsbehandlung gewählten Strategien hängen sowohl vom Krebstyp als auch von dessen Ausbreitungsgrad ab. Die am häufigsten gewählte

Vorgehensweise ist der chirurgische Eingriff zur Entfernung des Primärtumors. Daran schließen sich, falls erforderlich, eine Strahlentherapie und/oder eine Chemotherapie an, um alle verbliebenen Krebszellen zu zerstören.

Bei der *Strahlentherapie* arbeitet man mit hochenergetischen Röntgenstrahlen oder anderen Formen ionisierender Strahlen, um Krebszellen abzutöten. An früherer Stelle in diesem Kapitel haben Sie erfahren, dass ionisierende Strahlung DNA-Schäden bewirken kann, die Krebs verursachen. Ironischer Weise nutzt man bei Patienten, die bereits an Krebs erkrankt sind, noch höhere Strahlendosen zur Zerstörung von Krebszellen. Ionisierende Strahlung erzielt ihre Wirkung auf zwei verschiedenen Wegen. Zum einen aktiviert der durch die Strahlung verursachte DNA-Schaden den p53-Signalisierungsweg, der die Apoptose auslöst. Viele Krebsformen beinhalten Mutationen, die den p53-Weg ausschalten, sodass die p53-induzierte Apoptose als Antwort der meisten Krebserkrankungen auf die Strahlentherapie nur eine untergeordnete Rolle spielt. Beim zweiten Mechanismus werden die Zellen durch Strahlung abgetötet, indem man einen schweren chromosomalen Schaden herbeiführt, der die Zellen darin hindert, die Mitose zu durchlaufen. Daher sterben die Zellen beim Versuch, sich zu teilen, ab.

Bei den meisten *Chemotherapien* verwendet man Medikamente, die, wie die Strahlentherapie, Krebszellen abtöten. Man kann die eingesetzten Medikamente in vier Hauptkategorien einteilen. (1) *Antimetabolite*. Sie hemmen die metabolischen Wege der DNA-Synthese, indem sie als kompetitive Inhibitoren agieren, die anstelle normaler Substratmoleküle an die aktiven Stellen der Enzyme binden. Zu diesen Antimetaboliten gehören beispielsweise *Fluorouracil, Methotrexat, Fludarabin, Pemetrexed,* Tegafur, *Capecitabin* und *Gemcitabin*. (2) *Alkylierende Wirkstoffe*. Sie hemmen die DNA-Funktion durch chemische Quervernetzung der DNA-Doppelhelix. Beispiele sind *Cyclophosphamid, Chlorambucil* und *Cisplatin*. (3) *Antibiotika*. Diese speziellen Antibiotika sind von Mikroorganismen gebildete Substanzen zur Hemmung der DNA-Funktion. Dies geschieht entweder durch Bindung an die DNA oder durch Hemmung von Topoisomerasen, die für die DNA-Replikation benötigt werden. Dazu gehören beispielsweise *Doxorubicin* und *Epirubicin*. (4) *Medikamente auf pflanzlicher Basis*. Diese Medikamente hemmen Topoisomerasen oder zerstören die Mikrotubuli der mitotischen Spindel. Beispiele sind der Topoisomerase-Inhibitor *Etoposid* und das Medikament *Taxol*, das die Mikrotubulispindel zerstört.

Die Behandlungen mit Medikamenten und Strahlung stellen uns vor ein Problem: Sie sind sowohl für Krebszellen als auch für normale Zellen schädlich. Weniger stark toxische Vorgehensweisen sind bei Krebsformen möglich, deren Wachstum auf einem spezifischen Hormon beruht. Viele Formen von Brustkrebs benötigen Östrogen als Wachstumshormon. Wie wir aus *Kapitel 19* wissen, üben Steroidhormone wie Östrogen ihre Wirkung durch Bindung an Steroidrezeptoren aus. Diese Proteine aktivieren die Expression spezifischer Gene. Das Medikament *Tamoxifen* bindet statt Östrogen an den Östrogenrezeptor und verhindert die Aktivierung des Rezeptors. Tamoxifen wird sowohl bei der Behandlung von Brustkrebs eingesetzt als auch zur Reduzierung des Brustkrebsrisikos bei Hochrisikopatientinnen.

Bei Medikamentenbehandlungen treten häufig Komplikationen auf, denn Tumore neigen dazu, Mutationen zu entwickeln, die eine Resistenz gegen die eingesetzten Medikamente bewirken. Selbst wenn nur ein einziges Medikament eingesetzt wurde, entwickeln Tumore häufig Resistenzen gegen das verabreichte Medikament und zugleich auch gegen mehrere nicht-verwandte Medikamente. Dieser Zustand, die sogenannte multiple Medikamentenresistenz, beruht darauf, dass die Zellen *Multidrug-Resistenztransportproteine* aus der Familie der ABC-Transporter (engl.: *multidrug resistance transport proteins*) bilden. Diese pumpen aktiv ein großes Spektrum chemisch unterschiedlicher hydrophober Medikamente aus der Zelle heraus (*Abschnitt 8.4.2*).

Medikamentenresistenz kann auch darauf zurückzuführen sein, dass Tumore aus einer heterogenen Mischung von Zellen bestehen, die nicht in gleichem Maß für Krebsmedikamente empfindlich sind. Es liegen immer mehr Hinweise darauf vor, dass bei einigen Krebstypen lediglich eine kleine Zellpopulation – die sogenannten *Krebsstammzellen* (engl.: *cancer stem cells* oder *cancer-initiating cells*) – sich unendlich teilen kann und die anderen Zellen des Tumors bildet. Wenn nach einer Behandlung die meisten Tumorstammzellen zerstört sind und nur ein geringer Teil der Krebsstammzellen zurückbleibt, können diese Zellen einen Rückfall herbeiführen und der Tumor tritt nach der Behandlung erneut auf. Aus diesem Grund arbeiten Wissenschaftler daran, Medikamente zu identifizieren, die selektiv Krebsstammzellen zerstören, denn diese Zellen sind für das Tumorwachstum verantwortlich.

24.5.4 Bekämpfen von Krebszellen mit Hilfe des Immunsystems

Die klassischen Behandlungen durch Chirurgie, Bestrahlung oder Chemotherapie – entweder allein oder in Kombination – können den Patienten heilen oder bei vielen Krebsformen die Lebenszeit verlängern, vor allem bei einer Früherkennung der Erkrankung. Allerdings ist es schwieriger, einige der aggressiveren Krebsformen (beispielsweise Lungenkrebs, Bauchspeicheldrüsenkrebs oder Leberkrebs) zu kontrollieren. Dies gilt auch für eine Krebsdiagnose in einem weiter fortgeschrittenen Stadium. In ihrem Streben nach besseren Behandlungsmethoden gegen diese Krebserkrankungen suchen Wissenschaftler nach Möglichkeiten, die Krebszellen selektiv zu identifizieren und zu zerstören, ohne die normalen Zellen in Mitleidenschaft zu ziehen.

Eine Strategie zur Realisierung eines selektiven Verfahrens bei der Krebsbehandlung beruht auf der Fähigkeit des Immunsystems, Krebszellen zu erkennen. Dieses Verfahren, die sogenannte **Immuntherapie**, wurde bereits im 19. Jahrhundert vorgeschlagen. Ärzte hatten beobachtet, dass sich bei Patienten Tumore gelegentlich zurückentwickelten, wenn die Patienten eine bakterielle Infektion erwarben. Da Infektionen eine Immunantwort auslösen, baute man in der Folge auf diesen Beobachtungen auf, indem man lebende oder tote Bakterien einsetzte, um das Immunsystem des Krebspatienten anzuregen. Obwohl diese Verfahren nicht die anfänglich erhofften Erfolge erzielten, konstatierte man doch einen gewissen Therapieerfolg mit *Bacillus Calmette-Guérin* (BCG) – einem Bakterienstamm, der selbst kein Erreger einer Krankheit ist, sondern an der Stelle, an der er in den Körper injiziert wird, eine starke Immunantwort auslöst. BCG hat sich im Einsatz gegen Blasenkrebsformen im Frühstadium bewährt, die in der Blasenwand lokalisiert sind. Nach chirurgischer Entfernung des Primärtumors wird BCG direkt in die Harnblase injiziert. Dadurch wird eine verlängerte Aktivierung der Immunzellen erreicht, die wiederum ein erneutes Auftreten des Tumors verlangsamen.

BCG kann also erfolgreich zur Immunstimulierung eingesetzt werden. Es muss direkt in die Harnblase injiziert werden, um am Ort des Primärtumors eine Immunantwort zu erzielen. Zur Behandlung von Krebstypen, die bereits an unbekannten Stellen Metastasen gebildet haben, muss an allen Orten, zu denen die Krebszellen transportiert worden sein könnten, eine Immunantwort angeregt werden. Die normalen, vom Körper zur Anregung der Immunantwort gebildeten Proteine können manchmal ebenfalls zur Behandlung dienen. *Interferon alpha* und *Interleukin-2* (*IL-2*) sind zwei dieser Proteine, die man bereits erfolgreich zur Krebsbehandlung eingesetzt hat.

Außerdem wird an therapeutischen Vakzinen gearbeitet, mittels derer man Krebszellantigene in Patienten einführen möchte, um das Immunsystem zu stimulieren. Das Immunsystem soll selektiv Krebszellen angreifen. Eines dieser Vakzine, *Provenge*, nutzt ein Antigen, das sehr häufig bei Prostatakrebszellen vorkommt. Es wird mit Zellen aus dem Patientenblut kombiniert, die Antigene bilden.

Aus klinischen Versuchsreihen ist bekannt, dass Prostatakrebspatienten durch Behandlung mit Provenge länger leben als nach einer Chemotherapie. 2010 wurde der Impfstoff von der FDA (amer.: *Food and Drug Administration*) als Arzneimittel zur Standardbehandlung bei Prostatakrebs zugelassen. 2013 erfolgte die Zulassung in der EU als Sipuleucel-T.

Es gibt noch eine weitere Möglichkeit, um Krebs mit Hilfe des Immunsystems zu bekämpfen. Dabei nutzt man *Antikörper*. Antikörper sind Proteine, die Zielmoleküle mit großer Spezifität erkennen und an sie binden. Aus diesem Grund sind sie ideale Agenzien, die Krebszellen selektiv angreifen. In *Exkurs 24B* wird ein Verfahren zur Herstellung reiner („monoklonaler") Antikörper in großen Mengen dargestellt und der Einsatz von Antikörpern bei der Krebstherapie erläutert.

24B ▶ Arbeitstechniken

Monoklonale Antikörper und Krebstherapie

Einer der Wirkungsmechanismen des Immunsystems beruht auf der Bildung von Antikörpern. **Antikörper** sind lösliche Proteine, die an Substanzen binden, welche man als **Antigene** bezeichnet. Antigene lösen die Immunantwort aus. Bei einer Substanz handelt es sich um ein Antigen, wenn sie als „fremd" erkannt wird, das heißt, sich von den Molekülen unterscheidet, die normalerweise im Körper der Person vorliegen. Antikörpermoleküle erkennen und binden mit außergewöhnlicher Präzision an spezifische Antigene. Dadurch eignen sie sich ideal zur Ansteuerung von Antigenen, die ausschließlich oder bevorzugt in bestimmten Konzentrationen in oder auf Krebszellen auftreten.

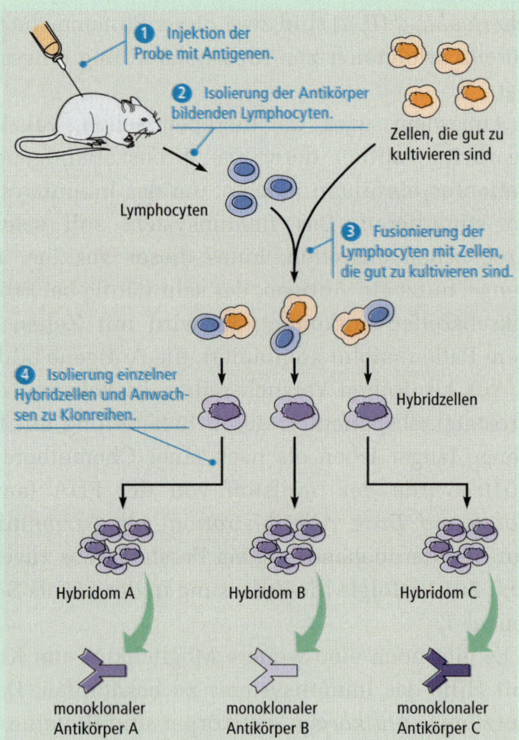

Abbildung 24B-1: Monoklonale Antikörpertechnik zur Herstellung reiner Antikörper. Eine Probe mit dem interessierenden Antigen wird in Mäuse injiziert, um die Bildung von Antikörpern anzuregen. Dann werden Lymphocyten, die Antikörper bilden, aus den Tieren isoliert und mit Zellen, die gut kultivierbar sind, verschmolzen. Mit den resultierenden Hybridzellen werden Reihen klonierter Zellpopulationen gezüchtet (Hybridome), die jeweils einen einzelnen Antikörpertyp bilden. Es kann durchaus nötig sein, ein umfassendes Screening durchzuführen, um ein Hybridom zu finden, das einen gegen ein bestimmtes interessierendes Antigen ausgerichteten Antikörper bildet.

Viele Jahre lang war der Einsatz von Antikörpern erschwert, weil noch kein Verfahren zur Herstellung reiner, gegen das gleiche Antigen gerichteter Antikörpermoleküle in großem Maßstab entwickelt worden war. 1975 lösten Georges Köhler und César Milstein dieses Problem, indem sie das in ▶*Abbildung 24B-1* dargestellte Verfahren entwickelten. Bei dieser Technik wird Mäusen zuerst ein interessierendes Antigen injiziert. Dann werden wenige Wochen später Antikörper bildende Lymphocyten aus den Mäusen isoliert. Innerhalb einer solchen Lymphocyten-Population bildet jede Lymphocyte einen einzelnen Antikörpertyp, der gegen ein bestimmtes Antigen gerichtet ist. Um die Selektion und die Züchtung einzelner Lymphocyten zu vereinfachen, werden diese mit Zellen verschmolzen, die sich in Kultur schnell teilen und eine unbegrenzte Lebensspanne besitzen. Einzelne Hybridzellen werden dann selektiert und wachsen zu Klonreihen, den sogenannten *Hybridomen*. Die von den Hybridomen gebildeten Antikörper bezeichnet man als **monoklonale Antikörper**, denn ein jeder ist ein reiner Antikörper, der aus einer klonierten Population von Lymphocyten hervorgeht.

Möchte man monoklonale Antikörper zur Behandlung einer Krebserkrankung des Menschen erhalten, so wird menschliches Krebsgewebe in Mäuse injiziert, um die Immunantwort anzuregen. Dann bildet man mit Hilfe von Lymphocyten der immunisierten Versuchstiere Hybridome. Diese Hybridome werden analysiert, um zu ermitteln, welches Hybridom Antikörper bildet, die gegen die im Krebsgewebe vorkommenden Antigene gerichtet sind. Da die Antikörper von Mäusen stammen und das Immunsystem eines Menschen sie zerstören könnte, werden sie den Anforderungen des menschlichen Organismus angepasst, indem man große Teile des Antikörpermoleküls der Maus durch entsprechenden Sequenzen ersetzt, die von menschlichen Antikörpern stammen. Injiziert man die erhaltenen Antikörper in Krebspatienten, binden die Antikörper an Krebszellen. Theoretisch könnten die Antikörper eine Immunantwort auf die Zellen auslösen, die den gebundenen Antikörper aufweisen.

Obwohl dieses Verfahren bei den meisten Krebsformen noch nicht greift, hat man beim *Non-Hodgkin-Lymphom* bereits einen vielversprechenden Erfolg erzielt. Antikörper, die auf das CD20-Antigen abzielen, das auf der Oberfläche dieser Lymphomzellen liegt, gehören heute zu den Standardbehandlungsmethoden gegen diesen Krebstyp.

Außerdem können Antikörper als Trägereinheit dienen, indem sie an radioaktive Moleküle oder andere toxische Substanzen gebunden werden, die aufgrund ihrer Letalität nicht allein verabreicht werden dürfen. Wenn man solche Substanzen an Antikörper bindet, können die Toxine selektiv an Tumorstellen konzentriert werden. Dabei steigt die Konzentration an anderer Stelle im Körper nicht auf ein toxisches Niveau. Mittlerweile hat man viele Antikörper entwickelt, die an spezifische Proteine, welche die an Zellwachstum und -teilung mitwirkenden Signalwege fördern, binden und diese inaktivieren.

24.5.5 Herceptin und Gleevec greifen Krebszellen auf molekularer Ebene an

Bis in die frühen 1980er Jahre konzentrierte man sich bei der Entwicklung neuer Krebsmedikamente vor allem auf Wirkstoffe, welche die DNA zerstören und mit der Zellteilung interferieren. Zwar werden die Medikamente erfolgreich bei der Krebsbehandlung eingesetzt, aber ihre Effektivität wird häufig durch die toxische Wirkungen auf normale sich teilende Zellen begrenzt. In den letzten zwei Jahrzehnten hat man durch die Identifizierung einzelner Gene, die in Krebszellen mutiert oder anomal exprimiert werden, eine neue Möglichkeit geschaffen: das **Molecular Targeting**. Es befasst sich mit der Entwicklung von Medikamenten, die spezifisch auf Moleküle abzielen, die von entscheidender Bedeutung für Krebszellen sind.

Bei einem Verfahren des Molecular Targeting arbeitet man mit monoklonalen Antikörpern, die an Proteine binden, die an das Krebszellwachstum und die Krebszellteilung anregenden Signalwegen mitwirken. Der erste zur Therapie von Krebspatienten zugelassene Antikörper dieser Art war *Herceptin*. Herceptin (Wirkstoff: Trastuzumab) bindet und inaktiviert den Wachstumsfaktor-Rezeptor, den das Gen *ERBB2* bildet (auch bekannt unter der Bezeichnung *HER2*). Wir haben in diesem Kapitel bereits erwähnt, das ein Viertel aller Fälle von Brust- und Eierstockkrebs auf amplifizierte *ERBB2*-Gene zurückzuführen sind, die überschüssige Mengen dieses Rezeptors bilden. Wenn Patienten mit diesen Krebserkrankungen mit Herceptin behandelt werden, bindet der Herceptin-Antikörper an den Rezeptor und hemmt dessen Fähigkeit, Zellwachstum und Zellteilung anzuregen. Dadurch wird das Tumorwachstun verlangsamt oder angehalten. Andere monoklonale Antikörper, die heutzutage in der Krebstherapie eingesetzt werden, sind *Erbitux* (das sich gegen den epidermalen Wachstumsfaktor richtet; Wirkstoff: Cetuximab) und *Avastin* (das sich gegen den die Angiogenese anregenden Wachstumsfaktor VEGF richtet; Wirkstoff: Bevacizumab).

Ein alternativer Weg, der auf die Inaktivierung von Molekülen abzielt, ist das sogenannte *Drugdesign* (engl.: *rational drug design*). Im Labor werden *kleine molekulare Inhibitoren* (engl.: *small molecular inhibitors*) synthetisiert. Eines der ersten auf diese Weise entwickelten Antikrebsmedikamente war *Gleevec*. Glivec (Handelsname in Europa; Wirkstoff: Imatinib) bindet und hemmt eine anomale Tyrosinkinase, die das Onkogen *BCR-ABL* bildet. In diesem Kapitel haben wir bereits dessen Assoziation mit chronischer myeloischer Leukämie erläutert. Das *BCR-ABL*-Onkogen entsteht durch Verschmelzung zweier nicht-verwandter Gene und bildet eine strukturell anomale Tyrosinkinase, die ein ideales zielgerichtetes Arzneimittel darstellt. Die Wirksamkeit von Glivec als Medikament zur Behandlung der myeloischen Leukämie im frühen Stadium ist ganz erstaunlich. Mehr als die Hälfte aller mit Glivec behandelten Patienten zeigen sechs Monate nach der Behandlung keine Anzeichen von Krebs mehr. Damit liegt die Ansprechrate (engl.: *response rate*) um das Zehnfache über den Behandlungserfolgen früherer Therapien. Weitere kleine molekulare Proteinkinase-Inhibitoren, deren Effektivität bei der Krebsbehandlung sich in der Folge erwiesen hat, sind *Iressa*, *Tarceca*, *Sutent* und *Nexavar*.

Wachstumsfaktor-Rezeptoren, Wachstumsfaktoren und Proteinkinasen sind aber nicht nur Kandidaten für das Molecular Targeting. Unkontrolliertes Zellwachstum und unkontrollierte Zellteilung, Überleben, Invasion und Metastasenbildung von Krebszellen beruhen auf der Unterbrechung zahlreicher Signalwege, und jedes der an diesen Wegen beteiligten Proteine ist ein potenzielles Ziel für ein Antikrebsmedikament.

24.5.6 Anti-angiogene Therapien greifen die Blutzufuhr des Tumors an

Das Molecular Targeting ist nicht immer auf Krebszellen ausgerichtet. Zuvor haben Sie erfahren, dass das nachhaltige Tumorwachstum von der *Angiogenese* (Wachstum neuer Blutgefäße) abhängt. Daher kann man folgerichtig erwarten, dass Inhibitoren auf das Wachstum neuer Blutgefäße abzielen und bei der Krebsbehandlung von Nutzen sein könnten. Das Konzept der *Anti-angiogenen Therapie* erhielt erstmals durch die Untersuchungen von Judah Folkman Rückhalt. Er fand heraus, dass Angiogenese-Inhibitoren Tumore bei Mäusen zurückgehen lassen.

Das erste anti-angiogene Medikament, das für die Behandlung beim Menschen zugelassen wurde, war *Avastin*. Avastin ist ein monoklonaler Antikörper, der an den die Angiogenese anregenden Wachstumsfaktor VEGF bindet und diesen inaktiviert. Man vermutete, dass Avastin bei Tumoren, die von VEGF für die Anregung der Angiogenese abhängig sind, das Tumorwachstum durch Hemmung der Angiogenese verlangsamen könnte. Man hat herausgefunden, dass Avastin bei mehreren Krebserkrankung eine kurzfristige Lebensverlängerung bewirkt, aber diese positiven Wirkungen sind im Allgemeinen nur von kurzer Dauer und das Tumorwachstum wird wieder aufgenommen. Zurzeit werden Dutzende anderer Medikamente, die auf die Angiogenese abzielen, getestet, um zu ermitteln, ob sie Avastin in ihrer Wirkung übertreffen. Man wird aber noch mindestens einige Jahre benötigen, um den Wert dieser anti-angiogenen Arzneimittel richtig einschätzen zu können.

24.5.7 Die Krebstherapie kann auf den einzelnen Patienten abgestimmt werden

Mittlerweile stehen uns Hilfsmittel zur Verfügung, um die Wirksamkeit von Krebstherapien zu steigern. Diese Strategie bezeichnet man als *personalisierte Medizin* (engl.: *personalized medicine*). Bei dieser Herangehensweise werden die zur Auswahl stehenden Therapien entsprechend der individuellen Merkmale eines Patienten zusammengestellt. Bereits seit Jahren ist bekannt, dass Patienten mit Krebserkrankungen, die nach traditionellen Kriterien scheinbar gleich sind, oftmals höchst unterschiedlich auf die gleiche Therapie reagieren. Die *Transkriptomanalyse* – der Einsatz von DNA-Microarrays zur Ermittlung der Gene, die in RNA transkribiert werden – hat eine Erklärung für dieses Phänomen geliefert. Krebsformen, an denen der gleiche Zelltyp mitwirkt, zeigen häufig andere Muster der Genexpression, welche die Tumore zu unterschiedlichem Verhalten veranlassen.

Diese unterschiedlichen Muster der Genexpression ermöglichen Voraussagen über das Tumorverhalten. So hat sich bei Brustkrebs herausgestellt, dass die Expression von 21 Schlüsselgenen ein guter Indikator für die Metastasenbildung eines bestimmten Tumors ist. Man kann jetzt auf einen Test mit der Bezeichnung *Oncotype DX* zurückgreifen, der die Aktivität dieser 21 Gene misst und die Daten in eine einzelne Zahl umwandelt, den sogenannten *Recurrence-Score* (ein Zahlenwert zwischen 0 und 100). Bei Brustkrebspatientinnen mit hohem Recurrence-Score wird der Tumor mit größerer Wahrscheinlichkeit nach einem chirurgischen Eingriff wieder auftreten. Ohne diese Information würden Ärzte wahrscheinlich den meisten Patienten nach der Operation eine Chemotherapie empfehlen. Die Bedeutung dieses Tests zur Genexpression besteht darin, dass man auf seiner Grundlage die Patienten ermitteln kann, denen eine Chemotherapie mit größter Wahrscheinlichkeit nützen würde.

Die Analyse des Genexpressionsprofils und Tests zur Identifizierung spezifischer Mutationen können auch bei der Wahl des geeigneten Medikaments von Nutzen sein. Ein herausragendes Beispiel ist *Iressa*, ein Medikament, das die Tyrosinkinaseaktivität des epidermalen Wachstumsfaktorrezeptors (EGF) hemmt. Iressa (Wirkstoff: Gefitinib) führt zwar bei nur 10 % aller Lungenkrebspatienten zu einem Rückgang des Tumors; wenn es jedoch wirkt, werden hervorragende Ergebnisse erzielt. Der Grund dafür, dass Iressa bei einigen Patienten besser wirkt als bei anderen, konnte auf das Vorhandensein eines mutierten EFG-Rezeptor-Gens in den Krebsformen der Patienten zurückgeführt werden, die am meisten von dem Medikament profitierten. In Kultur sind Lungenkrebszellen mit einem mutierten

EGF-Rezeptor empfindlicher für die das Wachstum hemmenden Effekte von Iressa als Krebszellen, die den normalen EGF-Rezeptor enthalten. Diese Entdeckung öffnet uns die Türen zu einer personalisierten Form der Krebstherapie. Die genetische Untersuchung der Krebszellen dient der Identifizierung von Patienten, die mit größter Wahrscheinlichkeit von einer bestimmten Therapie profitieren werden.

ZUSAMMENFASSUNG DER WICHTIGSTEN INHALTE

Unkontrolliertes Zellwachstum und Überleben

- Krebszellen wachsen und teilen sich unkontrolliert und sind durch Invasion und Metastasierung zur Verbreitung befähigt.
- Das Gleichgewicht zwischen Zellteilung und Zelldifferenzierung oder Zelltod ist bei Krebs gestört, was zu einem progressiven Anstieg der Anzahl sich teilender Zellen führt.
- Krebszellen sind nicht verankerungsabhängig, zeigen verminderte Empfindlichkeit für dichteunabhängige Wachstumshemmung und können ihre Telomere wieder verlängern.

Wie sich Krebs verbreitet

- Fortschreitendes Tumorwachstum beruht auf einem Netzwerk aus Blutgefäßen, deren Wachstum durch erhöhte Bildung von Angiogenese-Aktivatoren und verminderter Bildung von Angiogenese-Inhibitoren ausgelöst wird.
- Krebszellen dringen in umliegendes Gewebe ein, gelangen in das Blutkreislaufsystem und bilden an entfernten Körperstellen Metastasen. Die Invasion wird durch verminderte Zell-Zell-Adhäsion, erhöhte Motilität und Sekretion von Proteasen erleichtert, welche die extrazelluläre Matrix und die Basallamina abbauen. Nur ein geringer Teil der Krebszellen tritt in den Blutkreislauf ein und bildet erfolgreich Metastasen.
- Die Orte der Metastasenbildung werden von der Lokalisation des ersten Kapillarbetts bestimmt. Außerdem unterliegen sie organspezifischen Bedingungen, die das Krebswachstum beeinflussen.
- Die Krebstypen verfügen über verschiedene Mechanismen, um der Zerstörung durch das Immunsystem zu entgehen. Wechselwirkungen zwischen Tumorzellen und Komponenten der umgebenden Mikroumgebung beeinflussen Tumorwachstum, Invasion und Metastasenbildung.

Was verursacht Krebs?

- Einige Krebstypen werden von bestimmten chemischen Substanzen verursacht, unter anderem sind diese auch im Tabakrauch enthalten. Chemische Substanzen erregen über einen dreistufigen Prozess Krebs, der Initiation, Promotion und Tumorprogression umfasst. Die Initiation beruht auf einer DNA-Mutation, während es sich bei der Promotion um eine verlängerte Phase der Zellteilung handelt, wobei Zellen selektiert werden, die gute Wachstumseigenschaften besitzen. Während des Tumorwachstums entstehen durch weitere Mutationen sowie infolge epigenetischer Veränderungen bei der Genexpression Zellen mit zunehmend anomalen Merkmalen.
- Krebs kann auch durch ionisierende oder UV-Strahlung verursacht werden. Beide Strahlungsarten lösen Mutationen aus; aber auch Viren, Bakterien und Parasiten können Krebs erregen.
- Einige Krebs auslösende Viren bewirken direkt verstärktes Zellwachstum und vermehrte Zellteilungen. Dies geschieht entweder durch die Wirkung viraler Gene oder durch eine Verhaltensänderung zellulärer Gene. Andere Viren und infektiöse Agenzien zerstören das Gewebe, wodurch Zellwachstum und Zellteilung indirekt angeregt werden. Unter diesen Bedingungen sind DNA-Schäden wahrscheinlich.

Onkogene und Tumorsuppressorgene

- Onkogene sind Gene, die Krebs erregen können. Obwohl Onkogene manchmal von Viren in die Zellen eingeschleust werden, entstehen sie weitaus häufiger durch Punktmutationen, Genamplifikation, chromosomale Translation, lokale DNA-Neuanordnungen oder Insertionsmutagenese aus normalen zellulären Genen (Proto-Onkogenen).

- Viele der von Onkogenen gebildeten Proteine sind Komponenten von Signalwegen, beispielsweise Wachstumsfaktoren, Rezeptoren, Plasmamembran-G-Proteine, Nicht-Rezeptorproteinkinasen sowie Regulatoren des Zellzyklus und der Apoptose. Onkogene kodieren anomale Formen oder überschüssige Mengen dieser Proteine. Dies führt zu übermäßigem Zellwachstum und Zellüberleben.

- Tumorsuppressorgene sind Gene, deren Verlust oder Inaktivierung zur Entwicklung von Krebs führen kann. Die Empfindlichkeit für Krebs liegt in verstärktem Maß bei Menschen vor, die defekte Tumorsuppressorgene erben.

- Zu den wichtigsten Tumorsuppressorgenen gehört das *RB*-Gen. Dieses Gen bildet ein Protein, das den Übergang von der G_1- in die S-Phase einschränkt. Das *p53*-Gen bildet ein Protein, welches Zellwachstum und Zellteilung hemmt und in Zellen mit DNA-Schäden die Apoptose auslöst. Das *APC*-Gen bildet ein Protein, das den Wnt-Weg hemmt.

- Aufgrund ihrer genetischen Instabilität können Krebszellen zahlreiche Mutationen erwerben. Genetische Instabilität beruht auf Defekten der DNA-Reparaturmechanismen, Unterbrechungen der Wege, welche die Apoptose auslösen, und auf Defekten der die Chromosomen sortierenden Mechanismen.

- Krebs entsteht durch schrittweise Akkumulation von Mutationen und epigenetischen Veränderungen, an denen Onkogene und Tumorsuppressorgene mitwirken. Die meisten betroffenen Gene kodieren Proteine, aber einige bilden mikroRNAs.

Diagnose, Vorsorgeuntersuchungen und Behandlung

- Screeningtechniken und Vorsorgeuntersuchungen wie der PAP-Abstrich können Todesfälle durch Krebs verhindern, da der Krebs nachgewiesen wird, bevor er gestreut hat.

- Zu den standardmäßigen Krebstherapien gehören chirurgische Eingriffe zur Entfernung des Primärtumors, woran sich, falls notwendig, eine Strahlentherapie und/oder Chemotherapie anschließen können, mit dem Ziel, das Wachstum aller verbliebenen Krebszellen zu verhindern.

- Zu den neueren Behandlungsverfahren gehören Immuntherapien, die sich die Fähigkeit des Immunsystems zunutze machen, Krebszellen anzugreifen, Molekulares Targeting, wobei Medikamente an Proteine binden, die bei Krebszellen eine entscheidende Rolle spielen, und anti-angiogene Wirkstoffe, die auf die Blutversorgung des Tumors abzielen.

ZUSAMMENHÄNGE HERSTELLEN

In diesem abschließenden Kapitel über Krebszellen hatten wir Gelegenheit, viele Aspekte der Zellbiologie zusammenzuführen und darzustellen, wie die Untersuchung der Eigenschaften von Krebszellen unser Verständnis normaler Zellen vorangebracht hat. Beispielsweise haben Sie gelernt, wie die Analyse von Familien mit einer erblich bedingten Form von Augenkrebs, dem Retinoblastom, zur Entdeckung des *RB*-Gens und dessen Proteinprodukten führte, deren Rolle wir bei der normalen Zellzyklusregulation in *Kapitel 19* beschrieben haben. In diesem Kapitel haben Sie außerdem erfahren, dass unkontrolliertes Zellwachstum und Zellteilung, beides Schlüsseleigenschaften von Krebszellen, auf Defekte in Zellsignalisierungswegen, Zellzykluskontrolle und Apoptosemechanismen zurückzuführen sind, die wir in den *Kapiteln 14* und *19* vorgestellt haben. Eine weitere Schlüsseleigenschaft von Krebszellen – die Fähigkeit, in Gewebe einzudringen und Metastasen zu bilden – beinhaltet Änderungen der Zelladhäsionsmoleküle (Cadherine), die wir in *Kapitel 17* besprochen haben. Schließlich ist Krebs in letzter Konsequenz eine genetische Erkrankung, die auf Mutation und veränderter Genexpression der DNA beruht, deren Rolle wir im Hinblick auf Speicherung und Übertragung genetischer Information in den *Kapiteln 18* bis *23* erläutert haben.

ÜBUNGSAUFGABEN

Schwierigere Aufgaben sind mit einem • gekennzeichnet.

24-1 Normale Zellen und Krebszellen. Sie erhalten zwei Zellkulturflaschen. Eine Flasche enthält Zellen eines menschlichen Krebsgewebes und das andere normale Zellen. Bevor Sie mit Ihren Untersuchungen beginnen, lösen sich die Beschriftungen von den Flaschen. Beschreiben Sie mindestens vier Experimente, die Sie durchführen könnten, um herauszufinden, in welcher Flasche sich die Krebszellen befinden.

24-2 Angiogenese. Beschreiben Sie zwei Beweisstücke, die Ihre Idee unterstützen, dass Tumore für ihr Wachstum über einen winzigen Zellklumpen hinaus die Angiogenese benötigen, und führen Sie zwei Beweise für Ihre Idee an, dass Krebszellen Moleküle sekretieren, welche die Angiogenese anregen.

24-3 Wie sich Krebs verbreitet. Beschreiben Sie die drei Hauptstadien der Metastasenbildung unter Einbeziehung der relevanten Zelleigenschaften.

• **24-4 Ratten, Meerschweinchen und Menschen**. Injiziert man die chemische Substanz 2-Acetylaminofluoren (AAF) in Ratten, so verursacht sie Harnblasenkrebs, nicht aber bei Meerschweinchen. Kultiviert man normale Harnblasenzellen von Ratten und Meerschweinchen und bringt sie mit AAF in Kontakt, dann wandeln sich die Zellen nicht in Krebszellen um. Wie erklären Sie diese Befunde? Beruht Ihre Erklärung auf einem Vorschlag, wie man vorhersagen könnte, ob AAF beim Menschen karzinogen wirkt, ohne den Menschen mit AAF in Kontakt bringen zu müssen?

24-5 Onkogene und Tumorsuppressorgene. Geben Sie für jede der folgenden Darstellungen an, ob sie auf ein Onkogen (OG), ein Proto-Onkogen (PO) oder ein Tumorsuppressorgen (TS) zutrifft. Einige Darstellungen können sich auf mehr als nur einen Gentyp beziehen. Erklären Sie Ihre Antworten.

A Ein Gentyp, den man in normalen Zellen findet.

B Ein Gentyp, der einen normalen Wachstumsfaktor kodiert.

C Ein Gentyp, der in Krebszellen vorkommt.

D Ein Gentyp, der ausschließlich in Krebszellen vorkommt.

E Ein Gen, das Krebs verursachen kann.

F Ein Gen, das, wenn es nicht vorhanden ist, Krebs verursachen kann.

G Ein Gentyp, der in normalen Zellen und in Krebszellen vorkommt.

24-6 Kinder vom Mond. Hautzellen von Kindern, die an Xeroderma pigmentosum leiden, führen im Allgemeinen keine Exzisionsreparatur durch. Warum werden sie infolge dieses Defektes empfindlich für die Entwicklung einer Krebserkrankung? Warum steht im ersten Satz der Ausdruck „im Allgemeinen"?

• **24-7 Krebs-Screening**. Die jährliche Anzahl von Darmkrebsfällen liegt in Europa bei ungefähr 20 – 40 Fällen auf 100.000 Einwohner und ist somit die zweithäufigste Krebserkrankung. Da Darmkrebs häufig mit Blutungen einhergeht, wenden Ärzte manchmal ein Screeningverfahren an, den sogenannten immunologischen Stuhltest (FOBT; engl.: *fecal occult blood test*), um nach geringsten Blutmengen im Stuhl zu suchen. Eine Variante dieses Tests hat eine Spezifität von circa 98 %. Das bedeutet Folgendes: Wenn der Test okkultes (nicht direkt sichtbares) Blut im Stuhl nachweist, dann ist das Ergebnis in nur 2 % aller Fälle fehlerhaft (das heißt, es hat sich kein Krebs entwickelt). Auf den ersten Blick mag dies eine hervorragende Sensitivität des Tests angeben, aber ein zweiprozentiges „falsch-positiv" Ergebnis macht diesen Test als Hilfsmittel zur Früherkennung von Darmkrebs fast nutzlos. Warum?

• **24-8 Monoklonale Antikörper und Lymphome**. Monoklonale, gegen das Antigen CD20 gerichtete Antikörper werden zur Behandlung bestimmter Lymphome eingesetzt. Das CD20-Antigen kommt sowohl bei normalen als auch bei anomalen Lymphocyten vor. Daher werden bei der Behandlung mit dem Antikörper normale Zellen und auch Krebszellen abgetötet. Warum handelt es sich bei diesem Antikörper Ihrer Meinung nach noch immer um eine effektive Behandlungsweise gegen Lymphome?

WEITERFÜHRENDE LITERATUR

Historisch bedeutsame Literatur ist mit einem • gekennzeichnet.

Allgemeine Literaturstellen

Kleinsmith, L. J. *Principles of Cancer Biology.* San Francisco: Pearson Benjamin Cummings, 2006.

Nature Outlook: Cancer. Nature 509 (2014): S49.

Weinberg, R. A. *The Biology of Cancer.* New York: Garland Science, 2007.

Unkontrollierte Zellteilungen und Überleben

Clarke, M. F. und M. W. Becker. Stem cells: The real culprits in cancer? *Sci. Amer.* 295 (Juli 2006): 52.

Cotter, T. G. Apoptosis and cancer: The genesis of a research field. *Nature Rev. Cancer* 9 (2009): 501.

Masters, J. R. HeLa cells 50 years on: The good, the bad, and the ugly. *Nature Rev. Cancer* 2 (2002): 315.

Neumann, A. A. und R. R. Reddel. Telmere maintenance and cancer – Look, no telomerase. *Nature Rev. Cancer* 2 (2002): 879.

Skloot, R. *Die Unsterblichkeit der Henrietta Lacks.* New York: Random House, 2010.

Zimmer, C. Krebs – eine Nebenwirkung der Evolution? Spektrum der Wissenschaft 9 (2007): 80.

Wie sich Krebs verbreitet

Fidler, I. J. The pathogenesis of cancer metastasis: The "seed and soil" hypothesis revisited. *Nature Rev. Cancer* 3 (2003): 453.

Joyce, J. A. und J. W. Pollard. Microenvironment regulation of metastasis. *Nature Rev. Cancer* 9 (2009): 285.

Zetter, B. R. The scientific contributions of M. Judah Folkman to cancer research. *Nature Rev. Cancer* 8 (2008): 647.

Was verursacht Krebs?

Blaser, M. J. Eine bedrohte Art im Magen. Spektrum der Wissenschaft 9 (2005): 82.

Jha, P. Avoidable global cancer deaths and total deaths from smoking. *Nature Rev. Cancer* 9 (2009): 655.

Leffell, D. J. und D. E. Brash. Sunlight and skin cancer. *Sci. Amer.* 275 (Juli 1996): 52.

Peto, J. Cancer epidemiology in the last century and the next decade. *Nature* 411 (2001): 390.

Polk, D. B. und R. M. Peek Jr. Helicobacter pylori. Gastric cancer and beyond. *Nature Rev. Cancer* 10 (2010): 403.

Speck, S. H. EBV framed in Burkitt lymphoma. *Nature Med.* 8 (2002): 1086.

Williams, D. Cancer after nuclear fallout: Lessons from the Chernobyl accident. *Nature Rev. Cancer* 2 (2002): 543.

Woodman, C. B. J., S. I. Collins und L. S. Young. The natural history of cervical HPV infection: Unresolved issues. *Nature Rev. Cancer* 7 (2007): 11.

Onkogene und Tumorsuppressorgene

Cleaver, J. E. Cancer in Xeroderma pigmentosum and related disorders of DNA repair. *Nature Rev. Cancer* 5 (2005): 564.

Duesberg, O. Das Chaos in den Chromosomen. Spektrum der Wissenschaft 10 (2007): 55.

Fletcher, O. und R. S. Houlston. Architecture of inherited susceptibility to common cancer. *Nature Rev. Cancer* 10 (2010): 353.

Fox, E. J., J. J. Salk und L. A. Loeb. Cancer genome sequencing – An interim analysis. *Cancer Res.* 69 (2009): 4948.

Gal-Yam, E. N. et al. Cancer epigenetics: Modifications, screening, and therapy. *Annu Rev. Med.* 59 (2008): 267.

Garson, R., G. A. Calin und C. M. Croce. MicroRNAs in cancer. *Annu Rev. Med.* 60 (2009): 167.

Hanahan, D. und R. A. Weinberg. The hallmarks of cancer. *Cell* 100 (2000): 57.

• Harris, H., G. Klein, P. Worst und T. Tachibana. Suppression of malignancy by cell fusion. *Nature* 233 (1969): 363.

Lengauer, C., K. W. Kinzler und B. Vogelstein. Genetic instabilities in human cancers. *Nature* 396 (1998): 643.

Levine, A. J. und M. Oren. The first 30 years of p53: Growing ever more complex. *Nature Rev. Cancer* 9 (2009): 749.

Mitelman, F., B. Johansson und F. Mertens. The impact of translocations and gene fusins on cancer causation. *Nature Rev. Cancer* 9 (2007): 233.

Moody, C. A. und L. A. Laimins. Human Papillomavirus oncoproteins: Pathways to transformation. *Nature Rev. Cancer* 10 (2010): 550.

Schwartzman, J. M., R. Sotillo und R. Benezra. Mitotic chromosomal instability and cancer: Mouse modeling of the human disease. *Nature Rev. Cancer* 10 (2010): 102.

Weaver, B. A. A. und D. W. Cleveland. Does aneuploidy cause cancer? *Curr. Opin. Cell Biol.* 18 (2006): 658.

Diagnose, Durchmusterung und Behandlung

Chabner, B. A. und T. G. Roberts Jr. Chemotherapy and the war on cancer. *Nature Rev. Cancer* 5 (2005): 65.

Dougan, M. und G. Dranoff. Immune therapy for cancer. *Annu. Rev. Immunol.* 27 (2009): 83.

Imai, K. und A. Takaoka. Comparing antibody and small molecule therapies for cancer. *Nature Rev. Cancer* 6 (2006): 714.

Sotiriou, C. und M. J. Piccart. Taking gene-expression profiling to the clinic: When will molecular signatures become relevant to patient care? *Nature Rev. Cancer* 7 (2007): 545.

Visvader, J. E. und G. J. Lindemann. Cancer stem cells in solid tumors. Accumulating evidence and unresolved questions. *Nature Rev. Cancer* 8 (2008): 755.

Glossar

A

A: siehe *Adenin*.

A-Bande: Region einer quergestreiften Myofibrille, die unter dem Mikroskop als dunkles Band erkennbar ist. Sie enthält dicke Myosinfilamente sowie Regionen dünner Actinfilamente, die mit den dicken Filamenten überlappen.

A-Stelle (Aminoacylstelle): Region auf dem Ribosom, die an jede neue tRNA mit ihrer angehefteten Aminosäure bindet.

A-Tubulus: ein vollständiger Mikrotubulus, der an einen unvollständigen Mikrotubulus (den B-Tubulus) gebunden ist und auf diese Weise eine äußere Dublette in dem Axonem eines eukaryotischen Ciliums oder einer Geißel bildet.

ABC-Transporter: siehe *ABC-Typ-ATPase*.

ABC-Typ-ATPase: eine Transport-ATPase, die sich durch eine „ATP-Bindungskassette" (engl.: *ATP binding cassette*) charakterisiert (daher die Bezeichnung „ABC"), wobei der Begriff *Kassette* zur Beschreibung der katalytischen Domänen des Proteins dient, welche ATP als integralen Bestandteil des Transportvorgangs binden; wird auch als ABC-Transporter bezeichnet. Siehe auch *Multidrug-Resistenztransportprotein*.

Absolute Refraktärzeit: kurze Zeiteinheit, während der die Natriumkanäle einer Nervenzelle inaktiviert werden und nicht durch Depolarisation geöffnet werden können.

Absorptionspektrum (Plural -spektren): relatives Maß bis zu dem Licht unterschiedlicher Wellenlängen von einem Pigment absorbiert werden kann.

Acetyl-CoA: hoch energetische Kohlenstoff-Verbindung, die durch die Glykolyse und Oxidation von Fettsäuren erzeugt wird; dient zur Übertragung von Kohlenstoffatomen in den *Tricarbonsäurezyklus*.

Acetylcholin: der am häufigsten verwendete exzitatorische Neurotransmitter, der an den Synapsen, die zwischen den Neuronen liegen, außerhalb des zentralen Nervensystems zum Einsatz kommt.

Actin: wichtiges Protein der Mikrofilamente, das im Cytoskelett nicht-muskulärer Zellen sowie in den dünnen Filamenten der Skelettmuskeln vorkommt; wird als globuläres Monomer synthetisiert (G-Actin), das zu langen, linearen Filamenten polymerisiert (F-Actin).

Actin-bindende Proteine: Proteine, die an die Actinmikrofilamente binden und dadurch die Länge oder die Zusammensetzung von Mikrofilamenten regulieren oder deren Verbindung miteinander oder mit anderen zellulären Strukturen, wie beispielsweise der Plasmamembran, vermitteln.

Adaptive Enzymsynthese: Regulierung der intrazellulären Konzentration eines Enzyms, indem die Synthese dieses Enzyms als Reaktion auf die zellulären Bedürfnisse verändert wird.

Adenin (A): eine aromatische Base, die Stickstoff enthält, chemisch aufgebaut wie ein Purin; dient als informatorische monomere Einheit, wenn sie mit anderen Basen in einer spezifischen Sequenz in Nucleinsäuren vorkommt; bildet mit Thymin (T) oder Uracil (U) durch Wasserstoffbrückenbindung ein komplementäres Basenpaar.

Adenosindiphosphat (ADP): Adenosin mit zwei Phosphaten, die durch eine Phosphoanhydridbindung aneinander und durch eine Phosphoesterbindung an den 5′-Kohlenstoff der Ribose gebunden sind.

Adenosinmonophosphat (AMP): Adenosin mit einem Phosphat, das durch eine Phosphoesterbindung mit dem 5′-Kohlenstoff der Ribose verknüpft ist.

Adenosintriphosphat (ATP): Adenosin mit drei Phosphaten, die über Phosphoanhydridbindung miteinander verknüpft sind und durch eine Phosphoesterbindung an den 5′-Kohlenstoff der Ribose gebunden sind; wichtigste energiespeichernde Verbindung aller Zellen, wobei die Energie in den hoch energetischen Phosphoanhydridbindungen gespeichert ist.

Adenylatcyclase, Adenylylcyclase: Enzym, das die Bildung von zyklischem AMP (cAMP) aus ATP katalysiert; ist gebunden an den inneren Layer der Plasmamembran vieler eukaryotischer Zellen und wird durch spezifische Liganden-Rezeptoren-Wechselwirkungen auf der äußeren Oberfläche der Membran aktiviert.

Adhärenzverbindung: Verbindung für die Adhäsion von Zelle zu Zelle, die durch Actinmikrofilamente an das Cytoskelett gebunden ist.

Adhäsive Verbindung (Verankerungsverbindung): Typ der Zellverbindung, durch die das Cytoskelett einer Zelle entweder an das Cytoskelett benachbarter Zellen oder an die extrazelluläre Matrix gebunden wird; Beispiele dafür sind Desmosomen, Hemidesmosomen und Adhärenzverbindungen.

ADP: siehe *Adenosindiphosphat*.

ADP-Ribosylierungsfaktor, Adenosyl-Ribosylierungsfaktor (ARF): ein mit COPI assoziiertes Protein, das sich in den „fuzzy“ coats („unscharfen“ Hüllen) der COPI-Korbvesikel befindet; gehört zur Familie der kleinen GTPasen

Adrenalin (Epinephrin): ein zu den Catecholaminen gehörendes Neurohormon, das vom Nebennierenmark gebildet und in Stress-Situationen ins Blut sezerniert wird.

Adrenerges Hormon: Adrenalin (Epinephrin) oder Noradrenalin (Norepinephrin).

Adrenerger Rezeptor: Jeder der mit der Familie der G-Proteine verknüpften Rezeptoren, an den ein adrenerges Hormon oder beide adrenergen Hormone, Adrenalin oder Noradrenalin, binden.

Adrenerge Synapse: Eine Synapse, die Adrenalin oder Noradrenalin als Neurotransmitter nutzt.

Aerobe Atmung: ein exergoner Vorgang, durch den Zellen Glucose zu Kohlenstoffdioxid und Wasser veratmen, wobei sie Sauerstoff als Elektronenakzeptor verwenden; ein großer Teil der freigesetzten Energie wird als ATP konserviert.

Agonist: Substanz, die an einen Rezeptor bindet und diesen aktiviert.

Akt: Proteinkinase, die an dem PI3K-Akt-Weg mitwirkt; auch Proteinkinase B genannt; katalysiert die Phosphorylierung mehrerer Zielproteine, die die Apoptose unterdrücken und den Stillstand des Zellzyklus verhindern.

Aktionspotenzial: kurze Veränderung des Membranpotenzials, die mit einer Depolarisation einhergeht und auf die eine schnelle Rückkehr in das normale Ruhepotenzial folgt; wird durch den Einstrom von Na^+ in die Zelle verursacht, anschließend wird K^+ nach außen transportiert; dient der Übertragung eines Nervenimpulses.

Aktiviertes Monomer: ein Monomer, dessen freie Energie erhöht wurde, indem es an ein Trägermolekül gebunden wurde.

Aktivierungsdomäne: Region eines Transkriptionsfaktors; unterscheidet sich von der DNA-Bindungsdomäne, die für die Aktivierung der Transkription verantwortlich ist.

Aktivierungsenergie (E_A): die für den Start einer chemischen Reaktion benötigte Energie.

Aktivatorprotein (Transkription): regulatorisches Protein, dessen Bindung an die DNA zu einer Steigerung der Transkriptionsgeschwindigkeit spezifischer, nahe gelegener Gene führt.

Aktives Zentrum: Region eines Enzyms, an das ein Substrat bindet und Ort, an dem die Katalyse stattfindet; wird auch als katalytisches Zentrum bezeichnet.

Aktiver Transport: Von einem Transportprotein vermittelter Transport einer Substanz durch eine Membran entgegen ihres Konzentrationsgradienten oder gegen einen elektrochemischen Gradienten; ein Vorgang, für den Energie benötigt wird; „Bergauf-Transport“.

Aktive Zone: Region der präsynaptischen Membran eines Axons, an das neurosekretorische Vesikel andocken.

Akzessorische Pigmente: Moleküle wie Carotenoide und Phycobiline, die die Eigenschaften des Lichtsammelns auf photosynthetischem Gewebe verbessern, indem sie das Licht der Wellenlängen absorbieren, das nicht vom Chlorophyll absorbiert wird; akzessorische Pigmente verleihen dem Pflanzengewebe je nach deren spezifischen Absorptionseigenschaften unterschiedliche Farben.

Alkoholfermentation: anaerober Katabolismus von Kohlenhydraten mit Ethanol und Kohlendioxid als Endprodukten.

Allel: eine oder mehrere alternative Formen eines Gens.

Allgemeiner Transkriptionsfaktor: ein Protein, das für eine RNA-Polymerase benötigt wird, damit diese an ihren Promotor binden und die RNA-Synthese initiieren kann, unabhängig von dem beteiligten Gen.

Allosterischer Aktivator: ein kleines Molekül, durch dessen Bindung an die allosterische Stelle eines Enzyms das Gleichgewicht zugunsten einer höheren Affinität des Enzyms verschoben wird.

Allosterisches Enzym: ein Enzym, das zwei alternative Formen aufweist, wobei jede eine andere biologische Eigenschaft besitzt; die Interkonversion dieser beiden Zustände wird durch die reversible Bindung eines spezifischen kleinen Moleküls (allosterischer Effektor) an eine regulatorische Stelle vermittelt, die sogenannte allosterische Stelle.

Allosterischer Inhibitor: ein kleines Molekül, dessen Bindung an die allosterische Stelle des Enzyms das Gleichgewicht zu Gunsten einer geringeren Affinität des Enzyms verschiebt.

Allosterische Regulation: Steuerung eines Reaktionswegs durch eine reversible Interkonversion der beiden Formen eines allosterischen Enzyms, die von einem Effektor vermittelt wird.

Allosterisches (regulatorisches) Zentrum: Region eines Proteinmoleküls, die sich von dem aktiven Zentrum unterscheidet, an der die Katalyse abläuft und die selektiv an ein kleines Molekül bindet, wodurch die Aktivität des Proteins reguliert wird.

Alpha-beta-Heterodimer ($\alpha\beta$-Heterodimer): ein Proteindimer, das aus einem α-Tubulinmolekül und einem β-Tubulinmolekül besteht und den Grundbaustein der Mikrotubuli bildet.

Alphahelix (α-Helix): eine spiralförmige Sekundärstruktur der Proteinmokeküle, die aus einem Rückgrat aus Peptidbindungen mit Restgruppen nach außen stehender Aminosäuren besteht.

Alpha-Tubulin (α-Tubulin): Protein, das eine Verbindung mit dem β-Tubulin eingeht und ein Heterodimer bildet, das den Grundbaustein der Mikrotubuli bildet.

Alternierendes Konformationsmodell: Membrantransportmodell, bei dem ein Carrierprotein zwischen zwei Konformationszuständen wechselt, sodass die Substratbindestelle des Proteins zuerst an einer Seite der Membran offen oder zugänglich ist und dann an der anderen Seite.

Alternatives Spleißen: Verwendung verschiedener Kombinationen von Intron/Exon-Spleißverbindungen der prä-mRNA, um Messenger-RNAs (mRNA) zu bilden, die sich in der Exonzusammensetzung unterscheiden, wobei aus einem Gen mehr als ein Typ von Polypeptid hervorgehen kann.

Ames-Test: Durchmusterungstest nach möglichen Karzinogenen, bei dem ermittelt wird, ob eine Substanz in Bakterien Mutationen herbeiführt.

Aminosäure: monomere Einheit der Proteine, die aus einer Carboxylsäure mit einer Aminogruppe sowie einer Vielzahl von Restgruppen besteht, die an den α-Kohlenstoff gebunden sind; normalerweise kommen 20 verschiedene Arten von Aminosäuren in Proteinen vor.

Aminoterminus: siehe *N-Terminus*.

Aminoacylstelle: siehe *A-Stelle*.

Aminoacyl-tRNA: ein tRNA-Molekül, an dessen 3′-Ende eine Aminosäure angeheftet ist.

Aminoacyl-tRNA-Synthetase: ein Enzym, das eine Aminosäure an das passende tRNA-Molekül bindet, wobei es die durch Hydrolyse von ATP freigesetzte Energie nutzt.

Amoeboidbewegung: Form der Zellbewegung, die durch Pseudopodien hervorgerufen wird und an der Zyklen von Gelierung und Verflüssigung des Actincytoskeletts mitwirken.

AMP: siehe *Adenosinmonophosphat*.

Amphibolischer Weg: Reaktionsreihen, die sowohl katabolisch als auch als Quelle für Vorläufer der anabolischen Wege dienen können.

Amphipatisches Molekül: ein Molekül, das räumlich getrennte hydrophile und hydrophobe Regionen besitzt.

Amylopektin: verzweigtkettige Form von Stärke, die aus sich wiederholenden Untereinheiten von Glucose besteht, die durch α-(1,4)-glykosidische Bindungen verknüpft sind, wobei es gelegentlich α-(1,6)-Verbindungen gibt, die alle 12 bis 25 Glucoseeinheiten Verzweigungen bilden, die im Allgemeinen aus 20 bis 25 Glucoseeinheiten bestehen.

Amylose: geradkettige Form von Stärke, die aus sich wiederholenden Untereinheiten von Glucose besteht, die durch α-(1,4)-glykosidische Bindungen verknüpft sind.

Anabolischer Weg: Reaktionsreihen, die zur Synthese zellulärer Bausteine führen.

Anaerobe Atmung: Zellatmung, bei der der letzte Elektronenakzeptor kein Sauerstoffmolekül ist.

Anaphase: Stadium während der Mitose (oder der Meiose), wenn sich die Schwesterchromatiden (oder die homologen Chromosomen) trennen und zu den entgegengesetzten Polen wandern.

Anaphase A: Bewegung der Schwesterchromatiden in Richtung der entgegengesetzten Pole während der Anaphase.

Anaphase B: Auseinanderdriften der Spindelpole während der Anaphase.

Anaphase-Promoting-Komplex: großer, aus vielen Proteinen bestehender Komplex, der ausgewählte Proteine (zum Beispiel Securin und mitotisches Cyclin) markiert und abbaut, wodurch die Anaphase eingeleitet und nachfolgend die Mitose beendet wird.

Anaplastisch: nur wenig differenziert und von nicht normalem Erscheinungsbild.

Aneuploidie: anormaler Zustand, bei dem eine Zelle eine falsche Anzahl von Chromosomen besitzt.

Anfangsreaktionsgeschwindigkeit (*v*): die über einen bestimmten Zeitraum gemessene Reaktionsrate, während der die Konzentration des Substrats nicht in einem Maße abgenommen hat, das sich auf die Geschwindigkeit auswirkt, und die Menge an gebildetem Produkt so vernachlässigbar ist, dass sie keine messbare Rückreaktion verursachen kann.

Anfärben: Inkubation von Gewebepräparaten in einer Lösung mit Farbe, Schwermetall oder einer anderen Substanz, die spezifisch an einzelne Zellbestandteile bindet, wodurch diese eine andere Farbe oder Elektronendichte erhalten.

Angiogenese: Wachstum neuer Blutgefäße.

Anoxygener Phototropher: ein photosynthetischer Organismus, der ein oxidierbares Substrat, aber nicht Wasser, als Elektronendonor bei der photosynthetischen Elektronentransduktion verwendet.

Antagonist: Substanz, die an einen Rezeptor bindet und diesen daran hindert, aktiviert zu werden.

Antennenpigment: Licht absorbierendes Molekül eines Fotosystems, das Photonen absorbiert und die Energie mittels Resonanzenergietransfer an ein benachbartes Chlorphyllmolekül oder an ein akzessorisches Pigment weiterleitet.

Anterograder Transport: Bewegung von Zellmaterial von dem ER durch den Golgi-Komplex in Richtung der Plasmamembran.

Anticodon: Triplett von Nucleotiden, das in einer der Schleifen eines t-RNA-Moleküls liegt, das durch komplementäre Basenpaarung das richtige Codon in der mRNA erkennt.

Antigen: eine fremde oder anormale Substanz, die eine Immunantwort auslösen kann.

Antikörper: Klasse von Proteinen, die von Lymphocyten gebildet werden, die mit außerordentlicher Spezifität an Substanzen binden, die man als Antigene bezeichnet, die eine Immunantwort hervorrufen.

Antiport: gekoppelter Transport von zwei gelösten Substanzen durch eine Membran in entgegengesetzte Richtungen.

Antiporter: Transportprotein in Membranen, das den gekoppelten Transport von zwei gelösten Substanzen in entgegengesetzte Richtungen bewerkstelligt.

AP: siehe *Adaptorproteine.*

APC-Gen: ein Tumorsuppressorgen, das häufig bei Wirbelsäulenkrebs mutiert; kodiert ein Protein, das an dem Wnt-Weg mitwirkt.

Apoptose: „Selbstmordprogramm" einer Zelle, das von einer Gruppe von Enzymen vermittelt wird, die Proteine abbauen, den sogenannten Caspasen; daran wirkt eine Reihe programmierter Ereignisse mit, die zur Auflösung des Zellinhalts führen.

AQP: siehe *Aquaporin.*

Aquaporin (AQP): Mitglieder der Familie der Membrankanalproteine, die die schnelle Bewegung von Wassermolekülen in oder aus Zellen in Geweben ermöglichen, die diesen Vorgang benötigen, beispielsweise der proximale Tubulus der Nieren.

Arbeit: Übertragung von Energie von einem Ort oder einer Form auf einen anderen Ort oder eine andere Form durch jegliche Vorgehensweise mit Ausnahme des Wärmeflusses.

Archaea: eine der beiden Gruppen der Zellen ohne Zellkern, die andere Gruppe bilden die Bakterien; viele Archaea leben unter extremen Bedingungen, in salzhaltigen, in sauren oder heißen Lebensräumen, die für die meisten anderen Organismen tödlich wären. Siehe auch *Bakterien.*

ARF: siehe *ADP-Ribosylierungsfaktor.*

Arp2/3-Komplex: ein Komplex aus mit Actin verwandten Proteinen, durch den die Actinmonomere polymerisieren können, sodass an den Seiten der bereits existierenden Mikrofilamente neue „Zweige" entstehen.

Ascus: ein kleiner Beutel, der die Zellen enthält, die während der Meiose in Pilzen gebildet werden, beispielsweise *Neurosporen.*

Asexuelle Reproduktion: Form der Reproduktion, bei der nur ein Elternteil die neue genetische Information an den neuen Organismus weitergibt.

Astrale Mikrotubuli: Form der Mikrotubuli, die sternförmige Strukturen bildet; strahlen ausgehend von einem Spindelpol in alle Richtungen und bilden einen Stern um die Pole.

Asymmetrisches Kohlenstoffatom: ein Kohlenstoffatom, das vier verschiedene Substituenten besitzt. In einem organischen Molekül sind zwei verschiedene Stereoisomere für jedes asymmetrische Kohlenstoffatom möglich.

Atmungskettenkomplex: Untergruppe von Trägern des Elektronentransportsystems, das aus einer typischen Zusammensetzung von Polypeptiden und prosthetischen Gruppen besteht; sie spielen im Elektronentransport eine spezifische Rolle.

Atmungskontrolle: Regulation der oxidativen Phosphorylierung und des Elektronentransports durch die Verfügbarkeit von ADP.

ATP: siehe *Adenosintriphosphat.*

ATP-Synthase: alternative Bezeichnung für einen F-Typ der ATPase, wenn diese den Umkehrprozess katalysiert, bei dem der abwärts gerichtete exergone Protonenfluss ihres elektrochemischen Gradienten genutzt wird, um die ATP-Synthese zu betreiben; dazu gehören der CF_0CF_1-Komplex, der in den Thylakoidmembranen der Chloroplasten vorkommt, und der F_0F_1-Komplex in den inneren Membranen der Mitochondrien und den bakteriellen Plasmamembranen.

Attenuation: Mechanismus zur Regulierung der bakteriellen Genexpression, der auf der vorzeitigen Beendigung der Transkription beruht.

Auflösung: die Minimaldistanz, die zwei Punkte auseinander liegen müssen, sodass sie noch als getrennt unter dem Mikroskop erkennbar sind.

Auflösungsvermögen: das technische Vermögen eines Mikroskops, zwei benachbarte Objekte als getrennte Einheiten sichtbar zu machen.

Äußere Dublette: ein Paar verschmolzener Mikrotubuli, die in Gruppen zu jeweils neun um die Peripherie des Axonems einer eukaryotischen Cilie oder Geißel angeordnet sind.

Äußere Membran: die äußere der beiden Membranen, die ein Mitochondrium, einen Chloroplasten oder den Zellkern umgeben.

Autophage Vakuole (Autophagosom): eine Vakuole, die gebildet wird, wenn ein altes oder nicht benötigtes Organell oder eine andere Zellstruktur von Membranen umhüllt wird, die vom endoplasmatischen Reticulum stammen, bevor sie von lysosomalen Enzymen abgebaut wird.

Autophages Lysosom: ein reifes Lysosom, das hydrolytische Enzyme enthält und am Abbau von Stoffen intrazellulären Ursprungs mitwirkt. Siehe auch *heterophages Lysosom*.

Autophagie: intrazellulärer Abbau alter oder nicht benötigter Organellen oder anderer Zellstrukturen; Ablauf in den autophagen Lysosomen; „sich selbst zerstörend".

Autophagosom: siehe *autophage Vakuole*.

Autophosphorylierung: Phosphorylierung eines Rezeptormoleküls durch ein Rezeptormolekül des gleichen Typs.

Autoradiographie: Methode zum Nachweis der Position radioaktiver Moleküle, indem ein Präparat mit einem Film belegt wird, der sich durch Bestrahlung mit Radioaktivität schwärzt.

Axon: Fortsatz einer Nervenzelle, der Impulse vom Zellkörper (Soma) wegleitet.

Axonhügel: Region an der Basis eines Axons, an der Aktionspotenziale am leichtesten initiiert werden können.

Axonaler Transport: siehe *schneller axonaler Transport*.

Axonem: Gruppe untereinander verknüpfter Mikrotubuli, die das Rückgrat eines eukaryotischen Ciliums oder einer Geißel bilden; sie sind normalerweise in neun äußeren Doppelmikrotubuli (Dubletten) angeordnet, die sich um ein zentrales Paar von Mikrotubuli gruppieren.

Axonemales Dynein: motorisches Protein in den Axonemen der Cilien und der Geißeln, das eine Beweglichkeit des Axonems erzeugt, indem es sich auf der Oberfläche der Mikrotubuli bewegt und von der aus ATP-Hydrolyse gewonnenen Energie angetrieben wird.

Axonemale Mikrotubuli: Mikrotubuli, die in geordneten Bündeln in den Axonemen der eukaryotischen Cilien und Geißeln vorkommen.

Axoplasma: Cytoplasma innerhalb einer Nervenzelle.

B

B-Tubulus: unvollständiger Mikrotubulus, der an einen vollständigen Mikrotubulus (den A-Tubulus) gebunden ist und auf diese Weise im Axonem einer eukaryotischen Cilie oder einer Geißel eine äußere Dublette bildet.

BAC: siehe *bakterielles künstliches (artifizielles) Chromosom*.

Bakterielles Chromosom: rundes (oder lineares) DNA-Molekül mit gebundenen Proteinen, das das Hauptgenom einer bakteriellen Zelle enthält.

Bakterielles künstliches Chromosom (BAC): bakterieller Klonierungsvektor, der von einem F-Faktorplasmid stammt und zur Klonierung großer DNA-Fragmente dient.

Bakterien (Singular Bakterium): eine der beiden Gruppen der Zellen ohne Zellkern (bei der anderen Gruppe handelt es sich um Archaea); zu ihnen gehören die am häufigsten vorkommenden einzelligen Organismen ohne Zellkern. Siehe auch *Archaea*.

Bakteriochlorophyll: Typ des Chlorophylls, der in Bakterien vorkommt und dazu befähigt ist, Elektronen aus anderen Donoren als Wasser zu extrahieren.

Bakteriophage (Phage): ein Virus, das bakterielle Zellen infiziert.

Bakteriorhodopsin: Transmembranproteinkomplex mit Rhodopsin, der Protonen durch die bakterielle Zellmembran transportieren kann und auf diese Weise einen lichtabhängigen elektrochemischen Protonengradienten bildet.

Basalkörper: eine Struktur, die Mikrotubuli enthält und an der Basis der eukaryotischen Geißel oder der Cilie liegt, die aus neun Tripletten von Mikrotubuli besteht; gleiches Erscheinungsbild wie eine Centriole.

Basallamina: dünne Schicht spezialisierter extrazellulärer Matrix, durch die die Epithelzellen von dem darunterliegenden Bindegewebe getrennt werden.

Basenexzisionsreparatur: DNA-Reparaturmechanismus, bei dem einzelne beschädigte Basen der DNA entfernt und ersetzt werden.

Basenpaar (bp): Paar von Nukleotiden, das durch komplementäre Wasserstoffbrückenbindungen verknüpft ist.

Basenpaarung: komplementäre Beziehung zwischen Purinen und Pyrimidinen auf der Grundlage einer Wasserstoffbrückenbindung, durch die Nucleinsäuren über einen Mechanismus verfügen, einander zu erkennen und eine Bindung einzugehen; führt zur Paarung von A mit T oder U und von G mit C.

Bcl-2: Protein in der äußeren mitochondrialen Membran, das den Zelltod durch Apoptose blockiert.

Bedampfung: Ablage einer dünnen Schicht eines elektronendichten Metalls auf einem biologischen Präparat, sodass die Oberflächen, die zur Elektrode zeigen, beschichtet werden, während die anders ausgerichteten Oberflächen nicht beschichtet werden.

Befruchtung: Vereinigung von zwei haploiden Gameten zur Bildung einer diploiden Zelle, der Zygote, aus der sich ein neuer Organismus entwickelt.

Beschleunigungsspannung: Spannungsunterschied zwischen der Kathode und der Anode eines Elektronenmikroskops, der für die Beschleunigung der Elektronen verantwortlich ist, bevor diese von der Elektronenkanone ausgestoßen werden.

Beta-Oxidation (β-Oxidation): Weg, auf dem aufeinanderfolgende Kreisläufe von Fettsäureoxidation ablaufen, durch die die Fettsäurekette jedes Mal um zwei Kohlenstoffe verkürzt wird, die als Acetyl-CoA freigesetzt werden.

Betafaltblatt (β-Faltblatt): ausgedehnte, blattähnliche Sekundärstruktur von Proteinen, in der benachbarte Polypeptide zwischen Amino- und Carbonylgruppen durch Wasserstoffbrückenbindungen miteinander verknüpft werden.

Beta-Tubulin (β-Tubulin): ein Protein, das eine Bindung mit α-Tubulin eingeht und auf diese Weise ein Heterodimer bildet, den Grundbaustein der Mikrotubuli.

Bimetallisches Eisen-Kupfer-Cluster: ein Komplex, der von einem einzigen Kupferatom und dem Eisenatom gebildet wird, das an die Hämgruppe eines sauerstoffbindenden Cytochroms geknüpft ist, beispielsweise Cytochrom a_3; es dient dazu, das O_2-Molekül so lange an das Cytochrom zu binden, bis es vier Elektronen und vier Protonen aufnimmt, was zur Freisetzung von zwei Molekülen Wasser führt.

Bindeprotein: ein Protein, das eine Superhelix bildet, oder ein Proteinkomplex aus mehreren Untereinheiten; erkennt Vesikel und bindet sie an ihre Zielmembran.

Bindungsenergie: Die erforderliche Energiemenge, um ein Mol einer bestimmten chemischen Bindung zu spalten.

Bindungsveränderungsmodell: Mechanismus, der auf der physikalischen Rotation der γ-Untereinheit einer F_0F_1-ATP-Synthetase beruht und zur Erklärung dafür dient, wie der exergone Protonenfluss durch den F_0-Bestandteil des Komplexes die ansonsten endergone Phosphorylierung von ADP zu ATP durch den F_1-Bestandteil antreibt.

Biochemie: Untersuchung der Chemie der lebenden Systeme; entspricht der biologischen Chemie.

Bioenergetik: wissenschaftliche Disziplin, die sich mit der Anwendung der thermodynamischen Prinzipien auf Reaktionen und Abläufe in der biologischen Welt beschäftigt.

Bioinformatik: computergestützte Analyse der großen Datenmengen, die man durch Sequenzierungs- und Expressionsuntersuchungen von Genomen und Proteomen erhält.

Biologische Chemie: Untersuchung der Chemie lebender Systeme; häufig wird die Abkürzung Biochemie verwendet.

Biolumineszenz: Erzeugung von Licht durch einen Organismus infolge der Reaktion von ATP mit spezifischen lumineszenten Verbindungen.

Biosynthese: Erzeugung neuer Moleküle durch eine Reihe chemischer Reaktionen innerhalb der Zelle.

BiP: Mitglieder der Hsp70-Familie der Chaperone; sind im Lumen des endoplasmatischen Reticulums enthalten, wo sie die Proteinfaltung durch reverse Bindung an die hydrophoben Regionen der Polypeptidketten ermöglichen.

Bivalent: ein Paar homologer Chromosomen, das sich während der ersten meiotischen Teilung aneinander gelegt hat; enthält vier Chromatide, zwei von jedem Chromosomen.

BLAST (Basic Local Alignment Search Tool): Softwareprogramm zur Durchsuchung von Datenbanken und zur Lokalisierung von DNA- oder Proteinsequenzen, die mit einer bekannten Sequenz Ähnlichkeit aufweisen.

Blattperoxisom: ein besonderer Typ des Peroxisoms, den man in den Blättern der photosynthetischen Pflanzenzellen findet und der einige der Enzyme enthält, die an der Photorespiration mitwirken.

Blutplättchen-Wachstumsfaktor (PDGF, engl.: *platelet-derived growth factor*): ein von den Blutplättchen gebildetes Protein, das die Proliferation von Bindegewebezellen und Zellen des glatten Muskelgewebes anregt.

bp: siehe *Basenpaar*.

BRCA1- und BRCA2-Gene: Tumorsuppressorgene, bei denen durch Vererbung einer einzigen mutierten Kopie ein hohes Risiko für Brustkrebs oder Eileiterkrebs entsteht; kodieren Proteine, die an der Reparatur von Brüchen im DNA-Doppelstrang mitwirken.

Brennweite: Abstand zwischen der Mitte einer Linse und dem Punkt, an dem die Strahlen, die die Linse durchqueren, sich in einem Brennpunkt sammeln.

Burkitt-Lymphom: lymphatische Leukämie ist eine Art von Krebs, die mit der Infektion durch das Epstein-Barr-Virus assoziiert ist sowie mit einer Chromosomentranslokation, bei der das *MYC*-Gen dadurch aktiviert wird, dass es vom Chromosom 8 zum Chromosom 14 verschoben wird.

C

C: siehe *Cytosin*.

C-Wert: Menge von DNA in einem einzelnen (haploiden) Chromosomensatz.

C-Terminus (Carboxylterminus): das Ende einer Polypeptidkette, das die endständige Aminosäure enthält, die während der mRNA-Translation eingefügt werden muss; behält im Allgemeinen eine freie Carboxygruppe.

C_3-Pflanze: Pflanze, deren Kohlenstofffixierung einzig auf dem Calvin-Zyklus beruht, wobei die Kohlenstoffverbindung 3-Phosphoglycerat das Ausgangsprodukt ist.

C_4-Pflanze: Pflanze, die durch den Hatch-Slack-Wegs in Mesophyllzellen die ursprüngliche Fixierung von Kohlendioxid leistet, wobei die Kohlenstoffverbindung Oxalacetat entsteht; der assimilierte Kohlenstoff wird dann wieder in den Leitbündel-Scheidenzellen freigesetzt und vom Calvin-Zyklus wieder aufgenommen.

Cadherin: Mitglied der Familie der Glykoproteine der Plasmamembran, das die Ca^{2+}-unabhängige Adhäsion zwischen Zellen vermittelt.

Calcium-ATPase: Membranprotein, das Calciumionen durch eine Membran transportiert und dafür die aus der ATP-Hydrolyse gewonnene Energie nutzt; ein bekanntes Beispiel hierfür läuft im sarkoplasmatischen Reticulum (SR) ab, wo Calciumionen in das SR-Lumen gepumpt werden.

Calciumindikator: ein Farbstoff oder ein gentechnisch hergestelltes Protein, dessen Fluoreszenz sich als Reaktion auf die lokale cytosolische Calciumkonzentration verändert.

Calciumionophor: ein Molekül, das die Permeabilität von Membranen für Calciumionen erhöht.

Calmodulin: Ein Calcium-bindendes Protein, das an der Wirkung vieler intrazellulärer Vorgänge der Calciumionen in eukaryotischen Zellen beteiligt ist.

Calvin-Zyklus: zyklische Reihe von Reaktionen der photosynthetischen Organismen zur Fixierung von Kohlendioxid und dessen Reduktion zur Bildung von Kohlenhydraten.

CAM: siehe *Crassulaceen-Säurestoffwechsel* (engl.: *crassulacean acid metabolism*).

CAM-Pflanze: Pflanze, die den Crassulaceen-Säurestoffwechsel (CAM) durchführt.

cAMP: siehe *zyklisches AMP.*

cAMP-Rezeptorprotein (CRP): bakterielles Protein, das an cAMP bindet und dann die Transkription von Katabolit-reprimierbaren Genen aktiviert.

Calnexin: ein membrangebundenes ER-Protein, das mit einem neu synthetisierten Glykoprotein einen Proteinkomplex bildet und an seiner eigenen Faltung mitwirkt.

Cap (5′-Cap): methylierte Struktur am 5′-Ende eukaryotischer mRNAs, die durch Anfügen von 7-Methylguanosin und Methylierung der Riboseringe des ersten und oftmals auch des zweiten Nucleotids der RNA-Kette entsteht.

Capping-Protein: ein Protein, das an das Ende eines Actinmikrofilaments bindet und dadurch das weitere Anfügen oder den weiteren Verlust von Untereinheiten verhindert.

Carboxylterminus: siehe *C-Terminus*.

Caretakergen: ein Tumorsuppressorgen, das an der DNA-Reparatur oder der Chromosomensortierung mitwirkt; Funktionsverlustmutationen in diesen Genen tragen zur genetischen Instabilität bei.

Carotinoid: eines der verschiedenen akzessorischen Pigmente, das in den meisten Pflanzenspezies vorkommt und in der blauen Region des sichtbaren Spektrums absorbiert (420 – 480 nm), weshalb es eine gelbe oder orange Farbe besitzt.

Caspasen: Familie von Proteasen, die zelluläre Proteine im Verlauf der Apoptose abbauen.

Catecholamine: Verbindungen, die von der Aminosäure Tyrosin stammen, die als Hormon und/oder als Neurotransmitter dienen.

Caveolae: kleine Einstülpungen der Plasmamembran, die mit dem Protein Caveolin umhüllt sind; eine Art Lipidfloß (engl.: *lipid raft*), das mit Cholesterin angereichert ist und an der Aufnahme von Cholesterin oder der Signaltransduktion mitwirken kann.

CBP: Transkriptions-Coaktivator, der Histonacetyltransferaseaktivität besitzt und mit der RNA-Polymerase assoziiert, um den Zusammenbau der Transkriptionsmaschinerie an den Genpromotoren zu ermöglichen.

Cdc42: Mitglied einer Familie monomerer G-Proteine, zu denen auch Rac und Rho gehören, die die Bildung verschiedener Actin-haltiger Strukturen in den Zellen anregen.

Cdk: siehe *Cyclin-abhängige Kinase.*

Cdk-Inhibitor: Familie von Proteinen, die Zellwachstum und Zellteilung hemmen, indem sie die Cdk-Cyclinkomplexe hemmen.

cDNA: siehe *komplementäre DNA.*

cDNA-Datenbank: Sammlung rekombinanter DNA-Klone, die durch Kopie der gesamten mRNA-Population eines bestimmten Zelltyps mit der Reversen Transkriptase und anschließender Klonierung der entstehenden cDNAs erzeugt werden.

Cellulose: strukturelles Polysaccharid, das in den Zellwänden der Pflanzen enthalten ist und aus sich wiederholenden Glucoseeinheiten besteht, die durch β-(1,4)-Bindungen verknüpft sind.

Centriole: eine Struktur, die aus neun Sätzen von Triplettmikrotubuli besteht, die in das Centrosom tierischer Zellen eingebettet sind, wo zwei Centriolen einander im rechten Winkel gegenüberliegen; von identischer Struktur mit dem Basalkörper der eukaryotischen Cilien und Geißeln.

Centromer: chromosomale Region, in der Schwesterchromatiden vor der Anaphase zusammengehalten werden und an die die Kinetochore gebunden sind; enthält einfache DNA-Sequenzen, die im Tandem wiederholt werden.

Centrosom: kleine Region granulären Materials, das zwei Centriolen umgibt, die neben dem Zellkern der tierischen Zellen liegen; ist das wichtigste Zentrum zur Anordnung der Mikrotubuli der Zelle.

Cerebrosid: ein nicht geladenes Glykolipid, das den Aminoalkohol Sphingosin enthält.

CF: siehe *zystische Fibrose* (engl.: *cystic fibrosis*), im Deutschen auch Mukoviszidose.

CF_1: Baustein des ATP-Synthesekomplexes der Chloroplasten, der von der Stromaseite der Thylakoidmembranen ausgeht und die katalytische Stelle für die ATP-Synthese enthält.

CF_0: Baustein des ATP-Synthesekomplexes der Chloroplasten, der in die Thylakoidmembranen eingebettet ist und zur Translokation der Protonen dient.

CF_0CF_1-Komplex: ATP-Synthesekomplex, der in den Thylakoidmembranen der Chloroplasten liegt; katalysiert den Vorgang, durch den der exergone Fluss von Protonen entlang ihres elektrochemischen Gradienten die ATP-Synthese vorantreibt.

CFTR (engl.: *cystic fibrosis transmembrane conductance regulator*): ein Membranprotein, das als Chloridkanal und zentrales regulatorisches Protein dient; mutierte Formen des CFTR können zu einer Erkrankung an Zystischer Fibrose führen.

CGN: siehe *cis-Golgi-Netzwerk.*

Chaperon: siehe *molekulares Chaperon.*

Chargaffs Regeln: zuerst von Erwin Chargaff gemachte Beobachtung, dass die Anzahl der Adenine der Anzahl der Thymine (A = T) und die Anzahl der Guanine der Anzahl der Cytosine (G = C) in der DNA entspricht.

Chemische Synapse: Verbindung zwischen zwei Nervenzellen, über die ein Nervenimpuls zwischen den Zellen durch Neurotransmitter übertragen wird, die über den synaptischen Spalt von der präsynaptischen Zelle zur postsynaptischen Zelle diffundieren.

Chemiosmotisches Kopplungsmodell: Modell, das postuliert, dass durch Elektronentransporte zwischen den Membranen Protonengradienten aufgebaut werden und dass die in diesen Gradienten gespeicherte Energie zum Antrieb der ATP-Synthese genutzt werden kann.

Chemotaxis: Zellbewegung in Richtung eines chemischen Lockstoffes (positive Chemotaxis) oder weg von einem chemischen Signalstoff (negative Chemotaxis).

Chemotropher: Organismus, der von den Bindungsenergien organischer Moleküle, wie beispielsweise Kohlenhydrate, Fette und Proteine, abhängig ist, um seine Energiebedürfnisse zu stillen.

Chemotropher Energiemetabolismus: Reaktionen und Wege, durch die Zellen Nährstoffe, wie beispielsweise Kohlenhydrate, Fette und Proteine, katabolisieren und ATP, das bei diesem Vorgang freigesetzt wird, als Teil der freien Energie speichern.

Chiasma (Plural Chiasmata): Verbindung zwischen homologen Chromosomen, die durch Crossing-over während der Prophase I der Meiose entsteht.

Chitin: strukturelles Polysaccharid, das in den Exoskeletten der Insekten und den Zellen der Schalentiere vorkommt; es besteht aus N-Acetylglucosamineinheiten, die durch β-(1,4)-Bindungen miteinander verknüpft sind.

Chlorophyll: ein lichtabsorbierendes Molekül, das durch Licht energetisierte Elektronen an organische Moleküle abgibt, wodurch photochemische Abläufe eingeleitet werden, die zur Erzeugung von NADPH und ATP führen, die für den Calvin-Zyklus benötigt werden; aufgrund seiner Absorptionseigenschaften verleiht das Chlorophyll den Pflanzen ihre charakteristische grüne Farbe.

Chlorophyllbindeproteine: Familie von Proteinen, die innerhalb eines Fotosystems an Chlorophyllmoleküle binden und diese stabilisieren.

Chloroplast: ein cytoplasmatisches Organell von Pflanzen oder Algen, das von einer doppelten Membran umgeben ist, die Chlorophyll und die Enzyme enthält, die zur Durchführung der Photosynthese notwendig sind.

Cholesterin: Lipidbaustein der Plasmamembran der tierischen Zelle; dient als Vorläufer der Steroidhormone.

Cholinergene Synapse: eine Synapse, die Acetylcholin als Neurotransmitter verwendet.

Chromatid: siehe *Schwesterchromatid*.

Chromatin: Komplex aus DNA und speziellen Proteinen, aus dem die Chromosomen bestehen; wird von Nucleosomen gebildet, die sich in regelmäßigen Abständen auf der DNA-Kette befinden.

Chromatinfaser (30 nm): eine Faser, die durch Packen von Nucleosomen auf einer 10-nm-Chromatinfaser gebildet wird.

Chromatinremodellierung: Veränderungen in der Struktur, der Packung und/oder der Position der Nucleosomen, sodass Transkriptionsfaktoren an den Zielstellen der DNA in der Promotorregion eines Gens Zugang finden.

Chromatographie: eine Reihe verwandter Techniken, bei denen die Bewegung einer Flüssigphase über eine unbewegliche Absorptionsphase genutzt wird, um Moleküle entsprechend ihrer relativen Affinität für die beiden Phasen zu trennen, was wiederum Aufschluss über unterschiedliche Größe, Ladung, Hydrophobizität oder die Affinität für eine bestimmte chemische Gruppe gibt.

Chromosom: bei den Eukaryoten ein einzelnes DNA-Molekül, das mit Histonen und anderen Proteinen einen Komplex bildet, sich dann in der Mitose oder der Meiose zu einer kompakten Struktur verdichtet. Siehe auch *bakterielles Chromosom*.

Chromosomen-Puff: entspiralisierte Region eines polytänen Chromosoms, das transkribiert wird.

Chromosomentheorie der Vererbung: Theorie, die besagt, dass sich die Erbfaktoren im Zellkern der Chromosomen befinden.

Cilium (Plural Cilien): eine membranumhüllte, wimpernähnliche Struktur auf der Oberfläche eukaryotischer Zellen, die sich aus einer spezifischen Anordnung von Mikrotubuli zusammensetzt und für die Motilität der Zelle oder für den Transport von Flüssigkeiten verantwortlich ist, die die Zellen umgeben; sie sind kürzer und zahlreicher als die eng verwandten Organellen, die man als Geißeln (Flagellen) bezeichnet. Siehe auch *Geißeln*.

Cis-aktives Element: eine DNA-Sequenz, an die ein regulatorisches Protein binden kann.

***Cis*-Golgi-Netzwerk (CGN; engl.: *cis-Golgi network*):** Region des Golgi-Komplexes, die aus einem Netzwerk von membrangebundenen Tubuli besteht, die sich in unmittelbarer Nähe zu den Transitionselementen befinden.

Cis-trans-Test: Test zur Ermittlung, ob eine Mutation in einem bakteriellen Operon sich auf ein regulatorisches Protein auswirkt oder auf die DNA-Sequenz, an die es bindet.

Clathrin: ein großes Protein, das eine Art Korb um Vesikel (engl.: *coated vesicles*) und Stachelsaumgrübchen (engl.: *coated pits*), die an der Endocytose und anderen intrazellulären Transportabläufen mitwirken, bildet.

Clathrin-abhängige Endocytose: siehe *Rezeptor-vermittelte Endocytose.*

Claudin: ein Transmembranprotein, das den wichtigsten Strukturbaustein von Tight Junctions (Schlussleisten) bildet.

Connexon: Bauelement aus sechs Proteinuntereinheiten mit einem hohlen Zentrum, das an einer Gap Junction einen Kanal durch die Plasmamembran bildet.

CNVs: siehe *Kopiezahlvarianten.*

CoA: siehe *Coenzym A.*

Codon: Triplett von Nucleotiden in einem mRNA-Molekül, das während der Proteinsynthese als Kodierungseinheit (oder ein Start- oder Stoppsignal) für eine Aminosäure dient.

Coaktivator: Proteinklasse, die Wechselwirkungen zwischen Aktivatoren und den Genen vermittelt, die sie regulieren; dazu gehören Histon-modifizierende Enzyme wie HAT, Chromatin-remodellierende Proteine wie SWI/SNF und Mediatoren.

Coenzym: kleines organisches Molekül, das in Verbindung mit einem Enzym als Träger von Elektronen oder funktionalen Gruppen dient.

Coenzym A (CoA): organisches Molekül, das als Träger von Acylgruppen dient, indem es eine hoch energetische Thioesterbindung mit einer organischen Säure bildet.

Coenzym Q (CoQ): ein Baustein des mitochondrialen Elektronentransportsystems, der kein Protein ist und als Sammelstelle für Elektronen dient, die sowohl von FMN- als auch von FAD-verknüpften Dehydrogenasen stammen; wird auch als Ubichinon bezeichnet.

Coenzym-Q-Cytochrom-c-Oxidoreduktase: siehe *Komplex III.*

Cohesin: Protein, das die Schwesterchromatiden vor der Anaphase zusammenhält.

Colchicin: ein toxisches Alkaloid, das an Tubulin bindet und mit der Polymerisation der Mikrotubuli interferiert.

COPI (engl.: *coat protein I*): wichtigster Proteinbaustein der „unscharfen" Hüllen („fuzzy" coats), der mit COPI umhüllten Vesikel, die am retrograden Transport vom Golgi-Komplex zurück zum ER und zwischen den Golgi-Komplex-Zisternen mitwirken.

COPII (engl.: *coat protein II*): wichtigster Proteinbaustein der COPII-umhüllten Vesikel, die am Transport vom ER zum Golgi-Komplex mitwirken.

CoQ: siehe *Coenzym Q.*

Corepressor: ein Effektormolekül, das zusammen mit dem Repressor benötigt wird, um die Transkription eines bakteriellen Operons zu verhindern.

Cotranslationaler Transport: Transfer einer wachsenden Polypeptidkette durch die (oder im Fall der integralen Membranproteine in die) Membran des ER während der Polypeptidsynthese.

Crassulaceen-Säuremetabolismus (CAM, engl.: crassulacean acid metabolism): Weg, auf dem Pflanzen die PEP-Carboxylase nutzen, um in der Dunkelheit CO_2 zu fixieren und dabei die Carbonsäure Malat zu bilden. Das Malat wird dann in den Stunden der Helligkeit decarboxyliert und setzt CO_2 frei, das durch den Calvin-Zyklus fixiert wird.

CREB: Transkriptionsfaktor, der die Transkription von Genen, die durch zyklisches AMP induzierbar sind, durch Bindung an cAMP-responsive Elemente in der DNA aktiviert.

Crista (Plural Cristae): nach innen gerichtete Faltung der inneren mitochondrialen Membran in die Matrix des Mitochondriums, wodurch die Gesamtoberfläche der inneren Membran vergrößert wird; enthält die Enzyme für den Elektronentransport und die oxidative Phosphorylierung.

Crossing-over: Austausch von DNA-Segmenten zwischen homologen Chromosomen.

CRP: siehe *cAMP-Rezeptorprotein.*

Cyclin: Gruppe von Proteinen, die die Cyclin-abhängigen Kinasen (Cdks) aktiviert, die den Ablauf des eukaryotischen Zellzyklus regulieren.

Cyclin-abhängige Kinase (Cdk): Familie von Proteinkinasen, die von verschiedenen Cyclinen aktiviert werden und den Ablauf des eukaryotischen Zellzyklus durch Phosphorylierung verschiedener Zielproteine kontrollieren.

Cyclose: siehe *cytoplasmatische Strömung.*

Cytochalasine: Substanzfamilie, die von bestimmten Pilzen gebildet wird und durch Actinpolymerisation eine Reihe von Zellbewegungen hemmt.

Cytochrom: Familie der Hämproteine, die am Elektronentransportsystem mitwirkt; sie sind am Transfer von Elektronen vom Coenzym Q zu Sauerstoff durch Oxidation und Reduktion des zentralen Eisenatoms der Hämgruppe beteiligt.

Cytochrom-b_6/*f*-Komplex: Multiproteinkomplex innerhalb der Thylakoidmembran, der im Rahmen der Energietransduktionsreaktionen der Photosynthese die Elektronen von einem Plastochinon zu einem Plastocyanin überträgt.

Cytochrom *c*: Familie der Hämproteine des Elektronentransportsystems; die Proteine spielen auch bei der Auslösung der Apoptose eine Rolle, wenn sie aus den Mitochondrien freigesetzt werden.

Cytochrom-*c*-Oxidase: siehe *Komplex IV.*

Cytochrom P-450: Familie der Hämproteine, die sich hauptsächlich in der Leber befinden und Hydroxylierungsreaktionen katalysieren, die an der Wirkstoffdetoxifikation und der Steroidbiosynthese mitwirken.

Cytokinese: Teilung des Cytoplasmas einer Elternzelle in zwei Tochterzellen; folgt im Allgemeinen auf die Mitose.

Cytoplasma: der Teil einer eukaryotischen Zelle, der nicht vom Zellkern eingenommen wird; dazu gehören Organellen wie beispielsweise die Mitochondrien und Bausteine des Endomembransystems sowie das Cytosol.

Cytoplasmatisches Dynein: cytoplasmatisches Motorprotein, das sich in Plus-Minus-Richtung an der Oberfläche der Mikrotubuli entlang bewegt; wird von der aus der ATP-Hydrolyse gewonnenen Energie angetrieben; ist mit Dynactin assoziiert, das cytoplasmatisches Dynein und Transportvesikel miteinander verbindet.

Cytoplasmatische Mikrotubuli: locker angeordnete Mikrotubuli; dynamische Netzwerke im Cytoplasma eukaryotischer Zellen.

Cytoplasmatische Strömung: Bewegung des Cytoplasmas, dessen Energie aus den Wechselwirkungen zwischen Actinfilamenten und spezifischen Typen von Myosin stammt; wird bei Pflanzenzellen auch als Cyclose bezeichnet.

Cytosin (C): aromatische Base, die Stickstoff enthält; chemisch aufgebaut wie Pyrimidin; dient als informative monomere Einheit, wenn es zusammen mit anderen Basen in einer spezifischen Sequenz in den Nucleinsäuren enthalten ist; bildet durch Wasserstoffbrückenbindung ein komplementäres Basenpaar mit Guanin (G).

Cytoskelett: dreidimensionales, untereinander verknüpftes Netzwerk aus Mikrotubuli, Mikrofilamenten und intermediären Filamenten, das dem Cytoplasma einer eukaryotischen Zelle Struktur verleiht und eine wichtige Rolle bei der Zellbewegung spielt.

Cytosol: halbflüssige Substanz, in der die Organellen des Cytoplasmas gelöst sind.

D

DAG: siehe *Diacylglycerin*.

Degenerierter Code: Fähigkeit des genetischen Codes, mehr als einen Triplettcode zur Spezifizierung der gleichen Aminosäure zu verwenden.

Degron: Aminosäuresequenz innerhalb eines Proteins, die dazu dient, das abzubauende Protein für den Abbau zu markieren.

Dehydrogenierung: Entfernung von Elektronen und Wasserstoffionen (Protonen) aus einem organischen Molekül; Oxidation.

Denaturierung: Verlust der natürlichen dreidimensionalen Struktur eines Makromoleküls, führt im Allgemeinen zum Verlust von dessen biologischer Aktivität; wird durch Hitze, extremen pH-Wert, Harnstoff, Salz und andere chemische Substanzen verursacht. Siehe auch *DNA-Denaturierung*.

Dendrit: Ausläufer einer Nervenzelle, der Impulse empfängt und diese nach innen zum Zellkörper weiterleitet.

Desoxyribonucleinsäure: siehe *DNA*.

Desoxyribose: Zucker aus der Gruppe der Pentosen, der in der DNA enthalten ist.

Dephosphorylierung: Entfernung einer Phosphatgruppe.

Depolarisation: Verminderung des Membranpotenzials auf einen weniger negativen Wert.

Desmosom: Kontaktstelle für die Adhäsion von Zelle zu Zelle, die durch intermediäre Filamente mit dem Cytoskelett verbunden ist; bildet scheibenförmige Punkte starker Adhäsion zwischen benachbarten tierischen Zellen aus, wodurch dem Gewebe strukturelle Integrität verliehen wird und die Zellen als Einheit funktionieren und Stresssituationen widerstehen können.

Diacylglycerin (DAG): Glycerin, das zu zwei Fettsäuren verestert ist; wird zusammen mit Inositoltrisphosphat (IP_3) nach der Hydrolyse von Phosphatidylinositol-4,5-Bisphosphat durch Phospholipase C gebildet; bleibt nach der Hydrolyse an die Membran gebunden und dient durch die Aktivierung der Proteinkinase C (PKC) als sekundärer Botenstoff; PKC wiederum phosphoryliert in einer Vielzahl von Zielproteinen spezifische Serin- und Threoningruppen.

Diakinese: letztes Stadium der Prophase I der Meiose; ist mit der Chromosomenverdichtung assoziiert, mit dem Verschwinden der Nucleoli, dem Abbau der Zellkernhülle und der Initiierung der Spindelbildung.

DIC-Mikroskopie: siehe *Differential-Interferenz-Kontrastmikroskopie*.

Dicer: ein Enzym, das doppelsträngige RNAs in kurze Fragmente von ungefähr 21 bis 22 Basenpaaren Länge spaltet.

Dichteabhängige Wachstumshemmung: Neigung, die Zellteilung zu beenden, wenn die in einer Kultur wachsenden Zellen eine hohe Populationsdichte erreichen.

Dichtegradienten-Zentrifugation: Zentrifugationstechnik, bei der das Präparat als dünne Schicht auf einen Gradienten einer gelösten Substanz gegeben wird und der Zentrifugationsvorgang beendet wird, bevor die Partikel auf den Boden des Röhrchens absinken; trennt Organellen und Moleküle vor allem nach ihrer Größe.

Dickes Filament: Myosin-haltiges Filament, das in den Myofibrillen der quergestreiften Muskelzellen vorkommt, in denen einzelne Myosinmoleküle versetzt angeordnet sind, wobei die Köpfe der Myosinmoleküle aus dem sich wiederholenden Muster herausragen.

Differenzielle Zentrifugation: Technik zur Trennung von Organellen oder Molekülen, die sich in Größe und/oder Dichte unterscheiden, indem Zellbruchstücke bei hoher Geschwindigkeit zentrifugiert und die Partikel entsprechend ihrer unterschiedlichen Sedimentierungsgeschwindigkeiten getrennt werden.

Differenzielle Interferenzkontrastmikroskopie (DIC, engl.: *differential interference contrast microscopy*): Technik, die im Prinzip der des Phasenkontrastmikroskops ähnelt, die aber empfindlicher ist, denn man verwendet ein besonderes Prisma, um den Lichtstrahl in zwei Strahlen zu trennen.

Differenzierung: siehe *Zelldifferenzierung*.

Diffusion: freie, nicht unterstützte Bewegung einer gelösten Substanz, wobei Richtung und Geschwindigkeit von der Differenz der Konzentration der gelösten Substanz zwischen den verschiedenen Regionen bestimmt wird.

Digitale Dekonvolutionsmikroskopie: Technik, bei der man mit Hilfe der Fluoreszenzmikroskopie eine Reihe von Bildern durch verschiedene Ebenen des Präparats erhält. Im Anschluss daran erfolgt eine Computeranalyse, um das Licht außerhalb des Brennpunkts in jeder Ebene des Bildes zu entfernen.

Digitale Mikroskopie: Technik, bei der die mikroskopischen Aufnahmen aufgenommen und elektronisch gespeichert werden, indem eine Videokamera die Bildebene, die durch die Okularlinsen dargestellt wird, aufnimmt.

Diploid: enthält zwei Chromosomensätze und daher auch zwei Kopien eines jeden Gens; dient zur Beschreibung einer Zelle, eines Zellkerns oder eines Organismus, der aus solchen Zellen besteht.

Diplotän: Stadium während der Prophase I der Meiose, wenn sich die homologen Chromosomen zu trennen beginnen, die rekombinierten Stellen bleiben noch über Chiasmata verbunden.

Direkter aktiver Transport (primär aktiver Transport): Membrantransport, bei dem die Bewegung gelöster Moleküle oder Ionen durch eine Membran direkt mit einer exergonen chemischen Reaktion gekoppelt ist, in den meisten Fällen mit der Hydrolyse von ATP.

Direktionalität: das Vorhandensein von zwei sich chemisch voneinander unterscheidenden Enden; dient zur Beschreibung einer Polymerkette wie einem Protein, einer Nucleinsäure oder einem Kohlenwasserstoff; dient auch zur Beschreibung von Membrantransportsystemen, die gelöste Stoffe selektiv in eine Richtung durch eine Membran transportieren.

Disaccharid: ein Kohlenhydrat, das aus zwei kovalent gebundenen Monosaccharideinheiten besteht.

Dissoziationskonstante (K_d): die Konzentration eines freien Liganden, die erforderlich ist, um einen Zustand herbeizuführen, in dem die Hälfte der Rezeptoren an einen Liganden gebunden ist.

Disulfidbindung: kovalente Bindung zwischen zwei Schwefelatomen durch Oxidation von Sulfhydrylgruppen. Die zwischen zwei Cysteinen gebildete Disulfidbindung ist für die Stabilisierung der Tertiärstruktur von Proteinen wichtig.

DNA (Desoxyribonulceinsäure): Makromolekül, das als Träger der genetischen Information in allen Zellen dient; besteht aus Nucleotiden, die aus Desoxyribosephosphat bestehen, die entweder an Adenin, Thymin, Cytosin oder Guanin gebunden sind; bildet eine Doppelhelix, die durch komplementäre Basenpaarung zwischen Adenin und Thymin und zwischen Cytosin und Guanin zusammengehalten wird.

DNA-Klonierung: Erzeugung vieler Kopien einer spezifischen DNA-Sequenz, entweder durch Replikation eines rekombinanten Plasmids oder Bakteriophagen innerhalb bakterieller Zellen oder mit Hilfe der Polymerasekettenreaktion.

DNA-Schadenkontrollpunkt: Mechanismus, der einen DNA-Schaden erkennt und den Zellzyklus an verschiedenen Stellen aufhält, unter anderem in der späten G_1-, S- und in der späten G_2-Phase, wenn ein Schaden erkannt wird.

DNA-Denaturierung: Trennung der beiden Stränge der DNA-Doppelhelix durch Auflösung der komplementären Basenpaarung.

DNA-Fingerabdruck: Verfahren zur Identifizierung von Individuen auf der Grundlage kleiner Unterschiede der DNA-Fragmentmuster, die durch Elektrophorese erzeugt werden.

DNA-Gyrase: eine Typ-II-Topoisomerase, die eine positive Überspiralisierung entspannen und eine negative Überspiralisierung der DNA induzieren kann; wirkt an der Entspiralisierung der DNA-Doppelhelix während der DNA-Replikation mit.

DNA-Helicase: Enzym, das die DNA-Doppelhelix entspiralisieren kann; wird von der aus der ATP-Hydrolyse gewonnenen Energie angetrieben.

DNA-Ligase: Enzym, das zwei DNA-Fragmente verknüpft, indem es die Bildung einer Phosphoesterbindung zwischen dem 3′-Ende des einen Fragments und dem 5′-Ende des anderen Fragments katalysiert.

DNA-Schmelztemperatur (T_m): Temperatur, bei welcher der Übergang von der doppelsträngigen in die einzelsträngige DNA zur Hälfte abgeschlossen ist, wenn DNA durch erhöhte Temperatur denaturiert wird.

DNA-Methylierung: Anfügen von Methylgruppen an die Nucleotide in der DNA; ist mit der Suppression der Gentranskription assoziiert, wenn einzelne Cytosingruppen in eukaryotischer DNA methyliert werden.

DNA-Mikroarray: ein winziger Chip, auf dem in geordneter Weise Tausende verschiedener DNA-Fragmente verankert werden, um Untersuchungen zur Genexpression durchzuführen.

DNA-Packungsverhältnis: Verhältnis der Länge eines DNA-Moleküls zur Länge des Chromosoms oder der Fasern, in die die DNA gepackt wird; dient zur Quantifizierung der Spiralisierung und Faltung der DNA.

DNA-Polymerase: Enzym, das an der DNA-Replikation und Reparatur mitwirkt, indem es das Anfügen weiterer Nucleotide an das 3′-Ende eines wachsenden DNA-Strangs katalysiert und dabei einen bereits existierenden DNA-Strang als Matrize nutzt.

DNA-Neuanordnung: Bewegung von DNA-Segmenten innerhalb eines Genoms von einem Ort zum anderen.

DNA-Renaturierung: Verknüpfung von zwei getrennten Strängen einer DNA-Doppelhelix durch komplementäre Basenpaarung, wodurch die Doppelhelix wiederhergestellt wird.

DNA-Replikationskontrollpunkt: Mechanismus zur Überwachung des Stadiums der DNA-Replikation, um sicherzustellen, dass die DNA-Synthese abgeschlossen ist, bevor die Zelle aus der G_2-Phase heraustreten kann und die Mitose beginnt.

DNA-Sequenzierung: Verfahren zur Ermittlung der linearen Anordnung der Basen in DNA-Molekülen oder Fragmenten.

DNA-Bindedomäne: Region eines Transkriptionsfaktors, der eine spezifische DNA-Basensequenz erkennt oder an diese bindet.

DNase-I-hypersensitive Stelle: Ort in der Nähe eines aktiven Gens, der höchst empfindlich ist für den Abbau durch die Nuclease DNase I; man nimmt an, dass dieser Ort mit Bindestellen für Transkriptionsfaktoren oder andere regulatorische Proteine korreliert.

Domäne: eine deutlich abgegrenzte, örtlich gefaltete Einheit einer Tertiärstruktur eines Proteins, die oftmals Regionen von α-Helices und β-Faltblättern enthält, die dicht gepackt sind.

Dominant (Allel): ein Allel, das bestimmt, wie das Merkmal in einem Organismus ausgeprägt wird, unabhängig davon, ob es in der heterozygoten oder der homozygoten Form vorliegt.

Dominant negative Mutation: eine Funktionsverlustmutation, an der Proteine mitwirken, die aus mehr als einer Kopie der gleichen Polypeptidkette bestehen, in denen ein einzige mutierte Polypeptidkette die Funktion des Proteins unterbricht, obwohl die anderen Polypeptidketten normal funktionieren.

Doppelbindung: chemische Bindung zwischen zwei Atomen; sie entsteht dadurch, dass zwei Atome sich zwei Elektronenpaare teilen.

Doppelhelix: zwei umeinander gewundene helikale Ketten eines DNA-Moleküls, die durch komplementäre Basenpaarung zwischen Adenin (A) und Thymin (T) und zwischen Cytosin (C) und Guanin (G) zusammengehalten werden.

Doppelt reziproke Auftragung: graphische Methode zur Analyse enzymkinetischer Daten durch Auftragung $1/v$ versus 1/[S].

DPE (stromabwärts gelegenes Promotorelement; engl.: *downstream promoter element*): Baustein der Kernpromotoren der RNA-Polymerase II, liegt ungefähr 30 Nucleotide strangabwärts vom Startpunkt der Transkription.

Dreidimensionale Elektronentomographie (3D-Elektronentomographie): eine computergestützte Methode zur Rekonstruktion dreidimensionaler Strukturen, die man in Seriendünnschnitten mittels der Transmissionselektronenmikroskopie sichtbar macht.

Drosha: Kernenzym, das das primäre Transkript von Mikro-RNA-Genen (pri-mikro-RNAs) spaltet, sodass sich kleinere Vorläufer-Mikro-RNAs bilden (prä-mikro-RNAs).

Dünnes Filament: ein Actin-haltiges Filament, das in den Myofibrillen der quergestreiften Muskelzellen vorkommt, in dem zwei F-Actinmoleküle in einer α-Helix angeordnet sind, die mit Tropomyosin und Troponin assoziiert sind.

Dünnschichtchromatographie (DC, engl.: *TLC; thin-layer chromatography*): Verfahren zur Trennung von Verbindungen durch Chromatographie in einem Medium, beispielsweise Kieselsäure, das als dünne Schicht an eine Glas- oder Metalloberfläche gebunden ist.

Durchflusscytometrie: automatisiertes Verfahren zur raschen Analyse von Zellen, die mit Fluoreszenzfarben angefärbt wurden, wenn sie durch den schmalen Strahl eines Lasers fließen.

Dynactin: Proteinkomplex, der zur Bindung von cytoplasmatischem Dynein an eine Ladung beiträgt (zum Beispiel ein Vesikel), die es entlang der Mikrotubuli transportiert.

Dynamisches Instabilitätsmodell: Modell zur Erklärung des Verhaltens von Mikrotubuli, das von zwei Populationen von Mikrotubuli ausgeht, von denen die eine durch kontinuierliche Polymerisation an den Plusenden in die Länge wächst und die andere sich durch Depolymerisation verkürzt.

Dynamin: eine cytosolische GTPase, die für das Einschnüren der Stachelsaumgrübchen und den Abschluss der Knospung der von Clathrin umhüllten Vesikel benötigt wird.

Dynamische Differenzkalorimetrie: Technik zur Ermittlung der Transitionstemperatur einer Membran, indem man die Aufnahme von Wärme während des Übergangs der Membran vom gelartigen Zustand in den flüssigen Zustand ermittelt.

Dynein: ein Motorprotein, das sich in der Plus-Minus-Richtung auf der Oberfläche von Mikrotubuli bewegt; wird von der durch ATP-Hydrolyse gewonnenen Energie angetrieben; kommt sowohl im Cytoplasma als auch in den Armen vor, die sich zwischen benachbarten Mikrotubulidubletten im Axonem einer Geißel oder einer Cilie ausstrecken.

E

E: siehe *innere Energie*.

E-Seite: innere Seite des äußeren Monolayer einer Membran, so wie man sie durch die Technik des Gefrierbruchs erkennbar machen kann; wird als E-Seite bezeichnet, weil sich diese Monoschicht auf der *äußeren* Seite (engl.: *exterior* face) der Membran befindet.

E-Stelle (engl.: *exit site*): Stelle auf dem Ribosom, zu der die leere tRNA während der Translokation bewegt wird, bevor sie von dem Ribosom freigesetzt wird.

E_A: siehe *Aktivierungsenergie*.

E'_0: siehe *Standardreduktionspotenzial*.

E2F-Transkriptionsfaktor: Protein, das dann, wenn es nicht an ein Rb-Protein gebunden ist, die Transkription von Genen aktiviert, die Proteine kodieren, die für die DNA-Replikation und den Eintritt in die S-Phase des Zellzyklus benötigt werden.

Eadie-Hofstee-Gleichung: Alternative zur Lineweaver-Burk-Gleichung, die zur graphischen Analyse enzymkinetischer Daten dient, durch Auftragung von v/[S] versus v.

EBV: siehe *Epstein-Barr-Virus*.

ECM: siehe *extrazelluläre Matrix*.

Effektor: siehe *allosterischer Effektor*.

EGF: siehe *epidermaler Wachstumsfaktor*.

Einfache Diffusion: nicht-unterstützte Eigenbewegung einer gelösten Substanz von einer Region, in der eine höhere Konzentration vorliegt, in eine Region niedrigerer Konzentration.

Eingestreute repetitive DNA: sich wiederholende DNA-Sequenzen, deren Vielfachkopien über das Genom verstreut liegen.

Einfachbindung: eine chemische Bindung zwischen zwei Atomen, die auf einem gemeinsamen Elektronenpaar beruht.

Einzelnucleotid-Polymorphismen (SNPs, engl.: *single nucleotide polymorphisms*): Variationen der DNA-Basensequenz durch einzelne Basenveränderungen, die bei Individuen der gleichen Spezies auftreten.

Einzelsträngiges DNA-Bindeprotein (SSB, engl.: *single-stranded DNA binding protein*): ein Protein, das an der Replikationsgabel an DNA-Einzelstränge bindet, damit die DNA entspiralisiert bleibt und damit für die DNA-Replikationsmaschinerie offen steht.

Eisen-regulatorisches Element (IRE, engl.: *iron-responsive element*): kurze Basensequenz in den mRNAs, deren Translation oder Stabilität von Eisen kontrolliert wird; Bindestelle für ein IRE-Bindeprotein.

Eisen-Schwefel-Protein: ein Protein, das Eisen- und Schwefelatome enthält, die mit vier Cysteingruppen komplexieren und als Elektronenträger des Elektronentransportsystems dienen.

Eizelle (Ovum): haploide weibliche Gamete, im Allgemeinen eine relativ große Zelle, in der viele Nährstoffe gespeichert werden.

EJC: siehe *Exon-Übergangskomplex* (engl.: *exon junction complex*).

Elastin: Proteinuntereinheit der elastischen Fasern, die der extrazellulären Matrix Elastizität und Flexibilität verleihen.

Elektrische Erregbarkeit: Fähigkeit, auf bestimmte Stimuli durch schnelle Veränderungen im Membranpotenzial (auch unter dem Begriff Aktionspotenzial bekannt) zu reagieren.

Elektrisches Potenzial (Spannung): Tendenz der entgegengesetzt geladenen Ionen, sich aufeinander zuzubewegen.

Elektrische Synapse: Übergang zwischen zwei Nervenzellen, an dem Impulse durch direkte Bewegung der Ionen durch Gap Junctions (Zell-Zell-Kanäle) erfolgt, ohne Mitwirken chemischer Neurotransmitter.

Elektrische Leistung: Nutzung von Energie zum Transport von Ionen durch die Membran gegen einen potenziellen Gradienten.

Elektrochemisches Gleichgewicht: Zustand, in dem ein transmembraner Konzentrationsgradient eines spezifischen Ions durch ein elektrisches Potenzial in der gleichen Membran ausgeglichen wird, sodass keine Nettobewegung des Ions durch die Membran erfolgt.

Elektrochemischer Gradient: siehe *elektrochemisches Potenzial*.

Elektrochemisches Potenzial: Gradient eines Ions über einer Membran, der aus einer elektrischen Komponente (aufgrund der Ladungstrennung, die durch das Membranpotenzial quantifiziert wird) und aus einer Konzentrationskomponente besteht; wird auch als elektrochemischer Gradient bezeichnet.

Elektrochemischer Protonengradient: Transmembrangradient der Protonen, der sowohl eine elektrische Komponente aufgrund der Ladungstrennung besitzt als auch eine chemische Komponente, was auf den unterschiedlichen Konzentrationen der Protonen (pH-Wert) beiderseits der Membran beruht.

Elektronenkanone: Zusammenstellung mehrerer technischer Komponenten, um in einem Elektronenmikroskop einen Elektronenstrahl zu erzeugen.

Elektronenmikroskopische Aufnahme: fotographische Aufnahme eines Präparats, indem man eine fotographische Platte dem bildgebenden Elektronenstrahl eines Elektronenmikroskops aussetzt.

Elektronenmikroskop: Instrument, das durch einen Elektronenstrahl zelluläre Strukturen sichtbar macht und dadurch die Untersuchung des Zellaufbaus ermöglicht; die Auflösung ist wesentlich größer als die eines Lichtmikroskops, sodass eine genaue ultrastrukturelle Untersuchung durchgeführt werden kann.

Elektronen-Shuttle-System: verschiedene Mechanismen, mittels derer Elektronen von einem reduzierten Coenzym wie NADH durch eine Membran bewegt werden; besteht aus einem oder mehreren Elektronenträgern, die reversibel reduziert werden können, wobei in der Membran sowohl Transportproteine für die oxidierten als auch für die reduzierten Formen der Träger zur Verfügung stehen.

Elektronentomographie: siehe *dreidimensionale Elektronentomographie*.

Elektronentransport: Vorgang der Reoxidation eines Coenzyms unter aeroben Bindungen, wobei mittels einer Reihe von Elektronenträgern schrittweise Elektronen zum Sauerstoff transferiert werden.

Elektronentransportsystem (ETS): Gruppe von membrangebundenen Elektronenüberträgern, die Elektronen von den Coenzymen NADH und $FADH_2$ zum Sauerstoff transferieren.

Elektronegativität: Eigenschaft eines Atoms, Elektronen anzuziehen.

Elektrophorese: eine Reihe verwandter Verfahren, bei denen man mittels eines elektrischen Feldes elektrisch geladene Moleküle trennt.

Elongation (der Mikrotubuli): Wachstum der Mikrotubuli durch Anfügen von Tubulinheterodimeren an die beiden Enden.

Elongationsfaktoren: Gruppe von Proteinen, die Schritte katalysieren, die an der Elongationsphase der Proteinsynthese mitwirken; beispielsweise EF-Tu und EF-Ts.

Emerson-Effekt: eine Steigerung der photosynthetischen Aktivität durch rotes Licht, das sich geringfügig in den Wellenlängen unterscheidet. Die synergenisierte Wirkung ist größer als die Summe der Wirkungen, die man durch die einzelnen, getrennten Wellenlängen erhielte.

Endergonisch: eine energieverbrauchende Reaktion, die sich durch eine positive Veränderung der freien Energie auszeichnet ($\Delta G > 0$).

Endkolben: eine Region in der Nähe des Endes eines Axons, in der Neurotransmittermoleküle in Vesikeln zur Übertragung von Signalen über die Synapse gespeichert werden.

Endocytotisches Vesikel: Membranvesikel, das während der Endocytose durch Abschnürung eines kleinen Plasmamembransegments gebildet wird.

Endocytose: Aufnahme extrazellulären Materials durch Einstülpung der Plasmamembran, daraufhin wird ein an die Membran gebundenes Vesikel abgeschnürt, das extrazelluläre Flüssigkeit und Substanzen enthält.

Endomembransystem: untereinander verbundenes System von Cytoplasmamembranen in eukaryotischen Zellen, das aus endoplasmatischem Reticulum, dem Golgi-Komplex, Endosomen, Lysosomen und Zellkernmembran besteht.

Endonuclease: ein Enzym, das eine Nucleinsäure (im Allgemeinen die DNA) abbaut, indem das Molekül in seinem Inneren geschnitten wird. Siehe auch *Restriktionsendonuclease*.

Endoplasmatisches Reticulum (ER): Netzwerk untereinander verbundener Membranen, die über das Cytoplasma verteilt sind und an der Synthese, Prozessierung und dem Transport von Proteinen in eukaryotischen Zellen beteiligt sind; dient auch als Calciumspeicher der Zelle.

Endosom: siehe *frühes Endosom* oder *spätes Endosom.*

Endosymbiontentheorie: Vielfach bestätigte Theorie der zufolge die Mitochondrien und Chloroplasten aus frühen Bakterien hervorgingen, die sich frühe eukaryotischen Zellen vor ungefähr einer Milliarde Jahren einverleibten.

Endprodukthemmung: siehe *Rückkopplungshemmung* und *Endproduktrepression.*

Endproduktrepression: Regulation eines anabolischen Wegs, die auf der Fähigkeit eines Endprodukts beruht, die weitere Synthese von Enzymen zu unterdrücken, die an der Bildung dieses Endproduktes mitwirken.

Energie: Fähigkeit, Arbeit zu verrichten; Fähigkeit, bestimmte Veränderungen herbeizuführen.

Energietransduktionsreaktionen: Teil des photosynthetischen Wegs, bei dem die Lichtenergie in chemische Energie in Form von ATP und das Coenzym NADPH umgewandelt wird, wodurch Energie und Reduktionsäquivalente für die Reaktionen der Kohlenstoffassimilierung zur Verfügung stehen.

Enhancer: DNA-Sequenz, die eine Bindestelle für Transkriptionsfaktoren enthält, die die Transkription anregt und deren Position und Ausrichtung im Hinblick auf den Promotor erheblich variieren kann, ohne mit der Fähigkeit, die Transkription zu regulieren, zu interferieren.

Enthalpie (*H*): Wärmeinhalt einer Substanz, wird als die Summe der inneren Energie, *E*, plus dem Produkt aus Druck und Volumen quantifiziert: $H = E + PV$.

Entropie (*S*): Maßeinheit für die Zufälligkeit oder Unordnung innerhalb eines Systems.

Enzym: biologischer Katalysator; ein Proteinmolekül (oder in bestimmten Fällen auch ein RNA-Molekül), das auf ein oder mehrere Substrate wirkt, wodurch diese in Produkte mit unterschiedlichen molekularen Strukturen umgewandelt werden. Siehe auch *Ribozym.*

Enzymatische Katalyse: Mitwirken eines organischen Moleküls, im Allgemeinen eines Proteins, aber in einigen Fällen auch eines RNA-Moleküls, zur Beschleunigung einer spezifischen chemischen Reaktion oder zur Beschleunigung von Reaktionsklassen. Siehe auch *Katalysator.*

Enzymatische Kinetik: Quantitative Analyse der Geschwindigkeiten enzymatischer Reaktionen und der Art und Weise, wie sie von einer Reihe von Faktoren beeinflusst werden.

Epidermaler Wachstumsfaktor (EGF, engl.: *epidermal growth factor*): ein Protein, das Wachstum und Teilung einer Vielzahl von Epithelzelltypen anregt.

Epigenetische Veränderung: nicht so sehr die Veränderung der Struktur eines Gens, sondern eine Änderung der Expression des Gens.

EPSP: siehe *exzitatorisches postsynaptisches Potenzial.*

Epstein-Barr-Virus (EBV): ein Virus, das mit dem Burkitt-Lymphom (sowie der nicht-krebsartigen infektiösen Mononucleose) assoziiert ist.

ER: siehe *endoplasmatisches Reticulum.*

ERAD: siehe *ER-assoziierter Abbau.*

ER-assoziierter Abbau (ERAD, engl.: *ER-associated degradation*): Verfahren zur Qualitätskontrolle im ER, bei dem falsch gefaltete oder nicht zusammengesetzte Proteine erkannt und ausgeschieden werden oder wieder zurück durch die ER-Membran in das Cytosol geschickt werden, wo sie von Proteasomen abgebaut werden.

Erleichterte Diffusion: eine durch ein Membranprotein vermittelte Bewegung einer Substanz durch eine Membran, für die keine Energie benötigt wird, weil das Ion oder das Molekül abwärts eines elektrochemischen Gradienten bewegt wird.

ER-Lumen: der innere, von Membranen umschlossene Raum des endoplasmatischen Reticulums.

ER-Signalsequenz: eine Aminosäuresequenz in einer sich neu bildenden Polypeptidkette, die den Ribosom-mRNA-Polypeptidkomplex durch das raue ER an die Oberfläche steuert, wo der Komplex verankert wird.

Erster Hauptsatz der Thermodynamik: Gesetz von der Erhaltung der Energie; Prinzip, demzufolge Energie von einer Form in eine andere umgewandelt werden kann, nicht aber erschaffen oder zerstört werden kann.

ER-Zisterne (Plural Zisternen): flaches Säckchen des endoplasmatischen Reticulums.

ETS: siehe *Elektronentransportsystem*.

Euchromatin: locker gepackte, nicht-verdichtete Form des Chromatins, die während der Interphase vorkommt; enthält DNA, die aktiv transkribiert wird. Siehe auch *Heterochromatin*.

Eukaryota: eine der drei Domänen der Organismen, die anderen beiden Domänen sind die der Bacteria und der Archaea; die Domäne umfasst einzellige und vielzellige Organismen, die man als Eukaryoten bezeichnet, deren Zellen durch einen von einer Membran umgebenen Zellkern sowie weitere membranumschlossene Organellen gekennzeichnet sind.

Eukaryoten: Organismen, deren Zellen durch die Gegenwart eines membranumhüllten Zellkerns sowie weitere membranumschlossene Organellen gekennzeichnet sind, dazu zählen Pflanzen, Tiere, Pilze, Algen und Protozoen.

Exzisionsreparatur: DNA-Reparaturmechanismus, bei dem anormale Nucleotide entfernt und ersetzt werden.

Exzitatorisches postsynaptisches Potenzial: geringfügige Depolarisation der postsynaptischen Membran, die durch Bindung eines exzitatorischen Neurotransmitters an seinen Rezeptor ausgelöst wird; wenn das EPSP einen Schwellenwert übersteigt, kann es ein Aktionspotenzial auslösen. Siehe auch *inhibitorisches postsynaptisches Potenzial*.

Exergonisch: eine Reaktion, bei der Energie freigesetzt wird und die sich durch eine negative Veränderung der freien Energie auszeichnet ($\Delta G < 0$).

Exit site: siehe *E-Stelle*.

Exocytose: Verschmelzung von Vesikelmembranen mit der Plasmamembran, sodass Teile des Inhalts des Vesikels in die extrazelluläre Umgebung abgegeben oder sekretiert werden können.

Exon (engl.: *expressed region*): Nucleotidsequenz in einem primären RNA-Transkript, die im reifen, funktionalen RNA-Molekül konserviert wird. Siehe auch *Intron*.

Exon-Übergangskomplex: ein Proteinkomplex, der an den Exon-Exon-Übergängen, die durch Spleißen der prä-mRNA entstehen, abgelegt wird.

Exonuclease: ein Enzym, das eine Nucleinsäure (im Allgemeinen die DNA) von einem Ende zum anderen abbaut und nicht im Inneren des Moleküls schneidet.

Exosom: ein Makromolekülkomplex, der am Abbau der mRNA bei eukaryotischen Zellen mitwirkt; enthält mehrere 3′→5′-Exonucleasen.

Exotherm: eine Reaktion (oder ein Vorgang), bei der Wärme freigesetzt wird.

Exportin: ein Kernrezeptorprotein, das an das Kernexportsignal von Proteinen im Zellkern bindet und dann das gebundene Protein durch den Kernporenkomplex in das Cytosol transportiert.

Extensin: Gruppe verwandter Glykoproteine, die feste, stäbchenförmige Moleküle bilden, die fest in die Zellwände der Pflanzen und Pilze eingeflochten sind.

Extrazellulärer Abbau: Abbau von Bausteinen außerhalb einer Zelle, geschieht im Allgemeinen durch lysosomale Enzyme, die durch Exocytose von der Zelle freigesetzt werden.

Extrazelluläre Matrix (ECM): Material, das von tierischen Zellen ausgeschieden wird und die Räume zwischen benachbarten Zellen ausfüllt; besteht aus einer Mischung aus Strukturproteinen (zum Beispiel Kollagen, Elastin) und adhäsiven Glykoproteinen (zum Beispiel Fibronectin, Laminin), die in eine Matrix eingebettet sind, die aus Proteinpolysaccharidkomplexen besteht, die man als Proteoglykane bezeichnet.

F

F-Faktor: DNA-Sequenz, die die Zelle von *E. coli* befähigt, während der bakteriellen Konjugation als DNA-Donor zu agieren.

F-Typ der ATPase: Typ der Transport-ATPase, der bei den Bakterien, Mitochondrien und Chloroplasten vorkommt und die Energie der ATP-Hydrolyse dazu nutzen kann, Protonen gegen ihren elektrochemischen Gradienten zu pumpen; kann außerdem den umgekehrten Vorgang katalysieren, bei dem der exergone Fluss von Protonen abwärts ihres elektrochemischen Gradienten zum Antrieb der ATP-Synthese genutzt wird. Siehe auch *ATP-Synthase.*

F_o-Komplex: Gruppe hydrophober Membranproteine, die den F_1-Komplex entweder in der inneren mitochondrialen Membran oder in der bakteriellen Plasmamembran verankern; dient als Protonentranslokatorkanal, durch den die Protonen fließen, wenn der elektrochemische Gradient in der Membran zum Antrieb der ATP-Synthese genutzt wird.

F_oF_1-Komplex: Proteinkomplex in der inneren mitochondrialen Membran und der bakteriellen Plasmamembran, der aus dem F_1-Komplex besteht, der an den F_o-Komplex gebunden ist; der Fluss der Protonen durch den F_o-Baustein führt zur Synthese von ATP durch den F_1-Komplex.

F_1-Komplex: knaufförmige Kugel, die ausgehend von den inneren Membranen des Mitochondriums in die Matrix hineinreicht (oder von der bakteriellen Plasmamembran in das Cytosol); enthält die ATP-synthetisierende Stelle der aeroben Atmung.

F_1-Generation: Nachkommen der P_1-Generation eines genetischen Züchtungsexperiments.

F_2-Generation: Nachkommen der F_1-Generation eines genetischen Züchtungsexperiments.

F-Actin: Baustein der Mikrofilamente, der aus G-Actinmonomeren besteht, die zu langen, linearen Strängen polymerisiert wurden.

F2,6BP: siehe *Fructose-2,6-Bisphosphat.*

Fakultatives Heterochromatin: chromosomale Regionen, die in einem bestimmten Zelltyp zu einem bestimmten Zeitpunkt spezifisch kondensiert und inaktiviert werden. Siehe auch *konstitutives Heterochromatin.*

Fakultativer Organismus: Organismus, der durch anaerobe oder durch aerobe Atmung existieren kann.

FAD: siehe *Flavin-Adenin-Dinucleotid.*

Faltblatt (β-Faltblatt): siehe *Beta-Faltblatt.*

Familiäre Hypercholesterolämie (FH): genetische Veranlagung zu hohen Cholesterinwerten im Blut und zu Herzerkrankungen infolge eines vererbten Defekts in dem Gen, das den LDL-Rezeptor kodiert.

Faserprotein: ein Protein mit einer großen α-Helix- oder β-Faltblattstruktur, das eine höchst geordnete, sich wiederholende Struktur verleiht.

Filopodium (Plural Filopodien): ein spitzer, dünner, cytoplasmatischer Vorsprung, der während der Bewegung der eukaryotischen Zelle vorübergehend aus deren Oberfläche heraustritt.

Fettsäure: langer, nicht verzweigter Kohlenwasserstoff, an dessen einem Ende sich eine Carboxylgruppe befindet und der daher amphipathisch ist; enthält im Allgemeinen eine gerade Anzahl von Kohlenstoffatomen und kann in unterschiedlichem Maße ungesättigt vorliegen.

Fettsäureverankertes Membranprotein: ein Protein, das sich auf der Membranoberfläche befindet, das kovalent an eine Fettsäure gebunden ist, welche in die Lipiddoppelschicht der Membran eingebettet ist.

Fd: siehe *Ferredoxin.*

Fehlpaarungsreparatur: ein DNA-Reparaturmechanismus, der Basenpaare auffindet und repariert, die aufgrund ihrer Wasserstoffbrückenbindungen nicht zusammenpassen.

Fermentation: teilweise Oxidation von Kohlenhydraten durch sauerstoffunabhängige (anaerobe) Wege, was oftmals (aber nicht immer) zur Bildung von Ethanol und Kohlendioxid oder Lactat führt.

Ferredoxin (Fd): ein Eisen-Schwefel-Protein, das im Stroma der Chloroplasten vorkommt und während der Energietransduktionsreaktionen der Photosynthese am Transfer von Elektronen vom Fotosystem I zu $NADP^+$ mitwirkt.

Ferredoxin-$NADP^+$-Reduktase (FNR): Enzym, das sich auf der Stromaseite der Thylakoidmembran befindet und den Transfer von Elektronen von Ferredoxin zu $NADP^+$ katalysiert.

FGF: siehe *Fibroblastenwachstumsfaktor.*

FH: siehe *familiäre Hypercholesterolämie.*

Fibroblastenwachstumsfaktor (FGF): Familie von Signalproteinen, die sowohl bei Erwachsenen als auch während der embryonalen Entwicklung das Wachstum und die Teilung von Zellen in Fibroblasten sowie vielen anderen Zelltypen anregen.

Fibronectin: ein adhäsives Glykoprotein, das in der extrazellulären Matrix enthalten und locker mit der Zelloberfläche verbunden ist; es bindet Zellen an die extrazelluläre Matrix und ist von großer Bedeutung im Hinblick auf die Zellform und die Steuerung der Zellmigration.

Fischerprojektion: Modell zur vertikalen Darstellung der chemischen Struktur eines Moleküls als Kette, wobei das am stärksten oxidierte Atom oben liegt und horizontale Projektionen aus der Ebene des Papiers heraustreten.

Fixativ (Fixiermittel): eine chemische Substanz, die Zellen abtötet, während deren strukturelles Erscheinungsbild für die mikroskopische Untersuchung erhalten bleibt.

Flagellum (od. Flagelle; Plural Flagellen): ein membranumschlossenes Anhängsel auf der Oberfläche einer eukaryotischen Zelle, das aus einer spezifischen Anordnung von Mikrotubuli besteht und für die Bewegung der Zelle verantwortlich ist; Flagellen sind länger und in geringerer Anzahl vorhanden (im Allgemeinen gibt es eine oder einige wenige pro Zelle) als die nah verwandten Cilien. Siehe auch *Cilie.*

Flavin-Adenin-Dinucleotid (FAD): ein Coenzym, das zwei Elektronen und zwei Protonen aus einem oxidierbaren organischen Molekül aufnimmt und die reduzierte Form $FADH_2$ bildet; ein wichtiger Elektronenträger des Energiemetabolismus.

Flavoprotein: ein Protein, mit einem fest gebundenen Flavincoenzym (FAD oder FMN), das als biologischer Elektronendonor oder Elektronenakzeptor dient. Mehrere Beispiele hierfür kommen im mitochondrialen Elektronentransportsystem vor.

Fließgleichgewicht: Zustand, in dem sich ein offenes System, durch das Substanzen fließen, im Gleichgewicht befindet, sodass alle Bestandteile des Systems in konstanten Konzentrationen vorliegen, aber in stofflicher Ungleichverteilung.

Flippase: siehe *Phospholipidtranslokator.*

Flüssig-Mosaik-Modell: Modell der Membranstruktur, bei dem die Membran aus einer Lipiddoppelschicht mit assoziierten Proteinen besteht, die als deutlich voneinander getrennte Einheiten zu erkennen sind und in verschiedenem Maße in die Doppelschicht eindringen; die Proteine sind lateral in der Membran mehr oder weniger frei beweglich.

Flüssigphaseendocytose: unspezifische Aufnahme extrazellulärer Flüssigkeit durch Faltung der Plasmamembran nach innen, woraufhin sich ein Membranvesikel abschnürt.

Fluoreszenz: Eigenschaft von Molekülen, Licht zu absorbieren und die Energie dann als Licht einer längeren Wellenlänge abzugeben.

Fluoreszenzmikroskopie: Lichtmikroskopisches Verfahren, bei dem ultraviolette Strahlen auf das Präparat geschickt werden, wodurch die fluoreszierenden

Verbindungen im Präparat sichtbares Licht aussenden.

Fluoreszenzerholung nach Fotobleichen (FRAP; engl.: *fluorescence recovery after photobleaching*): Verfahren zur Messung der lateralen Diffusionsgeschwindigkeit von Membranlipiden oder Proteinen, bei dem diese Moleküle an einen Fluoreszenzfarbstoff gebunden werden und eine winzige Region der Membran dann mit einem Laser gebleicht wird.

Fluoreszenzresonanzenergietransfer (FRET): eine Wechselwirkung zwischen zwei fluoreszierenden Molekülen auf extrem kurze Entfernung, bei der die Anregung direkt von einem Donormolekül auf ein Akzeptormolekül übertragen wird; dient auch zur Ermittlung der Unversehrtheit zweier Moleküle oder zur Bildung von „Biosensoren", die nachweisen, wo Proteine aktiviert werden oder wo Veränderungen in der lokalen Ionenkonzentration entstanden sind.

Fluoreszenzantikörper: ein Antikörper, der kovalent gebundene, mit einem Fluoreszenzfarbstoff angefärbte Moleküle enthält, sodass der Antikörper zur mikroskopischen Lokalisierung von Antigenmolekülen genutzt werden kann.

FNR: siehe *Ferredoxin-NADP$^+$-Reduktase*.

Fokale Adhäsionen: lokalisierte Anheftungspunkte zwischen den Integrinmolekülen der Zelloberfläche und der extrazellulären Matrix; enthalten Cluster von Integrinmolekülen, die über mehrere Linkerproteine mit Bündeln von Actinmikrofilamenten des Cytoskeletts in Wechselwirkung treten.

Folgestrang: ein DNA-Strang in der 3′→5′-Richtung, der während der DNA-Replikation durch diskontinuierliche Synthese kurzer Fragmente in die 5′→3′-Richtung wächst, woran sich die Verknüpfung benachbarter Fragmente anschließt. Siehe auch *Leitstrang*.

Fotosystem: Gruppe von Chlorophyllmolekülen, akzessorischen Pigmenten und assoziierten Proteinen, die in Thylakoidmembranen oder bakterielle photosynthetische Membranen eingebettet sind; wirkt an den Reaktionen der Photosynthese mit, für die Licht benötigt wird.

Fotosystem I (PSI, engl.: *photosystem I*): Fotosystem, das ein Paar Chlorophyllmoleküle (P700) enthält, das rotes Licht mit einer Wellenlänge von maximal 700 nm absorbiert; das Licht dieser Wellenlänge kann Elektronen des Plastocyanins auf ein Energieniveau anheben, das sie dazu befähigt, Ferredoxin zu reduzieren, dessen Elektronen dann zur Reduktion von NADP$^+$ zu NADPH genutzt werden.

Fotosystem II (PSII, engl.: *photosystem II*): Fotosystem, das ein Paar Chlorophyllmoleküle (P680) enthält, das rotes Licht mit einer Wellenlänge von maximal 680 nm absorbiert; das Licht dieser Wellenlänge kann Elektronen des Wassers auf ein Energieniveau anheben, das sie dazu befähigt, Plastochinon zu reduzieren.

Fotosystemkomplex: ein Fotosystem plus seine assoziierten, lichtsammelnden Komplexe.

Freie Energie (*G*): eine thermodynamische Größe zur Messung des extrahierbaren Energiegehalts eines Moleküls; unter konstanter Temperatur und konstantem Druck liefert die Veränderung der freien Energie ein Maß für die Fähigkeit des Systems, Arbeit zu verrichten.

Freisetzungsfaktor: eine Gruppe von Proteinen, die die Translation beenden, indem sie eine fertige Polypeptidkette von einer Peptidyl-tRNA freisetzen, die an die P-Stelle eines Ribosoms gebunden war.

FRET: siehe *Fluoreszenzresonanzenergietransfer*.

Fructose-2,6-Bisphosphat (F2,6BP): ein doppelt phosphoryliertes Fructosemolekül, das durch die Aktivität der Phosphofructokinase 2 aus Fructose-6-Phosphat gebildet wird, es spielt bei der Regulierung der Glykolyse und der Gluconeogenese eine wichtige Rolle.

Frühes Endosom: Vesikel, das aus dem *trans*-Golgi-Netzwerk herausknospt, an dem die Ordnung und Wiederaufbereitung extrazellulären Materials erfolgt, das durch Endocytose in die Zelle transportiert wird.

Funktionale Gruppe: Gruppe chemischer Elemente, die kovalent aneinander gebunden sind und jedem Molekül, an das die Gruppe kovalent gebunden ist, charakteristische chemische Eigenschaften verleihen.

G

G: siehe *Guanin* oder *freie Energie.*

ΔG: siehe *Veränderung der freien Energie.*

ΔG°′: siehe *Veränderung der freien Standardenergie.*

G-Protein: große Membranproteinfamilie, die GTP binden und die Signaltransduktionswege vermitteln, was im Allgemeinen durch Aktivierung eines spezifischen Zielproteins, beispielsweise eines membranständigen Enzyms oder eines Kanalproteins, erfolgt.

G-Protein-gekoppelte Rezeptorfamilie: Gruppe von Proteinen der Plasmamembran, die nach Bindung eines geeigneten Liganden ein spezifisches G-Protein aktivieren.

G-Protein-gekoppelte Rezeptorkinase (GRK): Gruppe von Proteinkinasen, die die Phosphorylierung aktivierter und mit G-Protein gekoppelter Rezeptoren katalysieren, was zur Desensitivierung des Rezeptors führt.

g-TuRCs: siehe *Gamma-Tubulin-Ringkomplexe.*

G_0 (G Null): Bezeichnung für eukaryotische Zellen, die während der G_1-Phase des Zellzyklus angehalten wurden und daher nicht mehr proliferieren.

G_1-Phase: Stadium des eukaryotischen Zellzyklus zwischen dem Ende der vorherigen Teilung und dem Beginn der Synthese der chromosomalen DNA.

G_2-Phase: Stadium des eukaryotischen Zellzyklus zwischen dem Abschluss der chromosomalen DNA-Replikation und dem Beginn der Zellteilung.

G-Actin: globuläre monomere Form des Actins, die polymerisiert und F-Actin bildet.

GAG: siehe *Glykosaminoglykan.*

Gameten: haploide, von jedem Elternteil gebildete Zellen, die miteinander verschmelzen und die diploide Nachkommenschaft bilden; beispielsweise Spermien und Oocyten.

Gametogenese: Der Vorgang, aus dem Gameten hervorgehen.

Gametophyte: haploide Generation im Lebenszyklus eines Organismus, der zwischen haploiden und diploiden Formen wechselt; Form, aus der Gameten hervorgehen.

Gamma-Tubulin (g-Tubulin): Form des Tubulins, das im Centrosom vorkommt, wo es an der Bildung der Mikrotubuli mitwirkt.

Gamma-Tubulin-Ringkomplexe (g-TuRCs; engl.: *gamma tubulin ring complexes*): γ-Tubulinringe, die aus den Centrosomen hervorgehen und die Kerne für den Zusammenbau neuer Mikrotubuli bereitstellen.

Gamma-TuRCs (g-TuRCs): siehe *Gamma-Tubulin-Ringkomplexe.*

Gangliosid: ein geladenes Glykolipid, das den Aminoalkohol Sphingosin und negativ geladene Sialinsäurereste enthält.

GAP: siehe *GTPase-Aktivierungsprotein.*

Gap Junction: Typ des Zellübergangs, der einen Punkt engsten Kontaktes zwischen zwei benachbarten Zellen darstellt; bildet einen Kanal, durch den Ionen und kleine Moleküle passieren können.

Gatekeepergen: ein Tumorsuppressorgen, das direkt daran mitwirkt, die Zellproliferation einzugrenzen; Funktionsverlustmutationen in diesen Genen können zu exzessiver Zellproliferation und zur Bildung von Tumoren führen.

Gb: Gigabasen; eine Milliarde Basenpaare.

GEF: siehe *Guanin-Nucleotid-Austauschfaktor.*

Gelelektrophorese: Verfahren, bei dem man Proteine oder Nucleinsäuren in Gelen trennt, die aus Polyacrylamid oder Agarose bestehen, indem man das Gel einem elektrischen Feld aussetzt.

Gen: „Erbfaktor", der ein vererbtes Merkmal spezifiziert; besteht aus einer DNA-Basensequenz, die eine Aminosäuresequenz aus einer oder mehreren Polypeptidketten kodiert oder alternativ eine oder mehrere Typen von RNA kodiert, die keine Polypeptidketten kodieren (zum Beispiel rRNA, tRNA, snRNA oder mikroRNA).

Genamplifikation: Mechanismus zur Erstellung von Kopien einzelner Gene durch selektive Replikation spezifischer DNA-Sequenzen.

Generationswechsel: Auftreten alternierender haploider und diploider multizellulärer Formen während des Lebenszyklus eines Organismus.

Gendeletion: selektive Entfernung spezifischer DNA-Sequenzen, deren Produkte nicht benötigt werden.

Gefrierätzung: Spaltung eines schockgefrorenen Präparats, ebenso wie beim Gefrierbruch, woraufhin das Eis von der Oberfläche des Präparats durch Sublimation entfernt wird, um kleine Areale der echten Zelloberfläche sichtbar zu machen.

Gefrierbruch: Verfahren zur Präparierung einer Probe für die Elektronenmikroskopie, bei dem ein gefrorenes Präparat wie bei der Gefrierätzung gebrochen wird und dann die geöffnete Stelle auf der Oberfläche untersucht wird, oftmals das Innere einer Membran.

Gelöste Substanz: eine Substanz, die in einem Lösungsmittel gelöst wurde und eine Lösung bildet.

Genetik: Untersuchung des Verhaltens von Genen, den chemischen Einheiten, die an der Speicherung und Übertragung von Erbinformationen mitwirken.

Genetische Instabilität: Merkmal der Krebszellen, bei dem eine anormal große Anzahl von Mutationen auf Defekte bei der DNA-Reparatur und/oder dem Mechanismus der Chromosomenanordnung zurückgeht.

Genetische Rekombination: Austausch von DNA-Sequenzen zwischen zwei verschiedenen DNA-Molekülen.

Genetische Transformation: Veränderung der Erbmerkmale einer Zelle durch Aufnahme von Fremd-DNA.

Genetischer Code: eine Reihe von Gesetzmäßigkeiten, die die Beziehung zwischen der Basensequenz in einer DNA oder mRNA sowie die Anordnung der Aminosäuren in der Polypeptidkette spezifizieren, die von der DNA oder der mRNA kodiert werden.

Genkartierung: Identifizierung der Sequenzanordnung und der Genabstände auf einem Chromosom entsprechend der Rekombinationshäufigkeiten.

Genkonversion: ein Phänomen, bei dem die Gene während der Meiose eine nicht reziproke Rekombination durchlaufen, sodass sich schließlich eines der rekombinierenden Gene auf beiden Chromosomen eines homologen Paares befindet und nicht von einem Chromosom auf das andere ausgetauscht wurde.

Gekoppelte Gene: Gene, die im Allgemeinen zusammen vererbt werden, da sie relativ dicht nebeneinander auf dem gleichen Chromosom liegen.

Gekoppelter Transport: koordinierter Transport zweier gelöster Substanzen durch eine Membran, sodass der Transport der einen Substanz durch die Membran unterbrochen wird, wenn der Transport der anderen Substanz gestoppt wird; die beiden gelösten Substanzen können sich in die gleiche Richtung (Symport) oder in entgegengesetzte Richtungen (Antiport) bewegen.

Genlocus (Plural Loci): Ort innerhalb eines Chromosoms, der die DNA-Sequenz für ein bestimmtes Gen enthält.

Genom: die DNA (bei einigen Viren die RNA), die eine vollständige Kopie der gesamten genetischen Information eines Organismus oder eines Virus enthält.

Genomische Bibliothek: Sammlung rekombinanter DNA-Klone, die man durch Aufspaltung des gesamten Genoms eines Organismus in Fragmente erhält, erfolgt im Allgemeinen mit Hilfe von Restriktionsendonucleasen. Dann werden alle Fragmente in einen geeigneten Klonierungsvektor kloniert.

Genomische Kontrolle: eine regulatorische Veränderung im Hinblick auf die Zusammensetzung oder strukturelle Organisation des Genoms.

Genotyp: genetische Zusammensetzung eines Organismus.

Gesättigte Fettsäure: eine Fettsäure ohne Doppel- oder Dreifachbindungen, sodass jedes Kohlenstoffatom in der Kette die maximale Anzahl von Wasserstoffbrückenbindungen eingehen kann.

Gentechnik: Anwendung der rekombinanten DNA-Technologie auf praktische Probleme, vor allem in der Medizin und in der Landwirtschaft.

Geschlechtliche Reproduktion: Form der Reproduktion, bei der zwei Elternorganismen die genetische Information für den neuen Organismus beitragen; Reproduktion durch die Verschmelzung von Gameten.

Geschlechtschromosom: ein Chromosom, das bestimmt, ob ein Individuum männlich oder weiblich ist.

Gesetz: eine Theorie, die über einen langen Zeitraum von einer großen Anzahl von Wissenschaftlern gründlich überprüft und bestätigt wurde, sodass praktisch kein Zweifel mehr an ihrer Gültigkeit besteht.

Gesetz der Segregation: Prinzip, das besagt, dass die Allele eines jeden Gens sich während der Bildung der Gamete voneinander trennen.

Gesetz der unabhängigen Verteilung: Prinzip, das besagt, dass sich die Allele eines jeden Gens während der Bildung der Gamete unabhängig von den Allelen anderer Gene verteilen.

Glanzstreifen: Membranabschnitt mit vielen Gap Junctions, der den Herzmuskel in einzelne Zellen mit meist je einem Zellkern unterteilt.

Glatter Muskel: Muskel ohne Querstreifung, der für unwillkürliche Kontraktionen verantwortlich ist, beispielsweise des Magens, des Darms, des Uterus und der Blutgefäße.

Glattes endoplasmatisches Reticulum (engl.: *smooth ER*): endoplasmatisches Reticulum, an das keine Ribosomen gebunden sind und das keine direkte Rolle bei der Proteinsynthese spielt; es wirkt am Packen der sekretorischen Proteine und an der Lipidsynthese mit.

Glattes ER: siehe *glattes endoplasmatisches Reticulum.*

Gleichgewichtskonstante (K_{eq}): Verhältnis der Produktkonzentrationen zu den Reaktantenkonzentrationen im Hinblick auf eine bestimmte chemische Reaktion, wenn die Reaktionen ihr Gleichgewicht erreicht haben.

Gleichgewichts-Dichtegradienten-Zentrifugation: Verfahren zur Trennung zellulärer Bausteine, bei dem diese in einer Lösung zentrifugiert werden, wobei die Dichte der Lösung von oben nach unten in dem Zentrifugierröhrchen zunimmt; während der Zentrifugation sedimentiert ein Organell oder ein Molekül in der Schicht, deren Dichte ihrer eigenen entspricht, an diesem Punkt hört die Bewegung auf, denn es wirkt keine weitere Kraft auf das Material.

Gleichgewichtsmembranpotenzial: Membranpotenzial, das die Wirkung der Konzentration des Gradienten eines bestimmten Ions ausschaltet.

Gleitfilamentmodell: ein Modell, demzufolge die Muskelkontraktion durch dünne Actinfilamente ausgelöst wird, die an dicken Myosinfilamenten vorbeigleiten, wobei sich die Länge der beteiligten Filamente nicht verändert.

Gleitmikrotubulimodell: Modell zur Beschreibung der Beweglichkeit bei eukaryotischen Cilien und Geißeln, demzufolge sich Länge der Mikrotubuli nicht verändert, aber benachbarte äußere Dubletten aneinander vorbeigleiten, wodurch eine lokale Beugung verursacht wird, denn seitliche Verbindungen zwischen benachbarten Dubletten und radiale Verknüpfungen mit den zentralen Paar verhindern, dass die Mikrotubuli aneinander vorbeigleiten.

Globuläres Protein: ein Protein, dessen Polypeptidketten zu kompakten Strukturen gefaltet und nicht als lange Filamente ausgebildet sind.

Glucagon: ein Peptidhormon, das von den Langerhansschen Inseln in der Bauchspeicheldrüse gebildet wird und durch Förderung des Abbaus von Glykogen eine blutzuckererhöhende Wirkung ausübt.

Gluconeogenese: Bildung von Glucose aus Vorläufern wie den Aminosäuren, Glycerin oder Lactat; erfolgt in der Leber über einen Stoffwechselweg, der im Grunde der umgekehrte Stoffwechselweg der Glykolyse ist.

Glucose: Zucker mit sechs Kohlenstoffatomen, der sehr häufig als Startermolekül im zellulären Energiemetabolismus genutzt wird.

Glucosetransporter (GLUT): Familie von Membrantransportproteinen, die für die erleichterte Diffusion von Glucose verantwortlich sind.

GLUT: siehe *Glucosetransporter.*

Glycerin: ein Alkohol mit drei Kohlenstoffatomen mit einer Hydroxylgruppe an jedem Kohlenstoffatom; dient als Rückgrat für Triacylglycerine.

Glycerinphosphat-Shuttle: ein Transportsystem für Elektronen des cytosolischen NADH in das Mitochondrium, wo die Elektronen zum FAD in den Atmungskomplexen geleitet werden.

Glykocalyx: kohlenhydratreiche Zone auf der äußeren Membran vieler tierischer Zellen.

Glykogen: ein Speicherpolysaccharid der tierischen Zellen mit hohem Verzweigungsgrad, das aus sich wiederholenden Untereinheiten von Glucose besteht, die durch α-(1,4)-Bindungen und α-(1,6)-Bindungen verknüpft sind.

Glykolatstoffwechselweg: Lichtabhängiger Stoffwechselweg, der die Effektivität der Photosynthese durch Oxidation reduzierter Kohlenstoffverbindungen steigert, aber die freigesetzte Energie nicht speichert; findet statt, wenn Kohlendioxid in der Reaktion ersetzt wird, die von Rubisco katalysiert wird, wodurch Phosphoglykolat gebildet wird, das dann im Peroxisom und im Mitochondrium zu 3-Phosphoglycerat umgewandelt wird; wird auch als Lichtatmung bezeichnet.

Glykolipid: ein Lipidmolekül, das eine gebundene Kohlenhydratgruppe enthält.

Glykolyse (glykolytischer Stoffwechselweg): eine Reihe von biochemischen Reaktionen, durch die Glucose oder ein anderes Monosaccharid zu Pyruvat ohne Beteiligung von Sauerstoff katabolisiert wird, woraus zwei Moleküle ATP pro Molekül metabolisierten Monosaccharids hervorgehen.

Glykolytischer Stoffwechselweg: siehe *Glykolyse.*

Glykoprotein: ein Protein mit einer oder mehreren Kohlenhydratgruppen, die kovalent mit Aminosäureseitenketten verknüpft sind.

Glykosaminoglykan (GAG): Polysaccharid, das aus einer sich wiederholenden Disaccharideinheit besteht, die einen Zucker mit einer Aminogruppe enthält sowie einen Zucker, der im Allgemeinen eine negativ geladene Sulfat- oder Carboxylgruppe besitzt; Baustein der extrazellulären Matrix.

Glykosidische Bindung: Bindung zur Verknüpfung eines Zuckers mit einem anderen Molekül, das ein weiteres Zuckermolekül sein kann.

Glykosylierung: Hinzufügen von Kohlenhydratseitenketten an spezifische Aminosäurereste von Proteinen, beginnt im Allgemeinen im Lumen des endoplasmatischen Reticulums und wird im Golgi-Komplex abgeschlossen.

Glyoxylatzyklus: modifizierte Version des TCA-Zyklus, der in Pflanzenglyoxysomen vorkommt; ein anabolischer Stoffwechselweg, bei dem zwei Moleküle Acetyl-CoA in ein Molekül Succinat umgewandelt werden, wodurch die Synthese von Kohlenhydraten aus Lipiden ermöglicht wird.

Glyoxysom: spezialisierter Typ des pflanzlichen Peroxisoms, in dem einige der Enzyme enthalten sind, die für die Umwandlung gespeicherter Fette in Kohlenhydrate bei keimenden Samen verantwortlich sind.

Goldman-Gleichung: Modifizierung der Nernst-Gleichung, mit der man das Membranpotenzial berechnen kann, indem man die Konzentrationen aller relevanten Ionen summiert, jedes wird nach seiner relativen Permeabilität gewichtet.

Golgi-Komplex: Stapel flacher, scheibenförmiger Membranzisternen in eukaryotischen Zellen, die für die Prozessierung und Packung sekretorischer Proteine sowie die Synthese komplexer Polysaccharide wichtig sind.

Golgin: eine Klasse gebundener Proteine, die Vesikel mit den Golgi-Zisternen und die Golgi-Zisternen untereinander verbinden.

GPI-verankertes Membranprotein: ein durch Verknüpfung mit Glykosylphosphatidylinositol (GPI) an die äußere Oberfläche der Plasmamembran gebundenes Protein, ein Glykolipid, das an der äußeren Monoschicht der Plasmamembran vorkommt.

Grading: siehe *Tumorgradierung* (Tumorbeurteilung).

Granum (Plural Grana): Stapel von Thylakoidmembranen in einem Chloroplasten.

Grenze der Auflösung: Maßeinheit für die Entfernung zweier benachbarter Objekte, sodass diese noch gerade als getrennte Einheiten zu erkennen sind.

GRK: siehe *G-Protein-gekoppelte Rezeptorkinase.*

Große ribosomale Untereinheit: Baustein eines Ribosoms mit einem Sedimentationskoeffizienten von 60S in Eukaryoten und 50S in Prokaryoten; assoziiert mit einer kleinen ribosomalen Untereinheit und bildet dann ein funktionales Ribosom.

Gruppenspezifität: Fähigkeit eines Enzyms, auf eine ganze Gruppe von Substraten zu wirken, vorausgesetzt, dass diese ein gemeinsames Strukturmerkmal aufweisen.

Gruppentransferreaktion: chemische Reaktion unter Transfer einer chemischen Gruppe von einem Molekül zu einem anderen.

GTPase-Aktivierungsprotein (GAP): ein Protein, das die Inaktivierung von Ras beschleunigt, indem es die Hydrolyse von gebundenem GTP katalysiert.

Guanin (G): eine stickstoffhaltige aromatische Base, die chemisch wie Purin aufgebaut ist; sie dient als informatorische monomere Einheit, wenn sie in einer spezifischen Sequenz mit anderen Basen in Nucleinsäuren vorkommt; Guanin bildet durch Wasserstoffbrückenbindung mit Cytosin (C) ein komplementäres Basenpaar.

Guanin-Nucleotid-Austauschfaktor (GEF, engl.: guanine-nucleotide exchange factor): ein Protein, das die Freisetzung von GDP aus dem Ras-Protein auslöst, wobei Ras dazu befähigt wird, ein Molekül GTP aufzunehmen.

Gutartiger Tumor: Tumor, der nur lokal wächst und nicht in benachbartes Gewebe eindringen oder auf andere Teile des Körpers übergreifen kann.

Gyrase: siehe *DNA-Gyrase.*

H

H: siehe *Enthalpie.*

H-Zone: helle Region in der Mitte des A-Bandes quergestreifter Muskelfibrillen.

Haarnadelschlaufe: schleifenförmige Struktur, die sich ausbildet, wenn zwei benachbarte Segmente einer Nucleinsäurekette sich auf sich selber zurückfalten und diese Konformation durch Basenpaarung zwischen komplementären Basensequenzen aufrechterhalten.

Häm-gesteuerter Inhibitor (HCI): eine Proteinkinase, die ohne Häm die Phosphorylierung des eukaryotischen Initiationsfaktors 2 (eIF2) katalysiert, wodurch die Proteinsynthese gehemmt wird.

Haploid: enthält einen einzigen Chromosomensatz und daher eine einzige Kopie des Genoms; kann zur Beschreibung einer Zelle, eines Zellkerns oder eines Organismus dienen, der sich aus solchen Zellen zusammensetzt.

Haploide Spore: haploides Produkt der Meiose in Organismen, in denen sich ein Generationswechsel vollzogen hat; nach der Sporenkeimung entsteht die haploide Form des Organismus (bei höheren Pflanzen handelt es sich um die Gametophyte).

Haplotyp: Gruppe von SNPs, die auf dem gleichen Chromosom dicht nebeneinander liegen und dazu neigen, als Einheit vererbt zu werden.

HAT: siehe *Histonacetyltransferase.*

Hatch-Slack-Zyklus: Reaktionsreihen in C_4-Pflanzen, bei denen Kohlendioxid in den Mesophyllzellen fixiert und als Verbindung aus vier Kohlenstoffatomen zu den Leitbündel-Scheidenzellen transportiert wird, wo die folgende Decarboxylierung zu einer erhöhten Kohlendioxidkonzentration führt und damit zu einer beschleunigten Kohlenstofffixierung durch Rubisco.

Haworth-Formel: Modell zur Beschreibung der chemischen Struktur eines Moleküls, das eine räumliche Beziehung zwischen den verschiedenen Atomen des Moleküls postuliert.

HCI: siehe *Häm-gesteuerter Inhibitor.*

HDL: siehe *Lipoprotein mit hoher Dichte.*

Herzmuskel: siehe *Myocard.*

Helicase: siehe *DNA-Helicase.*

Helix: siehe *Alpha-Helix* oder *Doppelhelix.*

Helix-Loop-Helix-Motiv: DNA-Bindemotiv, das in den Transkriptionsfaktoren enthalten ist und aus einer kurzen α-Helix besteht, die durch eine Schleife mit einer längeren α-Helix verknüpft ist.

Helix-Turn-Helix-Motiv: DNA-Bindemotiv, das in vielen regulatorischen Transkriptionsfaktoren enthalten ist, es besteht aus zwei α-Helices, die durch eine Windung in der Polypeptidkette getrennt sind.

Hemicellulose: heterogene Gruppe der Polysaccharide, die zusammen mit Cellulose in den Zellwänden der Pflanzen und Pilze gespeichert werden, um diesen zusätzliche Festigkeit zu verleihen; besteht aus einer langen linearen Kette eines einzigen Zuckers mit kurzen Seitenketten.

Hemidesmosom: Verbindungsstelle zwischen den Integrinmolekülen auf der Zelloberfläche von Epithelzellen und der Basalmembran; enthält Integrinmoleküle, die über Linker-Proteine in den intermediären Filamenten des Cytoskeletts verankert sind.

Hemmung (der Enzymaktivität): Abnahme der katalytischen Aktivität eines Enzyms, entweder durch eine Konformationsänderung oder durch eine chemische Veränderung in einer der funktionalen Gruppen.

Herzmuskel: quergestreifter Muskel des Herzens, hängt stark von der aeroben Atmung ab.

Heterochromatin: dicht kondensierter Verpackungszustand des Chromatins, der während der Anaphase vorkommt; enthält DNA, die nicht transkribiert wird. Siehe auch *Euchromatin.*

Heterodimer ($\alpha\beta$-Heterodimer): siehe *Alpha-beta-Heterodimer.*

Heterophages Lysosom: ein reifes Lysosom, das hydrolytische Enzyme enthält, die am Abbau von außen zugeführter Substanzen mitwirken. Siehe auch *autophages Lysosom.*

Heterophile Wechselwirkung: Bindung zweier verschiedener Moleküle aneinander. Siehe auch *homophile Wechselwirkung.*

Heterozygot: Besitz von zwei unterschiedlichen Allelen für ein bestimmtes Gen. Siehe auch *homozygot.*

Hfr-Zelle: bakterielle Zelle, in der der F-Faktor in das bakterielle Chromosom aufgenommen wurde, wodurch die Zelle während der Konjugation genomische DNA transferieren kann.

Hierarchische Zusammensetzung: Synthese biologischer Strukturen aus einfachen Startermolekülen, die fortschreitend komplexere Strukturen bilden, erfolgt im Allgemeinen durch Selbstorganisation.

Histon: Klasse basischer Proteine, die in eukaryotischen Chromosomen vorkommen; ein Octamer von Histonen bildet den Kern der Nucleosomen.

Histon-Acetyltransferase (HAT): ein Enzym, das das Anfügen von Acetylgruppen an Histone katalysiert.

Hitzeschockgen: Gen, dessen Transkription aktiviert wird, wenn die Zellen einem Temperaturanstieg oder Stresssituationen ausgesetzt werden; einige Hitzeschockgene übernehmen eine wichtige Funktion bei der normalen Proteinfaltung und können die Rückfaltung der hitzegeschädigten Proteine erleichtern, sie kodieren zudem molekulare Chaperone.

Hitzeschockelement: eine DNA-Basensequenz, die neben den Hitzeschockgenen liegt und als Bindestelle für den Hitzeschocktranskriptionsfaktor dient.

Holliday-Junction: x-förmige Struktur, die während der genetischen Rekombination entsteht, wenn zwei DNA-Moleküle durch Crossing-over von Einzelsträngen verknüpft werden.

Homöobox: stark konservierte DNA-Sequenz, die in den homöotischen Genen vorkommt; kodiert eine DNA-Bindeproteindomäne, die in Transkriptionsfaktoren enthalten ist, die während der Entwicklung eine wichtige Rolle als Regulatoren der Genexpression spielen.

Homöodomäne: Aminosäuresequenz mit einer Länge von ungefähr 60 Aminosäuren, die in Transkriptionsfaktoren enthalten ist, die von homöotischen Genen kodiert werden; enthält ein Helix-Turn-Helix-DNA-Bindemotiv.

Homöotisches Gen: Genfamilie, die die Bildung des Körperbauplans während der embryonalen Entwicklung steuert; die Gene kodieren Transkriptionsfaktoren, die Homöodomänen besitzen.

Homöoviskose Adaptation: Veränderungen in der Zusammensetzung der Lipidmembran, sodass die Viskosität der Membran trotz der Veränderungen in der Umgebungstemperatur in etwa erhalten bleibt.

Homogenat: Suspension von Zellorganellen, kleineren Zellbausteinen und Molekülen, die durch Aufbrechen von Zellen oder Gewebe entstehen, wofür man Techniken wie Zerreiben, Ultraschallvibration oder osmotischen Schock anwendet.

Homogenisierung: Aufschließen von Zellen oder Gewebe mit Hilfe von Techniken wie Zerreiben, Ultraschallvibration oder osmotischer Schock.

Homologe Chromosomen: zwei Kopien eines spezifischen Chromosoms (wobei jede von einem Elternteil stammt), die während der Meiose als Paar zusammenkommen und zum Austausch von genetischer Information führen.

Homologe Rekombination: Austausch genetischer Information zwischen zwei DNA-Molekülen mit großer Sequenzähnlichkeit; dient auch zur Reparatur von Doppelstrangbrüchen in der DNA.

Homophile Wechselwirkung: Verknüpfung von zwei identischen Molekülen. Siehe auch *heterophobe Wechselwirkung*.

Homozygot: Besitz von zwei identischen Allelen für ein bestimmtes Gen. Siehe auch *heterozygot*.

Hopanoide: Mitglieder einer Familie der sterolähnlichen Moleküle, die bei einigen Bakterien die Membransterole ersetzen.

Hormon: chemische Substanz, die in einem Organ synthetisiert und in das Blut ausgeschieden wird und eine physiologische Veränderung in Zellen oder Geweben eines anderen Organs auslöst.

Hormonresponseelement: eine DNA-Basensequenz, an die selektiv ein Hormonrezeptorkomplex bindet, was zur Aktivierung (oder Hemmung) der Transkription nahegelegener Gene führt.

Hochspannungselektronenmikroskop (HVEM, engl.: *high-voltage electron microscope*): ein Elektronenmikroskop, das mittels einer sich beschleunigenden Spannung von Tausend oder mehr Kilovolt arbeitet, wodurch die Untersuchung dicker Präparate ermöglicht wird, was nicht mit einem konventionellen Elektronenmikroskop zu leisten ist.

HPV: siehe *menschliches Papillomavirus*.

HVEM: siehe *Hochspannungselektronenmikroskop* (engl.: *high-voltage electron microscope*).

Hyaluronat: ein Glykosaminoglykan, das in hoher Konzentration in der extrazellulären Matrix vorkommt, in der die Zellen aktiv proliferieren oder wandern; kommt auch in den Verbindungen (Bändern) zwischen beweglichen Knochen vor.

Hybrid: Produkt einer Kreuzung von zwei genetisch verschiedenen Elternteilen.

Hybridisierung: siehe *Nucleinsäurehybridisierung*.

Hydrogenierung: Anfügen von Elektronen und Wasserstoffionen (Protonen) an ein organisches Molekül; Reduktion.

Hydrolyse: Reaktion, bei der eine chemische Bindung durch Einfügen eines Wassermoleküls gespalten wird.

Hydropathieindex: Zahl, die die durchschnittlichen Hydrophiliewerte für ein kurzes Teilstück aufeinanderfolgender Aminosäuren innerhalb eines Proteins angibt.

Hydropathieplot (Hydrophiliegraph): Graph, der die Position der hydrophoben Aminosäurecluster innerhalb der Primärsequenz eines Proteinmoleküls darstellt; dient zur Bestimmung der wahrscheinlichen Positionen von Transmembransegmenten innerhalb integraler Membranproteine.

Hydrophil: Eigenschaft, die Moleküle oder Regionen von Molekülen beschreibt, die aufgrund einer Mehrzahl an polaren Gruppen leicht mit Wasser assoziieren oder sich in Wasser auflösen; „Wasser liebend".

Hydrophob: Eigenschaft, die Moleküle oder Regionen von Molekülen beschreibt, die aufgrund einer Mehrzahl an nicht-polaren Gruppen nur geringe Wasserlöslichkeit besitzen; „Wasser abstoßend".

Hydrophobe Wechselwirkung: Neigung der hydrophoben Gruppen, von den Wechselwirkungen mit Wassermolekülen ausgeschlossen zu werden.

Hydrophiliegraph: siehe *Hydropathieplot.*

Hydroxylierung: chemische Reaktion, bei der eine Hydroxylgruppe in ein organisches Molekül eingebaut wird.

Hyperpolarisation: Zustand, in dem das Membranpotenzial negativer ist als das normale Ruhemembranpotenzial.

Hypothese: eine Behauptung oder Erklärung, die mit den meisten der bisher durch Beobachtung oder Experiment gewonnenen Daten übereinstimmt.

I

I-Bande: Region einer quergestreiften Muskelfibrille, die unter dem Mikroskop als helles Band sichtbar wird; enthält die Regionen dünner Actinfilamente, die nicht mit den dicken Myosinfilamenten überlappen.

IF: siehe *intermediäres Filament.*

IgSF: siehe *Immunglobulinsuperfamilie.*

Immunelektronenmikroskopie (ImmunoEM): elektronenmikroskopische Technik zur Sichtbarmachung von Antikörpern in Zellen, indem diese an Substanzen mit hoher Elektronendichte gebunden werden und daher als dunkle Punkte erkennbar sind.

ImmunoEM: siehe *Immunelektronenmikroskopie.*

Immunglobulinsuperfamilie (IgSF): eine Familie von Zelloberflächenproteinen, die an der Zell-Zell-Adhäsion mitwirken und die eine strukturelle Verwandtschaft mit den Immunglobulinuntereinheiten der Antikörpermoleküle aufweisen.

Immunfärbung: Technik, bei der Antikörper mit einer Fluoreszenzfarbe markiert werden, damit man sie mikroskopisch aufgrund ihrer Fluoreszenz identifizieren und lokalisieren kann.

Immuntherapie: Behandlung einer Erkrankung, beispielsweise Krebs, durch Stimulierung des Immunsystems oder Verabreichen von Antikörpern, die das Immunsystem bildet.

IMP: siehe *Intramembranpartikel.*

Importin: ein Rezeptorprotein, das an das Kernlokalisierungssignal von Proteinen im Cytosol bindet und dann das gebundene Protein durch den Kernporenkomplex in den Zellkern transportiert.

Indirekter aktiver Transport, sekundär aktiver Transport: ein Membrantransport, an dem der Cotransport von zwei gelösten Substanzen mitwirkt, bei dem die Abwärtsbewegung eines gelösten Stoffes entlang seines Gradienten die Bewegung der anderen gelösten Substanz aufwärts gegen ihren Gradienten antreibt.

Indirekte Immunfluoreszenz: Technik der Fluoreszenzmikroskopie, bei der ein Präparat zuerst einem nicht markierten Antikörper ausgesetzt wird, der an spezifische Antigenstellen innerhalb des Präparats bindet, und dann mit einem zweiten Fluoreszenzantikörper, der an den ersten Antikörper bindet, angefärbt wird.

Induziertes Anpassungsmodell: Modell, demzufolge die aktive Stelle eines Enzyms eine relative Spezifität für das Substrat aufweist bevor es dies bindet, wobei die Spezifität aufgrund einer von dem Substrat in dem Enzym verursachten Konformationsänderung nach der Bindung noch verstärkt wird.

Inducer: Affektormoleküle, welche die Transkription eines induzierbaren Operons aktivieren.

Induzierbares Enzym: ein Enzym, dessen Synthese durch die Gegenwart oder das Fehlen seines Substrats reguliert wird.

Induzierbares Operon: Gruppe benachbarter Gene, deren Transkription durch die Gegenwart eines Inducers aktiviert wird.

Informationstragendes Makromolekül: ein Polymer aus nicht-identischen Untereinheiten, die in einer nicht-zufälligen Sequenz angeordnet sind; Information wird gespeichert und weitergeleitet, die für die Funktion und Nutzung des Makromoleküls von Bedeutung ist; DNA und RNA sind informationstragende Makromoleküle.

Inhibitorisches postsynaptisches Potenzial (IPSP): geringfügige Hyperpolarisation der postsynaptischen Membran, die durch Bindung eines inhibitorischen Neurotransmitters an seinen Rezeptor ausgelöst wird, wodurch die Amplitude der nachfolgenden exzitatorischen postsynaptischen Potenziale verringert wird und möglicherweise kein Aktionspotenzial generiert wird. Siehe auch *exzitatorisches postsynaptisches Potenzial.*

Initiationskomplex (30S): ein Komplex, der durch Assoziation der mRNA, der 30S ribosomalen Untereinheit, einem Initiator-Aminoacyl-tRNA-Molekül und einem Initiationsfaktor IF2 gebildet wird.

Initiationskomplex (70S): ein Komplex, der durch Assoziation eines 30S-Initiationskomplexes mit einer 50S ribosomalen Untereinheit gebildet wird; enthält an der P-Stelle eine Initiator-Aminoacyl-tRNA und steht für den Beginn der mRNA-Translation bereit.

Initiationsfaktoren: eine Gruppe von Proteinen, die die Bindung ribosomaler Untereinheiten an mRNA und Initiator-tRNA fördern, wodurch sie den Vorgang der Proteinsynthese initiieren.

Initiation (Stadium der Karzinogenese): irreversible Umwandlung einer Zelle in das präkanzerogene Stadium durch Wirkstoffe, die eine DNA-Mutation herbeiführen.

Initiator (Inr): kurze DNA-Sequenz, die den Startpunkt der Transkription umgibt und einen Teil des Promotors der RNA-Polymerase I bildet.

Initiator-tRNA: Typ des Transfer-RNA-Moleküls, das den Vorgang der Translation beginnt, erkennt das AUG-Startcodon und befördert Formylmethionin in Prokaryoten oder Methionin in Eukaryoten.

Innere Energie (*E*): gesamte, in einem System gespeicherte Energie, kann nicht direkt gemessen werden, aber die Veränderung der inneren Energie, ΔE, ist messbar.

Innere Membran: die innere der beiden Membranen, die ein Mitochondrium, einen Chloroplasten oder einen Zellkern umgeben.

Inositol-1,4,5-Trisphosphat (IP_3): dreifach phosphoryliertes Inositolmolekül, das als Spaltprodukt aus Phosphatidyl-Inositol-4,5-Bisphosphat durch Katalyse von Phospholipase C hervorgeht; dient als sekundärer Botenstoff, indem es die Freisetzung von Calciumionen aus Speicherstellen innerhalb des endoplasmatischen Reticulums auslöst.

Inr: siehe *Initiator.*

Insertionsmutagenese: Änderung der Genstruktur oder der Genaktivität, was auf das Einfügen von

DNA zurückgeht, die von einer anderen Quelle stammt, normalerweise von einem Virus.

Insulin: ein Peptidhormon, das von den Langerhansschen Inseln in der Bauchspeicheldrüse gebildet wird, das durch Senkung des Glucosegehalts im Blut eine erhöhte Aufnahme von Glucose in die Muskel- und Fettzellen bewirkt und dadurch die Glykogensynthese anregt.

Integrales Membranprotein: hydrophobes Protein, das sich im Inneren einer Membran befindet, aber hydrophile Regionen besitzt, die aus einer oder aus beiden Membranoberflächen herausragen.

Integrales monotopisches Protein: ein integrales Membranprotein, das nur in einen Layer der Lipiddoppelschicht eingebettet ist.

Integrin: Familie von Plasmamembranrezeptoren, die an Komponenten an der äußeren Membranoberfläche der extrazellulären Matrix binden und mit den Bausteinen des Cytoskeletts der inneren Membranoberfläche in Wechselwirkung treten; dazu zählen Rezeptoren für Fibronectin, Laminin und Kollagen.

Interdublettenverbindung: Verbindung zwischen benachbarten Dubletten im Axonem einer eukaryotischen Cilie oder Geißel; vermutlich schränkt sie die Dublettbewegung bei der Beugung des Axonems ein.

Interferenz: Vorgang, bei dem zwei oder mehr Lichtwellen kombiniert werden, um diese zu verstärken oder auszuschalten, wobei eine Welle entsteht, die der Summe der kombinierten Wellen entspricht.

Interkonversion, Interkonvertierung: Änderung des Aktivitätszustandes eines Enzyms; Aktivierung oder Inaktivierung.

Intermediäres Filament (IF): Gruppe von Proteinfilamenten, die zu den stabilsten Bausteinen des Cytoskeletts der eukaryotischen Zellen gehören; sie besitzen einen Durchmesser von 8 – 12 nm, der damit zwischen den Durchmessern der Actinmikrofilamente und dem der Mikrotubuli liegt.

Intermembranraum: Region in einem Mitochondrium oder einem Chloroplasten zwischen den inneren und äußeren Membranen.

Interphase: Wachstumsphase während des eukaryotischen Zellzyklus zwischen aufeinanderfolgenden Teilungsphasen (M-Phasen), setzt sich aus der G_1-, der S- und der G_2-Phase zusammen.

Intrazelluläre Membran: Zellmembran, die sich innerhalb des Cytoplasmas befindet; diese Membranen dienen der Kompartimentierung innerhalb der eukaryotischen Zellen.

Intraflagellartransport: Bewegung von Bausteinen zu den Spitzen der Geißeln und von den Spitzen weg, die sowohl durch das Plusende- als auch das Minusende der Mikrotubuli der Motorproteine angetrieben wird.

Intramembranpartikel (IMP): ein integrales Membranprotein, das als Partikel sichtbar wird, wenn man das Innere einer Membran mittels Gefrierbruchmikroskopie sichtbar macht.

Intron (engl.: *intervening region*): Nucleotidsequenz in einem RNA-Molekül, die Teil des primären Transkripts ist, aber nicht des reifen, funktionalen RNA-Moleküls.

Invasion: direkte Ausbreitung von Krebszellen in benachbartes Gewebe.

Invertierte Sequenzwiederholung: ein DNA-Segment, das zwei Kopien der gleichen Basensequenz enthält, die in entgegengesetzte Richtung ausgerichtet sind.

Ionenkanal: ein integrales Membranprotein, das den Durchgang spezifischer Ionen durch die Membran ermöglicht; wird im Allgemeinen entweder durch Veränderungen im Membranpotenzial (spannungsgesteuerte Kanäle) oder durch Bindung eines spezifischen Liganden (ligandengesteuerte Kanäle) reguliert.

Ionenbindung: Anziehungskraft zwischen einer positiv geladenen chemischen Gruppe und einer negativ geladenen chemischen Gruppe.

Ionisierende Strahlung: hoch energetische Form der Strahlung, durch die Elektronen aus Molekülen entfernt werden, wodurch stark reaktive Ionen entstehen, die einen DNA-Schaden herbeiführen; dazu gehören Röntgenstrahlen und Strahlung, die von radioaktiven Elementen abgegeben wird.

IP_3: siehe *Inositol-1,4,5-Trisphosphat*.

IP_3-Rezeptor: ein ligandengesteuerter Calciumkanal in der ER-Membran, der sich dann öffnet, wenn IP_3 daran bindet, sodass die Calciumionen vom ER-Lumen in das Cytosol passieren können.

IPSP: siehe *inhibitorisches postsynaptisches Potenzial*.

IRE: siehe *Eisen-regulatorisches Element* (engl.: *iron-response element*).

Irreversibler Inhibitor: ein Molekül, das kovalent an ein Enzym bindet, wodurch es zum unumkehrbaren Verlust der katalytischen Aktivität kommt.

Isoenzyme: sich physikalisch (strukturell) voneinander unterscheidende Proteine, die die gleiche Reaktion katalysieren.

Isoprenyliertes Membranprotein: ein Protein aus einer Membranoberfläche, das kovalent an eine Prenylgruppe gebunden ist, die in die Lipiddoppelschicht eingebettet ist.

J

J: siehe *Joule*.

Jak: siehe *Janus-aktivierte Kinase*.

Janus-aktivierte Kinase (Jak): cytoplasmatische Kinase, die nach Aktivierung durch Zelloberflächenrezeptoren die Phosphorylierung und Aktivierung der STAT-Transkriptionsfaktoren katalysiert.

Joule (J): Energieeinheit, die 0,239 Kalorien entspricht.

K

Kal: siehe *Kalorie*.

Kalorie: Energieeinheit; Menge der Energie, die benötigt wird, um die Temperatur von einem Gramm Wasser um ein Grad Celsius zu erhöhen.

Kanal-Gating: Steuerung des Öffnens oder Schließens eines Ionenkanals als Antwort auf spezielle Signale (z. B. Änderung des Membranpotenzials, Ligandenbindung etc.)

Kanalinaktivierung: Schließen eines Ionenkanals in der Membran, sodass dieser Kanal nicht sofort wieder geöffnet werden kann.

Kanalprotein: integrales Membranprotein, das einen hydrophilen Kanal bildet, durch den gelöste Substanzen die Membran durchqueren können, ohne die Konformation des Kanalproteins zu verändern.

Karyotyp: gibt Auskunft über den gesamten Chromosomensatz eines bestimmten Zelltyps, der als homologe Paare entsprechend ihrer unterschiedlichen Größe und Form angeordnet ist.

Kb: Kilobase; 1.000 Basenpaare.

k_{cat}: siehe *Wechselzahl*.

K_d: siehe *Dissoziationskonstante*.

K_{eq}: siehe *Gleichgewichtskonstante*.

K_m: siehe *Michaeliskonstante*.

Krebszyklus: siehe *Tricarbonsäurezyklus*.

Karzinogen: Wirkstoff, der Krebs verursacht.

Karzinom: ein bösartiger, maligner Tumor (Krebs), der aus Epithelzellen hervorgeht, die externe und interne Körperoberflächen bedecken.

Kassettenmechanismus: Vorgang der Neuanordnung der DNA, bei dem alternative Allele für den Paarungstyp der Hefe in den *MAT*-Locus zur Transkription eingebaut werden.

Katabolischer Weg: Reihe von Reaktionen, die zur Aufspaltung von Molekülen führen.

Katabolitrepression: Fähigkeit der Glucose, die Synthese von Katabolitenzymen zu hemmen, die durch induzierbare bakterielle Operons gebildet werden.

Katalysator: Wirkstoff, der die Geschwindigkeit einer Reaktion erhöht, indem die Aktivierungsenergie verringert wird, ohne dabei selber aufgebraucht zu werden; Katalysatoren verändern die Geschwindigkeit mit der eine Reaktion sich ihrem Gleichgewicht nähert, aber nicht die Position des Gleichgewichts.

Katalytische Untereinheit: die Untereinheit eines Enzyms, das aus mehreren Untereinheiten besteht, in der sich die katalytische Stelle des Enzyms befindet.

Keimbildung: Bereitstellung einer geringen Menge von Molekülen, aus denen ein Polymer hervorgehen kann.

Kernglykosylierung: Anheften des Kernoligosaccharids an eine neu gebildete Polysaccharidkette innerhalb des Lumens des endoplasmatischen Reticulums.

Kernoligosaccharid: ursprüngliches Oligosaccharidsegment, das während der Nicht-Glykosylierung einer Polypeptidkette an einen Asparaginrest gebunden wird; es besteht aus zwei N-Acetylglucosamineinheiten, neun Mannoseeinheiten und drei Glucoseeinheiten.

Kernpromotor: minimaler Satz von DNA-Sequenzen, die genügen, um die genaue Initiierung der Transkription durch die RNA-Polymerase zu steuern.

Kernhülle: eine doppelte Membran um den Zellkern mit zahlreichen Kernporenkomplexen.

Kernexportsignal (NES, engl.: *nuclear export signal*): eine Aminosäuresequenz, die ein für den Export aus dem Zellkern bestimmtes Protein markiert.

Kernlamina: dünnes, dichtes Netzwerk von Fasern, die die innere Oberfläche der inneren Zellkernmembran auskleiden und der Zellkernhülle Festigkeit verleihen.

Kernlokalisierungssignal (*NLS*, engl.: *nuclear localization signal*): eine Aminosäuresequenz, die auf ein für den Transport in den Zellkern bestimmtes Protein abzielt.

Kernmatrix (Nucleoskelett): unlösliches Fasernetzwerk, das dem Zellkern als Stützrahmen dient.

Kernpore: Pore gebildet aus verschiedenen Proteinen in der Kernhülle, durch die Moleküle in den Zellkern ein- und austreten können; ist von einer komplizierten Proteinstruktur ausgekleidet, dem sogenannten Kernporenkomplex (NPC, engl.: nuclear pore complex).

Kernporenkomplex (NPC, engl.: *nuclear pore complex*): eine komplizierte Proteinstruktur, die aus 30 oder mehr unterschiedlichen Polypeptiduntereinheiten besteht, sie kleidet die Kernporen aus, durch die Moleküle in den Zellkern ein- und austreten, sowohl durch einfache Diffusion kleinerer Moleküle als auch durch aktiven Transport von größeren Molekülen.

Kerntransfer: experimentelles Verfahren, bei dem der Zellkern einer Zelle in eine andere Zelle übertragen wird (im Allgemeinen eine Eizelle), deren eigenen Zellkern man zuvor entfernt hat.

Kernprotein: ein Proteinmolekül, an das viele Glykosaminoglykanketten angeknüpft sind und so ein Proteoglykan bilden.

Kinesin: Familie der Motorproteine, die eine Bewegung entlang der Mikrotubuli erzeugen, wobei die dafür benötigte Energie aus der Hydrolyse von ATP gewonnen wird.

Kinetochor: ein Multiproteinkomplex in der Centromerregion eines Chromosoms, an dem während der Mitose oder Meiose die Spindelmikrotubuli ansetzen.

Kinetochormikrotubuli: Spindelmikrotubuli, die an den chromosomalen Kinetochoren ansetzen.

Klebriges Ende: das Einzelstrangende eines DNA-Fragments, das durch Spaltung mit einer Restriktionsendonuclease entsteht und dazu neigt, sich aufgrund der Basenkomplementarität mit einem anderen, von der gleichen Restriktionsendonuclease gespaltenen Fragment zu verbinden

Kleine ribosomale Untereinheit: Baustein eines Ribosoms mit einem Sedimentationskoeffizienten von 40S bei Eukaryoten und 30S bei Prokaryoten; assoziiert mit einer großen ribosomalen Untereinheit und bildet dann ein funktionales Ribosom.

Klon: Organismus, der mit einem anderen Organismus, von dem er abstammt, genetisch identisch ist; der Begriff wird auch für genetisch identische Zellen oder identische Moleküle verwendet.

Klonierungsvektor: DNA-Molekül, an das ein ausgewähltes DNA-Fragment zur schnellen Reproduktion des Vektors in einer Wirtszelle (im Allgemeinen in einem Bakterium) angeheftet werden kann; Phagen- und Plasmid-DNA sind die am häufigsten verwendeten Klonierungsvektoren.

Kodierungsstrang: der Nichtmatrizenstrang einer DNA-Doppelhelix, der durch Basenpaarung an den Matrizenstrang geknüpft wird; von identischer Sequenz wie die einzelsträngigen RNA-Moleküle, die von dem Matrizenstrang transkribiert werden, mit dem Unterschied, dass die RNA dort Uracil (U) besitzt, wo der Kodierungsstrang Thymin (T) aufweist.

Kohlenhydrat: allgemeine Bezeichnung für Moleküle, die Kohlenstoff, Wasserstoff und Sauerstoff im Verhältnis $C_n(H_2O)_n$ enthalten; zu ihnen gehören beispielsweise Stärke, Glykogen und Cellulose.

Kohlenstoffassimilierungsreaktionen: Teil des photosynthetischen Wegs, bei dem vollständig oxidierte Kohlenstoffatome aus dem Kohlendioxid an organischen Akzeptormolekülen fixiert werden (kovalent gebunden werden) und dann reduziert und neuangeordnet werden, sodass sie Kohlenhydrate und andere Verbindungen bilden, die für den Aufbau einer lebenden Zelle erforderlich sind.

Kohlenstoffatom: das wichtigste Atom der biologischen Moleküle, das bis zu vier kovalente Bindungen eingehen kann.

Kohlenwasserstoff: ein organisches Molekül, das nur aus Kohlenstoff- und Wasserstoffatomen besteht; ist im Allgemeinen nicht mit lebenden Zellen kompatibel.

Kollagen: eine Familie engverwandter Proteine, die Fasern von hoher Festigkeit bilden, die in der extrazellulären Matrix der Tiere in hoher Konzentration vorkommen.

Kollagenfasern: außerordentlich starke Fasern mit einem Durchmesser von mehreren Mikrometern, die in der extrazellulären Matrix vorkommen; bestehen aus Kollagenfibrillen, die wiederum aus Kollagenmolekülen bestehen, die in versetzter Anordnung vorliegen.

Kombinatorisches Modell der Genregulierung: Modell, demzufolge durch eine relativ geringe Anzahl von DNA-Kontrollelementen und ihrer entsprechenden Transkriptionsfaktoren in verschiedenen Kombinationen komplexe Muster einer gewebespezifischen Genexpression erzielt werden können.

Komplementär: bei den Nucleinsäuren die Fähigkeit von Guanin (G) über Wasserstoffbrückenbindungen ein Basenpaar mit Cytosin (C) zu bilden und die Fähigkeit von Adenin (A) über Wasserstoffbrückenbindungen ein Basenpaar mit Thymin (T) oder Uracil (U) zu bilden.

Komplementäre DNA (cDNA): ein durch das Enzym Reverse Transkriptase von einer mRNA-Matrize kopiertes DNA-Molekül.

Komplex I (NADH-Coenzym-Q-Oxidoreduktase): Multiproteinkomplex des Elektronentransportsystems, der den Transfer von Elektronen von NADH zu dem Coenzym Q katalysiert.

Komplex II (Succinat-Coenzym-Q-Oxidoreduktase): Multiproteinkomplex des Elektronentransportsystems, der den Transfer von Elektronen von Succinat zu dem Coenzym Q katalysiert.

Komplex III (Coenzym-Q-Cytochrom-c-Oxidoreduktase): Multiproteinkomplex des Elektronentransportsystems, der den Transfer von Elektronen des Coenzyms Q zu Cytochrom *c* katalysiert.

Komplex IV (Cytochrom-c-Oxidase): Multiproteinkomplex des Elektronentransportsystems, der den

Transfer von Elektronen vom Cytochrom *c* zum Sauerstoff katalysiert.

Kondensierungsreaktion: chemische Reaktion, durch die zwei Moleküle durch Entfernen eines Wassermoleküls miteinander verbunden werden.

Kondensorlinse: Linse eines Lichtmikroskops (oder eines Elektronenmikroskops), die als erste Linse die Lichtstrahlen (oder den Elektronenstrahl) von der Quelle zum Präparat lenkt.

Konfokales Mikroskop: spezialisierter Typ des Lichtmikroskops, bei dem ein Laserstrahl jeweils auf eine bestimmte Ebene des Präparats zielt.

Konformation: dreidimensionale Form eines Polypeptids oder eines biologischen Makromoleküls.

Konjugation: zellulärer Paarungsvorgang, bei dem DNA von einer bakteriellen Zelle zu einer anderen transferiert wird.

Konsensussequenz: die am häufigsten vorkommende DNA-Basensequenz, wenn diese Basensequenz in leicht veränderten Formen an verschiedenen Stellen auftritt.

Konstitutives Gen: Gen, das unabhängig von der Regulierung immer aktiv ist.

Konstitutives Heterochromatin: chromosomale Regionen, die in allen Zellen eines Organismus praktisch immer im dichten kondensierten Verpackungszustand vorliegen und deshalb genetisch inaktiv sind. Siehe auch *fakultatives Heterochromatin*.

Konstitutive Sekretion: kontinuierliche Verschmelzung sekretorischer Gefäße mit der Plasmamembran und Abgabe von deren Inhalt in den Extrazellularraum, was unabhängig von spezifischen extrazellulären Signalen erfolgt.

Konstitutiv aktive Mutation: Mutation, die zur Aktivierung eines Rezeptors führt, sogar dann, wenn kein aktivierender Ligand vorliegt.

Konkraktiler Ring: gürtelähnliches Bündel von Actinmikrofilamenten, das sich unterhalb der Plasmamembran bildet und zur Bildung der Spaltungsfurche während der Teilung tierischer Zellen beiträgt.

Kontraktion: Verkürzung der Muskelzellen.

Kontrollpunkt: Mechanismus, der die Bedingungen innerhalb einer Zelle kontrolliert und den Zellzyklus stoppt, wenn diese Bedingungen sich als für den Fortgang des Zellzyklus ungeeignet zeigen. Siehe auch *DNA-Schadenkontrollpunkt*, *DNA-Replikationskontrollpunkt* und *mitotischer Spindelkontrollpunkt*.

Konzentrationsgradient: Transmembrangradient der Konzentration eines Moleküls oder eines Ions; wird als Verhältnis der Konzentration der Substanz auf der einen Seite der Membran zur Konzentration auf der anderen Seite der Membran angegeben; die einzige Antriebskraft für den Transport von Molekülen durch eine Membran, aber nur einer von zwei Bausteinen des elektrochemischen Potenzials, das als Antriebskraft für den Ionentransport durch eine Membran dient.

Konzentrationsarbeit: Nutzung von Energie zum Transport von Ionen oder Molekülen durch eine Membran entgegen eines elektrochemischen Gradienten oder eines Konzentrationsgradienten.

Kooperativität: Eigenschaft von Enzymen, die mehrere katalytische Stellen besitzen, bei denen die Bindung eines Substratmoleküls an eine katalytische Stelle zu Konformationsänderungen führt, die sich auf die Affinität der noch für Substrat verbleibenden Stellen auswirkt.

Kopieanzahlvariationen (CNVs; engl.: *copy number variations*): Variationen der Kopienanzahl von DNA-Segmenten, mit einer Länge von mehreren Tausend Basen, die unter den Individuen einer Spezies auftreten.

Kopplungsgruppe (engl.: *linkage group*): Gruppe von Genen auf demselben Chromosom, die gemeinsam vererbt und zusammen angeordnet werden.

Korbvesikel: Membranvesikel, das an dem Vesikeltransport innerhalb des Endomembransystems mitwirkt; ist von einem Hüllprotein umgeben, wie beispielsweise Clathrin, COPI, COPII oder Caveolin.

Korrekturlesen: Entfernung falsch gepaarter Basenpaare während der DNA-Replikation durch die Exonucleaseaktivität der DNA-Polymerase.

Korrelative Mikroskopie: Kombination der Licht- und der Elektronenmikroskopie, mit der man die Feinstruktur mit einem Fluoreszenzsignal bei hoher Auflösung untersuchen kann, oftmals mit Hilfe der Immunelektronenmikroskopie.

Kovalente Bindung: starke chemische Bindung, bei der zwei Atome zwei oder mehrere Elektronen gemeinsam haben.

Kovalente Modifikation: Form der Regulierung, bei der die Aktivität eines Enzyms (oder eines anderen Proteins) durch das Anfügen oder Entfernen spezifischer chemischer Gruppen verändert wird.

Krebs: die unkontrolliert wachsende Masse von Zellen, die benachbartes Gewebe befallen kann und sich über Körperflüssigkeiten, vor allem den Blutkreislauf, auf andere Körperteile ausdehnen kann; wird auch als *maligner Tumor* bezeichnet.

Krebsstammzelle: eine Krebszelle, die sich unendlich teilen kann und aus der alle anderen Zellen hervorgehen, die den größten Teil eines Tumors bilden.

Kritische Konzentration: Tubulinkonzentration, bei der die Geschwindigkeit des Zusammenbaus von Tubulinuntereinheiten zu einem Polymer exakt mit der Geschwindigkeit des Abbaus im Gleichgewicht steht.

Kritische-Punkt-Trocknung: Verfahren zur Trocknung einer Probe unter kontrollierten Temperatur- und Druckverhältnissen.

Kryo-EM: Technik, bei der kryofixierte biologische Präparate bei niedriger Temperatur direkt in einem Transmissionselektronenmikroskop sichtbar gemacht werden; dient oftmals zur Untersuchung von Suspensionen isolierter Makromoleküle.

Kryofixierung: schnelles Gefrieren kleiner Präparate, sodass die zellulären Strukturen innerhalb von Millisekunden immobilisiert werden; häufig schließt sich eine Gefriersubstitution an, bei der ein organisches Lösungsmittel das in der Probe gefrorene Wasser ersetzt.

Künstliches Hefechromosom (YAC): ein Hefeklonierungsvektor, der aus einem „minimalistischen" Chromosom besteht, das alle DNA-Sequenzen enthält, die für die normale Chromosomenreplikation und Segregation zu den Tochterzellen notwendig sind, aber nur sehr wenige weitere Bestandteile.

Kurze interferierende RNA: siehe *siRNA* (engl.: *short interfering RNA*).

Kurze Tandemwiederholung (STR): kurze, wiederholte DNA-Sequenzen, auf deren unterschiedlichen Längen das Prinzip des DNA-Fingerabdrucks beruht.

L

***Lac*-Operon:** Gruppe benachbarter bakterieller Gene, die Enzyme kodieren, die am Lactosemetabolismus mitwirken und deren Transkription durch den *lac*-Repressor gehemmt wird.

Lactatfermentation: anaerober Katabolismus von Kohlenhydraten mit Lactat als Endprodukt.

Ladungsabstoßung: Kraft, die zwei Ionen, Moleküle oder Regionen von Molekülen gleicher elektrischer Ladung trennt.

Lamellipodium (Plural Lamellipodien): von Plasmamembran umhüllte Ausstülpung des Cytoplasmas, die während der Kriechbewegung der Zelle vorübergehend aus der Oberfläche eukaryotischer Zellen herausragt; wird von Actinmikrofilamenten unterstützt.

Laminin: adhäsives Glykoprotein der extrazellulären Matrix, das vor allem in der Basallamina der Epithelzellen vorkommt.

Laterale Diffusion: seitliche Diffusion eines Membranlipids oder eines Proteins in der Ebene der Membran.

Latrunculin A: eine chemische Verbindung, die von Meeresschwämmen stammt und zur Depolymerisation von Actinmikrofilamenten führt.

LDL: siehe *Lipoprotein mit geringer Dichte* (engl.: *low-density lipoprotein*).

LDL-Rezeptor: Plasmamembranprotein, das als Rezeptor für die Bindung eines extrazellulären LDL dient, wenn dies durch Rezeptor-vermittelte Endocytose in die Zelle aufgenommen wird.

Lectin: Gruppe von Proteinen, die an Kohlenhydrate binden, aus pflanzlichen und tierischen Zellen isoliert werden können und die Zell-Zell-Adhäsion fördern.

Leptotän: das erste Stadium der Prophase I der Meiose, in dem die Chromatinfasern sich zu sichtbaren Chromosomen verdichten.

Leucinreißverschluss (engl.: *leucin zipper*): ein Strukturmotiv DNA-bindender Moleküle, das in vielen Transkriptionsfaktoren enthalten ist; besteht aus Polypeptidketten, die durch hydrophobe Wechselwirkungen zwischen Leucinresten gleich einem Reißverschluss zusammengehalten werden.

Leitbündel-Scheidenzelle: innere Zelle des Blattes einer C_4-Pflanze, die sehr dicht bei dem Gefäßbündel (Ader) des Blattes liegt; Ort des Calvin-Zyklus in diesen Pflanzen.

Leitstrang: DNA-Strang, der als kontinuierliche Kette während der DNA-Replikation in die 3'→5'-Richtung wächst. Siehe auch *Folgestrang*.

Leukämie: Blutkrebs lymphatischen Ursprungs, bei dem die Krebszellen wuchern und vor allem im Blutkreislauf vorkommen und nicht als feste wachsende Gewebemasse.

LHC: siehe *Lichtsammelkomplex*.

LHCI: siehe *Lichtsammelkomplex I*.

LHCII: siehe *Lichtsammelkomplex II*.

Lichtbrechung: Muster sich addierender oder auslöschender Interferenz, die Lichtwellen beeinflussen.

Lichtsammelkomplex (LHC, engl.: *light harvesting complex*): Gruppe lichtabsorbierender Pigmente, im Allgemeinen Chlorophylle und Carotinoide, die durch Proteine miteinander verbunden sind; im Gegensatz zu einem Fotosystem enthält dieser Komplex kein Reaktionszentrum, aber Lichtphotonen werden absorbiert und die Energie wird an ein nahegelegenes Fotosystem weitergeleitet.

Lichtsammelkomplex I (LHC I): der mit dem Fotosystem I assoziierte lichtabsorbierende Komplex.

Lichtsammelkomplex II (LHC II): der mit dem Fotosystem II assoziierte lichtabsorbierende Komplex.

Lichtmikroskop: ein Instrument, das sich aus einer Quelle sichtbaren Lichts und einem System von Glaslinsen zusammensetzt, sodass man ein vergrößertes Bild eines betrachteten Präparats erhält.

Ligand: eine Substanz, die an einen spezifischen Rezeptor bindet, wodurch ein bestimmtes Ereignis oder eine bestimmte Reihe von Ereignissen initiiert wird, für die der Rezeptor verantwortlich ist.

Ligandengesteuerter Ionenkanal: integrales Membranprotein, das eine Pore bildet, durch die ein Ion passieren kann; dieser Kanal öffnet sich, wenn ein spezifisches Molekül (Ligand) an den Kanal bindet.

Lignin: nicht lösliches Polymer aus aromatischen Alkoholen, das vor allem in den Zellwänden der Pflanzen vorkommt, wo es zur Festigung der Zellen beiträgt und ihnen die strukturelle Festigkeit verleiht, die man mit Holz assoziiert.

LINEs (lange eingeschobene nukleäre Elemente, engl.: *long interspersed nuclear elements*): Klasse frei verteilter, sich wiederholender DNA-Sequenzen mit einer Länge von 6.000 – 8.000 Basenpaaren, die als bewegliche Elemente dienen und ungefähr 20 % des Humangenoms ausmachen; enthalten Gene, die Enzyme kodieren, die man benötigt, um die LINE-Sequenzen (und andere mobile Elemente) zu kopieren und diese Kopien an anderen Stellen des Genoms einzufügen.

Lineweaver-Burk-Gleichung: eine lineare Gleichung, die man durch Umkehr der Michaelis-Menten-Gleichung erhält. Sie dient zur Bestimmung der

Parameter v_{max} und K_m sowie zur Analyse der Enzymhemmung.

Lizenzierung: ein Vorgang, bei dem die DNA für die Replikation vorbereitet wird; findet normalerweise nur einmal während eines Zellzyklus statt.

Lipide: große und chemisch unterschiedliche organische Verbindungen, die charakteristischerweise unlöslich in Wasser sind, aber löslich in organischen Lösemitteln.

Lipiddoppelschicht: Einheit der Membranstruktur, die aus zwei Schichten (Layern) von Lipidmolekülen (vor allem Phospholipiden) besteht, die so angeordnet sind, dass die hydrophoben Schwänze nach innen und die polaren Regionen nach außen zur wässrigen Umgebung auf der einen oder der anderen Seite der Doppelschicht zeigen.

Lipidfloß (engl.: *lipid raft*): bestimmte Region der Membranlipide, die sich oftmals durch erhöhte Konzentrationen von Cholesterin und Glykosphingolipiden charakterisiert, in der Proteine gesammelt werden, die an den Zellsignalen mitwirken; wird auch als Lipidmikrodomäne bezeichnet.

Lipidverankertes Membranprotein: Protein auf einer Membranoberfläche, das an ein oder mehrere Lipidmoleküle kovalent gebunden ist, die innerhalb der Lipiddoppelschicht liegen. Siehe auch *fettsäureverankertes Membranprotein*, *prenyliertes Membranprotein* und *GPI-verankertes Membranprotein*.

Lipoprotein mit geringer Dichte (LDL): ein cholesterinhaltiger Protein-Lipid-Komplex, der Cholesterin durch den Blutkreislauf transportiert und von den Zellen aufgenommen wird; weist aufgrund des hohen Cholesteringehalts eine geringe Dichte auf.

Lipoprotein mit hoher Dichte (HDL): ein cholesterinhaltiger Protein-Lipid-Komplex, der Cholesterin durch den Blutkreislauf transportiert und von den Zellen aufgenommen wird; weist aufgrund des geringen Cholesteringehalts eine hohe Dichte auf.

Lösliches NSF-Bindeprotein (SNAP, engl.: *soluble NSF attachment protein*): ein lösliches, cytoplasmatisches Protein, das gemeinsam mit NSF (N-Ethylmaleimid-sensitiver Faktor) die Verschmelzung von Membranen vermittelt, die durch Wechselwirkungen zwischen v-SNAREs und t-SNAREs herbeigeführt werden.

Lösungsmittel: eine Substanz, im Allgemeinen eine Flüssigkeit, in der andere Substanzen gelöst werden und eine Lösung bilden.

Lumen: innerer, von einer Membran umschlossener Raum, normalerweise im endoplasmatischen Reticulum oder verwandten Membransystemen.

Lymphom: Krebserkrankung des Lymphsystems, bei der die Zellen als feste Gewebemasse wachsen.

Lysosom: von einer Membran umgebenes Organell, das Verdauungsenzyme enthält, die alle wichtigen Klassen biologischer Makromoleküle abbauen können.

Lysosomale Speicherkrankheit: Krankheit, die auf das Fehlen von einem oder mehreren lysosomalen Enzymen zurückgeht und die charakteristischerweise mit der Anhäufung sehr großer Mengen spezifischer Substanzen einhergeht, die normalerweise von den fehlenden Enzymen abgebaut würden.

M

M-Linie: dunkle Linie, die entlang der Mitte der H-Zone der Myofibrille des quergestreiften Muskels verläuft.

M-Phase: Stadium des eukaryotischen Zellzyklus, in dem der Zellkern und der Rest der Zelle sich teilen.

Makromolekül: ein Polymer aus kleinen, sich wiederholenden Monomereinheiten, dessen Molekulargewicht zwischen einigen Tausend und Hunderten von Millionen Dalton liegt.

Makrophagie: Vorgang, bei dem ein Organell in eine Doppelmembran eingewickelt wird, die vom endoplasmatischen Reticulum stammt, wodurch eine autophage Vakuole entsteht, der lysosomale Enzyme zugeführt werden, die das Organell abbauen.

Maligner Tumor: ein Tumor, der auf benachbartes Zellgewebe übergreifen kann und sich über Körperflüssigkeiten, vor allem den Blutkreislauf, auf andere Körperteile ausbreiten kann; wird auch als Krebs bezeichnet.

MAP: siehe *Mikrotubuli-assoziiertes Protein.*

MAP-Kinase: siehe *Mitogen-aktivierte Proteinkinase.*

MAPK: siehe *Mitogen-aktivierte Proteinkinase.*

Massenspektrometrie: eine sehr schnelle, außerordentlich sensitive Technik, bei der man mittels magnetischer und elektrischer Felder Proteine oder Proteinfragmente entsprechend ihrer unterschiedlichen Masse und Ladung trennt.

MAT-*Locus*: Stelle im Hefegenom, an der sich das für den Paarungstyp aktive Allel befindet.

Matrize: eine Nucleinsäure, deren Basensequenz als Muster für die Synthese einer weiteren (komplementären) Nucleinsäure dient.

Matrizenstrang: ein Strang einer DNA-Doppelhelix, der über komplementäre Basenpaarung als Matrize für die RNA-Synthese dient.

Matrix: unstrukturierte, halbflüssige Substanz, die das Innere eines Mitochondriums ausfüllt.

Maximale ATP-Ausbeute: maximale Menge gebildeten ATPs pro Molekül Glucose, das durch aerobe Atmung oxidiert wird; im Allgemeinen 38 Moleküle ATP bei bakteriellen Zellen und entweder 36 oder 38 Moleküle bei eukaryotischen Zellen.

Maximale Geschwindigkeit (v_{max}): obere Grenze der Reaktionsgeschwindigkeit, die bei einer von einem Enzym katalysierten Reaktion erreicht wird, wenn die Substratkonzentration gegen unendlich geht.

Mb: Megabase; eine Million Basenpaare.

MDR: siehe *Multidrug-Resistance-Transportprotein.*

Mechanische Arbeit: genutzte Energie, um eine physikalische Veränderung im Hinblick auf die Position oder Richtung einer Zelle oder eines Zellteils herbeizuführen.

Mechanoenzym: siehe *Motorprotein.*

Mediale Zisterne: abgeflachtes Membransäckchen des Golgi-Komplexes, das sich zwischen den Membrantubuli des *cis*-Golgi-Netzwerks und dem *trans*-Golgi-Netzwerk befindet.

Mediator: ein großer Multiproteinkomplex, der als transkriptionaler Coaktivator dient, indem er an ein Aktivatorprotein bindet, das mit einem Enhancer und einer RNA-Polymerase assoziiert ist; wirkt als zentrale Koordinationseinheit der Genregulation; erhält sowohl positive als auch negative Signale und leitet diese an die Transkriptionsmaschinerie weiter.

Meiose: Abfolge zweier Zellteilungsvorgänge, denen eine Runde der DNA-Replikation vorangeht, wodurch eine einzelne diploide Zelle in vier haploide Zellen (oder haploide Zellkerne) umgewandelt wird.

Meiose I: die erste meiotische Teilung, aus der zwei haploide Zellen hervorgehen und während der Chromosomen entstehen, die aus zwei Schwesterchromatiden bestehen.

Meiose II: die zweite meiotische Teilung, während der die Schwesterchromatiden, die während der ersten meiotischen Teilung entstanden, getrennt werden.

Membran: Permeabilitätsbarriere, die Zellen und Organellen umgibt und abgrenzt; besteht aus einer Lipiddoppelschicht mit assoziierten Proteinen.

Membranasymmetrie: eine Membraneigenschaft, die auf der unterschiedlichen molekularen Zusammensetzung der beiden Lipidmonoschichten und der mit diesen assoziierten Proteinen beruht.

Membranpotenzial: Spannung über einer Membran, die von Ionengradienten aufgebaut wird; im Allgemeinen ist die Innenseite einer Zelle in Bezug auf die Außenseite negativ geladen, wobei die Außenseite als 0 mV definiert wird.

Mendels Vererbungsgesetz: Prinzipien, die Mendel aus seiner Arbeit über die Vererbung von Merkmalen in Erbsenpflanzen ableitete. Siehe auch *Segregationsgesetz* und *Gesetz der unabhängigen Verteilung*.

Menschliches Papillomavirus (HPV): ein Virus, das Gebärmutterhalskrebs verursacht; es besitzt Onkogene, die die Wirkung der Proteine blockieren, die von dem *RB*- und dem *p53*-Tumorsuppressorgen gebildet werden.

Mesophyllzelle: äußere Zelle im Blatt einer C_4-Pflanze, die als Ort der Kohlenstofffixierung durch den Hatch-Slack-Zyklus dient.

Messenger-RNA (mRNA): ein RNA-Molekül, das die Information enthält, die die Aminosäuresequenz eines oder mehrerer Polypeptide spezifiziert.

Metabolischer Weg: Abfolge zellulärer enzymatischer Reaktionen, die ein Molekül über eine Reihe von Zwischenprodukten in ein anderes Molekül umwandeln.

Metabolismus: alle chemischen Reaktionen, die in einer Zelle ablaufen.

Metastabiler Zustand: Zustand, in dem potenzielle Reaktanten thermodynamisch instabil sind, aber über ausreichend Energie verfügen, um die für die Reaktion erforderliche Aktivierungsenergie freizusetzen.

Metastasierung: Verbreitung von Tumorzellen zu anderen Organen über den Blutkreislauf oder andere Körperflüssigkeiten.

MF: siehe *Mikrofilament*.

Michaelis-Konstante (K_m): Substratkonzentration, bei der eine von einem Enzym katalysierte Reaktion mit der Hälfte ihrer maximalen Geschwindigkeit abläuft.

Michaelis-Menten-Gleichung: sehr häufig angewandte Gleichung, die die Beziehung zwischen der Geschwindigkeit und der Substratkonzentration bei einer von einem Enzym katalysierten Reaktion beschreibt: $v = v_{max}\,[S]/(K_m + [S])$.

Mikroautophagie: Vorgang, bei dem Lysosomen cytosolische Proteine aufnehmen und abbauen.

Mikrofibrille: Anhäufung mehrerer Dutzend Cellulosemoleküle, die seitlich durch Wasserstoffbrückenbindungen quervernetzt sind; dient als Strukturbaustein der Zellwände der Pflanzen und der Pilze.

Mikrofilament (MF): Actinpolymer mit einem Durchmesser von ungefähr 7 nm, das ein integraler Bestandteil des Cytoskeletts ist und der eukaryotischen Zelle Halt, Form und Mobilität verleiht.

Mikrometer (µm): Maßeinheit; ein Mikrometer = 10^{-6} Meter.

Mikrophagie: Vorgang, bei dem kleine Fragmente des Cytoplasmas von einer ER-Membran umgeben werden und ein autophages Vesikel bilden, dessen Inhalt dann entweder durch Anhäufung lysosomaler Enzyme oder durch Verschmelzung des Vesikels mit einem späten Endosom abgebaut wird.

mikroRNA (miRNA): Klasse einzelsträngiger RNAs mit einer Länge von ungefähr 21 – 22 Nucleotiden, die von Zellgenen gebildet werden, damit sie die Translation von mRNA hemmen, die von anderen Genen gebildet wird.

Mikrosom: ein Vesikel, das aus Fragmenten des endoplasmatischen Reticulums gebildet wird, wenn das Gewebe homogenisiert wird.

Mikrotom: ein Instrument zum Schneiden eingebetteter biologischer Präparate in dünne Scheiben für die Analyse mit dem Lichtmikroskop.

Mikrotubuli (MT): ein Polymer des Tubulinproteins, das einen Durchmesser von circa 25 nm besitzt. Es ist ein integraler Bestandteil des Cytoskeletts und verleiht den eukaryotischen Zellen Halt, Form und Motilität; kommt auch in den Cilien und Geißeln der Eukaryoten vor.

Mikrotubuli-assoziiertes Protein (MAP): Gruppe verschiedener akzessorischer Proteine, die an Mikrotubuli binden und deren Zusammensetzung, Struktur und/oder Funktion regulieren.

Mikrotubuli-organisierendes Zentrum (MTOC, engl.: *microtubule-organizing center*): eine Struktur, von der die Bildung von Mikrotubuli ausgeht, das wichtigste Beispiel ist das Centrosom.

Mikrovillus (Plural Mikrovilli): Mikrovilli sind winzige fingerähnliche Ausstülpungen der Plasmamembran, die zur Vergrößerung der Zelloberfläche beitragen; sind für die Zellen von Bedeutung, die eine Absorptionsfunktion ausüben, beispielsweise Zellen, die den Darm auskleiden.

Mittellamelle: erste Schicht der pflanzlichen Zellwand, die synthetisiert wird; befindet sich in größter Entfernung von der Plasmamembran, wo sie für den Zusammenhalt benachbarter Zellen sorgt.

Minusende (der Mikrotubuli): langsamer wachsendes (oder nicht wachsendes oder schrumpfendes) Ende der Mikrotubuli.

miRISC: ein Komplex zwischen der mikroRNA und mehreren Proteinen, die zusammen die Expression von Messenger-RNAs unterdrücken, die die Sequenzen enthalten, die zur mikroRNA komplementär sind. Siehe auch *siRISC* und *RISC*.

miRNA: siehe *mikroRNA*.

Mitochondrium (Plural Mitochondrien): ein von einer Doppelmembran umgebenes cytoplasmatisches Organell der eukaryotischen Zellen, das als Ort der aeroben Atmung für die Erzeugung von ATP dient.

Mitogen-aktivierte Proteinkinase (MAP-Kinase oder MAPK): eine Familie von Proteinkinasen, die aktiviert werden, wenn die Zellen das Signal erhalten, zu wachsen und sich zu teilen.

Mitose: ein Vorgang, bei dem zwei genetisch identische Tochterkerne aus einem Zellkern hervorgehen, wenn die verdoppelte Chromosomenzahl der Elternzelle zu zwei getrennten Zellkernen segregiert; im Allgemeinen folgt darauf die Zellteilung.

Mitotischer Index: Prozentsatz der Zellen innerhalb einer Population, die sich zu einem bestimmten Zeitpunkt in irgendeinem Stadium der Mitose befinden; dient zur Ermittlung der relativen Länge der M-Phase des Zellzyklus.

Mitotische Spindel: mikrotubuläre Struktur, die für die Trennung von Chromosomen während der Mitose verantwortlich ist.

Mitotischer Spindelkontrollpunkt: Mechanismus zur Beendigung der Mitose an der Übergangsstelle zwischen Metaphase und Anaphase, wenn die Chromosomen nicht richtig an die Spindel angeheftet wurden.

MLCK: siehe *Myosin-Leichtketten-Kinase*.

Modell der stillstehenden Zisternen: ein Modell das postuliert, dass es sich bei jedem Kompartiment eines Golgistapels um eine stabile Struktur handelt und dass der Austausch zwischen aufeinander folgenden Zisternen von Shuttlevesikeln bewerkstelligt wird, die aus einer Zisterne herausknospen und mit einer anderen verschmelzen.

Molekulares Chaperon: ein Protein, das die Faltung anderer Proteine ermöglicht, aber nicht selbst Bestandteil der endgültig gebildeten Faltstruktur ist.

Molecular Targeting: Entwicklung von Medikamenten, die spezifisch auf Moleküle abzielen, die von entscheidender Bedeutung für Krebszellen sind.

Monoklonaler Antikörper: ein stark gereinigter Antikörper, der sich gegen ein einzelnes Antigen richtet, der von einer klonierten Population von Antikörper bildenden Zellen hergestellt wird.

Monomer: ein kleines organisches Molekül, das beim Zusammenbau eines Makromoleküls als Untereinheit dient.

Monomeres Protein: ein Protein, das aus einer einzigen Polypeptidkette besteht.

Monosaccharid: ein einfacher Zucker, die sich wiederholende Einheit der Polysaccharide.

Motiv: die Region einer Sekundärstruktur eines Proteins, die aus kleinen Segmenten einer α-Helix und/ oder eines β-Faltblatts besteht, die durch Schleifenregionen unterschiedlicher Länge miteinander verbunden sind.

Motilität (zelluläre): Bewegung oder Verkürzung einer Zelle, Bewegung von Bausteinen innerhalb einer Zelle oder Bewegung von Bestandteilen aus der Umwelt an einer Zelle vorbei oder durch diese hindurch.

Motorprotein (Mechanoenzym): Protein, das die aus ATP gewonnene Energie dafür aufwendet, die Form zu verändern, sodass es eine Kraft ausübt und damit an es gebundene Strukturen zur Bewegung antreibt; dazu gehören drei Familien von Proteinen (Myosin, Dynein und Kinesin), die mit Elementen des Cytoskeletts in Wechselwirkung treten (Mikrotubuli und Mikrofilamente), um Bewegungen herbeizuführen.

MPF: ein mitotischer Cdk-Cyclinkomplex, der durch Phosphorylierung von Proteinen, die an Schlüsselpunkten der Mitose mitwirken, den Übergang von G_2 zur Mitose bewirkt.

mRNA: siehe *messenger RNA*.

mRNA-Bindestelle: Ort auf dem Ribosom, wo die mRNA während der Proteinsynthese bindet.

MT: siehe *Mikrotubuli*.

MTOC: siehe *Mikrotubuli organisierendes Zentrum* (engl.: *microtubule-organizing center*).

Multidrug-Resistance-Transportprotein (MDR): ein ABC-Typ der ATPase, der die aus der Hydrolyse von ATP gewonnene Energie dazu aufwendet, hydrophobe Substanzen, z.B. Medikamente aus Zellen herauszupumpen.

Multimeres Protein: ein Protein, das aus zwei oder mehr Polypeptidketten besteht.

Multiphotonexzitationsmikroskopie: eine spezialisierte Form der Fluoreszenzlichtmikroskopie, bei der man mit einem Laserstrahl arbeitet, der schnelle Lichtimpulse aussendet; die Aufnahmen sind von ähnlicher Schärfe wie bei der Konfokalmikroskopie, sind aber wegen des extrem schwachen Streulichts von besserer Qualität.

Multiproteinkomplex: zwei oder mehr Proteine (im Allgemeinen Enzyme), die so binden, dass jedes Protein aufeinanderfolgend seine Rolle in dem gleichen mehrschrittigen Ablauf übernehmen kann.

Muskelkontraktion: Aufbau einer Spannung in Muskelzellen, indem die dünnen (Actin) Filamente an den dicken (Myosin) Filamenten vorbeigleiten.

Muskelfaser: eine lange, dünne Zelle mit mehreren Zellkernen, die auf Kontraktion spezialisiert ist.

Mutagen: chemischer oder physikalischer Wirkstoff, der Mutationen induzieren kann.

Mutation: Veränderung der Basensequenz eines DNA-Moleküls.

Myelinscheide: konzentrische Schichten der Membran, die ein Axon umgeben und als elektrische Isolierschicht dienen und welche die schnelle Übertragung von Nervenimpulsen ermöglicht.

Myofibrille: dünne zylindrische Stränge, die aus einer organisierten Reihe dünner Actinfilamente und dicker Myosinfilamente bestehen; kommt im Cytoplasma (Sarkoplasma) der Skelettmuskelzellen vor.

Myosin: Familie der Motorproteine, die dadurch Bewegung erzeugen, dass sie eine Kraft auf die Actinmikrofilamente ausüben, wofür sie die aus der ATP-Hydrolyse gewonnene Energie nutzen; sie bilden die dicken Filamente, die während der Muskelkontraktion das Actin (dünne Filamente) an sich entlang bewegen.

Myosin-Leichtketten-Kinase (MLCK, engl.: *myosin light-chain kinase*): ein Enzym, das Myosin-Leichtketten phosphoryliert, wodurch eine Kontraktion der glatten Muskeln ausgelöst wird.

Myosinsubfragment 1 (S1): ein proteolytisches Myosinfragment, das so an Actinmikrofilamente bindet, dass ein charakteristisches Pfeilspitzenmuster entsteht, wobei alle S1-Moleküle in die gleiche Richtung weisen.

N

N-gekoppelte Glykosylierung (N-Glykosylierung): Anfügen von Oligosaccharideinheiten an die terminale Aminogruppe von Asparaginresten in Proteinmolekülen.

N-Glykosylierung: siehe *N-gekoppelte Glykosylierung.*

N-Ethylmaleimid-sensitiver Faktor: ein lösliches cytoplasmatisches Protein, das in Verbindung mit mehreren löslichen NSF-Bindungsproteinen (SNAPs) die Verschmelzung von Membranen bewirkt, die durch Wechselwirkungen zwischen v-SNAREs und t-SNAREs zusammengebracht wurden.

NA: siehe *numerische Apertur.*

Na^+/Glucosesymporter, Na^+/Glucosecoporter: ein Membrantransportprotein, das gleichzeitig Glucose und Natriumionen in Zellen transportiert, wobei sich die Natriumionen abwärts des elektrochemischen Gradienten bewegen und den Glucosetransport entgegen dessen Konzentrationsgradienten bewirken.

Na^+/K^+-ATPase: siehe *Na^+/K^+-Pumpe.*

Na^+/K^+-Pumpe: ein Transportprotein in der Membran aller tierischer Zellen, das die ATP-Hydrolyse an den Einwärtstransport von Kaliumionen und den Auswärtstransport von Natriumionen koppelt, um die Na^+- und K^+-Gradienten aufrechtzuhalten.

NAD^+: siehe *Nicotinamid-Adenin-Dinucleotid.*

NADH-Coenzym-Q-Oxidoreduktase: siehe *Komplex I.*

$NADP^+$: siehe *Nicotinamid-Adenin-Dinucleotid-Phosphat.*

Nanometer (nm): Maßeinheit; ein Nanometer = 10^{-9} Meter.

Native Konformation: dreidimensionale Faltung einer Polypeptidkette in eine Form, die für die jeweilige Aminosequenz die stabilste ist.

Natrium/Kalium-Pumpe: siehe *Na^+/K^+-Pumpe.*

Nebenarm: eine Struktur, die aus axonemalem Dynein besteht und aus jedem der A-Tubuli der neun äußeren Dubletten des Axonems einer eukaryotischen Cilie oder Geißel herausragt.

Negativkontrolle: genetische Kontrolle, bei der das regulatorische Schlüsselelement seine Wirkung dadurch entfaltet, dass es die Genregulation hemmt.

Negativfärbung: eine Technik, bei der man eine nicht angefärbte Probe unter einem Elektronentransmissionsmikroskop vor einem dunklen Hintergrund sichtbar macht.

NER: siehe *Nucleotidexzisionsreparatur.*

Nernst-Gleichung: eine Gleichung zur Berechnung des Gleichgewichts des Membranpotenzials für ein bestimmtes Ion: $E_X = (RT/zF) \ln [X]_{außen}/[X]_{innen}$.

Nerv: ein Gewebe, das aus Bündeln von parallel verlaufenden Axonen besteht.

Nervenimpuls: ein Signal, das durch eine Welle von Depolarisations/Repolarisations-Ereignissen übertragen wird, die entlang der Axonalmembran geleitet werden.

NES: siehe *nukleäres Exportsignal.*

Neuromuskuläre Verbindung: Ort, an dem ein synaptische Nervenzellendigung mit der Skelettmuskelzelle in Kontakt tritt, damit die elektrischen Impulse übertragen werden können.

Neuron: eine spezialisierte Zelle, die direkt an der Erzeugung und Weiterleitung von Nervenimpulsen mitwirkt; Nervenzelle.

Neuropeptid: ein Molekül, das aus einer kurzen Aminosäurekette besteht, das an der Übertragung von Signalen von Neuronen zu anderen Zellen (sowohl Neuronen als auch andere Zelltypen) beteiligt ist.

Neurosekretorisches Vesikel: ein kleines Vesikel, das Neurotransmittermoleküle enthält; befindet sich am synaptischen Endkolben eines Axons.

Neurotoxin: eine toxische Substanz, die die Übertragung von Nervenimpulsen unterbricht.

Neurotransmitter: eine von einem Neuron freigesetzte chemische Substanz, die Nervenimpulse über eine Synapse weiterleitet.

Neurotransmitterwiederaufnahme: ein Mechanismus zur Entfernung von Neurotransmittern aus dem synaptischen Spalt, indem diese in die präsynaptischen Axonenden oder in nahegelegene Stützzellen zurückgepumpt werden.

Nexin: ein Protein, das die räumliche Beziehung benachbarter äußerer Dubletten in dem Axonem eukaryotischer Cilien und Geißeln herstellt und aufrechterhält.

Nicht-kovalente Bindungen und Wechselwirkungen: Bindungskräfte, die ohne gemeinsame Elektronen auskommen; dazu zählen ionische Bindungen, Wasserstoffbrückenbindungen, Van-der-Waals-Kräfte und hydrophobe Wechselwirkungen.

Nicht-zyklischer Elektronenfluss: ständiger, unidirektionaler Elektronenfluss von Wasser zu $NADP^+$, der während der Energietransduktionsreaktionen der Photosynthese abläuft, wobei Licht die für diese Übertragung erforderliche Energie liefert.

Nicht-homologe Endverknüpfung: Mechanismus zur Reparatur von DNA-Doppelstrangbrüchen, bei dem Proteine an die Enden der beiden gebrochenen DNA-Fragmente binden und diese zusammenführen.

Nicht-repetitive DNA: eine DNA-Sequenz, die innerhalb des Genoms eines Organismus in einzelnen Kopien vorkommt.

Nicht-Rezeptorproteinkinase: Proteinkinasen, die kein intrinsischer Bestandteil eines Zelloberflächenrezeptors sind.

Nicotinamid-Adenin-Dinucleotid (NAD^+): ein Coenzym, das zwei Elektronen und ein Proton aufnimmt, um die reduzierte Form, NADH, zu bilden; ein wichtiger Elektronenträger des Energiemetabolismus.

Nicotinamid-Adenin-Dinucleotid-Phosphat ($NADP^+$): ein Coenzym, das zwei Elektronen und ein Proton aufnimmt, um die reduzierte Form, NADPH, zu bilden; ein wichtiger Elektronenträger des Calvin-Zyklus und anderer biosynthetischer Wege.

NO: siehe *Stickoxid.*

Nocodazol: ein synthetische Substanz, die den Zusammenbau der Mikrotubuli hemmt; wird häufig an Stelle von Colchicin eingesetzt, denn die Wirkung ist leichter umkehrbar, wenn die Substanz wieder abgesetzt wird.

Non-Disjunction: Unvermögen der beiden Mitglieder eines homologen Chromosomenpaares, sich während der Anaphase I der Meiose zu trennen, was zu einem zusammengesetzten Chromosomenpaar führt, das sich in eine der beiden Tochterzellen hineinbewegt.

Nonsense-vermittelter Zerfall: ein Mechanismus zur Zerstörung von mRNAs, die unreife Stoppcodons enthalten.

Nonsensemutation: eine Veränderung der Basensequenz, durch die ein Codon, das zuvor eine Aminosäure kodierte, in ein Stoppcodon umgewandelt wird.

Nonstop-Zerfall: ein Mechanismus zur Zerstörung von mRNAs, die keine Stoppcodons enthalten.

NOR: siehe *Nucleolus-Organisator-Region.*

Normzustand: Reihe willkürlich gewählter Bedingungen als Referenzpunkt zur Wiedergabe der Veränderungen der freien Energie bei chemischen Reaktionen. Im Fall von Systemen, die aus gelösten wässrigen Lösungen bestehen, bedeuten diese Bedingungen im Allgemeinen eine Temperatur von 25 °C (298 K), einen Druck von einer Atmosphäre und Reaktanten (aber nicht Wasser) in einer Konzentration von einem *M.*

Northern-Blotting: eine Technik, bei der RNA-Moleküle entsprechend ihrer Größe durch Gelelektrophorese fraktioniert und dann auf einen bestimmten Typ von „Blotterpapier" (Nitrocellulose oder

Nylon) übertragen werden, das dann mit einer radioaktiven DNA-Sonde hybridisiert wird.

NPC: siehe *Kernporenkomplex* (engl.: *nuclear pore complex*).

NSE: siehe *N-Ethylmaleimid-sensitiver Faktor.*

NLS: siehe *Kernlokalisierungssignal.*

N-Terminus (Aminoterminus): das Ende einer Polypeptidkette, das die erste Aminosäure enthält, die während der mRNA-Translation eingefügt wird; behält im Allgemeinen eine freie Aminogruppe zurück.

Nucleinsäure: ein lineares Polymer aus Nucleotiden, die in genetisch bestimmter Ordnung miteinander verbunden sind. Jedes Nucleotid besteht aus Ribose oder Desoxyribose, einer Phosphatgruppe und den Stickstoffbasen Guanin, Cytosin, Adenosin und Thymin (bei der DNA) oder Uracil (bei der RNA).

Nucleinsäurehybridisierung: eine Reihe von Verfahren, bei denen einzelsträngige Nucleinsäuren durch komplementäre Basenpaarung aneinander binden; dient zur Überprüfung, ob zwei Nucleinsäuren ähnliche Basensequenzen enthalten.

Nucleinsäuresonde: siehe *Sonde.*

Nucleoid: Region des Cytoplasmas, in der sich das genetische Material einer prokaryotischen Zelle befindet.

Nucleolus (Plural Nucleoli): große, runde Struktur, die im Zellkern der eukaryotischen Zelle vorkommt; Ort der ribosomalen RNA-Synthese, der Prozessierung und der Zusammensetzung ribosomaler Untereinheiten.

Nucleolus-Organisator-Region: In bestimmten Chromosomen ist dies der Abschnitt der DNA, in dem sich Mehrfachkopien von Genen für die ribosomale RNA befinden und wo sich Nucleoli bilden.

Nucleoplasma: der innere Raum des Zellkerns, der nicht vom Nucleolus eingenommen wird.

Nucleosid: ein Molekül, das aus einer stickstoffhaltigen Base (Purin oder Pyrimidin) besteht, die mit einem Zucker aus fünf Kohlenstoffatomen (Ribose oder Desoxyribose) verknüpft ist; ein Nucleotid ohne Phosphat.

Nucleosidmonophosphat: siehe *Nucleotid.*

Nucleoskelett (Kernmatrix): unlösliches faseriges Netzwerk, das dem Kern seine Form gibt.

Nucleosom: strukturelle Grundeinheit der eukaryotischen Chromosomen, es besteht aus ungefähr 200 DNA-Basenpaaren, die mit einem Octamer aus Histonen assoziiert sind.

Nucleotid: ein Molekül, das aus einer stickstoffhaltigen Base (Purin oder Pyrimidin) besteht, die mit einem Zucker aus fünf Kohlenstoffatomen (Ribose oder Desoxyribose) verknüpft ist, der an eine Phosphatgruppe gebunden ist; wird auch als Nucleosidmonophosphat bezeichnet.

Nucleotidexzisionsreparatur (NER): ein DNA-Reparaturmechanismus, der DNA-Schäden erkennt und repariert, darunter auch große Verzerrungen der DNA-Doppelhelix wie sie von den Pyrimidindimeren verursacht werden.

Nucleus: ein großes, von einer Doppelmembran umgebenes Organell eukaryotischer Zellen, das die chromosomale DNA enthält.

Nützliche Vergrößerung: ein Maß dafür, wie stark ein Bild vergrößert werden kann, bevor eine weitere Vergrößerung keine zusätzliche Information mehr ergibt.

Numerische Apertur (NA): Eigenschaft eines Mikroskops, das der Formel $n \sin \alpha$ entspricht, wobei n der Brechungsindex des Mediums zwischen dem Präparat und den Objektivlinsen und α der Öffnungswinkel ist.

O

Oberfläche-zu-Volumen-Verhältnis: mathematisches Verhältnis der Oberfläche einer Zelle zu ihrem Volumen; nimmt mit steigender linearer Dimension der